Kohlhammer

BRANDSchutz
Deutsche Feuerwehr-Zeitung

Das Feuerwehr-Lehrbuch

Grundlagen – Technik – Einsatz

7., erweiterte und überarbeitete Auflage

herausgegeben von der Redaktion der Fachzeitschrift
BRANDSchutz/Deutsche Feuerwehr-Zeitung

Mit Beiträgen von
Nils Beneke, Alexander Blasczyk, Dr. Andreas Bräutigam, Johannes Feyrer, Ralf Fischer, Sebastian Fischer, Manfred Fiß, Dr. Karsten Homrighausen, Frank Hüsch, Florentin von Kaufmann, Frieder Kircher, Bernhard Kunkel, Claus Lange, Jörg Mezger, Prof. Dr. Stefan Oppermann, Volker Ott, Tim Pelzl, Dr. Markus Pulm, Prof. Dr. Michael Reick, Meike Rothe, Andreas Rudlof, Godo Savinsky, Carsten Sorg, Jochen Thorns, Klaus Thrien, Jan Ole Unger, Jürgen Warmbier, Andreas Weich-Arin, Rüdiger Weich, Prof. Dr. Lucia Wickert und Christoph Wöhrle

Verlag W. Kohlhammer

Wichtiger Hinweis

Trotz größter Sorgfalt bei der Zusammenstellung der in diesem Werk enthaltenen Texte und Abbildungen können Fehler und Irrtümer nicht ausgeschlossen werden. Da sich insbesondere Rechts- und Dienstvorschriften, Normen, technische und auch taktische Regeln in Fluss befinden und fortwährend dem Stand der Technik sowie aktuellen Erkenntnissen angepasst werden, können der Verlag, die Herausgeber und die Autoren für fehlerhafte Angaben und Darstellungen sowie deren Folgen weder eine juristische Verantwortung noch irgendeine Haftung übernehmen. Die Praxisübertragung der dargestellten Vorgehensweisen und Tipps erfolgt auf eigenes Risiko. Grundsätzlich sind die Feuerwehr-Dienstvorschriften, die Unfallverhütungsvorschriften sowie die einschlägigen Normen in der jeweils aktuellen Fassung zu beachten. Die Darstellung erfolgt zur besseren Lesbarkeit nur in der maskulinen Form.

Für Anregungen, Hinweise auf Fehler und Verbesserungsvorschläge sind die Herausgeber und die Autoren dankbar. Bitte richten Sie diese an die Redaktion BRANDSchutz, W. Kohlhammer GmbH, D-70549 Stuttgart, E-Mail: brandschutz.dfz@kohlhammer.de.

Sofern nicht anders angegeben, stammen die Abbildungen vom Autor des jeweiligen Kapitels, die Zeichnungen vom Verlag W. Kohlhammer. Teilweise wurden Grafiken mit freundlicher Genehmigung der Firegrafics GmbH (*www.firegrafics.ch*) verwendet. Dank gilt den Kameradinnen und Kameraden der Feuerwehr Filderstadt für die Mitwirkung bei der Erstellung zahlreicher Abbildungen für alle Kapitel.

Dieses Werk ist auch in der BRANDSchutz-App als digitale Ausgabe verfügbar. Weitere Informationen gibt es im Internet unter *www.kohlhammer-feuerwehr.de*.

7. Auflage 2022

Gesamtherstellung: W. Kohlhammer GmbH, Stuttgart

Print:
ISBN 978-3-17-040620-9

E-Book-Format:
pdf: ISBN 978-3-17-040622-3

A

Rechtsgrundlagen und Organisation

B

Naturwissenschaftliche Grundlagen

C

Technische Grundlagen und Einsatztechnik

D

Feuerwehrbedarfsplanung

E

Allgemeine Einsatzlehre

F

Notfallmedizinische Grundlagen

G

Leitern bei der Feuerwehr

H

Brandbekämpfung

H

Retten, Selbstretten und Sichern in absturzgefährdeten Bereichen

I

Technische Hilfeleistung und Rettung

J

ABC-Einsatz, Umweltschutz und besondere Gefahrenlagen

K

K

L

Grundprinzipien des Vorbeugenden Brandschutzes

M

Benutzerhinweise

Die Inhalte des Ausbildungswerks »Das Feuerwehr-Lehrbuch« richten sich nach dem Lernzielkatalog für den mittleren feuerwehrtechnischen Dienst und den Feuerwehr-Dienstvorschriften. Daher eignet sich das Werk sowohl für die Ausbildung in der Freiwilligen Feuerwehr, abgedeckt durch die Inhalte der Feuerwehr-Dienstvorschriften, als auch für die Ausbildung hauptberuflicher Feuerwehrangehöriger im Rahmen der Laufbahnausbildung.

Obwohl sich »Das Feuerwehr-Lehrbuch« als Werk für die Grundausbildung der genannten Zielgruppen sieht, haben die Herausgeber Inhalte aufgenommen, die zum Blick »über den Tellerrand der Grundausbildung« auch für Feuerwehrangehörige interessant sein können, die ihre Grund- oder Truppführerausbildung absolviert haben – auch wenn es sich teilweise um Wissen der Gruppen- oder Zugführerausbildung handelt. Aber: Der Truppführer ist das Auge des Gruppenführers und sollte auch über Wissen verfügen, das nicht zum Lerninhalt der genannten Lehrgänge gehört.

Um ein schnelles Lernen zu ermöglichen, verfügt »Das Feuerwehr-Lehrbuch« über verschiedene didaktisch-grafische Elemente.

Mittels einer farbigen seitlichen Griffleiste, des Inhaltsverzeichnisses und des Stichwortverzeichnisses lassen sich die gewünschten Inhalte schnell auffinden. Die Griffleiste gliedert »Das Feuerwehr-Lehrbuch« in die entsprechenden Hauptkapitel.

Innerhalb der Kapitel verweist der rote ▶ Pfeil auf Tabellen, Abbildungen oder andere Kapitel, die weiterführende Informationen enthalten. Wichtige Begriffe, die entsprechend erklärt und/oder definiert werden und nicht durch die Überschrift eingeführt sind, werden im Kapitel durch **<Schlüsselwörter>** dargestellt. Sie sind so schnell aufzufinden.

»Das Feuerwehr-Lehrbuch« soll ein Buch der Praxis sein. Die rechts abgebildeten Kästen bieten zusätzliche Informationen zum Text sowie den Abbildungen und sollen ein strukturiertes Lernen erleichtern, indem die wichtigsten Inhalte schnell erfasst werden können.

Merke:

In diesen Kästen werden Merksätze und wichtige Inhalte zum Merken zusammengefasst, die jeder Feuerwehrangehörige verinnerlicht haben sollte.

Achtung:

In diesen Kästen werden Merksätze und Warnhinweise gegeben, die für die Einsatzpraxis wichtig sind. Die Beachtung verhütet Unfälle und sichert den Einsatzerfolg. In diesem Kasten werden auch Verbote dargestellt.

Praxis-Tipp:

In diesen Kästen werden Tipps und Erfahrungen weitergegeben, die sich in der Praxis als sinnvoll herausgestellt haben und helfen, den Einsatz zu vereinfachen.

INFO

Diese Informations-Kästen weisen auf weitere (externe) Informationsquellen hin, die im Zusammenhang mit den Kapiteln stehen. Weitere Angebote zum »Das Feuerwehr-Lehrbuch« gibt es im Internet unter *www.feuerwehr-lehrbuch.de*.

Im-Einsatz-Kasten

In diesen Kästen werden bewährte Vorgehensweisen Schritt für Schritt zum Üben und Nachmachen vorgestellt.

A Rechtsgrundlagen und Organisation

1 Einführung

von Jochen Thorns

1.1 Aufgaben der Feuerwehr

»Hilfeleistung bei Schadenfeuern (Bränden), und öffentlichen, durch Naturereignisse, Einstürze oder Unglücksfälle verursachte Notstände sowie die Technische Hilfeleistung zur Rettung von Menschen und Tieren aus lebensbedrohlichen Lagen« – so oder so ähnlich werden in den Feuerwehr- bzw. Brandschutzgesetzen der Länder die Aufgaben der Feuerwehren in Deutschland juristisch beschrieben. Manchmal kommen noch die Brandschutzerziehung oder andere Sonderaufgaben hinzu. Bereits an diesen so genannten Pflicht-Aufgaben der Feuerwehren wird deutlich, dass die Brandbekämpfung, also die »Feuerwehr« im wörtlichen Sinn, oft nur noch einen geringen Teil der Einsätze und Aufgaben einer Feuerwehr ausmacht. Feuerwehr ist heute mehr als nur »Feuer löschen« – die Feuerwehr ist für die Bürger das sprichwörtliche »Mädchen für alles«. Wissen die Menschen in einer scheinbar ausweglosen Lage nicht mehr weiter, wird die Feuerwehr gerufen, die fast immer professionell helfen kann. Dabei spielt die soziale und die wirtschaftliche Stellung des Hilfebedürftigen oder seine Religion und Herkunft keine Rolle. Diese schnelle und unbürokratische Hilfe wird belohnt: Bereits seit Jahren liegen die Feuerwehrleute in einer Vertrauens-Umfrage des Magazins »Reader's Digest« mit Abstand auf dem ersten Platz: Mehr als 90 Prozent der Deutschen haben ein hohes Vertrauen in die Arbeit und die Fähigkeiten der Feuerwehrangehörigen.

Die Aufgaben der Feuerwehren sind in so genannte Pflicht- und in Kann-Aufgaben unterteilt. Die < **Pflicht-Aufgaben** > sind im jeweiligen Feuerwehrgesetz des Landes in den ersten Paragrafen geregelt. Diese Aufgaben muss jede Feuerwehr bearbeiten können. Wie bereits erwähnt, zählen dazu im Allgemeinen die Bekämpfung von Schadenfeuern, die Rettung von Menschen und Tieren aus lebensbedrohlichen Lagen und die Hilfeleistung bei öffentlichen Notständen. Letztere ist in den jeweiligen Landesgesetzen in der Regel noch spezifiziert. Die < **Kann-Aufgaben** > sind hingegen im Regelungsumfang der jeweiligen Kommune angesiedelt. Sie regelt per Feuerwehrsatzung oder

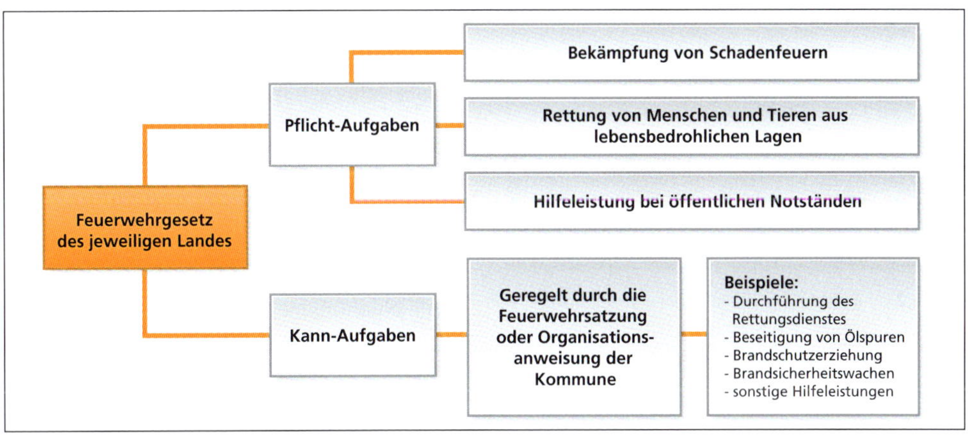

Bild 1.1 Aufgaben der Feuerwehr

Organisationsanweisung (▶ Kapitel 16), welche Aufgaben die Feuerwehr in originärer Zuständigkeit zusätzlich zu den Pflicht-Aufgaben noch übernehmen soll. Ein häufiges Beispiel hierbei ist die Beseitigung von Ölverschmutzungen auf Straßen oder die Mitwirkung bzw. Durchführung des Rettungsdienstes. Um die Pflicht- und die Kann-Aufgaben der jeweils eigenen Feuerwehr genau zu kennen, ist ein Blick in die Satzung der eigenen Feuerwehr sowie ein Blick in das jeweilige Landesbrandschutzgesetz notwendig.

1.2 Ansprüche und Erwartungshaltungen

Dem hohen Vertrauen der Bevölkerung in die Fähigkeiten der Feuerwehrangehörigen ist natürlich auch die hohe Erwartungshaltung des Hilfesuchenden bzw. Betroffenen geschuldet: Er erwartet – zu Recht! – eine schnelle, professionelle und erfolgreiche Hilfe durch das »Unternehmen Feuerwehr«. Dies erfordert eine genaue Einsatzplanung im Vorfeld, sehr gut ausgebildete und fortlaufend geschulte Einsatzkräfte sowie eine hochqualifizierte Einsatzführung, welche die entsprechenden Einsatzmöglichkeiten kennt und in entsprechende Maßnahmen umsetzen kann. Dabei wird deutlich, dass sich die Feuerwehr aus Mannschaft und Gerät zusammensetzt. Einerseits ist modernes, gut gepflegtes und so letztlich einsatzbereites Gerät notwendig. Andererseits muss es aber durch eine umfassend geschulte und zeitnah zur Verfügung stehende Mannschaft zum Einsatz gebracht werden.

Bild 1.2 Beispiel für die schadenarme Einsatztaktik: Ein Mobiler Rauchverschluss wird am Schlauchtragekorb mitgeführt und kann so vor dem Eindringen in die Wohnung zur Verhinderung einer unkontrollierten Rauchausbreitung in den Treppenraum schnell montiert werden.

1.2.1 Die Feuerwehr als Dienstleister – Verpflichtung zur schadenarmen Einsatztaktik

Die Feuerwehr wird nicht nur als »Mädchen für alles«, sondern vor allem auch als moderner Dienstleister wahrgenommen, der »Sicherheit produziert«. Daraus ergeben sich Ansprüche der Bevölkerung in die Kompetenz, die Schnelligkeit, die fachgerechte erfolgreiche Abwicklung des Einsatzes, die umfassende Beratung und vor allem auch an die Schadenminierung. Der Sachschaden darf nach dem Einsatz nicht größer sein als zuvor – diese Maxime kommt einer Selbstverpflichtung gleich und erfordert eine <**schadenarme Einsatztaktik**> [1]. Darunter wird die Abarbeitung eines Einsatzes verstanden, ohne – bei Anwendung der herkömmlichen Einsatztaktik fast zwangsläufig auftretende – Folgeschäden, wie eine unkontrollierte Rauchausbreitung, zu verursachen. Die schadenarme Einsatztaktik (▶ Kapitel 30) kann beispielsweise umfassen:

- die Rauchfreihaltung des Treppenraums, wenn dieser noch nicht verraucht ist, durch taktische Ventilation und den Einsatz eines Mobilen Rauchverschlusses,
- die Nutzung eines alternativen Angriffsweges, wenn dadurch eine Rauchausbreitung verhindert werden kann. Beispielsweise könnte ein Kellerbrand durch den Zugang über eine Kelleraußentreppe anstelle über den innenliegenden notwendigen Treppen-

Bild 1.3 Zur Kundenorientierung gehört auch das Business-Continuity-Management. Die Feuerwehr könnte dabei z. B. noch während der Brandbekämpfung Maschinen vor Wasser schützen.

raum bekämpft werden. Gleiches gilt für einen Zimmerbrand, der eventuell über einen Balkon oder das Fenster mittels Leitern der Feuerwehr erreicht und gelöscht werden kann.

- die »besenreine« Einsatzstelle. Es müssen nicht alle Feuerwehrleute durch die Brandwohnung laufen und den Brandschutt mit den Feuerwehrstiefeln im »sauberen« Wohnungsbereich verteilen, weil »man einmal gucken wollte«.
- Rücksicht auf Besitztümer der Betroffenen. Auch der Angriffstrupp muss nicht wahllos Türen und Fenster einschlagen, wenn dies nicht gezielt erforderlich sein sollte. Genauso können auch Gegenstände, Möbel und Blumen vorsichtig zur Seite geräumt werden, wenn diese den Einsatz behindern.
- Folgeschadenvermeidung beispielsweise durch die Aufnahme von Löschwasser noch während der Löscharbeiten mittels Wassersauger oder die Abdeckung von Gegenständen mit Kunststoffplanen.

Durch die Wahrnehmung der Feuerwehr als moderner Dienstleister muss die Feuerwehr wie ein Wirtschaftsunternehmen funktionieren, agieren und letztlich sich auch entsprechend präsentieren. Der betroffene Bürger muss als Kunde gesehen werden und nicht nur entsprechend behandelt, sondern insbesondere – soweit möglich – in die Gefahrenabwehr mit eingebunden werden. Durch diese Kundenbeziehung (immerhin zahlt der Betroffene für die »Dienstleistung Feuerwehr« indirekt über Steuern und Abgaben oder direkt über einen Einsatzkostenbescheid) wird zu recht eine hochprofessionelle Arbeit, ein professionelles Auftreten und eine Art »Rundumbetreuung« in einer Krise erwartet – jederzeit und innerhalb weniger Minuten.

Zur Kundenorientierung der Feuerwehr gehört auch das so genannte < **Business-Continuity-Management** >. Darunter wird ein firmeninternes Notfallmanagement verstanden, das nach einem Schadenfall (z. B. einem Brand) Maßnahmen trifft, um die Produktion und die Lieferfähigkeit möglichst uneingeschränkt aufrechtzuerhalten bzw. in kürzester Zeit wieder herzustellen [2]. Teil dieses Notfallmanagements ist auch die Prävention: Die Firma

A

kann z. B. Maßnahmen des Vorbeugenden Brandschutzes durchführen, um einen Brand möglichst schadlos zu überstehen.

Insbesondere die Feuerwehr (und jeder einzelne Feuerwehrangehörige) kann einen Teil zur Funktionsfähigkeit dieses Notfallmanagements beitragen. So kann im Rahmen von Begehungen und Brandverhütungsschauen auf die Notwendigkeit der Einhaltung der baurechtlichen Brandschutzauflagen hingewiesen werden, die primär dem Unternehmen dienen und im Brandfall vor weitreichenden Schäden bewahren.

Das Business-Continuity-Management basiert auf der gegenseitigen Hilfe: Die Firma kann die Feuerwehr bei der Gefahrenabwehr unterstützen (vorbeugende Maßnahmen, Einsatzplanung, Unterstützungsleistungen durch Haustechniker oder Gabelstaplerfahrer, Versorgung); die Feuerwehr sollte im Sinne der Dienstleistung ebenso die Firma unterstützen. Dies kann beispielsweise durch Einbeziehung eines Firmenvertreters in die Einsatzleitung, die Berücksichtigung von Wünschen und Zielen der Firma (soweit sinnvoll und rechtskonform im Sinne der Gefahrenabwehr), die Abstimmung der Presse- und Öffentlichkeitsarbeit oder aber auch durch Serviceleistungen wie dem Zur-Verfügung-stellen von Geräten oder der Aufnahme von Löschwasser noch während der Löscharbeiten erfolgen. Die Liste ließe sich beliebig erweitern.

1.2.2 Erwartungshaltung an Feuerwehrangehörige

Die Zeiten in denen der Feuerwehrangehörige mit schnell übergeworfener Jacke im Privat-Pkw zum Einsatz eilt, um dann in Jeans zum Innenangriff überzugehen, während gleichzeitig mit drei C- und einem B-Rohr der Zimmerbrand im Außenangriff bekämpft wird, sind (hoffentlich) vorbei. Zur vom Kunden erwarteten Professionalität gehören eine korrekt und vollständig angelegte Schutzkleidung, das Anrücken zur Einsatzstelle im modern und zweckmäßig ausgestatteten Einsatzfahrzeug, eine klare Strukturierung der Einsatzstelle und letztlich ein geordneter Einsatz im Sinne der Schadenminimierung. Eine professionelle Presse- und Öffentlichkeitsarbeit und eine Betreuung sowie Beratung des betroffenen Kunden nach der Gefahrenabwehr runden das Bild einer modernen, zukunftsfähigen Gefahrenabwehrorganisation wie der Feuerwehr ab.

> **Achtung:**
>
> Trotz Dienstleistungsgedanken sind die Leistungen der Feuerwehr weiterhin begrenzt, insbesondere durch Kostenordnungen der Kommune und allgemeine Gesetze und Verordnungen. Ein Beispiel: Die Aufnahme von Löschwasser mittels Wassersauger nach der Brandbekämpfung ist sicher kundenorientiert, um einen Folgeschaden zu vermeiden. Das gleichzeitige, »besenreine« Ausräumen der kompletten Wohnung geht hingegen über das Ziel hinaus und ist als Einsatz in der Regel kostenpflichtig. Bei den Tätigkeiten ist grundsätzlich der Aspekt der Einsatzkosten und der Kostenerstattungspflicht des Verursachers zu beachten und ggf. durch den Einsatzleiter auch mit dem Verursacher zu klären.

Diese Dienstleistungseinstellung muss jeder einzelne Feuerwehrangehörige »leben«. Diese – für manchen vielleicht neue – Kundenorientierung führt neben den allgemeinen Anforderungen an Feuerwehrangehörige aufgrund der Landesbrandschutzgesetze, Satzungen oder auch laufbahnrechtlichen Vorschriften auch zu feuerwehrinternen Erwartungshaltungen wie beispielsweise einer fortlaufenden, eigenständigen und eigenverantwortlichen Aus- und Fortbildung jedes einzelnen Feuerwehrangehörigen, der Erhaltung der eigenen körperlichen Gesundheit und Fitness sowie allgemein der Einsatzfähigkeit.

Dies bedeutet konkret, dass alle Feuerwehrangehörigen selbstverständlich an der angebotenen Aus- und Fortbildung auf Standortebene teilnehmen, sich jedoch auch selbst mittels Fachliteratur, E-Learning, Messen und Seminaren weiterbilden müssen. Ebenso wichtig ist die eigene Erhaltung der Fitness, da Dienstsportangebote dazu – insbesondere im ehrenamtlichen Bereich – in der Regel nicht ausreichen. Ebenso wichtig ist die Einhaltung der vorgeschriebenen Vorsorgeuntersuchungen, wie G 26/3, aus eigenem Antrieb. Und letztlich ist es auch im eigenen Interesse, bei einer Erkrankung nicht zu Einsätzen auszurücken.

1.2.3 Erwartungshaltung des Feuerwehrangehörigen

Wie es eine Erwartungshaltung der »Kunden« der Feuerwehr an die Feuerwehrangehörigen gibt, hat auch der Feuerwehrangehörige Erwartungen an den Feuerwehrdienst.

Selbstverständlich ist, dass der Feuerwehrangehörige Anspruch auf eine attraktive, fachlich korrekte und regelmäßige Aus- und Fortbildung hat. Hier sind die Führungskräfte gefordert, denn Ausbildung ist Führungsaufgabe! Gleiches gilt für den Umgang in der Feuerwehr: Außerhalb des Einsatzes sollte ein kollegiales bzw. kameradschaftliches Miteinander herrschen.

Jeder Feuerwehrangehörige muss vom Träger der Feuerwehr gegen Unfall beim zuständigen Unfallversicherungsträger (z. B. Feuerwehr-Unfallkasse) versichert sein. Zudem hat die Einsatzkraft nach Einsätzen oder Lehrgängen Anspruch auf Lohnfortzahlung.

Dennoch: Fragt nicht jeder (gerade im ehrenamtlichen Bereich) auch nach dem Vorteil, dem »Mehrwert«, den man davon hat? Aufgrund der demografischen Entwicklung wird es in Zukunft für den Träger der Feuerwehr immer wichtiger, Anreize für den Feuerwehrdienst zu schaffen. Dies könnten Aufwandsentschädigungen für Funktionsträger sein, die auch an moderne Stundensätze angepasst sein sollten. Genauso sind aber auch andere Anreizsysteme denkbar, wie beispielsweise eine Feuerwehrrente für alle, die regelmäßig am Einsatz- und Übungsdienst teilnehmen, Geldprämien für die Teilnahme an den Einsätzen, kostenfreie oder ermäßigte Nutzung von kommunalen Einrichtungen (z. B. Schwimmbad, Bibliothek, Verkehrsmittel etc.). Hier gibt es vielfältige Modelle und Varianten. Was letztlich vor Ort realisiert wird, ist Sache des Trägers der Feuerwehr – viele gute Ideen sind bundesweit bereits umgesetzt worden.

1.3 Verhalten gegenüber Betroffenen

Nach schwierigen Einsätzen, oft mit Toten oder schwer Verletzten, geraten die Einsatzkräfte immer wieder einmal ungerechtfertigt in die Kritik: »Die Feuerwehr ist zu spät gekommen und hat nichts getan!« So oder so ähnlich lauten die Vorwürfe. In der Regel sind diese Vorwürfe objektiv nicht gerechtfertigt, was auch entsprechend aufgrund der Dokumention des Einsatzes wiederlegt werden kann.

Angehörige von Opfern, aber auch unbeteiligte Dritte (Zeugen, Passanten, Nachbarn), können die Ereignisse offenbar leichter verarbeiten, wenn ein Schuldiger verantwortlich gemacht werden kann. Fehlt die Unglücks-/Brandursache (z. B. aufgrund noch laufender polizeilicher Ermittlungen), müssen die Einsatzkräfte als Sündenböcke herhalten. Das so genannte **<Sündenbock-Phänomen>** tritt besonders bei Ereignissen auf, nach denen sich Menschen mit der Frage auseinandersetzen müssen, ob sie selbst alles richtig gemacht haben (▶ Kapitel 18.4). Die Einsatzkräfte treffen die Vorwürfe oft hart: Sie gaben ihr Bestes und werden nun angegriffen, dass sie nicht gut genug oder schnell genug gearbeitet hätten. Feuerwehrleute müssen lernen, dass diese Verhaltensweise von emotional Betroffenen normal ist und sie damit nicht persönlich angegriffen werden. Die jetzt – oft in den Medien – entstehende Image- und Vertrauenskrise der Feuerwehr kann in einem solchen Fall nur durch eine gezielte Krisenkommunikation bewältigt werden [3]. Der Pressesprecher und der Leiter der Feuerwehr müssen eingeschaltet werden.

Literatur

[1] Pulm, M.: Falsche Taktik – Große Schäden, 9. Auflage, Verlag W. Kohlhammer, Stuttgart, 2021.

[2] Pulm, M.: »Keeping the wheels in motion« – eine Herausforderung der Feuerwehr, BRANDSchutz/Deutsche Feuerwehr-Zeitung 5/2008, S. 315 ff.

[3] Wilke, J.-P.: Wenn Retter zu Tätern gemacht werden, BRANDSchutz/Deutsche Feuerwehr-Zeitung 7/2008, S. 488 ff.

2 Rechtsgrundlagen

von Ralf Fischer

2.1 Rechtsquellen

Wie in allen Bereichen der öffentlichen Daseinsvorsorge und der Behörden mit Sicherheitsaufgaben gibt es auch im Bereich des Feuerschutzes eine Vielzahl relevanter Rechtsvorschriften. Diese unterscheiden sich in

- Gesetze, die vom Bundestag oder dem jeweiligen Landtag erlassen werden. Für den Bereich des Feuerschutzes sind die Bundesländer allein zuständig.
- Rechtsverordnungen (z. B. Werkfeuerwehrverordnungen, Laufbahnverordnungen), die vom Fachministerium aufgrund einer gesetzlichen Ermächtigung erlassen werden. Im Bereich des Feuerschutzes ermächtigen die Brandschutzgesetze der Bundesländer die Innenminister zu Rechtsverordnungen[1].
- Verwaltungsvorschriften, die von der obersten Aufsichtsbehörde erlassen werden, um eine gleichmäßige Anwendung und Auslegung von Gesetzen und Rechtsverordnungen zu erreichen;
- Erlasse als Weisung der obersten Dienstaufsichtsbehörde.

Von großer Bedeutung sind auch Rechtsnormen der Europäischen Union (EU). Die Bundesrepublik Deutschland hat mit Abschluss des Vertrages über die Gründung der Europäischen Gemeinschaft (EG-Vertrag) und weiterer Verträge (zuletzt der Vertrag von Lissabon vom 17.12.2007) sowie des Vertrags über die Arbeitsweise der Europäischen Union (AEUV) von der Möglichkeit des Artikel 23 Grundgesetz (GG), Hoheitsrechte zu übertragen, Gebrauch gemacht. In Art. 288 AEUV (vormals 249 des EG-Vertrages) wird der Europäischen Gemeinschaft das Recht eingeräumt, Verordnungen (z. B. die DURCHFÜHRUNGSVERORDNUNG (EU) 2019/947 DER KOMMISSION vom 24. Mai 2019 über die Vorschriften und Verfahren für den Betrieb unbemannter Luftfahrzeuge (Drohnenverordnung), die Richtlinien (z. B. Richtlinie 2003/88/EG des Europäischen Parlaments und des Rates vom 4. November 2003 über bestimmte Aspekte der Arbeitszeitgestaltung) und Beschlüsse (Beschluss Nr. 1082/2013/EU des Europäischen Parlaments und des Rates vom 22. Oktober 2013 zu schwerwiegenden grenzüberschreitenden Gesundheitsgefahren) zu erlassen

Die Wirkungen europäischen Rechts sind unterschiedlich:

- Die Verordnung ist ein in Artikel 288 AEUV genannter Rechtsetzungsakt. Sie hat allgemeine Geltung und ist in allen ihren Teilen verbindlich und gilt unmittelbar in jedem Mitgliedstaat, ohne dass es einer Umsetzung in nationales Recht bedarf.
- Die EU kann auch Durchführungsverordnungen erlassen. Dabei handelt es sich um Rechtsakte, deren Geltung von der Grundverordnung abhängt. Während die Grundverordnung (wie im deutschem Recht ein Gesetz) wesentliche Bestimmungen enthält, regelt die Durchführungsverordnung die technischen Einzelheiten (wie im deutschem Recht eine Rechtsverordnung).
- Richtlinien, die Gesetzgebungsakte sind, werden in der Regel auf Vorschlag der Kommission vom Rat und vom Europäischen Parlament nach dem ordentlichen oder einem besonderen Gesetzgebungsverfahren erlassen. Die Richtlinie ist für jeden Mitgliedstaat, an den sie gerichtet wird, hinsichtlich des zu erreichenden Ziels verbindlich, überlässt jedoch den innerstaat-

[1] Zum Beispiel: Art. 31 bayFwG; § 49 BbgBKG; § 22 Abs. 2 hamb. FwG; § 69 HBKG; § 32 mvBrSchG; § 36 NBrandSchG; § 56 nrwBHKG; § 43 rlpLBKG; § 54 SBKG; § 33 sa-anhBrSchG; § 42 shBrSchG; § 54 thürBKG.

lichen Stellen die Wahl der Form und der Mittel. Das Inkrafttreten der Richtlinie hat grundsätzlich keine unmittelbare Wirkung auf das innerstaatliche Recht. Sobald sie auf europäischer Ebene angenommen wurde, muss sie allerdings von den Mitgliedstaaten in innerstaatliches Recht umgesetzt werden. Nach Art. 291 Abs. 1 AEUV ergreifen die Mitgliedsstaaten alle zur Durchführung der verbindlichen Rechtsakte der Union erforderlichen Maßnahmen nach innerstaatlichem Recht. Die Richtlinie muss grundsätzlich innerhalb der von den Organen festgesetzten Frist (sechs Monate bis zwei Jahre) umgesetzt werden. Privatpersonen haben unter bestimmten Voraussetzungen die Möglichkeit, im Falle nicht ordnungsgemäß oder nicht fristgerecht umgesetzter Richtlinien, eine Entschädigung zu erhalten. Ferner hat die Richtlinie dann nach Auffassung des Europäischen Gerichtshofs unmittelbare Wirkung zwischen Bürgern und Staat.

- Beschlüsse sind in allen ihren Teilen verbindlich. Sind sie an bestimmte Adressaten gerichtet, so sind sie nur für diese verbindlich. Wird ein Beschluss durch den Rat und das Parlament im ordentlichen Gesetzgebungsverfahren oder im besonderen Gesetzgebungsverfahren angenommen, so ist er ein Gesetzgebungsakt.
- Die Empfehlungen und Stellungnahmen sind nicht verbindlich.

2.2 Die Feuerwehr als kommunale Einrichtung

Die öffentlichen Feuerwehren sind kommunale Einrichtungen, werden also von den Gemeinden unterhalten. Sie sind weder als Polizei noch als Ordnungsbehörden anzusehen[2]. Eine Ausnahme bildet Berlin[3]. Die Feuerwehr ist für die Gefahrenabwehr zuständig, wenn eine Gefahr für die öffentliche Sicherheit besteht, die mit den speziellen Einsatzmöglichkeiten der Feuerwehr abgewehrt werden kann.

2.3 Verfassungsrechtliche Einordnung

Die Unterhaltung einer Feuerwehr ist seit jeher eine Angelegenheit der örtlichen Gemeinschaft, die als Kernaufgabe zu bezeichnen ist. Daher darf diese Aufgabe den Gemeinden nach Art. 28 Abs. 2 GG nicht entzogen werden, da die Verfassung hier vorschreibt, dass die Gemeinden das Recht haben, Angelegenheiten der örtlichen Gemeinschaft im Rahmen der Gesetze in eigener Verantwortung zu lösen. Eine Landes- oder Bundesfeuerwehr anstelle der kommunalen Feuerwehren wäre also verfassungswidrig.

2.4 Aufgaben von Gemeinden, Kreisen und Ländern

2.4.1 Gemeinden

Die Gemeinden müssen die örtlichen Feuerwehren unterhalten, also dafür Sorge tragen, dass diese sachlich und personell ausreichend ausgestattet sind. Ferner hat die Gemeinde ihre Feuerwehr nach den Vorgaben der jeweiligen Landesgesetze zu organisieren und weitere Maßnahmen zur Abwehr von Schadenereignissen (z. B. Sicherstellung einer angemessenen Löschwasserversorgung) zu ergreifen.

2.4.2 Kreise

In der Bundesrepublik gibt es 294 Kreise bzw. Landkreise. Die Kreisordnungen der Länder übertragen den Kreisen die Kompetenz, überörtliche Aufgaben wahrzunehmen. Diese Aufgaben umfassen – gemeindeübergreifend – das gesamte Kreisgebiet. Hierzu gehören nach dem jeweiligen Landesrecht beispielsweise die Einrichtung von Leitstellen für Feuerschutz und Rettungsdienst, die Leitung und die Koordinierung im Katastrophenschutz und das Vorhalten von Einrichtungen für den Feuerschutz,

[2] Ausdrücklich betonen dies: § 1 Abs. 1 S. 2 bwFwG; § 8 Abs. 3 BremHilfeG; vgl. auch VG Oldenburg (SgEFeu § 4 Nr. 4), OLG Hamm (SgEFeu § 5 Abs. 1 Nr. 1, Nr. 2, § 7 Abs. 2 Nr. 1).

[3] § 1 Abs. 2 berlFwG bezeichnet die Berliner Feuerwehr als eine nachgeordnete Ordnungsbehörde.

soweit ein überörtlicher Bedarf besteht (Kreisschirrmeisterei, Kreisatemschutzwerkstatt etc.)[4]. Außerdem nehmen die Kreise Ausbildungsaufgaben wahr, soweit diese auf örtlicher Ebene nicht geleistet werden können.

Kreisfreie Städte nehmen die zuvor genannten Aufgaben selbst wahr.

Bei kreisangehörigen Gemeinden sind die Landkreise Aufsichtsbehörden im Bereich Feuerschutz.

2.4.3 Länder

Die Innenministerien der Länder sind oberste Aufsichtsbehörden im Bereich des Feuer- und Katastrophenschutzes. Die Länder unterhalten zentrale Ausbildungsstätten, treffen die erforderlichen zentralen Maßnahmen und fördern den Feuerschutz.

2.5 Handeln im Einsatz

Die Feuerwehr handelt bei Eingriffen in die Rechte Dritter rechtmäßig, wenn ihre Anordnungen (Verwaltungsakt) oder ihr tatsächliches Tun (Realakt) allen Anforderungen entsprechen, welche die Rechtsordnung fordert. Es wird unterschieden in formelle Rechtmäßigkeit und materielle Rechtmäßigkeit, die beide vorliegen müssen. Formell rechtmäßig ist das Handeln, wenn

- die Feuerwehr zuständig ist (Zuständigkeit[5]) und

> **Merke:**
>
> Bei Eingriffen in die Rechte Dritter (zum Beispiel Betreten von Wohnungen) ist immer zu prüfen, ob die Feuerwehr zuständig ist und die Maßnahme vom jeweiligen Brandschutzgesetz erlaubt ist.

- die Verfahrensvorschriften und
- die Formvorschriften beachtet wurden.

Materiell rechtmäßig ist das Handeln, wenn

- eine gesetzliche Ermächtigungsgrundlage[6] besteht,
- vom Ermessen fehlerfreier Gebrauch[7] gemacht wird,
- der Grundsatz der Bestimmheit und
- der Grundsatz der Verhältnismäßigkeit beachtet wurden.

2.6 Formen des Handelns

Im Einsatz handelt die Feuerwehr zum einen durch tatsächliches Tun, z. B. die Durchführung eines Löschangriffs. Ein solches Handeln nennt man Realakt. Zum anderen ist aber häufig auch eine Anordnung der Feuerwehr, z. B. ein Platzverweis oder die Heranziehung von Personen, erforderlich. Eine solche Anordnung stellt dann einen so genannten Verwaltungsakt (VA) dar.

2.6.1 Realakt

Die Feuerwehr handelt, im Gegensatz zu anderen Behörden, in der Gefahrenabwehr überwiegend durch Realakte und nicht durch Verwaltungsakte. Als Realakt oder schlichtes Verwaltungshandeln bezeichnet man alle Maßnahmen, die nicht auf einen Rechtserfolg (z. B. Gebot oder Verbot), sondern einen tatsächlichen Erfolg (»Feuer aus«) gerichtet sind.

Um Realakte handelt es sich insbesondere auch bei den Fällen der unmittelbaren Ausführung einer Maßnahme, wenn dem Betroffenen wegen der Eilbedürftigkeit nicht zuvor eine Duldungsanordnung bekannt gegeben werden konnte. Es kommt also zu einem Vollzug ohne Verwaltungsakt, dem so genannten Sofortvollzug. Ein Beispiel für einen Realakt und die Abgrenung zum Verwaltungsakt zeigt der ▶ Beispielkasten auf der nächsten Seite.

Die unmittelbare Ausführung einer Maßnahme (Sofortvollzug) als Realakt ist von Fällen zu unterscheiden, in denen ein Verwaltungsakt dem Betroffenen bekannt gegeben und wegen der Eilbedürftigkeit sofort vollzogen wird. Es handelt sich dann um den sofortigen Vollzug eines Verwaltungsaktes und nicht um einen Realakt.

---

[4] Zum Beispiel: § 4 bwFwG; Art. 2 bayFwG; § 4 BbgBKG; § 4 HBKG; § 4 nrwBHKG.

[5] Siehe auch: Fischer, R.: Rechtsfragen beim Feuerwehreinsatz, Die Roten Hefte 68, 4. Auflage, Punkt 3.2.1.

[6] vgl. Fischer, a. a. O., Punkte 3.2.3 bis 3.2.4.6.

[7] vgl. Fischer, a. a. O., Punkte 3.2.5 bis 3.2.6.3.

A

BEISPIEL REALAKT

Bei einem Brandeinsatz ordnet der Einsatzleiter das Aufbrechen eines Tores an, um auf dem dahinter liegenden Grundstück Wasser entnehmen zu können. Weder der von dieser Maßnahme betroffene Eigentümer noch eine vertretungsberechtigte Person ist anwesend. Am Tor und dem Grundstück entsteht ein Schaden. Ein Verwaltungsakt auf Duldung der Löschwasserentnahme und des Betretens des Grundstücks liegt wegen fehlender Bekanntgabe an den Betroffenen nicht vor[8]. Ein solcher Verwaltungsakt an den Betroffenen wäre jedoch normalerweise Voraussetzung für den Vollzug. Nur weil er wegen der gesteigerten Eilbedürftigkeit nicht ergehen kann, wird die Maßnahme sofort ausgeführt (Realakt).

2.6.2 Verwaltungsakt

Die Feuerwehr greift im Einsatz durch Anordnungen oder durch tatsächliches Handeln in die Rechte anderer ein. In Betracht kommen Verbote, Gebote und Duldungsgebote. Solche Anordnungen sind grundsätzlich als belastende Verwaltungsakte (VA) zur Gefahrenabwehr anzusehen. Der Verwaltungsakt ist in § 35 VwVfG[9] definiert. Ein Verwaltungsakt liegt, verkürzt ausgedrückt, immer dann vor, wenn gleichzeitig

- die Feuerwehr einen Einzelfall hoheitlich regelt und
- die Regelung unmittelbare Aussenwirkung hat.

Grundsätzlich handelt die Feuerwehr im Einsatz hoheitlich, wenn sie aufgrund der Brandschutzgesetze der Länder tätig wird, es also um den Vollzug von öffentlich-rechtlichen Vorschriften geht. Keine Verwaltungsakte sind mangels hoheitlicher Regelung hingegen alle privatrechtlichen Rechtsakte, bei denen kein Über-/Unterordnungsverhältnis besteht.

Die Einordnung einer Anordnung als Verwaltungsakt ist von erheblicher rechtlicher Bedeutung. Denn bei einem Verwaltungsakt sind das Verwaltungsverfahrens-, das Verwaltungsvollstreckungs- und das Verwaltungsprozessrecht anzuwenden.

Das Verwaltungsverfahren richtet sich bei Maßnahmen der Feuerwehr nach den Verwaltungsverfahrensgesetzen (VwVfG) der Länder[10]. Im Einsatz sind nur wenige Vorschriften

BEISPIEL VERWALTUNGSAKT

Beispiel 1: Erwirbt die Feuerwehr an einer Tankstelle Treibstoff, handelt sie wie jeder Bürger privatrechtlich und schließt einen Kaufvertrag nach den § 433 ff. BGB ab. Es handelt sich nicht um einen Verwaltungsakt.

Beispiel 2: Die Feuerwehr zieht bei einem Einsatz zur Unterstützung einen Landwirt mit seinem Traktor mit Seilwinde heran. Der Landwirt wird hier nicht im Rahmen eines Werkvertrages für die Feuerwehr tätig. Denn er darf sich der hoheitlichen Anordnung (VA) des Einsatzleiters tätig zu werden aufgrund der Vorschriften des jeweiligen Brandschutzgesetzes nicht entziehen. Das Rechtsverhältnis zwischen dem Herangezogenen und der Feuerwehr bestimmt sich in einem solchen Fall also ausschließlich nach öffentlichem Recht, sprich dem jeweiligen Brandschutzgesetz des Landes.

des VwVfG von Bedeutung, da naturgemäß ein »förmliches Verwaltungsverfahren« nicht durchgeführt werden kann.

Von wesentlicher Bedeutung beim Feuerwehreinsatz ist die fehlerunabhängige Rechtswirksamkeit des Verwaltungsaktes. Der Verwaltungsakt wird in dem Moment rechtswirksam, in dem er dem Betroffenen bekannt gegeben wird (§ 43 Abs. 1 VwVfG) und zwar ohne Rücksicht auf seine Rechtmäßigkeit. Der Verwaltungsakt ist somit auch dann verbindlich, wenn er rechtswidrig sein sollte. Im Einsatz kann jedoch eine rechtswidrige Anordnung zu Schadensersatzansprüchen führen.

Nur ein offensichtlich und schwerwiegend rechtswidriger Verwaltungsakt ist von vornherein nichtig und damit auch für den Betroffe-

[8] Hiervon gehen auch § 6 Abs. 2 VwVG (Bund) und § 55 Abs. 2 VwVG (NW) aus. Vereinzelt wird jedoch im sofortigen Vollzug ein konkludenter Verwaltungsakt auf Duldung gesehen.

[9] § 35 VwVfG: Verwaltungsakt ist jede Verfügung, Entscheidung oder andere hoheitliche Maßnahme, die eine Behörde zur Regelung eines Einzelfalles auf dem Gebiet des öffentlichen Rechts trifft und die auf unmittelbare Rechtswirkung nach außen gerichtet ist. Allgemeinverfügung ist ein Verwaltungsakt, der sich an einem nach allgemeinen Merkmalen bestimmten oder bestimmbaren Personenkreis richtet oder die öffentlich-rechtliche Eigenschaft einer Sache oder ihre Benutzung durch die Allgemeinheit betrifft.

[10] Das Verwaltungsverfahrensgesetz des Bundes und die Verwaltungsverfahrensgesetze der Länder sind weitgehend identisch.

A

nen nicht bindend (§ 44 VwVfG). Immer nichtig sind unter anderem Verwaltungsakte, die

- aus tatsächlichen Gründen niemand ausführen kann,
- die Begehung einer rechtswidrigen Tat verlangen, welche einen Straf- oder Bußgeldtatbestand verwirklicht,
- gegen die guten Sitten verstoßen.

Solche nichtigen Verwaltungsakte werden im Feuerwehreinsatz allerdings sehr selten sein.

Rechtmäßige Anordnungen der Feuerwehr können als Verwaltungsakte von ihr selbst vollstreckt werden. Die Vollstreckung richtet sich nach den Vorschriften der Verwaltungsvollstreckungsgesetze der Länder. Als Zwangsmittel kommen im Einsatz insbesondere die Ersatzvornahme und unmittelbarer Zwang in Betracht (▶ Abschnitt »Zwangsmittel«).

BEISPIEL VOLLSTRECKUNG VA

Ein Schaulustiger wird aufgefordert, sein behindernd abgestelltes Fahrzeug beiseite zu fahren. Als dieser sich weigert, vollstreckt der Einsatzleiter die Anordnung, indem er das Fahrzeug beiseite ziehen lässt (Ersatzvornahme).

Merke:

Die Feuerwehr kann ihre Anordnungen auch zwangsweise nach den jeweiligen Verwaltungsvollstreckungsgesetzen durchsetzen.

2.6.3 Zulässige Maßnahmen im Einsatz

Bevor Maßnahmen und Anordnungen durch die Feuerwehr getroffen werden, sind Zuständigkeit, Ermächtigungsgrundlage für die Maßnahme oder Anordnung zu prüfen. Besteht dann ein Ermessenspielraum ist vom Ermessen fehlerfreier Gebrauch zu machen.

ZUSTÄNDIGKEIT

Die öffentlichen Feuerwehren sind kommunale Einrichtungen. Sie sind weder als Polizei noch als Ordnungsbehörden anzusehen[11]. Eine Ausnahme bildet insofern Berlin (▶ Fußnote 3).

Im Rahmen der Gefahrenabwehr obliegt den Feuerwehren die Aufgabe des Brandschutzes und der Technischen Hilfeleistung bei Unglücksfällen und öffentlichen Notständen (ggf. auch weitere Aufgaben, z. B. in Hamburg auch der Rettungsdienst)[12]. Eine Besonderheit ergibt sich für Baden-Württemberg, wo eine Pflichtaufgabe bei Unglücksfällen und Naturereignissen nur dann vorliegt, wenn diese gleichzeitig einen öffentlichen Notstand darstellen[13].

Voraussetzung für ein Tätigwerden der Feuerwehr im Einsatz ist eine Gefahr. Der Gefahrenbegriff kommt aus dem Polizeirecht[14]. Unter einer konkreten Gefahr ist dabei eine Sachlage zu verstehen, die bei verständiger und fachgerechter Würdigung in naher Zukunft die hinreichende Wahrscheinlichkeit eines Schadeneintritts oder einer Beeinträchtigung der öffentlichen Sicherheit in sich birgt. Dabei ist unter Schaden die objektive Minderung eines vorhandenen normalen Zustandes von Rechtsgütern durch von außen kommende Einflüsse zu verstehen. Diese konkrete Gefahr ist zu unterscheiden von der abstrakten Gefahr, die für sich allein im Einsatzrecht jedoch keine Rolle spielt. Daneben gibt es in einzelnen Gesetzen qualifizierte Gefahrenbegriffe:

- dringende Gefahr: die erhöhte Wahrscheinlichkeit eines Schadeneintritts;
- unmittelbar drohende Gefahr: zeitlich nahe und erhöhte Wahrscheinlichkeit eines Schadeneintritts;
- gegenwärtige Gefahr: Definition wie »unmittelbar drohende Gefahr«[15];

---

[11] Ausdrücklich betonen dies § 1 Abs. 1 S. 2 bwFwG; § 8 Abs. 3 BremHilfeG; vgl. auch VG Oldenburg (SgEFeu § 4 Nr. 4), OLG Hamm (SgEFeu § 5 Abs. 1 Nr. 1, Nr. 2, § 7 Abs. 2 Nr. 1).

[12] Art. 4 bayFwG; § 3 Abs. 1 berlFwG, §§ 1Abs. 1, 24 Abs. 1 BbgBKG; § 3 hmbFwG; § 6 HBKG; § 1 Abs. 1 mvBSchG; § 2 Abs. 1 NBrandSchG; § 1 Abs. 1 und § 3 Abs. 1 nrwBHKG; § 8 Abs. 1 rhpfBKG; §§ 1, 7 SBKG; § 16 Abs. 1 sächsBRKG; § 1 sa-anh.BSchHG; § 6 shBrSchG; §§ 2 Abs. 1 Nr. 1, 9 Abs. 1 thürBKG.

[13] § 2 Abs. 1 bwFwG.

[14] Damit meint das materielle Polizeirecht all jene Tätigkeiten, die inhaltlich dadurch gekennzeichnet sind, dass sie der Abwehr von Gefahren für die öffentliche Sicherheit dienen (vgl. Schenke: Polizei- und Ordnungsrecht § 1 Rdnr. 9 mit Hinweis auf die Begrifflichkeiten z. B. in Baden-Würtenberg, Sachsen, Bremen und dem Saarland. Vereinzelt werden die Begriffe auch in Nordrhein-Westfalen im allgemeinen Sprachgebrauch genutzt: »Offenes Licht und Feuer sind feuerschutzpolizeilich verboten«.

[15] Vgl. für die Entsprechung von unmittelbar drohender Gefahr und gegenwärtiger Gefahr BVerwGE 45, 51, 57; OVG Bremen (NVwZ 2001, 221).

- erhebliche Gefahr: Wahrscheinlichkeit des Schadeneintritts bei einem bedeutsamen Rechtsgut, z. B. Leben, Gesundheit, bedeutende Sachwerte;
- gemeine Gefahr: Wahrscheinlichkeit eines Schadens für eine unbestimmte Vielzahl von Personen oder erheblichen Sachwerten oder unüberschaubares Gefahrenpotenzial;
- Gefahr in Verzug: dringende Wahrscheinlichkeit des Schadeneintritts, wenn nicht sofort zur Verhinderung eingegriffen wird oder bei verzögertem Eingreifen die Effektivität der Schadenbekämpfung zumindest in Frage gestellt wird.

Von diesen qualifizierten Gefahrenbegriffen ist die **<Anscheinsgefahr>** zu unterscheiden. Im eigentlichen Sinne besteht bei der Anscheinsgefahr gar keine Gefahr. Eine Anscheinsgefahr ist gegeben, wenn im Zeitpunkt des polizeilichen Einschreitens bei verständiger Würdigung des Sachverhalts objektive Anhaltspunkte für eine Gefahr vorliegen, sich aber nachträglich ergibt, dass ein Schadeneintritt bei einer nachträglichen Betrachtung objektiv nicht zu erwarten gewesen ist[16]. Bei Vorliegen einer Anscheinsgefahr ist das Eingreifen grundsätzlich in gleicher Weise gerechtfertigt, als wenn die Gefahr tatsächlich vorgelegen hätte.

Die **<Zuständigkeit>** der Feuerwehren bei der Gefahrenabwehr wird in den Gesetzen der Bundesländer mit unbestimmten Rechtsbegriffen wie

- Vorbeugender Brandschutz (als vorbeugende Gefahrenabwehr),
- abwehrender Brandschutz (Bekämpfung von Schadenfeuern),
- Unglücksfälle und
- öffentliche Notstände/Katastrophen

definiert. Unbestimmte Rechtsbegriffe sind auszulegen. Dadurch entstehen zum Teil nicht unerhebliche Unsicherheiten im Bereich der Zuständigkeiten.

Unter dem Begriff Brandschutz ist die Verhinderung (Vorbeugender Brandschutz) oder die Bekämpfung (abwehrender Brandschutz) von Schadenfeuern zu verstehen. Zum Teil nutzen die Gesetze auch direkt den Begriff Schadenfeuer[17]. Ein **<Schadenfeuer>** wird nach einer älteren Definition des Oberverwaltungsgerichts Münster als ein selbstständig fortschreitendes, unkontrollierbares Feuer außerhalb einer Feuerstätte definiert, das nicht zum Verbrennen bestimmte oder nicht wertlose Gegenstände vernichtet. Unbestimmte Rechtsbegriffe sind immer im Lichte der Verfassung (des Grundgesetzes) auszulegen. Daher ist die Definition des Oberverwaltungsgerichts Münster für ein Schadenfeuers nicht mehr zeitgemäß und ergänzungsbedürftig: Ein Schadenfeuer liegt auch dann vor, wenn Sachen verbrennen, die vom Berechtigten hierzu bestimmt wurden oder die völlig wertlos sind, wenn die Verbrennung offensichtlich rechtswidrig ist und durch diese mit einem Schaden an Leben und Gesundheit (Art. 2 GG), Eigentum von bedeutendem Wert (Art. 14 GG) oder der Umwelt (Art. 20a GG) gerechnet werden muss[18].

Ein **<Unglücksfall>** ist ein plötzliches Ereignis, von dem eine erhebliche Gefahr für Menschen, Tiere, Sachen oder Umwelt ausgeht[19]. Die Feuerwehr ist zuständig, wenn sie durch Technische Hilfeleistung die Gefahr abwehren kann. Beispiele für solche Unglücksfälle sind Verkehrsunfälle, Unfälle in Betrieben, Explosionen, Einstürze sowie das Auslaufen oder Freiwerden gefährlicher Stoffe und Güter. Nach nicht unumstrittener Rechtsprechung soll ein Unglücksfall auch bei einer Straßenverunreinigung (Ölspur) anzunehmen sein, die zu einer Verkehrsgefahr und mithin zu einem Unglücksfall führen kann[20].

Ein **<öffentlicher Notstand>** ist anzunehmen, wenn eine erhebliche Gefahr für die

[16] OVG Münster (NJW 1980, 138); Heise: § 15 NRWPolG Rdnr. 25; Rietdorf-Heise-Böckenförde-Strehlau, § 1 OBG Rdnr. 13; Hoffmann-Riem, In: Festschrift für Wacke, S. 327 ff. m. w. Nachweisen.

[17] So noch § 1 Abs. 1 FSHG; das aktuelle BHKG verwendet nur noch den Begriff »Brandschutz«. »Abwehrender Brandschutz« meint jedoch immer die Bekämpfung von Schadenfeuern (vgl. auch Schneider: BHKG, 9. Auflage, § 1 Rdnr. 37, W. Kohlhammer GmbH).

[18] Fischer, Rechtsfragen beim Feuerwehreinsatz, 4. Auflage, S. 51, 3.2.1.1.2 a; Schneider, Brandschutz-, Hilfeleistungs-, Katastrophenschutzgesetz Nordrhein-Westfalen, § 1 Rdnr. 37, OVG Münster Urt. v. 24.6.2008 – 9 A 3961/06, SgE Feu § 1 I FSHG Nr. 94).

[19] Vgl. z. B. VG Münster (SgEFeu § 1 Abs. 1 Nr. 7, Nr. 15).

[20] OVG Münster (9 A 4239/04, Urteil vom 16. Februar 2007); mit deutlicher Kritik: Fischer, In: Der Feuerwehrmann 2007, S. 62.

öffentliche Sicherheit nicht nur für einzelne Personen, sondern für die Allgemeinheit, also eine unbestimmte oder unbestimmbare Anzahl von Personen besteht. Solche Gefahren können sich aus Naturereignissen (Sturm, Hochwasser) ergeben. Aber auch die Störung wichtiger Anlagen kann zu einer von der Feuerwehr zu bekämpfenden Gefahr werden, wenn andere Möglichkeiten, die Gefahr abzuwenden, nicht bestehen und über die reine Störung der Anlage hinaus weitere Schäden für eine unbestimmte oder unbestimmbare Anzahl von Menschen, Tieren, Sachen oder an der Umwelt zu befürchten sind (z. B. eine Störung der Trinkwasserversorgung).

Amtshilfe

Außerhalb ihrer Zuständigkeit leisten die Feuerwehren Amtshilfe bzw. außerhalb der örtlichen Zuständigkeit überörtliche Hilfe.

Die allgemeine Verpflichtung des Bundes und der Länder zu gegenseitiger Rechts- und Amtshilfe ist in Art. 35 GG geregelt. Diese allgemeine Verpflichtung wird durch die §§ 4 bis 8 des Verwaltungsverfahrensgesetzes (VwVfG) und die Verwaltungsverfahrensgesetze der Länder in einfaches Recht umgesetzt. Paragraf 4 VwVfG stellt nochmals die allgemeine Amtshilfepflicht fest und definiert den Begriff der Amtshilfe als ergänzende Hilfe einer Behörde für eine andere. Diese Hilfe kann in der Vornahme rechtlicher oder tatsächlicher Handlungen oder einer Kombination beider bestehen.

Ämter einer Gemeinde sind keine Behörden im Sinne des § 1 Abs. 4 VwVfG. Das gilt auch für die Feuerwehr. Dies wiederum bedeutet, dass nicht die Feuerwehr im eigentlichen Sinn Amtshilfe leistet, sondern die Gemeinde.

BEISPIELE AMTSHILFE

Beispiel 1: Die Feuerwehr leuchtet für die Polizei eine polizeiliche Einsatzstelle aus (tatsächliche Handlung).

Beispiel 2: Die Feuerwehr bittet die Polizei um Vollzugshilfe nach einem von der Feuerwehr erteilten Platzverweis. Die Polizei droht dem Störer unmittelbaren Zwang an, worauf dieser dem Platzverweis Folge leistet (rechtliche Handlung).

Um Amtshilfe handelt es sich nach § 4 Abs. 2 VwVfG nicht, wenn sich Behörden innerhalb eines bestehenden Weisungsverhältnisses Hilfe leisten (z. B. Ämter einer Gemeinde untereinander) oder die Hilfeleistung in Handlungen

BEISPIEL KEINE AMTSHILFE

Der Einsatzleiter der Feuerwehr fordert die Polizei zur Verkehrsregelung im Bereich der Einsatzstelle an. Die Polizei wird nicht in Amtshilfe für die Feuerwehr tätig, da sie eine Aufgabe wahrnimmt, die in ihre originäre Zuständigkeit fällt.

BEISPIEL MEHRFACHE ZUSTÄNDIGKEIT

Bei einer größeren Schadenlage kommt es durch Schaulustige zu erheblichen Behinderungen der Einsatzkräfte der Feuerwehr. Erteilt ein Angehöriger der Feuerwehr einen Platzverweis, kann er ihn unter den Voraussetzungen des Verwaltungsvollsteckungsgesetzes des jeweiligen Bundeslandes nach vorheriger Androhung auch im Wege der Verwaltungsvollstreckung zwangsweise durchsetzen. Sieht er sich hierzu nicht in der Lage, kann er die Polizei bei der Vollstreckung um Amtshilfe bitten (so genannte Vollzugshilfe). Unabhängig davon kann aber auch die Polizei einen Platzverweis selbst erlassen und diesen durchsetzen.

Quelle: Archiv R. Fischer

Bild 2.1 Durchsetzung eines Platzverweises im Wege der Amts- bzw. Vollzugshilfe oder als Wahrnehmung einer eigenen polizeilichen Aufgabe (Symbolfoto)

Merke:

Die Gemeinde kann durch die Feuerwehr anderen Behörden Amtshilfe leisten. Die Feuerwehr der Gemeinde kann aber auch andere Behörden um Amtshilfe bzw. Vollzugshilfe ersuchen.

A

besteht, die der ersuchten Behörde als eigene Aufgabe obliegen.

Bei mehrfacher Zuständigkeit kommt es darauf an, wer die Aufgabe übernommen hat.

Ermächtigungen nach den Brandschutzgesetzen der Bundesländer

Betretungsrecht und Nutzungsrecht

Die Feuerwehr wird durch die Brandschutzgesetze nicht nur zum Betreten des vom Schadenereignis betroffenen Grundstücks, sondern auch der Nachbargrundstücke ermächtigt. Dem Recht zum Betreten des Grundstücks steht das Recht zum Befahren gleich. Die Feuerwehr hat darüber hinaus auch das Recht, Wasservorräte auf den Grundstücken zu nutzen und den Einsatz störende Pflanzen, Sachen oder Gebäude bzw. Gebäudeteile zu entfernen[21]. Die Vorschriften sind als ein zur Gefahrenabwehr weitgehendes Nutzungsrecht auszulegen, das zu einer allgemeinen Duldungspflicht aller geeigneten und erforderlichen einsatzbedingten Maßnahmen führt. Besonderes gilt dies für das Betreten von Wohnungen, da diese unter dem Schutz des Art. 13 GG stehen.

Als Wohnung sind alle Räume einzustufen, die der allgemeinen Zugänglichkeit entzogen sind und dem privaten Leben dienen[22]. Fremde Wohnungen dürfen von der Feuerwehr gegen den Willen des Berechtigten nur zu Zwecken der unmittelbaren Gefahrenabwehr betreten werden. Die Ermächtigung hierzu ergibt sich aus den Brandschutzgesetzen[23]. Das Betretungsrecht gilt nur für die Einsatzkräfte der Feuerwehr und ggf. von ihr zur Schadenbekämpfung herbeigezogene Dritte. Die Feuerwehr ist nicht befugt, anderen Personen den Zutritt ohne die Zustimmung des Berechtigten zu erlauben.

Sperren von Einsatzstellen und Platzverweis

Das Sperren von Einsatzstellen wird bei allen größeren Schadenereignissen im Regelfall erforderlich sein, um einen sicheren und ungestörten Einsatzablauf zu ermöglichen. Darüber hinaus dient die Maßnahme dem Schutz Dritter, welche durch das Schadenereignis und das Einsatzgeschehen gefährdet werden können. In den vergangenen Jahren hat sich insofern die Situation für die Feuerwehr durch eine zunehmende »Gaffermentalität« verschärft. Häufig nutzen dann auch Appelle an die Vernunft nicht mehr. Durch einen Platzverweis wird eine Person von der Einsatzstelle verwiesen oder ihr das Betreten der Einsatzstelle verboten. Leider enthalten trotzdem noch nicht alle Brandschutzgesetze eine eindeutige Ermächtigungsgrundlage für die Feuerwehr. Besteht keine Ermächtigungsgrundlage gegen störende Personen vorzugehen, muss das Eintreffen der Polizei[24] abgewartet werden. Führt das Verhalten störender Personen jedoch zu einer unmittelbaren, erheblichen Gefahr, so sind Maßnahmen gegen diese Personen nach § 34 Strafgesetzbuch (StGB) gerechtfertigt, wenn sie in einem angemessenen Verhältnis zur Gefahr stehen. Den Feuerwehrangehörigen droht dann zumindest nicht die Gefahr einer strafrechtlichen Verfolgung aufgrund der Versäumnisse des Gesetzgebers.

Als Einsatzstelle ist der gesamte Bereich zu bezeichnen, der unmittelbar vom Schadenereignis betroffen ist, sowie der Bereich, in dem die Feuerwehr darüber hinaus tätig wird. Damit ist auch eine weiter entfernte Wasserentnahmestelle eine Einsatzstelle der Feuerwehr.

---

21 Baden-Württemberg § 31 FwG; Bayern Art. 23 Abs. 2, Abs. 3 FwG; Berlin § 14 Abs. 1 FwG; Brandenburg § 15 Abs. 1 BbgBKG; Bremen § 4 Abs. 3 BremHilfeG; Hessen § 46 Abs. 1 HBKG; Mecklenburg-Vorpommern § 24 BSchG; Niedersachsen § 30 Abs. 3, Abs. 4 NBSchG; Nordrhein-Westfalen §§ 34 Abs. 1 S. 1, 43 Abs. 1 und 2 BHKG; Rheinland-Pfalz § 28 Abs. 1 BKG; Saarland § 40 Abs. 1 SBKG; Sachsen § 55 Abs. 1 sächsBRKG; Sachsen-Anhalt § 26 Abs. 3, Abs. 4 BSchG; Schleswig-Holstein § 28 Abs. 1, Abs. 2 BSchG; Thüringen § 29 Abs. 1 BKG.

22 Einzelheiten zum Wohnungsbegriff siehe: Fischer, R.: Rechtsfragen beim Feuerwehreinsatz, Die Roten Hefte 68, 4. Auflage, Punkt 3.2.4.3.

23 § 31 bwFwG; Art. 23 Abs. 2, bayFwG; § 15 Abs. 1 BbgBKG ; §§ 4 Abs. 3, 5 Abs. 3 Nr. 1 BremHilfeG, § 46 Abs. 1 HBKG; § 24 mvBrSchG; § 24 Abs. 1 Nr. 3 NBrandSchG; §§ 34 Abs. 1 S. 1, 43 Abs. 2 S. 1 nrwBHKG; § 28 Abs. 1 rlpBKG; § 40 Abs. 1 SBKG; § 19 Abs. 1, Abs. 2 SBSchG; § 26 Abs. 3 Nr. 1 sa-anhBrSHG; § 28 Abs. 1, Abs. 2 shBrSchG; § 29 Abs. 1 thürBKG.

24 Die Polizei ist aufgrund der Polizeigesetze zum Platzverweis befugt; fehlt eine spezielle Ermächtigung, ergibt sich die Befugnis zum Platzverweis aus der polizeilichen Generalklausel, vgl.: Art. 16 bayPAG; § 29 berlASOG; § 31 hamSOG; § 52 mvSOG; § 17 ndsGefAG, § 34, 35 nrwPolG, § 14 rhpfPOG, § 13 saarlPolG, § 22 sächsPolG, § 37 sa-anhSOG; § 201 shLVwG; § 18 thürPAG.

Die Bundesländer haben folgende Regelungen:

- Baden-Württemberg (§ 30 Abs. 3 FwG): Innerhalb ihres Aufgabenbereichs haben der technische Leiter der Feuerwehr oder von ihm beauftragte Personen die Möglichkeit, Anordnungen gegenüber den an der Einsatzstelle anwesenden Personen zu treffen. Dieses umfassende Anordnungsrecht ermöglicht alle Anordnungen, die zur Sicherstellung des Einsatzerfolges erforderlich sind. Es kann durch den Einsatzleiter auch auf andere Personen übertragen.
- Bayern (Art. 25 FwG): In Bayern haben Führungsdienstgrade der Feuerwehr nach § 25 FwG das Recht, Einsatzstellen zu sperren und Personen aus dem Einsatzbereich zu verweisen, solange noch keine Polizei eingetroffen ist. Diese Befugnis können sie im Einzelfall auf Mannschaftsdienstgrade übertragen.
- Berlin: Die Berliner Feuerwehr ist eine nachgeordnete Ordnungsbehörde und besitzt damit die den Ordnungsbehörden nach dem Allgemeines Sicherheits- und Ordnungsgesetz erteilten Befugnisse (§ 1 Abs. 2 berlFwG; § 2 Abs. 2 berlASOG). Die Berliner Feuerwehr kann bei einem eigenem Einsatz im Rahmen einer Hilfszuständigkeit alle Maßnahmen nach dem ASOG ergreifen, um eine Gefahr abzuwehren. Voraussetzung ist, dass die Gefahrenabwehr durch eine andere Behörde nicht oder nicht rechtzeitig möglich erscheint (§ 3 berl-ASOG). Damit besteht insbesondere auch die Befugnis zum Platzverweis nach § 29 Abs. 1 berlASOG.
- Brandenburg: Nach § 9 Abs. 4 BbgBKG ist die Einsatzleitung befugt, die notwendigen Sicherungsmaßnahmen zu treffen, um an der Einsatzstelle ungehindert tätig sein zu können.
- Bremen (§ 4 Abs. 3 BremHilfeG): Gemäß § 4 Abs. 3 BremHilfeG kann die Feuerwehr Räumungs-, Sicherungs- und Absperrmaßnahmen anordnen, um es den Einsatzkräften zu ermöglichen, am Schadenort ungehindert tätig sein oder von dort ausgehende Gefahren abzuwehren zu können. Ist die Polizei vor Ort bereits tätig, sind die Maßnahmen nur nach Abstimmung mit dem Einsatzleiter der Polizei zu treffen (§ 3 Abs. 2 BremHilfeG).
- Hamburg (§ 25 FwG): § 25 Abs. 1 FwG enthält eine allgemeine Verpflichtung für unbeteiligte Personen, sich so zu verhalten, dass sie den Einsatz nicht behindern. Nach § 25 Abs. 2 FwG kann die zuständige Behörde, die im Regelfall durch den Einsatzleiter der Feuerwehr vertreten wird, Personen vom Einsatzort, dessen Umgebung und dessen Zugangs- und Zufahrtswegen verweisen oder, wenn sie sich dort noch nicht aufhalten, ihnen das Betreten untersagen.
- Hessen: In Hessen kann der Einsatzleiter nach § 42 Abs. 2 HBKG die notwendigen Sicherungsmaßnahmen treffen, um an der Einsatzstelle ungehindert tätig zu werden (vgl. wie Baden-Württemberg).
- Mecklenburg-Vorpommern: Nach § 7 Abs. 6 BrSchG sind die Feuerwehren berechtigt, die notwendigen Sicherungsmaßnahmen zu treffen, um an der Einsatzstelle ungehindert tätig sein zu können, soweit die Ordnungsbehörde oder die Polizei entsprechende Maßnahmen nicht getroffen hat (vgl. wie Baden-Württemberg). Die Räumung von betroffenen und angrenzenden Grundstücken und Gebäuden kann nach § 24 BrSchG von Eigentümern und Besitzern verlangt werden. Darüber hinaus ist nach § 22 BrSchG ist jeder verpflichtet, sich so zu verhalten, dass Brände schnell bekämpft werden können. Diese Verpflichtung sollte auch für andere Unglücksfälle bestehen.
- Niedersachsen: Der Einsatzleiter der Feuerwehr kann nach § 24 Abs. 1 Nr. 1 NBrandSchG alle Sicherungsmaßnahmen anordnen, die geeignet und erforderlich sind, um am Einsatzort ungehindert tätig zu werden (vgl. wie Baden-Württemberg).
- Nordrhein-Westfalen: Durch das aktuelle BHKG steht der Feuerwehr nur noch ein subsidiäres Recht zum Platzverweis zu. Das heißt, die Einsatzleitung kann solche Anordnungen nur erlassen, soweit die Polizei oder andere Stellen nicht in der Lage sind, in eigener Zuständigkeit entsprechende

Maßnahmen zu treffen. Nach § 34 Abs. 2 BHKG ist die Einsatzleitung befugt, soweit dies zur Abwehr von Gefahren im Hilfeleistungs- oder Brandeinsatz erforderlich ist, das Betreten des Einsatzgebietes oder einzelner Einsatzbereiche verbieten, Personen von dort zu verweisen, das Einsatzgebiet oder einzelne Einsatzbereiche zu sperren und räumen zu lassen. Nach Abs. 5 stehen die Befugnisse nach Absatz 2 den von der Einsatzleitung beauftragten Personen zu, soweit die Einsatzleitung die Maßnahmen nicht selbst veranlassen kann.

- Rheinland-Pfalz: Nach § 26 Abs. 1 S. 3 BKG ist der Einsatzleiter befugt, die erforderlichen Sicherungsmaßnahmen durchzuführen, soweit diese nicht von der Polizei oder anderen zuständigen Stellen getroffen werden (vgl. wie Bayern).
- Saarland: Nach § 27 Abs. 1 Satz 2 SBKG kann der Einsatzleiter Personen der Einsatzstelle verweisen oder ihnen das Betreten verbieten, soweit die Polizei noch nicht zur Verfügung steht (vgl. wie Bayern).
- Sachsen: In Sachsen ermächtigt § 58 Abs. 1 SächsBRKG Feuerwehr, Rettungsdienst und Katastrophenschutz zur Räumung und Sperrung eines Einsatz- oder Katastrophengebietes.
- Sachsen-Anhalt: Der Einsatzleiter der Feuerwehr ist nach § 25 BSchHG befugt, Sicherungsmaßnahmen zu ergreifen, um am Einsatzort ungehindert tätig zu sein (vgl. wie Baden-Württemberg).
- Schleswig-Holstein: Die Feuerwehren sind nach § 20 BrSchG berechtigt, die geeigneten und notwendigen Maßnahmen zu treffen, um an der Einsatzstelle ungehindert tätig sein zu können (vgl. wie Baden-Württemberg).
- Thüringen: Nach § 24 Abs. 4 BKG ist der Einsatzleiter befugt, die erforderlichen Sicherungsmaßnahmen zu treffen, um am Gefahren- oder Schadenort ungehindert tätig sein zu können, soweit diese nicht von der Polizei oder anderen zuständigen Stellen getroffen werden. Insbesondere kann er das Betreten des Gefahren- oder Schadenortes verbieten, Personen von dort verweisen und den Gefahren- oder Schadenort sperren und räumen.

Heranziehung

Die Ermächtigungsgrundlage für die Heranziehung von Personen findet sich in den Brandschutzgesetzen[25], in denen teilweise weitere Voraussetzungen[26] normiert sind. Unter Berücksichtigung allgemeiner Ermessenserwägungen ist eine Heranziehung nur unter folgenden Bedingungen zulässig:

- Die Heranziehung muss der Abwehr einer gegenwärtigen erheblichen Gefahr dienen;
- Maßnahmen gegen den Störer oder den Zustandsstörer (die Gefahr geht nicht von ihm persönlich, sondern von seinem Eigentum oder Besitz aus) sind zur Gefahrenabwehr nicht geeignet;
- Die Gefahr kann von der Feuerwehr nicht durch eigene Kräfte, Beauftragte oder durch andere Behörden rechtzeitig abgewehrt werden;
- Der herangezogenen Person ist die Hilfeleistung ohne erhebliche eigene Gefährdung und ohne Verletzung höherwertiger Pflichten zumutbar;
- Von mehren gleich geeigneten sind diejenigen heranzuziehen, die dadurch am wenigsten beeinträchtigt werden (Auswahlermessen).

Ermessen

Wesentliches Kriterium fehlerfreier Ermessensausübung ist die Beachtung des <**Grundsatzes der Verhältnismäßigkeit**>. Die Verhältnismäßigkeit ist gewahrt, wenn folgende Bedingungen erfüllt sind:

---

[25] §§ 30, 31 bwFwG; Art. 23 Abs. 1 bayFwG; § 13 BbgBKG; §§ 5 BremHilfeG; § 49 Abs. 1 HBKG; §§ 22, 23 Abs. 2 S. 2, 27 Abs. 1 mv BrSchG; § 24 Abs. 1 Nr. 5 NBrandSchG; §§ 34 Abs. 2, 43, Abs. 1 nrwBHKG i. V. m. § 19 OBG; § 27 rlpBKG; § 39 SBKG; § 54 Abs. 1, 2 sächsBRKG; § 26 Abs. 1 sa-anhBrSchHG; § 25 Abs. 1, Abs. 2 shBrSchG; § 28 Abs. 1 thürBKG.

[26] Bayern: bis zu drei Tage; Brandenburg und Hessen: nach Vollendung des 18. Lebensjahres; Niedersachsen: mindestens 18, aber noch nicht über 55 Jahre alt; Rheinland-Pfalz: über 18 Jahre alt; Saarland: nach Vollendung des 18. Lebensjahres; Sachsen: über 16 Jahre, unter 18 Jahre jedoch nur außerhalb der Gefahrenzone; Sachsen-Anhalt: mindestens das 18., aber noch nicht das 55. Lebensjahr vollendet; Schleswig-Holstein: Vollendung des 16. Lebensjahres; Thüringen: Vollendung des 18. Lebensjahres.

- Die beabsichtigte Maßnahme muss zur Abwehr der erkannten Gefahr geeignet sein (Geeignetheit);
- Von mehreren geeigneten Maßnahmen ist diejenige zu ergreifen, die den Einzelnen und die Allgemeinheit am wenigsten beeinträchtigt (Erforderlichkeit)[27],
- Es dürfen nur Maßnahmen getroffen werden, die nicht zu einem Schaden führen, der zu der beabsichtigten Gefahrenabwehr erkennbar außer Verhältnis steht (Verhältnismäßigkeit im engeren Sinne)[28].

Zwangsmittel
Es gibt unterschiedliche Arten von Zwangsmitteln, die in den Verwaltungsvollstreckungsgesetzen der Bundesländer aufgeführt sind. Es sind dies
- Ersatzvornahme,
- Zwangsgeld und Ersatzzwangshaft,
- unmittelbarer Zwang.

Für die Feuerwehr im Einsatz kommen wegen der Eilbedürftigkeit grundsätzlich nur Ersatzvornahme und unmittelbarer Zwang in Betracht.

Als < **Ersatzvornahme** > bezeichnet man die Durchführung der angeordneten Handlung durch die Behörde anstelle des Verpflichteten.

< **Unmittelbarer Zwang** > ist die Einwirkung auf Personen oder Sachen durch körperliche Gewalt, ihre Hilfsmittel und Waffen.

Bevor ein Zwangsmittel angewandt wird, ist dem Betroffenen nochmals die Möglichkeit zu gewähren, freiwillig der Anordnung nachzukommen. Dazu dient die Androhung. Sie ist zwingende Voraussetzung bei der Anwendung von Zwangsmitteln.

2.7 Die Fahrt zur Einsatzstelle

Die Straßenverkehrsordnung (StVO) befreit die Feuerwehr bei Einsatzfahrten[29] unter bestimmten Voraussetzungen von der Einhaltung der Vorschriften der StVO. Gegen andere Vorschriften (z. B. Straßenverkehrs-Zulassungsordnung [StVZO], Strafgesetzbuch [StGB]) darf nicht verstoßen werden; dies kann allerdings unter Umständen gemäß der §§ 34 StGB, 16 OWiG, 70 Abs. 4 StVZO[30], 74 Abs. 5 FeV gerechtfertigt sein. Die Sonderrechte für die Fahrt zur Einsatzstelle sind ausschließlich in § 35 StVO geregelt. Die Vorschrift des § 38 StVO (Vorschriftentexte ▶ Bilder 2.2 und 2.3) gewährt hingegen keine Sonderrechte, sondern regelt lediglich die Benutzung von blauem Blinklicht und Einsatzhorn. Im Übrigen richtet sich § 38 StVO mit dem Gebot, freie Bahn zu schaffen, an andere Verkehrsteilnehmer.

Von Sonderrechten gemäß § 35 StVO kann also unabhängig vom Einschalten des blauen Blinklichts und des Einsatzhorns Gebrauch gemacht werden. Grundsätzlich empfiehlt es sich jedoch, bei Einsatzfahrten zur Warnung zumindest blaues Blinklicht einzuschalten. Blaues Blinklicht kann seit der Änderung der StVO im Jahr 1992[31] bei Einsatzfahrten sinnvollerweise auch allein, also ohne gleichzeitigen Betrieb des Einsatzhornes, benutzt werden.

Wenn die Straße nicht übersichtlich und frei ist, ist bei der Inanspruchnahme von Sonderrechten, insbesondere beim Überholen und beim Abweichen von Vorfahrtsregelungen, nach wie vor rechtzeitig (!) blaues Blinklicht zusammen mit dem Einsatzhorn zu verwenden, um die Inanspruchnahme von Sonderrechten an andere Verkehrsteilnehmer kundzutun. Diese sind dann nach § 38 Abs. 2 StVO verpflichtet, sofort freie Bahn zu schaffen. Erlaubt ist die gemeinsame Verwendung von blauem Blinklicht und Einsatzhorn nur, wenn höchste Eile geboten ist, um Menschenleben zu retten oder schwere gesundheitliche Schäden oder eine Gefahr für die öffentliche Sicherheit

---

[27] vgl. Art. 25 Abs. 1 bayFwG.

[28] vgl. z. B. Art. 25 Abs. 2 bayFwG; § 15 Abs. 3 BbgBKG; § 46 Abs. 3 HBKG; § 24 S. 4 mvBrSchG.

[29] Ausführlich in Fischer, R.: Rechtsfragen beim Feuerwehreinsatz, Die Roten Hefte 68, 4. Auflage, Kapitel 6.

[30] § 70, Abs. 4 StVO: Die Bundeswehr, die Polizei, die Bundespolizei, die Feuerwehr und die anderen Einheiten und Einrichtungen des Katastrophenschutzes sowie der Zolldienst sind von den Vorschriften dieser Verordnung befreit, soweit dies zur Erfüllung hoheitlicher Aufgaben unter gebührender Berücksichtigung der öffentlichen Sicherheit und Ordnung dringend geboten ist. Abweichungen von den Vorschriften über die Ausrüstung mit Kennleuchten, über Warneinrichtungen mit einer Folge von Klängen verschiedener Grundfrequenz (Einsatzhorn) und über Sirenen sind nicht zulässig.

[31] Durch Verordnung vom 19. März 1992 (BGBl. I S. 678) wurde dem Bedürfnis der Praxis Rechnung getragen und in Absatz 2 das Wort »Einsatzfahrten« eingefügt.

Quelle: J. Thorns/StVO

§ 35

Sonderrechte

(1) Von den Vorschriften dieser Verordnung sind die Bundeswehr, die Bundespolizei, die Feuerwehr, der Katastrophenschutz, die Polizei und der Zolldienst befreit, soweit das zur Erfüllung hoheitlicher Aufgaben dringend geboten ist. [...]

(2) Dagegen bedürfen diese Organisationen auch unter den Voraussetzungen des Abs. 1 der Erlaubnis, wenn sie mehr als 30 Kraftfahrzeuge im geschlossenen Verband (§ 27) fahren lassen wollen. [...]

(4) Die Beschränkungen der Sonderrechte durch Abs. 2 und 3 gelten nicht bei Einsätzen anlässlich von Unglücksfällen, Katastrophen und Störungen der öffentlichen Sicherheit oder Ordnung sowie in den Fällen der Art. 91 und 87a Abs. 4 des Grundgesetzes sowie im Verteidigungsfall und im Spannungsfall. [...]

(5a) Fahrzeuge des Rettungsdienstes sind von den Vorschriften dieser Verordnung befreit, wenn höchste Eile geboten ist, um Menschenleben zu retten oder schwere gesundheitliche Schäden abzuwenden. [...]

(8) Die Sonderrechte dürfen nur unter gebührender Berücksichtigung der öffentlichen Sicherheit und Ordnung ausgeübt werden. [...]

Bild 2.2 Text des § 35 StVO (Auszug)

Quelle: J. Thorns/StVO

§ 38

Blaues Blinklicht und gelbes Blinklicht

(1) Blaues Blinklicht zusammen mit dem Einsatzhorn darf nur verwendet werden, wenn höchste Eile geboten ist, um Menschenleben zu retten oder schwere gesundheitliche Schäden abzuwenden, eine Gefahr für die öffentliche Sicherheit und Ordnung abzuwenden, flüchtige Personen zu verfolgen oder bedeutende Sachwerte zu erhalten. Es ordnet an: »Alle übrigen Verkehrsteilnehmer haben sofort freie Bahn zu schaffen«.

(2) Blaues Blinklicht allein darf nur von den damit ausgerüsteten Fahrzeugen und nur zur Warnung an Unfall- oder sonstigen Einsatzstellen, bei Einsatzfahrten oder bei der Begleitung von Fahrzeugen oder von geschlossenen Verbänden verwendet werden.

(3) Gelbes Blinklicht warnt vor Gefahren. Es kann ortsfest oder von Fahrzeugen aus verwendet werden. Die Verwendung von Fahrzeugen aus ist nur zulässig, um vor Arbeits- oder Unfallstellen, vor ungewöhnlich langsam fahrenden Fahrzeugen oder vor Fahrzeugen mit ungewöhnlicher Breite oder Länge oder mit ungewöhnlich breiter oder langer Ladung zu warnen.

Bild 2.3 Text des § 38 StVO

Merke:

Gerade beim Überfahren von Lichtzeichenanlagen, die »Rot« zeigen, ist nach der Rechtsprechung höchste Sorgfalt geboten, ggf. ist auf Schrittgeschwindigkeit abzubremsen. Sonderrechte sind eben kein Freibrief!

oder Ordnung abzuwenden oder bedeutende Sachwerte zu erhalten[32].

Ausnahmslos ist zu beachten, dass nach § 35 Abs. 8 StVO Sonderrechte grundsätzlich nur unter Berücksichtigung der öffentlichen Sicherheit und Ordnung ausgeübt werden dürfen. Dies hat Schneider in hervorragender Weise wie folgt auf den Punkt gebracht[33]: »Die Verkehrssicherheit hat Vorrang gegenüber dem Interesse an raschem Vorwärtskommen. Sicherheit geht vor Schnelligkeit. Je größer die Abweichung von den allgemeinen Verkehrsvorschriften ist, umso größer ist die Pflicht zur Rücksichtnahme auf das Verhalten der anderen Verkehrsteilnehmer. Andere Verkehrsteilnehmer dürfen nicht deswegen konkret gefährdet oder gar geschädigt werden, weil anderen Menschen geholfen werden soll. Gerade bei der Inanspruchnahme von Sonderrechten darf nicht »auf gut Glück« gefahren werden. Je bedeutsamer und dringlicher der Einsatz ist, desto eher ist eine Herabsetzung der sonst im Verkehr erforderlichen Sorgfalt vertretbar.«

---

[32] Die mißbräuchliche Verwendung von Sondersignalen ist ebenso bußgeldbewehrt wie der Verstoß gegen die Pflicht, sofort freie Bahn zu schaffen (§§ 24 StVG, 49 Abs. 3 Ziff. 3 StVO). Der Bußgeldkatalog sieht eine Geldbuße vor.

[33] Siehe auch: Schneider, K.: Feuerwehr im Straßenverkehr, Die Roten Hefte 23, 2. Auflage, Punkt: 1.5.2 (vergriffen).

Insbesondere die Überschreitung der zulässigen Höchstgeschwindigkeit ist mit hohen Risiken und häufig geringem Zeitgewinn verbunden.

Wer unter den Voraussetzungen des § 35 StVO von Sonderrechten Gebrauch macht, kann nicht wegen eines Verstoßes gegen die Vorschriften der StVO mit einem Verwarnungsgeld oder Bußgeld belegt werden. Die missbräuchliche Verwendung von Sondersignal und Sonderrechten ist hingegen ebenso wie ein Verstoß gegen § 38 Abs. 8 StVO bußgeldbewährt.

Etwas systemwidrig regelt seit Oktober 2017 nunmehr § 35 Abs. 9 StVO die Nutzung von BOS-Funkgeräten, wenn kein Fall der Inanspruchnahme von Sonderrechten gegeben ist. Wer ohne Beifahrer ein Einsatzfahrzeug der Behörden und Organisationen mit Sicherheitsaufgaben (BOS) führt und zur Nutzung des BOS-Funks berechtigt ist, darf unbeschadet der Absätze 1 und 5a abweichend von § 23 Absatz 1a StVO ein Funkgerät oder das Handteil eines Funkgerätes aufnehmen und halten. Die Vorschrift befreit also auch dann von dem Verbot des § 23 Abs. 1a StVO[34], wenn die Voraussetzungen für Sonderrechte nach § 35 Abs. 1 und Abs. 5a StVO nicht vorliegen. Handelt es sich hingegen um eine Sonderrechtsfahrt, besteht auch eine Befreiung von § 23 StVO.

2.8 Amtshaftung und Regress

2.8.1 Amtshaftung

Eine persönliche Haftung Feuerwehrangehöriger für Schäden, die im Einsatz verursacht werden, besteht im Grundsatz nicht. Denn es gelten die Grundsätze der Amtshaftung[35].

Die Amtshaftung ist in § 839 BGB[36] geregelt, die bei Vorliegen der Voraussetzungen zunächst zu einer Haftung des Beamten führt. Die Haftung wird ausgelöst, wenn eine vorsätzliche oder fahrlässige Verletzung einer Amtspflicht ursächlich für einen Schaden ist.

Allgemeine Amtspflichten eines Feuerwehrangehörigen sind u. a:
- die Pflicht zur Beachtung der Dienstvorschriften und Gesetze,
- die Verschwiegenheitspflicht und
- die Pflicht niemanden rechtswidrig zu schädigen.

Zu den besonderen Amtspflichten eines Feuerwehrangehörigen im Einsatz gehört unter anderem die Pflicht, bei Bränden und Unglücksfällen schnell und wirkungsvoll Hilfe unter Berücksichtigung aller feuerwehrtechnischen und -taktischen Grundsätze zu leisten.

Obwohl § 839 Abs. 1 BGB von Beamten spricht, bezieht sich die Haftung auch auf Angehörige der Freiwilligen Feuerwehr. Der Begriff des Beamten ist im Haftungsrecht weit auszulegen. Darunter fallen alle, die hoheitlich handeln, also auch Angestellte, Arbeiter oder ehrenamtliche Mitarbeiter im öffentlichen Dienst.

Die durch § 839 Abs. 1 BGB begründete Eigenhaftung wird durch Art. 34 GG bei der Feuerwehr auf die Gemeinde übergeleitet. Die Gemeinde haftet nicht neben, sondern anstelle des Feuerwehrangehörigen. Die persönliche Haftung des Feuerwehrangehörigen nach anderen Vorschriften wird bei der Amtshaftung verdrängt[37]. Gehaftet wird auch für das Verschulden herangezogener Dritter, so genannter Verwaltungshelfer (zum Beispiel Hilfsorganisationen).

Soweit durch die Feuerwehr Schäden verursacht werden, die auf ein rechtmäßiges Handeln zurückgehen, etwa durch Heranziehung Dritter, besteht bereits mangels Amtspflicht-

---

[34] Absatz 1a lautet: Wer ein Fahrzeug führt, darf ein elektronisches Gerät, das der Kommunikation, Information oder Organisation dient oder zu dienen bestimmt ist, nur benutzen, wenn 1. hierfür das Gerät weder aufgenommen noch gehalten wird und 2. entweder a) nur eine Sprachsteuerung und Vorlesefunktion genutzt wird oder b) zur Bedienung und Nutzung des Gerätes nur eine kurze, den Straßen-, Verkehrs-, Sicht- und Wetterverhältnissen angepasste Blickzuwendung zum Gerät bei gleichzeitig entsprechender Blickabwendung vom Verkehrsgeschehen erfolgt oder erforderlich ist.

[35] Ausführlich in Fischer, R.: Rechtsfragen beim Feuerwehreinsatz, Die Roten Hefte 68, 4. Auflage, Kapitel 8.2.

[36] § 839 Abs. 1 BGB: Verletzt ein Beamter vorsätzlich oder fahrlässig die ihm einem Dritten gegenüber obliegende Amtspflicht, so hat er dem Dritten den daraus entstehenden Schaden zu ersetzen. Fällt dem Beamten nur Fahrlässigkeit zur Last, so kann er nur dann in Anspruch genommen werden, wenn der Verletzte nicht auf andere Weise Ersatz zu erlangen vermag.

[37] Zum Beispiel Ansprüche aus § 823 BGB oder § 18 StVG (Fahrerhaftung – dazu vgl. Schneider, K.: Feuerwehr im Straßenverkehr, Punkt 5.2.1 mit Rechtssprechungsnachweis).

verletzung kein Anspruch. Für solche rechtmäßigen »enteignungsgleichen« Eingriffe gibt es in den Brandschutzgesetzen besondere Entschädigungsregelungen[38].

2.8.2 Regress

Liegt bei dem Feuerwehrangehörigen Vorsatz oder grobe Fahrlässigkeit vor, gibt Art. 34 GG der Gemeinde jedoch die Möglichkeit, bei dem Feuerwehrangehörigen Rückgriff zu nehmen. Dieser muss der Gemeinde dann sämtliche von ihr erbrachten Schadensersatzleistungen erstatten. Für Beamte des feuerwehrtechnischen Dienstes ergeben sich Einzelheiten aus den Beamtengesetzen der Länder (vgl. § 47 Beamtenstatusgesetz – BeamtStG). Für ehrenamtliche Feuerwehrangehörige enthalten die Brandschutzgesetze der Länder zum Teil abweichende Regelungen, die für die Frage, ob Regress genommen wird, Ermessen eröffnen. (vgl. beispielsweise § 21 Abs. 4 S. 2 nrwBHKG).

2.9 Strafrechtliche Verantwortlichkeit

Von der zivilrechtlichen Haftung ist die strafrechtliche Haftung[39] zu unterscheiden. Diese trifft Feuerwehrangehörige wie in anderen Lebensbereichen auch, gleich, ob sie ehrenamtlich oder beruflich tätig sind. Feuerwehrangehörige im Einsatz laufen normalerweise allenfalls Gefahr, eine fahrlässige Straftat oder Ordnungswidrigkeit, insbesondere im Straßenverkehr, zu begehen. Eine Versicherung oder Absicherung gegen eine Strafverfolgung gibt es nicht. Allerdings sind Verurteilungen wegen fahrlässigen Straftaten sehr selten und nur bei schwerwiegenden Folgen zu befürchten[40].

2.10 Dienst- und Arbeitsrecht

2.10.1 Ehrenamtliche Mitglieder der Freiwilligen Feuerwehr

Zahlenmäßig den größten Teil der bei der Feuerwehr tätigen Einsatzkräfte stellen die ehrenamtlichen[41] Angehörigen der Freiwilligen Feuerwehr. Diese üben ihren Dienst freiwillig und unentgeltlich aus.

Die ehrenamtliche Tätigkeit bei der Feuerwehr ist die Ausübung eines öffentlichen Amtes im Sinne von Art. 33 GG[42]. Die ehrenamtlichen Angehörigen der Freiwilligen Feuerwehr stehen damit in einem öffentlich-rechtlichem Dienst- bzw. Sonderverhältnis besonderer Art zu ihrer Gemeinde, welches durch die Brandschutzgesetze der Bundesländer geregelt wird[43]. Damit stellen Aufnahme, Beförderung und Entlassung aus der Freiwilligen Feuerwehr Verwaltungsakte dar, die auf ihre Rechtmäßigkeit durch Verwaltungsgerichte überprüfbar sind. Einzelheiten über Aufnahme, Beförderung, Funktion und Entlassung ist zum Teil in Verordnungen geregelt. Solange jemand ehrenamtliches Mitglied der Freiwilligen Feuerwehr ist, hat er Dienst- und Gehorsamspflichten. Die Gemeinde hat gegenüber dem ehrenamtlichen Angehörigen der Feuerwehr Fürsorge- und Ersatzpflichten. Soweit Führungskräfte zu Ehrenbeamten ernannt werden, gelten für sie die Landesbeamtengesetze.

2.10.2 Dienstverpflichtete

Aufgrund der Bedeutung der Feuerwehr für die öffentliche Sicherheit besteht nach den meisten Brandschutzgesetzen die Möglich-

38 §§ 30 Abs. 4 S. 2, 31 Abs. 2 S. 2 bwFwG; Art. 27 bayFwG; § 15 berlFwG; § 47 BbgBKG; § 55 BremHilfeG; § 50 HBKG; § 27 mvBrSchG; § 35 NBrandSchG; § 45 nrwBHKG; § 30 rlpLBKG; § 41 SBKG; § 27 sa-anh.BrSchG; § 60 sächsBRKG; § 33 shBrSchG; § 43 ThürBKG.

39 Ausführlich in Fischer, R.: Rechtsfragen beim Feuerwehreinsatz, Die Roten Hefte 68, 4. Auflage, Kapitel 8.1 ff.

40 Zum Beispiel fahrlässige Tötung im Straßenverkehr durch grob verkehrswidriges Verhalten, auch wenn Sonderrechte grundsätzlich zur Verfügung standen, wie beim Überfahren einer Rotlicht zeigenden Lichtzeichenanlage mit hoher Geschwindigkeit.

41 so Verwaltungsgericht Stuttgart (SgE Feu § 9 Abs. 1 FSHG Nr. 26).

42 §§ 7, 10, 12 bwFwG; Art. 6 BayFwG; §§ 6 bis 10 BerlFwG; § 27 BbgBKG; §§ 13 bis 17 BremHilfeG; §§ 10 bis 17 hambFwG; §§ 10, 11 HBKG; §§ 10, 11 mvBrSchG; §§ 9, 20 BHKG; § 12 NBrandSchG; §§ 10, 12, 13 rplLBKG; § 11 SBKG; §§ 18, 61 bis 63 sächsBRKG; §§ 9, 10 sachs-anBrSchG; §§ 9, 10 shBSchG; § 14 thürBKG.

43 Vgl. z. B. § 9 Abs. 1, Abs. 3 S. 4 BHKG: Der ehrenamtliche Leiter der Feuerwehr ist als Ehrenbeamter auf Zeit zu ernennen. Er kann nach § 108 Abs. 1 S. 1 LBG jederzeit verabschiedet werden.

keit, Personen zum Dienst in der Feuerwehr dauerhaft zu verpflichten[44]. Damit besteht grundsätzlich eine Feuerwehrdienstleistungspflicht, die jedoch erst durch den Verpflichtungsbescheid (gerichtlich überprüfbarer Verwaltungsakt) konkretisiert wird. Auch der Dienstverpflichtete übt ein öffentliches Amt aus und steht in einem öffentlich-rechtlichem Dienst- bzw. Sonderverhältnis zur Gemeinde, aus dem sich seine Dienstpflichten, aber auch Fürsorgepflichten der Gemeinde ergeben. Zu vergleichen ist das Dienstverhältnis mit der früheren Ableistung des Grundwehrdienstes oder des Zivildienstes.

Keine Dienstverpflichteten – obwohl fälschlich oft so bezeichnet – waren die für den Feuerwehrdienst von der Wehrdienstpflicht freigestellten ehrenamtlichen Feuerwehrangehörigen. Diese »verpflichteten« sich für die Dauer von mindestens sechs Jahren zum ehrenamtlichen Dienst und wurden nicht zum Wehrdienst herangezogen, solange sie in der Feuerwehr oder im Katastrophenschutz mitwirkten. Sie konnten jedoch nicht zur Ableistung dieses Dienstes gezwungen werden. Bei Verletzung ihrer Dienstpflichten im Feuerwehrdienst mussten sie dann allerdings mit ihrer Einberufung zum Grundwehrdienst nach dem Wehrpflichtgesetz rechnen. Die Vorschriften des Wehrpflichtgesetzes gelten weiter, allerdings nach § 2 WehrPflG (so genannte Aussetzung der Wehrpflicht) nur im Spannungs- oder Verteidigungsfall, den nach Art. 80a oder Art. 115a GG der Bundestag beschließen muss.

2.10.3 Beamte

Alle hauptamtlichen Mitarbeiter der Feuerwehren im Einsatzdienst bei hauptamtlichen Wachen oder Berufsfeuerwehren sind zu Beamten zu ernennen[45]. Für sie gelten dann die Beamtengesetze der Bundesländer und das Beamtenstatusgesetz. Art. 33 Abs. 4 GG verlangt, dass die Ausübung hoheitsrechtlicher Befugnisse als ständige Aufgabe in der Regel Angehörigen des öffentlichen Dienstes zu übertragen ist, die in einem öffentlich-rechtlichen Dienst- und Treueverhältnis (Beamtenverhältnis) stehen. Aus dem Beamtenstatusgesetz ergeben sich die Grundpflichten (§§ 33, 34), ihre Weisungsgebundenheit und ihre Beratungspflicht (§ 35), die volle Verantwortung für die Rechtmäßigkeit ihres Handelns (§ 36) und ihre Verschwiegenheitspflicht (§ 37). Auf der anderen Seite ist der Dienstherr verpflichtet, die Beamten zu alimentieren (ausreichend zu bezahlen und zu versorgen).

2.10.4 Angestellte und Arbeiter

Bei den Feuerwehren gibt es außerhalb des Einsatzdienstes, z. B. im Werkstätten-, Hausmeister- oder Küchendienst, wie im Bereich der übrigen öffentlichen Verwaltung auch Angestellte und Arbeiter. Für diese gelten die entsprechenden Tarifverträge für den öffentlichen Dienst.

2.11 Einsatzleitung

Die FwDV 100 »Führung und Leitung im Einsatz« stellt zu den gesetzlichen Grundlagen unter Ziffer 1.2. fest: »Grundlage für die Leitung von Einsätzen zur Gefahrenabwehr sind die gesetzlichen Regelungen der Länder, insbesondere das Feuerwehrrecht. Daraus ergibt sich, wer Einsatzleiterin oder Einsatzleiter ist und welche Rechte und Pflichten diese haben[46].«

In jedem Fall hat der Einsatzleiter die Gesamtverantwortung für alle Maßnahmen der Gefahrenabwehr der Feuerwehr. Einsatzleiter ist, wer

- durch seinen Vorgesetzten in eine Führungsfunktion eingesetzt wurde,
- in dieser Führungsfunktion zur Einsatzdurchführung beauftragt ist und
- bei der Einsatzdurchführung keiner übergeordneten Führungsebene unterstellt ist.

[44] § 12 bwFwG; Art. 13 bayFwG; § 26 Abs. 2 BbgBKG; § 18 BremHilfeG; § 10 Abs. 3 HBKG; § 13 mvBrSchG; § 14 nrwBHKG; § 15 NBrandSchG; § 12 Abs. 2 rlpLBKG; § 12 SBKG; § 20 sächsBRKG; § 11 sachs-anBrSchG; § 16 shBSchG; § 13 Abs. 2 thürBKG

[45] Dies ist zum Teil in den Brandschutzgesetzen ausdrücklich angeordnet, z. B. §§ 8 Abs. 2, 10 nrwBHKG.

[46] § 27 bwFwG; Art. 18 bayFwG; § 3 BremHilfeG; §§ 41, 42, 43 HBKG; § 18 mvBrSchG; § 24 rlpBKG; § 19 shBrSchG; § 25 thürBKG.

Darüber hinaus kann bis zum Eintreffen einer solchen Führungsperson der jeweils ranghöchste Feuerwehrangehörige die Einsatzleitung übernehmen. Ist ab einem bestimmten Umfang des Einsatzes der Einsatzleiter nicht mehr in der Lage, seine Aufgaben allein wahrzunehmen, ist gemäß FwDV 100 stabsmäßig zu führen[47] (▶ Kapitel 18). Es bleibt jedoch dabei, dass es nur einen verantwortlichen Einsatzleiter gibt[48].

In manchen Bundesländern kann die Einsatzleitung von der Aufsichtsbehörde übernommen oder bestimmt werden oder es können der Einsatzleitung Einzelweisungen erteilt werden[49].

Werden Hilfsorganisationen oder andere Behörden im Wege der Amtshilfe eingesetzt, so ist mit deren Einsatzpersonal eine gemeinsame Einsatzleitung zu bilden. Verantwortlicher Einsatzleiter bleibt jedoch bis auf wenige Ausnahmen[50] der Einsatzleiter der Feuerwehr.

Werden Werkfeuerwehren von der öffentlichen Feuerwehr zur Hilfeleistung herangezogen, so verbleibt die Einsatzleitung beim Einsatzleiter der öffentlichen Feuerwehr. Wird jedoch umgekehrt die öffentliche Feuerwehr in Betrieben mit einer Werkfeuerwehr tätig, so ist die Frage der Einsatzleitung unterschiedlich geregelt. Folgende Regelungen gibt es:

- Die Einsatzleitung verbleibt beim Leiter der öffentlichen Feuerwehr, so in Berlin[51], Bremen[52] und Niedersachsen[53].
- Die Einsatzleitung verbleibt beim Leiter der Werkfeuerwehr, so in Baden-Württemberg[54], Bayern[55], Brandenburg[56], Hessen[57], Mecklenburg-Vorpommern[58], Rheinland-Pfalz[59], Saarland[60], Sachsen[61], Schleswig-Holstein[62] und Thüringen[63].
- Mangels gesetzlicher Regelung wird der Einsatzleiter der öffentlichen Feuerwehr Einsatzleiter, da er hoheitlich handelt. Eine gemeinsame Einsatzleitung oder Übertra-

---

47 vgl. Fischer, R.: Rechtsfragen beim Feuerwehreinsatz, Die Roten Hefte 68, 4. Auflage, Punkt 3.2.2.2.

48 Ziffer 3.2.2.1 der FwDV 100: »Die Einsatzleiterin oder der Einsatzleiter hat die Verantwortung für die Einsatzdurchführung. Ihr oder ihm obliegt die Leitung der unterstellten Einsatzkräfte und die Koordination aller bei der Gefahrenabwehr beteiligten Stellen.«

49 § 22 Abs. 5 bwFwG (nur Weisungen im Einzelfall); Art. 18 Abs. 4 i. V. m. Art. 19 bayFwG; §§ 7, 8 BbgBKG; § 41 Abs. 1 S. 3 HBKG; § 18 Abs. 4 mvBrSchG; § 20 Abs. 3 NBrandSchG; § 54 BHKG; § 24 Abs. 3 rlpBKG; § 8 Abs. 3 sächsBRKG; § 16 Abs. 2 S. 3 sa-anhBrSchG; § 19 Abs. 1 S. 2., Abs. 3 shBrSchG; § 25 Abs. 2, Abs. 3 thürBKG.

50 Zum Beispiel in Betrieben, die der Bergaufsicht unterliegen (vgl. Fischer, R.: Rechtsfragen beim Feuerwehreinsatz Punkt 3.2.1.13.) oder militärischen Anlagen (vgl. Fischer, R.: Rechtsfragen beim Feuerwehreinsatz, Punkt 3.2.1.7.). Bis zum Inkrafttreten des HBKG hatte in Hessen bei Wald-, Moor-, und Heidebränden der zuständige Forstbeamte die Einsatzleitung (Die neue Rechtslage sieht lediglich eine Mitwirkung des Forstbeamten in der Technischen Einsatzleitung vor.).

51 § 6 Abs. 1 S. 1 WerkfwVO. Danach ist unter der Leitung der Berliner Feuerwehr eine gemeinsame Einsatzleitung zu bilden.

52 § 20 Abs. 1 S. 2 BremHilfeG. Die Einsatzleitung geht mit Eintreffen grundsätzlich automatisch auf den Einsatzleiter der Berufsfeuerwehr über; dieser kann sie in bestimmten Fällen an den Leiter der Werkfeuerwehr abgeben.

53 § 23 Abs. 2 NBrandSchG. Die Befugnisse der gemeindlichen Feuerwehr werden durch das Bestehen einer Werkfeuerwehr nicht berührt. § 23 Abs. 2 verpflichtet den Einsatzleiter der öffentlichen Feuerwehr allerdings zur Zusammenarbeit mit dem Leiter der Werkfeuerwehr und zur Berücksichtigung seiner Empfehlungen.

54 § 28 Abs. 1 FwG. Im Anerkennungs- oder Verpflichtungsbescheid kann durch die Aufsichtsbehörde jedoch für die einzelne Werkfeuerwehr etwas anderes bestimmt werden.

55 Art. 18 Abs. 3 BayFwG. Nach pflichtgemäßem Ermessen kann der Leiter der hilfeleistenden Feuerwehr die Einsatzleitung übernehmen, wenn deren technische Einsatzmittel die der Werkfeuerwehr erheblich überwiegen.

56 § 8 Abs. 3 WerkfwVO. Es wird eine gemeinsame Einsatzleitung gebildet. Diese steht unter der Führung des Einsatzleiters der Werkfeuerwehr, der somit verantwortlicher Einsatzleiter bleibt.

57 § 41 Abs. 2 HBKG. Kommt eine Berufsfeuerwehr zum Einsatz, so ist ein gemeinsamer technischer Einsatzstab zu bilden, dessen Leiter der Leiter der Werkfeuerwehr ist.

58 § 18 Abs. 3 BSchG.

59 § 25 Abs. 4 BKG mit der Einschränkung, das bei einer nebenberuflichen Werkfeuerwehr und dem Eintreffen der Berufsfeuerwehr, deren Leiter die Einsatzleitung übernimmt.

60 § 7 Abs. 5 Brandschutz-Organisationsverordnung. Ein gemeinsamer technischer Einsatzstab ist zu bilden, dessen Leiter der Wehrführer der Werkfeuerwehr ist.

61 Nach § 49 Abs. 3 sächsBRKG kann der Einsatzleiter der öffentlichen Feuerwehr durch Erklärung die Einsatzleitung übernehmen, wenn die technischen Einsatzmittel seiner Feuerwehr die übrigen Einsatzmittel in erheblichem Maß überwiegen; ansonsten ist Einsatzleiter der Leiter der Werkfeuerwehr.

62 § 19 Abs. 2 BrSchG. Die Einsatzleitung bleibt bei der Führung der Werkfeuerwehr. Der Einsatzleiter der öffentlichen Feuerwehr kann bei gleicher Qualifikation die Einsatzleitung jedoch durch Erklärung übernehmen.

63 § 25 Abs. 4 S. 1 BKG. Beim Einsatz einer Berufsfeuerwehr ist eine gemeinsame Einsatzleitung zu bilden, deren Leiter nur im Fall einer nebenberuflichen Werkfeuerwehr der Leiter der Berufsfeuerwehr wird.

gung der Einsatzleitung ist nach pflichtgemäßen Ermessen zulässig, so in Hamburg, Nordrhein-Westfalen und Sachsen-Anhalt.

ZUR VERTIEFUNG

Ralf Fischer: Rechtsfragen beim Feuerwehreinsatz, Die Roten Hefte 68, 4. Auflage, Verlag W. Kohlhammer, Stuttgart, 2017.

ZUR VERTIEFUNG

Ralf Fischer: Die Roten Hefte/Ausbildung kompakt 106: Rechtsfragen beim Führen von Feuerwehrfahrzeugen, Verlag W. Kohlhammer, Stuttgart, 2020.

Notizen:

3 Organisation

von Johannes Feyrer

3.1 Aus der Geschichte

Der Brandschutz bewegte den Menschen schon immer – zunächst im Erleben mit der Naturgewalt der Blitze, dem himmlischen Feuer. Als der Mensch dann vor 400 000 Jahren gelernt hatte, selbst Feuer zu machen, galt seine Sorge dem sicheren Umgang mit dem Feuer, aber auch der Angst vor missbräuchlicher Nutzung. Organisierter Brandschutz ist seit der Römerzeit bekannt, in Kasernen in Ostia bei Rom waren Soldaten zur Brandbekämpfung eingeteilt.

Bedingt durch die im Mittelalter entstandene dichte Bebauung mit brennbaren Materialien in Städten kam es immer wieder zu großen Stadtbränden. Es wurden deswegen erste bauliche Brandschutzvorschriften erlassen und jeder Bürger war verpflichtet, sich an der Brandbekämpfung zu beteiligen. In vielen Städten setzte der Erwerb des Bürgerrechtes den Besitz eines Löscheimers voraus. Die Handwerkerzünfte erhielten besondere Aufgaben, z. B. das Bereitstellen von Leitern oder das Einreißen von Gebäuden. Die Führung übernahmen speziell ernannte Ratsherren.

Zur Verbesserung des Brandschutzes wurden in der Mitte des 19. Jahrhunderts die ersten Freiwilligen Feuerwehren gegründet, Bürger aus der demokratischen Turnerbewegung engagierten sich besonders. 1851 folgte in Berlin die erste Berufsfeuerwehr. Es zeigte sich, dass die ausgebildeten und organisierten Einsatzgruppen erfolgreich waren und auf die allge-

Quelle: J. Thorns

Bild 3.1 Dampfspritze bei einer historischen Löschvorführung

meine Hilfe der Bürger verzichtet werden konnte.

Parallel zur allgemeinen technischen Entwicklung verbesserte sich die Ausstattung, vielfach waren die Feuerwehren sogar Vorreiter. Der Muskelkraft folgte der Dampfantrieb, danach gab es den Elektroantrieb, der jedoch rasch durch den Verbrennungsmotor abgelöst wurde.

In der Zeit des Dritten Reiches wurden die Feuerwehren durch das Reichsfeuerlöschgesetz in die zentrale Organisation der Polizei eingegliedert. Einheitliche grüne Löschfahrzeuge wurden in Vorbereitung auf den zu erwartenden Krieg in großer Stückzahl produziert. Nach Kriegsende entwickelten sich die Feuerwehren in Anlehnung an die Besatzungszonen unterschiedlich. Im Osten blieb die Feuerwehr in der Polizeiorganisation, in Westdeutschland kehrte sie in die kommunale Organisation zurück.

Die politische Wende 1990 in der DDR beendete auch für die deutschen Feuerwehren die Teilung. Im Osten wurden viele dort übliche kleine Berufsfeuerwehren aufgelöst, im Westen hielten verstärkt die Ideen der Höhenrettung und der Brandschutzerziehung und -aufklärung Einzug.

3.2 Aufgaben der Feuerwehren

Die Aufgaben der Feuerwehren ergeben sich aus den jeweiligen Landesfeuerwehrgesetzen (▶ Kapitel 1). Hauptaufgaben sind durchgängig die Bekämpfung von Schadenfeuern, die Hilfe bei Unglücksfällen und der Einsatz nach Naturereignissen. Weiterhin haben die Feuerwehren regelmäßig Aufgaben in der Brandverhütung (z. B. Brandschutzerziehung, Brandsicherheitswachdienst, Mitwirkung im Baugenehmigungsverfahren). Die Gemeinde kann ihrer Feuerwehr weitere Aufgaben übertragen, soweit dies zulässig ist und die Wahrnehmung der Hauptaufgaben dadurch nicht beeinträchtigt wird. So sind z. B. die Feuerwehren in Nordrhein-Westfalen im Rettungsdienst tätig. Oftmals übertragen die Gemeinden auch ihre Aufgaben im Hochwasserschutz oder die Beseitigung von Ölspuren an die Feuerwehr.

> **INFO**
>
> **Zivilschutz**
>
> Zivilschutz ist die Sammelbezeichnung für Maßnahmen zum Schutz der Bevölkerung in einem Verteidigungsfall. »Aufgabe des Zivilschutzes ist es, durch nichtmilitärische Maßnahmen die Bevölkerung, ihre Wohnungen und Arbeitsstätten, lebens- und verteidigungswichtige zivile Dienststellen, Betriebe, Einrichtungen und Anlagen sowie das Kulturgut vor Kriegseinwirkungen zu schützen und deren Folgen zu beseitigen oder zu mildern.« (Paragraf 1 Zivilschutz- und Katastrophenhilfegesetz)

Vielfach werden den hauptamtlichen Kräften der Feuerwehren auch andere kommunale Bereitschaftsdienstaufgaben übertragen, z. B. Ampelnotdienst, Abschleppen verkehrsbehindernd abgestellter Fahrzeuge, Beseitigung von Ölspuren, Einweisung psychisch Kranker etc. Eine Übertragung von Polizeiaufgaben ist jedoch grundsätzlich ausgeschlossen.

Die Feuerwehren wirken im Zivilschutz des Bundes und im Katastrophenschutz der Länder mit (▶ Kapitel 63). Hierzu erhalten die Feuerwehren eine besondere Ausbildung und Ausstattung (z. B. ABC-Erkundungskraftwagen). Vielfach wurde der Begriff »Katastrophe« durch den Begriff »Großschadenereignis« ersetzt. Diese Ereignisse erfordern in der Regel einen rückwärtigen Führungsstab der Verwaltung (politisch-administrative Führung), der häufig durch die Feuerwehr organisiert wird. Die nach dem Krieg durch den Bund aufge-

> **INFO**
>
> **Katastrophe**
>
> Eine Katastrophe ist ein Geschehen, bei dem Leben oder Gesundheit einer Vielzahl von Menschen oder die natürlichen Lebensgrundlagen oder bedeutende Sachwerte in ungewöhnlichem Ausmaß gefährdet oder geschädigt werden und die Gefahr nur abgewehrt oder die Störung nur unterbunden und beseitigt werden kann, wenn unter Leitung der Katastrophenschutzbehörde die im Katastrophenschutz mitwirkenden Behörden, Dienststellen, Organisationen und die eingesetzten Kräfte zusammenwirken (Artikel 2 Bay. Katastrophenschutzgesetz).

stellten Feuerwehrbereitschaften des Luftschutzhilfsdienstes wurden zwischenzeitlich alle in die öffentlichen Feuerwehren integriert.

Insbesondere in kleinen Gemeinden haben die Freiwilligen Feuerwehren auch eine hohe gesellschaftliche Bedeutung. Es werden Feste organisiert oder Veranstaltungen begleitet. Idealerweise werden diese Aktivitäten über einen »Feuerwehrverein« abgewickelt, der auch die notwendige finanzielle und rechtliche Grundlage bildet.

In diesem Zusammenhang sind auch die Musikgruppen in den Feuerwehren zu erwähnen, die in unterschiedlichen Formationen (z. B. als Spielmanns-, Fanfaren- und Schalmeienzüge oder als Big Band) musizieren.

Die Werkfeuerwehren werden häufig zusätzlich zu den Grundaufgaben der öffentlichen Feuerwehren in der Instandhaltung von Sicherheitseinrichtungen (z. B. Wartung von Feuerlöscheinrichtungen und persönlicher Arbeitsschutzausrüstung), im Werkschutz und im Umweltschutz (z. B. Durchführung der Luftüberwachung) eingesetzt.

3.3 Arten der Feuerwehren

3.3.1 Öffentliche Feuerwehren

Grundsätzlich hat jede Gemeinde die Aufgabe, eine dem örtliche Risiko angemessene Feuerwehr zu unterhalten, die dem Schutz der Öffentlichkeit, also allen Bürgern, dient. Insofern ist z. B. die Beschaffung eines Löschfahrzeugs durch die Gemeinde kein Geschenk an die Feuerwehr, sondern eine gesetzliche Verpflichtung zur Gefahrenabwehr.

Die Städte und Gemeinden stellen grundsätzlich Freiwillige Feuerwehren auf. In besonderen Fällen werden diese durch hauptamtliches Personal oder eine Berufsfeuerwehr ergänzt. Derzeit kann man noch davon ausgehen, dass sich genügend Einwohner für den Dienst in der **<Freiwilligen Feuerwehr>** finden. In einer Freiwilligen Feuerwehr führen die Einwohner einer Gemeinde den Feuerwehrdienst ehrenamtlich durch und erhalten – mit Ausnahme einer pauschalen Aufwandsentschädigung für bestimmte Funktionsträger und Sonderfunktionen sowie heute immer weiter verbreiteten Anreizsystemen zur Förderung des Ehrenamtes Feuerwehr – keine Entlohnung. In Deutschland gibt es rund 22 600 Freiwillige Feuerwehren.

Sollten sich in einer Gemeinde nicht genügend Bürger zum Beitritt in die Freiwillige Feuerwehr entschließen, kommt die Bildung einer **<Pflichtfeuerwehr>** in Frage, dies ist jedoch extrem selten. In diesem Fall wären alle gesundheitlich geeigneten Einwohner in einem gesetzlich festgelegten Altersbereich verpflichtet, Feuerwehrdienst abzuleisten.

Wird das Einsatzaufkommen höher und/oder besteht ein hoher Wartungsaufwand an Fahrzeugen und Geräten, werden hauptamtliche Kräfte in die Freiwillige Feuerwehr eingestellt. Dies können z. B. als Gerätewarte angestellte Handwerker sein, die zusätzlich Mitglied der Freiwilligen Feuerwehr sind. Sie können zu einer **<Hauptamtliche Wache>** zusammengefasst werden. Dies bedeutet, dass die Gerätewartung und Kleineinsätze durch die hauptamtlichen Kräfte abgearbeitet werden und die ehrenamtlichen Feuerwehrangehörigen so entlastet werden.

Ab ungefähr 100 000 Einwohnern werden in der Regel **<Berufsfeuerwehren>** eingerichtet, die aus Feuerwehrbeamten bestehen. Diese Grenze ist jedoch je nach gesetzlichen Rahmenbedingungen und örtlichen Gegebenheiten flexibel. Grundsätzlich bestehen auch in Städten mit Berufsfeuerwehren Einheiten der Freiwilligen Feuerwehr. In Deutschland gab es bei Redaktionsschluss 107 Berufsfeuerwehren.

In einigen Bundesländern ist auch der Begriff der **<Kreisfeuerwehr>** bekannt. Hiermit sind in der Regel die Einrichtungen des Landkreises gemeint (z. B. Schlauchwerkstatt, Atemschutzwerkstatt, Kreisleitstelle, Ausbildungszentrum), vereinzelt werden durch Beschäftigte des Landkreises auch Sonderfahrzeuge besetzt und kreisweit eingesetzt (z. B. Rüstwagen, Wechselladersystem etc.). Vereinzelt meint der Begriff der Kreisfeuerwehr auch eine unter Organisation des Kreisbrandmeisters stehende Zusammenstellung von Einheiten unterschiedlicher Gemeindefeuerwehren für Sonderaufgaben, z. B. »Waldbrandzug«.

INFO

TUIS

TUIS-Werkfeuerwehren helfen: Seit 1982 hat der Verband der chemischen Industrie (VCI) in Verbindung mit den Innenministerien der Länder ein flächendeckendes Hilfeleistungssystem bei Unfällen mit Chemikalien in Deutschland aufgebaut. Die Werkfeuerwehren von 130 Chemieunternehmen sind an dem Transport-, Unfall-, Informations- und Hilfeleistungssystem TUIS beteiligt, welches drei Stufen der Hilfe umfasst:

- Stufe 1 – Beratung am Telefon,
- Stufe 2 – Beratung vor Ort,
- Stufe 3 – Technische Hilfeleistung vor Ort.

Jährlich fallen knapp 1 000 TUIS- Einsätze an, vorrangig in der Stufe 1.

Quelle: J. Thorns

Bild 3.2 Werkfeuerwehren verfügen oft über eine speziell auf das Gefahrenpotenzial des Betriebes abgestimmte Ausrüstung.

3.3.2 Nichtöffentliche Feuerwehren

Zum Schutz besonderer Objekte (z. B. Industriebetriebe, Flughäfen, Kasernen, Krankenhäuser) sind nichtöffentliche Feuerwehren vorhanden. Wenn diese öffentlichen Feuerwehren vergleichbar sind, werden sie von der zuständigen Aufsichtsbehörde anerkannt. Dann lautet die Bezeichnung <**Werkfeuerwehr**>. Nicht anerkannte nichtöffentliche Feuerwehren werden in der Regel als <**Betriebsfeuerwehren**> bezeichnet. Im Regelfall müssen die Werkfeuerwehren durch das Werk, das sie schützen, betrieben werden. Durch vertragliche Vereinbarung können mehrere Werke aber auch eine gemeinsame Werkfeuerwehr betreiben. Es ist jedoch auch möglich, dass sich Firmen den Feuerschutz bei einem externen Dienstleistungsunternehmen einkaufen. Sind mehrere Betriebe in einem Chemie- oder Industriepark angesiedelt, richtet der Betreiber des Areals die Werkfeuerwehr ein (oder vergibt sie an eine Firma). Durch die Aufsichtsbehörde ist jeder Einzelfall zu prüfen.

Es gibt jedoch auch einige wenige nichtöffentliche Feuerwehren von Ländern (z. B. Werkfeuerwehr einer Universität). Die Bundeswehr unterhält dort, wo ein besonderer Auftrag, Geheimhaltungsgründe oder ein besonderes Gefahrenpotenzial es notwendig machen, Feuerwehreinheiten. Dies ist vor allem an Flugplätzen, in Untertageanlagen, in landseitigen Einrichtungen der Marine oder auf Truppenübungsplätzen der Fall. Die operative Führung der über das ganze Land verteilten Einsatzkräfte an 58 Standorten erfolgt durch das »Zentrum Brandschutz der Bundeswehr« in Sonthofen (Bayern). Die Deutsche Bundesbahn betrieb bis zu ihrer Privatisierung eigene Bahnfeuerwehren; heute gibt es nur noch zwei Feuerwehrstandorte in Nürnberg und Seevetal-Maschen, die den Status einer Werkfeuerwehr haben.

Quelle: J. Thorns

Bild 3.3 Einsatzübung einer Jugendfeuerwehr

3.3.3 Kinder- und Jugendfeuerwehren

Zur Sicherstellung des Nachwuchses und als jugendpflegerische Maßnahme wer-

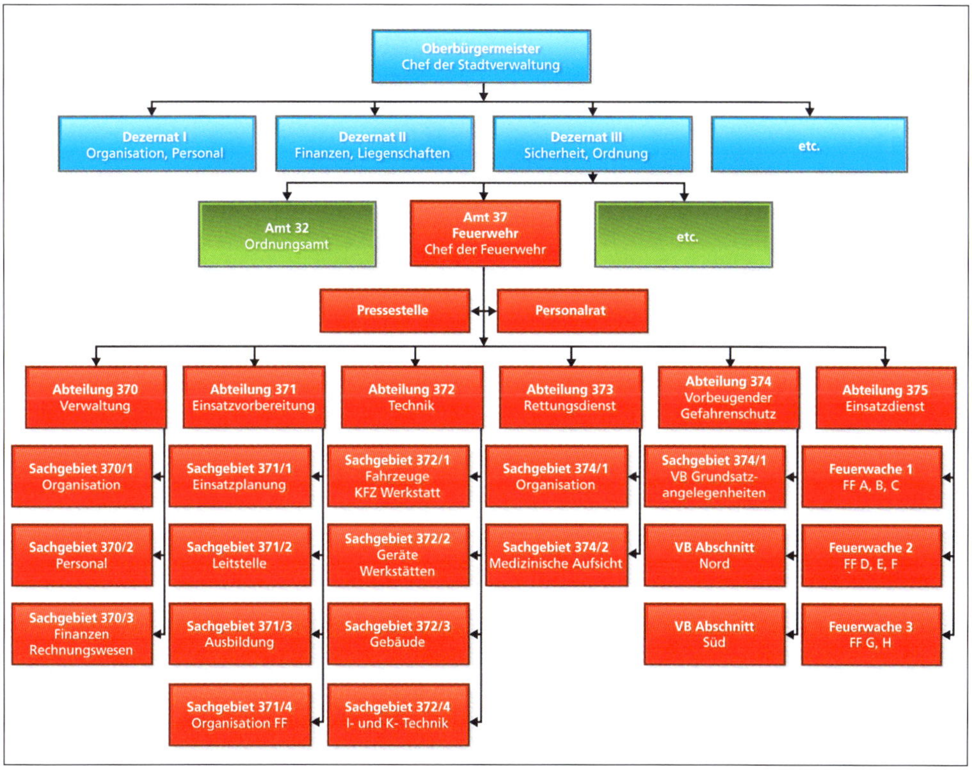

Bild 3.4 Beispiel eines Organigramms einer kommunalen Feuerwehr

den in den Feuerwehren Jugendgruppen (<**Jugendfeuerwehren**>) unterhalten. Sie sind Bestandteil der Feuerwehr und unterstehen der Aufsicht des Leiters der Feuerwehr. Eine Aufnahme ist in der Regel ab zehn Jahren möglich. Grundsätzlich werden Angehörige der Jugendfeuerwehr nicht in Gefahrenbereichen eingesetzt.

Seit einigen Jahren gibt es auch <**Kinderfeuerwehren**>, die Kinder ab etwa sechs Jahren aufnehmen. Hier stehen Sport und Spiel im Vordergrund und die Erziehung zur Nächstenhilfe. Man erhofft sich durch diesen frühen Kontakt eine längerfristige Bindung an die Feuerwehr.

3.4 Einbindung der Feuerwehren in die Verwaltung

Grundsätzlich ist es Aufgabe der Gemeinde, eine Feuerwehr zu unterhalten. Insofern ist die Feuerwehr Bestandteil der Gemeinde- bzw. Stadtverwaltung und der Leiter dieser Verwaltung (Oberbürgermeister/Bürgermeister/Gemeindedirektor) ist oberster Dienstherr. In größeren Städten ist die Feuerwehr als eigenes Amt häufig dem Geschäftsbereich bzw. Dezernat »Sicherheit und Ordnung« oder »Umweltschutz« zugewiesen und trägt die verwaltungsinterne Bezeichnung »Amt 37«.

Die Fachaufsicht über die Feuerwehren führt das Innenministerium des Bundeslandes über die Bezirksregierungen, das auch die Feuerwehrgesetze und Durchführungsvorschriften erlässt. Bei kreisangehörigen Gemeinden ist der Kreisbrandmeister als Einrichtung des Landkreises bzw. feuerwehrtechnischer Aufsichtsbeamter zwischen Bezirksregierung und Gemeindefeuerwehr geschaltet. Die Landesbrandschutzgesetze sehen sowohl für die Landkreise wie auch für die Landesbehörden zum Teil umfangreiche unterstützende und kontrollierende Maßnahmen vor, z. B. Unterhaltung von Feuerwehrschulen oder Leitstellen.

Die Feuerwehren sind verpflichtet, im Zivil- und im Katastrophenschutz mitzuwirken. Hierzu erhalten die Kommunen und Kreise Unterstützung vom Bund und den Ländern. Die privaten Hilfsorganisationen können im Katastrophenschutz mitwirken, die Bundesanstalt Technisches Hilfswerk (THW) ist zur Mitwirkung verpflichtet.

Partner im Einsatzalltag sind zunächst die Feuerwehrleitstellen, die für die Alarmierung und rückwärtige Einsatzunterstützung zuständig sind. Zudem bestehen enge Kontakte zu den Polizeibehörden auf kommunaler Ebene (Ordnungsamt), zur Landespolizei und zur Bundespolizei. Im Rettungsdienst bestehen enge Verbindungen zu den vier großen Hilfsorganisationen sowie privaten Dienstleistern im Rettungsdienst. Üblicherweise hat jeder Landkreis und jede kreisfreie Stadt eine Feuerwehrleitstelle, die den europaweiten Notruf 112 abfragt, die zuständigen Feuerwehren alarmiert und deren Einsatz insbesondere mit Nach-alarmierungen, Dokumentation und Informationsbeschaffung begleitet. In vielen Bundesländern sind Leitstellen für die Feuerwehr, den Rettungsdienst und den Katastrophenschutz üblich oder sogar per Gesetz vorgeschrieben. Diese Leitstellen werden oft als **<Integrierte Leitstellen>** bezeichnet. In Schleswig- Holstein wurde 2009 die erste kooperative Leitstelle eröffnet, die Polizei, Feuerwehr und Rettungsdienst zusammenfasst. Ist eine Leitstelle für mehrere Landkreise zuständig, nennt man sie Regionalleitstelle.

Das Bundesamt für Bevölkerungs- und Katastrophenschutz betreibt seit 2002 in Bonn ein gemeinsames Lage- und Meldezentrum (GMLZ) des Bundes und der Länder. Primäre Aufgaben des GMLZ sind außer der ständigen Lagebeobachtung die Entgegennahme, Beschaffung, Analyse, Verarbeitung, Koordinierung, die Weitergabe und der Austausch von Meldungen und Informationen sowie die Prognose von Schadenentwicklungen im Ereignisfall. Darüber hinaus führt das GMLZ länderübergreifende Experten- und Ressourcenrecherchen durch und vermittelt die Ergebnisse an die Bedarfsträger.

3.5 Organisation der Feuerwehren

Jede selbstständige Gemeinde hat eine Feuerwehr. Kernstück jeder Feuerwehr ist die Einsatzabteilung; daneben gibt es Verwaltungsbereiche, die Alters- und Ehrenabteilung sowie die Jugendfeuerwehr. In manchen Bundesländern existieren daneben auch noch privatrechtliche Feuerwehr(förder)vereine, die jedoch hier nicht weiter betrachtet werden.

Je nach Größe und Struktur der Gemeinde verfügt die Einsatzabteilung über verschiedene Standorte. Dies können Feuerwehrhäuser der Freiwilligen Feuerwehr oder Feuerwachen der Berufsfeuerwehr sein. Historisch bedingt können die einzelnen Einheiten auch Feuerwehren

Quelle: J. Thorns

Bild 3.5 Beispiel für einen Löschzug, hier einer Freiwilligen Feuerwehr

ehemals selbstständiger Gemeinden sein, die im Rahmen von Verwaltungsreformen zu neuen Gemeinden zusammengefasst wurden. Diese Feuerwehren wurden entweder als Löschzüge und Löschgruppen (je nach Bundesland auch Abteilung oder Ortsfeuerwehr) in die neu gebildete Feuerwehr integriert oder bestehen als eigenständige Feuerwehren unter zentraler Führung weiter. Je nach örtlichen Gegebenheiten können die Einheiten verschiedener Standorte zu größeren Einheiten (Löschzüge, Verbände) oder zu Sondereinheiten (z. B. Messzug) zusammengefasst werden.

Die Einsatzführung erfolgt in der Regel durch den Leiter der örtlich zuständigen Feuerwehr, bei kleineren Schadenereignissen durch von ihm beauftragte Einsatzleiter (Zug- oder Gruppenführer). Bei größeren Feuerwehren ist ein Einsatzführungsdienst organisiert, der den Leiter der Feuerwehr entlastet. Bei großen Schadenereignissen erfolgt eine stabsmäßige Führung (▶ Kapitel 18): Bei »Punktlagen« (z B. ein Großbrand) vor Ort durch eine Technische Einsatzleitung, bei »Flächenlagen« (z. B. Sturm) durch eine rückwärtige Feuerwehreinsatzleitung. Im Großschadenfall wird die operativ-taktische Führung der Feuerwehr (Führungsstab) durch eine parallel arbeitende politisch-administrative Führung (Krisenstab, Verwaltungsstab) ergänzt. Beide Führungsorgane unterstehen gleichberechtigt nebeneinander dem Oberbürgermeister/Landrat.

Zur Förderung des Nachwuchses unterhalten die Feuerwehren Jugendfeuerwehren, die ebenfalls dem Leiter der Feuerwehr unterstehen. Einsatzkräfte, die nicht mehr aktiv am Einsatzgeschehen teilnehmen können, werden in die Alters- und Ehrenabteilung übernommen.

Die Verwaltung der Feuerwehr erfolgt primär durch die Führungskräfte der Feuerwehr selbst. Bei kleineren Feuerwehren erhalten sie z. B. bei Beschaffungen oder in der Personalverwaltung Unterstützung durch die Gemeindeverwaltung. Bei großen (Berufs-) Feuerwehren ist innerhalb der Feuerwehr ein eigener Verwaltungsbereich gebildet, häufig als »Branddirektion« bezeichnet. Hier sind die zum Betrieb einer Feuerwehr notwendigen Unterstützungsbereiche zusammengefasst. In der Regel handelt es sich um die Bereiche:

- Verwaltung (Amtsorganisation, Personalverwaltung, Finanzen, Rechnungswesen),
- Einsatzorganisation (Einsatzplanung, Personaleinsatz),
- Ausbildung,
- Leitstelle,
- Technik (Fahrzeug- und Gerätetechnik, Gebäude, Informations- und Kommunikationstechnik),
- Rettungsdienst,
- Gefahrenvorbeugung/Vorbeugender Brandschutz.

Zum »rückwärtigen Bereich« gehören auch die Werkstätten wie z. B. Atemschutzwerkstatt, Schlauchwerkstatt. Teilweise werden solche Werkstätten von mehreren Feuerwehren gemeinsam betrieben oder auch vom Landkreis für die kreisangehörigen Gemeinden.

Größeren Feuerwehren können durch die Aufsichtsbehörden Sonderaufgaben zugewiesen werden, z. B. Einsatzbereiche auf Autobahnen oder besondere Einsatzarten (z. B. Gefahrguteinsätze). Sie sind dann Stützpunktfeuerwehren oder Schwerpunktfeuerwehren und erhalten zusätzliche Mittel zur Erfüllung dieser Aufgaben.

Zum Einsatz bei besonderen Schadenlagen werden zunehmend »Verbände« aufgestellt, die sich aus mehreren Zügen (auch von mehreren Feuerwehren) zusammensetzen und auch überörtlich über eine längeren Zeitraum ohne fremde Hilfe eingesetzt werden können.

3.5.1 Brandschutzbedarfsplanung

Hinsichtlich der Qualität der Aufgabenerfüllung (»Wie viel Feuerwehr braucht man in einer Gemeinde?«) werden in den Brandschutzgesetzen meistens keine Angaben gemacht, die Feuerwehr ist »den örtlichen Verhältnissen entsprechend« aufzustellen.

Allerdings gibt es Standards (Regeln der Technik), die herangezogen werden können. So geht z. B. die Schutzzieldefinition der Arbeitsgemeinschaft der Leiter der Berufsfeuerwehren (< **AGBF** >) davon aus, dass mindestens zehn Einsatzkräfte 13 Minuten nach Brandentstehung vor Ort sind und fünf Minuten später weitere sechs Einsatzkräfte eintreffen müssen. Einige Länder haben Verordnungen über Risikoklassifizierungen oder Hinweise zur Leistungsfähigkeit der Feuerwehren erlassen.

Sinnvollerweise wird für jede Gemeinde ein Brandschutzbedarfsplan (▶ Kapitel 16) erstellt, in dem beschrieben ist, wie viele Einsatzkräfte in welcher Zeit wo vor Ort sein müssen und in wie viel Prozent aller Fälle dieses Schutzziel erreicht werden muss. Daraus ergeben sich die Lage und Größe der Feuerwehreinheiten. Wird dieser Brandschutzbedarfsplan vom Rat der Gemeinde beschlossen, sind damit auch die zur Umsetzung dieses Planes erforderlichen Mittel grundsätzlich bewilligt.

3.5.2 Qualifikation , Dienstgrade, Laufbahnen

Die Qualifikation einer Einsatzkraft, in der Regel verbunden mit einem bestimmten Dienstgrad, wird durch die Helmkennzeichnung dargestellt (▶ Kapitel 18). Beispielhaft steht in ▶ Tabelle 3.1 die Situation in Nordrhein-Westfalen, in anderen Ländern sind andere Varianten möglich. Oft ist die Helmkennzeichnung im Rettungsdienst analog in blauer Farbe aufgebaut. Der Organisatorische Leiter Rettungsdienst (OrgL) verfügt über einen blauen Ring, der Leitende Notarzt über zwei blaue Ringe.

3.6 Interessensvertretungen

Da die Feuerwehren Einrichtungen der Gemeinde sind, gibt es keine bundesweite zentrale Organisation des Feuerschutzes. Die berufspolitischen Interessen der hauptamtlichen Feuerwehrleute werden durch die großen Beamtengewerkschaften vertreten. Es gibt jedoch Organisationen, die die Interessen der Feuerwehren bundes- und europaweit vertreten.

Bild 3.6 Führungskräfte an der Einsatzstelle

3.6.1 Deutscher Feuerwehrverband

Der **<Deutsche Feuerwehrverband>** (DFV) wurde 1853 gegründet und ist heute ein eingetragener Verein. Er setzt sich aus Kreis- (bzw. Stadt-) Feuerwehrverbänden und Landesfeuerwehrverbänden zusammen. Zusätzlich gibt es innerhalb des DFV die Bundesgruppen Berufsfeuerwehr, Bundeswehrfeuerwehren, Berufsfeuerwehren der Stationierungsstreitkräfte und Werkfeuerwehren. Die Deutsche Jugendfeuerwehr (DJF) bildet die Jugendvertretung innerhalb des DFV. Er ist Interessensvertreter des deutschen Feuerwehrwesens auf nationaler und internationaler Ebene. In 13 Fachbereichen, die ehrenamtlich besetzt sind, wird die Meinung der Feuerwehren gebündelt und dem Präsidium zugearbeitet. Die Verwaltung des DFV erfolgt hauptamtlich durch die Bundesgeschäftsstelle in Berlin.

3.6.2 Arbeitsgemeinschaft der Leiter der Berufsfeuerwehren (AGBF)

Die AGBF wurde 1952 gegründet und ist ein Organ des Deutschen Städtetages, in ihr sind die Leiter der derzeit 107 Berufsfeuerwehren in Deutschland zusammengeschlossen. Es gibt sieben Arbeitskreise und Fachausschüsse: Grundsatzfragen, Leitstellen und Digitalisierung, Ausbildung, Rettungsdienst, Technik, Zivil- und Katastrophenschutz sowie Vorbeugender Brand- und Gefahrenschutz. Angegliedert ist die Interessengemeinschaft der Brandreferendare (IGBref), die sich um die Betreuung der Auszubildenden für den höheren feuerwehrtechnischen Dienst kümmert.

3.6.3 Vereinigung zur Förderung des deutschen Brandschutzes

Die Vereinigung zur Förderung des deutschen Brandschutzes (vfdb) wurde 1950 gegründet

Tabelle 3.1 Qualifikationen und Dienstgrade anhand von Helmkennzeichnungen (Beispiel: NRW)

Rote Helmkennzeichnung	Qualifikation	Freiwillige Feuerwehr		Berufsfeuerwehr	
			Ausbildung		Ausbildung
Keine	Anwärter		Keine		Keine
Keine	Truppmann		Truppmann		Laufbahnausbildung mittlerer feuerwehrtechnischer Dienst
Keine	Truppführer		Truppführer		
1 Streifen	Gruppenführer		Gruppenführer		Gruppenführer
2 Streifen	Zugführer		Zugführer		Zugführer
1 Ring	Verbandsführer oder Leiter einer Feuerwehr einer kreisangehörigen Stadt oder gehobener feuerwehrtechnischer Dienst		Verbandsführer, Sonderlehrgänge		Laufbahnausbildung gehobener feuerwehrtechnischer Dienst
2 Ringe	Kreisbrandmeister Leiter einer Feuerwehr einer kreisfreien Stadt oder höherer feuerwehrtechnischer Dienst		Verbandsführer, Sonderlehrgänge		Laufbahnausbildung höherer feuerwehrtechnischer Dienst

Quellen: J. Thorns

und fasst all die Bereiche zusammen, deren Interesse die technische und wissenschaftliche Weiterentwicklung der Gefahrenabwehr im weitesten Sinne ist. Sie hat rund 2 800 Einzel- und kooperative Mitglieder und veranstaltet jährlich eine große Fachtagung. Die Facharbeit erfolgt in 14 Referaten, die im Technisch- Wissenschaftlichen Beirat zusammengefasst sind.

3.7 Ausbildung

Bevor gesundheitlich geeignete Feuerwehrangehörige in den Einsatz gehen können, müssen sie ausgebildet werden. Grundsätzlich ist der Inhalt der Ausbildung in den **>Feuerwehr-Dienstvorschriften>**, insbesondere für Angehörige der Freiwilligen Feuerwehren, sowie den Lernzielkatalogen für den feuerwehrtechnischen Dienst geregelt.

Die grundlegende Organisation und Ausbildung der Feuerwehren in Deutschland ist in den Feuerwehr-Dienstvorschriften (FwDV) zusammengefasst. Diese werden innerhalb einer Projektgruppe des Ausschusses für Feuerwehrangelegenheiten, Katastrophenschutz und zivile Verteidigung (AFKzV) im Arbeitskreis

A

V der Innenministerkonferenz erarbeitet und dann durch die jeweiligen Länder verbindlich eingeführt. Dadurch erhalten sie quasi Gesetzeskraft. Derzeit gibt es folgende FwDV:
- FwDV 1 – Grundtätigkeiten Lösch- und Hilfeleistungseinsatz,
- FwDV 2 – Ausbildung der Freiwilligen Feuerwehren,
- FwDV 3 – Einheiten im Lösch- und Hilfeleistungseinsatz,
- FwDV 7 – Atemschutz,
- FwDV 8 – Tauchen,
- FwDV 10 – Die tragbaren Leitern,
- FwDV 100 – Führung und Leitung im Einsatz – Führungssystem,
- FwDV 500 – Einheiten im ABC-Einsatz,
- FwDV 800 – Informations- und Kommunikationstechnik im Einsatz,
- FwDV 810 – Sprech- und Datenfunkverkehr.

Bei der Freiwilligen Feuerwehr umfasst die Truppmannausbildung 150 Stunden, der die 35-stündige Truppführerausbildung folgt, in der Regel am Standort oder auf Kreisebene. Es können bzw. müssen auch Sonderausbildungen besucht werden, wie z. B. Atemschutzgeräteträger, Maschinist für Löschfahrzeuge oder die Ausbildung für Einsätze mit gefährlichen Stoffen und Gütern. Dann folgen Führungslehrgänge als Gruppen-, Zugführer- oder Verbandsführer. Diese Lehrgänge im Umfang von mindestens 70 Stunden finden in der Regel an den Landesfeuerwehrschulen statt. Jedes Bundesland unterhält mindestens eine Feuerwehrschule, an der sowohl die theoretische Ausbildung (z. B. Führungsausbildung im Planübungsraum) wie auch die praktische Ausbildung in besonderen Übungshäusern oder an Übungsobjekten stattfindet.

Die Einsatzkräfte der Berufsfeuerwehren sind in der Regel Beamte, entsprechend ist die Ausbildung in einer Laufbahnverordnung geregelt und mit Besoldungen verknüpft. Man unterscheidet die drei Laufbahnen des mittleren Dienstes (Brandmeister bis Hauptbrandmeister), des gehobenen Dienstes (Brandinspektor bis Brandoberamtsrat) und des höheren Dienstes (ab Brandrat), wobei dies je nach Bundesland auch vermischt oder anderes abgegrenzt sein kann. Die feuerwehrtechnische Grundausbildung dauert derzeit etwa 18 Monate. Wirken die Feuerwehren im Rettungsdienst mit, ist zusätzlich die Ausbildung als Rettungssanitäter, Rettungsassistent oder Notfallsanitäter notwendig. Es ist üblich, dass vor Aufnahme der hauptberuflichen Feuerwehrlaufbahn eine geeignete Berufsausbildung absolviert wird. Es gibt derzeit mehrere Versuche, Interessenten bereits nach der Schulzeit in eine Feuerwehrlaufbahn zu übernehmen und ihnen zunächst eine handwerkliche Grundausbildung zu vermitteln und erst anschließend die feuerwehrtechnische Ausbildung zu beginnen.

Für Angehörige von Werkfeuerwehren wurde das Berufsbild »Werkfeuerwehrmann« geschaffen. Die Dienstgrade sind vergleichbar denen bei öffentlichen Feuerwehren.

Quelle: J. Thorns

Bild 3.7 An den Landesfeuerwehrschulen werden unter anderem die Führungskräfte der Feuerwehr ausgebildet.

4 Sicherheit und Gesundheitsschutz im Feuerwehrdienst

von Tim Pelzl

4.1 Gesetzliche Unfallversicherung – Organisation und Struktur

Wenige wissen, dass es sie gibt, doch für viele steht sie ein: die gesetzliche Unfallversicherung. Sie sichert bei Arbeits- und Wegeunfällen ebenso ab wie bei Berufskrankheiten. Versichert sind neben Arbeitnehmern und Auszubildenden auch weitere Personengruppen, so z. B. Schüler von allgemein- und berufsbildenden Schulen, aber auch Personen, die in Hilfeleistungsorganisationen und im Katastrophenschutz ehrenamtlich tätig sind. Versicherungsrechtlich zählen hierzu auch die Einsatzkräfte der Freiwilligen Feuerwehren (festgelegt ist dies in SGB VII, Paragraf 2 Absatz 1 Punkt 12). Die Beamten der Berufsfeuerwehren sind in der Regel nicht von der gesetzlichen Unfallversicherung erfasst, für sie sorgt der Dienstherr im Falle eines Unfalls oder einer Berufskrankheit im Rahmen seiner Fürsorgepflicht. Mit rund 70 Millionen Versicherten stellt die gesetzliche Unfallversicherung einen wichtigen Zweig der sozialen Sicherung dar. Dennoch führt sie in der öffentlichen Wahrnehmung ein Schattendasein. Der Grund dafür ist denkbar einfach ist: Sie ist die einzige (Pflicht-)Versicherung, deren Versicherte keine Beiträge entrichten. Vielmehr kommen alleine die Arbeitgeber oder in Schule und Verwaltung der Bund, die Länder oder die Kommunen für die Kosten auf. Damit sind gleich zwei Parteien abgesichert: Im Falle eines Wege-, Schüler- oder Arbeitsunfalls bzw. einer Berufskrankheit genießt der Versicherte vollen Schutz. Dieser umfasst sowohl eine

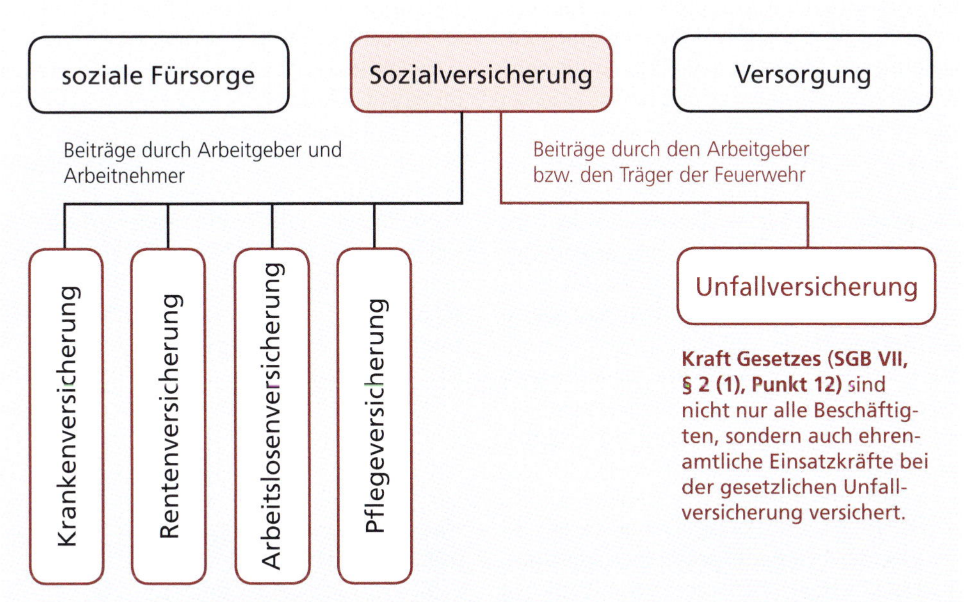

Bild 4.1 Das Netz der sozialen Sicherung in der Bundesrepublik Deutschland

Akutversorgung als auch – wenn nötig – eine Rehabilitation sowie eine Entschädigung bzw. Rente. Zugleich sind Unternehmen und Einrichtungen, bei denen der Versicherte beschäftigt ist, von einer Haftung befreit – denn diese übernimmt vollständig die gesetzliche Unfallversicherung. Mit der Entrichtung der Beiträge und einer wirksamen Prävention kommt der Arbeitgeber somit seiner gesetzesmäßigen Verantwortung gegenüber seinen Mitarbeitern nach.

Die gesetzliche Unfallversicherung handelt auf Grundlage des siebten Sozialgesetzbuches (SGB VII). Ihre Aufgabe ist zum einen die Verhütung von Arbeitsunfällen, Berufskrankheiten und arbeitsbedingten Gesundheitsgefahren. Zum anderen sorgt sie im Fall des Falles dafür, die Gesundheit und die Leistungsfähigkeit der Versicherten wiederherzustellen – und zwar mit allen geeigneten Mitteln.

Wie die gesetzliche Kranken-, Renten-, Pflege- und Arbeitslosenversicherung ist auch die gesetzliche Unfallversicherung eine Pflichtversicherung. Sie lässt sich durch keine private Unfall- oder Haftpflichtversicherung ersetzen. Jeder Unternehmer und jede Kommune gehören kraft Gesetzes dem zuständigen Unfallversicherungsträger an. Die gesetzliche Unfallversicherung löst die zivilrechtliche Haftung des Unternehmers für Arbeitsunfälle und Berufskrankheiten gegenüber seinen Arbeitnehmern ab. Während die Berufsgenossenschaften für die Betriebe der gewerblichen Wirtschaft zuständig sind, versichern die Träger der öffentlichen Hand Unternehmen des Bundes, der Länder und der Gemeinden sowie private Betriebe, an denen die öffentliche Hand die Mehrheit hält. Die öffentlichen Unfallversicherungsträger sind nach Bund, Ländern oder Gemeinden gegliedert bzw. für bestimmte Bereiche (wie Eisenbahn, Post, Telekom und Feuerwehr) zuständig. Die Berufsgenossenschaften hingegen sind nach Branchen gegliedert.

Der Verband »Deutsche Gesetzliche Unfallversicherung« (DGUV) ist der Spitzenverband der gewerblichen Berufsgenossenschaften und der Unfallversicherungsträger der öffentlichen Hand. Er nimmt die gemeinsamen Interessen seiner Mitglieder wahr und fördert deren Aufgaben zum Wohl der Versicherten und der Unternehmen. Der Verband vertritt die gesetzliche Unfallversicherung gegenüber Politik, Bundes- und Landesinstitutionen, europäischen und sonstigen nationalen und internationalen Institutionen sowie Sozialpartnern. Organe der DGUV als eingetragener Verein sind die Mitgliederversammlung und der Vorstand. Beide sind wie die Selbstverwaltung der Unfallversicherungsträger paritätisch besetzt. Die Mitgliederversammlung, das »Parlament« der DGUV, berät und entscheidet mindestens einmal jährlich über Grundsatzfragen. Der Vorstand wird von der Mitgliederversammlung gewählt. Er führt die Geschäfte der DGUV und wählt die Hauptgeschäftsführung.

4.2 Vorschriften- und Regelwerk der gesetzlichen Unfallversicherung und des Staates

4.2.1 Staatliches Arbeitsschutzrecht

Grundlage der Rechts- und Staatsordnung in der Bundesrepublik Deutschland – und damit auch aller für den Arbeitsschutz geltenden Regelungen – ist das Grundgesetz. Die für den Arbeitsschutz entscheidenden Bestimmungen enthalten die Artikel 2 (2) und 20 (1). Die Zuständigkeit des Staates für die Rechtsetzung im Arbeitsschutz ergibt sich aus Artikel 74 (1) Nr. 12 des Grundgesetzes. Hiernach haben neben dem Bund auch die Bundesländer eigene Gesetzgebungskompetenzen im Arbeitsschutz. Diese Befugnis gilt für die Länder jedoch nur, solange und soweit der Bund von seiner Befugnis keinen Gebrauch gemacht hat. Wichtige Bestandteile des staatlichen Arbeitsschutzrechtes sind das Arbeitsschutzgesetz (ArbSchG) und das Arbeitssicherheitsgesetz (ASiG).

Das Arbeitsschutzgesetz enthält allgemeine Grundpflichten für Arbeitgeber und Beschäftigte, die für alle Betriebe und Verwaltungen gelten. Durch verschiedene Verordnungen wird das Arbeitsschutzgesetz weiter konkretisiert, z. B. durch die

- Betriebssicherheitsverordnung (BetrSichV),
- Arbeitsstättenverordnung (ArbStättV),
- Bildschirmarbeitsverordnung (BildscharbV),

- Baustellenverordnung (BaustellV),
- Lastenhandhabungsverordnung (LasthandhabV),
- PSA-Benutzungsverordnung (PSA-BV),
- Biostoffverordnung (BioStoffV),
- Gefahrstoffverordnung (GefStoffV),
- Lärm- und Vibrations-Arbeitsschutzverordnung (LärmVibrArbschV) sowie
- Arbeitsmedizinische Vorsorgeverordnung (ArbmedVV),
- Verordnung zum Schutz der Beschäftigten vor Gefährdungen durch künstliche optische Strahlung (OStrV).

Die Verordnungen zum Arbeitsschutzgesetz werden wiederum durch technische Regeln weiter ausgeführt, wie z. B. die
- Technischen Regeln für biologische Arbeitsstoffe (TRBA),
- Technischen Regeln für Betriebssicherheit (TRBS),
- Technischen Regeln für Gefahrstoffe (TRGS),
- Arbeitsstättenregeln (ASR),
- Technischen Regeln zur Arbeitsschutzverordnung zu künstlicher optischer Strahlung (TROS),
- Arbeitsmedizinische Regeln (AMR).

Das Arbeitssicherheitsgesetz regelt Anforderungen zur Einbindung der arbeitsmedizinischen und sicherheitstechnischen Fachkunde im Betrieb. Außerdem enthalten eine Reihe weiterer Gesetze und Verordnungen ebenfalls relevante Bestimmungen (z. B. Betriebsvorschriften) für den Arbeitsschutz.

4.2.2 Autonomes Satzungsrecht der Unfallversicherungsträger

Neben dem staatlichen Arbeitsschutzrecht existiert auch das autonome Unfallverhütungsrecht der Unfallversicherungsträger. Die Unfallversicherungsträger erlassen Unfallverhütungsvorschriften (UVV). Zur Vorbereitung dieser werden bei der Deutschen Gesetzlichen Unfallversicherung rund 15 Fachbereiche (z. B. »Feuerwehren, Hilfeleistungen, Brandschutz«, »Bauwesen«, »Gesundheitsdienst«, »Rohstoffe und chemische Industrie« usw.) unterhalten, die neben anderen Aufgaben insbesondere auch das Vorschriftenwerk der Unfallversicherungsträger vervollständigen und aktualisieren. Die Unfallverhütungsvorschriften werden über DGUV-Regeln und Informationsschrif-

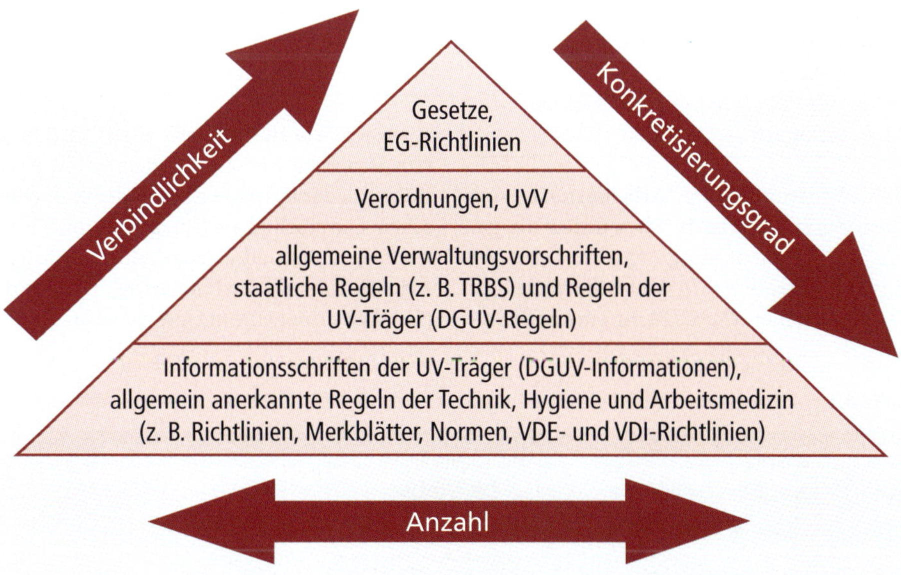

Bild 4.2 Systematik des staatlichen und autonomen Arbeitsschutzrechts

ten (z. B. DGUV-Informationen) ergänzt und ausgeführt, um die praktische Umsetzung in den Betrieben zu erleichtern. Ergänzt wird das Arbeitsschutzrecht durch Tarifverträge bzw. Betriebsvereinbarungen als autonomes Recht. Die verschiedenen Vorschriften und Regelungsarten und deren Beziehung zueinander sind im Bild unten auf der vorherigen Seite (▶ Bild 4.2) dargestellt.

4.2.3 Dualismus im Arbeitsschutz

In der Bundesrepublik Deutschland sind überbetrieblich für den Arbeitsschutz einerseits der Staat und andererseits die Unfallversicherungsträger zuständig. Es wird deshalb vom dualen Arbeitsschutzsystem gesprochen. Sowohl von staatlicher Seite (Bund und Länder) als auch von Seiten der Unfallversicherungsträger werden Vorschriften erlassen sowie die Überwachung und die Beratung zur Umsetzung der Vorschriften organisiert. Beide Seiten sind zur engen Zusammenarbeit verpflichtet. Grundlage hierfür sind § 21 Abs. 3 und 4 ArbSchG sowie § 20 SGB VII. Vereinfacht dargestellt sollen beide Seiten die Einhaltung der Arbeitsschutzbestimmungen in den Betrieben überwachen und den Arbeitsschutz ständig verbessern, und hierbei beratend sowie insbesondere auch präventiv tätig sein.

4.2.4 Gemeinsame Deutsche Arbeitsschutzstrategie (GDA)

Durch Änderungen im Arbeitsschutzgesetz und im Sozialgesetzbuch VII wurden die gesetzlichen Rahmenbedingungen für die Gemeinsame Deutsche Arbeitsschutzstrategie (GDA) geschaffen. Die GDA ist eine auf Dauer angelegte konzertierte Aktion von Bund, Ländern und Unfallversicherungsträgern zur Stärkung von Sicherheit und Gesundheit am Arbeitsplatz. Ziel ist es, die bereits bestehenden Arbeitsschutzmaßnahmen einheitlich und transparent zu regeln und ihre Umsetzung am Arbeitsplatz nachhaltig voranzutreiben.

Kooperation, Koordination und Fokussierung sind die Leitmotive der gemeinsamen Präventions- und Überwachungsarbeit von Bund, Ländern und Unfallversicherungsträgern. Mit der GDA setzt Deutschland auch eine zentrale Forderung der EU-Gemeinschaftsstrategie für Sicherheit und Gesundheit am Arbeitsplatz um. Um die Gemeinschaftsziele zu erreichen, sieht die EU-Strategie die Entwicklung von nationalen Arbeitsschutzstrategien in den Mitgliedstaaten vor. Mit der gemeinsamen Strategie werden gemeinsame Arbeitschutzziele und Handlungsfelder festgelegt und in bundesweiten GDA-Arbeitsprogrammen umgesetzt. In diesen Arbeitsprogrammen bündeln Bund, Länder und Unfallversicherungsträger ihre Präventions- und Überwachungsaktivitäten, stimmen sich ab und nutzen Synergien mit Kooperationspartnern [16].

4.3 Sicherheit und Gesundheitsschutz bei den Feuerwehren

4.3.1 Grundlagen

Auch im Feuerwehrdienst ist das oberste Ziel von Sicherheit und Gesundheitsschutz die Bewahrung der körperlichen, geistigen und seelischen Unversehrtheit (Integrität) der Einsatzkräfte und damit die dauerhafte Erhaltung der Arbeitskraft und die Förderung der Leistungsfähigkeit durch eine entsprechende Gestaltung

Tabelle 4.1 Gemeldetes Unfallgeschehen bei den Freiwilligen Feuerwehren in Deutschland im Jahr 2020

Unfallgeschehen	Anzahl
versicherte Feuerwehrangehörige insgesamt in Deutschland	1 303 849
angezeigte Unfälle im Feuerwehrbetrieb	8 997
davon Unfälle mit Todesfolge	2
bestehende Rentenfälle infolge eines Unfalls im Feuerwehrbetrieb	2 459

Quelle: DGUV

A

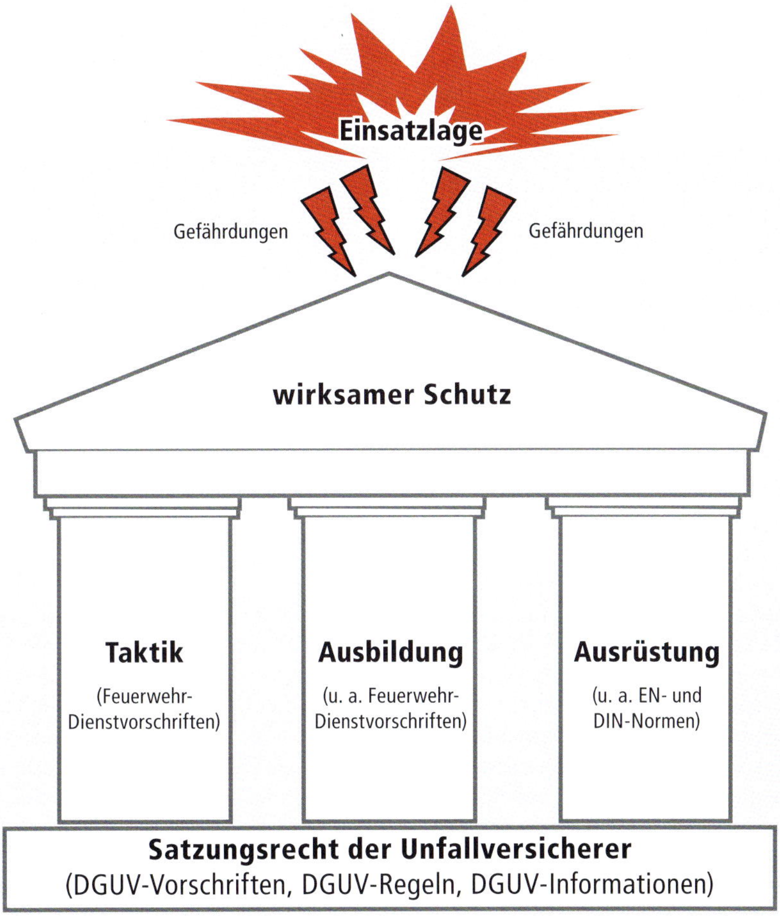

Bild 4.3 Die vier notwendigen Elemente für Sicherheit und Gesundheitsschutz im Feuerwehreinsatz

der Tätigkeiten im Feuerwehrdienst. Leider kommt es aber dennoch immer wieder zu Unfällen im Feuerwehrdienst. Die ▶ Tabelle 4.1 gibt einen Überblick über das Unfallgeschehen bei den deutschen Freiwilligen Feuerwehren im Jahr 2020.

Die »Betriebsart Feuerwehr« stellt einen Spezialfall in Sicherheit und Gesundheitsschutz dar, da die Einsatzkräfte der Feuerwehren zum allergrößten Teil Ehrenamtliche sind (im Jahr 2020 standen rund 1,3 Millionen ehrenamtliche Einsatzkräfte zirka 46 300 hauptberuflichen Einsatzkräften für den abwehrenden Brandschutz gegenüber). Ehrenamtliche aber gelten nicht als Beschäftigte im Sinne des Arbeitsschutzgesetzes, da sie unter anderem kein abhängiges Beschäftigungsverhältnis mit ihrem Dienstherrn eingehen. Daher gilt das Arbeitsschutzgesetz und seine unter Punkt

Merke:

Werden Tätigkeiten entsprechend der Feuerwehr-Dienstvorschriften durchgeführt, kann davon ausgegangen werden, dass damit die Vorgaben der Unfallversicherungsträger bei diesen Tätigkeiten erfüllt werden.

2.1 genannten Verordnungen und technischen Regeln nicht unmittelbar für ehrenamtliche Einsatzkräfte. Die Regel zur Unfallverhütungsvorschrift »Grundsätze der Prävention« (DGUV-Regel 100-001) führt hierzu an:

»Aufgrund des weiten Geltungsbereiches der Unfallverhütungsvorschriften (UVV) werden zudem die in Bezug genommenen Inhalte des staatlichen Arbeitsschutzrechtes nicht nur im Hinblick auf die Beschäftigten, sondern vielmehr – über den ›Umweg‹ der UVV – auf alle übrigen Versicherten (Paragraf 2 Nummer 2 ff. SGB VII) ausgedehnt. Damit werden die sich aus staatlichem Arbeitsschutzrecht ergebenden Pflichten über die Beschäftigten hinaus auch im Hinblick auf alle anderen Versichertengruppen zu Unternehmerpflichten. […] Ziel dieser generellen Anwendung staatlichen Rechts ist letztendlich, Regelungslücken zu vermeiden, d. h. alle Versicherten unterliegen – sofern nicht spezielle Regelungen für bestimmte Versichertengruppen, z. B. im Bereich der Feuerwehren, bestehen – grundsätzlich denselben Rechtsvorschriften.« [2]

Das autonome Satzungsrecht der Unfallversicherungsträger umfasst natürlich solche speziellen Regelungen für den Feuerwehrbereich. Insbesondere die DGUV-Vorschrift 49 »Feuerwehren« führt verbindlich zu Sicherheit und Gesundheitsschutz bei Ausbildung, Übung und Einsatz im Feuerwehrdienst aus.

Ansonsten müssten in einigen Fällen Vorgaben eingehalten werden, die angesichts der Gefährdungen entweder nicht in vollem Umfang notwendig oder umsetzbar wären. Hier kommt der »Grundsatz der Verhältnismäßigkeit« ins Spiel. Dieser besagt, dass die zu treffenden Maßnahmen geeignet, erforderlich und angemessen sein müssen. Ein Beispiel: Eine Gefährdungsbeurteilung, wie sie für bestimmungsmäßiges Arbeiten in Betriebsstätten vorgesehen ist, ist für Feuerwehreinsätze nicht immer möglich. In der Regel liegen zu Beginn eines Einsatzes keine genauen Informationen über die möglichen Gefährdungen, über Art und Ausmaß der Schadenlage und die örtlichen Gegebenheiten vor. Aufgrund dieser besonderen Situation kann die üblicherweise geltende Rangfolge der Schutzmaßnahmen (technische, organisatorische, persönliche; ▶ Abschnitt 4.3.4) in der Regel nicht eingehalten werden. Organisatorische Maßnahmen und persönliche Schutzmaßnahmen erlangen daher besondere Bedeutung. Für solche Einsätze ist die Anwendung des staatlichen Arbeitsschutzrechts daher teilweise nicht möglich. In bestimmten Situationen, zum Beispiel zur Menschenrettung, muss sogar davon abgewichen werden. Eine exakte Anwendung würde den Einsatz gegebenenfalls sogar unmöglich machen. Daher können ehrenamtliche Feuerwehrkräfte im Einsatzfall vom staatlichen Arbeitsschutzrecht abweichen, wenn sie dabei das spezifische Regelwerk der DGUV, insbesondere die Unfallverhütungsvorschrift »Feuerwehren« sowie die Feuerwehr-Dienstvorschriften, beachten. Eine Orientierung am staatlichen Arbeitsschutzrecht ist aber immer sinnvoll, sobald der Dienstbetrieb dies zulässt. Denn das Arbeitsschutzrecht gibt den Stand der Technik und der Arbeitsmedizin wieder [17].

Merke:

Jeder Feuerwehrangehörige hat die Pflicht durch sicherheitsgerechtes Verhalten zur Vermeidung von Unfällen beizutragen. Dies kann z. B. erreicht werden durch:
- Tragen der vollständigen Persönlichen Schutzausrüstung,
- Befolgen der erhaltenen Befehle und Weisungen,
- Einhalten der Feuerwehr-Dienstvorschriften und der Unfallverhütungsvorschrift »Feuerwehren«,
- keinerlei Tätigkeiten unter dem Einfluss von Alkohol und Drogen durchführen,
- Einsatz von nur geeigneten und für den Feuerwehrdienst zugelassenen bzw. genormten Arbeitsmitteln.

Das autonome Satzungsrecht der Unfallversicherungsträger, die Feuerwehr-Dienstvorschriften und die Normen des Fachnormenausschusses Feuerwehr des Deutschen Instituts für Normung stellen die Basis von Sicherheit und Gesundheitsschutz im Bereich der ehrenamtlichen Feuerwehreinsatzkräfte in Deutschland dar (▶ Bild 4.3).

In diesem Zusammenhang ist es wichtig zu wissen, wie die Wertigkeit der Feuerwehr-Dienstvorschriften von den Unfallversicherungsträgern gesehen wird. Die Feuerwehr-Dienstvorschriften stellen für die gesetzliche Unfallversicherung so genannte Muster-Gefährdungsbeurteilungen dar. D. h., dass alle Tätigkeiten die gemäß der Feuerwehr-Dienstvorschriften von Einsatzkräften durchgeführt werden, bereits dem Stand der Technik entsprechen. Jede Einsatzleitung, welche die Feuerwehr-Dienstvorschriften beachtet, kann daher davon ausgehen, dass die Vorgaben der gesetzlichen Unfallversicherung damit bereits erfüllt sind.

4.3.2 Verantwortlichkeiten

Verantwortlich für Sicherheit und Gesundheitsschutz in der Feuerwehr ist der Dienstherr bzw. der Unternehmer, in einer Kommune also zunächst deren Bürgermeister. Dieser wird in der Regel den Leiter der Feuerwehr mit dieser Pflicht beauftragen (Pflichtenübertragung gemäß Paragraf 13 der DGUV-Vorschrift 1). Bei Einsätzen und Übungen sind die verantwortlichen Führungskräfte für die Einhaltung der Sicherheitsstandards verantwortlich. Sie dürfen nur Maßnahmen anordnen, die ein sicheres Tätigwerden der Feuerwehrangehörigen, auch unter Berücksichtigung ihrer individuellen Leistungsfähigkeit, ermöglichen (einzige Ausnahme ist die Menschenrettung). Jeder Feuerwehrdienstleistende ist ebenfalls verpflichtet, nach seinen Möglichkeiten und gemäß den Unterweisungen und Weisungen (z. B. Befehlen seiner Vorgesetzten) für Sicherheit und Gesundheitsschutz zu sorgen bzw. durch sein Verhalten ein sicheres Arbeiten zu gewährleisten.

INFO

Der Kontakt zum zuständigen Unfallversicherungsträger kann unter *www.dguv.de* ermittelt werden. Dort ist auch das umfangreiche Vorschriften- und Regelwerk für die Bereiche Sicherheit und Gesundheitsschutz bei der Feuerwehr kostenfrei erhältlich.

In den meisten Bundesländern ist die Funktion des Sicherheitsbeauftragten bei den Feuerwehren eingeführt. Dieser unterstützt und berät den Leiter der Feuerwehr bei dessen Pflicht Sicherheit und Gesundheitsschutz in der Feuerwehr zu gewährleisten. Der Sicherheitsbeauftragte selbst besitzt aber keine Verantwortung hierbei, er wird lediglich beratend tätig.

4.3.3 Eignungsuntersuchungen

Einige Tätigkeiten in der Feuerwehr (zum Beispiel das Tragen von Atemschutzgeräten, Taucharbeiten) erfordern vor deren Aufnahme und danach in regelmäßigen Abständen eine medizinische Eignungsuntersuchung. Die rechtliche Grundlage hierzu findet sich für ehrenamtliche Feuerwehreinsatzkräfte in Paragraf 6 Absatz 3 der Unfallverhütungsvorschrift (UVV) »Feuerwehren« (DGUV-Vorschrift 49), aber auch die FwDV 7 (Atemschutz) bzw. 8 (Tauchen) stellt an Einsatzkräfte die Anforderung, dass diese körperlich geeignet sein müssen. Die Notwendigkeit für Eignungsuntersuchungen, zum Beispiel nach G 26, kann für Beschäftigte der Feuerwehr (zum Beispiel hauptamtliche Einsatzkräfte) durch interne oder vertragliche Regelungen festgeschrieben sein. Bescheinigt zum Beispiel ein Arzt für Arbeitsmedizin oder ein Betriebsmediziner eine Untauglichkeit bzw. ist die Frist der Untersuchung abgelaufen, darf ein Feuerwehrdienstleistender nicht mehr für die jeweilige Tätigkeit eingesetzt werden, Übergangsfristen gibt es dabei nicht. Wird eine eingeschränkte Eignung attestiert, so muss für jeden Einzelfall der Rahmen einer Einsatzmöglichkeit festgelegt werden. Es empfiehlt sich dann den untersuchenden Arzt miteinzubeziehen.

Im Gegensatz zur Eignungsuntersuchung zählt es zur arbeitsmedizinischen Vorsorge gemäß der ArbMedVV zu prüfen, inwieweit zum Beispiel Schutzimpfungen oder andere Ange-bots- bzw. Pflichtvorsorgeuntersuchungen durch den Dienstherren anzubieten bzw. zu veranlassen sind (vgl. auch ▶ Abschnitt 4.4). Wird festgestellt, dass eine Gefährdung durch Infektionen (zum Beispiel Hepatitis-

B-Infektion beim Umgang mit Unfallopfern) bestehen, die durch eine Schutzimpfung zu vermeiden wären, ist es die Aufgabe des Dienstherrn, die Impfung anzubieten und die Kosten zu tragen.

4.3.4 Beurteilung von Arbeitsbedingungen bei den Feuerwehren

Für planbare Tätigkeiten im Bereich der Feuerwehren (also in der Regel außerhalb der Einsatztätigkeit) ist es notwendig, dass der Träger des Brandschutzes (in der Regel also die Kommune) vor Aufnahme der Tätigkeiten eine Gefährdungsbeurteilung durchführt. So empfiehlt es sich z. B. vor der Beschaffung einer Schlauchpflegeeinrichtung, eines Fahrzeuges oder gar dem Bau eines Feuerwehrhauses bereits gedanklich Fragen zur Sicherheit und zum Gesundheitsschutz zu stellen. Diese können z. B. sein:

- mechanische Gefährdungen (z. B. durch rotierende Teile, Sturz, Absturz, Herabfallen von Teilen)?
- elektrische Gefährdungen (z. B. durch gefährliche Körperströme, Lichtbogen)?
- Gefährdungen durch Gefahrstoffe (z. B. Brandrauch, Gase, Dämpfe, Feststoffe)?
- biologische Gefährdungen (z. B. Infektionsgefahren, sensibilisierende biologische Stoffe)?
- Brand- und Explosionsgefährdungen?
- thermische Gefährdungen (heiße oder kalte Medien, heiße oder kalte Oberflächen)?
- Gefährdungen durch physikalische Einwirkungen (z. B. Lärm, Vibrationen, Strahlung)?
- Gefährdungen durch die Umgebung (z. B. Klima, Beleuchtung, Verkehrswege)?
- Gefährdungen durch physische Belastung, Schwere der Arbeit (z. B. Heben und Tragen, statische und dynamische Arbeit, Haltearbeit)?
- Gefährdung durch Wahrnehmung und Handhabbarkeit (z. B. Informationsverarbeitung von Beschriftungen, Bedienbarkeit von Arbeitsmitteln)?
- Gefährdungen durch sonstige Belastungen (z. B. durch die eingesetzte persönliche Schutzausrüstung, Feuchtarbeit)?
- Gefährdungen durch psychische Belastungen (z. B. durch soziale Bedingungen, Art der Tätigkeit)?
- Gefährdungen durch die Organisation (z. B. Arbeitsablauf, Arbeitszeit, Unterweisung, Verantwortung)?

Werden hier bereits Gefährdungen ermittelt, müssen diese durch eine festgelegte Rangfolge an Maßnahmen unwirksam gemacht werden, wobei immer möglichst die höchste Maßnahme der nachstehenden Rangfolge zu bevorzugen ist:

1. Substitution: z. B. Ersatz von Reinigungs- und Desinfektionsmitteln mit hautreizenden Gefahrstoffen durch hautverträgliche Produkte in der Atemschutzwerkstatt;
2. technische Maßnahmen: z. B. Beschaffung einer Schlauchwaschmaschine, deren rotierende Teile durch ein Gehäuse abgedeckt sind und eventuell wegfliegende Teile (etwa nach Schlauchplatzern) durch Abdeckungen sicher zurückgehalten werden;
3. organisatorische Maßnahmen: z. B. Erstellen einer Dienstanweisung bzw. im Idealfall Positionierung des Alarmparkplatzes so auf dem Gelände des Feuerwehrhauses, dass das Feuerwehrhaus im Einsatzfall nicht durch die Fahrzeughalle betreten wird, um eine Gefährdung der eintreffenden Einsatzkräfte durch ausfahrende Fahrzeuge zu vermeiden;
4. persönliche Maßnahmen: z. B. Anbringen von Verbotsschildern wie »Aufenthalt unter schwebenden Last verboten« im Schlauchturm, oder das Bereitstellen von persönlicher Schutzausrüstung.

Die Beziehungen und Wirkungen der Rangfolge dieser Schutzmaßnahmen sind im Bild auf der vorhergehenden Seite (▶ Bild 4.4) dargestellt.

Beim Erstellen der Gefährdungsbeurteilung hat der Träger des Brandschutzes die Fachkraft für Arbeitssicherheit und den Arbeitsmediziner der jeweiligen Kommune miteinzubeziehen. Bei umfangreichen Projekten steht der technische Aufsichtdienst des zuständigen Unfallversicherungsträger für Fachfragen und Beratungen zur Verfügung. Einen speziellen

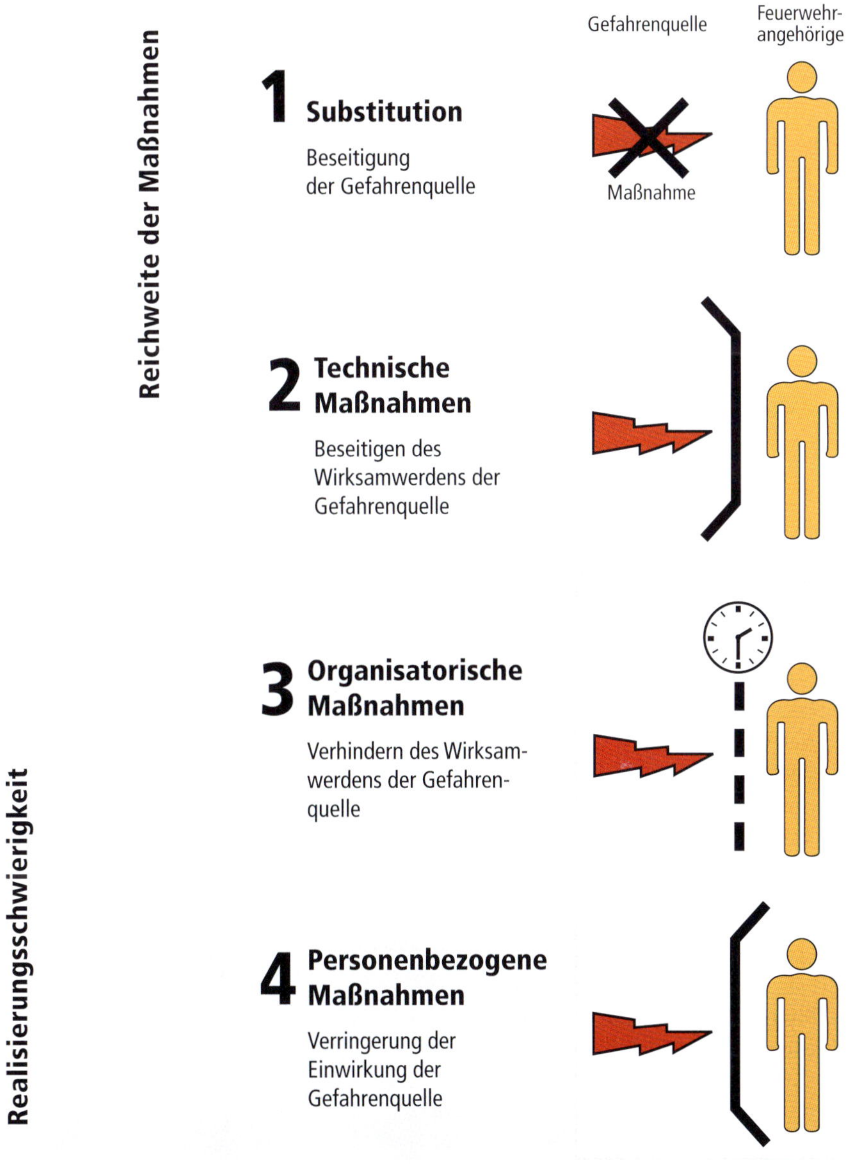

Bild 4.4 Rangfolge der Schutzmaßnahmen und deren Zusammenhänge

Bereich der Gefährdungsbeurteilung stellt die Beschaffung und Benutzung von persönlicher Schutzausrüstung dar. Hierfür steht den deutschen Feuerwehren die Informationsschrift »Auswahl von persönlicher Schutzausrüstung für Einsätze bei der Feuerwehr« (DGUV-Information 205-014) zur Verfügung, die gemeinsam von der Vereinigung zur Förderung des deutschen Brandschutzes (vfdb) und der DGUV erstellt wurde [8].

Achtung:

Eine Unfallmeldung ist sorgfältig auszufüllen und immer vom Träger der Feuerwehr (in der Regel ist dies die Kommune) zu unterzeichnen. Sie muss spätestens drei Tage nach dem Unfall gestellt werden.

Bei schweren Unfällen (Todesfall, schwere Verletzungen oder mehrere Betroffene) muss eine sofortige Meldung per Telefon oder Telefax an den zuständigen Unfallversicherungsträgen erfolgen!

4.4 Was tun bei einem Unfall?

Kommt es trotz aller Vorsichtsmaßnahmen doch zu einem Unfall bzw. einer Verletzung im Feuerwehrdienst (z. B. bei Einsatz, Ausbildung oder Übung) und muss aufgrund der Schwere der Verletzung ein Arzt oder ein Krankenhaus aufgesucht werden, so ist zu beachten, dass der Unfallversicherungsträger der Feuerwehr und nicht die Krankenkasse des Geschädigten als Kostenträger der Heilbehandlung genannt werden muss; d. h., es muss der »Dienstunfall bei der Feuerwehr« bei der Anmeldung beim Arzt angegeben werden. Besteht aufgrund des Unfalls bzw. der Verletzung eine Arbeitsunfähigkeit von mehr als drei Werktagen, muss eine Unfallmeldung an den Unfallversicherungsträger (in der Regel über die Vorgesetzten) getätigt werden. Vordrucke bzw. Datei-Vorlagen stellt der zuständige Unfallversicherungsträger zur Verfügung. Die ärztliche Arbeitsunfähigkeitsbescheinigung wird regulär bei der zuständigen Krankenkasse eingereicht.

Kommt es zu einem tödlichen oder einem anderen sehr schweren Unfall, oder gab es ein gravierendes Ereignis mit mehreren beteiligten Einsatzkräften, so muss eine sofortige Meldung an den zuständigen Unfallversicherungsträger per Telefon oder Telefax durchgegeben werden. Besteht Unsicherheit, ob ein Unfall meldepflichtig ist bzw. zu einer Arbeitsunfähigkeit führen wird, kann zur Sicherheit immer eine Unfallanzeige gestellt werden, hierdurch entstehen der Feuerwehr und der geschädigten Einsatzkraft keine Nachteile.

Der zuständige Unfallversicherungsträger bestätigt den Eingang der Unfallanzeige und veranlasst dann alles weitere, um eine Heilbehandlung mit allen geeigneten Mitteln sicherzustellen. Bei geringfügigen Ereignissen (z. B. Abschürfung, kleine Schnittverletzung oder Prellung), die keinen Arztbesuch erfordern, muss das Ereignis dennoch in einem Verbandbuch (DGUV-Information 204-020) schriftlich festgehalten werden. Verbandbücher können beim zuständigen Unfallversicherungsträger kostenfrei angefordert werden.

Literatur

[1] DGUV: »In guten Händen – Ihre gesetzliche Unfallversicherung« (10857), 2016.

[2] DGUV: »Grundsätze der Prävention« (DGUV-Vorschrift 1), 2014.

[3] DGUV: »Grundsätze der Prävention« (DGUV-Regel 100-001), 2014.

[4] DGUV: »Feuerwehren« (DGUV-Vorschrift 49), 2018, (Unfallverhütungsvorschrift »Feuerwehren«).

[5] DGUV: »Leitfaden zur Erstellung einer Gefährdungsbeurteilung im Feuerwehrdienst« (DGUV-Information 205-021), 2019.

[6] DGUV: »Sicherheit im Feuerwehrdienst« (DGUV-Information 205-010), 2011.

[7] DGUV: »Sicherheit im Feuerwehrhaus« (DGUV-Information 205-008), 2016.

[8] DGUV: »Auswahl von persönlicher Schutzausrüstung für Einsätze bei der Feuerwehr« (DGUV-Information 205-014), 2016.

[9] DGUV: »Elektrische Gefahren an der Einsatzstelle« (DGUV-Information 203-052), 2011.

[10] DGUV: »Prüfgrundsätze für Ausrüstung und Geräte der Feuerwehr« (DGUV-Grundsatz 305-002), 2013.

[11] DGUV: »Wartung von Atemschutzgeräten« (DGUV-Information 205-013), 2008.

[12] DGUV: »GHS – Merkblatt für Einsatzkräfte« (DGUV-Information 213-038), 2012.

[13] DGUV: »Leitfaden zur Erstellung einer Gefährdungsbeurteilung im Feuerwehrdienst« (DGUV-Information 205-021), 2019.

[14] DGUV: »Feuerwehrschutzkleidung – Tipps für Beschaffer und Benutzer« (DGUV-Information 205-020), 2012.

[15] DGUV: »Einsatz an Photovoltaikanlagen – Informationen für Einsatzkräfte von Feuerwehren und Hilfeleistungsorganisationen« (DGUV-Information 205-018), 2012.

[16] *www.gda-portal.de/de/Startseite.html*, Stand: März 2021.

[17] Bell, F., Hussing, M.: Die neue DGUV-Vorschrift 1 – vereinfacht und entschlackt, DGUV faktor arbeitsschutz 1/2014, S. 6 ff.

INFO

Die DGUV-Publikationen (und damit auch die Literaturstellen [1] bis [15]) können kostenfrei im Internet bezogen werden unter *http://publikationen.dguv.de*.

Notizen:

B Naturwissenschaftliche Grundlagen

5 Chemische Grundlagen

von Jochen Thorns

Physik und Chemie lassen sich oft nicht leicht voneinander abgrenzen, als Beispiel sei nur die Atomphysik genannt. Während die Physik die Lehre von den Zuständen und Zustandsänderungen ist, untersucht die Chemie die Stoffe und ihre Veränderungen, also die Stoffumwandlung oder – anders gesagt – die Umwandlung von Substanzen. Auch das Feuer ist ein chemischer Vorgang.

5.1 Grundlagen

Grundlage der Chemie ist die < **Materie** >, die chemisch auch als Stoff bezeichnet wird. Die Materie hat eine Masse (also ein Gewicht) und nimmt einen Raum ein (sie hat also ein Volumen). Materie kann entweder als reiner < **Stoff** > vorliegen oder aber als < **Mischung** > (auch bezeichnet als Gemisch oder Gemenge). Außerdem kann Materie in den drei Aggregatzuständen fest, flüssig und gasförmig vorkommen.

Mischungen können in weitere Komponenten zerteilt werden und sind in der Zusammensetzung variabel; sie können heterogen, also ungleichmäßig, oder homogen (gleichmäßig) zusammengesetzt sein. Den homogenen Anteil der Materie bezeichnet man als < **Phase** >. Heterogene Mischungen bestehen also aus verschiedenen Phasen. Mischungen lassen sich physikalisch trennen, sodass der ursprünglich gelöste Stoff zurückbleibt. Reine Stoffe hingegen lassen sich nicht weiter physikalisch auftrennen.

Reine Stoffe können sich aus chemischen Verbindungen zusammensetzen, die sich chemisch weiter in die Elemente zerlegen lassen. < **Elemente** > hingegen sind solche Stoffe, die sich auch chemisch nicht weiter aufspalten lassen. Sie bestehen aus einzelnen Atomen (»einatomig«) oder aus Molekülen, die aus lauter gleichen Atomen (»zweiatomig«) aufgebaut sind.

< **Atome** > sind die kleinsten chemischen Bausteine. Sie bestehen nach dem so genannten Bohrschen Atommodell (Niels Bohr, 1885 – 1962) aus drei Elementarteilchen:

- den Elektronen, welche Träger einer negativen Ladung sind,
- den Protonen, welche Träger einer positiven elektrischen Ladung sind, die genauso groß ist wie die negative Ladung, und
- den Neutronen, welche – wie der Name schon sagt – neutral sind, also keine elektrische Ladung tragen.

Protonen und Neutronen bilden den positiv geladenen Atomkern. Sie besitzen die gleiche Masse und sind rund 2 000-mal schwerer als die Elektronen. Die Neutronen dienen als »Klebstoff« zwischen den Protonen, die sich aufgrund der gleichen Ladung sonst abstoßen würden. Die Elektronen hingegen bilden die negativ geladene Atomhülle und umkreisen auf fest gelegten Bahnen (den Orbitalen) den Atomkern in einem bestimmten Abstand. Hat ein Atom mehr als zwei Elektronen, gibt es nicht nur eine »Umlaufbahn«, sondern je nach Anzahl der Elektronen mehrere. Diese verschiedenen Elektronenbahnen, die einen unterschiedlichen Abstand zum Atomkern haben und zwiebelschalenartig aufgebaut sind, nennen sich < **Schalen** >. Jede Schale bietet nur für eine ganz bestimmte Anzahl von Elektronen Platz (▶ Bild 5.1 und Erläuterung des »Periodensystems der Elemente«).

Das einfachste Atom ist das Wasserstoff-Atom. Es besteht aus einem Proton und einem Elektron. Ein Neutron als »Klebstoff« im Atomkern ist aufgrund des Ladungsausgleichs nicht notwendig. Gleichwohl gibt es auch Wasserstoff-Atome mit einem zusätzlichen Neutron im Atomkern. Diese werden Deuterium (oder »Schwerer Wasserstoff«) genannt. Trotz eines anderen Atomaufbaus ist auch beim Deuterium natürlich nur ein Proton im Atom vorhanden. Atome, welche die gleiche Zahl von Protonen haben, nennt man <**Isotope**>. Dabei ist völlig gleich, wie viele Neutronen oder Elektronen das Atom hat.

Schließen sich mehrere Atome zusammen, nennt man diesen Atomverbund <**Molekül**>. Enthält ein Molekül mindestens zwei verschiedene Atome, so ist es eine chemische <**Verbindung**>. Und Atome oder Moleküle, die elektrisch nicht neutral geladen sind, heißen <**Ionen**>. Negativ geladene Ionen werden als Anionen, positiv geladene Ionen als Kationen bezeichnet.

Elemente bestehen also aus Atomen oder aus Molekülen gleicher Atome. Um diese Elemente zu kennzeichnen werden nicht immer die Namen geschrieben. Stattdessen werden die <**Symbole**> der Elemente genutzt; die Namen der Elemente werden abgekürzt. Dies geschieht wie bei der Feuerwehr: So wird der Begriff Hilfeleistungs-Löschgruppenfahrzeug auch nicht immer ausgeschrieben, sondern mit HLF abgekürzt. Ebenso ist es bei den Elementen: Meist wird der erste Buchstabe des Element-Namens (teilweise des lateinischen Namens, z. B. N für Nitrogenium = Stickstoff oder H für Hydrogenium = Wasserstoff) zur Kennzeichnung genutzt. Gibt es mehrere Elemente mit gleichem Anfangsbuchstaben, dann kommt noch ein kleingeschriebener zweiter Buchstabe hinzu (z. B. Zn = Zink). Diese Abkürzung nennt sich Symbol. Das Symbol ist zugleich auch das chemische Zeichen eines Elements.

Tabelle 5.1 Lateinische Namen wichtiger Elemente

deutsch	lateinisch	Symbol
Wasserstoff	Hydrogenium	H
Stickstoff	Nitrogenium	N
Sauerstoff	Oxigenium	O
Schwefel	Sulfur	S
Blei	Plumbum	Pb
Quecksilber	Hydrargyrum	Hg
Gold	Aurum	Au
Silber	Argentum	Ag
Eisen	Ferrum	Fe

Die Elemente werden nach ihrer chemischen Ähnlichkeit im <**Periodensystem der Elemente**> geordnet. Man kann dieses Schema gut mit dem Schema der »Gefahren der Einsatzstelle« (▶ Kapitel 20) vergleichen, da auch dort Ähnlichkeiten und Unterschiede bei den Gefahren für Menschen, Tiere und Sachwerte erfasst werden. Im Periodensystem der Elemente haben alle Stoffe, die untereinander stehen, chemisch ähnliche Eigenschaften, während sich bei den Elementen von links nach rechts die Eigenschaften vorhersehbar ändern. Außerdem ändern sich die physikalischen Eigenschaften (Masse, Größe, Siedepunkt) der Elemente einer Gruppe von oben nach unten jeweils gleichartig. Die senkrechten Spalten werden als Gruppen bezeichnet, die waagerechten Zeilen als Perioden. Es gibt Hauptgruppen und Nebengruppen; dies hängt mit der Auffüllung der Elektronenschalen zusammen (▶ Kasten auf der nächsten Seite). Die Hauptgruppen sind die Gruppen 1 bis 8:

- Hauptgruppe 1: Alkalimetalle;
- Hauptgruppe 2: Erdalkalimetalle;
- Hauptgruppe 3: Erdmetallgruppe oder Borgruppe;
- Hauptgruppe 4: Kohlenstoff-/Silizium-Gruppe;
- Hauptgruppe 5: Stickstoff-/Phosphor-Gruppe;
- Hauptgruppe 6: Chalkogene (Gruppe der Erzbildner);
- Hauptgruppe 7: Halogene (Gruppe der Salzbildner; die Elemente dieser Hauptgruppe reagieren meist heftig und bilden mit Metallen Salze).
- Hauptgruppe 8: Edelgase (Edelgase sind reaktionsträge).

Die Anordnung der Elemente im Periodensystem erfolgt nach der ansteigenden Zahl der Protonen. Man spricht nicht von Protonenzahl, sondern von Ordnungszahl (da die Ordnung nach der Zahl der Protonen erfolgt). Die Ordnungszahl, und damit die Zahl der Protonen, nimmt von Element zu Element jeweils um

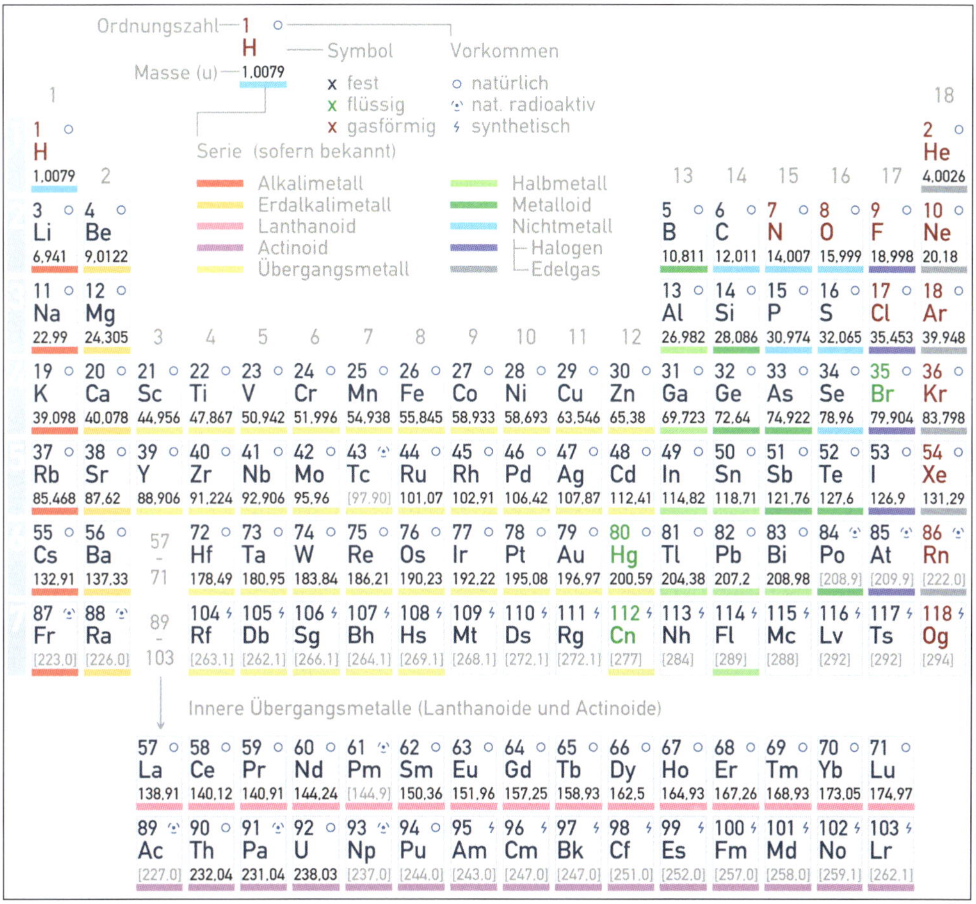

Quelle: Periodensystem.info

Bild 5.1 Periodensystem der Elemente

INFO

Informationen zum Periodensystem der Elemente

In die innerste Schale passen nur zwei Elektronen. Somit gibt es auch nur zwei chemische Elemente, die nur diese innerste Elektronenschale haben: Wasserstoff und Helium. Sie bilden in der Darstellung des Periodensystems die oberste Reihe. Bei dem nächstfolgenden Atom Lithium mit drei Protonen (und damit auch drei Elektronen) befindet sich das dritte Elektron einzeln in einer weiter außen liegenden Elektronenschale. Diese nächste Schale hat Platz für maximal acht Elektronen. Diese Schale wird im Periodensystem als nächste Reihe von oben dargestellt. Bei Natrium wird eine weitere Elektronenschale angefangen und mit einem Elektron besetzt, hier ist wiederum für maximal acht Elektronen Platz; auch diese Schale wird wieder als Reihe dargestellt. Betrachtet man nur die Elektronen der jeweils äußersten Schale, so spricht man von den Außenelektronen. Vergleicht man dazu die Stoffeigenschaften von Elementen mit der gleichen Anzahl an Außenelektronen, fällt auf, dass diese große Ähnlichkeiten haben. Verantwortlich für die ähnlichen chemischen Eigenschaften der Elemente sind die Außenelektronen. Aufgrund der periodischen Wiederholung der Eigenschaften der Elemente wurde die Anordnung der Elemente im Periodensystem in Reihen gewählt, die als Periode bezeichnet werden.Die einander ähnlichen Elemente stehen im Periodensystem untereinander und bilden jeweils eine Gruppe. Diese Gruppe wird als Hauptgruppe bezeichnet. Diese Systematik des Aufbaus wird in den nächsten Reihen allerdings unterbrochen. Zwar bilden auch hier die beiden ersten Elektronen eine neue äußere Schale, allerdings wird dann vor der Auffüllung bis zum achten Elektron zunächst eine darunter liegende neue Schale mit zehn Elementen angelegt. Hier untereinander stehende Elemente werden nicht als Haupt-, sondern als Nebengruppe bezeichnet.

Tabelle 5.2 Beispiele für Summen- und Verhältnisformeln

Molekül	Summenformel	Verhältnisformel
Benzol	C_6H_6	CH
Wasser	H_2O	H_2O_1

[a] Die »1« bei der Verhältnisformel von Wasser wird nicht geschrieben, daher lautet die Formel: H_2O.

$$2\,H_2 + O \longrightarrow 2\,H_2O$$

Wasserstoff Sauerstoff → Wasser

$$CO_2 + H_2O \longrightarrow H_2CO_3$$

Kohlenstoffdioxid Wasser → Kohlensäure

$$CH_4 + 2\,O_2 \longrightarrow CO_2 + 2\,H_2O$$

Methan Sauerstoff → Kohlenstoffdioxid Wasser

$$N_2 + 3\,H_2 \longrightarrow 2\,NH_3$$

Stickstoff Wasserstoff → Ammoniak

Bild 5.2 Beispiele von Reaktionsgleichungen

den Faktor eins zu. Somit gibt die Ordnungszahl nicht nur die Zahl der Protonen an, sondern ist auch Platzhalter im Periodensystem. Was kann man nun aus dem Periodensystem der Elemente ablesen? Zunächst kann man die direkt im Periodensystem abgedruckten Angaben erkennen:

- das Symbol/chemische Zeichen des Elements und damit den Namen,
- die Ordnungszahl und damit die Zahl der Protonen und der Elektronen (beide sind gleich),
- die Atommasse. Die Atommasse wird in der Atommasseneinheit [u], abgekürzt AME, angegeben. Sie wird als 1/12 der Masse eines Kohlenstoffatoms definiert.

Zieht man eine Diagonale von links oben nach rechts unten kann man die Elemente in etwa in Metalle und Nicht-Metalle unterteilen. Die Metalle stehen links, die Nichtmetalle rechts. Das heißt auch, dass die metallischen Eigenschaften der Elemente wie gute Wärme- und elektrische Leitfähigkeit von links nach rechts abnehmen und gleichzeitig von oben nach unten zunehmen. Auf der rechten Seite des Periodensystems stehen die Elemente, für die es am einfachsten ist, Elektronen aufzunehmen, um die Edelgaskonfiguration zu erreichen. Auf der linken Seite stehen die Elemente, die Elektronen abgeben, um die Edelgaskonfiguration zu erreichen.

5.1.1 Formeln und Gleichungen

Die **<Formel>** einer Verbindung gibt das Zahlenverhältnis der in der Verbindung enthaltenen Atome an. Daraus lässt sich auch das Massenverhältnis der in der Verbindung enthaltenen Elemente berechnen. Daher werden die Formeln auch Verhältnisformel, Substanzformel oder Summenformel genannt. Die Summenformel eines Stoffes besteht aus den Symbolen der enthaltenen Elemente und tiefgestellten Ziffern für deren jeweilige Anzahl in dieser Verbindung. Die Zahlenverhältnisse richten sich bei Ionenverbindungen nach der Ladung der Ionen, also ob Atome beim Bestreben die Edelgaskonfiguration zu erreichen Elektronen aufnehmen oder abgeben. Die so genannte **<Oxidationszahl>** (früher oft als Wertigkeit bezeichnet) gibt dabei an, wie viele Elektronen aufgenommen oder abgegeben werden. Sie wird als römische Ziffer mit positivem oder negativem Vorzeichen geschrieben. In einer Ionenverbindung ist die Oxidationszahl eines Elements und die tatsächliche Ionenladung identisch. Bei Atomen, die mittels Atombindung miteinander verbunden sind, kann die Oxidationszahl festgelegt werden, indem man die Formel zerlegt (NaCl: Na^{+I} Cl^{-I}). Teilweise finden sich die Oxidationszahlen auch im Periodensystem der Elemente wieder. Bei den Hauptgruppen 1 bis 4 entspricht die Nummer der Hauptgruppe auch der Oxidationszahl. Die Metalle dieser Gruppen geben Elektronen ab. In manchen Periodensystemen sind die Oxidationszahlen auch direkt eingedruckt.

Ein Beispiel für eine Formel ist Wasser. Die Summenformel von Wasser lautet H_2O. Das bedeutet, dass sich Wasser aus zwei Wasserstoff-Atomen (zusammengefasst zu einem Wasserstoff-Molekül) und einem Sauerstoff-Atom (O = Oxigenium, Sauerstoff) zusammensetzt. Ein weiteres Beispiel für eine Summenformel ist Benzol. Sie lautet C_6H_6. Im Gegensatz zur Summenformel steht die Verhältnisformel. Sie gibt an, in welchen Verhältnis einzelne Atom- oder Ionensorten in einer chemischen Verbindung vorliegen (▶ Abschnitt 5.5.1). Damit wird ein Teil der chemischen Struktur einer Verbindung beschrieben. Als Beispiel sei die Verhältnisformel von Benzol angegeben: CH.

Um chemische Reaktionen benennen zu können, nutzt man die Reaktionsgleichungen. Dabei werden die Formeln der Verbindungen bzw. die Symbole der Elemente sowie die Produkte der Stoffumwandlung wie in der Mathematik dargestellt. Allerdings wird statt des Gleichheitszeichens ein Pfeil genutzt. Auf beiden Seiten des Pfeils müssen von jedem Element gleich viele Atome vorhanden sein. Beispiele für Gleichungen zeigt ▶ Bild 5.2.

5.2 Chemische Bindung

Da die Zahl der Elemente nicht ausreicht, verbinden sie sich zu Verbindungen mit neuen Eigenschaften. Für diese Verbindung der Elemente gibt es zwei wichtige Bindungsarten:

- die Ionenbindung und
- die Atombindung.

5.2.1 Die Ionenbindung

Bei der Ionenbindung bewirken die Ionen (Atome oder Moleküle, die elektrisch nicht neutral sind) die Bindung mittels elektrostatischer Anziehung.

Merke:

Ionenverbindungen sind Salze. Sie sind im festen Zustand nicht leitfähig und haben einen hohen Schmelz- und Siedepunkt.

Atome sind immer dann besonders stabil, wenn eine Schale mit Elektronen aufgefüllt ist. Beispielsweise haben die Edelgase volle Schalen, sodass sie sehr reaktionsträge sind. Die Alkalimetalle der Hauptgruppe 1 des Periodensystems haben hingegen nur ein Elektron auf der äußersten Schale. Sie sind daher reaktionsfreudig, weil sie einen stabilen Zustand anstreben und so das Elektron abgeben wollen. Durch die Abgabe oder Aufnahme von Elektronen werden die Atome elektrisch geladen, schließlich entspricht die Zahl der Elektronen in der Atomhülle nicht mehr der Protonenzahl im Atomkern.

Durch den Elektronenübergang von einem Atom zu einem anderen, entsteht ein Ionenpaar, das auf andere Ionen sehr starke, nach allen Seiten wirkende Anziehungskräfte ausübt. Ein positiv geladenes Ion (Kation) wird versuchen, sich auf allen Seiten mit negativ geladenen Ionen (Anionen) zu umgeben und umgekehrt. Die Ionenpaare bleiben daher nicht als instabiles Molekül erhalten, sondern bilden ein stabiles Ionengitter. Bei diesem Kristallgitter sind die Ionen die Gitterbausteine. Verbindungen, die aus Ionen bestehen, nennt man Salze. Um ein Ionengitter zu schmelzen, müssen die

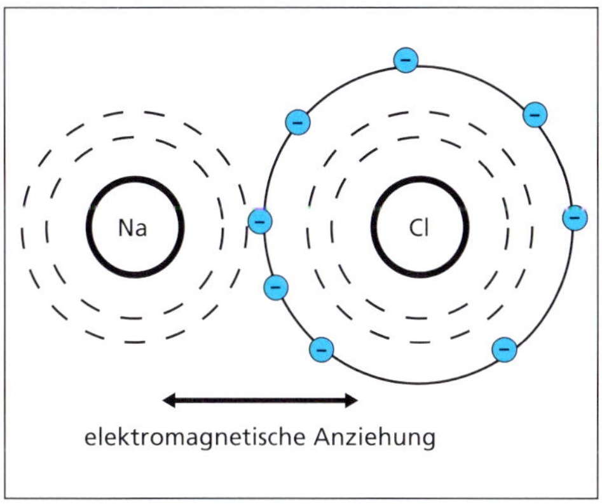

Bild 5.3 Ionenbindung

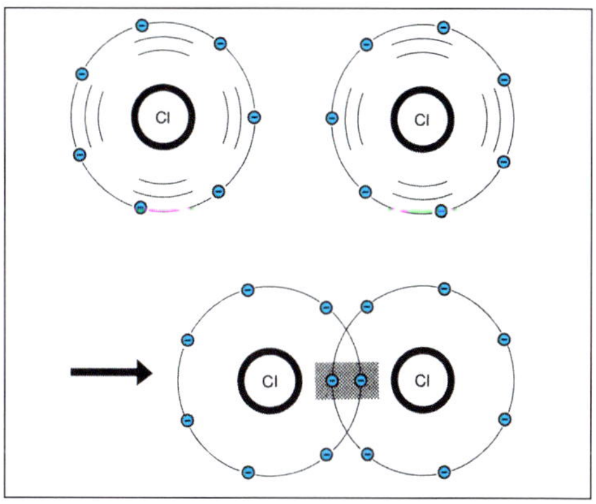

Bild 5.4 Atombindung (Einfachbindung)

Anziehungskräfte überwunden werden, wozu eine hohe < **Energie** > notwendig ist. Energie bezeichnet die Arbeit. Sie kann in verschiedenster Form erbracht werden, z. B. in Form von Wärme. Je höher Ionen geladen sind, desto höher liegen der ohnehin schon hohe Schmelz- und Siedepunkt. Im gelösten oder flüssigen Zustand sind die Ionen beweglich und wandern zur Kathode (negativer Pol) oder zur Anode (positiver Pol). Durch diese Wanderung transportieren die Ionen eine elektrische Ladung, also elektrische Spannung. Ionenverbindungen sind im gelösten oder flüssigen Zustand also elektrisch leitfähig. Stabile Ionen-Kristallgitter, also Ionenverbindungen im festen Aggregatzustand, sind hingegen Nichtleiter.

5.2.2 Die Atombindung

Die Atombindung besteht aus einem gemeinsamen Elektronenpaar. Die Atombindung kommt vor allem bei Atomen vor, die jeweils ein Elektron für die äußerste Schale benötigen. Die beiden Atome nähern sich nun so an, dass die Elektronenschalen sich überlappen. Dabei üben die beiden Atomkerne eine anziehende Wirkung auf die Elektronen aus. So wird die gegenseitige Abstoßung der negativen Ladungen überwunden und es bildet sich eine Art Schnittmenge der Elektronen in der äußersten Schale. Beide Atomkerne nutzen ein Elektron des anderen Atoms für die eigene äußere Schale. Erfolgt dies nur an einer Stelle nennt man es auch Einfachbindung. Eine solche Einfachbindung (▶ Bild 5.4) haben beispielsweise alle sehr reaktionsfreudigen Halogen-Moleküle (z. B. Chlor).

Erfolgt die Bindung an zwei Stellen wie beim Sauerstoff-Molekül, dem in der äußersten Schale zwei Elektronen fehlen, spricht man von einer Doppelbindung. Eine Dreifachbindung, wie beim Stickstoff-Molekül, erfolgt dann an drei Stellen.

Einfachbindungen sind weniger stark als Zwei- oder Dreifachbindungen, sodass die Moleküle reaktionsfreudiger sind. Verbindungen mit einer Atombindung sind nichtleitend. Sie haben in der Regel jedoch niedrigere Schmelz- und Siedepunkte als Salze, also Verbindungen mit einer Ionenbindung, und sind nicht so stabil.

5.3 Stöchiometrie

Unter stöchiometrischen Berechnungen versteht man die Berechnungen der Masse und des Volumens mit denen sich Substanzen an chemischen Reaktionen beteiligen. Man will also berechnen, wie viel Menge eines Stoffes man bei einer Reaktion einsetzen muss, um ein bestimmtes Ergebnis zu erhalten. In der Chemie wird mit dem Begriff Stöchiometrie jedoch meist nicht die Berechnung, sondern nur das Ergebnis bezeichnet.

Die Grundlagen der Stöchiometrie basieren auf dem < **Gesetz der konstanten Proportionen** > und dem < **Massenerhaltungsgesetz** >. Das Gesetz der konstanten Proportionen besagt, dass die Elemente in einer bestimmten Verbindung immer im gleichen Massenverhältnis vorkommen. Der Massenerhaltungssatz sagt aus, dass sich die Masse bei einer chemischen Reaktion nicht wesentlich ändert. Das heißt, die Massen auf der Ausgangsseite einer Reaktionsgleichung sind gleich der Masse auf der Ergebnisseite der Reaktionsgleichung.

Jedes Atom hat eine gewisse Masse, die wir auch im Periodensystem der Elemente finden. Diese relative Atommasse wird in der Atommasseneinheit u angegeben. Entsprechend gibt die relative Molekülmasse [u] die Masse eines Moleküls an. Sie entspricht der Summe der relativen Atommassen für das Molekül. Damit wird das Massenverhältnis des jeweiligen Atoms zu einem gedachten Atom der Masse 1 u angegeben. Im Unterschied zu dieser relativen Atommasse wird die in Gramm oder u angegebene Masse als absolute Atommasse bezeichnet.

Da in der Chemie nicht in Gramm und Kilogramm gerechnet wird, braucht man eine andere Einheit: das Mol. Das Mol ist diejenige Stoffmenge, die der bestimmten Teilchenmenge entspricht wie Atome in zwölf Gramm Kohlenstoff-12 enthalten sind. Anders ausgedrückt haben zwölf Gramm Kohlenstoff-12 genau ein Mol Atome. Ein Mol Atome des

Kohlenstoffs-12 hat eine Masse von rund zwölf Gramm. Die Teilchen- und die Stoffmenge (oder anderes gesagt die Atommassen in der Atommasseneinheit u und in anderen Masseeinheiten wie Gramm oder Kilogramm) sind proportional zueinander. Die Teilchenzahl pro ein Mol Stoffmenge (Avogadro-Zahl) hat den Wert: $6{,}02 \times 10^{23}\ mol^{-1}$. Das bedeutet ein Mol Natrium enthält $6{,}02 \times 10^{23}$ Natrium-Atome und 1 Mol Wasser hat $6{,}02 \times 10^{23}$ Wasser-Moleküle.

Da die Molmasse eines Elements oder einer Verbindung die Summe der Atom- oder Molekülmassen ist, kann leicht die Molmasse der Reaktionspartner festgestellt werden. Natrium hat eine realtive Atommasse von rund 22,98 u, die Molmasse beträgt 22,9898 Gramm. Kommen Elemente nur als Molekül vor (z. B. Chlor) muss dies berücksichtigt werden. Die Molmasse einer Verbindung ist gleich der Summe der Molmassen der Elemente multipliziert mit ihren Indexzahlen. Chlor hat eine relative Atommasse von 35,5 u. Das Molgewicht des Chlor-Moleküls Cl_2 beträgt so 71 Gramm. Das heißt aber auch, dass 22,9898 Gramm Natrium und 71 Gramm Chlor die gleiche Anzahl von Teilchen beinhalten.

Gleiches gilt für Gase (streng genommen nur für ideale Gase): Nach Avogadro nehmen gleich viele Teilchen bei gleichen Bedingungen im gasförmigen Zustand den gleichen Raum ein. Das Volumen eines Mol eines Gases ist bei gleichen Bedingungen also dasselbe. Das so genannte Molvolumen beträgt 22,414 Liter (bei 1 013 hPa und 0 °C).

Mit der Atom- und Molekülmasse sowie der Molmasse bzw. -volumen können stöchiometrische Berechnungen durchgeführt werden. Als Beispiel nehmen wir wieder Wasser (H_2O):

$2\ H_2 + O_2 \rightarrow 2\ H_2O$

Es reagieren also zwei Mol Wasserstoff-Molekül mit 1 Mol Sauerstoff-Molekül zu 2 Mol Wasser-Molekül:

$2\ Mol\ H_2 + 1\ Mol\ O_2 \rightarrow 2\ Mol\ H_2O$

Dies kann man in Molmassen umrechnen: Das Element Wasserstoff hat eine Atommassenzahl von 1, Sauerstoff von 16.

$2 \times (1 + 1)g + (16\ g \times 2) = 4\ g + 32\ g = 36\ g/mol$

Merke:

Aus den Molmassen der Elemente kann man die molaren Massen aller Verbindungen errechnen.

Das bedeutet vier Gramm Wasserstoff reagieren mit 32 Gramm Sauerstoff zu 36 Gramm Wasser. Da Wasser als Summenformel jedoch H_2O hat, beträgt die Molmasse eines Mol Wasser nur rund 18 g/mol (2×1 g Wasserstoff + 16 g Sauerstoff).

5.4 Chemische Reaktionen

Wie bereits dargestellt, werden zur Darstellung chemischer Reaktionen Reaktionsgleichungen aufgestellt (▶ Abschnitt 5.1.1).

Bei chemischen Reaktionen reagieren Elemente und/oder Verbindungen in der Regel zu Verbindungen. Chemische Reaktionen, bei denen quasi gleichzeitig, also in einer Reaktion, Elektronen ausgetauscht werden, nennt man <**Redoxreaktionen**>. Das Element, das Elektronen abgibt wird oxidiert, das Element, das Elektronen aufnimmt wird reduziert. Redoxreaktionen sind in der Chemie von großer Bedeutung, da viel Stoffwechsel- und Verbrennungsvorgänge darauf basieren. Jede Verbrennung in einem Motor ist ebenso eine Redoxreaktion wie die bekannte Knallgasreaktion von Wasserstoff und Sauerstoff.

Zur Verdeutlichung der Redoxreaktion wird diese nachfolgende in Einzelschritten dargestellt (mit »e« wird ein Elektron bezeichnet).

Stoff $A \rightarrow A^+ + e^-$

Der Stoff A oxidiert und gibt ein Elektron ab. Dadurch wird er selbst positiv geladen.

Stoff $B + e^- \rightarrow B^-$

Reduktion: Das Elektron wird vom Oxidationsmittel B aufgenommen.

$A + B \rightarrow A^+ + B^-$

In der Redoxreaktion läuft dieser Vorgang parallel ab.

Die <**Radikalreaktion**> ist dabei so etwas wie das Gegenteil der Redoxreaktion. Bei der

Radikalreaktion werden Atombindungen so gespalten, dass jedes Atom das Elektron behält. Als Beispiel kann man ein Chlormolekül nehmen. Wird es aufgespalten, behalten die beiden Chloratome jeweils ein Elektron der Elektronenpaarbindung, das so genannte ungepaarte Elektron. Atome mit einem ungepaarten Elektron sind äußerst reaktionsfreudig und energiereich. Sie reagieren »radikal« und suchen umgehend nach Reaktionspartner. Daher werden sie auch Radikale genannt.

Zu Beginn einer Radikalreaktion steht immer eine Startreaktion, in der die Startradikale gebildet werden. Diese setzen dann eine Kettenreaktion in Gang, welche durch eine Energiezufuhr unterstützt wird. Diese Energie kann bei jedem Einzelschritt der Radikalreaktion freigesetzt werden. Dadurch kann die Reaktionsgeschwindigkeit stark anwachsen. Durch das Anwachsen der Reaktionsgeschwindigkeiten kann es sogar zu einer Detonation kommen.

Die Radikalreaktion kommt häufig im gasförmigen Aggregatzustand vor. Beispiele für Radikalreaktionen sind die Verbrennung von Methan, Wasserstoff und Benzin (▶ Kapitel 30).

Wie beschrieben, können chemische Reaktionen Energie freisetzen, sehr häufig in Form von Wärme. Wird in einer Reaktion Wärmeenergie nach »außen« abgegeben, spricht man von einer exothermen Reaktion. Bei endothermen Reaktionen wird hingegen Energie von der Umgebung durch die reagierenden Stoffe aufgenommen, sodass energiereichere Reaktionsprodukte entstehen (▶ Kapitel 30).

Bestimmte Stoffe können eine chemische Reaktion beeinflussen: Katalysatoren beschleunigen eine chemische Reaktion, Inhibitoren verlangsamen diese. Die Reaktionsgeschwindigkeit hängt aber nicht nur von Katalysatoren und Inhibitoren ab, sondern auch von physikalischen Einflussgrößen wie der Oberfläche eines Stoffes, der Temperatur, dem Druck und letztlich dem Vorhandensein von Sauerstoff.

Merke:

Oxidation = Elektronenabgabe – die Oxidationszahl wird größer
Reduktion = Elektronenaufnahme – die Oxidationszahl wird kleiner

5.5 Organische und anorganische chemische Verbindungen

In der Chemie wird die organische und die anorganische Chemie bzw. deren Verbindungen unterschieden.

5.5.1 Anorganische Chemie

Als anorganische Chemie wird die Chemie aller kohlenstofffreien Verbindungen bezeichnet. Allerdings gibt es Ausnahmen: Ebenfalls zur anorganischen Chemie gehören die wasserstofffreien Chalkogenide des Kohlenstoffs (Kohlenstoffmonoxid, Kohlenstoffdioxid, Schwefelkohlenstoff), die Kohlensäure und Carbonate, die Carbide sowie die ionischen Cyanide, Cyanate und Thiocyanate. Die Blausäure gilt als Grenzfall und wird sowohl in der Organik als auch in der Anorganik behandelt. Man kann die anorganische Chemie in folgende große Stoffgruppen unterteilen:

- Metalle und Halbmetalle: Sie sind vor allem in den ersten drei Hauptgruppen des Periodensystems enthalten (Alkalimetalle, Erdalkalimetalle, Erdmetalle). Die Halbmetalle wie Silizium und Germanium stehen im Periodensystem zwischen den Metallen sowie den Nichtmetallen und finden sich v. a. in der Hauptgruppe 4. Gemeinsame Eigenschaften der Metalle und Halbmetalle ist die gute Leitfähigkeit von Wärme und elektrischer Energie.
- Salze: Salze sind ionisch und bestehen aus Kationen (positiv geladen) und Anionen (negativ geladen). Kationen sind meist Metallionen, Anionen meist Nichtmetallionen. Bekannte Salze sind Natriumchlorid und Oxide, bei denen das Anion Sauerstoff ist.
- Nichtmetallverbindungen, die keinen Kohlenstoff enthalten. Wasser ist hierbei das bekannteste Beispiel.

Anorganische Verbindungen sind meist periodisch oder aus einer geringen Anzahl von Atomen aufgebaut. Metalle, Legierungen und Salze

Merke:

Bei der Reaktion der meisten »unedlen« Metalle mit einer Säure entsteht Wasserstoff.

sind periodisch aufgebaut und bilden Kristalle; statt einer Summenformel (z. B. Benzol: C_6H_6) wird oft nur eine Verhältnisformel (z. B. Benzol: CH) angeben (▶ Abschnitt 5.1.1).

Die wichtigsten Reaktionen der anorganischen Chemie sind die Redoxreaktionen (▶ Abschnitt 5.4) und die Säure-Base-Reaktionen. Es handelt sich um Gleichgewichtsreaktionen, die mit hoher Geschwindigkeit und einem hohen Energieumsatz, auch exo- und endotherm, ablaufen. Im Gegensatz dazu sind in der organischen Chemie viele Reaktionen langsame Gleichgewichtsreaktionen.

Säure-Base-Reaktionen sind Reaktionen, bei denen Protonen übertragen werden. Die Säure gibt dabei an die Base, also die Lauge, ein Proton ab. Bei Säure-Base-Reaktionen bildet sich meist Wasser und ein Salz. Typisch für die anorganische Chemie sind also auch Säuren, Basen, Oxide und Salze.

Säure und Base

Säuren sind chemische Verbindungen, die Protonen abgeben. Basen sind chemische Verbindungen, die ein Proton aufnehmen. Die Reaktion der Säure mit der Base erfolgt zumeist in Anwesenheit von Wasser. In der Reaktion bilden sich Kationen, der pH-Wert der wässrigen Lösung wird so gesenkt. Das Reaktionsergebnis der Säure-Base-Reaktion ist Wasser und ein oder mehrere Salze. Eine Base ist also das Gegenstück der Säure und kann diese neutralisieren. Basen werden auch als Laugen bezeichnet. Die Eigenschaften der Säuren und Basen sind an Wasser gebunden. Ohne Wasser gibt es also keine sauren oder basischen Eigenschaften.

Der <**pH-Wert**> ist das Maß für den sauren oder basischen Charakter einer Lösung, gemessen an der Konzentration der Oxoniumionen (H_3O^+). Der pH-Wert wird in Werte von 0 bis 14 eingeteilt. Der Bereich von 6,0 bis 7,4 gilt als »neutral« (sauer bis alkalisch). Diesen pH-

Merke:

Je kleiner der pH-Wert ist, desto stärker ist die Säure.

Wert hat Wasser sowie menschlicher Speichel. Ein pH-Wert von unter 6 gilt als sauer und bezeichnet Säuren. Ein pH-Wert von mehr als 7,4 gilt als alkalisch (oder basisch) und bezeichnet eine Base. Die Feuerwehr kann den pH-Wert einfach mit Universal-Indikatorpapier nachweisen, dass sich verfärbt. Je nach Verfärbung wird der pH-Wert auf einer Farbskala auf der Verpackung des Indikatorpapiers abgelesen (▶ Kapitel 61).

Salze und Oxide

Als Salze werden chemische Verbindungen bezeichnet, die aus Kationen (positive Ladung) und Anionen (negative Ladung) bestehen. Zwischen diesen Ionen liegen Ionen-Bindungen vor. Bei anorganischen Salzen werden die Kationen oft von Metallen und die Anionen häufig von Nichtmetallen oder deren Oxiden gebildet. Als Feststoff bilden sie gemeinsam ein Ionengitter. Salze sind bei Raumtemperatur meist Feststoffe und haben einen hohen Schmelzpunkt. Salze können in Wasser gelöst werden. Dabei kann sich der pH-Wert der jeweiligen Lösung verändern.

Oxide sind Sauerstoff-Verbindungen. Die meisten Oxide entstehen, wenn brennbare Stoffe mit Sauerstoff reagieren. Bei der Oxidation geben sie Elektronen an das Oxidationsmittel Sauerstoff ab, sodass Oxide gebildet werden. Man unterscheidet zwei Oxid-Stoffgruppen:

- Metalloxide: Metalloxide sind in der Regel salzartige Oxide. Oxide unedler Metalle reagieren mit Wasser zu Basen.
- Nichtmetalloxide: Nichtmetalloxide sind meist leicht flüchtig, molekular aufgebaut und reagieren mit Wasser zu Säuren.

Wichtig für die anorganische Chemie sind auch Elektrolyte. Elektrolyte sind chemische Verbindungen im festen, flüssigen oder gasförmigen Aggregatzustand, die im weitesten Sinn als Ionen vorliegen. Sie sind Ionenleiter. Elektrolyte sind leitfähig, wobei die Leitfähigkeit und der Ladungstransport durch die gerichtete Bewegung von Ionen bewirkt wird. Die Leitfähigkeit von Elektrolyten ist geringer, als es für Metalle typisch ist. Elektrolyte finden u.a. Verwendung in der Galvanik und sind Bestandteile von Batterien und Akkumulatoren.

5.5.2 Organische Chemie

Als organische Chemie wird oft als die Chemie der Kohlenwasserstoffe bezeichnet, also Verbindungen, welche die Elemente Kohlenstoff und Wasserstoff enthalten. Doch es gibt Ausnahmen wie z. B. die Kohlensäure und deren Salze (als Carbonate bezeichnet) sowie die wasserstofffreien Chalkogenide des Kohlenstoffs (z. B. Kohlenstoffmonoxid, Kohlenstoffdioxid), die alle zur anorganischen Chemie zählen.

An organischen Verbindungen sind außer Kohlenstoff nur wenige andere Elemente beteiligt, so u.a. Wasserstoff, Sauerstoff, Stickstoff, Schwefel, Phosphor und – jedoch selten – die Halogene (Hauptgruppe 7). Im Gegensatz zu anorganischen Verbindungen zerfallen die Kohlenstoffverbindungen nicht in Ionen. In der organischen Chemie liegen keine Ionenbindungen vor; die Bindung zwischen zwei Atomen wird durch ein bindendes Elektronenpaar erzeugt.

In der organischen Chemie reicht die Summenformel (▶ Abschnitt 5.1.1) nicht aus, da Stoffe mit gleicher Summenformel aufgrund anderer Bindungen unterschiedliche Eigenschaften haben können. Daher ist die Strukturformel notwendig (▶ Bild 5.5). In der Strukturformel werden die bindenden Elektronenpaare durch Striche dargestellt.

Einfache Kohlenwasserstoffe

Die einfachsten Kohlenwasserstoffe sind die kettenförmigen Kohlenwasserstoffe. Die <**Alkane**> (auch aliphatische Kohlenwasserstoffe oder Paraffine) bestehen nur als Kohlenstoff und Wasserstoff und enthalten nur einfache Elektronenpaarbindungen. Die Alkane bilden verzweigte und unverzweigte Ketten (z. B. Ethan, ▶ Bild 5.6). Beispiele für Alkane sind Methan, Ethan, Propan, Butan, Pentan und Hexan. Die Summelformel der Alkane ändert sich nach der Formel C_nH_{2n+2}. Alkane reagieren nur träge mit anderen Stoffen. Die Schmelz- und Siedepunkte sind abhängig von den zwischenmolekularen Kräften und steigen stetig mit der Anzahl der Kohlenstoffatome. Alle Alkane sind hydrophob, also wasserabweisend und haben eine kleinere Dichte als Wasser. Sie schwimmen also auf der Wasseroberfläche.

Alkane mit unverzweigten Kohlenstoffketten sind normale Alkane (n-Alkane). Verzweigte Kohlenwasserstoffketten werden als iso-Alkane (i-Alkane) bezeichnet. Verzweigte Kohlenstoffketten wiederum werden in Haupt- und Seitenketten unterschieden. Die Hauptkette ist dabei die längste unverzweigte Kohlenstoffkette. Haben die Kohlenstoffketten zwei Wasserstoffatome weniger als die

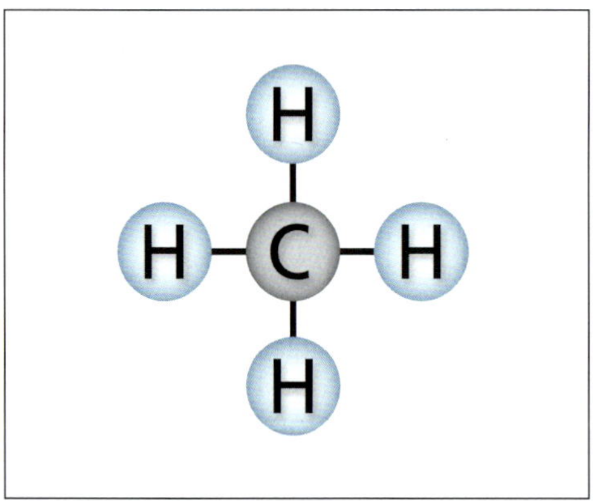

Bild 5.5 Strukturformel von Methan

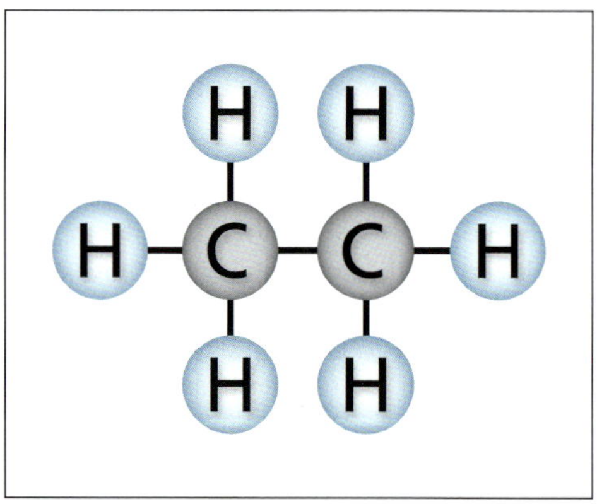

Bild 5.6 Strukturformel von Ethan

entsprechenden Alkane, spricht man von den Alkenen (auch Olefine). Sie gehören zu den ungesättigten Kohlenwasserstoffen, da ja nicht alle Kohlenstoffatome mit Wasserstoff abgesättigt sind. Die **<Alkene>** sind ebenso wie die Alkane nicht mit Wasser mischbar und verbrennen mit leuchtender Flamme. Alkene mit einer Doppelbindung bilden eine homologe Reihe (eine Reihe bei der sich ein Stoff einer Stoffreihe aus dem vorhergehenden Stoff durch Hinzufügen eines Kettengliedes gebildet wird) mit der Formel C_nH_{2n}. Ein Beispiel für Alkene ist Ethylen.

Auch die **<Alkine>** (Acetylene) sind ungesättigte Kohlenwasserstoffe. Sie haben die Formel C_nH_{2n-2}. Die Alkine verfügen über eine Kohlenstoff-Kohlenstoff-Dreifachbindung. Beispiele für Alkine sind Ethin (Acetylen) und Propin.

Werden in den Kohlenwasserstoff-Ketten bei einer Reaktion Atome oder Atomgruppen in einem Molekül durch ein anderes Atom oder eine andere funktionelle Gruppe ersetzt, so spricht man von Substitution. In einer Addition hingegen werden mehrere Moleküle zu einem vereinigt, wobei mindestens eine Mehrfachbindung aufgespaltet wird. Dabei wird z. B. an ein Alken oder ein Alkin unter Aufspaltung ein Molekül an eine Atombindung mit einer Doppel- oder Dreifachbindung angelagert. So können aus zwar stabilen, aber energetisch ungünstigeren ungesättigten Kohlenwasserstoffen energetisch günstigere gesättigte Kohlenwasserstoffe werden.

Bei der Polymerisation reagieren meist ungesättigte organische Verbindungen unter Auflösung der Mehrfachbindung zu Polymeren. Darunter werden chemische Verbindungen aus Ketten- oder verzweigten Molekülen verstanden, die aus gleichen oder gleichartigen Einheiten (so genannte Monomere) bestehen. Zu den Polymeren gehören die Kunststoffe. Kunststoffe werden in Thermoplaste, Duroplaste und Elastomere unterschieden. Thermoplaste lassen sich in einem bestimmten Temperaturbereich beliebig oft verformen. Sie sind aus wenig oder nicht verzweigten Kohlenstoffketten aufgebaut. Duroplaste sind hingegen Kunststoffe, die nach der Aushärtung nicht mehr verformt werden können. Elastomere sind formfeste, aber elastisch verformbare Kunststoffe.

Außer den kettenförmigen Kohlenwasserstoffen gibt es auch ringförmige Kohlenwasserstoffe (cyclische Kohlenwasserstoffe). Darin sind die Kohlenstoffatome ringförmig miteinander verknüpft. Außer dem Kohlenstoffatomen ist nur Wasserstoff in den Ringkohlenwasserstoffen enthalten. Der Name wird durch die Vorsilbe »Cyclo-« vor dem Namen des jeweiligen Alkans gebildet. Die cyclischen Kohlenwasserstoffe sind sehr reaktionsfreudig und verbrennen exotherm.

Aromatische Kohlenwasserstoffe

Die aromatischen Kohlenwasserstoffe sind eine besondere Gruppe der cyclischen Kohlenwasserstoffe. Sie sind wie alle reinen Kohlenwasserstoffe unpolar und nicht wasserlöslich. Im Gegensatz zu den kettenförmigen und ringförmigen Kohlenwasserstoffen haben aromatische Kohlenwasserstoffe Doppelbindungen, die über die gesamte Ringstruktur verteilt sind und nicht mehr als einzelne Doppelbindung zu erkennen ist.

Ein bekanntes Beispiel für einen solchen Aromaten ist Benzol (C_6H_6). Benzol ist eine farblose Flüssigkeit mit einem Siedepunkt von 80,1 °C und einem Schmelzpunkt von 5,5 °C. Es brennt mit stark rußender, heißer Flamme. Beim längeren Einatmen kann Benzol zu Schwindel, Erbrechen und Bewusstlosigkeit führen. Es kann auch zu einer Vergiftung von Leber und Niere kommen. Zudem ist Benzol krebserregend. Benzol ist ein ringförmiger Kohlenwasserstoff, hat aber an jedem Kohlenstoffatom noch eine freie Valenz, also einen freien Platz. Damit schließt es eine Doppelbindung zwischen den Kohlenstoffatomen.

Literatur

[1] Christen, H. R.: Chemie, Verlag Diesterweg.

[2] Riedel, E.: Allgemeine und anorganische Chemie, 10. Auflage, de Gruyter, Berlin, 2010.

[3] Sommer, K.: Wissensspeicher Chemie, Volk-und-Wissen-Verlag, 2. Auflage, Berlin, 2008.

6 Physikalische Grundlagen

von Jochen Thorns

6.1 Wärmelehre

Die Physik beschäftigt sich mit den Zuständen bzw. Zustandsänderungen der Materie (▶ Kapitel 5). Ein System ändert seinen Zustand durch einen Energieaustausch. Wird Energie aufgenommen, so wird an dem System Arbeit verrichtet. Gibt ein System Energie ab, so ist es in der Lage, Arbeit zu verrichten.

Die <**Energie**> (Einheit: Joule) ist eine physikalische Größe, die in allen Bereichen der Physik, der Chemie und der Biologie eine entscheidende Rolle spielt. Energie ist die Größe, die aufgrund der Unveränderlichkeit der Naturgesetze erhalten bleibt. Einfacher wird Energie als Fähigkeit definiert, mechanische Arbeit zu verrichten, Wärme abzugeben oder Licht auszustrahlen. Energie wird benötigt, um Körper zu beschleunigen, einen Körper entgegen einer Kraft zu bewegen oder elektrischen Strom fließen zu lassen.

<**Wärme**> hingegen ist eine Energieform, also eine Prozessgröße, der Elemente und Verbindungen eines Körpers, die innerhalb des Systems oder über dessen Grenze transportiert werden. Das Maß für die Energiemenge (Wärmeenergie) ist Joule, das Maß für den Wärmezustand eines Körpers ist die <**Temperatur**> (Einheit Kelvin).

Körper und Stoffe ändern den Aggregatzustand (fest, flüssig, gasförmig) in Abhängigkeit von der auf sie wirkenden Temperatur und dem Druck. Am Beispiel Wasser kann man diese Aggregatzustandsänderung gut beschreiben:

Kühlt Wasser im Herbst unter den Gefrierpunkt ab, bilden sich Eiskristalle; das Wasser erstarrt. Im Frühjahr wird der Schnee und das Eis hingegen flüssig, sobald die Temperatur oberhalb der Schmelztemperatur liegt. Die Eiskristalle schmelzen. Wird das Wasser beim Kochen über die Siedetemperatur erhitzt, entsteht »Wasserdampf«. Das Wasser wird also gasförmig – es verdampft. Der oft als Dampf bezeichnete Nebel oberhalb des kochenden Wassers ist zu winzigen Wassertröpfchen kondensierter Wasserdampf. Es erfolgte also eine Rückentwicklung vom gasförmigen zum flüssigen Aggregatzustand.

Der <**Schmelzpunkt**> ist also die Temperatur, bei der ein Stoff vom festen in den flüssigen Aggregatzustand übergeht. Der <**Siedepunkt**> ist so die Temperatur, bei der sich die Umwandlung vom flüssigen in den gasförmigen Aggregatzustand vollzieht. Bei dieser Temperatur der Flüssigkeit ist der Dampfdruck gleich dem äußeren Druck.

Mit der Änderung des Aggregatzustandes bzw. unter dem Einfluss von Temperatur ändert sich auch die Festigkeit eines Stoffes. Die

Bild 6.1 Deformierter Stahlträger nach Brand

Temperatur hat auch Einfluss auf die Wärmeausdehnung eines Stoffes. Je höher die Temperatur eines Stoffes, desto mehr dehnt sich der Stoff in den geometrischen Abmessungen (Länge, Volumen) aus. Damit einher geht auch eine Änderung der Dichte. Sie wird geringer, da der Stoff bei gleicher Masse ein größeres Volumen besitzt. Ein fester quaderförmiger Körper dehnt sich in der Länge, der Höhe und der Breite aus, ein kugelförmiger Körper deht sich im Durchmesser aus. Flüssigkeiten und Gase dehnen sich im Allgemeinen im Volumen aus.

Die Phänomene kann man gut bei Stahlträgern beobachten: Bei einem Brand steigt die Temperatur des ungeschützten Stahlträgers an; er schmilzt und wird weich (▶ Bild 6.1). Gleichzeitig dehnt sich der Stahlträger unter dem Einfluss der Temperatur u. a. in der Länge aus. Dabei besteht die Gefahr, dass auch Wände einstürzen, weil der Stahlträger die Wand aus dem Lot drückt.

Wärme kann durch Wärmeleitung, Wärmeübergang, Wärmestrahlung und Konvektion (Wärmeströmung) übertragen werden. Die Wärmeleitung vollzieht sich innerhalb eines homogenen Körpers und ist an eine Temperaturdifferenz gebunden; ein Körper muss also einen wärmeren und einen kälteren Teil besitzen. Die Wärme wird bei der Wärmeleitung in einer Teilchenbewegung durch Stoß von einem Teilchen auf das andere Teilchen übertragen. Beim Wärmeübergang wird Wärme von einem flüssigen oder gasförmigen Stoff auf einen festen Stoff oder Körper übertragen. An einer Brandstelle können heiße Brandgase die Wärme an feste Stoffe abgeben und diese entzünden. Bei der Wärmestrahlung wird ein Teil der Wärmeenergie eines Körpers oder eines Stoffes in elektromagnetische Wellenstrahlung umgewandelt und abgestrahlt. Die Konvektion tritt nur bei flüssigen oder gasförmigen Stoffen auf. Die Konvektion wird durch eine Teilchenströmung hervorgerufen. Wird nicht die ganze Flüssigkeits- oder Gasmenge gleichmäßig erwärmt, entsteht eine heiße Stelle mit einer geringeren Dichte als die kalten umgebenden Bereiche. Die Bereiche mit geringerer Dichte erfahren einen Auftrieb.

6.2 Mechanik

Die physikalischen Grundgrößen sind im in-

Tabelle 6.1 SI-Basiseinheiten

Größe	Einheit	Einheitenzeichen
Länge	Meter	m
Masse	Kilogramm	kg
Zeit	Sekunde	s
Elektrische Stromstärke	Ampere	A
Temperatur	Kelvin	K
Stoffmenge	Mol	mol
Lichtstärke	Candela	cd

Tabelle 6.2 Beispiele für abgeleitete SI-Einheiten

Größe	Einheit	Einheitenzeichen	Dargestellt in anderen SI-Einheiten	Dargestellt in SI-Basiseinheiten
Fläche	Quadratmeter	m^2		$m \times m$
Kraft	Newton	N	J/m	$m \times kg \times s^{-2}$
Energie/Arbeit	Joule	J	$N \times m$	$m^2 \times kg \times s^{-2}$
Leistung	Watt	W	J/s	$m^2 \times kg \times s^{-3}$
Druck	Pascal	Pa	N/m^2	$m^{-1} \times kg \times s^{-2}$
Frequenz	Hertz	Hz		s^{-1}
Elektrische Spannung	Volt	V	W/A	$kg \times m^2 \times s^{-3} \times A^{-1}$

B

Merke:

Allgemein gilt (bezeichnet als »Grundgleichung der Mechanik«):

Kraft F = Masse m × Beschleunigung a

ternationalen Einheitensystem »SI« (franz.: Le Système International d'Unités) festgeschrieben. Es gibt sieben SI-Basiseinheiten; alle anderen Einheiten sind davon abgeleitet (▶ Tabelle 6.1). Die abgeleiteten Einheiten können mit Formeln berechnet werden (▶ Tabelle 6.2).

Die Kraft ist eine gerichtete Größe in der Physik. Kräfte können Körper verformen und beschleunigen. Mittels einer Kraft kann man Arbeit verrichten oder die Energie eines Körpers oder Stoffes verändern. Einige Kräfte haben eigenständige Namen erhalten, z. B. die Reibungskraft, die Gewichtskraft und die Fliehkraft. Das Formelzeichen für Kraft ist das »F«, die Einheit Newton (1 N = 1 kg × m/s^2). Ein Newton wird benötigt, um einen Körper mit einer Masse von einem Kilogramm in einer Sekunde um einen Meter zu bewegen. Die Wirkung einer Kraft hängt vom Betrag (also der Stärke), der Richtung und dem Angriffspunkt der Kraft ab.

Die **<Reibungskraft>** ist von der Oberflächenbeschaffenheit eines Körpers, nicht jedoch von der Größe der Berührungsfläche abhängig. Die Oberflächenbeschaffenheit wird im Reibungswiderstand mit der Reibungszahl μ angegeben, die mit dem Reibungswiderstand der Oberfläche ansteigt. Die Reibungskraft ist das Produkt aus Reibungszahl und Gewichtskraft ($F_R = \mu \times F$).

Die **<Gewichtskraft>** gibt an, mit welcher Kraft ein Körper auf eine waagerechte Unterlage wirkt bzw. an einer Aufhängung zieht. Die Gewichtskraft definiert sich als das Produkt aus Masse m und Erdbeschleunigung g ($F_G = m \times g$).

Die Wirkungsweise der Kräfte lassen sich an der »Schiefen Ebene« darstellen (▶ Bild 6.2). Die Gewichtskraft F_G einer auf einer schiefen Ebene befindlichen Masse hat den Angriffspunkt im Schwerpunkt der Masse (also hier im Massenmittelpunkt). Die Gewichtskraft wird

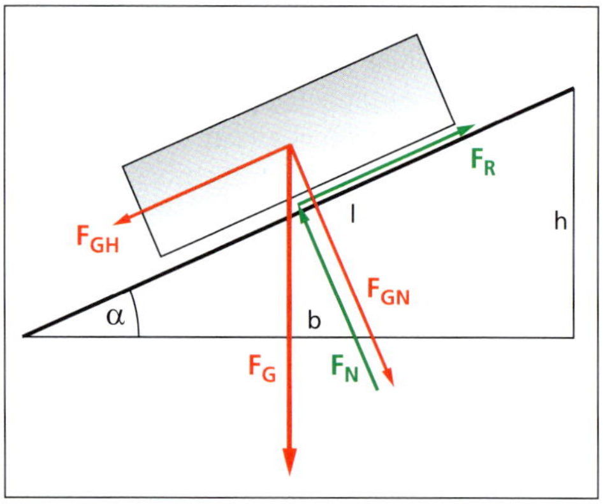

Bild 6.2 Wirkungsweise der Kräfte bei der »Schiefen Ebene«

in die Hangabtriebskraft F_{GH}, die parallel zur schiefen Ebene wirkt, und die Normalkomponente der Gewichtskraft F_{GN} aufgeteilt, die senkrecht zur Oberfläche der schiefen Ebene wirkt. Von unten wirkt auf die Masse eine Kontaktkraft, die senkrecht zur Ebene wirkt und als Normalkraft F_N bezeichnet wird. Der Betrag der Normalkraft, also die »Stärke der Kraft«, ist mit der Normalkomponente der Gewichtskraft F_{GN} identisch. Eine weitere wirkende Kontaktkraft ist die Haftreibungskraft F_R, die parallel zur Oberfläche der schiefen Ebene im Schwerpunkt der Masse greift. Sie wirkt entgegen der Richtung der Hangabtriebskraft. Damit der Körper in Ruhe bleibt, sich also nicht bewegt, muss die Hangabtriebskraft kleiner sein als die maximal mögliche Haftreibungskraft. Letztere wird durch den Haftreibungskoeffizienten und die Normalkraft gegeben. Ist diese Bedingung nicht erfüllt (z. B. weil der Neigungswinkel der Ebene zu groß ist oder der Haftreibungskoeffizient zu klein ist), rutscht die Masse die Ebene hinunter.

Die Gesamtenergie in einem abgeschlossenen System bleibt immer konstant. Dieser **<Energieerhaltungssatz>** gilt auch in der Mechanik. Die Energie in einem System ändert sich also mit der Zeit nicht, auch wenn Energie zwischen verschiedenen Energieformen umgewandelt wird (z. B. Bewegungsenergie zu Wärmeenergie). Innerhalb eines geschlossenen Systems kann jedoch keine Energie »vernichtet« werden. Die »Goldene Regel der Mecha-

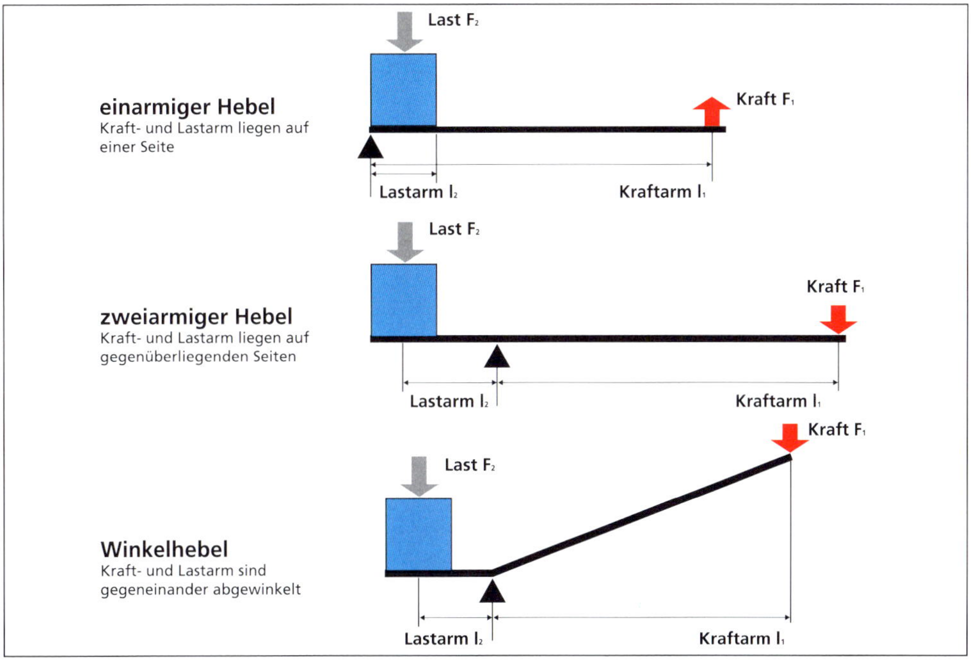

Bild 6.3 Ein- und zweiarmiger Hebel

nik« drückt den Energieerhaltungssatz für die Mechanik aus: Was an Kraft eingespart wird, muss an Weg hinzugesetzt werden. Bei Hebeln (das Hebelgesetz lautet »Kraft × Kraftarm ist gleich Last × Lastarm«; [▶ Bild 6.3; siehe auch ▶ Abschnitt 45.2.1), Flaschenzug oder schiefe Ebene wird oft versucht, die benötigte Kraft durch eine weniger starke Kraft zu ersetzen. Um dies zu erreichen, muss der Weg verlängert werden (Flaschenzugprinzip). Die benötigte Arbeitsenergie in solchen einfachen Systemen, bei der die Kraft genau in der Bewegungsrichtung des Körpers wirkt, kann als Produkt aus der Kraft F und dem Weg s berechnet werden.

Beim **<Flaschenzug>** hängt die Last Q am Haken, am losen Seilende wirkt die Kraft F. Flaschenzüge kommen bei der Feuerwehr vor allem beim Mehrzweckzug (▶ Abschnitt 45.4.6), einer maschinellen Zugeinrichtung (▶ Bild Abschnitt 45.4.7) oder beim Auf- und Abseilgerät (▶ Kapitel 43) zur Anwendung. Als feste **<Rolle>** bezeichnet man eine Rolle, die an einem Festpunkt, also nicht an der zu bewegenden Last, angeschlagen ist. Eine feste Rolle, auch als Umlenkrolle bezeichnet, wird ausschließlich zur Änderung der Wirkrichtung einer Kraft eingesetzt. Die Größe der Kraft bleibt gleich. Der Festpunkt muss dabei maximal die doppelte Gewichtskraft der Last aufnehmen. Eine lose Rolle wird hingegen an der zu bewegenden Last befestigt; sie bewegen sich mit der Last und werden vom Seil getragen. Im einfachsten Fall eines Flaschenzuges, der losen Rolle, versucht die Last, die Rolle am Hebelarm r um den Punkt D als Drehpunkt nach unten zu drehen. Da der Hebelarm der Kraft doppelt so groß ist wie der der Last, braucht die Kraft nur halb so groß sein wie die Last (▶ Bild 6.4). Der Seilweg verdoppelt sich jedoch, da der Lastweg ebenfalls halbiert wird.

Bei Verwendung mehrer loser Rollen und Flaschen ist die Kraft die Last dividiert durch die Anzahl der Rollen; der Flaschenzug verringert also die benötigte Kraft um die Anzahl der Rollen (ohne Berücksichtigung der Reibung und des Gewichts der Rollen).

Das Kräfteverhältnis bei einem Flaschenzug kann man aber auch anders ausdrücken: Die Last mit der auf sie wirkenden Gewichtskraft verteilt sich auf die Anzahl der tragenden Sei-

B

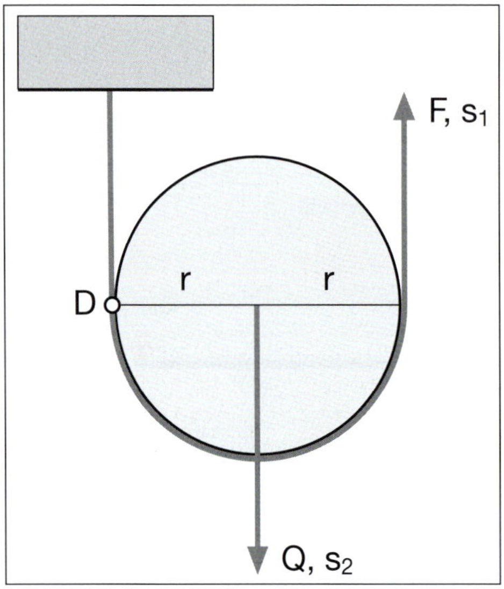

Bild 6.4 Kräfteverhältnisse beim einfachen Flaschenzug (lose Rolle)

le (im ▸ Bild 6.5 beispielsweise sechs Seile). Dadurch ist die benötigte Zugkraft, um die Last anzuheben, entsprechend der Anzahl der Seile kleiner als die Gewichtskraft (in diesem Beispiel ist die Zugkraft sechsmal kleiner als die Gewichtskraft). Allerdings ist der Zugweg dann auch sechsmal so groß wie der Lastweg. Dies ist im Feuerwehrdienst vor allem auch

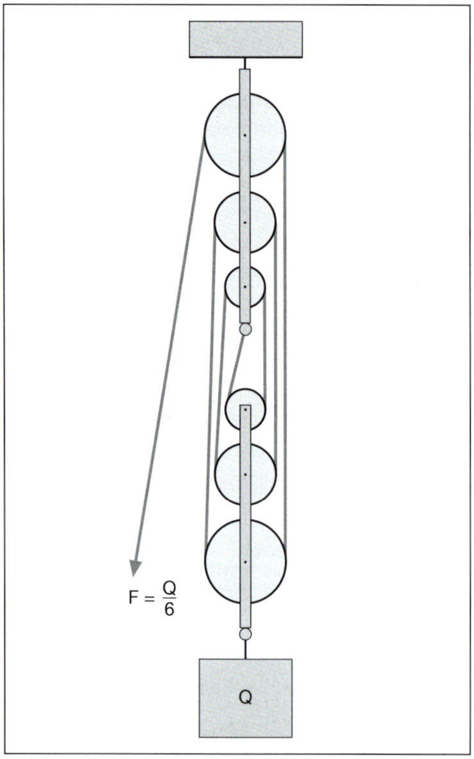

Bild 6.5 Bei einem Flaschenzug mit mehreren Rollen ist der Kraftweg gleich dem Lastweg, multipliziert mit der Anzahl der Rollen.

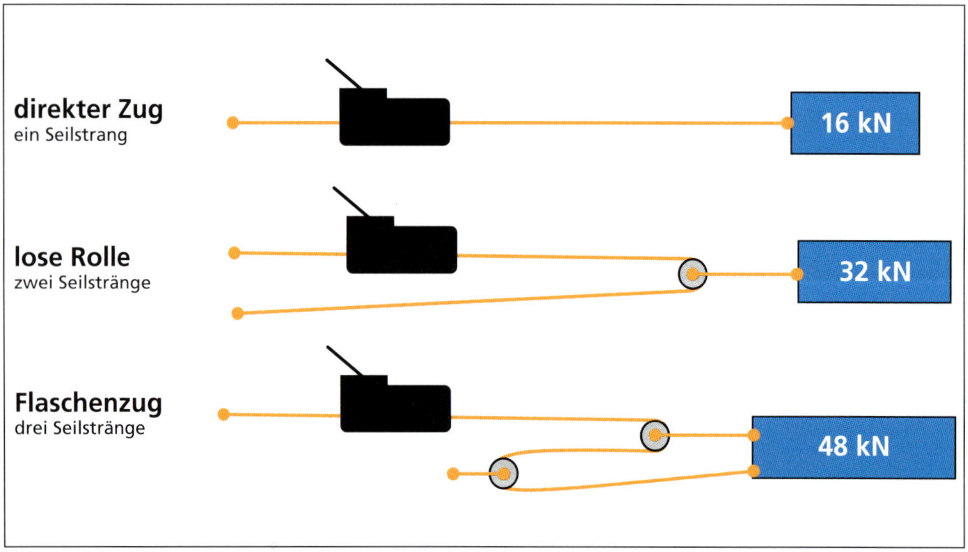

Bild 6.6 Auswirkungen von Rollen beim Mehrzweckzug

wichtig bei Auf- und Abseilgeräten, wenn ein Feuerwehrangehöriger sich selbst aufseilt.

6.2.1 Hydraulik und Pneumatik

Wirkt eine Kraft auf die Oberfläche eines Körpers, entsteht Druck. Druck definiert sich als Ergebnis der Division der auf die Fläche wirkenden Kraft durch die Oberfläche ($p = F \div A$). Einheit ist Pascal (1 Pa = 1 N ÷ 1 m^2). Oft wird auch die Nicht-SI-Einheit Bar genutzt (1 bar = 10^5 Pa = 100 000 Pa; 1 mbar = 100 Pa = 1 hPa).

Wirkt eine Kraft auf eine Flüssigkeit, ist in einem geschlossenen System der Druck an jeder Stelle im System gleich dem ausgeübten Druck. Dies hängt damit zusammen, dass Moleküle einer Flüssigkeit nicht zueinander komprimierbar sind; sie weichen einander aus. Bei einem geschlossenen System wirkt am Ende die gleiche Kraft wie am Beginn, wenn die Fläche gleich groß ist.

Gase und Gemische von Gasen, z. B. Luft, nehmen immer das zu Verfügung stehende Volumen ein und üben auf die umgebenden Flächen einen entsprechenden Druck aus. Das **<Avogadrosche Gesetz>** lautet: »Alle Gase enthalten bei gleicher Temperatur und gleichem Druck in gleichen Volumina die gleiche Anzahl von Teilchen.«

Gase und Gasgemische lassen sich jedoch komprimieren. Der von Gasen und Gasgemischen ausgeübte Druck ist nach allen Seiten gleich. Er wirkt immer senkrecht auf die Fläche. Das **<Gesetz von Boyle-Mariotte>** (oft auch als allgemeine Gasgleichung bezeichnet) sagt aus, dass der Druck idealer Gase bei gleichbleibender Temperatur und gleicher Stoffmenge umgekehrt proportional zum Volumen ist. Erhöht man den Druck auf das vom Gas gefüllte Volumen, wird durch den erhöhten Druck das Volumen verkleinert. Verringert man den Druck, so dehnt sich das Gas aus. Kurz gesagt: Je kleiner das Volumen ist, desto größer ist der Druck. Das Produkt aus Druck p und Volumen V ist konstant ($p \times V$ = konstant).

Der Druck wird dabei nicht gegenüber dem luftleerem Raum angegeben (dies wäre der so genannte »absolute Druck«), sondern gegenüber dem atmosphärischen Druck. Ist der Druck in einem System größer als der atmosphärische Druck, spricht man von einem Überdruck. Ist der Druck im System jedoch kleiner als der atmosphärische Druck, liegt ein »negativer Überdruck« vor (früher: Unterdruck).

6.3 Elektrizitätslehre

Die Elektrizität ist der physikalische Oberbegriff für alle Phänomene, die im Zusammenhang mit elektrischer Ladung stehen. Die elektrische Spannung gibt an, wie viel Energie benötigt wird, um ein Objekt mit einer bestimmten elektrischen Ladung innerhalb eines elektrischen Feldes zu bewegen. Spannung ist also das Arbeitsvermögen der Ladung und wird in Volt angegeben. Im Gegensatz dazu steht die Stromstärke. Sie gibt an, wie viele elektrische Ladungen in einer bestimmten Zeit bewegt werden. Die Einheit ist Ampere.

Soll durch einen elektrischen Leiter ein bestimmter elektrischer Strom fließen, ist dazu eine bestimmte Spannung notwendig. Das Maß für diese bestimmte Spannung ist der elektrische Widerstand (Einheit Ohm). Spannung und Stromstärke verhalten sich dabei proportional. Die Spannung ist das Produkt aus Stromstärke und Widerstand. Diese Erkenntnis wird als Ohmsches Gesetz definiert.

Die Gefahren des elektrischen Stromes werden in ▶ Kapitel 19 dargestellt.

Literatur

[1] Giancoli, D. C.: Physik: Lehr- und Übungsbuch, 3. erw. Auflage, Pearson Studium, München u. a., 2009.

[2] Grehn, J., Krause, J.: Metzler Physik, 4. Auflage, Schroedel, Braunschweig, 2007.

[3] Göbel, R. (Hrsg.): Wissensspeicher Physik, Volk-und-Wissen-Verlag, 2. Auflage, Berlin, 1998 (diverse Nachdrucke).

7 Brand- und Löschlehre

von Jochen Thorns

Die Verbrennung ist eine stoffliche Umwandlung. Ein entzündbarer Stoff reagiert mit Sauerstoff zu Verbrennungsprodukten. Dabei wird Energie in Form von Wärme und Licht (Flammen) freigesetzt.

7.1 Der Verbrennungsprozess

Damit überhaupt eine Verbrennung stattfinden kann, müssen die Voraussetzungen für eine Verbrennung erfüllt sein:

- brennbarer Stoff,
- Sauerstoff,
- Mischungsverhältnis und
- Zündtemperatur.

Eine Verbrennung kann nur erfolgen, wenn ein brennbarer Stoff vorliegt. Dieser kann nach der chemischen Zusammensetzung bzw. der chemischen Struktur (▶ Kapitel 5) eingeteilt werden oder aber praxisnah in <**Brandklassen**>. In Brandklassen sind brennbare Stoffe grob eingeteilt, die ein ähnliches Brandverhalten zeigen. Die Brandklasse dient dazu, geeignete Löschmittel und -geräte einer bestimmten Gruppe von Bränden zuordnen zu können (▶ Tabelle 7.1).

Sauerstoff dient bei der Verbrennung als Oxidationsmittel und muss in ausreichender Menge vorhanden sein. Der brennbare Stoff und der Sauerstoff können jedoch nur mitein-

Tabelle 7.1 Brandklassen

Brandklasse	Art der Brände	Geeignete Löschmittel	Bildzeichen
A	Brände fester Stoffe, hauptsächlich organischer Struktur, die üblicherweise unter Glutbildung verbrennen	Wasser, Schaum ABC-Pulver F-500	
B	Brände flüssiger oder flüssig werdender Stoffe	ABC-Pulver, BC-Pulver Schaum Kohlenstoffdioxid F-500	
C	Brände von Gasen	BC-Pulver Kohlenstoffdioxid	
D	Brände von Metallen	D-Pulver Kochsalz trockener Sand F-500	
F	Brände von Speiseölen/-fetten in Frittier- und/oder Küchengeräten	F-Feuerlöscher (Die Löschdecke wird seit 2017 nicht mehr von der DGUV empfohlen, da sie wirkungslos ist und eine Gefahr für die Anwender darstellt.)	

ander reagieren, wenn sie in einem günstigen, möglichst optimalen Mischungsverhältnis (Stöchiometrie) vorliegen. Das notwendige Mischungsverhältnis hängt jeweils von den Eigenschaften des brennbaren Stoffs ab. Weicht das Mischungsverhältnis vom Optimum ab, ist zwar eine Verbrennung weiterhin möglich, jedoch werden die Reaktionsgeschwindigkeit und damit auch die Verbrennungsgeschwindigkeit umso langsamer, je größer die Abweichung ist. Ab einem bestimmten, vom brennbaren Stoff abhängigen Punkt des Mischungsverhältnisses, ist keine Verbrennung mehr möglich. Dies ist vor allem für Gemische aus Gasen, Dämpfen oder Stäuben mit Sauerstoff interessant. Zur Abschätzung der Gefahr durch diese Gemische dienen die sicherheitstechnischen Kennzahlen der Stoffe. Die wichtigsten sicherheitstechnischen Kennzahlen sind Flammpunkt, Zündpunkt, Dichteverhältnis, Explosionsbereich, obere und untere Explosionsgrenze, Verdunstungszahl und Diffusionskoeffizient.

<**Flammpunkt**> ist der niedrigste Temperaturpunkt eines Stoffes (einer brennbaren Flüssigkeit), bei der sich Dämpfe in einer solchen Menge über dem Flüssigkeitsspiegel entwickeln, dass sich das Dampf-Luft-Gemisch beim Kontakt mit einer Zündquelle sofort entzündet. Allerdings werden nicht genügend Dämpfe zum selbstständigen Weiterbrennen gebildet, sodass die Flamme nach Entfernen der Zündquelle wieder erlischt. Der <**Brennpunkt**> ist dagegen die niedrigste Temperatur eines Stoffes, bei der sich Dämpfe in einer solchen Menge entwickeln, dass sich das Dampf-Luft-Gemisch beim Kontakt mit einer Zündquelle sofort entzündet und selbstständig weiter brennt.

Die <**Zündtemperatur**> (oft auch als Zündpunkt bezeichnet) ist die niedrigste Temperatur, die zum Entzünden eines Stoffes ausreicht. Sie hängt von verschiedenen Parametern ab.

Das <**Dichteverhältnis**> ist wichtig zur Bestimmung des Ausbreitungsverhaltens von Gasen und Dämpfen. Häufig wird das Dichteverhältnis auch als Dampfdichteverhältnis angegeben, wobei dann die Luft als Faktor 1 gesetzt wird. Hat der Stoff ein Dichteverhältnis > 1 ist er schwerer als Luft, bei < 1 ist er leichter als Luft. Das Dichteverhältnis ist also das Verhältnis der Dichte des gasförmigen brennbaren Stoffes zur Dichte der Luft.

Merke:

Gase und Dämpfe mit einer geringeren Dichte als Luft steigen auf und unterschreiten durch Verdünnung schneller die untere Explosionsgrenze. Sie können sich jedoch auch in höheren Räumen sammeln und dort brennbare oder explosionsfähige Gemische bilden.

Merke:

Dämpfe von brennbaren Flüssigkeiten sind in der Regel schwerer als Luft.

Achtung:

Zu fette Gemische sind gefährlicher als zu magere Gemische, da sie beim Abbau auch wieder den Explosionsbereich durchlaufen müssen.

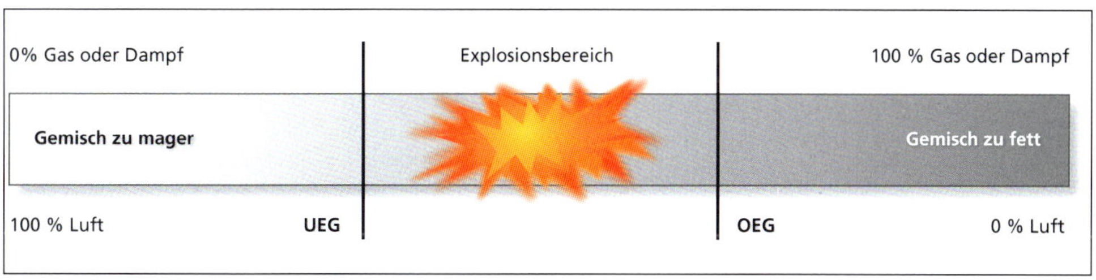

Bild 7.1 Explosionsbereich UEG/OEG

Tabelle 7.2 Beispiele für sicherheitstechnische Kennzahlen verschiedener Stoffe

Stoff	Flammpunkt [°C]	Zündpunkt [°C]	UEG [Vol.-%]	OEG [Vol.-%]	Dichteverhältnis (Luft = 1)	Verdunstungszahl (Ether = 1)	Diffusionskoeffizient [cm^2/s]
Benzol	-11	555	1	8	2,70	3,0	0,089
Methanol	11	455	5,5	26,5	1,1	6,3	0,153
Toluol	4,4	480	1	7	3,2	6,1	0,082
Xylol	17,2	465	1	8	3,7	13,5	0,07

Der <**Explosionsbereich**> ist der Konzentrationsbereich zwischen der unteren (UEG) und der oberen Explosionsgrenze (OEG; ▶ Bild 7.1). Die jeweilige <**Explosionsgrenze**> (auch als Zündgrenze bezeichnet) ist die niedrigste bzw. höchste Konzentration eines brennbaren Stoffes im Gemisch von Gasen, Dämpfen oder Stäuben, in dem sich nach dem Zünden ein Brennen gerade nicht mehr selbstständig fortsetzen kann. Das deutet, dass nur in dem Bereich zwischen der unteren und der oberen Zündgrenze ein entsprechendes Mischungsverhältnis für eine Verbrennung vorliegt. Sinkt die Konzentration des brennbaren Stoffs oder des Sauerstoffs unter die untere Zündgrenze ab, kann keine Verbrennung bzw. Zündung mehr erfolgen (zu mageres Gemisch). Ebenfalls kann das Mischungsverhältnis auch so angereichert werden, dass es zu fett wird und so die obere Zündgrenze übersteigt.

Flüssigkeitsteilchen gehen schon unterhalb des Siedepunktes einer Flüssigkeit in den Gaszustand über. Diese Verdunstung erfolgt an der Oberfläche des Flüssigkeitsspiegels. Die <**Verdunstungszahl**> ist das Verhältnis aus der Verdunstungszeit des Stoffes im Verhältnis zur Verdunstungszeit von Dithylether (ein Stoff mit einer sehr hohen Verdunstungsrate, der sehr schnell große Mengen zündfähiger Gemische bilden kann). Über die Verdunstungszahl kann also eine vergleichende Aussage getätigt werden, in welcher Zeit eine Flüssigkeit ein explosionsfähiges Dampf-Luft-Gemisch bilden kann. Stoffe mit einer Verdunstungszahl < 1 bzw. um 1 sind besonders gefährlich. Mithilfe des <**Diffusionskoeffizienten**> lässt sich abschätzen, in welcher Geschwindigkeit sich Gas oder Dampf mit Luft vermischt und eine zündfähige Atmosphäre bildet.

Die Verbrennungsreaktion ist eine Radikalreaktion (▶ Kapitel 5). Damit der Verbrennungsvorgang starten kann, also die Radikalreaktion beginnt, ist ein energetischer Anstoß notwendig, es muss also Energie zugeführt werden, kurz: Es muss eine entsprechende Zündtemperatur vorhanden sein. Durch die Energiezuführung werden Startradikale gebildet, welche die Kettenreaktion der Verbrennung in Gang setzen. Die Zündtemperatur gibt genau die Temperatur an, auf die das Gemisch aus brennbaren Stoff und Sauerstoff zum Start des Verbrennungsvorgangs, also zur Entzündung, gebracht werden muss. Damit die Verbrennung selbstständig weiterläuft, d. h. die Kettenfortpflanzungsreaktion unter Bildung immer neuer Radikale abläuft, muss immer

Bild 7.2 Gas ist ein Stoff der Brandklasse C und verbrennt mit einer Flamme.

eine Mindestverbrennungstemperatur vorhanden sein. Diese gibt die niedrigste Temperatur an, bei der die Verbrennung gerade noch möglich ist. Die Mindestverbrennungstemperatur liegt in der Regel deutlich über der Zündtemperatur.

Eine Verbrennung (▶ Kapitel 30) kann in zwei Erscheinungsformen vorliegen: als Glut und als Flamme (oder als Kombination von beidem). **<Glut>** ist ein exotherm reagierender Stoff mit spürbarer Wärmestrahlung, aber ohne Flammen. Ein typisches Beispiel für einen Glutbrand ist die Holzkohle beim Grill. Mit Glut verbrennen Stoffe der Brandklassen A und D. Mit Flamme verbrennen insbesondere Stoffe der Brandklassen B, C und F. Die **<Flamme>** wird definiert als Zone brennender oder anderweitig exotherm reagierender Gase und Dämpfe, von der sichtbare Strahlung (Licht/Wärme) ausgeht (▶ Bild 7.2).

Zudem kann es Sonderformen der Verbrennung wie Rauchgasdurchzündungen oder Flash-over geben (▶ Kapitel 30). Einfluss auf eine Verbrennung bzw. auf die Entzündbarkeit von Stoffen haben auch der Aggregatzustand und das Verhältnis von Masse und Oberfläche. Zur Änderung eines Aggregatzustandes (▶ Kapitel 5 und 6) ist eine bestimmte Energie in Form von Wärme notwendig. Ist die Änderung des Aggregatzustandes abgeschlossen, erhöht sich bei weiterer Wärmezufuhr die Temperatur des Stoffes. Die Oberfläche eines Stoffes im Verhältnis zur Masse ist u. a. mit dem Aggregatzustand eines Stoffes entscheidend für die Abbrandrate, also die Abbrandgeschwindigkeit. Je größer die Oberfläche im Verhältnis zur Masse ist, desto höher ist die Abbrandrate, desto schneller verläuft also die Reaktion.

Brände können in fünf unterschiedliche Phasen untergliedert werden (Einheits-Temperatur-Zeit-Kurve, ▶ Kapitel 9). Während der Verbrennung werden die als Brandgase gebildeten Schadstoffe dampfförmig oder adsorbiert an Ruß und Flugasche aus der Einsatzstelle getragen. Kühlen die Brandgase ab, erfolgt eine zunehmende Adsorption der Schadstoffe an die Rußpartikel oder die Flugasche. An Ruß gebundene Schadstoffe sind als sichtbare Verschmutzung zu erkennen. Die erste Brandphase ist der Entstehungsbrand mit einer deutlichen Flammen- und einer geringen Rußbildung. Die Sauerstoffkonzentration im Brandbereich ist hoch, sodass vor allem Brandprodukte einer vollständigen Verbrennung entstehen. In der zweiten Phase, der Vollbrandphase, hat sich ein stabiler Abbrand mit konstanten Temperaturen, Zuluft und Abluft eingestellt. Die Luftzufuhr und die Verbrennungstemperatur bestimmen die Schadstoffmenge. In der Phase der Brandbekämpfung sinken die Temperaturen und die Sauerstoffkonzentration aufgrund der Wirkung der Löschmittel. Damit entstehen mehr Schadstoffe. Unmittelbar an die Brandbekämpfungsphase schließt sich die Nachlösch- und Abkühlungsphase an. In dieser Phase können aufgrund des weiter vorhandenen Temperaturniveaus noch erhebliche Schadstoffmengen an die Umgebungsatmosphäre abgegeben werden. Durch Belüftung, Abkühlung und gezieltes Löschen der Glutnester kann diese Phase verkürzt werden. Die letzte Brandphase sind die Aufräumungsarbeiten an einer »kalten« Brandstelle. Die meist wasserunlöslichen Schadstoffe sind in der Regel an Ruß oder Asche gebunden (▶ Kapitel 38).

7.2 Löschen

Um zu »löschen«, muss die Feuerwehr den Verbrennungsprozess unterbrechen, indem eine der Voraussetzungen des Verbrennungsprozesses (▶ Abschnitt 7.1) entzogen wird. Das bedeutet, die Feuerwehr kann durch den Entzug des brennbaren Stoffes oder des Sauerstoffes löschen, das Mischungsverhältnis stören oder aber die Zündtemperatur senken. Genau auf diesen Effekten beruhen die drei Hauptlöschwirkungen:

- Löschen durch Ersticken,
- Löschen durch Abkühlen und
- Löschen durch antikatalytische Wirkung.

7.2.1 Löschen durch Ersticken

Beim Löschen durch Ersticken wird das Mischungsverhältnis von brennbarem Stoff und Sauerstoff gestört. Diese Löschmethode beruht

B

auf dem »Gesetz der konstanten Proportionen«, nach dem es für jede (Verbrennungs-) Reaktion nur ein einziges richtiges Mischungsverhältnis (das stöchiometrische Verhältnis) gibt. Löschen durch Ersticken kann erreicht werden durch
- das Verdünnen des Sauerstoffs,
- das Drosseln der Zufuhr des brennbaren Stoffs (Abmagern) und
- das völlige Trennen des brennbaren Stoffs und des Sauerstoffs.

Zum Verdünnen des Sauerstoffs muss der Sauerstoffgehalt der Umgebungsatmosphäre von zirka 21 Vol.-% auf die löschwirksame Konzentration von zirka ≤ 15 Vol.-% gesenkt werden. Dazu muss das Luftvolumen im Brandbereich zu etwa einem Drittel mit einem Löschgas gefüllt werden. Eine bekannte Anwendung sind Kohlenstoffdioxid-Löschanlagen (▶ Kapitel 29).

Um eine Löschwirkung durch Abmagern des brennbaren Stoffes zu erreichen, muss der weitere Zutritt des brennbaren Stoffes in die Brandzone verhindert werden (nicht mit dem Löschen durch Trennen verwechseln!). Dies ist vor allem bei brennbaren Flüssigkeiten möglich, bei denen ja die über dem Flüssigkeitsspiegel gebildeten Dämpfe brennen. Wird nun die Flüssigkeit vorsichtig (mittels Wasser-Sprühstrahl) unter den Flammpunkt abgekühlt, werden für eine Verbrennung zu wenig Dämpfe gebildet. Die Dämpfe werden also abgemagert. Dies gelingt umso leichter, je höher der Flammpunkt der brennbaren Flüssigkeit liegt.

Durch das völlige Trennen des brennbaren Stoffs vom Sauerstoff wird das Mischungsverhältnis komplett gestört und quasi auf Null gesetzt. Das Trennen der beiden Reaktionspartner kann entweder durch das Abstellen von Rohrleitungen, aus denen der brennbare Stoff ausströmt oder durch einen Schaumeinsatz erfolgen. Die Schaumschicht trennt den brennbaren Stoff bzw. dessen Dämpfe vom Luftsauerstoff ab. Dieser Löscheffekt wird beim Schaumeinsatz weiter verstärkt, indem durch das aus der Schaumschicht austretende Löschwasser der Dampfdruck und damit die Dampfbildung der Flüssigkeit verringert werden.

7.2.2 Löschen durch Abkühlen

Die Verbrennungsreaktion benötigt eine Mindesttemperatur zum selbstständigen Fortbestand. Durch Erhöhen der Temperatur wird die chemische Reaktion beschleunigt, durch Senken der Temperatur verlangsamt. Beim Löschen durch Abkühlen muss die Temperatur im Brandbereich unter die Mindestverbrennungstemperatur (nicht unter die Zündtemperatur) gesenkt werden. Dabei muss nicht nur die Brandzone abgekühlt werden, sondern auch erhitzte Oberflächen in der Umgebung, um eine Rückzündung zu verhindern. Die Abkühlung kann v. a. erreicht werden durch:
- Erwärmen des Löschmittels (basierend auf dem Energieerhaltungssatz; Je größer die spezifische Wärmekapazität eines Löschmittels ist, desto mehr Verbrennungswärme kann es aufnehmen, die zum Fortbestand der Verbrennungsreaktion fehlt);
- Verdampfen des Löschmittels (Beim Verdampfen eines Löschmittels, z. B. Wasser, verbleibt die aufgenommene Wärme im Dampf. Der Dampf entweicht aus der Verbrennungszone und führt die Wärmeenergie ab).

7.2.3 Löschen durch antikatalytische Wirkung

Bei der Verbrennungsreaktion sind auch reaktionsbeschleunigende Substanzen, so genannte Katalysatoren, erforderlich. Zudem dürfen reaktionshemmende Substanzen, so genannte Inhibitoren, nicht vorhanden sein. Beim Löschen durch antikatalytische Wirkung werden antikatalytisch wirkende Substanzen in den Brandbereich eingebracht, wodurch die Verbrennungsreaktion gehemmt und schließlich unterbunden wird. Da die antikatalytischen Substanzen als Inhibitor bezeichnet werden, spricht man auch von der Inhibition. Unterschieden werden die homogene und die heterogene Inhibition. Da die Verbrennungsreaktion als Kettenreaktion verläuft, werden bei der homogenen Inhibition Zwischenglieder der Verbrennungsreaktionskette durch Radikale, die bei der thermischen Zersetzung des Löschmittels gebildet werden, aus den Reaktionsketten »herausgerissen«, sodass die Reaktion stoppt und die Verbrennung beendet wird. Bei der heterogenen Inhibition wird die kettenabbrechende Löschwirkung durch kühle Oberflächen (<**Wandwirkung**>) infolge Energieentzug erreicht. Ein Beispiel ist die Löschwirkung von Pulver. Pulver hat eine große Oberfläche. Im direkten Kontakt mit der kühlen, großen Pulveroberfläche verlieren die für die Verbrennungsreaktion notwendigen freien Radikale Energie, sodass es zum Abbruch der Reaktionskette kommt.

7.3 Löschmittel

Als Löschmittel werden alle Stoffe bezeichnet, die durch bestimmte Löschwirkungen den Verbrennungsprozess unterbinden, die Verbrennung also stoppen. Als Hauptlöschmittel gibt es derzeit Wasser, Schaum, Pulver und Kohlenstoffdioxid. Zudem gibt es noch einige Nebenlöschmittel, wie spezielle gasförmige Löschmittel, Sand oder Kochsalz.

7.3.1 Wasser

Wasser ist das Hauptlöschmittel schlechthin, da es günstig und (fast) überall verfügbar ist (▶ Bild 7.3). Zudem reicht es für die meisten Brände als Löschmittel völlig aus. Die Löschwirkung des Wassers ist vor allem auf das große Wärmebindungsvermögen zurückzuführen, das auf der hohen spezifischen Wärmebindungskapazität und der hohen

Bild 7.3 Die abkühlende Löschwirkung von Wasser stört die Verbrennungsreaktion.

Achtung:

Besondere Vorsicht beim Einsatz von Wasser bei Säuren und Laugen. Es besteht die Gefahr einer starken Erhitzung und einem Aufkochen bzw. Umherspritzen der Stoffe.

Verdampfungswärme basiert (aus einem Liter Wasser werden bei vollständiger Verdampfung 1 700 Liter Wasserdampf). Durch die abkühlende Löschwirkung des Wassers wird die Verbrennungsreaktion gestört. Gleichzeitig wird die thermische Aufbereitung brennbarer fester Stoffe beendet, sodass keine weiteren brennbaren Gase und Dämpfe produziert werden. Eine erstickende Löschwirkung hat Wasser durch das Ersticken durch Abmagern bei brennbaren Flüssigkeiten.

Wasser ist das Hauptlöschmittel für Brände der Brandklasse A. Je feiner das Sprühbild des Strahlrohres ist, desto größer ist die Oberfläche des Wassers (feinste Tröpfchen) und damit das Wärmebindungsvermögen (▶ Kapitel 30).

Wasser hat eine hohe Oberflächenspannung und kann deshalb nur schwer in Stoffe eindringen (z. B. Stroh, Heu, Kohle). Netzmittel kann daher zur Reduzierung der Oberflächenspannung zugesetzt werden. Die Herstellung des so genannten Netzwassers kann an Schaumzumischeinrichtungen mit einer Zumischrate von ≤ 1 % erfolgen.

In der Regel darf Wasser nicht bei Metallbränden (▶ Kapitel 19), heißen oder brennenden Ölen und Fetten, Schornsteinbränden (Gefahr des »Sprengens« des Schornsteins durch den infolge Wasserdampfbildung entstehenden Überdruck sowie Gefahr der zu starken Abkühlung und damit einer Rissbildung im Schornstein) und bei Chemikalien, die heftig mit Wasser reagieren, verwendet werden. Vorsicht ist beim Wassereinsatz in elektrischen Anlagen geboten. Hier sind die Sicherheitsabstände nach DIN VDE 0132 einzuhalten (▶ Kapitel 19). Ein Einsatz von Wasser sollte in folgenden Fällen genau abgewogen werden:

- quellfähige Stoffe,
- Stäube,
- größere Glutbrände in geschlossenen Räu-

B

Bild 7.4 Schaumeinsatz:
a Mit dem Kombinationsschaumrohr kann Mittel- und Schwerschaum erzeugt werden.
b Gut ist beim Kombinationsschaumrohr das mittige Rohr für Schwerschaum zu erkennen.

men (Gefahr der Wassergasbildung mit hohem Kohlenstoffmonoxid-Anteil),
- Kunstdünger,
- Säuren und Laugen.

7.3.2 Schaum

Schaum besteht aus den drei Komponenten Wasser, Schaummittel und Luft, die in der Regel am Einsatzort in einer Schaumzumischeinrichtung (Zumischer, Turbozumischer [▶ Kapitel 28] oder fest eingebaute Zumischeinrichtung im Fahrzeug) vermischt werden. Das Schaummittel-Wasser-Gemisch wird am Schaumrohr mit der Luft verwirbelt, sodass Schaum entsteht (▶ Bild 7.4).

Die Zumischung (bzw. Zumischrate) gibt den prozentualen Anteil des Schaummittels am Wasser-Schaummittel-Gemisch an. Eine dreiprozentige Zumischung bedeutet, dass das Wasser-Schaummittel-Gemisch aus 97 % Wasser und 3 % Schaummittel besteht. Die Höhe der Zumischung hat Einfluss auf die Schaumstabilität. Die Verschäumungszahl (VZ) ist das Verhältnis zwischen Flüssigkeitsmenge, also der Menge des Wasser-Schaummittel-Gemisches, und der Schaummenge (VZ = Schaumvolumen/Flüssigkeitsvolumen). Sie gibt also an, wie sich die Flüssigkeitsmenge bei der Verschäumung mit Luft vergrößert hat. Entsprechend der Verschäumungszahl werden die verschiedenen Schaumarten eingeteilt:
- VZ < 20: Schwerschaum,
- VZ 20 bis 200: Mittelschaum,
- VZ 200 bis 1000: Leichtschaum.

Je höher die Verschäumungszahl ist, desto höher ist der Luft- und desto geringer der Flüssigkeitsanteil des Schaums. Zum Einsatz von Schaum siehe ▶ Kapitel 28.

Es gibt verschiedene Schaummittelarten. Grob kann man zwischen Proteinschaummitteln und synthetischen Schaummitteln sowie zwischen fluorfreien und fluorhaltigen Schaummitteln unterscheiden. Fluorfreie Löschmittel sind nach Herstellerangaben beispielsweise einige synthetische Mehrbereichsschaummittel, Proteinschaummittel und Klasse-A-Schaummittel (für Druckluftschaumanlagen). Fluorhaltige Löschmittel sind wasserfilmbildende synthetische Schaummittel, wasserfilmbildende Protein-Schaummittel und Fluor-Protein-Schaummittel. Bei den fluorhaltigen Schaummitteln muss man noch hinsichtlich des Fluorierungsverfahrens unterscheiden. Schaummittel, denen im Rahmen einer so genannten Telomerisierung Fluor zugesetzt wurde, dürfen verwendet werden. Wurden Schaummittel jedoch elektrochemisch fluorisiert, dürfen diese aus Umwelt-

Praxis-Tipp:

Aufgrund der Viskosität des Schaummittels empfiehlt sich im Winter u. U. eine höhere Zumischrate.

Achtung:

Schaum darf nicht in spannungsführenden elektrischen Anlagen eingesetzt werden.

und Gesundheitsschutzgründen seit Ende Juni 2011 nicht weiter verwendet werden, da diese die schädlichen Bestandteile PFOS (Perfluoroktansulfonsäure) und PFOA (Perfluoroktansäure) enthalten. Nach 2000/2002 gekaufte Schaummittel sind laut Hersteller in der Regel jedoch als PFOS-frei anzusehen.

Bei den sythetischen Schaummitteln gibt es weiterhin noch alkoholbeständige Schaummittel. Bei diesen Schaummitteln wird in der Pruduktbezeichnung meist eine Ziffernfolge (z. B. 3/6) gesetzt. Diese Ziffern geben die Zumischrate bei Schwer- und Mittelschaum an. Die erste Ziffer (im Beispiel die Ziffer 3) gibt die Zumischrate für den Einsatz bei Stoffen der Brandklasse A bzw. bei unpolaren Flüssigkeiten wie Kraftstoffen (Brandklasse B) an. Die zweite Ziffer (im Beispiel die Ziffer 6) bezeichnet die Zumischrate beim Einsatz von polaren Stoffen der Brandklasse B. Das Problem der alkoholbeständigen Schaummittel ist die hohe Viskosität, insbesondere bei Temperaturen unter 0 °C.

Welches Schaummittel eingesetzt wird, hängt von der beabsichtigten Löschwirkung, den vorhandenen brennbaren Stoffen und letztlich der Logistik ab. Öffentliche Feuerwehren führen in der Regel Mehrbereichsschaummittel mit, das normalerweise mit einer Zumischrate von drei Prozent dem Löschwasserstrom zugemischt wird. Es ist für die Bekämpfung von Bränden der Brandklassen A und B geeignet; wasserfilmbildende Schaummittel wie AFFF eignen sich dagegen insbesondere für die Brandbekämpfung an Stoffen der Brandklasse B – für öffentliche Feuerwehren gibt es in der Regel keine nützliche Anwendung, außer es gibt ein entsprechendes Gefahrenpotenzial im Ausrückebereich.

Schaummittel ist v. a. für die Brandklassen A und B geeignet. Die Löschwirkung ist das Löschen durch Ersticken. Allerdings haben Schwer- und Mittelschaum nicht nur die erstickende Löschwirkung. Das aus der Schaumschicht austretende Löschwasser verringert auch den Dampfdruck und damit die Dampfbildung der brennbaren Flüssigkeit weiter.

Nebenwirkungen beim Einsatz von Schaummitteln sind der Kühleffekt durch das aus dem Schaum austretende Wasser sowie der Dämmeffekt. Dabei isoliert der Schaum infolge der geringen eigenen Wärmeleitfähigkeit noch nicht entzündetes oder bereits abgelöschtes Brandgut gegenüber Wärmestrahlung bzw. Zündquellen. Werden geschlossene Räume mit Schaummittel geflutet, tritt noch der Verdrängungseffekt ein, bei dem der Schaum die für die Verbrennung notwendigen Sauerstoff bzw. die brennbaren Gase verdrängt.

Je nach gewähltem Schaummittel kann es auch zu einer Filmbildung zwischen dem Brandgut und dem Schaum bzw. der Umgebung kommen. Wasserfilmbildende Schaummittel (AFFF) bilden beim Löschen von unpolaren (also nicht mit Wasser mischbaren) Flüssigkeiten einen dünnen, wässrigen Tensidfilm aus, welcher das Brandgut vom Sauerstoff trennt. Beim Löschen polarer, also mit Wasser mischbarer Flüssigkeiten (zum Beispiel Alkohole) mit alkoholbeständigen Schaummitteln entsteht ein Polymerfilm, der zwischen der Schaumschicht und der schaumzerstörenden polaren Flüssigkeit schwimmt.

Schaum darf nicht in spannungsführenden elektrischen Anlagen eingesetzt werden. Grundsätzlich sollte aus Umweltschutzgründen nur so wenig Schaummittel wie nötig eingesetzt werden (▶ Kapitel 38). Auch wenn die meisten Mehrbereichsschaummittel fluorfrei sind, sollte Schaummittel – vor allem in Wasserschutzgebieten und in der Nähe von Oberflächengewässern – nur sehr kontrolliert und im Ausnahmefall eingesetzt werden. Denn beim biologischen Abbau bindet auch die »Chemikalie Schaummittel« Sauerstoff.

Beim Leichtschaum – der in der Praxis jedoch fast keine Bedeutung mehr hat – liegt die Zerstörungsrate des Schaums beim Auftreffen auf das Brandgut bei bis zu 80 %. Die bei der Zerstörung des Schaums freiwerdenden Wassertröpfchen verdampfen als Wasserdampf, der sich wiederum mit der Luft vermischt und diese verdünnt. So ergibt sich die erstickende Löschwirkung des Leichtschaums.

Netzmittel

Viele Feuerwehren setzen Klasse-A-Schaummittel mit einer geringen Zumischrate (< 0,5 Prozent) standardmäßig bei der Vornahme von Strahlrohren als Netzmittel ein. Dabei erfolgt die Schaumzumischung meist über eine Druckzumischanlage des Fahrzeuges. Durch die geringe Zumischung des Schaummittels als Netzmittel wid die Oberflächenspannung des Wassertropfens reduziert. So kann das Löschmittel besser in das Brandgut eindringen und möglicherweise einen schnelleren Löscherfolg erzielen (hier gehen die Meinungen und die bisher vorgelegten Untersuchungen jedoch durchaus auseinander). Dabei ist jedoch zu beachten, dass Netzmittel bzw. Netzwasser nie einen Stoff komplett durchdringt, sondern in der Regel nur in die Oberflächenstruktur eines Stoffes eindringt – ein Effekt, der möglicherweise auch ohne Netzmittel mit einem Hohlstrahlrohr erreicht werden kann – eine gute Ausbildung des Strahlrohrführers vorausgesetzt.

7.3.3 Pulver

Löschpulver wird aufgrund der Wirkung auf die Brandklasse unterschieden. Dabei werden die für den Einsatz zulässigen Brandklassen der Pulver-Bezeichnung vorangestellt (z. B. ABC-Pulver, BC-Pulver, D-Pulver). Auf den Feuerlöschern ergeben sich teilweise andere Bezeichnungen wie PG (Pulver Glutbrand) für ABC-Pulver, P für BC-Pulver oder PM für D-Pulver.
Grundlage für Löschpulver sind je nach Einsatzgebiet Phosphate oder Carbonate bzw. Natriumchlorid (bei Metallpulver). Pulver löscht durch die antikatalytische Wirkung (heterogene Inhibition) und nicht – wie oft angenommen – durch die Erstickungswirkung. Dies wirkt sich lediglich beim ABC-Pulver nebenbei aus, da die im Pulver enthaltenen Ammoniumverbindungen eine Glasurschicht auf dem mit Glut verbrennenden Stoff bilden und so einerseits die Sauerstoffzufuhr gemindert, andererseits die Strahlungswärme isoliert wird.

Beim Löscheinsatz mit Pulver ist unbedingt die Brandklasse zu beachten. So eignet sich BC-Pulver nur für Flammenbrände, also die Brandklassen B und C. ABC-Pulver kann hin-

Bild 7.5 Löschpulvereinsatz bei einem Brand der Brandklasse B

Achtung:

BC-Löschpulver ist schaumzerstörend. Soll Pulver zusammen mit Schaum eingesetzt werden, ist besonderes schaumverträgliches Pulver einzusetzen.

Achtung:

Nachteil von Löschpulver ist eine erhebliche Verschmutzung der Umgebung. Daher sollte der Einsatz von Löschpulver unter dem Gesichtspunkt der schadenarmen Einsatztaktik jeweils im Einzelfall entsprechend geprüft werden. In empfindlichen technischen Anlagen sollte der Einsatz von Pulver komplett unterbleiben.

gegen bei den Brandklassen A bis C eingesetzt werden. Metallbrandpulver ist ausschließlich für den Einsatz bei Bränden der Brandklasse D vorgesehen. Die Löschpulverwolke ist praktisch elektrisch nicht leitfähig: ABC- und BC-Pulver können so in spannungsführenden Niederspannungsanlagen zum Einsatz kommen. Allerdings können ABC-Pulver dort durch Schmelzen leitfähige Beläge bilden. Der Einsatz in Hochspannungsanlagen ist untersagt (▶ Kapitel 19).

Bild 7.6 Pulverlöscher für Metallbrände

Grundsätzlich sollte aus Umweltschutzgründen nur so wenig Pulver wie nötig eingesetzt werden. Zum Vorgehen mit Pulverlöschern siehe ▶ Kapitel 27.8.2.

Metallbrandpulver wird locker auf das Brandgut aufgebracht und nicht mit dem scharfen Strahl einer Pulverwolke. Die Löschwirkung des D-Pulvers ist vor allem ein Löschen durch Ersticken. Das auf dem Brandgut aufgetragene Pulver schmilzt und trennt das Brandgut so vom Sauerstoff.

7.3.4 Kohlenstoffdioxid

Der Löscheffekt bei Kohlenstoffdioxid (CO_2) beruht auf der Verdrängung des Sauerstoffs der Umgebungsatmosphäre; der Sauerstoffanteil sinkt im Löschbereich von Kohlendioxidlöschanlagen auf weniger als 15 Vol.-% (eine Sauerstoffkonzentration $\leq$ 13 % ist üblich). Die Löschwirkung ist also ein Löschen durch Ersticken.

Kohlenstoffdioxid ist für den Einsatz bei Bränden der Brandklassen B und C vorgesehen. Kohlenstoffdioxid kann in spannungsführenden elektrischen Anlagen eingesetzt werden; die Sicherheitsabstände nach VDE 0132 sind zu beachten (▶ Kapitel 19).

Der Einsatz bei Glutbränden der Brandklasse A ist unwirksam. Für Metallbrände ist es nicht zugelassen, da aufgrund der hohen Temperaturen Sauerstoff abgespalten wird und Kohlenstoffdioxid so brandfördernd wirkt. Bei Bränden im Freien ist Kohlenstoffdioxid wirkungslos; bei Bränden in geschlossenen Räumen muss umluftunabhängiger Atemschutz getragen werden.

Soll Kohlenstoffdioxid in geschlossenen Räumen als Inertgas eingesetzt werden, ist zu beachten, dass sich der Stoff bei Expansion elektrostatisch aufladen kann. So kann es zu zündfähigen Atmosphären und einer Explosionsgefahr kommen.

Das geruchslose Kohlenstoffdioxid ist ein Atemgift der Gruppe 3 mit Wirkung auf Blut,

Nerven und Zellen. Beim Atmen in einer Atmosphäre mit einer erhöhten Konzentration von Kohlenstoffdioxid steigt der normale Anteil von rund 4 Vol.-% Kohlenstoffdioxid in der menschlichen Ausatemluft an. Die Folge ist eine immer schnellere Atemfrequenz mit einer immer schlechteren Sauerstoffversorgung der Körperzellen. Dies wiederum führt zu Bewusstseinstörungen. Bei einer Konzentration ab etwa 15 Vol.-% CO_2 ist die Atemfrequenz so hoch, dass akute Lebensgefahr durch den Zusammenbruch der vegetativen Herz-/Kreislauf-Steuerung (Bewusstlosigkeit, Lähmungen, Tod) bestehen kann. Aufgrund der vom Löschgas ausgehenden Gefahren wird Kohlenstoffdioxid in Löschanlagen oft odoriert (also mit einem Geruchsstoff versehen); dies ist jedoch nicht zwingend vorgeschrieben (▶ Kapitel 29).

Kohlenstoffdioxid ist schwerer als Luft und kann sich auch gegen die Windrichtung am Boden ausbreiten. Dies ist auch bei der Lagebewertung zu beachten.

Aufgrund der Gesundheitsgefahr beim Einsatz von Kohlenstoffdioxid-Feuerlöschern in Räumen muss die Grundfläche des Raumes im Verhältnis zur Löschmittelmenge stehen. Um eine Gefährdung der Person, welche sich im Raum aufhält, um ein Feuer mittels Kohlenstoffdioxid-Feuerlöscher zu lösen, ausschließen zu können, muss laut DGUV (Stand: 2018) pro Kilogramm Kohlenstoffdioxid-Löschmittel eine freie (!) Grundfläche von mindestens 5,5 Quadratmetern vorhanden sein. Dies bedeutet, dass beim Einsatz eines Feuerlöscher KA2 (zwei Kilogramm Kohlenstoffdioxid) min-

Achtung:

Wenn das Verhältnis von Raumgröße (freie Grundfläche!) zu Kohlenstoffdioxid-Löschmittelmenge kleiner als 5,5 (m^2/kg) ist, muss das Löschen (ohne umluftunabhängigen Atemschutz) von außen durch den geöffneten Türspalt erfolgen; anschließend ist die Tür zu schließen. Der Brandraum darf danach nur noch nach wirksamen Belüftungsmaßnahmen oder unter umluftunabhängigen Atemschutz betreten werden.

Bild 7.7 Kohlenstoffdioxid-Feuerlöscher KA5

destens elf Quadratmeter freie Grundfläche vorhanden sein muss und beim Einsatz eines Feuerlöscher KA5 (fünf Kilogramm Kohlenstoffdioxid) mindestens 27,5 Quadratmeter freie Grundfläche vorhanden sein muss. Liegt die freie Grundfläche unter den genannten Werten, muss umluftunabhängiger Atemschutz getragen werden.

7.3.5 Sonstige Löschmittel

Je nach Brandgut können sich zur Brandbekämpfung auch andere Löschmittel als die aufgeführten Hauptlöschmittel eignen.

Ein Beispiel ist Sand. Sand eignet sich zum Löschen durch Ersticken von kleineren Bränden der Brandklassen A und B. Trockener (!) Sand kann zur Bekämpfung von Leichtmetallbränden verwendet werden. Ebenfalls zur Bekämpfung von Metallbränden eignet sich gewöhnliches Haushalts-Kochsalz oder Grauguss-Späne.

Als Inertgase kommen Stickstoff und Argon in Betracht, deren Löschwirkung wie beim Kohlenstoffdioxid im Ersticken liegt. Da Stickstoff leichter als Luft ist, eignet es sich gut für Brände, bei denen gut durch das aufsteigende Gas gelöscht werden kann (z. B. Silos, ▶ Kapitel 35.11). Die Hersteller bieten auf dem Markt auch verschiedenste Gasgemische als Löschgase an. Deren Zusammensetzung und Eignung für den jeweiligen Einsatzzweck (meist in ortsfesten Löschanlagen) muss jeweils im Einzelfall geklärt werden.

Ein weiterer Löschmittelzusatz zu Wasser ist »F-500«. Der Löschmittelzusatz ist für die Brandklassen A und B sowie in Teilbereichen C, D und F geeignet. F-500 enthält ein amphiphatisches Molekül, das aufgrund der Tensideigenschaften brennbare Stoffe einhüllt. »F-500« kann bereits ab etwa 70 °C deutliche Mengen Wasserdampf abgeben, sodass brennbare Stoffe sehr schnell merklich abgekühlt werden, sodass sogar eine Metallbrandbekämpfung vom Hersteller nachgewiesen wurde. Der Löschmittelzusatz kann mittels normaler Zumischer dem Wasser mit einer dreiprozentigen Zumischrate beigemischt und mittels Sprühstrahl über ein Hohlstrahlrohr ausgebracht werden.

Die **<Löschdecke>** soll laut der DGUV-Information »Einsatz von Löschdecken« (2018) nicht mehr bei der Bekämpfung von Speiseöl- und Speisefettbränden sowie bei brennenden Menschen zum Einsatz kommen. In beiden Fällen wird der Einsatz von Feuerlöschern der entsprechenden Brandklasse empfohlen. Hintergrund ist, dass die Löschdecke in den meisten Fällen keine Löschwirkung entfaltet und zudem noch eine Gefahr für den Anwender birgt.

Literatur

[1] Rodewald, G., Rempe, A.: Feuerlöschmittel, 7. Auflage, Verlag W. Kohlhammer, Stuttgart, 2005.

[2] Thorns, J.: Einsatz »Brandmeldeanlage«, 3. Auflage, Die Roten Hefte/Ausbildung kompakt 216, Verlag W. Kohlhammer, Stuttgart, 2021.

[3] Habermeier, F.: Chemie, 3. Auflage, Die Roten Hefte 59, Verlag W. Kohlhammer, Stuttgart, 2010.

[4] de Vries, H.: Brandbekämpfung mit Wasser und Schaum, Ecomed Verlag, Landsberg, 1. Auflage, 2000.

Notizen:

8 Biologische Grundlagen

von Meike Rothe

B

Die Biologie ist die Lehre des Lebens. Sie beschäftigt sich mit der Erforschung des Menschen, der Tier- und Pflanzenwelt, aber auch mit Vorgängen, die sich in der Zelle abspielen. Fragestellungen in der Molekularbiologie, der Mikrobiologe und der Genetik sind in den vergangenen Jahrzehnten immer mehr in den Vordergrund getreten und haben der Medizin, der Agrarwirtschaft und der Industrie einen gewaltigen Wissenszuwachs beschert. Durch mikrobiologische Prozesse werden Medikamente hergestellt, Lebensmittel verfeinert und Verfahren in Klärwerken optimiert. Bakterien werden zur Beseitigung von Ölteppichen eingesetzt, Viren können bei der Krebstherapie zum Einsatz kommen. Die Biotechnologie hat sich zur Schlüsseltechnologie des 21. Jahrhunderts entwickelt. Neben den vielen Vorteilen und Nutzen für die Menschheit birgt sie jedoch auch Gefahren, die durch falschen Umgang oder Missbrauch entstehen. Die Feuerwehr muss diesen Gefahren kompetent entgegentreten. Damit dies gelingt, ist ein Grundlagenwissen im Bereich der Biologie unerlässlich.

8.1 Die Zelle

Eine Zelle ist die kleinste lebensfähige Einheit, die es auf der Welt gibt. Sie ist nur unter dem Mikroskop sichtbar, aber von grundlegender Bedeutung für das weitere Verständnis biologischer und medizinischer Fragestellungen. Trotz unterschiedlicher Formen und Spezialisierungen, besteht jede Zelle aus denselben Grundelementen. Es gibt Einzeller, wie Bakterien und Hefepilze, und Vielzeller, wie Pflanzen und Tiere. Einzeller sind die einfachsten Lebewesen, die es gibt. Sie bestehen nur aus einer Zelle.

Vielzeller bestehen aus einer Ansammlung verschiedener spezialisierter Zellen, die sich zu Geweben und Organen zusammengeschlossen haben. Nur durch das systematische Zusammenspiel der Zellen, kann der Körper als eine Einheit funktionieren. Die Grundfunktionen aller Zellen sind gleich und werden im Folgenden am Beispiel der menschlichen Zelle erklärt

8.1.1 Aufbau menschlicher Zellen

Menschliche Zellen sind zwischen zehn und 100 Mikrometer (1 Mikrometer = 1/1 000 Millimeter) groß und können mit dem Lichtmikroskop untersucht werden. Sie sind von einer dünnen Schicht, der Zellmembran, umgeben. Lipide (Fette) in der Zellmembran sorgen für die Dichtigkeit der Zelle. Zwischen den Lipiden sind Proteine (Eiweißstoffe) in die Zellmembran eingebaut. Sie haben vielfältige Funktionen. Als so genannte Rezeptoren (Sensoren) können sie Reize aus der Umwelt aufnehmen. Als Kanäle können sie Stoffe in die Zelle herein oder heraus transportieren.

Die Zellmembran umschließt den Innenraum der Zelle, den man Cytoplasma (»Cyto« = griechisch für Zelle) nennt. Das Cytoplasma besteht vorwiegend aus Wasser, in dem Salze

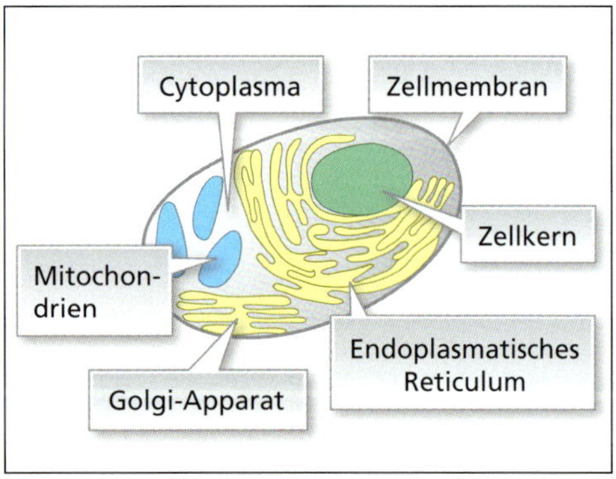

Bild 8.1 Aufbau der Zelle

und Proteine gelöst sind. Man findet darin verschiedene Organellen, die im Einzelnen vorgestellt werden sollen.

Der Zellkern

Im Zellkern befindet sich der größte Teil der Erbinformationen der Zelle. Sie liegt als Desoxyribonukleinsäure (DNS, englisch: DNA) vor und ist vergleichbar mit einer großen, geordneten Datenbank. Die dort gespeicherten Daten werden Gene genannt. Es wird geschätzt, dass der Mensch über 25 000 Gene verfügt. Die Daten werden im Zellkern abgerufen, in der Zelle verarbeitet und schließlich als Proteine dargestellt. Proteine steuern alle zellulären Vorgänge. In den unterschiedlichen Zellen des Menschen werden nie alle Daten gleichzeitig umgesetzt. Dadurch können Zellen unterschiedliche Aufgaben übernehmen.

Menschliche Gene sind gebündelt als Datenpakete, den Chromosomen, angeordnet. In fast jeder Zelle liegt die gleiche Kombination aus zweimal 23 Chromosomen vor (doppelter Chromosomensatz). 50 Prozent der Gene stammen von der Mutter, die anderen 50 Prozent vom Vater ab. Dadurch ist die Individualität jedes einzelnen Menschen gewährleistet. Geschlechtszellen, die nur in den Geschlechtsorganen hergestellt werden können, enthalten den einfachen Chromosomensatz. Mit der Vereinigung von Ei- und Samenzelle entsteht die erste Körperzelle des Embryos.

Die Mitochondrien

Die Mitochondrien sind die »Kraftwerke« der Zelle. Sie sind für die Energiegewinnung zuständig. Aufgenommene Nährstoffe werden mit Sauerstoff verbrannt. Dabei entsteht ATP (Adenosintriphosphat), die »Energiewährung« der Zelle. Das ATP kann gegen eine Aktivität »eingetauscht« werden.

Aktive Muskeln haben einen hohen Energiebedarf. Entsprechend viel ATP muss in Muskelzellen produziert werden. Sie müssen daher ausreichend mit Sauerstoff versorgt werden. Die erhöhte Atemfrequenz beim Sport stellt die Sauerstoffzufuhr sicher.

Der Golgi-Apparat

Der Golgi-Apparat ist an der Produktion, Sortierung und Ausscheidung von Stoffwechselprodukten beteiligt. Er stellt das »Logistik-

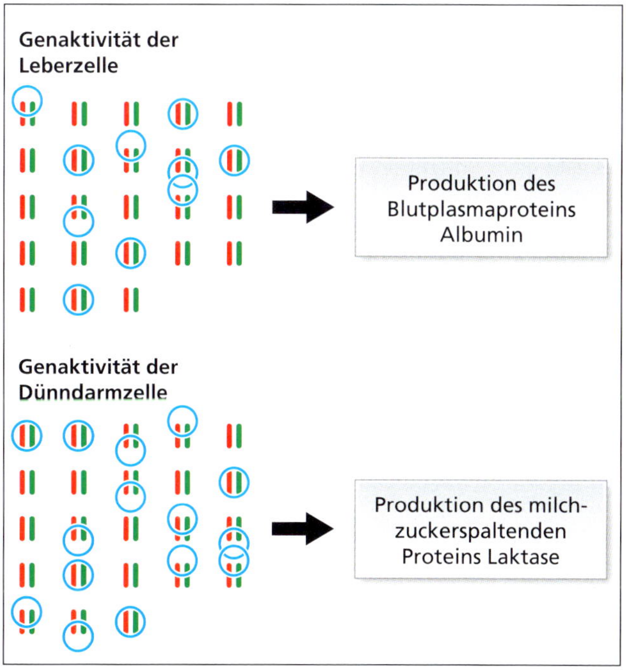

Bild 8.2 Schematische Darstellung unterschiedlicher Genaktivität (blaue Kreise) in verschiedenen Zellen bei gleichem Genmaterial (2 × 23 Chromosomen, dargestellt durch rote und grüne Striche). Als Ergebnis werden unterschiedliche Proteine gebildet.

Zentrum« der Zelle dar. Durch chemische Veränderungen von Proteinen können komplexe Transportvorgänge innerhalb der Zelle gesteuert werden.

Endoplasmatisches Reticulum (ER)

Das ER wirkt bei der Proteinbiosynthese und im Stoffwechsel mit. Man unterscheidet zwischen dem glatten ER und dem rauen ER. Das raue ER ist mit Ribosomen verbunden. Bei ihnen handelt sich um die Produktionsstätten der Proteine. Wenn man beachtet, dass Proteine für alle Zellfunktionen zuständig sind, ist es nicht verwunderlich, dass das ER einen großen Platzbedarf in der Zelle hat. Das glatte ER, das keine Ribosomen an der Oberfläche trägt und daher glatt aussieht, ist unter anderem an der Umsetzung von Kohlenhydranten sowie an der Beseitigung von Giftstoffen beteiligt.

8.2 Bakterien

Bakterien sind einzellige Lebewesen, die es schon seit mindestens 3,5 Milliarden Jahren gibt. Durch ständige Veränderungen und Anpassungen an neue Lebensräume besiedeln sie heute fast alle Nischen unserer Erde.

8.2.1 Lebensräume von Bakterien

Auch wenn man Bakterien nicht sehen kann, sind sie überall vorhanden. Ihre Anzahl übersteigt jegliche Vorstellungskraft. Man geht davon aus, dass erst zehn Prozent aller Bakterienarten bekannt sind. Eine enorme Artenvielfalt verbirgt sich in den restlichen 90 Prozent. Bereits heute sind Arten bekannt, die in über 100 °C heißen Quellen oder in hochradioaktiv verstrahlten Gebieten leben. Einige Vertreter können als Symbionten (»Lebenspartner«) von Fischen unter Wasser Licht produzieren, andere bauen Öl ab oder stellen Stickstoff für Ackerpflanzen zur Verfügung.

Die Industrie hat sich die zahlreichen Fähigkeiten der Bakterien zu Nutzen gemacht. Milchsäurebakterien werden zur Herstellung von Brot und Milchprodukten genutzt, Essigsäurebakterien produzieren Speiseessig. Andere Bakterien stellen den Geschmacksverstärker Glutamat her oder bilden Produkte für die Pharmaindustrie, wie zum Beispiel Insulin.

Neben den nützlichen Arten gibt es aber auch eine Vielzahl von Vertretern, die Krankheiten hervorrufen können. Sie werden in pathogene und opportunistische Keime unterteilt. Opportunistische Keime sind normale Bewohner des Körpers. Ihr Wachstum wird durch das menschliche Immunsystem in Grenzen gehalten. Erst wenn dieses zum Beispiel durch Unterernährung oder durch eine HIV-Infektion geschwächt ist, können sich die opportunistischen Keime vermehren und Krankheiten hervorrufen.

Pathogenen Bakterien müssen erst die natürlichen Barrieren des Körpers überwinden, um in den Körper zu gelangen (▶ Abschnitt 8.6.1). Die Infektion kann über drei Wege erfolgen: durch den direkten Kontakt, den indirekten Kontakt oder durch tierische Überträger. Bei der direkten Übertragung durch Tröpfchen- oder Schmierinfektionen oder durch sexuellen Kontakt werden die Erreger über Körperflüssigkeiten von Mensch zu Mensch ausgetauscht. Beim indirekten Kontakt nimmt der Mensch die Pathogene über verunreinigte Gegenstände, Hände oder Wasser und Lebensmittel auf. Auch Insekten und andere Tiere können eine bakterielle Infektion auslösen. Durch einen Zeckenbiss gelangen beispielsweise Bakterien der Gattung Borrelia in die menschliche Blutbahn. Dort können sie sich vermehren und die Infektionskrankheit Borreliose hervorrufen.

8.2.2 Bakterielles Wachstum und Infektionsmechanismen

Bakterielles Wachstum erfolgt durch Zellteilungen. Durch Einschnürung der Zelle entstehen in kurzer Zeit aus einer Zelle zwei. Aus diesen werden dann vier, daraus entstehen acht, daraus 16 und so weiter. Unter günstigen Umweltbedingungen vermehrt sich eine Zelle exponentiell und bildet in nur kurzer Zeit eine ganze Kolonie von Nachkommen. Erst durch die Begrenzung von Nährstoffen oder Sauerstoff wird das Wachstum eingestellt.

Während des Wachstums schädigen Pathogene den Menschen zweifach. Zum einen wer-

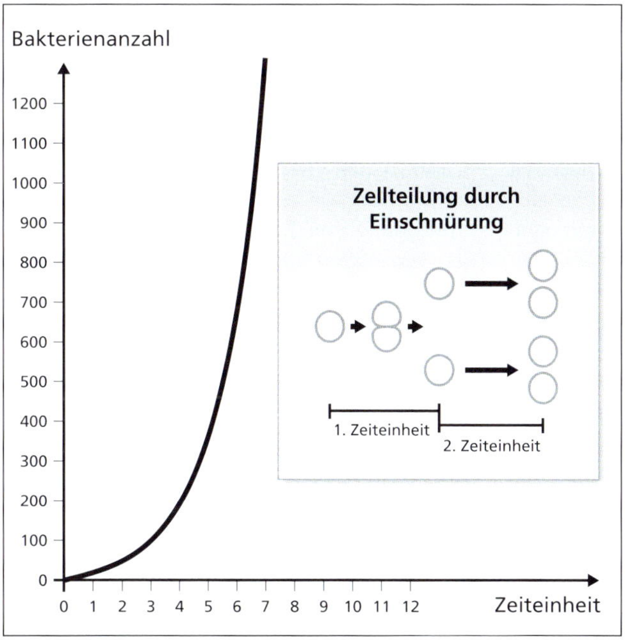

Bild 8.3 Exponentielles Wachstum einer Bakerienzelle durch Zellteilung: Nach nur sieben Zeiteinheiten (Zeitdauer, die eine Art für die Zellteilung braucht, in der Regel eine Stunde) sind aus anfänglich zehn Zellen 1 280 Zellen entstanden.

den Gewebe und Zellen zerstört, zum anderen werden Giftstoffe (Toxine) gebildet. Nur durch die Gabe von Antibiotika oder die vorbeugende Impfung können schwerwiegende bakterielle Infektionen bekämpft oder vermieden werden.

8.2.3 Antibiotika-resistente Bakterien

Große Probleme verursachen Pathogene wie Staphylococcus aureus, die gegen viele Antibiotika resistent geworden sind (MRSA – Multiresistenter Staphylococcus aureus). Gerade in Krankenhäusern und Altenheimen bereiten sie zunehmend Schwierigkeiten. Eine Behandlung mit üblichen Antibiotika scheitert aufgrund der erworbenen Antibiotika-Resistenz dieser Bakterien. Als Folge können sich die Erreger immer weiter ausbreiten.

Die Resistenzen entstehen durch natürliche genetische Mutationen (Veränderung des Erbguts) einiger Erreger. Wenn eine Mutation dazu führt, dass ein Bakterium bei der Verabreichung des Antibiotikum »A« als einziges überleben kann, dann kann sich dieses Bakterium ungehindert vermehren. Aufgrund der Zellteilung tragen alle Nachkommen dieses Bakteriums ebenfalls die Mutation. Durch die erneute Verabreichung von Antibiotikum »A« bleiben alle Nachkommen am Leben. Antibiotikum »A« ist damit wirkungslos geworden. Die Gabe von Antibiotikum »B« kann zu einem Behandlungserfolg führen. MRSA sind gegen viele Antibiotika resistent. Die Auswahl eines geeigneten Antibiotikums wird immer schwieriger.

8.3 Viren

Viren sind noch kleiner und einfacher gebaut, als Bakterien. Sie bestehen nur aus einer Proteinhülle und den darin enthaltenen Erbinformationen. Es handelt sich um reine Parasiten. Um sich vermehren zu können, sind sie auf eine so genannte Wirtszelle angewiesen. Eine eigenständige Vermehrung außerhalb des Wirtes ist nicht möglich. Damit zählen sie nicht zu den Lebewesen.

8.3.1 Vermehrung der Viren

Um sich vermehren zu können, muss sich das Virus an eine passende Wirtszelle anlagern. Auf der Außenseite der Virushülle und der

Zellmembran treffen Proteine aufeinander, die sich wie der Schlüssel zum Schloss verhalten. So ist jeder Virustyp auf eine Zellgruppe spezialisiert. Sobald die richtige Verbindung zustande gekommen ist, injiziert das Virus sein Genmaterial in die Wirtszelle. Dieses ist so dominant, dass es die Wirtszelle umprogrammiert. Was dann geschieht, hängt vom Virustyp ab.

Es gibt virulente Viren, wie Influenza- oder Tollwut-Viren, die die Wirtszellen so umprogrammieren, dass sie nur noch Viren produziert. Die dazu benötigten Nährstoffe, ATP und Proteine werden von der Wirtszelle geliefert. Nachdem Hunderte bis Tausende von neuen Viren in der Wirtszelle gebildet wurden, platzt die Zelle auf und entlässt die Viren. Die Zelle geht dabei zugrunde. Die Viren dagegen suchen sich neue Zellen, die sie befallen können. Bei einer Grippeinfektion kann das Immunsystem oft gegen die Viren ankämpfen und können die zerstörten Zellen ersetzt werden. In anderen Fällen, wie bei der Tollwut-Erkrankung, ist mit einem raschen Tod zu rechnen.

Temperente Viren, wie Herpes-Viren, verändern die Wirtszelle auf eine andere Art. Nach der Injektion des viralen Erbmaterials wird es in die genetische Datenbank der Wirtszelle eingebaut. Dort verbleibt es ohne Schaden anzurichten. Bei jeder Teilung der Wirtszelle

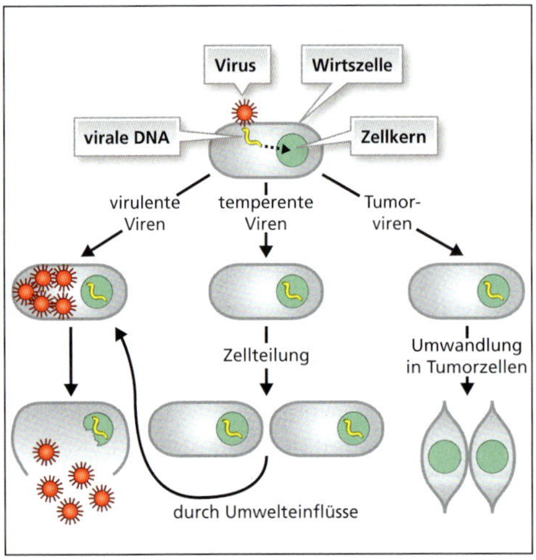

Bild 8.4 Vermehrungszyklen der Viren

wird die virale DNA aber ebenfalls vererbt. Irgendwann wird durch äußere Faktoren die Umprogrammierung eingeleitet. Als Folge werden alle infizierten Nachkommenzellen zerstört.

Ein dritter Virustyp sind Tumorviren. Wie der Name schon vermuten lässt, sind sie an der Entstehung von Krebs beteiligt. Ein bekannter Vertreter ist das humane Papillom-Virus (HPV), das Gebärmutterhalskrebs hervorrufen kann.

8.3.2 Schutzmöglichkeiten gegen Viren

Ein wirksamer Schutz gegen Viren ist eine Impfung. Harmlose Virusvarianten werden dabei in den Körper gebracht, um das Immunsystem auf gefährlichere Virustypen vorzubereiten. Eine starke Abwehrreaktion des Körpers wird dann bei einer tatsächlichen Infektion eingeleitet. Bei einer akuten Virus-Erkrankung ist die Medizin oft machtlos. Antibiotika wirken nicht. Sie sind ausschließlich auf Bakterien ausgerichtet. Antivirale Medikamente hemmen die Virusproduktion, können aber nicht alle Viren eliminieren.

8.3.3 Neue Viren und ihre Verbreitung

Jedes Jahr lassen sich Tausende von Menschen gegen Grippe impfen. Dass diese Impfung, anders als die meisten anderen Impfungen, jährlich stattfindet, hat einen Grund: Das Grippevirus verändert sich. Die Veränderungen (Mutationen) führen dazu, dass sich das Virus genetisch von seinem Ursprungstyp entfernt. Personen, die gegen den Ursprungstyp immun sind, können vom Nachfolger infiziert werden. Durch die Mutationen besteht zudem die Möglichkeit, dass ein Virus plötzlich einen anderen Zelltyp befallen kann.

Viele menschliche Viruserkrankungen sind auf diese Weise durch eine Tier-zu-Mensch-Übertragung entstanden. Die immer wieder auftretende »Aviäre Influenza« (Vogelgrippe) und das Influenza-Virus A/H1N1 sind Beispiele hierfür. Letzteres hat als ursprüngliche Schweineseuche den Wirtswechsel zum Menschen geschafft und als so genannte »Schweinegrippe« im Jahr 2009 Tauende von Todesopfern gefordert.

Seit 2019 verbreitet sich ausgehend aus der chinesischen Provinz Wuhan ein neues Virus auf dem ganzen Globus. SARS-CoV-2, umgangssprachlich Corona-Virus, überträgt sich sehr leicht durch Tröpfcheninfektion. Bei den meisten der Infizierten äußert sich die Krankheit, COVID-19 genannt, nur mit geringen Symptomen einer leichten Erkältung. Sie kann aber auch zu schwerwiegenden Erkrankungen, meist Lungenentzündungen, mit tödlichem Verlauf führen. Die Sterblichkeit nimmt mit zunehmendem Alter und bei Vorliegen weiterer Erkrankungen zu. Auch mit Spätfolgen, die heute zum Teil noch unbekannt sind, ist selbst bei leichten Krankheitsverläufen zu rechnen. Bis zum Redaktionsschluss dieser Auflage haben sich nach Angaben der WHO weltweit 223 022 538 Menschen infiziert, 4 602 882 sind an COVID-19 gestorben.

Die weltweite Ausbreitung einer Krankheit nennt man Pandemie. Die leichte Mensch-zu-Mensch-Übertragung von SARS-CoV-2, die weltweite Vernetzung durch den schnellen Flugverkehr und verschiedene Großveranstaltungen haben dazu geführt, dass im Frühjahr 2020 in nahezu allen Staaten exponentielle Anstiege der SARS-CoV-2-Ausbreitung zu verzeichnen waren. Durch Kontaktbeschränkungen, das Tragen von Mund-Nasen-Schutz, Abstandsgeboten bis hin zum kompletten Herunterfahren des gesellschaftlichen und beruflichen Lebens (»Lockdown«) sollte die Ausbreitung verlangsamt und das exponentielle Wachstum vermieden werden. Ein Impfstoff stand in dieser frühen Phase der Pandemie noch nicht zur Verfügung. In Deutschland und anderen europäischen Ländern hat man sich zum Ziel gesetzt, die Ausbreitung des Virus mit den oben genannten Maßnahmen und Einschränkungen zu verlangsamen und eine Überlastung der Gesundheitssysteme zu verhindern. Gleichzeitig wurde die Entwicklung von Impfstoffen forciert. Bereits Ende 2020 standen mehrere Vakzine zur Verfügung, so dass mit Jahresbeginn 2021 mit der Immunisierung der Bevölkerung begonnen werden konnte.

Merke:

- Eine Endemie ist eine Infektion, die in einem begrenzten Gebiet immer wieder auftritt.
- Eine Pandemie ist eine Infektion, die sich über mehrere Kontinente verbreitet.
- Eine Epidemie ist eine Infektion, die plötzlich viele Menschen in einem begrenzten Gebiet trifft.

SARS-CoV-2 wird erst dann »besiegt« sein, wenn die überwiegende Mehrheit der Bevölkerung immunisiert wurde. Dies kann entweder durch eine überstandene COVID-19-Erkrankung oder aber durch eine Impfung erfolgen. Bereits aufgetretene Mutationen des Virus stellen die Immunität immer wieder in Frage. Mit Stand Sommer 2021 ist nicht auszuschließen, dass auch der Kampf gegen SARS-CoV-2 einer jährlich auf einen veränderten Virustyp angepassten Folgeimpfung bedarf.

Zwei weitere Begriffe werden mit der Ausbreitung von Krankheiten in Verbindung gebracht. Eine Epidemie bezeichnet eine Infektion, die plötzlich viele Menschen betrifft. Jedes Jahr erkranken nahezu gleichzeitig Tausende von Menschen in Deutschland an der Grippe.

Treten in einem begrenzten Gebiet immer mal wieder dieselben Krankheitsfälle auf, so spricht man von einer Endemie. Die Infektionswahrscheinlichkeit ist für alle dort lebenden Menschen gleich groß. Die Frühsommer-Meningitiserkrankung (FSME) kommt nur in vereinzelten Gebieten in Süddeutschland vor. Sie wird durch FSME-Viren ausgelöst, die durch Zecken übertragen werden, die nur in diesen Regionen leben.

8.4 Pilze

Mit dem Begriff »Pilz« verbinden viele Menschen zweierlei Aspekte. Fußpilz, verschimmelte Lebensmittel und feuchte Kellern erwecken unangenehme Eindrücke. Positiv und nützlich dagegen sind die Eigenschaften als Antibiotika-, Wein- und Bierproduzenten und als Nahrungsmittel. Als Zersetzer von totem organischem Material übernehmen Pilze eine große Verantwortung in unseren Ökosystemen. Pilze können in drei Gruppen unterteilt werden: Schimmelpilze, Hefen und Ständerpilze.

B

8.4.1 Schimmelpilze

Ein Schimmelpilz ist ein schnell wachsender Pilz, der fadenartig nicht nur Oberflächen bedeckt, sondern auch in viele Materialien eindringen kann.

Es gibt wenige nutzbare Schimmelarten, die beispielsweise zur Veredelung von Käse eingesetzt werden (Roquefort, Camembert). Sie sind nicht gesundheitsschädlich und geben den Lebensmitteln ihr besonderes Aroma.

Andere Schimmelarten können neben Geruchsbelästigungen Allergien bis hin zu schwerwiegenden Krankheiten auslösen. Sie sind überall vorhanden und in geringen Konzentrationen relativ harmlos. Erst wenn sie sich ausbreiten können, zum Beispiel in feuchten Kellern und auf Lebensmitteln, stellen sie eine nicht zu unterschätzende Gefahr dar. Sie produzieren Gifte oder sorgen durch ihre Zellbestandteile dafür, dass der Mensch erkrankt. Vor allem immungeschwächte Patienten werden schneller von Schimmelpilzen befallen. Die Infektion mit einem Pilz wird Mykose genannt. Als besonders gefährlich wird der Pilz der Gattung Aspergillus eingestuft. Er bildet Giftstoffe, die schon in geringen Konzentrationen krebserregend sind und Organe schädigen können.

8.4.2 Hefen

Hefen sind einzellige Pilze. Als Bäcker- und Bierhefen werden sie schon seit Jahrtausenden genutzt. Andere Hefepilze, wie Candida albicans, besiedeln den Mund- und Rachenraum sowie den Genitalbereich gesunder Menschen ohne Schaden anzurichten. Erst durch eine Schwächung des Immunsystems, zum Beispiel in Folge einer HIV-Infektion, können sich die Hefepilze ausbreiten. Eine weitere Wachstumsmöglichkeit erlangen sie, wenn sich ihr Lebensraum, zum Beispiel durch die Gabe von Antibiotika, ändert. Wenn alle Bakterien abgetötet sind, kann die Hefe ungehindert wachsen.

8.4.3 Ständerpilze

Ständerpilze sind wichtige Zersetzer von Holz und Pflanzenabfällen. Als typische Erscheinung fallen sie in Wald und Wiesen auf. Bemerkenswert ist, dass die typische Pilzform nur einen kleinen Teil des gesamten Pilzes darstellt. Der überwiegende Teil wächst fadenförmig unter der Erde und kann sich in einigen Fällen kilometerweit ausbreiten.

8.5 Biologische Waffen

Biologische Kampfstoffe werden definiert als vermehrungsfähige Mikroorganismen, Viren oder Gifte biologischen Ursprungs, die zu nicht-friedlichen Zwecken produziert werden und zu einer vorübergehenden oder dauernden Schädigung oder zum Tod führen.

8.5.1 Einsatz biologischer Kampfstoffe

Die bekanntesten Biowaffen sind Anthrax, Pest-Erreger, Pockenviren, das Botulinumtoxin und das pflanzliche Gift Rizin. Zur Ausbreitung werden vor allem Klimaanlagen, U-Bahnen und Flughäfen favorisiert, um möglichst große Menschenmengen zu schädigen und gleichzeitig eine Verdünnung der Stoffe durch die Umgebungsluft zu minimieren. Biologische Waffen sollen Kräfte binden und durch (vorübergehende) Beeinträchtigung der Bevölkerung die Wirtschaft schädigen.

Die Ausbreitung kann nicht wahrgenommen werden. Die Erreger und Gifte sind unsichtbar. Sie erzeugen keine Geräusche, keinen Geruch und lassen sich nicht schmecken. Oftmals treten Symptome zeitlich verzögert auf. Eine unmittelbare Verbindung zu einem möglichen Anschlag lässt sich kaum herstellen. In der Zwischenzeit können sich die Erreger ungehindert ausbreiten. Aufgrund der enormen Vielfalt biologischer Kampfstoffe und der zeitintensiven Nachweismethoden dauert die Ursachensuche recht lange. Eine große Verunsicherung in der Bevölkerung breitet sich aus, es kommt zu Panik und Fluchtverhalten aus dem Anschlagsgebiet. Gerade dies fördert aber die zusätzliche Verbreitung der Erreger.

Nicht alle Bakterien oder Viren sind als Biowaffen geeignet. Sie müssen leicht kultivierbar und in Luft lebensfähig sein. Sie müssen hoch infektiös und leicht übertragbar sein. Vor allem die Kultivierung und die Lebensfähigkeit in der Luft sorgen für Schwierigkeiten, sodass es einen hohen Materialaufwand und gut ausgebildete Wissenschaftler bedarf, um eine wirksame biologische Waffe herzustellen.

Im Jahr 1975 haben 171 Staaten eine Konvention gegen biologische und toxikologische Waffen unterzeichnet. Darin verpflichten sie sich, auf die Beschaffung, Entwicklung und Produktion von mikrobiologischen oder toxikologischen Waffen zu verzichten. Dennoch sollen laut amerikanischen Angaben insgesamt 17 Staaten über biologische Kampfstoffe verfügen.

In den vergangenen Jahren haben vorwiegend kleinere Gruppen biologische Gefahrstoffe zu ihren Zwecken missbraucht. Im Jahr 1984 haben Mitglieder der Rajneeshi-Sekte in Oregon, USA, ein Salatbuffet mit Salmonellen verseucht, um Kommunalwahlen zu manipulieren. Zwischen den Jahren 1990 und 1993 hat die Aum-Sekte in Tokio mehrfach Aerosole mit Anthraxsporen versprüht. Als diese wenig Erfolg zeigten, übten sie im Jahr 1995 in der U-Bahn in Tokio den Giftgasanschlag mit dem chemischen Kampfstoff Sarin aus.

Potenzielle Bio-Waffen werden nach dem US-amerikanischen CDC (Center for Disease Control and Prevention) in drei Kategorien eingeteilt. Im Folgenden werden Agenzien der Kategorie A vorgestellt. Sie sind einfach auszubringen, leicht übertragbar, weisen eine hohe Sterberate auf und stellen hohe Anforderungen an das öffentliche Gesundheitssystem.

8.5.2 Bakterielle Bio-Waffen

Anthrax

Als Anthrax wird das Bakterium Bacillus anthracis bezeichnet. Es löst Milzbrand aus, eine Infektion, die die Haut, den Darm oder die Lunge betrifft und ohne Behandlung eine hohe Sterberate aufweist. Der Hautmilzbrand erscheint als schwarzes Hautgeschwür, aus dem sich ein eitriges Bläschen entwickelt. Je nach Größe des Geschwüres kann es zu einer Blutvergiftung kommen. Der Darmmilzbrand führt zu einer blutigen Darmentzündung und bei einer weiteren Verbreitung über die Blutbahn zu Organversagen. Die Sterberate liegt bei 50 Prozent. Noch gefährlicher ist der Lungenmilzbrand. Er beginnt mit grippeähnlichen Symptomen, die bis zur Atemnot führen. Bis die Ursache der Krankheit entdeckt ist, ist die bereits erfolgte Schädigung des Körpers zu hoch, um eine große Lebenschance zu bieten. Bacillus anthracis wird in Laboren der Sicherheitsstufe 3 (▶ Kapitel 39.15 und 53 ff.) gehalten.

Bacillus anthracis kommt auf der ganzen Welt im Boden vor. Dort verweilt es in einem inaktiven Zustand, der Sporenform. Die Spore besitzt eine gewaltige Widerstandsfähigkeit. Sie ist vor Hitze, Chemikalien, Strahlung und Druck geschützt. Erst wenn die optimalen Umgebungsbedingungen vorliegen, wird die Spore aktiviert und beginnt sich zu teilen und zu wachsen.

Oft nehmen grasende Weide- und Wildtiere die Sporen auf. Sie überstehen die Angriffe durch die Magensäure und können sich daher im Darm, wo optimale Temperatur- und Nährstoffbedingungen herrschen, entwickeln. Die Aufnahme von nur 8 000 Sporen genügt, um eine ernsthafte Erkrankung auszulösen. Beim Schlachten oder beim Umgang mit Fellen und Häuten erkrankter Tiere kann sich der Mensch mit dem Erreger infizieren. Eine Mensch-zu-Mensch-Übertragung ist nicht möglich. Mit einer Antibiotikabehandlung kann gegen die Erkrankung vorgegangen werden, wenn man sie rechtzeitig entdeckt. In den USA ist ein dem Militär vorbehaltener Impfstoff vorhanden.

Pest

Das Bakterium Yersinia pestis, das in die Sicherheitsstufe 3 eingeordnet wird, ist Verursacher der Beulen- und der Lungenpest. Die Beulenpest wird durch Flohbisse von Tieren auf Menschen übertragen. Sie geht mit Entzündungen der Lymphknoten, starkem

B

Krankheitsgefühl und Bewusstseinsstörungen einher. Die Krankheit ist erfolgreich mit Antibiotika zu behandeln. Die Lungenpest ist per Tröpfcheninfektion von Mensch zu Mensch übertragbar und weist trotz Behandlung eine hohe Sterberate auf. Das Einatmen von nur 100 Bakterien, die zum Beispiel durch Husten freigesetzt werden, kann schon zu einer Ansteckung führen.

Tularämie
Das Bakterium Francisella tularensis löst die Tularämie aus, die auch Hasenpest genannt wird. Die Erreger werden durch direkten Kontakt mit Wildtieren oder durch Insekten auf den Menschen übertragen. Eine Mensch-zu-Mensch-Übertragung erfolgt nicht. Zehn bis 15 Bakterien reichen aus, um einen Menschen hochgradig zu gefährden. Die Erreger gehören ebenfalls zur Sicherheitsstufe 3.

8.5.3 Virale Bio-Waffen

Pocken
Bei den Pocken handelt es sich um eine äußerst gefährliche Krankheit, die per Tröpfcheninfektion von Mensch zu Mensch übertragbar ist. Die Infektion durch Variola-Viren beginnt mit Atemwegerkrankungen, hohem Fieber und kann sich bis zu Knochenmarkschädigungen, Lähmungen und Hirnschäden ausweiten. Als Nebeneffekt treten windpockenähnliche Hauterscheinungen auf. Die Sterberate kann 40 Prozent betragen.

Nach einer weltweiten Impfkampagne der WHO (World Health Organization) wurden die Pocken im Jahr 1980 für ausgerottet erklärt.

Offiziell verfügen nur noch zwei Labore, in den USA und in Russland, über Restbestände der Variola-Viren. Einige Staaten, darunter auch Deutschland, haben Impfdosen für den Fall eines Anschlages mit biologischen Waffen bevorratet. Variola-Viren werden als die potenteste biologische Waffe eingeschätzt. Sie werden in die Sicherheitskategorie 4 eingestuft.

Hämorrhagische Fieber-Viren
Ebola-, Lassa- und Dengueviren, bekannte Beispiele für hämorrhagische Fieber-Viren, sind Tierviren, die auf den Menschen übertragbar sind. Sie werden unter der Sicherheitsstufe 4 geführt. Die von diesen Viren hervorgerufenen Erkrankungen beginnen schleichend mit Grippe-ähnlichen Symptomen, die in ein Dauerfieber übergehen. Es kommt zu Blutungen, die oft bis zum Tod führen. Die Sterberate liegt beim Dengue- und Lassa-Fieber bei bis zu 50 Prozent, bei einem Ebola-Fieber bei bis zu 90 Prozent. Ausgewählte Krankenhäuser in Deutschland verfügen über Isolierstationen, in denen Infizierte symptomatisch behandelt werden können. Dengue-Viren werden durch bestimmte Mücken übertragen. Diese sind vor allem in den Tropen und Subtropen heimisch. Durch den Klimawandel ist es möglich, dass sich diese Mücken in Zukunft auch in Europa verbreiten werden.

Lassa- und Ebola-Viren können per Tröpfchen- und Schmierinfektion sowie Sexualkontakt von Mensch zu Mensch weitergegeben werden. Die Patienten müssen streng isoliert werden. Ihre Ausscheidungsprodukte, Blut und andere Sekrete müssen vor der Entsorgung desinfiziert werden. In den Jahren 2014 bis 2016 grassierte in Westafrika eine Ebola-Epidemie, die laut Angaben der Weltgesundheitsorganisation (WHO) mehr als 11 300 Menschenleben forderte. Die Behandlung erfolgte symptomatisch. Der erste Impfstoff gegen Ebola soll im Jahr 2017 zur Zulassung eingereicht werden. Bei einer Lassa-Infektion gibt es derzeit weder Therapiemöglichkeiten noch einen Impfschutz.

8.5.4 Toxine

Toxine sind Giftstoffe, die von lebenden Organismen gebildet werden. Sie sind meist bakteriellen oder pflanzlichen Ursprungs. Der Produzent selbst geht an den Toxinen nicht zugrunde, sondern zieht daraus einen Nutzen für das eigene Überleben. Im Unterschied zu chemischen Kampfstoffen sind biologische Toxine nicht flüchtig aber wesentlich giftiger.

Die Giftigkeit der Toxine wird mit der LD 50 bemessen. Dies ist die letale Dosis, bei der 50 Prozent aller Versuchstiere sterben.

Botulinum-Toxin

Das Botulinum-Toxin ist die gefährlichste Substanz der Welt. Mit nur einem Gramm könnte man eine Millionen Menschen töten. Das Botulinum-Toxin ist ein Nervengift und kann zu Lähmungen der Atemmuskulatur führen. Es wird vom Bodenbakterium Clostridium botulinum produziert und kann durch Nahrung, Wunden oder Inhalation aufgenommen werden. In schlecht konservierten Konservendosen kann sich das Bakterium hervorragend ausbreiten. Die Dosen sind nach kurzer Zeit an einer Ausbeulung zu erkennen. Sie dürfen auf keinen Fall geöffnet oder der Inhalt verzehrt werden.

Rizin

Rizin ist ein pflanzliches Toxin des Rizinusbaumes, der in den Tropen zur Herstellung von Rizinusöl kultiviert wird. Das Toxin wird durch relativ einfache Verfahren aus dem Samen des Baumes extrahiert. Es ist ein sehr starkes Gift, das die Proteinsynthese in den Zellen verhindert. Weniger als ein Milligramm können zu einer irreversiblen Schädigung der Zellen und zum Tod führen.

Rizin wird in die CDC-Kategorie B eingeordnet (▶ Kapitel 8.5.1). Die Ausbringung ist relativ einfach, das Toxin kann aber mit Wasser und Seife entfernt oder mit Natriumhypochlorit (NaClO) inaktiviert werden. Die Sterberate liegt im mittleren Bereich. Eine Ansteckungsgefahr ist nicht gegeben. Aufgrund der einfachen Herstellung ist Rizin eine überaus beliebte Option für die Herstellung biologischer Waffen.

8.6 Schutz und Hygiene

Der Mensch muss sich gegen zahlreiche Bakterien, Viren, Toxine und andere schädigende Stoffe, denen er ständig ausgesetzt ist, verteidigen. Es gibt zweierlei Schutzmöglichkeiten vor Krankheitserregern. Die eine ist angeboren. Es handelt sich um die natürlichen Abwehrsysteme des menschlichen Körpers. Die andere Schutzmöglichkeit wird durch eine ausreichende Körperhygiene erreicht. Darüber hinaus wissen wir spätestens seit der SARS-CoV-2-Pandemie, dass Abstandhalten und eine regelmäßige Frischluftzufuhr zu einem geringen Übertragungsrisiko bei Tröpfcheninfektionen führen.

8.6.1 Natürliche Abwehrsysteme des Menschen

Die natürlichen Abwehrsysteme des menschlichen Körpers stellen die Verteidigungslinien der »Festung Mensch« dar. Durch sie werden unzählige Angriffe aus der Umwelt abgewehrt. Eine intakte Hautoberfläche stellt zusammen mit den Schleimhäuten die erste Verteidigungslinie dar. Kein Mikroorganismus kann die unverletzte Haut durchdringen und in das Körperinnere gelangen. Die trockene und saure Hautoberfläche bietet im Normalfall keine gute Lebensgrundlage für fremde Organismen. Auch chemische Stoffe haften zunächst an der Hautoberfläche und schädigen die tieferen Gewebe nicht unmittelbar.

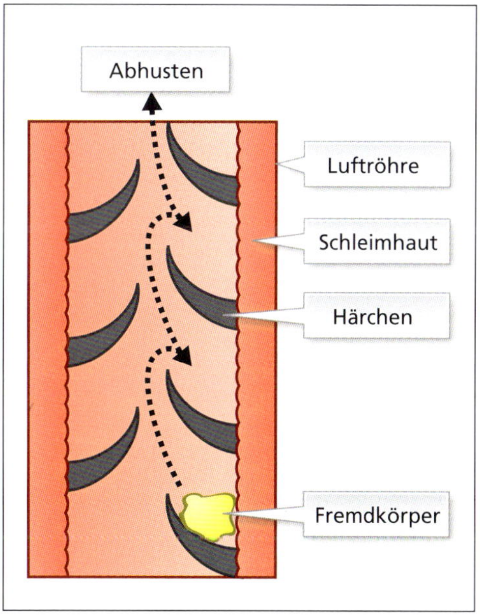

Bild 8.5 Schematische Darstellung der Luftröhre: Spezielle Härchen fangen den Fremdkörper ab und befördern ihn durch spezielle Bewegungen nach oben. Im Rachenraum angelangt, wird der Fremdkörper abgehustet und die Lunge bleibt geschützt.

Partikel, die durch Einatmen in den Rachenraum gelangen, werden von den Schleimhäuten abgefangen, verschleimt und durch spezielle Härchen nach oben und durch Husten wieder hinaus befördert. Jedes einzelne Haar ist so aufgebaut, dass eine Weitergabe der Partikel nur von der Lunge weg erfolgen kann. Man kann sich den Vorgang wie ein Mühlrad vorstellen, dessen Einkerbungen dazu führen, dass das Wasser nur auf einer Seite herauslaufen kann. Dadurch wird verhindert, dass sich Stoffe, egal welcher Art, in der Lunge festsetzen oder Infektionen auslösen.

Mit der Nahrung nehmen wir eine Vielzahl an Mikroorganismen auf, die den Körper schädigen können. Im Magen werden diese Mikroorganismen zerstört. Die Magensäure ist eine chemische Barriere und führt mit ihrem niedrigen pH-Wert dazu, dass Fremdstoffe zersetzt und Mikroorganismen abgetötet werden.

Krankheitserreger, die die erste Verteidigungslinie durchbrechen konnten, sehen sich dem zweiten Hindernis gegenüber. Das Blut zum Beispiel hat eine besondere Bedeutung für die körpereigenen Abwehrmechanismen. Weiße Blutkörperchen (Leukozyten) erkennen Fremdstoffe in geschädigten Geweben und wandern aus dem Blut in die infizierten Gewebe ein. Dort nehmen sie die Erreger in einem Prozess, der Phagozytose genannt wird, auf und zerstören sie.

Zu den unspezifischen Abwehrzellen des Blutes zählen auch die so genannten Killerzellen. Sie greifen keine fremden Keime an, sondern entfernen körpereigene infizierte Zellen. Dadurch werden Zellen, die beispielweise von Viren befallen sind, zerstört. Die Vermehrung der Viren wird durch das Opfern der eigenen Zelle gestoppt.

Die dritte Verteidigungslinie stellt die Immunantwort dar. Auch sie wird durch Zellen des Blutes eingeleitet. Die so genannten Lymphozyten erkennen einzelne Erreger anhand ihrer Oberflächeneigenschaften. Diese Eigenschaften werden Antigene genannt. Das Wort hat nichts mit den zuvor vorgestellten Genen des Menschen zu tun. Vielmehr wurde der Begriff aus den zwei Wörtern Antikörper generierend zusammengesetzt. Die Wörter beschreiben, was nach der Entdeckung fremder Organismen im Körper geschieht.

Nach der Registrierung der Antigene stellen die Lymphozyten Proteine her. Diese speziell zugeschnittenen Proteine werden Antikörper genannt. Sie sind so aufgebaut, dass sie sich an die Oberflächenstruktur der Erreger anlagern können. Es findet eine Antikörper-Antigenreaktion statt. Der Fremdorganismus wird auf diese Weise unschädlich gemacht. Das Immunsystem besitzt die bemerkenswerte Eigenschaft, ein Antigen bei einer zweiten Begegnung wieder zu erkennen. Diese Fähigkeit wird immunologisches Gedächtnis genannt. Infektionen mit dem wieder erkannten Erreger können auf diese Weise schneller entdeckt und bekämpft werden. Der Krankheitsverlauf ist schwächer und kürzer als beim ersten Mal.

Merke:

Hygiene ist die Lehre der Verhütung von Krankheiten und die Erhaltung und Festigung der Gesundheit.

8.6.2 Hygienemaßnahmen

Außer mit den angeborenen Abwehrsystemen kann sich der Mensch auch bewusst vor Bakterien, Viren und Giftstoffen schützen. Dies wird vor allem durch eine ausreichende Hygiene sichergestellt.

Hygiene ist die Lehre der Verhütung von Krankheiten und die Erhaltung und Festigung der Gesundheit. Die einfachsten Hygienemaßnahmen sind das Händewaschen und das Zähneputzen. Gerade durch das sich täglich wiederholende Händeschütteln im Arbeitsleben und im Bekanntenkreis werden Krankheitserreger übertragen. Die wechselnde Benutzung von Computertastaturen, Türgriffen und vielgenutzten Handtüchern tragen ihren Teil dazu bei, dass sich Mikroorganismen gerade in der Erkältungszeit rasant verbreiten.

Um sich effizient die Hände zu waschen, sollte man die Hände unter fließendes Wasser halten und sie 20 bis 30 Sekunden mit Seife einreiben. Dabei ist es wichtig, auch die Fin-

Quelle: J. Thorns

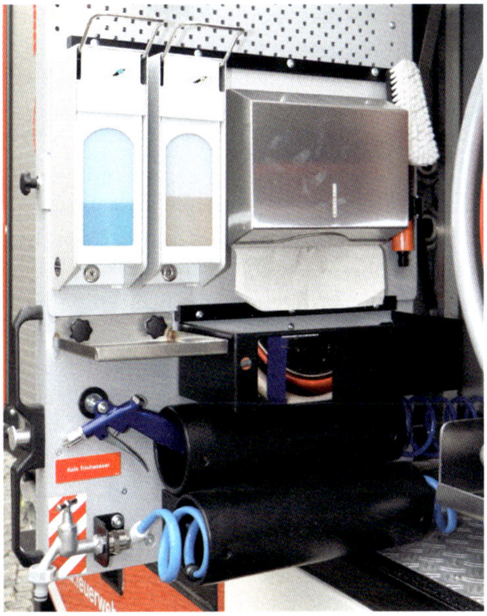

Bild 8.6 Hygieneboard in einem Löschfahrzeug

gerzwischenräume und die Fingerkuppen zu reinigen. Danach spült man die Hände gründlich ab und trocknet sie am besten mit einem Papierhandtuch, das anschließend in den Müll gegeben wird. Die Hände sollten immer vollständig getrocknet werden, denn auf feuchter Haut siedeln sich Bakterien besonders gern an. Das Papierhandtuch sollte immer die erste Wahl zum Trocknen sein. Oft benutzte Handtücher, womöglich durch verschiedene Personen, werden selten komplett trocken und bieten Krankheitserregern somit eine gute Wachstumsgrundlage. Auch Heißlufttrockner sind mit Vorsicht zu betrachten. Je nach Sauberkeit des Apparates können sich im Gebläse Mikroorganismen an Staubpartikeln festgesetzt haben, die bei Gebrauch mit hoher Geschwindigkeit auf die Hände »geschossen« werden.

Achtung:

Im Einsatz kann nicht sicher festgestellt werden, ob der Patient eine Infektionskrankheit hat oder nicht: Handschuhe sind immer zu tragen!

Das Zähneputzen ist eine weitere unerlässliche Hygienemaßnahme. Im Mund leben unzählige Bakterien, die sich bei mangelnder Sauberkeit schnell ausbreiten und neben Karies und Zahnfleischentzündungen üblen Mundgeruch verursachen können. Eine Bissverletzung zählt zu den Verletzungen mit den höchsten Infektionsrisiken.

Andere persönliche Schutzmaßnahmen sind regelmäßige Impfungen. Durch eine Impfung wird der Körper mit einem abgeschwächten Typ des Krankheitserregers infiziert. Der Körper leitet daraufhin eine Immunreaktion ein und bildet Antikörper gegen den Erreger. Bei einer ernsthaften Infektion setzt das immunologische Gedächtnis ein, sodass die Erreger schnell und ohne schwerwiegende Erkrankungserscheinungen vernichtet werden können.

Seit Ende 2020 ist ein ganz neuer Impfstofftyp zugelassen. Dieser basiert auf mRNA (messenger-, also Boten-RNA) und wurde erstmals als Impfstoff gegen COVID-19 eingesetzt. Die mRNA, die in die menschliche Zelle eingeschleust wird, enthält eine Art Bauanleitung für ein Protein, das sich auch auf der Virushülle von SARS-CoV-2 befindet. Die menschliche Zelle produziert daraufhin unzählige dieser Proteine, die vom eigenen Immunsystem als Fremdstoff erkannt werden. Auch gegen diesen Fremdstoff werden Antikörper gebildet. Eine Immunantwort ist erfolgt.

Antikörper bauen sich nach einer gewissen Zeit ab. Der Impfschutz ist dann nicht mehr gegeben. Jeder sollte sich in regelmäßigen Abständen über seinen Impfstatus informieren und sich von einem Arzt beraten lassen. Speziell vor Fernreisen gilt es, sich über Infektionsrisiken in Kenntnis zu setzen und gegebenenfalls eine Schutzimpfung durchführen zu lassen.

Im Feuerwehreinsatz sind gewisse Mindestregeln zu beachten. An Einsatzstellen herrscht ein Rauch-, Trink-, und Speiseverbot. Die direkte Aufnahme (Inkorporation) von gefährlichen Stoffen wird dadurch vermieden. Jeder sollte sich bewusst sein, dass durch das Trinken, Essen und Rauchen mit schmutzigen Händen und verrußtem Gesicht Giftstoffe in

B

den Körper gelangen. Diese können Krankheiten auslösen. Um die Aufnahme von Giftstoffen in den Körper zu vermeiden, sollte man sich angewöhnen, sich vor (Trink-)Pausen unter fließendem Wasser zu reinigen. Hygienestationen in Löschfahrzeugen mit fließendem Wasser, Seife, Desinfektionsmittel und Papierhandtüchern sind mittlerweile weit verbreitet und stellen auch aus arbeitsmedizinischen Aspekten einen wichtigen Schutz dar.

Einsatzkleidung verhindert Verschmutzungen des Körpers durch direkten Kontakt mit Giftstoffen oder Krankheitserregern. Die Schutzwirkung wäre vergebens, würde man nach Ende des Einsatzes die kontaminierten Kleidungsstücke nicht reinigen lassen. Vor allem Rußpartikel, die eine Menge an giftigen Substanzen beinhalten, verbleiben noch tagelang in den Fasern der Kleidung und werden kontinuierlich wieder freigesetzt. Der unverkennbare Geruch der Einsatzkleidung oder gar des ganzen Umkleidebereiches nach einem Brandereignis spricht für sich. Das Einatmen dieser Rußpartikel birgt eine große Gefahr, die deutlich unterschätzt wird.

Um sich vor biologischen Infektionen zu schützen, müssen im Rettungsdiensteinsatz aber auch bei der technischen Rettung nach einem Verkehrsunfall Schutzhandschuhe getragen werden. Dadurch wird der direkte Kontakt zum Patienten oder dessen Ausscheidungen vermieden.

Weitere Sicherheitsmaßnahmen im Einsatzfall beschreibt die Feuerwehr-Dienstvorschrift 500 »Einheiten im ABC-Einsatz« (▶ Kapitel 53 ff.). Sie beschäftigt sich mit Atomaren, Biologischen und Chemischen Gefahren. Je nach Eigenschaft der jeweiligen Substanzen unterscheidet man drei Gefahrengruppen, die spezielle Sicherheitsmaßnahmen nach sich ziehen.

Literatur

[1] Bundesamt für Bevölkerungsschutz und Katastrophenhilfe: Biologische Gefahren, Bonn, 2005.

[2] Campell, N., Reece, J.: Biologie, Pearson Studium, München, 2003.

[3] Madigan, M. et al.: Mikrobiologie, Spektrum Verlag, Heidelberg, 2000.

[4] Russmann, H.: Toxine: Biogene Gifte und potenzielle Kampfstoffe, in Gesundheitsdatenblatt – Gesundheitsforschung – Gesundheitsschutz, Ausgabe 46 (2003), S. 989 ff.

[5] Wickert, L., Holzapfel, B.: B-Einsatz, Die Roten Hefte 91, Verlag W. Kohlhammer, Stuttgart, 2008 (vergriffen).

Notizen:

B

C Technische Grundlagen und Einsatztechnik

9 Baukunde

von Frieder Kircher

9.1 Allgemeines

Ein großer Teil der Feuerwehreinsätze findet in Gebäuden statt. Meist wird durch einen Brand oder eine Explosion die Struktur des Gebäudes beschädigt. Um in dieser Situation sicher vorgehen zu können, ist das Wissen über Belastungen und wie diese über das statische System abgetragen werden, notwendig. Die Feuerwehrangehörigen müssen auch wissen, wie sich die wichtigsten Baustoffe und die daraus gefertigten Bauteile wie Stützen, Decken, Wände usw. im Brandfall verhalten. Hierzu sind Mindestkenntnisse in der Baukunde notwendig, wie sie nachfolgend vermittelt werden sollen.

9.2 Belastungen von Gebäuden

9.2.1 Lasten, Kräfte und das statische System

Auf jedes Gebäude wirken Lasten. Diese Lasten können sowohl von außen, z. B. Windlasten, als auch im Inneren, z. B. Deckenlasten, auf das Gebäude wirken. Diese Lasten verursachen Kräfte in der Konstruktion die in das Fundament über ein System aus Decken, Trägern, Wänden und Stützen abgeleitet werden müssen. Die Kräfte können entweder als Zugkräfte, als Druckkräfte oder als ein Biegemoment verusachende Querkräfte auftreten (▶ Bild 9.1).

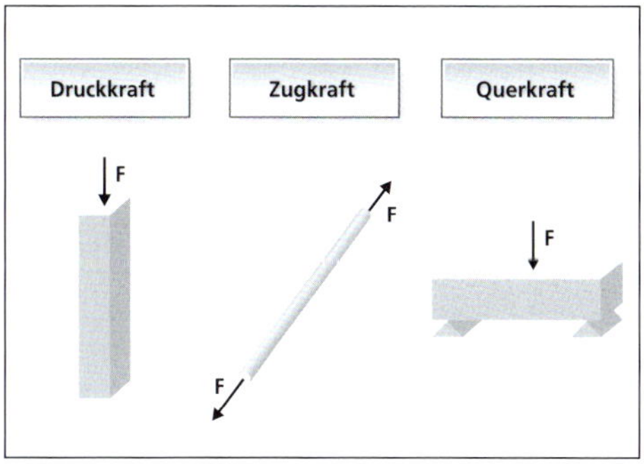

Bild 9.1 Schematische Darstellung der Wirkungsweisen der Druckkraft, der Zugkraft und der Querkraft

Zugkräfte können dazu führen, dass ein Bauteil auseinanderreißt, Druckkräfte können zum Abscheren oder zum Knicken, Biegemomente zu extremer Verformung und zum Brechen einer Konstruktion führen. Damit die statisch erforderlichen Querschnitte von Bauteilen ermittelt werden können, muss die Verteilung dieser Kräfte über das statische System, eine idealisierte Abbildung des Tragwerkes des Gebäudes, ermittelt werden. Bei der Betrachtung des Kräfteverlaufs innerhalb eines Gebäudes geht man immer von oben nach unten vor. Die Lasten werden von oben für jedes Geschoss ermittelt und immer wieder aufsummiert, bis sie über das Fundament in den Boden abgeleitet werden (▶ Bild 9.2).

Bei den Lasten werden ständige Lasten und bewegliche bzw. veränderliche Lasten unterschieden. Ständige Lasten sind z. B. das Gewicht der Bauteile, das unveränderlich ist. Veränderliche oder bewegliche Lasten sind z. B. Personen, Einrichtungsgegenstände, Lagerinhalte oder aber auch Wind- und Schneelasten.

Achtung:

Im Rahmen von Löscharbeiten können zusätzliche Lasten auftreten. Wenn z. B. quellfähiges Lagergut in großen Mengen Löschwasser aufnimmt, steigt die Deckenlast im Gebäude an. Das kann, in Abhängigkeit von der Auslegung des statischen Systems des Gebäudes, zur Überlastung bis hin zum Versagen führen.

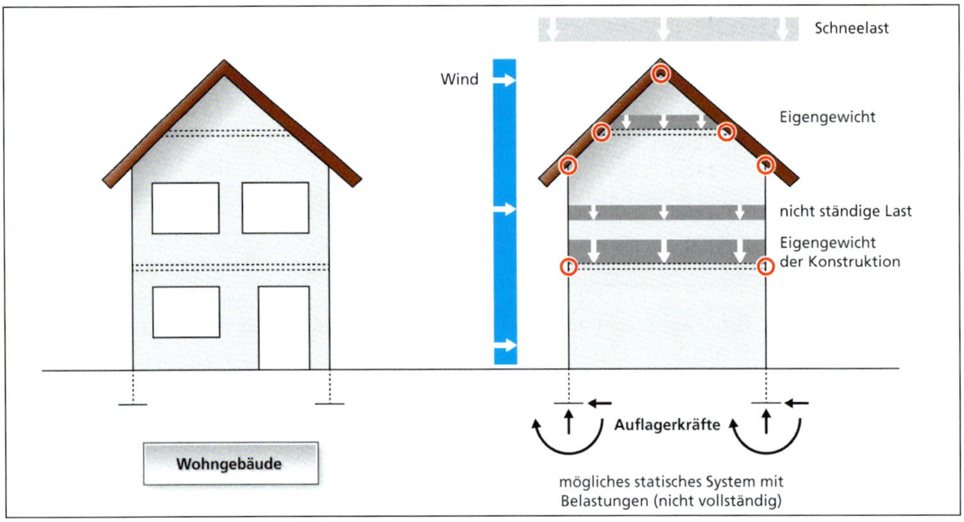

Bild 9.2 Einfaches Wohngebäude und ein daraus abgeleitetes statischen System zur Berechnung der wirkenden Kräfte

9.2.2 Kräfte und Bauteilspannungen

Die Lasten erzeugen in den Bauteilen innere Kräfte, die an jeder Stelle des statischen Systems mithilfe statischer Berechnungsmethoden ermittelt werden können. Innere Kräfte wirken in Richtung der Längsachse als Normalkräfte, quer zur Längsachse als Querkräfte und als Biegemomente, die die Verbiegung des Bauteils erzeugen. Die inneren Kräfte im Bauteil führen zu Spannungen, die sich überlagern und Formveränderungen erzeugen. In Re-

Tabelle 9.1 Lotrechte Nutzlasten für Decken (Annahmen nach DIN 1055-3:2006-03)

Kategorie		Nutzung	Beispiele	Flächenlast (kN/m²)	Einzellast Qk (kN)
A	A1	Spitzböden	Dachraum bis 1,8 Meter lichter Höhe	1,0	1,0
	A2	Wohn- und Aufenthaltsträume	Räume und Flure in Wohngebäuden, Hotelzimmer	1,5	1,0
	A3	Wohn- und Aufenthaltsträume	wie A2, aber ohne ausreichende Querverteilung	2,0	1,0
B	B1	Büroflächen, Arbeitsflächen	Bürofläche, Kleinviehställe	2,0	2,0
	B2		Altenheime, Internate	3,0	3,0
T	T1	Treppen und Treppenpodeste	Treppen und Treppenpodeste der Kategorie A	3,0	2,0
	T2		Treppen und Treppenpodeste der Kategorie B bis E	5,0	2,0
Z		Balkone	Dachterrassen, Loggien, Balkone	4,0	2,0

Achtung:

Die Spannung σ_{zul} kann durch Folgendes überschritten werden:
1. Infolge steigender Last bei gleich bleibendem Querschnitt wird die zulässige Spannung überschritten (z. B. Löschwasser).
2. Wenn sich bei gleich bleibender Last, z. B. durch Abbrand, ein Holzquerschnitt vermindert, kann die zulässige Spannung überschritten werden.

chenformeln werden Spannungen parallel zur Längsachse mit dem griechischen Buchstaben Sigma (σ) bezeichnet. Spannungen senkrecht zur Längsachse, die aus Querkräften resultieren, werden Schubspannungen genannt und mit dem Formelzeichen Tau (τ) bezeichnet (werden hier nicht behandelt). Die Längsspannung ist (vereinfacht) der Quotient aus Kraft und Fläche: $\sigma = F/A$ [N/cm²].

Die Spannung im Inneren eines Bauteils ist abhängig von der wirkenden Kraft und der Querschnittsgröße des Bauteils. Für jeden Baustoff gibt es eine zulässige innere Spannung. Wird diese bei der Belastung eines Bauteils aus diesem Baustoff überschritten, muss mit einer unzulässigen Verformung bis hin zum Bruch gerechnet werden: $\sigma = F/A < \sigma_{zul}$.

Aus der Spannung kann man die Verformung eines Bauteils ermitteln, wenn man den Elastizitätsmodul des Baustoffes kennt. Der E-Modul ist der Proportionalitätsfaktor des Gra-

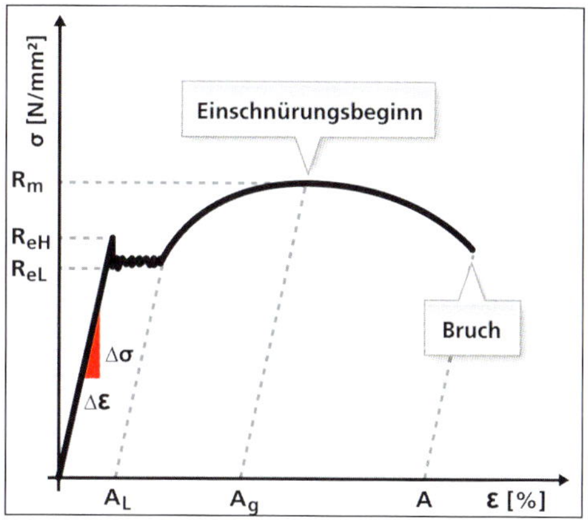

Bild 9.3 Spannungs-/Dehnungsdiagramm von Stahl. R_m = Zugfestigkeit, R_{eH} = obere Streckgrenze, R_{eL} = untere Streckgrenze, E = Elastizitätsmodul, A = Bruchdehnung, A_g = Gleichmaßdehnung, A_L = Lüdersdehnung

phes eines Spannungs-/Dehnungsdiagramms in der linearen Phase (▶ Bild 9.3). Der E-Modul ist definiert als $E = \delta\sigma/\delta\varepsilon$.

9.3 Brandverhalten von Baustoffen

9.3.1 Prüfung des Brandverhaltens von Baustoffen

Das Brandverhalten von Baustoffen und Bauteilen kann nicht im natürlichen Brand geprüft werden, sondern man benötigt ein standardisiertes Brandmodell. Das idealisierte Brandmodell ist aus der Erfahrung vieler

Tabelle 9.2 Die E-Modul-Werte von verschiedenen Baustoffen

Material	E-Modul in kN/mm²	Material	E-Modul in kN/mm²
Metallische Werkstoffe bei 20 °C		**Nichtmetallische Werkstoffe bei 20 °C**	
Stahl	195 bis 210	CFK parallel zur Faser	150
Guss	80 bis 185	CFK quer zur Faser	13
Titan	105	Glas	50 bis 90
Messing	78 bis 123	Glasfaser	55 bis 87
Kupfer	100 bis 130	Beton	22 bis 45
Aluminium	70	Holz parallel zur Faser	7 bis 20
		Holz quer zur Faser	0,23 bis 1,33

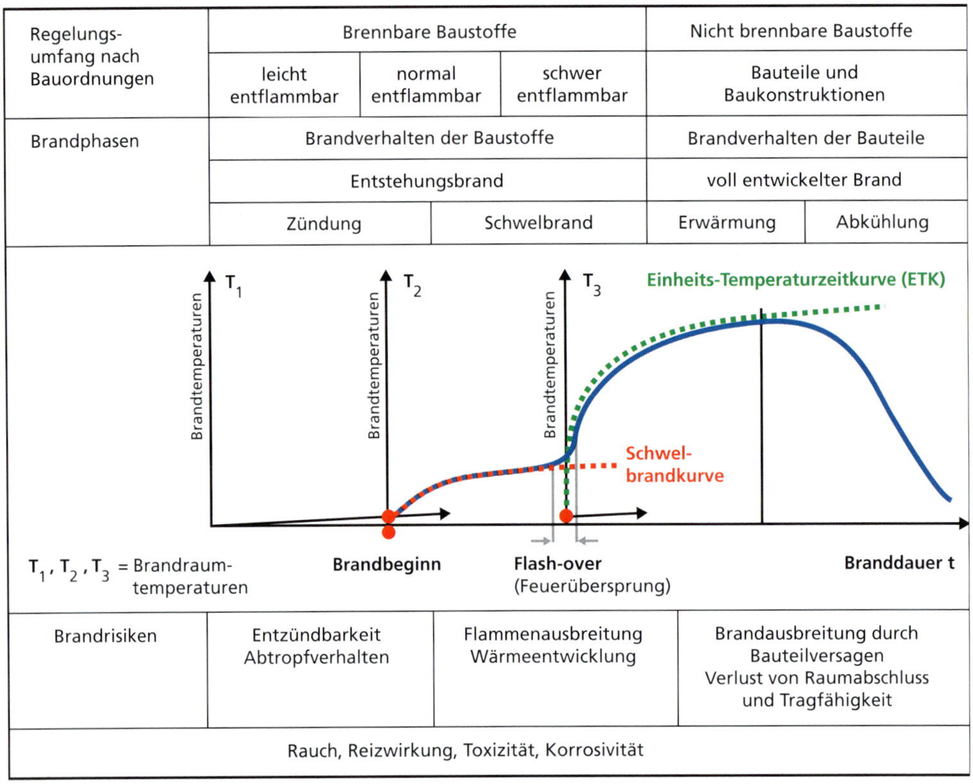

Bild 9.4 Idealisiertes Brandmodell zur Prüfung von Baustoffen und Bauteilen

Brände entstanden und stellt den Verlauf eines gewöhnlichen Wohnungsbrandes dar. Brände, die z. B. unter Beteiligung einer großen Menge brennbarer Flüssigkeiten entstehen, laufen unter anderen Gesetzmäßigkeiten ab. Das idealisierte Brandmodell ist in (▶ Bild 9.4) dargestellt. Für die Prüfung des Brandverhaltens von Baustoffen ist die Brandphase des Entstehungsbrandes von Bedeutung.

Es ist sinnvoll, dieses Verhalten im Bereich niederer Temperaturen zu prüfen, da bei sehr hohen Temperaturen fast jeder Baustoff brennt. Die Prüfverfahren sind bisher in DIN 4102 – »Brandverhalten von Bauteilen und Baustoffen« beschrieben gewesen. Mit der Einführung der europäischen Normung werden die Prüfverfahren für Baustoffe in DIN EN ISO 1182 und DIN EN 13823 geregelt.

Merke:

Bei der Beurteilung der brandschutztechnischen Qualität eines Baustoffes kommt es hauptsächlich auf sein Entzündungsverhalten an.

9.3.2 Klassifizierung der Baustoffe

In den Landesbauordnungen werden die Baustoffe unterschieden in nichtbrennbare, schwerentflammbare, normalentflammbare Baustoffe. Man spricht hier von der bauaufsichtlichen Benennung der Baustoffe. DIN EN 13501-1 definiert wie die Klassifizierung der Baustoffe nach erfolgten Prüfungen zu erfolgen hat. Diese Klassen werden als EN-Baustoffklassen bezeichnet. Die geprüften Baustoffe tragen nach einem Zulassungsverfahren diese Klassifizierung. Damit die bauaufsichtlichen Anforderungen in das Verhältnis mit der geprüften Baustoffklasse der Baustoffe in Verbindung gesetzt werden können, ist in der Bauregelliste in

Tabelle 9.3 Vergleich der bauaufsichtlichen Anforderungen, der EN-Klasse und der Baustoffklassen nach DIN 4102-1

Bauaufsichtliche Anforderung	EN-Klasse	Baustoffklasse DIN	Prüfnorm
Nichtbrennbare Baustoffe ohne Anteile von brennbaren Baustoffen	A1	A1	EN ISO 1182, EN ISO 1716, EN ISO 9239
Nichtbrennbare Baustoffe mit Anteilen von brennbaren Baustoffen	A2	A2	EN ISO 1182, EN ISO 1716, EN ISO 9239
Schwerentflammbare Baustoffe	B	B1	EN ISO 9239-1
Schwerentflammbare Baustoffe	C	B1	EN ISO 9239-1
Normalentflammbare Baustoffe	D	B2	EN ISO 9239-1
Normalentflammbare Baustoffe	E	B2	EN ISO 11925-1
Leichtentflammbare Baustoffe	F	B3	Keine Prüfung erfolgt

Anlage 0.2.2 festgelegt, welche EN-Klasse welcher bauaufsichtlichen Forderung entspricht. Zur Ermöglichung eines Vergleiches mit den früheren Klassen der DIN 4102-1 ist in der Tabelle (▶ Tabelle 9.3) eine Zusammenstellung der bauaufsichtlichen Anforderungen, der EN-Klasse und der Baustoffklasse nach DIN dargestellt.

9.3.3 Brandverhalten von Stahl

Der Baustoff Stahl ist nichtbrennbar und wegen der Möglichkeit der industriellen Vorfertigung und der guten Montagefähigkeit im Bauwesen sehr wirtschaftlich anwendbar. Das

Achtung:

Dünne, filigrane Stahlbauteile, die intensiv beflammt werden, versagen schneller als massive Stahlbauteile, die z. B. nur an einem Teil der Oberfläche beflammt werden.

Merke:

Aus Versuchen in den Materialprüfungsanstalten ist hervorgegangen, dass Stahlstützen, die einem Vollbrand ausgesetzt sind, nach zehn bis 25 Minuten bereits ihre Tragfähigkeit verlieren. Bei Trägern setzt dieser Prozess bereits nach acht bis 17 Minuten ein (abhängig von der Stahlsorte).

Brandverhalten dieses sehr stabil aussehenden Baustoffes hat allerdings einige Nachteile. Zum Verständnis muss man sich das Spannungs-/Dehnungsverhalten von Stahl in Abhängigkeit von der Temperatur betrachten: Bevor Stahl bei Zimmertemperatur bei steigender Last mit stärkerer Längendehnung ins Fließen kommt, muss zunächst die Streckgrenze überwunden werden. Diese Streckgrenze sinkt aber in Abhängigkeit von der Temperatur ab (▶ Bild 9.3). Bei einer Temperatur von etwa 500 °C ist diese Streckgrenze nicht mehr ausgeprägt und der Stahl fängt an zu fließen und versagt nach kurzer Zeit. Die Feuerwiderstandsdauer ist daher entscheidend abhängig von der Erwärmungsgeschwindigkeit. Die Erwärmungsgeschwindigkeit hängt ab von der Größe der beflammten Stahloberfläche und dem Volumen der Stahlmasse.

9.3.4 Brandverhalten von Holz

Der Baustoff Holz ist im Gegensatz zu Stahl brennbar. Bauteile aus Holz oder Holzwerkstoffen können aber infolge ihrer Materialeigenschaften unter Brandbeanspruchung sehr widerstandsfähig sein. Unter Brandbeanspruchung zersetzt sich das Holz an der Oberfläche zwar thermisch, es bildet sich aber eine Holzkohleschicht, die für den vorhandenen Restquerschnitt eine natürliche Wärmedämmung bildet. Durch diese Wärmedämmung werden tiefer liegende Holzschichten solange

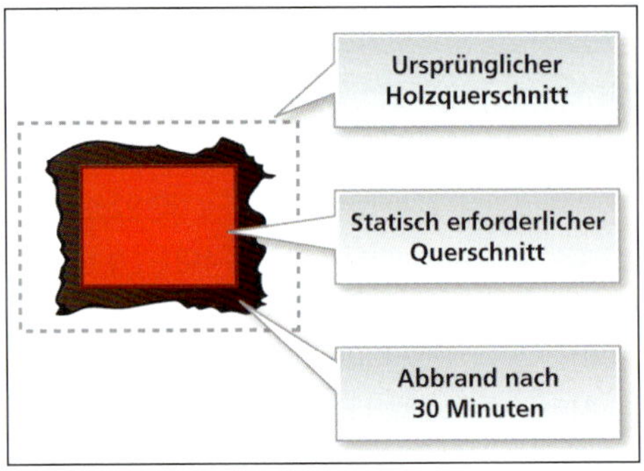

Bild 9.5 Die Überdimensionierung von Holzbalken ermöglicht eine höhere Feuerwiderstandsdauer.

geschützt, bis diese Dämmschicht durch fortlaufende Temperaturzuführung abplatzt und wieder neue, unverbrannte Holzschichten dem Feuer als Nahrung zur Verfügung stehen. Gleichzeitig erfolgt mit der Verbrennung am Rande eine Verschiebung der Feuchtigkeit in das Innere des Holzbauteils, sodass dieser Kern durch höheren Feuchtigkeitsgehalt besser geschützt ist als die ausgetrocknete Außenseite.

In der heutigen Zeit wird die Verwendung von Holzbauteilen insbesondere auch aus Gründen der Nachhaltigkeit im Bauwesen verstärkt gefördert. Dazu wurden neue Bauformen von Holz entwickelt, die in (▶ Bild 9.6) dargestellt sind. Das Brandverhalten dieser Bauteile ist, bei entsprechender Auslegung, so gestaltet, dass nach 90 Minuten noch die vollwertige Tragfähigkeit erhalten bleibt und die Dichtigkeit gegen Rauchdurchtritt gewährleistet ist. (▶ Bild 9.7) zeigt ein Wandbauteil

Merke:

Sind Holzbalken und Holzträger ausreichend überdimensioniert, so können diese ohne größere Zusatzmaßnahmen 60 Minuten einem Vollbrand widerstehen.

C

Bild 9.7 Wandbauteil, das mit einer Brandbeanspruchung im Versuch analog einer vollausgestatteten Wohnung über mehr als 90 Minuten beansprucht wurde. Die Holzkohleschicht verzögert das Fortbrennen in die Tiefe des Bauteils.

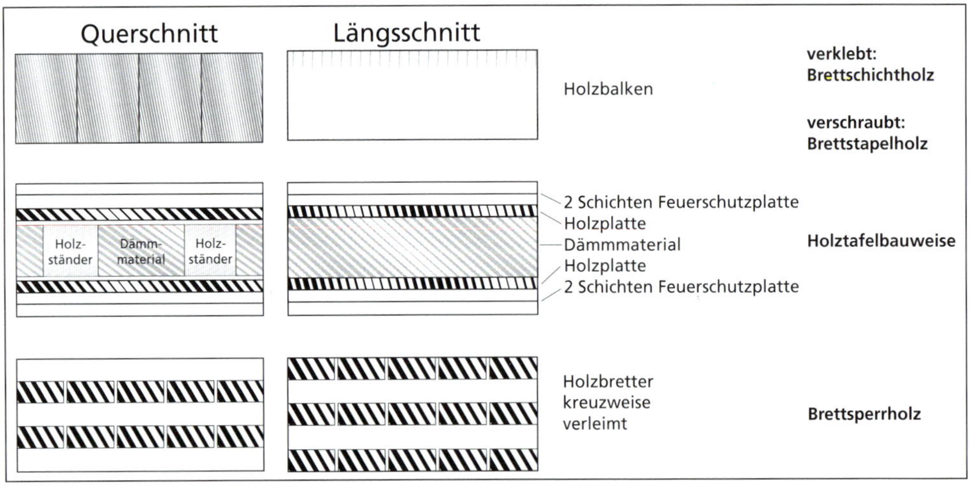

Bild 9.6 Verschiedene Bauformen moderner Holzbauteile

Achtung:

Nagelbrettbinder sind bei einem Brandeinsatz mit höchster Vorsicht zu beobachten. Ein Innenangriff ist hier nicht mehr zu verantworten, da in kurzer Zeit ohne Vorwarnung ein Einsturz der Gesamtkonstruktion zu erwarten ist.

aus Brettsperrholz, das über 90 Minuten im Rahmen eine Groß-Brandversuches mit einer Brandlast analog einer vollausgestatteten Wohnung beansprucht wurde.

Etwas kritischer als Vollholzträger sind Nagelbrettbinder, auch als Nagelplattenbinder bezeichnet, zu beurteilen. Sie werden heute insbesondere bei den Standardbauten der Lebensmittel-Supermärkte verwendet. Ihre Tragwirkung liegt in der Konstruktion des Fachwerkes. Die einzelnen Stäbe sind Druck und Zugstäbe und werden von Nagelplatten zusammengehalten. Die Bauweise ist sehr filigran und die gesamte Dachkonstruktion bildet ein Gesamtsystem. Versagt ein Stab, ist wegen der statisch ausgereizten Konstruktion keine Lastumlagerung mehr möglich und es ist mit einem Einsturz zu rechnen.

9.3.5 Brandverhalten von Stahlbeton

Stahlbeton ist ein nichtbrennbarer Baustoff. Er ist ein weit verbreiteter Verbundwerkstoff aus Beton und Stahl. Beton besteht im Wesentlichen aus Zement, Wasser, Zuschlagstoffen und ggf. Betonzusatzmitteln. Beton (ohne Stahlbewehrung) hat bei Zimmertemperatur eine hohe Druckfestigkeit, aber eine geringe Zugfestigkeit. Bei Temperaturbeanspruchung sinkt auch die Druckfestigkeit ab, die bei einer Temperatur von etwa 500 °C nur noch 20 Prozent der ursprünglichen Festigkeit aufweist. Wegen der geringen Zugfestigkeit wird im Bauwesen hauptsächlich der Stahlbeton einge-

Merke:

Wird der Stahlbeton an der Zugseite infolge eines Vollbrandes beansprucht, kann der Stahl genauso wie beim reinen Stahlbauteil durch Erwärmung ins Fließen kommen, was zum Gesamtversagen des Stahlbetonbauteils führen kann. Dieser Nachteil wird durch eine ausreichende Betondeckung des Bewehrungsstahls ausgeglichen. Der Beton führt durch Wärmedämmung zu einem Schutz des Stahls.

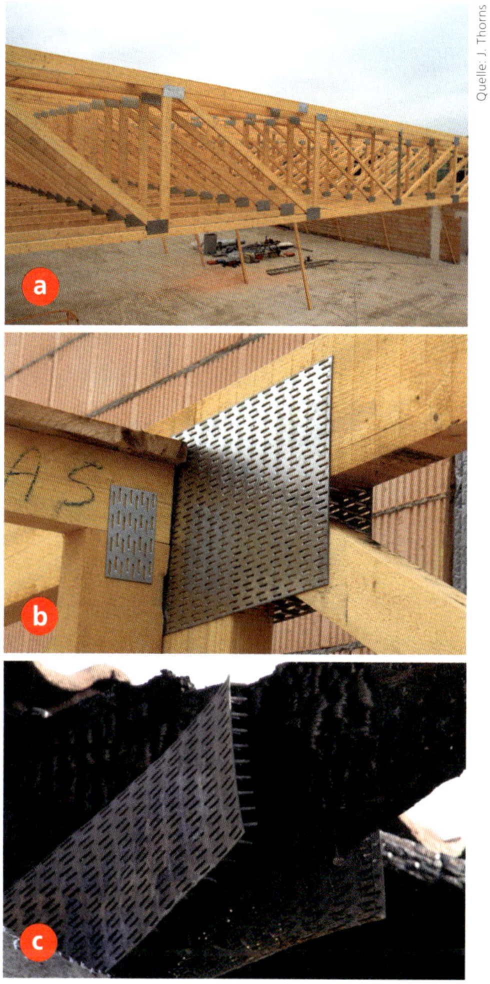

Bild 9.8 Nagelbrettbinder:
- a Dachkonstruktion in Nagelbrettbinderbauweise
- b Alle Elemente der Konstruktion sind mit Nagelplatten verbunden.
- c Nagelbrettbinderkonstruktion nach Brandeinwirkung

Bild 9.9 Spannbetonkonstruktion einer Halle

setzt. Durch Einlage von Baustahl im Bereich der Zugzone eines Bauteils übernimmt der Stahl die wirkenden Zugspannungen, während der Beton in der Druckzone die Druckspannungen übernimmt.

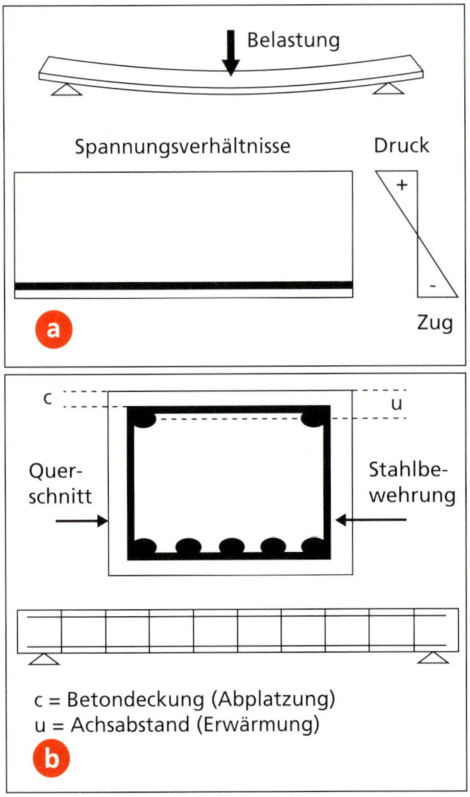

Bild 9.10 Wirkungsprinzip des Stahlbetons:

- **a** Im Vergleich zur Druckfestigkeit hat Beton nur eine sehr geringe Zugfestigkeit,
- **b** die auf Zug belasteten Stellen werden daher mit Stahl bewehrt.

Spannbeton ist ebenfalls ein Baustoff, der wie Stahlbeton aus Zement, Zuschlagsstoffen und Stahl besteht. Die Stahlbewehrung wird aber so vorgespannt, dass die Zugzone des meist balkenartigen Bauteils, durch eine Vorspannung überdrückt wird. Dadurch liegen im Beton nur Druckspannungen vor. Kritisch ist allerdings das Verhalten im Brandfall: Wenn die Vorspannung infolge einer Ausdehnung der Spann-Bewehrung sinkt, treten Zugspannungen auf, die der Beton nicht mehr aufnehmen kann. Dadurch kann es zu einem sehr schnellen Versagen des Bauteils kommen. Spannbetonbauteile kann man meistens an der sehr schlanken Bauweise der Träger (▶ Bild 9.9) erkennen. Im Brandfall ist hier mit höchster Vorsicht vorzugehen, insbesondere wenn eine größere Temperaturbelastung des Bauteils erfolgt ist.

9.3.6 Brandverhalten von Mauerwerk

Mauerwerk besteht aus Formsteinen, die mit Mörtel oder ähnlichen Verbindungsstoffen im Verbund aufeinander gesetzt werden und so ein raumabschließendes Bauteil bilden. Die einzelnen Formsteine sind nichtbrennbar. Mauerwerk wirkt aber bezüglich seines Brandverhaltens im Verbund. Das Brandverhalten ist nicht einheitlich darstellbar, sondern nur die Einflussfaktoren erläuterbar. Der Feuerwiderstand ist abhängig von:

Achtung:

Wird Brandschutzglas beflammt, schäumen die Dämmschichtbildner auf und verhindern das Durchtreten von Wärmestrahlung.

- der Steinsorte (gebrannt, wie Mauerziegel nach DIN 105 oder ungebrannt wie Kalksandstein nach DIN 106, Porenbetonstein nach DIN 4165 und Leichtbetonsteine nach DIN 18151-2) und dem damit verbundenen Feuchtigkeitsgehalt im Mauerwerk,
- der Rohdichte und Festigkeit der Steine (je geringer Rohdichte und Festigkeit der Steine, desto empfindlicher reagiert das Bauteil auf die Brandbeanspruchung),
- der Ausführungsqualität der Steine und des Mörtels,
- der Schlankheit und den Auflagerbedingungen des Bauteils,
- dem Lastausnutzungsgrad und Art der Belastung (zentrisch oder exzentrisch),
- der Art der Brandbeanspruchung (ein- oder zweiseitig).

Die Feuerwiderstandsklasse von Mauerwerk wird vorwiegend aus Normbrandversuchen abgeleitet.

9.3.7 Brandverhalten von Glas

Gläser werden vor allem für Fenster und die Schaffung von Transparenz in Gebäuden eingesetzt. Glas ist nichtbrennbar, aber es verliert in der Form von Fenstern als Bauteil seine Form und platzt als Einfachglas bei einer Temperatur von zirka 150 °C infolge der hohen Gefügespannungen innerhalb der Glasfläche. Darüber hinaus kann Glas keine Wärmestrahlung zurückhalten. Als Brandschutzglas werden mehrere Scheiben aufeinander gefügt und durch eine Schicht mit einem transparenten Dämmschichtbildner getrennt. Sie dämmen auch kurzfristig die Wärmeweiterleitung ab und schützen so die nächste Glasschicht. Nach einigen Minuten blättert diese Schicht ab und die nächste Glasscheibe der mehrfach aufeinander gefügten Scheiben platzt weg und die nächste Dämmschicht schäumt auf.

9.3.8 Brandverhalten von Gips

Gips in reiner Form kommt heute seltener im Bauwesen vor. Sein Anwendungsbereich der Gipskartonplatten hat aber erhebliche Bedeutung. Gips ist ein kristallwasserhaltiges Kalziumsulfat – auch Gipsstein genannt – das in der Natur vorkommt, aber auch als Nebenprodukt bei chemischen Prozessen (z. B. Phosphatsäureherstellung, Rauchgasentschwefelungsanlagen) anfällt. Für das Bauwesen wird es zu Stuckgips durch Brennen und daraus folgender Dehydratisierung aufbereitet.

Stuckgips bindet das bei der Verarbeitung zugesetzte Anmachwasser so an sich, dass wieder das kristallwasserhaltige Kalziumsulfat entsteht. Der beim Brennvorgang stattgefundene Dehydratisierungsprozess wird also beim Aushärten vollständig rückgängig gemacht. Im Brandfall wird das Kristallwasser wieder freigesetzt und entweicht in Form von Wasserdampf. Solange dieser Entwässerungsvorgang andauert, solange bleibt auch die Temperatur im Gips unabhängig von der Höhe der Brandtemperatur bei zirka 100 °C stehen. Man spricht von einem Haltepunkt bei 100 °C. Diese Eigenschaft wird besonders im Trockenbau, aber auch bei der brandschutztechnischen Ertüchtigung von Holzbalkendecken bei Gipskarton-Feuerschutzplatten (GKF) genutzt.

Bei Gipskarton-Feuerschutzplatten wird wegen der im Brandfall eintretenden starken Entwässerung der Gipskarton-Bauplatten und dem damit verbundenen Verlust des inneren Zusammenhaltes in die Gipsmasse der Gipskarton-Bauplatten anorganische Fasern (z. B. Mineralfasern) zugesetzt, um im Brandfall den Gefügezusammenhalt zu verbessern.

9.3.9 Brandverhalten von Kunststoffen

Kunststoffe werden in vielen Anwendungen im Bauwesen eingesetzt. Sowohl in der Wärmedämmung als auch bei Leitungen, Rohren und Kabeln kommen sie zu Einsatz. Sie bestehen meist aus Kohlenwasserstoffketten, deren Eigenschaften durch verschiedene Bindungsarten zwischen Kohlenstoff und Wasserstoff sowie durch die eingelagerten Zusatzstoffe

> **Achtung:**
>
> Kunststoffe bilden durch ihr Brandverhalten ein erhebliches Gefährdungspotenzial, weshalb ihr Einsatz in Gebäuden als Baustoff eingeschränkt ist.

> **Merke:**
>
> Für den Brandschutz sind folgende Einteilungen wichtig:
> - tragende Bauteile,
> - aussteifende Bauteile,
> - raumabschließende Bauteile.

beeinflusst werden. Kunststoffe sind grundsätzlich brennbar. Ihr Brennwert liegt beim fast dreifachen Wert von Holz. Die Erzeugung von giftigen Rauchgasen schädigt sowohl Menschen als auch Materialien (z. B. Korrosion nach Salzsäurebildung). Kunststoffe allein sind als tragende Bauteile nicht verwendbar, sie können aber in Verbundbauteilen Anwendung finden.

Bild 9.11 Bauteile eines Gebäudes:
a Stütze und Träger
b Decke und Wand

9.4 Brandverhalten von Bauteilen

9.4.1 Einteilung der Bauteile

Bauteile werden aus Baustoffen gefertigt. Für den Brandschutz sind folgende Einteilungen wichtig:

- tragende Bauteile,
- aussteifende Bauteile,
- raumabschließende Bauteile.

Ein tragendes Bauteil (z. B. Stütze, Wand, Decke ...) ist Bestandteil des statischen Systems des Gebäudes und kann bei Versagen der Tragwirkung zum Einsturz des Gebäudes führen. Aussteifende Bauteile geben dem Gebäude Stabilität gegen horizontal angreifende Kräfte (z. B. Wind). Wenn sie im Falle eines Brandes versagen, muss es nicht sofort zu einem Einsturz kommen. Ein raumabschließendes Bauteil verhindert für einen bestimmten Zeitraum den Durchtritt von Feuer und Rauch (z. B. eine Wand oder eine Decke).

Der Raumabschluss kann auch von einem aussteifenden Bauteil erreicht werden. Umgekehrt ist z. B. eine Stütze in der Regel ein tragendes Bauteil, sie erzeugt aber keinen Raumabschluss. Sonderbauteile sind z. B. Lüftungsleitungen, Feuerabschlüsse, Kabelabschottungen. Für diese Bauteile gelten spezielle

> **Merke:**
>
> Der Feuerwiderstand ist die Zeit, die ein Bauteil einer in einem Prüfverfahren vorgegebenen Brandbeanspruchung stand hält.

Tabelle 9.4 Kennbuchstaben von tragenden Bauteilen mit Raumabschluss (Auswahl)

Leistungskriterium des Bauteils im Brandfall	Abkürzung	Bedeutung	Anwendungsbereich
Tragfähigkeit	R	Résistance	Stützen
Raumabschluss	E	Étanchéité	nichttragende Wände
Erwärmung der feuerabgewandten Seite	I	Isolation	Brandschutztüren
Widerstand gegen mechanische Einwirkung (Stoßbeanspruchung)	M	Mechanical	Brandwand

C

Vorschriften zur Ermittlung des Feuerwiderstandes.

9.4.2 Prüfung von Bauteilen

Die Kenngröße zur Beurteilung des Brandverhaltens ist der Feuerwiderstand des Bauteils. Im Brandfall muss ein Bauteil die Funktion der Tragwirkung und des Rahmabschlusses beibehalten. Bei raumabschließenden Bauteilen ist es darüber hinaus wichtig, dass sie sich an der feuerabgewandten Seite nicht über einen bestimmten Grenzwert erwärmen. Der Feuerwiderstand eines Bauteils ist stark abhängig vom verwendeten Material bzw. der gewählten Ausführung bei Verwendung mehrerer Materialen.

Beispiel: Eine Holzständerwand besteht aus einem ausgesteiften Holzrahmen, einer Dämmung aus Mineralfaser und einen Beplankung aus Gipskartonplatten. Der Holzrahmen gibt die statische Stabilität, die Dämmung verhindert den Wärmedurchgang und die Gipskartonplatten schützen das Holz gegen eine Entflammung. In Abhängigkeit von der Dicke der Gipskarton-Feuerschutzplatten kann ein Feuerwiderstand von nahezu 90 Minuten erreicht werden.

Die Prüfung von tragenden Bauteilen, wie z. B. Wänden, erfolgt in einem überdimensionalen Prüfofen. An der Vorderseite wird die zu prüfende Wand eingebaut. Der Ofen wird dann mit Gasbrennern nach der Einheits-Temperatur-Zeitkurve (ETK) beheizt. Die Einheits-Temperatur-Zeitkurve gibt zu einem bestimmten Zeitpunkt eine fest definierte Temperatur vor und beruht auf dem dargestellten idealisierten Brandmodell (▶ Bild 9.4).

Merke:

Die Prüfung von Bauteilen erfolgt in der Vollbrandphase des Brandmodells unter der höchsten Brandbelastung.

9.4.3 Klassifizierung von Bauteilen

Die Klassifizierung von Bauteilen erfolgt in Brandversuchen auf der Grundlage der Dauer, wie lange bestimmte Eigenschaften eingehalten werden. Diese Eigenschaften werden in der EN 1351 Leistungskriterien genannt. Drei wesentliche Leistungskriterien für tragende Bauteile sind die Tragfähigkeit, der Raumabschluss und die Verhinderung des Temperaturdurchganges. Bei der Klassifizierung verwendet man Kennbuchstaben und dahinter die Dauer, wie lange das Bauteil im Brandversuch dieses Leistungskriterium einhält.

Beispiele: Eine Stahlbetonwand hat die Klassifizierung REI 90, das heißt, dass sie 90 Minuten sowohl die Tragfähigkeit als auch den Raumabschluss und die Verhinderung des Wärmedurchganges eingehalten hat. Eine Stahlbetonstütze, die den Feuerwiderstand R 90 hat sagt aus, dass die Tragfähigkeit 90 Minuten eingehalten wird. Ein Feuerschutzabschluss E 90 I 60 gewährleistet 90 Minuten den Raumabschluss, aber nur 60 Minuten die Grenzwerte für die Temperaturbelastung auf der feuerabgewandten Seite. Eine Brandwand hat die Bezeichnung REIM 90, das heißt, dass sie mindestens 90 Minuten die Tragfähigkeit

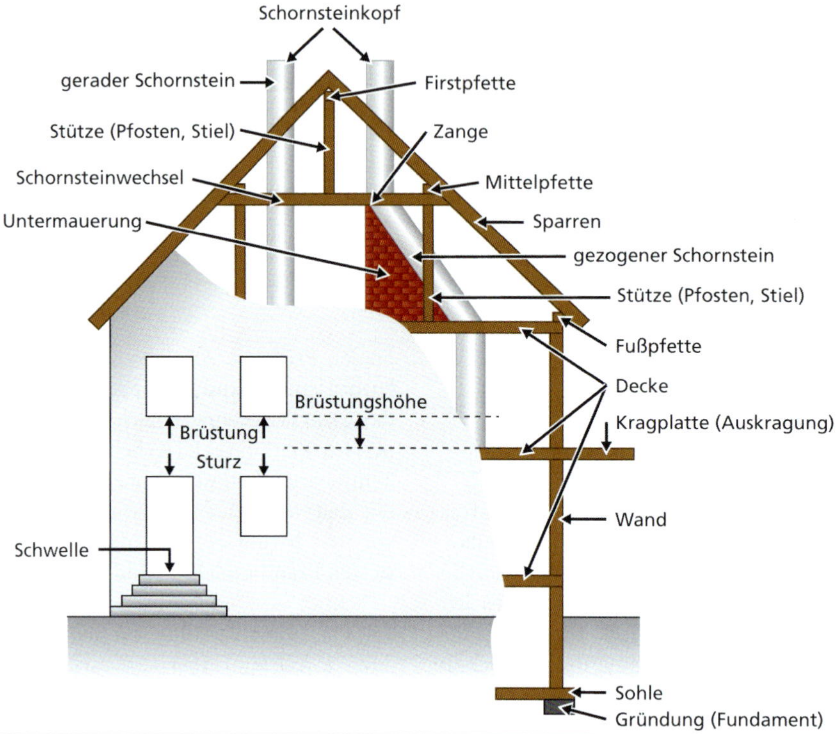

Bild 9.12 Begriffe der Teile eines zweigeschossigen Gebäudes mit ausgebautem Dachgeschoss

und den Raumabschluss sowie das Temperaturkriterium und eine mechanische Stoßbelastung am Ende der Prüfung aushält.

9.5 Wichtige Begriffe aus der Baukunde

9.5.1 Fachbegriffe über Teile eines Gebäudes

Im Bild (▶ Bild 9.12) ist dargestellt, wie die Begriffe der Fachsprache für bestimmte Teile eines Gebäudes aussehen.

9.5.2 Dachformen

Bei Dachstuhlbränden ist die Kenntnis von Dachaufbauten und Dachformen von besonderer Bedeutung. Daher sind in den nachfolgenden Bildern (▶ Bild 9.13, 9.14 und 9.15) verschiedene Grundformen, die Bestandteile eines Daches und die verschiedenen Dachaufbauten genannt.

9.5.3 Begriffe aus der Bauordnung

Bauliche Anlagen
Bauliche Anlagen sind mit dem Erdboden verbundene, aus Bauprodukten hergestellte Anlagen.

Bauregelliste
Die Bauregelliste ist eine Zusammenstellung des Deutschen Instituts für Bautechnik mit der Aufgabe, die technischen Regeln für Bauprodukte und Bauarten in den Bauregellisten A und B sowie Liste C aufzustellen und im Einvernehmen mit den obersten Bauaufsichtsbehörden der Länder bekannt zu machen.

Die Bauregelliste wurde 2018 aufgehoben, an ihre Stelle tritt die Muster-Verwaltungsvorschrift Technische Baubestimmungen.

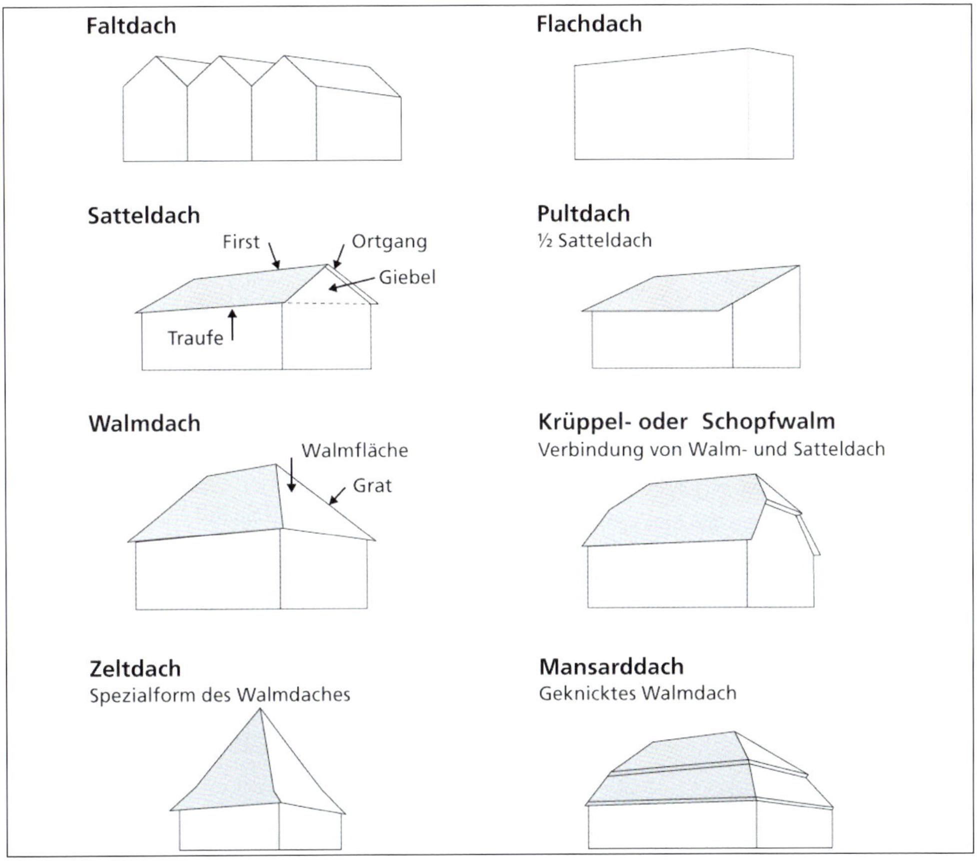

Bild 9.13 Bezeichnung von verschiedenen Dachformen

Bauprodukte
Unter Bauprodukten versteht man:
- Baustoffe, Bauteile und Anlagen, die hergestellt werden, um dauerhaft in bauliche Anlagen eingebaut zu werden,
- aus Baustoffen und Bauteilen vorgefertigte Anlagen, die hergestellt werden, um mit dem Erdboden verbunden zu werden, z. B. Fertighäuser, Fertiggaragen und Silos.

Bauart
Bauart ist das Zusammenfügen von Bauprodukten zu baulichen Anlagen oder Teilen von baulichen Anlagen.

Aufenthaltsräume
Aufenthaltsräume sind Räume, die zum nicht nur vorübergehenden, also zum regelmäßig längerem, Aufenthalt von Menschen bestimmt oder geeignet sind.

Vollgeschoss
Ein Geschoss ist der Raum zwischen zwei Decken der über mindestens dreiviertel seiner Fläche eine Höhe von mindestens 2,30 Meter aufweist.

Gebäudehöhe
Höhe im Sinne der Bauordnung ist die Gebäudehöhe das Maß der Fußbodenoberkante des höchstgelegenen Geschosses, in dem ein Aufenthaltsraum möglich ist, über der Geländeoberfläche im Mittel.

Grundfläche
Grundflächen der Nutzungseinheiten im Sinne

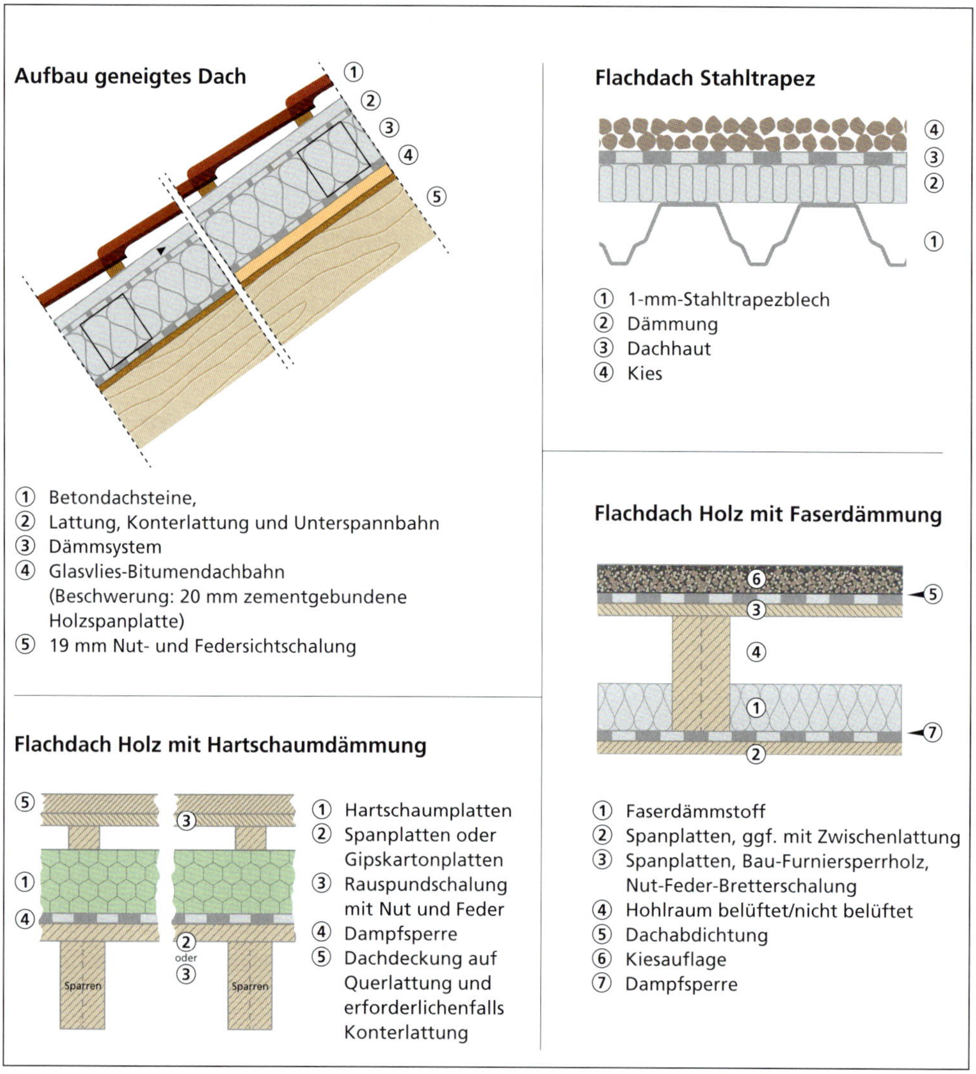

Bild 9.14 Aufbauten verschiedener Dächer

der Bauordnung sind die Brutto-Grundflächen.

Gebäudeklassen

Die Bauordnung unterscheidet folgende Gebäudeklassen:

- Gebäudeklasse 1:
  a) freistehende Gebäude mit einer Höhe bis zu sieben Meter und nicht mehr als zwei Nutzungseinheiten von insgesamt nicht mehr als 400 Quadratmetern und
  b) freistehende land- oder forstwirtschaftlich genutzte Gebäude,
- Gebäudeklasse 2: Gebäude mit einer Höhe bis zu sieben Meter und nicht mehr als zwei Nutzungseinheiten von insgesamt nicht mehr als 400 Quadratmetern,
- Gebäudeklasse 3: sonstige Gebäude mit einer Höhe bis zu sieben Meter,
- Gebäudeklasse 4: Gebäude mit einer Höhe bis zu 13 Meter und Nutzungseinheiten mit jeweils nicht mehr als 400 Quadratmetern,

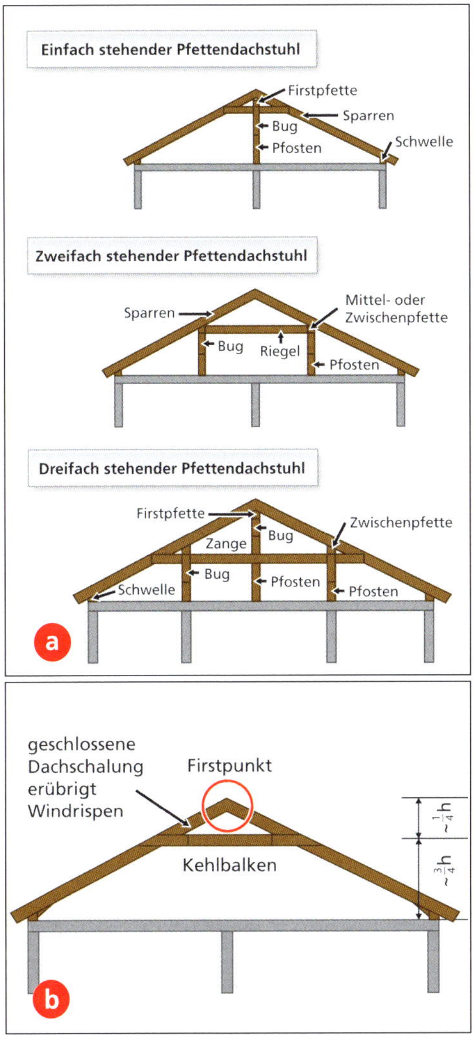

Bild 9.15 Dächer:

a Verschiedene Ausführungen eines Pfettendachstuhls

b Aufbau eines Kehlbalkendaches

- Gebäudeklasse 5: sonstige Gebäude einschließlich unterirdischer Gebäude.

Sonderbauten

Gemäß Bauordnung (z. B. Musterbauordnung [MBO]) sind Sonderbauten Anlagen und Räume besonderer Art oder Nutzung, die einen der nachfolgend angeführten Tatbestände erfüllen:

- Hochhäuser (Gebäude mit einer Höhe nach Absatz 3 Satz 2 der MBO von mehr als 22 Meter),
- bauliche Anlagen mit einer Höhe von mehr als 30 Meter,
- Gebäude mit mehr als 1 600 Quadratmetern Grundfläche des Geschosses mit der größten Ausdehnung, ausgenommen Wohngebäude,
- Verkaufsstätten, deren Verkaufsräume und Ladenstraßen eine Grundfläche von insgesamt mehr als 800 Quadratmetern haben,
- Gebäude mit Räumen, die einer Büro- oder Verwaltungsnutzung dienen und einzeln eine Grundfläche von mehr als 400 Quadratmetern haben,
- Gebäude mit Räumen, die einzeln für die Nutzung durch mehr als 100 Personen bestimmt sind,
- Versammlungsstätten (▶ Kapitel 35.16)
    a) mit Versammlungsräumen, die insgesamt mehr als 200 Besucher fassen, wenn diese Versammlungsräume gemeinsame Rettungswege haben,
    b) im Freien mit Szenenflächen und Freisportanlagen, deren Besucherbereich jeweils mehr als 1 000 Besucher fasst und ganz oder teilweise aus baulichen Anlagen besteht,
- Schank- und Speisegaststätten mit mehr als 40 Gastplätzen, Beherbergungsstätten mit mehr als zwölf Betten und Spielhallen mit mehr als 150 Quadratmetern Grundfläche,
- Krankenhäuser, Heime und sonstige Einrichtungen zur Unterbringung oder Pflege von Personen,
- Tageseinrichtungen für Kinder, behinderte und alte Menschen,
- Gebäude mit Nutzungseinheiten zum Zwecke der Pflege oder Betreuung von Personen mit Pflegebedürftigkeit oder Behinderung, wenn die Nutzungseinheiten einzeln für mehr als sechs Personen oder für Personen mit Intensivpflegebedarf bestimmt sind, oder einen gemeinsamen Rettungsweg haben und für insgesamt mehr als zwölf Personen bestimmt sind,
- Schulen, Hochschulen und ähnliche Einrichtungen,

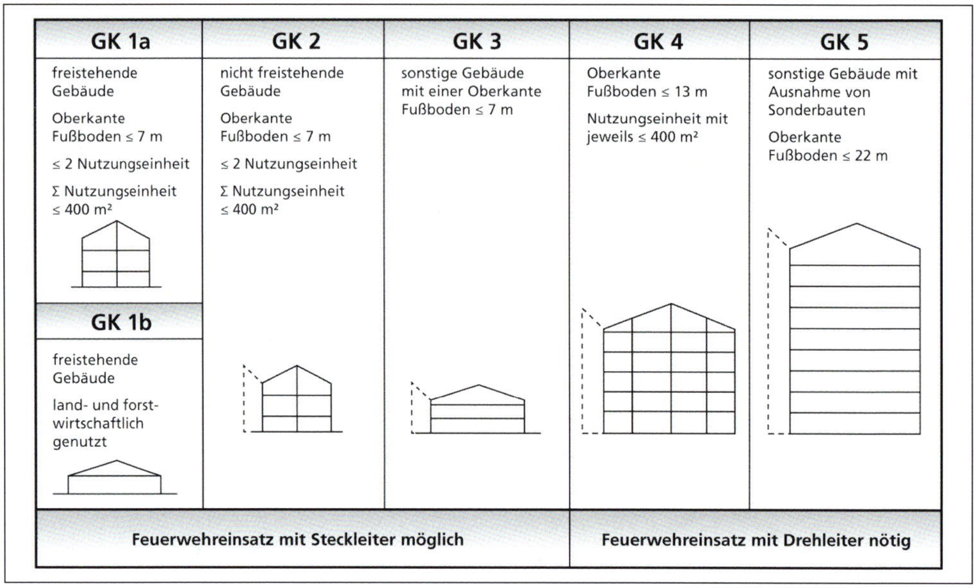

Bild 9.16 Bildliche Darstellung der Gebäudeklassen (GK)

- Justizvollzugsanstalten und bauliche Anlagen für den Maßregelvollzug,
- Camping- und Wochenendplätze,
- Freizeit- und Vergnügungsparks,
- Fliegende Bauten, soweit sie einer Ausführungsgenehmigung bedürfen,
- Regallager mit einer Oberkante Lagerguthöhe von mehr als 7,50 Meter,
- bauliche Anlagen, deren Nutzung durch Umgang oder Lagerung von Stoffen mit Explosions- oder erhöhter Brandgefahr verbunden ist,
- Anlagen und Räume, die in der vorhergehenden Aufzählung nicht aufgeführt und deren Art oder Nutzung mit vergleichbaren Gefahren verbunden sind.

Muster-Verwaltungsvorschrift Technische Baubestimmungen (MVV-TB)

Die Muster-Verwaltungsvorschrift Technische Baubestimmungen trat 2017 in Kraft und ersetzt die Bauregellisten. Sie ist eine bauordnungsrechtlich relevante Vorschrift des Deutschen-Instituts für Bautechnik und fasst die wichtigsten Regelungen für Planung, Bemssung und Ausführung von Bauwerken zusammen. Der Teil A2 »Brandschutz« führt die wesentlichen Regelungen für Bauprodukte auf, durch die die Grundforderungen der Landesbauordnungen verwirklicht werden

Notizen:

10 Normen im Feuerwehrbereich

von Jochen Thorns

C

Normen sind ein notwendiges Regularium bei technischen Anwendungen. Normen bieten die notwendige Vereinheitlichung und Sicherheit für den Anwender. Wie wichtig dies ist, zeigt für den Feuerwehrbereich der »Fall Öschelbronn«. Am 10. September 1933 brach in dem kleinen Dorf in der Nähe von Pforzheim ein Großfeuer aus, welches mehr als 24 Stunden wütete sowie schließlich etwa 200 Häuser zerstörte. Rund ein Viertel der damals etwa 1 400 Einwohner wurde obdachlos. Interessant an diesem Großfeuer ist vor allem der Einsatz der Feuerwehren: Sie kamen aus einem großen Umkreis in das badische Dorf, teilweise mit Handdruckspritzen. Die Brandbekämpfung war vor allem wegen des fehlenden Löschwassers kompliziert – und die Schläuche der Feuerwehren aus Baden und aus Württemberg passten aufgrund unterschiedlicher Kupplungssysteme nicht zusammen. So war es zunächst nicht möglich, Löschwasser über eine lange Wegstrecke zu fördern. Gerade dieses Beispiel macht deutlich, wie wichtig die Normung ist. Standards helfen der Feuerwehr im Einsatz, ja sie ermöglichen erst einen geordneten Einsatz.

10.1 Organisation der Normung

Das Normungswesen wurde in Deutschland dem **< Deutschen Institut für Normung >** (DIN) übertragen. Es ist privatwirtschaftlich organisiert und hat die Rechtsform des eingetragenen Vereins. Damit ist die Normung keine Staatsaufgabe, sondern das Produkt der Arbeit aller an Normen Interessierter aus Handel und Industrie, Staat, Wissenschaft und Anwendern, kurz: von Jedermann.

Die Anfänge des DIN gehen auf das Jahr 1917 zurück, als der Normenausschuss der Deutschen Industrie (NADI) gegründet wurde und Deutsche Industrie-Normen (DI-Normen, kurz DIN) heraus gab. Die Beschränkung auf Industrienormen war jedoch zu eng gefasst. So wurde eine Umbenennung in Deutscher Normenausschuss beschlossen und die Abkürzung DIN als »Das ist Norm« ausgelegt. Im Jahr 1975 erfolgte schließlich die Umbenennung in Deutsches Institut für Normung e. V.. Die herausgegebenen Dokumente werden seitdem als DIN-Normen bezeichnet. Somit kennzeichnen die Buchstaben »DIN« auch die nationalen Normen.

Da Normung nicht nur national, sondern auch international wichtig ist (und immer wichtiger wird) erfolgt auch auf europäischer und weltweiter Ebene die Normung. In Europa erarbeitet das CEN, das Comité Européen de Normalisation (Brüssel), die europäischen Normen, die mit den Buchstaben »EN« für »Europäische Norm« abgekürzt werden. Weltweit koordiniert die International Organization for standardization in Genf (kurz: ISO) die Normung. Die drei Buchstaben »ISO« stehen daher auch für weltweite Normen.

Die Normungsarbeit im DIN wird insbesondere durch die Kommissionen (z. B. die Deutsche Kommission Elektrotechnik, Elektronik, Informationstechnik – DKE) oder Normenausschüsse durchgeführt. Für die Feuerwehren ist hierbei vor allem der **< Normenausschuss Feuerwehrwesen >** (FNFW) von Bedeutung, der bis 1975 »Fachnormenausschuss Feuerlöschwesen« hieß. Er geht auf den 1920 gegründeten »Fachausschuss für die Normung der Feuerwehrgeräte« (FEN) zurück.

Der heutige Normenausschuss NA 031, wie der Normenausschuss Feuerwehrwesen auch bezeichnet wird, gliedert sich wiederum in einen übergeordneten Lenkungsausschuss und fünf nachgeordnete Fachbereichsausschüsse auf. Diese wiederum haben Arbeitsausschüsse

(AA) eingerichtet, wie beispielsweise den NA 031-04-06 AA »Allgemeine Anforderungen an Feuerwehrfahrzeuge – Löschfahrzeuge«.

10.2 Der Normungsprozess

Normen werden von denjenigen erarbeitet, die sie später auch benötigen und einsetzen, also Hersteller, Anwender, Prüf- und Aufsichtsinstitutionen, die Wissenschaft und der Handel. Grundsätzlich kann jedoch jeder einen Antrag auf Normung stellen. Das DIN hält für diese ehrenamtlich arbeitenden Fachkreise, die in der Normung als »interessierte Kreise« bezeichnet werden, insgesamt 70 Normenausschüsse vor. Der Normenausschuss erarbeitet dann in mehreren Sitzungen einen Norm-Entwurf, welcher einem öffentlichen Einspruchverfahren unterworfen ist. Dies bedeutet, jeder kann einen Einspruch zu einem Norm-Entwurf formulieren und entsprechend begründen. Aus Gründen der Übersichtlichkeit geschieht dies meist in Form einer Standardtabelle oder aber im Internet im Norm-Entwurfs-Portal des DIN.

Im Rahmen der Einspruchsberatungen berät der zuständige Normenausschuss die formulierten Einsprüche und nimmt diese ggf. in den Norm-Entwurf auf. Danach wird die Norm veröffentlicht (früher oft als Weißdruck bezeichnet).

Normen bieten ein großes Entwicklungspotenzial und engen Entwicklungen gerade nicht ein. Denn eine Norm soll keine technische Lösung vorgeben, sondern Anforderungen formulieren, die gerade verschiedenste Lösungs- und Konstruktionswege zulassen.

10.2.1 Die verschiedenen Normen

Es gibt nationale Normen (DIN), europäische Normen (EN) und weltweite Normen (ISO). Die Bezeichnung gibt bereits den Geltungsbereich wieder. Experten des DIN arbeiten auch auf europäischer und weltweiter Ebene in der Normung mit.

Wird eine europäische Norm veröffentlicht, muss die nationale Norm mit gleichen Inhalten zurückgezogen werden. Solche in das nationale Regelwerk übernommenen europäischen Normen werden als DIN EN bezeichnet. Allerdings ist es möglich, in der europäischen Norm abgedeckte Inhalte in einer so genannten Restnorm national weiter zu regeln.

Praxis-Tipp:

Norm-Entwürfe können online im Norm-Entwurfs-Portal des DIN unter *www.entwuerfe.din.de* gelesen werden. Es ist möglich, dort einen Einspruch direkt zu formulieren.

Während nationale Normen meist so genannte Produktnormen sind und ein Produkt bzw. Bauteil genau mit Abmessungen, Ausführungen und Werkstoffen oder Beladung beschreiben, sind europäische Normen häufig so genannte Anforderungsnormen. In diesen Normen werden nur Anforderungen an die Ausführung und vor allem die Sicherheit des Produkts definiert. Die genaue Ausführung wird in der Regel nicht beschrieben.

Normen an sich gelten als Stand der Technik; gleichwohl haben sie für sich genommen keine Gesetzeskraft. Die Anwendung von Normen ist freiwillig, allerdings kann eine Norm durch einen Rechtsakt Dritter verbindlich werden, z. B. durch Bezugnahme auf eine Norm in einer Ausschreibung oder in einem Vertrag. Durch die Anwendung von Normen und die darin enthaltenen eindeutigen Regelungen, lassen sich Rechtsstreitigkeiten leicht vermeiden.

Die Normen formulieren seit Mai 1999 bereits keine Maximalanforderungen mehr. Vielmehr gelten Normen nur noch als Mindestanforderung. Das bedeutet beispielsweise bei Feuerwehrfahrzeugen, dass im Rahmen des verfügbaren Raumes und der zulässigen Gesamtmasse eine Zusatzbeladung nach örtlichen Belangen oder ein vergrößerter Löschmittelbehälter mitgeführt werden dürfen. Im Umkehrschluss bedeutet dies aber auch, dass mindestens die in der jeweiligen Norm angeführte feuerwehrtechnische Beladung – ohne Ausnahme – im Fahrzeug verlastet sein muss. Trotz dieser Freiheiten kann es Beschränkungen gerade im Fahrzeugbereich geben. Diese

Merke:

Normen beschreiben die Mindestanforderungen.

beruhen meist jedoch nicht auf den normativen Vorgaben, sondern auf den speziellen Anforderungen der Länder bei Baurichtlinien oder im Rahmen der finanziellen Fördermöglichkeiten.

C

10.3 Normen im Feuerwehrbereich

Der Normenausschuss Feuerwehrwesen betreut mehr als 400 Normen und Norm-Entwürfe, also Regelwerke, welche die Feuerwehr und den Brandschutz betreffen. Allerdings reicht der Regelungsumfang zahlreicher anderer Normen und Norm-Entwürfe ebenso in den Bereich der Behörden und Organisationen mit Sicherheitsaufgaben hinein. Als Beispiele seien die DIN 4102 »Brandverhalten von Baustoffen und Bauteilen« oder die DIN EN ISO 20471 »Hochsichtbare Warnkleidung« genannt.

Fast alle nationalen »Feuerwehr-Normen« sind in der DIN-Gruppe von 14000 bis 14999 angeordnet. Das bedeutet, eine nationale Norm der 14000er-Gruppe ist immer eine »Feuerwehr-Norm«. Leider ist diese Benennung auf europäischer Ebene nicht gegeben. Für die Normen hat der Beuth-Verlag (Berlin) die Exklusivvertriebsrechte.

INFO

Auf der Internetseite des Normenausschusses Feuerwehrwesen *www.fnfw.din.de* finden sich weitere Informationen zu diesem Thema.

AUSGEWÄHLTE WICHTIGE NORMEN (NORMFAMILIEN, NICHT DIE EINZELNEN TEILE DER NORM)

Vorbeugender Brandschutz

– DIN 4066	Hinweisschilder für die Feuerwehr
– DIN 14094	Notleiteranlagen
– DIN 14095	Feuerwehrpläne für bauliche Anlagen
– DIN 14096	Brandschutzordnung
– DIN 14462	Löschwassereinrichtungen
– DIN 14661	Feuerwehr-Bedienfeld für Brandmeldeanlagen
– DIN 14662	Feuerwehr-Anzeigetableau für Brandmeldeanlagen
– DIN 14663	Feuerwehr-Gebäudefunkbedienfeld
– DIN 14675	Brandmeldeanlagen – Aufbau und Betrieb
– DIN EN 54	Brandmeldeanlagen

Organisation

– DIN 14092	Feuerwehrhäuser
– DIN EN 2	Brandklassen

Fahrzeuge

– DIN 14502	Feuerwehrfahrzeuge
– DIN 14505	Wechselladerfahrzeuge mit Abrollbehältern
– DIN 14507	Einsatzleitfahrzeuge
– DIN 14530	Löschfahrzeuge
– DIN 14555	Rüstwagen und Gerätewagen
– DIN EN 1777	Hubrettungsfahrzeuge für Feuerwehren und Rettungsdienste – Hubarbeitsbühnen
– DIN EN 1846	Feuerwehrfahrzeuge
– DIN EN 14043	Hubrettungsfahrzeuge für die Feuerwehr – Drehleitern mit kombinierten Bewegungen (Automatik-Drehleitern)
– DIN EN 14044	Hubrettungsfahrzeuge für die Feuerwehr – Drehleitern mit aufeinander folgenden (sequenziellen) Bewegungen (Halbautomatik-Drehleitern)

Geräte

– DIN 14800	Feuerwehrtechnische Ausrüstung für Feuerwehrfahrzeuge
– DIN EN 3	Tragbare Feuerlöscher
– DIN EN 1028	Feuerlöschpumpen

Persönliche Schutzausrüstung

– DIN EN 443	Feuerwehrhelme für die Brandbekämpfung in Gebäuden und anderen baulichen Anlagen
– DIN EN 469	Schutzkleidung für die Feuerwehr

11 Fahrzeugkunde

von Jochen Thorns

C

Feuerwehrfahrzeuge sind speziell für die Einsätze der Feuerwehr gestaltete Kraftfahrzeuge. Sie haben nach DIN 14502 eine Lackierung in Feuerrot (RAL 3000), Verkehrsrot (RAL 3020) oder Leuchtrot (RAL 3024) sowie eine akustische und eine optische Warneinrichtung.

11.1 Systematik der Fahrzeugtypen

Nach der europäischen Norm DIN EN 1846-1 werden europaweit neun verschiedene Fahrzeuggruppen mit insgesamt vier Untergruppen unterschieden:

- Feuerlöschfahrzeug,
    - Löschfahrzeug,
    - Sonderlöschfahrzeug,
- Hubrettungsfahrzeug,
    - Drehleiter,
    - Hubarbeitsbühne,
- Rüst- und Gerätefahrzeug,
- Krankenkraftwagen der Feuerwehr,
- Gerätefahrzeug Gefahrgut,
- Einsatzleitfahrzeug,
- Mannschaftstransportfahrzeug,
- Nachschubfahrzeug und
- Sonstiges spezielles Kraftfahrzeug.

In diese europäischen Fahrzeuggruppen sind jeweils die nationalen Fahrzeugnormen, wie beispielsweise Löschgruppenfahrzeug oder Rüstwagen, eingruppiert. Zusätzlich zu den nationalen Feuerwehrfahrzeugnormen haben einige Länder auch noch eigene Bauvorschriften bzw. Baurichtlinien erlassen. Eine Übersicht gibt ▶ Bild 11.1.

Aufgrund der langen Nutzungsdauer sind noch zahlreiche Feuerwehrfahrzeuge bei den Feuerwehren im Einsatz, die nicht mehr den aktuellen Normen entsprechen, deren Einsatzwert jedoch nicht geringer sein muss als derjenige der aktuellen Norm-Fahrzeuge. Auf diese älteren Fahrzeugtypen wird jeweils bei den einzelnen Fahrzeugtypen in den weiteren Abschnitten dieses Kapitels eingegangen.

Gemäß DIN EN 1846-1 werden die Feuerwehrfahrzeuge in die Massenklassen leicht

Merke:

Fahrzeugbezeichnung Löschfahrzeuge:
Kurzbezeichnung + Pumpenleistung bei 10 bar × 100
Beispiel: LF 20 = Löschgruppenfahrzeug mit einer Feuerlöschkreiselpumpe FPN 10-2 000, die 2 000 l/min bei 10 bar fördert

Frühere Bezeichnungen:
Kurzbezeichnung + Pumpenleistung bei 10 bar × 100/Inhalt Löschwasserbehälter × 100
Beispiel: LF 10/6 = Löschgruppenfahrzeug mit einer Feuerlöschkreiselpumpe FPN 10-1 000, die 1 000 l/min bei 10 bar fördert, und mit einem Löschwasserbehälter mit 600 Litern Inhalt

Achtung Ausnahmen:
Bei den Löschfahrzeugen gibt es Ausnahmen, z. B. KLF (Kleinlöschfahrzeug), TSF-W (Tragkraftspritzenfahrzeug mit Löschwasserbehälter) oder MLF (Mittleres Löschfahrzeug).

Bezeichnung der Tanklöschfahrzeuge:
Kurzbezeichnung + Löschwasserbehälter
Beispiele: TLF 2 000 = Tanklöschfahrzeug mit einem Löschwasserbehälter mit 2 000 Litern Inhalt; PTLF 4 000 = Tanklöschfahrzeug mit einem Löschwasserbehälter mit 4 000 Litern Inhalt und einer Pulverlöschanlage

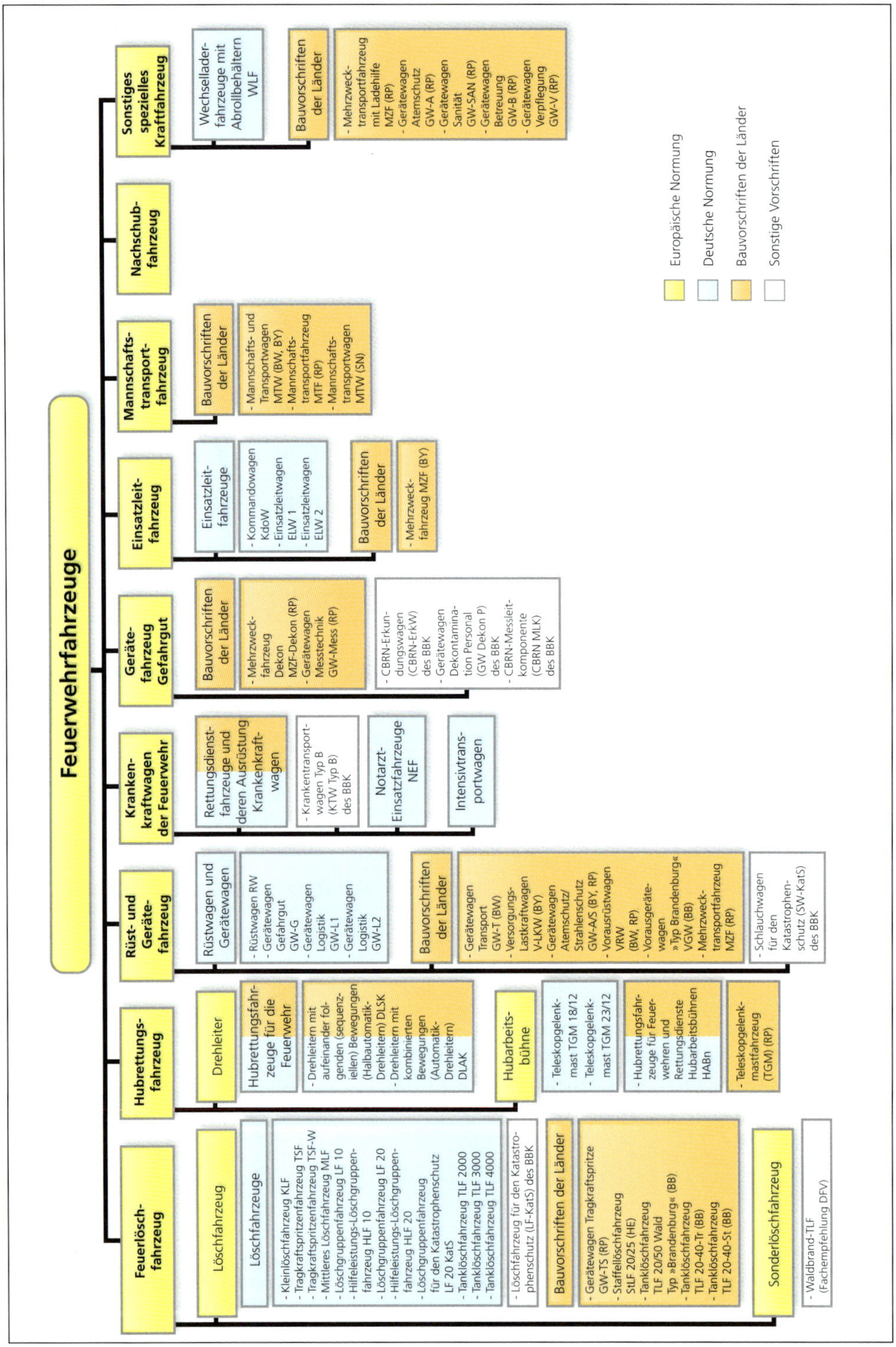

Bild 11.1 Übersicht über die Feuerwehrfahrzeug-Typen

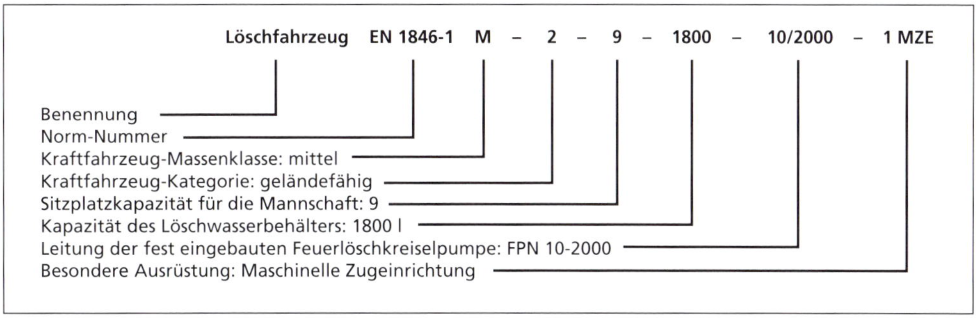

Bild 11.2 Bezeichnungsschema für Feuerwehrfahrzeuge nach DIN EN 1846-1 (Beispiel: HLF 20)

(L – 3 < Gesamtgewicht ≤ 7,5 Tonnen), mittel (M – 7,5 < Gesamtgewicht ≤ 16 Tonnen) und super (S – Gesamtgewicht > 16 Tonnen) sowie in die Kraftfahrzeugkategorien straßenfähig (1), geländefähig (2) und geländegängig (3) eingeteilt. In Deutschland sind die Massenklassen L und M noch weiter in Untermassenklassen unterteilt (LI – 3 < Gesamtgewicht ≤ 4,75 Tonnen; LII – 4,75 < Gesamtgewicht ≤ 7,5 Tonnen; MI – 7,5 < Gesamtgewicht ≤ 9,0 Tonnen; MII – 9,0 < Gesamtgewicht ≤ 14,0 Tonnen; MIII – 14,0 < Gesamtgewicht ≤ 16,0 Tonnen). Daraus ergibt sich eine eindeutige Kraftfahrzeug-Bezeichnung (▶ Bild 11.2). Die Bezeichnungssystematik bei Löschfahrzeugen ist einfach: Eine Kombination aus Buchstaben und Ziffern geben den Fahrzeugtyp an. Die Buchstaben stehen für den Fahrzeugtyp, die Ziffern für die Pumpenleistung – und bei älteren Fahrzeugen – das Fassungsvermögen des Löschmittelbehälters, dabei erläutern die Ziffern vor dem Schrägstrich die Pumpenleistung. Steht nur eine Ziffer hinter der Buchstabenkombination gibt diese bei Löschfahrzeugen die Leistung der fest eingebauten Feuerlöschkreiselpumpe an, bei allen anderen Fahrzeug-

INFO

Fahrzeugbezeichnungen (Auswahl)

- KLF — Kleinlöschfahrzeug
- TSF — Tragkraftspritzenfahrzeug
- MLF — Mittleres Löschfahrzeug
- LF — Löschgruppenfahrzeug
- HLF — Hilfeleistungs-Löschgruppenfahrzeug
- RW — Rüstwagen
- GW — Gerätewagen
- ELW — Einsatzleitwagen
- StLF 10/6 — Staffellöschfahrzeug mit einer fest eingebauten Feuerlöschkreiselpumpe mit einer Förderleistung von 1 000 l/min bei 10 bar und einem 600 Liter fassenden Löschwasserbehälter (aktuell nicht mehr genormtes Fahrzeug)
- HLF 20/16 — Hilfeleistungs-Löschgruppenfahrzeug mit einer fest eingebauten Feuerlöschkreiselpumpe mit einer Förderleistung von 2 000 l/min bei 10 bar und einem 1 600 Liter fassenden Löschwasserbehälter (aktuell nicht mehr genormtes Fahrzeug)
- LF 10 — Löschgruppenfahrzeug mit einer fest eingebauten Feuerlöschkreisepumpe mit einer Förderleistung von 1 000 l/min bei 10 bar (Achtung: Auch dieses Löschgruppenfahrzeug verfügt über einen Löschwasserbehälter, dieser wird nach der neuen Nomenklatur jedoch nicht mehr angegeben).
- TLF 3000 — Tanklöschfahrzeug mit einem 3 000-Liter-Löschwasserbehälter
- GW-L1 — Gerätewagen Logistik der Größe 1
- ELW 1 — Einsatzleitwagen der Größe 1

typen die Größe (Größe 1 oder 2). Ausnahme sind die Tanklöschfahrzeuge. Dort ist man im Jahr 2011 dazu übergegangen, die Größe des Löschwasserbehälters direkt anzugeben und die Pumpenleistung nicht darzustellen.

Die Pumpenleistung und das Fassungsvermögen des Löschmittelbehälters (nicht TLF) sind jeweils mit 100 zu multiplizieren.

Bei Hubrettungsfahrzeugen geben die Ziffern vor dem Schrägstrich (bei älteren Fahrzeugen: Bindestrich) die Nennrettungshöhe und die hinteren Ziffern die Nennausladung an. Diese wird bei Drehleitern ab der Abstützung gemessen.

11.2 Löschfahrzeuge

Ein Löschfahrzeug ist ein Feuerwehrfahrzeug, das mit einer Feuerlöschkreiselpumpe und im Regelfall mit einem Löschwasserbehälter sowie anderen für die Brandbekämpfung benötigten Geräten ausgestattet ist. Ein Sonderlöschfahrzeug führt spezielle Ausrüstung für die Brandbekämpfung mit; ebenso kann auch spezielles Löschmittel zur Ausrüstung dieses Fahrzeugtyps gehören.

Die Gruppe der Löschfahrzeuge umfasst die Kleinlösch- und Tragkraftspritzenfahrzeuge, die Löschgruppen- und Hilfeleistungs-Löschgruppenfahrzeuge sowie die Tanklöschfahrzeuge. Sonderlöschfahrzeuge sind national nicht genormt, da die Anforderungen, insbesondere der Werkfeuerwehren, zu unterschiedlich sind. Diese Fahrzeuge werden daher nach kundenspezifischen Anforderungen gebaut. Eine Übersicht über die national genormten Löschfahrzeuge zeigt ▶ Tabelle 11.1.

11.2.1 Kleinlöschfahrzeug

Das Kleinlöschfahrzeug (KLF) dient vor allem der Bekämpfung von Kleinbränden im Ortsbereich und wurde für kleine Freiwillige Feuerwehren im ländlichen Raum in DIN 14530-24 genormt (▶ Bild 11.3). Als Basis kommen ausschließlich Transporterfahrgestelle mit Doppelkabine der Massenklasse LI zum Einsatz. Die Besatzung besteht aus einer Staffel. Das KLF ist als nicht selbstständige taktische

Bild 11.3 KLF (Aufbau: Ziegler)

Einheit für die Durchführung von Erstmaßnahmen bei der Brandbekämpfung eingestuft.

Die mitgeführte Tragkraftspritze leistet 1 000 l/min bei 10 bar (PFPN 10-1000), der Löschwasserbehälter fasst mindestens 500 Liter. Die feuerwehrtechnische Beladung wurde gegenüber dem Tragkraftspritzenfahrzeug reduziert. Aufgrund der geringen Löschwassermenge muss vor Beginn eines Innenangriffs unter Atemschutz grundsätzlich die Wasserversorgung aufgebaut sein. Zudem muss das Fahrzeug im Einsatz durch Fahrzeuge mit mindestens dem einsatztaktischen Wert eines anderen genormten Löschfahrzeugs mit einer Staffelbesatzung ergänzt werden.

11.2.2 Tragkraftspritzenfahrzeug

Das Tragkraftspritzenfahrzeug (TSF) bildet mit der vorhandenen Staffelbesatzung, die durch nachrückende Kräfte zu einer Gruppe ergänzt werden muss, eine selbstständige taktische Einheit. Es ist in DIN 14530-16 genormt (▶ Bild 11.4). Es dient überwiegend der Brandbekämpfung und ist bei kleineren Freiwilligen Feuerwehren im ländlichen Raum verbreitet.

Bild 11.4 TSF (Aufbau: Rosenbauer)

Bild 11.5 Tragkraftspritzenfahrzeuge mit Löschwasserbehälter

a mit in den Aufbau integriertem Mannschaftsraum (Aufbau: Walser)

b mit Doppelkabine (Aufbau: Magirus)

Als Basis kommen Transporterfahrgestelle der Massenklasse LI zum Einsatz.

Trotz der Staffelbesatzung wird die feuerwehrtechnische Beladung für eine Löschgruppe mitgeführt. Ebenso gehört eine Tragkraftspritze PFPN 10-1000 zur Beladung. Ein Löschwasserbehälter ist nicht vorhanden.

11.2.3 Tragkraftspritzenfahrzeug Wasser

Das Tragkraftspritzenfahrzeug mit Löschwasserbehälter (TSF-W) wird offiziell nur als »Tragkraftspritzenfahrzeug TSF-W« bezeichnet (▶ Bilder 11.5). Zur Unterscheidung hat sich jedoch der Begriff »Tragkraftspritzenfahrzeug Wasser« analog zur Kurzbezeichnung TSF-W durchgesetzt. Es ist in DIN 14530-17 genormt. Der Mannschaftsraum bietet Platz für eine Staffelbesatzung. Wird die Besatzung zu einer Löschgruppe durch nachrückende Einsatzkräfte ergänzt, bildet es eine selbstständige taktische Einheit. Es dient überwiegend der Brandbekämpfung und ist bei Freiwilligen Feuerwehren im ländlichen Raum verbreitet. Als Basis kommen Transporterfahrgestelle der Massenklasse LII zum Einsatz.

Trotz der Staffelbesatzung wird die feuerwehrtechnische Beladung für eine Löschgruppe mitgeführt. Die Tragkraftspritze PFPN 10-1000 ist mit dem mindestens 500 Liter fassenden Löschwasserbehälter zu koppeln. Ist eine Massenreserve vorhanden, darf der Löschwasserbehälter auf bis zu 750 Liter vergrößert werden.

11.2.4 Mittleres Löschfahrzeug

Das Mittlere Löschfahrzeug (MLF) hat das Staffellöschfahrzeug (StLF 10/6) abgelöst. Grund für die Anpassung des Namens war u. a. die Einführung der so genannten opera-

Bild 11.6 Beispiele für Mittlere Löschfahrzeuge (MLF): a aufgebaut auf einem Transporter-Fahrgestell der Massenklasse LII (Aufbau. Magirus) b aufgebaut auf einem Lkw-Fahrgestell der Massenklasse MI (Aufbau: Lentner)

C

Bild 11.7 LF 10 auf Straßenfahrgestell (Aufbau: Magirus)

Bild 11.8 HLF 10 auf Allradfahrgestell (Aufbau: Ziegler)

tiv-taktischen Adresse beim Digitalfunk. Der Fahrzeugtyp ist konzeptionell zwischen dem Tragkraftspritzenfahrzeug TSF-W und dem Löschgruppenfahrzeug LF 10 angesiedelt und soll die Lücke zwischen den beiden etablierten Fahrzeugtypen schließen. Das MLF wird auf leichten Lkw- oder Transporterfahrgestellen, vorrangig mit Straßenantrieb, aufgebaut (▶ Bild 11.6). Es ist in die Massenklassen LII oder MI eingestuft. Nach DIN 14530-25 muss ein handelsübliches Fahrgestell mit Doppelkabine verwendet werden; dies führt dazu, dass TSF-W und MLF äußerlich oft nicht zu unterscheiden sind. Das MLF hat eine Staffelbesatzung. Wird diese durch nachrückende Kräfte zu einer Löschgruppe ergänzt, gilt das MLF als selbstständige taktische Einheit, die überwiegend der Brandbekämpfung dient.

Die feuerwehrtechnische Beladung ist auf eine Gruppe ausgelegt. Fest eingebaut sind eine Feuerlöschkreiselpumpe FPN 10-1000 sowie ein mindestens 600 Liter fassender Löschwasserbehälter. Ist eine Massenreserve vorhanden, darf der Löschwasserbehälter auf bis zu 1 000 Liter vergrößert werden.

11.2.5 Löschgruppenfahrzeug LF 10

Das Löschgruppenfahrzeug LF 10 ist ein nach DIN 14530-5 genormtes Löschfahrzeug mit einer vom Fahrzeugmotor angetriebenen Feuerlöschkreiselpumpe FPN 10-1000, einem Löschwasserbehälter mit einem Fassungsvermögen von 1 200 Litern und einer feuerwehrtechnischen Beladung für eine Gruppe (▶ Bild 11.7). Es dient überwiegend der Brandbekämpfung, der Förderung von Wasser und der Durchführung einfacher Technischer Hilfeleistungen und bildet mit der Gruppenbesatzung eine selbstständige taktische Einheit. Das LF 10 muss die Massenklasse MII erfüllen. Es ist Straßen- als auch Allradantrieb zulässig.

Das LF 10 ist der Nachfolgetyp des LF 10/6, welcher wiederum auf dem LF 8/6 basiert.

11.2.6 Hilfeleistungs-Löschgruppenfahrzeug HLF 10

Das Hilfeleistungs-Löschgruppenfahrzeug HLF 10 ist ein nach DIN 14530-26 genormtes Löschfahrzeug mit einer vom Fahrzeugmotor angetriebenen Feuerlöschkreiselpumpe FPN 10-1000, einem Löschwasserbehälter mit einem Fassungsvermögen von 1 000 Litern und einer feuerwehrtechnischen Beladung für eine Gruppe (▶ Bild 11.8). Es dient überwiegend der Brandbekämpfung, der Förderung von Wasser und der Durchführung Technischer Hilfeleistungen und bildet mit der Gruppenbesatzung eine selbstständige taktische Einheit.

Das HLF 10 ist in die Massenklasse MII eingestuft. Es ist Straßen- als auch Allradantrieb zulässig; Allradantrieb wird allerdings empfohlen.

Im Gegensatz zum LF 10 führt das HLF 10 eine deutlich vergrößerte feuerwehrtechnische Beladung für Technische Hilfeleistungen, unter anderem Schneidgerät, Rettungszylinder und Spreizer, mit. Zwischen dem LF 10 und dem HLF 10 besteht äußerlich in der Regel kein Unterschied. Das HLF 10 ist der Nachfolgetyp des HLF 10/6.

Bild 11.9 LF 20 (Aufbau: Lentner)

Bild 11.10 HLF 20 (Aufbau: Rosenbauer)

11.2.7 Löschgruppenfahrzeug LF 20

Das Löschgruppenfahrzeug LF 20 ist ein nach DIN 14530-11 genormtes Löschfahrzeug mit einer vom Fahrzeugmotor angetriebenen Feuerlöschkreiselpumpe FPN 10-2000, einem Löschwasserbehälter mit einem Fassungsvermögen von 2 000 Litern und einer feuerwehrtechnischen Beladung für eine Gruppe (▶ Bild 11.9). Es dient überwiegend der Brandbekämpfung, der Förderung von Wasser und der Durchführung einfacher Technischer Hilfeleistungen und bildet mit der Gruppenbesatzung eine selbstständige taktische Einheit.

Das LF 20 ist in die Massenklasse MIII eingestuft. Bei Einhaltung der Mindestanforderungen mit der Standardbeladung muss noch eine Massenreserve von 435 Kilogramm vorhanden sein. Es ist Straßen- als auch Allradantrieb zulässig; Allradantrieb wird jedoch empfohlen. Am Fahrzeugheck wird im Gegensatz zum LF 10 mindestens eine fahrbare Haspel mitgeführt. Außerdem gehört die Schiebleiter zur Standardbeladung. Im März 2014 hat der zuständige Normenausschuss die DIN 14530-11 dahingehend ausgelegt, dass auf die fahrbare Haspel verzichtet werden kann, wenn die entsprechende Anzahl der Druckschläuche im nicht verlängerten Aufbau untergebracht werden kann.

Das LF 20 ist der Nachfolgetyp des LF 20/16, welcher wiederum auf dem LF 16/12 basiert.

11.2.8 Hilfeleistungs-Löschgruppenfahrzeug HLF 20

Das Hilfeleistungs-Löschgruppenfahrzeug HLF 20 ist ein nach DIN 14530-27 genormtes Löschfahrzeug mit einer vom Fahrzeugmotor angetriebenen Feuerlöschkreiselpumpe FPN 10-2000, einem Löschwasserbehälter mit einem Fassungsvermögen von 1 600 Litern und einer feuerwehrtechnischen Beladung für eine Gruppe (▶ Bild 11.10). Es dient überwiegend der Brandbekämpfung, der Förderung von Wasser und der Durchführung Technischer Hilfeleistungen und bildet mit der Gruppenbesatzung eine selbstständige taktische Einheit.

Das HLF 20 ist in die Massenklasse MIII eingestuft. Bei Einhaltung der Mindestanforderungen mit der Standardbeladung muss noch eine Massenreserve von 450 Kilogramm vorhanden sein. Es ist Straßen- als auch Allradantrieb zulässig; Allradantrieb wird jedoch empfohlen. Am Fahrzeugheck wird im Gegensatz zum HLF 10 mindestens eine fahrbare Haspel mitgeführt. Außerdem gehört die Schiebleiter zur Standardbeladung. Gegenüber dem Löschgruppenfahrzeug LF 20 hat das HLF 20 eine festgelegte, erweiterte Mindestbeladung für

Bild 11.11 HLF 20 (Aufbau: Schlingmann). Das Fahrzeug führt keine Einpersonen-Schlauchhaspel mit, da alle Druckschläuche im Aufbau gelagert werden.

Tabelle 11.1 Übersicht über die genormten Löschfahrzeuge

Fahrzeugtyp	Antrieb	Massenklasse	Besatzung	Feuerlöschkreiselpumpe	Löschwasserbehälter [l]	Schaummitteltank [l]	Anzahl Pressluftatmer	Anzahl B-Druckschläuche	Anzahl C-Druckschläuche	Anzahl Steckleiterteile	Schiebleiter
KLF	Straße	LI	1 – 5	PFPN 10-1000	500	-	4	10	9	4	nein
TSF	Straße	LI	1 + 5	PFPN 10-1000		-	4	8	9	4	nein
TSF-W	Straße	LII	1 + 5	PFPN 10-1000	500	-	4	10	9	4	nein
MLF	vorrangig Straße	LII oder MI	1 + 5	FPN 10-1000	600	-	4	10	9	4	nein
LF 10	Straße Allrad	MII	1 + 8	FPN 10-1000	1 200	-	4	14	12	4	nein
HLF 10	Straße Allrad	MII	1 + 8	FPN 10-1000	1 000	-	4	14	12	4	nein
LF 20	Straße Allrad	MIII	1 + 8	FPN 10-2000	2 000	-	4	14	12	4	ja
HLF 20	Straße Allrad	MIII	1 + 8	FPN 10-2000	1 600	-	4	14	12	4	ja
LF 20 KatS	Allrad	MIII	1 + 8	FPN 10-2000 PFPN 10-2000	1 000	-	4	30	12	4	nein
TLF 2000	Allrad	MII	1 + 2	FPN 10-1000	2 000	-	2	4	6	(4)	nein
TLF 3000	Allrad	MII	1 + 2	FPN 10-2000	3 000	-	2	6	6	(4)	nein
TLF 4000	vorrangig Allrad	MIII oder S	1 + 2	FPN 10-2000	4 000	500	2	6	6	(4)	nein

die Technische Hilfeleistung. Zwischen dem LF 20 und dem HLF 20 besteht äußerlich in der Regel kein Unterschied.

Im März 2014 hat der zuständige Normenausschuss die DIN 14530-11 dahingehend ausgelegt, dass auf die fahrbare Haspel verzichtet werden kann, wenn die entsprechende Anzahl der Druckschläuche im nicht verlängerten Aufbau untergebracht werden kann (▶ Bild 11.11). Das HLF 20 ist der Nachfolgetyp des HLF 20/16, welcher wiederum auf dem LF 16/12 basiert.

11.2.9 Löschgruppenfahrzeug für den Katastrophenschutz LF 20 KatS

Der Bund ergänzt im Rahmen des Zivilschutzes den Katastrophenschutz der Länder mit so genannten Unterstützungskomponenten. Dazu gehören das Löschgruppenfahrzeug und der Schlauchwagen für den Katastrophenschutz (▶ Kapitel 63).

Das Löschgruppenfahrzeug für den Katastrophenschutz (LF 20 KatS) ist in DIN 14520-8 genormt (▶ Bild 11.12). Die Norm basiert auf dem Pflichtenheft »LF-KatS« des Bundesamtes für Bevölkerungsschutz und Katastrophenhilfe. Hintergrund der Normung war der Wunsch der Landkreise und Kommunen, eigene, also kommunal finanzierte, Löschfahrzeuge für den Katastrophenschutz zu beschaffen.

Das LF 20 KatS dient überwiegend der Brandbekämpfung, der Wasserförderung, auch über lange Wegstrecken, und der Durchführung Technischer Hilfeleistungen kleineren Umfangs. Es bildet mit der Gruppenbesatzung eine selbstständige taktische Einheit.

Das Fahrzeug basiert auf einem einzelbereiften handelsüblichen Lkw-Fahrgestell mit Allradantrieb. Es ist in die Massenklasse MIII eingestuft.

Das LF 20 KatS verfügt über eine feuerwehrtechnische Beladung für eine Gruppe. Die Beladung wurde in etwa dem LF 10 angeglichen, allerdings wurde die Zahl der B-Druckschläuche – wie beim früheren LF 16-TS des Bundes – auf 30 (= 600 Meter) erhöht. Im Heck sind mindestens 15 der 30 B-Druckschläuche zur Verlegung während der Fahrt in Buchten verlastet.

Fest eingebaut ist eine Feuerlöschkreiselpumpe FPN 10-2000 und ein Löschwasserbehälter mit einem Fassungsvermögen von 1000 Litern. Zusätzlich wird eine Tragkraftspritze PFPN 10-2000, mindestens aber PFPN 10-1500, mitgeführt: Eine Schiebleiter gehört nicht zum genormten Beladungsumfang.

11.2.10 Tanklöschfahrzeug TLF 2000

Das kompakt gebaute Tanklöschfahrzeug TLF 2000 wurde 2011 neu genormt. Es ist der Nachfolger des bereits seit Januar 1992 nicht mehr genormten TLF 8/18. Das TLF 8/18 verfügte über eine Feuerlöschkreiselpumpe, die 800 l/min bei 8 bar leistete und einen mindestens 1 800 Liter fassenden Löschwasserbehälter.

Das TLF 2000 verfügt über eine Truppbesatzung (1/2), eine fest eingebaute Feuerlöschkreiselpumpe FPN 10-1000 und einen Löschwasserbehälter, der mindestens 2.000 Liter fasst (▶ Bild 11.13). Dieser darf allerdings bei »besonders kompakten Fahrzeugen« auf 1 800 Li-

Bild 11.12 LF-KatS (Aufbau: Lentner)

Bild 11.13 TLF 2000 (Aufbau: Schlingmann)

ter reduziert werden. Auf Wunsch des Kunden ist auch ein fest montierter Werfer zulässig. Das leichte Tanklöschfahrzeug soll vor allem für die Waldbrandbekämpfung geeignet sein.

Das TLF 2000 ist in DIN 14530-18 genormt. Es ist in die Massenklasse MII eingestuft. Das Fahrzeug verfügt über eine Standardbeladung sowie eine Zusatzbeladung für Waldbrände.

11.2.11 Tanklöschfahrzeug TLF 3000

Das TLF 3000 ist ebenfalls seit 2011 genormt. Es ist der Nachfolger des TLF 16/24-Tr und wurde daher auch in Teil 22 der DIN 14530 (bisher wurde darin das TLF 16/24-Tr genormt) eingefügt. Auch das TLF 3000 soll den Bedarf nach einem Tanklöschfahrzeug für die Waldbrandbekämpfung abdecken.

Das bisherige TLF 16/24-Tr war ein Tanklöschfahrzeug mit Truppbesatzung (= Kurzzeichen Tr), einer Feuerlöschkreiselpumpe FP 16/8 und einem 2 400 Liter Wasser fassenden Löschwasserbehälter.

Das neue TLF 3000 verfügt über eine Truppbesatzung (1/2), eine fest eingebaute Feuerlöschkreiselpumpe FPN 10-2000 und einen Löschwasserbehälter, der mindestens 3 000 Liter fasst (▶ Bild 11.14). Auf Wunsch des Kunden ist auch ein fest montierter Werfer zulässig. Das Tanklöschfahrzeug soll vor allem für die Waldbrandbekämpfung geeignet sein. Es ist in die Massenklasse MII eingestuft. Das TLF 3000 verfügt über eine feuerwehrtechni-

Bild 11.14 TLF 3000 (Aufbau: Magirus)

sche Standardbeladung sowie eine Zusatzbeladung für Waldbrände.

11.2.12 Tanklöschfahrzeug TLF 4000

Das TLF 4000 ersetzt seit 2011 das bisherige TLF 20/40 im Bereich von 14 bis 16 Tonnen sowie das TLF 20/40-SL in der Gewichtsklasse S (18 Tonnen). Entsprechend soll das TLF 4000 die bisherigen Aufgabenbereiche der Fahrzeuge abdecken. Das TLF 4000 ist in DIN 14530-21 genormt.

Das bisherige TLF 20/40 hatte eine Truppbesatzung sowie eine Feuerlöschkreiselpumpe FPN 10-2000 und einen 4 000-Liter-Löschwasserbehälter. Das TLF 20/40-SL – die Buchstaben SL standen für Sonderlöschmittel – hatte zusätzlich einen 500-Liter-Schaummitteltank und führte ggf. weitere Sonderlöschmittel mit. Es war quasi der Nachfolger des früheren TLF 24/50.

Bild 11.15 PTLF 4000 (Aufbau: Rosenbauer)

Bild 11.16 TLF 4000 (Aufbau: Ziegler)

Das TLF 4000 verfügt ebenfalls über eine Truppbesatzung (1/2). Es ist in die Massenklasse MIII oder S eingestuft. Aufgrund der erhöhten Gesamtmasse können sich jedoch Einschränkungen beim Einsatz abseits befestigter Wege sowie auf Feuerwehrzufahrten, die baurechtlich nur für eine Gesamtmasse von 16 Tonnen und eine Achslast von zehn Tonnen ausgelegt sind, ergeben.

Das TLF 4000 verfügt über eine Feuerlöschkreiselpumpe FPN 10-2000 sowie einen mindestens 4 000 Liter fassenden Löschwasserbehälter, einen mindestens 500 Liter fassenden Schaummitteltank sowie einen fest montierten Werfer. Zudem ist alternativ zur mitgeführten Schaumausrüstung auch der Einbau einer Druckzumischanlage oder einer Druckluftschaumanlage zulässig. Aufgrund der Gewichtsreserve ist es beim TLF 4000 möglich, auch Sonderlöschmittel wie Pulver- oder Kohlenstoffdioxidlöschanlagen mitzuführen. Wenn eine Pulverlöschanlage im Fahrzeug verbaut ist, wird dies auch in der Bezeichnung einsatztaktisch gekennzeichnet. Dann wird das Fahrzeug als PTLF 4000 (der Buchstabe »P« steht für Pulverlöschanlage) bezeichnet. Auf eine eigene Kennzeichnung von Fahrzeugen mit Kohlenstoffdioxidlöschanlagen wurde aufgrund der geringen Stückzahl verzichtet.

Quelle: Peugeot Deutschland GmbH

Bild 11.17 GW-TS (Ausbau: Harz)

11.2.13 Löschfahrzeuge nach Ländervorschriften

Die Länder Brandenburg, Hessen und Rheinland-Pfalz haben in eigenen Baurichtlinien und/oder landesweiten Ausschreibungsunterlagen eigene Löschfahrzeuge beschrieben und den Feuerwehren zur Beschaffung empfohlen (▶ Bild 11.1). Während Brandenburg eigene, aufgrund der Waldbrandgefahr speziell ausgerüstete Tanklöschfahrzeuge ausschreibt, hat Hessen als Nachfolger für die zahlreiche bei den Feuerwehren vorhandenen Tanklöschfahrzeugen TLF 16/25 das Staffellöschfahrzeug StLF 20/25 in der Technische Richtlinie beschrieben. Das Fahrzeug »basiert auf der Grundkonzeption des früher genormten StLF 10/6 (jetzt: MLF) als technisch/taktisch selbständigem Löschfahrzeug mit einer feuerwehrtechnischen Beladung für eine Gruppe, dessen Besatzung aus einer Staffel besteht. Es verfügt jedoch über einen größeren Löschwasservorrat und kann damit auch zur Löschwasserversorgung auf Verkehrswegen und in waldreichen Gebieten dienen.« Das StLF 20/25 hat eine zulässige Gesamtmasse von 14 500 Kilogramm. Fest im Aufbau eingebaut sind eine Feuerlöschkreiselpumpe FPN 10-2000 und ein mindestens 2 500 Liter fassender Löschwasserbehälter. Die Zusatzbeladungen »Motorsäge« und »Schaum« wurden in die Standardbeladung des StLF 20/25 aufgenommen.

In Rheinland-Pfalz ist aufgrund der Technischen Richtlinie 12 der Gerätewagen Tragkraftspritze (GW-TS) eingeführt (▶ Bild 11.17). Das Fahrzeug soll eine Alternative zum Tragkraftspritzenanhänger sein, der bei kleinsten Feuerwehren im ländlichen Raum teilweise noch weit verbreitet ist. So führt der maximal 2 700 Kilogramm schwere serienmäßige Kastenwagen mit Straßenantrieb auch nur eine Tragkraftspritze und die dazugehörige Beladung sowie eine Steckleiter mit. Die Besatzung besteht aus einem Trupp (1/1).

In Niedersachsen sind Fahrzeuge nach Technischen Weisungen des Innenministeriums seit den 1970er-Jahren weit verbreitet. Zu nennen sind insbesondere LF 8, TLF 8/18, TLF 8 (W) für die Waldbrandbekämpfung oder Gerätewagen mit Zusatzbeladung (GW-Z). Alle technischen Weisungen sind jedoch im November 2002 aus der niedersächsischen Vorschriftensammlung herausgenommen worden. Daher werden Fahrzeuge gemäß der Technischen Regeln heute in der Regel nicht mehr beschafft.

11.3 Hubrettungsfahrzeuge

Als Hubrettungsfahrzeuge werden Drehleitern (DL) und Hubarbeitsbühnen (HAB) bezeichnet. Bei der Bezeichnung von Drehleitern – sowie auch bei manchen Hubarbeitsbühnen – werden jeweils die Nennrettungshöhe sowie die Nennausladung angegeben. Die Nennausladung wird bei Drehleitern ab der Außenkante der Abstützung gemessen. Während die Nennrettungshöhe in Metern vor dem Schrägstrich (früher: Bindestrich) steht, erfolgt die Angabe der Nennausladung danach. Die Hersteller bezeichnen ihre Drehleitern zusätzlich zu den Normbezeichnungen noch mit Verkaufsbezeichnungen wie M 32 L (Magirus 32 Meter Arbeitshöhe Ladder) oder L32 (Ladder 32 Meter Arbeitshöhe; Rosenbauer). Die Verkaufsbezeichnungen für Drehleitern mit Gelenkarm bzw. abneigbarem Korbarm (Magirus: DLAK 23/12 GL bzw. M 32 L-AS, Rosenbauer: L 32 A-XS) fanden bei den Feuerwehren meist Einzug in die Fahrzeugbezeichnung. In der Normbezeichnung blieb diese Variante (bisher) jedoch unberücksichtigt. Verfügt die Drehleiter über einen Rettungskorb wird der Kurzbezeichnung DLA oder DLS der Buchstabe K angehängt. Sowohl bei den Automatik- als auch bei den Halbautomatik-Drehleitern sind folgende Typen – jeweils mit und ohne Rettungskorb – genormt:

- DLAK/DLSK 23/12,
- DLAK/DLSK 18/12,
- DLAK/DLSK 12/9.

> **Merke:**
>
> **Bezeichnung der Drehleiter**
> - **DLAK 23/12** Drehleiter Automatik mit Korb, 23 Meter Nennrettungshöhe bei 12 Meter Nennausladung
> - **DLSK 23/12** Drehleiter Sequenziell mit Korb, 23 Meter Nennrettungshöhe bei 12 Meter Nennausladung

Grundsätzlich ist für alle Hubrettungsfahrzeuge eine Truppbesatzung (1/2/3) empfohlen sowie zur Sicherstellung der Einsatzfähigkeit auch bei beengten Verhältnissen eine Mindestbelastbarkeit des Leitersatzes von zwei Personen bei einer Abstützbreite von ≥ 4,5 Metern, um die den Typen zugeordneten Nennrettungspunkte zu erreichen.

Drehleitern mit Handbetrieb (DL 16-4, früher DL 18) sind seit Oktober 2011 nicht mehr genormt, da in den vergangenen Jahren solche Fahrzeuge kaum mehr beschafft werden sind.

Zum Einsatz der Hubrettungsfahrzeuge siehe ▶ Kapitel 25.

11.3.1 Automatik-Drehleitern

Die so genannten Automatik-Drehleitern sind in DIN EN 14043 genormt. Automatik-Dreh-

Bild 11.18 DLAK 23/12 GL (Aufbau: Rosenbauer)

Bild 11.19 DLAK 23/12 (Aufbau: Magirus)

Bild 11.20 DLSK 23/12 (Aufbau: Camiva)

Bild 11.21 DLAK 42 (Aufbau: Magirus)

leitern zeichnen sich dadurch aus, dass kombinierte Bewegungen, also mehrere Bewegungen wie Aufrichten, Ausfahren oder Drehen zeitgleich, möglich sind. Die Automatik-Drehleitern werden daher normativ als »Drehleitern mit kombinierten Bewegungen« bezeichnet. Das Kurzzeichen lautet DLA. Die Automatik-Drehleitern sind die Standard-Drehleitern bei den Feuerwehren in Deutschland.

11.3.2 Halbautomatik-Drehleitern

Die so genannten Halbautomatik-Drehleitern sind in DIN EN 14044 genormt. Bei Halbautomatik-Drehleitern sind keine kombinierten Bewegungen möglich, d. h., die Bewegungen der Drehleiter wie Aufrichten, Ausfahren oder Drehen sind nur aufeinander folgend (sequenziell) möglich. Die Halbautomatik-Drehleitern werden daher normativ als »Drehleitern mit aufeinander folgenden (sequenziellen) Bewegungen« bezeichnet. Das Kurzzeichen lautet daher DLS. Halbautomatische Drehleitern sind in Deutschland bisher nicht verbreitet, wohl aber im Ausland (v. a. im französischsprachigen Raum). Sie ähneln im Design mittlerweile stark den vollautomatischen Drehleitern.

11.3.3 Drehleitern anderer Größenklassen

Vereinzelt nutzen die Feuerwehren in Deutschland auch Drehleitern mit Rettungshöhen > 30 Meter. Hierbei kommen vor allem Drehleitern mit Rettungshöhen von 37 oder 42 bzw. 44 Meter zum Einsatz. Diese Fahrzeuge basieren zwar grundsätzlich auf den Drehleiternormen, vor allem in Bezug auf die Sicherheitsanforderungen, sind jedoch nicht genormt. Die Bezeichnungen dieser Drehleitern geben in der Regel nicht die Nennrettungshöhe und die Nennausladung an, sondern nur die Rettungs- bzw. Arbeitshöhe (= Rettungshöhe + 2 m), z. B. DLAK 42 (▶ Bild 11.21).

Bild 11.22 Hubarbeitsbühnen:

a HAB 32 (Aufbau: Metz)

b Vergleich von Hubarbeitsbühne und Drehleiter der 32-Meter-Klasse (Metz B 32 [links] und Metz L 32). Die Hubarbeitsbühne muss nicht höher sein!

C

11.3.4 Hubarbeitsbühnen

Hubarbeitsbühnen (HAB) sind in DIN EN 1777 genormt. Für den Einsatz bei der Feuerwehr sind nur Hubarbeitsbühnen der Gruppe B – Typ 1 zugelassen; Scherenlifte o. Ä. sind somit unzulässig. Arbeits- bzw. Rettungshöhen sind in DIN 14701-1 normativ vorgegeben. Danach sind Teleskopgelenkmasten TGM 18/12 und TGM 23/12 in Deutschland genormt. Allerdings hat sich eine Arbeitshöhe von 30 bzw. 32 Metern bei den öffentlichen Feuerwehren durchgesetzt. Die seit 2018 geltende Norm-Bezeichnung TGM wird kaum verwendet. Bei Werkfeuerwehren und Berufsfeuerwehren kommen teilweise Fahrzeuge mit deutlich größeren Arbeitshöhen als Sonderfahrzeuge zum Einsatz. Als Bezeichnung hat sich am Markt die Bezeichnung HAB mit Angabe der Arbeitshöhe (z. B. HAB 32) durchgesetzt. Teilweise haben die Feuerwehren auch die Herstellerbezeichnung übernommen (z. B. B 32 [Bühne 32 Meter Arbeitshöhe; Rosenbauer], TLK 23/12 [Teleskop-Leiter-Korb 23 Meter Nennarbeitshöhe bei 12 Metern Nennausladung; Bronto Skylift). Teilweise haben sich auch die ungenormten Kurzbezeichnungen TM (Teleskopmast), TMB (Teleskopmastbühne), GM (Gelenkmast) oder TMF (Teleskopmastfahrzeug) gehalten.

Die Länder Brandenburg, Hessen und Rheinland-Pfalz haben ergänzende Richtlinien zur DIN EN 1777 veröffentlicht. Zu beachten ist, dass Hubarbeitsbühnen bauartbedingt schwerer als Drehleitern sind. Das Standardfahrzeug der 32-Meter-Klasse hat in der Regel eine zulässige Gesamtmasse von 18 000 Kilogramm und ist somit nicht für den Einsatz auf »Flächen der Feuerwehr« (Feuerwehrzufahrten) geeignet (▶ Kapitel 65).

Bild 11.23 RW (Aufbau: Schlingmann

11.4 Rüst- und Gerätefahrzeuge

11.4.1 Rüstwagen

Der Rüstwagen (RW) ist in DIN 14555-3 genormt und muss der Massenklasse MII oder MIII entsprechen (▶ Bild 11.23). Der Rüstwagen verfügt über eine Truppbesatzung (1/2), Allradantrieb, einen fest eingebauten Generator mit einer Mindestleistung von 22 kVA sowie eine maschinelle Zugeinrichtung mit einer Nennzugkraft von 50 kN. Das Fahrzeug ist zur Durchführung nahezu aller Technischen Hilfeleistungen – auch größeren Umfangs – vorgesehen und führt die dazu notwendigen Geräte mit. Der Rüstwagen ist in zwei Bauvarianten bekannt: mit konventionellem Aufbau oder mit einem Aufbau, der über eine heckseitige Ladebordwand und einen Laderaum für Rollcontainer verfügt.

Im Gegensatz zum Rüstwagen verfügen Gerätewagen normativ nicht über fest eingebaute

Bild 11.24 Gerätewagen Logistik:

a GW-L1 (Aufbau: Fritz)

b GW-L2 (Aufbau: Rosenbauer). Als Zusatzausstattung ist eine maschinelle Zugeinrichtung montiert.

Aggregate und Geräte sowie – mit Ausnahme des Gerätewagen Logistik 2 – auch nicht über Allradantrieb.

11.4.2 Gerätewagen Logistik

Die Gerätewagen Logistik sind in zwei Größen genormt: GW-L1 (DIN 14555-21) und GW-L2 (DIN 14555-22). Die Gerätewagen Logistik dienen in erster Linie dem Transport von Ausrüstungen und Materialien der Feuerwehr bei Einsätzen. Diese Gerätschaften und Nachschubgüter werden häufig auf Rollcontainern, Paletten oder Gitterboxen bei den Feuerwehren vorgehalten. Bei beiden Typen ist eine geringe Standardbeladung vorgeschrieben.

Der GW-L1 soll der Massenklasse LII entsprechen (▶ Bild 11.24a). Zulässig sind Fahrzeuge, die vorrangig über Straßenantrieb verfügen, und einen Trupp oder einer Staffel in der serienmäßigen Kabine Platz bieten. Zulässig ist eine Plane-Spriegel-Kombination des Aufbaus oder – auf Wunsch des Bestellers – ein fester Koffer. Die Nutzlast der Ladebordwand muss mindestens 750 Kilogramm betragen. Es müssen mindestens vier Rollcontainer oder Kleinladungsträger im Euro-Paletten-Maß mitgeführt werden können.

Der GW-L2 muss der Massenklasse MIII entsprechen und über Allradantrieb verfügen (▶ Bild 11.24b). Ein Gerätekasten für die Verlastung der Standardbeladung ist vorgeschrieben. Die Besatzung besteht aus einer Staffel. Die Ladefläche muss mindestens sechs Rollcontainern Platz bieten. Zulässig ist eine Plane-Spriegel-Kombination des Aufbaus oder ein fester Koffer. Die Nutzlast der Ladebordwand muss mindestens 1 500 Kilogramm betragen.

Beide GW-Logistik können bei Verlastung des Zusatzbeladungsmoduls »Gefahrgut« die Aufgaben des früheren, seit 2004 nicht mehr genormten GW-G1 (Gerätewagen Gefahrgut 1) übernehmen. Da es auch keinen genormten Schlauchwagen mehr gibt, wurde für den GW-L2 auch eine Zusatzbeladung »Wasserversorgung« vorgesehen. Bei Verlastung dieses Zusatzbeladungssatzes kann das Fahrzeug somit auch die Aufgaben des früheren Schlauchwagens SW 2000-Tr erfüllen.

11.4.3 Gerätewagen Gefahrgut

Der Gerätewagen Gefahrgut ist in DIN 14555-12 genormt (▶ Bild 11.25). Das Fahrzeug dient dem Umweltschutz und stellt alle Geräte bereit, die zum Durchführen von unfallbedingten Sofortmaßnahmen im Zusammenhang mit Gefährlichen Stoffen und Gütern (inklusive Mineralöl) notwendig sind. Das Personal, das für den Gefahrguteinsatz erforderlich ist, muss mindestens durch ein wasserführendes Löschgruppenfahrzeug gestellt werden.

Der Gerätewagen Gefahrgut darf der Massenklasse MII oder MIII entsprechen; die Besatzung besteht aus einem Trupp (1/2). Als Antriebsart ist regelmäßig Straßenantrieb ausreichend.

11.4.4 Besondere Gerätewagen/Gerätewagen nach Bauvorschriften der Länder

Obwohl nicht genormt gibt es in der Praxis bei den Feuerwehren zahlreiche Gerätewagen für spezielle Einsatzzwecke. Entsprechend des jeweiligen Einsatzzwecks sind diese Fahrzeuge gemäß der örtlichen Anforderungen gestaltet.

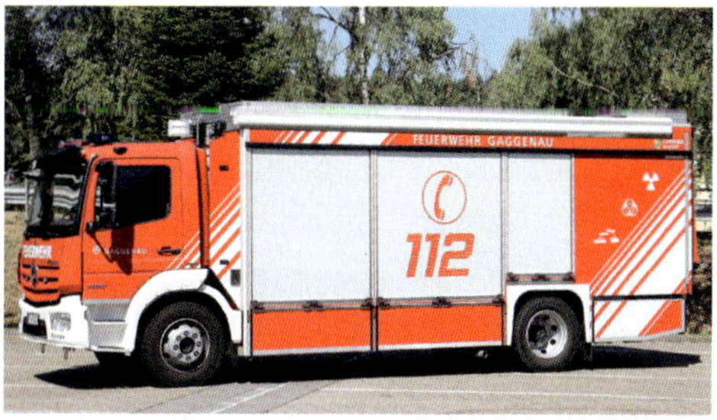

Bild 11.25 GW-G (Aufbau: Gimaex)

Bild 11.26 GW-Messtechnik (Aufbau: Binz)

Bild 11.27 Beispiele für Gerätewagen nach Bauvorschriften der Länder:

a Baden-Württemberg: GW-T (Aufbau: Neff)

b Bayern: V-LKW (Aufbau: Magirus)

Der jeweilige Einsatzzweck liefert dabei auch immer Hinweise auf die Beladung. Es gibt es in der Praxis oftmals Gerätewagen Atemschutz, Gerätewagen Messtechnik (▶ Bild 11.26), Gerätewagen Fernmeldetechnik oder Gerätewagen Wasserrettung/Taucher.

Einige Bundesländer haben zudem Gerätewagen durch eigene Baurichtlinien definiert, z. B. Gerätewagen Atemschutz/Strahlenschutz oder Nachschubfahrzeuge wie der Gerätewagen Transport in Baden-Württemberg (▶ Bild 11.27a) oder der Versorgungs-Lastkraftwagen in Bayern (▶ Bild 11.27b).

Eine weitere Fahrzeuggattung nach Landesvorschrift sind die Vorausrüstwagen (z. B. Baden-Württemberg; ▶ Bild 11.28) oder Vorausgerätewagen (z. B. Brandenburg). Hierbei handelt es sich um kleine, wendige Fahrzeuge mit oder ohne Allradantrieb (teilweise auch auf Transporter-Fahrgestellen aufgebaut), welche nach Verkehrsunfällen schnell Schneidgerät und Spreizer an der Einsatzstelle bereit stellen. Meist besteht die Besatzung aus einem Trupp.

11.5 Einsatzleitfahrzeuge

Im Bereich der Einsatzleitfahrzeuge sind der Kommandowagen sowie die Einsatzleitwagen ELW 1 und ELW 2 genormt. In Bayern gilt zusätzlich noch eine Bauvorschrift für ein Mehrzweckfahrzeug, welches eine Mischung aus Mannschaftstransportwagen und ELW 1 darstellt.

11.5.1 Kommandowagen

Der Kommandowagen (KdoW) ist ein Einsatzleitfahrzeug, das überwiegend dem Einsatzleiter zur Anfahrt und zur Erkundung von Einsatzstellen dient (▶ Bild 11.29). Der Kommandowagen ist in DIN SPEC 14507-5 genormt. Als Fahrzeug ist ein Pkw vorgeschrieben, der mindestens 1 700 Kilogramm und maximal 3 500 Kilogramm wiegen darf.

Bild 11.28 VRW (Ausbau: Barth)

Bild 11.29 KdoW (Ausbau: Binz)

Bild 11.30 ELW 1 (Ausbau: Schäfer)

Bild 11.32 MTW nach den Vorgaben des Landes Baden-Württemberg (Ausbau: Ernst + König)

Allradantrieb wird empfohlen. Das Fahrzeug muss mindestens einem Trupp (1/2) Platz bieten. Die feuerwehrtechnische Beladung ist gering und umfasst lediglich Feuerlöscher, Verbandkasten und Warnwesten sowie ein Zwei-Meter-Band-Handfunkgerät.

11.5.2 Einsatzleitwagen ELW 1

Der Einsatzleitwagen der Größe 1 (ELW 1) ist ein Einsatzleitfahrzeug, das mit Kommunikationsmitteln und feuerwehrtechnischer Beladung zur Führung taktischer Einheiten der Feuerwehr ausgestattet ist und dem Einsatzleiter zur Anfahrt an die Einsatzstelle, als technisches Hilfsmittel zur Führung taktischer Einheiten und als Hilfsmittel zum Führen von Verbänden mit Führungsassistenten (jedoch ohne stabsmäßige Führung) dient (▶ Bild 11.30). Die Besatzung besteht mindestens aus einem Trupp (1/2). Das Fahrzeug muss der Massenklasse LI entsprechen. Es sind sowohl Straßen- als auch Allradantrieb zulässig. Im ELW 1 müssen zwei Kommunikationsarbeitsplätze vorhanden sein. Das Fahrzeug ist in DIN SPEC 14507-2 genormt.

11.5.3 Einsatzleitwagen ELW 2

Der Einsatzleitwagen der Größe 2 (ELW 2) ist ein Einsatzleitfahrzeug, das mit Kommunikationsmitteln und feuerwehrtechnischer Beladung zur Führung taktischer Einheiten der Feuerwehr ausgestattet ist und der Einsatzleitung als technisches Hilfsmittel zur Führung von Verbänden oder sonstiger Einheiten mit Führungsassistenten und stabsmäßiger Führung sowie der operativ-taktischen Führungskomponente (z. B. der Technischen Einsatzleitung bei einem Großschadenereignis) als Führungsmittel dient (▶ Bild 11.31). Die Besatzung besteht mindestens aus einem Trupp (1/2). Der ELW 2 ist den Massenklassen

Bild 11.31 ELW 2 in Form eines Omnibusses (Ausbau: Ziegler)

Bild 11.33 Beispiel für ein nicht genormtes Sonderfahrzeug: Sondertanklöschfahrzeug (Aufbau: Walser)

MII oder MIII zugeordnet. Das Fahrzeug muss über Straßenantrieb verfügen. Der ELW 2 ist in DIN SPEC 14507-3 genormt. Als Fahrgestell wird ein Lkw mit Kofferaufbau empfohlen; andere Lösungen (z. B. als Bus, Abrollbehälter) sind jedoch zulässig.

11.6 Mannschaftstransportfahrzeuge

Obwohl Mannschaftstransportfahrzeuge weit verbreitet sind, findet der Fahrzeugtyp keinen Niederschlag in den Normen, d. h. Mannschaftstransportfahrzeuge sind nicht genormt. Es gelten nur die allgemeinen Anforderungen an Feuerwehrfahrzeuge nach DIN EN 1846 bzw. DIN 14502. Baden-Württemberg, Bayern, Rheinland-Pfalz und Sachsen haben aber beispielsweise Baurichtlinien erlassen, welche die Sitzplatzzahl und die feuerwehrtechnische Beladung regeln (▶ Bild 11.32).

11.7 Sonstige spezielle Kraftfahrzeuge

In diese Kategorie sind beispielsweise die Wechselladerfahrzeuge sowie der Gerätewagen Atemschutz (Hessen und Rheinland-Pfalz) und die Mehrzwecktransportfahrzeuge mit Ladehilfe sowie das Mehrzweckfahrzeug-Dekon (nach Baurichtlinie Rheinland-Pfalz) eingruppiert. Bei den Feuerwehren sind jedoch auch zahlreiche, nicht genormte Sonderfahrzeuge vorhanden, die ebenfalls in diese Kategorie fallen. Ein Beispiel sind Ölspurbeseitigungsfahrzeuge.

Bild 11.34 WLF (Hakengerät: Meiller). Der AB-Logistik wurde von Hensel erstellt.

11.7.1 Wechselladerfahrzeuge mit Abrollbehälter

Die Wechselladerfahrzeuge (WLF) dienen dem Transport von Abrollbehältern (AB). Die Fahrzeuge sind dazu mit einem Hakensystem zur Aufnahme der Abrollbehälter auszustatten. WLF müssen der Massenklasse S entsprechen.

Abrollbehälter sind speziell für die Zwecke der Feuerwehr gestaltete Container, die mittels einer mit einem Hakensystem ausgerüsteten Wechselladereinrichtung auf ein Wechselladerfahrzeug aufgesattelt werden können. Sie sind entsprechend dem Verwendungszweck (zum Beispiel Einsatzleitung, Atemschutz, Mulde, Sonderlöschmittel, Rüst, Belüftung, Gefahrgut etc.) ausgestattet.

11.8 Krankenkraftwagen der Feuerwehr

In Ermangelung eigener Feuerwehr-Normen wenden die Feuerwehren für die Rettungsdienstfahrzeuge die Normen aus dem Rettungsdienstbereich an. So wird zudem ein einheitlicher Standard der Rettungsmittel gewährleistet. In DIN EN 1789 werden die Krankenkraftwagen genormt. Unter diesem Begriff werden Krankentransportwagen (KTW; Typ A1 und A2 nach DIN EN 1789), Notfallkrankenwagen (Typ B nach DIN EN 1789) und Rettungswagen (RTW; ▶ Bild 11.35) definiert. DIN 75079 definiert die Anforderungen an Notarzt-Einsatzfahrzeuge (NEF; (▶ Bild 11.36). Krankentransportwagen dienen nur dem Transport von Nicht-Notfallpatienten. Rettungswagen und Notfallkrankenwagen dienen hingegen dem Transport und der medizinischen Versorgung von Notfallpatienten. Das Notarzt-Einsatzfahrzeug ist der Zubringer für den Notarzt im Rendezvous-System zum Rettungswagen für die notärztliche Versorgung des Notfallpatienten. Das Notarzt-Einsatzfahrzeug führt zwar eine umfangreiche notfallmedizinische Ausrüstung mit, kann jedoch keinen Patienten transportieren. Seit 2012 ist zudem auch ein Intensivtransportwagen für Krankenhaus-Verlegungen von Patienten, die einer intensivmedizinischen Versorgung bedürfen, genormt.

Bild 11.35 RTW (Ausbau: Fahrtec)

Bild 11.36 NEF (Ausbau: Porsche Lehrwerkstatt)

C

12 Pumpen in der Feuerwehr

von Jochen Thorns

In der Feuerwehr gibt es verschiedenste Pumpen für die unterschiedlichsten Einsatzzwecke. Am wichtigsten sind die Feuerlöschkreiselpumpen zur Wasserförderung.

12.1 Grundlagen

Auf die Erde wirkt der Luftdruck, der normalerweise 1 013 Hektopascal (ungefähr 1,01 bar) beträgt. Soll eine Wasserförderung mittels Druck erfolgen, so muss der erforderliche Druck größer oder geringer als der Luftdruck sein. Ist der erzeugte Druck größer als der Luftdruck, so spricht man von Überdruck. Ist der erzeugte Druck hingegen kleiner, so wird der negative Überdruck als Unterdruck bezeichnet. Der auf eine Flüssigkeit ausgeübte Druck ist überall im Behälter gleich groß. Das bedeutet, dass die Flüssigkeit nicht komprimiert werden kann. Flüssigkeiten haben jedoch durch das Eigengewicht und die dabei wirkende Gewichtskraft einen eigenen Druck, den hydrostatischen Druck (▶ Abschnitt 6.2).

Fördert man Wasser nun in eine Schlauchleitung (▶ Kapitel 34), dann ergibt sich ein **<Förderstrom>** Q. Der Förderstrom ist die Wassermenge pro Zeiteinheit und wird in der Einheit l/min angegeben. Bei einem gleichen Förderstrom in einer Leitung mit gleichem Querschnitt bleibt auch die Geschwindigkeit des geförderten Mediums gleich. Ändert sich jedoch der Querschnitt der Leitung, dann ändert sich die Fließgeschwindigkeit. Der Förderstrom bleibt jedoch gleich. Bei der Wasserförderung in einer Schlauchleitung entstehen Druckverluste durch die Reibung (so genannte Reibungsverluste). Die Druckverluste steigen mit der Strömungsgeschwindigkeit bzw. dem Förderstrom mit deren Quadrat an. Das bedeutet, dass bei der doppelten Fließgeschwindigkeit auch ein doppelter Förderstrom, aber ein vierfacher Reibungsverlust vorhanden sind.

Merke:

10 Meter Wassersäule haben einen hydrostatischen Druck von etwa 1 bar.

Eine Feuerlöschkreiselpumpe ist nicht in der Lage, selbsttätig Wasser anzusaugen. Vielmehr wird in der Saugleitung durch eine Entlüftungseinrichtung (▶ Abschnitt 12.2) ein Unterdruck geschaffen, sodass der Luftdruck das Wasser dann in die Saugleitung sowie das Pumpengehäuse drücken kann. Die Höhe, die dabei überwunden wird, also zwischen der Wasseroberfläche und der Mitte des Saugeingangs der Feuerlöschkreiselpumpe, wird als **<geodätische Saughöhe>** bezeichnet. Die maximal erreichbare geodätische Saughöhe ist vom Luftdruck abhängig. In der Praxis ist maximal eine geodätische Saughöhe von etwa 8,5 Metern erreichbar. Dies liegt nicht nur am Luftdruck, sondern auch an den Druckverlusten durch Reibung und Undichtigkeiten der Saugleitung. Die Feuerlöschkreiselpumpe ist daher grundsätzlich möglichst nah an die Wasserentnahmestelle zu bringen. Zudem darf sich beim Verlegen der Saugleitung kein Luftsack (z. B. beim Auslegen der Leitung über ein Geländer) bilden, da dieses Luftpolster in der Saugleitung ein »Ansaugen« unmöglich machen würde.

12.2 Feuerlöschkreiselpumpen

Feuerlöschkreiselpumpen sind seit 2002 in DIN EN 1028 genormt. Damit hat sich auch die Pumpenbezeichnung geändert. War früher im üblichen Löschfahrzeugbereich ein Förderstrom in 800er-Schritten bei 8 bar üblich, er-

> **INFO**
>
> **Feuerlöschkreiselpumpen**
>
> **FPN 10-2000**
> Feuerlöschkreiselpumpe Normaldruck, bei einem Nennförderdruck von 10 bar beträgt der Nennförderstrom 2 000 l/min
>
> **FPH 40-250**
> Feuerlöschkreiselpumpe Hochdruck, bei einem Nennförderdruck von 40 bar beträgt der Nennförderstrom 250 l/min
>
> **PFPN 10-1000**
> Tragkraftspritze Normaldruck, bei einem Nennförderdruck von 10 bar beträgt der Nennförderstrom 1 000 l/min (Anmerkung: P = Portable)
>
> **Alte Kurzbezeichnung:**
> **FP 16/8 und TS 8/8**
> Feuerlöschkreiselpumpe mit einem Nennförderstrom von 1 600 l/min bei einem Nennförderdruck von 8 bar (das Kurzzeichen TS steht für Tragkraftspritze)

folgt dies nun in 1 000er-Schritten bei 10 bar (▶ Kasten oben).

Nach DIN EN 1028 werden die Feuerlöschkreiselpumpen in Pumpen mit einem Nennförderdruck von 6 bar, von 10 bar, von 15 bar und von 40 bar eingeteilt. Während im Bereich des Nennförderdrucks von 6 bar nur die FPN 6-500 genormt ist, reicht das Spektrum im Bereich des Nennförderdrucks von 10 bar von Nennförderströmen von 750 bis 6 000 l/min. Im vor allem in Frankreich genutzten Nennförderdruckbereich von 15 bar sind die Nennförderströme von 1 000, 2 000 und 3 000 l/min genormt. Im Hochdruckbereich von 40 bar existiert nur die FPH 40-250.

Bild 12.1 Tragkraftspritze PFPN 10-1500

In Deutschland finden fast ausschließlich die PFPN 6-500 (bis 2012 im KLF) sowie die FPN 10-1000, FPN 10-2000 und FPN 10-3000 Verwendung.

Für die nach DIN EN 1028 genormten Feuerlöschkreiselpumpen gelten folgende Leistungswerte, die auch als Garantiepunkte bezeichnet werden:

- Bei einer geodätischen Nennsaughöhe von drei Metern müssen der auch in der Kurzbezeichnung genannte Nennförderdruck und Nennförderstrom erreicht werden. Die Drehzahl darf dabei um nicht mehr als ± 5 % von der Nenndrehzahl abweichen.
- Bei einer geodätischen Nennsaughöhe von 7,5 Metern und dem Nennförderdruck muss ein Förderstrom von mindestens dem halben Nennförderstrom erreicht werden.
- Bei einer geodätischen Nennsaughöhe von drei Metern und einem 1,2-fachen Nennförderdruck sowie einer Drehzahl unterhalb der Höchstdrehzahl muss ein Förderstrom von mindestens dem halben Nennförderstrom erreicht werden.

Sofern von der Feuerwehr gewünscht, können die Rohrleitungen und Abgänge am Pumpenbedienstand eines Löschfahrzeuges farblich gekennzeichnet werden. Normativ werden entsprechende Farben vorgegeben. Allerdings bieten die Hersteller teilweise auch ein eigenes Farbleitsystem an.

12.2.1 Funktionsweise

Fest eingebaute Feuerlöschkreiselpumpen werden in der Regel über einen Nebenabtrieb des Getriebes vom Fahrzeugmotor angetrieben. Bei der Tragkraftspritze ist die Feuerlöschkreiselpumpe über eine Kupplung meist direkt mit dem Antriebsmotor verbunden, ggf. ist aufgrund der Motorleistung noch ein Getriebe dazwischen geschaltet. Die Motorkraft wird über die Pumpenwelle auf ein oder mehrere Laufräder übertragen, welche im Leitapparat eingebaut sind. Vom Leitapparat gehen auch die Druckabgänge sowie die Entwässerungsöffnung ab. Das Laufrad teilt das Pumpengehäuse somit

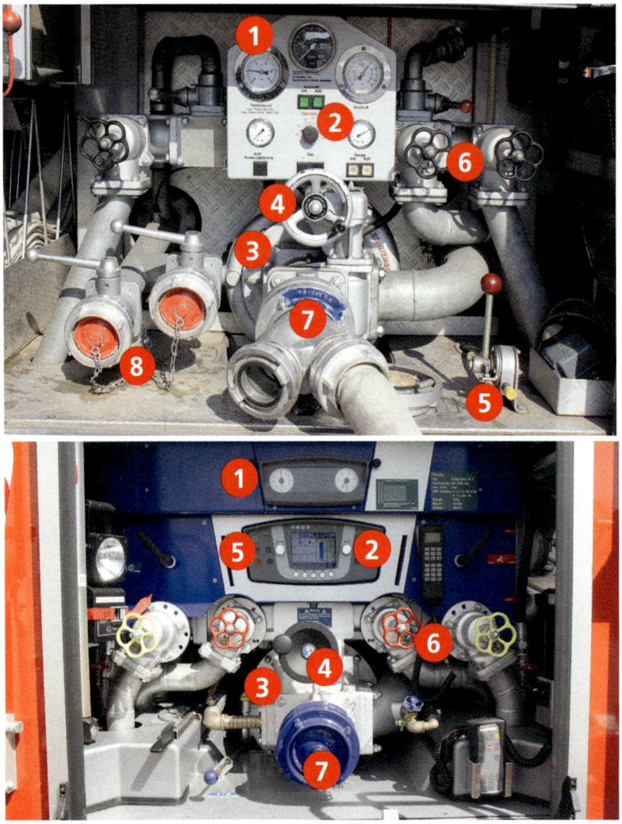

Bild 12.2 Vergleich von Pumpenbedienständen unterschiedlicher Baujahre:
- Eingangs- und Ausgangsdruckmanometer (1)
- Pumpendruckregelung (2)
- Pumpengehäuse (3)
- Umschaltorgan Tank-/Saugbetrieb (4)
- Gashahn (5)
- Federbelastete Niederschraubventile der Druckabgänge (6)
- Saugeingang (7)
- Tankfüllleitung (8)

in eine Saug- und eine Druckseite. Das Laufrad und der Leitapparat werden als Druckstufe der Feuerlöschkreiselpumpe bezeichnet.

Grundlage der Druckerhöhung in der Pumpe ist der Energieerhaltungssatz (▶ Kapitel 6). Im mit gekrümmten Schaufeln ausgestatteten Laufrad wird das Wasser beschleunigt und tritt schließlich mit einer hohen Geschwindigkeit aus dem Laufrad in den Leitapparat aus. Dort wird es über das Leitrad zum nächsten Laufrad (bei so genannten zweistufigen Feuerlöschkreiselpumpen) oder aber (bei einstufigen Feuerlöschkreiselpumpen) direkt zum Druckabgang geleitet. Die Geschwindigkeitsenergie des Wassers wird dabei in Druckenergie umgewandelt, da sich der Querschnitt im Leitapparat (meist spiralförmig) erweitert (durch die Querschnittserweiterung verlangsamt sich der Förderstrom und der Druck steigt). Erfolgt die Querschnittserweitung spiralförmig, spricht man von einem Spiralgehäuse.

12.2.2 Entlüftungseinrichtungen

Wie bereits erwähnt, können Feuerlöschkreiselpumpen Wasser nicht selbsttätig ansaugen. Vielmehr sorgt eine Entlüftungseinrichtung dafür, dass der atmosphärische Druck das Wasser in den Pumpenkörper drückt. Die Entlüftungseinrichtung saugt die Luft aus der Saugleitung sowie dem Pumpengehäuse ab, sodass sich ein Unterdruck (negativer Überdruck) bildet.

Es werden die beiden Grundtypen Strahlapparate und Verdrängerentlüftungspumpen unterschieden.

Der gebräuchlichste Strahlapparat ist der (Abgas-)Gasstrahler. Er arbeitet nach dem Injektorprinzip und ist meist in der Abgasleitung des Motors eingebaut. Ähnlich einer Wasserstrahlpumpe oder dem Injektorzumischer saugt der Gasstrahler mittels Treib- und Fangdüse die Luft aus der Pumpe ab. Die höchste

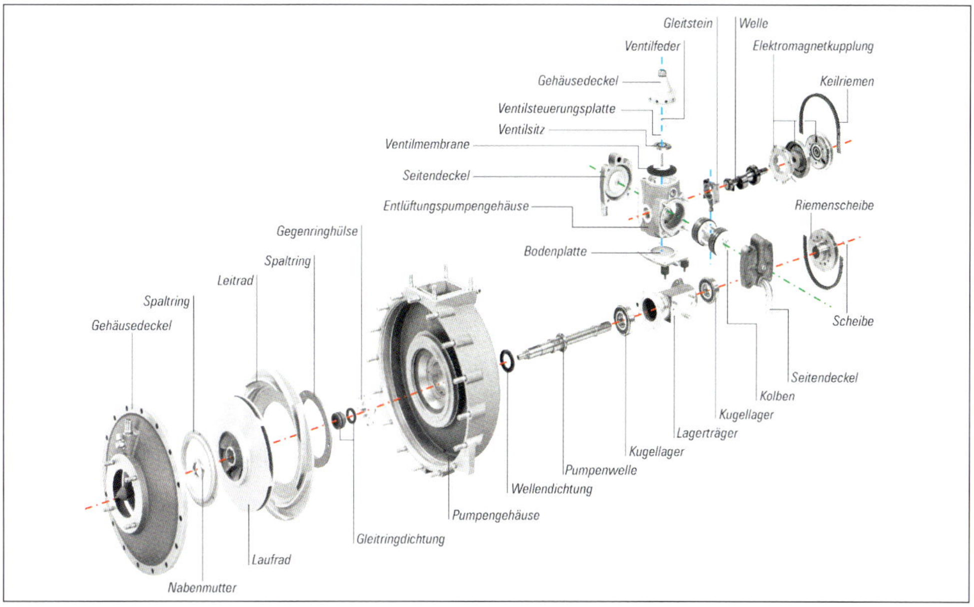

Quelle: Schlingmann GmbH & Co. KG, Dissen

Bild 12.3 Aufbau einer Feuerlöschkreiselpumpe

C

Leistung ist im Vollgasbetrieb des Motors zu erreichen.

Bei den Verdrängerentlüftungspumpen haben sich heute die Doppelkolben-Entlüftungspumpen (in verschiedensten Konstruktionen) durchgesetzt. Weitere Verdrängerentlüftungspumpen sind die Flüssigkeitsring- und die Trockenring-Entlüftungspumpe. Beide haben in der Praxis jedoch kaum noch eine Bedeutung und werden daher auch nicht weiter angeführt.

Die Doppelkolben-Entlüftungspumpe besteht aus zwei gegenläufig angeordneten Kolben, die über eine Exenterwelle bewegt werden und so die Luft aus dem Pumpengehäuse fördern. Die Doppelkolben-Entlüftungspumpe ist fast wartungsfrei. Die notwendige Motordrehzahl ist jeweils der Bedienungsanleitung zu entnehmen.

12.2.3 Kavitation

Die **<Kavitation>** ist ein unerwünschter Betriebszustand, der bei zu großen geodätischen Saughöhen und/oder zu großen Förderströmen mit geringem Ausgangsdruck (Lenzbetrieb) vorkommen und die Feuerlöschkreiselpumpe massiv beschädigen kann. Die Kavitation ist eine Hohlraumbildung, die sich implosionsartig mit Wasser füllt. Auslöser ist die Bildung von Wasserdampf vor dem Laufrad.

Wird ein zu großer negativer Überdruck (also Unterdruck) auf der Saugseite der Feuerlöschkreiselpumpe erzeugt, bildet sich intensiv Wasserdampf schon bei geringen Temperaturen. Dieser gelang in die höhere Druckstufe der Pumpe, wo er schlagartig kondensiert. Der nun entstehende Hohlraum wird mit Wasser gefüllt. Dabei treten massive Druckstöße auf.

Eine sich abzeichnende Kavitation ist an unüblichen, prasselnden Geräuschen der Feuerlöschkreiselpumpe sowie einem starken Anstieg des Unterdrucks (Eingangsdruck) und einem starken Absinken des Ausgangsdrucks zu erkennen. Zudem weichen die manometrische und die geodätische Saughöhe stark voneinander ab.

Kavitation kann durch eine Verringerung der Saughöhe auf < 7,5 Meter sowie durch eine Reduzierung der Drehzahl der Feuerlöschkreiselpumpe und der Fördermenge vermieden werden. Zudem sollten Verschmutzungen an der Saugstelle vermieden werden, um ein Ansaugen derselben zu vermeiden. Im Lenzbetrieb ist immer ein Gegendruck (z. B. durch ein Strahlrohr) aufzubauen; der freie Auslauf ist zu vermeiden.

12.2.4 Zusatzeinrichtungen

Heute verfügen die Feuerlöschkreiselpumpen meist über Hilfseinrichtungen wie eine automatisierte Pumpendruckregelung und eine automatische Wasserzuführung in den Löschwasserbehälter. Eine Nebenabtriebschaltung nicht nur am Pumpenbedienstand, sondern auch im Führerhaus am Armaturenbrett ist weit verbreitet. Auf diese Weise kann der Maschinist einfach einen Pump-and-Roll-Betrieb (Löschmittelabgabe während der langsamen Fahrt) des Fahrzeuges ermöglichen.

Die automatisierte Pumpendruckregelung soll Druckschwankungen innerhalb des Systems, z. B. durch geöffnete bzw. geschlossene Strahlrohre und Werfer, ausgleichen. Der gewünschte Pumpendruck kann vorgewählt werden. Eine elektronische Regelung hält den Druck auch bei einer veränderten Wasserabgabe konstant.

Die automatische Wasserzuführung ist ein System, das eine Wasserversorgung der Feuerlöschkreiselpumpe sowie des Löschwasserbehälters ermöglicht. Dabei erfolgt die Wassereinspeisung nicht über den Saugeingang der Pumpe, sondern über eine spezielle B-Festkupplung. Druckabhängig wird entweder der Löschwasserbehälter gefüllt oder direkt die Feuerlöschkreiselpumpe mit Wasser aus der Zuleitung versorgt. Liefert die Zuleitung zu wenig Wasser, schaltet die Feuerlöschkreiselpumpe bei Nutzung des Systems automatisch auf den Löschwasserbehälter um.

Achtung:

Fällt der Druck der Einspeisung in die automatische Wasserzuführung unter 1 bis 1,5 bar, kann es je nach Fabrikat und Konstruktion passieren, dass der Löschwasserbehälter unbemerkt entleert wird, da die Feuerlöschkreiselpumpe dann immer Wasser aus dem Löschwasserbehälter entnimmt.

Weitere Zusatzausstattungen der Feuerlöschkreiselpumpe sind Druckzumisch- und Druckluftschaumanlagen. Bei der Druckzumischanlage mischt eine Schaummittelpumpe dem Löschwasserstrom Schaummittel entsprechend der gewählten Zumischrate volumenstrom- und gegendruckunabhängig, aber durchflussproportional zu. Druckluftschaumanlagen sind ähnlich aufgebaut; allerdings wird bei Druckluftschaum dem Schaummittel-Wasser-Gemisch mittels eines Kompressors noch Druckluft zugesetzt, die dem Druckluftschaum besondere Eigenschaften verleiht.

12.3 Sonstige Pumpen

Bei der Feuerwehr sind noch eine Vielzahl weiterer Pumpen eingeführt, z. B. im Bereich der Ausrüstung für Gefährliche Stoffe und Güter (▶ Kapitel 60). Für Lenzarbeiten im Hochwassereinsatz war früher eine Lenzpumpe LP 24/3 genormt. Hierbei handelte es sich um eine Feuerlöschkreiselpumpe mit einem besonders gestalteten Laufrad für einen hohen Förderstrom bei geringem Druck.

Weit verbreitet sind elektrische Tauchpumpen und so genannte Hochwasser- bzw. Schmutzwasserpumpen. Bei letzteren handelt es sich um spezielle Kreiselpumpen mit großen Förderströmen bei geringem Druck sowie einem großen Korndurchgang (je nach Ausführung bis zu 80 Millimeter). Die tragbare Tauchmotorpumpe mit Elektroantrieb, so die offizielle Bezeichnung für die Tauchpumpe, gibt es mit 400, 800 oder 1 500 l/min Förderstrom bei jeweils 1 bar Ausgangsdruck. Die Tauchpumpe ist im Prinzip eine Kreiselpumpe ohne Entlüftungseinrichtung.

Bild 12.4 TP 4/1 und Schmutzwasserpumpe

IM EINSATZ

Schutz des Trinkwassers: Sammelstück mit Einzelklappen nutzen

Bisher gängige Praxis: Sammelstück A-2B am Pumpeneingang mit einer pendelnden Rückschlagklappe

Zum Schutz des Trinkwassers sollen nur noch Sammelstücke mit selbstschließenden Rückschlagklappen bzw. federbelasteten Einzelklappen genutzt werden (im Bild: A-4B).

Feuerwehreinsätze – vor allem beim Einsatz von Schaummitteln – können zu einer Verunreinigung des Trinkwassernetzes führen, wenn die Löschwasserentnahme aus Hydranten erfolgt. Um die Verschmutzung des Trinkwassernetzes zu vermeiden, gibt es seit 2016 mit dem Beiblatt DVGW-W 405-B1 konkrete Regelungen wie der Schutz des Trinkwassers sicher zu stellen ist (▶ Kapitel 34). Darin werden u.a. Systemtrenner und Rückflussverhinderer bei der Wasserentnahme aus Hydranten empfohlen.
Das bisherige Sammelstück A-2B mit einer Mittel-Umschlagklappe soll nicht mehr eingesetzt werden. Stattdessen sollen nur noch Sammelstücke mit federbelasteten Einzelklappen genutzt werden (zum Beispiel Sammelstück A-3B nach DIN 14355, also mit drei B-Eingängen). Das Sammelstück A-3B gehört inzwischen zur Standardbeladung bei allen Löschfahrzeugen, die nach Norm mit einer Feuerlöschkreiselpumpe FPN 10-2000 nach DIN EN 1028 ausgestattet sind. Alternativ ist nach Angaben des Normenausschusses Feuerwehrwesen auch die Nutzung des in Anlehnung an DIN 14355 gestalteten Sammelstücks A-4B mit vier B-Eingängen möglich. Alle Sammelstücke sind an jedem B-Eingang mit einer eigenen selbstschließenden Rückschlagklappe bzw. einem Rückschlagventil ausgestattet. Der Rückfluss von Löschwasser bzw. Löschwasser-Schaummittel-Gemisch als wesentliches Problem der Trinkwasserhygiene wird auf diese Weise weitgehend vermieden.
Das Sammelstück A-2B gib es normativ in der Ausführung mit der schwenkbaren Mittel-Umschlagklappe (als Typ A [TA] bezeichnet) und mit Einzel-Rückschlagklappen (Typ B [TB]).

13 Persönliche Schutzausrüstung

von Jochen Thorns

Je nach Erfordernis stehen dem Feuerwehrangehörigen verschiedene Bekleidungen zur Verfügung. Der Träger der Feuerwehr ist für die Ausstattung gemäß der Vorgaben der Landesfeuerwehrgesetze zuständig. Bei der Feuerwehr unterscheidet man zwischen vier Arten von Bekleidung (▶ Bild 13.1):

- Dienstkleidung,
- Tagesdienstkleidung,
- Persönliche Schutzausrüstung und
- spezielle Schutzkleidung.

Ist die Feuerwehr am Rettungsdienst beteiligt, kommt noch die Rettungsdienstbekleidung hinzu, die jedoch der Persönlichen Schutzausrüstung zugerechnet wird. Die Rettungsdienstbekleidung wird in diesem Kapitel jedoch nicht näher betrachtet.

13.1 Dienstkleidung

Die < **Dienstkleidung** > umfasst die so genannte Ausgehuniform (in Baden-Württemberg: Feuerwehr-Uniform) und wird durch Verordnungen bzw. Erlasse auf Landesebene geregelt. Dadurch unterscheiden sich die Dienstkleidung wie auch die Dienstgradabzeichen zwischen den Ländern. In manchen Ländern gibt es auch noch Unterschiede zwischen der Dienstkleidung von Freiwilligen Feuerwehren und Berufsfeuerwehren. Gleiches gilt für die Dienstgradabzeichen.

Dienstkleidung besteht regelmäßig aus einem Uniformrock (Jacke), einer Uniformhose, einem Hemd, einer Krawatte, schwarzen Socken, schwarzen Halbschuhen sowie einer Kopfbedeckung. Ob Socken und Schuhe jeweils von der Kommune beschafft werden, ist von örtlichen bzw. landesrechtlichen Regelungen abhängig.

Dienstkleidung wird nicht im Einsatzdienst getragen, sondern dient vor allem der Repräsentation bei offiziellen Anlässen. Da es Dienstkleidung ist, kann und soll die »Ausgehuniform« aber auch im normalen Dienstbetrieb oder bei der theoretischen Ausbildung (z. B. bei Lehrgängen) Verwendung finden.

Bild 13.1 Beispiele für Bekleidungen bei der Feuerwehr: **a** Tagesdienstkleidung **b** Die Dienstkleidung wird umgangssprachlich auch Ausgehuniform genannt. **c** Die Persönliche Schutzausrüstung »zum Schutz vor den Gefahren des Feuerwehrdienstes bei Ausbildung, Übung und Einsatz«.

Achtung:

Schutzkleidung ist grundsätzlich zu tragen! Nicht getragene bzw. unvollständig getragene Schutzkleidung – wie auf diesem gestellten Bild – kann nicht schützen. Das Verhalten ist nicht nur unprofessionell, sondern dumm! Bei besonderen Einsatzlagen kann der Einsatzleiter das Ablegen der Schutzkleidung (z. B. Jacke) befehlen – dann gilt dies aber für alle Einsatzkräfte.

13.2 Tagesdienstkleidung

Ursprünglich von den Berufs- und (hauptamtlichen) Werkfeuerwehren eingeführt, setzte sich die so genannte **<Tagesdienstkleidung>** (teilweise auch nur als Dienstkleidung oder Arbeitsanzug bezeichnet) schnell auch bei Freiwilligen Feuerwehren durch. Hintergrund ist, dass die Dienstkleidung (im Sinne von Ausgehuniform) für den täglichen Dienstbetrieb als zu unpraktisch und für den Arbeits- und Ausbildungsdienst als ungeeignet gilt. Die Tagesdienstkleidung setzt sich aus unterschiedlichen Bestandteilen nach den Vorgaben der jeweiligen Feuerwehr zusammen. Dazu gehören meist eine Bundhose, ein Sweatshirt oder ein Pullover, ein Polo- oder T-Shirt und eine einlagige Jacke. Es können aber auch Fleece- oder Softshell-Jacken, Kopfbedeckungen und Arbeitssicherheitsschuhe o. Ä. dazugehören. Einheitliche Regelungen gibt es meist nicht; manche Länder haben jedoch Empfehlungen für die Feuerwehren erarbeitet.

Achtung:

Ob Tagesdienstkleidung im Einsatz bzw. bei welchen Einsatzstichworten getragen werden darf, hängt von den örtlichen Regelungen der Feuerwehr ab.

Die Tagesdienstkleidung ist in der Regel für das Tragen im Feuerwehrhaus bzw. in der Feuerwache beim Arbeits- und/oder Bereitschaftsdienst sowie in der Ausbildung vorgesehen. Sie kann jedoch auch – je nach Vorgaben der örtlichen Feuerwehr – bei Brandsicherheitswachen oder bei Veranstaltungen getragen werden. Soll die Tagesdienstkleidung auch im Einsatzdienst getragen werden, ist dies mittels einer Gefährdungsanalyse zu prüfen (▶ Hinweise zur Erstellung einer Gefährungsbeurteilung im Feuerwehrdienst finden sich beispielsweise in der DGUV-Information 205-021 »Leitfaden zur Erstellung einer Gefährdungsbeurteilung im Feuerwehrdienst«). Im Einsatzdienst sollte die Tagesdienstkleidung Grundanforderungen an die Sicherheit und ggf. Wahrnehmbarkeit erfüllen. Als Vorgaben bzw. Anhaltspunkte können die Teile 2 (Feuerwehrhose) und 3 (Feuerwehrjacke) der Herstellungs- und Prüfbeschreibung für eine universelle Feuerwehrschutzkleidung (HuPF) dienen.

13.3 Die Persönliche Schutzausrüstung

»Die persönlichen Schutzausrüstungen sind nach den zu erwartenden Gefährdungen zu bestimmen und zu benutzen.« So gibt es Paragraf 16 der Unfallverhütungsvorschrift »Feuerwehren« vor (▶ Abschnitt 13.3.6). Der Träger der Feuerwehr muss daher mindestens folgende Ausrüstung jedem Feuerwehrangehörigen zur Verfügung stellen:

- Feuerwehrschutzanzug,
- Feuerwehrhelm,
- Feuerwehrschutzhandschuhe und
- Feuerwehrschutzschuhwerk.

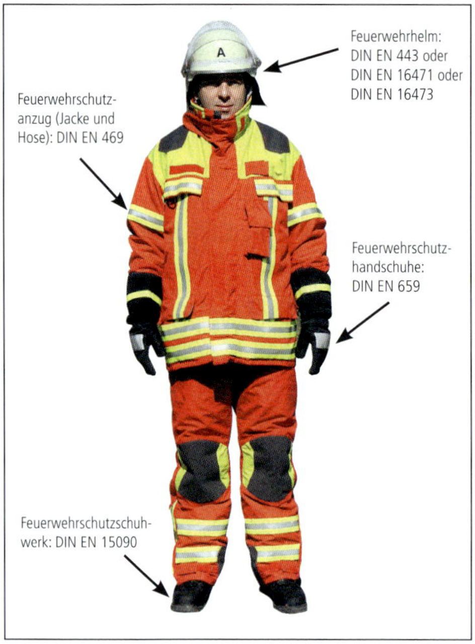

Bild 13.2 Übersicht Normen der PSA

Bei besonderen Gefahren müssen zudem spezielle Persönliche Schutzausrüstungen vorhanden sein, die in der Art und dem Umfang jedoch auf die Gefahren abzustimmen sind. Zu diesen speziellen Persönlichen Schutzausrüstungen zählen der Feuerwehr-Haltegurt, Augenschutz (Visier), Feuerschutzhaube, Feuerwehrleine und spezielle Schutzkleidung. Das bedeutet, dass grundsätzlich nicht jeder Feuerwehrangehörige beispielsweise mit einem Feuerwehr-Haltegurt, einem Helmvisier sowie einer Feuerschutzhaube ausgestattet werden muss. Dies liegt im Ermessen des Trägers der Feuerwehr.

Jedes Teil der Persönlichen Schutzausrüstung unterliegt speziellen normativen Sicherheits- und Leistungsanforderungen (▶ Bild 13.2). Werden bei der Persönlichen Schutzausrüstung Beschädigungen festgestellt, muss die Schutzausrüstung umgehend außer Dienst und ggf. einer Reparatur zugeführt werden, da die Schutzwirkung sonst nicht mehr gewährleistet werden kann. Bei der Beschaffung ist darauf zu achten, dass die normativen Anforderungen eingehalten werden. Der Beschaffer sollte sich entsprechende Prüfbescheinigungen und Zertifikate unabhängiger Prüfinstitute vorlegen lassen, denn Persönliche Schutzausrüstung unterliegt der Produktüberwachung.

13.3.1 Feuerwehrschutzanzug

Der Feuerwehrschutzanzug besteht aus Schutzanzugjacke und Schutzanzughose. Meist wird ein »universeller« Schutzanzug getragen, der sowohl bei Brand- als auch bei Hilfeleistungseinsätzen verwendet wird.

Die Anforderungen an die **<Persönliche Schutzausrüstung>** für den Feuerwehrangehörigen sind nach der UVV »Feuerwehren« erfüllt, wenn die universelle Feuerschutzkleidung den landesrechtlichen Regelungen entspricht. Dies war in der Vergangenheit für die Träger der Feuerwehr sowie den verantwortlichen Wehrführer einfach: Jedes Land hatte eine entsprechende Vorgabe, sodass man nur den Katalog aufschlagen und entsprechend der Angebote bestellen konnte. Dies ist nicht mehr der Fall. Zwar hat noch jedes Land eine Vorgabe zur Persönlichen Schutzausrüstung. Diese verweisen jedoch meist nur noch auf zwei Regelungen: die Herstellungs- und Prüfbeschreibung für eine universelle Feuerwehrschutzkleidung (HuPF) oder die DIN EN 469 »Schutzkleidung für die Feuerwehr – Leistungsanforderungen für Schutzkleidung für Tätigkeiten der Feuerwehr«.

Schutzkleidung nach HuPF

Die Abkürzung HuPF steht für »Herstellungs- und Prüfbeschreibung für eine universelle Feuerwehrschutzkleidung«. Die HuPF ist eine Anforderungs- und Ausführungsnorm, d. h. in der Vorschrift werden detaillierte Ausführungshinweise zur Bekleidung vorgeschrieben. Eine Abweichung ist unzulässig. Persönliche Schutzkleidung nach HuPF sieht – unabhängig vom Hersteller – somit immer gleich aus, ist gleich geschnitten und hat die gleichen Leistungsparameter.

Die HuPF ist in vier bzw. fünf Teile unterteilt:

- Teil 1: Feuerwehrüberjacke,
- Teil 2: Feuerwehrhose,
- Teil 3: Feuerwehrjacke,

INFO

Vergleich HuPF und DIN EN 469

- Feuerwehrschutzkleidung nach HuPF:2006, Teile 1 und 4, entspricht auch der DIN EN 469,
- Feuerwehrbekleidung nach den HuPF-Teilen 2 und 3 entspricht in der Regel nicht der Leistungsstufe 1 der DIN EN 469,
- Feuerschutzbekleidung nach HuPF:2006, Teile 1 und 4b, erreicht bei der Wärmebelastung die Leistungsstufe 2 nach DIN EN 469,
- Feuerschutzbekleidung nach HuPF:2006, Teile 1 und 4a, erreicht bei der Wärmebelastung die Leistungsstufe 1 nach DIN EN 469,
- Feuerschutzbekleidung nach HuPF:2006, Teile 1 und 4, erreicht bei der Wasserdichtigkeit und dem Wasserdampfdurchgangswiderstand je nach Ausführung die Leistungsstufe 1 oder die Leistungsstufe 2 nach DIN EN 469.

- Teil 4a: Feuerwehrüberhose (nur in Verbindung mit einer Hose, z. B. gemäß HuPF-Teil 2, als Unterbekleidung zu tragen),
- Teil 4b: Feuerwehrüberhose (ohne Unterbekleidung).

Die Teile 2 und 3 beschreiben einlagige Kleidung, die meist auch als Tagesdienstkleidung Verwendung findet. Die Persönliche Schutzausrüstung im Sinne eines Feuerwehrschutzanzuges wird nur von den Teilen 1 und 4 erfüllt. Ein bereits fertig gestellter HuPF-Teil 5 für Feuerwehrschutzhandschuhe wurde nicht mehr veröffentlicht.

Die HuPF wurde Mitte der 1990er-Jahre veröffentlicht und 2006 im Rahmen der Neuauflage der DIN EN 469 überarbeitet. Änderungen gab es jedoch nur in den Teilen 1 und 4. Jetzt dient die Leistungsstufe 2 der DIN EN 469, welche als Standard für die Atemschutzgeräteträger im Innenangriff gilt, als Grundlage für die Teile 1 und 4 der HuPF. Jede Schutzkleidung nach den HuPF-Teilen 1 und 4 erfüllt somit auch immer die Anforderungen der Leistungsstufe 2 der DIN EN 469.

Im Vergleich zur DIN EN 469 stellt die HuPF nur im Bereich der Reißfestigkeit des Materials

Quelle: LHD Group, Köln

Bild 13.3 Schutzkleidung nach HuPF

sowie bei der Nahtfestigkeit des Innenfutters höhere Anforderungen als die DIN EN 469. Allerdings fordert die HuPF einige Optionen der Europäischen Norm verpflichtend, wie z. B. Anforderungen an die Wahrnehmbarkeit und einen Flammtest auf einer Versuchspuppe.

Die HuPF wird heute nur in wenigen Ländern als Vorgabe für den Feuerwehrschutzanzug geführt.

Schutzkleidung nach DIN EN 469

Die DIN EN 469 definiert Sicherheits- und Leistungsanforderungen von Schutzkleidung für die Brandbekämpfung. Im Gegensatz zur HuPF handelt es sich um keine Ausführungs-, sondern um eine Anforderungsnorm. Es wird also zum großen Teil nicht der Schnitt, die Farbe und die Ausstattung festgeschrieben, sondern nur, was die Schutzkleidung leisten muss. Aus diesem Grund kann man heute Schutzkleidung nicht mehr »von der Stange« kaufen, sondern muss sich selbst einen entsprechenden

Bild 13.4 Schutzkleidung nach EN 469

Tabelle 13.1 Anforderungskriterien der DIN EN 469

Kriterium	Leistungsstufe 1	Leistungsstufe 2
Kontaktwärme	nicht erforderlich	10 s bei 250 °C
Wärmeübertragung Flamme HTI_{24}	≥ 9,0 s	≥ 13,0 s
Wärmeübertragung Strahlung $RHTI_{24}$	≥ 10,0 s	≥ 18,0 s
Wasserdichtigkeit	< 20 kPa (ohne Feuchtigkeitssperre)	≥ 20 kPa
Wasserdampfdurchgangswiderstand	< 30 und ≤ 45 m²Pa/W	≤ 30 m²Pa/W

Feuerwehrschutzanzug gemäß der Anforderungen der Norm zusammenstellen. Die DIN EN 469 ist somit das Maß für die Sicherheit der Feuerwehrangehörigen im Einsatz und definiert moderne und sichere Schutzkleidung!

Der für die Beschaffung Verantwortliche muss zur Definition der Anforderungen zunächst eine Gefährdungsanalyse erstellen. Das Grundprinzip einer Gefährdungsanalyse ist dabei die Beurteilung der Auftrittswahrscheinlichkeit für eine Gefährdung und die Folgen bzw. Schweregrad einer Verletzung. Daraus ergibt sich eine Risikokennzahl. Gute Orientierungs- und Ausführungshilfen für Gefährdungsanalysen bieten die DGUV-Information 205-021 sowie die vfdb-Richtlinie 0805. Feuerwehrschutzkleidung nach DIN EN 469 wird in zwei Leistungsstufen für die Risiken unterteilt. Damit wird normativ der Tatsache Rechnung getragen, dass Feuerwehrschutzbekleidung nicht nur zur Brandbekämpfung im Innenangriff, sondern multifunktional auch im Außenangriff oder auch zur Technischen Hilfeleistung getragen wird und sich gerade in diesen Anwendungsbereichen europaweit Unterschiede ergeben. In Deutschland gilt die Leistungsstufe 2 als Standard für den Innenangriff unter Atemschutz.

Die DIN EN 469 gibt zur Definition der Leistungsstufen verschiedene Kriterien vor. Dazu zählen:

- begrenzte Flammenausbreitung auf der Außen- und der Innenseite der Bekleidung,
- Kontaktwärme,
- Wärmeübertragungsindex als Definition des Wärmeübergangs bei Flammenbeaufschlagung,
- Wärmeübertragungsindex als Definition des Wärmeübergangs bei Wärmestrahlung,
- Wasserdichtigkeit,
- Wasserdampfdurchgangswiderstand als Maß der Atmungsaktivität.

Zusätzlich kann der Auftraggeber weitere Prüfungen optional vorschreiben wie beispielsweise den Test der Vollbeflammung auf einer Prüfpuppe (so genannter Thermo-Man-Test),

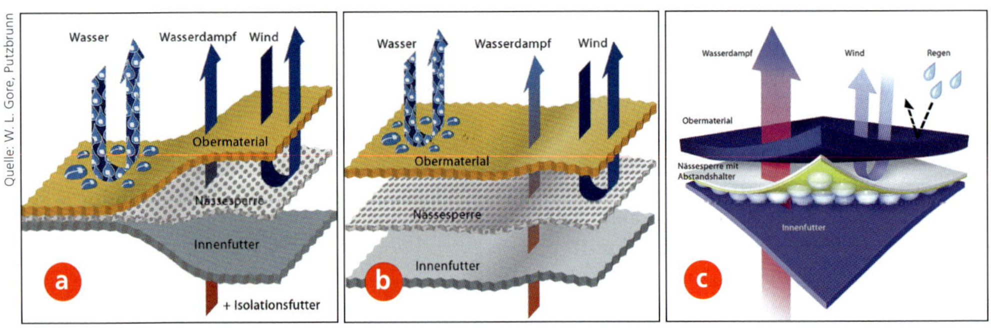

Bild 13.5 Verschiedene Materialaufbauten: **a** Laminat-Aufbau, bestehend aus dem Obermaterial, der Nässesperre, dem Innenfutter und ggf. dem Isolationsfutter **b** Der »Liner«-Aufbau ist wie das Laminat, jedoch nicht miteinander verklebt. **c** Beispiel für ein Abstandshaltersystem, besteht aus dem Obermaterial, der Nässesperre mit Abstandshaltern und dem Innenfutter.

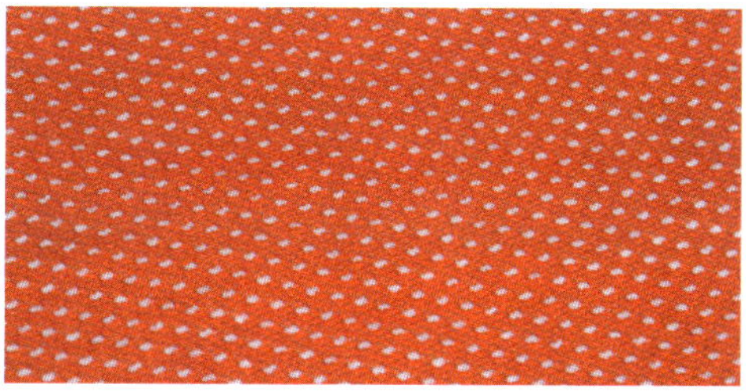

Bild 13.6 Ein Netzfutter wirkt wie ein Abstandshaltersystem und verbessert durch einen dünnen Lagenaufbau die Atmungsaktivität.

Wasserdichtigkeitstests oder Wahrnehmbarkeitstests. Der Thermo-Man-Test ist mit Vorsicht zu betrachten, da die Ergebnisse sehr von der Prüfanordnung abhängen. Zudem müssen bei der Betrachtung der Prüfdiagramme jeweils der Kopf (angerechnet mit 7 %) und ggf. auch die Hände und Füße vom Ergebnis abgezogen werden, da diese in der Regel nicht geschützt sind.

Bekleidungsaufbau

Moderne Feuerwehrschutzbekleidung nach DIN EN 469 besteht in der Regel aus folgendem Bekleidungsaufbau (von außen nach innen):

- Obermaterial: Es bietet mechanischen Schutz und Schutz vor Flammen sowie Wassertropfen.
- Nässesperre (Membran): Die Nässesperre lässt Wasserdampf von innen nach außen diffundieren. Gleichzeitig hält sie Feuchtigkeit, Dampf und Wind vom Träger ab.
- Isolationsfutter: Es bildet eine thermische Isolation und schützt so vor Wärme.
- Innenfutter für den Tragekomfort. Es kann mit dem Isolationsfutter zusammengefasst sein.

Werden die verschiedenen Lagen miteinander verklebt, spricht man vom »Laminat«. Befindet sich die Nässesperre frei hängend, umgeben von Luftpolstern, zwischen Obermaterial und Isolations- und/oder Innenfutter, wird dies als »Liner« bezeichnet. Es gibt auch Nässesperren mit Abstandshaltern, die kleinen Halbkugeln ähneln. Sie bilden eine Luftschicht aus, die als thermische Isolierung dient.

Für alle Bekleidungslagen bieten die Hersteller verschiedenste Konzepte und Materialien an. Die Vielfalt an Ausstattungsdetails (Kniepolster, Verstärkungen, Taschen, Griffe etc.) ist groß. Da die DIN EN 469 nur eine Anforderungsnorm ist, sind alle Kombinationen und Ausführungen sowie alle Farben zulässig. Entscheidend ist, dass die Anforderungskriterien nach ▶ Tabelle 13.1 in der jeweiligen Leistungsstufe erfüllt werden. Die für Beschaffungen zuständige Stelle der Feuerwehr hat somit eine große Auswahl und kann die Schutzkleidung genau nach den örtlichen Anforderungen gestalten.

Schutzkleidung muss schützen – und dazu muss sie »passen«. Aus diesem Grund sind die Themen Bewegungsfreiheit, Ergonomie und Tragekomfort bei der Beschaffung zu beachten. Das bedeutet, dass Feuerwehrschutzkleidung eine gute Passform, ein geringes Gewicht, Quetschfalten und eine hohe Bewegungsergo-

Bild 13.7 Verdeckt die Funktionsweste fluoreszierenden und retroreflektierenden Flächen der PSA, so müssen diese entsprechen kompensiert werden.

Tabelle 13.2 Vorgaben für fluoreszierende und retroreflektierende Flächen

	DIN EN ISO 20471 (Warnkleidung)			DIN EN 469 (Feuerschutzkleidung)
	Klasse 1	Klasse 2	Klasse 3	
Fluoreszierendes Material [m²]	0,14	0,50	0,80	0,20
Retroreflektierendes Material [m²]	0,10	0,13	0,20	0,13

nomie haben sollte. Dazu gehört beispielsweise, dass die Ärmel der Feuerwehrschutzanzugjacke beim Arbeiten über Kopf nicht rutschen und weiterhin den ganzen Arm bedecken. So genannte Daumenschlaufen sind leider oft ein Zeichen für mangelnde Ergonomie, da sie oft den Zweck haben, den Ärmel an der richtigen Stelle zu halten.

Bei einer Beschaffung ist darauf zu achten, dass sich Jacke und Hose ausreichend überdecken, damit auch im Knien oder im Seitenkriechgang noch ein ausreichender Schutz gewährleistet ist. Dies gilt umso mehr, wenn die Bekleidungsteile nicht von einem Hersteller stammen.

Wahrnehmbarkeit

Die Deutsche Gesetzliche Unfallversicherung (DGUV) hat Einsatzstellen der Feuerwehr in abgesicherte und nicht abgesicherte Einsatzstellen unterteilt. An ungesicherten Einsatzstellen müssen die Feuerwehrangehörigen Warnkleidung nach DIN EN ISO 20471 tragen. Dies ist in der Regel die Warnweste. Alternativ war zunächst nur die HuPF-Bekleidung (Teile 1 und 4) von der Tragepflicht der Warnweste befreit, da deren Warnbestreifung als ausreichend angesehen wurde. Mit dem DGUV-Rundschreiben 371/2008 wurde die »Warnwestenbefreiung« auch auf Schutzkleidung nach DIN EN 469 erweitert. Danach brauchen Einsatzkräfte an nicht abgesicherten Einsatzstellen keine Warnweste zu tragen, wenn die reflektierenden und fluoreszierenden Flächen der Schutzkleidung mindestens den Vorgaben der DIN EN 469 entsprechen und die Warnstreifen nach den Vorgaben des DGUV-Rundschreibens angeordnet sind (▶ Bild 13.8).

Mit dieser Anordnung bzw. den Warnflächen nach Anhang B der DIN EN 469 erreicht die Schutzkleidung jedoch noch nicht einmal die Warnkleidungs-Klasse 2, die der Warnweste entspricht (▶ Tabelle 13.2). Manche Feuerwehren gestalten die Schutzkleidung aus Verkehrssicherheitsgründen daher mit weiteren fluoreszierenden und retroreflektierenden Flächen.

Werden zur Funktionskennzeichnung so genannte Kennzeichnungswesten (▶ Bild 18.4) über der Feuerwehrschutzbekleidung getragen, kann diese die fluoreszierenden und retroreflektierenden Flächen überdecken. Daher

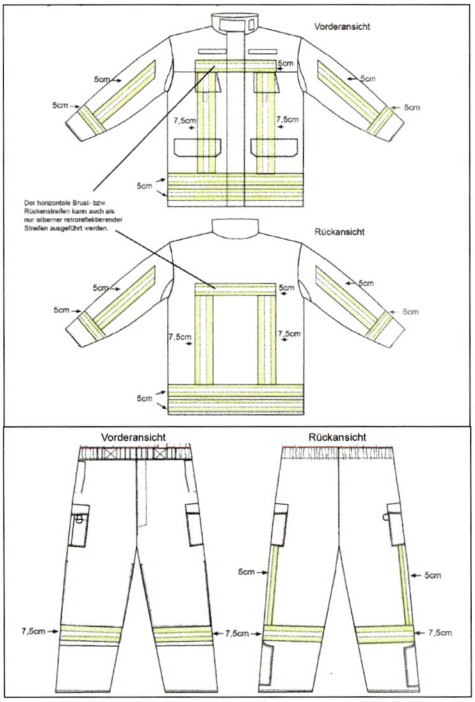

Quelle: DGUV

Bild 13.8 Warnflächenvorgaben nach DGUV

sollte auf eine ausgewogene Verteilung der Warnflächen außerhalb der Fläche der Kennzeichnungsweste geachtet werden.

Atmungsaktivität

Nach einer US-Studie sterben mehr Feuerwehrangehörige an Hitzestress als an Verbrennungen. Hitzestress bezeichnet dabei die physiologische und psychische Wirkung von Wärme auf den Menschen, der durch die Schutzkleidung noch verstärkt werden kann. Daher ist auf eine gute Atmungsaktivität der Kleidung zu achten. Maß der Atmungsaktivität bei Feuerwehrschutzbekleidung ist der Wasserdampfdurchgangswiderstand, auch als R_{ET}-Wert bezeichnet. Die Anforderungskriterien für die beiden Leistungsstufen der DIN EN 469 zeigt ▶ Tabelle 13.1. Heute ist ein R_{ET}-Wert von < 28,0 m^2Pa/W bei Feuerwehrschutzbekleidung nach der Leistungsstufe 2 üblich. Zum Vergleich: Schutzkleidung nach Leistungsstufe 2 ohne Membran hat einen R_{ET}-Wert von zirka 11 bis 15 m^2Pa/W, Sportbekleidung hat einen R_{ET}-Wert von zirka 6 bis 11 m^2Pa/W. Die Hersteller unternehmen zahlreiche Anstrengungen, die Atmungsaktivität zu verbessern. Dies können helle, sich nicht so schnell erwärmende Farben, ein innovativer Materialaufbau, der beispielsweise ohne Isolationsfutter auskommt, oder auch die Integration einer Rettungsschlaufe nach DIN EN 1498 anstelle des Feuerwehr-Haltegurtes sein. Dadurch könnte die unnatürliche »Zuschnürung« der Schutzkleidung verhindert und eine bessere Luftzirkulation mit einer Verbesserung der Atmungsaktivität erreicht werden. Nach Praxisversuchen ist der Verzicht auf eine Membran offensichtlich keine Lösung, da subjektiv kein Unterschied festgestellt wurde.

Bild 13.9 Eine integrierte Rettungsschlaufe kann die Atmungsaktivität verbessern.

Einen großen Anteil am Transport des Wasserdampfes im Kleidungssystem hat die Unterbekleidung. Daher wird das Tragen von Funktionsunterbekleidung empfohlen.

Wasserdichtigkeit

Die Wasserdichtigkeit ist für Feuerwehrschutzbekleidung entscheidend. Einerseits

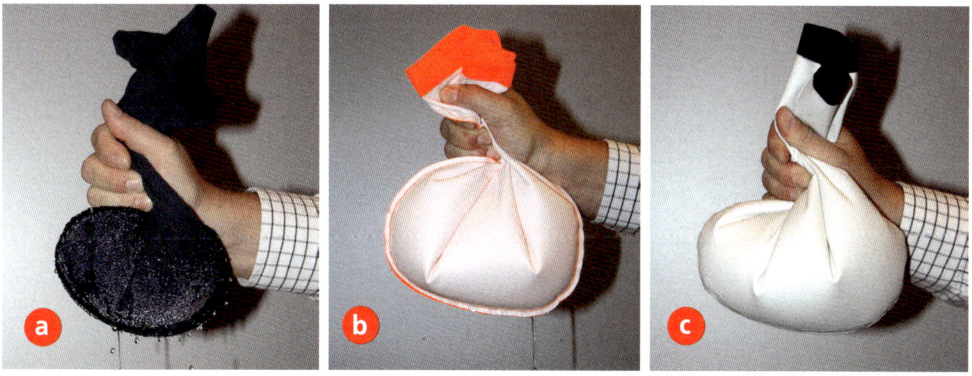

Bild 13.10 Verschiedene Materialaufbauten: **a** Unbehandelter Oberstoff wird vom Wasser in kürzester Zeit durchnässt. **b** Der Oberstoff ist mit einer Membran versehen, allerdings sind die Nähte nicht versiegelt. **c** Eine nahtversiegelte Membran ist wasserdicht.

C

Bild 13.11 Die Saugsperre soll aus praktischen Gründen mindestens sechs Zentimeter breit sein. Die maximale Breite darf bei Jacken nicht mehr als zehn Zentimeter und bei Hosen nicht mehr als 15 Zentimeter betragen.

muss der Wasserdampf (verdunsteter Schweiß des Feuerwehrangehörigen) aus der Kleidung transportiert werden, andererseits darf kein (Lösch-)Wasser in die Schutzkleidung eindringen, da sonst die thermische Isolation durchfeuchten und bei einer plötzlichen Wärmeeinwirkung aufgehoben werden kann. Dies würde zu Verbrühungen und/oder Verbrennungen führen.

Schutz bietet eine Membran, die nicht nur eine Feuchtigkeitssperre ist, sondern auch den Durchgang von Heißdampf sicher verhindert. Membranen gibt es drei verschiedenen Materialien, nämlich Polyurethan (PU), Polyester (PES) und Polytetrafluorethylen (PTFE). Entsprechend des Materials sind die Chemikalienresistenz, die Beeinflussung der Atmungsaktivität und die Erweichungstemperatur der Membran genauso unterschiedlich wie der Preis. Hier sind bei einer Beschaffung die Anforderungen durch die Feuerwehr zu definieren.

Der Transport des Schweißes nach außen erfolgt über das Partialdruckgefälle: der Temperaturunterschied und die unterschiedliche Luftfeuchtigkeit innerhalb und außerhalb der Schutzkleidung »saugen« die Wasserdampfmoleküle auf die Außenseite der Membran. Dort werden sie über die Dochtwirkung der Fäden des Obermaterials nach außen abgegeben. Das Partialdruckgefälle ist bei allen Nässesperren die physikalische Voraussetzung für die Atmungsaktivität. Theoretisch kann das Partialdruckgefälle bei einem Brandeinsatz kurzfristig aufgehoben und sogar umgekehrt werden: Bewegt sich ein Feuerwehrangehöriger in extrem heißer Umgebung bei einer relativen Luftfeuchtigkeit von 100 % kann Wasserdampf von außen nach innen gelangen. Dies geschieht jedoch zu langsam, als dass es Nachteile für den Feuerwehrangehörigen hätte, da er zuvor bereits diese Umgebungsbedingungen verlässt. In dieser Konstellation wäre auch die Atmungsaktivität aufgehoben.

Wichtig für die Wasserdichtigkeit einer Membran ist eine qualitativ hochwertige, ein-

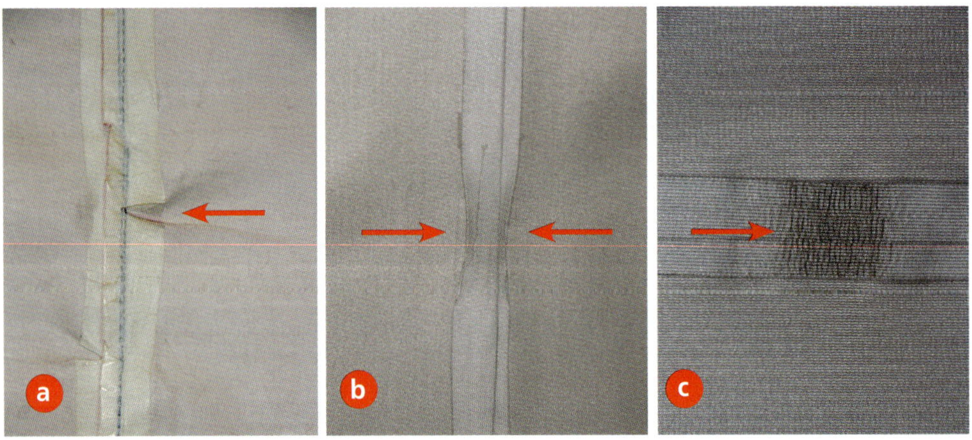

Bild 13.12 Unsachgemäße Nahtversiegelungen: a Einriss/Loch b Die Mindestbreite bzw. Mindestüberdeckung wurde nicht eingehalten; Wasser kann durchtreten. c Verschrumpfung des Nahtversiegelungsbandes durch kurzzeitiges Unterbrechen des Klebevorgangs an der gleichen Stelle.

Merke:

Die Persönliche Schutzkleidung ist nach dem Einsatz auf Verschmutzung und Beschädigung zu kontrollieren und ggf. zu reinigen bzw. dem Waschprozess zuzuführen. Verschmutzungen mindern die Schutzwirkung!

wandfreie Verarbeitung. Daher müssen alle Nähte der Membran mit einem speziellen Dichtungsband verklebt werden. Einschnitte oder Stauchungen eines solchen Dichtungsbandes sind Qualitätsmängel, da sie mittelfristig zu einer Wasserdurchlässigkeit führen.

Zur Wasserdichtigkeit tragen auch Nässesperren an den Außenkanten der Bekleidung bei. Diese so genannten Saugsperren sollen aus praktischen Gründen mindestens sechs Zentimeter breit sein, um ein Aufsaugen von Wasser durch die Fäden des Materials zu verhindern. Die DIN EN 469 gibt jedoch Maximalbreiten

Bild 13.13 Jede Feuerwehr muss ein Hygiene- und Pflegekonzept der Persönlichen Schutzausrüstung haben. Die Wäsche kann auch in Eigenregie durch entsprechend ausgebildetes Personal erfolgen.

der Saugsperren vor: Diese betragen bei Jacken zehn und bei Hosen 15 Zentimeter.

So kann keine Feuchtigkeit in die Kleidung eindringen. Einen ähnlichen Effekt hat ein dicht gewebtes Obermaterial, dass Wassertropfen abperlen lässt. Die Dichtigkeit des Obermaterials wird in »Nummer Metrisch« (NM) als Maß für die Garnstärke angegeben. Ein Wert von 55 bis 65 NM sollte heute Standard sein.

Hygiene/Pflegekonzept

Zu einer modernen Schutzbekleidung für die Feuerwehr gehört auch ein modernes, auf die jeweilige Bekleidung zugeschnittenes Hygiene- und Pflegekonzept. Dies kann in Eigenregie der Feuerwehr oder auch mit externen Dienstleistern umgesetzt werden. Dazu gehören folgende Aspekte:

- Wäsche:
  - sofortige Wäsche nach Verschmutzung, um negative Auswirkungen auf die Kleidung zu verhindern,
  - helle Farben des Obermaterials zeigen eine Verschmutzung eher an als dunkle Stoffe,
  - Arbeitsanweisung für die Mitarbeiter der Wäscherei,
  - der Ablauf der Wäsche, das Verfahren, die Trocknung und die ggf. erforderlich werdende Nachbehandlung (z. B. Imprägnierung) sind festzulegen,
  - Hygienewäsche mindestens einmal pro Jahr für jede Schutzkleidung.
- Reparatur:
  - Der Ablauf und die Werkstatt sind in einer Arbeitsanweisung festzulegen.
- Prüfung:
  - Nach jedem Gebrauch ist durch den Benutzer eine Sichtprüfung durchzuführen.
  - Nach Paragraf 11 Absatz 2 UVV Feuerwehren ist Persönliche Schutzausrüstung – ergänzend zu den Sichtprüfungen – regelmäßig (mindestens einmal pro Jahr) durch befähigte Personen zu prüfen.

Achtung:

Anbauteile an einem Feuerwehrhelm müssen zusammen mit dem Helm typgeprüft sein. Es ist ggf. mit dem Hersteller zu klären, welche Anbauteile am Feuerwehrhelm zulässig sind.

Achtung:

Feuerwehrhelme aus Kunststoffen, wie sie heute allgemein üblich sind, haben in der Regel nur eine bestimmte Nutzungsdauer, die aus der Bedienungsanleitung hervorgeht.

13.3.2 Feuerwehrhelm

Feuerwehrhelme sind nach DIN EN 443 »Feuerwehrhelme für die Brandbekämpfung in Gebäuden und anderen baulichen Anlagen« genormt. Danach sind nach dem Umfang des bedeckten Kopfbereiches zwei Typen von Helmen zu unterscheiden:

- Typ A: Mindestschutzbereich,
- Typ B: Vollschutzbereich.

Die Feuerwehrhelme sind mit einem Nackenschutz versehen, der beispielsweise aus Leder oder aus Tuch bestehen kann. Ein so genanntes Helmtuch kann auch zusätzlich zum Nackenleder angebracht werden und erhöht den

Bild 13.14 Der Helmhersteller muss die Nutzung von Anbauteilen am Feuerwehrhelm freigeben. Den bisherigen DIN-Feuerwehrhelm gibt es auch mit einem Kunststoffüberzug (nach DIN EN 443).

Bild 13.15 Feuerwehrhelm Typ B

Schutz vor Wärme, Flammen und Funken erheblich. Die Helmkennzeichnung ist in ▶ Kapitel 3 dargestellt.

Seit 2015 sind auch spezielle Feuerwehrhelme für die Wald- und Flächenbrandbekämpfung (DIN EN 16471) und für die technische Rettung (DIN EN 16473) genormt. Diese Helme sind nicht für die Brandbekämpfung im Innenangriff unter Atemschutz zugelassen, sondern nur für die speziell definierten Aufgaben geeignet. Die Helmtypen zeichnen sich durch eine gute Belüftung und ein im Vergleich zum Feuerwehrhelm nach DIN EN 443 geringeres

Bild 13.16 Masken-Helm-Kombination mit Nackenschutz und seitlich angebauter Helmlampe. Für solche Anbauteile muss die Genehmigung des Helmherstellers vorliegen.

Bild 13.17 Feuerwehrhelm mit Vollvisier als Gesichtsschutz und innenliegender Schutzbrille als Augenschutz

Gewicht aus (▶ Bild 13.18). Zahlreiche Zubehörteile, wie Visiere etc., sind von den Herstellern lieferbar. Eine Pflicht zur Beschaffung dieser Helmtypen besteht nicht, da es sich um »spezielle Schutzkleidung« handelt. Die Helme können aber von Feuerwehren beschafft werden, wenn die Notwendigkeit in einer Gefährdungsanalyse nachgewiesen wurde.

Augen- und Gesichtsschutz

Insbesondere bei Technischen Hilfeleistungen, aber auch bei der Brandbekämpfung (zum Beispiel beim Schaumeinsatz) ist ein Schutz der Augen und des Gesichtes erforderlich. Anforderungen an den Augenschutz regelt die DIN EN 166 »Persönlicher Augenschutz – Anforderungen«. Wichtig ist, dass verwendete Schutzbrillen und/oder Visiere dicht schließen und sich an die Gesichtsform anpassen lassen. An Feuerwehrhelmen angebaute Visiere bzw. Brillen müssen sich verstellen lassen. Gut ist es zudem, wenn die Brillen über eine Polsterung verfügen, welche Druckstellen im Gesicht verhindert.

13.3.3 Feuerwehrschutzhandschuhe

Feuerwehrschutzhandschuhe sind nach DIN EN 659 genormt. Die Norm gibt Leistungsstu-

Bild 13.18 Feuerwehrhelm für die Technische Rettung und die Bekämpfung von Wald- und Flächenbränden. Der abgebildete Feuerwehrhelm ist sowohl nach DIN EN 16471 als auch nach DIN EN 16473 zertifiziert. Dies muss allerdings nicht bei allen entsprechenden, auf dem Markt angebotenen Helmen der Fall sein.

fen vor, die mindestens erreicht werden müssen:

- Abrieb: 3,
- Schnittfestigkeit: 2,
- Weiterreißfestigkeit: 3,
- Stichfestigkeit: 3,
- Brennverhalten: 4,
- Tastgefühl: 1.

Die Feuerwehrschutzhandschuhe sollen über eine Stulpe verfügen, die hinsichtlich der Öffnungsweite und der Länge der getragenen Feuerwehrschutzbekleidung angepasst ist. In der Stulpe soll bis zum Ende ein Schnittschutz eingearbeitet sein.

Feuerwehrhandschuhe aus Glattleder (»Lederhandschuhe«), die nicht der DIN EN 659: 2008 entsprechen, sollen zur Brandbekämpfung nicht mehr getragen werden. Der wärmebedingte Schrumpf des Leders kann zu schweren Handverletzungen führen.

So genannte TH-Handschuhe für die Technische Hilfeleistung sind nicht nach DIN EN 659, sondern nach der allgemeinen Schutzhandschuh-Norm DIN EN 388 genormt. Danach müssen Puls- und Handknöchelschutz

C

vorhanden sein. Für die Einsatzpraxis sollen die Leistungsstufen jedoch mindestens denen des Feuerwehrschutzhandschuhs entsprechen. Dies ermöglichen die Hersteller in der Regel durch eine eigene Verpflichtung. Wichtig ist der Schnittschutz: Nach DIN EN 388 muss dieser nicht den gesamten Handschuh umfassen, was für den Feuerwehreinsatz jedoch erforderlich ist. Daher ist bei Beschaffungen auf einen umfassenden, allseitigen Schnittschutz zu achten.

13.3.4 Feuerwehrschutzschuhwerk

Feuerwehrschutzschuhwerk ist nach der Normenfamilie DIN EN 15090 genormt. Es sind sowohl Schnür- als auch Schaftstiefel zugelassen. Schutzschuhwerk ist normativ in zwei Klassen und drei Typen unterteilt. Während die Klassen das Material (Klasse 1: Leder, Klasse 2 Vollgummi oder Gesamtpolymerschuhe) beschreiben, definieren die Typen die Ausstattung und damit die Einsatzbereiche. Schuhe des Typs 1 sind aufgrund des nicht vorhandenen Zehenschutzes nicht für den Feuerwehrdienst geeignet. Der Typ 2 ist der Standardschuh für den Feuerwehreinsatz, wenn er zusätzliche Anforderungen an die Antistatik erfüllt. Typ-3-Schuhe sind für besondere Risiken definiert (z. B. Gefahrstoffeinsatz).

Die Feuerwehrstiefel müssen mindestens die Anforderungen »F2A« nach DIN EN 15090 erfüllen, die auch auf jedem Stiefel in einem Piktogramm aufgedruckt bzw. gestanzt werden. Dies bedeutet, dass die Grundanforderungen der DIN EN 15090 erfüllt werden (»F«), ein Typ-2-Stiefel (»2«) vorliegt (dies ist der Standardfeuerwehrstiefel) und eine antistatische Sohle vorhanden ist (»A«).

INFO

Tipps zur Beschaffung von Feuerwehrschutzkleidung bietet die Informationsschrift 205-020 »Feuerwehrschutzkleidung – Tipps für Beschaffer und Benutzer« der Deutschen Gesetzlichen Unfallversicherung. Sie ist im Internet herunterladbar: *http://publikationen.dguv.de*

13.3.5 Spezielle Schutzkleidung

Unter spezieller Schutzkleidung wird Schutzkleidung für besondere Einsatzzwecke wie z. B. Unfälle mit Gefährlichen Stoffen und Gütern (▶ Kapitel 60), Kettensägeneinsätze (▶ Kapitel 52), Einsätze an oder auf Gewässern, Taucheinsätze oder Einsätze mit besonderer Wärme oder Wärmegefährdung (Hitzeschutzanzug) verstanden.

13.3.6 Rechtsgrundlagen für PSA

Normen regeln vor allem die sicherheitstechnischen Anforderungen an ein Produkt. Für das Herstellen und das Inverkehrbringen von Persönlicher Schutzausrüstung (PSA) trifft seit 1992 die europäische PSA-Richtlinie 89/686/EWG Regeln, die zu beachten sind. Die Richtlinie wurde durch die 8. Verordnung zum Geräte- und Produktsicherheitsgesetz in nationales Recht übertragen. Die PSA-Richtlinie teilt Persönliche Schutzausrüstung in drei Kategorien entsprechend der Risiken für den Träger ein. Persönliche Schutzausrüstung für die Feuerwehr fällt in der Regel in die Kategorie III (»hohes Risiko«). Bei Schutzausrüstungen, welche in die Kategorie III fallen, sind eine Baumusterprüfung und Produktüberwachung durch eine benannte Stelle durchzuführen. In den Stufen I und II wird vor allem die CE-Kennzeichnung verwendet, die bedeutet, dass das Produkt allen geltenden europäischen Vorschriften entspricht und das Produkt dem vorgeschriebenen Konformitätsbewertungsverfahren unterzogen wurde.

14 Einsatz der Wärmebildkamera

von Jochen Thorns

Wärmebildkameras (WBK) sind wichtige Einsatzgeräte, die für jeden Angriffstrupp zur Verfügung stehen sollten. Mithilfe der Wärmebildkamera lässt sich die Zeitspanne der Menschenrettung inklusive des Absuchens verrauchter Bereiche deutlich minimieren. Zudem stellt die Wärmebildkamera einen erheblichen Sicherheitsgewinn für den vorgehenden Trupp dar, kann er doch nun »im Rauch sehen«.

14.1 Funktionsprinzip

Wärmebildkameras sind im Prinzip spezielle Infrarotkameras. Sie wandeln die infrarote Wärmestrahlung, welche von allen Körpern und Gegenständen abgestrahlt wird, in elektronische Signale und letztlich in ein für das menschliche Auge sichtbares Bild (je nach Kamera in Farbe oder in Graustufen) um. Das zweidimensionale Bild wird jedoch nicht von der Lichtintensität und von Farben bestimmt, sondern nur von den relativen Temperaturprofilen bzw. -unterschieden der betrachteten Körper und Gegenstände. Dargestellt werden in der Regel also keine absoluten Temperaturen. Warme Flächen werden in der Regel hell, kalte Flächen werden dunkel dargestellt.

Die langwellige Infrarotstrahlung durchdringt im Gegensatz zum sichtbaren Licht auch Rauch. Bei sehr dichtem Rauch ist jedoch unter Umständen wegen der angezeigten Rauchpartikel kein Bild erkennbar. Feste Gegenstände, wie Wände, kann die Wärmestrahlung jedoch nicht durchdringen. Ein Gegenstand hinter einer Wand kann also nicht wahrgenommen werden, außer er ist so heiß, dass die Wärmestrahlung die Wand durchdringt. Aber auch in diesem Fall kann nur die aufgeheizte Wand erkannt werden.

Achtung:

Wärmebildkameras liefern in der Regel nur zweidimensionale Bilder. Daher können Entfernungen eventuell falsch abgeschätzt werden.

Achtung:

Der Einsatz einer Wärmebildkamera darf nie zu einem Verzicht auf sonst übliche Sicherheitsstandards führen!

14.2 Vorgehen mit der Wärmebildkamera

Der zum Löscheinsatz vorgehende Trupp sollte mit der Wärmebildkamera nicht nur nach vorn gucken, sondern immer das komplette Umfeld sichten: Wie ist der Deckenzustand? Gibt es Wärmetransportvorgänge? Wie ist die Gebäudebeschaffenheit und die -konstruktion? Gibt es Stolperstellen oder besteht die Gefahr des Absturzes? Die Fortbewegungsgeschwindigkeit kann dadurch gesteigert werden, wenn der Trupp nicht permanent, sondern vielmehr nur in regelmäßigen Abständen durch die Wärmebildkamera blickt und sich so ein Bild von der Umgebung und dem nächsten Streckenabschnitt macht (**<Würfelblick>** in alle sechs Richtungen). Wichtig ist, dass der Truppführer mit der Wärmebildkamera an seine Truppangehörigen denkt: Sie können im verrauchten Bereich nichts sehen und sind auf seine In-

Achtung:

Auch beim Einsatz einer Wärmebildkamera werden Treppen beim Vorgehen unter Atemschutz immer rückwärts begangen.

Bild 14.1 Der Trupp sollte in regelmäßigen Abständen einen so genannten Würfelblick durchführen.

formationen und ein gemeinsames Vorgehen angewiesen! Beim Löscheinsatz ermöglicht die Wärmebildkamera einen gezielten Löschmitteleinsatz: Der Brandherd wird erkannt, sodass wenig Löschmittel gezielt aufgebracht werden kann – ein Beitrag zur schadenarmen Einsatztaktik und zur Vermeidung von Folgeschäden. Gleiches gilt für das Aufspüren von Glutnestern im Rahmen von Nachlöscharbeiten.

14.2.1 Anwendungsbeispiele

Wärmebildkameras bieten neben der beschleunigten Menschen- und Tierrettung (▶ Bild 14.2) und dem gezielten Löscheinsatz vielfältige Einsatz- und Anwendungsmöglichkeiten. Die nachfolgende Aufzählung ist nicht abschließend, sondern soll nur Beispiele aufzeigen, um Einsatzmöglichkeiten an der »eigenen« Einsatzstelle prüfen zu können:

Brandeinsatz

- gezielte, punktgenaue Löschmaßnahmen,
- Feststellung von Brandursachen bei unklaren Einsatzmeldungen/Verrauchungen,
- Feststellung von Auslöseursachen bei Alarmen von Brandmeldeanlagen,
- Lageerkundung bei Objekten von außen (Feststellung, wo es überhaupt brennt/erwärmt ist; [▶ Bild 14.3]),
- Bekämpfung von Glutnestern,
- Nachlöscharbeiten,
- Dehnfugenbrände (Feststellung der genauen Örtlichkeit und Feststellung der Wirksamkeit der Löschmaßnahmen),

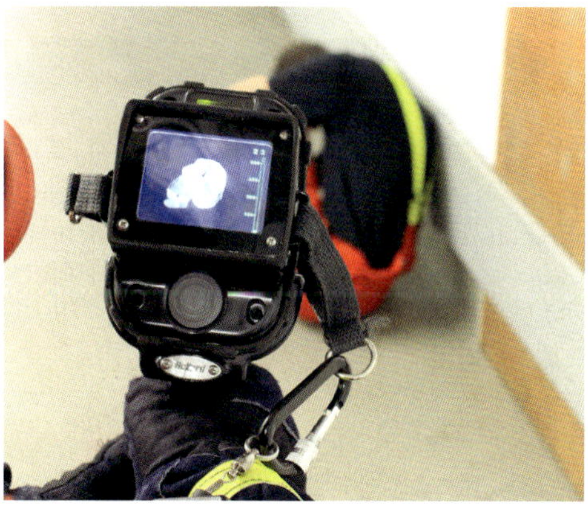

Bild 14.2 Die Wärmebildkamera kann eine Menschenrettung beschleunigen.

Quelle: Bullard GmbH, Remagen

Bild 14.3 Lagebeurteilung mit der WBK: Die Frontalansicht (links) lässt einen Dachstuhlbrand vermuten. Die Ansicht durch die WBK (rechts) zeigt, dass sich das Feuer im Erdgeschoss befindet.

- (Nach-)Kontrolle bei Schweiß- und Brennarbeiten im Rahmen von Brandsicherheitswachen,

Technische Hilfeleistungen:

- Personensuche im Freien und auf Gewässern,
- Personensuche nach Verkehrsunfällen mit fehlendem Patienten (Suche im Umfeld, aber auch Feststellung, ob im Fahrzeug überhaupt Menschen gesessen sind [▶ Bild 14.5]),
- Aufspüren von Insektennestern,
- Füllstandskontrolle bei Tanks, Tankwagen oder Eisenbahnkesselwaggons (▶ Bild 14.4),
- Feststellung von Gewässerverunreinigungen, z. B. Ölverschmutzungen,
- Kontrolle von Schaltschränken und Wasserleitungen/-schäden.

14.3 Einsatzgrenzen

Wie jedes technische Gerät kann auch die Wärmebildkamera ausfallen. Daher ist es wichtig, dass die vorgehenden Trupps auch beim Einsatz einer Wärmebildkamera die üblichen Sicherheitsstandards einhalten und anwenden. Wichtig ist eine gewisse Vorsicht bei der Einschätzung der angezeigten Temperatur. Die meisten Wärmebildkameras zeigen nur relative Temperaturen an, also Temperaturunter-

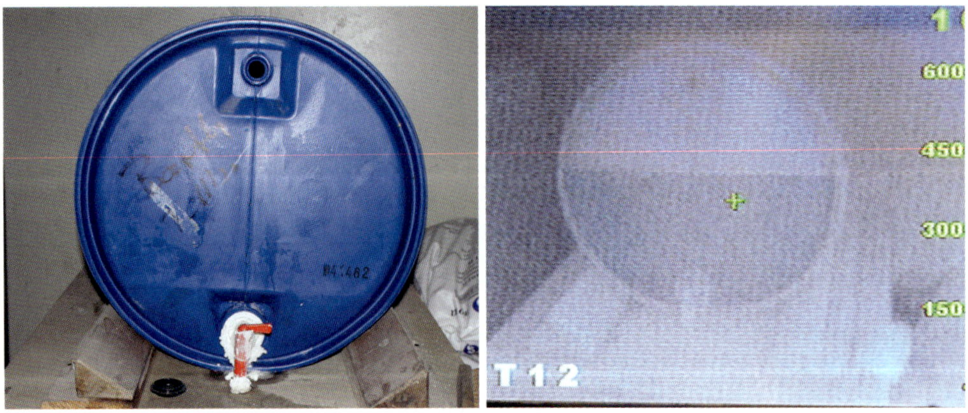

Bild 14.4 Mithilfe der WBK kann der Füllstand des Fasses oder eines Tankes leicht kontrolliert werden.

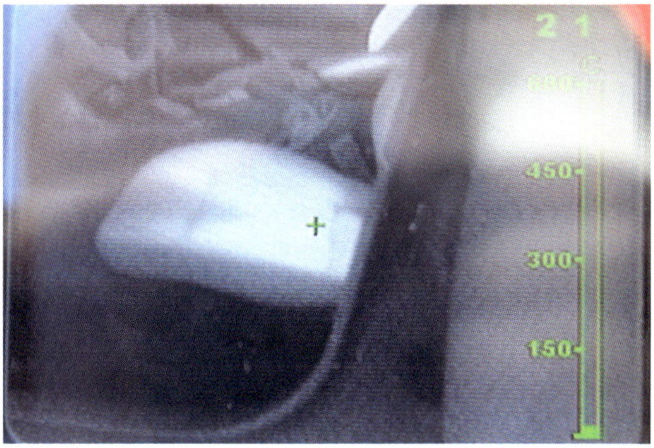

Bild 14.5 Anwendung der Wärmebildkamera nach einem Verkehrsunfall, bei dem eine Person vermisst wird: Es kann schnell festgestellt werden, ob der Sitz in einem Pkw erwärmt ist, was bedeutet, dass dort vor kurzem noch ein Mensch gesessen ist.

schiede zwischen zwei Flächen, Gegenständen oder Körpern. Besitzt die Wärmebildkamera eine integrierte Temperaturmessung ist auch beim Ablesen der Temperaturanzeige Vorsicht geboten: Je nach Fabrikat und Typ sind bei den angezeigten absoluten Temperaturen Fehlertoleranzen bis zu 100 Prozent möglich. Dies liegt auch an der teilweise ungenauen Messpunktführung des Fernthermometers durch die Bediener.

Bei einer Temperaturmessung mit dem integrierten Thermometer der Wärmebildkamera sind die in der Bedienungsanleitung der

Bild 14.6 Wärmebildkameras können in der Regel Temperaturunterschiede an Zimmertüren aufzeigen.

Achtung:

Beim Einsatz einer Wärmebildkamera zur Temperaturmessung ist die maximale Entfernung nach der Bedienungsanleitung zwingend zu beachten, um Messabweichungen zu vermeiden.

Wärmebildkamera angegebenen maximalen Abstände zur Temperaturmessung zwingend zu beachten. Denn das Bild der Wärmebildkamera ist kein Temperaturbild, sondern eine Kombination aus Wärmeemission, Transmission und Reflexion. Auf Metallen kann man in der Regel keine Temperaturen messen.

Die Wärmebildkamera misst die von der Oberfläche eines Körpers oder einer Fläche ausgehende Wärmestrahlung, d. h. Aussagen sind nur über die relative Temperatur der der Wärmebildkamera zugewandten Oberfläche möglich. Aussagen über die Temperatur im Inneren eines Körpers sind daher in der Regel direkt nicht möglich. Wärmebildkameras sind jedoch geeignet, schnell und zuverlässig, Temperaturen und vor allem Temperaturunterschiede an bzw. hinter Türen (vor allem an Zimmertüren) aufzuzeigen (▶ Bild 14.6).

Achtung:

Menschen unter Laub oder unter Wasser können mit einer Wärmebildkamera nicht erkannt werden.

Bild 14.7 Glas spiegelt: Der Feuerwehrangehörige sieht durch die WBK keine Person in der Halle, sondern sein eigenes Spiegelbild in der Scheibe.

Grundsätzlich ist kein Blick durch Hindernisse möglich. Beim Blick auf eine Wand wird die Wandoberfläche dargestellt, nicht das, was sich hinter der Wand befindet. Auch Blätter einer Baumgruppe oder eine geschlossene Wasseroberfläche schirmen die Wärmestrahlung des Objektes ab, sodass es so für die Wärmebildkamera unsichtbar ist. Anders ist dies bei Kunststoffen – hier kann ein Wärmekamerabild angezeigt werden.

Vorsicht ist bei spiegelnden Oberflächen angebracht. Einerseits kann sich der Bediener der Wärmebildkamera selbst im Monitor der Wärmebildkamera sehen, wenn er beispielsweise eine Glasfläche betrachtet (▶ Bild 14.7). Andererseits können kalte, glänzende Oberflächen im Monitor hell erscheinen und somit eine hohe Temperatur vortäuschen.

Eine extreme Verrauchung mit einem hohen Rußanteil kann dazu führen, dass die von der Wärmebildkamera emittierte Wärmestrahlung nicht das Objekt erreicht und statt eines Körpers oder einer Fläche die Rußpartikel im Monitor der Wärmebildkamera dargestellt werden. Die Sichtweite der Wärmebildkamera und die Darstellungsqualität nehmen in diesem Fall ab.

ZUR VERTIEFUNG

Markus Pulm: Wärmebildkameras im Feuerwehreinsatz, Die Roten Hefte 202, Verlag W. Kohlhammer, 3. Auflage, Stuttgart 2013.

Notizen:

15 Knoten, Stiche und Bunde

von Jochen Thorns

Im Feuerwehrdienst werden **<Feuerwehrleinen>** und Mehrzweckleinen (früher: Arbeitsleinen) verwendet (▶ Bild 15.1). Hinzu kommen im Bereich der Absturzsicherung sowie der Speziellen Rettung aus Höhen und Tiefen noch Kernmantelseile (▶ Kapitel 40). Die weiße Feuerwehrleine dient als Rettungs-, Sicherungs- und Signalleine. Sie darf bei der Sicherung von Menschen nur zum Halten eingesetzt werden. Die **<Mehrzweckleine>** ist zur Unterscheidung von der Feuerwehrleine rot eingefärbt. Sie ist eine Arbeitsleine für vielfältige Aufgaben und kann z. B. zum Einbinden der Saugleitung, als Ventilleine, als Halteleine von Gerätschaften oder als Absperrleine Verwendung finden.

15.1 Wichtige Knoten und Stiche

In diesem Kapitel werden die wichtigsten Knoten und Stiche für den Feuerwehrdienst vorgestellt. Gemäß der Feuerwehr-Dienstvorschrift (FwDV) 1 können zum Binden von Knoten die Feuerwehr-Schutzhandschuhe ausgezogen werden.

Der **<Halbschlag>** dient z. B. zum Führen von Geräten beim Hochziehen oder zum Einbinden der Saugleitung (▶ Bild 15.2a). Er soll nur in Verbindung mit anderen Knoten und Stichen verwendet werden.

Der **<Doppelte Ankerstich>** kann u. a. zum Befestigen von Geräten beim Hochziehen (▶ Bild 15.2b) dienen.

Bild 15.1 Mehrzweckleine und Feuerwehrleine

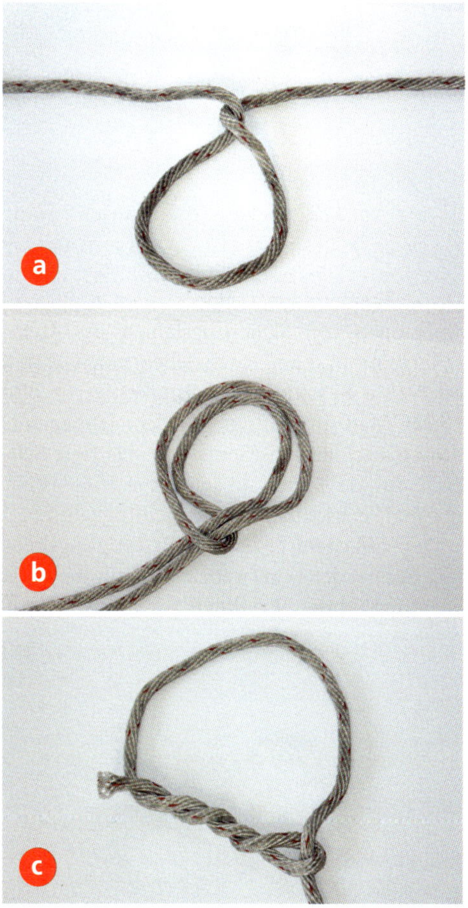

Bild 15.2 Wichtige Knoten und Stiche:
- a Halbschlag
- b Doppelter Ankerstich
- c Zimmermansschlag

IM EINSATZ

Spierenstich

Der Spierenstich dient zum Sichern von Knoten (▶ Kapitel 41)

Der <**Zimmermannsschlag**> dient z. B. zum Anbringen von Sicherungsleinen im Atemschutzeinsatz, zum Hochziehen von Geräten oder zum Befestigen des Saugkorbes (▶ Bild 15.2c). Man umschlingt mit dem Leinenende das anzuschlagende Gerät, legt das freie Seilende um die Leine und schlägt es mindestens dreimal rückwärts unter der Schlinge durch.

Der <**Mastwurf**> ist ein Befestigungsknoten, der bei der Feuerwehr am häufigsten Verwendung findet. Er dient zum Anschlagen, beim Selbstretten, zum Halten, zum Befestigen beim Hochziehen von Geräten, zum Einbinden des Saugkorbes, zum Befestigen der Halteleine der Saugleitung am Anschlagpunkt und zum Befestigen des Auszugsseils der Schiebleiter (▶ Kapitel 23). Der Mastwurf ist generell durch einen <**Spierenstich**> zu sichern. Den Mastwurf gibt es – je nach Einsatzzweck – in zwei Versionen: gelegt oder gebunden. Der Spierenstich dient zur Sicherung von Knoten.

Bild 15.3 Einfacher Achterknoten

Der <**Achterknoten**> ist ein Verbindungs- und Befestigungsknoten. Er dient vorrangig zur Einbindung in den Auffanggurt beim Halten und Auffangen sowie als Befestigungspunkt am Ende der Feuerwehrleine bzw. des Kernmantelseils. Der Achterknoten kann gestochen und gebunden werden. Es gibt ihn in der einfachen Ausführung (▶ Bild 15.3) oder als Doppelter Achterknoten (▶ Kapitel 40).

Der einfache <**Schotenstich**> dient zum Verbinden von zwei Leinen. Die Variante mit Aufziehschlaufe ermöglicht das Aufziehen des Schotenstichs auch unter Belastung. Der Schotenstich darf nicht zur Personenrettung und -sicherung eingesetzt werden.

IM EINSATZ

Mastwurf (gelegt)

Man legt zunächst ein Auge (= Halbschlag), ...

... anschließend daneben ein zweites, gleiches Auge.

Das zweite Auge wird nun hinter das erste Auge gelegt.

Der fertige Mastwurf kann nun über das Gerät geschoben, festgezogen und durch einen Spierenstich gesichert werden.

Der Halbmastwurf und der Brustbund werden in ▸ Kapitel 41 und 42 dargestellt.

15.1.1 Einbinden von Geräten

Feuerwehrtechnische Geräte müssen zum Hochziehen eingebunden werden. In diesem Kapitel werden die wichtigsten Einbindearten dargestellt.

Einbinden der Feuerwehraxt

Am Kopf der Feuerwehraxt wird ein doppelter Ankerstich oder ein Mastwurf so gesetzt, dass ein Auge auf beiden Seiten des Stiels angeordnet ist. Zur Stabilisierung wird im oberen Drittel des Stiels ein Halbschlag gesetzt (▸ Bild 15.4a). Die Feuerwehraxt wird mit dem freien Ende der Feuerwehrleine vom Gebäude abgehalten.

IM EINSATZ

Mastwurf (gebunden)

Die Leine wird um das Objekt (hier Saugleitung) gelegt und anschließend über Kreuz geführt.

Die Leine wird ein zweites Mal um das Objekt gelegt und an der Kreuzungsstelle unter der Leine hindurchgeführt.

Durch das Ziehen an beiden Enden wird der Mastwurf festgezogen.

Anschließend wird der Mastwurf noch mit einem Spierenstich gesichert.

Der Mastwurf kann (als Alternative zum einfachen Spierenstich) auch mit einem doppelten Spierenstich gesichert werden.

IM EINSATZ

Schotenstich

Bei der ersten Leine wird eine Bucht oder ein Leinenauge gelegt.

Die zweite Leine wird aus der Bucht heraus, …

… und dann unter der Bucht herum geführt.

Die zweite Leine wird dann über die Bucht geführt, wobei sich die Leine selbst kneift.

IM EINSATZ

Spierenstich

Die Leine wird über die zweite Leine geführt.

Um die zweite Leine wird ein Auge gelegt.

Die Leine wird durch das Auge gezogen.

Der fertige Spierenstich

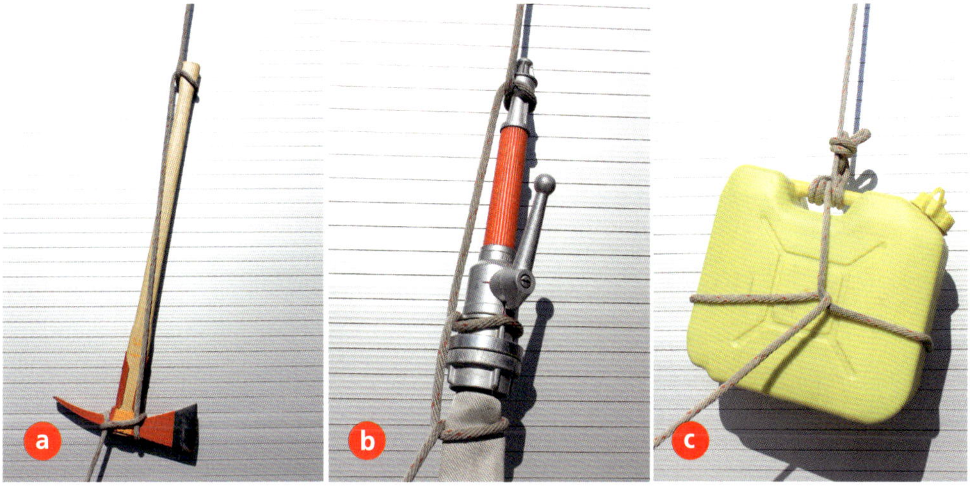

Bild 15.4 Einbinden von Feuerwehrgeräten mit Mastwurf und Halbschlag: **a** Feuerwehraxt **b** Schlauch und Strahlrohr **c** Schaummittelkanister

Einbinden von Schlauch und Strahlrohr
Vor und hinter der Kupplung von Druckschlauch und Strahlrohr wird ein doppelter Ankerstich oder ein Mastwurf gesetzt. Vor dem Mundstück des Strahlrohres wird ein Halbschlag gesetzt (▶ Bild 15.4b). Diese Einbindemethode eignet sich auch für Hohlstrahlrohre. Das Strahlrohr und der Schlauch werden mittels des Schlauches vom Gebäude abgehalten. Wird ein Schlauch allein eingebunden, erfolgt dies durch den doppelten Ankerstich vor der oberen Schlauchkupplung.

Hochziehen eines Steckleiterteils
Am Holm in Höhe um einen Federsperrbolzen wird auf einer Seite ein doppelter Ankerstich oder ein Mastwurf gesetzt. Im oberen Drittel des Steckleiterteils (etwa in Höhe der Einsteckkästen) wird ein Halbschlag gesetzt. Das Steckleiterteil wird mit dem freien Ende der Feuerwehrleine vom Gebäude abgehalten.

15.1.2 Einlegen von Leinen

Die Feuerwehrleine und die Mehrzweckleine sind so in den Leinenbeutel einzulegen, dass sie im Einsatzfall frei ablaufen können. Beim Einlegen in den Leinenbeutel hat sich folgende Vorgehensweise bewährt: Eine Hand hält den Leinenbeutel am Deckel. Mit dem Daumen und dem Zeigefinger wird ein Auge geformt, durch das die Leine läuft. Die andere Hand legt die Leine in den Leinenbeutel ein. Eine Sichtprüfung der Feuerwehrleine kann mit dem Einlegen in den Feuerwehrleinenbeutel kombiniert werden. In diesem Fall werden keine Handschuhe getragen (▶ Bild 15.5).

Bild 15.5 Einlegen der Feuerwehr- bzw. Mehrzweckleine

D Feuerwehrbedarfsplanung

16 Einsatzvorbereitung und Einsatzplanung

von Dr. Karsten Homrighausen

16.1 Grundsätzliches

Um als Feuerwehr einsatz- und leistungsfähig sein zu können, müssen bereits im Vorfeld wichtige Entscheidungen getroffen und vorbereitende Maßnahmen umgesetzt werden. Neben diesen einsatzvorbereitenden Maßnahmen sind bei besonderen Objekten und Ereignissen detaillierte Planunterlagen für einen zeitnahen und reibungslosen Einsatzablauf – und hier vor allem für die Einsatzplanung des Einsatzleiters gemäß des Führungsvorganges (▶ Kapitel 18) – sehr hilfreich. Auf Art und Umfang dieser vorbereitenden Maßnahmen soll in diesem Kapitel eingegangen werden, wobei eine vollständige Abhandlung aller denkbaren vorbereitenden Maßnahmen nicht möglich ist.

Mit einer zeitgemäßen und umfangreichen Vorbereitung auf mögliche Einsätze soll sichergestellt werden, dass die Abwehr von Gefahren in einem Feuerwehreinsatz als Kernaufgabe jeder Feuerwehr schnell, kompetent und vor allem in annähernd gleichbleibender Qualität erfolgen kann. Dieses entspricht auch der Erwartungshaltung der Kunden der Feuerwehr (▶ Kasten auf der nächsten Seite) und ist im Rahmen der Aufgabenübertragung durch das entsprechende Landesgesetz auch zwingende Voraussetzung aus Sicht des Gesetzgebers. In einer prozessorientierten Betrachtung wird die Einsatzdurchführung als wesentlicher Kernprozess der Leistungserbringung des Unternehmens »Feuerwehr« gewertet (▶ Bilder 16.1 und 16.2). Darüber hinaus werden nicht

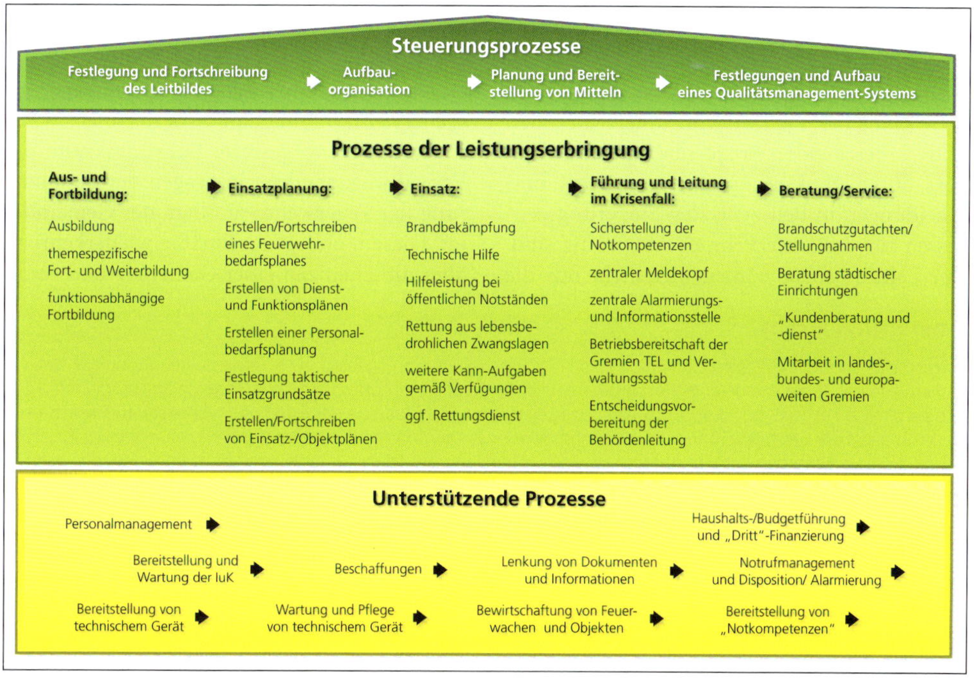

Bild 16.1 Das »Prozesshaus« – mögliche Beispiele der vielfältigen Prozesse innerhalb einer Feuerwehr

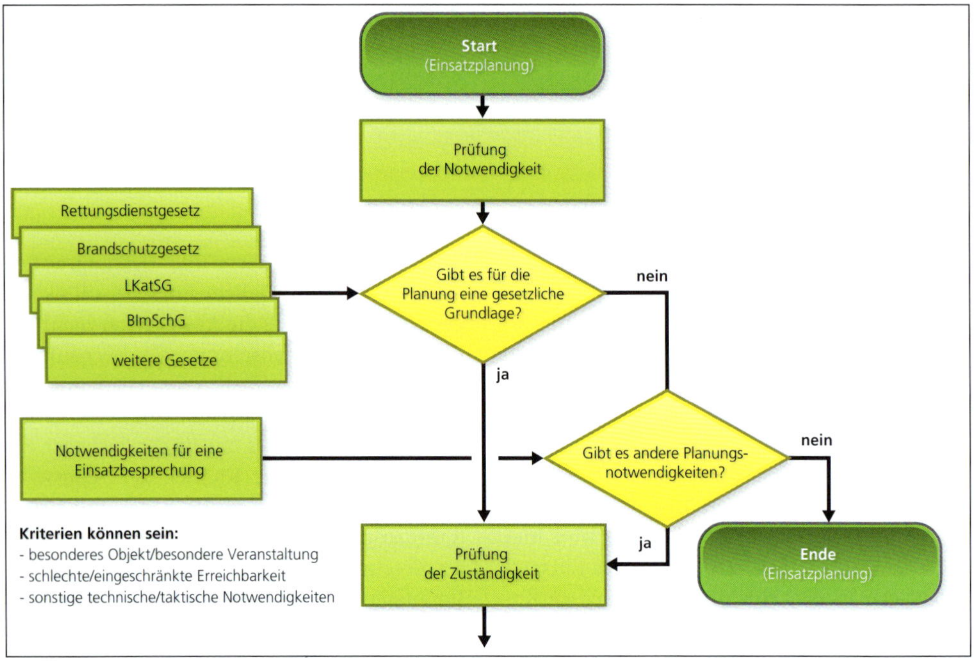

Bild 16.2 Beispiel für den Start des Kernprozesses »Einsatzplanung« (Auszug)

zuletzt in den Beratungsleistungen sowie der Brandschutzerziehung und -aufklärung weitere nicht zu vernachlässigende externe Leistungen durch die Feuerwehr erbracht.

Die prozessorientierte Darstellung zeigt nicht nur eine Vielzahl von unterstützenden und vorbereitenden Prozessen, sondern auch, dass durch die Leitungsebene zunächst Entscheidungen in den zentralen Steuerungsprozessen für das Unternehmen notwendig sind. Zur Leitungsebene zählen hier nicht nur die gesamtverantwortliche Feuerwehrführungskraft (hiermit ist der Gemeindewehrführer gemeint, der je nach Landesrecht anders und deswegen im weiteren Verlauf aufgrund der Gegebenheiten in Baden-Württemberg als »Feuerwehrkommandant« bezeichnet wird) sowie dessen vorgesetzte Führungskräfte der Verwaltung, sondern in Fragen der Finanzierung der Feuerwehr vor allem der Gemeinderat. Diesem obliegt regelmäßig wiederkehrend über die Finanzen einer Gemeinde und somit

DEFINITION KUNDE

Nach DIN EN ISO 8402 wird ein Kunde als »Empfänger eines vom Lieferanten bereitgestellten Produkts« definiert. Hierbei ist der Kunde eine Person oder eine Institution, die ein offensichtliches Interesse an einem Produkt oder einer Dienstleistung zeigt. Auch wenn die Leistungen und Produkte der Feuerwehr vor allem im Einsatz als Kernprozess der Leistungserbringung oft alternativlos sind, kann aber im Gegensatz zu den Leistungen der Polizei und anderen Behörden der Eingriffsverwaltung durchaus grundsätzlich von einem Interesse und einer gewissen Freiwilligkeit des Leistungsempfängers ausgegangen werden auch wenn die Feuerwehr hoheitlich tätig wird. Somit ist die Bevölkerung und hier jede einzelne Person der wichtigste potenzielle Kunde der Feuerwehr. Neben diesen Kunden, die aufgrund ihrer eigenen Rechtspersönlichkeit auch als externe Kunden bezeichnet werden, gibt es eine Vielzahl weiterer Kunden. Vor allem aus dem Leistungsbereich der Beratung sowie der Aus- und Fortbildung und der unterstützenden Prozesse (Prozesshaus) wird ersichtlich, dass einzelne Organisationsbereiche in der Feuerwehr und auch in der Stadtverwaltung Leistungen der Feuerwehr empfangen. Aufgrund gleicher Organisationszugehörigkeit werden diese Kunden als »Interne Kunden« bezeichnet. Zu diesen Leistungen gibt es auf dem freien Markt durchaus Alternativen, was bei Wirtschaftlichkeitsbetrachtungen des Systems »Feuerwehr« hinsichtlich einer Kosten/Nutzen-Analyse in der Vorhaltung oft kritisch hinterfragt wird.

auch über die finanziellen Ressourcen der Feuerwehr zu entscheiden. Diese Kompetenz wird auch vereinzelt und umgangssprachlich als **<Königsrecht>** bezeichnet und bedeutet: Alle Einnahmen und Ausgaben der Gemeinde müssen nach der Gemeindeordnung in einem Haushaltsplan ausgewiesen werden. Über diesen Plan und damit über die Verwendung der »öffentlichen Mittel« entscheidet im Rahmen der kommunalen Haushaltssatzung der Gemeinderat.

In Zeiten knapper Haushaltsmittel einer Gemeinde führt dies regelmäßig dazu, dass im Sinne einer Ausgabenreduzierung auch die Feuerwehr mit ihren Kosten kritisch hinterfragt wird. Dies ist vor allem in großen Gemeinden mit einer Berufsfeuerwehr und den damit verbundenen hohen Personalkosten der Fall. Vor diesem Hintergrund ist es von zentraler Bedeutung, die strategischen Entscheidungen, welche Größe und Ressourcen der Feuerwehr festlegen, durch die gemeinderätlichen Gremien beschließen zu lassen. Nur so ist auch in Krisenzeiten eine verlässliche und kontinuierliche Planung und Ausrichtung einer Feuerwehr als Leistungserbringer in der kommunalen Sicherheit möglich – auch unter Berücksichtigung der Tatsache, dass das Themenfeld »Innere Sicherheit« politisch zunehmend an Bedeutung gewonnen hat.

Diesem Anspruch kann die Feuerwehrführung gerecht werden, in dem sie die Eckpunkte vor allem des Ressourcenbedarfes durch eine so genannte Bedarfsplanung offen legt und als politisches Ziel beschließen lässt. Dieses Instrument hat in der Vergangenheit zunehmend an Bedeutung gewonnen und wird als Brandschutz- beziehungsweise Feuerwehrbedarfsplanung bezeichnet.

16.2 Bedarfsplanung

Schon der Begriff »Bedarfsplanung« macht deutlich, dass im Rahmen dieser strategischen Planung Antworten auf die Frage »Wie viel Feuerwehr braucht eine Gemeinde?« zu geben sind. Hierunter ist vor allem der Bedarf an Personal und Einsatzmitteln sowie die Anzahl und strategische Verteilung der Standorte im Versorgungsgebiet zu verstehen. Im Rahmen der Bedarfsplanung sind zunächst verschiedene Begriffe zu definieren:

Der **<kritische Wohnungsbrand>** ist ein Wohnungsbrand in einem Obergeschoss eines mehrgeschossigen Wohnhauses mit Menschenrettung über Leitern der Feuerwehr bei verrauchtem Treppenraum.

Die **<Hilfsfrist>** ist in der Regel die Zeitspanne zwischen der Entdeckung des Schadenereignisses und dem Wirksamwerden der befohlenen Maßnahmen an der Einsatzstelle. Sie setzt sich zusammen aus der Meldezeit (Zeitspanne von der Entdeckung des Schadenereignisses bis zur Absetzung des Notrufs), der Alarmierungszeit (Zeitraum der Notrufannahme in der Leitstelle, der Einsatzdisposition und der Alarmierung), der Ausrückezeit (Zeitspanne von der Alarmierung bis zum Ausrücken der Einsatzkräfte), der Anfahrtszeit (Zeitspanne vom Ausrücken der Einsatzkräfte bis zum Eintreffen am Einsatzort), der Erkundungszeit (Zeitspanne zwischen Eintreffen der Kräfte am Einsatzort und Erteilung des Einsatzauftrages) und der Entwicklungszeit

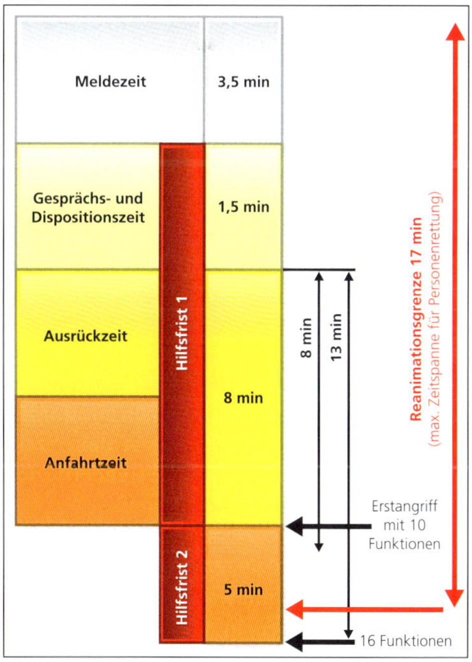

Bild 16.3 Hilfsfrist nach AGBF-Standard [1]

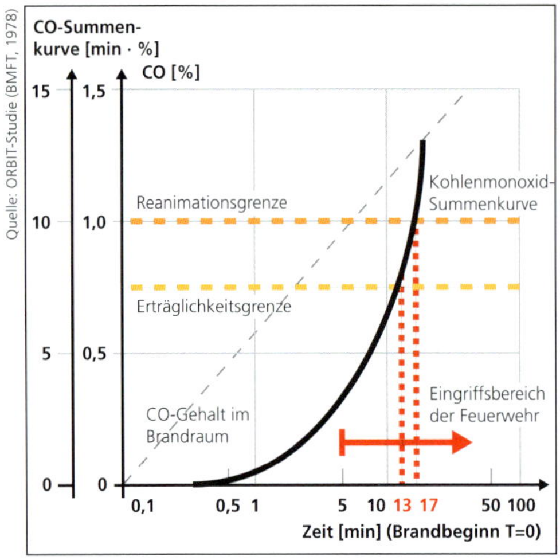

Bild 16.4 Kohlenstoffmonoxid-Konzentration, Erträglichkeitsgrenze und Reanimationsgrenze in Abhängigkeit von der Vorbrenndauer

(Zeitspanne zwischen der Erteilung des Einsatzauftrages und dem Wirksamwerden der Einsatzmaßnahmen). Mittlerweile wird die Hilfsfrist in der Regel nur noch als die Zeitdifferenz zwischen dem Beginn der Notrufabfrage und dem Eintreffen des ersten Fahrzeugs an der Einsatzstelle definiert (so auch in der aktuellen DIN 14011).

Nach dem AGBF-Standard (▶ Bild 16.3) sollen zehn Funktionen nach 13 Minuten mit dem Erstangriff beginnen (»Hilfsfrist 1«). Sie müssen acht Minuten nach der Alarmierung am Einsatzort eintreffen. Nach weiteren fünf Minuten müssen weitere sechs Funktionen an der Einsatzstelle eingetroffen sein (»Hilfsfrist 2«).

Die **<Eintreffzeit>** beschreibt hingegen die Zeitspanne zwischen der Alarmierung der Einsatzkräfte und dem Eintreffen der alarmierten Kräfte am Einsatzort. Sie setzt sich zusammen aus der Ausrückezeit und der Anfahrtszeit. Diese Zeit wird in einigen Bundesländern auch als **<Einsatzgrundzeit>** bezeichnet.

Ein **<Schutzziel>** ist im Rahmen der Bedarfsplanung der erklärte Standard, in welcher Zeit die Feuerwehr mit wie vielen Einsatzkräften bzw. Fahrzeugen in welcher Qualität an der Einsatzstelle eintrifft. Es handelt sich also um die Beschreibung der Zielgrößen »Hilfsfrist« bzw. »Eintreffzeit« und »Personalstärke«. Je nach Bundesland wird zur Erreichung des Schutzziels eine Hilfsfrist, eine Eintreffzeit oder eine Einsatzgrundzeit vorgeschrieben. Die Zeitspanne beträgt in der Regel – trotz unterschiedlich definierter Begriffe – zehn Minuten. Dies basiert auf der Erträglichkeits- und der Reanimationsgrenze bei Menschen, die beim kritischen Wohnungsbrand Rauchgasen ausgesetzt sind.

Unter dem **<Erreichungsgrad>** wird der prozentuale Anteil der Einsätze verstanden, bei dem das Schutzziel eingehalten wird.

Der Bedarf einer Kommune an der Organisation »Feuerwehr« hängt im Wesentlichen davon ab, in welcher Zeit die Feuerwehr mit definierten Einheiten an einer Einsatzstelle für die Bewältigung übertragener Aufgaben (dies ist in der Regel die Abwehr von Gefahren nach dem jeweiligen Landesrecht) zur Verfügung stehen soll. Ebenso ist im Rahmen einer risikooptimierten Bedarfsplanung der Feuerwehr zu berücksichtigen, in welchen Bereichen der Gemeinde mit einem erhöhten Risiko und/oder einer erhöhten Wahrscheinlichkeit von Parallelereignissen zu rechnen ist. Das **<Risiko>** (▶ Bild 16.5) ist das Produkt aus Eintrittswahrscheinlichkeit und Ausmaß des

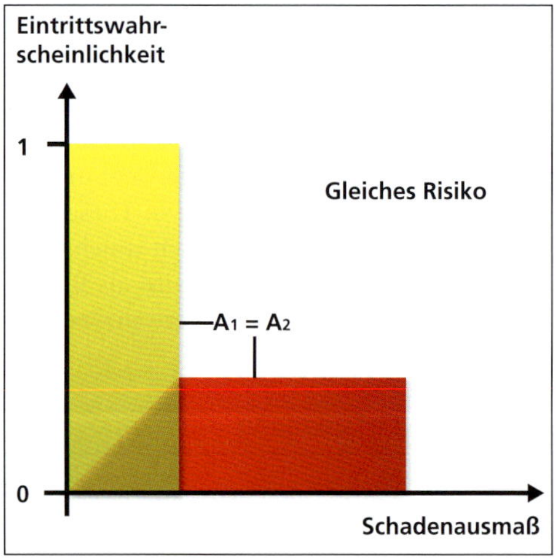

Bild 16.5 Das Risiko ist gleich, egal ob es eine hohe Eintrittswahrscheinlichkeit und ein geringes Schadenausmaß gibt oder ein großes Schadenausmaß und eine geringe Eintrittswahrscheinlichkeit.

Schadenereignisses (Risiko = Eintrittswahrscheinlichkeit × Ausmaß).

So wird eine Feuerwehr, die innerhalb von zehn Minuten nach Alarmierung an jeder Stelle im Gemeindegebiet für die Bewältigung eines kritischen Wohnungsbrandes zur Verfügung stehen soll, eine größere Vorhaltestruktur an baulichen, technischen und personellen Ressourcen benötigen als eine Feuerwehr derselben Dimension, die für diese Aufgabe 15 Minuten Zeit eingeräumt bekommt. Hierbei ist auch zu berücksichtigen, ob diese vorgegebene Zeit nahezu vollständig für die Einsatzfahrt zur Verfügung steht oder noch größere Zeitanteile für das Ausrücken beinhalten muss. Darüber hinaus wird eine Feuerwehr, die Spezialaufgaben wahrnimmt und hierfür Einheiten wie z. B. eine Taucher- oder eine Höhenrettungsgruppe vorhält, zusätzliche Einsatzmittel und -geräte benötigen.

Anhand dieser Darstellung wird deutlich, dass die Aufgaben und die Hilfsfrist bzw. die Eintreffzeit die Dimension und somit den Bedarf an »Feuerwehr« maßgeblich beeinflussen. Diese Festlegungen, die als Schutzziele bezeichnet werden, sind wesentlicher Inhalt einer Bedarfsplanung, die im weiteren Verlauf als Feuerwehrbedarfsplanung bezeichnet wird. Mit der Festlegung dieser Eckpunkte und des daraus resultierenden Bedarfs müssen mindestens die gesetzlich übertragenen Pflichtaufgaben bewältigt werden können. Diese lassen sich in der Regel den Feuerwehr- bzw. Brandschutzgesetzen der Länder entnehmen und umfassen häufig die Bereiche der Brandbekämpfung, der technischen Hilfe und der Befreiung von Menschen und Tieren aus lebensbedrohlichen Zwangslagen. Ob und in welchem Umfang darüber hinaus weitere Aufgaben der Feuerwehr übertragen werden, kann die Gemeinde beziehungsweise der Bürgermeister im Rahmen so genannter – und grundsätzlich rechtmäßiger – Organisationsverfügungen selbst entscheiden. So werden durchaus Aufgaben der Gemeinde (zum Beispiel als Straßenbaulastträgerin bei der Beseitigung von Ölspuren) durch die Feuerwehr wahrgenommen.

Im Feuerwehrbedarfsplan sind in der Regel auch Aussagen zum Erreichungsgrad enthalten, welche nicht nur die statistische Auswertung vergangener Einsätze, sondern auch die Möglichkeit von Paralleleinsätzen und einer daraus resultierenden längeren Eintreffzeit berücksichtigen sollen. Rechtsansprüche – sprich: eine Klage gegen die Gemeinde auf Schadensersatz bei Nichteinhalten der Eintreffzeit – las-

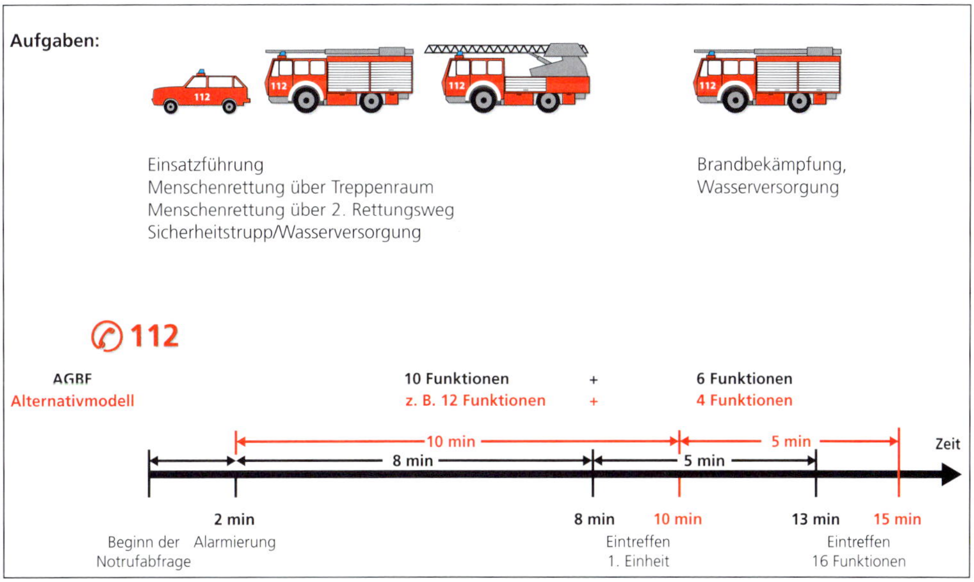

Bild 16.6 Darstellung der Hilfsfrist, der Funktionen und der Aufgaben

Achtung:

Sollte die Feuerwehr Aufgaben wahrnehmen, die sich nicht aus dem jeweiligen Landesrecht ergeben (so genannte »Kann-Aufgaben«), können diese Aufgaben durch den Bürgermeister übertragen worden sein. Bevor man diese Aufgaben an der Einsatzstelle ablehnt, sollte man sich durch Kenntnis der Feuerwehrsatzung oder anderer Weisungen (Organisationsverfügungen) sicher sein, dass diese Aufgaben nicht übertragen worden sind.

sen sich hieraus grundsätzlich nicht ableiten.

Aus Riskoanalyse und -bewertung (in einigen Ländern als <**Richtwertverfahren**> bekannt), definierten Schutzzielen und Hilfsfristen lassen sich somit die wesentlichen Planungsparameter ableiten, die im Rahmen einer Feuerwehrbedarfsplanung die Feuerwehr als den örtlichen Verhältnissen entsprechend leistungsfähig kategorisiert. Diese Festlegungen stellen die Grundlage aller Maßnahmen der Einsatzvorbereitung dar, da erst sie dem Feuerwehrkommandanten die notwendigen Ressourcen zuweisen.

16.3 Einsatzvorbereitung

Nach diesem Exkurs in die Grundlagen der Feuerwehrbedarfsplanung muss die Feuerwehr im Rahmen einer dezentralen Ressourcenverantwortung weitere Maßnahmen und Festlegungen treffen, um sich auf die möglichen Einsätze zeitgemäß vorzubereiten. Dies betrifft nicht nur grundlegende taktische Festlegungen, sondern auch Maßnahmen in den Bereichen Organisation, Technik und Personal (▶ Bild 16.7).

INFO

Richtwerteverfahren

Grundlage und erster Schritt des Richtwertverfahrens ist die Analyse des Gefahrenpotenzials einer Gemeinde, das sich aus unterschiedlichen Faktoren wie Bebauungsdichte, Gebäudehöhen sowie Umfang und Art der vorhandenen Industrie zusammensetzt. Für die unterschiedlichen Faktoren werden Punkte vergeben, deren Ergebnis eine Einstufung in eine Risikokategorie (teilweise auch als Löscherfolgsklasse bezeichnet) ergibt. Entsprechend der Risikokategorie und der Vorgaben des jeweiligen Landes ist die Ausrüstung der Feuerwehr vorzuhalten.

16.3.1 Organisatorische und einsatztaktische Festlegungen

Zunächst einmal gilt es grundlegende taktische Entscheidungen zu treffen, die je nach Erfahrung und Bewertung des Feuerwehrkommandanten unterschiedlich ausfallen können und so auch die Bandbreite im taktischen Vorgehen bei deutschen Feuerwehren erklären. Vor allem sind Antworten auf folgende Fragen zu geben:

- Welche Einsatzszenarien sollen durch die Feuerwehr bis zu welchem Punkt bewältigt werden können? (AUFTRAG)
- Welche taktischen Einheiten werden hierzu benötigt? (EINHEIT)
- Welche Aufgaben sollen diese Einheiten bewältigen und welche personelle und technische Ausstattung sind hierzu erforderlich und in Einsatzkonzepten festzulegen? (MITTEL)
- Soll jeder Feuerwehrangehöriger jede denkbare Aufgabe seiner Laufbahn übernehmen können oder werden Spezialkräfte vorgehalten? (ZIEL)
- Müssen diese Einheiten verteilt (disloziert) aufgestellt werden oder reicht ein zentraler Standort? (WEG)

Die Zugehörigkeit dieser Fragen und der darauf notwendigen Antworten zur Einsatzvorbereitung in einsatztaktischen Festlegungen wird

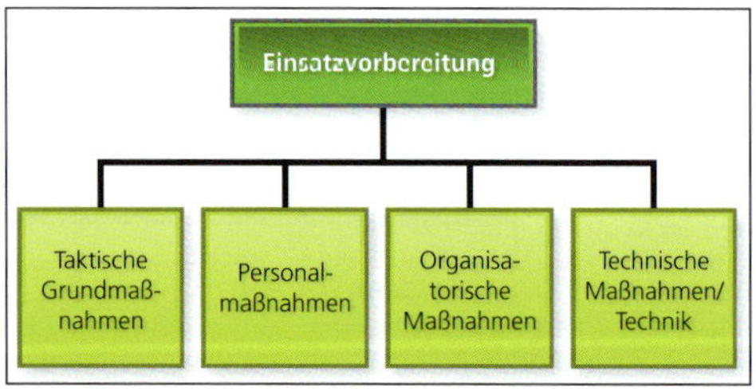

Bild 16.7 Die vier Säulen der Einsatzvorbereitung

besonders an den zugeordneten Überbegriffen (in Klammern gesetzt) deutlich. So ist sofort zu erkennen, dass dies nichts anderes darstellt als den Grundsatzbefehl des Feuerwehrkommandanten an seine Organisation Feuerwehr, der sich im Rahmen der Befehlstaktik an das bekannte Einsatzbefehl-Schema aus »Einheit, Auftrag, Mittel, Ziel und Weg« hält.

Diese Fragen zeigen aber auch deutlich, dass es nicht nur *ein* taktisches Vorgehen gibt, sondern je nach Aufgabe und Szenario unterschiedliche Taktiken angewendet werden können (▶ Kapitel 18). Neben den allgemeinen Festlegungen, welche Mindeststärke und welche Funktionen vorgehalten werden sollen, sind spezielle taktische Einsatzkonzepte für die Planung des Ressourceneinsatzes elementar. So hat die taktische Festlegung bei einem Einsatzkonzept im unterirdischen Verkehrsbereich mit Stoßtrupps (z. B. in der Stärke 1/3/4) und Regenerationsgeräten vorzugehen, enormen Einfluss auf Personal, Organisation und Technik. Bei diesen Festlegungen sind u. U. auch (gesetzliche) Standards in den verschiedenen Ländern zu berücksichtigen.

Aus diesen Festlegungen ergeben sich nunmehr Funktionen in den einzelnen Einheiten, die mit entsprechender fachlicher Ausbildung hinterlegt sind. Diese fachliche Ausbildung an einer anerkannten Feuerwehrausbildungseinrichtung stellt die Grundvoraussetzung für die Übertragung einer Einsatzfunktion dar. Somit ergeben sich für die taktische Aufstellung von Einheiten die entsprechenden Ausbildungsprofile – beginnend bei einer Funktion im Trupp bis hin zum Zug. Über diese selbstständigen taktischen Einheiten hinaus, ist taktisch festzulegen, wie mehrere gleichwertige Einheiten im Einsatz einer Feuerwehr geführt werden sollen. Dieses Führungskonzept (vgl. Führungsstufen ▶ Kapitel 18) ergibt weitere Ausbildungsprofile und ist wesentliche Grundlage für eine Vielzahl weiterer taktischer Festlegungen. So wird sich beispielhaft ein Funk- und Kommunikationskonzept an den definierten Führungsstrukturen im Einsatz orientieren müssen (▶ Bild 16.8).

Diese festgelegten Strukturen ergeben einen einsatzbezogenen Stellenplan, wobei dieser auch als Funktionsstellenplan bezeichnet

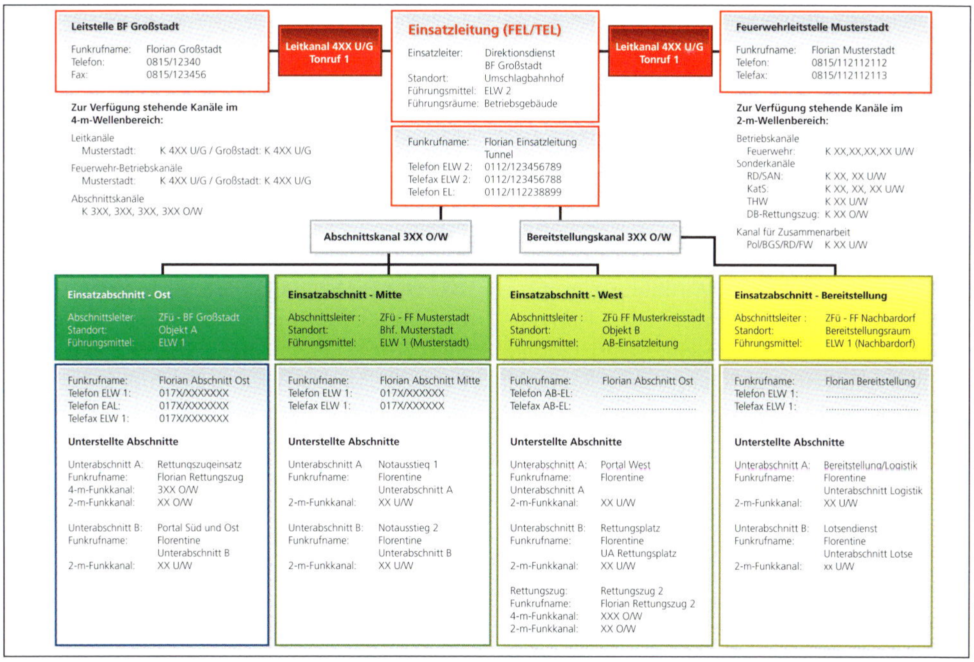

Bild 16.8 Beispiel für ein an den Führungsstrukturen ausgerichtetes Funk- und Kommunikationskonzept

D

INFO

Stoßtrupp

Bei dem Einsatz von Stoßtrupps handelt es sich um ein spezielles taktisches Vorgehen, welches vorwiegend in ausgedehnten Bereichen, wie zum Beispiel bei der Hochhausbrandbekämpfung und in entsprechenden unterirdischen Anlagen, Anwendung findet (Kapitel 39.3, 39.4, 39.5). Da dieses taktische Vorgehen hinsichtlich Ausrüstung und Mannschaftsstärke nicht einheitlich geregelt ist, können sich hier die taktischen Einsatzkonzepte der Feuerwehren unterscheiden. Auch wenn einzelne Feuerwehren eine Stärke von 1/4/5 aus der Notwendigkeit zweier Trupps ableiten, kann dieses auch als Stoßtrupp bezeichnet werden. Grundlage hierfür ist die Leistungsfähigkeit dieses Trupps, der aufgrund besonderer Ausbildung und Ausstattung sowie speziellen Trainings in der Lage ist, Einsatzaufträge mit erhöhter Gefährdungslage abzuarbeiten. In diesem Zusammenhang wird insbesondere bei der Verwendung von Regenerationsgeräten/Langzeitatemschutzgeräten von der so genannten Stoßtrupptaktik gesprochen.

wird. Diese begriffliche Unterscheidung ist von zentraler Bedeutung, da im Rahmen von Personalgewinnungsmaßnahmen mehrere Feuerwehrangehörige für die Wahrnehmung einer Einsatzfunktion qualifiziert werden müssen. Bei Stellen wird hingegen immer nur eine Person, nämlich der Stelleninhaber, berücksichtigt.

Außer diesen allgemeinen Vorgaben hinsichtlich Organisation, taktischen Einheiten und den erforderlichen Ausbildungsprofilen bedarf es noch der entsprechenden Fahrzeuge und Einsatzmittel, um eine selbstständige taktische Einheit vom Trupp mit z. B. einem Kleineinsatzfahrzeug bis hin zum Löschzug mit einer Vielzahl von Fahrzeugen einsatzbereit vorhalten zu können.

Mit einer Vorhaltung einsatzbereiter Einheiten ist eine Festlegung zu treffen, welche Einheit bei welchem Ereignis alarmiert und zur Gefahrenabwehr eingesetzt wird. Hierzu wird auf der Grundlage des Risikoanalyse und -bewertung (▶ Abschnitt 16.2) eine Liste der denkbaren und wahrscheinlichen Szenarien erstellt, denen anschließend die zur Einsatzbewältigung erforderlichen taktischen Einheiten zugeordnet werden. Diese Aneinanderreihung teilweise zahlreicher Einsatzmittel wird auch als Einsatzmittelkette (EMK) bezeichnet, die in ihrer Zuordnung zu möglichen Einsatzstichworten und ggf. dort zu berücksichtigenden Alarmstufen den wesentlichen Bestandteil der so genannten Alarm- und Ausrückeordnung (AAO) ausmachen.

Die AAO ist die einsatztaktische Basis und sollte demnach Grundwerk jeder Feuerwehr sein. Nur so kann schon im Rahmen der Alarmierung eine frühzeitige Zuordnung von besonderen Einsatzmitteln erfolgen, die zu einer zeitnahen szenarienabhängigen Gefahrenabwehr hoher Qualität benötigt werden. Auch ist bei der Alarmierung der entsprechenden Einheiten darauf zu achten, dass die Einheit mit der voraussichtlich kürzesten Eintreffzeit zum Schadenort alarmiert wird. Dieser Grundgedanke wird als »nächste Fahrzeugstrategie« bezeichnet und sollte auch richtigerweise nicht vor Grenzen und verschiedenen Zuständigkeiten halt machen, wobei grundsätzlich die Eintreffzeit als Ausrücke- plus Anmarschzeit zu berücksichtigen ist. Diese Strategie findet bereits bei Feuerwehren Anwendung, die sogar über die entsprechenden GPS-Signale auf Einheiten im FMS-Status 1 (▶ Kapitel 17) im Rahmen der Einsatzdisposition zurückgreifen können. Im Rahmen dieser AAO sollte eine selektive Alarmierung möglich sein und vorbereitend festgelegt werden, um im Rahmen der Abwägung zwischen dem effizienten Einsatz von Einheiten und der Aufrechterhaltung des Grundschutzes nur die zwingend notwendigen Einheiten zu binden. Insbesondere bei Bagatelleinsätzen und wechselnden Alarmierungsgruppen (»Kleinschleifen«) kann dies eine deutliche Entlastung ehrenamtlicher Feuerwehrangehöriger mit sich bringen.

Nach der Alarmierung durch die Leitstelle ist im Rahmen der AAO durch die Gemeinde festzulegen, welche (weiteren) Befugnisse eine Leitstelle gegenüber der jeweiligen Gemeindefeuerwehr hat. Handelt es sich um eine zentrale Alarmierungsstelle geht die Gesamtverantwortung mit dem Ausrücken des ersten

Fahrzeuges der zuständigen Feuerwehr auf den Fahrzeugführer und dortigen Einsatzleiter über. Darüber hinaus besteht die Möglichkeit, der Leitstelle weitere Kompetenzen einzuräumen, sodass diese Leitstelle den alarmierten Einheiten bis zu deren Eintreffen an der Einsatzstelle weisungsbefugt ist. Dieses erscheint nicht nur aus prozessorientierten Gründen sinnvoll, sondern auch vor dem Hintergrund, dass bis zum Eintreffen der Einheiten vor Ort alle Informationen in der Regel gebündelt in der Leitstelle eingehen und dort vorliegen. Sollten dennoch der überwiegende Teil der verfügbaren Feuerwehreinheiten einer Gemeinde für die Gefahrenabwehr benötigt werden, ist im Rahmen der Alarm- und Ausrückeordnung eine Schwelle zu definieren, nach der im Rahmen der überörtlichen Hilfe während der Gefahrenabwehrmaßnahmen auch weiterhin der Grundschutz in der Gemeinde sichergestellt werden kann. Hierbei sind nicht nur Risikoanalysen und -bewertungen zu berücksichtigen, sondern auch die Wahrscheinlichkeit von Paralleleinsätzen.

Sollte dennoch ein Zustand erreicht werden, bei dem Anzahl und Umfang der gemeldeten Ereignisse (Notfälle) durch die (noch) vorhandenen Ressourcen nach den grundsätzlichen Vorplanungen der Alarm- und Ausrückeordnung (AAO) nicht mehr abgedeckt werden können, müssen in der Einsatzmitteldisposition Abweichungen von der AAO vorgenommen werden. Diese grundsätzliche Ausnahme von der AAO ist durch den <**Ausnahmezustand**> zu ermächtigen. Demnach ist der Ausnahmezustand ein Zustand, der erklärt wird, wenn Anzahl oder Umfang der gemeldeten Schadenereignisse ein Ausrücken nach der Alarm- und Ausrückeordnung (AAO) nicht mehr zulässt, sondern abweichend hiervon, z. B. mit kleineren Einheiten ausgerückt werden muss. Beispielhaft sei hier die Möglichkeit genannt, durch Ausrufen des Ausnahmezustandes die Löschzüge um ein Fahrzeug zu reduzieren, damit bei Unwetterereignissen mehrere Schadenstellen gleichzeitig abgearbeitet werden können.

> **Achtung:**
>
> Eine Funktion ist keine Planstelle! Zur Ermittlung der Planstellen im hauptamtlichen Bereich ist die Funktion mit dem Personalfaktor zu multiplizieren.

16.3.2 Leistungsfähiges Personal

Außer diesen zuvor genannten strukturellen Grundlagen für den Betrieb einer Feuerwehr ist und bleibt das Personal – und zwar unabhängig von Haupt- oder Ehrenamt – die wichtigste Grundlage für eine leistungsfähige Feuerwehr. Vom Truppangehörigen bis hin zum Einheitsführer und Feuerwehrkommandanten bedarf es einer ausreichenden Anzahl qualifizierter und motivierter Feuerwehrangehöriger, die auch über ein breites Spektrum weiterer persönlicher, sozialer und beruflicher Kompetenzen verfügen müssen. Wie viel Personal benötigt wird, ist anhand einer Personalbedarfsberechnung zu erheben. Hierbei ist grundsätzlich zwischen ehrenamtlich und hauptamtlich organisierten Feuerwehren zu unterscheiden. Während im ehrenamtlichen Bereich für die Wahrnehmung einer Einsatzfunktion je nach Land zwischen zwei und sechs gleichwertige Feuerwehrangehörige [2, 14] vorgehalten werden sollen, beträgt der Multiplikator zwischen Funktion und Personalvorhaltung im hauptamtlichen Bereich häufig zwischen 4,5 und 5 (teilweise bis zu 6). Dieser Wert wird als <**Personalfaktor**> bezeichnet und ist bei einer ständigen Funktionsvorhaltung im Wesentlichen von der zu erbringenden wöchentlichen Arbeitszeit abhängig. Mit der Umsetzung der europäischen Arbeitszeitrichtlinie, die eine durchschnittliche wöchentliche Arbeitszeit von 48 Stunden einschließlich Überstunden vorschreibt, hat(te) dies beispielhaft bei den hauptamtlich organisierten Feuerwehren eine deutlich höhere Personalvorhaltung bei gleicher Funktionsbesetzung zur Folge.

Bei der Ermittlung des Personalbedarfs sind weitere Einflussfaktoren zu berücksichtigen. Dies sind neben Krankheiten und anderen Abwesenheiten vor allem die Verfügbarkeit am bzw. Abkömmlichkeit vom Arbeitsplatz im

INFO

Die Richtlinie 2003/88/EG der Europäischen Union »über bestimmte Aspekte der Arbeitszeitgestaltung« kann kostenfrei im Internet heruntergeladen werden: *http://eur-lex.eu*

ehrenamtlichen Bereich und im hauptamtlichen Bereich die Abwesenheit für Aus-, Fort- und Weiterbildungsmaßnahmen sowie sonstige Abwesenheiten.

Aus der Kombination zwischen taktischer Organisation und ermitteltem Personalbedarf lässt sich nunmehr ein Funktionsbesetzungsplan erstellen, der den Soll-Zustand an Quantität und Qualifikation festhält. Anhand dieses Planes kann das altersbedingte Ausscheiden von Feuerwehrangehörigen übersichtlich dargestellt und vor allem im Führungsbereich frühzeitig mit einer Personalentwicklung geeigneter Nachwuchskräfte begonnen werden. Eine frühzeitig eingeleitete und kontinuierlich betriebene Personalgewinnung und -entwicklung ermöglicht nicht nur die rechtzeitige und ständige Ausbildung neuen Personals, sondern auch die Wissensweitergabe der Feuerwehrangehörigen untereinander, verbunden mit einem großen Kompetenzerhalt. Vor allem die hierfür notwendigen Ausbildungsmaßnahmen sind frühzeitig zu planen und zu beginnen, um eine konstante und lückenlose Qualität in der Leistungserbringung gewährleisten zu können.

Außerdem erscheint es nicht nur geboten, die Angehörigen der Feuerwehr auf die Erwartungshaltung hinzuweisen, sondern auch durch eine ständige Bewertung bestehender Ausbildungsangebote die bestmögliche Ausbildung anbieten zu können. Hierzu zählen auch zusätzliche Angebote der Heißausbildung oder anderer für den Standort wichtigen Grundtätigkeiten. Außer dieser allgemeinen Ausbildung ist darüber hinaus zu beachten, dass abhängig von den zu übertragenden Funktionen andere oder zusätzliche Ausbildungsinhalte vermittelt werden müssen. Auch hierbei sollte der Fokus auf einer praxisgerechten Aus- und Fortbildung liegen. Ansätze zum Beispiel für die Ausbildung der Fahrer von Sonderrechts-

Einsatzstandards Checklisten
Brand UVA (Stoßtrupptaktik) **1. Löschzug**

Weitere Einsatzkräfte / Einsatzmittel
HLF B als Ergänzung zum 1. Löschzug
und 2. Löschzug mit zusätzlichem HLF-B

	ELW A		HLF A			DLK		HLF B		
	Leitungsdienst	Melder	FzF HLF A	Ma HLF A	AT HLF A	FzF DLK	Ma DLK	FzF HLF B	Ma HLF B	AT HLF B
1 Eigenschutz	Brandschutzkleidung		Atemschutz Regenerationsgerät	Brandschutzkleidung	Atemschutz PA	Atemschutz Regenerationsgerät	Brandschutzkleidung	Atemschutz Regenerationsgerät		
2 Funktion	Abschnittsleiter	Führungsgehilfe	Rettung / Löschangriff	Unterstützung	Rettung Erst-Erkundung	Sicherheitsstoßtrupp	Unterstützung	Rettung / Löschangriff		
3 Aufgabe	Erkundung Lagemeldung Nachforderung Leitung	Funk EZ / EL	Stoßtruppführer	Herausgabe von Geräten Atemschutzdokumentation Anfangsphase	Erkundung	Unterstützt den Stoßtrupp beim Ausrüsten und Verlegen der Angriffsleitung- danach Sicherheitsstoßtruppführer Atemschutzdokumentation		Stoßtrupp		
Besonderheiten	Tragbares 4m-FuG Atemschutzüberwachung		Tragbares 4m-FuG Wärmebildkamera vom HLF-B	Unterstützt beim Ausrüsten des Stoßtrupps	Tragbares 4m-FuG, Wärmebildkamera, Leinensicherungssystem, Fluchthauben,	Tragbares 4m-FuG Wärmebildkamera vom Nachrücke-HLF-B	AT HLF A	Verteiler	B-Haspel	4 Schlauchtragekörbe, 1 Hohlstrahlrohr, 4 Fluchthauben,
Funk	Florian 470 G/U Florentine 27 / 50 W/U	Florian 470 G/U Florentine 50 W/U	Florian 470 G/U Florentine 50 W/U	Florentine 50 W/U	Florian 470 G/U Florentine 50 W/U	Florian 470 G/U Florentine 50 W/U	Florentine 50 W/U	Florentine 50 W/U	Florentine 50 W/U	Florentine 50 W/U
	Führungskanal 27 W/U		Gebäudefunk 46 bG/U			Umwelt 34 W/U		Sonderaufgaben 56 W/U		

Quelle: Branddirektion Stuttgart

Bild 16.9 Beispiel für eine Standardeinsatzregel (hier: Brand in einer unterirdischen Verkehrsanlage)

fahrzeugen im Rahmen von Fahrsicherheitstrainings, aber auch in einem entsprechenden Fahrsimulator, sind hierbei genauso wertvoll, wie die elektronische Schulung des Führungsvorgangs (Planübungen) mithilfe virtueller Realitäten.

Um das im Rahmen der Ausbildung vermittelte Wissen nicht nur dauerhaft erhalten zu können, sondern vielmehr weiter auszubauen, sind Fort- und Weiterbildungsmaßnahmen notwendig. Hierbei nehmen die fachliche – feuerwehrspezifische – Fort- und Weiterbildung einen zentralen Stellenwert ein, aber auch die Stärkung und der Ausbau der Sozial- und Führungskompetenz darf bei den Führungskräften nicht zu kurz kommen. Hierzu ist es sinnvoll eine Fort- und Weiterbildungsplanung zu erarbeiten und diese ggf. in persönlichen Gesprächen individuell anzupassen.

Nachdem nunmehr Anzahl und Qualifikation der Feuerwehrangehörigen mit den zuvor beschriebenen Maßnahmen im Personalbereich abgebildet sind, gilt es, dieses Personal im Rahmen der Einsatzvorbereitung für die möglichen Einsatzszenarien zu ertüchtigen. Hierbei ist vor allem die taktische Schulung von Interesse, die eine eindeutige Aufgabenverteilung innerhalb der taktischen Einheit darstellt. Die Regelungen der Feuerwehr-Dienstvorschriften stellen dazu eine gute Grundlage dar. Darüber hinaus ist durch jede Feuerwehr die Anpassung dieser Grundtätigkeiten an die örtlichen Verhältnisse und die Einsatz- und Alarmstichworte sowie die Alarmstufen vorzunehmen. Besonders zu erwähnen sind hier die Möglichkeiten zur schadenarmen Einsatztaktik (▶ Kapitel 1, 30 und 33).

D

Grundsätzlich erscheinen eindeutige Standards für ausgesuchte Einsatzarten sinnvoll, die nicht nur für die vorbereitenden Maßnahmen wie Aus-, Fort- und Weiterbildung sowie Übungen notwendig sind, sondern auch eine messbare und im Rahmen der Kontrolle des Einsatzleiters auch steuerbare Qualität erzeugen sollen.

Anhand dieser Standards wird deutlich, dass nicht nur taktisch relevante Angaben aufgelistet sind, sondern auch die anzulegende Schutzausrüstung. Diese Vorgaben sind im übertragenen Sinne das Ergebnis einer

Quelle: Branddirektion Stuttgart

Einsatzgrundsätze

Eigenschutz M =Muss S =Soll K =Kann A =Alle T =Trupp

	Kleidung	Ausrüstung	Kommunikation	Gerät	Sonstiges
Einsatzkleidung	Helm + Klappvisier S A Feuerwehrstiefel M A Arbeitshose M A Einsatzjacke S A Feuerwehrhandschuhe S A ggf. Warnweste K A	**nach Weisung**	**nach Weisung**	**nach Weisung**	**nach Weisung**
Brandschutzkleidung	Helm + Klappvisier M A Feuerwehrstiefel M A Brandschutzhose M A Brandschutzjacke M A Feuerwehrhandschuhe M A	Feuerwehr-Haltegurt S A Feuerwehrleine K A Handscheinwerfer K T	Handsprechfunkgerät S T	**nach Weisung**	**nach Weisung**
Atemschutzausrüstung	Helm M A Feuerwehrstiefel M A Brandschutzhose M A Brandschutzjacke M A Feuerwehrhandschuhe M A Feuerschutzhaube M A	Feuerwehr-Haltegurt M A Feuerwehrleine M A Handscheinwerfer M T Fluchthauben (min. 2) M T PA + Zusatzausrüstung M A	Handsprechfunkgerät M T	C- Strahlrohr S T 2 Schlauchtragekörbe S T Sonderrohr K T Rettungstuch K T Axt S T	Wärmebildkamera S T
Sicherheitstrupp	Helm M A Feuerwehrstiefel M A Brandschutzhose M A Brandschutzjacke M A Feuerwehrhandschuhe M A Feuerschutzhaube	Feuerwehr-Haltegurt M A Feuerwehrleine M A Handscheinwerfer M T Fluchthauben (min. 2) M T PA + Zusatzausrüstung M T Rettungspack M T	Handsprechfunkgerät M T	C- Strahlrohr M T 2 Schlauchtragekörbe M T Sonderrohr K T Axt S T Rettungstuch M T	Wärmebildkamera S T
CSA	Helm M A Unterbekleidung M A	**nach Weisung**	Handsprechfunkgerät M A Sprechgarnitur M A	**nach Weisung**	**nach Weisung**
Sonderausrüstung	**nach Weisung**	**nach Weisung**	**nach Weisung**	**nach Weisung**	**nach Weisung**

Bild 16.10 Beispiel für eine Matrix »Einsatzgrundsätze Eigenschutz«

Gefährdungsanalyse, die szenarienabhängig unterschiedliche Arbeits- und Gesundheitsschutzmaßnahmen fordert. Grundsätzlich sind derartige Gefährdungsanalysen durch den Arbeitgeber – hier die Feuerwehr beziehungsweise die Gemeinde – zu erstellen und berücksichtigen nicht nur konkrete Schutzmechanismen durch die Anordnung von spezieller Schutzkleidung, sondern auch einen präventiven Schutz – wie die Impfung vor besonderen Infektionskrankheiten. Sobald die Gefährdungsanalyse eines Arbeitsplatzes ergibt, dass eine besondere Gefahr besteht, sind durch den Arbeitgeber entsprechende Gesundheits- und Arbeitsschutzmaßnahmen zu erlassen und zu finanzieren.

Obwohl derartige Gefährdungsanalysen für standardisierte Einsatzszenarien erstellt werden können, sind nicht alle Einsätze und die damit verbundenen auf Mannschaft und Gerät wirkenden Gefahren darstellbar. Vor diesem Hintergrund ist auf die besondere Bedeutung der Ermittlung der Gefahren im Rahmen des Führungsvorgangs hinzuweisen (▶ Kapitel 18). Der Einsatzleiter muss demnach auch die Gefahren für Mannschaft und Gerät erkennen und im Sinne einer Gefährdungsanalyse daraus resultierend entsprechende Schutzmaßnahmen anordnen (▶ Bild 16.10).

Eine weitere Maßnahme des Arbeits- und Gesundheitsschutzes sind die regelmäßigen arbeitsmedizinischen Untersuchungen nach den berufsgenossenschaftlichen Grundsätzen. Der in diesem Zusammenhang regelmäßig für Atemschutzgeräteträger durchzuführenden Untersuchung nach dem berufsgenossenschaftlichem Grundsatz G26 kommt hinsichtlich der zu erbringenden körperlichen Leistungsfähigkeit eine besondere Bedeutung zu. Aber nicht nur die Atemschutzgeräte der Gruppe 3 erfordern eine besonders gute körperliche Konstitution. Auch der Feuerwehrdienst im Allgemeinen setzt eine überdurchschnittliche körperliche, aber auch geistige Fitness voraus.

Vor diesem Hintergrund sollte die Organisation »Feuerwehr« sich auch außerhalb dieser medizinischen Untersuchungen ein Bild über die physische und psychische Leistungsfähigkeit ihrer Mitarbeiter machen. Hierzu zählen auch das Erkennen von und der Umgang mit belastenden Einsätzen. Feuerwehrangehörigen mit Symptomen einer Belastungsstörung müssen auch im Sinne der Personalfürsorge eine professionelle Hilfe angeboten bekommen. In diesem Zusammenhang sind aber vor allem die Feuerwehrangehörigen selbst im Erkennen der Symptome zu schulen und hinsichtlich der Akzeptanz derartiger Erkrankungen zu sensibilisieren.

Darüber hinaus muss die Führungskraft auch im Einsatz berücksichtigen, ob die entsprechende Leistungsfähigkeit eines Feuerwehrangehörigen vorhanden ist oder eine offensichtliche Erkrankung oder Beeinträchtigung vorliegt. Sollte dies der Fall sein, wird erwartet, dass der Einsatz dieser Einsatzkraft im Sinne des Arbeits- und Gesundheitsschutzes unterbleibt – ggf. auch gegen deren Willen.

Aber nicht nur die Organisation »Feuerwehr« hat mit ihren Führungskräften darauf zu achten, dass die eingesetzten Feuerwehrangehörigen der Erwartungshaltung hinsichtlich der physischen und psychischen Leistungsfähigkeit entsprechen. Vielmehr ist jeder einzelne Feuerwehrangehörige im Rahmen seiner Zugehörigkeit zum Einsatzdienst einer Feuerwehr verpflichtet, seine Leistungsfähigkeit zu erhalten oder gegebenenfalls wie-

Achtung:

Einsatztauglich ist nur derjenige, der körperlich und geistig vollkommen gesund ist. Sollte bei einem Feuerwehrangehörigen eine Einschränkung der physischen und/oder psychischen Leistungsfähigkeit erkannt werden, sollte dieser keinen Einsatzdienst mehr leisten. Die Duldung zur weiteren Mitwirkung im Einsatzdienst wird der Fürsorgepflicht der vorgesetzten Führungskraft nicht gerecht oder ist falsch verstandener Ehrgeiz und kann zu weitreichenden Konsequenzen sowie zu einer Gefährdung der Einsatzkräfte führen. Es ist die Pflicht des Vorgesetzten auf die Einsatzfähigkeit der Feuerwehrangehörigen zu achten: Wer krank ist, hat im Einsatzdienst nichts zu suchen.

der herzustellen – und dies unabhängig vom Dienstgrad, wobei bei den Führungskräften auf die besondere Wirkung im Rahmen ihrer Vorbildfunktion hinzuweisen ist.

Darüber hinaus hat jeder Feuerwehrangehörige auch im übertragenen Sinne erklärt, dass er der Dienstausübung seine Kraft widmen werde. Schon hieran ist erkennbar, dass jeder Einzelne mit seiner Kraft und Kompetenz zum Gelingen des Gesamtsystems »Feuerwehr« beitragen muss und demnach sich ständig in die Einsatzvorbereitung einzubringen hat: einzubringen mit seiner fachlichen Kompetenz als Truppführer, mit seiner beruflichen Kompetenz, mit seiner sozialen Kompetenz als Mitglied eines Teams und mit seiner geistigen und körperlichen Kompetenz (z. B. als Atemschutzgeräteträger im Innenangriff). Diese Eigenschaften gilt es nachhaltig zu schulen und eigenverantwortlich zu erhalten!

Insbesondere die Eigenschaft einer vorhandenen körperlichen Fitness gewinnt auch aus gesellschaftspolitischer Dimension heraus zunehmend an Bedeutung. Jeder Feuerwehrangehörige hat sich entsprechend leistungsfähig zu halten, bei Einschränkungen – hierunter sind auch Krankheit oder sonstiges Unwohlsein zu verstehen – diese eigenständig und unverzüglich zu melden und deren Wiederherstellung eigenverantwortlich zu betreiben, und dies kontinuierlich und nicht erst ausgelöst durch eine arbeitsmedizinischen Untersuchung.

Aber nicht nur der Erhalt der physischen und psychischen Leistungsfähigkeit ist Aufgabe jedes einzelnen Feuerwehrangehörigen. Auch die Verantwortung für die überlassene Persönliche Schutzausrüstung ist an dieser Stelle zu nennen. Hierbei muss jeder Einzelne sicherstellen, dass die ihm überlassenen Ausrüstungsgegenstände pfleglich behandelt und ständig auf ihre Funktionsfähigkeit überprüft werden. Auch Einschränkungen in der Persönlichen Schutzausrüstung sind unverzüglich und eigenverantwortlich der Führungskraft zu melden. Ansonsten muss diese davon ausgehen, dass die ausgegebene Persönliche Schutzausrüstung funktionstüchtig ist und mitgeführt beziehungsweise getragen wird.

Auch im Bereich des Ausbildungs- und Kompetenzerhalts wird durch jeden Einzelnen erwartet, dass er gegebenenfalls Notwendigkeiten der Fort- und Weiterbildung erkennt und auch, soweit möglich, selbstständig abarbeitet. Hierzu eignet sich nicht nur die Auffrischung anhand der ausgegebenen Ausbildungsunterlagen, sondern auch das Studium entsprechender Fachpublikationen oder das zunehmend an Bedeutung gewinnende Medium des E-Learnings [3, 4]. Unabhängig davon, ob die Organisation »Feuerwehr« einen geregelten Fort- und Weiterbildungsbetrieb anbietet, ist der Einzelne dafür verantwortlich, die ihm vermittelten Fachkompetenzen jederzeit ausüben zu können.

Aufgrund des Umfangs der exemplarisch genannten Maßnahmen, die im Rahmen der Einsatzvorbereitung im Personalbereich erforderlich sind – unabhängig ob als Aufgabe der Organisation »Feuerwehr« oder des einzelnen Feuerwehrangehörigen – wird deutlich, dass die Leistungsfähigkeit des Personals von zentraler Bedeutung ist. Nur ein ausreichend großes, leistungsfähiges und motiviertes Team kann die Aufgabenvielfalt bei einer Feuerwehr bewältigen.

Praxis-Tipp:

Die eigenständige Fort- und Weiterbildung ist wichtig. Dazu eignen sich alle Medien wie Fachbücher, Fachzeitschriften und E-Learning.

Verantwortung des Einzelnen oder: »Wie wird motiviert?«

Da im Rahmen des Kompetenzerhalts auch auf die Eigenverantwortung jedes einzelnen Feuerwehrangehörigen hingewiesen wurde, soll auf die Faktoren eingegangen werden, die im Wesentlichen zur Motivation des Einzelnen beitragen. Auch vor dem Hintergrund, dass im Ehrenamt das Argument der »Freiwilligkeit« – ob berechtigt oder unberechtigt – eine besondere Bedeutung erfährt. Vor diesem Hintergrund soll nachstehend in aller Kürze auf die wesentlichen Elemente der Motivation eingegangen werden, die allzu oft auch mit unterschiedlichen Wahrnehmungen verbunden sind.

Wahrnehmung

Der Mensch verfügt über eine Vielzahl von Sinnen, von den Sehen, Hören, Riechen, Schmecken und Tasten die wohl bekanntesten sind. Aber auch andere Wahrnehmungen wie der Gleichgewichtssinn oder die Temperaturempfindlichkeit werden als Sinne bezeichnet.

Mit diesen Sinnen werden die Eigenschaften unserer Umwelt erfasst. Allerdings besteht zwischen dem Erfassen mit den eigenen Sinnesorganen und der eigenen Wahrnehmung unter Umständen ein großer Unterschied. Denn die Wahrnehmung ist der Übergang von Reizen (Daten) in mental (psychisch) verarbeitbare Informationen.

Werden bei einem Blick auf ein Ziegeldach eine Vielzahl einzelner Ziegel (Reize) auf der Netzhaut abgebildet, so nehmen wir nur das Ergebnis eines Daches war. Ebenso kann es sich mit ständigen und gewohnten Informationen verhalten. Aber auch Wahrnehmungsfilter können dazu beitragen, dass trotz eindeutiger Sinneserfassung eine falsche, eingeschränkte oder gar keine Wahrnehmung erfolgt (▶ Bild 16.11).

Dieser starke Einfluss auf den Prozess der Wahrnehmung kann in den unterschiedlichsten Wahrnehmungsfiltern begründet sein. So werden Informationen je nach Ausbildung oder aber auch nach einem bestehenden Wertesystem oder teilweise einzeln und gezielt wahrgenommen. Letzteres wird als selektive Wahrnehmung bezeichnet und kann unterschiedliche Voraussetzungen haben. Eine positive Veränderung dieser Wahrnehmungsfilter ist wesentlicher Bestandteil der Selbstreflexion oder eines durch eine Vertrauensperson zu begleitendes Coaching. Der hierfür notwendige Abstand führt meist auch zu einer veränderten Sicht der Dinge (▶ Bild 16.12).

Quelle: DFV/S. Jacobs

Bild 16.11 Orden und Ehrenzeichen

a Uniform tragen verpflichtet: Orden und Ehrenzeichen werden sauber aufgereiht getragen.

b Die höchste Auszeichnung steht jeweils links.

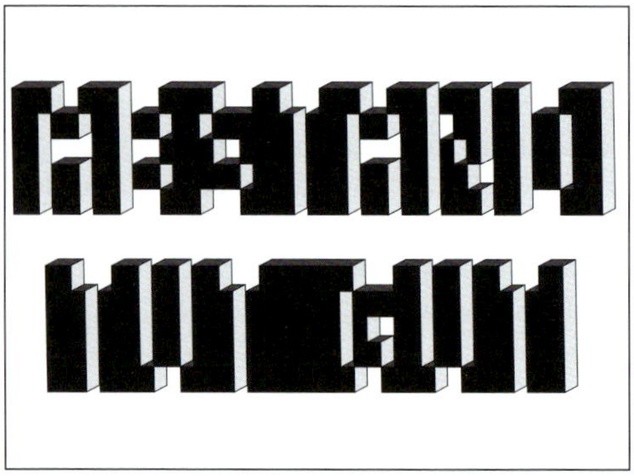

Bild 16.12 Abstand gewinnen – sprich: Distanz zwischen sich und das Bild bringen

Neben diesen Wahrnehmungsfiltern können auch Täuschungen der Sinne in der Folge zu unterschiedlichen Wahrnehmungen führen. Die bekanntesten hierfür sind die optischen Täuschungen (▶ Bild 16.13).

Derartige Unterschiede zwischen den empfangenen Daten und der erfolgten Informationsverarbeitung sind auch in der verbalen Kommunikation zwischen Sender und Empfänger möglich. Nach dem Kommunikationsmodell nach Friedemann Schulz von Thun basieren diese Diskrepanzen auf insgesamt vier Seiten einer Nachricht und den damit verbundenen Interpretationsspielräumen. Ein Beispiel: »Der Unterricht beginnt um 8.00 Uhr!« lautet die Nachricht des Ausbilders an den Lehrgangsteilnehmer [16]. Der Sachinhalt der Nachricht ist eindeutig, nämlich der Hinweis an den zu spät kommenden Feuerwehrangehörigen über den Zeitpunkt des Unterrichtsbeginns. Gleichzeitig gibt der Ausbilder seinen Unmut und damit seine Verärgerung über das Zu-Spät-kommen kund (Selbstkundgabe). In der Nachricht steckt auch der Appell, dass der Feuerwehrangehörige beim nächsten Mal pünktlich sein soll. Auf der Beziehungsebene verdeutlicht der Ausbilder die Hierachie durch diese Art der Nachricht. Insbesondere

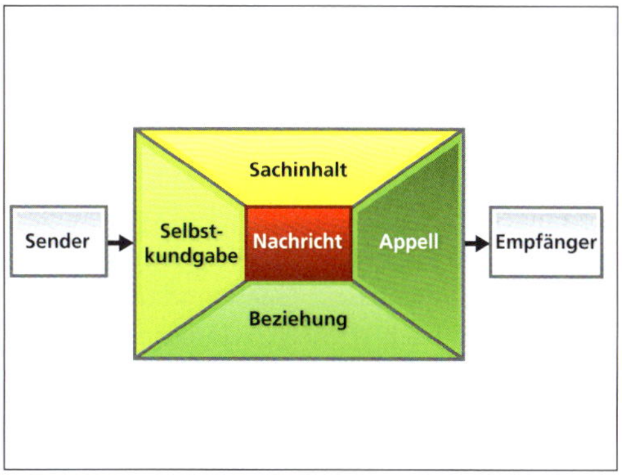

Bild 16.13 Das Penrose-Dreieck ist eine scheinbar »unwirkliche Figur«. Zur Erklärung dieser optischen Täuschung muss der Betrachter seine Entfernung und die Perspektive zum Objekt im Raum ändern.
Bild 16.14 Die vier Seiten einer Nachricht (nach Friedemann Schulz von Thun)

vor dem Hintergrund der unterschiedlichen Empfangsebenen erscheint es wichtig, durch eine aktive Rückmeldung (so genanntes Feedback) darauf hinzuweisen, welche Botschaft nun zur weiteren Informationsverarbeitung angekommen ist. Hier lassen sich Missverständnisse noch frühzeitig und ohne viel Aufwand klären.

Motive und Motivation

Schon der deutsche Philosoph und Politiker Friedrich Engels (1820 – 1895) erkannte den Zusammenhang zwischen Motivation und Wahrnehmung als Einfluss auf die gedankliche Ausgestaltung: »Alles, was die Menschen in Bewegung setzt, muss durch ihren Kopf hindurch; aber welche Gestalt es in diesem Kopf annimmt, hängt sehr von den Umständen ab.«

Hier gilt es, den anfänglichen Impuls für eine Bewegung von der Bewegung an sich zu unterscheiden. Während für die Tatsache,

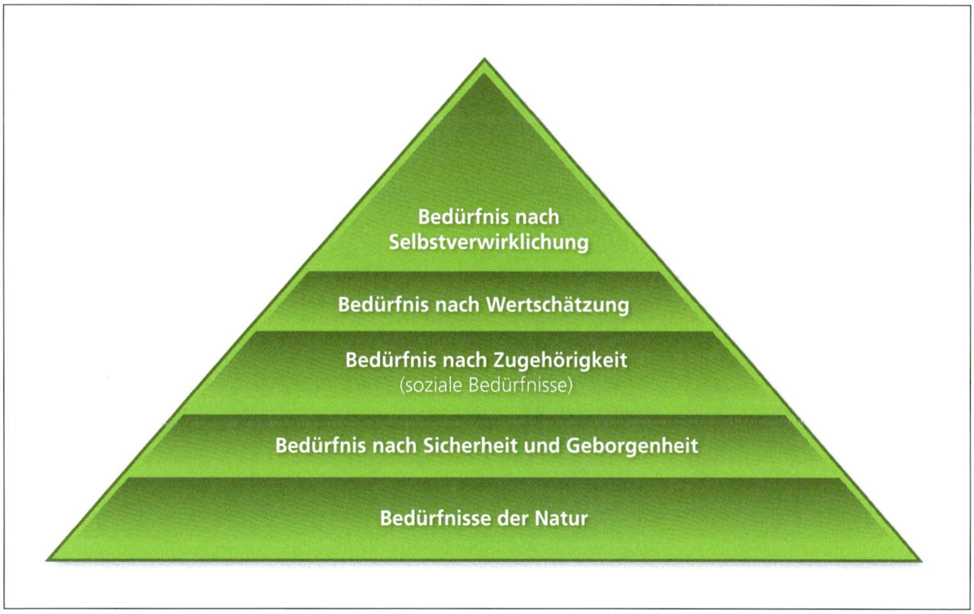

Bild 16.15 Bedürfnispyramide nach Maslow

dass sich jemand bewegt, das Vorhandensein von Motiven erforderlich ist, gilt es für Inhalt, Richtung und Schnelligkeit der Bewegung den Motivationsprozess – auch im Rahmen der Selbstmotivation – zu kennen. Als Motive für die Entscheidung, Einsatzdienst zu verrichten, sind nicht nur Aspekte des Helfens, der Tradition oder des Erlebnisses »Gemeinschaft« denkbar, sondern auch Andere, wie zum Beispiel die Verwirklichung der eigenen Persönlichkeit oder die Erwartung von Vorteilen. Grundsätzlich lassen sich die Motive wie in ▶ Bild 16.15 dargestellt in mehrere Bereiche einteilen.

Mit diesen unterschiedlichen Motiven erklären sich die Feuerwehrangehörigen bereit, sich grundsätzlich im »Unternehmen Feuerwehr« zu bewegen. Nur wer nicht mehr zur Bewegung bereit ist, sollte seine Motive prüfen und im Umgang mit sich selbst sein Verhalten ehrlich hinterfragen.

Mit welchem Ziel, in welche Richtung und mit welcher Energie nun diese Bewegung erfolgt, kann durch den Motivationsprozess (▶ Bild 16.16) maßgeblich beeinflusst werden – auch unter Berücksichtigung von Vorgaben (V), Einflüssen (E) und Störungen (S).

Wesentliche Voraussetzung hierfür ist das Vorhandensein eines Zieles. Dieses kann auf unterschiedliche Art und Weise zustande kommen. Von der unbeeinflussbaren Formulierung oder Erwartungshaltung durch Dritte bis hin zu einer gemeinsamen Zielformulierung. Dieses Ziel muss zwingend kommuniziert werden, das heißt, allen bekannt sein. Ebenso muss eindeutig definiert sein, wie »breit« der Weg zum Ziel ist. Dieses wird durch die Einhaltung von Eckpunkten und gegebenenfalls Meilensteinen im Sinne eines Projektmanagements beschrieben, kann aber auch durch Aufgaben- und Kompetenzübertragung einen großen Einfluss auf die Eigenverantwortung der Beteiligten nehmen. Darüber hinaus sind weitere Aspekte – insbesondere der Menschenführung und der Gruppendynamik – zu berücksichtigen.

Eine Vielzahl von angeblichen Problemen lassen sich auf unterschiedliche Wahrnehmungen ein und desselben Sachverhalts zurückführen. Vor diesem Hintergrund ist es sinnvoll, bei Differenzen zunächst die Wahrnehmungen abzugleichen. Hierzu eignet sich die Methode des Feedbacks oder des aktiven Zuhörens.

Für eine erfolgreiche Zielerreichung und die damit verbundene Befriedigung der Bedürfnisse ist ein Ziel zwingend erforderlich. So ist die transparente Darstellung der Ziele ein wesentliches Instrument der Motivation. Denn

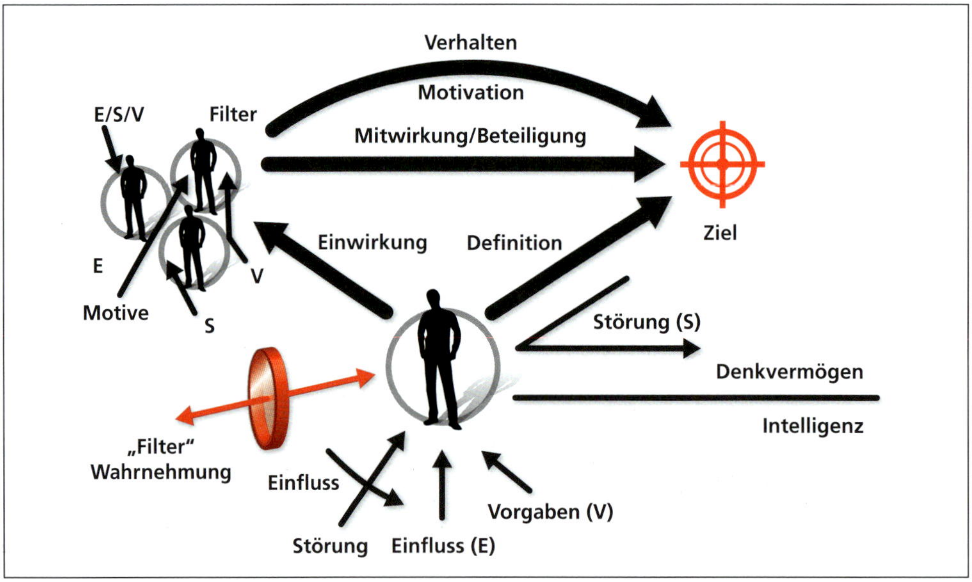

Bild 16.16 Wahrnehmung, Motivation, Menschenführung – ein komplexes Gebilde

im Sinne des römischen Philosophen Seneca gilt: »Wer den Hafen nicht kennt, in den er segeln will, für den ist kein Wind ein günstiger.«

16.3.3 Zeitgemäße Technik – Arbeitsgeräte des Personals

Die Tatsache, dass die Technik erst jetzt Erwähnung findet, hat durchaus seine Begründung. Oft wird der Eindruck vermittelt, dass eine moderne Technik die wesentliche Grundlage für die Einsatzdurchführung darstellt. Dies ist aber nur bedingt der Fall, da die Beschaffungen des technischen Geräts nur eine Folge der zuvor festgelegten Einsatztaktik sein kann.

Dass aber auch die Technik ihren Beitrag zur Leistungsfähigkeit einer Feuerwehr erbringen muss, zeigt auch die Berücksichtigung der örtlichen Gegebenheiten bei der Beschaffung von Fahrzeugen deutlich. Führt doch eine schwierige Topografie unter Umständen zu einem spezielleren Fahrgestell oder einer stärkeren Motorisierung und die Tatsache schwer zugänglicher Innen- und Altstadtbereiche gegebenenfalls zu einer besonders geringen Fahrzeugbreite bei den Löschfahrzeugen. Wobei hier zunächst die Einsatztaktik festlegen muss, ob das Anfahren der Einsatzstelle »bis zum letzten Meter« einsatztaktisch sinnvoll ist.

Aber auch andere Entscheidungen können Einfluss auf die vorzuhaltende Technik nehmen. So hat die Betrachtung und Bewertung einer dreiteiligen Schiebleiter als Rettungsgerät der Feuerwehr im Rahmen eines Baugenehmigungsverfahrens durchaus auch eine dauerhafte Auswirkung auf die Einsatztaktik und somit die vorzuhaltende Technik. Und dies bei einer nicht unkritischen Bewertung des Instellungbringens hinsichtlich der Kriterien Schnelligkeit, Sicherheit und Aufwand.

Merke:

Erst die Taktik, dann die Technik! Welche Arbeitsgeräte bei der Feuerwehr benötigt werden, entscheidet neben dem Einsatzspektrum der Feuerwehr vor allem die Einsatztaktik.

Vor allem der Aufwand ist bei einer leistungsfähigen Technik von zentraler Bedeutung – wobei der Aufwand sich hier nicht nur auf das erforderliche und ausgebildete Personal bezieht, sondern insbesondere auf die Bedienbarkeit und somit auf die Schnittstelle zwischen Mensch und Maschine. Ist doch unter verhaltens- und arbeitsphysiologischen Aspekten zu berücksichtigen, dass in Hochstresssituationen, die ein Feuerwehreinsatz zweifelsfrei darstellt, die Abrufbarkeit von erlerntem Wissen zunehmend schwieriger wird und vom Unterbewusstsein gesteuert wird. Dieses setzt entweder das drillmäßige Aus- und Fortbilden an der Technik voraus oder möglichst wenige und selbsterklärende Handgriffe zur Bedienung des Gerätes. Der Begriff »Drill« ist dabei keineswegs negativ zu verstehen: Vielmehr ist gemeint, durch eine umfassende, sich wiederholende Fort- und Weiterbildung Wissen und Tätigkeiten im Unterbewusstsein so zu verankern, dass die Handlungen im Einsatz »automatisiert« ablaufen. Dadurch wird ein wesent-

DEFINITION FEEDBACK/AKTIVES ZUHÖREN

Beim Feedback handelt es sich um eine verbale oder nonverbale Kommunikation. Hiermit kann einer oder mehrerer Personen eine Rückmeldung über ihr Verhalten gegeben werden. Hierdurch erhalten die Personen einen Einblick darüber, wie sie auf Dritte wirken und von diesen wahrgenommen werden. Das Feedback besteht aus zwei Komponenten, dem „Feedback geben" und dem „Feedback nehmen".
Ziel des Feedbacks ist es, den Beteiligten ihre Verhaltensweisen bewusst zu machen und deren Wirkung auf andere darzustellen. Auch vor dem Hintergrund der durch dieses Verhalten ausgelösten Reaktionen. Demnach können durch Feedback insbesondere Informationen erlangt und ausgetauscht werden, die durch den Feedback-Geber wahrgenommen wurden aber dem Feedback-Nehmer nicht bekannt sind (vgl. „Blinder Fleck" nach JOHARI).
Beim Feedback geben sind klare und eindeutige Regeln zu beachten, die auch zwischen dem Feedback-Geber und -Nehmer unterscheiden. Grundsätzlich ist darauf hinzuweisen, dass das Instrument des „Feedbacks" zu einer besonderen Form der Kommunikation gehört, der auch unangenehme Tatsachen und Empfindungen zur Sprache bringen sollte und demnach viel Feingefühl erfordert. Falsch angewandtes Feedback kann zu Verletzungen und Aggressionen führen und somit genau das Gegenteil bewirken.

licher Stressfaktor im Einsatz verringert, was den Einsatzerfolg gleichzeitig steigert.

Um demnach das durch die Einsatztaktik erforderliche Einsatzgerät jederzeit bedienen und darüber hinaus auch Erfahrungen mit dessen Einsatzgrenzen machen zu können, bedarf es auch der Vorhaltung für die Fort- und Weiterbildung und vor allem für eine ständige Übung. Nur so kann eine Fehlbedienung beziehungsweise der falsche Geräteeinsatz minimiert werden. Dieser Übungsgrundsatz gilt von der Handhabung des Feuerwehr-Haltegurtes über die Eigenschaften und Einsatzgrenzen von Atemschutzgeräten bis hin zur Bedienung von Hubrettungsgeräten und wird bei der Gerätevorhaltung über die einsatzrelevanten Kosten zusätzliche Finanzmittel erforderlich machen.

Praxis-Tipp:

Drill? – Ja bitte! Auch wenn der Drill alle Menschen gleich machen soll und deswegen gesellschaftlich negativ belegt ist, ist er vor allem für die Ausübung einer gefahrengeneigten Tätigkeit eine besondere Maßnahme des Arbeitsschutzes. Drill bezeichnet die Übung einer bekannten Tätigkeit, die durch ständiges Wiederholen die Feuerwehrangehörigen in die Lage versetzt, Bewegungsabläufe und Tätigkeiten in extremen Stresssituationen ohne langes Zögern, schnell und fehlerfrei auszuüben. Mit diesem ständig Auswendiglernen beziehungsweise Wiederholen von körperlichen Handlungsabläufen soll sichergestellt werden, dass Verhaltensweisen auch unter erschwerten Bedingungen wie Stress, Dunkelheit oder Übermüdung sicher zur Verfügung stehen. Nur so kann dem Vergessen vorgebeugt und das Abrufen des Wissens auch im Einsatz als Hochstresssituation gewährleistet werden. Im Zentrum des Drills steht somit die wiederholte Übung eines motorischen Ablaufs bis hin zu seiner vollständigen Automatisierung. Es sollte wie folgt vorgegangen werden:

1. Ablauf mündlich erklären,
2. Ablauf grafisch und bildlich verdeutlichen,
3. Ablauf vorführen,
4. vereinfachte und verlangsamte Nachahmung,
5. häufige Wiederholungen,
6. Wiederholungen (auch unter erschwerten Bedingungen).

Abschließend kann auch eine Art „Wettbewerb" unter den Gruppen zur nachweisbaren Erfolgskontrolle und somit zur Motivation beitragen – wie es übrigens bei den Leistungsabzeichen/Leistungswettbewerben als feuerwehrtypische Wettbewerbe erfolgt.

Merke:

Es ist besser, im Rahmen einer Übung einen Gerätedefekt mit anschließender Reparatur in Kauf zu nehmen als im Einsatz durch einen Gerätedefekt oder mangelde Ausbildung sogar den Einsatzerfolg oder gar Menschenleben zu gefährden.

Um im Sinne der Feuerwehr-Dienstvorschriften (FwDV) mit Mannschaft und Gerät einsatzbereit und leistungsfähig sein zu können, bedarf es neben der grundsätzlichen Fahrzeug- und Gerätebeschaffung vor allem der Wartung und Pflege der Gerätschaften. Hierzu gehört auch der grundsätzliche gewissenhafte und pflegliche Umgang durch die Feuerwehrangehörigen selbst. Darüber ist entsprechend ausgebildetes Personal für die Pflege und Wartung der Einsatzmittel verantwortlich. Diese Personen werden als < **Gerätewarte** > bezeichnet und überprüfen regelmäßig die Einsatzbereitschaft der Geräte. Aussagen zu Umfang, Inhalt und Intensität sowie den zeitlichen Prüfintervallen geben nicht nur die Herstellerangaben sondern auch die Geräteprüfordnung (▶ Kapitel 4) und die Unfallverhütungsvorschriften beziehungsweise die arbeitschutzrechtlichen Bestimmungen. Die Pflege und Wartung der im Einsatz verwendeten Gerätschaften – von der Persönlichen Schutzausrüstung über Schläuche und Armaturen bis hin zu den Löschmittelbehältern und Sonderfahrzeugen – ist das wesentliche Instrument der technischen Einsatzvorbereitung. Vor diesem Hintergrund sind diese Tätigkeiten auch geeignet zu dokumentieren.

Um eine Feuerwehr zeitnah mit den erforderlichen Instrumentarien und Maßnahmen einer modernen Einsatzvorbereitung ausstatten zu können, sind auch die technischen Möglichkeiten und deren Entwicklungen ständig zu beobachten. Angefangen von der Fahrzeug- und Gerätetechnik bis hin zu der an Bedeutung gewinnenden Informations- und Kommunikationstechnik. Hier sind vor allem robuste Tablet-PC zu nennen, die als einsatz- und feuerwehrtaugliche Computer nicht nur den zeitnahen Abruf und die Dokumentation von einsatzrelevanten Informationen ermöglichen, sondern auch grundsätzlich für derzeit in der Erforschung und Entwicklung befindliche Verfahren zum Beispiel zur Inhouse-Ortung und Telemetrie geeignet sind.

Aber nicht nur Forschungs- und Entwicklungsergebnisse sind hinsichtlich der Verwendbarkeit bei einer Feuerwehr zu prüfen. Auch die fortschreitende allgemeine Technologisierung, die Entwicklung und die Modernisierung der unterschiedlichen Bereiche sind zu beobachten, in ihrem Nutzen für die Feuerwehr zu bewerten und gegebenenfalls für einen Einsatz für die Feuerwehr aktiv voranzutreiben.

Beispielhaft sind hier Projekte genannt, die sich im Rahmen einer verlässlichen und optimierten Planung mit der Minimierung eines möglichen Zeitverlusts bei der Nutzung der innerstädtischen Verkehrsinfrastruktur beschäftigen und bereits im öffentlichen Personennahverkehr beobachtet werden können.

Auch die Vernetzung einer eventuell vorhandenen Verkehrsleitzentrale mit einer Integrierten Leitstelle für Rettungsdienst und Feuerwehr kann zu einer »grünen Welle« der Feuerwehr im Einsatzfall führen, in deren Folge, das Überqueren eines Kreuzungsbereichs mit dem fließenden Verkehr ermöglicht wird. So werden die übrigen Verkehrsteilnehmer in die Lage versetzt, trotz unter Umständen seitlichen baulichen Einschränkungen – wie Fahrbahnschwellen oder hohe Bordsteinkanten – aber auch bei dichtem Verkehr und vor langen Aufstauungen vor bis dahin roten Ampeln eine Rettungsgasse leichter frei zu machen.

16.3.4 Übungen

Außer den bereits genannten Übungen im Umgang mit den Gerätschaften sind als einsatzvorbereitende Maßnahmen auch andere Übungen von zentraler Bedeutung. Eine zentrale Rolle spielen hier nicht nur die Wärme- und Rauchgewöhnungsübungen, sondern vor allem Übungen unter realen Bedingungen. Exemplarisch zu nennen sind hier insbesondere Übungen in feststoffbefeuerten Brandübungsanlagen und besondere Entrauchungsübungen in ausgedehnten Bereichen.

So dienen Übungen grundsätzlich auch der Möglichkeit umfangreiche Einsatzvorbereitungen und Einsatzplanungen zu überprüfen, um so weiteren Optimierungsbedarf ermitteln zu können. Insbesondere bei ausgedehnten und besonderen Objekten und Veranstaltungen/Ereignissen sind Übungen im Vorfeld, auch vor dem Hintergrund umfangreicher Schnittstellen, richtig und wichtig – ob als Alarmierungs- oder als Einsatzübung. Darüber hinaus tragen Übungen zur Orts- und Objektkunde bei.

16.4 Informationen und Planunterlagen

Außer der Vielzahl von Maßnahmen und Entscheidungen zur Einsatzvorbereitung sind bei bestimmten Objekten und Ereignissen zusätzlich Planunterlagen im Sinne eines Einsatzplanes als unterstützende Hilfsmittel für den

Achtung:

Übungsfahrten mit Sonderrechten nach der Straßenverkehrsordnung sind unter Berücksichtigung weitreichender Kriterien durch den Feuerwehrkommandanten/Gemeindebrandmeister/Wehrführer anzuordnen! Hierbei ist aber grundsätzlich zu prüfen, ob der Übungszweck das hohe Unfallrisiko einer Sonderrechtsfahrt rechtfertigt.

Einsatzleiter vorzuhalten. Hierbei sind außer weiteren Informationsquellen der unterschiedlichsten Art und Weise vor allem so genannte Feuerwehreinsatzpläne zu nennen.

16.4.1 Planunterlagen

Grundsätzlich sind als Planunterlagen alle Informationen hilfreich, die einem Einsatzleiter einen schnellen Überblick und somit eine effektive und effiziente Entscheidungsfindung für eine unverzügliche und optimierte Gefahrenabwehr ermöglichen.

Allein hieran wird deutlich, dass sich je nach örtlichen Gegebenheiten die Planunterlagen der Feuerwehren stark voneinander unterscheiden können. Je nach Risikopotenzial und denkbaren Szenarien wird sich die Feuerwehr einer ländlichen Gemeinde anders auf einen Einsatz vorbereiten als die Feuerwehr einer Großstadt. Während es im ländlichen Bereich schwerpunktmäßig Informationen zu Schadenszenarien in der Landwirtschaft oder beispielsweise bei Biogasanlagen geben wird, werden sich Feuerwehren in Großstädten vermehrt mit Planunterlagen auf Einsätze in unterirdischen Verkehrsanlagen vorbereiten. Darüber hinaus sind in derartigen Ballungszentren durchaus auch Veranstaltungen oder Ereignisse sowie Objekte vorhanden, die eine Vorbereitung auf einen möglichen Einsatz rechtfertigen. Bevor aber auf diese speziellen objekt- beziehungsweise veranstaltungsbezogenen Planunterlagen im Sinne von Feuerwehreinsatzplänen eingegangen wird, sollen die allgemeinen Möglichkeiten dargestellt werden, die nahezu jede Feuerwehr nutzen kann.

Aufgrund der Aufgabenvielfalt der Feuerwehren von der Menschenrettung über die Brandbekämpfung bis hin zu Einsätzen mit atomaren, biologischen oder chemischen Gefahren wird vom Einsatzleiter erwartet, dass er das in einer Vielzahl von Lehrgängen und Ausbildungen erworbene Wissen im Sinne der Einsatzbewältigung zur Abwehr von Gefahren, die nicht nur auf Menschen, Tiere, Umwelt und Sachwerte, sondern auch auf die eigene Mannschaft und das Gerät wirken, ständig abrufbar

Merke:

Effektivität bezeichnet das Verhältnis von dem erreichten Ziel zum definierten Ziel (Erreichungsgrad). Das Kriterium ist das Ausmaß, in dem die beabsichtigte Wirkung erreicht wird. Dies ist im Unterschied zur Effizienz unabhängig vom zur Zielerreichung nötigen Aufwand. Effektivität ist daher ein Maß für die Zielerreichung im Sinne von Wirksamkeit und Qualität, Effizienz ein Maß für die Kosten-Nutzen-Relation.
Effizienz bezeichnet das Verhältnis zwischen der Größe der erbrachten Leistung und der Größe des Aufwandes (Wirkungsgrad). Hier ist das Kriterium der Aufwand, mit dem ein Ziel erreicht wird. Je nach Größe und Eigenschaft des Aufwandes wird bei der Effizienz auch von der Wirtschaftlichkeit gesprochen.
Zur Unterscheidung von Effektivität und Effizienz sind folgende Fragen hilfreich:
- Macht die Feuerwehr die richtigen Dinge? (Effektivität)
- Macht die Feuerwehr die Dinge richtig? (Effizienz)

Merke:

Bei einer Alarmierung sollten folgende Informationen gegeben werden:
- Einsatzart,
- Objekt/Adresse/Einsatzort,
- Meldernummer (sofern vorhanden),
- Feuerwehr(einsatz)plan-Nummer (sofern vorhanden),
- meldende Person,
- weitere wichtige Hinweise,
- evtl. Anfahrtsplan (Stadtplanausschnitt),
- alarmierte Fahrzeuge/Kräfte.

Diese Informationen befinden sich in der Regel auf der Alarmdepesche (Alarmfax). Aufgrund der Wichtigkeit wie Nützlichkeit sollte die Alarmdepesche immer vom Fahrzeugführer mitgenommen werden und nicht im Feuerwehrhaus verbleiben.

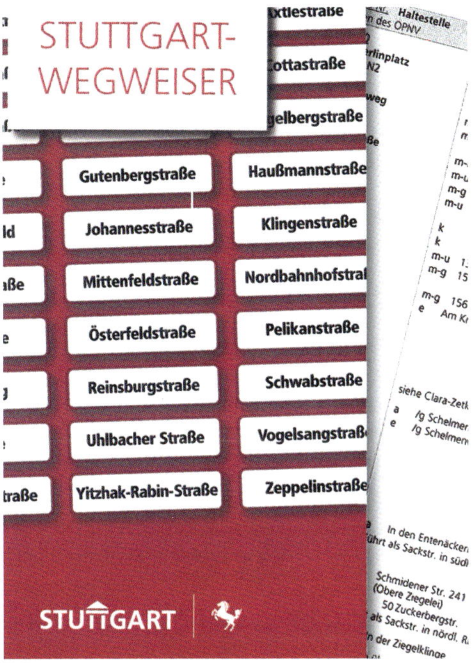

Bild 16.17 Beispiel für ein Anfahrtsverzeichnis ist der »Stuttgartwegweiser«

vorhält. Hier können Nachschlagewerke – die auch als Einsatzleiterhandbuch bezeichnet werden – eine wertvolle Unterstützung geben. Insbesondere wenn schnell Handlungsanweisungen oder taktische Grundregeln bekannt sein sollten und beachtet werden müssen. Voraussetzung ist das Mitführen dieser Handbücher an die Einsatzstelle, was Anforderungen an Format und Umfang sowie die notwendige Wissensverdichtung, Aufbereitung und einfache Handhabbarkeit mit sich bringen. Derartige Einsatzleiterhandbücher werden auch gerne genutzt, um vor allem in großen Feuerwehren einen schnellen Überblick über die vorhandenen Ressourcen, deren Einsatzzweck und Einsatzgrenzen geben zu können.

Um im Sinne eines optimalen zeitlichen Einsatzablaufes nach den ersten Informationen aus der Alarmierung die Einsatzstelle zügig zu finden, kann vor allem in Großstädten ein Straßen- beziehungsweise Anfahrtsverzeichnis (▶ Bild 16.17) wichtige Hilfestellungen geben. Vor allem Fahrtrichtungen von Einbahnstraßen und unterschiedliche Erreichbarkeiten der verschiedenen Hausnummern bei langer oder komplexer Streckenführung können die Anfahrt und somit das interventionsfreie Zeitintervall verkürzen. Mit dem Begriff < **interventionsfreies Zeitintervall** > wird analog zum rettungsdienstlichen »therapiefreien Intervall« der Zeitraum vom Eintritt eines Schadenereignisses bis zum Tätigwerden der ersten qualifizierten Einheit bezeichnet.

Darüber hinaus sind ggf. auch die vorhandenen Stadtpläne für einen Einsatz in den Fahrzeugen vorzubereiten, was sich vor allem an Format, Lesbarkeit und Übersichtlichkeit bezieht. Auch der Einsatz von Navigationssystemen kann grundsätzlich helfen, allerdings muss deren Software ständig aktuell vorgehalten werden und sollte auch für Löschfahrzeuge und nicht nur für Pkw geeignet sein.

Um nach dem Eintreffen an der Einsatzstelle zeitnah eine unabhängige und leistungsfähige Wasserversorgung aufbauen zu können, werden neben offenen Gewässern vor allem die Hydrantennetze der Wasserversorgungsunternehmen genutzt. Um bei unübersichtlichen Einsatzstellen oder bei Schnee und anderen Beeinträchtigungen einen schnellen Überblick erhalten zu können, ist neben den speziellen Hydrantenhinweisschildern auch ein weiteres Nachschlagewerk, ein Hydrantenbuch oder ein Hydrantenplan (▶ Bild 16.18), sinnvoll. Ähnlich kann in ländlichen Bereichen die Planung der Löschwasserversorgung eine wertvolle Unterstützung darstellen. Darüber hinaus können auch Pläne der Versorgungs- und

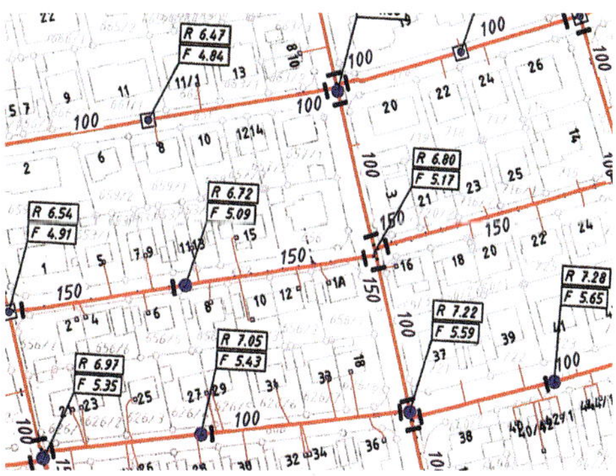

Bild 16.18 Ausschnitt aus einem Hydrantenplan

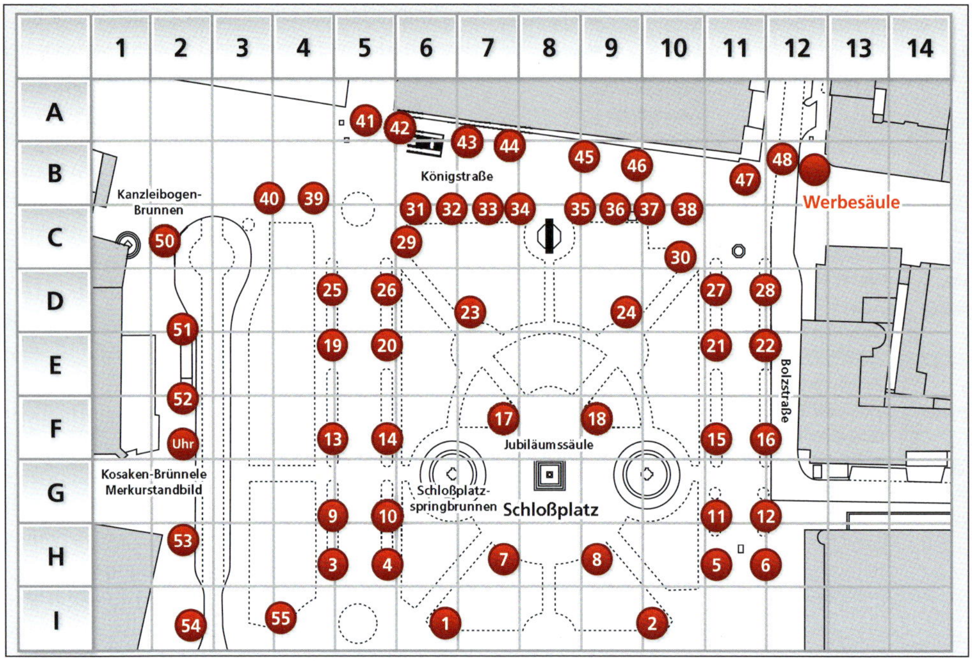

Quelle: Branddirektion Stuttgart

Bild 16.19 Beispiel für einen von der Feuerwehr im Rahmen der Einsatzplanung selbst erstellten Übersichtsplan eines Veranstaltungsplatzes, auf dem die Straßenlaternen zur Ortung der genauen Einsatzstelle nummeriert worden sind.

Entsorgungsleitungsnetze wichtige Einsatzinformationen liefern. So können zur Abwehr von Hochwassergefahren neben der Leitungsführung des Strom- und Gasnetzes auch Entwässerungsleitungen von Bedeutung werden.

Außer diesen Plänen existiert eine Vielzahl von Plänen, die in ihrer Bedeutung und im Nutzen für die Feuerwehr zunächst bewertet werden müssen, bevor sie den Einsatzkräften zur Verfügung gestellt werden. Sollte darüber hinaus die Feuerwehr eine weitere Notwendigkeit sehen, andere Informationen grafisch in Übersichtsplänen aufzubereiten, kann sie sich hierzu zum Beispiel eigener Rasterpläne bedienen (▶ Bild 16.19), die auch mit Luftbildern kombiniert eine schnellere Übersichtlichkeit größerer Einsatzstellen ergeben.

Die schnelle Informationsvorhaltung bzw. -gewinnung ist ein wesentlicher Anspruch an Planunterlagen, die den Feuerwehreinsatzleiter entlasten sollen. Hierzu können neben den Feuerwehreinsatzplänen mit Piktogrammen und anderen Schnellinformationen auch Bilder und erklärende Übersichten dienen (▶ Bild 16.20).

Darüber hinaus sind auch Unternehmen daran interessiert, den Feuerwehren die notwendigen Informationen – auch zielgruppengerecht aufbereitet – zur Verfügung zu stellen. Zu erwähnen sind in diesem Zusammenhang die Betreiber- und Herstellerinformationen zum Beispiel der Deutschen Bahn zum Arbeiten im Gleisbereich oder zu Aufbau und möglichen Gefahren der unterschiedlichen Lokomotiven. Aber vor allem im Bereich der Pkw sind unterschiedliche Informationsquellen von der alternativen Antriebstechnik bis hin zu Lage von Airbags und Karosserieverstärkungen vorhanden. Besonders zu erwähnen sind hier die typenbezogenen Rettungsleitfäden für Kraftfahrzeuge einzelner Hersteller und die Rettungskarten der Hersteller (▶ Kapitel 48).

Diese Informationsquellen können kombiniert mit der Vorhaltung eines einsatzstellentauglichen Computers für die weitere detaillierte Einsatzplanung den Einsatzleiter

Quelle: Branddirektion Stuttgart

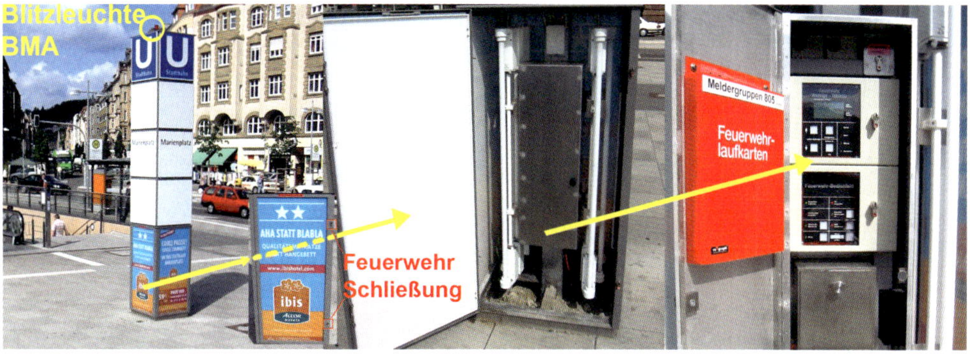

Bild 16.20 Beispiel für eine Bildfolge aus einem Feuerwehreinsatzplan

nützlich sein, ebenso wie alle anderen elektronisch verfügbaren Informationsquellen und -medien.

Mit der Vorhaltung derartiger einsatzstellentauglicher Computer darf aber keinesfalls die Informationsgewinnung ausschließlich über dieses System erfolgen. Auch beim Computerausfall muss gewährleistet bleiben, dass dem Einsatzleiter alle für die Entscheidungsfindung notwendigen Informationen zur Verfügung stehen (können). Eine funktionsfähige EDV an der Einsatzstelle kann und darf nur

Quelle: J. Thorns

Bild 16.21 Einsatzstellentaugliche Computer, wie Tablet-PC, können den Einsatzleiter vielfältige Informationen zur Verfügung stellen und ihn so entlasten.

entlasten. Eine derartige Entlastung wäre in einem derartigen Fall auch im Bereich einer elektronischen Lagekartenführung möglich (▶ Kapitel 18) [5]. Neben diesen allgemein vorgehaltenen Informationen darf nicht vergessen werden, dass jeder potenzielle Einsatzleiter eigene Erfahrungen bei der Einsatzdurchführung in den unterschiedlichen Szenarien und Objekten mitbringt. Ebenso ist er im Rahmen vor allem der Rechtmäßigkeit der Einsatzdurchführung verantwortlich, dass die Maßnahmen dokumentiert werden. Vor diesem Hintergrund ist es einer Führungskraft im Einsatz der Feuerwehr dringend nahe zu legen, ein persönliches Handbuch mitzuführen. Dort können neben den einsatzrelevanten Entscheidungen auch Erfahrungen und Erkenntnisse im Sinne einer Einsatzvorbereitung auf spätere Einsätze individuell aufbereitet und gestaltet mitgeführt werden.

Neben diesen vielfältigen Grundwerken unterschiedlicher Planunterlagen nutzen die Feuerwehren regelmäßig die folgenden weiteren Planunterlagen.

Flucht- und Rettungsplan

Während die Flucht- und Rettungspläne aus Gründen des betrieblichen Brandschutzes für eine schnelle und zielgerechtete Räumung an zentralen Stellen ausgehängt werden, kann sich auch die Feuerwehr im Einsatz an diesen Plänen orientieren. Insbesondere die Übersichtlichkeit und die Lage von zentralen Zugängen zum Objekt sind hier von Bedeutung; dies insbesondere auch vor dem Hintergrund,

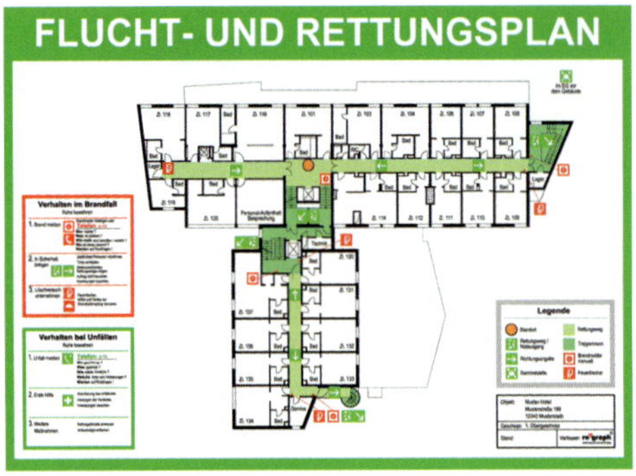

Quelle: re'graph GmbH, Korntal-Münchingen

Bild 16.22 Beispiel für einen Flucht- und Rettungsplan

dass grundsätzlich Flucht- und Rettungswege auch geeignete Angriffswege für die Feuerwehr darstellen.

Linienpläne BMA/Feuerwehr-Laufkarten

Um bei ausgedehnten Objekten mit einer Brandmeldeanlage bei einer Melderauslösung auch zeitnah und direkt und ohne fremde Hilfe zum ausgelösten Melder gelangen zu können, sind durch den Betreiber der Brandmeldeanlage genormte Linienpläne bzw. Feuerwehr-Laufkarten aller eingerichteten Melderlinien vorzuhalten (▶ Kapitel 29).

Feuerwehreinsatzpläne

Bei besonderen Objekten und Ereignissen kann bereits im Vorfeld das grundsätzliche Vorgehen bei der Gefahrenabwehr unter Berücksichtigung von besonderen Gefahren, Zugängen, Einrichtungen der Löschwasserversorgung und anderen Schnittstellen festgelegt werden. Ein Feuerwehreinsatzplan ist aber kein Durchführungsplan, der das Vorgehen der Feuerwehr automatisch und ohne Alternativen vorgibt. Diese Entscheidungen – insbesondere welche Gefahr zuerst bekämpft werden muss und welche Möglichkeit hierzu die beste ist – obliegen in jedem Fall im Rahmen der Einsatzplanung und -durchführung gemäß des Führungsvorganges dem verantwortlichen Einsatzleiter.

Ein Feuerwehreinsatzplan soll somit dem Einsatzleiter aber auch den weiteren Einsatzkräften einen Überblick für eine schnelle Orientierung geben und die Entscheidungsfindung erleichtern. Er ist somit ein wichtiges Führungsmittel – vorausgesetzt die enthaltenen Informationen sind aktuell!

Darüber hinaus dient ein Einsatzplan aber auch der Alarmierungsplanung und der Raumordnung im Zuge der Anfahrt.

Ob ein Feuerwehreinsatzplan erstellt werden muss, wird mit Ausnahme der behördlich angeordneten Einsatzpläne (z. B. Betriebe mit erweiterten Pflichten nach der Störfallverordnung, Objekte mit den Gefahrengruppen II und III nach FwDV 500, ggf. weitere besondere Objekte wie Kernkraftwerke, Flughäfen), durch den Feuerwehrkommandanten entschieden. Auch wenn dieser hier die Verantwortung trägt, kann er die Erstellung der Einsatzplanunterlagen auf den nachgeordneten Bereich delegieren. Als besondere Objekte, für die häufig Feuerwehreinsatzpläne erstellt werden, gelten insbesondere:

- Gebäude mit besonderer Nutzung oder anderen »Erschwernissen« (Krankenhäuser, Alten- und Pflegeheime, Justizvollzugsanstalten, Veranstaltungsräume/Versammlungsstätten etc.),
- Betriebe mit erhöhter Brand- und Explosionsgefahr oder anderen besonderen Gefahren (Betriebe mit erweiterten Pflichten nach der Störfallverordnung, Umschlag- und Verladebetriebe, Gefahrstoffbetriebe, Labore etc.),
- sonstige Betriebe/Gebäude/Objekte mit erhöhten Gefahren (z. B. Flughäfen, Bahnhöfe, Kultur- oder Baudenkmäler, Botschaften und Konsulate, bedrohte Einrichtungen wie Verfassungsorgane oder ausländische Liegenschaften, Biogasanlagen, Objekte mit unzureichender Löschwasserversorgung).

Als besondere Ereignisse, die eine Einsatzplanung notwendig machen können, gelten insbesondere:

- Veranstaltungen mit Politprominenz und Amtsträgern (internationale Konferenzen, zentrale Gedenkfeiern),
- Veranstaltungen mit einer Vielzahl von Personen (Volksfeste, Jahrmärkte, Konzerte),
- Veranstaltungen einer besonderen Zielgruppe (Konferenzen, Demonstrationen, besondere Konzerte).

Eine wesentliche Grundlage für die Feuerwehr-Einsatzplanungen liefern die Feuerwehrpläne nach DIN 14095 (▶ Kapitel 68), die durch Behörden im Rahmen der Genehmigungsverfahren von den Betreibern von Objekten und Gebäuden beziehungsweise den Veranstaltern eingefordert werden können. Aber auch die Feuerwehr hat die Möglichkeit zum Beispiel im Rahmen der Aufschaltung von Brandmeldeanlagen auf die Leitstelle entsprechende Planungen für eine effektive und effiziente Einsatzplanung zu verlangen. Erst die Informationen, die für einen Feuerwehreinsatz erforderlich werden können – zum Beispiel Angabe von besonderen Zufahrten und Zugängen für die Einsatzmittel, besonderen Gefahren oder Löschwasserentnahmeeinrichtungen –

Achtung:

Feuerwehreinsatzpläne müssen immer aktuell gehalten werden. Veraltete Informationen sind zur Einsatzbewältigung unbrauchbar.

Merke:

Ein Feuerwehrplan ist nicht gleich mit dem Feuerwehreinsatzplan. Ein Feuerwehreinsatzplan enthält schriftlich festgelegte Hinweise über Objekte einschließlich Anordnungen zum Vorgehen bei Einsätzen in diesen Objekten. Teil des Feuerwehreinsatzplanes kann ein Feuerwehrplan sein [5].

D

Bild 16.23 Übersichtsplan eines Feuerwehrplanes nach DIN 14095

Quelle: re'graph GmbH, Korntal-Münchingen

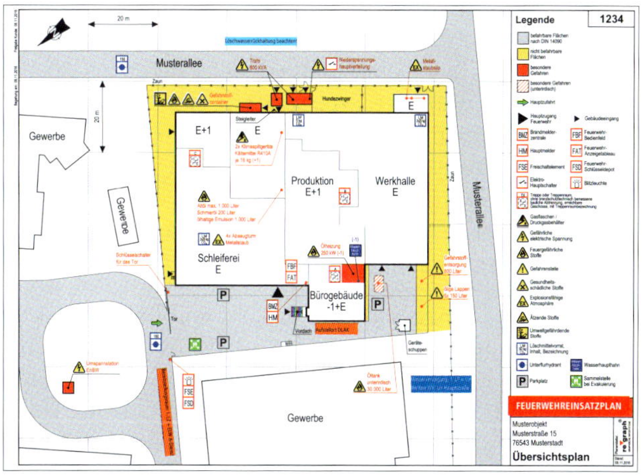

Bild 16.24 Im Vergleich zum Feuerwehrplan enthält der Feuerwehreinsatzplan weitere taktische Informationen.

Quelle: re'graph GmbH, Korntal-Münchingen

Merke:

Gerade bei langfristig geplanten Veranstaltungen bzw. Ereignissen ist eine Einsatzvorbereitung und eine Einsatzplanung notwendig, da die zu erwartenden Einsatzszenarien bekannt sind bzw. abgeschätzt werden können. Diese Einsatzvorbereitung wird von der Gesellschaft auch zu Recht erwartet.

D

machen aus einem Feuerwehrplan nach DIN 14095 einen Feuerwehreinsatzplan.

Aber gerade diese Ergänzung des Feuerwehrplans um einsatztaktisch relevante Informationen macht erforderlich, dass im Rahmen der Einsatzplanung in jedem Fall eine Ortsbegehung und Abstimmung mit dem Betreiber erfolgt. Dies ist nicht nur als Kontrolle der Aktualität der Feuerwehrpläne von Bedeutung, sondern auch vor dem Hintergrund der Berücksichtigung der örtlichen Gegebenheiten bei notwendigen taktischen Festlegungen, wie die zu definierenden Bereitstellungsräume, Aufstellflächen und Anleitermöglichkeiten erforderlich.

Damit diese Informationen durch die Einsatzkräfte zügig abgefragt werden können, ist es im Sinne der Vereinfachung der Handgriffe erforderlich alle Feuerwehreinsatzpläne nach demselben Schema aufzubauen. Zu diesem Schema gehört nicht nur die verbindliche Vorgabe von Format und Schriftgröße, sondern auch des Rasters, der Schriftbreite und -farbe sowie des Schutzes gegen äußere Einflüsse. Auch eine Schnellinformation durch Verwendung von selbsterklärenden Piktogrammen zu Beginn des Planes oder auf dem Umschlag der Planmappe ist wertvoll.

16.4.2 Objekt beziehungsweise ereignisbezogene Einsatzplanung

Zusätzlich zu den im vorhergehenden Kapitel beschriebenen Planunterlagen kann eine Einsatzplanung noch eine Vielzahl weiterer Dinge berücksichtigen. Hierbei können auch Absprachen oder Vereinbarungen mit Dritten Gegenstand eines Einsatzplanes sein, aber auch andere spezielle Vorgaben im eigenen Zuständigkeitsbereich.

Vor diesem Hintergrund werden sich die für die Sicherheit und die Gefahrenabwehr verantwortlichen Mitarbeiter in einer Gemeinde regelmäßig zusammensetzen, um auch Ereignisse und Veranstaltungen hinsichtlich der Notwendigkeit von Einsatzplänen zu bewerten. Gerade diese organisationsübergreifenden regelmäßigen Besprechungen, aus denen eine interdisziplinäre Einsatzplanung resultiert, sind in der heutigen Zeit der vernetzten Sicher-

Neben speziellen zusätzlichen taktischen Informationen muss sich ein Feuerwehreinsatzplan grundsätzlich aus folgenden Informationen zusammensetzen:

- Objektinformation (Informationen zur Nutzung, Adresse)
- Ansprechpartner (Name und ständige Erreichbarkeit),
- Zufahrten/Zugänge (Zugangsregelungen),
- Rettungswege und darauf angewiesene Personen (Anzahl und Information zu den Personen sowie die Flucht- und Rettungswegplanung),
- Vorhandene Gefahren,
- Besonderheiten (z. B. Entrauchung oder Löschwasserrückhaltung),
- Übersichtsplan (Lage, Zufahrtsmöglichkeiten, Befahrbarkeiten, Gebäudeausdehnung und Geschosszahlen, besondere Aufstell- und Rettungsflächen, Wasserversorgung um das Objekt, Gebäudezugänge, Lage der Treppenräume, Brandmeldetechnik),
- Geschosspläne (Lage der Treppenräume, Brandabschnitte inklusive Brandabschlüsse, Wandhydranten, Schächte, Aufzugsanlagen, Bedienstellen für Entrauchung, Hauptschalter),
- Einzelpläne (ggfs. von Hallen, Geschossen und besonderen Einzelbereichen).

heit mit einer Vielzahl von denkbaren Bedrohungs- und Gefährdungslagen von besonderer Bedeutung. Aber auch die Raumordnung bei einer Großveranstaltung zeigt deutlich, dass sich vor allem im Sinne eines vernünftigen Flächenmanagements alle Organisationen, Behörden und weitere Bedarfsträger frühzeitig abstimmen müssen.

Diese Absprachen können sich durchaus sehr zeitintensiv gestalten, was am Beispiel der Fußballweltmeisterschaft 2006 in Deutschland allzu oft festgestellt werden musste. Auch sind unterschiedliche Interessenslagen zu berücksichtigen, wobei auf die besondere Bedeutung der Gefahrenabwehr – auch gemeinsam mit Polizei, Rettungsdienst und Katastrophenschutz – immer wieder hingewiesen werden kann und muss. Der aus diesen umfangreichen Planungen resultierende Einsatzplan zur Fußballweltmeisterschaft 2006 zeigt deutlich, welche Informationen ein Einsatzplan zu derartigen Großveranstaltungen haben muss. Dieser bislang einmalige Einsatzplan wurde durch eine Arbeitsgruppe der AGBF erarbeitet und in allen zwölf Austragungsorten verbindlich eingeführt. Mit diesem Werk wurde demnach ein interkommunaler und interdisziplinärer Einsatzplan auch unter Berücksichtigung von Aspekten des Qualitätsmanagements erarbeitet.

Dieser Einsatzplan trug auch den Forderungen Rechnung, die sich aus den Katastrophenschutzgesetzen der Länder beziehungsweise aus weiteren gesetzlichen Grundlagen zur präventiven Gefahrenabwehr bei derartigen einmaligen Großveranstaltungen ergeben. Auch auf die vor allem im Katastrophen- und Zivilschutz bestehenden Weisungsrechte des Landes beziehungsweise des Bundes ist hierbei hinzuweisen. Aber nicht nur Bund und Land können Vorgaben hinsichtlich der zu erstellenden Alarm- und Einsatzpläne machen – auch die Europäische Union hat bei den so genannten Störfallbetrieben eine derartige Alarm- und Einsatzplanung verbindlich gefordert. Diese als externer Notfallplan bezeichnete Einsatzplanung obliegt den für den Katastrophenschutz zuständigen Behörden (in der Regel der Landkreis oder die Kreisfreie Stadt als untere Katastrophenschutzbehörde).

Praxis-Tipp:

Es empfiehlt sich, auch außerhalb von konkreten Planungen einen regelmäßig Austausch zwischen den Behörden und Organisationen mit Sicherheitsaufgaben (BOS) und den sonstigen Behörden, wie Ordnungsbehörden, zu pflegen. Die umfangreiche und frühzeitige Planungsbeteiligung aller entsprechenden Behörden im Sinne eines vertrauensvollen und respekten Umgangs miteinander, erleichtert die Planungen. Persönliche Anymositäten müssen zurückstehen.

16.4.3 Betriebliche Alarm- und Gefahrenabwehrplanungen

Auch unterhalb der Schwelle zum **<Störfallbetrieb>** (Betriebe mit erweiterten Pflichten nach der Störfallverordnung) werden durch die Betriebe interne Alarm- und Einsatzpläne erarbeitet, die einer zügigen Gefahrenabwehr und somit auch der Reduzierung der Betriebsausfallzeiten dienen. Derartige Pläne sind nicht nur Voraussetzung für die Minimierung des Produktionsausfalls im Sinne einer anzustrebenden Geschäftskontinuität (auch als Business Continuity Management bezeichnet, (▶ Kapitel 1), sondern auch Grundlage bei der Risikobemessung der Versicherungsprämien.

Des Weiteren können auch die Gemeinden die Eigentümer und Besitzer von Grundstücken mit erhöhter Brand- und Explosionsgefahr oder anderen besonderen Gefahren verpflichten, besondere Einsatzmittel zu beschaffen, zu unterhalten und bereitzuhalten. Zu diesen Einsatzmitteln zählen auch die zugrundeliegenden Planunterlagen.

16.4.4 Fazit

Die genannten Beispiele zeigen deutlich die Vielfalt der unterschiedlichen Planunterlagen, die dem Einsatzleiter zur Vorbereitung seines Einsatzbefehles wichtige Informationen geben können. Vor allem die Hinweise ob und welche

Achtung:

Nicht nur die Feuerwehr betreibt Gefahrenabwehr, sondern auch die Polizei, das Umweltamt oder die Ordnungsbehörden.

Gefahren bei dem Objekt oder dem besonderen Ereignis zu erwarten sind, können bei der Abarbeitung der Gefahrenmatrix im Rahmen des Führungsvorgangs langwierige und umfangreiche Erkundungsmaßnahmen abkürzen. Denn Informationen, die benötigt werden, aber nicht im Rahmen von Planunterlagen zur Verfügung stehen, sind durch den Einsatzleiter im Rahmen der Erkundung einzuholen.

Wichtig ist die Erkenntnis, dass eine Vielzahl von Stellen Planungen auch für die Bewältigung von Notsituationen vorhalten – ob gefordert oder freiwillig. Diese Informationen sind eine wesentliche Grundlage für die weiteren einsatztaktischen Planungen der Feuerwehr. Dies bedeutet aber auch, dass sich die Pläne der unterschiedlichen Stellen nicht widersprechen dürfen. Allein daran ist deutlich zu erkennen, dass Maßnahmen der Einsatzplanung ein enges und zeitintensives Netzwerk mit den verschiedensten Stellen voraussetzen.

Denn gerade in diesen Netzwerken können auch die Informationsquellen der dort beteiligten Organisationen und Behörden genutzt werden, die unter Umständen auch Einfluss auf die eigenen Planungen haben.

16.5 Zusammenfassung

In diesem Kapitel wurde gezeigt, welche wesentlichen Maßnahmen erforderlich sind, um die Feuerwehr auf die Bewältigung der übertragenen Aufgaben vorzubereiten. Grundlage hierfür sind nicht nur die übertragenen Aufgaben, sondern vor allem die strategischen Festlegungen zu den erforderlichen Ressourcen, die im Rahmen eines Feuerwehrbedarfsplanes zu definieren sind.

Damit die Feuerwehr im Sinne einer dezentralen Ressourcenverantwortung eine zeitgemäße, aber vor allem effiziente und effektive Einsatzdurchführung gewährleisten kann, sind vorbereitende Maßnahmen in den Bereichen Personal, Organisation und Technik, aber auch in taktischen Grundvorgaben, notwendig. Letzteres zeigt sich deutlich an der Festlegung von Einsatz-/Alarmierungsstichworten, der Alarmstufe und der Zuordnung von erforderlichen Einsatzmitteln. Dies sind die wesentlichsten Bestandteile einer Alarm- und Ausrückeordnung (AAO) als taktisches Grundkonzept einer leistungsfähigen Feuerwehr.

Weitere taktische Vorgaben können Regelungen und Festlegungen von Standards für die genannten Einsatzstichworte sein. Diese werden auch als Standardeinsatzregeln bezeichnet und sind wesentliche Grundlage für eine gleichbleibende Qualität bei der Einsatzdurchführung, aber auch bei dem Vergleich zwischen »Soll« und »Ist« im Rahmen der Kontrolle durch die Führungskraft.

Aber nicht nur die Feuerwehr muss ihre Mitarbeiter durch die taktischen Festlegungen, die Vorhaltung geeigneter Technik sowie die Aus-, Fort- und Weiterbildung auf mögliche Einsätze vorbereiten. Auch jeder einzelne Feuerwehrangehörige hat die Pflicht, seinen Beitrag für eine Einsatzvorbereitung und somit eine leistungsfähige Feuerwehr zu erbringen. Hierzu gehören vor allem die Pflicht zur Gesunderhaltung, verbunden mit der für den Feuerwehrdienst erforderlichen besonderen körperlichen Fitness und die eigenverantwortliche Aufrechterhaltung und Intensivierung des bei der Ausbildung vermittelten Wissens.

Unabhängig davon, ob es eine strukturierte und zeitlich geplante Fort- und Weiterbildung durch die Feuerwehr gibt, wird von einem ausgebildeten Feuerwehrangehörigen erwartet, dass er auch Jahre nach seiner Ausbildung die Funktion ausüben kann. Sollte dies nicht der Fall sein, wäre die Entbindung von der Funktion die notwendige Konsequenz.

Damit aber die Feuerwehrangehörigen nicht über das erforderliche Maß hinaus mit Objekt- und Detailinformationen belastet werden, sind Planunterlagen und Feuerwehreinsätzpläne ein wichtiges Hilfs- und Führungsmittel bei der Einsatzdurchführung. Welche Möglichkeiten es gibt, wurde dargestellt, wobei auch andere Informationen und Planunterlagen den Einsatz sinnvoll unterstützen können.

Um mit den Maßnahmen der Einsatzvorbereitung und der Einsatzplanung dem Anspruch einer leistungsfähigen Feuerwehr gerecht werden zu können, ist auch die Nachbereitung von Einsätzen ein zentrales Instrument der Einsatzvorbereitung und -planung für zukünftige gleichgeartete Einsätze. Der Bereich der psychosozialen Notfallversorgung (PSNV) zeigt deutlich, dass auch für die Unterstützung des eigenen Personals bei der Bewältigung von posttraumatischen Belastungsstörungen (PTSD) die Einrichtung einer zentralen Anlaufstelle im Sinne eines Einsatzkräftenachsorgeteams oder eines Kriseninterventionsteams richtig und wichtig ist.

Aber nicht nur bei der PSNV, sondern grundsätzlich immer, sollte nicht nur die Organisation Feuerwehr, sondern auch ihre Mitarbeiter im besonderen Maße ein Interesse daran haben, Einsätze und deren Ablauf kritisch zu hinterfragen und Optimierungspotenziale aufzuzeigen. Diese Einsatznachbereitung soll in erster Linie dazu dienen, das System »Feuerwehr« als lernende Organisation ständig zu verbessern. Hierzu eignen sich ereignisbezogene Nachbesprechungen ebenso wie regelmäßig durchzuführende – teilweise auch funktionsbezogene – Dienstbesprechungen. Denn im Sinne des ehemaligen Fußballbundestrainers Sepp Herberger gilt auch hier: »Nach dem Spiel ist vor dem Spiel!«

Literatur

[1] AGBF Bund: Qualitätskriterien für die Bedarfsplanung von Feuerwehren in Städten, 1998.

[2] Antwerpes, F.-J.: Personalstärke, Verfügbarkeit und Eintreffzeit, BRANDSchutz/Deutsche Feuerwehr-Zeitung 12/1997, S. 953 ff.

[3] Thorns, J., Homrighausen, K.: Praxisgerechte Fortbildung – jederzeit!, BRANDSchutz/Deutsche Feuerwehr-Zeitung 10/2007, S. 703 ff.

[4] Homrighausen,K.: e-Learning – oder Telekolleg »Feuerwehr«, Tagungsband VFDB-Jahresfachtagung Mannheim, 2009.

[5] Belge, G., Homrighausen, K., Lutz, R.: Vernetzte und automatisierte Lageführung, BRANDSchutz/Deutsche Feuerwehr-Zeitung 7/2008, S. 502 ff.

[6] Schröder, H. (Hrsg.): Prendke – Lexikon der Feuerwehr, 3. Auflage, Verlag W. Kohlhammer, Stuttgart, 2005.

[7] Leitfaden Feuerwehrsport, 1. Auflage, Feuerwehrunfallkasse Nord, 2008.

[8] Schröder, H. (Hrsg.): Fit for Fire Fighting, 3. Auflage, Neckar Verlag, Villingen-Schwenningen, 2008.

[9] Finteis, T., Oehler, J.-C.: Stressbelastung von Atemschutzgeräteträgern. Ergebnisse einer Studie im Feuerwehr-Übungshaus Bruchsal (STATT-Studie), BRANDSchutz/Deutsche Feuerwehr-Zeitung 5/2003, S. 367 ff.

[10] Kortt, U., Schröder, H., Dentz, U.: Belastungsstudie: Atemschutzgeräteträger mussen umdenken, BRANDSchutz/Deutsche Feuerwehr-Zeitung 5/2003, S. 375 ff.

[11] Kemper, H.: Einsatzplanung und -vorbereitung, 1. Auflage, Ecomed Sicherheit, Landsberg, 2005.

[12] Cimolino, U. (Hrsg.): Einsatzleiterhandbuch Feuerwehr, 39. Ergänzungslieferung, Ecomed Sicherheit, Landsberg, 2009.

[13] Günter, M., Hermsen, R., Neuhaus, M.: Feuerwehr-Einsatzleiter-Taschenbuch, 1 .Auflage, Storck Verlag, Hamburg, 2002.

[14] LFV Nordrhein-Westfalen (Hrsg.): Hinweise und Empfehlungen für die Anfertigung von Brandschutzbedarfsplänen für die Gemeinden des Landes Nordrhein-Westfalen, Version 6.0, Stand 1/2001.

[15] Förderkatalog der Bundesregierung, *http://foerderportal.bund.de.*

[16] Lamers, C.: Menschenführung im Feuerwehrdienst, Die Roten Hefte 89, 2. Auflage, Verlag W. Kohlhammer, Stuttgart, 2008/2011.

[17] Wilke, J.-P.: Fordern und Fördern – Führungspraxis für Feuerwehrleute, 2. Auflage, Verlag W. Kohlhammer, Stuttgart, 2006.

E Allgemeine Einsatzlehre

17 Grundlagen des Sprechfunks

von Jochen Thorns

Die Feuerwehren in Deutschland funken meist im so genannten BOS-Digitalfunk (BOS – Behörden und Organisationen mit Sicherheitsaufgaben). Allerdings steht in manchen Ländern die Umstellung des bisherigen analogen Sprechfunks auf den Digitalfunk erst noch bevor oder der Einsatzstellenfunk wird noch analog durchgeführt.

17.1 Digitalfunk

Im Gegensatz zum analogen Sprechfunk sind die Sprachqualität und die Leistungsfähigkeit des BOS-Digitalfunks deutlich besser; Funktionen wie FMS sind ähnlich (nun als SDS – Short Data Service bezeichnet) möglich.

Das Netz ist ein bundesweites digitales Tetra-Netz für alle Behörden und Organisationen mit Sicherheitsaufgaben. Es gibt also nicht mehr kreisweite Funknetze für jede einzelne Organisation. Alle Organisationen funken beim Digitalfunk in einem Netz, wobei die Gespräche elektronisch zerlegt und beim Empfänger wieder zusammengesetzt werden, wodurch die Leistungsfähigkeit des Gesamtnetzes erhöht wird. Wie beim analogen Funk auch, ist das Digitalfunknetz grundsätzlich nicht für eine Inhouse-Versorgung, also eine Funkversorgung in Gebäuden und Objekten ausgelegt. Soll dies der Fall sein, müssen entweder **<Objektfunkversorgungen>** errichtet oder die Zahl der **<Basisstationen>** (vergleichbar mit der bisherigen Relaisstelle) erhöht werden. An Einsatzstellen oder auch zur Objektfunkversorgung ist zudem eine Reichweitenverschiebung mittels eines DMO-Repeaters möglich. Der Einsatz eines solchen DMO-Repeaters ist jedoch genau zu planen, da dieser nicht – wie im Analogfunk – zu einer Reichweitenvergrößerung, sondern nur zu einer Reichweitenverschiebung führt. Dies kann dazu führen, dass die bisher bestehende Kommunikation zwischen zwei Teilnehmern nicht mehr möglich ist, dafür aber mit anderen Teilnehmern.

Beim **<Digitalfunk>** werden zwei Betriebsarten unterschieden: Es gibt einen **<Netzbetrieb>** (**<TMO>**, Trunked Mode Operation) und einen **<Direktbetrieb>** (**<DMO>**, Direct Mode Operation) zwischen zwei Digitalfunk-Teilnehmern. Beschrieben sind die Sprachdienste »Gruppenkommunikation« (Gruppenruf, also der »öffentliche« Funk in der jeweiligen Digitalfunk-Gruppe/ sprachgebundene Kommunikation, an der alle

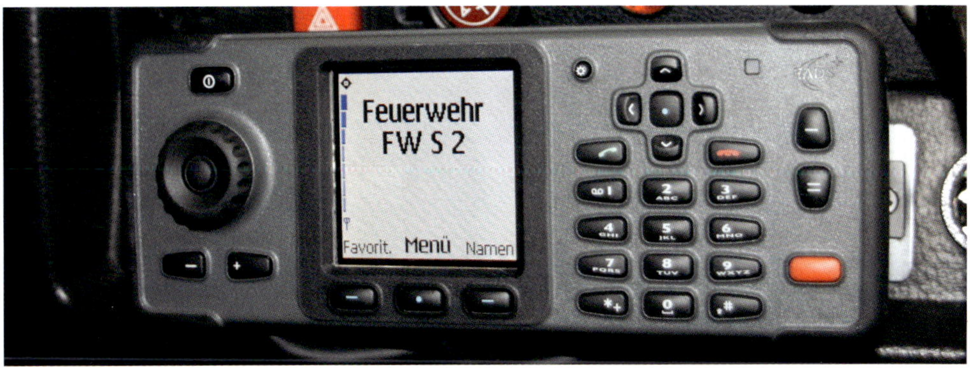

Bild 17.1 MRT – Mobile Radio Terminal als Festeinbaugerät

Bild 17.2 Gerade MRT können auch nur mit einem abgesetzten Bedienhandapparat ausgestattet sein – vergleichbar einem FMS-Funkhörer im Analogfunk. Grundsätzliche Bedienfunktionen:
- Grüne Hörertaste (1)
- Farbdisplay (2)
- Kontext-/Modustasten (3)
- Navigationstaste (4)
- Rote Hörertaste (5)
- Alphanumerische Tastatur (6)

Teilnehmer einer Rufgruppe durch Sprechen oder Mithören beteiligt sind), die »Einzelkommunikation« (Einzelruf, Funk nur zwi-

Merke:

Beim Digitalfunk steht das Funknetz systembedingt erst rund eine Sekunde nach Drücken der Sprechtaste zur Verfügung (Merksatz: Denken – Warten – Sprechen).

schen zwei Teilnehmern, ohne dass weitere Teilnehmer mithören können; Anwendung vor allem im DMO) und »Notruf« (Vorrang-Direkt-Freisprechverbindung zur festgelegten Empfangsstelle) sowie die Datendienste »Alarmierung«, »Statusmeldung« (SDS) und »Kurznachrichten« (zum Beispiel Alarmadresse). Der Gruppenruf geht dem Einzelruf vor; bei Kapazitätsengpässen hat die Gruppenkommunikation gegenüber der Einzelkommunikation eine verdrängende Wirkung. Anstelle der bekannten Funkkanäle gibt es beim Digitalfunk so genannte Gruppen, wobei die Gruppen entsprechend der bisherigen Funkkanäle gebildet werden (z. B. »Betriebsgruppe Feuerwehr Landkreis Musterkreis« für den Normalbetrieb der Feuerwehren im bisherigen Funkverkehrskreis oder »Lokalgruppe Feuerwehr Musterstadt« als Sondergruppe für größere Schadenlagen wie flächenhafte Ereignisse). Die Gesprächsabwicklung erfolgt im Gruppenruf gleich dem Analogfunk, wenn man beachtet, dass das Funknetz systembedingt erst rund eine Sekunde nach Drücken der Sprechtaste zur Verfügung steht.

Man unterscheidet drei Arten von Digitalfunkgeräten: das MRT (Mobile Radio Terminal) als Einbaugerät in Fahrzeugen, das FRT

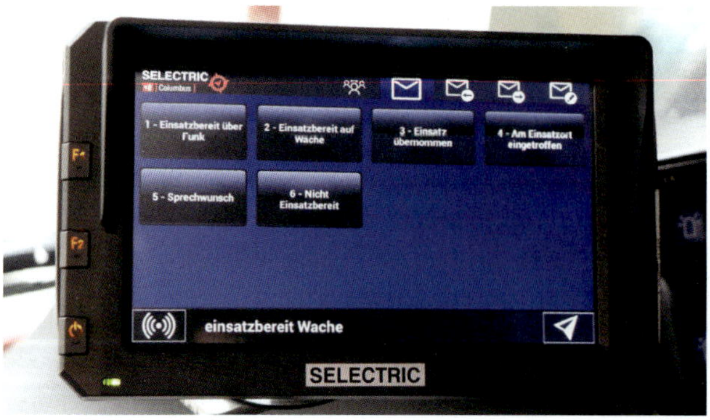

Bild 17.3 Für Digitalfunkgeräte bieten die Hersteller auch abgesetzte Touch-Bildschirme an, die nicht nur Einsatzaufträge als SDS darstellen, sondern auch SDS-Status-Meldungen übermitteln und als Navigationsgerät mit einer automatischen Navigation an die Einsatzstelle verwendet werden können.

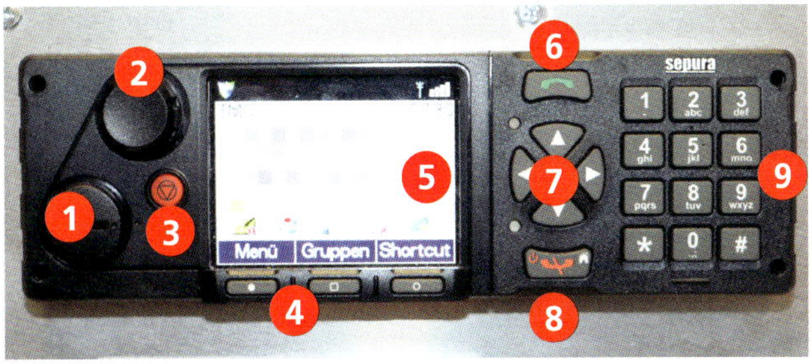

Bild 17.4 Grundsätzliche Bedienfunktionen eines MRT/FRT-Bedienteils:
- Programmierung (1)
- Drehknopf Satelliten-Navigation (2)
- Notruf-Taste (3)
- Kontext-/Modustasten (4)
- Farbdisplay (5)
- Auswählen-/Sendetaste (6)
- Navigationstasten (7)
- Abbruch-/Home-Taste (8)
- Alphanumerische Tastatur (9)

Bild 17.5 HRT – Hand Radio Terminal mit abgesetzter Mikrofon-/Lautsprechereinheit

(Fixed Radio Terminal) als Festeinbaugerät in Feuerwehrhäusern und Feuerwachen sowie und das HRT (Hand Radio Terminal) als tragbares Mobilgerät, das auch für den Einsatzstellenfunk genutzt werden kann.

17.2 Analogfunk

In manchen Bundesländern funken die Feuerwehren in Deutschland noch analog im so genannten Zwei-Meter- und im Vier-Meter-Wellenbereich. Während der Zwei-Meter-Wellenbereich dem Einsatzstellenfunk und teilweise der digitalen Alarmierung vorbehalten ist, ist der Vier-Meter-Wellenbereich der Fahrzeug- und Leitstellen-Funkkanal für den Betrieb.

Die Funkkanäle, also die Frequenzen, auf denen gefunkt wird, sind in beiden Wellenbereichen fest der Feuerwehr zugeteilt, sodass eine eigenmächtige Änderung des Kanals untersagt ist. Die Funkkanäle (zweistellig im Zwei-Meter-Wellenbereich und dreistellig im Vier-Meter-Wellenbereich) sind zudem noch in Ober- und Unterband geteilt. Meist funkt die zur Erhöhung der Reichweite genutzte Relaisstelle im Oberband und die Teilnehmer (z. B. Fahrzeuge) im Unterband. Für die Verwendung mit einer Relaisstelle wird die Verkehrsart Gegenverkehr, für Direktverbindungen zwischen zwei Fahrzeugen die Verkehrsart Wechselverkehr verwendet.

Verkehrsarten sind Verfahren des Nachrichtenaustausches, die jedoch von den technischen Möglichkeiten der Funkgeräte abhängig sind. Für die Feuerwehrpraxis haben nur die Verkehrsarten Wechselverkehr und Gegenverkehr eine Bedeutung.

Beim Wechselverkehr kann abwechselnd gesendet oder empfangen werden. Bei dieser Verkehrsart senden alle Teilnehmer auf derselben Frequenz. Sendet ein Teilnehmer, müssen die anderen Teilnehmer zuhören. Diese Verkehrsart findet sich vor allem im Zwei-Meter-Wellenbereich.

Beim Gegenverkehr sendet und empfängt das Funkgerät auf zwei unterschiedlichen Frequenzen, nämlich auf Oberband und Unterband. Die Funkgeräte verfügen über eine

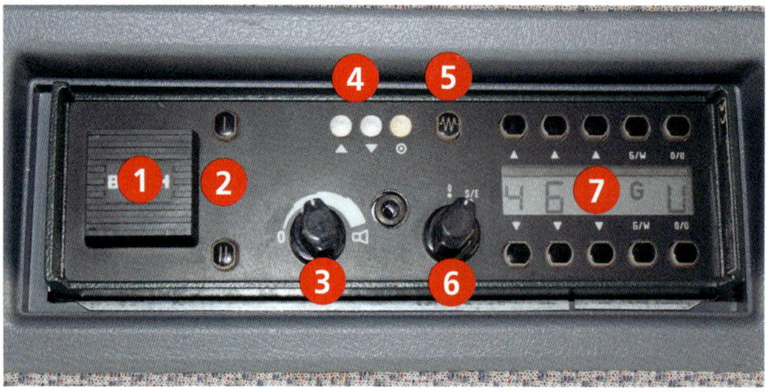

Bild 17.6 Bedienteil Vier-Meter-Band-Funkgerät:
- Lautsprecher (1)
- Taste Tonruf I und Tonruf II (2)
- Lautstärkeschalter (3)
- Sende-, Trägerempfangs- und Einschaltanzeige (4)
- Rauschsperre (5)
- Gerät Ein/Aus (6)
- Kanalwahltaste (7)

Duplexweiche, welche die Antenne gleichzeitig mit dem Sende- und dem Empfangsteil verbindet. Bei der Feuerwehr wird meistens die »inoffizielle« Verkehrsart »bedingtes Gegensprechen« im Vier-Meter-Wellenbereich verwendet. Hierbei empfangen und senden die Funkgeräte auf zwei unterschiedlichen Frequenzen (Ober- und Unterband). Allerdings ist es technisch nicht möglich, während des Sendens auch zu empfangen.

Sendet ein Teilnehmer auf dem Unterband und empfängt auf dem Oberband so spricht man von »Gegensprechen Unterband« (GU), sendet er jedoch auf dem Oberband dann nennt man dies »Gegensprechen Oberband« (GO).

Die Verkehrsformen bestimmen die Zusammenarbeit der Fernmeldebetriebsstellen, also der Teilnehmer am Funkverkehr. Es wird unterschieden:

- Im **<Linienverkehr>** sind nur zwei Fernmeldebetriebsstellen am Funk beteiligt.
- Im **<Sternverkehr>** tauschen mehrere Fernmeldebetriebsstellen mit einer gemeinsamen Gegenstelle mit Leitfunktion (so genannter Sternkopf) Nachrichten aus.
- Im **<Kreisverkehr>** können viele Fernmeldebetriebsstellen gleichberechtigt am Funkverkehr teilnehmen und Nachrichten austauschen.
- Im **<Querverkehr>** findet ein Nachrichtenaustausch zwischen Fernmeldebetriebsstellen verschiedener Funkverkehrskreise statt.

Bild 17.7 Beispiele für Zwei-Meter-Band-Handsprechfunkgeräte

17.3 Der Sprechfunkbetrieb

Der Funkverkehr für die Behörden und Organisationen mit Sicherheitsaufgaben wird durch die Feuerwehr-Dienstvorschrift 810 »Sprech- und Datenfunkverkehr« sowie die Feuerwehr-Dienstvorschrift 800 »Informations- und Kommunikationstechnik im Einsatz« geregelt. Die Vorgaben gelten sowohl für den digitalen wie auch den analogen Sprechfunkverkehr.

Für alle Teilnehmer am Sprechfunkverkehr gilt eine Verschwiegenheitspflicht nach dem Strafgesetzbuch sowie das Fernmeldegeheimnis nach dem Telekommunikationsgesetz, d. h. sie dürfen die Inhalte nicht außerdienstlich weitergeben.

Im analogen Sprechfunkdienst der Behörden und Organisationen mit Sicherheitsaufgaben gibt es in der Regel für jede Organisationsform (Feuerwehr, Rettungsdienst, Katastrophenschutz, Polizei) in jedem Landkreis/

Tabelle 17.1 Beispiele für Kennwörter für Funkrufnamen

Organisation	Kennwort für den Vier-Meter-Wellenbereich/Digitalfunk	Kennwort für den Zwei-Meter-Wellenbereich
Feuerwehr	Florian	Florentine
Katastrophenschutz	Kater oder Leopold	Katherina oder Leopoldine
THW	Heros	Heros
Deutsches Rotes Kreuz	Rotkreuz	Äskulap
Johanniter-Unfall-Hilfe	Akkon	Jonas
Malteser Hilfsdienst	Johannes	Malta
DLRG	Pelikan	Adler

kreisfreien Stadt einen Funkverkehrskreis, der auf einer bestimmten zugeteilten Frequenz (= Funkkanal) den Fernmeldebetrieb durchführt. Im Digitalfunk gibt es entsprechende Digitalfunkgruppen. D. h. alle Feuerwehren eines Landkreises funken »auf einem Kanal/Gruppe«. Jede Fernmeldebetriebsstelle, also jeder Teilnehmer am Sprechfunk (sprich: jedes Funkgerät) hat einen <**Funkrufnamen**>, der sich aus dem Kennwort, dem Ortsnamen und Kennzahlen zusammensetzt. Die Kennwörter zeigt ▶ Tabelle 17.1. Obwohl das Grundgerüst der Funkrufnamen gleich ist, ergeben sich in der Praxis Unterschiede. So werden in manchen Bundesländern nicht die Ortsnamen, sondern der Landkreisname oder noch andere Bezeichnungen anstelle des Ortsnamens verwendet. Auch sind die Kennzahlen je nach Land unterschiedlich geregelt. Im Digitalfunk wird in einigen Ländern auch die Kurzform der operativ-taktischen Adresse (OPTA) verwendet (zum Beispiel »Florian Musterstadt 1-LF20-2«).

Merke:

Der Funkbetrieb ist diszipliniert und so kurz wie möglich abzuwickeln. Auf Höflichkeitsfloskeln ist zu verzichten.

WICHTIGE FUNKBETRIEBSWORTE

- Ich berichtige ...
- Ich wiederhole ...
- Wiederholen Sie! / Wiederholen Sie ab ...
- Buchstabieren Sie!
- Ich buchstabiere ...
- Frage: ... (hier die Frage stellen)
- Verstanden!
- Warten!
- Ich rufe wieder (wenn die Antwort mehr Zeit benötigt)
- Übung: ... (Wird am Anfang einer Übungsmeldung gesprochen)
- Mayday (Notfallmeldung für Einsatzkräfte in Not)
- Ende!

Der Funkbetrieb wird durch einen Anruf eröffnet, der aus dem Funkrufnamen der Gegenstelle, dem Wort »von«, dem eigenen Funkrufnamen, ggf. der Ankündigung der Nachricht und der Aufforderung »kommen« besteht. Beispiele sind in ▶ Tabelle 17.2 zu finden.

Der Anruf ist sofort durch eine Anrufantwort zu betätigen, die auf dem Wort »Hier«, dem eigenen Funkrufnamen und der Aufforderung »kommen« besteht.

Anrufe an mehrere oder an alle Sprechfunkteilnehmer eines Funkverkehrskreises erfolgen mit dem eigenen Funkrufnamen und dem Sammelruf

- an alle,
- an alle außer ...,
- an alle im Bereich ...

oder mit einem festgelegten Sammelrufnamen, dem Wort »von« und dem eigenen Funkrufnamen.

Die angerufenen Fernmeldebetriebsstellen werden dann einzeln zur Anrufantwort aufgefordert. Meldet sich ein Funkteilnehmer nicht, ist dieser anschließend erneut anzurufen.

Tabelle 17.2 Beispiele für den Funkverkehr

Typ	Beispiele
Anruf	Florian Filderstadt 2/44-1 von Florian Filderstadt 1/10-2 kommen! Florian Filderstadt 2/44-1 von Florian Filderstadt 1/10-2 – Durchsage – kommen!
Anrufantwort	Hier Florian Filderstadt 2/44-1 kommen!
Sammelanruf	Florian Filderstadt 1/10-2 an alle! Florian Filderstadt 1/10-2 an alle außer Florian Filderstadt 2/44-1 – Durchsage!
Warten	Hier Florian Filderstadt 2/44-1 – warten! Hier Florian Filderstadt 2/44-1 – ich rufe zurück – Ende!
Frage	Frage Standort?

E

Kann die angerufene Fernmeldebetriebsstelle die Nachricht nicht sofort aufnehmen, ist in der Anrufantwort die Aufforderung »kommen« durch »warten« zu ersetzen. Kann die Nachricht nicht aufgenommen werden, kann der Anruf auch mit »ich rufe zurück« beantwortet werden.

Ein Funkgespräch wird mit dem Wort »Ende« abgeschlossen.

Muss bei einer Nachricht buchstabiert werden, ist dies mit »ich buchstabiere« einzuleiten. Fehler sind sofort mit der Ankündigung »ich berichtige« zu korrigieren. Die aufnehmende Fernmeldebetriebsstelle hält bei Unklarheiten Rückfrage mit den Wörtern »wiederholen Sie«. Jede Frage ist mit dem Wort »Frage« einzuleiten.

Achtung:

Gerade im Zwei-Meter-Wellen-Bereich haben sich bei den Funkrufnamen Nachlässigkeiten eingebürgert, indem beispielsweise oft statt der taktischen Funktion oder dem zugeteilten Funkrufnamen des Funkgerätes der Name des Bedieners als Funkrufname genutzt wird (»Florentine Meyer«). Dies ist untersagt und bringt in der Praxis mehr Verwirrung als Nutzen. Grundsätzlich ist der zugeteilte Funkrufname oder aber eine taktische Funktion als Funkrufname zu nutzen (z. B. Florentine Fahrzeugführer Filderstadt 2/44-1).

Nachrichten im Sprechfunkverkehr werden entsprechend der Wichtigkeit eingeteilt in drei Vorrangstufen:

- Einfache Nachrichten,
- Sofort-Nachrichten und
- Blitz-Nachrichten.

Einfache Nachrichten werden ohne Sonderbehandlung in der Reihenfolge des Eingangs abgearbeitet. Sofort-Nachrichten sind dringende, mit dem Vermerk »Sofort« versehene Nachrichten, bei denen eine besondere Eilbedürftigkeit vorliegt und jede Verzögerung nachteilige Folgen bzw. negative Einsatzauswirkungen hätte. Sie werden vor den einfachen Nachrichten, jedoch in der Reihenfolge des Eingangs der Sofort-Nachrichten abgearbeitet. Blitz-Nachrichten sind sehr wichtige Nachrichten (Vermerk: »Blitz«). Sie dürfen nur wenn aufgrund einer unmittelbaren Gefahr für Leib und Leben einer Person unverzügliche Hilfe angefordert werden muss, zur Bekämpfung von Kapitalverbrechen, aufgrund einer unmittelbar bevorstehenden Katastrophe oder wenn ein dringendes Interesse der öffentlichen Sicherheit und Ordnung besteht, verwendet werden. Notrufe, zum Beispiel im BOS-Digitalfunk, entsprechen Blitz-Nachrichten.

Blitz-Nachrichten sind vor einfachen und Sofort-Nachrichten in der Reihenfolge des Eingangs zu bearbeiten. Die früheren Staatsnotnachrichten (Vermerk: »Staatsnot«) gibt es in der Feuerwehr-Dienstvorschrift nicht mehr, da diese im täglichen Feuerwehrdienst keine Relevanz hatten.

Tabelle 17.3 Bedeutung der FMS-Statusmeldungen bei der Feuerwehr (Beispiel)

Status bzw. Buchstabe der Leitstelle	Bedeutung
0	Notruf
1	Einsatzbereit über Funk
2	Einsatzbereit in der Wache
3	Ausgerückt – Einsatzauftrag übernommen
4	Eingetroffen – Ankunft am Einsatzort
5	Sprechwunsch
6	Nicht einsatzbereit/außer Dienst
7	Einsatzgebunden
8	Bedingt verfügbar
9	Quittung/Fremdanmeldung
J	Sprechaufforderung durch Leitstelle (nach Status 5 – nur bei Analogfunk)

Bild 17.8 FMS-Hörer

Um im Sprechfunkbetrieb Routinenachrichten wie »Ausgerückt«, »Am Einsatzort eingetroffen«, etc. zu standardisieren und den Funkverkehr zu entlasten, wurde der Status beim Funkmeldesystem (FMS) eingeführt. Durch ein tonfrequentes System wird die Nachricht auf dem Funkbetriebskanal durch Tastendruck übermittelt. Im Digitalfunk erfolgt das Absetzen des Status durch den Short Data Service (SDS) durch längeres Drücken der entsprechenden Ziffern-Taste. Fahrzeuge können mit den Ziffern 0 bis 9 Nachrichten an die Leitstelle senden; diese kann wiederum mit einzelnen Buchstaben gezielt Nachrichten an ein einzelnes Fahrzeug durchgeben (z. B. Sprechaufforderung). Die Tastenbelegung unterscheidet sich je nach Land eventuell geringfügig; ein Beispiel ist in ▶ Tabelle 17.3 zu finden.

Von Seiten der Leitstelle an die Funkbetriebsstelle/Teilnehmer sind folgende Meldungen vorgesehen, die im Display des Endgerätes sinnvoll gekürzt angezeigt werden sollen:
- Aufmerksamkeitsruf an alle,
- Melden für Einsatz,
- Für sonstige Dienstgeschäfte abgestellt,
- Positiv,
- Eigensicherung,
- Über Telefon melden,
- Dienststelle anfahren,
- Standort durchgeben,
- Sprechaufforderung,
- Aus Einsatz entlassen,
- Negativ,
- Sonder- bzw. Wegerechte möglich,
- Alarmglocke bzw. Sirene,
- Status/Funkgerät überprüfen.

Literatur

[1] Feuerwehr-Dienstvorschrift (FwDV/DV) 810 »Sprech- und Datenfunkverkehr«, Stand 2018.

[2] Feuerwehr-Dienstvorschrift (FwDV/VD) 800 »Informations- und Kommunikationstechnik im Einsatz«, Stand 2017.

18 Einsatzdurchführung

von Sebastian Fischer

An dieser Stelle sollen einige übergeordnete Informationen zur Durchführung eines Feuerwehreinsatzes vermittelt werden. Diese Ausführungen sind unabhängig von der jeweiligen Ursache des Einsatzes. Die speziellen Einsatzmaßnahmen bei den unterschiedlichsten Schadenlagen werden in den jeweiligen Fachkapiteln beschrieben. An dieser Stelle werden das Führungssystem, das Einsatzberichtswesen, die einsatzbezogene Öffentlichkeitsarbeit und die Einsatznachsorge erläutert.

18.1 Führungssystem

Die Ursachen, die einen Feuerwehreinsatz notwendig machen, können unterschiedlicher nicht sein. Dabei sind es nicht nur Brände der unterschiedlichsten Ausdehnung, die das Eingreifen der Feuerwehr erfordern. Darüber hinaus müssen die Feuerwehren auf hochkomplexe ABC-Einsätze ebenso vorbereitet sein wie auf personal- und zeitintensive Flächenlagen, beispielsweise nach einem Sturm oder nach einer Überschwemmung. Im nächsten Moment kann die Feuerwehr aber auch zu einem schweren Verkehrsunfall mit mehreren eingeklemmten Personen gerufen werden. Ein Schadenereignis kann dabei im Umfang konstant bleiben (z. B. Verkehrsunfall) oder kann auch nach Eintreffen der Feuerwehr im Umfang und im Gefährdungsgrad weiter zunehmen (z. B. steigendes Hochwasser). Ein Verkehrsunfall ist meist eine lokale statische Lage, ein steigendes Hochwasser dagegen eine flächige dynamische Lage. Diese in Art und Umfang unterschiedlichsten Anforderungen an das Gesamtsystem »Feuerwehr« erfordern neben dem sicheren Beherrschen der jeweils notwendigen technischen Fertigkeiten auch ein leistungsfähiges und flexibles Führungssystem.

Quelle: Bildstelle Branddirektion Stuttgart

Bild 18.1 Die Bekämpfung eines Großbrandes erfordert neben zahlreichen Einsatzkräften und Einsatzmitteln auch ein leistungsfähiges Führungssystem.

Der Einsatzerfolg hängt wesentlich von der Einsatzleitung ab. Während die einzelnen Einsatzkräfte für die handwerkliche Umsetzung der notwendigen Arbeiten verantwortlich sind, ist es Aufgabe der Einsatzleitung, die richtigen Maßnahmen zur richtigen Zeit am richtigen Ort einzuleiten und zu koordinieren. In vielen Einsatzsituationen bedient sich die Einsatzleitung zum Erreichen des Einsatzziels der <**Auftragstaktik**>. Bei der Auftragstaktik beschränkt sich der Einsatzbefehl auf eine klare Definition des Einsatzziels, die Wahl der möglichen Wege zum Ziel bleibt den Einsatzkräften überlassen. Bei der Auftragsdurchführung besteht eine große Handlungsfreiheit und somit für die Einsatzkräfte die Möglichkeit, auf neue Erkenntnisse oder Ereignisse innerhalb des vorgegebenen Rahmens selbstständig und schnell zu reagieren.

Achtung:

Die Auftragstaktik ist eine Führungskonzeption, die bei den geführten nachgeordneten Einsatzkräften ein hohes Maß an Fachwissen, Selbstständigkeit und Verantwortung voraussetzt.

Achtung:

Bei akuten Gefahrensituationen ist das Führen mit Befehlen ohne großen Handlungsspielraum unverzichtbar.

Die Anwendung der Auftragstaktik erfordert aber auch, dass die nachgeordneten Einsatzkräfte ihrer Informationspflicht gegenüber der Einsatzleitung in ausreichendem Maße nachkommen. In der Einsatzpraxis wird sich das Maß der Handlungsfreiheit der nachgeordneten Einsatzkräfte an der konkreten Einsatzsituation orientieren müssen. Während bei einem Einsatz einer Löschgruppe der Gruppenführer deutlich konkreter befehlen kann und muss, wird der Führer eines Verbands seinen nachgeordneten Abschnittsleitern eher Ziele und Rahmenbedingungen vorgeben müssen. Sind nur der Führungskraft die zur Einsatzdurchführung notwendigen Hintergrundinformationen und Ortskenntnisse bekannt, dann muss die Führungskraft diese im Rahmen des Befehls oder einer Lageeinweisung an die nachgeordneten Einheiten weitergeben. Auch bei der Auftragstaktik bleibt die Gesamtverantwortung des Einsatzleiters unberührt. Daher kann und muss er sich das explizite Befehlen von Einzelheiten zur Auftragsdurchführung jederzeit vorbehalten. Beispielweise kann ein Betretungsverbot bestimmter Bereiche aufgrund einer Einsturzgefahr zu einer klaren und alternativlosen Festlegung eines Angriffsweges führen. Die nachgeordneten Einheiten dürfen dann keine anderen Angriffswege wählen, weil ihnen die damit verbundenen Gefahren (noch) nicht bekannt sein könnten.

In Abhängigkeit vom Einsatzumfang und damit in Abhängigkeit von der Komplexität der Führungsaufgaben definiert die FwDV 100 vier **<Führungsstufen>** (A bis D). Jeder Füh-

E

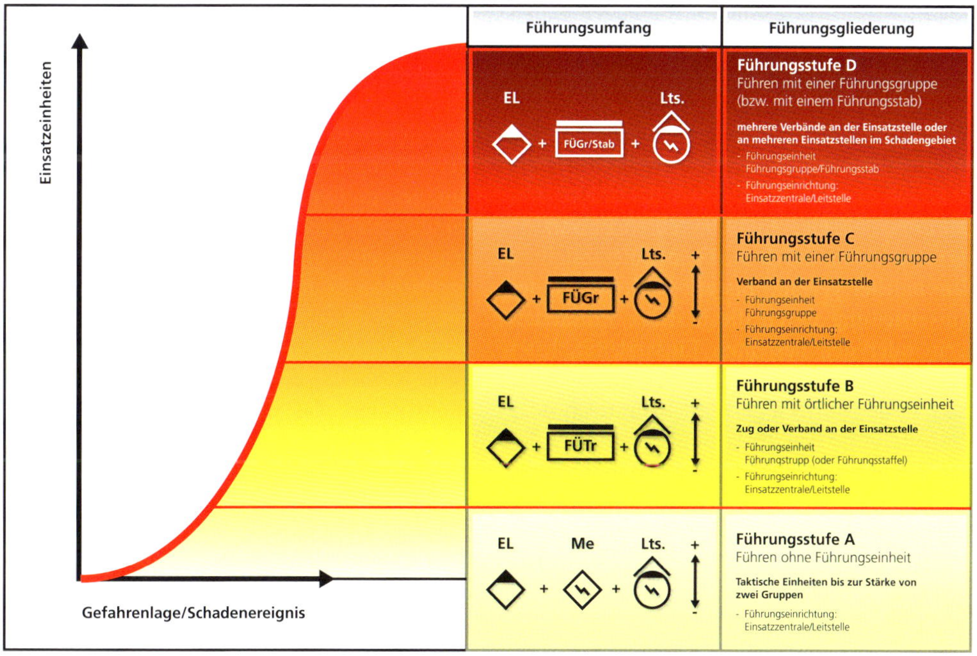

Bild 18.2 Führungsstufen A bis D nach FwDV 100

rungsstufe ordnet die FwDV 100 die notwendige Führungseinheit zu. Mit steigender Komplexität eines Einsatzes, meist gekennzeichnet durch eine steigende Anzahl der eingesetzten Einheiten, steigt auch die Notwendigkeit einer leistungsfähigen Führungseinheit zur Unterstützung des Einsatzleiters (▶ Bild 18.2) zeigt die Führungsstufen A bis D und enthält die zugeordneten Führungseinheiten.

Entsprechend der FwDV 100 besteht die Einsatzleitung aus einem Einsatzleiter, den Führungsassistenten und dem Führungshilfspersonal. Zur Unterstützung bedient er sich einer rückwärtigen Führungseinrichtung (z. B. Integrierte Leitstelle, Einsatzzentrale). Sofern notwendig, können ihn vor Ort Führungsassistenten und Führungshilfspersonal unterstützen. In Abhängigkeit von der personellen Ausstattung wird zwischen einem Führungstrupp, einer Führungsstaffel, einer Führungsgruppe und einem Führungsstab unterschieden.

In den unterschiedlichen Feuerwehrgesetzen der Bundesländer sind durchaus unterschiedliche Regelungen zu finden, wer Einsatzleiter ist. Daher müssen alle als Einsatzleiter eingesetzten Feuerwehrangehörigen die im ihrem Bereich gültigen rechtlichen Grundlagen genau kennen. Beispielsweise ist in Paragraf 33 des Gesetzes über den Brandschutz, die Hilfeleistung und den Katastrophenschutz (BHKG) für Nordrhein-Westfalen festgelegt: »Die zur Erfüllung der Aufgaben nach diesem Gesetz erforderlichen Abwehrmaßnahmen werden von der durch die Gemeinde bestellten Einsatzleiterin oder dem durch die Gemeinde bestellten Einsatzleiter geleitet. Bis zur Übernahme der Einsatzleitung durch die bestellte Einsatzleiterin oder den bestellten Einsatzleiter, leitet die oder der zuerst am Einsatzort eintreffende oder bisher dort tätige Einheitsführerin oder Einheitsführer den Einsatz« In Paragraf 27 des Feuerwehrgesetzes für Baden-Württemberg wird beispielsweise festgelegt: »Technischer Einsatzleiter ist der Feuerwehrkommandant des Einsatzortes.« Besondere Regelungen enthalten die Feuerwehrgesetze der Länder auch für gemeindeübergreifende oder kreisübergreifende Einsätze sowie für Einsätze in Betrieben mit Werkfeuerwehren.

Achtung:

Die jeweiligen Feuerwehrgesetze bestimmen, wer Einsatzleiter ist!

Während bei einem Pkw-Brand die Einsatzleitung im Allgemeinen durch den Gruppenführer des eingesetzten Löschfahrzeuges allein wahrgenommen werden kann, benötigt der Einsatzleiter bei einem komplexen ABC-Einsatz oder bei einem Großbrand in einem Klinikum die Unterstützung einer speziell ausgebildeten Führungseinheit (z. B. Führungsgruppe). Eine personal- und zeitintensive Flächenlage nach einem Sturm oder einem Hochwasser kann als operativ-taktische Führungskomponente einen Führungsstab erfordern. Bei Großschadenlagen oder Katastrophen im Sinne der jeweiligen Landesgesetze wird eine administrativ-organisatorische Komponente eingerichtet, in der alle zur Bewältigung der vorliegenden Schadenlage benötigten beziehungsweise zuständigen Ämter und Behörden mitarbeiten. Die administrativ-organisatorische Komponente wird je nach Bundesland als Verwaltungsstab, Leitungsstab oder Stab für außergewöhnliche Ereignisse bezeichnet. Die Verantwortung trägt der politisch Gesamtverantwortliche (z. B. Oberbürgermeister, Landrat). Er muss zur Gefahrenabwehr sowohl Einsatzmaßnahmen als auch Verwaltungsmaßnahmen veranlassen, koordinieren und verantworten. Sind für die Einsatzdurchführung spezielle Fachkenntnisse erforderlich, kann der Einsatzleiter geeignete Fachberater (z. B. Chemiker, Physiker, Ingenieure) in die Führungseinheit berufen.

Die FwDV 100 regelt Grundsätzliches zum Führen im Einsatz und beschreibt ein Führungssystem, das die Führungsorganisation, den Führungsvorgang und die Führungsmittel festlegt. Das beschriebene Führungssystem ist durchgängig für alle Schadenlagen jeglicher Größenordnungen anwendbar und stellt – beginnend beim alltäglichen Einsatz einer Löschgruppe bis hin zum Großeinsatz bei einer Flächenlage – die Arbeitsgrundlage des Einsatzleiters dar. Das Führungssystem besteht aus:

- Führungsorganisation (hierarchischer Aufbau),
- Führungsvorgang (Ablauf der Entscheidungsfindung),
- Führungsmittel (technische Ausstattung der Einsatzleitung).

18.1.1 Führungsorganisation

Die Führungsorganisation legt die Aufgabenbereiche der Führungskräfte fest und gibt die Art und die Anzahl der Führungsebenen vor. Führungsebenen im Einsatz ergeben sich aus der taktischen Gliederung der Kräfte sowie aus der taktischen Gliederung des Einsatzraumes. Die taktische Gliederung der Kräfte in Trupp, Staffel, Gruppe, Zug und Verband ist vorgeplant und stellt die Gliederung der Einsatzkräfte im Moment des Anrückens dar. An der Einsatzstelle kann es nun notwendig werden, eine funktionale und/oder räumliche Gliederung der Einsatzkräfte in Einsatzabschnitte vorzunehmen. Bei der Notwendigkeit weiterer Einsatzabschnitte müssen eventuell auch zusätzliche Führungsebenen eingerichtet werden.

Beispielsweise kann der Einsatzleiter bei einem Großbrand die Einsatzabschnitte Brandbekämpfung, Messen, Wasserversorgung, Bereitstellung und Rettungsdienst einrichten und direkt führen. Er hat damit eine funktionale Gliederung in fünf Einsatzabschnitte vorgenommen. Jeder Einsatzabschnitt wird von einem Einsatzabschnittsleiter gemäß den grundsätzlichen Befehlen des Einsatzleiters geführt (Auftragstaktik). Die Einsatzabschnittsleiter

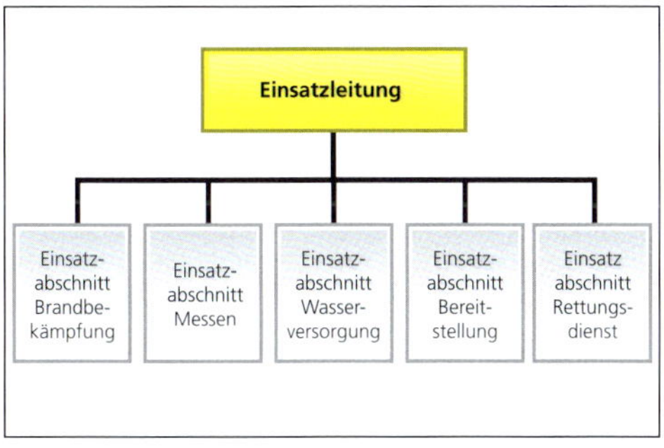

Bild 18.3 Beispiel für eine funktionale Gliederung in Einsatzabschnitte

> **Merke:**
>
> In einer Führungsebene sind erfahrungsgemäß nicht mehr als zwei bis fünf Einheiten durch den Einsatzleiter beziehungsweise durch den Einsatzabschnittsleiter zu führen. Daher sollten einer Führungskraft auch nie mehr als fünf Einheiten unterstellt werden (so genannte »Zweier-bis-Fünfer-Regel«).

unterstehen dem Einsatzleiter und sind nur den in ihrem Abschnitt eingesetzten Kräften weisungsbefugt. Lagemeldungen und Nachforderungen leiten die Einsatzabschnittsleiter an den Einsatzleiter weiter. Ausschließlich der Einsatzleiter beziehungsweise seine Führungsassistenten im Einsatzleitwagen wiederum kommunizieren mit der Leitstelle.

Aufgrund der großen Ausdehnung eines Brandes kann es notwendig werden, den Einsatzabschnitt Brandbekämpfung, aber auch in allen anderen Einsatzabschnitten, in weitere

> **Merke:**
>
> Bei der Gliederung der Einsatzstelle in funktionale und/oder räumliche Einsatzabschnitte gilt:
> - Aufgaben, Befugnisse und Kompetenzen müssen aufeinander abgestimmt sein,
> - Aufgabenbereiche müssen überschaubar und klar abgegrenzt sein,
> - Unterstellungsverhältnisse und Weisungsrechte müssen klar festgelegt sein,
> - Die Zusammenarbeit mit anderen, nicht unterstellten Kräften und Stellen muss geregelt und gewährleistet sein,
> - Die Einsatzabschnittsleiter müssen in Abhängigkeit von den zu führenden nachgeordneten Einheiten ausreichend qualifiziert sein (z.B. Gruppenführer, Zugführer),
> - Auch bei Anwendung eines kooperativen Führungsstils in Verbindung mit der Auftragstaktik bleibt die Gesamtverantwortung des Einsatzleiters unberührt.

Einsatzunterabschnitte zu gliedern. Hier bietet sich beispielsweise eine räumliche Gliederung in Brandbekämpfung Ostseite, Brandbekämpfung Westseite sowie Innenangriff an. Diese Einsatzunterabschnitte werden jeweils von Einsatzunterabschnittsleitern gemäß den Befehlen des Einsatzabschnittsleiters Brandbekämpfung geführt. Für den Einsatzleiter wäre es unmöglich, alle genannten Aufgabenbereiche zu überblicken und für Fragen unverzüglich zur Verfügung zu stehen. Daher gliedert er die Einsatzstelle in Einsatzabschnitte, sodass in jeder Führungsebene die jeweilige Führungskraft maximal fünf direkt nachgeordnete Einheiten zu führen hat. Die Führungsorganisation einer Einsatzstelle muss sich in einer Fernmeldeorganisation widerspiegeln, in der die Anbindung der Einsatzabschnitte an die Einsatzleitung und die Kommunikation innerhalb der jeweiligen Einsatzabschnitte geregelt wird.

Funktionskennzeichnung

Im Einsatz ist eine Kennzeichnung der Funktionsträger (Einsatzleiter, Abschnittsleiter) sinnvoll. Besonders bei größeren Einsätzen, bei denen Einheiten aus verschiedenen Feuerwehren und Hilfsorganisationen eingesetzt werden, kann die persönliche Bekanntschaft der handelnden Personen nicht mehr vorausgesetzt werden. Daher ist eine Kennzeichnung der Funktionsträger erforderlich.

Die Kennzeichnung der Funktionsträger ist in den einzelnen Bundesländern unterschiedlich geregelt und immer wieder Gegenstand von Diskussionen. Die Funktionskennzeichnung muss im Einsatz einfach gewechselt werden können. Beispielsweise muss sich der Übergang der Einsatzleitung vom Zugführer auf den nachgerückten Direktionsdienst auch in der Funktionskennzeichnung widerspiegeln. Bewährt haben sich daher ärmellose Kennzeichnungswesten oder abnehmbare Schulterkoller an der Persönlichen Schutzausrüstung. Einen Überblick über die Farben der Funktionskennzeichnung in den Ländern bietet ▶ Tabelle 18.1.

Die Qualifikationskennzeichnung durch rote Balken oder rote umlaufende Ringe am Feuerwehrhelm kennzeichnet dagegen die Qualifikation einer Einsatzkraft (z. B. Gruppenführer, Zugführer) und kann dem Einsatzleiter einen Überblick über die grundsätzlich an einer Einsatzstelle verfügbaren fachlichen Qualifikationen geben. Sie kennzeichnet in der Regel nicht die Funktion im Einsatz!

Merke:

Die Funktionskennzeichnung kennzeichnet die aktuell im konkreten Einsatz wahrgenommene Funktion (z. B. Einsatzleiter) und ist von der persönlichen Qualifikationskennzeichnung einer Einsatzkraft am Feuerwehrhelm oder in Form von Dienstgradabzeichen zu unterscheiden.

Quelle: J. Thorns

Bild 18.4 Funktionskennzeichnung in Form von Kennzeichnungswesten

Bild 18.5 Funktionskennzeichnung in Form eines Schulterkollers

Tabelle 18.1 Übersicht über die Funktionskennzeichnung

Bundesland	Kennzeichnungsart	Einsatzleiter	Einsatzabschnittsleiter	Zugführer	Gruppenführer/ Fahrzeugführer	Fachberater	Pressesprecher
Baden-Württemberg	Kennzeichnungsweste oder Koller	gelb	weiß	grün	blau	rot	rot
Bayern	Koller, Kennzeichnungsweste und Helmkennzeichnung	20 mm breites rotes Helmband und/oder Koller in Rot mit weißer Schrift oder gelbe Weste	10 mm breites rotes Helmband und/oder Koller in Rot mit weißer Schrift oder weiße Weste	10 mm breites schwarzes Helmband und/oder Koller in Rot mit weißer Schrift oder rote Weste	10 mm breites schwarzes Helmband und/oder Koller in Rot mit weißer Schrift oder blaue Weste	grüne Weste oder Koller mit Aufschrift »Fachberater«; Atemschutzüberwachung: weiß/schwarz-karierte Weste/Koller	siehe Fachberater
Berlin	Kennzeichnungsweste	gelb	weiß	weiß oder rot (lageabhängig)	rot	grün	grün
Brandenburg	Kennzeichnungsweste	gelb	weiß	keine Regelung	keine Regelung	grün	grün
Bremen	Koller	gelb	weiß	rot	keine Regelung	keine Regelung	keine Regelung
Hamburg	Koller	gelb	silber	orange	rot-weiß	grün	grün
Hessen	Kennzeichnungsweste oder Koller	gelb	weiß	rot	orange	blau	grün
Mecklenburg-Vorpommern	Kennzeichnungsweste	gelb	weiß/silbergrau	keine Regelung	keine Regelung	keine Regelung	grün
Niedersachsen	Kennzeichnungsweste	gelb	silber	rot	rot	blau	grün
Nordrhein-Westfalen	Kennzeichnungsweste	gelb	weiß	keine Regelung	keine Regelung	keine Regelung	grün
Rheinland-Pfalz	Kennzeichnungsweste	gelb	weiß	rot	keine Regelung	grün	keine Regelung
Saarland	Kennzeichnungsweste	gelb	weiß	rot	blau	keine Regelung	grün
Sachsen	Kennzeichnungsweste	gelb	weiß (mit Aufschrift)	weiß (ohne Aufschrift)	rot	grün	keine Angabe
Sachsen-Anhalt	Kennzeichnungsweste	gelb	silbergrau	keine Regelung	keine Regelung	keine Regelung	keine Regelung
Schleswig-Holstein	Kennzeichnungsweste	gelb	weiß	rot	blau	grün	grün
Thüringen	Kennzeichnungsweste	gelb	weiß	rot	blau	violett (Seelsorge)	grün
DFV-Empfehlung 2004	Kennzeichnungsweste oder Koller	gelb	weiß	rot	keine Regelung	grün	grün

Quelle: Innenministerien der Länder, A. Weich

E

18.1.2 Führungsvorgang

Der Einsatzleiter muss zur Gefahrenabwehr die richtigen Mittel, zur richtigen Zeit, am richtigen Ort einsetzen. Die Entscheidung über die Richtigkeit einer Maßnahme ist dabei nicht immer einfach. Insbesondere in der Anfangsphase eines Einsatzes muss der Einsatzleiter oft auf der Basis meist lückenhafter Informationen zeitnah Entscheidungen treffen. Um den Einsatzauftrag nicht nur nach Gefühl und aufgrund der möglicherweise vorhandenen Erfahrung zu erfüllen, bedient sich der Einsatzleiter dem so genannten Führungsvorgang. Der Führungsvorgang ist ein zielgerichteter, immer wiederkehrender und in sich geschlossener Denk- und Handlungsablauf zur kontinuierlichen Entscheidungsfindung. Selbstverständlich ist die Anwendung dieses Führungsvorgangs nicht nur auf den Einsatzleiter beschränkt, sondern er dient auch den Einsatzabschnittsleitern und den Einsatzunterabschnittsleitern als »Handwerkszeug« für deren Entscheidungsfindungen im übertragenen Aufgabenbereich. Der Führungsvorgang gliedert sich in die Lagefeststellung (Erkundung/

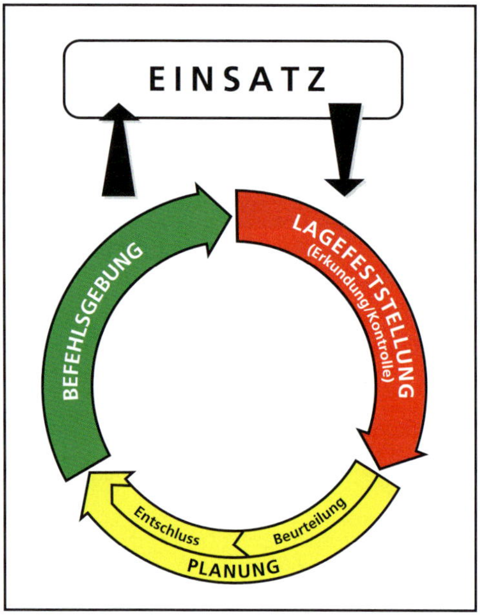

Bild 18.6 Der Führungsvorgang nach FwDV 100

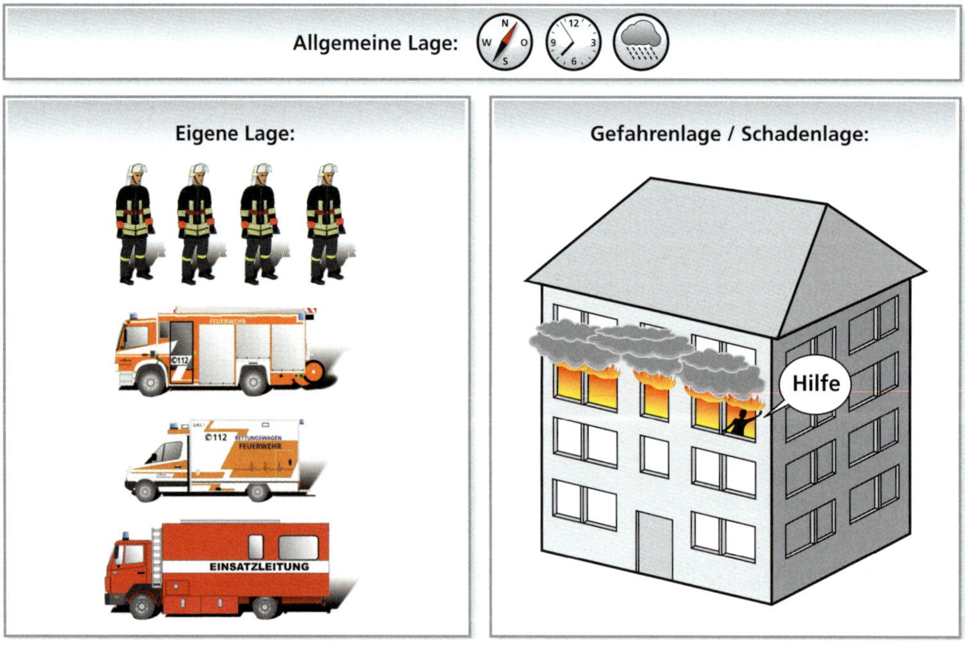

Bild 18.7 Die Lage besteht aus der allgemeinen Lage, der eigenen Lage und der Gefahrenlage.

Kontrolle), die Planung (Beurteilung der Lage und Entschluss) und die Befehlsgebung. Da der Führungsvorgang einen in sich geschlossenen Ablauf darstellt, lässt er sich vereinfacht in einem Kreisschema darstellen (▶ Bild 18.6). Planübungen eignen sich übrigens besonders gut zum Entscheidungstraining im Rahmen des Führungsvorgangs.

Lagefeststellung

Die Lagefeststellung besteht aus der Erkundung und der Kontrolle. Die erstmalige Lagefeststellung an einer Einsatzstelle wird Erkundung genannt. Im weiteren Verlauf eines Einsatzes ergeben sich neue Lagefeststellungen aus der Kontrolle der bereits eingeleiteten Maßnahmen sowie aus den Lagemeldungen der nachgeordneten Kräfte. Die Lage besteht aus der allgemeinen Lage, der eigenen Lage und der Gefahrenlage (▶ Bild 18.7).

Die Lagefeststellung umfasst die so genannte allgemeine Lage, worunter Informationen über Ort, Zeit und Wetter zusammengefasst werden. Die Kenntnis über die Adresse des Einsatzortes beinhaltet bereits einige nicht unerhebliche Informationen. Der ortskundige Einsatzleiter hat bereits ein Bild von der vorherrschenden Bebauung (z.B. offene/geschlossene Bauweise, Altstadtkern, Geschosszahl) und den Straßenverhältnissen (breite Straßen, enge Straßen, Aufstellflächen) vor Augen. Allein durch die Kenntnis der Einsatzzeit können beispielsweise bei einem Wohnungsbrand Rückschlüsse auf die Anwesenheit von Personen getroffen werden. Der Einsatzleiter muss beispielsweise davon ausgehen, dass bei einem offensichtlich bewohnten Einfamilienhaus nachts um drei Uhr schlafende Personen anzutreffen sein werden. Auch das Wetter (z.B. eisige Temperaturen) kann Einfluss auf die Einsatzdurchführung haben. Bei einem Brandeinsatz besteht die Gefahr, dass bei Minusgraden Löschwasser gefriert und die Einsatzstelle in eine »Eisbahn« verwandelt. Der Einsatzleiter muss also handeln und z. B. Streugut ausbringen lassen.

Außer der allgemeinen Lage spielt für die weitere Einsatzplanung die so genannte eigene Lage eine wichtige Rolle. Unter der eigenen Lage versteht man die im Moment zur Gefahrenabwehr vorhandenen Ressourcen (Einsatzkräfte, Einsatzmittel, Führungsorganisation). Insbesondere bei Freiwilligen Feuerwehren mag die Uhrzeit (siehe allgemeine Lage) des Einsatzes durchaus Einfluss auf die Verfügbarkeit von Einsatzkräften haben. Bei der Verfügbarkeit von Einsatzmitteln muss der Einsatzleiter zwischen den bereits eingetroffenen, den auf der Anfahrt befindlichen und den potenziell nachzufordernden Einsatzmitteln unterscheiden. Für besondere Schadenslagen (z.B. ABC-Einsätze) sind beispielsweise besondere Fahrzeuge, Geräte und Löschmittel erforderlich. Die zur Verfügung stehende Führungsorganisation ist ein wichtiger Faktor bei der Bewertung und der Planung der Einsatzmaßnahmen.

Neben der allgemeinen Lage und der eigenen Lage ist die Erkundung der Gefahrenlage besonders wichtig. In diesem Zusammenhang sind neben der offensichtlichen Schadenart (z.B. Brand) und dem Schadenausmaß insbesondere Informationen über Art, Größe, Konstruktion, Nutzung und Umgebung des Schadenobjektes von Bedeutung. Offensichtlich kann ein Zimmerbrand in einem Einfamilienhaus mit weniger Einsatzkräften und Einsatzmitteln bekämpft werden als ein Brand in der Intensivstation im zehnten Obergeschoss einer Klinik. Angaben über Art, Größe, Konstruktion, Nutzung und Umgebung des Schadenobjektes finden sich auch in einem Feuerwehrplan nach DIN 14095 (▶ Kapitel 16.4.1 und 67). Der Einsatzleiter muss im Rahmen der Erkundung versuchen, den Schadenumfang und die daraus resultierenden Gefahren für Menschen, Tiere, Umwelt und Sachwerte möglichst vollständig zu erfassen. Insbesondere bei der ersten Erkundung durch einen Gruppen- oder Zugführer ist das Vier-Phasen-Modell hilfreich. Dieses Modell eignet sich insbesondere für begrenzte Schadenobjekte wie beispielsweise ein kleineres Mehrfamilienhaus oder einzelne verunglückte Kraftfahrzeuge.

Frontalansicht des Schadenobjektes

Durch die erste frontale Betrachtung des Gebäudes oder des Fahrzeugs können oft gefährdete Personen erkannt werden. Bei Brän-

E

Bild 18.8 Diese Frontalansicht des brennenden Gebäudes liefert dem ersteintreffenden Gruppenführer bereits einige wichtige Informationen.

Quelle: Bildstelle Branddirektion Stuttgart

E

den kann durch den Austritt von Rauch oder Flammen das Brandgeschoss identifiziert und die Gefahr der Brandausbreitung auf andere Geschosse beziehungsweise auf benachbarte Gebäude eingeschätzt werden (▶ Bild 18.8). Bei Verkehrsunfällen können durch die frontale Ansicht Erkenntnisse über die Zahl der verletzten Personen sowie die Stabilität und Nutzung (z. B. Lkw, Bus) des Fahrzeuges gewonnen werden. Beim ABC-Einsatz können durch die erste frontale Ansicht oft bereits orangene Warntafeln erkannt und der Umfang eines Produkt-austritts eingeschätzt werden.

Befragung anwesender Personen

Bei vielen Einsätzen stehen dem Einsatzleiter bereits in der Anfangsphase Ansprechpartner zur Verfügung. Dabei kann es sich beispielsweise um Bewohner des betroffenen Gebäudes, um Angestellte der betroffenen Firma, um den Fahrer des verunglückten Fahrzeuges oder um Augenzeugen handeln. Die Person, die den Einsatz gemeldet hat, kann vor Ort oft noch weitere Hinweise geben. Durch ein kurzes zielgerichtetes Gespräch mit den genannten Personen können oft Informationen zum Aufenthaltsort und zur Gefährdung von Personen gewonnen werden. Angestellte der betroffenen Firma haben oft Kenntnis von besonderen Gefahren (z. B. Druckgasflaschen, Gefahrstoffe), wissen aber auch um besondere technische Einrichtungen zur Gefahrenabwehr (z. B. Löschwasserrückhaltung). Oft haben die anwesenden Personen Schlüssel um schnell und zerstörungsfrei in das Objekt eindringen zu können. Am Ende der Befragung sollten die Personen aufgefordert werden, sich für weitere Fragen an einem zentralen Punkt der Einsatzstelle bereitzuhalten (z. B. am Standort des Einsatzleitwagens).

WICHTIGE FRAGEN BEI DER ERKUNDUNG

- Was ist passiert?
- Sind Personen/Tiere im Gefahrenbereich/verrauchten Bereich?
- Wie groß ist die Anzahl der Personen? Wie ist deren Zustand (Kranke, Alte, Kinder)?
- Welche Zugänge zum Objekt und zu den gefährdeten Personen sind vorhanden?
- Wie wird das Objekt genutzt (Wohnen, Industrie, Büro, Heim, Schule etc.)?
- Gibt es besondere Gefahren aufgrund der Energieversorgung, ABC-Gefahrstoffe, Betriebsmittel, ...?
- Sind ortskundige und/oder fachkundige Personen (Hausmeister, Chemiker) verfügbar?

Blick in den Eingangsbereich/Treppenraum/Fahrzeuginnere

Ein Blick in den Eingangsbereiches und in den daran anschließenden Treppenraum ergibt insbesondere bei Mehrfamilienhäusern wichtige Informationen. Von besonderer Bedeutung für die Beurteilung von Gefahren ist die Begehbarkeit des Treppenraumes. Ist der

Treppenraum von einem Brandereignis (noch) nicht betroffen, so steht der so genannte erste Rettungsweg sowohl für die Bewohner als Fluchtweg als auch für die Einsatzkräfte als Angriffsweg uneingeschränkt zur Verfügung. Als »Nebeneffekt« kann in dieser Phase die Zugänglichkeit in das Objekt kontrolliert werden. Bei Verkehrsunfällen entspricht diese Phase der Erkundung einem Blick ins Fahrzeuginnere. Dabei können oft Erkenntnisse über die Anzahl der Verletzten und deren Zustand gewonnen werden.

Gesamtansicht (Herumgehen um das Schadenobjekt)

Die Gesamtansicht komplettiert die Eindrücke aus den vorangestellten Phasen der Erkundung. Bei kleineren Objekten und geschickt gewählter Anfahrt kann der Einsatzleiter beim Anrücken oft bereits drei Seiten eines Schadenobjektes einsehen. Die fehlende vierte Seite muss dann im Rahmen der Gesamtansicht erkundet werden. Bei großen Objekten (z.B. Lagerhalle, Klinikum) ist eine Gesamtansicht in der ersten Phase nicht möglich beziehungsweise die persönliche Erkundung muss durch Erkundungsaufträge oder durch Erkenntnisse aus einem Feuerwehrplan ersetzt werden.

Der Einsatzleiter muss nicht alle der dargestellten Phasen selbst übernehmen. Insbesondere bei großräumigen Einsatzstellen können einzelne Phasen auch anderen Einsatzkräften übertragen werden. Bei einer Gruppe (1/8) steht dem Gruppenführer dazu ein Melder zur Verfügung. Ein Zugführer kann einzelne Phasen der Erkundung auch den Fahrzeugführern (Gruppenführer, Staffelführer) seines Löschzuges übertragen.

Praxis-Tipp:

Der Einsatzleiter kann bei der Erkundung auch einen Melder oder nachgeordnete Fahrzeugführer mit einem klar definierten Erkundungsauftrag einsetzen!

In der Einsatzpraxis stellt sich für Führungskräfte die Frage, wie viel Zeit für die Lagefeststellung aufgewendet werden kann. Diese Frage kann nicht allgemeingültig beantwortet werden. Da der Führungsvorgang ein immer wiederkehrender und in sich geschlossener Denk- und Handlungsablauf darstellt, wird der Führungsvorgang während eines Einsatzes mehrmals durchlaufen. Nach der Planungsphase und dem Befehl folgen also immer eine Fortsetzung der Erkundung und eine Kontrolle der Auswirkungen der bereits eingeleiteten Maßnahmen. Der Übergang von der Lagefeststellung/Erkundung in die Planungsphase erfolgt immer dann, wenn zur augenblicklichen Einsatzbewältigung ausreichend Informationen gesammelt wurden oder wenn sich im Rahmen der Kontrolle eine erhebliche Lageänderung ergeben hat. Als Orientierung für eine umfassende Erkundung können die vollzogenen vier Phasen der Erkundung dienen. Bei einem Brand in einem Obergeschoss in einem Mehrfamilienhaus mit zahlreichen panischen, durch Flammen und Rauch bedrohten Personen an den Fenstern kann dem Einsatzleiter in einem konkreten Einzelfall aber auch die erste Phase (Frontalansicht) ausreichend sein. Aber auch bei dieser hochdynamischen Lage läuft der Einsatzleiter damit Gefahr, über wesentliche Informationen zur Situation im Gebäude und auf der Rückseite nicht zu verfügen. Die in den folgenden Abschnitten erläuterte Planungsphase kann nur auf Grundlagen der Erkenntnisse der Lagefeststellung durchgeführt werden. Fehlende Erkenntnisse können also nicht in die Beurteilung einfließen. Das Ziel, die richtigen Kräfte, zur richtigen Zeit am richtigen Ort einzusetzen, kann also unter Umständen nicht ideal erreicht werden. Je höher die Führungsebene, desto umfassender muss daher das zur Verfügung stehende Lagebild sein. Während bei dem geschilderten Beispiel der Gruppenführer des ersten Fahrzeuges eventuell bereits nach der Frontalansicht in die Planungsphase übergehen kann, muss spätestens der Zugführer alle weiteren Phasen der Erkundung durchlaufen. Dabei könnte er feststellen, dass auf der Gebäuderückseite weitere Personen gefährdet sind. Mit dieser zusätzlichen Information wird er eine neue Bewertung der Lage vornehmen und eventuell

Einsatzkräfte auf die Rückseite des Gebäudes entsenden.

Die Lage ist also niemals ein statischer und objektiv abschließend bewertbarer Begriff. Die Lage bedeutet vielmehr, alle subjektiv erfassten Erkenntnisse zu einem bestimmten Zeitpunkt aus den Kategorien allgemeine Lage, eigene Lage und Gefahrenlage. Die Lage kann sich mit fortschreitender Lagefeststellung im Verlauf eines Einsatzes verändern. Auch können andere, z. B. nachrückende, Führungskräfte subjektiv andere Eindrücke gewinnen.

IM EINSATZ

Möglichkeiten der Lagedarstellung

Für die Planung des Einsatzes muss die Lage übersichtlich und gut strukturiert dargestellt werden. Nur dies ermöglicht eine korrekte Bewertung, eine fundierte Planung und in der Folge einen klaren Entschluss. Die übersichtliche Lagedarstellung dient weiterhin zur Einweisung nachgeordneter oder übergeordneter Führungskräfte, aber auch Plausibilitätsprüfungen bei Rückmeldungen oder bei Notfällen. Für kleinere Einsätze (Führungsstufe A), beispielweise mit einem Löschfahrzeug, mag ein erfahrener Gruppenführer durchaus in der Lage sein, alle bei diesem Einsatz wichtigen Informationen »im Kopf« zu behalten. Ein Mindestmaß an Dokumentation ist bei solchen Einsätzen durch die regelmäßigen Rückmeldungen an die Leitstelle und durch den zu fertigenden Einsatzbericht gegeben.

Größere Einsätze mit einem oder gar mehreren Löschzügen erfordern eine umfangreichere Lagedarstellung. Auf Ebene der Gruppen- und v. a. Zugführer (Führungsstufe B) haben sich Klemmbretter als geeignete Hilfsmittel etabliert. Auf einem Blatt kann bereits mit wenig Aufwand eine kleine Lageskizze erstellt werden. Darüber hinaus können auf dem Klemmbrett auch häufiger benötigte Checklisten mitgeführt werden. Bei derartigen Einsätzen sollte bereits eine Dokumentation der durchgeführten Maßnahmen und der Funkgespräche durch den Führungsassistenten erfolgen. Vorteil der Lagedarstellung auf einem Klemmbrett ist die Mobilität. Sollte sich der Einsatz weiter entwickeln, kann der Zugführer seine Informationen unkompliziert zur Lagebesprechung mit dem übergeordneten Einsatzleiter mitnehmen.

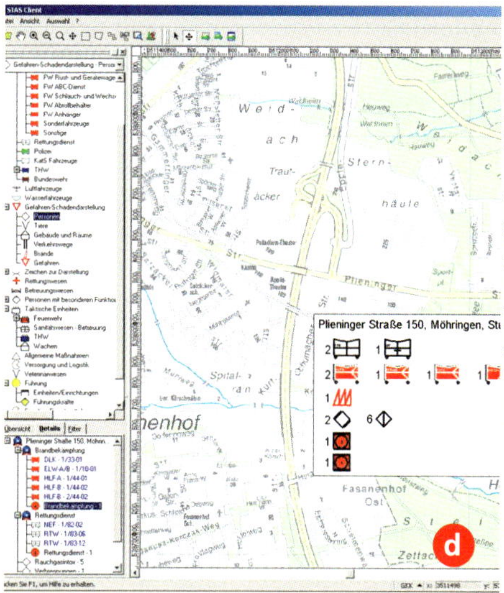

Quelle: J. Thorns (2), Bildstelle Branddirektion Stuttgart (2)

Die nächste Stufe der Lagedarstellung (Führungsstufe C) stellt eine stationäre Darstellung in Einsatzleitwagen dar. Bei Einsatzleitwagen des Typs ELW 1 müssen meist Flip-Charts und Magnettafeln außerhalb des Fahrzeugs aufgebaut werden, während bei Einsatzleitwagen des Typs ELW 2 meist ausreichend Platz in einem Besprechungsraum vorgesehen ist. In dieser Stufe können vorbereitete Magnettafeln mit taktischen Zeichen (Gefahren, Einheiten) verwendet werden. Sofern vorhanden und aufgrund des Maßstabes geeignet, kann die Handskizze der räumlichen Gegebenheiten auch durch vorhandene Feuerwehrpläne oder Stadtpläne ersetzt werden.

Zunehmend sind bei den Feuerwehren auch elektronische Systeme zur Lagedarstellung vorhanden (beispielsweise in der Führungsstufe D). Vorteilhaft ist, dass vorhandene Stadtkarten oder Luftbilder in der benötigten Detaillierung als Hintergrund benutzt werden können. Vernetzte Systeme (z. B. e-LAN) bieten die Möglichkeit, die Informationen an einer oder mehreren Einsatzstellen in die Lagekarte einzutragen. In der Leitstelle oder im Führungsstab können diese Informationen dann aufbereitet und dargestellt werden. Eine Vernetzung mit dem Einsatzleitrechner ermöglicht die automatisierte Bereitstellung von Informationen z. B. zu alarmierten Einheiten.

Einsatzplanung

Nach Abschluss der ersten Erkundung folgt die Einsatzplanung. Die Planungsphase gliedert sich in die Beurteilung der Lage und den Entschluss. In der Planungsphase müssen die zahlreichen Eindrücke der Lagefeststellung strukturiert und bewertet werden.

> **Achtung:**
>
> In der Planungsphase werden alle Entscheidungen getroffen, auf deren Grundlage der spätere Befehl formuliert wird.

Als Bewertungsparameter für den Entschluss kommen insbesondere rechtliche Vorgaben (z. B. Feuerwehrgesetz, Feuerwehr-Dienstvorschriften, Verwaltungsvorschriften), persönliches Fachwissen (z. B. Feuerwehrtaktik, -technik, chemische und physikalische Grundlagen) und persönliche Erfahrungen in Frage. Aber auch gesellschaftlich anerkannte ethische Werte und Normen können zur Bewertung herangezogen werden. Um die zahlreichen Eindrücke der Lagefeststellung strukturiert beurteilen zu können, bietet sich die Gliederung der »Gefahren der Einsatzstelle« an (▶ Kapitel 19). In der Einsatzpraxis lassen sich fast alle Eindrücke in das Schema der Gefahrenmatrix einordnen. Für die meisten Einsätze mit einer Gruppe oder einem Zug ist das Schema ausreichend und einfach zu handhaben. Gefahren durch Absturz können gedanklich in der Kategorie Einsturz geführt werden. Gefahren durch biologische Stoffe können im Sinne dieser Matrix zunächst in der Kategorie chemische Stoffe geführt werden.

Aus Gründen des Arbeitsschutzes muss eine Gefährdungsbeurteilung für die Tätigkeiten im Feuerwehreinsatz durchgeführt werden. Diese Gefährdungsbeurteilung kann angestellt werden, indem Gefahren für die eigenen Einsatzkräfte konkret in die Überlegungen des Führungsvorgangs aufgenommen werden. Die Phase der Lagefeststellung muss also eine bewusste Risikoerkennung/-überwachung beinhalten. In der Planungsphase muss eine Risikobeurteilung durchgeführt werden. Die Befehlsgebung schließlich soll Vorgaben zur Risikominimierung (z. B. Schutzmaßnahmen) machen. Diese Vorgehensweise wird auch als Dynamische Risikobeurteilung bezeichnet und findet in Anlehnung an das angelsächsische »Dynamic Risc Assessment« zunehmend Eingang in die Ausbildung in Deutschland. Dadurch wird der Einsatzleiter gezwungen, in jedem Einsatz konkret über die notwendigen Schutzmaßnahmen zu entscheiden. Beispielsweise ist der Schutz vor Atemgiften bei einem Wohnungsbrand eine Standardmaßnahme, die durch das Anlegen eines Pressluftatmers erreicht werden kann. Anders verhält es sich beispielsweise bei einer Gefährdung durch atomare Strahlung. Dieser Gefährdung kann der Einsatzleiter beispielsweise durch eine deutlich begrenzte Aufenthaltsdauer begegnen.

Für die Einsatzplanung ist es wichtig, dass die Definition einer Gefahr eindeutig einen Gefahrenherd (Ausgangspunkt), eine Gefahrenwirkung und ein gefährdetes Gut (Menschen, Tiere, Umwelt, Sachwerte) mit einschließt. Nur so ist bei größeren Einsatzstellen eine fundierte Prioritätensetzung möglich. Es genügt beispielsweise bei einem Wohnungsbrand nicht, eine Gefahr durch Atemgifte festzustellen. Durch Atemgifte sind oft mehrere Personengruppen an unterschiedlichen Stellen in unterschiedlicher Ausprägung innerhalb, aber auch außerhalb von Gebäuden gefährdet.

Ein Beispiel: In einer Wohnung im ersten Obergeschoss eines Mehrfamilienhauses brennt ein Zimmer. Es werden noch Personen in der Wohnung vermisst. Die Wohnungstür steht offen und Rauch breitet sich in den Treppenraum aus. Bei diesem Zimmerbrand besteht die Gefahr durch Atemgiften für die Personen in der brennenden Wohnung. Weiterhin besteht die Gefahr durch Atemgifte für weitere Personen, die das Gebäude gerade durch den verrauchten Treppenraum verlassen wollen.

An diesem Beispiel wird deutlich, dass zwar für beide Personengruppen Gefahren durch Atemgifte bestehen. Die Intensität der Gefahrenwirkung und die potenziellen Möglichkeiten der Feuerwehr zur Abwendung der Gefahr unterscheiden sich allerdings stark. In der Brandwohnung sind beispielsweise Personen für eine längere Zeit einer sehr hohen Rauchgaskonzentration ausgesetzt. Andererseits sind weitere Personen im Treppenraum für eine deutlich kürzere Zeit einer geringeren Rauchgaskonzentration ausgesetzt. Während die Personen aus der betroffenen Wohnung schnellstmöglich gefunden, ins Freie gebracht und rettungsdienstlich versorgt werden müssen, sind für die Personen im Treppenraum andere Maßnahmen denkbar. Zum Beispiel könnten diese in ihre sicheren Wohnungen zurückgeschickt werden oder der Rauchaustritt aus der Brandwohnung kann mittels Überdruckbelüftung und Mobilem Rauchverschluss gestoppt werden. Oder die Personen können vor Betreten des Treppenraums mit Brandfluchthauben ausgerüstet werden. Diese sicherlich unvollständige Aufzählung macht deutlich, dass für eine fundierte Abwägung der potenziellen Maßnahmen eine möglichst präzise Definition der Gefahr und des gefähr-

Achtung:

Im taktischen Sinn ist eine Gefahr erkannt, wenn feststeht, wovon die Gefahr ausgeht, welche Wirkung geschehen kann und wer oder was geschädigt werden kann.

deten Guts (Menschen, Tiere, Umwelt, Sachwerte) vorliegen muss.

Nachdem die Gefahren identifiziert wurden, hat der Einsatzleiter zu klären, welche Gefahrenwirkung als erstes unterbunden werden muss. Da an den meisten Einsatzstellen mehrere Gefahren im Sinne der obigen Definition vorliegen, muss eine Prioritätenabfolge festgelegt werden. In Abhängigkeit von den an der Einsatzstelle zur Verfügung stehenden Kräften wird es in vielen Fällen möglich sein, mehrere Gefahren zeitlich parallel zu bekämpfen. Trotzdem muss der Einsatzleiter eine klare Vorstellung zur Prioritätensetzung haben, denn bei umfangreichen Schadenlagen wird zumindest am Anfang ein Mangel an Einsatzkräften vorliegen. Priorisiert werden die Gefahren nach der Größe des Wertes des bedrohten Objekts (Personen, Tiere, Umwelt, Sachwerte). Dabei ist der Wert nicht ausschließlich finanziell zu sehen. Die Größe einer Gefahr kann auch gemessen werden an der Größe des zu erwartenden Schadens im Falle des Nichteingreifens. Bei dieser Betrachtungsweise kann der einsatztaktische Begriff der »Gefahr« dem technischen Begriff des »Risikos« durchaus gleichgestellt werden. Nach DIN VDE 31000 wird das Risiko durch eine Wahrscheinlichkeitsaussage beschrieben, die die zu erwartenden Häufigkeit eines Schadeneintritts und das dabei zu erwartende Schadenausmaß berücksichtigt: Größe einer Gefahr = Schadensausmaß × Eintrittswahrscheinlichkeit. Das bedeutet, dass der Einsatzleiter für die Bewertung einer Gefahr neben dem potenziellen Schadenausmaß auch eine Vorstellung über das Risiko des Schadeneintritts haben muss. Größter denkbarer Schaden ist der Tod eines oder mehrerer Menschen. Danach folgt der Verlust menschlicher Gesundheit. Aus rechtlichen als auch aus ethisch-moralischen Gründen müssen daher Gefahren für Personen als erstes bekämpft werden. Danach folgen in der Werteskala Gefahren für Tiere, Umwelt und Sachwerte.

Nachdem die Reihenfolge der Bekämpfung der Gefahrenwirkungen festgelegt wurde, muss für jede einzelne identifizierte Gefahr geklärt werden, mit welchen Maßnahmen die Gefahr für das konkret bedrohte Objekt bestmöglich abgewendet werden kann. Für die gedankliche Sammlung der verschiedenen Möglichkeiten steht leider kein einheitliches Hilfsmittel zur Verfügung, wie es beispielsweise die Gefahrenmatrix beim Sammeln der Gefahren darstellt. Hilfreich ist jedoch zunächst ein Reduzieren auf vier taktische Grundvorgehensweisen. Diese Grundvorgehensweisen beziehen sich auf den Ausgangspunkt einer Gefahr, auf deren Gefahrenwirkung und auf das bedrohte Gut. Diese Denkweise knüpft damit an die einsatztaktische Definition einer Gefahr an. Auf Brandeinsätze ist diese Denkweise sehr gut anwendbar. Sie ist aber gleichzeitig für viele technische Rettungseinsätze eher aussageschwach, kann aber auch in diesen Fällen als gedankliches Hilfsmittel herangezogen werden.

Am Beispiel einer in voller Ausdehnung brennenden Kraftfahrzeugwerkstatt mit davor geparkten teuren Pkw sollen die **<taktischen Grundvorgehensweisen>** erläutert werden.

Bild 18.9: Auch seltene Schadenereignisse wie diese Explosion in einem Chemiebetrieb können bei konsequenter Anwendung des Führungsvorgangs sicher abgearbeitet werden. Allein auf diesem Bild sind zahlreiche Gefahren der Einsatzstelle zu erkennen.

Betrachtet wird die Gefahr der Brandausbreitung (Wirkung) von der Kraftfahrzeugwerkstatt (Ausgangspunkt) auf die geparkten Pkw (bedrohtes Objekt):

Angreifen
Bei dieser Grundvorgehensweise wird die Gefahrenwirkung an ihrem Ausgangspunkt bekämpft. In dem Beispiel wird also die brennende Kraftfahrzeugwerkstatt schnellstmöglich gelöscht. Die Gefahr wird also an ihrem Ausgangspunkt »ausgeschaltet«. An den Pkw (bedrohtes Objekt) werden keine Maßnahmen eingeleitet.

Verteidigen
Bei dieser Grundvorgehensweise wird das bedrohte Objekt durch geeignete Maßnahmen vor den Auswirkungen der Gefahr geschützt. In dem Beispiel werden die geparkten Pkw durch eine Riegelstellung geschützt. An der Kraftfahrzeugwerkstatt selbst werden keine weiteren Maßnahmen eingeleitet.

In Sicherheit Bringen
Bei dieser Grundvorgehensweise wird das bedrohte Objekt aus dem Wirkungsbereich der Gefahr gebracht. In dem Beispiel werden die gefährdeten Pkw aus dem unmittelbaren Gefahrenbereich verbracht, sodass der Brand nicht mehr auf sie übergreifen kann.

Zurückziehen/Aufgeben
Diese taktische Grundvariante erscheint vielen Einsatzkräften zunächst als undenkbare Alternative. Aber es mag Situationen geben, bei denen nach gründlicher und sachlicher Abwägung keine direkten Aktionen, weder am Ausgangspunkt der Gefahr noch am bedrohten Objekt, möglich sind. Dies kann beispielsweise bei einer hohen Eigengefährdung durch Explosionen etc. der Fall sein. In dem Beispiel würde ein Übergreifen des Brandes auf die Pkw bewusst toleriert werden.

Für jede identifizierte Gefahr muss der Einsatzleiter die beste taktische Grundvorgehensweise festlegen. Selbstverständlich kön-

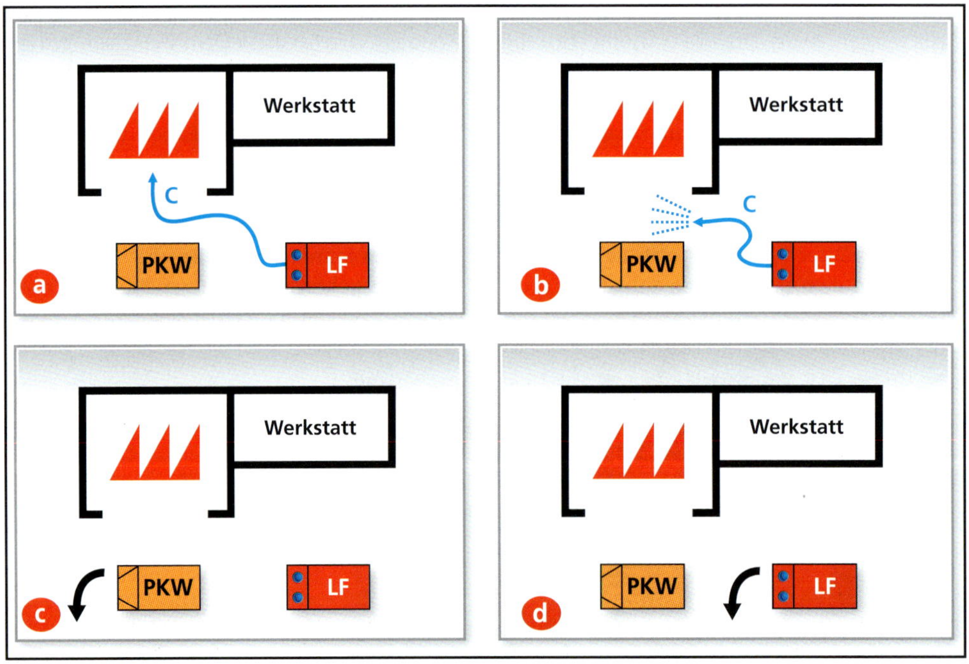

Bild 18.10 Taktische Grundvorgehensweisen: **a** Angreifen **b** Verteidigen. **c** In Sicherheit bringen **d** Zurückziehen/Aufgebenen

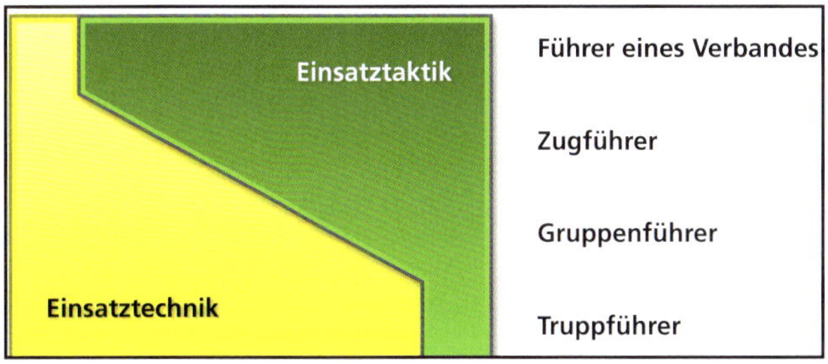

Bild 18.11 Aufgabenschwerpunkte in den jeweiligen Führungsebenen: Je höher die Führungsebene ist, desto mehr dominiert die Einsatztaktik die Arbeit.

nen an einer Einsatzstelle für verschiedene identifizierte Gefahren auch unterschiedliche taktische Vorgehensweisen gewählt werden. Nur in seltenen Fällen kann bei ausreichend verfügbaren Kräften eine Kombination zweier Grundvorgehensweisen eine Möglichkeit zur Bekämpfung einer Gefahr sein. Sind ausreichende Einsatzkräfte insbesondere in der Erstphase nicht vorhanden, so hat sich der Einsatzleiter zur erfolgreichen Bekämpfung einer Gefahr für eine Vorgehensweise zu entscheiden. Nur durch einen klaren und eindeutigen Entschluss wird sichergestellt, dass die jeweilige Gefahrenwirkung optimal bekämpft wird.

Hat sich der Einsatzleiter auf eine taktische Grundvorgehensweise oder eine Kombination zweier Vorgehensweisen festgelegt, so muss er in einem zweiten Schritt die personellen und technischen Möglichkeiten der unterstellten Einheiten prüfen. Dabei müssen auch die auf der Anfahrt befindlichen und die potenziell nachalarmierbaren Kräfte, unter Berücksichtigung der vermuteten Eintreffzeit, betrachtet werden. Es muss geklärt werden, mit welchen Kräften und Mitteln die taktische Grundvorgehensweise am besten umgesetzt werden kann. Wie detailliert diese Betrachtungen ausfallen können und müssen, hängt von der Führungsstufe ab.

Einsatzleiter beziehungsweise Einsatzabschnittsleiter in der Führungsstufe A (z. B. Gruppenführer) müssen sich viel intensiver und detaillierter mit den diversen technischen Alternativen einer Maßnahme auseinandersetzen als der Einsatzleiter in der Führungsstufe B (Zugführer). Ein Gruppenführer muss zwischen verschiedenen tragbaren Leitern oder verschiedenen Hebekissen auswählen. Ein Zugführer wird dagegen anhand der taktischen Möglichkeiten seiner Einheiten (z. B. HLF 20, DLAK 23/12, RW) entscheiden, welche Einheit welches Ziel erreichen soll. In den Führungsstufen C und D gewinnt die strategische Ausrichtung der Maßnahmen eine deutliche höhere Bedeutung. Dabei müssen auch die mittel- und langfristigen Auswirkungen im Zuständigkeitsbereich (z. B. Stadt, Landkreis) ganzheitlich betrachtet werden. Strategische Fragestellungen sind beispielsweise, ob die Räumung eines ganzen Stadtteils oder die Anordnung von Impfungen bei einer Freisetzung biologischer Stoffe durchgeführt werden sollen. Derartige Maßnahmen werden eine erhebliche Zeit in Anspruch nehmen. Die positiven und negativen Auswirkungen solcher umfangreichen Maßnahme werden nicht schnell sichtbar werden. Eine weitere Folge kann eine erhebliche Verunsicherung der Bevölkerung sein, der mit zielgerichteter Öffentlichkeitsarbeit begegnet werden muss.

Als Entscheidungskriterien für die Auswahl der besten Möglichkeit dienen insbesondere:
- Schnelligkeit,
- Erfolgsaussicht,
- Sicherheit für das bedrohte Gut und für die Einsatzkräfte,
- Aufwand,
- Nebenerscheinungen.

Die Aufzählung stellt in ihrer Reihenfolge keine Rangfolge der Kriterien dar. In der jeweiligen Einsatzsituation muss vielmehr individuell beurteilt werden, welches Kriterium für die Entscheidung letztendlich maßgebend ist. Bei Bränden ist meist das Kriterium Schnelligkeit ausschlaggebend, bei technischen Rettungen ist oft die Sicherheit des bedrohten Guts (Patient) im Sinne einer patientenorientierten schonenden Rettung das ausschlaggebende Kriteri-

E

um. Nebenerscheinungen sind beispielsweise die Umweltverträglichkeit der Maßnahmen, die entstehenden Kosten sowie die Möglichkeit, durch eine Maßnahme mehrere Gefahren gleichzeitig zu bekämpfen. Dieses Kriterium wird insbesondere bei knappen Ressourcen besonders wichtig. Beispielweise kann eine Rettung über Leitern im weiteren Einsatzverlauf einen zusätzlichen Angriffsweg darstellen. Die Erfolgsaussicht kann letztendlich oft nur aufgrund von Erfahrungswerten beurteilt werden. Sicherlich spielen die Kriterien Schnelligkeit, Sicherheit, Aufwand und Erfolgsaussicht bei Feuerwehreinsätzen meist eine größere Rolle als die der Umweltverträglichkeit oder der Kosten. Allerdings sind diese Kriterien bei der Abwendung von Gefahren für Sachwerte durchaus legitim (z. B. bei der Wahl der Sonderlöschmittel). Gilt es dagegen Gefahren für menschliches Leben oder Gesundheit abzuwenden, dürfen Kostenaspekte keine Rolle spielen.

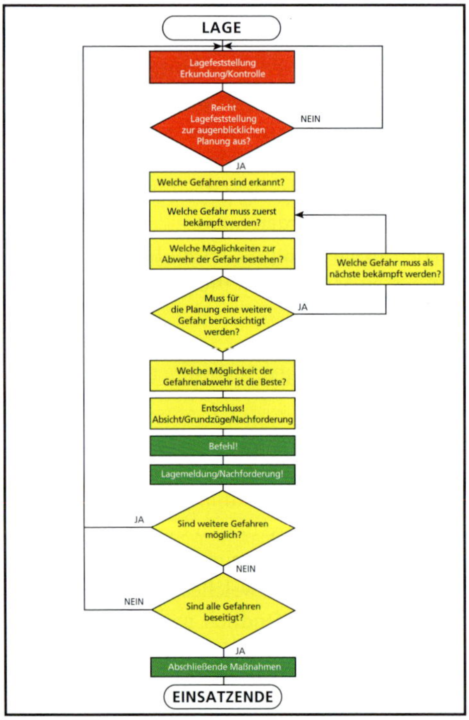

Bild 18.12 Ablaufplan des Führungsvorgangs nach Schröder

> **Achtung:**
>
> Der Entschluss legt die Grundlage für eine erfolgreiche Einsatzdurchführung. Auch in sehr dynamischen Lagen muss sich der Einsatzleiter ausreichend Zeit für die Beurteilung der Lage und für seinen Entschluss nehmen!

Die Denkprozesse innerhalb der Planungsphase werden durch den Ablaufplan (▶ Bild 18.12) schematisch noch detaillierter dargestellt als im Kreisschema des Führungsvorgangs (▶ Bild 18.6).

Entschluss

Nach der Planung folgt der Entschluss. Er stellt die letztendliche Entscheidung dar, nach welchen Grundzügen und Maßnahmen der Einsatz ablaufen soll. Der Entschluss ist das Ergebnis aller Feststellungen in der Erkundungsphase und aller Überlegungen in der Beurteilungsphase. Im Entschluss ist der Einsatzverlauf vorausgedacht. Es muss klar sein, wofür und in welchem zeitlichen Verlauf die Einheiten eingesetzt werden sollen. Die räumliche und/oder funktionale Gliederung der Einsatzstelle muss jetzt entschieden werden. Obwohl der Führungsvorgang einen immer wiederkehrenden Ablauf darstellt und daher Auswirkungen grundsätzlich auch korrigiert werden können, muss dem Einsatzleiter die große Bedeutung seines Entschlusses bewusst sein. Die Änderung der grundsätzlichen Vorgehensweise ist in einem laufenden Einsatz zwar meist möglich und in Fällen von erheblichen Lageänderungen auch notwendig, sie wird aber meist mit zusätzlichen Schwierigkeiten verbunden sein. Die Bedeutung des Entschlusses beschreibt General Carl Philipp Gottfried von Clausewitz (1780 – 1831) in seinem Buch »Vom Kriege«: »Es gibt in der Regel nach einem notwendigen Halt keinen zweiten Anlauf. [...] Menschen mit wenig Verstand können nicht entschlossen sein. Sie können in schwierigen Fällen ohne Zaudern handeln, aber dann tun sie es ohne Überlegung.« Der Entschluss muss den nachgeordneten Führungskräften mit dem Befehl mitgeteilt werden.

Befehl

<Befehl> ist der militärische Begriff für eine Anweisung zu einem bestimmten Verhalten, die ein militärischer Vorgesetzter einem Untergebenen schriftlich, mündlich oder in anderer Weise, allgemein oder für den Einzelfall und mit dem Anspruch auf Gehorsam erteilt – so steht es im Wehrstrafgesetz. Vor der Erteilung eines Befehls hat der befehlende Vorgesetzte zu prüfen, ob sein Befehl rechtmäßig, zweckmäßig und angemessen ist. Auch die FwDV 100 verwendet den Begriff Befehl und unterscheidet in Einzelbefehl, Gesamtbefehl, Vorbefehl und Kommando. Der Einzelbefehl betrifft einzelne Führungskräfte während ein Gesamtbefehl für mehrere Empfänger gilt und gleichzeitig an alle abgesetzt wird (z. B. Befehl eines Gruppenführers an die angetretene Gruppe). Der Gesamtbefehl hat den Vorteil, dass alle nachgeordneten Führungskräfte den gleichen Informationsstand besitzen, die Aufgaben der anderen Einheiten kennen und daher das Zusammenwirken im Sinne des Einsatzziels gefördert wird. Der Vorbefehl enthält die diejenigen Angaben, durch die nachgeordnete Einheiten in die Lage versetzt werden, notwendige Vorbereitungen für einen Einsatz zu treffen (z. B. beim Löscheinsatz mit Bereitstellung). Das Kommando ist ein Befehl in Kurzform, dessen Wortlaut genau festgelegt ist. Durch ein Kommando wird ein vorher trainiertes (Drill!) Verhalten ausgelöst. So kann die sofortige und »automatische« Ausführung des Kommandos »Alles zurück!« lebenswichtig sein.

Der Befehl richtet sich grundsätzlich an die direkt nachgeordneten Führungskräfte. Er muss den Willen des Befehlenden unmissverständlich und eindeutig zum Ausdruck bringen. Der Befehl muss daher alle notwendigen Informationen und Anweisungen enthalten, um die notwendigen Maßnahmen im Sinne des Einsatzleiters umsetzen zu können. Im Einsatzdienst der Feuerwehr erteilen die Führungskräfte die Befehle meist mündlich und nur in seltenen Fällen schriftlich. Mündliche Befehle können auch über Sprechfunk erteilt werden. Sofern im Einsatzgeschehen möglich, sollte aber der persönliche Kontakt zwischen Befehlendem und Befehlsempfänger gesucht werden. Bei dieser Form der Befehlsübermittlung kommt es erfahrungsgemäß zu weniger Fehlern, und Rückfragen können leichter geklärt werden. Eine genaue Wiederholung der Befehle ist die beste Bestätigung, ob der Auftrag auch verstanden wurde. Für den mündlichen Befehl hat sich folgendes Befehlsschema bewährt, das nach FwDV 3 auch für den »Einsatz ohne Bereitstellung« vorgegeben ist:

- Einheit,
- Auftrag,
- Mittel,
- Ziel,
- Weg.

Ob ein Befehl alle fünf Punkte enthält oder nicht, ist von der Lage und der Führungsebene abhängig. Ein Gruppenführer wird bei einem Löscheinsatz üblicherweise alle Punkte ansprechen (Befehlstaktik). Der Führer eines Verbandes wird den nachgeordneten Abschnittsleitern im Sinne der Auftragstaktik nur die Einheit und den Auftrag befehlen. Den Abschnittsleitern stehen dann alle Mittel (personelle und technische Ressourcen) der ihnen jeweils zugeordneten Einheiten zur Verfügung. Die weitere Ausführung ist ihnen freigestellt. Andererseits ist es sinnvoll, einen derartigen Befehl um Hinweise bezüglich der Kommunikationsstruktur und der Aufgaben benachbarter Einheiten zu ergänzen. Bei großen Einsatzstellen hat es sich bewährt, dem Befehl eine kurze Lageschilderung voranzustellen, um dem Befehlsempfänger das »Hineindenken« in die Situation zu erleichtern. Der

Achtung:

Der Durchgriff, das heißt ein Befehlen durch die nachfolgende Führungsebene hindurch, darf grundsätzlich nicht sein. Insbesondere eine Fernmeldeorganisation ohne Funkkanaltrennung erleichtert den Durchgriff, der zwar in Ausnahmefällen bei besonderen Gefährdungen (z. B. plötzlicher Einsturz) akzeptiert werden kann, aber grundsätzlich in einer Führungsorganisation nur Verwirrung, Unsicherheit und Frust erzeugen wird.

Befehl eines Gruppenführers im Löscheinsatz muss auch die Wasserentnahme und die Lage des Verteilers beinhalten (▶ Kapitel 27).

Unsicherheit im Befehlen erzeugt Unsicherheit beim Gehorchen. Daher muss ein Befehl inhaltlich schlüssig und sprachlich überzeugend ausgegeben werden. Auch in höchst dynamischen und kritischen Lagen müssen Befehle ruhig und sachlich erteilt werden. Obwohl die FwDV 100 Vorgaben zur Gliederung eines Befehls enthält ist in der Einsatzpraxis die Klarheit wichtiger als der unbedingte Vorsatz einer formgerechten Abfassung.

Umfangreiche, vorgeplante oder lange andauernde Einsätze erfordern oft einen schriftlichen Befehl. Bei einem schriftlichen Befehl müssen die befehlende Stelle (taktische Bezeichnung), Ort, Datum, Uhrzeit, Verteiler erkennbar sein. Ein schriftlicher Befehl kann gemäß FwDV 100 nach folgendem Schema abgefasst werden:
- Lage,
- Auftrag,
- Durchführung,
- Versorgung,
- Führung und Verbindung.

Darüber hinaus kann ein schriftlicher Befehl um Anlagen wie beispielsweise Kartenmaterial, besondere Verhaltenshinweise oder Fremdsprachenlexika (bei internationalen Großveranstaltungen) ergänzt werden.

Lagemeldung

Die Lagemeldung wird immer an die übergeordnete Führungskraft abgegeben. Ausschließlich der Einsatzleiter beziehungsweise die Einsatzleitung geben die Lagemeldung an die zuständige Leitstelle weiter. Ein Einsatzabschnittsleiter wird daher die Lage in »seinem« Einsatzabschnitt an den Einsatzleiter melden und dieser wird die Gesamtlage an die Leitstelle weitergeben.

Achtung:

In der Erstphase eines Einsatzes muss der Einsatzleiter nach dem erstmaligen Durchlaufen des Führungsvorgangs (Kreismodell) eine Lagemeldung an die zuständige Leitstelle absetzen. Lagemeldungen gibt immer nur der Einsatzleiter!

Die Lagemeldung an die Leitstelle dient der Dokumentation des Einsatzablaufs und der Information der Leitstelle. Nur wenn in der Leitstelle ein realistischer Gesamteindruck von der Lage an der Einsatzstelle vorliegt, können die Mitarbeiter den Einsatzleiter rückwärtig unterstützen und die Nachforderung von Kräften sowie die Einsatzstellenlogistik in seinem Sinne umsetzen. Daher müssen die Schadenlage als auch die bereits eingeleiteten Maßnahmen zur Gefahrenabwehr kurz aber so umfassend wie nötig dargestellt werden. An die Lagemeldung kann sich eine Nachforderung von weiteren Einsatzkräften und/oder Behörden anschließen. In der Regel werden bei Lagemel-

Inhalt	Beispiel
Schadenereignis	
Einsatzort	Hauptstraße 12
Einsatzart	Brand
Gebäudeausmaß und Nutzung	einer Lagerhalle mit Kunststoffteilen (50 m x 30 m)
Besondere Gefahr	Feuer droht auf benachbarten Betrieb überzugreifen
Schadenabwehr	
Maßnahmen	Riegelstellung zum Nachbarbetrieb aufgebaut
Art und Anzahl der Rohre	zwei B-Rohre und Wenderohr der DLAK
Art und Anzahl der PA-Trupps	zwei Trupps unter PA im Einsatz!
Nachforderung	ein weiterer Löschzug und der Abrollbehälter »Schaum« zur Einsatzstelle!

Bild 18.13 Führungsmittel im Führungsvorgang

dungen daher folgende Inhalte übermittelt: In der Einsatzpraxis werden Lagemeldungen häufig über Sprechfunk abgegeben. Dafür gelten die Sprechfunkregeln nach FwDV 810 (▶ Kapitel 17). Umfangreiche Lagemeldungen von großen Einsatzstellen können auch per Telefax oder mittels elektronischer Meldungssysteme übermittelt werden. Die Schriftform derartiger umfangreicher Lagemeldungen verringert die Möglichkeit von Übertragungsfehlern und entlastet die Sprechfunkkanäle. Nicht zu unterschätzen ist die fehlende Abhörsicherheit des analogen BOS-Funks. Besonders vertrauliche Meldungen müssen zukünftig über den digitalen BOS-Funk oder über Mobilfunknetze übermittelt werden.

18.1.3 Führungsmittel

Führungsmittel sind technische Mittel und Einrichtungen, die die Führungskräfte bei der Führungsarbeit unterstützen. Mit den Führungsmitteln können die Informationen, die beim Führungsvorgang erforderlich sind, zunächst gewonnen, verarbeitet und übertragen werden. Die FwDV 100 gliedert die Führungsmittel in

- Mittel zur Informationsgewinnung,
- Mittel zur Informationsverarbeitung und
- Mittel zur Informationsübertragung.

▶ Bild 18.13 enthält Beispiele, welche Führungsmittel in den drei Phasen des Führungsvorgangs genutzt werden können.

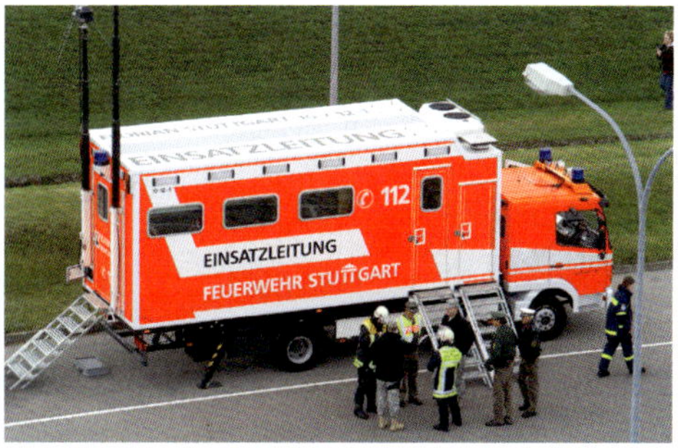

Quelle: Bildstelle Branddirektion Stuttgart

Bild 18.14 Ein Einsatzleitwagen ELW 2 verfügt über eine Vielzahl von Führungsmitteln zur Informationsgewinnung, verarbeitung und -übertragung.

18.2 Berichtswesen

Der Zweck des Einsatzberichtswesens ist es, ein effizientes und standardisiertes Verfahren zur Aufnahme und Verarbeitung aller für einen Einsatzbericht notwendigen Daten zur Verfügung zu stellen mit den Zielen:

- Erstellung eines vor Gericht verwertbaren Dokuments (Rechtssicherheit!),
- Schaffung einer soliden Grundlage für die Einsatzabrechnung,
- Bereitstellung von Daten für die statistische Auswertung.

Der Einsatzbericht kann ein Mittel sein, um dem grundsätzlichen Anspruch auf die Schriftlichkeit vieler Maßnahmen der öffentlichen Verwaltung im Sinne der einschlägigen Landesverwaltungsverfahrensgesetze zumindest nachträglich zu genügen.

Von den Berichterstellern sind die einsatzrelevanten Daten (Einsatzort, eingesetzte Geräte und Materialien usw.) und abrechnungsrelevante Daten (Eigentümer, Mieter, Halter, Fahrer, usw.), statistische Daten (Klassifikation des Einsatzes, Anzahl geretteter Personen usw.) sowie der Einsatzablauf (Kurzbericht) festzuhalten. Innerhalb einer Feuerwehr müssen die Definitionen der jeweiligen Eintragungen bekannt sein. Verlässliche Angaben für statistische Auswertungen kann ein Berichtswesen nur liefern, wenn alle Berichtersteller die gleichen Vorstellungen bezüglich der notwendigen Eintragungen haben.

Eine der wichtigsten Eintragungen im Berichtswesen ist eine eindeutige Klassifikation des jeweiligen Einsatzes. Als Klassifikationen (Einsatzarten) können beispielweise verwendet werden:

- Kleinbrand,
- Mittelbrand,
- Großbrand,
- Verkehrsunfall mit Pkw,
- Verkehrsunfall mit Lkw,
- Verkehrsunfall mit Schienenfahrzeug,
- Ölspur,
- Fehlalarmierung durch Brandmeldeanlage.

Diese Klassifikationen dürfen nicht mit dem Alarmierungsstichwort verwechselt werden. Für einen konkreten Einsatz kann das Alarmierungsstichwort beispielsweise »Alarmierung durch automatische Brandmeldeanlage« lauten. Vor Ort handelt es sich aber um einen Mittelbrand. Definitionen für Brandereignisse sind in DIN 14010 »Angaben zur statistischen Erfassung von Bränden« enthalten. Darüber hinaus müssen die Feuerwehren insbesondere auch für technische Rettungen, Technische Hilfeleistungen und ABC-Einsätze geeignete Klassifikationen definieren. Bei der Definition der Klassifikationen ist die Übereinstimmung mit den jährlich von der Aufsichtsbehörde eingeforderten Daten besonders wichtig. Bei der Einführung von Klassifikationen (Einsatzarten) muss die Leitung der Feuerwehr jeweils zwischen der Notwendigkeit der Genauigkeit einer statistischen Auswertung und dem Arbeits- und Schulungsaufwand der Einsatzkräfte abwägen. Trotzdem sollte der sicherlich notwendige Sammelbegriff »sonstiger Einsatz« nur sehr sparsam verwendet werden, da er statistisch nicht weiter auswertbar und damit wertlos ist. Die statistischen Daten des Einsatzberichtswesens sind neben der Erstellung eines Jahresberichts auch für die Erarbeitung und Fortschreibung der örtlichen Feuerwehrbedarfsplanung (▶ Kapitel 16) wichtige Grundlage. Nur ein über mehrere Jahre verlässlich geführtes Berichtswesen kann Daten bereitstellen, die als solide Planungsgrundlagen herangezogen werden können. Alle Eintragungen, die für statistische Auswertungen herangezogen werden sollen, müssen aus »Pflichtfeldern« stammen. Das heißt, bei derartigen Angaben

Achtung:

Für jeden Einsatz muss ein Einsatzbericht erstellt werden. Diese Notwendigkeit besteht unabhängig von der Frage der Kostenpflicht des Einsatzes! Der Einsatzleiter muss den Einsatzbericht unterschreiben.

Praxis-Tipp:

Im Berichtswesen sollte jeder Einsatz nur eine Klassifikation zugewiesen bekommen. Dann kann anhand dieses Feldes eine eindeutige Auswertung der Einsätze vorgenommen werden. Die Anzahl der vergebenen Klassifikationen muss dann mit der Anzahl der Alarmierungen übereinstimmen.

müssen die Einsatzkräfte zwingend eine Eintragung vornehmen. Eines der wichtigsten Pflichtfelder ist die Klassifikation des Einsatzes (Einsatzart). Einige Feuerwehren ermitteln für statistische Zwecke beispielsweise die Nutzung des Brandobjekts (z. B. Wohngebäude, Krankenhaus, Industrie). Sofern bei mehreren tausend Einsatzberichten aber nur bei rund der Hälfte der Einsätze eine Angabe zu »Nutzung des Brandobjekts« gemacht wird, ist diese Aussage statistisch wertlos.

Für die Abrechnung kostenpflichtiger Einsätze sind neben Angaben über Eigentümer, Mieter, Halter, Fahrer, usw. insbesondere Angaben über die Art und Anzahl der eingesetzten Fahrzeuge, Geräte und Verbrauchsmaterialien wichtig. An dieser Stelle müssen die Eintragungen im Einsatzbericht der zuständigen Verwaltung ausreichend rechtssichere Angaben liefern, um auf Basis der gültigen Kostenersatzsatzung der Kommune den Gebührenbescheid erstellen zu können.

Der schriftlich verfasste Kurzbericht zur angetroffenen Lage und den durchgeführten Maßnahmen ist ein wichtiger Baustein für die Rechtssicherheit des Dokuments. Sollte es eventuell noch mehrere Jahre nach dem Einsatz zu einem Rechtsstreit kommen, so ist ein »in eigenen Worten« abgefasster Kurzbericht meist glaubwürdiger als eine Reihung von zahlreichen »Häkchen« in vordefinierten Feldern oder gar die Verwendung von Textbausteinen. Richter und Anwälte können dann eher Verwechslungen und Unvollständigkeit unterstellen. Ein Einsatzberichtswesen auf Basis von EDV-Systemen ermöglicht die Verknüpfung mit dem Einsatzleitrechner der zuständigen Leitstelle. Daten, die im Einsatzleitrechner erfasst sind, können automatisch in den Bericht übernommen werden. Derartige Daten sind beispielweise die Bezeichnungen der eingesetzten Fahrzeuge, deren Einsatzzeiten, Inhalte der Lagemeldungen über Funk, durchgeführte Verständigungen (Polizei, Umweltamt, ...). Die automatisch übernommenen Eintragungen sind bei der Berichtserstellung nochmals auf Richtigkeit zu prüfen. Vorteil von EDV-Systemen sind weiterhin Erleichterungen bei der Rechnungserstellung und bei der statistischen Auswertung. Sofern ausschließlich papierlose Berichte mit einem EDV-System verwendet werden, muss besonders auf die Rechtssicherheit von elektronischen Signaturen (z. B. Unterschrift des Einsatzleiters) geachtet werden. Ein Einsatzberichtswesen auf Basis von EDV-Systemen mit Datenübernahme aus dem Einsatzleitrechner könnte bei großen Flächenlagen problematisch sein. Bei einer Vielzahl von Einsätzen (z. B. Wasserschaden, Windbruch) werden in vielen Landkreisen derartige Lagen auch durch so genannte Abschnittsführungsstellen dezentral auf örtlichen Abschnittsfunkkanälen koordiniert. In solchen Fällen müssen in den Einsatzfahrzeugen Unterlagen vorhanden sein, um die vom Berichtswesen geforderten Daten vor Ort zu dokumentieren. Dabei sind auch Einsatzzeiten (Alarmiert, Ausgerückt, Eingetroffen, ...) für jeden einzelnen Einsatz wichtig. Bei Freiwilligen Feuerwehren sollte für jeden Einsatz eine Anwesenheitsliste zur Dokumentation der beteiligten Einsatzkräfte ausgefüllt werden. Diese Unterlagen können gemeinsam mit Kostenübernahmeerklärungen (für kostenpflichtige Einsätze) in einem Ordner mitgeführt werden.

Praxis-Tipp:

Als Rückfallebene und für große Flächenlagen sollten auf jedem Einsatzfahrzeug Formulare für den Einsatzbericht und Kostenübernahmeerklärungen mitgeführt werden.

Literatur

[1] FwDV 100 »Führung und Leitung im Einsatz«, Verlag W. Kohlhammer, Stuttgart, 2003.

[2] Ferch, H., Melioumis, M.: Führungsstrategie, 2. Auflage, Verlag W. Kohlhammer, Stuttgart, 2011.

ZUR VERTIEFUNG

Markus Pulm: Einsatztaktik für Führungskräfte, 2. Auflage, Verlag W. Kohlhammer, Stuttgart, 2019.

18.3 Einsatzbezogene Öffentlichkeitsarbeit

von Jochen Thorns

»Tue Gutes und sprich darüber!« – in Abwandlung des Sprichwortes sollen und müssen auch die Feuerwehren über ihre Tätigkeit berichten. Hierbei ist zwischen der Öffentlichkeitsarbeit bei Einsätzen sowie bei der normalen, ständigen Öffentlichkeitsarbeit (z. B. zur Mitgliederwerbung, bei Veranstaltungen etc.) einerseits und der internen (innerhalb der Feuerwehr) bzw. externen Öffentlichkeitsarbeit andererseits zu unterscheiden. Da die Presse- und Öffentlichkeitsarbeit ein weites Feld ist, wird an dieser Stelle nur die einsatzbezogene Pressearbeit erläutert, weil diese direkte Auswirkungen auf alle Feuerwehrangehörigen hat. Für die weitere Presse- und Öffentlichkeitsarbeit sollte innerhalb der Feuerwehr ein Pressesprecher benannt werden, welcher die Medienarbeit durchführt und konzeptionell verantwortet.

Quelle: Bildstelle Branddirektion Stuttgart

Bild 18.15 In den Feuerwehren sollte ein Pressesprecher benannt werden, der die Presse- und Öffentlichkeitsarbeit durchführt.

18.3.1 Die Aufgabe der Presse

Die Presse und damit die Journalisten haben in Deutschland einen öffentlichen Auftrag, der sich aus Artikel 5 Absatz 1 des Grundgesetzes ergibt. Dort heißt es: »Jeder hat das Recht, seine Meinung in Wort, Schrift und Bild frei zu äußern und zu verbreiten und sich aus allgemein zugänglichen Quellen ungehindert zu unterrichten. Die <**Pressefreiheit**> und die Freiheit der Berichterstattung werden gewährleistet. Eine Zensur findet nicht statt.« Das bedeutet, dass die Medien die Aufgabe der Information der Bevölkerung haben und in der Berichterstattung grundsätzlich nicht behindert werden dürfen.

Allerdings ist die »Macht der Presse« begrenzt. Die erste Schranke findet sich gleich in Artikel 5 Absatz 2 des Grundgesetzes: Denn die Pressefreiheit wird eingeschränkt durch die Vorschriften der allgemeinen Gesetze (d. h. Gesetze, die für Jedermann gültig sind, gelten auch für die Presse), den gesetzlichen Bestimmungen zum Schutze der Jugend und in dem Recht der persönlichen Ehre. Insbesondere das Persönlichkeitsrecht, also das Recht jedes Einzelnen auf die Wahrung seiner (Menschen-)Würde, auf körperliche Unversehrtheit und die freie Entfaltung seiner Persönlichkeit (Artikel 1 und 2 des Grundgesetzes) sowie die Unverletzlichkeit der Wohnung schränken die Pressefreiheit ein. Weitere Einschränkungen bieten die jeweiligen Pressegesetze der Länder, die – trotz aller Unterschiede – in wesentlichen Inhalten gleich sind. Beispielsweise wird in den Landespressegesetzen die öffentliche Aufgabe der Presse konkretisiert, in dem darauf hingewiesen wird, dass es sich bei der Berichterstattung um Angelegenheiten von öffentlichem Interesse handeln muss.

Weiter gibt es in der Berichterstattung, unabhängig von den rechtlichen Spielräumen, auch ethische Grenzen. Dazu hat der Deutsche Presserat bereits 1973 einen so genannten Pressekodex als freiwillige Selbstkontrolle aufgestellt, der als ethische Richtschnur der Berichterstattung dient: Darin werden nicht nur eine gründliche und faire Recherche vorgegeben, sondern den Journalisten insbesondere die Achtung vor der Wahrheit und der Wahrung der Menschenwürde sowie des Privatlebens und der Intimsphäre vorgeschrieben.

18.3.2 Einsatzbezogene Pressearbeit

Einsatzstellen der Feuerwehr üben eine hohe Anziehung auf Schaulustige und die Presse aus, insbesondere wenn es sich um größere bzw. komplexe oder ungewöhnliche bzw. seltene Schadenlagen handelt. So ist beim Brand eines Altkleidersammelbehälters nicht damit zu rechnen, dass Medienvertreter die Einsatzstelle zur Berichterstattung aufsuchen. Beim Absturz eines Sportflugzeuges oder bei einem Großbrand werden jedoch diverse Journalisten an die Einsatzstelle eilen, um Informationen zu sammeln, Bilder und Videoaufnahmen zu fertigen sowie »O-Töne« (Originalton – Interview) zu machen.

Damit die Pressevertreter ihre Arbeit machen können, ist es für sie Grundvoraussetzung, erst einmal möglichst nahe an die Einsatzstelle zu gelangen. Aufgrund des öffentlichen Auftrags der Presse muss den Journalisten der Zugang zur Einsatzstelle gewährt werden, sofern nicht höhere Grundrechte (wie z. B. die Unverletzlichkeit der Wohnung oder die Wahrung der Menschenwürde) dies ausschließen. Dies bedeutet, dass Journalisten in der Regel der Zugang in den Absperrbereich (äußere Absperrung) durchaus gestattet werden kann, der Zugang in den Arbeitsbereich (innere Absperrung) oft jedoch nicht. Aber auch hierbei kann es Ausnahmen geben, die zwischen dem Feuerwehreinsatzleiter und der Polizei abgesprochen werden sollten. Der Hinweis der Pressevertreter, dass im für die Presse gesperrten Gefahrenbereich ja auch Feuerwehrangehörige arbeiten und die Pressevertreter sich daher dort ebenfalls aufhalten dürften (eventuell sogar »auf eigene Gefahr«), ist falsch. Ausschließlich der Einsatzleiter legt die Grenze des Gefahrenbereichs fest und entscheidet, wer dort warum Zutritt hat!

Merke:

An Einsatzstellen sollte Journalisten in folgenden Fällen der Zugang in den Arbeitsbereich nicht gestattet werden:
- Gefahr für die Gesundheit der Journalisten,
- Behinderung der Rettungsarbeiten,
- Behinderung der Ermittlungen der Polizei (insbesondere Spurensicherung),
- Rechtsbruch (z. B. Unverletzlichkeit der Wohnung, Hausfriedensbruch, Datenschutz) und/oder Verletzung der Intimsphäre.

Verantwortungsvolle Journalisten haben für die Zutrittsverweigerung in der Regel Verständnis, sofern man ihnen vernünftig die Gründe erläutert. Klare Regeln (z. B. Absperrungen durch Absperrband) helfen, Grenzen zu erkennen und den Umgang zu erleichtern.

Quelle: Archiv Thorns

Bild 18.16 Journalisten können sich mit dem Presseausweis ausweisen.

Quelle: Archiv FF Filderstadt

Bild 18.17 Nur der Einsatzleiter (oder der Pressesprecher) ist zu Aussagen gegenüber der Presse befugt.

E

Bei Problemen im gegenseitigen Umgang sollte die Polizei hinzugezogen werden.

Journalisten können sich durch einen Presseausweis legitimieren. Anderen Personen, die sich als Journalist bezeichnen, sollte der Zugang zur Einsatzstelle grundsätzlich verwehrt werden.

Auskunftspflicht der Feuerwehr

Nach den Landespressegesetzen sind die Behörden – und damit auch die öffentlichen Feuerwehren – verpflichtet, Journalisten Auskünfte zu erteilen. Von dieser Auskunftspflicht kann je nach Landespressegesetz nur abgewichen werden,

- wenn gegen Geheimhaltungsvorschriften (z. B. militärische oder Störfallanlagen) verstoßen würde,
- wenn ein schutzwürdiges oder öffentliches Interesse höher wiegen würde,
- wenn ein schwebendes juristisches Verfahren vorliegt oder
- wenn der Auskunftsumfang das zumutbare Maß überschreiten würde.

Grundsätzlich besteht ein Gleichbehandlungsrecht (»Gleichheit der Presse«); alle Pressevertreter müssen bei Auskünften gleich behandelt werden; die Weitergabe von exklusiven Informationen ist nicht gestattet.

Wer Auskünfte gegenüber der Presse geben darf, ist jeweils feuerwehrintern zu regeln; es sind die örtlichen Dienstanweisungen/Regelungen zu beachten. Einsatzbezogene Auskünfte dürfen meist der Pressesprecher oder der Einsatzleiter, in wenigen Fällen bei großen Feuerwehren auch Leitstellenmitarbeiter, weitergeben. Ist die Frage der Presseauskünfte nicht eindeutig geregelt, sind Pressevertreter am Einsatzort immer an den anwesenden Pressesprecher oder den Einsatzleiter zu verweisen.

Achtung:

Feuerwehrangehörige dürfen – sofern sie nicht ausdrücklich dazu legitimiert sind – auf keinen Fall Auskünfte gegenüber der Presse erteilen, auch nicht als beiläufige Bemerkung. Journalisten sind jeweils an den Pressesprecher oder den Einsatzleiter (nicht den eigenen Fahrzeugführer oder Einsatzabschnittsleiter!) zu verweisen.

Aufgrund der Auskunftspflicht der Feuerwehren gegenüber der Presse müssen alle weitergegebenen Informationen wahr sein. Im Zweifelsfall sollten Informationen vor der Weitergabe auf Richtigkeit überprüft werden (Richtigkeit vor Schnelligkeit).

Bei der Weitergabe der Informationen kann man sich an den sieben W-Fragen orientieren. Die Sätze sollten dabei kurz und sachlich richtig gegliedert sein (▶ Kasten auf der nächsten Seite). Wichtiges muss dabei an erster Stelle stehen.

Die Feuerwehr sollte nie Angaben zur Schadenhöhe und zur -ursache machen. Diese sind Ergebnis der Ermittlungen der Polizei. Ebenso

Inhalte von Presseinformationen

W-Frage	Beispiel
Was?	Brand eines Geschäftshauses
Wann?	Montag, 9. August 2010, um 10.01 Uhr
Wo?	In der Fußgängerzone von Musterstadt, Musterstraße 1
Wie?	Der Brand brach im Sozialraum aus und breitete sich schnell auf das komplette Geschäft aus.
Wer?	Die Geschäftsbesitzerin kam mit einer Rauchgasintoxikation in das Krankenhaus.
Warum?	Die Polizei hat die Ermittlungen der Brandursache aufgenommen.
Welche Folgen?	Der Laden ist trotz des schnellen Einsatzes der Feuerwehr ausgebrannt; den Treppenraum und die über dem Geschäft liegenden Wohnungen konnte die Feuerwehr sichern. Eine Rauchausbreitung konnte mittels Überdruckbelüftung und Mobilem Rauchverschluss verhindert werden.

verbieten sich, da die informationelle Selbstbestimmung in der Regel höher als die Pressefreiheit gewichtet wird, Angaben zum Namen der Betroffenen. Angaben zur Straße sowie alle Angaben, die jedermann auch von außen wahrnehmen kann, sind jedoch unproblematisch.

Einsatzfotos

Aufgrund der öffentlichen Aufgabe der Presse sind grundsätzlich alle Foto- und Filmaufnahmen an einer Einsatzstelle zulässig, soweit nicht andere rechtliche Grundlagen Foto- und Filmaufnahmen untersagen (z. B. militärischer Sicherheitsbereich, Hausrecht auf Privat- oder Betriebsgrundstücken). Feuerwehrangehörige und Rettungsdienstpersonal gelten als »Beiwerk« bzw. relative Personen der Zeitgeschichte im Sinne des Kunsturheberrechtsgesetzes. Das bedeutet, die Einsatzkräfte dürfen jederzeit fotografiert werden – sofern sie als »Beiwerk«, also im Rahmen der Einsatztätigkeit auf den Aufnahmen zu sehen sind. Eine Ausnahme gilt nur, wenn eine Einsatzkraft »herausgezoomt« wird, also stark vergrößert und gut erkennbar im Vordergrund steht. Allerdings ist auch hierbei die Rechtslage nicht eindeutig. Im Regelfall gilt daher: Für Einsatzkräfte gilt das Recht am eigenen Bild nicht. Daher ist vor Behinderungen der Presse, z. B. durch die Forderung der Herausgabe von Fotodaten oder das Zuhalten bzw. Wegdrücken von Kameraobjektiven ausdrücklich zu warnen. Ein solches Einschreiten kann strafrechtliche Konsequenzen haben. Sollte es zu Problemen mit einzelnen Journalisten an Einsatzstellen kommen, ist ggf. die Polizei einzuschalten.

Auch wenn an Unfallstellen Aufnahmen von Betroffenen gemacht werden, gehen die Redaktionen mit der Veröffentlichung solcher Aufnahmen in der Regel sehr verantwortungsbewusst um. Dies hängt mit dem Pressekodex zusammen. Die Erfahrung zeigt, dass die Abschirmung von Verletzten bzw. Betroffenen, z. B. durch Hochhalten von Decken, im Regelfall nur Personal bindet und letztlich kaum vor einer Veröffentlichung schützt (das Abschirmen der Betroffenen kann aber auch aus Gründen des Persönlichkeitsschutzes vor neugierenden Blicken von Zuschauern notwendig werden). Gleichwohl muss der Einsatzleiter abwägen, ob die Abschirmung durch das Hochhalten von Decken durchgeführt werden soll. Dieses Vorgehen ist aufgrund des gegenüber der Pressefreiheit höher zu bewertenden öffentlichen Interesses am Schutz der Menschenwürde des Betroffenen zulässig. Ist die Gefahr der Verletzung der Menschenwürde aber nicht gegeben, darf eine Behinderung der Presse nicht erfolgen.

Personen der Zeitgeschichte haben nur eingeschränkte Persönlichkeitsrechte, das heißt, von diesen Personen dürfen grundsätzlich auch ohne ihre Zustimmung Fotos angefertigt werden. Unterschieden werden dabei absolute und relative <**Personen der Zeitgeschichte**>.

Quelle: Archiv FF Filderstadt

Bild 18.18 Einsatzbilder mit Feuerwehrangehörigen unter rechtlicher Betrachtung:

a Die Feuerwehrangehörigen im Einsatz gelten als Beiwerk; sie sind zwar an der Einsatzstelle tätig, stehen aber trotz des engen Bildausschnitts nicht im Mittelpunkt.

b Werden die Feuerwehrangehörigen »herausgezoomt«, sind sie nicht mehr Beiwerk. Meist werden sie dann jedoch rechtlich als relative Personen der Zeitgeschichte gesehen. Folge: Auch so ist die Abbildung zulässig.

Absolute Personen der Zeitgeschichte stehen durch ihr Wirken dauerhaft im Blickfeld der Öffentlichkeit, sie sind Personen des öffentlichen Lebens (z. B. Bundespolitiker, Schauspieler, Sportler, »Prominente«). Relative Personen der Zeitgeschichte sind hingegen Personen, die nur durch ein bestimmtes Ereignis in das Blickfeld der Öffentlichkeit rücken. Auch sie müssen es zwar hinnehmen, dass ihr Name und ein Foto in der Presse gezeigt wird – dies darf jedoch nur im Zusammenhang mit dem Ereignis stehen; dies kann insbesondere auch im Zusammenhang mit Einsätzen der Fall sein (unter Umständen beispielsweise der Lebensretter, die Betroffenen, der Verursacher). Gerade bei Ereignissen mit absoluten Personen der Zeitgeschichte muss der Einsatzleiter unter Umständen sehr genau abwägen, ob das öffentliche Interesse höher zu bewerten ist, als der Schutz der Persönlichkeitsrechte.

Achtung:

Vorsicht bei der Nutzung neuer Medien und sozialer Netzwerke: Feuerwehrangehörige dürfen nicht einfach (auch nicht auf eigenen, privaten Seiten) Fotos hochladen und Ereignisse aus dem Feuerwehrdienst kommentieren, auch wenn sie die Fotos selbst angefertigt haben. Es sind die örtlichen Dienstanweisungen bzw. Regelungen sowie ggf. der Dienstweg zu beachten. Außerdem gelten auch bei Online-Medien das Presserecht, das Persönlichkeitsrecht und die Vorgaben des Datenschutzes!

18.4 Einsatznachbesprechung/Einsatzkräftenachsorge

von Jochen Thorns

Feuerwehrangehörige sind oft mit schwierigen und belastenden Einsätzen konfrontiert. Dabei muss es sich nicht immer um große Unglücke mit vielen Toten und Verletzten oder die oft zitierten Einsätze mit Kindern handeln. Vielmehr können auch kleine, oft bagatellartige Einsätze außerhalb des eigenen Weltbildes die Ursache für eine Stresssituation sein, die sich unter Umständen zu einer **<Posttraumatischen Belastungsstörung>** entwickelt. Mit diesem Begriff beschreibt man eine verzögerte Reaktion auf ein belastendes Ereignis. Die Belastung der Einsatzkräfte hängt dabei von verschiedensten Aspekten ab. Neben der eigenen körperlichen und seelischen Beanspruchung spielen oft auch persönliche und familiäre Umstände sowie die berufliche Belastung eine Rolle. Um solche Belastungsstörungen erst gar nicht entstehen zu lassen, sollten die Führungskräfte beim Bemerken der ersten Anzeichen bereits eine psychosoziale Unterstützung für die Einsatzkräfte anbieten. Dies kann eine Einsatznachbesprechung im Kameraden- oder Kollegenkreis (auch ohne die Führungskräfte) sein, in dem die Vorgehensweise noch einmal analysiert und diskutiert wird. Hilfe bietet häufig auch schon eine einfache, völlig zwanglose Gesprächsmöglichkeit.

Gerade bei Einsätzen mit Toten, die womöglich den Einsatzkräften auch noch persönlich bekannt waren, muss jedoch professionelle Hilfe in Form eines Kriseninterventionsteams zum Einsatz kommen. Hierbei ist die Trägerschaft (Feuerwehr, Kirchen, Hilfsorganisationen) ebenso zweitrangig wie der Name (Psychosoziale Unterstützung, Kriseninterventionsteam, Notfallnachsorgeteam, OPEN-Team, Einsatznachbereitungsteam …). Wichtig ist vielmehr der zeitnahe und vor allem vertrauensvolle Einsatz. Der Einsatz eines solchen Teams kann bereits das gemeinsame Zusammensitzen bei einem Getränk im Feuerwehrhaus/Feuerwache sein oder das »zufällige« Treffen von Einsatzkräften an der Kaffeemaschine bis hin zu Einzelgesprächen zwischen Teammitgliedern und Einsatzkräften.

Eine Einsatznachsorge sollte möglichst frühzeitig einsetzen. Daher sollten einerseits Führungskräfte auf entsprechende emotionale Reaktionen und Stimmungen der Einsatzkräfte achten; jeder Feuerwehrangehörige sollte beim Feststellen eines Unwohlseins jedoch sofort eine Führungskraft informieren.

Merke:

Die eigene Feststellung und Meldung einer emotionalen Belastung ist kein Zeichen von Schwäche, sondern von Stärke. Nur wer sich selbst sicher einzuschätzen weiß, dem kann geholfen werden – und er kann auch anderen helfen.

18.4.1 Sündenbock-Phänomen

Immer wieder geraten Feuerwehrangehörige nach Einsätzen mit tragischem Ausgang, insbesondere Toten, in die Kritik. Obwohl die Feuerwehr nach eigener Einschätzung (und im Regelfall auch bei objektiver Betrachtung der Fakten) alles richtig gemacht hat, stehen die Einsatzkräfte in der Kritik: Die Feuerwehr wäre zu langsam gewesen. Die Feuerwehr habe keine Leiter eingesetzt oder hätte diese gar nicht dabei gehabt. Die Feuerwehr habe nur bestimmte Personen gerettet.

Solche Vorwürfe, die meist einige Tage nach dem Einsatz über die Presse gestreut werden, treffen die Einsatzkräfte meist völlig unvorbereitet: Die Feuerwehrleute gaben ihr Bestes, gingen an die Grenzen der Leistungsfähigkeit und stehen nun in der Kritik, sie hätten nicht alles versucht, um Leben zu retten. Diese Vorwürfe werden als Sündenbock-Phänomen bezeichnet und sind eine völlig normale Reaktion mancher Betroffener, Angehöriger von Opfern, aber auch unbeteiligter Dritter, mit einer für sie völligen Ausnahmesituation umzugehen und diese zu verarbeiten. Dies geschieht umso leichter, je weiter man die Arbeit der Helfer – und damit der Feuerwehr – hinterfragt und als nicht ausreichend genug darstellt. Je mehr den Einsatzkräften ein Fehlverhalten vorgeworfen werden kann, desto besser kann die eigene Situation und vielleicht der Verlust eines nahen Angehörigen verarbeitet werden. Solche absurden Reaktionen sind völlig normal: Für den Betroffenen ist die Feuerwehr der Sündenbock und damit für den Tod des Angehörigen oder den Verlust des Eigentums verantwortlich.

Die Feuerwehr muss wissen, dass sich solche Vorwürfe nie auf einzelne Einsatzkräfte beziehen – und auch nicht abgestellt werden können. Dies muss im Rahmen der Öffentlichkeitsarbeit erfolgen. Die Feuerwehr sollte mit Gelassenheit an solche Vorwürfe herangehen und ein Mitgefühl mit dem Leid der Opfer bekunden.

18.4.2 Ruhezeiten

Um einer physischen wie psychischen Belastung der Feuerwehrangehörigen vorzubeugen, sollte der Einsatz der Feuerwehrangehörigen zeitlich begrenzt und entsprechende Ruhepausen eingeplant werden. Dazu hat der Deutsche Feuerwehrverband eine Fachempfehlung [1] erstellt, die als Richtschnur dienen kann. Allerdings ist die Anwendung dieser Fachempfehlung nicht gesetzlich geregelt, sodass sie mit viel Augenmaß umzusetzen ist.

Nach Einsätzen in der Nacht (22.00 bis 6.00 Uhr) sollte soviel Erholungszeit belassen werden, wie dies zur Herstellung der vollen Arbeitsfähigkeit erforderlich ist. Als Anhaltspunkt dafür dient die Zeit der für den Einsatz geopferten Nachtstunden. Nach Einsätzen unter Atemschutz (pro Tag zweimal 40 Minuten), Hitze- oder Chemikalienschutzanzügen wird von zwei Stunden Erholungszeit zur Regeneration ausgegangen. Auch die FwDV 7 schreibt vor, dass zwischen zwei Atemschutzeinsätzen eine ausreichende Ruhepause einzuhalten ist, ohne dies allerdings weiter zu konkretisieren.

Bild 18.19 Für Einsatzkräfte müssen – gerade bei hohen Umgebungstemperaturen und nach Atemschutzeinsätzen – ausreichend Getränke zum Ausgleich des Flüssigkeitshaushalts zur Verfügung stehen.

Insbesondere bei genügend Personal sollten die Einsatzkräfte rechtzeitig durchgetauscht werden, um einerseits Verdienstausfallkosten zu vermeiden und andererseits bestimmten Berufsgruppen (z. B. Kraftfahrern) genügend vorgeschriebene Ruhezeiten zu ermöglichen.

Insbesondere bei länger andauernden Einsätzen muss an eine ausreichende Versorgung mit Essen und vor allem Getränken, aber auch an Waschmöglichkeiten und Toiletten, gedacht werden.

18.4.3 Gewalt gegen Einsatzkräfte

Immer wieder kommt es vor, dass Einsatzkräfte Opfer von verbaler und/oder tätlicher Gewalt bei Einsätzen werden. Dabei kann schon verbale Gewalt zu psychischen Belastungen

INFO

Die DGUV-Information 205-027 »Prävention von und Umgang mit Übergriffen auf Einsatzkräfte der Rettungsdienste und der Feuerwehr« kann kostenfrei unter https://publikationen.dguv.de/dguv/pdf/10002/205-027.pdf heruntergeladen werden.

Achtung:

Eigenschutz geht vor Patientenschutz!

Praxis-Tipp:

Was Einsatzkräfte bei einem drohenden Übergriff auf keinen Fall tun sollten:

- Den Anderen überheblich und von oben herab behandeln (durch Mimik, Gestik, Körperhaltung) – das regt zum Widerspruch an und verärgert den Anderen unnötigerweise.
- Über die betroffene Person hinweg ein Gespräch führen, womöglich im Fachjargon.
- Selbst unablässig und laut reden – das steigert beim Gegenüber die Aggression.
- Sich unsicher verhalten, zum Beispiel: kein Blickkontakt, leise, unsichere Stimme, schwammige Formulierungen.
- Sich aggressiv verhalten, zum Beispiel anstarren, schreien, persönlich werden, beleidigen.

führen und sollte – je nach Organisationsstruktur der Feuerwehr – den Vorgesetzten, aber auch dem Unfallversicherungsträger oder der Staatsanwaltschaft gemeldet bzw. angezeigt werden. Wie sich Einsatzkräfte vor verbaler und tätlicher Gewalt schützen können, hat die Deutsche Gesetzliche Unfallversicherung in der Publikation »Prävention von und Umgang mit Übergriffen auf Einsatzkräfte der Rettungsdienste und der Feuerwehr« (DGUV-Information 205-027) zusammengestellt. Führungskräfte und Betroffene finden darin aber auch Tipps und Hilfen zur Planung, Organisation und Nachbereitung, sodass Konfliktsituationen möglichst gar nicht erst entstehen können, nicht eskalieren und die Folgen gering bleiben. Auch ein Musterformular zur Erfassung und Meldung von Übergriffen gegen Einsatzkräfte findet sich in dem Werk.

Was können Einsatzkräfte aktiv zur Vermeidung von Gewalt tun? Alle Einsatzkräfte sollten nicht nur die Hilfsbedürftigen/Patienten, sondern auch deren Umfeld immer beobachten, um ein Aggressionspotenzial rechtzeitig erkennen zu können. Zudem sollten die Einsatzkräfte das eigene Handeln Betroffenen immer wieder verständlich erklären, um Missverständnisse zu vermeiden. Die Anwendung von Standardeinsatzregeln und festgelegten Handlungsabläufen schafft Sicherheit und ermöglicht größere Handlungsspielräume in Ausnahmesituationen.

Bei drohender Gefahr sollten umgehend Unterstützung geholt, deeskalierend gewirkt und sich – sofern möglich – zurückgezogen werden. Dazu ist es sinnvoll, grundsätzlich die Eigensicherung zu beachten und einen Rückzugsweg zu planen sowie freizuhalten. Es gilt der Grundsatz: Eigenschutz geht vor Patientenwohl!

Wichtig ist es, erfolgte verbale oder tätliche Gewalt ernst zu nehmen und zu reflektieren sowie zu melden, da sonst die Gefahr von akuten Belastungsreaktionen bis hin zu posttraumatischen Belastungsstörungen gegeben ist.

Literatur

[1] Deutscher Feuerwehrverband: Fachempfehlung Erholungs- und Ruhezeiten für Einsatzkräfte der Freiwilligen Feuerwehren nach Einsätzen vom 1. Juni 2004, Stand: März 2013.

ZUR VERTIEFUNG

Cornelia Franke/Simon Franke: Krisenintervention, Die Roten Hefte 84, Verlag W. Kohlhammer, Stuttgart, 2021.

19 Gefahren der Einsatzstelle

von Jochen Thorns

Aufgabe der Feuerwehr ist die Gefahrenabwehr. Schon daraus wird ersichtlich, dass bei der Aufgabenbewältigung der Feuerwehr, insbesondere beim Einsatzdienst, mit Gefahren gerechnet werden muss. Der Einsatzleiter hat diese **<Gefahren der Einsatzstelle>** in der Lagebeurteilung und letztlich in seinem Entschluss (dem Einsatzbefehl) zu berücksichtigen. Dabei hilft ihm das Gefahrenschema »AAAA – C – EEEE«. Die Buchstabenkombination beschreibt die am häufigsten vorkommenden Gefahren im Einsatzdienst und dient als Merkstütze, um alle Gefahren für die Einsatzkräfte regelmäßig zu erfassen. Die Anwendung des Schemas bedeutet jedoch nicht, dass nicht auch noch weitere, spezielle Gefahren an der Einsatzstelle vorhanden sind, die der Einsatzleiter in der Lagebeurteilung erfassen und bewerten muss. Als Beispiel seien hier nur die Gefahren aus dem (schnell-)fließenden Straßenverkehr genannt. Im Umkehrschluss ist zu berücksichtigen, dass an Einsatzstellen in der Regel auch nicht alle Gefahren nach dem Gefahrenschema gleichzeitig vorhanden sein müssen; vielmehr ist es wahrscheinlich, dass nur eine oder wenige Gefahren zu berücksichtigen sind. Allerdings: Je komplexer eine Einsatzlage ist, desto wahrscheinlicher ist es, dass viele Gefahren der Einsatzstelle vom Einsatzleiter zu berücksichtigen sind.

Doch nicht nur der Einsatzleiter muss die Gefahren der Einsatzstelle kennen. Auch jeder Truppführer – und möglichst jeder Truppmann – sollte diese verinnerlicht haben. Schließlich ist der Angriffstrupp das »Auge des Gruppenführers« und muss beim Vorgehen jeweils für sich die Lage beurteilen und gegebenenfalls Lageänderungen an den Einheitsführer übermitteln. Dies kann nur fachgerecht erfolgen, wenn die Truppmitglieder über Grundkenntnisse der Gefahrenlehre verfügen.

Bild 19.1 Ein solch gefährlicher Einsatz von Hebekissen darf nicht erfolgen!

Trotz des Gefahrenschemas muss auch der gesunde Menschenverstand genutzt werden, um Gefahren an Einsatzstellen zu verhindern. Insbesondere sind die Unfallverhütungsvorschrift (UVV) »Feuerwehren« und die Bedienungs- und Einsatzanleitungen der technischen Geräte zu beachten.

19.1 Das Gefahrenschema

Das bereits erwähnte Gefahrenschema »AAAA – C – EEEE« steht für die am häufigsten vorkommenden Gefahren an der Einsatzstelle, d. h., jeder Buchstabe bildet eine Gefahr ab. Die Buchstabenkombination bedeutet:

- Atemgifte,
- Ausbreitung,
- Atomare (radioaktive) Gefahren,
- Angstreaktion,
- Chemische Gefahren,
- Elektrizität,
- Einsturz,
- Explosion,
- Erkrankung/Verletzung.

Die Gefahren gelten ebenso für die eigenen Einsatzkräfte wie auch für Menschen, Tiere, Sachen und die Umwelt.

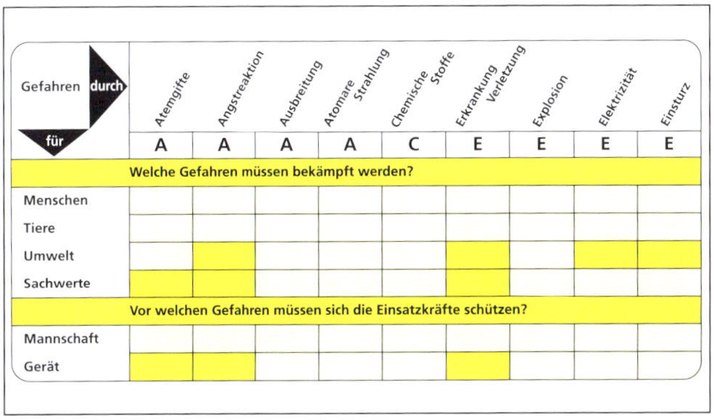

Bild 19.2 Matrix für die Gefahren der Einsatzstelle

19.1.1 Atemgifte

Die Gefahr durch Atemgifte tritt bei jedem Brandeinsatz in Form der giftigen Brand- und Rauchgase (▶ Kapitel 61) auf. Die Gefahr ist jedoch auch bei Einsätzen in Zusammenhang mit freiwerdenden Gefährlichen Stoffen und Gütern oder bei Menschenrettungen in engen, schlecht belüfteten Räumen (z. B. Silos, ▶ Kapitel 39.11) zu berücksichtigen.

Bild 19.3 Schutz vor Atemgiften:
- a umluftunabhängige Atemschutzgeräte der Feuerwehr
- b Brandfluchthauben für Betroffene eines Brandereignisses

Der Gefahr durch Atemgifte für die Einsatzkräfte kann durch das Anlegen von Atemschutz begegnet werden (▶ Kapitel 35). Je nach Atemgift und Einsatzlage kann umluftabhängiger oder umluftunabhängiger Atemschutz angelegt werden. Doch nicht nur die Einsatzkräfte sind vor Atemgiften zu schützen. Auch die Betroffenen müssen wirkungsvoll vor Atemgiften geschützt werden. Dies kann bei einer Menschenrettung während eines Brandeinsatzes beispielsweise durch das Anlegen von Brandfluchthauben erfolgen. Bei Hilfeleistungseinsätzen, bei denen Atemgifte auftreten, kann der Schutz von Nicht-Einsatzkräften durch die Festlegung (und Kennzeichnung!) eines Gefahrenbereiches und die konsequente Einhaltung und Umsetzung der Absperrgrenze erfolgen.

Nicht zu unterschätzen sind auch Schaulustige und Passanten. Einsätze der Feuerwehr ziehen Menschen immer in ihren Bann, sodass die Beachtung der eigenen Sicherheit im Umkreis von Einsatzstellen nicht immer erfolgt. Auch hier muss der Einsatzleiter notfalls in Absprache mit der Polizei eingreifen und einen Absperrbereich zum Schutz der Bevölkerung festlegen (z. B. bei Exposition der Schaulustigen durch Brandgase).

Immer wieder kommt es zu Einsätzen des Rettungsdienstes und der Feuerwehr zu unklaren Notfällen in Wohnungen, Gebäuden, Garagen und Kraftfahrzeugen. Hierbei muss – ebenso wie bei Nachlöscharbeiten – immer mit dem Atemgift Kohlenstoffmonoxid (CO) gerechnet werden. Ursache hierfür können Pyrolysegase, defekte Heizungsanlagen sowie auch das Grillen in geschlossenen Räumen sein. Abhilfe schaffen ein CO-Warner/-Messgerät sowie umluftunabhängiger Atemschutz.

Vor allem bei Biogasanlagen, in Klärwerken und in der Kanalisation kann Schwefelwasserstoff (H_2S) auftreten (▶ Kapitel 39.9). Schwefelwasserstoff ist ein Gas, das vor allem bei Fäulnisprozessen freigesetzt wird.

19.1.2 Ausbreitung

Ausbreitung bedeutet eine Lageänderung: Die Lage, welche die Einsatzkräfte beim Eintreffen an der Einsatzstelle vorfinden, verändert sich ohne Einsatz der Feuerwehr negativ. Die Schadenlage vergrößert sich also, ganz gleich ob es sich um einen Brandeinsatz oder eine Technische Hilfeleistung handelt.

Bei einem Brandeinsatz bedeutet dies, dass sich die Flammen unkontrolliert auf andere Bereiche, wie andere Gebäude- oder Anlagenteile, aber auch – bei Freiflächenbränden – andere Vegetationsflächen, ausbreiten. Allen diesen Bereichen und Flächen ist gemeinsam, dass sie bisher von den Flammen noch nicht erfasst worden sind.

Im Bereich der Technischen Hilfeleistung betrifft die Ausbreitung vor allem Einsätze mit Gefährlichen Stoffen und Gütern. In diesem Rahmen könnte sich die von ausgetretenen Gefahrstoffen kontaminierte Fläche vergrößern. Die Stoffe könnten beispielsweise über Vorfluter in Flüsse und Seen laufen oder auch durch die Kanalisation weiter verteilt werden. Treten Gase und Dämpfe (ggf. auch Rauchgase) aus, ist die Ausbreitung in der Atmosphäre zu berechnen, um weitere Auswirkungen auf Menschen, Tiere und die Umwelt abschätzen zu können.

Aber auch Flächenlagen, wie Starkregen und Sturm, müssen unter bestimmten Bedingungen unter dem Gefahrenstichwort »Ausbreitung« betrachtet werden. Das Augenmerk liegt hier jedoch eher auf dem Fokus der Ausdehnung. Der Einsatzleiter hat sich im Rahmen der Lageerkundung über das Ausmaß der betroffenen Fläche und die weiteren Auswirkungen der dynamischen Lage zu informieren.
Die Gefahr der Ausbreitung kann nur durch Einsatzmaßnahmen der Feuerwehr bekämpft werden.

Quelle: Archiv FF Filderstadt

Bild 19.4 Gefahr der Brandausbreitung über die Fassade durch Flammenüberschlag

19.1.3 Atomare (radioaktive) Gefahren

Der Begriff »Atomare (radioaktive) Gefahren« steht für Gefahren, die aufgrund von nuklearen Stoffen, Gasen und Dämpfen sowie Strahlung entstehen. Darunter sind alle Einsätze im Zusammenhang mit radioaktiven Strahlern sowie radioaktiven chemischen Stoffen zusammenzufassen. Radioaktive Stoffe können jedoch auch bei Transportunfällen auf Straße, Schiene, Schifffahrtsstraße oder im Flugzeug vorkommen. Diese Gefahr ist auch bei Einsätzen z. B. in der Industrie (z. B. Prüfstrahler zum Messen von Materialstärken) sowie in Arztpraxen und Krankenhäusern (z. B. Röntgengeräte, CT) nicht zu vernachlässigen.

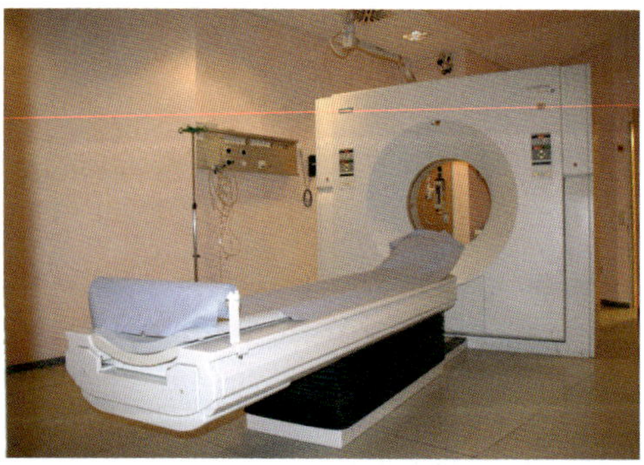

Bild 19.5 Gefahr von Röntgenstrahlung beim CT

Schutz gegen die Gefahr vor atomaren (radioaktiven) Gefahren bietet eine Schutzausrüstung, kombiniert mit entsprechender Messtechnik, sowie ein Vorgehen der Einsatzkräfte gemäß der FwDV 500 (▶ Kapitel 53 ff.). Der Gefahrenbereich bei vermuteten nuklearen Gefahren ist gemäß FwDV 500 so zu wählen, dass die Gamma-Dosisleistung außerhalb der Absperrgrenze nicht mehr als 25 µSv/h abträgt. Ansonsten ist der Gefahrenbereich im Radius von mindestens 50 Metern abzusperren. Auch bei nicht vorhandener Schutzausrüstung bietet die Einrichtung des Absperrbereiches sowie die Einhaltung des Abstandsgesetzes guten Schutz. Das Abstandsgesetz besagt: Die Dosis nimmt mit dem Quadrat der Entfernung ab. Das heißt, je weiter die Einsatzkräfte sich von der Strahlenquelle entfernen, desto geringer ist die Dosisleistung. Die »4-A-Regel« ist anzuwenden: Abstand vergrößern, Aufenthaltsdauer verkürzen, Möglichkeiten der Abschirmung nutzen sowie Rettungsgeräte und Anlagen zur Erzeugung ionisierender Strahlung abschalten (▶ Kapitel 61).

19.1.4 Angstreaktion

Unter Angstreaktion ist vor allem die Angst der von einer Schadenlage betroffenen Menschen zu verstehen. Dies ist verständlich, stellen Schadenlagen, die den Einsatz der Feuerwehr erfordern, doch eine physische und psychische Ausnahmesituation für die Betroffenen dar. Dies kann im Nachgang zu einem Schadenereignis zu einem so genannten Sündenbockphänomen führen (▶ Kapitel 1 und 19.4). An der Einsatzstelle ist die Angstreaktion der Betroffenen, die durchaus auch in einer panikähnlichen Situation münden kann, durch den Einsatzleiter in seine Einsatzplanung mit einzubeziehen. So ist bei einem Gebäudebrand mit einer Menschenrettung über Hubrettungsfahrzeuge genau die Reihenfolge der Rettung zu durchdenken (▶ Kapitel 29); gleichzeitig kann eine Beruhigung der Betroffenen, z. B. über Handmegafon, erfolgen.

Mit einer Angstreaktion der Betroffenen muss auch bei Amoklagen oder Terrorlagen sowie bei Einsätzen gerechnet werden, bei denen Angehörige an Einsatzstellen erscheinen. Auch hier ist eine Betreuung, ggf. unter Hinzuziehung von – je nach Verfügbarkeit und Lage – Rettungsdienst, Betreuungseinheiten, Kriseninterventionsteams oder auch der Polizei, angezeigt.

19.1.5 Chemische Gefahren

Ähnlich den Gefahren durch atomare (radioaktive) Stoffe treten Gefahren durch chemische Stoffe vor allem (und fast ausschließlich) bei Ereignissen im Zusammenhang mit Gefährlichen Stoffen und Gütern auf. Dies bedeutet, dass diese Gefahr vor allem bei Ereignissen in Industrie und Gewerbe sowie bei Transportunfällen (gleich welchen Verkehrsträgers) beachtet werden muss.

Die Gefahr durch chemische Stoffe muss aber auch bei Ereignissen in Bädern (Stichwort: Undichtigkeiten der Chlorgasanlage), Krankenhäusern (große Mengen Medikamente, medizinische Gase, Desinfektionsmittel), landwirtschaftlichen Anwesen (Düngemittelzersetzung, ▶ Abschnitt 39.9.2) und in anderen Gebäuden und Objekten beachtet werden. Bei Letzteren können beispielsweise Erdgasleitungen frei verlegt sein, die zerstört sein könnten (z. B. Brandausbreitung bei Brand in Tiefgarage).

Der Gefahr durch chemische Stoffe kann durch mehrere Maßnahmen begegnet werden. Am wichtigsten ist es, die Gefahr überhaupt zu erkennen. Dies geschieht vor allem durch die Kennzeichnung der Transportfahrzeuge, der Anlagen und/oder der Versandstücke (▶ Kapitel 55). Selbst wenn eine Feuerwehr keine

Bild 19.6 Einsatzkräfte unter Chemikalienschutzanzügen bei einem Chemieunfall

Bild 19.7 Durch die Kennzeichnung der Versandstücke können die Einsatzkräfte die Gefahr identifizieren.

Spezialausrüstung und -ausbildung für den Einsatz im Zusammenhang mit Gefährlichen Stoffen und Gütern hat, kann sie Erstmaßnahmen gemäß der GAMS-Regel (▶ Kapitel 58) durchführen. GAMS steht für

- Gefahr erkennen,
- Absperren,
- Menschenrettung durchführen,
- Spezialkräfte anfordern.

Das Erkennen der Gefahr erfolgt gerade durch die beschriebene Kennzeichnung. Es kann aber beispielsweise auch durch eine ungewöhnliche Färbung eines evtl. austretenden Rauches bzw. Dampfes Anhaltspunkte für das Vorhandensein von Gefährlichen Stoffen und Gütern geben. Absperren meint die Festlegung eines Sicherheitsbereiches von mindestens 50 Metern. Die Absperrgrenze muss – da sie gleichzeitig auch die Grenze zwischen dem kontaminierten und dem nicht kontaminierten Bereich darstellt – deutlich sichtbar gemacht werden, z. B. durch Absperrband (notfalls reicht auch eine Feuerwehrleine). Zum Absperren gehört es auch, einen dreifachen Brandschutz (also die Löschmittel Wasser, Pulver und Schaum – dies ist jedoch stoffabhängig und wird in der Regel vom Einsatzleiter angeordnet) an der Absperrgrenze aufzubauen. Der Trupp, welcher dafür eingeteilt wird, muss umluftunabhängigen Atemschutz tragen. Er muss zudem auf eine entsprechende Schlauchreserve achten, die notfalls bis zum Schadenobjekt reichen muss. Bei einer Menschenrettung muss unter Atemschutz (Pressluftatmer!) vorgegangen werden, sodass dies auch jede Feuerwehr, die mit einem TSF-W an der Einsatzstelle eintrifft, kann. Sofern vorhanden, sollen leichte Schutzanzüge getragen werden. Ausreichend Schutz in diesem Fall bietet jedoch auch moderne Brandschutzkleidung nach DIN EN 469. Letztlich sind vom Einsatzleiter die Spezialkräfte, also der gemäß der Alarm- und Ausrückeordnung zuständige Gefahrgutzug, anzufordern.

Bild 19.8 Beispiel für eine chemische Gefahr: Chlorgasflaschenbatterie in einem Hallenbad

Spezielle Maßnahmen sind in den ▶ Kapiteln 53 ff. ausführlich beschrieben.

19.1.6 Elektrizität

Elektrischer Strom ist aus der heutigen Gesellschaft nicht mehr wegzudenken. In fast allen Lebensbereichen sind die Menschen auf die Elektrizität angewiesen. Gerade im Einsatz geht von der Elektrizität jedoch eine große

Merke:

Solange die fünf Sicherheitsmaßnahmen nicht vollständig durchgeführt sind, gilt eine elektrische Anlage als spannungsführend.

Achtung:

Sind beim Freischalten NH-Sicherungen zu ziehen, ist dafür die geeignete Persönliche Schutzausrüstung zu tragen. Diese wird beispielsweise im Elektro-Werkzeugkasten mitgeführt.

Achtung:

Auf Aussagen der Betreiber, eine elektrische Anlage sei abgeschaltet, ist nicht einzugehen. In Hochspannungsanlagen gilt diese Aussage aufgrund der unkalkulierbaren Risiken auch für die Menschenrettung.

Gefahr aus, da der Mensch ohne Messgeräte nicht abschätzen kann, ob eine Gefahr besteht oder nicht. Abhängig von der Stromstärke besteht Lebensgefahr. So kann eine Stromstärke von > 80 Milliampere bereits zum Tod durch Herzkammerflimmern führen. Stromstärken ab 500 Milliampere sind in der Regel tödlich. Aber auch funktionelle Störungen des menschlichen Organismus sowie Verbrennungen sind durch den Strom möglich. Zudem können entstehende Lichtbögen bei unsachgemäßer Trennung elektrischer Leitungen nicht nur Verletzungen herbeiführen, sondern auch zu einer Brandausbreitung beitragen.

Unterschieden werden Wechselspannung und Gleichspannung. Bei der Wechselspannung ändert sich die Frequenz periodisch. Wechselspannung tritt vor allem in Hausinstallationen auf sowie im Fahrleitungsdraht der Eisenbahn. Gleichspannung kommt hingegen bei Photovoltaikanlagen (▶ Kapitel 39.12) sowie bei vielen Fahrleitungen von U- und Straßenbahnen vor. Für die Einsatzpraxis ist die Grenze zwischen <**Niederspannung**> und <**Hochspannung**> von Bedeutung. Diese Grenze liegt bei Wechselspannung bei 1 000 Volt und bei Gleichspannung bei 1 500 Volt.

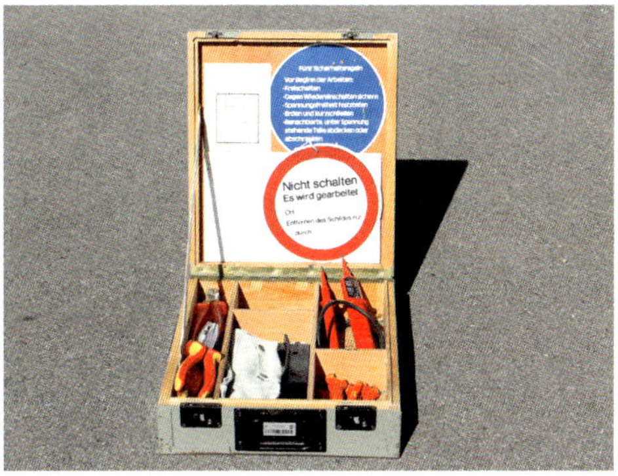

Bild 19.9 Feuerwehr-Elektrowerkzeugkasten

Grundsätzlich gelten elektrische Anlagen als spannungsführend bis die fünf Sicherheitsregeln durchgeführt worden sind:

- Freischalten,
- gegen Wiedereinschalten sichern,
- Spannungsfreiheit feststellen,
- erden und kurzschließen,
- benachbarte unter Spannung stehende Teile abdecken oder abschranken.

In Niederspannungsanlagen kann – mit Ausnahme bei Freileitungen, Fahrdrähten und Stromschienen – auf eine Erdung und ein Kurzschließen verzichtet werden. Die Sicherheitsmaßnahmen müssen mit Ausnahme der Hausinstallationen von einer Elektrofachkraft oder einer elektrotechnisch unterwiesenen Person durchgeführt werden. Bei Hochspannungsanlagen soll die Maßnahmen der Betreiber durchführen.

Solange eine elektrische Anlage nicht spannungsfrei ist, muss bei Einsätzen nach DIN VDE 0132 »Brandbekämpfung und Hilfeleis-

Achtung:

Sind Hochspannungsanlagen in abgeschlossenen elektrischen Betriebsräumen eingebaut, dürfen diese Räume nur in Begleitung von Elektrofachkräften des Betreibers betreten werden. Schalthandlungen dürfen nur Elektrofachkräfte (in der Regel des Betreibers) vornehmen.

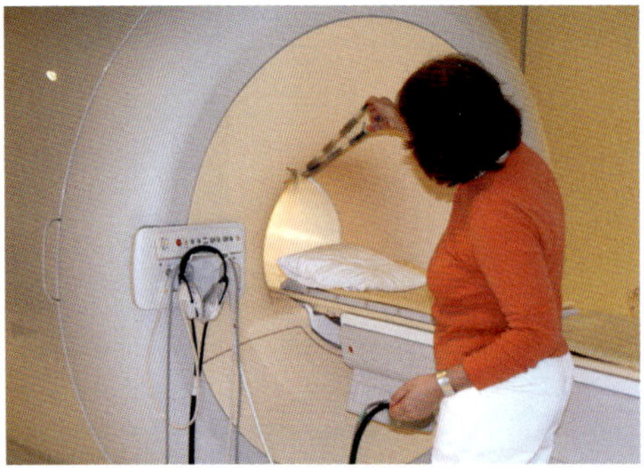

Bild 19.10 Starkes Magnetfeld beim Magnetresonanz-Tomografen (MRT)

tung im Bereich elektrischer Anlagen« vorgegangen werden (▶ Abschnitt 19.3). Dies bedeutet auch, dass Verletzte nach Stromunfällen, erst nach der vollständigen Abarbeitung der fünf Sicherheitsmaßnahmen sowie – bei Hochspannung – der Freigabe des Betreibers zu versorgen sind. Dabei sind die Patienten so schnell wie möglich von der Spannung zu trennen.

Zur Gefahr der Elektrizität gehören auch magnetische und elektromagnetische Felder. Im Sinne des Einsatzes ist hierunter vor allem die Wirkung des Magnetismus auf die feuerwehrtechnische Ausrüstung des vorgehenden Trupps zu verstehen. So erzeugen beispielsweise Magnetresonanz-Tomografen (MRT) in Krankenhäusern starke Magnetfelder. Diese können magnetische Ausrüstung (z. B. Atemluftflasche aus Stahl) anziehen und zu Verletzungen der Einsatzkräfte führen (▶ Kapitel 39.14).

Magnetresonanz-Tomografen erzeugen Schnittbilder des menschlichen Körpers. Sie sind von Computer-Tomografen zu unterscheiden, welche zwar auch Schnittbilder erzeugen, dafür aber die Röntgenstrahlung (Gefahr der ionisierenden Strahlung) nutzen.

Elektromagnetische Strahlung kann jedoch auch in der Nähe von Sende- und Antennenanlagen sowie in Untersuchungs- und Forschungsbereichen vorkommen. Dies betrifft vor allem auch Einheiten zur Speziellen Rettung aus Höhen und Tiefen. Solche Anlagen sind bei Einsätzen zur Gefahrenabwehr abzuschalten und gegen Wiedereinschalten zu sichern. Ist dies kurzfristig nicht möglich, sind besonders gekennzeichnete Räume nicht ohne Fachleute des Betreibers zu betreten und ein Sicherheitsabstand einzuhalten. Dieser liegt zwischen 50 Zentimetern (Mobilfunkanlagen) und 50 Metern (Fernsehsendern). Bei nicht oder nur mit einem Warnzeichen gekennzeichneten Antennen gibt ein Mindestabstand von nur 50 Zentimetern vor der Antenne als ausreichend. Wie bei Einsätzen im Zusammenhang mit radioaktiven Stoffen gilt jedoch auch hier die »3-A-Regel«: Der Abstand ist zu vergrößern, die Aufenthaltsdauer zu verkürzen und die Möglichkeiten zur Abschirmung zu nutzen.

Eine besondere Gefahr geht von Hausinstallationen aus. Die Einsatzkräfte kennen die Installation und die Schutzeinrichtungen in der Regel nicht. Bei einem Brandeinsatz ist daher für den Brandbereich regelmäßig die Sicherung der Hausinstallation zu entfernen. Bei Einsätzen im Bereich der Technischen Hilfeleistungen bergen Hausinstallationen die Gefahr eines fehlenden Schutzes vor den Gefahren der Elektrizität, da diese nur selten oder nie geprüft werden und auch fehlerhaft montiert sein können Die Feuerwehr nutzt daher grundsätzlich die eigene Stromquelle (Stromerzeuger), eigene geprüfte Leitungen und Geräte. Nur im Einzelfall, wenn es gar keine andere Möglichkeit gibt, sollte eine Hausinstallation unter Verwendung einer ortsveränderlichen Personenschutzeinrichtung mit erweiterten Schutzfunktionen (gekennzeichnet als PRCD-S) genutzt werden (▶ Abschnitt 19.4). Denn eine Sicherung schützt nur die Leitung; eine Personenschutzeinrichtung schützt den Menschen! Die Personenschutzeinrichtung muss über eine Fehlerstrom-, Schutzleiterbruch-, Schutzleiterspannungs- und eine Fremdspan-

Merke:

Die Feuerwehr nutzt grundsätzlich nicht vorhandene Hausinstallationen, sondern immer eine eigene Stromquelle, eigene Leitungen und eigenes Gerät.

Quelle: FF Filderstadt

Bild 19.11 Erstmaßnahme an einer Gebäudeeinsturzstelle muss das Verhindern von Folgeeinstürzen sein.

nungsüberwachung verfügen sowie mit einen Spritzwasserschutz des Gehäuses nach IP 54 ausgestattet sein.

Elektrische Betriebsmittel dürfen grundsätzlich nur in Bereichen betrieben werden, die nicht überflutet werden können – auch wenn eine Personenschutzeinrichtung verwendet wird.

19.1.7 Einsturz

Der Begriff »Einsturz« gilt als Oberbegriff für alle verwandten Ereignisse. Darunter ist also auch der Absturz bzw. das Herabstürzen von Teilen, Gegenständen und Objekten, ein Umfallen/Umbrechen oder Verschütten zu verstehen. Ein Einsturz kann durch eine Explosion, eine Brandeinwirkung, äußere Ursachen wie Sturm oder Verkehrsunfall (Fahrzeug prallt gegen Hauswand) oder eine Verschüttung auf einer Baustelle bzw. im Silo verursacht werden (▶ Kapitel 9 und 39.11).

Außer Explosionen (▶ Abschnitt 19.1.8) ist das Versagen von Bauteilen die Hauptursache von Einstürzen (▶ Kapitel 9). Dies kann mehrere Ursachen haben, beispielsweise Materialfehler, falsche Lastberechnungen, Unterspülungen durch Starkregen oder Überflutung. Auch die Brandeinwirkung kann Auswirkungen auf die Standfestigkeit haben (Abplatzungen mit Freilegung des Bewehrungsstahls bei Decken und Wänden, Schwächung einer Dachkonstruktion durch Abbrand oder Na-

Merke:

Bemerkt eine Einsatzkraft eine Einsturzgefahr, ist sofort der Einheitsführer zu informieren und der Rückzug anzutreten.

Bild 19.12 Gerätesatz Absturzsicherung

E

gelplattenbindern, Absturz von PV-Modulen). Bei drohenden Einstürzen sind die gefährdeten Bereiche zunächst vollständig zu räumen, abzusperren und ggf. abzustützen. Beim Einsatz ist ein entsprechender Trümmerschatten einzuhalten. Die gefährdeten Bereiche sind fortlaufend zu überwachen, um Lageveränderungen und damit einen drohenden Einsturz zu erkennen. Anzeichen können Knacken, Ächzen oder Rieselgeräusche sein, aber auch Rissbildungen, Durchbiegungen, Ausbuchtungen sowie klemmende Fenster und Türen.

Die ersten Maßnahmen an einer Einsatzstelle mit Einsturzgefahren müssen der Verhinderung von Folgeeinstürzen bzw. einer Schadenausweitung dienen. Dazu zählen vor allem das Verhindern von Erschütterungen und die (provisorische) Abstürzung von benachbarten Gebäudeteilen (▶ Kapitel 48). Auch das Abtragen einsturzgefährdeter Bauteile kann in Betracht kommen. Bei der Suche nach Verschütteten ist behutsam vorzugehen. Schweres Bergegerät sollte nur in begründeten Ausnahmefällen eingesetzt werden.

Bei der Gefahr des Absturzes oder der Verschüttung ist der Gerätesatz Absturzsicherung einzusetzen (▶ Kapitel 22 ff.). Zum Halten reicht ggf. auch der Feuerwehr-Haltegurt.

19.1.8 Explosion

Der Begriff Explosion gilt als Oberbegriff für eine heftig ablaufende chemische Reaktion. In der Regel handelt es sich dabei um eine Verbrennung, also um die Verbindung eines Stoffes mit Sauerstoff. Es gibt aber auch andere Reaktionen mit ähnlicher Erscheinung: meist ein Knall und eine zerstörerische Wirkung. Je nach Heftigkeit der Reaktion und des Mischungsverhältnisses zwischen Sauerstoff und brennbarem Stoff unterscheidet man noch **<Deflagration>** und **<Detonation>**. Bei der Deflagration befinden sich die beiden Stoffe in einem mehr oder weniger günstigen Mischungsverhältnis. An den Zündgrenzen verläuft die Deflagration in der Regel mit einem dumpfen Knall (Verpuffung). Bei der Detonation hingegen befinden sich der brennbare Stoff und der Sauerstoff in einem nahezu idealen Mischungsverhältnis, sodass die Folgen der Detonation umso stärker sind. Entscheidend für die Abbrandgeschwindigkeit und damit auch für die Explosionsfolgen ist die Oberfläche eines Stoffes.

Bild 19.13 Zerstörtes Wohngebäude nach einer Gasexplosion

Explosionen können verschiedene Ursachen haben. Bei explosionsgefährlichen Stoffen – gleich welchem Aggregatzustands – reicht bereits eine geringere Energiezufuhr aus, um eine Explosion auszulösen.

Auch Flüssigkeiten (genauer die Dampfphase über dem Flüssigkeitsspiegel) und Gase können zündfähige Gemische mit dem Luftsauerstoff bilden. Je höher die Temperatur der Flüssigkeit ist, desto stärker ist die Dampfbildung. Zur Beurteilung der Explosionsfähigkeit

Achtung:

Höchste Berstgefahr eines Druckgasbehälters besteht beim Ansprechen des Sicherheitsventils, beim Verfärben der Behälterlackierung oder bei einer plötzlichen Verformung. Es ist sofort der Rückzug anzutreten!

Tabelle 19.1 Abstände bei Explosionsgefahr von Druckbehältern für Flüssiggas

Behälterart	Volumen [m³]	Größte Lagermasse [kg]	Sicherheitsabstand für Einsatzkräfte unter Hitzeschutzkleidung [m]	Gefahrenbereich zur Räumung [m]
Druckgasflasche	< 0,08	33	15	50[a]
Druckgasbetriebene Kraftfahrzeuge	0,1	40	15	50[a]
Private Versorgungsanlagen, Kompaktanlagen	2,7 bis 4,9	1 200 bis 2 100	20	100[a]
Lkw, Einzelfahrzeuge bis 5 t Ladegewicht	6 bis 11	2 500 bis 5 000	75	150 bis 400[a]
Lkw mit Anhänger, Sattelzüge	20 bis 36	9 000 bis 16 000	100	150 bis 400[a]
Eisenbahnkesselwagen	62 bis 110	26 000 bis 46 000	150	200 bis 750[a]
Speicheranlagen, Binnenschiffe	< 250 < 1 000 > 1 000	100 000 43 000 43 000	200 300 500	300 bis 1 500 500 bis 2 000 800 bis 2 500

Zum Instellungbringen von Löschgeräten ist der Sicherheitsabstand gegebenenfalls zu unterschreiten.
[a] Die DGUV-Information 205-030 gibt einen lageabhängigen Gefahrenbereich von mindestens 260 m an!

Quelle: K.-H. Knorr, Gefahren der Einsatzstelle

Tabelle 19.2 Abstände bei Explosionsgefahr von Druckbehältern für Wasserstoff

Objekt	Primärer Räumungsradius [m]	Sekundärer Räumungsradius bei Berstgefahr [m]
Einzelflasche wasserstoffbetriebenes Fahrzeug	50	100
Flaschenbatterie (auch auf Trailer)	150	400
»Jumbo-Tube-Trailer« (Flüssigwasserstoff-Transportfahrzeug)	200	7500

sind der Flammpunkt und der Zündbereich mit der unteren und der oberen Explosionsgrenze (UEG/OEG) wichtig (▶ Kapitel 7).

Ist ein Aufenthalt in einem explosionsgefährlichen Bereich notwendig, sind nur so viele Kräfte wie nötig einzusetzen, deren Aufenthaltsdauer so kurz wie möglich gehalten werden sollte. Geeignete Schutzkleidung ist zu tragen; geeignete Löschmittel sind bereit zu halten. Als primärer Explosionsschutz sollte für eine ausreichende Belüftung gesorgt werden. Zudem sollen Zündquellen so weit wie möglich ausgeschlossen werden (»sekundärer Explosionsschutz«) – dies gilt umso mehr für die Einsatzmittel der Feuerwehr, die für den Einsatz in explosionsgefährdeten Bereichen geeignet sein müssen.

Durch die Ausdehnung von Gasen bei Erwärmung kann es zu einem Druckgefäßzerknall kommen, bei dem Behälterteile mehrere 100 Meter weit geschleudert werden können. Die Druckgasbehälter sollten aus der Deckung mit Rohren großer Reichweite gekühlt werden. Dazu sollten vor allem unbemannte Wasserwerfer eingesetzt werden. Bei Druckgasflaschen kann auch ein Wasserbad in einem

Container, Bach oder einem (provisorischen) Becken zum Einsatz kommen (erst kühlen, dann bewegen!). Als Zieltemperatur beiM kühlen gilt laut DGUV-I 205-030 50 °C. Acetylen-Druckgasflaschen dürfen nicht bewegt werden und müssen unter Umständen mehrere Tage lang gekühlt werden (mindestens aber eine Stunde!). Hier gilt laut DUGV-I 205-029 ein lageabhängiger Mindest-Gefahrenbereich von 200 Metern. Acetylen ist chemisch instabil und neigt bereits ab etwa 160 °C zur spontanen Zersetzung. Diese kann auch durch einen heftigen Schlag oder Stoß einsetzen. Die Besonderheit bei Acetylen ist, dass der Stoff auch bei Kühlung nicht in einen stabilen Zustand zurück geht, sondern sich die Zersetzung fortsetzt.

Der Gefahrenbereich bei einer Brandeinwirkung auf Druckgasbehälter ist in ▶ Tabelle 19.1 dargestellt. Zu beachten ist, dass sich an den Druckbehälterzerknall in der Regel stets eine Explosion des freigesetzten verflüssigten Gases anschließt. Bei diesem Vorgang handelt es sich um einen < **BLEVE** > (Boiling Liquid Expanding Vapour Explosion). Es handelt sich also um eine Explosion, der aus der siedenden Flüssigkeit austretenden Dämpfe.

Staubexplosion

Werden staubförmige Stoffe in der Nähe einer Zündquelle aufgewirbelt, kann es aufgrund der extrem großen Oberfläche des Staubes zu einer Staubexplosion kommen. Je nach Stoff reichen sogar wenige Gramm des Staubes, um in einem Kubikmeter Luft ein zündfähiges Gemisch entstehen zu lassen. In Staubform können auch Stoffe explodieren, die in kompakter Form ungefährlich sind. Manche Leichtmetalle können sich in Staubform auch selbst entzünden (pyrophore Stoffe). Staubexplosionen können beispielsweise von Zucker, Mehl, Holz, Kohle oder Leichtmetall ausgehen (▶ Kapitel 39.14).

Bild 19.14 Fettexplosion

> **Achtung:**
>
> Bei Stäuben darf kein Vollstrahl eingesetzt werden, da dieser den Staub aufwirbelt und somit die Gefahr einer Staubexplosion droht.

Um eine Staubexplosion zu vermeiden, gelten neben den allgemeinen Maßnahmen vor allem folgende Punkte:

- Staub darf nicht aufgewirbelt werden,
- ggf. ist die Oberfläche des Stoffes mit Sprühstrahl vorsichtig zu benetzen, um den Staub zu binden,
- Zündquellen sind fernzuhalten.

Eine andere, besondere Form der Explosion ist die so genannte Fettexplosion. Hierbei handelt es sich zwar weniger um eine Explosion als solches; die Auswirkungen sind jedoch vergleichbar (zu beachten ist auch die Gefahr der Ausbreitung!). Eine Fettexplosion tritt auf, wenn Wasser in eine siedende, wasserunlösliche Flüssigkeit (z. B. Öle, Fette) gelangt. Das Wasser dringt in die tieferen Schichten der Flüssigkeit ein und wird schlagartig auf die Flüssigkeitstemperatur erhitzt. Dabei verdampft das Wasser, möglicherweise mit einem kurzen Siedeverzug, unter einer erheblichen Volumenvergrößerung schlagartig und reißt die Flüssigkeitströpfchen mit. Brennt die wasserunlösliche Flüssigkeit bereits, kommt es zum abrupten Abbrennen der herausgeschleuderten Flüssigkeitströpfchen in Form eines »Feuerballs«.

19.1.9 Erkrankung/Verletzung

Unter diesen Gefahren sind vor allem die Gefahren für den Betroffenen selbst und weniger für die Einsatzkräfte zu verstehen. So sind neben einer allgemeinen medizinischen Erstversorgung, die alle Feuerwehrangehörigen im Rahmen der ersten Hilfe leisten können müssen, vor allem die Funktion der Vitalfunktio-

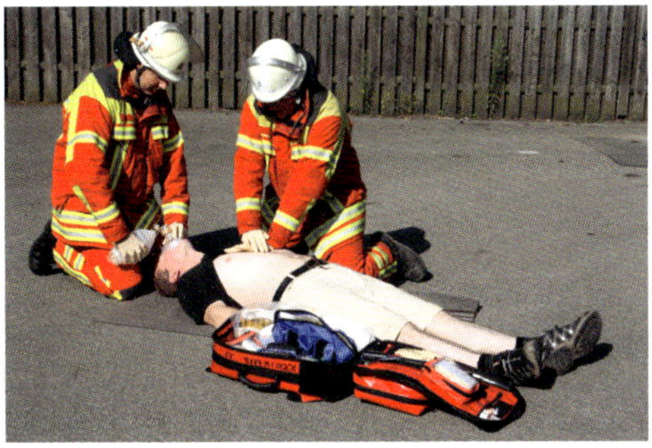

Bild 19.15 Medizinische Erstversorgung durch Feuerwehrangehörige bei einer Erkrankung/Verletzung

nen (Atmung, Bewusstsein, Kreislauf) sicherzustellen.
Für die Einsatzkräfte selbst ist diese Gefahr als Infektionsschutz zu sehen. Sie müssen sich vor einer Infektion durch Blut und/oder Sekrete eines Patienten oder vor Pandemien schützen. Dazu können präventive Impfungen (z. B. Hepatitis, Grippeschutz) oder auch Infektionsschutzmaßnahmen (z. B. Einweghandschuhe, Beatmungshilfen) dienen.

19.2 Annäherung an elektrische Anlagen

Das Berühren von sowie die Annäherung an elektrische Anlagenteile ist immer gefährlich. Die DIN VDE 0105 (kurz: VDE 0105) gibt in Teil 100 Mindestabstände zur Annäherung beim Erkunden und Retten in der Nähe spannungsführender Anlagenteile vor (▶ Tabelle 19.3). Werden diese Mindestabstände unterschritten, darf eine Menschenrettung nicht

Merke:

Bei unbekannter Spannung ist ein Mindestabstand von 5 m zu spannungsführenden Teilen einzuhalten.

Merke:

Die Mindestabstände für die Annäherung an spannungsführende Teile gelten auch bei der Annäherung von Hubrettungsfahrzeugen, Kränen, Wechselladerfahrzeugen, Lichtmasten und tragbaren Leitern!

Achtung:

Werden die Mindestabstände unterschritten, darf auch keine Menschenrettung durchgeführt werden!

Merke:

Der Mindestabstand zu abgerissenen, unter Spannung stehenden Freileitungen beträgt 20 Meter.

Tabelle 19.3 Mindestabstände bei der Annäherung an spannungsführende Teile

Spannung	Mindestabstand [m]
Niederspannung (< 1000 V AC/1500 V DC)	1
Hochspannung	
1 kV bis 110 kV	3
110 kV bis 220 kV	4
220 kV bis 380 kV	5
Eisenbahn	
Oberleitung Deutsche Bahn 15 kV	1,5

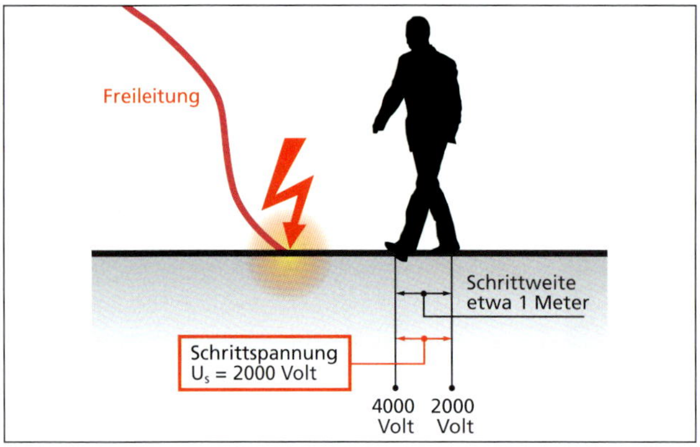

Bild 19.16 Bei der Schrittspannung kann ein hoher Strom den Körper durchfließen und zu lebensgefährlichen Verletzungen führen.

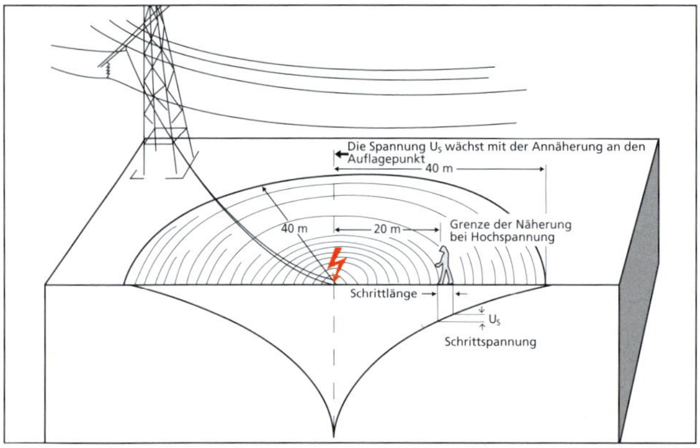

Bild 19.17 Mindestabstand 20 Meter: Der Spannungstrichter wächst mit der Annäherung an den Auflagepunkt.

durchgeführt werden. Zu einer Oberleitung der Deutschen Bahn, die mit einer Spannung von 15 kV betrieben wird, darf nach Angaben des Notfallmanagements der Deutschen Bahn der Mindestabstand auf 1,5 Meter reduziert werden. Allerdings geht auch von einer abgeschalteten Oberleitung eine Gefahr aus, da eine Restspannung von 7 kV anliegen kann. Daher sind Oberleitungen grundsätzlich vor und hinter der Einsatzstelle zu erden.

Bei Freileitungen ist zu beachten, dass diese Leitungen bei Wind schwingen können und sich so den Einsatzkräften annähern und den bisher eingehaltenen Mindestabstand unterschreiten können. Dies ist bei der Festlegung des Mindestabstandes von den Einsatzkräften zu beachten.

Berührt eine unter Spannung stehende Freileitung das Erdreich, so kann sich ein so genannter Spannungstrichter ausbilden. Die Spannung wächst mit der Annäherung an den Auflagepunkt. Problematisch ist hierbei vor allem die Schrittspannung, da dabei ein hoher Strom den Körper durchfließen und zu lebensgefährlichen Verletzungen führen kann. Allgemein gilt ein Sicherheitsabstand zu auf der Erde liegenden Freileitungen von 20 Metern (in einigen Ländern für abgerissene Bahnoberleitungen auch nur zehn Meter). Dieser Abstand ist immer einzuhalten. Muss ggf. im Einsatz ein solcher Spannungstrichter verlassen werden, darf dies nie gehend, sondern nur hüpfend erfolgen, um eine Schrittspannung zu vermeiden.

19.3 Sicherheitsabstände für elektrische Anlagen nach VDE 0132

Für die Brandbekämpfung und die Technische Hilfeleistung in elektrischen Anlagen, die unter Spannung stehen, gelten die Vorschriften der DIN VDE 0132 (kurz: VDE 0132). Grund-

Tabelle 19.4 Sicherheitsabstände für die Brandbekämpfung bei elektrischen Anlagen

Löschmittel	Gerät	Brandklasse	Mindestabstand zwischen Löschmittelaustritt und unter Spannung stehenden Anlagenteilen				
			Niederspannung (1 000 V AC bzw. 1 500 V DC)	Hochspannung			
				30 kV	110 kV	220 kV	380 kV
Wasser	CM-Strahlrohr (Sprühstrahl)	A	1	3	3	4	5
	CM-Strahlrohr (Vollstrahl)	A	5	5	6	7	8
	C-Hohlstrahlrohr (Sprühstrahl) [2]	A	1	nur mit geprüftem Hohlstrahlrohr			
	C-Hohlstrahlrohr (Vollstrahl) [2]		5	nur mit geprüftem Hohlstrahlrohr			
	Tragbare Wasserlöscher	A	Verwendungshinweise auf den Löschern beachten				
Schaum	Schaumrohre S2/S4/S8	A, B	Einsatz nur in spannungsfreien Anlagenteilen				
	Druckluftschaum [2]	A, B	Abstand wie Strahlrohr mit Wasser; bei Schaumteppich darf der Einsatz nur in spannungsfreien Anlagen erfolgen				
	Tragbare Schaumlöscher	A, B	Verwendungshinweise auf den Löschern beachten	Einsatz nur in spannungsfreien Anlagenteilen			
Pulver	Pulverlöscher »P«	B, C	1	3	3	4	5
	Pulverlöscher »PG«	A, B, C	1	Einsatz nur in spannungsfreien Anlagenteilen			
	Pulverlöscher »PM«	D	1	Einsatz nur in spannungsfreien Anlagenteilen			
Kohlenstoffdioxid	CO_2-Löscher	B oder C	1	3	3	4	5

a Die Angaben für die CM-Strahlrohre gelten bei einem Fließdruck von 5 bar. Wird dieser überschritten, muss der Mindestabstand in Hochspannungsanlagen um 2 Meter vergrößert werden.

b Müssen BM-Strahlrohre eingesetzt werden, vergrößert sich der Mindestabstand bei Verwendung mit Mundstück um 5 Meter, ohne Mundstück um 10 Meter.

sätzlich dürfen Löscharbeiten in elektrischen Anlagen, gerade größeren Umfangs, nur in Absprache mit dem Betreiber vorgenommen werden, da es durch den Löschmitteleinsatz zu einem Kurzschluss in der Anlage kommen kann. Daher sollten leitfähige Löschmittel möglichst nicht verwendet werden. Anzustreben ist immer, die Anlage spannungsfrei zu schalten. Ist dies nicht der Fall können die in ▸ Tabelle 19.4 aufgezählten Löschmittel mit dem jeweils genannten Mindestabstand in elektrischen Anlagen eingesetzt werden. Niederspannung wird definiert bis 1 000 Volt AC (Wechselstrom) bzw. 1 500 Volt DC (Gleichstrom); Hochspannung liegt jeweils darüber. Der elektrotechnische Begriff der Mittelspan-

E

Merke:

Für Hohlstrahlrohre gilt – sofern sie nicht eigens geprüft sind – bei Einsätzen in Niederspannungsanlagen: Mindestabstand 1 m mit einem Sprühstrahl bei einem Mindestsprühwinkel von 30 Grad, Vollstrahl: 5 m.

Merke:

Merkregel für den Einsatz von CM-Strahlrohren in elektrischen Anlagen
N – 1 – 5 – H – 5 – 10
Niederspannung: Sprühstrahl: 1 m, Vollstrahl: 5 m
Hochspannung: Sprühstrahl: 5 m, Vollstrahl: 10 m

Achtung:

Schaum ist grundsätzlich nur in spannungsfreien Anlagen einzusetzen!

nung gilt einsatztaktisch als Hochspannung.

Der Einsatz von Wasser-/Schaummittel-Gemisch (Klasse-A-Schaummittel, so genanntes Netzwasser) ist bisher in der DIN VDE 0132 nicht geregelt. Aus diesem Grund wurden 2014 umfangreiche Versuche der vfdb durchgeführt. Das Ergebnis: Im Bereich von Niederspannungsanlagen bis 1 000 Volt AC bestehen bei einem Abstand von einem (Sprühstrahl) bzw. fünf Metern (Vollstrahl) keine Bedenken gegen den Einsatz von Klasse-A-Schaummitteln oder auch von »nassem« Druckluftschaum – beides ausgebracht mittels Hohlstrahlrohr.

19.4 Einsätze in überfluteten Bereichen – Gefahr durch Elektrizität

Die Feuerwehren werden nach Starkregen- oder Hochwasserereignissen häufig zum Auspumpen von Kellern und Tiefgaragen alarmiert. Dabei besteht die Gefahr, dass elektrische Anlagenteile noch unter Spannung und in Verbindung zum elektrisch gut leitfähigen Wasser stehen. Bei solchen Einsätzen gilt es, folgende Punkte zu beachten:

- Auch unter Wasser stehende Verteilerschränke und Hausanschlusskästen können weiter Spannung führen.
- Es kann auch bei unter Wasser stehenden elektrischen Anlagenteilen zu einer Ausbildung eines Spannungstrichters kommen.
- Auch die Wasserfläche an sich, kann aufgrund der guten Leitfähigkeit von Wasser unter Spannung stehen. Daher sollte die Wasserfläche nicht betreten werden und ein Mindestabstand von einem Meter (▶ Abschnitt 19.2) eingehalten werden.
- Überflutete Bereiche – wie Keller – sind erst nach der Freischaltung zu betreten. Befindet sich die Stromverteilung (z. B. Zähler-/Sicherungsschrank) im überfluteten Bereich, dürfen Schalter, Sicherungen und Stecker nicht betätigt bzw. gezogen werden. Die Freischaltung muss der Netzbetreiber durchführen!
- Grundsätzlich keine Gehäuse und Metallteile berühren.
- Die Freischaltung des Objekts durch das Energieversorgungsunternehmen bestätigen lassen.
- Grundsätzlich nicht die Hausinstallation zur Stromversorgung nutzen, sondern den Stromerzeuger, Leitungen und Geräte der Feuerwehr!
- Der Stromerzeuger sollte auf der Erde betrieben werden.
- Sollte die Nutzung des eigenen Feuerwehr-Stromerzeugers im Ausnahmefall nicht möglich sein, muss eine ortsveränderliche Personenschutzeinrichtung mit erweiterten Schutzfunktionen (PRCD-S; ▶ Abschnitt 19.1.6) verwendet werden.
- Die Personenschutzeinrichtung ist möglichst nah an der Stromentnahmequelle installieren.
- Elektrische Betriebsmittel dürfen grundsätzlich nur in Bereichen betrieben werden,

Merke:

Zu möglicherweise unter Spannung stehenden überfluteten Bereichen ist ein Mindestabstand von 1 m einzuhalten.

Merke:

Auf dem Markt gibt es Spannungswarner, welche gefährliche elektrische Spannungen in Wasser erkennen und optisch bzw. akustisch ein Warnsignal abgeben. Wichtig ist, dass diese Spannungswarner dem Prüfgrundsatz GS-ET-43 der BG-ETEM entsprechen, da ein ordnungsgemäßer Betrieb sonst nicht garantiert ist. In der Bedienungsanleitung ist zuvor nachzulesen, in welchem Umfeld um den Messsensor eine elektrische Spannung durch den Spannungswarner erkannt wird.

die nicht überflutet werden können – auch wenn einr Personenschutzeinrichtung verwendet wird.
- Auch die Personenschutzeinrichtung darf nur in nicht überfluteten Bereich betrieben werden.
- Die Personenschutzeinrichtung darf nur mit der bloßen Hand, nicht jedoch mit Handschuhen eingeschaltet werden.
- Eine elektrische Tauchpumpe darf nicht an der elektrischen Anschlussleitung zu Wasser gelassen werden. Der Anlaufkondensator der Tauchpumpe (Metallgehäuse – soweit vorhanden) darf nicht ins Wasser gelegt werden.

19.5 Gefahr durch Hochvolt-Fahrzeuge

Elektrofahrzeuge sind immer stärker verbreitet. Damit Hochvoltfahrzeuge (vgl. (▶ Kapitel 47) überhaupt mit einer für den Fahrer akzeptablen Leistung angetrieben werden können, sind Elektromotoren erforderlich, die mit teilweise sehr hohen Spannungen arbeiten. Bei Systemen und Bauteilen, die in Fahrzeugen oberhalb von 25 Volt Wechselspannung (AC) oder 60 Volt Gleichspannung (DC) betrieben werden, spricht man von Hochvoltsystemen bzw. -fahrzeugen. Als Hochvoltfahrzeuge werden daher in der Regel alle Kraftfahrzeuge mit elektrischen Antriebssystemen und/oder elektrischen Komponenten bezeichnet. Darunter fallen
- Fahrzeuge mit Hybridantrieb,
- Fahrzeuge mit reinem Elektroantrieb und
- Fahrzeuge mit Brennstoffzellen.

Bild 19.18 Personenschutzeinrichtungen dürfen nur mit bloßen Händen eingeschaltet werden!

Bild 19.19 Hochvoltfahrzeuge sind meist durch Aufschriften gekennzeichnet.

Achtung:

Hochvoltfahrzeuge haben in der Regel neben dem Hochvoltnetz auch ein normales Zwölf-Volt-Bordnetz.

E

Bild 19.20 Einbauort der Hochvoltbatterie mit Warnhinweis. Der Pfeil markiert den Standort des Interlock-Steckers.

19.5.1 Hybridantrieb

Fahrzeuge mit Hybridantrieb verfügen über zwei unterschiedliche Energiespeicher und damit zwei unterschiedliche Antriebsmotoren. Die übliche Kombination sind ein Verbrennungs- und ein Elektromotor. Dies wird als paralleler Hybridantrieb bezeichnet, der sich wiederum in Mini-, Mild- und Strong-Hybrid aufteilt. Beim so genannten Mild-Hybridantrieb dient der Elektromotor zur Unterstützung des Verbrennungsmotors – ein Antrieb allein über den Elektromotor ist aufgrund der Elektromotorleistung nicht oder nur eingeschränkt möglich. Ein Fahren durch Elektroantrieb ist nur bei den Voll- oder Strong-Hybridantrieben möglich. Bei diesem System können sowohl der Elektro- wie auch der Verbrennungsmotor zum Fahrantrieb genutzt werden.

19.5.2 Fahrzeug mit Elektroantrieb

Fahrzeuge mit Elektroantrieb verfügen nur über einen Elektromotor zum Antrieb. Die elektrische Energie liefert ausschließlich eine Hochvoltbatterie.

19.5.3 Brennstoffzellenfahrzeuge

Bei Brennstoffzellenfahrzeugen handelt es sich praktisch um batteriebetriebene Elektrofahrzeuge. Bei diesem Fahrzeugtyp erfolgt der Antrieb

Bild 19.21 Beispiel für die Verlegung der Hochvoltleitung an einem Elektrofahrzeug. Im kleinen Bild ist der Querschnitt durch eine Hochvoltleitung zu sehen. Hochvoltleitungen sollen nicht geschnitten werden.

Bild 19.22 Hochvoltbatterie mit demontierter Abdeckung

des Elektromotors ebenfalls über eine Hochvoltbatterie, welche über die mit Wasserstoff betriebene Brennstoffzelle aufgeladen wird.

19.5.4 Komponenten des Hochvoltnetzes

Das Hochvoltnetz eines Hochvoltfahrzeuges umfasst in der Regel, jedoch je nach Fahrzeugart und -typ unterschiedlich, folgende Komponenten:

- integrierter Motorgenerator,
- Hybrid- und Motorsteuersystem,
- rekuperatives Bremssystem,
- Hochvoltbatterie und Batteriemanagement,
- DC-/DC-Wandler,
- Hochvoltnetz.

In der Regel verfügen die heute auf dem Markt befindlichen Hochvoltfahrzeuge über Drehstrommaschinen, die sowohl als Antriebsmotor als auch als Generator genutzt werden können. Im Generatorbetrieb erzeugen die Drehstrommaschinen einen Drei-Phasen-Wechselstrom (Drehstrom) zum Laden der Hochvoltbatterie, vergleichbar mit einer konventionellen Lichtmaschine. Allerdings liegen die Spannungen bei den Hochvoltfahrzeugen deutlich über denen, die eine konventionelle Lichtmaschine erzeugt. Wenn die Drehstrommaschine als Antriebsmotor genutzt wird, muss sie mit einer Drei-Phasen-Wechselspannung gespeist werden. Zur Drehzahlsteuerung wird die Frequenz der Spannung variiert. In der einfachsten Bauform (häufig beim Mild-Hybridantrieb) wird der integrierte Motorgenerator zwischen dem Verbrennungsmotor und dem Getriebe eingebaut. So kann der Elektromotor beim Anfahren und Beschleunigen den Verbrennungsmotor unterstützen. Bei aufwändigeren Hybridantrieben (z. B. Strong-Hybridantrieb) sind ein oder mehrere Motorgeneratoren im Getriebe integriert.

Der Inventer (Umwandler) wandelt die Drei-Phasen-Wechselspannung des Generators in eine Gleichspannung zum Laden der Hochvoltbatterie um. Im umgekehrten Fall der Nutzung der Drehstrommaschine als Antriebsmotor wandelt der Inverter die Gleichspannung der Hochvoltbatterie in die benötigte Drei-Phasen-Wechselspannung um.

Die in der Hochvoltbatterie anliegende Spannung ist Gleichspannung.

Die einzelnen Zellen der Hochvoltbatteriemodule sind in Reihe geschaltet, damit sich die für den Antrieb benötigte Spannung durch Aufsummieren der einzelnen Batteriezellen ergibt. Durch in die Batterie integrierte Sicherheitseinrichtungen (es sind mindestens zwei integrierte Trennrelais vorhanden) wird nach Herstellerangaben gewährleistet, dass nur bei eingeschalteter Zündung Spannung an den Kontakten der Batterie anliegt. Zudem kann der Stromkreis in der Hochvoltbatterie durch den Service-Trennstecker galvanisch getrennt werden. Bei einem Unfall wird die Hochvoltbatterie in der Regel automatisch vom Hochvoltnetz des Fahrzeuges getrennt.

Alle Hochvoltfahrzeuge verfügen außer der Hochvoltbatterie auch über eine »normale« Zwölf-Volt-Fahrzeugbatterie, die auch in jedem konventionellen Pkw zu finden ist, um Scheibenwischer und Beleuchtung zu betreiben. Im DC-/DC-Wandler wird die Hochvoltspannung der Hochvoltbatterie zum Laden der Zwölf-Volt-Batterie abgesenkt.

Bei Hochvoltfahrzeugen können aber außer den reinen Antriebskomponenten auch weitere Aggregate und Systeme mit Hochvoltspannung betrieben werden, z. B. Klimaanlage, Lenkhilfe, Bremskraftverstärker und Heizung. Bei Hochvoltfahrzeugen, die nicht über einen zusätzlichen Verbrennungsmotor verfügen, ist es sogar erforderlich, alle Systeme, die in konventionellen Fahrzeugen über den Verbrennungsmotor angetrieben werden, vollständig elektrisch zu betreiben.

E

Das Hochvoltnetz ist vollständig vom restlichen elektrischen Bordnetz (zwölf Volt) getrennt. Die einzige Schnittstelle ist der DC-/DC-Wandler. Nach Firmenangaben betragen die Hochvoltspannungen bei Serienfahrzeugen derzeit im Regelfall etwa 500 Volt, 1 000 Volt werden nicht erreicht. Die höchste Spannung eines Serienfahrzeuges beträgt aktuell zirka 800 Volt.

19.5.5 Erkundung und Gefahrenabschätzung

Außer den allgemeinen Gefahren bei Einsätzen an Kraftfahrzeugen (u. a. Brandgefahr, Gefahr durch fließenden Verkehr, Gefahren durch die [unbekannte] Lage von Systemkomponenten wie Airbags und Gasgeneratoren) liegt bei Hochvoltfahrzeugen vor allem die Gefahr durch elektrischen Strom vor.

Der Einsatzleiter muss, wie bei jedem anderen Einsatz im Zusammenhang mit Kraftfahrzeugen auch, umfassend die Lage erkunden. Hochvoltfahrzeuge sind oft über Aufkleber oder Typenschilder auf der Karosserie (und teilweise im Motorraum) zu erkennen. Zudem sind Komponenten im Motorraum wie auch die Hochvoltbatterie mit weiteren Aufklebern »Warnung vor gefährlicher elektrischer Spannung« oder dem Schriftzug »Danger!« markiert. Ein Hinweis könnte auch eine elektrische Ladesteckdose sein. Die Hochvoltleitungen sind in Signalorange ausgeführt und laufen oft am Fahrzeugboden und/oder in den Schwellern. Die Rettungskarten (▶ Kapitel 47) geben Hinweise auf die Lage der Komponenten.

Die Hochvoltfahrzeuge sind in der Serie als hochvolteigensicheres Fahrzeug ausgeführt. Das bedeutet, dass durch technische Maßnahmen am Fahrzeug für den Kundendienstmonteur, aber auch für die Einsatzkräfte, ein vollständiger Berührungs- und Lichtbogenschutz gegenüber dem Hochvoltsystem gewährleistet ist. Die Spannung an den Batteriekontakten liegt nur bei eingeschalteter Zündung an. Ein Trennrelais schaltet nach einem Unfall mit Airbagauslösung über einen Unfalltrennschalter die Spannung unmittelbar an der Batterie ab. Die Einsatzkräfte sollten zusätzlich jedoch die Zündung abstellen und den Zündschlüssel abziehen.

> **Merke:**
>
> Im Verkehrsunfallkasten sind gemäß der aktuellen Norm elektrisch isolierende Schutzhandschuhe und eine Isolierdecke zum Abdecken von Bauteilen vorhanden.

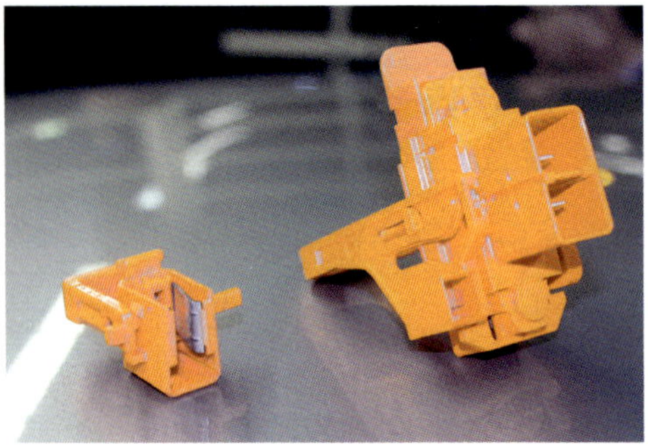

Bild 19.23 Beispiele für den »Disconnect«: Sie trennen die Hochvoltbatterie galvanisch.

Eine galvanische Trennung der Hochvoltbatterie kann manuell über den Service-Trennstecker (»Disconnect«) erfolgen. Leider ist dieser Stecker oft sehr unzugänglich eingebaut (▶ Bild 19.23), beispielsweise im Kofferraum.

Die fünf Sicherheitsmaßnahmen (▶ Abschnitt 19.1.6) gelten für alle Arbeiten an Hochvoltfahrzeugen, theoretisch also auch für den Rettungseinsatz der Feuerwehr, wobei in diesem Fall die Regeln vermutlich nicht oder nur teilweise umsetzbar sind. Zu beachten sind die Besonderheiten bei folgenden Punkten:

- Spannungsfreiheit herstellen: Alle spannungsführenden Leitungen müssen abgeschaltet werden. Die Zündung ist auszuschalten. Die Zwölf-Volt-Batterie ist, wie bei jedem anderen Einsatz auch, abzuklemmen, damit das Steuerrelais des Hochvoltsystems nicht mehr funktioniert. Sofern eine Elektrofachkraft vor Ort ist, Service-Trennstecker (sofern zugänglich) an der Hochvoltbatterie ziehen.
- Gegen Wiedereinschalten sichern: Zündschlüssel, Service-Trennstecker müssen an

Merke:

Beim Brand von Lithium-Ionen-Batterien kann unter Umständen Flusssäure freigesetzt werden. Das Löschwasser wird dann in die Wassergefährdungsklasse 3 eingestuft und muss aufgefangen werden. Aufgrund des Verdünnungseffektes kann das kontaminierte Löschwasser nach derzeitigem Kenntnisstand über die Kanalisation der Kläranlage zugeführt werden. Bei Bedenken, offenen Fragen oder unklaren Lagen sollte immer die Kläranlage und/oder die Untere Wasserbehörde informiert werden. Der Abfluss in offene Gewässer oder in Sickerflächen gilt es dagegen – wie immer beim Löschwasser – zu verhindern.

einem sicheren Ort (z. B. Hosentasche) aufbewahrt werden.
- Keinesfalls erden!

Bei mechanischer oder thermischer Belastung oder Überladung kann es in der Hochvoltbatterie, insbesondere in der Lithium-Ionen-Batterie, zu einem Kurzschluss mit anschließendem Brand kommen. Als Löschmittel bewährt hat sich Wasser (ohne Löschmittelzusätze wie Mehrbereichsschaummittel o. Ä.). Auch bei Fahrzeugen mit Brennstoffzellen ist ein Austritt bzw. ein Brand von Wasserstoff möglich. Alternative Löschmittel – gerade bei Metallbränden – sind trockener Sand und Metallbrandpulver. Beide haben jedoch keine kühlende Löschwirkung, sodass die Reaktion zwischen Lithium und organischen Bestandteilen innerhalb der Batterie nicht unterbunden werden wird. Versuche eines Herstellers von Hochvoltbatterien wie auch der Dekra [1] haben gezeigt, dass Löschmittelzusätze wie beispielsweise »Cold Metal«, »Firesorb« oder eine dreiprozentige Mischung des Sonderlöschmittels »F-500« in Wasser, möglichst unter Druck aufgebracht, sowie »PyroBubbles« gute Löschergebnisse bringen. Gleichwohl eignet sich auch Wasser zur Brandbekämpfung. Bei der Brandbekämpfung sind die Mindestabstände nach VDE 0132 einzuhalten. Eine Brandbekämpfung an Hochvoltbatterien ist nur erfolgreich, wenn das Löschmittel, also in der Regel Wasser, direkt in (!) die Batterie gelangt; ein äußeres Wässern der Hochvoltbatterie bietet keinen Löscherfolg. Besonders bewährt hat sich dabei bei Bränden von Elektrofahrzeugen die spezielle e-Löschlanze. Durch den Einsatz der e-Löschlanze kann ein Batteriebrand nach wenigen Minuten nachhaltig gelöscht werden. Zu beachten ist, dass die e-Löschlanze nur bei

Bild 19.24 Zerknallende Li-Ionen-Batterie (Pfeil)

INFO

Weitere Informationen zu »Rettungs- und Löscharbeiten an Pkw mit alternativer Antriebstechnik« bietet die gleichnamige DGUV-Information 205-022 der Deutschen Gesetzlichen Unfallversicherung. Sie kann im Internet unter *http://publikationen.dguv.de* abgerufen werden.

IM EINSATZ

Verkehrsunfall und Rettungsdiensteinsatz

Erkundung: Zunächst müssen die Einsatzkräfte überhaupt erkennen, dass es sich um einen Pkw mit Elektroantrieb handelt. Dabei kann die AUTO-Regel zur Anwendung kommen: Austretende Betriebsstoffe – hören, riechen, sehen, zum Beispiel Zisch- oder Knattergeräusche, Gasgeruch, Lachen- oder Nebelbildung, Unterboden, Kofferraum, Motorhaube erkunden, zum Beispiel nach orangen Hochvoltleitungen schauen, Tankdeckel öffnen, zum Beispiel QR-Code finden, Ladesysteme erkennen, Oberfläche absuchen, zum Beispiel kein Auspuff vorhanden, markante Beschriftungen oder Erkennungszeichen vorhanden.

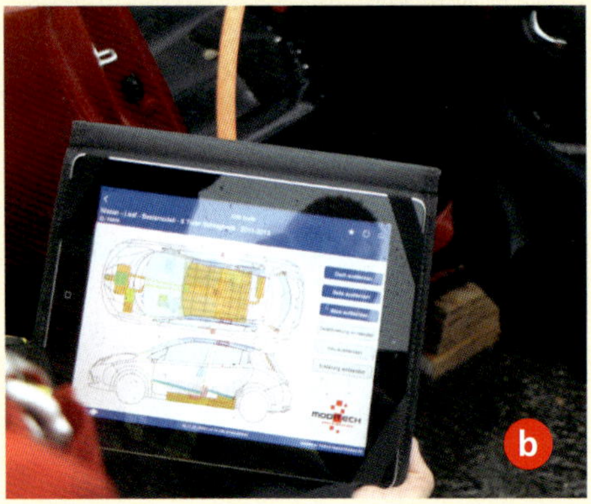

Information: Die Einsatzkräfte sollten sich über die Besonderheiten des Fahrzeuges informieren, beispielsweise anhand von Rettungsdatenblättern. Ist das Gehäuse der Hochvoltbatterie erkennbar beschädigt?

Abschaltung: Die Einsatzkräfte sollten zunächst die automatische Abschaltung der Hochvoltbatterie prüfen. Indizien sind ausgelöste Airbags, Kontrolle des Armaturenbretts (»Ready«- oder Bereitschaftsleuchte), die Lage des Fahrzeugs.

Sicherung: Das Fahrzeug ist nicht nur gegen Wegrollen, sondern auch gegen Wegfahren zu sichern, zum Beispiel durch Ausschalten der Zündung, Gangwahl »P« oder »N« und Abziehen des Zündschlüssels. Durch eine mögliche »Keyless-go«-Funktion sollte der Zündschlüssel in einem ausreichenden Abstand zum Fahrzeug gelagert werden.

Elektrische Anlage: Die Sicherheitsregeln für elektrische Anlagen sollten – soweit anwendbar – beachtet werden, technisch bedingt vor allem die beiden ersten Punkte: Freischalten (Trennung der Hochvoltbatterie vom Hochvoltnetz; Abklemmen der Zwölf-Volt-Batterie), gegen Wiedereinschalten sichern (Zündschlüssel, ggf. manuell abgezogene »Disconnect«-Stecker müssen an einem sicheren Ort aufbewahrt werden), benachbarte und unter Spannung stehende Teile, zum Beispiel eine beschädigte, offene Hochvoltbatterie, abdecken/abschranken.

Abdeckung ggf. offener Stellen des Hochvoltsystems bzw. der Hochvoltbatterie mit einer isolierenden Abdeckdecke

Auch nach einem Verkehrsunfall können sich die Einsatzkräfte von Feuerwehr und Rettungsdienst im und am Fahrzeug unter Berücksichtigung der zuvor genannten Punkte normal bewegen.

Der Einsatz von hydraulischem Rettungsgerät kann wie bei jedem Pkw mit konventionellem Antrieb erfolgen. Rettungszylinder sollten nicht auf der Oberseite der Batterie angesetzt werden. Das Schneiden von orangen Hochvoltleitungen sollte nicht erfolgen. Vorsicht bei Schneid- und Spreizarbeiten im Bereich der Schweller und des Mitteltunnels aufgrund der Hochvoltleitungen. Eine fortlaufende Kontrolle der Temperaturentwicklung der Hochvoltbatterie mittels Wärmebildkamera ist durchzuführen (kleines Bild).

IM EINSATZ

Batteriebrand

Brand einer Hochvoltbatterie

Laufende Kontrolle der Hochvoltbatterie mittels Wärmebildkamera

Löschangriff unter umluftunabhängigen Atemschutz; Als Löschmittel bei Bränden von Hochvoltbatterien hat sich Wasser bewährt. Dazu können Schaummittel zur Bildung von Netzwasser oder andere Löschmittelzusätze, wie zum Beispiel F-500 oder Firesorb, zugemischt werden, um die Löschwirkung zu erhöhen. Einhaltung der Mindestabstände für die Brandbekämpfung gemäß VDE 0132. Die normale Brandbekämpfung an einem Pkw mit Elektroantrieb kann wie bei Pkw mit konventionellem Antrieb erfolgen.

Ist die Hochvoltbatterie in Brand geraten, muss das Löschmittel in das Batteriegehäuse eingebracht werden, um eine effektive Brandbekämpfung einleiten zu können. Dies kann beispielsweise mittels der e-Löschlanze erfolgen.

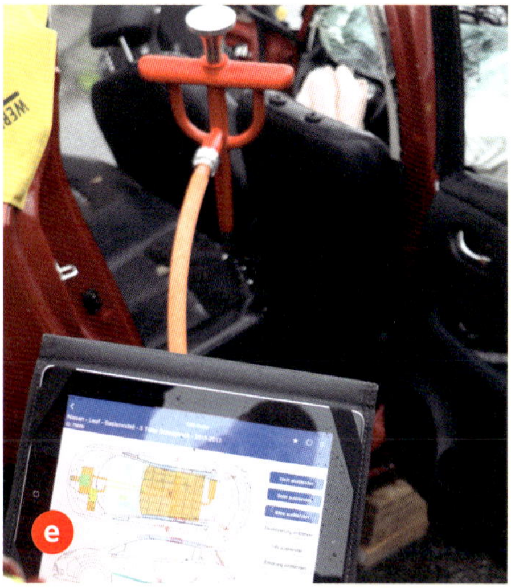

Beim Einsatz der e-Löschlanze sollte die Einschlagstelle (in der Regel an der Oberseite des Batteriegehäuses) zunächst anhand des Rettungsdatenblattes und der Zugänglichkeit im Fahrzeug erkundet werden.

Die e-Löschlanze wird am besten von oben mittels eines Spalthammers in die Hochvoltbatterie eingeschlagen.

Brandbekämpfung mit der e-Löschlanze

Ein Batteriebrand könnte mit Kohlenstoffdioxid kontrolliert werden, um Zeit zu gewinnen. Hier muss das Löschmittel direkt in den Batteriegehäuse eingebracht werden. Ein Ablöschen ist in der Regel nicht möglich.

E

Fahrzeugbränden eingesetzt wird, nicht jedoch bei geerdeten Systemen wie stationären Stromspeichern (▶ Kapitel 35.12). Eine Gefährdung der Einsatzkräfte ist bei Fahrzeugbränden nach Herstellerangaben nahezu ausgeschlossen. Die Löschlanze soll nicht präventiv in die Batterie eingeschlagen werden, da diese hierdurch infolge Kurzschluss erst in Brand geraten kann. Zudem soll beim Einschlagen der e-Löschlanze grundsätzlich bereits Löschwasser am Rohr bereit stehen.

Mit Kohlenstoffdioxid kann eine Hochvoltbatterie nicht gelöscht werden. Wenn Kohlenstoffdioxid jedoch in eine geöffnete Hochvoltbatterie eingebracht werden kann, bietet das Löschmittel die Möglichkeit, mit kurzen Löschmittelstößen die Flammen zu begrenzen und das Feuer zu kontrollieren, was eine Einsatzoption bei der Rettung von eingeklemmten Personen sein kann, da den Einsatzkräften so die notwendige Rettungszeit verschafft wird. Wichtig ist hierbei, dass das Löschmittel in das Batteriegehäuse eingebracht werden kann – sonst ist keine Löschwirkung zu erzielen.

Unbedingt auch die Polizei und den Abschleppunternehmer auf das Hochvoltsystem hinweisen, damit das Fahrzeug beim Abschleppunternehmen isoliert gelagert werden kann. Nach dem Einsatz sollten die gängigen Hygieneregeln beachtet und die Hygiene an der Einsatzstelle durchgeführt werden. Eine Wäsche der Persönlichen Schutzausrüstung ist erforderlich.

Hinsichtlich der Lithium-Ionen-Batterien ist zu beachten, dass die Brandentwicklung unterschiedlich ablaufen kann – einerseits eher ruhig, andererseits explosionsartig. Das in den Batteriezellen enthaltene Elektrolyt ist in der Regel brennbar und giftig; ein »Thermal runaway«, also eine sich selbst verstärkende, durchgehende exotherme Reaktion ist möglich. Bei Bränden oder Havarien an diesen Batterietypen kann es zu einer Bildung eines leicht entzündlichen Luft-Gas-Gemisches sowie zur Freisetzung von Flusssäure kommen. Daher sollte immer umluftunabhängiger Atemschutz getragen werden. Batteriebauteile sollten nur mit Schutzkleidung/-handschuhen berührt werden. Grundsätzlich sind die Batterien nach einem Brand längere Zeit zu kühlen und per Wärmebildkamera zu überwachen, da es zu einer Rückzündung kommen kann (Wasserbad).

Bei den Brandversuchen an Lithium-Ionen-Fahrzeugbatterien blieb das Brandgeschehen trotz stichflammenähnlicher Flammen an den Überdruckventilen und dem Herausschleudern kleinerer Mengen flüssiger Metalle auf einen relativ kleinen Radius von etwa zwei Metern begrenzt. Es kam zu keinen Explosionen bzw. Zerknallen einzelner Zellen. Die Rauchbildung und die Wärmestrahlung war – verglichen mit einem Kraftstoff- oder einem Pkw-Brand – sehr gering. Allerdings kommt es ab dem Beginn der Brandbekämpfung zu einer starken Rauchentwicklung [1]. Handelt es sich um kleinere Lithium-Ionen-Batterien oder -Akkumulatoren, beispielsweise von Elektrowerkzeugen wie Akkuschraubern, Schleifgeräten o. Ä., hat sich bei Brandversuchen Wasser, notfalls Mittelschaum, als Löschmittel bewährt. Zu beachten ist, dass die Batteriepacks bei der Erhitzung einzeln zerknallen und wenige Meter (je nach Umverpackung zwischen 0 und zirka 5 Meter) weit weggeschleudert werden können (▶ Bild 19.24).

Lithium-Ionen-Batterien müssen über eine längere Zeit intensiv (mit viel Wasser) gekühlt werden; auch nach längerer Zeit kann es noch zu einer Rückzündung kommen.

19.6 Schneelasten auf Dächern

In fast jedem Winter kommt es mittlerweile – vor allem im deutschen Gebirgs- oder Mittelgebirgsbereich – vor, dass die Feuerwehr im Rahmen einer verwaltungsinternen Hilfeleistung oder im Rahmen der so genannten Kann-Aufgaben (▶ Kapitel 1) zur Räumung von Schneelasten auf Dächern alarmiert wird, da befürchtet wird, dass die Schneemassen die Statik des Gebäudes beeinträchtigen könnten, sodass das Gebäude einsturzgefährdet sein könnte.

Grundsätzlich ist festzuhalten, dass die Schneelastbeseitigung von Dächern keine Aufgabe der Feuerwehr ist! Eine Pflichtaufgabe nach den Feuerwehrgesetzen der Länder ist die

Schneeräumung von Dächern ebensowenig. Jeder Einsatzleiter sollte in einer solchen Lage im Rahmen der individuellen Lageerkundung klären, ob die Feuerwehr überhaupt im Rahmen der freiwilligen Kann-Aufgaben zur Verfügung steht (Konkurrenzverbot zu privaten Unternehmen beachten). Zu beachten ist, dass in der Regel das Konkurrenzverbot bei Dächern von Einrichtungen der Kommune nicht gilt und die Feuerwehr tätig werden könnte. Aber auch in diesem Fall sollte sehr genau abgewogen werden, ob dies ein Einsatz für die Feuerwehr ist, oder ob nicht andere Maßnahmen wie Absperrung sowie Räumung des Gebäudes und/oder Beauftragung des Baubetriebshofes oder einer Privatfirma ausreichend bzw. sinnvoller sind.

Sollte es im Ausnahmefall dennoch zu einer Schneeräumung auf einem Dach durch die Feuerwehr kommen, sind folgende Einsatzhinweise im Rahmen der Lagebeurteilung zu beachten:

- Vor Beginn der Tätigkeit muss zur Gefahrenbeurteilung zunächst eine so genannte Schneelastmessung durch einen geeigneten Fachmann (in der Regel ein Statiker) durchgeführt werden. Eine Messung mittels Gliedermessstab (»Meterstab«) und spezifischem Gewicht (Normgewicht) ist zur Beurteilung nicht ausreichend! Durch das Ergebnis der Schneelastmessung ergibt sich erst die Notwendigkeit von Räumungsmaßnahmen. Möglich ist aber auch, dass das Gebäude bereits massiv einsturzgefährdet ist und eine Schneeräumung gar nicht mehr möglich ist, sodass das Gebäude gesperrt werden muss.
- Schneebedeckte Dächer bergen ein hohes Unfallpotenzial, wie verdeckte Lichtkuppeln (Gefahr des Absturzes), Blitzschutzanlagen (Stolpergefahr) und Schächte.
- Einsatzkräfte nur mit ausreichendem Eigenschutz (Gerätesatz Absturzsicherung mit geeignetem Festpunkt) einsetzen. Der Feuerwehr-Haltegurt und die Feuerwehrleine bieten bei derartigen Lagen keinen ausreichenden Schutz vor einem Absturz!
- Es sind keine zusätzlichen Gewichte auf das Dach zu bringen (z. B. Schneefräse).
- Hinweise zur Räumtaktik bietet die Fachempfehlung Nr. 2 »Schneelastmessung und Schneeräumung« des Deutschen Feuerwehrverbandes (kostenlose Downloadmöglichkeit unter *www.feuerwehrverband.de/* Fachthemen).

19.7 Handzeichen

Im Einsatz- und Ausbildungsdienst kann es durch Lärm oder technische Störungen möglich sein, dass eine mündliche Verständigung (auch mittels Einsatzstellenfunk) nicht möglich ist. Gemäß der DGUV-Vorschrift 71 und DIN 33409 können in einem solchen Fall Handzeichen zur eindeutigen Verständigung genutzt werden. Die einschlägigen Handzeichen werden auf den folgenden Seiten dargestellt.

Achtung:

Bei den Handzeichen gemäß FwDV 1 gibt es Abweichungen zur DGUV-Vorschrift 71 und zur DIN 33409. Eine Angleichung der FwDV 1 an die UVV ist geplant.

Literatur

[1] Egelhaaf, M., Kress, D., Wolpert, D., Wilstermann, H., Justen, R.: Löschversuche an Lithium-Ionen-Traktionsbatterien, BRANDSchutz/Deutsche Feuerwehr-Zeitung 2/2013, S. 104 ff.

[2] Maiworm, B., Strickmann, P.: Die neue DIN VDE 0132, BRANDSchutz/Deutsche Feuerwehr-Zeitung 6/2016, S. 418 ff.

[3] DGUV-Informationen 205-022 »Rettungs- und Löscharbeiten an Pkw mit alternativer Antriebstechnik«, Deutsche Gesetzliche Unfallversicherung, 2012.

[4] Thorns, J.: Einsatz der Feuerwehr und des Rettungsdienstes an Elektrofahrzeugen, BRANDSchutz/Deutsche Feuerwehr-Zeitung 12/2019, S. 965 ff.

ZUR VERTIEFUNG

Karl-Heinz Knorr: Die Gefahren der Einsatzstelle, 9. Auflage, Verlag W. Kohlhammer, Stuttgart, 2018.

E

Tabelle 19.5 Handzeichen zum Einweisen gemäß DGUV-Vorschrift 71 »Fahrzeuge« und DIN 33409

Bezeichnung des Handzeichens	Bedeutung	Bewegung des Einweisers	Bild
Achtung[1] 1 gemäß FwDV 1 besitzt das Zeichen auch die Bedeutung »Verstanden!«	Hinweis auf nachfolgende Handzeichen	Arm gestreckt mit nach vorn gekehrter Handfläche hochhalten	
Halt	Beenden eines Bewegungsablaufs	Beide Arme seitwärts waagerecht ausstrecken	
Halt – Gefahr	Schnellstmögliches Beenden eines Bewegungsablaufes	Beide Arme seitwärts waagerecht ausgestreckt und abwechselnd anwinkeln und strecken	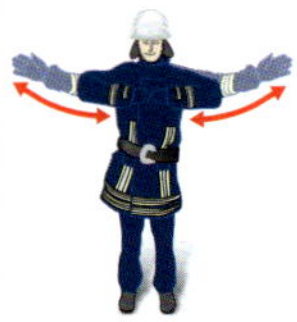
Angabe des Abstands zum Haltepunkt	Anzeige einer Abstandsverringerung	Beide Handflächen parallel entsprechend dem Abstand halten. Wenn der gewollte Abstand erreicht ist, Zeichen »Halt« geben!	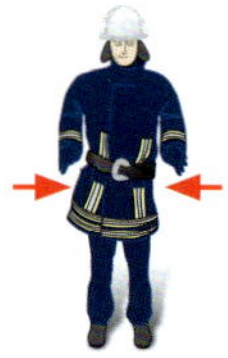
Auf	Einleiten einer senkrechten Aufwärtsbewegung	Mit nach oben zeigender Hand eine Kreisbewegung ausführen	
Ab	Einleiten einer senkrechten Abwärtsbewegung	Mit nach unten zeigender Hand eine Kreisbewegung mit dem Arm ausführen	
Langsam auf	Einleiten einer langsamen Aufwärtsbewegung	Unterarm waagerecht mit nach oben gekehrter Handfläche auf und ab bewegen	

Tabelle 19.5 Handzeichen zum Einweisen gemäß DGUV-Vorschrift 71 »Fahrzeuge« und DIN 33409

Bezeichnung des Handzeichens	Bedeutung	Bewegung des Einweisers	Bild
Langsam ab	Einleiten einer langsamen Abwärtsbewegung	Unterarm waagerecht mit nach unten gekehrten Handflächen auf und ab bewegen	
Richtungsangabe	Einleiten einer Bewegung in eine bestimmte Richtung	Den der Bewegungsrichtung zugeordneten Arm anwinkeln und hin und her bewegen	 
Herkommen	Einleiten einer Bewegung in die Richtung des Einweisers	Mit beiden Armen mit zum Oberkörper gerichteten Handflächen heran winken	
Entfernen	Einleiten einer Bewegung vom Einweiser weg	Mit beiden Armen mit vom Körper gerichteten Handflächen weg winken	

20 Grundlagen des Einsatzes

von Jochen Thorns

20.1 Die Einheiten

Die taktischen Einheiten der Feuerwehr gliedern sich entsprechend der Mannschaftsstärke gemäß der Feuerwehr-Dienstvorschrift (FwDV) 3 in:
- Selbstständiger Trupp (Stärke 1/2/3),
- Staffel (1/5/6);
- Gruppe (1/8/9);
- Zug (1/3/18/22).

Unterstrichene Ziffern geben die Gesamtstärke der taktischen Einheit an. Die taktischen Einheiten bestehen aus der Mannschaft und den zugeordneten Einsatzmitteln, also den Fahrzeugen, Geräten und Materialien, die die Einsatzkräfte zur Aufgabenbewältigung benötigen. Die Einheitsführer der taktischen Einheiten werden als Truppführer (eines Selbstständigen Trupps), Staffelführer, Gruppenführer oder Zugführer bezeichnet.

Im Gegensatz zu Angriffstrupp, Wassertrupp und Schlauchtrupp innerhalb einer taktischen Einheit (z. B. Gruppe oder Staffel) handelt es sich beim Selbstständigen Trupp um eine taktische Einheit, die eigenständig Einsatzaufgaben bewältigen kann. Beispiele für Selbstständige Trupps sind die Besatzungen von Sonderfahrzeugen, wie Drehleiter oder Rüstwagen. Der Trupp innerhalb einer taktischen Einheit, also Angriffstrupp, Wassertrupp und Schlauchtrupp innerhalb einer Gruppe oder Staffel, bestehen in der Regel aus einem Truppführer und einem Truppmann. Die Stärke beträgt also 1/1/2. In besonderen Lagen kann es Abweichungen geben (z. B. Stroßtrupptaktik bei Bränden in unterirdischen Verkehrsanlagen oder in Hochhäusern). Immer öfter setzt sich auch ein aus drei Feuerwehrangehörigen bestehender Angriffstrupp in der Praxis durch.

Die in der FwDV 3 festgelegte Gliederung der taktischen Einheiten gilt für alle Einsatzarten.

20.1.1 Der Selbstständige Trupp

Der Selbstständige Trupp besteht aus dem Truppführer, dem Truppmann und dem Maschinisten. Einheitsführer ist der Truppführer (▶ Bild 20.1).

20.1.2 Die Staffel

Die Staffel besteht aus dem Staffelführer, dem Maschinisten, dem Angriffstrupp und dem Wassertrupp. Angriffstrupp und Wassertrupp setzen sich jeweils aus dem Truppführer und dem Truppmann zusammen. Einheitsführer

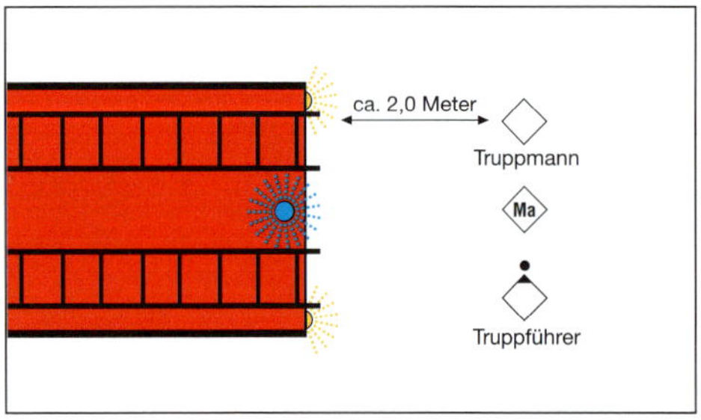

Bild 20.1 Antreteordnung und Gliederung des Selbstständigen Trupps

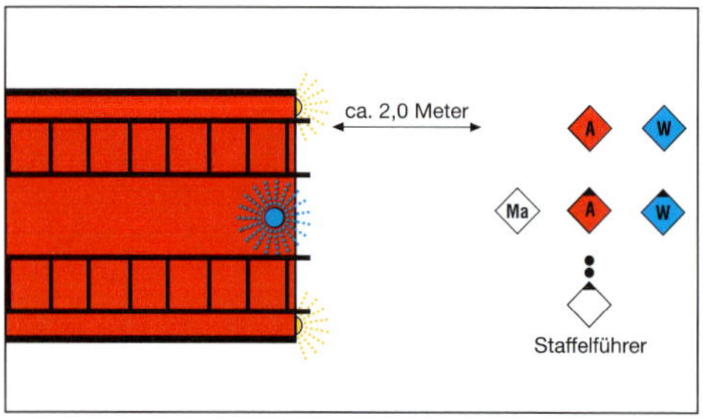

Bild 20.2 Antreteordnung und Gliederung der Staffel

ist der Staffelführer. Der Staffelführer hat in der Regel mindestens die Ausbildung eines Gruppenführers (▶ Bild 20.2).

20.1.3 Die Gruppe

Die Gruppe besteht aus dem Gruppenführer, dem Maschinisten, dem Melder, dem Angriffstrupp, dem Wassertrupp und dem Schlauchtrupp. Angriffstrupp, Wassertrupp und Schlauchtrupp setzen sich jeweils aus dem Truppführer und dem Truppmann zusammen. Einheitsführer ist der Gruppenführer (▶ Bild 20.3).

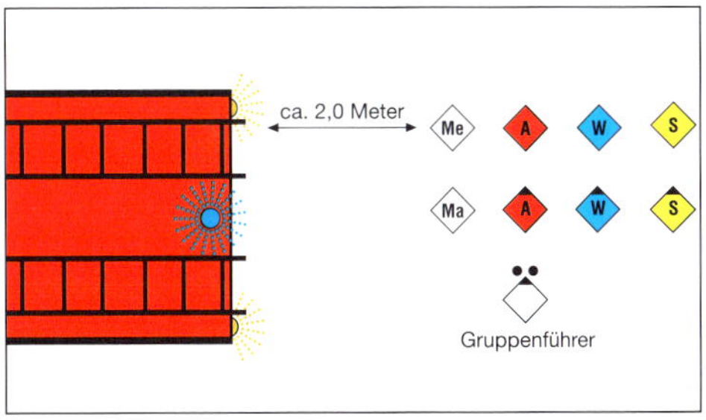

Bild 20.3 Antreteordnung und Gliederung der Gruppe

Merke:

Die Gruppe ist die taktische Grundeinheit der Feuerwehr. Sie ist die kleinste taktische Einheit, die zur selbstständigen Erfüllung der Ersteinsatzmaßnahmen notwendig ist.

20.1.4 Der Zug

Der Zug besteht aus dem Zugführer, dem Zugtrupp (Führungsassistent, Melder, Fahrer) als Führungseinheit und taktischen Einheiten, also Gruppen, Staffeln und/oder Selbstständige Trupps. Einheitsführer ist der Zugführer; der Führungsassistent ist Vertreter des Zugführers. Für besondere Aufgaben kann der Zug gemäß FwDV 3 um einen Trupp, eine Staffel oder eine Gruppe erweitert werden. Der Zugführer selbst ist nicht Bestandteil des Zugtrupps und ist nicht an einen bestimmten Platz im Einsatz gebunden.

Die Teileinheiten des Zuges können unterschiedlich zusammengesetzt sein, beispielsweise aus

- Zugtrupp und zwei Gruppen oder aus
- Zugtrupp, einer Gruppe, einer Staffel und einem Selbstständigen Trupp oder aus
- Zugtrupp, einer Gruppe und drei Selbstständigen Trupps.

20.2 Die Sitzordnung

Um eine einheitliche Ausbildung und einen erfolgreichen Einsatz gewährleisten zu können, schreibt die FwDV 3 eine Sitzordnung der taktischen Einheiten in den Fahrzeugen vor. Da die Sitzordnung auf genormten Feuerwehrfahrzeugen basiert, kann es bei nicht genormten (Sonder-)Fahrzeugen Abweichungen geben. Ebenso sind Abweichungen möglich, wenn eine andere Anordnung der Halterungen der Pressluftatmer im Mannschaftsraum vorhanden ist. Der Angriffstrupp sitzt immer auf den Plätzen, die mit Halterungen für Atemschutzgeräte versehen sind und rüstet sich auf

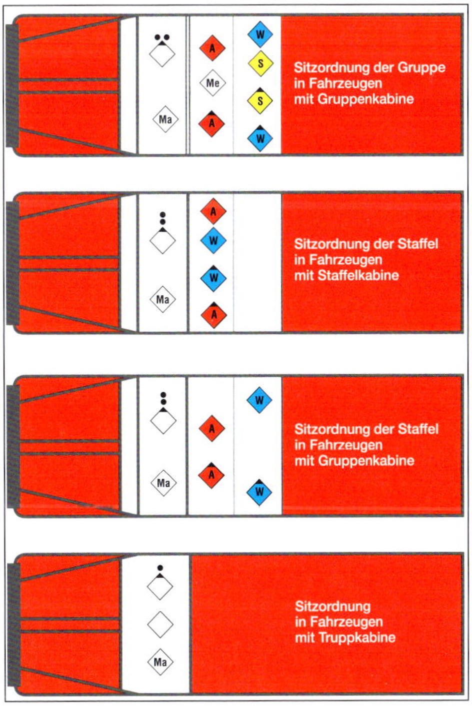

Bild 20.4 Sitzordnung

IM EINSATZ

Regel der geschlossenen Fahrzeugtür

Ist die Tür des Einsatzfahrzeuges offen, wird noch Personal benötigt. Das Fahrzeug fährt nicht an.

Ist die Tür des Einsatzfahrzeuges geschlossen, ist genug Personal vorhanden. Das Fahrzeug fährt jeden Augenblick los.

Weisung des Einheitsführers mit Atemschutz aus. Die Sitzordnung bei verschiedenen Einsatzfahrzeugen zeigt ▶ Bild 20.4.

Beim Ausrücken der Einsatzfahrzeuge aus dem Feuerwehrhaus oder der Feuerwache kommt es immer wieder zu einer gefährlichen Situation: Das Einsatzfahrzeug steht mit laufendem Motor in der Fahrzeughalle, der Maschinist will eigentlich losfahren und immer wieder springen Einsatzkräfte auf das Fahrzeug auf. Eine einfache und sichere Lösung ist die »Regel der geschlossenen Fahrzeugtüren«. Es empfiehlt sich, dass der erste Feuerwehrangehörige zunächst die Fahrzeugtüren öffnet. Sie werden bei Abfahrt oder wenn der Mannschaftsraum voll besetzt ist, von den beiden den Türen am nächsten sitzenden Feuerwehrangehörigen geschlossen. Maschinist und Einheitsführer schließen ihre Türen sobald sie ihre Plätze eingenommen haben.

Merke:

Als Eselsbrücke für die Sitzordnung der Gruppe können folgende Merksätze dienen: »Alle meiden Atemgifte« und »Wasser sucht seinen Weg«.

20.3 Fahrzeugaufstellung und Absitzen der Mannschaft

Der Einheitsführer bestimmt den jeweiligen Aufstellort der Einsatzfahrzeuge. Beim Aufstellen von Feuerwehrfahrzeugen und Tragkraftspritzen an der Einsatzstelle ist darauf zu achten, dass der Zugang zur Einsatzstelle für nachrückende Fahrzeuge, insbesondere für Hubrettungsfahrzeuge und Rettungsdienst-

Bild 20.5 Nach dem Absitzen tritt die Mannschaft (hier eine Staffel) hinter dem Fahrzeug an.

fahrzeuge, uneingeschränkt erhalten bleibt. Die Fahrzeuge und die Tragkraftspritzen müssen bei unvorhergesehenen Lageänderungen jederzeit einsatzfähig und ungefährdet bleiben. Daher hat der Einheitsführer der taktischen Einheit bei der Fahrzeugaufstellung insbesondere auf die so genannten »Gefahren der Einsatzstelle« zu achten (▶ Kapitel 19).

An räumlich ausgedehnten Einsatzstellen, bei denen zwischen Löschfahrzeug und Verteiler ungünstige Wegeverhältnisse bestehen oder bei denen der Abstand zwischen Löschfahrzeug und Verteiler groß ist – etwa mehr als fünf B-Druckschlauchlängen –, sind die erforderlichen Geräte (zum Beispiel Atemschutzgeräte, Strahlrohre, Schläuche, Leitern und Sanitätsgerät) am Platz des Verteilers abzulegen.

Ferner ist zu beachten, dass hinter Hubrettungsfahrzeugen mindestens zehn Meter Freifläche sein muss, um den Leitersatz ablegen zu können.

Achtung:

Die Mannschaft sitzt immer erst nach dem Kommando »Absitzen!« des Einheitsführers ab. Selbstständiges Absitzen, auch nach längerer Wartezeit an Einsatzstellen, hat zu unterbleiben.

Die Mannschaft sitzt grundsätzlich immer erst ab, nachdem der Einheitsführer das Kommando »Absitzen!« gegeben hat. Ein selbstständiges Absitzen ist nicht nur ein Zeichen von mangelnder Professionalität, sondern kann auch den Einsatzerfolg gefährden, wenn das Fahrzeug beispielsweise nach der Erkundung des Einheitsführers noch umgesetzt werden muss.

Bild 20.6 Beim Absitzen wird die Tür des Mannschaftsraumes offen gehalten.

Grundsätzlich wird zu beiden Seiten des Fahrzeuges abgesessen; die jeweils in Türnähe sitzenden Feuerwehrangehörigen steigen zuerst aus und halten dann die Tür solange auf, bis alle Einsatzkräfte ausgestiegen sind. Grundsätzlich wird hinter dem Fahrzeug angetreten (▶ Abschnitt 20.1).

An Einsatzstellen kann es aufgrund der örtlichen Verhältnisse oder zum Schutz gegen den fließenden Verkehr notwendig sein, auf der dem Verkehr abgewandten Seite auszusteigen und an anderer Stelle als üblich (z. B. vor dem Fahrzeug) anzutreten. Die Stelle zum Antreten bestimmt der Führer der taktischen Einheit. Auch nach dem Kommando »Gefahr – Alle sofort zurück!« wird in gleicher Aufstellung am Fahrzeug angetreten.

E

20.4 Aufgaben der Mannschaft

Die folgende Aufgabenbeschreibung der Mannschaft geht von einer Gruppe aus. Fehlen zunächst Einsatzkräfte innerhalb der Gruppe oder handelt es sich um eine andere taktische Einheit (Staffel oder Selbstständiger Trupp), dann müssen einzelne Aufgaben von anderen Einsatzkräften übernommen werden. Durch den modularen Zuschnitt der FwDV 3 und die Optimierung auf eine Staffel ist dies problemlos möglich, wenngleich der Einheitsführer an eine Nachalarmierung von Kräften denken muss. Bei Personalmangel wird zunächst auf den Melder, dann auf den Schlauchtrupp und schließlich auf den Wassertrupp vorübergehend verzichtet.

Ein Innenangriff mit Atemschutzgeräten kann nur durchgeführt werden, wenn eine Gruppe oder Staffel an der Einsatzstelle ist. Die Mannschaft eines Selbstständigen Trupps reicht hierfür nicht aus.

Die nachstehend genannte Mindest-Einsatzausrüstung gemäß FwDV 1 kann je nach Einsatzlage abweichen bzw. ergänzt werden.

20.4.1 Der Einheitsführer

Der Einheitsführer führt seine taktische Einheit. Er ist an keinen bestimmten Platz gebunden und ist für die Sicherheit der Mannschaft

Bild 20.7 Ausrüstung der Einsatzkräfte mit der Mindestausrüstung nach FwDV 1 (örtliche Abweichungen sind möglich):

- a Einheitsführer
- b Melder
- c Angriffstrupp im Hilfeleistungseinsatz

verantwortlich. Er bestimmt die Fahrzeugaufstellung und gegebenenfalls den Standort der Tragkraftspritze. Er kann – z. B. beim Einsatz eines einzelnen Fahrzeugs – Einsatzleiter sein.

Der Einheitsführer ist gemäß FwDV 1 mindestens mit einem Handfunksprechgerät sowie ggf. mit Beleuchtungsgerät und mit einer Funktionskennzeichnung (▶ Kapitel 18) ausgerüstet.

20.4.2 Der Maschinist

Der Maschinist ist der Fahrer des Einsatzfahrzeuges und bedient die Feuerlöschkreiselpumpe sowie die im Löschfahrzeug fest eingebauten Aggregate (z. B. Generator, Lichtmast, maschinelle Zugeinrichtung). Er sichert sofort die Einsatzstelle mit Warnblinkanlage, Fahrlicht und blauem Blinklicht sowie ggf. einer Verkehrswarnanlage. Er unterstützt die Einsatzkräfte bei der Entnahme der Geräte, ist für die ordnungsgemäße Verlastung der Geräte verantwortlich und meldet Mängel an den Einsatzmitteln dem Einheitsführer. Der Maschinist unterstützt beim Aufbau der Wasserversorgung, bei der Entnahme der tragbaren Leitern und auf Befehl des Fahrzeugführers bei der Atemschutzüberwachung.

Dem Maschinisten ist gemäß FwDV 1 keine spezielle Ausrüstung zugeordnet.

20.4.3 Der Melder

Der Melder übernimmt befohlene Aufgaben, beispielsweise bei der Lagefeststellung, beim In-Stellung-Bringen der Steckleiter, beim Betreuen von Personen oder bei der Informationsübertragung. Er ist damit sozusagen der »Libero«, der auf Befehl des Einheitsführers überall unterstützend tätig werden kann. Es hat sich in der Praxis beispielsweise als sinnvoll erwiesen, dass der Melder zunächst die Atemschutzüberwachung wahrnimmt, damit der Maschinist als erstes beim Aufbau der Wasserversorgung unterstützen kann.

Der Melder ist gemäß FwDV 1 mindestens mit einem Handfunksprechgerät sowie gegebenenfalls mit einem Beleuchtungsgerät ausgerüstet.

20.4.4 Der Angriffstrupp

Der Angriffstrupp rettet, insbesondere aus Bereichen, die nur unter Atemschutz betreten werden können. Er nimmt in der Regel das erste einzusetzende Strahlrohr vor. Der Angriffstrupp setzt den Verteiler. Der Angriffstrupp rüstet sich im Löscheinsatz standardmäßig (auf den Standardbefehl des Einheitsführers) als Atemschutztrupp aus und nimmt grundsätzlich das 1. Rohr im Innenangriff vor.

Die Ausrüstung des Angriffstrupps beim Löscheinsatz wird in ▶ Kapitel 28 detailliert beschrieben.

Im Hilfeleistungseinsatz rettet der Angriffstrupp und führt eine medizinische Erstversorgung bis zur Übergabe des Patienten an den Rettungsdienst durch. Zudem leistet der Angriffstrupp technische Hilfe. Steht der Schlauchtrupp nicht zur Verfügung, muss der Angriffstrupp seine Einsatzmittel selbst in den Einsatz bringen.

20.4.5 Der Wassertrupp

Der Wassertrupp rettet, bringt auf Befehl des Einheitsführers tragbare Leitern in Stellung, und stellt – beim Löscheinsatz – die Wasserversorgung her. Danach wird er beim Atemschutzeinsatz Sicherheitstrupp oder übernimmt andere Aufgaben.

Die Ausrüstung des Wassertrupps beim Löscheinsatz wird in ▶ Kapitel 28 detailliert beschrieben.

Im Hilfeleistungseinsatz ist der Wassertrupp Sicherungstrupp: Er sichert auf Befehl des Einheitsführers die Einsatzstelle gegen weitere Gefahren ab und nimmt die dazu erforderlichen Geräte vor. Danach steht er für weitere Aufgaben zur Verfügung.

20.4.6 Der Schlauchtrupp

Der Schlauchtrupp rettet und stellt beim Löscheinsatz für vorgehende Trupps die Wasserversorgung zwischen Strahlrohr und Verteiler her. Er bringt auf Befehl des Einheitsführers tragbare Leitern in Stellung und führt weitere Tätigkeiten durch, beispielsweise bedient er

E

den Verteiler, bringt zusätzliche Geräte zum Einsatz (Sprungpolster, Beleuchtungsgerät, Be- und Entlüftungsgerät, Sanitätsgerät usw.). Hat der Schlauchtrupp keine anderen Aufgaben zu erledigen, kann er vom Einheitsführer – wie der Melder – als »Libero« lagegerecht für besondere Aufgaben eingesetzt werden.

Die Ausrüstung des Schlauchtrupps beim Löscheinsatz wird in ▶ Kapitel 28 detailliert beschrieben.

Im Hilfeleistungseinsatz ist der Schlauchtrupp Unterstützungstrupp: Er bereitet die vom Einheitsführer befohlenen Geräte für den Angriffstrupp vor und unterstützt den Angriffstrupp erforderlichenfalls oder betreibt die zugehörigen Aggregate (z. B. Hydraulikaggregat des Rettungssatzes). Ist der Angriffstrupp durch die medizinische Erstversorgung des Patienten gebunden, so setzt der Schlauchtrupp die befohlenen Geräte zur Rettung anstelle des Angriffstrupps ein. Auf Befehl des Einheitsführers übernimmt der Schlauchtrupp zusätzliche Sicherungsmaßnahmen oder andere Aufgaben.

20.4.7 Ausrüstung der Trupps bei Hilfeleistungseinsätzen

Bei der mitzuführenden Ausrüstung des Angriffs-, Wasser- und Schlauchtrupps im Hilfeleistungseinsatz unterscheidet die FwDV 1 einerseits nach dem Einsatzzweck, andererseits nach dem Einsatzbefehl des Einheitsführers. Einsatzzweck kann der Einsatz des Trupps als »Angriffstrupp« (in diesem Fall ist nicht der Name des Trupps gemeint, sondern die Aufgabe) oder der Einsatz des Trupps mit sichernden Aufgaben sein (Sicherungstrupp). Die letztgenannte Aufgabe wird in der Regel vom Wassertrupp übernommen.

Die mitzuführende Ausrüstung ist dabei je nach Einsatzzweck und eingesetztem Trupp gleich. Der Einheitsführer kann Abweichungen anordnen.

Trupp als Angriffstrupp

Der Truppführer rüstet sich mit Beleuchtungsgerät und ggf. Handsprechfunkgerät aus. Der Truppmann nimmt ein Brechwerkzeug (z. B. Brechstange) sowie die Sanitätsausrüstung (z. B. Notfallrucksack, Feuerwehr-Verbandkasten) mit vor. Diese Ausrüstung ist die Standardausrüstung nach FwDV 1, auch bei der Vornahme von hydraulischem Rettungsgerät. Denn Spreizer und Schneidgerät wird gemäß FwDV 1 vom Schlauchtrupp vorbereitet und dem Angriffstrupp betriebsbereit übergeben.

> **Praxis-Tipp:**
>
> Wird ein Trupp als Angriffstrupp im Hilfeleistungseinsatz mit Rettungsaufgaben betraut, sollten unter den Feuerwehrhandschuhen Infektionsschutzhandschuhe getragen werden.

Trupp mit sichernden Aufgaben

Die Ausrüstung gemäß FwDV 1 unterscheidet sich je nach Einsatzauftrag des Sicherheitstrupps. Beim Sichern gegen die Gefahren des fließenden Straßenverkehrs nimmt der Truppführer Beleuchtungsgerät, ggf.

Bild 20.8 Wassertrupp als Sicherungstrupp gegen die Gefahren des Straßenverkehrs mit der Minimalausrüstung nach FwDV 1

Handfunksprechgerät sowie Warndreieick und Warnleuchte (auf besonderen Befehl des Einheitsführers auch Warnflagge oder Winkerkelle) mit vor. Der Truppmann rüstet sich mit Warndreieck und Warnleuchte sowie auf besonderen Befehl des Einheitsführers mit Warnflagge, Verkehrsleitkegel und Blitzleuchten aus (▶ Kapitel 46).

Beim Sichern gegen Brandgefahren nimmt der Truppführer Beleuchtungsgerät, ggf. Handfunksprechgerät sowie einen Pulverlöscher vor, der Truppmann die Schnellangriffseinrichtung des Löschfahrzeuges (sog. »zweifacher Brandschutz«). Der Sicherungstrupp wird bei der Vornahme der Schnellangriffseinrichtung vom Maschinisten unterstützt.

Sollte der Sicherungstrupp den Auftrag zum Ausleuchten der Einsatzstelle erhalten haben, rüstet sich der Truppführer mit Beleuchtungsgerät, ggf. Handfunksprechgerät sowie den zwei Flutlichtstrahlern aus. Der Truppmann trägt das Stativ mit Sturmverspannung, die Aufnahmebrücke für die Flutlichtstrahler, das Abzweigstück sowie den Leitungsroller.

Grundsätzlich sind örtliche Abweichungen aufgrund erweiterter Ausrüstung möglich. Ebenso steht es dem Einheitsführer frei, jederzeit lagebedingt die Vornahme anderer Einsatzmittel anzuordnen.

20.4.8 Aufgaben der Mannschaft beim Einsatz eines Zuges

Der Zugführer führt den Zug im Einsatz. Er ist an keinen bestimmten Platz gebunden. Er ist über seine Befehlstelle, also den Einsatzleitwagen oder Kommandowagen, erreichbar.

Die Aufgaben der Einsatzkräfte im Zugtrupp sind: Der Führungsassistent führt Aufträge auf Befehl des Zugführers aus und ist auch der Vertreter des Zugführers. Der Melder ist für die Informationsübertragung zuständig und führt auf Befehl weitere Aufgaben aus. Der Fahrer fährt den Kommando- oder den Einsatzleitwagen und führt ebenfalls auf Befehl des Einheitsführers weitere Aufgaben aus. Fehlt der Melder, übernimmt der Fahrer dessen Aufgaben.

Einsatz	Lage	Befehl
mit Bereitstellung	Lage unklar, Erkundungsbedarf, nur Wasserentnahmestelle und Verteiler können bestimmt werden.	Wasserentnahme: Lage des Verteilers: Zum Einsatz fertig!
ohne Bereitstellung	Lage übersichtlich, alle Informationen zur Bestimmung des Einsatzauftrages liegen vor.	Wasserentnahme: Lage des Verteilers: Einheit: Auftrag: Mittel: Ziel: Weg: vor!

Bild 20.9 Unterscheidung der verschiedenen Einsatzarten

20.5 Die Einsatzarten

Es werden zwei Einsatzarten unterschieden, die sich aufgrund der Lageerkundung des Einsatzleiters ergeben (▶ Bild 20.9):

- Einsatz mit Bereitstellung und
- Einsatz ohne Bereitstellung.

Beide Einsatzarten unterscheiden sich auch im Einsatzbefehl (▶ Kapitel 18).

20.5.1 Einsatz mit Bereitstellung

Der <**Einsatz mit Bereitstellung**> wird durchgeführt, wenn der Einheitsführer beim Eintreffen an der Einsatzstelle zunächst nur die Wasserentnahmestelle und die Lage des Verteilers bestimmen kann, der genaue Einsatzauftrag, die Einsatzmittel, das Einsatzziel oder der Einsatzweg jedoch erst noch erkundet werden muss. Der Einsatzbefehl wird in ▶ Tabelle 20.1 dargestellt.

Der Einsatz mit Bereitstellung wird als Standardeinsatz empfohlen. »Nur wenn ausreichende Informationen zur Bestimmung des Einsatzauftrages vorliegen, befiehlt der Einheitsführer einen Einsatz ohne Bereitstellung«, heißt es in der FwDV 3. Da ein Einheitsführer jedoch bis auf ganz wenige Ausnahmen (z. B. Pkw-Brand auf einer Straße, Mülltonnen-Brand ohne Gefährdung anderer Objekte) immer erst eine Einsatzstelle erkunden muss, wird der Einsatz mit Bereitstellung zur Regel. Der Einsatz mit Bereitstellung ermöglicht ein

Tabelle 20.1 Einsatzbefehle für Einsätze mit und ohne Bereitstellung

Einsatz mit Bereitstellung		Einsatz ohne Bereitstellung	
Befehl	**Beispiel**	**Befehl**	**Beispiel**
Wasserentnahmestelle: XXX	»Wasserentnahmestelle: Unterflurhydrant vor Haus Nr. 3,	Wasserentnahmestelle: XXX	»Wasserentnahmestelle: Unterflurhydrant vor Haus Nr. 3,
Lage des Verteilers: XXX	Verteiler vor das Gartentor,	Lage des Verteilers: XXX	Verteiler vor das Gartentor,
Zum Einsatz fertig!	Zum Einsatz fertig!«	Einheit	Angriffstrupp,
		Auftrag	zur Brandbekämpfung unter Pressluftatmer
		Mittel	mit dem 1. Rohr
		Ziel	ins 1. Obergeschoss
		Weg	über den Treppenraum
		vor!	vor!«

bei jedem Brandeinsatz immer gleich ablaufendes, sinnvolles Vorgehen und verschafft dem Einheitsführer die notwendige Zeit zur ersten Erkundung und Lagebeurteilung. Ein Zeitverlust ist nicht gegeben, da die Mannschaft den Löschangriff ja bereits bis zum Verteiler aufbaut und sich anschließend ausgerüstet am Verteiler bereit stellt.

20.5.2 Einsatz ohne Bereitstellung

Der <**Einsatz ohne Bereitstellung**> wird nur befohlen, wenn dem Einsatzleiter ausreichende (alle!) Informationen zur Bestimmung des Einsatzauftrages vorliegen. Der Einsatzbefehl wird in ▶ Tabelle 20.1 dargestellt. Es ist für den Einsatzerfolg sinnvoll, wenn der Einheitsführer dem Einsatzbefehl eine kurze Lageschilderung voranstellt.

Praxis-Tipp:

Beim Einsatz ohne Bereitstellung ist es für den Einsatzerfolg sinnvoll, wenn der Einheitsführer seinem Einsatzbefehl eine kurze Lageschilderung voranstellt.

Literatur

[1] Feuerwehr-Dienstvorschrift (FwDV) 1 »Grundtätigkeiten«, Stand 2007, Verlag W. Kohlhammer, Stuttgart, 2007.

[2] Feuerwehr-Dienstvorschrift (FwDV) 3 »Einheiten im Lösch- und Hilfeleistungseinsatz«, Stand 2008, Verlag W. Kohlhammer GmbH, Stuttgart, 2008.

[3] Thorns, J.: Einsatz- und Geländefahrten, Die Roten Hefte/Ausbildung kompakt 206, Verlag W. Kohlhammer, Stuttgart, 2005.

ZUR VERTIEFUNG

Jochen Thorns: Einheiten im Lösch- und Hilfeleistungseinsatz, Die Roten Hefte 208, 7. Auflage, Verlag W. Kohlhammer, Stuttgart, 2017.

F Notfallmedizinische Grundlagen

21 Anatomie und grundlegende Funktionen des menschlichen Körpers

von Godo Savinsky

Anatomie ist die Lehre des normalen Aufbaus und Zustands des Körpers, seiner Gewebe und Organe. Die Physiologie beschreibt die normalen Lebensvorgänge innerhalb des Körpers. Um krankhafte Veränderungen des menschlichen Körpers erkennen und verstehen zu können, sind grundsätzliche Kenntnisse der Anatomie und der Physiologie notwendig.

21.1 Haut und Gewebe

21.1.1 Gewebe

Eine befruchtete Eizelle ist in der Lage, alle Zellformen des wachsenden Organismus zu bilden. Im Laufe der Entwicklung des menschlichen Körpers differenzieren sich einzelne Zellverbände für ihre spätere Funktion. Einen Verband gleichartig spezialisierter Zellen nennt man Gewebe. Vereinigen sich mehrere verschiedene Gewebe, dann bilden sie ein Organ mit einer festlegten Funktion. Gewebe werden eingeteilt in (▶ Bild 21.1):

- Epithelgewebe,
- Binde- und Stützgewebe,
- Muskelgewebe,
- Nervengewebe.

Epithelgewebe

Epithelgewebe bedeckt die inneren und äußeren Oberflächen des Körpers. Je nach der Funktion und der jeweiligen Organzuordnung unterscheidet sich der zelluläre Aufbau der Epithelgewebe. Darüber hinaus können Epithelien Stoffe aufnehmen (Resorption) oder Drüsen bilden, die körpereigene Stoffe bilden und abgeben (Sekretion). Epithelien enthalten Nervenendigungen und können so äußere Reize aufnehmen. Spezialisierte Epithelien sind darüber hinaus in der Lage, sich zu speziellen Rezeptorzellen zu entwickeln (z. B. Geschmacks-, Riech- oder Hörzellen). Epithelgewebe ist frei von Blutgefäßen.

Binde- und Stützgewebe

Binde- und Stützgewebe dient als Leitstruktur von Organen; es umhüllt und verbindet Organteile oder ganze Organe. Dabei werden auch mechanische Funktionen erfüllt. Blutgefäße und Nerven werden innerhalb des Bindegewebes an die jeweiligen Organe herangeführt. Darüber hinaus sind organfreie Räume innerhalb des Körpers mit Binde- und Stützgewebe ausgefüllt. Ebenso finden innerhalb des Bindegewebes Stoffwechselvorgänge sowie Vorgänge der körpereigenen Abwehr statt. Binde- und Stützgewebe werden eingeteilt in:

- Bindegewebe,
- Fettgewebe,
- Knorpelgewebe,
- Knochengewebe.

Faseriges Bindegewebe findet sich in Bändern und Sehnen des Bewegungsapparates. Elastisches Bindegewebe bildet beispielsweise die Stimmbänder.

Fettgewebe dient sowohl der Schaffung von Energiereserven, als auch dem Schutz des Körpers vor Wärmeverlust.

Knorpel gehört zu den Stützgeweben. Unterschieden werden drei Arten: Der so genannte hyaline Knorpel (hyalin = durchscheinend) bedeckt die Gelenkflächen des Bewegungsapparates, er bildet das Nasengerüst und findet sich in Kehlkopf, Luftröhre und den großen Bronchien. Elastischer Knorpel bildet die Ohrmuschel. Faserknorpel bildet u. a die Bandscheiben der Wirbelsäule, als auch Teile der Menisken der Kniegelenke. Knorpel enthält weder Nerven noch Blutgefäße.

Knochengewebe ist neben Teilen der Zähne das härteste Gewebe im menschlichen Körper. Ein intakter Knochen hat eine hohe Zug- und

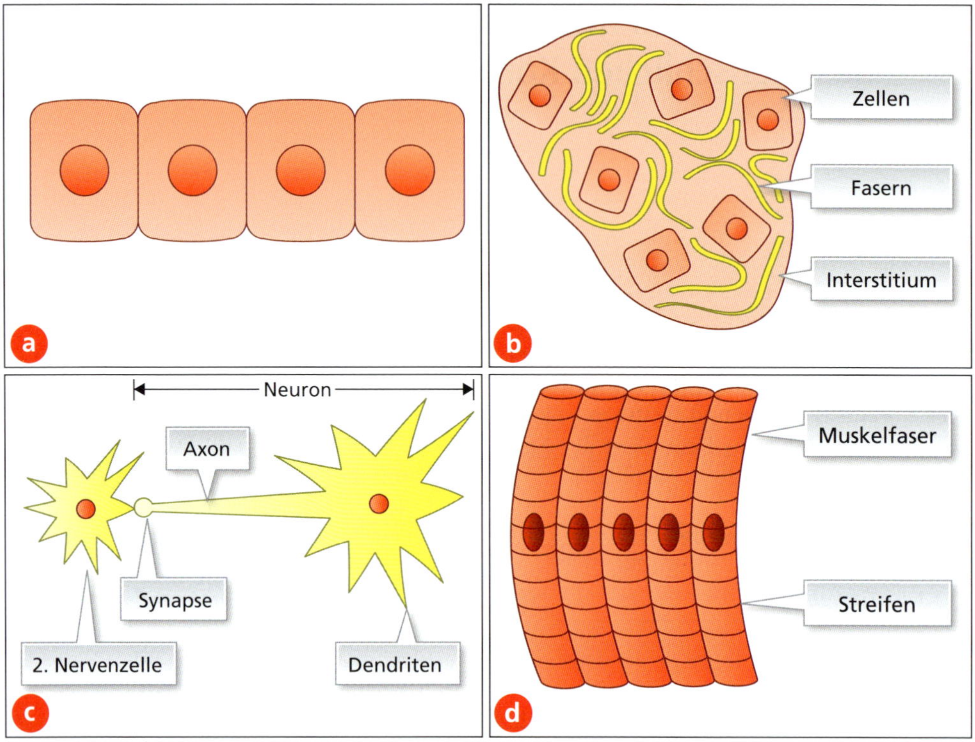

Bild 21.1 Die vier großen Gewebegruppen: **a** Epithelgewebe **b** Binde- und Stützgewebe **c** Nervengewebe **d** Muskelgewebe

Druckfestigkeit. Er ist nicht biegsam. Knochen sind gut durchblutet.

Die Knochen werden nach der Form unterscheiden. Röhrenknochen haben einen hohlen Schaft (Diaphyse) und an beiden verdickten Enden (Epiphysen) mit Knorpel überzogene Gelenkflächen, außer an den Endgliedern von Fingern und Zehen. Platte Knochen bilden die Schulterblätter oder Schädelknochen. Weitere Knochenformen sind kurze Knochen an Hand- und Fußwurzel sowie lufthaltige Knochen im Bereich des Gesichtsschädels. Im Markraum der Knochen befindet sich das blutbildende Knochenmark.

21.1.2 Haut

Die Haut ist das größte Organ des Menschen. Die Oberfläche der Haut eines Erwachsenen bedeckt durchschnittlich eine Fläche von zwei Quadratmetern. Vorrangig dient die Haut dem Schutz des Körpers. Die Hornschicht reduziert den Wasserverlust (Verdunstung). Ebenso wird das Eindringen von festen, flüssigen oder gasförmigen Stoffen sowie von Bakterien verhindert. Das durch Verdunsten des Schweißes verursachte saure Hautmilieu reduziert die Vermehrung von Bakterien und Pilzen auf der Hautoberfläche. Durch die Absonderung von Talg, Schweiß und Harnstoff wird die Niere in ihrer Ausscheidungsfunktion unterstützt. Die Haut hält die Körpertemperatur über eine unterschiedliche Hautdurchblutung, erhöhte Schweißbildung und das Unterhautfettgewebe konstant. Die Haut nimmt zusätzlich als Sinnesorgan zahlreiche äußere Reize auf, so Temperatur, Schmerz und Druck.

Die Haut (▶ Bild 21.2) besteht aus drei Schichten, der Oberhaut (Epidermis), der Lederhaut (Dermis) und dem Unterhautgewebe (Subkutis). Die oberste Schicht der Oberhaut bildet die aus abgestorbenen Hautzellen be-

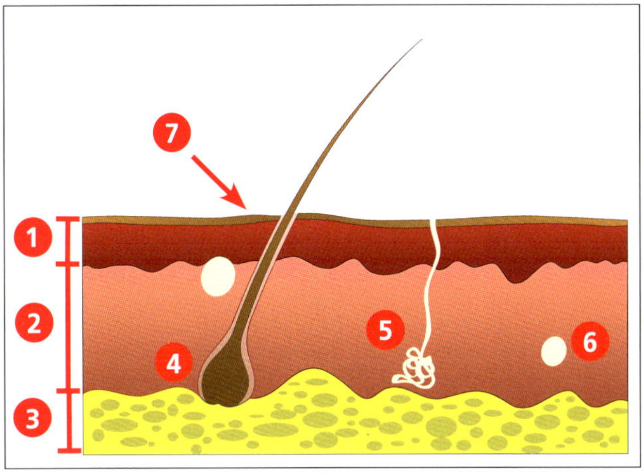

Bild 21.2 Schematischer Aufbau der Haut:
- Epidermis (1)
- Dermis (2)
- Subkutis (3)
- Haarwurzel(4)
- Schweißdrüse (5)
- Sinnesrezeptoren (6)
- Hornhaut (7)

stehende Hornschicht. Deren Dicke ist von der mechanischen Belastung des jeweiligen Hautareals abhängig. Darunter liegt die Keimschicht, die regelmäßig die Hautzellen nachbildet. In dieser Schicht befinden sich auch die pigmentbildenden Zellen, die das für die Hautfarbe sorgende Melanin bilden. Die Lederhaut besteht aus bindegewebigen Fasern und gibt der Haut die Elastizität und mechanische Belastbarkeit. In der Lederhaut befinden sich ebenso die Hautanhangsgebilde, wie Schweiß- und Duftdrüsen, Talgdrüsen sowie die Haare bildenden Haarfollikel. Die Talgdrüsen fetten Haut und Haare, um diese geschmeidig zu halten. Zu den Hautanhangsgebilden gehören auch die Nägel. Diese bestehen wie die Haare aus der Hornsubstanz Keratin. Unter der Lederhaut liegt das Unterhautgewebe. In der Grenzschicht liegen die Blut- und Lymphgefäße, ebenso reichen Haarwurzeln und Drüsen teils bis in das Unterhautgewebe.

21.2 Bewegungsapparat

Etwa 200 einzelne Knochen bilden das Skelett. Dieses schützt die inneren Organe, stützt den Körper und ist maßgebend für die äußere Form des Körpers. An den Knochen des Skelettsystems setzen die Muskeln des Bewegungsapparats an. Das Skelettsystem (passiver Bewegungsapparat) besteht aus den Schädelknochen, der Wirbelsäule, dem Brustkorb, dem Arm- und Beinskelett sowie Gelenken und Bändern. Die Skelettmuskulatur (aktiver Bewegungsapparat) setzt an den einzelnen Knochen an. So wird durch Kontraktion der einzelnen Muskeln eine willkürliche Bewegung der jeweiligen Knochen ermöglicht.

21.2.1 Skelettsystem

Die einzelnen Knochen des Skelettsystems sind meist über Gelenke miteinander verbunden. Gelenke erlauben je nach ihrem Typ mehrere freie Bewegungsrichtungen. Sechs Hauptgelenktypen lassen sich aufgrund ihrer Form und den daraus resultierenden Bewegungsachsen unterscheiden:
- Kugelgelenk,
- Scharniergelenk,
- Eigelenk,
- Sattelgelenk,
- ebenes Gelenk,
- straffes Gelenk.

Das Hüftgelenk ist ein Kugelgelenk. Es erlaubt Bewegungen um drei Bewegungsachsen. Das Kniegelenk ist ein Scharniergelenk (Walzengelenk); es erlaubt nur die Bewegung in einer Bewegungsachse. Eine Sonderform des Scharniergelenks ist das Radgelenk (auch Drehgelenk genannt). Hier dreht sich ein runder Gelenkkopf um einen zapfenförmigen Knochen, so wie sich im Bereich des Ellenbogengelenks das Speichenköpfchen um die Elle kreisförmig bewegt. Eigelenke finden sich im Bereich der Hand. Hier sind Bewegungen in zwei Bewe-

F

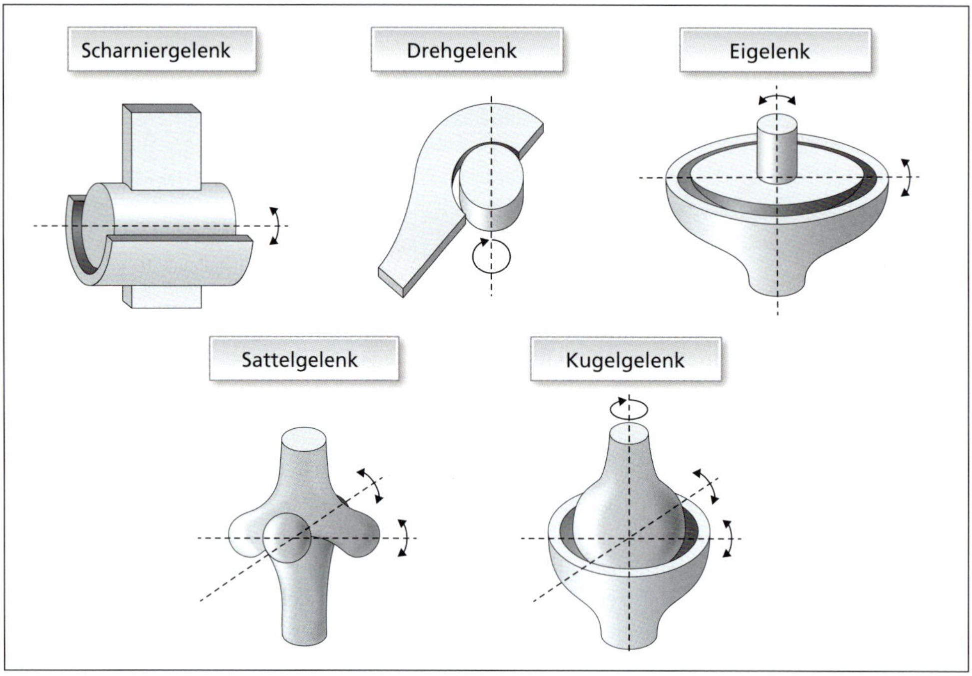

Bild 21.3 Beispiele für Gelenktypen

gungsachsen möglich. Ähnlich ist das Sattelgelenk am Daumengrundgelenk aufgebaut. Auch hier sind Bewegungen in zwei Bewegungsachsen möglich. Ebene Gelenke finden sich im Bereich der Halswirbelsäule. Hier spricht man auch von Gleit- oder Schiebegelenken, da es keine festen Bewegungsachsen gibt. Straffe Gelenke verbinden die einzelnen Beckenknochen. Diese sind mit straffen Bändern verbunden. Hier sind nur minimale federnde Bewegungen möglich.

21.2.2 Schädel

Der Schädel wird in den Gehirn- und den Gesichtsschädel unterteilt.

Gehirnschädel

Acht Knochen bilden den aus Schädelbasis und Schädeldach bestehenden Gehirnschädel. Die Schädelknochen sind bei der Geburt mit bindegewebigen Nähten verbunden. Diese verknöchern im späteren Leben. Bei Neugeborenen lassen sich am Schädeldach zwei größere bindegewebig verschlossene Lücken tasten, die vordere große Fontanelle und die hintere kleine Fontanelle. Normalerweise verschließen sich diese beiden Knochenlücken bis zum Ende des dritten Lebensjahres.

In der Schädelbasis befindet sich das Hinterhauptsloch, durch das das Rückenmark den Hirnschädel verlässt und in den Wirbelkanal zieht. Zahlreiche Blutgefäße und Nerven ziehen durch kleine Kanäle in der Schädelbasis. Die beiden Innen- und Mittelohren liegen ebenfalls in der Schädelbasis.

Gesichtsschädel

Zum Gesichtsschädel gehören die beiden Augenhöhlen, die Nasenhöhlen, einschließlich der Nasennebenhöhlen, der Oberkiefer und die beiden Jochbeine. Der Unterkiefer ist gelenkig mit dem Schädel verbunden.

21.2.3 Wirbelsäule

Die Wirbelsäule ist doppelt s-förmig geschwungen. Durch ihre Form hat die Wirbelsäule eine hohe Elastizität und ermöglicht den aufrechten Gang des Menschen. Die Wirbelsäule trägt den Kopf, die Arme, den knöchernen Brustkorb und das Becken. In dem innerhalb der Wirbelsäule verlaufenden Rückenmarkkanal verläuft das Rückenmark. Zwischen den einzelnen Wirbelkörpern befinden sich elastische, bindegewebige Scheiben, die so genannten Bandscheiben. Diese federn Stöße ab, wie etwa beim Laufen.

Halswirbel

Der Mensch hat sieben Halswirbel. Diese ermöglichen die hohe Beweglichkeit des Kopfes. Als Besonderheit dreht sich ein Zapfen des zweiten Halswirbels (Axis) bei einer Bewegung in einem Loch des ersten Halswirbels (Atlas). Der Zapfen kann bei einer Gewalteinwirkung auf den Hals abbrechen und dabei das Rückenmark schädigen.

Brustwirbel

Es gibt zwölf Brustwirbel. An jedem dieser Wirbel setzt rechts und links jeweils eine Rippe an. Diese sind gelenkig miteinander verbunden.

Lendenwirbel

Die fünf Lendenwirbel tragen beim aufrechten Gang die größte Last, daher sind in diesem Bereich auch die Bandscheiben einer besonderen Belastung ausgesetzt.

Kreuzbein und Steißbein.

Das Kreuzbein besteht aus fünf zusammengewachsenen ehemaligen Wirbeln. Mit dem Kreuzbein sind die beiden Beckenschaufeln bindegewebig verbunden. Das Steißbein besteht aus drei bis vier verkümmerten Wirbelkörpern. Es ist im Laufe der Entwicklungsgeschichte funktionslos geworden, vermutlich handelt es sich um Reste eines ehemaligen Schwanzes.

Der Brustkorb

Die lateinische Bezeichnung für den Brustkorb lautet Thorax. Der knöcherne Thorax erfüllt zwei Funktionen. Er schützt die in ihm liegenden Organe Herz und Lungen. Sein funktioneller Aufbau ermöglicht die Atmung. Der knöcherne Brustkorb wird durch die Brustwirbelsäule, die zwölf Rippenpaare und das Brustbein gebildet. Die ersten sieben paarigen Rippen (»echte Rippen«) sind direkt mit dem Brustbein verbunden. Die nächsten drei paarigen Rippen sind über einen gemeinsamen knorpeligen Rippenbogen mit dem Brustbein verbunden. Die restlichen zwei Rippenpaare haben keine Verbindung zum Brustbein. Die nicht oder nicht direkt mit dem Brustbein verbundenen Rippen werden auch falsche Rippen genannt. An den Rippen setzen zahlreiche Muskeln an. Über das bewusste Heben oder Senken des Brustkorbs erfolgt die Ein- und Ausatmung.

Obere Gliedmaßen (Extremitäten)

Die Schultern, Ober- und Unterarme und die Hände bilden die »Oberen Gliedmaßen«. Eines der deutlich sichtbaren Schlüsselbeine und ein Schulterblatt bilden das jeweilige Schultergelenk. In diesem bewegt sich der kugelige Oberarmkopf. Der Oberarmknochen bildet mit seinem unteren Ende zusammen mit den beiden Unterarmknochen Elle und Speiche das Ellenbogengelenk. Elle und Speiche verlaufen parallel, sind bindegewebig miteinander verbunden und können sich somit gegeneinander verdrehen. Mit ihrem unteren Ende bilden sie zusammen mit den acht Handwurzelknochen das Handgelenk. Mit den Handwurzelknochen sind über Gelenke fünf Mittelhandknochen verbunden, an diese schließen sich die dreigliedrigen Langfinger und der zweigliedrige Daumen an.

Untere Gliedmaßen (Extremitäten)

Das Becken, die Oberschenkel, die Unterschenkel und die Füße bilden die »Unteren Gliedmaßen«.

Das Becken ist ein fester knöcherner Ring, der von den beiden Hüftbeinen und dem Kreuzbein gebildet wird. In dieser »Schale« liegen die Beckenorgane. Ein Hüftbein wird aus drei Knochen gebildet: dem Darmbein, dem Sitzbein und dem Schambein. Die Beckenknochen bilden auch das Hüftgelenk. In ihm liegt der Hüftkopf des Oberschenkelknochens. An seinem unteren Ende bildet der Oberschenkelknochen zusammen mit dem Schienbein das Kniegelenk. Im Kniegelenk befinden sich zwei halbmondförmige Knorpelscheiben (Menisken), diese haben die Funktion einer Zwischenlegscheibe. Lediglich bei einem gebeugten Kniegelenk ist in geringem Umfang ein Drehen des Unterschenkels möglich. Am Unterschenkel liegt vorne das gut tastbare, den Innenknöchel bildende Schienbein, außen liegt das den Außenknöchel bildende Wadenbein. Deren beide untere Knochenenden bilden zusammen mit dem zu den sieben Fußwurzelknochen gehörenden Sprungbein das Sprunggelenk (Fußgelenk). Zu den Fußwurzelknochen gehört auch das Fersenbein. Vergleichbar zur Hand schließen sich an die Fußwurzelknochen fünf Mittelfußknochen an. Mit diesen sind dann die zweigliedrige Großzehe sowie die vier weiteren dreigliedrigen Zehen verbunden. Die besondere Form des Fußes wird durch die Anordnung der Knochen des Fußes erreicht; zahlreiche Bänder stützen und verstärken den Fuß.

21.2.4 Muskulatur

Die Muskulatur besteht aus spezialisierten Zellen, welche die Fähigkeit haben, sich zusammenzuziehen (kontrahieren). Somit entsteht eine Bewegung. Von ihrer Struktur und Funktion können drei verschiedene Muskeltypen unterschieden werden:

Glatte Muskulatur

Die glatte Muskulatur findet man in den inneren Organen des Körpers, so unter anderem im Magen-Darm-Trakt, der Gallenblase, den tiefen Atemwegen, den ableitenden Harnwegen, den Blutgefäßen und der Haut. Die Funktion der glatten Muskulatur kann nicht bewusst beeinflusst werden.

Quergestreifte Skelettmuskulatur

Die Skelettmuskeln setzen an den Knochen an. Sie können sich aktiv verkürzen. Diese Funktion wird bewusst gesteuert. Dadurch kommt es zur Bewegung des jeweiligen Körperabschnitts. Um auch eine jeweils gegenläufige Bewegung ausführen zu können, hat jeder Skelettmuskel einen ihm entgegenwirkenden Muskel. Bei einer längeren Belastung erschöpft sich die Skelettmuskulatur.

Quergestreifte Herzmuskulatur

Die Herzmuskelfasern sind ähnlich wie die Fasern der Skelettmuskulatur aufgebaut, jedoch anders angeordnet. In Gegensatz zur Skelettmuskulatur ist die Funktion des Herzmuskels nicht willkürlich zu steuern und der Herzmuskel arbeitet unerschöpflich.

21.3 Sinnesorgane

Die Sinnesorgane des menschlichen Körpers können fünf verschiedene Sinnesqualitäten aufnehmen: Sehen, Hören, Riechen, Schmecken und Tasten.

Sehorgan

Das menschliche Auge besteht aus dem kugelförmigen Augapfel (▶ Bild 26.4). Dieser liegt in der Augenhöhle des Schädels. Bewegt werden kann der Augapfel durch insgesamt sechs Augenmuskeln. Der vordere Teil des Augapfels ist mit der durchsichtigen Hornhaut überzogen. Das Licht tritt durch die Hornhaut in das Auge ein. Dahinter liegt die Regenbogenhaut

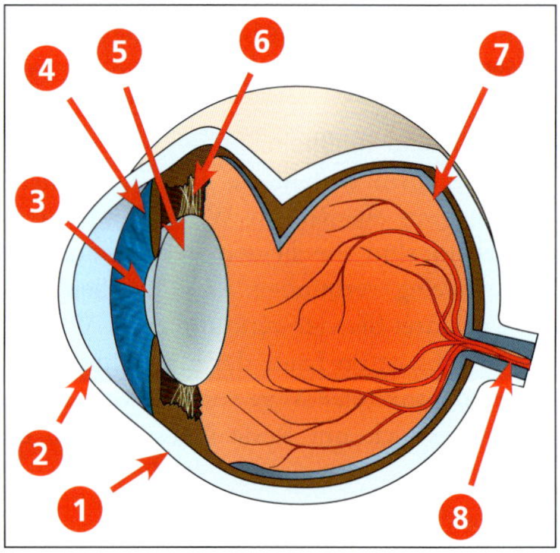

Bild 21.4 Aufbau des menschlichen Auges: Lederhaut (1), Hornhaut (2), Pupille (3), Iris (4), Linse (5), Ziliarmuskel (6), Netzhaut (7), Sehnerv (8)

(Iris), welche auch die Augenfarbe bestimmt. In der Mitte hat die Iris ein Loch, die Pupille. Die Größe der Pupille kann durch Muskeln in ihrer Größe, wie die Blende einer Kamera, verändert werden. Dahinter liegt der gallertartige Glaskörper, danach trifft das Licht auf die licht- und farbempfindlichen Zellen der Netzhaut. Hier werden die optischen Reize in elektrische Impulse umgewandelt und an das Gehirn weitergeleitet.

Hörorgan
Über die Ohrmuschel werden die Schallwellen aufgefangen und über den äußeren Gehörgang weitergeleitet (▶ Bild 21.5). Das Trommelfell begrenzt den äußeren Gehörgang. Das membranöse Trommelfell wird durch die Schallwellen in Schwingung versetzt, diese Schwingungen werden über die im Mittelohr liegenden Gehörknöchelchen an das Innenohr weitergeleitet. Das Innenohr besteht aus zwei Anteilen, dem Höranteil und dem Gleichgewichtsanteil. Im Höranteil werden die aufgenommenen Schallwellen von den Hörzellen in elektrische Impulse umgewandelt. Das Gleichgewichtsorgan erfasst Lageveränderungen des Kopfes und meldet diese an das zentrale Nervensystem.

Riechorgan
Im Inneren der Nase befindet sich die Riechschleimhaut mit den Riechzellen. Diese nehmen die Geruchsreize auf und leiten die Informationen über die Riechnerven an das Gehirn weiter.

Geschmacksorgan
Die vier verschiedenen Geschmacksempfindungen süß, sauer, salzig und bitter werden in unterschiedlichen Arealen der Zunge wahrgenommen. Aufgenommen werden die Geschmacksempfindungen von den so genannten Geschmacksknospen.

Tastorgan
In der menschlichen Haut liegen verschiedene Rezeptoren für Schmerzempfindung, Drucksinn, Tastsinn, Lageempfinden sowie Kälte- und Wärmeempfindung.

21.4 Atmungssystem

Der menschliche Organismus benötigt für die im Körper stattfindenden Stoffwechselvorgänge Sauerstoff (O_2). Bei dem Energie liefernden »Verbrennungsvorgang« entstehen in den Körperzellen Kohlenstoffdioxid (CO_2) und Wasser. Als Atmung werden die Aufnahme des Sauerstoffs und die Abgabe von Kohlenstoffdioxid bezeichnet. Als äußere Atmung werden die Aufnahme des Sauerstoffs und die Abgabe des Kohlenstoffdioxids über die Lungen bezeichnet, als innere Atmung der Austausch von O_2 und CO_2 zwischen dem Blut und den Körperzellen. Das Atmungssystem lässt sich funktionell unterteilen in (▶ Bild 31.2):
- Obere Luftwege: Nase, Rachen;
- Untere Luftwege: Kehlkopf, Luftröhre (Trachea), Bronchialtrakt, Lungen;

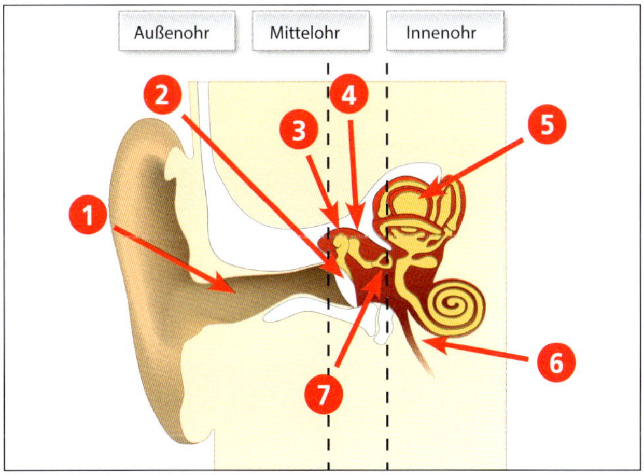

Bild 21.5 Aufbau des menschlichen Ohrs:
- äußerer Gehörgang (1)
- Trommelfell (2)
- Hammer (3)
- Amboss (4)
- Gleichgewichtsorgan (5)
- Eustachische Röhre (6)
- Steigbügel (7)

F

- Mechanisches System: Zwerchfell, Brustmuskulatur, Atemhilfsmuskulatur, Regulation, Verlängertes Rückenmark (Medulla oblongata).

Der äußere elastische Nasenanteil besteht aus einem knorpeligen Skelett, daran schließen sich die knöchernen Nasenstrukturen an. Der Nasenraum wird durch die senkrecht angeordnete Nasenscheidewand in zwei schmale Hohlräume unterteilt. Die beiden Nasenhöhlen sind mit Schleimhaut ausgekleidet. Die Nasenhöhlen haben Verbindung zu den knöchernen Nasennebenhöhlen. Die Nase erwärmt und filtert die eingeatmete Luft. Im Inneren der Nasenhöhlen befindet sich das Riechorgan.

An den Mund- und Nasenraum schließt sich der Rachenraum an. Er reicht bis zum Eingang des Kehlkopfs und der Speiseröhre (Ösophagus).

Der Kehlkopf bildet den Eingang zur Luftröhre. Er besteht aus mehreren durch Bänder und Muskeln verbundenen Knorpeln. Der Schildknorpel (Adamsapfel) ist an der Halsvorderseite zu tasten oder auch, meist bei Männern, von außen zu sehen. Beim Schlucken wird der Kehlkopf durch den Kehldeckel verschlossen, um so ein Eindringen von Nahrung in die Luftröhre zu verhindern. Im Inneren des Kehlkopfes befinden sich die paarig angeordneten Stimmbänder. Die können durch einen Luftstrom in Schwingungen versetzt werden und dabei Töne erzeugen.

An den Kehlkopf schließt sich die zehn bis 15 Zentimeter lange Luftröhre an. Sie hat einen Durchmesser von bis zu drei Zentimetern. Damit die Luftröhre beim Einatmen nicht kollabiert, wird sie von ringförmigen, nach hinten offenen Knorpelspangen verstärkt. Die Luftröhre teilt sich an ihrem Ende in den rechten und linken Hauptbronchus. Die Hauptbronchien sind ähnlich der Luftröhre aufgebaut und führen jeweils in einen der beiden Lungenflügel. Innerhalb der Lungenflügel verzweigen sich die beiden Hauptbronchien weiter, links in zwei Lappenbronchien, rechts in drei Lappenbronchien. Diese teilen sich dann weiter in die Segmentbronchien und dann in die kleinen Bronchiolen auf. An deren Ende befinden sich die Lungenbläschen (Alveolen), in denen dann der Gasaustausch stattfindet. Die Gesamtfläche für den Gasaustausch beträgt zirka sieben Quadratzentimeter pro Gramm Körpergewicht. Die einzelnen Lungenbläschen sind von einem Geflecht von Blutgefäßen umschlossen.

Die beiden Lungenflügel füllen den größten Teil der Brusthöhle aus. Sie befinden sich jeweils in einem abgeschlossenen Raum, dem linken und rechten Brustfellraum (Pleurahöhlen). Die innere Wand der Pleurahöhlen sowie die Lungenoberfläche sind mit einer dünnen Haut überzogen. Zwischen diesen beiden Schichten befindet sich wenig Flüssigkeit und ein geringer Unterdruck, sodass ein Zusammenfallen der Lungen verhindert wird.

Die mechanische Atemfunktion der Ein- und Ausatmung erfolgt durch eine durch Muskeltätigkeit hervorgerufene Vergrößerung und Verkleinerung der beiden Pleurahöhlen. Wichtigster Atemmuskel ist dabei das Zwerchfell. Das Zwerchfell ist ein nach oben kuppelförmiger flacher Muskel, der den Brustraum vom Bauchraum trennt. Für die Einatmung zieht sich das Zwerchfell zusammen. So vergrößert sich der Rauminhalt des Brustkorbs, es entsteht ein Unterdruck und Luft strömt in die Lungen. Für die Ausatmung erschlafft das Zwerchfell und infolge der Abnahme des Rauminhalts der Brusthöhle wird die Luft aus den Lungen gepresst.

Ein Heben des Brustkorbes und somit eine Vergrößerung des Rauminhalts kann auch durch ein Anspannen der Brust- und Zwischenrippenmuskulatur erfolgen. Bei nicht ausreichender Atemfunktion kann die Atmung durch den Einsatz von Muskeln im Schulter-Hals-Bereich (Atemhilfsmuskulatur) unterstützt werden.

Die Atmung wird vom Atemzentrum gesteuert. Dieses liegt im Stammhirn und dem verlängerten Rückenmark (Medulla oblongata). Die notwendigen Informationen zur Steuerung erhalten diese Hirnareale über spezielle im Blutgefäßsystem befindliche Messfühler. Als Messwerte aus dem Blut benötigt das Atemzentrum Daten zum Sauerstoff- und Kohlenstoffdioxidgehalt sowie dem pH-Wert. Den stärksten Atemanreiz stellt ein deutlicher

CO_2-Anstieg im Blut dar. Die normale Atemfrequenz beim Erwachsenen liegt zwischen 14 bis 18/Minute, bei Kleinkindern bei 30 bis 40/Minute. Das Atemminutenvolumen beträgt in Ruhe zirka 100 Milliliter pro Kilogramm Körpergewicht.

Zwischen den beiden Pleurahöhlen befindet sich das Mittelfell (Mediastinum). Dort liegen das Herz, die großen herznahen Blutgefäße, der obere Teil der Speiseröhre, der untere Teil der Luftröhre und die beiden Hauptbronchien.

21.5 Herz-Kreislauf-System

Das Herz-Kreislauf-System stellt einen kontinuierlichen Blutfluss im Organismus sicher. Sauerstoffreiches Blut wird vom Herz in den Körperkreislauf gepumpt und versorgt so die Zellen mit Sauerstoff. Die Zellen geben das beim Stoffwechsel anfallende Kohlenstoffdioxid an das Blut ab. Von dort gelangt das jetzt sauerstoffarme Blut über das venöse System zum Herz und von dort in die Lungen. Dort wird das Kohlenstoffdioxid ausgeatmet und das Blut wieder mit Sauerstoff angereichert.

Das Herz-Kreislauf-System lässt sich funktionell unterteilen in:

- Herz;
- Blutgefäße: Schlagadern (Arterien), Blutadern (Venen), Kapillarsystem;
- Blut: Blutmenge, Blutbestandteile;
- Regulation.

Das Herz ist ein unerschöpflicher Muskel. Beim gesunden Erwachsenen ist es in etwa so groß wie dessen Faust und wiegt zirka 300 Gramm. Es liegt hinter dem Brustbein. Die Herzspitze zeigt nach unten. Die Blutgefäßabgänge liegen an der oben liegenden Basis. Die senkrecht verlaufende Herzscheidewand teilt beim gesunden Menschen das Herz in zwei gleich große Hälften. Jede Hälfte ist zusätzlich durch eine querverlaufende Struktur in einen Vorhof und eine Kammer unterteilt. Das sauerstoffarme venöse Blut fließt aus dem Körper über die obere und untere Hohlvene in den rechten Vorhof, von dort fließt es über eine aus drei Segeln bestehende Herzklappe (Tricusspidalklappe) in die rechte Kammer. Von dort wird es durch die Pulmonalklappe über die Lungenarterien in die Lungen gepumpt. In den Lungen gibt das Blut Kohlenstoffdioxid ab und wird dafür mit Sauerstoff angereichert. Über die Pulmonalvene fließt das jetzt sauerstoffreiche Blut in den linken Vorhof, von dort fließt es über eine aus zwei Segeln bestehende Herzklappe (Mitralklappe) in die linke deutlich muskelkräftigere Kammer. Von dort wird es durch die Aortenklappe in die Hauptschlagader (Aorta) und so in den Körperkreislauf gepumpt. Über die von der Aorta abgehenden Herzkranzgefäße deckt das Herz seinen eigenen Bedarf an sauerstoffreichem Blut.

Die elektrischen Impulse, welche die Kontraktionen des Herzmuskels auslösen, entstehen in besonderen Strukturen des aus spezialisierten Herzmuskelzellen bestehenden Erregungsleitungssystems.

Blutgefäße, die das Blut vom Herz wegführen, werden als Schlagadern (<**Arterien**>) bezeichnet. Arterien bestehen unter anderem aus elastischen Fasern und Muskulatur. Über oberflächlich liegenden Arterien (zum Beispiel Handgelenk, Leiste) kann die Pulswelle getastet werden. Das arterielle System wird auch als Hochdrucksystem bezeichnet. Blutgefäße, die das Blut zum Herz führen, werden Blutadern (<**Venen**>) genannt. Ihre Wand ist deutlich dünner als die der Arterien. Das venöse System wird auch als Niederdrucksystem bezeichnet. Kapillaren sind dünnwandige Blutgefäßnetze, die zwischen Arterien und Venen liegen und über die Blutgase und Stoffwechselprodukte – wie in der Lunge – ausgetauscht werden.

Die Gesamtblutmenge eines gesunden Menschen entspricht ungefähr neun Prozent seines Körpergewichtes (somit bei einem 80 Kilogramm schweren Menschen etwa 7,2 Liter). Die wichtigsten Aufgaben des Bluts sind die Aufrechterhaltung der Atemfunktion durch den Sauerstofftransport an die Zellen und den Abtransport des Kohlenstoffdioxids. Die Zellen und Stoffwechselorgane werden mit den vom Darm aufgenommenen Nährstoffen Kohlenhydrate, Fett und Eiweiß versorgt und Stoffwechselprodukte werden zu Leber und Niere abtransportiert. Darüber hinaus hat das Blut die Aufgaben, die bei den Stoffwechselvorgängen entstehende Wärme an die Körperoberflä-

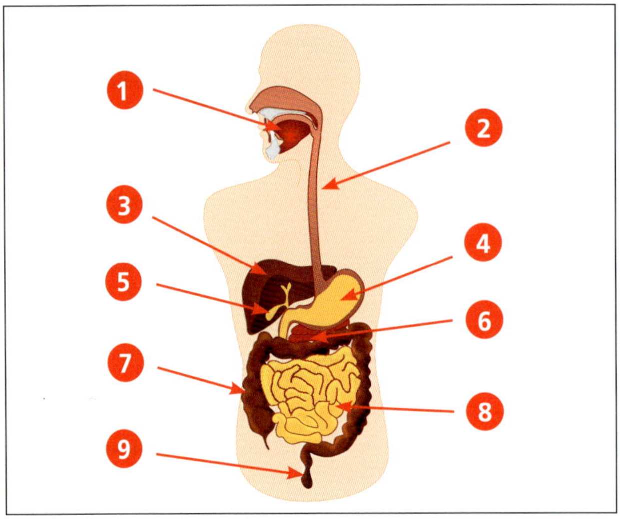

Bild 21.6 Der menschliche Verdauungskanal:
- Mundhöhle (1)
- Speiseröhre (Ösophagus (2)
- Leber (3)
- Magen (4)
- Gallenblase (5)
- Bauchspeicheldrüse (Pankreas) (6)
- Dickdarm (7)
- Dünndarm (8)
- Enddarm und After (9)

F

che abzuleiten sowie den pH-Wert des Blutes durch seine Pufferfunktion stabil zu halten.

< Blut > besteht zur Hälfte aus flüssigen Bestandteilen (Plasma) und zur anderen Hälfte aus festen Bestandteilen (Blutkörperchen).

Die wichtigsten Bestandteile des Blutplasmas sind für verschiedene Funktionen im Organismus notwendig. Fibrinogen ist für die Blutgerinnung notwendig. Der Eiweißstoff Albumin bindet Wasser im Gefäßsystem, der Eiweißstoff Globulin ist für die Immunabwehr wichtig. Darüber hinaus enthält das Plasma Blutsalze, wie Natrium und Kalium, Fette, Glucose und Aminosäuren sowie Stoffwechselprodukte. In geringeren Mengen finden sich auch Hormone, Enzyme und Vitamine im Blutplasma.

Bei den Blutkörperchen machen den größten Anteil die roten Blutkörperchen (Erythrozyten) aus. Ein gesunder Mensch hat zirka fünf Millionen Erythrozyten pro Kubikmillimeter. Die Erythrozyten binden in der Lunge den Sauerstoff und transportieren ihn an die Körperzellen. Einen Teil des in den Zellen entstandenen Kohlenstoffdioxids transportieren sie in die Lunge ab, wo es abgeatmet wird. Die weißen Blutkörperchen sind für die Immunabwehr wichtig, so können sie Bakterien und andere Fremdkörper unschädlich machen. Die Blutplättchen (Thrombozyten) haben eine wichtige Funktion bei der Blutgerinnung. Reguliert wird die Herz-Kreislauffunktion von den Kreislaufzentren im verlängerten Rückenmark (Medulla oblongata) über das vegetative Nervensystem. Der normale **< Blutdruck >** liegt beim Erwachsenen in Ruhe bei 120/80 mmHg. Der höhere Druckwert wird als systolischer Druck bezeichnet, diese Druckspitze entsteht durch die Austreibung des Blutes in den Körperkreislauf. Infolge der Elastizität der Gefäßwände wird ein Teil der Dehnungsenergie gespeichert und führt dann während der Erschlaffungsphase (Diastole) weiter zu einem positiven Druck im arteriellen Gefäßsystem. Bei körperlicher Belastung steigen Blutdruck und Herzfrequenz.

21.6 Verdauungssystem

Der Körper benötigt für einen normalen Stoffwechsel Grundbausteine, die durch mechanische und chemische Aufspaltungsprozesse im Verdauungssystem (▶ Bild 21.6) aus der Nahrung gewonnen werden. Nahrungsbestandteile lassen sich in drei große Gruppen aufteilen: in Fette, Eiweiße und Kohlenhydrate (Zucker und Stärke).

Die Nahrung gelangt vom Mund über die Speiseröhre in den Magen und verlässt nach der Passage durch den Darm den Körper durch den Anus. Der Zeitraum von Nahrungsaufnahme bis Ausscheidung ist abhängig von der Zusammensetzung der Nahrung, der körperlichen Bewegung und der psychischen Verfassung und dauert im Normalfall 24 Stunden. Fettige Speisen benötigen eine längere, kohlenhydrathaltige Speisen eine kürzere Zeit. Krankheiten und Medikamente können sich ebenfalls auf die Dauer der Passage auswirken

Mund

Der Mund ist an Verdauungsprozessen, an der Atmung und an der Stimmbildung beteiligt. Für die Verdauung sind dabei Zähne, Zunge und Speicheldrüsen wichtig. Die Nahrung wird im Mund durch die Zähne mechanisch zerkleinert und mit Speichel aus den Speicheldrüsen durchsetzt. Der Nahrungsbrei wird von der Zunge am harten Gaumen durchmischt und in Richtung der Speiseröhre transportiert. Im Anschluss daran wird der entstandene Speisebrei durch den Schluckakt vom Mund in die Speiseröhre befördert.

Zähne

Das menschliche Gebiss dient der Zerkleinerung und dem Zermahlen der Nahrung und ist an der Lautbildung beteiligt. Es besteht beim Erwachsenen aus 32 und beim Kind aus 20 Zähnen, die sich jeweils in Zahnkrone, Zahnhals und Zahnwurzel unterteilen lassen.

Bei Säuglingen dauert es bis zum 6. Lebensmonat bis der erste Milchzahn durchbricht – in der Regel ein vorderer Schneidezahn. Bis zum 30. Lebensmonat sind alle 20 Zähne des Milchgebisses sichtbar. Ab dem 6. Lebensjahr beginnen die Milchzähne dann auszufallen und die bleibenden Zähne treten aus dem Kiefer hervor. Bis zum 14. Lebensjahr ist dann in der Regel das vollständige bleibende Gebiss sichtbar, bis auf die so genannten Weisheitszähne, die hintersten Backenzähne, die – wenn überhaupt, – oftmals erst im Erwachsenenalter durchbrechen. Unterteilen lassen sich die Zähne in die vorne liegenden Schneidezähne, die Eckzähne und die seitlich liegenden Backen- oder Mahlzähne mit ihren breiten Kauflächen.

Speicheldrüsen

Speichel wird in den Speicheldrüsen produziert. Die größten Speicheldrüsen sind die Ohrspeicheldrüsen (Glandulae parotidea, Parotis) zwischen Jochbein und Ohr. Am Mundboden liegen Unterzungenspeicheldrüsen und Unterkieferspeicheldrüsen. Zusammen produzieren diese Drüsen etwa 1,7 Liter Speichel am Tag.

Speichel hält die Mundhöhle feucht und weicht die Nahrung auf. Im Mund beginnen erste Schritte der Kohlenhydratverdauung über die im Speichel enthaltenen Enzyme. Geschmacksstoffe in der Nahrung werden gelöst, sodass man sie schmecken kann. Die Speichelproduktion wird vom autonomen Nervensystem gesteuert, während bei Angst oder Nervosität vermindert Speichel abgesondert wird, steigt die Produktion beispielsweise bei Ap-

Tabelle 21.1 Der Verdauungstrakt und seine Funktionen

Organ/Körperteil	Funktion
Mundhöhle, Zähne, Zunge	Zerkleinern der Nahrung, Einspeicheln des Speisebreis
Speiseröhre (Ösophagus)	Transport des Speisebreis in den Magen
Magen	Durchmischung der Nahrung, Produktion von Magensäure
Leber	Abbau von Abfallstoffen, Gallenproduktion, Regulierung des Zuckerhaushalts
Gallenblase	Speichern von Galle
Bauchspeicheldrüse (Pankreas)	Hormonproduktion (z. B. Insulin), Bildung von Verdauungsenzymen
Dünndarm	Resorption verwertbarer Nahrungsbestandteile
Dickdarm	Wasserresorption, Abwehrfunktion, kontrollierte Ausscheidung

petit an, sodass einem »das Wasser im Mund zusammenläuft«.

Speiseröhre

Die Speiseröhre ist ein zirka 25 bis 30 Zentimeter langes schlauchförmiges Organ, das auf der Höhe des Kehlkopfs beginnt und in den Magen mündet. Durch wellenförmige (peristaltische) Bewegungen der Muskulatur werden Nahrungsbrei und Flüssigkeit transportiert. Hierdurch wandert Speisebrei selbst über Kopf und in Seitenlage in den Magen.

Magen

Der Magen ist ein 1,5 Liter fassendes Hohlorgan, in dem der Nahrungsbrei über Kontraktionen zum Zwölffingerdarm transportiert wird. Die Magenschleimhaut produziert salzsäurehaltigen Magensaft und Verdauungsenzyme. Eine Selbstverdauung des Magens wird durch eine ständige Erneuerung der dicken Magenschleimhaut verhindert. Das stark saure Magensekret hilft, die Nahrung von einigen Krankheitserregern zu befreien. Der angedaute dünnflüssige Spreisebrei, durchsetzt mit Magensäure und Enzymen, wird schließlich portionsweise in den Dünndarm weitergeleitet.

Wenn die Hohlorgane des Verdauungstraktes sich durch die abwärts gerichtete Bewegung der Muskelschichten der Organwand (Peristaltik) ohne Nahrungsbrei oder nur mit Luft gefüllt zusammenziehen (kontrahieren), entsteht das »Magenknurren«.

> **Achtung:**
>
> Der Magensaft ist salzsäurehaltig, die Aspiration in die Lunge ist äußerst schädlich für das Lungengewebe.

Dünndarm

Der insgesamt etwa sechs Meter lange, vielfach gewundene Dünndarm setzt sich aus drei Abschnitten zusammen: Zwölffingerdarm, Krummdarm (Ileum) und Leerdarm (Jejunum). Im Dünndarm findet der größte Teil der Verdauung statt; die meisten Nährstoffe gelangen von hier aus über die Darmwand ins Blut. Dieses nährstoffreiche Blut gelangt über die Darmvenen in die Pfortader, von dort aus in die Leber und weiter in den Blutkreislauf. Die Blutgefäße, Nerven und Lymphgefäße, die den Darm versorgen, ziehen durch das so genannte Gekröse zum Darm. Dies ist eine fächerartige Gewebsschicht, durch die der Darm federnd aufgehängt ist.

Zwölffingerdarm (Duodenum)

Der etwa 25 Zentimeter (Breite von zwölf Fingern) lange Zwölffingerdarm ist der erste Dünndarmabschnitt. Er führt vom Magen weg und ist C-förmig gekrümmt. In die Wölbung ist der Kopf der Bauchspeicheldrüse eingelagert. Gallensaft und Sekrete der Bauchspeicheldrüse werden hier dem Speisebrei zugefügt. Der salzsäurehaltige Magensaft wird neutralisiert und die Nahrungsmasse weiter zersetzt.

Krummdarm und Leerdarm

Im längsten Teil des gesamten Verdauungstrakts, dem Krumm- und Leerdarm, findet die Aufnahme des Großteils der verwertbaren Nahrungsbestandteile statt. Durch Falten und Zotten des Darms vergrößert sich die Gesamtoberfläche im Inneren des Darms auf zirka 180 Quadratmeter. Im Bereich des rechten Unterbauchs ist in der Regel der Übergang des Dünndarms in den Dickdarm. Wegen der elastischen Aufhängung des Darms kann sich der Darm in der Bauchhöhle leicht verlagern und sich der Übergang zum Dickdarm auch an anderer Stelle wiederfinden. Wichtig ist die Lokalisation für das Aufspüren des hier befindlichen Blinddarms, einer kleinen Aussackung des Dickdarms direkt hinter der Einmündung des Dünndarms.

Dickdarm (Colon)

Der Dickdarm ist mit zirka sechs Zentimetern Durchmesser doppelt so dick wie der Dünndarm, hier wird der dünnflüssige Nahrungsbrei eingedickt und im unteren Bereich, dem Mastdarm, gespeichert bis er als Stuhl ausgeschieden wird. Durch die Dickdarmflora, eine normale Besiedelung des Darmlumens mit Bakterien, werden Nahrungsbestandteile wie zum Beispiel Ballaststoffe weiter aufgespalten. Bei der bakteriellen Umwandlung entstehen täglich rund ein halber Liter Darmgase. Der Dickdarm ist ungefähr 1,5 Meter lang und enthält Millionen von Darmbakterien. Neben dem Mastdarm (Rectum) und dem anschließenden Analkanal (Anus) lässt sich der Dickdarm noch in einen aufsteigenden, queren, absteigenden und einen S-förmigen Bereich (Sigma) unterteilen. Am Anfang des Dickdarms hinter dem Übergang vom Dünn- in den Dickdarm, befindet sich der so genannte Blinddarm, an den sich der Wurmfortsatz (Appendix) anschließt. Der Appendix kann sich entzünden und dieses wird dann oft fälschlicherweise als Blinddarmentzündung bezeichnet.

21.6.1 Bauchspeicheldrüse

Die im Oberbauch befindliche Bauchspeicheldrüse (Pankreas) produziert Hormone für den Zuckerstoffwechsel (Insulin und Glukagon), die direkt in das Blut abgegeben werden (endokrin), und Verdauungsenzyme, die in den Zwölffingerdarm abgegeben werden (exokrin).

Unterteilen lässt sich die Bauchspeicheldrüse in den Kopf-, den Körper- und den Schwanzbereich. Die endokrinen Hormone werden dabei hauptsächlich im Schwanzbereich produziert. Die Zellen, die gemeinsam täglich bis zu 1,5 Liter enzymhaltige Verdauungssekrete produzieren, finden sich im gesamten Organ.

21.6.2 Leber

Die Leber ist ein beim Erwachsenen rund 1,5 Kilogramm schweres Organ im rechten Oberbauch unterhalb des Zwerchfells. Sie lässt sich grob in einen großen rechten und einen kleineren linken Leberlappen unterteilen. An der Grenze der beiden Leberlappen befindet sich die Leberpforte, an der die versorgende Leberarterie und die Pfortader in die Leber münden sowie die Lebervene die Leber in Richtung der unteren Hohlvene verlässt. Durch die Pfortader wird nährstoffreiches Blut aus dem Darm in die Leber transportiert.

Die Hauptaufgaben der Leber sind Synthese-, Speicherungs- und Abbauaufgaben. Zu den Syntheseaufgaben gehört unter anderem die Neubildung von Glucose, Gallensäure und Bluteiweißen, wie zum Beispiel Gerinnungsfaktoren. Speichern kann die Leber Glucose in umgewandelter Form als Glykogen, Fette als Lipoproteine und einige Vitamine. Bei den Abbauaufgaben ist die Leber das Hauptentgiftungsorgan des menschlichen Körpers. Fast alle potenziell schädlichen Stoffe wie Alkohol, Medikamente und Giftstoffe werden über die Leber abgebaut und dann über den Stuhl oder den Urin ausgeschieden. Einige Medikamente werden durch die erste Verstoffwechselung durch die Leber erst in ihre wirksame Form umgewandelt. Ferner werden von der Leber alte und beschädigte rote Blutkörperchen abgebaut.

Die von den Leberzellen produzierte grünliche Gallenflüssigkeit, dient der Verarbeitung und der Aufnahme von Fetten und wird in der Gallenblase gespeichert. Die Gallenblase befindet sich an der Unterseite der Leber in der Nähe der Leberpforte. Wenn die Gallensäuren der Gallenflüssigkeit kristallisieren, können sich in der Gallenblase Steine bilden.

21.7 Harnwegssystem

Das Harnwegssystem besteht aus den Nieren, den Harnleitern, der Harnblase und der Harnröhre. Die etwa 200 Gramm schweren bohnenförmigen Nieren befinden sich zu beiden Seiten der Wirbelsäule an der Rückseite der Bauchhöhle. Sie filtrieren aus dem Blut Urin und regulieren hormongesteuert den Wasser- und Salzhaushalt des Körpers. Täglich fließen 1 500 Liter Blut durch das Nierengewebe, aus dem dann ungefähr 1,5 Liter Urin entstehen und über das Harnwegssystem ausgeschieden werden. Mit dem Urin werden Wasser, Salze, Harnstoff, Harnsäure und andere wasserlösliche Stoffwechselendprodukte ausgeschieden. Von den Nierenbecken leiten die Harnleiter ständig Urin zur Harnblase im kleinen Becken des Unterbauchs. Die Harnblase sammelt den Urin und ist in der Lage, ihr Volumen hierfür stark zu vergrößern. Ab etwa 250 bis 550 Millilitern bei der Frau und 300 bis 700 Millilitern Urin in der Harnblase des Mannes, tritt Harndrang ein. Das maximale Volumen er Harnblase liegt beim Erwachsenen zwischen 800 und 1 400 Millilitern. Beim Wasserlassen gelangt der Urin über die Harnröhre nach außen, die von der untersten Stelle der Blase wegführt. Zur Harnentleerung zieht sich die Blasenwand zusammen, und gleichzeitig erschlafft der Schließmuskel der Harnröhre. Die Harnröhre endet beim Mann in der Penisspitze und bei der Frau im Vorhof der Scheide.

21.8 Lymphsystem

Das Lymphsystem ist ein System aus lymphatischen Geweben und Lymphgefäßen. Zu den lymphatischen Geweben zählen Lymphknoten, die Thymusdrüse, die Milz (Lien) und die Mandeln (Tonsillen). Das Lymphgefäßsystem ist ein Netzwerk feiner Gefäße, das eng mit dem Blutgefäßsystem zusammenarbeitet. Die Lymphgefäße führen aus dem Körpergewebe überschüssige Zellflüssigkeit, Fremdstoffe und Stoffwechselprodukte ab.

Lymphgefäße

Lymphflüssigkeit wird durch Lymphgefäße transportiert, die im Unterschied zu den Blutgefäßen kein geschlossenes System bilden. An einigen Stellen der Lymphgefäße befinden sich Lymphknoten. Die Lymphgefäße verlaufen neben den Arterien und Venen. Sie haben eine äußerst dünne, durchlässige Wand, die es ermöglicht, dass neben überflüssiger Zellflüssigkeit auch Bakterien sowie größere Moleküle und Partikel aus den Geweben abtransportiert werden können. Ähnlich wie die Venen verfügen die größeren Lymphgefäße über Rückstauklappen, die verhindern, dass Lymphflüssigkeit in das Gewebe zurückfließt. In den Lymphknoten wird ein Teil der Lymphozyten gebildet, die im Blutgefäß- und im Lymphgefäßsystem zirkulieren. Die Lymphknoten dienen als Filterstationen, in denen Krankheitserreger und Fremdkörper abgefangen und unschädlich gemacht werden. In Phasen der starken Aktivität in den Lymphknoten können diese deutlich anschwellen.

Lymphozyten

Im menschlichen Körper gibt es zwei Arten von Lymphozyten (»Gedächtniszellen«): die T- und die B-Lymphozyten. Die Lymphozyten können die Struktur bestimmter Infektionserreger speichern. Eine ausreichende Anzahl von immunkompetenten Lymphozyten bewirkt, das diese Erreger zerstört werden, sobald sie in den Körper eingedrungen sind. Das bedeutet, dass der Mensch in solchen Fällen immun ist und daher an ganz bestimmten Infektionen nur einmal erkranken kann. Dieses Prinzip macht sich die Impfung zu Eigen. Bei einer Impfung wird dem Körper auf künstlichem Weg eine geringe Menge bestimmter Krankheitserreger zugeführt, welche die Entstehung von immunkompetenten Lymphozyten bewirken.

Die T-Lymphozyten entstehen in den Lymphknoten und greifen Bakterien und Fremdkörper direkt an. Dabei speichern sie die Abdrücke der fremden Zelloberflächen (Antigene) und übermitteln sie mit Unterstützung der T-Helferzellen anderen T-Lymphozyten, die dann ebenfalls in der Lage sind, die fremden Zelloberflächen zu zerstören.

Diesen Vorgang nennt man zelluläre Immunreaktion.

Die B-Lymphozyten, die im Blutplasma enthalten sind, werden vom Knochenmark gebildet. Wie die T-Lymphozyten haben sie ein spezifisches Gedächtnis, dass die Basis für die so genannte humorale Immunität bildet. Damit ist gemeint, dass im Plasma gelöste Stoffe nach Kontakt mit einem körperfremden Antigen von Plasmazellen als Antikörper produziert werden. Dabei werden Antikörper gegen körperfremde Stoffe (Antigene) gebildet.

Mandeln

Die Mandeln (Tonsillen) liegen als mandelförmige Gewebeinseln am Beginn des Luft- und Nahrungsweges. Sie sind Teil des lymphatischen Rachenrings. Eine weitere Ansammlung von lymphatischem Gewebe befindet sich im Rachendach hinter der inneren Nasenöffnung. Die Mandeln spielen eine Rolle bei der Infektabwehr und können bei einem Infekt anschwellen, gerötet sein und Beläge aufweisen.

F

Milz

Die Milz ist ein gekapseltes 200 Gramm schweres Organ im linken Oberbauch unter dem Zwerchfell. Sie filtert alte rote Blutkörperchen aus dem Blut, speichert weiße Blutkörperchen und ist bis zum 6. Lebensjahr an der Blutbildung beteiligt. Verschiedene Krankheiten können die Ursache dafür sein, dass sie auf ein Gewicht von bis zu zwei Kilogramm anschwillt.

Thymus

Der Thymus liegt unmittelbar hinter dem Brustbein. Er wächst bis zur Pubertät, in der er seine größte Ausdehnung erreicht, und bildet sich danach kontinuierlich zurück. Beim alten Menschen ist er nur noch als kleiner Geweberest vorhanden. Der Thymus ist am Aufbau und an der Prägung des Immunsystems beteiligt, indem er bestimmte weiße Blutkörperchen produziert. Später übernehmen die Lymphknoten, das Knochenmark und die Milz diese Funktion.

21.9 Hormonsystem

Ein Großteil der Funktionen des menschlichen Körpers wird von Botenstoffen, so genannten Hormonen, gesteuert. Die Hormone regulieren das Wachstum, die Verdauung und die Fortpflanzung. Sie werden von endokrinen Drüsen (Drüsen mit innerer Sekretion) direkt in die Blutbahn abgegeben.

Hirnanhangdrüse

Die übergeordnete Drüse innerhalb des endokrinen Systems ist die erbsengroße Hirnanhangdrüse (Hypophyse), die in einer knöchernen Vertiefung an der Hirnbasis liegt und das gesamte Hormonsystem kontrolliert. Dabei reagiert sie auf die Hormonspiegel der nachgeordneten hormonproduzierenden Drüsen und kann die Drüsen in ihrer Produktion regulieren.

Hypothalamus

Der Hypothalamus ist ein kleiner Bereich im Zwischenhirn und verbindet dieses mit dem Hormonsystem. Der Hypothalamus hat Kontakt zur Hirnanhangdrüse (Hypophyse) und reguliert deren Hormonausschüttung. Der Großteil des Informationsaustausches findet durch Hormone statt, die in den Nervenzellen (Neuronen) des Hypothalamus gebildet werden. Er regelt so die Körpertemperatur, den Herzschlag und die Nierenfunktion, aber auch Hunger und Durst sowie unseren Schlafrhythmus und den Geschlechtstrieb.

Schilddrüse

Unterhalb des Kehlkopfes legen sich der rechte und linke Lappen der Schilddrüse wie ein Schild vor die Luftröhre. Die Schilddrüsenhormone sind zuständig für den Energieumsatz der Zellen und für die Eiweißproduktion. Damit die Schilddrüse die Schilddrüsenhormone produzieren kann, benötigt sie Jod, welches sie aus dem Blut aufnimmt und speichert.

Erfolgt die Geschwindigkeit des Energieumsatzes schneller oder langsamer als normal, so spricht man von Schilddrüsenüberfunktion beziehungsweise Schilddrüsenunterfunktion. Erhöhte Werte können Nervosität, Gewichtsverlust und seelische Spannungen bewirken, während im anderen Extremfall die Körperfunktionen langsamer ablaufen. Bei einem Mangel von Jod in der Nahrung und bei Erkrankungen der Schilddrüse kann es zu einer Vergrößerung der Schilddrüse, einem so genannten Kropf (Struma), kommen.

An der Rückseite der Schilddrüse liegen die vier erbsengroßen Nebenschilddrüsen. Ihr Hormon reguliert den Kalziumhaushalt des Körpers. Kalzium braucht der Körper für den Knochen- und Zahnaufbau, für die Funktion von Nerven- und Muskelzellen und für die Blutgerinnung. Zusammen mit Vitamin D, das unter Lichteinfluss in der Haut gebildet wird, ermöglicht das Hormon der Nebenschilddrüsen die Kalziumaufnahme aus der Nahrung.

Wenn dem Körper nicht genügend Kalzium zugeführt wird, bewirkt das Hormon die Abgabe von Kalzium aus den Knochen in das Blut.

Nebennieren

Die Nebennieren, die wie Kappen auf den Nieren aufliegen, regulieren den Wasser- und Salzhaushalt des Körpers und unterstützen ihn bei der Bewältigung von Stresssituationen. Die Nebennieren bestehen aus zwei unterschiedlichen Geweben: dem inneren Nebennierenmark und der umgebenden Nebennierenrinde.

Das innere Nebennierenmark produziert die Hormone Adrenalin und Noradrenalin. In Gefahren- oder Stresssituationen wird Adrenalin aus dem Nebennierenmark in die Blutbahn abgegeben. Dadurch erhöht sich die Herzfrequenz, und die Blutgefäße der Haut sowie der Eingeweide verengen sich. Das Blut steht der arbeitenden Muskulatur zur Verfügung, der Blutdruck steigt an. Gleichzeitig wird der in Leber und Muskeln gespeicherte Zucker abgebaut, damit der Körper mehr Energie zur Verfügung hat.

Die Nebennierenrinde produziert hauptsächlich Aldosteron und Kortison. Aldosteron reduziert die Salzausscheidung über die Nieren und erhöht damit den Wassergehalt des Körpers.

Kortison erhöht den Blutzuckerspiegel bei gesteigertem Energiebedarf des Körpers. Es wandelt Eiweiß in Zucker um und arbeitet so mit den Hormonen Adrenalin und Glukagon zusammen, die ebenfalls den Blutzuckerspiegel erhöhen. Ein hoher Kortisonspiegel bewirkt eine verringerte Infektabwehr des Körpers.

Geschlechtsdrüsen

Mann und Frau besitzen paarig angelegte Geschlechtsdrüsen, die Östrogen, Progesteron und Testosteron produzieren. Die mandelförmigen Eierstöcke der Frau (Ovarien) liegen im Becken, die eiförmigen Hoden im Hodensack des Mannes. Die äußere Ausprägung von Mann und Frau wird durch das Verhältnis dieser Hormone gesteuert. Beim Mann überwiegt das Testosteron, was zu Bartwuchs und einer tiefen Stimme führt, bei der Frau überwiegen Östrogen und Progesteron, was die Ausbildung der weiblichen Brust und die Verbreiterung des Beckens während der Pubertät auslöst.

21.10 Nervensystem

Das Nervensystem ist ein System aus Milliarden von Nervenzellen, die vom Gehirn ausgehend bzw. im Gehirn endend alle Gewebe des Körpers durchziehen. Es lässt sich in ein zentrales und ein peripheres Nervensystem unterteilen, wobei das zentrale Nervensystem (ZNS) den Teil der Nervenzellen im Gehirn und Rückenmark umfasst, also die Nervenzellen die sich knöchern durch den Schädelknochen und die Wirbelsäule ziehen und zusätzlich durch Nervenwasser (Liquor) geschützt sind.

Das Nervensystem ist die Grundlage menschlichen Handelns. Alle Informationen der Sinnesorgane werden durch Zellen des Nervensystems aufgenommen, weitergeleitet und verarbeitet.

Nervenzelle (Neuron)

Nervenzellen besitzen einen Zellkern, ein bis zwei Axone und bis zu 200 000 Dendriten. Axone sind längere, Dendriten kürzere Ausstülpungen der Zelle. Über die Dendriten ist die Nervenzelle mit benachbarten Nervenzellen verbunden und nimmt Impulse auf. Über das so genannte Axon wird der Nervenimpuls bis zum Ende der Nervenzelle geleitet und dann über eine Synapse an die nächste Zelle weitergegeben. Die nächste Zelle kann entweder der Dendrit einer anderen Nervenzelle, oder zum Beispiel eine Muskelzelle als Zielorgan sein. An der Synapse wir der Impuls durch eine Trägersubstanz (Transmitter) übertragen.

Man kann Neuronen nach ihrer Funktion in drei größere Gruppen unterteilen:

- Motoneurone leiten die Impulse für willkürliche und unwillkürliche Bewegungen zum Zielorgan bzw. Muskel.
- Sensorische Neuronen leiten die Impulse der Rezeptoren zum zentralen Nervensystem.
- Interneurone verarbeiten die Impulse als zwischengeschaltete Nervenzellen.

Zentralnervensystem

Gehirn und Rückenmark bilden zusammen das Zentralnervensystem, die zentrale Schaltstelle des gesamten Nervensystems. Es nimmt von den Sinnesorgane Reize aus der Umwelt auf, die in den Zentren der Hirnrinde zu Informationen verarbeitet werden und steuert die willkürlichen Bewegungen, die der Körper als Reaktion auf die verarbeiteten Reize ausführt. Dies ist das so genannte somatische Nervensystem.

Außer den Bewegungen der Gliedmaßen wird die Tätigkeit der inneren Organe kontrolliert. Hierfür ist das so genannte autonome (vegetative) Nervensystem zuständig.

Das vegetative und das somatische Nervensystem sind Funktionen des Zentralnervensystems (ZNS). Nervenfasern außerhalb des ZNS werden zum peripheren Nervensystem (PNS) gezählt.

Gehirn

Das wichtigste Organ des Zentralnervensystems ist das Gehirn, ein Verbund aus mehr als zehn Milliarden Nervenzellen, von denen jede Einzelne mit bis zu 10 000 anderen Nervenzellen verbunden ist. Das nach der Geburt ungefähr 330 Gramm schwere Gehirn erreicht beim Erwachsenen ein Gewicht von 1 300 Gramm und besitzt eine geleeartige Konsistenz.

Das Gehirn ist für sämtliche unserer bewussten und unbewussten Aktivitäten verantwortlich. Es kann als Sitz der Persönlichkeit eines Menschen mit all seinen Gefühlen, Gedanken und Fähigkeiten bezeichnet werden.

Drei Häute (Meningen) umgeben schützend das Gehirn: die harte Hirnhaut (Dura mater), die Spinnwebhaut (Arachnoidea) und die innere Hirnhaut (Pia mater). Entzündete Hirnhäute sind die Ursache der Meningitis. Zwischen den beiden letztgenannten Hirnhäuten und in Hohlräumen des Gehirns, den vier so genannten Ventrikeln, zirkuliert das Nervenwasser (Liquor) zum Schutz vor Erschütterungen. Die 200 Milliliter Liquor des menschlichen Körpers werden kontinuierlich resorbiert und neu gebildet, wodurch der Liquor täglich dreimal erneuert wird. Für diagnostische Zwecke kann im Bereich der Lendenwirbelsäule der Liquorraum punktiert und Liquor entnommen werden.

Bei den Regionen des Gehirns unterscheidet man Großhirn, Zwischenhirn, Kleinhirn und Hirnstamm.

Großhirn

Für unser Denken und unsere Wahrnehmung ist das Großhirn zuständig. Hier vermutet man den Ursprung von Intelligenz und Urteilsvermögen des Menschen. Eine Längsfurche unterteilt es in eine linke und eine rechte Hemisphäre.

Großhirnrinde

Die Großhirnrinde bildet die äußere Nervenzellschicht des Gehirns. Durch viele Furchen und Krümmungen ist die Oberfläche der Großhirnhemisphären auf 0,25 Quadratmeter vergrößert. Als Teile von ihr werden vier so genannte Lappen unterschieden: Der Schläfenlappen ist für Geruch, Gehör und Sprache zuständig, der Scheitellappen für Tastsinn und Geschmack, der Hinterhauptslappen für das

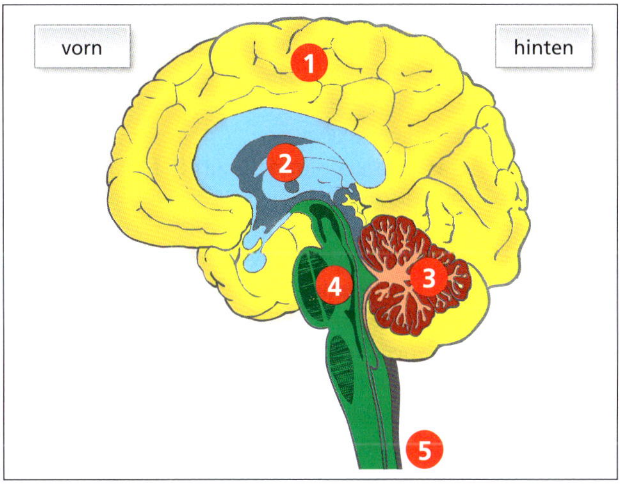

Bild 21.7 Das Gehirn:
- Großhirn (1)
- Zwischenhirn, bestehend aus Thalamus, Hypothalamus und Hypophyse (2)
- Kleinhirn (3)
- Hirnstamm, bestehen aus Mittelhirn, Brücke und Medulla oblongata (4)
- Rückenmark (5)

F

Sehen und der Stirnlappen – in dem man den Sitz des Bewusstseins vermutet – für Bewegung, Sprache und Denkvorgänge.

Zwischenhirn

Das Zwischenhirn liegt zwischen dem Klein- und dem Großhirn. Von hier aus wird das autonome Nervensystem gesteuert, das unter anderem für den Energie-, den Wärme- und den Wasserhaushalt unseres Körpers zuständig ist. Neben dem Hypothalamus gehören Thalamus, Epithalamus und Subthalamus zum Zwischenhirn.

Kleinhirn

Das Kleinhirn befindet sich unterhalb des Großhirns und ist für die Koordination der Bewegungsabläufe zuständig. Aufgrund der Informationen, die sensorische Neuronen aus der Peripherie liefern, werden die für das Gleichgewicht benötigten Impulse über Motoneurone an die Muskeln weitergegeben.

F

Hirnstamm

An der Basis des Gehirns, am Übergang zum Rückenmark, befindet sich der Hirnstamm. Im unteren Bereich des Hirnstamms überkreuzen sich die Nervenfasern der linken und der rechten Gehirnhälfte, wodurch die linke Gehirnhälfte für die rechte Körperhälfte zuständig ist und umgekehrt. Diese Überkreuzung von Nervenfasern ist beispielsweise die Ursache für rechtsseitige Ausfallerscheinungen bei einer Beschädigung der linken Gehirnhälfte. Im Hirnstamm befinden sich ferner ein Teil der Schlafsteuerung und Zentren für die Regulation der Atmung, des Kreislaufs und der Herzfrequenz.

Rückenmark

Das Rückenmark ist ungefähr 40 Zentimeter lang und zieht sich durch den Spinalkanal der Wirbelsäule vom Hinterhauptsloch des Schädelknochens bis in den Bereich der Lendenwirbelsäule. Es ist von den gleichen Hirnhäuten umhüllt wie das Gehirn und durch Nervenwasser (Liquor) vor Erschütterungen geschützt. Im Rückenmark verlaufen vom Gehirn zum peripheren System motorische und in umgekehrter Richtung sensorische Nervenzellen. Verletzungen des Rückenmarks können zu Sensibilitätsstörungen oder motorischen Lähmungen führen.

Vom Rückenmark werden auch einfache Reflexe aus gesteuert. Bei einigen Reizen werden die sensorischen und motorischen Nervenzellen direkt geschaltet, was zu sehr schnellen Reaktionen führt. Bei einem plötzlichen Kontakt mit einem spitzen oder heißen Gegenstand bewirkt die direkte Schaltung, dass die Hand oder der Fuß zurückgezogen wird, ohne dass der Impuls vorher über das Gehirn ausgewertet wird.

Peripheres Nervensystem

Das periphere Nervensystem bildet die Verbindung des Zentralnervensystems mit dem restlichen Körper. Jeder Nerv des peripheren Nervensystems ist ein Bündel aus sensorischen und motorischen Nervenfasern, Blutgefäßen und Bindegewebe. Als Hauptnerven gelten 43 Nervenpaare. Zwölf von ihnen bilden die Hirnnerven, die den Schädel an der Schädelbasis verlassen. Die übrigen 31 Paare der Spinalnerven verlassen das Rückenmark jeweils auf Höhe der Zwischenwirbelräume.

Somatisches System

Das somatische (willkürliche) System hat zwei Funktionen: Einerseits nimmt es Sinnesreize auf und übermittelt sie zur Verarbeitung an das Zentralnervensystem. Andererseits leitet es aber auch Signale des Zentralnervensystems an die Skelettmuskeln weiter, die sich dann willkürlich bewegen.

Autonomes System

Das autonome (unwillkürliche) System, auch vegetatives Nervensystem genannt, beeinflusst die Tätigkeiten von Herz, Lunge, Magen, Darm, Harnblase und Blutgefäßen. Im Hypothalamus, der dieses System steuert, laufen sämtliche Informationen von verschiedenen Organen zusammen. Er reguliert diese Informationen mithilfe des autonomen und des endokrinen Systems. Wenn zum Beispiel bei starker körperlicher Aktivität mehr Sauerstoff verbraucht wird, empfängt der Hypothalamus die Information »Sauerstoffmangel« und veranlasst eine Steigerung der Atemfrequenz und der Herzfrequenz. Das autonome Nervensystem reguliert das Gleichgewicht von Aktivität und Entspannung des menschlichen Körpers. Dies wird durch das Zusammenspiel von Parasympathikus und Sympathikus erreicht. Der Sympathikus bewirkt Leistungssteigerung in Stress- und Gefahrenmomenten, während der Parasympathikus für die Entspannung und Regeneration des Körpers zuständig ist.

21.11 Fortpflanzungssystem

Die ausgewachsenen Geschlechtsorgane ermöglichen die Entstehung von neuem menschlichem Leben. In den weiblichen Eierstöcken reift jeden Monat eine Eizelle heran, die männlichen Hoden produzieren Samenzellen. Nach dem Verschmelzen von Samen- und Eizelle, wandert das befruchtete Ei vom Eileiter in die Gebärmutter und nistet sich dort ungefähr am sechsten Tag nach der Empfängnis an der Hinterwand ein. Bei eineiigen Zwillingen hat sich ein einziges von einer Samenzelle befruchtetes Ei in zwei Embryos geteilt, während die verschieden aussehenden Zwillinge aus zwei Eizellen stammen, die von zwei Samenzellen befruchtet wurden.

Mit dem weiteren Wachstum der befruchteten Eizelle zu einem Embryo, kommt es an der Stelle der Einnistung zur Ausbildung des Mutterkuchens (Plazenta) und der Nabelschnur als Verbindung zwischen Plazenta und Embryo. Über die Nabelschnur wird der Embryo mit Sauerstoff und anderen benötigten Nähstoffen versorgt, außerdem werden Stoffwechselabbauprodukte und Kohlenstoffdioxid über die Plazenta an das mütterliche Blut abgegeben. Die Plazenta stellt hierbei eine Membran dar, an der wichtige Stoffe ausgetauscht werden, das kindliche und mütterliche Blut in der Regel aber keinen direkten Kontakt haben.

Geschlechtsorgane

Die Geschlechtsorgane oder Genitale dienen der Fortpflanzung und werden in innere und äußere Geschlechtsorgane bzw. die Sexual- und die Reproduktionsorgane unterteilt. Die Geschlechtsorgane und die Keimdrüsen reifen unter dem Einfluss der Hypophysenhormone während der Pubertät (Lebensabschnitt, in dem der Körper zur Geschlechtsreife auswächst) heran. Die Keimdrüsen, beim Mann Hoden und bei der Frau Eierstöcke (Ovarien) genannt, produzieren durch die Stimulation der Hypophysenhormone die Sexualhormone und Östrogen.

21.11.1 Weibliche Geschlechtsorgane

Die weiblichen Geschlechtsorgane werden in äußere und innere Geschlechtsorgane unterteilt. Zu den äußeren Geschlechtsorganen gehören die Schamlippen und die Klitoris. Die beiden großen äußeren Schamlippen sind zwei Hautfalten, die schützend über den zwischen ihnen befindlichen kleinen inneren Schamlippen liegen. Die beiden Schamlippen bedecken ihrerseits schützend die empfindliche Klitoris.

Zu den inneren Geschlechtsorganen der Frau zählen die Gebärmutter und die Eierstöcke. Die äußeren Geschlechtsorgane sind durch die Scheide (Vagina) mit dem Muttermund der Gebärmutter verbunden. Die Scheide ist etwa sieben bis neun Zentimeter lang und besteht aus Bindegewebe und Muskulatur.

Bei jungen Mädchen ist der Scheideneingang fast völlig durch das Jungfernhäutchen (Hymen) verschlossen. Das Jungfernhäutchen ist eine sehr dünne, durchlöcherte Schleimhautfalte am Scheidenausgang.

Eierstöcke

Die ovalen, etwa dreieinhalb Zentimeter langen Eierstöcke (Ovarien) liegen zu beiden Seiten der Gebärmutter im Becken der Frau. In den Eierstöcken, die auch als hormonproduzierende Drüsen funktionieren, liegen jeweils gleichzeitig Eizellen in verschiedenen Reifestadien. Beim Eisprung, der in der Mitte des 28-tägigen Monatszyklus stattfindet, wird eine reife Eizelle in die Bauchhöhle geschwemmt, wo sie der Eileiter aufnimmt und zur Gebärmutter transportiert. Bei einem neugeborenen Mädchen enthalten die Eierstöcke bereits ungefähr zwei Millionen Eizellen, von denen 300 000 bis zur Pubertät überleben. Nur etwa 450 von ihnen reifen im Leben einer Frau heran.

Gebärmutter

Die Gebärmutter (Uterus) liegt im kleinen Becken und ist etwa acht Zentimeter lang. Sie besteht aus dem Gebärmutterhals, dem Muttermund und dem Gebärmutterkörper. In der fruchtbaren Zeit der Frau, zwischen der Pubertät und den Wechseljahren, wird die Gebärmutterschleimhaut im Rahmen des Menstruationszyklus hormongesteuert aufgebaut und – wenn es nicht zur Einnistung eines befruchteten Eies kommt – im Rahmen der Monatsblutung wieder abgestoßen und ausgeschwemmt. Im Fall der Einnistung einer befruchteten Eizelle vergrößert sich die Gebärmutter und reicht kurz vor der Entbindung bis unter die Rippen.

Weibliche Brust

Die weibliche Brust ist ein Drüsengebilde mit eingelagertem Fett- und Bindegewebe. Etwa zwanzig Drüsenläppchen mit Milchdrüsen umgeben kreisförmig die Brustwarze und entleeren während der Stillzeit die Muttermilch in die Milchgänge, die im großen Milchgang der Brustwarze (Mamille) enden. Durch die hormonelle Umstellung während der Pubertät kommt es zur Entwicklung der weiblichen Brust. Die Größe ist dabei von genetischen und hormonellen Faktoren abhängig. Hormonell bedingte Schwankungen finden sich auch während des Menstruationszyklus der Frau und während der Schwangerschaft und der Stillzeit.

Während der Schwangerschaft erweitern sich die Milchdrüsen der Mutterbrust (Mamma) unter Hormoneinfluss und produzieren kurz nach der Geburt Milch (Lactation). Durch das Stillen werden dem Baby wichtige Antikörper der Mutter zugeführt, die vor vielen Krankheiten schützen. Muttermilch enthält halb so viel Eiweiß, doppelt so viel Zucker und gleichviel Fett wie Kuhmilch.

21.11.2 Männliche Geschlechtsorgane

Die männlichen Geschlechtsorgane werden ebenfalls in äußere und innere Geschlechtsorgane unterteilt. Zu den äußeren Geschlechtsorganen gehört der Penis und der Hodensack (Scrotum). Als innere Geschlechtsorgane des Mannes werden die Hoden, die Vorsteherdrüse (Prostata), die Samenbläschen und der Samenleiter bezeichnet.

Penis

Der Penis des Mannes befindet sich außerhalb des Körpers oberhalb des Hodensackes (Scrotum). Im Inneren befinden sich neben Blutgefäßen und Nervenfasern, die Harnröhre und Schwellkörper. Die Harnröhre (Urethra) verläuft parallel zu den drei Schwellkörpern, die bei sexueller Erregung der Aufrichtung (Erektion) des Penis dienen, und endet an der Penisspitze an der Eichel (Glans penis). Durch die Harnröhre gelangen die im Hoden produzierten Samenzellen und der Harn (Urin) aus dem Körper.

Hoden

Im Laufe der Entwicklung des männlichen Körpers verlassen die Hoden das Körperinnere und senken sich in den Hodensack (Skrotum) herab. Nur hier ist die Temperatur niedrig genug, um Samenzellen zu produzieren. Höhere Temperaturen, wie zum Beispiel bei enger Kleidung, führen zu einer Herabsetzung der Samenzellproduktion. Beim Ausbleiben des Absinkens der Hoden in den Hodensack, steigt die Gefahr einer Tumorbildung am Hoden.

Die Hoden produzieren zusammen zirka 100 Millionen Samenzellen pro Tag. Die kaulquappenartig geformten Samenzellen werden in den Samenkanälchen des Hodens produziert und in den Nebenhoden gespeichert. Sie enthalten das zur Befruchtung der weiblichen Eizelle benötigte männliche Erbgut. Bei einem Samenerguss (Ejakulation) werden bis zu 500 Millionen Samenzellen über den Samenleiter zusammen mit Sekreten aus verschiedenen Drüsen als Sperma in die Harnröhre ausgestoßen. Samenzellen, die nicht ausgestoßen werden, werden vom Körper wieder abgebaut und durch neue ersetzt.

Außer den Samenzellen wird in den Hoden das Hormon Testosteron produziert, das für die sekundären männlichen Geschlechtsmerkmale wie Bartwuchs und tiefe Stimme zuständig ist.

22 Basismaßnahmen zum Erhalt der Vitalfunktionen

von Dr. Stefan Oppermann und Godo Savinsky

22.1 Aufgaben und Ausbildung

Die notfallmedizinische Versorgung erkrankter oder verletzter Menschen am Einsatzort wird in der Regel vom Rettungsdienst übernommen. In Deutschland besteht ein flächendeckendes System von standardisierten Rettungsmitteln (Rettungswagen, Notarztwagen, Notarzt-Einsatzfahrzeugen, Rettungshubschraubern) mit qualifiziertem Personal (Notfallsanitäter, Rettungsassistenten und -sanitäter, Notärzten und Leitenden Notärzten). Dennoch gibt es Situationen, in denen die Einsatzkräfte der Feuerwehr bis zur Übergabe des Patienten an den Rettungsdienst auf sich allein gestellt sind und erste lebensrettende Maßnahmen überbrückend ergreifen müssen. Hier ist zu beachten, dass nicht nur verletzungsbedingte Krankheitsbilder, z. B. bei Unfällen aller Art, auftreten können, sondern auch Erkrankungen am Einsatzort, z. B. Herzinfarkt oder Rauchgasvergiftung eine wichtige Rolle spielen. Dabei kann es auch zu längeren Überbrückungszeiten kommen, wenn der Rettungsdienst zunächst nicht alarmiert wurde und erst nachträglich an die Einsatzstelle nachgefordert werden muss. Dies kann der Fall sein, wenn Verletzungen oder Erkrankungen bei Betroffenen erst im Einsatzverlauf bemerkt werden oder bei den eigenen Kräften auftreten. Hinzu kommen Situationen, wie beispielsweise der Massenanfall von Verletzten (MANV), z. B. bei einer Massenkarambolage auf der Autobahn, bei denen der Rettungsdienst unterstützt werden muss, bis ausreichendes Fachpersonal an der Einsatzstelle verfügbar ist.

Merke:

Notfallmedizinische Aufgaben der Feuerwehr:

- Lebensrettende Sofortmaßnahmen bis zum Eintreffen des Rettungsdienstes,
- Rettung aus dem Gefahrenbereich, Einrichten einer Patientenablage,
- Versorgung der eigenen Einsatzkräfte im Sinne der Kameradenhilfe,
- Unterstützung der Kräfte des Rettungsdienstes, z. B. beim MANV.

Erweitertes Aufgabenspektrum z. B.:

- Erstversorgung von Notfallpatienten als »First-Responder-Einheit«

Grundsätzlich gehört die Rettung Betroffener aus einem Gefahrenbereich, beispielsweise bei Bränden, zu den primären Aufgaben der Feuerwehr. Beim standardisierten Einsatzablauf werden Betroffene am Rand des Gefahrenbereiches an < **Patientenablagen** > erstversorgt, betreut und dem Rettungsdienst übergeben (▶ Bild 22.1).

Als Ausbildungsgrundlage für lebensrettende Maßnahmen dient ein Erste-Hilfe-Kurs, den jede Feuerwehr-Einsatzkraft gemäß Feuerwehr-Dienstvorschrift 2 (FwDV 2) absolvieren muss.

Außer der Durchführung lebensrettender Maßnahmen bis zum Eintreffen des Rettungsdienstes durch Kräfte der Feuerwehr sind wei-

Quelle: J. Thorns

Bild 22.1 Errichten einer Patientenablage mit der Beladung von Löschfahrzeugen

Merke:

Patientenablage nach DIN 13050: Eine Stelle an der Grenze des Gefahrenbereiches, an der Verletzte oder Erkrankte gesammelt und soweit möglich erstversorgt werden. Dort werden sie dem Rettungsdienst zum Transport an einen Behandlungsplatz oder weiterführende medizinische Versorgungseinrichtungen übergeben.

tere Einsatzszenarien denkbar: In Gebieten mit langen Anfahrtzeiten des Rettungsdienstes können Feuerwehren als Vorauskräfte im Sinne von »First-Responder-Einheiten« auch hier die Erstversorgung von Notfallpatienten sicherstellen.

Für diese Aufgabe, bei der es regelhaft zu einer Alarmierung mit alleiniger notfallmedizinischer Lage kommen kann, sind Ausbildungsprogramme mit erweiterter Ausbildung und Ausrüstung, wie beispielsweise AED (Automatisierter Externer Defibrillator), Sauerstoff und Beatmungshilfen, erforderlich.

22.2 Zusammenarbeit mit dem Rettungsdienst

Bei der Nachforderung von Einsatzkräften des Rettungsdienstes entscheidet die Leitstelle aufgrund des Lagebildes über weitere Alarmierung und orientiert sich dabei an der Alarm- und Ausrückordnung (AAO). Daher sind die Rückmeldungen der Einsatzkräfte vor Ort so präzise wie möglich abzusetzen (Beispiel: »Bewusstlose Person, Kreislaufstillstand, Wiederbelebung eingeleitet«). Nachgeforderte bodengebundene Rettungsmittel sollten möglichst durch Posten eingewiesen werden. Sind Luftrettungsmittel alarmiert, sucht sich der Pilot seinen Landeplatz grundsätzlich selbst. Es kann jedoch erforderlich sein, dass Absperrmaßnahmen oder ein Zubringerdienst vom Landeplatz zum Einsatzort durch die Einsatzkräfte vor Ort durchgeführt werden müssen. Hierzu kann eine Kontaktaufnahme der Einsatzkräfte mit dem Luftrettungsmittel über Funk erfolgen.

Achtung:

Die medizinische Ausrüstung muss genauso wie die feuerwehrtechnische Ausrüstung regelmäßig überprüft und ständig einsatzbereit gehalten werden! Sie kann im Einsatz, auch für die eigenen Kräfte, lebensrettend sein! Für Medizinprodukte, wie beispielsweise Blutdruckmessgeräte und sterile Verbandmaterialien, gelten gesetzliche Bestimmungen, die u. a. den Verwendungszeitraum (»Verfallsdatum«) regeln und zu beachten sind.

Im weiteren Verlauf wird sich jede nachrückende Einsatzkraft beim Einsatzleiter vor Ort melden und eingewiesen werden. Bei der Zusammenarbeit, wie bei der technischen Rettung und medizinischen Versorgung eingeklemmter Personen, ist eine enge Absprache beider Einsatzabschnitte erforderlich.

22.3 Ausrüstung

Löschfahrzeuge der Feuerwehren verfügen gemäß DIN 14530 standardisiert nur über einen Verbandkasten (DIN 14142), eine Krankentrage N (DIN 13024) und eine Krankenhausdecke (▶ Bild 22.2).

Erweiterungen werden je nach Aufgabenspektrum und Ausbildung der Kräfte durch Ausrüstung beispielsweise mit Notfallkoffer oder -rucksack, Sauerstoff, AED, Rettungstuch

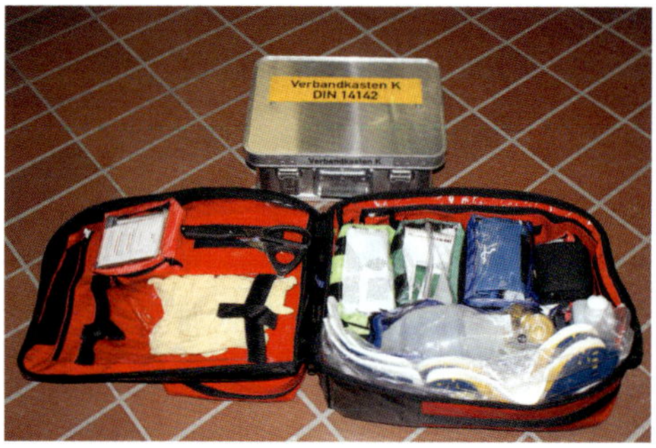

Quelle: J. Thorns

Bild 22.2 Medizinische Ausrüstung eines Löschgruppenfahrzeuges. Standard ist der Feuerwehr-Verbandkasten (oben); viele Löschfahrzeuge verfügen aber bereits über eine Notfallausrüstung.

Quelle: J. Thorns

Bild 22.3 Transport mit einem Rettungstuch

Quelle: J. Thorns

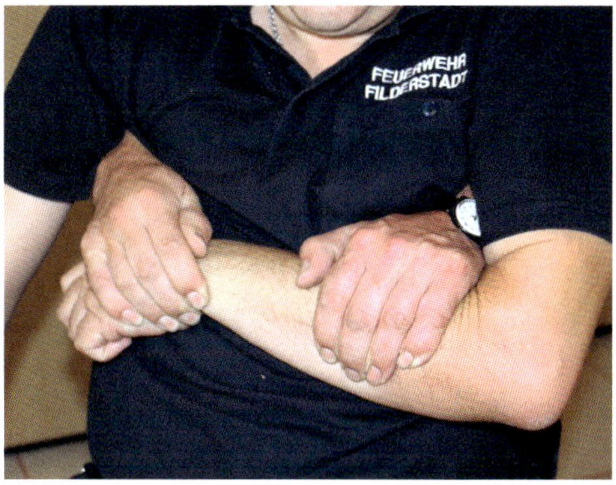

Bild 22.4 »Rautek-Griff«: man beachte die Daumenhaltung

und Rettungsbrett vorgenommen.

22.4 Sicherheit an der Einsatzstelle

Sind Menschenleben in Gefahr, kann die Dramatik der Lage dazu führen, dass Einsatzkräfte Gefahren an der Einsatzstelle nicht sofort erfassen und keine Absicherung erfolgt. Drillmäßiges Absichern von Einsatzstellen, beispielsweise im fließenden Verkehr (vgl. Feuerwehr-Dienstvorschrift 3), soll verhindern, diesen möglicherweise tödlichen Fehler zu begehen. Aber auch andere Gefahren sind zu bedenken: So sollte grundsätzlich bei der Erstversorgung von Patienten geeignete Schutzbekleidung, wie Infektionsschutzhandschuhe, getragen werden.

22.5 Rettung

Grundsätzlich sollten Patienten so schonend wie möglich aus dem Gefahrenbereich gerettet werden. Hierfür ist der liegende Transport auf einer Trage, in einer Schleifkorbtrage, auf einer Schaufeltrage, auf einem Spine-Board oder in einem Rettungstuch (▶ Bild 22.3) geeignet. Bei engen Raumverhältnissen, wie beispielsweise einem engen Treppenraum, ist auch der sitzende Transport von Patienten möglich, wenn das Verletzungs- oder Erkrankungsbild dies zulässt (▶ Kapitel 47). Der Rautek-Rettungsgriff (▶ Bild 22.4). ist wegen einer nicht unerheblichen Verletzungsgefahr für den Patienten nur bei unmittelbarer Gefahr anzuwenden.

Eine besondere Herausforderung ist die Rettung eingeklemmter, schwerstverletzter Patienten. Hier ist einerseits die schonende technische Rettung, andererseits die möglichst schnelle medizinische Versorgung für den Patienten überlebenswichtig. Dem eingeklemmten Patienten drohen eine Vielzahl von Gefahren, wie Atemwegsverlegung, inneres und äußeres Verbluten, aber auch Unterkühlung mit fatalen Folgen. Es gilt das Prinzip »So schonend, wie nötig – so schnell wie möglich«. Den Einsatzkräften, die die medizinische Versorgung übernehmen, muss möglichst schnell eine Erstöffnung und anschließend eine ausreichende Versorgungsöffnung von den technischen Rettungskräften zum eingeklemmten Patienten hergestellt werden. Hierbei sind alle Maßnahmen aufeinander abzustimmen und der Zustand des Patienten muss engmaschig von einer verantwortlichen Person überwacht werden. Die Zusammenarbeit bei der sogenannten »Patientengerechten Rettung« sollte regelmäßig geübt werden.

22.6 Ursachen und Erkennen von lebensbedrohlichen Zuständen

Störungen der lebensnotwendigen Funktionen (Vitalfunktionen) Atmung, Bewusstsein und Kreislauf können unmittelbar lebensbedrohlich sein. Bei einer Bewusstlosigkeit kön-

Quelle: J. Thorns

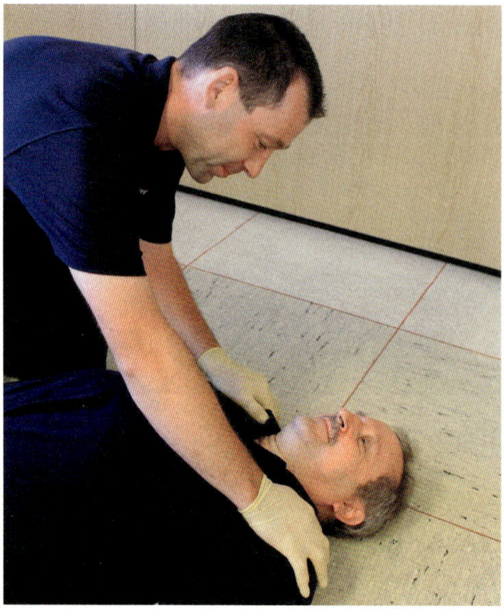

Bild 22.5 Mögliche Bewusstseinsstörungen können durch direkte Ansprache oder Berührung festgestellt werden.

F

nen beispielsweise wichtige Schutzreflexe, wie Schlucken, Husten, Würgen erlöschen und es kann Erbrochenes in die Atemwege gelangen und zum Ersticken führen. Die Störung einer Vitalfunktion hat meist auch unmittelbare Auswirkungen auf die anderen Vitalfunktionen. So fällt beispielsweise bei einer bewusstlosen Person häufig die Zunge in den Rachenraum zurück und verlegt die Atemwege, was zu einer dramatischen Störung der Vitalfunktion Atmung führt, woraus wiederum nach wenigen Minute ein Kreislaufstillstand resultieren kann. (▶ Bild 22.6).

Die auslösenden Ursachen, die zu Störungen der Vitalfunktionen führen, können vielfältig sein: Bewusstlosigkeit kann beispielsweise durch einen Herz-Kreislaufstillstand im Rahmen lebensgefährlicher Herzrhythmusstörungen beim Herzinfarkt ausgelöst sein. Bei Schlaganfällen können die ursächlichen Durchblutungsstörungen des Gehirns genauso zu Bewusstlosigkeit führen, wie die Unterzuckerung eines Diabetikers oder Vergiftungen. Kreislaufstillstände werden häufig durch die schon genannten Herzinfarkte verursacht. Den Ersthelfern stehen dabei meist keine Möglichkeiten zur Verfügung, die Ursache der zu Grunde liegenden Störung zu erkennen und zu behandeln. Umso wichtiger ist es, die ausgefallenen Vitalfunktion durch Sofortmaßnahmen zu ersetzen. Dies wird besonders beim Herz-Kreislaufstillstand deutlich: Ohne Wiederbelebungsmaßnahen sinkt die Überlebenswahrscheinlichkeit dramatisch innerhalb von wenigen Minuten ab!

Störungen der Vitalfunktionen müssen schnell erkannt und behandelt werden: Störungen des Bewusstseins fallen sofort auf, wenn Patienten nicht oder nicht situationsgerecht auf Ansprache oder Berührung (▶ Bild 22.5). reagieren. Erfolgt keine Reaktion auf Ansprache (»Sind Sie in Ordnung?«) und auf Berührung (Schütteln an den Schultern) spricht man von Bewusstlosigkeit. In diesem Fall ist höchste Eile geboten. Aber auch eine verzögerte Reaktion, wenn der Patient erst auf äußere Reize erweckbar ist, kann auf eine Störung, z. B. bei Schlaganfällen oder Vergiftungen, hinweisen und bedarf unverzüglicher weiterer medizinischer Abklärung. Üblicherweise sind gesunde Menschen ohne Störungen des Bewusstseins ab dem Kindesalter zur Person (»Wie heißen sie?«), örtlich (»Wo befinden wir uns?«) und zeitlich (»Wie spät ist es?«) orientiert.

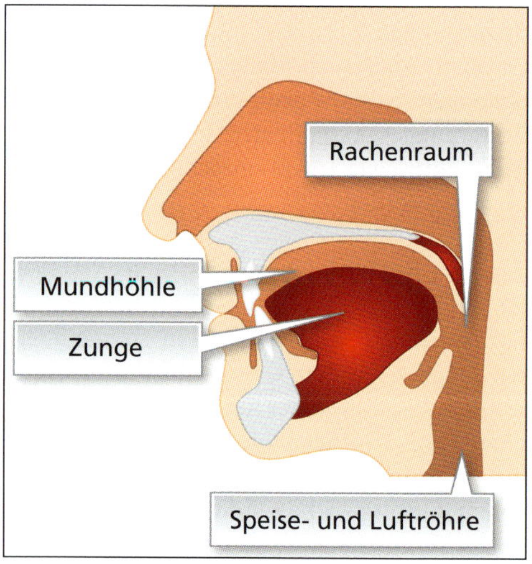

Bild 22.6 Die Zunge einer bewusstlosen Person kann in den Rachenraum zurückfallen und so die Atemwege verlegen.

Quelle: J. Thorns

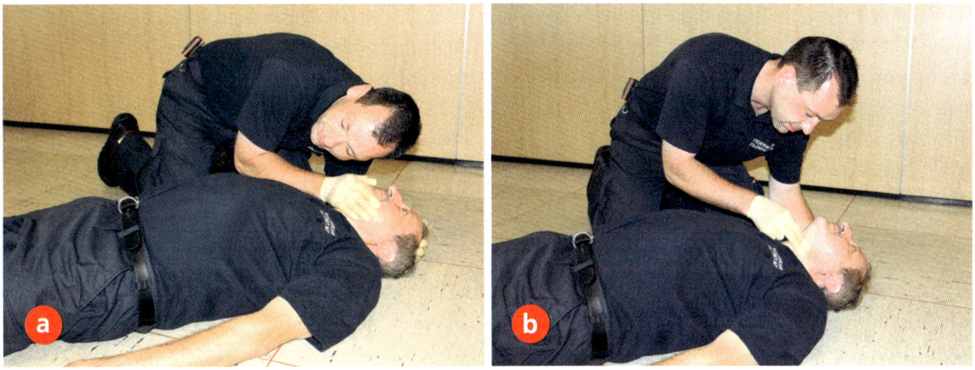

Bild 22.7 Kontrolle der Vitalfunktionen: **a** Atembewegung beobachten **b** Tasten des Pulses am Hals

Störungen der Vitalfunktion Atmung werden durch Beobachtung der Atembewegung (▶ Bild 22.7a). und der Hautfarbe erkannt. Hauptfunktion der Atmung ist der Gasaustausch (Abatmung des Stoffwechselendproduktes Kohlendioxid und Aufnahme lebensnotwendigen Sauerstoffs) und damit die Sicherstellung der Sauerstoffaufnahme des Körpers. Sauerstoffarmes Blut färbt sich dunkelrot-blauviolett. Ein Sauerstoffmangel lässt sich daher häufig an bläulich verfärbten Lippen oder Fingerkuppen (hier hilft der Vergleich mit den eigenen Fingerkuppen) erkennen. Das Fehlen von Atembewegungen, beispielsweise bei einer Bewusstlosigkeit oder verlegten Atemwegen, kann innerhalb von wenigen Minuten zu lebensbedrohlichem Sauerstoffmangel führen.

Die Prüfung der Vitalfunktion Kreislauf, beispielsweise durch das Tasten des Pulses (▶ Bild 22.7b), ist in kritischen Situationen nicht einfach, möglicherweise fehlerbehaftet und sollte daher durch entsprechend trainierte Kräfte durchgeführt werden.

Starke Blutungen oder andere Verletzungen können durch systematisches Absuchen und Abtasten des Körpers von Kopf bis Fuß erkannt werden. Schmerzäußerung kann hierbei ein wichtiges Hinweiszeichen auf eine Verletzung sein und sollte daher sehr ernst genommen und beobachtet werden. So können z. B. schmerzhafte Bauchdecken Frühzeichen für eine ernsthafte Verletzung der Bauchorgane sein.

Alle gewonnenen wichtigen Informationen müssen gewissenhaft an die nachfolgenden Rettungsdienstkräfte weitergegeben werden. Da Störungen auch im weiteren Verlauf auftreten können, sollten Patienten an der Einsatzstelle bis zum Eintreffen des Rettungsdienstes beobachtet werden.

F

22.7 Basismaßnahmen der Wiederbelebung

Wird eine Person anscheinend leblos aufgefunden, müssen sich die Einsatzkräfte als erstes vergewissern, dass die Einsatzstelle sicher ist. Anschließend wird durch Ansprechen (»Sind sie in Ordnung?«) und bei Nichtreaktion durch Schütteln an den Schultern geprüft, ob der Patient reagiert.

Wenn eine Reaktion erfolgt, kann die Person in der vorgefundenen Lage verbleiben, vorausgesetzt, dass keine weitere Gefahr besteht. Es

Quelle: J. Thorns

Bild 22.8 Körperliche Untersuchung

wird dann versucht herauszufinden, was mit dem Patienten los ist, falls erforderlich Hilfe nachgefordert und der Zustand des Patienten regelmäßig erneut überprüft.

Wenn keine Reaktion erfolgt, wird weitere Hilfe herbeigerufen, der Patient falls möglich auf den Rücken gedreht und die Atemwege durch Überstrecken des Kopfes und Anheben des Kinns freigemacht. Hierfür wird eine Hand auf die Patientenstirn gelegt und der Kopf leicht nach hinten gezogen. Mit den Fingern der anderen Hand wird das Kinn des Patienten angehoben, um so die Atemwege frei zu machen (▶ Bild 22.9). Während die Atemwege so offen gehalten werden, wird der eigene Kopf so über den Kopf des Patienten gehalten, dass Atembewegungen des Brustkorbes beobachtet werden können, gleichzeitig Atemgeräusche am Mund des Patienten gehört werden können und der durch die Atmung verursachte Luftstrom an der eigenen Wange gespürt werden kann (▶ Bild 22.7a).

Sehen, Hören und Fühlen sollten nicht länger als zehn Sekunden dauern, um fest zu stellen, ob der Patient normal atmet. Während der ersten wenigen Minuten nach einem Kreislaufstillstand ist es möglich, dass ein Patient kaum atmet oder nur vereinzelte, geräuschvolle Atemzüge macht. Dieses wird als so genannte »Schnappatmung« bezeichnet. Dies darf nicht mit normaler Atmung verwechselt werden!

Quelle: J. Thorns

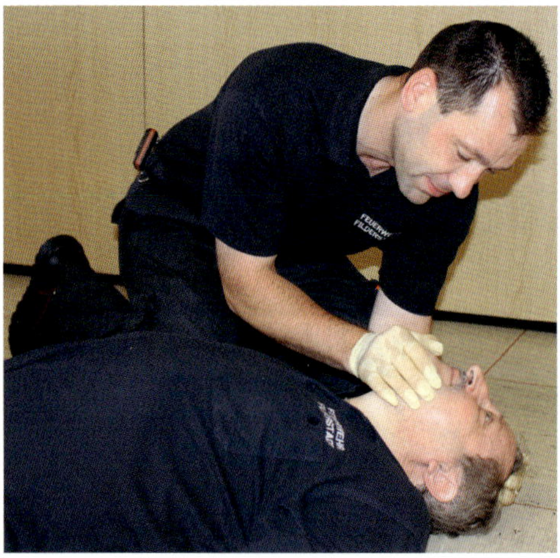

Bild 22.9 Freihalten der Atemwege durch Überstrecken des Kopfes

Wenn irgendwelche Zweifel bestehen, ob die Atmung normal ist, dann handelt man so, als sei sie nicht normal.

Falls der Patient normal atmet, aber bewusstlos ist, wird er in der Stabilen Seitenlage gelagert, weitere Hilfe falls erforderlich angefordert und eine kontinuierliche Überprüfung auf das Vorhandensein regelmäßiger Atmung durchgeführt. Die Stabile Seitenlage soll verhindern, dass Mageninhalt in die Atemwege gelangt und gleichzeitig sollen die Atemwege weiter durch die Lagerung des Kopfes frei gehalten werden. Bei schwerverletzten Patienten, bei denen die Gefahr einer Schädigung der Halswirbelsäule besteht, wird kein Überstrecken des Kopfes durchgeführt, sondern die Atemwege dadurch frei gehalten, dass der Unterkiefer mit den Händen des Helfers nach vorn gezogen wird. Den nachrückenden Kräften des Rettungsdienstes stehen für die Sicherung der Atemwege Hilfsmittel zur Verfügung.

Falls keine normale Atmung vorliegt, wird möglichst weitere Hilfe angefordert und unverzüglich mit der Herzdruckmassage begonnen: Hierzu kniet der Helfer seitlich am Patienten, legt den Handballen einer Hand auf die Mitte des Brustkorbs des Patienten (dies entspricht der unteren Hälfte des Brustbeins) und legt den Ballen der anderen Hand auf die erste Hand. Die Finger der Hände werden verschränkt, wobei darauf zu achten ist, dass der Druck möglichst nur auf das Brustbein und nicht seitlich auf die Rippen oder den Oberbauch übertragen wird.

Die Herzdruckmassage wird durchgeführt, indem sich die Hilfsperson senkrecht über der Brust des Patienten befindet und mit gestreckten Armen das Brustbein um mindestens fünf Zentimeter, jedoch nicht mehr als sechs Zentimeter beim Erwachsenen nach unten drückt. Nach jeder Kompression wird der Brustkorb wieder entlastet, ohne dass der Kontakt der Hände mit dem Druckpunkt verlassen wird. Um einen ausreichenden Blutdruck zur Aufrechterhaltung der Durchblutung lebenswichtiger Organe erzeugen zu können, ist eine Kompressionsfrequenz von mindestens 100 Kompressionen pro Minute erforderlich. Druck- und Entlastungsphase sollten etwa

IM EINSATZ

Stabile Seitenlage

Quelle: J. Thorns

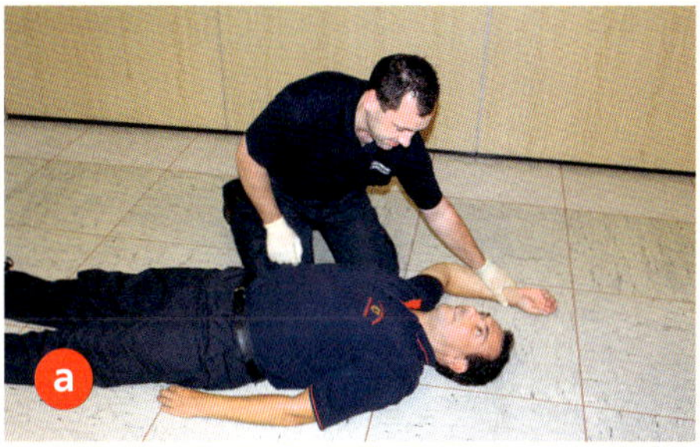

Den auf der Seite des Helfers befindlich Arm des Patienten nach oben strecken. Die Handinnenfläche muss dabei nach oben zeigen.

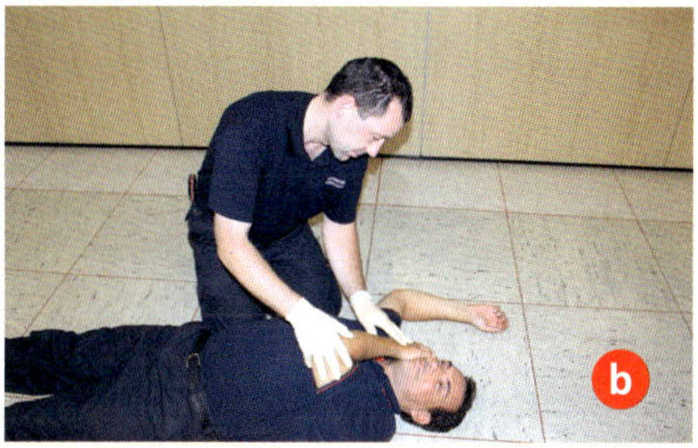

Der andere Arm des Patienten wird über die Brust geführt, die Hand an die Backe gelegt und dort vom Helfer festgehalten.

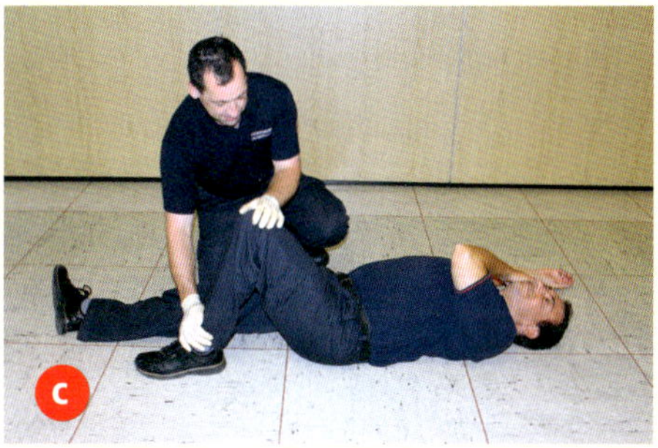

Anschließend wird das vom Helfer abgewandte Bein angestellt. Der Fuß des Patienten bleibt dabei am Boden.

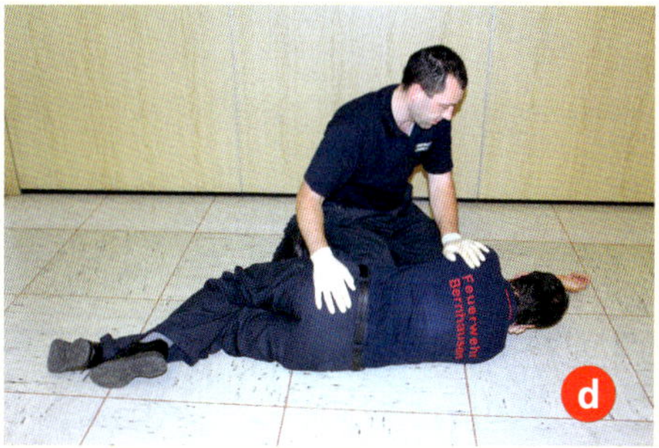

Nun zieht der Helfer den Patienten an Becken und Schulter zu sich hin.

In dieser Position ist das Abfließen von Mageninhalt möglich. Nach rund 30 Minuten muss …

… jedoch die Seite gewechselt werden, um den Druck vom unteren Arm zu nehmen.

IM EINSATZ

Herz-Lungen-Wiederbelebung bei Kreislaufstillstand

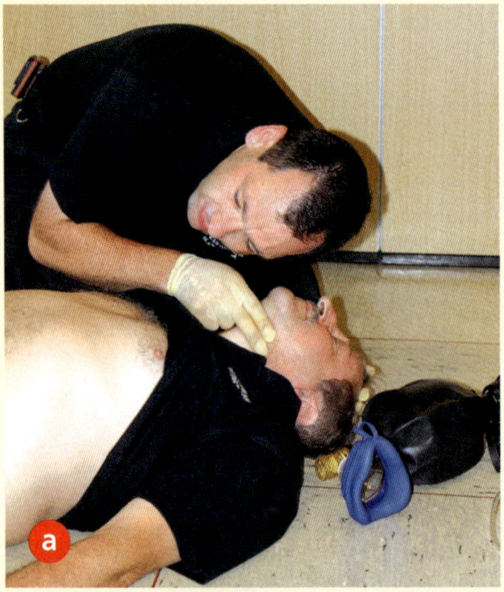

Der Helfer macht die Atemwege frei und kontrolliert die Atmung durch Sehen, Hören und Fühlen.

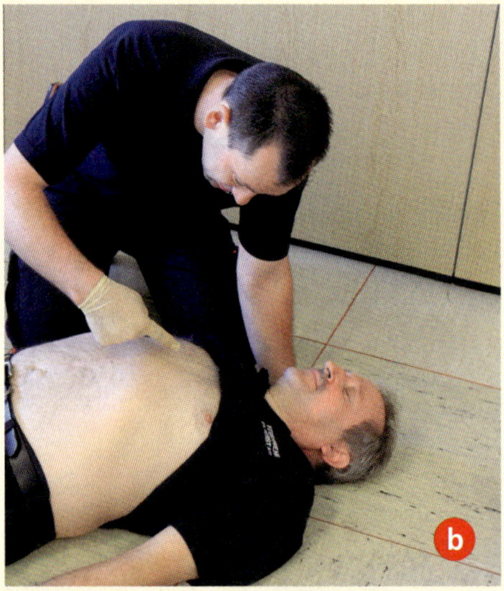

Vor der ersten Brustkorbkompression muss der Druckpunkt in der Mitte des Brustbeines lokalisiert werden. Dies entspricht der unteren Hälfte des Brustbeins.

Quelle: J. Thorns

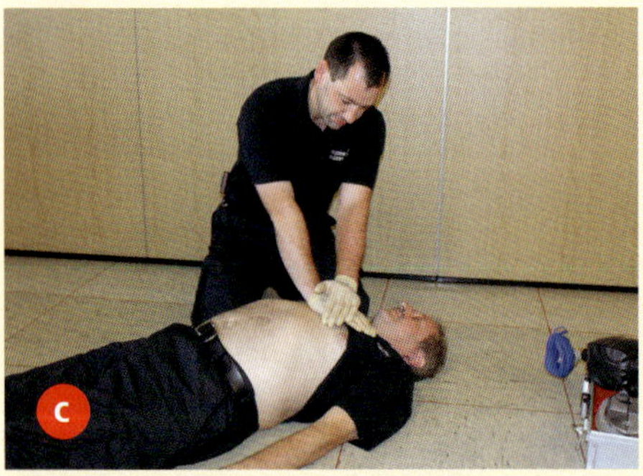

Mit übereinander gelegten Händen und durchgestreckten Armen beginnt der Helfer mit 30 Kompressionen mit einer Frequenz von mindestens 100, aber nicht mehr als 120 Kompressionen pro Minute.

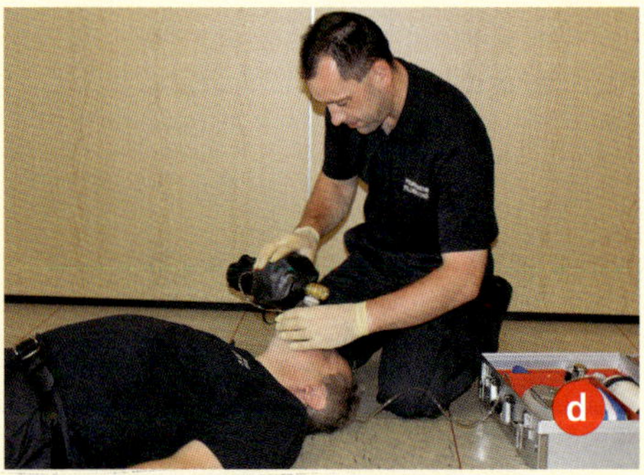

Anschließend wird der Patient zweimal beatmet. Dies sollte nicht länger als fünf Sekunden dauern. Die Unterbrechung zwischen den Kompressionsphasen muss so kurz wie möglich sein!

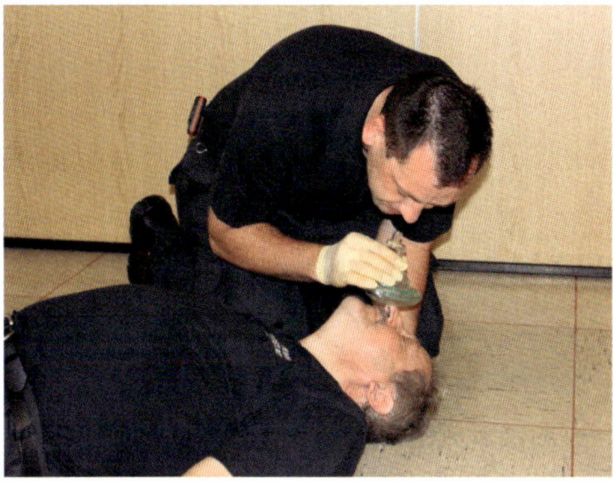

Quelle: J. Thorns

Bild 22.10 Wenn der Helfer in dieser Maßnahme ausgebildet ist, kann eine Taschenbeatmungsmaske zur Beatmung des Patienten verwendet werden.

gleich lang sein. Neben richtiger Drucktiefe und Frequenz, ist es von entscheidender Bedeutung, dass die Herzdruckmassage möglichst wenig unterbrochen wird!

Nach 30 Kompressionen, die laut mitgezählt werden, sollte der Patient zweimal beatmet werden. Hierzu wird der Atemweg durch Überstecken des Kopfes und Anheben des Kinns freigemacht und der Mund des Patienten mit dem Daumen der Helferhand, die das Kinn hält, verschlossen. Nach einer normalen eigenen Einatmung werden die Lippen um die Nasenöffnung des Patienten gelegt, wobei auf eine gute Abdichtung zu achten ist und die Ausatemluft gleichmäßig in die Nase geblasen. Dabei wird darauf geachtet, dass sich der Brustkorb wie bei der normalen Atmung in rund einer Sekunde hebt. Nach Ende des Beatmungsmanövers kann unter Beibehaltung der Kopfüberstreckung beobachtet werden, dass sich der Brustkorb bei Entweichen der Luft aus den Atemwegen wieder senkt. Anschließend

Achtung:

Der Wiederbelebungserfolg bei Kreislaufstillstand ist in hohem Maß davon abhängig, dass die Herzdruckmassage möglichst nicht unterbrochen wird und effektiv, also mit richtiger Kompressionsfrequenz und –tiefe, durchgeführt wird.

Merke:

Die praktischen Fertigkeiten der Herz-Lungen-Wiederbelebung sind leicht zu lernen und müssen in entsprechenden Kursen erworben und im Verlauf regelmäßig wiederholt werden!

erfolgt eine zweite Beatmung. Nach zwei Beatmungen werden dann die eigenen Hände ohne weitere Verzögerung wieder auf der korrekten Stelle auf dem Brustbein positioniert und weitere 30 Brustkorbkompressionen durchgeführt.

Brustkorbkompressionen und Beatmungen werden im Verhältnis 30 : 2 fortgesetzt. Ist ein zweiter Helfer verfügbar, übernimmt jeweils ein Helfer die Beatmung, während der andere Helfer die Herzdruckmassage durchführt. Da die Herzdruckmassage anstrengend ist und eine Ermüdung des Helfers zu nicht ausreichender Drucktiefe oder -frequenz führen kann, sollte dieser Helfer nach Möglichkeit nach jeweils zwei Minuten während der Beatmungsphase abgelöst werden.

Der Wiederbelebungserfolg ist von der Kontinuität (möglichst keine Unterbrechungen!) und der Qualität (Drucktiefe, Entlastung und Frequenz!) der beschriebenen Maßnahmen in einem sehr hohen Maße abhängig. Die Maßnahmen sollten bis zu Eintreffen des Rettungsdienstes kontinuierlich fortgesetzt werden und nur unterbrochen werden, um den Patienten erneut zu untersuchen, wenn normale Atem-

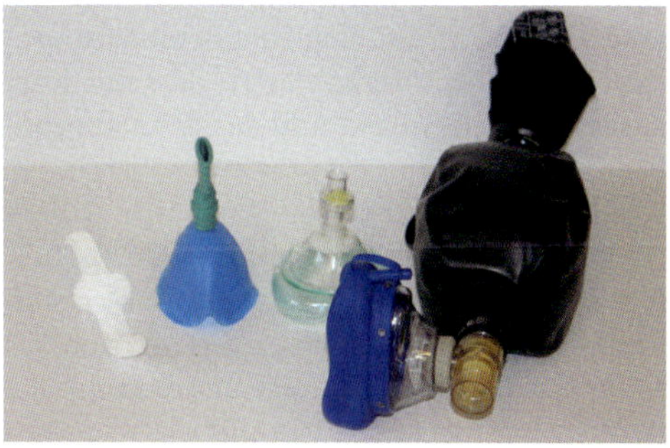

Quelle: J. Thorns

Bild 22.11 Hilfsmittel für die Beatmung (v. l.): Beatmungsstick, Taschenbeatmungsmasken, Beatmungsbeutel

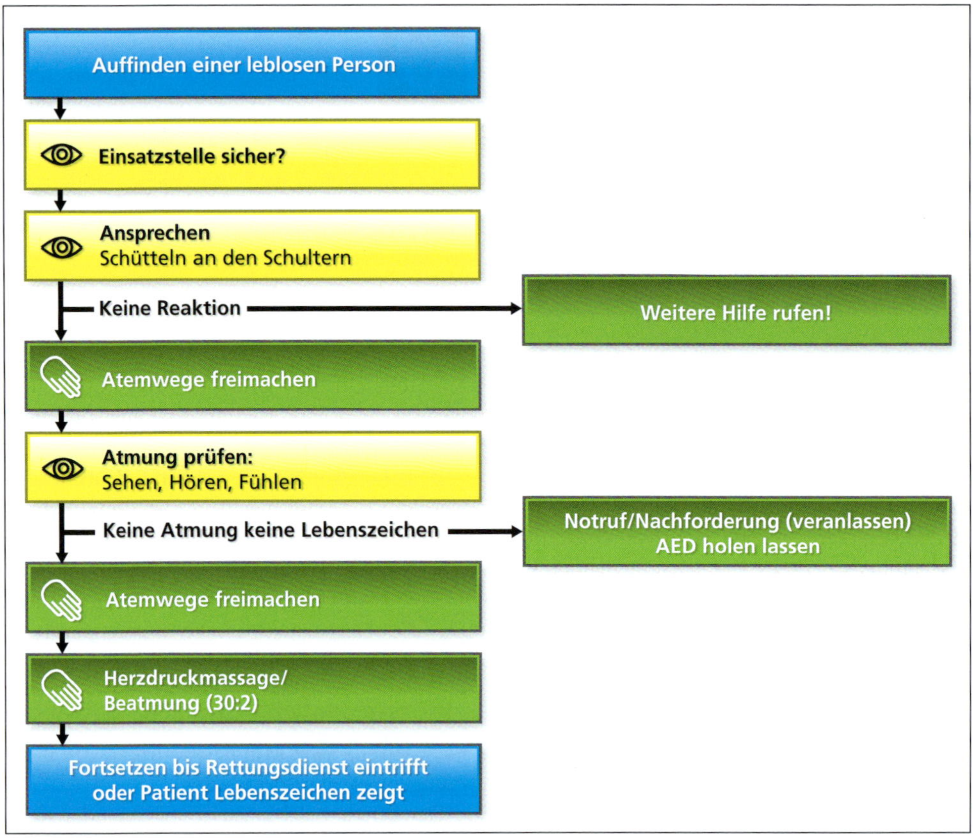

Bild 22.12 Flussdiagramm Herz-Lungen-Wiederbelebung

bewegungen einsetzten, sich der Patient bewegt oder Lautäußerungen des Patienten zu hören sind.

Falls sich bei den Beatmungen der Brustkorb nicht wie bei einer normalen Atmung anhebt, wird vor weiteren Beatmungen der Mund des Patienten überprüft, mögliche Behinderungen entfernt und sich vergewissert, dass der Kopf auseichend überstreckt und das Kinn angehoben ist.

Falls Helfer nicht in der Lage oder willens sind, eine künstliche Beatmung durchzuführen, dann wird nur die Herzdruckmassage mit einer kontinuierlichen Druckfrequenz von 100 Kompressionen pro Minute bis zum Eintreffen des Rettungsdienstes ausgeführt. Aus hygienischen Gründen haben sich für die Beatmung Hilfsmittel wie Taschenbeatmungsmasken oder Beatmungsbeutel bewährt, aber auch ihr Gebrauch muss erlernt und regelmäßig geübt werden.

22.8 Erweiterte Maßnahmen der Wiederbelebung

In vielen Bereichen des öffentlichen Lebens befinden sich heute so genannte Automatisierte Externe Defibrillatoren (AED), Geräte, die zur Rettung bei lebensbedrohlichen Herzrhythmusstörungen eingesetzt werden können (▶ Bild 22.13). Es werden auch zunehmend Fahrzeuge der Feuerwehr oder der Polizei mit diesen lebensrettenden Hilfsmitteln ausgestattet. Obwohl diese Geräte sogar durch medizinische Laienhelfer sehr einfach zu bedienen sind und in der Regel nach dem Öffnen Sprachanweisungen zur Bedienung abgeben, darf dies nicht darüber hinwegtäuschen, dass ihr

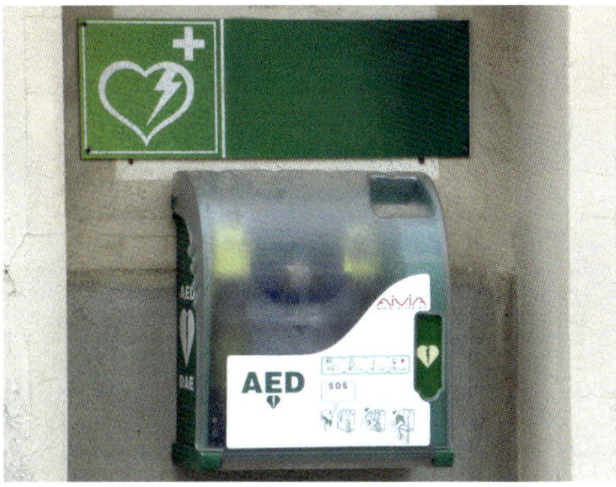

Quelle: J. Thorns

Bild 22.13 Automatisierter Externer Defibrillator (AED) in einem öffentlichen Gebäude

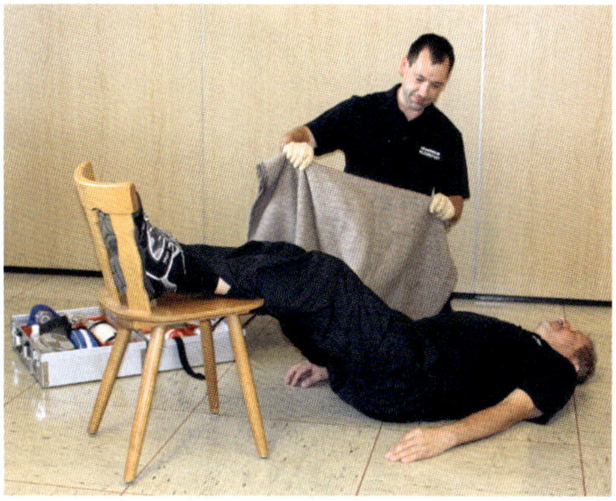

Quelle: J. Thorns

Bild 22.14 Schocklagerung des Patienten

Einsatz geübt werden sollte und die Geräte, wenn sie im eigenen Einsatzmittel mitgeführt werden, für das anwendende Personal einweisungspflichtig sind. In jedem Fall ist darauf zu achten, dass bei einem Kreislaufstillstand die lebensrettende Herzdruckmassage durch andere Maßnahmen nicht verzögert und möglichst nicht unterbrochen wird.

Der Gebrauch eines Beatmungsbeutels (aus hygienischen Gründen und zu Sicherstellung eines höheren Sauerstoffanteils in der Beatmungsluft) oder einer Taschenbeatmungsmaske (aus hygienischen Gründen) im Rahmen der Beatmung bei einer Wiederbelebung, kann durchaus sinnvoll sein. Die sichere Anwendung dieser Beatmungshilfsmittel, wie auch so genannter Atemwegshilfsmittel (z. B. Guedeltubus, Larynxtubus) muss aber in jedem Fall geübt werden. Auch die Sauerstoffgabe ist in vielen Situationen sinnvoll, erfordert aber eine Ausbildung.

22.9 Versorgung verletzter Personen

22.9.1 Kontrolle starker Blutungen und Schockmanagement

Alle Organe sind von der Versorgung mit sauerstoffreichen Blut abhängig. Zwar hat der Körper gewisse Kompensationsmechanismen, wie Zunahme der Herzfrequenz, die kleinere Blutverluste ausgleichen können. Bei starken Blutungen kann es aber durch den Verlust dieses lebensnotwendigen Sauerstoffträgers zu Organschäden kommen. Blutungen aus verletzten Arterien bluten pulsierend, meist hellrot, venöse Gefäßschäden bluten meist kontinuierlich und dunkelrot.

Wichtigste Maßnahme ist das sofortige Stoppen der Blutung. Bei Blutungen nach außen genügt meist ein ausreichender Druck auf die identifizierte Blutungsquelle. Hierfür wird ein geeigneter steriler Verbandstoff mit der Hand des Helfers auf die Wunde gepresst. Der Druck ist so zu wählen, dass die Blutung sicher unterbrochen wird. Während der Versorgung blutiger Wunden müssen vom Ersthelfer Einmalhandschuhe getragen werden.

Zusätzlich zur örtlichen Blutstillung können Blutungen auch durch Hochlagerung (z. B. Hochhalten des Armes bei blutender Handverletzung) der betroffenen Region reduziert werden.

Bei stark blutenden Wunden, beispielsweise mit Verletzung einer Arterie, bei denen örtlicher Druckverband und Hochhalten nicht ausreicht, die Blutung zu stillen, können die Blut zuführenden Arterien auch an bestimmten Punkten abgedrückt werden (▶ Bild 22.15).

Bei größeren Blutverlusten kann es zur Entwicklung eines so genannten Volumenmangelschocks kommen. Hierbei besteht die Gefahr, dass in Folge der gestörten Kreislauffunktion die Sauerstoffversorgung wichtiger Organe, wie Herz, Gehirn und Nieren, nicht mehr ausreichend sicher gestellt werden kann. Der Volumenmangelschock kann u. a. an schnellem, kaum tastbaren (»flachen«) Puls, auffallend

Quelle: J. Thorns

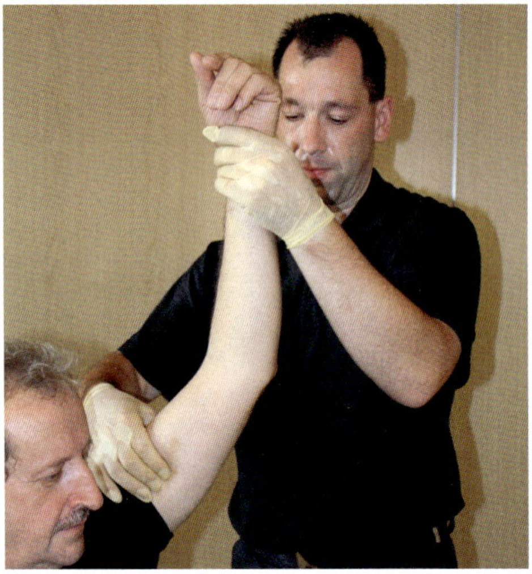

Bild 22.15 Abdrücken einer starken, arteriellen Blutung am Arm

blasser Hautfarbe und schweißfeuchter Hautpartien (z. B. Stirn) erkannt werden.

Nachdem Blutungen möglichst gestillt sind, kann der ansprechbare Patient mit niedrigem Blutdruck in der Schocklage gelagert werden. Hierbei kann es durch Hochlagerung zu einer so genannten Autotransfusion des Blutes aus dem Beinbereich kommen. Dieser Effekt muss aber nicht zwingend eintreten. Daher ist eine wirksame Schockbehandlung in der Regel erst durch Kräfte des Rettungsdienstes möglich. Ersthelfer sollten sich auf die Blutstillung sichtbarer Blutungsquellen konzentrieren.

Quelle: J. Thorns

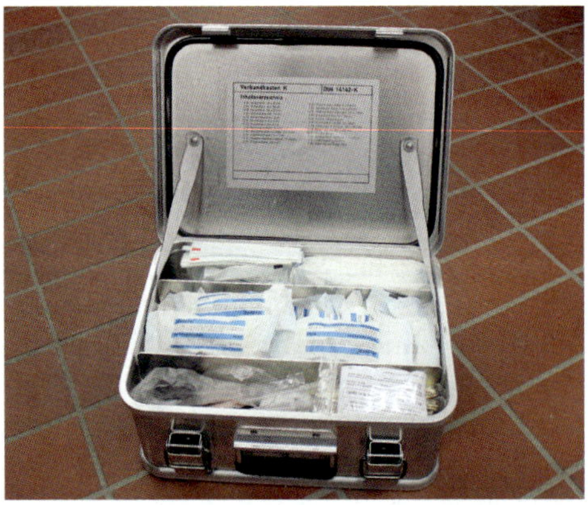

Bild 22.17 Verbandkasten mit sterilem Verbandmaterial zur Wundversorgung

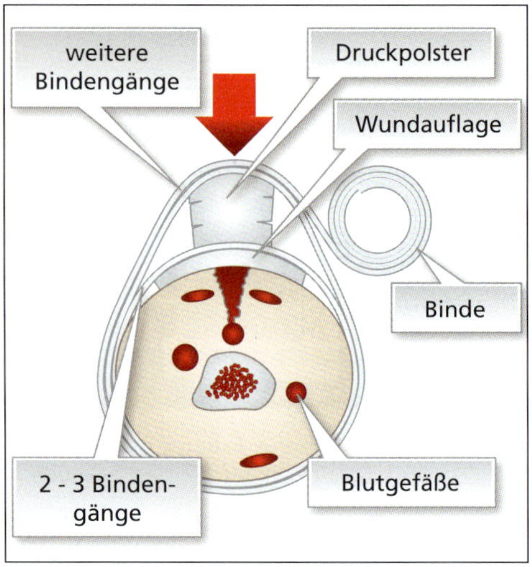

Bild 22.16 Aufbau eines Druckverbandes

22.9.2 Wundversorgung

Hautwunden und andere offene Verletzungen müssen in der Regel im Krankenhaus versorgt werden. Prinzipiell sollen Wunden am Einsatzort keimfrei mit geeigneten Verbandstoffen abgedeckt werden (▶ Bild 22.17). Aufwändige Verbände sind in der Erstversorgung meist nicht notwendig. Einmal angelegte Verbände sollten nicht außerhalb des Krankenhauses entfernt werden. Offene Verletzungen des Brustkorbs dürfen keinesfalls luftdicht verschlossen werden, es kann sich ein lebensbedrohlicher Überdruck im Brustraum ausbilden. Die Wunde ist lediglich mit keimfreiem Verbandmaterial abzudecken.

Abgetrennte Körperteile (Amputationsverletzung) sind sicherzustellen und ebenfalls mit keimfreiem Verbandmaterial zu umhüllen und dem Rettungsdienst zu übergeben.

22.9.3 Knochenbrüche

Knochenbrüche entstehen meist durch äußere Gewalteinwirkung auf den Körper und sind nicht immer leicht anhand so genannter sicherer Bruchzeichen, wie Fehlstellung, hörbares Knochenreiben bei Bewegung und sichtbaren Knochenanteilen bei offenen Brüchen, zu erkennen. Häufig deuten nur indirekte Symptome (Krankheitszeichen), wie die Schmerzangabe beim ansprechbaren Patienten, auf die Verletzung hin. Bei Knochenbrüchen kann es zu erheblichen, oft unbemerkten Blutverlusten kommen. Die Gefahr wird häufig bei geschlossenen Brüchen, ohne äußerlich sichtbare Zeichen, unterschätzt. So kann ein Patient im Rahmen eines Beckenbruches oder eines Oberschenkelbruches mehrere Liter Blut aus dem Blutkreislauf verlieren. Bei der Erstversorgung sollte der Patient daher von Kopf bis Fuß abgetastet werden und soweit möglich sollten betroffene Körperteile möglichst ruhig gestellt werden. Hierfür können einfache Hilfsmittel, wie z. B. Decken, benutzt werden. Offene Knochenbrüche sind, wie prinzipiell jede offene Wunde, keimfrei mit geeigneten Verbandstoffen abzudecken. In jedem Fall ist eine schnelle Versorgung durch den Rettungsdienst mit einem zügigen Transport in ein geeignetes Krankenhaus erforderlich.

Bei knöchernen Verletzungen können auch Organe geschädigt werden, die im Normalfall durch die Funktion der Knochen gut geschützt sind. Bei Verletzungen des Brustkorbs kann beispielsweise durch Rippenbrüche auch die Lunge verletzt werden. Bei Wirbelsäulenverletzungen besteht immer die Möglichkeit, dass das Nervensystem des Rückenmarks geschädigt wird und Lähmungen die Folge sind.

22.9.4 Stumpfe Verletzungen

Bei Gewalteinwirkung auf den Körper können praktisch alle inneren Organe, wie Gehirn, Lungen und Bauchorgane, betroffen sein.
Dabei kann es beim Gehirn im Rahmen einer Schädelhirnverletzung zum Funktionsausfall kommen, der sich in Form einer Bewusstlosigkeit äußert. Hierbei kann es im weiteren Verlauf durch eine Schwellung des Gehirns im Schädelinneren zu einem lebensbedrohlichen bis tödlichen Organschaden kommen. Die Erstmaßnahmen beschränken sich hier auf die Sicherung der Vitalfunktionen und die Sicherstellung einer schnellstmöglichen rettungsdienstlichen Versorgung.

Bei Verletzungen innerer Bauchorgane, wie Leber, Milz und Darm, deuten häufig äußerlich

> **Merke:**
>
> Bei Knochenbrüchen kann es zu erheblichen Blutverlusten kommen, die oft äußerlich nicht sichtbar sind. Für die Erstversorgung steht das Erkennen, die Ruhigstellung und die Sicherstellung einer schnellen Weiterversorgung der Verletzung im Vordergrund.

nur diskrete Zeichen auf diese unter Umständen schweren Verletzungen hin, die zu massiven Blutverlusten führen können. Schmerzangabe, Blutergüsse (so genannte »Gurtmarken« durch Sicherheitsgurte) und Bauchdecken, die sich beim Betasten bretthart anfühlen, können nur indirekt auf diese Verletzungen hinweisen. Es besteht die Gefahr, dass der Patient innerlich verblutet, wenn nicht unverzüglich eine chirurgische Versorgung eingeleitet wird. Eine verzögerte Versorgung infolge des Übersehens solcher Verletzungen am Einsatzort hat möglicherweise tödlichen Folgen für den Patienten.

Typische Zeichen bei Verletzungen des Brustkorbs sind die sich atemabhängig verstärkenden Schmerzen und Luftnot. Ein weiteres Zeichen kann blutiger Husten sein. Die häufigste Verletzung des Brustkorbs sind Rippenbrüche. Möglicherweise liegen auch Begleitverletzungen der Lunge oder der großen herznahen Blutgefäße vor. Patienten mit Brustkorbverletzungen sollten halbsitzend gelagert werden und frühzeitig Sauerstoff erhalten.

22.9.5 Mehrfachverletzung (Polytrauma)

Als Mehrfachverletzung oder < **Polytrauma** > bezeichnet man in der Medizin mehrere gleichzeitig geschehene Verletzungen verschiedener Körperregionen, wobei mindestens eine Verletzung oder die Kombination mehrerer Verletzungen lebensbedrohlich ist. Die Mehrfachverletzung ist eine der häufigsten Todesursachen junger Männer.

Bei diesen Patienten sind alle Einsatzkräfte maximal gefordert. Außer der Aufrechterhaltung der Vitalfunktionen (▶ Kapitel 22.7), gilt es auch den Patienten so schonend wie nötig und so schnell wie möglich (▶ Kapitel 22.5) zu befreien und mit dem Rettungsdienst einer Krankenhausversorgung zuzuführen.

22.9.6 Unterkühlung

Ein typisches Einsatzszenario, bei denen Feuerwehreinsatzkräfte mit Unterkühlungen konfrontiert werden, ist die Rettung von Personen im Rahmen der Eis- und Wasserrettung. Aber auch bei der Versorgung verletzter oder erkrankter Personen kann sich schnell eine Unterkühlung entwickeln, die häufig nicht erkannt wird oder der, wegen der Schwere der offensichtlich vorliegenden Verletzungen, irrtümlich keine Bedeutung beigemessen wird. Untersuchungen haben ergeben, dass bis zu 98% aller Patienten, die im Rahmen eines Unfalls eingeklemmt waren und technisch befreit werden mussten, zusätzlich zu ihrer unfallbedingten Verletzung eine Unterkühlung erlitten haben.

Der menschliche Körper ist auf eine Körpertemperatur von 37 °C angewiesen. Schon kleine Abweichungen führen zu Störungen. Jeder hat schon einmal das Unwohlsein erfahren, wenn die Körpertemperatur bei einer fieberhaften Erkältung nur um 1 °C auf 38 °C steigt oder in kalter Umgebung die Körpertemperatur um 1 °C auf 36 °C fällt und man anfängt zu zittern. Die Einsatzkräfte müssen immer an die Möglichkeit der Entwicklung einer Unterkühlung beim Patienten denken. Gerade bei der Versorgung schwerverletzter oder bewusstloser Patienten ist zu beachten, dass die Zeichen, die auf eine Unterkühlung hinweisen, häufig nicht deutlich erkennbar sind oder beachtet werden. Eine Unterkühlung des Patienten kann gravierend zur Verschlechterung des Krankheitsbildes beitragen. Beispielsweise kann die Abnahme der Gerinnungsfähigkeit des Blutes bei Unterkühlungen zur Verstärkung von Blutungen bei Schwerverletzten und damit zur Verschlechterung der Gesamtprognose führen. Dies macht klar, warum bei der Versorgung von Patienten immer der Wärmeerhalt beachtet werden sollte.

Bei Unterkühlungen werden drei Phasen, die fließend ineinander übergehen können, unterschieden:

- Milde Unterkühlung: Fällt die Körperkerntemperatur auf etwa 35 bis 32 °C ab, versucht der Körper durch Gegenregulationsmechanismen, wie erhöhte Muskelaktivität (wichtigstes Zeichen: Zittern) und Verringerung der Durchblutung der Arme und Beine einem weiteren Abfall entgegen zu wirken. Dabei ist zu beachten, dass Zittern nicht immer auftritt (z. B. Säuglinge, bewusstlose Patienten).
- Mittelgradige Unterkühlung: Bei einem weiteren Abfall der Körperkerntemperatur auf etwa 32 bis 28 °C stellt sich eine zunehmende Einschränkung des Bewusstseins bis hin zur Bewusstlosigkeit ein.
- Schwere Unterkühlung: Unterhalb von zirka 28 °C Körperkerntemperatur wird auch die Abnahme der Herz-Kreislauffunktion, z. B. durch die Entwicklung von Herzrhythmusstörungen bis hin zum Herzkammerflimmern und damit verbundenem Kreislaufstillstand lebensbedrohlich. Der Unterkühlte imponiert als »scheintot«.

Die Erstversorgung unterkühlter Patienten sollte sich an den nachfolgenden Versorgungsprinzipien orientieren: Grundsätzlich sollten Patienten immer vor weiterem Wärmeverlust geschützt werden. Falls möglich, werden Patienten in eine geschützte Umgebung in Sicherheit gebracht. Falls kein geeignetes Rettungsmittel vor Ort ist, kann auch die Mannschaftskabine eines Löschfahrzeuges genutzt werden (Frühzeitig daran denken: Standheizung an! Türen zu!). Da Wasser eine bis zu 25 Prozent höhere Wärmeleitfähigkeit als Luft hat, sollte nasse Kleidung in der geschützten

Merke:

- Immer an Möglichkeit der Unterkühlung denken!
- Unterkühlte vor weiterer Auskühlung schützen!
- Mittelgradig und schwer Unterkühlte möglichst horizontal retten und nicht bewegen!
- Immer Wiederbelebungsmaßnahmen bei schwerer Unterkühlung mit scheinbarer Leblosigkeit einleiten!

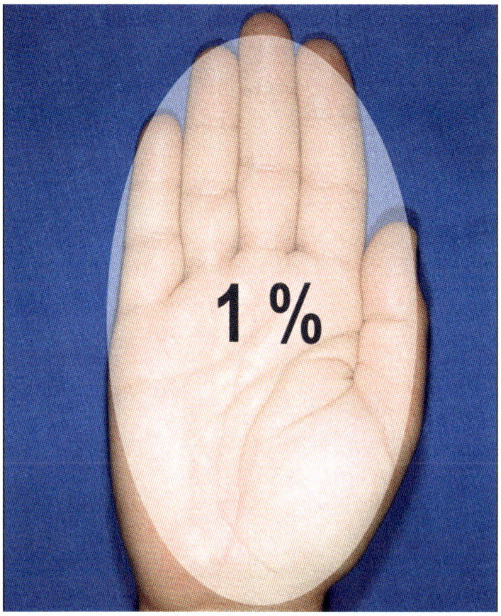

Bild 22.18 Abschätzung der Verbrennungsausdehnung nach der Handflächenregel

Umgebung unter Vermeidung weiterer Wärmeverluste entfernt werden. Zum Wärmeerhalt dienen im einfachsten Fall Decken. Während der Befreiung eingeklemmter Patienten können beispielsweise auch Halogenstrahler zum Wärmen der Umgebung des Patienten (Verbrennungsgefahr!) eingesetzt werden.

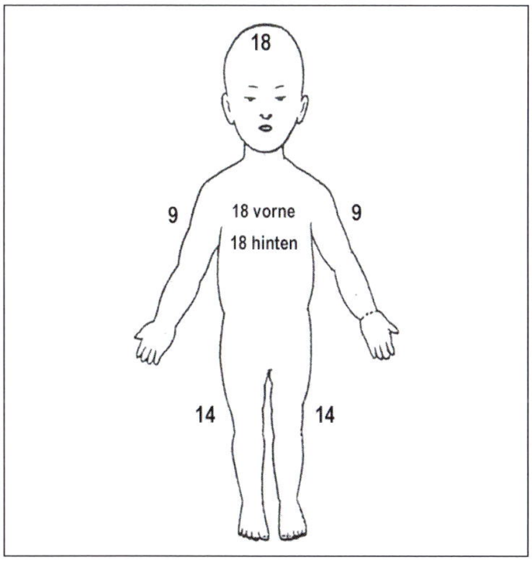

Bild 22.19 Abschätzung der Verbrennungsausdehnung beim Kleinkind

Bei mittelgradigen und schweren Unterkühlungen dürfen Patienten möglichst wenig bewegt werden und sollten nur in horizontaler Lage liegend gerettet werden. Durch Bewegungen kann es sonst zum Einfließen kalten Blutes aus der Körperperipherie (Arme, Beine) und dem so genannten »Bergungstod«, der Entwicklung der schon beschriebenen lebensbedrohlichen Herzrhythmusstörungen, kommen. Werden unterkühlte Patienten leblos vorgefunden, so sind in jedem Fall Wiederbelebungsmaßnahmen einzuleiten. Bei Schwerstunterkühlten gilt der Merksatz: »Niemand ist ›tot‹, solange er nicht ›warm und tot‹ ist«.

22.9.7 Verbrennnungen/Verbrühungen

Entscheidend für die Schwere einer thermischen (durch Hitzeeinwirkung verursachten) Verletzung ist sowohl deren Ausdehnung als auch die Tiefe der Schädigung.

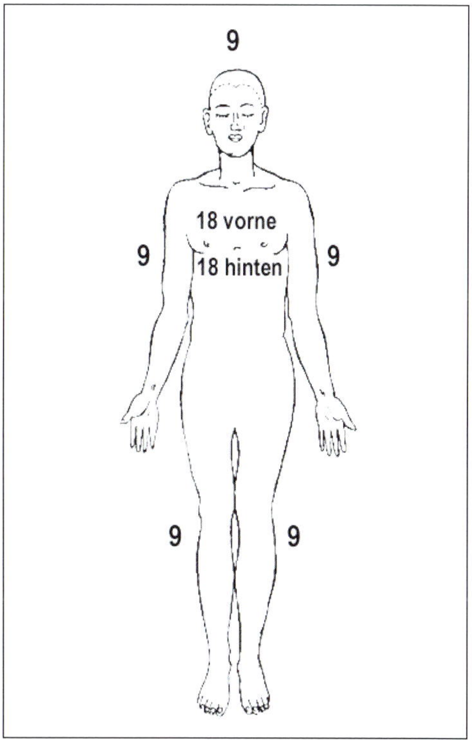

Bild 22.20 Abschätzung der Verbrennungsausdehnung nach der »Neuner-Regel« beim Erwachsenen

F

Praxis-Tipp:

Verbrennungswunden sollen nicht feucht verbunden werden. Die Anwendung von speziellen Gel-Verbänden ist nicht notwendig, angewendet werden sollen trockene, sterile Verbandtücher.

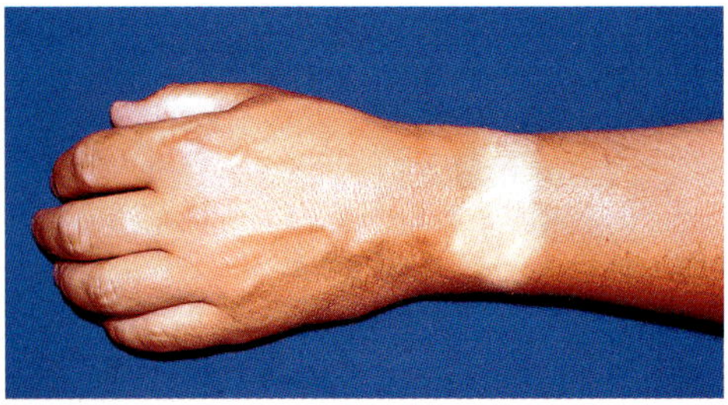

Bild 22.21 Erstgradige Verbrennung mit einer starken Rötung der Haut

Der prozentuale Anteil der geschädigten Haut in Bezug zur Gesamtkörperoberfläche wird anhand der so genannten Neuner-Regel ermittelt. Dazu werden die einzelnen Körperregionen in Abschnitte von jeweils neun Prozent eingeteilt. Zur Ermittlung kann ebenso die Größe der Handinnenfläche der Hand des Betroffenen herangezogen werden, dieses Maß entspricht zirka ein Prozent dessen Körperoberfläche. Bei Kindern darf anstatt der Neuner-Regel die Ausdehnung nur anhand der Handfläche des Kindes ermittelt werden.

Die Tiefe der Schädigung bei Verbrennungen wird in vier Tiefegrade eingeteilt:

- Grad I: Bei erstgradigen Verbrennungen ist nur die oberste Hautschicht geschädigt. Die betroffene Region ist stark gerötet und eventuell geschwollen. Es herrscht bei Berührung ein stechender Schmerz vor. Eine typische erstgradige Verbrennung ist der Sonnenbrand.
- Grad II: Zweitgradige Verbrennungen betreffen auch tiefere Hautschichten. Typisch ist die Rötung in Verbindung mit Blasenbildung. Es bestehen starke Schmerzen.
- Grad III: Alle Strukturen der Haut sind zerstört. Die Haut ist grau-blass verfärbt, die Oberhaut löst sich fetzig ab. Die Verbrennungswunde schmerzt kaum.
- Grad IV: Auch tiefere Strukturen, wie das Unterhautfettgewebe und die Muskulatur sind geschädigt. Die Oberfläche ist meist verkohlt.

Auf eine thermische Schädigung der Atemwege (Inhalationstrauma) können Heiserkeit, Husten oder Atemnot hinweisen. Diesen Patienten ist frühzeitig Sauerstoff zu verabreichen. Eine medikamentöse Behandlung mit Kortison-Spray hat bei thermischer Schädigung negative Folgen für den Patienten und sollte unterbleiben. Im Rahmen der Erstversorgung spielt für die Erstbehandlung die etwaige Anwesenheit anderer toxischer Substanzen im Brandrauch

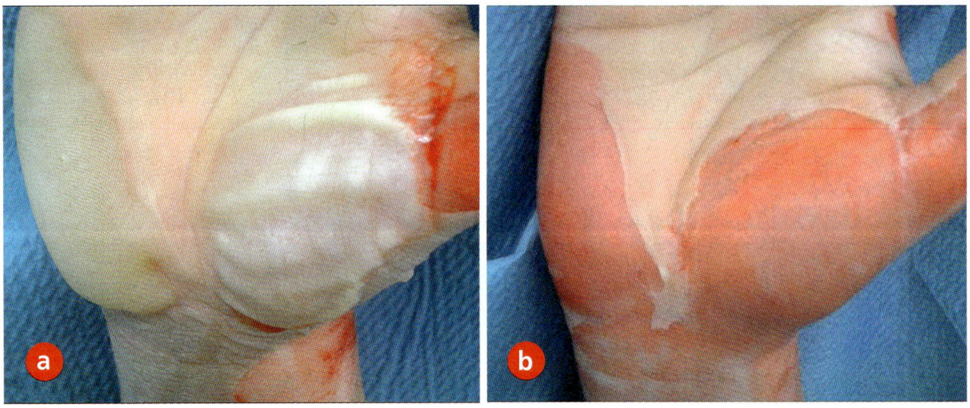

Bild 22.22 Verbrennung zweiten Grades der Hand: **a** Charakteristisch ist die Blasenbildung. **b** Nach dem die oberste Hautschicht entfernt wurde, ist deutlich zu erkennen, dass auch tiefere Hautschichten betroffen sind.

Achtung:

- Eine Kühlung kann bei Verbrennungen (bis etwa 10 Prozent der Körperoberfläche) als Erstmaßnahme weiter empfohlen werden.
- Die Dauer der Kühlung beschränkt sich auf höchstens 10 Minuten und darf nur mit Wasser, das nicht kälter ist als 10 bis 20 Grad Celsius, durchgeführt werden.
- Großflächige Verbrennungen (mehr als 10 bis 20 Prozent verbrannter Körperoberfläche) und bei auf der Haut haftenden Substanzen sollte nur primär abgelöscht werden. Länger dauernde Kühlungsmaßnahmen ausgedehnter Hautareale sollten wegen der daraus resultierenden Unterkühlung nicht durchgeführt werden.
- Bei mehreren Minuten zurückliegenden Verbrennungen (z. B. bei Eintreffen des Rettungsdienstes) ist eine Kühlung nicht mehr sinnvoll. In diesem Fall muss zusätzlich danach eine Abdeckung erfolgen und ein Schutz gegen Wärmeverlust gewährleistet sein. Nicht betroffene Hautareale sollten temperaturgeschützt werden. Eventuell ist eine Erhöhung der Umgebungstemperatur (im RTW) sinnvoll.

außer Kohlenmonoxid keine Rolle.

Thermische Schädigungen der Haut durch elektrischen Strom (Starkstromunfälle) werden wie sonstige Brandverletzungen versorgt.

22.9.8 Verätzungen der Haut/Augen

Der Kontakt mit chemischen Substanzen kann zu schweren Schädigungen der Haut und auch tieferer Strukturen führen. Ebenso sind bei speziellen Substanzen auch Schädigungen des gesamten Organismus des Verletzten, bis hin zu Todesfällen möglich.

Diese Schädigungen treten teils erst nach längerer Zeit auf. Daher muss jeder Patient nach einem Gefahrstoffkontakt, auch bei vermeintlich banalen Verletzungen, unverzüglich in klinische Behandlung.

Vor der Behandlung des Betroffenen ist auf Eigenschutz zu achten. Handelt es sich um ein Ereignis in einem Gewerbebetrieb oder im Rahmen von Transporten, sollte unverzüglich ein Verantwortlicher nach dem Vorhandensein von Gefahrgutmerkblättern befragt werden. Liegen Erkenntnisse über den Stoff vor, kann schon vor den Eintreffen des Rettungsdienstes über eine Gefahrstoffinformations-Zentrale nach speziell notwendigen Therapiemaßnahmen gefragt werden

Für die Erstversorgung spielt es keine Rolle, ob es sich bei der schädigenden Substanz um eine Lauge oder Säure handelt. Primär sollten alle kontaminierte Kleidung entfernt werden und die betroffenen Körperpartien mit viel klarem Wasser gespült werden. Die Wundversorgung entspricht dem Vorgehen bei Brandverletzungen.

Kommen ätzende Substanzen mit den Augen in Berührung, drohen sofort bleibende Schäden. Daher sollte auch in diesem Fall als Sofortmaßnahme mit viel klarem Wasser gespült werden. Wenn nur ein Auge betroffen ist, ist es zu vermeiden, dass die Spülflüssigkeit in das nicht betroffene Auge gelangt.

Quelle: J. Thorns

Bild 22.23 Alternativ zur Wasserflasche können die Augen auch mit einer Augendusche ausgespült werden (sofern vorhanden).

22.10 Erstmaßnahmen bei wichtigen Erkrankungen

Es besteht immer die Möglichkeit, dass Menschen akut, vielleicht schwer oder lebensbedrohlich erkranken und der Erstversorgung durch die Kräfte der Feuerwehr bedürfen. Dabei ist es nicht notwendig und auch meist nicht möglich, eine genaue Diagnose zu stellen. Vielmehr sollen Krankheitszeichen (Symptome) sicher erkannt werden und als Alarmzeichen zur Alarmierung des Rettungsdienstes führen.

Ein Beispiel soll dies verdeutlichen: Klagt ein Patient über Atemnot, so kann dies vielfältige Ursachen wie beispielsweise Herzinfarkt, Asthma oder Vergiftung und viele Ursachen mehr haben. Das führende Krankheitszeichen (Leitsymptom) »Atemnot« sollte aber mit diesem Einsatzstichwort zur sofortigen Alarmierung des Rettungsdienstes führen.

In der Zeit bis zum Eintreffen der weiterversorgenden Einheiten können wichtige Maßnahmen durch die erstversorgenden Kräfte eingeleitet werden: Von zentraler Bedeutung in dieser Situation ist die Beruhigung ansprechbarer Patienten. Hierzu gehört die Abschirmung des Patienten vor störenden Einflüssen (z. B. nur unmittelbar benötigtes Personal am Patienten, Lärm vermeiden) und die beruhigende Einflussnahme durch einen möglichst erfahrenen Helfer oder Helferin. Die Lagerung des Patienten kann Erleichterung bringen. Bei Luftnot kann die 30 Grad-Oberkörperhochlagerung zur Linderung der Beschwerden beitragen. Prinzipiell sollte ein ansprechbarer Patient aber so gelagert werden, wie er sich am wohlsten fühlt. Für weiterführende Maßnahmen, wie Sauerstoffgabe, gilt, dass sie eingesetzt werden können, wenn sie verfügbar sind und die Helfer ausgebildet und eingewiesen sind. Generell können alle Zeichen, die beim gesunden Menschen normalerweise nicht zu sehen sind, auf eine Erkrankung hindeuten. Auffällige Krankheitszeichen können Bewusstseinsstörungen, Schwindel, Lähmungen oder Abschwächung der Muskelkraft, Sprachstörungen, Schmerzen im Brustkorb sein. Dabei muss die Schwere der Krankheitszeichen nicht unbedingt mit der Schwere der Erkrankung zusammen hängen.

22.10.1 Vergiftungen

Für Einsatzkräfte der Feuerwehr ist es wichtig, Vergiftungen zu erkennen, um möglichst gezielt Hilfe leisten zu können, ohne selbst zum Opfer zu werden. Die Aufnahmewege von Giften sind ebenso vielfältig, wie die möglichen Gifte selbst. Die Aufnahme des Giftes kann beispielsweise über die Atemwege (z. B. Brandgase, Giftgase, Kampfstoffe), den Magen-Darmtrakt (z. B. Tabletten, Nahrungsmittel), die Haut oder per Injektion (z. B. Drogen) und andere Wege erfolgen.

An das Vorliegen einer Vergiftung sollte gedacht werden, wenn bei bisher gesunden Menschen plötzlich Krankheitszeichen wie Bewusstseinsstörungen, bis hin zur Bewusstlosigkeit, Erregungs- und Rauschzustände, Übelkeit, Erbrechen, auffällige Pupillenveränderungen, auffällige Hautveränderungen, Atemstörungen, insbesondere Luftnot, und Kreislaufstörungen auftreten.

Besonders, wenn mehrere Menschen gleichzeitig dieselben Krankheitserscheinungen haben, beispielsweise Übelkeit und Erbrechen, kann dies auf eine Vergiftung mit Giftstoffen hinweisen. So sollte auch bei bestimmten Szenarien, wie ein laufendes Fahrzeug in einer geschlossener Garage oder Unfällen in Klärgruben und Silos, sofort an Vergiftungen gedacht und entsprechend unter Beachtung des Eigenschutzes gehandelt werden.

Durch die Wirkung der Giftstoffe auf die Vitalfunktionen und andere wichtige Körperfunktionen besteht für Vergiftete unter Umständen akute Lebensgefahr.

Prinzipiell ist bei allen Vergiftungen zuerst an den Eigenschutz zu denken! So dürfen z. B. Personen, die sich in einer giftigen Atmosphäre befinden, nur von Rettungskräften mit entsprechendem umluftunabhängigem Atemschutz gerettet werden. Aber auch bei weniger offensichtlichen Vergiftungen, wie Vergiftungen mit Drogen, besteht die Gefahr, dass sich Einsatzkräfte, hier beispielsweise an spitzen Kanülen, verletzen können. Zweites Prinzip der Ersten Hilfe bei Vergiftungen ist, dass Personen unter Beachtung des Eigenschutzes entweder aus der vergifteten Umgebung gerettet und in Sicherheit gebracht werden oder es versucht wird, den Giftstoff selbst zu entfernen. Sind Giftstoffe großflächig auf die Kleidung des Patienten gelangt, kann hier das Entkleiden einen Großteil der Kontamination beseitigen.

Eine weitere Versorgung erfolgt durch den Rettungsdienst, dem meist auch spezifische Behandlungsmethoden (z. B. Sauerstoffgabe und ggf. Beatmung bei Rauchgasinhalation) zur Verfügung stehen. Einsatzkräfte der Feuerwehren haben im Rahmen der Brandbekämpfung häufig mit Rauchgas vergifteten Patienten zu tun. Die Zusammensetzung und Wirkung der Gase, die bei Bränden entstehen, kann vielfältig sein. An Beispielen typischer Brandgase soll dies verdeutlicht werden:

<**Kohlenstoffmonoxid**> entsteht bei der unvollständigen Verbrennung, bindet zirka 300 mal besser an den roten Blutfarbstoff als normaler Sauerstoff und blockiert damit den Sauerstofftransport im Körper. Um das Kohlenmonoxid aus seiner Bindung an den roten Blutfarbstoff zu verdrängen, muss Sauerstoff möglichst hochdosiert zugeführt werden.

<**Reizgase**> (z. B. Ammoniak, Chlorwasserstoff/Salzsäure, Formaldehyd, Chlor, Akrolein, Phosgen, Nitrose Gase), die bei der Verbrennung von Kunststoffen entstehen, können je nach Eigenschaften (z. B. Wasserlöslichkeit) die oberen Luftwege reizen (z. B. Tränenfluss, Husten) aber auch in den tieferen Atemwegen schwerwiegende Störungen verursachen (so genanntes Toxisches Lungenödem: Eine Wasseransammlung in den Lungen, die den Gasaustausch behindert, hervorgerufen durch eine von Giftstoffen verursachte Entzündung der Lungenbläschen). Eine große Gefahr bei dieser Vergiftung besteht darin, dass die Krankheitszeichen mit einiger Verzögerung, unter Umständen nach Stunden auftreten können. Daher gehören reizgasvergiftete Personen immer in die Betreuung des Rettungsdienstes. Die Anwendung von kortisonhaltigen Sprays nach Reizgasinhalation ist ohne nachgewiesenen Nutzen (Fachempfehlung Nr. 7/2005 DFV)Anhand dieser Beispiele wird klar, welche zentrale Bedeutung der Eigenschutz der Helfer hat und wie wichtig es ist, den Patienten zunächst aus der vergifteten Atmosphäre zu retten.

22.10.2 Hitzeschäden (Hitzeerschöpfung, Hitzschlag)

Menschen können bei starker körperlicher Belastung in warmer Umgebung, z. B. Feuerwehreinsatzkräfte bei der Brandbekämpfung, durch starke Flüssigkeits- und Salzverluste und verminderte Wärmeabgabe eine so genannte Hitzeerschöpfung oder einen Hitzschlag erleiden.

Bei der Hitzeerschöpfung kommt es zunächst bei normaler oder nur mäßig erhöhter Körpertemperatur (< 40 °C) zu Symptomen (Krankheitszeichen), wie Kopfschmerzen, Schwindel, Übelkeit, Bewusstseinsstörungen bis hin zur Bewusstlosigkeit. Die Haut ist auffällig blass und kaltschweißig. Der Puls ist flach (niedriger Blutdruck) und schnell und die Atmung beschleunigt.

Bei der <**Hitzeerschöpfung**> sollte der Patient in kühle Umgebung verbracht werden, flach, abhängig vom Blutdruck ggf. in der Schocklage, gelagert werden. Sind das Bewusstsein und die Schutzreflexe zweifelsfrei vollständig erhalten, kann Flüssigkeit getrunken werden (optimal isotone Lösungen). Bis zum Eintreffen des Rettungsdienstes werden Basismaßnahmen der Ersten-Hilfe zur Sicherung der Vitalfunktionen durchgeführt (z. B. Stabile Seitenlage bei Bewusstlosigkeit mit erhaltener Atmung und Kreislauf).

Bei einem <**Hitzschlag**> kommt es zusätzlich zu einem lebensbedrohlichen Anstieg der Körperkerntemperatur (> 40 °C). Diese massive Temperaturerhöhung kann u. a. zum Anschwellen des Gehirns (Hirnödem) und Entwicklung lebensgefährlichen Hirndrucks führen. Symptome sind die stark erhöhte Körpertemperatur, hochroter Kopf, heiße, trockene Haut, Bewusstseinsstörungen bis hin zur Bewusstlosigkeit. Der Patient muss in eine kühle Umgebung und ggf. in die Stabile Seitenlage gebracht werden.

G Leitern bei der Feuerwehr

23 Tragbare Leitern bei der Feuerwehr

von Jochen Thorns

Bei der Feuerwehr sind verschiedene tragbare Leitern im Einsatz: Schiebleiter, Steckleiter, Multifunktionsleiter, Klappleiter, Hakenleiter und Strickleiter (▶ Tabelle 23.1). Teilweise wird auch eine so genannte Teleskopleiter verwendet, z. B. in der Technischen Hilfeleistung. Die Hakenleiter und die Strickleiter sind jedoch nur noch wenig verbreitet.

Vor allem die Steck- und die dreiteilige Schiebleiter sind als Rettungsleitern bei der Feuerwehr vorgesehen, seit einigen Jahren auch die Multifunktionsleiter. An diesen Leitern wird auf einer Kennzeichnung – meist an den Holmen – darauf hingewiesen, wie viele Menschen gleichzeitig die Leiter besteigen dürfen.

Tragbare Leitern dienen als Rettungs- und Angriffsweg für die Feuerwehr, wenn der erste Rettungsweg, also z. B. der notwendige Treppenraum, nicht nutzbar ist.

23.1 Einsatzgrundsätze

Für den Feuerwehreinsatz gelten folgende allgemeinen Einsatzgrundsätze:

– Es dürfen nur geprüfte und zugelassene Leitern genutzt werden, die für den Einsatzzweck geeignet sind und keine Sicherheits-

Bild 23.1 Steckleiterteil »A« (links) und Steckleiterteil »B« (rechts):

- Leiterkopf (1)
- Holm (2)
- Sprosse (3)
- Leiterfuß (4)
- Federsperrbolzen (5)

Tabelle 23.1 Technische Daten von tragbaren Leitern

Leiterart	Transportlänge	Auszugslänge	Einsatzhöhe	Gewicht (LM/Holz)
Schiebleiter	5 400 mm	14 000 mm	3. OG	80/100 kg
Steckleiter/Steckleiterteil	2 700/4 600 mm	8 400 mm	2. OG	10/12,5 kg je Steckleiterteil
Multifunktionsleiter	2 300 mm	4 560/5 560 mm	bis zum 2. OG	23,5 kg
Klappleiter	3 260 mm	3 000 mm	1. OG	10 kg
Hakenleiter	4 400 mm	4 400 mm		12 kg

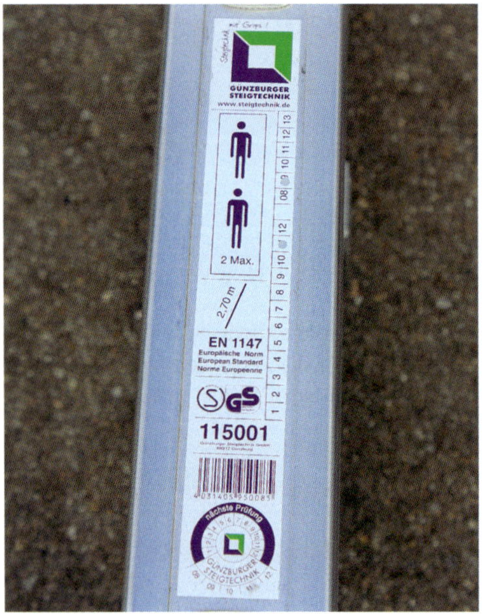

Bild 23.2 Leiter-Kennzeichnung am Holm

mängel aufweisen. Daher nutzt die Feuerwehr immer die eigenen tragbaren Leitern und keine vor Ort aufgefundenen Leitern.

- Tragbare Leitern sind nach jedem Gebrauch einer Sichtprüfung zu unterziehen. Bei der Feststellung von Mängeln dürfen die Leitern nicht weiter genutzt werden und müssen sofort einer gesonderten Geräteprüfung gemäß der Geräteprüfordnung (DGUV-Grundsatz 305-002) zugeführt werden.

Bild 23.3 Einsatzhöhe von Schieb- und Steckleiter

Praxis-Tipp:

Überprüfung des Anstellwinkels:

Es gibt zwei Methoden, den Anstellwinkel einer tragbaren Leiter von zirka 65 bis 75 Grad zu prüfen. Methode 1: Der Feuerwehrangehörige steht gerade am Leiterfuß und streckt den angewinkelten Arm rechtwinklig vom Körper aus. Berührt der Ellenbogen die Holme, stimmt der Winkel. Bei dieser Art der Überprüfung wird nach Versuchen des Autors ein Anstellwinkel von zirka 70 bis 75 Grad erreicht. Methode 2: Der Feuerwehrangehörige steht gerade am Leiterfuß, wobei er die Leiter zwischen beide Füße nimmt. Der zur Leiter zeigende angewinkelte Arm wird rechtwinklig zur Leiter gestreckt. Berührt der Ellbogen die Holme, stimmt der Winkel von zirka 65 bis 75 Grad.

- Wenn mehrere Personen die Leiter besteigen (nur in der zugelassenen Anzahl!), soll auf eine gleichmäßige Belastung der Leiter geachtet werden. Auf der Leiter darf nicht gesprungen werden.
- Die Leiterfüße dürfen nicht auf ungeeignete Unterlagen, wie Kisten, Steinstapel, Tische o. Ä., aufgestellt werden.
- Werden Leitern an oder auf Verkehrswegen aufgestellt, ist auf eine ausreichende Absicherung zu achten.
- Die Leitern dürfen nur auf einem ausreichend tragfähigen Untergrund aufgestellt werden (ggf. lastverteilende Unterlagen verwenden). Sie sind gegen Wegrutschen sowie gegen Abrutschen und Umkippen zu

Bild 23.4 Sichern von tragbaren Leitern:

a Sicherung durch einen Feuerwehrangehörigen an den Holmen

b Sicherung des Leiterkopfs durch Anschlagen (Mastwurf mit Spierenstich)

sichern. Dies kann durch einen Feuerwehrangehörigen (▶ Bild 23.4a) oder durch Anbinden des Leiterkopfes mittels Feuerwehrleine geschehen (▶ Bild 23.4b).

- Die Leitern müssen an sichere Auflagepunkte angelegt werden und sind beim Besteigen zu sichern.
- Es sind die Windverhältnisse zu beachten.
- Die tragbaren Leitern sind mit einem Anstellwinkel von 65 bis 75 Grad zur Standfläche einzusetzen.

Tabelle 23.2 Sicherheitsabstände

Spannung [V]	Mindestabstand [m]
bis 1 000	1
> 1000 bis 110 000	3
> 110 000 bis 220 000	4
> 220 000 bis 380 000	5

Quelle: FwDV 10

Bild 23.5 Einsteckteil einer Steckleiter

- Anlegeleitern sollen mindestens einen Meter über die Austrittsstelle hinausragen (mindestens drei Sprossen). Sind andere gleichwertige Möglichkeiten zum Festhalten vorhanden (zum Beispiel Geländerholme, Fensterlaibungen), ist es ausreichend, wenn Leitern bis zur Höhe des Überstiegs reichen. Leitern dürfen nicht über den Auflagepunkt hinaus bestiegen werden.
- Die Schiebleiter, die Steckleiter und die Multifunktionsleiter dürfen unabhängig von der Rettungshöhe nur von zwei Personen bestiegen werden.
- Eine am Gebäude angestellte, unbesetzte Leiter darf nicht ohne Weiteres entfernt werden.

IM EINSATZ

Aufstellorte von tragbaren Leitern

Die Leiter soll an Übersteigestellen grundsätzlich mindestens drei Sprossen (= ein Meter) überstehen. An Einstiegsöffnungen ist die Leiter grundsätzlich bündig an eine Seite anzulegen.

Vor allem an Fenstern kann eine überstehende Leiter kontraproduktiv sein und den vorhandenen Raum stark einengen. Wenn – wie hier durch den Fensterrahmen – andere gleichwertige Möglichkeiten zum Festhalten vorhanden sind, darf die Leiter auch ohne Überstand aufgestellt sein.

Beim Besteigen einer Leiter greifen die Hände nur an den Sprossen, nie an den Holmen.

- Ein Strahlrohr darf von der Leiter aus nur eingesetzt werden, wenn die Leiter am Leiterkopf befestigt ist und der Strahlrohrführer sich zum Beispiel mit dem Feuerwehr-Haltegurt sichert. Auf Einhaltung der Strahlrohrabstände nach DIN VDE 0132 ist zu achten (▶ Kapitel 19.3). Das Strahlrohr (maximal C-Strahlrohr) darf nur jeweils bis zu einem Winkel von 15 Grad zu den Seiten hin eingesetzt werden. Ruckartiges Öffnen oder Schließen des Strahlrohres ist zu vermeiden. Schlauchleitungen dürfen auf der

Leiter weder verlegt noch befestigt werden. Eine Ausnahme ist der Strahlrohreinsatz direkt von der Leiter aus, wobei sofort nach Beendigung des Löscheinsatzes dieser Angriffs- und Rettungsweg freizumachen ist.

- Beim Aufrichten von tragbaren Leitern dürfen elektrische Freileitungen nicht berührt werden. Zwischen Personen auf Leitern und unter Spannung stehenden Teilen muss ein Sicherheitsabstand eingehalten werden (▶ Tabelle 23.2).
- Beim Aufstellen oder Ausziehen der Leitern darf aufgrund der Quetschgefahr nur an den Holmen gehalten werden.
- Sollen tragbare Leitern als so genannter Leiterhebel im Rahmen der Technischen Hilfeleistung zum Drehen eines auf der Seite liegenden Pkw genutzt werden ist Folgendes zu beachten [1]: Multifunktionsleitern eignen sich weder zum Umlegen, noch zum Aufrichten von Fahrzeugen, da deren Leiterholme zu schwach dimensioniert sind. Steckleitern können verwendet werden, da sie in Abhängigkeit von Material und Hersteller mit 950 bis 1 640 Kilogramm belastet werden können. Praxisversuche zeigen sogar deutlich höhere Belastungsgrenzen an (Aluminium-Steckleiter bis zu 2 700 Kilogramm, Holz-Steckleiter bis zu 3 300 Kilogramm [2]). Da die Benutzung der Steckleiter als Leiterhebel jedoch einen nicht bestimmungsgemäßen Gebrauch darstellt, wird empfohlen [1]: Das Aufrichten bzw. Umlegen von Fahrzeugen (bis maximal 1 900 Kilogramm) mit tragbaren Leitern darf nur im absoluten Ausnahmefall bei einer Sofortrettung von Personen aus Lebensgefahr und mit mindestens zwei parallel angeordneten Steckleitern (je zwei

Bild 23.6 Steckleiter mit Verbindungsteil

Bild 23.7 Durch Unterstecken eines Steckleiterteils kann die Steckleiter auch in engen Räumen eingesetzt werden: Der Trupp fasst ein Leiterteil (bei Holz-Steckleitern mit der Schrägfläche zum Objekt) an den Federsperrbolzen und den Holmen, hebt es hoch und möglichst schräg am Objekt an. Dabei soll möglichst lange mit jeweils einer Hand an den Holmen gegriffen werden, um ein seitliches Kippen des Leiterteils zu verhindern. Ein weiteres Leiterteil wird von unten durch einen anderen Trupp oder einen dritten Feuerwehrangehörigen in die Steckkästen der hochgeschobenen Leiter eingeschoben. Anschließend werden die Federsperrbolzen durch Drehen verriegelt. Die Rücknahme erfolgt in umgekehrter Reihenfolge.

Tabelle 23.3 Länge Steckleiterteile

Steckleiterteile	Leiterlänge
1	2,70 m
2	4,60 m
3	6,50 m
4	8,40 m

Achtung:

Ein Einsatz von mehr als vier Steckleiterteilen ist untersagt.

Steckleiterteile) erfolgen. Dabei verwendete Leiterteile sind nach diesem nicht bestimmungsgemäßen Gebrauch auszumustern. Steckleiter-Teile, die nur zur Ausbildung solcher Rettungsverfahren genutzt werden, müssen auffällig gekennzeichnet werden, um eine versehentliche andere Nutzung auszuschließen.
- Es ist darauf zu achten, dass die maximale Belastung nach Herstellerangaben nicht überschritten wird. Nach einer unzulässig hohen Belastung ist die Leiter der weiteren Benutzung zu entziehen, auch wenn keine sichtbaren Beschädigungen vorhanden sind. Schadhafte Leitern sind der Benutzung sofort zu entziehen.

23.2 Schiebleiter

Zusätzlich zu den allgemeinen Einsatzgrundsätzen gelten beim Einsatz der dreiteiligen Schiebleiter noch folgende Punkte:
- Die Schiebleiter darf im Freistand nicht über die Stützstangen hinaus bestiegen werden.
- Die ausgezogene Schiebleiter darf nicht bestiegen werden, bevor die Fallhaken auf der Sprosse aufsitzen und die oberen Leiterteile gegen Zusammenfahren mit dem Zugseil gesichert sind.
- Die Stützstangen sind durch je einen Feuerwehrangehörigen zu sichern.

Zur Bedienung der dreiteiligen Schiebleiter sind mindestens vier Einsatzkräfte notwendig.

23.3 Steckleiter

Die Steckleiter besteht aus maximal vier Steckleiterteilen (▶ Tabelle 23.3). Sie können einzeln, paarweise, dreiteilig oder vierteilig verwendet werden. Zudem ist ein Einsatz als Bockleiter (mit dem Steckleiter-Verbindungsteil) möglich. Es gibt so genannte A-Teile (durchgehend mit Sprossen) und B-Teile (hier fehlen zwei Sprossen, um die Steckleiterteile ineinander stecken zu können). Um diese Lücke überbrücken zu können, ist ein Einsteckteil lieferbar. Grundsätzlich sollte kein B-Teil als Fußteil einer Steckleiter Verwendung finden.

Durch Unterstecken oder horizontales Nachsetzen eines Steckleiterteils kann die Steckleiter auch in engen Räumen leicht eingesetzt werden.

Zur Bedienung der Steckleiter sind mindestens drei Einsatzkräfte notwendig.

23.4 Multifunktionsleiter

Die Multifunktionsleiter besteht aus drei Leiterteilen, von denen zwei mittels eines Scharniers gelenkig miteinander verbunden sind. An einem Leiterteil sind zwei Einhängehaken montiert. Das dritte Teil der Multifunktionsleiter ist als so genanntes Aufsteckteil ausgeführt. Es dürfen zwei Multifunktionsleitern über Verriegelungsbolzen miteinander verbunden werden. Sie erreicht dann mit dem Aufsteckteil eine Einsatzlänge von 9,30 Metern (▶ Tabelle 24.1). Ähnlich wie die Steckleiter kann auch die Multifunktionsleiter durch Aufklappen und nacheinander Einschieben verlängert und in engen Räumen eingesetzt werden. Durch umfangreiches Zubehör ist es möglich, die Multifunktionsleiter auch als Rettungsplattform, Scheinwerferhalter o. Ä. zu verwenden (▶ Kapitel 24).

23.5 Klapp- und Hakenleiter

Die handliche hölzerne Klappleiter wird zusammengeklappt in Form eines Balkens mit-

Quelle: Jan Thorns

Bild 23.8 Klappleiter:
a in Transportstellung
b in Einsatzstellung (ausgeklappt)

geführt und kann einfach aufgeklappt werden. Zusammengeklappt können die Klappleitern auch aus Rammbock oder Hebebaum verwendet werden.

Die Hakenleiter darf nicht als Anstellleiter oder Dachleiter verwendet werden. Sie verfügt – wie der Name schon sagt – über einen Einhänghaken, sodass die Leiter an Balkonen etc. eingehängt werden kann.

Beide Leitern gehören heute nicht mehr zur Normbeladung der Löschfahrzeuge, sind teilweise aber noch vorhanden – und werden bei manchen Feuerwehren sogar noch neu beschafft. Klapp- und Hakenleiter dürfen nur von jeweils einer Person belastet werden.

Bei der Verwendung der Multifunktionsleiter als Stehleiter mit Aufsteckteil dürfen die obersten vier Sprossen nicht betreten werden. Beim Aufklappen der Multifunktionsleiter besteht am Scharnier Quetschgefahr.

Zur Bedienung der Multifunktionsleiter sind nach Feuerwehr-Dienstvorschrift 10 mindestens drei Einsatzkräfte, für zwei Mul-

Bild 23.9 Hakenleiter

Bild 23.10 Besteigen von Leitern:
a Passgang
b Kreuzgang

tifunktionsleitern vier Einsatzkräfte notwendig. Jedoch können in der Praxis und an engen Einsatzstellen auch eine Person bzw. zwei Personen die Multifunktionsleiter(n) sicher stellen.

23.6 Besteigen der Leiter

Tragbare Leitern können im Passgang oder im Kreuzgang bestiegen werden. Grundsätzlich ist darauf zu achten, dass der Körper möglichst nah an der Leiter geführt wird. Die Hände umfassen beim Besteigen einer Leiter immer die Sprossen (nie die Holme) im Klammergriff. Die Finger umfassen dabei die Sprosse von oben und die Daumen liegen unter der Sprosse. Das Aufschaukeln von Leiterbewegungen ist zu vermeiden.

23.6.1 Passgang

Der Passgang (▶ Bild 23.10a) richtet sich nach der Körperseite: Eine Körperseite ist jeweils in Bewegung, die andere ruht. Beispiel: Der linke Fuß und die linke Hand ruhen auf den Sprossen, der rechte Fuß und die rechte Hand sind gleichzeitig in Bewegung.

23.6.2 Kreuzgang

Der Kreuzgang (▶ Bild 23.10b) ist im Gegensatz zum Passgang versetzt (»über Kreuz«). Beispiel: Der linke Fuß und die rechte Hand ruhen auf den Sprossen, während der rechte Fuß und die linke Hand gleichzeitig in Bewegung sind. Anschließend setzt sich dies in umgekehrter Reihenfolge fort.

23.6.3 Sichern der Leiter

Die Sicherung der Leiter gegen Umstürzen übernimmt der steigende Trupp im Allgemeinen selbst (▶ Bild 23.4). Eine Ausnahme bildet hierbei nur die dreiteilige Schiebleiter. Der beim Aufstellen unterstützende Trupp oder Feuerwehrangehörige kann somit für andere Aufgaben eingesetzt werden. Der Truppführer steigt in der Regel zuerst und der Truppmann sichert die Leiter. Besteht bei der Sicherung der

Quelle: Jan Thorns

Bild 23.11 Sichern der Leiter ...
a ... am Leiterkopf an einem Fenster
b ... von unten beim Einsteigen

Leiter die Gefahr des Herabfallens von Gegenständen, ist es möglich, die Leiter auch von der dem Gebäude abgewandten Seite zu sichern. Sobald der Truppführer ein- oder übergestiegen ist, sichert er die Leiter am Leiterkopf und der Truppmann steigt nach.

23.6.4 Einsteigen

Beim Ein- und Aussteigen von einer Leiter in oder aus einer Fensteröffnung setzt sich die Einsatzkraft zuerst auf die Brüstung der Öffnung (»Reitersitz«). Im Einsatz – vor allem bei schlechten Sichtverhältnissen und unbekannten Örtlichkeiten – ist damit zu rechnen, dass

Bild 23.12 Reitersitz beim Einsteigen in eine Fensteröffnung

Achtung:

Auf Brüstungen von Wandöffnungen ist der Reitsitz einzunehmen. Niemals darf von der Brüstung des Gebäudes gesprungen werden. Vor einem Einstieg in ein Gebäude ist grundsätzlich der Boden durch Abtasten mit dem Fuß zu prüfen.

G

Bild 23.13 Einsteigen ohne Leiterüberstand

sich hinter dem Fenster Hindernisse befinden oder kein tragfähiger Fußboden vorhanden ist. Bevor eingestiegen wird, muss die Tragfähigkeit des Bodens deshalb durch Abtasten mit einem Fuß geprüft werden. Beim Ein-, Aus- und Übersteigen hält sich die Einsatzkraft an den Sprossen fest.

Ist ein seitliches Einsteigen nicht möglich (zum Beispiel in schmalen Fenstern), kann die Leiter auch seitlich am Fenster oder so angestellt werden, dass sie mindestens bis zur Unterkante des Fensters ragt. Hier muss dann über den Leiterkopf gestiegen werden. Beim seitlichen Einsteigen muss die Leiter durch zwei Feuerwehrangehörige gegen Verrutschen gesichert werden.

Literatur

[1] Kommunale Unfallversicherung Bayern: Hinweis zur Verwendung von tragbaren Feuerwehrleitern zum Aufrichten bzw. Umlegen von Fahrzeugen, Stand: 11. November 2015.

[2] Wohlrab, J., Fiegler, F.: Technische Rettung mit tragbaren Leitern bei Verkehrsunfällen, BRAND-Schutz/Deutsche Feuerwehr-Zeitung 7/2016, S. 494 ff.

[3] Feuerwehr-Dienstvorschrift (FwDV) 10 »Die Tragbaren Leitern«, Stand 2020, Verlag W. Kohlhammer, Stutgart, 2020.

ZUR VERTIEFUNG

Thomas Zawadke: Tragbare Leitern, Die Roten Hefte 204, 2. Auflage, Verlag W. Kohlhammer, Stuttgart, 2016.

Notizen:

24 Vornahme von tragbaren Leitern

von Jochen Thorns

In diesem Kapitel wird das Vornehmen der dreiteiligen Schiebleiter, der Steckleiter und der Multifunktionsleiter als Rettungsleiter praxisnah beschrieben. Weitere Sonderformen der Vornahme von Steck- bzw. Multifunktionsleiter sind in den ▶ Kapiteln 23 und 34 beschrieben bzw. sind der Bedienungsanleitung der Leitern zu entnehmen. Aufgrund der Praxis wird bei der Vornahme der Steckleiter nur die Vornahme mit drei Einsatzkräften abgebildet. Bei der Vornahme der tragbaren Leitern gelten folgende Kommandos: »X-Leiter vom Fahrzeug!«, »X-Leiter marsch!«, »X-Leiter halt!«, »X-Leiter ab!«, »X-Leiter steckt ein!«, »X-Leiter richtet auf!«, »X-Leiter zieht aus!« und »X-Leiter legt an!«.

Bei der Rücknahme gelten je nach Situation die Kommandos: »X-Leiter legt ab!«, »X-Leiter marsch!«, »X-Leiter halt!«, »X-Leiter ab!« und »X-Leiter auf!«

Die Kommandos bei der Vor- und Rücknahme der Leiter gibt der Truppführer, der den Befehl zur Vornahme der Leiter vom Einheitsführer erhalten hat.

IM EINSATZ

Vornahme der Steckleiter mit drei Einsatzkräften

Die Steckleiter wird mit Unterstützung des Maschinisten vom Fahrzeug entnommen. Am Leiterfuß steht der dritte Feuerwehrangehörige (in der Regel der Melder), links der Truppmann, rechts der Truppführer. Grundsätzlich werden immer alle Leiterteile zur Anleiterstelle getragen.

Nach der Entnahme der Steckleiter drehen sich alle Feuerwehrangehörigen um.

Hinweis: Die beschriebene Vorgehensweise entspricht der bundesweiten FwDV 10. In Niedersachsen ist es genau anders herum geregelt (Truppführer links/Truppmann rechts).

Der Trupp und der Melder tragen die Steckleiter mit gestreckten Armen mit dem Leiterfuß voraus zur Anleiterstelle. Der einzeln am Leiterfuß gehende Melder darf die Leiter auch seitlich tragen.

Die Steckleiter wird einen Schritt vor und unterhalb der Anleiterstelle abgelegt.

Der Truppführer geht vor das Kopfende der Leiter, der Melder tritt einen Schritt links neben die Leiter. Der Truppmann geht bis zum Leiterfuß vor und stellt sich rechts neben die Leiter (siehe kleines Bild).

Die oberen beiden Leiterteile werden bis zum Kopfende der darunter liegenden Leiterteile zurückgenommen. Der Truppführer fasst die Leiter an den Holmen oder der ersten Sprosse an; Melder und Truppmann an den Federsperrbolzen.

Die oberen beiden Leiterteile werden in die unteren Leiterteile eingesteckt. Der Melder und der Truppmann halten mit jeweils einer Hand die Federsperrbolzen am Leiterfuß und mit der anderen Hand den Leiterkopf an einer Sprosse. Der Truppführer unterstützt. Er hält die Leiter an den Holmen.

Die zusammengesteckte Leiter wird danach an die Wand des Objektes geschoben.

Die Federsperrbolzen müssen spätestens jetzt hörbar eingerastet sein. Dies ist durch Ziehen der Leiterteile zu überprüfen.

Werden nur drei Leiterteile benötigt, wird jetzt das vierte Leiterteil abgenommen. Dabei wird genau umgekehrt vorgegangen wie zuvor beschrieben.

Der Truppmann und der Melder richten die Leiter von ihrem Standort (etwa in der Mitte der Leiter) an den Holmen auf. Der Truppführer unterstützt anfangs am Leiterkopf, ...

... wechselt dann jedoch zum Leiterfuß und hilft, mit einem Fuß am unteren Holmende auf die Leiter drückend, durch Ziehen beim Aufrichten der Leiter mit.

Nach dem Aufrichten der Steckleiter wird der Leiterfuß vom Objekt abgerückt.

Der Anstellwinkel wird geprüft. (▶ Praxistipp Abschnitt 23.1)

Der Trupp besteigt die Leiter. Die Sicherung der Leiter erfolgt dabei im Allgemeinen durch den Trupp selbst. Der Melder kann für andere Aufgaben eingesetzt werden.

Hinweis: Die Rücknahme der Leiter erfolgt in umgekehrter Reihenfolge.

IM EINSATZ

Vornahme der dreiteiligen Schiebleiter

Die Schiebleiter wird mit Unterstützung des Maschinisten vom Fahrzeug entnommen. Der Trupp, der später einsteigt, geht am Leiterkopf.

Nach der Entnahme der Schiebleiter drehen sich alle Feuerwehrangehörigen um.

Die Trupps tragen die Schiebleiter mit gestreckten Armen mit dem Leiterfuß voraus zur Anleiterstelle.

Die Schiebleiter wird vor und unterhalb der Anleiterstelle abgelegt. Der Abstand des Leiterfußes zum Objekt richtet sich nach der Einstiegshöhe.

Der Trupp am Leiterfuß löst die Halteriemen der Stützstangen.

Der Trupp am Leiterfuß nimmt die Stützstangen hoch und sichert mit dem Fuß den Leiterfuß. Der Trupp am Leiterkopf richtet die Schiebleiter auf. Der Trupp am Leiterfuß hilft durch Ziehen der Stützstangen mit.

Die Schiebleiter wird nahezu senkrecht, mit leichter Neigung zur Anleiterstelle hin, aufgestellt.

Der Trupp an den Stützstangen sichert die Schiebleiter mittels der Stützstangen. Der Truppführer des anderen Trupps tritt vor die Schiebleiter und achtet auf den sicheren Stand des Leiterfußes. Dazu setzt er einen Fuß auf die untere Querstange und hält die Leiter von außen an den Holmen. Er überwacht das Ausziehen der Schiebleiter.

Der Truppmann löst das Zugseil, zieht die Leiter auf die erforderliche Länge aus und achtet auf das Aufsetzen der Fallhaken.

Danach befestigt der Truppmann das Zugseil an den Sprossen mittels Mastwurf und sichert diesen mit einem Spierenstich (▶ Im-Einsatz-Kasten auf der übernächsten Seite).

Die Schiebleiter wird an das Objekt angelegt und die Stützstangen werden seitlich so ausgerichtet, dass ein Durchbiegen und seitliches Verschieben der Leiter vermieden wird.

Der Anstellwinkel wird geprüft. (▶ Praxistipp Abschnitt 23.1)

G

Der befohlene Trupp steigt auf. Der andere Trupp sichert die Schiebleiter an den Stützstangen.

Hinweis: Die Rücknahme der Schiebleiter erfolgt in umgekehrter Reihenfolge.

IM EINSATZ

Anbringen des Mastwurfes an der Schiebleiter

Das Zugseil wird an der 5. Sprosse von innen nach außen sowie unterhalb der 3. Sprosse wieder nach innen geführt.

Das von unten kommende Seilende wird mit der linken Hand bis an die 6. Sprosse straff nach oben gezogen.

Mit der rechten Hand wird das Seilende von hinten nach vorn durch das gebildete Seilauge der linken Hand geführt und nach unten gezogen.

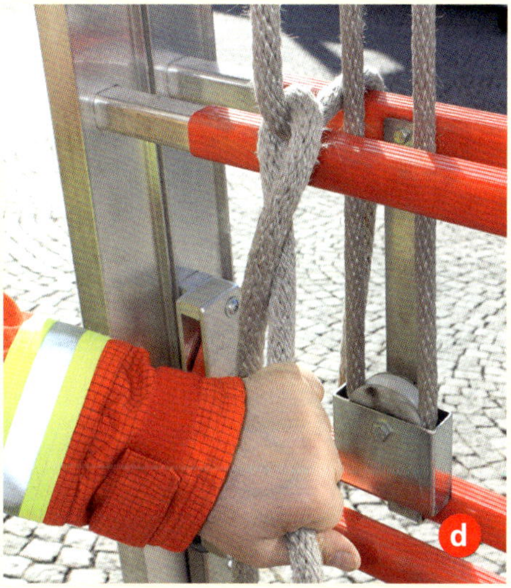

Mit der linken Hand wird nachgegriffen und die Seilspannung gehalten.

Das Seil wird wieder bis an die 6. Sprosse straff nach oben gezogen.

Wie in Schritt (c) wird das Seilende mit der rechten Hand von hinten nach vorn durch das gebildete Seilauge der linken Hand geführt und nach unten gezogen.

Das Seil wird nach unten festgezogen.

Der Mastwurf muss jetzt noch mittels Spierenstich (nicht im Bild) gesichert werden. Das Stahlzugseil der Schiebleiter wird grundsätzlich nicht mit eingebunden.

Anstelle des Mastwurfs um das Zugseil kann der Mastwurf auch um die Sprosse gelegt werden. dazu ist das Zugseil zunächst einfach um die 3. Sprosse zu führen, dann beim Hochführen doppelt zu nehmen und um die Sprosse zu legen. Das Zugseil wird dabei eingebunden.

Vornahme der Multifunktionsleiter durch drei Einsatzkräfte

Ein Trupp und ein weiterer Feuerwehrangehöriger tragen die Multifunktionsleiter an den Sprossen (Leiterfuß voraus, Federbolzen oben) zur Anleiterstelle und legen diese einen Schritt davor ab. Der Trupp geht hinten, der Truppführer rechts. Kleines Bild: (1) Federbolzen, (2) Scharnierverschlüsse

Der Trupp öffnet die Scharnierverschlüsse.

Der dritte Feuerwehrangehörige öffnet die Federbolzen am Leiterfuß und arretiert diese. Der Trupp klappt das obere Leiterteil auf. Der dritte Feuerwehrangehörige unterstützt den Trupp beim Anheben des oberen Leiterteils.

Der Trupp arretiert die Scharnierverschlüsse in den dafür vorgesehenen Bohrungen. Beim Aufklappen der Multifunktionsleiter besteht am Scharnier Quetschgefahr (kleines Bild). Der dritte Feuerwehrangehörige entnimmt das Aufsteckteil. Wenn das Aufsteckteil benötigt wird, ist die Multifunktionsleiter durch den Trupp anzuheben und das Aufsteckteil durch den dritten Feuerwehrangehörigen aufzustecken.

Dabei müssen alle vier Einsteckhaken (Pfeil) auf den Sprossen der Multifunktionsleiter arretiert sein.

Die Abhebesicherung muss einrasten und es muss eine Überlappung von mindestens drei Sprossen zwischen Aufsteckteil und Multifunktionsleiter geben. Bei der Verwendung der Multifunktionsleiter als Stehleiter mit Aufsteckteil dürfen die obersten vier Sprossen nicht betreten werden.

Die Multifunktionsleiter wird gegen einen Festpunkt geschoben, um das Aufrichten der Leiter zu erleichtern. Der Trupp richtet die Multifunktionsleiter an den Holmen auf. Der dritte Feuerwehrangehörige begibt sich zuvor zum Leiterfuß und sichert diesen durch Drücken mit einem Fuß auf die unterste Sprosse.

Die Leiter wird gesichert; mindestens mit den Einhängehaken, besser mit einem Mastwurf.
Hinweis: Die Rücknahme der Multifunktionsleiter erfolgt in umgekehrter Reihenfolge.

IM EINSATZ

Vornahme von zwei zusammengesteckten Multifunktionsleitern

Zur Vornahme von zwei Multifunktionsleitern werden zwei Trupps benötigt. Eine gestreckte Lagerung von Multifunktionsleitern ist möglich. Dabei entfallen im Weiteren das Aufklappen und Arretieren der Scharnierverschlüsse. Beide Multifunktionsleitern werden aufeinanderliegend transportiert. Die Federbolzen der unteren Leiter zeigen beim Transport nach unten und die Federbolzen der oberen Leiter nach oben.

Zwei Trupps tragen die Multifunktionsleitern an den Sprossen (Leiterfüße voraus) zur Anleiterstelle und legen sie einen Schritt davor ab.

Der Trupp am Leiterkopf nimmt die obere Multifunktionsleiter und legt diese etwa eine halbe Leiterlänge vor der unteren Multifunktionsleiter ab.

Beide Trupps arbeiten zunächst parallel wie bei der Vornahme einer Multifunktionsleiter (▶ Im-Einsatz-Kasten »Vornahme der Multifunktionsleiter durch drei Einsatzkräfte«). Das Öffnen der Federbolzen übernimmt der Trupp jeweils selbst.

Die untere Multifunktionsleiter wird nun von beiden Trupps gemeinsame um ihre Längsachse gedreht, sodass die Federbolzen zum Boden zeigen.

Der hintere Trupp verbindet die beiden Multifunktionsleitern über alle vier Federbolzen. Der zweite Trupp unterstützt am Leiterfuß durch Anheben.

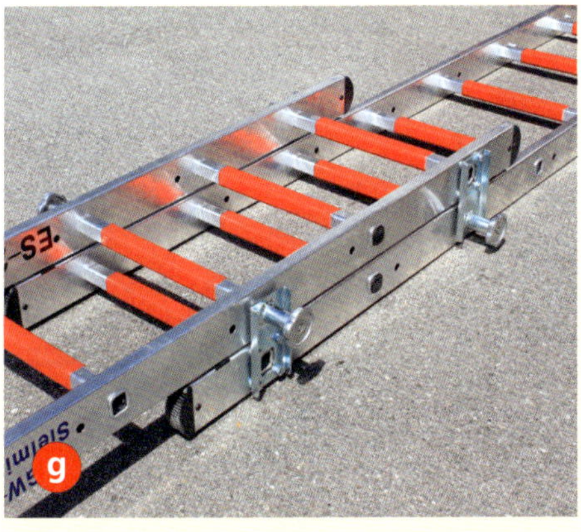

Endstellung der Federbolzen. Es ist zu beachten, dass mindestens drei Sprossen übereinanderliegen (überlappen). Durch die Wahl einer größeren Überdeckung kann die Leiterlänge dem Objekt angepasst werden.

Wird das Aufsteckteil benötigt, wird dies durch den hinteren Trupp am Leiterkopf aufgesteckt. Bei der Verwendung der Multifunktionsleiter als Stehleiter mit Aufsteckteil dürfen die obersten vier Sprossen nicht betreten werden.

Die verbundenen Multifunktionsleitern werden an das Objekt geschoben

Der Trupp am Leiterkopf richtet die Multifunktionsleiter an den Holmen auf. Der Trupp am Leiterfuß sichert diesen durch Drücken mit jeweils einem Fuß auf das untere Holmende.

Die Multifunktionsleiter wird entsprechend dem Anleiterort ausgerichtet.

Die Multifunktionsleiter wird gesichert. Ein Mastwurf an der Leiterspitze wird empfohlen. **Hinweis:** Die Rücknahme der Multifunktionsleitern erfolgt in umgekehrter Reihenfolge.

IM EINSATZ

Vornahme der Multifunktionsleiter durch eine Einsatzkraft

Die Multifunktionsleiter in der Transportstellung mit eingelegtem Aufsteckteil. Die Multifunktionsleiter ist keine Haken-, aber eine Einhängeleiter. Sie ist im eingehängten Zustand voll mit zwei Personen belastbar; die Verriegelungsbolzen dienen als Distanzstücke. Die Multifunktionsleiter ist so auch als Dachleiter verwendbar. Die hier beschriebene Vorgehensweise entspricht nicht der FwDV 10.

Empfohlene Tragweise einer Multifunktionsleiter. Ein Feuerwehrangehöriger reicht zur Vornahme einer Multifunktionsleiter aus.

Die Multifunktionsleiter wird senkrecht aufgestellt, wobei das Gelenk oben sein muss. Die Einhängehaken sollen sich auf der dem Objekt abgewandten Seite befinden.

Die Verriegelungsbolzen am Leiterfuß werden beidseitig geöffnet.

Die Multifunktionsleiter wird auseinander geklappt.

Die Verriegelungsbolzen in der Leitermitte werden auf beiden Seiten der Multifunktionsleiter geöffnet.

Das innen in die Multifunktionsleiter eingesteckte Aufsteckteil wird entnommen.

Das Aufsteckteil kann mit einer Hand gehalten werden. Mit der anderen Hand wird die entriegelte Multifunktionsleiter gehalten.

Die Multifunktionsleiter wird nun mit einer Hand auseinander geklappt; die andere Hand hält das Aufsteckteil.

Das Aufsteckteil wird mit einer Hand auf die Multifunktionsleiter (an der Seite mit den Einhängehaken) aufgesteckt.

Die Verriegelung des Aufsteckteils sorgt für eine Sprossenüberdeckung von mindestens drei Sprossen. Eine größere Sprossenüberdeckung ist möglich, sodass die Leiterlänge angepasst werden kann.

Es ist darauf zu achten, dass die Verriegelung des Aufsteckteils passgenau an der Sprosse einhakt.

G

Die Verriegelungsbolzen in der Leitermitte werden auf beiden Seiten der Multifunktionsleiter verriegelt.

Verriegelte Stellung der Verriegelungsbolzen. Die Multifunktionsleiter ist nun verriegelt.

Die Multifunktionsleiter wird nun an das Objekt geschoben. Die Verrieglungsbolzen am Leiterfuß befinden sich als Distanzstück auf der dem Objekt zugewandten Seite.

Die Multifunktionsleiter kann leicht von einem Feuerwehrangehörigen aufgerichtet werden.

Die Multifunktionsleiter wird am Rettungsfenster ausgerichtet; als Rettungszugang ist nach DIN EN 1147 kein Überstand mehr nötig, gleichwohl jedoch sinnvoll.

Die Multifunktionsleiter wird gesichert; grundsätzlich reichen dazu die Einhängehaken aus. Ein Mastwurf am Leiterkopf wird empfohlen. Die Rücknahme erfolgt in umgekehrter Reihenfolge.

G

IM EINSATZ

Multifunktionsleiter als Bockleiter mit Einsteckteil

Die an den Verriegelungsbolzen entriegelte Multifunktionsleiter wird als Bockleiter aufgestellt und das Aufsteckteil wird aufgesteckt.

Die Sicherung der Multifunktionsleiter erfolgt über die Spreizsicherung.

Es ist darauf zu achten, dass die Spreizsicherung richtig eingehakt ist.

Die Länge des Aufsteckteils kann nun angepasst werden.

Es ist darauf zu achten, dass die Verriegelung des Aufsteckteils passgenau an der Sprosse einhakt.

Auf dem Aufsteckzapfen des Aufsteckteils können nun beispielsweise Flutlichtscheinwerfer aufgesteckt werden.

Bei Bodenunebenheiten können an den Holmen der Multifunktionsleiter Holmverlängerungen montiert werden.

Hinweis:
Die Rücknahme der Multifunktionsleiter erfolgt in umgekehrter Reihenfolge. Es wird empfohlen, die Multifunktionsleitern bei den entsprechenden Arbeitsschritten immer winklig aufzustellen und die Arbeiten nicht auf dem Boden liegend vorzunehmen.

IM EINSATZ

Weitere Anwendungsfälle der Multifunktionsleiter

Mit zwei Multifunktionsleitern kann ein Auffangbecken erstellt werden. Der Leiterrahmen muss nun noch mit einer Plane ausgelegt werden.

Die Eckverbindung beim Becken erfolgt mittels der Einhängehaken.

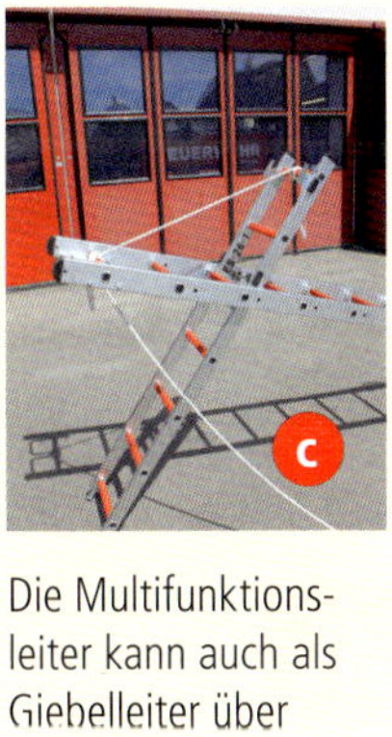

Die Multifunktionsleiter kann auch als Giebelleiter über Dachgiebel verwendet werden. Das Aufsteckteil wird dabei als Riegel genutzt; die Sicherung erfolgt mittels Mastwurf.

IM EINSATZ

Aufstellen von Leitern ohne Festpunkt

Sollte es keine Möglichkeit geben, die Steckleiter oder die Multifunktionsleiter beim Aufrichten gegen einen Festpunkt zu schieben, muss die Leiter am Leiterfuß abgestützt werden. Dies kann erfolgen durch Abstützen des Leiterfußes durch einen Feuerwehrangehörigen, der den Fuß auf die unterste Sprosse setzt …

… oder durch zwei Feuerwehrangehörige, die die Holme sichern.

G

Tabelle 24.1 Länge Multifunktionsleiter

Multifunktionsleiter	Länge [m]
Transportstellung	2,30
ohne Aufsteckteil	4,60
Aufsteckteil (allein)	1,80
Multifunktionsleiter mit Aufsteckteil	5,60
2 Multifunktionsleitern mit Aufsteckteil	9,30

Achtung:

Leitern: Soweit es die Lage (zeitlich) zulässt oder erfordert, soll die herabgeführte Person mit einer Feuerwehrleine mit dem Rettungsknoten (Brustbund mit Pfahlstich) gesichert werden. Falls vorhanden, soll ein Gerätesatz »Absturzsicherung« eingesetzt werden. Beide sind an einem Festpunkt anzuschlagen.

Literatur

[1] Feuerwehr-Dienstvorschrift (FwDV) 100 »Führung und Leitung im Einsatz«, Stand 1999, Verlag W. Kohlhammer, Stuttgart, 2000.

[2] Zawadke, T.; Tragbare Leitern, Die Roten Hefte 204, 2. Auflage, Verlag W. Kohlhammer, Stuttgart, 2016.

[3] Feuerwehr-Dienstvorschrift (FwDV) 3 »Die tragbaren Leitern«, Stand: 2019, Verlag W. Kohlhammer, Stuttgart, 2019.

ZUR VERTIEFUNG

Thomas Zawadke: Die Roten Hefte 204: Tragbare Leitern, 2. Auflage, Verlag W. Kohlhammer, Stuttgart 2016.

25 Einsätze mit Hubrettungsfahrzeugen

von Jan Ole Unger, Nils Beneke und Klaus Thrien

25.1 Anleiterarten – Vorgehensweise zum Anleitern

In diesem Kapitel wird eine grundlegende Vorgehensweise zum Anleitern beschrieben, bei der die korrekte Positionierung eines Hubrettungsfahrzeugs im Vordergrund steht.

Zunächst wird das zielführende Vorgehen beim Einweisen und Positionieren der Drehkranzmitte eines Hubrettungsfahrzeugs erläutert. Dabei wird »Objekt« als einheitlicher Begriff verwendet, da mit einem Hubrettungsfahrzeug nicht nur an Wohngebäuden angeleitert wird.

Für einen Einsatz müssen die Maße des Hubrettungsfahrzeugs bekannt sein (▶ Abschnitt 25.3.3), um mit dem Ausleger zügig am Objekt anleitern zu können. Dabei hat die Drehkranzmitte (DKM) eine besondere Bedeutung. Sie ist der Drehpunkt des Auslegers. Von diesem Drehpunkt aus wird die Distanz zum Objekt festgelegt. Das Fahrzeug dient im Grunde nur zum Transport der Drehkranzmitte mit dem Hubrettungssatz.

Merke:

Die Positionierung von Hubrettungsfahrzeugen ist nur mithilfe der Drehkranzmitte sinnvoll, da eine präzise Abmessung über die Fahrzeugkonturen zum Objekt nicht möglich ist.

Der Einheitsführer weist den Maschinisten des Hubrettungsfahrzeugs mithilfe der »Handzeichen zum Einweisen« ein, wie sie in der DGUV-Vorschrift 71 »Fahrzeuge« beschrieben sind.

Zum Einweisen des Hubrettungsfahrzeugs ist die Drehkranzmitte für alle Anleiterarten der Bezugspunkt, auf den sich die notwendigen Abstände beziehen. Die Abstände lassen sich durch Abschreiten ermitteln (▶ Abschnitt 25.3.3). Ist die Position für die Drehkranzmitte festgelegt, sollte diese mit einem geeigneten Gegenstand (z. B. mit einem Drehleiter-Punkt) auf der Verkehrsfläche gekennzeichnet werden. Gerade bei schwierigen Anfahrten ist dies sinnvoll. Diese Vorgehensweise kann bei allen Anleiterarten in sämtlichen Einsatzarten angewendet werden.

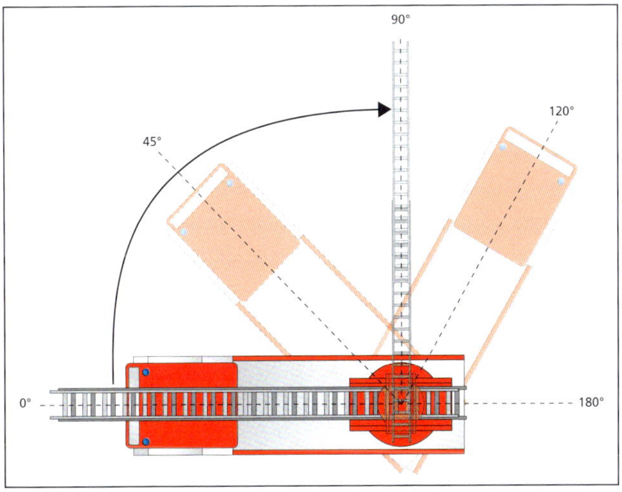

Bild 25.1 Grundsätzlich ist es unerheblich, wie das Fahrzeug unter dem Hubrettungssatz steht.

Quelle: J. Thorns

Bild 25.2 Der Fahrzeugführer platziert den Drehleiter-Punkt am geplanten Standort der Drehkranzmitte und weist das Fahrzeug anschließend mit eindeutigen Handzeichen ein.

Es wird dabei in drei Anleiterarten unterschieden, die auch miteinander kombiniert werden

Praxis-Tipp:

Die Einweisung eines Hubrettungsfahrzeugs wird immer nur von einer Einsatzkraft durchgeführt. Beim Durchfahren von Engstellen sollte der Truppmann als weiterer Sicherungsposten eingesetzt werden

können. Die Anleiterarten werden unterteilt in:

- Frontal,
- Horizontal-Flucht,
- Vertikal-Flucht.

Bei allen Anleiterarten besteht die Vorgehensweise grundsätzlich darin, einen Zielpunkt, zum Beispiel im fünften Obergeschoss das dritte Fenster von links, mit einem Anfangspunkt zur Deckung zu bringen. Dabei stellt der Zielpunkt die gewünschte Lage des Rettungskorbes am Objekt dar. Den Anfangspunkt bilden die Augen des Einheitsführers, der die Position der Drehkranzmitte bestimmt.

G

IM EINSATZ

Anleiterart »Frontal«

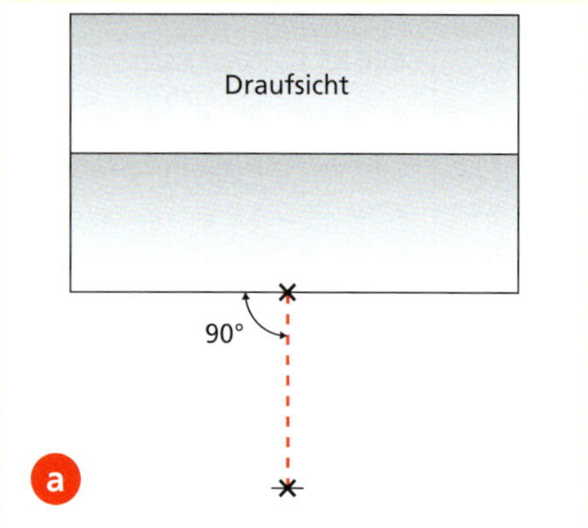

Ausgehend vom Zielpunkt bestimmt der Fahrzeugführer einen 90-Grad-Winkel.

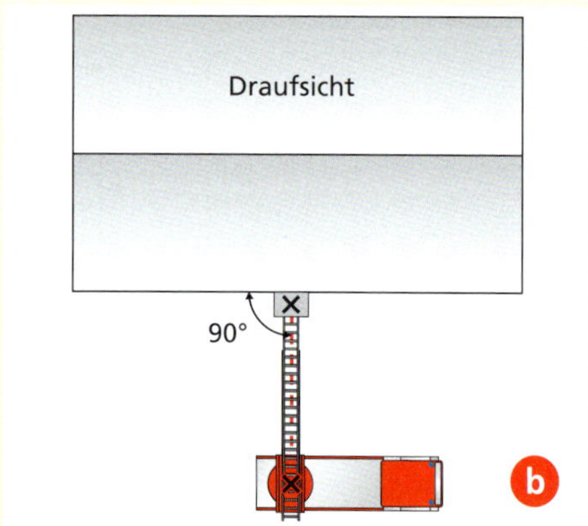

Dann wird die Position der Drehkranzmitte markiert und das Fahrzeug entsprechend eingewiesen.

IM EINSATZ

Anleiterart »Horizontal-Flucht«

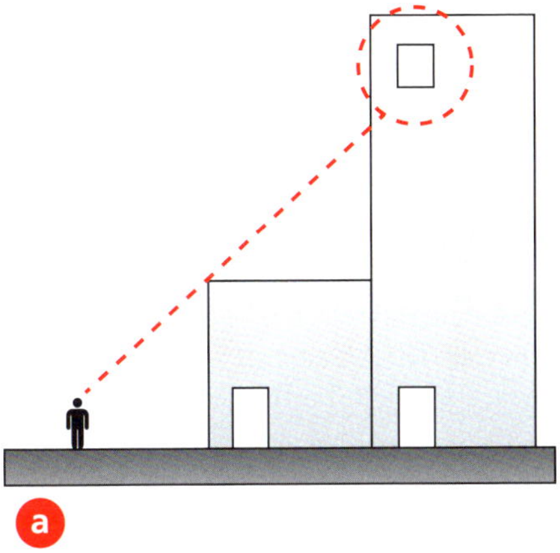

Anfangs- und Zielpunkt über horizontale Hindernisse fluchten, ...

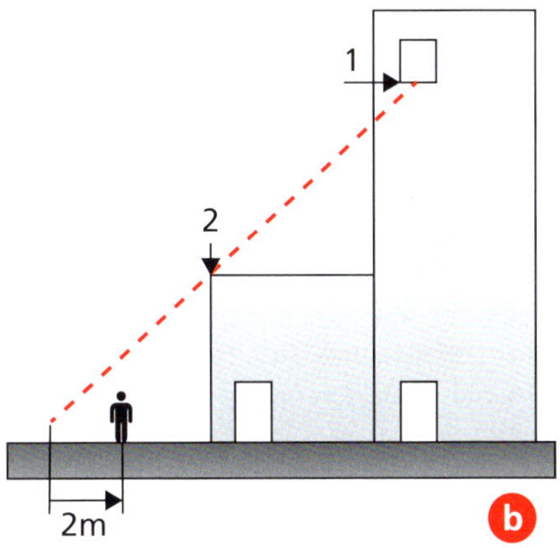

... danach zwei Meter vom Anfangspunkt bis zum Objekt abschreiten.

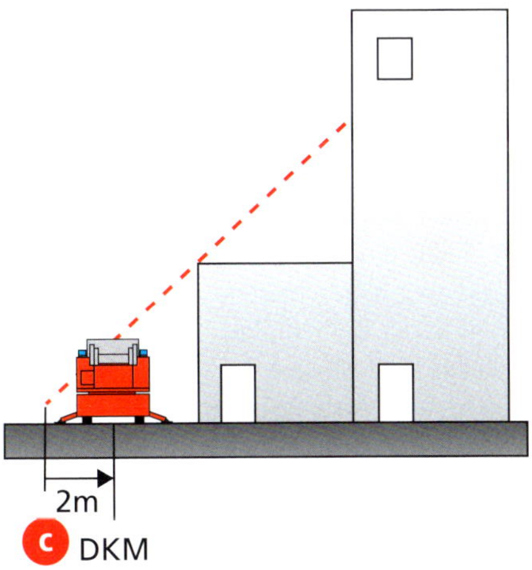

Die Drehkranzmitte (DKM) markieren und Fahrzeug einweisen.

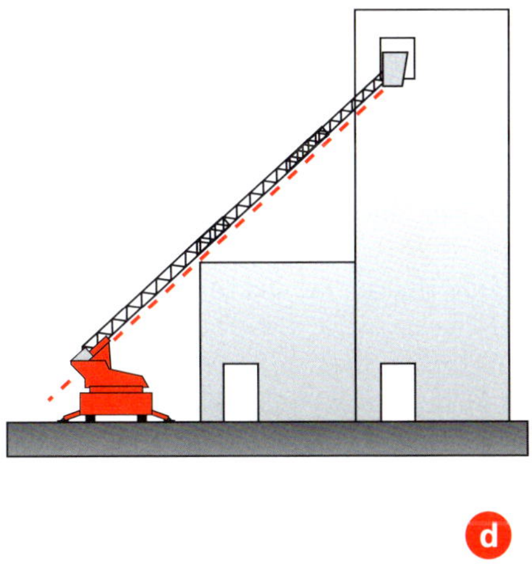

Der Ausleger kann über das Hindernis schwenken.

G

Ist der Ausleger des Hubrettungsfahrzeuges schließlich ausgerichtet und es wurde angeleitert, so verbindet der Ausleger, wie ein Richtscheit, diese beiden Punkte in einer Flucht miteinander.

25.1.1 Anleiterart »Frontal«

Die Anleiterart »Frontal« ist die einfachste Variante und eignet sich für das Anleitern an einem Zielpunkt, bei dem der Rettungskorb frontal zum Zielpunkt in Position gebracht werden soll. Dabei sind im Bewegungsbereich des Auslegers keine Hindernisse vorhanden. Die Positionierung erfolgt in der Reihenfolge:

- Zielpunkt festlegen (beispielsweise fünftes Obergeschoss, das dritte Fenster von links),
- 90-Grad-Winkel ausgehend vom Zielpunkt bestimmen,
- ggf. Abstand abschreiten,
- Position der Drehkranzmitte markieren,
- Fahrzeug mit der Drehkranzmitte einweisen.

G

25.1.2 Anleiterart »Horizontal-Flucht«

Die Anleiterart »Horizontal-Flucht«, wie auch die Anleiterart »Vertikal-Flucht«, eignet sich, wenn Hindernisse überwunden werden müssen. Hindernisse haben eine räumliche Ausdehnung und erstrecken sich in vertikaler und/oder horizontaler Richtung. Beispielsweise kann eine Längskante einer Dachgaube oder ein Vorbau eines Gebäudes ein horizontales Hindernis zwischen Zielpunkt und Anfangspunkt darstellen. Bei der Anleiterart »Horizontal-Flucht« wird diese horizontale Kante so einbezogen, dass sie unterhalb der Flucht »Zielpunkt-Anfangspunkt« bleibt. Der ausgerichtete Ausleger des Hubrettungsfahrzeugs verbindet schließlich Ziel- und Anfangspunkt und überdeckt die horizontale Kante des Hindernisses.

Aufgrund konstruktiver Eigenschaften eines Hubrettungsfahrzeugs muss für die korrekte Positionierung der Drehkranzmitte der Anfangspunkt korrigiert werden, um die endgültige Position der Drehkranzmitte festzulegen. Dazu schreitet die Einsatzkraft eine Länge von zwei Meter entlang der Flucht in Richtung Objekt ab und verkürzt so die Distanz zum Zielpunkt. Die Positionierung erfolgt in der Reihenfolge:

- Zielpunkt festlegen,
- Ziel- und Anfangspunkt über horizontale Hindernisse fluchten,
- zwei Meter zum Objekt/Zielpunkt hin abschreiten,
- Position der Drehkranzmitte markieren,
- Fahrzeug mit der Drehkranzmitte einweisen.

25.1.3 Anleiterart »Vertikal-Flucht«

Die Anleiterart »Vertikal-Flucht« unterscheidet sich von der Anleiterart »Horizontal-Flucht« darin, dass sich die Hindernisse in vertikaler Richtung räumlich ausdehnen. Beispielsweise können Masten oder senkrechte Gebäudekanten solche Hindernisse darstellen. Bei der Anleiterart »Vertikal-Flucht« wird beispielsweise ein Mast als vertikales Hindernis so einbezogen, dass er entweder links oder rechts der Flucht »Zielpunkt-Anfangspunkt« bleibt. Der ausgerichtete Ausleger des Hubrettungsfahrzeuges verbindet wieder Ziel- und Anfangspunkt miteinander.

Aufgrund konstruktiver Eigenschaften eines Hubrettungsfahrzeugs muss für die korrekte Positionierung der Drehkranzmitte der Anfangspunkt wieder korrigiert werden, um die endgültige Position der Drehkranzmitte festzulegen. Dazu wird in einem rechten Winkel zur Flucht eine Länge von einem Meter vom Objekt weg abgeschritten. Die Positionierung erfolgt in der Reihenfolge:

- Zielpunkt festlegen,
- Ziel- und Anfangspunkt links oder rechts eines vertikalen Hindernisses fluchten,
- Einsatzkraft dreht sich auf der Fluchtlinie im rechten Winkel (90 Grad) vom Objekt weg,
- einen Meter vom Objekt weg abschreiten,
- Position der Drehkranzmitte markieren,
- Fahrzeug mit der Drehkranzmitte einweisen

Die Anleiterarten »Vertikal-Flucht« und »Horizontal-Flucht« lassen sich einfach miteinan-

IM EINSATZ

Anleiterart »Vertikal-Flucht«

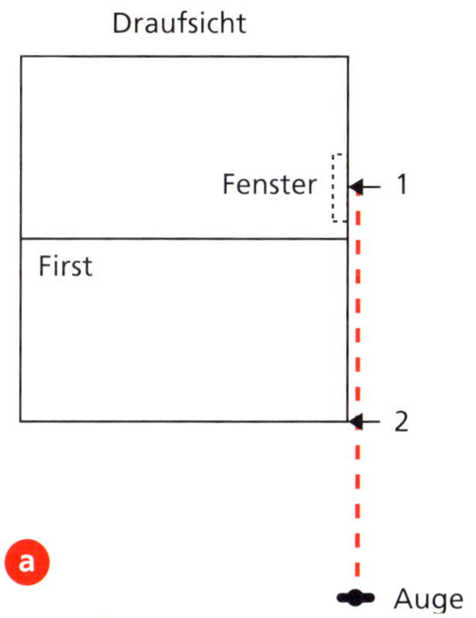

Anfangs- und Zielpunkt links oder rechts eines vertikalen Hindernisses fluchten.

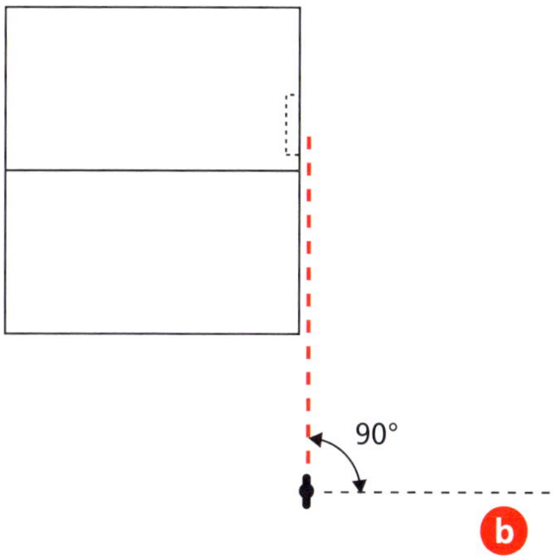

Der Fahrzeugführer dreht sich nun 90 Grad vom Objekt weg.

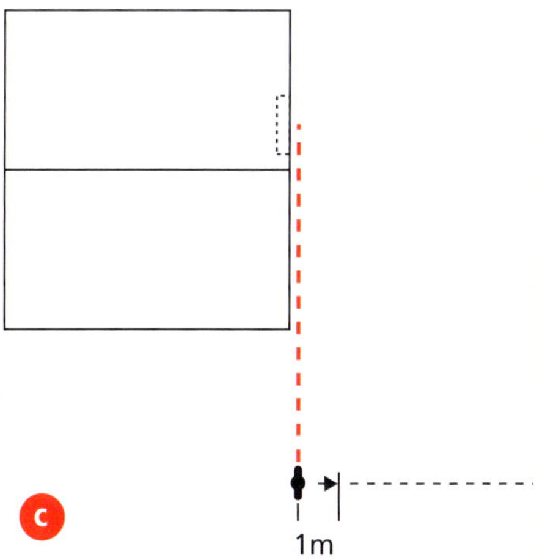

Vom Anfangspunkt muss man einen Meter vom Objekt weg abschreiten.

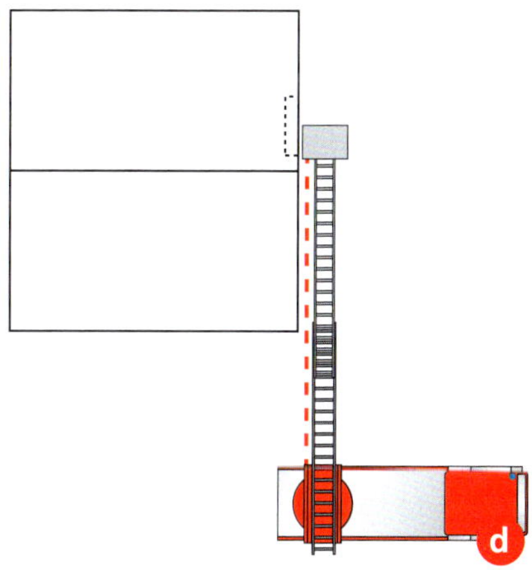

Position der Drehkranzmitte markieren und Fahrzeug einweisen.

Merke:

Mit den Anleiterarten »Horizontal-Flucht« und »Vertikal-Flucht« kann die kürzeste Distanz zwischen Drehkranzmitte und dem Anleiterziel und die geringste Ausladung bei größtmöglicher Zuladung in den Korb ermöglicht werden.

der kombinieren. Soll beispielsweise an einem Schornstein oberhalb des Dachfirstes eines Satteldachs angeleitert werden, so bilden der Dachfirst und die Dachtraufe horizontale Hindernisse. Eine Straßenlaterne vor dem Objekt wäre dann ein vertikales Hindernis. Dies trifft auch auf eine vertikale Kante des Schornsteines selbst zu. Um die Position der Drehkranzmitte festzulegen, werden zunächst die beiden vertikalen Hindernisse (Schornstein und Laterne) ausgefluchtet. Hat man die visuelle Linie ermittelt, geht man auf dieser soweit vor, bis man die horizontalen Hindernisse (Dachfirst und Traufe) ausgefluchtet hat. Jetzt wird zunächst der Ablauf für die Horizontal-Flucht durchgeführt, dann sofort im Anschluss der Ablauf für die Vertikal-Flucht, jedoch ohne erneutes Fluchten der vertikalen Hindernisse. Die jetzt bestimmte Position wird markiert und das Hubrettungsfahrzeug dorthin eingewiesen.

25.1.4 Auslegerbetrieb Unterflur

Mit Hubrettungsfahrzeugen ist es möglich, Flurbereiche zu erreichen, die unterhalb der Geländeoberfläche liegen. Hierbei handelt es sich nicht um eine eigene Anleiterart, sondern um eine Variante der Anleiterart »Frontal«. Ist beispielsweise ein verunglückter Pkw eine Böschung hinabgestürzt, so besteht die Möglichkeit, einen sicheren Zugang zum Pkw über den Ausleger des Hubrettungsfahrzeugs herzustellen.

Ein weiterer Vorteil besteht darin, dass mithilfe des Rettungskorbes Gerätschaften sicher zur Einsatzstelle transportiert werden können. Zudem müssen keine zusätzlichen Leitungen für den Betrieb elektrischer Aggregate ausgelegt werden, da bei den meisten Baureihen mittlerweile elektrische Leitungen zur Stromversorgung im Ausleger installiert sind. Beim Unterflurbetrieb wird der Ausleger mit einem negativen Aufrichtwinkel von 0 Grad bis zu -17 Grad betrieben.

Die Drehkranzmitte sollte dafür mit einem Abstand zwischen vier und sechs Metern neben der Böschungskante positioniert werden. Beträgt der Abstand mehr als zehn Meter kann der volle negative Aufrichtwinkel nicht genutzt werden.

Bei Drehleitern der Firma Metz können unter den Stützen auf der lastabgewandten Seite zudem Unterlegklötze positioniert werden, um den negativen Aufrichtwinkel noch weiter zu vergrößern. Je Unterlegklotz werden etwa 3,5 Grad erreicht. Bei Magirus- und Gimaex-Drehleitern ist ein aktives zusätzliches Schrägstellen, bedingt durch das Abstützsystem (variable X-Abstützung), nicht möglich. Allerdings kann unter den Hinterrädern der lastabgewandten Seite eine Auffahrbohle gelegt werden. Dies vergrößert den negativen Aufrichtwinkel um weitere etwa 1,5 Grad auf zirka -18,5 Grad.

Bei Hubarbeitsbühnen ist eine Vergrößerung des negativen Aufrichtwinkels nicht möglich und aufgrund des abwinkelbaren Korbarms in den meisten Fällen auch nicht nötig. Den Vorteil eines größeren Benutzungsfeldes unterflur können auch Drehleitern mit abwinkelbarem Leiterelement nutzen.

Achtung:

Für Metz/Rosenbauer-Drehleitern gilt bei geneigten Standflächen im Unterflurbetrieb: Auf einer bis zu drei Grad geneigten Standfläche können bis zu zwei Unterlegklötze unter die Abstütz-Zylinder auf der »Bergseite« gelegt werden. Auf einer über drei Grad bis zu sieben Grad geneigten Standfläche darf ein Unterlegklotz unter den Stützen auf der »Bergseite« verwendet werden. Auf einer über sieben Grad geneigten Standfläche ist kein Unterflurbetrieb mehr in Neigungsrichtung (»Talseite«) zulässig. Werden zwei Unterlegklötze übereinander verwendet, müssen um 90 Grad gegeneinander gedreht werden.

Bild 25.3 Unterflur-Einsatz der Drehleiter

25.2 Einsatz von Hubrettungsfahrzeugen

Das Kapitel beschreibt die verschiedenen Einsatzarten, bei den Hubrettungsfahrzeuge eingesetzt werden können. Im Folgenden werden die Einsatzarten unterteilt in:

- Menschenrettung,
- Anleiterbereitschaft (▶ Kapitel 26),
- Brandbekämpfung,
- Hilfeleistungen.

Während der Anfahrt kann der Einsatzleiter über Funk Befehle zur Aufstellung der anrückenden Einsatzfahrzeuge geben.

> **Merke:**
>
> Die Fahrzeugaufstellung (Wahl der Standfläche) ist abhängig von der Einsatzart! Der Einsatzleiter sollte dies bei der Ordnung des Raumes berücksichtigen.

Für Hubrettungsfahrzeuge gilt: Die Standfläche ist immer so wählen, dass ein ungehinderter Einsatz mit dem Hubrettungssatz möglich ist. Dies kann beispielsweise die Fläche vor einem Gebäude sein.

Das ersteintreffende Löschfahrzeug sollte hierzu eine B-Schlauch-Länge (20 Meter) am Objekt vorbeifahren, um die Standfläche frei zu halten (▶ Bild 25.4). Das nächst eintreffende Fahrzeug sollte so aufgestellt werden, dass eine Fläche von mindestens zehn Metern hinter dem Hubrettungsfahrzeug freibleibt. So wird auch in engen Straßen sichergestellt, dass der Ausleger abgelegt werden kann.

Sollen mehrere Hubrettungsfahrzeuge am selben Objekt eingesetzt werden, muss der Einsatzleiter bei der Ordnung des Raumes darauf achten, dass eine weitere Zufahrt für diese nachrückenden Einheiten sichergestellt ist (▶ Bild 25.5). Andere Einsatzfahrzeuge können dazu im Bereitstellungsraum warten oder

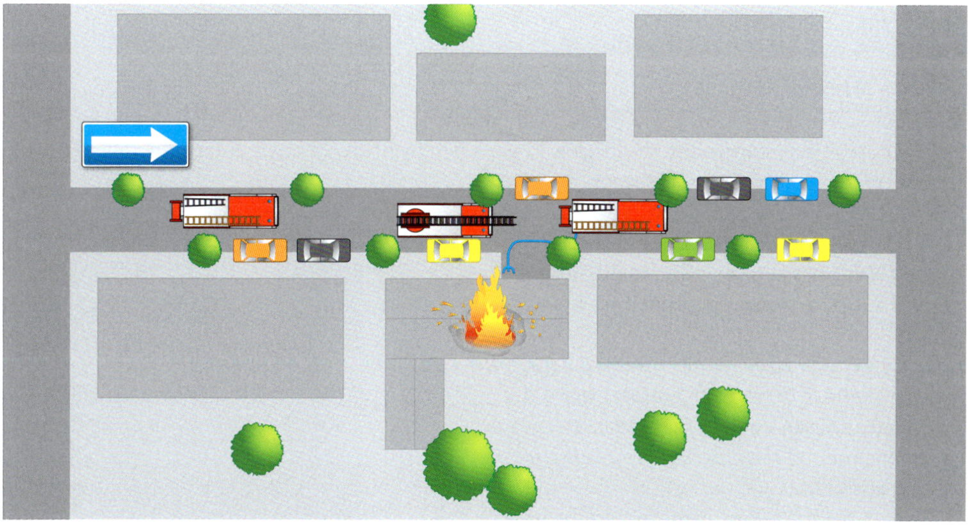

Bild 25.4 Das ersteintreffende Löschfahrzeug sollte mindestens 20 Meter am Objekt vorbei fahren. Das schafft eine ausreichende Entwicklungsfläche für ein Hubrettungsfahrzeug.

Bild 25.5 Werden mehrere Hubrettungsfahrzeuge eingesetzt, können die beiden ersten mit dem Heck zueinander positioniert werden. Somit wird keine Ausladung verschenkt.

G

gegebenenfalls von einer anderen Seite aus eingesetzt werden.

Gleiches gilt für Sackgassen. Hier sollten Hubrettungsfahrzeuge grundsätzlich als erste Einheiten einfahren. Dies muss der Einsatzleiter bereits zu Beginn des Einsatzes festlegen. Eine Standortveränderung von Fahrzeugen wird im Einsatzverlauf in den meisten Fällen nicht mehr möglich sein.

25.2.1 Menschenrettung

Die Hauptaufgabe und somit wichtigste Einsatzart eines Hubrettungsfahrzeugs ist die Menschenrettung. In den Bauvorschriften der Länder wird gefordert, dass die Feuerwehr den zweiten Rettungsweg bis zur Hochhausgrenze mithilfe von Rettungsgeräten sicherstellt (▶ Kapitel 65).

Hubrettungsfahrzeuge und tragbare Leitern kommen immer dann zum Einsatz, wenn der Erste Rettungsweg (in der Regel der notwendige Treppenraum) für eine sichere Menschenrettung ausfällt.

Müssen mehrere Personen zeitgleich, bzw. nacheinander aus gefährdeten Bereichen gerettet werden, ist eine Reihenfolge festzulegen.

Der Einsatzleiter entscheidet gemäß Führungsvorgang nach FwDV 100 über die Prioritäten bei der Menschenrettung, wenn sich mehrere Personen im Gefahrenbereich aufhalten.

Erste Priorität haben immer Personen, die unmittelbar durch Feuer oder Brandrauch bedroht sind oder Zeichen einer Angstreaktion zeigen und drohen, aus großer Höhe zu springen. Selbst wenn sie nicht unmittelbar dem Gefahrenbereich ausgesetzt sein sollten.

Zweite Priorität haben Personengruppen, die sich im Gefahrenbereich befinden. Personengruppen können alternativ zur Rettung

Merke:

Prioritäten bei der Mehr-Personen-Rettung:
- 1. am stärksten gefährdete Personen durch gegenwärtige Brandausbreitung,
- 2. Personengruppen im Gefahrenbereich,
- 3. einzelne Personen im Gefahrenbereich,
- 4. Personen in ungeschützten Bereichen angrenzend an den Gefahrenbereich.

Quelle: R. Schubert/BF Mülheim a.d. Ruhr

Bild 25.6 Der Einsatzleiter muss bei einer Mehr-Personen-Rettung die Prioritäten und somit die Reihenfolge der Rettung festlegen.

> **Praxis-Tipp:**
>
> Anleiterziele möglichst von rechts nach links (entgegen dem Uhrzeigersinn) drehend anfahren. Somit wird ein Einspringen in den Korb oder Ausleger vermieden und man ist schon auf gleicher Höhe mit der zu rettenden Person.

mit dem Korb auch über die Leiter absteigen, was aber die Ausnahme bleiben sollte (▶ Abschnitt 25.2.3).

Dritte Priorität haben einzelne Personen im Gefahrenbereich.

In der vierten Priorität finden sich alle weiteren Personen wieder, die sich im ungeschützten Bereich, angrenzend an den Gefahrenbereich, aufhalten. Hier sollte vom Einsatzleiter auch geprüft werden, ob diese Personen zwingend mit dem Hubrettungsfahrzeug gerettet werden müssen.

Die Prioritäten zur Mehr-Personen-Rettung können sich durch Phänomene der schnellen Brandausbreitung ändern. Daher muss der Gefahrenbereich ständig beobachtet und die Einteilung der Prioritäten laufend kontrolliert werden. Nach Abschluss der Menschenrettung, sollte das Hubrettungsfahrzeug in Bereitstellung bleiben (▶ Kapitel 26), um bei einer Lageänderung sofort reagieren zu können.

> **Merke:**
>
> Maximale Zuladung ermöglicht maximalen Rettungserfolg!

Bei der Menschenrettung ist grundsätzlich darauf zu achten, dass die Drehkranzmitte so positioniert wird, dass die maximale Zuladung in den Rettungskorb, bzw. auf den Ausleger gesichert ist (▶ Abschnitt 25.3.3).

25.2.2 Rettung mit Korb

Die Rettung mit dem Korb ist die sicherste Variante, Menschen aus großen Höhen in Sicherheit zu bringen.

Zur Menschenrettung sollte das Anleiterziel möglichst mit der Vorderseite (▶ Abschnitt 25.1.1), bzw einer der beiden Seitenflächen

> **Achtung:**
>
> **Einsatzgrundsätze Menschenrettung:**
> - Drehkranzmitte so dicht wie möglich an der Anleiterstelle positionieren, denn: Je geringer die Ausladung, desto größer die Zuladung in den Korb;
> - Bei einer Mehr-Personen-Rettung geben die vier Prioritäten dem Einsatzleiter ein wirksames Werkzeug an die Hand, um die Reihenfolge der zu rettenden Personen festzulegen;
> - Anleiterziele von rechts nach links eindrehend anfahren. Somit wird ein Einspringen in den Rettungskorb vermieden.

Quelle: T. Weege

Bild 25.7 Menschenrettung mit dem Rettungskorb der Drehleiter

(▶ Abschnitt 25.1.3) des Rettungskorbes angefahren werden. Die Drehkranzmitte sollte so positioniert werden, dass die Einstiegsleiter des Korbes über eine Fenster-, bzw. Balkonbrüstung geklappt werden kann.

Das Einsteigen in den Korb kann ungeübten Personen so erleichtert werden, da es technisch einfacher ist, eine Leiter hochzusteigen, als über eine Brüstung in die Tiefe zu klettern.

Anleitern mit dem Korb im spitzen Winkel an ein Objekt sollte grundsätzlich vermieden werden, um ein sicheres Ein- und Übersteigen zu gewährleisten. Dies gilt auch für neue Körbe, die über Einstiege an den vorderen Ecken verfügen.

25.2.3 Rettung mit Ausleger

Die Menschenrettung über die Leiter des Hubrettungsfahrzeugs kann immer dann eingesetzt werden, wenn mehrere Personen zeitgleich in Sicherheit gebracht werden müssen. Diese Variante sollte die Ausnahme bleiben.

Gefahren können der Absturz aus dem Leitersatz auf andere Personen oder die Aufstellfläche sowie eine plötzliche Angstreaktion auf dem Ausleger sein, die diesen für den weiteren Abstieg blockiert.

Wird die Rettung über den Ausleger durchgeführt, sollte eine Feuerwehreinsatzkraft zur Beruhigung der wartenden Personen an der Anleiterstelle verbleiben. Diese koordiniert dort die Rettung, um die Personen kontrolliert in den Leitersatz absteigen zu lassen.

Der Ausleger kann entweder im Freistand bestiegen werden, die Leiterspitze bzw. der Rettungskorb ist dabei nicht am Objekt aufgelegt, oder in der in der so genannten Brückenfunktion genutzt werden, wo der Ausleger am Objekt aufgelegt ist. Je nach Baustufe der Drehleiter und in Abhängigkeit der Ausladung können dann bis zu zwölf Personen gleichzeitig über den Ausleger gerettet werden. Die genauen Bedingungen für den Brückenbetrieb sind der Bedienungsanleitung des Hubrettungsfahrzeugs zu entnehmen.

Es ist darauf zu achten, dass die Personen möglichst gleichmäßig im Leitersatz verteilt absteigen.

Hubarbeitsbühnen können so positioniert werden, dass der Ausleger nicht abgewinkelt werden muss und beim Anleitern so dem Leiterpaket einer Drehleiter entspricht. Somit wird verhindert, dass Personen beim Abstieg über die seitlich angebrachte Leiter über das Gelenk klettern müssen. Allerdings funktioniert diese Art der Rettung nur bis zu einem Aufrichtwinkel von etwa 50 Grad

Für eine Mehr-Personen-Rettung in großer Höhe sollte der Korbarm der Hubarbeitsbühne in einen Winkel von 130 bis 180 Grad zum Hubarm abgeklappt werden. Auch so wird ein einfaches Übersteigen über das Gelenk ermöglicht.

Quelle: Metz Aerials GmbH, Karlsruhe

Bild 25.8 Bei einer Mehr-Personen-Rettung kann der Abstieg über den Leitersatz eine Option sein.

Bild 25.9 Die Möglichkeit, eine Menschenrettung über die Leiter einer Hubarbeitsbühne durchzuführen, funktioniert bis zu einem Aufrichtwinkel von etwa 50 Grad.

Achtung:

Vor dem Besteigen der Leiter: Sprossengleichstand herstellen – Fahrzeugmotor immer abstellen!

Bevor die Leiter bestiegen wird, soll der Sprossengleichstand hergestellt werden. Der Fahrzeugmotor ist in jedem Fall abzustellen, um unbeabsichtigte Bewegungen der Leiter zu verhindern.

Als letzter Arbeitsschritt muss die Aufstiegsleiter eingehängt werden.

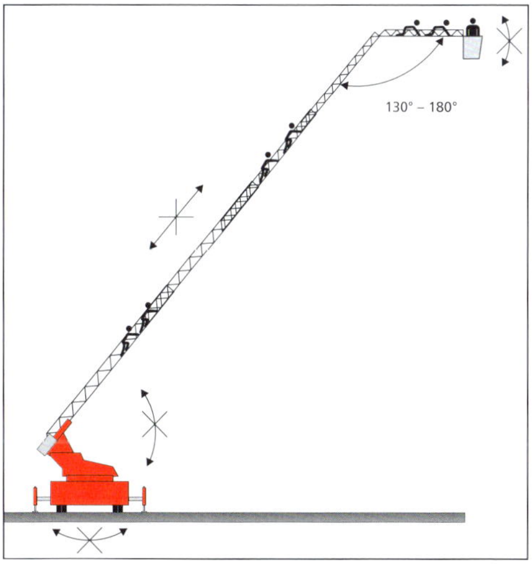

Bild 25.10 Um die Leiter am Gelenk einer Hubarbeitsbühne sicher übersteigen zu können, sollte der Korbarmwinkel mehr als 130 Grad betragen.

Merke:

Bei einer Hubarbeitsbühne muss zusätzlich das Geländer des Korbarmes aufgeklappt werden!

Der Maschinist des Hubrettungsfahrzeugs darf den Leitersatz erst dann zum Besteigen freigeben, wenn er sich davon überzeugt hat, dass dies gefahrlos möglich ist. Eine gesicherte Kommunikation zwischen ihm und der Besatzung des Rettungskorbes ist dafür zwingend erforderlich.

25.2.4 Rettung mit Krankentragenlagerung

Der Einsatz der Krankentragenlagerung empfiehlt sich immer dann, wenn Personen aus medizinischer Sicht liegend befördert werden müssen und dies über den natürlichen Zugangsweg nicht möglich ist. Gründe hierfür können zu enge oder zu steile Treppenräume, verwinkelte Wohnungen, aber auch die Rettung eines Verkehrsunfallopfers aus einem in einen Straßengraben gerutschten Pkw sein.

Um einen Patienten liegend aus einem Wohngebäude zu retten, müssen folgende Bedingungen erfüllt sein:

- Die Nutzlast der Krankentragenlagerung darf nicht überschritten werden. Hierzu sind das Patientengewicht sowie alle medizinischen Geräte und das Gewicht der Krankentrage mit einzuberechnen.

Achtung:

Die Trage mit dem Patienten wird mit dem Kopf voran, möglichst ruckfrei auf die Krankentragenlagerung geschoben.

- Die Nutzlast des Rettungskorbes darf nicht überschritten werden.
- Der Rettungskorb muss ungehindert an das ausgewählte Fenster herangefahren werden können.
- Die Ausladung ist möglichst gering zu wählen, um eine größtmögliche Zuladung zu erreichen.
- Die Krankentrage muss durch das anzuleiternde Fenster passen.
- Die Krankentrage muss ungehindert vom Wohnungsinneren auf die Krankentragenlagerung geschoben werden können – daher: Platz am Fenster schaffen.

Kann der Raum, in dem der Patient versorgt wird, nicht angeleitert werden, muss eine geeignete Anleiterstelle durch den Einsatzleiter erkundet werden.

Wird der auf der Krankentrage gesicherte Patient auf die Halterung geschoben, ist auf eine korrekte Arretierung zu achten. Eine zusätzliche Sicherung des Patienten mit der Trage auf der Krankentragenlagerung mithilfe zusätzlicher Gurten ist notwendig.

Eine Sedierung des Patienten durch einen Notarzt kann sinnvoll sein, um bei dem Patienten eine Höhenangst zu verringern. Der Patient sollte je nach Größe des Rettungskorbes durch eine Feuerwehreinsatzkraft und ggf. einem Rettungsassistenten oder einem Notarzt begleitet werden. Der Patient sollte zudem so schonend und ruckfrei wie möglich befördert werden.

Praxis-Tipp:

Brandrauch ist ein gefährliches Brandfolgeprodukt. So sind neben Bestandteilen wie Salzsäure und Schwefeldioxid auch feste Teilchen wie Ruß, Holzkohle oder Flugasche enthalten. Durch Brandrauch kann der Ausleger und die dort verbaute Technik verschmutzt und beschädigt werden. Deshalb ist es empfehlenswert, die Verunreinigungen nach dem Einsatz noch an der Einsatzstelle zu entfernen (z. B. Dekon-G-Einheiten).

Praxis-Tipp:

Reihenfolge der Leiterbewegungen sollte immer zuerst Einziehen, dann Senken und dann Drehen sein. Unnötige Drehbewegungen sollten vermieden und wenn überhaupt, in Bodennähe durchgeführt werden. Eine ausgeschaltete Terrainregulierung kann unkontrollierte Bewegungen des Auslegers verhindern

25.2.5 Brandbekämpfung

Bei der Brandbekämpfung werden Hubrettungsfahrzeuge für verschiedene Einsatzmaßnahmen eingesetzt. Sie werden als Angriffsweg, zur Vornahme von Wende- und Strahlrohren, zur Schaffung von Ventilations- und Dachhautöffnungen aber auch zur Vornahme eines Überdruckbelüfters für eine taktische Ventilation eingesetzt.

Bei allen Bränden muss mit Wärmestrahlung, einer schnellen Brandausbreitung und dem Ein- und Absturz von Bauteilen gerechnet werden. Der Einsatzleiter muss dies bei der Fahrzeugaufstellung berücksichtigen.

25.2.6 Angriffsweg

Die Feuerwehr nutzt häufig die notwendige Treppe oder den notwendigen Flur als klassischen Angriffsweg. Diese sind aber auch der Erste Rettungsweg für Menschen. Als Alternative zu den Treppenräumen können auch Hubrettungsfahrzeuge als Angriffsweg eingesetzt werden, um die Brandbekämpfung durchzuführen. Dieses Vorgehen kann die Verrauchung des Treppenraumes verhindern und sichert den Bewohnern somit den baulichen Fluchtweg.

Der »Qualifizierte Außenangriff«, gemeint ist der gezielte Löschangriff vom Korb aus,

G

Praxis-Tipp:

Eine Einsatzkraft zur Schlauchnachführung an der Drehleiter einsetzen: Ansonsten kann es passier, dass sich der Schlauch im Leitersatz einklemmt.

Quelle: T. Weege

wird mit einem C-Strahlrohr durchgeführt. Hierzu wird ein C-Druckschlauch am C-Abgang des Wendestahlrohrs angeschlossen und in den Brandraum vorgegangen.

Ist das Fenster bzw. der Zugang zum Brandraum geschlossen, sollte dieser nur aus der Deckung heraus geöffnet werden, damit der Angriffstrupp bei einer schnellen Brandausbreitung nicht gefährdet wird.

Sind gleichzeitig Trupps von innen und außen im Einsatz, muss das Vorgehen durch den Einsatzleiter koordiniert werden.

Der Angriffstrupp im Gebäudeinnern dringt dabei bis zur letzten verschlossenen Tür vor dem Brandraum vor. Er sichert den Zugang mithilfe einer eigenen Schlauchleitung.

Der Trupp, der über das Hubrettungsfahrzeugs vorgeht, nimmt die Brandbekämpfung vor. Um diese Einsatzmaßnahme durchzuführen, sollte im Korb mindestens mitgeführt werden:

- Brechwerkzeug oder Einreißhaken,
- zwei C-Druckschläuche,
- Hohlstrahlrohr,
- Schlauchhalter.

Diese Einsatzvariante ist bis zur maximalen Rettungshöhe des Hubrettungsfahrzeugs möglich.

Merke:

Ein gefüllter B-35-K-Druckschlauch belastet den Leitersatz je nach Länge mit mehr als 100 Kilogramm. Die Nutzlast des Korbes wird daher pauschal um eine Person reduziert.

25.2.7 Wenderohreinsatz/Strahlrohreinsatz/Schaumrohreinsatz

Die Brandbekämpfung vom Rettungskorb kann mit einem handgeführten Strahlrohr oder einem Wasserwerfer, auch Wenderohr genannt, durchgeführt werden. Neben dem Löschmittel Wasser, kann auch Schaum über ein Schaumrohr abgegeben werden, welches beispielsweise an die Kupplung am Werfer angeschlossen wird.

Wird ein Werfer aus dem Korb eingesetzt, ist vom Einsatzleiter auf eine ausreichende Wasserversorgung zu achten.

Für die Wasserlieferung zum Werfer im Korb sollte immer eine separate Feuerlösch-Kreiselpumpe eingesetzt werden, da neben der erforderlichen Wassermenge auch ein hoher Druck von teilweise 10 bar am Werfer erforderlich ist.

Dazu wird der Einsatz einer Pumpe vom Typ FPN 10-2000 empfohlen. Um massive Druckschwankungen beim Öffnen und Schließen zu vermeiden, sollte zwischen dem Druckabgang der Feuerlöschkreiselpumpe und der Wasserzuführung zum Korb ein Druckbegrenzungsventil eingebaut werden. Der Ausgangsdruck der Feuerlöschkreislpumpe ist langsam zu steigern, das Absperrorgan des Verteilers langsam zu öffnen.

Bei Hubrettungsfahrzeugen ohne fest eingebaute Wasserhochführung, sollte die Was-

Achtung:

Der Leitersatz sollte nur mit gefülltem B-35-K-Druckschlauch ausgefahren werden. Die Lastzunahme wird so vom Rechnersystem erfasst und ein unbeabsichtigtes Überfahren einer Freistands- oder der Benutzungsgrenze verhindert. Dieses Vorgehen dient der Standsicherheit des Hubrettungsfahrzeugs.

G

Achtung:

Die Bedingungen für den Einsatz von Wasserwerfern sind herstellerabhängig. Es gelten die Betriebsanweisungen der Bedienungsanleitung!

serversorgung zum Werfer über einen B-35-K-Druckschlauch erfolgen. Ein seitlich herunterhängender Schlauch bei aufgerichteter Leiter ist unzulässig. Der Schlauch muss sicher im Leitersatz liegen.

Wasserwerfer

Der Werfer kann nur begrenzt vertikal und horizontal geschwenkt werden. Ist dieser Bereich für den Löschangriff nicht ausreichend, muss der Ausleger bewegt werden. Bei Drehbewegungen sollte der B-Druckschlauch am Heck von Hand nachgeführt werden.

Beim Ausfahren und Einziehen des Leitersatzes sollte der B-Druckschlauch immer gefüllt sein. Dadurch kann verhindert werden, dass ein leerer Schlauch zwischen den Sprossen einklemmt wird.

Für die Ausfahrlänge des Auslegers gilt: So kurz wie möglich, so weit wie nötig.

Handgeführte Strahlrohre

Für einen Löschangriff mit dem C-Rohr aus dem Korb eignet sich ein kurzer formbeständiger Druckschlauch oder C-Schlauch. Dieser kann am separaten C-Abgang des Werfers oder an einer Kupplung vor der Düse angeschlossen werden.

Der Vorteil von handgeführten Strahlrohren ist die dosierte Abgabe geringer Wassermengen, um beispielsweise Glutnester in einer Dachkonstruktion gezielt abzulöschen.

Merke:

Ein Schaumeinsatz sollte erst begonnen werden, wenn ausreichend Schaumrohre und Schaummittel zur Verfügung stehen und wenn sichergestellt ist, dass der Einsatz ohne Unterbrechung zum Erfolg führen wird.

Schaumrohre

Über den Korb können Schwer-, Mittel- und Leichtschaum abgegeben werden. Für Schwer- und Mittelschaum werden zusätzlich zum Wenderohr spezielle Aufsätze für die Werferdüse oder separate Schaumrohre benötigt.

Wird ein Z-Zumischer (Injektorzumischer) verwendet, sollte dieser aufgrund der Schaummittellogistik auf der Geländeoberfläche stehen und vor dem B-35-K-Druckschlauch eingebaut werden. Um einen ausreichenden Ausgangsdruck am Schaumrohr zu erhalten, kann das Nebenschlussverfahren für die Schaumerzeugung angewandt werden.

Durchführung der Brandbekämpfung

Einsatzgrundsätze für die Brandbekämpfung vom Korb:

- Der Korb soll nicht über einem brennenden Objekt positioniert werden. Bei einer Durchzündung oder einer Explosion von Druckbehältern wäre der Korb mit der Besatzung dem Ereignis schutzlos ausgesetzt.
- Bei einem Löschangriff in eine Öffnung, sollte der Korb unterhalb der Öffnungskante

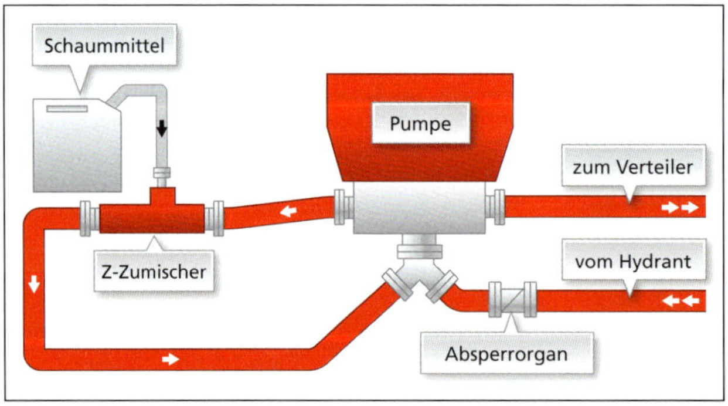

Bild 25.11 Über das Nebenschlussverfahren kann ein Schaumrohr am Hubrettungsfahrzeug permanent mit Wasser-Schaummittelgemisch bei ausreichendem Druck versorgt werden (Hinweise zum Trinkwasserschutz beachten ▶ Kapitel 34.2.6)

G

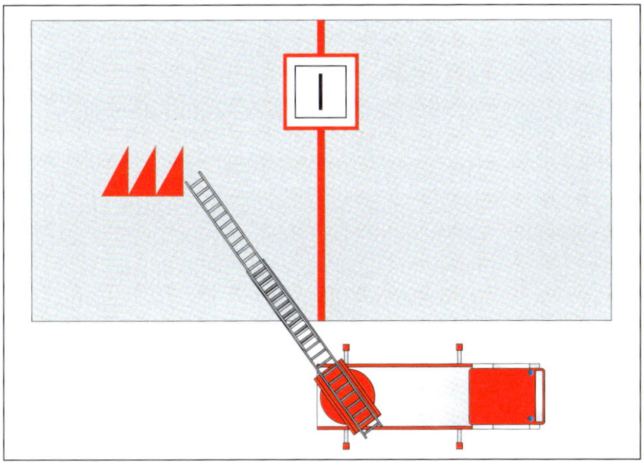

Bild 25.12 Riegelstellung mithilfe eines Hubrettungsfahrzeugs. Das Hubrettungsfahrzeug darf nie so positioniert werden, dass man den Flammen hinterher löscht, vielmehr muss die Drehkranzmitte so stehen, dass eine Verteidigung der intakten Gebäudeteile, z. B. an einer Brandwand, möglich ist.

positioniert werden, um ggf. eine Deckung in geschütztem Bereich zu ermöglichen.
- Bei einem Einsatz an Industrie- oder Lagerhallen sollte das Fahrzeug an den Ecken positioniert werden. Bei einem Einsturz der Wände steht das Fahrzeug außerhalb der Fallfläche.
- Dachflächen vor der Brandbekämpfung öffnen (▶ Abschnitt 25.2.8).
- Bei einer Riegelstellung soll die Drehkranzmitte so positioniert werden, dass die Verteidigung der intakten Gebäudeteile möglich ist.
- Je nach Brandintensität die Wasserabgabe reduzieren, um einen Wasserschaden gering zu halten. Wassermengen von 1000 Litern und mehr in der Minute können Bauteile zum Einsturz bringen.

25.2.8 Dachhautöffnung

Dächer bilden den oberen Abschluss eines Gebäudes. Sie werden in Flachdach, geneigtes Dach und Steildach unterteilt und haben die Aufgabe, die Gebäude vor Wettereinflüssen wie Regen, Schnee und Wind von außen zu schützen. Dieser Schutz nach außen verhindert aber auch die Abführung von Rauch und Wärme aus einem Gebäude. Zudem sind Brandnester unter der Dachhaut von innen schwer zugänglich. Um diese Probleme zu beseitigen, muss die Dachhaut im Brandfall häufig geöffnet werden. Dazu müssen die richtigen Werkzeuge ausgewählt werden, da die Dächer aus den folgenden Materialien hergestellt sein können:
- Ton- oder Betondachziegel,
- Schieferdeckung,
- Trapezbleche,
- Bitumendachpappe,

Achtung:

Die Brandbekämpfung vom Rettungskorb darf erst erfolgen, wenn sichergestellt ist, dass sich keine Personen mehr im entsprechenden Gefahrenbereich aufhalten.

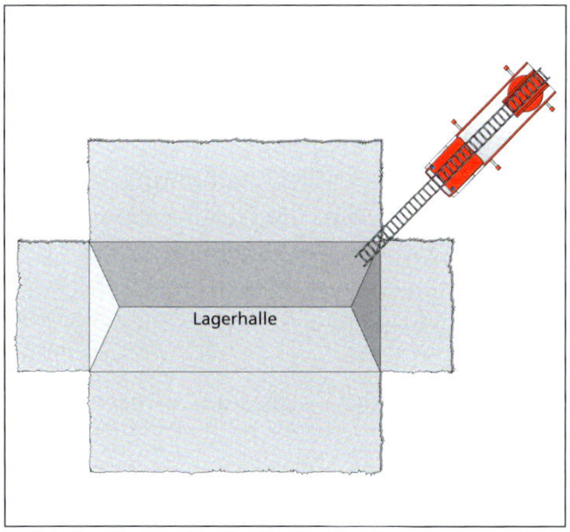

Bild 25.13 An den Gebäudeecken einer Lagerhalle positioniert, steht das Hubrettungsfahrzeug außerhalb der Fallfläche der Wände.

Achtung:

Bei Dachhautöffnung: Vorsicht vor Durchzündung!

Quelle: M. Köppelmann

- Glas- und Dachsteineindeckung,
- Reet.

Bei geneigten Dächern und Steildächern werden überwiegend Ton- oder Betonziegel verwendet. Diese können mithilfe eines Einreißhakens aus dem Korb entfernt werden.

Bei Flachdächern werden Materialien wie beispielsweise Trapezblech oder Bitumendachpappe verwendet. Diese Dächer können meist nur mithilfe von einer Rettungssäge oder einem Trennschleifer geöffnet werden. Mit einer Wärmebildkamera kann das Auffinden der Brandnester unterstützt werden.

Für die Dachöffnung mit Werkzeugen kann es erforderlich sein, dass eine Einsatzkraft den Korb verlassen muss. Dazu muss die Einsatzkraft vor dem Betreten der Dachfläche gegen Absturz gesichert werden.

Vor Beginn der Dachhautöffnung muss sichergestellt sein, dass der Gefahrenbereich unterhalb des Auslegers abgesichert ist und sich in den Räumen unterhalb der zu öffnenden Dachfläche keine Einsatzkräfte aufhalten.

25.2.9 Taktische Ventilation/Lüftereinsatz

Die taktische Ventilation (▶ Kapitel 33) ist das effektivste Mittel Brandrauch aus Gebäuden zu entfernen und kann durch den Einsatz eines Hubrettungsfahrzeugs unterstützt werden.

Folgende Möglichkeiten können mithilfe des Rettungskorbes durchgeführt werden:

- Zuluftöffnung schaffen,
- Abluftöffnung schaffen,
- Lüfter vom Korb aus einsetzen,
- Ventilation durch die Zuluftöffnung,
- Stapelventilation.

Die notwendigen Zuluft- und Abluftöffnungen können beispielsweise mithilfe eines Einreißhakens vom Korb aus geschaffen werden. Diese Maßnahme muss geplant und vorbereitet werden, um Gefahren für die Einsatzkräfte auszuschließen.

Vor dem Öffnen von Fenstern

Einsatzkräfte vor herunterfallenden Glassplittern warnen. Vorgehende Trupps im Innenangriff informieren.

Zudem sollte der Korb unterhalb des Fenstersimses positioniert werden – nur so kann die Korbbesatzung einer ggf. entstehenden Stichflamme ausweichen.

Mit einer am Korb aufgesetzten Halterung kann der Lüfter zielgenau ausgerichtet und der Luftkegel mit dem richtigen Abstand auf die Zuluftöffnung gerichtet werden.

Achtung:

Die Einsatzgrundsätze für die taktische Ventilation von Brandstellen gelten auch für den Einsatz des Lüfters vom Korb.

25.2.10 Hilfeleistungen

Die Technischen Hilfeleistungen prägen zunehmend die Statistiken der Feuerwehren. Die Feuerwehr ist grundsätzlich für die Gefahrenabwehr und nicht für das Beseitigen von Schäden zuständig. Für die Schadenbeseitigung sind Unternehmen der Privatwirtschaft durch die verantwortlichen Personen zu beauftragen. Vor jedem Einsatz eines Hubrettungsfahrzeugs zu einer Technischen Hilfeleistung sollte die Zuständigkeit der Feuerwehr entsprechend der landesspezifischen Rechtsvorschriften geprüft werden (▶ Kapitel 2).

Grundsätzlich bleibt festzuhalten, dass alles, was nicht unmittelbar den Einsatzarten Menschenrettung, Anleiterbereitschaft oder Brandbekämpfung zuzuordnen ist, als Hilfeleistung zählt. Im Folgenden werden die gebräuchlichsten Einsatzarten näher erläutert.

Kettensägeneinsatz

Gefahren, die durch Sturmschäden verursacht wurden, erfordern häufig den Einsatz einer Kettensäge (▶ Kapitel 52) aus dem Korb eines Hubrettungsfahrzeugs, da auf Tragbaren Leitern nur mit einer Bügelsäge gearbeitet werden darf. Die Feuerwehr-Unfallkasse Niedersachsen führt dazu in einem Merkblatt aus dem Jahr 2006 die im Kasten auf dieser Seite angeführten Hinweise an.

MOTORSÄGEARBEITEN – DREHLEITERKORB

Gefahren, die durch Sturmschäden verursacht wurden, erfordern häufig den Einsatz einer Kettensäge aus dem Korb eines Hubrettungsfahrzeugs, da auf tragbaren Leitern nur mit einer Bügelsäge gearbeitet werden darf. Grundsätzlich soll sich bei Arbeiten mit der Motorsäge nur eine Person im Drehleiterkorb befinden. Außer der allgemeinen Feuerwehrschutzkleidung ist der Motorsägenführer im Korb mit einem rundumlaufenden Schnittschutz im Beinbereich (Form C nach DIN EN 381 Teil 5) sowie mit Gesichts- und Gehörschutz auszustatten. Ist im Ausnahmefall eine zweite Person zur Unterstützung des Motorsägenführers im Korb zwingend erforderlich, ist diese Person außer der angeführten Schutzkleidung außerdem mit einem Oberkörperschutz mit zusätzlichem Schutz im Bauchbereich nach DIN EN 381 Teil 11 (»Schnittschutzjacke für Baumpflegearbeiten«) auszurüsten. Aufgrund von Unfallereignissen sind von der zweiten Person auch Schnittschutzhandschuhe nach DIN EN 381 Teil 7 Form B zu tragen. Wenn sich die Personen im Korb beim Führen der Motorsäge abwechseln, sind beide mit der umfassenden Schutzausrüstung auszustatten, d. h. beide haben Schnittschutzjacken und Schnittschutzhandschuhe zu tragen. Aus ergonomischen Gründen empfiehlt die FUK Niedersachsen, das Sägengewicht möglichst gering zu halten (nicht größer als 6,5 Kilogramm) und die Führungsschienenlänge zu begrenzen (nicht größer als 40 Zentimeter). Des Weiteren sollten Sägeketten mit rückschlagarmen Sägezahnformen (Halbmeißel) verwendet werden. Sind die Sägearbeiten beendet, sollten Ausleger und Rettungskorb gründlich von den Sägespänen gereinigt werden, da es ansonsten zu Beschädigungen kommen kann. Die notwendige »Ausbildung für Arbeiten mit der Motorsäge und die Durchführung von Baumarbeiten« sind in der DGUV-Information 214-059 geregelt. Für Sägearbeiten wird in erster Linie das Modul C erforderlich sein.

Auch wenn in dem Merkblatt nur Drehleitern erwähnt werden, gilt dies natürlich auch für Hubarbeitsbühnen der Feuerwehren.

Sind die Sägearbeiten beendet, sollten Ausleger und Rettungskorb gründlich von den Sägespänen gereinigt werden, da es ansonsten zu Beschädigungen kommen kann.

Unfälle mit Lkw, Bussen und Schienenfahrzeugen

Bei Unfällen mit Lkw oder Bussen wird die Zugänglichkeit zum Fahrerraum oder zu den Businsassen durch die Fahrzeughöhe erschwert. Bei Schienenfahrzeugen kommt eventuell ein hoher Bahndamm als weiteres Hindernis dazu.

Als Alternative zu einer Rettungsplattform (▶ Kapitel 47) kann auch ein Hubrettungsfahrzeug mit Rettungskorb eingesetzt werden. Aus dem Rettungskorb kann sicher mit Werkzeugen und hydraulischem Rettungsgerät gearbeitet werden. Zusätzlich kann der Korb dynamisch am Unfallfahrzeug positioniert werden, welches gerade bei unwegsamem Untergrund vorteilhaft sein kann.

Ist durch schlechte Zugänglichkeit oder Trümmer eine Rettung mithilfe eines Spine-Boards zu gefährlich, kann auch ein Auf- und Abseilgerät in Verbindung mit einem Rettungskorsett (▶ Kapitel 43) eingesetzt werden. Ein Rettungskorsett immobilisiert die Wirbelsäule, hierdurch wird die patientengerechte Rettung verbessert.

Das Anlegen eines Rettungskorsetts und der Aufbau dieser Variante benötigen Zeit. Er-

Quelle: S. Baumann

Bild 25.14 Hubrettungsfahrzeuge eignen sich auch als sichere Rettungs- und Arbeitsplattform.

G

Merke:

Das Hubrettungsfahrzeug muss immer so positioniert werden, dass das Fahrerhaus die Bewegungsfreiheit des Auslegers nicht beeinträchtigt. Die Standfläche muss ausreichend befestigt und tragfähig sein.

kennt der Einsatzleiter, dass eine sichere Rettung nur mittels Hubrettungsfahrzeug und Rettungskorsett möglich ist, sollte rechtzeitig mit dem Aufbau von Hubrettungsfahrzeug und Rollgliss und dem Anlegen des Korsetts begonnen werden. Je nach Hersteller des Korsetts ist zusätzlich auch ein Rettungsdreieck anzulegen. Für eine solche Rettung ist eine enge Absprache zwischen Feuerwehr und Rettungsdienst erforderlich. Für diese Einsatzmaßnahme muss der Einsatzleiter rechtzeitig den Platzbedarf für das Hubrettungsfahrzeug einplanen.

Türöffnung

Alternative Angriffswege nutzen und den Gesamtschaden reduzieren. Das sollte auch bei dem Einsatzstichwort »Hilflose Person hinter verschlossener Tür« bedacht werden. Die Wohnungstür als Hauptzugang zu einer Wohnung kann mithilfe von Türöffnungswerkzeugen geöffnet werden (▶ Kapitel 51).

Da aufgrund innovativer Schließtechnik und eingebauter Sperrriegel die Türöffnung erschwert wird und dies Schäden an der Tür oder Zarge zur Folge haben kann, sollten Alternativen gesucht werden. Durch umfangreiches Erkunden der anderen Gebäudeseiten findet sich ggf. ein besserer Zugang – beispielsweise eine geöffnete Balkontür oder ein gekipptes Fenster.

Der Einsatz des Rettungskorbes ermöglicht gegenüber einer Steck- oder Schiebleiter auch ein sicheres beidhändiges Arbeiten. So kann mithilfe von Fensteröffnungswerkzeugen ein zerstörungsfreier Zugang geschaffen werden.

Bild 25.15 Fensteröffnung mithilfe der Drehleiter

25.3 Spezielle Einsatzgrundsätze für Hubrettungsfahrzeuge

Um eine Drehleiter oder eine Hubarbeitsbühne im Einsatz richtig und sicher zu positionieren, benötigt die Besatzung besondere einsatztaktische Kenntnisse. Hier hat sich das »Einsatzschema für Hubrettungsfahrzeuge« (nach Beneke/Unger, 2012) mit der HAUS-Regel als Zusammenfassung für die speziellen Einsatzgrundsätze für Hubrettungsfahrzeu-

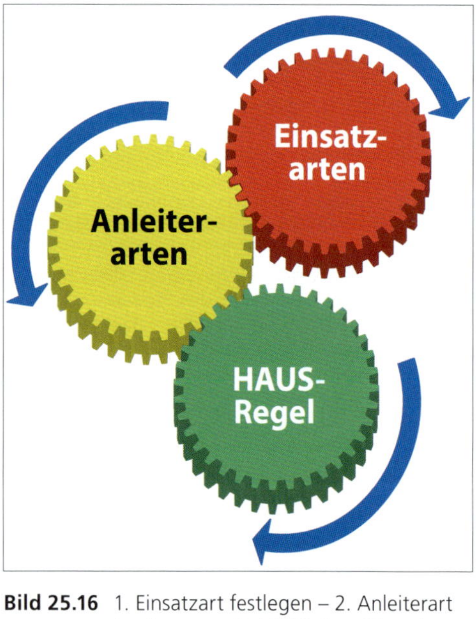

Bild 25.16 1. Einsatzart festlegen – 2. Anleiterart bestimmen – 3. HAUS-Regel beachten – Mit dieser Reihenfolge lässt sich anhand des Einsatzschemas jeder Einsatz mit einem Hubrettungsfahrzeug durchführen.

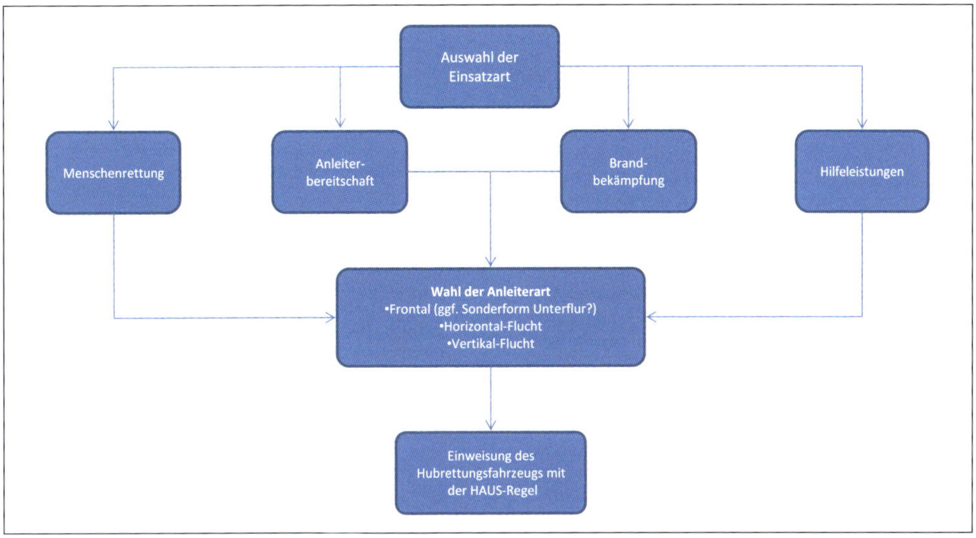

Bild 25.17 Grundsätzlicher Ablauf eines Einsatzes mit einem Hubrettungsfahrzeug

ge durchgesetzt. Bereits die Entscheidung, in welcher Einsatzart das Hubrettungsfahrzeug genutzt wird, hat direkte Auswirkungen auf die Festlegung der Standfläche. Ebenso die Anleiterart. Mithilfe der HAUS-Regel wird das Hubrettungsfahrzeug in die endgültige Position eingewiesen.

25.3.1 Einführung in die HAUS-Regel

Die HAUS-Regel fasst die speziellen Einsatzgrundsätze für Hubrettungsfahrzeuge zusammen. Sie wird bei Menschenrettung, Anleiterbereitschaft, Brandbekämpfung sowie bei der Technischen Hilfeleistung angewendet. Die HAUS-Regel ist ein Leitfaden für den Ausbildungs- und Einsatzdienst und fasst alle wichtigen Handlungen zur schnellen und richtigen Positionierung des Hubrettungsfahrzeugs als logische Abfolge zusammen. Sie trägt dazu bei, die Stressbelastung der Besatzung im Einsatz zu reduzieren. Die HAUS-Regel gilt für alle Hubrettungsfahrzeuge von Feuerwehren, wobei Hersteller und Baujahr unbedeutend sind.

Die Abkürzung »HAUS« kann jeder Maschinist für Hubrettungsfahrzeuge gedanklich leicht mit einem Einsatz von Hubrettungsfahrzeugen an Gebäuden verbinden. Die Abkürzung steht für:

- **H**indernisse,
- **A**bstände,
- **U**ntergrund,
- **S**icherheit.

25.3.2 Hindernisse

Hindernisse können den Einsatz von Hubrettungsfahrzeugen einschränken oder gar komplett verhindern. Sie müssen vor dem Beginn des Einsatzes erkannt, beurteilt und in der weiteren Planung berücksichtigt werden. Denn das Festlegen der Standfläche für das Hubrettungsfahrzeug wird durch Hindernisse maßgeblich beeinflusst. Viele Hindernisse können bereits während der Anfahrt bzw. beim Eintreffen an der Einsatzstelle ausgemacht werden.

Hindernisse wie zum Beispiel
- Vegetation,
- Brücken und Überführungen,
- Ampel- und Laternenmasten,
- Mauern, Zäune und Verkehrspoller

können den Anleiterweg so versperren, dass die Ausladung des Auslegers, bzw. Hubarmes nicht ausreicht, um das Anleiterziel zu erreichen. Parkende Fahrzeuge, versperrte Feuerwehrzufahrten oder Einsatzfahrzeuge können die Zufahrt zur Einsatzstelle blockieren, dass

Merke:

Hindernisse: Hochgucken – (nach) hinten gucken!

ein Einsatz unmöglich wird. Gerade bei der Aufstellung von Einsatzfahrzeugen muss der Einsatzleiter darauf achten, dass ein ungehinderter Einsatz für ein Hubrettungsfahrzeug möglich bleibt. Weiterhin sollte er darauf achten, dass Hubrettungsfahrzeuge je nach Lage vor anderen Einsatzfahrzeugen in eine Sackgasse oder in eine enge Straße zur Einsatzstelle einfahren.

Hubarbeitsbühnen muss ausreichend Raum für eine Inbetriebnahme des Auslegers zur Verfügung stehen. Der Hubarm muss mindestens 40 Grad aufgerichtet und der Korbarm um 50 Grad abgewinkelt werden können.

Auch das eigene Hubrettungsfahrzeug kann, falsch positioniert, ein Hindernis darstellen. Gerade beim Einsatz in geringer Rettungshöhe oder Unterflur können die Anstoßsicherungen am Fahrerhaus einen Einsatz zunichtemachen und den Ausleger blockieren. Sinnvoll ist es, bei derartigen Einsatzlagen, möglichst über das Heck anzuleitern.

Besonders gefährliche Hindernisse stellen elektrische Freileitungen dar. Gerade bei schlechten Sichtverhältnissen sind die teilweise dünnen Leitungen nicht immer gut zu sehen. In der Vergangenheit kam es bei Berührungen von Hubrettungsfahrzeugen mit Stromleitungen zu gravierenden technischen Ausfällen, bis hin zu schweren Verletzungen mit Todesfolge von Feuerwehrangehörigen. Die Sicherheitsabstände nach DIN VDE 0132 (▶ Abschnitt 25.3.5) gelten sowohl für den Rettungskorb, den Ausleger und für darin befindliche Personen.

Elektrische Leitungen müssen, so sie sich im Bewegungsbereich des Auslegers befinden, abgeschaltet und geerdet werden. Ist dies unmöglich, muss ein anderer Standort für das Hubrettungsfahrzeug bestimmt werden.

25.3.3 Abstände

Damit die Standfläche für ein Hubrettungsfahrzeug optimal bestimmt werden kann, müssen verschiedene Abstände zum Einsatz-Objekt und zu vorhandenen Hindernissen eingehalten werden. Diese werden durch die Bauform des Hubrettungsfahrzeugs vorgegeben. Es kann ein Regel-Abstandsplan zugrunde gelegt werden, der sowohl für die meisten Drehleitern der 30-Meter-Klasse, als auch für die entsprechend gleich großen Pendants der Hubarbeitsbühnen gilt. Bei Drehleitern der französischen Marken Camiva und Gimaex-Riffaud müssen ggf. andere Werte zugrunde gelegt werden. Diese Maße entnimmt man der Bedienungsanleitung.

Im Einsatz müssen die Maße aus dem Abstandsplan dann durch Abschreiten ermittelt und umgesetzt werden können. Hierzu muss die Fahrzeugbesatzung in der Lage sein, mit

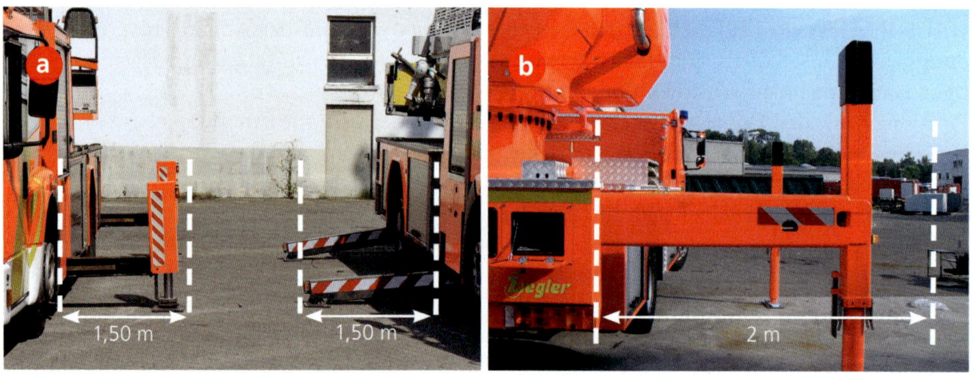

Quelle: M. Köppelmann /S. Kohlrusch

Bild 25.18 Abstände zu Hindernissen: **a** Bei Drehleitern sollen 1,50 m Abstand für die volle Abstützung ab Fahrzeugkante von einem Hindernis eingehalten werden, ... **b** ... bei Hubarbeitsbühnen 2 m.

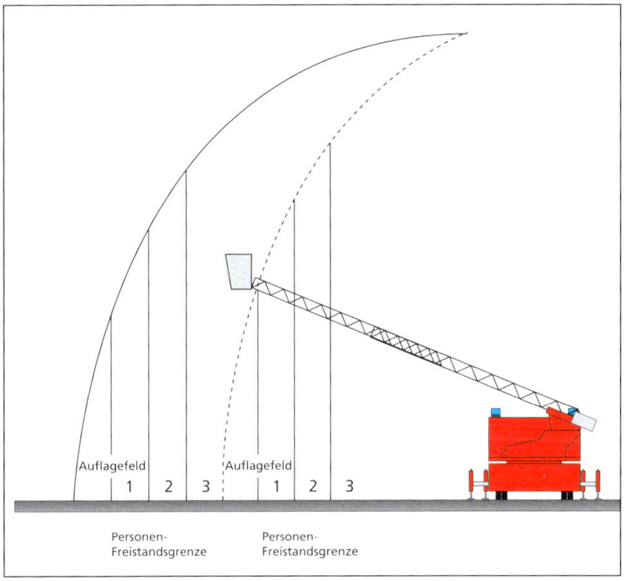

Bild 25.19 Je weiter die Abstützung ausgefahren wird, desto größer ist das Benutzungsfeld, desto weiter reicht der Ausleger. (gestricheltes Auflagefeld bei enger Abstützung, volles Auflagefeld bei weiter Abstützung)

dem persönlichen Schrittmaß das Längenmaß »ein Meter« abschreiten zu können.

Der Regel-Abstandsplan sieht wie folgt aus: 1,50 Meter Abstand benötigt man für die volle Breite der Abstützsysteme von der Fahrzeugkante gemessen. Der genaue Wert variiert bei Drehleitern je nach Hersteller und Baustufe von 1,10 Meter bis zu 1,40 Meter.

Die volle Abstützbreite bei 30-Meter-Hubarbeitsbühnen wird erst ab 1,50 Meter erreicht. Um als Einsatzkraft am abgestützten Fahrzeug auch an Engstellen passieren zu können, sollten 2 Meter Abstand von Hindernissen eingehalten werden. Grundsätzlich wird ein Hubrettungsfahrzeug auf beiden Seiten maximal abgestützt. Ist es unmöglich, die Abstützung beidseitig komplett auszufahren, sollte das Hubrettungsfahrzeug so positioniert werden, dass die Stützen auf der belasteten Seite möglichst weit ausgefahren werden können. Ziel ist es, immer das größtmögliche Benutzungsfeld auf der Seite zu erreichen, auf der gearbeitet wird.

Praxis-Tipp:

Abstand ermitteln:
Der Fahrzeugführer kann mit seinen Armen schnell einen ausreichenden 2-Meter-Abstand von Hindernissen ermitteln.

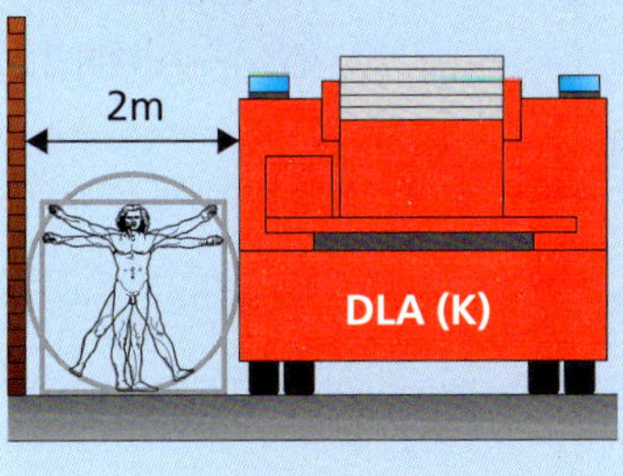

Bei Drehleitern entsteht durch das Drehen des Hubrettungssatzes bauartbedingt ein hinterer Überstand von bis zu 1,60 Meter. Daher muss ein Sicherheitsabstand von etwa 2 Metern zu Hindernissen auf der unbelasteten Seite der Drehleiter eingehalten werden. Dieser wird ebenfalls von der Fahrzeugkante aus gemessen. Da der Hubrettungssatz bei vielen Drehleitermodellen auch deutlich über die komplett ausgefahrene Abstützung hinaus dreht, sollte man den Sicherheitsabstand zusätzlich überprüfen.

Die von Leonardo da Vinci in seiner Skizze »Der vitruvianische Mensch« dargestellten Proportionen können hierbei sehr nützlich sein: Jede Einsatzkraft, die die eigene Körpergröße kennt, weiß somit den Abstand zwischen den Fingerspitzen der seitlich ausgestreckten Arme. Ein 1,80 Meter großer Feuerwehrangehöriger hat demnach mindestens 1,80 Meter

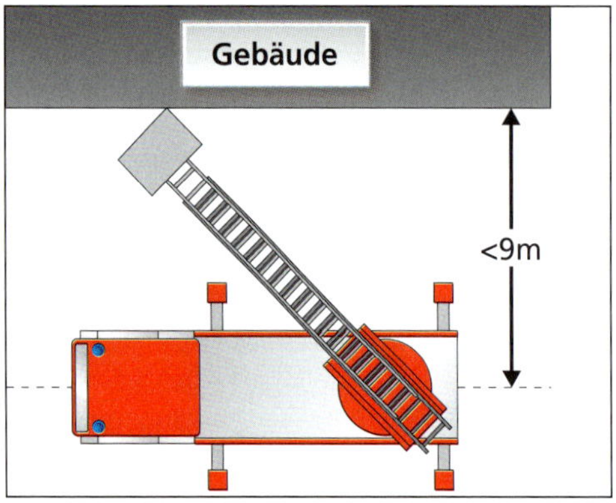

Bild 25.20 Positioniert man die Drehkranzmitte in einem geringeren Abstand als neun Meter zum Objekt, können geringe Rettungshöhen ggf. nicht erreicht werden.

Spannweite. Stellt man sich nun auf der unbelasteten Seite zwischen Drehleiter und das Hindernis und gibt je nach Körpermaß noch einige Zentimeter hinzu, ist der Sicherheitsabstand ausreichend, um den drehenden Hubrettungssatz nicht zu beschädigen.

Bei Hubarbeitsbühnen entsteht kein Überstand auf der unbelasteten Seite, da die Lafette komplett innerhalb der Fahrzeugkonturen dreht.

Um die volle Rettungshöhe von 30 Metern bei einer Drehleiter DLAK 23/12 zu nutzen, muss die Drehkranzmitte bei der Anleiterart »Frontal« in einem Abstand von 7 Metern vom Objekt positioniert werden. Unterschreitet man diesen Abstand deutlich unter 7 Meter, kann das Anleiterziel nicht erreicht werden, da die Sicherheitseinrichtungen der Drehleiter nur ein Aufrichten bis maximal 75 Grad zulassen.

Bleibt man dagegen deutlich mehr als 7 Meter mit der Drehkranzmitte vom Objekt entfernt, reicht die Leiterlänge nicht mehr aus, um das Ziel zu erreichen. Für Hubarbeitsbühnen gilt ein Wert von 6 Metern.

Soll mit dem Hubrettungsfahrzeug in einer geringen Rettungshöhe angeleitert werden, um z. B. aus dem ersten Obergeschoss eine Menschenrettung mithilfe der Krankentragenlagerung durchzuführen, muss der Abstand zum Anleiterobjekt groß genug gewählt werden. Um mit dem Ausleger mit montiertem Korb an einem Hindernis gefahrlos vorbei drehen zu können, muss die Drehkranzmitte 9 Meter von diesem entfernt positioniert werden. Dies ist die Länge des Auslegers von der Drehkranzmitte bis zur Korbvorderkante. Dieser Wert gilt für alle Drehleitern der 30-Meter-Klasse und wird im Einsatz beginnend vom Objekt aus zu der Position der Drehkranzmitte hin abgeschritten.

Für ein Anleitern in geringer Rettungshöhe, sowie für ein Durchleitern von Toren muss

Merke:

Abstände: abmessen – abschreiten!

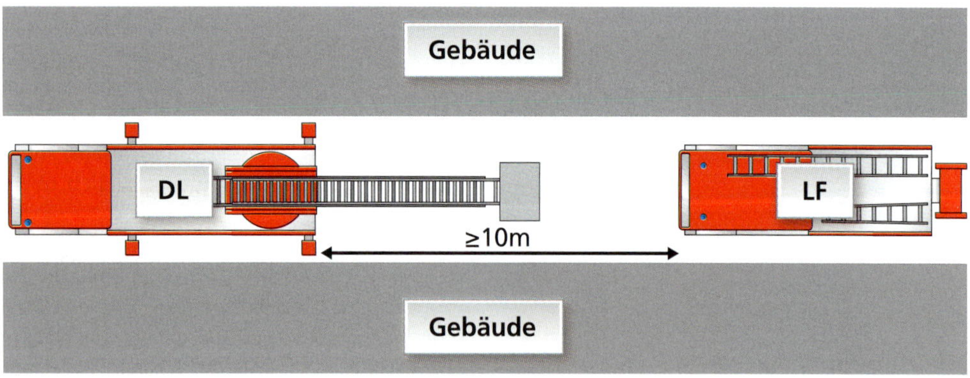

Bild 25.21 Hinter dem Hubrettungsfahrzeug ist grundsätzlich ein Freiraum von zehn Metern einzuhalten. So kann der Leitersatz auch in engen Straßen abgelegt und Personen können ungehindert aus dem Rettungskorb aussteigen.

Merke:

Abstände für eine **Drehleiter** der 30-Meter-Klasse:
- 1,50 Meter Abstand von der Fahrzeugkante für die volle Abstützbreite,
- 2 Meter Abstand von der Fahrzeugkante für den drehenden Hubrettungssatz auf der unbelasteten Seite,
- 7 Meter Abstand vom Objekt zur Position der Drehkranzmitte abschreiten für die maximale Rettungshöhe,
- 9 Meter Abstand vom Objekt/Hindernis zur Position der Drehkranzmitte abschreiten für die geringe Rettungshöhe,
- 10 Meter Freiraum hinter dem Hubrettungsfahrzeug sind grundsätzlich freizuhalten.

Merke:

Abstände für eine **Hubarbeitsbühne** HAB 23/12:
- 2 Meter Abstand von der Fahrzeugkante für die volle Abstützbreite,
- 5 Meter Abstand vom Objekt zur Position der Drehkranzmitte abschreiten für die maximale Rettungshöhe,
- 6 Meter Abstand vom Objekt zur Positionierung der Drehkranzmitte für ein Anleitern in geringer Rettungshöhe,
- 14 Meter Abstand vom Objekt/Hindernis zur Position der Drehkranzmitte abschreiten für das Durchleitern von Toreinfahrten,
- 10 Meter Freiraum hinter dem Hubrettungsfahrzeug sind grundsätzlich freizuhalten.

also ein Mindestabstand von 9 Metern eingehalten werden.

Damit sich der Ausleger mit Rettungskorb gerade in engen Straßen ungehindert ablegen lässt, muss grundsätzlich ein Freiraum von 10 Metern hinter dem Hubrettungsfahrzeug eingehalten werden. Hier dürfen keine nachrückenden Einsatzfahrzeuge aufgestellt werden, damit gerettete Personen den Rettungskorb ungehindert und ohne Kletterei über das Fahrzeug verlassen können.

25.3.4 Untergrund

Der Untergrund ist die Basis für die Standsicherheit des Hubrettungsfahrzeugs. Eine Standfläche für ein Hubrettungsfahrzeug muss ausreichend befestigt und tragfähig sein.

Achtung:

Hubarbeitsbühnen, die der 30-Meter-Klasse zwar entsprechen, aber eine zulässige Gesamtmasse von > 16 Tonnen aufweisen, können auf Feuerwehraufstellflächen nicht eingesetzt werden.

Öffentliche Verkehrsflächen, die für den normalen Kraftfahrzeugverkehr freigegeben sind, sind in der Regel für die Abstützung eines Hubrettungsfahrzeugs ausreichend befestigt.

Aufstell- und Bewegungsflächen für die Feuerwehr, die über entsprechend gekennzeichnete Feuerwehrzufahrten erreicht werden können, weisen eine Tragfähigkeit von einer zulässigen Gesamtmasse bis 16 Tonnen bei einer maximalen Achslast von zehn Tonnen auf.

Soll das Hubrettungsfahrzeug dagegen auf einer anderen Fläche abgestützt werden, ist der Untergrund sorgfältig zu überprüfen. Denn:

Quelle: H. Kollinger

Bild 25.22 Verliert der Untergrund der Standfläche an Festigkeit, kann die Abstützung einsacken und ein Kippen des Hubrettungsfahrzeuges zur Folge haben.

G

Tabelle 25.1 Verwendung von Unterlegklötzen

Hersteller	Fahrzeugtyp	Vergrößerung der Fläche unter dem Stützteller	Bodenpressung mit Unterlegklötzen
Metz Aerials	DLAK 23/12 (L32)	63 %	37 N/cm^2
Iveco Magirus	DLAK 23/12 CS	55 %	51 N/cm^2
Iveco Magirus	DLK 23-12 CC	40 %	57 N/cm^2

Quelle: Herstellerangaben

Kommt es zu einem Tragfähigkeitsverlust des Untergrundes, kann das Hubrettungsfahrzeug umstürzen (▶ Abschnitt 25.3.5). Grundsätzlich besteht Kippgefahr, wenn ein Hubrettungsfahrzeug auf weichem und nachgiebigen Untergrund abgestützt wird. Darauf muss auch bei einer Brandbekämpfung geachtet werden, besonders wenn große Mengen Löschwasser eingesetzt werden. Besteht die Gefahr, dass die Standsicherheit durch eine aufgeweichte Standfläche gefährdet werden könnte, muss der Standort des Hubrettungsfahrzeugs rechtzeitig gewechselt werden.

Achtung:

Grundsätzlich keine Abstützung auf Gehwegen! Der örtlich zuständige Straßenbaulastträger kann jedoch die Gehwege für eine Abstützung von Hubrettungsfahrzeugen freigeben.

Laut Norm darf die maximal zulässige Abstützkraft bei Hubrettungsfahrzeugen 80 N/cm^2 betragen. Zur Vergrößerung der Auflagefläche unter den Stütztellern können die zur Ausstattung des Fahrzeugs gehörenden Unterlegklötze verwendet werden. Damit wird die Abstützkraft, die auf den Untergrund einwirkt, deutlich reduziert.
Werden größere Unterlegklötze verwendet, als die originär mitgelieferten, sollten diese zuvor vom Hersteller des Hubrettungsfahrzeugs zur Verwendung freigegeben werden.

Bei Hubarbeitsbühnen sollen die Unterlegplatten grundsätzlich unter den Stütztellern verwendet werden.

Auffahrbohlen sind für die Vergrößerung der Auflagefläche unter den Stütztellern von den Herstellern der Hubrettungsfahrzeuge nicht vorgesehen, da diese im Gegensatz zu den Unterlegklötzen nicht elektrisch leitfähig sind. Von einer Verwendung sollte daher abgesehen werden. Von Sielen, Gullydeckeln, Schachtabdeckungen und Grabenverohrungen, beispielsweise auf Grundstückszufahrten, sollte mit den Stütztellern ein Mindestabstand von einem halben Meter eingehalten werden.

Bild 25.23 Der Abstand des Stütztellers zum Rand eines Kanaldeckels sollte einen halben Meter betragen.

Achtung:

Steigung und Gefälle auf öffentlichen Verkehrsflächen werden mit Prozentwerten und nicht in Grad angeben: 45 Grad entsprechen 100 Prozent.

Wird ein Hubrettungsfahrzeug an einer Böschung abgestützt, so ist darauf zu achten, dass der Lasteintragungswinkel dem Untergrund entsprechend ausreichend ist. Hier sollten die Unterlegklötze immer verwendet werden.

Geneigte Standflächen

Hubrettungsfahrzeuge können und dürfen auf geneigten Standflächen zum Einsatz kommen. Für Drehleitern sollte dabei der Untergrund in Abhängigkeit der Baustufe nicht mehr als 7 Grad bis 10 Grad geneigt sein, da es ansonsten zu eingeschränkten Funktionen im Leiterbetrieb kommen kann. Die Geländeausgleichseinrichtung kann den Ausleger bei größeren Werten nicht mehr waagerecht einstellen.

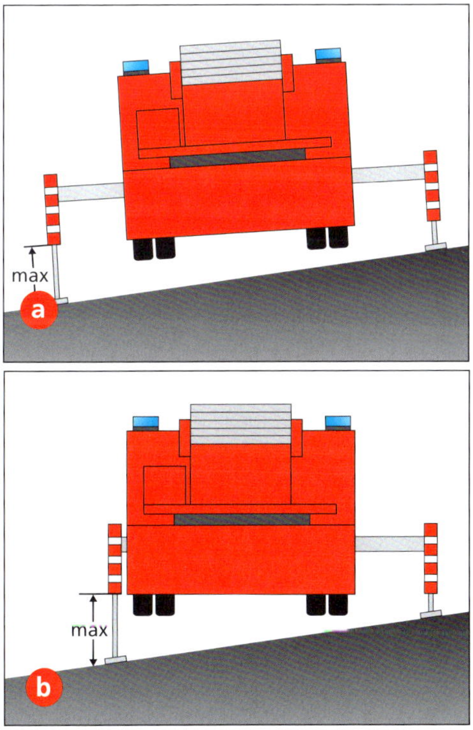

Bild 25.24 Geländeausgleich der Hubarbeitsbühne bei Querneigung:
- **a** ungünstige Position der Abstützung
- **b** günstige Position der Abstützung

Wird eine Drehleiter mit einer Längsneigung des Fahrzeugs in Betrieb genommen, so sind Unterlegkeile unter beide Räder einer Achse zu legen. Welche Achse hierfür in Betracht kommt, lässt sich der Bedienungsanleitung entnehmen. Drehleitern der Firma Metz Aerials sollen grundsätzlich in Fahrtrichtung bergauf in Stellung gebracht werden, da aufgrund der Waagerecht-Senkrecht-Abstützung die Hinterachse ausgehoben wird.

Der Untergrund darf für eine Hubarbeitsbühne nicht mehr als 7 Grad geneigt sein, ansonsten funktioniert die Niveauregulierung nicht ausreichend, um das Fahrzeug beim Abstützvorgang in Waage zu bringen. Geneigte Standflächen werden bei Hubarbeitsbühnen mit den Abstützzylindern ausgeglichen, nicht wie bei Drehleitern im System des Drehgetriebes. Der maximale Ausgleich wird durch die Ausfahrlänge der Abstützzylinder begrenzt und beträgt bei einer HAB 23/12 etwa 7 Grad.

Wenn die Hubarbeitsbühne auf einer quer zur Fahrzeuglängsachse geneigten Standfläche nicht vollständig nivelliert werden kann, muss die Abstützbreite reduziert werden. So kann die Stütze, die talwärts abstützt, dichter am Fahrzeug positioniert werden und dadurch die Ausschublänge der Stütze optimal ausgenutzt werden.

In Fahrzeuglängsrichtung ist der Abstand zwischen den vorderen und hinteren Stützen durch die Anordnung am Fahrzeug bauartbedingt vorgegeben und kann nicht verändert werden. Eine Optimierung der Nivellierung durch Abstützbreitenveränderung ist bei einem Längswinkel unmöglich.

Bei Hubrettungsbühnen müssen für den sicheren Betrieb sämtliche Achsen frei gehoben sein. Daher sollen die Hubrettungsbühnen nach Möglichkeit in Fahrtrichtung bergab oder quer zur Neigung der Standfläche positioniert werden.

Die ungünstigste Ausgangsposition zum Nivellieren der Hubrettungsbühne ist dann gegeben, wenn das Fahrzeug in Fahrtrichtung bergauf steht. Werden in dieser Position die

Merke:

Untergrund: (nach) unten schauen – untersuchen.

hinteren Abstützzylinder ausgefahren, dreht sich das Fahrzeug um die vorderen Abstützzylinder. Da sich die Vorderachse vor diesem Drehpunkt befindet, wird die Vorderachse Richtung Boden bewegt. Die Abstützsteuerstände könnten zudem nicht mehr sicher erreicht werden.

In den Wintermonaten können Schnee- und Eisglätte einen Einsatz mit Hubrettungsfahrzeugen stark einschränken. Bevor ein Hubrettungsfahrzeug abgestützt wird, muss der Untergrund daher ausreichend von Schnee und Eis befreit werden. Bei Hubarbeitsbühnen sollte die so genannte »Winterseite« der Unterlegplatten genutzt werden.

25.3.5 Sicherheit

Ein sicherer Einsatz mit Hubrettungsfahrzeugen ist gewährleistet, wenn die Unfallverhütungsvorschriften, die Bedienungsanleitung des Hubrettungsfahrzeugs mit den Betriebsanweisungen und die Feuerwehr-Dienstvorschriften eingehalten werden. Ein erfolgreicher und damit sicherer Feuerwehreinsatz besteht zudem aus vorausschauendem Handeln. Das frühzeitige Erkennen von Gefahren muss daher Bestandteil des Führungsvorganges sein. Die »Gefahren der Einsatzstelle« (▶ Kapitel 19) liefern hierfür die notwendige Hilfe.

Um das Schlagwort »Sicherheit« in der Praxis schnell abzurufen, sind in der HAUS-Regel die wesentlichen Fakten zu diesem Thema zusammengefasst.

Standsicherheit

Im Einsatz wird der Hubrettungsausleger belastet, beispielsweise durch den Betrieb des Wenderohrs, den Einsatz der Krankentragenlagerung oder durch eine Menschenrettung.

Der Maschinist des Hubrettungsfahrzeugs muss daher die Belastungsanzeige ständig kontrollieren, um das Erreichen der Freistands- und Benutzungsgrenze rechtzeitig zu erkennen. Die Standsicherheit geht durch die folgenden drei Ereignisse verloren:

- Übermäßiges Belasten an einer Freistandsgrenze
  - a) Abtragen eines Schornsteinkopfes, Steine dabei in den Korb aufnehmen,
  - b) Wasserzuführung in einen B-35-K-Druckschlauch, der leer in einem ausgefahrenen Leitersatz liegt.
- Einsacken der Abstützung/Versagen des Untergrundes im Freistand
  - a) Die Ausladung vergrößert sich in Relation zur Abstützbreite
- Versagen des Auflagepunktes im Brückenbetrieb
  - a) Ausleger im Auflagefeld auf Traufe aufgelegt – Traufe gibt nach,
  - b) Ausleger rutscht im spitzen Winkel vom Auflagepunkt.

Bei allen drei Ereignissen wird sie Summe der Kippmomente größer, als die Summe der Standmomente. In der Folge kippt das Hubrettungsfahrzeug unvermeidlich auf die Seite.

Achtung:

Die Standsicherheit eines Hubrettungsfahrzeugs muss in jeder Betriebsstellung gewährleistet sein. Hierzu muss die Summe der Standmomente immer größer als die Summe der Kippmomente sein.

INFO – UVV Hubrettungsfahrzeuge

Unfallverhütungsvorschriften für den Betrieb von Hubrettungsfahrzeugen sind:
- Grundsätze der Prävention (DGUV-Vorschrift 1),
- Feuerwehren (DGUV-Vorschrift 49),
- Fahrzeuge (DGUV-Vorschrift 70),
- Bei Lasthebebetrieb mit dem Hub rettungsfahrzeug zusätzlich: Krane (DGUV-Vorschrift 53).

Bild 25.25 Gerade wenn auf der Fahrbahnseite innerhalb der Fahrzeugkonturen abgestützt wird, muss der hintere Überstand der Lafette beachtet und abgesichert werden.

Absicherung des Hubrettungsfahrzeugs

Das Hubrettungsfahrzeug muss gegen den fließenden Verkehr gesichert und der Bewegungsbereich des Hubrettungsauslegers muss ausreichend abgesperrt werden. Diese Sperrfläche ist dann auch für Einsatzfahrzeuge, die beispielsweise rangieren, nicht befahrbar.

Eine Kollision von Fahrzeugen mit dem Ausleger muss ausgeschlossen sein. Für den Drehbereich (hinterer Überstand der Lafette) sollten mindestens 2,50 Meter berücksichtigt werden. Eine Absicherung des Hubrettungsfahrzeugs soll mithilfe der folgenden Maßnahmen erfolgen:

- Vornahme der Grundsicherung (▶ Kapitel 46),
- Aufstellen von Faltsignalen, Verkehrsleitkegeln und Warnleuchten.

Für die Sicherung des Arbeitsbereichs kann flexibles Absperrband verwendet werden.

Besteigen der Leiter

Die Leiter möglichst nur bei Sprossengleichstand besteigen. Den Motor abschalten bevor die Leiter bestiegen wird. Besondere Vorsicht gilt bei Nässe, Eis und Schnee.

> **Praxis-Tipp:**
>
> Wenn die Sicherheit anders nicht gewährleistet werden kann, ist eine Vollsperrung der Fahrbahn durchzuführen. Einsätze von Hubrettungfahrzeugen sollten durch zusätzliche Einheiten abgesichert werden.

Rettungskorb

Innerhalb des Korbes sichert sich die Besatzung mit Feuerwehr-Haltegurten an geeigneten Haltepunkten. Die Festpunkte müssen für eine Haltekraft von mindestens 900 Newton ausgelegt sein. Die Sicherung mit dem Feuerwehr-Haltegurt erfolgt gemäß FwDV 1. Diese Maßnahme ist als Mindestschutz anzusehen und kann ggf. tödliche Verletzungen verhindern.

Verlässt die Besatzung den Korb in absturzgefährdete Bereiche, ist auf eine geeignete Absturzsicherung zu achten.

Menschenrettung

Um das Springen von Personen in den Rettungskorb zu verhindern, sollten Anleiterziele von der Seite eindrehend (möglichst von rechts nach links) angefahren werden. Die Position des Hubrettungsfahrzeuges soll so gewählt

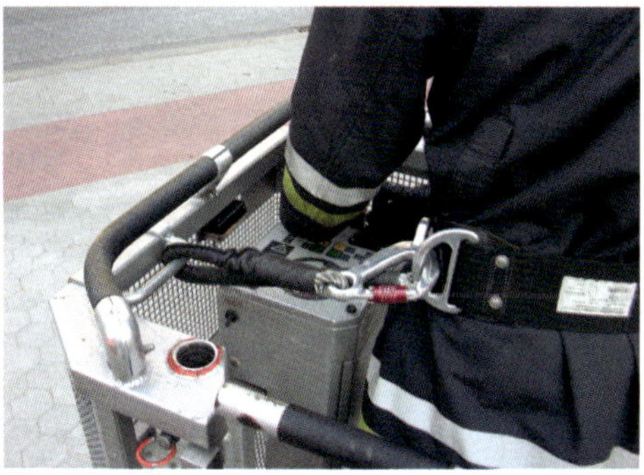

Bild 25.26 Die Sicherung mit einem Feuerwehr-Haltegurt stellt einen Mindestschutz dar.

Achtung:

Bei vorhandenen elektrischen Freileitungen oder sonstiger Elektrifizierung ist immer der erforderliche Sicherheitsabstand einzuhalten! Die Sicherheitsabstände gelten für den Ausleger, den Korb und für darin befindliche Personen! Grundsätzlich muss bei Betrieb des Hubrettungsfahrzeugs eine Erdung sichergestellt sein.

werden, dass Ein-/Übersteigprobleme in den Rettungskorb vermieden werden. Beim Einsatz der Krankentragenlagerung ist auf die korrekte Sicherung und auf eine schonende Beförderung des Patienten zu achten. Die Belastungsgrenze der Krankentragenlagerung ist einzuhalten.

Brandbekämpfung

Bei allen Bränden muss mit Wärmestrahlung, einer schnellen Brandausbreitung und dem Einsturz von Bauteilen gerechnet werden. Deshalb ist von den Einsatzkräften des Hubrettungsfahrzeugs immer die persönliche Schutzausrüstung und als Atemschutz ein Isoliergerät zu tragen. Der Maschinist legt hierzu am Hauptsteuerstand ein Filtergerät zur Eigensicherung bereit.

Einsturz

Sind Gebäude- oder Bauteile vor, während oder nach der Brandbekämpfung durch Brandeinwirkung oder andere Ereignisse (z. B. Explosion) einsturzgefährdet, muss die Position des Hubrettungsfahrzeugs außerhalb des Trümmerschattens gewählt werden. Müssen Leiterbewegungen im Trümmerschatten durchgeführt werden, ist mindestens ein Sicherungsposten zur Beobachtung abzustellen.

Elektrizität

Spannungsführende Leitungen können für die Besatzung eines Hubrettungsfahrzeuges eine erhebliche Gefahr darstellen. Besonders bei Dunkelheit, wenn Freileitungen schlecht zu erkennen sind, kann es schnell zu einer Berührung mit dem Ausleger kommen. Der Einsatzleiter sollte über die Leitstelle eine schnelle Freischaltung der Leitung durch den Betreiber veranlassen. Sobald bestätigt wurde, dass die Leitung spannungsfrei ist, muss sie zusätzlich geerdet werden. Kann eine Spannungsfreiheit der betreffenden Leitung nicht sofort gewährleistet werden, muss ein Sicherheitsabstand eingehalten werden. Sollte es zu einem Kontakt des Auslegers mit einer unter Spannung stehenden Freileitung kommen, sollten folgende Verhaltensregeln aller Einsatzkräfte befolgt werde:

- Maschinist und Einsatzkraft im Korb verbleiben ruhig an ihrer Position und berühren keine Teile in ihrer Umgebung.
- Keine »Rettungsversuche« durch andere Einsatzkräfte.
- Umgehende Freischaltung und Erdung der berührten Spannungsquelle veranlassen.
- Erst Absteigen, wenn sichergestellt ist, dass die berührte Leitung stromlos ist.
- Wenn es zu einem Technikausfall gekommen ist, eventuell Rettung der Personen im Korb mithilfe eines anderen Hubrettungs-

Tabelle 25.2 Sicherheitsabstände bei der Gefahr durch Elektrizität

Nennspannung	Mindest-Sicherheitsabstand
bis 1 000 V	1 Meter
über 1 kV bis 110 kV	3 Meter
über 110 kV bis 220 kV	4 Meter
über 220 kV bis 380 kV	5 Meter
bei unbekannter Spannung	5 Meter
bei am Boden liegenden Leitungen	20 Meter

G

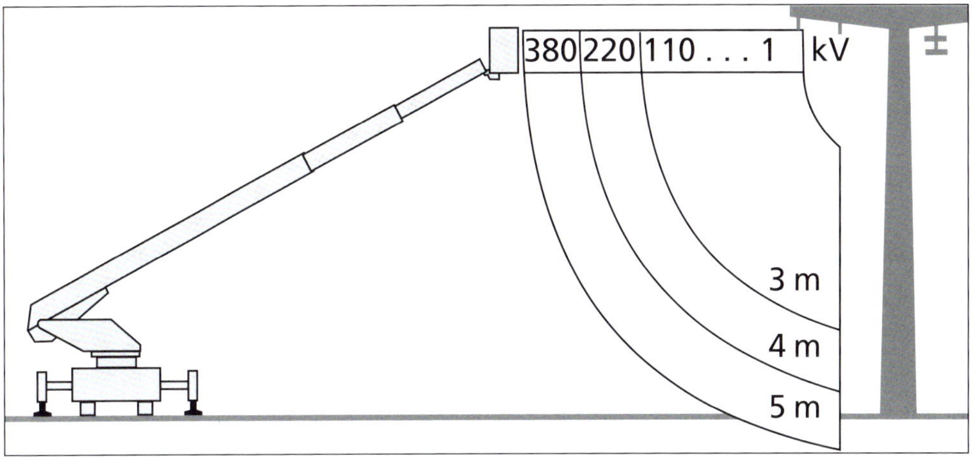

Bild 25.27 Sicherheitsabstände zu Freileitungen

Merke:

Sicherheit: sorgfältig arbeiten – Sinne einschalten!

fahrzeugs.
Das Hubrettungsfahrzeug muss nach Kontakt mit spannungsführenden Teilen vom Hersteller auf die volle Funktionsfähigkeit überprüft werden.

Gefährdung durch technische Anlagen in größerer Höhe

Mobilfunkanlagen sind durch den Betreiber abschalten zu lassen. Ist dies unmöglich, sind Sicherheitsabstände einzuhalten:

- Mobilfunkanlagen → 5 Meter,
- Radiosendeanlagen → 10 Meter,
- TV-Sendeanlagen → 50 Meter.

Photovoltaikanlagen können bis 1 000 Volt Gleichspannung erzeugen. Sie sind auch nachts nicht abschaltbar, sodass eine nicht bestimmbare Restspannung vorhanden sein kann (▶ Kapitel 35.12). Sonnenkollektoren beinhalten bis zu 140 °C heißes Wasser.

Es besteht die Gefahr des Absturzes von beschädigten Solarmodulen.

Wind

Ab Windstärke 5 Beaufort (Windgeschwindigkeit bis 40 km/h bzw.10 m/s) sind die Anweisungen der Bedienungsanleitung zum Betrieb des Hubrettungsfahrzeuges zu beachten. Ab Windstärke 8 Beaufort (Windgeschwindigkeit ab 75 km/h bzw. 20 m/s) sollte das Hubrettungsfahrzeug nur noch zur Menschenrettung eingesetzt werden. Ab Windstärke 10 Beaufort (Windgeschwindigkeit ab 100 km/h bzw. 30 m/s) ist der Betrieb grundsätzlich einzustellen! Bei der Beurteilung der Windstärke ist zu beachten, dass diese in der Höhe deutlich größer ist, als am Boden.

Gewitter

Bei Gewitter ist von einem Einsatz eines Hubrettungsfahrzeugs abzuraten. Die Abschätzung der Entfernung eines Blitzes bietet keine Einschätzung der Gefahr für den Einsatz mit Hubrettungsfahrzeugen bei Gewitter und damit für das bedienende Personal.

Die Verantwortung für die Entscheidung für oder gegen den Einsatz und die daraus resultierenden Folgen trägt der Einsatzleiter.

Gewässer

Bei Einsätzen an oder über Gewässern, muss die Besatzung des Rettungskorbes gegen Ertrinken gesichert werden.
Bei der Menschenrettung aus Gewässern muss beachtet werden, dass der Rettungskorb maximal bis zur Wasseroberfläche gefahren wird,

damit es bei einer Lastzunahme nicht zum Eintauchen des Korbes kommt. Die Einstiegsleiter des Korbes soll ausgeklappt werden. Bei Fließgewässern mit starker Strömung muss darauf geachtet werden, dass der Ausleger nicht in das Wasser getaucht wird, um die Standsicherheit nicht zu gefährden.

Rettungskörbe mit elektronischen Regel- und Überwachungseinheiten sollten nicht ins Wasser getaucht werden, da es bei Wassereinbruch zu gravierenden Störungen, bis hin zum Totalausfall kommen kann.

Literatur

[1] Beneke, N., Unger, J. O., Thrien, K.: Drehleiter-Maschinisten-Ausbildung: Wie lässt sie sich verbessern? BRANDSchutz/Deutsche Feuerwehr-Zeitung 3/2009, S. 169 ff.

[2] Unger, J. O., Beneke, N.: HAUS-Regel, Die speziellen Einsatzgrundsätze für Hubrettungsfahrzeugen, Hamburg/Hannover, Ausgabe 6, 2013. *www.drehleiter.info*

[3] Unger, J. O., Beneke, N.: HAUS – eine neue Standardtaktik für den Drehleitereinsatz, BRANDSchutz/Deutsche Feuerwehr-Zeitung 10/2005, S. 805 ff.

[4] Unger, J. O., Beneke, N.: Die richtige Position – Drehleiter auf den Punkt gebracht, BRANDSchutz/Deutsche Feuerwehr-Zeitung 1/2008, S. 37 ff.

[5] Themenheft »Hubrettungsfahrzeuge«, BRANDSchutz/Deutsche Feuerwehr-Zeitung 10/2011.

ZUR VERTIEFUNG

Jan Ole Unger, Nils Beneke, Klaus Thrien: Hubrettungsfahrzeuge – Ausbildung und Einsatz, 3. Aufl., Verlag W. Kohlhammer, Stuttgart, 2019.

Notizen:

G

26 Anleiterbereitschaft

von Jan Ole Unger und Nils Beneke

Die Anleiterbereitschaft (ALB) ist eine einsatztaktische Maßnahme, um bei einer Brandbekämpfung einen zweiten Rettungsweg zu sichern.

Anleiterbereitschaft kann mithilfe von Hubrettungsfahrzeugen, tragbaren Leitern und Sprungrettungsgeräten sichergestellt werden. Diese Form der Bereitstellung von Leitern sichert den unter Atemschutz vorgehenden Trupps im Innenangriff einen über den eigentlichen Angriffsweg hinausgehenden zusätzlichen Rettungs- und Fluchtweg.

Eine Anleiterbereitschaft sollte vom Einsatzleiter möglichst zeitnah zum Einsatzbeginn in seine Planung einbezogen und befohlen werden. Auch wenn eine Menschenrettung mithilfe eines Hubrettungsfahrzeugs nicht notwendig ist bzw. diese bereits erfolgreich abgeschlossen wurde.

Steht die Anleiterbereitschaft, sind alle Einsatzkräfte über Sprechfunk zu informieren, wo und mit welchem Rettungsgerät der zweite Rettungsweg sichergestellt wird.

Merke:

Anleiterbereitschaft (ALB) ist eine einsatztaktische Maßnahme zur Sicherstellung eines zweiten Rettungs- und Rückzugswegs für im Innenangriff vorgehende Atemschutzgeräteträger, wenn sich Brandstellen in Geschossen oberhalb des Erdgeschosses befinden.Hierzu werden je nach Lage Hubrettungsfahrzeuge, tragbare Leitern und Sprungrettungsgeräte am betroffenen Objekt so in Stellung gebracht, dass im Bedarfsfall ihre sofortige Nutzung zur Rettung möglich ist. Die Anleiterbereitschaft ist ein wichtiger Bestandteil der Einsatzkräfte- und Selbstrettung.

26.1 Anleiterbereitschaft mit Hubrettungsfahrzeugen

Da Drehleitern und Hubarbeitsbühnen flexibler einsetzbar sind als tragbare Leitern und

Quelle: H. Lahmann

Bild 26.1 Direkt nach der Menschenrettung kann die Anleiterbereitschaft sichergestellt werden.

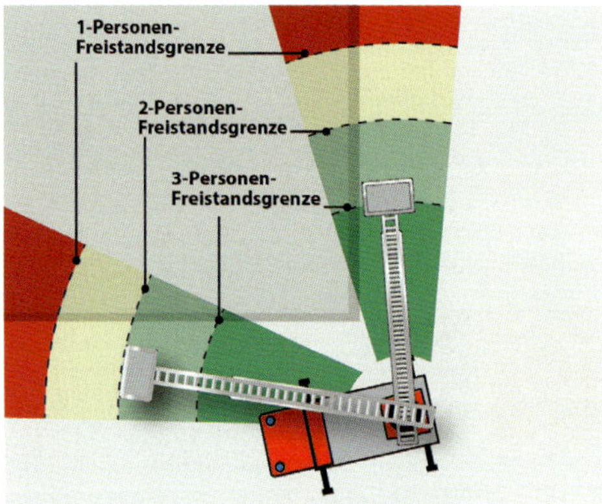

Bild 26.2 Mit Hubrettungsfahrzeugen können zwei Gebäudeseiten abgesichert werden. Das Fahrerhaus muss so positioniert werden, dass es kein Hindernis darstellt.

Achtung:

Der Hauptsteuerstand des Hubrettungsfahrzeugs muss für die Anleiterbereitschaft während der gesamten Einsatzdauer besetzt bleiben!

Praxis-Tipp:

Bei Kellerbränden in Wohngebäuden sollte eine Anleiterbereitschaft durch ein Hubrettungsfahrzeug sichergestellt werden. Ist der erste Rettungsweg – Treppenraum – durch Brandrauch versperrt, kann es zu Angstreaktionen der Bewohner kommen. Die Anleiterbereitschaft mit einem Hubrettungsfahrzeug ermöglicht in diesen Fällen eine schnelle Menschenrettung.

größere Abschnitte eines Gebäudes absichern können, sollten diese auch bevorzugt für eine Anleiterbereitschaft verwendet werden. Tragbare Leitern sollten immer vor Sprungrettungsgeräten bevorzugt genutzt werden.

Bei einem ALB-Einsatz wird das Hubrettungsfahrzeug komplett abgestützt. Der Ausleger wird so positioniert, dass der Rettungskorb, bzw. die Leiterspitze sich dann in räumlicher Nähe zum Gefahrenbereich befindet, in dem die Atemschutzgeräteträger vorgehen.

Es wird am betroffenen Objekt nicht angeleitert, um sich eine möglichst große Flexibilität mit dem Ausleger zu erhalten. Der Maschinist des Hubrettungsfahrzeugs kann somit auf unvorhergesehene Ereignisse schnell reagieren.

Grundsätzlich sollte ein Hubrettungsfahrzeug so positioniert werden, dass mindestens zwei Personen in den Korb zusteigen können. Lässt die Ausladung dies zu, kann eine Feuerwehreinsatzkraft im Rettungskorb bereit stehen, um beim Ausstieg eines in Not geratenen Atemschutz-Trupps Hilfestellung geben zu können.

Sollen lange Gebäudefronten abgesichert werden, wird die Drehkranzmitte des Hubrettungsfahrzeugs zur Anleiterbereitschaft idealerweise so positioniert, dass mit dem Ausleger zwei Gebäudeseiten gleichzeitig abgedeckt werden können. Dabei muss man auf die optimale Positionierung, wie sie zur Menschenrettung durchgeführt wird, zugunsten der größeren Erreichbarkeit von möglichst viel Gebäudefläche verzichten.

Durch ein Hubrettungsfahrzeug werden jene Gebäudeteile optimal abgesichert, die mit dem Ausleger im Zwei-Personen-Freistandsfeld erreicht werden können. Alle darüber hinaus gehenden Gebäudeteile müssen mit weiteren Hubrettungsfahrzeugen oder tragbaren Leitern gesichert werden.

Soll der Leitersatz von Atemschutzgeräteträgern bestiegen werden, so ist zuvor möglichst ein Sprossengleichstand der einzelnen Leiterelemente herzustellen. Der Motor ist in jedem Fall auszuschalten!

Die Aufstiegsleiter muss anschließend in das letzte Leiterelement eingehängt werden. Diese kann schon zu Beginn der Anleiterbereitschaft von der Besatzung bereitgelegt werden.

26.2 Anleiterbereitschaft mit tragbaren Leitern

Gebäudeseiten, die nicht von Hubrettungsfahrzeugen erreicht werden können, sind mithilfe von tragbaren Leitern zu sichern.

Die Vornahme erfolgt grundsätzlich gemäß Feuerwehr-Dienstvorschrift 10 »Tragbare Lei-

Quelle: J. Thorns

Bild 26.3 Tragbare Leitern müssen für eine ALB besetzt bleiben.

tern« (▶ Kapitel 24). Eine tragbare Leiter sollte nach der Vornahme zur Anleiterbereitschaft personell besetzt bleiben. Einerseits um sie zu sichern, wenn Einsatzkräfte absteigen müssen, andererseits um sie schnellstmöglich an einer anderen Position in Stellung zu bringen, falls in Not geratene Einsatzkräfte einen anderen Ausweg nutzen müssen.

26.3 Anleiterbereitschaft mit Sprungrettungsgeräten

In besonderen Lagen kann es erforderlich sein, einen Rettungsweg für Atemschutzgeräteträger mithilfe von Sprungrettungsgeräten sicherzustellen.

Diese Notwendigkeit kann im Rahmen der Erkundung vom Einsatzleiter festgestellt werden. Sie kann sich ergeben, wenn in Engstellen selbst eine Vornahme von tragbaren Leitern nicht möglich ist oder diese Geschosse nicht mit tragbaren Leitern nicht erreicht werden können.

Literatur

[1] Unger, J. O., Ridder, A.: Anleiterbereitschaft – »A stairway to safety!«, BRANDSchutz/Deutsche Feuerwehr-Zeitung 7/2007, S. 468 ff.

ZUR VERTIEFUNG

Nils Beneke/Jan Ole Unger: Die Roten Hefte 226: Anleiterbereitschaft, Verlag W. Kohlhammer, Stuttgart 2015.

Quelle: J. Thorns

Bild 26.4 Sprungrettungsgeräte sollten nur in besonderen Ausnahmesituationen für eine ALB eingesetzt werden.

G

H Brandbekämpfung

27 Grundtätigkeiten bei der Brandbekämpfung

von Jochen Thorns

27.1 Auslegen von Druckschläuchen

Druckschläuche – ganz gleich, ob es sich um B-, C- oder D-Druckschläuche handelt (▶ Abschnitt 28.6)– können als Rollschläuche, auf einer tragbaren Schlauchhaspel oder in Schlauchtragekörben vorgenommen werden. Eine neuere, jedoch nur lokal angewendete Methode ist zudem die Vornahme als Schlauchpaket über der Schulter.

Legt ein Trupp seine Schlauchleitung selbst, so wird diese vom Verteiler in Richtung Einsatzstelle (Angriffsziel) ausgelegt. Auf diese Weise spart sich der Trupp einen Weg und somit Zeit. Verlegt ein anderer Trupp (z. B. der Schlauchtrupp für den Angriffstrupp) die Schlauchleitung, ist die Verlegerichtung vom Trupp in Richtung Verteiler. Dies hat folgenden Hintergrund: Da nur der Truppführer des vorgehenden Trupps das Kommando des Einheitsführers wiederholt, ist nicht sichergestellt, dass der Schlauchtruppführer den Befehl mitgehört hat und – gerade bei unübersichtlichen Einsatzstellen – den Standort des vorgehenden Trupps kennt. Bei einer Verlegung der Schlauchleitung vom Verteiler zum Angriffsziel würde der Schlauchtrupp den Trupp eventuell gar nicht finden. Das gemeinsame Vorgehen der Trupps löst dieses Problem und spart so Zeit.

Praxis-Tipp:

Hinweise für die benötigte Schauchanzahl:
- eine C-Länge zur Überwindung eines Geschosses,
- mindestens eine C-Länge je abzusuchender Nutzungseinheit (z. B. Wohnung); die Gebäudeabmessungen sind zu beachten!

Bild 27.1 Die Schlauchreserve in Treppenräumen wird auf der Treppe, ausgehend vom Brandgeschoss, möglichst nach oben verlegt.

Grundsätzlich – dies gilt für alle Arten des Auslegens der Druckschläuche – ist der Truppführer für eine ausreichende Schlauchreserve verantwortlich. Die Schlauchreserve muss jeweils lage- und objektbedingt bestimmt werden und wird in der Regel seitlich als letzter Schlauch vor dem Strahlrohr ausgelegt (bei mehreren Druckschläuchen als Schlauchreserve hat sich das Auslegen von Buchten bewährt). Muss eine Schlauchreserve im Treppenraum verlegt werden, ist es sinnvoll, diese auf der vom Brandraum nach oben führenden Treppe zu legen. So wird der Rettungs- und Angriffsweg nach unten freigehalten und das Nachziehen der Schlauchreserve durch das Eigengewicht des Schlauches unterstützt.

Das Auslegen der Druckschläuche (hier in Bezug auf den Auslegeort gemeint) muss je-

Bild 27.2 Druckschläuche sind eine Stolpergefahr; gelbe Schläuche reduzieren diese.

weils auf die jeweilige Einsatzstelle angepasst sein. Insbesondere ist beim Auslegen der Druckschläuche zu achten auf

- freie Aufstell- und Bewegungsflächen für Hubrettungsfahrzeuge und Sondergeräte wie Überdruckbelüfter;
- die Reduzierung von Stolpergefahren durch ein geordnetes Verlegen der Schlauchleitungen;
- die Freihaltung von Rettungs- und damit auch Angriffswegen.

Bild 27.3 Rollschläuche werden beim Ausrollen direkt an den Kupplungen gefasst.

Achtung:

Zu lange Schlauchenden beim Ausrollen des Druckschlauches, also ein Greifen des Schlauches von den Kupplungen entfernt, kann zu schweren Verletzungen durch schlagende Kupplungen führen.

27.1.1 Auslegen von Rollschläuchen

Doppelt gerollte Rollschläuche können durch Auswerfen oder durch Abrollen aus der Armbeuge ausgelegt werden. In beiden Fällen führt eine Hand den Rollschlauch; die andere Hand fasst die beiden Schlauchenden unmittelbar hinter den Kupplungen.

27.1.2 Auslegen von Druckschläuchen mit der tragbaren Schlauchhaspel

Auf der tragbaren C-Schlauchhaspel sind fünf C-Druckschläuche verlastet. Beim Verlegen von Druckschläuchen mittels der tragbaren C-Schlauchhaspel muss der Druckschlauch nach unten abrollen. Die Abrollgeschwindigkeit sollte vom Trupp gering gehalten werden.

Achtung:

Das richtige und vollständige Ausrollen von Druckschläuchen ist wichtig und muss notfalls geübt werden. Schlecht ausgerollte Druckschläuche führen zu einer unübersichtlichen Einsatzstelle, behindern den Einsatzablauf und bilden durch Stolperstellen eine latente Unfallgefahr.

IM EINSATZ

Vornahme von Rollschläuchen über längere Strecken

Die benötigte Anzahl an Rollschläuchen wird abgelegt.

Die doppelt gerollten Rollschläuche werden zusammen gekuppelt.

Das Hohlstrahlrohr wird angekuppelt.

Die Rollschläuche werden nun einfach in Richtung Angriffsziel gezogen.

Bild 27.4 Einsatz der tragbaren Haspel

Bild 27.5 Schlauchvornahme mit STK

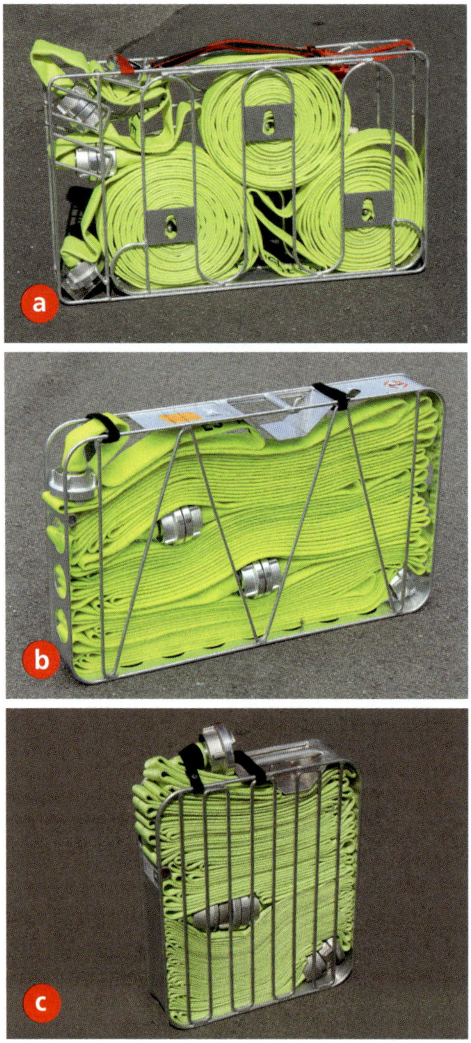

Bild 27.6 Schlauchtragekörbe:
- **a** Schlauchwickelkorb mit 3 C-Rollschläuchen
- **b** Schlauchtragekorb C mit 3 C-Rollschläuchen
- **c** Schlauchtragekorb D (auch STK-S) mit 3 D- oder 2 C-Rollschläuchen

27.1.3 Auslegen von Druckschläuchen mittels Schlauchtragekorb

Im Schlauchkorb (STK) sind die Druckschläuche in Buchten verlastet (je Schlauchtragekorb sind in der Regel zwei B- oder drei C-Druckschläuche verlastet, im STK-S zwei C-

IM EINSATZ

Schlauchreserve mittels Schlauchtragekorb

Der C-Schlauchtragekorb wird wie üblich vorgenommen zum Ablageplatz der Schlauchreserve.

Der C-Schlauchtragekorb wird geöffnet und zum Auskippen umgestülpt

Die Schlauchreserve liegt in Buchten bereit; das Hohlstrahlrohr wird angekuppelt.

Druckschläuche); eine Variante des Schlauchtragekorbes bietet auch den Transport von drei doppelt gerollten C-Druckschläuchen an (so genannter Schlauchwickelkorb).

Beim Auslegen von Druckschläuchen mittels Schlauchtragekorb wird das Herausrutschen des Schlauches aus dem Schlauchtragekorb anfangs manuell durch ein Truppmitglied unterstützt. Es ist möglich, dass vor dem Anschließen des Schlauches am Verteiler (oder – je nach Verlegerichtung – am Strahlrohr) zunächst der Rest der Schlauchlänge aus dem Schlauchtragekorb gezogen und in Buchten als Schlauchreserve ausgelegt werden muss.

Sollte der Schlauchkorb aufklappbar sein, so kann zwar alternativ der komplette Inhalt an einer Stelle ausgekippt werden; er sollte jedoch auch dann beispielsweise als Schlauchreserve in Buchten verlegt werden, bevor die Schlauchleitung unter Druck gesetzt wird. So wird ein »Schlauchdurcheinander« vermieden.

27.1.4 Auslegen von Druckschläuchen mittels Schlauchpaket

Eine neuere Methode zur Vornahme von Druckschläuchen ist das so genannte Schlauchpaket. Dabei werden C-Druckschläuche als 1,5 bis 2 Meter langes Schlauchpaket in Form einer kreisförmigen Reserve gepackt. Optimalerweise liegt das (Hohl-)Strahlrohr innen, die C-Kupplung außen. Die Schlauchreserve kann sich so automatisch bilden, wenn das Schlauchpaket unter Druck gesetzt wird. Im späteren Einsatzverlauf könnte die kreisförmige Schlauchreserve auch hochkant gegen die Wand gelehnt werden, um Stolpergefahren zu vermeiden.

Beim Auslegen von Druckschläuchen mittels Schlauchpaket geht der Trupp zunächst mit einem Schlauchtragekorb vor und schließt an der Brandstelle oder der Nutzungseinheit (z B. vor der Tür der Brandwohnung) das Schlauchpaket an die Leitung aus dem Schlauchtragekorb an. Während der Truppmann die Leitung kuppelt und die Klettbänder (optimal: zweimal Schlauchpaket, einmal Strahlrohr am Schlauchpaket) entfernt, gibt der Truppführer das Kommando »Wasser marsch!«.

Bild 27.7 Schlauchpaket:

- **a** Das Schlauchpaket wird auf der Schulter getragen.
- **b** Mit Klett wird das Paket fixiert. Das Strahlrohr soll innen, die C-Kupplung des Rollschlauches außen liegen.
- **c** Die kreisförmige Schlauchreserve bildet sich beim Schlauchpaket automatisch, wenn der Schlauch unter Druck gesetzt wird. Er kann jetzt auch hochkant an die Wand gelehnt werden.

IM EINSATZ

Auslegen von Druckschläuchen mit der fahrbaren Schlauchhaspel

Auf der fahrbaren Schlauchhaspel werden in der Regel fünf B-Druckschläuche mitgeführt. Zunächst ist die Abdeckplane zu entfernen.

Links und rechts an der Schlauchhaspel werden die Entriegelungsbügel (Pfeil) gezogen.

Beim Absetzen der Haspel arbeiten Wassertrupp und Maschinist zusammen.

Die fahrbare Schlauchhaspel wird an den Griffen gezogen. Der B-Schlauch muss nach unten abrollen.

IM EINSATZ

Auslegen von Druckschläuchen mit der Einpersonen-Haspel

Der Maschinist protzt die Einpersonen-Haspel ab. Dazu müssen die Verriegelungen gelöst und der Zuggriffbügel gedrückt werden.

Die Einpersonen-Haspel wird an den Bügeln gezogen. Der B-Schlauch muss nach unten abrollen (meist sind 5 bis 8 B-Schläuche aufgewickelt).

H

Praxis-Tipp:

Druckschläuche doppelt rollen
Der »Fuß-Trick«: Druckschlauch doppelt legen, die obere Schlauchhälfte einen Fuß vor der unteren Schlauchkupplung ablegen, bei der Schlauchhälfte beginnend eng rollen.

27.2 Zurücknehmen von Druckschläuchen

Beim Zurücknehmen von Druckschläuchen ist der Druckschlauch zunächst vom Restwasser zu entleeren. Der Schlauch kann in abfallendem Gelände beispielsweise so gelegt werden, dass das Restwasser infolge des natürlichen Gefälles abfließt. Eine andere Möglichkeit ist, dass der Schlauch fortlaufend hochgehoben

Achtung:

Nach jeder Nutzung sind Druckschläuche zu pflegen und zu prüfen. Um der Schlauchwerkstatt die Arbeit zu erleichtern, sollten die Druckschläuche einfach gerollt werden.

Bild 27.8 Zurücknehmen von Druckschläuchen:

a Der Druckschlauch wird entleert, indem er über die Schulter geführt wird.

b Anschließend wird der Schlauch in Buchten über die Schulter gelegt.

und über die Schulter geführt wird. Bei beiden Möglichkeiten ist die Schlauchleitung an geeigneten Stellen zu entkuppeln. Dabei ist ein Wasserschaden (vor allem im Gebäude!) zu verhindern und im Winter eine mögliche Glatteis-Bildung zu beachten. Erst nach der vollständigen Entleerung der Schlauchleitung sollte die Leitung in Gebäuden vollständig auseinander gekuppelt werden.

Bei der Rücknahme der Schläuche können die Schläuche entweder einfach gerollt (wenn der Platz vorhanden ist und die Schläuche anschließend der Schlauchpflege zugeführt werden) oder aber in Buchten aufgenommen werden. Bei der Rücknahme in Buchten wird der Schlauch über der Schulter in Buchten gelegt. Die Kupplungen befinden sich vor dem Körper.

27.3 Kuppeln von Druckschläuchen

B-Druckschläuche werden grundsätzlich von zwei Feuerwehrangehörigen gekuppelt; dies gilt auch beim Ankuppeln von B-Druckschläuchen an Armaturen (z. B. Verteiler). C-Druckschläuche können hingegen von einem Feuerwehrangehörigen allein gekuppelt werden. Die Schläuche werden von Hand gekuppelt, wobei die Knaggen in die Kuppelleiste gesetzt und dann im Uhrzeigersinn bis zum Anschlag verdreht werden – dies ist wichtig, da sich die Schlauchleitung unter Druck verdrehen kann und sich die Kupplungen – wenn die Knaggen nur leicht verdreht sind – öffnen können. Bei Bedarf können Kupplungsschlüssel zu Hilfe genommen werden.

Das Auseinanderkuppeln erfolgt entgegen dem Uhrzeigersinn. Beim Auseinanderkuppeln mit Kupplungsschlüsseln werden die Schlüssel über Kreuz gehalten.

27.4 Vornahme von Druckschläuchen über tragbare Leitern und in Treppenräumen

Grundsätzlich ist auf eine ausreichende Schlauchreserve zu achten. In Treppenräumen wird diese möglichst auf der vom Brandraum nach oben führenden Treppe gelegt (▶ Abschnitt 27.1).

27.4.1 Treppenraum

Im Treppenraum wird die Leitung möglichst im Auge der Treppe geführt; so bleibt der

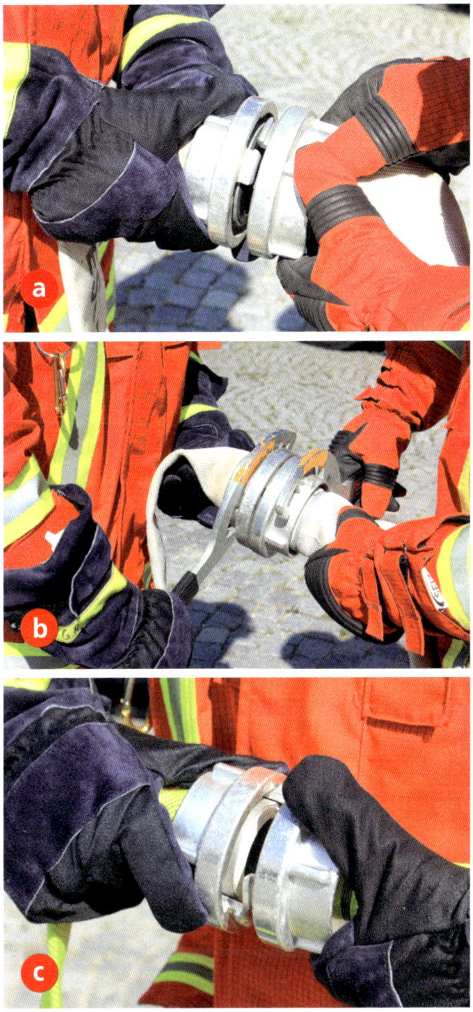

Bild 27.9 Kuppeln von Druckschläuchen:

- a B-Druckschläuche werden grundsätzlich zu zweit gekuppelt.
- b Werden beim Schlauchkuppeln Kupplungsschlüssel benutzt, so werden diese über Kreuz gehalten.
- c C-Druckschläuche werden von einem Feuerwehrangehörigen gekuppelt.

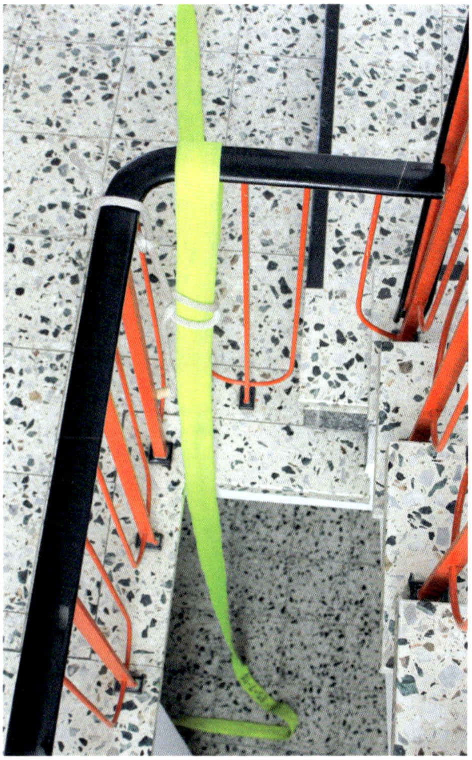

Bild 27.10 Eine Schlauchleitung im Treppenraum wird nach Möglichkeit im Treppenauge geführt.

Treppenraum als Rettungs- und zugleich Angriffsweg frei von Hindernissen. Die Schlauchleitung ist mittels (Seil-)Schlauchhalter oder mittels der Feuerwehrleine an geeigneten Festpunkten zu sichern. Ist die Vornahme der Schlauchleitung im Treppenauge nicht möglich, muss die Leitung auf der Treppe verlegt werden.

27.4.2 Tragbare Leitern und Fassade

Druckschläuche sind ebenfalls an geeigneten Festpunkten mittels (Seil-)Schlauchhalter oder Feuerwehrleine zu sichern, wenn die Schlauchleitung über tragbare Leitern vorgenommen und/oder an der Fassade hochgezogen wird.

Leere C-Druckschlauchleitungen dürfen über tragbare Leitern gemäß FwDV 1 nur bis zum 1. Obergeschoss vorgenommen werden. Darüber hinaus muss die Schlauchleitung mit der Feuerwehrleine an der Fassade bis in das entsprechende Geschoss hochgezogen werden (▶ Kapitel 15).

Grundsätzlich dürfen Schlauchleitungen nicht am Körper befestigt, auf tragbaren Leitern verlegt oder an tragbaren Leitern befes-

Bild 27.11 Druckschläuche können mit einem Seilschlauchhalter fixiert werden. Hier wurde ein Mastwurf verwendet.

Bild 27.12 Vornahme eines C-Rohres über Leiter

tigt werden. Zudem soll eine Wasserabgabe von tragbaren Leitern aus unterbleiben. Der Strahlrohreinsatz von einer tragbaren Leiter (nur bis zu einem Winkel von jeweils 15 Grad zur Seite) darf nur erfolgen, wenn die Leiter am Leiterkopf befestigt ist und sich der Strahlrohrführer mit dem Feuerwehr-Haltegurt sichert. Bei der Wasserabgabe von der Leiter darf die Schlauchleitung ausnahmsweise auch an der Leiter befestigt werden; nach Beendigung des Löscheinsatzes ist der Rettungs- und Angriffsweg im Sinne der Anleiterbereitschaft (▶ Kapitel 26) sofort freizumachen.

Beim Auslegen von Druckschläuchen über Hindernisse, wie Zäune, hinweg, können Steckleiterteile als Schlauchstütze Verwendung finden (▶ Kapitel 34). Die Steckleiterteile werden dabei in der Regel mit Mehrzweckleinen (z. B. per Mastwurf) im Scheitelpunkt und etwa in Höhe der dritten Sprosse von unten gesichert. Die Standsicherheit der Leiter ist zu beachten!

27.5 Bedienung von wasserführenden Armaturen

27.5.1 Verteiler

Die B-Leitung von der Feuerlöschkreiselpumpe wird zu zweit am Verteiler angekuppelt, danach wird der Verteiler am vorgegebenen Platz abgelegt. Aus Gründen der Unfallverhütung ist es sinnvoll, den Verteiler vor dem Ankuppeln der B-Leitung bereits auf dem Boden abzulegen und beim Ankuppeln leicht anzukippen.

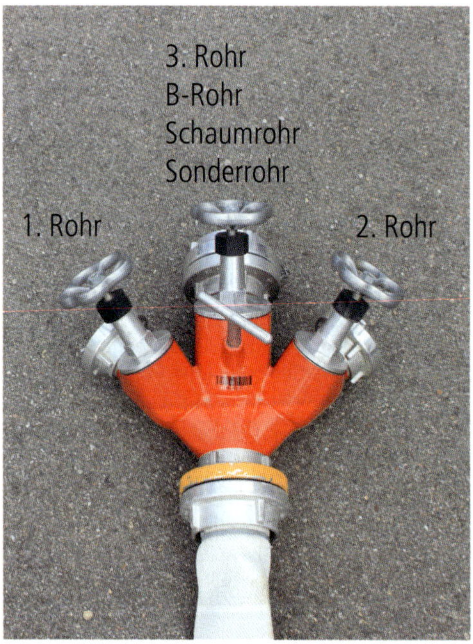

Bild 27.13 Anschließen der Rohre gemäß FwDV 1

Bild 27.14 Das Ankuppeln der B-Leitung an den Verteiler erfolgt zu zweit.

Die Anschlussreihenfolge der Angriffsleitungen am Verteiler zeigt ▶ Bild 27.13.

Der Verteiler ist grundsätzlich zu sichern, insbesondere wenn die B-Leitung angeschlossen ist und unter Druck gesetzt wird. Die Sicherung kann durch Festhalten oder mittels eines Fußes erfolgen. Eine Möglichkeit zeigt ▶ Bild 27.14.

Verteiler gibt es in zwei Ausführungen: mit Niederschraubventilen und mit Kugelhahnabsperrungen. Empfohlen wird der Einsatz von Verteilern mit Niederschraubventilen, da Kugelhahnverteiler Druckstöße in der Schlauchleitung verursachen können, was zu einer Gefährdung des vorgehenden Trupps führen kann.

Als Schnellangriffsverteiler wird ein Verteiler bezeichnet, der im Löschfahrzeug gelagert ist und bereits über einen direkt angekuppelten B-Druckschlauch verfügt.

In der Normbeladung von Tanklöschfahrzeugen befinden sich so genannte BB-CBC-Verteiler, die über zwei B-Festkupplungen für die Zuleitungen verfügen. Bei diesen Verteilern besteht das Gehäuse aus einer Kombination von Verteiler und Sammelstück.Diese Art der Verteiler ist besonders für die Sicherstellung einer Wasserversorgung im Pendelverkehr geeignet, da man aus einem Tanklöschfahrzeug unterbrechungsfrei in die Förderleitung einspeisen kann.

Bild 27.15 Verteiler BB-CBC. Dieser Verteilertyp verfügt über zwei Festkupplungen zum Anschluss von B-Leitungen. Der Verteiler B-CBC verfügt nur über eine Anschlussleitung (▶ Bild 27.13)

H

Bild 27.16 Der Verteiler ist beim Ankuppeln des B-Schlauches durch Festhalten oder mit dem Fuß zu sichern. Er muss jedoch nicht ständig besetzt sein.

27.5.2 CM-Strahlrohr

»CM-Strahlrohr« steht für »C-Mehrzweck-Strahlrohr«, mit »CMM« wird entsprechend das CM-Strahlrohr mit Mannschutzbrause bezeichnet. Die Mannschutzbrause ist ein Vorläufer der Hohlstrahlrohre und bietet, beispielsweise zum Schutz gegen Wärme, zusätzlich zum Voll- oder Sprühstrahl einen

Achtung:

Bauartbedingt ist es bei Kugelhahnverteilern möglich, den anstehenden Druck schlagartig auf die abgehende Schlauchleitung zu geben, was zu starken Druckstößen und einer Gefährdung des rohrführenden Trupps führt. Die Kugelhähne sind daher langsam zu öffnen. Der Verteiler muss jedoch nicht ständig, sondern nur bei der Bedienung, besetzt sein.

Wasserschirm mit einem bis zu 150 Grad einstellbaren Strahlwinkel.

Mehrzweckstrahlrohre können über das Schaltorgan zwischen den drei Funktionen »Vollstrahl«, »Wasser halt« und »Sprühstrahl« umgeschaltet werden.

Ein C-Strahlrohr darf von einem Feuerwehrangehörigen allein gehalten werden. Der Truppmann kuppelt das CM-Strahlrohr an die C-Leitung an und hält das CM-Strahlrohr. Die Einstellung des Sprühbildes erfolgt am Hebel des Schaltorgans. Die Sprüheinrichtung kann durch Umschalten auf Vollstrahl selbsttätig gereinigt werden.
Ein CM-Strahlrohr hat bei 5 bar Förderdruck einen Durchfluss von etwa 120 l/min mit Mundstück. Wird das Mundstück abgeschraubt, beträgt der Durchfluss bei 5 bar etwa 215 l/min. Bei einem CMM-Strahlrohr hat die voll geöffnete Mannschutzbrause einen zusätzlichen Durchfluss von maximal 160 l/min zum normalen Wasserdurchfluss.

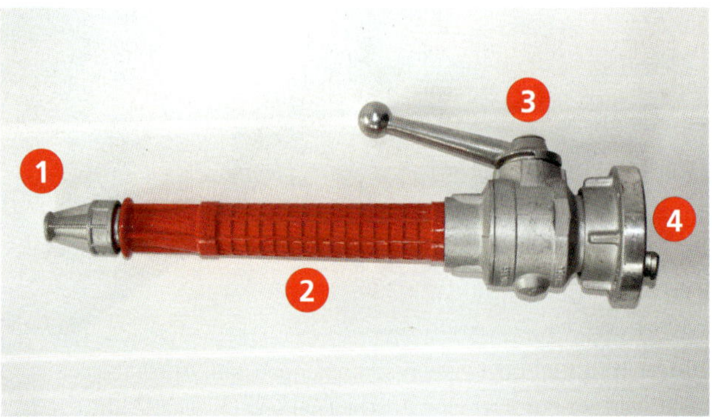

Bild 27.17 Aufbau eines CM-Strahlrohrs:

- Mundstück (1)
- Handschutz (2)
- Schaltorgan mit den Positionen »Vollstrahl«,»Wasser halt«, »Sprühstrahl« (3)
- Festkupplung (4)

Bild 27.18 Ein Trupp nimmt ein C-Rohr vor.

Angekuppelte CM-Strahlrohre dürfen nicht im geöffneten Zustand abgelegt werden. Beim Einsatz in elektrischen Anlagen sind die Mindestabstände nach VDE 0132 zu beachten (▶ Kapitel 19).

27.5.3 BM-Strahlrohr

»BM-Strahlrohr« steht für »B-Mehrzweck-Strahlrohr«. Mehrzweckstrahlrohre können über das Schaltorgan zwischen den drei Funktionen »Vollstrahl«, »Wasser halt« und »Sprühstrahl« umgeschaltet werden.

Truppführer und Truppmann kuppeln das BM-Strahlrohr gemeinsam an den Stützkrümmer an, welcher wiederum an die B-Schlauchleitung gekuppelt wird. Das BM-Strahlrohr muss beim Einsatz des Stützkrümmers von mindestens zwei Feuerwehrangehörigen gehalten werden; kommt der Stützkrümmer nicht zum Einsatz, müssen mindestens drei Feuerwehrleute das BM-Strahlrohr halten (dies gilt auch, wenn bei Verwendung des Stützkrümmers keine ausreichende Standsicherheit gegeben ist). Der Stützkrümmer sorgt dafür, dass sich die B-Leitung in der Achse des Stützkrümmers zum Boden hin abstützt und so die Rückkraft abgeleitet wird. Daher sollte die B-Leitung hinter dem Stützkrümmer auf einer Länge von etwa fünf Metern gerade verlegt werden. Die Einstellung des Sprühbildes erfolgt am Hebel des Schaltorgans. Die Sprüh-

Praxis-Tipp:

Faustformel für den Wasserdurchfluss bei Mehrzweckstrahlrohren (Förderdruck ca. 5 bar):
-CM mit Mundstück ca. 100 l/min
-CM ohne Mundstück ca. 200 l/min
-BM mit Mundstück ca. 400 l/min
-BM ohne Mundstück ca. 800 l/min

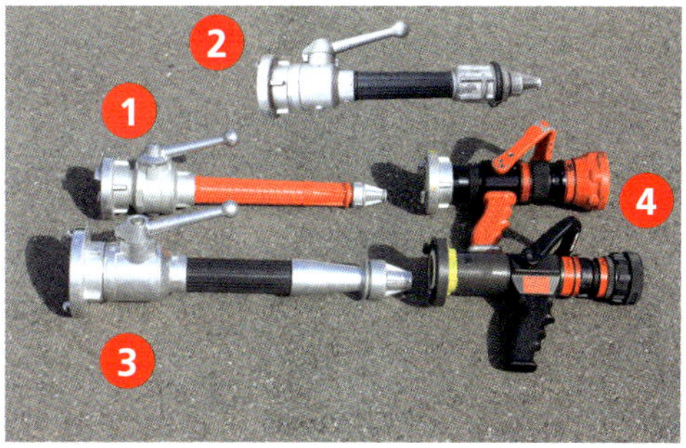

Bild 27.19 Verschiedene Strahlrohre: Typ CM (1), CMM (2), BM (3), HSR (4)

Bild 27.20 BM-Strahlrohr:

- **a** Ein Trupp nimmt ein BM-Strahlrohr vor. Ein Stützkrümmer ist notwendig.
- **b** BM-Strahlrohr mit Stützkrümmer

> **Achtung:**
>
> Zur Vermeidung von Augenverletzungen durch den Löschmittelstrahl, v. a. bei der Vornahme von Strahlrohren, ist ein Augenschutz zu tragen. Gut eignet sich hierfür das Helmvisier.

einrichtung kann durch Umschalten auf Vollstrahl selbsttätig gereinigt werden.

Ein BM-Strahlrohr hat bei 5 bar Förderdruck einen Durchfluss von etwa 380 l/min mit Mundstück. Wird das Mundstück abgeschraubt – dies darf nur auf Befehl des Einheitsführers geschehen –, beträgt der Durchfluss bei 5 bar etwa 715 l/min.

Angekuppelte BM-Strahlrohre dürfen nicht im geöffneten Zustand abgelegt werden. Beim Einsatz in elektrischen Anlagen sind die Mindestabstände nach VDE 0132 zu beachten (▶ Kapitel 19).

27.5.4 Hohlstrahlrohre

<**Hohlstrahlrohre**> (kurz: HSR) gibt es mit B-, C- und D-Festkupplung. Im Gegensatz zu Mehrzweckstrahlrohren (▶ Bild 27.19) erzeugt bei Hohlstrahlrohren ein Störkörper in der Mitte des Wasserstromes einen hohlen Wasserstrahl. Die Strahlform wird durch den Strahlformsteller und -kegel sowie den Zahn-

Bild 27.21 Haltung eines Hohlstrahlrohres

kranz am Mundstück des Hohlstrahlrohres erzeugt. Dadurch ist ein sehr feiner Sprühstrahl möglich.

Der Truppmann kuppelt das C- und D-Hohlstrahlrohr an die Schlauchleitung an; ein B-Hohlstrahlrohr wird von beiden Truppmitgliedern gekuppelt.

> **Achtung:**
>
> Der mit einem Hohlstrahlrohr vorgehende Trupp muss mit der Bedienung und den Besonderheiten beim Einsatz eines Hohlstrahlrohres vertraut sein (z. B. Löschwasserverbrauch, Rückstoßgefahr, Wasserdampfbildung infolge kleiner Tröpfchengröße).

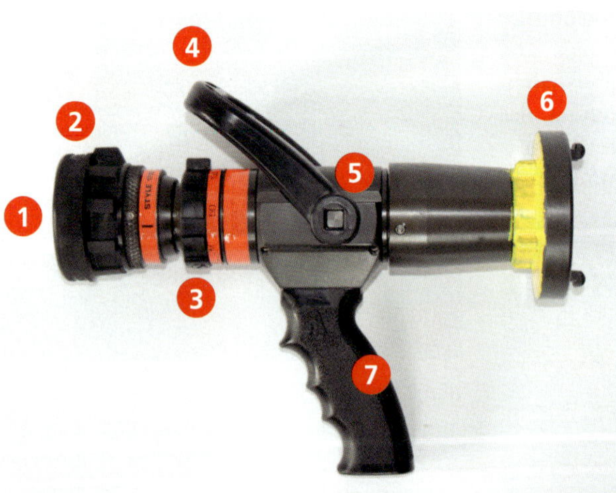

Bild 27.22 Aufbau eines Hohlstrahlrohres:

- Zahnkranz (1)
- Strahlformkegel (2)
- Durchflussregler (3)
- Handgriff mit Kugelhahn (4)
- Kugelventil (5)
- Festkupplung (6)
- Handgriff (7)

IM EINSATZ

Wasserentnahme aus einem Saugschacht

Der Schachtdeckel des Saugschachtes ist mittels der Schachthaken anzuheben und nach hinten oder seitlich wegzuziehen.

Die Saugleitung wird, beginnend am Saugkorb, gekuppelt und fertiggestellt (genau wie bei der Wasserentnahme aus offenem Gewässer).

Saugkorb (mit Zimmermannsschlag oder Mastwurf) und Saugleitung (halbe Schläge) werden eingebunden, die Ventilleine wird angebracht.

Die Saugleitung wird nach dem Ankuppeln an die Feuerlöschkreiselpumpe im Saugschacht zu Wasser gebracht.

Bild 27.23 Trageweise des Standrohres

Nach dem Ankuppeln wird vor der Wasserabgabe der erforderliche Sprühwinkel und die vom Einheitsführer befohlene Durchflussmenge eingestellt.

Wird ein B-Hohlstrahlrohr verwendet, soll ein Stützkrümmer zum Einsatz kommen. Alternativ kann ein dritter Feuerwehrangehöriger zur Unterstützung des Trupps eingesetzt werden.

Angekuppelte Hohlstrahlrohre dürfen nicht im geöffneten Zustand abgelegt werden. Beim Einsatz in elektrischen Anlagen sind die Mindestabstände nach VDE 0132 zu beachten (▶ Kapitel 19).

27.6 Wasserentnahme

Die Wasserentnahme aus Unter- und Überflurhydranten wird ausführlich in ▶ Kapitel 34 behandelt. Die Trageweise von Standrohr und Unterflurhydrantenschlüssel zeigt ▶ Bild 27.23. Die Trageweise gilt für das Württemberger Standrohr entsprechend.

Bei der Wasserentnahme aus Hydranten ist der Trinkwasserschutz zu beachten (▶ Kapitel 34).

Die Wasserentnahme aus offenen Gewässern wird in ▶ Kapitel 28 ausführlich dargestellt. Die Wasserentnahme aus einem Löschwasser-Sauganschluss bei Löschwasserbrunnen, Löschwasserbehältern oder Löschwasserteichen erfolgt mittels Saugschläuchen. Grundsätzlich sollen mindestens zwei Saugschläuche zwischen Feuerlöschkreiselpumpe und Löschwasser-Sauganschluss gekuppelt werden. Diese müssen jedoch nicht eingebunden werden.

27.7 Vornahme der Schnellangriffseinrichtung

Löschfahrzeuge mit Löschwasserbehälter verfügen über eine Schnellangriffseinrichtung mit einem formstabilen Sonderdruckschlauch und Strahlrohr oder über eine so genannte »Einrichtung zur schnellen Wasserabgabe«, die aus zwei im Geräteraum in Buchten gelegten C-Druckschläuchen und einem Strahlrohr besteht. Die Vorgehensweise ist gleich.

Der Truppmann nimmt das Strahlrohr mit der angekuppelten Schlauchleitung aus der Halterung und geht mit dem Truppführer vor. Ein weiterer Trupp (oder der Melder als »Libero«) unterstützt – sofern erforderlich – beim Abziehen und Auslegen der Schlauchleitung. Auf das Kommando »Wasser Marsch!« des vorgehenden Truppführers öffnet der Maschinist das Absperrorgan an der Pumpe und gibt Wasser.

Bei einer »Einrichtung zur schnellen Wasserabgabe« müssen die C-Druckschläuche

Bild 27.24 Einsatz der Schnellangriffseinrichtung

Bild 27.25 Die Vornahme der Kübelspritze erfolgt durch zwei Feuerwehrangehörige.

vollständig ausgelegt sein; es darf aus Gründen der Unfallverhütung kein Schlauchrest in der Halterung des Geräteraumes verbleiben.

Die Schnellangriffseinrichtung und die »Einrichtung zur schnellen Wasserabgabe« sind keinesfalls für einen Innenangriff geeignet. Diese technischen Einrichtungen eignen sich für einen raschen Einsatz bei einer überschaubaren Lage (Pkw-Brand, Müllcontainer-Brand, Kleinfeuer), wenn kein weiteres Rohr vorgenommen werden muss und die Länge der Schnellangriffseinrichtung ausreicht (▶ Kapitel 28).

27.8 Einsatz von Kleinlöschgeräten

27.8.1 Einsatz der Kübelspritze

Die **<Kübelspritze A>** (so die Normbezeichnung) wird von zwei Feuerwehrangehörigen eingesetzt. Sie ist mit zehn Litern Wasser oder wässriger Lösung gefüllt und eignet sich hervorragend zum Löschen von Kleinbränden (gerade in Objekten, da kaum Wasserschaden entsteht) oder für Nachlöscharbeiten. Das Wasser wird über eine doppelt wirkende Kolbenpumpe ausgebracht. Der pumpende Feuerwehrangehörige setzt zur Erhöhung der

Bild 27.26 Aufbau Feuerlöscher: Druckhebel (1), Tragegriff mit Sicherung (2), Löschschlauch (3), Sprühdüse mit Handgriff (4), Löschmittelbehälter mit integriertem Treibgasbehälter (5), Bedienungsanleitung und Angabe der Brandklassen (6)

Bild 27.27 Vorgehen mit dem Feuerlöscher

Quelle: Gloria GmbH, Wadersloh

Bild 27.28 Richtiger Einsatz von Feuerlöschern

Stabilität der Kübelspritze einen Fuß in die Fußhalterung des Geräts (▶ Bild 27.25); gepumpt wird mit beiden Händen.

27.8.2 Feuerlöscher und Drucklöschgeräte

Feuerlöscher und Drucklöschgeräte mit Wasser oder Schaum sind entsprechend der Herstellerangaben von einem Feuerwehrangehörigen einzusetzen (▶ Bilder 27.26 bis 27.29). Insbesondere auf die Angabe der Brandklasse ist zu achten. Die Inbetriebnahme ist gemäß der jeweils aufgedruckten Hinweise durchzuführen. Bei Inbetriebnahme dürfen sich keine Körperteile in Wirkrichtung des Überdruckventils und des Löschstrahles befinden. Sofern kein Atemschutz getragen wird, sollte ein Augenschutz, z. B. Visier, während der Löscharbeiten angelegt werden.

Bild 27.29 Beispiele für verschiedene Feuerlöscher (v. l.): 12-kg-ABC-Pulver, 6-l-Wasser, 6-l-Schaum

Nach der Beendigung des Einsatzes ist der Feuerlöscher auf den Kopf zu stellen und drucklos zu machen (▶ Kapitel 38).

Literatur

[1] Feuerwehr-Dienstvorschrift (FwDV) 1 »Grundtätigkeiten«, Stand 2007, Verlag W. Kohlhammer, Stuttgart, 2007.

[2] Lüssenheide, B., de Vries, H.: Sicheres und einfaches Vornehmen von Schläuchen im Innenangriff, BRANDSchutz/Deutsche Feuerwehr-Zeitung 12/2008, S. 932 ff.

[3] Ebert, K.: Feuerwehrarmaturen, Max Widenmann Armaturenfabrik, Giengen, 1988.

Notizen:

28 Löscheinsatz nach FwDV 3

von Jochen Thorns

28.1 Einführung

Den praktischen Einsatzablauf während eines Löscheinsatzes – gleich welcher taktischen Einheit – regelt die Feuerwehr-Dienstvorschrift (FwDV) 3 »Einheiten im Lösch- und Hilfeleistungseinsatz«. Unter dem Begriff <**Löscheinsatz**> versteht die FwDV 3 jede Tätigkeit der Feuerwehr, bei der Strahlrohre vorgenommen werden. Als Beispiele seien der Löschangriff bei einem Schadenfeuer, das Schützen gefährdeter Menschen oder Objekte durch Abriegeln sowie das Niederschlagen, Abdrängen oder Verwirbeln von gefährlichen Dämpfen und Gasen genannt. Einsatztaktisch gesehen, beinhaltet der Löscheinsatz bei der Vornahme von Strahlrohren auch alle Maßnahmen, die von der taktischen Einheit zum Retten oder zum Schutz von Menschen und Tieren durchgeführt werden, wobei der Begriff <**Retten**> das Abwenden einer Gefahr von Menschen und Tieren durch (medizinische) lebensrettende Sofortmaßnahmen und/oder durch Befreien aus einer lebens- oder gesundheitsgefährdenden Zwangslage meint.

Aufgrund der vor allem tagsüber schwierigen Verfügbarkeit von Einsatzkräften ist die FwDV 3 für den Einsatz einer Staffel optimiert worden. Daher werden im Folgenden sowohl die Tätigkeiten innerhalb einer Gruppe, als auch innerhalb einer Staffel beschrieben. Der Einsatz läuft in allen Situationen und unabhängig von der Mannschaftsstärke immer nach dem gleichen Schema ab. Die Folge sind eine geringere Stressbelastung und ein wirkungsvolleres Vorgehen, da die Einsatzkräfte nicht umdenken müssen.

Die Ausrüstung der einzelnen Trupps regelt die FwDV 1 (▶ Kapitel 27). Ergänzungen und Abweichungen sind lageabhängig jederzeit zulässig. Dies ordnet der Einheitsführer an.

28.2 Einsatzgrundsätze

Nach FwDV 3 sind bei allen Einsätzen im Rahmen des Löscheinsatzes die folgenden Grundsätze zu beachten:

- Die Funktionen für den Angriffstrupp und für den Wassertrupp sollen mit Atemschutzgeräteträgern besetzt sein. Nur so kann ein Atemschutzeinsatz durchgeführt werden (Sicherheitstrupp!). Ein erst auf der Anfahrt befindlicher Sicherheitstrupp ist in der Regel nach UVV nicht zulässig.
- Ein Innenangriff unter Atemschutz kann nur durchgeführt werden, wenn eine Gruppe oder eine Staffel am Einsatzort ist. Die Mannschaft eines Selbstständigen Trupps reicht hierfür nicht aus.
- Der Trupp geht im Gefahrenbereich grundsätzlich gemeinsam vor!

Bild 28.1 Es muss immer eine ausreichende Schlauchreserve gelegt werden.

- Der Truppführer ist für die Auftragserledigung und für die Sicherheit seines Trupps verantwortlich. Dazu gehört nicht nur die Beachtung der so genannten »Gefahren der Einsatzstelle« (▶ Kapitel 19), sondern auch, dass eine ausreichende Schlauchreserve gelegt wird.
- Einsatzbefehle werden von der beauftragten Einsatzkraft bzw. vom jeweiligen Truppführer wiederholt.
- In besonderen Situationen kann ein Trupp personell verstärkt werden (so genannter Dreier-Trupp).
- Der Angriffstrupp rüstet sich während der Alarmfahrt auf Weisung des Einheitsführers mit Atemschutzgeräten aus. Wenn sich die Atemschutzgeräte nicht im Mannschaftsraum befinden, legt der Angriffstrupp während der Alarmfahrt die Atemschutzmaske und ggf. die Feuerschutzhaube (Flammschutzhaube) an; die Atemschutzgeräte legt er in diesem Fall sofort nach Eintreffen an der Einsatzstelle an. Hierbei handelt es sich um einen Standardbefehl des Einheitsführers.

Praxis-Tipp:

Die Ausarbeitung einer Standard-Einsatz-Regel innerhalb jeder Feuerwehr ist sinnvoll, wonach bei den Alarmstichworten »Feuer/Brand« und »Brandmeldeanlage« die automatische Ausrüstung des Angriffstrupps mit Atemschutz obligatorisch ist (also ohne Befehl des Einheitsführers). Dies würde den Einheitsführer bei der Einsatzvorbereitung entlasten – und ist zudem bereits jetzt häufige Praxis.

- Der Angriffstrupp rüstet sich für den Atemschutzeinsatz aus und geht grundsätzlich mit dem 1. Rohr im Innenangriff (Erster Rettungsweg/Treppenraum) vor. Auf diese Weise können eventuell im Rettungsweg liegende, hilflose Personen schnell aufgefunden werden. Dies ist vor allem wichtig, wenn der Einheitsführer zunächst (noch) keinen Hinweis auf vermisste Personen hat. Gleichzeitig wird bei diesem Vorgehen noch eine gezielte Belüftung des ersten Rettungsweges ermöglicht.

Bild 28.2 Der Wassertrupp baut die Wasserversorgung zuerst vom Löschfahrzeug zum Verteiler auf.

- Die Wasserversorgung wird bei Löschfahrzeugen mit Löschwasserbehälter zuerst vom Löschfahrzeug zum Verteiler und danach vom Löschfahrzeug zur Wasserentnahmestelle aufgebaut. Bei Löschfahrzeugen ohne Löschwasserbehälter kann dies lagebedingt auch in umgekehrter Reihenfolge erfolgen. Auf diese Weise kann umgehend mit dem Löschangriff begonnen werden. Bei Löschfahrzeugen ohne eingebauten Löschwasserbehälter ist es in der Regel sinnvoller, dass der Wassertrupp zuerst die Wasserentnahmestelle herrichtet und die Wasserversorgung vom Löschfahrzeug zur Wasserentnahmestelle aufbaut. Bei einer Zeitverzögerung kann der Angriffstrupp nach FwDV 3 bereits die Wasserversorgung vom Löschfahrzeug zum Verteiler herstellen.
- Die Wasserversorgung zwischen Löschfahrzeug und Wasserentnahmestelle muss möglichst schnell aufgebaut werden. Mit dem Innenangriff darf erst begonnen werden, wenn eine ständige Wasserabgabe sichergestellt ist, z. B. wenn das mitgeführte Löschwasser bis zum Aufbau einer Löschwasserversorgung ausreicht. Die Wasserversorgung zwischen Löschfahrzeug und Wasserentnahmestelle sollte immer aufgebaut werden, außer es ist sicher absehbar, dass der Inhalt des Löschwasserbehälters

sicher zur erfolgreichen Brandbekämpfung ausreicht (z. B. Mülltonnen-Brand). Sollte der Löschwasserbehälter des Löschfahrzeugs kleiner als 800 Liter sein oder die Wasserabgabe mehr als 200 l/min betragen, sollte vor dem Beginn des Innenangriffs auf jeden Fall der Aufbau einer leistungsfähigen Wasserversorgung abgewartet werden. Zu beachten ist, dass zum Füllen eines B-20-K-Druckschlauches etwa 88,4 Liter erforderlich sind. Wird ein Verteiler nach zwei Längen B-Druckschlauch gesetzt, sind bereits rund 177 Liter Wasser zum Füllen der Leitung »verbraucht« – ohne, dass der Löschangriff begonnen hat.

- Der Angriffstrupp setzt grundsätzlich den Verteiler. Muss bei einem Brandeinsatz neben dem Innenangriff gleichzeitig eine Menschenrettung über tragbare Leitern durchgeführt werden, muss insbesondere ein reibungsloser Einsatzablauf gewährleistet sein. Der Angriffstrupp soll dabei auch bei einer notwendigen sofortigen Menschenrettung das 1. Rohr über den Eingangsbereich vornehmen. Die Menschenrettung über tragbare Leitern ist Aufgabe vom Wassertrupp oder – falls vorhanden – des Schlauchtrupps. Würde der Verteiler grundsätzlich vom Wassertrupp gesetzt werden, müsste der Angriffstrupp in diesem Fall umdenken und den Verteiler setzen. Dies ist gerade bei einer derart kritischen Einsatzlage nicht gewollt. Der Verteiler muss nicht ständig besetzt sein, sondern nur bei der Bedienung; gleichwohl ist eine ständige Besetzung sinnvoll.

Bild 28.3 Der Angriffstrupp setzt den Verteiler.

Achtung:

Der Einheitsführer kann von den Regelungen der FwDV 3 abweichen, wenn dies zur Sicherstellung des Einsatzerfolges erforderlich ist. Hiermit ist beispielsweise der Einsatz des Angriffstrupps unter Atemschutz zur Menschenrettung ohne Bereitstellung des Sicherheitstrupps gemeint. Ein Einheitsführer sollte sich jedoch immer ganz genau überlegen, ob und wann er von den Vorgaben der FwDV und der Unfallverhütungsvorschriften abweicht, da diese rechtlich verbindliche Vorgaben aufstellen. Daher sollte ein Abweichen von den Vorschriften die absolute Ausnahme darstellen.

- Trupps, die ihre Aufgabe erledigt haben und einsatzbereit sind, melden sich beim Einheitsführer. Ist der Einheitsführer nicht erreichbar oder erhält der Trupp keine neue Aufgabe, sollte er sich am Feuerwehrfahrzeug bereitstellen.
- Bemerkt eine Einsatzkraft eine besondere Gefahr (z. B. Einsturz- oder Explosionsgefahr) und ist ein unverzügliches In-Sicherheit-Bringen notwendig, gibt sie das Kommando »Gefahr – Alle sofort zurück!«. Jede Einsatzkraft gibt dieses Kommando weiter; alle gehen zurück und sammeln sich am Feuerwehrfahrzeug. Der Einheitsführer überprüft die Vollzähligkeit der Mannschaft, trifft weitere Maßnahmen und gibt Lagemeldungen.
- Bei Personalmangel innerhalb der taktischen Einheit wird zuerst auf den Melder, dann auf den Schlauchtrupp und schließlich auf den Wassertrupp verzichtet, wobei ohne Wassertrupp in der Regel kein geordneter Einsatz mehr möglich ist.
- Sind Melder und Schlauchtrupp vorhanden, können sie – sofern keine anderen Aufgaben durchgeführt werden müssen – als »Libero« auf Befehl des Einheitsführers lagegerecht besondere Aufgaben durchführen.

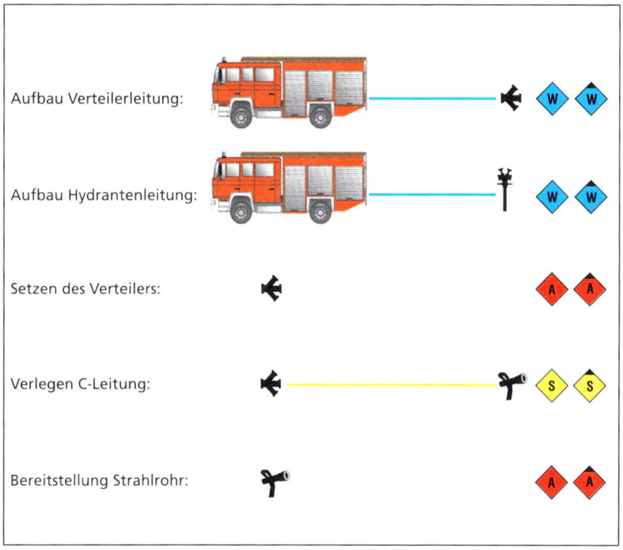

Bild 28.4 Allgemeine Aufgabenverteilung in der Gruppe bei der Vornahme des 1. C-Rohres

Hierbei ist der Einheitsführer gefordert. Eine Einschränkung gibt es allerdings: Der Schlauchtrupp hat die C-Druckschläuche für die vorgehenden Trupps ohne ausdrücklichen Befehl am Verteiler bereitzulegen und später auch zu verlegen, da es keinen Sinn machen würde, die Schläuche von den Trupps selbst verlegen zu lassen, während der Schlauchtrupp selbst keine Aufgabe wahrzunehmen hat. Andererseits kann der Einheitsführer auch direkt befehlen, dass sich der Schlauchtrupp (und/oder Melder) für Sonderaufgaben am Verteiler bereitzustellen oder z. B. eine Menschenrettung über tragbare Leitern durchzuführen hat. Dann müssten Angriffstrupp und Wassertrupp als Staffel vorgehen und die Schlauchleitungen selbst verlegen.

28.3 Der praktische Einsatzablauf beim Löscheinsatz

In den folgenden Abschnitten werden die praktischen Tätigkeiten der Trupps bzw. Einsatzkräfte detailliert aufgeführt. Auf die Grundlagen und die Einsatzbefehle in den ▶ Kapiteln 20 und 27 sei hingewiesen.

Eine ausreichende Anzahl von C-Druckschläuchen definiert sich im Allgemeinen als mindestens fünf C-Rollschläuche oder eine tragbare C-Schlauchhaspel oder zwei C-Schlauchtragekörbe. Die Schlauchanzahl ist jedoch objektabhängig, sodass die Zahl der notwendigen Schläuche im Einzelfall auch deutlich höher liegen kann.

Grundsätzlich ist bei allen nachfolgend beschriebenen Einsatzvarianten auch eine weitere und/oder andere Ausrüstung nach örtlichen Belangen bzw. Erfordernissen möglich (z. B. Fluchthauben, Feuerwehraxt, etc.).

Ist kein Melder und kein Schlauchtrupp vorhanden, muss der Verteiler – je nach Verfügbarkeit – vom Wassertrupp oder sogar vom Einheitsführer bedient werden.

Grundsätzlich wird zunächst das 1. Rohr (in der Regel vom Angriffstrupp) vorgenommen. Wenn weitere Trupps einsatzbereit zur Verfügung stehen, können weitere Rohre vorgenommen werden.

Ist der Angriffstrupp unter Atemschutz im Einsatz, nimmt der Schlauchtrupp das 2. Rohr vor, da der Wassertrupp den Sicherheitstrupp nach FwDV 7 stellt. Die Einsatzbereitschaft des Sicherheitstrupps muss grundsätzlich sichergestellt sein. Nimmt der Wassertrupp als Sicherheitstrupp zur Eigensicherung ebenfalls ein Rohr in Bereitstellung, so ist dieses nach FwDV 1 immer am Verteiler als 3. Rohr anzuschließen (nicht bei B-Rohr- oder Schaumrohr-Einsatz).

H

Tabelle 28.1 Einsatz mit Bereitstellung – Wasserentnahmestelle: Hydrant

Funktion	Tätigkeit/Befehl innerhalb einer Gruppe (1/8)	Tätigkeit/Befehl innerhalb einer Staffel (1/5)
Einheitsführer	– bestimmt die Fahrzeugaufstellung und ggf. der TS – rüstet sich mit Beleuchtungsgerät, 2-m-Band-Funkgerät und ggf. Funktionskennzeichnung aus – beginnt mit der Erkundung. Nach Abschluss der ersten Einsatzplanung und einer kurzen Lageschilderung befiehlt er: »Wasserentnahmestelle: X-Hydrant, Lage des Verteilers: XXX, Zum Einsatz fertig!« – setzt die Erkundung nach dem Befehl fort	– bestimmt die Fahrzeugaufstellung und ggf. der TS – rüstet sich mit Beleuchtungsgerät, 2-m-Band-Funkgerät und ggf. Funktionskennzeichnung aus – beginnt mit der Erkundung. Nach Abschluss der ersten Einsatzplanung und einer kurzen Lageschilderung befiehlt er: »Wasserentnahmestelle: X-Hydrant, Lage des Verteilers: XXX, Zum Einsatz fertig!« – setzt die Erkundung nach dem Befehl fort
Maschinist	– führt eine Grundsicherung der Einsatzstelle durch (▶ Kapitel 46) – nimmt die fahrbare B-Schlauchhaspel (soweit vorhanden) ab. Falls es keine Einpersonen-Haspel ist, befielt er: »Wassertrupp zur Schlauchhaspel« – unterstützt die Trupps beim Entnehmen der Geräte aus dem Fahrzeug – macht die FP einsatzbereit. Er kuppelt die Schlauchleitungen an die FP an, bedient diese sowie die im Fahrzeug eingebauten Aggregate (z. B. Stromerzeuger) – unterstützt bei Bedarf beim Verlegen der B-Schlauchleitung – führt Atemschutzüberwachung auf Befehl des Einheitsführers durch (2-m-Band-Funkgerät erforderlich)	– führt eine Grundsicherung der Einsatzstelle durch (▶ Kapitel 46) – nimmt die fahrbare B-Schlauchhaspel (soweit vorhanden) ab. Falls es keine Einpersonen-Haspel ist, befielt er: »Wassertrupp zur Schlauchhaspel« – unterstützt die Trupps beim Entnehmen der Geräte aus dem Fahrzeug – macht die FP einsatzbereit. Er kuppelt die Schlauchleitungen an die FP an, bedient diese sowie die im Fahrzeug eingebauten Aggregate (z. B. Stromerzeuger) – unterstützt bei Bedarf beim Verlegen der B-Schlauchleitung – führt Atemschutzüberwachung auf Befehl des Einheitsführers durch (2-m-Band-Funkgerät erforderlich)
Melder	– arbeitet auf Befehl des GF. Hat er keine Aufgabe, ist er an der Seite des Einheitsführers. Ausrüstung: Beleuchtungsgerät, ggf. 2-m-Band-Funkgerät	- In der Staffel nicht vorhanden -
Angriffstrupp	– Truppführer wiederholt Kommando »Zum Einsatz fertig!« – ist mit PA inklusive Feuerschutzhaube ausgerüstet – setzt den Verteiler. Ist ein so genannter Schnellangriffsverteiler (Verteiler mit direkt angekuppeltem B-Schlauch) vorhanden, nimmt der Angriffstrupp diesen vor, sofern die Länge der B-Leitung ausreicht, und verlegt somit auch die B-Leitung zwischen Löschfahrzeug und Verteiler.	– Truppführer wiederholt Kommando »Zum Einsatz fertig!« – ist mit PA inklusive Feuerschutzhaube ausgerüstet – setzt den Verteiler. Ist ein so genannter Schnellangriffsverteiler (Verteiler mit direkt angekuppeltem B-Schlauch) vorhanden, nimmt der Angriffstrupp diesen vor, sofern die Länge der B-Leitung ausreicht, und verlegt somit auch die B-Leitung zwischen Löschfahrzeug und Verteiler.

Tabelle 28.1 – Fortsetzung Einsatz mit Bereitstellung – Wasserentnahmestelle: Hydrant

Funktion	Tätigkeit/Befehl innerhalb einer Gruppe (1/8)	Tätigkeit/Befehl innerhalb einer Staffel (1/5)
Angriffstrupp (Fortsetzung)	– Bei Vornahme des Schnellangriffsverteilers gibt der Truppführer dem Maschinisten das Kommando »Wasser marsch!« – Der einsatzbereit ausgerüstete Angriffstrupp stellt sich am Verteiler bereit und meldet dem Einheitsführer: »Angriffstrupp einsatzbereit!« Der Truppführer führt 2-m-Band-Funkgerät und Handscheinwerfer mit, der Truppmann das Strahlrohr (möglichst Hohlstrahlrohr) und Schlauchhalter	– Bei Vornahme des Schnellangriffsverteilers gibt der Truppführer dem Maschinisten das Kommando »Wasser marsch!« – Truppmann legt ausreichend C-Schläuche am Verteiler bereit – Der einsatzbereit ausgerüstete Angriffstrupp stellt sich am Verteiler bereit und meldet dem Einheitsführer: »Angriffstrupp einsatzbereit!« Der Truppführer führt 2-m-Band-Funkgerät und Handscheinwerfer mit, der Truppmann das Strahlrohr (möglichst Hohlstrahlrohr) und Schlauchhalter
Wassertrupp	<u>Bei Fahrzeugen mit Löschwasserbehälter:</u> – hilft dem Maschinisten bei der Abnahme der fahrbaren B-Schlauchhaspel – sofern noch nicht vom Angriffstrupp mittels Schnellangriffsverteiler erfolgt, verlegt Wassertrupp die B-Leitung zwischen Löschfahrzeug und Verteiler (Verlegerichtung: vom Löschfahrzeug zum Verteiler) und gibt dem Maschinisten das Kommando »Wasser marsch!« – stellt anschließend die Wasserversorgung zwischen Löschfahrzeug und Wasserentnahmestelle her. Dazu nimmt er bei Unterflurhydranten Standrohr, Standrohrschlüssel, Schachthaken und ggf. Standrohrhalter (bei Württembergischen Schachthydranten) oder bei Überflurhydranten den Hydrantenschlüssel mit. Die B-Leitung wird von der FP zum Hydranten verlegt. – Im Falle eines Atemschutzeinsatzes des Angriffstrupps rüstet sich der Wassertrupp anschließend automatisch mit Atemschutzgeräten und Feuerschutzhauben als Sicherheitstrupp aus und stellt sich am Verteiler bereit; der Truppführer meldet dem Einheitsführer: »Wassertrupp als Sicherheitstrupp einsatzbereit!« Dabei wird die übliche Ausstattung für den Atemschutzeinsatz mitgeführt (ggf. auch Sicherheitstrupp-Ausrüstung)	<u>Bei Fahrzeugen mit Löschwasserbehälter:</u> – hilft dem Maschinisten bei der Abnahme der fahrbaren B-Schlauchhaspel – sofern noch nicht vom Angriffstrupp mittels Schnellangriffsverteiler erfolgt, verlegt Wassertrupp die B-Leitung zwischen Löschfahrzeug und Verteiler (Verlegerichtung: vom Löschfahrzeug zum Verteiler) und gibt dem Maschinisten das Kommando »Wasser marsch!« – stellt anschließend die Wasserversorgung zwischen Löschfahrzeug und Wasserentnahmestelle her. Dazu nimmt er bei Unterflurhydranten Standrohr, Standrohrschlüssel, Schachthaken und ggf. Standrohrhalter (bei Württembergischen Schachthydranten) oder bei Überflurhydranten den Hydrantenschlüssel mit. Die B-Leitung wird von der FP zum Hydranten verlegt. – Im Falle eines Atemschutzeinsatzes des Angriffstrupps rüstet sich der Wassertrupp anschließend automatisch mit Atemschutzgeräten und Feuerschutzhauben als Sicherheitstrupp aus und stellt sich am Verteiler bereit; der Truppführer meldet dem Einheitsführer: »Wassertrupp als Sicherheitstrupp einsatzbereit!« Dabei wird die übliche Ausstattung für den Atemschutzeinsatz mitgeführt (ggf. auch Sicherheitstrupp-Ausrüstung)

Tabelle 28.1 – Fortsetzung Einsatz mit Bereitstellung – Wasserentnahmestelle: Hydrant

Funktion	Tätigkeit/Befehl innerhalb einer Gruppe (1/8)	Tätigkeit/Befehl innerhalb einer Staffel (1/5)
Wassertrupp (Fortsetzung)	<u>Bei Fahrzeugen ohne Löschwasserbehälter:</u> – hilft dem Maschinisten bei der Abnahme der fahrbaren B-Schlauchhaspel (sofern vorhanden) – stellt die Wasserversorgung zwischen Löschfahrzeug und Wasserentnahmestelle her. Dazu nimmt er bei Unterflurhydranten Standrohr, Standrohrschlüssel, Schachthaken und ggf. Standrohrhalter (bei Württembergischen Schachthydranten) oder bei Überflurhydranten den Hydrantenschlüssel mit. Die B-Leitung wird von der FP zum Hydranten verlegt. – sofern noch nicht vom Angriffstrupp mittels Schnellangriffsverteiler erfolgt, verlegt Wassertrupp die B-Leitung zwischen Löschfahrzeug und Verteiler (Verlegerichtung: vom Löschfahrzeug zum Verteiler) und gibt dem Maschinisten das Kommando »Wasser marsch!« – Im Falle eines Atemschutzeinsatzes des Angriffstrupps rüstet sich der Wassertrupp anschließend automatisch mit Atemschutzgeräten und Feuerschutzhauben als Sicherheitstrupp aus und stellt sich am Verteiler bereit; der Truppführer meldet dem Einheitsführer: »Wassertrupp als Sicherheitstrupp einsatzbereit!« Dabei wird die übliche Ausstattung für den Atemschutzeinsatz mitgeführt (ggf. auch Sicherheitstrupp-Ausrüstung)	<u>Bei Fahrzeugen ohne Löschwasserbehälter:</u> – hilft dem Maschinisten bei der Abnahme der fahrbaren B-Schlauchhaspel (sofern vorhanden) – stellt die Wasserversorgung zwischen Löschfahrzeug und Wasserentnahmestelle her. Dazu nimmt er bei Unterflurhydranten Standrohr, Standrohrschlüssel, Schachthaken und ggf. Standrohrhalter (bei Württembergischen Schachthydranten) oder bei Überflurhydranten den Hydrantenschlüssel mit. Die B-Leitung wird von der FP zum Hydranten verlegt. – sofern noch nicht vom Angriffstrupp mittels Schnellangriffsverteiler erfolgt, verlegt Wassertrupp die B-Leitung zwischen Löschfahrzeug und Verteiler (Verlegerichtung: vom Löschfahrzeug zum Verteiler) und gibt dem Maschinisten das Kommando »Wasser marsch!« – Im Falle eines Atemschutzeinsatzes des Angriffstrupps rüstet sich der Wassertrupp anschließend automatisch mit Atemschutzgeräten und Feuerschutzhauben als Sicherheitstrupp aus und stellt sich am Verteiler bereit; der Truppführer meldet dem Einheitsführer: »Wassertrupp als Sicherheitstrupp einsatzbereit!« Dabei wird die übliche Ausstattung für den Atemschutzeinsatz mitgeführt (ggf. auch Sicherheitstrupp-Ausrüstung)
Schlauchtrupp	– unterstützt beim Aufbau der Wasserversorgung. Er kann bei Bedarf vom Einheitsführer zur Unterstützung aller Trupps eingesetzt werden – legt ausreichend C-Druckschläuche am Verteiler bereit – bedient den Verteiler – kann auf Anweisung des Einheitsführers besondere Aufgaben wahrnehmen.	- In der Staffel nicht vorhanden -

H

Tabelle 28.2 Vornahme des ersten Rohres

Funktion	Tätigkeit/Befehl innerhalb einer Gruppe (1/8)	Tätigkeit/Befehl innerhalb einer Staffel (1/5)
	Während der Einheitsführer weiter erkundet, stellen sich die einsatzbereiten Trupps am Verteiler bereit.	
Einheitsführer	– gibt dem Angriffstrupp folgenden Befehl: »(Einheit:) Angriffstrupp, (Auftrag:) zur …, (Mittel:) mit 1. Rohr, (Ziel:) ins/zum/auf, (Weg:) über/durch, vor!« – setzt die Erkundung fort	– gibt dem Angriffstrupp folgenden Befehl: »(Einheit:) Angriffstrupp, (Auftrag:) zur …, (Mittel:) mit 1. Rohr, (Ziel:) ins/zum/auf, (Weg:) über/durch, vor!« – setzt die Erkundung fort
Maschinist	– bedient die FP und andere Aggregate	– bedient die FP und andere Aggregate
Melder	– arbeitet auf Befehl des GF. Hat er keine Aufgabe, ist er an der Seite des Einheitsführers. Ausrüstung: Beleuchtungsgerät, ggf. 2-m-Band-Funkgerät	- In der Staffel nicht vorhanden -
Angriffstrupp	– Truppführer wiederholt den Befehl – geht zusammen mit dem Schlauchtrupp vor, kuppelt außerhalb des Gefahrenbereichs, spätestens aber an der Rauchgrenze, das Strahlrohr an und stellt eine ausreichende Schlauchreserve sicher. Kann der Schlauchtrupp nicht unterstützen, verlegt der Angriffstrupp seine C-Leitung selbst vom Verteiler zum Angriffsziel – Truppführer gibt das Kommando: »1. Rohr Wasser marsch!«	– Truppführer wiederholt den Befehl – verlegt seine C-Leitung selbst vom Verteiler zum Angriffsziel, kuppelt außerhalb des Gefahrenbereichs, spätestens aber an der Rauchgrenze, das Strahlrohr an und stellt eine ausreichende Schlauchreserve sicher – Truppführer gibt das Kommando: »1. Rohr Wasser marsch!«
Wassertrupp	– ist beim Atemschutzeinsatz Sicherheitstrupp; ist kein Atemschutzeinsatz notwendig, bleibt er in Bereitstellung am Verteiler	– ist beim Atemschutzeinsatz Sicherheitstrupp; ist kein Atemschutzeinsatz notwendig, bleibt er in Bereitstellung am Verteiler
Schlauchtrupp	– verlegt die C-Leitung nach dem Kommando »1. Rohr Wasser marsch!« vom Angriffstrupp zum Verteiler – bedient den Verteiler – bringt weitere erforderliche Einsatzmittel (z. B. Steckleiter) für den Angriffstrupp in Stellung – kann auf Weisung des Einheitsführers weitere Aufgaben wahrnehmen.	- In der Staffel nicht vorhanden -

H

Tabelle 28.3 Vornahme weiterer Rohre

Funktion	Tätigkeit/Befehl innerhalb einer Gruppe (1/8)	Tätigkeit/Befehl innerhalb einer Staffel (1/5)
	Während der Einheitsführer weiter erkundet, stellen sich die einsatzbereiten Trupps am Verteiler bereit.	
Einheitsführer	– gibt dem Wasser- oder dem Schlauchtrupp folgenden Befehl: »(Einheit:) Angriffstrupp, (Auftrag:) zur …, (Mittel:) mit X. Rohr, (Ziel:) ins/zum/auf, (Weg:) über/durch, vor!« – setzt die Erkundung fort	– gibt dem Wassertrupp folgenden Befehl: »(Einheit:) Wassertrupp, (Auftrag:) zur …, (Mittel:) mit 2. Rohr, (Ziel:) ins/zum/auf, (Weg:) über/durch, vor!« – setzt die Erkundung fort – muss Verteiler bedienen, wenn das 2. Rohr vorgenommen wird
Melder	– bedient auf Befehl des Einheitsführers den Verteiler	- In der Staffel nicht vorhanden -
Wassertrupp	– ist beim Atemschutzeinsatz Sicherheitstrupp – ist kein Atemschutzeinsatz notwendig, nimmt der Wassertrupp das 2. Rohr vor: Der Truppführer wiederholt dann den Einsatzbefehl ab »Einheit«. Der Trupp geht ausgerüstet (Truppführer: Funk, Handscheinwerfer; Truppmann: Strahlrohr) zum Angriffsziel vor, kuppelt außerhalb des Gefahrenbereichs das Strahlrohr an und stellt eine ausreichende Schlauchreserve sicher. Kann der Schlauchtrupp nicht unterstützen, verlegt der Wassertrupp seine C-Leitung selbst vom Verteiler zum Angriffsziel. – Truppführer gibt das Kommando: »2. Rohr Wasser marsch!«	– ist beim Atemschutzeinsatz Sicherheitstrupp – ist kein Atemschutzeinsatz notwendig, nimmt der Wassertrupp das 2. Rohr vor: Der Truppführer wiederholt dann den Einsatzbefehl ab »Einheit«. Der Trupp geht ausgerüstet (Truppführer: Funk, Handscheinwerfer; Truppmann: Strahlrohr) zum Angriffsziel vor, kuppelt außerhalb des Gefahrenbereichs das Strahlrohr an und stellt eine ausreichende Schlauchreserve sicher. Der Wassertrupp verlegt seine C-Leitung selbst vom Verteiler zum Angriffsziel. – Truppführer gibt das Kommando: »2. Rohr Wasser marsch!«
Schlauchtrupp	– verlegt die C-Leitung nach dem Kommando »2. Rohr Wasser marsch!« vom Wassertrupp zum Verteiler – bedient den Verteiler – bringt weitere erforderliche Einsatzmittel (z. B. Steckleiter) für den Wassertrupp in Stellung – kann auf Weisung des Einheitsführers weitere Aufgaben wahrnehmen. – Nimmt ggf. 3. Rohr vor: Der Truppführer wiederholt den Einsatzbefehl ab »Einheit«. Der Trupp geht ausgerüstet (Truppführer: Funk, Handscheinwerfer; Truppmann: Strahlrohr) zum Angriffsziel vor, kuppelt	- In der Staffel nicht vorhanden -

Tabelle 28.3 – Fortsetzung Vornahme weiterer Rohre

Funktion	Tätigkeit/Befehl innerhalb einer Gruppe (1/8)	Tätigkeit/Befehl innerhalb einer Staffel (1/5)
Schlauchtrupp (Fortsetzung)	außerhalb des Gefahrenbereichs das Strahlrohr an und stellt eine ausreichende Schlauchreserve sicher. Verlegt die C-Leitung selbst vom Verteiler zum Angriffsziel. Truppführer gibt Kommando: »3. Rohr Wasser marsch!« – Nimmt selbst 2. Rohr vor, wenn der Wassertrupp den Sicherheitstrupp für den Atemschutzeinsatz stellt. Der Truppführer wiederholt dann den Einsatzbefehl ab »Einheit«. Der Trupp geht ausgerüstet (Truppführer: Funk, Handscheinwerfer; Truppmann: Strahlrohr) zum Angriffsziel vor, kuppelt außerhalb des Gefahrenbereichs das Strahlrohr an und stellt eine ausreichende Schlauchreserve sicher. Die C-Leitung wird selbst vom Verteiler zum Angriffsziel verlegt. Truppführer gibt Kommando: »2. Rohr Wasser marsch!«.	

Merke:

Verlegt ein Trupp seine C-Schlauchleitung selbst, ist die Verlegerichtung vom Verteiler zum Angriffsziel. Auf diese Weise spart sich der Trupp einen Weg und somit Zeit. Verlegt der Schlauchtrupp die C-Schlauchleitung für einen anderen Trupp, so ist die Verlegerichtung vom Angriffsziel zum Verteiler. Dies hat folgenden Hintergrund: Da nur der Truppführer des vorgehenden Trupps das Kommando des Einheitsführers wiederholt, ist nicht sichergestellt, dass der Schlauchtruppführer den Befehl mitgehört hat und – gerade bei unübersichtlichen Einsatzstellen – den Standort des vorgehenden Trupps kennt. Bei einer Verlegung der Schlauchleitung vom Verteiler zum Angriffsziel würde der Schlauchtrupp den Trupp eventuell gar nicht finden. Das gemeinsame Vorgehen des vorgehenden Trupps und des Schlauchtrupps löst dieses Problem und spart so Zeit.

Bild 28.5 Beim Einsatz mit Bereitstellung erhält der Angrifftstrupp seinen Einsatzauftrag erst nachdem er sich beim Gruppenführer am Vertreiler einsatzbereit gemeldet hat.

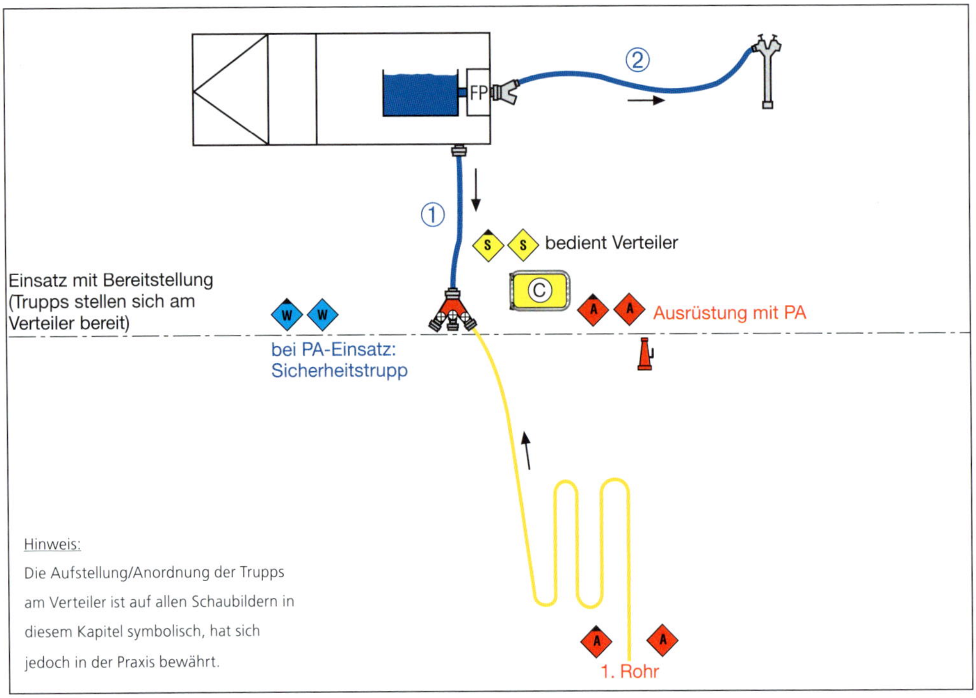

Bild 28.6 Einsatz mit Bereitstellung einer Gruppe und anschließender Vornahme des ersten Rohres

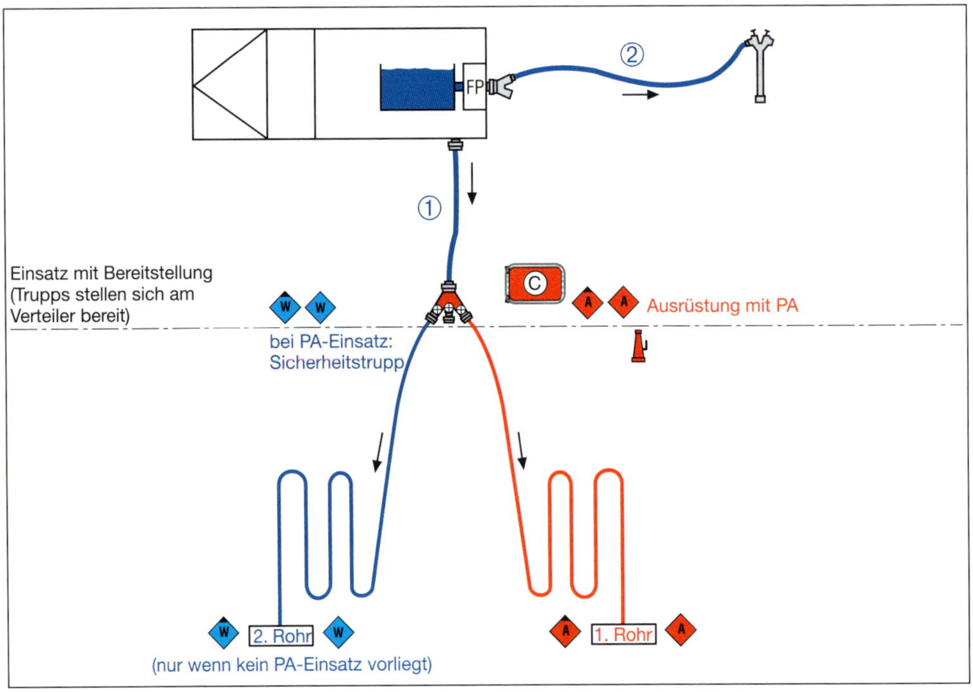

Bild 28.7 Einsatz mit Bereitstellung einer Staffel und anschließender Vornahme von zwei Rohren

Tabelle 28.4 Einsatz ohne Bereitstellung – Wasserentnahmestelle: Hydrant

Funktion	Tätigkeit/Befehl innerhalb einer Gruppe (1/8)	Tätigkeit/Befehl innerhalb einer Staffel (1/5)
Einheitsführer	– bestimmt die Fahrzeugaufstellung und ggf. der TS – rüstet sich mit Beleuchtungsgerät, 2-m-Band-Funkgerät und ggf. Funktionskennzeichnung aus – beginnt mit der Erkundung. Nach Abschluss der ersten Einsatzplanung und einer kurzen Lageschilderung befiehlt er: »Wasserentnahmestelle: X-Hydrant, Lage des Verteilers: XXX, »(Einheit:) Angriffstrupp, (Auftrag:) zur …, (Mittel:) mit X. Rohr, (Ziel:) ins/zum/auf, (Weg:) über/durch, vor!« – setzt die Erkundung nach dem Befehl fort	– bestimmt die Fahrzeugaufstellung und ggf. der TS – rüstet sich mit Beleuchtungsgerät, 2-m-Band-Funkgerät und ggf. Funktionskennzeichnung aus – beginnt mit der Erkundung. Nach Abschluss der ersten Einsatzplanung und einer kurzen Lageschilderung befiehlt er: »Wasserentnahmestelle: X-Hydrant, Lage des Verteilers: XXX, »(Einheit:) Angriffstrupp, (Auftrag:) zur …, (Mittel:) mit X. Rohr, (Ziel:) ins/zum/auf, (Weg:) über/durch, vor!« – setzt die Erkundung nach dem Befehl fort
Maschinist	– führt eine Grundsicherung der Einsatzstelle durch (▶ Kapitel 46) – nimmt die fahrbare B-Schlauchhaspel (soweit vorhanden) ab. Falls es keine Einpersonen-Haspel ist, befielt er: »Wassertrupp zur Schlauchhaspel« – unterstützt die Trupps beim Entnehmen der Geräte aus dem Fahrzeug – macht die FP einsatzbereit. Er kuppelt die Schlauchleitungen an die FP an, bedient diese sowie die im Fahrzeug eingebauten Aggregate (z. B. Stromerzeuger) – unterstützt bei Bedarf beim Verlegen der B-Schlauchleitung – führt Atemschutzüberwachung auf Befehl des Einheitsführers durch (2-m-Band-Funkgerät erforderlich)	– führt eine Grundsicherung der Einsatzstelle durch (▶ Kapitel 46) – nimmt die fahrbare B-Schlauchhaspel (soweit vorhanden) ab. Falls es keine Einpersonen-Haspel ist, befielt er: »Wassertrupp zur Schlauchhaspel« – unterstützt die Trupps beim Entnehmen der Geräte aus dem Fahrzeug – macht die FP einsatzbereit. Er kuppelt die Schlauchleitungen an die FP an, bedient diese sowie die im Fahrzeug eingebauten Aggregate (z. B. Stromerzeuger) – unterstützt bei Bedarf beim Verlegen der B-Schlauchleitung – führt Atemschutzüberwachung auf Befehl des Einheitsführers durch (2-m-Band-Funkgerät erforderlich)
Melder	– arbeitet auf Befehl des GF. Hat er keine Aufgabe, ist er an der Seite des Einheitsführers. Ausrüstung: Beleuchtungsgerät, ggf. 2-m-Band-Funkgerät	- In der Staffel nicht vorhanden -
Angriffstrupp	– Truppführer wiederholt den Einsatzbefehl ab »Einheit« – ist mit PA inklusive Feuerschutzhaube ausgerüstet – setzt den Verteiler. Ist ein so genannter Schnellangriffsverteiler (Verteiler mit direkt angekuppeltem B-Schlauch) vorhanden,	– Truppführer wiederholt den Einsatzbefehl ab »Einheit« – ist mit PA inklusive Feuerschutzhaube ausgerüstet – setzt den Verteiler. Ist ein so genannter Schnellangriffsverteiler (Verteiler mit direkt angekuppeltem B-Schlauch) vorhanden,

H

Tabelle 28.4 – Fortsetzung Einsatz ohne Bereitstellung – Wasserentnahmestelle: Hydrant

Funktion	Tätigkeit/Befehl innerhalb einer Gruppe (1/8)	Tätigkeit/Befehl innerhalb einer Staffel (1/5)
Angriffstrupp (Fortsetzung)	nimmt der Angriffstrupp diesen vor, sofern die Länge der B-Leitung ausreicht und verlegt somit auch die B-Leitung zwischen Löschfahrzeug und Verteiler. Bei Vornahme des Schnellangriffsverteilers gibt der Truppführer dem Maschinisten das Kommando »Wasser marsch!«. – Der einsatzbereit ausgerüstete Angriffstrupp (Truppführer führt 2-m-Band-Funkgerät und Handscheinwerfer, Truppmann das Strahlrohr (möglichst Hohlstrahlrohr) und Schlauchhalter) geht zusammen mit dem Schlauchtrupp vor , kuppelt außerhalb des Gefahrenbereichs das Strahlrohr an und stellt eine ausreichende Schlauchreserve sicher. Kann der Schlauchtrupp nicht unterstützen, verlegt er Trupp die C-Leitung selbst vom Verteiler zum Angriffsziel. – Truppführer gibt Kommando: »1. Rohr Wasser marsch!«	nimmt der Angriffstrupp diesen vor, sofern die Länge der B-Leitung ausreicht und verlegt somit auch die B-Leitung zwischen Löschfahrzeug und Verteiler. Bei Vornahme des Schnellangriffsverteilers gibt der Truppführer dem Maschinisten das Kommando »Wasser marsch!«. – Truppmann legt ausreichend C-Schläuche am Verteiler bereit – Der einsatzbereit ausgerüstete Angriffstrupp (Truppführer führt 2-m-Band-Funkgerät und Handscheinwerfer, Truppmann das Strahlrohr (möglichst Hohlstrahlrohr) und Schlauchhalter) geht allein vor, kuppelt außerhalb des Gefahrenbereichs das Strahlrohr an und stellt eine ausreichende Schlauchreserve sicher. Verlegt die C-Leitung selbst vom Verteiler zum Angriffsziel. – Truppführer gibt Kommando: »1. Rohr Wasser marsch!«
Wassertrupp	Bei Fahrzeugen mit Löschwasserbehälter: – hilft dem Maschinisten bei der Abnahme der fahrbaren B-Schlauchhaspel – sofern noch nicht vom Angriffstrupp mittels Schnellangriffsverteiler erfolgt, verlegt Wassertrupp die B-Leitung zwischen Löschfahrzeug und Verteiler (Verlegerichtung: vom Löschfahrzeug zum Verteiler) und gibt dem Maschinisten das Kommando »Wasser marsch!« – stellt anschließend die Wasserversorgung zwischen Löschfahrzeug und Wasserentnahmestelle her. Dazu nimmt er bei Unterflurhydranten Standrohr, Standrohrschlüssel, Schachthaken und ggf. Standrohrhalter (bei Württembergischen Schachthydranten) oder bei Überflurhydranten den Hydrantenschlüssel mit. Die B-Leitung wird von der FP zum Hydranten verlegt. – Im Falle eines Atemschutzeinsatzes des Angriffstrupps rüstet sich der Wassertrupp anschließend automatisch mit Atem-	Bei Fahrzeugen mit Löschwasserbehälter: – hilft dem Maschinisten bei der Abnahme der fahrbaren B-Schlauchhaspel – sofern noch nicht vom Angriffstrupp mittels Schnellangriffsverteiler erfolgt, verlegt Wassertrupp die B-Leitung zwischen Löschfahrzeug und Verteiler (Verlegerichtung: vom Löschfahrzeug zum Verteiler) und gibt dem Maschinisten das Kommando »Wasser marsch!« – stellt anschließend die Wasserversorgung zwischen Löschfahrzeug und Wasserentnahmestelle her. Dazu nimmt er bei Unterflurhydranten Standrohr, Standrohrschlüssel, Schachthaken und ggf. Standrohrhalter (bei Württembergischen Schachthydranten) oder bei Überflurhydranten den Hydrantenschlüssel mit. Die B-Leitung wird von der FP zum Hydranten verlegt. – Im Falle eines Atemschutzeinsatzes des Angriffstrupps rüstet sich der Wassertrupp anschließend automatisch mit Atem-

Tabelle 28.4 – Fortsetzung Einsatz ohne Bereitstellung – Wasserentnahmestelle: Hydrant

Funktion	Tätigkeit/Befehl innerhalb einer Gruppe (1/8)	Tätigkeit/Befehl innerhalb einer Staffel (1/5)
Wassertrupp (Fortsetzung)	schutzgeräten und Feuerschutzhauben als Sicherheitstrupp aus und stellt sich am Verteiler bereit; der Truppführer meldet dem Einheitsführer: »Wassertrupp als Sicherheitstrupp einsatzbereit!« Dabei wird die übliche Ausstattung für den Atemschutzeinsatz mitgeführt (ggf. auch Sicherheitstrupp-Ausrüstung) Bei Fahrzeugen ohne Löschwasserbehälter: – hilft dem Maschinisten bei der Abnahme der fahrbaren B-Schlauchhaspel (sofern vorhanden) – stellt die Wasserversorgung zwischen Löschfahrzeug und Wasserentnahmestelle her. Dazu nimmt er bei Unterflurhydranten Standrohr, Standrohrschlüssel, Schachthaken und ggf. Standrohrhalter (bei Württembergischen Schachthydranten) oder bei Überflurhydranten den Hydrantenschlüssel mit. Die B-Leitung wird von der FP zum Hydranten verlegt. – sofern noch nicht vom Angriffstrupp mittels Schnellangriffsverteiler erfolgt, verlegt Wassertrupp die B-Leitung zwischen Löschfahrzeug und Verteiler (Verlegerichtung: vom Löschfahrzeug zum Verteiler) und gibt dem Maschinisten das Kommando »Wasser marsch!« – Im Falle eines Atemschutzeinsatzes des Angriffstrupps rüstet sich der Wassertrupp anschließend automatisch mit Atemschutzgeräten und Feuerschutzhauben als Sicherheitstrupp aus und stellt sich am Verteiler bereit; der Truppführer meldet dem Einheitsführer: »Wassertrupp als Sicherheitstrupp einsatzbereit!« Dabei wird die übliche Ausstattung für den Atemschutzeinsatz mitgeführt (ggf. auch Sicherheitstrupp-Ausrüstung)	schutzgeräten und Feuerschutzhauben als Sicherheitstrupp aus und stellt sich am Verteiler bereit; der Truppführer meldet dem Einheitsführer: »Wassertrupp als Sicherheitstrupp einsatzbereit!« Dabei wird die übliche Ausstattung für den Atemschutzeinsatz mitgeführt (ggf. auch Sicherheitstrupp-Ausrüstung) Bei Fahrzeugen ohne Löschwasserbehälter: – hilft dem Maschinisten bei der Abnahme der fahrbaren B-Schlauchhaspel (sofern vorhanden) – stellt die Wasserversorgung zwischen Löschfahrzeug und Wasserentnahmestelle her. Dazu nimmt er bei Unterflurhydranten Standrohr, Standrohrschlüssel, Schachthaken und ggf. Standrohrhalter (bei Württembergischen Schachthydranten) oder bei Überflurhydranten den Hydrantenschlüssel mit. Die B-Leitung wird von der FP zum Hydranten verlegt. – sofern noch nicht vom Angriffstrupp mittels Schnellangriffsverteiler erfolgt, verlegt Wassertrupp die B-Leitung zwischen Löschfahrzeug und Verteiler (Verlegerichtung: vom Löschfahrzeug zum Verteiler) und gibt dem Maschinisten das Kommando »Wasser marsch!« – Im Falle eines Atemschutzeinsatzes des Angriffstrupps rüstet sich der Wassertrupp anschließend automatisch mit Atemschutzgeräten und Feuerschutzhauben als Sicherheitstrupp aus und stellt sich am Verteiler bereit; der Truppführer meldet dem Einheitsführer: »Wassertrupp als Sicherheitstrupp einsatzbereit!« Dabei wird die übliche Ausstattung für den Atemschutzeinsatz mitgeführt (ggf. auch Sicherheitstrupp-Ausrüstung)
Schlauchtrupp	– unterstützt beim Aufbau der Wasserversorgung.	- In der Staffel nicht vorhanden -

H

Tabelle 28.4 – Fortsetzung Einsatz ohne Bereitstellung – Wasserentnahmestelle: Hydrant

Funktion	Tätigkeit/Befehl innerhalb einer Gruppe (1/8)	Tätigkeit/Befehl innerhalb einer Staffel (1/5)
Schlauchtrupp (Fortsetzung)	– kann bei Bedarf vom Einheitsführer zur Unterstützung aller Trupps eingesetzt werden – legt ausreichend C-Druckschläuche am Verteiler bereit – bedient den Verteiler – kann auf Anweisung des Einheitsführers besondere Aufgaben wahrnehmen	- In der Staffel nicht vorhanden -
Die Vornahme weiterer Rohre entspricht ▶ Tabelle 28.3.		

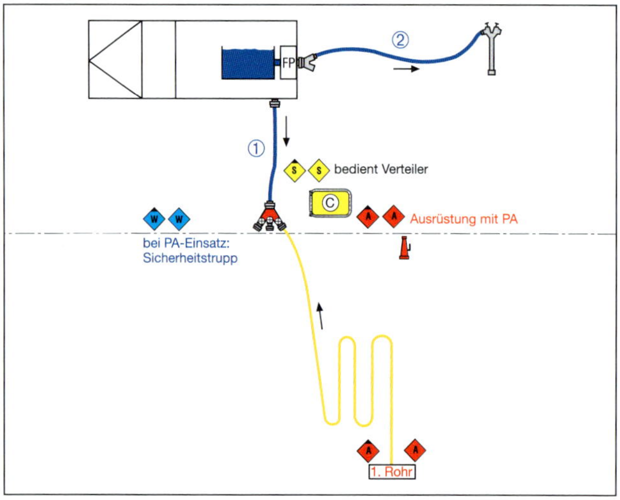

Bild 28.8 Einsatz ohne Bereitstellung einer Gruppe mit anschließender Vornahme des ersten Rohres

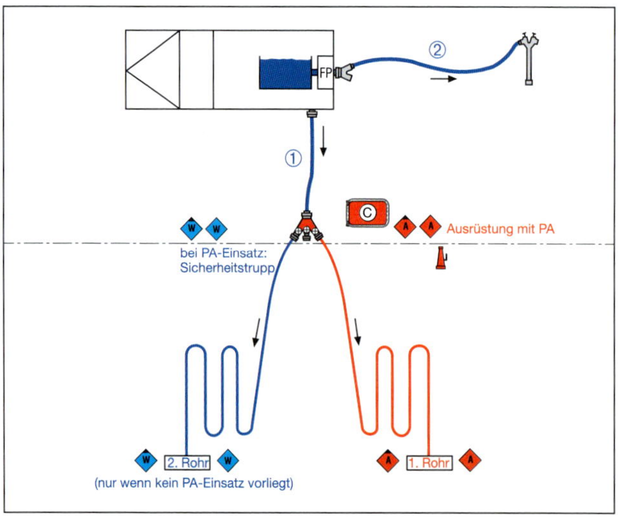

Bild 28.9 Einsatz ohne Bereitstellung einer Staffel und anschließender Vornahme des ersten und des zweiten Rohres

Tabelle 28.5 Einsatz mit Bereitstellung – Wasserentnahmestelle: offenes Gewässer

Funktion	Tätigkeit/Befehl innerhalb einer Gruppe (1/8)	Tätigkeit/Befehl innerhalb einer Staffel (1/5)
Einheitsführer	– bestimmt die Fahrzeugaufstellung und ggf. der TS – rüstet sich mit Beleuchtungsgerät, 2-m-Band-Funkgerät und ggf. Funktionskennzeichnung aus – beginnt mit der Erkundung. Nach Abschluss der ersten Einsatzplanung und einer kurzen Lageschilderung befiehlt er: »Wasserentnahmestelle: offenes Gewässer, Lage des Verteilers: XXX, Zum Einsatz fertig!« – setzt die Erkundung nach dem Befehl fort	– bestimmt die Fahrzeugaufstellung und ggf. der TS – rüstet sich mit Beleuchtungsgerät, 2-m-Band-Funkgerät und ggf. Funktionskennzeichnung aus – beginnt mit der Erkundung. Nach Abschluss der ersten Einsatzplanung und einer kurzen Lageschilderung befiehlt er: »Wasserentnahmestelle: offenes Gewässer, Lage des Verteilers: XXX, Zum Einsatz fertig!« – setzt die Erkundung nach dem Befehl fort
Maschinist	– führt eine Grundsicherung der Einsatzstelle durch (▶ Kapitel 46) – nimmt die fahrbare B-Schlauchhaspel (soweit vorhanden) ab. Falls es keine Einpersonen-Haspel ist, befielt er: »Wassertrupp zur Schlauchhaspel« – unterstützt die Trupps beim Entnehmen der Geräte aus dem Fahrzeug – legt sofort die erforderlichen Kupplungsschlüssel, den Saugkorb, den Saugschutzkorb, die Ventilleine und ggf. die Halteleine an der Wasserentnahmestelle bereit – macht die FP einsatzbereit. – nach dem Kommando »Saugleitung hoch!« des Wassertruppführers kuppelt er die Saugleitung an die FP an, gibt das Kommando »Fertig!« und schlägt ggf. die Halteleine an einem Festpunkt (z. B. Schäkel) an – führt Atemschutzüberwachung auf Befehl des Einheitsführers durch (2-m-Band-Funkgerät erforderlich)	– führt eine Grundsicherung der Einsatzstelle durch (▶ Kapitel 46) – nimmt die fahrbare B-Schlauchhaspel (soweit vorhanden) ab. Falls es keine Einpersonen-Haspel ist, befielt er: »Wassertrupp zur Schlauchhaspel« – unterstützt die Trupps beim Entnehmen der Geräte aus dem Fahrzeug – legt sofort die erforderlichen Kupplungsschlüssel, den Saugkorb, den Saugschutzkorb, die Ventilleine und ggf. die Halteleine an der Wasserentnahmestelle bereit – macht die FP einsatzbereit. – nach dem Kommando »Saugleitung hoch!« des Wassertruppführers kuppelt er die Saugleitung an die FP an, gibt das Kommando »Fertig!« und schlägt ggf. die Halteleine an einem Festpunkt (z. B. Schäkel) an – führt Atemschutzüberwachung auf Befehl des Einheitsführers durch (2-m-Band-Funkgerät erforderlich)
Melder	– arbeitet auf Befehl des GF. Hat er keine Aufgabe, ist er an der Seite des Einheitsführers. Ausrüstung: Beleuchtungsgerät, ggf. 2-m-Band-Funkgerät	- In der Staffel nicht vorhanden -
Angriffstrupp	– Truppführer wiederholt Kommando »Zum Einsatz fertig!« – ist mit PA inklusive Feuerschutzhaube ausgerüstet	– Truppführer wiederholt Kommando »Zum Einsatz fertig!« – ist mit PA inklusive Feuerschutzhaube ausgerüstet

H

Tabelle 28.5 – Fortsetzung Einsatz mit Bereitstellung – Wasserentnahmestelle: offenes Gewässer

Funktion	Tätigkeit/Befehl innerhalb einer Gruppe (1/8)	Tätigkeit/Befehl innerhalb einer Staffel (1/5)
Angriffstrupp (Fortsetzung)	– setzt den Verteiler und legt ein ausreichend C-Druckschläuche für sich am Verteiler bereit – legt die B-Leitung zwischen Löschfahrzeug und Verteiler, sofern der Wasser- und der Schlauchtrupp noch mit dem Verlegen der Saugleitung beschäftigt sind. Kuppelt den Verteiler an die B-Leitung an. Truppführer gibt dem Maschinisten das Kommando »Wasser marsch!« – Ist ein so genannter Schnellangriffsverteiler (Verteiler mit direkt angekuppeltem B-Schlauch) vorhanden, nimmt der Angriffstrupp diesen vor, sofern die Länge der B-Leitung ausreicht, und verlegt somit auch die B-Leitung zwischen Löschfahrzeug und Verteiler. Truppführer gibt dem Maschinisten das Kommando »Wasser marsch!« – Der einsatzbereit ausgerüstete Angriffstrupp stellt sich am Verteiler bereit und meldet dem Einheitsführer: »Angriffstrupp einsatzbereit!« Der Truppführer führt 2-m-Band-Funkgerät und Handscheinwerfer mit, der Truppmann das Strahlrohr (möglichst Hohlstrahlrohr) und Schlauchhalter	– Beim Einsatz einer TS entnimmt Wassertrupp zusammen mit Angriffstrupp die TS und bringt sie in Stellung – Angriffstrupp unterstützt Wassertrupp beim Kuppeln von mehr als 2 Saugschläuchen Bei mehr als 2 Saugschläuchen entnehmen Angriffs- und Wassertrupp gemeinsam die benötigten Saugschläuche und legen sie zwischen FP und Wasserentnahmestelle (ggf. neben dem Löschfahrzeug) ab. – Der Wassertrupp kuppelt (beginnend am Saugkorb, hin zur FP), der Angriffstrupp unterstützt. Das heißt: Wassertruppführer steht mit Blickrichtung FP am Saugkorb, der Wassertruppmann ihm gegenüber (Blickrichtung Saugkorb), wobei die Saugleitung zwischen den Beinen liegt. Der Angriffstruppführer steht hinter dem Wassertruppführer, der Angriffstruppmann hinter dem Wassertruppmann. Das bedeutet, dass der Angriffstrupp unter Umständen mit aufgesetztem, aber noch nicht angeschlossenen PA kuppeln muss. – Zur Vermeidung von Unfällen wird die Saugleitung nach jedem gekuppelten Saugschlauch abgelegt, Angriffstrupp und Wassertrupp treten aus der Leitung raus, gehen zur nächsten Kupplung und treten wieder über die Leitung, um zu kuppeln. – Nach dem Kommando »Saugleitung hoch!« des Wassertruppführers heben Angriffstrupp, Wassertrupp und Maschinist die Saugleitung hoch, damit der Maschinist die Saugleitung an der FP ankuppeln kann. Nach dem Kommando »Fertig!« des Maschinisten kommandiert der Wassertruppführer »Saugleitung zu Wasser!«. Danach wird die Saugleitung zu Wasser gelassen. – Hinweis zum Standpunkt der Trupps: Beim Anheben der Saugleitung nach dem Kommando »Saugleitung hoch!« ist es erfahrungsgemäß sinnvoll, wenn der

H

Tabelle 28.5 – Fortsetzung Einsatz mit Bereitstellung – Wasserentnahmestelle: offenes Gewässer

Funktion	Tätigkeit/Befehl innerhalb einer Gruppe (1/8)	Tätigkeit/Befehl innerhalb einer Staffel (1/5)
Angriffstrupp (Fortsetzung)		Wassertruppführer am Saugkorb steht, um den Überblick zu haben. Die weiteren Truppmitglieder sollten wie folgt stehen: Maschinist an FP, Wassertruppmann erste Kupplung nach der FP (in Richtung Saugkorb), Angriffstruppführer zweite Kupplung nach FP, Angriffstruppmann dritte Kupplung nach FP. Auf diese Weise können Wassertruppmann und Angriffstruppführer nach dem Kuppeln direkt an ihren Positionen bleiben. Es ist darauf zu achten, dass die Trupps auf der Wasserentnahmestelle-abgewandten Seite der Saugleitung stehen, damit sie beim Zu-Wasser-lassen der Saugleitung nicht in das Gewässer fallen. – setzt den Verteiler und legt ein ausreichend C-Druckschläuche für sich am Verteiler bereit – Ist ein so genannter Schnellangriffsverteiler (Verteiler mit direkt angekuppeltem B-Schlauch) vorhanden, nimmt der Angriffstrupp diesen vor, sofern die Länge der B-Leitung ausreicht, und verlegt somit auch die B-Leitung zwischen Löschfahrzeug und Verteiler. Truppführer gibt dem Maschinisten das Kommando »Wasser marsch!« – Der einsatzbereit ausgerüstete Angriffstrupp stellt sich am Verteiler bereit und meldet dem Einheitsführer: »Angriffstrupp einsatzbereit!« Der Truppführer führt 2-m-Band-Funkgerät und Handscheinwerfer mit, der Truppmann das Strahlrohr (möglichst Hohlstrahlrohr) und Schlauchhalter
Wassertrupp	– Wassertruppführer bestimmt durch das Kommando „X Saugschläuche!" die Anzahl der benötigten Saugschläuche – hilft dem Maschinisten bei der Abnahme der fahrbaren B-Schlauchhaspel (wenn vorhanden) – Beim Einsatz einer TS entnimmt Wassertrupp zusammen mit Schlauchtrupp die TS und bringt sie in Stellung	– Wassertruppführer bestimmt durch das Kommando „X Saugschläuche!" die Anzahl der benötigten Saugschläuche – hilft dem Maschinisten bei der Abnahme der fahrbaren B-Schlauchhaspel (wenn vorhanden) – Beim Einsatz einer TS entnimmt Wassertrupp zusammen mit Angriffstrupp die TS und bringt sie in Stellung

Tabelle 28.5 – Fortsetzung Einsatz mit Bereitstellung – Wasserentnahmestelle: offenes Gewässer

Funktion	Tätigkeit/Befehl innerhalb einer Gruppe (1/8)	Tätigkeit/Befehl innerhalb einer Staffel (1/5)
Wassertrupp (Fortsetzung)	– Werden nur 2 Saugschläuche benötigt, kuppelt der Wassertrupp selbst, sonst wird er vom Schlauchtrupp unterstützt – Bei mehr als 2 Saugschläuchen entnehmen Wassertrupp und Schlauchtrupp gemeinsam die benötigten Saugschläuche und legen sie zwischen FP und Wasserentnahmestelle (ggf. neben dem Löschfahrzeug) ab – Der Wassertrupp kuppelt (beginnend am Saugkorb, hin zur FP), der Schlauchtrupp unterstützt. Das heißt: Der Wassertruppführer steht mit Blickrichtung FP am Saugkorb, der Wassertruppmann ihm gegenüber (Blickrichtung Saugkorb), wobei die Saugleitung zwischen den Beinen liegt. Der Schlauchtruppführer steht hinter dem Wassertruppführer, der Schlauchtruppmann hinter dem Wassertruppmann – Zur Vermeidung von Unfällen wird die Saugleitung nach jedem gekuppelten Saugschlauch abgelegt, Wasser- und Schlauchtrupp treten aus der Leitung raus, gehen zur nächsten Kupplung und treten wieder über die Leitung, um zu kuppeln – Sobald alle Saugschläuche gekuppelt sowie die Ventil- und ggf. die Halteleine sowie der Saugschutzkorb angebracht sind, kommandiert der Wassertruppführer »Saugleitung hoch!«. Am schnellsten ist es in der Regel, wenn der Wassertruppführer die Ventilleine und der Wassertruppmann die Halteleine anbringt. Der Saugschutzkorb sollte vom Wassertrupp gemeinsam angebracht werden – Wassertrupp, Schlauchtrupp und Maschinist heben die Saugleitung hoch, damit der Maschinist die Saugleitung an der FP ankuppeln kann. Nach dem Kommando »Fertig!« des Maschinisten kommandiert der Wassertruppführer »Saugleitung zu Wasser!«. Danach wird die Saugleitung zu Wasser gelassen.	– Werden nur 2 Saugschläuche benötigt, kuppelt der Wassertrupp selbst, sonst wird er vom Angriffstrupp unterstützt – Bei mehr als 2 Saugschläuchen entnehmen Wassertrupp und Angriffstrupp gemeinsam die benötigten Saugschläuche und legen sie zwischen FP und Wasserentnahmestelle (ggf. neben dem Löschfahrzeug) ab – Der Wassertrupp kuppelt (beginnend am Saugkorb, hin zur FP), der Angriffstrupp unterstützt. Das heißt: Der Wassertruppführer steht mit Blickrichtung FP am Saugkorb, der Wassertruppmann ihm gegenüber (Blickrichtung Saugkorb), wobei die Saugleitung zwischen den Beinen liegt. Der Angriffstruppführer steht hinter dem Wassertruppführer, der Angriffstruppmann hinter dem Wassertruppmann – Zur Vermeidung von Unfällen wird die Saugleitung nach jedem gekuppelten Saugschlauch abgelegt, Wasser- und Angriffstrupp treten aus der Leitung raus, gehen zur nächsten Kupplung und treten wieder über die Leitung, um zu kuppeln – Sobald alle Saugschläuche gekuppelt sowie die Ventil- und ggf. die Halteleine sowie der Saugschutzkorb angebracht sind, kommandiert der Wassertruppführer »Saugleitung hoch!«. Am schnellsten ist es in der Regel, wenn der Wassertruppführer die Ventilleine und der Wassertruppmann die Halteleine anbringt. Der Saugschutzkorb sollte vom Wassertrupp gemeinsam angebracht werden – Wassertrupp, Angriffstrupp und Maschinist heben die Saugleitung hoch, damit der Maschinist die Saugleitung an der FP ankuppeln kann. Nach dem Kommando »Fertig!« des Maschinisten kommandiert der Wassertruppführer »Saugleitung zu Wasser!«. Danach wird die Saugleitung zu Wasser gelassen.

Tabelle 28.5 – Fortsetzung Einsatz mit Bereitstellung – Wasserentnahmestelle: offenes Gewässer

Funktion	Tätigkeit/Befehl innerhalb einer Gruppe (1/8)	Tätigkeit/Befehl innerhalb einer Staffel (1/5)
Wassertrupp (Fortsetzung)	– Hinweis zum Standpunkt der Trupps: Beim Anheben der Saugleitung ist es erfahrungsgemäß sinnvoll, wenn der Wassertruppführer am Saugkorb steht, um den Überblick zu haben. Die weiteren Truppmitglieder sollten wie folgt stehen: Maschinist an FP, Wassertruppmann erste Kupplung nach der FP (in Richtung Saugkorb), Schlauchtruppführer zweite Kupplung nach FP, Schlauchtruppmann dritte Kupplung nach FP. Auf diese Weise können Wassertruppmann und Schlauchtruppführer nach dem Kuppeln direkt an ihren Positionen bleiben. Es ist darauf zu achten, dass die Trupps auf der Wasserentnahmestelle-abgewandten Seite der Saugleitung stehen, damit sie beim Zu-Wasser-lassen der Saugleitung nicht in das Gewässer fallen. – Sofern noch nicht vom Angriffstrupp durchgeführt, verlegt der Wassertrupp die B-Leitung zwischen Löschfahrzeug und Verteiler (Verlegerichtung: vom Löschfahrzeug zum Verteiler) und gibt dem Maschinisten das Kommando »Wasser marsch!«. – Im Falle eines Atemschutzeinsatzes des Angriffstrupps rüstet sich der Wassertrupp anschließend automatisch mit Atemschutzgeräten und Feuerschutzhauben als Sicherheitstrupp aus und stellt sich am Verteiler bereit. Falls vorhanden, sollte die Ausrüstung des Sicherheitstrupps mitgeführt werden, ansonsten die normale Ausstattung für den Atemschutzeinsatz (Funkgerät, Handscheinwerfer, möglichst Hohlstrahlrohr). – Der Truppführer meldet dem Einheitsführer: »Wassertrupp als Sicherheitstrupp einsatzbereit!«.	– Hinweis zum Standpunkt der Trupps: Beim Anheben der Saugleitung ist es erfahrungsgemäß sinnvoll, wenn der Wassertruppführer am Saugkorb steht, um den Überblick zu haben. Die weiteren Truppmitglieder sollten wie folgt stehen: Maschinist an FP, Wassertruppmann erste Kupplung nach der FP (in Richtung Saugkorb), Angriffstruppführer zweite Kupplung nach FP, Angriffstruppmann dritte Kupplung nach FP. Auf diese Weise können Wassertruppmann und Angriffstruppführer nach dem Kuppeln direkt an ihren Positionen bleiben. Es ist darauf zu achten, dass die Trupps auf der Wasserentnahmestelle-abgewandten Seite der Saugleitung stehen, damit sie beim Zu-Wasser-lassen der Saugleitung nicht in das Gewässer fallen. – Sofern noch nicht vom Angriffstrupp mittels Schnellangriffsverteiler erfolgt, verlegt der Wassertrupp die B-Leitung zwischen Löschfahrzeug und Verteiler (Verlegerichtung: vom Löschfahrzeug zum Verteiler) und gibt dem Maschinisten das Kommando »Wasser marsch!«. – Im Falle eines Atemschutzeinsatzes des Angriffstrupps rüstet sich der Wassertrupp anschließend automatisch mit Atemschutzgeräten und Feuerschutzhauben als Sicherheitstrupp aus und stellt sich am Verteiler bereit. Falls vorhanden, sollte die Ausrüstung des Sicherheitstrupps mitgeführt werden, ansonsten die normale Ausstattung für den Atemschutzeinsatz (Funkgerät, Handscheinwerfer, möglichst Hohlstrahlrohr). – Der Truppführer meldet dem Einheitsführer: »Wassertrupp als Sicherheitstrupp einsatzbereit!«.
Schlauchtrupp	– Beim Einsatz einer TS entnimmt der Schlauchtrupp zusammen mit Wassertrupp die TS und bringt sie in Stellung	- In der Staffel nicht vorhanden -

Tabelle 28.5 – Fortsetzung Einsatz mit Bereitstellung – Wasserentnahmestelle: offenes Gewässer

Funktion	Tätigkeit/Befehl innerhalb einer Gruppe (1/8)	Tätigkeit/Befehl innerhalb einer Staffel (1/5)
Schlauchtrupp (Fortsetzung)	– Der Schlauchtrupp unterstützt den Wassertrupp beim Kuppeln von mehr als 2 Saugschläuchen – Bei mehr als 2 Saugschläuchen entnehmen Schlauch- und Wassertrupp gemeinsam die benötigten Saugschläuche und legen sie zwischen FP und Wasserentnahmestelle (ggf. neben dem Löschfahrzeug) ab. – Der Wassertrupp kuppelt (beginnend am Saugkorb, hin zur FP), der Schlauchtrupp unterstützt (siehe unter »Wassertrupp«) – Zur Vermeidung von Unfällen wird die Saugleitung nach jedem gekuppelten Saugschlauch abgelegt, Schlauch- und Wassertrupp treten aus der Leitung raus, gehen zur nächsten Kupplung und treten wieder über die Leitung, um zu kuppeln. – Nach dem Kommando »Saugleitung hoch!« des Wassertruppführers heben Wassertrupp, Schlauchtrupp und Maschinist die Saugleitung hoch, damit der Maschinist die Saugleitung an der FP ankuppeln kann. Nach dem Kommando »Fertig!« des Maschinisten kommandiert der Wassertruppführer »Saugleitung zu Wasser!«. Danach wird die Saugleitung zu Wasser gelassen. – Hinweise zum Standpunkt der Trupps siehe unter »Wassertrupp« – bedient den Verteiler – kann auf Weisung des Einheitsführers weitere Aufgaben wahrnehmen	- In der Staffel nicht vorhanden -
Der weitere Einsatzablauf mit der Vornahme der Rohre erfolgt wie in ▶ Tabelle 28.2 und 28.3. Hinweis: Bei einem Einsatz mit einer Löschwasserversorgung aus einem offenen Gewässer empfiehlt der Einheitsführer in der Regel einen Einsatz mit Bereitstellung, da zuvor mangels einer leistungsfähigen Löschwasserversorgung keine ausreichende Sicherheit bei der Brandbekämpfung erreicht werden kann, sodass ein Einsatz ohne Bereitstellung häufig ausscheidet. Ist nur eine Staffel am Einsatzort, kann ein Einsatz ohne Bereitstellung mit einer Wasserentnahme aus einem offenen Gewässer ohnehin nicht durchgeführt werden.		

H

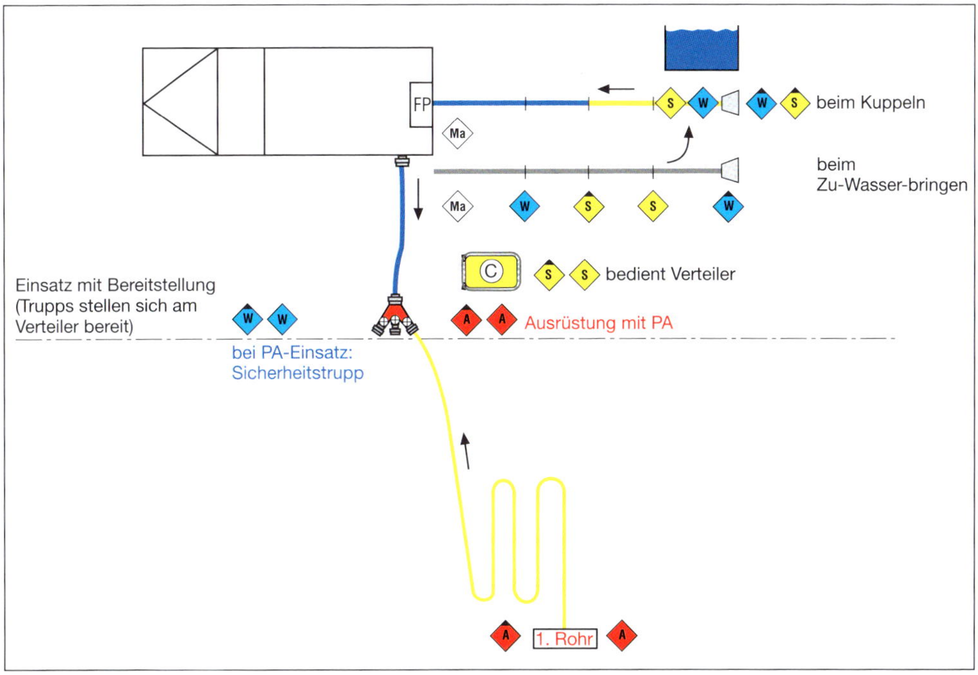

Bild 28.10 Einsatz mit Bereitstellung einer Gruppe bei offener Wasserentnahmestelle mit anschließender Vornahme des ersten Rohres

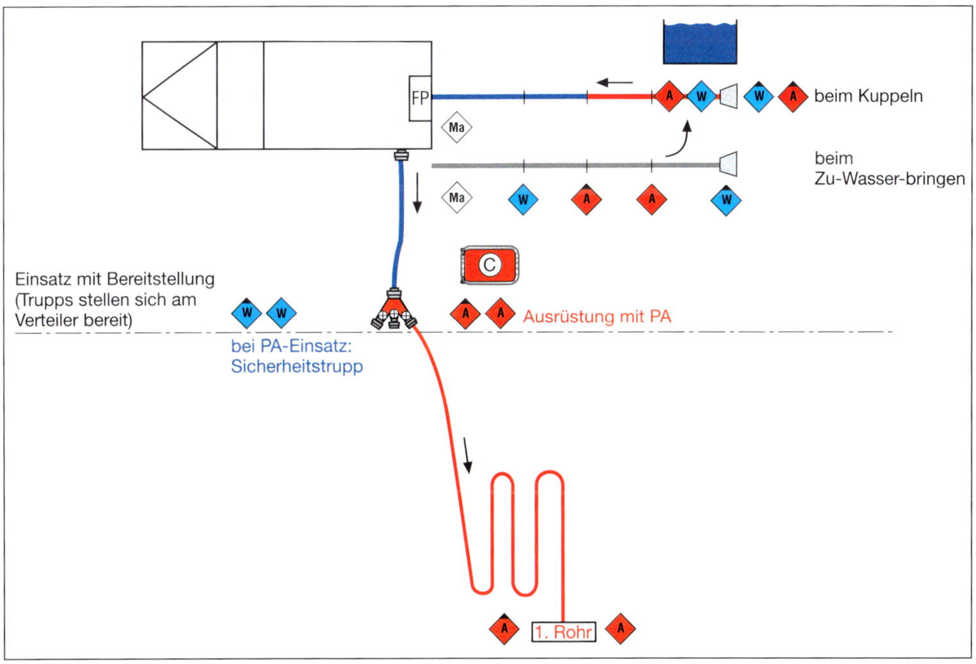

Bild 28.11 Einsatz mit Bereitstellung einer Staffel bei offener Wasserentnahmestelle mit anschließender Vornahme des ersten Rohres

IM EINSATZ

Kuppeln der Saugleitung

Das Kuppeln der Saugleitung beginnt am Saugkorb. Der Wassertruppführer kuppelt zunächst den Saugkorb an den ersten Saugschlauch. Die weitere Kuppelrichtung ist vom Saugkorb zur FP.

Die Saugschläuche werden beim Kuppeln zwischen den Beinen festgehalten. Die Einsatzkräfte von rechts: Schlauchtruppführer, Wassertruppführer, Wassertruppmann, Schlauchtruppmann

Die Kupplungen werden von Hand vorgekuppelt. Durch Rechtsdrehen fassen die Knaggen und werden mit Kupplungsschlüsseln nachgezogen.

Beim Kuppeln mit Schnellkupplungsgriffen erfassen beide Hände die Griffe, setzen die Kupplungen gegeneinander (die Griffe sind waagerecht) und drehen die Knaggenteile jeweils nach rechts bis zum Anschlag.

H

Nach dem Kuppeln von zwei Saugschläuchen wird die Leitung abgelegt und es treten alle Feuerwehrangehörigen in Blickrichtung zur FP nach rechts neben die am Boden liegende Saugleitung bzw. an der dem Wasser abgewandten Seite vorwärts zur neuen Position und treten wieder über die Leitung. Danach wird das Kuppeln fortgesetzt.

Der Saugkorb und die Saugleitung werden eingebunden, beginnend am Saugkorb. Die Ventilleine wird zuvor angebracht.

Auf das Kommando »Saugleitung hoch!« kuppelt der Maschinist die Saugleitung an der FP an, danach wird die Saugleitung zu Wasser gebracht. Die Saugleitung soll genügend tief im Wasser und entgegen der Fließrichtung des Gewässers liegen. Die Halteleine wird unter Spannung an einer geeigneten Stelle befestigt (z. B. Schäkel), die Ventilleine wird lose neben der FP abgelegt.

Bild 28.12 Tragen eines Saugschlauches

Tragen der Saugschläuche

Ein einzelner 1,60 Meter langer Saugschlauch wird von einem einzelnen Feuerwehrangehörigen getragen. Aus Gründen der Unfallverhütung sollte dies senkrecht in der Armbeuge erfolgen (▶ Bild 28.12). Das Tragen von zwei Saugschläuchen erfolgt durch zwei Feuerwehr-

Bild 28.13 Tragen von zwei Saugschläuchen

H

Bild 28.4 Einbinden der Saugleitung: **a** Der Saugkorb wird mittels Zimmermannsschlag oder ... **b** ... Mastwurf mit Spierenstich (rechts) gesichert. Dies erfolgt vor dem Montieren des Saugschutzkorbes. Es ist darauf zu achten, dass die Schnellkupplungsgriffe nicht mit eingebunden sind. **c** Anschließend wird an jedem (mindestens an den beiden ersten) Saugschlauch – jeweils vor der Kupplung in Richtung FP – ein Halbschlag angebracht. **d** Die Ventilleine wird mittels Karabiner am Ring des Rückschlagventils eingehängt. Die Ventilleine muss lose hängen und darf nicht unter Zug stehen.

Tabelle 28.6 Einsatz ohne Bereitstellung – Vornahme eines B-Rohres

Funktion	Tätigkeit/Befehl innerhalb einer Gruppe (1/8)	Tätigkeit/Befehl innerhalb einer Staffel (1/5)
Die Vornahme eines B-Rohres erfolgt analog wie bei der Vornahme des 1. Rohres im Rahmen eines Einsatzes ohne Bereitstellung (▶ Tabelle 28.4). Daher werden in dieser Tabelle nur die Abweichungen dargestellt.		
Einheitsführer	– bestimmt die Fahrzeugaufstellung und ggf. der TS – rüstet sich mit Beleuchtungsgerät, 2-m-Band-Funkgerät und ggf. Funktionskennzeichnung aus – beginnt mit der Erkundung. Nach Abschluss der ersten Einsatzplanung und einer kurzen Lageschilderung befiehlt er: »Wasserentnahmestelle: X-Hhydrant, Lage des Verteilers: XXX, »(Einheit:) Angriffstrupp, (Auftrag:) zur …, (Mittel:) mit B-Rohr, (Ziel:) ins/zum/auf, (Weg:) über/durch, vor!« – setzt die Erkundung nach dem Befehl fort	– bestimmt die Fahrzeugaufstellung und ggf. der TS – rüstet sich mit Beleuchtungsgerät, 2-m-Band-Funkgerät und ggf. Funktionskennzeichnung aus – beginnt mit der Erkundung. Nach Abschluss der ersten Einsatzplanung und einer kurzen Lageschilderung befiehlt er: »Wasserentnahmestelle: X-Hydrant, Lage des Verteilers: XXX, »(Einheit:) Angriffstrupp, (Auftrag:) zur …, (Mittel:) mit B-Rohr, (Ziel:) ins/zum/auf, (Weg:) über/durch, vor!« – setzt die Erkundung nach dem Befehl fort
Maschinist	(▶ Tabelle 28.4)	(▶ Tabelle 28.4)
Melder	(▶ Tabelle 28.4)	- In der Staffel nicht vorhanden -
Angriffstrupp	– Truppführer wiederholt den Einsatzbefehl ab »Einheit« – ist mit PA inklusive Feuerschutzhaube ausgerüstet – setzt den Verteiler. Ist ein so genannter Schnellangriffsverteiler (Verteiler mit direkt angekuppeltem B-Schlauch) vorhanden, nimmt der Angriffstrupp diesen vor, sofern die Länge der B-Leitung ausreicht und verlegt somit auch die B-Leitung zwischen Löschfahrzeug und Verteiler. Bei Vornahme des Schnellangriffsverteilers gibt der Truppführer dem Maschinisten das Kommando »Wasser marsch!«. – rüstet sich aus (Truppführer führt 2-m-Band-Funkgerät und Handscheinwerfer mit, Truppmann B-Strahlrohr, Stützkrümmer, Schlauchhalter) – Bei Verwendung von B-Rollschläuchen gehen der Angriffstrupp und der Schlauchtrupp zusammen vor und verlegen die B-Leitung gemeinsam vom Verteiler zum Angriffsziel;	– Truppführer wiederholt den Einsatzbefehl ab »Einheit« – ist mit PA inklusive Feuerschutzhaube ausgerüstet – setzt den Verteiler. Ist ein so genannter Schnellangriffsverteiler (Verteiler mit direkt angekuppeltem B-Schlauch) vorhanden, nimmt der Angriffstrupp diesen vor, sofern die Länge der B-Leitung ausreicht und verlegt somit auch die B-Leitung zwischen Löschfahrzeug und Verteiler. Bei Vornahme des Schnellangriffsverteilers gibt der Truppführer dem Maschinisten das Kommando »Wasser marsch!«. – rüstet sich aus (Truppführer führt 2-m-Band-Funkgerät und Handscheinwerfer mit, Truppmann B-Strahlrohr, Stützkrümmer, Schlauchhalter, ggf. B-Schläuche) – verlegt B-Leitung bei Verwendung von Rollschläuchen selbst vom Verteiler zum Angriffsziel – kuppelt außerhalb des Gefahrenbereich das Strahlrohr und den Stützkrümmer an

Tabelle 28.6 – Fortsetzung Einsatz ohne Bereitstellung – Vornahme eines B-Rohres

Funktion	Tätigkeit/Befehl innerhalb einer Gruppe (1/8)	Tätigkeit/Befehl innerhalb einer Staffel (1/5)
Angriffstrupp (Fortsetzung)	Angriffstrupp kuppelt außerhalb des Gefahrenbereich das Strahlrohr mit Stützkrümmer an und stellt eine ausreichende Schlauchreserve sicher – Truppführer gibt Kommando: »B-Rohr Wasser marsch!«	und stellt eine ausreichende Schlauchreserve sicher. – Truppführer gibt Kommando: »B-Rohr Wasser marsch!«
Wassertrupp	– hilft dem Maschinisten bei der Abnahme der fahrbaren B-Schlauchhaspel – sofern noch nicht vom Angriffstrupp mittels Schnellangriffsverteiler erfolgt, verlegt Wassertrupp die B-Leitung zwischen Löschfahrzeug und Verteiler (Verlegerichtung: vom Löschfahrzeug zum Verteiler) und gibt dem Maschinisten das Kommando »Wasser marsch!« – stellt anschließend die Wasserversorgung zwischen Löschfahrzeug und Wasserentnahmestelle her. Dazu nimmt er bei Unterflurhydranten Standrohr, Standrohrschlüssel, Schachthaken und ggf. Standrohrhalter (bei Württembergischen Schachthydranten) oder bei Überflurhydranten den Hydrantenschlüssel mit. Die B-Leitung wird von der FP zum Hydranten verlegt – verlegt bei Verwendung einer fahrbaren B-Schlauchhaspel die B-Leitung vom Fahrzeug zum Angriffstrupp und kuppelt dabei den Verteiler ein – wird Sicherheitstrupp	– hilft dem Maschinisten bei der Abnahme der fahrbaren B-Schlauchhaspel – sofern noch nicht vom Angriffstrupp mittels Schnellangriffsverteiler erfolgt, verlegt Wassertrupp die B-Leitung zwischen Löschfahrzeug und Verteiler (Verlegerichtung: vom Löschfahrzeug zum Verteiler) und gibt dem Maschinisten das Kommando »Wasser marsch!« – stellt anschließend die Wasserversorgung zwischen Löschfahrzeug und Wasserentnahmestelle her. Dazu nimmt er bei Unterflurhydranten Standrohr, Standrohrschlüssel, Schachthaken und ggf. Standrohrhalter (bei Württembergischen Schachthydranten) oder bei Überflurhydranten den Hydrantenschlüssel mit. Die B-Leitung wird von der FP zum Hydranten verlegt – verlegt bei Verwendung einer fahrbaren B-Schlauchhaspel die B-Leitung vom Fahrzeug zum Angriffstrupp und kuppelt dabei den Verteiler ein – wird Sicherheitstrupp
Schlauchtrupp	– Bei Verwendung vom B-Rollschläuchen verlegt der Schlauchtrupp zusammen mit dem Angriffstrupp die B-Leitung vom Verteiler zum Angriffsziel – bedient den Verteiler – kann auf Weisung des Einheitsführers weitere Aufgaben wahrnehmen	- In der Staffel nicht vorhanden -
Hinweis: Auf gleiche Weise kann auch ein tragbarer Werfer vorgenommen werden.		

H

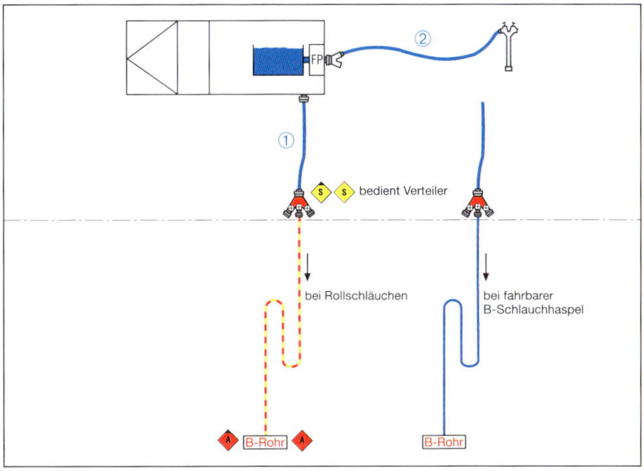

Bild 28.14 B-Rohr-Einsatz einer Gruppe

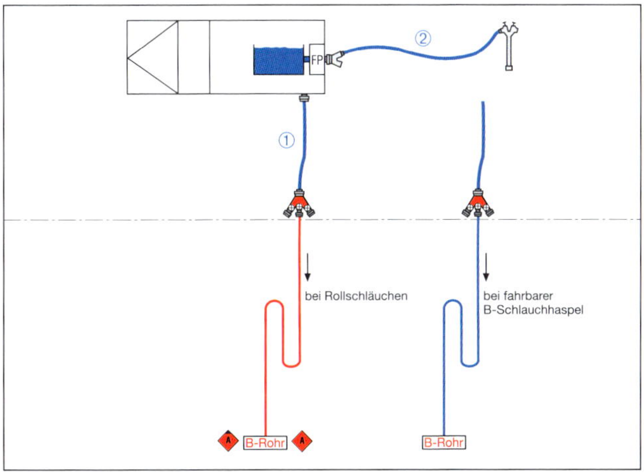

Bild 28.15 B-Rohr-Einsatz einer Staffel

angehörige, welche jeweils in die Kupplungen der Saugschläuche fassen (▶ Bild 28.13).

28.3.1 Rücknahme und Stellungswechsel von Rohren

Aufgrund einer Lageänderung kann der Einheitsführer die Rücknahme oder den Stellungswechsel eines Strahlrohres befehlen. Dazu gibt er die Kommandos: »...trupp, ... Rohr zurück!« oder »...trupp, ...-Strahlrohr Stellungswechsel nach ...!«.

Der Truppführer des angesprochenen Trupps kommandiert: »... Rohr Wasser halt!«. Daraufhin schließt die Einsatzkraft am Verteiler langsam den entsprechenden Druckabgang. Danach nimmt der Trupp den Stellungswechsel vor, und der Truppführer befiehlt: »... Rohr Wasser marsch!«.

Wird ein Rohr zurückgenommen, kuppelt der Trupp den entsprechenden Druckschlauch ab und legt danach alle Geräte sowie Druck-

Merke:

Bei der Verwendung von B-Rollschläuchen verlegen Angriffs- und Schlauchtrupp die B-Leitung vom Verteiler zum Angriffsziel.
Bei der Verwendung einer fahrbaren B-Schlauchhaspel verlegt der Wassertrupp die B-Leitung vom Fahrzeug bis zum Angriffsziel und kuppelt dabei den Verteiler ein.

> **Praxis-Tipp:**
>
> Nach einer Untersuchung gibt es beim Verlegen der B-Leitung mittels einer fahrbaren B-Schlauchhaspel erst einen Zeitgewinn ab drei in Folge verlegten B-Druckschläuchen. Werden weniger B-Druckschläuche benötigt, ergibt sich nicht nur kein Zeitgewinn, sondern durch das Abbremsen der Haspel, z. B. beim Einkuppeln des Verteilers, entstehen zudem noch erhebliche Verletzungsgefahren. [1]

schläuche am Verteiler ab. Zurückgerufene Trupps sammeln sich am Verteiler und können erneut eingesetzt werden.

28.3.2 Einsatzabschluss

Ist ein Einsatz beendet, befiehlt der Einheitsführer: »Zum Abmarsch fertig!«. Der Maschinist nimmt daraufhin die Pumpe außer Betrieb und kuppelt alle Schlauchleitungen ab. Auch die Einsatzkraft am Verteiler kuppelt alle Druckschläuche ab. Anschließend nimmt die taktische Einheit gemeinsam alle Geräte und Schläuche zurück und verlastet diese im Fahrzeug. Nach einem Schaumeinsatz sind die eingesetzten Geräte gründlich zu spülen. Ebenso ist die Wasserentnahmestelle wieder in einen ordnungsgemäßen Zustand zu bringen.

Die Mannschaft tritt am Fahrzeug an. Der Maschinist überzeugt sich, dass alle Geräte vorhanden und sicher gelagert sind, die Geräteräume geschlossen sind und das Fahrzeug fahrbereit ist. Dann meldet er dem Einheitsführer: »Fahrzeug fahrbereit!«. Ebenso meldet er, wenn Einsatzmittel nicht einsatzbereit sind.

28.4 Schaumeinsatz

Der Einsatz eines Schaumrohres birgt manche Besonderheit und wird daher ausführlich dargestellt. Grundsätzlich gleicht der Aufbau der Vornahme des 1. Rohres im Löscheinsatz (▶ Tabelle 32.7). Der Truppmann kuppelt und hält das Schaumrohr, der Truppführer stellt eine ausreichende Schlauchreserve zum weiteren Vorgehen sicher (wichtig aufgrund der gegenüber »normalen« Strahlrohren meist geringeren Wurfweite der Schaumrohre) und unterstützt anschließend seinen Truppmann.

28.4.1 Grundsätze

Zur Erzeugung eines Schaummittel-Wasser-Gemisches oder zur Zugabe von Netzmittel ins Löschwasser wird ein Zumischgerät benötigt, welches das Schaummittel in einer bestimmten, gleichbleibenden Menge dem Löschwasservolumenstrom zudosiert. Das Schaummittel wird dabei den Schaummittelbehältern (oder ggf. einem Schaummitteltank im Löschfahrzeug) über einen D-Ansaugschlauch entnommen und über den Zumischer dem Löschwasservolumenstrom beigemischt. Erst im Schaumrohr wird das Schaummittel-Wasser-Gemisch unter Ansaugung von Luft verschäumt (▶ Abschnitt 28.4.3).

Der Schaumeinsatz wird erst begonnen, wenn ausreichend Schaummittel zur Beschäumung der vorgesehenen Fläche zur Verfügung steht. Alle beim Schaumeinsatz eingesetzten Geräte wie Schaumrohr, Zumischer, D-Ansaugschlauch, müssen nach jeder (!) Benutzung gründlich mit Wasser gespült werden, um ein Verkleben und eine Beschädigung der Geräte zu verhindern.

28.4.2 Einsatz des tragbaren Zumischers

Der üblicherweise in der Feuerwehr eingesetzte tragbare Zumischer ist der Injektorzumischer nach DIN 14384 (teilweise auch als Strahlpumpenzumischer oder Z-Zumischer bezeichnet).

Der <**Zumischer**> arbeitet nach dem Venturiprinzip. Dabei entsteht im Saugraum durch die Injektorwirkung ein Unterdruck, welcher ein Ansaugen des Schaummittels aus dem Schaummittelbehälter bewirkt. Eine Regelvorrichtung oder eine Festblende regelt so aufgrund des konstruktiv festgelegten Löschmittelvolumenstroms und des Druckverlustes die an der Dosiervorrichtung eingestellte Zumischung von Schaummittel zum Wasser selbsttätig. Durch den Gegendruck infolge Druck-

Tabelle 28.7 Einsatz ohne Bereitstellung – Vornahme eines Schaumrohres

Funktion	Tätigkeit/Befehl innerhalb einer Gruppe (1/8)	Tätigkeit/Befehl innerhalb einer Staffel (1/5)
Die Vornahme eines Schaumrohres erfolgt analog wie bei der Vornahme des 1. Rohres im Rahmen eines Einsatzes ohne Bereitstellung (▶ Tabelle 28.4). Daher werden in dieser Tabelle nur die Abweichungen dargestellt.		
Einheitsführer	– bestimmt die Fahrzeugaufstellung und ggf. der TS – rüstet sich mit Beleuchtungsgerät, 2-m-Band-Funkgerät und ggf. Funktionskennzeichnung aus – beginnt mit der Erkundung. Nach Abschluss der ersten Einsatzplanung und einer kurzen Lageschilderung befiehlt er: »Wasserentnahmestelle: X-Hydrant, Lage des Verteilers: XXX, »(Einheit:) Angriffstrupp, (Auftrag:) zur …, (Mittel:) mit Mittel-/Schwer-/Kombischaumrohr, (Ziel:) ins/zum/auf, (Weg:) über/durch, vor!« – setzt die Erkundung nach dem Befehl fort	– bestimmt die Fahrzeugaufstellung und ggf. der TS – rüstet sich mit Beleuchtungsgerät, 2-m-Band-Funkgerät und ggf. Funktionskennzeichnung aus – beginnt mit der Erkundung. Nach Abschluss der ersten Einsatzplanung und einer kurzen Lageschilderung befiehlt er: »Wasserentnahmestelle: X-Hydrant, Lage des Verteilers: XXX, »(Einheit:) Angriffstrupp, (Auftrag:) zur …, (Mittel:) mit Mittel-/Schwer-/Kombischaumrohr, (Ziel:) ins/zum/auf, (Weg:) über/durch, vor!« – setzt die Erkundung nach dem Befehl fort
Maschinist	(▶ Tabelle 28.4)	(▶ Tabelle 28.4)
Melder	(▶ Tabelle 28.4)	- In der Staffel nicht vorhanden -
Angriffstrupp	– Truppführer wiederholt den Einsatzbefehl ab »Einheit« – ist mit PA inklusive Feuerschutzhaube ausgerüstet – setzt den Verteiler. Ist ein so genannter Schnellangriffsverteiler (Verteiler mit direkt angekuppeltem B-Schlauch) vorhanden, nimmt der Angriffstrupp diesen vor, sofern die Länge der B-Leitung ausreicht und verlegt somit auch die B-Leitung zwischen Löschfahrzeug und Verteiler. Bei Vornahme des Schnellangriffsverteilers gibt der Truppführer dem Maschinisten das Kommando »Wasser marsch!«. – rüstet sich aus (Truppführer führt 2-m-Band-Funkgerät und Handscheinwerfer mit, Truppmann Schaumrohr und Schlauchhalter) – Bei Verwendung eines Zumischer mit B-Festkupplungen und von B-Rollschläuchen gehen Angriffs- und Schlauchtrupp zusammen vor und verlegen die B-Leitung gemeinsam vom Verteiler zum Angriffsziel;	– Truppführer wiederholt den Einsatzbefehl ab »Einheit« – ist mit PA inklusive Feuerschutzhaube ausgerüstet – setzt den Verteiler. Ist ein so genannter Schnellangriffsverteiler (Verteiler mit direkt angekuppeltem B-Schlauch) vorhanden, nimmt der Angriffstrupp diesen vor, sofern die Länge der B-Leitung ausreicht und verlegt somit auch die B-Leitung zwischen Löschfahrzeug und Verteiler. Bei Vornahme des Schnellangriffsverteilers gibt der Truppführer dem Maschinisten das Kommando »Wasser marsch!«. – rüstet sich aus (Truppführer führt 2-m-Band-Funkgerät und Handscheinwerfer mit, Truppmann Schaumrohr und Schlauchhalter) – stellt Zumischer, D-Ansaugschlauch und 2 Schaummittelbehälter am Einsatzort ab. Der Truppführer nimmt die Schaummittelbehälter und der Truppmann den Zumischer und den D-Ansaugschlauch

H

Tabelle 28.7 – Fortsetzung Einsatz ohne Bereitstellung – Vornahme eines Schaumrohres

Funktion	Tätigkeit/Befehl innerhalb einer Gruppe (1/8)	Tätigkeit/Befehl innerhalb einer Staffel (1/5)
Angriffstrupp (Fortsetzung)	– Truppmann kuppelt außerhalb des Gefahrenbereich das Schaumrohr an, der Truppführer stellt eine ausreichende Schlauchreserve sicher – Truppführer gibt Kommando: »Schaumrohr Wasser marsch!«	– verlegt B-Leitung bei Verwendung von Rollschläuchen selbst vom Verteiler zum Angriffsziel – verfügt der Zumischer über C-Festkupplungen, bringt der Angriffstrupp eine ausreichende Anzahl C-Druckschläuche zum Verteiler und verlegt die C-Leitung vom Verteiler zum Angriffsziel – kuppelt Zumischer in die Schlauchleitung ein – Truppmann kuppelt außerhalb des Gefahrenbereich das Schaumrohr an, der Truppführer stellt eine ausreichende Schlauchreserve sicher – Truppführer gibt Kommando: »Schaumrohr Wasser marsch!«
Wassertrupp	– hilft dem Maschinisten bei der Abnahme der fahrbaren B-Schlauchhaspel – sofern noch nicht vom Angriffstrupp mittels Schnellangriffsverteiler erfolgt, verlegt Wassertrupp die B-Leitung zwischen Löschfahrzeug und Verteiler (Verlegerichtung: vom Löschfahrzeug zum Verteiler) und gibt dem Maschinisten das Kommando »Wasser marsch!« – stellt anschließend die Wasserversorgung zwischen Löschfahrzeug und Wasserentnahmestelle her. Dazu nimmt er bei Unterflurhydranten Standrohr, Standrohrschlüssel, Schachthaken und ggf. Standrohrhalter (bei Württembergischen Schachthydranten) oder bei Überflurhydranten den Hydrantenschlüssel mit. Die B-Leitung wird von der FP zum Hydranten verlegt – verlegt bei Verwendung einer fahrbaren B-Schlauchhaspel die B-Leitung vom Fahrzeug zum Angriffstrupp und kuppelt dabei den Verteiler ein – wird Sicherheitstrupp	– hilft dem Maschinisten bei der Abnahme der fahrbaren B-Schlauchhaspel – sofern noch nicht vom Angriffstrupp mittels Schnellangriffsverteiler erfolgt, verlegt Wassertrupp die B-Leitung zwischen Löschfahrzeug und Verteiler (Verlegerichtung: vom Löschfahrzeug zum Verteiler) und gibt dem Maschinisten das Kommando »Wasser marsch!« – stellt anschließend die Wasserversorgung zwischen Löschfahrzeug und Wasserentnahmestelle her. Dazu nimmt er bei Unterflurhydranten Standrohr, Standrohrschlüssel, Schachthaken und ggf. Standrohrhalter (bei Württembergischen Schachthydranten) oder bei Überflurhydranten den Hydrantenschlüssel mit. Die B-Leitung wird von der FP zum Hydranten verlegt – verlegt bei Verwendung einer fahrbaren B-Schlauchhaspel die B-Leitung vom Fahrzeug zum Angriffstrupp und kuppelt dabei den Verteiler sowie den Zumischer ein – bedient Zumischer und Verteiler. Der Wassertrupp bringt bei Bedarf weitere Schaummittelbehälter zum Zumischer

H

Tabelle 28.7 – Fortsetzung Einsatz ohne Bereitstellung – Vornahme eines Schaumrohres

Funktion	Tätigkeit/Befehl innerhalb einer Gruppe (1/8)	Tätigkeit/Befehl innerhalb einer Staffel (1/5)
Schlauchtrupp	– bringt den Zumischer, den D-Ansaugschlauch und 2 Schaummittelbehälter vor– Bei Verwendung vom B-Rollschläuchen verlegt der Schlauchtrupp zusammen mit dem Angriffstrupp die B-Leitung vom Verteiler zum Angriffsziel – Verfügt der Zumischer nur über C-Festkupplungen (Z2), stellt der Schlauchtrupp am Verteiler eine ausreichende Zahl C-Druckschläuche sicher. Er verlegt dann die C-Leitung vom Angriffstrupp zum Verteiler. – kuppelt den Zumischer in die Schlauchleitung ein – Der Schlauchtruppführer bedient den Zumischer, der Schlauchtruppmann stellt Verfügbarkeit des Schaummittels am Zumischer sicher – bedient den Verteiler	- In der Staffel nicht vorhanden -
Hinweis: Nach Beendigung eines Schaumeinsatzes sind die hierbei verwendeten Druckschläuche, der Zumischer mit D-Ansaugschlauch und das Schaumrohr gründlich zu spülen.		

Achtung:

Führt nur eine Staffel einen Schaumeinsatz durch, kann der Angriffstrupp nicht unter Atemschutz vorgehen, da der Wassertrupp aufgrund seiner Aufgaben keinen den Anforderungen der FwDV 7 entsprechenden Sicherheitstrupp stellen kann.

Achtung:

Hinweise zur Sicherheit beim Schaumeinsatz:

- In unter Spannung stehenden (elektrischen) Anlagen darf Schaum nicht eingesetzt werden.
- Schaummittel sind wasser- und gesundheitsgefährdende Stoffe.
- Schaum darf nicht eingeatmet und verschluckt werden.
- Augenschutz (z. B. Helmvisier) ist von allen eingesetzten Kräften anzulegen.

verluste in der Schlauchleitung nach dem Zumischer ändert sich die Zumischrate. Daher darf der Druckverlust zwischen Injektorzumischer und Schaumrohr 2 bar nicht überschreiten.

Heute kommen bei den Feuerwehren in der regel nur noch Zumischer mit einer einstellbaren Zumischrate zum Einsatz, die am Buchstaben »R« in der Bezeichnung leicht zu erkennen sind (z. B. »Z 4 R«; das »Z« steht für Zumischer, die Ziffer für die Durchflussrate des Löschmittelvolumenstromes). Die Zumischrate ist abhängig von der Einsatzart und dem Schaummittel. Bei Mehrbereichsschaummittel wird in der Regel eine dreiprozentige Zumischrate gewählt, bei Netzwasser deutlich darunter (ein Prozent oder weniger – je nach Zumischer).

Zur Normbeladung der Löschfahrzeuge gehören Zumischer mit einem Löschmittelvolumenstrom von 400 l/min (Z4). Es gibt jedoch auch Varianten Z2, Z8 sowie – seit 2011 – auch Z0,5 und Z1. Letztere sind vor allem zur Erzeugung von Netzwasser gedacht.

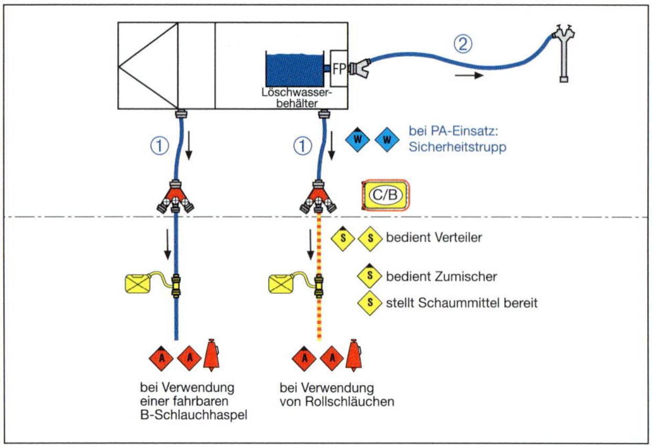

Bild 28.16 Schaumeinsatz einer Gruppe

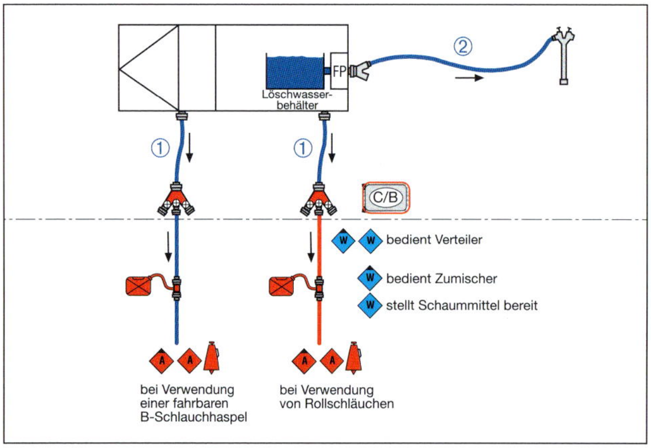

Bild 28.17 Schaumeinsatz einer Staffel

Handhabung des tragbaren Zumischers

Der Zumischer wird in Richtung des auf dem Zumischer aufgebrachten Pfeils zwischen Verteiler und Schaumrohr in die Schlauchleitung eingekuppelt. Dabei ist darauf zu achten, dass die Entfernung zwischen Zumischer und Schaumrohr nicht zu groß wird (Hintergrund:

Bild 28.18 Mit der Dosiereinrichtung (Pfeil) wird die Zumischrate festgelegt.

Aufgrund der Wirkungsweise kann – abhängig vom Volumenstrom und Zumischrate – ein Druckverlust von bis zu 3 bar auftreten. Hinzu kommen die Strömungsverluste des Gegendrucks zwischen Zumischer und Schaumrohr). Anschließend wird die Dosiereinrichtung auf die befohlene Zumischrate eingestellt, der Ansaugschlauch angekuppelt und – sofern der »Wasser marsch!«-Befehl erteilt wurde – in den Schaummittelbehälter eingeführt. Der Zumi-

Merke:

Schaummittel-Wasser-Gemisch = Schaummittelmenge × Zumischrate

Schaummenge = Schaummittel-Wasser-Gemisch × Verschäumungszahl

Bild 28.19 Mit dem Ansaugschlauch wird das am Zumischer bereitgestellte Schaummittel entnommen.

scher mischt nun automatisch Schaummittel zum Wasser zu.

Turbinenzumischer

Eine Alternative zum tragbaren Zumischer nach dem Injektorprinzip ist der Turbinenzumischer (auch als Turbozumischer bezeichnet). Beim Turbinenzumischer wird die Energie des Löschwasservolumenstromes zum Antrieb einer Turbine eingesetzt, welche die Schaummittelpumpe direkt antreibt. Die Zumischrate ist wie beim Injektorzumischer einstellbar. Der Turbinenzumischer ist auf einen Löschmittelvolumenstrom von 400 l/min ausgelegt. Vorteil des Turbinenzumischers ist der deutlich geringere Druckverlust gegenüber einem Injektorzumischer. Auf diese Weise eignet er sich besonders gut zur Förderung von Schaumittel-Wassergemisch über lange Schlauchleitungen oder auf große geodätische Förderhöhen. Der Turbinenzumischer könnte so direkt am Druckabgang der Feuerlöschkreiselpumpe in Stellung gebracht werden, sodass in der Praxis bei Personalmangel der Maschinist Pumpe und Turbinenzumischer bedienen kann.

Bild 28.20 Der Turbinenzumischer funktioniert mechanisch über eine Welle.

28.4.3 Schaumstrahlrohre

Bei der Feuerwehr werden drei Arten von Schaumrohren eingesetzt:

- Schwerschaumrohre (gekennzeichnet mit dem Buchstaben »S«),
- Mittelschaumrohre (gekennzeichnet mit dem Buchstaben »M«) und
- Kombinationsschaumrohre (auch als Kombischaumrohre bezeichnet, gekennzeichnet mit dem Buchstaben »S/M«).

Bereits der Name der Schaumrohre besagt, welcher Schaum mit welchem Schaumrohr erzeugt und abgegeben werden kann. Eine Ziffer hinter dem Buchstaben gibt die Durchflussmenge des Löschmittelvolumens an (z. B. »S4«:

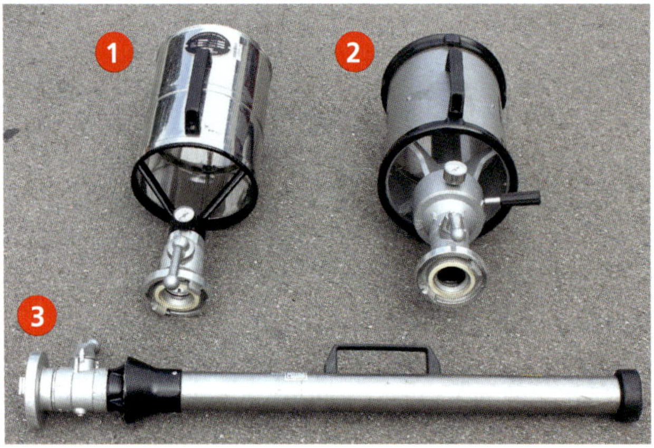

Bild 28.21 Verschiedene Schaumrohre:

- Mittelschaumrohr (1)
- Kombinationsschaumrohr (2)
- Schwerschaumrohr (3)

Schwerschaumrohr 400 l/min). Im Schaumrohr wird das Schaummittel-Wasser-Gemisch unter Ansaugen von Luft verschäumt und ausgebracht.

Das Kombinationsschaumrohr ist ein Schwerschaumrohr, mit dem es möglich ist sowohl Schwerschaum als auch Mittelschaum zu erzeugen und abzugeben. Ein Umschalten von Schwer- auf Mittelschaum (und umgekehrt) ist jederzeit möglich.

Das Schaumrohr wird erst auf das Brandobjekt gerichtet, wenn Schaum in gleichmäßiger Qualität am Schaumrohr erzeugt wird. Beim Einsatz von Schaumrohren ist darauf zu achten, dass

- kein Brandrauch vom Luftschaumrohr angesaugt wird (dies führt zu mangelhafter Schaumqualität),
- die Luftzutrittsöffnungen am Schaumrohr nicht zugehalten werden,
- der richtige Druck am Schaumrohr ansteht.

Daher ist ein Schaumangriff grundsätzlich mit dem Wind (maximal 90 Grad zum Wind) durchzuführen.

Der Schaum soll – insbesondere bei Flüssigkeitsbränden – möglichst indirekt auf das Brandgut aufgebracht werden, z. B. über Aufschieben von Mittelschaum, ein Ablaufen an einer Prallwand wie eine Tankwand oder

H

Bild 28.22 Kombinationsschaumrohr mit Frontansicht (kleines Bild)

Bild 28.23 Angriffstrupp mit Schaumrohr

Achtung:

Bei Kombinationsschaumrohren soll die Schaumart nur auf Befehl des Einheitsführers umgestellt werden!

durch Abregnen lassen über dem Brandgut. Alkoholbeständige Schaummittel müssen immer indirekt auf das Brandgut aufgebracht werden; AFFF-Schaummittel können direkt aufgebracht werden. Das Schaumrohr sollte ruhig geführt werden; ein »hektisches« Hin- und Herschwenken ist zu vermeiden. Gerade bei Flüssigkeitsbränden muss aufgrund des Abbrandes ständig Schaum nachgefördert werden.

28.5 Einsatz des Zuges

Wird der Zug als selbstständige Einheit zur eigenverantwortlichen Schadenbekämpfung eingesetzt, dann ist der Zugführer auch eigenverantwortlicher Einsatzleiter. Wird der Zug jedoch gemeinsam mit anderen taktischen Einheiten unter der Leitung eines übergeordneten Einsatz- oder Einsatzabschnittsleiters eingesetzt, dann führt der Zugführer seinen

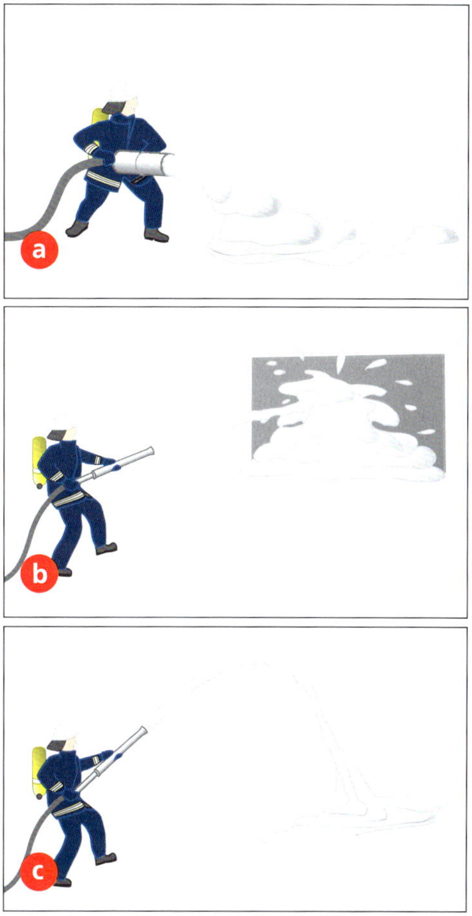

Bild 28.24 Indirektes Aufbringen des Schaums:
a Aufschieben von Mittelschaum,
b Ablaufen von Schwerschaum an einer Prallwand,
c Abregnen lassen von Schwerschaum über dem Brandgut.

Zug zur Erfüllung des zugewiesenen Auftrags. Alle Einheitsführer der dem Zug zugeordneten taktischen Einheiten (Gruppe, Staffel und Selbstständiger Trupp) melden sich umgehend nach dem Eintreffen am Einsatzort beim Zugführer, der ihnen einen Einsatzbefehl gibt. In der Regel ist hierbei ein persönlicher Kontakt besser als nur die Kontaktaufnahme über den Zwei-Meter-Band-Einsatzstellenfunk. Gegebenenfalls erkundet der Zugführer – soweit erforderlich gemeinsam mit den nachgeordneten Einheitsführern – zuvor die Einsatzstelle.

H

Die bekannten Zugeinsatzformen (geschlossen, getrennt, nebeneinander, hintereinander) werden in der FwDV 3 nicht mehr genannt, dennoch können sie weiter sinnvoll angewendet werden.

Der Einsatzbefehl des Zugführers muss kurz und vor allem klar sein. Er soll alle Angaben enthalten, welche die Einheitsführer der taktischen Einheiten zur Auftragserfüllung benötigen, also mindestens:
- Einheit und
- Auftrag.

Die von den Einheitsführern der taktischen Einheiten Gruppe, Staffel und Selbstständiger Trupp häufig verwendeten und notwendigen Befehlselemente »Mittel«, »Ziel« und »Weg« soll der Zugführer im Sinne der Auftragstaktik (▶ Kapitel 18) nur dann verwenden, wenn sie zur Klarheit beitragen. Es kann jedoch erforderlich sein, dass der Zugführer weitere wichtige Informationen gibt und seinen Befehl um folgende Elemente ergänzt:
- Lage (Schadenereignis/Gefahrenlage, Möglichkeiten zur Gefahrenabwehr, Zuteilung, Unterstellung und Abgabe von Einsatzkräften);
- Durchführung (eigene Absicht, Aufträge an die einzelnen Einheiten, Zusammenarbeit mit anderen Kräften und Koordinierung, Bereitstellung von Sicherheitstrupps für andere Einheiten, Einsatzabschnittsgrenzen, Zeitangaben, Schutzmaßnahmen);
- Versorgung (Verpflegung, Atemschutzgeräte, Betriebsstoffe, Materialerhaltung, medizinische Versorgung);
- Führung und Kommunikationswesen (Kommunikationsverbindungen und Meldewesen, Meldeköpfe, Befehlsstellen, Standort des Führenden bzw. der Befehlsstelle, Erreichbarkeit).

Es hat sich in der Praxis gezeigt, dass eine genaue Lageeinweisung inklusive Informationen zur Logistik und Vorgaben zur Durchführung sinnvoll sind, wenn die Einheitsführer der unterstellten Einheiten keinen umfassenden Lageüberblick haben (können) oder als nachrückende Einheiten eingesetzt werden sollen. Je größer ein Einsatz ist und je länger er dauert, desto genauer sollte dies erfolgen. Die Informationen über die Lage und die Durchführung sollten dem eigentlichen Einsatzbefehl vorausgehen.

28.6 Längen von Schläuchen

Druckschläuche sind in DIN 14811 genormt. Vorsicht bei älteren Schläuchen, hier können abweichende Längen im Gebrauch sein. Die übliche Schlauchbezeichnung lautet: B-20-K (B-Druckschlauch, 20 Metern Länge und Kupplung). Bei C-Schläuchen wird üblicherweise noch der Durchmesser an den Kennbuchstaben angehängt (z. B. C42), vgl. auch ▶ Tabelle 38.10 und 38.11 (Saugschläuche).

Tabelle 28.8 Längen von Druckschläuchen

Kurzzeichen	Nennweite [mm]	Schlauchlänge [m]			
D	25	5	15		
C42	42		15		30[a]
C52	52		15		
B	75	5		20	35[b]
A	110	5		20	
F	150			20	50

[a] z. B. für »Einrichtungen zur schnellen Wasserabgabe«.
[b] nur für Drehleitern.

Literatur

[1] Cimolino, Aschenbrenner, Lembeck, Südmersen: Atemschutz, 3. Auflage, Ecomed-Verlag, Landberg, 2001.

[2] Ebert, K.: Feuerwehrarmaturen, Max Widenmann Armaturenfabrik, Giengen, 1988.

[3] Helpenstein, J., Faulstich, S.: Brandbekämpfung mit Schaum, Sonderheft Feuerwehr Magazin, 2. Auflage, Bremen, 2010.

ZUR VERTIEFUNG

Jochen Thorns: Einheiten im Lösch- und Hilfeleistungseinsatz, Die Roten Hefte 208, 7. Auflage, Verlag W. Kohlhammer, Stuttgart, 2017.

29 Brandmeldeanlagen, Löschanlagen und Löschwasseranlagen

von Jochen Thorns

In zahlreichen Gebäuden und Objekten sind aufgrund der Vorgaben des Baurechts Brandmeldeanlagen (BMA) oder Löschanlagen installiert. Bei höheren Gebäuden oder unterirdischen Bauwerken sowie in bestimmten Objekten können auch Löschwasseranlagen vorhanden sein.

29.1 Brandmeldeanlagen

Eine Brandmeldeanlage (BMA) besteht in der Regel aus den in ▶ Bild 29.1 dargestellten Komponenten. Je nach den so genannten Technischen Anschlussbedingungen der zuständigen Leitstelle oder auch den Anforderungen der Bauaufsicht bzw. des Betreibers kann es Abweichungen geben. Gerade bei älteren Brandmeldeanlagen fehlen oft – heute fast selbstverständliche – Komponenten, wie Freischaltelement, Feuerwehr-Bedienfeld oder Feuerwehr-Anzeigetableau.

Eine Brandmeldeanlage wird immer in einem Objekt betrieben; der Eigentümer/Nutzer des Objektes ist der so genannte Betreiber. Zuvor war die Anlage geplant und durch eine Firma schließlich eingebaut worden (= Errichter). Der Errichter nutzte dazu Komponenten eines Systemlieferanten (= Hersteller). Die Nutzung der Übertragungswege wird in vielen Regionen (meist auf einen Landkreis oder kreisfreie Stadt bezogen) mit einer Konzession versehen; d. h., nur ein Anbieter (der Konzessionär) darf die Brandmeldeanlage auf die Feuerwehrleitstelle aufschalten.

29.1.1 Komponenten und Funktionsweise einer BMA

Betrachten wir die Brandmeldeanlage und die technischen Komponenten aus Sicht der Feuerwehr: Wie beim Einsatz gehen wir von außen nach innen vor. Außen ist zunächst die Kennzeichnung des Zugangs. Der Zugang für die Feuerwehr und/oder der Standort des Feuerwehr-Schlüsseldepots werden durch eine oder mehrere Blitzleuchten sowie ein Schild »BMZ« (für Brandmelderzentrale) nach DIN 4066 gekennzeichnet. Außen befinden sich

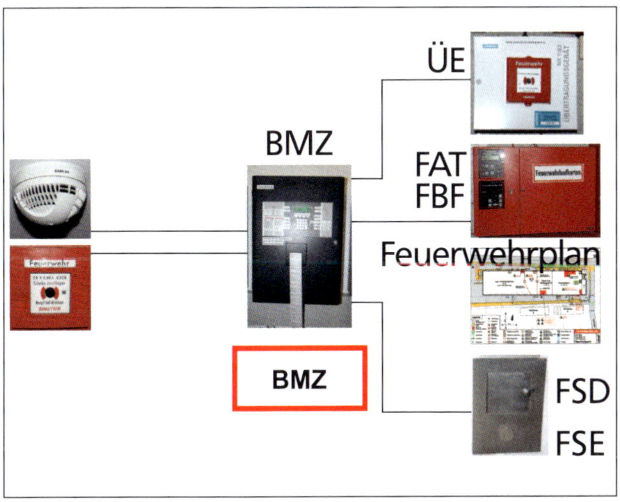

Bild 29.1 Komponenten einer Brandmeldeanlage

H

INFO

Abkürzungen bei BMA

- BMA Brandmeldeanlage
- BMZ Brandmelderzentrale
- FAT Feuerwehr-Anzeigetableau
- FBF Feuerwehr-Bedienfeld
- FIZ Feuerwehrinformationszentrale
- FSD Feuerwehrschlüsseldepot
- FSE Freischaltelement
- ÜE Übertragungseinrichtung

auch das Freischaltelement (FSE) und das Feuerwehrschlüsseldepot (FSD).

Das Freischaltelement ist in der Regel ein Schlüsselschalter, der zum manuellen Auslösen der Brandmeldeanlage dient, sodass die Feuerwehr einen gesicherten Zugang in das Objekt hat. Dies kann der Fall bei einem Notruf ohne Auslösen der Brandmeldeanlage oder beispielsweise auch bei Wasserschäden sein.

Das Feuerwehrschlüsseldepot (FSD; früher als Feuerwehrschlüsselkasten FSK bezeichnet) ist in drei verschiedenen Ausführungen lieferbar und enthält in der üblicherweise verbauten Ausführung »FSD 3« den Generalhauptschlüssel des Objektes (▶ Bild 29.2). Das FSD ist elektromagnetisch verriegelt und sabota-

Bild 29.2 Beispiel für den Einbau eines FSE in einer Edelstahlsäule (Pfeil). Darunter befindet sich ein FSD 3.

Bild 29.3 Das FSE ist in der Regel mit einer Schutzkappe abgedeckt, die seitlich weggedreht werden kann. Bei neueren FSE ist diese Schutzkappe als Sabotageschutz magnetisch ausgeführt, sodass sich diese nicht einfach durch seitliches Drehen bewegen lässt. Hier muss mit einem Magneten die Kappe entriegelt und seitlich weggedreht werden. Diese Kappen lassen sich leicht durch die massive Materialausführung erkennen.

Praxis-Tipp:

Bei neueren Feuerwehr-Schlüsseldepots (FSD) zeigt eine rot-orange LED im Knauf der FSD-Klappe den Alarm-Zustand und die Entriegelung des FSD an.

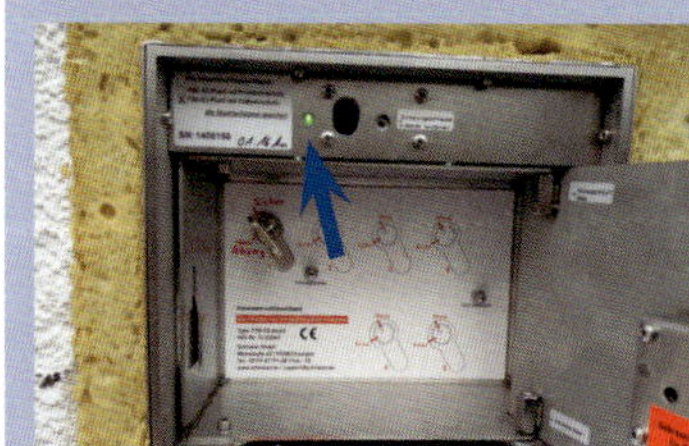

Eine grüne LED zeigt an, dass alle Schlüssel richtig eingesteckt und überwacht sind.

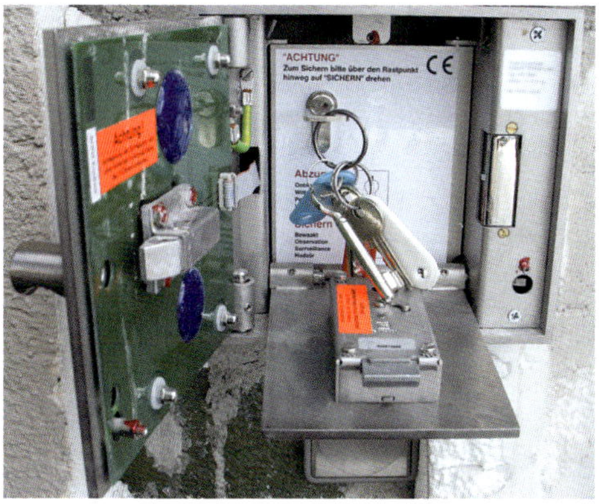

Bild 29.4 Beim FSD 3 muss der Schlüssel um 90 Grad gedreht werden, bevor er entnommen werden kann. Dies ist auch beim Zurückstecken des Schlüssels zu beachten, da das FSD sonst eine Fehlermeldung an der BMZ anzeigt.

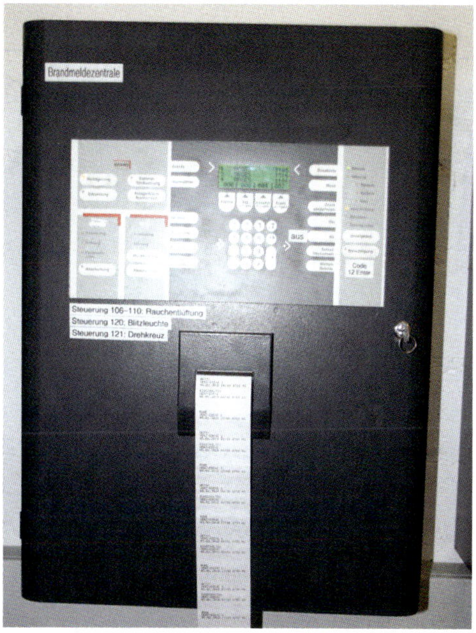

Bild 29.5 Beispiel für eine Brandmelderzentrale mit integriertem Protokolldrucker

geüberwacht. Nach dem Auslösen der Brandmeldeanlage erfolgt die elektromagnetische Entriegelung der Außenklappe des FSD. Nun kann die Feuerwehr mittels eines speziellen Schlüssels (die so genannte Feuerwehrschließung) den FSD öffnen und dann den Schlüssel für das Objekt entnehmen.

Die Brandmelderzentrale (BMZ) ist das Herz der Brandmeldeanlage. Während die Brandmeldeanlage die Gesamtheit der Anlage beschreibt, ist die BMZ die eigentliche Technik. Die BMZ sorgt für die Abfrage der Melderzustände, die Auswertung der Störungs- und Alarmmeldungen, die Überwachung der Leitungen des üblichen Telefonfestnetzmeldeweges (so genannte Primärleitung) und auch für die Energieversorgung. Die Brandmelderzentrale steuert – sofern programmiert – auch so genannte Brandfallsteuerungen, die nach dem Auslösen der Brandmeldeanlage aktiviert werden. Darunter sind beispielsweise Rauch- und Wärmeabzugsanlagen, Feuerschutzabschlüsse, Rauchschürzen, Brandschutzklappen, Gebäudefunkanlagen, Löschanlagen oder das Entriegeln von Fluchttüren und das Stilllegen von Aufzügen zu verstehen.

BMZ (▶ Bild 29.5) können mit einem Protokolldrucker versehen sein, welcher die Schalt- und Bedienvorgänge sowie die Auslösungen automatisch protokolliert, was vor allem bei nicht autorisierten Rückstellungen einer BMA durch den Betreiber vor dem Eintreffen der Feuerwehr für den Einsatzleiter bei der Rückverfolgung der Alarmursache hilfreich ist.

Brandmeldeanlagen können mit einer so genannten Alarmverzögerung von maximal 180 Sekunden versehen werden. Diese Betriebsart der BMA soll Falschalarme durch die von Mitabeitern durchgeführte Lageerkundung vermeiden helfen. Die Mitarbeiter müssen dabei den Alarm innerhalb von 30 Sekunden quittieren. Innerhalb der Erkundungszeit von

Merke:

Es heißt Brandmelderzentrale, aber Brandmeldeanlage.

Achtung:

Ist die Tür der BMZ geöffnet, wird kein Alarm an die Leitstelle weitergeleitet (Ausnahme: Hauptmelder).

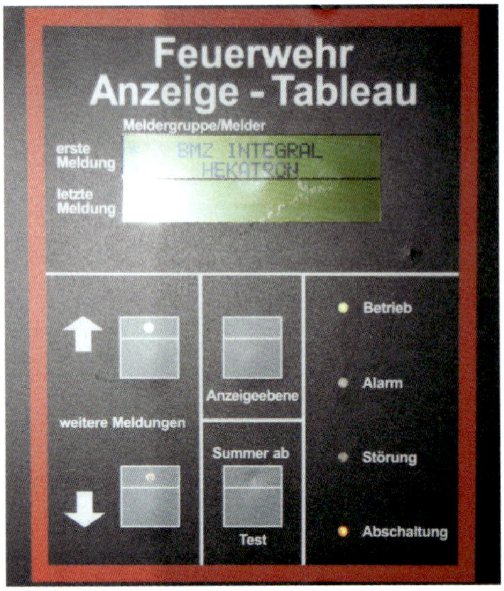

Bild 29.6 Feuerwehr-Anzeigetableau (FAT)

Bild 29.7 Feuerwehr-Bedienfeld (FBF)

180 Sekunden wird der Alarm nur beim Auslösen eines zweiten Melders oder beim Drücken eines Handfeuermelders an die Leitstelle weitergeleitet.

An der Brandmelderzentrale finden sich regelmäßig ein Feuerwehr-Anzeigetableau (FAT) und ein Feuerwehr-Bedienfeld (FBF). Brandmelderzentralen werden von vielen Herstellern angeboten. Und genauso vielfältig wie die Anbieter sind (leider) auch die Bedien- und Anzeigeelemente einer BMZ. Dies ist vor allem im Einsatz ein Problem, weil sich der Feuerwehrangehörige immer neu auf die BMZ einstellen muss – mit allen Nachteilen. Um die Bedienung und die Meldungsanzeige zu standardisieren (und damit unnötigen Stress im Einsatz zu vermeiden) wurden das Feuerwehr-Bedienfeld und das Feuerwehr-Anzeigetableau genormt. Das Feuerwehr-Anzeigetableau (▶ Bild 29.6) dient der standardisierten Anzeige der Betriebszustände der BMZ. Da die Feuerwehr-Anzeigetableaus eine Parallelanzeige zur BMZ sind, kann nach der Rückstellung der BMZ auch keine Anzeige mehr am Feuerwehr-Anzeigetableau erfolgen. Allerdings haben neuere Feuerwehr-Anzeigetableaus oft eine History-Funktion. Nach einem etwa fünfsekündigen Drücken der Taste »History« werden die älteren Meldungen angezeigt.

Die Bedienung der Brandmelderzentralen ändert sich ständig. Damit sich der Feuerwehrangehörige im Einsatz nicht erst die Bedienungsanleitung der BMZ durchlesen

Merke:

Schlüssel der Feuerwehrschließung sind nur im Gebrauch der örtlich zuständigen Feuerwehr, nie jedoch bei Betreibern oder Errichtern einer BMA.

Praxis-Tipp:

Verfügt die Brandmeldeanlage über kein Feuerwehr-Anzeigetableau (FAT) sollte die Meldung im BMZ-Display sehr genau angesehen werden, weil dort häufig auch andere Abschalt-, Störungs- oder Wartungsmeldungen angezeigt werden. Verfügt die (sehr alte) BMZ über kein Display, sondern nur über LED, die im Alarmfall in Rot oder Gelb leuchten, muss sehr genau die Meldergruppe abgelesen werden. Denn die Anordnung der Meldergruppen-Beschriftung an solchen BMZ variiert und kann sowohl ober- als auch unterhalb der LED-Reihe stehen.

IM EINSATZ

Bedienung des Feuerwehr-Anzeigetableaus (FAT)

(1) Meldungsdisplay: Im Display werden die Meldungen der BMZ (z. B. ausgelöste Meldergruppe und -nummer) dargestellt. In der oberen Displayhälfte steht immer die erste Meldung. Lösen weitere Melder aus, werden die Meldungen in der unteren Hälfte des Displays dargestellt. Dabei wird in der unteren Displayhälfte immer die letzte Meldung dargestellt, d. h. liegen mehr als zwei Meldungen vor, sind diese nicht direkt sichtbar.

(2) Pfeiltasten: Mit den Pfeiltasten »auf« und »ab« kann man zwischen den Meldungen »blättern«, wenn mehr als zwei Meldungen anstehen. Es ist jeweils die Taste beleuchtet, in welche Richtung geblättert werden kann. Die letzte Meldung (= die aktuellste Meldung) bleibt in der unteren Displayhälfte immer angezeigt, sodass alle anderen Meldungen beim »Blättern« in der oberen Displayhälfte erscheinen.

(3) Anzeigeebene: Mit diesem Taster kann die Anzeigeebene auf dem Display gewechselt werden. Auf dem Display werden grundsätzlich alle Alarme angezeigt (Ausnahme: Alarme der gleichen Meldergruppe). Möchte man jedoch auf die Anzeigeebene »Störung« oder »Abschaltung« wechseln, geschieht dies durch Drücken des Tasters. Dann werden im Display jeweils die vorliegenden Störungsmeldungen oder Abschaltungen angezeigt.

(4) Summer ab/Test: Das FAT ist mit einem Summer ausgestattet, der auf neu eingegangene Alarmmeldungen hinweist. Durch kurzes Drücken der Taste kann der Summton abgeschaltet werden. Durch Drücken des Tasters erfolgt nicht die Abschaltung des Evakuierungsalarms der BMZ o. Ä. Wird die Taste mehr als fünf Sekunden lang gedrückt, werden das Display, alle LED, alle Taster und der Summe testweise angesteuert und auf Funktion überprüft.

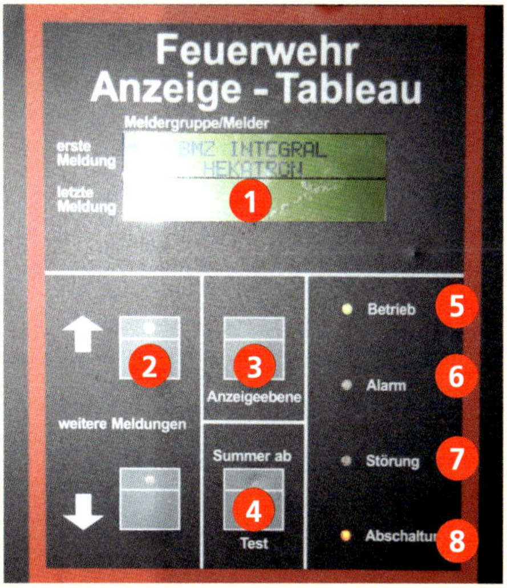

(5) bis (8) Leuchtdioden: Die grüne LED »Betrieb« zeigt mit Dauerlicht den betriebsbereiten Ruhezustand des FAT an.

Mit roten Dauerlicht der LED »Alarm« und einem Summton wird der Alarmzustand signalisiert. Durch Blinken der roten LED wird auf weitere eingegangene Meldungen hingewiesen.

Blinken die LED »Störung« und/oder »Abschaltung« gelb, weisen sie auf vorhandene Störmeldungen oder Abschaltungen hin. Mittels des Tasters (3) »Anzeigenebene« kann auf die jeweilige Anzeigeebene gewechselt werden. Gelbes Dauerlicht weist daraufhin, dass die jeweilige Anzeigeebene aktiv im Display angezeigt wird.

IM EINSATZ

Bedienung des Feuerwehr-Bedienfelds (FBF)

(1) Bedienfeld in Betrieb: Der betriebsbereite Zustand des FBF wird durch ein grünes Dauerlicht angezeigt (Ruhezustand).

(2) ÜE ausgelöst: Das rote Dauerlicht zeigt an, dass sich die BMZ im Alarmzustand befindet. Die ÜE bzw. der Hauptmelder wurde durch die Ansteuereinrichtung der BMZ ausgelöst und hat einen Alarm übertragen. Das rote Dauerlicht leuchtet ebenfalls, wenn die ÜE manuell zu Prüfzwecken ausgelöst wurde oder der Taster (8) betätigt worden ist.

(3) Löschanlage ausgelöst: Mit rotem Dauerlicht wird angezeigt, dass eine Löschanlage ausgelöst hat, deren Auslösung an die BMZ gemeldet wurde oder dass durch die BMZ im Rahmen der Brandfallsteuerung eine Löschanlage ausgelöst wurde. Die LED leuchtet solange, bis die Alarmrückstellung an der Löschanlage erfolgt ist. Die LED zeigt oft nur die Auslösung von Gaslöschanlagen (z. B. CO_2-Löschanlage) o. Ä. an, i.d.R. jedoch nicht von Sprinkleranlagen.

(4) Brandfallsteuerungen ab: Gelbes Dauerlicht zeigt an, dass Ansteuereinrichtungen der BMZ für Brandfallsteuerungen abgeschaltet sind (Ausnahme: Feststellanlagen), beispielsweise für Probeauslösungen der BMA. Die LED leuchtet, sobald mindestens eine Brandfallsteuerung abgeschaltet ist. Die Abschaltungen können sowohl über den neben der LED angeordneten Taster als auch an der BMZ erfolgen. Ist die Abschaltung der Brandfallsteuerungen über den Taster des FBF erfolgt, leuchtet auch der Taster und es sind alle (!) Brandfallsteuerungen abgeschaltet. Abschaltungen der Brandfallsteuerungen am FBF können nicht an der BMZ aufgehoben werden und umgekehrt. Sobald eine Brandfallsteuerung wieder eingeschaltet wurde, erlischt die LED (auch wenn die anderen Brandfallsteuerungen weiter abgeschaltet sind).

(5) Akustische Signale ab: Mit gelbem Dauerlicht wird angezeigt, dass die Ansteuerungseinrichtung für die akustischen Signale (Räumungs- bzw. Internalarm) der BMA abgeschaltet ist. Die Abschaltung kann wie bei den Brandfallsteuerungen sowohl an der BMZ als auch am FBF erfolgen. Bei einer Abschaltung der akustischen Signale am FBF leuchtet auch der neben der LED angeordnete Taster. Eine Abschaltung an der BMZ kann vom FBF im Alarmzustand aufgehoben werden, der Alarm kann also von der Feuerwehr wieder angeschaltet werden. Achtung: Der Räumungsalarm bei Gaslöschanlagen ist von der Abschaltung nicht betroffen.

(6) BMZ rückstellen: Ein rotes (bei älteren Anlagen auch gelbes) Dauerlicht zeigt an, dass sich die BMA im Alarmzustand befindet oder befand. Die rote LED leuchtet 15 Minuten lang, auch wenn der Betreiber die BMA bereits an der BMZ zurückgestellt hat und behauptet, die Anlage hätte nicht ausgelöst (Ausnahme: Bei sehr alten FBF [vor 2001] kann diese Funktion deaktiviert sein). Durch die Kontrolle des FBF kann die Feuerwehr schnell sehen, ob ein Alarmzustand ausgelöst worden war. Die LED erlischt in folgenden Fällen:

- automatisch nach 15 Minuten, wenn sich BMZ und ÜE wieder im Ruhezustand befinden;
- nach 15 Minuten, wenn der Betreiber BMZ und ÜE an der BMZ zurückgestellt hat;
- mit dem ordnungsgemäßen Zurückstellen der BMZ und ÜE durch die Feuerwehr am FBF.

Die Anzeige leuchtet nicht, wenn die ÜE am FBF oder direkt an der ÜE ausgelöst wurde; wird jedoch ein an der ÜE montierter Handfeuermelder ausgelöst, leuchtet die LED – auch wenn dann keine Meldergruppe an der BMZ angezeigt wird.

Mit dem durch einen Kunststoffdeckel gegen unbeabsichtigte Betätigung geschützten Taster kann die BMZ und die ÜE wieder in den Ruhezustand zurückgesetzt werden. Das bedeutet, der Einsatzleiter kann die BMA durch Drücken des Tasters wieder »scharf schalten«.

(7) ÜE ab: Ein gelbes Dauerlicht zeigt an, dass die Ansteuerung der BMA für die Übertragungseinrichtung (ÜE) abgeschaltet ist. Ein auflaufender Alarm wird bei abgeschalteter ÜE nicht an die hilfeleistende Stelle weitergeleitet, sodass keine Alarmierung der Feuerwehr erfolgen kann. Die ÜE-Abschaltung kann an der BMZ oder am FBF erfolgen. Bei einer Abschaltung am FBF leuchtet auch der neben der LED angeordnete Taster. Abschaltungen am FBF können nicht an der BMZ aufgehoben werden und umgekehrt. Die Einschaltung der ÜE kann zudem nur erfolgen, wenn die Abschaltung weder am FBF noch an der BMZ aktiv ist.

(8) ÜE prüfen: Mit dem Taster wird die Übertragungseinrichtung (ÜE) bzw. der Hauptmelder zur Prüfung der Auslösung angesteuert, dass heißt, der Übertragungsweg zur Leitstelle wird getestet. Hierbei wird allerdings kein Alarmzustand der BMZ inklusive Ansteuerung der Brandfallsteuerungen, FSD, Blitzleuchte und akustischen Signale ausgelöst. Nach Taster-Betätigung leuchtet die rote LED »ÜE ausgelöst« bis die ÜE wieder zurückgestellt wurde.

muss, wurde das Feuerwehr-Bedienfeld (FBF) genormt. Somit ist die Bedienung der BMZ über das Feuerwehr-Bedienfeld bei allen Herstellern einheitlich. Das Feuerwehr-Bedienfeld ist in der Regel extern neben der BMZ oder dem Feuerwehr-Anzeigetableau angeordnet. Genauso wie das Feuerwehr-Anzeigetableau ist auch das Feuerwehr-Bedienfeld mit einem Zylinder der Feuerwehrschließung gegen Missbrauch geschützt und kann nur durch die Feuerwehr bedient werden.

Die Übertragungseinrichtung (ÜE) übermittelt den ausgelösten Alarmzustand an die hilfeleistende Stelle. Hierbei handelt es sich normalerweise um die Feuerwehrleitstelle. Weitere Bestandteile der Brandmeldeanlage sind natürlich die verbauten Melder. Es werden nichtautomatische Melder (Handfeuermelder) und automatische Melder unterschieden. Die automatischen Melder werden – unabhängig vom Meldertyp – noch in vier verschiedene Meldersysteme differenziert:

- Einzelmelder,
- Ansaugrauchmelder (auch als RAS [Rauchansaugsystem] bezeichnet),
- Linearmelder,
- Linienförmige Wärmemelder.

Einzelmelder sind –wie der Name schon sagt – einzelne Melder, die auf verschiedene Kenngrößen wie Rauch, Wärme, Flammen oder Gas (oder auf eine Kombination davon) reagie-

Merke:

Über das Feuerwehr-Bedienfeld »steuert« die Feuerwehr die Brandmeldeanlage; das Feuerwehr-Anzeigetableau hingegen dient der Anzeige der Meldungen der Brandmeldeanlage.

Bild 29.8 Brandmelder:
a Einzel-Rauchmelder,
b Auswerteeinheit eines Ansaugrauchmelders.

Merke:

Nach dem Rückstellen der BMA muss der Taster »Akustische Signale ab« ggf. ebenfalls wieder zurückgestellt werden (die akustischen Signale müssen also wieder aktiviert werden; der Taster darf nicht leuchten).

Praxis-Tipp:

Ob die Abschaltung der bzw. aller Brandfallsteuerungen über den Taster »Brandfallsteuerungen ab« funktioniert, hängt entscheidend von der Programmierung der BMZ ab. So sind durchaus Fälle bekannt, in denen z. B. die RWA-Steuerung abgeschaltet wird, die Fluchttüren jedoch entriegeln und per Hand wieder verschlossen werden müssen. Bei Tests sollte die Tasterfunktion daher mit dem Verantwortlichen bzw. Sachkundigen des Betreibers zunächst erörtert werden.

ren. Ansaugrauchmelder reagieren auf Rauch. Sie saugen die Umgebungsluft im Überwachungsbereich an und transportieren sie über Rohrleitungen zur Auswerteeinheit, die unabhängig vom Auswertebereich an einer anderen Stelle sitzen kann. Linearmelder werden auch als Lichtstrahlrauchmelder bezeichnet und reagieren auf die Kenngröße Rauch. Dieses Meldersystem besteht aus einem Sender und einem Empfänger sowie einer Auswerteeinheit. Der Linearmelder ist im Prinzip eine Lichtschranke, die bei einer Unterbrechung Alarm auslöst. Linienförmige Wärmemelder, also Brandmelder, die auf die Kenngröße Wärme reagieren, kommen oft in Tunnel und Tiefgaragen oder Lageranlagen zum Einsatz. Je nach Ausführung reagiert eine Leitung oder ein mit Gas gefülltes Röhrchen auf Wärme und löst Alarm aus.

Merke:

Beim Auslösen eines Ansaugrauchmelders ist immer der gesamte auf der Feuerwehr-Laufkarte angegebene Überwachungsbereich zu kontrollieren und nicht nur der Bereich, in dem die Auswerteeinheit montiert ist.

Alle Melder müssen grundsätzlich eindeutig mit der Meldernummer, bestehend aus Meldergruppe und laufender Nummer des Melders, gut lesbar gekennzeichnet sein.

29.1.2 Feuerwehr-Anzeigetableau und Feuerwehr-Bedienfeld

Das Feuerwehr-Anzeigetableau und das Feuerwehr-Bedienfeld sind die wichtigsten Bestandteile der Brandmeldeanlage für die Feuerwehr im Einsatz. An diesen beiden Geräten können sämtliche notwendigen Anzeigen ausgewertet und Schalthandlungen vorgenommen werden. Daher werden diese beiden Anlagenkompo-

IM EINSATZ

Bedienung des Feuerwehr-Gebäudefunk-Bedienfeldes (GFB)

(1) Bedienfeld in Betrieb: Der aktivierte Betriebszustand des Feuerwehr-Gebäudefunk-Bedienfeldes wird durch ein grünes Dauerlicht angezeigt.

(2) Störung der Gebäudefunkanlage: Anzeige von Störungen (zum Beispiel Ausfall der Stromversorgung und/oder der Sende- und Empfangseinrichtung der Gebäudefunkanlage) der Feuerwehr-Gebäudefunkanlage

(3) Ein: Taster »Ein« zum manuellen Einschalten der Gebäudefunkanlage. Es werden alle programmierten Funkkanäle/Digitalfunk-Gruppen gleichzeitig eingeschaltet.

(4) Aus: Taster »Aus« zum Ausschalten der Gebäudefunkanlage. Es werden alle programmierten Funkkanäle/Digitalfunk-Gruppen gleichzeitig ausgeschaltet.

nenten ausführlich dargestellt (▶ Im-Einsatz-Kästen auf den drei vorhergehenden Seiten).

29.1.3 Feuerwehr-Gebäudefunk-Bedienfeld

In manchen Objekten mit Brandmeldeanlage befinden sich spezielle Gebäudefunkanlagen, da der Einsatzstellenfunk durch die Gebäudebauweise nur eingeschränkt funktioniert. Eine Gebäudefunkanlage ist ein vorbereitetes Funksystem mit im Gebäudeinneren verlegten Antennen, das in der Regel auf einem speziellen Funkkanal (bzw. Digitalfunk-Gruppe) betrieben wird. Ein spezielles Feuerwehr-Gebäudefunk-Bedienfeld ist genormt. Eine grüne LED zeigt die Aktivierung des Feuerwehr-Gebäudefunk-Bedienfeldes an.

Gebäudefunkanlagen werden oft bei Auslösung der Brandmeldeanlage automatisch aktiviert; es gibt aber auch Anlagen, welche durch die Feuerwehr bei Bedarf manuell in Betrieb genommen werden müssen (diese Möglichkeit über den Taster »Ein« muss bei allen Anlagen bestehen, falls die Brandfallsteuerung der Brandmeldeanlage nicht funktioniert). Nach Einsatzende muss die Feuerwehr die Gebäudefunkanlage immer manuell abschalten. Dabei ist zu beachten, dass zunächst die Brandmeldeanlage zurückgestellt werden muss, bevor die Feuerwehr-Gebäudefunkanlage per Taster »Aus« am Feuerwehr-Gebäudefunk-Bedienfeld oder – bei älteren Anlagen – über einen

Merke:

Die manuelle Abschaltung der Gebäudefunkanlage über den Taster »Aus« deaktiviert gleichzeitig alle programmierten Funkkanäle bzw. Digitalfunk-Gruppen!

> **Merke:**
>
> Feuerwehr-Gebäudefunkanlagen sind für spezielle Funkkanäle bzw. Digitalfunk-Gruppen programmiert, sodass die Handfunkgeräte zu Beginn des Einsatzes auf diese Kanäle/Gruppen umgestellt werden müssen. Diese Kanäle bzw. Gruppen des Digitalfunkes sind je nach Bundesland einheitlich festgelegt. Zu beachten ist, dass die Verkehrsart häufig auf »bedingtes Gegensprechen« umgeschaltet werden muss – wofür nicht alle Typen der Handfunkgeräte ausgelegt sind. Das Umschalten der Handfunkgeräte sollte geübt werden.

Schlüsselschalter deaktiviert werden kann. (▶ Im-Einsatz-Kasten auf der vorhergehenden Seite).

29.1.4 Brandmeldeanlage: Vorgehen im Einsatz

Bei der Auslösung einer Brandmeldeanlage muss immer von einem Realeinsatz ausgegangen werden, schließlich heißt eine Brandmeldeanlage auch Brandmeldeanlage und nicht Fehlalarmmeldeanlage!

Der Angriffstrupp rüstet sich wie bei jedem Brandeinsatz standardmäßig mit Pressluftatmern aus, wobei der Lungenautomat nicht angeschlossen wird (Anschluss immer erst an der Rauchgrenze!). Objekte mit BMA verfügen in der Regel auch über einen Feuerwehrplan nach DIN 14095 (▶ Kapitel 68) oder sogar über einen Feuerwehreinsatzplan. Während der Anfahrt bereitet sich der Einheitsführer mittels des Planes auf den Einsatz vor. Ein weiteres Exemplar des Feuerwehrplans wird in der Regel an der BMZ vorgehalten, sodass sich der Einsatzleiter spätestens dort über das Objekt informieren kann.

Ist in dem Objekt eine Gebäudefunkanlage vorhanden, so sind die benötigten Funkgeräte bereitzustellen bzw. die ggf. notwendigen Einstellungen am Funkgerät vom Angriffstrupp vorzunehmen (Funkkanal bzw. bei Digitalfunk entsprechende Gruppe!).

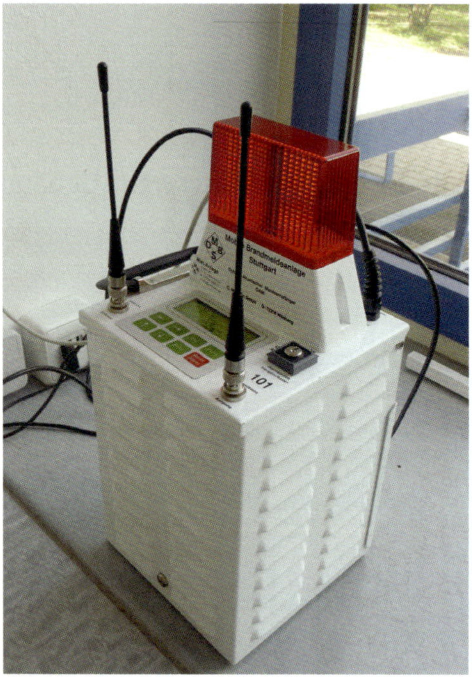

Bild 29.9 Mobile Brandmeldeanlage (MOBS)

29.1.5 Mobile und temporäre Brandmeldeanlagen

Mobile Brandmeldeanlagen (ein Begriff ist MOBS – Mobile Brandmeldeanlage Stuttgart, ▶ Bild 29.9) sind eine Sonderform der BMA. Sie kommen vor allem in Fliegenden Bauten, auf Messen oder bei Umbauarbeiten an der BMA vorübergehend zur Verwendung. In diesen Objekten ist in der Regel ein Sicherheitsdienst oder eine Werkfeuerwehr ständig präsent. Die tragbaren Komponenten, wie Funkrauchmelder und Zentrale (Auswerteeinheit), kommunizieren über Funkverbindungen miteinander. Von der Zentrale wird der Alarm dann meist über Betriebsfunk oder Telefonwählgeräte an die Sicherheitszentrale oder die Werkfeuerwehr weitergeleitet. Auch eine Aufschaltung auf eine Feuerwehrleitstelle wie eine gewöhnliche Brandmeldeanlage ist möglich.
Die Bedienung ist mit der einer fest installierten BMA vergleichbar, allerdings gibt es in der Regel kein Feuerwehr-Schlüsseldepot

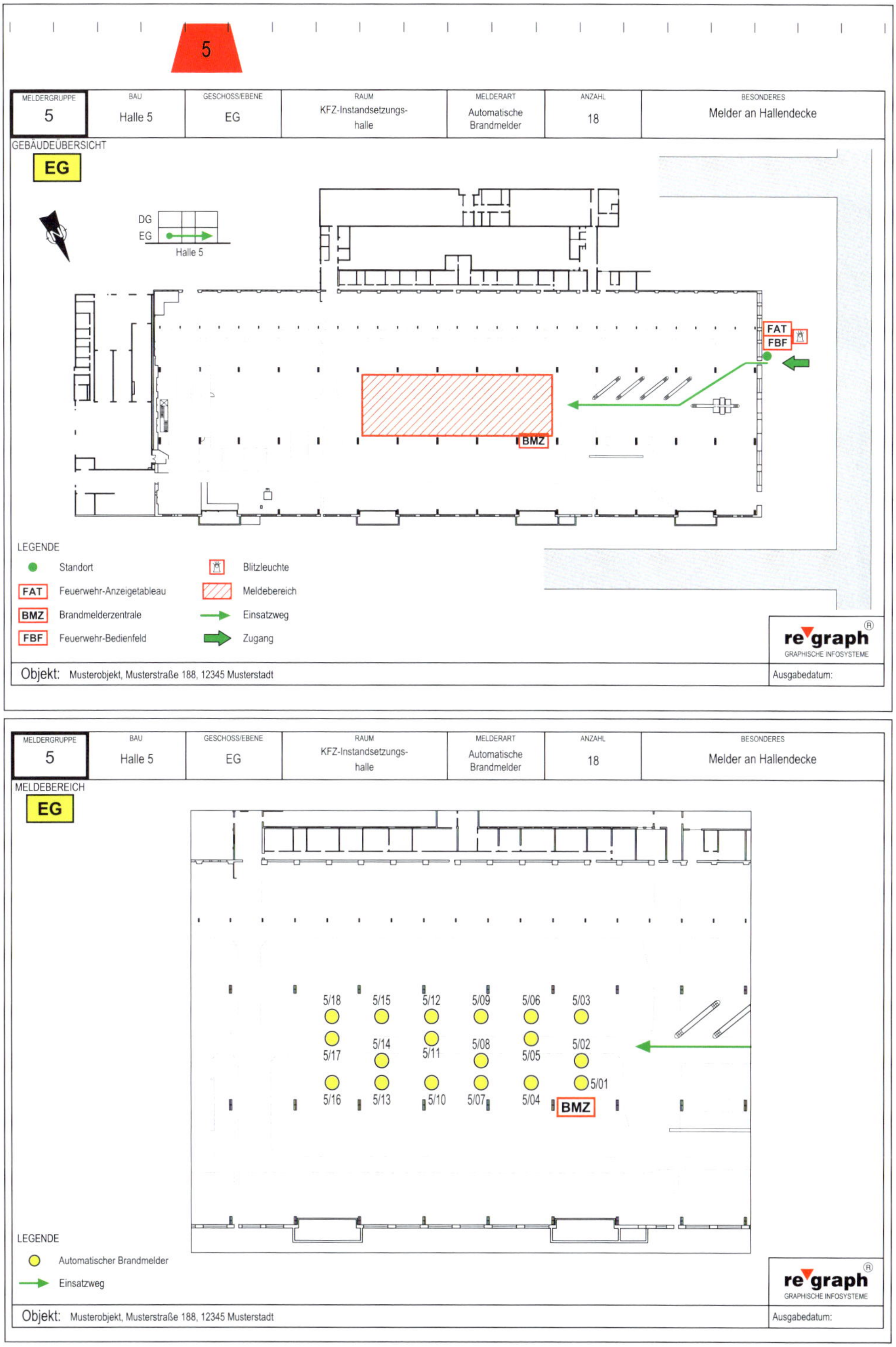

Quelle: re'graph GmbH, Korntal-Münchingen

Bild 29.10 Beispiel einer Feuerwehr-Laufkarte: Übersicht Vorderseite (oben) und detaillierte Rückseite

IM EINSATZ

Vorgehen beim Einsatz »Brandmeldeanlage«

Während der Anfahrt informiert sich der Einheitsführer/Einsatzleiter mithilfe des Feuerwehrplans über das Objekt.

Grundsätzlich wird am Objekt immer zuerst der Objektschlüssel aus dem FSD entnommen, auch wenn der Betreiber beteuert, alle Schlüssel zur Hand zu haben.

Der Einsatzleiter begibt sich zur Erstinformationsstelle und stellt dort die ausgelösten Melder am FAT fest (dies muss immer erfolgen!)

Danach wird die Feuerwehr-Laufkarte der entsprechend ausgelösten Meldergruppe entnommen. Unbedingt Melderart beachten!

Um weitere ausgelöste Melder zu bemerken, muss sich immer ein mit Einsatzstellenfunk ausgerüsteter Feuerwehrangehöriger an der BMZ aufhalten. Eine weitere ausgelöste Meldergruppe wird bei einer bereits ausgelösten BMA nicht an die hilfeleistende Stelle (Leitstelle) übertragen. Folgealarme werden also erst übertragen, wenn die BMA zurückgestellt ist.

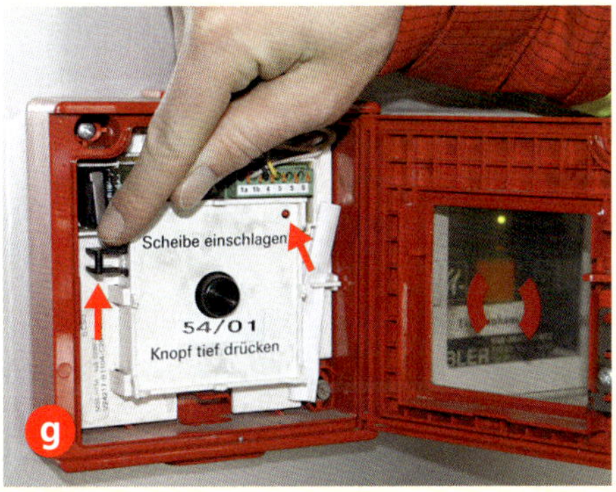

Handfeuermelder müssen im Gegensatz zu automatischen Meldern manuell zurückgestellt werden. Bei allen Meldern ist gleich, dass der Drucktaster nach der Betätigung arretiert wird und eine rote LED die Auslösung des Melders anzeigt. Der Melder ist mittels eines speziellen Schlüssels zu öffnen und der Arretierhebel zu lösen, wenn er nicht bereits durch den Öffnungsvorgang des Meldergehäuses entriegelt wurde. Dieser Arretierhebel sitzt je nach Meldertyp im Gehäuse an der linken Seite oder rechts oberhalb der Scheibe. Es gibt jedoch auch Melder, die nur durch Schließen des Schlosses bereits zurückgestellt werden.

Der ausgelöste Melder ist immer zu kontrollieren (d. h., nicht nur der Raum, sondern der ausgelöste Melder ist in Augenschein zu nehmen). Der Melder wird immer nach dem auf der Feuerwehr-Laufkarte aufgedruckten Weg aufgesucht. Der Angriffstrupp begleitet den Einsatzleiter mit Pressluftatmer und Kleinlöschgerät.

Spätestens nach der Kontrolle des ausgelösten Melders muss eine Lagemeldung an die Leitstelle abgesetzt werden (beachte: Unterscheidung Fehl- und Täuschungsalarm!)

Nach der Kontrolle des ausgelösten Melders sollte der Betreiber der BMA verständigt werden, auch bei einer »Fehlauslösung« der Anlage. Ist er bzw. sind dessen Mitarbeiter nicht vor Ort, kann dies ggf. über die Leitstelle erfolgen. Grundsätzlich ist die BMA-Auslösung im Betriebsbuch der Brandmeldeanlage einzutragen.

Die Brandmeldeanlage wird immer über das Feuerwehr-Bedienfeld zurückgesetzt – nie über die Brandmelderzentrale. Einsatzkräfte der Feuerwehr dürfen niemals Meldergruppen außer Betrieb nehmen – auch nicht, wenn die gleiche Meldergruppe in kurzen Abständen mehrfach ausgelöst hat. Ggf. bleibt die Feuerwehr bis zur Übergabe der Einsatzstelle an den Betreiber (evtl. mit reduzierten Kräften) vor Ort.

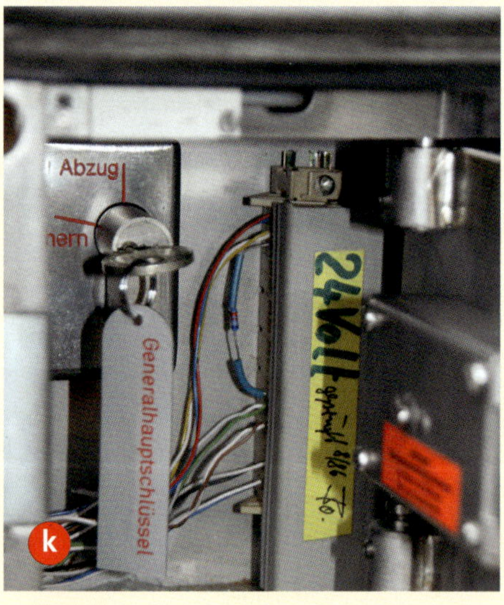

Zum Abschluss wird der Objektschlüssel wieder in das Feuerwehr-Schlüsseldepot (FSD) gesteckt und um 90 Grad gedreht. Danach wird das FSD geschlossen.

und keine Freischalteinrichtung sowie keine Blitzleuchte. Letztere ist – je nach Bauart – eventuell direkt an der Zentrale installiert. Bei mobilen Brandmeldeanlagen gibt es in der Regel keine Meldergruppen, sondern nur durchnummerierte Einzelmelder (automatische und nichtautomatische Melder). Bei temporären Brandmeldeanlagen, die auch baulich eher einer konventionellen Brandmeldeanlage ähneln, kann es vorkommen, dass es hingegen nur Meldergruppen, aber keine Einzelmelderkennung gibt. Dies ist jeweils bei der Erkundung zu beachten.

29.2 Löschanlagen

In manchen Objekten sind ortsfeste Löschanlagen vorhanden (▶ Kapitel 66), deren Auslösung von der Brandmeldeanlage registriert und gemeldet wird. Von daher muss bei einem »Einsatz Brandmeldeanlage« auch immer von der Auslösung einer ortsfesten Löschanlage ausgegangen werden. Im Folgenden werden die am häufigsten vorkommenden Löschanlagen in Grundzügen mit Verweisen auf die Einsatztaktik vorgestellt.

29.2.1 Sprinkleranlagen

Sprinkleranlagen sind ortsfeste automatische Wasserlöschanlagen. Eine Sprinkleranlage ist dazu bestimmt, einen Brand selbstständig zu entdecken, Alarm auszulösen und die Flammen bis zum Eintreffen der Feuerwehr unter Kontrolle zu halten; die Sprinkleranlage aber ist nicht dazu konzipiert, den Brand zu

Achtung:

Die Feuerwehr-Einspeisung von Löschwasser in eine Sprinkleranlage muss immer der Einsatzleiter anordnen, da durch die erfolgte Druckerhöhung weitere Sprinklergruppen auslösen können.

Merke:

Eine Sprinkleranlage kann einen Brand nicht löschen. Es ist davon auszugehen, dass trotz ausgelöster Sprinkleranlage ein Löschangriff der Feuerwehr erforderlich ist.

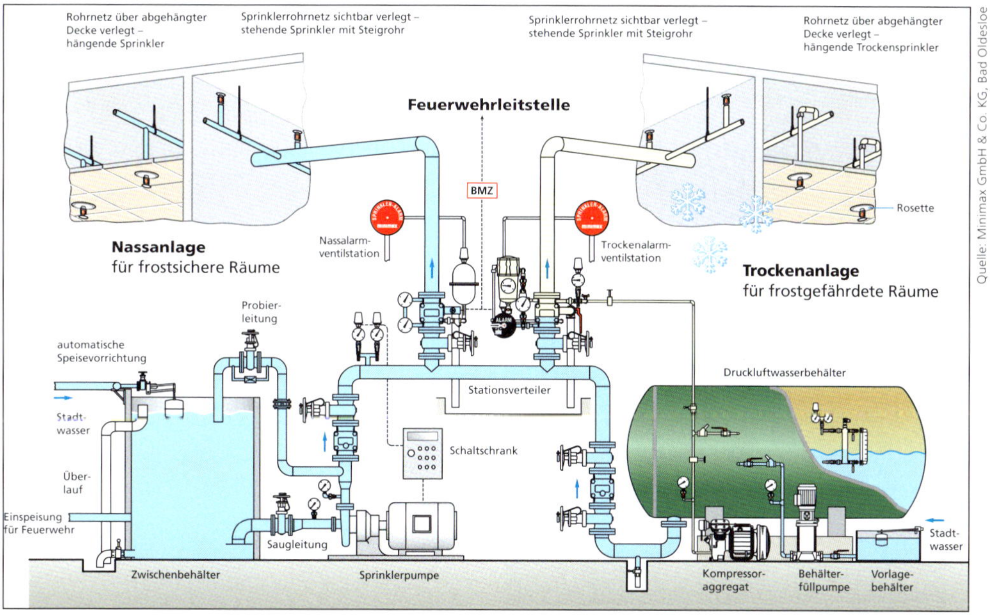

Bild 29.11 Aufbau einer Sprinkleranlage

IM EINSATZ

Vorgehen beim Auslösen einer Sprinkleranlage

Der Einsatzleiter wertet die BMA aus und entnimmt die Feuerwehr-Laufkarte. Es wird wie bei einem BMA-Alarm vorgegangen. Der ausgerüstete Angriffstrupp begleitet den Einheitsführer.

Die BMZ wird sofort von einem mit Funk ausgerüstetem Feuerwehrangehörigen besetzt, um weitere Auslösungen von Meldergruppen feststellen zu können.

Der Bereich der ausgelösten Sprinklergruppe wird kontrolliert. Bei Brand wird die Brandbekämpfung aufgenommen. Der Sprinkler wird trotz Wasserschaden nicht abgestellt. Bei einem Fehlalarm oder einem gelöschten Feuer wird die Sprinklergruppe unverzüglich in der Sprinklerzentrale abgestellt. Der Angriffstrupp begleitet grundsätzlich den Einsatzleiter.

H

Allein der Einsatzleiter bestimmt, wann die Sprinkleranlage abgestellt wird. Dies darf erst erfolgen, wenn der Brand unter Kontrolle ist. Um sicherzustellen, dass kein Unbefugter (z. B. ein »übereifriger« Betriebsangehöriger) die Sprinkleranlage zu früh abstellt, sollte sofort nach dem Eintreffen die Sprinklerzentrale mit einem mit Funk ausgerüstetem Feuerwehrangehörigen besetzt werden. Er darf die Sprinklerzentrale erst auf Befehl des Einsatzleiters verlassen.

Abstellen der Sprinklergruppe: In der Sprinklerzentrale werden die Alarmventilstation sowie ggf. vorhandene Flussschalter geschlossen und anschließend die Sprinklerpumpe abgestellt. Die Anlage wird dem Betreiber übergeben. Nach dem Schließen der Alarmventilstation ist der entsprechende Objektbereich nicht mehr geschützt, und es findet auch keine Brandfrüherkennung mehr statt. Dies muss dem Betreiber bei der Übergabe der Einsatzstelle deutlich mitgeteilt und auch im Einsatzbericht dokumentiert werden. Für den Austausch des Auslöseelements im Sprinkler, die Anlagenentleerung sowie die Wiederinbetriebnahme der Sprinkleranlage ist allein der Betreiber verantwortlich.

Rauch- und Wärmeabzugsanlagen sollten erst nach dem Auslösen der Sprinkler geöffnet werden, weil sonst die Auslösetemperatur der Sprinkler nicht erreicht wird (dies ist jedoch lageabhängig; bei einem Kleinfeuer macht es z. B. anders herum Sinn).

löschen. Dies muss die Feuerwehr durch die Vornahme von Strahlrohren tun.

Eine Sprinkleranlage besteht im Wesentlichen aus einem an die öffentliche Wasserversorgung angeschlossenem Löschwasserbehälter, einer Sprinklerpumpe, einer Alarmventilstation, dem fest verlegtem Rohrnetz mit aufgesetzten Sprinklern, Sprinkler-Alarmglocken sowie einer Einspeisevorrichtung für die Feuerwehr. Der Löschwasserbehälter, die Sprinklerpumpe und die Alarmventilstation sind in der Sprinklerzentrale zusammengefasst. Hierbei handelt es sich um einen Raum, in dem auch

Bild 29.12 Sprinklerzentrale:

a Zu erkennen sind drei Nassalarmventilstationen (Pfeile).

b Detailansicht einer Nassalarmventilstation (rotes Handrad) und einer Sprinklerpumpe (blaues Handrad)

Achtung:

Der Verschluss eines Wasser abgebenden Sprinklers mittels eines Holzstopfens ist in der Regel erfolglos. Lediglich bei drucklosen Sprinkleranlagen nach dem Abstellen der Sprinklerpumpe und dem Schließen der Alarmventilstation kann damit ein Leerlaufen der noch gefüllten Rohrleitung und damit ein größerer Wasserschaden verhindert werden.

ein Funktionsschema der jeweiligen Sprinkleranlage angebracht sein soll (▶ Bild 29.11).

Sprinkleranlagen gibt es in fünf verschiedenen Arten, z. B. als Nassanlage mit ständig mit Wasser gefüllten Rohrleitungen oder als Trockenanlage (meist mit Druckluft gefüllte Rohrleitungen; nach Entweichen der Luft strömt erst Wasser nach) oder als Kombination zwischen beiden Arten. Feuerwehrtechnisch sind die Anlagen gleich zu betrachten. Lediglich die so genannte vorgesteuerte Anlage, die mit automatischen Meldern der BMA kombiniert ist, ist unterschiedlich. Das Öffnen eines Sprinklers allein bewirkt bei diesem Typ noch kein Öffnen der Alarmventilstation; diese öffnet erst nach dem zusätzlichen Auslösen eines automatischen Melders.

Die Funktionsweise einer Sprinkleranlage ist einfach: Im Brandfall gibt das vom Feuer erwärmte Auslöseelement des Sprinklers (Schmelzlot oder Glasfass, jeweils mit einer definierten Auslösetemperatur) den Löschwasserfluss frei, Löschwasser entweicht aus der Rohrleitung. Dadurch öffnet die Alarmventilstation und setzt die Sprinklerpumpe sowie die wasserhydraulisch betriebene Sprinkler-Alarmglocke in Betrieb, die das Auslösen der Sprinkleranlage akustisch anzeigt. Löschwas-

Merke:

Nur das Abschalten der Sprinklerpumpe reicht zum Abstellen der Sprinkleranlage nicht aus. Es ist immer die Alarmventilstation nach der Anweisung des Einsatzleiters zu schließen.

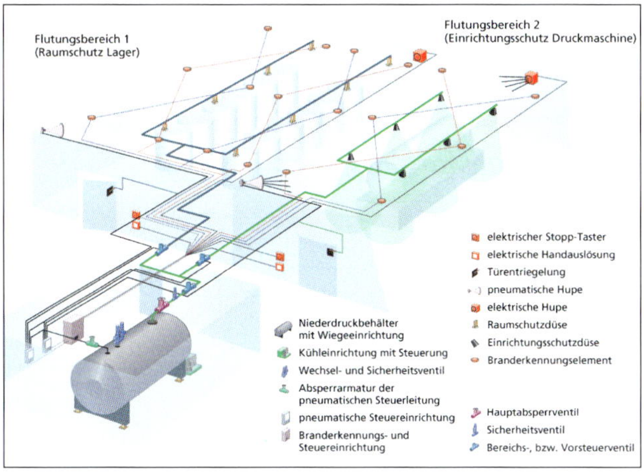

Bild 29.13 Schema einer Kohlenstoffdioxidlöschanlage in Niederdruck-Ausführung

Quelle: Minimax GmbH & Co. KG, Bad Oldesloe

ser strömt aus dem Vorratsbehälter nach, der über die öffentliche Wasserversorgung nachgefüllt wird. Gleichzeitig wird die Brandmeldeanlage ausgelöst. Als Meldergruppe wird die ausgelöste Sprinklergruppe (jeweils Alarmventilstation sowie Rohrleitung mit Sprinklern in einem Bereich) angezeigt. Die Sprinkler-Alarmglocke kann über den so genannten Alarmstophahn an der Alarmventilstation abgestellt werden, wenn dies einsatztaktisch notwendig ist.

Aufgrund der Funktionsweise der Sprinkleranlage muss immer von einem Realbrand beim Auslösen einer Sprinkleranlage ausgegangen werden. Von daher sollte der Angriffstrupp immer unter Pressluftatmer mit Schlauchtragekörben und (Hohl-)Strahlrohr vorgehen.

Zur Druckerhöhung im Sprinklersystem ist es möglich, dass die Feuerwehr Löschwasser über die Feuerwehr-Einspeiseeinrichtung in die Sprinkleranlage pumpt. Dies muss jedoch jeweils im Einzelfall vom Einsatzleiter angeordnet werden. Bei der Einspeisung ist es durch die Druckerhöhung möglich, dass beim Vorhandensein einer Ringleitung in der Sprinkleranlage weitere Sprinklergruppen auslösen.

Auch bei Sprinkleranlagen kann es zu Fehl- und/oder Täuschungsalarmen kommen. Dabei sind zwei Ursachen zu unterscheiden:

- Täuschungsalarm: Ursache für die Sprinklerauslösung ist kein Schadenfeuer, sondern ein externer Einfluss, z. B. abgeschlagener Sprinklerkopf (z. B. durch Gabelstapler), Frostschäden oder Unfug. Hierbei tritt in der Regel Wasser aus dem Sprinkler aus.
- Fehlalarm: Fehlerhafte Auslösung in der Alarmventilstation infolge eines plötzlichen Druckanstiegs im öffentlichen Wasserversorgungsnetz. Dabei wird die Klappe der Alarmventilstation kurzzeitig bewegt und so Alarm ausgelöst. Hierbei strömt kein Wasser aus einem Sprinkler aus; zudem sind nicht die typischen Wasser-Strömungsgeräusche an der Alarmventilstation zu hören.

Achtung:

Löschanlagen können mit einer Zweimelderabhängigkeit gesteuert werden. Das bedeutet, dass die Feuerwehr durch einen ausgelösten Melder der BMA in das Objekt mit einer Löschanlage zwar alarmiert wurde, die Löschanlage an sich jedoch nicht ausgelöst hat. Löst während der Erkundung durch die Einsatzkräfte ein zweiter Melder aus, wird die Löschanlage aktiviert und Löschgas tritt aus! Dies bedeutet eine erhebliche Gefahr für die Einsatzkräfte! Im Rahmen der Erkundung in Objekten mit Gaslöschanlagen sollten daher alle vorgehenden Einsatzkräfte mit Pressluftatmern ausgerüstet sein (auch der Einheits-/Gruppenführer!)!

IM EINSATZ

Vorgehen beim Auslösen einer Kohlenstoffdioxidlöschanlage

Die Anfahrt soll mit oder quer zum Wind erfolgen (ggf. bei Leitstelle erfragen!). Während der Anfahrt soll sich der Einheitsführer mithilfe des Feuerwehrplans über das Objekt informieren. Bei der Fahrzeugaufstellung Topografie, Anordnung der Druckentlastungsklappen des Objekts und Abstand (v. a. bei Niederdruck-Anlagen) beachten (Fahrzeuge nicht in Senken oder Täler, die dicht am Objekt liegen, stellen).

Bei der Erkundung auf Nebelschlieren über dem Dach und an Wänden des Objektes achten, da dies ein Hinweis auf die Auslösung der Löschanlage ist. Einsatzkräfte auf die ausgelöste Löschanlage und die Gefahren hinweisen.

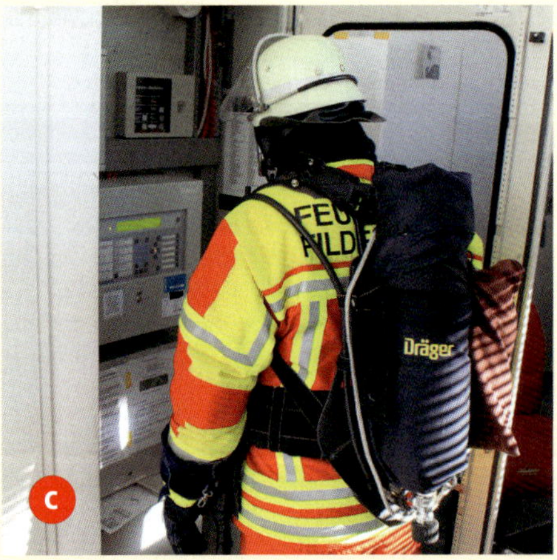

Erkundung (auch Gruben und Schächte beachten) immer unter angeschlossenem Pressluftatmer, auch in der Brandmelderzentrale! Der Posten in der Brandmelderzentrale muss ebenfalls Pressluftatmer tragen!

Messungen (Kohlenstoffdioxid und Sauerstoff) durchführen!

Lüften des Löschbereiches erst nach der Rückmeldung »Feuer aus« und umfassender Lagebeurteilung durch den Einsatzleiter

29.2.2 Gaslöschanlagen

Ortsfeste Gaslöschanlagen kommen vor allem in Bereichen zur Anwendung, in denen entweder keine Löschmittelrückstände auftreten dürfen (z. B. EDV, Telekommunikation) oder in denen Wasser aufgrund der Eigenschaften des Brandgutes nicht eingesetzt werden darf (z. B. Gefahrstofflager). Neben sehr speziellen Löschanlagen mit diversen Gaslöschmitteln unterschiedlicher Zusammensetzung, gibt es vor allem Kohlenstoffdioxidlöschanlagen (CO_2-Löschanlagen), die nicht nur sehr weit verbreitet sind, sondern von denen im Einsatz erhebliche Gefahren für die eingesetzten Kräfte ausgehen. Von daher werden im Folgenden ausschließlich die Kohlenstoffdioxidlöschanlagen beschrieben.

Je nach Größe des zu schützenden Objektbereiches kommen Hochdruck- oder Niederdruck-Anlagen zum Einsatz (▶ Bild 29.13 und 29.14). Bei Hochdruck-Anlagen wird Kohlenstoffdioxid unter Druck verflüssigt in mehreren 30-Kilogramm-Druckgasflaschen gelagert. Die maximale Lagermenge beträgt bis zu zirka 3 000 Kilogramm. Werden aufgrund des Objektes größere Löschmittelmengen benötigt, kommen Niederdruck-Anlagen zur Anwendung. Die tiefkalt unter Druck verflüssigte Lagermenge beträgt je nach Anlagenkonstruktion und Löschbereich bis zu rund 100 Tonnen Kohlenstoffdioxid.

Beide Anlagentypen arbeiten im Wesentlichen gleich: Durch eine in der Regel erfolgte Kopplung der Kohlenstoffdioxidlöschanlage an eine Brandmeldeanlage erkennt ein auto-

Bild 29.14 Aufbau einer Hochdruck-CO_2-Löschanlage: (1) Druckgasflaschen, (2) Verzögerungseinrichtung, (3) Alarm- und Steuerflasche, (4) Löschanlagensteuerung

Merke:

Ein einmal ausgelöster Stopptaster muss ständig gedrückt werden (Achtung bei Menschenrettung!), da sonst der Löschvorgang ausgelöst wird. Dies kann Gefahren für die im Objekt anwesenden Personen und die Einsatzkräfte auslösen.

Achtung:

Bei der Erkundung nicht auf die Anzeige »Löschanlage ausgelöst« am Feuerwehr-Bedienfeld vertrauen. Je nach Programmierung der Brandmeldeanlage leuchtet diese Anzeige auch beim Auslösen einer Löschanlage nicht!

matischer Melder der Brandmeldeanlage ein Schadenfeuer und löst Alarm aus (es ist jeweils auch eine manuelle Auslösung über eine so genannte Handauslösung möglich). Zeitgleich steuert die BMA im Rahmen der Löschanlagensteuerung auch die elektrische Hupe und eine eventuell vorhandene Blitzleuchte als Warneinrichtungen für im Löschbereich befindliche Menschen an und löst diese aus. Weiterhin wird das Alarmventil (bei Niederdruck-Anlagen) oder das elektrische Ventil der Alarm- und Steuerflasche (bei Hochdruckanlagen) ausgelöst, sodass eine zusätzliche pneumatische Warnhupe auslöst. Nun ist die Löschanlage aktiviert. Die jetzt beginnende Vorwarnzeit von mindestens zehn Sekunden, soll im Löschbereich befindliche Personen die Eigenrettung ermöglichen. Nach Verstreichen der Vorwarnzeit löst die Löschanlage aus (bei Hochdruckanlagen öffnen Schnellöffnungsventile die Druckgasflaschen, bei Niederdruckanlagen öffnet das Bereichsventil, das nach einer Flutungszeit von üblicherweise 120 Sekunden wieder geschlossen wird), und Kohlenstoffdioxid strömt in den Löschbereich ein. Um das Ausströmen des Löschgases zu stoppen, kann während der Vorwarnzeit am oder im Löschbereich der Stopptaster gedrückt werden. Damit ist die Löschanlage zwar inaktiv, Kohlenstoffdioxid strömt also nicht in den Löschbereich ein. Die Anlage ist jedoch nicht »zurückgesetzt«. Das bedeutet, sobald der Stopptaster losgelassen wird (und die Vorwarnzeit von mindestens zehn Sekunden bereits abgelaufen ist – die Zeit zählt auch während des Drückens des Stopptasters), strömt sofort Löschmittel in den Bereich ein; eine zweite Unterbrechung ist nicht möglich. Die Feuerwehr wird aufgrund der Anfahrtszeit zur Einsatzstelle vermutlich nur selten mit einer

H

Tabelle 29.1 Richtwerte für die CO_2-Konzentration

Wert	Konzentration
BGR 134 (Berufsgenossenschaftliche Regel)	≤ 50 000 ppm (≤ 5,0 Vol.-%) bei mindestens 15 Vol.-% Sauerstoff-Konzentration
Menschliche Ausatemluft	ca. 40 000 ppm (= 4,0 Vol.-%)
Einsatztoleranzwert (ETW)	10 000 ppm (= 1,0 Vol.-%)
Arbeitsplatzgrenzwert (AGW)	5 000 ppm (= 0,5 Vol.-%)
hygienischer Innenraumrichtwert (DIN 1946-2 – [zurückgezogen])	1 500 ppm (= 0,15 Vol.-%)
Pettenkoferzahl (lufthygienisch »behaglicher« Bereich)	1 000 ppm (= 0,01 Vol.-%)

Merke:

Entscheidend ist die Konzentration an CO_2. Die Sauerstoffkonzentration in einem Objekt kann unkritisch sein, während eine gefährliche CO_2-Konzentration vorhanden ist. Daher ist immer der CO_2-Anteil in der Atmosphäre zu messen!

ausgelösten Verzögerungsfunktion bzw. eines Stopptasters konfrontiert werden.

Das Löschgas muss innerhalb von einer Minute in den Raum geströmt sein und dort mindestens zehn Minuten in der berechneten Konzentration verbleiben. Die erforderliche Löschgaskonzentration beträgt zwischen 30 und 60 Vol.-% CO_2; eine häufig gewählte Konzentration liegt bei 34 Vol.-% CO_2. Beim Einströmen von Kohlenstoffdioxid in den Löschbereich strömt ein Luft-Löschgas-Gemisch aus dem Löschbereich heraus. Es ist zulässig, dass bis zu 30 % der Löschmittelmenge aus dem Löschbereich über die Druckentlastungsöffnungen entweichen (Lage der Druckentlastungsöffnungen bei der Fahrzeugaufstellung beachten; Fahrzeug nicht im Bereich der Klappen halten lassen!).

In der Praxis sind zudem Fälle aufgetreten, in denen Kohlenstoffdioxid auch aus anderen Gebäudeöffnungen sowie der Lüftungsanlage ausgetreten ist.

Einsatztaktische Hinweise

Eine Kohlenstoffdioxid-Löschanlage ist so konzipiert, dass der Brand im Löschbereich selbstständig gelöscht wird (▶ Kapitel 7). Aufgrund der vom Löschgas ausgehenden Gefahren wird Kohlenstoffdioxid in Löschanlagen oft odoriert (also mit einem Geruchsstoff versehen); dies ist jedoch nicht zwingend vorgeschrieben. Ungewöhnliche Gerüche deuten also auf eine ausgelöste Gaslöschanlage und eine entsprechende Gasausbreitung hin.

Kohlenstoffdioxid ist schwerer als Luft und kann sich auch gegen die Windrichtung am Boden ausbreiten. Daraus ergeben sich für Menschen die Gefahren Atemgift, Angstreaktion, Ausbreitung und Erkrankung/Verletzung. Für die Einsatzkräfte sind insbesondere die Gefahr des Atemgiftes und die Gefahr der Ausbreitung relevant. Tiefkaltes Kohlenstoffdioxid kann Erfrierungen bei den Einsatzkräften und Vereisungen der Lungenautomaten der Pressluftatmer hervorrufen.

Durch das austretende Löschgas kann es sein, dass es eine extreme Sichtbehinderung infolge der Kondensatbildung gibt. Aufgrund der aktivierten Warneinrichtung und der Ausströmgeräusche der Löschanlage ist es möglich, dass keine Verständigung mit vorgehenden Trupps besteht. Die pneumatische Warnhupe kann manuell abgeschaltet werden; die elektrische Warnhupe ist in der Regel nur an der Löschzentrale abschaltbar.

Auch Warnschilder oder ein Schild »CO_2-Löschanlage« weisen auf vorhandene Kohlenstoffdioxidlöschanlagen hin. Außerdem sind die Löschanlagen in Feuerwehrplänen (sofern vorhanden) eingezeichnet.

Das Ausströmen des Löschmittels kann mittels der mechanischen Blockiereinrichtung der Löschanlage verhindert werden. Bei ausgelösten Kohlenstoffdioxidlöschanlagen ist besonderes Augenmerk auf Undichtigkeiten des Löschbereiches zu legen. Dies können sein: durch Firmenangehörige geöffnete Rolltore, durch vorgehende Trupps (Schlauchleitung) geöffnete Türen, bauliche Unzulänglichkeiten des Objektes. Die Brandmelderzentrale ist bei Objekten mit Gaslöschanlagen kein sicherer Bereich, sodass dort umluftunabhängiger Atemschutz getragen werden muss. Aufgrund der möglicherweise unklaren Ausbreitung des Gases in andere Gebäude- bzw. Löschbereiche hinein, ist eine umfassende Erkundung und Lagebeurteilung erforderlich. Im Zweifel ist das komplette Objekt, je nach Wetter- und Einsatzlage sowie Topografie auch das ganze Gelände und ggf. sogar die Umgebung, räumen zu lassen. Dabei Eigenschutz beachten! Das Löschgas darf nicht unplanmäßig in weitere Bereiche gelangen bzw. dorthin abgeleitet werden.

Bei Lüftungsmaßnahmen ist die Ausbreitung des Gases abzuschätzen und ggf. der Bereich zu räumen. Dabei ist v. a. auch an die eigenen Kräfte im Bereitstellungsraum zu denken. Lüftungsmaßnahmen können mit feuerwehreigenen Überdruckbelüftern unterstützt werden. Ist bei einem Einsatz eine Kohlendioxidlöschanlage ausgelöst worden, muss ein umfangreicher Messeinsatz im/am Gebäude sowie ggf. in der Umgebung zur Gefährdungsabschätzung erfolgen. Nach Einsatzende sollte im Gebäude eine »Freimessung« durchgeführt werden. Dabei ist zu beachten, dass die Messung der Sauerstoffkonzentration allein nicht ausreicht. Vielmehr ist die Konzentration an Kohlenstoffdioxid ausschlaggebend. Während die Sauerstoffkonzentration zwischen 17 und 21 Vol.-% (die BGR 134 gibt mindestens 15 Vol.-% an) liegen muss, liegt die Freigabe der Einsatzstelle im Ermessen des Einsatzleiters in Absprache mit den Ordnungsbehörden sowie ggf. weiterer Ämter. Eine Richtschnur gibt ▶ Tabelle 29.1. Je nach körperlicher Konstitution können bereits ab einer Kohlenstoffdioxid-Konzentration von etwa 1 bis 5 Vol.-% Kopfschmerzen und Schwindel auftreten. Konzentrationen größer als etwa 15 Vol.-% können zu Lähmungen und zum Tod führen.

Sollte die CO_2-Konzentration im Gebäude nach Abschluss der (Löscharbeiten) aufgrund der Messergebnisse zu hoch sein, muss das Objekt ggf. belüftet werden (umluftunabhängigen Atemschutz tragen!). Zudem ist die Umgebung (insbesondere Senken, Nachbargebäude und tieferliegende Bereiche) hinsichtlich der Konzentration von Kohlenstoffdioxid zu kontrollieren.

29.3 Löschwasseranlagen

Löschwasseranlagen dienen der Feuerwehr dazu, Löschwasser in Objekten in Höhen oder an schlecht zugängliche Stellen zu fördern. Sie wurden früher als Steigleitungen bezeichnet. Es werden drei Löschwasseranlagen unterschieden:

- Löschwasseranlage »trocken«,
- Löschwasseranlage »nass« und
- Löschwasseranlage »nass/trocken«.

Die Löschwasseranlagen werden in ▶ Kapitel 66 beschrieben. Interessant für die Ausbildung ist lediglich die Löschwasseranlage „trocken“, bei der im Einsatz Besonderheiten beachtet werden müssen, denn diese Anlage wird erst im Einsatzfall von der Feuerwehr mit Wasser gefüllt (»eingespeist«). Die Löschwasseranlage »trocken« ist für eine Wasserlieferung von 300 l/min auszulegen. Die für die Feuerwehr relevanten Bauteile sind die Einspeiseeinrichtung sowie die Entnahmeeinrichtung in jedem Geschoss. An der obersten Stelle der Löschwasserleitung ist ein Be- und Entlüftungsventil vorzusehen. Die Einspeiseeinrichtung ist mit einem Schild »Löschwassereinspeisung« zu versehen; die Entnahmeeinrichtungen sind jeweils mit einem Schild »Löschwasserleitung, trocken für die Feuerwehr« (bisher: »Steigleitung, trocken für die Feuerwehr«) zu versehen. Die Nutzung einer Löschwasseranlage »trocken« wird in dem ▶ Kasten auf der folgenden Seite beschrieben. In der Einspeise-Schlauchleitung vom Löschfahrzeug zur Einspeiseeinrichtung sollte ein Verteiler »verkehrt herum« (wie bei Hubrettungsfahrzeugen) eingebaut werden. Hierfür eignen sich gut Verteiler mit Kugelhähnen.

ZUR VERTIEFUNG

Jochen Thorns: Einsatz »Brandmeldeanlage«, Die Roten Hefte/Ausbildung kompakt 216, 3. Auflage, Verlag W. Kohlhammer, Stuttgart, 2022.

Notizen:

IM EINSATZ

Bedienung einer Löschwasseranlage »trocken«

Der Schutzkasten der Einspeiseinrichtung wird mit der Hebelscheide des Feuerwehrbeils geöffnet.

B-Druckschläuche für die Löschwassereinspeisung werden an der Einspeiseinrichtung angeschlossen. Sofern vorhanden, ist das Entleerungsventil (Pfeil) zu schließen.

Der vorgehende Trupp muss im jeweils befohlenen Geschoss die Entnahmeeinrichtung mit der Hebelscheide des Feuerwehrbeils öffnen.

Anschließend wird der C-Schlauch an die Entnahmeeinrichtung gekuppelt und die Entnahmeeinrichtung mittels der Hebelscheide des Feuerwehrbeils geöffnet. Bei älteren Ausführungen mit Handrädern sind alle Geschosse auf geschlossene Entnahmeeinrichtungen zu kontrollieren.

30 Gebäudebrände und Innenbrandbekämpfung

von Dr. Markus Pulm

30.1 Brennen

Brennen ist gemäß DIN 14011 eine mit Flamme und/oder Glut selbstständig ablaufende exotherme Reaktion eines brennbaren Stoffs mit Sauerstoff oder Luft.

Der Verbrennungsprozess ist damit eine chemische Reaktion, deren Verlauf von verschiedenen Parametern entscheidend beeinflusst wird. Um ein Feuer sicher beherrschen und löschen zu können, sind Grundkenntnisse über diesen Prozess und die entscheidenden Einflussgrößen unabdingbar. Ohne allzu tief in die Chemie einsteigen zu wollen, sollen einige dieser Grundlagen hier vermittelt werden. Aufbauend auf diesen Grundlagen werden dann Erkenntnisse für die Einsatzpraxis abgeleitet, die den Einsatzkräften helfen werden, den ihnen übertragenen Einsatzauftrag bei Bränden in Gebäuden sicher und effektiv abwickeln zu können.

Da in diesem Kapitel Brände in Gebäuden behandelt werden sollen, erfolgt eine Beschränkung auf die darin fast ausschließlich vorkommenden Stoffe der Brandklasse A. Damit erübrigt sich die weitere Betrachtung der Textpassage »mit Flamme und/oder Glut«, da es sich bei »normalen« Bränden in Gebäuden immer um Brände handelt, die mit Flamme und Glut ablaufen. Die folgenden Ausführungen beschränken sich somit darauf, die Textpassagen

- »selbstständig ablaufende exotherme Reaktion« und
- »eines brennbaren Stoffs mit Luft«

näher zu betrachten. Wie unschwer zu erkennen, erfolgt zusätzlich eine Beschränkung, ausgehend von »normalen« Bränden in Gebäuden, auf die Reaktion eines brennbaren Stoffs mit Luft, um die Sache weiter zu vereinfachen. Es ist bekannt, dass Luft ein homogenes Gas-

Bild 30.1 Brand in einem Wohnhaus

gemisch mit einem Sauerstoffanteil von in der Regel 21 Prozent ist und dass eben nur dieser Sauerstoffanteil für den Verbrennungsprozess relevant ist.

Die beiden verbleibenden Textpassagen lassen erkennen, dass der Verbrennungsprozess – wie alle chemischen Reaktionen – von energetischen und stofflichen Faktoren gesteuert wird.

30.1.1 Exotherme Reaktionen

Bei einer exothermen Reaktion befinden sich die Ausgangsstoffe A auf einem höheren Energieniveau als die Endprodukte B (▶ Bild 30.2). Sie haben Energie in sich gespeichert (potenzielle Energie). Damit die Ausgangsstoffe zu der stabileren, weil energieärmeren Verbindung B reagieren können, müssen sie zunächst

Merke:

Als exotherm werden chemische Reaktionen bezeichnet, bei denen Energie freigesetzt wird.

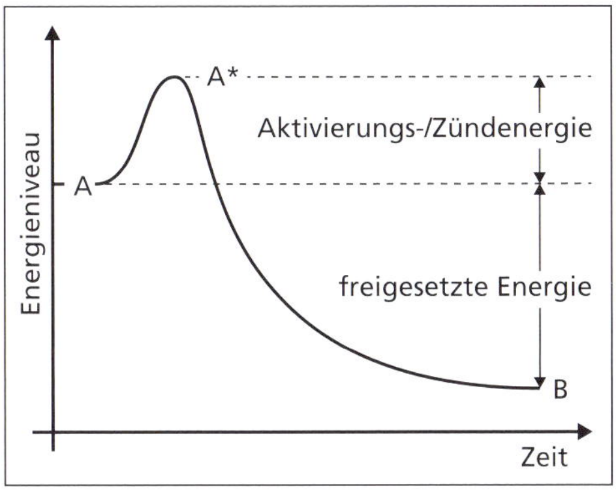

Bild 30.2 Energiediagramm der bei der Verbrennung stattfindenen exothermen Reaktion

aktiviert werden. Durch Zufuhr von Energie müssen sie auf das Energieniveau A* angehoben werden.

Damit ist die Bedeutung der Zündenergie erklärt. Um den Verbrennungsprozess zu starten, muss zunächst Energie zugeführt werden, um die Stoffe zu entzünden. Entsprechend der Definition nach DIN und allgemeiner Erfahrung brennt das Feuer aber auch weiter, nachdem die Zündquelle wieder entfernt wurde und keine weitere Zündenergie von außen zugeführt wird.

Dieser Selbsterhalt der Reaktion lässt sich vereinfacht mit einer Grafik erläutern (▶ Bild 30.3): Durch die Zufuhr von Energie von außen (Zündvorgang) werden lediglich einige Moleküle des brennbaren Stoffs aktiviert, die in der Folge mit Luft reagieren und dabei Energie freisetzen. Mit einem Teil dieser freigesetzten Energie werden andere Moleküle aktiviert, sodass sich die Reaktion selbst unterhält, ohne dass von außen ständig neue Energie zugeführt werden muss. Ist der Verbrennungsprozess einmal gestartet worden, liefert er sich selbst die für die immer wieder erforderliche Aktivierung von Molekülen notwendige Energie. Ein Teil der freigesetzten Energie wird in Form von Wärme, Licht, Bewegung und so weiter an die Umgebung angegeben. Der andere Teil wird in den Selbsterhalt der Reaktion investiert.

Auf dieser Grundlage lässt sich nun die wichtigste Löschwirkung des Wassers, die wir gerne als Kühlwirkung bezeichnen, erklären. Der Feuerwehrangehörige greift dabei in den Verbrennungsprozess ein, indem er mit dem Löschwasser den Selbsterhalt der Reaktion stoppt (▶ Bild 30.4). Das Löschwasser bindet die bei der exothermen Reaktion freigesetzte Energie und verhindert damit die Aktivierung anderer brennbarer Moleküle im Raum. Diese verbleiben auf dem Energieniveau A, da die Energie, die erforderlich ist, um sie auf das Niveau A* anzuheben, vom System nicht mehr zur Verfügung gestellt werden kann.

Je mehr Energie innerhalb des Systems zum Selbsterhalt der Reaktion zur Verfügung steht, umso mehr Moleküle können gleichzeitig aktiviert und auf diese Weise zur Reaktion gebracht werden. Der Verbrennungsprozess wird demnach schneller, wenn wenig Energie nach außen abgegeben wird. Anders ausge-

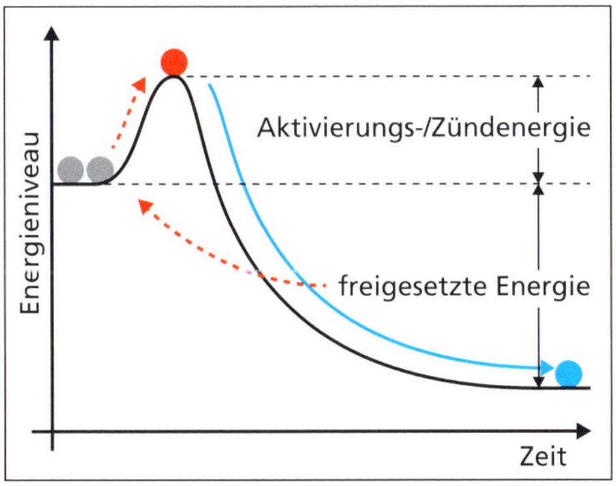

Bild 30.3 Brennen ist eine selbstständig ablaufende Reaktion.

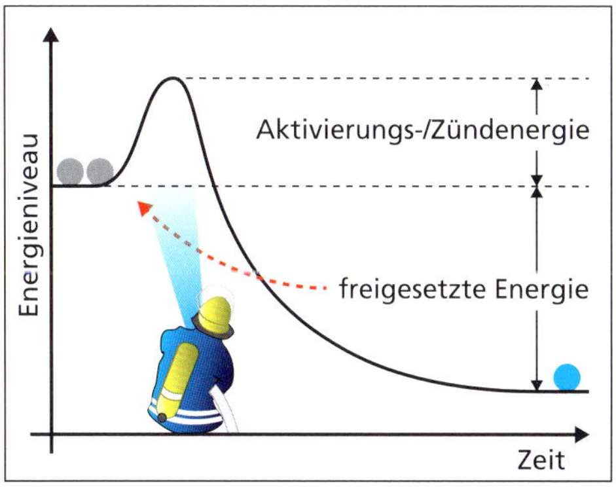

Bild 30.4 Das Löschwasser bindet die Energie der exothermen Reaktion.

H

drückt, steigt die Reaktionsgeschwindigkeit mit ansteigender Temperatur. Umgekehrt verlangsamt sich die Reaktion, wenn dem System Energie entzogen wird.

Die häufig in diesem Zusammenhang genannte van't-Hoff'sche-Regel (Reaktionsgeschwindigkeit-Temperatur-Regel) besagt, dass bei einer Erhöhung der Temperatur um 10 °C die Reaktionsgeschwindigkeit um den Faktor zwei bis vier ansteigt. Diese Regel hat jedoch nur im Temperaturbereich bis etwa 20 °C Gültigkeit und ist auf den Verbrennungsprozess, der bei viel höheren Temperaturen abläuft, nicht anwendbar.

Energetische Abhängigkeiten

Die energetischen Abhängigkeiten des Verbrennungsprozesses lassen sich anhand einfacher Beispiele leicht veranschaulichen und können in Form von einfachen Experimenten, beispielsweise am Lagerfeuer im Rahmen des Unterrichts »Brennen und Löschen«, vermittelt werden:

- Trockenes Holz brennt besser als nasses Holz. Diese allgemein bekannte Tatsache lässt sich chemisch dadurch erklären, dass nasses Holz erst getrocknet werden muss, bevor es gezündet werden kann. Die für den Trocknungsprozess erforderliche Energie muss zusätzlich aufgewandt werden, wird dem System entzogen und steht somit für die angestrebte Aktivierung der Holzmoleküle nicht zur Verfügung. Die im Holz vorhandene Feuchte reduziert auf diese Weise die Verbrennungsgeschwindigkeit.
- Ein mit Wasser gefülltes Gefäß aus Papier brennt nur bis zur Wasseroberfläche ab. Die permanente Kühlung des Brennstoffs Papier durch das Wasser verhindert dessen Aktivierung/Zündung.
- Wird ein lichterloh brennendes Holzstück aus dem Lagerfeuer entfernt und neben dem Feuer abgelegt, so lässt sich die Verlangsamung des Verbrennungsprozesses gut beobachten. Die Flammen werden kleiner und verschwinden nach kurzer Zeit ganz. Irgendwann kommt der Prozess komplett zum Erliegen, das Holz hört auf zu brennen. Begründet ist dieses Verhalten in der zu starken Energieabgabe des einzelnen Holzstücks an die Umgebung. Die im System verbleibende Energie reicht für den Selbsterhalt der Reaktion auf Dauer nicht aus.

Allerdings ist die Reaktionsgeschwindigkeit nicht nur von der im System verbleibenden Energie abhängig. Da wir es mit einer chemischen Reaktion zweier Reaktionspartner zu tun haben, hängt die Reaktionsgeschwindigkeit natürlich auch von der Konzentration des brennbaren Stoffs und des Sauerstoffgehalts in der Umgebungsluft der Reaktionszone ab. Die Reaktionspartner müssen sich schließlich finden, um überhaupt eine Reaktion miteinander eingehen zu können. Auch diese stoffliche Komponente gilt es zu berücksichtigen.

In normaler Luft beträgt die Sauerstoffkonzentration 21 Prozent. Wird diese Konzentration erhöht, hat dies eine Erhöhung der Reaktionsgeschwindigkeit zur Folge. Während von einem derartigen Einfluss bei einem »normalen« Brand in einem Gebäude kaum auszugehen ist, stellt sich der umgekehrte Fall, die Verlangsamung der Reaktionsgeschwindigkeit durch eine Absenkung der Sauerstoffkonzentration unter 21 Prozent sehr häufig ein. Wird die Sauerstoffkonzentration hinreichend reduziert, wird der Verbrennungsprozess derart verlangsamt, dass er vollständig zum Erliegen kommen kann. Diese erstickende oder inertisierende Wirkung wird mit Löschmitteln wie Kohlenstoffdioxid (CO_2) und Stickstoff (N_2)

Merke:

Wird Holz mit einem zu hohen Feuchtegehalt im Ofen verbrannt, so kommt es aufgrund des im Holz vorhandenen Wasseranteils zu einer unvollständigen Verbrennung. Die Kohlenstoffanteile im Abgas nehmen zu. Da gleichzeitig die Temperatur der Abgase geringer ist, steigen diese nicht mit der vom Ofenbauer vorgesehen Geschwindigkeit im Kamin auf. Dadurch kommt es zu einer vermehrten Ablagerung von Ruß an den Kaminwänden. Das Risiko eines Kaminbrandes steigt.

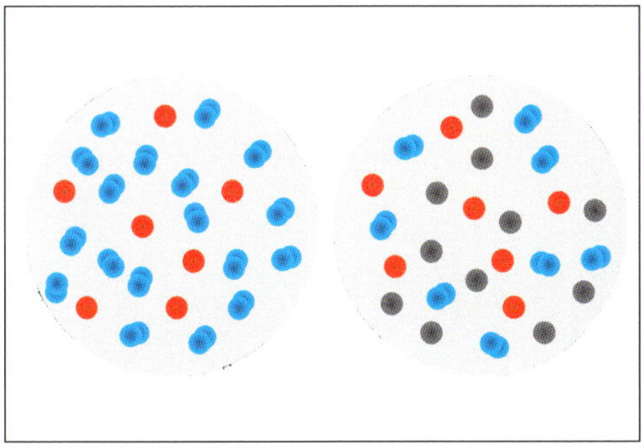

Bild 30.5 Damit die Verbrennung stattfinden kann, muss ein Brennstoffmolekül (rot) mit einem Sauerstoffmolekül zusammen treffen. Die Wahrscheinlichkeit, dass dieser Zusammenstoß stattfindet, ist in der links dargestellten Situation deutlich größer. In diesem System wird die Reaktion wesentlich schneller ablaufen.

erzielt. Bei »normalen« Bränden in Gebäuden spielt die gezielte Inertisierung mit CO_2 oder N_2 als Löschmethode in der Regel keine Rolle. Die Inertisierung mit Wasserdampf (bei Verwendung von sehr fein verteiltem Wasser) kann sich je nach Vorgehensweise und eingesetzter Technik aber auch bei Bränden in Gebäuden als durchaus löschwirksam erweisen.

Während bei Gasen und Dämpfen die Konzentration des Brennstoffs eine große Rolle spielt, kommt es bei festen Stoffen eher auf den Verteilungsgrad an. So lässt sich Holz besser entzünden, umso mehr es gespalten ist (▶ Bild 34.6). Durch den Spaltprozess wird bei gleich bleibendem Volumen eine größere Oberfläche erzeugt. Bei festen Stoffen kann der Verbrennungsprozess nur an deren Oberfläche stattfinden, da nur dort der für die Reaktion erforderliche unmittelbare Kontakt des brennbaren Stoffs mit Luft möglich ist. Bei größerer Oberfläche kann die Reaktion zeitgleich an mehreren Stellen ablaufen.

Wird ein brennbarer Stoff extrem zerkleinert (Staub oder Tropfen), aufgewirbelt und mit Luft vermischt, bilden die unzähligen Staubpartikel oder Tropfen eine riesige Oberfläche für die Reaktion (▶ Bild 30.7). Auf diese Weise können sehr hohe Reaktionsgeschwindigkeiten mit entsprechenden Temperatur- und Druckanstiegen realisiert werden (Staub- und Fettexplosion).

Stoffliche Abhängigkeiten

Auch die stofflichen Abhängigkeiten lassen sich leicht an einem Lagerfeuer demonstrieren:

- Durch Pusten in die Glut wird dem Feuer frische Luft zugeführt. Der Sauerstoffanteil in der Reaktionszone steigt an, die Reaktionsgeschwindigkeit nimmt zu. Erkennbar ist dies am Aufleuchten der Glut bis hin zur Entflammung.
- Ein Holzstück, welches aus dem Feuer entfernt wurde, wird, nachdem es verloschen

Bild 30.6 Durch das Spalten des Holzklotzes wird das Verhältnis der Oberfläche zum Volumen vergrößert. Für den direkten Kontakt mit dem Reaktionspartner steht damit eine größere Fläche zur Verfügung.

H

Bild 30.7 Die Erhöhung der Reaktionsgeschwindigkeit als Folge der Vergrößerung der Oberfläche eines brennbaren Stoffs durch feinste Verteilung, hier dargestellt am Beispiel einer Fettexplosion.

ist, durchgesägt. Im Kern ist das Holz völlig unversehrt. Die Verkohlung/Reaktion hat nur im Außenbereich des Holzstücks stattgefunden.

30.1.2 Wärme- und Stofftransport bei Bränden im Freien

In der Folge soll nun ein Feuer in einem Gebäude mit einem Lagerfeuer im Freien verglichen werden. Dabei sollen die bisher vorgestellten Überlegungen über den Verbrennungsprozess zu Grunde gelegt werden.

Das Feuer im Freien setzt Energie in Form von Wärme (und Licht) frei (▶ Bild 30.8). Die Wärme kann in Form von <**Konvektion**> (Wärmeströmung) ungehindert nach oben aufsteigen. Auch in Form von Wärmestrahlung gibt das System Energie an die Umgebung ab, die damit für den Selbsterhalt der Reaktion nicht mehr zur Verfügung steht. Die für die chemische Umsetzung des brennbaren Stoffs erforderliche Luft kann von allen Seiten in nahezu unbegrenzter Menge nachströmen, sodass jederzeit genügend Sauerstoff für die Reaktion zur Verfügung steht. Die entstehenden Verbrennungsprodukte (überwiegend CO_2 und H_2O) steigen auf. Auch eventuell entstandene brennbare Zwischenprodukte und Pyrolyseprodukte, die nicht vollständig verbrannt sind, verlassen auf diesem Weg die Reaktionszone.

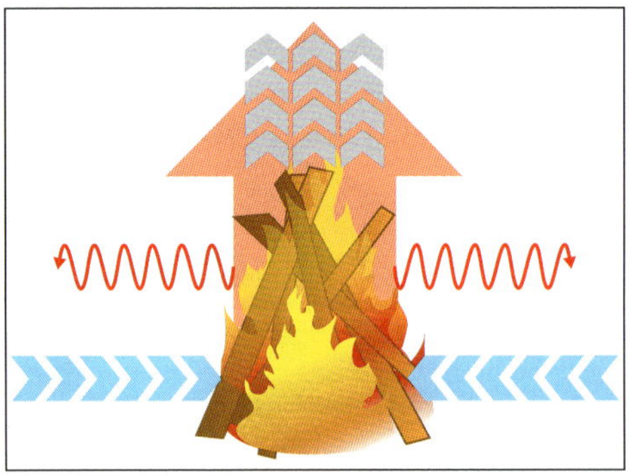

Bild 30.8 Das Feuer im Freien: Energie wird in Form vom Wärme und Licht freigesetzt. Der für die Verbennung benötigte Sauerstoff steht in unbegrenzter Menge zur Verfügung.

Ein Feuer in einem geschlossenen Raum brennt unter völlig anderen Voraussetzungen (▶ Bild 30.9). Die freigesetzte Wärme steigt zwar als Wärmeströmung auf, wird aber von der Zimmerdecke gestoppt und seitlich abgelenkt. Auch die vom Feuer abgegebene Strahlungswärme prallt auf Wände, Decke und Fußboden und heizt diese auf. Die Energie bleibt zu einem großen Teil im Raum und damit im System. Es kommt zu einem Wärmestau. An der Decke bildet sich eine heiße Zone aus, die ihrerseits Wärme in Form von Strahlung emittiert. Während das Feuer zunächst lokal begrenzt bleibt, werden auch weiter entfernt stehende Gegenstände auf diese Weise mit Wärme beaufschlagt und somit thermisch aufbereitet. Die mit Wärme beaufschlagten brennbaren Stoffe beginnen sich thermisch zu

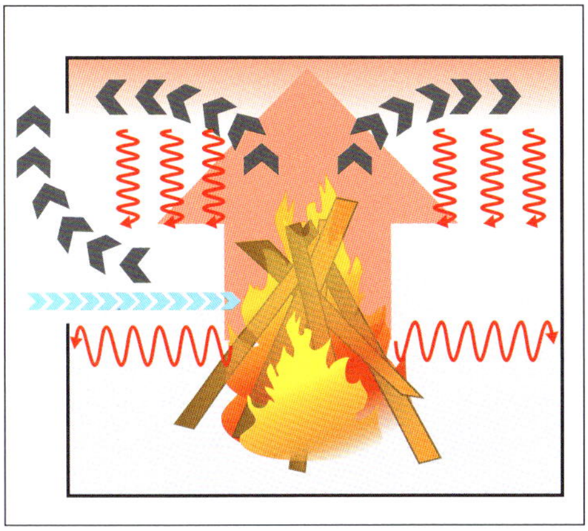

Bild 30.9 Bei einem Feuer in einem geschlossenen Raum wird die aufsteigene Wärme an der Zimmerdecke gestoppt und seitlich abgelenkt.

zersetzen. Es entstehen Zersetzungsprodukte, auch Pyrolysegase genannt, die teilweise brennbar sind und mit Luft explosible Gemische bilden können.

Auch der Stofftransport ist durch den Raumabschluss gehemmt. Anders als beim Feuer im Freien kann die für die Reaktion benötigte Frischluft nur durch Fenster- oder Türöffnungen nachströmen. Über die gleichen Öffnungen, so sie denn überhaupt vorhanden sind, müssen gleichzeitig auch die Verbrennungsprodukte aus dem Raum heraustransportiert werden.

30.1.3 Wärme- und Stofftransport bei Bränden in Gebäuden

Es gibt drei Arten des Wärmetransports:
- Wärmestrahlung,
- Wärmeleitung,
- Wärmeströmung (Konvektion).

Alle drei Arten treten bei Bränden in Gebäuden auf, wenn auch mit unterschiedlicher Gewichtung für den Brandverlauf.

Die Wärmestrahlung ist eine elektromagnetische Wellenstrahlung, die von jedem Körper abgestrahlt wird, der eine Temperatur oberhalb des absoluten Nullpunktes (0 Kelvin oder -273,15 °C) besitzt. Die Wärmestrahlung ist nicht an Materie gebunden und breitet sich unabhängig von der Windrichtung und der Erdanziehungskraft punktförmig in alle Richtungen aus. Ihr Ausbreitungsverhalten ist vergleichbar mit dem von Lichtwellen. Wärme kann sich in Form von Strahlung auch durch lichtdurchlässige Materialien (Glas), gegen den Wind und nach unten ausbreiten. Die Intensität der auf einen Körper einwirkenden Wärmestrahlung ist, wie bereits schon geschrieben, stark abhängig von der Temperatur des strahlenden Körpers und dem Abstand der beiden Körper zueinander. Eine schädigende Wirkung der unmittelbar vom Feuer ausgehenden Wärmestrahlung, die zu Verletzungen oder einer Brandausbreitung führt, ist bei normal entwickelten Bränden nur im Abstand von wenigen Metern zu erwarten. An Lagerfeuern ist die Wirkung der Wärmestrahlung zu spüren, wenn man sich auf der dem Wind zugewandten Seite des Feuers befindet.

Wärmeleitung findet in festen Körpern statt und wird über Schwingungen von Molekül zu Molekül übertragen. Dabei ist die Wärmeleitfähigkeit sehr stark von den jeweiligen Stoffen abhängig, die mit Wärme beaufschlagt werden. Metalle sind bekanntermaßen sehr gute Wärmeleiter, wohingegen Holz ein eher schlechter Wärmeleiter ist. Durch Wärmeleitung kann

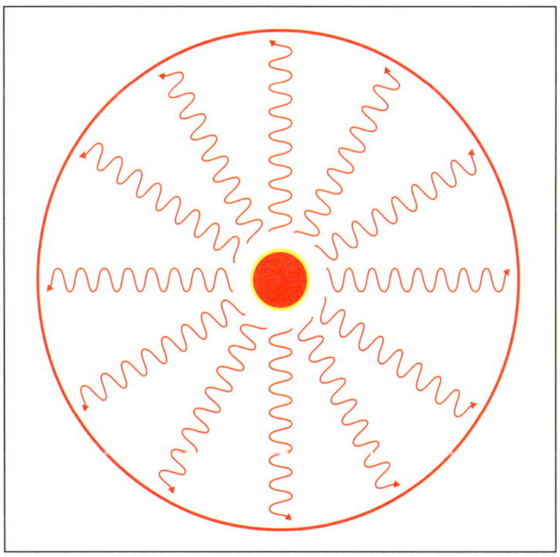

Bild 30.10 Wärmestrahlung breitet sich ausgehend von der Wärmequelle punktförmig in alle Richtungen gleichmäßig aus. Ihre Intensität nimmt mit dem Abstand zur Wärmequelle deutlich ab.

H

die Wärme beispielsweise durch eine Wand hindurch transportiert werden. Auf diese Weise kann ein Feuer im Nebenraum entfacht werden. In der Praxis dürfte sich bei Bränden in Gebäuden diese Art des Wärmetransports kaum bemerkbar machen. Sie spielt eher eine Rolle als Brandursache, wenn Feuerarbeiten an Metallträgern oder Rohren vorgenommen werden. Wärmeleitung ist am Lagerfeuer zu spüren, wenn die Feuerstelle beispielsweise in Stein eingefasst ist, die sich im Laufe der Zeit auch auf der dem Feuer abgewandten Seite erwärmen. Schneller spürbar ist Wärmeleitung bei Lötarbeiten, wenn der Draht in der Nähe der Lötstelle gehalten wird.

Der Wärmetransport mit der mit Abstand größten Bedeutung für den Brandverlauf ist die Wärmeströmung oder Konvektion. Durch Konvektion wird der überwiegende Anteil der

Bild 30.11 Das Bild zeigt einen Raum nach einem Brand. Deutlich sind im Bereich der Decke und im oberen Bereich der Wände die thermischen Schäden zu sehen, während im unteren Bereich kaum Schäden durch Wärmeeinwirkung zu beobachten sind.

freigesetzten Wärmeenergie transportiert. Die Wärme steigt dabei mit den heißen Abgasen auf und breitet sich zunächst in der Vertikalen aus. Ist der Raum nach oben räumlich begrenzt, sammelt sich die Wärme an der Decke und breitet sich dort aus. Auf diese Weise kann die Wärme sowohl vertikal als auch horizontal über größere Entfernungen transportiert werden.

Den Wärmetransport durch Konvektion kann man am Lagerfeuer erfahren, indem man sich um das Feuer herum bewegt. Während man auf der dem Wind zugewandten Seite nur die Wärmestrahlung verspürt, machen sich auf der dem Wind abgewandten Seite Wärmestrahlung und Konvektion bemerkbar. Noch deutlicher spürbar ist die Konvektion natürlich, wenn man die Hand über das Feuer hält.

Wärmetransport durch Konvektion erfolgt durch eine Bewegung von Materie (Gase) und kann daher leicht beeinflusst werden.

Die Beeinflussung der Konvektion kann durch gezielte Einsatzmaßnahmen erfolgen und zu positiven Effekten führen. Eine Beeinflussung kann aber auch unbeabsichtigt eintreten und mit erheblichen, negativen Folgen verbunden sein. Eine positive Beeinflussung kann dazu führen, dass die Wärmeenergie in Form von Konvektion aus dem Gebäude heraus geführt wird. Äußerst negativ und gefährlich ist es, wenn ein Eingriff oder eine Lageänderung dazu führt, dass die Wärmeströmung verstärkt in das Gebäude hinein erfolgt.

Über die Konvektion wird zudem der Stofftransport gesteuert. Die heißen Abgase steigen auf und verlassen die Reaktionszone. Durch den dabei entstehenden Sog wird im Bodenbereich frische Luft angesaugt und dem Feuer zugeführt. Auf diese Weise entsteht bei Bränden in Gebäuden eine Schichtung. Im Brandraum und allen dazu in offener Verbindung stehenden Räumen werden sich im Deckenbereich Abgase mit hohem Schadstoff- und geringem Sauerstoffanteil anreichern. Gleichzeitig wird dort die mit den Abgasen mitgeführte Wärme für einen Anstieg der Temperaturen sorgen. Im Bodenbereich des Brandraumes und in allen tiefer gelegenen Räumen wird die Luft hingegen kühler sein, weniger Schadstoffe und mehr

H

Bild 30.12 Die heißen Rauchgase haben eine geringere Dichte als die Umgebungsluft und steigen auf. Je heißer die Gase sind, umso größer ist der Dichteunterschied zur Umgebung, umso größer ist die Auftriebskraft der Gase, umso schneller steigen sie auf. Umgekehrt bedeutet dies, dass die Aufstiegsgeschwindigkeit der Rauchgase Rückschlüsse auf deren Temperatur und die Intensität des Brandes zulassen. Schnell aufsteigende und unter Druck austretende Rauchgase zeugen von einer hohen Brandintensität.

Bild 30.13 Ursächlich für diese Schichtung der Rauchgase im Raum ist die Konvektion, die die warmen Rauchgase zur Decke aufsteigen lässt. Mit den Rauchgasen wird auch Energie transportiert, sodass die Temperaturen mit zunehmender Höhe deutlich ansteigen.

Sauerstoffanteile beinhalten. Ebenso herrschen dort bessere Sichtverhältnisse.

Bei einem Brand in einem Raum steht in der Anfangsphase des Brandes genügend Luft mit einem Sauerstoffanteil von etwa 21 Prozent zur Verfügung, um das zunächst kleine Feuer mit Luftsauerstoff zu versorgen. Das Feuer wird sich somit auch bei geschlossenen Fenstern und Türen zunächst normal entwickeln und den Raum aufheizen. Mit zunehmender Größe des Feuers nimmt dessen Sauerstoffbedarf deutlich zu. Gleichzeitig müssen immer mehr Brandgase abgeführt werden. Je nach Größe der für den An- und Abtransport der Gase zur Verfügung stehenden Öffnungen, bekommt ein Feuer in einem Raum im Laufe der Zeit ein zunehmendes Problem mit der Abwicklung der erforderlichen Stofftransporte.

Brennt das Feuer in einem Raum bei geschlossenen Fenstern und Türen, kann die Frischluft auch über immer vorhandene Undichtigkeiten nicht in dem Maße nachströmen, wie es erforderlich wäre, um den Sauerstoffgehalt in der Raumluft konstant zu halten. Der Sauerstoffgehalt im Raum sinkt. Hierdurch wird der Verbrennungsprozess stark beeinflusst und verlangsamt. Während die Kohlenstoffanteile der organischen Stoffe im Raum (Holz, Papier, Textilien, Kunststoffe, Fett) bei hinreichend vorhandenem Sauerstoff gemäß der Formel:

$$C + O_2 \rightarrow CO_2$$

zu Kohlenstoffdioxid reagieren, kommt es mit sinkender Sauerstoffkonzentration verstärkt

H

auch zur Bildung von Kohlenstoffmonoxid gemäß der Formel:

$$2\,C + O_2 \rightarrow 2\,CO.$$

Kohlenstoffmonoxid ist ein brennbares Gas, welches im Gemisch mit Luft explosionsfähige Gemische bilden und gemäß der Formel:

$$2\,CO + O_2 \rightarrow 2\,CO_2$$

unter Bildung von Kohlenstoffdioxid reagieren kann.

Die durch das Feuer im Raum freigesetzte Energie wirkt auf die brennbaren Stoffe im Raum und lässt diese pyrolysieren. Auch die bei diesem thermischen Crack-Prozess entstehenden Produkte sind teilweise brennbar und können mit Luft explosible Gemische bilden. In Folge der unvollständigen Reaktion erhöht sich auch der Anteil von unverbranntem Kohlenstoff im Rauch, der Rußanteil nimmt zu.

Experiment: In einer mit Holz befeuerten Brandübungsanlage hat sich das Feuer in der Brennkammer sehr stark entwickelt (▶ Bild 30.14). Die Größe der Öffnung reicht offensichtlich nicht mehr aus, um den erforderlichen Stofftransport in vollem Umfang gewährleisten zu können. Durch die unzureichende Sauerstoffzufuhr kommt es zu einer unvollständigen Verbrennung, die sich optisch durch die Bildung von schwarzem Rauch (hoher Rußanteil, unverbrannter Kohlenstoff) bemerkbar macht. Der Brandraum ist komplett mit Feuer gefüllt, auch die Luft scheint zu brennen (▶ Bild 30.14a).

Durch die Abgabe einer geringen Menge Wasser in die heiße Zone im Deckenbereich vor der Brennkammer wird dem System Energie entzogen. In der Folge nimmt die Reaktionsgeschwindigkeit ab, die Intensität des Brandes lässt nach und der Stoffumsatz sinkt. Für dieses nun kleiner gewordene Feuer reicht die vorhandene Öffnung aus, um den Abtransport der Abgase sowie die Zufuhr von Luftsauerstoff in ausreichendem Maße zu ermöglichen. Die Reaktion in der Brennkammer verläuft besser, die Kohlenstoffanteile des Brandguts werden »vollständig« chemisch umgesetzt. Der Rußanteil als sichtbarer Anteil des Brandrauchs verschwindet. Die natürlich immer noch vorhandenen (heißen und giftigen) Rauchgase sind optisch nicht mehr wahrnehmbar. Die Decke des Übungsraumes ist wieder gut zu sehen (▶ Bild 30.14c). Das Experiment zeigt:

- Durch die Abkühlung der Rauchgase kann Einfluss auf die Intensität des Brandes genommen werden.
- Die Rauchgase liefern auf unterschiedliche Weise Hinweise auf den Zustand des Feuers.
- Durch einen geschickten Einsatz des Wassers lassen sich die Sichtverhältnisse im Raum mitunter positiv beeinflussen.

Anmerkung: Aus Sicherheitsgründen ist darauf hinzuweisen, dass es fatal wäre, von den verbesserten Sichtverhältnissen auf die Toxizität der Rauchgase schließen zu wollen. Die gefährlichsten Bestandteile im Rauchgas sind ohnehin unsichtbare Gase, wie beispielsweise Kohlenstoffmonoxid und Kohlenstoffdioxid. Selbst wenn man davon ausgeht, dass es durch die reduzierte Reaktionsgeschwindigkeit und die daraus resultierende bessere Verbrennung

Bild 30.14 Den Rauch unsichtbar machen – was aussieht wie ein Zaubertrick, ist angewandte Chemie.

H

zu einem höheren Anteil an Kohlenstoffdioxid kommen sollte, bleiben die Rauchgase in jedem Fall toxisch.

Bedeutung der Ventilation

Die erhöhte Konzentration an Pyrolysegasen sowie der hohe Rußanteil führen zu einer farblichen Veränderung des Brandrauchs. Aufgrund der nicht in ausreichendem Maße vorhandenen Abluftöffnungen verbleiben sowohl große Anteile des Kohlenstoffmonoxids als auch der Pyrolyseprodukte im Raum. Der Ruß schlägt sich auf kalten Oberflächen wie beispielsweise den Fenstern nieder.

Im weiteren Verlauf wird das Feuer aufgrund des Sauerstoffmangels immer kleiner. Der Stoffumsatz nimmt ebenso ab wie die pro Zeiteinheit freigesetzte Wärmeengerie. Der Raum kühlt sich ab, was zur Folge haben kann, dass der Druck im Raum sinkt. Geringe Luftmengen, die durch Undichtigkeiten und begünstigt durch den sinkenden Druck im Raum einströmen, vermischen sich mit den brennbaren Gasen. Das Gas-Luft-Gemisch brennt in kleinen, lokalen Zellen explosionsartig ab. Durch die dabei entstehenden Gase steigt der Druck kurzzeitig an, sodass es in dieser Phase zu einem pulsierenden Austritt von Rauchgasen aus den vorhandenen Öffnungen wie Türspalten und Ähnlichem kommen kann. Dieser Effekt wird als Lokomotiveffekt bezeichnet. Das Feuer atmet gewissermaßen in gleichmäßigen, periodischen Zügen. Durch die Druckschwankungen und die damit verbundenen Luftbewegungen im Raum können auch Geräusche verursacht werden.

Sofern im Laufe der Zeit keine verstärkte Luftzufuhr erfolgt, kann das Feuer nach einiger Zeit von alleine erlöschen, es erstickt.

Brennt das Feuer in einem Raum mit nur einer Öffnung (offenes Fenster, geschlossene Tür), so erfolgt sowohl die Zufuhr von Frischluft als auch der Abtransport der Verbrennungsprodukte über diese eine Öffnung.

Je nach Größe der Öffnung verläuft die Verbrennung im Raum mehr oder weniger vollständig. Auch hier wirkt sich Sauerstoffmangel auf die Rauchfärbung aus. Dunkler Rauch deutet auf einen hohen Rußanteil und somit auf eine unvollständige Verbrennung hin. Bei Bränden in normal dimensionierten Räumen, wie man sie in Wohnungen findet, reicht ein geöffnetes Fenster in der Regel aus, um den notwendigen Stofftransport zu ermöglichen, den das Feuer braucht, um sich selbst unterhalten zu können. Mit einer gefährlichen Anreicherung von brennbaren Gasen ist in der Regel nicht zu rechnen, da diese mit der von außen nachströmenden Luft reagieren können – Ausnahmen hiervon sind jedoch möglich.

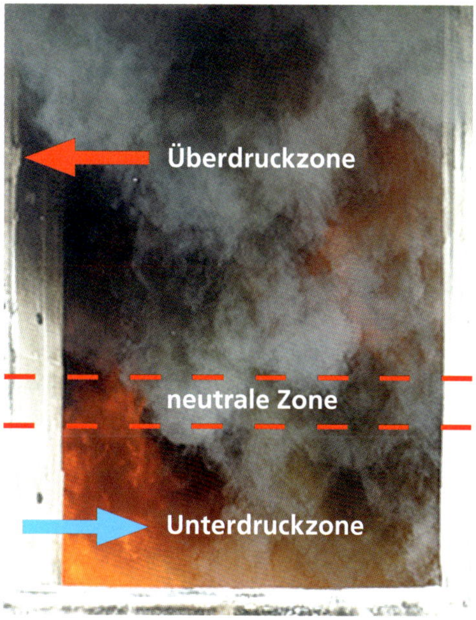

Bild 30.15 Sofern nur eine Öffnung vorhanden ist, muss der gesamte Stofftransport über diesen Weg abgewickelt werden. Die Abgase verlassen den Raum über den oberen Bereich der Öffnung (Überdruckzone) während im unteren Bereich vom Feuer die Frischluft angesaugt wird (Unterdruckzone).

In Bezug auf die Wärme im Raum führt die vorhandene Öffnung zu zwei Effekten mit gegenteiliger Auswirkung. Einerseits wird dem Feuer Frischluft zugeführt, was die Reaktion unterstützt und zu einer fortgesetzte Freisetzung von Wärme führt. Umgekehrt wird mit den heißen Rauchgasen natürlich auch Wärme über die Öffnung aus dem Gebäude transportiert.

Bild 30.16 Derartige Verhältnisse, wie man sie auch im Ofenbau gezielt herbeiführt, erlauben eine sehr gute Verbrennung. Über eine Zuluftöffnung wird dem Brandraum (der Brennkammer) Frischluft zugeführt, während über eine andere Öffnung (Kamin) die Abgase abtransportiert werden.

Verfügt der Raum, in dem es brennt, über zwei oder mehr Öffnungen, so kann der Stofftransport in gleicher Weise über alle vorhandenen Öffnungen erfolgen. Umgekehrt ist es aber auch möglich, dass über eine Öffnung die Zuluft einströmt, während die Abgase über eine andere Öffnung den Raum verlassen (▶ Bild 30.16).

Eine Abwicklung des Zu- und Abtransports über beide Öffnungen in gleicher Weise wird immer dann der Fall sein, wenn sich aufgrund der Anordnung der Öffnungen, der herrschenden Windverhältnisse und so weiter kein gravierender Unterschied zwischen den Öffnungen ergibt. Bestehen jedoch Unterschiede zwischen den Öffnungen, wird die Natur die vorhandenen Unterschiede nutzen und den Stofftransport so gestalten, dass sich optimale Verhältnisse für den Verbrennungsprozess ergeben. Die sich aufgrund der natürlichen Gegebenheiten einstellende Situation kann die Lage unter dem Aspekt der Gefahrenabwehr vereinfachen, aber auch erschweren.

In der Regel ergeben sich gute Verhältnisse, wenn über die Tür Frischluft zuströmt und über das Fenster die Rauchgase zusammen mit der Wärme das Gebäude verlassen. In einem solchen Fall kann ein Angriff von der Tür aus relativ einfach vorgetragen werden, da man den Brand von der kalten Seite kommend, mit dem Wind im Rücken angreifen kann.
Sehr ungünstig sind die Verhältnisse hingegen, wenn die Frischluft über das Fenster zuströmt und die heißen Brandgase durch die Tür in das Gebäude hinein getrieben werden.

Die Strömungsrichtung hängt dabei, wie schon geschrieben, nicht von Zufälligkeiten,

H

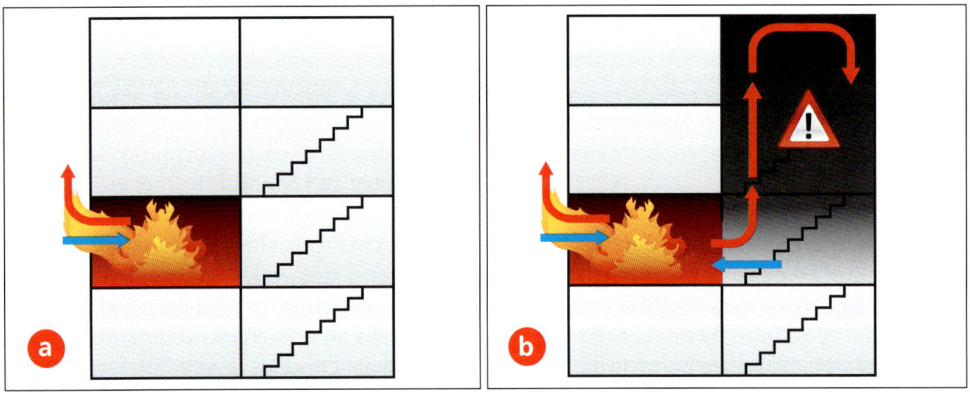

Bild 30.17 Zwei Situationen, die man bei Bränden in Gebäuden antreffen kann: **a** Die geschlossene Wohnungstür verhindert den Eintritt von Wärme in den Treppenraum. **b** Die heißen Rauchgase können durch die geöffnete oder durchgebrannte Tür in den Treppenraum eindringen. Da der Treppenraum jedoch geschlossen ist, können die Brandgase von dort nicht ins Freie entweichen, sodass der Wärmestrom in den Treppenraum begrenzt ist. Gefahr besteht im Treppenraum aufgrund der giftigen Bestandteile der Rauchgase, gegen die sich die Einsatzkräfte jedoch problemlos durch das Tragen von Atemschutzgeräten schützen können.

Bild 30.18 Eine völlig andere Situation ist gegeben, wenn die heißen Rauchgase in den Treppenraum eindringen und einige Etagen weiter oben wieder austreten können. In diesem Fall kann der Treppenraum wie ein Kamin wirken. Der Abtransport der heißen Brandgase erfolgt über den Treppenraum. Damit strömt permanent Energie in den Treppenraum. In kürzester Zeit können dort Temperaturen erreicht werden, gegen die selbst die moderne Schutzkleidung keine ausreichende Schutzwirkung bieten kann. Der Querschnitt des geöffneten Fensters im Brandraum steht in vollem Umfang als Zuluftöffnung zur Verfügung. Hierdurch wird das Feuer zusätzlich angefacht.

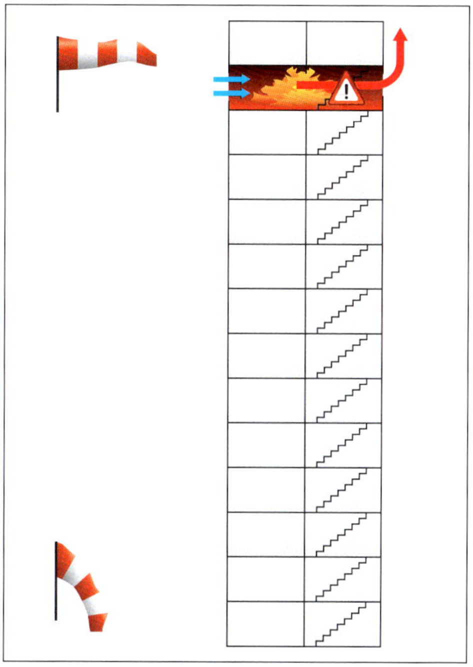

Bild 30.19 Ein ähnlicher Effekt wie beim Ofen kann auftreten, wenn starke Winde durch ein geöffnetes Fenster Luft in den Brandraum pressen. In diesem Fall bedarf es keiner Verstärkung durch die Kaminwirkung, da die Kraft des natürlichen Windes ausreicht, um die Wärme in das Gebäude hineinströmen zu lassen. Mit solchen Szenarien ist insbesondere bei Brandereignissen in den oberen Etagen sehr hoher Häuser zu rechnen, da dort oft starker Wind gegen die Fassade drückt.

sondern vielmehr von natürlichen Grundprinzipien ab und folgt klaren Gesetzmäßigkeiten. Die Wärmeströmung wird allein durch auf sie einwirkende Kräfte gesteuert. Hier sind vor allen Dingen die thermisch bedingte Auftriebskraft der heißen Rauchgase sowie natürliche und künstlich erzeugte Winde zu nennen.

Die Abhängigkeit der Strömungsrichtung von den wirkenden Kräften muss den Einsatzkräften bewusst sein. Es gilt, bei der Vorgehensweise zu berücksichtigen, dass sich die wirkenden Kräfte in Stärke und Ausrichtung im Einsatzverlauf ändern können. Auf diese Weise kann sich die Strömungsrichtung beispielsweise auch umkehren, wenn die Windrichtung sich ändert, die Windgeschwindigkeit zu- oder abnimmt oder Änderungen an den Öffnungsverhältnissen im Gebäude vorgenommen werden. Einige dieser Änderungen können natürliche Ursachen haben, andere werden durch plötzlich eintretende Ereignisse oder unbewusst vorgenommene Eingriffe erzeugt. Sie können sehr schnell zu äußerst gefährlichen Lageänderungen führen und sind ursächlich für eine ganze Reihe schwerer Unfälle bei Brandeinsätzen!

Wie unschwer zu erkennen ist, können Kleinigkeiten zu einer völlig veränderten und sehr gefährlichen Zuspitzung der Lage führen.

Solche Kleinigkeiten, die in der Einsatzpraxis mitunter kaum beachtet werden, können sein:
- Türen und Fenster, die geöffnet oder eingeschlagen werden,
- Rauchabzüge in Treppenräumen, die geöffnet werden,
- Türen und Fenster, die geschlossen werden,
- Lüfter, die unsachgemäß eingesetzt werden,
- Türen, die unter der Einwirkung des Feuers versagen und durchbrennen,
- Fensterscheiben, die unvermittelt platzen.

Die Dimension der Wärmefreisetzung selbst bei einem normalen Zimmerbrand, wird von vielen Einsatzkräften völlig unterschätzt. Deswegen sei an dieser Stelle nochmals eindringlich betont, dass weder unser Körper noch unsere Schutzkleidung, unsere Geräte und Schläuche dafür ausgelegt sind, dieser Wärmeenergie über einen Zeitraum von mehreren Sekunden ausgesetzt zu werden. Die in Deutschland verwendete Schutzkleidung für Einsatzkräfte der Feuerwehr entspricht den Vorschriften, wenn sie den Träger bei einer Beflammung von bis zu acht Sekunden gegen schwere Verletzungen schützen kann. Auch bei optimal geschützten Einsatzkräften ist mit schwersten und tödlichen Verletzungen zu rechnen, wenn sie länger als acht Sekunden dem Wärmestrom eines gut entwickelten Zimmerbrandes ausgesetzt sind! Der Aufenthalt im Wärmestrom ist bei Brandeinsätzen eine der größten Gefahren für die Einsatzkräfte. Es darf davon ausgegangen werden, dass die meisten thermischen Verletzungen von Feuerwehrangehörigen im Innenangriff auf das Unterschätzen der von der Wärmefreisetzung ausgehenden Gefahr zurückzuführen sind (oder umgekehrt auf eine Überschätzung der Schutzwirkung der Schutzkleidung). Viele Unfälle, die Phänomenen wie Flash-over oder Backdraft zugeschrieben werden, passieren im ganz normalen Brandverlauf. Sie sind keinesfalls Folge eines plötzlich eingetretenen Ereignisses, sondern vielmehr Folge einer falschen

Bild 30.20 Vergleich der Heizleistung: **a** Ein Kachelofen wie er auf dem Bild zu sehen ist, erzielt eine Heizleistung von etwa 8 kW (8 000 Watt). **b** Die Heizleistung eines gut entwickelten Zimmerbrandes liegt hingegen bei 5 bis 8 MW (8 000 000 Watt) und damit um den Faktor 1000 über dem des abgebildeten Kachelofens. Strömt diese Energie in den Treppenraum, werden dort schnell unerträgliche Temperaturen erreicht. Dies gilt auch für Treppenräume, in denen sich keine brennbaren Materialien befinden. Der Energieeintrag aus der Brandwohnung reicht hierzu völlig aus.

Bild 30.21 Das Öffnen einer Tür ist eine Form des Schaffens einer Öffnung. In vorbildlicher Weise meiden die Einsatzkräfte den Gefahrenbereich, der sich vor allem im oberen Bereich des Türspalts befindet. Sie haben sich auf einen hier möglicherweise austretenden Wärmestrom eingestellt, indem sie das Türblatt als Schutzschild nutzen, sich im Bodenbereich (unterhalb des zu erwartenden Wärmestroms) aufhalten und ein Strahlrohr angriffsbereit mitführen. Ihre Konzentration ist auf das Geschehen gerichtet.

Einschätzung der Lage und eines nicht der Lage angepassten taktischen Vorgehens. Ein Feuer in einem Gebäude ist ein überaus ernst zu nehmender Gegner, den man niemals unterschätzen darf!

Schutz der Einsatzkräfte

Zum Schutz der Einsatzkräfte sind daher folgende Grundsätze sowohl von den Führungskräften als auch von den Einsatzkräften selbst zu beachten. Aufgrund des von der Wärmeenergie ausgehenden Gefährdungspotenzials sind diese Grundsätze auch im Zuge der Menschenrettung unbedingt zu beachten.

- Ein Vorgehen entgegen der Strömungsrichtung der Wärme ist zu vermeiden.
- Die Abluftöffnungen und Abluftströme sind zu meiden.

Achtung:

Analog zum Öffnen einer Tür hat auch die Schaffung jeder anderen Öffnung im Brandfall zu erfolgen: mit Bedacht, unter Meidung des Gefahrenbereichs, der Ausnutzung von Deckungs- und Rückzugsmöglichkeiten und bei voller Konzentration.

- Mit einer Umkehr der Strömungsrichtung ist jederzeit zu rechnen, ein möglicher Ausfall technischer Einrichtungen und Geräte ist zu berücksichtigen.
- Maßnahmen, die eine ungewollte Umkehr der Strömungsrichtung zur Folge haben können, sind genauestens auf ihre Auswirkung zu prüfen.
- Sofern sich negative Auswirkungen nicht ausschließen lassen, ist der Gefahrenbereich vorher zu räumen. Dies gilt grundsätzlich auch für Einsatzkräfte mit vollständig angelegter Schutzkleidung und Atemschutz.
- Möglichkeiten, um eine Einwirkung der Wärme auf die Einsatzkraft zu vermeiden oder zu minimieren, sind konsequent zu nutzen.
- Ein Aufenthalt oberhalb des Brandgeschosses ist nur vertretbar, wenn durch geeignete Maßnahmen gewährleistet ist, dass ein ungehindertes Nachströmen der heißen Brandgase ausgeschlossen werden und der Gefahrenbereich jederzeit innerhalb kürzester Zeit und sicher verlassen werden kann (▶ Kapitel 26).

Im Bewusstsein der Bedeutung der Wärmeströmung und der Möglichkeiten einer gezielten Einflussnahme ergeben sich umgekehrt eine ganze Reihe von Möglichkeiten, Maßnahmen zu ergreifen, die dazu dienen, die Wärmeeinwirkung auf die Einsatzkräfte gering zu halten, deren Vorgehen zu erleichtern und möglichst sicher zu gestalten. Ziel ist es, die Wärme aus dem Gebäude abzuführen oder durch Wasserabgabe zu binden. Derartige Maßnahmen dienen gleichzeitig auch dem Schutz anderer Personen im Gebäude, helfen die Gefahr der Brandausbreitung zu reduzieren und Sachschäden zu vermeiden.

H

Die beste Möglichkeit, um die Wärme aus dem Gebäude abführen zu können, besteht in der Schaffung von geeigneten Öffnungen für Zu- und Abluft. Dabei ist überlegt vorzugehen, damit die Wärme in die gewollte Richtung strömt. Ebenso ist darauf zu achten, auf welchem Weg die Wärme das Gebäude verlässt. Ideal ist es grundsätzlich, wenn die Wärme vom Ort ihrer Freisetzung durch Öffnungen an der Außenfassade oder im Dach direkt ins Freie abgeführt werden kann.

Das Schaffen von Abluftöffnungen birgt allerdings große Gefahren und hat unter Beachtung der eigenen Sicherheit zu erfolgen. Sofern ein erheblicher Wärmestrom aus der Öffnung nicht ausgeschlossen werden kann, dürfen sich keine Personen im Gefahrenbereich vor der zu schaffenden Öffnung befinden.

Mithilfe eines Druckbelüfters kann die Strömung verstärkt und gelenkt werden. Zum Schutz der Einsatzkräfte ist anzustreben, die heißen Rauchgase zu verdrängen und damit die Temperaturen abzusenken, bevor der betreffende Bereich von Einsatzkräften betreten wird. Es ist in der Regel besser, wenn die Öffnungen geschaffen worden sind, bevor der Angriff gestartet wird. Können die Öffnungen erst geschaffen werden, wenn Einsatzkräfte bereits im Umfeld des Brandes tätig sind, so besteht ein erhöhtes Risiko, welches es zu berücksichtigen gilt.

Auch der Mobile Rauchverschluss nutzt die zuvor erläuterten Gesetzmäßigkeiten der Natur aus und kann bei sachgerechter Anwendung und geeigneten Rahmenbedingungen dazu beitragen, Rauchgase und Wärme gezielt abzuführen (▶ Kapitel 33). Das Prinzip des Mobilen Rauchverschlusses ist denkbar einfach. Der Teil der Tür, der im Bereich der Druckzone liegt, wird durch den Mobilen Rauchverschluss verdeckt. Der verbliebene Türspalt im Bereich der Unterdruckzone dient als Zuluftöffnung. Sofern sich im Brandbereich eine höher liegende Öffnung (geöffnetes Fenster oder Ähnliches) befindet, über das die heißen Gase ins Freie entweichen können, wird eine Strömung der heißen Rauchgase in Richtung Gebäude auf diese Weise verhindert oder zumindest reduziert. Voraussetzung für ein Funktionieren des Mobilen Rauchverschlusses in der vorgestellten Weise ist natürlich, dass ein geöffnetes oder zuvor zerstörtes Fenster vorhanden ist, über das die Wärme entweichen kann. Ebenso darf die auf diese Fensteröffnung wirkende Kraft des Windes nicht größer sein, als die durch die Thermik erzeugten Auftriebskräfte der heißen Rauchgase. Letzteres wird in der Regel gegeben sein, sodass das Verfahren bei vorhandener Fensteröffnung bis auf wenige Ausnahmen gut funktioniert. Natürlich lassen sich die Wirkung von Lüftern und Mobilen Rauchverschluss auch miteinander kombinieren.

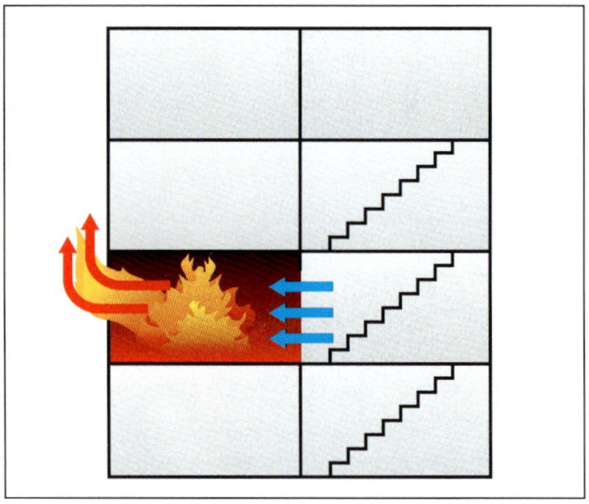

Bild 30.22 Die Abbildung zeigt den idealen Zustand zu Beginn des Angriffs. Die Wärme gelangt aus dem Brandraum auf direktem Weg ins Freie. Die durch die Eingangstür nachströmende Kaltluft verhindert den Wärmeeintritt in das Gebäude. Die Einsatzkräfte gehen mit der Kaltluft vor und meiden den Kontakt mit der extremen Wärme. Solche Strömungsverhältnisse lassen sich oftmals bei sachgerechter Anwendung eines Druckbelüfters erzielen, wenn geeignete Abluftöffnungen vorhanden sind.

Wie die Grafik deutlich macht, ist der Mobile Rauchverschluss der Wärmeeinwirkung des Feuers dabei in vollem Umfang ausgesetzt (▶ Bild 30.23b). Für eine anhaltende thermische Belastung in dieser Größenordnung ist der Mobile Rauchverschluss weder vorgesehen noch ausgelegt. So wie Lüfter ausfallen und Schläuche platzen können, muss auch im-

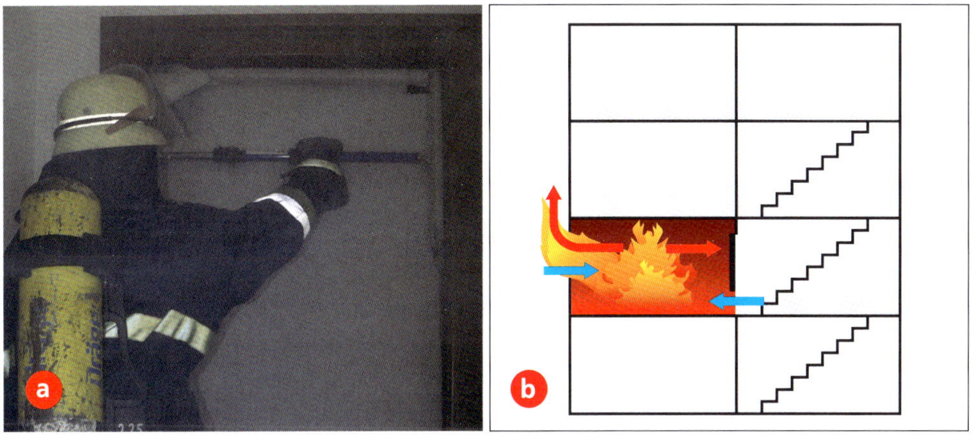

Bild 30.23 a Der Mobile Rauchverschluss nutzt die Thermik und die sich einstellenden Druckverhältnisse aus. b Der verbleibende Türspalt liegt unterhalb der Fensteröffnung, sodass der Abzug von Rauch und Wärme durch das geöffnete Fenster erfolgt.

mer damit gerechnet werden, dass der Mobile Rauchverschluss der thermischen Belastung auf Dauer nicht standhalten kann. Der Rauchverschluss ist damit kein Gerät, von dem erwartet werden darf, dass es das Austreten der heißen Rauchgase und damit das Nachströmen der Wärme in den Treppenraum und in die über dem Brandgeschoss liegende Bereiche dauerhaft und mit der notwendigen Sicherheit gewährleisten kann.

30.1.4 Flash-over und Backdraft und die Diskussion um die Begriffe

Es gibt eine Reihe unterschiedlicher Phänomene bei Bränden in geschlossenen Räumen. Hieraus folgt, dass man eine Reihe von Diskussionen führen kann, welcher Effekt nun genau stattgefunden hat. Tatsächlich reicht es für die Einsatzabwicklung aus, zu erkennen, dass es zwei Arten von Phänomenen gibt, die auf völlig unterschiedliche chemische Ursachen zurückzuführen und demzufolge auch unterschiedlich zu handhaben sind. Diese zwei Arten von Phänomenen sollen hier vorgestellt werden. Auf eine weitere Differenzierung in Stichflamme, Roll-over und so weiter wird bewusst verzichtet, da sich hieraus keine Vorteile für die praktische Einsatzbewältigung ergeben würden.

Merke:

eingeschränkte Wärmeabfuhr
→
Flash-over

eingeschränkter Stofftransport
→
Backdraft

Der Einfachheit halber werden die Phänomene, die als Folge der eingeschränkten Wärmeabfuhr zu werten sind, als Flash-over oder Raumdurchzündung bezeichnet. Die Phänomene der anderen Gruppe, die als Folge eines eingeschränkten Stofftransports auftreten, werden als Backdraft oder Rauchgasexplosion bezeichnet.

Die Raumdurchzündung (Flash-over) als Folge der eingeschränkten Wärmeabfuhr

Wenn die vom Feuer freigesetzte Wärme nicht abgeführt werden kann, kommt es zu einem Wärmestau. Die Temperatur der Rauchschicht unter der Decke steigt immer weiter an. Gleichzeitig nimmt ihr Volumen zu, die Schicht wird immer dicker, füllt den Raum von oben nach unten aus. Da die von einem Körper ausgehende Strahlungsintensität sehr stark von dessen Temperatur abhängig ist, nimmt die von der

Merke:

Stefan-Boltzmann'sches Gesetz

$$E = \varepsilon \times \sigma \times T^4 \left[\frac{W}{m^2}\right]$$

Merke:

$$I \sim \frac{1}{r^2}$$

Abstandsgesetz: Mit einer Halbierung des Abstandes vervierfacht sich die auf den Körper einwirkende Strahlungsintensität (I).

heißer werdenden Rauchschicht ausgehende Intensität der Wärmestrahlung in grober Näherung gemäß des Stefan-Boltzmann'schen Gesetzes zu. Für unsere vereinfachte Betrachtung im Rahmen dieses Kapitels reicht es aus, zur Kenntnis zu nehmen, dass die Temperatur in der vierten Potenz (T^4) in die Berechnung eingeht. Eine Verdoppelung der Temperatur (T) führt demnach zu einer Verstärkung der Strahlungsintensität (hier E = Energie) um den Faktor 16!

Durch den gleichzeitig immer geringer werdenden Abstand (r) zwischen der dicker werdenden Rauchschicht und den im Zimmer befindlichen Gegenständen wird die Intensität (I) der auf diese Gegenstände einwirkenden Strahlung gemäß des Abstandsgesetzes zusätzlich verstärkt (mit einer Halbierung des Abstandes vervierfacht sich die auf den Körper einwirkende Strahlungsintensität).

Da der für den weiteren Verlauf des Brandes entscheidende Wärmetransport über die Rauchschicht an der Decke und die von ihr ausgehende, nach unten gerichtete Wärmestrahlung erfolgt, werden die der Decke zugewandten Oberflächen der Einrichtungsgegenstände am stärksten erwärmt.

Durch die Wärmezufuhr wird ein Zersetzungsprozess (thermisches Cracken, Pyrolyse) ausgelöst. Große Molekülstrukturen werden aufgebrochen. Es entstehen kleine, gasförmige Moleküle, die Stoffe gasen aus. Die Pyrolysegase steigen nach oben und sammeln sich in einer Zone unterhalb der Rauchgasschicht. Bei hinreichender Luftzufuhr vermischen sie sich dort mit der Luft, bilden zündfähige Gas-Luft-Gemische und Zünden bei Erreichen der Zündtemperatur durch. Die dabei entstehenden Flammenzungen, werden mitunter als »tanzende Engel« (dancing angels) bezeichnet. In diesem Moment, der als Hinweis auf den unmittelbar bevorstehenden Flash-over zu werten ist, entsteht der Eindruck, als brenne die Luft im Raum. Die Temperatur im Raum hat sich offenkundig inzwischen erhöht. Die

H

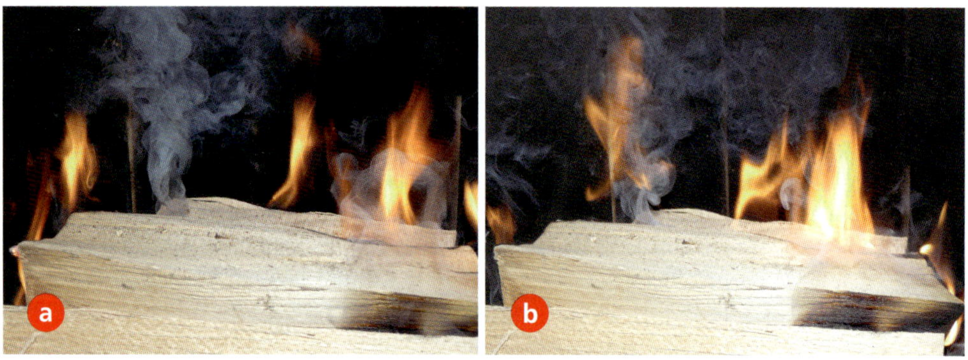

Bild 30.24 Bei diesem brennenden Holzstapel lässt sich die Pyrolyse deutlich beobachten. Während das Holz an einigen Stellen mit Flamme brennt, laufen an anderen Stellen des Stapels chemische Zersetzungsprozesse, ohne dass es hier zu einer Flammenbildung kommt. Neben den aufsteigenden weißen Gasen liefert auch die Verkohlung im rechten vorderen Bereich eindeutige Hinweise auf die dort bereits stattfindende Chemie. In der Mitte des rechten Bildes ist auch das Abfackeln der brennbaren Pyrolysegase sichtbar.

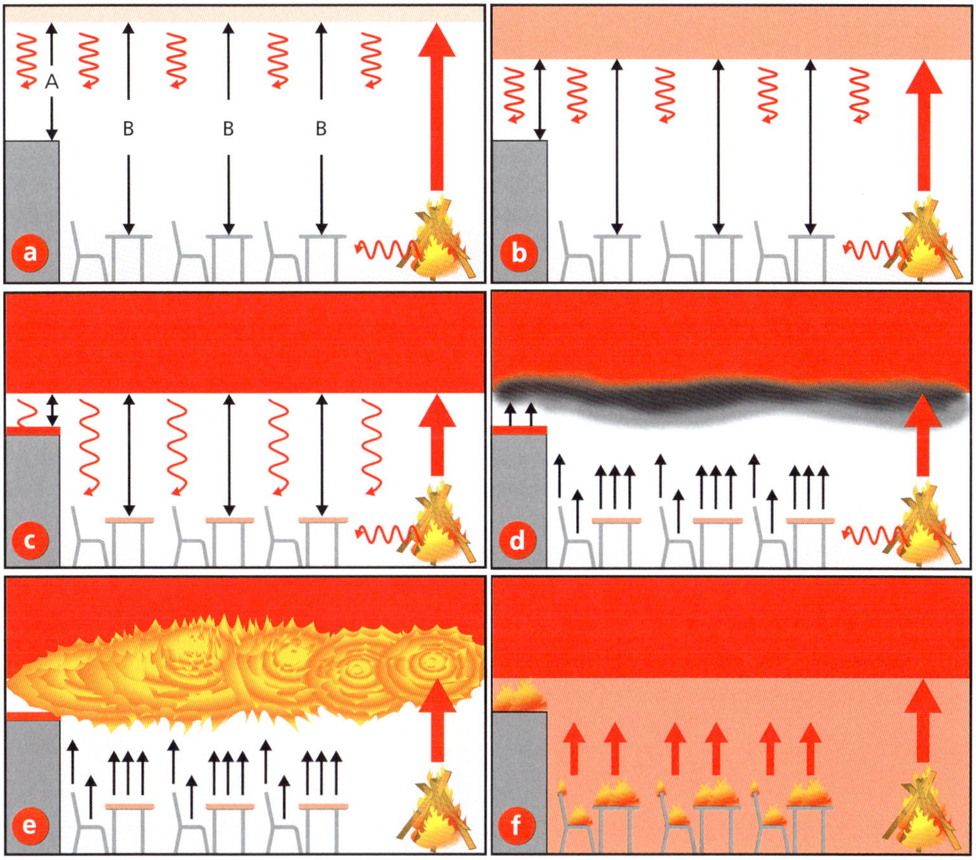

Bild 30.25 Zimmerbrand: **a** In einer Ecke des Zimmers ist ein lokaler Brand entstanden. Durch Konvektion erfolgt ein permanenter Wärmetransport zur Zimmerdecke. Dort steigen die Temperaturen rasch an. **b** Mit zunehmender Temperatur nimmt die von der sich ausbildenden heißen Schicht ausgehende Wärmestrahlung an Intensität zu. Gleichzeitig verringert sich der Abstand zwischen der größer werdenden heißen Zone und den brennbaren Stoffen im Raum. Dadurch wird die Einwirkung der Wärmestrahlung auf die Gegenstände zusätzlich verstärkt. Die der Decke zugewandten Oberflächen erwärmen sich. **c** Der hohe Schrank, dessen Abstand zur Zimmerdecke und damit zur heißen Zone geringer ist, bekommt dabei besonders viel Energie ab und hat sich entsprechend stärker erwärmt. Die Tische sind aufgrund ihres größeren Abstands zur Decke noch nicht so stark mit Wärme beaufschlagt. **d** Durch die Erwärmung setzen thermische Crack-Prozesse ein und lassen brennbare Pyrolysegase entstehen, die sich in der neutralen Zone unterhalb der heißen Rauchschicht sammeln. **e** Sobald die Konzentration der Gase ausreichend hoch ist, zündet das Gas-Luft-Gemisch. Flammenzungen bilden sich aus und heizen den Raum weiter auf. Die Luft scheint zu brennen. **f** Das Feuer erfasst zunächst den Schrank und kurz darauf auch die Tische und Stühle. Immer mehr Stoffe reagieren exotherm und sorgen für einen rasanten Temperaturanstieg im Raum. Der Flash-over hat stattgefunden, das Zimmer brennt in voller Ausdehnung.

vorhandene Energie reicht jetzt aus, um die zündfähigen Gas-Luft-Gemische entstehen und abfackeln zu lassen. Die dabei freigesetzte Energie beschleunigt die Aufheizung des Raumes zusätzlich, sodass nun in kurzer Abfolge an immer mehr Stellen im Raum die Zündung der brennbaren Stoffe erfolgt. Es kommt zum Feuerübersprung, der innerhalb

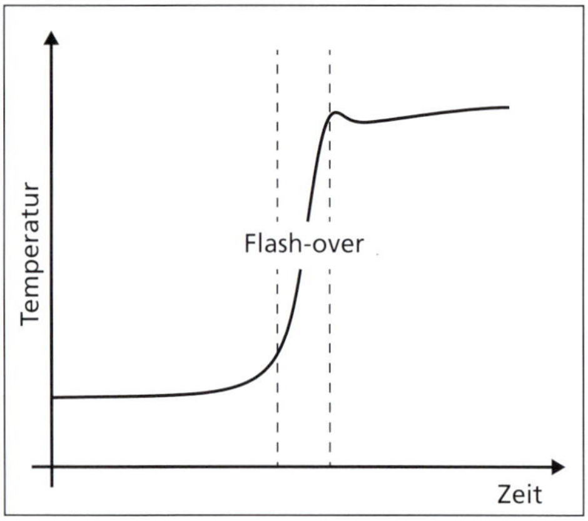

Bild 30.26 Der Flash-over zeichnet sich durch einen rasanten Temperaturanstieg aus. Im Raum herrschen ab diesem Zeitpunkt Temperaturen, die selbst für optimal geschützte Einsatzkräfte nicht mehr auszuhalten sind.

weniger Sekunden den gesamten, zuvor thermisch aufbereiteten Bereich erfasst. Dieser Feuerübersprung, der den Übergang vom lokalen Brandereignis zum Vollbrand bedeutet, geht einher mit einem rasanten Anstieg der Temperatur im Raum. Er wird als Flash-over bezeichnet.

Der Flash-over stellt eine durchaus ernst zu nehmende Gefahr dar. Anders als in vielen Brandübungsanlagen suggeriert, sollte man einen echten Flash-over nicht über sich ergehen lassen. Während in den Übungsanlagen das Feuer im Aufenthaltsbereich der Übenden wieder verschwindet, ist der Spuk im Ernstfall mit dem Abfackeln der Gase über den Köpfen nicht beendet. Im Ernstfall entzündet sich schlagartig das eigene Umfeld und man findet

Merke:

Der Flash-over ist nichts, was man im Ernstfall im Raum erleben sollte. Die Wahrscheinlichkeit, dass man ihn nicht überlebt, ist trotz angelegter Schutzkleidung groß. Wenn wir ihn nicht durch eigene Maßnahmen sicher verhindern können, müssen wir den gefährdeten Bereich unbedingt meiden beziehungsweise sofort verlassen.

Merke:

Man sollte nicht das Erleben des Flash-overs trainieren, sondern lernen die Hinweise auf einen bevorstehenden Flash-over zu deuten. Es sollte trainiert werden, wie man sich gegen die von ihm ausgehende Gefahr schützen oder gar wie man ihn verhindern kann.

sich plötzlich mitten im Feuer wieder.Hinweise auf einen bevorstehenden Flash-over können sein:

- relativ weit entwickeltes Feuer, welches noch nicht den Raum erfasst hat,
- optische Wahrnehmung des Pyrolyseprozesses im Raum in Form von aufsteigenden Pyrolysegasen und Verkohlung von brennbaren Stoffen,
- Flammenzungen an der Decke.

Bild 30.27 In der Rauchdurchzündungsanlage läuft eine Feuerwalze über die Köpfe der Übungsteilnehmer hinweg und verschwindet wieder. Dies ist sicherlich nicht typisch für einen echten Flash-over. In der Realität leiten die abbrennenden Gase den Flash-over nur ein. In der Folge werden dann auch die (in solchen Übungsanlagen aus gutem Grund nicht vorhandenen) Einrichtungsgegenstände vom Feuer erfasst.

Die Schutzkleidung der Feuerwehr ist nicht für die Temperaturen ausgelegt, wie sie nach einem Flash-over im Brandraum herrschen. Hinweise auf einen bevorstehenden Flash-over sind aus diesem Grund unbedingt ernst zu nehmen. In kleineren Räumen muss durch sofortige, energische Maßnahmen (Kühlung der Raumluft mit Löschwasser) der Feuerübersprung verhindert werden. In größeren Räumen ist bei ersten Anzeichen eines bevorstehenden Flash-overs unverzüglich der Rückzug anzutreten. Ist der Flash-over erfolgt, so kann für den betroffenen Bereich von einem Totalverlust ausgegangen werden.

Die Rauchgasexplosion (Backdraft) als Folge des eingeschränkten Stofftransports

Wenn sich ein Feuer in einem Raum zunächst gut entwickeln konnte, hat es dabei viel Energie in Form von Wärme freigesetzt. Sofern die Energie aufgrund fehlender Öffnungen nicht entweichen konnte, wurde sie im Raum gespeichert und wirkt weiter auf die im Raum befindlichen brennbaren Stoffe ein. Die brennbaren Stoffe werden dadurch thermisch gecrackt, es entstehen brennbare Pyrolysegase, zu denen beispielsweise Wasserstoff und Methangas gehören.

Wenn der Stofftransport stark eingeschränkt ist, können diese brennbaren Gase den Raum nicht verlassen. Gleichzeitig nimmt der Sauerstoffgehalt im Raum ab. Das Feuer beginnt, in zunehmendem Maße brennbares Kohlenstoffmonoxid zu produzieren. Zwischen Kohlenstoffdioxid und Kohlenstoffmonoxid stellt sich ein Gleichgewicht ein, welches als »Boudouard-Gleichgewicht« bezeichnet wird. Bei sehr hohen Temperaturen verschiebt sich das Gleichgewicht gemäß der Formel zu Gunsten von Kohlenstoffmonoxid, wodurch dessen Konzentration weiter erhöht wird.

$$C + CO_2 \leftarrow\rightarrow 2\,CO$$

In der Summe ergibt sich daraus eine Anreicherung verschiedener brennbarer Gase im Raum. Diese Gase würden, wenn Sauerstoff als Reaktionspartner in ausreichendem Maße vorhanden wäre, aufgrund der im Raum vorhandenen Zündquellen (offenes Feuer, Glut) verbrennen, sobald die Konzentration der Gase die Untere Explosionsgrenze (UEG) erreicht. Damit käme es zu dem Abfackeln der Gase, wie man sie in der Vorstufe des Flash-over beobachten kann (»tanzende Engel«).

Im Laufe der Zeit sinkt die Raumtemperatur, wodurch ein leichter »Unterdruck« im Raum entstehen kann. Bleibt der Raum geschlossen, wird das Feuer irgendwann ganz verlöschen. Wird jedoch in der kritischen weil instabilen Phase der Raum geöffnet, so strömt schlagartig frische Luft ein und vermischt sich mit den

Bild 30.28 Entstehung einer Rauchgasexplosion (Backdraft): **a** Das Feuer hat den im Raum vorhandenen Sauerstoff weitgehend aufgebraucht. Der eingeschränkte Stofftransport verhindert das Nachströmen von frischer Luft. Die Reaktionsgeschwindigkeit nimmt ab, das Feuer wird kleiner. In der heißen Raumluft läuft die Pyrolyse weiter. Immer mehr brennbare Gase entstehen durch die thermische Zersetzung der brennbaren Stoffe. Da ein Entweichen der Gase ebenso wenig möglich ist, wie eine Reaktion mit Sauerstoff (Verbrennen), reichern sich die Gase im Raum an. **b** Die Wirkung eines Backdraft kann verheerend sein und ist nicht mit der eines Flash-over vergleichbar. Die schlagartige Frischluftzufuhr führt im Gemisch mit den im Raum angereicherten Gasen zu einer heftigen Explosion. Die sich ausbildende Druckwelle lässt das Feuer wesentlich heftiger Austreten, gleichzeitig sind schwere Gebäudeschäden möglich.

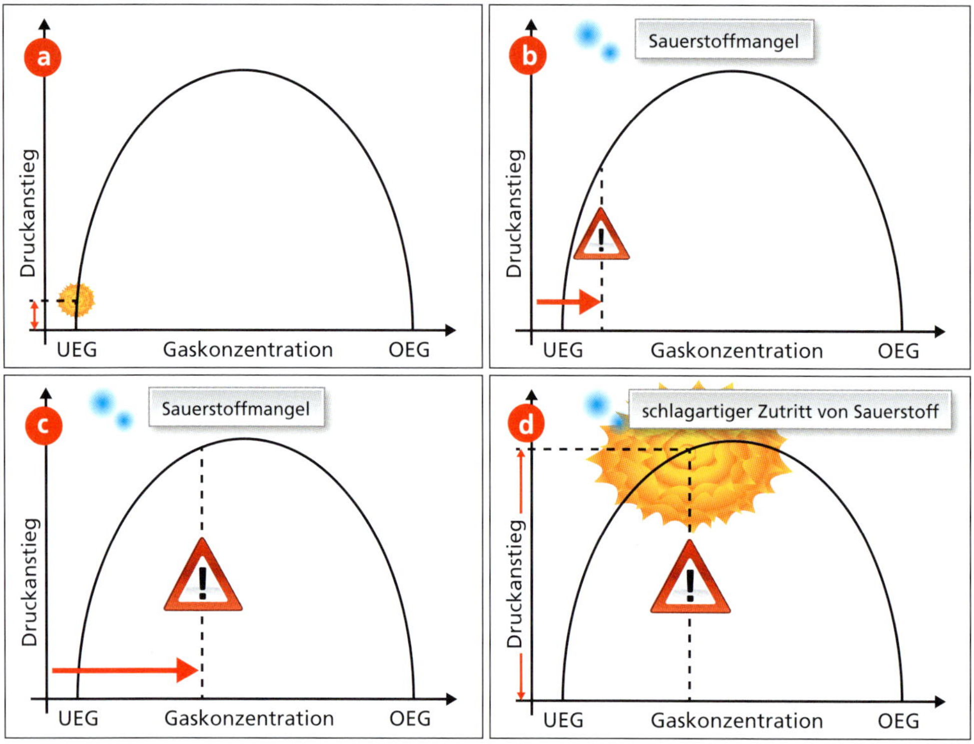

Bild 30.29 Backdraft im Druckanstieg/Gaskonzentrations-Diagramm: **a** Sofern die Sauerstoffkonzentration ausreichend ist, fackeln die brennbaren Gase in einem Brandraum ab, sobald deren Konzentration hoch genug ist, um ein zündfähiges Gemisch zu bilden. Auf diese Weise wird eine Anreicherung der brennbaren Gase über diese Grenzkonzentration (Untere Explosionsgrenze [UEG]) hinaus ausgeschlossen. Wie die Grafik zeigt, erfolgt dieses Abfackeln im Bereich der UEG weitgehend drucklos. **b** und **c** Bei Sauerstoffmangel kann die Konzentration der brennbaren Gase, die in Folge der fortschreitenden chemischen Prozesse entstehen, trotz permanent vorhandener Zündquellen die Grenzkonzentration (UEG) übersteigen, da das Fehlen des Reaktionspartners eine Zündung verhindert. Das Feuer befindet sich in einem instabilen Zustand, der als äußerst kritisch und gefährlich einzustufen ist. **d** Bei plötzlicher Zufuhr von Luftsauerstoff bilden sich Gemische, die wesentlich heftiger reagieren und einen erheblich stärkeren Druckanstieg zur Folge haben.

brennbaren Gasen im Raum. Die noch vorhandenen Zündquellen zünden das sich bildende explosionsfähige Gas-Luft-Gemisch, es kommt zu einer mitunter heftigen Explosion.

Achtung:

Die Gefahr ist auch dann gegeben, wenn die Gaskonzentration sogar die Obere Explosionsgrenze (OEG) überschritten hat. Bei Luftzufuhr wird das Gas verdünnt und zündet bei Erreichen der OEG. Durch die Verwirbelung bilden sich in der Folge Gemische, die heftig reagieren und entsprechende Drücke entwickeln können.

Die Wirkung der Explosion kann bei einem Backdraft wesentlich stärker sein als bei einem Flash-over. Wie die Grafiken (▶ Bild 30.29) zeigen, ermöglicht der zeitweise Sauerstoffmangel ein Szenario, das bei permanenter Vermischung der brennbaren Pyrolysegase mit Sauerstoff und gleichzeitig vorhandener Zündquellen gar nicht möglich wäre.

Hinweise auf einen bevorstehenden/drohenden Backdraft können sein:

- bevor der Raum geöffnet oder betreten wird:

Quelle: J. Riehl/Feuerwehr Bruchsal

Bild 30.30 Auswirkungen einer Rauchgasexplosion (Backdraft):

- a Die Druckwelle war so stark, dass eine große Glasfront aus ihrer Verankerung gerissen wurde.
- b Tragende Wände bekamen Risse, Zimmerwände stürzten ein, Decken wurden angehoben sowie das Dach teilweise abgedeckt. Ein Dachflächenfenster wurde in den Vorgarten katapultiert.
- c Selbst in einem Bereich der nicht direkt vom Brand betroffen war, sind Plastikteile geschmolzen. Eine kurzzeitige, starke Erwärmung hat stattgefunden.

  - geschlossene Fenster und Türen,
  - rußgeschwärzte Fenster,
  - aus Fenster- und Türspalten austretende Rauchgase, die sich beim Vermischen mit Luft spontan entzünden,
  - ungewöhnliche Rauchfarbe (gelblich),
  - pulsierendes Austreten von Brandrauch,
  - ungewöhnliche Geräusche (Grummeln).
- beim Öffnen des Raumes:
  - beim Öffnen der Tür/des Fensters wird Luft in den Raum eingesaugt.
- beim Vorgehen im Raum:
  - sehr hohe Temperaturen bei kleinem oder nicht sichtbarem Feuer.

Der Backdraft ist ein äußerst gefährliches Ereignis, weswegen die beiden letztgenannten Hinweise nur der Vollständigkeit halber angeführt sind. Nach Möglichkeit sollte ein bevorstehender oder drohender Backdraft erkannt sein, bevor Öffnungen zum Brandbereich geschaffen oder gefährdete Bereiche sogar begangen werden.

Nicht zuletzt um die Sicherheit der Einsatzkräfte auch in solchen Ausnahmesituationen, mit denen grundsätzlich bei Bränden in Gebäuden zu rechnen ist, gewährleisten zu können, ist es unabdingbar, eine Erkundung durchzuführen, bevor Maßnahmen ergriffen werden. Hinweise, die auf den Zustand des Feuers und des betroffenen Bereichs schließen lassen, sind wahrzunehmen und müssen in der Einsatzplanung Berücksichtigung finden.

30.2 Änderungen in der Bauweise von Gebäuden und mögliche Auswirkungen auf deren Brandverhalten

Moderne Gebäude werden aus ökologischen und wirtschaftlichen Aspekten gut gegen Wärmeverluste geschützt. Die Außenwände werden gedämmt und Undichtigkeiten in der Gebäudehülle fast vollständig beseitigt. Der Luftwechsel mit der Umgebung wird auf ein notwendiges Maß reduziert, um die Luftfeuchtigkeit entweichen zu lassen und damit einer Schimmelbildung vorzubeugen.

Bild 30.31 Bei Neubauten muss die Wärmeschutzverordnung eingehalten werden. Von gut gedämmten Wänden und einer geringen Luftwechselrate ist bei solchen Gebäuden auszugehen.

In Hinblick auf die bisher vermittelten Erkenntnisse über Brände in geschlossenen Räumen liegt der Verdacht nahe, dass die moderne Bauweise Einfluss auf das Brandgeschehen haben sollte und zu einer Erhöhung der Wahrscheinlichkeit in Bezug auf das Auftreten gefährlicher Situationen bei Bränden in solchen Gebäuden führen dürfte.

Die Problematik wird dadurch verstärkt, dass moderne Verglasungen dem Feuer lange stand halten und damit eine Art »Zwangsbelüftung« durch Bersten der Scheiben in der Regel nicht mehr zu erwarten ist. Es ist durch die dichte Bauweise und die nicht mehr mit lautem Knall zerspringenden Fenster zu erwarten, dass Brände sich über einen längeren Zeitraum unbemerkt entwickeln können. Bis zum Eintreffen der Feuerwehr können sie so erheblich an Intensität gewonnen haben oder in einen kritischen Zustand geraten sein.

Da auch alte Gebäude in zunehmenden Maße umgerüstet und auf den aktuellen Stand gebracht werden, sind diese Effekte, so sie denn tatsächlich Einfluss haben, nicht nur bei Neubauten zu erwarten.

30.3 Vorgehen im Brandfall

Neben der Menschenrettung ermöglicht der Innenangriff den unmittelbaren Zugriff auf das Feuer und dessen gezielte Bekämpfung mit möglichst geringem Wasserverbrauch. Der Innenangriff ist bei Bränden in Gebäuden in der Regel die einzige Möglichkeit, um einen Totalverlust zu vermeiden.

Umgekehrt ist der Innenangriff mit erheblichen Risiken verbunden, die es zu berücksichtigen gilt. Der Innenangriff führt den

H

Bild 30.32 Gravierende Änderungen in der Bauweise – wie hier am Beispiel von Dächern aus unterschiedlichen Epochen gezeigt – haben mit Sicherheit Einfluss auf den Brandverlauf. Die unter dem Aspekt des Umweltschutzes gewollten Einschränkungen des Wärmedurchgangs und des Luftwechsels beeinflussen den Verlauf der chemischen Reaktion im Brandfall. Da auch die Beständigkeit der Bauteile gegen thermische Einflüsse stark verbessert wurde, ist mit dem schnellen Durchbrennen einer modernen Dachkonstruktion ebenso wenig zu rechnen, wie mit dem frühzeitigen Versagen moderner Verglasungen. Das Gebilde bleibt lange Zeit dicht und verhindert den Zutritt von Sauerstoff ebenso wie das Abziehen der entstehenden Gase.

vorgehenden Trupp in einen Bereich, in dem sich aufgrund der freigesetzten Energie und der in der Raumluft vorhandenen Verbrennungsprodukte eine absolut lebensbedrohliche Situation eingestellt hat. Nur eine gute Schutzausrüstung in Verbindung mit einer guten Ausbildung und einer verantwortungsbewussten Vorgehensweise macht es überhaupt möglich, einen Innenangriff ohne Verletzungen zu überstehen. Die Beteiligten müssen sich immer bewusst sein, dass man sich im Innenangriff einem sehr starken und gefährlichen Gegner stellt, der keine Fehler verzeiht. Man darf diesen Gegner nicht unterschätzen und ihn niemals aus den Augen lassen. Der Innenangriff erfordert höchste Konzentration von allen Beteiligten.

Im Nachgang zu einem schweren Unfall, dem zwei Angehörige der Freiwilligen Feuerwehr Tübingen zum Opfer fielen, formulierten deren Kameraden den Satz: »Am 17. Dezember 2005 mussten wir auf das Bitterste erfahren, dass auch im 21. Jahrhundert der Mensch vor des Feuers Macht völlig hilflos sein kann.«

Dieser Satz, der die Verwundbarkeit der Einsatzkräfte im Kampf gegen das Feuer trotz modernster Schutzausrüstung zum Ausdruck bringt, möge den vorgehenden Kräften ebenso wie den verantwortlichen Führungskräften als Mahnung immer präsent sein.

30.3.1 Voraussetzungen

Um trotz der drohenden Gefahren einen Innenangriff mit hinreichender Sicherheit durchführen zu können, müssen verschiedene Voraussetzungen im Bereich der vorgehenden Einsatzkräfte und der verantwortklichen Führungskräfte erfüllt sein. Außerdem muss ein Sicherheitstrupp zum sofortigen Angriff bereit sein. Er hat zu diesem Zweck die Schutzkleidung und Atemschutz angelegt. Neben einer Zusatzausstattung für einen Rettungseinsatz stehen Schlauchleitungen und Strahlrohr zur

Achtung:

Die verantwortlichen Führungskräfte
- sind sich ihrer Verantwortung bewusst und nehmen diese wahr,
- nehmen sich die Zeit für die Erkundung und Bewertung der Lage,
- prüfen die Machbarkeit des Innenangriffs unter Berücksichtigung etwaiger Risiken sowie der Leistungsfähigkeit der im Innenangriff eingesetzten Kräfte,
- vermeiden es nach Möglichkeit, zwei völlig unerfahrene Einsatzkräfte in einem Trupp zusammen zu fassen,
- stellen den oder die erforderlichen Sicherheitstrupps und garantiert deren sofortige Einsatzbereitschaft,
- gewährleisten eine funktionierende Atemschutzüberwachung,
- geben klare und unmissverständliche Anweisungen,
- beobachten die Lage permanent und achten dabei sowohl auf die Entwicklung des Brandes, das Verhalten der Bauteile als auch auf die Wirksamkeit der angeordneten Maßnahmen,
- gleichen die vom Trupp abgesetzten Meldungen mit der von außen wahrnehmbaren Lageentwicklung ab (Plausibilitätskontrolle),
- greifen bei Bedarf rechtzeitig und energisch ein, indem sie den Innenangriff abbrechen oder umgekehrt die erforderliche Hilfe von außen gewähren.

Die vorgehenden Einsatzkräfte
- haben die Schutzkleidung vollständig und ordnungsgemäß angelegt,
- sind mit umluftunabhängigen Atemschutzgeräten geschützt,
- führen eine Angriffsleitung mit, mit der mindestens 100 l/min Wasser abgegeben werden können,
- beobachten die Lage permanent und können bei Bedarf auf Lageänderungen reagieren,
- sind sich der Gefahr bewusst und in der richtigen Vorgehensweise geschult,
- kennen ihre Grenzen und reizen diese Grenzen nicht aus,
- kennen die Sicherheitsvorschriften und beachten diese konsequent,
- sind auch im richtigen Verhalten im Notfall geschult,
- arbeiten diszipliniert und halten sich an erteilte Anweisungen und Befehle,
- stehen in ständigem Kontakt zu der ihnen vorstehenden Führungskraft.

Bild 30.33 Grundsätzlich ist bei jedem Innenangriff ein Sicherheitstrupp zu stellen. Erfolgt der Angriff über mehrere Eingänge, so ist pro Zugang ein Sicherheitstrupp zu stellen. Ausnahmen hiervon sind nur im Zuge der Menschenrettung unter bestimmten Voraussetzungen zulässig.

Verfügung. Die Schlauchleitung des Sicherheitstrupps sollte am Verteiler angeschlossen sein, um zu gewährleisten, dass im Notfall ein Abgang zur Verfügung steht und nicht erst noch ein zweiter Verteiler gesetzt werden muss.

Da ein Innenangriff immer nur als Folge eines Befehls und ein Befehl immer nur am Ende eines durchlaufenen Führungsvorgangs stehen kann, ist es logisch und konsequent, die Darstellungen zur Vorgehensweise beim Innenangriff dort zu beginnen, wo sie auch im Ernstfall zu beginnen haben, bei der Lageerkundung und Bewertung durch den Gruppenführer. Dieser muss versuchen, sich ein möglichst umfassendes Lagebild zu verschaffen, welches auch etwaige Hinweise auf die aktuell ablaufenden chemischen Prozesse mit einbezieht.

Erkundung

Im Rahmen der Erkundung gilt es, Antworten auf folgende Fragen zu finden:

- sind aktuell Menschen durch Feuer und/oder Rauch bedroht?
- Welche Bereiche sind vom Feuer betroffen?
- In welche Bereiche hat sich der Rauch ausgebreitet?
- Was brennt?
- Wie intensiv ist der Brand?
- Wie gestalten sich die Öffnungsverhältnisse im Brandbereich (Zuluft und Abluft)?
- Wohin ziehen Brandrauch und Wärme?
- Ist von einer längeren Vorbrennzeit auszugehen?
- Gibt es Hinweise auf besondere Gefahren für die Einsatzkräfte?
- Gibt es Hinweise auf einen instabilen, kritischen Zustand?
- Wie steht es um die Bausubstanz (kalte und heiße Lage)?
- Gibt es Einrichtungen des vorbeugenden Brandschutzes, die in die Einsatzabwicklung einbezogen werden können oder bereits einbezogen sind?
- Welche Sachwerte sind aktuell durch Feuer und/oder Rauch bedroht?
- Können Menschen durch eine Lageänderung oder in Folge von Maßnahmen der

Bild 30.34 Die Außenansicht kann wertvolle Hinweise über den Verbrennungsprozess und die bestehenden Rahmenbedingungen liefern. Im vorliegenden Fall lässt sich der Brandort (Dachgeschoss) eindeutig bestimmen. Das Fenster ist zerstört. Rauchgasmenge und Austrittsgeschwindigkeit lassen einen gut entwickelten Brand vermuten. Die Farbe des austretenden Rauches lässt auf eine nicht vollständige Verbrennung schließen.

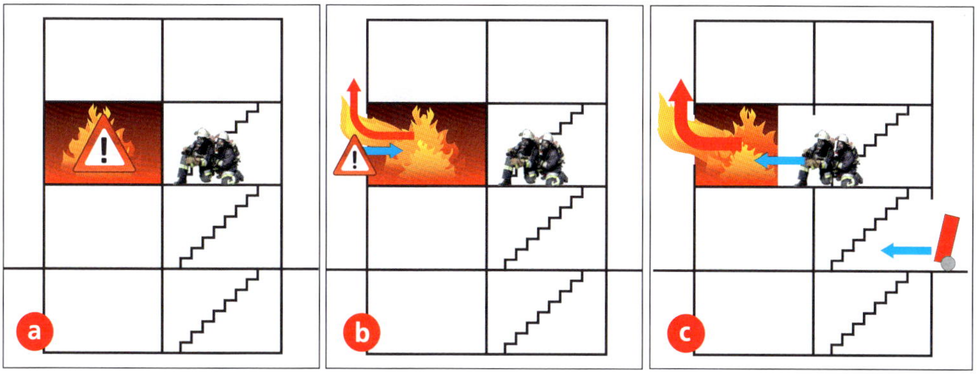

Bild 30.35 a Der Angriff auf einen Brand in einem geschlossenen Raum birgt besondere Risiken. b Diese Risiken können unter Umständen gesenkt werden, wenn die Möglichkeit besteht, vor Beginn des Innenangriffs eine Abluftöffnung zu schaffen. Da bei dieser Aktion mit austretenden heißen Gasen und Flammen, unter Umständen auch explosionsartig durchzündenden Gasen zu rechnen ist, ist dabei allerdings Vorsicht geboten. c Zur weiteren Entlastung des vorgehenden Trupps kann ein Druckbelüfter eingesetzt werden. Auf diese Weise kann die Wärme nach außen abziehen. Eventuell vorhandene brennbare Gase können abfackeln, bevor der Trupp den Raum betritt. Durch den mechanisch erzeugten Rückenwind wird die thermische Belastung der Einsatzkräfte reduziert. Gleichzeitig werden die Sichtverhältnisse verbessert und ein Eindringen von Brandrauch in den Treppenraum verhindert oder minimiert.

Feuerwehr durch Feuer und/oder Rauch bedroht werden?
- Können Sachwerte bei einer Lageänderung oder in Folge von Maßnahmen der Feuerwehr durch Feuer und/oder Rauch bedroht werden?

Beurteilung

Im Rahmen der Beurteilung ist dann zu prüfen,
- welche Gefahren bestehen und
- ob ein Innenangriff mit den vorhandenen Kräften zum aktuellen Zeitpunkt möglich, sinnvoll und vertretbar ist,
- ob eine Einflussnahme auf das Feuer zu Beginn oder im Verlauf des Innenangriffs in einer Art möglich ist, die die Sicherheit der Einsatzkräfte oder anderer Menschen erhöht, den Angriff erleichtert und den Schutz von Sachwerten verbessert.

Achtung:

Eine Vernachlässigung der Sicherheitsstandards, beispielsweise im Vertrauen auf den Gruppenführer, die Atemschutzüberwachung oder einen bereit stehenden Sicherheitstrupp, ist in keinster Weise zu tolerieren.

Befehlsgebung

Danach ist zu entscheiden
- ob ein Innenangriff befohlen wird,
- wie dieser durchzuführen ist und
- welche begleitenden Maßnahmen ergriffen werden sollen.

Grundsätzliches Verhalten im Innenangriff

Sofern es Hinweise gibt, die einen Innenangriff zu gefährlich erscheinen lassen, ist auf den Innenangriff zu verzichten, sofern es nicht gelingt, durch vorhergehende Maßnahmen die Lage so zu stabilisieren, dass ein Innenangriff auch unter dem Aspekt der Verhältnismäßigkeit vertretbar erscheint.

Wird der Innenangriff befohlen, so geht ein Trupp unter Atemschutz vor, um den im

Achtung:

Jede Form einer thermischen Belastung der Einsatzkraft und deren Ausrüstung ist auf das unbedingt notwendige Maß zu reduzieren.

Befehl formulierten Auftrag »Menschenrettung«, »Brandbekämpfung« (gemeint: Schutz und Erhalt von Sachwerten), »Riegelstellung« oder ähnliches zu bewältigen. Der unter Atemschutz vorgehende Trupp hat die ihn betreffenden Einsatzgrundsätze nach Feuerwehr-Dienstvorschrift 7 »Atemschutz« zu beachten. Auch Lageänderungen sind zu berücksichtigen und können jederzeit Anlass sein, einen eingeleiteten Innenangriff abzubrechen oder ihn zu einem späteren Zeitpunkt einzuleiten.

Der im Innenangriff vorgehende Trupp begibt sich nun in einen Bereich, in dem er weitgehend auf sich allein gestellt ist. Die ihm übergeordnete Führungskraft kann ihn auf dem Weg, den er nun zu beschreiten hat, nicht begleiten und damit auch keine direkte Leitungs-, Aufsicht- und Kontrollfunktion übernehmen. Hieraus resultieren Konsequenzen, derer sich die unter Atemschutz vorgehenden Einsatzkräfte unbedingt bewusst sein müssen. Der Innenangriff führt die Einsatzkräfte in einen lebensgefährlichen Bereich. Ein sicheres Vorgehen in diesem Bereich ist überhaupt nur mit einer ordnungsgemäß angelegten Schutzausrüstung möglich. Aber auch diese Schutzausrüstung ist den Anforderungen im Brandbereich nur bedingt gewachsen. Insbesondere

Bild 30.37 Der Eindruck täuscht – der Feuerwehrmann steht etliche Meter vom Feuer entfernt. Ein Vorgehen gegen ein Feuer dieser Größenordnung ist trotz ordnungsgemäß angelegter Schutzausrüstung nur möglich, wenn die vom Feuer freigesetzte Wärmeenergie reduziert oder beispielsweise durch Wasserabgabe gebunden wird. Weder unser Körper noch unsere Ausrüstung sind für eine derartig hohe thermische Beanspruchung ausgelegt.

ist die thermische Belastbarkeit der Ausrüstung äußerst beschränkt. So schützt die moderne, genormte Schutzkleidung den Körper der Einsatzkraft nur acht Sekunden gegen die unmittelbare Einwirkung einer Stichflamme. Ist die Einsatzkraft einer Flamme oder einem vergleichbaren Wärmestrom länger ausgesetzt, führt dies fast zwangsläufig zu schweren und lebensbedrohlichen Verletzungen. Auch die Atemschutzgeräte, ja noch nicht einmal die Schlauchleitungen sind für die hohen thermischen Belastungen ausgelegt, die bei direktem Kontakt mit einem Feuer im Innenangriff möglich sind. Hieran wird sich grundsätzlich auch in absehbarer Zeit nichts ändern, da den thermischen Gegebenheiten bei einem aktiven Brand auf Dauer kein für diese Zwecke geeignetes Material standhalten kann.

Aus diesem Grund ist unabhängig vom Sicherheitsstandard der Schutzkleidung und der Ausrüstung die disziplinierte Einhaltung von Sicherheitsvorschriften im Innenangriff unabdingbar. Ein direkter Kontakt mit dem Feuer und den heißen Brandgasen ist möglichst zu vermeiden und auf den unerwarteten Notfall

Bild 30.36 Der Innenangriff ist bei Bränden in Gebäuden der Regelangriff. Er ist grundsätzlich mit Risiken verbunden und bedeutet für die vorgehenden Kräfte höchste körperliche und geistige Beanspruchung.

H

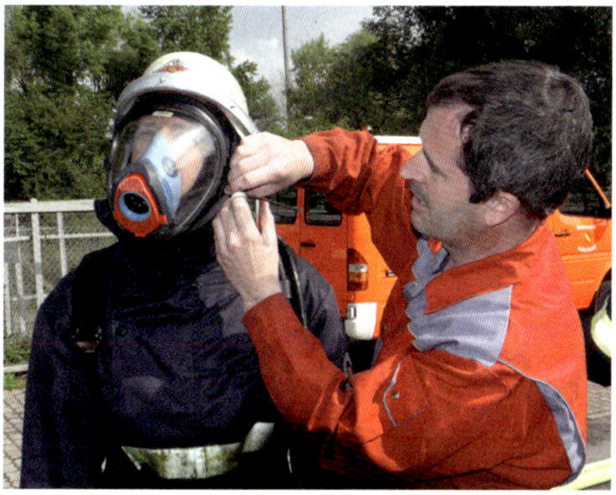

Bild 30.38 Vor Betreten des Gefahrenbereichs kommt der ordnungsgemäß angelegten Schutzkleidung große Bedeutung zu. In Anbetracht des hohen Gefährdungspotenzials im Innenangriff können dabei auch Kleinigkeiten nicht toleriert werden.

zu beschränken. Die Schutzwirkung der Einsatzkleidung darf nicht missbraucht werden, um sich dem Feuer weiter nähern zu können. Sie muss vielmehr als Reserve dem Notfall vorbehalten bleiben.

Die vorgehenden Einsatzkräfte sind für ihre eigene Sicherheit in erster Linie selbst verantwortlich und müssen sich darüber bewusst sein, dass Abweichungen von den Sicherheitsvorschriften lebensbedrohliche Auswirkungen haben, die von außen nur bedingt erkannt, kompensiert und verantwortet werden können.

Der Trupp im Innenangriff dringt in Bereiche ein, die ohne Atemschutz nicht begangen werden können. Er gelangt auf diese Weise möglicherweise zu Informationen, die der Einsatzleitung nicht vorliegen. Wichtige Informationen sind deshalb durch den vorgehenden Trupp nach außen zu übermitteln. Auch dabei ist allerdings der Grundsatz der Verhältnismäßigkeit zu berücksichtigen: Wird beispielsweise eine bewusstlose Person in einem völlig verrauchten Bereich gefunden, so hat deren schnellstmögliche Rettung aus dem Gefahrenbereich in der Regel absolute Priorität. Die Rettung sollte nicht um etliche, möglicherweise lebensrettende Sekunden verzögert werden, um eine Meldung abzusetzen, die zur Erreichung des Einsatzzieles – Rettung eines

Achtung:

Der vorgehende Trupp muss bereit und in der Lage sein, das Umfeld zu beobachten und mögliche Probleme und Schwierigkeiten rechtzeitig zu erkennen und in der Regel auch Entscheidung über die Vorgehensweise selbstständig zu treffen.

Merke:

Der Trupp im Innenangriff ist gehalten, alle Informationen, die für eine realitätsnahe Lagebeurteilung durch die übergeordneten Führungsebenen erforderlich sind, rechtzeitig nach außen zu melden.

Bild 30.39 Brennt es in der Wohnung im Erdgeschoss (Tür mit dem gelben Vorhang), so ist die Situation im Treppenraum in die ganzheitliche Betrachtung mit einzubeziehen. Nimmt der zur Brandbekämpfung befohlende Trupp Hinweise wahr, die darauf schließen lassen, dass sich noch Personen im Treppenraum aufhalten, so hat er auf diese Hinweise in geeigneter Weise zu reagieren.

Menschenlebens – nicht wesentlich beiträgt. Dies gilt insbesondere in Lagen, in denen die Einsatzleitung

- ohnehin auf zu rettende Personen eingestellt ist und die erforderlichen Vorkehrung zur weiteren Versorgung der Person bereits getroffen hat,
- der Weg aus dem Gefahrenbereich sehr kurz ist und ohne weitere Unterstützung in kurzer Zeit bewältigt werden kann.

In Folge der Tatsache, dass bestimmte Informationen nur der vorgehende Trupp erlangen kann, ist dieser gehalten, einsatzrelevante Informationen, die der vorgesetzten Führungskraft nicht zugänglich sind, aufzunehmen, zu beurteilen und bei der Abwicklung des Auftrags zu berücksichtigen. Es lässt sich dabei nicht vermeiden, dass zumindest der Truppführer die Grundprinzipien des Führungsvorgangs zur Anwendung bringen muss. Er muss in der Lage sein, Gefahren für sich und andere zu erkennen und seine Vorgehensweise darauf abzustimmen. Ein Trupp im Innenangriff wird in den meisten Fällen mit einem Auftrag ausgestattet sein, der ihm den Spielraum gibt, den er benötigt, um in einem noch nicht detailliert bekannten Umfeld arbeiten zu können. Solange sich der Trupp im Rahmen des ihm befohlenen Auftrags bewegt, hat er in der Regel die Befugnis zu handeln, ohne die Details seiner Vorgehensweise mit der übergeordneten Führungsebene abstimmen zu müssen (Auftragstaktik).

Erscheint es jedoch zweckmäßig, zur Erreichung des Einsatzziels den gesteckten Rahmen zu überschreiten, so ist dies vorab zwingend mit der übergeordneten Führungsebene abzustimmen. Werden wie im dargestellten Beispiel (▶ Bild 30.39) Hinweise auf Personen im Treppenraum wahrgenommen, kann der zur Brandbekämpfung im Erdgeschoss eingeteilte Trupp nicht auf eigene Faust zur Erkundung in die oberen Geschosse vorgehen. Er würde sich ansonsten in einem Bereich oberhalb des Brandortes bewegen, ohne dass das Feuer im Erdgeschoss unter Beobachtung ist. Sollte es zu

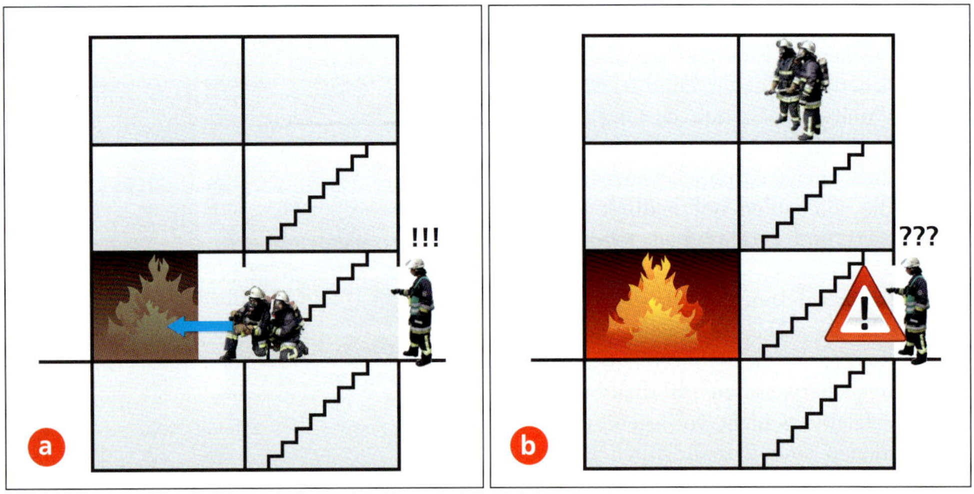

Bild 30.40 Der Befehl lautet auf Brandbekämpfung im Erdgeschoss: **a** Das Bild zeigt die Vorstellung des Einsatzleiters **b** Tatsächlich hat sich der Trupp jedoch entschlossen – ohne sich mit der übergeordneten Führungskraft abzustimmen – den Treppenraum zu kontrollieren. In der Folge ergibt sich eine Abweichung zwischen Planung und Realität, die in einem komplexen System (Brand in einem Gebäude) erhebliche Risiken in sich birgt und nicht toleriert werden kann. Das Feuer im Erdgeschoss ist entgegen der Annahme des Einsatzleiters nicht unter Kontrolle, der Aufenthaltsort des Trupps ist nicht bekannt. Der vorgehende Trupp hat auf diese Weise die Planung der verantwortlichen Führungskraft unterwandert und ihr die Möglichkeit einer qualifizierten Einsatzlenkung genommen. Vergeudung von Ressourcen, Verschlechterung der Einsatzergebnisse bis hin zur Gefährdung von Menschenleben können die Folge sein.

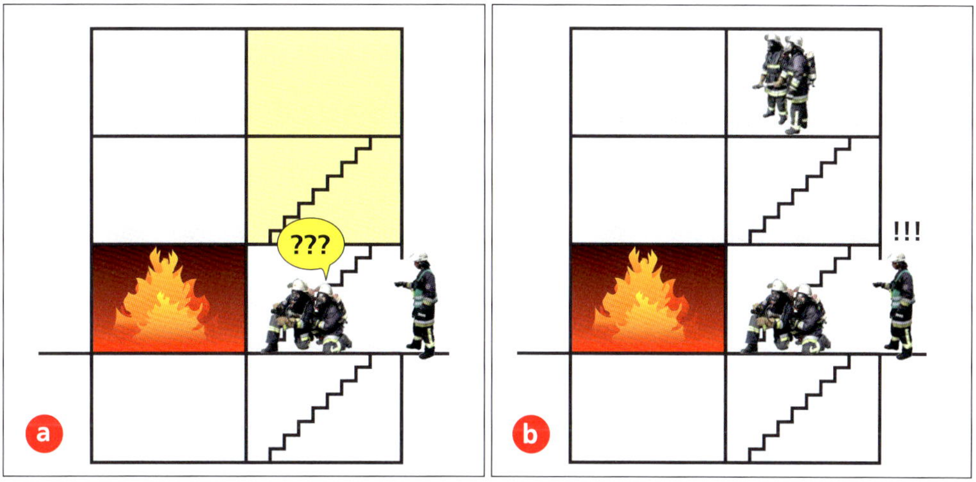

Bild 30.41 Richtiges Handeln des Angrifftrupps: **a** Der Angriffstrupp hat erkannt, dass sich eventuell noch Personen im Treppenraum befinden und hat diese Information an die übergeordnete Führungskraft übermittelt. **b** Diese lässt daraufhin den Treppenraum durch einen zweiten Trupp kontrollieren, noch bevor der Angriff beginnt. Die Führungskraft behält die Übersicht und kann ihre Führungsaufgabe wahrnehmen. Die Sicherheit der Einsatzkräfte wird dadurch erhöht. Gleichzeitig können die vorhandenen Ressourcen optimal genutzt werden, um das angestrebte Einsatzziel zu erreichen.

einem Versagen der Wohnungstür kommen, ergibt sich eine höchst gefährliche Situation, die gemäß der Vorstellung der Einsatzleitung nicht eintreten konnte. Disziplin und Kommunikation sind bei einem Innenangriff erforderlich, um solche unnötigen Gefahrenpotenziale auszuschließen.

Bild 30.42 Dieser Treppenraum stellt den ersten baulichen Rettungsweg dar. Damit er auch im Brandfall nutzbar ist, wurde baurechtlich eine rauchdichte Abtrennung zu den angrenzenden Fluren gefordert. Mit dem Öffnen einer solchen Tür kann das Sicherheitskonzept des Hauses gefährdet sein.

Dem vorgehenden Trupp bleibt es grundsätzlich freigestellt, eine erlangte Information zu melden und die weitere Vorgehensweise mit der übergeordneten Führungsebene abzustimmen. Nimmt der vorgehende Trupp beispielsweise den Aufkleber »Feuerwehr Gefahrengruppe II« auf einer Tür wahr, so ist es im Interesse aller Beteiligten, wenn er im Zweifelsfall die Bedeutung dieses Warnhinweises für seine weitere Vorgehensweise per Funk hinterfragt, anstatt auf Verdacht oder auf der Grundlage von Halbwissen eine Entscheidung herbeiführt, die sich im Nachhinein möglicherweise als falsch erweist.

30.3.2 Vorgehen im Innenangriff

Beim Vorgehen in Richtung Brandstelle muss der Trupp mitunter Türen öffnen. Türen spielen im Brandfall oftmals eine entscheidende Rolle, indem sie der Ausbreitung von Rauch und Feuer (Wärme) entgegenwirken und den

H

Zutritt von Luftsauerstoff unterbinden. Mit dem Öffnen der Türen greift der Trupp daher möglicherweise massiv in ein System ein. Dieser Eingriff kann dazu führen, dass

- sich im Raum befindliche brennbare Gase mit der zuströmenden Luft vermischen, zündfähige Gemische bilden und dann explosionsartig abfackeln. Dabei kann es zu einem Flammenaustritt aus der Tür kommen.
- beim Öffnen der Tür sehr heiße Gase aus dem Raum austreten, die sich im Raum aufgestaut hatten (Überdruck im Brandraum). Von diesen heißen Gasen geht eine Gefährdung für unmittelbar vor der Tür stehende Personen aus.
- die thermische Belastung der Einsatzkräfte durch Wärmestrahlung drastisch zunimmt.

Außerdem kann es durch das Öffnen einer Tür dazu kommen, dass sich Rauchgase in Bereiche ausbreiten, die zuvor noch rauchfrei waren. Dies wiederum hat zur Folge, dass

- ein intensiver Wärmetransport in andere Bereiche des Objektes ermöglicht wird,
- sich toxische Stoffe ausbreiten und
- (nicht mit Atemschutzgeräten geschützte) Menschen und Tiere gefährden, die zuvor noch in Sicherheit waren,
- sich die Sichtverhältnisse drastisch verschlechtern,
- Flucht- und Rettungswege unbenutzbar werden können,

Tabelle 30.1 Deutung der austretenden Rauchgase an der Tür zum Brandraum

Temperatur	Anzeichen
eher niedrige Temperaturen zu erwarten	• langsam austretende Rauchgase • Austritt nur im oberen Bereich der Tür
eher hohe Temperaturen zu erwarten	• unter Druck austretende Rauchgase • Austritt auch in tiefer gelegenen Bereichen
Pulsierend austretende Rauchgase mit ungewöhnlicher Farbe sind ein Hinweis auf eine instabile Lage mit Sauerstoffmangel im Brandraum.	

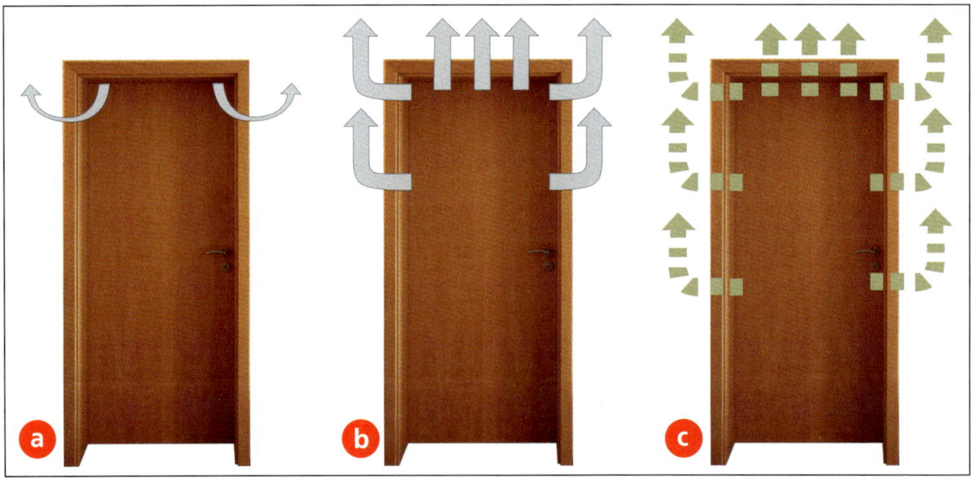

Bild 30.43 Rauch, der aus der Tür austritt, lässt erste Rückschlüsse auf das Geschehen hinter der Tür zu: **a** Ein schwacher Rauchaustritt im oberen Breich deutet auf ein noch nicht sehr weit entwickeltes Brandgeschehen hin. **b** Eine hohe Austrittsgeschwindigkeit und Rauchaustritt auch an den Flanken der Tür deuten auf einen stark entwickelten Brand hin. **c** Pulsierend austretender Rauch, möglicherweise in ungewöhnlicher Färbung, lässt einen instabilen chemischen Zustand (unvollständige Verbrennung) hinter der Tür vermuten.

- Menschen verunsichert werden,
- der Rückzugsweg des vorgehenden Trupps (bis zum Erreichen der Rauchgrenze) länger wird und auch ein eventuell erforderlicher Angriff des Sicherheitstrupps wegen des weiteren Weges durch verrauchte Bereiche erschwert wird,
- die Lage unübersichtlich und schwerer beherrschbar wird,
- durch Kontamination in bislang rauchfreien Bereichen zusätzliche materielle und ideelle Schäden zu erwarten sind.

Aus diesen Gründen ist es im Brandfall zwingend erforderlich, das Öffnen einer Tür vorab auf mögliche Konsequenzen für die eigene Sicherheit aber auch für die Gesamtlage zu prüfen. Muss eine Tür geöffnet werden, so sollte der Trupp versuchen, sich durch Betrachten und vorsichtigem Abtasten der Tür ein Bild von der hinter der Tür zu erwartenden Situation verschaffen. Da es eine Reihe möglicher Gründe gibt, weswegen trotz gut entwickeltem Brand hinter der Tür keine Rauchgase austreten, ist die Tür in jedem Fall durch Abtasten auf eine mögliche Erwärmung zu prüfen. Das Abtasten erfolgt mit der gebotenen Vorsicht von unten nach oben mit dem Handrücken, um auch bei sehr stark erwärmten Türen keine Verletzungen davon zu tragen.

Wird beim Abtasten eine spürbare Erwärmung festgestellt, so ist von einer hohen Energiefreisetzung auf der anderen Seite der Tür auszugehen. Selbst einfache und gut wärmeleitende Türen werden sich auf der dem Brandherd abgewandten Seite nicht spürbar erwärmen, wenn es sich lediglich um den Brand eines Papierkorbes oder Adventskranzes handelt.

Ergeben sich beim Vorgehen im Innenangriff Hinweise auf eine Lage, die beim Öffnen einer Tür für den Trupp, das Objekt oder die darin befindliche Personen Probleme erwarten lassen, so sind vorab entsprechende Gegenmaßnahmen zu ergreifen. Bei Bedarf ist die weitere Vorgehensweise mit der übergeordneten Führungskraft abzustimmen. Geeignete Möglichkeiten können beispielsweise sein:

- die Kontrolle und Räumung von Bereichen, in denen Probleme nach dem Öffnen der Tür nicht auszuschließen sind (hierzu gehört beispielsweise die Kontrolle von rauchfreien Bereichen einer Wohnung, bevor mit dem Löschangriff begonnen wird),
- das Schließen von Türen im Umfeld, um einer etwaigen Rauchausbreitung vorzubeugen (Türen zu nicht betroffenen Räumen, Wohnungen und so weiter),
- Vorkehrungen zur gezielten Lenkung von Rauch und Wärme durch die Schaffung von Öffnungen, den Einsatz von Druckbelüftern und/oder den Einsatz eines Mobilen Rauchverschlusses.

Bei extremen Lagen, die sehr hohe Temperaturen oder eine instabile Lage im Raum erwarten lassen, kann auch der Einsatz eines Fognails in Erwägung gezogen werden. Fognails sind Lanzen, die durch Türen oder Fensterrahmen in den Brandraum eingeführt werden und damit eine Löschmittelabgabe zulassen, ohne den Raum öffnen zu müssen. Fognails sind im Ausland weit verbreitet und haben ihre enorme Löschfähigkeit auch schon in Deutschland

Bild 30.44 Aufgrund der Temperaturschichtung in einem Brandraum wird sich eine Tür oben schneller und stärker erwärmen als unten. Um der Gefahr einer Verletzung zu begegnen, wird mit dem Abtasten im ungefährlicheren, da kälteren, unteren Bereich der Tür begonnen. Das Abtasten erfolgt bis zur Oberkante der Tür, sofern nicht bereits weiter unten eine Erwärmung spürbar war. Das Abtasten geschieht mit dem Handrücken.

Bild 30.45 Lenkung von Rauch und Wärme: **a** Der rechtzeitige Einsatz eines Druckbelüfters kann die Arbeit des vorgehenden Trupps deutlich erleichtern und sicherer gestalten. **b** Gleichzeitig kann einer Rauchausbreitung mit einem Druckbelüfter und/oder einem Mobilen Rauchverschluss vorgebeugt werden.

in Versuchen unter Beweis gestellt. Mit diesen Geräten lässt sich mit wenig Wasser die Temperatur im Raum deutlich absenken. Gleichzeitig kommt es durch die Wasserdampfbildung in geschlossenen Räumen zu einer teilweisen Inertisierung. Mit entsprechendem Werkzeug ist mit Fognails auch eine Löschmittelabgabe durch Wände und Decken hindurch möglich. Für Lagen, bei denen ein direkter Angriff (noch) nicht möglich ist, kurzfristig aber bereits Schritte zur Reduzierung der Brandintensität getroffen werden sollen, kann der Einsatz eines Fognails ebenfalls in Erwägung gezogen werden. Nach dem gleichen Prinzip arbeitet auch das Löschgerät »Cobra«, welches jedoch aufgrund hoher Anschaffungskosten nur wenigen Feuerwehren zur Verfügung steht. »Cobra« ist im Gegensatz zum Fognail in der Lage, mit hohen Wasserdruck das Eintrittsloch für das Löschwasser zu erzeugen, ohne dass hierzu weitere Werkzeuge erforderlich sind.

Türöffnung

Das Öffnen einer Tür, hinter der es möglicherweise brennt oder sich heiße Gase aufgestaut haben können, birgt erhebliche Gefahren. Der Gefahrenbereich befindet sich im Bereich des Türspaltes, insbesondere im oberen Bereich

Bild 30.46 Im Anwendungsbeispiel ist der feine Wassernebel, der durch den Fognail erzeugt wird, gut zu sehen.

der Tür. Dieser Bereich ist demzufolge unbedingt zu meiden.

Um sich gegen die Gefahren der möglicherweise austretenden Wärmeenergie zu schützen:

- gehen die Einsatzkräfte in die Hocke,
- wird die Deckung der Tür oder der Wand genutzt,
- hält der Strahlrohrführer möglichst einige Meter Abstand,
- ist das Strahlrohr einsatzbereit
- führen die Einsatzkräfte die Maßnahmen aufeinander abgestimmt und mit voller Konzentration durch

Das Strahlrohr gilt als einsatzbereit, wenn

- es mit mindestens 100 l/min bei 5 bis 8 bar gespeist wird,
- eine ausreichende Schlauchreserve vorhanden ist, die eine dauerhafte Wasserversorgung auch bei Standortwechseln gewährleistet,
- der Strahl richtig eingestellt ist,
- es sicher in der Hand des Strahlrohrführers liegt und bei Bedarf sofort geöffnet werden kann.

Ein geringerer Durchfluss des Strahlrohres als 100 l/min reicht nicht aus, um die bei einem aktiven Zimmerbrand freigesetzte Wärmeenergie vom mehreren Megawatt (MW) wirkungsvoll binden zu können. Daher sind zum Beispiel Wandhydranten vom Typ »S« für den Einsatz der Feuerwehr als nicht existent zu bewerten. Sie sind ausschließlich für Erstmaßnahmen durch Laien vorgesehen und eignen sich nicht für den Einsatz der Feuerwehr. Die Wandhydranten sind an Löschwasserleitungen angeschlossen, die nach Norm einen Förderstrom von 2 × 24 l/min leisten müssen. Wandhydranten dieses Typs sind an der Beschriftung »S« sowie der nicht vorhandenen C-Kupplung erkennbar. Eine Löschwasserleitung, an die ein Wandhydrant des Typs »F« (Feuerwehr) angeschlossen ist, muss nach DIN eine Wasserabgabe von 3 × 100 l/min bei einem Ausgangsdruck von 3 bar gewährleisten. Siehe dazu auch (▶ Kapitel 29 und 65).

Bei geschlossener beziehungsweise sich öffnender Tür erfolgt die Wasserabgabe, wenn die Tür sehr stark erwärmt ist oder der Rauch-

Bild 30.47 Im Bereich des Türspalts, insbesondere im oberen Bereich, entsteht beim Öffnen der Tür ein nicht zu unterschätzender Gefahrenbereich. Dieser Bereich ist unbedingt zu meiden, wenn die Tür geöffnet wird. Die Einsatzkraft, welche die Tür öffnet, begibt sich in die Hocke. Öffnet die Tür nach innen, wird die Wand neben der Tür als Deckung genutzt. Geht die Tür nach außen auf, befinden sich die Einsatzkräfte hinter der Tür und nutzen diese als Deckung.

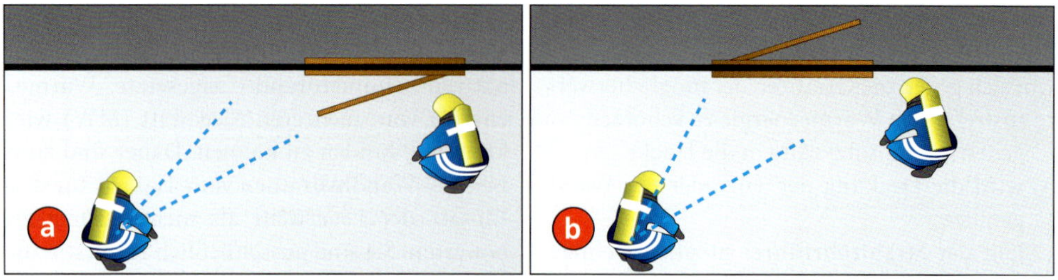

Bild 30.48 Der Strahlrohrführer positioniert sich vor der Tür – allerdings im Abstand von etwa ein bis zwei Metern. Er ist ebenfalls in der Hocke. Sein Blick ist auf die sich öffnende Tür gerichtet, das Strahlrohr ist einsatzbereit, sodass er aus seiner Position heraus bei Bedarf sofort reagieren und austretende Wärme binden oder Flammen bekämpfen kann.

austritt auf ein aktives Feuer hinter der Tür schließen lässt. Bei sich öffnender oder geöffneter Tür erfolgt die Wasserabgabe, sobald der Einsatz von Wasser erforderlich ist, um austretende heiße Gase zu kühlen oder ein Feuer zu bekämpfen, welches ein weiteres Vorgehen ohne Wasserabgabe nicht zulässt.

Da das Öffnen der Tür des Brandraumes mit besonderen Gefahren verbunden ist, wird diese Tür in der Regel nicht wieder geschlossen. Vielmehr ist mit der, hoffentlich im Vorfeld gut überlegten, Öffnung der Tür der Beginn des Löschangriffs eingeleitet worden, der nun energisch durchzuführen ist. Sollte es jedoch zu Komplikationen kommen, die vor dem Öffnen der Tür nicht absehbar waren oder schlichtweg übersehen worden sind, so kann von dieser Regel natürlich abgewichen werden. Mit dem Schließen der Tür lässt sich die Lage bei Bedarf oftmals schnell wieder stabilisieren. Dies gilt auch für den Fall, dass der Trupp in eine Notsituation gerät, den Angriff abbrechen und sich zurückziehen muss.

Überhaupt muss auch das Schließen von Türen als Handlungsoption für den Innenangriff gesehen werden. Eine geschlossene Tür verhindert oder reduziert den Rauchaustritt sowie den Wärmetransport aus dem Brandraum heraus. Während im vorab betrachteten Fall davon ausgegangen wurde, dass eine Tür zum Brandbereich zu öffnen ist, soll nun der Fall betrachtet werden, dass die Tür zum Brandbereich im geöffneten Zustand vorgefunden wird. Auf der Grundlage der zuvor angestellten Überlegungen ergibt sich in einem solchen Fall die Frage, ob es zielführend sein kann, die Tür zum Brandraum vorübergehend zu schließen. Auf diese Weise können Arbeiten außerhalb des Brandbereiches durchgeführt werden, ohne der Wärmeeinwirkung und der massiven Rauchentwicklung ausgesetzt zu sein. Wesentliche Schutzziele in Bezug auf die Sicherheit der Einsatzkräfte im Innenangriff sind:

- Eigenschutz in Bezug auf Stichflammenbildung und unkontrollierte Brandausbreitung,
- Reduzierung der thermischen Belastung,
- Verbesserung der Sichtverhältnisse,
- Reduzierung des Zeitdrucks durch Stabilisierung der Lage,
- Reduzierung der psychischen Beanspruchung der Einsatzkräfte.

Zudem lässt sich damit in vielen Fällen durch das Schließen einer Tür die unkontrollierte

Achtung:

Um unnötige Wasserschäden in gar nicht vom Brand betroffenen Bereichen zu vermeiden, sollte Wasser nur dann abgegeben werden, wenn Hinweise vorliegen, dass eine Wasserabgabe zielführend ist. Keinesfalls ist bei jeder zu öffnenden Tür ein Wasserstrahl abzugeben. Umgekehrt sollte man sich nicht scheuen, im Zweifelsfall rechtzeitig Wasser abzugeben. Ein Wasserschaden ist in jedem Fall einer Verletzung einer Einsatzkraft vorzuziehen!

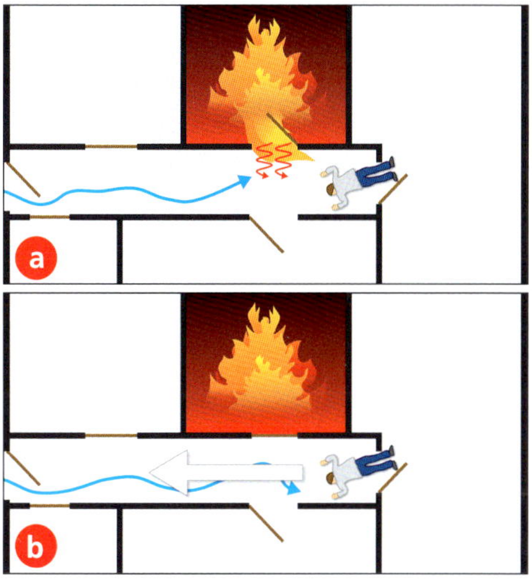

Bild 30.49 Der vorgehende Trupp hat eine im Flur liegende Person gesichtet:

- **a** Durch die offen stehende Tür des Brandraumes dringen Wärme und dichter Rauch in den Flur.
- **b** Der Trupp entschließt sich, die Tür zum Brandraum zu schließen. Damit schirmt er die Person und sich selbst während der anstehenden Rettungsmaßnahme gegen das Feuer ab. Um die Tür erreichen zu können, gibt der Trupp bei Bedarf Wasser ab. Sowohl die kurze Attacke gegen das Feuer als auch das Schließen der Tür sind zielführend im Sinne der angestrebten Menschenrettung (Menschenrettung durch Brandbekämpfung).

Rauchausbreitung unterbinden, was zu einer Entspannung der Gesamtlage wesentlich beitragen kann. Dabei ist zu berücksichtigen, dass

- eine Tür in der Regel einem Feuer nicht dauerhaft standhalten kann und von daher mit einem teilweisen oder vollständigen Versagen der Tür jederzeit zu rechnen ist. (Insofern ist eine Tür zum Brandbereich immer zu beobachten. Geeignete Vorbereitungen für den Fall eines Versagens der Tür sind zu treffen).
- das erneute Öffnen der Tür zu einem späteren Zeitpunkt unter den genannten Sicherheitsvorkehrungen zu erfolgen hat.

30.3.3 Das Löschmittel Wasser

Wasser ist das klassische Löschmittel, welches im Innenangriff zum Einsatz kommt. Seine Haupt-Löschwirkung ist die Kühlwirkung. Damit ist gemeint, dass dem System durch die Zugabe von Wasser die zum Selbsterhalt erforderliche Energie entzogen wird. Daneben hat Wasser in Form von Dampf eine inertisierende (erstickende) Wirkung (▶ Kapitel 7).

Wasser hat ein sehr großes Vermögen, Wärme zu binden (Wärmekapazität). So wird eine Energiemenge von 4,2 Kilojoule (kJ) benötigt, um einen Liter Wasser um ein Grad zu erwärmen. Besonders viel Energie muss investiert werden, um Wasser vom flüssigen in den gasförmigen Aggregatzustand zu überführen. Um einen Liter Wasser verdampfen zu lassen, wird eine Energiemenge (Verdampfungsenthalpie) von etwa 2 250 Kilojoule benötigt. Um eine gute Löschwirkung zu erreichen indem man dem System viel Energie entzieht, muss es Ziel sein, dass das Wasser sich gewissermaßen zu Lasten des Feuers möglichst stark erwärmt, idealerweise sogar verdampft. Je besser dies gelingt umso geringer ist der erforderliche Löschwasserbedarf zur Bekämpfung eines Brandes. Eine geschickte Anwendung des Wassers senkt den Verbrauch und reduziert das Risiko eines Wasserschadens. Durch eine optimierte Anwendung von Wasser lassen sich auch mit wenig Wasser enorme Löscherfolge erzielen. In Abhängigkeit von der Eintritts- und Austrittstemperatur sowie des Aggregatzustandes beim Austritt variiert der Wasserbedarf bei gleicher Energie beträchtlich (▶ Tabelle 30.2). Auch wenn diese Tabelle theoretische Werte darstellt, die sich in der Praxis kaum realisieren lassen, so zeigt sie doch, welche Löschleistungen mit Wasser möglich sind. Wasserschäden sind in der Regel eine Folge von unsachgemäßem (übermäßigem) Einsatz des Löschmittels. Bei vielen Feuerwehren werden dem Löschmittel Wasser Zusatzstoffe beigemischt, um dessen Löschwirkung zu erhöhen. Die Zusatzstoffe ändern allerdings grundsätzlich nichts

H

Tabelle 30.2 Benötigte Wassermenge zur Bindung einer bestimmten Energiemenge

Energie	Wassertemperatur		Aggregatzustand	Benötigte Wassermenge
	Eintritt	Austritt		
50 000 Kilojoule	20 °C	30 °C	flüssig/flüssig	1 200 Liter
50 000 Kilojoule	20 °C	90 °C	flüssig/flüssig	170 Liter
50 000 Kilojoule	20 °C	100 °C	flüssig/gasförmig	20 Liter

an der Art der Löschwirkung des Wassers. Sie können die Wirkung jedoch intensivieren, indem sie dazu beitragen, dass die Fähigkeit des Wassers, Wärme aufzunehmen, besser genutzt wird.

Der Wärmeübergang von den heißen Brandgasen auf das Wasser erfolgt ausschließlich an der Wasseroberfläche. Demzufolge kann besonders viel Wärme aufgenommen werden, wenn eine große Oberfläche geschaffen wird. Dies erreicht man klassisch durch die Anwendung von Sprühstrahl und der feinen Verteilung des Wassers in viele einzelne Tropfen. Je feiner das Wasser zerstäubt wird, umso größer wird die Wasseroberfläche, umso stärker wird die Kühlwirkung. Allerdings ergeben sich mit zunehmender Zerstäubung des Wassers auch Nachteile. So nimmt zum einen die Wurfweite ab. Gleichzeitig erhöht sich die Verdampfungsgeschwindigkeit, was in der Summe dazu führt, dass eine sehr starke Annäherung an die Brandzone erforderlich wird und die Wasserdampfbildung im unmittelbaren Umfeld des vorgehenden Trupps erzeugt wird. Hieraus resultiert, dass ein Vorgehen mit Wassernebel im Innenangriff in der Praxis nicht zielführend und viel zu gefährlich ist. Dies haben auch Löschversuche mit Hochdruckreinigern an der Forschungsstelle für Brandschutztechnik an der Universität Karlsruhe eindrucksvoll belegt. Eine Ausnahme bildet der Fognail. Er erzielt seine ungeheure Löschwirkung durch die Bildung von Wassernebel. Dies ist nur gefahrlos möglich, weil die Einsatzkräfte durch ein Bauteil (in der Regel die Tür) gegen die Wärmestrahlung und den sich bildenden Wasserdampf geschützt sind. Ein klassisches Vorgehen mit dem Fognail im Innenangriff verbietet sich.

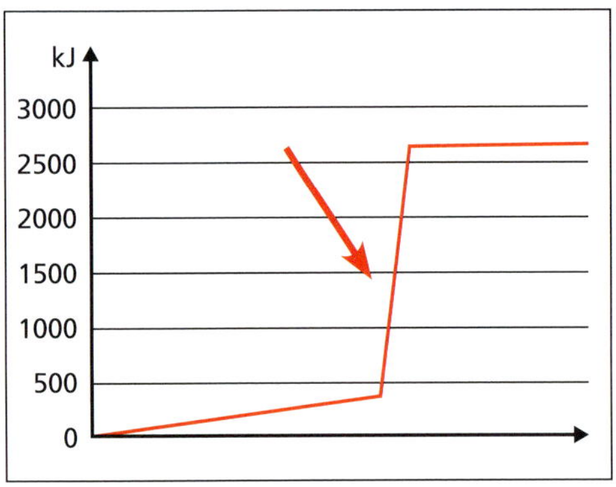

Bild 30.50 Die Wärmekapazität von flüssigem Wasser ist mit 4,2 Kilojoule pro Grad und Kilogramm schon sehr hoch. Um ein Kilogramm Wasser verdampfen zu lassen, müssen zusätzlich 2 250 Kilojoule (Pfeil) aufgewendet werden.

Mit den bereits erwähnten Zusatzstoffen wird versucht,
- die Oberfläche des Wassers weiter zu vergrößern und dennoch hinreichende Wurfweiten zu erzielen,
- die Oberflächenspannung des Wassers zu senken und damit dessen Eindringtiefe in das Brandgut zu verbessern,
- die Verweilzeit des Löschmittels in der heißen Zone zu verlängern, indem es länger an Decken und Wänden haften bleibt.

Wie mehrere Versuche an der Forschungsstelle für Brandschutztechnik in Karlsruhe gezeigt haben, lässt sich ein aktiver Zimmerbrand (25 Quadratmeter Grundfläche) bei Anwendung konventioneller Technik übrigens mit 400 bis 600 Liter Wasser löschen.

H

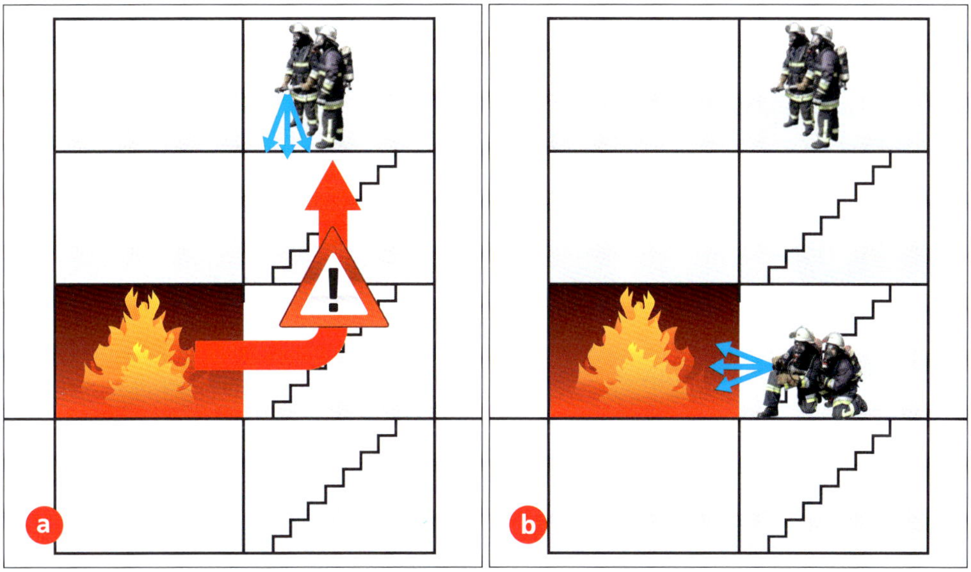

Bild 30.51 Das Problem der »feuchten Wärme« tritt auch auf, wenn ein Trupp im Abgasstrom steht und dann versuchen muss, die ihm entgegenströmende Wärme zu binden: **a** Bei zu starkem Wärmestrom läuft er Gefahr, sich selbst zu verbrühen. Deswegen muss der Aufenthalt eines Trupps im Abgasstrom verhindert werden. **b** Den Eintritt des Wärmestroms in den Treppenraum zu verhindern, ist die Aufgabe des Trupps an der Tür zur Brandwohnung. Bei geöffneter oder durchgebrannter Wohnungstür muss die Wärme spätestens dort gebunden werden.

30.3.4 Eindringen in Räume und Vorgehen gegen das Feuer

Wie schon erwähnt, sind weder die Schutzkleidung noch die Ausrüstung für die im Brandraum mitunter herrschenden Temperaturen oder die unmittelbare Beaufschlagung mit Feuer ausgelegt. Die kurzzeitige Fähigkeit, solchen Belastungen Stand zu halten, ist als Reserve für den Notfall zu verstehen und darf keinesfalls für den Regelangriff genutzt werden. Hieraus folgt, dass ein Vorgehen in stark aufgeheizte Bereiche nicht möglich ist. Vielmehr sind solche Räume und Bereiche vor dem Eindringen auf für Mensch und Material erträgliche Temperaturen abzukühlen. Ebenso ist dafür Sorge zu tragen, dass die vorgehenden Einsatzkräfte nicht in den Abgasstrom der Verbrennungsgase geraten oder durch über ihre Köpfen abziehenden, heißen Brandrauch massiv mit Wärme beaufschlagt werden. Dabei kann es auch erforderlich sein, mehrere Trupps zum Einsatz zu bringen, von denen ein Teil den Einsatzauftrag (beispielsweise Menschenrettung) verfolgt, während er vom anderen Teil von der Wärmequelle abgeschirmt wird. Die hieraus resultierenden Abhängigkeiten müssen klar sein und verlangen äußerste Disziplin. Insbesondere die für die Sicherung der anderen Trupps zuständigen Einsatzkräfte müssen sich der Komplexität der Lage und ihrer Verantwortung bewusst sein.

Besondere Vorsicht beim Betreten sehr heißer Bereiche ist auch gegeben, weil das zum Kühlen der Umgebung, zur Brandbekämpfung oder zum Eigenschutz abgegebene Wasser dann zu schnell und im unmittelbaren Umfeld der Einsatzkräfte verdampft. Die dabei entstehende »feuchte Wärme« wird noch belastender empfunden als die »trockene Wärme«, die zuvor vorhanden war (▶ Bild 30.51).

Um unnötige Gefahren zu meiden, ist rechtzeitig mit der Rauchgaskühlung zu beginnen. Auf diese Weise können die Einsatzkräfte die Wärme von sich fern halten, den unkontrollierten Wärmetransport verhindern und

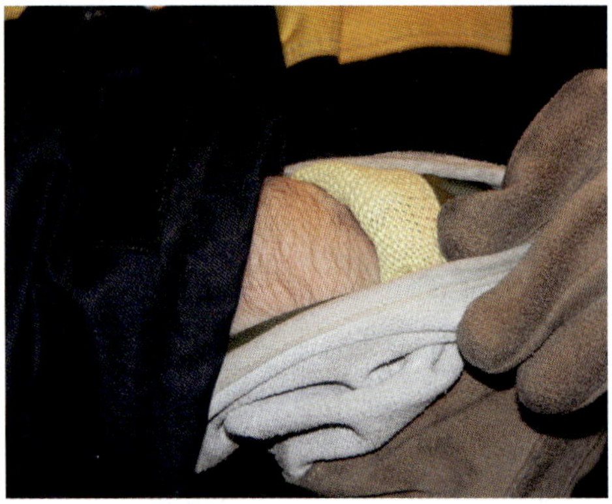

Bild 30.52 Um die Temperatur im Umfeld zu ertasten, reicht diese kleine Hautpartie am Handrücken völlig aus. Die Finger sind damit auch während der Temperaturkontrolle durch den Handschuh geschützt. Sollte es zu einer schlagartigen Temperaturerhöhung kommen, werden sich auf diese Weise die Verletzungen in Grenzen halten.

gleichzeitig dem System Energie entziehen. Sie vermeiden damit auch die schlagartige Bildung von Wasserdampf in ihrem direkten Umfeld.

Wie bereits erwähnt, sollten sehr stark erwärmte Bereiche nicht betreten werden. Durch die Schutzwirkung der Einsatzkleidung wird dem vorgehenden Trupp allerdings die Möglichkeit genommen, ein Gefühl für die im Umfeld herrschenden Temperaturen zu bekommen. Permanent freiliegende Hautpartien als natürliche Wärmesensoren gehören der Vergangenheit an. Spürt die Einsatzkraft die Wärme durch die Schutzkleidung hindurch, so ist sie schon zu tief eingedrungen. Sie hat möglicherweise ihre Sicherheitsreserve aufgebraucht und befindet sich in einem Bereich, in dem sie sich ohne die Schutzkleidung nicht aufhalten könnte. Um dies zu vermeiden, ist eine regelmäßige Temperaturkontrolle erforderlich. Hierzu legt die Einsatzkraft von Zeit zu Zeit eine kleine Hautpartie auf dem Handrücken frei, um sie ungeschützt der Umgebungstemperatur auszusetzen. Auf diese Weise kann sie die Temperatur spüren. Bei dieser Temperaturkontrolle sollte die Hand auch in Kopfhöhe bewegt werden, um nicht nur die Temperaturen Bodenbereich ertastet zu haben. Werden bei der Kontrolle Temperaturen ermittelt, die zu schmerzhaften Empfindungen am Handrücken führen, so befindet sich der Trupp in einem gefährlichen Bereich und sollte sich nach Möglichkeit umgehend in kühlere Bereiche zurückziehen. Die sofortige Wasserabgabe zur Kühlung der Umgebung kann eine Alternative sein. In Hinblick auf die dabei drohende »feuchte Wärme« durch Wasserdampfbildung sollte diese Alternative aber nur zur Anwendung kommen, wenn der Rückzug nicht möglich ist. Ausgehend vom sicheren Bereich können dann Maßnahmen zur Absenkung der Temperatur getroffen werden, die ein erneutes, sicheres Vorgehen zu einem späteren Zeitpunkt ermöglichen.

Achtung:

Sollten bei dieser Methode der Temperaturkontrolle starke Schmerzen am Handrücken auftreten, so ist es ratsam, sich aus dem Gefahrenbereich zu begeben.

Bild 30.53 In dieser mit Feststoffen befeuerten Übungsanlage demonstriert der Ausbilder die indirekte Brandbekämpfung mittels Rauchgaskühlung. Mit dem Strahl aus dem Hohlstrahlrohr bindet er die Wärme, die mit den Rauchgasen auf ihn zuströmt.

Bild 30.54 Treten beim Öffnen der Tür heiße Rauchgase oder gar Flammen aus, so ist der Wärmeaustritt durch Wassergabe zu unterbinden. Dabei geht es weniger darum, Wasser in den Brandraum zu befördern, sondern vielmehr, den Austrittsbereich der heißen Gase möglichst komplett mit Sprühstrahl abzudecken.

Die Rauchgaskühlung beginnt bei Bedarf schon beim Öffnen der Tür, indem der obere Bereich des sich öffnenden Türspalts mit Sprühstrahl belegt wird, um die austretenden Rauchgase vor Eintritt in andere Bereiche zu kühlen. Im Brandraum selbst wird der Strahl des Hohlstrahlrohres dabei schräg nach oben, jedoch nicht direkt an die Decke, gerichtet. Das Feuer im Hintergrund reagiert auf diesen Eingriff mit nachlassender Intensität. Nach einer kontinuierlichen Wasserabgabe von ein bis zwei Sekunden Dauer lässt die Wärme deutlich nach und erlaubt der Einsatzkraft eine weitere Annäherung an die eigentliche Brandstelle, ohne dabei in besonders heiße Bereiche vordringen zu müssen. Bei Bedarf wird wieder Wasser abgegeben, um die Temperatur im eigenen Umfeld erträglich zu halten. Der vorgehende Trupp schiebt auf diese Weise die gefährliche, heiße Zone vor sich her, ohne sich und seine Ausrüstung den hohen Temperaturen auszusetzen. Um die Wärme hinreichend binden zu können, ist eine energische Abgabe von Löschwasser erforderlich. Diese Löschwasserabgabe kann und sollte sich zeitlich jedoch auf das notwendige Maß beschränken, um unnötige Wasserschäden zu vermeiden.

Das Kühlen der Rauchgase kann auch als indirektes Löschen bezeichnet werden. weil durch die Wasserabgabe in Richtung der heißen Rauchschicht dem System Energie entzogen wird, ohne dass Wasser in das Feuer gespritzt wird. Durch das indirekte Löschen kann somit der Brand eingedämmt werden, ohne dass hierzu eine sofortige Annäherung an den eigentlichen Brandherd und ein Betreten überhitzter Bereiche erforderlich ist.

Wird der eigentliche Brandherd auf diese Weise erreicht, kann das Feuer in der Regel ohne große Probleme bekämpft werden. Die unmittelbare Nähe zum Brandherd erlaubt dann eine gezielte Löschwasserabgabe auf die gesamte Brandstelle oder einzelne Brandnester. Dabei kann dann übrigens auch mal ein kurzzeitiger Vollstrahl dienlich sein, um eine lokale Brandstelle gezielt zu treffen, ohne viel Wasser – fein verteilt – im Umfeld der eigentlichen Brandstelle zu verteilen.

ZUR VERTIEFUNG

Markus Pulm: Falsche Taktik – Große Schäden, 9. Auflage, Verlag W. Kohlhammer, Stuttgart, 2021.

31 Atemschutzeinsatz

von Rüdiger Weich

31.1 Atemschutzeinsatz – Grundlagen

31.1.1 Bedeutung des Atemschutzes und Atemgifte

Bei Brand- und Gefahrguteinsätzen können Einsatzkräfte durch Wärme, Sauerstoffmangel oder durch gesundheitsschädigende Stoffe, die über die Atemwege aufgenommen werden, gefährdet werden. Diese gesundheitsschädigenden Stoffe werden auch als **<Atemgifte>** (▶ Tabelle 31.1) bezeichnet. Atemgifte können in Form von Gasen, Nebeln, Dämpfen, Schwebstoffen oder Stäuben vorkommen. Bei den genannten Einsätzen mit Auftreten von Atemgiften müssen der Gefährdung angepasste Atemschutzgeräte als wesentlicher Bestandteil der Schutzausrüstung für den Eigenschutz getragen werden. Die effektivste Form der Gebäudebrandbekämpfung ist der Innenangriff und dieser ist ohne umluftunabhängigen Atemschutz nicht durchführbar. Darüber hinaus kann auch eine vorsorgliche Verwendung, beispielsweise für den Brandschutz in der Technischen Hilfeleistung, den Einsatz von Atemschutzgeräten erfordern. Nur wenn Einsatzkräfte in der Aus- und Fortbildung die notwendigen Kenntnisse über Einsatzgrundsätze, Verwendungsmöglichkeiten, Schutzwirkungen, Bedienung, Wartung und Pflege der verschiedenen Atemschutzgeräte erworben haben, können sie diese sicher und erfolgreich einsetzen. Die Grundlage für den Bereich Atemschutz bei der Feuerwehr für Ausbildung, Fortbildung und Einsatz ist die Feuerwehr-Dienstvorschrift 7 »Atemschutz«. Grundlagen werden zusätzlich in der DGUV-Regel 112-190 »Benutzung von Atemschutzgeräten« dargestellt.

Merke:

Einige Anzeichen für die Aufnahme von Atemgiften sind Übelkeit, Kopfschmerzen, schwacher Puls, Gleichgewichtsstörungen, Rauschzustand, Durchfall und Bewusstlosigkeit.

Quelle: J. Thorns

Bild 31.1 Brandrauch gefährdet Einsatzkräfte.

31.1.2 Die Atmung

Der Begriff **<Atmung>** fasst die lebensnotwendigen Abläufe der äußeren und inneren Atmung zusammen. Die äußere Atmung ist der Transport von Sauerstoff zu den Körperzellen und der Abtransport von Kohlenstoffdioxid. Dies geschieht durch die Lungentätigkeit, durch den Übergang an der inneren Lungenoberfläche sowie dem Transport im Blut. Die äußere Atmung findet über ein System für die Luftleitung und ein System für den Gasaustausch statt. Die Atemwege von der Nase und dem Mund über die Luftröhre bis zum

Merke:

Atemgifte können in einer festen, flüssigen oder gasförmigen physikalischen Zustandsform auftreten.

Tabelle 31.1 Atemgifte

Atemgift	Atemgifte mit erstickender Wirkung (Gruppe I)	Atemgifte mit Reiz- und Ätzwirkung (Gruppe II)	Atemgifte mit Wirkung auf Blut, Nerven und Zellen (Gruppe III)
Hauptwirkung	Verdrängung von Sauerstoff auf niedrige, gefährliche Konzentrationswerte in der Luft, sodass der Körper (insbesondere Gehirn und Herz) nicht mehr mit ausreichend Sauerstoff versorgt werden kann	Reizen oder Verätzen der Schleimhäute der Atemwege, Zerstörung des Lungengewebes (Lungenödem), Atemnot durch anschwellende Schleimhäute, Störung der äußeren Atmung	Unterschiedliche Wirkungen der Atemgifte auf Organe und lebensnotwendige Stoffwechselvorgänge, mögliche Lähmung des Atemzentrums
Gegenmaßnahmen	Zuführung von Sauerstoff, Belüftung oder Atemschutz, Behandlung durch Rettungsdienst bzw. Arzt	Schon bei vermutlicher Aufnahme unbedingt einen Arzt aufsuchen, Behandlung durch Rettungsdienst bzw. Arzt	
Latenzzeit (Zeit von der Einwirkung des Atemgiftes bis zum Ausbruch der Symptome)	Sekunden bis Minuten	Minuten bis Tage	Sekunden bis Stunden
Abhängigkeit der Wirkung	Art des Atemgiftes, Konzentration und Einwirkdauer		
Stoff-Beispiele	Methan (CH_4) Stickstoff (N_2) Wasserstoff (H_2) Helium (He) Neon (Ne)	Ammoniak (NH_3) Chlor (Cl_2) nitrose Gase (NO_X) Säuredämpfe Laugendämpfe	Kohlenstoffmonoxid (CO) Cyanwasserstoff (HCN) Acetylen (C_2H_2) Schwefelwasserstoff (H_2S)
Einsatzbeispiele	Einsätze in Schächten, Silos, Tanks oder Behältern, Gasausströmung	Brandrauch bei Brandeinsätzen, Schadstoffwolken bei Gefahrguteinsätzen	

Ende der Bronchien werden als luftleitendes System oder anatomischer Totraum (▶ Bild 31.2) bezeichnet. In diesen Luftwegen findet kein Gasaustausch statt. Luft, die über die Nase eingeatmet wird, wird gereinigt, erwärmt und angefeuchtet. Bei der Atmung durch den Mund finden diese Vorgänge weniger intensiv statt. Das System für den Gasaustausch besteht aus den Lungenbläschen. Diese werden auch als Alveolen bezeichnet und bilden eine sehr große Fläche für den Gasaustausch. Die Lungenbläschen befinden sich an den Enden der Bronchiolen. Die Bronchiolen sind die Enden der feinen Verzweigungen des Bronchialbaumes, der mit der Luftröhre beginnt. Der Sauerstoff tritt durch Diffusion durch die Lungenbläschen und die Wände der Lungenkapillaren in das Blut über. Die Lungenkapillaren sind feine Haargefäße und fließen über die Lungenarterie in den Blutkreislauf. Der Übertritt von Kohlenstoffdioxid erfolgt gleichzeitig in umgekehrter Richtung. Im Blut wird der

Achtung:

Kohlenstoffmonoxid tritt unter anderem in Brandrauch auf und ist ein gefährliches Atemgift, das zum Tod führen kann. Es bindet sich mehr als 300-mal stärker an den roten Blutfarbstoff, das Hämoglobin, als Sauerstoff und blockiert so den Sauerstofftransport im Blut. Daraus resultiert eine Unterversorgung der Zellen mit Sauerstoff. Die Symptome einer Kohlenstoffmonoxid-Vergiftung sind: Kopfschmerzen, Schwindelgefühl, Schläfrigkeit und Übelkeit. Bewusstlosigkeit kann ab einer Konzentration von 0,08 Vol-% auftreten, Konzentrationen ab 0,5 Vol-% werden innerhalb von Minuten zum Tod führen. Kohlenstoffmonoxid ist leichter als Luft, brennbar und nicht wasserlöslich. Der Einsatztoleranzwert (ETW-4) beträgt 33 ppm. Der ETW-1 ist 83 ppm. Der Nachweis erfolgt mit einem Gaswarngerät (sog. CO-Warner, ▶ Bild).

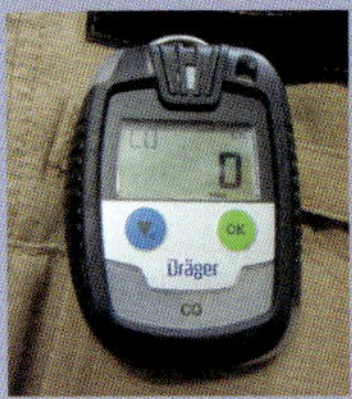

Merke:

Wichtige Eigenschaften von Atemgiften:
- Dichte: Leichter oder schwerer als Luft,
- Brandverhalten: brennbar oder nicht brennbar,
- Mischbarkeit: wasserlöslich oder nicht wasserlöslich.

Achtung:

Brandrauch ist ein gefährliches Aerosol aus festen und flüssigen Teilchen verschiedener Atemgifte. Sein Auftreten erfordert immer den Einsatz von geeignetem Atemschutz.

Sauerstoff chemisch an das Hämoglobin der roten Blutkörperchen (Erythrozyten) gebunden. Sauerstoffreiches Blut kann zirka 21 Prozent Sauerstoff binden, sauerstoffarmes Blut enthält zirka 17 Prozent Sauerstoff. Das Kohlenstoffdioxid wird im Gegensatz zum Sauerstoff physikalisch im Blut gelöst. Die innere Atmung, auch Zellatmung genannt, sind die biochemischen Stoffwechselprozesse mit dem

H

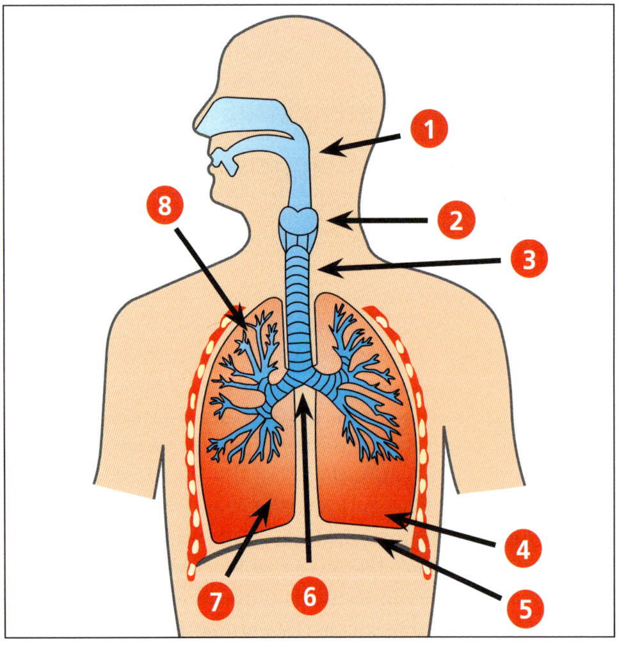

Bild 31.2 Die Atemorgane des Menschen:
- Obere Luftwege (1)
- Kehlkopf (2)
- Luftröhre (Trachea) (3)
- linke Lunge (4)
- Zwerchfell (5)
- Hauptbronchien (6)
- rechte Lunge (7)
- Luftröhrenäste (Bronchien) (8)

Tabelle 31.2 Durchschnittlicher Atemluft- und Sauerstoffverbrauch bei verschiedenen Tätigkeiten

Tätigkeit	Atemvolumen in l/min	Sauerstoffverbrauch in l/min
Sitzen	8 bis 10	0,3 bis 0,4
Gehen	15 bis 20	0,6 bis 0,8
Schnelles Gehen	20 bis 30	0,8 bis 1,2
Mittlere Arbeit	30 bis 40	1,2 bis 1,6
Schwere Arbeit	40 bis 60	1,6 bis 2,4
Kurzzeitige Spitzenleistung	60 bis 100	2,4 bis 4,0

Merke:

Das Zusammenwirken von Brust- und Bauchatmung ist für die gute Belüftung aller Lungenteile vorteilhaft, weil so eine gute Sauerstoffaufnahme erfolgen kann.

Merke:

Eine Atemstörung bedeutet Lebensgefahr! Eine Atemkrise durch falsches Atmen muss verhindert werden. Überwinde die Atemkrise durch bewusst tiefe und ruhige Atemzüge!

Ziel der Adenosintriphosphat (ATP)-Synthese. Einfach beschrieben sind dies die mithilfe des Sauerstoff ablaufenden Verbrennungsvorgänge von energiereichen Nährstoffen (Fett, Kohlenhydrate, Eiweiß) in den Zellen. Die Verbrennung, auch Oxidation genannt, dient dem Ziel

Achtung:

Ab einem Sauerstoffgehalt in der Atemluft von 15 Vol-% und weniger sind die Folgen Bewusstlosigkeit und Tod. Sauerstoffmangel kann vom Menschen nicht mit seinen Sinnesorganen erkannt werden. Herrscht Sauerstoffmangel, tritt Müdigkeit ein, die unmerklich bis zum Tod führen kann. Bei einem Sauerstoffgehalt > 21 Vol-% in der Umgebungsluft besteht erhöhte Brandgefahr.

Achtung:

Falsche Atemtechnik kann durch psychische Faktoren wie Stress und Angst beeinflusst werden.

der Energiegewinnung. Adenosintriphosphat ist ein Energieträger, der in den Körperzellen sofort in chemische, mechanische oder osmotische Arbeit umgesetzt werden kann. Bei der stufenweisen Verbrennung von Kohlenstoff und Wasserstoff mithilfe des Sauerstoffs entsteht Kohlenstoffdioxid. Beim Einatmen wird durch zwei Vorgänge das Volumen der Lungen aktiv vergrößert. Die Zwischenrippenmuskulatur hebt die Rippen an und das Zwerchfell wird nach unten gezogen. Der erste Vorgang wird auch als »Brustatmung« und der zweite Vorgang auch als »Bauchatmung« bezeichnet. Durch den entstandenen Unterdruck strömt Luft in die Lunge. Bei der Ausatmung senkt sich der Brustkorb und das Zwerchfell erschlafft, wodurch das Volumen der Lunge verkleinert wird und die Luft ausströmt.

Tabelle 31.3 Zusammensetzung der Ein- und Ausatemluft

Luft der Einatmung	Gas	Chemische Formel	Luft der Ausatmung
78 Vol-%	Stickstoff	N_2	78 Vol-%
21 Vol-%	Sauerstoff	O_2	17 Vol-%
0,04 Vol-%	Kohlenstoffdioxid	CO_2	4,04 Vol-%
0,94 Vol-%	Edelgase	Ar, Ne, Kr, Xe	0,94 Vol-%
0,02 Vol-%	Sonstige		0,02 Vol-%

Die Atmung wird durch das Atemzentrum im verlängerten Rückenmark mit einem Regelkreis nach den Erfordernissen im Körper gesteuert. Der Atemreiz wird dafür über den Kohlenstoffdioxidgehalt im Blut ausgelöst. Je höher der Kohlenstoffdioxidanteil ist, umso mehr wird die Atmung (Atemfrequenz und Atemtiefe) durch Impulse vom Gehirn an die Atemmuskulatur angeregt. Weitere Rezeptoren messen die Sauerstoffsättigung und den pH-Wert im Blut, die ebenfalls einen Einfluss auf den Regelkreis haben.

Ein Erwachsener macht unter Ruhebedingungen durchschnittlich zwölf bis 15 Atemzüge pro Minute. Pro Atemzug wird dabei zirka ein halber Liter Luft geatmet. Der durchschnittliche Atemluft- und Sauerstoffverbrauch (▶ Tabelle 31.2) ist abhängig von der Tätigkeit.

Ungünstig sind die Atemtechniken, die von dem dreiteiligen Atemrhythmus »Einatmung – Ausatmung – Atempause« abweichen, beispielsweise: Kurzatmigkeit und Hyperventilation. Die Zusammensetzung der Ein- und Ausatemluft (▶ Tabelle 31.3) ist verschieden.

31.1.3. Anforderungen an Atemschutzgeräteträger

Die Vorraussetzungen für die Ausbildung zum Atemschutzgeräteträger sind:

- Vollendung des 18. Lebensjahres,
- körperliche Eignung,
- bei Freiwilligen Feuerwehren zusätzlich: Truppmann Teil 1 nach Feuerwehr-Dienstvorschrift 2 (Grundausbildungslehrgang) und möglichst Sprechfunk-Lehrgang.

Die körperliche Eignung wird nach den berufsgenossenschaftlichen Grundsätzen für arbeitsmedizinische Vorsorgeuntersuchungen »Grundsatz G 26 – Atemschutzgeräte« in regelmäßigen Abständen festgestellt. Einsatzkräfte der Feuerwehr werden nach dem Grundsatz G 26.3 untersucht, der für das Tragen von schwerem Atemschutz (Gerätegewicht über fünf Kilogramm), also Pressluftatmern, notwendig ist. Die Untersuchung selbst kann nur von einem hierfür durch die Berufsgenossenschaft ermächtigten Arzt oder Ärztin durchgeführt werden. Bereits erfolgreich ausgebildete Atemschutzgeräteträger der Feuerwehr müssen zusätzlich folgende Anforderungen erfüllen, wenn sie Atemschutzgeräte benutzen:

- die arbeitsmedizinische Vorsorgeuntersuchungen muss alle drei Jahre (vor dem Ablauf von 36 Monaten) wiederholt werden, ab dem 50. Lebensjahr muss die Untersuchung jährlich (vor dem Ablauf von zwölf Monaten) wiederholt werden,
- der Atemschutzgeräteträger muss erneut nach dem Grundsatz G 26.3 untersucht werden, wenn vermutet wird, dass er den Anforderungen für das Tragen von Atemschutzgeräten nicht mehr genügt, dies gilt insbesondere nach schwerer Erkrankung oder wenn er selbst vermutet, den Anforderungen nicht mehr gewachsen zu sein,
- regelmäßige Teilnahme an den vorgeschriebenen Fortbildungsveranstaltungen und an Wiederholungsübungen (▶ Tabelle 31.8),
- zum Zeitpunkt der Übung oder des Einsatzes muss der Atemschutzgeräteträger gesund sein und sich einsatzfähig fühlen.

Feuerwehrangehörige mit Bart oder Koteletten im Bereich der Dichtlinie des Atemanschlusses (Vollmaske) sind für das Tragen der üblichen Atemschutzgeräte der Feuerwehr ungeeignet. Auch Einsatzkräfte bei denen aufgrund ihrer Kopfform, tiefer Narben oder anderer Gründe kein ausreichender Maskendichtsitz

Achtung:

Einsatzkräfte, welche die Anforderungen an Atemschutzgeräteträger nicht erfüllen, dürfen keinen Atemschutz tragen.

Praxis-Tipp:

Die Hersteller der Atemanschlüsse und Atemschutzgeräte bieten verschiedene Größen für Masken und Innenmaske an, sodass durch Nutzung verschiedener Größen der Atemanschluss ggf. individuell angepasst werden kann. Ein solcher individuell angepasster Atemanschluss muss persönlich zugeteilt werden.

Praxis-Tipp:

Die Benutzung von Atemschutzgeräten bei Übungen und im Einsatz kann körperliche Höchstleistungen erfordern! Feuerwehrangehörige müssen sich fit und gesund halten, damit sie ihre Gesundheit im Einsatz nicht riskieren.

erreicht werden kann, sind für das Tragen von Atemschutzgeräten ungeeignet. Gleiches gilt auch für den Fall, dass Körperschmuck, beispielsweise Ohrschmuck, den Dichtsitz und die sichere Funktion des Atemanschlusses gefährdet oder beim An- bzw. Ablegen des Atemanschlusses Verletzungsgefahr besteht.

31.1.4 Arbeitsmedizinische Vorsorgeuntersuchungen »Grundsatz G 26 – Atemschutzgeräte«

Die für die Feuerwehr relevante arbeitsmedizinische Vorsorgeuntersuchung nach Grundsatz G 26.3 besteht aus folgenden Bestandteilen:

- Befragung durch den Arzt (Anamnese) und Erhebung der Krankheitsvorgeschichte,
- körperliche Untersuchung mit Otoskopie (Inspektion der Gehörgänge und Beurteilung der Trommelfelle),
- Untersuchung gesundheitlicher Bedenken (Beispiele: abnorme Verhaltensweisen erheblichen Grades [z. B. Klaustrophobie], Alkohol-, Suchtmittel- und Medikamentenabhängigkeit, Hauterkrankungen, die zu Verschlimmerungen neigen, korrigierte Sehschärfe unter 0,7/0,7, Übergewicht: Gewicht > 30 % über dem Sollgewicht nach Broca und/oder Body-Mass-Index BMI > 30),
- Sehtest,
- Hörtest,
- Lungenfunktionsprüfung (Spirometrie),
- Belastungs-Elektrokardiogramm (EKG) inklusive Ruhe-Elektrokardiogramm (Ergometrie),
- Urinanalyse,
- Leberwerte,
- Blutbilduntersuchung und (Nüchtern-)Blutzucker,
- gegebenenfalls Röntgenuntersuchung von Herz und Lunge (Röntgen-Thorax, spätestens alle sechs Jahre).

Achtung:

Bei Benutzung von Atemschutzgeräten ist die Sicht und Sprachkommunikation eingeschränkt. Weitere Einschränkungen ergeben sich durch das erhöhte Gewicht und durch die verminderte Mobilität.

Die Berufsgenossenschaftlichen Grundsätze, so wie die G 26, sind keine Rechtsnormen, sondern bilden den Stand gesicherter arbeitsmedizinischer Erkenntnisse ab und werden regelmäßig überarbeitet. Am Ende der arbeitsmedizinischen Vorsorgeuntersuchung steht die schriftliche ärztliche Beurteilung. Diese kann entsprechend der gesetzlichen Vorgaben lauten:

- keine gesundheitlichen Bedenken,
- keine gesundheitlichen Bedenken unter bestimmten Voraussetzungen,
- befristete gesundheitliche Bedenken,
- dauernde gesundheitliche Bedenken.

31.1.5 Atemschutzgeräte

Bei der Feuerwehr werden nur Atemschutzgeräte für Arbeit und Rettung für die Anwendungen bei Umgebungsluftdruck verwendet. Der Umgebungsluftdruck ist für den Bereich zwischen 0,7 bar und 1,2 bar festgelegt. Eine Ausnahme stellen spezielle Langzeitatemschutzgeräte dar, die in Überdruck-Umgebungen über 1,2 bar, beispielsweise in Überdruck-Tunnelbaustellen, verwendet werden dürfen, hier aber nicht weiter dargestellt werden.
Atemschutzgeräte werden nach DIN EN 133 »Atemschutzgeräte – Einteilung« eingeteilt.

Merke:

Filtergeräte wirken durch die Reinigung der Einatemluft, Isoliergeräte wirken durch Zufuhr von Atemluft aus einem Luftversorgungssystem.

H

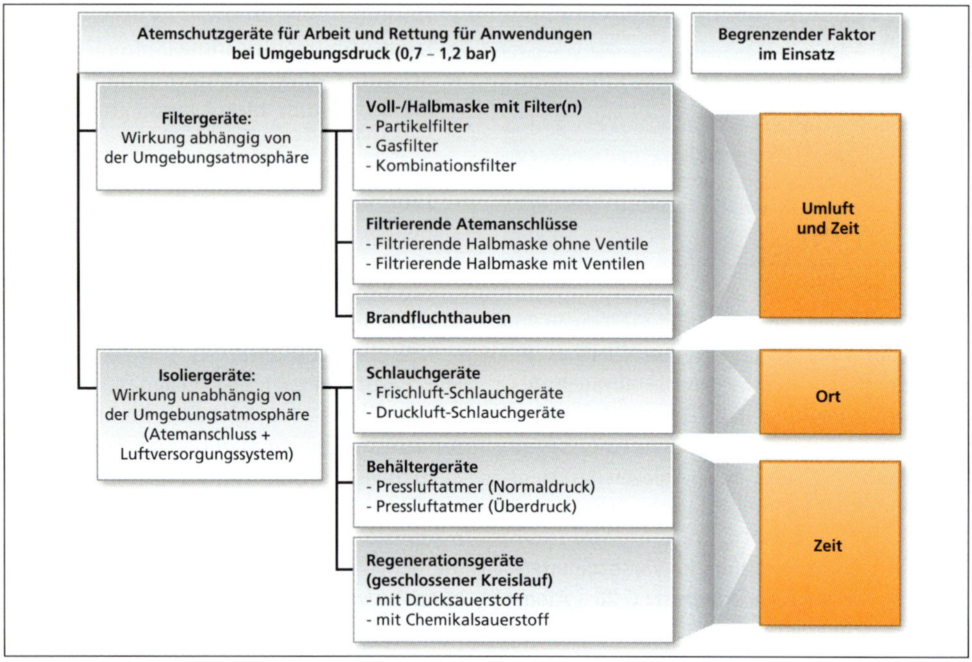

Bild 31.3 Übersicht der Atemschutzgeräte der Feuerwehr

Die für die Feuerwehr relevanten Atemschutzgeräte werden auf dieser Seite und nachfolgend im Text dargestellt (▶ Bild 31.3).

Unterschieden werden Atemschutzgeräte, die abhängig von der Umgebungsatmosphäre sind, welche auch als <**Filtergeräte**> bezeichnet werden, und solche, die unabhängig von der Umgebungsatmosphäre sind, welche auch als <**Isoliergeräte**> bezeichnet werden. Die Isoliergeräte wiederum werden in Schlauchgeräte, Behältergeräte und Regenerationsgeräte unterschieden.

Die Behältergeräte werden bei der Feuerwehr als »Pressluftatmer« (PA) bezeichnet. Es dürfen nur Atemschutzgeräte verwendet werden, die für den jeweiligen Einsatzzweck geeignet sind.

Quelle: Dräger Safety AG & Co. KGaA, Lübeck

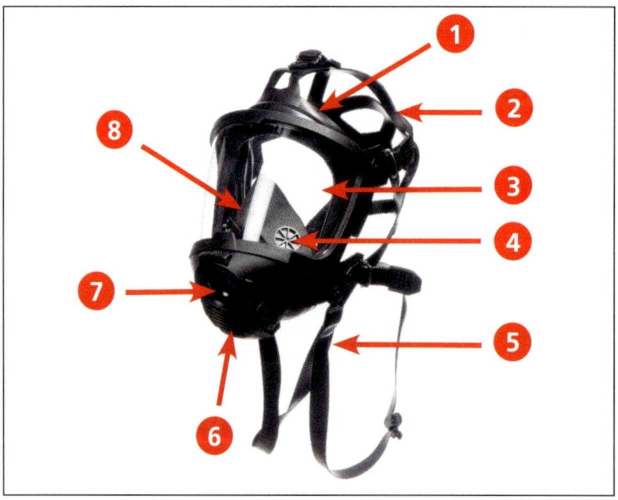

Bild 31.4 Die Bestandteile einer Vollmaske:

- Maskenkörper mit Maskendichtrahmen (1)
- Kopfbebänderung mit Stirnband, Schläfenbändern und Nackenbändern (2)
- Sichtscheibe (3)
- Steuerventile (4)
- Trageband (5)
- Ausatemventil (hinter Abdeckklappe) (6)
- Geräteanschlussstück (mit Sprechmembran und Einatemventil) (7)
- Innenmaske (8)

Tabelle 31.4 Atemanschlüsse – Anschlussarten für Pressluftatmer/Lungenautomaten

Atemschutzgerät	Anschluss	Beschreibung/ Bemerkung	Filtereinsatz (Kombinationsfilter)	Norm	Bild
Pressluftatmer Normaldruck	Rundgewindeanschluss	Rd 40 1/7 Zoll	ja	DIN EN 148-1	
Pressluftatmer Überdruck	Gewindeanschluss für Überdruck	M 45 × 3	ja, aber Filter mit einem vom Hersteller aufgeklebten M 45 × 3-Adapter notwendig und erhöhter Ausatemwiderstand durch Überdrucktechnik	DIN EN 148-3	
	Einheitlicher Steckanschluss (ESA)	Rundgewindeanschluss Rd 40 1/7 Zoll ist integriert	ja, aber erhöhter Ausatemwiderstand durch Überdrucktechnik	DIN 58600	
	Steckanschluss (herstellerspezifisch)		nein (ein Filtereinsatz ist nur mit speziellem Adapter möglich)		

Quelle: Dräger Safety AG & Co. KGaA, Lübeck

H

Atemanschluss (Vollmaske)
Ein Atemanschluss ist kein eigenständiges Atemschutzgerät, sondern nur ein Teil eines solchen. Der Atemanschluss verbindet das Atemschutzgerät gasdicht mit den Atemorganen des Benutzers. Die Feuerwehr verwendet als Atemanschluss <**Vollmasken**> (▶ Bild 31.4) nach DIN EN 136, Klasse 3 oder Masken-Helm-Kombinationen nach DIN 58610. Eine Vollmaske bedeckt Kinn, Mund, Nase und Augen des Benutzers. Sie bietet daher auch einen gewissen mechanischen und thermischen Schutz für das Gesicht des Trägers. Der Dichtrahmen kann aus einer oder zwei parallelen Dichtlippen bestehen. Die Dichtlippen liegen auf dem Gesicht des Trägers an und bilden die so genannte Dichtlinie. Durch den Atemanschluss wird der Totraum des luftleitenden Systems vergrößert. Die Innenmaske hält den

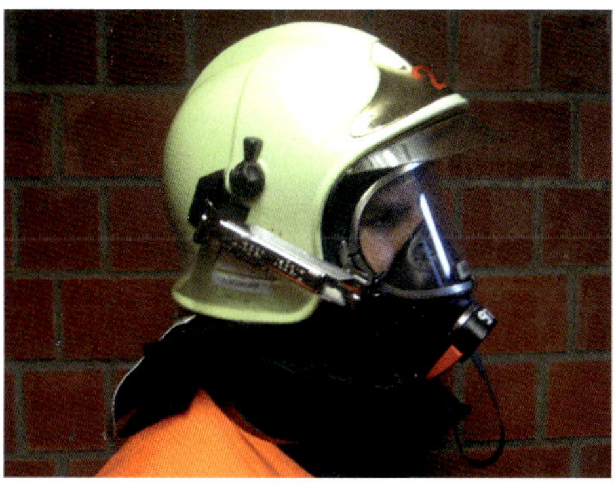

Bild 31.5 Masken-Helm-Kombination

Achtung:

Für Einsatzkräfte, die das erforderliche Sehvermögen nur mit einer Brille erreichen, muss eine innen liegende Maskenbrille (▶ **Bild 31.7**) bereitgestellt und persönlich zugeteilt werden. Die Maskenbrille muss in den persönlich zugeteilten Atemanschluss eingesetzt sein und im Einsatz wie bei Übungen getragen werden.

Praxis-Tipp:

Vollmasken nach DIN EN 136, Klasse 3 sind auf der Sichtscheibe mit dem Buchstaben »F« gekennzeichnet und können so als Vollmaske für die Feuerwehr erkannt werden.

Achtung:

Beim Einsatz einer partikelfiltrierenden Halbmaske oder einer Halbmaske mit Filter(n) soll auch mindestens auf den Schutz der Augen mit einer Schutzbrille und der Hände mit Handschuhen geachtet werden!

Masken-Totraum so klein wie möglich, muss dazu aber auch richtig sitzen.

Für Vollmasken und Lungenautomaten gibt es verschiedene Anschlüsse (▶ Tabelle 31.4). Diese verhindern ein Vertauschen. Für Regenerationsgeräte sind Vollmasken mit besonderen, herstellerspezifischen Anschlussstücken notwendig.

Eine weitere Form des Atemanschlusses sind **<Masken-Helm-Kombination>** (▶ Bild 31.5). Bei dieser Art von Atemanschluss wird dieser nicht mit einer Kopfbänderung am Kopf des Trägers gehalten, sondern über zwei Adapter an einem Feuerwehrhelm mit speziellen Aufnahmen. Zum Anlegen des Atemanschlusses muss der Helm nicht abgesetzt werden. Helm und Vollmasken müssen bei einer Masken-Helm-Kombination zusammen zugelassen sein und richtig eingestellt sein, damit die Dichtigkeit gewährleistet ist. Das richtige Anlegen einer Feuerschutzhaube unter einer Masken-Helm-Kombination erfordert Übung.

Atemanschlüsse können den Einsatzkräften persönlich zugeteilt werden und/oder Teil der Fahrzeugbeladung sein.

Quelle: J. Thorns

Bild 31.6. Einsatzkraft mit partikelfiltrierender Halbmaske (Die Augen sind bei Arbeiten durch Gesichtsschutz zu schützen.)

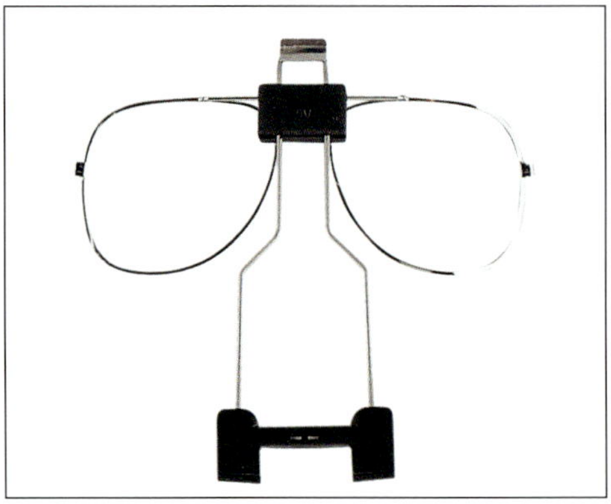

Quelle: Dräger Safety AG & Co. KGaA, Lübeck

Bild 31.7 Maskenbrille (Gestell)

Achtung:

Bei der Feuerwehr werden Kombinationsfilter des Typs A2B2E2K2-P3 nach DIN EN 14387 eingesetzt. Diese sind unter anderem in den Normbeladungen von verschiedenen Feuerwehrfahrzeugen vorgesehen. Wie aus den Tabelle 31.5 und 31.6 zu entnehmen ist, handelt es sich um einen Filter, der gegen folgende Stoffe schützt:

- A2: Gase und Dämpfe von organischen Verbindungen, Siedpunkt > 65° C, mittlere Aufnahmekapazität (max. 5 000 ppm),
- B2: Anorganische Gase und Dämpfe, mittlere Aufnahmekapazität (max. 5 000 ppm),
- E2: Schwefeldioxid, Chlorwasserstoff, mittlere Aufnahmekapazität (max. 5 000 ppm),
- K2: Ammoniak und organische Ammoniakderivate, mittlere Aufnahmekapazität (max. 5 000 ppm),
- P3: Partikel, große Filtereffizienz (Abscheideleistung: 400 × Grenzwert mit Vollmaske).

Tabelle 31.5 Kennzeichnung von Filtern

Filtertyp	Kennfarbe	Anwendungsbereich
Gasfilter		
A	braun	Gase und Dämpfe von organischen Verbindungen, Siedepunkt > 65 °C (Beispiele: Aceton, Benzin, Ethanol, Lösemittel)
B	grau	Anorganische Gase und Dämpfe (Beispiele: Cyanwasserstoff [Blausäure], Chlor, Schwefelwasserstoff)
E	gelb	Schwefeldioxid, Chlorwasserstoff (Salzsäure) und andere saure Gase
K	grün	Ammoniak und organische Ammoniakderivate
CO	schwarz	Kohlenstoffmonoxid
Hg	rot	Quecksilber-Dampf
NO	blau	Nitrose Gase einschließlich Stickstoffmonoxid
Reaktor	orange	Radioaktives Iod einschließlich radioaktivem Iodmethan
Partikelfilter		
P	weiß	Partikel

Darüber hinaus gibt es noch AX-Filter (Kennzeichnung „braun") für niedrigsiedende organische Verbindungen und SX-Filter (violett) für Gase mit deren Namen sie gekennzeichnet sind (Spezialfilter). Beide sind typischerweise nicht bei Feuerwehren im Einsatz.

Partikelfiltrierende Halbmasken und Halbmasken für Filter

Partikelfiltrierende Halbmasken (▶ Bild 31.6) und Halbmasken werden bei der Feuerwehr überall dort eingesetzt, wo eine Gefährdungen durch Staub, Feinstaub, feste oder flüssige Partikel bestehen. Standard sind Masken vom Typ FFP2. Partikelfiltrierende Halbmasken gibt es in Versionen mit und ohne Ausatemventil. Es handelt sich um Einwegprodukte.

Halbmasken sind Atemanschlüsse für Filter und sind in den Varianten für einen Filter und für zwei Filter erhältlich. Anwendungsgebiete sind Verkehrsunfälle, wo mit Glasstaub beim Glasmanagement gerechnet werden muss, Einsätze nach der Zerstörung oder dem Einsturz von baulichen Anlagen und Einsätze im Rettungsdienst im Zusammenhang mit Infektions-Krankheiten, beispielsweise verschiedene Formen von Grippe (Influenza) oder Viren.

Achtung:

Standard-Kombinationsfilter schützen nicht vor Kohlenstoffmonoxid!

Merke:

Filtertypen:
- Partikelfilter gegen Partikel,
- Gasfilter gegen Gase und Dämpfe,
- Kombinationsfilter gegen Partikel, Gase und Dämpfe.

Filtergerät

Ein Filtergerät ist ein Atemschutzgerät, bei dem die Luft durch einen Filter strömt, bevor sie eingeatmet wird. Das Gerät besteht aus einem Filter und einem Atemanschluss. Filtergeräte sind von der Umgebungsluft abhängig.

Merke:

Die Überschreitung des Aufnahmevermögens eines Filters macht sich durch Auftreten eines erhöhten Einatemwiderstandes, Geruch, Geschmack oder Reizerscheinungen bemerkbar. Unter ungünstigen Umständen kann dies schon nach kurzer Zeit der Fall sein.

Tabelle 31.6 Filterklassen

Filtertyp	Filterklasse	Kapazität – Gase und Dämpfe	Höchstzulässige Schadstoff-Konzentration mit Vollmaske
Gasfilter	1	klein	400 × Grenzwert (Arbeitsplatzgrenzwert), jedoch maximal 0,1 Vol-% (1 000 ppm)
	2	mittel	400 × Grenzwert (Arbeitplatzgrenzwert), jedoch maximal 0,5 Vol-% (5 000 ppm)
	3	groß	400 × Grenzwert (Arbeitplatzgrenzwert), jedoch maximal 1,0 Vol-% (10 000 ppm)
Filtertyp	**Filterklasse**	**Abscheideleistung – Partikel**	**Höchstzulässige Schadstoffkonzentration mit Vollmaske**
Partikelfilter	1	klein	4 × Grenzwert (Arbeitsplatzgrenzwert)
	2	mittel	15 × Grenzwert (Arbeitsplatzgrenzwert)
	3	groß	400 × Grenzwert (Arbeitsplatzgrenzwert)
Filtertyp	**Filterklasse**	**Abscheideleistung**	**Höchstzulässige Schadstoffkonzentration mit Vollmaske**
Kombinationsfilter	Entsprechende Kombinationswerte von Gas- und Partikelfilter		

Bei der Feuerwehr werden Vollmasken nach EN 136, Klasse 3, mit eingeschraubtem Filter verwendet. Kombinationsfilter bestehen aus einem Partikel- und einem Gasfilter in einem Gehäuse (▶ Bild 31.8). Bei besonderen Anforderungen, beispielsweise bei Gefahrguteinsätzen, können auch andere Filtertypen eingesetzt werden, beispielsweise spezielle Gasfilter. Jeder Filter verfügt über eine Kennzeichnung (▶ Tabelle 31.5 und ▶ Tabelle 31.6), die beschreibt welchen Schutz der Filter bietet. Die Filtereigenschaft von Partikelfiltern entsteht überwiegend mechanisch. Die Filtereigenschaft von Gasfiltern entsteht hingegen überwiegend durch Anreicherung von Gasen an der großen, porösen Oberfläche der imprägnierten Aktivkohle. Durch die Imprägnierung werden einige Atemgifte auch chemisch gebunden. Der

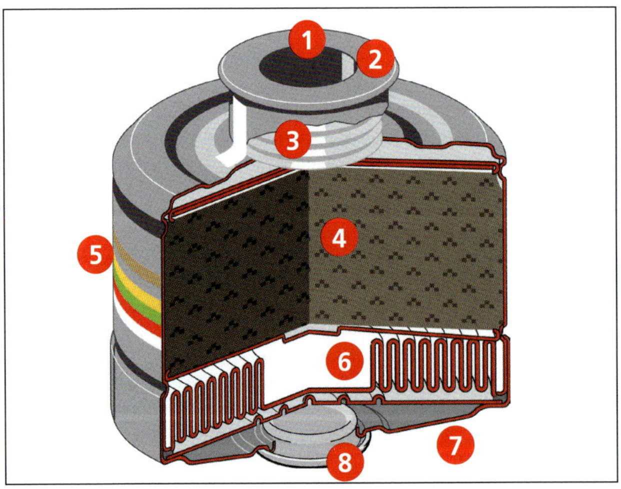

Quelle: Dräger Safety AG & Co. KGaA, Lübeck

Bild 31.8 Aufbau eines Kombinationsfilters:

- Filterauslass (1)
- Schutzkappe (Luftaustrittsöffnung) (2)
- Gewindeanschluss (Rundgewinde) (3)
- Gasfilterschicht aus Aktivkohle (4)
- Filterkennzeichnung (5)
- Partikelfilterschicht (6)
- Filtergehäuse (7)
- Verschlussstopfen (Lufteintrittsöffnung) (8)

Quelle: Dräger Safety AG & Co. KGaA, Lübeck

Bild 31.9 Aufbau einer Brandfluchthaube:

- Haube (1)
- Sichtscheibe (2)
- Innenmaske (3)
- Bänderung (4)
- Ausatemventil (5)
- Atemfilter (6)

übliche Kombinationsfilter bei der Feuerwehr ist die Version A2B2E2K2 Hg-P3 mit zusätzlichem Schutz vor Quecksilberdämpfen. Es gibt Kombinationsfilter, die gegen Kohlenstoffmonoxid schützen, aber diese sind bei der Feuerwehr aufgrund ihres erhöhten Gewichtes, des höheren Einatemwiderstands und des höheren Preises nicht üblich. Diese Filter tragen die Bezeichnung: A2B2E2K2 Hg NO CO 20-P3. Die Kennung »CO 20« bedeutet, dass der Filter nur einmal insgesamt 20 Minuten zum Schutz gegen Kohlenstoffmonoxid verwendet werden darf.

Die Einsatzumstände, beispielsweise Art und Konzentration der Atemgifte/Partikel, Feuchtigkeit und Temperatur der Umgebungsluft und der Luftverbrauch des Trägers haben einen Einfluss auf die Gebrauchsdauer eines Filters. Daher können für Filter keine Richtwerte für die Gebrauchsdauer angegeben wer-

H

IM EINSATZ

Anlegen einer Brandfluchthaube

Brandfluchthaube aus Verpackung/Holster entnehmen und Folienbeutel/Sperrschicht öffnen

Wenn vorhanden: Blindstopfenkomplett mit Abreißbändern vom Filter entfernen. Andernfalls ist die Brandfluchthaube nicht einsatzbereit.

Halskrause weiten. (Bei älteren Modellen kann es notwendig sein, vorher den Filter mit den Daumen heraus zudrücken.)

Haube der Person mit dem Kinn zuerst über den Kopf ziehen.

Kinn und Nase müssen gut in der Innenmaske sitzen. Alle Haare sollten unter der Haube sein, damit die Halskrause gut schließt.

Wenn vorhanden: Zugband festziehen (hier nicht vorhanden), Dichtsitz prüfen: Filteröffnung mit dem Handballen verschließen. Bei Bedarf: Sitz der Haube korrigieren.

den. Bei Filtern ist die maximale Lagerzeit zu beachten, die auf dem Filter aufgedruckt ist. Nach einem Einsatz sind Filter unbrauchbar zu machen und ordnungsgemäß zu entsorgen. Filter können auf Befehl des Einheitsführers beispielsweise bei der Dekontamination im Gefahrguteinsatz, am Kontaminationsnachweisplatz im Strahlenschutzeinsatz oder bei Vegetationsbränden eingesetzt werden.

Brandfluchthaube

Brandfluchthauben (▶ Bild 31.9) nach DIN EN 403 sind Filtergeräte, die für die Rettung von Personen eingesetzt werden. Sie schützen mindestens 15 Minuten lang mit einem Kombinationsfilter CO-P2 gegen Kohlenstoffmonoxid sowie definierte Konzentrationen von Blausäure und Salzsäure in den Brandgasen und Partikel im Rauch. Durch die Bauform als Haube schützt die Brandfluchthaube auch die Augen. Sie kann von Brillen- und/oder Bartträgern verwendet werden und schützt in gewissem Umfang auch gegen Wärme. Sprachkommunikation ist bei aufgesetzter Brandfluchthaube weiterhin möglich. Das Gerät mit universeller Größe kann einer zu rettenden Person mit we-

Achtung:

Eine Brandfluchthaube ist nur für den einmaligen Gebrauch vorgesehen. Wenn der Hersteller es erlaubt, kann das Gerät nach einem Austausch des Filters wieder verwendet werden.

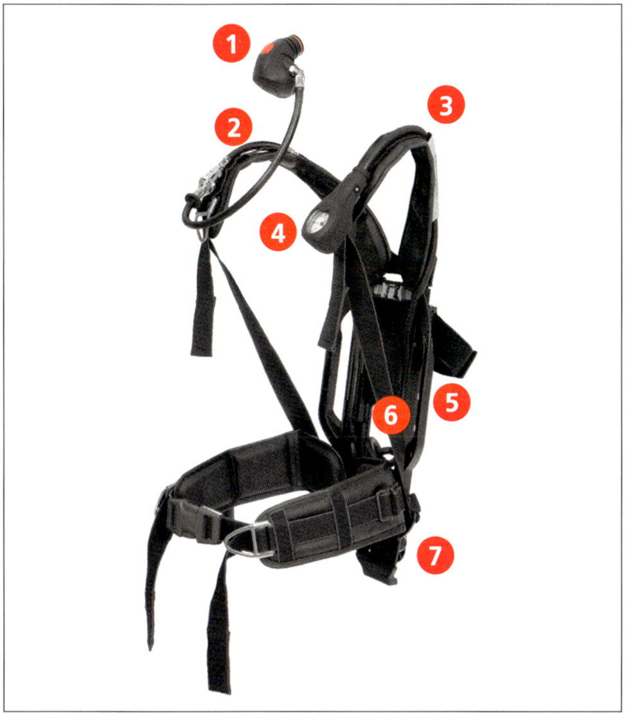

Quelle: Dräger Safety AG & Co. KGaA, Lübeck

Bild 31.10 Bestandteile des Pressluftatmers (ohne Druckluftflasche):

- Lungenautomat (1)
- Mitteldruckleitung (2)
- Hochdruckleitung (3)
- Manometer mit Warneinrichtung (alternativ: elektronische Überwachungseinrichtung (4)
- Rückentragegestell (5)
- Tragevorrichtung mit Schultergurten und Beckengurt (6)
- Druckminderer (7)

nigen Handgriffen angelegt werden. Bei einigen Geräten muss vor dem Gebrauch der Filter heraus gestülpt oder ein Folienbeutel (Verpackung) zerrissen werden.

Behältergeräte (Pressluftatmer)

<Pressluftatmer> sind die am häufigsten benutzten Atemschutzgeräte der Feuerwehr. Die Feuerwehr setzt nur Pressluftatmer nach DIN EN 137, Klasse 2, (▶ Bild 31.10) ein. Dies sind Geräte, die für die Brandbekämpfung geeignet sind. Die Atemluft wird dem Benutzer aus einem Druckluftbehälter, also unabhängig von der Umgebungsatmosphäre, zugeführt. Die Luftzuführung erfolgt über den Druckminderer, die Mitteldruckleitung und den Lungenautomaten. Sowohl im Druckminderer als auch im Lungenautomaten wird der Druck der Luft auf ein atembares Niveau gesenkt. Der Druckminderer senkt den Druck auf zirka 6 bis 9 bar, der Lungenautomat senkt die Druckdifferenz zum Umgebungsluftdruck auf wenige Millibar. Ein Lungenautomat ist eine atemgesteuerte Dosiereinheit. Atemgesteuert bedeutet, dass der Atemschutzgeräteträger die Luft in seinem Rhythmus der Einatmung zugeführt bekommt. Nach dem Ausatmen wird die Luft über das Ausatemventil der Maske an die Umgebung abgegeben. Pressluftatmer verfügen über eine mechanische akustische Warneinrichtung, die ab einem Flaschendruck von 55 ± 5 bar ein andauerndes Pfeifsignal abgibt. Moderne Pressluftatmer können zusätzlich auch mit einer elektronischen Überwachungsein-

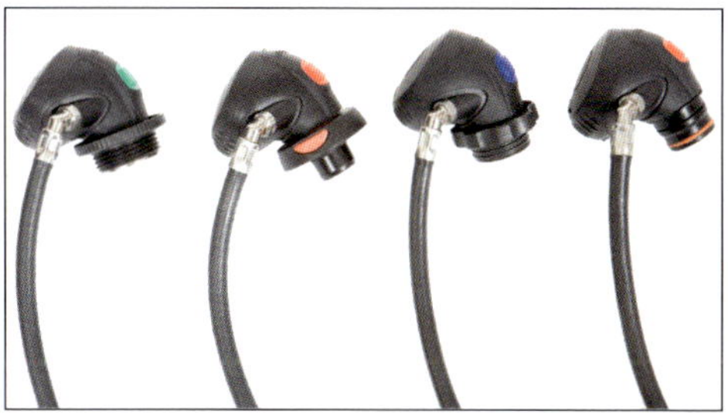

Quelle: Dräger Safety AG & Co. KGaA

Bild 31.11 Verschiedene Lungenautomaten (v. l.): Gewindeanschluss für Überdruck M 45 × 3 (mit herstellerspezifischer grüner Kennzeichnung); Einheitlicher Steckanschluss ESA; Rundgewindeanschluss Rd 40 1/7 Zoll; herstellerspezifischer Steckanschluss

H

Achtung:

Das Signal der Warneinrichtung eines Pressluftatmers ist kein Rückzugsignal, sondern soll den Träger zusätzlich auf den geringen Atemluftvorrat hinweisen. Die Einsatzgrundsätze des Atemschutzeinsatzes sind unbedingt einzuhalten.

heit ausgestattet sein. In dieser können weitere Einrichtungen wie Hintergrundbeleuchtung, Bewegungslosmelder, dynamische Restzeitberechnung und/oder Umgebungstemperaturmessung integriert sein.

< **Bewegungslosmelder** > (▶ Bild 31.12) sind Notsignalgeber, die an Pressluftatmern angebracht werden. Sie geben im Notfall ein optisches und akustisches Notsignal ab, mit dessen Hilfe auf eine Notsituation des Geräteträgers aufmerksam gemacht wird und ein vermisster Atemschutzgeräteträger leichter gefunden werden kann. Das Notsignal kann entweder manuell über einen Panikknopf ausgelöst werden oder über Bewegungslosigkeit des Atemschutzgeräteträgers. Dazu ertönt nach zirka 20 Sekunden ohne registrierte Bewegung ein Voralarm, der nach weiteren zehn Sekunden zum Hauptalarm wird. Der Voralarm kann durch Bewegung des Gerätes wieder deaktiviert werden. Ein ausgelöster Bewegungslosmelder muss während eines Notfalls nach dem Auffinden des verunglückten Atemschutzgeräteträgers stumm geschaltet werden, damit eine normale Funkkommunikation wieder möglich wird und damit Außenstehenden signalisiert wird, dass der Vermisste gefunden wurde. Nach dem Stummschalten kann auch leichter nach weiteren tönenden Notsignalgebern »gelauscht« werden. Es ist darauf zu achten, dass die verwendeten Notsignalgeber ohne Schlüssel stumm gestellt werden können. Beim Stummstellen darf das Gerät nicht versehentlich ausgeschaltet werden. Alle Atemschutzge-

Quelle: R. Weich

Bild 31.12 Beispiel für einen Bewegungslosmelder

Quelle: Dräger Safety AG & Co. KGaA, Lübeck

Bild 31.13 CFK-Druckbehälter (kohlenstofffaserverstärkter Kunststoff) mit Aluminiuminnenbehälter mit den vorgeschriebenen Kennzeichnungen und Zulassungsinformationen. Es gibt verschiedene Bauformen des Flaschenventils (u.a mit/ohne Abströmsicherung; mit/ohne Vorratsanzeige) und für das Handrad.

Praxis-Tipp:

Ob es sich um einen Normal- oder Überdruck-Pressluftatmer handelt, kann am schnellsten am Lungenautomaten bzw. am Anschlussstück der Maske festgestellt werden: Überdruck-Pressluftatmer verfügen an diesen Stellen über rote Bauteile, Normaldruck-Pressluftatmer haben hier in der Regel blaue oder schwarze Bauteile. Zusätzlich ist das Ausatemventil bei Überdruck-Vollmasken durch eine Feder belastet und bei Normaldruck-Vollmasken nicht.

Tabelle 31.7 Einsatzzeiten von Pressluftatmern

Atemluftflasche – Typ (Druck und Größe)	Anzahl Behälter	Atemluftmenge	Zeit bis zum Ertönen der Warneinrichtung bei 55 bar bei schwerer Arbeit (Luftberverbrauch: 50 l/min)	Komplette Einsatzzeit bei schwerer Arbeit (Luftberverbrauch: 50 l/min)
200 bar – 4 Liter	2	zirka 1 600 Liter	zirka 23 Min.	zirka 32 Min.
300 bar – 6 Liter	1	zirka 1 640 Liter	zirka 26 Min.	zirka 33 Min.
	2	zirka 3 280 Liter	zirka 52 Min.	zirka 65 Min.
300 bar – 6,8 Liter	1	zirka 1 855 Liter	zirka 30 Min.	zirka 37 Min.
	2	zirka 3 710 Liter	zirka 59 Min.	zirka 74 Min.

Praxis-Tipp:

Die Berechnung der Atemluftmenge eines Pressluftatmers erfolgt überschlagsmäßig nach der Formel »Fülldruck × Flaschenvolumen × Flaschenanzahl«. Bei einem Flascheninnendruck von 300 bar muss das Ergebnis durch 1,1 (Korrekturfaktor) geteilt werden. Da Luft fast ausschließlich aus zweiatomigen Stoffen (Stickstoff N_2 und Sauerstoff O_2) besteht, verhält sie sich nicht wie ein ideales Gas und der druckabhängige Korrekturfaktor muss berücksichtig werden. Der Korrekturfaktor ist stoffabhängig, experimentell ermittelt und gilt für den isothermen Zustand.

räteträger müssen wissen, wie die Geräte bedient und stumm gestellt werden!

Pressluftatmer werden in zwei verschiedenen Ausführungen hergestellt: <**Normal- und Überdruck-Pressluftatmer**>. Um welche Art von Ausführung es sich handelt, bestimmen nur der verwendete Lungenautomat (▶ Bild 31.11) und die dazu passende Maske (Anschlussstück und Ausatemventil) (▶ Tabelle 31.4). Überdruck-Pressluftatmer sind so konstruiert, dass in der Atemschutzmaske immer ein leichter Überdruck gegenüber der Umgebungsatmosphäre herrscht. Dieser wird durch Federdruck auf das Ausatemventil in der Vollmaske gehalten. Dies bedeutet, dass auch beim Einatmen, wobei in der Lunge ein leichter Unterdruck entsteht, der Druck in der Atemschutzmaske größer als der Umgebungsluftdruck ist. Dadurch wird verhindert, dass Schadstoffe von außen durch eventuelle Undichtigkeiten in den Atemanschluss gelangen können. Normaldruckgeräte haben diese Eigenschaft nicht. Bei ihnen kann der Druck in der Maske beim Einatmen auch kleiner als der Umgebungsluftdruck werden. In dieser Situation könnten Schadstoffe durch Undichtigkeiten in die Atemschutzmaske gelangen. Bei korrekter Anwendung ist diese Situation aber praktisch ausgeschlossen.

Druckluftflaschen für Pressluftatmer gibt es in verschiedenen Kombinationen von Druck

Praxis-Tipp:

Ein Karabinerhaken an der Mitteldruckleitung einer Atemschutznotfalltasche dient als Zugentlastung und soll verhindern, dass der zu rettenden Einsatzkraft die Atemschutzmaske bei Zug auf der Mitteldruckleitung von der Notfalltasche vom Gesicht gerissen wird. Dazu wird die Zugentlastung an der Schutzausrüstung des Opfers befestigt. Die Gefahr von Zugkräften besteht, weil die Notfalltasche bei der Rettung in der Regel nicht fest mit dem Opfer verbunden ist.

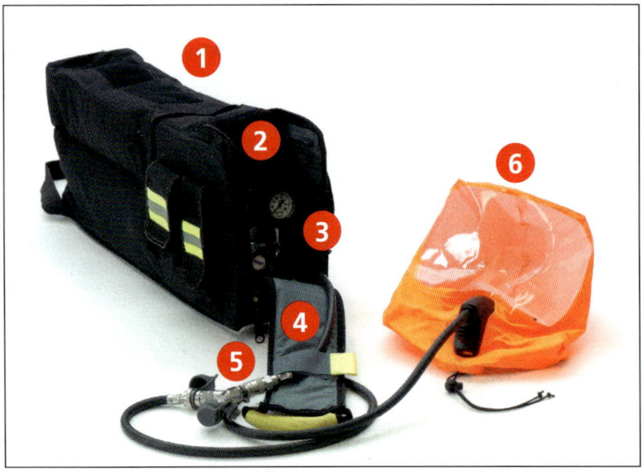

Quelle: Dräger Safety AG & Co. KGaA, Lübeck

Bild 31.14 Beispiel für eine Atemschutz-Notfalltasche:

- Transporttasche (1)
- Druckluftflasche (2)
- Druckminderer mit Manometer (3)
- Mitteldruckschlauch (4)
- Y-Stück (mit Karabiner als Zugentlastung (5)
- Rettungshaube (Alternative: Lungenautomat mit Vollmaske) (6)

und Größe (▶ Tabelle 31.7). Die Druckluftflaschen für Pressluftatmer (▶ Bild 31.13) werden in der Atemschutzwerkstatt mit gereinigter, schadstofffreier und getrockneter Druckluft gefüllt.

Atemschutz-Notfalltasche

Atemschutz-Notfalltaschen sind spezielle, robuste Taschen mit einem Atemluftvorrat, die zur Sicherstellung der Atemluftversorgung eines verunglückten Atemschutzgeräteträgers benutzt werden (▶ Bild 31.14) und vom Sicherheitstrupp im Atemschutzeinsatz eingesetzt werden. Die Atemluftversorgung soll dazu dienen, das Zeitfenster zur Rettung bei erschöpftem Luftvorrat oder Gerätedefekt zu öffnen, falls dies notwendig ist. Die Luftversorgung kann entweder mit einem kompletten Pressluftatmer in der Tasche oder durch eine kleine und leichte, zugelassene Pneumatik-Baugruppe aus Druckluftflasche, Druckminderer, Manometer und Mitteldruckschlauch und Lungenautomat/Atemanschluss erfolgen. Manche Notfalltaschen verfügen auch über

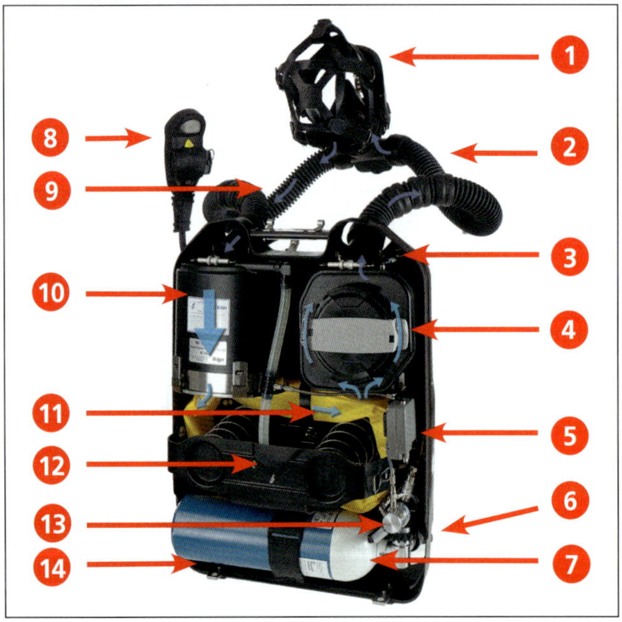

Quelle: Dräger Safety AG & Co. KGaA, Lübeck

Bild 31.15 Regenerationsgerät mit Drucksauerstoff (mit geöffnetem Deckel):

- Atemanschluss (1)
- Einatemschlauch (2)
- Konstantdosierung von Sauerstoff (3)
- Atemluftkühler (4)
- Minimumventil (5)
- Bypass-Ventil, Sauerstoff-Zuschussventil (auf der Rückseite) (6)
- Sauerstoffflasche (7)
- Überwachungseinheit (8)
- Ausatemschlauch (9)
- CO_2-Absorber (10)
- Atembeutel (11)
- Überdruckventil (verdeckt) (12)
- Druckminderer (13)
- Entwässerungsventil (verdeckt) (14)

ein Y-Stück, sodass zwei Atemanschlüsse angeschlossen werden können, typischerweise Lungenautomat und Rettungshaube.

Regenerationsgeräte

Regenerationsgeräte werden bei der Feuerwehr auch als Kreislaufgeräte bezeichnet. Sie ermöglichen ein umluftunabhängiges Atmen für bis zu vier Stunden und werden daher insbesondere bei Brandeinsätzen in Tunneln, U-Bahn-Systemen oder auf Schiffen eingesetzt.

Es gibt zwei unterschiedliche Arten von Regenerationsgeräten:

- Regenerationsgeräte mit Drucksauerstoff nach DIN EN 145,
- Chemikalsauerstoffschutzgeräte nach DIN 58652-2.

In einem Regenerationsgerät mit Drucksauerstoff (▶ Bild 31.15) wird das Kohlenstoffdioxid aus der Ausatemluft chemisch an Atemkalk gebunden und der Luft neuer Sauerstoff aus einer Sauerstoffflasche zugefügt. In dem Gerät gibt es einen so genannten Atembeutel, der die Luft aufnimmt, wenn der Träger diese ausatmet und die Luft wieder abgibt, wenn der Geräteträger wieder einatmet. Durch die chemische Reaktion des Kohlenstoffdioxids mit dem Atemkalk wird die Luft erwärmt. Zur Erhöhung des Komforts kann die Luft anschließend mit einem Block aus Eis oder mit einem Regenerationskühler aus einem speziellen Phasenübergangsmaterial wieder abgekühlt werden. Gerade in heißen Umgebungen, beispielsweise bei der Brandbekämpfung in einem Tunnel, ist die zusätzliche Kühlung hilfreich. Die Sauerstoffzugabe erfolgt über eine Konstantdosierung. Zusätzlich gibt es ein Minimum-Ventil, das die Atemluft automatisch zusätzlich mit Sauerstoff anreichert, wenn die Atemintensität zunimmt. Der Geräteträger kann die Sauerstoff-Zudosierung aber auch mit einem manuellen Bypass auslösen. Nachdem die Luft von Kohlenstoffdioxid befreit und wieder mit Sauerstoff angereichert ist, gelangt diese über den Einatemschlauch wieder zum Atemanschluss.
In Chemikalsauerstoffschutzgeräte wird eine spezielle Chemikalie mit dem Namen Kaliumhyperoxid (KO_2) benutzt. Die Chemikalie reagiert chemisch mit dem Kohlenstoffdioxid in der Ausatemluft und bindet dieses. Bei der Reaktion wird im gleichen Maße, wie Kohlenstoffdioxid gebunden wird, Sauerstoff erzeugt, der wieder mit der Luft eingeatmet wird. Auch bei dieser Reaktion wird Wärme erzeugt, die über eingebaute Kühler im Geräte abgekühlt werden muss. Auch Chemikalsauerstoffschutzgeräte verfügen über einen Atembeutel. Atemschutzmasken für Regenerationsgeräte haben ein spezielles, herstellerspezifisches Anschlussstück ohne getrennte Ein- und Ausatemventile und sie verfügen über keine Steuerventile in der Innenmaske. Da die Luft feucht ist und die Masken im Betrieb leicht beschlagen können, verfügen die Masken in der Regel über einen Scheibenwischer auf der Innenseite der Sichtscheibe, damit der Geräteträger die beschlagene Sichtscheibe bei Bedarf abwischen und ggf. Anti-Beschlagmittel (von innen) auftragen kann.

Schlauchgeräte

Schlauchgeräte (▶ Bild 31.16) werden nur selten bei öffentlichen Feuerwehren eingesetzt,

Bild 31.16 Beispiel für ein Druckluft-Schlauchgerät mit Luftquelle, Atemanschluss, Lungenautomat und Anschlussstück am Gürtel

Quelle: Dräger Safety AG & Co. KGaA, Lübeck

bei Werkfeuerwehren sind sie jedoch gelegentlich zu finden. Ihr Hauptzweck sind Arbeiten in Schächten, Silos oder ähnlichen Anlagen. Ihre wesentlichen Vorteile sind die lange Einsatzzeit, das geringe Gewicht für den Geräteträger und die hohe Beweglichkeit mit ihnen. Es gibt verschiedene Arten von Schlauchgeräten:

- Frischluft-Schlauchgeräte,
- Druckluft-Schlauchgeräte.

Die Geräte im Feuerwehrdienst sind Druckluft-Schlauchgeräte, die im Wesentlichen aus dem Atemanschluss, einem Lungenautomaten und dem Anschlussstück für den Luftzuführungsschlauch bestehen.

Die Atemluftversorgung kann entweder aus Druckluftflaschen, einem stationären Druckluftnetz oder aus einem mobilen Kompressor erfolgen.

Ausblick auf die zukünftige Normung

Seit einigen Jahren entwickelt eine Arbeitsgruppe der Internationalen Organisation für Normung (ISO TC 94 SC15) eine neue ISO-Normen-Familie nach der Atemschutzgeräte zukünftig weltweit genormt und klassifiziert werden sollen. Diese neue Gruppe von Normen wird menschliche Faktoren besser berücksichtigen und die Geräte unter anderem nach Schutzklassen, Arbeitsbelastung und der Schnittstelle zum Geräteträger einteilen. Spezielle Anwendungen, zum Beispiel Brandbekämpfung, werden berücksichtigt.

31.1.6 Handhabung von Atemschutzgeräten

Mit der <**Einsatzkurzprüfung**> wird die Einsatzbereitschaft eines Atemschutzgerätes überprüft (▶ Bild 31.17). Die Einsatzkurzprüfung dient der Sicherheit des Atemschutzgeräteträgers und ist vor jeder Nutzung eines Atemschutzgerätes und nach jedem Austausch von Gerätekomponenten, beispielsweise nach jedem Wechsel der Druckluftflasche(n) bei Pressluftatmern, durchzuführen. Darüber hinaus ist die Prüfung regelmäßig, beispielsweise bei hauptamtlichen Kräften bei Schichtbeginn oder spätestens alle vier Wochen durchzufüh-

Merke:

Die Einsatzkurzprüfung für Pressluftatmer wird in folgenden Schritten durchgeführt:

- Sichtkontrolle: Ist das Gerät augenscheinlich einsatzbereit und vollständig? Sind alle Gurte auf maximale Länge eingestellt?
- Pressluftatmer mit Überdrucktechnik: Überdruckeinstellungen am Lungenautomaten abstellen.
- Staubkappe vom Lungenautomaten entfernen.
- Flaschendruck prüfen: Flaschenventil mindestens zwei Umdrehungen öffnen, Druck am Manometer bzw. der elektronischen Anzeigeeinheit ablesen: Der Flaschendruck darf maximal zehn Prozent unter dem Flaschennenndruck liegen. Bei Geräten mit zwei Druckluftflaschen ist der Druck jeder Flasche separat zu prüfen. Der Druckanzeiger muss zügig ansteigen.
- Hochdruck-Dichtprüfung: Flaschenventil(e) wieder schließen und Druckanzeiger beobachten: Der angezeigte Druck darf innerhalb einer Minute nicht mehr als 10 bar abfallen.
- Warneinrichtung prüfen: Den Lungenautomaten mit einem Handballen abdecken und gleichzeitig die Spülfunktion des Lungenautomaten aktivieren. Durch vorsichtiges Heben des Handballens entweicht die unter Druck stehende Luft aus dem System. Dabei ist der Druckanzeiger zu beobachten: das akustische Warnsignal der Warneinrichtung muss zwischen 50 und 60 bar erstmals ertönen und kontinuierlich bis zu einem Restdruck von mindestens 10 bar weiter tönen.
- Bei Pressluftatmern mit elektronischen Überwachungseinheiten ist zu prüfen, ob der Selbsttest der Einheit erfolgreich durchlaufen wurde, ob alle Signallichter leuchten, ob die akustischen Warnungen ertönen und wie der Batterie-Ladezustand ist.
- Pressluftatmer mit Überdrucktechnik: Überdruckeinstellung am Lungenautomaten erneut abstellen.
- Druckluftflasche(n) vollständig bis zur Endstellung öffnen. Das Gerät ist nun für den Einsatz bereit.

Bild 31.17 Durchführung Einsatzkurzprüfung (EKP) a Sichtkontrolle: Ist das Gerät augenscheinlich einsatzbereit? Sind alle Gurte auf maximale Länge eingestellt? b Staubkappe vom Lungenautomaten entfernen; Pressluftatmer mit Überdrucktechnik: Überdruckeinstellung am Lungenautomaten abstellen (roter Knopf). c Flaschenventil (mindestens zwei Umdrehungen) öffnen d Flaschendruck am Druckanzeiger ablesen: Der Flaschendruck darf maximal zehn Prozent unter dem Flaschennenndruck liegen. Flaschenventil wieder schließen und Druckanzeiger beobachten: Der angezeigte Druck darf innerhalb einer Minute nicht mehr als 10 bar abfallen. e Warneinrichtung prüfen: Den Lungenautomaten mit einem Handballen abdecken und gleichzeitig die Spülfunktion des Lungenautomaten aktivieren. Durch vorsichtiges Heben des Handballens entweicht die unter Druck stehende Luft aus dem System. Dabei ist der Druckanzeiger zu beobachten: Das akustische Warnsignal der Warneinrichtung muss zwischen 50 und 60 bar erstmals ertönen und kontinuierlich bis zu einem Restdruck von mindestens 10 bar weiter tönen. Anschließend: ggf. Überdruckeinstellung abschalten, Flasche voll aufdrehen. Gerät ist nun einsatzbereit. f Nur bei Vorbereitung für Lagerung: elektronischen Druckanzeiger abschalten, falls vorhanden

Merke:

Die Einsatzkurzprüfung für Regenerationsgeräte mit Drucksauerstoff wird in folgenden Schritten durchgeführt:
- Sichtkontrolle: Ist das Gerät augenscheinlich einsatzbereit und vollständig? Sind alle Gurte auf maximale Länge eingestellt? Ist, falls notwendig, ein Eisblock eingelegt?
- Flaschendruck prüfen: Flaschenventil mindestens zwei Umdrehungen öffnen und Druck an der (elektronischen) Anzeigeeinheit ablesen: Der Flaschendruck darf maximal zehn Prozent unter dem Flaschennenndruck liegen. Die Verschlusskappe auf den Atemschläuchen bleibt während der Prüfung aufgesteckt. Wird auch eine Hochdruck-Dichtheitsprüfung durchgeführt, muss das Flaschenventil geschlossen werden, wenn das entsprechende Symbol von der Überwachungseinheit angezeigt wird.
- Bei Regenerationsgeräten mit elektronischen Überwachungseinheiten ist zu prüfen, ob der Selbsttest der Einheit erfolgreich durchlaufen wurde, ob alle Signallichter leuchten, ob die akustischen Warnungen ertönen und wie der Batterie-Ladezustand ist.
- Bypass-Ventil-Funktion durch kurzzeitiges Drücken prüfen. Das Gerät ist nun für den sofortigen Einsatz bereit. Falls es nicht eingesetzt wird, die weiteren Schritte durchführen.
- Flaschenventlil wieder schließen.
- Atemschläuche durch kurzzeitiges Entfernen der Verschlusskappe entlüften.

Praxis-Tipp:

Einsatzkurzprüfung: Die Luft darf aus dem System nicht schlagartig und nicht zu schnell abgelassen werden, da die Warneinrichtung des Pressluftatmers ansonsten nicht korrekt geprüft werden kann. Bei Überdruckgeräten muss die Spüleinrichtung des Lungenautomaten nur einmal betätigt werden, bei Normaldruckgeräten muss die Spüleinrichtung fortlaufend betätigt werden.

Praxis-Tipp:

Eine elektronische Überwachungseinheit muss nach der Benutzung wieder vollständig abgeschaltet werden, damit die Energie der Batterien nicht unnötig bei der Lagerung verbraucht wird. Die Einheit ist vollständig abgeschaltet, wenn auf dem elektronischen Display keine Anzeige mehr zu sehen ist.

Achtung:

Geräte, die die Einsatzkurzprüfung nicht erfolgreich bestehen, dürfen nicht eingesetzt werden!

ren. Die Einsatzkurzprüfung für Atemschutznotfalltaschen wird sinngemäß durchgeführt.

Praxis-Tipp:

Die Kupplung der Mitteldruckleitung eines Pressluftatmers lässt sich auch unter Druck öffnen und schließen. Wenn die Kupplung geöffnet ist, kann keine Luft ausströmen. Die Notwendigkeit des Öffnens der Mitteldruckleitung kann eventuell in Notfallsituationen beim Tausch der Luftversorgung notwendig werden.

Merke:

Bei der Einsatzkurzprüfung darf der Flaschendruck maximal zehn Prozent unter dem Behälternenndruck liegen. Dies entspricht mindestens 180 bar bei 200 bar Nenndruck, mindestens 270 bar bei 300 bar Nenndruck.
Beachte, dass dieser Wert bei sehr kalten Außentemperaturen unterschritten werden kann, wenn das Atemschutzgerät vorher in einem Fahrzeug oder einer Fahrzeughalle bei Raumtemperatur gelagert wurde, weil Druck und Temperatur in einem linearen Zusammenhang in der „allgemeinen Gasgleichung" stehen.

Ist statt eines Lungenautomaten nur eine Haube am Gerät angeschlossen, muss diese für die Hochdruck-Dichtprüfung abgekuppelt werden, da die Haube einen kontinuierlichen

IM EINSATZ

Anlegen einer Vollmaske

Feuerwehrhelm abnehmen, ggf. Feuerschutzhaube um den Hals legen, Vollmaske mit Trageband umhängen.

Vollmaske aufsetzen indem zuerst das Kinn in die Kinntasche gelegt wird. Kopfbänderung über den Kopf ziehen.

Kopfbänderung in der Reihenfolge Nackenbänder, Schläfenbänder und Kopfband festziehen.

Kopfband zum Schluss festziehen, Dichtprobe durchführen.

Feuerschutzhaube über den Kopf ziehen (entweder von hinten, falls sie bereits um den Hals liegt oder von vorn – beide Varianten haben Vor- und Nachteile), richtigen Sitz der Haube kontrollieren und Funktion des Ausatemventils durch Ausatmen überprüfen.

Helm aufsetzen, Dichtprobe nochmals durchführen.

H

Merke:

Das Anlegen einer Vollmaske mit Bebänderung erfolgt in folgenden Schritten:
- Feuerwehrhelm abnehmen,
- Variante 1 zum Anlegen der Feuerschutzhaube: Feuerschutzhaube um den Hals legen,
- Trageband der Vollmaske innerhalb der Jacke um den Hals legen,
- Vollmaske aufsetzen indem diese vor das Gesicht gebracht wird und das Kinn in die Kinntasche gelegt wird (Haare dürfen nicht im Bereich der Dichtlinie sein),
- Dichtrahmen auf dem Gesicht zurecht schieben, auf korrekten Sitz der Innenmaske achten,
- Bebänderung gleichmäßig festziehen, Reihenfolge: Nackenbänder, Schläfenbänder, Stirnband,
- <**Dichtprobe**> durchführen: Maske mit einer Hand am Anschlussstück in Position halten (C-Griff) und mit dem Handballen der anderen Hand den Anschluss abdichten. Beim Einatmen darf kein Zustrom von Luft in die Maske auftreten, die Maske muss sich durch den Unterdruck an das Gesicht ansaugen und der Unterdruck muss erhalten bleiben,
- Kontrolle der Funktion des Ausatemventils durch Ausatmen: Luft muss ungehindert entweichen, während die Vollmaske noch abgedichtet ist,
- Variante 1: Feuerschutzhaube von hinten über den Kopf und die Vollmaske ziehen (Achtung: Schnallen der Kopfbänderung nicht wieder versehentlich öffnen!), Variante 2: Feuerschutzhaube nun von vorn über den Kopf ziehen.
- Abdichtung zwischen der Vollmaske und der Feuerschutzhaube durch Fühlen mit den Zeigefingern bzw. Sehen überprüfen (bei der Prüfung kann das andere Truppmitglied unterstützen, blanke Haut darf nicht mehr zu sehen sein),
- Helm aufsetzen, ggf. Schnell-Kopfgrößen-Verstellung nutzen, Kinnriemen des Helms schließen und festziehen,
- Jacke schließen, Kragen hochstellen und verschließen,
- Dichtprobe nochmals durchführen.

Merke:

Das Anlegen einer Masken-Helm-Kombination erfolgt in folgenden Schritten:
- Feuerwehrhelm abnehmen,
- Feuerschutzhaube aufsetzen indem diese von vorne über den Kopf gezogen wird,
- Trageband der Vollmaske innerhalb der Jacke um den Hals legen,
- Helm aufsetzen, Kinnriemen noch nicht schließen,
- Vollmaske auf das Gesicht setzen indem der Stirnbereich der Vollmaske unter den Helm geführt wird (Haare dürfen nicht im Bereich der Dichtlinie sein),
- Vollmaske mittels Adaptern am Helm durch gleichzeitiges Spannen befestigen, korrekten Sitz durch eine zweite Person prüfen lassen,
- Dichtrahmen auf dem Gesicht zurecht schieben, auf korrekten Sitz der Innenmaske achten,
- Abdichtung zwischen der Vollmaske und der Feuerschutzhaube durch Fühlen mit den Zeigefingern bzw. Sehen überprüfen, die Feuerschutzhaube muss über der Maske liegen (bei der Prüfung kann das andere Truppmitglied unterstützen, blanke Haut darf nicht mehr zu sehen sein),
- Kinnriemen des Feuerwehrhelms schließen, Kinnriemen muss unter dem Kinn durchführen.
- Dichtprobe durchführen: Maske mit einer Hand am Anschlussstück in Position halten (C-Griff) und mit dem Handballen der anderen Hand den Anschluss abdichten. Beim Einatmen darf kein Zustrom von Luft in die Maske auftreten, die Maske muss sich durch den Unterdruck an das Gesicht ansaugen und der Unterdruck muss erhalten bleiben,
- Kontrolle der Funktion des Ausatemventils durch Ausatmen: Luft muss ungehindert entweichen, während die Vollmaske noch abgedichtet ist,
- Jacke schließen, Kragen hochstellen und verschließen,
- Dichtprobe nochmals durchführen.

Luftstrom abgibt. Die Warneinrichtung soll mit einem Lungenautomaten geprüft werden. Die Einsatzkurzprüfung für Chemikalsauerstoffschutzgeräte beschränkt sich auf eine Sichtkontrolle und den Selbsttest der elektronischen Überwachungseinheit. Die Prüfung ist entsprechend der Gebrauchsanleitung des Herstellers durchzuführen.

Das An- und Ablegen der Vollmaske, Feuerschutzhaube und Helm muss häufig trainiert werden, damit es sicher, auch unter Stress, beherrscht wird. Verläuft eine Dichtprobe nicht erfolgreich, muss die Maske neu zu Recht gerückt werden und/oder die Einstellung der Bebänderung geändert werden.

Die Feuerschutzhaube wird nach der Dichtprobe von vorn über den Kopf und die Vollmaske gezogen werden. Dadurch wird die Gefahr des Öffnens der Schnallen der Kopfbänderung ausgeschlossen. Alternativ kann die Feuerschutzhaube zuerst um den Hals gelegt werden und nach dem Aufsetzen der Vollmaske von hinten über den Kopf gezogen werden. Achtung: Dabei besteht die Gefahr, dass die Schnallen der Kopfbänderung wieder geöffnet werden. So genannte »Hollandtücher« am Helm können als Ergänzung zur Feuerschutzhaube dienen.

Das Anlegen von Vollmasken für Regenerationsgeräte erfolgt in der gleichen Reihenfolge, nur ohne die Kontrolle der Funktion des Ausatemventils, da dieses bei diesem Gerätetyp

Achtung:

Nicht integrierte Bewegungslosmelder haben eigene Batterien. Der Ladezustand der Batterien und die Funktionen des Bewegungslosmelders sind regelmäßig zu überprüfen: manuelle Auslösung, automatische Auslösung durch Bewegungslosigkeit und Rückstellfunktion.

Achtung:

Von der Praxis mit Masken-Helm-Kombinationen, den Lungenautomaten bereits vor dem Aufsetzen der Vollmaske an diese anzuschließen, um Zeit zu sparen, ist dringend abzuraten, da keine Dichtprobe möglich ist.

IM EINSATZ

Anlegen einer Masken-Helm-Kombination

Beim Anlegen einer Masken-Helm-Kombination sind als erstes Feuerschutzhaube und Feuerwehrhelm anzulegen.

Die Vollmaske wird aufgesetzt indem diese zuerst im Stirnbereich unter den Helm geschoben wird, dann die Adapter spannen und einrasten.

Dichtrahmen zurechtschieben und Abdichtung durch die Feuerschutzhaube mit den Fingern überprüfen.

Kinnriemen schließen, Dichtprobe durchführen und Ausatmenventil durch Ausatmen überprüfen.

nicht vorhanden ist. Die Dichtprobe der Vollmaske erfolgt bei Regenerationsgeräten mit angelegten Schläuchen durch Abdrücken des Einatemschlauches.

Die ersten Schritte zum Anlegen einer Atemschutzmaske können bereits während der Fahrt zur Einsatzstelle gemacht werden, sodass das Aufsetzen der Maske an der Einsatzstelle schneller verläuft. Die Atemschutzmaske kann aber auch schon komplett aufgesetzt werden.

Das Ablegen der Ausrüstung erfolgt in umgekehrter Reihenfolge, allerdings ohne die Prüfungen. Bei der Vollmaske werden die Schnallen der Kopfbebänderung gelöst und dann die Maske nach hinten über den Kopf abgezogen, indem diese am Anschlussstück angefasst wird. Bei Masken mit Masken-Helm-Kombinationen wird einfach die Verriegelung am Helm gelöst und die Maske abgenommen.
Helm-Masken-Kombination: Ist der Lungenautomat bereits an die Atemschutzmaske angeschlossen, kann die vorgeschrieben Dichtprobe nicht mehr durchgeführt werden. Da Masken-Helm-Kombinationen häufig mit der Überdrucktechnik zusammen eingesetzt wird, kann es durch die fehlende Dichtprobe zu schleichendem Luftverlust kommen, der die Einsatzzeit des Pressluftatmers erheblich verkürzen wird. Dadurch kann der Benutzer gefährdet werden. Eine Alternative ist, die Dichtprobe mit dem Gesamtsystem mit angeschlossenem Lungenautomat durch Schließen des Flaschenventils und leer atmen der Mitteldruckleitung zu machen, aber auch diese Prüfung benötigt Zeit.

Das Anlegen eines Filtergerätes erfolgt in folgenden Schritten:

- Schutzkappen am Filter an der Lufteintritts- und Luftaustrittsöffnung entfernen,
- Atemanschluss anlegen (▶ Abschnitt 31.1.6, »Anlegen einer Vollmaske«),
- Filter vom Truppmitglied einschrauben lassen,
- Filter selber fest schrauben.

Das Ablegen eines Filtergerätes erfolgt ebenso wie das Ablegen einer Vollmaske.

Das Anlegen eines Pressluftatmers erfolgt in folgenden Schritten:

- Einsatzkurzprüfung durchführen (▶ Abschnitt 31.1.6): Während der Wartezeit von einer Minute bei der Hochdruckdichtprüfung können die Vollmaske, die Feuerschutzhaube und der Helm angelegt werden,
- Pressluftatmer mit vollständig geöffneten Gurten schultern,
- Schultergurte gleichzeitig vorläufig anziehen, sodass der Pressluftatmer bequem anliegt,
- Hüftgurt schließen und festziehen,
- Schultergurte endgültig festziehen, sodass das Gewicht des Pressluftatmers hauptsächlich auf der Hüfte getragen wird.

Anschließend:

- Übergabe der notwendige Daten/Schlüssel an die Atemschutzüberwachung,

Achtung:

Werden Atemschutzgeräte während der Fahrt in der Mannschaftskabine eines Feuerwehrfahrzeuges angelegt, darf die Geräte-Verriegelung der Sitzhalterung erst nach dem Stillstand des Fahrzeuges gelöst werden.

Praxis-Tipp:

Eine Vollmaske kann nur sicher und korrekt angelegt und genutzt werden, wenn der Helm genau auf den Geräteträger eingestellt ist. Ein zu lockerer Helm kann im Atemschutzeinsatz zu gefährlichen Undichtigkeiten führen und ein zu fest eingestellter Helm kann unangenehm auf den Kopf drücken. Moderne Feuerwehrhelme verfügen über Schnell-Kopfgrößen-Verstellungen, die das schnelle Umschalten zwischen den Situationen ohne und mit Atemschutzmaske erlauben.

Praxis-Tipp:

Die Schultergurte dürfen nicht ganz fest angezogen werden, damit das Luftpolster in der Persönlichen Schutz-ausrüstung nicht zu sehr zusammengedrückt wird und noch einen Schutz gegen Wärme bieten kann. Das Gerät soll aber auch bei schnellen Bewegungen nicht verrutschen.

H

IM EINSATZ

Anlegen eines Pressluftatmers

Durchführen der Einsatzkurzprüfung und Überprüfung, ob alle Gurte vollständig geöffnet sind

Gerät schultern

Schultergurte gleichzeitig (vorläufig) anziehen bis das Gerät bequem anliegt.

Hüftgurt schließen

Hüftgurt festziehen, danach Schultergurte endgültig festziehen, sodass das Pressluftatmer-Gewicht (wie bei einem Rucksack) auf der Hüfte getragen wird.

Beim Anlegen im Mannschaftsraum ist sinngemäß zu verfahren; erst nach dem Fahrzeugstillstand dürfen die Verriegelungen gelöst werden.

- Gegenseitiges Anschließen der Lungenautomaten im Trupp an der Rauchgrenze bzw. Einsatzauftrag-Übernahme, Meldung an die Atemschutzüberwachung.

Beim Anlegen des Pressluftatmers in der Kabine eines Feuerwehrfahrzeuges mit eingebauten Pressluftatmer-Halterungen ist ebenso, nur in sitzender Position, vorzugehen.

Das Ablegen des Pressluftatmers erfolgt in folgenden Schritten:

- Grobreinigung der Schutzkleidung durch Abklopfen im Freien,

Praxis-Tipp:

Nach einem Brandeinsatz ist für Abkühlung zu sorgen, aber gleichzeitig muss der Feuerwehrangehörige vor Unterkühlung geschützt werden. Abkühlung kann beispielsweise durch Ablegen der Schutzbekleidung und ein Handbad in kaltem Wasser in einem Eimer oder einer Mulde erfolgen. Der Flüssigkeitsverlust ist durch Wasser oder andere geeignete Getränke zu ersetzen.

- Luft kurz anhalten und Lungenautomaten abnehmen (bei Überdruckgeräten muss die Überdruckfunktion vorher abgeschaltet werden),
- Feuerwehrhelm absetzen,
- Vollmaske abnehmen,
- Flaschenventil schließen und restliche Luft aus dem Lungenautomaten/Mitteldruckleitung strömen lassen,
- Öffnen der Schultergurte und des Hüftgurtes und Pressluftatmer ablegen,
- Bebänderung wieder auf maximale Länge zurückstellen,
- ggf. elektronische Überwachungseinheit vollständig ausschalten,
- Nicht vergessen: bei der Atemschutzüberwachung abmelden, ggf. Schlüssel des Bewegungslosmelders abholen.

Nach dem Einsatz wird der Pressluftatmer der Atemschutzwerkstatt für Reinigung, Desinfektion und Prüfung zugeführt. Soll das Gerät vor Ort wieder eingesetzt werden, muss die Druckluftflasche und der Lungenautomat getauscht werden und die Kurzprüfung durchgeführt werden.

H

IM EINSATZ

Wechsel der Druckluftflasche eines Pressluftatmers

Pressluftamter auf fester Unterlage ablegen und Flaschenspannband öffnen.

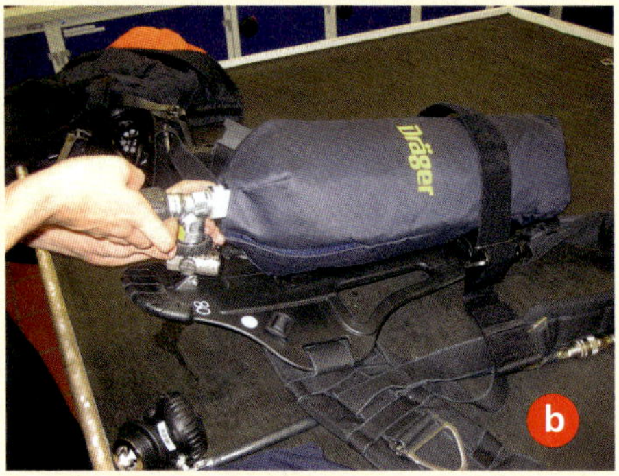

Ggf. Rüttelsicherung öffnen und Druckluftflasche vom Druckminderer abschrauben.

Druckluftflasche vom Pressluftatmer entfernen.

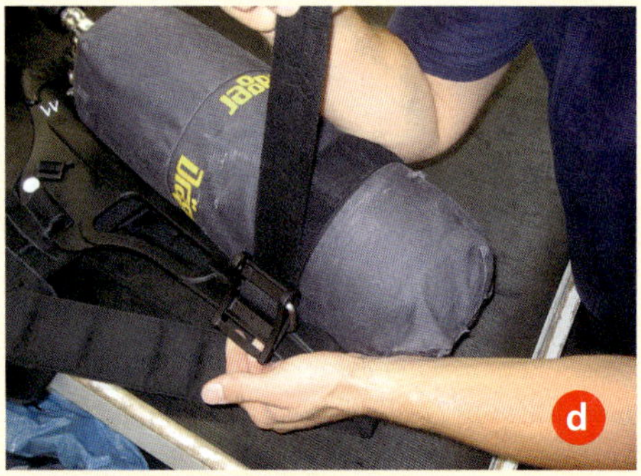

Neue Druckluftflasche aufschrauben und Flaschenspannband wieder spannen.

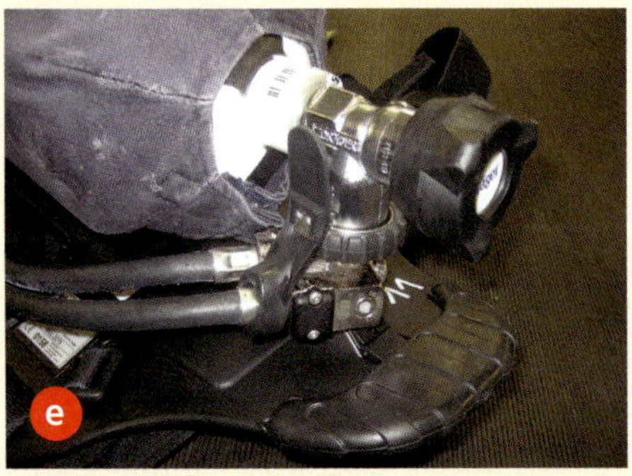

Ggf. Rüttelsicherung wieder befestigen. Einsatzkurzprüfung und ggf. Dokumentation ...

... durchführen. Zur Lagerung kann das Gerät zu einem Paket zusammen geschnürt werden.

Merke:

Jeder Feuerwehrangehörige ist nach dem Einsatz für das Geschehen mit seinem Gerät an der Einsatzstelle verantwortlich! Dabei sind nur zwei Zustände möglich: Das Gerät ist voll einsatzbereit oder nicht einsatzbereit.

Achtung:

Atemschutzgeräte und Druckluftflaschen sind in Fahrzeugen der Feuerwehr in den dafür vorgesehenen Halterungen zu transportieren. Wenn solche Halterungen nicht vorhanden sind, müssen geeignete Transportbehälter oder Transportkisten nach geltendem Gefahrgutrecht benutzt werden.

Achtung:

Werden durch den Geräteträger Mängel an einem Gerät festgestellt, muss er diese melden.

Beim Anlegen von Regenerationsgeräten sind einige wenige Besonderheiten zu beachten. Vor dem Anlegen, ist ebenfalls die Einsatzkurzprüfung gemäß Herstellerangaben durchzuführen. Falls notwendig, ist ein Eisblock einzulegen. Vor dem Anschließen eines Regenerationsgerätes mit Drucksauerstoff ist ein tiefer Luftzug zu holen, dann werden die Atemschläuche an die Vollmaske angeschlossen, der Geräteträger atmet in das Gerät aus und das Flaschenventil wird geöffnet. Durch das Ausatmen in das Gerät wird der Atembeutel bereits gefüllt. Die

Achtung:

In das Innere der Pneumatik eines Pressluftatmers darf kein Wasser gelangen. Passiert dies dennoch (z.B. Sturz in Wasser), ist eine Grundüberholung des Gerätes notwendig. Anzumerken ist in diesem Zusammenhang, dass es dennoch möglich ist, mit einem Pressluftatmer in flachem Wasser weiter zu atmen.

Quelle: Dräger Safety AG & Co. KGaA, Lübeck

Bild 31.18 Blick in eine Atemschutzwerkstatt

Dichtprobe erfolgt bei Regenerationsgeräte mit Drucksauerstoff im angeschlossenen Zustand durch Abdrücken des Einatemschlauches für zirka zehn Sekunden. Dabei muss der Unterdruck gehalten werden.

31.1.7 Grundlagen der Wartung und Instandhaltung

Atemschutzgeräte, Atemanschlüsse und Zubehörteile müssen pfleglich behandelt, sorgfältig gewartet und regelmäßig geprüft werden. Nicht einsatzbereite Geräte sind deutlich zu kennzeichnen und getrennt zu lagern.

Zum Instandhalten der Atemschutzgeräte einschließlich der Atemanschlüsse gehören das Reinigen, Desinfizieren und Wiederherstellen der Einsatzbereitschaft nach Herstellerangaben nach dem Gebrauch sowie die Prüfung durch einen Atemschutzgerätewart nach fest-

Praxis-Tipp:

Grobe Verschmutzungen können mit einer Bürste von der Bebänderung gebürstet werden. Eine Grobreinigung der Bebänderung und der Rückentrageplatte kann mit einem vom Hersteller in der Gebrauchsanleitung zugelassenem Reinigungs- und Desinfektionsmittel erfolgen. Welche Reinigungsmittel genau verwendet werden dürfen, ist jeweils in der zuständigen Atemschutzwerkstatt in Erfahrung zu bringen.

H

Praxis-Tipp:

Damit ein Pressluftatmer leicht transportiert und gelagert werden kann, ist es möglich den Hüftgurt so um das Gerät zu schlingen, dass dieser die Schultergurte, das Manometer bzw. die elektronische Überwachungseinheit und den Lungenautomaten zusammen hält. Der Verschluss des Hüftgurts wird dazu auf der Rückseite des Gerätes geschlossen. Wird der Pressluftatmer auf einem Einsatzfahrzeug verlastet, muss dieses Pack natürlich wieder geöffnet werden.

gelegten Fristen. Die Wartungsintervalle sind in Deutschland in den Herstellervorschriften und in der vfdb-Richtlinie 08/04 »Wartung von Atemschutzgeräten für die Feuerwehren« vorgeschrieben. Die Vereinigung zur Förderung des deutschen Brandschutzes (vfdb) erarbeitet verschiedene Richtlinien für die Feuerwehren. Nach jeder Benutzung werden Atemschutzgeräte und Atemanschlüsse durch einen Atemschutzgerätewart gereinigt, desinfiziert und geprüft. Diese Arbeiten finden in einer speziellen Atemschutzwerkstatt (▶ Bild 31.18) gemäß den technischen Unterlagen der Hersteller statt.

Weiterhin werden sie halbjährlich einer Sicht-, Dicht- und Funktionsprüfung unterzogen. In weiteren, vorgeschriebenen Abständen sind Bauteile an den Atemschutzgeräten durch qualifiziertes Personal in der Atemschutzwerkstatt oder beim Hersteller der Geräte auszutauschen. Pressluftatmer, Atemschutznotfalltaschen und Regenerationsgeräte sind weiterhin mindestens einer monatlichen Einsatzkurzprüfung zu unterziehen, um ihre Funktionstüchtigkeit und Dichtheit sicherzustellen und um den Flaschendruck zu überprüfen. Die Druckgasflaschen und Ventile müssen immer sauber gehalten werden. Wo vorhanden, müssen immer die Verschlussstopfen an den Druckluftflaschen benutzt werden.

Ein Lungenautomat wird gewechselt, indem die drucklose Kupplung in der Mitteldruckleitung durch das Gegeneinanderdrücken der Schläuche und Zurückziehen der Kupplung

Achtung:

Sauerstoffflaschen und Ventile, beispielsweise von Regenerationsgeräten mit Drucksauerstoff, müssen immer öl- und fettfrei gehalten werden.

Merke:

Druckgasflaschen dürfen (bei der Benutzung) nie vollständig entleert werden, damit keine Verunreinigungen und Feuchtigkeit in die Flasche eindringen kann. Feuchtigkeit könnte kondensieren: Rostgefahr.

geöffnet wird. Der neue Lungenautomat wird danach in die Kupplung gesteckt und eingerastet. Nach jedem Lungenautomat-Wechsel muss eine Einsatzkurzprüfung durchgeführt werden.

31.1.8 Aus- und Fortbildung

Die Schwerpunkte der Ausbildung sind die Einsatzgrundsätze für die Benutzung von Atemschutz, die Gerätehandhabung und das Tragen von Atemschutzgeräten unter Einsatzbedingungen. Die Feuerwehr-Dienstvorschrift

Achtung:

Bei der Ausbildung mit Atemschutzgeräten, insbesondere umluftunabhängigen Atemschutzgeräten, muss jederzeit sofortige Hilfe bei Notfällen oder Unfällen geleistet werden können. Dies wird gewährleistet, wenn ein Telefon/Mobiltelefon/Funkgerät zur Alarmierung des Rettungsdienstes, mindestens eine handelsübliche Notfalltasche (oder ein Notfallrucksack/-koffer) mit der Grundausstattung zur erweiterten Ersten Hilfe und möglichst ein automatischer externer Defibrillator (AED) vorhanden sind. Die Ausbilder und/oder Helfer müssen natürlich mindestens in Erster Hilfe ausgebildet und im Umgang mit dem AED geschult sein.

H

IM EINSATZ

Wechsel eines Lungenautomaten eines Pressluftatmers

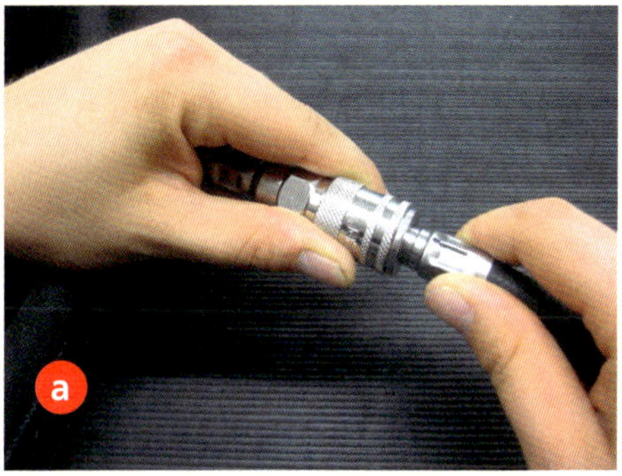

Kupplung im Mitteldruckschlauch zusammendrücken.

Muffe am Mutterstück zurückziehen.

Kupplung lösen.

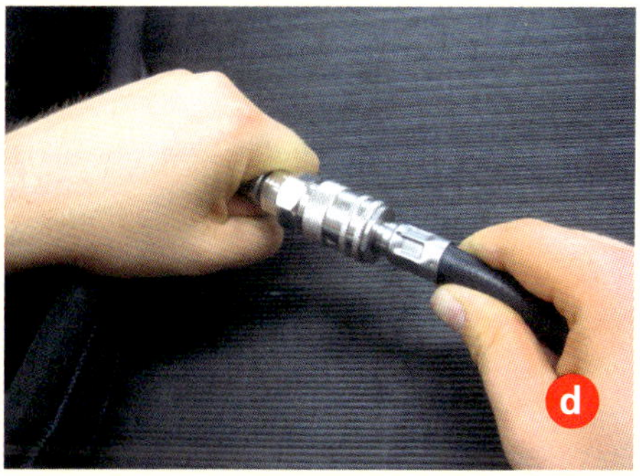

Neuen Lungenautomaten einstecken und einrasten. Einsatzkurzprüfung durchführen.

FwDV 7 »Atemschutz« (Stand 2002 mit Änderungen 2005) enthält im Kapitel 6 »Aus- und Fortbildung« Beispiele für Tätigkeiten, die insbesondere geübt werden müssen, beispielsweise das Retten von Personen, die Durchführung von Notfallübungen, das Vornehmen von Strahlrohren mit Schlauchleitung unter Druck, das Öffnen von Türen und das Absuchen von Räumen, die Nutzung von Leitern und die Verrichtung handwerklicher Tätigkeiten. Alle Atemschutzgeräteträger müssen an regelmäßigen Unterweisungen und Übungen teilnehmen, damit ihr Status als Atemschutzgeräteträger bzw. Träger von Chemikalienschutzanzügen nicht verfällt (▶ Tabelle 31.8). Die verschiedenen Fortbildungsteile können

> **Achtung:**
>
> Atemschutzgeräteträger, die nicht alle erforderlichen Fortbildungsbestandteile in den vorgegebenen Zeiträumen ableisten, dürfen grundsätzlich nicht bis zum Absolvieren der vorgeschriebenen Übungen die Funktion eines Atemschutzgeräteträgers wahrnehmen.

zu verschiedenen Zeitpunkten stattfinden, dürfen aber jeweils nicht länger als zwölf Monate auseinander liegen. Erreicht der Atemschutzgeräteträger das Ausbildungsziel bei der Belastungsübung bei einer Wiederholung nicht, muss eine erneute arbeitsmedizinische Untersuchung durchgeführt werden. Danach muss die Belastungsübung wiederholt werden. Liegen zwischen erstmaliger Belastungsübung und der Wiederholung mehr als zwölf Monate, muss die gesamte Ausbildung zum Atemschutzgeräteträger wiederholt werden.

Feuerwehrangehörige, die Chemikalienschutzanzüge (Körperschutz Form 3 nach FwDV 500) tragen sollen, müssen zusätzlich, ergänzend zur Atemschutzgeräteträger-Ausbildung für das Tragen von Chemikalienschutzanzügen ausgebildet werden. Das Ziel der Ausbildung ist der sichere Umgang mit Chemikalienschutzanzügen.

31.1.9 Atemschutznachweis und Dokumentation

Für jeden Atemschutzgeräteträger muss ein persönlicher **<Atemschutznachweis>** geführt werden. Dies kann entweder durch den Atemschutzgeräteträger selber erfolgen oder durch seine Feuerwehr zentral organisiert werden. Mit dem Nachweis werden die Untersuchungstermine der arbeitsmedizinische Vorsorgeuntersuchungen »Grundsatz G26 – Atemschutzgeräte«, die absolvierten Aus- und Fortbildungen einschließlich Unterweisungen und die Einsätze unter Atemschutz dokumentiert.

Der Leiter der Feuerwehr oder eine beauftragte Person müssen die Richtigkeit der Angaben bestätigen.

Ein Atemschutznachweis muss mindestens folgende Angaben beinhalten:

- Datum und Einsatzort,

Praxis-Tipp:

Die Feuerwehr-Dienstvorschrift FwDV 7 »Atemschutz« (2002) enthält in Anlage 4 als Muster eine Ausbildungsordnung für Pressluftatmer. Die Feuerwehr-Dienstvorschrift FwDV 7 »Atemschutz« ist, wie alle Feuerwehr-Dienstvorschriften, frei im Internet erhältlich, beispielsweise auf den Internetseiten der Landesfeuerwehrschulen.

Tabelle 31.8 Fortbildung von Atemschutzgeräteträgern nach FwDV 7

Forbildung	Zeitraum	Teilnehmer
Unterweisung über den Atemschutz	mindestens jährlich	alle Atemschutzgeräteträger
Belastungsübung in einer Atemschutzübungsanlage nach FwDV 7, Anlage 4, Abschnitt 2.1.2.2	mindestens jährlich	alle Atemschutzgeräteträger
Einsatzübung innerhalb einer taktischen Einheit unter Atemschutz	mindestens jährlich (Die Einsatzübung kann bei Einsatzkräften entfallen, die in entsprechender Art und Umfang unter Atemschutz im Einsatz waren.)	alle Atemschutzgeräteträger
Übung unter Einsatzbedingungen mit Chemikalienschutzanzug	mindestens jährlich (Die Einsatzübung kann bei Einsatzkräften entfallen, die in entsprechender Art und Umfang unter Chemikalienschutzanzug im Einsatz waren. Die Übung kann im Rahmen der einsatzbezogenen Atemschutzübung erfolgen.)	alle Träger von Chemikalienschutzanzügen

- Art des Gerätes,
- Atemschutzeinsatzzeit in Minuten,
- Tätigkeit.

Zusätzlich zu der personenbezogenen Dokumentation müssen Gerätenachweise für die Atemschutzgeräte geführt werden. Die Verantwortung darüber hat der zuständige Atemschutzgerätewart. Ein Gerätenachweis muss mindestens folgende Angaben enthalten:

- Gerätenummer und Gerätestandort,
- Herstellungsdatum,
- Instandhaltungsnachweis (Prüfnachweis),
- Verwendungsnachweis,
- Dokumentation von Auffälligkeiten oder Störungen am Atemschutzgerät.

31.1.10 Verantwortlichkeiten im Bereich Atemschutz

Die Verantwortlichkeiten im Atemschutz-Bereich werden in Deutschland in der Feuerwehr-Dienstvorschrift 7 »Atemschutz« dargestellt. Demnach ist der Träger der Feuerwehr als Unternehmer für die Sicherheit bei der Verwendung von Atemschutzgeräten verantwortlich. Der Träger kann eine Gemeinde oder Stadt bei einer öffentlichen Feuerwehr oder ein Unternehmen bei einer Werkfeuerwehr sein. Bei der ordnungsgemäßen Durchführung des Atemschutzes, der Aus- und Fortbildung einschließlich der regelmäßigen Einsatzübungen und der Überwachung der Fristen wird der Unternehmer vom Leiter der Feuerwehr unterstützt. Der Leiter der Feuerwehr kann die ihm obliegenden Pflichten, insbesondere hinsichtlich der Ausbildung der Einsatzkräfte sowie der Wartung und Prüfung der Atemschutzgeräte, an andere Personen übertragen. Andere Personen können beispielsweise der Leiter Atemschutz oder ein Atemschutzgerätewart sein. Weitere Hinweise zur Aufgabenverteilung für die organisatorische Verantwortung im Atemschutz sind in der Feuerwehr-Dienstvorschrift 7 »Atemschutz« angegeben.

Merke:

Ein wichtiger Grundsatz der Feuerwehr-Dienstvorschrift7 »Atemschutz« ist, dass jeder Atemschutzgeräteträger für seine Sicherheit eigenverantwortlich ist. Dazu zählt neben dem Befolgen der Einsatzgrundsätze auch die Verantwortlichkeit dafür, dass die regelmäßigen Nachuntersuchungen innerhalb der vom Arzt festgelegten Frist durchgeführt werden und dass der Atemschutzgeräteträger seiner zuständigen Führungskraft mitteilt, wenn er oder sie tagesaktuell nicht zum Tragen von Atemschutz in der Lage ist, beispielsweise aufgrund einer Erkältung.

31.2 Atemschutzeinsatz – Grundsätze nach FwDV 7 »Atemschutz« und Einsatztaktik

31.2.1 Allgemeine Einsatzgrundsätze

Die allgemeinen Einsatzgrundsätze für das Tragen von Atemschutzgeräten sind der Feuerwehr-Dienstvorschrift FwDV 7 »Atemschutz« zu entnehmen:

- Jeder Atemschutzgeräteträger ist für seine Sicherheit eigenverantwortlich!
- Atemschutzgeräte sind außerhalb des Gefahrenbereiches an- und abzulegen!
- Vor dem Einsatz muss eine Einsatzkurzprüfung durchgeführt werden!
- Zwischen zwei Atemschutzeinsätzen ist eine Ruhepause einzulegen!
- Der Flüssigkeitsverlust der Einsatzkräfte ist durch geeignete Getränke auszugleichen!
- Vor und während der Einnahme von Speisen und Getränken ist die Hygiene zu beachten!

31.2.2 Einsatzgrundsätze beim Tragen von Filtergeräten

Beim Tragen von Filtergeräten sind zusätzlich weitere Einsatzgrundsätze zu beachten, in allen Zweifelsfällen sind Isoliergeräte zu nutzen:

- Filtergeräte dürfen nur eingesetzt werden, wenn Luftsauerstoff in ausreichendem Maße (> 17 Vol-%) vorhanden ist, dies schließt einen Einsatz in geschlossenen Räumen praktisch aus. (DGUV: 19 Vol-% bei Einsatz von CO-Filtern)

H

- Filtergeräte dürfen nicht eingesetzt werden, wenn Art und Eigenschaft der vorhandenen Atemgifte unbekannt sind, wenn Atemgifte vorhanden sind, gegen deren Art oder Konzentration das Filter nicht schützt oder wenn starke Flocken- oder Staubbildung vorliegt.
- Gasfilter dürfen grundsätzlich nur gegen solche Gase und Dämpfe eingesetzt werden, die der Atemschutzgeräteträger bei Filterdurchbruch riechen oder schmecken kann. Die Möglichkeit einer Beeinträchtigung oder Lähmung des Geruchssinns durch den Schadstoff ist zu berücksichtigen (Hinweise hierzu können Gefahrstoff-Nachschlagewerken entnommen werden).
- Bei Verwendung von Atemfiltern ist auf Funkenflug (z. B. Trennschleifen, Brennschneiden, teilweise auch Waldbrände mit starkem Funkenflug) oder offenes Feuer aufgrund der Brandgefahr zu achten.
- Atemfilter, die geöffnet und benutzt wurden, müssen nach dem Einsatz unbrauchbar gemacht und entsorgt werden (Unbrauchbarmachen kann beispielsweise durch Verbiegen des Schraubgewindes durch einen Tritt erfolgen).
- Geöffnete, unbenutzte Filter können zu Ausbildungs- und Übungszwecken von der gleichen Person verwendet werden (Hinweis: Auf dem Filter am besten mit wasser-unlöslichem Stift das Öffnungsdatum vermerken, dann Filter verschließen und innerhalb von sechs Monaten beüben).

Achtung:

Für den Fall, dass mit einem Isoliergerät ein Unfall passiert, sind folgende Punkte unbedingt zu beachten:
- Der Öffnungszustand des Ventils ist zu kennzeichnen und schriftlich festzuhalten. Dies beinhaltet auch die Anzahl der Umdrehungen bis zum Schließen des Flaschenventils.
- Der Behälterdruck ist schriftlich festzuhalten.
- Das Atemschutzgerät, einschließlich Atemanschluss, ist sicherzustellen.
- Unfälle und Beinaheunfälle sind dem Leiter der Feuerwehr zu melden.

Merke:

Der Mensch ist noch bei einem Sauerstoffanteil von 17 % in der Umgebungsluft leistungsfähig. Der Sauerstoffanteil kann mit einem Gasmessgerät bestimmt werden. In geschlossenen Räumen kann der Sauerstoffanteil an verschiedenen Punkten variieren und somit trotz positiver Messung auch teilweise unter 17 Vol.-% liegen.

31.2.3 Einsatzgrundsätze beim Tragen von Isoliergeräten

Beim Tragen von Isoliergeräten sind zusätzlich zu den allgemeinen Einsatzgrundsätzen folgende Einsatzgrundsätze zu beachten:
- Mit Atemschutzgeräten wird immer truppweise (ein Truppführer und mindestens ein Truppangehöriger) vorgegangen. Die Einsatzkräfte innerhalb eines Trupps unterstützen sich insbesondere beim Anschließen des Atemanschlusses und kontrollieren gegenseitig den sicheren Sitz der Atemschutzgeräte sowie die richtige Lage der Anschlussleitungen und der Begurtung sowie der restlichen Schutzausrüstung. Zusätzlich sind auch richtiger Sitz von Atemanschluss mit Lungenautomat und Feuerschutzhaube zu kontrollieren. Der Trupp bleibt im Einsatz eine Einheit und tritt auch gemeinsam den Rückweg an. Vom Grundsatz des truppweisen Vorgehens darf nur bei besonderen Lagen, beispielsweise beim Einstieg in Behälter und in enge Schächte, unter Beachtung zusätzlicher Sicherungsmaßnahmen abgewichen werden.
- Innerhalb eines Trupps sollen in der Regel gleiche Atemschutzgerätetypen verwendet werden.
- An jeder Einsatzstelle muss für die eingesetzten Atemschutztrupps mindestens ein Sicherheitstrupp (mindestens zwei Einsatzkräfte) zum (sofortigen) Einsatz be-

reit stehen. Je nach Risiko und personeller Stärke des eingesetzten Atemschutztrupps wird die Stärke des Sicherheitstrupps erhöht. Dies gilt insbesondere bei Einsätzen in ausgedehnten Objekten, beispielsweise in Tunnelanlagen und in Tiefgaragen. Der Sicherheitstrupp muss ein entsprechend der zu erwartenden Notfalllage geeignetes Atemschutzgerät tragen.

- An Einsatzstellen, an denen eine Gefährdung von Atemschutztrupps weitestgehend auszuschließen oder die Rettung durch einen Sicherheitstrupp auch ohne Atemschutz möglich ist, beispielsweise bei Brandeinsätzen im Freien, kann auf die Bereitstellung von Sicherheitstrupps in der Regel verzichtet werden.
- Gehen Atemschutztrupps über verschiedene Angriffswege in von außen nicht einsehbare Bereiche vor, soll für jeden dieser Angriffswege mindestens ein Sicherheitstrupp zum Einsatz bereitstehen. Die Anzahl der Sicherheitstrupps richtet sich nach der Beurteilung der Lage durch den Einsatzleiter oder falls zutreffend durch den zuständigen Abschnittsleiter.
- Jeder Atemschutzgeräteträger des Sicherheitstrupps muss ein Atemschutzgerät mit Atemanschluss angelegt, die Einsatzkurzprüfung durchgeführt sowie nach Lage weitere Hilfsmittel (zum Beispiel Rettungstuch, Transporthilfsmittel und/oder Atemluftnotversorgung) zum sofortigen Einsatz bereitgelegt haben (es kann angeordnet werden, dass der Atemanschluss noch nicht angelegt, sondern nur griffbereit ist).
- Werden die Atemschutzgeräte auf der Anfahrt im Mannschaftsraum angelegt, darf die Gerätearretierung erst nach Stillstand des Feuerwehrfahrzeuges an der Einsatzstelle gelöst werden.
- Atemschutzgeräte mit Druckbehälter, die bei Einsatzbeginn weniger als 90 Prozent des Nenn-Fülldruckes anzeigen, sind grundsätzlich nicht einsatzbereit.
- Der Truppführer muss vor und während des Einsatzes die Einsatzbereitschaft des Trupps überwachen, insbesondere muss er den Behälterdruck kontrollieren. Der Druck ist auf Anfrage über Funk, bei Erreichen wichtiger Einsatzteilaufgaben oder Wegpunkten oder bei anderen besonderen Umständen an die Atemschutzüberwachung zu melden.
- Für den Rückweg ist in der Regel die doppelte Atemluftmenge wie für den Hinweg einzuplanen.
- Die Einsatzdauer eines Atemschutztrupps richtet sich nach derjenigen Einsatzkraft innerhalb des Trupps, deren Atemluftverbrauch am größten ist.
- Jeder Atemschutztrupp muss grundsätzlich mit einem Handsprechfunkgerät ausgestattet sein (an Einsatzstellen, an denen eine Atemschutzüberwachung nicht durchgeführt werden muss, kann auf die Verwendung von Funkgeräten verzichtet werden).
- Nach Anschluss des Atemanschlusses an das Luftversorgungssystem, bei Erreichen des Einsatzzieles und bei Antritt des Rück-

Merke:

Der <**Hinweg**> im Sinne der Feuerwehr-Dienstvorschrift 7 »Atemschutz« ist diejenige Strecke, die der vorgehende Atemschutztrupp nach Beginn der Atemluftversorgung mit dem Atemschutzgerät bis zu dem Ort zurücklegt, an dem er tätig wird (zum Beispiel: Brandbekämpfung, Öffnen von Fenstern bei Verrauchungen von Gebäuden).

Der <**Rückweg**> ist diejenige Strecke, die der Atemschutztrupp vom Ort seiner Tätigkeit bis zum Ort, an dem er gefahrlos den Atemanschluss absetzen kann, zurücklegen muss. Für die Berechnung der voraussichtlich zur Tätigkeit verbleibenden Einsatzzeit ist die für den Hinweg verbrauchte und die für den Rückweg zu erwartende Atemluftmenge der begrenzende Faktor. **Für den Rückweg ist in der Regel die doppelte Atemluftmenge einzuplanen, die für den Hinweg verbraucht wurde**. Der Zeitpunkt für den Rückzug ist so zu wählen, dass die Restdruckwarneinrichtung (55 ± 5 bar) beim Verlassen des Einsatzobjektes möglichst nicht ertönt. Dies gilt auch bei sehr kurzen Hinwegen.

Merke:

Rechenbeispiel: Ein Atemschutztrupp hat nach der Durchführung der Einsatzkurzprüfung bei Einsatzbeginn folgende Flaschenfülldrücke festgestellt: Truppführer: 290 bar; Truppangehöriger: 300 bar.
Der Trupp geht in das zweite Obergeschoss eines Bürogebäudes vor. Bevor die Tür zum Brandraum geöffnet wird meldet der Truppführer folgende Falschenfülldrücke: Truppführer: 240 bar; Truppangehöriger: 230 bar.
Es ergeben sich folgende Differenzen für den Hinweg: Truppführer: 50 bar, Truppangehöriger: 70 bar.
Entscheidend ist der höhere Wert des Truppangehörigen: 70 bar, multipliziert mit 2 ergibt dies den Wert: 140 bar. Der Trupp muss bei Erreichen eines Flaschenfülldrucks von 140 bar den Rückweg antreten. Dabei ist es unerheblich ob der Truppführer oder der Truppangehöriger diesen Wert erreicht.

weges muss sich der Atemschutztrupp über Funk bei der Atemschutzüberwachung melden. Weitere Meldungen sollen lagebedingt abgegeben werden.

- Die Erreichbarkeit der vorgehenden Trupps ist wegen der begrenzten Reichweite von Sprechfunkgeräten zu überprüfen und sicherzustellen. Bricht die Funkverbindung ab, muss der Sicherheitstrupp soweit vorgehen, bis wieder eine Sprechfunkverbindung besteht oder er den Atemschutztrupp erreicht hat. Es ist sofort ein neuer Sicherheitstrupp bereitzustellen.
- Hat der vorgehende Trupp keine Schlauchleitung vorgenommen, so ist das Auffinden des Rückweges beziehungsweise des vorgegangenen Trupps auf andere Weise sicherzustellen (beispielsweise durch eine Feuerwehrleine oder durch ein Leinensicherungssystem). Der Festpunkt muss dazu immer im sicheren Bereich, also in der Regel im Freien, liegen.
- Eine Funkverbindung oder die Verwendung einer Wärmebildkamera ist kein geeignetes Mittel zur Sicherung des Rückweges. Sicherheitstrupps nutzen immer eine eigene Rückzugswegsicherung.

Praxis-Tipp:

Für den Seitenkriechgang ist eine Einsatzhose mit Kniepolstern sinnvoll.

Sicherheitstrupps können auch mit zusätzlichen Aufgaben betraut werden, solange sie in der Lage sind, jederzeit ihrer eigentlichen Aufgabe gerecht zu werden und der Einsatzerfolg dadurch nicht gefährdet ist. Eine solche zusätzliche Aufgabe kann beispielsweise das Aufstellen und die Aufsicht eines Belüftungsgerätes sein.

31.2.4 Vorgehensweise im Atemschutztrupp

Der Atemschutztrupp soll sich sicher und zügig bewegen. Bei Bränden sind die Sichtbehinderung und die Wärme am Boden in der Regel am geringsten, daher ist eine tiefe Gangart zweckmäßig.

Die Angehörigen des Atemschutztrupps müssen sich so fortbewegen, dass ihr Hauptgewicht nicht über dem Körperteil liegt, das zuerst »auftritt«, so wie es beispielsweise beim Kriechen auf allen vieren ist, wo fast das gesamte Körpergewicht auf den Armen ruht, die zuerst »auftreten«. Bei Treppen, Löchern oder Absätzen besteht ansonsten die Gefahr, dass

Praxis-Tipp:

Eine wichtige Merkhilfe für die Vorgehensweise unter Atemschutz ist, dass der Feuerwehrangehörige seine Stiefel sehen soll:

- Kein Rauch bzw. keine Sichtbehinderung: aufrechtes Gehen,
- leichter Rauch bzw. leichte Sichtbehinderung: gebücktes Gehen, Schwerpunkt möglichst auf dem hinteren Bein,
- Rauch bzw. keine Sicht: Fortbewegung im Seitenkriechgang bzw. kriechen: Sehen wird durch Fühlen ersetzt!

Bild 31.19 Seitenkriechgang für den (direkten) Gefahrenbereich, unbequem aber mit vielen Vorteilen.

der Atemschutzgeräteträger unkontrolliert stürzen kann, da er das Hindernis nicht gesehen hat und es in dem Augenblick, in dem er es »erfühlt« bereits zu spät ist. Eine geeignete Fortbewegungsform ist der **<Seitenkriechgang>** (▶ Bild 31.19), der ein Tasten mit dem Bein ermöglicht, ohne dass das gesamte Gewicht des Trägers auf dem »Tast-Bein« ruht. Weiterhin ermöglicht der Seitenkriechgang die Beobachtung der Rauchschicht über dem Trupp, was beim Kriechen auf allen vieren nicht möglich ist. Für den Seitenkriechgang geht der Feuerwehrmann in die Hocke und streckt ein Bein nach vorne. Sein Körpergewicht verlagert er auf das hintere Bein. Aus dieser Stellung heraus schiebt er sich nach vorne und beobachtet dabei auch seine Umgebung. Eine Hand kann zur Unterstützung für den Seitenkriechgang benutzt werden, die zweite Hand bleibt zur Orientierung bzw. führen von Gerätschaften frei. Der Trupp soll beim Vorgehen Körperkontakt halten. Auf Gefahren müssen sich die Truppmitglieder gegenseitig aufmerksam machen.

Nach unten führende Treppen werden entweder rückwärts auf allen vieren oder sitzend auf den Treppenstufen mit Rutschbewegun-

Achtung:

Eine Wärmebildkamera ist eine enorme Arbeitserleichterung und beschleunigt das Vorgehen in verrauchten Gebäuden extrem. Trotzdem darf von den Einsatzgrundsätzen auch bei der Benutzung einer Wärmebildkamera nicht abgewichen werden, da es jederzeit möglich ist, dass die Kamera ausfällt, verloren geht oder auf eine andere Weise nicht mehr benutzbar ist.

Bild 31.20 Nach unten führende Treppen werden unter Atemschutz:

a auf allen vieren,

b oder seitlich auf den Treppenstufen sitzend begangen.

gen von Stufe zu Stufe begangen. Der Nachteil beim Vorgehen auf allen vieren ist, dass die Rauchschicht nicht beobachtet werden kann. Beim Sitzen auf den Stufen ist jede einzelne Stufe zuerst durch festes Auftreten aus der sitzenden Position auf Festigkeit zu prüfen, bevor der Atemschutzgeräteträger auf die nächste Stufe rutscht. Das Sitzen auf der Stufe muss in schräger Position erfolgen, da ansonsten das Flaschenventil an die nächst höhere Treppenstufe stößt. Nach oben führende Treppen werden immer auf allen vieren begangen.

Das Ablegen von angeschlossenen Atemschutzgeräten ist Bestandteil der jährlichen Ausbildung in der Belastungsübung in einer Atemschutzübungsanlage. Im Einsatz sollte das Ablegen des Gerätes aber möglichst vermieden werden. Bei einigen Einsatzlagen, beispielsweise beim Einsteigen in Schächte oder Behälter ist es jedoch teilweise zwingend notwendig, das Atemschutzgerät abzulegen.

31.2.5 Personensuche im Atemschutzeinsatz

Die Menschenrettung ist bekanntlich das oberste Einsatzziel der Feuerwehr. In Deutschland sterben zirka 600 Personen pro Jahr bei Bränden, die allermeisten kommen dabei durch die entstehenden Atemgifte ums Leben. Der Faktor Zeit spielt bei der Menschenrettung im Brandeinsatz die wichtigste Rolle, weil die zeitliche Reanimationsgrenze nur wenige Minuten nach einer Rauchgasvergiftung beträgt und natürlich auch weil sich das Feuer mit fortschreitender Zeit weiter ausbreitet. Aus diesem Grund ist eine systematische Suche nach vermissten und vermuteten Personen notwendig.

Praxis-Tipp:

Der Einsatz von Wärmebildkameras, Belüftungsgeräten (inklusive der Nutzung von vorhandenen Rauch- und Wärmeabzugsanlagen) und Mobilem Rauchverschluss ist heute Standard und oft schneller zielführend als die Nutzung aufwendiger Leinensuchverfahren. Die Regeln zur Nutzung von Wärmebildkameras sind anzuwenden. Die Nutzung von leistungsstarken Hand- oder Helmlampen ist selbstverständlich.

Bild 31.21 (Helm-)Lampen, Druckbelüfter, Feuerwehraxt und Wärmebildkamera sind wichtige Hilfsmittel bei der Personensuche.

Die Erkundung des Einheitsführers, auch unter Beachtung der Aussagen von vor Ort befindlichen Personen, ist wichtig für die Festlegung der Such-Prioritäten. Der Einheitsführer wird die erste Suche in dem Bereich mit der größten Wahrscheinlichkeit von vermissten Personen befehlen. Bei großen Objekten werden Suchabschnitte gebildet, beispielsweise Geschosse. Der Fortschritt der Suche sollte durch den zuständigen Einheitsführer schriftlich dokumentiert werden.

Ist kein Aufenthaltsort einer vermisten/vermuteten Person bekannt, wird der Einheitsführer bei mehrgeschossigen Gebäuden folgenden Suchreihenfolge wählen:

- zuerst Brandgeschoss,
- dann Geschoss über dem Brandgeschoss,
- dann oberstes Geschoss des Gebäudes.

Anschließend wird das gesamte (restliche) Objekt/Gebäude (inklusive Keller, Vordächer, u. Ä.) durchsucht. Räume und Wohnungen sind zu öffnen, dazu ist Türöffnungswerkzeug oder notfalls Gewalt anzuwenden. Sind mehrere Trupps vorhanden, können die Aufgaben parallel durchgeführt werden.

Ist der (erste) bauliche Rettungsweg, z. B. der notwendige Treppenraum, bei Ankunft der Feuerwehr verraucht, wird der Einheitsführer dem ersten Trupp im Innenangriff diesen oft auch als Angriffsweg zuweisen, damit der Trupp diesen beim Vorgehen bereits absuchen kann. Zusätzlich kann die Menschenrettung über einen zweiten Rettungsweg, beispielsweise eine Drehleiter, tragbare Leiter oder einen weiteren baulichen Rettungsweg, parallel eingeleitet werden.

Die Feuerwehr nutzt folgende Suchtechniken: **<Wandtechnik>**: Ein (kleiner) Raum wird durch Abgehen entlang der Wand/Möbel durchsucht. Ein Truppmitglied hat konsequent Kontakt zur Wand/zu den Möbeln und zum anderen Truppmitglied. Die Suchbreite kann durch das Vorgehen nebeneinander verbreitert werden.

<Tauchertechnik>: Ein Raum wird durchsucht, in dem der Truppführer in einer Ecke des Raumes sitzt, durch eine Leine Verbindung zum Truppangehörigen hat und dieser durch bogenförmige Bewegungen den Raum abtastet. Nach einem Abtastvorgang lässt der Truppführer zirka ein bis 1,5 Meter Leine nach und ein neuer Bogen wird ausgeführt. Dies wird so oft wiederholt, bis der Truppangehörige die gegenüberliegende Raumecke erreicht hat. Diese Technik ist ausbildungsintensiv und ist oft wegen Möbeln/Einbauten im Raum nicht oder nur teilweise möglich. In großen, leeren Räumen ist sie gut anwendbar.

<Baum-Technik>: Große Räume werden durchsucht, indem eine Hauptleine entlang einer vorgegebenen Struktur (beispielsweise Supermarkt- oder Lagerregale) durch einen Trupp gespannt wird. Nur mit einer gespannten Leine ist sicheres und zügiges Arbeiten möglich. Der Startpunkt der Leine muss im sicheren (auch später), rauchfreien Bereich liegen! Von der Hauptleine zweigen die nachfolgenden Suchtrupps mit weiteren Leinen ab und suchen die vorhandene Struktur ab. Die Technik ist sehr ausbildungsintensiv.

Die Wandtechnik ist die wichtigste Technik, weil sie am häufigsten eingesetzt wird. Sie kann als **<Rechte-Hand- oder Linke-Hand-Suche>** angewendet werden. Wird die Rechte-Hand-Suche gewählt, muss ein Truppmitglied mit der rechten Hand Kontakt zur Wand bzw. den davor stehenden Möbeln halten, damit der Trupp

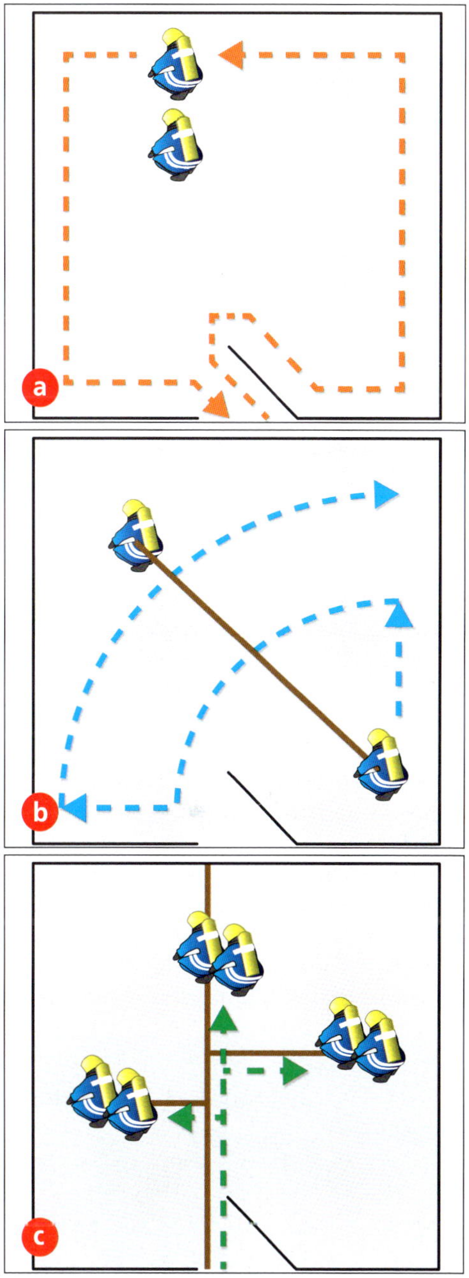

Bild 31.22 Suchtechniken von Atemschutztrupps:
a Wandtechnik, Raumgröße bis zirka 5 × 5 Meter,
b Tauchertechnik, Raumgröße bis zirka 20 × 20 Meter,
c Baumtechnik, Räume größer als 20 × 20 Meter.

H

Merke:

Wurde die Suchrichtung (Rechte- oder Linke-Hand-Suche) festgelegt, muss diese konsequent beibehalten werden! Beim Rückzug ist nach dem Umdrehen natürlich auch die Hand zu wechseln.

die Orientierung behalten kann und von einer Seite geschützt ist. Die Truppangehörigen halten untereinander auch körperlichen Kontakt, beispielsweise durch Anfassen oder eine lose angefasste Bandschlinge. Die Linke-Hand-Suche wird entsprechend mit der linken Hand an der Wand ausgeführt. Angefangene Räume werden zuerst komplett durchsucht, bevor weitere (abzweigende) Räume durchsucht werden. Wird diese Regel missachtet, entstehen »halbdurchsuchte« Räume, die von nachfolgenden Trupps auch wieder komplett durchsucht werden müssen. Es gilt also die Regel: Eingangstür ist immer auch die Ausgangstür. Die Eingangstür kann durch Unterkeilen mit einem Feuerwehrbeil oder durch das abgelegte Strahlrohr markiert werden. Der Suchtrupp muss immer mit Wasser am Rohr vorgehen, wenn in seinem Suchabschnitt eine (schnelle) Brandausbreitung nicht ausgeschlossen werden kann. Ist ein zu durchsuchender, verrauchter Raum definitiv nicht vom Feuer betroffen, kann das Strahlrohr für den Zeitgewinn durch schnellere Suche vor der Tür abgelegt werden. Wird

Bild 31.23 Demonstration der Wandtechnik mit Axt-Stiel als Armverlängerung und Verbindung des Trupps durch eine Bandschlinge

Praxis-Tipp:

Die verschiedenen Suchtechniken sind von mitdenkenden Trupps pragmatisch anzuwenden. Hilfreich ist es in der Praxis sich an der Aufschlagrichtung der Tür zu orientieren und die Suchrichtung so zu wählen, dass zuerst der Bereich hinter der Tür abgesucht wird, damit dieser beim Verlassen des Raumes nicht (aus Eile) vergessen wird. Die lageabhängige Vorgabe des Einheitsführers für die Suchrichtung ist zu beachten.

eine Person aufgefunden, wird die Suche unterbrochen, eine Rückmeldung abgegeben und die Rettung in einen sicheren Bereich eingeleitet. Werden mehrere Personen aufgefunden, muss der Trupp zuerst Unterstützung anfordern.

Es gibt zwei Varianten der Suche: Geschlossene und getrennte Suche. Bei der <**geschlossenen Suche**> erledigt ein Trupp die Aufgaben Personensuche und Brandbekämpfung kombiniert. Die Brandbekämpfung beschränkt sich dann allerdings auf die notwendigen Maßnahmen, die für die Ausführung der Suche notwendig sind. Diese Variante der Suche wird üblicherweise durch die zuerst eintreffende Einheit angewendet. Bei der <**getrennten Suche**> werden die Aufgaben Personensuche und Brandkämpfung jeweils einem Trupp zugewiesen. Der Brandbekämpfungstrupp ermöglicht dem Suchtrupp die Suche, indem er diesen schützt und das Feuer bekämpft. Der Suchtrupp hat in der Regel kein Strahlrohr dabei, damit er mobiler und schneller ist. Für diesen Trupp muss eine Ge-

Merke:

Kinder verstecken sich häufig in Schränken oder unter Betten. Erwachsene sind oft in der Nähe von oder hinter Fenstern und Türen zu finden. Achtung beim »Aufstoßen« von Türen! Der Stiel einer Axt kann als Arm-Verlängerung zum Tasten eingesetzt werden. Der Suchtrupp soll sich durch Rufen bemerkbar machen.

IM EINSATZ

Kennzeichnung von durchsuchten Räumen

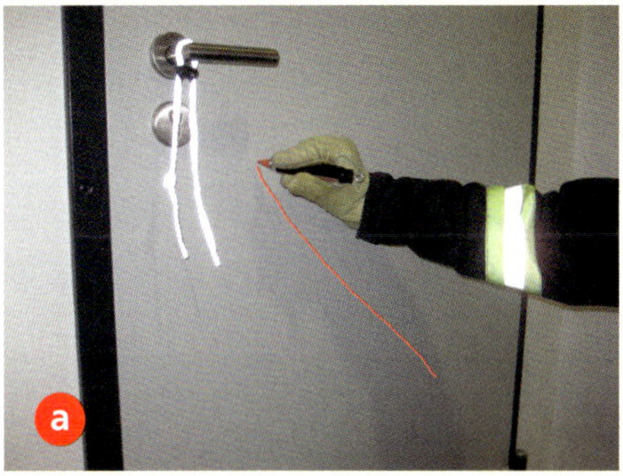

Zur Kennzeichnung von durchsuchten Räumen können diese nach der ersten abgeschlossenen Suche entweder mit einem Türkennzeichnungsband und einem Knoten am Türdrücker oder einem Strich auf dem Türblatt markiert werden.

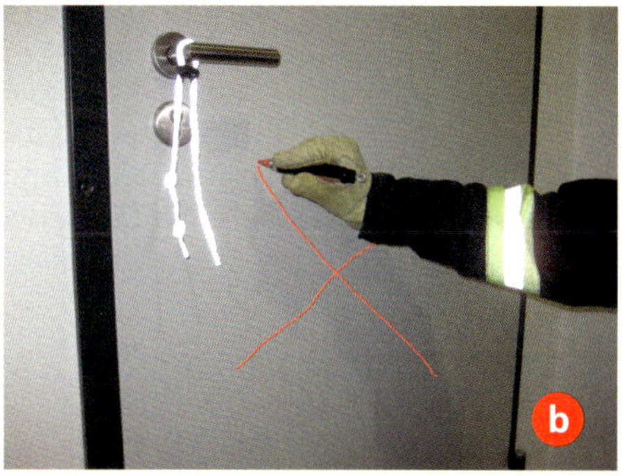

Nach der zweiten abgeschlossenen Suche wird das Türkennzeichnungsband mit einem zweiten Knoten versehen bzw. ein zweiter Strich als Kreuz auf das Türblatt gemalt. Selbstverständlich wird im Einsatz nur ein Verfahren verwendet!

fährdung durch Feuer ausgeschlossen sein, die Sicherung des Rückzugsweges erfolgt mit einer Leine. Die Trupps können gleichzeitig oder wenig zeitlich versetzt vorgehen. Ein Einsatzbeispiel für die Anwendung dieser Suchvariante ist die Durchsuchung einer Schule bei einem Kellerbrand.

Die Suche wird durch Anwendung von Markierungen abgeschlossen, damit nachfolgende Trupps bereits durchsuchte Räume/Gänge nicht noch einmal zeitaufwändig durchsuchen. Die Markierung kennzeichnet, ob die erste oder zweite Suche im markierten Raum bereits abgeschlossen ist. Zur Markierung werden entweder große Kreuze auf der Tür (mittlerer oder unterer Bereich wegen des Rauches) oder

Merke:

Ein Gebäude wird (mindestens) zwei Mal durchsucht: Die erste Suche erfolgt zügig, die zweite Suche erfolgt sehr genau.

Türkennzeichnungsbänder am Türdrücker verwendet. Die notwendigen Kennzeichnungsstifte und die Bänder werden üblicherweise mit Holstern an der Tragevorrichtung eines Pressluftatmers transportiert. Bei der Nutzung der Kreide-Technik auf der Tür ist das zeitversetzte Erstellen eines Kreuzes üblich, bei den Markierungsbändern werden entsprechende Knoten geknüpft:

- erster Strich/erster Knoten: erste Suche abgeschlossen,

Merke:

Die Rückmeldungen über den Abschluss eines Suchauftrages in einem eindeutigen Bereich (z. B. »Wohnung auf der straßenzugewandten Seite, erstes Obergeschoss«) darf nur gegeben werden, wenn der Trupp nach der Suche Gewissheit hat, weil der empfangende Einheitsführer seine weiteren wichtigen taktischen Maßnahmen mit diesen Informationen plant.

- zweiter (kreuzender) Strich/zweiter Knoten: zweite Suche abgeschlossen.

Die Bänder/Knoten haben den Vorteil, dass sie ertastet werden können. Einige Konzepte verwenden statt der Knoten ein zweites Kennzeichnungsband zur Kennzeichnung der zweiten Suche. Bei manchen Markierungsvarianten wird zusätzlich noch die Anzahl der im Raum gefunden Personen gekennzeichnet, was in der Praxis bei der Menschenrettung aber wegen der Zeitnot oft nicht möglich ist. Wichtig ist, dass die genutzte Markierung einheitlich und allen Einsatzkräften bekannt ist. Informieren Sie sich über die örtlich verwendete Methode!

31.2.6 Kommunikation im Atemschutzeinsatz

Der Funkverkehr ist kurz zu halten und auf das Notwendigste zu beschränken. Dies gilt auch für den Atemschutzeinsatz. Meldungen, die auch mündlich persönlich abgegeben werden können, wie beispielsweise die An- und Abmeldung bei der Atemschutzüberwachung, sollen auch mündlich abgegeben werden.

Kommunikation im Atemschutzeinsatz ist mindestens bei folgenden Situationen notwendig:

- Einsatzauftrag übernommen (Anmelden bei der Atemschutzüberwachung),
- Einsatzziel erreicht,
- Lageänderung,
- Änderung des Aufenthaltortes, inkl. Beginn des Rückzugs,
- Notfall (▶ Kapitel 31.2.8),
- Einsatz beendet (Abmelden bei der Atemschutzüberwachung).

Eindeutige Funkrufnamen werden entsprechend der örtlichen Regelungen eingesetzt und diszipliniert verwendet. Nur mit Zubehörteilen von Sprechfunkgeräten, wie abge-

Merke:

Vor dem Einsatz eine Sprechprobe mit dem Funkgerät durchführen, damit der richtige Funkkanal, Ladezustand und die Funktionstüchtigkeit des Funkgerätes überprüft werden!

Quelle: R. Weich

Bild 31.24 Handsprechfunkgerät mit abgesetzter Mikrofon-Lautsprecher-Einheit

setzte Mikrofon-Lautsprecher-Einheiten (auch als Handmonofon bezeichnet; ▶ Bild 31.24) oder Hör-Sprech-Garnituren (häufig auch als Helm-Sprech-Garnitur bezeichnet; ▶ Bild 31.25), ist Sprechfunkverkehr unter Atemschutz praktisch möglich. Zusätzlich ist eine enge persönliche Absprache im Atemschutztrupp sehr wichtig und erhöht die Sicherheit des Trupps.

Merke:

Im Sprechfunk ist immer Funkdisziplin einzuhalten!

Quelle: J. Thorns

Bild 31.25 Hör-Sprech-Garnitur

Quelle: Dräger Safety AG & Co. KGaA, Lübeck

Bild 31.26 In Vollmaske integrierter Sprachverstärker mit Funkgerät-Verbindung

Zur Kommunikation im Trupp und mit anderen beteiligten Personen eigenen sich elektronische Sprachverstärker, wie sie seit einigen Jahren von der Industrie angeboten werden (▶ Bild 31.26). Diese Zubehörgeräte nehmen den Schall in der Atemschutzmaske auf und geben die Sprache über einen Lautsprecher nach außen ab. Zusätzlich gibt es die Möglichkeit, die in der Maske aufgenommene Sprache direkt an das Funkgerät weiter zu leiten, sodass Funksprüche klarer übertragen werden können. Für den Einsatz in Chemikalienschutzanzügen muss der Sprachverstärker abgeschaltet werden können. Hier erweist sich aber die klare Kommunikation durch die direkte Verbindung zum Funkgerät als besonders geeignet. Zum Empfangen von Funksprüchen haben die Geräte Lautsprecher, die vor dem Ohr des Trägers sitzen.

31.2.7 Atemschutzüberwachung

Die **<Atemschutzüberwachung>** ist die Gesamtheit aller Maßnahmen zur Kontrolle und zur Unterstützung der unter Atemschutz vorgehenden Trupps. Sie beinhaltet insbesondere die Registrierung und die Zeitüberwachung des Atemschutzeinsatzes und ist ein Hilfsmittel, um Notfälle zu verhindern und zu erkennen. Für die Atemschutzüberwachung ist der Einheitsführer der taktischen Einheit verantwortlich. Er kann andere geeignete Personen, beispielsweise seinen Melder oder Maschinisten, zur Unterstützung hinzuziehen.

Zur Durchführung der Atemschutzüberwachung sind mindestens notwendig:

- Sprechfunkgerät,
- Uhr,
- Schreibunterlage, mindestens mit Vordruck zur Datenerfassung.

Die Industrie bietet zur Durchführung der Atemschutzüberwachung verschiedene Atemschutz-Überwachungstafeln und Hilfsmittel an (▶ Bild 31.27). Nach einem und nach zwei Drittel der zu erwartenden Einsatzzeit ist durch die Atemschutzüberwachung der Atemschutztrupp auf die Beachtung der Behälterdrücke hinzuweisen und die tatsächlichen Flaschenfülldrücke sind zu notieren. Die Registrierung muss mindestens enthalten:

- Namen der Einsatzkräfte unter Atemschutz,
- Funkrufname des Trupps,
- Art des benutzen Atemschutzgerätes,
- Uhrzeit und Flaschenfülldruck beim An-

Merke:

Bei jedem Atemschutzeinsatz und bei jeder Übung mit Isoliergeräten muss eine Atemschutzüberwachung gemäß Feuerwehr-Dienstvorschrift 7 »Atemschutz« durchgeführt werden.

Achtung:

Die Atemschutzüberwachung ersetzt nicht die Pflicht zur Eigenverantwortung für Sicherheit im Atemschutzeinsatz!

Merke:

Für den Atemschutznachweis sind der Name des Atemschutzgeräteträgers, das Datum, der Einsatzort, die Art des Gerätes sowie die Atemschutzeinsatzzeit zu registrieren.

H

Tabelle 31.9 Standard-Einsatzzeiten von Atemschutzgeräten für die Atemschutzüberwachung

Atemschutzgerät	Normal-Einsatzzeit	Einsatz unter Chemikalienschutzanzug
Filtergerät	ohne Zeitvorgabe	nicht möglich
Pressluftatmer – 1 Flasche (300 bar)	30 min	20 min
Pressluftatmer – 2 Flaschen (200 bar)	30 min	20 min
Regenerationsgerät	120 min	nicht zulässig

Quelle: Dräger Safety AG & Co. KGaA, Lübeck

Bild 31.27 Unterschiedliche Atemschutz-Überwachungstafeln

a Ausführung mit Kurzzeitmessern

b Telemetrische Ausführung mit Funk-Datenübertragung

Merke:

Es sind immer die Werte von allen Truppmitgliedern zu dokumentieren. Ausschlaggebend für Entscheidungen ist aber immer der jeweils geringste Restdruck des Trupps.

schließen des Atemschutzgerätes,

- Uhrzeit und Flaschenfülldruck bei 1/3 und 2/3 der zu erwartenden Einsatzzeit, (▶ Tabelle 31.9),
- Uhrzeit und Flaschenfülldruck bei Erreichen des Einsatzzieles, hieraus ergibt sich der Rückzugsdruck,
- Uhrzeit und Flaschenfülldruck bei Beginn des Rückzugs,
- Uhrzeit und Druck bei Einsatzende = sichere Abmeldung an der Atemschutzüberwachung,
- Zusätzlich: Aufenthaltsort, Einsatzziel und Rückmeldungen.

Der Zeitpunkt für den Rückzug ist so zu wählen, dass die Restdruckwarneinrichtung (55 ±5 bar) beim Verlassen des Einsatzobjektes möglichst nicht ertönt. Durch die Verwendung des doppelten Drucks für den Rückweg wie für den Hinweg, ist dies in der Regel bereits abgedeckt.

31.2.8 Notfallmeldung

Eine <**Notfallmeldung**> muss über Funk abgegeben werden, wenn Einsatzkräfte in eine Notsituation geraten. Beispiele für Notfälle sind Orientierungsverlust, gesundheitliche Probleme, Kontaktverlust zwischen den Truppmitgliedern (> eine Minute), Abschneiden des Rückzugweges, Erschöpfung des Luft-

Achtung:

Es ist sinnvoll und kann lebensrettend sein, die Notfallmeldung auch beim Anschein oder Verdacht von Problemen abzugeben, damit eine Rettung frühzeitig eingeleitet werden kann.

vorrates und/oder technischer Defekt an der Atemschutzausrüstung.

Die Notfallmeldung wird mit dem Kennwort <**MAYDAY**> gekennzeichnet, damit sie eindeutig und unverwechselbar im Funkverkehr wahrgenommen werden kann. Dieses Kennwort muss bei allen Notfallsituationen verwendet werden. Eine Notfallmeldung beinhaltet folgende Informationen:

- **Einleitung**: Mayday, Mayday, Mayday
- **Hilfe suchende Einsatzkraft**: hier (Funkrufname xy)
- **Standort**: (Standort xy)
- **Lage**: (Lage xy)
- **Gesprächsabschluss**: Mayday – Kommen!

Wird eine Notfallmeldung über Funk wahrgenommen, müssen die unbeteiligten Einsatzkräfte den Funkverkehr auf dem betroffenen Funkkanal/Rufgruppe auf das Allernotwendigste reduzieren, damit der Funkkanal/Rufgruppe für den Rettungseinsatz zur Verfügung steht. Eine Notfallmeldung kann gleichberechtigt auch durch die Atemschutzüberwachung abgegeben werden, wenn ein Atemschutzüberwacher »Unstimmigkeiten« erkennt. Beispiele für solche Unstimmigkeiten sind: ein Trupp ist überfällig, ein Trupp antwortet auf Nachfrage nicht oder der Funkkontakt zum Trupp reißt ab. Nach einer Atemschutz-Notfallmeldung wird der Sicherheitstrupp aktiviert und die Maßnahmen für einen Notfall (▶ Kapitel 32) eingeleitet.

Es ist sinnvoll und kann lebensrettend sein, die Notfallmeldung auch beim Anschein oder Verdacht von Problemen abzugeben, damit

ZUR VERTIEFUNG

Lars Lorenzen: Die Roten Hefte 95: Unfallverhütung im Atemschutzeinsatz, Verlag W. Kohlhammer, Stuttgart, 2011.

Merke:

Beispiel für eine Notfallmeldung:
»Mayday, Mayday, Mayday,
hier Florentine Angriffstrupp 1/44/1,
Standort: Kellergeschoss, Gang auf der rechten Seite,
Truppangehöriger bewusstlos, Feuer nicht unter Kontrolle,
Mayday – Kommen!«

Merke:

Richtiges Verhalten im Notfall: Bewahre Ruhe und orientiere dich! Setz die Notfallmeldung ab! Aktiviere den Bewegungslosmelder! Halte dich beim zügigen Rückzug am Schlauch bzw. der Wand!

Achtung:

Panik und unüberlegtes Handeln werden den Notfall immer schlimmer machen!

eine Rettung frühzeitig eingeleitet werden kann. Atemschutz-Notfälle mit verletzten oder sogar toten Einsatzkräften sind in Deutschland glücklicherweise selten. Trotzdem: Leider werden immer noch viele Notfallmeldungen zu spät abgegeben. Zu spät, um eine erfolgreiche Rettungsaktion durchzuführen!

Literatur:

[1] Cimolino, U. (Hrsg.) et.al.: Atemschutz, 5. Auflage, Reihe Einsatzpraxis, ecomed-Verlag, Landsberg, 2011.

[2] Feuerwehr-Dienstvorschrift (FwDV) 7 »Atemschutz«, Stand 2002 mit Änderungen 2005, Verlag W. Kohlhammer, Stuttgart, 2005.

[3] Helpenstein, J., Faulstich, S.: Sonderheft Feuerwehr-Magazin »Verhalten im Innenangriff«, Auflage 2012, Ebner Verlag GmbH, Bremen, 2011.

[4] Kloß, L.: Notfall und Rettung: Atemschutzunfälle – Ursachen, Rettung, Training; Praxiswissen Feuerwehr, 1. Auflage, Verlag Technik, 2006.

[5] DGUV-Regel 112-190: Benutzung von Atemschutzgeräten, Deutsche Gesetzliche Unfallversicherung e.V. 2011

H

32 Atemschutznotfälle

von Carsten Sorg und Christoph Wöhrle

Ein <**Atemschutznotfall**> stellt für die betroffenen Einsatzkräfte eine potenziell lebensbedrohliche Situation dar. Aus diesem Grund muss jede Feuerwehr ein an die örtlichen Verhältnisse angepasstes Atemschutznotfallkonzept erarbeiten und dieses auch intensiv schulen und einüben. Das Ziel eines funktionierenden Atemschutznotfallkonzeptes ist es nicht nur, bei einem Atemschutznotfall zielgerichtet vorgehen zu können, sondern Atemschutznotfälle generell zu vermeiden.

Ein Atemschutznotfall erfordert immer die strukturierte Zusammenarbeit aller beteiligten Einsatzkräfte, um die Notfallsituation erfolgreich bewältigen zu können. Blinder Aktionismus Einzelner ist fehl am Platz und erhöht sowohl das Risiko für die verunglückten Atemschutzgeräteträger als auch für den rettenden <**Sicherheitstrupp**>. Alle Führungskräfte und Einsatzkräfte müssen außerdem verinnerlichen, dass die regelmäßige Aus- und Fortbildung in diesem Bereich einen vorbeugenden Charakter hat.

32.1 Vermeiden von Atemschutznotfällen

Das Ziel für alle Atemschutzgeräteträger und Führungskräfte muss es sein, dass Atemschutznotfälle erst gar nicht entstehen bzw. diese vermieden werden. Die Gefahr von Atemschutznotfälle lässt sich unter anderem reduzieren durch:

- das Einhalten der Einsatzgrundsätze der Feuerwehr-Dienstvorschrift 7 »Atemschutz«;
- die konsequente Durchführung der (dezentralen) Atemschutzüberwachung;
- das Geben klarer Befehle des Einheitsführers und deren Beachtung;
- das Sichern des Rückzugsweges;
- die Kenntnis des Einheitsführers darüber, wo sich seine Atemschutztrupps befinden;
- das Beibehalten der Zugehörigkeit der Atemschutztrupps zu ihrer Einheit;
- das Herstellen einer Anleiterbereitschaft;
- die Wahl der richtigen Taktik bei der Druckbelüftung;
- das Durchführen einer realitätsnahen Aus- und Fortbildung;
- die gute körperliche Fitness der eingesetzten Atemschutztrupps;
- das vollständige Öffnen des Flaschenventils am Atemschutzgerät;
- das konsequente Durchführen der Einsatzkurzprüfung und der Maskendichtprobe;
- das Einhalten von ausreichend langen Pausen zwischen zwei Atemschutzeinsätzen;
- das vollständige und richtige Anlegen von unbeschädigter und einsatzbereiter Persönlicher Schutzausrüstung;
- das Vermeiden von Atemschutzeinsätzen unter Alkohol- oder Medikamenteneinwirkung.

32.2 Der Sicherheitstrupp

Laut Definition der Feuerwehr-Dienstvorschrift 7 »Atemschutz« ist der Sicherheitstrupp ein mit Atemschutzgeräten ausgerüsteter Trupp, dessen Aufgabe es ist, bereits eingesetz-

> **Achtung:**
>
> Die Flaschenventile der Atemluftflaschen sind immer ganz zu öffnen, um einen möglichst großen Widerstand gegen ungewolltes Zudrehen zu erreichen. Das ungewollte Zudrehen kann insbesondere durch Berühren von Wänden und Gegenständen mit dem Flaschenventil während des Atemschutzeinsatzes auftreten.

Merke:

Definition Sicherheitstrupp nach FwDV 7: Der Sicherheitstrupp ist ein mit Atemschutzgeräten ausgerüsteter Trupp, dessen Aufgabe es ist, bereits eingesetzten Atemschutztrupps im Notfall unverzüglich Hilfe zu leisten.

ten Atemschutztrupps im Notfall unverzüglich Hilfe zu leisten. Sein Erfolg hängt von vielen Faktoren, wie etwa der Aus- und Fortbildung, der Ausrüstung und einem funktionierenden Atemschutznotfallkonzept, ab.

Einsatzkräfte, die in der Funktion des Sicherheitstrupps eingesetzt werden, sollten über eine ausgesprochen gute körperliche Fitness verfügen. Außerdem müssen sie die Fähigkeit besitzen, ein Problem auch unter großem Stress zielgerichtet lösen zu können. Nur so können sie ihre Aufgabe, verunglückte Atemschutzgeräteträger zu retten, erfüllen.

32.2.1 Aufgaben des Sicherheitstrupps

Die Aufgabe des Sicherheitstrupps ist das Auffinden, Versorgen und In-Sicherheit-bringen verunglückter oder hilfloser Einsatzkräfte unter Atemschutz. Im Rahmen der Menschenrettung kann von der Feuerwehr-Dienstvorschrift 7 abgewichen werden. Sollte der Sicherheitstrupp zu diesem Zweck eingesetzt werden, so ist schnellstmöglich ein neuer Sicherheitstrupp zu stellen, der über eine vollständige Persönliche Schutzausrüstung sowie die notwendige Mindestausrüstung (▶ Abschnitt 32.2.5) verfügt. Bei Bedarf sind unverzüglich weitere Einsatzkräfte nachzufordern.

32.2.2 Notwendigkeit des Sicherheitstrupps

Der Einsatz ohne Sicherheitstrupp erfolgt nur an Einsatzstellen, an denen eine Gefährdung von Atemschutztrupps auszuschließen ist oder bei denen eine Rettung ohne Atemschutz möglich ist. Dies kann z. B. bei einem Brandeinsatz im Freien der Fall sein.

Der Einsatz mit Sicherheitstrupp erfolgt an allen Einsatzstellen, an denen eine Gefährdung

Achtung:

Die Tatsache, dass noch nie ein Atemschutznotfall eingetreten ist, bedeutet nicht, dass dieser nie eintreten wird.

von Atemschutztrupps nicht auszuschließen ist oder bei denen eine Rettung ohne Atemschutz nicht möglich ist. Ist ein Atemschutztrupp unter diesen Bedingungen eingesetzt, so ist unverzüglich ein Sicherheitstrupp zu stellen!

32.2.3 Stärke und Anzahl der Sicherheitstrupps

An jeder Einsatzstelle, an der eine Gefährdung für Atemschutztrupps nicht ausgeschlossen werden kann oder bei der eine Rettung durch Einsatzkräfte ohne Atemschutz nicht möglich ist, muss für die eingesetzten Atemschutztrupps mindestens ein aus zwei Einsatzkräften bestehender Sicherheitstrupp zum Einsatz bereitstehen. Je nach Risiko und personeller Stärke des eingesetzten Atemschutztrupps wird die Stärke des Sicherheitstrupps erhöht. Dies gilt insbesondere bei Einsätzen in ausgedehnten Objekten, beispielsweise in unterirdi-

Bild 32.1 Das Vorhalten eines Sicherheitstrupps aus zwei Einsatzkräften stellt die Mindestanforderung dar.

Bild 32.2 »Erweiterter Sicherheitstrupp« mit Schleifkorbtrage, Atemschutz-Notfalltasche, Wärmebildkamera, Brechwerkzeug sowie zwei C-Schlauchtragekörben mit Hohlstrahlrohr

schen Verkehrsanlagen (UVA; z. B. Straßen- und Schienentunnel), in Tiefgaragen oder in Hochhäusern. Der Sicherheitstrupp muss ein entsprechend der zu erwartenden Notfalllage geeignetes Atemschutzgerät tragen. Hierbei ist insbesondere an Regenerationsgeräte zu denken, da in den genannten Objekten oftmals lange Anmarschwege zurückzulegen sind und die Menge des mitzuführenden Materials vom sonst üblichen Standard abweicht. Daher kann es notwendig sein, die Stärke der eingesetzten Atemschutztrupps zu erhöhen (z. B. Stärke 1/3/4 oder 1/4/5). Dies bedeutet, dass jeweils auch ein Sicherheitstrupp in dieser Stärke vorgehalten werden muss. Da der Einsatzleiter bzw. Einheitsführer in solchen Lagen schnell an personelle und materielle Grenzen stoßen kann, ist frühzeitig an die Nachforderung weiterer Einsatzkräften und der entsprechenden Ausrüstung zu denken.

Wenn es zum Atemschutznotfall kommt, ist der eingesetzte Sicherheitstrupp im Regelfall durch weitere Sicherheitstrupps zu unterstützen. Dies ist insbesondere dann der Fall, wenn beide Truppmitglieder des verunglückten Atemschutztrupps in Not geraten sind, oder wenn Transportaufgaben bei einem oder gar beiden verunglückten Truppmitgliedern erforderlich sind. Das Vorhalten eines nur zweiköpfigen Sicherheitstrupps stellt also in jedem Fall die absolute Mindestanforderung dar.

Gehen Atemschutztrupps über verschiedene Angriffswege in von außen nicht einsehbare Bereiche vor, dann soll für jeden dieser Angriffswege mindestens ein Sicherheitstrupp zum Einsatz bereitstehen. Die Anzahl der Sicherheitstrupps richtet sich nach der Beurteilung der Lage durch den Einsatzleiter.

32.2.4 Bereitstellung des Sicherheitstrupps

Der Sicherheitstrupp geht vollständig ausgerüstet mit angelegten Atemanschlüssen gut sichtbar in Bereitstellung. Er hat die Maskendichtprobe am Atemanschluss bereits durchgeführt. Es folgt die Einsatzkurzprüfung an den jeweiligen Atemschutzgeräten. Die Flaschenventile sind vollständig geöffnet und die Lungenautomaten sind nicht angeschlossen. Bei dem in der Atemschutz-Notfalltasche befindlichen Atemschutzgerät ist ebenfalls vor dem Einsatz eine Einsatzkurzprüfung durchzuführen und das Flaschenventil ganz zu öffnen. So ist gewährleistet, dass dies nicht erst beim Eintreffen beim verunglückten Trupp unter möglicherweise schlechten Sichtverhält-

IM EINSATZ

Gegenseitige Kontrolle vor dem Atemschutzeinsatz

Überprüfung, ob das Flaschenventil vollständig geöffnet ist

Kontrolle des Flaschendrucks

Gegenseitiges Anschließen der Lungenautomaten und Überprüfung auf festen Sitz

Überprüfung, ob die Persönliche Schutzausrüstung vollständig und richtig angelegt ist

nissen und unter dem Zwang von raschem Handeln erfolgen muss. Der Sicherheitstrupp hat sich bereits im Vorfeld zusätzlich zu seinen eigenen Atemschutzgeräten von der ordnungsgemäßen Funktion dieses Atemschutzgerätes zu überzeugen.

Die weitere Persönliche Schutzausrüstung ist so anzulegen bzw. vorzubereiten, dass bei einem notwendigen Einsatz nur noch die Lungenautomaten angeschlossen werden müssen. Eine gegenseitige Kontrolle der Mitglieder des Sicherheitstrupps wird ausdrücklich empfohlen (▶ Im-Einsatz-Kasten auf dieser Seite)!

Der Sicherheitstrupp informiert sich fortlaufend über die Entwicklung des Einsatzes bzw. verfolgt dessen Ablauf. Dies erfolgt beispielsweise über das aufmerksame Mithören des Einsatzstellenfunks sowie optische und akustische Wahrnehmungen. Ebenso ist der Einheitsführer verpflichtet, den Sicherheits-

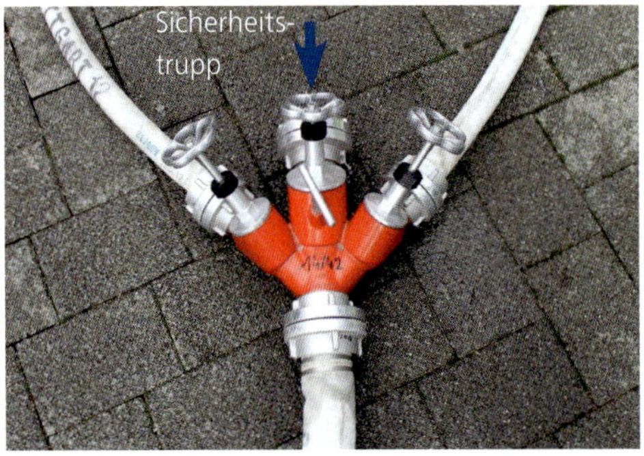

Bild 32.3 In einem Atemschutznotfallkonzept sollte definiert sein, welcher Anschluss am Verteiler für den Sicherheitstrupp reserviert ist.

trupp ständig über aktuelle Entwicklungen zu informieren, welche für diesen durch eigene Informationen nicht oder nicht klar optisch und akustisch wahrzunehmen sind.

In einem funktionierenden Atemschutznotfallkonzept ist außerdem klar definiert, welches Rohr der Sicherheitstrupp am Verteiler im Bedarfsfall zu nutzen hat. In der Regel bietet sich hierfür das 3. Rohr/Sonderrohr in der Mitte des Verteilers an. Dieses ist für den Sicherheitstrupp freizuhalten. Die Bereitstellung des Sicherheitstrupps erfolgt im Normalfall am Verteiler bzw. unmittelbar am Zugang zum Objekt. Von hier hat er in der Regel einen guten Überblick über die Einsatzstelle. Bei komplexen und ausgedehnten Lagen besteht jedoch die Gefahr, dass die Einsatzkräfte und vor allem der Sicherheitstrupp den Überblick verlieren können. Um dies zu verhindern, ist es hilfreich, alle gewonnenen Informationen aufzubereiten und den eingesetzten Atemschutzgeräteträgern kompakt zur Verfügung zu stellen. Durch die Einrichtung eines Übergabepunktes ist es möglich, dass Atemschutztrupps, die den Gefahrenbereich verlassen bzw. betreten, ihre Informationen austauschen können und in direkten Kontakt miteinander treten, um sich abzusprechen. Dieser Übergabepunkt kann zusätzlich vom Sicherheitstrupp genutzt werden, um sich einen Überblick über die Maßnahmen und die Örtlichkeiten zu verschaffen. Insbesondere kann er sich darüber informieren, in welchem Bereich Atemschutztrupps bereits im Einsatz sind und wie man am schnellsten zu deren Standort gelangen kann. Eine mit einfachen Mitteln gestaltete Skizze reicht in der Regel aus, um die notwendigen Informationen zu visualisieren.

> **Merke:**
>
> Sind an einem Verteiler drei Rohre angekuppelt, so ist vor dem jederzeit möglichen und sofortigen Einsatz des Sicherheitstrupps immer ein zweiter Verteiler (inklusive sichergestellter Wasserversorgung) zu setzen.

Der Einheitsführer bestimmt in seinem Einsatzauftrag an den Sicherheitstrupp dessen Bereitstellungsort. Hierfür eignet sich, wie bereits beschrieben, der Verteiler. Dort wird auch die notwendige Mindest- und Zusatzausrüstung bereitgelegt. Der Bereitstellungsort für den Sicherheitstrupp kann zusätzlich zur klaren optischen Darstellung mit einer Plane gekennzeichnet werden, auf der als Erinnerungshilfe auch die dort abzulegenden Geräte aufgedruckt oder angeführt sein können.

Die Interventions- bzw. Anmarschzeit sollte so kurz wie möglich sein. Dies bedeutet, dass beispielsweise bei einem Brand in einem Hochhaus der Bereitstellungsort für den Sicherheitstrupp im Depotgeschoss unterhalb des Brandgeschosses liegen muss. Siehe hiezu auch (▶ Kapitel 35.3).

Bild 32.4 Der Sicherheitstrupp steht vollständig ausgerüstet und für alle gut sichtbar am Verteiler bereit.

Der Sicherheitstrupp darf bei Notwendigkeit zu anderen leichten, nicht anstrengenden Tätigkeiten in Sicht- und Rufweite des Einheitsführers herangezogen werden. Hierzu kann z. B. die Vornahme eines Belüftungsgerätes oder das Ablöschen eines Flammenüberschlags im Außenangriff zählen. Es darf sich ausschließlich um nicht anstrengende Tätigkeiten handeln. Die Lungenautomaten der Atemschutzgeräte dürfen nicht angeschlossen werden. Wird der Sicherheitstrupp z. B. für eine der genannten Tätigkeiten eingesetzt, dann muss gewährleistet sein, dass er seine Tätigkeit, falls er zum Einsatz kommen muss, jederzeit sofort unterbrechen kann, um in seiner eigentlichen Funktion eingesetzt werden zu können.

32.2.5 Ausrüstung des Sicherheitstrupps

Die Ausrüstung für den Atemschutzeinsatz ist vielschichtig und auch sehr von den örtlichen Belangen abhängig. Es werden daher nachfolgend bewusst die Bereiche Persönliche Schutzausrüstung, Mindestausrüstung und Zusatzausrüstung unterschieden. Welche Ausrüstung für den Sicherheitstrupp bei der jeweiligen Feuerwehr vorgehalten wird, ist maßgeblich vom örtlichen Atemschutznotfallkonzept und den örtlichen Verhältnissen abhängig.

Persönliche Schutzausrüstung

Folgende Persönliche Schutzausrüstung wird für jedes Mitglied des Sicherheitstrupps als notwendig erachtet:
- die Persönliche Schutzausrüstung nach FwDV 1;
- eine Flammschutzhaube;
- eine Feuerwehrleine mit Feuerwehrleinenbeutel;
- ein Feuerwehr-Haltegurt mit Feuerwehrbeil, alternativ ein integriertes Gurtsystem;
- ein umluftunabhängiges Atemschutzgerät – Pressluftatmer – mit Atemanschluss;

Zusätzlich müssen je Sicherheitstrupp
- ein Handsprechfunkgerät und
- ein Beleuchtungsgerät

mitgeführt werden.

Im Idealfall verfügt jedes Mitglied des Sicherheitstrupps über ein Beleuchtungsgerät.

Merke:

Wenn der Sicherheitstrupp der letzte verfügbare Atemschutztrupp an einer Einsatzstelle ist, so sollten unverzüglich weitere Kräfte nachgefordert werden.

Kommen an einer Einsatzstelle Einsatzkräfte sowohl mit Behältergeräten (Pressluftatmern) als auch mit Regenerationsgeräten zum Einsatz, so muss der Sicherheitstrupp mit Regenerationsgeräten ausgestattet sein. Er muss an seinem Bereitstellungsort sowohl ein Behältergerät als auch ein Regenerationsgerät für den in Not geratenen Atemschutztrupp vorhalten. Dies gilt entsprechend auch für so genannte Langzeit-Pressluftatmer.

Mindestausrüstung

Folgende Mindestausrüstung wird für den Sicherheitstrupp als notwendig angesehen:
- ein Notsignalgeber (»Totmannwarner«);
- eine Materialtasche am Pressluftatmer mit Schere oder Messer, langer Bandschlinge, Wachskreide, Holzkeil;
- zwei Schlauchtragekörbe;
- ein Hohlstrahlrohr;
- ein Brechwerkzeug (z. B. Feuerwehraxt oder Halligan-Tool);
- ein Rettungstuch;
- eine <**Atemschutz-Notfalltasche**> mit einem Pressluftatmer mit einer langen Mitteldruckleitung mit Y-Stück oder alternativ mindestens ein separates Atemschutzgerät als Ersatz-Pressluftatmer; jeweils ausgestattet mit einer Rettungshaube, einem Atemanschluss, einer langen Bandschlinge und zwei Karabinerhaken.

Das Wechseln eines Atemanschlusses im Gefahrenbereich ist eine komplexe Maßnahme. Trotzdem wird das Mitführen eines Atemanschlusses in der Atemschutz-Notfalltasche empfohlen. Es sind nachweislich Atemschutznotfälle eingetreten, bei denen die Ursache auf einen defekten Atemanschluss zurückgeführt werden konnte. Für diese Art des Atemschutznotfalls wird in der Atemschutz-Notfalltasche zusätzlich eine Rettungshaube vorgehalten.

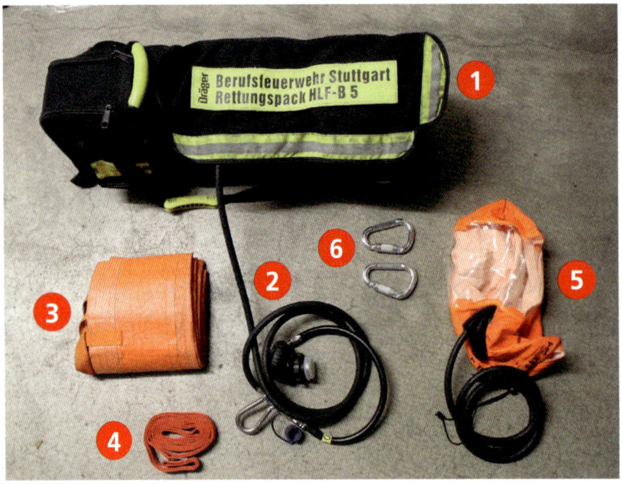

Bild 32.5 Beispiel für eine Atemschutz-Notfalltasche:
- Tasche mit Atemluftflasche (1)
- verlängerte Mitteldruckleitung und Lungenautomat (2)
- Rettungstuch (3)
- Bandschlinge (4)
- Rettungshaube (5)
- zwei Karabinerhaken (6)

Zur Benutzung der Rettungshaube ist es notwendig, diese am Y-Stück des Pressluftatmers der Atemschutz-Notfalltasche anzuschließen. Der defekte Atemanschluss des in Not geratenen Truppmitglieds muss vor dem Aufsetzen entfernt werden, da die Öffnung der Rettungshaube zum Überstülpen nicht groß genug ist.

Bei der Rettungshaube handelt es sich um eine Haube mit konstant dosierendem Ventil. Unmittelbar nach Anschluss der Haube beginnt der Behälterdruck des Pressluftatmers kontinuierlich zu sinken.

Zusatzausrüstung

Die folgende Zusatzausrüstung stellt eine sinnvolle Ergänzung für den Sicherheitstrupp dar:
- Wärmebildkamera,
- Mehrgasmessgerät,
- Orientierungsleine,
- Verbindungsleine für den Sicherheitstrupp,
- Transportmittel (Schleifkorbtrage oder Rettungsbrett mit Fixier-System).

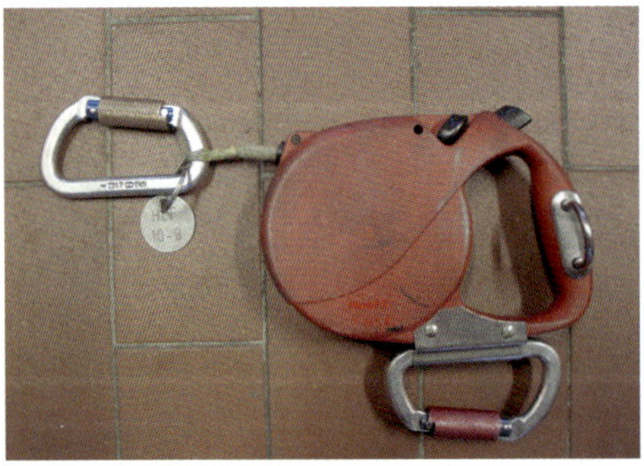

Bild 32.6 Verbindungsleine

Sofern örtlich vorhanden, sollte dem Sicherheitstrupp unbedingt eine Wärmebildkamera zur Verfügung gestellt werden. Das Auffinden von Personen kann hierdurch immens verkürzt werden. Die Wärmebildkamera ersetzt jedoch keinesfalls die Rückzugssicherung!

32.2.6 Einsatz des Sicherheitstrupps

Die Szenarien, bei denen ein Sicherheitstrupp eingesetzt werden kann bzw. muss, sind vielfältig. Grundsätzlich kommt er bei allen »Mayday«-Meldungen zum Einsatz. Nachfolgend werden einige mögliche Notfallsituationen aufgelistet.
- Es kommt zu gesundheitlichen Problemen innerhalb eines Atemschutztrupps.
- Es muss die Atemluftversorgung bei einem defekten Atemschutzgerät sichergestellt werden.
- Der Atemschutztrupp hat sich verirrt.
- Es kann kein Kontakt zum Atemschutztrupp hergestellt werden.
- Der Atemschutztrupp ist bei der Atemschutzüberwachung überfällig.
- Es kommt zum Kontaktverlust innerhalb des Atemschutztrupps.
- Unterstützung bei der Menschenrettung.
- Lageänderungen, in denen mit einer Ge-

fährdung für die eingesetzten Atemschutztrupps zu rechnen ist, wie z. B. Rauchgasdurchzündung, Raumdurchzündung, Rauchgasexplosion, Brandausbreitung, Explosion oder Einsturz.

Diese Auflistung ist in keinem Fall vollständig. Sie soll lediglich dazu dienen, einen Überblick über mögliche Notfallsituationen zu geben.

32.3 Kommunikation beim Atemschutznotfall/Funkkonzept

Eine funktionierende Einsatzstellenkommunikation ist für die Bewältigung eines Atemschutznotfalls von ganz besonderer Bedeutung. Der verunglückte Atemschutztrupp, der Sicherheitstrupp und der Einheitsführer behalten ihren Funkkanal bei. Alle anderen Einsatzkräfte wechseln auf einen neuen Kanal, damit auf dem Ursprungskanal ausreichend Ruhe einkehrt, um den Atemschutznotfall koordinieren zu können. Die Durchführung eines Kanalwechsels ist eine Herausforderung. Hierbei dürfen keinesfalls kommunikationstechnisch weitere Atemschutztrupps »verloren« werden. Der Kanalwechsel kompletter Einheiten sollte daher regelmäßig geübt werden. Wird im Einsatz kein Kanalwechsel durchgeführt, so müssen die am Atemschutznotfall unbeteiligten Einsatzkräfte den Funkverkehr auf das Allernotwendigste reduzieren, damit der Funkkanal für die Bewältigung des Atemschutznotfalls zur Verfügung steht.

Eindeutige Funkrufnamen müssen im Einsatzstellenfunk entsprechend der örtlichen Regelungen eingesetzt und diszipliniert verwendet werden. Der Sicherheitstrupp muss daher auch für alle am Funkverkehr Beteiligten durch einen eigenen, unverwechselbaren Funkrufnamen (z. B. »Sicherheitstrupp« oder »Sicherheitstrupp 1«) erkannt werden können.

Wenn der Sicherheitstrupp beim verunglückten Atemschutztrupp angekommen ist, dann ist es erforderlich, dass das Funkgerät des in Not geratenen Atemschutztrupps ausgeschaltet wird. Lediglich das Funkgerät des Sicherheitstruppführers bleibt eingeschaltet. Über ihn erfolgt nun sämtlicher Funkverkehr. Bei mehreren eingeschalteten Funkgeräten auf engstem Raum ist eine Kommunikation aufgrund der Rückkopplungen sonst nahezu unmöglich.

Merke:

Jede Mitteilung über Funk sollte so kurz wie möglich und so umfassend wie nötig verfasst werden. Vor jedem Funkspruch sollte geprüft werden, ob dieser notwendig ist.

In große und ausgedehnte Gebäude wie z. B. Verkaufsstätten, Bürogebäuden, Versammlungsstätten, Krankenhäusern etc. werden mit zunehmender Häufigkeit Gebäudefunkanlagen eingebaut. Diese werden aufgrund der vorhandenen Gesetze in den Bundesländern im Rahmen des Baugenehmigungsverfahrens gefordert, damit eine Kommunikation der Einsatzkräfte im Feuerwehreinsatz im Gebäude möglich ist. Die Nutzung von Gebäudefunkanlagen wird ausdrücklich empfohlen, um eine einwandfreie Einsatzstellenkommunikation sicherzustellen (▶ Kapitel 29).

32.4 Führung des Sicherheitstrupps

Die Führung des Sicherheitstrupps obliegt grundsätzlich dem Einheitsführer des in Not geratenen Atemschutztrupps. Tritt ein Atemschutznotfall ein, so ist sofort ein separater Einsatzabschnitt zu bilden. Geführt wird dieser von dem Einsatzabschnittsleiter, in dessen Einsatzabschnitt der Notfall eingetreten ist.

Der Sicherheitstruppführer führt die Rettungsaktion im Gefahrenbereich und gibt Rückmeldungen an seinen Einheitsführer.

Merke:

Es ist darauf zu achten, dass das Handsprechfunkgerät des in Not geratenen Atemschutztrupps nach dem Auffinden ausgeschaltet wird, um Rückkopplungen zu vermeiden und somit eine störungsfreie Kommunikation zwischen Sicherheitstrupp und Einheitsführer und ggf. weiteren Sicherheitstrupps gewährleisten zu können.

H

Auch das unter Umständen bei dem in Not geratenen Atemschutzgeräteträger verbliebene Truppmitglied ist ihm nun unterstellt.

32.5 Maßnahmen des in Not geratenen Atemschutztrupps

Hat sich der Atemschutznotfall im Gefahrenbereich zugetragen, so ist es unverzichtbar, dass der zweite Atemschutzgeräteträger, falls dieser dazu in der Lage ist, den verunglückten Atemschutzgeräteträger mittels **<Sofort-Rettung>** aus diesem Bereich rettet bzw. in Sicherheit bringt.

Eine der wichtigsten Maßnahmen besteht darin, Panik zu vermeiden und sich eine Übersicht über die Lage des eigenen Atemschutztrupps zu verschaffen, damit gezielt Hilfe angefordert werden kann. Hierbei ist es insbesondere wichtig, dass die Mitglieder des Atemschutztrupps folgende Fragen klären:

- Wo ist mein Truppmitglied?
- Welche Art von Notfall liegt vor?
- Ist der Verletzte bei Bewusstsein?
- Wie viel Atemluft steht noch zur Verfügung (Druckkontrolle)?
- Liegen Verletzungen vor (wenn ja, welche?)?
- Kann sich der Verunglückte noch selbstständig fortbewegen?
- Sind weitere Gefahren erkennbar?
- Wie sehen die Räumlichkeiten aus, in denen ich mich befinde?

Eine weitere unverzichtbare Maßnahme besteht darin, den Einheitsführer auf die eigene Notlage und die genaue Örtlichkeit aufmerksam zu machen. Dies erfolgt in erster Linie durch eine »Mayday«-Notfallmeldung über das Handsprechfunkgerät.

Laut Feuerwehr-Dienstvorschrift 7 ist eine Notfallmeldung ein über Funk abgesetzter Hilferuf von in Not geratenen Einsatzkräften. Die Notfallmeldung wird mit dem Kennwort »Mayday« eindeutig und unverwechselbar gekennzeichnet. Dieses Kennwort muss bei allen Notfallsituationen verwendet werden.

Notfallmeldungen werden wie folgt abgesetzt:

Kennwort: »Mayday, Mayday, Mayday

Hilfe suchende Einsatzkraft: hier Angriffstrupp 2/46-1 (**Funkrufname**)
im Keller, zweiter Raum rechts (**Standort**)
Truppmann bewusstlos, benötigen Hilfe (**Lage**)

Gesprächsabschluss: Mayday – kommen!«

Die Notrufmeldung ist so lange zu wiederholen, bis der Notruf vom Einheitsführer aufgenommen und quittiert wurde. Ist der Truppführer des Atemschutztrupps von dem Notfall betroffen, so sollte das Handsprechfunkgerät an den Truppmann übergeben werden bzw. muss dieser versuchen, an dieses zu gelangen.

Nach der Abgabe der Notfallmeldung ist es erforderlich, dass der in Not geratene Atemschutztrupp mit allen ihm zur Verfügung stehenden Mitteln auf sich aufmerksam macht, um so dem Sicherheitstrupp ein zügiges Auffinden zu ermöglichen. Dies kann mit Rufen, Klopfen, der Aktivierung der Notsignalgeber und dem Geben von Licht- und Blinkzeichen erfolgen. Bei der Summe dieser Maßnahmen ist allerdings darauf zu achten, dass es nicht zu einem erhöhten Atemluftverbrauch kommt. Hilfreich ist die Einnahme einer bequemen Position. In einer Notfallsituation ist jeder Atemschutzgeräteträger aufgefordert, auf sein Truppmitglied und auch auf sich selbst, beruhigend einzuwirken. Panikreaktionen sind zu vermeiden. Durch einen hohen Blutdruck, eine schnelle Atemfrequenz und einen hohen Puls wird zusätzliche Atemluft verbraucht.

Nach dem Eintreffen des Sicherheitstrupps weist der in Not geratene Atemschutztrupp den Sicherheitstrupp in die Lage ein. Für die weitere Kommunikation zwischen Sicherheitstrupp und Einheitsführer ist es wichtig, die akustische Warneinrichtung der Notsignalgeber zurückzustellen.

32.6 Maßnahmen des Sicherheitstrupps

Bei den im Folgenden beschriebenen Maßnahmen wird davon ausgegangen, dass ein Truppmitglied des Atemschutztrupps in Not geraten

Achtung:

Der Sicherheitstrupp nimmt immer eine eigene Rückzugssicherung vor!

ist. Sind beide Truppmitglieder in Not geraten, so sind der Situation entsprechend mehrere Sicherheitstrupps auszurüsten und in Bewegung zu setzen. Die Vorhaltung eines einzelnen Sicherheitstrupps kann lediglich die Mindestvorhaltung an einer Einsatzstelle darstellen. Im Gegensatz dazu gibt es bereits Atemschutznotfallkonzepte, die darauf ausgerichtet sind, beiden Mitgliedern des Atemschutztrupps sofort adäquat Hilfe leisten zu können. Aufgrund der Vielzahl unterschiedlicher Konzepte, die sich im Regelfall durch Personaleinsatz, Taktik und Zusatzausrüstungsgegenstände unterscheiden, können an dieser Stelle nur die Grundlagen beschrieben werden.

Der Sicherheitstrupp holt sich beim Einheitsführer alle notwendigen Informationen für den Sicherheitstruppeinsatz bzw. den Atemschutznotfall ein. Diese Informationen sollten ausführlich sein, stehen aber natürlich auch unter dem Druck von schnellem Handeln. Dem Sicherheitstrupp muss immer bewusst sein, dass ein Ereignis vorhergegangen ist, welches den Atemschutznotfall verursacht hat. Deshalb ist beim Vorgehen zum in Not geratenen Atemschutztrupp der Eigenschutz von zentraler Bedeutung.

Bild 32.7 Wie alle Atemschutztrupps muss auch der Sicherheitstrupp von der Atemschutzüberwachung erfasst werden.

Der Einsatz des Sicherheitstrupps ist bei der Atemschutzüberwachung bzw. der Atemschutzdokumentation zu registrieren.

32.6.1 Angriffsleitung/Rückzugssicherung

Der Sicherheitstrupp orientiert sich an der Angriffsleitung des in Not geratenen Atemschutztrupps und folgt dieser. Bei mehreren am Verteiler angeschlossenen Angriffsleitungen ist es wichtig, herauszufinden, welcher Angriffsleitung der Sicherheitstrupp zu folgen hat und welche zu dem in Not geratenen Atemschutztrupp führt. Für die Angriffsleitung des Sicherheitstrupps gibt es folgende Möglichkeiten:

- Ab der Rauchgrenze wird mit Wasser am Rohr vorgegangen; mit dem Nachteil, dass dies körperlich belastender und zeitintensiver ist, aber mit dem Vorteil, dass man jederzeit auf ein Brandereignis reagieren kann.
- Ab der Rauchgrenze wird ohne Wasser am Rohr vorgegangen; mit dem Nachteil, dass man vor der Reaktion auf ein spontan eintretendes Brandereignis erst Wasser auf die Schlauchleitung geben muss, aber mit dem Vorteil, dass diese Variante körperlich weniger belastend ist und ein schnelleres Vorankommen ermöglicht.

Nur wenn mit absoluter Sicherheit ausgeschlossen werden kann, dass in dem Bereich, in dem sich der in Not geratene Atemschutztrupp befindet und auch auf dem Hin- und Rückweg, keine Brand- oder Explosionsgefahr besteht, dann kann als Rückzugssicherung eine Leinensicherung mittels Feuerwehr- oder Orientierungsleine eingesetzt werden. Der Festpunkt für diese Art der Rückzugssicherung ist außerhalb des Gebäudes zu wählen!

32.6.2 Auffinden eines in Not geratenen Atemschutzgeräteträgers

Das Eintreffen bei dem in Not geratenen Atemschutztrupp bzw. dessen Auffinden ist dem Einheitsführer zu melden. Die Maßnahmen des Sicherheitstrupps beginnen mit einem »Sehen-/Hören-/Fühlen-Check«, um abzuklären, welche weiteren Schritte notwendig sind.

> **Achtung:**
> Eine Wärmebildkamera oder eine Funkverbindung stellen keine Rückzugssicherung dar!

Sehen
- Wie sehen die Räumlichkeiten aus, in denen sich der Trupp befindet?
- In welchem Zustand ist der Trupp?
- Wie ist der Bewusstseinszustand?
- Liegen Verletzungen vor (wenn ja, welche?)?
- Ist der zweite Atemschutzgeräteträger noch vor Ort?
- Wie viel Atemluft steht dem Trupp noch zur Verfügung (Druckkontrolle)?
- Liegt eine Einklemmung oder Verschüttung vor?
- Sind weitere Gefahren erkennbar?

Hören
- Sind Atemgeräusche des verunglückten Atemschutzgeräteträgers zu hören?
- Sind Brandgeräusche zu hören?
- Strömt Gas aus?
- Hat der in Not geratene Atemschutztrupp wichtige Informationen für den Sicherheitstrupp?

Fühlen
- Der in Not geratenen Atemschutzgeräteträger wird abgetastet (Bodycheck).
- Liegen schwer wiegende Verletzungen wie Frakturen, Amputationen oder Pfählungsverletzungen vor?
- Befinden sich lose Bauteile am oder über dem verunglückten Atemschutztrupp?

Aufgrund der Lageerkundung vor Ort und des Sehen-/Hören-/Fühlen-Checks beim in Not geratenen Atemschutztrupp entscheidet der Sicherheitstruppführer darüber, ob ein lebensbedrohlicher Zustand vorliegt. Ist dies der Fall, so sollte im Rahmen der Sofort-Rettung das Retten des in Not geratenen Truppmitglieds an einen sicheren Ort erfolgen. Liegt kein lebensbedrohlicher Zustand vor, so wird eruiert, ob vor der Rettung Maßnahmen zur Sicherstellung der Atemluftversorgung durchgeführt werden sollen, um über genügend Restatemluft für die Rettung zu verfügen. Die Sicherstellung der Atemluftversorgung hat oberste Priorität, um die Situation stabilisieren zu können.

Nach der Erkundung bzw. dem Sehen-/Hören-/Fühlen-Check erfolgt außerdem umgehend eine Rückmeldung an den Einheitsführer mit einer genauen Lagemeldung bzw. der Beschreibung der Situation vor Ort. Der Einheitsführer bzw. ein eingesetzter Einsatzabschnittsleiter entscheiden dann über weitere Maßnahmen. Durch den Sicherheitstruppführer ist bei Bedarf frühzeitig Verstärkung anzufordern.

Bei bewusstlosen Atemschutzgeräteträgern hat die Sicherung der Atemwege bzw. die Reanimation absoluten Vorrang. Ein bewusstloser Atemschutzgeräteträger ist durch das Zurückfallen der Zunge, durch die Reduktion bzw. das Erlöschen der Schutzreflexe und die Aspirationsgefahr immens gefährdet. Es besteht die Gefahr der Verlegung der Atemwege. In diesem Falle und im Falle einer notwendigen Reanimation würde für die Sicherstellung der Atemluftversorgung nur unnötig Zeit verloren gehen. Ziel muss es daher sein, den Atemschutzgeräteträger durch eine Sofort-Rettung unverzüglich einer Behandlung durch den Rettungsdienst zuzuführen. In diesem Zusammenhang wird darauf hingewiesen, dass es für den Sicherheitstrupp unter Atemschutz nicht möglich ist, bei einem in Not geratenen Atemschutzgeräteträger aufgrund der Situation und der Geräusche eine korrekte medizinische Diagnostik durchzuführen. Ein Ablaufplan (▶ Bild 32.8) kann bei der Ausbildung und im Einsatz als Entscheidungshilfe für den Sicherheitstrupp herangezogen werden.

> **Achtung:**
> Bei Atemschutzgeräteträgern, die beim Auffinden durch den Sicherheitstrupp bewusstlos sind, liegt immer ein lebensbedrohlicher Zustand vor. Es erfolgen keine Maßnahmen zur Sicherstellung der Atemluftversorgung. Es muss eine Sofort-Rettung durchgeführt werden!

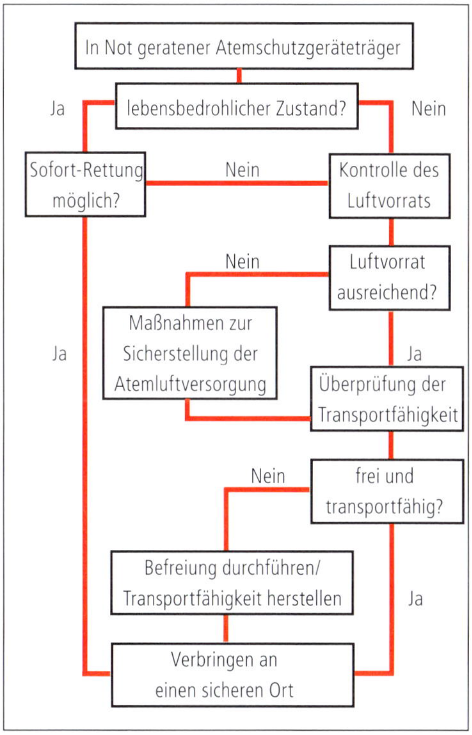

Bild 32.8 Ablaufplan beim Auffinden eines in Not geratenen Atemschutzgeräteträgers

32.6.3 Sicherstellen der Atemluftversorgung

Das in Not geratene Truppmitglied wird angesprochen. Sein Kopf wird zwischen den Schenkeln des Sicherheitstruppführers fixiert.

Gleichzeitig wird die Einsatzbereitschaft des Ersatz-Atemschutzgerätes hergestellt, sofern dies im Bereitstellungsraum des Sicherheitstrupps nicht bereits geschehen ist. Die Einsatzbereitschaft ist nach der Einsatzkurzprüfung, dem kompletten Öffnen des Flaschenventils und der Positionierung der verlängerten Mitteldruckleitung hergestellt.

Der Atemanschluss des in Not geratenen Truppmitglieds wird mit der linken Hand des Sicherheitstruppführers im so genannten C-Griff umfasst. Mit der rechten Hand des Sicherheitstruppführers wird der Lungenautomat des Ersatz-Pressluftatmers mit der verlängerten Mitteldruckleitung gehalten. Dem in Not geratenen Truppmitglied ist mitzuteilen, dass sein Lungenautomat gewechselt wird. Das in Not geratene Truppmitglied nimmt drei tiefe Züge und hält dann die Luft an. Dieser Ablauf ist ihm im Vorfeld kurz, aber verständlich zu erklären.

Der Sicherheitstruppmann schraubt nun den Lungenautomaten des in Not geratenen Truppmitglieds ab. Die Hand des Sicherheitstruppführers verbleibt wie bereits beschrieben im C-Griff am Atemanschluss. Der Sicherheitstruppführer zählt laut bis Drei. Danach schraubt der Sicherheitstruppmann den Lungenautomaten ab und gibt nach der Durchführung dieser Maßnahme die Rückmeldung »Maske frei«. Der Lungenautomat wird zur Seite gelegt. Der Sicherheitstruppführer schraubt sofort den Lungenautomaten des Ersatz-Pressluftatmers mit der verlängerten Mitteldruckleitung auf den Atemanschluss des in Not geratenen Truppmitglieds. Falls Atemgifte in den Atemanschluss eingedrungen sind, so können diese durch kurzzeitiges Betätigen der Spüleinrichtung am Lungenautomat wieder entfernt werden.

Nach dem vollständigen Aufschrauben erfolgt vom Sicherheitstruppführer das Kommando an den in Not geratenen Atemschutzgeräteträger: »Atmen!« Dieses Verfahren kann auch analog bei Regenerationsgeräten angewandt werden.

Bei einem alternativen Verfahren wird der Lungenautomat an der Mitteldruckleitung getrennt und an den Ersatz-Pressluftatmer gekuppelt. Da bei einem Luftverlust des Atemschutzgeräts nicht ausgeschlossen werden kann, dass dieses Problem vom Lungenautomat ausgeht, wird der Tausch des kompletten Atemschutzgeräts und somit des kompletten Systems empfohlen.

32.7 In-Sicherheit-bringen eines in Not geratenen Atemschutzgeräteträgers

Entlang der eigenen Angriffsleitung oder der angebrachten Leinensicherung erfolgt die Rettung des in Not geratenen Atemschutzgeräteträgers, gegebenenfalls des kompletten

IM EINSATZ

Sicherstellung Atemluftversorgung: Wechseln des Lungenautomaten

Der verunglückte Atemschutzgeräteträger wird angesprochen.

Sein Kopf wird zwischen den Schenkeln des Sicherheitstruppfrührer fixiert.

Nachdem der Truppmann den Lungenautomaten abgeschraubt hat, bringt der Truppführer den Lungenautomaten des Ersatzgerätes an.

Der Sicherheitstruppführer hält den Ateman-schluss während des gesamten Vorgangs im so genannten C-Griff fest.

Atemschutztrupps. Für die Rettung eines in Not geratenen Atemschutzgeräteträgers gibt es zahlreiche Möglichkeiten, die regelmäßig vorzustellen und zu üben sind.

32.7.1 Ziehen am Atemschutzgerät ...

... durch Verwendung des Rettungsgriffs

Einige Atemschutzgeräte der neueren Generation verfügen bereits über einen Rettungsgriff. Diese einfache Methode ist geeignet, um ohne weitere Hilfsmittel einen in Not geratenen Atemschutzgeräteträger aus dem Gefahrenbereich in einer Ebene durch Ziehen retten zu können.

... durch Ziehen an den Schultergurten

Zwei Atemschutzgeräteträger fassen jeweils links und rechts die Schultergurte des Atemschutzgerätes und können auf diese Weise ebenfalls einen in Not geratenen Atemschutzgeräteträger aus dem Gefahrenbereich in einer Ebene durch Ziehen retten.

... mit einer Bandschlinge

Die **<Bandschlinge>** wird bei der Feuerwehr unter anderem auch für die Sofort-Rettung von in Not geratenen Atemschutzgeräteträgern in einer Ebene eingesetzt. Zur Rettung eines verunglückten Atemschutzgeräteträgers wird die Bandschlinge mit einer Doppelschlinge um die Schultergurte des Atemschutzgeräts gelegt. Dies kann alternativ auch mit jeweils einer Bandschlinge je Schultergurt erfolgen. Empfohlen wird in beiden Fällen eine lange Bandschlinge. Das Ziehen erfolgt entweder mit einer Person oder zu zweit.

... mit dem Feuerwehr-Haltegurt

Durch Einhängen jeweils eines Karabinerhakens je Schultergurt kann der in Not geratene Atemschutzgeräteträger ebenfalls problemlos in einer Ebene aus dem Gefahrenbereich gerettet werden. Hierbei ist es unerheblich, ob die Karabinerhaken direkt an den Schultergurten eingeklickt oder diese umwickelt und am Zugseil wieder eingehängt werden. Bei dieser Rettungsvariante hat der Sicherheitstrupp seine Hände komplett frei.

32.7.2 Rettungstuch

Der in Not geratene Atemschutzgeräteträger wird auf das **<Rettungstuch>** gelagert. Hierbei empfiehlt es sich, die bekannten Lagerungstechniken zu verwenden (▶ Kapitel 47). Die Lagerung des Verunglückten auf dem Rettungstuch kann grundsätzlich mit oder ohne Atemschutzgerät erfolgen. Bei der Verwendung eines Rettungstuchs mit vernähten Trageschlaufen ist darauf zu achten, dass die aufgenähten Trageschlaufen auf der entgegengesetzten Seite der Liegefläche angebracht sind und auf Zug belastet werden. Wird das Rettungstuch falsch belastet, besteht die Gefahr des Ausreißens der Nähte. Das Rettungstuch wird am unteren Ende zwischen den Beinen des in Not geratenen Atemschutzgeräteträgers nach oben geführt. Die unteren Tragegriffe müssen auf den mittleren Tragegriffen aufliegen. Das Ergebnis ist die so genannte »Rettungswindel«. Die Tragegriffe können auch mittels Karabinerhaken verbunden werden. Der Sicherheitstrupp ist nun in der Lage, den in Not geratenen Atemschutzgeräteträger mittels dieser Technik tragend aus dem Gefahrenbereich zu bringen. Diese Methode hat sich besonders beim Begehen von Treppenräumen als nützlich erwiesen. Durch das Anbringen von zwei langen Bandschlingen an den beiden oberen Tragegriffen kann das Rettungstuch bei Bedarf auch gezo-

Bild 32.9 Rollenverteilung im Sicherheitstrupp: Der Truppführer spricht den Verunglückten an und führt den Bodycheck durch, während der Truppangehörige das Rettungsmittel vorbereitet.

IM EINSATZ

Sofort-Rettung eines Atemschutzgeräteträgers mittels Bandschlinge

Die Bandschlinge wird im oberen Bereich zwischen der Trageplatte und dem Rücken des ...

... verunglückten Atemschutzgeräteträger durchgezogen, sodass diese als Doppelschlinge ...

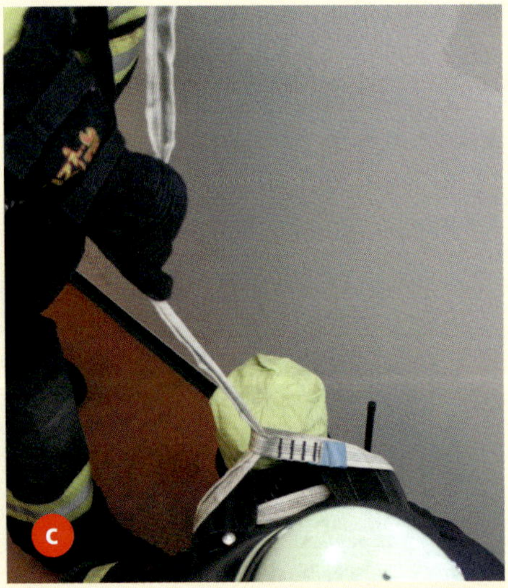

... beim Festziehen beide Schultergurte des Pressluftatmers umschließt.

Eine Sofort-Rettung ist nun in einer Ebene durch eine oder auch zwei Personen mit reduziertem Kraftaufwand möglich.

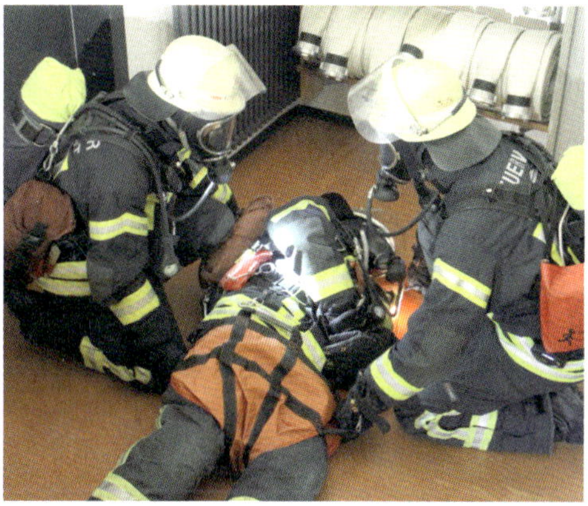

Bild 32.10 Das Rettungstuch kann unter den Verunglückten gelegt und zu einer »Rettungswindel« gefaltet werden.

gen werden. Um die Rettung zu erleichtern, vor allem aber damit jedes Truppmitglied des Sicherheitstrupps beide Hände zum Tragen frei hat, wird die Atemschutz-Notfalltasche oder das Atemschutzgerät auf dem Oberkörper des Verunglückten gelagert. Beim Atemschutzgerät empfiehlt es sich, die Bebänderung zu öffnen und auszubreiten, damit die Trageschale vollflächig auf dem Oberkörper aufliegen kann. Die Atemschutz-Notfallasche kann, wenn dies erforderlich ist, mittels Karabinerhaken fixiert werden. Stehen weitere Atemschutzgeräteträger zum Tragen zur Verfügung, so kann das Rettungstuch alternativ durch bis zu sechs Personen getragen werden.

32.7.3 Schleifkorbtrage

Die **<Schleifkorbtrage>** ist ein vielseitig einsetzbares Rettungsgerät. Bei der Rettung eines verunglückten Atemschutzgeräteträgers bietet die Schleifkorbtrage die Möglichkeit, außer der Atemschutz-Notfalltasche weitere Ausrüstungsgegenstände mitzuführen. Beim Transport des in Not geratenen Atemschutzgeräteträgers in der Schleifkorbtrage kann das Atemschutzgerät entweder auf dem Oberkörper oder zwischen den Beinen gelagert werden. Es kann mit den Gurten der Schleifkorbtrage fixiert werden. Durch das Anbringen von einer oder zwei langen Bandschlingen kann die Schleifkorbtrage mit oder ohne Patient auf dem Boden gezogen werden. Der Krafteinsatz hierbei ist überschaubar und deutlich geringer als beim Tragen. Für die Rettung eines in Not geratenen Trägers eines Chemikalienschutzanzuges stellt der Transport mit der Schleifkorbtrage die ideale Variante dar, da in diesem Fall das Atemschutzgerät nicht entfernt werden kann, um den Patienten in Rückenlage zu lagern. Er kann auch in einer Halbseitenlage in der Schleifkorbtrage gelagert werden.

32.7.4 Rettungsbrett mit Fixier-System

Einige Feuerwehren sehen in ihren Atemschutznotfallkonzepten die Benutzung eines Rettungsbretts (»Spineboard«) vor. Bei der Benutzung dieses Geräts sind ebenfalls die bekannten Lagerungstechniken zu verwenden (▶ Kapitel 47). Der Vorteil des Rettungsbretts ist gleichzeitig auch sein größter Nachteil: Der Patient rutscht! Daher ist der in Not geratene Atemschutzgeräteträger bei der Benutzung ei-

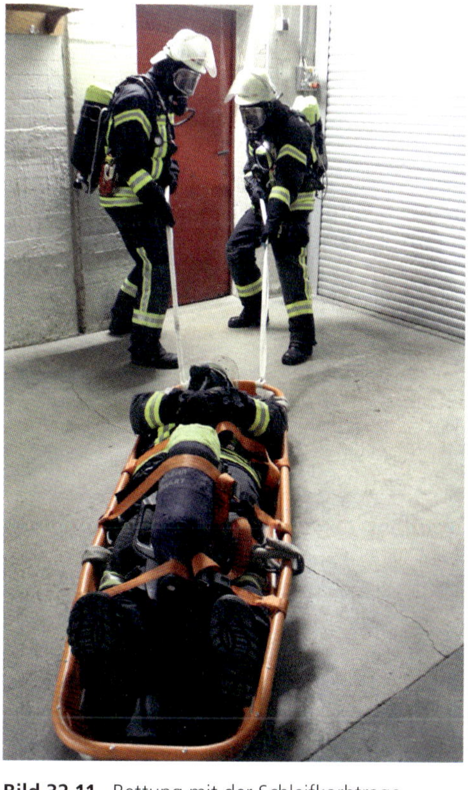

Bild 32.11 Rettung mit der Schleifkorbtrage

H

nes Rettungsbretts auf jeden Fall vor dem Anheben bzw. dem Tragen mittels Fixier-System gegen ein Herabfallen bzw. Herunterrutschen zu sichern. Vor der Verwendung des Rettungsbretts ohne Fixier-System wird ausdrücklich gewarnt! Das Atemschutzgerät ist vor der Lagerung auf dem Rettungsbrett vom Rücken des Patienten zu entfernen.

Ein nicht betroffener Atemschutzgeräteträger eines in Not geratenen Atemschutztrupps kann zum Transport seines Truppmitglieds herangezogen werden, wenn sich dieser dazu in der Lage sieht. Er kann durch die eigene Beteiligung am Transport einen wichtigen Beitrag zur körperlichen Entlastung des Sicherheitstrupps leisten.

Die genannten Transportmittel Schleifkorbtrage und Rettungsbrett kommen in der Regel nicht unmittelbar durch den Sicherheitstrupp in der Mindeststärke von zwei Einsatzkräften zum Einsatz, sondern werden nach der Erstversorgung durch einen weiteren Sicherheitstrupp zur Einsatzstelle gebracht. Alternativ ist der Sicherheitstrupp von Anfang an personell zu verstärken.

Weitere Informationen zu den hier dargestellten Rettungsmethoden gibt es in ▶ Kapitel 47.

32.8 Parallele Maßnahmen beim Einsatz des Sicherheitstrupps

Um ein schnelles Auffinden und Retten eines in Not geratenen Atemschutztrupps zu ermöglichen, müssen parallel durch den Einheitsführer bzw. Einsatzabschnittsleiter unterstützende Maßnahmen ergriffen werden. Hierzu zählen beispielsweise:

- die Nachforderung weiterer Einsatzkräfte;
- das Belüften mit dem Ziel, den Rettungsweg des Sicherheitstrupps möglichst frei von Rauch und Wärme zu bekommen;
- das Schaffen bzw. Vergrößern von Rettungsöffnungen und
- das Erkunden nach weiteren Zugangsmöglichkeiten.

Erfolgt der Einsatz des Sicherheitstrupps in Obergeschossen, so sind im Rahmen der Anleiterbereitschaft vorsorglich eine Drehleiter bzw. tragbare Leitern in Stellung zu bringen (▶ Kapitel 26).

Der Rettungsdienst ist über die bevorstehende Rettung zu informieren. Er steht am Gebäudeeingang bzw. -ausgang bereit, um den verunglückten Atemschutzgeräteträger sofort einer medizinischen Versorgung zuführen zu können. Falls der Rettungsdienst noch nicht an der Einsatzstelle anwesend ist, so ist z. B. eine Klappkrankentrage als Transportmittel und Unterlage für den verunglückten Atemschutzgeräteträger sowie Sanitätsgerät vorzubereiten.

32.9 Nach dem Atemschutznotfall

Nach einem Atemschutznotfall ist der Öffnungszustand des Flaschenventils zu kennzeichnen und schriftlich festzuhalten. Dies beinhaltet auch die Anzahl der Umdrehungen bis zum Schließen des Ventils. Der Restdruck im Atemluftbehälter ist ebenfalls schriftlich festzuhalten. Das Atemschutzgerät einschließlich des Atemanschlusses ist sicherzustellen. Sowohl Unfälle als auch Beinaheunfälle sind unverzüglich dem Leiter der Feuerwehr zu melden.

Notizen:

33 Einsatzstellenbelüftung

von Dr. Michael Reick

33.1 Grundlagen

Die Einsatzstellenbelüftung und die eigentliche Brandbekämpfung sind zwei Tätigkeiten der Feuerwehr, die bei den meisten Bränden untrennbar miteinander in Verbindung stehen. Nur bei der Bekämpfung eines Brandes im Freien kann sich die Feuerwehr erlauben, diese beiden Einflüsse auf einen Brand getrennt zu betrachten. Im Freien steht fast immer genügend Sauerstoff für den Verbrennungsvorgang zur Verfügung und die entstehenden Rauchgase können in den meisten Fällen ungehindert abziehen. Bei Schadenfeuern in Gebäuden hat die Belüftung des Brandraumes jedoch nahezu immer einen entscheidenden Einfluss auf den Brandverlauf und auf die Sicherheit aller Personen im Gebäude und damit letztlich auch über den gesamten Einsatzerfolg.

Durch das Öffnen von Türen im Gebäude nimmt die Feuerwehr bereits auf dem Weg zum Brandraum einen Einfluss auf die Belüftung eines Brandes. Da dies oftmals sogar unbewusst geschieht, ist es sehr wichtig, dass alle Einsatzkräfte den Einfluss ihrer Tätigkeit auf den weiteren Brandverlauf abschätzen können und sich auch der hierbei möglichen Gefahren bewusst sind.

Merke:

Bei jeder Tätigkeit an einer Brandstelle muss sich jede Einsatzkraft der Feuerwehr darüber bewusst sein, welchen Einfluss dies auf die Belüftung des Brandes und damit auf dessen weiteren Verlauf hat. Hiervon hängt nicht nur der gesamte Einsatzerfolg ab, sondern dies hat auch einen wesentlichen Einfluss auf die Gefährdung noch anwesender Personen und der eigenen Einsatzkräfte.

Einen aktiven Einfluss auf die Belüftung eines Brandes nimmt die Feuerwehr, wenn gezielt Öffnungen im Gebäude geschaffen werden oder gar ein mobiles Belüftungsgerät einsetzt wird. Diese Zusammenhänge sollen in diesem Kapitel ausführlich behandelt werden.

Weil Brandrauch im Freien von uns Menschen oftmals nicht als Bedrohung empfunden wird, unterschätzen wir leider allzu häufig das Risikopotenzial von Brandrauch, wenn er sich in einem Raum bzw. in einem Gebäude ansammeln kann. Hinsichtlich des Brandrauches muss sich jede Einsatzkraft stets bewusst sein:

- Mit zunehmender Konzentration giftiger Bestandteile kann Brandrauch bereits nach wenigen Atemzügen tödlich wirken.

Achtung:

Brandrauch ist ein Gemisch aus verschiedenen Stoffen und kann sehr giftig und auch entzündlich sein:

- Brandrauch ist insbesondere innerhalb von Gebäuden für Menschen und Tiere sehr gefährlich, bereits wenige Atemzüge können tödlich sein.
- Brandrauch kann entzündlich sein, hierdurch besteht bei Bränden innerhalb von Gebäuden ein erhebliches Gefahrenpotenzial.

Jede Einsatzkraft der Feuerwehr muss sich darüber bewusst sein, welchen Einfluss jegliche Tätigkeit auf die Belüftung eines Brandes und damit auf den Brandverlauf hat. Oftmals geschieht dies mehr oder weniger unbewusst, z. B. bereits durch das Öffnen von Türen zu Brandräumen. Außerdem muss jede Einsatzkraft die Grundregeln der aktiven Belüftung einer Brandstelle beherrschen und die daraus möglicherweise entstehenden Gefahren abschätzen können.

Merke:

Je größer ein Brand im Verhältnis zu der Größe des ihn umgebenden Raumes ist, desto mehr muss man sich bei der Brandbekämpfung mit der Frage der Belüftung des Brandraumes beschäftigen.

Achtung:

Da bereits das Öffnen von Türen zu Brandräumen eine erhebliche Veränderung der Gefährdungslage im Brandeinsatz hervorrufen kann (Rauch aus einer Wohnung kann in den Treppenraum strömen und dadurch die Rettung weiterer Personen gefährden!) ist eine derartige Maßnahme vom zuständigen Einheitsführer konkret anzuordnen und darf vom Angriffstrupp nicht eigenmächtig durchgeführt werden.

- Bei Bränden mit unzureichender Sauerstoffzufuhr kann Brandrauch erhebliche Mengen an brennbaren Bestandteilen haben. Hierdurch können extreme Brandverläufe (z. B. Rauchgasdurchzündungen und Rauchgasexplosionen) auftreten, welche auch für die Einsatzkräfte mit erheblichen Risiken verbunden sind.
- Brandrauch kann zu enormen Schäden in Gebäuden führen und verdient daher (nach Abschluss der Menschenrettung) bei der Brandbekämpfung entsprechende Beachtung.

Bild 33.1 Feuer in einem Holzofen

Achtung:

Wer in die Ventilation von Bränden in geschlossenen Räumen eingreift bzw. derartige Handlungen anordnet oder eigenmächtig durchführt (und hierzu gehört bereits das Öffnen von Türen zu Brandräumen!), muss sich sämtlicher hierbei möglicher Gefahren bewusst sein. Entsprechendes Wissen über die einsatztaktischen Grundsätze und über die möglichen gefährlichen Formen von Brandverläufen (Flash-over, Rauchgasdurchzündung, Backdraft) ist daher diesbezüglich unabdingbar.

Die Verfügbarkeit von Sauerstoff ist entscheidend für den gesamten Verlauf eines Brandes. Dies betrifft sowohl die Phase der Brandentwicklung bis hin zum Vollbrand, als auch die Phase der aktiven Brandbekämpfung durch die Feuerwehr. Lediglich bei Bränden im Freien kann diese Randbedingung in aller Regel während der Löscharbeiten vernachlässigt werden.

Bei Schadenfeuern in geschlossenen Räumen muss sich die Feuerwehr jedoch bei nahezu jedem Einsatz unweigerlich mit der Frage der Belüftung der Brandräume auseinander setzen.

Anschaulich kann dies an einem Feuer in einem Holzofen demonstriert werden:

- Das zu frühzeitige Schließen der Ofentüre kann zum Ersticken des Feuers führen, da noch zu wenig thermischer Auftrieb im Kamin und damit zu wenig Belüftung vorhanden ist.
- Das frühzeitige Öffnen einer geschlossenen Ofentüre kann zum Austritt von Rauchgasen aus der Ofentüre führen; diese Rauchgase können entzündlich sein und zu einer Stichflamme führen.

33.2 Geräte zur Be- und Entlüftung

Bei den Feuerwehren wird eine Vielzahl unterschiedlicher Geräte eingesetzt, mit denen die Be- und Entlüftung von Räumen und Gebäuden unterstützt bzw. beeinflusst werden kann.

Quelle: J. Thorns

Bild 33.2 Geräte zum gewaltsamen Schaffen von Öffnungen in Wand- und Deckenkonstruktionen: Feuerwehraxt, Halligan-Tool, Trenn- und Schneidgeräte

Jeder Feuerwehrangehörige muss die in seinem Tätigkeitsbereich vorhandenen Geräte kennen, sowie deren jeweilige Handhabung beherrschen. Nachstehend soll daher ein Überblick über die wesentlichen bei den Feuerwehren verfügbaren Geräte gegeben werden.

33.2.1 Geräte zum Schaffen von Öffnungen

Meist können Öffnungen in Gebäuden für den Rauch- und Wärmeabzug gewaltfrei geschaffen werden. Wenn man jedoch vom Innern des Gebäudes an den Öffnungsmechanismus nicht gelangen kann oder wenn gar keine öffenbaren Flächen vorhanden sind, dann müssen im Brandfall gegebenenfalls mit Geräten der Feuerwehr Öffnungen von außen geschaffen werden. Dies kann z. B. durch das Einschlagen von Fensterscheiben oder durch das Aufbrechen oder Aufsägen der Wand- oder Dachkonstruktion erfolgen. Geräte, die sich für das gewaltsame Schaffen von Rauch- und Wärmeabzugsflächen eignen, sind im ▶ Bild 33.2 dargestellt:

Beim gewaltsamen Schaffen von Öffnungen für den Rauch- und Wärmeabzug ist insbesondere auf Folgendes zu achten:

- Der Umgang mit der Feuerwehraxt, dem Halligan-Tool oder Trennschleifgeräten ist gefährlich. Neben dem sicheren Umgang mit diesen Gerätschaften ist insbesondere auf entsprechende persönliche Schutzausrüstung und auf einen sicheren Stand zu achten.
- Das Einschlagen von Glasflächen ist bei modernen Wärmeschutzverglasungen sehr aufwändig. Noch schwieriger ist dies bei Einbruch hemmenden Verglasungen. Aufgrund der federnden Eigenschaften von Glasscheiben empfiehlt sich das Einschlagen am Rand der Glasscheiben. Gegebenenfalls führt das mechanische Aufspreizen der Rahmenkonstruktion schneller zum Erfolg.
- Bei Trennschleifgeräten ist auf eine hierfür geeignete Trennscheibe (z. B. Diamantscheibe) zu achten.
- Bei Arbeiten auf Dächern oder auf Leitern ist auf geeignete Absturzsicherung zu achten.
- Wird die Öffnung geschaffen und es ändern sich die Ventilationsbedingungen des Brandes, dann kann es bereits nach sehr kurzer Zeit bzw. unmittelbar danach zu heftigen Änderungen des Brandverlaufes kommen.

33.2.2 Mobile Ventilatoren

Mobile Ventilatoren für den Feuerwehreinsatz gibt es in unterschiedlichster Art, Größe und Ausführung. Eine kleine beispielhafte Auswahl verfügbarer Ventilatoren ist in ▶ Bild 33.3 dargestellt.

Diese Ventilatoren bestimmen durch ihre Bauweise sowie durch die technischen Merkmale den von ihnen erzeugten Luftstrom und dessen Strömungsfeld. Dieses wird im Wesentlichen beeinflusst von der Form der Flügel und deren Drehzahl, von den Luftleitblechen und vom Durchmesser des Ventilators. Charakteristisch für den erzeugten Luftstrom ist letztlich auch die Geschwindigkeitsverteilung innerhalb des erzeugten Strömungsfeldes. Ventilatoren, die eher einen konzentrierten Luftstrom mit hoher Strömungsgeschwindigkeit erzeugen werden häufig als Injektor-Lüfter bzw. Turbo-Lüfter bezeichnet. Ventilatoren,

H

Quelle: J. Thorns

Bild 33.3 Bei der Feuerwehr eingesetzte Belüftungsgeräte (v. l.): Be- und Entlüftungsgerät, Injektorlüfter, Überdruckbelüfter (Elektroantrieb), Überdruckbelüfter (Wasserantrieb), Überdruckbelüfter (Antrieb mit Verbrennungsmotor)

die eher einen sich öffnenden Luftkegel erzeugen, um eine Gebäudeöffnung möglichst vollflächig abzudecken werden häufig als Überdruck-Lüfter oder Propeller-Lüfter bezeichnet.

Die als eine der ersten Ventilatoren bei den Feuerwehren vorhandenen Be- und Entlüftungsgeräte haben zwar eine geringere Leistung als die Mehrzahl der heute üblichen mobilen Ventilatoren, sie haben jedoch immer noch ihre Vorteile. So kann mit ihnen sowohl Be- als auch Entlüftet werden und sie bieten durch die anschließbaren Saug- und Drucklutten die Möglichkeit, den Luftstrom gezielt zu lenken.

Mobile Ventilatoren gibt es auch in größerer Ausführung. Aufgrund ihres Gewichts sind sie dann meist ausgestattet mit Rollen, aufgebaut auf Anhängern oder gar auf Fahrzeugen bzw.

Quelle: J. Thorns

Bild 33.4 Mobiler Großventilator

Wechselladergestellen. Das ▶ Bild 33.4 zeigt einen derartigen Großventilator.

Die Energie zum Antrieb der Ventilatoren kommt bei der überwiegenden Zahl der verwendeten Geräte von einem Verbrennungsmotor. Diese haben den großen Vorteil, dass sie autark (also ohne Anschlussleitungen) zu betreiben sind. Nachteile der Verbrennungsmotoren sind jedoch im Bereich der Geräuschentwicklung, beim nicht vorhandenen Ex-Schutz und in den erzeugten Abgasen zu sehen. Alternativ hierzu sind Geräte mit elektrischem oder hydraulischem Antrieb verfügbar. Diese benötigen jedoch eine elektrische Leitungszuführung oder eine entsprechende Schlauchleitung und sind daher mit entsprechend höherem Arbeitsaufwand verbunden bzw. erst mit entsprechender zeitlicher Verzögerung einsatzbereit. Elektrische Geräte mit einem Akku sind flexibel einsetzbar und daher zunehmend verfügbar. Sie haben jedoch nur eine begrenzte Laufzeit.

Weitere Hilfsmittel zur gezielten Lenkung des Luftstromes sind im ▶ Bild 33.5 dargestellt. Saug- und Drucklutten können an hierfür geeignete Ventilatoren unmittelbar angeschlossen werden und gestatten das Absaugen und Fortleiten von Luft (bzw. Rauch), welche durch den Ventilator hindurch geleitet wird. Luftleithauben erlauben in Verbindung mit einem unmittelbar davor stehenden Ventilator die gezielte Einleitung des Luftstromes z. B. in einen Kanal oder in einen Lichtschacht. Der

Quelle: J. Thorns

Bild 33.5 Hilfsmittel zur gezielten Lenkung des Luftstromes bei der Einsatzstellenbelüftung: Saug- und Drucklutten sowie Mobiler Rauchverschluss

Mobile Rauchverschluss erlaubt den Verschluss der oberen Türhälfte bei gleichzeitig möglicher Einströmung von Frischluft in der unteren Türhälfte. Die weiteren taktischen Vorteile des mobilen Rauchverschlusses werden nachstehend noch ausführlicher erläutert.

33.3 Belüftung von Bränden im Freien

Brände im Freien haben in den allermeisten Fällen eine ausreichende Zufuhr von Sauerstoff für den Verbrennungsprozess. Frischluft kann häufig von mehreren Seiten zum Feuer zuströmen – derartige Brände sind daher meist ausreichend ventiliert.

Als bekanntes Beispiel für einen derartigen Brand soll das im nachstehenden Bild dargestellte Feuer in einem Holzkohlegrill dienen. Sofern nicht durch die Konstruktion des Grills die Luftzufuhr bewusst kontrolliert und damit limitiert werden kann, wird ein derartiges Feuer ausreichend ventiliert sein. Zu beachten ist hierbei weiterhin, dass die eigentlich doch erhebliche Rauchentwicklung bedingt durch den verwendeten Brennstoff optisch kaum erkennbar ist.

Unsere Erfahrung lehrt uns auch durch den Umgang mit einem Lagerfeuer, dass wir uns diesem auf eine relativ kurze Entfernung bei kalkulierbarer Gefahr nähern können. Nur die Wärmestrahlung durch die offenen Flammen und der bei Seitenwind abgetriebene Brandrauch behindern uns, nahe an dieses Feuer heranzugehen. Die enormen Rauchgasmengen nehmen wir bei derartigen Bränden im Freien gar nicht wahr, sodass viele Mensche Brände dieser Größenordnung in geschlossenen Räumen im Hinblick auf die Gefahr für Menschen völlig unterschätzen.

Bei der Steigerung der Brandfläche in den beiden vorgenannten Beispielen wird deutlich, dass die Luftzufuhr bei Bränden im Inneren einer größeren Brandfläche durchaus unzureichend sein kann. Dasselbe gilt auch für Brände, die sich in die Tiefe eines Brandgutes (z. B. bei einem Heu- oder Schrotthaufen) ausgebreitet haben. Hier wird es zumindest in Teilbereichen zu einer unvollständigen Verbrennung kommen.

Sofern man eine unvollständige Verbrennung mit der damit in Verbindung stehenden hohen Menge an unverbrannten Schadstoffen überführen möchte in eine vollständigere Verbrennung (mit weniger umweltschädlichen

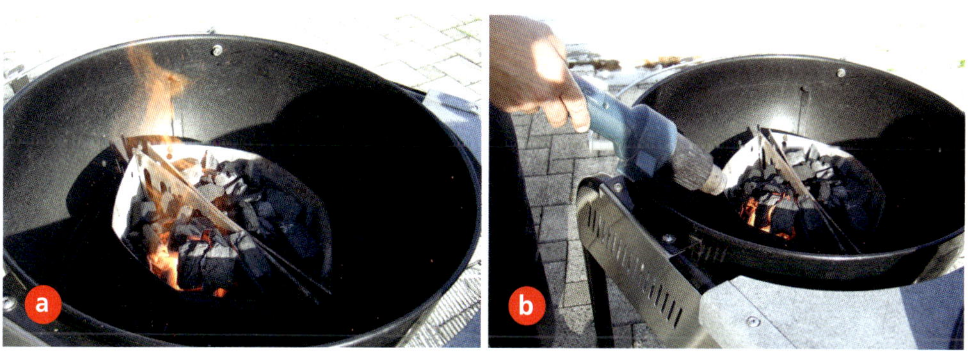

Bild 33.6 Holzkohlegrill: **a** hier mit noch offener Flamme **b** Mit einem starken Luftstrom kann das Feuer angefacht werden.

Rauchgasen und höheren Brandrauchtemperaturen, welche auch für die Einsatzkräfte im Nahbereich zu einer geringeren gesundheitlichen Belastung beitragen), kann man dies durch eine bewusste Luftzufuhr zum Brandbereich vornehmen.

Im Freien (▶ Bild 33.7) bestehen nur sehr begrenzte Möglichkeiten für die Feuerwehr, auf die Belüftung eines Brandes einen Einfluss zu nehmen.

Der Vollständigkeit halber soll an dieser Stelle erwähnt werden, dass die starke Unterventilation eines Brands den Löscheffekt des Erstickens haben kann und z. B. durch das Bedecken eines Brandes mit Sand herbeigeführt wird.

33.4 Belüftung von Bränden in geschlossenen Räumen/physikalische Grundlagen

Soweit der Feuerwehr keine mobilen Geräte zur Be- und Entlüftung zur Verfügung stehen, kann Brandrauch aus geschlossenen Räumen nur durch natürliche Ventilation bzw. durch Querlüftung abgeführt werden. Eine wirksame natürliche Ventilation setzt voraus, dass der Brandrauch aufgrund seiner erhöhten Temperatur eine geringere Dichte als die ihn umgebende Luft hat und dadurch ein thermischer Auftrieb vorherrscht. Durch Schaffung einer tiefer gelegenen Zuluftöffnung und einer höher gelegenen Abluftöffnung kann dieser thermische Auftrieb genutzt werden und Brandrauch kann aus einem Raum bzw. Gebäude abströmen. Hierbei ist zu beachten, dass ein ggf. vorherrschender natürlicher Wind

Merke:

Brände begrenzter Größe im Freien sind meist ausreichend ventiliert. Es ist jedoch zu beachten, dass man durch Frischluftzufuhr (mit hoher Strömungsgeschwindigkeit in den Brandherd hinein gerichtet) eine Steigerung der Verbrennung herbeiführen kann. Dies kann gewollt sein, um z. B. die Verbrennung im Hinblick auf die Schadstoffsituation zu verbessern.

Quelle: KFV Heilbronn

Bild 33.7 Verbesserung der Verbrennung durch Ventilation

dieser Strömung nicht entgegensteht sondern diese möglichst unterstützt. Die tiefer liegende Zuluftöffnung sollte daher möglichst an der Außenwand gelegen sein, an der ein Winddruck vorherrscht, die höher gelegenen Abluftöffnung sollte an der Wand liegen, an der ein Windsog herrscht (bzw. sie sollte sich bei einer Halle im Dach befinden).

Bei großen Zu- und Abluftflächen und vorherrschendem Wind kann auch eine natürliche Querlüftung dazu genutzt werden, um Brandrauch aus einem Raum bzw. einem Gebäude abzuleiten.

Da die Feuerwehr im Einsatzfall jedoch auf die natürlichen Möglichkeiten nicht immer zurückgreifen kann, bzw. diese meist nicht ausreichend leistungsfähig sind, werden bei den meisten Bränden in Gebäuden mobile Ventilatoren und dazugehörige Hilfsmittel eingesetzt. Hierbei gibt es prinzipiell die Möglichkeit, Brandrauch aus einem Gebäude abzusaugen und Frischluft in den jeweiligen Raum nachströmen zu lassen (Unterdruckventilation) oder Frischluft in den Brandbereich einzublasen (Überdruckventilation). Als Unterdruck bzw. Überdruck ist hierbei jeweils der Differenzdruck zwischen dem Brandraum und den an diesen angrenzenden anderen Räumen bzw. das Freie zu verstehen.

Unterdruckventilation hat hierbei den prinzipiellen Vorteil, dass man die Rauchabströmung besser leiten und lenken kann (z. B. durch Drucklutten am Ventilator), sie ist je-

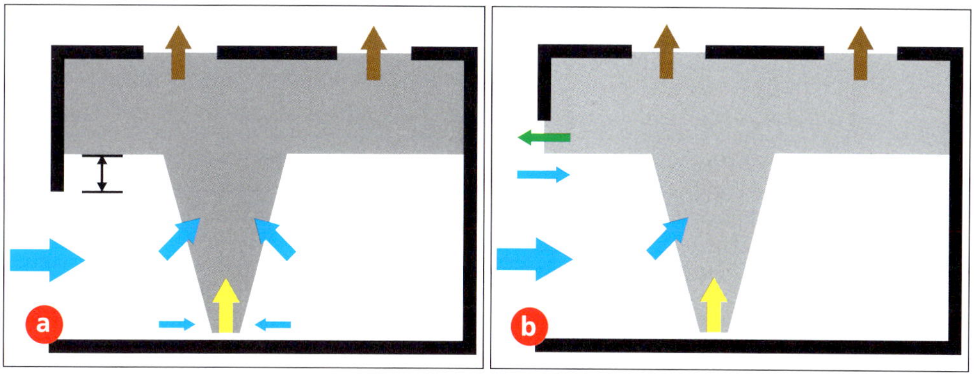

Bild 33.8 Belüftung von Bränden in geschlossenen Räumen **a** natürliche Ventilation eines Brandes in einem großen bzw. hohen Raum: Unter Ausnutzung des thermischen Auftriebes heißer Brandgase strömen diese z. B. über die Dachfläche während Frischluft im unteren Raumbereich nachströmt. Um Verwirbelungen zu vermeiden, sollte die Höhe der Zuluftöffnung deutlich unterhalb der Rauchschicht gewählt werden. **b** Eine natürliche Ventilation eines Brandes in einem großen bzw. hohen Raum wird eingeschränkt, wenn der Raum mit kaltem/abgekühltem Rauch gefüllt ist. Verwirbelungen (insbesondere auch im Bereich der Zuluftöffnung) sind daher möglichst zu vermeiden.

doch meist deutlich weniger leistungsstark als die Überdruckventilation.

Bei der Überdruckventilation wird der Ventilator außerhalb des Brandraumes aufgestellt und erzeugt einen Frischluftstrom in das Gebäude bzw. in den Brandbereich. Man muss sich daher darüber bewusst sein, dass hierdurch im Gebäude vorhandener Brandrauch auch aktiv in Bereiche geleitet (gedrückt) werden kann, in die ohne das Wirken der Feuerwehr kein Brandrauch (oder nur eine geringere Menge) gekommen wäre. Bei der Überdruckventilation muss man sich daher bewusst sein, welche Öffnungen und Undichtigkeiten im Gebäude vorhanden sind. Bei der Überdruckventilation ist der aktiv bewegte Luftstrom meist höher als bei der Unterdruckventilation, sodass diese häufig als effektiver empfunden wird.

Bei der Überdruckventilation empfiehlt es sich, das Verhältnis von Zuluftfläche zu Abluftfläche zunächst generell bei etwa 1:1 anzustreben. Eine weitere Vergrößerung der Abluftfläche kann zwar eine geringfügige Steigerung des Luftvolumenstromes bringen (da der Strömungswiderstand an der Abluftöffnung reduziert wird), ist jedoch auch aufwändiger zu realisieren und erfordert eine höhere Aufmerksamkeit und Überwachung der Ventilation, da das System dann anfälliger z. B. auch auf Windeinfluss wird.

Unter Überdruckventilation soll in diesem Kapitel sowohl eine Ventilation mit klassischen Überdruckbelüftungsgeräten als auch mit Injektor-Lüftern verstanden werden. Bei beiden wird nämlich letztlich durch das Einblasen von Frischluft ein Überdruck erzeugt. Genauer gesagt handelt es sicher hierbei um einen Differenzdruck zwischen Räumen innerhalb eines Gebäudes oder zwischen einem Gebäudebereich und dem Freien. Der technische Unterschied im erzeugten Luftstrom dieser Geräte wurde im ▶ Abschnitt 33.2.2 bereits angesprochen.

Bei einem Überdruckbelüftungsgerät versucht man daher auf die gesamte Zuluftöffnung einen konstanten Luftdruck auszuüben. Andererseits versucht man bei Injektor-Lüftern einen eher konzentrierten Luftstrahl mit höherer Luftgeschwindigkeit durch die Eingangsöffnung hindurch zu erzeugen. Hierbei soll dann weitere Luft mitgerissen werden (Injektions-Prinzip), sodass sich auch bei diesen Lüftern mit ansonsten geringerem Volumenstrom eine Leistungssteigerung ergeben soll. Dies ist in den beiden nachstehenden Bildern dargestellt.

H

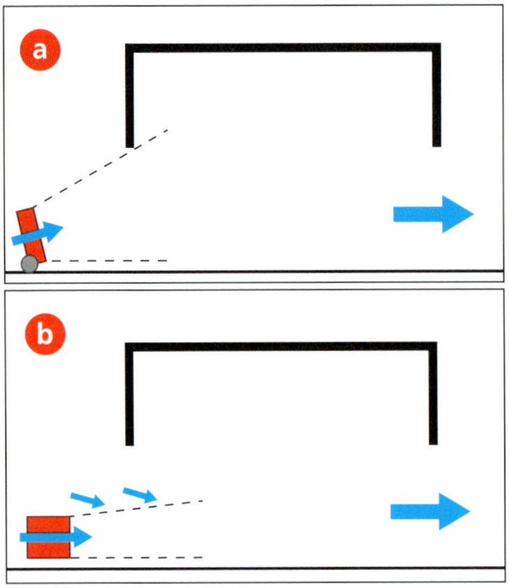

Bild 33.9 Belüftung eines Raumes
a durch das Wirkprinzip eines Überdruckbelüfters und
b durch das Wirkprinzip eines Injektorlüfters

Hierzu ist anzumerken, dass das Prinzip eines Injektor-Lüfters daher nur leistungssteigernd wirken kann, wenn auch tatsächlich ein Luftvolumenstrom durch das Gebäude strömen kann, wenn also der Strömungswiderstand durch das Gebäude möglichst gering ist, es wenig Umlenkungen des Luftstromes gibt und auch die Abluftöffnung ausreichend groß ist. Häufig ist daher festzustellen, dass klassische Überdruckbelüftungsgeräte die verschiedenen Einsatzsituationen bei der Feuerwehr in ihrer Breite besser abdecken und weniger empfindlich gegenüber störenden Einflüssen sind. Überdruckbelüftungsgeräte sind daher in der Einsatzpraxis häufig leistungsfähiger als Injektor-Lüfter, auch da sie weniger Aufmerksamkeit durch die Einsatzkräfte in der Steuerung und Kontrolle der Einsatzstellenbelüftung erfordern.

Ziel der Einsatzstellenbelüftung ist es nicht, einen möglichst großen Luftvolumenstrom zu bewegen. Ziel ist es vielmehr, Brandrauch (Schadstoffe) und Wärme möglichst schnell in den Bereichen zu reduzieren, in denen sich zu rettende Menschen oder die Einsatzkräfte aufhalten. Hierbei ist darauf zu achten, dass durch die Belüftung keine extremen Brandverläufe (Flash-over, Rauchgasdurchzündung und Backdraft) begünstigt oder gar herbeigeführt werden.

Um dies zu erreichen ist es am effektivsten, Brandgase gezielt aus dem oberen Bereich des Brandraumes abzuleiten und Frischluft gezielt im unteren Bereich des Brandraumes einzleiten. Um Verwirbelungen zu vermeiden sollte daher die Frischluft mit nicht zu hoher Geschwindigkeit im unteren Bereich des Brandraumes einströmen. Nur wenn diese Schichtung im Brandraum nicht möglich ist, sollte die Rauchableitung durch kontinuierliche Verdünnung des Brandrauches (»Spülen« des Raumes) erfolgen.

Praxis-Tipp:

Windrichtung beachten!
Soweit man die Möglichkeit hat, sollte man im Hinblick auf die Wahl der Zuluftöffnungen, insbesondere jedoch bei den Abluftöffnungen auf die Windrichtung achten.

Abluftöffnung so groß wie Zuluftöffnung wählen!
Auch wenn es strömungstechnisch nicht immer optimal ist, so empfiehlt es sich doch in den allermeisten Einsatzfällen die Größe der Abluftöffnung gleich der Zuluftöffnung zu wählen. Sofern keine äußeren Einflüsse (z. B. Wind) entgegen stehen und durch die Ventilation ein ordentlicher Luftvolumenstrom erzeugt werden kann, kann die Abluftöffnung auch größer gewählt werden.

Ventilator etwa in dem Abstand vor der Öffnung aufstellen, der der Höhe der Öffnung entspricht!
Der optimale Abstand hängt von vielen Faktoren ab. Hierzu gehören z. B. die Art des Ventilators und der tatsächlich erzeugte Volumenstrom durch das Gebäude. Die Regel »Lüfterabstand = Öffnungshöhe« ist jedoch als erste Näherung für die allermeisten Fälle ausreichend. Bei breiten Öffnungen (z. B. Toren) kann dies die Aufstellung von mehreren Ventilatoren nebeneinander bedingen.

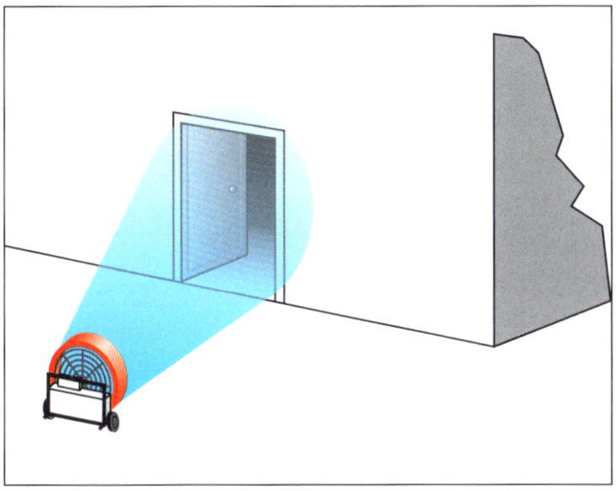

Bild 33.10 In den meisten Fällen empfehlenswert: Abstand zwischen Lüfter und Zuluftöffnung gleich Höhe der Zuluftöffnung

33.4.1 Belüftung bei Bränden in großen Räumen

Das Belüften von großen Räumen erfordert von den Einsatzkräften der Feuerwehr eine genaue Einschätzung und Beurteilung des Brandes und der Rauchgase im Raum. Weiterhin muss die Gefahrenlage eingeschätzt werden und die einsatztaktischen Ziele müssen festgelegt sein. Da dies sehr unterschiedliche Einflussparameter sind und die Zusammenhänge ebenfalls sehr komplex sind, empfiehlt sich für das bessere Verständnis eine Orientierung an folgenden Fällen, auch wenn diese Fälle nicht alle Einsatzsituationen abdecken können:

Fall A: Vollbrand bzw. ausgedehnter Brand (▶ Bild 33.11) (Größenordnung über 100 Quadratmeter Brandfläche): In erdgeschossigen gewerblichen Gebäuden (bzw. Industriebauten) ist die Einsturzgefahr (Vollflächig oder auf zumindest auf Teilflächen) aufgrund des häufig undefinierten bautechnischen Brandschutzes sehr groß. Bauliche Rauch- und Wärmeabzugsanlagen sind auf derartige Brände nicht ausgelegt und daher überfordert. Eine Rauchableitung ist daher meist nicht mehr möglich, die Feuerwehr muss ggf. den Totalverlust eines Brandabschnittes akzeptieren.

Fall B: Brand begrenzter Größe (Brandfläche z. B. fünf bis 50 Quadratmeter): Bei sehr großen Räumen (größer als 1 000 bis 2 000 Quadratmeter) können derartige Brände von der Feuerwehr meist noch beherrscht werden. Hierzu müssen insbesondere die Sichtbedingungen für die Einsatzkräfte ausreichend sein, damit sie sich in der ihnen meist unbekannten Umgebung sicher bewegen und orientieren können sowie gezielte Rettungs- und Löscharbeiten durchführen können. Wichtig ist hierfür die Schaffung einer raucharmen Schicht im Arbeitsbereich der Einsatzkräfte, hierfür sind bei derartig großen Räumen aufgrund baurechtlicher Forderungen meist stationäre Anlagen vorhanden. Diese Rauch- und Wärmeabzugsanlagen sind von der Feuerwehr ggf. zu öffnen, sofern dies nicht schon automatisch geschehen ist. Bei Bränden dieser Größenordnung entstehen meist ausreichend heiße Brandgase, die aufgrund ihrer Thermik eine stabile Rauchschicht an der Decke des Raumes bilden können (▶ Bild 33.12). Diese Thermik bzw. den

Quelle: Stadt Bruchsal

Bild 33.11 Auf einen derart ausgedehnten Brand ist keine Entrauchungsanlage (RWA bzw. NRA-Anlage) ausgelegt. Bei einem derart ausgedehnten Brand gibt es daher keine wirksame Entrauchung mehr und der Totalverlust ist zu akzeptieren.

H

Bild 33.12 Eine stabile Rauchschicht und darunter eine ausreichend hohe raucharme Schicht erleichtert der Feuerwehr die Arbeit erheblich. Diese gewollte Schichtung sollte nicht durch falsche Ventilation in Form von Verwirbelung zerstört werden.

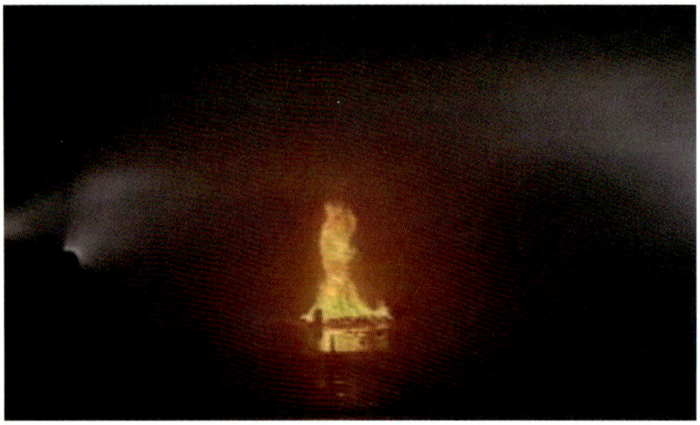

Bild 33.13 diffus verrauchte Halle

H

anlagentechnischen Brandschutz in Form der Rauch- und Wärmeabzugsanlagen gilt es im Feuerwehreinsatz zu nutzen. Tragbare mobile Ventilatoren der Feuerwehr erzeugen demgegenüber nur eine geringe Leistung und können daher nur unterstützend wirken. Soweit vorhanden können mobile Großventilatoren eingesetzt werden, insbesondere hierbei ist jedoch darauf zu achten, dass die erwünschte Auftriebskraft des warmen Brandrauches nicht durch Verwirbelung mit kalter Luft zerstört wird. Zwingend notwendig ist bei derartigen Bränden neben dem Rauchabzug über das Dach bzw. im oberen Wandbereich, dass auch eine geöffnete Zuluftfläche im unteren Wandbereich vorhanden ist. Eine stabile Rauchschicht kann sich nur bei geöffneten Zu- und Abluftflächen ausbilden.

Räume mittlerer Größe (Größenordnung von 200 bis 1 500 Quadratmeter) verfügen häufig jedoch nicht über Rauch- und Wärmeabzugsanlagen. Gibt es keine definierten und geöffnete Rauch- und Wärmeabzugsanlagen, dann trifft die Feuerwehr häufig auf Hallen, die über die gesamte Hallenhöhe verraucht sind. Bei ausreichend heißem Brandrauch kann versucht werden, die Situation auf die im vorangestellten ▶ Bild 33.12 dargestellt Situation zu bringen. Mit Beginn der Löscharbeiten entste-

Bild 33.14 Kleinbrand in einer größeren Halle mit diffuser Verrauchung

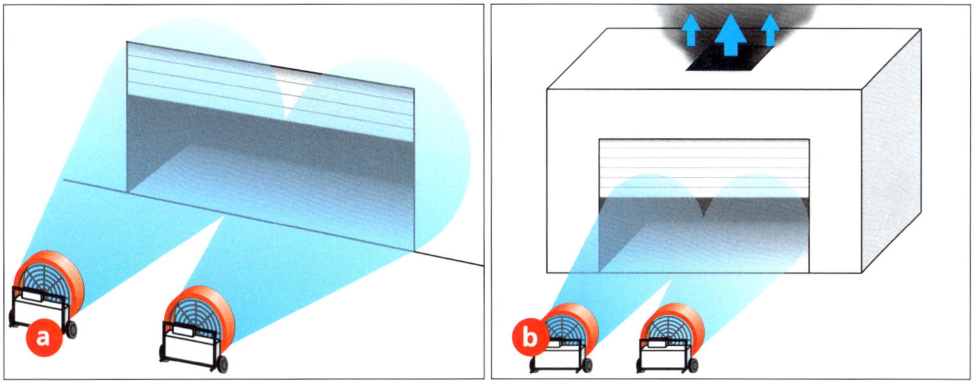

Bild 33.15 Belüftung bei Bränden in großen Räumen: **a** Belüftung über eine breitere Zuluftöffnung: Hier sind ggf. mehrere Ventilatoren nebeneinander aufzustellen. **b** Bei ausreichend warmem Brandrauch sollte dessen thermische Auftriebskraft nicht durch unnötige Verwirbelung mit kalter Frischluft zerstört werden. Es kann daher bei Vorhandensein einer stabilen Rauchschicht zunächst vorteilhaft sein, wenn vorhandene Rolltore nicht in voller Höhe geöffnet werden.

hen jedoch vermehrt kältere Brandgase, sodass häufig nur noch eine Entrauchung der Halle unter Nutzung mobiler Ventilatoren sinnvoll ist. Bei abgekühlten oder diffus verwirbelten Brandgasen ist in dieser Situation meist nur noch ein Durchspülen der Halle möglich. Bei größeren und hohen Toren kann die Halle auch »quergelüftet« werden.

Merke:

- Auch in großen Räumen ist eine wirkungsvolle Entrauchung nur bis zu einer begrenzten Brandgröße möglich. Ausgedehnte Brände in großen Räumen rechtfertigen auch im Hinblick auf die Gefährdung der Einsatzkräfte meist keinen Innenangriff mehr.
- Vorhandene natürliche (NRA) oder mechanische (MRA) Rauchabzugsanlagen müssen vorrangig genutzt werden. Diese lösen häufig automatisch aus, sind jedoch ggf. auch manuell zu betätigen! Zuluftflächen müssen möglichst frühzeitig geöffnet werden.
- Mobile Ventilatoren der Feuerwehr können die Entrauchung großer Räume nur in begrenztem Umfang unterstützen.
- Man sollte nicht gegen andere physikalische Einflüsse arbeiten. Daher Windrichtung beachten, Thermik des Brandrauches ausnutzen und Rauchschicht nicht unnötig verwirbeln.

Fall C: Kleinere Brände (Brandfläche z. B. ein bis fünf Quadratmeter): Bei derartigen Bränden ist die Energiefreisetzung und damit häufig auch der thermische Auftrieb der Rauchgase nicht sehr hoch. Es kommt daher zur Bildung nur moderat warmer Brandgase und damit häufig zur diffusen Verrauchung des Raumes. Der Einsatz mobiler Ventiltoren der Feuerwehr ist in dieser Situation sehr sinnvoll, da die Länge der Verweildauer der Brandgase letztlich über den Rauchschaden entscheidet (▶ Bild 37.14).

Die vorgenannten Fälle decken sicherlich nicht alle möglichen Konstellationen in größeren Räumen ab. Anhand dieser Fälle können jedoch die meisten Einsatzfälle eingeordnet und darauf aufbauend eine Einsatztaktik für die Entrauchung abgeleitet werden.

Sofern keine stabile Rauchschicht im Gebäude vorherrscht und der Brandrauch aus der Halle herausgespült werden soll (bzw. durch Verdünnung die Rauchgaskonzentration gesenkt werden soll) empfiehlt es sich mehrere Ventilatoren entsprechend dem nachstehenden Bild aufzustellen.

H

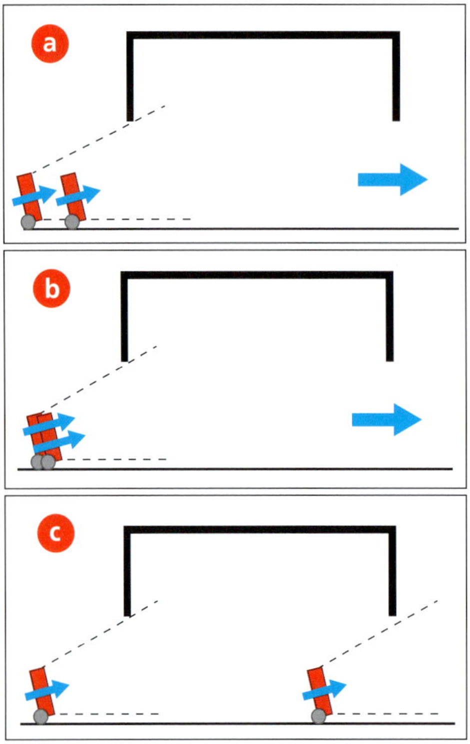

Bild 33.16 Aufstellen mehrerer Ventilatoren:

- a Ventilatoren hintereinander: Bringt meist nur eine sehr geringe Leistungssteigerung und bietet sich daher eigentlich nur bei Gegenwind bzw. sehr großen Gebäuden an.
- b Ventilatoren nebeneinander: erzeugen meist einen größeren Volumenstrom und ist daher in der Regel vorteilhafter als Variante a
- c Sofern in der Praxis möglich, ist diese Aufstellung vorteilhaft, da die Strömungswiderstände dort überwunden werden, wo sie tatsächlich auftreten (vgl. Wasserförderung in geschlossener Schlauchleitung).

Merke:

Menschen sollen Brandrauch so wenig wie nur irgend möglich ausgesetzt werden. Sowohl die Einwirkungszeit als auch Rauchgaskonzentration ist daher möglichst gering zu halten.

Achtung:

Extreme Brandverläufe können durch Ventilation verhindert oder zumindest verzögert werden. Andererseits können diese Phänomene (Flash-over, Rauchgasdurchzündung, Backdraft) auch gezielt herbeigeführt werden. Hierbei müssen sich die Einsatzkräfte jedoch außerhalb des Gefahrenbereiches befinden. Die Energiefreisetzung sollte sich hierbei idealer weise außerhalb des Gebäudes entladen können. Besondere Vorsicht ist daher beim Öffnen von Türen zu Brandbereichen erforderlich!

33.4.2 Belüftung kleiner Räume

Ziele für die Belüftung kleiner Räume

Im Geschosswohnungsbau führt eine Rauchentwicklung aufgrund der geringeren Raumhöhe sehr viel schneller zu einer kritischen Situation für die Menschen im Vergleich zu Bränden in hohen Räumen. Mit der taktisch richtigen Einsatzstellenbelüftung muss daher bei diesen Gebäuden die Menschenrettung unterstützt werden bei gleichzeitiger Berücksichtigung der Sicherheit der Einsatzkräfte

Bei Bränden in großen bzw. hohen Hallen verbleiben den betroffenen Menschen meist noch über eine ausreichend lange Zeit weitgehend rauchfreie Flucht- und Rettungswege. Eine Entrauchung im Brandfall dient hier daher in erster Linie der Durchführung wirksamer Löscharbeiten durch die Feuerwehr.

Ziel der Einsatzstellenbelüftung ist es daher nicht, einen möglichst großen Luftvolumen-

Merke:

Ziel der Einsatzstellenbelüftung ist es, Brandrauch (Schadstoffe) und Wärme möglichst schnell vor allem in den Bereichen zu reduzieren, in denen sich Menschen aufhalten. Hierzu gehört auch der Bereich, in dem sich Einsatzkräfte aufhalten, da diese hilfsbedürftige Personen ggf. erst auffinden müssen, um sie dann ins Freie retten zu können.

H

Praxis-Tipp:

In Räumen mit erheblichen Mengen aufgestauter Rauchgasen und hoher Temperatur (vorhandenem Wärmestau) kann es zu Rauchgasdurchzündungen bzw. zu einem Flash-over kommen. In diesem Fall sind die Rauchgase möglichst ins Freie abzuleiten oder zu kühlen sowie die Eindringtiefe des Angriffstrupps ist möglichst gering zu halten. Bei unterventilierten Bränden kann es beim Öffnen der Türe zum Brandbereich zu einem Backdraft kommen. Beim Erkennen dieser Gefahr (Türkontrolle!) sind daher sichere Vorgehensweisen zu wählen (Zugang schaffen von außen oder Brandbekämpfung ohne Frischluftzufuhr – also mit Löschlanze oder Rauchverschlüssen – durchführen).

strom im Gebäude zu bewegen. Es lässt sich vielmehr feststellen:

Um eine effektive Einsatzstellenbelüftung zu erreichen, ist es auch bei Räumen mit üblicher Raumhöhe am effektivsten, Brandgase gezielt aus dem oberen Bereich des Brandraumes abzuleiten und Frischluft gezielt im unteren Bereich des Brandraumes einzuleiten. Um Verwirbelungen zu vermeiden sollte daher die Frischluft mit nicht zu hoher Geschwindigkeit im unteren Bereich des Brandraumes einströmen. Hierdurch kann in Bodennähe die Rauchgaskonzentration, die Temperatur und die Sichtweite verbessert werden, was das Auffinden und Retten von Menschen erleichtert.

Nur wenn diese Schichtung im Brandraum nicht möglich ist, sollte die Entrauchung durch kontinuierliche Verdünnung des Brandrauches (»Spülen« des Raumes) erfolgen.

Gefahren bei der Belüftung kleiner Räume/ extreme Brandverläufe

Bei der Belüftung von Räumen begrenzter Größe ist darauf zu achten, dass die Einsatzkräfte nicht durch extreme Brandverläufe gefährdet werden. Hiermit sind konkret die Rauchgasdurchzündung, der Backdraft und der Flashover gemeint. Da derartige Brandverläufe direkt mit dem verfügbaren Luftsauerstoff, dem Mischungsverhältnis zwischen Frischluft und brennbaren Rauchgasen bzw. den Temperatur- und Strahlungsverhältnissen im Raum in Verbindung stehen können diese durch defensive Ventilation verhindert bzw. verzögert, durch aggressive Ventilation jedoch auch bewusst herbeigeführt werden. Letzteres wird man sicherlich nur tun, um das Gefahrenpotential gezielt zu überwinden, solange Einsatzkräfte sich noch außerhalb des unmittelbaren Gefahrenbereiches befinden.

Eine aggressive Belüftung eines Brandbereiches kann jedoch auch zu einem Anfachen des Brandes führen. Diese erfordert jedoch erhebliche Luftgeschwindigkeiten im Nahbereich des Brandes, welche sich nur bei starkem Windeinfluss einstellen dürften. Bei Einsatz mobiler Ventilatoren dürfte dies nur dann der Fall sein, wenn der Ventilator sehr stark ist bzw. im Nahbereich eines Brandherdes eingesetzt wird.

Achtung:

Durch die Belüftung eines Brandraumes werden in den allermeisten Fällen die Raumtemperatur gesenkt und die Sicherverhältnisse verbessert. Hierzu kann bereits das Öffnen einer Tür oder das Platzen einer Fensterscheibe ausreichen. Hierdurch werden die Bedingungen für die Einsatzkräfte verbessert und der Einsatzerfolg unterstützt. Bei Bränden mit reduzierter Verfügbarkeit von Frischluft (unterventilierte Brände) kann es durch den Zutritt von Sauerstoff jedoch zu extremen Brandverläufen kommen (Rauchgasdurchzündung, Rauchgasexplosionen und Backdraft). Hierzu reicht bereits das Öffnen einer Tür oder das Platzen einer Fensterscheibe. Zu starke Belüftung im Nahbereich eines Brandes kann das Feuer anfachen und sehr hohe Temperaturen verursachen. Dies kann bei zu starker Ventilation mit mobilen Belüftungsgeräten oder bei Windeinfluss sehr gefährlich werden.

H

Belüftung zusammenhängender Räume
In großen, mehrgeschossigen bzw. komplexen Gebäuden ist es im Brandeinsatz wichtig, dass die Einsatzkräfte den Brandrauch kontrollieren. Hierzu gehört:

Rauchfreihaltung: Bereiche, die noch nicht verraucht sind, sollten im Brandeinsatz davor geschützt werden, dass Brandrauch in diese eindringen kann. Dies verringert nicht nur den Rauchschaden sondern begrenzt letztlich auch den Gefahrenbereich. Dies gilt natürlich insbesondere dann, wenn sich in diesen Bereichen noch Menschen aufhalten (z. B. in anderen, nicht vom Brand betroffenen Wohnungen) oder wenn es sich bei diesen Räumen um Rettungswege (Flure und Treppenräume) handelt.

Rauchableitung: Aus Raumbereichen, die unmittelbar vom Brand betroffen sind sollte Brandrauch nicht in andere Bereiche des Gebäudes eindringen können. Hierzu muss aus dem Brandbereich der dort sich bildende bzw. dort bereits vorhandene Brandrauch abgeleitet werden. Idealerweise geschieht dies unmittelbar ins Freie. Zusammenhängende Räume sollten hierbei abschnittsweise entraucht werden.

Entrauchung: Bereiche, die verraucht sind, sollten schnellstmöglich entraucht werden. Dies gilt in der ersten Phase eines Brandeinsatzes vornehmlich für die Flucht- und Rettungswege des Gebäudes, da diese letztlich ja auch die Angriffswege der Feuerwehr darstellen. Rauchfreie Flucht- und Rettungswege dienen daher neben der Menschenrettung (Selbstrettung der Personen und Fremdrettung von Personen durch Einsatzkräfte der Feuerwehr) auch der Sicherheit der eigenen Kräfte, indem hierdurch auch der eigene Rückzugsweg verkürzt wird.

Merke:

Oberstes Gebot bei der Einsatzstellenbelüftung muss es sein, dass sich Brandrauch im Gebäude gar nicht ausbreiten kann. Dies gilt insbesondere im Hinblick auf die Erhaltung rauchfreier Treppenräume. Besser als die Entrauchung eines Treppenraumes ist daher seine Rauchfreihaltung. Hierfür haben sich Mobile Rauchverschlüsse sehr bewährt und diese sind daher bei vielen Feuerwehren Standard.

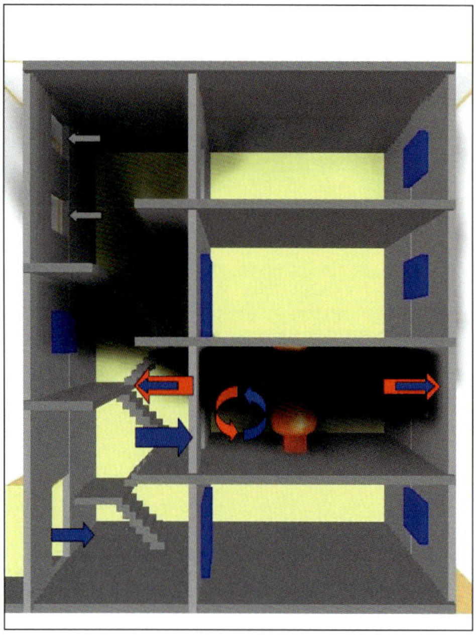

Bild 33.17 Rauchausbreitung in den Treppenraum durch die geöffnete Wohnungstür

An einem der wichtigsten und gleichzeitig auch einem der häufigsten Einsatzbeispiele sollen diese Grundsätze verdeutlicht werden: Beim nachstehend dargestellten Brand in einem mehrgeschossigen Wohngebäude geht es um die Rauchfreihaltung und Entrauchung des Treppenraumes bzw. um die Rauchableitung und Entrauchung des Brandbereiches. Erkennbar sind hier die wichtigsten Strömungen im Gebäude.

Die Rauchgaskonzentration im Treppenraum kann bei der Situation im vorstehenden Bild zwar durch eine Druckbelüftung des Treppenraumes reduziert werden, besser eignet sich hierfür jedoch der Einsatz eines Mobilen Rauchverschlusses wie im nachfolgenden Bild dargestellt.

H

IM EINSATZ

Anwendung des Mobilen Rauchverschlusses

Quelle: J. Thorns

a

Der Mobile Rauchverschluss wird rechts oben in der Türzarge eingesetzt, ...

b

... anschließend wird die Spannstange ausgezogen, bis der Rauchverschluss auch links bündig an der Türzarge ansteht.

c

Zum Verspannen die Spannstange mit der rechten Hand in Pfeilrichtung »Spannen« drehen.

d

Durch Drücken des Sicherungsstiftes an der Sperrklinke wird die Spannstange verriegelt.

Vollständig installierter Mobiler Rauchverschluss

Um den Mobilen Rauchverschluss wieder auszubauen, wird die Spannstange mit der rechten Hand in Richtung »Lösen« gedreht und mit der linken Hand der Rahmen des Rauchverschlusses gehalten. Anschließend wird der Sicherungstift entriegelt, die Sperrklinke gedrückt und der Rahmen zusammengeschoben.

H

33.5 Zusammenfassung

Die Einsatzstellenbelüftung ist ein sehr wichtiges, leider aber auch sehr komplexes Thema im Feuerwehreinsatz. In diesem Kapitel ist daher eine Vielzahl von Einflüssen genannt. Für die Einsatzpraxis ist es dennoch notwendig, diese Einflüsse zu verstehen und aus diesem Verständnis heraus die jeweils geeignete Form der Einsatzstellenbelüftung im Brandfall zu wählen. Die in diesem Kapitel dargestellten Merkregeln sollen dies unterstützen und dienen als wichtige Entscheidungshilfe im Einsatz.

Da die Einsatzstellenbelüftung viele taktisch/strategische Aspekte enthält wird sie vielfach als Aufgabe der Führungskräfte verstanden. Dies mag in der Planung dieser Aufgabe zwar richtig sein, letztlich wird die Einsatzstellenbelüftung jedoch von allen Feuerwehrangehörigen an der Einsatzstelle umgesetzt und durchgeführt – ob nun bewusst oder unbewusst – und muss daher auch von allen Einsatzkräften wohl überlegt und sicher beherrscht werden.

Merke:

Offensive Belüftung kann eine Gefährdung einer Person, die sich zwischen Brandherd und Abluftöffnung befindet, bewirken. Im Zweifel lieber weniger und später als zu früh und zu stark belüften!

ZUR VERTIEFUNG

Michael Reick: Mobiler Rauchverschluss, Die Roten Hefte/Ausbildung kompakt 212, 4. Auflage, Verlag W. Kohlhammer, Stuttgart, 2015.

34 Löschwasserversorgung und -förderung

von Rüdiger Weich

34.1 Löschwasserversorgung

34.1.1 Grundlagen der Löschwasserversorgung

Für die Brandbekämpfung ist neben Mannschaft und Einsatzmitteln auch eine ausreichende Löschwasserversorgung notwendig. Für die Beurteilung bzw. Auslegung einer Löschwasserversorgung werden insbesondere folgende Merkmale des Schutzgebietes genutzt: Lage des Schutzobjektes/Schutzbereiches, Art und Dichte der Bebauung, Gebäudenutzung, Zugänglichkeit, Eigenwasserversorgung und besondere Gefahrenpunkte.

Die Löschwasserversorgung wird in die abhängige und die unabhängige Löschwasserversorgung eingeteilt (▶ Bild 34.1). Die abhängige Löschwasserversorgung erfolgt aus der zentralen Wasserversorgung für Trinkwasser, welche auch als Sammelwasserleitung bezeichnet wird. Im Zusammenhang mit der Löschwasserversorgung gibt es Rechtsvorschriften und Technische Regeln, die Auswirkungen auf die Feuerwehr haben (▶ Tabelle 34.1).

Achtung:

Löschwasser (aus der zentralen Wasserversorgung) ist Trinkwasser. Es ist das wichtigste Lebensmittel und darf nicht unnötig vergeudet werden.

34.1.2 Löschwasserbedarf

Für die Bestimmung des erforderlichen Löschwasserbedarfs kann das Arbeitsblatt W 405 »Bereitstellung von Löschwasser durch die öffentliche Trinkwasserversorgung« (▶ Tabelle 34.2) des Deutschen Vereins des Gas- und Wasserfaches e. V. (DVGW) benutzt werden. Das Arbeitsblatt ist eine wichtige Grundlage, aber rechtlich nicht verpflichtend. Zur Beur-

Merke:

Gemäß der Brandschutzgesetze der Länder sind die Gemeinden und Städte zur Bereitstellung und Unterhaltung der Löschwasserversorgung verpflichtet.

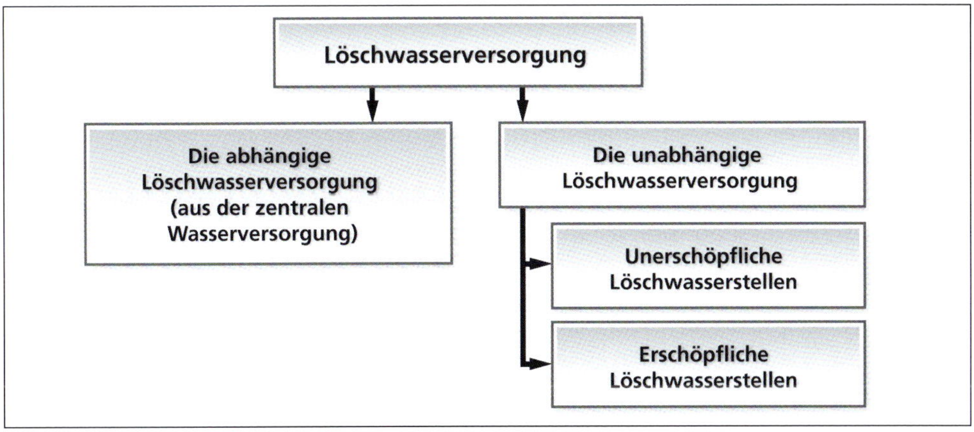

Bild 34.1 Einteilung in die abhängige und die unabhängige Löschwasserversorgung

Tabelle 34.1 Wichtige Rechtsvorschriften und Richtlinien für die Löschwasserversorgung

Rechtsvorschrift/ Richtlinie	Bedeutung/Inhalt	Bemerkungen
Trinkwasser-verordnung (TrinkwV)	Begriffbestimmungen und Schutzvorschriften für das Trinkwasser, regelt die Qualität von Wasser für den menschlichen Gebrauch	Grundlage ist die europäische Richtlinie 98/83/EG, die mit der TrinkwV in nationales Recht umgewandelt wird.
Wassergesetze der Länder	Die Wassergesetze der Länder regeln die Bewirtschaftung, die Nutzung und den Schutz der Gewässer, die Unterhaltung und den Ausbau der Gewässer; die Regelungen umfassen auch die Handlungen und Anlagen, die sich auf die Gewässer und ihre Nutzungen auswirken oder auswirken können	Die Wassergesetze der Länder und das Wasserhaushaltsgesetz des Bundes (Rahmengesetz) müssen den Vorgaben der europäischen Wasserrahmenrichtlinie (Richtlinie 2000/60/EG) entsprechen.
Brandschutz-gesetze der Länder	Übertragung der Verantwortlichkeit für die Bereitstellung einer ausreichenden Löschwasserversorgung an die Gemeinden und Städte	Die Gemeinden und Städte nutzen im Allgemeinen die Versorgungsunternehmen für den Teil der abhängigen Löschwasserversorgung.
Landesbauord-nungen	Grundlegende Anforderungen an den Brandschutz von Baulichen Anlagen	
DIN 1988 – Technische Regeln für Trinkwasser-Installationen (TRWI)	Teil 100: Schutz des Trinkwassers, Erhaltung der Trinkwassergüte Teil 200: Installation Typ A (geschlossenes System) – Planung, Bauteile, Apparate, Werkstoffe Teil 300: Ermittlung der Rohrdurchmesser Teil 500: Druckerhöhungsanlagen mit drehzahlgeregelten Pumpen Teil 600: Trinkwasser-Installationen in Verbindung mit Feuerlösch- und Brandschutzanlagen	Die Norm ist gleichzeitig eine technische Regel des DVGW. Die Norm ist die nationale Ergänzung zur europäischen DIN EN 806 »Technische Regeln für Trinkwasser-Installationen«, die aus mehreren Teilen besteht.
DIN EN 1717 Schutz des Trink-wassers	Schutz des Trinkwassers vor Verunreinigungen in Trinkwasser-Installationen und allgemeine Anforderungen an Sicherungseinrichtungen zur Verhütung von Trinkwasserverunreinigungen durch Rückfließen	
DVGW-Arbeits-blätter (Technische Regeln)	- W 405: Bereitstellung von Löschwasser durch die öffentliche Trinkwasserversorgung - W 405-B1: Beiblatt 1: Vermeidung von Beeinträchtigungen des Trinkwassers und des Rohrnetzes bei Löschwasserentnahmen - W 408: Anschluss von Entnahmeeinrichtungen an Hydranten in Trinkwasserverteilungsanlagen - W 331: Auswahl, Einbau und Betrieb von Hydranten - W 400: Wasserverteilungsanlagen – Teil 1: Planung	- W 405: u. a. Empfehlungen für den Löschwasserbedarf - W 405-B1 (A): Hinweise zum Schutz des Trinkwassers, Risikomatrix - W 408: Hinweise zum Schutz des Trinkwassers - W 331: u. a. Abstände für Hydranten in der Vergangenheit - W 400: u. a. Empfehlung für Hydrantenabstände

H

teilung werden alle Löschwasserentnahmestellen im Umkreis von 300 Metern (ohne besondere Hindernisse wie z. B. Bahnstrecken und Autobahnen) um die mögliche Brandstelle betrachtet, also auch offene Gewässer, Brunnen und Löschwasserbehälter. Beim Nachweis der Löschwassermenge ist zu berücksichtigen, dass auch während der Entnahme von Löschwasser die Trinkwasserversorgung gewährleistet sein muss. Daher hat die unabhängige Löschwasserversorgung eine besondere Bedeutung. Es ist festzustellen, dass Großbrände regelmäßig mehr Löschwasser erfordern, als im Arbeitsblatt DVGW-W 405 angegeben ist. Das Arbeitsblatt unterscheidet beim Löschwasserbedarf zwischen dem Grundschutz ohne erhöhtem Sach- und Personenrisiko und dem Objektschutz. Der Objektschutz ist der über den Grundschutz hinausgehende, objektbezogene Löschwasserbedarf für Objekte mit erhöhtem Brandrisiko, erhöhtem Personenrisiko oder sonstige Einzelobjekte, beispielsweise

Tabelle 34.2 Richtwerte für den Löschwasserbedarf (m^3/h) gemäß DVGW-Arbeitsblatt W 405:2008

Bauliche Nutzung nach Paragraf 17 der Baunutzungsverordnung	reine Wohngebiete, allgemeine Wohngebiete, besondere Wohngebiete, Dorfgebiete[a], Mischgebiete		Gewerbegebiete			Industriegebiet
			Kerngebiete			
Zahl der Vollgeschosse (N)	≤ 3	> 3	≤ 3	1	> 1	-
Geschossflächenzahl[b] (GFZ)	0,3 ≤ GFZ ≤ 0,7	0,7 < GFZ ≤ 1,2	0,3 ≤ GFZ ≤ 0,7	0,7 < GFZ ≤ 1,0	1 < GFZ ≤ 2,4	-
Baumassenzahl[c] (BMZ)		-	-	-	-	≤ 9
Löschwasserbedarf bei unterschiedlicher Gefahr der Brandausbreitung[e]						
klein*	48 m^3/h (800 l/min)	96 m^3/h (1 600 l/min)	48 m^3/h (800 l/min)	96 m^3/h (1 600 l/min)	96 m^3/h (1 600 l/min)	96 m^3/h (1 600 l/min)
mittel**	96 m^3/h (1 600 l/min)	96 m^3/h (1 600 l/min)	96 m^3/h (1 600 l/min)	96 m^3/h (1 600 l/min)	192 m^3/h (3 200 l/min)	192 m^3/h (3 200 l/min)
groß***	96 m^3/h (1 600 l/min)	192 m^3/h (3 200 l/min)	96 m^3/h (1 600 l/min)	192 m^3/h (3 200 l/min)	192 m^3/h (3 200 l/min)	192 m^3/h (3 200 l/min)

Überwiegende Bauart: * feuerbeständige[e], hochfeuerhemmende oder feuerhemmende Umfassungen, harte Bedachung; ** Umfassungen nicht feuerbeständig oder nicht feuerhemmend, harte Bedachung oder Umfassung feuerbeständig oder feuerhemmend, weiche Bedachung; *** Umfassungen nicht feuerbeständig oder nicht feuerhemmend; weiche Bedachung, Umfassung aus Holzfachwerk (ausgemauert). Stark behinderte Zugänglichkeit, Häufung von Feuerbrücken usw.

[a] soweit nicht unter kleinen ländlichen Ansiedlungen fallend

[b] Geschossflächenzahl = Verhältnis von Geschossfläche zu Grundstücksfläche

[c] Baumassenzahl = Verhältnis vom gesamten umbauten Raum zu Grundstücksfläche

[d] Die Begriffe »feuerhemmend«, »hochfeuerhemmend« und »feuerbeständig« sowie »harte Bedachung« und »weiche Bedachung« sind baurechtlicher Art.

[e] Begriff nach DIN 14011: »Brandausbreitung ist die räumliche Ausdehnung eines Brandes über die Brandausbruchstelle hinaus in Abhängigkeit von der Zeit«. Die Gefahr der Brandausbreitung wird umso größer, je brandempfindlicher sich die überwiegende Bauart eines Löschbereichs erweist.

> **Praxis-Tipp:**
>
> In einem Ringnetz ist es sinnvoll, bei großem Löschwasserbedarf die Hydranten im nächsten Straßenzug zu nutzen, statt mehrere Hydranten einer Leitung. In einem Verästelungsnetz ist keine leistungsfähige Abnahme in der Verästelung hinter einem benutzten Hydranten möglich.

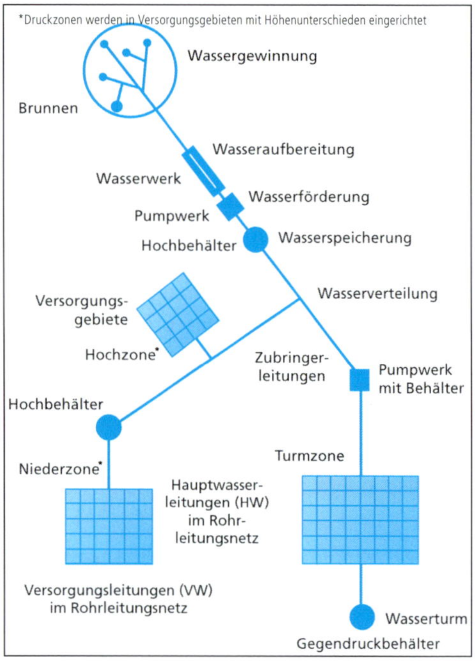

Bild 34.2 Schema einer zentralen Wasserversorgungsanlage

Raststätten oder Aussiedlerhöfe. Der angegebene Löschwasserbedarf soll für zwei Stunden gedeckt sein.

34.1.3 Die abhängige Löschwasserversorgung

Die **<abhängige Löschwasserversorgung>** erfolgt im Einheitsrohrleitungsnetz aus einer Wasserversorgungsanlage (▶ Bild 34.2), die alle angeschlossenen Wohn- und Arbeitsstätten mit Trink- und Brauchwasser aus dem Grundwasser in ausreichender Menge und mit ausreichendem Druck beliefert. Die Erzeugung des Leitungsdruckes erfolgt durch Pumpwerke, Wassertürme oder durch hochgelegene Wasserbehälter. In einigen großen Industrieanlagen mit hohem Löschwasserbedarf, beispielsweise Raffinerien, gibt es getrennte Löschwasserversorgungsleitungen.

Für die Feuerwehr wichtig ist die Art des Rohrnetzes im Versorgungsgebiet. Das Rohrnetz kann als Verästelungsnetz, als Ringnetz (▶ Bild 34.3) oder als Mischform (vermaschtes Ringnetz) ausgebaut sein. In einem **<Verästelungsnetz>** wird jeder Punkt im Rohrnetz nur von einer Seite gespeist. Alle Leitungen zweigen wie die Äste eines Baumes von

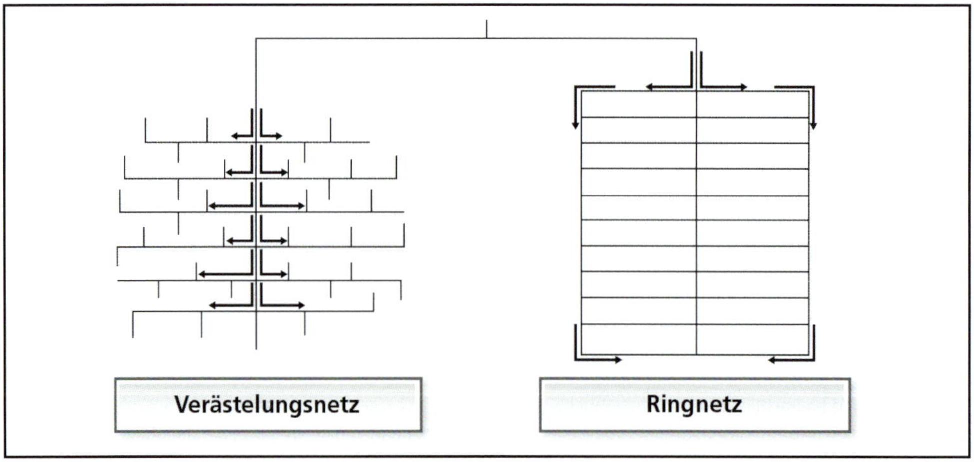

Bild 34.3 Vergleichende Ansicht des Aufbaus eines Verästelungs- und eines Ringnetzes.

Tabelle 34.3 Vor- und Nachteile der Rohrnetzsysteme

	Verästelungsnetz	Ringnetz
Vorteile	• geringe Investitionskosten beim Bau des Systems • einfache Bemessung • einfache Mengenermittlung • Transparenz (eindeutige Fließrichtung)	• Vermeidung der Stagnation von Wasser im Rohrnetz, Vermeidung von Verkrustungen • geringe Gefahr des Einfrierens • Bruch einer Haupt- oder Versorgungsleitung: dahinterliegende Leitungen sind weiter nutzbar • geringere Druckverluste als im Verästelungssystem
Nachteile	• Stagnation von Wasser in den Endleitungen mit der Folge von hygienischer Qualitätsverschlechterung und Verkrustungen • erhöhte Gefahr des Einfrierens • Bruch einer Haupt- oder Versorgungsleitung: Alle dahinterliegenden Leitungen sind betroffen und nicht benutzbar • hohe Druckverluste bei großer Wasserentnahme in den Endleitungen	• höhere Investitionskosten beim Bau des Systems • aufwändige Bemessung • Mengenermittlung aufwändiger

einem Hauptstrang ab. In einem <**Ringnetz**> wird jeder Hydrant von zwei Seiten versorgt. Das gesamte Leitungsnetz bildet einen geschlossenen Ring. Beide Systeme haben Vor- und Nachteile (▶ Tabelle 34.3). In der Wasserverteilung wird überwiegend das Ringnetz verwendet. Verästelungsnetze werden häufig in Neubaugebieten eingesetzt, ggf. aber zu einem späteren Zeitpunkt zu einem Ringnetz erweitert. Es ist kritisch anzumerken, dass dies jedoch in letzter Zeit immer weniger passiert und immer öfter geringere Rohrdurchmesser verbaut werden, die dem geringen Wasserverbrauch der Bevölkerung angepasst sind und nicht den Anforderungen der Feuerwehr.

Hydranten

Hydranten sind ein Teil der zentralen Wasserversorgung. Es gibt <**Unterflurhydranten**> und <**Überflurhydranten**> (▶ Tabelle 34.4).

Bild 34.4 Hinweisschild nach DIN 4066 für einen Hydranten:

- weißes Rechteck (250 mm × 200 mm) mit 20 mm breitem rotem Rand (1)
- H = Hydrant (2)
- Nennweite der Rohrleitung in mm (3)
- Bestandslistennummer (4)
- Richtungsanzeiger (5)
- Entfernung zum Hydranten in Meter, vor dem Schild (6)
- Entfernung zum Hydranten in Meter, links vom Schild (7)

H

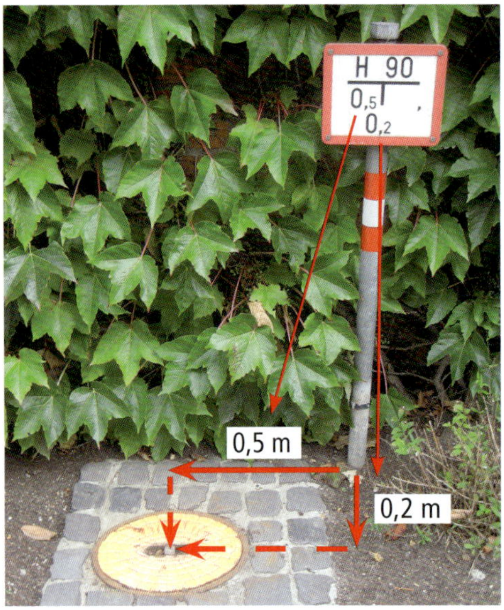

Bild 34.5 Anwendung des Hydrantenschildes zum Auffinden eines Unterflurhydranten

Praxis-Tipp:

Hydranten sind oft in der Nähe oder auf Straßenkreuzungen zu finden, da das DVGW-Arbeitsblatt 331 früher ihren Einbau dort empfohlen hat.

Praxis-Tipp:

(Digitale) Hydrantenbücher und Hydrantenpläne können in der Praxis helfen, Hydranten zielgerichtet zu finden (▶ Bild 16.18).

Praxis-Tipp:

Zur Benutzung eines Überflurhydranten muss auch immer ein Unterflurhydrantenschlüssel mitgenommen werden, da der zugehörige Schieber, insbesondere im Winter, geschlossen sein kann.

Sie dienen der Feuerwehr zur Entnahme von Löschwasser aus dem Rohrnetz. Ihr Einbau erfolgt in der Regel durch das zuständige Wasserversorgungsunternehmen. In der aktuellen Fassung des DVGW-Arbeitsblattes W 331 »Hydranten« sind keine Hydrantenabstände mehr angegeben, wie dies in den Vorgängerdokumenten noch der Fall war. Es wird statt

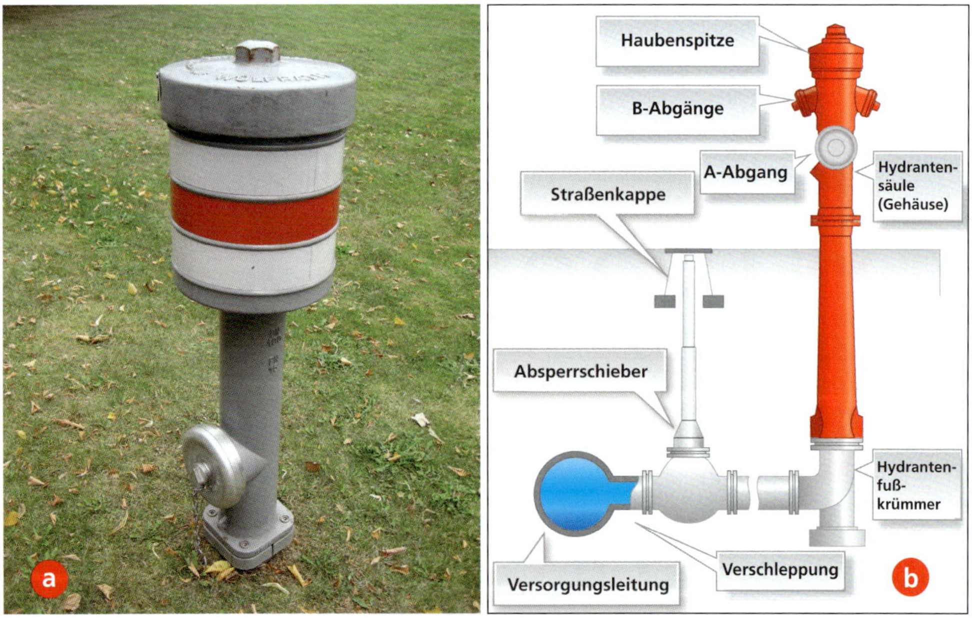

Bild 34.6 a Überflurhydrant mit Fallmantel b Aufbau eines Überflurhydranten ohne Fallmantel; seitlich verschleppt zur Versorgungsleitung angeordnet (DIN EN 14384)

Merke:

Werden an Hydranten Beschädigungen festgestellt, muss das zuständige Wasserversorgungsunternehmen informiert werden.

Praxis-Tipp:

Im Winter können Unterflurhydranten-Straßenkappen mit einem kleinen Gasbrenner aufgetaut werden, wie er für die Unkrautvernichtung genutzt wird. Vereiste Straßenkappen können (im Notfall) auch mit einem Vorschlaghammer gewaltsam geöffnet werden.

Bild 34.7 Unterflurhydrant (DIN EN 14339)

dessen auf das DVGW-Arbeitsblatt W 400 »Wasserverteilungsanlagen – Teil 1: Planung« verwiesen, in dem der Abstand der Hydranten in Ortsnetzen allgemein mit »meist unter 150 Metern« angegeben wird. Damit Hydran-

Tabelle 34.4 Typen von Hydranten

	Unterflurhydrant	Überflurhydrant
Norm	DIN EN 14339	DIN EN 14384
Vorteile	• geringer Anschaffungsaufwand (geringere Materialkosten und kann direkt auf die Rohrleitung aufgesetzt werden) • geringe Gefahr der Beschädigung durch Verkehr • keine Behinderung des Verkehrs	• leichtes Auffinden, auch bei Schnee • größere Wasserlieferung als ein Unterflurhydrant • schnelle Inbetriebnahme
Nachteile	• erschwertes Auffinden bei Dunkelheit und/oder Schnee und Überschwemmung oder fehlendem Hinweisschild • Behinderung durch auf dem Hydranten parkende Fahrzeuge möglich • Erhöhter Pflege- und Wartungsaufwand: Funktionsunfähigkeit durch »Versanden« und/oder Müll im Hydranten möglich • geringere Wasserlieferung als ein Überflurhydrant	• höhere Anschaffungskosten (muss immer verschleppt angeordnet werden) • Behinderung des Verkehrs • höhere Wartungs- und Reparaturkosten • Gefährdung durch Verkehr möglich
Notwendige Hilfsmittel zur Inbetriebnahme	• Standrohr (DIN 14375-1-2B) • Unterflurhydrantenschlüssel (Schlüssel C DIN 3223)	• Überflurhydrantenschlüssel (Schlüssel B nach DIN 3223) • Unterflurhydrantenschlüssel (Schlüssel C DIN 3223, für Absperrschieber)
Besonderheiten	Württemberger Schachthydrant (Schachthaken, überlanges Standrohr, überlanger Unterflurhydrantenschlüsssel und Standrohrhalter notwendig!)	• zwei Typen: Überflurhydranten mit bzw. ohne Fallmantel • Hydrant kann über Umfahrschutz verfügen • sehr selten sind Mittelflurhydranten (Mischform) anzutreffen

ten, beispielsweise im Schnee oder unter Laub, schnell und leicht gefunden werden können, werden sie mit einem Hinweisschild nach DIN 4066 gekennzeichnet (▶ Bild 34.4 und 34.5). Hydrantenbücher und Hydrantenpläne enthalten mindestens Angaben zum Ort (Liste/Beschreibung oder Karte), zur Bauart und zur Nennweite der Rohrleitung. Viele Feuerwehren benutzen bereits digitale Hydrantenpläne mit Computern/Tablets/Smartphones.

Der Druck im Leitungsnetz liegt bei Grundlast zwischen 1,5 bar und 4 bar. Der Betriebsdruck soll 8 bar nicht überschreiten. Die gelieferte Wassermenge eines Hydranten ist

Achtung:

Im Leitungsnetz sind bis zu ± 30 % Tagesschwankungen bei der Wasserlieferung am gleichen Hydranten möglich.

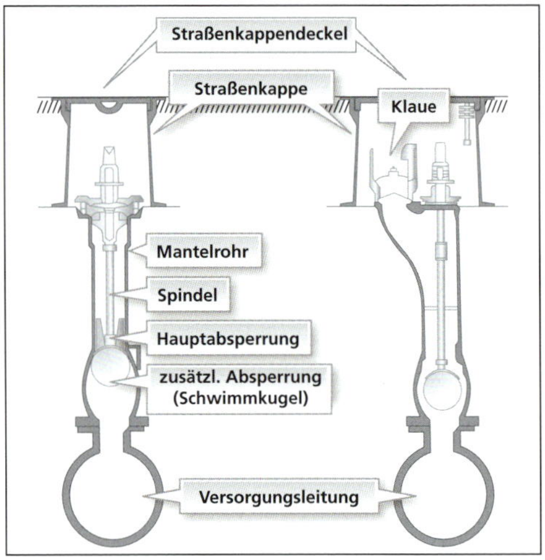

Bild 34.8 Aufbau eines Unterflurhydranten direkt auf der Versorgungsleitung

insbesondere vom Durchmesser der Versorgungsleitung, von der Art des Hydranten und

IM EINSATZ

Inbetriebnahme eines Unterflurhydranten

Quelle: J. Thorns

Ggf. Verkehrssicherung durchführen, Straßenkappendeckel ausheben und seitlich verdrehen. Festsitzende Deckel ggf. durch Schläge lockern.

Klauendeckel abheben, ggf. Klaue reinigen

Klauenmutter und Dichtung des Standrohres prüfen. Die Klauenmutter muss am unteren Anschlag sein. Der Dichtring soll sauber sein.

Standrohr einsetzen und nach rechts festdrehen. Muss der Aufsatzkopf gedreht werden, darf dies nur mit Rechtsdrehung erfolgen!

Vor dem Öffnen des Hydranten ein Absperrventil öffnen. Hydrant mit dem Unterflurhydranten-schlüssel durch Linksdrehen langsam öffnen. Beim Anschlag (maximal) eine halbe Umdrehung zurück drehen und spülen.

Wenn das Wasser klar heraus fließt, das Ventil schließen, Systemtrenner und B-Schlauch ankuppeln und dann den B-Abgang wieder langsam öffnen. Der Unterflurhydrantenschlüssel bleibt auf der Hydrantenspindel aufgesteckt.

IM EINSATZ

Außerbetriebnahme eines Unterflurhydranten

Quelle: J. Thorns

Schließen des Hydranten durch Rechtsdrehen und Unterflurhydrantenschlüssel abheben.

Nach dem Schließen des Hydranten ist zur Druckentlastung, Belüftung und Entwässerung ein freier Druckabgang zu öffnen.

B-Schlauch und Systemtrenner abkuppeln.

Standrohr durch Linksdrehen abheben und Entwässerung des Hydranten beobachten.

H

Klauenmutter des Standrohres nach unten schrauben, Vorhandensein des Dichtrings prüfen und ggf. säubern.

Schmutz entfernen und Klauendeckel einsetzen. Falls der Hydrant nicht selbst entwässert: Wasser entfernen.

Straßenkappendeckel verkehrssicher einlegen.

Verkehrssicherung zurückbauen, im Winter Eis abstreuen.

IM EINSATZ

Inbetriebnahme eines Württemberger Schachthydranten

Öffnen des Schachtdeckels mit Schachthaken

Quelle: J. Thorns

Aufsetzen des Württemberger Unterflurhydrantenschlüssels und kurzzeitiges Spülen des Hydranten, da kein Klauendeckel vorhanden ist

Württemberger Standrohr einsetzen und nach rechts festschrauben. Die Klauenmutter muss wie beim DIN-Standrohr am unteren Anschlag sein.

Standrohrhalter montieren. Danach wird der Schachthydrant mittels Unterflurhydrantenschlüssel geöffnet – der Hydrant ist betriebsbereit.

H

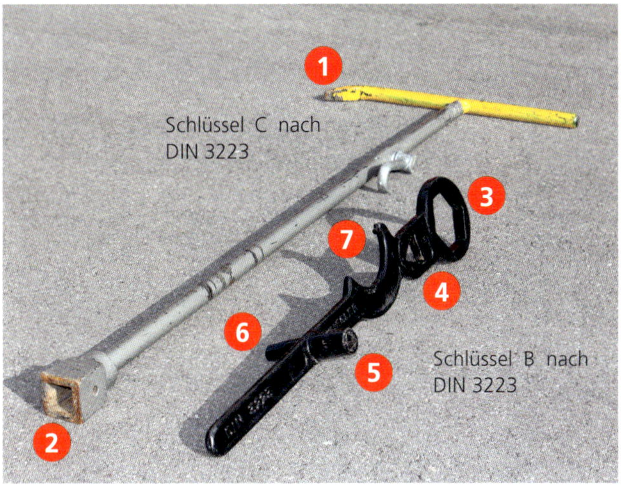

Quelle: J. Thorns

Bild 34.9 Unter- und Überflurhydrantenschlüssel:

- Klaue zum Öffnen der Straßenkappe (1)
- Vierkantschlüssel (2)
- Sechskantschlüssel für die Hauptabsperrung (3)
- Dreikant zur Betätigung der Deckkapseln (4)
- Innendreikant zum Betätigen des Fallmantels (5)
- Sechskant für Absaugstutzen (6)
- Alternative zu (3) bei ÜH o. Fallmantel (7)

vom Druck im Rohrnetz abhängig. Beispiel: Bei einem Druck von 4 bar beträgt die Wasserlieferung eines Hydranten auf einer Leitung mit einem Rohrleitungsdurchmesser von 100 Millimetern zirka 700 bis 1 000 l/min. Bei einem Rohrleitungsdurchmesser von 200 Milli-

IM EINSATZ

Inbetriebnahme eines Überflurhydranten ohne Fallmantel

Abgänge durch Abschrauben der Deckkapseln öffnen.

Hydrant durch Drehen der Haubenspitze nach links mit Überflurhydrantenschlüssel öffnen.

H

Ggf. Schieber öffnen, falls kein Wasser kommt.

Hydrant spülen und wieder schließen.

Schlauch ankuppeln. Falls ein B-Absperrorgan verfügbar ist, soll auch die zweite Deckkapsel entfernt werden und das Absperrorgan dort angekuppelt werden. So kann auch der zweite Abgang später im Einsatz genutzt werden, ohne den Hydranten nochmals schließen zu müssen. Es ist ein Systemtrenner oder ein Rückflussverhinderer zu verwenden.

Hydrant endgültig öffnen (bis Anschlag öffnen und eine halbe Umdrehung zurückdrehen). Wird das B-Absperrorgan (Kugelhahn) genutzt, muss dieses langsam bedient werden, damit Druckstöße vermieden werden.

IM EINSATZ

Inbetriebnahme eines Überflurhydranten mit Fallmantel

Quelle: J. Thorns

Fallmantelsperre freilegen.

Fallmantelsperre durch Linksdrehen öffnen.

Einen Ventilabgang öffnen. Diese Maßnahme dient dem Schutz des Trinkwassers.

Hydrant durch Linksdrehen des Haubendeckels öffnen und spülen. Beim Anschlag eine halbe Umdrehung zurück drehen.

Ventilabgang schließen.

Systemtrenner und Schlauch anschließen und Abgang wieder öffnen. Besonderheit beim Schließen von Überflurhydranten mit Fallmantel: Beim Schließen des Hydranten muss ein Absperrorgan leicht geöffnet sein, um Schäden am Hydranten zu vermeiden.

meter und mehr kann die Wasserlieferung bis zu 3 000 l/min betragen.

Unterflurhydranten (▶ Bild 34.7) können direkt auf eine Versorgungsleitung oder seitlich verschleppt zu einer Versorgungsleitung angeordnet werden. Überflurhydranten (▶ Bild 34.6) sind immer seitlich verschleppt angeordnet. Die verschleppte Anordnung ist zwar aufwändiger zu erstellen, vermeidet aber die Nachteile, dass äußere Kräfte unmittelbar auf die Rohrleitung übertragen werden und dass die Bettung der Rohrleitung durch Leckage durchnässt oder unterspült wird. Die Verschleppung verfügt über einen zusätzlichen Absperrschieber. Schieber dienen dazu, das Rohrleitungsnetz in Abschnitte zu unterteilen. Der Absperrschieber muss geöffnet sein, damit aus dem Hydranten Löschwasser entnommen werden kann.

Beide Hydrantentypen werden in der Regel in der selbsttätig entleerenden Variante (Bauform A) verbaut. Die Entleerung erfolgt durch Versickerung des Wassers durch eine Entleerungsöffnung, wenn die Hauptabsperrung geschlossen ist. Hydranten, die nicht selbsttätig entwässern, müssen mit einer Handpumpe entwässert werden. Überflurhydranten verfügen dazu über einen seitlichen Öffnungsstopfen. Überflurhydranten verfügen weiterhin über ein Belüftungsventil, das die Entstehung von Unterdruck im Mantelrohr verhindert. An den A-Abgang von Überflurhydranten dürfen keine A-Saugschläuche angeschlossen werden, da durch die Entlüftung beim Saugen ein Unterdruck im Rohrnetz entstehen kann, der zu schweren Beschädigungen führen wird. Der A-Abgang kann zur Entnahme großer Wassermengen mit Druckschläuchen, beispielsweise für einen Wasserwerfer, dienen.

34.1.4 Die unabhängige Löschwasserversorgung

Die <**unabhänige Löschwasserversorgung**> ist von der zentralen Wasserversorgung unabhängig. Sie besteht aus vorhandenen Wasser-

Quelle: J. Thorns

Bild 34.10 Beispiel für einen Löschwasserteich

vorräten, beispielsweise offenen Gewässern, Löschwasserteichen und Löschwasserbrunnen. Insbesondere in ländlichen Gebieten hat die unabhängige Löschwasserversorgung eine große Bedeutung.

Unerschöpfliche Löschwasserstellen

Unerschöpfliche Löschwasserstellen liefern für mindestens drei Stunden lang Löschwasser für die Objekte in ihrem Deckungsbereich.

Praxis-Tipp:

Mit dem Überflurhydrantenschlüssel B nach DIN 3223 (▶ Bild 34.9) lassen sich auch Sperrgitter/-pfosten, Einspeiseeinrichtungen und Entnahmeeinrichtungen an trockenen Löschwasseranlagen bedienen.

Bild 34.11 Beispiel für einen unterirdischen Löschwasserbehälter

Praxis-Tipp:

Vereiste offene Gewässer können unter Berücksichtigung der Sicherheitsvorschriften für das Arbeiten mit Motorkettensägen und für das Arbeiten an offenen Gewässern vorsichtig mit einer Kettensäge geöffnet werden.

Merke:

Bei Arbeiten an offenen Gewässern besteht die Gefahr des Absturzes und des Ertrinkens. Absturzsicherungen und Rettungswesten sind zu nutzen.

Unerschöpfliche Löschwasserstellen sind natürliche, offene Gewässer (z. B. Flüsse, Bäche, Seen, Weiher), künstliche, offene Gewässer (z. B. Kanäle, Hafenbecken, Talsperren, Stauseen) und Löschwasserbrunnen nach DIN 14220 (künstliche Entnahmestellen für Löschwasser aus dem Grundwasser). Bei Löschwasserbrunnen erfolgt die Wasserentnahme durch Saugbetrieb (Kennzeichnung »S«) oder durch eine eingebaute Tiefpumpe (Kennzeichnung »T« für Turbinentauchpumpe und »E« für Elektrotauchpumpe).

Erschöpfliche Löschwasserstellen

Erschöpfliche Löschwasserstellen können nur weniger als drei Stunden lang Löschwasser für die Objekte in ihrem Deckungsbereich liefern. Sie dienen für den Erstangriff, nachrückende Einheiten müssen eine Wasserversorgung zu weiter entfernten Löschwasserentnahmestellen aufbauen. Erschöpfliche Löschwasserstellen sind Löschwasserteiche (▶ Bild 34.10) nach DIN 14210 (Mindestvolumen: 1 000 Kubikmeter, Mindestwassertiefe: zwei Meter), unterirdische, künstliche Löschwasserbehälter (▶ Bild 34.11), (umgangssprachlich: »Zisterne«) nach DIN 14230 (Löschwasserinhalt 75 bis 300 Kubikmeter) und sonstige zur Löschwasserentnahme geeignete Behälter (z. B. Zierteiche, Freibäder). Mittlere und große Löschwasserbehälter verfügen über mehrere Saugrohre. Die Kennzeichnung der Löschwasserstellen erfolgt nach DIN 4066 (▶ Tabelle 34.5).

H

Tabelle 34.5 Kennzeichnung von Wasserentnahmestellen

Art der Wasserentnahmestelle	Hinweisschild nach DIN 4066 »Hinweisschilder für die Feuerwehr«		Kennzeichnung nach DIN 14034 - 6 »Graphische Symbole für das Feuerwehrwesen – Teil 6: Bauliche Einrichtungen« im Feuerwehrplan
Unterflurhydrant Hydranten, die ein blaues Hinweisschild haben, dürfen auch von der Feuerwehr benutzt werden			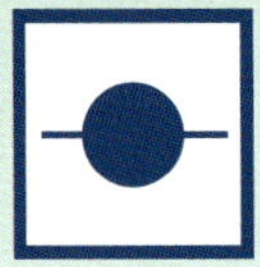
Überflurhydrant Hydranten, die ein blaues Hinweisschild haben, dürfen auch von der Feuerwehr benutzt werden.			
Löschwasser-Sauganschluss – Unterflur			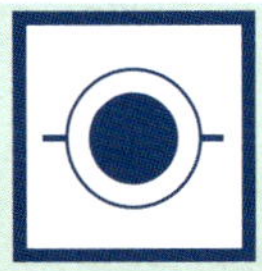
Löschwasser-Sauganschluss – Überflur		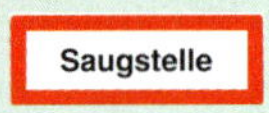	
Löschwasserteich		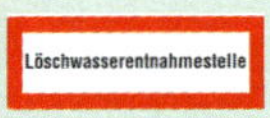	
Löschwasserbrunnen links: Brunnen »S« für Saugbetrieb (mit unmittelbarem Kraftspritzenanschluss) rechts: Brunnen »T« mit Tiefpumpe (mit mittelbarem Kraftspritzenanschluss) T- (Turbinenpumpe) und E-Variante (Elektro)	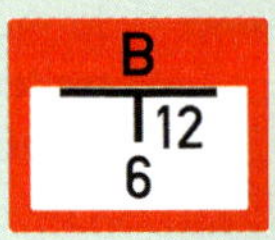	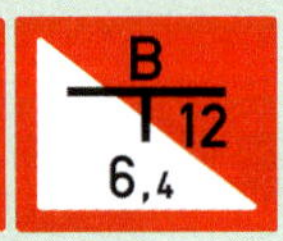	
Löschwasserbehälter (unterirdisch)			
Saugstelle für Löschmittel		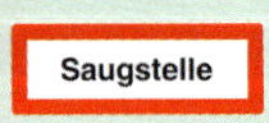	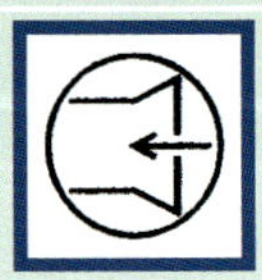

Anforderungen an Löschwasser-entnahmestellen

Löschwasserentnahmestellen müssen folgende grundsätzliche Anforderungen erfüllen:

- Abstände: Alle zu schützenden Objekte müssen mit den örtlichen Löschkräften und -geräten (maßgebend: vorhandene Schlauchlängen) der zuständigen Feuerwehr erreicht werden können. Auf der anderen Seiten darf die Wasserentnahme nicht zu nah am Objekt und schon gar nicht im Trümmerschatten liegen.
- Zufahrt: Erreichbarkeit muss zu jeder Zeit und bei jeder Witterung mit Fahrzeugen mit einer Achslast von zehn Tonnen möglich sein, Wasser-Entnahmemöglichkeit muss an einem festen Standplatz ganzjährig möglich sein. Die Vorgaben der DIN 14090 »Flächen für die Feuerwehr auf Grundstücken« müssen eingehalten werden.
- Saughöhe: Die geodätische Saughöhe (Abstand von der Wasseroberfläche bis zur Mitte des Saugeingangs) darf fünf Meter nicht überschreiten, idealerweise werden drei Meter nicht überschritten.
- Tauchtiefe: Für den Saugkorb ist eine Mindesttauchtiefe notwendig, in der Regel 50 Zentimeter.
- Die Wasserentnahme muss mit der Ausrüstung eines Löschfahrzeuges möglich sein, beispielsweise mittels eines fest verlegten Saugrohrs oder mit einem Saugschacht.
- Mindestförderstrom: Empfehlung 800 bis 2 000 l/min.
- Frostunabhängigkeit: Unverzügliche Nutzung bei starkem Frost, beispielsweise durch frostsicheren Saugschacht.
- Kennzeichnung mit Hinweisschildern nach DIN 4066, wenn die Löschwasserentnahmestelle nicht zu allen Jahreszeiten offensichtlich zu erkennen ist.
- keine Verkehrsbehinderung.

Achtung:

Beachte: Vorschriften zum Löschwasserbedarf können auch in Sonderbauvorschriften enthalten sein (z. B. Industriebaurichtlinie).

- Löschwassersauganschlüsse (z. B. unterirdische Löschwasserbehälter) nach DIN 14244 in den Varianten Überflursauganschluss oder Unterflursauganschluss.

Die Wasserentnahme aus offenen Gewässern erfolgt grundsätzlich nach den Vorgaben der Feuerwehr-Dienstvorschrift 3 »Einheiten im Lösch- und Hilfeleistungseinsatz« (▶ Kapitel 28).

34.2 Löschwasserförderung

34.2.1 Grundlagen der Löschwasserförderung

Liegt die Wasserentnahmestelle so weit von der Brandstelle entfernt, dass eine Feuerlöschkreiselpumpe nicht zur Förderung der notwendigen Wassermenge und zur Erzeugung des notwendigen Strahlrohrdrucks ausreicht, muss die Feuerwehr zusätzliche Maßnahmen zum Heranschaffen des Löschwassers ergreifen. Die Wasserförderung über lange Wegstrecke mit Druckschläuchen in einer <**Schaltreihe**> ist dabei die übliche Methode der Feuerwehr. In einer Schaltreihe (▶ Bild 34.12) wird mehr als eine Feuerlöschkreiselpumpe hintereinander geschaltet.

Die Feuerwehr unterscheidet zwischen der offenen und der geschlossenen Schaltreihe. Die Strecken zwischen zwei Pumpen innerhalb einer Förderstrecke wird Verstärkerstrecke und die Strecke zwischen der letzten Pumpe, auch Brand- oder Einsatzstellenpumpe genannt, und den Strahlrohren wird Strahlrohrstrecke genannt.

<**Offene Schaltreihe**>: Das geförderte Löschwasser wird am Ende einer Verstärkerstrecke mit freiem Auslauf in einen Wasserbehälter laufen gelassen. Durch die nachfolgende Feuerlöschkreiselpumpe muss das Wasser über Saugschläuche erneut angesaugt werden (▶ Bild 34.12). Der Aufbau der offenen Schalt-

Merke:

Für jeweils fünf Schläuche in der Förderleitung soll ein Reserve-Schlauch bereit gelegt werden.

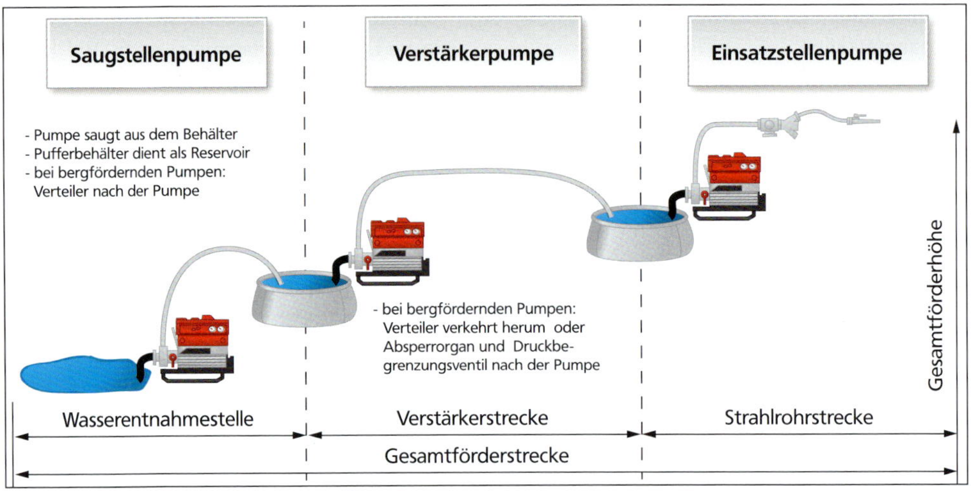

Bild 34.12 Prinzip einer Löschwasserförderung über lange Wegstrecke mit einer offenen Schaltreihe

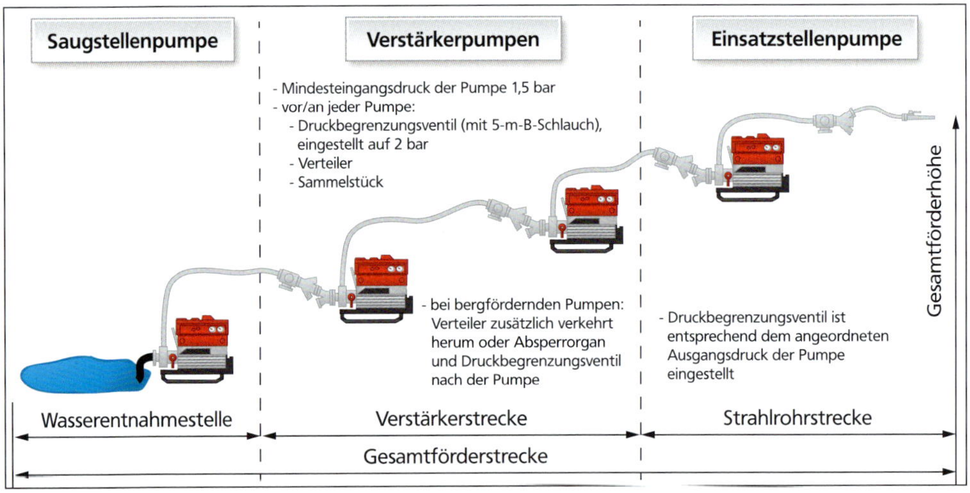

Bild 34.13 Aufbau einer geschlossenen Schaltreihe (hier ohne Pufferung an der Einsatzstellenpumpe)

Bild 34.14 Aufbau eines Wasserübergabepunktes einer offenen Schaltreihe (hier ohne »freien Auslauf«, da keine Wasserförderung aus dem Trinkwassernetz erfolgt)

reihe ist zeit-, material- und personalintensiv. In der offenen Schaltreihe sind größere Pumpenabstände als in der geschlossenen Schaltreihe möglich (zirka 120 Meter mehr in der Ebene bei einem Förderstrom von 800 l/min, ▶ Tabelle 34.9 und ▶ Abschnitt 34.2.4), da an

Merke:

An der Wasserentnahmestelle muss die leistungsstärkste, verfügbare Pumpe eingesetzt werden.

IM EINSATZ

Verwendung von Druckbegrenzungsventilen

Durch das plötzliche Öffnen und Schließen von Ventilen, insbesondere in einer geschlossenen Schaltreihe, können Druckstöße in den Schlauchleitungen verursacht werden. Ein Druckbegrenzungsventil schützt die (nachfolgende) Pumpe vor diesen Druckstößen und verhindert Schlauchplatzer, in dem der Druck in der Förderleitung auf einen maximalen Druck begrenzt wird, weil überschüssiges Wasser aus dem hydraulischen System entfernt wird (Abbildung a). Auch bei ungenau bestimmten Pumpenabständen und bei der Überwindung großer Höhenunterschiede (statischer Druck) mit der Förderleitung ist der Einsatz des Druckbegrenzungsventils notwendig. Diese wasserführende Armatur ist nach DIN 14380 genormt und ermöglicht die Einstellung von Ansprechdrücken zwischen 0 und 16 bar. Da der Pumpeneingangsdruck mit 1,5 bar festgelegt wird, ist eine Einstellung des Druckbegrenzungsventils auf einen Wert von 2 bar in einer Förderleitung sinnvoll, (Abbildung b). Bei einem Druck über 2 bar wird dann Wasser über den seitlichen Überlauf ins Freie abgeführt. Generell gilt: Das Druckbegrenzungsventil in der Förderstrecke soll 0,5 bar höher als der Pumpeneingangsdruck der nachfolgenden Pumpe eingestellt sein. Ist das Druckbegrenzungsventil ständig offen, ist der Ausgangsdruck der vorherigen Pumpe zu verringern oder der Einstellwert des Druckbegrenzungsventil leicht (z. B. 2,5 bar) zu erhöhen. Eine weitere (aber aufwändige) Gegenmaßnahme ist die Erhöhung des Pumpenabstandes. Wird das Druckbegrenzungsventil vor einem Verteiler an der Brandstelle eingesetzt, ist der Druck auf einen Wert zwischen 5 und 8 bar einzustellen. Wird das Druckbegrenzungsventil bei bergfördernden Pumpen nach der Pumpe eingesetzt, ist der eingestellte Druck an den statischen Druck, der durch das Geländeprofil entsteht, und den Pumpenausgangsdruck anzupassen (typischer Einstellwert: 10 – 12 bar). Beim Abbau einer Förderstrecke kann die Schlauchleitung einfach mit dem Druckbegrenzungsventil entleert werden, indem es auf den Einstellwert »0 bar« gestellt wird.

Einbau eines Druckbegrenzungsventils in eine Förderleitung: Am seitlichen Abgang der Armatur ist ein B-Schlauch (z. B. 5-m-Schlauch) angebracht, dessen freies Ende fixiert ist, damit dieses nicht umher schlagen kann.

Der Ansprechdruck des Druckbegrenzungsventils wird eingestellt, indem der Pfeil auf dem Drehring am Manometer auf den gewünschten Wert der Skala gedreht wird. Der Einstelldruck vor einer Verstärkerpumpe beträgt 2 bar.

der nachfolgenden Pumpe kein Mindest-Pumpeneingangsdruck anliegen muss. Vor jeder Pumpe erfolgt eine Pufferung von Löschwasser (▶ Bild 34.14).

<**Geschlossene Schaltreihe**>: Das geförderte Löschwasser wird direkt in den Pumpeneingang der nächsten Verstärkerpumpe eingespeist (▶ Bild 34.13). Der Pumpeneingangsdruck muss mindestens 1,5 bar betragen. Diese Variante ist in der Praxis die meist genutzte Schaltreihen-Variante, da der nur wenig kürzere Pumpenabstand von 100 bis 120 Meter n (bei 8 bar Nennförderdruck) in der Ebene in der Praxis aufgrund der hohen Verfügbarkeit von Schläuchen und Pumpen vernachlässigbar ist. Bei der Benutzung der Feuerlöschkreiselpumpen von (Tank-)Löschfahrzeugen mit eingebauten Löschwasserbehältern ist auch eine Pufferung von Löschwasser in einer geschlossenen Schaltreihe möglich. An der Brandstellenpumpe soll möglichst ein Pufferbehälter vorgesehen werden, mindestens aber ein Druckbegrenzungsventil (Einstellwert: 2 bar, mit Abgangsschlauch). Der Puffer dient als Überbrückung bei möglichen Schlauchplatzern und kann nach dem Abbau der Förderstrecke von der Brandsicherheitswache als Wasservorrat genutzt werden.

Eine weitere Möglichkeit des Löschwassertransports über lange Wegstrecken ist der Pendelverkehr mit Tanklöschfahrzeugen mit entsprechenden Löschwasserbehältern.

H

34.2.2 Einsatztaktik der Löschwasserförderung

Die Löschwasserversorgung über lange Wegstrecke in einer Schaltreihe wird wie folgt aufgebaut (▶ Bild 34.13): Die Förderstrecke wird immer von der Wasserentnahmestelle zur Brandstelle aufgebaut. So besteht schon während des Aufbauens die Möglichkeit, die Strecke bis zur jeweils nächsten Verstärkerpumpe zu befüllen, um Zeit zu sparen. Zum Entlüften wird ein freier Abgang der Pumpe oder des Verteilers geöffnet bis Wasser austritt. Für die Verlegung der Druckschläuche ist möglichst ein Schlauchwagen SW 2000 bzw. ein Gerätewagen Logistik GW-L2 mit Schlauchwagenbeladung einzusetzen. Dieses Fahrzeug soll durch ein Löschfahrzeug mit dem Bedienpersonal unterstützt werden. Wo der Schlauchwagen nicht eingesetzt werden kann, müssen die Schläuche per Hand verlegt werden.

Die Schlauchleitungen müssen immer am Straßenrand verlegt werden, damit die Straße für Fahrzeuge noch passierbar bleibt. Gerade verlegte Schlauchleitungen reduzieren die Anzahl der benötigten Schläuche!

Der Einsatzabschnittsleiter »Wasserversorgung« legt die Anzahl und Standorte der Verstärkerpumpen fest. Sind die Pumpenstandorte der Verstärkerpumpen bereits bekannt und sind diese bereits aufgestellt, kann die

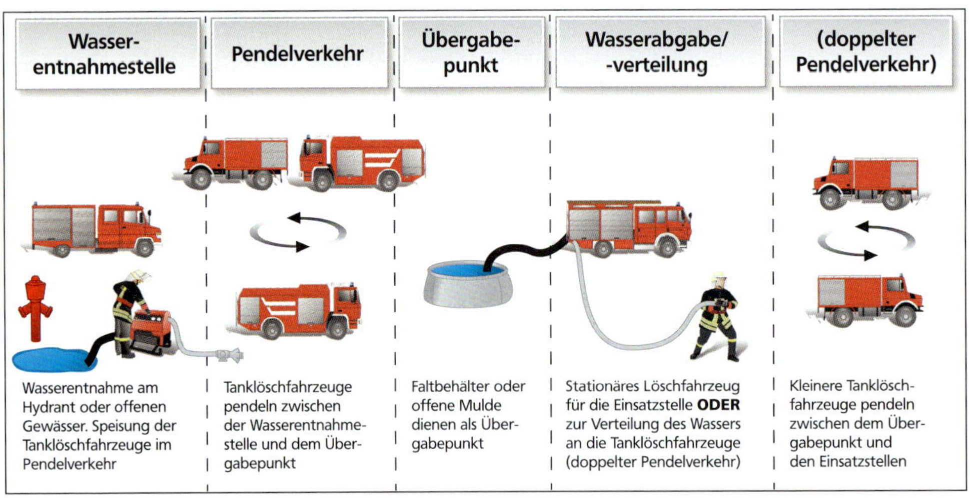

Bild 34.15 Prinzip des Pendelverkehrs mit Tanklöschfahrzeugen

Praxis-Tipp:

Sicherungsposten an Hindernissen können auch gleichzeitig die Schlauchaufsicht in ihrem Bereich übernehmen.

Achtung:

Ein Schlauchwagen soll die Schläuche maximal mit schneller Schrittgeschwindigkeit (zirka 6 km/h) verlegen.

Schlauchleitung auch von einer Verstärkerpumpe Richtung Wasserentnahmestelle verlegt werden.

Für drei Pumpen in der Förderstrecke soll eine Reserve-Pumpe bereitgehalten werden. Bei kürzeren Förderstrecken ist jedoch mindestens eine Reserve-Pumpe bereitzuhalten. Wenn genügend B-Druckschläuche vorhanden sind, soll wegen der Reibungsverluste und wegen der Redundanz möglichst eine doppelte Schlauchleitung von Anfang an verlegt werden, wenn ein Löschmittelbedarf zirka > 1 000 l/min erwartet wird . Bei kleinerem Volumenstrom pro Leitung sind größere Pumpenabstände möglich. Allerdings kann dann bei Ausfall einer Leitung nicht der gesamte Volumenstrom über die verbleibende Leitung gefördert werden, wenn die Pumpenabstände »zu groß« sind! Insbesondere ab einem Löschwasserbedarf von 1 000 l/min muss eine doppelte Schlauchleitung verlegt werden, damit die Pumpenabstände nicht zu klein werden.

Der Einsatz von Tanklöschfahrzeugen im <**Pendelverkehr**> erfolgt durch das Pendeln

Bild 34.16 Absicherung einer Straßenquerung mit Sicherungsposten

Bild 34.17 Rohr-Schlauchüberführung nach DIN 14821 im Einsatz

von Tanklöschfahrzeugen zwischen Wasserentnahmestelle und Wasserübergabepunkt in der Nähe der Brandstelle (▶ Bild 34.15). Die Wasserentnahmestelle wird von einem zugewiesenen Löschfahrzeug eingerichtet. Für den Pendelverkehr ist eine kreisförmige Verkehrsführung anzustreben. Am Wasserübergabepunkt muss eine Puffermöglichkeit eingerichtet werden. Ein Pendelverkehr soll aufgrund des hohen Aufwandes nur in Ausnahmefällen eingerichtet werden. Einsatzbeispiele für einen Pendelverkehr sind ein Fahrzeugbrand auf einer Autobahn und die Anwendung einer defensiven Taktik bei Großbränden, um die Zeit bis zum Aufbau einer Löschwasserförderung über lange Wegstrecke zu überbrücken.

34.2.3 Überquerung von Hindernissen mit Schlauchleitungen

Beim Verlegen von Druckschläuchen (▶ Abschnitt 28.6) zur Wasserförderung müssen in der Regel immer Hindernisse überwunden

Bild 34.18 Schlauchdurchführung unter einer Bahnschiene mit Reserveschlauch

H

werden. Die häufigsten Hindernisse werden nachfolgend im Detail betrachtet.

Straßen

Zur Überquerung von Straßen werden Schlauchbrücken (DIN 14820, Teil 1 [Holz] oder Teil 2 [Aluminium]) eingesetzt (▶ Bild 34.16). Beim Einsatz von Schlauchbrücken sind mindestens zwei, besser drei Schlauchbrücken auf einer Fahrbahnseite so auszulegen, dass Fahrzeuge verschiedener Spurbreite (Pkw/Lkw) die Leitung überfahren können. Die Schlauchbrücken müssen in Schrittgeschwindigkeit überfahren werden. Straßen sollen immer rechtwinklig von der Schlauchleitung überquert werden. Stark befahrene Straßen sollen möglichst mit einer Rohr-Schlauchüberführung nach DIN 14821 (▶ Bild 34.17) überquert werden.

Möglich ist auch der Einsatz einer Drehleiter, um eine provisorische Schlauchüberführung zu errichten. Diese Variante sollte aber nur wenn unbedingt notwendig benutzt werden, da eine Drehleiter ein einsatztaktisch wichtiges Fahrzeug ist. Die Stellen, an denen eine Schlauchleitung eine Straße kreuzt, müssen immer mit Verkehrssicherungsmaterial (Warndreieck, Verkehrsleitkegel, Warnleuchte) und einem Sicherungs- bzw. Warnposten gesichert werden. Der Warnposten muss eine Warnweste oder einen vergleichbaren Schutz tragen.

Die erste Warnung der Verkehrsteilnehmer muss mindestens 50 Meter vor dem Hindernis erfolgen. Die Sicherung des Hindernisses soll, wenn möglich, der Polizei übertragen werden.

Bahnschienen

Bei der Unterquerung von Bahnschienen müssen immer die allgemeinen Sicherheitsvorkehrungen für Tätigkeiten an Gleisanlagen beachtet werden (▶ Kapitel 35.2). Das bedeutet, dass aus Sicherheitsgründen für die im Gefahrenbereich tätigen Einsatzkräfte vor dem Betreten der Gleisanlagen die Bestätigung über die durchgeführte Gleissperrung abzuwarten ist. Dazu muss die Absprache mit einem Notfallmanager des jeweiligen Eisenbahnverkehrsunternehmens getätigt werden. Die Schlauchleitungen werden dann unter den Schienen im

Bild 34.19 Schlauchüberführung über einen Zaun mittels Bockleiter (der Schlauch kann auch quer ins sich durch die Leiterteile ergebende "V" gelegt werden)

H

Schotterbett verlegt, um den Zugverkehr nicht unnötig einzuschränken (▶ Bild 34.18). Zum Verlegen ist das Schotterbett für die Schläuche zu beseitigen. Der Schlauch muss so verlegt sein, dass die Kupplungen zirka den gleichen maximalen Abstand zum Gleis haben. Aus Gründen der Redundanz wird gleichzeitig noch ein Reserveschlauch unter den Schienen ausgelegt, sodass im Falle eines Schlauchplatzers nur noch umgekuppelt werden muss. Der Eisenbahnverkehr auf dem Gleis kann anschließend wieder freigegeben werden. Das Queren von Bahnstrecken soll die Ausnahme in der Löschwasserförderung sein, weil die Bahnstrecke dafür gesperrt werden muss.

Mauern und Zäune

Zur Überwindung von Mauern und Zäunen sind der Bau einer Bockleiter oder die Errichtung von Behelfsbauten aus Steckleiterteilen möglich (▶ Bild 34.19). Die Beschädigung des Hindernisses ist möglichst zu vermeiden. Die Schläuche müssen so verlegt werden, dass sie nicht beschädigt werden und nicht abknicken können. Schläuche sind mit Bindestricken als Zugentlastung zu sichern.

Sonstige Hinweise

Mit Wasser gefüllte Schläuche sind sehr schwer (ein wassergefüllter B-Schlauch wiegt fast 100 Kilogramm). Daher müssen Schläuche an Hängen oder Schrägen unterhalb von Kupplungspaaren mit Seilschlauchhaltern, Bindestricken oder Ähnlichem gesichert werden. Hilfreich ist auch die Kennzeichnung der Schlauchleitungen (zum Beispiel mit Schildern »Pumpe 1 rot« und farbigen Bändern an den Schlauchleitungen etc.), da an großen Einsatzstellen mit zahlreichen Schlauchleitungen leicht die Übersicht verloren geht.

34.2.4 Berechnungsgrundsätze der Löschwasserförderung

Für die Auslegung einer Löschwasserförderung wird die Förderstrecke nur bis zur Brandstellenpumpe bzw. bis zum Verteiler hinter der Brandstellenpumpe betrachtet. Die C-Leitungen hinter dem Verteiler werden nicht betrachtet. Die notwendige zu fördernde Löschwassermenge wird durch die Auswurfraten der

Tabelle 34.6 Auswurfraten (Richtwerte) von Löschmittelauswurfvorrichtungen

Strahlrohrtyp	Förderstrom in l/min
CM-Strahlrohr mit Mundstück	100
CM-Strahlrohr ohne Mundstück	200
BM-Strahlrohr mit Mundstück	400
BM-Strahlrohr ohne Mundstück	800
Hohlstrahlrohr »C« (typisch)	200
Hohlstrahlrohr »B« (typisch)	500
Schnellangriff	100
Schaumstrahlrohr »C«	200
Schaumstrahlrohr »B« (M4/S4)	400
Schaumstrahlrohr »B« (M8/S8)	800
Hydroschild	1 600
Wasserwerfer (typisch)	2 000
Williamswerfer	20 000

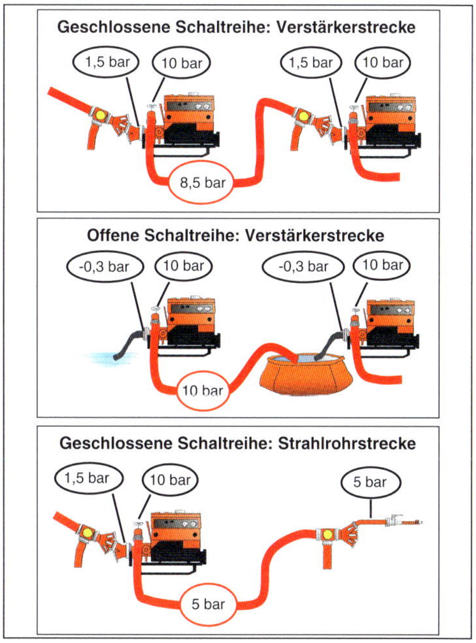

Bild 34.20 Ein- und Ausgangsdrücke an an Pumpen nach DIN EN 1028 in verschiedenen Schaltreihen

Tabelle 34.7 Reibungsverluste in C- und B-Druckschläuchen

Föderstrom Q [l/min]	Reibungsverluste in bar pro 100 Meter Schlauchlänge [bar/100 m]	
	Druckschlauch (gummiert)	
	B: Nenndurchmesser 75 Millimeter	C: Nenndurchmesser 42/52 Millimeter
100		0,60 / 0,20
200	0,10	2,30 / 0,60
400	0,40	8,80 / 2,00
600	0,80	
800	1,25	
1 000	2,00	
1 200	2,60	

Merke:

Die Strahlrohrstrecke ist in etwa halb so lang wie eine Verstärkerstrecke.

Achtung:

Die in einer Förderstrecke verwendeten Pumpen müssen von ihrer Leistungen einander entsprechen. Dies bedeutet, dass eine FPN 10-2 000 durch zwei parallel aufgestellte FPN 10-1 000 ersetzt werden kann und umgekehrt.

Merke:

Zu hohe Drücke führen zu Schlauchplatzern, die aufwändig ausgetauscht werden müssen!

Quelle: J. Thorns

Bild 34.21 Beispiel für die Kennzeichnung eines Pumpenstandortes im Rahmen der Einsatzplanung

Merke:

Der Druckverlust in einer Schlauchleitung ist abhängig von:
- Förderstrom (in der Praxis: 800 l/min),
- Förderlänge (in der Praxis: Pumpenabstand),
- Schlauchdurchmesser (in der Praxis: B-Schlauch [A- oder F-Schlauch])
- Schlauchbeschaffenheit (Reibungsbeiwert, in der Praxis durch Schläuche gegeben),
- Höhenunterschied in der Förderleitung (in der Praxis: muss jeweils ermittelt werden).

Bei 800 l/min hat eine 100 Meter lange B-Leitung einen Druckverlust von 1,25 bar. Eine Höhenzunahme von zehn Meter bewirkt einen Druckverlust von 1 bar.

eingesetzten Strahlrohre (▶ Tabelle 34.6) bestimmt, die Leistungsfähigkeit der Schaltreihe wird durch die Pumpen und die Reibungsverluste in den Schläuchen vorgegeben.

Das Löschwasser soll mit einem Pumpenausgangsdruck (auch Nennförderdruck genannt) gefördert werden, bei dem ein möglichst großer Förderstrom erzeugt wird, aber auch das Schlauchmaterial geschont wird. Dieser Pumpenausgangsdruck beträgt $p_a = 8$ bar bei bei Feuerlöschkreiselpumpen nach der zurückgezogenen DIN 14420 und $p_a = 10$ bar bei Pumpen nach der aktu-

Tabelle 34.8 Abstände von Verstärkerpumpen in der Ebene (einfache Leitung)

Förderstrom bei 8 bar Nennförderdruck (Pumpen nach zurückgezogener DIN 14420)	offene Schaltreihe	geschlossene Schaltreihe
800 l/min	640 Meter (32 B-Schläuche)	520 Meter (26 B-Schläuche)
1 000 l/min	400 Meter (20 B-Schläuche)	320 Meter (16 B-Schläuche)

Tabelle 34.9 Abstände von Verstärkerpumpen in der Ebene (einfache Leitung)

Förderstrom bei 10 bar Nennförderdruck (Pumpen nach DIN EN 1028)	offene Schaltreihe	geschlossene Schaltreihe
800 l/min	800 Meter (40 B-Schläuche)	680 Meter (34 B-Schläuche)
1 000 l/min	500 Meter (25 B-Schläuche)	420 Meter (21 B-Schläuche)

Tabelle 34.10 Druckschläuche für Feuerlöschzwecke nach DIN 14811

Kurzzeichen	D 25	C 42	C 52	B 75	A 110	F 152
Innendurchmesser [mm]	25	42	52	75	110	152
Schlauchlängen [m]	5, 15	15, 20[a]	15, 20[a]	5, 20, 35[b]	20	nicht benannt

[a] Aus Ergonomiegründen nicht empfehlenswert.
[b] Nur für Hubrettungsfahrzeuge.

Tabelle 34.11 Saugschläuche nach DIN EN ISO 14557

Kurzzeichen	A	B	C
Innendurchmesser [mm]	110	75	52
Länge mit Kupplungen [m]	1,60; 2,50	1,60	1,60

ellen DIN EN 1028. Der Pumpeneingangsdruck in einer geschlossenen Schaltreihe darf $p_e = 1{,}5$ bar nicht unterschreiten. Dementsprechend ergibt sich für die Verstärkerstrecken bei 8 bar Nennförderdruck, dass bei einer geschlossenen Schaltreihe eine verfügbare Druckdifferenz $p_v = p_a - p_e = 8$ bar – 1,5 bar = 6,5 bar und bei einer offenen Schaltreihe eine verfügbare Druckdifferenz $p_v = p_a - p_e$ = 8 bar – 0 bar = 8 bar zur Verfügung stehen. Die verfügbare Druckdifferenz in der geschlossenen Schaltreihe bei 10 bar Nennförderdruck beträgt 8,5 bar und in der offenen Schaltreihe 10 bar. Ein Mischbetrieb von Pumpen nach DIN EN 1028 und Pumpen nach DIN 14420 ist zu vermeiden, da diese mit unterschiedlichen Nennförderdrücken arbeiten, die bei der Auslegung der Schaltreihe berücksichtigt werden müssen. Nur in einer Schaltreihe mit Feuerlöschkreiselpumpen nach DIN EN 1028 kann die Leistungssteigerung durch die gesteigerte Nennleistung voll ausgenutzt werden

H

(▶ Bild 34.20). Während der Wasserförderung entstehen Druckverluste in der Schlauchleitung durch die Reibung des Wassers entlang der Leitungslänge und in den Armaturen sowie durch die Überwindung von Höhenunterschieden zwischen den Standorten der Verstärkerpumpen. Das Wasser kann soweit gefördert werden, bis die verfügbare Druckdifferenz in der Schlauchleitung aufgebraucht ist.

Ein Förderstrom von 800 l/min ist effektiv, da hierbei die durch die Reibungsverluste begrenzte Leitungslänge und die Fördermenge in einem besonders günstigen Verhältnis stehen. Bei einem Förderstrom von 800 l/min beträgt der Druckverlust in 100 Metern B-Leitung 1,25 bar (100 Meter = fünf B-Druckschläuche (20 Meter), entspricht: 0,25 bar für einen B-Schlauch). Bei größeren Förderströmen steigt der Druckverlust und damit sind kürzere Pumpenabstände oder der Aufbau von weiteren Schlauchleitungen notwendig. Beispielsweise beträgt der Druckverlust bei einem Förderstrom von 1 000 l/min bereits zirka 2 bar in einer 100 Meter langen Leitung aus B-Druckschläuchen (▶ Tabelle 34.7). Die Anzahl der parallelen B-Leitungen ergibt sich überschlägig, indem der Gesamtlöschwasserbedarf aller Strahlrohre in l/min durch 800 l/min geteilt wird. In unebenem Gelände muss der Höhenunterschied berücksichtigt werden. Ansteigendes Gelände erzeugt zusätzlichen Druckverlust, abfallendes Gelände verringert den Druckverlust. Da Strahlrohre einen Eingangsdruck von $p_e = 5$ bar benötigen, steht für die Strahlrohrstrecke nur eine nutzbare Druckdifferenz von $p_v = p_a - p_e = 8 \text{ bar} - 5 \text{ bar} = 3$ bar zur Verfügung. Bei Pumpen nach DIN EN 1028 beträgt die nutzbare Druckdifferenz dementsprechend 5 bar.

Für Einsatzobjekte mit schwieriger Wasserversorgung werden die Pumpenabstände oft für den Feuerwehr-Einsatzplan, beispielsweise innerhalb von Übungen, festgelegt und erprobt, sodass die Pumpenstandorte im Einsatzfall bereits bekannt sind (sie können auch vorab markiert werden (▶ Bild 34.21).

Entfernungen und Höhenunterschiede können mit einem Computer mit Geoinformationssystemen oder aus Karten für die Auslegung einer Wasserförderung über lange Wegstrecke (topografische Karten) ermittelt werden. Stehen beide Hilfsmittel nicht zur

Merke:

Berechnung der Pumpenabstände in ebenem Gelände:

$$\text{Abstand (m)} = \frac{\text{verfügbarer Druck (bar)}}{\text{Reibungsverlust (bar/100 m)}} \times 100$$

Anzahl der benötigten B-Schläuche pro Verstärkerstrecke:

$$\text{Anzahl B-Schläuche} = \frac{\text{Abstand (m)}}{\text{20 Meter}} \times \text{Anzahl der Schlauchleitungen} + \text{Reserve}$$

Rechenbeispiel: Verstärkerstrecke, Aufbau einer geschlossenen Schaltreihe, Förderstrom von 800 l/min, Pumpenausgangsdruck 10 bar, kein Höhenunterschied, einfache Leitung. Es ergibts sich: Reibungsverlust auf 100 Metern B-Schlauchleitung = 1,25 bar, verfügbarer Druck $p_v = 8{,}5$ bar

Abstand = (8,5 bar ÷ 1,25 bar) × 100 Meter = 680 Meter;
680 Meter ÷ 20 Meter = 34 B-Schläuche + 7 B-Schläuche als Reserve = 41 B-Schläuche

Anzahl der benötigten Pumpen (Gesamtbedarf):

$$\text{Anzahl der Pumpen} = \frac{\text{Gesamtdruckbedarf (bar)}}{\text{verfügbarer Druck je Verstärkerstrecke (bar)}} + \text{Brandstellenpumpe} + \text{Reserve}$$

H

Merke:

Bei der Berechnung der Pumpenabstände der Verstärkerstrecke einer Schaltreihe mit Höhenunterschieden erfolgt analog zum vorherigen Beispiel, nur dass hier die Wirkung des Höhenunterschiedes berücksichtigt werden muss.

Berechnung der Pumpenabstände in unebenem Gelände:

$$\frac{\text{verfügbarer Druck (bar)} - (\text{Höhe [m]} \div 10)}{\text{Reibungsverlust (bar/100 m)}}$$

Rechenbeispiel: Verstärkerstrecke, Aufbauen einer geschlossenen Schaltreihe, Förderstrom: 800 l/min, Pumpenausgangsdruck: 10 bar, 30 Meter Höhenunterschied, einfache Leitung. Es ergibt sich: Reibungsverlust auf 100 Metern B-Schlauchlänge = 1,25 bar, verfügbarer Druck p_v = 8,5 bar

x = (8,5 bar – (30 ÷ 10)) ÷ 1,25 bar × 100 Meter = 440 Meter
440 Meter ÷ 20 Meter = 22 B-Schläuche + 5 B-Schläuche als Reserve = 27 B-Schläuche

Beachte: Wenn die Schlauchleitung bergab verlegt wird, muss der Druckgewinn durch den Höhenunterschied zum verfügbaren Druck addiert werden.

Verfügung, muss der Höhenunterschied geschätzt werden.

34.2.5 Vorgehen bei der Berechnung einer Schaltreihe

Die Pumpenabstände können mittels grafischen oder tabellarisch-rechnerischem Verfahren ermittelt werden. Das grafische Verfahren wird überwiegend für die Erstellung von Feuerwehrplänen im Rahmen der Einsatzvorbereitung verwendet. An dieser Stelle wird nur das tabellarisch-rechnerische Verfahren vorgestellt. Die Berechnung der Pumpenabstände der Verstärkerstrecke einer Schaltreihe mit Höhenunterschieden erfolgt analog, nur dass dann die Wirkung des Höhenunterschiedes mit berücksichtigt werden muss. Die Grundfragen bei der Berechnung einer Schaltreihe sind:

- Wie viele Pumpen werden benötigt?
- Wie groß ist der Abstand zwischen den Pumpen?

Wie viele Pumpen werden benötigt?

Die Anzahl der benötigten Pumpen ergibt sich, indem der Gesamtdruckbedarf, der sich aus der Länge der Schaltreihe und dem Druckverlust des zu überwindenden Höhenunterschieds ergibt, durch den verfügbaren Druck p_v je Verstärkerstrecke geteilt wird. Dieser Druck ist, wie gezeigt, nur vom Pumpenausgangsdruck und der Schaltreihenvariante abhängig. Anschließend ist noch eine zusätzliche Brandstellenpumpe zu addieren, die den benötigten Druck für die Strahlrohre am Ende der Schaltreihe erzeugt.

Wie groß ist der Abstand zwischen den Pumpen?

Der Abstand zwischen den Pumpen wird mit den Berechnungsgrundsätzen zur Löschwasserförderung bestimmt. Dabei wird nach folgendem Schema vorgegangen:

- Wasserbedarf (l/min) der Einsatzstelle überschlägig ermitteln (▶ Tabelle 34.6),
- Anzahl der parallelen B-Leitungen ermitteln und festlegen,

Merke:

Als Faustwert zum Berechnen der Förderstrecke kann bei einer Fördermenge von 800 l/min ein Druckverlust von 1,25 bar pro 100 Meter B-Leitung angenommen werden.

H

Praxis-Tipp:

Bei Frost kann ein Gefrieren des Löschwassers in den Schläuchen verhindert werden, wenn das Wasser nicht steht, sondern immer fließt. Selbst wenn (zeitweise) kein Löschwasser an der Einsatzstelle benötigt wird, muss mindestens ein Strahlrohr für die Wasserabgabe geöffnet bleiben.

- Wasserentnahmestelle bestimmen, es ergibt sich die Förderlänge (m) zwischen der Wasserentnahmestelle und der Einsatzstelle,
- Reibungsverlustzahl (bar/100 Meter) anhand des Förderstroms je Leitung bestimmen,
- Höhenunterschied (m) und resultierenden Druckverlust (bar) ermitteln/schätzen (zehn Meter = 1 bar),
- Pumpenausgangsdruck (bar) festlegen,
- Pumpeneingangsdruck (bar) festlegen (abhängig vom Schaltreihentyp),
- Verfügbaren Druck (bar) je Verstärkerstrecke berechnen,
- Abstände der Pumpen nacheinander mit den Berechnungsgrundsätzen in Abhängigkeit vom Geländeprofil festlegen (Beginn mit Pumpe der Wasserentnahmestelle),
- Gesamtbilanz für benötigte Pumpen, Schläuche und Armaturen erstellen,
- Löschwasseranlagen dienen ebenfalls der Löschwasserförderung. Die wichtigsten Grundlagen sind in ▶ Abschnitt 29.3 dargestellt.

Bei der Gesamtbilanz der benötigten Pumpen, Schläuche und Armaturen müssen auch die Reserven berücksichtigt werden. Werden mehrere Schaltreihen parallel aufgebaut, beispielsweise weil sehr viel Löschwasser (> 2 000 l/min) benötigt wird, erhöht sich die Anzahl des Materials (Pumpen, Schläuchen, Armaturen und Reserven etc.) entsprechend.

34.2.6 Schutz des Trinkwassers

Trinkwasser ist ein sehr wichtiges Lebensmittel, das nicht verunreinigt werden darf. Daher ist der Schutz des Trinkwassers auch für die Feuerwehr als Nutzer von Trinkwasser bei der Entnahme aus Hydranten ein wichtiges Thema, auch wenn es in der Vergangenheit nur in Ausnahmefällen zu Beeinträchtigungen durch die Feuerwehr kam. Jede Löschwasserentnahme aus Hydranten beeinflusst die Fließverhältnisse im Rohrnetz. Gerade bei Bränden mit hohem Löschwasserbedarf soll die unabhängige Löschwasserversorgung anstelle von Trinkwasser aus Hydranten genutzt werden. Das schützt und spart Trinkwasser! Um eine Trinkwasserverschmutzung durch Feuerwehren möglichst auszuschließen, sollen die Hinweise für Technik und Ausbildung aus diesem Abschnitt beachtetet werden.

Durch eine »falsche« Löschwasserentnahme und -förderung kann das Trinkwasser ungewollt verschmutzen. Die Verschmutzung von Trinkwasser ist eine Ordnungswidrigkeit. Kommt es infolge einer Verschmutzung durch die Feuerwehr zu Erkrankungen, handelt es sich sogar um eine Straftat. Eine Verschmutzung von Trinkwasser kann sich wie folgt äußern:

- Braun-/Schwarzfärbung durch Druckstöße im Trinkwasser-Leitungsnetz, die Ablage-

Merke:

Hydranten sind die Schwachstellen aus Sicht des Trinkwasserschutzes. Sie verfügen nicht über konstruktive Vorkehrungen zum Verhindern einer Verschmutzung durch Rückfließen von Löschwasser in das Rohrnetz oder zur Abmilderung von Druckstößen.

Merke:

Druckstöße gefährden nicht nur das Trinkwasser durch Rohrbrüche und Verschmutzung, sondern können auch zu Schlauchplatzern führen! Bei einem Schlauchplatzer fällt die Wasserversorgung im Einsatz (teilweise) zeitweise aus!

Bild 34.22 Standrohr (DIN 14375) mit Armatur Rückflussverhinderer mit Schlauchbelüfter (RV/SB) für den Trinkwasserschutz. Das gezeigte Standrohr verfügt ebenfalls über einen eingebauten Rückflussverhinder mit Rohrbelüfter. Da hier das Standrohr belüftet wird, wird der Schlauchbelüftet in dem Fall Rohrbelüfter genannt. Die zusätzliche Armatur ist in diesem Beispiel zu Demonstrationszwecken angeschlossen, um beide Varianten zu zeigen. Notwendig ist nur ein RV/SB am Hydranten, der andere RV/SB wird an der Pumpe/der Tankfüllleitung verwendet. Die Flussrichtung ist an der Armatur durch einen Pfeil gekennzeichnet.

rungen von der inneren Rohrwandung ablösen,

Praxis-Tipp:

In den Normen für alle relevanten genormten Löschfahrzeuge sind bereits Systemtrenner B-FW nach DIN 14346 in den Beladelisten vorgesehen. Die Anzahl der mitgeführten Systemtrenner richtet sich dabei nach Typ und Anzahl der Pumpen (FPN/PFPN) des Fahrzeuges. Der Einsatz der Armaturen für den Schutz des Trinkwassers ist Stand der Technik. Wo sie vorhanden sind, sollen sie eingesetzt werden.

Bild 34.23 Standrohr, Kupplungen und Armaturen sauber halten: Vielerorts ist die Lagerung eines Standrohrs an einer Haspel üblich. So ist es richtig: Das Standrohr ist mit einer Plane gegen äußeren Schmutz geschützt. Als Alternative können anstelle der Plane auch Blindkupplungen (mit Kette) verwendet werden.

- Verkeimung durch verschmutztes Wasser, das durch Druckstöße in das Trinkwasser-Leitungsnetz eindringt,
- Verschmutzung durch Schaummittel, dass durch Druckstöße in das Trinkwasser-Leitungsnetz eindringt,
- Rohrbruch oder Verschiebung von Dichtungen durch Druckstöße (gerade bei Verschiebungen von Dichtungen erfolgt die Schadenentdeckung erst später).

Diese Verschmutzungen sind ein wirtschaftlicher Schaden, denn ihre Beseitigung kosten Geld. Aus diesem Grund sind Feuerwehren regelmäßig zur möglichen Trinkwassergefährdung zu schulen. Dies fordert auch das DVGW-Arbeitsblatt W 408 und das DVGW-Arbeitsblatt W 405-B1 (Beiblatt 1).

Allgemeine Hinweise

Richtiges Handeln für den Schutz des Trinkwassers umfasst:

- Standrohr richtig setzen: So wie es in ▶ Abschnitt 34.1.3 beschrieben wird, ist es kor-

H

rekt. Falsch ist, zuerst den Hydranten zu öffnen und erst dann die geschlossenen Ventile für den Spülvorgang öffnen. Durch dieses falsche Vorgehen entsteht ein Druckstoß, der Schmutz in das Trinkwassernetz stoßen kann.
- Saubere Schläuche verwenden. Schläuche werden nach Einsätzen in Schlauchwaschanlagen gereinigt und geprüft.
- Kupplungen und Armaturen sauber halten (▶ Bild 34.23). Dies gilt insbesondere für Förderstrecken, in denen Wasser aus dem Trinkwassernetz gefördert wird.
- Druckstöße vermeiden: Absperrorgane und Armaturen (Wasserwerfer, Verteiler, B-Strahlrohr, etc.) langsam schließen und öffnen, Schlauchbrücken verwenden (▶ Bild 34.16). Niemals mit Fahrzeugen über eine Schlauchleitung fahren, wenn keine Schlauchbrücken vorhanden sind.
- Druckbegrenzungsventile (im Einzelfall) nutzen (▶ Abschnitt 34.2).
- Bei der Verbindung von Geräten zur Löschwasserentnahme (zum Beispiel Standrohre) mit dem Trinkwassernetz sind technische Vorkehrungen zu treffen, die ein Rücksaugen, Rückdrücken oder Rückfließen von Löschwasser in das Trinkwassernetz sicher verhindern. Dies wird mit mobilen Feuerwehr-Systemtrennern B-FW gemäß DIN 14346 erreicht. Mittlerweile gibt es Systemtrenner auch in kompakten, feuerwehrtauglichen Varianten für den Einsatz mit Standrohren und Überflurhydranten. Eine Alternative als Übergangslösung sind seit schon längerer Zeit verfügbare Rückflussverhinderer mit Schlauchbelüfter (RV/SB), jeweils am Hydranten (im Standrohr eingebaut oder als separate Armatur, zum Beispiel auch für Überflurhydranten) und vor der Pumpe/der Tankfüllleitung,(▶ Bild 34.22). Der RV/SB an der Feuerlöschkreiselpumpe kann entfallen, wenn ein Sammelstück mit Einzelklappen oder ähnlicher Einzelabsicherung verwendet wird. Systemtrenner B-FW müssen nur am Standrohr

Merke:

Durch das schnelle Schließen von Strahlrohren, Armaturen oder Tankfüllarmaturen können Druckstöße in Höhe eines Vielfachen des »normalen« Drucks im hydraulischen System einer Schlauchleitung entstehen. Druckstöße pflanzen sich mit Schallgeschwindigkeit im Leitungsnetz fort. Die Schallgeschwindigkeit im Wasser beträgt ca. 1 480 m/s .

Praxis-Tipp:

Die Rauchgaskühlung mit Sprühimpulsen im Innenangriff ist notwendig! Das Erzeugen von Sprühimpulsen durch schnelles Öffnen und Schließen soll jedoch auf den Innenangriff reduziert werden. Kleine und mittlere Durchlussmengen (bis ca. 150 l/min) helfen die Auswirkungen der entstehenden Druckstöße gering zu halten. Viele Hohlstrahlrohre ermöglichen dem Strahlrohrführer die Durchflussmenge zu verändern. Dies soll aber nur selten und in Absprache mit der Führungskraft erfolgen! Volumenstrom (= Durchflussmenge) und Druck stehen in einem hydraulischen System in einem festen Verhältnis zu einander: Verringert sich der Volumenstrom, steigt der Druck. Es kann ein Druckstoß entstehen.

Quelle: J. Thorns

Bild 34.24 Einsatz eines Systemtrenners: Erfolgt ein Rückdrücken von Wasser in Richtung des Trinkwassernetzes, schließt der Systemtrenner B-FW vollautomatisch. Das Wasser wird über das Auslassventil im Gehäuse des Systemtrenners im 90-Grad-Winkel zum angekuppelten Schlauch ausleitet.

oder am Überflurhydranten eingesetzt werden; ein Sammelstück mit Einzelklappen sollte verwendet werden. Ein Systemtrenner B-FW und ein Sammelstück mit federbelasteten Einzelklappen haben einen Druckverlust von jeweils zirka 1 bar bei einem Volumenstrom von 1600 l/min.
- Schläuche nie ganz straff verlegen, sodass Pufferbewegungen (»Schlauchzucken«) noch möglich sind.
- Schläuche beim Anschluss an Armaturen zirka 1,5 bis zwei Meter gerade vor der Kupplung/Anschlussstutzen verlegen (Hydrant, Standrohr, Pumpe und Verteiler).
- Rückbau einer Schlauchleitung vom Standrohr aus: Das Standrohr zuerst schließen, dann die Schlauchleitung zurück bauen.

Hinweise für Maschinisten

Das richtige Handeln von Maschinisten schützt Trinkwasser:
- Niemals versuchen aus Hydranten Wasser zu saugen, auch nicht aus dem A-Abgang des Überflurhydranten.
- Druckstöße vermeiden: Die Tankfüllstutzen-Armatur an Fahrzeugpumpen langsam schließen und öffnen.
- Sammelstücke mit Vakuumbrecher verwenden. Allerdings: Vakuumbrecher waren bei Redaktionsschluss nicht in der Normung für die Feuerwehr vorgesehen. Ein Vakuumbrecher verhindert Kavitation (▶ Abschnitt 12.2.3). Er vermeidet, dass die Pumpe einen Unterdruck auf die angeschlossene Schlauchleitung (und damit ggf. auf das Trinkwassernetz) überträgt, wenn es zu einer Differenz zwischen Wasserabgabe und Leistungsvermögen des Trinkwassernetzes kommt.
- Die Schläuche der Zuleitung dürfen nicht zusammen fallen. Fallen die Schläuche doch zusammen, muss die Drehzahl der Pumpe schnellstmöglich verringert werden.
- Die Verbindung einer Hydranten-Schlauchleitung mit der Pumpe erfolgt immer mit einem Sammelstück (statt Tankfüllleitung). Dazu sind Sammelstücke mit einzelnen federbelasteten Rückschlagklappen an jedem B-Eingang zu verwenden (sog. Typ B [TB]) (▶ Kapitel 12).
- Betriebsstoff-Niveau der Pumpen regelmässig prüfen, dies vermeidet einen »plötzlichen« Pumpenausfall.
- Eingangsdruck von 1,5 bar an der Pumpe nicht unterschreiten. Gegebenenfalls ist die Wasserabnahme durch Absenken der Pumpendrehzahl zu reduzieren.
- Besonderheit bei einer Löschwasseranlage »trocken« in einem hohen Gebäude, bei einer bergfördernden Pumpe in einer Verstärkerstrecke und bei der Speisung eines Strahlrohrs auf einer (aufgerichteten) Drehleiter: In diesen Fällen soll in die Schlauchleitung ein Verteiler »verkehrt herum« oder ein B-Absperrorgan mit nachfolgendem Druckbegrenzungsventil eingebaut werden. Bei beiden Varianten ist es möglich den statischen (Gegen-)Druck der anstehenden Wassersäule abzusperren sowie bei Bedarf

Achtung:

Trinkwasser und Nicht-Trinkwasser müssen sicher getrennt werden!

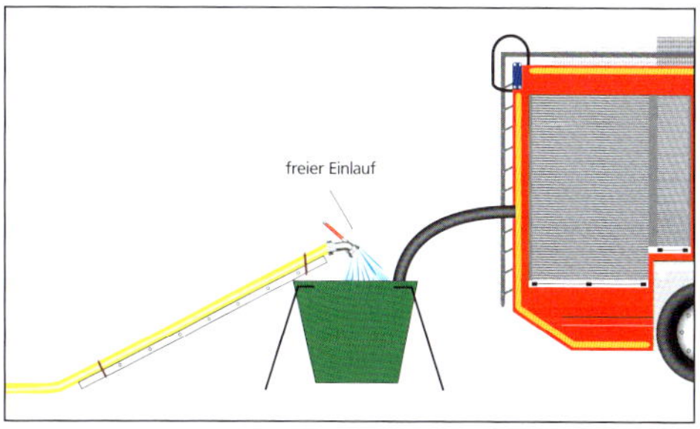

Bild 34.25 Ein »freier Einlauf« in einer Förderstrecke in einem Pufferbehälter. Ein freier Einlauf ist ein Luftfreiraum von mindestens 10 cm zwischen Wassereinspeisung und dem höchsten Füllstand. In EN 1717 wird der »freie Einlauf« als »freier Auslauf« bezeichnet, gemeint ist aber das gleiche. Wichtig: Die Saugleitung darf nicht über die Pumpenmitte angehoben werden, damit sich in der Saugleitung keine Luftblase bildet.

Bild 34.26 Möglichkeit zur Kennzeichnung von Schlauchleitungen: Kunststoffringe mit Zahlen zur Nummerierung. Insbesondere, wenn viele Schlauchleitungen verlegt sind, ist eine Kennzeichnung ratsam. Zur Kennzeichnung können auch verschiedenfarbige Bänder verwendet werden.

das Wasser kontrolliert abfließen zu lassen oder eben (bewusst) in der Schlauchleitung zu lassen, damit diese nach einem »Wasser halt« nicht noch einmal gefüllt werden muss.

Hinweise für Führungskräfte

Wichtige Hinweise für Führungskräfte für den Schutz des Trinkwassers sind:

- Keine Verbindung von Trinkwasser (aus Hydranten) und Brauchwasser (zum Beispiel aus offenen Gewässern oder beim Einsatz von Schaummittel), solange ein Rückfluss in das Rohrnetz nicht sicher ausgeschlossen werden kann. Trink- und Brauchwasser dürfen nicht mit einem Sammelstück an einer Pumpe gemischt werden. Durch Druckstöße kann das Trinkwasser verkeimen. Das Mischen wird durch Trennung mittels eines »freien Einlaufs« (▶ Bild 34.25) verhindert. In den Löschwasserbehältern von Einsatzfahrzeugen sind ebenfalls »freie Einläufe« realisierbar, allerdings sind diese bei Redaktionsschluss nicht in der Feuerwehrfahrzeugnormung vorgesehen gewesen, auch weil sie technisch aufwändiger zu konstruieren sind. Daher sind die allermeisten Fahrzeuge nicht damit ausgestattet.
- Um den Überblick zu behalten, ist es hilfreich die Schlauchleitungen zu kennzeich-

Merke:

Wichtige Themen für eine Schulung zum Thema »Schutz des Trinkwassers« sind: richtige Inbetriebnahme von Hydranten, Auswirkungen und Vermeidung von Druckstößen, Hinweise zur Additivzumischung, Umgang mit Armaturen und Rückbau von Schlauchleitungen. Grundlagen der Schulung sind die DVGW-Arbeitsblätter W 405-B1 und 408.

Achtung:

Kommt es bei der Löschwasserentnahme zu einer erkannten Situation, die das Trinkwasser beeinträchtigt (zum Beispiel: Mischung von Trinkwasser und Nichttrinkwasser oder [befürchtete] Verunreinigung im Rohrnetz), soll die Feuerwehr das (Wasser-)Versorgungsunternehmen unverzüglich informieren. Das Versorgungsunternehmen bindet ggf. das Gesundheitsamt ein. Abhängig vom Löschwasserbezug und eventuellen Löschmittelzusätzen ist Löschwasser, welches in das Rohrnetz geraten könnte, analog Kategorie 4 (Kategorie 4 ist der Regelfall; eine Flüssigkeit, die eine Gesundheitsgefährdung für Menschen durch die Anwesenheit einer oder mehrerer giftiger oder besonders giftiger Stoffe oder einer oder mehrerer radioaktiver, mutagener oder kanzerogener Substanzen darstellt) bzw. 5 (Flüssigkeit, die eine Gesundheitsgefährdung für Menschen durch die Anwesenheit von mikrobiellen oder viruellen Erregern übertragbarer Krankheiten darstellt) nach DIN EN 1717 einzustufen.

INFO

Hinweise zum Einsatz des Feuerwehr-Systemtrenners B-FW nach DIN 14346 gibt die Fachempfehlung Nr. 3 des Deutschen Feuerwehrverbandes. Diese kann unter *https://www.feuerwehrverband.de/app/uploads/2020/05/DFV-AGBF-Fachempfehlung_Systemtrenner.pdf* kostenlos heruntergeladen werden.

nen (▶ Bild 34.26).
- Der Schaumeinsatz erfordert besondere Sorgfalt: Beim Schaumeinsatz (▶ Abschnitt 28.4) je einen Rückflussverhinderer am Hydranten und am Pumpeneingang/Tankfüllleitung einsetzen, Systemtrenner nutzen oder einen »freien Einlauf« nutzen, damit kein Schaummittel durch einen Druckstoß oder durch einen Druckabfall ins Trinkwassernetz gelangen kann. Die Zumischung nach der Pumpe ist kein Schutz für das Trinkwasser!
- Das Nebenschlussverfahren (▶ Bild 25.11) sollte nur in Ausnahmefällen genutzt werden. Beim Einsatz muss immer ein vorgeschalteter »freier Einlauf«, ein Systemtrenner oder eine indirekte Wasserzuführung über eine weitere Feuerlöschkreiselpumpe (abgesichert mit zwei RV/SB nach dem Hydranten und vor der Feuerlöschkreiselpumpe) verwendet werden.

Sonstige Hinweise

Im Einsatz ist ferner zu beachten:
- Kein Trinkwassertransport mit (Tank-) Löschfahrzeugen der Feuerwehr, beispielsweise zur Versorgung der Bevölkerung bei Wasserausfall. Für den Trinkwassertransport eignen sich beispielsweise Milchsammelwagen oder spezielle Trinkwassertransportanhänger der Wasserversorgungsunternehmen oder des Katastrophenschutzes.
- Keine Güllewagen/-fässer aus Hydranten befüllen. Bei Beteiligung von Güllewagen/-fässern einen »freien Einlauf« verwenden.

Literatur

[1] De Vries, H. (Hrsg.) et.al.: Wasserförderung über lange Wegstrecke, 1. Auflage, Reihe Einsatzpraxis, ecomed-Verlag, Landsberg, 2005.

[2] Rieck, L.: Die Löschwasserversorgung – Teil I, Die zentrale Wasserversorgung, Die Roten Hefte 27a, 4. Auflage, Verlag W. Kohlhammer, Stuttgart, 2000.

[3] Timmer, L.: Die Löschwasserversorgung – Teil II, Die unabhängige Löschwasserversorgung, Die Roten Hefte 27b, 4. Auflage, Verlag W. Kohlhammer, Stuttgart, 1994.

[4] Wagner, J., Weich, R.: Lehrunterlagen Löschwasserförderung, Brandschutz- und Katastrophenschutzschule Heyrothsberge, 2005.

[5] Wasserförderung über lange Schlauchstrecken, Merkblatt für die Feuerwehren Bayerns, Staatliche Feuerwehrschule Würzburg, Stand 10/2009.

[6] Faulstich, S., Helpenstein, J., Jollet, E.: Die Auswirkungen des Wasserdruckes, 2. Ausgabe, Weiss-Druck, 2014.

[7] Andersen, K.: Lehrunterlage »Löschwasserversorgung der Feuerwehr«, Landesfeuerwehrschule Schleswig-Holstein, Infotag: Trinkwasserschutz und Löschwasserentnahme, Harislee, 19. März 2013.

[8] Büschel, K., Bundschuh, T., Schubert, R.: Vermeidung von Beeinträchtigungen des Trinkwassers und des Rohrnetzes bei Löschwasserentnahmen, BRANDSchutz 7/16, S. 602 ff, Verlag W. Kohlhammer, Stuttgart, 2016.

H

ZUR VERTIEFUNG

Thomas Zawadke: Wasserversorgung, Die Roten Hefte 217, 2. Auflage, Verlag W. Kohlhammer, Stuttgart, 2021.

35 Brandeinsätze in besonderen Gebäuden und Objekten

35.1 Brände von Kraftfahrzeugen

von Rüdiger Weich

Bei Bränden von Kraftfahrzeugen werden, insbesondere aufgrund des hohen Kunststoffanteils der Fahrzeuge, gesundheitsschädliche Stoffe freigesetzt, vor denen sich die Einsatzkräfte mit Atemschutzgeräten schützen müssen. Um eine schnelle Brandbekämpfung und eine ggf. notwendige Menschenrettung zu ermöglichen, sollten die Atemschutzgeräte bereits während der Fahrt zur Einsatzstelle angelegt werden.

Befinden sich noch Personen im brennenden Kraftfahrzeug, müssen diese durch eine <**Sofort-Rettung**> (▶ Kapitel 44.2) in Sicherheit gebracht werden. Dazu empfiehlt es sich, z. B. ein C-Hohlstrahlrohr (ggf. mit Netzmittel) zum Abdrängen der Flammen einzusetzen. Zum Öffnen des Fahrzeuges sollte der Angriffstrupp immer ein Brechwerkzeug mitnehmen. Der Fahrgastraum ist dann so schnell wie möglich zu öffnen, z. B. durch Einschlagen der Scheiben oder Aufbrechen der Fahrzeugtüren, wenn diese verschlossen oder verklemmt sind. Sobald ein weiterer Atemschutztrupp zur Verfügung steht, sollte dieser ein zweites Löschmittel (z. B. Schaum) vornehmen.

Die Überlebenschancen der Fahrzeuginsassen eines brennenden Kraftfahrzeugs sinken erheblich, wenn das Fahrzeug in Vollbrand steht bzw. das Feuer bereits auf den Fahrgastraum übergegriffen hat. Um das Leben der Insassen retten zu können, müssen unverzüglich Rettungsmaßnahmen eingeleitet werden.

Um die Gefährdung der Einsatzkräfte so gering wie möglich zu halten, sind bei der Brandbekämpfung (insbesondere bei langen

Merke:

Bei Kraftfahrzeugbränden ist Atemschutz zu tragen und der Löschangriff möglichst immer in Windrichtung durchzuführen.

H

Quelle: J. Thorns

Bild 35.1.1 Bei Kraftfahrzeugbränden werden erhebliche Mengen Atemgifte freigesetzt.

Merke:

Die Sicherheit der Einsatzkräfte hat Priorität. Ein brennendes Fahrzeug hat fast immer einen wirtschaftlichen Totalschaden zur Folge. Wenn keine Personen oder Tiere in einem frei stehenden Fahrzeug gefährdet sind, gibt es kein schützenswertes Gut mehr, das eine Gefährdung der Einsatzkräfte rechtfertigt.

Praxis-Tipp:

Mit einem Überdruckbelüfter kann Brandrauch von eingeklemmten Insassen ferngehalten werden, wenn z. B. ein benachbartes Fahrzeug oder ein Teil der Ladung eines Lkw brennt.

Vorbrennzeiten und hohen Brandlasten) vorhandene Deckungsmöglichkeiten auszunutzen. Dem Fahrzeug sollte sich schräg genähert werden, da (ab-)platzende Teile, wie z. B. Reifen oder Gasdruckdämpfer, oft quer oder längs zum Fahrzeug wegfliegen.

Bei Kraftfahrzeugbränden ist auf folgende Punkte zu achten:

- Fahrzeug durch Unterkeilen gegen Wegrollen sichern, da die Bremsanlage zerstört sein kann.
- Bei Bränden im Motorraum muss der Motor abgestellt werden (Zündschlüssel zurückdrehen oder Kohlendioxid mit Feuerlöscher in die Luftansaugung blasen). Achtung: Im Motorraum können drehende oder bewegte Bauteile eine Gefahr sein.
- Das Abdecken von (nicht brennenden) Kraftstofflachen mit Schaum stellt auch immer eine Rutschgefahr dar. Ein »vorsorglicher« Schaumeinsatz ist daher im Vorfeld gut abzuwägen. Alternativ können die Stoffe auch aufgenommen werden.
- Brennende Stückgut-Ladung kann z. B. mit einem Einreißhaken auseinander gezogen werden, um diese schneller abzulöschen.

Achtung:

Nach dem Ablöschen eines Kraftfahrzeuges ist auf die Rückzündungsgefahr an heißen Bauteilen zu achten.

Achtung:

Bei Fahrzeugen mit Luftfederung kann sich das Fahrzeug plötzlich absenken, wenn ein oder mehrere Luftbälge in Folge des Brandes zerstört werden.

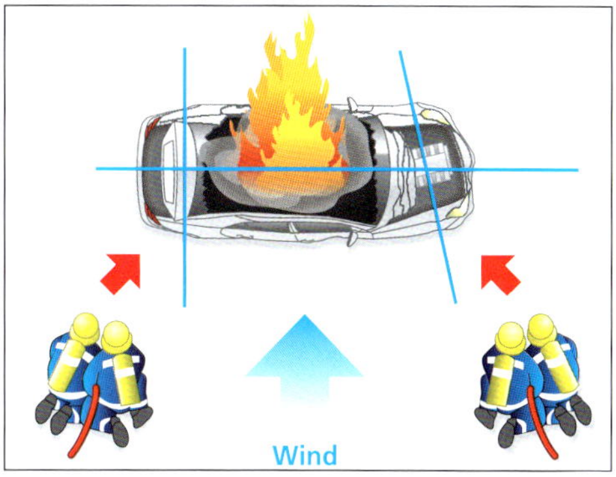

Bild 35.1.2 Die Annäherung an ein brennendes Fahrzeug soll mit dem Wind und schräg zu den Längsachsen von Fahrzeug und Achsen erfolgen.

35.1.1 Brände von Personenkraftwagen

Für die Brandbekämpfung an Personenkraftwagen (Pkw) eignet sich neben dem »klassischen« Löscheinsatz mit Wasser insbesondere der Einsatz einer so genannten Mittelschaumpistole. Die Mittelschaumpistole arbeitet mit einer Zumischrate von drei Prozent. Bei ihrem Einsatz wird zirka alle eineinhalb bis zwei Minuten ein Schaummittelvorrat von zwei Litern verbraucht. Um den Löscherfolg sicherzustellen, muss frühzeitig genügend Schaummittel

Bild 35.1.3 Mittelschaumpistole

Quelle: J. Thorns

Bild 35.1.4 Entwicklung eines Pkw-Brandes aus dem Fahrgastraum heraus

Merke:

Schaum möglichst massiv und frühzeitig einsetzen. Den Löscherfolg beobachten und gezielt nachlöschen.

bereitgestellt werden – der Schaumeinsatz ist erst zu beginnen, wenn ausreichend Löschwasser und Schaummittel an der Einsatzstelle zur Verfügung steht. Zudem ist der Einsatz von Schaummittel aus Umweltschutzgesichtspunkten in jedem Einzelfall abzuwägen. Zum gewaltsamen Öffnen von Motorraum, Fahrgastraum und/oder Kofferraum, eignen sich als einfache Brechwerkzeuge vor allem die Brechstange und das Halligan-Tool. Bei Mittel- und Oberklassefahrzeugen bzw. bei erheblichen Fahrzeugdeformationen durch einen Unfall müssen ggf. alternativ Trennschleifgerät und/oder hydraulische Rettungsgeräte eingesetzt werden.

35.1.2 Brände von Kleintransportern und Lastkraftwagen

Bei Kleintransportern und Lastkraftwagen (Lkw) muss der Ladung eine besondere Beachtung beigemessen werden – insbesondere dann, wenn es sich um Gefahrgut handelt (▶ Kapitel 53 ff.). Unabhängig davon ist grundsätzlich zu bedenken, dass die Kraftstofftanks von Lkw mehrere Hundert Liter Inhalt haben können. Beim Auslaufen größerer Mengen von brennbaren Flüssigkeiten ist wie im ABC-Einsatz ein <**dreifacher Brandschutz**> mit Wasser, Schaum und Pulver sicherzustellen.

Aufgrund der großen Brandlast von Lastkraftwagen wird oft zusätzlich zu Wasser Schaum zur Brandbekämpfung eingesetzt. Dabei sind die Regeln des Schaumeinsatzes zu beachten.

Merke:

Bei Unfällen und Bränden von Fahrzeugen mit Gefahrgut-Ladung muss immer ein dreifacher Brandschutz (Wasser, Schaum und Pulver) aufgebaut werden.

H

> **Achtung:**
>
> In Wohnmobilen, Wohnwagen, Verkaufsfahrzeugen und Handwerkerfahrzeugen werden oft Gasflaschen transportiert!

> **Achtung:**
>
> Bei der Räumung eines Reisebusses ist neben dem Fahrgastraum auch die Bordtoilette und die Fahrerschlafkabine auf Personen zu kontrollieren.

Für den Schaumangriff gilt genauso wie für den Einsatz von Hohlstrahlrohren: Rohre beweglich einsetzen und halten, um auch schwer zugängliche Stellen zu erreichen. Der Schaum soll harmonisch und nicht hektisch aufgetragen werden. Auf Flüssigkeiten wird der Schaum aufgeschoben oder ablaufen gelassen, wenn er vorher auf ein Prallblech gerichtet wurde. Wird der Schaum auf das brennende Fahrzeug selbst aufgebracht, werden die Verfahren »Ablaufen« oder »Abregnen« angewendet.

Wegen der hohen Wärmestrahlung muss ggf. Hitzeschutzkleidung beim Schaumangriff getragen werden. Umliegende Fahrzeuge oder Objekte sind als Deckung auszunutzen.

Bei Wohnmobilen, Verkaufsfahrzeugen und Handwerkerfahrzeugen, welche oft auf Kleintransporter-Fahrgestellen basieren, ist insbesondere auf Druckgasflaschen zu achten, ggf. ist ein entsprechender Gefahrenbereich abzusperren.

35.1.3 Brände von Bussen

Neben den allgemeinen Einsatzhinweisen für Kraftfahrzeugbrände ist bei Bussen die mögliche hohe Anzahl von Personen zu beachten. Eine weitere Besonderheit ist die Höhe, insbesondere bei Überland-, Reise- und Doppelstockbussen. Zum Überwinden des Höhenunterschiedes müssen Rettungsplattformen und Leitern eingesetzt werden. Brennendes Gepäck im Gepäckraum sollte ausgeräumt und außen endgültig abgelöscht werden.

35.1.4 Brände in Fahrzeugen mit alternativen Antrieben

Seit einigen Jahren werden immer mehr Fahrzeuge mit alternativen Antrieben zugelassen. Insbesondere die Elektromobilität wird von der Politik in Deutschland stark gefördert. Die Anzahl von Fahrzeugen mit diesem Antriebskonzept wird in den nächsten Jahren zunehmen. Weit verbreitet sind mit Erdgas oder Flüssiggas als alternative Kraftstoffe betriebene Fahrzeuge und **<Hybridfahrzeuge>** (Kombination aus Elektro- und Verbrennungsmotor). Seltener ist (noch) Wasserstoff als Kraftstoff anzutreffen. Dieser Kraftstoff erlebt seit 2020 zunehmende Bedeutung. Fahrzeuge mit alternativen Antrieben können im Brandfall für

Quelle: Dekra

Bild 35.1.5 Brennende Busse stellen wegen ihrer Höhe und der möglichen hohen Passagieranzahl eine besondere Herausforderung dar.

Quelle: Erdgas mobil

Bild 35.1.6 Einige Fahrzeuge mit alternativen Antrieben sind von außen mit Aufklebern oder Werbung für den Antrieb gekennzeichnet.

Achtung:

Da es keine einheitliche Kennzeichnung für Fahrzeuge mit alternativen Antrieb gibt, ist eine gründliche Erkundung (AUTO-Regel ▶ Kapitel 48.1.3, Aufkleber, Fahrer-Befragung, Fahrzeugpapiere) notwendig.

die Feuerwehr aufgrund besonderer Eigenschaften (leistungsfähigeres Bordstromnetz, Brennbarkeit des Kraftstoffs usw.) eine besondere Gefährdung darstellen. Durch geeignete Maßnahmen lässt sich die Gefährdung jedoch erheblich minimieren. Neue Verfahren zur Brandbekämpfung, insbesondere bei Elektroantrieb, sind der Einsatz von speziellen (Kfz-) Löschdecken und das Fluten mit Wasser in speziellen Abrollbehältern/Containern. In der (▶ Tabelle 48.1) werden die wichtigsten Maßnahmen dargestellt. Zu den Besonderheiten und Möglichkeiten zum Erkennen von Fahrzeugen mit alternativen Antrieben siehe auch (▶ Kapitel 48).

35.1.5 Metallbrände bei Fahrzeugen

Im Fahrzeugbau nimmt die Leichtbauweise immer mehr zu. In diesem Zusammenhang werden auch zunehmend Leichtmetalle, beispielsweise Aluminium und Magnesium oder Legierungen dieser Metalle verbaut. Diese Metalle sind brennbar und führen wegen ihrer extrem hohen Verbrennungstemperaturen von 2 000 bis 3 000 °C zu heftigen Reaktionen beim Löschen mit Wasser, da bei den hohen Temperaturen diese Metalle und Wasser sofort zu Metalloxid und Wasserstoff reagieren. Beim Verbrennen des entstandenen Wasserstoffs mit dem Luftsauerstoff entsteht eine grelle Flamme, die zu Augenschäden führen kann.

Achtung:

Die Flammen von brennendem Wasserstoff sind unsichtbar. Eine Wärmebildkamera kann die Hitze einer Wasserstoff-Flamme aber sichtbar machen.

Achtung:

Metallbrände nicht mit Wasser oder Schaum löschen, sondern Metallbrandpulver (Brandklasse D), Zement oder trockenen Sand verwenden.

Bei Metallbränden darf weder Wasser noch Schaum eingesetzt werden. Stattdessen sind Metallbrandpulver, Zement oder trockender Sand einzusetzen. Auch das Sonderlöschmittel »F-500« hat in Versuchen eine gute Löschwirkung gezeigt. Stehen die geeigneten Löschmittel nicht zur Verfügung, kann das Metall kontrolliert abbrennen gelassen werden. Bei der Brandbekämpfung ist Hitzeschutzkleidung und Atemschutz zu tragen.

Literatur

[1] Cimolino, U. (Hrsg.) et. al.: Technische Hilfeleistung bei Lkw-Unfällen, 1. Auflage, Reihe Einsatzpraxis, ecomed-Verlag, Landsberg, 2003.

[2] Helpenstein, J., Faulstich, S.: Sonderheft Feuerwehr Magazin »Brandbekämpfung mit Schaum, Aktualisierte Auflage 2010«, 2. Auflage, Feuerwehr Magazin, Ebner Verlag, Bremen, 2010.

[3] Südmersen, J. (Hrsg.) et.al.: Technische Hilfeleistung bei Pkw-Unfällen, 1. Auflage, Reihe Einsatzpraxis, ecomed-Verlag, Landsberg, 2002.

[4] vfdb-Merkblatt »Einsätze an Kraftfahrzeugen mit alternativen Antriebsarten und -kraftstoffen«, Im Internet: *https://www.vfdb.de/fileadmin/download/merkblattneueantriebstechniken.pdf* ; Vereinigung zur Förderung des deutschen Brandschutzes, Oktober 2007.

[5] DGUV Information 205-022 »Rettungs- und Löscharbeiten an PKW mit alternativer Antriebstechnik«, 2012.

H

35.2 Brände von Schienenfahrzeugen

von Jochen Thorns

Bei Einsätzen im Bereich von Eisenbahnanlagen bestehen nicht nur vielfältige Gefahren für die Einsatzkräfte, sondern auch die Probleme der Feststellung der genauen Lage des Einsatzortes sowie der Zuständigkeit des Eisenbahnverkehrsunternehmens. So ist es durchaus möglich, dass zwei Gleise unmittelbar nebeneinander liegen, die jedoch von unterschiedlichen Eisenbahnverkehrsunternehmen betrieben werden. Alle Eisenbahnverkehrsunternehmen haben gegenüber den Kommunen, und damit gegenüber den Feuerwehren, eine Mitwirkungspflicht bei Maßnahmen des Brandschutzes und der Technischen Hilfeleistung. Dieser Rechtsbegriff ist jedoch unbestimmt, sodass jedes Eisenbahnverkehrsunternehmen die erforderlichen Maßnahmen nach eigenen Vorstellungen auslegt und durchführt. Im Bereich der Deutschen Bahn ist hierfür das Notfallmanagement zuständig. Bei Feuerwehreinsätzen im Bahnbetrieb wird auf Anforderung des Einsatzleiters ein Notfallmanager an die Einsatzstelle entsendet, der im Bereich der Deutschen Bahn nach rund 30 Minuten an der Einsatzstelle eintreffen soll. Ähnliche Institutionen haben auch viele andere Eisenbahnbetriebsunternehmen, insbesondere im Nahverkehrsbereich.

Die Einsatzleitung liegt im Rahmen der Gefahrenabwehr beim Einsatzleiter der Feuerwehr; der Notfallmanager der Bahn fungiert als Fachberater. Bahnstrecken werden in der Regel von der Bundespolizei betreut; die Landespolizeien sind in der Regel nicht zuständig (Ausnahme sind ggf. Nahverkehrsstrecken).

Ist die Gefahrenabwehr abgeschlossen, fungiert der Notfallmanager als bahneigener Einsatzleiter. Sofern nicht die Bundespolizei zuständig ist, kann ihm also auch eine Einsatzstelle durch den Feuerwehreinsatzleiter übergeben werden.

35.2.1 Gefahren im Bahnbetrieb

Im Bahnbetrieb liegen für Einsatzkräfte vor allem folgende Gefahren vor:
- hohe Geschwindigkeiten und dadurch bis zu drei Kilometer lange Bremswege der Züge,
- Sogwirkung durch vorbeifahrende Züge,
- Gefahr durch chemische Stoffe (v. a. auch Betriebsstoffe der Lokomotiven wie Trafoöl),
- Gefahr durch Elektrizität (Oberleitung und Triebfahrzeug),

Als Gefahrenbereich gilt ein Radius von drei Metern, gemessen ab Gleismitte. Bei Fahrgeschwindigkeiten von mehr als 280 km/h erweitert sich der Gefahrenbereich auf 3,30 Meter.

Gefahr durch Elektrizität

Die Oberleitung der Bahn führt eine Spannung von 15 kV (15 000 Volt). Gemäß VDE 0132 ist bei Rettungsarbeiten zur unter Spannung stehenden Oberleitung ein Mindestabstand von 1,50 Metern einzuhalten. Grundsätzlich sollte die Oberleitung jedoch ausgeschaltet und geerdet werden. Die Bahnerdung wird häufig von speziell ausgebildeten Feuerwehren oder dem Notfallmanager oder anderen speziell ausgebildeten Bahnmitarbeitern durchgeführt. Sie muss zweifach, nämlich vor und hinter der Schadenstelle, für jeden Fahrdraht durchgeführt werden. Von abgerissenen und herunterhängenden Oberleitungen ist bis zur Bahnerdung ein Mindestabstand von zehn Metern einzuhalten. Die Abschaltung der Oberleitung wird durch ein Telefax der Notfallleitstelle der Bahn an die Feuerwehrleitstelle mitgeteilt. Zur Spannungsfreischaltung ist eine Erdung zwingend erforderlich. Außer der Oberleitung gibt es vereinzelt auch seitlich neben den Schienen angeordnete Stromschienensysteme. Hier ist

H

ggf. eine spezielle Einsatztaktik erforderlich, die sich nach den örtlichen Systemen und Verhältnissen richtet.

Bei elektrisch betriebenen Bahnfahrzeugen (E-Lok oder -Triebwagen) kann auch im entgleisten Zustand bei ausgefahrenem Stromabnehmer ein Potenzialunterschied bestehen, da eine Stromrückführung über die Schiene nicht mehr gewährleistet ist. Diese Gefahr besteht laut Bahn jedoch nicht bei abgesenktem Stromabnehmer und einer unbeschädigten Oberleitung.

In elektrischen Triebfahrzeugen kann jedoch auch bei einem abgesenkten Stromabnehmer noch eine gefährliche Hochspannung aufgrund von Restspannungen im Kondensator-Zwischenkreis vorhanden sein. Diese Restspannungen können über eine Erdung durch speziell ausgebildete Bahnmitarbeiter schnell abgebaut werden. Hinweise auf solche Restspannungen geben die Einsatzmerkblätter des Notfallmanagements der Deutschen Bahn AG.

Gefahr durch chemische Stoffe

Moderne Triebfahrzeuge führen teilweise mehrere Tonnen Trafoöl und/oder andere, zum Betrieb notwendige chemische Stoffe mit (z. B. Diesel). Dies ist bei der Einsatzplanung zu berücksichtigen (Ausbreitung des Schadenfeuers, Auslaufen der Stoffe).

35.2.2 Vorgehen im Einsatz

Grundsätzlich dürfen die Bahnanlagen (insbesondere die Gleisanlagen) erst nach einer Gleissperrung betreten werden. Die Einstellung des Fahrbetriebes und die entsprechende Bestätigung erfolgen durch die Notfallleitstelle der Bahn. Diese bestätigt die Einstellung des Fahrbetriebes per Telefax an die örtlich zuständige Integrierte Leitstelle, welche den Einsatzkräften vor Ort den Eingang des Telefaxes über Funk mitteilt. Ist der Notfallmanager bereits vor Ort, kann dieser die Bestätigung auch mündlich durchführen. Dies ist auf jedem Fall – auch gegenüber der Integrierten Leitstelle – zu dokumentieren. Das Telefax der Notfallleitstelle verliert mit dem Eintreffen des Notfallmanagers am Einsatzort seine Gültigkeit, da dieser nun für alle Maßnahmen zuständig ist.

Grundsätzlich sollten auch gesperrte Gleise nur bei einer Notwendigkeit betreten werden, da aufgrund der Schwellen und des Schotters Verletzungsgefahr (z. B. Umknicken) besteht. Weichen sollten gemieden werden. Zu Bahnfahrzeugen (Loks, Triebwagen, Waggons) sollte ein Sicherheitsabstand von zwei Metern eingehalten werden, zwischen zwei Bahnfahrzeugen sollte der Sicherheitsabstand mindestens fünf Meter betragen.

Achtung:

Gleisanlagen dürfen erst nach der bestätigten Einstellung des Fahrbetriebs betreten werden!

35.2.3 Brandbekämpfung an Schienenfahrzeugen

Bei der Brandbekämpfung ist vor dem Löschmitteleinsatz grundsätzlich die Oberleitung zu erden. Ist dies noch nicht möglich, kann ein Löschmitteleinsatz unter Beachtung der Mindestabstände nach VDE 0132 (▶ Kapitel 19) erfolgen.

Zu Eisenbahnfahrzeugen kann mit den üblichen bei der Feuerwehr vorhandenen Werkzeugen (Brecheisen, Feuerwehraxt) ein Zugang über Notausstiegsfenster und Türen geschaffen werden. Kommen Verbundwerkstoffe wie beim ICE zur Anwendung, bieten sich Rettungssägen zum Schaffen eines Zuganges an.

INFO

Auf der Internet-Seite der Deutschen Bahn AG finden sich unter *www.deutschebahn.com/notfallmanagement* mehr Informationen zum Thema »Brände von Schienenfahrzeugen«.

35.3 Brände in Hochhäusern

von Florentin von Kaufmann

35.3.1 Gefahren bei der Hochhausbrandbekämpfung

Hochhäuser sind komplexe und schwer zu erkundende Einsatzstellen. Der Feuerwehrangehörige muss die Probleme in der Hochhausbrandbekämpfung kennen, um richtig handeln zu können, deshalb wird in diesem Kapitel zusammenfassend auf die Gefahren in der Hochhausbrandbekämpfung eingegangen.

Die Höhe des Gebäudes

Nach dem Baurecht ist ein Hochhaus ein Haus, dessen höchstgelegener Aufenthaltsraum höher als 22 Meter (gemessen bis zum Fußboden) liegt. Somit gibt es Geschosse, die außerhalb der Reichweite einer Drehleiter liegen. Hochhäuser müssen deswegen über zwei voneinander unabhängige bauliche Rettungswege verfügen, bis zu einer Höhe von 60 Meter ist alternativ ein Sicherheitstreppenraum ausreichend. Der Einsatz einer Drehleiter ist somit nicht vorgesehen. Daher gibt es auch keine Aufstellflächen für die Drehleiter. Ihr erfolgreicher Einsatz ist also dem glücklichen Zufall überlassen. Der Schwerpunkt im Einsatz liegt somit im Innenangriff.

Anwesenheit vieler Menschen

In Hochhäusern arbeitet tagsüber eine Vielzahl von Menschen in den verschiedensten Tätigkeitsbereichen. Zu dem festangestellten Personal der einzelnen Firmen, die in einem Hochhaus Räumlichkeiten mieten können, kommt eine unbestimmte Menge an Personen, die öffentliche Einrichtungen wie Fitnessstudios, Restaurants oder ähnliches besuchen.

Zu der großen, nicht hinreichend bestimmbaren Personenzahl kommt die mangelnde Kenntnis der anwesenden Personen über die Flucht- und Rettungswege, da die Nutzer häufig nur über die Aufzüge die Geschosse erreichen und die Treppenräume kaum bekannt sind. Im Brandfall kann das zu einer Panikgefahr oder zu kopflosem Handeln führen. Folglich wird die Feuerwehr sich in erster Linie nicht um die Personenrettung kümmern können. In Wohnhochhäusern nehmen Bewohner den Feuerwehreinsatz zum Teil gar nicht wahr oder fühlen sich durch ihn nicht unmittelbar betroffen. Die Feuerwehr wird so lange wie möglich die Personen im Gebäude belassen und nur die unmittelbar gefährdeten Bereiche (Brandgeschoss und angrenzenden Geschosse) räumen. Bei Bürohochhäusern ist der Betreiber für die Räumung des Gebäudes zuständig. Große Bürohochhäuser können eine Belegschaft von mehreren tausend Personen haben, ein gleichzeitiges Räumen aller Geschosse ist deswegen auch nicht möglich. In Absprache mit der Feuerwehr werden also zuerst die unmittelbar gefährdeten Geschosse geräumt.

Brandausbreitung

Die Rauch- und Brandausbreitung bei Hochhausbränden kann durch folgende Faktoren begünstigt werden:

- technische Einrichtungen wie Klimaanlagen und Aufzüge,
- Zwischendecken und -böden sowie Kabelschächte,
- große Nutzungseinheiten wie Großraumbüros,
- Doppelfassaden, die eine Brandausbreitung entlang der Fassade begünstigen können; ein Flammenüberschlag ist auch über mehrere Geschosse möglich,
- durch starken Überdruck in den Brandräumen können die Türen zum Treppenraum, bzw. zu den Vorräumen öffnen; Rettungs- und Angriffswege können beeinträchtigt werden,

> **Achtung:**
> Scheiben dürfen nur in Absprache mit der Einsatzleitung eingeschlagen werden.

- Störungen in den Betriebseinrichtungen (Stromversorgung, Aufzüge, Klimaanlagen, Löscheinrichtungen) begünstigen die Ausbreitung und gefährden die Sicherheit der Einsatzkräfte.

Herabfallendes Glas

Fassadenverglasung, welche bei Hochhäusern verwendet wird, ist nicht mit üblichem Fensterglas normalen Wohngebäude vergleichbar. Sie ist dicker und schwerer, um den Windlasten, die auf ein Hochhaus wirken, widerstehen zu können. Schwere Stücke von rasiermesserscharfem, zerbrochenem Fensterglas, die beispielsweise aus dem 20. Geschoss auf die Straße fallen, können schwere Verletzungen oder gar den Tod bringen. Das herabfallende Glas kann Personen treffen, die auf dem Gehweg stehen ebenso wie Angehörige der Hilfsdienste (Eigensicherung). Abströmöffnungen über Festverglasungen sind nur begrenzt herstellbar. Bei den meisten Hochhausbränden werden diese überhaupt nicht hergestellt werden können, da dies zu einer nicht hinnehmbaren Gefährdung führen würde.

Einsturz

Die einzelnen Decken, welche die Geschosse voneinander trennen, müssen nach der Musterhochhausrichtlinie mindestens mit einer Feuerwiderstandsdauer von 90 Minuten (F 90-A) ausgeführt sein. Mit einem Einsturz der Decken ist im Allgemeinen nicht zu rechnen. Jedes Geschoss kann allerdings Zwischendecken oder auch Zwischenböden für die Haustechnik haben, die bei entsprechender Brandeinwirkung einstürzen können. Das Gleiche gilt für die Leichtbauwände und Trennwände, die beispielsweise eine Büroeinheit von 400 Quadratmetern in kleinere Büroeinheiten trennt.

Der Einsturz der Zwischendecken und Zwischenböden gefährdet den Feuerwehrangehörigen nicht so sehr durch herabfallende Trümmer, die größere Gefahr ist der schlagartig freigesetzte Rauch, der sich dort befinden kann und der durch die Trümmer abgeschnittene Rückzugsweg.

Geschossaufteilung

Zu den allgemeinen Merkmalen der Geschossaufteilung in einem modernen Hochhaus gehören:
- ein Kernbereich in der Mitte der Etage mit Treppenraum, elektrischen Verteilerschränken, Heizung und Klimaanlage, Sanitäreinrichtungen und Lagerräumen,
- Großraumbüros im Außenbereich der Geschosse,
- kleine Räume, die den äußeren Fensterbereich vom Innenbereich abtrennen,
- abgetrennte Arbeitsplätze in den Großraumbüros,
- Flure und Korridore im Bereich dazwischen.

Somit kann ein Hochhaus ein sehr komplexes Gebäude darstellen, welches eine Vielzahl von Räumlichkeiten in sich birgt, die nur schwer zugänglich sind und sich ohne Einsatzplan mit einem Grundrissplan des Hochhauses nur bedingt erfassen lassen.

Für den Einsatz bedeutet das, dass die Maßnahmen an Hand eines Feuerwehreinsatzplanes abgesprochen werden. Der Trupp sollte, wenn möglich, eine Feuerwehrlaufkarte mitführen. Oft befinden sich in den Geschossen Orientierungs- oder Fluchtwegpläne, die ebenfalls verwendet werden können.

Rauchansammlung

Bei einem Brand entsteht heißer Rauch. Die Rauchtemperatur beträgt üblicherweise in der Nähe eines Brandherds zwischen 650 °C und 760 °C. Wenn der Rauch sich vom Brandherd, der so genannten »Heißrauchzone« entfernt,

> **Praxis-Tipp:**
> Zur besseren Orientierung FeuerwehrLaufkarten oder Feuerwehreinsatzpläne verwenden! Flucht- und Rettungswege einprägen!

Praxis-Tipp:

Auch wenn der Brandherd feststeht kann sich der Rauch in Geschosse oberhalb oder unterhalb des Brandgeschosses ausbreiten, auch deswegen müssen alle Geschosse im Laufe des Einsatzes abgesucht werden.

verliert er an Wärme. Zieht der Rauch durch Treppenräume, Flure und Schächte, wird er von der Umgebungsluft, den Betonwänden und den Decken gekühlt.

In einem Hochhaus bewegt der Schichteffekt (»Stack Effect«) den Rauch durch das Gebäude in die »Kaltrauchzone«. Der Schichteffekt wird durch Temperaturunterschiede, die innerhalb und außerhalb eines abgeschlossenen Hochhauses bestehen, verursacht. Dieser Temperaturunterschied erzeugt im Innern des Gebäudes Druckunterschiede, die den Rauch zehn oder 20 Geschosse weit vom Brandherd wegtransportieren können. Der Rauch kann nach oben steigen; manchmal auch nach unten sickern durch Treppenräume, Aufzugschächte, rauchsichere Treppenhäuser, Rauchabzüge, Leitungen von Klimaanlagen, Versorgungsschränke, Posteinwurfschächte, verdeckte Räume und Inspektionslöcher an der Außenhaut von Vorhangfassaden. Der Rauch sammelt sich unter Umständen irgendwo in einem abgelegenen Teil des Gebäudes. Er ist zwar kalt und hat seinen Wärmeauftrieb verloren, ist aber unverändert toxisch und stellt somit eine erhebliche Gefahr dar.

IM EINSATZ

Der Stoßtrupp

Neben der Persönlichen Schutzausrüstung und umluftunabhängigen Atemschutzgeräten sowie der notwendigen Ausrüstung die für die Brandbekämpfung notwenig ist, sollte auch eine Wärmebildkamera zur Standardausrüstung gehören. Äußerst nützlich sind zudem Brandfluchthauben, eine »Guideline« (Führungsleine) und einfaches Werkzeug zum Aufbrechen von Türen, beispielsweise eine Feuerwehraxt oder ein Halligan-Tool.

Die Rahmenbedingungen eines Hochhausbrandes schließen bereits eine herkömmliche Truppstärke von zwei oder drei Feuerwehrangehörigen aus. Erst ein Stoßtrupp, der aus einer offensiven Komponente (Angriffstrupp) und einer defensiven Komponente (Wassertrupp) sowie einem Staffelführer besteht, kann die beschriebenen Leistungen erbringen. Somit wird der Stoßtrupp zum zentralen Thema bei der Hochhausbrandbekämpfung.

Ist ein langer Aufstieg über einen Treppenraum notwendig, sollte die Ausrüstung so gut wie möglich verteilt werden. Die Einsatzjacke wird offen getragen und der Atemanschluss wird abgesetzt. Der entstandenen Zeitverlust durch das Aufrüsten im Depotgeschoss wird durch den wesentlich geringeren Erschöpfungszustand wieder wett gemacht.

Der Stoßtrupp führt bei der Hochhausbrandbekämpfung trotz seiner größeren »Manpower« eine möglichst leichte Ausrüstung mit. Sie stellt eine Mindestausrüstung dar und kann je nach Lage und Einsatzauftrag, beispielsweise auch bei der Möglichkeit den Feuerwehraufzug zu verwenden, erweitert werden.

Wärme

Abgesehen von der körperlichen Belastung durch die Wärmeentwicklung im Brandraum wird der Feuerwehrangehörige zusätzlich stark durch den Aufstieg belastet. Alle eingesetzten Kräfte müssen sich der Gefahr einer Überhitzung bewusst sein und bei einem Hochhausbrand entsprechend danach handeln.

35.3.2 Brandbekämpfung in Hochhäusern

Der Stoßtrupp

Hochhäuser stellen komplexe Einsatzstellen dar. Viele Maßnahmen finden abgesetzt von den Fahrzeugen und damit auch dem Aufbewahrungsort von technischem Gerät und Material statt. Das hat zur Folge, dass erheblich mehr Ausrüstung mitgeführt werden muss, als bei einem Einsatz, bei dem schnell Gerät nachgeführt werden kann, da die Fahrzeuge lediglich wenige Schlauchlängen entfernt von dem Brandherd stehen.

Neben dem Problem der Mitnahme einer umfangreicheren Ausrüstung und des Sicherstellens des Nachschubes, müssen in einer ersten, durchaus kritischen Einsatzphase, eine Menge von Aufgaben bewältigt werden, die sich im Regeleinsatz auf mehreren Schultern

Praxis-Tipp:

Die größte Gewichtsreduzierung für den Stoßtrupp lässt sich durch den Verzicht auf Schlauchtragekörbe erreichen, die zudem auch noch eine unergonomische und ermüdende Tragweise erfordern. Alternativ können die Schläuche als Rollschläuche oder in Buchten mitgeführt werden.

verteilen und nicht Aufgabe eines Trupps sein können. So muss der eingesetzte Trupp eine detaillierte und fundierte Rückmeldung über die vorgefundene Lage geben, er soll eine Menschenrettung (unter Eigensicherung) durchführen und gleichzeitig, wenn notwendig, eine Brandbekämpfung einleiten. Das alles unter Umständen nach einem langen und kräftezehrenden Aufstieg.

Neben dem Einsatz in Hochhäusern kann der Stoßtrupp bei allen komplexen Bauwerken wie beispielsweise Tunnelanlagen, Krankenhäusern oder Tiefgaragen eingesetzt werden. Daneben kristallisiert sich immer mehr seine Verwendung und wesentlich größere Schlagkraft als Sicherheitstrupp heraus. In der amerikanischen Literatur spricht man hierbei von den Rapit-Intervention-Teams (RIT).

35.3.3 Einsatztaktik

Lagenstabilisierung und erster Zugriff

Ein Feuer in einem Hochhaus bedingt meist eine schnelle und aggressive Brandbekämpfung noch bevor das Brandereignis eskaliert. Eine der ersten Maßnahmen ist es also in fast allen Fällen einen Stoßtrupp direkt in das Brandgeschoss zu befehlen, um dort die Lage soweit zu stabilisieren, dass umfangreichere Maßnahmen vorbereitet und durchgeführt werden können.

Der Stoßtrupp hat dabei den Auftrag die Lage soweit zu beherrschen, dass unmittelbar gefährdete Personen in Sicherheit gebracht werden und sich das Feuer und der Rauch nicht mehr in angrenzende Bereich bzw. andere Geschosse ausbreiten kann.

Der Stoßtrupp nutzt, wenn vorhanden, den Feuerwehraufzug bis zwei Geschosse unterhalb des vermuteten Brandgeschosses und führt dann den Aufstieg zu Fuß weiter durch. Nicht jeder Feuerwehraufzug entspricht der heute gültigen Norm, deswegen kann es durchaus sein, dass sich die Türen im Brandgeschoss öffnen und der Trupp sich unmittelbar im Gefahrenbereich wiederfindet. Auch wenn alle Sicherheitseinrichtungen beim Aufzug ansprechen, ist es eine durchaus kritische Situation. Der Trupp fährt mit vollständig angelegter Persönlicher Schutzausrüstung und angeschlossenem Lungenautomaten bis zum Zielort. Ist kein Feuerwehraufzug vorhanden, wird der Aufstieg immer zu Fuß durchgeführt. Dabei geht der erfahrenste Feuerwehrangehörige voraus und gibt das Tempo vor. Spätestens wenn mehr als sieben Geschosse zu Fuß überwunden werden müssen, ist es vorteilhaft, die Einsatzjacke offen zu tragen und Helm, Atemschanschluss und Flammschutzhaube abzusetzen. Die Einsatzbereitschaft wird dann an der Rauchgrenze hergestellt.

Hat der Trupp das Brandgeschoss erreicht, meldet er dem Einsatzleiter das Geschoss und die vorgefundene Lage. Wenn möglich sollte der dem Brandherd am nächsten gelegenen Treppenraum verwendet werden. Alle weiteren Treppenräume stehen dann noch zur Evakuierung zur Verfügung. Zusätzliche Rohre werden, wenn möglich, ebenfalls über den Angriffstreppenraum vorgenommen.

Achtung:

Ist kein Feuerwehraufzug vorhanden, wird der Aufstieg zu Fuß durchgeführt!

Achtung:

Sollte der Schlüssel für den Feuerwehraufzug in einem anderen Geschoss als dem Eingangsgeschoss abgezogen werden, ist der Feuerwehraufzug nicht mehr nutzbar. Er kann nur noch von dem Geschoss aus wieder aktiviert werden, in dem der Schlüssel abgezogen wurde. Nach der Eingabe des Zielgeschosses schließen in der Regel die Fahrschachttüren automatisch. Die Fahrschachttüren können aber auch von Hand geschlossen werden, dazu muss die »Tür-Zu-Taste« solange betätigt werden, bis die Tür geschlossen ist. Im Zielgeschoss öffnen sich die Türen nur, wenn die »Tür-Auf-Taste« solange betätigt wird, bis die Tür vollständig offen ist. Sollte die Taste vorher losgelassen werden, schließt die Tür wieder automatisch.

IM EINSATZ

Der Feuerwehraufzug

Der Feuerwehraufzug muss im Zugangsgeschoss in Betrieb genommen werden. Anschließend wird der Feuerwehraufzug mit einem Schlüsselschalter aktiviert. Der entsprechende Schlüssel ist entweder in der Bedieneinheit hinterlegt oder es ist ein spezieller Schlüssel der Feuerwehr zu verwenden.

Spätestens jetzt muss die Fahrkorbtür offen stehen; außerdem ist ab diesem Zeitpunkt die Sprechverbindung zwischen der Bedienstelle und dem Fahrkorb in Betrieb. Während der Fahrt ist der Lungenautomat an den Atemanschluss angeschlossen.

Im Feuerwehraufzug verbleibt ein Mann des Trupps, der den Aufzug während des gesamten Einsatzes bedient. Der Stoßtruppführer übergibt hierfür den Schlüssel für den Feuerwehraufzug. Mit Schlüsselschalter und entsprechendem Schlüssel wird der Fahrkorb nun zur Benutzung als Feuerwehraufzug aktiviert. Der Schlüssel muss im Zylinder immer in der Position »Ein« verbleiben!

Muss damit gerechnet werden, dass erhebliche Mengen Rauch in den Treppenraum eindringen, beispielsweise weil Türen durch die Schlauchleitungen blockiert worden sind, muss der Treppenraum oberhalb des Brandgeschosses abgesucht werden. Ein Eindringen von Rauch in den Treppenraum kann durch einen Mobilen Rauchverschluss zumindest reduziert werden.

Werden Löschwasseranlagen bzw. Wandhydranten genutzt, muss darauf geachtet werden, dass die Schläuche nicht die Türen zwischen dem Treppenraum und den notwendigen Flur blockieren. Bei vielen Hochhäusern befindet sich der Wandhydrant oder das Anschlussventil für die Löschwasseranlage im unmittelbarer Nähe zum Treppenraum im notwendigen Flur. Somit kann die Tür zum Treppenraum geschlossen gehalten werden. Ist das Ventil für den Wandhydranten oder die Löschwasseranlage allerdings im Treppenraum, so muss der Anschluss gewählt werden, der sich unterhalb des Brandgeschosses befindet. Grundsätzlich sollte bei Wandhydranten das eingene Schlauchmaterial verwendet werden. Bei Wandhydranten wird zwischen Typ »F« für die Feuerwehr und Typ »S« für die Laienbrandbekämpfung unterschieden. Der Unterschied liegt in der Leistung der Wandhydranten. Der Trupp sollte nur Typ »F«-Wandhydranten verwenden. Dort ist eine Leistung von 100 bzw. 200 Litern pro Minute bei ausreichend Druck sichergestellt.

Absuchen der Geschosse und Treppenräume

Die Rauchausbreitung in einem Hochhaus stellt sich, zumindest zu Beginn des Einsatzes, oft als sehr unübersichtlich und schwer kalkulierbar dar. Die Annahme mit dem Brandgeschoss auch tatsächlich die Brandursache gefunden zu haben, kann ein tödlicher Irrtum sein. Rauch kann nicht immer durch das Absuchen der Fassade von außen lokalisiert werden, sodass es eine der dringlichsten Maßnahmen bleibt, das Hochhaus nach Verrauchung abzusuchen. Auch hierfür bietet sich ein Stoßtrupp an. Der Stoßtrupp kann sich auf die Treppenräume aufteilen, somit ist ein paralleles Absuchen der Treppenräume möglich.

Um nicht zu viel Personal zu binden, werden bei einem Hochhaus im ersten Zugriff die drei Geschosse oberhalb und unterhalb des Brandgeschosses abgesucht, zudem die Treppenräume inklusive der Aufzüge, sofern es sich nicht um zwangsgesteuerte Aufzüge handelt, die bei Auslösen der Brandmeldeanlage in das Erdgeschoss fahren und dort mit geöffneten Türen stehen bleiben. Personen in steckengebliebenen Aufzügen müssen unbedingt befreit werden.

Zudem werden die drei obersten Geschosse abgesucht, da sich dort Brandrauch sammelt, wenn er nicht über Öffnungen im Dach entweichen kann. Damit sind alle Rückzugswege gesichert. In der nächsten Phase werden alle Räume, bei welchen es Hinweise auf Rauchansammlungen gibt, beispielsweise Müll- oder Wäscheschächte, kontrolliert. Der Schwerpunkt sollten dabei auch auf die Örtlichkeiten gelegt werden, wo sich Personen in unmittelbarer Gefahr befinden könnten.

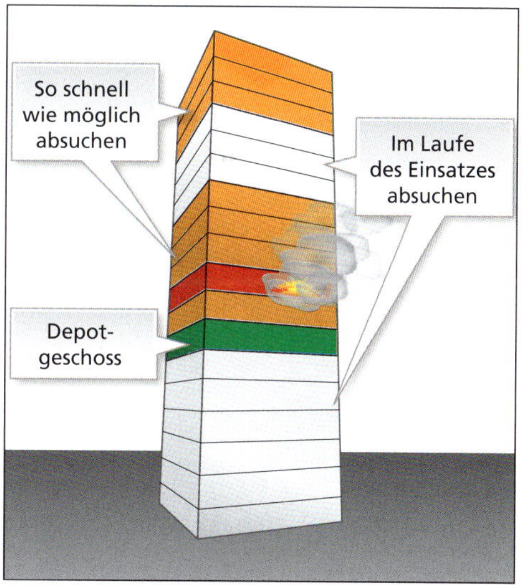

Bild 35.3.1 Das Depotgeschoss befindet sich im zweiten Geschoss unterhalb des Brandgeschosses. Um das Depotgeschoss abzusichern, aber auch um zu vermeiden, dass es zu einer Gefährdung eigener Kräfte oder Personen im Gebäude kommt und um einer Ausbreitung von Brandrauch in andere Geschosse zu vermeiden, muss das Gebäude abgesucht werden.

H

IM EINSATZ

Selbstrettung auf dem Feuerwehraufzug

Zunächst muss eine Seitenklappe des Fahrkorbes mit dem mitgeführten Schlüssel geöffnet werden. Dieser Schlüssel muss nicht zwingend derselbe Schlüssel sein, der auch für die Bedienung des Feuerwehraufzuges verwendet wird. Deswegen vorher vergewissern, dass alle Schlüssel von Anfang an mitgeführt werden! Die Seitenklappe ist mit einem Kontakt versehen. Wird die Klappe geöffnet, lässt sich der Aufzug nicht mehr bewegen.

Die Leiter wird aus dem Kasten entnommen bzw. herausgeklappt. Mit der Leiter kann die Dachklappe erreicht werden, welche dann mit dem Schlüssel geöffnet werden muss. Oft sind die Klappen durch Deckeneinbauten des Aufzuges verdeckt, diese müssen vorher abgebaut werden.

Ist die Klappe geöffnet, können die eingeschlossenen Einsatzkräfte auf das Dach des Fahrkorbes gelangen.

Der Stoßtrupp befindet sich nun im Aufzugschacht.

Bei überhohen Geschossen befindet sich im Fahrschacht eine fest angebrachte Leiter, mit der die Fahrschachttür erreicht werden kann. Ansonsten kommt man vom Fahrkorb direkt an die Fahrschachttür. Mit einem Mechanismus an der Fahrschachttür kann diese von innen geöffnet werden.

Feuerwehraufzüge haben in der Regel einen Vorraum. Bei einem steckengebliebenen Feuerwehraufzug findet der Ausstieg in einem gefährdeten Bereich statt. Deswegen muss sich der Trupp immer so verhalten, als würde er im Brandgeschoss aussteigen.

In der dritten Phase werden alle weiteren Geschosse abgesucht. Somit kann ausgeschlossen werden, dass sich irgendwo Rauch oder Feuer ausbreitet, was zu einer unkontrollierten Lageausbreitung beiträgt. Es versteht sich von selbst, dass die Maßnahme in regelmäßigen Abständen oder bei einer wesentlichen Lageänderung oder neuen Erkenntnissen wiederholt wird.

Es bietet sich an, die Geschosse oberhalb des Brandgeschosses mit einem Stoßtrupp schon in einer frühen Phase abzusuchen. Das Absuchen des Treppenraumes und der Geschosse unterhalb des Brandgeschosses sowie der obersten drei Geschosse kann durch einen zweiten Stoßtrupp durchgeführt werden. Generell werden bei großen Bürohochhäusern Konzepte zur Evakuierung der Geschosse ausgearbeitet und geübt. Evakuierungsmaßnahmen sind beim Eintreffen der Feuerwehr in Bürohochhäusern entweder schon angelaufen oder werden dann in Absprache mit der Feuerwehr durchgeführt. Es bietet es sich an, dass mit dem Einsatzabschnittsleiter, der den Einsatzabschnitt mit dem Auftrag des Durchsuchens und Sichern des Gebäudes führt, vor Beginn der Maßnahmen abgesprochen wird, welche Geschosse bereits evakuiert sein sollten bzw. welche Geschosse geräumt werden müssen und welche noch belegt sind. In Wohnhochhäusern haben sich in der Regel nur die Personen in Sicherheit gebracht, die unmittelbar durch das Brandereigniss betroffen sind.

Sicherstellen der Logistik, Einrichten des Depotgeschosses

Das Depotgeschoss dient als Basisgeschoss für alle weiteren Maßnahmen in der Hochhausbrandbekämpfung. Es wird im zweiten Geschoss unterhalb des Brandgeschosses angelegt. Es stellt einen vorgeschobenen Punkt zur Versorgung und Sicherung der eingesetzten Kräfte dar. Dort werden alle Maßnahmen durchgeführt, die bei einem Feuer durch die unmittelbare Nähe der Einsatzfahrzeuge bewerkstelligt werden können.

Im Depotgeschoss wird Reservematerial gelagert wie beispielsweise Atemluftflaschen oder Schlauchmaterial aber auch Kaltgetränke zur Regeneration der eingesetzten Trupps. Zudem ist das Depotgeschoss der Standort des Sicherheitstrupps für die eingesetzten Kräfte im und oberhalb des Brandgeschosses. Vom Depotgeschoss aus kann der Sicherheitstrupp in einem Notfall schnell genug Maßnahmen durchführen. Dort stehen auch die Trupps in Bereitschaft, die die eingesetzten Trupps im Brandgeschoss ablösen sollen.

Die Versorgung des Depotgeschosses kann mittels des Feuerwehraufzuges stattfinden. Es muss jeweils ein Verantwortlicher für die Versorgung im Depotgeschoss und im Lobbybereich zur Bestückung des Feuerwehraufzuges abgestellt werden, die miteinander kommunizieren müssen, um eine geordnete Versorgung sicherzustellen.

Ist kein Feuerwehraufzug vorhanden, muss die Versorgung zu Fuß sichergestellt werden. Das bedeutet einen wesentlich höheren Personalaufwand. Hier bietet es sich an, das Personal so zu verteilen, dass nicht jeder alle Geschosse bis zum Brandgeschoss zu bewältigen hat, sondern eine Art Kette gebildet wird, bei welcher die Einsatzkräfte so verteilt werden, dass jeder einzelne maximal drei Geschosse zu überwinden hat. Muss mehr Material nach oben gebracht werden, kann die Kette verdichtet werden, sodass sich die Geschosszahl für den Einzelnen reduziert.

Selbstrettung aus dem Feuerwehraufzug

Der Umgang mit dem Feuerwehraufzug ist wesentlich für einen reibungslosen Ablauf des Einsatzes. Bleibt der Aufzug im Einsatz stecken, stellt das eine erhebliche zusätzliche Stresssituation für Fahrkorbbesatzung und auch den verantwortlichen Einsatzleiter dar. Aus diesem Grund wird auch im Rahmen dieses Kapitels detailliert auf die Selbstrettung aus einem Feuerwehraufzug eingegangen.

Literatur

[1] Berufsfeuerwehr München: Handbuch zur Einsatzdienstanweisung Hochhausbrandbekämpfung (Brandbekämpfung bei Bränden in großer Höhe und/oder komplexen Gebäuden), 2006.

[2] Bachmair, M., von Kaufmann, F.: Benutzung von Feuerwehraufzügen – Was man über die Benutzung wissen sollte, 112intern, 2008.

[3] Fachkommission Bauaufsicht, Projektgruppe MHHR: Muster-Richtlinie über den Bau und Betrieb von Hochhäusern (Muster-Hochhaus-Richtlinie – MHHR), Fassung April 2008.

[4] McGrail, D.: Firefighting Operations in High-Rise and Standpipe-equipped Buildings, Fire Engineering, PenWell Corporation, 2007.

ZUR VERTIEFUNG

Florentin von Kaufmann, Falko Schmid: Hochhausbrandbekämpfung, 2. Auflage, Verlag W. Kohlhammer, Stuttgart, 2019.

35.4 Brände in Tiefgaragen

von Florentin von Kaufmann

35.4.1 Gefahren bei der Tiefgaragenbrandbekämpfung

Zugänglichkeit und Rauchausbreitung

Tiefgaragen sind ein Teil eines Gebäudes oder verbinden mehrere freistehende Gebäude. Sie sind von außen in ihrer Dimension und Struktur schwer oder gar nicht zu erfassen. Die Zugänge zu Tiefgaragen sind oft nicht ersichtlich und erschließen sich nicht immer logisch. Zudem können Tiefgaragen über mehrere Geschosse unterhalb der Erdoberfläche verfügen, den so genannten Parkdecks, die gewöhnlich über Auffahrrampen und Treppenräume aber auch Personenaufzüge erreicht werden.

Tiefgaragen müssen über mindestens zwei voneinander unabhängige Rettungswege verfügen. Davon darf einer über die Rampe nach draußen führen.

Die Zugangstüren zu den Parkdecks münden über Schleusen häufig in den Treppenräumen anderer Gebäude. Beim Öffnen und Blockieren der Schleusen durch Schläuche zu den Tiefgaragen, dringt Rauch ungehindert in die angrenzenden Flucht und Rettungswege ein. Ganze Gebäudeteile können so verrauchen und Rückzugswege verlängern sich erheblich. Die Verrauchung der notwendigen Treppenräume kann zu einer Situation führen, die Hausbewohner als bedrohlich empfinden könnten. Eine Lageeskalation, die durch die Feuerwehr verursacht wurde, ist entstanden.

Achtung:

Die Sichtverhältnisse sind aufgrund des »kalten« und stark rußigen Rauches schlecht, da dieser die gesamte Höhe der Tiefgarage einnimmt. Der hohe Rußanteil im Brandrauch führt auch zu einer eingeschränkten Nutzbarkeit der Wärmebildkamera und der Handscheinwerfer. Schläuche verkeilen sich beim Vorgehen in der Tiefgarage leicht an den Rädern der geparkten Fahrzeuge!

Quelle: Branddirektion München

Bild 35.4.1 Stoßtrupp beim Eindringen in die Tiefgarage

Zudem stellt der Treppenraum unter Umständen den längeren und schwierigeren Angriffsweg im Gegensatz zur Tiefgaragenrampe dar. Die Tiefgaragenrampe ist leicht zu finden und bietet einen direkten Zugang in das Bauwerk, ohne andere Gebäudeteile zu gefährden. Deswegen wird oft die Tiefgaragenrampe als erster Angriffsweg gewählt.

Der Nachteil, dass die Tiefgaragenrampe als Abluftöffnung für Entrauchungsmaßnahmen nicht mehr zur Verfügung steht, muss in Kauf genommen werden. Eine Abwägung muss vorher stattfinden. Optimal ist eine außenliegende Treppe. Sie bietet einen unmittelbaren Angriffsweg in die Garage, ohne angrenzende Gebäudeteile zu gefährden, die Tiefgarageneinfahrt steht aber trotzdem noch für die Entrauchungsmaßnahmen zur Verfügung.

Starke psychische und physische Belastung der Trupps

Durch die starke Sichteinschränkung auf der einen Seite und die Weitläufigkeit einer Tiefgarage auf der anderen steigt die psychische

H

Belastung des vorgehenden Trupps erheblich. Auch wird die Lärmentwicklung durch platzende Autoreifen oder gelagerte Spraydosen in einem geschlossenen großen Raum als bedrohlicher empfunden. Der Rückzugsweg an der eigenen Schlauchleitung gestaltet sich schwierig, da eine ordentliche Schlauchführung wegen der Länge und Zugänglichkeit meist nicht möglich ist. Das Nachführen des Schlauches erfordert einen erheblichen Personalaufwand, da sich die Kupplungen an den Reifen der geparkten Fahrzeuge verkeilen können und immer wieder freigelegt werden müssen, um den Schlauch nachzuziehen.

Im Gegensatz zur Brandbekämpfung in Kellern, ist die Wärme bei Tiefgaragenbränden nicht so intensiv, da sie sich auf einen größeren Raum verteilen kann. Die relativ niedrige Temperatur des Rauches hat zudem den Nachteil, dass dieser schnell auf den Boden sinkt und somit auch die Sichtverhältnisse nahe am Boden schlecht sind. Der durch brennende Fahrzeuge meist stark rußige und flockige Rauch belastet das eingesetzte Gerät und schränkt die Wirkung der Wärmebildkamera und der Handlampen ein. Aufgrund der räumlichen Tiefe und den auch entlang der Wand geparkten Fahrzeuge ist eine Orientierung entlang der Wand schwierig. Auch das Kontrollieren von Parkboxen erfordert erheblichen Kraftaufwand und kostet Zeit.

Achtung:

Angriffswege in Tiefgaragen können wesentlich länger sein als in anderen Gebäuden, deshalb ist auch eine längere Schlauchleitung einzuplanen. Die Tiefgaragenzufahrt ist als Angriffsweg geeigneter als der Treppenraum. Eine Außentreppe gilt als der beste Angriffsweg. Muss trotzdem durch den Treppenraum vorgegangen werden, muss vor dem Öffnen der Schleuse diese mit einem Druckbelüfter abgesichert werden. Ein Angriff durch den Treppenraum kommt folglich nur in Frage, wenn sichergestellt werden kann, dass kein Brandrauch in den Treppenraum eindringen kann.

Lange Rückzugswege

Lange Angriffswege bedingen auch lange Rückzugswege. Entsprechend umsichtig ist der Rückzugsweg zu planen. Die Sicherung des Rückzugsweges kann durch die nicht im Innenangriff eingesetzten Einsatzkräfte unterstützt werden. Beispielsweise können Blitzleuchten aufgestellt werden, die den Eingang markieren. Besser eignen sich jedoch Scheinwerfer, die dank ihrer Wärmestrahlung durch die Wärmebildkameras besser erfasst werden können. Wichtig ist es jedoch die Scheinwerfer nahe am Boden einzusetzen, da dort die Sicht am besten ist.

Überschreiten Tiefgaragen eine Größe von 2 500 Quadratmetern, müssen sie in Rauchabschnitte unterteilt werden. Das wird durch Rauchschutztore sichergestellt, die sich im Brandfall schließen. Der Angriffsweg sollte wenn möglich so gewählt werden, dass das Durchschreiten von Rauchschutztoren vermieden wird, da diese in der Regel nicht durch die Brandmeldeanlage angesteuert werden, und sie sich erst schließen, wenn der toreigene Rauchmelder auslöst. Zumindest muss man sich der Gefahr bewusst werden, dass das plötzliche Schließen der Rauchschutztore den Rückzugsweg blockieren kann. Die vorgehenden Trupp sollten sich, wenn vorhanden, mithilfe des Einsatzplanes ein Bild vom Gebäude machen, um auch alternative Rückzugswege zu kennen. Die Funkverbindung in der Tiefgarage kann zudem oft schwierig sein. Auch deswegen müssen Maßnahmen im Vorhinein mit dem Einsatzleiter und den Sicherheitstrupp genau abgesprochen werden, am besten anhand des Feuerwehr(einsatz)planes.

Praxis-Tipp:

Der Rückzugsweg lässt sich durch Blitzleuchten oder Scheinwerfer zusätzlich absichern. Aufgrund der Tatsache, dass sich Scheinwerfer erwärmen, sind diese für die Wärmebildkameras deutlich wahrnehmbar. Scheinwerfer sollten grundsätzlich bodennah aufgestellt werden, da dort die Sicht unter Umständen besser ist.

IM EINSATZ

Gewaltsames Öffnen von Rolltoren

Die Zufahrten zu Tiefgaragen werden oft durch Rolltore verschlossen. Ist es nicht möglich diese mittels eines Schlüssels oder durch Ziehen des Schlosses zu öffnen, bietet es sich an, mit einem Trennschleifer einen dreieckigen Schnitt in das Rolltor zu schneiden. Dabei muss ein Strahlrohr in Bereitschaft gehalten werden. Alle an der Maßnahme beteiligten Feuerwehrangehörigen benötigen umluftunabhängigen Atemschutz.

»Multiparker«

Fahrzeuge, welche in den unteren Stellplatzebenen von so genannten »Multiparkern« in Brand geraten, lassen sich nur schwer löschen. Es ist dann nicht mehr möglich den »Multiparker« zu bedienen, sodass das Fahrzeug zugänglich wird. Im ungünstigsten Fall muss hier der betroffene Schacht geflutet werden.

Einsatztaktik

Aus Sicherheitsgründen werden die meisten öffentlichen Tiefgaragen per Videokamera an einer zentralen Stelle überwacht. Die Videoüberwachung kann auch von dem Einsatzleiter der Feuerwehr zum Verschaffen eines ersten Überblicks über die verschiedenen Bereiche der Tiefgarage genutzt werden.

Potentiellen Nutzern der Tiefgarage könnte es im ersten Augenblick nicht auffallen, dass es in der Tiefgarage brennt. Daher muss sichergestellt werden, dass keine Fahrzeuge mehr in die Tiefgarage einfahren oder in Warteschleife vor der Rampe stehen und somit die Arbeit der Feuerwehr behindern.

Ebenfalls ist darauf zu achten, dass die Ausfahrtsschranke geöffnet ist, sodass Fahrzeuge, die im Begriff sind die Garage zu verlassen, dies unverzüglich machen können.

Tiefgaragen verfügen teilweise über nicht automatische Löschanlagen, also Löschanlagen, die durch die Feuerwehr direkt eingespeist werden müssen. Wird eine Löschanlage durch die Feuerwehr in Betrieb genommen, soll die Einspeisung der Löschanlage und das Vornehmen der Angriffsleitungen nicht über dasselbe Löschfahrzeug geschehen.

So ist eine Redundanz sichergestellt, beide Systeme können nicht gleichzeitig ausfallen. Diese Löschanlagen sind oft offene Rohrsysteme, das heißt, dass nicht nur an der unmittelbaren Stelle Wasser abgegeben wird, beispielsweise durch das thermische Auslösen eines Sprinklers, sondern Wasser über alle Sprinklerköpfe abgegeben wird.

Die Sprinkleranlage verhindert in der Tiefgarage in erster Linie die Brandausbreitung. Nachdem das Feuer meist im Fahrzeug ausbricht, kann sie dieses nicht restlos löschen. Ist der Brandherd gefunden, kann sie abgestellt werden. Dies ist für die Brandbekämpfung unter Umständen günstig, da Sprinkleranlagen oftmals relativ lange nachlaufen und somit auch die vorgehenden Trupps, die relativ nahe an das brennende Fahrzeug heran müssen durchnässen und es zu Verbrühungen kommen kann.

H

35.4.2 Brandbekämpfung

Erster Zugriff

Auch bei Tiefgaragenbränden empfiehlt es sich als Stoßtrupp, wie bei der Brandbekämpfung in Hochhäusern beschrieben (▶ Kapitel 35.3), vorzugehen. Besonders mehrgeschossige Garagen stellen sich immer wieder als Herausforderung für die Trupps dar. Kann das Feuer nicht eingegrenzt werden, beispielsweise durch Überwachungskameras oder einer Brandmeldeanlage, empfiehlt es sich von unten beginnend nach oben nach der Brandstelle zu suchen. Dafür geht der Trupp solange direkt nach unten, bis er sich in einem rauchfreien Geschoss befindet. Da der Rauch nach oben aufsteigt, ist dies der einfachste Weg festzustellen, in welchen Geschoss sich der Brandherd befindet. Geht man von unten nach oben, muss der Brandherd im ersten verrauchten Geschoss auf dem Weg nach oben sein.

Aufgrund der Angriffstiefe muss hier wesentlich mehr Schlauchmaterial vorbereitet werden, wie dies bei Bränden in anderen Gebäuden oftmals der Fall ist. Das Nachziehen der Schläuche mit Wasser am Rohr ist, wie oben beschreiben, sehr aufwändig. Es ist daher vorteilhaft, wenn sich der Stoßtrupp entlang mehrerer Schläuche aufteilt und somit das Nachführen der Schlauchleitung sicherstellt.

Gerade in privaten Tiefgaragen gibt es einzelne Boxen in welchen Teile gelagert werden können, die für den Betrieb von Fahrzeugen notwendig sind (beispielsweise Winterreifen). Auch bis zu 200 Liter Kraftstoff (Diesel) dürfen je Fahrzeug untergebracht werden. All dies kann zu einer erhöhten Brandlast führen. Da sich jedoch die Gefahr in Tiefgaragen einen nennenswerten Wasserschaden anzurichten in Grenzen hält, gilt auch hier die Devise »nicht Kleckern sondern Klotzen«!

Entrauchen von Garagen

Vor Beginn des Innenangriffs muss erkundet sein, auf welche Art und wie das Gebäude entraucht werden soll. Maßnahmen zur Entrauchung, also das Schaffen einer Abluftöffnung (soweit noch nicht vorhanden) und das richtige Aufstellen von Druckbelüftern sind zwingend erforderlich, wenn der Angriff über den Treppenraum eines angeschlossenen Gebäudes erfolgen soll.

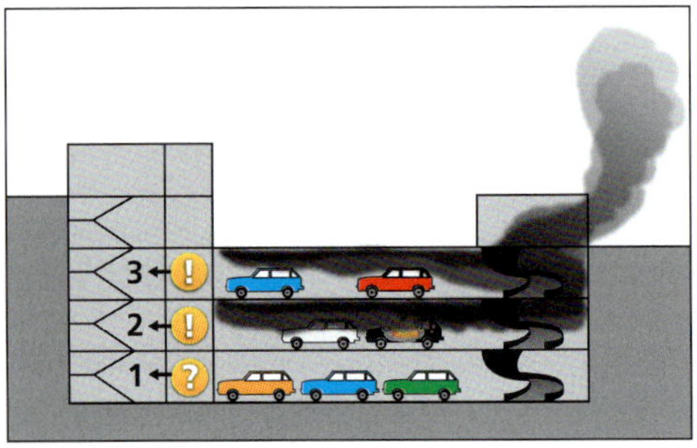

Bild 35.4.2 Breitet sich der Brandrauch über mehrere Parkdecks aus, bietet es sich an, diese von unten nach oben abzusuchen. Das Feuer wird in der Regel im untersten verrauchten Parkdeck ausgebrochen sein.

Soll der Angriff über die Tiefgaragenrampe durchgeführt werden, gehören die Entrauchungsmaßnahmen durch die Feuerwehr nicht zu den Maßnahmen, die den ersten Angriff vorbereiten. Entrauchungsmaßnahmen unterstützen die im Innenangriff eingesetzten Trupps. Dabei muss es das vorrangige Ziel sein, den Rauch nicht in Bereiche zu drücken, die nicht vom Einsatz betroffen sind. Besonders gefährdet sind die Flucht- und Rettungswege der an die Tiefgarage angrenzenden Wohngebäude. Es bietet sich an, den Rauch über Öffnungen, die unmittelbar ins Freie führen, oder die Zugangsrampe abzuführen. Ist der erste Zugriff über diesen Weg erfolgt, kann das Auswirkung auf die Sicherheit der eingesetzten Trupps haben. Hier sind die Vor- und Nachteile der Entrauchung zu diesem Zeitpunkt abzuwägen.

Literatur

[1] Brandweer Amsterdam: Procedure complexe Gebouwen, Procedure 1.02, 11/2006.

[2] Fachkommission Bauaufsicht: Muster einer Verordnung über den Bau und Betrieb von Garagen (Muster-Garagenverordnung M-GarVO), Fassung Mai 1993, gändert durch Beschlüsse vom 19. September 1996, 18. September 1997 und 30. Mai 2008.

H

35.5 Brände in Tunnelanlagen

von Florentin von Kaufmann

Ein Tunnel ist eine künstliche Passage, die Berge, Gewässer, Ortschaften oder andere Hindernisse unterquert. Deswegen liegen in der Regel nur die Zu- und Ausfahrten oberhalb der Erd- oder Wasseroberfläche, ebenso wie Notausgänge oder Versorgungsstollen. Zudem gelten Einhausungen von Straßen, Eisenbahn oder Galeriebauwerke (erst) ab einer Länge von 80 Metern als Tunnel. Eine Unterführung zählt also nicht zu den Tunnelbauwerken, wenn diese in offener Bauweise hergestellt wurde und nicht länger als 80 Meter ist. Eine Unterführung kann allerdings eine ähnliche Vorgehensweisen wie beim Tunneleinsatz erfordern.

Die Brandbekämpfung in Tunnel gestaltet sich umso kritischer und schwieriger, je länger sie sind und je komplexer sie sich darstellen. Zudem spielt die Verkehrsdichte und die Zahl der im Brandfall betroffenen Personen eine Rolle. Generell wird im weiteren Verlauf des Kapitels zwischen einröhrigen und zweiröhrigen Straßentunnel sowie Eisenbahntunnel und in U-Bahntunnel unterschieden.

Um das Risiko im Brandfall für die betroffenen Personen und die Einsatzkräfte möglichst gering zu halten, werden Sicherheitseinrichtungen in Tunnelanlagen wie beispielsweise

- Rettungsstollen, die hauptsächlich als Fluchtweg dienen, aber auch als Zugang für Einsatzkräfte und Unterhaltsdienste genutzt werden können,
- Belüftungsanlagen,
- für die Feuerwehr verlegte Löschwasserleitungen,

Quelle: Branddirektion München

Bild 35.5.1 Die Angriffswege und damit auch die Rückzugswege können bei der Tunnelbrandbekämpfung sehr lang sein.

Quelle: Branddirektion München

Bild 35.5.2 Ein Trupp mit Langzeitatemschutzgeräten auf dem Weg in einen verrauchten U-Bahntunnel

- Notrufnischen die mit Notrufanlagen, Feuermeldern und Feuerlöschmitteln (wenn möglich Handfeuerlöscher und Wandhydranten) ausgestattet sein müssen,
- Einsatzpläne und
- Funk für die Rettungsdienste eingebaut und vorgehalten.

35.5.1 Gefahren bei der Tunnelbrandbekämpfung in Straßentunnel

Bei der Tunnelbrandbekämpfung treten in erster Linie Gefahren auf, die auf die Enge des Bauwerks, dessen Komplexität und dessen Nutzung zurückzuführen sind.

Eindringtiefe

An erster Stelle der Gefahren steht für die Feuerwehrangehörigen die großen Eindringtiefe in Bereiche, die nicht mehr ohne Atemschutz und entsprechender persönlicher Schutzausrüstung zu begehen sind. Auch wenn beim Betreten des Tunnels dieser noch in Teilen rauchfrei sein kann, muss das nicht mehr der Fall sein, wenn sich der Trupp zurückziehen will. Deswegen gilt, dass der Rückzugsweg immer ins Freie und nicht bis zur Rauchgrenze eingeplant werden muss.

Grundsätzlich sollten in der Tunnelbrandbekämpfung Langzeitatemschutzgeräte (Langzeit-Pressluftatmer oder Regenerationsgeräte) verwendet werden. Der ganze Rückweg in eine gesicherte Zone, das heißt zu einem Notausstieg, Lösch- und Rettungszug der Bahn,

> **Achtung:**
>
> Aufgrund der langen Wegstrecken sollten bei der Tunnelbrandbekämpfung nur Langzeitatemschutzgeräte oder Regenerationsgeräte zum Einsatz kommen.

Fluchtstollen etc. unter Atemschutz, muss aber trotzdem jederzeit sicher sein. Bei der Eindringtiefe ist zudem zu beachten, dass für den Rückweg die doppelte Luftmenge wie für den Hinweg eingeplant wird. In der Praxis heißt das, ein Viertel der Luftmenge für den Hinweg, ein Viertel für die Arbeiten vor Ort und die Hälfte für den anschließenden Rückzug in den sicheren Bereich.

Im Vergleich zu einröhrigen Straßentunnel verfügen zweiröhrige Tunnel in regelmäßigen Abständen, mindestens aber alle 300 Meter über Verbindungsstollen oder Türen in die jeweils andere Röhre. Im selben Abstand sind Wandhydranten errichtet. Zudem wird die Fluchtwegsrichtung und die Strecke bis zum Tunnelportal oder zum nächsten Notausgang ins Freie mit beleuchteten Fluchtwegsschildern dargestellt. In modernen Straßentunnel sollte jeweils nach 300 Meter ein Notausstieg vorhanden sein.

Rauchausbreitung

Wärme und Rauch können sich in Tunnelanlagen besonders schnell ausbreiten. Sie bedrohen eingeschlossene Personen und erschweren das Sichern der Angriffs- und Rückzugswege. Rauch bildet in Tunnelanlagen in kürzester Zeit eine Dicke von zwei bis drei Metern unterhalb der Decke und breitet sich sehr schnell

> **Achtung:**
>
> Als Rückzugsweg ist immer der Weg ins Freie oder in eine gesicherte Zone zu kalkulieren und nicht nur der Weg bis zur Rauchgrenze. Damit ist der Luftvorrat so aufzuteilen, dass ein Viertel der Luft für den Hinweg, ein Viertel für die Arbeit vor Ort und die verbleibende Hälfte für den Rückweg eingeplant ist.

aus. Die Rauchausbreitung kann eine Geschwindigkeit von elf Metern pro Sekunde erreichen.

Nahe der Brandstelle befindet sich der Rauch aufgrund der hohen Eigentemperatur zumindest beim Brandausbruch im oberen Tunnelquerschnitt, mit zunehmendem Abstand zum Brandherd kühlt der Rauch ab und sinkt zu Boden, sodass der gesamte Tunnelquerschnitt mit Rauch gefüllt ist. Die beim normalen Zimmerbrand gültige Taktik, die besseren Sichtverhältnisse in Bodennähe zu nutzen, kann hier, wenn überhaupt, nur im kurzen Abstand zum Brandherd angewandt werden.

Die Rauchausbreitung ist abhängig vom Wetter, also dem Winddruck, der in dem Tunnel vorherrscht und der Betriebsart, also Richtungsverkehr oder Gegenverkehr. Die äußeren Einflüsse sind in Straßen- oder Eisenbahntunnel noch relativ überschaubar und steuerbar, da es in der Regel dort in jeder Richtung nur jeweils einen, ebenerdig zur Röhre liegenden Ausgang gibt. Jedoch verschärft sich die Problematik besonders in U-Bahntunnel, die nur über Sperrengeschosse und Bahnhöfe erschlossen werden und bei welchen die Ein- und Ausgänge in der Regel nicht in einer Höhe mit dem Tunnel liegen. Hier kann sich der Rauch über das gesamte U-Bahnnetz auch in andere Bahnhöfe ausbreiten. Er wird neben dem natürlich vorherrschenden Wetter zusätzlich durch den angrenzenden Zugverkehr verteilt.

Liegt der Eingang zur Tunnelröhre nicht auf derselben Ebene wie der Tunnel selbst, hat das für die Einsatzkräfte zur Folge, dass sie den Einsatz gegen den entweichenden Rauch und die Wärme vortragen müssen. Das Vorgehen gegen den Brandrauch ist bei U-Bahntunnel die Regel, da dort vom Straßenniveau über das Sperrengeschoss in den Tunnel vorgegangen werden muss.

Achtung:

Rauch kann sich mit hoher Geschwindigkeit über den gesamten Tunnelquerschnitt ausbreiten. Bei einem Angriff über Zugänge, die oberhalb der Tunnelröhre liegen, muss gegen die Wärme und den Rauch vorgegangen werden.

Tunnel ab einer Länge von 400 Metern sollten mit einem vollautomatischen Lüftungssystem ausgestattet sein, welches im Brandfall sofort anfährt. In vielen Fällen kann es auch von der Feuerwehr angesteuert werden. Wann und wie die Feuerwehr in das Lüftungssystem eingreifen darf, muss im Einsatzplan genau dokumentiert sein. Fehlt eine Belüftungsanlage, ist die natürliche »Windrichtung« im Tunnel festzustellen und daraus die Hauptangriffsrichtung mit dem Wind zu wählen. Rauchentwicklung und Rauchabzug müssen ständig beobachtet werden. Der Einsatz von Druckbelüftern muss auf die Lüftungsanlage des Tunnels und die »Windrichtung« abgestimmt sein. Ziel muss es sein, die bestehende Situation zu sichern und aufrecht zu erhalten.

Der Rauch bestimmt auch die Fahrzeugaufstellung. Einsatzfahrzeuge sollten mindestens mit einem Abstand von 50 Metern vor dem Tunnelmund abgestellt werden, damit sie nicht durch den entweichenden Rauch gefährdet werden.

H

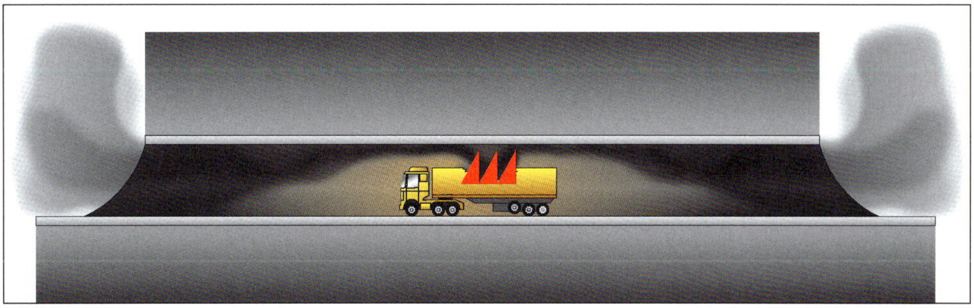

Bild 35.5.3 Der Brandrauch kühlt sich mit zunehmender Entfernung zum Brandherd ab und sinkt zu Boden.

Tabelle 35.5.1 Temperaturen bei einem Tunnelbrand

Brennstoff (Benzin) in Liter	Zone der lebensgefährlichen Wärmeschäden	Temperaturen bei zirka zehn Metern Abstand in Kopfhöhe	Temperaturen bei zirka zehn Metern Abstand auf der Scheitelhöhe des Tunnel
100 Liter	10 Meter	55 bis 240 °C	330 bis 575 °C
500 Liter	30 bis 40 Meter	450 bis 800 °C	850 bis 880 °C
1 000 Liter	50 Meter	460 bis 690 °C	990 bis 1 200 °C

Wärme

Gerade in Bahn- und Straßentunnel können erhebliche Brandlasten auftreten. Insbesondere wenn es zum Brand von Lastkraftwagen kommt. Es können Temperaturen bis zu 1 200 °C erreicht werden. Versuche haben gezeigt, dass bereits relativ geringe Mengen an Brennstoffen ausreichen, um eine große Wärme zu erzeugen. Ungefähr 80 Prozent der Strahlungswärme bleibt bei Bränden im Tunnel. Im Gegensatz zu anderen Bauwerken wie Wohnhäusern oder Lagerhallen, kann die Wärme nicht über Fenster oder Entrauchungsklappen abgeführt werden. Zudem muss aufgrund der langen Angriffswege mit einer wesentlich längeren Reaktionszeit gerechnet werden. Das Feuer kann sich in dieser Zeit frei entfalten. Deswegen gilt es bei einem voll entwickelten Tunnelbrand nicht nur die direkte Brandbekämpfung durchzuführen, sondern auch das Bauwerk zu schützen.

Dunkelheit

Kritisch ist ebenfalls der Ausfall der Tunnelbeleuchtung, da dann alle Maßnahmen in absoluter Dunkelheit durchgeführt werden müssen. Findet sich bei einem Wohnungsbrand immer noch eine kleine natürliche Lichtquelle, die eine Orientierung zulässt, ist man im Tunnel in völliger Dunkelheit.

Ist die Tunnelbeleuchtung ausgefallen, sind es in erster Linie die Handlampen und Wärmebildkameras, auf welche zurückgegriffen werden muss. Bei einer entsprechenden Verrauchung ist allerdings zu beachten, dass die Leuchtleistung der Handlampen eingeschränkt ist. Bildet der Rauch starke Flocken oder ist er extrem warm, so ist auch die Wärmebildkamera nur noch eingeschränkt einsatzfähig.

Einsatzstellenfunk

Einsatzstellenfunk oder die Benutzbarkeit von Mobiltelefonen ist nicht im jedem Tunnel sichergestellt, auch hier kann es zu großen Schwierigkeiten kommen. Die Abschirmung von Funkanlagen durch Beton oder Erdreich ist sehr groß, sodass es unter Umständen bereits nach wenigen Metern keinen Funkkontakt mehr gibt. Zwar werden in Tunnel oft entsprechende Funkanlagen installiert, um diesen Mangel wieder zu kompensieren, jedoch hat sich in der Praxis gezeigt, dass diese auch durch das Ereignis beschädigt sein können. In Straßentunnel aber auch teilweise in Eisenbahntunnel gibt es spezielle Nischen mit Notruftelefonen. Sie können als Rückfallebene verwendet werden.

Wichtig ist, dass die Trupps untereinander und mit dem Einsatzleiter ständig Informationen austauschen und Aktionen anhand der Einsatzpläne vorher möglichst genau absprechen und planen, noch bevor sie durchgeführt werden. Hierbei muss auch der Verantwortliche für die Atemschutzüberwachung eng einbezogen werden, ebenso wie der Führer des Sicherheitstrupps. Die Atemschutzüberwachung

> **Achtung:**
>
> Die Funkverbindung in Tunnel ohne entsprechend baulich-technische Einrichtung ist sehr schnell nicht mehr aufrechtzuerhalten. Deshalb müssen Einsätze zwischen dem Einsatzleiter und den eingesetzten Kräften anhand von Einsatzplänen vorher abgesprochen werden. Als letzte Rückfallebene beim Ausfall von Handsprechfunkgeräten können die Notruftelefone in den Tunnelnischen dienen.

hat im Tunneleinsatz eine ganz besondere Verantwortung.

Verkehr und Personen
Über automatisch ansteuerbare Ampeln und Schranken werden Fahrzeuge an der Einfahrt in den Tunnel gehindert. Trotzdem ist auch in der verrauchten Tunnelröhre zumindest bei Einsatzbeginn noch mit Fahrzeugbewegungen zu rechnen. Das gilt auch für den unverrauchten Teil sowie bei parallelen Röhren.

In Tunnel ist davon auszugehen, dass noch Insassen in den Fahrzeugen sitzen. Das Absuchen der Fahrzeuge kann sich insofern als schwierig gestalten, da Scheiben verrußt sein können und somit der unmittelbare Blick in das Fahrzeug verwehrt ist. Auch die Wärmebildkamera ist nicht geeignet das Innere von Fahrzeugen abzusuchen. Abgesuchte Fahrzeuge müssen unbedingt markiert werden. Beim Absuchen der Fahrzeuge besonders auch auf die Rücksitze (Kinder) achten.

Besonders bei Bränden von Zügen oder U-Bahnen in Tunnelanlagen kann die Feuerwehr Rettungsmaßnahmen nur unterstützen. Sie ist nicht in der Lage eine Menschenrettung im großen Umfang durchzuführen. Deswegen müssen im Vorfeld planerische Maßnahmen durchgeführt worden sein, sodass das entsprechende Betriebspersonal weiß, wie es sich im Brandfall zu verhalten hat und eine Selbstrettung der Masse der Personen noch vor dem Eintreffen der Feuerwehr abgeschlossen ist.

Bei Einsenbahn- und U-Bahntunnel darf der Streckenbereich erst betreten werden, wenn sichergestellt ist, dass der Zugverkehr eingestellt worden ist und der Strom abgeschaltet wurde sowie die Oberspannungsleitung bzw. die Stromschiene geerdet worden sind. Das Abschalten der Oberleitung muss in schriftlicher Form, beispielsweise als Telefax bei der Leitstelle vorliegen, ebenso wie das Sperren des Streckenabschnittes. Dabei ist auch zu überprüfen, ob alle betroffenen Gleise gesperrt worden sind. Gerade im städtischen Bereich kann es sein, dass sowohl das Streckennetz für den Fernverkehr als auch für den Nahverkehr durch den selben Tunnel auf getrennten Gleisen verläuft. Es ist keine Selbstverständlichkeit, dass dann alle Gleisabschnitte gesperrt werden. Zudem muss eine Erdung der Oberspannungsleitung durch entsprechendes Fachpersonal stattgefunden haben.

Achtung:

Fahrzeuge absuchen! In der Regel sind oder waren diese besetzt, abgesuchte Fahrzeuge kennzeichnen! Die Selbstrettung der Fahrzeuginsassen unterstützen! Löschen, um zu Retten!

Achtung:

Keine Maßnahmen in einem Eisenbahn-, U- oder S-Bahntunnel, bevor die Strecke nicht gesperrt, der Strom abgeschaltet und eine Erdung der Strecke durchgeführt worden ist!

Eine weitere Gefahr kann das Abschmelzen der Oberleitung aufgrund der Wärme bedeuten. Die zu Boden gefallene Oberleitung setzt somit auch die unmittelbare Umgebung und stromleitende Teile unter Spannung, ist sie nicht vorher abgeschaltet worden. Auch im ausgeschalteten Zustand können Oberleitungen durch mechanische Wirkung beim Bruch sehr gefährlich sein. Da sie unter Zugspannung stehen, kann es zum peitschenartigen Abriss der Leitungen kommen.

Einsturzgefahr
Die hohen Temperaturen gerade am Scheitelpunkt des Tunnels können zum Abplatzen von Teilen der Bewehrung oder von Fels führen. Das kann bei einem heftigen und länger andauernden Brand auch Einfluss auf die Statik haben. Herabstürzende Trümmerteile können die Feuerwehrangehörigen schwer verletzen. Tagbautunnel oder die Portalbereiche der Tunnelanlagen sind von der Statik her als sehr kritisch zu bewerten, da diese Tunnel in Vorspanntechnik erstellt werden. Die Vorspannkabel sind wärmekritisch und im unteren Teil der Decken verlegt. Hier können Tunnelteile sehr schnell zum Einsturz gebracht werden, wenn das Bauwerk nicht entsprechend gekühlt wird. Auch Einrichtungsgegenstände wie Lüf-

Achtung:

Die hohen Temperaturen erhöhen die Einsturzgefahr oder das Abstürzen von an der Decke befestigten Einrichtungsgegenständen. Bei einem vollentwickelten und heftigen Feuer muss deswegen erst das Bauwerk geschützt werden.

tungsanlagen, Rohre oder Beleuchtung sowie Verkehrszeichen aber auch Oberleitungskabel können von der Decke stürzen und die Einsatzkräfte gefährden. Folglich ist es neben der direkten Brandbekämpfung wichtig, das Bauwerk selbst zu schützen, auch als Voraussetzung für ein sicheres Arbeiten. Der Schutz des Bauwerks hat also bei einem entsprechend entwickelten Feuer Vorrang vor der eigentlichen Brandbekämpfung. Der Schutz des Bauwerkes stellt somit auch den Schutz der Einsatzkräfte vor dem unüberlegten Eindringen in einsturzgefährdete Zonen dar.

Enge und Zugänglichkeit

Im Gegensatz zu Hochhäusern, die lediglich den Angriff von unten zulassen, kann zwar bei Tunnelanlagen der Zugriff über mindestens zwei Seiten erfolgen, allerdings fehlen oft sichere und schnell zugängliche Bereiche wie beispielsweise das Depotgeschoss im Hochhaus und benachbarte Brandabschnitte.

Gerade U-Bahntunnel können sich oft verzweigen und haben neben den eigentlichen Bahnhöfen so genannte Schattenbahnhöfe oder unterirdische Depots.

Brennen Züge im Tunnel, kann eine wirkungsvolle Brandbekämpfung unter Umständen erst vorgenommen werden, wenn in den Zug eingedrungen wird. Das bedeutet, dass in den engen Bereichen neben den Zügen Schlauchleitungen verlegt werden müssen und eine Zugangsmöglichkeit geschaffen werden muss, mit großer Auswirkung auf die Einsatzzeit und die Sicherheit des Rückzugsweges. Auch das Löschen von Motorbränden erfordert oft ein Arbeiten in sehr engen und schwer zugänglichen Bereichen. Zudem wird bei U-Bahnen der Strom in vielen Fällen über eine eigene Stromschiene abgenommen. Diese wird kurz oberhalb des Bodens geführt und stellt gerade bei schlechter Sicht eine erhebliche Gefahr für die Trupps dar.

Achtung:

Tunnelbrandbekämpfung heißt Brandbekämpfung auf engem Raum. Unter Umständen können die Platzverhältnisse durch Verkehrsmittel nochmals eingeengt werden. Die Enge bedeutet auch eine höhere Gefährdung des Rückzugsweges. Deswegen Einsatzzeiten begrenzen und Rückzugswege sichern.

Neben den rein arbeitstechnischen Umständen kommt bei empfundener räumlichen Enge noch ein höherer Stressfaktor und damit eine höhere körperliche Belastung auf die Feuerwehrangehörigen zu. Werden Tunnelanlagen beispielsweise im Rahmen von Wachfortbildungen aber regelmäßig begangen, kann diesem Stressfaktor vorgebeugt werden.

35.5.2 Tunnelbrandbekämpfung

Grundlegende Taktik

In der Tunnelbrandbekämpfung bei Bahn- und Straßentunnel werden zwei grundlegende Taktiken angewendet.

Zum einen ist das die Möglichkeit bei zweiröhrigen Tunnelanlagen über die Querverbindungen von der nicht betroffenen Tunnelröhre in die Schadröhre vorzudringen, was den Vorteil hat, dass die nicht betroffene Röhre mit Feuerwehrfahrzeugen befahren werden kann und, wird die richtige und optimal zum Bran-

Achtung:

Werden Wandhydranten vom Typ »F« verwendet, so müssen die Schläuche der Feuerwehr angeschlossen werden. Der beim Wandhydranten Typ »S« vorgehaltene formstabile Druckschlauch dient der Laienbrandbekämpfung. Er ist aufgrund der zu geringen Wasserlieferung für den Einsatz der Feuerwehr nicht geeignet!

H

Quelle: Branddirektion München

Bild 35.5.4 Verbindungstür zwischen den beiden Tunnelröhren

dereignis gelegenen Querverbindung ausgewählt, nur mehr kurze Angriffswege bewältigt werden müssen. Auch der Rückzug oder das Nachführen der Versorgung bzw. Ablösen der Trupps kann somit relativ schnell und spontan durchgeführt werden.

Trotzdem geht parallel eine zweite Einheit in der Fahrtrichtung vom Portal der Schadröhre vor, um diese abzusuchen und die Unterstützung der Selbstrettung zu gewährleitsen.

Bei einröhrigen Tunnelanlagen hat man nur die Möglichkeit über die Tunnelportale anzugreifen. Diese Taktik wird auch Zwei-Portal-Taktik genannt. In der Regel muss dies über beide Seiten versucht werden, auch um eine schnelle und gleichzeitige Menschenrettung zu ermöglichen. Der Angriffserfolg hängt stark von der Lage des Brandherdes im Tunnel und davon ab, ob der Wind den Rauch in eine Richtung im Tunnel drücken kann. Fehlt ein Einsatzplan oder ist die Lage des Brandherdes im Tunnel nicht sicher, ist das die effektivste Lösung, einen schnellen Erfolg zu erringen. Als einzige Möglichkeit die Angriffs- und Rückzugswege zu verkürzen, bietet sich die Möglichkeit über einen Notausstieg anzugreifen oder, falls vorhanden, über einen Rettungsstollen.

Der Tunnel wird grundsätzlich von beiden Seiten aus angefahren. Dabei können bei einem

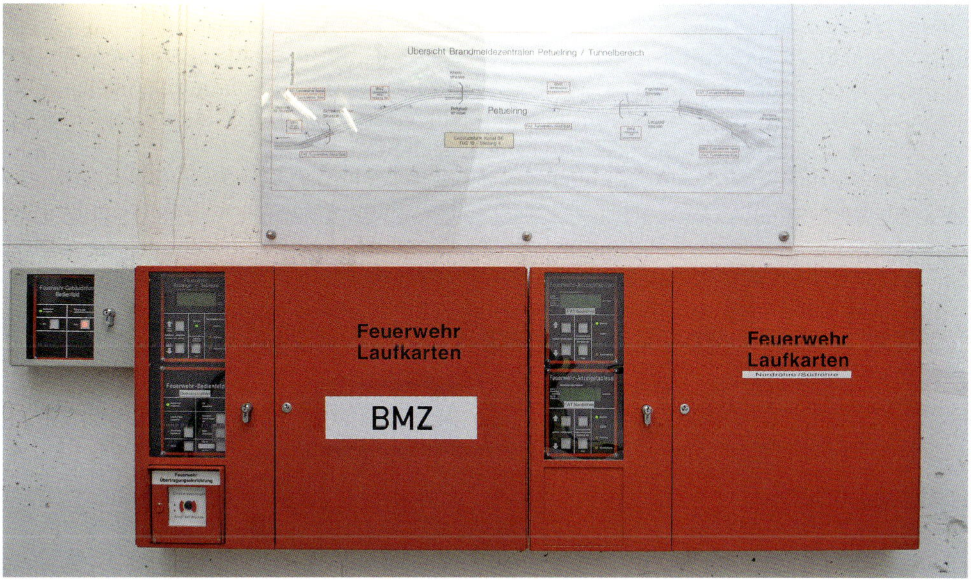

Quelle: Branddirektion München

Bild 35.5.5 Eine Brandmelderzentrale wie sie an Tunnelportalen vorgehalten wird.

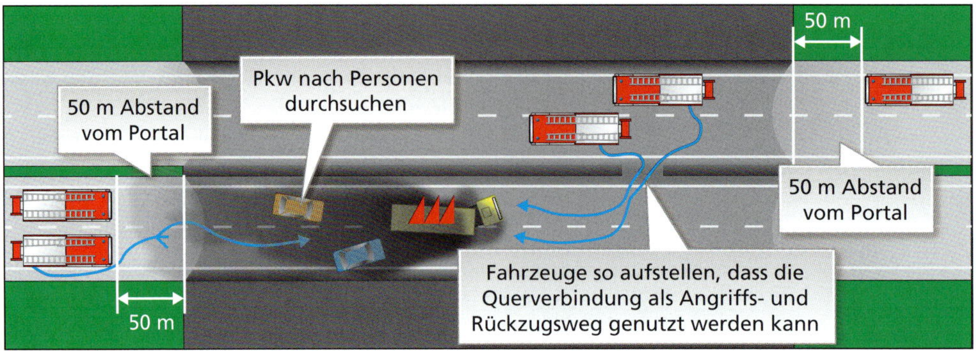

Bild 35.5.6 Grundlegende Taktik bei zweiröhrigen Straßentunneln

zweiröhrigen Tunnel die Fahrzeuge, die nicht die Schadröhre anfahren in den Tunnel einfahren. Es bietet sich an, nicht mit allen Fahrzeugen in den Tunnel einzufahren, sondern ein Fahrzeug zur Überwachung der Sperrung und als »Funkbrücke« am Tunnelportal zurückzulassen. Bei vielen zweiröhrigen Tunnel besteht die Möglichkeit vor dem Tunnelportal die Fahrbahn zu wechseln. Beim Einfahren in den Tunnel ist mit entsprechender Vorsicht zu agieren. Einsätze haben gezeigt, dass das Rotlicht oft ignoriert wird oder Fahrzeuge im Tunnel wenden und zurückfahren.

Eine der wesentlichen Maßnahmen zu Beginn des Einsatzes ist es, die Straße in den Tunnel zu sperren. Je nach Situation kann diese Maßnahmen auch mit der Polizei abgesprochen werden oder sie wird an diese übergeben. Zudem muss vor dem Tunnelportal ausreichend Bewegungsfläche für die Einsatzfahrzeuge geschaffen werden. Blockieren Fahrzeuge die Tunneleinfahrt, müssen diese weggefahren werden. Die Einsatzfahrzeuge werden außerhalb des Tunnels so aufgestellt, dass sie durch Wärme und Rauch nicht gefährdet sind und Rettungsmaßnahmen nicht behindern.

Für eine erste Erkundung können die Videokameras der Tunnelüberwachung verwendet werden oder Personen sowie Überwachungs- oder Unterhaltspersonal befragt werden.

Wird mit einer Eindringtiefe von mehr als 100 Metern gerechnet, sollten Langzeitatemschutzgeräte verwendet werden. Die Atemschutzüberwachung findet am Tunnelportal statt. Wird keine zentrale Atemschutzeinsatzführung durchgeführt, sondern ist der jeweilige Einheitsführer für die Atemschutzeinsatzführung verantwortlich, so muss eine zentrale Stelle am Tunnelportal eingerichtet werde, die für die Zugangskontrolle zuständig ist. Es betritt keiner den Tunnel ohne entsprechendes Atemschutzgerät.

Alle Maßnahmen müssen eng miteinander abgestimmt werden, der Blick in den Einsatz-

H

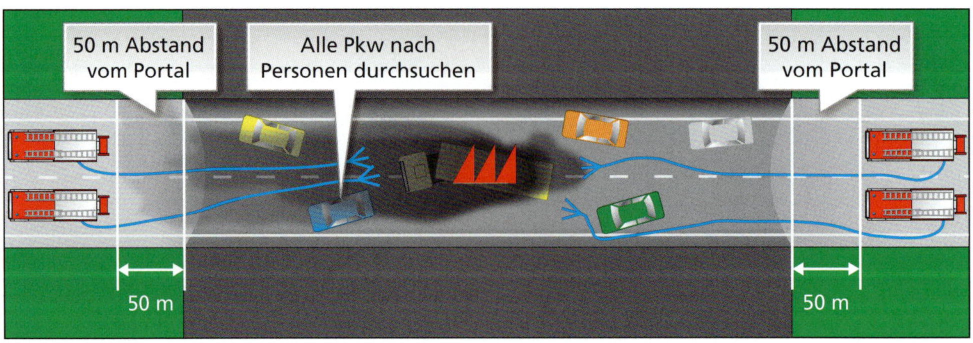

Bild 35.5.7 Bei der »Zwei-Portal-Taktik« findet der Zugriff über beide Portale gleichzeitig statt.

plan oder kurze Skizzen, beispielsweise mit Kreide auf den Boden gezeichnet, helfen, die Maßnahmen zu visualisieren und leichter verständlich zu machen. Neben dem Einsatzleiter muss besonders der Verantwortliche für den Atemschutzeinsatz genau wissen, wo sich welcher Trupp aufhält und wie lange er schon im Tunnel ist. Vom Einsatzauftrag darf der Trupp nur abweichen, wenn es zwingende Gründe erfordern oder der Auftrag nicht mehr erfüllbar ist. Er muss dann eine sofortige Rückmeldung der neuen Lage an den Einsatzleiter abgeben.

Da lange Anmarsch- und Rückzugswege zu erwarten sind, ist es nur schwer möglich, vergessenes Gerät schnell zu ergänzen. Deswegen muss der Truppführer vor Einsatzbeginn seine Mannschaft und das mitgeführte Gerät überprüfen; eine Checkliste kann hier wertvolle Dienste leisten. Auch vom körperlichen Zustand seiner Einsatzkräfte muss er sich überzeugen.

Bei der Brandbekämpfung in Eisenbahntunnel gelten dieselben einsatztaktischen Grundlagen wie für die Brandbekämpfung in Straßentunnel. Ein Einfahren in die Tunnelanlage mit Fahrzeugen der Feuerwehr ist hierbei jedoch nicht möglich, insofern ist immer mit einem erschwerten Zugang zum Tunnel und einem entsprechend langen Angriffs- und Rückzugsweg zu rechen.

Neben dem Brandereignis ist die Zahl der verletzten und betroffenen Personen bei einem solchen Ereignis in der Regel höher als bei einem Feuer eines Fahrzeuges in einem Straßentunnel. Es muss von einer mittleren Besetzung von zirka 300 Personen in Personenzügen ausgegangen werden (maximal sind bis zu rund 1 000 Reisende bei voller Belegung der Sitzplätze möglich).

Verfügt der Tunnel über Notausgänge oder Nischen bzw. über Rettungsstollen, müssen diese unbedingt (und bei jedem Ereignis im Tunnel) abgesucht werden, da sich dort verletzte oder betroffene Personen aufhalten können. Gerade Tunnelnischen stellen im Verlauf des Brandereignisses keinen ständig sicheren Bereich dar, sondern können sich bei einer entsprechenden Lageentwicklung als Falle herausstellen.

Ausrüstung und Stärke der Trupps

Nachdem es sich bei allen Tunnelanlagen um komplexe Bauwerke handelt und über weite Wege große Mengen von Ausrüstung und Material herangeschafft werden müssen, bietet es sich an, auch hier Stoßtrupps wie in der Hochhausbrandbekämpfung einzusetzen.

Dabei kann es jedoch notwendig sein, die Ausrüstung dem jeweiligen Ereignis anzupassen. Generell sollte jeder Stoßtruppangehörige über eine Handlampe verfügen. Wärmebildkameras sollten ebenfalls eingesetzt werden. Hier bieten sich Typen an, bei welchen alle Truppmitglieder die Möglichkeit haben, anhand des Bildes der Wärmebildkamera durch den Truppführer eingewiesen zu werden. Helmkameras eignen sich in diesem Fall nicht.

Versorgung von Verletzen und Betroffenen

Tunnelanlagen verfügen in der Regel nicht über Rauchabschnitte. Im Gegensatz zu beispielsweise Hochhäusern oder Krankenhäu-

Quelle: Branddirektion München

Bild 35.5.8 Schutzraum in einem Tunnel: Diese Räume müssen von der Feuerwehr abgesucht werden, da sich dort Personen aufhalten können.

H

sern, verbietet es sich in der Tunnelbrandbekämpfung Personen in ihren Bereichen zu lassen. In Tunnelsystemen sind erst einmal alle Personen, die sich in ihm aufhalten durch das Ereignis gefährdet.

Eine erste Versorgung und Sichtung verletzter oder betroffener Personen ist an allen Ausgängen vorzusehen. Dabei müssen sie, können sie sich nicht mehr selber Retten, bis ins Freie gebracht werden, erst dort können sie vom Rettungsdienst versorgt werden. Das erfordert unter Umständen einen höheren Personalansatz als beispielsweise bei der Brandbekämpfung in einem Wohngebäude, bei welcher sich Verletzte unter Umständen bereits im Treppenraum in einem sicheren Bereich befinden.

Quelle: Branddirektion München

Bild 35.5.9 Notausgang aus einem Tunnel. Diese Notausgänge müssen abgesucht werden. Sie können der Feuerwehr auch als Angriffs- oder Rückzugsweg dienen.

Brandbekämpfung

In der Regel werden Trupps zur Menschenrettung und Erkundung zum Schutz des Bauwerks und direkten Brandbekämpfung eingesetzt. Nicht immer müssen zwingend alle drei Formen Verwendung finden, Maßnahmen können aufgrund der Gegebenheiten abgeändert oder Einsatzformen gar nicht angewandt werden. Beispielsweise sind bei zweiröhrigen Tunnelanlagen bei richtiger Wahl die Angriffswege so kurz, dass ein Erkunden der Röhre durch einen speziellen Erkundungstrupp entfallen kann.

Auf der anderen Seite liegt in der U-Bahnbrandbekämpfung bei vielen Berufsfeuerwehren der unbedingte Schwerpunkt beim schnellen Löschen des Brandes und nicht bei der Menschenrettung. Man geht davon aus, dass mehr Menschenleben gerettet werden können, wenn man erst das Feuer bekämpft, um eine weitere Lageeskalation zu vermeiden und damit besserere Verhältnisse für alle Überlebenden schafft.

Achtung:

Ziel der Erkundung ist ein schnelles, umfassendes und möglichst genaues Lagebild. Es dient als Vorbereitung der weiteren Maßnahmen. Als Erkundungstrupp muss man ohne Deckung eines Strahlrohres agieren. Deswegen sind alle Maßnahmen unter entsprechender Vorsicht vorzunehmen.

Um aber das gesamte Spektrum abzudecken, soll im Folgende auf die einzelnen Formen in der Tunnelbrandbekämpfung eingegangen werden, dabei ist die schulmäßige Reihenfolge:
- Erkundung,
- Bauwerkschutz und
- direkte Brandbekämpfung und Menschenrettung.

Erkundung und Unterstützung der Selbstrettung

Bei entsprechend unübersichtlichen Lagen kann es notwendig werden Erkundungstrupps einzusetzen. Ihr Auftrag ist es, so schnell wie möglich zur Brandstelle vorzudringen, um sich ein genaues Lagebild zu verschaffen und Informationen für die weiteren Maßnahmen zu sammeln.

Der Trupp sucht den Tunnel in einem Zuge ab. Dabei kontrolliert er zudem den Tunnel auf zurückgebliebene Personen und unterstützt die Selbstrettung, bzw. rettet er Personen aus ihren Fahrzeugen. Für die Suche benutzt er in erster Linie Wärmebildkameras und Handlampen.

Um schnell vorwärts zu kommen und um beweglich zu bleiben, wird in der Regel auf das Mitführen einer Angriffsleitung verzichtet, ein entsprechend vorsichtiges Vortasten ist also wichtig. Den Nahbereich um den eigentlichen Brandherd kann er nur absuchen, wenn er auf die Deckung zumindest eines Strahlrohres zurückgreifen kann. Das ist entweder dann der Fall, wenn eine Löschwasserleitung im Tunnel verlegt worden ist, die er verwenden kann – dann ist es auch sinnvoll Schlauchmaterial mitzuführen – oder wenn bereits ein Rohr aufgebaut worden ist.

Abgesuchte Bereiche müssen eindeutig gekennzeichnet werden. Markierungen mit Kreide sind so anzubringen, dass sie auch bei weiterer Rußbeaufschlagung noch kenntlich sind. Außerdem ist zu beachten, dass sich Personen möglicherweise in Rettungszellen oder Nischen zurückgezogen haben, auch diese müssen ausnahmslos abgesucht werden.

Der Rückzugsweg sollte immer gesichert werden. Die standardmäßig mitgeführten Feuerwehrleinen oder Führungsleinen (»Guidelines«) erweisen sich oft als sehr hinderlich den Rückzugsweg zu sichern, da sie die Geschwindigkeit beim Vorgehen reduzieren und bei Fahrzeugen in Tunnel einer erhebliche Behinderung darstellen. Deswegen können die Markierungen an den Tunnelwänden und die Pfeile für die Richtungsangaben helfen, sich im Tunnel zu orientieren und den Brandherd zu ermitteln. Die Pfeile zeigen immer in die Richtung des nächstgelegenen Notausganges; zu Beginn der Erkundung also entgegen der Vordringrichtung. Zeigen sie im Laufe der Erkundung in die Richtung des Vordringenden bedeutet das, dass der Einsatzort näher am gegenüberliegenden Tunnelportal oder einem anderen Zugang liegt; ein Hinweis, der unter Umständen zu einem anderen Einsatzschwerpunkt führen kann. Die Erkundungsergebnisse des Erkundungstrupps sind wesentlich für alle nachfolgenden Arbeiten.

Einsatz zum Schutz des Bauwerkes

Der Auftrag dieses Trupps ist der Schutz des Bauwerkes. Ziel ist es eine Angriffsleitung zumindest so nahe an den Brandherd zu verlegen, dass ein in einem Winkel von zirka 40 Grad gegen die Tunneldecke gerichtetes Strahlrohr oder ein kleiner Werfer die Temperaturen so weit herunter kühlt, dass zum einen das Bauwerk geschützt wird und es nicht zum Einsturz von Teilen der Decke oder zum Herabfallen von Aufrüstungsgegenständen kommt, zum anderen aber auch eine gezielte Brandbekämpfung aus einer Entfernung, die eine ausreichende Wirkung zulässt möglich wird.

Bei der Tunnelbrandbekämpfung gilt das Motto »nicht Kleckern, Klotzen«! Ein Wasserschaden lässt sich im Tunnel nur schwer verursachen. In der Regel sind Tunnel hoch genug, dass der Wasserdampf über das Einsatzpersonal hinweg ziehen kann. Bei niedrigen Tunnel oder Stollen muss jedoch auf den heißen Wasserdampf geachtet werden. Der Einsatz eines Werfers bringt den Vorteil, dass sich kein Personal vor Ort befinden muss. Besonders bei brennendem Gefahrgut kann dies einen wesentlichen Vorteil mit sich bringen.

Der Stoßtrupp muss zumindest so viel Schlauchmaterial mitführen, dass er bis zum Brandherd vordringen kann. Hier bieten sich besonders Einpersonen-Haspeln an, da diese bei sechs B-Schlauch-Längen ein schnelles verlegen von 120 Meter Schlauchmaterial ermöglichen. Nahe genug am Brandherd kann dann ein Verteiler gesetzt werden, an dem entweder direkt mit der Brandbekämpfung mittels C-Leitungen und Strahlrohren begonnen werden kann oder ein mobiler Werfer angeschlossen werden kann, der die Decke kühlt.

Einsatz zur unmittelbaren Brandbekämpfung

Der Auftrag des Trupps ist es, unmittelbar die Brandbekämpfung und Menschenrettung an die Brandstelle durchzuführen. Hierbei sollte wenn möglich eine zweite B-Leitung in den Tunnel verlegt werden. Die zweite Leitung

Achtung:

Bei der Wasserabgabe nicht kleckern, sondern klotzen! Die Vornahme eines Werfers zum Schutz des Bauwerkes hat den Vorteil, dass dieser unbemannt eingesetzt werden kann.

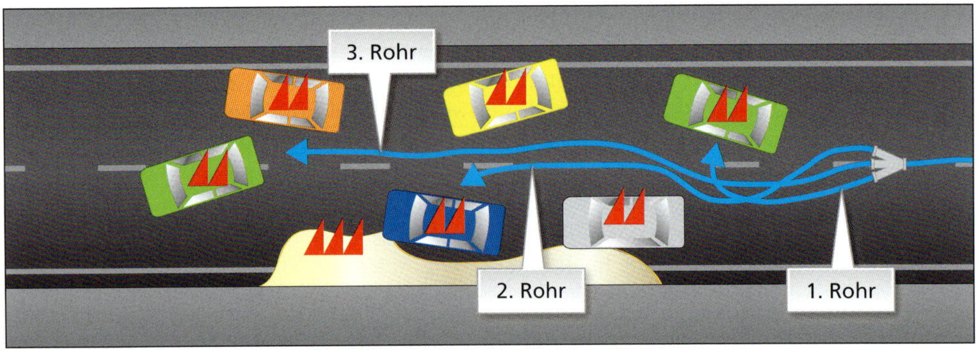

Bild 35.5.10 Vornahme der einzelnen Rohre in der Tunnelbrandbekämpfung unter gegenseitiger Deckung

stellt eine Redundanz zur ersten Leitung sicher und zudem können drei C-Rohre gleichzeitig eingesetzt werden.

Der Einsatz zur Kühlung des Bauwerkes muss nun mit der unmittelbaren Brandbekämpfung koordiniert werden, sodass die eingesetzten Kräfte nicht durch Wasserdampf gefährdet werden oder völlig durchnässt sind und es damit zu Verbrühungen kommt.

Brennen mehrere Fahrzeuge, wird der Angriff über die Tunnelmitte vorangetrieben. Gerade in einröhrigen Tunnel sammeln sich brennbare Flüssigkeiten am Fahrbahnrand. Zudem wälzt sich die in der Mitte aufsteigende Thermik an den Wänden wieder herunter, insofern ist der Mittelbereich am »kühlsten«.

Das Rohr darf am Feuer nicht vorbeigeführt werden. In einer kritischen Situation ist somit unter Umständen der Rückzugsweg abgeschnitten. Werden mehrere Rohre eingesetzt, sollte der Abstand zwischen den Rohren nicht zu groß sein. In der Regel wird eine Deckungsbreite von zehn Metern für jedes C-Strahlrohr gerechnet, diese sollte deutlich unterschritten werden. Ein Absuchen des unmittelbaren Bereichs um die Brandstelle herum darf nur unter Deckung eines Strahlrohres durchgeführt werden.

Ein Einsatz von Schaum ist nur möglich, wenn der Schaum nicht im Tunnel erzeugt werden muss, ein Zumischen von Schaummittel ins Löschwasser ist aber vorteilhaft. Besonderes Augenmerk muss auf brennend auslaufenden Kraftstoff gerichtet werden, da dieser unter Umständen über die Oberflächenentwässerung die eingesetzten Trupps unterlaufen kann und ihnen ihren Rückzugsweg abschneidet.

Die Brandbekämpfung gestaltet sich in zweiröhrigen Tunnel durch die Querverbin-

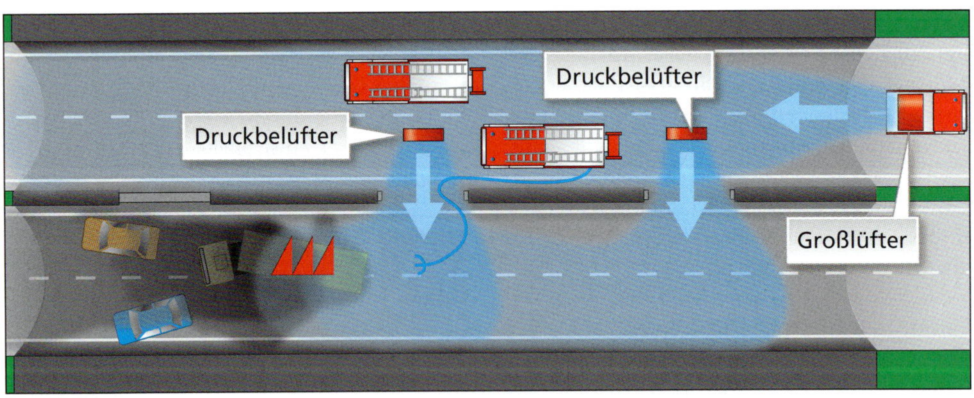

Bild 35.5.11 Einsatz von Belüftungsgerät im Tunnel

dungen leichter. Sie wird aber im Prinzip nach demselben Muster durchgeführt. Wichtig ist hierbei, dass ein Verrauchen der nicht betroffenen Tunnelröhre vermieden wird. Das kann entweder über das konsequente Geschlossenhalten der Schleusen geschehen oder durch den erfolgreichen Einsatz von Druckbelüftern (mindestens ein Kleinlüfter pro Querschlag) (▶ Bild 39.5.11). Die natürliche und künstliche Lüftung muss ständig beobachtet und sofern möglich mit Großlüftern unterstützt und abgesichert werden. In Absprache mit dem Betreiber kann der Druck in der nicht betroffenen Röhre ebenfalls beeinflusst werden. Wird die Windrichtung beachtet oder verfügt der Tunnel über eine Entlüftungsanlage, wird die Querverbindung gewählt, die vor dem Brandort liegt. Dieser Durchgang wird mit hoher Wahrscheinlichkeit noch rauchfrei sein, zumindest herrschen hier bessere Bedingungen, um einen Löschangriff zu entwickeln.

Sicherstellen des Nachschubs

Der Transport von Material gestaltet sich in U-Bahn- oder Einsenbahntunnel besonders schwierig. Die Bahnsteige und Schienen verhindern ein Befahren des Tunnels beispielsweise durch Haspeln. Um diesen Nachteil wett zu machen, werden in U-Bahntunnel Rollwägen vorgehalten, die dann auf die Schienen aufgesetzt werden und zum Transport von Material oder Patienten benutzt werden können. Zudem gibt es auf den Bahnsteigen oft Wandhydranten (beispielsweise U-Bahn in München) oder Rohrsysteme in den Tunnelsystemen selber, die für die Wasserversorgung verwendet werden können und somit den Aufbau einer Schlauchleitung nicht mehr erforderlich machen (beispielsweise U-Bahn in Wien).

Für Eisenbahntunnel empfiehlt die Vereinigung zur Förderung des deutschen Brandschutzes (vfdb) folgende Beladung der Rollwägen: Rollpaletten u. a. mit zwei Rettungstragen, einer Schleifkorbtrage, 15 Fluchthauben, fünf B-Schläuchen, sechs C-Schläuchen, einem Verteiler und zwei Strahlrohren. Die zweite Rollpalette wird nach vorliegendem Erkundungsergebnis, lageorientiert nach Maßgabe des Einsatzleiters genutzt.

Achtung:

Der Sicherheitstrupp ist stets über alle Aktionen der eingesetzten Trupps informiert. Er kennt alle für seinen Bereich wichtigen Zugänge und die Aufträge der eingesetzten Trupps. Er ist zumindest genauso stark wie die eingesetzten Trupps und gleichwertig ausgerüstet.

Einsatz als Sicherheitstrupps

Ein Sicherheitstrupp muss zumindest an jedem Tunnelportal zur Verfügung stehen. Er muss zwingend dieselbe Stärke wie die eingesetzten Trupps aufweisen und über Langzeitatemschutzgeräte oder Regenerationsgeräte verfügen. Der Truppführer hält engen Kontakt zum Einsatzleiter. Er muss informiert sein, wo welche Trupps eingesetzt worden sind. Er prägt sich den Einsatzplan ein und informiert und erkundet gegebenenfalls alternative Zugänge.

Literatur

[1] Berufsfeuerwehr München: Entwurf der Lehrunterlage Feuerwehreinsätze in Straßentunnel, Stand 2009.

[2] Berufsfeuerwehr München: Lehrunterlage: Brände im unterirdischen Bahnsteigbereich »Stoßtrupptaktik«, 1999.

[3] DIN 1076:1999-11: Ingenieurbauwerke im Zuge von Straßen und Wegen. Absatz 3 »Begriffe«.

[4] Schmid, J.: Entrauchungskonzepte im abwehrenden Brandschutz für komplexe Gebäude, 2003.

[5] Schweizerischer Feuerwehrverband: Tunnelbrandbekämpfung, Datum der Veröffentlichung unbekannt.

[6] Schweizerischer Feuerwehrverband: Behelf für Feuerwehreinsätze in Tunnelanlagen, 2000.

[7] vfdb, Arbeitsgruppe »Tunnelbrandbekämpfung« im Referat 5 – Brandbekämpfung: Empfehlungen zur Schadensbekämpfung bei Brand und Kollision von Reisezügen in Tunnelanlagen der Deutschen Bahn AG durch öffentliche Feuerwehren, Stand Dezember 2000.

H

35.6 Brände auf Binnenschiffen

von Manfred Fiß

35.6.1 Gesetzliche Grundlagen

Nach Artikel 89 des Grundgesetzes (GG) ist der Bund Eigentümer der Wasserstraßen. Die Verwaltung aller damit zusammenhängenden Aufgaben wird von der Wasser- und Schifffahrtsverwaltung (WSV) des Bundes übernommen. Details hierzu werden durch Bundesgesetze und allgemeine Regelungen des Schifffahrtsverkehrs getroffen. Die Einhaltung und Umsetzung dieser Regelungen werden von den Wasser- und Schifffahrtsämtern (WSA) überwacht und durchgeführt. Diese sind z. B. zuständig im Fall der Beschädigung des Gewässerbettes, der Ufer und Buhnen, der Beeinträchtigung der Fahrrinnen durch gesunkene Schiffe oder des Betriebes einer Gewässeranlage ohne entsprechende Genehmigung.

Die Bundesländer werden durch die Wasserschutzpolizei (WSP) auf den Binnenwasserstraßen vertreten. Aufgabe der Wasserschutzpolizei ist die direkte Gefahrenabwehr, dazu zählen: vorbeugende Verbrechensbekämpfung, Verhütung von Straftaten, Schutz privater Rechte, Überwachung des Verkehrs auf den schiffbaren Wasserstraßen.

Die Länder wiederum weisen in den jeweiligen, länderspezifischen Gesetzen über den Feuerschutz und die Hilfeleistung bei Unglücksfällen und öffentlichen Notständen die Gemeinden an, den örtlichen Verhältnissen entsprechend leistungsfähige Feuerwehren zu unterhalten. Die Bundesländer ihrerseits fördern den Brandschutz auf den Bundeswasserstraßen durch finanzielle Zuwendungen, z. B. für die Beschaffung von Löschbooten. Es ist Aufgabe einer Gemeinde, die an einer Binnenwasserstraße liegt, auch auf dem Gewässer ihre nach Gesetz auferlegten Pflichten zu erfüllen. Weiterhin sind die Häfen sowie die Ein- und Ausfahrten zu den Häfen in kommunaler Hand, damit ist auch eindeutig die Zuständigkeit bei der Gefahrenabwehr zu Lasten der Gemeinde geregelt. Es können bei einem Schadenereignis auf einer Bundeswasserstraße also drei unterschiedliche Institutionen mit verschiedenen Gesetzmäßigkeiten aufeinander treffen. Falls nicht bereits geschehen, sind je nach Schadenereignis folgende andere Behörden und öffentliche Einrichtungen zu benachrichtigen, die dann die aufgelisteten Aufgaben haben:

Quelle: J. Thorns

Bild 35.6.1 Binnen-Frachtschiffe haben eine Ladefähigkeit von bis zu 3 000 Tonnen.

H

Tabelle 35.6.1 Übersicht der Zuständigkeiten bei Schadenereignissen auf Bundeswasserstraßen

	Bund	Land	Gemeinde
zuständige Behörde	vertreten durch das Wasser- und Schifffahrtsamt (WSA)	vertreten durch die Wasserschutzpolizei	vertreten durch die Feuerwehr
Gesetze	• Bundeswasserstraßengesetz • Binnenschifffahrtsgesetz	• Polizeigesetz, • Binnenschifffahrtspolizeiverordnung • Binnenschifffahrtsstraßenverordnung • diverse Länder- bzw. Wasserstraßen-VO	• Jeweiliges Feuerschutzgesetz, • Gesetze, die ein hoheitliches Handeln gebieten (Ordnungsbehördengesetz, Verwaltungsvollstreckungsgesetz)

- Polizei: Die Polizei ist für die Unterstützung an Land, bei einer eventuellen Personenrettung, für Sicherungsmaßnahmen und die Beweismittelsicherstellung zuständig.
- Untere Wasserbehörde: Die Untere Wasserbehörde (UWB) ist Sonderordnungsbehörde für den Schutz von Gewässern, inklusive der bundesdeutschen Flüsse und die Erhaltung und Schaffung sauberen Wassers für die Trinkwassergewinnung.
- Zuständige Revierzentrale bei Unfällen auf schiffbaren Binnengewässern: Die Revierzentralen erfassen den Schiffsnamen, die Schiffsgattung, die Fahrtrichtung, Standort und Be- bzw. Entladehafen, Anzahl der Personen an Bord, die Art der Ladung und bei Gefahrgütern die Stoffnummern. Im Rahmen des Melde- und Informationssystems der Binnenschifffahrt müssen sich alle Schiffe, die einer Gefahrgutklassifizierung unterliegen, Fahrzeuge über 110 Meter Länge sowie Schub- und Schleppverbände bei der zuständigen Revierzentrale an- und abmelden.
- Gewerbeaufsichtsamt: Die Gewerbeaufsicht als zuständige Behörde für die Einhaltung der Vorschriften des Arbeits-, Umwelt- und Verbraucherschutz, kann gerade bei einer Verschmutzung der Umwelt (z. B. nach Leckage eines Tankschiffes) zu Rate gezogen werden.
- Hafenmeister: Die nautische Verwaltung sowie Schiffsbewegungen innerhalb von Häfen zählen zu den Aufgaben des Hafenmeisters. Er weist Schiffen Liegeplätze zu und sorgt für die Verkehrssicherheit im Wasserbereich, z. B. beim Umschlag gefährlicher Stoffe und Güter.

35.6.2 Einsatzplanung

Jede Feuerwehr einer Gemeinde, die an einer Bundeswasserstraße liegt, muss sich auf einen eventuellen Einsatz auf oder an der Wasserstraße vorbereiten. Dies beginnt schon mit der Fragestellung, wie erreichen die Feuerwehrkräfte mit ihren Fahrzeugen und Gerätschaften den jeweiligen Uferbereich. Für Gemeinden durch deren Gebiet ein Kanal führt, ist es ebenfalls wichtig, mit der Eröffnung des Einsatzes den Hinweis zu erhalten, auf welcher Uferseite das Ereignis am besten zu bewältigen ist. Eine Vielzahl von Feuerwehrzeugen mit den entsprechenden Kräften ist wirkungslos, wenn die Anfahrt am falschen Kanal- bzw. Flussufer erfolgt und erst ein Umsetzen der Fahrzeuge erfolgen muss. Bei einem Schadenereignis auf einem Binnenschiff sollten Behörden und Organisationen mit Sicherheitsaufgaben folgende Informationen erhalten:

- Name des Alarmierenden,
- Ort des Ereignisses mit: Gewässer/Stromkilometer, Lage im Strom/Kanal (linkes/rechtes Ufer),
- Windrichtung, Windstärke, Wasserstand (wenn bekannt),

H

- Art des Ereignisses,
- vermutliche Entstehungszeit,
- Art des Binnenschiffes, Art der Fracht,
- eventuelle Manövrierunfähigkeit,
- Stärke der Besatzung und sonstiger an Bord befindlicher Personen

35.6.3 Schiffsbaukunde

Gewerbliche Schifffahrt

Schiffsbau ist überwiegend Stahlbau, neben diesem gut wärmeleitenden Werkstoff werden überwiegend in den Schiffswohnungen und Arbeitsräumen brennbare Materialien wie Holz oder Kunststoff verbaut. Hinzu kommen die üblichen bekannten Materialien für die Inneneinrichtungen der Schiffe, z. B. für Sitzflächen und Tische, Betten und Schränke usw. Die Inneneinrichtungen sind auf Fahrgast- und Hotelschiffen besonders ausgeprägt. Die Anforderungen an Bau, Einrichtung, Ausrüstung und Betrieb der Wasserfahrzeuge, Schwimmkörper und schwimmenden Anlagen sowie an die einzubauenden oder zu verwendenden Anlagen, Instrumente und Geräte sind durch besondere Verordnungen (z. B. Binnenschifffahrtsuntersuchungsordnung) geregelt und werden durch die Zentralstelle Schiffsuntersuchungskommission/Schiffseichamt überwacht. Hiermit gehen auch die Anforderungen an die Besetzung der Wasserfahrzeuge und Schwimmkörper nach Anzahl und Befähigung der Besatzungsmitglieder einher.

Nach Definition der Binnenschiffsuntersuchungsordnung wird unterschieden in: Gütermotorschiffe, die zur Güterbeförderung bestimmt sind und kein Tankschiff sind, und in Tankschiffe, die zur Güterbeförderung in festverbundenen Tanks bestimmt sind. Die auf deutschen Binnengewässern fahrenden Schiffe werden zur Vereinfachung in sieben Gruppen unterteilt, es sind dies: Kleinfahrzeuge, Fahrgast- und Hotelschiffe, Frachtschiffe, Tankschiffe, Schubschifffahrt, Containerschifffahrt, sonstige Fahrzeuge. Moderne Binnenschiffe haben eine Ladefähigkeit von bis zu 3 000 Tonnen, sie haben ein sehr günstiges Verhältnis von Nutzlast zu totaler Last. Bekannte Standards des normalen Wohnungsbauwesen sind auch auf Fahrzeugen der gewerblichen Schifffahrt vorhanden, allerdings sind die Ausmaße der Wohnfläche, der Wohnraumhöhe, der Durchgangsbreiten von Türen und die Maße der Fenster auf das notwendige und bauartbedingt Mögliche begrenzt.

Sportschifffahrt

Die Bootskörper der Fahrzeuge innerhalb der Sportschifffahrt bestehen aus den Materialien Stahl, Holz, Aluminium oder Kunststoff. Verschiedene Kombinationen der genannten Werkstoffe sind möglich, hier gibt es vielerlei Varianten. So kann z. B. der Rumpf aus Glasfaserverstärktem Kunststoff (GFK) gefertigt sein, die Aufbauten zum Teil aus Aluminium und/oder aus Holz. Damit wird ein großer Teil eines Fahrzeuges der Sportschifffahrt aus brennbarem Material gefertigt, dies bedingt ein rasantes Ausbreiten eines Feuers.

35.6.4 Gefahren/Hinweise bei Einsätzen auf Schiffen

Bauartbedingte Gefahren

Ein Brand auf einem Schiff ist nicht vergleichbar mit einem Brand an Land. Die Stahlwände der Wasserfahrzeuge wärmen sich so stark auf, dass sich das Feuer durch Wärmeleitung rasch ausdehnt. Durch die langen Korridore in Fahrgast/Hotelschiffen, die vielen Treppenräume und Lüftungsschächte entsteht ein starker Kamineffekt, der das Feuer und den Rauch rasch ausbreiten lässt. Wie bereits beschrieben, verfügen Wasserfahrzeuge über sehr viele brennbare Materialien wie Holz oder Kunststoffe, die rasch Feuer fangen und Atemgifte erzeugen. Ein Wasserfahrzeug ist ein sehr komplexes Gebilde, welches Maschinenräume, Wohnräume, Gaststätten, Werkstätten, Küchen etc. in sich vereinigt. Jeder dieser Teilbereiche hat spezifische Brandeigenschaften, die in der Regel auf dem Wasser gemeinsam und nicht wie an Land getrennt beachtet werden müssen. Auf dem Gewässer ist eine Menschenrettung weitaus schwieriger, da Rettungskräfte meist einen sehr langen Anfahrtsweg haben und ein Schiff meist nur erschwert zugänglich ist. Die Schiffe der gewerblichen Schifffahrt sind mit Flüssiggasanlagen ausgestattet. Die Anlagen werden als Energieträger für Heizungen, Warmwasseraufbreitung und für Kochmöglichkeiten genutzt. In der Regel sind die Flüssiggasanlagen an Bord besonders gekennzeichnet, man findet sie in der Nähe der Wohnungen, mit den dazugehörigen abschaltbaren Ventilen. In engen und schlecht zu belüfteten Bereichen eines Schiffes, z. B. im Bereich zwischen den Seitenwänden eines Doppelhüllenschiffes (Wallgang), ist mit Sauerstoffmangel und dem Vorhandensein von methanhaltigen Faulgasen zu rechnen. Das Gleiche gilt in den Bereichen des oder der Abwassertanks eines Schiffes. Bei längeren Liegezeiten eines Schiffes und unzureichender Belüftung können über die Abwasserleitungen zündfähige, methanhaltige Gemische bis in das Schiffsinnere entstehen. Schiffswohnungen sind im Vergleich zu Wohnungen an Land in ihren Dimensionen kleiner, dies hat zur Folge, dass der Sauerstoffgehalt der Luft bei einem Brand schnell verbraucht ist. Bei geschlossenen Türen und Fenster müssen die Einsatzkräfte mit einem Schwelbrand rechnen und mit der nötigen Vorsicht vorgehen. Die Traggerüste der Wandverkleidungen der Wohnungswände bestehen aus einem Holzgerippe, welches an einer Stelle eingebrachtes Löschwasser durch die vielen Winkel innerhalb des Gerippes so ableiten kann, dass das Wasser Brand und Glutnester nicht erreicht. Die Wandverkleidungen sind nach einem Brand daher kritisch zu betrachten, der Einsatz einer Wärmebildkamera ist hier sinnvoll. Ein Brand in einem Maschinenraum stellt eine große Gefahr für die Einsatzkräfte dar. Nur im unbedingt notwendigen Falle (Menschenrettung) ist das Vorgehen eines Trupps sinnvoll. Der Maschinenraum beherbergt in der Regel neben den Antriebsmotoren alle Hilfsaggregate, Batterien und Elektro-Schaltschränke. Weiterhin werden im Maschinenraum eine Vielzahl brennbarer Stoffe wie Öle, Schmierstoffe, Fette und Brennstoffe gelagert, daher sollte ein Feuer in diesem Bereich mit dem Löschmittel Schaum, welches durch die Oberlichter vom Montageschacht oder dem Maschinenraumeingang aus eingebracht wird, bekämpft werden. Einsätze in engen, schlecht belüfteten Schiffsbereichen dürfen nur unter umluftunabhängigen Atemschutz und unter gleichzeitigem Messen mit entsprechenden Messgeräten auf das Vorhandensein entzündbarer Gasgemische durchgeführt werden. Eine Be- bzw. Entlüftung ist mit mechanischen Lüftern herzustellen. Sollte das Schiff Säure und/oder Laugen transportieren ist der Einsatz von Chemikalienschutzanzügen zu beachten.

Grundsätzliche Gefahren auf Schiffen

Bei Einsätzen auf Wasserfahrzeugen sollten alle Einsatzkräfte Schwimmwesten anlegen, ein Betreten eines Schiffes darf nur auf klare Anweisung des Einsatzleiters erfolgen. Keinesfalls dürfen ohne Anweisung Taue oder Leinen gelöst werden, da eventuell das ehemals sichere Festliegen eines Schiffes beeinträchtigt wird. Gleichermaßen gilt das Weisungsgebot auch für das Trennen oder Verbinden von Stromanschlüssen. Da gerade die berufliche Schifffahrt über die notwendigen Kenntnisse verfügt, ist es immer sinnvoll, die Bedienung der bootseigenen Technik dem entsprechenden Fachpersonal nach Absprache zu überlassen. Überall auf dem Aufbau eines Schiffes sind Gefahren wie sehr glatte Flächen, Rohrleitungen, offene Luken und Schächte und niedrige Durchgangshöhen vorhanden. Im Bereich von Ladekränen, Auslegern und Radarantennen ist erhöhte Vorsicht geboten, ebenfalls bei schlechtem Wetter und/oder schlechter Sicht (Nebel). Die Sicht des Schiffsführers ist bei großen Frachtschiffen nach vorne stark eingeschränkt. Die Fahrer der feuerwehreigenen Boote müssen dies beachten. Der »Bremsweg« eines Binnenschiffes kann mehrere hundert Meter betragen. Auf einem Schiff können sich auch Kinder, ältere Menschen oder Menschen mit Behinderungen aufhalten.

Einsatzbedingte Gefahren

Der Ablauf eines Einsatzes kann je nach Standort (Festliegen an Land/mitten im Gewässer) des betroffenen Schiffes sehr unterschiedlich sein, alle Maßnahmen werden dadurch bestimmt. Es ist nur soviel Einsatzpersonal wie unbedingt notwendig auf dem Schiff vorzuhalten, die Absicherung der Einsatzstelle (restlicher Schiffsverkehr, Ausleuchtung) ist zu beachten. Der sichere Zugang für die Feuerwehrkräfte auf das Schiff ist ein wichtiger Punkt bei der Bekämpfung von Schadenereignissen auf einem Binnenschiff, daher ist die Sicherung des havarierten Schiffes zu überprüfen (Lage von Tauen und Leinen). Bei den meisten Binnenschiffen steht man oft vor einer meterhohen Wand aus Stahl, daher empfiehlt es sich für jedes Boot der Feuerwehr oder sonstige im Einsatzgeschehen eingebundene Boote eine Überstiegsleiter dabeizuhaben, alternativ können auch Steckleiterteile genutzt werden. Die eigentliche Brandbekämpfung findet bei ausgedehnten Schiffsbränden immer mit einem enormen Wassereinsatz statt. Meist werden Löschboote und Mehrzweckboote, ausgerüstet mit Pumpen und Werfern, eingesetzt, um die Flammen zu löschen oder das Schiff zu kühlen. Bei kleineren Bränden wird ein regulärer Löschangriff bzw. Innenangriff mit Mitteln der löschtechnischen Gerätschaften durchgeführt. Grundbaustoff, gerade in der gewerblichen Schifffahrt, ist Stahl, daher ist bei jedem Löschvorgang mit dem Löschmittel Wasser mit einer verstärkten Wasserdampfbildung zu rechnen. Niemals dürfen unbekannte Schächte oder Luken ohne umluftunabhängigen Atemschutz betreten werden, auf den Explosionsschutz ist zu achten. Eingebrachtes Löschwasser kann zu einer Überlastung des Schiffes führen, hier besteht wie bei Wassereintritt durch Leckagen und sonstigen Öffnungen, z. B. zerstörte Fenster/Bullaugen, Kenter-/Sinkgefahr. Ein eventuelle Lenzeinsatz ist demnach frühzeitig zu planen und vorzubereiten. Bei Schadenereignissen auf Passagierschiffen (große Anzahl von Personen) müssen aufgeregte Personen beruhigt werden. Wege, Gänge und Flure auf Schiffen sind sehr eng. Angriffswege für die Feuerwehr dienen der Besatzung oder Fahrgästen gleichermaßen als Fluchtwege. Bei einem Brand oder auch Unfall eines Fahrgastschiffes werden sicherlich viele Fahrgäste in Panik ins Wasser springen, was ein Durchkommen bis zum Ort des Schadenereignisses so gut wie unmöglich macht. Je nach Art und Umfang des Einsatzes sollte ein Rettungsboot hinter dem havarierten Schiff im Wasser bereitstehen, um über Bord gefallene Personen retten zu können. An einer geeigneten Stelle an Land muss genügend Reservepersonal vorgehalten werden, an dieser Stelle ist auch, je nach Schadenereignis, die Logistik zur Bewältigung des Einsatzes, wie Verpflegung, Reserveatemschutzgeräte, Schläuche usw., langfristig zu planen.

35.6.5 Kennzeichnung von Wasserfahrzeugen, die bestimmte gefährliche Güter transportieren

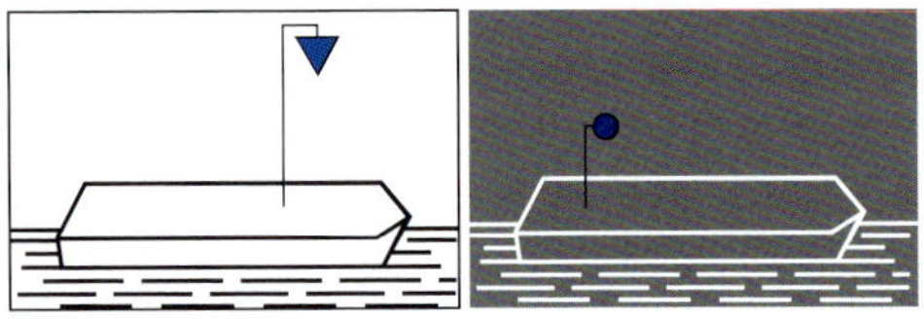

Bild 35.6.2 Fahrzeuge führen bei Beförderung entzündbarer Stoffe nach ADNR Anlage B1 Rn10500 und Anlage B2 Anhang 4 (Stoffliste) am Tag einen blauen Kegel mit der Spitze nach unten, in der Nacht ein blaues Licht

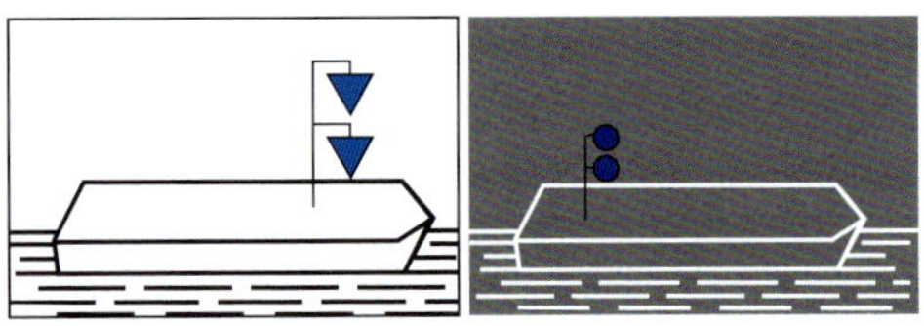

Bild 35.6.3 Fahrzeuge führen bei Beförderung gesundheitsschädlicher Stoffe nach ADNR Anlage B1 Rn10500 und Anlage B2 Anhang 4 (Stoffliste), am Tag zwei blaue Kegel mit der Spitze nach unten, in der Nacht zwei blaue Lichter

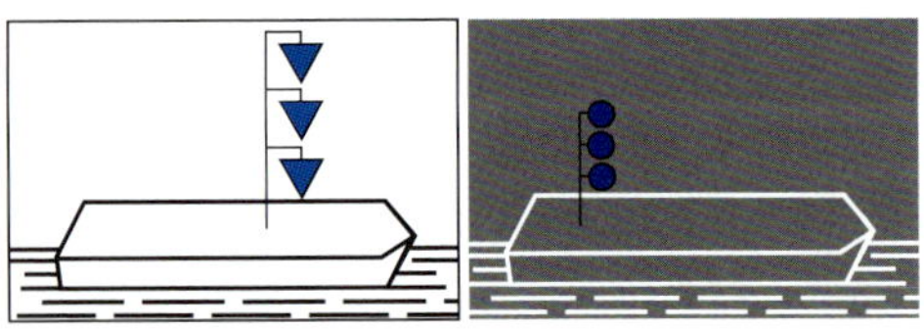

Bild 35.6.4 Fahrzeuge führen bei Beförderung explosiver Stoffe nach ADNR Anlage B1 Rn10500, am Tag drei blaue Kegel mit der Spitze nach unten, in der Nacht drei blaue Lichter

35.7 Brände und Unfälle von Luftfahrzeugen

von Andreas Rudlof

Ereignen sich Flugunfälle im Bereich von internationalen Verkehrsflughäfen, stehen für die Durchführung der Brandbekämpfungs- und Rettungsmaßnahmen in der Regel ausgebildete Kräfte der Flughafenfeuerwehren bereit, um wirksame Maßnahmen zur unmittelbaren Gefahrenabwehr einzuleiten. Je nach den örtlichen Gegebenheiten werden diese – entsprechend den Festlegungen in den individuell erstellten Notfallplänen für jeden Flughafen – durch die kommunalen Feuerwehren sowie Rettungs- und Sanitätsdienste lagebedingt unterstützt.

Bei einem Flugunfall außerhalb des Flughafengeländes (oder weitab davon) ist – abhängig von den landesrechtlichen Festlegungen – im Regelfall aber immer eine kommunale Feuerwehr (Freiwillige Feuerwehr oder Berufsfeuerwehr) zuständig bzw. wird im Einsatzfall alarmiert.

Grundsätzlich ist eine erste Gefährdungsbeurteilung durch den jeweiligen Einsatzleiter der Feuerwehr nach dem bekannten Schema der »Gefahrenmatrix« (▶ Kapitel 19) für die eigenen Kräfte, betroffene Menschen, Sachwerte und die Umwelt durchzuführen.

Quelle: FF Filderstadt

Bild 35.7.1 Absturz eines Kleinflugzeuges – für eine öffentliche Feuerwehr ein eher ungewöhnlicher Einsatz

Darüber hinaus ist aufgrund einiger spezifischer Merkmale, die sich bei Bränden oder Unfällen mit Luftfahrzeugen ergeben, bei der Einsatzplanung und -durchführung auf zusätzlichen Gefahren und Besonderheiten Rücksicht zu nehmen.

35.7.1 Allgemeines

Die vordringlichste Aufgabe lautet: Alle Maßnahmen zur Rettung und Befreiung von Passagieren aus lebensbedrohenden Lagen haben absolut Vorrang! Dennoch können Situationen anzutreffen sein, bei denen ein parallel verlaufender Löscheinsatz zur Rettung von Menschen notwendig ist.

35.7.2 Erkundung

Die Erkundung beginnt bereits während der Anfahrt zur Unglückstelle mit der Feststellung der Einsatzstelle und der weiträumigen Lage. Nach dem Eintreffen an der Einsatzstelle wird eine weitere Erkundung vor Ort notwendig. Es ist zu überprüfen, ob Sofortmaßnahmen zur Menschenrettung erforderlich sind. Vor Beurteilung der ersten Lage sind folgende Punkte abzuklären:

- Sind verletzte Personen an der Unfallstelle?
- Handelt es sich um ein Kleinflugzeug, einen Hubschrauber, ein Fracht-/Passagierflugzeug oder um ein Militärflugzeug?
- Sind die eigenen Einsatzkräfte für den Einsatz ausreichend?

35.7.3 Löscheinsatz/Brandbekämpfung

Löschmittel

Es erfolgt eine Unterscheidung in Haupt- und Ergänzungs-/Zusatzlöschmittel, wobei als Hauptlöschmittel

- Proteinschaummittel (Leistungsstufe A),
- wässriger filmbildender Schaum, idealerweise AFFF (Leistungsstufe B),

und als Ergänzungs-/Zusatzlöschmittel

- Kohlenstoffdioxid (CO_2),
- Trockenlöschmittel (Pulver) geeignet sind.

Grundregeln für die Brandbekämpfung

Der Löscheinsatz ist möglichst am Bug und mit dem Wind zu beginnen. Nur wenn die Windverhältnisse oder andere Faktoren dies verhindern, darf am Heck begonnen werden. Beim Einsatz von Schaum wird die öffentliche Feuerwehr meist Mehrbereichsschaummitetl nutzen. Der Rumpf ist mit Schaum zu bedecken, die Flammen sind möglichst an der Tragflächenwurzel abschneiden. Primär sind die Rettungswege zu sichern.

Achtung:

Taktische Vorgehensweise:

- Fluchtwege sichern/offen halten,
- Flugzeugzelle sichern/löschen/kühlen,
- Rettung der Personen aus dem Gefahrenbereich,
- Organisation der Einsatzstelle,
- Einrichtung einer Patientenablage/Verletztensammelstelle,
- Absicherung der Einsatzstelle.

Drehflügler (Hubschrauber)

Die Treibstofftanks sind in der Regel im unteren Bereich des Hubschraubers zu finden. Außerdem stellen laufende Rotoren eine akute Gefährdung für die Einsatzkräfte dar!

Militärmaschinen

Aufgrund der möglichen Bewaffnung von Militärmaschinen hat die Annäherung grundsätzlich von der Seite zu erfolgen. Gefahrenpunkte, die bei der Annäherung an ein Militärflugzeug zu beachten sind:

- Waffenwirkungsbereiche,
- Schleudersitz,
- Triebwerkseinlass befindet sich in der Regel nahe am Einstieg,
- Cockpitinstrumente,
- aktives Radarsystem,
- heiße Fahrwerke.

35.7.4 Allgemeine Gefahren

Bei Bränden von Luftfahrzeugen sind die folgenden Gefahren zu beachten:

- Atemgifte,
- Brandausbreitung/Rauchausbreitung,
- Vollbrand/Flash-over,
- Massenanfall von Verletzten (abhängig vom Luftfahrzeugtyp),
- Freisetzung von Gefahrgut (Fracht),
- Druckgasflaschen-Zerknall,
- Faserverbundwerkstoffe,
- Munition/militärische Beladung bei Militärflugzeugen.

Leichtbaustoffe/Verbundwerkstoffe

Außer den verwendeten Leichtbaustoffen (z. B. Aluminium-Magnesium-Legierungen o. Ä.) finden in der modernen Luftfahrt – in zunehmendem Maße bzw. gerade auch bei Kleinflugzeugen – Verbundwerkstoffe (z. B. Kohlefaserverbundwerkstoffe usw.) verstärkt Anwendung. Diese Werkstoffe sind noch leichter als die bisher verwendeten Materialien, bergen aber vermehrt Risiken in sich, welchen von den Einsatzkräften beim Vorgehen zur Schadenstelle durch eine geeignete Schutzausrüstung Rechnung getragen werden muss. So gehen von diesen Verbundwerkstoffen verschiedene Gefahren in fester, flüssiger, staub- und gasförmiger Form – abhängig vom jeweils vorzufindenden Werkstoff – für die Einsatzkräfte aus.

Dies können zum einen scharfkantige Teile durch gebrochene Verbundwerkstoffe sein, die eine Schnittgefahr – wie Glas – in sich bergen.

Sind Verbundwerkstoffe in Form von Staub an der Einsatzstelle vorzufinden, muss eine mögliche Kontamination/Inkorporation der Augen, Haut oder Atemwege vermieden werden, um dadurch entstehende Reizungen und Folgeschäden zu vermeiden.

Im Falle eines Feuers setzen die Verbundwerkstoffe beim Verbrennungsvorgang entsprechende Pyrolyseprodukte frei, die giftig sind sowie ggf. an der Einsatzstelle in gasförmigem Zustand auftreten können. Diese gasförmigen Stoffe können – je nach Medium – schwerer als Luft sein und sich somit in Senken oder Bodenvertiefungen sammeln.

Flugtreibstoffe

- Flugbenzin (»AVGAS«) – Verwendung bei Kleinflugzeugen (115/145 Oktan, Flammpunkt -40 °C, Heizwert 43 500 Kilojoule, Gefrierpunkt -60 °C),
- Kerosin (»ATK Jet-A-1«) – Verwendung überwiegend in der Zivilluftfahrt (Flammpunkt +38 °C, Heizwert 42 500 Kilojoule, Gefrierpunkt -50 °C),
- Kerosin (»ATK Jet-B«) – Verwendung überwiegend in der Militärluftfahrt (Flammpunkt -20 °C, Heizwert 42 800 Kilojoule, Gefrierpunkt -60 °C). Jet-B ist ein Mischtreibstoff (65 % ABGAS/35 % Jet A-1).

Hydrauliköl

Hydrauliköl kommt eine große Bedeutung bei der Steuerung von Luftfahrzeugen zu. In der Luftfahrt wird hauptsächlich Hydrauliköl des Typs »Skydrol« eingesetzt. Skydrol wirkt ätzend. Dadurch sind Augen und Schleimhäute bei Undichtigkeiten der Anlage gefährdet. Es besteht die Gefahr einer Spontanentzündung von »Skydrol«, wenn das Öl z. B. auf Oberflächen trifft, die mindestens eine Temperatur von rund 540 °C haben.

35.7.5 Maßnahmen an der Schadenstelle

- Gefahrenbereich, Ort der Patientenablage sowie des Behandlungsplatzes (ereignisabhängig) festlegen,
- taktische Aufstellung der Fahrzeuge um das Luftfahrzeug,
- Angriffsweg sicherstellen,
- Brandbekämpfung und ggf. Sicherung der Notausgänge,
- Sicherung von Luftfahrzeug-Rettungssystemen (v. a. bei Kleinflugzeugen),
- Löschwasser-/Löschmittelversorgung,
- Bereitstellungsraum einrichten,
- Betreuung/Versorgung Verletzter/Unverletzter,
- Ausleuchten der Einsatzstelle,
- Einrichtung und Betrieb Patientenablage/Behandlungsplatz,
- Absperrung des Gefahrenbereichs,
- Großräumige Sperrung der gesamten Einsatz-/Unfallstelle,
- Bereitstellung von Lotsen.

Kleinflugzeuge sind oft mit einem pyrotechnischen Rettungssystem ausgestattet, bei dem eine Feststoffrakete einen Rettungsfallschirm für das Flugzeug ausstößt. Hier sind Warnaufkleber sowie eine Anleitung zur Sicherung des Systems notwendig. Es wird ein Sicherheitsabstand von mindestens 100 Metern empfohlen.

35.7.6 Persönliche Schutzausrüstung

Standard-Schutzausrüstung (PSA) – möglichst dicht abgeschlossen – inklusive umluftunabhängigem Atemschutz (PA) ist zu tragen. Ggf. kann auf Atemschutzmasken mit Filtern gewechselt werden, wenn die Brandbekämpfungmaßnahmen abgeschlossen sind, keine Auswirkungen durch Atemgifte mehr zu erwarten sind, aber ggf. mit dem Vorhandensein von Verbundfaserwerkstoffen zu rechnen ist.

35.7.7 Sonstiges

Es ist ein möglichst großer Sicherheitsabstand rund um die Schadenstelle zu wählen. Im zivilen und militärischen Bereich gilt als Faustformel ein Abstand von rund 300 Metern für taktische Einheiten, die an der Gefahrenabwehr nicht unmittelbar beteiligt sind.

Die Ermittlung der Unfallursache wird von der Bundesstelle für Flugunfalluntersuchung (BFU) vorgenommen. So lange kein Vertreter der BFU vor Ort ist, ist die Polizei befugt, alle weiteren Anordnungen und Veranlassungen zu treffen. Am Trümmerbild und der Lage einzelner Teile (zum Beispiel Gepäckstücke, Wrackteile des Luftfahrzeuges etc.) in und um das verunglückte Luftfahrzeug darf nach Abschluss der Löscharbeiten nichts mehr verändert werden. Sie dienen den Ermittlern der BFU als wertvolle Grundlage und Hinweise (Beweismittel) zur Feststellung der möglichen Unglücksursache.

35.8 Brände in Industrieanlagen

von Jürgen Warmbier

Brände in der Industrie stellen die Einsatzkräfte vor andere Herausforderungen als bei Wohnungsbränden. Man kann ohnehin nicht von der Industrieanlage an sich sprechen, da je nach Branche die Anlagen sehr unterschiedlich sein können. Es gibt dennoch grundlegende Gemeinsamkeiten und Merkmale, die es bei der industriellen Brandbekämpfung zu beachten gilt.

Unternehmen und deren Anlagen und Gebäude unterliegen anderen Regelwerken als im privaten Bereich. Anwendung finden hier neben den allgemeingültigen Bauordnungen der Länder Sonderbauvorschriften (z. B. Industriebaurichtlinie), Regelungen zum Umgang mit Gefahrstoffen (Chemikaliengesetz und deren Verordnungen), Regelungen zum Betrieb von bestimmten Anlagen (z. B. Bundesimmissionsschutzgesetz und deren Verordnungen) oder die Begrenzung von Auswirkungen von Störfällen (Störfallverordnung), um nur einige zu nennen. Die besonderen Anforderungen an den Vorbeugenden Brandschutz hinsichtlich Brandabschnitte, Löschanlagen und Branderkennungssysteme sind charakteristisch für Gebäude und Anlagen in der Industrie. Sie haben Einfluss auf die Brandbekämpfung.

Bild 35.8.1 Brände in Industrieanlagen bergen besondere Risiken.

35.8.1 Gefahren bei der industriellen Brandbekämpfung

Grundsätze der Erkundung

Es heißt nicht umsonst: Gefahr erkannt, Gefahr gebannt. Aber wie erkennt man die Gefahren rechtzeitig und umfassend? Indem man seine Sinne einsetzt!

Die folgenden Fragen muss sich jeder Feuerwehrangehörige stellen, wenn er in den Einsatz geht:

- Was sehe ich? Jeder weiß, dass unsere Sinne uns auch täuschen können. Deshalb ist nur das real, was ich auch wirklich sehe und nicht das sehe, was ich glaube, sehen zu wollen. Das ist in der Tat ein Unterschied. So sind leider schon Fehler gemacht worden, weil uns unser Gehirn einen Streich gespielt hat, indem es Vorgänge aus der Vergangenheit ins Gedächtnis gerufen hat. Dies kann auf die aktuelle Situation übertragen und als Realität empfunden werden.
- Was höre ich? Das Gehörte kann uns sehr viele wichtige Informationen liefern. Insbesondere gibt es Hinweise auf bevorstehende Gefahren. Das Ausströmen von Gasen aus Flaschen oder zerstörten Rohrleitungen erzeugen charakteristische Geräusche. Das Ansprechen von Sicherheitsventilen aufgrund von Überdruck warnt uns nicht nur, sondern gibt auch Hinweise auf den Ort des Geschehens. Ein Absturz von Teilen kündigt sich oftmals durch Geräusche an. Alles kann wichtig sein!
- Was rieche ich? Unbekannte Gerüche, die für einen bestimmten Ort untypisch sind, gelten immer als Warnsignal. Sie können Hinweise auf den Stoff und damit auch auf das Ereignis an sich geben. Der typische Brandgeruch weist auf einen Brand hin und gibt uns in der Regel auch die Richtung vor. Zusammen mit dem sichtbaren Rauch ist der Ort schnell lokalisiert.

H

- Was fühle ich? Unser »Bauchgefühl« ist etwas, was man nicht richtig beschreiben kann. Dennoch ist es wichtig. Fühlt man sich unsicher, dann heißt es für den Feuerwehrangehörigen, sich vorsichtig zu verhalten. Ebenso kann man Wärme, Kälte und Wind spüren. Diese Faktoren können wichtige Erkenntnisse für die Erkundung sein.

Welche Gefahren bestehen?

Jeder Einsatzerfolg ist direkt abhängig von der Qualität der Erkundung. Je umfassender die Erkundung, umso sicherer und effektiver lässt sich ein Einsatz bewältigen. Die Frage »Welche Gefahren bestehen?« leitet jede Erkundung ein. Dies ist insbesondere in Industrieanlagen von entscheidender Bedeutung.

Industrieareale sind wie »kleine Städte« zu betrachten. Sie besitzen eine eigene Infrastruktur, wie z. B. Ver- und Entsorgungssysteme (Gas, Wasser, Strom, Abwasser), Lagerbereiche sowie unterschiedlichste Verkehrswege (Straße, Schiene oder auch Wasserstraßen). Die Herstellung der verschiedenen Produkte geschieht in großen Produktionsgebäuden, die sich in der räumlichen Ausdehnung grundlegend von einer Wohnbebauung unterscheiden. Dies ist für die Brandbekämpfung ein wichtiges Kriterium. Die Ausstattung der Gebäude mit Maschinen und Apparaturen unterschiedlichster Ausprägung sind mit einer Wohnung nicht zu vergleichen. Gleiches gilt für Lagerbereiche. Folglich bestehen in Industrieanlagen andere bzw. zusätzliche Gefahren. Der besonnene Feuerwehrangehörige sollte auf jeden Fall bei der Erkundung auf im Folgenden aufgezählten Gefahren achten:

Achtung:

Jeder Feuerwehrangehörige muss die geltenden Gefahrenhinweise und Kennzeichnungen von Gefahrstoffen als solche erkennen und eine entsprechende Rückmeldung geben können. Nähere Informationen bezüglich atomaren, biologischen und chemischen Gefahren liefern die Feuerwehr-Dienstvorschrift 500 und die Richtlinien der vfdb.

Gefahren durch radioaktive Strahlung, biologische Stoffe und chemische Stoffe

In der Industrie werden oft Füllstandsmesser für Apparaturen eingesetzt, die mit radioaktiven Strahlern arbeiten. Grundsätzlich geht hiervon aufgrund der Sicherheitsmaßnahmen (gekapselt) auch bei einem Brand keine Gefährdung für die Einsatzkräfte aus. Dennoch gilt es dieses zu berücksichtigen und die Kennzeichnungen für die Feuerwehr hinsichtlich radioaktiver Strahlung richtig zu deuten.

Biotechnologische Prozesse finden insbesondere in der pharmazeutischen Industrie Anwendung. Entsprechende Gefahrenhinweise zeigen diese Bereiche an. Nur dort, wo besondere Zutrittsregelungen gelten (geschlossene Bereiche mit Sonderzutrittsrechten), ist mit direkten biologischen Gefahren zu rechnen. Der Einsatz der Feuerwehr hat dann unter Absprache mit den beauftragten Fachleuten des Betriebes zu erfolgen.

In Anlagen der chemischen Industrie findet man die verschiedensten Stoffe mit unterschiedlichen Gefährdungen. Die Kennzeichnung der Stoffe spielt dabei eine wichtige Rolle.

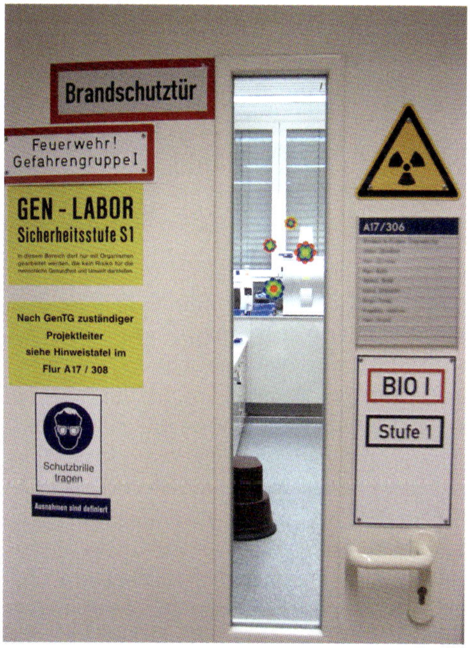

Bild 35.8.2 Beispiel für die Kennzeichnung von besonderen Bereichen

Bild 35.8.3 Der Blick in eine Industrieanlage

Gefahrstoffe sind weltweit einheitlich gekennzeichnet. Deshalb besteht für die Einsatzkräfte in den wenigsten Fällen eine direkte Gefährdung, da die Gefahr sehr schnell erkannt werden kann.

Die Gefahrenhinweise für die Feuerwehr sind stets so angebracht, dass eine Warnung sehr früh erfolgt. Eine direkte Gefährdung besteht in der Regel nicht. Dort, wo eine erhöhte und direkte Gefährdung für das Feuerwehrpersonal jederzeit gegeben sein kann, sind der Zutritt und das Tätigwerden der Feuerwehr eingeschränkt. Der Zutritt kann erst nach Beratung durch einen Experten oder durch fachkundiges Betriebspersonal erfolgen.

Gefahren durch Brandausbreitung und/oder Explosion

Insbesondere bei Produktionsgebäuden und Lagerbereichen muss man grundsätzlich davon ausgehen, dass brennbare Stoffe in großen Mengen vorhanden sein können. Findet man in Wohnungen in der Regel feste brennbare Stoffe durch die Wohneinrichtung, so sind es in der Industrie Maschinen, Behälter wie Fässer und Tankpaletten mit Ausgangs- und Zwischenprodukten sowie Betriebsstoffe in fester, flüssiger und in gasförmiger Form (Druckgasbehälter). Eine sehr schnelle Brandausbreitung und/oder auch Explosionen sind daher jederzeit möglich. Dies hat Konsequenzen für den abwehrenden Brandsschutz. Nicht nur im taktischen Verhalten, sondern im Gebrauch der Löschmittel und der Strahlrohrtechnik gibt es Unterschiede zu beachten.

Gefahren durch Elektrizität

Überall wo große Maschinen eingesetzt werden, ist für deren Betrieb Starkstrom (400 Volt) notwendig. Vielfach wird auch Hochspannung verwendet. Grundsätzlich ist in Industrieanlagen die Gefährdung durch Elektrizität besonders zu beachten.

Gefahren durch Einsturz

Im Industriebau wird sehr viel Stahl eingesetzt. Produktions- und Lagerhallen bestehen häufig aus einer Stahltragkonstruktion (Stahlskelett) und einer einfachen Verkleidungen wie z. B. Blech mit oder ohne Dämmung. Ebenso findet man in den Gebäuden Stahlbühnen, die Produktionseinrichtungen tragen wie z. B. Rührwerksbehälter oder Maschinen. Auch Lagerregale (Hochregallager) sind oftmals in einer solchen Bauweise errichtet. Des Weiteren sind Förderbänder und Rohrleitungssysteme, die in großer Höhe verlaufen, keine Seltenheit. Stahl hat ein schlechtes Brandverhalten und verliert schon innerhalb von Minuten seine Tragfähigkeit. So können Lagerregale umstürzen, sich Einrichtungsteile von der Decke lösen oder das ganze Dach bricht ein. Das gleiche gilt für Fassaden, die nach außen einfach umfallen können. Hier ist Vorsicht geboten!

Gefahren großer Gebäude

Schließlich muss bedacht werden, dass Indus-

Bild 35.8.4 Hochregallager sind bei Bränden aufgrund ihrer Stahltragkonstruktion einsturzgefährdet.

Merke:

Insbesondere müssen dem Atemluftvorrat, dem Zeitpunkt des Rückzuges sowie der Bemessung der Schlauchreserven ein ganz besonderes Augenmerk gelten!

triegebäude in der Regel große Abmessungen besitzen. Gebäude mit mehreren hundert Metern Abmessung sind keine Seltenheit, was nicht unterschätzt werden darf. Denn Ortsunkenntnis und die Notwendigkeit bei einem Innenangriff sehr tief in das Gebäude eindringen zu müssen, stellen für jeden Feuerwehrangehörigen eine besondere Gefährdung hinsichtlich Orientierungsverlust und Fehleinschätzung der räumlichen Ausdehnung dar.

Wo bekomme ich weitere Hinweise auf mögliche Gefahren?

In Industrieanlagen sind Orte und Stoffe mit Gefährdungspotenzial gekennzeichnet. Neben den Warnhinweisen gibt es Hinweise zum Schutz vor diesen Gefahren. Das gilt sowohl hinsichtlich Schutzausrüstung als auch hinsichtlich des Verhaltens. Ebenso sind Stoffe, die nicht mit Wasser gelöscht werden dürfen bzw. Gebäude in denen diese Stoffe vorhanden sind, eindeutig gekennzeichnet.

In der Industrie verfügen viele Gebäude über spezielle Bedientableaus und damit über Eingriffsmöglichkeiten (z. B. »Not-Aus«-Schalter) in die haustechnischen Anlagen (Strom, Wasser, Lüftung, Heizung) im Gefahrenfall. So lässt sich ein Gebäude stromlos schalten, um die Gefahr durch Elektrizität auszuschließen. Unter Umständen befinden sich im Gebäude auch Zustandsanzeigen von Apparaturen über Betriebszustände von Anlagen (Pumpe läuft oder läuft nicht, Behälter gefüllt oder leer) und Handsteuereinrichtungen (Auslöseschalter) für das Abschalten von Pumpen oder Rohrleitungssystemen durch Schnellschlussventile. Vielerorts sind diese an Erstinformtionsstellen für die Feuerwehr zusammengeführt. Dort können Anzeige-, Auslöse- und Steuerungseinrichtungen für brandschutztechnische Gebäudeeinrichtungen (z. B. Brandmelderzentrale

Achtung:

»Not-Aus«-Schalter und das Betätigen von Steuerungsschaltern nur nach Absprache mit kundigen Betriebsmitarbeitern betätigen. Es können dadurch auch weitere zusätzliche Gefahren hervorgerufen werden!

mit Feuerwehr-Bedienfeld, Feuerwehr-Anzeigetableau, Rauch- und Wärmeabzugsanlagen, Anzeige für die Brandschutzklappen, Aufzugssteuerung) installiert sein. Zudem werden hier idealerweise Einsatzunterlagen (Feuerwehreinsatzpläne, Feuerwehr-Laufkarten) vorgehalten. Das Betriebspersonal ist in der Regel angehalten, im Brandfall Kontakt mit der Feuerwehr aufzunehmen und kann detaillierte Auskunft über Gebäude, Abläufe und Stoffe erteilen.

Es ist dringend zu empfehlen, immer Betriebsangehörige mit der erforderlichen Anlagenkenntnis in Entscheidungen mit einzubeziehen.

35.8.2 Brandbekämpfung

Industrieanlagen sind sehr oft aufgrund der erhöhten Brandgefahr oder aufgrund der Größe der Gebäude mit Brandmeldeanlagen und Löschanlagen ausgestattet. Das gilt gleichermaßen auch für Tanklager im Freien. Das hat Auswirkungen auf die Einsatztaktik der Feuerwehr bei der Brandbekämpfung.

Einsatzgrundsätze bei der Brandbekämpfung

Folgende Grundsätze sollte jeder Feuerwehrangehörige kennen:

- Begeben Sie sich nach Eintreffen am Einsatzort zur Erstinformationsstelle (z. B. Brandmelderzentrale oder eine so genannte Feuerwehrinformationszentrale).
- Treten Sie in Kontakt mit dem Betriebspersonal oder sorgen Sie dafür, das ein Mitarbeiter des Betriebes kommt.
- Informieren Sie sich dort über den aktuellen Zustand der Anlagen hinsichtlich Anzahl von Personen, Stoffe, besondere Gefahren.
- Informieren Sie sich umfassend beim Betriebspersonal, ggf. fordern Sie die Personen

H

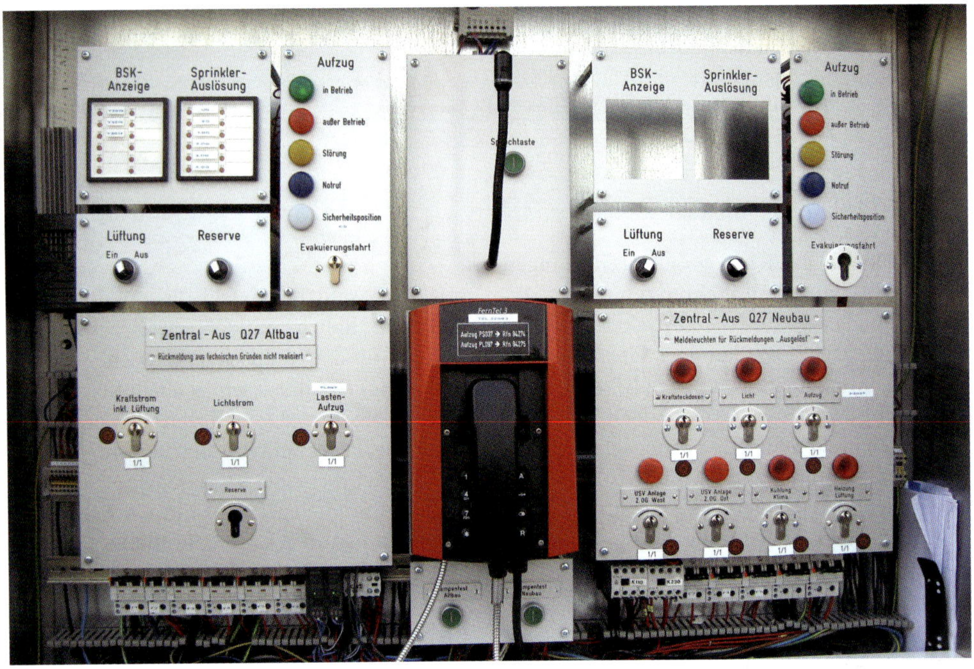

Bild 35.8.5 Beispiel für eine spezielle Feuerwehr-Erstinformationsstelle in einem Industriebetrieb

auf, die Feuerwehr zu begleiten (sofern gefahrlos). Anlagenfahrer besitzen geeignete Schutzausrüstung (auch Atemschutz!) und können vor Ort wertvolle Hinweise geben.

- Halten Sie Feuerwehr-Einsatzpläne und Feuerwehr-Laufkarten für das entsprechende Gebäude oder Anlage bereit.
- Stellen Sie den Funkverkehr/Kommunikation (Gebäudefunkanlage) sicher.

Führen Sie die Erkundung sorgfältig nach den beschriebenen Grundsätzen durch, bevor Sie den Entschluss treffen

- die Brandmeldeanlage zurückzustellen,
- die Rauch- und Wärmeabzugsanlage auszulösen,
- die Löschanlage abzustellen,
- Pumpen abstellen zu lassen oder Rohrleitungen schließen zu lassen,
- das Gebäude teilweise oder ganz stromlos zu schalten.

Brandmeldeanlagen, die mit einer so genannten **<Brandfallsteuerung>** versehen sind, lösen gleichzeitig weitere brandschutztechnische Einrichtungen aus. So können Lüftungen zu- oder abgeschaltet werden, Aufzugsteuerungen

> **Merke:**
>
> In der Industrie verfügen auch Anlagenfahrer und Handwerker über die Eignung umluftunabhängigen Atemschutz zu tragen (gemäß G 26.3). Diese können aufgrund ihrer Kenntnisse als »Pfadfinder« dienen oder bei der Gefahrenabwehr unterstützen, indem sie Anlagen in einen gefahrlosen Zustand fahren.

lassen die Aufzüge in das Erdgeschoss fahren, akustische Alarmierungen (Räumungsalarm) werden automatisch aktiviert. Die Brandfallsteuerungen sind so konzipiert, dass möglichst schnell ein gefahrloser Zustand der Anlage oder des Gebäudes erreicht wird.

35.8.3 Beispiele aus der industriellen Brandbekämpfung

Einsatz: Feuermeldung – Brandmeldeanlage in Gebäude hat ausgelöst

Das Auslösen der Brandmeldeanlage (BMA) ist in der Industrie eine der häufigsten Ursachen für die Alarmierung der Feuerwehr. Deshalb erfordert die effektive Brandbekämpfung in Industrieanlagen eine fundierte Kenntnis über Brandmeldeanlagen. Dazu gehört insbesondere das richtige Bedienen aller Funktionen des Feuerwehr-Bedienfeldes. Die Feuerwehr-Bedienfelder befinden sich in der Regel außerhalb oder im Eingangsbereich der Gebäude. Dort sind auch in vielen Fällen weitere Einsatzunterlagen für die Feuerwehr zu finden (▶ Kapitel 29).

Einsatztaktisches Vorgehen

Nur wenige einsatztaktische Schritte sind im Einsatz zu beachten:

- Erkundung umfassend einleiten: Die Erkundung im Gebäude erfolgt idealerweise durch einen Einheitsführer mit Angriffstrupp und möglichst mit einem Ortskundigen (»Pfadfinder«) aus dem Betrieb.
- Kommunikation sicherstellen: Schalten Sie den akustischen Alarm der Gebäuderäumung ab, sofern dieser noch aktiv ist. Hilferufe können durch die Alarme übertönt werden. Außerdem wird der Funkverkehr aufgrund der Lautstärke negativ beeinflusst. Das Betriebspersonal hat ohnehin in der Regel das Gebäude noch vor Eintreffen der Feuerwehr geräumt. Sind Gebäudefunkanlagen installiert, dann sind diese sofort zu aktivieren. Die Einsatzkräfte sind anzuweisen, auf Gebäudefunk umzustellen. Sind Personen aus dem Gebäude zu retten, ist gerade der Funkverkehr entscheidend!
- Lage stabilisieren: Ist ein Brand bestätigt, dann gilt als oberstes Prinzip: Rauch- und Wärmeabzug sicherstellen. Die Auslösungen der Rauch- und Wärmeabzüge hat sofort zu erfolgen. Die Auslöseeinrichtungen befinden sich am Feuerwehr-Bedienfeld oder vor Ort. Der abziehende Rauch ermöglicht sehr rasch eine bessere Sicht auf das Geschehen (Wo brennt es? Was brennt? In welchem Ausmaß?). Die abgeführte Wärme verringert die Gefahr des Einsturzes. Denken Sie im Industriebau immer an Stahlkonstruktionen!
- Brand bekämpfen: Die Auswahl des Löschmittels richtet sich nach dem brennenden Stoff und dessen Umgebung. Hinweise dazu bekommen Sie vom Betriebspersonal, aus den Kennzeichnungen vor Ort und sollten natürlich auch in den Einsatzunterlagen vermerkt sein. Wasser und Schaum sind in der Regel gut geeignet. Zum einen lassen sich viele Stoffe damit löschen und zum anderen ist das Kühlen aufgrund des vielfach verwendeten Baustoffes Stahl in der Industrie von großer Bedeutung. Der Einsatz von Wasser ist hier durchaus erwünscht. Die Gefahr des Wasserschadens ist nicht so hoch zu bewerten wie im Wohnungsbau. Gleiches gilt auch für den Einsatz von Pulver. Eine »robuste Produktionsumgebung« verträgt durchaus auch den Einsatz von Pulver. Kombinierte Löschangriffe mit Pulver und Wasser bzw. Schaum sind sehr effektiv, insbesondere bei Bränden mit Lösemitteln. Dabei ist keine sehr große Pulvermenge erforderlich. Durch den Einsatz von mehreren Pulverlöschern lassen sich auch größere Brände zunächst stabilisieren und durch den folgenden Schaumeinsatz schließlich löschen. Dennoch ist wie überall Augenmaß wichtig.

Bereiche mit Stoffen in denen kein Wasser eingesetzt werden darf sind gekennzeichnet!

Als Löschmittel kommen dann lediglich Pulver (Brandklassen ABC, BC und M) und Kohlenstoffdioxid in Betracht. Öffentliche Feuerwehren verfügen in der Regel nicht über größere Mengen dieser Löschmittel. Folglich muss dies im Rahmen der Vorhaltung durch den Betrieb sichergestellt werden. Fahrbare Löschgeräte mit Pulver, Schaum oder Kohlenstoffdioxid und entsprechend großem Löschmittelvorrat sind speziell dafür auf dem Markt erhältlich. Betriebe mit Werkfeuerwehren sind für diese Fälle vorbereitet und halten ausrei-

Achtung:

Das Prinzip in der Anwendung der Löschmittel heißt: wenig – mehr – viel. Nach jedem Schritt ist der Löscherfolg zu bewerten, erst bei ausbleibendem Erfolg ist die Löschmittelmenge schrittweise zu erhöhen.

H

Merke:

Umgebung kühlen! Brandherd direkt mit dem geeigneten Löschmittel angreifen!

Achtung:

Die Löschmittel vor Ort in den Kleinlöschgeräten (Feuerlöschern) geben einen Hinweis auf die einsetzbaren Löschmittel.

chende Mengen von Sonderlöschmittel vor. Hier bieten sich ggf. Kooperationen mit Öffentlichen Feuerwehren und Werkfeuerwehren an, um auch in Betrieben ohne Werkfeuerwehr den Brandschutz mit Sonderlöschmitteln wirtschaftlich sicherzustellen.

Das Verhalten der Einsatzkräfte im Innenangriff und der Einsatz der Strahlrohre bzw. Löschgeräte in Industrieanlagen unterscheiden sich erheblich von der Wohnungsbrandbekämpfung. Insbesondere in großen Gebäuden (Produktion, Lager) ist das Vorgehen zu dritt (erweiterter Trupp) ratsam. Zum Erhalt der ständigen Kommunikation und zur Beobachtung des Einsatzumfeldes (Gefahrenwahrnehmung: Herabstürzende Teile, Produktaustritt, Rückzugsweg in Gefahr) und damit zur Sicherstellung der Orientierung und des sicheren Arbeitens im Gebäude, hat der dritte Mann ein besondere Aufgabe zu leisten. Er hat darauf zu achten, dass der Trupp nicht zu weit in das Gebäude eindringt, sondern die Möglichkeiten und Leistungsfähigkeit der Strahlrohre optimal ausgenutzt werden. Gerade die modernen Hohlstrahlrohre bieten im Innenangriff einen Vorteil. Variabel in Durchfluss und Sprühbild kann sich der Trupp unter Wahrung des maximalen Abstandes an den Brandherd Schritt für Schritt heranarbeiten. Vom Vollstrahl schrittweise zum Sprühstrahl, das ist die richtige Vorgehensweise. Die Wassermenge richtet sich nach der jeweiligen Löschwirkung. Ziel muss sein, dass möglichst das komplette Wasser verdampft. Je weniger Löschwasser zurückbleibt, umso weniger Löschwasser muss aufgenommen und entsorgt werden. Die Feuerwehr kann schneller wieder abrücken und der Betrieb seine Arbeit wieder aufnehmen.

Einsatz: Feuermeldung – Löschanlage in Gebäude hat ausgelöst

Jeder Feuerwehrangehörige muss die Funktionsweise einer Löschanlage kennen. Insbesondere muss man sich über die Örtlichkeiten der Löschanlagenzentralen informieren. Die Löschzentralen befinden sich in der Regel in den Gebäuden in denen die Löschanlagen an- und abgestellt werden können. Die Feuerwehr muss in der Lage sein, Löschanlagen abzustellen.

Einsatztaktisches Vorgehen

- Erkundung umfassend einleiten: Die Erkundung im Gebäude erfolgt idealerweise durch einen Einheitsführer mit Angriffstrupp und möglichst mit einem »Pfadfinder« aus dem Betrieb. Vor Ort ist festzustellen, ob die Löschanlage ausgelöst hat. Bei der Meldung »Löschanlage ausgelöst«, muss stets ein zweiter Trupp (zwei Mann) die Löschanlagenzentrale aufsuchen. Beide Trupps müssen in Funkkontakt stehen bzw. miteinander kommunizieren können.
- Kommunikation sicherstellen: Schalten Sie den akustischen Alarm der Gebäuderäumung durch die Brandmeldeanlage ab, sofern eine Brandmeldeanlage mit der Löschanlage kombiniert ist. Der Alarm der Löschanlage sollte ebenfalls abgeschaltet werden. Ansonsten kann dies den Funkverkehr aufgrund der Lautstärke negativ beeinflussen. Das Betriebspersonal hat ohnehin in der Regel das Gebäude noch vor Eintreffen der Feuerwehr geräumt. Das Abschalten muss in der Regel der zweite Trupp in der Löschanlagenzentrale vor Ort ausführen. Bei Gaslöschanlagen bleibt ein akustischer Alarm bestehen solange Gas strömt. Sind Gebäudefunkanlagen installiert, dann sind diese sofort zu aktivieren. Die Einsatzkräfte sind anzuweisen, auf Gebäudefunk umzustellen. Sind Personen aus dem Gebäude zu retten, ist gerade der Funkverkehr entscheidend! Andererseits können Hilferufe durch die Alarme nicht gehört werden.

H

Bild 35.8.6 Beispiel für eine Sprinklerzentrale in einem Industriebetrieb

- Lage stabilisieren: Hat die Löschanlage ausgelöst, dann ist die Löschwirkung zu bewerten. In den meisten Fällen ist bereits ein Löscherfolg zu erkennen und die Lage ist stabil. Dann sollte die Löschanlage abgestellt werden. Dies ist durch den Trupp in der Löschzentrale durchzuführen. Der Trupp muss aber jeder Zeit und sofort die Anlage wieder in Betrieb setzen können. Auf jeden Fall ist vor Ort zur Sicherstellung einer durchgehenden Brandbekämpfung, eine Angriffsleitung durch den Angriffstrupp vorzunehmen bevor die Löschanlage abgestellt wird.
- Brand bekämpfen: Die Auswahl des Löschmittels richtet sich in erster Linie nach dem Löschmittel der Löschanlage.

Wasser und Schaum sind in der Regel gut für Nachlöscharbeiten geeignet. Durch das schnelle Auslöseverhalten der automatischen Löschanlagen kommt es zu keinen starken Verrauchungen. Die Wärmefreisetzung bleibt moderat. In den allermeisten Fällen kann sich der Angriffstrupp vor Ort auf Nachlöscharbeiten mit einer Angriffsleitung beschränken.

Ein Eindringen in den Brandabschnitt bei einer Vielzahl aktiver Löschdüsen (geöffneter Sprinklerköpfe) ist zwar möglich, aber nicht sinnvoll. Sprinkleranlagen mit oder ohne Schaumzumischung ebenso wie bei Kohlenstoffdioxid- oder Pulverlöschanlagen im Löschbetrieb führen zu einer erheblichen Einschränkung oder zur kompletten Verhinderung der Sicht. Eine Orientierung im Raum ist schwer möglich. Bei Schaumlöschanlagen müssen sich die Einsatzkräfte auch nach dem Abstellen der Löschanlage im meterhohen Schaum zurechtfinden, was risikobehaftet ist. Das Verhalten der Einsatzkräfte im Innenangriff und der Einsatz von Strahlrohren bei ausgelösten Löschanlagen kann eher als abwartendes und bewertendes Vorgehen hinsichtlich der Wirkung der Löschanlage bezeichnet werden. Die eigentliche Löscharbeit vollbringt die Löschanlage. Damit die Löschanlagen wirkungsvoll arbeiten können, ist unbedingt darauf zu achten, dass die Löschbereiche geschlossen bleiben. Das heißt konkret, alle Türen, Tore und sonstigen Abschlüsse müssen geschlossen bleiben.

Kohlenstoffdioxid-Löschanlagen sind aufgrund ihrer möglichen Gefährdung für Menschen und Tiere durch das Löschgas besonders hervorzuheben. Das Löschgas Kohlenstoffdi-

H

Achtung:

Unkontrolliertes Austreten von Kohlendioxid aus Räumen ist zu verhindern. Türen und Tore geschlossen halten! Stetige Kohlenstoffdioxid- und Sauerstoff-Messungen im und vor dem Gebäude sind zwingend erforderlich (Absperrbereich und Messpunkte festlegen). Lebensgefahr! Umluftunabhängigen Atemschutz tragen!

oxid darf auf keinen Fall unkontrolliert aus den Räumen der Löschbereiche nach einer Auslösung austreten. Sei es, dass Türen und Tore geöffnet werden, noch durch aktives Handeln der Einsatzkräfte oder durch den Einsatz von Lüftern. Das Entfernen des Gases aus den Löschbereichen muss unter stetiger Kontrolle von Kohlenstoffdioxid- und Sauerstoff-Messungen im und vor dem Gebäude (Absperrbereich und Messpunkte festlegen) erfolgen. Ausreichende Sauerstoffkonzentrationen in der Atmosphäre allein sind nicht aussagekräftig! Die Vorgehensweise sowie die Dauer der Maßnahmen hat der Einsatzleiter vorzugeben. Die Industriebrandbekämpfung im Zusammenspiel mit Löschanlagen unterscheidet sich grundlegend von der Wohnungsbrandbekämpfung und bedarf einer gesonderten Schulung.

Einsatz: Feuermeldung – Tanklager/Freilager

Lagerbereiche im Freien bzw. überdachte Freilager stellen aufgrund der hohen Brandlast im Brandfall besondere Anforderungen hinsichtlich Löschwasserversorgung, Löschwasserrückhaltung sowie Löschmittelmenge dar.

Achtung:

Ab einer Kohlenstoffdioxidkonzentration von 8 Vol-% (sicher ab 15 Vol-%) besteht trotz ausreichendem Sauerstoff in der Luft Lebensgefahr!

Lagerbereiche sind in der Regel mit Brandmeldeanlagen ausgestattet, was ein schnelles Eingreifen ermöglicht. Tanklager und auch andere Freilager sind baulich so ausgeführt, dass Produkt- und Löschwasserrückhaltung gegeben sind. Die Löschwasserversorgung ist gemäß den technischen Vorgaben ausreichend bemessen. Als Besonderheit sind Löschanlagen zu nennen, die von der Feuerwehr betrieben werden müssen. Diese so genannten < **halbstationären Löschanlagen** > bestehen aus installierten Rohrleitungen, den Anschlüssen und Löschdüsen. Das Löschmittel muss durch die Feuerwehr in die Leitungen eingespeist werden. In Abhängigkeit der Löschmittelmengen und des notwendigen Druckes, sind die Löschfahrzeuge der Feuerwehr und deren Pumpenleistung auszulegen.

Einsatztaktisches Vorgehen

- Erkundung umfassend einleiten: Die Erkundung im Freien gestaltet sich einfacher und vor allem schneller als in Gebäuden. Der oder die Einheitsführer können sich

Bild 35.8.7 Kohlenstoffdioxid-Löschanlage: **a** Die »CO_2-Batterie« einer Hochdruck-Löschanlage besteht aus einer Reihe von Druckgasflaschen. **b** Löschzentrale einer Niederdruck-Kohlenstoffdioxid-Löschanlage

Quelle: J. Thorns

Bild 35.8.8 Die Brandbekämpfung in Industrieanlagen kann große Mengen an Schaummittel erfordern.

schnell einen Überblick über das Ausmaß verschaffen. Dennoch sollte stets Betriebspersonal mit einbezogen werden.
- Kommunikation sicherstellen: Schalten Sie akustische Alarme ab oder lassen Sie diese abstellen, sofern welche aktiv sind.
- Lage stabilisieren: Überdachte Lagerbereiche besitzen Rauch- und Wärmeabzüge. Diese sind als erstes zu aktivieren. Aufgrund der hohen Brandlast und der daraus resultierenden Wärme gilt es, möglichst schnell Löschmittel in ausreichender Menge aufzubringen. Die Herstellung der Wasserversorgung und das Zusammenführen von Löschfahrzeugen sowie das Einspeisen in die halbstationäre Löschanlage (sofern vorhanden) sind Voraussetzung, um die Lage schnell stabilisieren zu können.
- Brand bekämpfen: Wasser und Schaum sind die Löschmittel, die im Außenangriff Wirkung zeigen. Sie sind zudem für die meisten Stoffe geeignet. Ein entscheidendes Kriterium für einen Löscherfolg stellt die Löschrate dar, worunter man die Menge Löschmittel pro Zeit versteht. Anders ausgedrückt bedeutet das, nicht erst mit Wasser- oder Wasser-Schaummittelmengen kleiner 800 l/min zu beginnen. Besser sind größere Mengen. So haben Löschmittelmengen von 1 200 bis 6 000 l/min in der Praxis gute Ergebnisse geliefert. Natürlich hängen die Löschmittelmengen von der Verfügbarkeit der tragbaren und der fest montierten Werfer auf den Löschfahrzeugen ab.

35.8.4 Fazit

Die Brandbekämpfung in Industrieanlagen unterscheidet sich hinsichtlich Gebäudeausdehnung, Menge und Beschaffenheit der brennbaren Stoffe sowie im organisatorischen, baulichen und technischen Brandschutz. Insbesondere das Vorhandensein von Löschanlagen beeinflusst wesentlich die Brandbekämpfung. Die Feuerwehr muss sich dort, wo sie für den industriellen Brandschutz Verantwortung trägt, intensiv vorbereiten.

Literatur

[1] Feuerwehr-Dienstvorschrift (FwDV) 500: »Einheiten im ABC-Einsatz«, Stand 2012, Verlag W. Kohlhammer, Stuttgart, 2012.

[2] Pulm, M.: Falsche Taktik – Große Schäden, 9. Auflage, Verlag W. Kohlkammer, Stuttgart, 2020.

[3] vfdb-Richtlinie 08/01 »Auswahl von Chemikalienschutzanzügen für Einsatzaufgaben bei den Feuerwehren«, (Richtlinien der Vereinigung zur Förderung des Deutschen Brandschutzes – vfdb), Ausgabe: 2009-03.

[4] vfdb-Richtlinie 08/06 »Auswahl von Schutzanzügen gegen Infektionserreger für Einsatzaufgaben bei den Feuerwehren« (Richtlinien der Vereinigung zur Förderung des deutschen Brandschutzes – vfdb), Ausgabe: 2006-11.

[5] vfdb-Richtlinie 08/10 »Auswahl von persönlicher Schutzausrüstung (PSA) auf der Basis einer Gefährdungsbeurteilung für Einätze bei deutschen Feuerwehren« (Richtlinien der Vereinigung zur Förderung des deutschen Brandschutzes – vfdb), Ausgabe: 2016-03.

[6] vfdb-Richtlinie 10/02 »Feuerwehr im B-Einsatz« (Richtlinien der Vereinigung zur Förderung des deutschen Brandschutzes – vfdb), Ausgabe: 2016-10.

[7] vfdb-Richtlinie 10/04 »Dekontamination bei Einsätzen mit ABC-Gefahren« (Richtlinien der Vereinigung zur Förderung des deutschen Brandschutzes – vfdb), Ausgabe: 2014-10.

H

35.9 Brände im Bereich von Biogasanlagen und landwirtschaftlicher Betriebe

von Jochen Thorns

35.9.1 Brände im Bereich von Biogasanlagen

In Biogasanlagen werden je nach Anlagentyp nachwachsende Rohstoff wie Mais, Getreide und tierische Exkremente (Gülle, Mist) oder aber Abfälle aus der Tierkadaververwertung vergoren. Diese organischen Grundstoffe werden über eine Füllöffnung und eine Vorgrube bzw. einen Vorbehälter in den Gärbehälter (Fermenter) geleitet (▶ Bild 35.9.1). Mikroorganismen zersetzen im Gärprozess die organischen Grundstoffe, wobei Biogas entsteht.

Das Biogas wird zum Großteil für die Stromgewinnung genutzt. Ein Verbrennungsmotor, der im Technikbereich der Biogasanlage aufgestellt ist, nutzt die Biogase als Antriebsmittel. Die bei der Verbrennung im Motor entstehende Abwärme wird in den Gärbehälter zurückgeleitet, um dort die notwendige Gärtemperatur zu erzeugen. Der Motor selbst treibt einen Generator zur Stromgewinnung an. Die Kombination aus Verbrennungsmotor, Generator und Wärmetauscher wird als Blockheizkraftwerk bezeichnet. Der Strom wird einerseits in das öffentliche Netz, andererseits auch zur Eigennutzung der Betriebsanlage bzw. des landwirtschaftlichen Anwesens (wie teilweise auch die Abwärme) genutzt.

Die im Gärbehälter zurückbleibenden Reststoffe können später als Dünger auf landwirtschaftlichen Flächen ausgebracht werden.

Gefahren bei Biogasanlagen

Neben der üblichen Brandgefahr eines Objektes bestehen bei Biogasanlagen vor allem die Gefahren durch chemische Stoffe und durch Atemgifte (in diesem Fall Dämpfe und Gase) sowie die Gefahr der Explosion.

Biogas besteht im Wesentlichen aus brennbarem Methan (50 bis 80 Vol.-%), das im richtigen Mischungsverhältnis mit Luft ein explosionsfähiges Gemisch bilden kann, sowie Kohlenstoffdioxid. Ein geringer Anteil des Biogases (bis maximal 0,4 Vol.-%) ist Schwefelwasserstoff. Zudem enthält Biogas Spuren von Ammoniak, Wasserstoff, Stickstoff und Kohlenstoffmonoxid (▶ Tabelle 35.9.1). Die Dichte des Biogases beträgt zirka 1,22 kg/m^2 der Explosionsbereich liegt bei 6 bis 22 Vol.-%. Die Zündtemperatur liegt bei 700 °C und damit etwas höher als die von Methan. Biogas wird in Biogasanlagen nahezu drucklos in der Gasphase (z. B. im Gegensatz zu Flüssiggas) gelagert. In der Anlage selbst ist das Biogas in der Regel nicht brennbar, da der Methangehlt oberhalb der Oberen Explosionsgrenze liegt und der Sauerstoffgehalt zu gering ist. Bei Un-

Bild 35.9.1 Biogasanlage

H

dichtigkeiten kann sich allerdings außerhalb des Systems ein brennbares oder explosionsfähiges Biogas-Luft-Gemisch bilden.

Die größte Gefährdung sind jedoch die Atemgifte in Form der Gase und Dämpfe, insbesondere durch Schwefelwasserstoff. Das Gas ist sehr giftig und ist bereits ab einer Konzentration von etwa 150 ppm aufgrund der Lähmung der Geruchsnerven nicht mehr riechbar. Der Einsatztoleranzwert liegt daher auch schon bei 20 ppm! Ab einer Konzentration von etwa 700 ppm kann der Tod infolge Vergiftung eintreten. Schwefelwasserstoff ist schwerer als Luft.

Aufgrund mangelnder Nachweismöglichkeiten für biologische Agenzien ist bei einer Kontamination durch Gülle, Mist oder Speisereste immer vom Vorhandensein biologischer Krankheitserreger auszugehen.

Die Gefahr der Explosion besteht bei der Bildung eines zündfähigen Gas-Luft-Gemisches infolge Havarie oder technischem Defekt. Beim Schließen von Leitungen ist – je nach Konstruktion der Anlage – ein möglicher Druckanstieg im Gärbehälter mit dem Betreiber zu diskutieren. Gleiches gilt auch, wenn es infolge Kondensatbildung zum Einfrieren bzw. Verschließen von Leitungen kommt.

Die Lagerung von Biogas erfolgt meist unter so genannten Folienhauben. Versuche des Fachverbandes Biogas haben ergeben, dass bei einer durchgebrannten Folie keine akute Explosionsgefahr besteht, solange das Gas an der Leckage vollständig verbrennt. Verfügt der Fermenter anstelle der Folienhaube über einen Betondeckel kann es an der Unterseite des Deckel zur Ablagerung von brennbarem Schwefel kommen. Für die Einsatzkräfte besteht dann

Tabelle 35.9.1 Ausgewählte Eigenschaften der wesentlichen Eigenschaften von Biogas

Stoff	Explosionsbereich (in Vol.-%)	Giftigkeit/ Wirkung	AGW[a] (ppm)	ETW[b] (ppm)	Geruch	Wasserlöslichkeit	Gewicht im Verhältnis zur Luft
Methan	4,4 bis 16,5	nicht giftig			geruchlos	nein	leichter als Luft
Schwefelwasserstoff	4,3 bis 45,5	sehr giftig	10	20	unangenehmer Geruch (faule Eier)	mäßig	etwas schwerer als Luft
Ammoniak	15 bis 34	giftig	50	100	stechender, zu Tränen reizender Geruch	ja	leichter als Luft
Kohlenstoffdioxid		Sauerstoffverdrängnung!	5 000	10 000	geruchlos	mäßig	schwerer als Luft
Kohlenstoffmonoxid	10,9 bis 76	giftig	30	33	geruchlos	mäßig	etwas leichter als Luft
Wasserstoff	4 bis 75,6	nicht giftig			geruchlos	nein	deutlich leichter als Luft

[a] Der Arbeitsplatzgrenzwert (AGW) gibt an, bis zu welcher Konzentration eines Stoffes bei täglich achtstündiger Exposition an fünf Tagen pro Woche während der Lebensarbeitszeit im Allgemeinen keine Gesundheitseinschränkungen zu erwarten sind.

[b] Der Einsatztoleranzwert (ETW) gibt an, bis zu welcher Konzentration eines Stoffes bei vierstündiger Exposition eine Gesundheitseinschränkung der Einsatzkräfte (ohne spezielle Schutzausrüstung) und der Bevölkerung im Allgemeinen nicht zu erwarten ist.

H

die Problematik, dass der genaue Brandherd weder eindeutig erkennbar noch erreichbar ist, sodass ein direkter Löscheinsatz sehr erschwert wird, wie Praxisfälle zeigten. TUIS empfiehlt in solchen Fällen die Flutung mit Stickstoff, wobei der Eigenschutz (Chemikalienschutzanzug, Atemschutz auch des Tankfahrzeugfahrers bei der Stickstoffanlieferung) zu beachten ist.

Zu prüfen ist jeweils, ob auch Gefahren durch elektrischen Strom infolge Einspeisung in das Nieder- und Mittelspannungsnetz (bis 30 Kilovolt) vorliegen. Ggf. sind die Sicherheitsabstände nach VDE 0132 einzuhalten (▶ Kapitel 19).

Einsatztaktik

Grundsätzlich ist ein Einsatz im Bereich einer Biogasanlage auch unter dem Aspekt eines ABC-Einsatzes zu betrachten. Die Kräfte müssen möglichst mit dem Wind anfahren (bzw. Wind von der Seite) und beim Aufstellen der Einsatzfahrzeuge insbesondere auch auf Senken im Gelände (Gefahr der Sammlung von hohen Schwefelwasserstoff-Konzentrationen) achten. Ein entsprechender Sicherheitsabstand ist gemäß FwDV 500 einzuhalten (mindestens 50 Meter, bei Explosionsgefahr oder in Windrichtung je nach Lage mehr [▶ Kapitel 57]). Die Einsatzstelle ist immer weiträumig abzusperren; eine Evakuierung aus dem Gefahrenbereich ist zu prüfen. Unbeteiligte sind aus dem Gefahrenbereich zu entfernen.

Grundsätzlich sollten Messungen der Umgebungsatmosphäre mit Mehrgasmessgeräten (Untere Explosionsgrenze, Sauerstoff, Schwefelwasserstoff, Kohlenstoffdioxid) kontinuierlich durchgeführt werden. Die Messgeräte sollten bereits während der Anfahrt in nicht kontaminierter Atmosphäre eingeschaltet werden, um Referenzwerte zu erhalten. Die Messungen sind zu dokumentieren.

Das Vorgehen muss lageabhängig erfolgen; Atemschutz ist in jedem Fall angezeigt. Zur Menschenrettung in räumlich begrenzten Bereichen reicht in der Regel umluftunabhängiger Atemschutz und die moderne Brandschutzkleidung. Die Hygiene an der Einsatzstelle ist zu beachten (▶ Kapitel 62). Ein Dekontaminations- bzw. Desinfektionsplatz ist bei jedem Einsatz zu prüfen. In der Regel reicht eine einfache Nassdekontamination der Persönlichen Schutzausrüstung und der eingesetzten Geräte aus. Liegt eine Kontamination von B- und C-Stoffen vor, wird zuerst desinfiziert und danach dekontaminiert. Für die Desinfektion können Universal-Desinfektionsmittel zum Einsatzkommen (z. B. Peressigsäure).

Grundsätzlich ist von einer explosionsfähigen Atmosphäre am Einsatzort auszugehen. Daher sind nur ex-geschützte Geräte (Funkgeräte, Beleuchtungsgeräte) einzusetzen. Die Einsatzkräfte sind zum Ablegen der Funkmeldeempfänger und der Mobiltelefone aufzufordern. Bei allen Einsatzmaßnahmen ist eine statische Aufladung auszuschließen. Bei einem Gasaustritt ist der (dreifache) Brandschutz sicher zu stellen. Zur Verwirbelung der Gase eignen sich Überdruckbelüfter.

Je nach Lage ist der Not-Aus-Schalter der Anlage zu betätigen und gegen Wiedereinschalten zu sichern. Brennende Gase dürfen nicht gelöscht werden; Restgase sollen abbrennen. Bei einem Brand des Motors bzw. des Generators ist die Gaszufuhr abzustellen und der Not-Aus-Schalter des Blockheizkraftwerks zu betätigen.

Beim Einstieg in Behälter, Schächte und Gruben ist der Trupp mittels des Gerätesatzes Absturzsicherung zu sichern. Alle technischen Anlagen (vor allem Rührwerke) sind zuvor abzuschalten und gegen Wiedereinschalten zu sichern.

Bild 35.9.2 Von einem landwirtschaftlichen Anwesen können diverse Gefahren im Brandfall ausgehen.

Auch nach dem Abschalten der Anlage wird durch den biologischen Zersetzungsprozess noch mehrere Tagen Biogas produziert. Es ist ggf. Rücksprache mit dem Betreiber zu nehmen. Überschüssiges Gas kann, sofern vorhanden, über eine Notfackel verbrannt werden.

35.9.2 Brände von landwirtschaftlichen Anwesen

Landwirtschaftliche Anwesen zeichnen sich dadurch aus, dass aus dem Sonder- und Gewerbebau bekannte Vorgaben des vorbeugenden baulichen Brandschutzes meist nicht existieren. Gerade in der Ortslage befindliche Höfe zeichnen sich durch zahlreiche über Jahrzehnte erstellte An- und Umbauten auf meist kleiner Fläche aus. Neuere so genannte Aussiedlerhöfe, die außerhalb oder am Rand der Ortschaften liegen, kennzeichnen sich meist durch große, teilweise an Industriebauten erinnernde Flächen mit spezialisierter Nutzung. In diesen Höfen sind auch gewerbliche Nutzungseinheiten (Kühlhäuser, Lebensmittel-Produktion/-logistik) möglich. Vereinzelt sind in großen landwirtschaftlichen Mehrzweckhallen dieser Höfe auch Wohncontainer für Erntehelfer – teilweise entgegen der Vorgaben des Baurechtes – aufgestellt. Auf manchen Höfen wurden die Stallungen/Scheunen auch zu Ferienwohnungen und/oder so genannten Heuhotels umgebaut (Menschenrettung!). Der Einsatzleiter muss daher jeweils sehr genau die baulichen Gegebenheiten vor Ort und die aktuelle Nutzung erkunden.

Brände auf landwirtschaftlichen Anwesen zeichnen sich neben den allgemeinen Gefahren der Einsatzstelle (▶ Kapitel 19) vor allem durch folgende Besonderheiten aus:

- Elektrizität: Gerade in älteren Anwesen sind die elektrischen Anlagen oft nicht den heutigen technischen Anforderungen gewachsen. Viele landwirtschaftliche Anwesen verfügen zudem über – teilweise flächendeckende – Photovoltaikanlagen auf den Dächern (▶ Kapitel 35.12). Diese erschweren im Brandfall nicht nur die Zugänglichkeit des Daches/des Dachstuhles, sondern können auch bauliche Brandabschnitte, wie Brandwände, überdecken (Gefahr der Brandausbreitung!).
- Landwirtschaftliche Anwesen sind meist nicht in feuerbeständiger Bauweise erstellt. Daher ist die Gefahr des Einsturzes einzelner Bauteile zu beachten (Trümmerschatten!). Besonders einsturzgefährdet sind Wände, Decken und Schornsteine.
- Absturz: Gerade bei älteren Anwesen gibt es im Wirtschaftstrakt zahlreiche Luken und Deckendurchbrüche. Beim Vorgehen im Innenangriff besteht so Absturzgefahr. Ein vorsichtiges Vorgehen, möglichst gesichert und mit der Wärmebildkamera, reduziert die Gefahr des Absturzes.
- Selbstentzündung von Erntegut: Zu feuchtes Erntegut (z. B. Heu oder Stroh, auch in Ballenform, Futtermittel) kann sich durch einen biologisch-chemischen Zersetzungsprozess in den Tagen und Wochen nach der Einbringung selbstständig erwärmen

Merke:

Hinweise auf eine Selbstentzündung von Erntegut:
- Geruchsentwicklung ähnlich Kafferöstung
- Hohe Temperatur (>60 °C) im Inneren des Lagergutes, auch in Nachbarzonen.
- Dampfentwicklung (bei der Brandbekämpfung sind auch Entflammungen/Stichflammen möglich)
- möglicherweise Knallgeräusche
- Unruhe bei Tieren.

Bild 35.9.3 Tierrettungen sind Stress für das Vieh, welcher vermieden werden sollte. Rinder neigen zur Gruppen bildung.

H

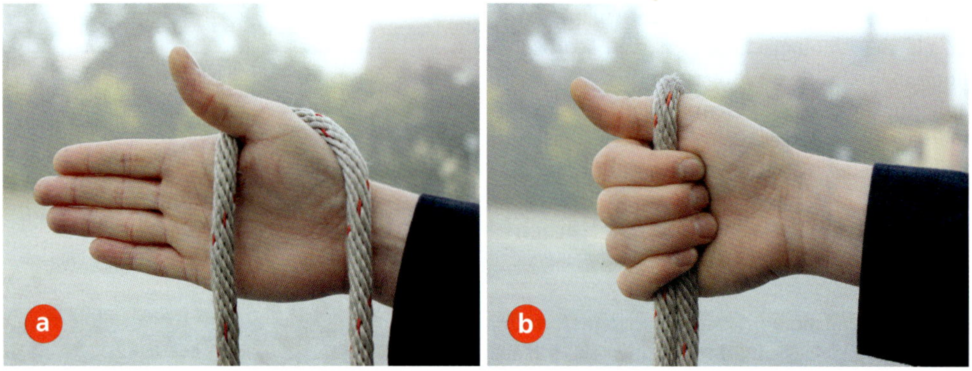

Bild 35.9.4 Leinenführung bei der Tierrettung: **a** Den Bindestrick um den Daumen legen … **b** … und mit den Fingern kneifen. Dadurch kann die Leine bei Zug durch die Tiere schnell und gefahr los freigegeben werden.

und – sofern dies nicht bemerkt wird – entzünden. Sollte es zu einer Erwärmung des Erntegutes kommen, sollte die Feuerwehr zusammen mit dem Landwirt Temperaturmessungen (v. a. im Inneren des Lagergutes) vornehmen und ggf. das Lagergut aus dem Gebäude entfernen sowie auseinanderziehen. Bei einem Brand ist zu beachten, dass aufgrund der Oberflächenspannung des Löschwassers kaum eine Eindringtiefe in das Lagergut erreicht wird. Es bieten sich Heuwehrgerät, Löschlanzen oder Netzmittel zur Brandbekämpfung an.

- Löschwasserversorgung: Aufgrund der Einzellage der landwirtschaftlichen Anwesen, gerade in Außenbereichen der Ortslage, ist die Löschwasserversorgung durch die öffentliche Wasserversorgung oft nicht ausreichend für die Brandbekämpfung. Viele (neuere) Betriebe halten daher unterirdische Löschwasserbehälter vor. Diese sind zu erkunden, ggf. sind frühzeitig weitere Kräfte zum Aufbau einer leistungsfähigen Löschwasserversorgung – auch über lange Wegstrecke – anzufordern.

Merke:

Stress bei der Tierrettung vermeiden! Je ruhiger die Tierrettung läuft, desto einfacher und effektiver ist diese.

Achtung:

Bei einer Tierrettung sollten die Landwirte eingebunden werden. Die Gefährdung (Rauch, Brandausbreitung) der Personen ist jedoch abzuschätzen. Der Einsatzleiter darf sich das Heft des Handels nicht aus der Hand nehmen lassen. Er entscheidet über die Raumordnung, die Unterbringung der Tiere und wer im Gebäude arbeitet!

Tierrettung

Das größte Problem für die Einsatzkräfte ist die Tierrettung, denn die Einsatzkräfte sind in der Regel nicht an den Umgang mit Tieren gewöhnt. Andererseits besteht für die Tiere aufgrund der ungewohnten Situation, der Einsatzkräfte mit reflektierender Schutzkleidung und ungewohnt »lärmenden« Funkgeräten oder Pressluftatmern Stress und Nervosität. Die Tiere neigen zur Gruppenbildung; teilweise drängen sie auch in den Stall zurück. Tiere sind nicht nur durch die Flammen, sondern auch durch den Rauch gefährdet.

Die Einsatzkräfte sollten vor allem ruhig vorgehen. Im Stall sind nur Feuerwehrangehörige einzusetzen, die den Umgang mit den Tieren sicher beherrschen. Unbedingt ist auf die Sachkenntnis und die Unterstützung der Landwirte (auch der möglicherweise zu Hilfe eilenden Berufskollegen des betroffenen Landwirtes) einzugehen. Zu beachten ist, dass gerade Großvieh einen Status wie Haustiere haben

Merke:

Regeln für die Tierrettung:
- Bei der Annäherung an das Tier bemerkbar machen und das Tier ruhig ansprechen. Nicht direkt von vorn auf das Tier zugehen.
- Keine hektischen Bewegungen und unbekannte Geräusche verursachen, da dies für Unruhe bei den Tieren sorgt. Tiere können meist nur in einem bestimmten Gesichtsfeld scharf sehen; bei Panik ist dies nicht mehr möglich.
- Tiere möglichst treiben. Ist ein Führen am Strick notwendig, ist es sinnvoll, seitlich, kurz hinter der Augenhöhe des Tieres, zu gehen.
- Betroffene Landwirte überschätzen möglicherweise im Stress ihre Fähigkeiten, gerade auch zur Rettung bzw. zum Aufhalten von Tieren. Hier muss der Einsatzleiter ggf. im Rahmen der Fürsorgepflicht eingreifen.
- Frühzeitig sind ein Tierarzt sowie ggf. ein Metzger hinzuzuziehen.

können, sodass zu Beginn des Einsatzes Landwirte in das betroffene Gebäude eindringen und sich selbst gefährden.

Nach der Entscheidung zur Tierrettung ist der neue Unterbringungsort (Weide, andere Ställe) durch den Einsatzleiter fest- und eine Treibgasse anzulegen, in der sich keine Passanten und Einsatzkräfte aufhalten. Da die Tiere alles Unbekannte meiden, reicht die Positionierung loser Hindernisse links und rechts (Fahrzeuge, Einsatzkräfte), um eine Treibrichtung anzuzeigen.

Düngemittelzersetzung

Eingelagerte anorganische Düngemittel können sich unter bestimmten Umständen zersetzen. Signale für eine Zersetzung sind ein stechender Geruch, hohe Temperaturen (> 100 °C) sowie eine Rauchentwicklung. Je nach Düngemittel sowie Art, Größe und Lage des Zersetzungsherdes kann dieser mechanisch (Schaufel, Radlader) entfernt werden. Ist die Zersetzung jedoch schon weit fortgeschritten und ist auch die Oberfläche des Düngers erfasst, ist eine Brandbekämpfung nur noch mittels Sprühstrahl und großen Wassermengen unter Atemschutz möglich. Der Einsatz von Schaum, Kohlenstoffdioxid, Löschpulver oder Sand sind wirkungslos. Eine Wärmeeinwirkung auf benachbarte Düngemittel ist zu verhindern. Auf jeden Fall sind über den jeweiligen Düngertyp Informationen einzuholen (Sicherheitsdatenblatt).

Achtung:

Vorsicht bei gebranntem Kalk! Er reagiert mit Wasser stark exotherm, sodass die Gefahr der Entzündung von brennbaren Stoffen in der Umgebung besteht! Weitere Bezeichnungen von gebranntem Kalk sind Branntkalk oder ungelöschter Kalk.

Die Rauchentwicklung nimmt zunächst aufgrund einer verstärkten Wasserdampfbildung stark zu. Eine Löschwasserrückhaltung ist einzurichten.

Ein Rauch- und Wärmeabzug ist erforderlich, um die Zersetzungsgase rasch abzuführen (Fenster/Türen öffnen, ggf. weitere Öffnungen schaffen). Auch außerhalb des Gebäudes sind die Windrichtung zu beachten und ggf. die zu Umgebung sperren.

Düngemittel können in fester Form auch in Silos gelagert sein (▶ Kapitel 35.11). Bei einer Zersetzung kann es zu einem Druckanstieg im Silo kommen. In diesem Fall kann das Silo von außen mit Wasser gekühlt werden, ggf. auch mit Wasser geflutet werden. Ein Entspannen des Silos über die Revisionsöffnungen oder über Armaturen ist zu prüfen.

Die Bildung von nitrosen Gasen ist möglich! Nitrose Gase sind ein Gemisch aus Stickstoffmonoxid und Stickstoffdioxid. Typisch sind ein stechender Geruch und die rotbraunen Dämpfe. Nitrose Gase können auch noch nach längerer Zeit zu einem Lungenödem führen.

Literatur

[1] Klaessen, F. J.: Biologische und chemische Gefahren bei Einsätzen in Biogasanlagen, BRANDSchutz/

H

Deutsche Feuerwehr-Zeitung 3/2008, S. 165 ff.

[2] Fachverband Biogas: Merkblatt M-001 – Brandschutz bei Biogasanlagen.

[3] Weber, M.: Tierrettung als besondere Herausforderung: Rinder im Brandeinsatz, 112 Magazin 5/6-2010, S. 40 ff.

[4] Stolt, F. D.: Selbstentzündung von Erntegut, Feuerwehr 9/2011, S. 93 ff.

[5] Karlsch, D., Jonas, W.: Brandschutz in der Landwirtschaft, Die Roten Hefte 47, 3. Auflage, Verlag W. Kohlhammer, Stuttgart, 1993.

Notizen:

35.10 Brände von Windenergieanlagen

von Jochen Thorns

Die Erzeugung von regenerativer Energie wird immer wichtiger. Ein Standbein dabei sind **<Windenergieanlagen>** (WEA, früher oft auch als Windkraftanlage bezeichnet). In Deutschland waren Ende 2018 rund 30 500 Windenergieanlagen errichtet mit einer Gesamtleistung von mehr als 50 300 Megawatt.

35.10.1 Aufbau einer Windenergieanlage

Die Windenergieanlagen bestehen im Wesentlichen aus vier Baugruppen, nämlich aus
- dem Turm,
- dem Maschinenhaus (selten auch als Gondel bezeichnet),
- dem Rotor sowie
- der Netzübergabestation am Boden (nicht in allen Fällen).

Während Turm, Maschinenhaus und Rotor die eigentliche Windenergieanlage beschreiben, ist die Netzübergabestation in der Regel in einem kleinen Gebäude oder Container am Turmfuß oder in unmittelbarer Nähe untergebracht.

Die Leistungsfähigkeit der Anlagen liegt zwischen 1 und aktuell 7,5 Megawatt. Die Nabenhöhen des Rotors betragen bis zu 160 Meter, die Gesamthöhe der Bauwerke aktuell bis zu 205 Meter. Allerdings liegen die meisten Windenergieanlagen hinsichtlich der Höhen deutlich darunter. Der Turm besteht in Deutschland in der Regel aus Stahlrohr; Stahlbeton kommt nur in Einzelfällen und bei besonders hohen Anlagen zur Anwendung. Gittermastkonstruktionen sind selten zu finden. Die Maschinenhäuser sind in der Regel aus GFK gefertigt; in manchen Fällen erfolgt eine Außenverkleidung mit Stahlblech. Das Maschinenhaus bietet Platz für die mit dem Rotor verbundene Welle, das Getriebe, den Generator und – teilweise – auch den Transformator, sofern sich dieser nicht in der Netzübergabestation befindet. Die Rotorblätter sind meistens aus GFK gefertigt. Die elektrischen Anlagen führen Hochspannung.

Neuere Windenergieanlagen werden teilweise baurechtlich als Anlagen besonderer Art und Nutzung (Sonderbauten) eingestuft. Dies hängt insbesondere mit der Frage zusammen, ob die Maschinenhäuser als Aufenthaltsraum zu betrachten sind. Während dies bei kleineren Anlagen in der Regel nicht zutrifft, können bei größeren Anlagen mehrere Monteure sich über mehrere Tage in den Maschinenhäusern aufhalten, um die vorgeschriebenen regelmäßigen Wartungen durchzuführen. Problematisch ist hierbei die Sicherung der Rettungswege: Während der erste Rettungsweg über die montierte

Bild 35.10.1 Baugruppen einer Windenergieanlage

Leiter bzw. Steigschutzanlage im Turmschacht führt (meist ist zudem noch ein Aufzug vorhanden, welcher naturgemäß nicht als Rettungsweg angerechnet wird), steht ein zweiter, baulich unabhängiger Rettungsweg nicht zur Verfügung. Windenergieanlagen sind zudem aufgrund der Höhe oder der Zugänglichkeit meist nicht mit Hubrettungsfahrzeugen anleiterbar. Aus diesem Grund haben die Monteure Abseilgeräte, um sich selbst aus dem Maschinenhaus abseilen zu können. Hierbei ist jedoch fraglich, ob sie dies im Brandfall oder bei markantem Wind noch können.

35.10.2 Einsatzplanung

Windenergieanlagen werden meist in größeren Windparks zusammengefasst, sodass es nicht nur eine Anlage am Standort gibt, sondern eine größere Anzahl. Dabei ist die Zuordnung einer Anlage zum Schadenereignis, insbesondere im Fall eines Rettungsdiensteinsatzes, schwierig, was zu Zeitverzögerungen bei der Anfahrt führen kann. Zudem sind die Zufahrtswege nicht immer bekannt bzw. fast nie mit einer Straßenanschrift und Hausnummer versehen. Aus diesem Grund wurde das Windenergieanlagen-Notfallinformationssystem (*www.wea-nis.de*) entwickelt. Darin sind die Windenergieanlagen mit einem einheitlichen, aber individuellen Code aus Buchstaben und Ziffern hinterlegt. Außer den technischen Daten der Anlage wie Nabenhöhe und Leistung sowie Typ ist vor allem der genaue Standort sowie meist auch die Anfahrt auf einem Lageplan dargestellt. Die Leitstellen verfügen dazu über einen gesonderten, passwortgeschützten Systemzugang.

Der Code ist in etwa 1,5 bis 2,5 Meter Höhe am Turmschaft in etwa 20 Zentimeter hohen Buchstaben gut sichtbar aufgebracht, sodass die Einsatzkräfte vor Ort sich gut und eindeutig orientieren können (▶ Bild 35.10.2).

Die Zufahrtswege zu Windenergieanlagen sind in der Regel nur während der Bauphase für Schwerlasttransporte ausgelegt. Nach der Errichtung einer Windenergieanlage ist eine Zufahrt mit Kleintransportern häufig ausreichend. Die Einsatzkräfte müssen dies bei der

Bild 35.10.2 Code am Turmschaft

Einsatzplanung beachten und prüfen, ob ggf. die Tragfähigkeit des Weges den Anforderungen an das Gesamtgewicht und die Achslast des Einsatzfahrzeugs gerecht wird.

Im Rahmen der Einsatzplanung ist es sinnvoll, jedoch nicht vorgeschrieben, einen Feuerwehrplan nach DIN 14095 (▶ Kapitel 68) zu fordern und diesen bei Übungen auch anzuwenden. Zudem sollte erkundet werden, welche Windenergieanlagen im Ausrückebereich vorhanden sind und ob diese über die vorgenannte Kennzeichnung verfügen. Sollte dies nicht der Fall sein, sollte beim Betreiber auf Abhilfe gedrungen werden. Es ist sinnvoll, mögliche Absperrbereiche für den Brandfall zu erkunden und die erforderliche Personalmenge festzustellen bzw. in einem Feuerwehreinsatzplan zu fixieren.

35.10.3 Gefahren beim Einsatz in einer Windenergieanlage

Auf die grundsätzlichen Gefahren im Einsatz, wie Ausbreitung und Atemgifte (▶ Kapitel 19), sei hingewiesen. Bei Einsätzen an einer Windenergieanlage bestehen insbesondere folgende Gefahren:

- Elektrizität: Die elektrischen Anlagen in einer Windenergieanlage und in der Netzübergabestation führen Hochspannung. Es sind die Sicherheitsabstände nach VDE 0132

H

Quelle: Polizeiinspektion Stade

Bild 35.10.3 Beim Brand einer Windenergieanlage können brennende Bauteile abstürzen.

(▶ Kapitel 19) zu beachten. Viele Windenergieanlagen verfügen außerdem über einen Not-Aus-Taster. Dieser ist bei jedem Einsatz in einer Windenergieanlage zu betätigen. Erst bei einem vollständigen Stillstand des Rotors ist die Spannungserzeugung beendet. Die automatische Abschaltung der Anlage bei einer Störung funktioniert nicht immer.

- Einsturz: Bauteile der Windenergieanlage können infolge Brandeinwirkung abstürzen. Ein Sicherheitsbereich ist weiträumig abzusperren (▶ Abschnitt 35.10.4). Erfahrungen zeigen, dass spätestens nach einer Stunde mit einem Absturz von Bauteilen zu rechnen ist.
- Absturz: Das Vorgehen der Einsatzkräfte in großer Höhe bedingt eine fachgerechte Absturzsicherung. In der Regel sind Einheiten zur speziellen Rettung aus Höhen und Tiefen hinzuzuziehen. Der Gerätesatz Absturzsicherung reicht üblicherweise nicht aus.

Merke:

Die elektrischen Anlagen in Windenergieanlagen führen Hochspannung. Bei Einsätzen ist zunächst die Spannungsfreiheit festzustellen. Es sind die Sicherheitsabstände nach VDE 0132 einzuhalten.

Merke:

Vorgehende Einsatzkräfte sind in jedem Fall gegen Absturz zu sichern.

35.10.4 Brandeinsätze an Windenergieanlagen

Jedes Jahr kommt es zu mehreren Bränden von Windenergieanlagen infolge Blitzschlag oder technischer Ursachen. Eine Brandbekämpfung ist in den meisten Fällen nicht möglich, da ein Zugang in das Maschinenhaus zu gefährlich ist. Eine Brandbekämpfung kann allenfalls im Turm oder in der Netzübergabestation erfolgen. Brennt es im Maschinenhaus, kann die Feuerwehr nur von der Option des <**kontrollierten Abbrennens**> Gebrauch machen. Der Einsatz eines Hubrettungsfahrzeuges ist aufgrund der Höhe und meist nicht vorhandener Feuerwehr-Aufstellflächen nicht möglich.

Beim Brand einer Windenergieanlage ist es aufgrund der Gefahr des Absturzes von Bauteilen wichtig, umgehend einen Sicherheitsbereich festzulegen und – in Zusammenarbeit mit der Polizei – weiträumig abzusperren. Der Absperrradius für alle Personen (auch Einsatzkräfte) sollte mindestens 500 Meter betragen, bei markantem Wind ist in Windrichtung das Doppelte einzuplanen.

Die Feuerwehr muss nicht nur den Sicherheitsbereich festlegen, sondern auch mit der Möglichkeit von Sekundärbränden im Absperrbereich durch abstürzende brennende Bauteile oder Funkenflug rechnen und entsprechend Löschmittel bereithalten.

Brennt es sicher nur im unteren Turmbereich oder in der Netzübergabestation, kann die Brandbekämpfung eingeleitet werden. Hierbei ist auf die Gefahr durch Hochspannung zu achten. Die Abstände nach VDE 0132 (▶ Kapitel 19) sind einzuhalten. In der Regel verfügen die Windenergieanlagen über einen Not-Aus-Taster im Eingangsbereich. Dieser sollte in jedem Fall betätigt werden.

Manche Windenergieanlagen verfügen über automatische Lösch- sowie Brandmeldeanlagen. Sofern diese ausgelöst haben, könnte im Rahmen von Nachlöscharbeiten ein Löscherfolg auch im Maschinenhaus möglich sein. Ob ein Einsatz – insbesondere unter Sicherheitsgesichtspunkten – möglich ist, muss der Einsatzleiter zusammen mit dem bei jedem Brand anzufordernden Anlagenbetreiber beraten.

Bei Bränden im Turm bzw. bei Kabelbränden kann es möglich sein, dass ein Löscherfolg durch Verschließen der Zuluftöffnungen am Turmfuß erreicht wird (erstickende Löschwirkung durch Unterbinden der Sauerstoffzufuhr). Alternativ kann auch Inertgas wie bei einem Silobrand eingesetzt werden (▶ Kapitel 35.11). Zum Verschließen der Öffnungen können Kunststofffolie, Klebeband und Montageschaum genutzt werden. Eine genaue Erkundung des Brandherds mittels Wärmebildkamera sollte im Rahmen der Einsatzplanung erfolgen.

35.10.5 Hilfeleistungen an Windenergieanlagen

Unter Hilfeleistungen ist in diesem Zusammenhang vor allem die Unterstützung des Rettungsdienstes bei der Versorgung und der Rettung von Wartungsmitarbeitern der Windenergieanlagen zu verstehen. Je nach Einsatzhöhe und örtlicher Gegebenheit können dazu Hubrettungsfahrzeuge (Zufahrt und Aufstellfläche beachten und ggf. erkunden) und der Gerätesatz Absturzsicherung zum Einsatz kommen. In Windenergieanlagen vorgehende Einsatzkräfte sind gegen Absturz zu sichern! Regelmäßig dürfte diese Einsatzoptionen jedoch nicht ausreichen, sodass der Einsatz von Spezialkräften zur Speziellen Rettung aus Höhen und Tiefen (»Höhenrettung«) erforderlich sein wird. Diese sind aufgrund meist längerer Anfahrtswege frühzeitig anzufordern. Der Leiter der Höhenrettungsgruppe sollte dem Einsatzleiter als Fachberater zur Verfügung stehen.

Bei allen Hilfeleistungen gelten auch die Einsatzgrundsätze für die Brandbekämpfung. Sie sind lageabhängig anzuwenden. Insbesondere ist auch bei Hilfeleistungen der Not-Aus-Taster in jedem Fall zu betätigen.

Quelle: Polizeiinspektion Stade

Bild 35.10.4 Windenergieanlage in Vollbrand

Bild 35.10.5 Windenergieanlagen-Park

Literatur

[1] Huwald, M.: Einsatz an Windenergieanlagen, BRANDSchutz/Deutsche Feuerwehr-Zeitung 9/2002, S. 767 ff.

[2] Krämer, U., Mertens, D.: Personenrettung auf Windkraftanlage, BRANDSchutz/Deutsche Feuerwehr-Zeitung 4/2000, S. 391 ff.

[3] DFV-Fachempfehlung »Einsatzstrategien an Windenergieanlagen«, 7. März 2008, Stand: 2012.

[4] Knorr, K.-H.: Die Gefahren der Einsatzstelle, 9. Auflage, Verlag W. Kohlhammer, Stuttgart, 2018.

35.11 Silobrände

von Jochen Thorns

Silos dienen der Lagerung von losen Schüttgütern, welche in verschiedenen Zuständen eingelagert sein können (von Span bis Staub). Die Behältergrößen sind auf die jeweilige Nutzung angepasst und können mehrere tausend Kubikmeter umfassen. Auch die bauliche Ausführung ist vom Nutzungszweck abhängig. So können Silos aus Stahl, Beton, Holz, Kunststoff oder Mauerwerk errichtet sein und verfügen meistens über ein bis zwei Revisionsöffnungen in verschiedenen Gebäudehöhen.

35.11.1 Gefahren bei Silobränden

Bei Silobränden ist vor allem mit den Gefahren der Explosion, des Einsturzes, der Atemgifte und der Ausbreitung zu rechnen (▶ Kapitel 19). Zusätzlich können auch die Gefahren durch atomare und chemische Stoffe auftreten. Versuche haben gezeigt, dass bei einem Schwelbrand im Silo damit gerechnet werden muss, dass sich auch bei einem vollständig gefüllten Silo schnell eine hohe Wasserstoffkonzentration am Silokopf ansammelt. Dies kann bei Zufuhr von Sauerstoff durch die Luft zur Knallgasexplosion führen [1]. Allerdings hängt die Konzentration von der Gasdichtigkeit des Silos ab.

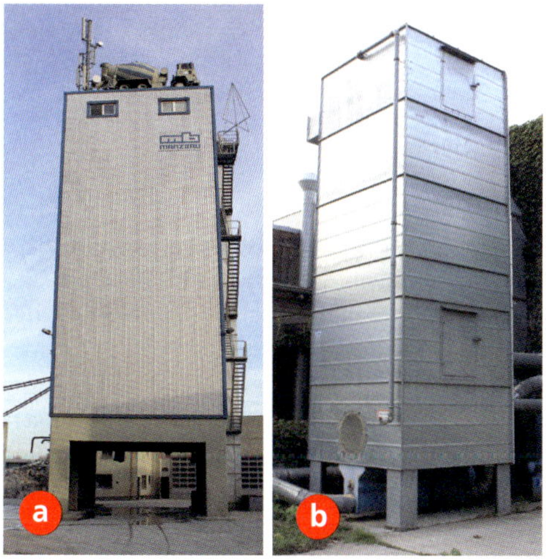

Bild 35.11.1 Beispiele für Siloarten: a Betonsilo b Holzsilo (gut sind die Revisionsöffnungen zu erkennen)

Merke:

Silos werden in der Regel von oben befüllt und von unten entleert.

Gefahr der Explosion

Im Silo können sich Schwel- und Pyrolysegase bilden, welche zu einer explosionsfähigen Atmosphäre auch außerhalb des Bauwerks führen können. Beim Öffnen und Ausräumen des Silos besteht die Gefahr der Durchzündung; auch Stichflammen aus den Revisionsöffnungen sind möglich. Durch Ablagerungen der eingelagerten Stoffe besteht in allen Siloanlagen (nicht nur im Silobehälter!) die Gefahr einer Staubexplosion, sei es durch Aufwirbeln des Staubes durch den Zutritt bzw. Arbeiten der Einsatzkräfte, durch die Löschmittelabgabe oder durch eine elektrostatische Aufladung.

Gefahr des Einsturzes

Je nach Silokonstruktion können durch das Schadenfeuer tragende Bauteile so beeinträchtigt werden, dass es zum Einsturz kommen kann. Gleiches gilt im Fall der Durchzündung bzw. der Explosion. Besondere Vorsicht ist beim Einsatz von Wasser und Schaum als Löschmittel angezeigt, da das Lagergut durch die Feuchtigkeit quellen und durch die Volu-

H

menvergrößerung einen Silo zum Einsturz bringen kann. Im Rahmen der Lageerkundung muss auch die Standfestigkeit von benachbarten Anlagenteilen des Silos begutachtet werden. So kann beispielsweise ein Schornstein einer Holzspäneverbrennungsanlage neben dem Silo vom Brand betroffen und einsturzgefährdet sein.

Gefahr der Atemgifte und der chemischen Gefahren

Außer dem üblichen Brandgasen bei einem Feuer können in Siloanlagen bereits im Normalbetrieb Atemgifte und chemische Stoffe vorhanden sein. Ursache können eine Inertisierung, eine Begasung zur Schädlingsbekämpfung oder aber Zersetzungsprodukte sein. Grundsätzlich ist in Siloanlagen immer vom Vorhandensein eines hohen Schadstoffgehalts bzw. eines zu geringen Sauerstoffgehalts auszugehen. Daher sind grundsätzlich Messungen vorzunehmen.

Gefahr der Ausbreitung

Durch Wärmestrahlung und/oder Glutnester ist eine Brandausbreitung auf das vollständige Lagergut in der Silokammer oder auch auf benachbarte Bereiche möglich. Über Transportwege in der Anlage (Fördergurte, Fördergurte, Rohrleitungen etc.) kann eine Brandausbreitung vor allem in der Anfangsphase auch zunächst unbemerkt erfolgen. Auch ein Funkenflug ist je nach Silo und Lagergut möglich. Zudem muss mit einer Ausbreitung der Brandgase in nicht vom Feuer betroffene Lagerbereiche bzw. Gebäudeteile gerechnet werden.

Gefahr durch atomare (radioaktive) Stoffe

In Siloanlagen sind Prüfstrahler zur Messung des Durchflusses oder des Füllstandes eines Silos nicht unüblich.

35.11.2 Einsatzmaßnahmen

Zunächst ist ein angemessener Sicherheitsabstand zum Silo einzuhalten, auch bei der Fahrzeugaufstellung. Allgemein wird die zweifache Silohöhe angesetzt. Im Rahmen der Erkundung ist, wie bei jedem anderen Objekt auch, der Kontakt mit dem Anlagenbetreiber aufzunehmen. Dabei sollten alle Förder- und Transportwege, alle Anlagenteile sowie die Elektrik ab- bzw. spannungsfrei geschaltet werden. Das Silogebäude und ggf. auch die umliegenden Gebäude sind zu räumen.

Zur Lagebeurteilung ist die Erkundung wichtig. Dabei sollten die Lage, die Konstruktion und die Ausdehnung des Silos, das Lagergut und die Füllhöhe, die Lage von brandschutztechnischen Einrichtungen und der Revisionsklappen, und auch die Nachbargebäude sowie ggf. Verbindung zu diesen Gebäuden (Leitungen, Förderwege, Mauerdurchbrüche) erkundet werden. Ein Feuerwehrplan (▶ Kapitel 68) sowie ggf. vorhandene Konstruktionszeichnungen (notfalls auch eine Skizze des Betreibers) sind hilfreich. Bei der Erkundung der Füllhöhe sowie des Brandherdes haben sich Wärmebildkameras (▶ Kapitel 14) bewährt. Auch eine Heumesssonde und ein Fernthermometer können eventuell zum Einsatz kommen.

Die Messungen sind zu dokumentieren und in regelmäßigen Abständen zu wiederholen. Zur Volumenbestimmung des Silos bieten sich Entfernungsmessgeräte an, die häufig auf Hubrettungsfahrzeugen mitgeführt werden.

Da Silobrände meist zeitlich langwierig (durchaus auch mehrere Tage) sind, sind ausreichend Feuerwehrangehörige sowie vor allem Atemschutzgeräteträger für den Einsatz (und die Ablösung) vorzuplanen.

Löschmaßnahmen

Die Brandbekämpfungsstrategie ist mit allen Beteiligten, insbesondere auch mit dem Betreiber der Anlage, abzustimmen. Notwendige Spezialkräfte oder -geräte sind frühzeitig nachzufordern. Für die erste Brandbekämpfung kann Kohlenstoffdioxid (Feuerlöscher!) oder Mittel- bzw. Leichtschaum eingesetzt werden. Kleine, offen liegende Glutnester können mit Wassersprühstrahl (bei Bedarf Netzmittel beigeben) abgelöscht und entfernt werden. Beim Löscheinsatz mit Wasser ist die Quellgefahr des Stoffes zu beachten.

In der Regel müssen Silos zur vollständigen Brandbekämpfung entleert werden. Ein

H

> **Achtung:**
>
> Vorsicht beim Löschen mit Wasser! Das Lagergut kann aufquellen und das Silo zum Einsturz bringen. Aufgrund der Gefahr der Staubexplosion darf kein Vollstrahl verwendet werden!

massiver Löschwassereinsatz kann dies durch Verkleben des Lagergutes verhindern. Bewährt haben sich zur Entleerung größerer Mengen Saugwagen. Nach dem Entleeren des Silos muss das Lagergut im Freien mit Wasser abgelöscht werden, wozu eine ausreichend große, befestigte Fläche notwendig ist. Es ist zu prüfen, ob eine Löschwasserrückhaltung erforderlich ist.

Grundsätzlich erfolgt das Betreten eines Silos nur unter umluftunabhängigen Atemschutz und gesichert durch einen Gerätesatz Absturzsicherung. Beim Betreten des Schüttgutes besteht Absturzgefahr, da sich Glutkamine im Lagergut gebildet haben können, die durch die Punktbelastung einbrechen. Notfalls sind Bohlen als Trittfläche zur Lastverteilung auszulegen. Ein Einstieg kann durch die Revisionsöffnungen erfolgen.

Während des Einsatzverlaufes sind fortlaufend die Transportwege aus dem Silo (Rohrleitungen, Fördergurte und -schnecken) mit der Wärmebildkamera auf eine Brandausbreitung zu kontrollieren. Gleiches gilt für tragende Teile der baulichen Anlage. Bei einer erheblichen Erwärmung der Bauteile können massive Mauern und Wände von der Brandseite gekühlt werden (Vorsicht bei einsturzgefährdeten Konstruktionen!).

Inertisierung

Bei größeren, möglicherweise nicht oder sehr schlecht zugänglichen Glutnestern und/oder einer Brandausbreitung kann eine Brandbekämpfung durch Inertisierung (▶ Kapitel 7) mittels Inertgasen erfolgen. Zusammen mit dem Betreiber und ggf. einem Fachmann des Gaslieferanten sollte ein geeignetes Inertgas ausgewählt werden. Bewährt hat sich Stickstoff, da es mit dem Lagergut nicht reagiert. Kohlenstoffdioxid hat zwar eine bessere Löschwirkung als Stickstoff, jedoch besteht die Gefahr der Bildung von giftigem Kohlenstoffmonoxid. Auch Trockeneis, produziert aus flüssigem Kohlenstoffdioxid in Jutesäcken, welches dann verdampft, eignet sich zur Inertisierung.

Als vorbereitende Arbeiten ist das Silo luftdicht abzudichten und ein Anschluss an Silo für die Inertisierung vorzubereiten (sofern nicht vorhanden, können Feuerwehrarmatu-

> **Achtung:**
>
> Ein Löscherfolg durch eine Inertisierung ist möglich, aber nicht garantiert. Auch bei inertisierten Silos ist ein Ausräumen des Lagergutes in der Regel erforderlich.

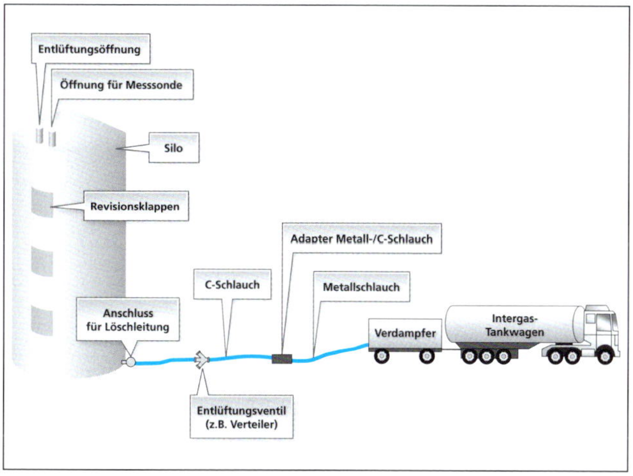

Bild 35.11.2 Durchführung der Inertisierung

H

Merke:

Faustformel zur Inertisierung von Silos: 1 Liter verflüssigtes Inertgas pro Kubikmeter Siloraum.

ren wie Stützkrümmer, Absperrarmaturen etc. zum Einsatz kommen). Am Silofuß, in der Mitte und am Silokopf sollten Öffnungen für Messsonden vorgesehen werden. Hier sollten regelmäßig unter Atemschutz der Sauerstoff-, der Kohlenstoffmonoxid- sowie ggf. der Kohlenstoffdioxidgehalt im Silo gemessen werden. Bei einem Sauerstoffgehalt von < 8 Vol-% kann die Gefahr einer Staubexplosion ausgeschlossen werden, bei einem Sauerstoffgehalt < 4 Vol-% wird eine weitere Brandausbreitung verhindert [2].

Die Inertisierung erfolgt in der Regel vom Silofuß aus, da Stickstoff leichter als Luft ist. Bei schlecht durchströmbaren Schüttgut kann eine zusätzliche Löschmitteleinbringung auch vom Silokopf erfolgen. Das Einbringen von Stickstoff vom Silofuß aus, kann die Explosionsgefahr erhöhen, wenn infolge der Thermik Funken oder brennbare Gase in den Kopfraum des Silos gelangen. Eine Möglichkeit zur Vorbeugung ist die Inertisierung auch am Silokopf oder die Verwendung von Kohlenstoffdioxid [1].

Es ist unbedingt der maximal zulässige Innendruck des Silos zu beachten, um einen Einsturz zu vermeiden. Das einströmende Inertgas darf nicht zu Aufwirbelungen führen, um eine Explosion zu verhindern.

Sollte ein Ausräumen des Silos nach der Inertisierung zum Ablöschen der Glutnester notwendig sein, sollte beim Ausräumen möglichst die Inertgasatmosphäre aufrechterhalten werden, da eine heftige Reaktion mit Luftsauerstoff möglich ist (Luftzug vermeiden). Beim Entleeren des Silos sind Staub-Luft-Gemische aus Explosionsschutzgründen zu verhindern. Notfalls sind diese mit Wassernebel niederzuschlagen. Bereits vor der Siloentleerung sollten die betroffenen Räume auf Staubfreiheit kontrolliert werden und ggf. mit feinem Sprühstrahl und Netzmittel vorsichtig befeuchtet werden. Der Bedarf des Inertgases ist vor Beginn der Löscharbeiten zu kalkulieren; bei Bedarf ist eine frühzeitige Nachlieferung rechtzeitig zu organisieren.

Merke:

Rechenbeispiel zur Flächen- und Löschmittelbedarfsberechnung

Grundfläche Kreis:
Fläche $A = r^2 \times \pi$
oder praxistauglicher:
Fläche $A = d^2 \div 4 \times \pi$

Volumen:
Grundfläche A × Höhe h = Kubikmeter flüssiges Inertgas

Der Radius r, der Durchmesser d und die Höhe h werden in Metern [m] angegeben, die Fläche A in m^2 und das Volumen in m^3.

35.11.3 Unfälle in Silos

Grundsätzlich gelten die gleichen allgemeinen Sicherheitsanforderungen wie bei der Brandbekämpfung in Siloanlagen. Auf die Eigensicherung mittels Atemschutz und Gerätesatz Absturzsicherung ist zu achten.

Zur Ortung der Person kann eine Wärmebildkamera gute Dienste leisten. Nach der Ortung der Person sind umgehend Kopf und Oberkörper freizulegen und ggf. eine medizinische Erstversorgung einzuleiten. Ein Nachrutschen von Lagergut ist zu verhindern. Hierbei können z. B. Bohlen, spezielle Ringe zur Tiefbaurettung oder Schaltafeln zum Einsatz kommen. Das Schüttgut ist vorsichtig mit den Händen und Schaufeln zu entfernen. Sofern eine Gefährdung des Verunglückten nicht sicher ausgeschlossen werden kann, sind keine Maschinen, Saugwagen oder Förderanlagen zur Siloentleerung zu nutzen. Weitere Maßnahmen werden in ▶ Kapitel 49 dargestellt.

Literatur

[1] Heisel, M., Lee, R.: Effektiver Brandschutz in Silos, FeuerTrutz Magazin 3/2010, S. 28 ff.

[2] Frohmader, C.: Brennt Getreidesilo: Inertisierung mit Stickstoff, BRANDSchutz/Deutsche Feuerwehr-Zeitung 10/2004, S. 714 ff.

H

35.12 Brände im Bereich von Solaranlagen

von Jochen Thorns

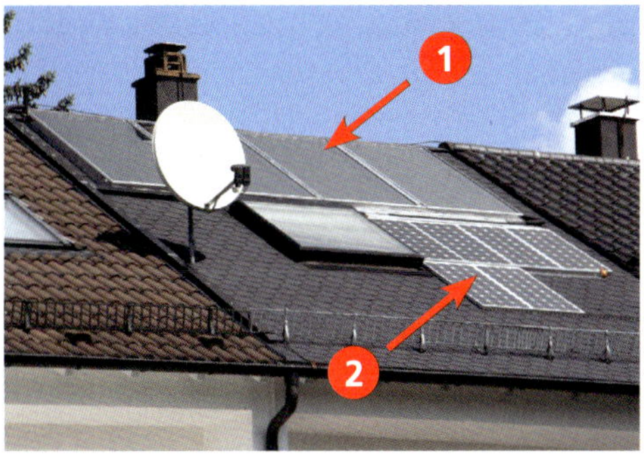

Bild 35.12.1 Bei Solaranlagen sind Solarthermie- (1) und Photovoltaikanlagen (2) zu unterscheiden.

Die Zahl der Solaranlagen in Deutschland nimmt stetig zu. Mithilfe der Sonne ist es möglich, Wasser zu erwärmen oder Strom zu produzieren. Die Solaranlagen werden – mit Blick auf die Relevanz für die Feuerwehren – in Solarthermie- und Photovoltaikanlagen unterteilt (▶ Bild 35.12.1).

35.12.1 Aufbau und Wirkungsweise der Anlagen

<Solarthermieanlagen> dienen der Erwärmung von Wasser. Solarthermieanlagen zeichnen sich durch eine im Vergleich zu Photovoltaikanlagen größere Stärke sowie eine diffuse Kollektorfläche oder aber – bei so genannten Vakuumröhrenkollektoren – durch eine Glasröhrenstruktur aus. Die Anlagen bestehen aus den Solarkollektoren auf dem Dach, einer daran angeschlossenen Solarstation mit einer Umwälzpumpe und dem Brauchwasserspeicher, der normalerweise über den Warmwasserkreislauf an die Heizungsanlage angeschlossen ist. Über den Solarkreislauf wird die Wärme vom Kollektor in einem Wärmetauscher im Brauchwasserspeicher geführt und dort an das Wasser abgegeben. Als Wärmeleitmedium findet häufig ein Wasser-Glykol-Gemisch oder – in offenen Systemen – reines Wasser Verwendung.

Gefahr besteht dort nicht aufgrund von elektrischer Energie, sondern bei einer Zerstörung der auf dem Dach montieren Solarthermiemodule durch eine bis zu 160 °C heiße wässrige Lösung (Gefahr der Erkrankung/Verbrühung). Die Demontage der Solarthermieanlagen sollte daher auch immer nur von Fachkräften des Gas- und Wasserinstallationshandwerks durchgeführt werden.

<Photovoltaikanlagen> hingegen produzieren mithilfe der Sonnenenergie elektrischen Strom, der entweder in das normale Stromnetz eingespeist oder aber gespeichert und direkt am Produktionsort verbraucht wird (so genannte Inselanlagen). Photovoltaikanlagen bestehen aus Solargeneratoren, die meist auf dem Dach, immer öfter aber auch an der Fassade, installiert sind. Die Solargeneratoren, oft auch als Photovoltaikmodule bezeichnet, produzieren Gleichstrom, der über die Gleichstromleitung zum Wechselrichter geführt wird. Der Wechselrichter wandelt den Gleich- in Wechselstrom um, sodass der Wechselstrom in das

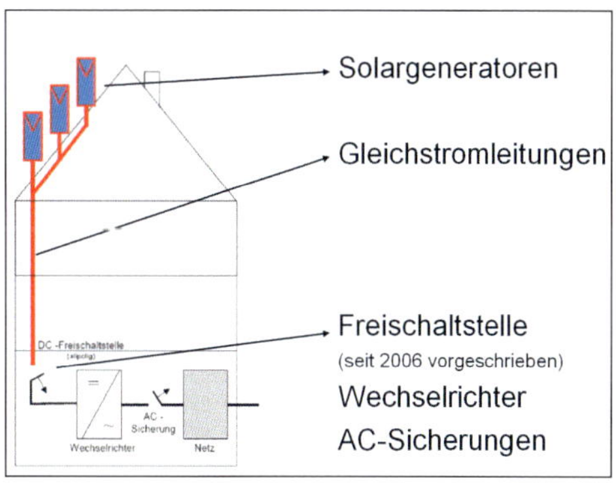

Quelle: vfdb

Bild 35.12.2 Aufbau einer Photovoltaikanlage

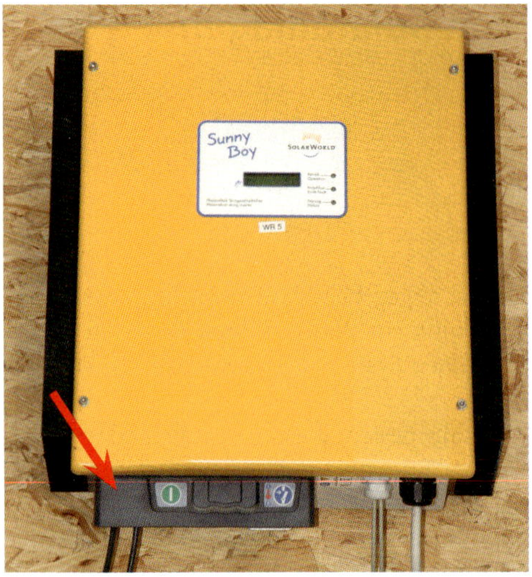

Bild 35.12.3 Wechselrichter einer Photovoltaikanlage mit integrierter Freischaltstelle (Pfeil)

> **Achtung:**
>
> Ältere Photovoltaikanlagen verfügen nicht über die Freischaltstelle!

normale Netz eingespeist werden kann (▶ Bild 35.12.2).

Seit 2006 ist eine Freischaltstelle zwischen den Solargeneratoren und dem Wechselrichter vorgeschrieben. Diese ist in den meisten Fällen in den Wechselrichter integriert und dient der Trennung des Wechselrichters von der Gleichstromleitung (▶ Bild 35.12.3). Dies ist vor allem bei Wartungsarbeiten wichtig. Neuere Wechselrichter schalten sich bei einer Trennung vom Netz unter Umständen selbst aus und trennen die Gleichstromseite galvanisch.

Die Wechselrichter sind in der Regel bei Wohngebäuden im Keller angebracht. Gerade bei größeren Anlagen, z. B. auf Gewerbebauten oder landwirtschaftlichen Anlagen, finden sich diese häufig auch im Dachbereich, an der Fassade oder außerhalb des Gebäudes (teilweise auch in Schaltschränken).

Als **<Gleichstrom>** (DC) wird ein elektrischer Strom bezeichnet, dessen Stärke und Richtung sich nicht ändert. Gleichstrom gilt zwar als »weniger gefährlich« als Wechselstrom (AC), weil es keine so genannte »Loslass-Schwelle«, also einen Zeitpunkt, bei dem man nicht mehr loslassen kann, gibt. Trotzdem besteht auch beim Gleichstrom eine Gefahr, da bereits ab einer Stromstärke von etwa 80 Milliampere ein Herzkammerflimmern auftreten kann. Eine weitere Gefahr des Gleichstroms ist, dass Lichtbögen sehr lange (mehrere Minuten) stehen können und so die Gefahr einer Brandausbreitung gegeben ist.

Bei Photovoltaikanlagen gibt es zwei grundsätzliche Bauausführungen: Bei den in Reihe geschalteten Solargeneratoren kann eine Gleichspannung von bis zu 1 000 Volt DC anliegen. Parallel verschaltete Photovoltaikanlagen arbeiten hingehen im Bereich der so genannten Schutzkleinspannung (gemäß DIN EN 61140/VDE 0140-1) mit bis zu 120 Volt DC. Bei diesen Anlagen sind jeweils zwei bis drei Solargeneratoren parallel an einen Wechselrichter angeschlossen, sodass die Gleichspannung der Leitung etwa zwischen 35 und

Bild 35.12.4 PV-Anlagen mit Schutzkleinspannung haben meist eine größere Anzahl Wechslerichter in unmittelbarer Nähe der Module.

Bild 35.12.5 Bei PV-Anlagen mit Schutzkleinspannung kann der Wechselrichter (Pfeil) auch direkt am Modul befestigt sein.

Achtung:

Auch wenn ein Aufkleber keine Gefahr aufgrund der Spannung signalisiert, ist die Stromstärke immer zu beachten!

INFO

Einsatzhilfen

»Feuerwehr-Info Photovoltaik« der Feuerwehr Filderstadt: *www.feuerwehr-filderstadt.de* (Rubrik: VB/Photovoltaik)

120 Volt DC liegt. Erkennungszeichen dieser Bauausführung ist, dass die Wechselrichter meist in unmittelbarer Nähe der Solargeneratoren (z. B. auf dem Dach oder direkt unter dem Dach oder am Solargenerator selbst) angebracht sind. Manche Errichter kennzeichnen diese Anlagen auch mit Aufklebern.

35.12.2 Lageerkundung/ Gefahren der Einsatzstelle

Neben der allgemeinen Lageerkundung (Was für eine Einsatzlage liegt vor? Sind Menschen in Gefahr?) ist grundsätzlich die Frage zu klären, ob und was für eine Solaranlage (Solarthermie- oder Photovoltaikanlage, Spannung) vorhanden ist und wo die Komponenten der Solaranlage montiert sind. Dies ist mitunter problematisch, da die Betroffenen aufgrund der Brandereignisse psychisch stark belastet sind und so nicht oder nur eingeschränkt Auskunft geben können. Da aus Unwissen auch falsche Auskünfte in der Praxis erfolgen, ist eine eigene umfassende Erkundung notwendig. Bewährt hat sich im Rahmen der Einsatzvorbereitung beispielsweise die »Feuerwehr-Info Photovoltaik« der Feuerwehr Filderstadt, welche mittlerweile von vielen Feuerwehren bundesweit übernommen wurde. Die Karte fasst die für den Einsatz relevanten Daten und Fakten zusammen und zeigt in einer Skizze die Lage der Anlagenkomponenten an.

Weitere Hilfsmittel zur Lageerkundung können ein Feuerwehrplan nach DIN 14095 (▶ Kapitel 68), die Fachempfehlung »Risikoeinschätzung Lithium-Ionen-Speichermedien« des Deutschen Feuerwehrverbandes und der Arbeitsgemeinschaft der Leiter der Berufsfeuerwehren in Deutschland, aber auch Aufkleber der Anlagenerrichter sein. Um auch bei ausgedehnten Gebäuden schnell über eine vorhandene Photovoltaikanlage informiert zu sein, schlägt die Deutsche Kommission Elektrotechnik, Elektronik Informationstechnik (DKE) im DIN ein einheitliches Schild zur Kennzeichnung vor (▶ Bild 35.12.6).

Quelle: DKE

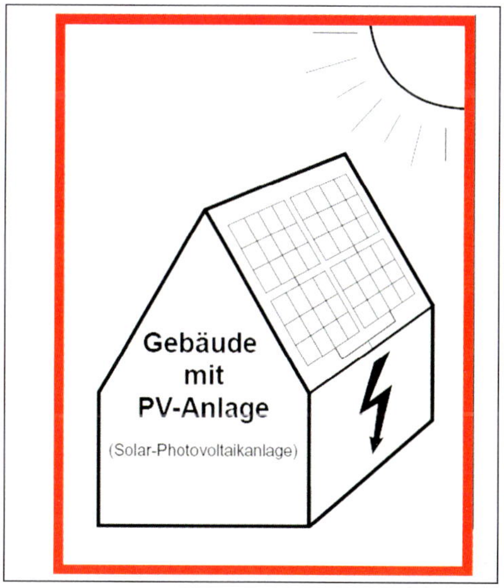

Bild 35.12.6 Vorschlag der DKE für eine einheitliche Kennzeichnung

35.12.2.1 Gefahren der Einsatzstelle

Eine Übersicht über die Gefahren an der Einsatzstelle bei einem Brand mit Solarthermieanlagen (ST) oder Photovoltaikanlagen (PV) zeigt ▶ Bild 35.12.7.

Gefahren der Atemgifte

Sowohl in Solarthermiekollektoren als auch in Solargeneratoren werden verschiedenste Materialien verwendet. Bei der Verbrennung muss, wie bei jedem Schadenfeuer, grundsätzlich mit der Freisetzung von toxischen Gasen gerechnet werden. Die Brandgase sind allerdings in der Regel nicht signifikant anders als bei einem Wohnungsbrand. Jedoch können Si-

H

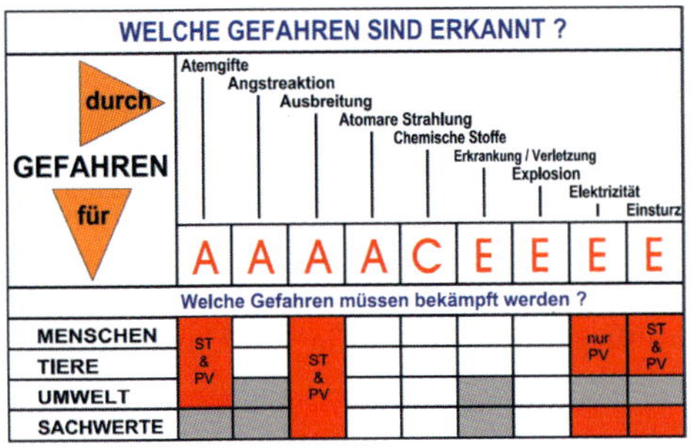

Bild 35.12.7 Gefahren an der Einsatzstelle beim Brand einer ST- oder PV-Anlage.

liziumsplitter der PV-Anlage über den Brandrauch auch über mehrere Kilometer transportiert werden.

Gefahr der Brandausbreitung

Solaranlagen unterliegen bisher keiner bauaufsichtlichen Zulassung; auch die Installation ist genehmigungsfrei. Bei fehlender Sachkenntnis der Belange des vorbeugenden baulichen Brandschutzes der Beteiligten kann es zur Schwächung von Maßnahmen des Vorbeugenden Brandschutzes wie zur Überbrückung von Brandabschnitten oder Brandwänden (▶ Bild 35.12.8) kommen. Zudem wird der Zugang zur Dachhaut im Brandfall (z. B. bei einem Dachstuhlbrand) teilweise massiv erschwert. Bei Aufdach- und Fassadenkonstruktionen kann es zu einem Kamineffekt zwischen den Modulen und der Fassade kommen (▶ Bild 35.12.9). Dies kann insbesondere bei Fassadenkonstruktionen zu einer massiven Brandausweitung führen. Zudem kann die Funktionsweise von Rauch- und Wärmeabzugsanlagen eingeschränkt sein.

Bild 35.12.9 Vorsicht bei Fassadenelementen: Es besteht die Gefahr des Kamineffekts hinter den PV-Modulen.

Gefahr des Einsturzes

Die Gefahr des Einsturzes ist vor allem auch eine Gefahr des Absturzes von Anlagenteilen. Solargeneratoren sind meist auf Leichtmetallrahmen montiert; die Art der Befestigung ist nicht genormt. Kommt es zur Schwächung der Befestigung, können ganze Module abstürzen. Zudem kann es zu einem Einsturz des Daches aufgrund der erhöhten Dachlast (durchschnittlich etwa 15 bis 18 kg/m^2; bei Verwendung von Ballastsystemen bis zu 180 kg/m^2) kommen. In der Praxis wird zudem oft nicht geprüft, ob die

Bild 35.12.8 Auf dem Dach ist vollflächig eine PV-Anlage installiert. Ob Brandabschnittstrennungen (z. B. Brandwände) überbrückt werden, kann der Einsatzleiter nicht erkennen (Gefahr der Brandausbreitung, eingeschränkter Zugang).

H

Bild 35.12.10 Dachbefestigung von PV-Modulen

Dachkonstruktion überhaupt zur Aufnahme der Lasten geeignet ist.

Bei Sturmeinsätzen ist das Verhalten der Solaranlagen schwer einzuschätzen, da es keine praktischen Erfahrungen gibt. Eine Vorgabe zur Dimensionierung von Windlasten existiert bisher nicht. Verschiedene Windkanalversuche haben jedoch gezeigt, dass die Anlagen hinsichtlich der Befestigung eher zu schwach dimensioniert sind.

Gefahr der Elektrizität

Während alle bisher genannten Gefahren sowohl für Solarthermie- als auch für Photovoltaikanlagen galten, trifft die Gefahr durch elektrischen Strom nur für Photovoltaikanlagen zu. Je nach Berührung der beiden Pole der Gleichspannungsleitung kann es zu lebensbedrohlichen Verletzungen kommen. Zudem kann es beim unsachgemäßen Auftrennen der Gleichspannungsleitung zu einem Lichtbogen kommen, der nicht automatisch – wie bei Wechselstrom – verlischt. Eine Gefährdung tritt insbesondere bei Leitungen auf, die durch Brand beschädigt sind sowie in überfluteten Bereichen. Der Mindestabstand (▶ Kapitel 19) ist bei der Brandbekämpfung einzuhalten.

> **Achtung:**
>
> Sofern keine sicheren Informationen über den Betriebszustand der Photovoltaikanlage vorliegen, ist von einer Spannungsführung auszugehen.

> **Achtung:**
>
> Auch nachts kann eine Rest- oder Leerlaufspannung in Photovoltaikanlagen anliegen. Eine gefährliche Spannung wird in der Regel jedoch nicht erreicht. Gleiches gilt auch für die Einsatzstellenbeleuchtung der Feuerwehr.

> **Achtung:**
>
> Durch die Lichtbögen kann es zu einer (zunächst auch unerkannten) Brandausbreitung kommen. Eine genaue Erkundung und ständige Lagebeurteilung während des Einsatzes ist notwendig. Die Lage der Gleichspannungsleitung ist zu erkunden, die Leitung zu überwachen (ggf. mit Einsatz der Wärmebildkamera).

Die einzelnen Solargeneratoren haben eine Leerlaufspannung zwischen 20 und etwa 70 Volt DC; durch die Reihenschaltung können Strangspannungen bis zu 1 000 Volt auftreten. Die Leerlaufspannung liegt bereits bei einem geringen Lichteinfall an. Durch Mondlicht oder eine Einsatzstellenbeleuchtung der Feuerwehr wird nachts keine gefährliche Spannung erzeugt; eine Rest- bzw. Leerlaufspannung kann jedoch anliegen.

35.12.2.2 Maßnahmen bei Bränden mit Photovoltaikanlagen

Grundsätzlich ist ein Einsatz der Feuerwehr bei Bränden mit Beteiligung einer Photovoltaikanlage jederzeit möglich. Die meisten Maßnahmen kann jede Feuerwehr – gleich welcher Größe und mit welcher Ausstattung – durchführen. Wichtig ist eine umfassende Erkundung der Schadenstelle mit Feststellung des Anlagentyps, der Spannung, der Art der Ver-

Quelle: FF Filderstadt

Bild 35.12.11 Einsatz beim Brand einer PV-Anlage

H

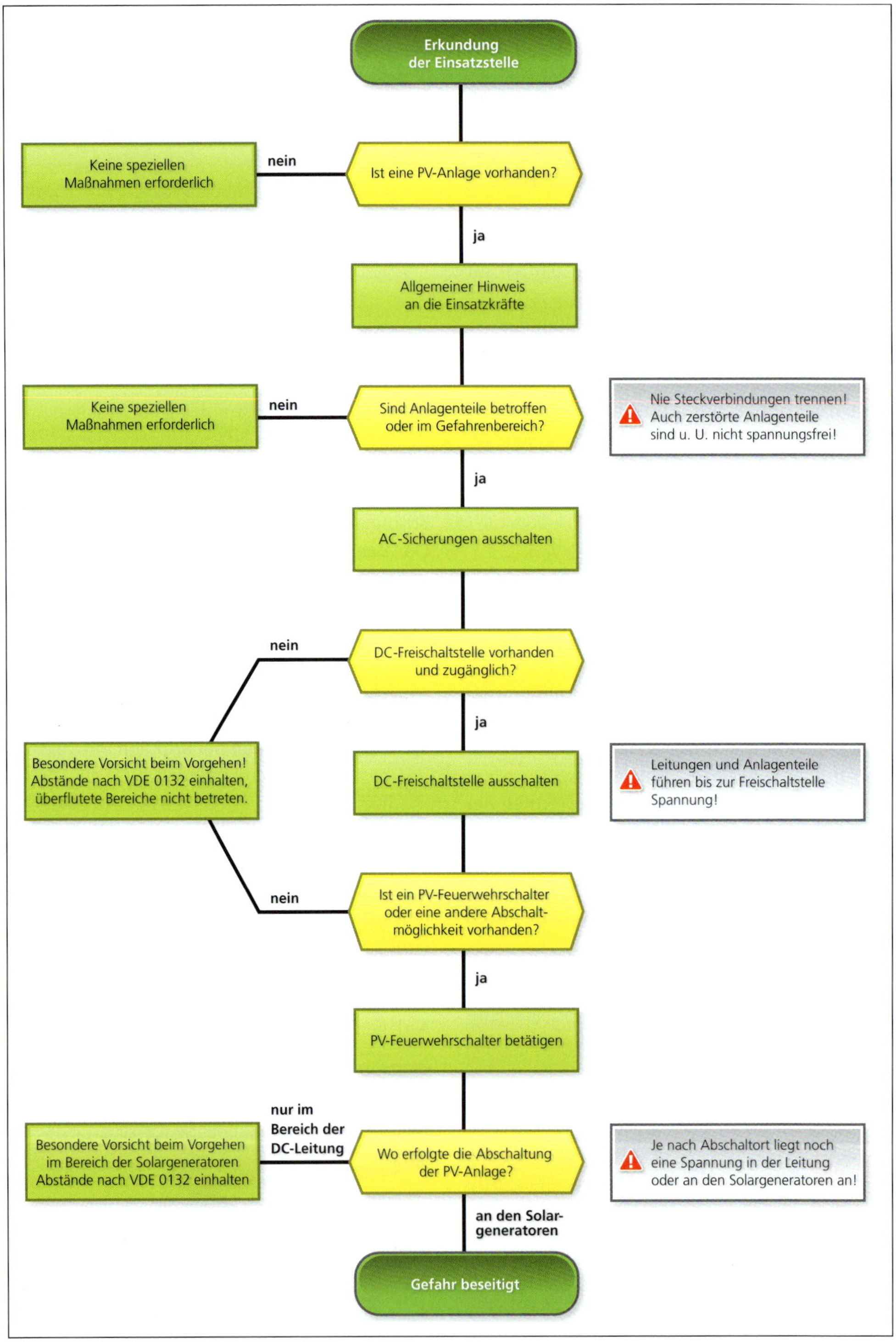

Bild 35.12.12 Ablaufdiagramm für die Feuerwehr beim Brand einer Photovoltaikanlage

H

Achtung:

Eine Zerstörung der Photovoltaikmodule führt grundsätzlich nicht zu einer gesicherten Abschaltung und einer Spannungsfreiheit!

schaltung, der Lage der Anlagenkomponenten, ggf. der Kennzeichnung und ob Brandabschnitte durch die Anlagen überbrückt werden (z. B. Überbau der Brandwand).

Bereits bei der Fahrzeugaufstellung ist die Gefahr des Einsturzes/Absturzes von Anlagenteilen zu beachten und ein entsprechender Trümmerschatten einzuhalten. Dieser Bereich sollte auch entsprechend abgesperrt werden. Bei Arbeiten im Dachbereich sind die vorgehenden Einsatzkräfte gegen Absturz mittels des Gerätesatzes Absturzsicherung zu sichern (▶ Kapitel 39 ff.)

Die Brandbekämpfung erfolgt unter umluftunabhängigen Atemschutz unter Einsatz geeigneter Löschmittel für elektrische Anlagen und unter Beachtung der Sicherheitsabstände nach VDE 0132 für Niederspannung (▶ Kapitel 19). Für Gleichstrom gelten dabei die gleichen Werte wie für Wechselstrom. Eine Brandbekämpfung ist somit regelmäßig möglich.

Grundsätzlich sollten die Einsatzkräfte eine Spannungsreduktion anstreben. Aus diesem Grund ist die Freischaltstelle, welche den Wechselrichter und die Solargeneratoren trennt, immer zu schalten. Dies führt dazu, dass die Solargeneratoren nicht mehr unter Last sind und sich letztlich eine Leerlaufspannung einstellt. Die Freischaltstelle ist von einer Elektrofachkraft zu betätigen. Auch das Abklemmen von Anlagenteilen oder Solargeneratoren darf nur von einer Elektrofachkraft durchgeführt werden. Es dürfen von Seiten der Feuerwehr nie Steckverbindungen getrennt werden, da sich so Lichtbögen bilden können.

Bild 35.12.13 Das Abdecken einer PV-Anlage mittels Plane ist in der Praxis überhaupt nicht möglich.

Eine Möglichkeit zur Abschaltung wäre eine lichtundurchlässige Abdeckung der Solargeneratoren. In Versuchen hat sich gezeigt, dass die Abdeckung mittels Schaum (Schwerschaum, Mittelschaum, Druckluftschaum) aufgrund der Oberflächenstruktur der Solargeneratoren ungeeignet ist. Versuche der Feuerwehr München haben gezeigt, dass die Modulspannungen nicht unter 47 Prozent reduziert werden konnten und nach maximal fünf Minuten wieder die komplette Ausgangsspannung anlag.

Gleiches gilt für die Abdeckung mit einer lichtundurchlässigen Plane; hierbei sind die Hauptprobleme die praktische Verfügbarkeit einer entsprechend großen Plane und die Verlegemöglichkeiten am Einsatzort – vom Zeitaufwand einmal abgesehen. Abschaltmöglichkeiten sind jedoch über so genannte PV-Feuerwehrschalter gegeben. Je nach Konstruktion und Montage schalten diese nur die Gleichspannungsleitung oder aber die Komplettanlage inklusive der Solargeneratoren spannungsfrei. Auf dem Markt ist zudem auch ein Abdeckgel für Solaranlagen erhältlich. Der Einsatzleiter muss jeweils vor Ort prüfen, ob und welche Abschaltmöglichkeiten bestehen.

35.12.3 Photovoltaik-Energiespeicher

Immer öfter kommen so genannte Photovoltaik-Energiespeicher (oft auch als Stromspeicher oder schlicht als »Batterie« bezeichnet) zum Einsatz, um den durch die Photovoltaikmodule erzeugten Solarstrom für den späteren Eigenverbruch zwischenzuspeichern. Die Geräte werden insbesondere auch in privaten Wohngebäuden eingebaut.

Photovoltaik-Energiespeicher sind sowohl AC- als auch DC-gekoppelt erhältlich, d.h., können entweder hinter (also auf der Wechselstromseite) oder vor (also auf der Gleichstromseite) dem Wechselrichter eingebaut

H

sein. Die Energiespeicher bestehen aus einer Regelelektronik und Batterien verschiedenster Art, wie beispielsweise Blei-Säure-Batterieren und immer häufiger Lithium-Eisen-Phosphat-Batterien.

Wie bei jedem anderen Brand auch, sind im Schadenfall die »Gefahren der Einsatzstelle« (▶ Kapitel 19) zu beachten. Die Wahl des Löschmittels muss – vor allem aufgrund der möglichen Einbringsituation des Löschmittels und der elektrischen Leitfähigkeit – abgewogen werden.

Wie bei allen Lithium-Ionen-Batterien muss das Löschmittel vor allem an den Brandherd, also in der Regel in die Batteriezelle gelangen (▶ Kapitel 19). Ist dies nicht sichergestellt, kann eine Option zur Brandbekämpfung auch das Ausbrennen lassen des Energiespeichers sein. Dies ist im Einzelfall unter Berücksichtigung der Randparameter wie Ausbreitung sowie Rauch- und Wärmeabzug zu beurteilen. Die Mindestabstände gemäß DIN VDE 0132 sind einzuhalten. Bei stationären Energiespeichern ist der Einsatz einer Löschlanze oder anderer Einschlagsysteme aufgrund der Gefährdung der Einsatzkräfte nicht zu empfehlen. Die Temperaturentwicklung nach Ablöschen der Hausspeicheranlage im Bereich der Batterie sollte mittels Wärmebildkamera engmaschig kontrolliert werden.

Hinsichtlich der Lithium-Ionen-Batterien ist zu beachten, dass die Brandentwicklung unterschiedlich ablaufen kann – einerseits eher ruhig, andererseits explosionsartig. Das in den Batteriezellen enthaltene Elektrolyt ist in der Regel brennbar; ein »Thermal runaway«, also eine sich selbst verstärkende, durchgehende exotherme Reaktion ist möglich. Bei Bränden oder Havarien an diesen Batterietypen kann es zu einer Bildung eines leicht entzündlichen Luft-Gas-Gemisches sowie zur Freisetzung von Flusssäure kommen. Daher sollte immer umluftunabhängiger Atemschutz getragen werden. Batteriebauteile sollten nur mit Schutzkleidung/-handschuhen berührt werden. Grundsätzlich sind die Batterien nach einem Brand längere Zeit zu kühlen und zu überwachen, da es zu einer Rückzündung kommen kann (Wasserbad).

Quelle: FF Filderstadt

Bild 35.12.14 Ausgebrannter Photovoltaik-Energiespeicher

Literatur

[1] Feichtenschlager, J., Lange, C., Callondan, K.: Einsätze der Feuerwehren bei Solarthermie- und Photovoltaikanlagen, BRANDSchutz/Deutsche Feuerwehr-Zeitung 11/2010, S. 881 ff.

[2] Thorns, J.: Technische Lösungen zur Gefahrenabwehr bei Photovoltaikanlagen, BRANDSchutz/Deutsche Feuerwehr-Zeitung 11/2010, S. 891 f.

[3] Dressel, V., Reeh, A., Thorns, J.: Filderstadt: Brand einer Photovoltaikanlage, BRANDSchutz/Deutsche Feuerwehr-Zeitung 11/2010, S. 893 ff.

[4] Handlungsempfehlung Photovoltaikanlagen, Deutscher Feuerwehrverband et al., 2010.

[5] Stegmaier, R.: Photovoltaikanlagen: Wie groß ist die Gefahr eines Stromschlages? BRANDSchutz/Deutsche Feuerwehr-Zeitung 5/2011, S. 381 ff.

[6] Reeh, A., Thorns, J.: Filderstadt: Brand eines Photovoltaik-Stromspeichers, BRANDSchutz/Deutsche Feuerwehr-Zeitung 4/2014, S. 302 ff.

35.13 Einsätze im Bereich militärischer Anlagen

von Volker Ott

Die strengen Sicherheitsvorkehrungen in militärisch genutzten Anlagen in Deutschland wirken auf die Angehörigen von öffentlichen Feuerwehren, in deren Einzugsbereich derartige Liegenschaften angesiedelt sind, oftmals befremdlich oder gar bedrohlich.

Die ständige Präsenz von bewaffnetem Sicherheits- und Wachpersonal, ein erhöhtes Gefahrenpotenzial durch Munitions- und Gefahrstofflagerung, erschwerte und komplizierte Zugangsprozeduren oder aber unzureichende Ortskenntnis der Liegenschaft rufen bei Einsatzkräften häufig ein gewisses Unbehagen hervor, wenn sie zu Brand- und Hilfeleistungseinsätzen innerhalb militärischer Anlagen alarmiert werden.

Vermeintlich unklare Rechtslagen, Verständigungsprobleme mit Angehörigen der Stationierungsstreitkräfte oder einfach unterschiedliche Auffassungen und Prioritäten zwischen Militär und zivilen Einsatzkräften, tragen zusätzlich zu Unsicherheiten bei Führungskräften der Feuerwehr bei, die oft in Diskussionen und Verständnislosigkeit zwischen allen Beteiligten gipfelt und dem eigentlichen Einsatzauftrag nicht dienlich sind.

35.13.1 Rechtsgrundlagen und Einsatzleitung

Neben der Bundeswehr, mit einem verfassungsrechtlichen Auftrag und ihren sicherheits- und verteidigungspolitischen Aufgaben, gibt es in der Bundesrepublik in nicht unerheblichen Umfang weitere verbündete Streitkräfte der NATO-Vertragsstaaten. Dies sind vor allem Entsendetruppen der NATO-Partner aus den USA, Großbritannien, Belgien, Frankreich und den Niederlanden.

Unter Berücksichtigung des deutschen Rechts und völkerrechtlicher Vereinbarungen sind die Rechtsstellungen der Streitkräfte in Deutschland im NATO-Truppenstatut vom Jahr 1951 und im Zusatzabkommen zum NATO-Truppenstatut vom Jahr 1959 (letzte Änderungen vom 29. März 1998) geregelt. Darin werden den Gaststreitkräften vielfältige Privilegien und Immunitäten gewährt und die für die Wahrnehmung der gemeinsamen Verteidigungsaufgaben notwendigen Liegenschaften von der Bundesrepublik zur Verfügung gestellt. Diese Liegenschaften wie auch die der Bundeswehr, bleiben Eigentum der Bundesrepublik Deutschland.

Das Bundesland, in dem die jeweilige militärische Einrichtung angesiedelt ist, übernimmt gemäß ihrer Landesgesetzgebung zur Wahrung der öffentlichen Sicherheit und Ordnung die Hilfeleistungsverpflichtung für sie. Das bedeutet, dass die Hilfeleistung und Gefahrenabwehr bei Bränden und öffentlichen Notständen Ländersache (Artikel 30 sowie Artikel 70 Absatz 1 GG) ist.

Die Wahrnehmung und die Sicherstellung dieser hoheitlichen Aufgaben wurden in den Brandschutzgesetzen der Länder formuliert und als zentrale Bestimmung den Feuerwehren übertragen. Die Verpflichtung der Feuerwehr zur Erfüllung dieser gesetzlich übertragenen Aufgaben bleibt auch dann im vollen Umfang bestehen, wenn in den Standorten der Bundeswehr oder eines NATO-Partners eine eigene Militärfeuerwehr vorgehalten wird.

Soweit scheint die Rechtslage eindeutig, doch nun greifen weitere Rechtsgedanken, Bestimmungen, Erlasse und regionale Hilfeleistungsvereinbarungen, um zivilen und militärischen Interessen entgegenzukommen.

Getragen durch die bereits erwähnten Privilegien und Immunitäten aus dem NATO-Truppenstatut, beispielsweise in den Bereichen der Zivil-, Verwaltungs- und Strafgerichtsbarkeit, aber immer unter Berücksichtigung des deutschen Rechts, können Standortkommandeure oder ihre Vertreter die eigene Liegenschaft zum militärischen Sperrgebiet bzw. Sicherheitsbereich erklären und somit öffentlichen Feuerwehren den Zutritt zu ihrem Gelände verwehren.

Eine Sperrung sonstiger Örtlichkeiten aus militärischen Gründen steht den Streitkräften nicht zu. Ausgenommen davon bleibt die Sperrung einer Absturzstelle eines Luftfahrzeuges, da hier aufgrund deutscher Flugunfalluntersuchung eine sofortige Sicherung der Unfallstelle erfolgen muss.

Daneben wird durch die Länder und Kommunen den Militärstandorten mit Brandschutzkräften neben ihren Eigenschutzrechten eine gewisse Selbstschutzfähigkeit auch im Brandschutz eingeräumt, was bei den folgenden Betrachtungen sinnvoll erscheint.

Bei Bränden oder Hilfeleistungen in bestimmten militärischen Objekten kann für Angehörige von öffentlichen Feuerwehren mangels spezieller Kenntnisse der Risiken die Gefährdung und Zumutbarkeit schnell überschritten werden. Auch die Tatsache, dass Angehörige von Militärfeuerwehren rechtlich gesehen als Teil einer Einheit der Streitkräfte angesehen werden und somit nicht ohne Zustimmung der Standortkommandantur unter das Kommando einer deutscher Einsatzleitung gestellt werden können, wie im Gegenzug zivile Einsatzkräfte nicht unter die Kontrolle des Militärs, machen deutlich, dass nur ein Miteinander zu Lösungen führen kann.

Daher wurden regional in enger Zusammenarbeit zwischen militärischen Standortverwaltungen und zuständigen deutschen Behörden (Bürgermeisterämter oder Landratsämter)

Merke:

Laut ihrer Zentralen Dienstvorschriften sieht die Bundeswehr die Verantwortlichkeit und die Einsatzleitung bei Einsätzen in militärischen Anlagen bei den öffentlichen Feuerwehren, wenn keine dringliche militärische Notwendigkeit besteht oder die nationale Sicherheit gefährdet ist.

Übereinkommen für die gegenseitige Hilfeleistung im Brand- und Katastophenschutz geschlossen, die beispielsweise Vereinbarungen über gegenseitige Anforderungen von Hilfeleistungen, Bildung gemeinsamer Einsatzleitungen, Erstellung gemeinsamer Alarm- und Einsatzpläne oder gemeinsame Übungen beinhalten. Die Grundlagen hierzu schaffen die jeweiligen Brandschutz- und Hilfeleistungsgesetze oder Ministerialerlasse der Länder (z. B. GABl, Seite 470 aus dem Jahr 1991) sowie die in den »Army Regulations« der NATO-Vertragspartner ausdrücklich geforderten »mutual aid agreements« (Abkommen zur gegenseitigen Hilfeleistung, z. B. US AR 420-1).

Die Bundeswehr bezieht in ihren Zentralen Dienstvorschriften (ZDv 40/1, ZDv 9/100 und ZDv 70/1) klar Stellung, indem sie die Verantwortlichkeiten und Einsatzleitung bei der öffentlichen Feuerwehr sieht, wenn nicht dringliche militärische Notwendigkeiten oder die nationale Sicherheit vorrangig behandelt werden und somit der Zutritt in eine Liegenschaft verwehrt werden muss.

Abschließend ist zu bemerken, dass bei Abmachungen bzw. Übereinkommen der Landes- oder Kommunalbehörden mit Streitkräften eines NATO-Partners darauf zu achten ist, dass rechtsverbindliche Vereinbarungen nur die Behörden des Bundes als völkerrechtlicher Vertragspartner mit Entsendestaaten treffen können.

35.13.2 Erkundung einer Einsatzstelle in einer militärischen Anlage

Militärische Anlagen und Liegenschaften sind zur »zivilen Welt« hin abgegrenzte Lebens- und Arbeitsbereiche mit eigener Infrastruktur, Wohngebäuden, Werk- und Lagerstätten bis hin zu Einkaufzentren und Örtlichkeiten zur Freizeitgestaltung.

Das zu erwartende Gefahrenpotenzial ist in den meisten Fällen nicht größer als in einer Kommune mit angesiedeltem Industriegebiet, zumal der Vorbeugende Brandschutz einen hohen Stellenwert besitzt. Da also die Strukturen einer militärischen Liegenschaft durchaus mit denen einer Stadt bzw. Gemeinde gleich-

Tabelle 35.13.1 Gefahrklasseneinteilung und Gefahrzettel

Gefahrzettel am Fahrzeug	Gefahrzettel auf der Verpackung	Klasse	Unterklasse	Art und Eigenschaft des Gefahrguts
		1		Explosible Stoffe und Gegenstände
			1.1	Stoffe und Gegenstände, die massenexplosionsfähig sind
			1.2	Stoffe und Gegenstände, die Gefahr der Bildung von Splitter, Spreng- und Wurfstücken aufweisen (nicht massenexplosionsfähig)
			1.3	Stoffe und Gegenstände, die eine Feuergefahr besitzen
			1.4	Stoffe und Gegenstände ohne bedeutsame Gefahr
			1.5	Sehr unempfindliche massenexplosionsfähige Stoffe
			1.6	Extrem unempfindliche Gegenstände, nicht massenexplosionsfähig

zusetzten sind, kann ein Einsatzleiter eine Gefahreneinschätzung der Einsatzstelle mit den gängigen Überlegungen (Matrix: Gefahren an der Einsatzstelle, Führungsvorgang) durchführen und die nötigen Maßnahmen zur Gefahrenabwehr einleiten.

Bei einer Erkundung können mangelnde Ortskenntnisse, Zugangsverbot in Hochsicherheitsbereiche, Befehls- und Zuständigkeitshierarchien oder sprachliche Verständigung zu Problemen führen, die in der Regel durch mitalarmierte Verbindungsoffiziere, Angehörige der Militärpolizei oder -feuerwehr ausgeräumt werden können.

Außer den üblichen zu erwartenden Gefahren, wie beispielsweise in Kfz-Werkstätten, Schreinereien oder Schlossereien durch Druckgasflaschen, Gruben, Lacke, Fahrzeug-Betriebsmittel und kleineren chemischen Gebinden, sind als besondere Gefahren Munitionslagerung bzw. -transporte oder zur Materialüberprüfung im Flugzeug- und Panzerbau verwendete Prüfstrahler zu nennen.

Das Vorhandensein solcher Gefahren wird durch die allgemein bekannten Kennzeichnungen und Gefahrenhinweise an den jeweiligen Örtlichkeiten oder in erstellten Einsatzplänen angezeigt.

H

35.13.3 Transport von Munition

Munition beziehungsweise explosive Stoffe und Gegenstände können über
- Straße,
- Eisenbahn bzw. Schiene,
- Binnenschiffahrt,
- Seeschiffahrt oder
- Luftfahrt transportiert werden.

Beim Transport auf Straßen werden nach der Gefahrgutverordnung Straße, Eisenbahn und Binnenschiffahrt (GGVSEB) die Transportfahrzeuge oder/und das Transportgut mit Gefahrgutzettel und einer organgenen Warntafel gekennzeichnet. Die Ziffern geben dabei die Gefahrenklassen bzw. Unterklassen an. Dabei sind folgende Besonderheiten zu beachten:
- In den meisten Fällen werden die Gefahrzettel mittig auf den orangenen Warntafeln angebracht, welche vorne und hinten am Fahrzeug angebracht sind.
- Bei Ladegut mit unterschiedlichen Gefahrenklassen 1.1 bis 1.4 muss immer die höchste Gefahren- bzw. Munitionsklasse ausgewiesen werden!
- Aus Sicherheits- und Geheimhaltungsgründen können Fahrzeuge des Militärs ungenau oder gar nicht gekennzeichnet sein!
- Fahrzeuge mit weniger als 60 Kilogramm Munition (inklusive Verpackung) oder Fahrzeuge mit eingebauten Waffensystemen und dazugehöriger Munition werden nicht gekennzeichnet.
- Bei Vorkommnissen mit militärischen Fahrzeugen muss immer mit dem Vorhandensein von Munition gerechnet werden.
- Bei Kolonnenfahrten oder größeren Transportverbänden des Militärs werden zwischen den Fahrzeugen mit Munition häufig so genannte »Pufferfahrzeuge« mitgeführt.
- Unnötiges brennbares Material darf auf Transportfahrzeugen von Munition nicht mitgeführt werden.
- Als Verpackung für Munition werden häufig Kisten aus Metall oder Holz mit unterschiedlichen Feuerwiderstandszeiten

Tabelle 35.13.2 Zusammenlagerungs- bzw. Verträglichkeitsgruppen bei Muniton auf Gefahrenzettel

Buchstabe	Spezifierung der Eigenschaften und Verträglichkeiten
A	Zündstoff
B	Gegenstand mit Zündstoff und weniger als zwei wirksamen Sicherungsvorrichtungen
C	Treibstoff oder anderer deflagrierender explosiver Stoff
D	Detonierender explosiver Stoff oder Schwarzpulver
E	Gegenstand mit detonierendem explosivem Stoff ohne Zündmittel mit treibender Ladung
F	Gegenstand mit detonierendem explosivem Stoff mit seinem eigenen Zündmittel, mit treibender Ladung oder ohne treibende Ladung
G	Pyrotechnischer Stoff oder Gegenstand mit pyrotechnischem Stoff
H	Gegenstand, der sowohl explosiven Stoff als auch weißen Phosphor enthält
J	Gegenstand, der sowohl explosiven Stoff als auch entzündbare Flüssigkeit oder entzündbares Gel enthält
K	Gegenstand, der sowohl explosiven Stoff als auch giftigen chemischen Wirkstoff enthält
L	Explosiver Stoff oder Gegenstand mit explosivem Stoff, der ein besonderes Risiko darstellt und eine Trennung jeder einzelnen Art erfordert enthält
N	Gegenstand, der nur extrem unempfindliche detonierende Stoffe enthält
S	Stoff oder Gegenstand, der so verpackt oder gestaltet ist, dass jede durch nicht beabsichtigte Reaktion auftretende Wirkung auf das Versandstück beschränkt bleibt

H

verwendet. Metall hat in der Regel eine Feuerwiderstandsdauer von drei Minuten und 50 Sekunden und Holz von elf Minuten und 30 Sekunden.
- Angaben von Zusammenlagerungs- bzw. Verträglichkeisgruppen bei Munition sind als Buchstabe auf den Gefahrzetteln (▶ Tabelle 35.13.2) vermerkt.

Die Gefahrklasse und die Verträglichkeitsgruppe ergeben zusammen den so genannten »Gefahrcode«, der mit der Gefahrgutkennzeichnung nach ADR (Europäisches Übereinkommen über die internationale Beförderung gefährlicher Güter auf der Straße) und der GGVSEB identisch ist.

Im Bereich der Eisenbahn können zusätzlich drei rote Dreiecke als Rangierhinweis »Abstoß- und Auflaufverbot« hinzukommen.

In der Binnenschiffahrt erfolgt die Kennzeichnung bei der Beförderung bestimmter explosionsgefährlicher Güter tagsüber durch drei blaue übereinanderstehende Kegel, die mit der Spitze nach unten zeigen. Nachts erfolgt die Kennzeichnung durch drei blaue Rundumlichter übereinander auf dem Achterschiff.

Im Gültigkeitsbereich der Seeschifffahrtsstraßen-Verordnung und der Schifffahrtsverordnung Emsmündung ist tagsüber ein roter Doppelstander (Flagge B »gefährliche Ladung« des Internationalen Signalhandbuches) und nachts ein rotes Rundumlicht angebracht. Zu beachten ist, dass militärische Wasserfahrzeuge grundsätzlich jedoch nicht gekennzeichnet werden.

Flugzeuge oder Hubschrauber, die explosive Stoffe/Munition transportieren, werden an

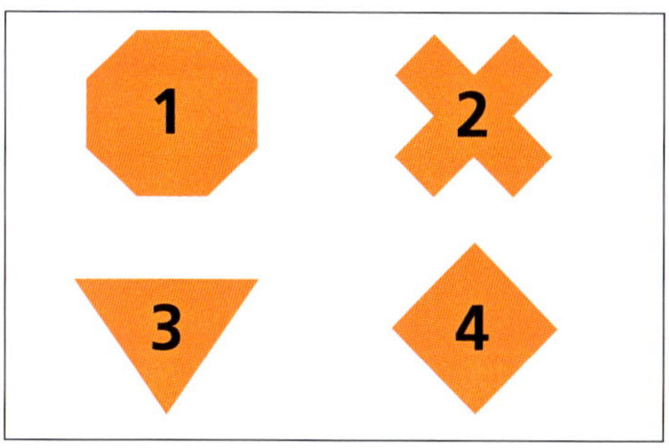

Bild 35.13.1 Lagerung von Muntion: Die Ziffern geben die Munitionsbrandklasse an

Bild 35.13.2 Im Umgang mit Munition werden von den Streitkräften der USA drei Symbole für die erforderliche Schutzkleidung verwendet: Umluftunabhängiger Atemschutz und CSA (rot), Umluftunabhängiger Atemschutz und PSA (gelb), Umluftunabhängiger Atemschutz und Hitzeschutzanzug (weiß).

ihren Außenseiten nicht gekennzeichnet. Das Transportgut innerhalb des Luftfahrzeug wird in der Regel mit den gängigen Gefahrzettel beschildert sein. Beim Militär werden für solche Transporte die Ausdrücke:
- »Red Label Cargo« (Fracht mit rotem Aufkleber) und
- »Hot Cargo« (»Heiße« Fracht) verwendet.

Bei militärischen Flugobjekten muss immer mit dem Vorhandensein von Munition gerechnet werden!

35.13.4 Lagerung von Munition

Diese Art der Kennzeichnung (▶ Bild 35.13.1) wird ausschließlich für Lagerstätten von Munition verwendet. Dies können Munitionsdepots, Bunker, Produktionsstätten oder Waffenkammern in Truppenunterkünften sein. Ist ein ganzes Gebäude zur Lagerung von Munition vorgesehen, so wird dies an der Gebäudeaußenseiten kenntlich gemacht. Wird Munition nur in einzelnen Räumen (Waffenkammern) eines Gebäudes gelagert, werden deren Türen und eventuell die dazugehörigen Fenster mit Schildern der Munitionsbrandklassen gekennzeichnet.

35.13.5 Brand von Munition

Man unterscheidet zwischen entstehenden und entwickelten Munitionsbränden:

Entstehende Munitionsbrände sind Brände, bei denen das Feuer die Ladung/Lagerung

H

noch nicht erfasst hat und eine Reaktion der Explosivstoffe oder anderer gefährlicher Stoffe nicht zu erwarten ist.

Entwickelte Munitionsbrände sind Brände, bei denen das Feuer die Ladung/Lagerung erfasst hat und in Kürze mit einer Reaktion der Explosivstoffe gerechnet werden muß (Explosion, Detonation). Als entwickelte Munitionsbrände gelten auch Brände, bei denen nicht zweifelsfrei erkannt werden kann, wie weit der Brand bereits fortgeschritten ist!

Munitionsbrände sind entsprechend dem Stadium des Brandes zu bekämpfen. Dazu sind die Unfallmerkblätter, Zusatzmerkblätter, Beförderungspapiere, Kennzeichnungen und/oder Fachpersonal hinzuzuziehen.

Können keine zuverlässigen oder nur unzureichende Informationen eingeholt werden, ist von der größtmöglichen Gefahr (Massenexplosionsfähige Munition der Gefahrklasse 1.1) auszugehen! Die zur Brandbekämpfung eingesetzten Kräfte und Mittel sind keiner unnötigen Gefährdung auszusetzen, jede mögliche Deckung ist auszunutzen und nur das absolut notwendige Personal zur Brandbekämpfung einzusetzen. Herausgeschleuderte oder verstreut liegende Munition sollte nicht berührt werden. Entstehende Munitionsbrände sind mit allen zur Verfügung stehenden Mitteln zubekämpfen! Geht ein entstehender Munitionsbrand der Gefahrklasse 1.1 bis 1.3 in einen entwickelten Munitionsbrand über, ist die Brandstelle zu verlassen; der unverzügliche Rückzug muss angeordnet werden.

Die je nach Gefahrklasse vorgeschriebenen Sicherheitsabstände zur Brandstelle eines entwickelten Brandes sind unbedingt einzuhalten. Ein entwickelter Munitionsbrand der Gefahrklasse 1.1 und 1.2 darf nicht bekämpft und die Mindestabstände zur Brandstelle von den Einsatzkräften müssen unbedingt eingehalten werden. Die Umgebungsbrände müssen bekämpft und eine Brandausbreitung möglichst verhindert werden. Ein entwickelter Munitionsbrand der Gefahrklasse 1.3 ist im Allgemeinen aus der Deckung heraus zu bekämpfen. Mit großer Flammenbildung und starker Wärmestrahlung ist zu rechnen.

Tabelle 35.13.3 Notwendige Abstände, die bei von Feuer erfasster Munition einzuhalten sind.

Munitionsklasse (Munitionslager)	Gefahrklasse (nach GGVSEB)	Abstände (Ladung vom Feuer erfasst)			Gefahren
		mit Deckung	ohne Deckung	Unbeteiligte	
		200 Meter	300 Meter	1 000 Meter	Massenexplosion, Druckwelle, Splitter und Wurfstücke
		100 Meter	125 Meter	1 000 Meter	Explosion, Splitter und Wurfstücke
		60 Meter	60 Meter	100 Meter	Explosion, Brand, Massenbrand möglich, Wurfstücke, starke Wärme und Rauch
		10 Meter	25 Meter	100 Meter	Feuer und Wärme

Tabelle 35.13.4 In den USA sind die Sicherheitsabstände von der Menge der gelagerten Munition abhängig. Die ungeraden Angaben ergeben sich aus der Umrechnung der Maßeinheiten.

Munitionsbrandklasse	Lagermenge	mit Deckung	ohne Deckung
1	bis 22 700 Kilogramm	305 Meter	610 Meter
1	bis 45 400 Kilogramm	400 Meter	800 Meter
1	über 45 400 Kilogramm	610 Meter	1 000 Meter
2	bis 22 700 Kilogramm	100 Meter	135 Meter
2	bis 45 400 Kilogramm	135 Meter	275 Meter
2	über 45 400 Kilogramm	275 Meter	549 Meter
3	bis 45 400 Kilogramm	60 Meter	183 Meter
3	über 45 400 Kilogramm	91 Meter	240 Meter
4	bis 22 700 Kilogramm	10 Meter	25 Meter
4	bis 45 400 Kilogramm	45 Meter	91 Meter
4	über 45 400 Kilogramm	91 Meter	183 Meter

Ein entwickelter Munitionsbrand der Gefahrklasse 1.4 ist zu bekämpfen. Erst nach längerer Einwirkung von Feuer und Wärmestrahlung brennt die betroffene Munition ab. Mit kleineren Explosionen und Funkenflug ist zu rechnen. Die Windrichtung und topografische Verhältnisse sind zu beachten. Munitionsbrände in erdgedeckten Betoniglus dürfen wegen der speziellen Bauweise dieses Gebäudes nicht bekämpft werden. Munitionslagerungen der Lagerklasse 4 sind unverzüglich zu bekämpfen, dabei müssen die Einsatzkräfte beim Betreten des Lagergebäudes äußerst vorsichtig sein. Auch hier sollen Brände in erdgedeckten Betoniglus nicht bekämpft werden.

Entwickelte Munitionsbrände von Munition der Verträglichkeitsgruppen G, H, J und L erfordern aufgrund des Verhaltens ihrer gefährlichen Stoffe zusätzliche Maßnahmen zum Schutz der Einsatzkräfte und Schadenbekämpfung. Weitere Informationen finden sich auf den Zusatzmerkblättern.

35.13.6 Unterscheidung von scharfer und Manöver- bzw. Übungsmunition

Munition und deren Verpackung werden beim Militär mit bestimmten Farb- und Buchstabencodes gekennzeichnet sowie mit militärischen Registriernummern, die für alle Ausrüstungsgegenstände gelten, gekennzeichnet. Eine Bestimmung der Munition über die Registriernummer ist nur mit umfangreichen Nachschlagewerken möglich.

Munition kann unterschiedliche Verwendungszwecke und Inhaltsstoffe haben. Außer Explosivstoffen können weitere gefährliche Stoffe enthalten sein, die besondere Aufmerksamkeit und gesonderte Maßnahmen der Einsatzkräfte erfordern. Neben der üblichen Kennzeichnung sind die Beförderungspapiere, schriftliche Weisungen, eventuell Zusatzmerkblätter sowie Farb- und Buchstabencodes auf der Munition besonders zu beachten.

Feuerwerksmunition und ein Großteil der Übungsmunition wird auch pyrotechnische Munition genannt. Im militärischen Bereich findet sie als Signal-, Rauch-, Brand-, oder Leuchtmunition (für Leuchtspur oder Beleuchtung) Verwendung.

Diese pyrotechnische Munition mit Bestandteilen aus brennbaren Materialien (z. B. Schwefel, Kohlenstoffe, Bindemittel, Farbstoffe) und chemisch gebundenem Sauerstoff produziert bei einem Brand extrem hohe Verbrennungstemperaturen. Zur Zündung von pyrotechnischer Munition ist nur eine geringe Zündenergie notendig. Ist sie gezündet, dann brennt sie sehr schnell und intensiv ab. Eventuell vorhandene kleine Sprengladungen können zu einer Brandausbreitung beitragen. Brände mit pyrotechnischer Munition sind durch den in sich gebundenen Sauerstoff äußerst schwer zu löschen!

Zusatzmerkblätter für weiterführende Informationen sind erforderlich bei Munition mit:

- Weißem Phosphor (WP) mit der Verträglichkeitsgruppe H,
- Chloracetophenon (CN),
- 2-Chlorbenzylidenmalonsäuredinitril (CS),
- Titantetrachlorid FM mit der Verträglichkeitsgruppe G,
- Hexachlorethan (HC),
- Roter Phosphor (RP),
- Thermit (TH),
- pyrotechnischen Stoffen (PT),
- Calciumphosphid (CP),
- Magnesiumphosphid (MP),
- Unsymmetrischem Dimethylhydrazin (UDMH) mit der Verträglichkeitsgruppe L,
- Inhibierte rotrauchende Salpetersäure (IRFNA),
- Monergol Otto Fuel II (OF) mit der Verträglichkeitsgruppe J.

In Rahmen dieses Kapitels wird auf eine Auflistung der beim Militär verwendeten chemischen Kampfstoffe, wie z. B. Nerven-, Psycho-, Blut- oder Hautkampfstoffe (Tabun, Sarin, VX- und BZ-Stoffe, Senfgas, Arsen), verzichtet. Als eindeutige Kennzeichnung für diese Art der Munition gilt neben grünen Farbbändern die Aufschrift »Gas«.

Farb- und Buchstaben-Kennzeichnungen

Bundeswehr und Stationierungsstreitkräfte verwenden annähernd dieselben Farb- und Buchstaben-Codierungen. Bei großkalibriger Munition über 20 Millimeter ist mithilfe von Farbbändern und Buchstaben am Munitionskörper eine Gefahrenerkennung möglich (▶ Tabelle 35.13.5).

H

Tabelle 35.13.5 Großkalibrige Munition über 20 Millimeter Geschossdurchmesser

Munitionstyp	Farbliche Kennzeichnung	Kennbuchstaben	Bedeutung
Panzerbrechend	schwarzes Farbband, weiße Schrift	AP	Armor Piercing
Hochexplosive Panzerkampfmunition	schwarzes Farbband, gelbe Schrift	HEAT	High Explosive Anti Tank
Hochexplosive Munition	grünes Farbband, gelbe Schrift	HE	High Explosive
Rauchmunition	hellgrünes Farbband, hellrote Schrift	SMK	Smoke
Infanteriemunition	grünes Farbband, weiße Schrift	Apers	Anti-personnel
Brandmunition, -geschoss	rotes Farbband, schwarze Schrift	INCEN	Incendiary
Leuchtspurmunition	kein Farbband, rotes T (oder TTT in der Spurfarbe)	T	Tracer
Übungsmunition	blaues Farbband, weiße Schrift	TP	Target Practice

35.14 Brände in Krankenhäusern

von Florentin von Kaufmann

Krankenhäuser bergen im Brandfall durchaus hohes Risikopotenzial. Neben den Patienten, die teilweise bettlägerig sind und zudem abhängig von der Versorgung von medizinischen Geräten sein können, gibt es beispielsweise auch sensible Bereiche wie Operationsbereiche oder Bereiche mit ABC-Gefahren, welche die Brandbekämpfung zusätzlich erschweren können.

Krankenhäuser werden wegen ihres Gefahrenpotenzials und ihrer Komplexität baurechtlich als Sonderbauten beurteilt. Eine Tatsache, die Auswirkung auf die Taktik und das Handeln der ersteintreffenden Kräfte hat und viel Schaden vermieden kann, wenn sich jeder einzelne Feuerwehrangehörige richtig verhält.

Als Sonderbauten verfügen Krankenhäuser immer über zwei bauliche Rettungswege. Jedes Geschoss in einem Krankenhaus ist brandschutztechnisch so getrennt, dass sich Betten einfach von einen Abschnitt in einen angrenzenden Abschnitt desselben Geschosses verschieben lassen. Dreißig von hundert Betten müssen somit auf andere Abschnitte desselben Geschosses zu verteilen sein. Bei den restlichen Patienten geht man davon aus, dass sie nicht an Betten gebunden sind, also auch über Treppen in Sicherheit gebracht oder entlassen werden können. Aus dieser Tatsache leitet sich eine grundlegende Taktik in der Krankenhausbrandbekämpfung ab.

In der Anfangsphase werden die Patienten nur im selben Geschoss verschoben **<horizontale Evakuierung>**. Das Retten der Patienten in andere Geschosse bindet zumindest in der ersten Einsatzphase zu viele Kräfte. Somit hat jeder einzelne Feuerwehrangehörige auch darauf zu achten, dass er nicht zusätzlich, beispielsweise durch das Offenlassen von Türen zu einer weiteren Rauchausbreitung beiträgt, um die Funktion der Brandabschnittsbildung im Geschoss möglichst lange zu erhalten.

Quelle: Branddirektion München

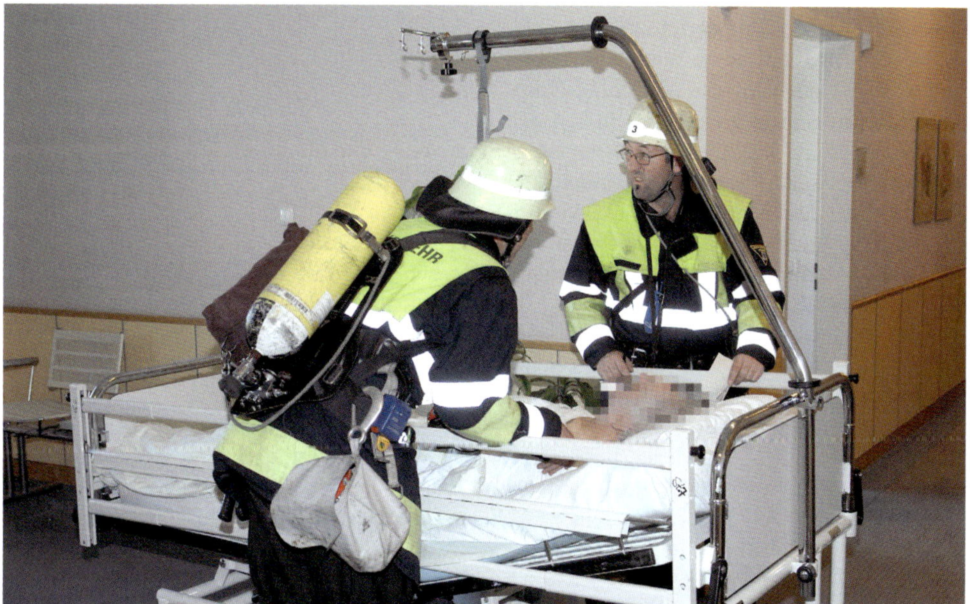

Bild 35.14.1 Die Betten mit den Patienten werden in der ersten Phase horizontal in einen sicheren Bereich verschoben.

H

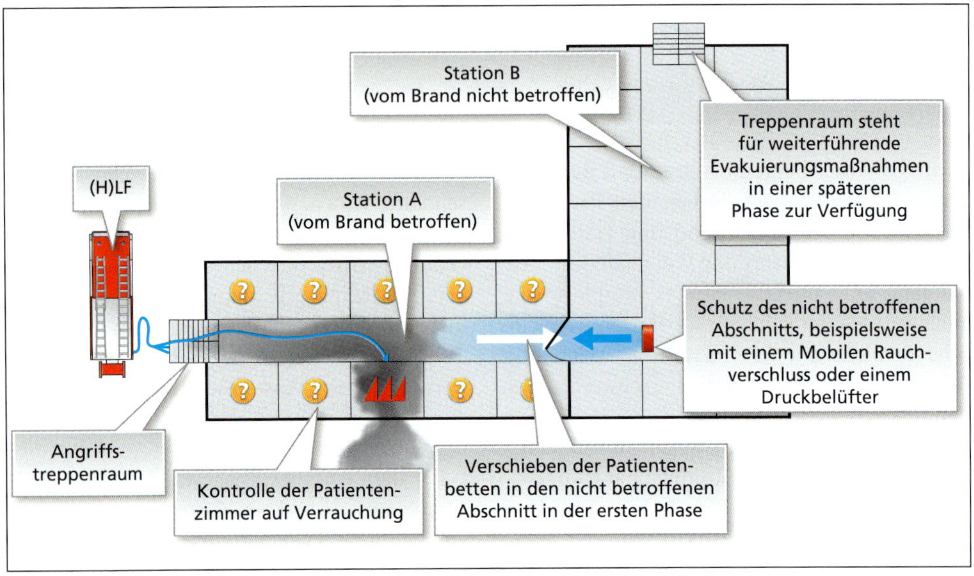

Bild 35.14.2 Darstellung der grundlegenden Taktik, die bereits beim Eintreffen der ersten Kräfte so durchgeführt werden muss, um den Erfolg des Gesamteinsatzes zu sichern.

Fast alle Krankenhäuser verfügen über Wandhydranten und Löschwasserleitungen in unmittelbarer Nähe zu den notwendigen Treppenräumen.

Da es sich bei vielen Kliniken um eher große Gebäude, teilweise mit einer großen Gebäudetiefe handelt, kommt es zu ähnlichen Problemen wie bei den Hochhäusern. Brandbekämpfungsmaßnahmen finden oft weit ab von den Fahrzeugen statt, die Trupps müssen lange Angriffswege zurücklegen. Deswegen bietet sich auch hier die Stoßtrupptaktik in Verbindung mit der konsequenten Nutzung der vorhandenen Löschwasseranlagen (Löschwasserleitungen und Wandhydranten) an.

Krankenhäuser haben in der Regel ständig besetzte Stellen und Personal, welches für Notfälle in der Klinik speziell trainiert wurde. Jedes Krankenhaus muss zudem über Notfallpläne verfügen, aus denen hervorgeht, wer im Brandfall zu verständigen ist und wer Ansprechpartner der Feuerwehr sein wird. Jede Klinik verfügt über einen Brandschutzbeauftragten. Diese Personen können auch schon für das ersteintreffende Löschfahrzeug eine große Entlastung bringen, um sich einen Überblick über die Lage zu verschaffen und den richtigen Angriffsweg zu wählen. Personal wird allerdings besonders in den Nachtzeiten reduziert, oft herrscht eine große Fluktuation beim Klinikpersonal, mit der Folge, dass nicht jede Pflegekraft im Brandfall richtig reagiert. Deswegen ist es unerlässlich, dass sich der Fahrzeugführer zusätzlich ein eigenes Lagebild verschafft.

35.14.1 Einsatz im ersten Zugriff

Vor jeder Maßnahme muss der Blick in den Feuerwehreinsatzplan oder Feuerwehrplan stehen. Die Wahl des Angriffsweges hat so zu erfolgen, dass der Treppenraum genutzt wird, der dem Brandereignis am nächsten ist. Dies ist nicht zwingend der Treppenraum, der in der Feuerwehr-Laufkarte der Brandmeldeanlage vorgeschlagen wird.

Der Fahrzeugführer und der vorgehende Trupp sprechen ihre Maßnahmen mit Blick in die vorhandenen Einsatzunterlagen ab. Unterstützen kann hier, falls zugegen, der Brandschutzbeauftragte der Klinik. Wird der angrenzende Treppenraum als Angriffsweg verwendet, bleiben die Rauchabschnitte des betroffenen Geschosses in Takt. Der Schwer-

Achtung:

Werden Wandhydranten vom Typ »F« verwendet, so müssen die Schläuche der Feuerwehr angeschlossen werden. Der beim Wandhydranten Typ »S« vorgehaltene formstabile Druckschlauch dient der Brandbekämpfung durch Laien. Er ist aufgrund der zu geringen Wasserlieferung für die Nutzung der Feuerwehr nicht geeignet.

punkt muss in der Bekämpfung des Brandes und in der Menschenrettung in den akut gefährdeten Bereichen liegen, die Türen sind soweit wie möglich geschlossen zu halten.

35.14.2 Einsatz zum Absuchen der Räume und Evakuierung

Das rauchdichte Abschotten der einzelnen Patientenzimmer in einem Rauchabschnitt untereinander ist nicht in jedem Fall baurechtlich gefordert und auch in der Praxis schwer umzusetzen. Deswegen ist es zwingend notwendig, in einer frühen Phase alle Patientenzimmer abzusuchen. Der Trupp beginnt mit den direkt an den Brandraum angrenzenden Zimmern und kontrolliert im Anschluss die restlichen Zimmer der Station. Auch Hohlräume wie Zwischendecken und Schächte müssen kontrolliert werden.

Das Verlegen von Patienten sollte immer in Absprache mit dem zuständigen Stationspersonal erfolgen, da diesem bekannt ist, welche medizinischen Geräte angeschlossen bleiben müssen und auf welches Gerät verzichtet werden kann. Es kann ebenfalls Auskunft darüber geben, wohin der Patient verschoben werden muss oder ob er im Zweifelsfall gehfähig ist. Das Verschieben der Betten in die angrenzenden Bereiche erfordert zumindest ein längeres Offenhalten der Rauchschutztüren. Deswegen müssen vorher Maßnahmen getroffen werden, um eine Verrauchung der Bereiche, in welchen die Patienten verschoben werden, zu verhindern. Das kann durch den Einsatz von Druckbelüftern oder Mobilen Rauchverschlüssen geschehen. Ein kombinierter Einsatz ist sinnvoll.

Quelle: Branddirektion München

Bild 35.14.3 Deutlich zu erkennen ist die offenstehende Tür und der Brandrauch im angrenzenden Bereich des Klinikgebäudes. Durch den Einsatz eines Druckbelüfters wird verhindert, dass sich der Rauch in den nicht betroffenen Bereich ausbreiten kann.

Sollte eine Rettung nicht gehfähiger Patienten mittels Krankenhausbett nicht möglich sein, könnte eine Rettung mittels eines Tragetuches oder eines Tragestuhls erfolgen. In manchen Krankenhäusern sind die Betten auch mit so genannten Evakuierungseinlagen ausgestattet, die eine Rettung durch Schleifen des Bettzeugs auf dem Boden und über Treppen ermöglichen.

35.14.3 Einsatz in sensiblen Bereichen

Krankenhäuser verfügen über sensible Gebäudeteile wie beispielsweise Operationsbereiche. Diese Bereiche werden von den öffentlich zugänglichen Bereichen durch Schleusen abgetrennt. Ziel ist es, dort einen hohen hy-

Achtung:

Auch Patientenzimmer verfügen über eine Medienversorgung wie beispielsweise Sauerstoff, der bei einem Feuer brandfördernd wirken kann.

H

gienischen Standard zu halten und eine Verunreinigung durch Dritte zu verhindern.

Auch die Feuerwehr sollte diese Bereiche nicht ohne zwingende Notwendigkeit und vorheriger Absprache mit den Verantwortlichen betreten. In einem Brandfall im Operationsbereich wird versucht werden, die Operationen in den nicht unmittelbar betroffenen Operationssälen zumindest soweit fertig zu stellen, dass die Patienten verlegt werden können.

Gerade bei unbestätigten Feuermeldungen (z. B. durch Brandmeldeanlagen) muss die Feuerwehr hier sehr sensibel agieren, um den Betrieb so wenig wie möglich zu stören und um eine Gefährdung der Patienten auszuschließen, die gerade operiert werden.

Vor dem Betreten des Bereiches mit der »dreckigen« Schutzkleidung müssen alle Alternativen ausgeschöpft worden sein. Ist die Feuermeldung beispielsweise nicht durch Anrufe oder Aussagen des Personals bestätigt worden, ist die Wahrscheinlichkeit sehr hoch, dass es sich nicht um einen tatsächlich zeitkritischen Brand handelt, der ein sofortiges und zielgerichtetes Handeln, ohne die Erkundung der Rahmenbedingungen erfordert. Zuerst ist dann zu überprüfen, ob der betroffene Raum, in welchen der Melder ausgelöst hat, durch Sichtfenster einsehbar ist oder mit der Drehleiter in den Raum von außen eingesehen werden kann. Im Zweifel kann auch durch das OP-Personal mit der entsprechenden Umsicht erkundet werden. Unter Umständen bieten sich alternative Angriffswege an, die benutzt werden können, ohne den OP-Betrieb nachhaltig einzuschränken. Auch bei einem tatsächlichen Brand muss hier in enger Absprache mit dem Personal agiert werden.

Die durch die Feuerwehr kontaminierten Bereiche müssen erst aufwändig desinfiziert werden, sodass sie wieder den Hygienestandards entsprechen. Das führt eine erhebliche Beeinträchtigung des OP-Betriebes und bisweilen auch hohe Kosten durch den Ausfall des OP mit sich. Neben dem OP-Bereich, der hier als Beispiel genannt ist, gibt es aber auch andere Bereiche mit hohen Hygienestandards wie beispielsweise Neugeborenenstationen oder Intensivstationen.

Wird eine Brandbekämpfung allerdings eingeleitet, muss die volle Schutzausrüstung getragen werden. Spezielle Überschuhe oder Anzüge, die eine Verunreinigung des Bereiches vermeiden sollen, sind nicht geeignet, da sie die Schutzwirkung der Persönlichen Schutzausrüstung erheblich beeinträchtigen.

35.14.4 Einsatz in Bereichen mit supraleitenden Magneten

Die Magnetresonanz-Tomographie (MRT) ist ein Verfahren, das vor allem in der medizinischen Diagnostik zur Darstellung von Struktur und Funktion der Gewebe und Organe im Körper eingesetzt wird. Mit der MRT kann man Schnittbilder des menschlichen Körpers erzeugen, die eine Beurteilung der Organe und vieler krankhafter Organveränderungen erlauben. Ein Magnetresonanz-Tomograf darf nicht mit ähnlich aussehenden CT-Geräten (Computertomografie) verwechselt werden, die das Bild jedoch mit Röntgenstrahlung erzeugen. Von daher ist bei der Erkundung auf die entsprechende Raumbenennung und -kennzeichnung zu achten (▶ Bild 35.14.5).

Bei der MRT werden durch supraleitende Magneten starke magnetische Felder aufgebaut, die zu einer Gefahr für die vorgehenden Feuerwehrangehörigen werden können. Das Magnetfeld ist so stark, dass auch schwere metallische Gegenstände angezogen werden können. Das gilt auch für metallische Teile der Persönlichen Schutzausrüstung von Feu-

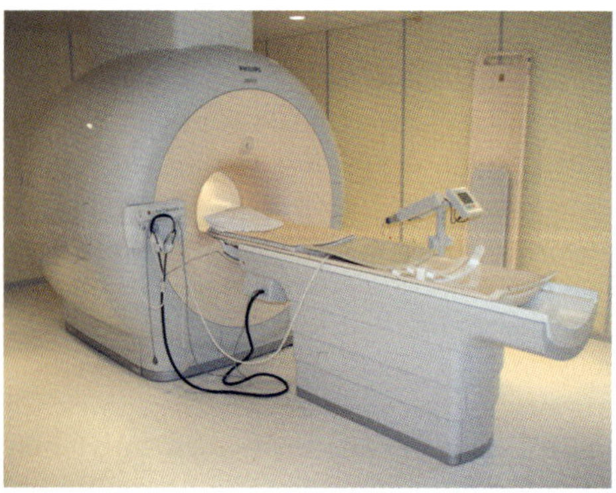

Quelle: J. Thorns

Bild 35.14.4 Magnetresonanz-Tomograf in einem Krankenhaus

Quelle: J. Thorns

Bild 35.14.5 Bei der Erkundung ist auf die spezielle Kennzeichnung der Räume zu achten.

erwehrangehörigen wie beispielsweise die Atemluftflasche des Pressluftatmers. Aus diesem Grund sollte nur nichtmagnetische Ausrüstung (z. B. CFK-Atemluftflasche) eingesetzt werden. Besonderes Augenmerk ist auf die »normale« Feuerwehrausrüstung wie Feuerwehraxt, Feuerlöscher, Kübelspritze etc. sowie elektronische Geräte (Funkgeräte, Mobiltelefone, Meldeempfänger) zu legen. Einsatzkräfte mit Herzschrittmachern und in das Knochenskelett eingesetzte Nägel und Schrauben dürfen in der Erstphase nicht im Bereich des MRT eingesetzt werden.

Im Einsatz ist die Abstandsregel zu beachten – mit zunehmender Entfernung wird das Magnetfeld geringer. Bereits in einer Entferung von zwei Metern ist ein deutlicher Unterschied zu merken.

Um das Magnetfeld abzuschalten, wird neben dem »Not-Aus«-Schalter für die Elektrik auch ein Schalter für das Abschalten des Magnetfeldes gedrückt. Der Vorgang wird als »Quenchen« bezeichnet. Dieser Schalter ist speziell geschützt, da durch das »Quenchen«

Praxis-Tipp:

Im Bereich des Supraleiters darf die eingesetzte Ausrüstung (und damit auch krankenhauseigene Feuerlöscher) nicht ferromagnetisch sein dürfen. Ein Test ist mit einem Dauermagneten möglich. Oft werden im MRT-Bereich spezielle Feuerlöscher vorgehalten.

Achtung:

Supraleitende Magneten stellen ein erhebliches Gefahrenpotenzial im Einsatz dar. Der Raum darf nur mit der Persönlichen Schutzausrüstung betreten werden, wenn das MRT abgeschaltet worden ist und »gequencht« wurde.

das Kühlmittel, in der Regel flüssiges Helium, ins Freie abströmt. Das »Quenchen« kann unter Umständen zur Zerstörung des Gerätes führen und kann zwischen 30 Sekunden sowie mehreren Minuten dauern. Bis zur vollständigen Auflösung des (nur noch schwachen) Magnetfeldes können im Einzelfall mehrere Stunden vergehen.

Alleine das Ablassen des Kühlmittels ist mit erheblichen Kosten verbunden (mehrere 10 000 Euro). Deswegen gilt es auch hier, sehr umsichtig zu agieren, gerade bei unbestätigten Feuermeldungen. In diesem Fall sind alle Möglichkeiten wie Überwachungskameras, das Einsehen des Raumes von Außen über die Drehleiter oder durch die Fenster von Überwachungsräumen und das vorsichtige Erkunden

Quelle: J. Thorns

Bild 35.14.6 »Not-Aus«-Schalter zur Abschaltung des Magnetfeldes des MRT mit den ensprechenden Warnhinweisen

H

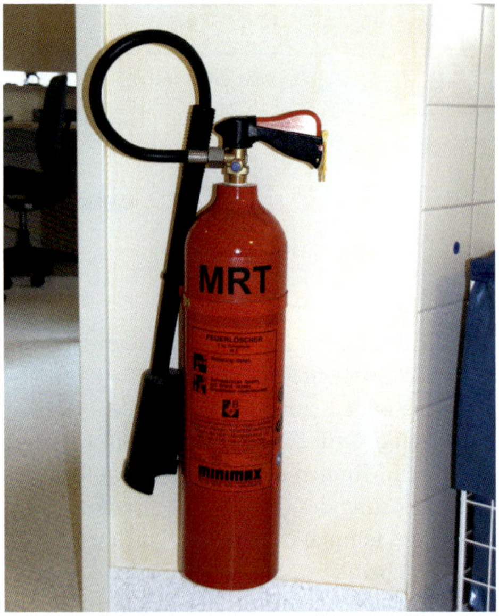

Quelle: J. Thorns

Bild 35.14.7 Feuerlöscher aus Aluminium vor dem MRT-Behandlungsraum

durch Klinikpersonal auszuschöpfen, bevor die Räumlichkeiten durch die Feuerwehr betreten werden. Ein Hinweis auf einen supraleitenden Magneten muss im Feuerwehr(einsatz)-plan verzeichnet sein.

35.14.5 Einsatz zur Brandbekämpfung in Versorgungsbereichen

Krankenhäuser verfügen über eine umfangreiche Logistik, um den Patienten zu versorgen und den Klinikbetrieb aufrechtzuerhalten. Die Versorgungsbereiche von Krankenhäusern liegen üblicherweise in den Kellergeschossen, im Dachbereich und in Technikgeschossen.

Zudem wird versucht, die Haustechnik und die für den Betrieb notwendige Technik in Schächten zu bündeln.

Der Feuerwehrangehörige steht hier im Brandfall nicht nur der Gefahr durch Feuer und Rauch gegenüber, sondern auch ABC-Gefahren, Gefahren durch Starkstrom oder Medienführung wie beispielsweise Sauerstoff. Oft sind die Versorgungsbereiche groß und unübersichtlich und bergen die verschiedensten Funktionen wie Wäschereien, Werkstätten oder Großküchen in sich.

Auch hier gilt der Grundsatz, die Rauchausbreitung durch die richtige Wahl des Angriffsweges und den Einsatz von Druckbelüftern bzw. Mobilen Rauchverschlüssen schon in einer frühen Phase zu verhindern, sodass der Betrieb in den nicht betroffenen Bereichen so lange wie möglich aufrecht erhalten werden kann.

Der Blick in den Feuerwehr(einsatz)plan hilft die ungefähre Eindringtiefe festzulegen und den Einsatzbereich abzuschätzen. Elektrische Anlagen sind abzuschalten und gegen Wiedereinschalten zu sichern.

35.14.6 Einsatz zur Brandbekämpfung in Krankenhauslaboren und Bereichen mit ABC-Gefahren

Bei Bränden in Bereichen mit atomaren, chemischen oder biologischen Gefahren ist grundsätzlich auf die Grundsätze der Feuerwehr-Dienstvorschrift (FwDV) 500 zu achten (▶ Kapitel 56 ff.). Da es sich hier um Brandbekämpfung handelt, ist auf das Tragen von Chemikalienschutzanzügen zu verzichten.

Für die Dekontamination können auch die Einrichtungen der Klinik benutzt werden, wie beispielsweise Personalduschen oder Duschen von Therapieschwimmbädern. Eine Kontaminationsverschleppung ist zu vermeiden. Der Rückzugsweg bzw. der Weg zum Dekonplatz ist deswegen entsprechend auszuweisen. Führt dieser über innenliegende Gänge, ist er so zu wählen, dass möglichst wenig zusätzliche Bereiche kontaminiert werden.

Literatur

[1] Fachkommission Bauaufsicht: Muster einer Verordnung über den Bau und Betrieb von Krankenhäusern (Krankenhausbauverordnung – KhBauVO – Fassung Dezember 1976.

[2] Haag, W.: Notfallevakuierung im Krankenhaus, BRANDSchutz/Deutsche Feuerwehr-Zeitung, Ausgabe 4/2003, S. 276 ff.

[3] Lang, R.: Dienstunfall durch Magnetismus, BRANDSchutz/Deutsche Feuerwehr-Zeitung, Ausgabe 3/2002, S. 281 ff.

[4] Thorns, J.: Gefahr im Krankenhaus, BRANDSchutz/Deutsche Feuerwehr-Zeitung, Ausgabe 9/2007, S. 619 ff.

35.15 Brände in Laboratorien und Forschungsbereichen

von Jürgen Warmbier

Brände in Laboratorien und Forschungsbereichen sind für die Einsatzkräfte der Feuerwehr stets eine Herausforderung. Im Gegensatz zu Wohnungsbränden kommen Brände in diesen Einrichtungen seltener vor. Folglich fehlt oftmals die Einsatzpraxis. Darüber hinaus wird in Laboratorien und Forschungsbereichen mit Stoffen gearbeitet, von denen besondere Gefahren ausgehen. Diese Gefahren müssen erkannt werden, um mit geeigneten Maßnahmen entgegenwirken zu können. Feuerwehren, in deren Ausrückebereiche Laboratorien und Forschungseinrichtungen liegen, müssen sich besonders für die Brandbekämpfung vorbereiten.

Neben den allgemeingültigen Bestimmungen der Bauordnungen der Länder finden Regelungen zum Umgang, zur Verwendung und Herstellung von atomaren, biologischen und chemischen Stoffen (Atomgesetz, Gentechnikgesetz bzw. Chemikaliengesetz und deren Verordnungen) Anwendung. Laboratorien und Forschungseinrichtungen können weiteren Regelungen zum Betrieb von bestimmten Anlagen (z. B. Bundesimmissionsschutzgesetz und deren Verordnungen) oder zur Begrenzung der Auswirkungen von Störfällen (Störfallverordnung) unterliegen.

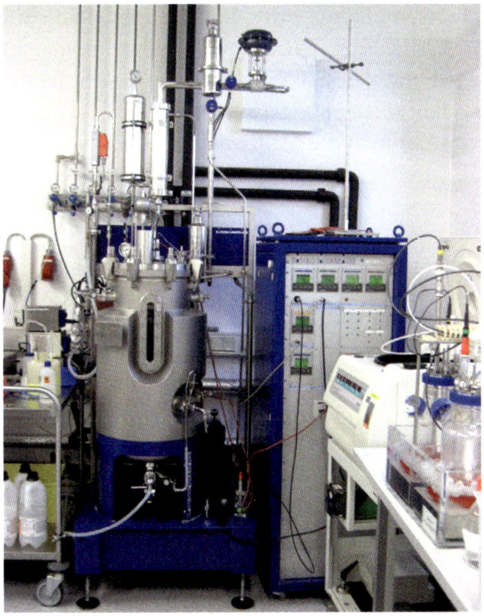

Bild 35.15.1 Blick in ein Forschungslabor

Die besonderen Anforderungen an den Vorbeugenden Brandschutz hinsichtlich Brandabschnitte, Löschanlagen und Branderkennungssysteme sind charakteristisch für Labor- und Forschungseinrichtungen. Sie haben Einfluss auf die Brandbekämpfung.

35.15.1 Gefahren bei der Brandbekämpfung in Laboratorien und Forschungsbereichen

Grundsätze bei der Erkundung

Bei jedem Brandeinsatz, ob in der Industrie oder in Labor- und Forschungseinrichtungen, sind stets einige Grundsätze bei der Erkundung zu beachten (▶ Kapitel 35.8). Voraussetzung für die Lagebeurteilung ist eine umfassende Erkundung. Je mehr Informationen vorliegen, umso genauer wird die Gefahrenabwägung sein. Daraus folgt der richtige Entschluss für die notwendigen Gefahrenabwehrmaßnahmen.

Forschungseinrichtungen und Laboratorien haben oftmals die Besonderheit, mehrere Gefahren gleichzeitig in sich zu vereinen. Zwar sind die Mengen der vorhandenen Stoffe in der Regel nicht sehr groß, dafür sind sie oftmals vom Risikopotential höher einzustufen. Zudem verfügen diese Einrichtungen über spezielle technische Ausstattungen, die weitere Gefährdungen in sich bergen können, wie z. B. Röntgengeräte.

H

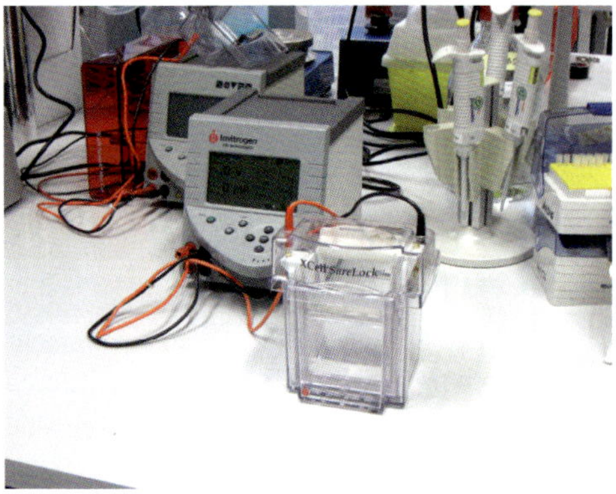

Bild 35.15.2 In einem biotechnischen Labor beispielsweise befindet sich eine Vielzahl von Apparaturen und Substanzen, die besondere Maßnahmen im Vorbeugenden Brandschutz erfordern.

Je mehr Gefahr von den Stoffen ausgeht, umso sicherer wird das Labor bzw. die Forschungseinrichtung baulich konstruiert. Dabei folgt man dem »Zwiebelschalenprinzip«. Das bedeutet, es werden Räume ineinander verschachtelt: Ein »Raum-in-Raum-System«. Unter Umständen muss man mehrere Schleusen passieren, um in den eigentlichen Laborraum zu gelangen. Ebenfalls aus Sicherheitsgründen besitzen die Labor- und Forschungseinrichtungen eine eigene Infrastruktur, wie z. B. spezielle Laborausstattungen sowie angepasste Ver- und Entsorgungssysteme (Gas, Wasser, Strom, Abwasser, Lüftung). Liegt ein hohes Risiko durch die Stoffe vor, so wird in den Räumen ein stetiger Unterdruck erzeugt. Damit wird verhindert, dass Stoffe ins Freie gelangen können. Spezielle Filtersysteme in der Zu- und Abluft sorgen für zusätzlichen Schutz.

Laboratorien können als Forschungs-, Untersuchungs- oder Produktionseinrichtungen genutzt werden. Deswegen kann nicht immer streng zwischen Laboratorien und Forschungseinrichtungen unterschieden werden. Beide zeichnen sich baulich meistens durch viele kleine, meist über einen Flur miteinander verbundene, Räume (Labore) aus. Man kann Labore allgemein wie »kleine Denkfabriken« mit »Experimentierkästen« aus der Physik, Chemie und Biologie betrachten.

> **Merke:**
>
> Jeder Feuerwehrangehörige muss die geltenden Gefahrenhinweise und Kennzeichnungen zu den Gefahren durch Strahlung als solche erkennen und eine entsprechende Rückmeldung geben können.

35.15.2 Welche Gefahren bestehen?

Die Feuerwehr muss sich auf die im Folgenden aufgezählten Gefahren beim Einsatz einstellen:

Gefahren durch Radioaktive Strahlung (Atomare Gefahren)

Radioaktivität ist keine von den Menschen künstlich geschaffene Stoffeigenschaft. Sie kommt in der Natur in Gesteinen (Uranerz) und als Gas (Radongas) vor. Die Medizin verwendet die Radioaktivität nicht nur für Forschungszwecke, sondern auch zur Behandlung von Krankheiten. Ebenfalls werden in anderen Forschungsgebieten der Naturwissenschaften und der Technik, wie z. B. Biologie, Chemie, Physik, Maschinenbau oder Materialwissenschaften, die Vorteile der Radioaktivität genutzt. Wo geforscht oder untersucht wird, muss deshalb stets mit der Gefahr durch **< Inkorporation >** gerechnet werden. Darunter versteht man die Aufnahme gefährlicher Stof-

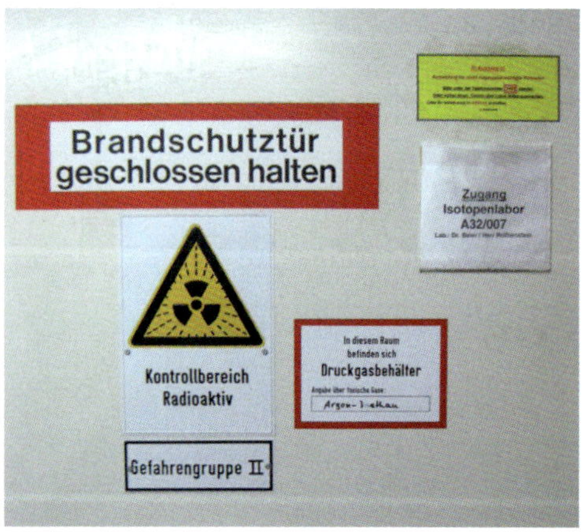

Bild 35.15.3 Warnung vor Radioaktivität

Tabelle 35.15.1 Radioaktivität: Gefahrengruppen für die Feuerwehr

FwDV 500 für die Feuerwehr	Feuerwehr! Gefahrengruppe I	Feuerwehr! Gefahrengruppe II	Feuerwehr! Gefahrengruppe III
Warnzeichen			

fe in den Körper. Ebenso besteht die Gefahr der <**Kontamination**>: Werden gefährliche Stoffe frei, so können diese die Oberflächen von Gegenständen oder die Haut von Menschen verunreinigen. Schließlich ist zu beachten, dass die Gefahr durch gefährliche Einwirkung von außen besteht. Darunter sind die Einwirkung von Strahlungsenergie und/oder mechanischer Energie auf ein Lebewesen oder Objekt zu verstehen. Eine Gefahr dieser Art geht hauptsächlich von radioaktiven Stoffen aus. Insbesondere ist sie bei Gamma (γ)- und Neutronen-Strahlern zu erwarten. Eine Explosion oder ein Behälterzerknall ruft ebenso Gefahren durch äußere Einwirkungen (Druckwellen, Splitterwirkung) hervor.

Im Rahmen der vorbereitenden Maßnahmen für Feuerwehreinsätze sind Labore sowie alle anderen Räume, in denen mit radioaktiven Stoffen gearbeitet wird, gekennzeichnet. Berücksichtigt jeder Feuerwehrangehörige die entsprechenden Verhaltensregeln, so ist keine direkte Gefährdung gegeben.

Merke:

Die Kennzeichnungen und Gefahrenhinweise für die Feuerwehr sind stets so gehalten, dass eine Warnung sehr früh erfolgt. Eine direkte Gefährdung besteht in der Regel nicht. Dort, wo eine erhöhte und direkte Gefährdung für das Feuerwehrpersonal jederzeit gegeben sein kann, sind der Zutritt und das Tätigwerden der Feuerwehr eingeschränkt.

Gefahren durch Biologische Stoffe (Biologische Gefahren)

Die Biotechnologie gilt als eine der zukunftsweisenden Technologien. Prozesse dieser Art finden insbesondere in der biochemischen, medizinischen und der pharmazeutischen Forschung Anwendung. Der Umgang mit lebendem Material oder dessen Bestandteile kann für den menschlichen Organismus zur Gefahr werden.

Anlagen, Räume und Transportbehälter in denen sich biologische Gefahrstoffe befinden, müssen entsprechend den gesetzlichen Vorschriften gekennzeichnet sein.

Für die Einsatzkräfte besteht in den wenigsten Fällen eine direkte Gefährdung. Die bestehenden Verhaltensregeln und Einsatzgrundsätze für die Feuerwehr sind allerdings zu beachten. Liegen besondere biologische Gefahren vor, so bestehen für diese Örtlichkeiten (Gebäude, Labore) Sonder-Zutrittsregelungen.

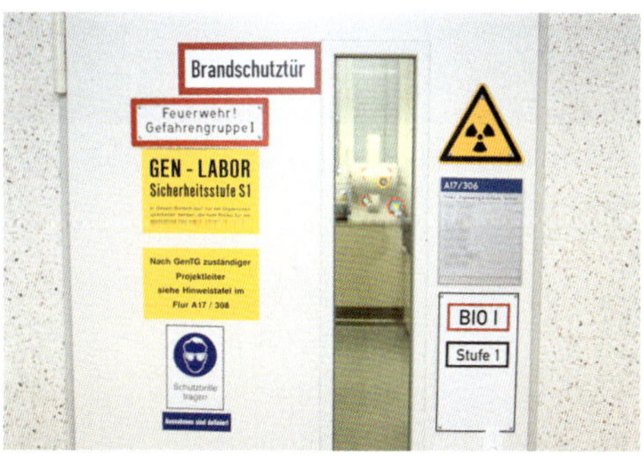

Bild 35.15.4 Beispiel für die Kennzeichnung eines Genlabors

> **Achtung:**
>
> Näheres zum Einsatz der Feuerwehr bei Gefahren durch radioaktive, biologische und chemische Stoffe regelt die Feuerwehr-Dienstvorschrift (FwDV) 500 – Einheiten im ABC-Einsatz.

> **Merke:**
>
> Von den ABC-Gefahrstoffen können die Gefahren der Inkorporation, der Kontamination und der gefährlichen Einwirkung von außen ausgehen.

Der Einsatz der Feuerwehr hat dann unter Absprache mit den beauftragten Fachleuten des Betriebs zu erfolgen.

Gefahren durch Chemische Stoffe (Chemische Gefahren)

Alle Behältnisse (Flaschen, Kanister) mit Gefahrstoffen sind hinsichtlich ihrer Gefahren gekennzeichnet. In Laborräumen werden üblicherweise Behälter mit kleinen Flüssigkeitsmengen (0,25 bis 2,5 Liter) verwendet. So gesehen gehen von den dort verwendeten Mengen keine großen Gefährdungen für die Einsatzkräfte aus. Werden Gase für die Arbeiten im Labor eingesetzt, wird dies bei der Kennzeichnung der Räume besonders berücksichtigt. Ein typisches Hinweisschild für Druckgasbehälter zeigt das ▶ Bild 35.15.3.

Gefahren durch Brandausbreitung und/oder Explosion

Grundsätzlich ist davon auszugehen, dass keine großen Mengen brennbarer Stoffe vorgehalten werden. Eine sehr schnelle Brandausbreitung und/oder Explosionen sind daher nicht zu erwarten. Druckgasflaschen können allerdings in Laboren vorhanden sein.

In Ausnahmefällen können für wissenschaftliche Fragestellungen Apparate eingesetzt werden, die diese Gefahren hervorrufen können. Hier sind insbesondere Hoch- und Unterdruckapparaturen (bis 1 000 bar!) sowie Hochtemperatur-Strömungsreaktoren zu nennen. Diese Forschungsräume sind entsprechend gekennzeichnet.

Gefahren im Labor: Elektrizität, Magnetfelder und Laser

Die Arbeit in der Forschung ist mit einem sehr hohen Geräte- und Apparatureneinsatz verbunden. Viele Laborgeräte arbeiten mit Hochspannung. In Forschungs- und Laboreinrichtungen wird elektrische Energie häufig dafür verwendet, diese in andere Energieformen umzuwandeln. Daraus resultieren möglicherweise weitere Gefahren, wie z. B. starke elektromagnetische Felder, Dauermagnetfelder oder Laserstrahlen.

Erhebliche Gefahren bestehen dabei für Personen mit Herzschrittmachern oder anderen elektronischen Implantaten. Durch starke magnetische Felder können die Implantate gestört

Tabelle 35.15.2 Kennzeichnung von biologischen Gefahren

FwDV 500 für die Feuerwehr	BIO I			BIO II				BIO III					
Zusätzliche Kennzeichnung möglich! Sicherheitsstufen	S1	L1	P1	S2	L2	P2	L3	S3	L3	P3	S4	L4	P4
Gefährdung	ohne Infektionsrisiko			mit Infektionsrisiko									
Risiko	nicht vorhanden			gering			mäßig	mäßig			hoch		
Warnzeichen »Biogefährdung«													

Bild 35.15.5 Hinweis für die Feuerwehr: Hinter dieser Tür befindet sich ein starkes Magnetfeld.

werden, was im Extremfall zur Beeinflussung des Herzschlags führen kann. Ein Abstand von mindestens zehn Metern zum stromführenden Kabel muss eingehalten werden.

Unabhängig von der Art des Magnetfeldes stellen starke Magnetfelder für elektronische Geräte wie Mobiletelefone oder digitale Funkgeräte eine potenzielle Gefahr dar. Darüber hinaus besteht bei elektronischen Datenträgern die Gefahr von Datenverlusten bzw. einem völligem Löschen der gespeicherten Informationen. Aus diesem Grund sind elektronische Geräte von den Starkstromkabeln fernzuhalten. Ein Mindestabstand von rund vier Metern sollte eingehalten werden. Der Einsatz von Messgeräten kann fehlerhafte Messergebnisse

Achtung:

Es ist dringend zu empfehlen, Betriebsangehörige mit der erforderlichen Anlagenkenntnis vor dem Betätigen des »Not-Aus«-Schalters in die Entscheidung mit einzubeziehen.

Achtung:

Magnetfelder bleiben auch nach Abschaltung des Stromes bestehen. So kann das Magnetfeld eines Kernspintomographen nur mit einem speziellen Schalter »Magnet-Stopp« abgeschaltet werden.

liefern und ist deshalb kritisch zu prüfen. Alle metallischen Ausrüstungsgegenstände (auch Atemluftflaschen) werden durch starke Magnetfelder angezogen. Hier ist es bereits zu Unfällen gekommen (▶ Kapitel 35.14).

Wo bekomme ich weitere Hinweise auf mögliche Gefahren?

In Laboratorien und Forschungseinrichtungen sind Orte, Stoffe und technische Einrichtungen wie Geräte und Apparaturen mit besonderem Gefährdungspotenzial besonders gekennzeichnet.

Neben den Warnhinweisen gibt es Anhaltspunkte zum Schutz vor diesen Gefahren. Das

Bild 35.15.6 »Not-Aus«-Schalter für Kraftstrom und Gas in Form vom Druckknopfmeldern

Merke:

Treten Sie möglichst mit dem Betriebspersonal in Kontakt und informieren Sie sich über den aktuellen Zustand der Anlagen hinsichtlich Anzahl von Personen, Stoffe und besonderer Gefahren.

Achtung:

Das Prinzip in der Anwendung der Löschmittel heißt: wenig – mehr – viel. Nach jedem Schritt ist der Löscherfolg zu bewerten, erst bei ausbleibendem Erfolg ist die Löschmittelmenge schrittweise zu erhöhen.

gilt hinsichtlich der Schutzausrüstung als auch bezüglich des Verhaltens. Auf den Einsatz bestimmter Löschmittel wird besonders hingewiesen.

Ähnlich wie in der Industrie verfügen Laboratorien und Forschungseinrichtungen über spezielle Notfalleinrichtungen und damit über Eingriffsmöglichkeiten in die haustechnische Anlage (z. B. »Not-Aus«-Taster). So lassen sich Labore stromlos schalten. Das ist insbesondere für technische Einrichtungen, wie z. B. magnetfelderzeugende Geräte (Kernspinspektroskope) oder Laser, wichtig. Mittels Notschalter lassen sich Zutrittsschleusen öffnen, um im Notfall Räume schnell verlassen zu können. Darüber hinaus ermöglicht dies Rettungskräften in die Räume zu gelangen.

Die genannten Notfalleinrichtungen können in Feuerwehr-Erstinformationsstellen (FIZ, ▶ Kapitel 29) untergebracht sein. Die Feuerwehrkräfte sollten im Brandfall immer versuchen, Kontakt mit dem Betriebspersonal aufzunehmen. Die Betriebsmitarbeiter können detaillierte Auskunft über Gebäude, Abläufe und Stoffe erteilen. Ansprechpartner findet man an den so genannten Meldestellen. Sie sind Anlaufpunkt für betriebsfremde Mitarbeiter, wo sich diese vor dem Betreten des Gebäudes melden müssen. Zu vergleichen ist dies mit dem Zutritt zu Intensivstationen in Krankenhäusern.

INFO

Weitere Hinweise zu Einsätzen in Bereichen mit ABC-Gefahren findet man in den entsprechenden Richtlinien der Vereinigung zur Förderung des Deutschen Brandschutzes (vfdb) sowie in den Kapiteln 53 ff.

Einsatzgrundsätze bei der Brandbekämpfung

Folgende Grundsätze sollte jeder Feuerwehrangehörige kennen:

- Am Einsatzort gehen Sie zuerst zur Feuerwehr-Erstinformationsstelle oder zur internen Meldestelle.
- Treten Sie in Kontakt mit dem Betriebspersonal.
- Informieren Sie sich dort über den aktuellen Zustand der Anlagen hinsichtlich Anzahl von Personen, Stoffe, besondere Gefahren.
- Die Mitarbeiter besitzen geeignete Schutzausrüstung (auch Atemschutz!) und kennen die Schutz- und Hygienemaßnahmen in den Laboren.
- Stimmen Sie die ersten Maßnahmen mit dem Betriebspersonal ab.
- Eingriffe in die Anlagen über »Not-Aus«-Taster erfolgen möglichst nur nach Abstimmung mit den Betriebsmitarbeitern.
- Halten Sie Feuerwehreinsatzpläne und Feuerwehr-Laufkarten für das entsprechende Gebäude oder Anlage bereit.
- Stellen Sie den Funkverkehr/Kommunikation sicher (Gebäudefunkanlage).
- Erkunden Sie die Einsatzstelle ggf. zusammen mit dem Betriebsmitarbeiter (sofern gefahrlos).
- Eigenschutz beachten: Passen Sie Atemschutz und Körperschutz den Gefahren entsprechend an.

35.15.3 Brandbekämpfung in Laboratorien und Forschungseinrichtungen

Brände in Laboratorien, in denen mit radioaktiven Stoffen gearbeitet wird, sind grundsätzlich nicht anders zu betrachten als in Biologie-Laboratorien oder in Chemielaboren. Die Persönliche Schutzausrüstung zusammen mit umluftunabhängigem Atemschutz bietet bereits einen sehr guten Schutz für die Einsatzkräfte. Den Gefahren durch Inkorporation und Kontamination ist damit bereits weitgehend vorgebeugt.

Einsatztaktisches Vorgehen

Folgende taktische Schritte sind im Einsatz zu beachten:

- Erkundung umfassend einleiten: Die Erkundung im Gebäude sollte durch einen Einheitsführer mit Angriffstrupp erfolgen. Hilfreich ist eine Unterstützung durch das Betriebspersonal. Ein besonderes Augenmerk gilt dabei der Kennzeichnung der Bereiche. Sie geben den entscheidenden Hinweis zum weiteren Vorgehen. Achten Sie deshalb auf die Kennzeichnungen für die Feuerwehr (▶ Tabelle 35.15.1). Können aufgrund nicht vorhandener stofflicher Kenntnisse, einsatztaktischer und/oder einsatztechnischer Möglichkeiten keine weiteren Maßnahmen durchgeführt werden, ist nach der so genannten GAMS-Regel zu verfahren:
    - Gefahr erkennen,
    - Absperren,
    - Menschenrettung durchführen,
    - Spezialkräfte alarmieren.
- Kommunikation sicherstellen: Schalten Sie akustische Alarme ab, sofern diese noch aktiv sind. Sind Gebäudefunkanlagen installiert, dann sind diese sofort zu aktivieren (▶ Kapitel 39.8).
- Lage stabilisieren.

Ist ein Brand bestätigt, dann gilt als oberstes Prinzip in einem Labor:

- Abstand halten, d. h. Kontakt mit den Stoffen möglichst vermeiden.
- Aufenthalt begrenzen, d. h. nur so lange wie unbedingt nötig im Labor bleiben.
- Abschalten, d. h. möglichst alle Geräte (z. B. Röntgengerät) abstellen, um Gefahren auszuschließen.

> **Achtung:**
> Der Inhalt in den Kleinlöschgeräten (Feuerlöschern) vor Ort geben einen Hinweis auf die einsetzbaren Löschmittel.

In den wenigsten Fällen ist davon auszugehen, dass gefährliche Stoffe in einem für den Menschen gefährlichen Maße frei geworden sind. Dennoch ist es anzuraten, Messungen durchzuführen, ob z. B. Radioaktivität oder chemische Stoffe nachzuweisen sind. Biologische Stoffe können nicht mit vorhandenen Messgeräten der Feuerwehr nachgewiesen werden. Die Auslösungen der Rauch- und Wärmeabzüge hat bei der Menschenrettung sofort zu erfolgen. Der abziehende Rauch ermöglicht sehr rasch eine bessere Sicht auf das Geschehen (Wo brennt es? Was brennt? In welchem Ausmaß?). Ansonsten gilt es, die Lüftungsmaßnahmen nur nach Rücksprache mit Fachkräften durchzuführen. Damit soll eine unkontrollierte Ausbreitung von gefährlichen Stoffen (radioaktiv, biologisch oder chemisch) verhindert werden.

- Brand bekämpfen: Die Auswahl des Löschmittels richtet sich nach der Art und Menge des brennenden Stoffes sowie nach der Umgebung. Das Betriebspersonal kann unter Umständen Hinweise zum Löschmittel geben.

Kohlenstoffdioxid ist das am besten geeignete Löschmittel für Labore. Infolge der vielen elektrischen Geräte und der nicht sehr großen Brandlast, sollte ein Löscherfolg möglich sein. Selbst Brände von festen, glutbildenden Stoffen lassen sich kontrollieren, da der Anteil dieser Stoffe in Labor- und Forschungseinrichtungen eher gering ist. Außerdem lässt sich das Löschgas dosiert und mit wenig Druck aufbringen, wodurch verhindert wird, dass alle nicht fest montierten Gegenstände von den Labortischen geschleudert werden.

Löschpulver wäre grundsätzlich auch einsetzbar, hat aber den Nachteil, dass durch die feinen Pulverteilchen eine Verschmutzung und damit ein Löschmittelschaden hervorgerufen werden kann. Der Einsatz von Wasser sollte vermieden werden, da die Gefahr eines Wasserschadens besteht. Das Erzeugen von kontaminiertem Löschwasser kann darüber hinaus ein weiteres Problem darstellen. Bereiche mit

Achtung:

Kontaminationsverschleppung vermeiden. Schleusen, Türen und sonstige Öffnungen möglichst geschlossen halten. Löschwasserrückhaltung beachten!

Stoffen, in denen kein Wasser eingesetzt werden darf, sind gekennzeichnet!

Als Löschmittel kommt neben Kohlenstoffdioxid lediglich Pulver (Brandklassen ABC, BC und M) in Betracht. Da keine großen Mengen brennbarer Stoffe in den Laboratorien vorzufinden sind, dürften die vorgehaltenen Feuerlöscher bzw. fahrbaren Löschgeräte durch den Betrieb und die Feuerwehr in vielen Fällen ausreichend sein.

Große Forschungseinrichtungen besitzen unter Umständen eigene Feuerwehren (Betriebs- oder Werkfeuerwehren). Sie sind speziell für die Brandbekämpfung in den Laborbereichen ausgebildet und halten ausreichende Mengen von Sonderlöschmittel vor. In diesem Fall sind Kooperationen mit öffentlichen Feuerwehren sinnvoll und bieten einen effizienten Brandschutz.

Das Verhalten der Einsatzkräfte im Innenangriff und der Einsatz der Strahlrohre bzw. Löschgeräte müssen den Bedingungen eines Labors angepasst sein. Dies bedeutet: ein sparsamer Löschmitteleinsatz und möglichst wenig Druck mit dem das Löschmittel abgegeben wird. Bei der Brandbekämpfung muss eine Verbreitung der gefährlichen Stoffe vermieden werden. Beim Zutritt zu Laboren mit Schleusen sind diese wieder zu schließen. Türen sind stets geschlossen zu halten und die Lüftungsmaßnahmen nur nach Absprache mit dem Fachpersonal durchzuführen.

35.15.4 Fazit

Die Brandbekämpfung in Laboratorien und Forschungseinrichtungen wird stark von den verwendeten Stoffen und Einrichtungen und Geräten beeinflusst. In Laboren werden oft radioaktive, biologische und chemische Stoffe verwendet. Hinzu kommen technische Geräte von denen zusätzliche Gefahren ausgehen können (z. B. Röntgengeräte). Es muss stets mit Gefahren durch Inkorporation, Kontamination sowie durch gefährliche äußere Einwirkungen gerechnet werden. Die Kennzeichnung der Bereiche und die Sicherheits- und Verhaltenshinweise für die Feuerwehr sind zu beachten.

H

Literatur

[1] Feuerwehr-Dienstvorschrift (FwDV) 500 – Einheiten im ABC-Einsatz, Stand 2012, Verlag W. Kohlhammer, Stuttgart, 2012.

[2] Pulm, M.: Falsche Taktik – Große Schäden, 9. Auflage, Verlag W. Kohlkammer, Stuttgart, 2020.

[3] vfdb-Richtlinie 08/01 »Auswahl von Chemikalienschutzanzügen für Einsatzaufgaben bei den Feuerwehren«, (Richtlinien der Vereinigung zur Förderung des Deutschen Brandschutzes – vfdb), Ausgabe 2009-03.

[4] vfdb-Richtlinie 08/06 »Auswahl von Schutzanzügen gegen Infektionserreger für Einsatzaufgaben bei den Feuerwehren« (Richtlinien der Vereinigung zur Förderung des Deutschen Brandschutzes – vfdb), Ausgabe 2006-11.

[5] vfdb-Richtlinie 08/10 »Auswahl von persönlicher Schutzausrüstung (PSA) auf der Basis einer Gefährdungsbeurteilung für Einätze bei deutschen Feuerwehren« (Richtlinien der Vereinigung zur Förderung des deutschen Brandschutzes – vfdb), Ausgabe: 2016-03.

[6] vfdb-Richtlinie 10/02 »Feuerwehr im B-Einsatz« (Richtlinien der Vereinigung zur Förderung des deutschen Brandschutzes – vfdb), Ausgabe: 2016-10.

[7] vfdb-Richtlinie 10/04 »Dekontamination bei Einsätzen mit ABC-Gefahren« (Richtlinien der Vereinigung zur Förderung des deutschen Brandschutzes – vfdb), Ausgabe: 2014-10.

35.16 Brände in Versammlungsstätten

von Bernhard Kunkel

Brände und Schadenfälle in Versammlungsstätten kosten jährlich mehreren Hundert Menschen das Leben. Im folgenden Kapitel soll auf die Gefahren in Versammlungsstätten aufmerksam gemacht und auf das Verhalten als Einsatzkraft bei der Schadenbekämpfung hingewiesen werden.

35.16.1 Rechtliche Einordnung

Bei dem Begriff »Versammlungsstätten« denkt man zunächst an Theater und Sportstadien. Allerdings können dazu auch Diskotheken, Kinos, Hörfunk- und Fernsehstudios, Foyers, (Schul-)Aulen, Vortrags- und Hörsäle, Mehrzweckhallen, Gaststätten, Kantinen und Ähnliches zählen. Gemeinsam ist allen, dass es sich um bauliche Anlagen oder Teile davon handelt, die für die gleichzeitige Anwesenheit vieler Menschen bei Veranstaltungen bestimmt sind.

Ausgenommen von der Versammlungsstättenverordnung sind Räume für den Gottesdienst, Unterrichtsräume in Schulen, Ausstellungsräume in Museen und so genannte Fliegende Bauten. Für diese sind mindestens die allgemeinen Bestimmungen der Bauordnungen einzuhalten, sofern nicht nach der Einzelbeurteilung höhere Anforderungen gestellt werden müssen oder andere Sonderbauvorschriften bestehen.

> **Merke:**
>
> Besondere Sicherheitsbestimmungen für den Bau und den Betrieb sind in den Versammlungsstättenverordnungen der einzelnen Länder geregelt. Diesen Vorschriften unterliegen Gebäude mit Versammlungsräumen für mehr als 200 Personen, Versammlungsstätten im Freien mit Szenenflächen für mehr als 1000 Besucher und Sportstadien für mehr als 5000 Besucher.

Zum Verständnis der nachstehenden Ausführungen wird die Kenntnis folgender Fachbegriffe vorausgesetzt: < **Versammlungsräume** > sind Räume für Veranstaltungen oder für den Verzehr von Speisen und Getränken. Hierzu gehören auch Aulen und Foyers, Vortrags- und Hörsäle sowie Studios.

< **Szenenflächen** > hingegen sind Flächen für künstlerische und andere Darbietungen mit einer Fläche von mehr als 20 Quadratmetern.

Das < **Bühnenhaus** > ist ein Gebäudeteil, der die Bühnen und die mit ihnen in baulichem Zusammenhang stehenden Räume umfasst, während das < **Zuschauerhaus** > der Gebäudeteil ist , der die Versammlungsräume und die mit ihnen in baulichem Zusammenhang stehenden Räume beinhaltet.

Die < **Bühnenöffnung** > ist die Öffnung in der Trennwand zwischen der Hauptbühne und dem Versammlungsraum.

Es gibt verschiedene Bühnenarten: Die < **Großbühne** > hat eine Szenenfläche hinter der Bühnenöffnung von mehr als 200 Quadratmetern oder eine Szenenfläche mit Unter- oder Oberbühne. Der Begriff < **Kleinbühne** > umfasst alle Bühnen, die keine Großbühnen sind.

Die < **Unterbühne** > ist der begehbare Teil des Bühnenraums unter dem Bühnenboden zur Unterbringung einer Untermaschinerie, während die < **Oberbühne** > der Teil des Bühnenraums über der Bühnenöffnung zur Unterbringung einer Obermaschinerie ist. Eine hintere oder seitliche Erweiterung der Hauptbühne wird als Hinter- oder Seitenbühne bezeichnet.

Der < **Eiserne Vorhang** > ist ein Schutzvorhang, der das Bühnenhaus und den Zuschauerraum brandschutztechnisch voneinander trennt.

Der oberhalb der Bühne befindliche Bereich mit Seilzügen zur Bewegung der Kulissen wird als **<Schnürboden>** bezeichnet.

Ein **<Sportstadion>** ist eine Versammlungsstätte mit Tribünen für Besucher und mit nicht überdachten Sportflächen.

Bauliche Anlagen mit ansteigenden Steh- oder Sitzplatzreihen (Stufenreihen) für Besucher werden als **<Tribünen>** bezeichnet.

Der **<Innenbereich>** ist die von Tribünen umgebene Fläche für Darbietungen.

Bauliche Anlagen, die geeignet sind, zerlegt und an verschiedenen Orten wiederholt aufgestellt zu werden, sind **<Fliegende Bauten>** (z. B. Zirkus- oder Festzelt).

35.16.2 Beispiele von Schadenereignissen

Zum besseren Verständnis für die Maßnahmen des Vorbeugenden Brandschutzes, die Aufgaben einer Brandsicherheitswache und für die Argumentation gegenüber den verantwortlichen Personen des Betreibers werden nachstehend einige Beispiele von Schadenereignissen in Versammlungsstätten dargestellt. Diese Beispiele sollen auch dazu dienen, Ihre Sinne zu »schärfen“, damit Sie im Rahmen einer Brandsicherheitswache oder eines Einsatzes bereits frühzeitig Gefährdungen erkennen und darauf reagieren können.

11. Mai 1985, Bradford, Yorkshire (Großbritannien): 56 Tote, 265 Verletzte, Fußballstadion. Vermutlich durch eine weggeworfene Zigarettenkippe entzündeten sich Papierabfälle unter der hölzernen Haupttribüne. Fans und Veranstalter unterschätzten die Gefahr zunächst. Innerhalb von vier Minuten wird die Tribüne jedoch vollständig vom Brand erfasst. An den Drehkreuzen der Notausgänge bildeten sich lange Staus. Von der Tribüne aus gelingt es vielen Menschen nicht, sich über die Mauer hinüber zum Spielfeld zu retten.

1. November 1987, Frankfurt/Main (Deutschland): Brand in der Oper. Trotz sofortiger Brandmeldung durch die automatische Brandmeldeanlage und ein frühes Eingreifen der Brandsicherheitswache entstand im Bühnenhaus ein Vollbrand. Die ersten Löschzüge erreichten das Objekt fünf Minuten nach dem Alarm. Versuche, die Türen zu öffnen, scheiterten an dem gewaltigen Unterdruck, der im brennenden Bühnenturm herrschte. Der Eiserne Vorhang war bereits rot glühend, die Wärmestrahlung hatte die Beleuchterbühnen und die ersten Stuhlreihen im Parkett entzündet. Nach kurzer Zeit stürzte der Bühnenturm ein.
15. April 1989, Sheffield (Großbritannien): 96 Tote und 766 Verletzte, Fußballstadion. Während eines Fußballspiels wurden in einen Fanblock zu viele Besucher eingelassen. Dies führte dazu, dass mehrere hundert Fans gegen den Zaun am Spielfeldrand gedrückt oder niedergetrampelt wurden.

17. Februar 2003, Chicago (USA): 21 Tote. In einer Diskothek entstand durch Versprühen von Pfefferspray Panik unter den etwa 1 500 Besuchern. Die meisten Opfer wurden niedergetrampelt oder erstickten durch den Staudruck an den Ausgängen.

21. Februar 2003, Rhode Island (USA): 96 Tote, 180 Verletzte. Während eines Rockkonzertes wurde die Wandverkleidung der Bühne durch den Einsatz von Pyrotechnik in Brand gesetzt. Der mit 350 Besuchern gefüllte Club wurde in rasender Geschwindigkeit von Flammen und Rauch erfasst.

1. Januar 2009, Bangkok (Thailand): etwa 60 Tote. Bei den Neujahrsfeierlichkeiten brach in einer Diskothek in Bangkok ein Brand aus. Das Gebäude verfügte nur über einen Notausgang.

5. Dezember 2009, Perm (Russland): mehr als 100 Tote und etwa 130 Verletzte, Diskothek. Das Abrennen von Bühnenfeuerwerk setzte die Dekoration an der Decke in Brand. Für die etwa 250 Anwesenden stand nur ein Notausgang zur Verfügung.

Merke:

Deutsche Versammlungsstätten verfügen international gesehen über hohe Sicherheitsstandards. Die Missachtung von Sicherheitsvorschriften, fahrlässiges oder vorsätzliches Fehlverhalten können im Schadenfall aber auch hier dramatische Auswirkungen haben.

24. Juli 2010, Duisburg (Deutschland): Bei der Love-Parade kam es in einem Tunnel am Zugang zum Veranstaltungsgelände zu einem Gedränge mit einer Massenpanik. 21 Menschen sterben, hunderte Besucher werden verletzt. Öffentliche Kritik an der Vorbereitung der Veranstaltung wurde laut. Die Staatsanwaltschaft nahm Ermittlungen gegen 16 Verantwortliche der Stadt Duisburg, des Veranstalters und der Polizei auf.

35.16.3 Vorbeugender Brandschutz in Versammlungsstätten

Besondere Bedeutung hat in Versammlungsstätten die Ausbildung und die Bemessung der Rettungswege. Aus allen Versammlungsräumen müssen mindestens zwei bauliche Rettungswege, z. B. über Treppen oder Ausgänge, ins Freie zur Verfügung stehen. Damit soll auch bei Ausfall eines dieser beiden Wege eine Selbstrettung noch möglich sein. Hubrettungsfahrzeuge und tragbare Leitern der Feuerwehr dürfen bei der Planung einer Versammlungsstätte nicht in Ansatz gebracht werden, da mit diesen Gerätschaften eine zeitgerechte Rettung vieler Personen aufgrund einer zu geringen Rettungsrate nicht möglich ist. Alle Rettungswege müssen jederzeit freigehalten, gekennzeichnet und mit einer Sicherheitsbeleuchtung ausgestattet sein. Die Breite der Rettungswege ist auf die maximale zu erwartende Besucherzahl auszulegen. Türen dürfen nur in Fluchtrichtung öffnen, damit sie auch bei einem Staudruck durch die flüchtenden Menschen noch geöffnet werden können.
Der schnellen Brandausbreitung wird durch die gezielte Auswahl nichtbrennbarer oder mindestens schwerentflammbarer Baustoffe und Dekorationen entgegen gewirkt.

Weitere Sicherheitsvorschriften, wie z. B. der Einbau von Blitzschutzanlagen, das Verbot von offenem Feuer, Pyrotechnik oder dem Rauchen, dienen der Brandvermeidung. Ausnahmen können nur für die Spielszenen auf der Bühne zugelassen werden. Hierüber entscheidet die Brandschutzbehörde. Die Verwendung von Kerzen als Tischdekoration und von offenem Feuer in den dafür vorgesehenen Kücheneinrichtungen zur Speisenzubereitung sind je-

Bild 35.16.1 Der Eiserne Vorhang trennt das Bühnenhaus brandschutztechnisch vom Zuschauerraum ab.

H

Quelle: J. Thorns

Bild 35.16.2 Auch bei Volks- oder Straßenfesten können Brandsicherheitswachen erforderlich werden, so wie hier bei einer Radsportveranstaltung. Die Brandsicherheitswache und deren Stärke wird von der Ordnungsbehörde, oft nach Rücksprache mit der Feuerwehr, angeordnet.

doch zulässig. Zur schnellen Branderkennung werden heute in den meisten Versammlungsstätten Brandmeldeanlagen mit automatischen Meldern eingesetzt. Zur Unterstützung der Brandbekämpfung sind Wandhydranten, trockene Steigleitungen und Entrauchungsanlagen vorgesehen. Größere Versammlungsstätten werden oft zusätzlich über Löschanlagen (z. B. Sprinkler- oder Sprühflutanlagen) geschützt. Großbühnen müssen mit Sprühflutanlagen ausgerüstet sein. Für die Funkkommunikation stehen häufig Gebäudefunkanlagen zur Verfügung. In Versammlungsstätten mit Bühnen trennt der Eiserne Vorhang den Zuschauerraum vom Bühnenhaus brandschutztechnisch ab (▶ Bild 35.16.1). Dieser Feuerschutzabschluss soll ein Übergreifen eines Brandes auf andere Gebäudeteile verhindern. Um im Brandfall eine ausreichend lange Schutzwirkung des Eisernen Vorhangs zu gewährleisten, wird dieser über eine Berieselungsanlage gekühlt. Er ist nach jeder Vorführung oder Probe wieder zu schließen und vor jeder Vorstellung zu erproben.

Die vorübergehende Verlegung beweglicher Kabel und Leitungen darf die Funktion von Feuerschutzabschlüssen und die Begehbarkeit von Rettungswegen nicht beeinträchtigen.

In Reihen angeordnete Sitzplätze müssen unverrückbar befestigt sein. Werden einzelne Stühle nur vorübergehend aufgestellt, müssen die Reihen fest miteinander verbunden sein.

35.16.4 Organisatorische Maßnahmen

Für jede Veranstaltung muss ein Ordnungsdienst zur Verfügung stehen. Seine Stärke richtet sich nach den Zuschauerzahlen und der Art des Publikums. In Sportstadien müssen eine konsequente Trennung der Fangruppen sowie die Durchsuchung aller Besucher nach Waffen, Feuerwerkskörpern, Rauchpatronen u. Ä. durchgeführt werden.

Für die Räumung der Versammlungsstätte im Gefahrenfall müssen Notfallpläne (Flucht- und Rettungspläne (▶ Kapitel 16) sowie Brandschutzordnung) zur Verfügung stehen. Die Ordnungskräfte der Versammlungsstätte sind in die Aufgaben als Räumungshelfer einzuweisen, um im Gefahrenfall die Räumung einzuleiten und die Personenströme lenken zu können. Untersuchungen haben gezeigt, dass der Einsatz von Räumungshelfern entscheidend dazu beträgt, das Fluchtverhalten positiv zu beeinflussen.

Da es sich bei Versammlungsstätten in der Regel um weitläufige, komplexe Anlagen handelt, sind Feuerwehrpläne zur Orientierung der Einsatzkräfte erforderlich. Diese können auch mit taktischen Festlegungen zu Feuerwehreinsatzplänen erweitert werden (▶ Kapitel 16). Die Feuerwehrangehörigen müssen über ausreichende Ortskenntnisse in den im Ausrückebereich befindlichen Versammlungsstätten verfügen. Diese können durch regelmäßige Begehungen oder im Rahmen des Brandsicherheitswachdienstes erworben werden.

Eine Brandsicherheitswache (BSW) ist erforderlich für

- Veranstaltungen mit erhöhter Brandgefahr, z. B. bei Verwendung von offenem Feuer oder Pyrotechnik,
- Fest- und Versammlungszelten mit mehr als 5 000 Besucherplätzen,
- Veranstaltungen auf Großbühnen sowie Szenenflächen mit mehr als 200 Quadratmetern,
- Zirkuszelte mit mehr als 1 500 Besucherplätzen.

Außerdem kann eine Brandsicherheitswache bei Messen und Ausstellungen, Zirkusveranstaltungen, Volksfesten, Märkten und Straßenfesten, (Motor-)Flugveranstaltungen oder Großfeuerwerken erforderlich werden. Die Brandsicherheitswache wird in der Regel durch die Ordnungsbehörde angeordnet.

Merke:

Der Betreiber/Veranstalter ist für die Sicherheit der Veranstaltung verantwortlich. Er ist verpflichtet, den Anweisungen der Brandsicherheitswache zu folgen.

Die Brandsicherheitswache hat die Aufgabe Brand- und Unfallgefahren zu erkennen, im Gefahrenfall notwendige Erstmaßnahmen für Menschenrettung und die Schadenbekämpfung einzuleiten sowie die Einhaltung der Brandsicherheitsvorschriften (z. B. Funktionsüberprüfung des Eisernen Vorhangs und Freihaltung der Rettungswege vor der Veranstaltung) und der für die Veranstaltung getroffenen Festlegungen zu überwachen. Bei Mängeln, durch die Gefahren drohen, hat die Brandsicherheitswache dem Betreiber/Veranstalter die Beseitigung der Mängel anzuordnen (weitere Informationen zur Brandsicherheitswache gibt (▶ Kapitel 67). Ist die Beseitigung eines schwer wiegenden Mangels, der eine konkrete Gefährdung darstellt, nicht sofort möglich, ist dem Betreiber/Veranstalter anzuordnen, dass die Veranstaltung nicht beginnen darf, zu unterbrechen ist oder abgebrochen werden muss.

35.16.5 Abwehrender Brandschutz

Einsätze in Versammlungsstätten sind grundsätzlich ähnlich mit anderen Brandeinsätzen, allerdings sind die große Personenzahl und die teilweise erhebliche Gebäudegröße zu beachten. Grundsätzlich ist bei diesen Einsätzen eine enge Abstimmung aller Einsatzmaßnahmen zwischen Feuerwehr, Polizei, Ordnungs- und Sanitätsdienst erforderlich.

Bei einem Brandeinsatz in einer Versammlungsstätte sind folgende Punkte zu beachten:

- Die Einheitsführer müssen sich anhand der Einsatzunterlagen bereits während der Anfahrt über die Lage der Feuerwehrflächen, der Zugänge, der Brandmelderzentrale, der Löschwasserentnahmestellen sowie der Bereitstellungsräume informieren.
- Einheiten im Bereitstellungsraum verbleiben dort, bis sie von der Einsatzleitung einen Einsatzauftrag erhalten. Kein selbstständiger Einsatz, auch bei sehr eindrucksvollen Schadenlagen!

- Die Fahrzeugaufstellung muss so erfolgen, dass nachrückende Kräfte noch ungehindert an- und abfahren können.
- Ausgelöste Brandmeldeanlagen sind an der Brandmelderzentrale oder an der Feuerwehr-Informationszentrale auslesen (▶ Kapitel 29).
- Sofern nicht automatisch erfolgt, ist die Gebäudefunkanlage zu aktivieren.
- Für jeden Einsatzabschnitt sollte mindestens ein Generalhauptschlüssel des Objektes zur Verfügung stehen.
- Je nach Lage sind die Entrauchungsanlagen zu aktivieren (sofern nicht über die Brandmeldeanlage automatisch geöffnet).

Aufgrund der in der Regel ausgedehnten Gebäudekomplexe sind besondere Verhaltensmaßnahmen der Einsatzkräfte erforderlich:

- Vorgehen ins Gebäude nur mit mitgeführtem Atemschutzgerät, der Atemanschluss wird an der Rauchgrenze angelegt.
- Bei der Berechnung des Atemluftvorrates für den Rückzugsweg muss der Weg bis ins Freie oder in einen gesicherten Bereich berücksichtigt werden, auch wenn das Atemschutzgerät erst an der Rauchgrenze innerhalb des Gebäudes angeschlossen wurde (je Minute Anmarschweg bis zur Rauchgrenze sind 10 bar zusätzlich für den Rückweg einzurechnen).
- Bei der Vornahme von Rohren über Wandhydranten ist unbedingt der Rückweg vom Wandhydranten ins Freie, z. B. mittels Feuerwehrleine, zu kennzeichnen.
- Stoßtrupptaktik: Aufgrund der erforderlichen Eindringtiefe und des mitzuführenden Materials sollte nur mit verstärkten Trupps (z. B. zwei Trupps und Fahrzeugführer) vorgegangen werden.
- Ausreichend Schlauchmaterial muss mitgeführt werden.
- Ausgelöste Löschanlagen werden erst abgeschaltet, wenn Kräfte mit Löschgeräten vor Ort sind und der Brand definitiv gelöscht ist.

Achtung:

Eigenschutzmaßnahmen haben Vorrang! Sie sind notwendig, um den Einsatzerfolg zu sichern!

Quelle: J. Thorns

Bild 35.16.3 Bei einem Brand in einer Versammlungsstätte sind die Rauch- und Wärmeabzugsanlagen zu aktivieren.

- Vorsicht bei Bränden im Bühnenbereich: Gefahr durch herabstürzende Kulissen, Aufzüge, Scheinwerfer etc.!
- Durch die Kaminwirkung des Bühnenturms kann eine erhebliche Sogwirkung entstehen, die eine Brandbekämpfung im Inneren des Bühnenturms unmöglich machen kann.
- Generell ist mit einer schnellen Brandausbreitung zu rechnen.

In Sportstadien können auch gefährliche Situationen durch randalierende Fangruppen entstehen:

- Einsatztätigkeiten der Feuerwehr können dann nur in von der Polizei gesicherten Bereichen durchgeführt werden. Notfalls muss auf das Eintreffen ausreichend starker Polizeikräfte gewartet werden.
- Die Feuerwehr ist keine Hilfspolizei, die Maßnahmen gegen die Störer einleiten kann. Dies ist ausschließlich Aufgabe der Polizei. Es ist rechtswidrig, Feuerwehrleute mit Strahlrohren oder Wasserwerfern gegen Störer einzusetzen.
- Bei Gefährdungen sind die Feuerwehrkräfte notfalls zurückzuziehen.
- Nachrückende Einheiten müssen so an die Einsatzstelle gelotst werden, dass sie nicht in randalierende Fangruppen geraten.
- Scheiben der Einsatzfahrzeuge müssen geschlossen gehalten werden, damit abgefeuerte Feuerwerkskörper nicht in den Mannschaftsraum eindringen können.
- Anfahrtswege und Ersatzrouten entsprechend der Feuerwehr(Einsatz-)pläne beachten.

35.17 Dachstuhlbrände

von Frieder Kircher

35.17.1 Problematiken bei Dachstuhlbränden

Dachstuhlbrände zählen zu den besonders spektakulären Bränden, da sie im Vollbrand weithin sichtbar und meist mit einer massiven Rauchentwicklung und Flammenerscheinung verbunden sind. Dies ist auf die oftmals nicht unerhebliche Brandlast sowohl der Dachkonstruktion (Sparren, Balken, Dämmmaterial) als auch des Lagerguts in Dachräumen zurückzuführen. Folgende Probleme ergeben sich:

Schwierige Zugänglichkeit
Mit steigender Gebäudehöhe wird der vertikale Angriffsweg der Feuerwehr verlängert. Bei viergeschossigen Gebäuden muss z. B. die Wasserversorgung über den Treppenraum im Innenangriff verlegt werden. Dazu ist deutlich mehr Zeit erforderlich als bei einem Wohnungsbrand, und der Dachstuhlbrand kann sich in dieser Zeit unbeschränkt weiter ausbreiten. Oftmals sind auch Türen zu Dachgeschossen besonders stabil ausgeführt und verzögern so den ersten Löschangriff .

Späte Entdeckung
Dachstuhlbrände werden meistens erst dann entdeckt, wenn die Flammen von außen sichtbar sind. Die Ausnahme bilden Brände in Wohnungen innerhalb ausgebauter Dachgeschosse.

Brandausbreitung
Wegen der späten Entdeckung und der schwierigen Zugänglichkeit muss mit einem fortgeschrittenen Brand gerechnet werden. Die Brandausbreitung kann bei einem offenen Dachstuhlbrand sehr schnell voranschreiten. Wenn der Dachstuhlbrand noch keine offenen Flammen zeigt, ist die Brandausbreitung in versteckten Hohlräumen zwischen Unterdecke und Dachhaut besonders schwierig zu beherrschen.

Menschenrettung
Bei ausgebauten Dachgeschossen dauert die Menschenrettung länger als im Erdgeschoss. Besondere Schwierigkeiten können Dachflächenfenster bereiten, die durch Hubrettungsfahrzeuge schwer zu erreichen sind. In Verbindung mit Dachstuhlbränden in Mehrfamilienhäusern ist in der Regel eine Räumung der unter dem Dachgeschoss liegenden Wohnungen erforderlich.

Wasserschaden
Dachstuhlbrände werden bei starker Flammenerscheinung oftmals mit großvolumigen Strahlrohren bekämpft. Dies ist in der ersten Zeit der Brandbekämpfung zwar sinnvoll, bringt aber keinen zusätzlichen Erfolg, wenn die stärksten Flammenerscheinungen niedergekämpft sind. Dann führt das weiter aus Wenderohren und B-Rohren auf das Dach abgegebene Löschwasser zu massiven Wasserschäden in den durch den Brand nicht betroffenen darunter liegenden Geschossen.

35.17.2 Besondere Schwierigkeiten

Dachstuhlbrände können durch aufgebaute Photovoltaik- oder Solarthermieanlagen besonders schwierig in der Brandbekämpfung werden (▶ Kapitel 35.12). Die Zugänglichkeit ist im Außenangriff stark eingeschränkt; einrichtungen des Vorbeugenden Brandschutzes wie Brandwände können möglichlicherweise überbaut und somit außer Funktion gesetzt sein. Hier muss vor allem ein Innenangriff vorgetragen werden, während sonst sowohl Innen- wie Außenangriff angewendet werden.

H

Der mehrschalige Dachaufbau (▶ Kapitel 9) zur Verbesserung der Wärmedämmung, z. B. bei ausgebauten Dachgeschossen, ermöglicht eine Brandausbreitung in diesem geschlossenen Dachbereich. Im Rahmen des **<Dachgeschossausbaus>** werden viele unzugänglich Hohlräume geschaffen, die im Brandfall nur schwer erreichbar sind. Daher bleibt im Brandfall oft nichts anderes übrig, als mit geeigneten Werkzeugen (Motorkettensägen [▶ Kapitel 52], Rettungssägen) diese Decken großflächig zu öffnen. Dabei ist es erforderlich, meist deutlich vor der Flammenfront die noch unbeschädigte Decke des Dachgeschosses aufzunehmen (▶ Bild 35.17.1).

Wenn keine Zugänglichkeit des Daches von unten möglich ist, kann nur unter Anwendung aller Sicherheitsmaßnahmen (Absturzsicherung, Wasser am Strahlrohr) das Dach von außen geöffnet werden. Beim Öffnen von außen sind besonders Dächer mit Trapezblechen oder mehrlagigen Bitumendachpappen schwierig zu handhaben. Kettensägen versagen hier, es sind Schneidgeräte, wie z. B. spezielle Rettungssägen erforderlich, die widerstandsfähig gegen das Verschmieren der Schneidketten sind.

Bei **<Trapezblechdächern>** kann es zu schlagartigen Verbrennungen bis hin zu Verpuffungen kommen, wenn sie mit brennbarer Dämmung versehen sind. Die brennbare Wärmedämmung bildet bei Erhitzung durch einem Brand unter dem Trapezblech brennbare Gase, die sich in den Sicken sammeln können und unter Umständen schlagartig an ganz anderer Stelle als dem Brandort zünden können.

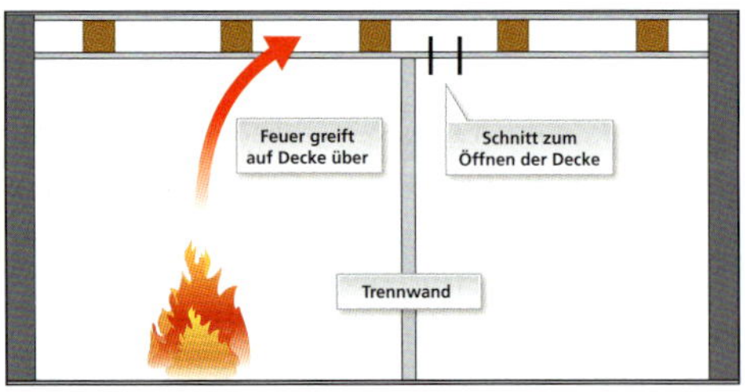

Bild 35.17.1 Bei Dachstuhlbränden kann es erforderlich sein, die unbeschädigte Decke vor der Flammenfront zu öffnen.

Die Dachhaut muss nach dem Baurecht gegen Flugfeuer widerstandsfähig sein. Diese Anforderung ist weit entfernt von der Nichtbrennbarkeit. Brennbare Dacheindeckungen wie z. B. Bitumenpappdächer können mit erheblicher Rauchentwicklung abbrennen. In Norddeutschland kann die Dachdeckung aus brennbaren Materialien bestehen, die nicht gegen Flugfeuer widerstandsfähig sind: Reetdächer brennen besonders schnell ab und können nur durch schnellen und massiven Wassereinsatz gelöscht werden.

35.17.3 Einsatzmaßnahmen bei offenen Dachstuhlbränden

Die Flammen eines offenen Dachstuhlbrandes können dramatische Höhen erreichen. Diese müssen zuerst soweit niedergekämpft werden, dass der Prozess der sich immer weiter entwickelnden Energiefreisetzung reduziert wird. Bei Dachstühlen höher als zwei Geschosse ist das erste Niederschlagen der Flammen nur über eine Riegelstellung per Hubrettungsfahrzeug möglich. Zwischenzeitlich werden gute Erfahrungen mit dem Einsatz von Druckluftschaum gemacht, um die Flammen in der ersten Phase soweit niederzukämpfen, dass die Ausbreitungsgeschwindigkeit reduziert wird.

Parallel muss aber ein Innenangriff erfolgen, um die Flammen im Dachstuhl sorgfältig zu löschen. Der Löschangriff sollte von zwei Seiten erfolgen.

Die Kontrolle der Brandwände ist unabdingbar. Durch Baufehler können Brandwände mit Sparren oder Latten überbrückt oder durchdrungen sein. Daher ist unbedingt die feuerabgewandte Seite des Brandraumes zu kontrollieren. Ist das Feuer bereits bis an die Brandwand gelangt, sollte aus Sicherheitsgründen hier sofort ein Rohr vorgenommen werden.

Wenn die intensive Flammenentwicklung reduziert ist, muss auch überlegt werden, ob die große Wassermengen, die zum Niederkämpfen der Flammen eingesetzt werden, zugunsten einer gezielten Brandbekämpfung mit Handrohren reduziert werden können! Beim Betreten des Dachstuhles muss mit Einbruchgefahr (Absturzgefahr/Einsturz ▶ Kapitel 19)

> **Merke:**
>
> Falls der Strom noch nicht abgestellt ist, besteht die Gefahr von Stromunfällen!

gerechnet werden! Die Kontrolle der darunter liegenden Nutzungseinheiten ist erforderlich, da Dachbrände zu einer vertikalen Brandausbreitung führen können. Dabei können bereits vorbeugende Maßnahmen zur Verhinderung vorn Wasserschäden durchgeführt werden (▶ Kapitel 1).

35.17.4 Einsatzmaßnahmen bei geschlossenen Dachstuhlbränden

Geschlossene Dachstuhlbrände sind weitaus gefährlicher als offene Dachstuhlbrände. Es besteht wie im Innenangriff eine erhebliche Gefahr der Durchzündung. Die Hinweise in ▶ Kapitel 30.3. sind zu beachten.

Es muss mit einer erheblichen Brandausbreitung im Inneren der Dachkonstruktion gerechnet werden. Diese Brandausbreitung ist oft nicht sofort erkennbar. Unter den entsprechenden Vorsichtsmaßnahmen kann mithilfe von Wärmebildkameras versucht werden, eine Grenze der Brandausbreitung zu ermitteln. Diese Ergebnisse können aber sehr trügerisch sein, da Wärmedämmungen eine Wärmeleitung nach außen verhindern können. Ein Negativergebnis mit der Wärmebildkamera besagt deshalb noch lange nicht, dass im Dach kein Brand vorliegt, eine positive Anzeige sagt aber auch nicht, dass das Feuer nur soweit ist, wie die Wärmebildkamera anzeigt. Eine Öffnung der Dachhaut ist daher unabweisbar. Im Dachgeschossausbau ist dies vom Inneren aus möglich. In Industriebereichen geht es mit speziellen Rettungssägen, meist aber nur von außen! Dabei ist auf eine Absturzsicherung der eingesetzten Kräfte zu achten. Wasser muss bei Öffnen des Daches sofort am Strahlrohr verfügbar sein. Die Öffnungsschnitte müssen ausreichend vor der vermuteten Brandfront geschehen. Es muss immer mit Brandausbreitungspfaden gerechnet werden, die im Bereich der Abseiten des Daches liegen.

35.17.5 Einsatzmaßnahmen bei Flach- und Reetdächern

<Flachdächer> haben meist einen Dachaufbau mit Bitumendachpappe. Diese Aufbauten müssen oft mit speziellen Rettungssägen geöffnet werden. Die Öffnungen müssen vor der Flammenfront sein und sollten die Brandbekämpfung im Inneren des Daches ermöglichen. Gegebenenfalls kann auch mit Fognails versucht werden, in das Innere des Dachaufbaus Wasser einzubringen.

<Reetdächer> gelten als weiche Bedachung und sind daher besonders brandgefährdet. Reetdächer haben aufgrund der Wasserableitung meist eine Dachneigung von ≥ 45 Grad und sind heute als hinterlüftete Dächer ausgeführt (frühere Reetdächer sind in der Regel ohne Hinterlüftung als Warmdach konstruiert). Ein Brand ein einem Reetdach breitet sich so in kurzer Zeit großflächig aus; dabei besteht die Gefahr, dass Reetbündel abstürzen. Abstürzende Glutnester können ebenfalls zu einer Brandausbreitung beitragen. Der Reetbrand breitet sich insbesondere auch nach innen und innerhalb des Baustoffes Reet aus.

Aufgabe der Feuerwehr ist es, die Brandausbreitung einzugrenzen. Dazu müssen große Wassermengen auf das Reet aufgebracht und die Glutnester entfernt werden. Vor allem Letzteres ist wichtig, um eine Brandausbreitung nach innen zu verhindern. Ein Innenangriff und eine entsprechende Kontrolle des Daches von innen (unter Atemschutz!) ist parallel mit dem Außenangriff durchzuführen.

Im Außenangriff muss neben der Brandbekämpfung mit Wasser auch eine Isolierung des Brandherdes erfolgen, indem eine Schneise ins Reet getrieben wird. Zu beachten ist, dass das Reet mit Draht gebunden wird, sodass Drahtscheren oder Rettungssägen vorgenommen werden müssen. Netzmittel und Schaum bieten bei Reetdachbränden keinen Löscherfolg, da sie nicht ins Reet eindringen; sie eignen sich nur für Nachlöscharbeiten an bereits vom Dach geborgenen Garben.

35.18 Schornsteinbrände

von Jochen Thorns

Nachdem es fast jahrzehntelang kaum noch zu Schornsteinbränden (teilweise auch als Kaminbrand bezeichnet) gekommen war, nehmen diese mit der Verbreitung von Feuerstätten für feste Brennstoffe seit einigen Jahren wieder zu. Grund ist, dass die Feuerstätten nicht richtig betrieben werden, sodass es zu Glanzrußablagerungen im Schornstein und infolge dessen zu einem Schornsteinbrand kommen kann.

35.18.1 Aufbau eines Schornsteins

Den Aufbau eines Schornsteins zeigt ▶ Bild 35.18.1. Man unterscheidet gerade Schornsteine und gezogene Schornsteine (auch als geschleifte Schornsteine bezeichnet). Letztere sind im Bereich des Dachstuhls meistens zwischen 60 und 90 Grad abgewinkelt, um z. B. an Dachbalken vorbei zu führen. Schornsteine müssen auf der kompletten Länge über eine Feuerwiderstandsdauer von 90 Minuten (F 90-A) verfügen.

35.18.2 Merkmale und Gefahren beim Schornsteinbrand

Bei der Verbrennung von festen Brennstoffen kann es an der Innenseite des Schornsteins zur Ablagerung von Glanzruß kommen. Glanzruß ist fast reiner Kohlenstoff. In der Regel brennen bei einem Schornsteinbrand also der Glanzruß oder andere Ablagerungen, nie aber der Schornstein an sich.

Problematisch am Glanzruß ist, dass er beim Verbrennen um bis zum Siebenfachen aufquillt. Durch diese Volumenzunahme kann der Schornstein verstopfen, was zu einem Temperatur- und Druckanstieg im Schornstein führen kann.

Eine mögliche Folge wäre ein Aufreißen des Schornsteins an der Schornsteinwange, woraus Flammen schlagen und die Umgebung im Gebäude entzünden könnten.

Bei Schornsteinbränden entstehen Temperaturen bis zu 1 500 °C, die auch an der Schornsteinwange deutlich fühlbar sind. Aus der Schornsteinmündung können mehrere Meter lange Flammen schlagen oder es kann ein (starker) Funkenflug einsetzen. Ein weiteres Kennzeichen ist eine starke Rauchentwicklung, meist mit dichtem schwarz-gelben Rauch. Im Schornstein setzt eine Glutbildung ein.

Der Schornsteinbrand wird in drei Phasen unterteilt:

- die Anfangsphase,
- die Durchbrandphase und die
- Nachheizphase.

Kennzeichen für die Anfangsphase ist der noch feuchte Glanzruß, der zu einer starken Rauchentwicklung aus der Schornsteinmündung führt. Die Temperatur im Schornstein liegt deutlich unter 1 000 °C (meist um die 600 °C).

Die bis zu drei Stunden dauernde Durchbrandphase wird durch extrem hohe Temperaturen (≥ 1 000 °C) und aus der Schornsteinmündung schlagende Flammen beschrieben.

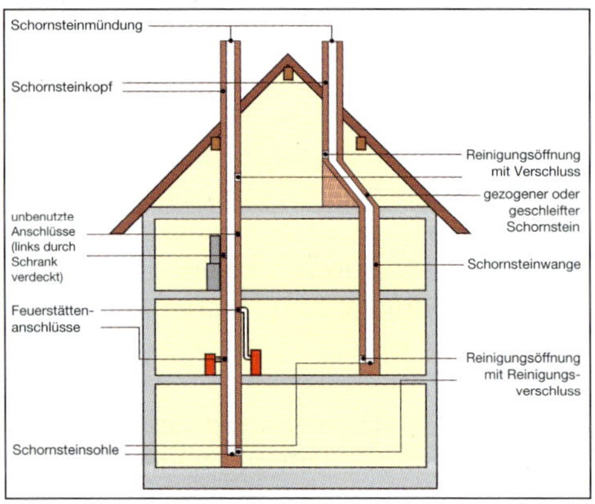

Bild 35.18.1 Aufbau eines Schornsteins

H

Die Rauchentwicklung lässt nach und hört unter Umständen ganz auf.

In der Nachheizphase kann es zum Verstopfen des Schornsteines durch die Volumenausdehnung des Glanzrußes kommen, was den Durchbrand bis zum Mauerwerk und das Aufreißen des Schornsteines verursachen kann. Der Schornstein heizt bis zu sechs Stunden nach.

Bei einem Schornsteinbrand entstehen folgende Gefahren an der Einsatzstelle (▶ Kapitel 19):

- Ausbreitung: Der Brand kann sich durch Flammen oder Funkenflug aus der Schornsteinmündung bzw. aus Ritzen nach dem Aufreißen des Schornsteines auf die Umgebung ausbreiten. Infolge Wärmeleitung/Wärmestrahlung ist eine Brandausbreitung auch innerhalb des Gebäudes möglich, z. B. auf nahe am Schornstein aufgestellte Möbel oder direkt an der Schornsteinwange anliegende Bauteile (z. B. Holzbalken bei Fachwerkgebäuden).
- Einsturz: Der Schornstein kann aufreißen und teilweise einstürzen. Eine Einsturzgefahr besteht vor allem auch bei gezogenen Schornsteinen.
- Elektrizität: Durch aus der Schornsteinmündung schlagende Flammen könnten Freileitungen über dem Gebäude beschädigt werden; ebenso könnten isolierte elektrische Leitungen am Schornstein abbrennen und/oder schmelzen.
- Atemgifte: Wie bei allen anderen Bränden auch, entstehen auch bei Schornsteinbränden giftige Rauchgase: Insbesondere können durch verstopfte oder verlegte Schornsteine bzw. durch mangelnden Zug im Schornstein auch gefährliche Konzentrationen von Kohlenstoffmonoxid entstehen.

35.18.3 Maßnahmen bei einem Schornsteinbrand

Zunächst ist die Einsatzstelle zu erkunden. Außer der allgemeinen Erkundung, wie bei jedem anderen Brandereignis auch (z. B. Menschenrettung, Wasserversorgung), ist zunächst festzustellen, ob nur der Schornstein brennt oder ob auch andere Bereiche betroffen sind. Danach sollte versucht werden, den genauen Brandort im Schornstein zu bestimmen (nicht nur den Ort, sondern auch, welcher Zug bei einer Schornsteingruppe betroffen ist). Dazu ist es wichtig, auch die Frage der Schornsteinbeschaffenheit und -ausführung zu klären.

Im Rahmen der Erkundung ist auch zu klären, wie die Zugangsmöglichkeiten im Gebäude (Schließverhältnisse, Erreichbarkeit des Schornsteins und des Daches), wie die Dachausführung (harte oder weiche Bedachung) und wo die Reinigungsverschlüsse und ggf. unbenutzte Feuerstättenanschlüsse des Schornsteins sind. Sind nicht alle an den Schornstein angrenzende Wohnungen zugänglich, ist die Polizei anzufordern, da sich die Feuerwehr möglicherweise gewaltsam Zugang zu den betroffenen Wohnungen schaffen muss (Türöffnungswerkzeug einsetzen).

Wichtig ist die Kontrolle des Schornsteines in allen Geschossen und in allen an den Schornstein angrenzenden Räumen sowie der Temperaturverlauf. So kann die Gefahr der Brandausbreitung beurteilt werden. Gute Dienste leistet hier eine Wärmebildkamera. Diese Aufgabe kann vom Einheitsführer und/oder dem Melder wahrgenommen werden. Sollte genug Personal verfügbar sein, ist es ratsam in allen Geschossen Einsatzkräfte zur Beobachtung zu postieren. Im Gebäude sollten im Rahmen der Erkundung auch CO-Messungen durchgeführt werden; für Beobachtungsposten ohne umluftunabhängigen Atemschutz und den Einheitsführer wird das Tragen von CO-Warnern sowie laufende CO-Messungen empfohlen.

Grundsätzlich sollte auch der Zustand im Inneren des Schornsteins erkundet werden, also wie der tatsächliche Durchmesser des Schornsteins im Brandfall ist. Dies kann mit-

Merke:

Bei einem Schornsteinbrand sind alle angrenzenden Räume im gesamten Schornsteinverlauf auf Schäden und eine Temperaturerhöhung genau zu kontrollieren.

Quelle: FF Filderstadt/S. Alt

Bild 35.18.2 Glanzruß nach einem Schornsteinbrand. Das Volumen des Rußes nimmt um das bis zu Siebenfache zu.

hilfe des Spiegels aus dem Gerätesatz Schornstein-Werkzeug an einer Reinigungsöffnung erfolgen.

Der Angriffstrupp übernimmt – sofern erforderlich – die Arbeiten an der Schornsteinmündung oder am oberen Reinigungsverschluss, z. B. Brandbekämpfung oder der Einsatz des Gerätesatzes Schornstein-Werkzeug (z. B. Einsatz der Kugelschlagkette oder der Fallgranate zur Verhinderung einer Schornsteinverstopfung). Die Ausrüstung mit Atemschutz kann erforderlich sein.

Der Wassertrupp ist auch bei einem Schornsteinbrand der Sicherungstrupp. Er steht mit geschultertem, aber noch nicht angeschlossenem Pressluftatmer sowie einem vorbereiteten C-Rohr in Bereitstellung, um ggf. eine Brandausbreitung zu bekämpfen. Wird der Angriffstrupp unter Atemschutz eingesetzt, übernimmt der Wassertrupp die Aufgaben des Sicherheitstrupps.

Der Schlauchtrupp ist der Unterstützungstrupp. Nach dem Aufbau der notwendigen Wasserversorgung stellt er Geräte für den Angriffstrupp bereit. Es wird empfohlen, dass

Merke:

Brände von Schornsteinen können langwierig sein. Daher ist rechtzeitig an eine Ablösung und/oder eine Versorgung der eingesetzten Kräfte zu denken.

Achtung:

Bei Schornsteinbränden erwärmen sich die Bauteile langsam. Ein Einsatzabbruch aufgrund geringer gemessener Temperaturen an den Schornsteinwänden, könnte sich als fataler Fehler herausstellen.

der Schlauchtruppführer an der unteren Reinigungsöffnung postiert wird, um den abgebrannten Glanzruß aus dem Schornstein zu nehmen. Dazu eignen sich eine Schuttmulde sowie eine Kohlenschaufel (z. B. aus dem Gerätesatz Schornstein-Werkzeug).

Bei einem Schornsteinbrand sind grundsätzlich alle Feuerstätten am betroffenen Schornstein vor Beginn der Maßnahmen außer Betrieb zu nehmen (ggf. Gashaupthahn schließen!) und die Luftklappen zu schließen. Sofern aufgrund der Lage notwendig, sollten alle brennbaren Gegenstände in der Nähe des Schornsteins über dessen gesamten Verlauf weggerückt werden (z. B. Möbel, Bilder).

Grundsätzlich ist der zuständige Bezirksschornsteinfeger anzufordern. Dies erfolgt in der Regel über die Leitstelle. Der Schornsteinfeger ist nicht nur ein wichtiger Fachberater

Merke:

Bei einem Schornsteinbrand ist immer der zuständige Bezirksschornsteinfeger anzufordern. Sollte dieser nicht greifbar sein, kann auch ein anderer Schornsteinfeger als Berater und zur Übernahme der Einsatzstelle gerufen werden.

Bild 35.18.3 Brand durch Verstopfung eines Feuerstättenanschlusses

für die Feuerwehr. Ihm wird die Einsatzstelle nach Abschluss der Maßnahmen der Feuerwehr auch durch den Einsatzleiter übergeben.

Sollte der Schornsteinfeger noch nicht vor Ort sein, sind – sofern festgestellt – Querschnittsverengungen im Schornstein zu lösen. Dies kann von den Reinigungsöffnungen aus mittels Eisenkugel und nachfolgend dem Stoßbesen erfolgen oder von der Schornsteinmündung aus mit der Kugelschlagkette oder der Fallgranate. Zum Eigenschutz sind Hitzeschutzhandschuhe und – je nach Lage – Atemschutz erforderlich.

Beim Einsatz auf dem Dach sollte grundsätzlich die Arbeit aus dem Rettungskorb des Hubrettungsfahrzeuges erfolgen. Ist dies nicht möglich, sind die Einsatzkräfte gegen Absturz zu sichern (Gerätesatz Absturzsicherung, ▶ Kapitel 39 ff.).

Nach Abschluss der Maßnahmen sind alle Geschosse auf Dehnungsrisse und der Bereich des Daches bzw. des Dachbodens auch auf Glutnester zu überprüfen.

35.18.4 Löschmittel

Bei einem Schornsteinbrand darf im Schornstein auf keinen Fall Wasser eingesetzt werden. Hintergrund ist die 1 700-fache Volumenzunahme von Wasser bei der Bildung von Wasserdampf. Dies würde bei einem Löschwassereinsatz in einem Schornstein aufgrund der hohen Temperaturen innerhalb von Sekundenbruchteilen erfolgen. Aufgrund des dann entstehenden Drucks im Schornstein würde der heiße Wasserdampf aus allen Schornsteinöffnungen explosionsartig entweichen und die Einsatzkräfte gefährden. Hinzu kommt, dass der Schornstein aufgrund des entstehenden Drucks reißen, ja sogar regelrecht gesprengt werden kann, wobei dann die Gefahr der Brandausbreitung auf angrenzende Bereiche gegeben ist.

Wasser darf nur in angrenzenden Bereichen zur Brandbekämpfung eingesetzt werden, z. B. wenn sich die Flammen auf das Dach oder Möbel ausgedehnt haben.

ABC-Pulver- und Kohlenstoffdioxid-Feuerlöscher sind zur Bekämpfung eines Schornsteinbrandes ebenfalls nicht geeignet. Sie dürfen zwar eingesetzt werden, können den Brand in der Regel aber nicht vollständig löschen. Es ist auch durch den Einsatz mehrerer Feuerlöscher nur möglich, den Brandverlauf kurzzeitig zu verlangsamen. Allerdings ist der Einsatz der beiden Löschmittel umstritten, da auch Kohlenstoffdioxid aufgrund der Kühlwirkung zu Spannungen im Schornstein führen könnte und Pulver durch ein Verfangen im Ruß Verstopfungen sogar noch fördern könnte.

Das Löschmittel der Feuerlöscher muss an der unteren Reinigungsöffnung eingebracht werden, damit sich das Löschmittel dann mittels des Auftriebs im Schornstein ausbreiten kann. Die Reinigungsöffnung muss nach dem Löschmitteleintrag sofort wieder verschlossen werden, damit die Verweildauer des Löschmittels im Schornstein möglichst lange ist und kein zusätzlicher Sauerstoff in den Schornstein gelangt.

Der Schornsteinbrand wird durch kontrolliertes Ausbrennen (unter Aufsicht des Schornsteinfegers) oder – und dies ist die häufigere Praxis – durch Ersticken gelöscht. Zum Sauerstoffentzug werden alle Schornsteinöffnungen (außer der Schornsteinmündung) und alle Feuerstättenöffnungen verschlossen. Zudem können im Drogeriehandel erhältliche Schwefelstreifen in den Schornstein an den Reinigungsöffnungen eingebracht werden. Durch die Reaktion des Schwefels wird dem Feuer der Sauerstoff entzogen.

Achtung:

Einen Schornsteinbrand nie mit Wasser oder Schaum löschen!

Merke:

Ein Schornsteinbrand wird durch Sauerstoffentzug gelöscht.

ZUR VERTIEFUNG

Martin Vogel: Die Roten Hefte 218: Schornsteinbrände, 2. Auflage, Verlag W. Kohlhammer, Stuttgart, 2019.

36 Brände von Wald- und Freiflächen

von Jochen Thorns

Wald- und Flächenbrände haben oft ein charakteristisches Erscheinungsbild (häufig in Ellipsenform, ▶ Bild 36.1). Während sich in Windrichtung die Feuerfront befindet, werden die Seiten durch brennende Flanken begrenzt.

Es wird zwischen Boden-, Wipfel- und Vollfeuer unterschieden. Wie der Name schon sagt, brennt ein Bodenfeuer am Boden und erfasst nur kleinere Sträucher. Ein Wipfelfeuer, auch Kronenfeuer genannt, bezeichnet den Brand der Baumkronen. Ohne ein vorheizendes Bodenfeuer kann es in der Regel kein Wipfelfeuer geben. Das Vollfeuer fasst beide Brandarten zusammen. Hinzu kommen Brände im Bereich des Bodens, vor allem auch tiefgehende Erd-, Moor- und Humusbrände.

Die Art des Brandes ist abhängig von der Vegetation sowie den topografischen (Berg/Tal, Hangausrichtung) und meteorologischen Verhältnissen (Temperatur, relative Feuchte, Wind). Nadelbäume sind wesentlich brandgefährdeter als Laubbäume, sodass letztere auch als natürliche Brandriegel angepflanzt werden. Vor allem junge Nadelbäume sind aufgrund der tief bis zum Boden reichenden Verastung für Vollfeuer anfällig.

Brände in ausgetrockneten oder ehemaligen Moorgebieten oder Heideflächen können sich an der oft ebenen Oberfläche windgetrieben sehr schnell ausbreiten. Das Feuer kann sich auch in die brennbaren Bodenschichten hinein entwickeln. In der Folge kann es zum

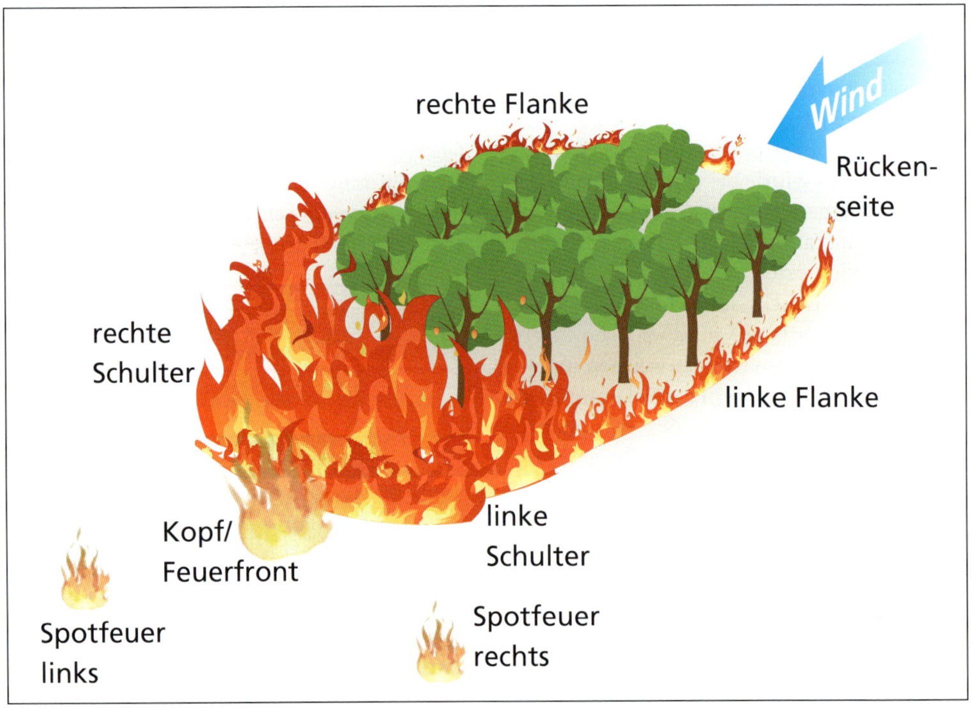

Bild 36.1 Charakteristisches Erscheinungsbild von Wald- und Flächenbränden

H

Achtung:

Um die Sicherheit und die Gesundheit der Einsatzkräfte nicht zu gefährden, ist der Einfluss des Geländes und des Untergrundes bei der Planung und der Durchführung der Einsatzmaßnahmen zu beachten!

Umkippen von Bäumen ohne erkennbare Vorwarnung oder zum Einbrechen von durchgebrannten Bodenschichten (Gefahr des Einbrechens von Fahrzeugen, Einsatzmitteln und Einsatzkräften) kommen.

Bei Freiflächenbränden von Getreide- oder Stoppelfeldern sind die genannten Parameter gleich. Meist sind die Felder ausgetrocknet und die Sonne im Sommer hat die morgendliche Taufeuchte beseitigt. Hinzu kommt die große Oberfläche der dicht stehenden Getreidehalme.

36.1 Gefahren

Wald- und Flächenbrände breiten sich hangaufwärts schneller aus als in der Ebene (▶ Bild 36.2a). Ein Löschangriff oder das Legen von Schneisen oberhalb der Feuerfront ist daher kritisch, da die Brandausbreitungsgeschwindigkeit oft unterschätzt wird. Bei solchen Bränden ist auch darauf zu achten, dass Glut oder brennende Teile talwärts rollen können und dort weitere Brände entzünden können.

Der Wind trägt zudem zu einer schnellen Brandausweitung bei. Ab einer gewissen Windstärke ist ein Löschangriff kaum mehr mit handgeführten Strahlrohren möglich, da die Flammen durch den Wind stark verlängert werden.

Achtung:

Bei Arbeiten in Hanglagen, bei denen die Gefahr des Absturzes besteht, sind geeignete Maßnahmen zum Schutz gegen Absturz vorzunehmen (zum Beispiel Nutzung des Gerätesatzes Absturzsicherung).

Bild 36.2 Wald- und Flächenbrände

- **a** Die Brände breiten sich hangaufwärts deutlich schneller aus als in der Ebene. Glut kann ins Tal rollen und dort weitere Brände auslösen.
- **b** Ein Löschangriff gegen den Wind aus der nicht verbrannten Fläche heraus ist lebensgefährlich. Die Flammen können die Einsatzkräfte unter Umständen überrollen.

36.2 Brandbekämpfung

Der Brand ist schnellstmöglich einzugrenzen. Die Eingrenzung des Brandes sollte nur bei kontrollierbaren Bränden mit der Bekämpfung der Feuerfront und dem Sichern der Flanken beginnen, wenn dies ohne Eigengefährdung möglich ist. Die sicherste Brandbekämpfungsmethode ist das Ablöschen der Flanken zur

Merke:

Faustformel zur sicheren Brandbekämpfung von Wald- und Freiflächenbränden:
Immer einen Fuß auf der verbrannten Erde halten! Damit ist immer eine schnelle Flucht in den verbrannten und damit sicheren Bereich möglich.

H

Bild 36.3 Einsatz der Feuerpatsche

Feuerfront hin von einem gesicherten Angriffspunkt aus (z. B. vom Rand des Feldes). Ein frontaler Löschangriff auf die Feuerfront birgt hohe Risiken. Vor allem eine Brandbekämpfung an der Feuerfront gegen den Wind ist lebensgefährlich, da der Wind die Flammen stark verlängern kann, sodass die Flammen die Einsatzkräfte überrollen (▶ Bild 36.2b).

Ggf. ist eine Brandbekämpfung an einer taktisch günstigen Stelle (Vegetation, Topografie) durch eine Riegelstellung zu beginnen. Gerade bei Bränden von Äckern ist das Anlegen eines so genannten Wundstreifens ein effektives Mittel für eine Riegelstellung. Dies bedeutet, dass ein Teil des Ackers umgepflügt wird. Der Traktorfahrer darf dabei aber nicht gefährdet werden.

Bei größeren und dynamisch verlaufenden Vegetationsbränden ist grundsätzlich wie folgt vorzugehen:

- Festlegen und sichern eines oder mehrerer Ankerpunkte (sicherer Bereich auf nichtbrennbaren Stellen oder sicher abgelöschten Stellen, zum Beispiel je einen auf jeder Flanke),
- Vortragen des Löschangriffs von den Ankerpunkten über beide Flanken,
- umfassender Löschangriff über die Flanke, eindämmen der Feuerfront über die Schulter und
- umfassende Löscharbeiten über die gesamte Außenlinie. Ist das nicht möglich, muss an einer taktischen günstigen Stelle (günstig bezüglich der Vegetation und Gelände als natürliche Halte- beziehungsweise Auffanglinie) versucht werden, die Feuerfront anzuhalten.

Der Schutz von Gebäuden und Objekten hat Priorität. Vor dem Eintreffen der Feuerfront sind alle Türen und Fenster zu verschließen und die Brandlasten zu entfernen (ggf. Schaum aufbringen).

Vollfeuer (vor allem wenn das Feuer windgetrieben ist) können in der Regel nur noch defensiv bekämpft werden! Das Brechen der anlaufenden Vollfeuerfront ist nur mit einem massiven Wassereinsatz von der Seite mit Unterstützung aus der Luft möglich. Feuersäume mit intensiver Flammenbildung (Flammen mit einer Länge von mehr als zwei Metern) sollten nicht frontal angegriffen, sondern von hinten oder seitlich von den Flanken her aufgerollt werden. Damit wird die Gefahr minimiert, von Teilen des Feuersaumes eingeschlossen zu

Bild 36.4 Brandzehrung an einem Baumstamm

Bild 36.5 Geräte für eine Wald- und Flächenbrandbekämpfung (v. l.): McLeod-Tool, Pulaski-Hacke (Wiedehopfhacke), Löschrucksack mit Befülleinrichtung, D-Schlauchtragekörbe mit Hohlstrahlrohr und C-DD-Verteiler, Waldbrandschaufel, Feuerpatsche, Motorkettensäge

werden. Handelt es sich um einen beschränkten Bereich mit drohendem Übergang zum Vollbrand, kann ein gezielter schneller und kurzer Einsatz von mehr Wasser auch aus Rohren mit größerer Wurfweite (zum Beispiel Werfer) sinnvoll sein.

Bild 36.6 Löschrucksack im Einsatz

Feuerwehrangehörige können Feuersäume mit Flammenlängen bis zirka 1,5 Meter effektiv von Hand (z. B. mit Rückenspritzen, Schaufeln und Feuerpatschen) bekämpfen. Bereiche mit intensiver Flammenerscheinung werden mit Rückenspritzen oder Sandwurf abgelöscht, weniger intensiv brennende Bereiche können mit Feuerpatschen und Schaufeln gelöscht werden.

Merke:

Zur Eigensicherung sollte es immer möglich sein, ein weiteres C- oder D-Rohr bzw. die Schnellangriffseinrichtung vornehmen zu können. Daher sollten nicht alle Druckabgänge belegt und immer etwa 300 bis 400 Liter Wasser im Löschwasserbehälter zurückgehalten werden.

H

Praxis-Tipp:

Akronym LACES

- **L – Lookout** = Beobachtungsposten stellen: unabhängiger Beobachtungsposten in jedem Einsatzabschnitt zur Warnung vor plötzlichen Lage- und Wetteränderungen (Wind) sowie Spotfeuer. Ausstattung mit geeigneten Geräten wie Fernglas, Wettererkundungsgeräte und Trillerpfeife oder Horn. Es muss ein eindeutiges Rückzugssignal vereinbart worden sein, dass der Beobachtungsposten zur Räumung des gefährdeten Bereiches einsetzt (zum Beispiel dreimaliges kurzes Drücken der Fahrzeughupe);
- **A – Anchorpoint** = Ankerpunkte sichern: Ankerpunkte sind der Ausgangspunkt für die Brandbekämpfung und der Ort für den sicheren Rückzug. Es können nicht brennbare Stellen (Schotterflächen, breite Straßen und Wege) oder sicher abgelöschte große Bereiche sein;
- **C – Communications** = Kommunikation sicherstellen: Schaffung einer sicheren Verbindung zur Einsatzleitung, zu Luftfahrzeugen und innerhalb der eigenen Einheit;
- **E – Escpae** = Flucht- und Rettungsweg sicherstellen: Jeder Einsatzabschnitt muss über einen festgelegten Rettungsweg verfügen, der allen bekannt sein und in einen sicheren Bereich führen muss (ggf. kennzeichnen);
- **S – Safety** = Sicherheitszone erkunden und schaffen: Der sichere Bereich (Sicherheitszone) ist ein Bereich, in dem Einsatzkräfte ohne weitere Schutzmaßnahmen vor einem Feuer sicher sind und ein Feuersaum die Einsatzkräfte nicht gefährdet (zum Beispiel Straße, felsiges Gebiet, Gewässer).

Vor allem in der Anfangsphase der Brandbekämpfung sollte mit Löschwasser vorsichtig umgegangen werden, bis eine entsprechende Löschwasserlogistik zur Verfügung steht. Hier haben sich Verteiler des Typs BB-CBC (▶ Bild 27.15) bewährt, da so eine unterbrechungsfreie Löschwasserversorgung – auch beim Einspeisen durch Tanklöschfahrzeuge im Pendelverkehr – aufgebaut werden kann.

Bewährt haben sich zur Brandbekämpfung D-Schläuche. Allerdings müssen hier die Einsatzgrenzen beachtet werden: Ein D-Schlauch ist zwar beweglicher, allerdings kann aufgrund der hohen Reibungsverluste keine größere Wegstrecke überbrückt werden.

Mit Wasser sollten nur Bereiche mit offenen Flammen und einer intensiven Flammenbildung bekämpft werden. Netzmittel erhöht die Effektivität (▶ Kapitel 7). Dabei sind die Umweltschutzvorschriften zu beachten.

Grundsätzlich sollte der Feuersaum nicht mit Einsatzfahrzeugen überfahren werden, da diese durch die Wärmeeinwirkung beschädigt werden können (außer die Fahrzeuge sind technisch speziell dafür ausgerüstet). Fahrzeuge mit heißen Abgassträngen dürfen nicht auf trockener Vegetation abgestellt werden. Eine Fahrzeugpositionierung auf asphaltierten Flächen oder Straßen ist immer sicherer als auf der unverbrannten Fläche. Gibt es im Wald keine Wendemöglichkeit, muss rückwärts gefahren werden, um eine Fluchtmöglichkeit zu haben. Zudem sollte zur Brandbekämpfung nicht die Schnellangriffseinrichtung eingesetzt werden, sondern Rollschläuche, um diese im Fall einer notwendigen Flucht schnell abkuppeln zu können. Die An- und Abfahrtsbereiche sollten für nachrückende Kräfte freigehalten werden (ggf. Ring- bzw. Einbahnstraßenverkehr).

Wichtig ist bei Wald- und Freiflächenbränden eine ausführliche Erkundung, insbesondere der Windrichtung und -stärke. Dafür muss sich der Einsatzleiter Zeit nehmen, auch wenn diese Brände durch eine starke Rauchentwicklung und große Flammenlängen oft imposant und beeindruckend sind.

Gerade im Sommer muss der Einsatzleiter auch bewerten, ob die getragene Schutzkleidung keine Gefahr für die Einsatzkräfte bedeutet (Stichwort: Erschöpfung/Hitzestress) und ob eine Versorgung mit Getränken notwendig ist. Zur Wald- und Flächenbrandbe-

> **Merke:**
>
> Die Verwendung von Feuerschutzkleidung der Leistungsstufe 2 nach DIN EN 469 ist bei warmer Witterung eine große Belastung für die Einsatzkräfte. Hier sind Ruhepausen und rechtzeitige Ablösung zu planen. Empfehlenswert ist das Tragen einlagiger Schutzkleidung nach Leistungsstufe 1 der DIN EN 469.

kämpfung können Feuerwehrhelme nach DIN EN 16471 und leichte Schutzkleidung getragen werden (▶ Kapitel 13).

Bei Arbeiten am Feuersaum sollten die Einsatzkräfte immer durch eine Feuerschutzhaube geschützt sein. Das Tragen von Atemschutz ist in der Regel nicht erforderlich und belastet die Einsatzkräfte zu stark. Empfehlenswert ist jedoch das Tragen einer patrikelfiltrierenden Halbmaske (zum Beispiel FFP2), auch in Verbindung mit einer sichtschließenden Schutzbrille.

36.3 Einsatz von Luftfahrzeugen

Für Erkundungs- und Löschunterstützungsaufgaben können Luftfahrzeuge (Flugzeuge, Hubschrauber und auch Drohnen) eingesetzt werden. Gute Hinweise zur Einsatzplanung gibt hierzu die Fachempfehlung Nr. 3 »Sicherheit und Taktik im Vegetationseinsatz« des Deutschen Feuerwehrverbandes aus Juni 2020. Kommen Luftfahrzeuge zum Einsatz, muss in jedem Fall eine direkte Kommunikation mit der Einsatzleitung am Boden gegeben sein. Es wird auch der Einsatz eines taktischen Koordinators zur Absprache des Einsatzraumes, des Abwurfzieles und zur Festlegung von Sicherheitsbereichen empfohlen. Bei komplexen Lagen oder dem Einsatz von mehreren Luftfahrzeugen sollte ein eigener Einsatzabschnitt »Luftfahrzeugeinsatz« gebildet werden. Zu beachten ist, dass zwischen bodengebundenen Einsatzkräften sowie Luftfahrzeugen verschiedene Kartensysteme und Koordinaten verwendet werden können. Während die Feuerwehren in der Regel die UTM-Koordinaten nutzen, werden in der Luftfahrt GPS-Koordinaten nach dem WGS84-System verwendet. Kann an einer Einsatzstelle kein einheitliches System verwendet werden, muss jeweils auch das Kartensystem und -datum übermittelt werden, damit die Koordinaten dann entsprechend umgerechnet werden können.

Grundsätzlich ist eine Brandbekämpfung aus der Luft immer nur als unterstützende Maßnahme zur bodengebundenen Waldbrandbekämpfung zu sehen. Soll es zu einem Abwurf von Löschmittel aus der Luft kommen, ist der Sicherheitsbereich frei von Personen und möglichst auch Fahrzeugen zu halten. Bei einem geraden Anflug und Abwurf ist ein Bereich von 20 bis 30 Metern seitlich der Flugachse als Sicherheitsbereich ausreichend. Dabei können auch Einsatzfahrzeuge als sichere Bereiche definiert werden, wobei zu beachten ist, dass diese auch bereits durch den Abwurf von Wasser aus nur einem Löschwasser-Außenlastbehälter stark beschädigt werden können, sodass diese nicht mehr einsatzbereit sind.

Literatur

[1] Deutscher Feuerwehrverband: Sicherheit und Taktik im Waldbrandeinsatz, Fachempfehlung Nr. 3 vom 16. Juni 2020.

[2] Lex, P.: Bekämpfung von Waldbränden, Moorbränden, Heidebränden, 4. Auflage, Die Roten Hefte 26, Verlag W. Kohlhammer, Stuttgart, 1996.

[3] Südmersen, J.: Gefährliche Feuerwand, Feuerwehr Magazin 8/2009, S. 88 ff.

ZUR VERTIEFUNG

Birgit Süssner: Die Roten Hefte 107: Wald- und Vegetationsbrände, Verlag W. Kohlhammer, Stuttgart, 2020.

37 Löschwasserrückhaltung

von Dr. Andreas Bräutigam

37.1 Löschwasser – Was ist das?

Die Frage »Was ist Löschwasser?« scheint auf den ersten Blick banal, sie gehört aber an den Anfang eines Kapitels, das sich mit der Rückhaltung von Löschwasser beschäftigt. Die FwDV 3 »Einheiten im Lösch- und Hilfeleistungseinsatz« definiert den Löschangriff als »jede Tätigkeit der Feuerwehr, bei der Strahlrohre vorgenommen werden; beispielsweise der Löschangriff bei einem Brandeinsatz, das Schützen gefährdeter Menschen oder das Schützen gefährdeter Objekte durch Abriegeln, sowie das Niederschlagen, Abdrängen oder Verwirbeln gefährlicher Dämpfe und Gase.« Das bei den genannten Tätigkeiten abgegebene Wasser wird allgemein < **Löschwasser** > genannt. Es fällt also nicht nur bei Bränden an, sondern z.B. auch bei Gasausströmungen oder Gefahrgutunfällen. Löschwasser kann auch Beimischungen enthalten, z.B. löschaktive Salze oder Schaum- bzw. Netzmittel.

Merke:

Als »Löschwasser« wird jedes Wasser bezeichnet, das die Feuerwehr durch den Einsatz von Löschgeräten an einer Einsatzstelle abgibt.

37.2 Gefahr durch Löschwasser/Löschmittel

Wie aus der allgemeinen Brand- und Löschlehre bekannt ist, dürfte bei einer idealen Brandbekämpfung eigentlich gar kein flüssiges Löschwasser übrig bleiben, da immer nur soviel Wasser auf den Brandherd gegeben werden soll, dass es durch vollständiges Verdampfen dem Feuer Energie entzieht. Eine solche ideale Brandbekämpfung wird aber in der Realität so gut wie unmöglich sein, sodass immer Löschwasser unverdampft in der Brandstelle verbleibt oder aus ihr herausläuft.

Von diesem Löschwasser können verschiedene Gefahren ausgehen. Im Wasser können sich wasserlösliche Bestandteile von Brandrauch, des Brandguts oder der Asche sowie sonstige wasserlösliche Stoffe, die sich im Brandgeschehen befinden, lösen. Diese Stoffe werden dann mit dem Löschwasser aus der Brandstelle ausgetragen. Je nach den Eigenschaften dieser Stoffe können von dem verunreinigten Wasser anschließend Gefahren für Menschen, Tiere und die Umwelt ausgehen. Das Wasser kann durch die gelösten Bestandteile z.B. giftig, ätzend, umweltgefährdend (z.B. wasserverschmutzend) oder auch radioaktiv werden. Verbreitet sich solches Löschwasser unkontrolliert von der Brandstelle in die Umgebung, können dadurch große Folgeschäden entstehen. So kann z.B. das Grundwasser nachhaltig verschmutzt werden oder Kläranlagen können ausfallen. Ätzendes Löschwasser kann zu Korrosionsschäden im Kanalsystem oder an technischen Einrichtungen führen. In Oberflächengewässern wie Flüssen oder Teichen kann es durch eingeschwemmte Gifte zum Fischsterben kommen und die Gewässer können biologisch »umkippen«.

Achtung:

Abfließendes Löschwasser enthält immer Fremdstoffe in unterschiedlicher Menge. Nicht immer ist eine Rückhaltung erforderlich. Bei Verfärbung oder auffälligem Geruch des Wassers sollte aber auf jeden Fall zunächst eine Rückhaltung versucht werden.

Ein prominentes Beispiel für Schäden durch abfließendes Löschwasser ereignete sich 1986 bei einem Schweizer Chemiekonzern. Dort kam es zu einem Brand in einem Pflanzenschutzmittellager. Während der Löscharbeiten flossen große Mengen mit giftigen Stoffen verunreinigtes Löschwasser in den Rhein und töteten dort auf 450 Stromkilometern jedes Leben. Die Trinkwassergewinnung aus dem Rhein war lange nicht möglich.

Wenn man den Begriff »Löschwasser« auf »Löschmittel« erweitert, kommen die gefährlichen Eigenschaften hinzu, die z. B. durch enthaltene (Lösch)salze oder Schaummittel entstehen.

Schaummittel verringern zum einen die Oberflächenspannung des Wassers, wodurch Schäden im Erdreich und an Mikroorganismen entstehen können, zum anderen enthalten manche so genannte filmbildende Schaummittel Substanzen, die sich in der Umwelt anreichern und nicht biologisch abgebaut werden können. Schaum auf Wasseroberflächen verhindert außerdem die natürliche Belüftung des Gewässers mit Sauerstoff.

Wenn Wasser von der Feuerwehr zum Niederschlagen oder Verwirbeln schädlicher Dämpfe und Gase eingesetzt wird, so muss dem abfließenden Löschwasser ebenfalls große Beachtung geschenkt werden. Je nach Wasserlöslichkeit des niederzuschlagenden Stoffes kann sich dieser im Wasser anreichern und fließt dann mit dem Löschwasser ab.

Achtung:

Schaummittelkonzentrate sind wassergefährdende Stoffe! Beim Umgang damit muss ein Eintrag in die Umwelt (z. B. durch Verschütten, undichte Behälter oder Schläuche usw.) möglichst vermieden werden!

Achtung:

Bei der Rückhaltung von Schaum neben dem »sichtbaren« Schaum immer auch an die austretende Flüssigphase denken. Diese enthält viel mehr wassergefährdende Substanzen als der eigentliche Schaum!

Achtung:

Hoch belastetes Löschwasser im Kanalnetz kann die Gefahrenlage erheblich vergrößern (z.B. durch Entstehung einer zündfähigen und/oder giftigen Atmosphäre im Kanalnetz)! In diesem Fall das Kanalnetz mechanisch entlüften (nicht belüften!) und/oder großzügig mit Wasser nachspülen!

Aber auch Löschwasser, das den Brandort nicht verlässt, kann Schaden anrichten. Unter dem Begriff »Wasserschaden« (▶ Kapitel 1) versteht man allgemein das Durchfeuchten von Bauteilen (Wände, Decken), Mobiliar und anderen Gegenständen sowie Zerstörungen in elektrischen oder elektronischen Anlagen. Wenn Wasser auf Gebäudedecken stehen bleibt oder sich die Gebäudedecken vollsaugen, kann es durch das Eigengewicht des Wassers je nach statischer Belastbarkeit des Gebäudes sogar zum Deckeneinsturz kommen. Aus der Durchfeuchtung können dann Folgeschäden wie z. B. Schimmelpilz- oder Schwammbefall entstehen.

Eingesetztes Löschpulver kann ebenfalls unkontrolliert aus Brandstellen ausgetragen werden, z. B. durch Wind oder auf der Oberfläche von abfließendem Wasser. Löschpulver kann selbst umweltschädigende Inhaltstoffe (z. B. Schwermetallsalze) enthalten und führt außerdem zu Verschmutzungen. Sofern möglich, sollte daher auch Löschpulver »zurückgehalten« werden.

37.3 Löschwasserrückhaltung – rechtliche Grundlagen

Für Bereiche, in denen im Schadenfall eine Gefahr für die Umwelt durch abfließendes Löschwasser zu befürchten ist, hat der Gesetzgeber Regelungen zur Verhinderung eines solchen Umweltschadens getroffen. Betroffen sind alle Bereiche, in denen < **wassergefährdende Stoffe** > ab bestimmten Grenzmengen gelagert werden. Ob und wie stark ein Stoff wasserge-

H

fährdend ist, kann man an der so genannten <**Wassergefährdungsklasse**> (WGK) erkennen:

- WGK 1: schwach wassergefährdend,
- WGK 2: deutlich wassergefährdend,
- WGK 3: stark wassergefährdend.

Die so genannten <**Löschwasser-Rückhalte-Richtlinien**> (LöRüRL – Richtlinie zur Bemessung von Löschwasser-Rückhalteanlagen beim Lagern wassergefährdender Stoffe) der Länder regeln, welche baulichen Vorkehrungen der Betreiber in Lägern mit entsprechenden Stoffen treffen muss. Das zugrunde liegende Szenario ist dabei der Brand. Die Grenzmengen, ab denen Anlagen zur Löschwasserrückhaltung fest eingebaut werden müssen, sind recht groß. So muss bei Lagergut der WGK 1 erst ab einer Lagermenge von 100 Tonnen das Löschwasser baulich zurückgehalten werden können. Sind das Lagergut und die Verpackung nicht brennbar, kann sogar ganz auf Rückhalteanlagen verzichtet werden.

Nach den Vorschriften des <**Wasserhaushaltsgesetzes**> (WHG – Gesetz zur Ordnung des Wasserhaushalts) ist jedermann zum Schutz der Gewässer angehalten. Das heißt, die Feuerwehr muss sich ggf. auch außerhalb von Objekten, die über bauliche Rückhalteanlagen nach der LöRüRL verfügen, Gedanken über die Notwendigkeit einer Löschwasser-/Löschmittelrückhaltung machen. Dies gilt immer dann, wenn durch unkontrolliert abfließendes verunreinigtes oder selbst umweltgefährdendes Löschmittel eine Gefährdung der Umwelt droht, also z. B.

- bei größeren Schaum- oder Netzwassereinsätzen,
- wenn abfließendes Löschwasser direkt oder indirekt in Oberflächengewässer gelangt,
- wenn wassergefährdende Stoffe beteiligt sind,
- wenn gefährliche Dämpfe und Gase mit Wasser niedergeschlagen werden.

Nicht immer wird dann eine Rückhaltung zwingend erforderlich sein, aber die Prüfung, ggf. zusammen mit den zuständigen Behörden, muss durch den Einsatzleiter unbedingt erfolgen! Einsatzkräfte, die an Einsatzstellen eine mögliche Wasser- bzw. Umweltgefährdung durch Löschmittel bemerken (z. B. Schaumteppich auf einem Fischteich), sollten dies der vorgesetzten Führungskraft umgehend melden.

37.3.1 Zuständige Behörden

Die Überwachung des Gewässerschutzes, zu dem auch Maßnahmen zur Löschwasserrückhaltung gehören, ist keine originäre Aufgabe der Feuerwehren. Welche Behörde im Einzelnen zuständig ist, hat jedes einzelne Land separat geregelt. Die Feuerwehren sollten in Fällen einer möglichen Umweltgefahr durch Löschmittel die für den Gewässerschutz zuständige Behörde, die als <**Untere Wasserbehörde**> bezeichnet wird, hinzuziehen, ggf. ergänzt um den örtlich zuständigen Kanalnetz- bzw. Kläranlagenbetreiber. Oft gelingt es gemeinsam mit den genannten Stellen schnell, die Gefahr einzuschätzen und die Notwendigkeit bzw. den Umfang von Maßnahmen zur Löschmittelrückhaltung zu ermitteln.

Merke:

Auch wenn die primäre Gefahrenabwehr (z.B. Brandbekämpfung, Niederschlagen gefährlicher Gase) Vorrang hat, gehört der Umweltschutz zu den Pflichtaufgaben der Feuerwehren. Dies gilt insbesondere für den Umgang mit wassergefährdendem Löschwasser, das erst durch Maßnahmen der Feuerwehr erzeugt wird.

37.3.2 Technische Möglichkeiten zur Löschmittelrückhaltung

Bauliche Rückhalteanlagen

In Lagerstätten, die unter die Löschwasser-Rückhalte-Richtlinie fallen, findet die Feuerwehr im Schadenfall bauliche Anlagen zur Rückhaltung vor. Dies können z. B. sein:

- Auffangwannen,
- wasserundurchlässig ausgebildete Kellerräume,
- wasserdichte Türschwellen in Verbindung mit undurchlässigen Fußböden,

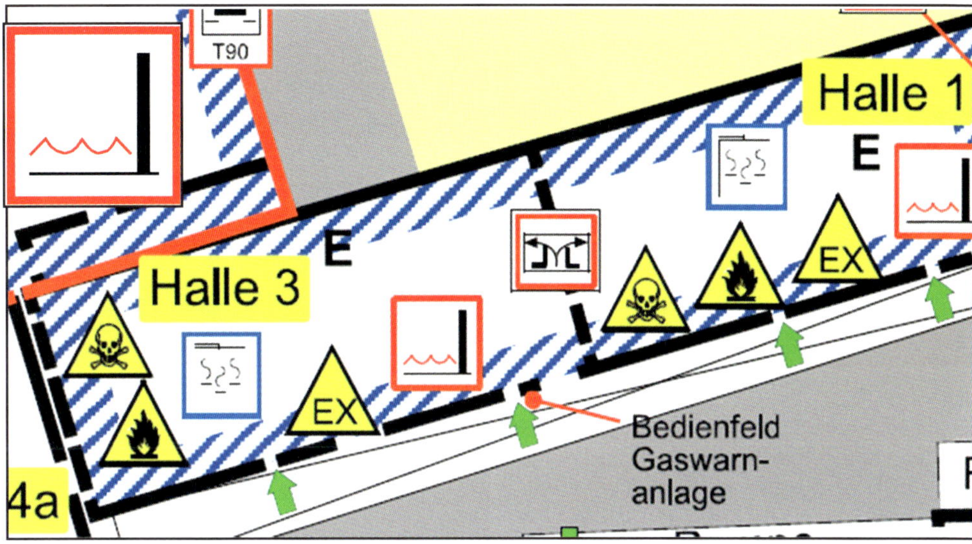

Quelle: Feuerwehr Düsseldorf

Bild 37.1 Ausschnitt aus dem Feuerwehrplan eines Gefahrstofflagers mit Löschwasserrückhalteeinrichtungen; das Symbol (kleines Bild) zeigt Löschwasserrückhalteeinrichtungen in Feuerwehrplänen an.

- zur Mitte geneigte Hofflächen mit absperrbaren Bodeneinläufen,
- Tanks,
- Rückhaltebecken,
- Kanalsysteme mit Absperrung zum öffentlichen Kanalnetz.

Für die Inbetriebnahme und die Funktionsfähigkeit der genannten Einrichtungen im Brandfall ist grundsätzlich der Betreiber verantwortlich, wobei die Feuerwehr selbstverständlich unterstützend tätig sein kann und soll. Die Anlagen sollen Teil der Feuerwehrpläne nach DIN 14095 (▶ Kapitel 67) sein oder in speziellen Abwasserplänen, welche Bestandteil des Feuerwehrplans sein können, beschrieben werden.

Achtung:

Wird das Löschwasser in betriebseigenen Kanalsystemen zurückgehalten, muss unbedingt nachvollzogen werden, wo sich das Wasser sammelt. Ggf. müssen dort Oberflächeneinläufe geschlossen werden, um keine weiteren Gefahren durch aus dem Wasser aufsteigende schädliche Dämpfe zu erzeugen.

Quelle: J. Thorns

Bild 37.2 Schwelle zur Rückhaltung an einem Hallentor (offen)

Quelle: J. Thorns

Bild 37.3 Schwelle zur Rückhaltung an einem Hallentor (geschlossen)

H

Quelle: A. Bräutigam/J. Thorns/J. Truckenmüller/Sion-Gerätetechnik GmbH, Aachen

Bild 37.4 Möglichkeiten zur Schnellabdeckung von Kanaleinläufen: **a** Magnetfolie **b** Wassersack **c** Wassersack mit zusätzlicher Moosgummimatte **d** Kanaldichtkissen »Gully-Ei«

Achtung:

Bei der Rückhaltung auf Hofflächen entstehen oft »Seenlandschaften« um die betroffenen Objekte, durch die die Einsatzkräfte waten müssen. Dadurch können erhebliche Gefahren entstehen! So werden z. B. Schächte oder herumliegende Gegenstände nicht mehr erkannt und können zur Absturz- oder Stolperfalle werden (besonders beim Schaumeinsatz!). Durch das Stehen und Gehen im Wasser können die Feuerwehrstiefel und die Hosen durchweichen.

Mobile Rückhaltesysteme

Die Industrie bietet verschiedenste mobile Systeme zur Löschwasserrückhaltung an, die von Feuerwehren, aber auch von Kanalnetzbetreibern vorgehalten werden. Dies sind z.B.

- Schnellabdeckungen für Kanaleinläufe,
- Kanaldichtkissen unterschiedlicher Form und Größe,
- Sperrschläuche zum Auslegen,
- Falttanks oder offene Faltbehälter,
- Saugfahrzeuge.

Auch die meisten Kläranlagen verfügen über Pufferbecken, in die auch größere Mengen problematische Abwässer zunächst eingeleitet werden können ohne die Anlage zu schädigen.

Praxis-Tipp:

Kann das Wasser nicht zurückgehalten werden und besteht die Wahl zwischen dem Einlaufen von Löschwasser ins Kanalsystem oder in ein Oberflächengewässer, ist eher das Kanalsystem vorzuziehen. Dort bestehen bessere Möglichkeiten zur Vermeidung eines späteren Umweltschadens. Unbedingt den Kanalbetreiber frühzeitig informieren!

IM EINSATZ

Möglichkeiten und Ablauf der mobilen Löschwasserrückhaltung

Zunächst werden die Oberflächeneinläufe (»Gully«) verschlossen. Dies kann mit Schnell- bzw. Schachtabdeckungen (wie im Bild) oder Kanaldichtkissen erfolgen.

Zur besseren Abdichtung zwischen Boden und Sperrschlauch kann zusätzlich auch quellfähiges Dichtmittel ausgebracht werden.

Danach wird ein spezieller Sperrschlauch (hier ein Doppelkammerschlauch) ausgelegt und zwar bereits an der vorgesehenen Stelle.

In den Sperrschlauch werden die Kopfstücke eingebaut. Danach kann der Schlauch mit Wasser gefüllt werden.

H

Das zurückgehaltene Löschwasser wird mit Tauchpumpen abgepumpt.

Das aufgefangene Löschwasser wird beispielsweise in einem Faltbehälter zwischengelagert.

Behelfsmäßige Löschmittelrückhaltung

Wenn keine speziellen technischen Lösungen zur Löschwasserrückhaltung verfügbar sind, kann versucht werden, mit Behelfsmitteln eine Ausbreitung problematischer Löschmittel in die Umwelt zu verhindern, z. B. durch Aufschütten von Erddämmen um Kanaleinläufe, Einlegen von Folien in Einläufe, Sandsackbarrieren oder Barrieren aus Paletten oder Strohballen und Folie zur Schaumrückhaltung (Achtung: Die wässrige Phase fließt evtl. beim Zerfallen des Schaums unter der Barriere durch!)

Von der Möglichkeit, bereits eingesetztes Löschwasser erneut zu verwenden, sollte nur unter größter Vorsicht Gebrauch gemacht werden. Zum Einen kann durch die im Löschwasser enthaltenen Schadstoffe das Material (Schläuche, Pumpen, Strahlrohre) geschädigt werden, zum anderen muss sichergestellt sein, dass die eingesetzten Kräfte beim Umgang mit dem belasteten Löschwasser keiner zusätzlichen Gefährdung ausgesetzt werden. Dies wird nur in den wenigsten Fällen ausreichend sicher zu ermitteln sein. Von daher sollte die Löschwasserwiederverwendung unterbleiben!

37.4 Persönliche Schutzmaßnahmen bei der Löschwasserrückhaltung

Für Personal, das mit Löschwasserrückhaltung beschäftigt ist, müssen ggf. besondere Schutzmaßnahmen eingehalten werden. Personal, das im Wasser stehen oder laufen muss, sollte unbedingt Gummistiefel oder Wathosen tragen, da (auch gut gepflegte) Lederstiefel mit der Zeit das Wasser aufsaugen. Die Hände sollten durch wasserundurchlässige Gummihandschuhe geschützt werden. Handschuhe zur Brandbekämpfung saugen irgendwann ebenfalls Wasser auf. Sollen Rückhaltemaßnahmen im direkten Gefahrenbereich (z. B. innerhalb eines betroffenen Brandabschnitts) erfolgen, muss das dafür eingesetzte Personal ggf. genauso geschützt werden wie die zur Brandbekämpfung eingesetzten Kräfte!

Wenn von einer hohen Belastung des Löschwassers mit Schadstoffen auszugehen ist, müssen ggf. weitere Schutzmaßnahmen wie Körperschutz der Form 2 nach FwDV 500 (Flüssigkeitsschutzanzug) oder Atemschutz ergriffen werden. Wichtig ist in diesen Fällen, dass dann auch das zur direkten Brandbekämpfung eingesetzte Personal entsprechende Vorsicht walten lassen muss (also z. B. nicht mit Lederstiefeln im belasteten Wasser stehen!).

In der Mehrzahl der Fälle wird aber normale den Unfallverhütungsvorschriften und den Normen entsprechende Feuerwehrschutzkleidung, ergänzt um Gummistiefel und Gummihandschuhe, für Arbeiten zur Löschwasserrückhaltung ausreichen.

H

IM EINSATZ

Anlegen der Schutzkleidung Form 2 nach FwDV 500

Zunächst wird in den Anzug gestiegen und die Ärmel übergestreift, wobei die Arme am besten nach oben gestreckt werden.

Die Kopfhaube wird übergestülpt; danach wird der Atemanschluss angelegt.

Quelle: Kann/Feuerwehr Düsseldorf/J. Thorns

Die Kopfhaube wird angelegt und über den Kopf gezogen. Danach muss der Bund der Kopfhaube an den Atemanschluss dicht angelegt werden.

Zum Schluss kann der Feuerwehrhelm aufgesetzt werden.

38 Umgang mit kalten Brandstellen, Umweltschutzaspekte bei Einsätzen sowie Brandursachen

von Jochen Thorns

38.1 Umgang mit kalten Brandstellen

Nach dem Ablöschen eines Schadenfeuers und einer Abkühlung der Brandstelle werden die in den Brandgasen vorhandenen organischen Schadstoffe zunehmend an Rußpartikel gebunden. Durch die stabile Bindung an die Rußpartikel wird verhindert, dass die Schadstoffe über die Haut oder die Atemwege in den menschlichen Organismus gelangen und ihn schädigen können. Nach einer Untersuchung des Bundesgesundheitsamtes besteht dadurch an erkalteten Brandstellen keine erhöhte Gesundheitsgefahr, obwohl Schadstoffe vorhanden sind. Brandbedingte Schadstoffe sind in der Regel nur dort nachweisbar, wo auch eine optisch deutlich wahrnehmbare Verschmutzung vorliegt. Nach der Entfernung der Verschmutzung sind meist auch die Schadstoffe beseitigt.

Gerade bei Nachlöscharbeiten sind für die Einsatzkräfte Schutzkleidung, normalerweise die übliche Brandschutzkleidung, und Atemschutz notwendig, da die Rußbindung der Schadstoffe noch nicht erfolgt ist. Als Atemschutz reicht hierbei – sofern der Sauerstoffgehalt entsprechend hoch und keine signifikante Gefährdung durch Kohlenstoffmonoxid gegeben ist – umluftabhängiger Atemschutz (Filtergerät) aus (▶ Kapitel 31). Das zusätzliche Tragen eines so genannten CO-Warners wird empfohlen, gerade auch wenn die Feuerwehrangehörigen in Fahrzeugen (Bagger/Radlader) eingesetzt werden. Angehörige anderer Behörden und Organisationen mit Sicherheitsaufgaben oder auch Mitarbeiter des Betreibers/Eigentümers sind ggf. entsprechend zu schützen und auszurüsten.

Vor der Begehung eines Objektes ohne Atemschutz sollte das Objekt, insbesondere wenn es zu einer starken Verrauchung gekommen ist, hinsichtlich des Gehaltes von Sauerstoff und Kohlenstoffmonoxid »freigemessen« werden, d. h., die Messwerte im Gebäude sollten festgestellt und durch einen Fachmann bewertet werden. Erst danach sollte die Einsatzstelle freigegeben werden.

Beim Betreten der kalten Brandstelle sollten alle Personen Vorsorge gegen das Einatmen von aufgewirbelten Stäuben oder die großflächige Kontamination der Haut treffen. Dies kann mit Einmalschutzanzügen und Schutzhandschuhen sowie eine Staubschutzmaske (filtrierende Halbmaske der Schutzgruppe FFP2 bzw. FFP3) erfolgen. Die Schutzkleidung kann nach Gebrauch im kontaminierten Bereich bleiben und kann so ggf. mehrfach verwendet werden. Nach Verlassen des Schadenbereiches sollte eine gründliche Körperhygiene erfolgen (▶ Kapitel 63).

Dass auch an kalten Einsatzstellen nicht getrunken, gegessen oder geraucht wird, versteht sich von selbst. Die Nahrungsaufnahme (und auch das Rauchen) sollte bei stark verschmutzer Kleidung nur nach Ablegen der Persönlichen Schutzausrüstung und einer gründlichen Reinigung von Gesicht und Händen sowie außerhalb der Bereiche mit Rußniederschlag bzw. einer Rauchgaswolke erfolgen.

Auf eine Kontaminationsverschleppung durch die Einsatzkräfte sollte geachtet werden. Das heißt auch, dass an der Einsatzstelle ggf. eine Grobreinigung der Persönlichen Schutzausrüstung und der eingesetzten Geräte erfolgen muss. Nach dem Einsatz sollten stark verschmutzte Schutzausrüstung und Ausrüstungsgegenstände nicht im Mannschaftsraum transportiert werden (Ausnahme: Sie sind staubdicht verpackt.).

Das Betreten von Aufenthalts- und Sozialräumen im Feuerwehrhaus (so genannter Weiß-Bereich) darf mit stark verschmutzter

Bild 38.1 Auch bei Nachlöscharbeiten ist das Tragen von Atemschutz (zum Beispiel Filtergerät) notwendig, da die Rußbindung der Schadstoffe noch nicht erfolgt ist.

Kleidung nicht erfolgen. Einsatzkräfte, die Rauch und Ruß ausgesetzt gewesen waren, sollten nach dem Einsatz duschen und die stark mit Ruß verschmutzte Einsatzkleidung wechseln. Verschmutzte Ausrüstungsgegenstände sollten einer Feinreinigung unterzogen werden, bevor diese wieder in die Fahrzeuge verlastet werden.

Die Eigentümer bzw. Nutzer des Objektes sollten durch die Feuerwehr auf die Schutzmaßnahmen und die Kontaminationsverschleppung hingewiesen werden. Klima- und Lüftungsanlagen sollten daher auch erst nach der Reinigung und Überprüfung durch eine Fachfirma wieder in Betrieb genommen werden. Je nach Brandschaden und Objekt kann eine Reinigung auch durch die Nutzer in Eigenregie durchgeführt werden. Zu beachten sind auch die Entsorgungsvorschriften sowie ggf. die Hygienevorschriften des Lebensmittelsrechts. Auf diese sollten die Nutzer ggf. von den Einsatzkräften hingewiesen werden.

38.2 Umweltschutzaspekte bei Einsätzen und Übungen

Trotz guter Löschwirkung sind manche Löschmittel hinsichtlich der Auswirkungen auf die (aquatische) Umwelt bedenklich. Davon zeugen das so genannte Halon-Verbot oder die Einschränkungen bei der Nutzung mancher Schaummittel. Schaum ist grundsätzlich nur dann einzusetzen, wenn andere Löschmittel, vorzugsweise Wasser, nicht eingesetzt werden können oder die Löschwirkung unzureichend ist. Grundsätzlich sollte dann fluortensidfreies Schaummittel wie Mehrbereichsschaummittel genutzt werden.

Besonders problematisch sind fluorhaltige Schaummittel. Diese sollten nur eingesetzt werden, wenn mit anderen Schaummitteln keine effiziente Löschwirkung erzielt werden kann. Sofern es keine besonderen Gefahrenpotenziale im Ausrückebereich gibt, reichen fluorfreie Mehrbereichsschaummittel bei öffentlichen Feuerwehren in der Regel aus. Diese können bei fast allen Bränden der Brandklassen A und B eingesetzt werden.

Beim Schaumeinsatz sollte grundsätzlich eine Löschwasserrückhaltung erfolgen (▶ Kapitel 37). Die zuständige Kläranlage und ggf. auch die Untere Wasserbehörde sind zu verständigen. In Wasserschutzgebieten sollte nach Möglichkeit gar kein Schaumeinsatz erfolgen. Insbesondere sei auf die allgemeine Sorgfaltspflicht zum Gewässerschutz nach den Vorgaben des Wasserhaushaltsgesetzes hingewiesen. Doch nicht nur in Wasserschutzgebieten sollte auf den Einsatz von Schaummitteln verzichtet werden. Auch synthetische Mehrbereichsschaummittel sollten nicht bedenkenlos eingesetzt werden, da diese beim biologischen Abbau Sauerstoff binden und so Gewässer

Praxis-Tipp:

Zur Beurteilung des Wasser-Schaummittel-Gemisches durch externe Sachverständige ist es sinnvoll, ein Sicherheitsdatenblatt des Schaummittels auf dem Fahrzeug mitzuführen.

(Vorfluter, Bäche, Seen) hinsichtlich des Sauerstoffgehaltes belasten können.

Übungen mit (fluorhaltigen) Schaummitteln sollten vermieden werden. Bei Übungen sollten so genannte Übungsschaummittel zur Anwendung kommen.

Gleiches gilt für Pulver: Löschpulverreste gelten als besonders überwachungsbedürftiger Abfall (»Sondermüll«). Von daher sollte ein Einsatz ebenfalls genau abgewogen und der Gewässerschutz bedacht werden. Nach dem Einsatz eines Pulverlöschers ist dieser nicht vollständig abzublasen. Es ist eine Druckentlastung durchzuführen, indem der Pulverlöscher auf den Kopf gestellt und dann entleert wird. So verbleiben Löschpulverreste im Druckbehälter.

Übungen mit Pulver und Schaum sollten – wenn überhaupt – nur auf entsprechend befestigten Flächen mit Rückhalteeinrichtungen durchgeführt werden. Je nach Übungsbrandgut muss an die Entsorgung gedacht werden. Wird unbehandeltes Holz verbrannt kann eine Entsorgung der Rückstände über das Hausmüllsystem erfolgen [1]; bei einem Wasser-Kraftstoffgemisch ist ein geeignetes Abscheidesystem oder eine Entsorgung notwendig.

Vorsicht ist auch bei der Wasserentnahme aus offenen Gewässern für Übungszwecke angebracht. Sollte die offene Wasserentnahmestelle als Naturdenkmal eingestuft sein oder in einem Naturschutzgebiet gelegen sein, könnte eine Wasserentnahme zu Übungszwecken sogar untersagt sein/werden. Es empfiehlt sich, diese Frage im Vorwege der geplanten Übung mit der zuständigen Umwelt- bzw. Naturschutzbehörde abzustimmen.

38.3 Brandursachenermittlung

Die Brandursachenermittlung in Deutschland ist Aufgabe der Polizei. Die Feuerwehr kann im Rahmen der Brandbekämpfung und vor allem nach Einsatzende den Brandursachenermittlern der Polizei jedoch wertvolle Hinweise liefern. Die Polizei ist dabei vor allem an Beobachtungen, welche die eingesetzten Einsatzkräfte gemacht haben, und an den durchgeführten Maßnahmen der Feuerwehr interessiert. Es ist daher die Regel, dass Einsatzkräfte der Feuerwehr (häufig der Einsatzleiter und der zuerst eingesetzte Angriffstrupp) als Zeugen von den Polizeibeamten befragt werden.

Natürlich geht die Arbeit der Feuerwehr den polizeilichen Ermittlungen vor, auch wenn die ersten Ermittlungen meist noch während der »heißen Phase« eines Einsatzes aufgenommen werden. Die Polizei hat aber Verständnis dafür, dass die Feuerwehr zunächst andere Aufgaben zu erledigen hat und dass nicht immer alle Fragen detailliert beantwortet werden können. Aber: Eine möglichst detaillierte Antwort erleichtert den Brandursachenermittlern der Polizei die Arbeit.

Die folgenden, häufig die Polizei interessierenden Beispielfragen sollen dass Bewusstsein für die Arbeit der polizeilichen Brandursachenermittler fördern. Die Aufzählung kann aufgrund der Unterschiedlichkeit der Brände wie auch der Brandursachen selbstverständlich nicht abschließend sein.

Anfahrt und Eintreffen am Einsatzort

- Gab es verdächtige Wahrnehmungen während der Anfahrt?
  - Entfernen von Personen/Fahrzeugen,
  - Spaziergänger (v. a. zu ungewöhnlichen Zeiten),
- Welche Personen waren beim Eintreffen der Feuerwehr am Brandort?
  - Entdecker, Geschädigte, Zeugen,
  - Auffälliges Verhalten,
- Gab es Schaulustige?
  - Auffälliges Verhalten,
  - Sind diese schon bei anderen Bränden gesehen worden?
- Gab es Äußerungen bzw. Mutmaßungen zur Brandursache? Von wem?
- Wie war die Brandausdehnung beim Eintreffen der Feuerwehr?
- Wo drangen Rauch und Flammen nach außen? Welche Farbe hatten diese?
- Wie war die Wetterlage (Windrichtung und -stärke)?
- Gab es übereifrige Helfer?

Zustand des Brandortes beim Löschangriff

- Welche elektrischen Sicherungen waren

ausgelöst oder wurden ausgeschaltet/herausgedreht? Von wem?
- Wie waren die Schließverhältnisse?
- Handelte es sich um einen Schwel-, einen Glimm- oder einen offenen Brand?
- Wurden mehrere Brandherde festgestellt?
- Wo war die Brandausdehnung am stärksten?
- Welche Maßnahmen hat die Feuerwehr getroffen?

Die »besenreine« Einsatzstelle

Die Feuerwehrkräfte sollten eine Einsatzstelle nach dem Ende der Brandbekämpfung – sofern aus einsatztaktischer Sicht möglich – nicht ausräumen, sondern vielmehr im vorgefundenen Zustand belassen. Müssen dennoch aus Sicht der Feuerwehr für Brandbekämpfungsmaßnahmen Teile des Mobiliars oder auch Bauteile entfernt oder in der Lage verändert werden, sollte erfasst werden, wie und wo diese Gegenstände standen.

Ebenso sollte erfasst werden, wo Reste von elektrischen Geräten aufgefunden wurden und ob diese an das Stromnetz angeschlossen waren. Schalterstellungen elektrischer Geräte sollten grundsätzlich nicht verändert werden. Ist dies nicht möglich, ist die vorgefundene Schalterstellung zu kennzeichnen oder anderweitig zu dokumentieren.

Eine »besenreine« Einsatzstelle ist für die polizeilichen Brandermittler schwierig, da aus vorgefundenen Spuren – sofern es überhaupt noch Spuren gibt – falsche Schlüsse gezogen werden könnten. Muss dennoch die Brandstelle ausgeräumt werden, sollte vor dem Ausräumen der Polizei die Möglichkeit zur Fotodokumentation gegeben werden. Beim Ausräumen sollte der Einsatzleiter den eingesetzten Trupps ggf. den Hinweis geben, Gegenstände, die mit der Brandursache im Zusammenhang stehen könnten, vom normalen Brandschutt zu trennen.

Literatur

[1] VdS-Richtlinie 2217: Umgang mit kalten Brandstellen (vfdb-Richtlinie 10/06), VdS Schadenverhütung, Köln.

[2] Merkblatt DWA-M 718: Üben mit und Erproben von feuerlöschmitteln (Pulver, Schaum, flüssige Löschmittel und Löschwasserzusätze), Deutsche Vereinigung für Wasserwirtschaft, Abwasser und Abfall, Hennef, 2013.

[3] vfdb-Merkblatt: »Empfehlung für den Feuerwehreinsatz zur Einsatzhygiene bei Bränden«, Vereinigung zur Förderung des deutschen Brandschutzes, 2014.

[4] Umweltbundesamt: Ratgeber »Fluorhaltige Schaumlöschmittel« in Zusammenarbeit mit dem Deutschen Feuerwehrverband und dem Bundesverband Technischer Brandschutz (bvfa), 2013.

Notizen:

I Retten, Selbstretten und Sichern in absturzgefährdeten Bereichen

39 Einführung in die Absturzsicherung

von Jörg Mezger

39.1 Grundsätzliches

Sowohl bei der Brandbekämpfung als auch bei technischen Hilfeleistungseinsätzen kann es vorkommen, dass sich Feuerwehrangehörige in Bereiche begeben müssen, bei denen eine Absturzgefahr besteht. Hierbei ist eine geeignete Sicherung unbedingt erforderlich. Im Vordergrund solcher Einsatzmaßnahmen steht immer die Sicherheit der Einsatzkräfte und der gefährdeten Personen, die von der Feuerwehr gerettet werden müssen.

Als **<absturzgefährdeter Bereich>** wird ein Bereich bezeichnet, in dem es aufgrund struktureller und räumlicher Bedingungen zu einem Unfall durch Absturz kommen kann, der aber – abgesehen vom Absturzrisiko – ohne Hilfsmittel erreichbar wäre.

Bei Brandeinsätzen ohne Menschenrettung bzw. nach abgeschlossener Menschenrettung sollten sich Tätigkeiten in absturzgefährdeten Bereichen möglichst auf die Nachlöscharbeiten beschränken. Ist der Aufenthalt in einem absturzgefährdeten Bereich notwendig, kann beispielsweise mit dem Gerätesatz Absturzsicherung (▶ Kapitel 41.2.1) eine wirkungsvolle Sicherung aufgebaut werden. Die Möglichkeiten zur Rettung von Personen in Verbindung mit diesem Gerätesatz beschränken sich jedoch auf die Erstsicherung der zu rettendenen Person und auf die Einleitung lebensrettender Sofortmaßnahmen. Zur Zurückführung einer Person aus einem absturzgefährdeten Bereich (dies darf nur erfolgen, wenn der Betroffene dazu psychisch und physisch in der Lage ist) ist auf jeden Fall ein zweiter Gerätesätze Absturzsicherung für diese Person einzusetzen. Sollte eine Einsatzkraft abgestürzt und vom System des Gerätesatzes aufgefangen worden sein, besteht die Möglichkeit, diese am Sicherungsseil kontrolliert abzulassen.

Merke:

Die erste Sicherung sind Füße und/oder Hände an einer Struktur. Nur bei deren Ausfall greift das System der Absturzsicherung. Das freie Hängen in nur einem Seil ist unzulässig und grundsätzlich auszuschließen!

Bei folgenden beispielhaften Situationen kann der Gerätesatz Absturzsicherung zur Sicherung von Personen eingesetzt werden:

- bei Arbeiten auf Dächern und an Dachkanten nach Bränden,
- beim Beseitigen von Schneelasten und Folgen von Sturmschäden,
- bei Arbeiten auf schrägen Ebenen mit einer Absturzkante (z. B. Abhänge, Böschungen und Deiche),
- bei Arbeiten an Bau- und Montagegruben sowie Gräben;
- bei der Begehung von Kränen, Gittermasten und gesicherten langen Leiteraufstiegen;
- zur Sicherung beim Einstieg in Gruben, Schächte und Silos;
- bei nicht begehbaren Bauteilen wie z. B. Lichtkuppeln, Asbestzement-Wellplatten und Glasdächer, bei denen Maßnahmen zur Verhinderung eines Durchbruches notwendig sind;
- beim Vorstieg zur Sicherung und Betreuung einer absturzgefährdeten Person,
- zur Redundanzsicherung für das Rollgliss-Rettungsgerät oder den Einsatz eines Flaschenzuges mit einer Schleifkorbtrage oder einem Sitzgurt.

Der Einsatz des Gerätesatzes Absturzsicherung bzw. anderer geeigneter Sicherungsgeräte erfolgt auf Anordnung der verantwortlichen Führungskraft (in der Regel der Einheitsführer). Deren Aufgabe ist es, im Vorfeld die möglichen Gefährdungen zu ermitteln und zu bewerten sowie die gewonnenen Erkenntnisse den Einsatzkräften mitzuteilen. Je nach vorgefundener Lage muss entschieden werden, welche Gerätschaften und wie viele davon zum Einsatz kommen. Ist abzusehen, dass die Einsatzkräfte mit den zur Verfügung stehenden Mitteln nicht die Aufgabe erfüllen können, ist die Alarmierung von speziell geschulten und ausgerüsteten Einheiten (z. B. Höhenrettungsgruppen) zeitnah zu veranlassen.

39.2 Abgrenzung zur Höhenrettung

Feuerwehrangehörige ohne spezielle Ausbildung und entsprechende Ausrüstung können Maßnahmen zur Sicherung und (einfachen) Rettung von Personen aus Höhen und Tiefen nur in sehr begrenztem Maße durchführen. Sowohl die Gerätesätze Absturzsicherung als auch die Gerätesätze Auf- und Abseilgerät (▶ Kapitel 43) sind jeweils nur für eine Einsatzhöhe bzw. -tiefe von 30 Metern ausgelegt.

Die Absturzsicherung und die einfache Rettung von Personen aus Höhen und Tiefen sind daher klar von der Speziellen Rettung aus Höhen und Tiefen (SRHT) abzugrenzen, bei der frei im Seil hängend gearbeitet werden muss. Um dies bewerkstelligen zu können, verfügen die Höhenrettungsgruppen nicht nur über eine umfangreiche Ausrüstung (insbesondere für die patientengerechte Rettung), sondern absolvieren zudem ein sehr aufwändiges Ausbildungsprogramm. 80 Stunden umfasst allein die Basisausbildung. Der Fortbildungsauswand liegt jährlich bei durchschnittlich 80 bis 100 Stunden. Solche speziellen Höhenrettungseinsätze werden grundsätzlich mit je zwei voneinander unabhängigen Festpunkten und Seilsystemen (bestehend aus einem Arbeits- und einem Sicherungsseil) durchgeführt. Sollte beim Hauptsystem ein Defekt auftreten, kann das Sicherungssystem sofort die Last in vollem Umfang übernehmen. Sollte es jedoch beim Einsatz des Gerätesatzes Absturzsicherung zu einem freien Hängen im Seil und in der weiteren Folge auch noch zu einem Defekt bei einem Bestandteil des Sicherungssystems kommen, droht unweigerlich der Absturz, da hier kein redundantes Sicherungssystem greift. Im Unterschied zur standardmäßigen Absturzsicherung verfügen Höhenrettungsgruppen über

Bild 39.1 Angehörige einer Höhenrettungsgruppe bei einer Rettungsübung

I

wesentlich andere Ausrüstungen, andere Gerätschaften und andere Methoden, um in vielfältigen Anwendungsbereichen einsetzbar zu sein. Die engen Grenzen der Absturzsicherung und der einfachen Rettungsmethoden müssen daher akzeptiert werden. Falscher Ehrgeiz und Selbstüberschätzung gefährden nicht nur den Einsatzerfolg, sondern mitunter auch die Gesundheit und das Leben der Feuerwehrangehörigen und anderer beteiligter Personen!

39.3 Grundlegende Begriffe

Zum Verständnis der nachstehenden Ausführungen wird die Kenntnis folgender Fachbegriffe vorausgesetzt:

Der < **Anschlagpunkt** > ist der Festpunkt, an dem das Seil für den Vorsteiger (siehe unten) angeschlagen wird. Dieser Festpunkt muss mit einer Kraft von mindestens zehn Kilonewton belastet werden können.

Die < **Halb-Mastwurf-Schlinge** > (HMS) ist ein Bremsknoten, der in einen speziellen HMS-Karabiner eingelegt wird und einen Sturz durch Seildurchlauf »weich« bis zum Stillstand abbremst. Bei einer Belastung von weniger als 2,5 Kilonewton wirkt dieser Knoten statisch.

< **Redundanz** > ist ein vollwertiges System, das beim Ausfall des Hauptsystems dessen Aufgabe übernimmt (z. B. beim Ausrutschen greift das Seilsystem als Redundanz zur einfachen Sicherung durch Festhalten).

< **Dynamische Sicherung** > bezeichnet die Verwendung einer Seilbremse, durch die das Seil im Fall einer plötzlichen Belastung kontrolliert läuft. Hierbei wird Reibung erzeugt und dadurch ein Teil der kinetischen Energie in Wärme umgewandelt und an die Umgebung abgegeben. Infolgedessen kommt es zu einem »weichen Sturz«.

Die < **statische Sicherung** > ist die Sicherung ohne Seilbremse (z. B. Bandschlinge an einem Festpunkt mit einem Auffanggurt). Beim Fall in diese Art der Sicherung kommt es zu einem »harten Sturz«, da ein Großteil der Energie als kinetische Energie frei wird und direkt auf das Sicherungssystem wirkt.

Als < **Sicherungskette** > ist der Verbund aller Elemente eines Sicherungssystems zu verstehen. Hierzu zählen z. B. neben dem Anschlagpunkt alle Komponenten des Gerätesatzes Absturzsicherung, wobei das Sicherungsseil hier das kraftübertragende Bindeglied ist.

Der < **Sicherungsmann** > ist ein Feuerwehrangehöriger, der den Vorsteiger (siehe unten) am Seil mittels HMS-Sicherung als Seilbremse am Seil führt.

Der < **Sicherungsmann 2** > ist ein Feuerwehrangehöriger, der das Seil aus dem Seilsack zum Sicherungsmann führt und bei Ausfall dessen als Redundanz dient.

Ein < **Sturz** > ist der freie Fall eines Körpers. Die Schwere eines Sturzes wird von verschiedenen Faktoren (u. a. vom Sturzfaktor; ▶ Kapitel 40.3) bestimmt.

Der < **Vorsteiger** > ist derjenige, der sich in den absturzgefährdeten Bereich begibt, um eine Absturzsicherung aufzubauen.

Literatur

[1] Arbeitsgemeinschaft der Leiter der Berufsfeuerwehren in Deutschland – Arbeitskreis Ausbildung: Empfehlung der AGBF »Spezielle Rettung aus Höhen und Tiefen (SRHT)«, 2002.

[2] DIN 14800-17:2007-05 »Feuerwehrtechnische Ausrüstung für Feuerwehrfahrzeuge – Teil 17: Gerätesatz Absturzsicherung«.

[3] FwDV 1 »Grundtätigkeiten – Lösch- und Hilfeleistungseinsatz«, Stand September 2006.

[4] DGUV-Regel 112-198 »Benutzung von persönlichen Schutzausrüstungen gegen Absturz«.

[5] DGUV-Regel 112-199 »Retten aus Höhen und Tiefen mit persönlichen Absturzschutzausrüstungen«.

[6] Haverney, F. und Wölke, P.: Höhenrettung, Die Roten Hefte 79, Verlag W. Kohlhammer, Stuttgart.

[7] Haverney, F.: Gerätesatz Absturzsicherung, BRANDSchutz/Deutsche Feuerwehr-Zeitung 2/2002, Seite 177 ff.

[8] Stelzer, M. und Prause, B.: Absturzsicherung und Höhenrettung, Bornack GmbH + Co. KG, Heilbronn, 2003.

ZUR VERTIEFUNG

Jörg Mezger: Absturzsicherung, Die Roten Hefte 213, 3., überarbeitete Auflage, Verlag W. Kohlhammer, Stuttgart 2021.

40 Theoretische Grundlagen, Stiche und Knoten

von Jörg Mezger

40.1 Fangstoß

Der **<Fangstoß>** ist die beim Abfangen eines Sturzes auftretende Kraftspitze, die auf den Körper des Fallenden und alle Glieder des Sicherungssystems wirkt. Er sollte maximal sechs Kilonewton betragen. Die Größe des Fangstoßes wird von der Art des Seils, dem Sturzfaktor und dem Gewicht des fallenden Objektes sowie dem Sicherungsverfahren (z. B. HMS-Sicherung oder automatisch blockierendes Sicherungsgerät) bestimmt. Durch die Verwendung einer dynamischen Sicherung lässt sich die Krafteinwirkung auf den Fallenden reduzieren, da ein Teil der Fangstoßkraft beim Seildurchlauf in der HMS-Bremse durch Abgabe von Reibungsenergie gemindert wird, was allerdings auch eine Sturzstreckenverlängerung mit sich bringt (▶ Bild 40.1).

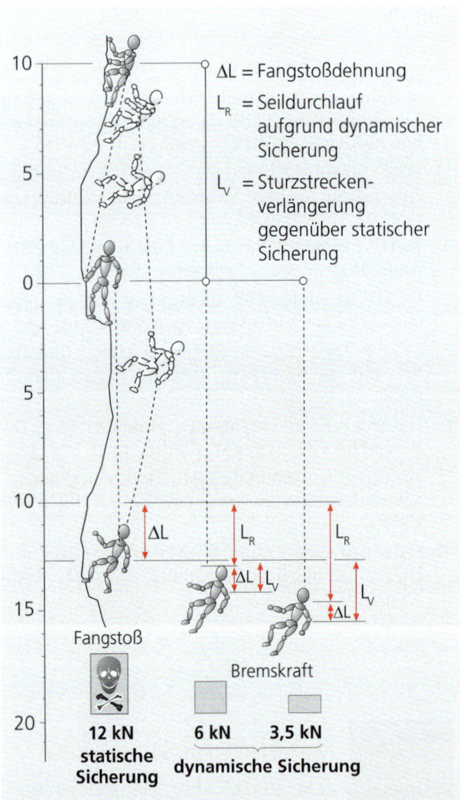

Bild 40.1 Fangstoß bei statischer und dynamischer Sicherung

40.2 Dynamisches Leistungsverhalten von Seilen

Zwar haben Kevlarseile die höchste Bruchkraft, sie können jedoch aber keine Sturzenergie aufnehmen. Der Fangstoß würde bei deren Verwendung als Sicherungsseil daher schlagartig kommen, sehr hoch sein und somit auf den Fallenden »hart« einwirken. Dynamikseile benötigen hingegen keine hohe Bruchkraft, da sie die Sturzenergie durch eine Veränderung der Kernfasern abbauen (▶ Kapitel 41). Der Sturz wird dadurch »weicher«, weil eine geringere Kraft direkt auf den Fallenden einwirkt. (▶ Bild 40.1).

40.3 Sturzfaktor

Der **<Sturzfaktor>** ist das Verhältnis zwischen Fallhöhe und ausgegebener Seillänge (der Maximalwert ist 2). Je niedriger der Sturzfaktor ist, desto geringer sind auch die Belastung der Sicherungskette und des menschlichen Körpers. Durch das Setzen von Zwischensicherungen kann die Fallhöhe und damit auch der Sturzfaktor reduziert werden.

Merke:

$$\text{Sturzfaktor} = \frac{\text{Sturzhöhe}}{\text{freie Seillänge}}$$

40.4 Spezielle Stiche und Knoten für die Absturzsicherung

Eine Grundvoraussetzung für die sichere Durchführung der Absturzsicherung ist das Beherrschen der hierfür notwendigen Knoten, Stiche und Bunde. An dieser Stelle wird vorausgesetzt, dass das Legen und das Binden des Mastwurfes zum Anschlagen eines Seils an einen Festpunkt sowie die Sicherung des Mastwurfes mit einem Spierenstich sicher beherrscht werden (zur Wiederholung ▶ Kapitel 15).

40.4.1 Gelegter Achterknoten

Der gelegte doppelte Achterknoten dient zum Herstellen einer Schlaufe. Er lässt sich nach der Belastung relativ leicht wieder öffnen und wird z. B. als Knotenschlaufe zum Fixieren des HMS-Karabiners verwendet. Um den Achterknoten zu legen (▶ Bild 40.2), wird zunächst mit dem Buchtende ein Auge gebildet und unter dem Seil durchgeführt. Anschließend wird die Bucht darüber gelegt und von hinten durch das Auge nach vorne oben gesteckt. Wichtig ist dabei, dass beim Legen des Knotens auf eine »saubere« Seilführung geachtet wird.

40.4.2 Gestochener Achterknoten

Der gestochene Achterknoten dient zum Einbinden in den Auffangurt. Um den Knoten zu stechen (▶ Bild 40.3), wird zirka 50 Zentimeter vor dem Seilende ein einfacher Achterknoten ins Seil gelegt. Diesen legt man ähnlich wie den doppelten Achterknoten. Anstatt der Bucht wird mit dem Seilende ein Auge gelegt und das kurze Seilende einmal um das Seil geführt. Dann ist das kurze Ende von unten durch das Auge zu ziehen. Anschließend wird das Seilende durch die Anseilschlaufe entlang des Achterknotens rückwärts nachgesteckt. Der gestochene Achterknoten wird zum Abschluss mit einem Spierenstich gesichert. Dabei sollte das Seilende zirka zehn Zentimeter über den Spierenstich hinausragen.

Bild 40.2 Legen eines doppelten Achterknotens:
- **a** Mit dem Buchtende ein Auge legen und unter das Seil durchführen.
- **b** Die Bucht von hinten unten durch das Auge nach vorne oben stecken.
- **c** Auf eine saubere Seilführung achten und den Knoten festziehen.

I

Bild 40.3 Stechen eines Achterknotens in die Anseilschlaufe eines Auffanggurtes:

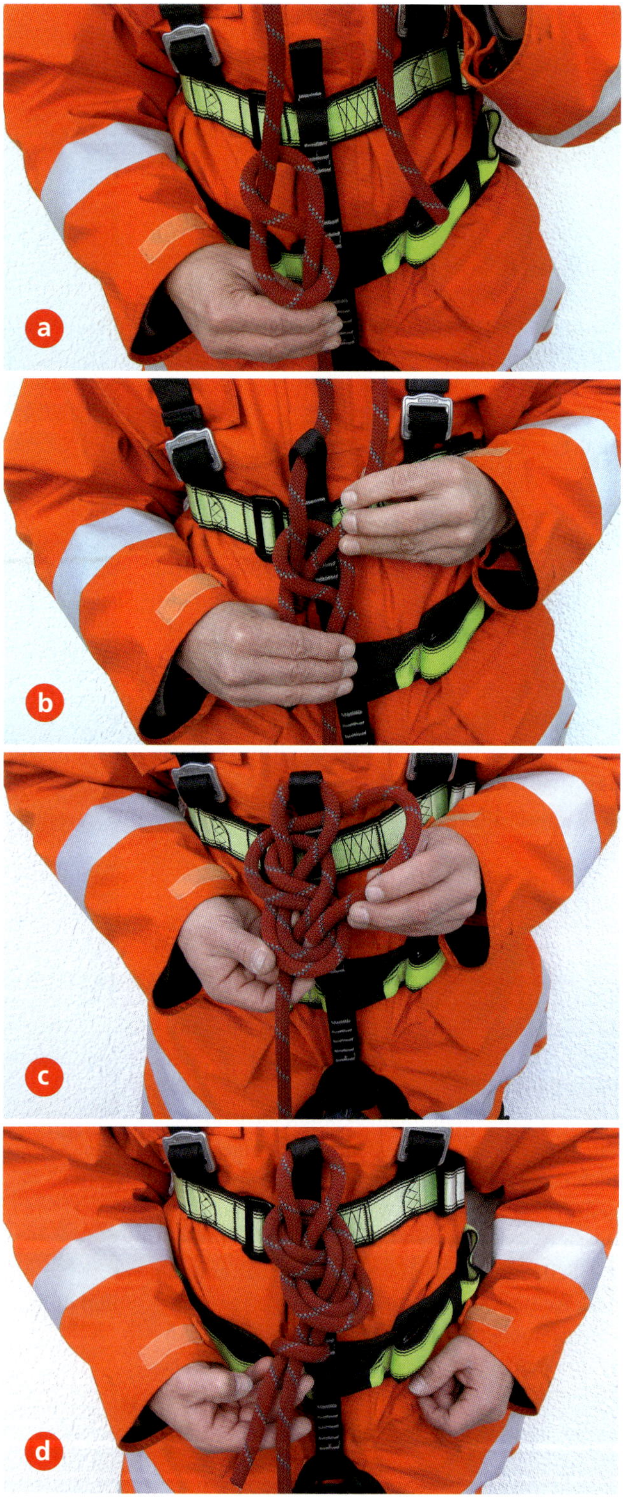

a Ins Seil wird zirka 50 Zentimeter vor dem Seilende ein einfacher Achterknoten gelegt.

b Das Seilende wird durch die Anseilschlaufe des Auffanggurtes gezogen und entsprechend dem Seilverlauf entlang des Achterknotens rückwärts nachgesteckt.

c Die Umkehrungen werden dabei nachgefahren.

d Anziehen des gestochenen Achterknotens. Zur Sicherung dient auch hier der Spierenstich.

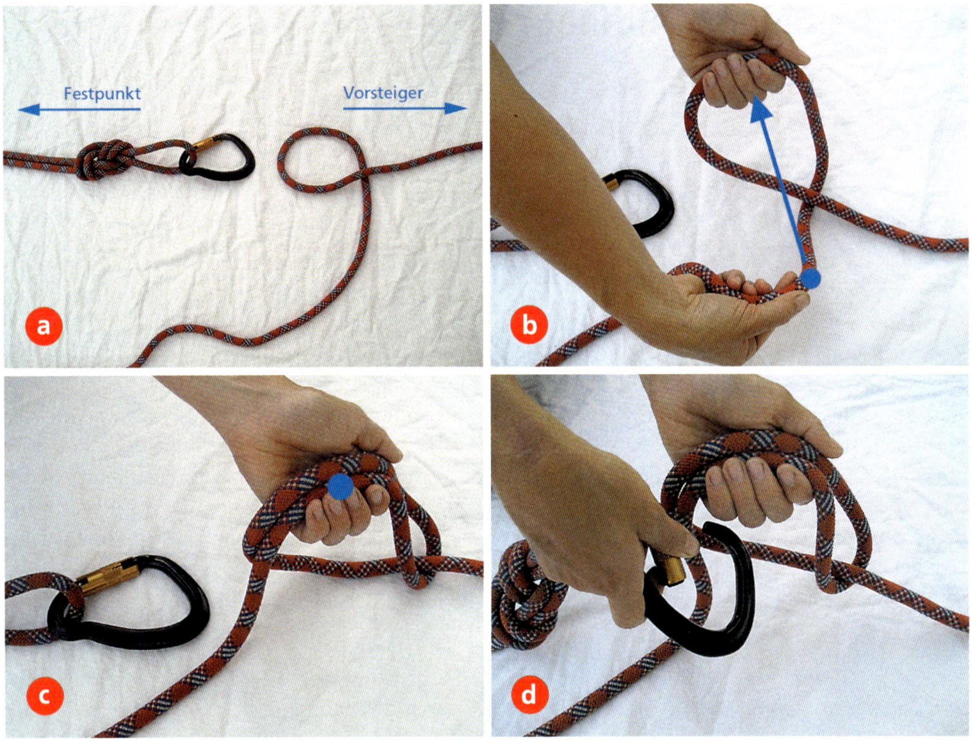

Bild 40.4 Legen eines HMS-Knotens und Einbinden in einen Karabiner: **a** Das Seil muss oben in Richtung zum Vorsteiger über das Auge laufen. **b** Das in der rechten Hand unten liegende Seil wird zum Auge gelegt (der blaue Punkt zeigt die Lageveränderung des Seils). **c** Nun wird das Seil parallel zum eigenen Seil so gelegt, dass es zur Bucht wird, durch die das lange Seilende läuft. **d** Beide parallel verlaufende Seile werden anschließend in den Karabinerhaken eingeklingt.

40.4.3 Halb-Mastwurf-Schlinge

Der HMS-Knoten ist ein Bremsknoten, der bei einer Belastung von mehr als 2,5 Kilonewton dynamisch das Seil bremst, darunter jedoch den Stürzenden statisch hält. Die Bilder 40.4 a bis d zeigen, wie der HMS-Knoten gelegt und in einen HMS-Karabiner eingeklingt werden kann. Bei der Ausführung ist darauf zu achten, dass das Seil in Richtung des Vorsteigers über das Auge läuft (▶ Bild 40.4 a).

Merke:

Die Bremskraft ist optimal, wenn beide Seilstränge parallel liegend zum Vorsteiger zeigen.

Praxis-Tipp:

Überprüfung des HMS-Knotens:
Der HMS-Knoten muss beim Zug am Seil in jeweils eine Richtung umschlagen und in beide Richtungen funktionsfähig sein.

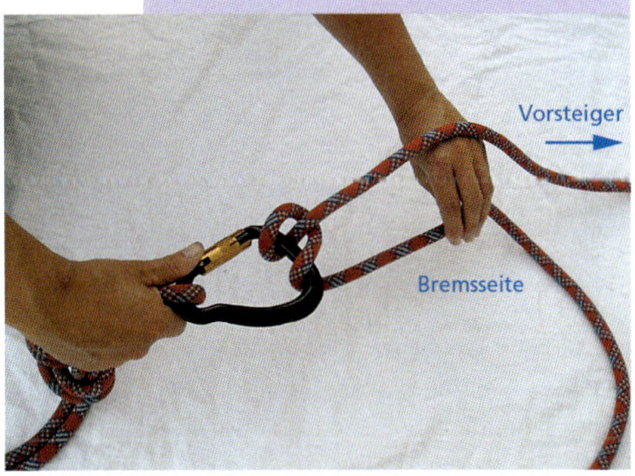

I

41 Halten und Auffangen

von Jörg Mezger

41.1 Halten

< Halten > ist die Sicherung von gefährdeten Personen und Einsatzkräften mit dem Ziel, einen Absturz auszuschließen. Unter den Begriff des Haltens fallen nur solche Situationen, bei denen die Feuerwehrleine zur Sicherung oberhalb der zu haltenden Person geführt wird. Das heißt, die gesicherte Person wird beim Abrutschen auf ihrer Standfläche sofort von Feuerwehr-Haltegurt und Feuerwehrleine so von oben gehalten, dass sie nicht abstürzen oder weiterrutschen kann. Dabei ist darauf zu achten, dass die Feuerwehrleine immer straff auf Zug gehalten wird. Einsatzbeispiele für die Anwendung des Haltens sind Tätigkeiten auf Böschungen und Leitern.

Um eine Sicherung einer Person gegen Absturz aufzubauen, ist vorrangig der Gerätesatz Absturzsicherung einzusetzen. Steht dieser nicht zur Verfügung, können die Feuerwehrleine und der Feuerwehr-Haltegurt zum Halten eingesetzt werden. Die Vorgehensweise dabei zeigt der folgende »Im-Einsatz«-Kasten.

IM EINSATZ

Sichern einer Person mit Feuerwehr-Haltegurt und Feuerwehrleine

Die Feuerwehrleine wird mittels Mastwurf an einem geeigneten Festpunkt angeschlagen und mit einem Spierenstich gesichert.

Am Standplatz des sichernden Feuerwehrangehörigen ist anschließend ein Achterknoten in die Feuerwehrleine einzulegen.

Das Sicherungsseil des Feuerwehr-Haltegurtes wird durch die Schlaufe am Achterknoten gezogen und dann der Karabinerhaken in die Haltegurtöse eingeklinkt.

Die Feuerwehrleine ist komplett aus dem Beutel zu entnehmen und ca. zwei Meter vor dem freien Seilende als Bucht durch die Haltegurtöse, in welcher der Karabinerhaken zur Eigensicherung eingehängt ist, zu führen und das Seilende von oben durchzustecken, um einen gestochenen HMS-Knoten zu erhalten.

Brustbund binden: Die Feuerwehrleine wird so um den Hals der zu sichernden Person gelegt, dass das Seilende (hier in der rechten Hand) gerade so den Boden berührt.

Brustbund binden (Fortsetzung): Hinten am Rücken werden beide Seillängen mit einer Bucht zu einem Kreuz verschlungen und jeweils auf der gleichen Seite wieder nach vorne geführt.

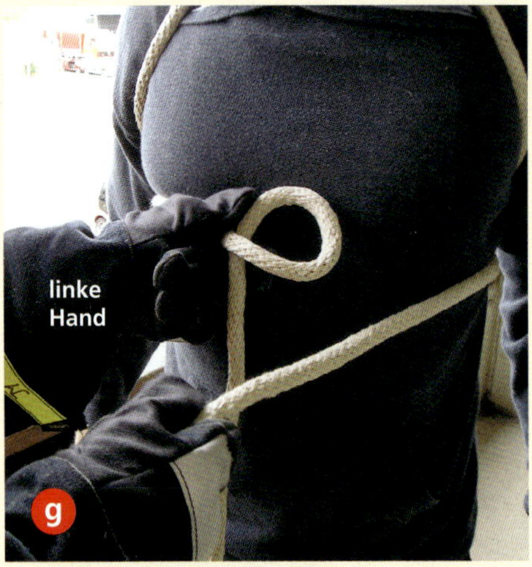

Rettungsknoten binden: In das lange Seilende (hier in der linken Hand) wird in Höhe der Brustmitte ein Auge gelegt. Der nach unten abgehende Seilstrang liegt hinter dem die Brust kreuzenden Seilabschnitt. Diese Kreuzung wird mit Daumen und Zeigefinger gehalten.

Rettungsknoten binden (Fortsetzung): Mit der anderen Hand wird das kurze Seilende von hinten durch die Öffnung gesteckt, um den nach unten abgehenden Seilabschnitt geführt, wieder in die Öffnung – von vorne nach hinten – durchgesteckt und strammgezogen.

Der Rettungsknoten ist mit einem Spierenstich zu sichern.

Der Sicherungsstand ist aufgebaut. Die Person kann nun z. B. gesichert eine Leiter hinabsteigen. Dabei ist insbesondere auf eine strafe Leinenführung zu achten, um einen Sturz in die Feuerwehrleine auszuschließen.

I

Achtung:

Beim Sichern von Personen gegen Absturz ist auf eine saubere Leinenführung zu achten.

Praxis-Tipp:

Alternativ kann beim Sichern einer Person mit der Feuerwehrleine und dem Feuerwehr-Haltegurt auch eine zweite Feuerwehrleine verwendet werden. Dann ist mit der ersten Feuerwehrleine die Eigensicherung aufzubauen. Mit der zweite Leine wird anschließend der Brustbund angelegt und erst dann mit der Feuerwehrleine im Beutel der HMS-Knoten an der Haltegurtöse gestochen.

41.2 Auffangen

<**Auffangen**> ist die Sicherung von Einsatzkräften, die Tätigkeiten in absturzgefährdeten Bereichen ausführen müssen, bei denen ein freier Fall nicht auszuschließen ist. Zu einer solchen Situation kann es vor allem dann kommen, wenn sich der Anschlagpunkt des Kernmantel-Dynamikseils seitlich oder unterhalb des zu sichernden Feuerwehrangehörigen befindet oder wenn das Kernmantel-Dynamikseil nicht ständig straff geführt werden kann. Einsatzbeispiele sind Tätigkeiten auf Masten, Kränen, Dächern, Mauern und freistehenden Objekten.

41.2.1 Gerätesatz Absturzsicherung

Der Gerätesatz Absturzsicherung wird in der DIN 14800-17:2007-05 »Feuerwehrtechnische Ausrüstung für Feuerwehrfahrzeuge – Teil 17: Gerätesatz Absturzsicherung« beschrieben. Er besteht nach dieser Norm mindestens aus den folgenden Bestandteilen:

- einem Auffang- und Sitzgurt mit Auffangöse sowie Halteöse nach DIN EN 361 und DIN EN 813;
- einem Kernmantel-Dynamikseil nach DIN EN 892 mit einer Seillänge von 60 Metern;
- 15 Bandschlingen mit einer Länge von 0,8 Meter und zwei Bandschlingen mit einer

Bild 41.1 Komponenten des Gerätesatzes Absturzsicherung:

- Auffanggurt (1)
- Kernmantel-Dynamikseil (2)
- Bandschlingen (3)
- Karabiner- und HMS-Karabiner (4)
- Schutzhandschuhe (5)
- leichter Schutzhelm mit Stirnleuchte (6)
- Transportsack (7)
- Arbeitsplatzpositionierung (8)
- scharfkantengeprüfte Bandschlinge mit Karabiner (9)

Achtung:

Nach jeder Benutzung ist der Gerätesatz Absturzsicherung vom Anwender einer Sicht- sowie mindestens einmal jährlich einer Sicht- und Funktionsprüfung durch einen Sachkundigen mit BGG 906-Lehrgang zu unterziehen.

Länge gleich oder größer 1,5 Meter nach DIN EN 354 und DIN EN 795;

- 17 verschließbare Karabinerhaken sowie einen Karabinerhaken mit Dreiwegeverschluss nach DIN EN 362;
- zwei Paar Schutzhandschuhen der Leistungsstufe 1 nach DIN EN 388;
- einer Arbeitsplatzpositionierung nach DIN EN 354 oder DIN EN 358, welche eine einstellbare Längeneinstellvorrichtung (verkürz- oder verlängerbar) besitzt. Das Verbindungsmittel hat eine Länge von zwei Metern;
- einem geeigneten Behältnis für die Bestandteile des Gerätesatzes Absturzsicherung (Transportrucksack oder -sack).

Der Gerätesatz Absturzsicherung kann durch weitere Komponenten ergänzt werden, wobei die Masse des vollständigen Gerätesatzes jedoch 15 Kilogramm nicht überschreiten darf. Empfohlen werden z. B.

- eine Rettungsschlaufe der Klasse B nach DIN EN 1498 (Rettungsdreieck mit Schulteriemen),
- einer Sicherung für den Nahbereich zur Selbstsicherung nach DIN EN 354 und DIN EN 355,
- Kantenschutz für das Seil und die Bandschlingen in gewünschter Anzahl,
- leichter Schutzhelm mit Kinnriemen und LED-Leuchte,
- scharfkantengeprüfte Bandschlinge mit Karabiner.

Auffang- und Sitzgurt

Der Auffanggurt ist das ergonomische Bindeglied der Sicherungskette zum Körper der zu sichernden Person; er übernimmt lebenswichtige Funktionen bei einem Sturz ins Seil: Die

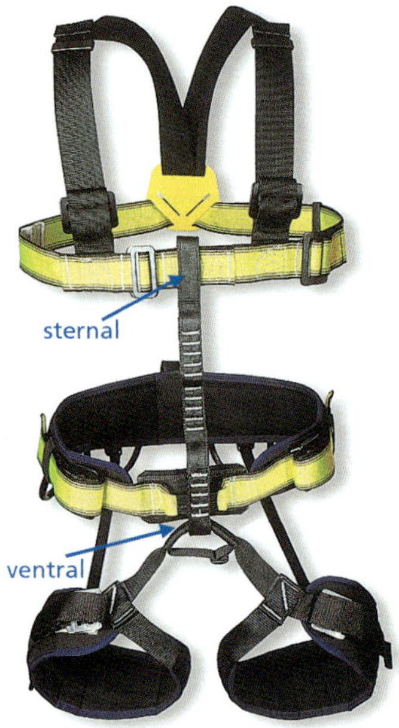

Quelle: Bornack GmbH + Co. KG, Heilbronn

Bild 41.2 Brust-Sitzgurt-Kombination

Fangstoßkräfte werden oberhalb des Körperschwerpunktes eingeleitet und auf die stabilsten Körperbereiche (Brustkorb, Becken, Oberschenkel) übertragen. Beim Hängen wird der Oberkörper in einer aufrechten Position gehalten und kippt so nicht nach hinten ab. Wichtig ist hierbei, dass der Anseilpunkt an der obersten Gurtschlaufe vorne mittels gestecktem Achterknoten durchzuführen ist.

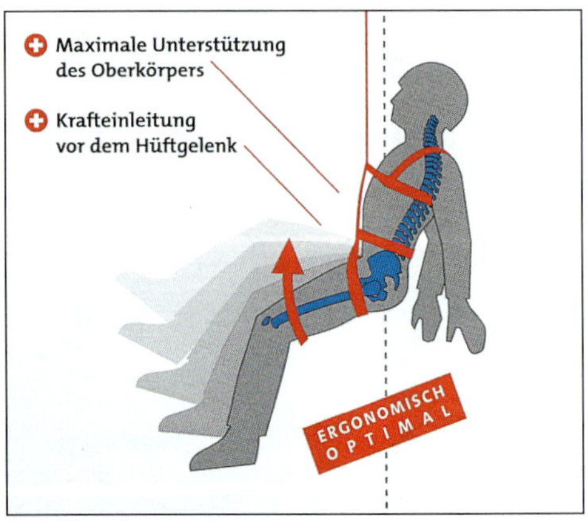

Quelle: Bornack GmbH + Co. KG, Heilbronn

Bild 41.3 Fangstoßeinleitung auf den Körper

Der Auffang- und Sitzgurt des Gerätesatzes Absturzsicherung verfügt sowohl über einen frontseitigen sternalen (im Brustbereich liegenden) Anschlagpunkt als Auffangöse und einen ventralen (in Bauchnähe befindlichen) Anschlagspunkt als Halteöse. Die ventrale Halteöse dient zur statischen Standplatzsicherung oder bei Höhenrettungsgruppen zur Fixierung des Abseilgerätes. Ein Anseilpunkt hinten bewirkt jedoch bei einem Sturz eine schmerzhafte Krafteinwirkung im Brustkorbsowie Genitalbereich und erlaubt nur ein kurzfristiges Hängen. Daher ist davon abzuraten, das Dynamikseil an der hinten liegenden Halteöse anzuschlagen.

Bild 41.4 a Die Bandschlingen können einzeln an den Materialschlaufen des Auffanggurtes eingehängt werden.
b Alternativ ist auch das Aufhängen der Bandschlingen an einer einzelnen, 80 Zentimeter langen Bandschlinge möglich.

Achtung:

Das Anschlagen des Kernmantel-Dynamikseils am Auffanggurt mittels eines Karabinerhakens birgt die Gefahr, dass es beim Arbeiten zur Karabinerquerbelastung kommt und sich der Vorsteiger am Arbeitspunkt im absturzgefährdeten Bereich eventuell selbst kurzzeitig ausklinkt und so abstürzen kann.

Auffanggurte werden im Regelfall durch einen Helfer dem zu Sichernden ober- oder unterhalb der Feuerwehr-Schutzkleidung angelegt. Dabei muss auf den korrekten Sitz und auf geschlossene Verschlüsse geachtet werden. Gürteltaschen mit Messern, Taschenlampen u. Ä. sollten entfernt werden, da es im Falle eines Sturzes durch ihre Position unterhalb des Gurtes zu Verletzungen kommen kann. Benötigte Ausrüstungskomponenten können an den Materialschlaufen des Auffanggurtes befestigt werden (▶ Bild 41.4). Da diese nur eine Bruchkraft von ein Kilonewton haben, sind sie jedoch nicht zum Anschlagen von Seilen geschaffen und dürfen hierfür auch nicht verwendet werden!

Kernmantel-Dynamikseil

Einen wesentlichen Einfluss auf die Folgen eines Sturzes hat auch das verwendete Sicherungsseil. Hochfeste Kevlarseile weisen zwar die höchste Bruchkraft unter den verschiedenen Seilarten auf; sie sind jedoch nicht in der Lage, die Sturzenergie aufzunehmen. Dadurch wirkt der Fangstoß schlagartig direkt über die weiteren Gliedern der Sicherungskette »hart« auf den Fallenden ein, was schwere Verletzungen zur Folge haben kann. Dynamikseile benötigen hingegen keine hohe Bruchkraft, da sie die Sturzenergie durch eine Veränderung ihrer Kernfasern abbauen. Der Sturz wird dadurch »weicher«.

Beim **<Kernmantel-Dynamikseil>** handelt es sich um eine Seilkonstruktion, deren innenliegender Kern von einem äußeren Mantel geschützt wird. Der Kern besteht aus mehreren feinen Polyamid-Fasern, die zu Kernfasern und Kerngeflechten verarbeitet sind. Er ist das tragende Element der Konstruktion und nimmt ca. 70 Prozent der Sturzenergie auf. Hauptaufgabe des Mantels ist es hingegen, das Seil vor

Quelle: Bornack GmbH + Co. KG, Heilbronn

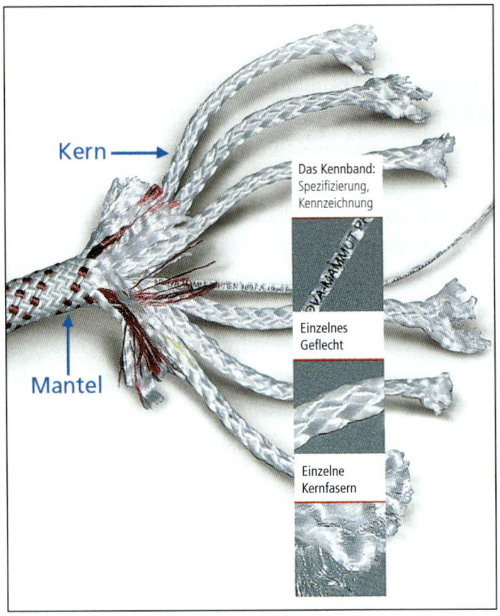

Bild 41.5 Konstruktion eines Kernmantel-Dynamikseils: Der Mantel schützt den Kern, der aus einem Geflecht aus sehr feinen Polyamid-Fasern besteht.

Quelle: Bornack GmbH + Co. KG, Heilbronn

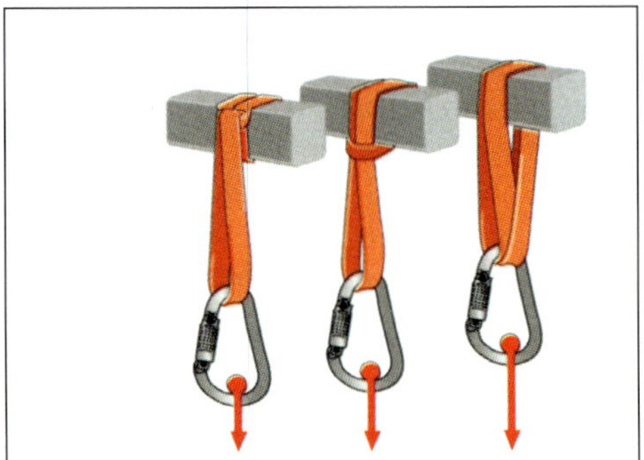

Bild 41.6 Bruchkräfte bei verschiedenen Anwendungsformen von Bandschlingen: Bei Anwendung des Ankerstichs ist auf die Scherwirkung zu achten, welche die Bruchkraft mindert!

Beschädigungen zu schützen. Zudem nimmt der Mantel auch zirka 30 Prozent der Sturzenergie auf. Selbst bei Beschädigungen des Mantels verfügen Kernmantel-Dynamikseile bei intaktem Kern noch über große Sicherheitsreserven. Seilbrüche sind daher so gut wie ausgeschlossen. Allerdings muss darauf geachtet werden, dass diese nicht über oder entlang von scharfen Kanten geführt werden, da diese die Seile schwer beschädigen können.

Beim Gerätesatz Absturzsicherung kommt ein 60 Meter langes Kernmantel-Dynamikseil nach DIN EN 892 zum Einsatz, das einen Durchmesser von mindestens 10,5 Millimetern haben muss.

Bandschlingen

Bandschlingen dienen als Verbindungsmittel zum Herstellen von Zwischensicherungen und als Anschlagmittel. Für die Absturzsicherung werden 17 Bandschlingen mit einer Nutzlänge von 0,8 Meter und zwei Bandschlingen mit einer Nutzlänge von 1,5 Meter benötigt. Diese Bandschlingen müssen endlos vernäht sein und eine Mindestbruchkraft von 22 Kilonewton aufweisen.

> **Praxis-Tipp:**
>
> Sinnvoll ist es, für unterschiedlich lange Bandschlingen auch verschiedene Farben zu wählen, um so eine visuelle Unterscheidung zu ermöglichen.

Karabiner

Für die Absturzsicherung werden 17 Karabiner nach DIN EN 362 mit einer Verschlusssicherung und einer Bruchkraft in Längsrichtung von mehr 22 Kilonetwon benötigt. Die Karabiner dienen als Hilfsmittel zum Verbinden von Seilen und Bandschlingen sowie zum Anschlagen. Reine HMS-Karabiner eignen sich nicht als Zwischensicherungskarabiner, da aufgrund ihrer Birnenform das Seil oder die Bandschlinge auf der Schenkelseite des Schnappers zum Liegen kommen kann. Die höchste Last kann jedoch nur die geschlossene Schenkelseite aufnehmen.

Darüber hinaus wird für die Absturzsicherung auch ein HMS-Karabiner mit selbstschließendem Schnapper (Drei-Wege-Verschluss) benötigt. Um diesen Öffnen zu können, müssen drei voneinander unabhängige Bewegungen (Hochschieben, Drehen und Öffnen) ausgeführt werden. Beim Loslassen

Quelle: Bornack GmbH + Co. KG, Heilbronn

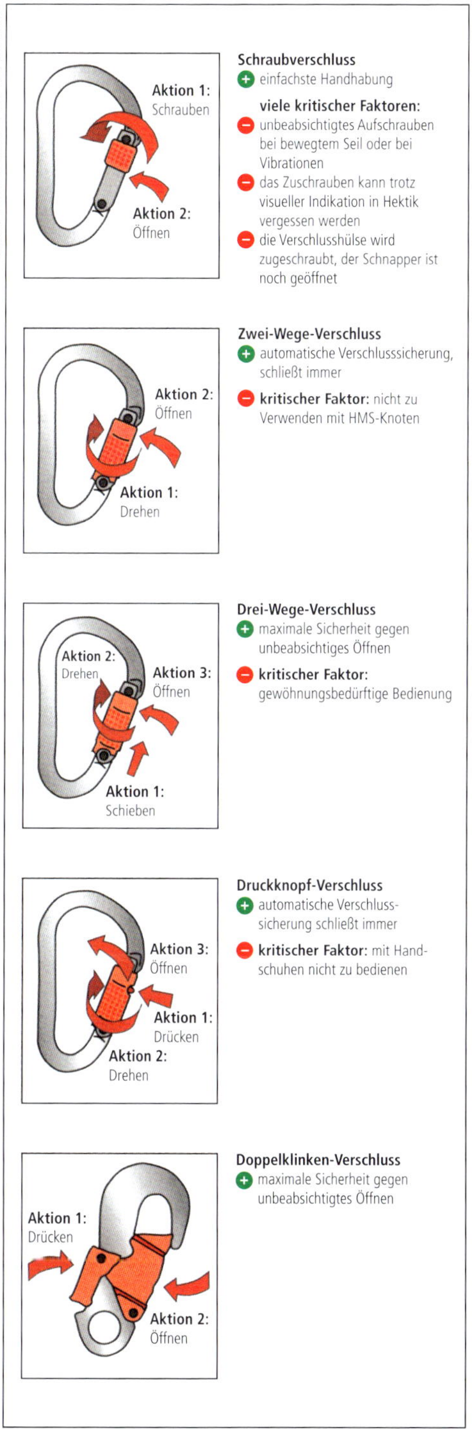

Bild 41.7 Verschiedene Verschlusseinrichtungen von Karabinern

Praxis-Tipp:

Am besten für die Zwischensicherung eignen sich Karabiner mit Zwei-Wege-Verschluss, wie der D-Karabiner links im Bild. Schraubkarabiner sind umständlicher, das Zuschrauben kann vergessen werden und es besteht das Risiko des Aushängens. HMS-Karabiner mit Drei-Wege-Verschluss (rechts) sind umständlicher zu handhaben, jedoch als HMS-Karabiner aufgrund der höheren Sicherheit obligatorisch.

des Schnappers schliesst der Karabiner automatisch.

Arbeitsplatzpositionierung

Damit der Vorsteiger sich in seiner exponierten Lage nicht mit den Händen festhalten muss, kann er sich mit einem zwei Meter langen, verstellbaren Verbindungsmittel an seinem Arbeitsplatz positionieren.

Das Halteseil wird an einer Seite des Auffanggurtes an der Halteöse mit beiden Karabinern angebracht (bei Rechtshändern am sinnvollsten auf der rechten Seite). Bei der Verwendung wird nur der Karbiner, der direkt mit

Bild 41.8 Anwendung der Arbeitsplatzpositionierung

dem Seil verbunden ist, um ein Bauteil gelegt und auf der anderen Seite des Auffanggurtes in die Halteöse eingeklinkt. So entsteht ein stabiles Haltedreieck. Der Abstand zum Objekt kann mit der Verstelleinrichtung der Seillänge optimiert werden. Der Vorsteiger kann somit ergonomisch stehen.

Alternativ kann das Halteseil auch sternal am Auffanggurt fixiert werden und im Einfachstrang der Karabiner an einem Festpunkt angeschlagen werden. Die Distanz kann mit der Verstelleinrichtung am Auffanggurt fixiert eingestellt werden. Wichtig zu wissen ist es, dass es sich hierbei um das »Halten« handelt und nicht um »Auffangen«. Über den Festpunkt darf nicht gestiegen werden, da die Arbeitsplatzpositionierung kein dynamisches Element ist, das den Fall dämpft. Das Halteseil muss vom Auffanggurt kommend nach oben oder seitlich am Festpunkt fixiert werden. Das Seil ist straff zu halten.

Bild 41.9 Da die Anwendung der Arbeitsplatzpositionierung den Fall »Halten« darstellt, muss das straff gehaltene Halteseil seitlich oder oberhalb fixiert sein.

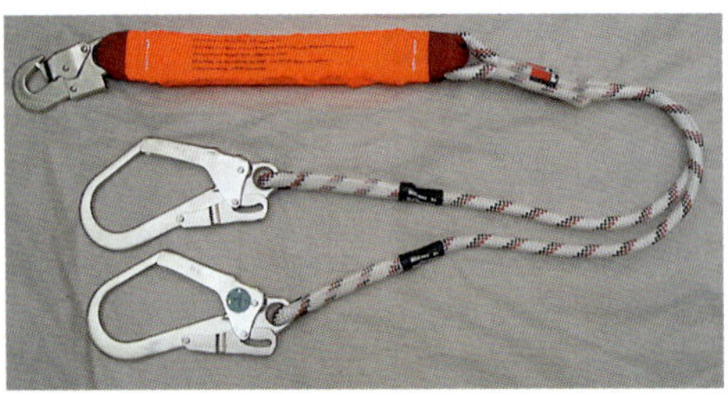

Bild 41.10 Bandfalldämpfer mit Y-Stück und Rohrhakenkarabiner

Kantenschutz

Die größte Gefahr für eine Bandschlingen- oder Seilbeschädigung entsteht an Kanten. Darum sind Bandschlingen und Seile, wenn diese über Kanten geführt werden, mit einem entsprechenden Schutz aus Textilgewebe oder Metall auszustatten. Ein Verrutschen des Kantenschutzes kann z. B. durch Festbinden mit Reepschnüren verhindert werden. Ebenso können aber auch Wolldecken und aufgeschnittene Feuerwehrschlauchstücke als Kantenschutz verwendet werden.

Selbstsicherung mit einem Falldämpfer

Als Sicherungssystem für den Nahbereich dient beim Gerätesatz Absturzsicherung ein Verbindungsmittel mit integriertem Falldämpfer (so genannte Y-Schlinge) und einer Gesamtlänge von weniger als zwei Metern. Es besteht u. a. aus zwei großen Anschlagkarabinern (Rohrhakenkarabiner) und einem Verbindungselement mit Verschlusssicherung am Falldämpfer zur Befestigung am Auffanggurt.

Das Sicherungssystem ermöglicht z. B. ein gesichertes Aufsteigen an einem Baugerüst ohne Seilsicherung, wobei immer mindestens einer der beiden Karabiner an der Struktur eingehängt sein muss. Ebenso kann das System aber auch für die Standplatzsicherung des Sicherungsmannes (z. B. auf einem Baukran) verwendet werden. Dieser muss dann auch einen Auffanggurt (keinen Feuerwehr-Haltegurt!) tragen. Der Falldämpfer reduziert bei einem Sturz den Fangstoß auf sechs Kilonewton, indem die Fasern des zusammengenähten Teils aufreißen. Der Falldämpfer verlängert sich dadurch maximal um 175 Zentimeter.

Weitere Ausrüstung

Beim Einsatz des Gerätesatzes Absturzsicherung ist als Teil der Persönlichen Schutzaus-

I

rüstung im Feuerwehreinsatz (vgl. FwDV 1 und DGUV-Vorschrift 49) folgende Mindestausrüstung zu tragen:

- Feuerwehr-Schutzanzug,
- Feuerwehrhelm mit Nackenschutz,
- Feuerwehr-Schutzhandschuhe sowie
- Feuerwehr-Schutzschuhwerk.

Je nach Lage und Einsatzaufgabe muss darüber hinaus noch weitere spezielle Persönliche Schutzausrüstung (z. B. Atemschutz, Schnittschutzhose usw.) getragen werden.

41.2.2 Prüfung des Gerätesatzes Absturzsicherung nach dem Gebrauch

Die Lebensdauer eines Seiles, Auffanggurtes, einer Bandschlinge oder auch eines Karabiners kann nicht in absoluten Zahlenwerten angegeben werden, da diese im Wesentlichen durch äußere Einflüsse, Anwendungsart, -intensität und -häufigkeit sowie klimatische Bedingungen beeinflusst wird. Bei extremen Anwendungsbedingungen und Belastungen oder bei unsachgemäßem Gebrauch können die Sicherheitsreserven des Gerätesatzes Absturzsicherung bereits nach kürzester Zeit soweit abgebaut sein, dass er ausgesondert werden muss. Nach jedem Gebrauch des Gerätesatzes Absturzsicherung müssen alle Komponenten auf einwandfreien Zustand durch Sehen, Fühlen und Funktionsprobe überprüft werden (Sichtprüfung des Anwenders). Dabei ist immer zu bedenken, dass von dem geprüften Material möglicherweise ein Menschenleben abhängen kann. Die Prüfung ist auf einem entsprechenden Formblatt zu dokumentieren. Einmal jährlich muss der komplette Gerätesatz Absturzsicherung außerdem durch einen Sachkundigen mit einem Lehrgang nach BGG 906 kontrolliert und das Ergebnis dokumentiert werden. Die dem Gerätesatz beiliegende Gebrauchsanweisung des Herstellers ist zu beachten!

Zur Überprüfung eines Seiles wird dieses von einem Ende zum anderen durch die Hand gezogen, um eventuelle Beschädigungen oder Unregelmäßigkeiten nicht nur sehen, sondern auch erfühlen zu können. Nicht einwandfreies Material (z. B. Beschädigung des Mantels und Sichtbarwerden des Kerns, Kontakt mit Chemikalien oder nach starker mechanischer Beanspruchung) darf nicht einfach weiterverwendet werden, sondern ist einem Sachkundigen zur Prüfung vorzulegen. Im Gegensatz zu Kernmantelseilen liegen bei Bandschlingen die tragenden Fäden an der Oberfläche und sind so einem stärkeren Abrieb bei Einwirkung äußerer Einflüsse ausgesetzt. Auch diese werden manuell und visuell über die gesamte Umfangslänge der Schlingen sowie insbesondere die Nahtbereiche überprüft. Bei der Überprüfung der Karabiner sind insbesondere die Funktion der Klinke und des Verschlusssystems zu kontrollieren. Werden dabei Funktionsbeeinträchtigungen und/oder Schäden am Material (Deformation, Abnutzungserscheinungen, Einkerbungen usw.) festgestellt, darf der betreffende Karabiner nicht weiterverwendet werden. Beim Prüfen der Auffang- und Sitzgurte ist vor allem darauf zu achten, dass die Nähte und die Bänder unversehrt sind.

41.2.3 Vermeidung von Gefährdungen für Komponenten des Gerätesatzes Absturzsicherung

Um die Funktionsfähigkeit und den sicheren Gebrauch nicht zu beeinträchtigen, ist ein sorgsamer Umgang mit dem Gerätesatz Absturzsicherung notwendig. Die optimale Lagerform ist lose, luftig und locker an einem schattigen, trockenen Ort bei konstanten klimatischen Verhältnissen zwischen zehn und 20 °C und 45 bis 65 Prozent relativer Luftfeuchte (z. B. unter der Sitzbank im Mannschaftsraum). Mechanische Quetsch-, Zug- oder Druckbelastungen sind gänzlich zu vermeiden! Nasse oder feuchte Bestandteile sind bei Raumtemperatur an einem schattigen Ort lose aufzuhängen und erst dann wieder im Transportsack zu verstauen, wenn sie vollständig getrocknet sind.

Im Einsatz stellen besonders an Stahl- und Betonkonstruktionen scharfe Kanten eine häufige Gefahrenquelle dar. Dem kann entgegnen werden, indem konsequent mit Kantenschutz gearbeitet und der Seilverlauf, wo immer möglich, optimiert wird. Besonderes Augenmerk ist auch darauf zu legen, dass die Komponenten des Gerätesatzes Absturzsicherung nicht

I

mit Chemikalien in Berührung kommen. Weitere typische Gefahrenquellen sind Funkenflug (z. B. bei Arbeiten mit funkenreißenden Werkzeugen an Metallstrukturen), starke Wärmeeinwirkung (z. B. durch Wärmestrahlung oder direkte Brandeinwirkung bei der Brandbekämpfung), starke Reibungswärme bei der Seilumlenkung und die Sturzbelastung (z. B. beim Vorstieg auf Masten, wenn der Abstand den Zwischensicherungen zu groß ist).

41.3 Standard-Sicherungstechnik Absturzsicherung

Ein Einsatz von standardisierten Sicherungstechniken im Bereich der Absturzsicherung ermöglicht - wie auch im Brand- und technischen Hilfeleistungseinsatz - einen strukturierten, stressresistenten Einsatzablauf. Aus- und Fortbildung, klare Definitionen sowie geordnete Handlungsabläufe garantieren eine erfolgreiche Vorgehensweise.

Der standardisierte Sicherungsstand, der im folgenden Unterkapitel dargestellt wird, kann auf alle Einsatzlagen mit dem Gerätesatz Absturzsicherung adaptiert werden. Das Beherrschen seines Aufbaus gewährleistet ein sicheres Arbeiten aller beteiligten Einsatzkräfte.

41.3.1 Schrittweiser Aufbau eines Sicherungsstandes

(1) Als erstes schlägt der Sicherungsmann das Dynamikseil mittels Mastwurf und Spierenstich an einem Festpunkt an. Dieser Festpunkt muss mindestens eine Kraft von zehn Kilonewton (entspricht einer Last von 1 000 Kilogramm) aufnehmen können. Das Seil ist bei Bedarf mit einem Kantenschutz zu schützen. Geeignete Festpunkte können z. B. sein:

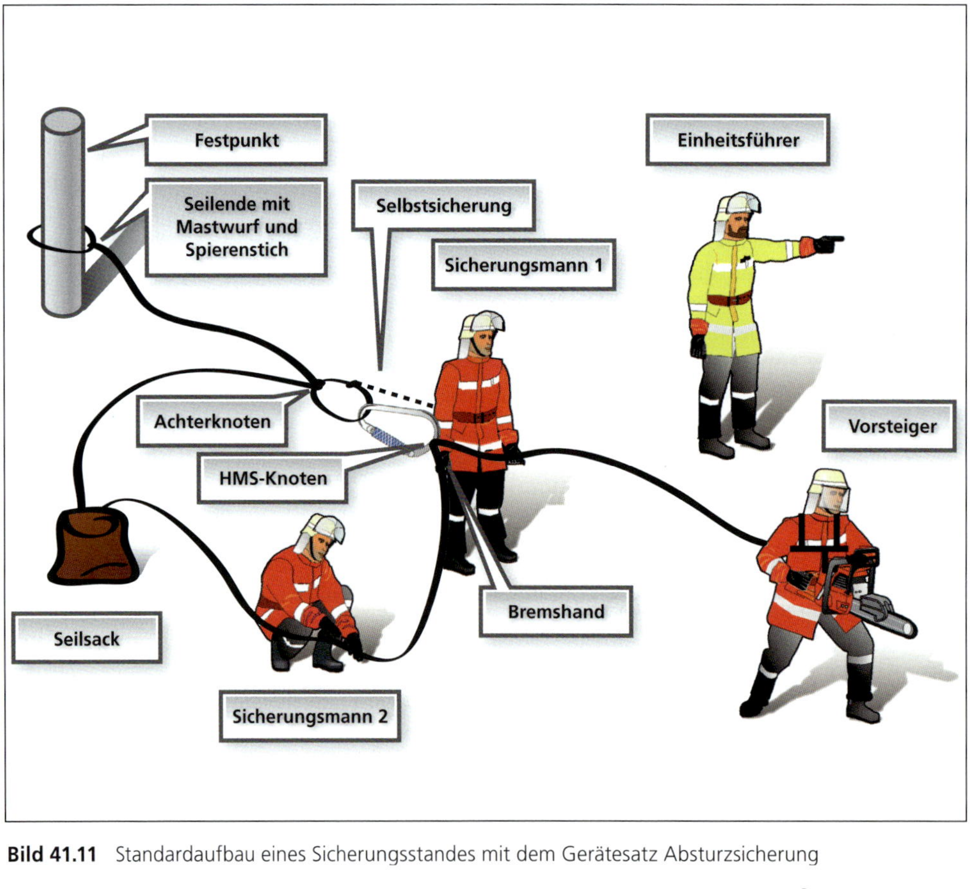

Bild 41.11 Standardaufbau eines Sicherungsstandes mit dem Gerätesatz Absturzsicherung

> **Achtung:**
>
> Aufgesetzte Treppengeländer, die aus Holz und Aluminium gefertigt worden sind, eignen sich ebenso wie Heizkörper nicht als Festpunkte für die Absturzsicherung!

- eine Wand nach dem Öffnen von Fenstern und/oder Türen (umschlungen mit einem Mastwurf und Spierenstich),
- die Abstützung eines Baukrans (Kantenschutz beachten!),
- ein Schäkel an einem festgelegten Festpunkt an einem Einsatzfahrzeug (Achtung: Vom entsprechenden Fahrzeug sollte der Schlüssel für die Dauer der Festpunktnutzung abgezogen werden, um eine Fahrzeugbewegung ausschließen zu können!),
- ein hinreichend stabiles Geländer (z. B. verschweißt und einbetoniert),
- ein massiver Holzbalken, der an einem stabilen Türrahmen sicher anliegt.

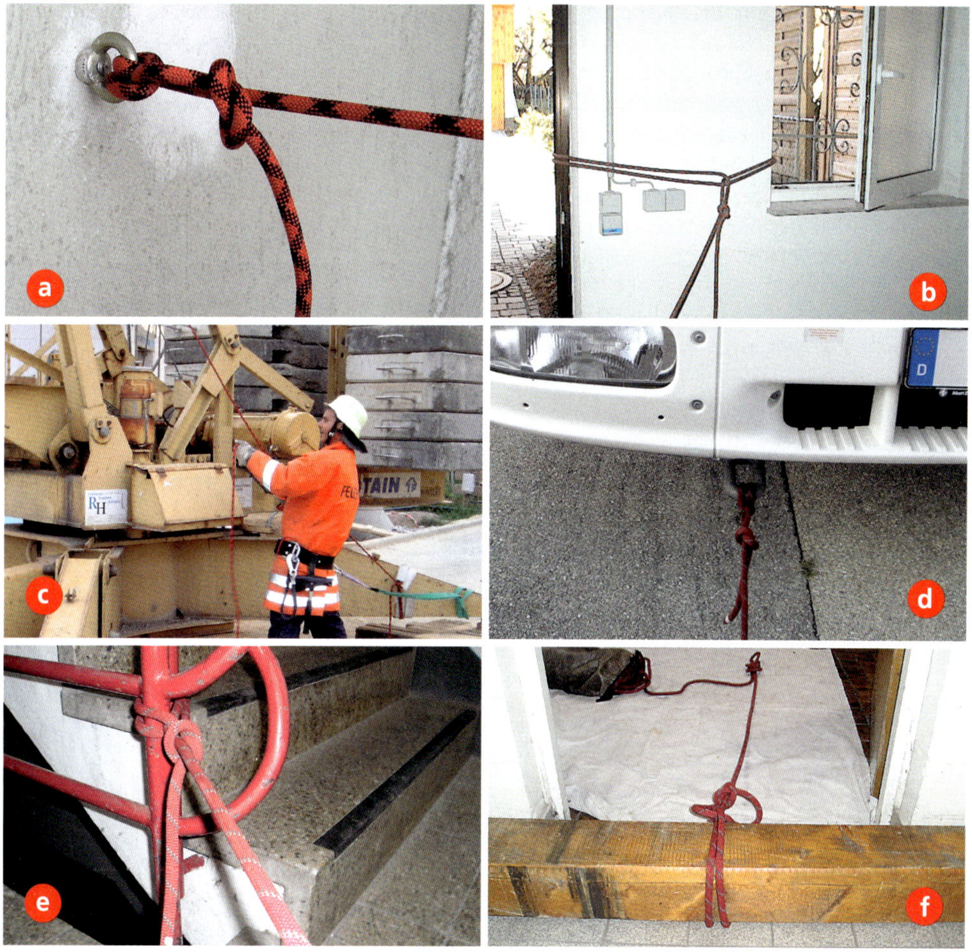

Bild 41.12 Beispiele für mögliche Festpunkte: a belastbare Öse (Beachte: Der Festpunkt muss mindestens eine Kraft von zehn Kilonewton aufnehmen können!) b Schaffung eines Festpunktes an einer Wand durch Öffnen von Fenstern und Türen c Abstützung eines Baukrans d Schäkel eines Einsatzfahrzeuges e stabiles (hier verschweißtes und einbetoniertes) Geländer f massiver Holzbalken, der an einem Türrahmen gesichert ist.

Praxis-Tipp:

Als weitere Möglichkeit einen Festpunkt herzustellen, kann auch eine Bandschlinge mit einem HMS-Karabiner am Anschlagpunkt angeschlagen werden.

(2) Der Sicherungsstand kann nach dem Anschlagen am Festpunkt vorverlegt werden, indem der Sicherungsmann den HMS-Karabiner an der Stelle in das Seil einbindet, an der ein Sichtkontakt zum Vorsteiger oder ein ergonomischer Standplatz für den Sicherungsmann besteht. Dazu wird ein Achterknoten an der Stelle, an der der Sicherungsstand eingerichtet werden soll, ins Dynamikseil eingelegt. (3) Anschließend wird der HMS-Karabiner in die Schlaufe am Achterknoten eingeklinkt. (4) Parallel dazu kann der Vorsteiger das Sicherungsseil direkt an seinem Auffanggurt mit einem gestochenen Achterknoten, gesichert mit einem Spierenstich, befestigen (▸ Abschnitt 22.3). (5) Der Sicherungsmann baut den HMS-Knoten in das Seil vom Vorsteiger ein und prüft den Knoten auf seine Funktionstüchtigkeit als Bremsknoten.

(6) Dann sichert sich der Sicherungsmann selbst, indem er das Sicherungsseil des Feuerwehr-Haltegurts durch die Schlaufe des Achterknotens führt und an der Gurtöse einhakt. Beachte: Das Sicherungsseil des Feuerwehr-Haltegurts darf nicht in den HMS-Karabiner eingehängt werden, da dieser ein freies Durchlaufen des Sicherungsseils ermöglichen muss!

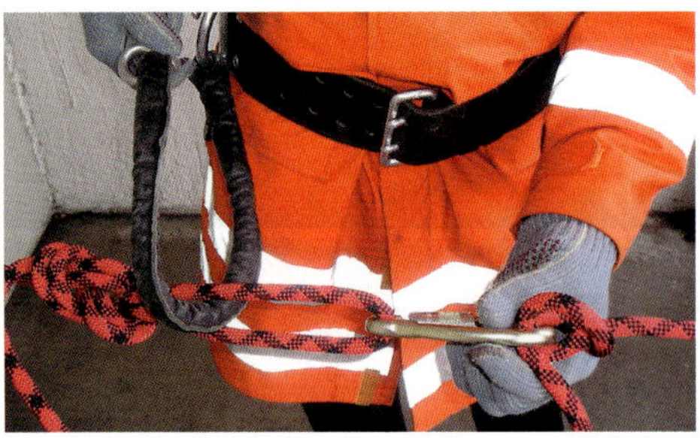

Bild 41.13 Der Sicherungsmann sichert sich selbst durch Einhängen des Sicherungsseils des Feuerwehr-Haltegurts in der Schlaufe vor dem Achterknoten.

(7) Die linke Hand des Sicherungsmannes umfasst nun das Führungsseil, die rechte Hand die Bremsseite des Seils. Die Bremshand darf nicht zu nah am HMS-Karabiner sein, da es bei einem Sturz zu einem Seildurchlauf kommt, und der Handschuh bzw. die Hand dann eventuell eingeklemmt werden kann.

Nachfolgend wird erläutert, wie das Einholen des Sicherungseiles durchgeführt werden kann, ohne das Bremsseil aus der geschlossenen Hand zu lassen (▸ Bild 41.14):

- Beim Einholen des Seils zieht die linke Hand das Seil vom Vorsteiger kommend zu sich. Die rechte Hand zieht die Bremsseite nach vorne von sich weg.
- Die linke Hand geht bis Handbreit zum HMS-Karabiner und umfasst nun sowohl die Führungs- als auch die Bremsseite des Seils und klemmt sie mit der Faust fest.
- Der Abstand der Hand zum HMS-Knoten sollte eine Hand breit betragen, damit die

Merke:

Auf der Bremsseite der Halbmastwurfsicherung wird nach der FwDV 1 ein zweiter Feuerwehrangehöriger als Sicherungskraft eingesetzt.

Praxis-Tipp:

Seilenden-Kennzeichnung:
Beim Stopfen des Sicherungsseils in den Transportsack empfielt es sich, das eine Seilende mit einem einfachen (zum Einbinden in den Auffanggurt – rechts) und das andere mit einem gestochenen Achterknoten (dient als Anschlagpunkt) – links) zu versehen.

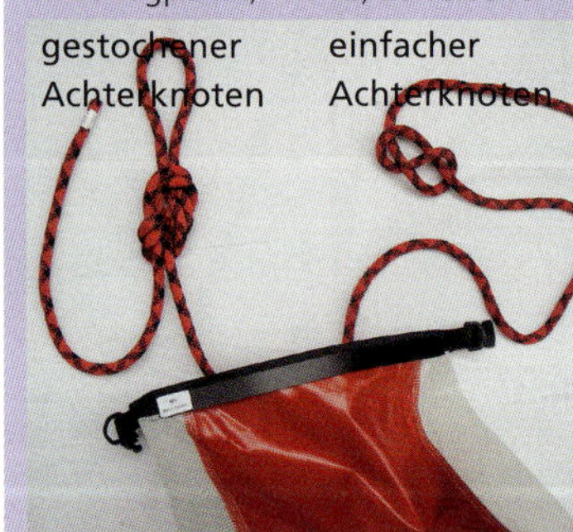

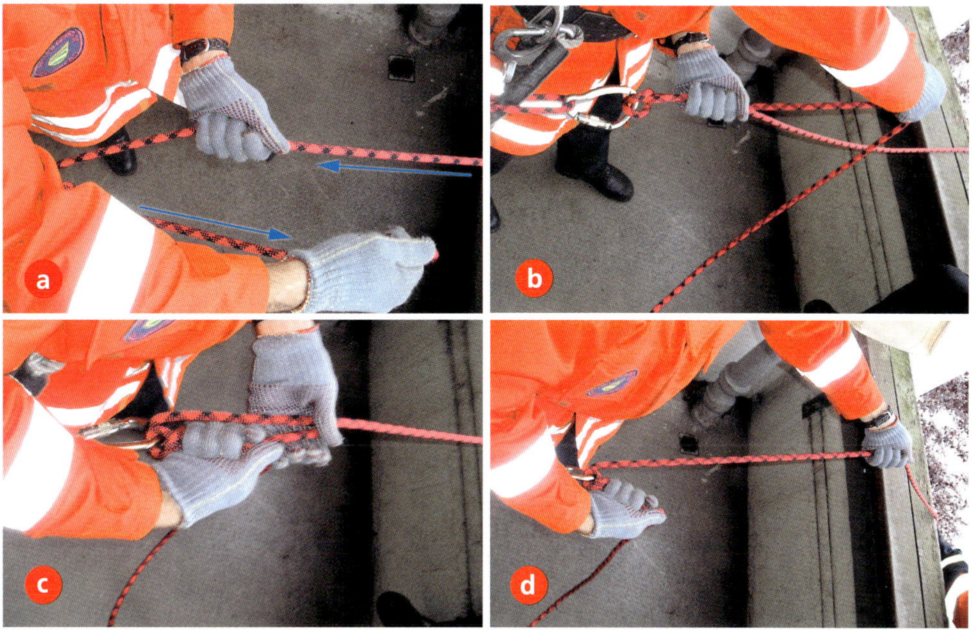

Bild 41.14 Vorgehensweise zum Einholen des Sicherungsseils: a Beim Einholen des Seils zieht die linke Hand das Seil vom Vorsteiger kommend zu sich, die rechte Hand zieht die Bremsseite nach vorne von sich weg. b Die linke Hand umfasst dann sowohl die Führungsseite als auch die Bremsseite des Seils und klemmt sie mit der Faust fest. c Der Abstand der linken Hand zum HMS-Knoten sollte eine Hand breit betragen, damit die rechte Hand das Bremsseil wieder greifen kann. d Die linke Hand greift nach vorne und holt das Führungsseil vom Vorsteiger kommend ein.

rechte Hand das Bremsseil wieder greifen kann.
- Die linke Hand greift dann wieder nach vorne und holt das Führungsseil vom Vorsteiger kommend ein.

41.3.2 Hinweise zum Einsatz des Gerätesatzes Absturzsicherung

Die Sicherungskette umfasst alle Elemente eines Sicherungssystems, wobei das Seil als kraftübertragendes Bindeglied dient. Der beim Sturz auftretende Fangstoß wird auf der einen Seite über den Auffanggurt auf den Körper des Stürzenden übertragen. Auf der anderen Seite werden über das Seil die Zwischensicherungen, die dynamische Seilbremse (HMS) und der Festpunkt, an dem das Seil angeschlagen ist, belastet.

Der Sichernde befindet sich außerhalb der Sicherungskette und bleibt bei einem Sturz handlungsfähig. Jedes Glied der Sicherungskette muss daher eine Festigkeit von 22 Kilonewton besitzen. Bei scharfkantigen Festpunkten ist ein Seilschutz mittels Kantenschutzkomponenten, Decken oder aufgeschnittenen Feuerwehrschläuchen anzubringen oder es sind spezielle scharfkantengeschütze Schlingen zu verwenden.

Bei Bewegungen seitlich oder oberhalb des Anschlagpunktes sind beim Vorsteigen ab einer Höhe von zwei bis sechs Metern alle ein Meter Zwischensicherungen mit Bandschlingen und Karabinern (Zwischensicherungen nur mit Bandschlingen allein sind verboten!) zu schaffen, beim Vorstieg auf Höhen von acht bis 14 Metern alle zwei Meter, darüber alle vier Meter.

Bis zu einer Höhe von sechs Metern besteht die Gefahr – trotz Zwischensicherungen – aufgrund der Seildehnung bei einen Sturz auf dem Boden aufzuschlagen.

I

41.4 Verwendung des in die Einsatzjacke integrierten Brustgurtes

Als Alternative für den Feuerwehr-Haltegurt werden in Einsatzjacken integrierte Brustgurte eingesetzt. Diese erfüllen dieselben Anwendungsbereiche wie »Halten« und »Selbstretten« sowie zusätzlich noch die Notfallrettung eines Feuerwehrangehörigen aus einem Gefahrenbereich. Durch den Kraftansatz im Oberkörper ist eine stabile Körperhaltung, insbesondere beim Selbstretten mit Atemschutzgerät auf dem Rücken, gegeben.

Achtung:

Integrierte Brustgurte dürfen nicht als Auffanggurte (nach DIN EN 361) beim »Auffangen« (z. B. Absturzsicherung, einfache Rettung aus Höhen und Tiefen) Verwendung finden!

Die Vorteile der in die Einsatzjacken integrierten Brustgurte liegen in einem geringen Gewicht, einer permanenten Verfügbarkeit in der Jacke, einer ungehinderten Luftzirkulation in der Bekleidung und keinen Bewegungseinschränkungen im Bauchbereich.

Wichtig bei einer Beschaffung eines integrierten Brustgurtes sind eine Zertifizierung nach DIN EN 469 zusammen mit der jeweiligen Einsatzjacke, nach DIN EN 358 als Haltegurt sowie nach DIN EN 1498 als Rettungsschlaufe. Ebenso wichtig sind die Unverlierbarkeit der Einzelteile und eine fundierte Anwenderschulung.

Zur weiteren Information wird auf das DGUV-Infoblatt Nr. 04 des Sachgebietes Feuerwehren und Hilfeleistungsorganisatoren »Haltegurt und andere Haltesysteme in der Feuerwehr« (Stand: 5/2014) hingewiesen.

In diesem Kapitel wird der integrierte Brustgurt »BIG Fireliner« des Anbieters Consultiv sowie dessen Anwendung beschrieben (▶ Bild 41.15). Die Verwendung der Produkte anderer Hersteller ist ähnlich; es muss jedoch die jeweilige Gebrauchsanleitung beachtet werden.

Das flache Gurtband des integrierten Brustgurtes liegt kaum spürbar im Rückenbereich

Bild 41.15 Die Bestandteile des integrierten Brustgurtes »BIG Fireliner« sind miteinander fest verbunden und somit unverlierbar.

der Einsatzjacke. Der Karabiner und die Öse werden verbunden. Die Öse dient zum Einlegen des HMS-Knotens. Die rote Sicherungsschlinge dient zum Halten zum Beispiel auf Leitern. Die grünen Laschen dienen zur Fixierung der Enden des Brustgurtes an der Jacke (▶ Im-Einsatz-Kasten).

Achtung:

Der HMS-Bremsknoten darf nur in der Öse eingebunden werden. Wird er im Karabiner eingelegt, kann die Gefahr des unbeabsichtigten Öffnens (auch bei Drei-Wege-Verschluss-Karabiner) durch die Seilführung bestehen.

41.4.1 Selbstsicherung mit dem integrierten Brustgurt

Zum Halten, zum Beispiel auf Leitern, kann die rote Sicherungsschlinge (Länge: 80 Zen-

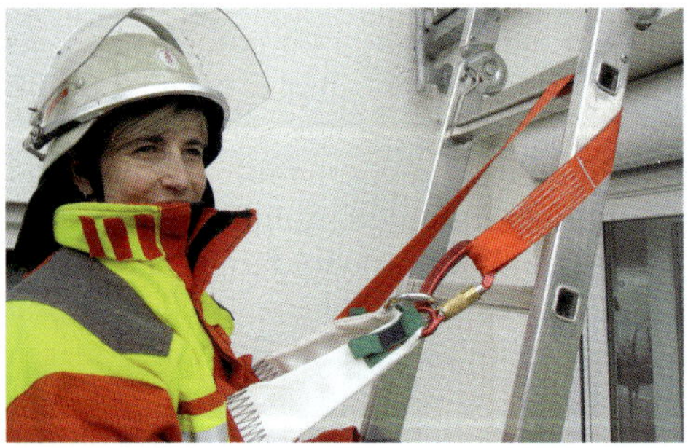

Bild 41.16 Selbstsicherung mit Rettungsschlinge

IM EINSATZ

Vornahme der integrierten Rettungsschlaufe »BIG Fireliner«

Die integrierte Rettungsschlaufe liegt vorbereitet und vor äußeren Einflüssen geschützt in der Einsatzjacke. Das Vorhandensein wird durch die grünen Indikatoren sichtbar gemacht. Dies bietet für die verantwortliche Führungskraft die Sicherheit nur Einsatzkräfte mit der richtigen Persönlichen Schutzausrüstung einzusetzen.

Beim Einsatz des Brustgurtes werden Karabiner und Öse an den Laschen nach außen gezogen. Der Karabiner wird in die Öse eingeklinkt. Der integrierte Brustgurt ist nun einsatzbereit. Achtung: Die Funktionsfähigkeit ist grundsätzlich nur mit in der Öse eingeklinktem Karabiner gegeben.

timeter) herausgezogen, um den Holm geschlungen und in den Karabiner eingehängt werden. Die Länge darf nicht mit Bandschlingen oder Ähnlichem verändert werden. Auch darf nicht über den Anschlagpunkt hinaus gestiegen werden, da sich hierbei die Sturzstrecke verlängern würde.

Auch im Rettungskorb von Drehleitern oder als Sicherung an einem Standplatz kann diese Technik zur Selbstsicherung angewendet werden (▶ Bild 41.16).

41.4.2 Halten mit der Feuerwehrleine

Müssen Menschen beim Besteigen von Leitern gesichert werden, wird an einem Festpunkt angeschlagen und der Standplatz mit einem in

Bild 41.17 Halten eines Menschen auf einer Leiter mittels Feuerwehrleine

das Seil eingebundenen Achterknoten vorverlegt. In den Achterknoten wird der Karabiner, der bereits mit der Öse verbunden ist, eingeklinkt. Mit dem freien Seilende wird ein HMS-Bremsknoten in die Öse eingelegt. Weiter wird mit dem Seilende an der zu sichernden Person der Rettungsknoten gemäß der Feuerwehr-Dienstvorschrift (FwDV) 1 »Grundtätigkeiten – Lösch- und Hilfeleistungseinsatz« angelegt (▶ Bild 41.17).

Müssen sich Feuerwehreinsatzkräfte in Bereiche begeben, in denen sie die Absturzkante nicht erreichen dürfen (zum Beispiel Flachdächer) und/oder kommt das Halteseil von oben (zum Beispiel bei Böschungen), so kann dies mit dem integrierten Brustgurt und einer Feuerwehrleine durchgeführt werden. Der Sicherungsmann fixiert dann die Feuerwehrleine an einem geeigneten Festpunkt und legt am vorgesehenen Standplatz einen Achterknoten in das Seil. Der Karabiner des integrierten Brustgurtes wird darin eingeklinkt. Die Öse wird ebenso im Karabiner fixiert. In die Öse wird, mit dem Seilende zum Vorsteiger gehend, der HMS-Bremsknoten eingelegt (▶ Bild 41.17a).

Der Vorsteiger bindet sich mit einem Achterknoten in die Öse ein und ist gesichert (▶ Bild 41.17b). Um eine günstige Arbeitsposition zu erreichen (zum Beispiel bei Arbeiten mit der Motorkettensäge), besteht die Möglichkeit das Seil seitlich unterhalb der Achsel durchzuführen (▶ Bild 41.17c).

Achtung:

Der Achterknoten wird nicht in den Karabiner eingelegt, da die Gefahr besteht, dass sich der Vorsteiger an seiner entfernten Arbeitsposition kurz ausklinkt und nicht mehr gesichert ist.

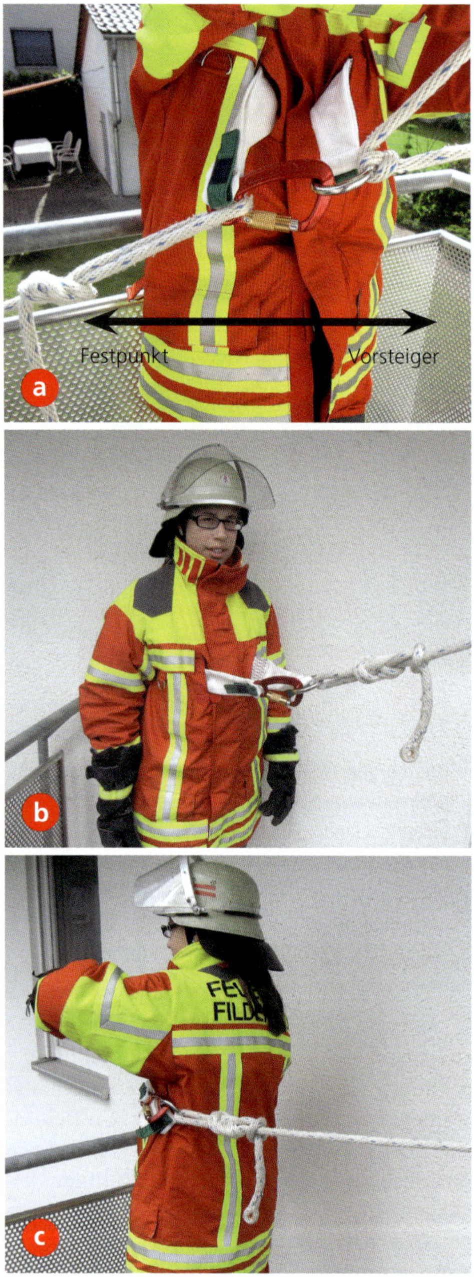

Bild 41.16 Halten an Absturzkanten:

a Die Feuerwehrleine wird an einem Festpunkt fixiert.

b Der Vorsteiger bindet sich mit einem Achterknoten in die Öse ein.

c Das Seil kann seitlich unter den Achseln durchgeführt werden.

41.1.1 Notfallrettung einer Einsatzkraft

Bei verunglückten Einsatzkräften, die zeitnah aus dem Gefahrenbereich gerettet werden müssen, lässt sich der integrierte Brustgurt als effektives Hilfsmittel einsetzen. An der verunglückten Einsatzkraft wird der integrierte Brustgurt einsatzbereit gemacht. Bei nur einem Retter wird mit einer Hand an den Schlaufen des integrierten Brustgurtes gegriffen und mit der anderen Hand der Kopf am Kragen stabilisiert. Mit dieser Technik kann dann die verunglückte Einsatzkraft aus dem Gefahrenbereich gezogen werden (▶ Bild 41.19).

Sind zwei Retter vorhanden, besteht die Möglichkeit, dass beide Retter jeweils mit einer Hand in eine Schlaufe des integrierten Brustgurtes greifen oder eine Axt oder ein Halligan-Tool durch den Brustgurt schieben und daran die Einsatzkraft herausziehen. Auf eine Kopfstabilisierung ist auch hier zu achten (▶ Bild 41.20).

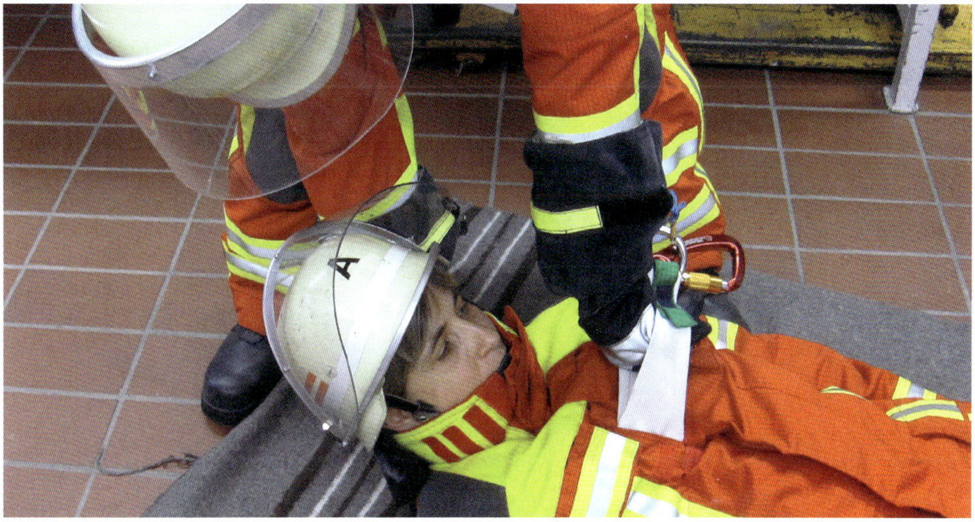

Bild 41.19 Rettung mit nur einem Retter: Eine Hand greift den Brustgurt, eine Hand stabilisiert den Kopf.

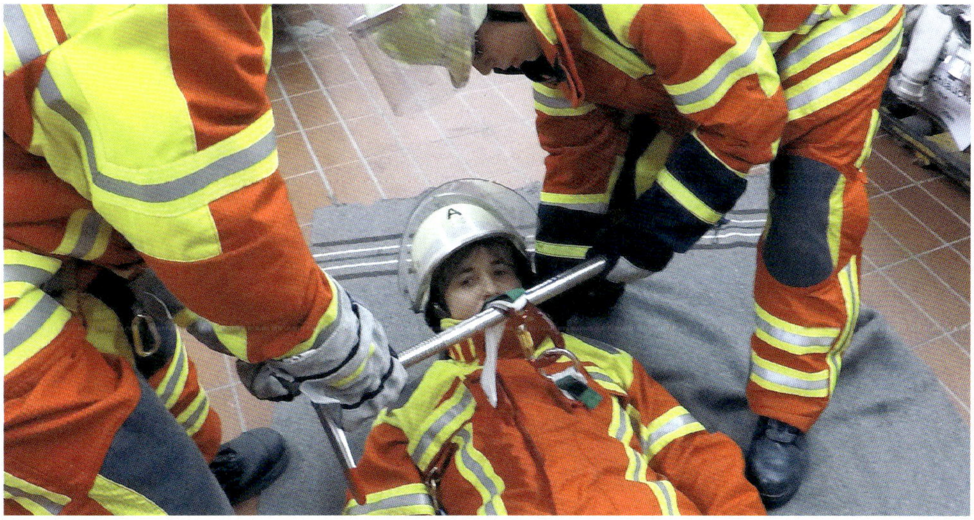

Bild 41.20 Rettung mit zwei Rettern: Ein Halligan-Tool kann als Transporthilfe genutzt werden.

41.1.2 Halten im Rettungskorb der Drehleiter mit dem integrierten Brustgurt

Bei Drehleitern mit integrierten, zugelassenen Rückhaltesystemen im Rettungskorb besteht auch die Möglichkeit, sich mit dem Karabiner der Rückhalteeinrichtung in die Öse des integrierten Brustgurtes einzuklinken.

ZUR VERTIEFUNG

Ivo Ernst: Die Roten Hefte 405: BIG FIRELINER, 5. Auflage, Verlag W. Kohlhammer, Stuttgart, 2019.

Bild 41.21 Ist der Rettungskorb einer Drehleiter mit einem Rückhaltesystem ausgestattet, kann der Karabiner in die Öse des Brustgurtes eingeklinkt werden.

Notizen:

42 Selbstretten

von Jörg Mezger

42.1 Anwendungsbereich der Rettungsmethode »Selbstretten«

Im Einsatz kann es im Extremfall vorkommen, dass Einsatzkräften aufgrund eines besonderen Ereignisses wie z. B. einer schnellen Brandausbreitung oder eines (Teil-)Einsturzes, das bei Einsatzbeginn nicht vorsehbar war, der Rückzugsweg abgeschnitten wird. Mithilfe des Feuerwehr-Haltegurtes und der Feuerwehrleine besteht dann die Möglichkeit, sich auch aus Höhen selbsttätig durch Abseilen in Sicherheit zu bringen. Aufgrund der dabei bestehenden Risiken (kein redundantes Sicherungssystem!) ist diese Rettungsmethode nur dann anzuwenden, wenn andere Rettungswege (auch tragbare Leitern und Hubrettungsfahrzeuge) nicht mehr erreichbar sind.

Merke:

Die Selbstrettung mit dem Feuerwehr-Haltegurt und der Feuerwehrleine ist nur dann zulässig, wenn keine andere Möglichkeit besteht. Während der Selbstrettung muss unbedingt darauf geachtet werden, dass weder lose Kleidungs- noch Ausrüstungsteile (z. B. die Begurtung des Pressluftatmers) in die Halbmastwurfsicherung hineingezogen werden können.

42.2 Selbstretten mit Feuerwehr-Haltegurt und Feuerwehrleine

Zur Vorbereitung der Selbstrettung muss ein geeigneter Festpunkt (▶ Abschnitt 41.3.1) zum Anschlagen der Feuerwehrleine ausgewählt werden. Dabei ist darauf zu achten, dass die Leine nicht beschädigt werden kann und sich der Festpunkt möglichst in der Nähe der Rettungsöffnung befindet. Am Festpunkt wird die Feuerwehrleine mit Mastwurf und Spierenstich angeschlagen. Dann ist der Feuerwehr-Haltegurt so zu drehen, dass sich die Öse in der Bauchmitte befindet. Eine in die Leine gelegte Bucht wird durch die Öse gezogen und anschließend der Feuerwehrleinenbeutel durch die Buch gesteckt, sodass ein HMS-Knoten entsteht. Beim Durchstecken ist darauf zu achten, dass die Bucht nicht zu einem Auge verdreht wird, da sonst ein Spierenstich entsteht.

Vor dem Abwurf des Feuerwehr-Leinenbeutels muss zunächst geprüft werden, ob sich Personen im Abseilbereich befinden. Unten stehende Personen sind durch den Zuruf »Achtung, Leine!« zu warnen. Dann kann der Feuerwehrleinenbeutel abgeworfen und mit der rechten Hand nach dem abgehenden Seilende gegriffen werden. Dieses Seilende wird so angezogen, dass die Leine beim Aussteigen straff sitzt und es nicht zu einer ruckartigen Belastung kommen kann. Zum Ablassen wird die rechte Hand der Bremseilseite, die am Körper anliegt, langsam geöffnet, mit der linken Hand und den Füßen kann sich der Abseilende von der Wand leicht abdrücken, um so das Abseilen zu erleichtern. Beim Ausstieg ist unbedingt darauf zu achten, dass die rechte Hand das Seil auf keinen Fall loslässt. Auch darf die linke Hand nicht unter dem Seil zum Liegen kommen, da sonst die Hand eingeklemmt werden kann.

Der »Im-Einsatz«-Kasten auf der nächsten Seite zeigt die Vorgehensweise zum Selbstretten mit einem Feuerwehr-Haltegurt, bei der die Halteöse verwendet wird. Auf eine Verwendung der Abseilöse des Karabiners sollte verzichtet werden, da bei einer Lageänderung des Seils es passieren kann, dass der Karabiner mit der Klinke an der Öse des Feuerwehr-Haltegurtes zum Liegen kommt, wodurch es zu einer Querbelastung am schwächsten Teil des

IM EINSATZ

Selbstrettung mit Feuerwehr-Haltegurt und Feuerwehrleine

Nach dem Anschlagen der Feuerwehrleine an einem Festpunkt mit Mastwurf und Spierenstich wird die mit der Leine gebildete Bucht durch die Öse des Feuerwehr-Haltegurtes gezogen.

Der Feuerwehrleinenbeutel wird durch die Bucht gesteckt.

Dann wird der Feuerwehrleinenbeutel abgeworfen. Vor dem Abwurf ist zu prüfen, dass sich niemand unterhalb befindet. Mit dem Zuruf »Achtung, Leine!« sind unten stehende Personen zu warnen.

Anschließend wird mit der rechten Hand nach dem nach unten abgehenden Seil gegriffen und mit diesem dann der Abseilvorgang abgebremst.

Vor dem Aussteigen wird das Seil mit der rechten Hand (Bremshand) angezogen, damit es dabei nicht zu einer ruckartigen Belastung kommt.

Merke:

Die notwendigen Schritte zum Selbstretten mit Feuerwehr-Haltegurt und Feuerwehrleine **A**nschlagen, **E**inbinden und **G**ehen (= Abseilen) lassen sich gut als »AEG«-Schema merken.

Karabiners kommt. Je nach Beanspruchung besteht dann erhöhte Bruchgefahr, die in der weiteren Folge einen Absturz nach sich zieht.

42.3 Selbstrettungsübungen

Um im Ernstfall auch unter hohem Stress eine Selbstrettung sicher durchführen zu können, müssen alle Feuerwehrangehörigen diese Rettungsmethode beherrschen. Dafür ist ein regelmäßiges Üben unerlässlich.

Bei Selbstrettungsübungen ist grundsätzlich darauf zu achten, dass der Abseilende immer zusätzlich mit einem Auffanggurt und einem Kernmantel-Dynamikseil (Gerätesatz Absturzsicherung) von oben durch einen Sicherungsmann gesichert wird. Der Aufbau der redundanten Sicherung erfolg in gleicher Art und Weise wie beim Sicherungsstand zum Auffangen (▶ Abschnitt 41.3.1). Das Kernmantel-Dynamikseil wird in den Auffanggurt eingebunden, der Feuerwehr-Haltegurt wird dann über dem Auffanggurt getragen.

Während des Abseilvorgangs soll die eigentliche Last in der Feuerwehrleine und am Haltegurt liegen, damit der Übende ein Gefühl dafür bekommt. Das Dynamikseil wird auf »Fühlung« (minimales Spiel) gehalten und dient während der Übung ausschließlich als redundante Sicherung im Fall eines Sturzes.

Achtung:

Bei Selbstrettungsübungen muss der Übende immer zusätzlich mittels Auffanggurt und Kernmantel-Dynamikseil von oben gegen Absturz gesichert werden. Diese dürfen außerdem nur aus einer Höhe von maximal acht Metern und unter Beaufsichtigung durch einen erfahrenen Feuerwehrangehörigen durchgeführt werden.

Selbstrettungsübungen sollten immer unter Aufsicht von erfahrenen Feuerwehrangehörigen durchgeführt werden. Zwischen dem sichernden und dem abseilenden Feuerwehrangehörigen muss eine ständige Sichtverbindung bestehen. Außerdem muss vor dem Ausstieg eine Kontrolle der Sicherung erfolgen. Der Sichernde muss beide Hände (Schutzhandschuhe müssen getragen werden!) am Kernmantel-Dynamikseil haben. Um die Feuerwehrangehörigen schrittweise an das Abseilen heranzuführen, sind zunächst Gewöhnungsübungen in geringerer Höhe durchzuführen.

Bild 42.1 Der Aufbau der redundanten Sicherung erfolgt wie beim Sicherungsstand zum Auffangen.

Bild 42.2 Beim Abseilen liegt die Last in der Feuerwehrleine. Das Kernmantel-Dynamikseil wird auf »Fühlung« mitgeführt, es dient als redundante Sicherung.

42.4 Selbstretten mit dem integrierten Brustgurt

Zur notfallmäßigen Selbstrettung aus Höhen muss die Feuerwehrleine an einem geeigneten Festpunkt angeschlagen werden. Der integrierte Brustgurt wird einsatzbereit gemacht (▶ Kapitel 41). In die Öse des integrierten Brustgurtes wird der HMS-Bremsknoten eingelegt, indem im Seil eine Bucht gebildet und durch die Öse gesteckt wird. Durch diese Bucht wird der Feuerwehrleinenbeutel mitsamt dem restlichen Seil durchgesteckt und nach unten geworfen.

Die rechte Hand greift das nach unten abgehende Seil und bestimmt damit die Abseilgeschwindigkeit. Der Handabstand zur Öse muss so gewählt werden, dass Handschuhe nicht in den Bremsknoten gezogen werden können. Mit der linken Hand wird der Körper an der Struktur stabilisiert (zum Beispiel gegen Verdrehen).

Bild 42.3 Die rechte Hand greift beim Selbstretten mit dem integrierten Brustgurt das nach unten abgehende Seil und bestimmt so die Abseilgeschwindigkeit. Wichtig ist der Abstand: Der Handschuh darf nicht in den Bremsknoten gezogen werden. Die linke Hand stabilisiert den Körper an der Hauswand.

Achtung:

Beim Selbstretten sind die Hinweise der FwDV 1, Kapitel 18.2, zu beachten!

I

Notizen:

43 Einfaches Retten aus Höhen und Tiefen

von Jörg Mezger

Retten aus Höhen und Tiefen ist das Hinzubringen einer Einsatzkraft zu einem Verletzten oder Handlungsunfähigen und/oder das In-Sicherheit-bringen des Verunglückten mittels Seiltechnik aus exponierten Bereichen. Es handelt sich um Bereiche bis 30 Meter vertikal nach oben oder unten. Das Begleiten der verletzten Person während des Auf- und Abseilens ist nicht zulässig und auch nicht erforderlich. Es erschwert eher die Rettung, da ein Mehrgewicht und zusätzliche Aufmerksamkeit auf den Begleiter das Rettungsteam schwächt. Zudem sind die Geräte und die Anschlagpunkte nicht dafür ausgelegt.

Mit dem Begriff »Einfaches Retten aus Höhen und Tiefen« ist nicht die »Spezielle Rettung aus Höhen und Tiefen« im Sinne der Höhenrettung zu verstehen (▶ Kapitel 39). Müssen im Einsatz Höhen und Tiefen über 30 Meter überwunden werden, ist eine Höhenrettungsgruppe (SRHT) einzusetzen. Nur diese ist in der Lage komplexe, höhenexponierte Einsatzszenarien effektiv abzuarbeiten.

Die in diesem Kapitel dargestellten Möglichkeiten zur einfachen Rettung aus Höhen und Tiefen können von allen ausgebildeten Feuerwehrangehörigen durchgeführt werden; eine spezielle Ausbildung in der »Höhenrettung« ist nicht erforderlich.

43.1 Der Gerätesatz Auf- und Abseilgerät

Die einfachste Methode der Rettung ist das Ablassen einer Person mit Feuerwehrleine, Brustbund und Feuerwehr-Haltegurt. Ein Aufziehen einer Person mittels Muskelkraft und den vorgenannten Einsatzgeräten ist kräftemäßig in der Regel nicht möglich.

Das Ablassen und Aufziehen von Einsatzkräften und Verunglückten kann auch mit dem **<Gerätesatz Auf- und Abseilgerät>** nach DIN 14800-16 durchgeführt werden. Diese Norm gilt für einen Gerätesatz Auf- und Abseilgerät mit Ausrüstungsteilen und Hilfsmitteln für die Feuerwehr, der eingesetzt wird, um eine Person durch einfache (nicht durch eine Einsatzkraft im Seil begleitet) Rettungsmaßnahmen aus Höhen und Tiefen bis 30 Meter, auch unter Verwendung von umluftunabhängigen Atemschutzgeräten der Feuerwehr, zu retten. Den Gerätesatz Auf- und Abseilgerät sollen nur in seiner Verwendung Unterwiesene benutzen; dabei ist die erforderliche Schutzausrüstung zu tragen.

Achtung:

Bei Verwendung des Gerätesatzes Auf- und Abseilgerät ist bei Ausbildung und Einsatz in absturzgefährdeten Bereichen grundsätzlich eine redundante Sicherung gegen Absturz, z. B. mit dem Gerätesatz Absturzsicherung nach DIN 14800-17, vorzunehmen.

Das Einbinden liegend zu transportierenden Verletzten auf der DIN-Krankentrage und das Überwinden von Höhen gehört in den Bereich der Katastrophenrettung. Nach dem heutigen Stand der Technik geschieht dies patientengerechter mit Schleifkorbtragen und Spine-Boards. Der Leiterhebel mit DIN-Krankentrage kann ebenso mit der Schleifkorbtrage durchgeführt werden.

43.1.1 Bestandteile des Gerätesatzes Auf- und Abseilgerät

Der Gerätesatz Auf- und Abseilgerät besteht aus folgenden Komponenten:

Bild 43.1 Komponenten des Gerätesatzes Auf- und Abseilgerät mit Flaschenzug:
- Auffang- und Sitzgurt (1)
- Kombination aus Abseilgerät und Rettungshubgerät »Flaschenzug« (2)
- Verbindungsmittel zur Seilklemme (3)
- Anschlagmittel (4)
- Rettungsdreieck (5)
- Transportsack (6)

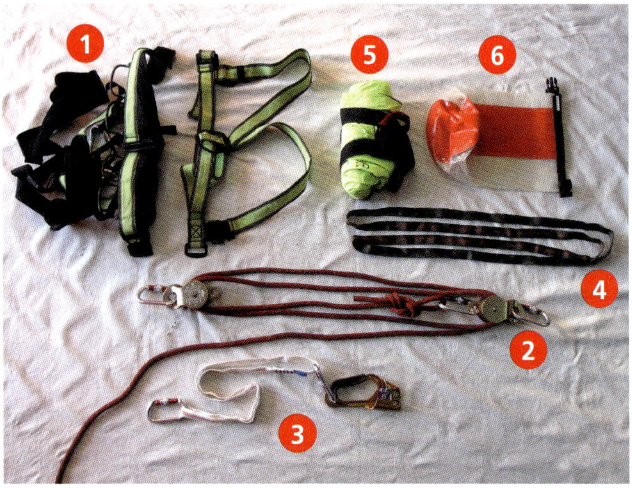

Bild 43.2 Komponenten des Gerätesatzes Auf- und Abseilgerät mit »Rollgliss«:
- Auffang- und Sitzgurt (1)
- Kombination aus Abseilgerät und Rettungshubgerät »Rollgliss« (2)
- Verbindungsmittel zur seilklemme (3)
- Anschlagmittel (4)
- Rettungsdreieck (5)
- Transportsack (6)

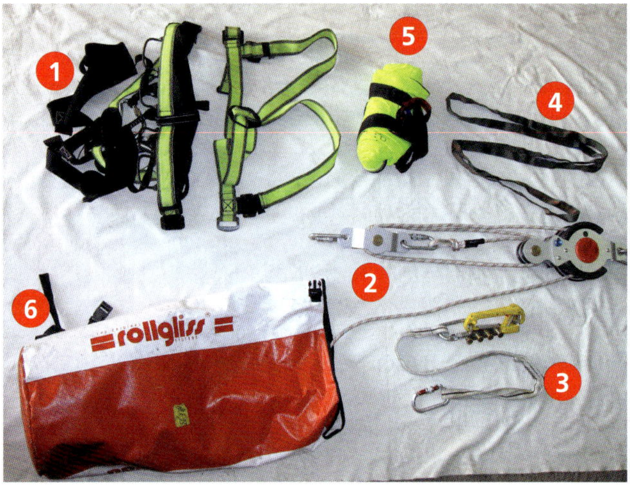

- eine Kombination aus Abseilgerät und Rettungshubgerät mit einer Rettungslast ≥ 150 Kilogramm, einer Rettungshöhe/-tiefe von 30 Meter und einer Übersetzung von mindestens 3:1. Den Gerätesatz gibt es in den beiden Versionen »Flaschenzug« und »Rollgliss«;
- ein Satz Karabinerhaken nach DIN EN 362 mit Schraubsicherung, bestehend aus ein Stück zum Anschlagen des Gerätes, ein Stück zum Einhängen der Last und zwei Stück zur Sicherstellung der Verbindung zwischen Seilklemme und Bediener;
- ein Verbindungsmittel zur Seilklemme, Länge mindestens 0,8 Meter;
- ein Anschlagmittel, Länge ≥ 1,5 Meter;
- eine Seilklemme als Rücklaufsperre und Zughilfe;
- ein Auffang- und Sitzgurt mit frontseitigem sternalem Anschlagpunkt und ventraler Halteöse sowie seitlichen Materialschlaufen in Universalgröße. Das Gurtsystem muss auch bei angelegtem umluftunabhängigen Atemschutzgerät eine einwandfreie Benutzung ermöglichen;
- ein Rettungsdreieck/-schlaufe in Einheitsgröße (für Kleinkinder bis zur Größe von Erwachsenen verwendbar);
- ein Behältnis für den Gerätesatz Auf- und Abseilgerät mit ausreichendem Packvolu-

men für eine lose Lagerung als Transportsack oder Kasten;

- Die Masse des vollständigen Gerätesatzes Auf- und Abseilgerät darf 22 Kilogramm nicht überschreiten.

43.2 Retten aus Tiefen bis 30 Meter

Beim Retten aus Tiefen muss über der Öffnung ein Anschlagpunkt gesucht oder erstellt werden. Dies kann ein Querbalken, ein Dreibock, eine stabile Öse in der Decke oder der Leiterpark einer Drehleiter sein. An diesem Anschlagpunkt wird das Auf- und Abseilgerät fixiert.

Die Redundanz mit dem Gerätesatz Absturzsicherung wird an einem separaten Anschlagpunkt angeschlagen. Der Seilverlauf dieser Redundanz wird nicht über den Anschlagpunkt des Rettungssystems (also Dreibock) geführt, damit bei einem Versagen des Rettungssystems das Sicherungssystem nicht auch diese Sturzkräfte auffangen muss. Das Sicherungsseil läuft direkt über die Kante (▶ Bild 43.4). Ist der obere Umlenkpunkt absolut sicher und hält 10 Kilonewton, kann auch mit einem separaten Karabiner dort angeschlagen und das Redundanz-Seil umgelenkt werden.

Wird ein Feuerwehrangehöriger zur Rettung der verunglückten Person abgelassen, bleibt er permanent im Sicherungssystem eingebunden, auch wenn er bei der Person angekommen ist. Auf diese Weise kann der Feuerwehrangehörige in einer Notsituation über das Sicherungssystem hochgezogen werden. Dort legt er der verunglückten Person das Rettungsdreieck an. Alternativ wird die Person in die Schleifkorbtrage gelegt und mit der Bebänderung der Trage fixiert. Das Rettungssystem (»Rollgliss« oder Flaschenzug) wird in die Ösen des Rettungsdreiecks oder der Schleifkorbtragenaufhängung mit dem Karabiner eingehängt.

Die Sicherungsposten am Sicherungsstand des Sicherungssystems binden einen Achterknoten zirka zwei bis drei Meter von der Öffnung entfernt ins Sicherungsseil (mit dem auch der vorgegangene Feuerwehrangehörige gesichert ist) ein und fixieren darin einen Karabiner. Dieses Seil mit dem Karabiner wird ebenfalls zur verletzten Person abgelassen und am Rettungsdreieck oder der Schleifkorbtragenaufhängung fixiert. Nun kann die verunglückte Person mit dem Rettungssystem aufgezogen werden und ist durch das Sicherungssystem, welches straff nachgezogen wird, redundant gesichert.

Nachdem die verunglückte Person erstversorgt wurde, wird das Rettungssystem abermals zur im Schacht befindlichen Einsatzkraft abgelassen, diese klinkt sich ein und wird hochgezogen. Gesichert wird über das Sicherungssystem als Redundanz wie bei der Rettung der verunglückten Person.

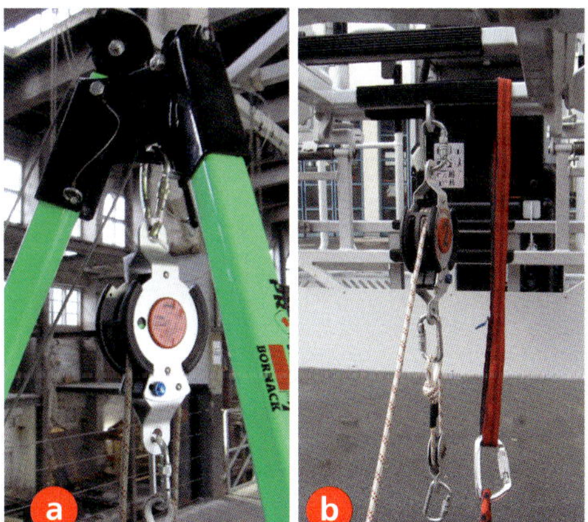

Bild 43.3 Anschlagpunkte des Auf- und Abseilgerätes:
a Dreibock
b Leiterpark einer Drehleiter

Bild 43.4 Rettung der verunglückten Person: Das Sicherungsseil läuft direkt über die Kante, nicht über den Dreibock!

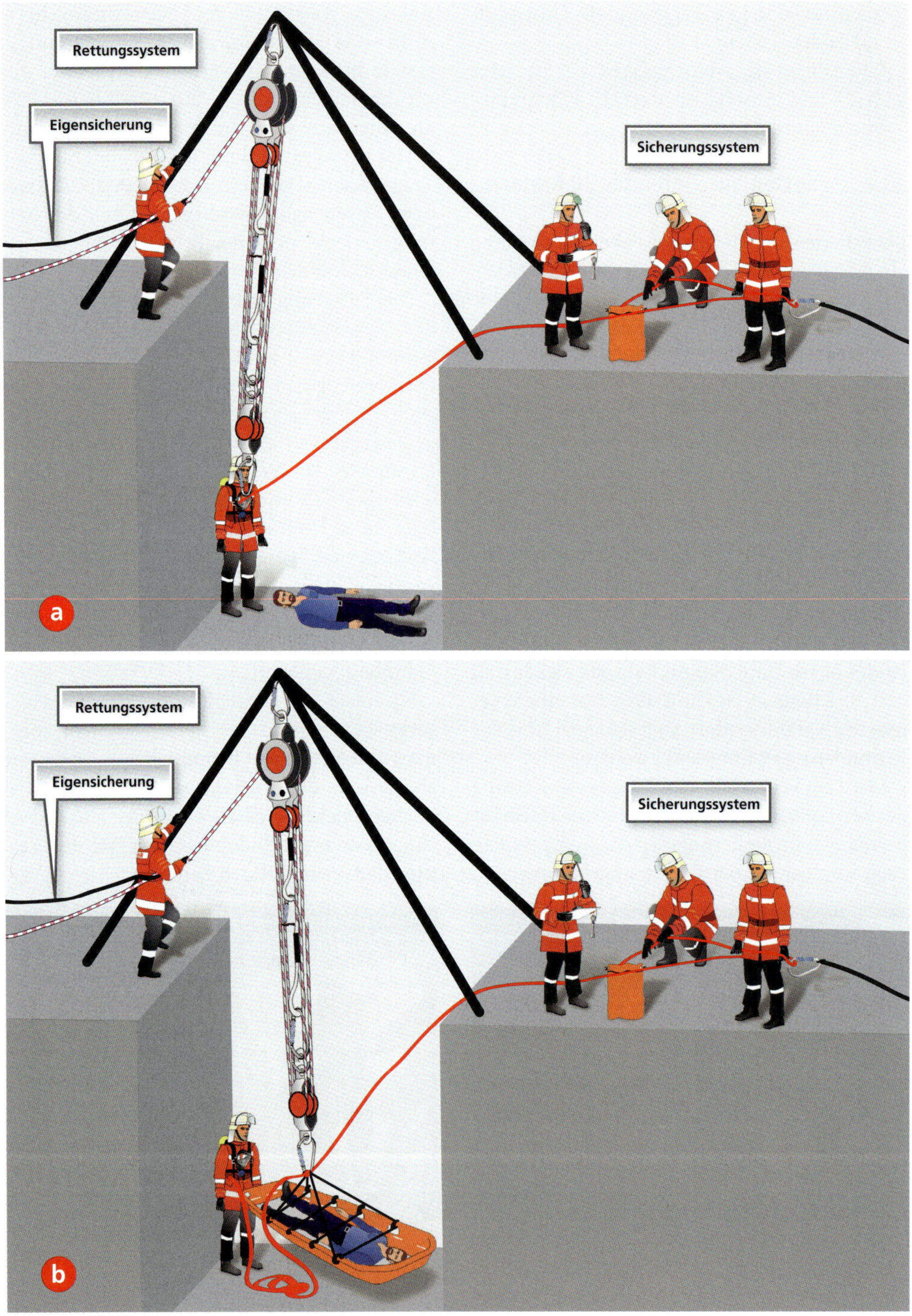

Bild 43.5 Ablauf der Tiefenrettung
(a) Phase 1: Ablassen des Retters zur verunglückten Person
(b) Phase 2: Aufziehen der verunglückten Person

Bild 43.6 Die verunglückte Person wird gesichert aufgezogen. Die Einsatzkraft in der Tiefe ist noch durch das Sicherungssystem, welches direkt über die Kante läuft, gesichert.

43.3 Retten aus Höhen bis 30 Meter

Müssen Personen aus Höhen bis 30 Meter abgelassen werden, kann dies ebenso mit dem Gerätesatz Auf- und Abseilgerät geschehen. Der Anschlagpunkt muss dabei oberhalb der verunglückten Person liegen. Die Redundanz erfolgt auch in diesem Fall mit dem Gerätesatz Absturzsicherung. Wichtig ist hierbei, dass keine Retterbegleitung beim Abseilen stattfindet und auch nicht nötig ist. Der Anschlagpunkt des Sicherungssystems ist unabhängig vom Anschlagpunkt des Rettungssystems (Gerätesatz Auf- und Abseilgerät) zu wählen, d. h., es sind je ein von einander unabhängiger Anschlagpunkt für das Rettungssystem und das Sicherungssystem zu wählen.

Am Beispiel eines Gerüstes wird die Rettungstechnik bei der Rettung aus Höhen bis 30 Meter nachfolgend dargestellt. Nach der Festpunktsuche und dem Einhängen des Auf- und Abseilgeräts wird die verunglückte Person im Rettungsdreieck oder in der Schleifkorbtrage fixiert. Dies kann auf dem Gerüstboden geschehen. Auf die maximale Belastbarkeit des Gerüstbodens ist jedoch zu achten (in der Regel nur maximal drei Personen pro Gerüstboden). Mit dem Gerätesatz Auf- und Abseilgerät wird die Schleifkorbtrage angehoben, ausgeschwenkt und abgelassen. Der Gerätesatz Absturzsicherung dient zur Redundanz und wird so straff mitgeführt, sodass die Schleifkorbtrage in der Mitte der Gerüstfelder abgelassen wird. Eine Abhalteleine, die von einer weiteren Einsatzkraft am Boden geführt, verhindert ein Hängen bleiben der Schleifkorbtrage am Gerüst. Der Einheitsführer überwacht die Rettungsaktion.

Merke:

Die Anschlagpunkte des Rettungssystems (= Auf- und Abseilgerät) und des Sicherungssystems (= Gerätesatz Absturzsicherung) sind immer unabhängig voneinander zu wählen.

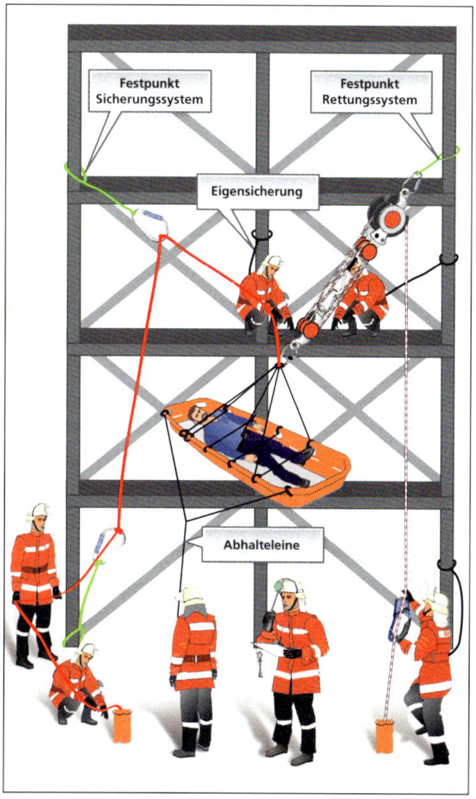

Bild 43.7 Ablauf der Rettung aus Höhen bis 30 m

43.4 Tragbare Leiter als schiefe Ebene

Muss eine Person aus einer höher gelegenen Ebene gerettet werden und ist das Erreichen

I

dieser Ebene mittels Hubrettungsfahrzeug nicht möglich, bieten sich optional die tragbaren Leitern der Feuerwehr (Steckleiter, Schiebleiter oder Multifunktionsleiter) als schiefe Ebene an.

Die Leiter wird an der Fensterbrüstung angelegt und mit einer Leine gesichert. Der Leiterkopf sollte nicht über die Brüstung ins Gebäudeinnere hineinragen. Die abzulassende Person wird gleichzeitig in der Schleifkorbtrage fixiert. Der Gerätesatz Absturzsicherung dient mit beiden Seilenden zur Sicherung der Schleifkorbtrage. Dabei werden beide Seilenden mit Karabinern an zwei Bandschlingen (nie an nur einer Bandschlinge!) am Kopfende der Schleifkorbtrage fixiert (▶ Bild 43.8).

Mit der HMS-Bremse (▶ Kapitel 40) wird die Schleifkorbtrage kontrolliert über die Leiter als »Schiene« abgelassen. Am Fußende der Schleifkorbtrage werden jeweils links und rechts eine Feuerwehrleine als Führungsleine angebracht, die von Einsatzkräften geführt werden und dafür sorgen, dass die Schleifkorbtrage mittig auf der Leiter abläuft. Eine Einsatzkraft sichert die Leiter gegen Wegrutschen.

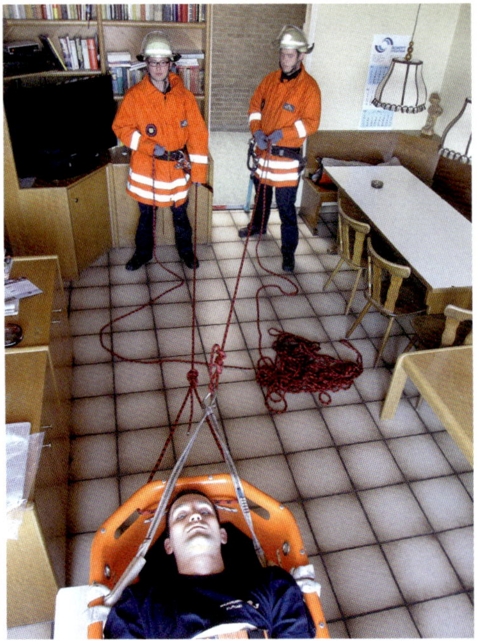

Bild 43.8 Sicherung der Schleifkorbtrage mit zwei Bandschlingen, an denen mit Karabinern beide Seilenden des Gerätesatzes Absturzsicherung befestigt sind

Bild 43.9 Am Fußende der Schleifkorbtrage werden je eine Feuerwehrleine zur Führung angebracht.

I

J Technische Hilfeleistung und Rettung

44 Einführung in die Aufgaben, Grundbegriffe und Einsatzgrundsätze der Technischen Hilfeleistung

von Alexander Blasczyk

44.1 Aufgaben

Technische Hilfeleistungseinsätze bestimmen den Einsatzalltag der Feuerwehren deutlich häufiger als Brandeinsätze. Die dabei zu bewältigenden Einsatzsituationen sind sehr vielfältig und erfordern von den Einsatzkräften oft auch Improvisationsvermögen. Das Einsatzspektrum reicht von einfachen Hilfeleistungen, wie beispielsweise der Öffnung von Türen, dem Abstreuen von Ölspuren oder der Unterstützung des Rettungsdienstes beim Transport von Verletzten, über Bauunfälle und die Befreiung von eingeklemmten Personen aus Kraftfahrzeugen oder Maschinen bis hin zu sehr aufwändigen Einsätzen, wie etwa der Bergung von Schienenfahrzeugen oder Maßnahmen nach Einstürzen von Gebäuden.

Typische Tätigkeiten im Rahmen der Technischen Hilfeleistung sind:

- die Befreiung von eingeklemmten, verschütteten oder eingeschlossenen Personen;
- die Tierrettung;
- das Erzeugen von elektrischer Energie;
- das Ausleuchten und Sichern von Einsatzstellen;
- das Be- und Entlüften von Gebäuden;
- das Trennen von Werkstoffen und Verbindungen verschiedenster Art;
- das Anheben, Bewegen, Drücken oder Ziehen von Lasten;
- das Stützen, Aussteifen und Herstellen von Behelfskonstruktionen bei eingestürzten oder einsturzgefährdeten Bauwerken sowie
- das Räumen und/oder Freimachen von Verkehrswegen und -flächen.

44.2 Grundbegriffe

< **Technische Hilfeleistung** > ist nach DIN 14011 der Oberbegriff für alle Maßnahmen unter Verwendung von Einsatzmitteln zur Abwehr von Gefahren für Leben, Gesundheit oder Sachen, die aus Explosionen, Überschwemmungen, Unfällen oder ähnlichen Ereignissen entstehen. Vorrangiges Ziel ist es, wie in jedem

Quelle: J. Thorns

Bild 44.1 Beispiel für einen typischen Hilfeleistungseinsatz: schwerer Verkehrsunfall mit eingeklemmter Person

Aufgabenbereich der Gefahrenabwehr, Menschenleben zu retten bzw. gefährdete Personen in Sicherheit zu bringen. Nachrangig gilt dies auch für gefährdete Tiere. Durch Maßnahmen der Technischen Hilfeleistung sollen außerdem Sachwerte erhalten und die Umwelt vor schädlichen Einflüssen und Zerstörung bewahrt werden.

<Retten> ist das Abwenden eines lebensbedrohlichen Zustandes von Menschen oder Tieren durch lebensrettende Sofortmaßnahmen, die sich auf die Erhaltung oder Wiederherstellung von Atmung, Kreislauf und Herztätigkeit richten, und/oder das Befreien aus einer lebens- oder gesundheitsgefährdenden Zwangslage. Fälschlicherweise wird der Begriff »Bergen« landläufig häufig als Synonym für Retten verwendet. Nach DIN 14011 ist jedoch **<Bergen>** das Einbringen von Leichen, leblosen Tieren oder gefährdeten Sachen.

Seit rund zwei Jahrzehnten spielt der Begriff »patientengerechte Rettung« eine wichtige Rolle im Bereich der technischen und medizinischen Rettung. **<Patientengerechte Rettung>** bedeutet, dass alle Maßnahmen der technischen und medizinischen Rettung auf den Zustand des Verletzten und die ihn umgebenen Einflüsse so aufeinander abgestimmt werden, dass dessen Rettung so schonend wie möglich erfolgt. Folgeverletzungen, vermeidbare Erschütterungen und sonstige Störeinflüsse sind durch geeignete Maßnahmen (z. B. Unterbauen eines Unfallfahrzeugs, fortwährende medizinische Versorgung und zielgerichteter Einsatz der Rettungsgeräte) zu unterbinden.

Ziel der technischen und medizinischen Rettung ist es, einen polytraumatisierten Patienten (Verletzter, der eine Verletzung mehrerer Körperregionen oder von Organsystemen erlitten hat, wobei wenigstens eine Verletzung oder die Kombination mehrerer Verletzungen lebensbedrohlich ist) in kürzest möglicher Zeit nach dem Unfallereignis aus seiner Zwangslage zu befreien, zu stabilisieren und in ein geeignetes Krankenhaus zu transportieren. Um eine möglichst hohe Überlebenschance und die Vermeidung von schwerwiegenden Folgeschäden für die Betroffenen sicherzustellen, ist ausgehend von den vorliegenden Verletzungsmustern, deren Behandlungsmöglichkeiten durch das medizinische Personal vor Ort und den örtlichen Gegebenheiten ein hierauf abzustimmendes Zusammenspiel von technischen und medizinischen Rettungsmaßnahmen zu gewährleisten.

Entgegen der bisherigen Lehrmeinung wird von dem weit verbreiteten Konzept der »Golden Hour of Shock« (»Goldene Stunde der Un-

Bild 44.2 Golden Period of Trauma

Quelle: J. vfdb

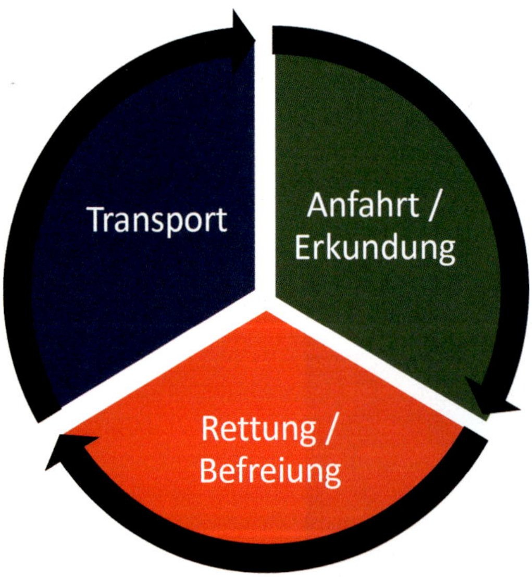

fallrettung«) aufgrund von neueren Studienergebnissen Abstand genommen. Demnach ließe sich in Deutschland infolge der Auswertungen von Notfallereignissen kein besseres »Outcome« (Ergebnis im Hinblick auf die medizinischen Behandlungsmaßnahmen) feststellen, wenn die Rettung innerhalb von einer Stunde erfolgte. Als relevanter für den Behandlungserfolg habe sich die differenzierte Betrachtung des Betroffenen im Hinblick auf die vorliegenden Verletzungsmuster und Behandlungsmöglichkeiten vor Ort erwiesen. Im Vordergrund der Betrachtungen sollte daher nicht die Rettungszeit stehen, sondern deren Anpassung an die jeweiligen Verletzungsmuster, die vordergründigen medizinischen Problemen und die sonstigen Gegebenheiten am Notfallort. Insbesondere dürfen zugunsten einer kürzeren Zeit keine am Notfallort durchführbaren medizinischen Maßnahmen eingeschränkt oder gar unterlassen werden, die zu einer Stabilisierung des Patienten führen. Nur wenn dringend notwendige Maßnahmen vor Ort nicht durchgeführt werden können, ist die höhere Priorität auf den baldmöglichen Transport in ein geeignetes Krankenhaus zu legen. Dieses einsatztaktische Prinzip wird als »Golden Period of Trauma« (»Goldene Zeitphase der Unfallrettung« ▶ Bild 44.2) bezeichnet.

Das Zeitfenster für die patientengerechte Rettung ist dennoch – gemessen an dem Umfang der zu ergreifenden Maßnahmen – bei schweren Unfällen sehr eng. Als Richtschnur gilt die Vorgabe des Notarztes/Rettungsdienstes, wie zeitkritisch die Rettung des Betroffenen im konkreten Fall ist. Entsprechend kann die patientengerechte Rettung weiter unterteilt werden in die schnelle (zeitkontrollierte) Rettung und die Sofort-Rettung. Die < **schnelle (zeitkontrollierte) Rettung** > ist die schnellstmögliche und schonende Rettungsvariante unter Beachtung zeitgerechter einsatztaktischer und medizinischer Aspekte. Medizinisch notwendige Maßnahmen wie die Ganzkörperimmobilisation und achsengerechte Rettung, Stillung von Blutungen usw. stehen im Vordergrund.

Wenn äußere Umstände (z. B. unmittelbare Gefährdung durch einen Brand oder durch das Einwirken eines Gefahrstoffes) oder medizinische Gründe (z. B. Versagen der Vitalfunktionen ohne Behandlungsmöglichkeit in der Zwangslage oder nicht beherrschbare Blutungen) unmittelbar das Leben des Betroffenen bedrohen, muss eine < **Sofort-Rettung** > (früher auch als Crash-Rettung bezeichnet) erfolgen. Im Gegensatz zu der schnellen (zeitkontrollierten) Rettung werden bei dieser Rettungsvariante mögliche weitere Schädigungen des Betroffenen in Kauf genommen, um sein Leben retten zu können.

Merke:

Die Rettung von schwer verletzten Unfallopfern ist zeitkritisch. Vor Ort dürfen nur die notwendigen Maßnahmen ergriffen werden, um den Transport ins Krankenhaus nicht zu verzögern. Denn nur dort ist eine optimale medizinische Versorgung möglich.

44.3 Aufgabenverteilung nach FwDV 3

In der FwDV 3 ist eine grundsätzliche Aufgabenverteilung für alle Arten von technischen Hilfeleistungseinsätzen festgelegt, die sich vorrangig an dem Einsatz einer Gruppe (Stärke: 1/8) orientiert. Demnach haben die entsprechenden Funktionen die folgenden Aufgaben:

- Der Einheitsführer führt seine Einheit und ist dabei an keinen bestimmten Platz gebunden. Er trägt die Verantwortung für die Sicherheit seiner Mannschaft. Des Weiteren bestimmt er die Fahrzeugaufstellung, die Ordnung des Raumes und gegebenenfalls die Standorte von Aggregaten (z. B. hydraulischer Rettungssatz).
- Der Angriffstrupp rettet, führt die Erstversorgung (mindestens Erste Hilfe) durch, bis der Rettungsdienst vor Ort ist, und leistet technische Hilfe – d. h., er führt nach Weisung des Einheitsführers die notwendigen Maßnahmen (z. B. Vornahme von hydraulischem Rettungsgerät) durch.
- Der Wassertrupp sichert die Einsatzstelle auf Befehl gegen weitere Gefahren und nimmt die hierfür erforderlichen Einsatzmittel vor.

- Der Schlauchtrupp bereitet die befohlenen Geräte für den Angriffstrupp vor. Gegebenenfalls unterstützt er den Angriffstrupp bei der Vornahme und bedient die notwendigen Aggregate. Ist der Angriffstrupp mit der Versorgung von Verletzten gebunden, setzt der Schlauchtrupp selbst die befohlenen Geräte ein. Außerdem kann der Schlauchtrupp auch mit zusätzlichen Sicherungsmaßnahmen oder anderen Aufgaben betraut werden. Steht der Schlauchtrupp nicht zur Verfügung, übernimmt der Angriffstrupp selbst die Vorbereitungen.
- Der Maschinist fährt das Einsatzfahrzeug und bedient die Aggregate. Sofort nach dem Erreichen der Einsatzstelle sichert er diese durch Einschalten von Warnblinkanlage, Fahrlicht und blauem Blinklicht. Er unterstützt die Trupps bei der Entnahme und Vorbereitung der Geräte.
- Der Melder (wenn vorhanden) übernimmt befohlene Aufgaben, z. B. bei der Lagefeststellung, beim In-Stellung-Bringen von Einsatzmitteln, bei der Betreuung von Personen oder der Informationsübertragung.

Folgendes ist hierzu zu ergänzen: Immer mehr Einsatzfahrzeuge verfügen über eine Heckwarnanlage. Diese sollte der Maschinist – im Rahmen der jeweiligen landesrechtlichen Vorgaben – so früh wie möglich beim Erreichen der Einsatzstelle einschalten, um den nachfolgenden Verkehr zu warnen. Wenn eine oder gar mehrere Personen eingeklemmt, verschüttet oder eingeschlossen sind und aufwändigere Rettungsmaßnahmen notwendig werden, dann reicht der Kräfteansatz einer Gruppe bei Weitem nicht aus. Häufiger kommt daher zumindest ein Zug zum Einsatz. Erst dann kann eine Einsatzabschnittsbildung erfolgen, die in vielen Fällen nicht nur sinnvoll, sondern notwendig ist (in der Regel werden mindestens die Einsatzabschnitte »technische Rettung«, »Sicherungsmaßnahmen und Bereitstellung« sowie »Rettungsdienst« gebildet). Die Verteilung der Aufgaben richtet sich vielerorts nicht nur dann nach Vorgaben von örtlichen Standard-Einsatz-Regeln. Sofern solche Regelungen bestehen, sind diese entsprechend zu beachten. Je nach Einsatzsituation sind aber auch abweichende Vorgehensweisen erforderlich. Der Einsatzleiter hat immer die Möglichkeit, von den Festlegungen abzuweichen, wenn dies dem Einsatzerfolg dient und dadurch keine unzumutbare Gefährdung der Einsatzkräfte zu erwarten ist.

44.4 Allgemeine Einsatzgrundsätze

Auch wenn die einzelnen Einsatzsituationen sehr unterschiedlich sein können, so gibt es einige allgemeine Einsatzgrundsätze, die grundsätzliche Gültigkeit haben. Die im Folgenden erläuterten Einsatzgrundsätze der FwDV 3 sind bei jedem technischen Hilfeleistungseinsatz umzusetzen.

Eigensicherung

Die Eigensicherung ist eine der wichtigsten Aufgaben bei jedem Feuerwehreinsatz. Denn wirksame Hilfe kann nur derjenige leisten, der sich nicht selbst durch sein Handeln in Gefahr bringt. Für die Gesamtheit der Sicherungsmaßnahmen trägt der Einsatzleiter die Verantwortung. Ohne die Mithilfe und das Sicherheitsbewusstsein jedes Einzelnen ist die Eigensicherung jedoch nicht durchführbar. Das beginnt bereits beim Anlegen der vollständigen Persönlichen Schutzausrüstung und endet beim sorgsamen Umgang mit Gerätschaften. Wichtig ist zudem, dass jeder die ihm zugewiesenen Aufgaben gewissenhaft ausführt und Probleme rechtzeitig meldet. Abweichungen von den Unfallverhütungsvorschriften dürfen keine Regel, sondern nur den Ausnahmefall darstellen, wenn dies eine besondere Lage erfordert.

Erstversorgung und ständige Betreuung

Die Erstversorgung von Verletzten (mindestens in der Form der qualifizierten Ersten Hilfe) hat Priorität vor weiteren, insbesondere technischen Einsatzmaßnahmen. Bis zur Übergabe an den Rettungsdienst ist außerdem sicherzustellen, dass Betroffene permanent betreut werden. Daher sollte die Erkundung im Regelfall nicht allein stattfinden, sodass mindestens eine Einsatzkraft sofort mit der Betreuung und gegebenenfalls mit lebensrettenden Sofortmaßnahmen beginnen kann, während der Einsatzleiter bzw. Einheitsführer die Erkundung fortsetzt.

Beachtung rettungsdienstlicher Erfordernisse

Die technische Rettung soll sich nach den medizinischen Erfordernissen richten. Das heißt in erster Linie, dass die zur Befreiung notwendigen Maßnahmen mit dem Verantwortlichen der medizinischen Rettung (in der Regel wird dies der Notarzt sein) besprochen und abgestimmt werden. Diese Abstimmung ist bis zur Übergabe an den Rettungsdienst fortzuführen. Eine alternative Vorgehensweise ist dann in Betracht zu ziehen, wenn der Verletzte dadurch schonender gerettet werden kann. Aber dies muss immer unter dem Blickpunkt erfolgen, dass sich dadurch die Dauer des gesamten Rettungsvorgangs nicht unverhältnismäßig verlängern darf! Das tendenzielle Tempo gibt grundsätzlich der Rettungsdienst mit seiner Einschätzung des Zustandes des Betroffenen und seinen Möglichkeiten zu dessen Behandlung vor Ort vor.

Sicherung vor weiteren Gefahren an der Einsatzstelle

An jeder Einsatzstelle sind geeignete Maßnahmen zur Sicherung gegen weitere Gefahren zu ergreifen. Bei technischen Hilfeleistungseinsätzen muss generell vor der Einwirkung folgender Gefahren gesichert werden:

- fließender Verkehr,
- Nachsacken, Wegrutschen und/oder Wegrollen aufgrund unkontrollierter Bewegungen von Lasten oder Fahrzeugen,
- Brandgefahr,
- herabfallende Teile,
- Dunkelheit bzw. Sichteinschränkungen sowie
- auslaufende Betriebsstoffe und noch bestehende Energieversorgung.

Ordnung des Raumes

Zur Ordnung des Raumes sind unmittelbar an der Schadenstelle ein Absperr- und ein Arbeitsbereich durch den Einheitsführer bzw. Einsatzleiter festzulegen. Die Größe der Bereiche richtet sich nach dem jeweiligen Schadenereignis und ist von den örtlichen Gegebenheiten abhängig. Am Übergang vom Arbeits- zum Absperrbereich sind eine Geräteablage und eine gesonderte Ablagefläche für aus dem Arbeitsbereich entfernte Gegenstände einzurichten. Im Arbeitsbereich müssen gegebenenfalls bestehende weitere Gefahren (z. B. Glassplitter oder scharfkantige Wrackteile) beseitigt werden, um eine sichere Arbeitsumgebung für die weiteren Maßnahmen zu schaffen. Nicht unmittelbar beseitigbare Gefahren sind gesondert zu kennzeichnen bzw. abzusperren.

Angepasste Persönliche Schutzausrüstung

Die Persönliche Schutzausrüstung muss der jeweiligen Einsatzsituation angepasst werden. Über Abweichungen von Standards und über die Auswahl spezieller Schutzausrüstung entscheidet der Einsatzleiter je nach Situation. Beim Arbeiten mit bestimmten Geräten muss grundsätzlich zusätzliche Schutzausrüstung getragen werden (z. B. beim Einsatz der Motorkettensäge).

Angemessene Löschmittelbereitstellung

Beim Einsatz in einem Bereich mit unzureichender Wasserversorgung (z. B. bei Einsätzen auf Autobahnen und Landstraßen) muss ein entsprechend angemessener Löschwasservorrat durch Einsatzfahrzeuge mit Löschwasserbehältern mitgeführt werden.

Literatur

[1] Feuerwehr-Dienstvorschrift 3 »Einheiten im Lösch- und Hilfeleistungseinsatz«, Stand: Februar 2008, Verlag W. Kohlhammer, Stuttgart, 2008.

[2] DIN 14011 – Begriffe aus dem Feuerwehrwesen.

[3] Vereinigung zur Förderung des deutschen Brandschutzes – Referat 6: vfdb-Richtlinie 06/01 »Technisch-medizinische Rettung nach Verkehrsunfällen«, Ausgabe 05/2019.

[4] Vereinigung zur Förderung des deutschen Brandschutzes – Referat 6: Merkblatt zur vfdb-Richtlinie 06/01 »Technisch-medizinische Rettung nach Verkehrsunfällen«, Ausgabe 03/2020.

[5] Kleber, Andrea Jutta: »Die Rettungszeit und das Überleben von Schwerverletzten in Deutschland: Analyse prognoserelevanter Faktoren und der präklinischen Versorgungsqualität«, Diss. med., Berlin, 2016.

45 Grundtätigkeiten der Technischen Hilfeleistung

von Alexander Blasczyk

45.1 Anforderungen im technischen Hilfeleistungseinsatz

Technische Hilfeleistungseinsätze erfordern die routinemäßige Handhabung von Geräten, Werkzeugen und Aggregaten unterschiedlichster Art. Feuerwehrangehörige müssen daher während der Ausbildung und im Rahmen der Fort- und Weiterbildung sich immer wieder mit den vorhandenen Einsatzmitteln vertraut machen und deren Einsatzmöglichkeiten praktisch trainieren. An erster Stelle steht dabei immer die Sicherheit. Es dürfen nur normgerechte, geprüfte und mängelfreie Einsatzmittel eingesetzt werden. Je nach Geräteart ist außerdem die allgemeine Persönliche Schutzausrüstung durch zusätzliche Schutzausrüstungen zu ergänzen. Bedien- und Warnhinweise der Hersteller müssen unbedingt beachtet werden! Wird ein Defekt an einem Gerät festgestellt, ist dieser unverzüglich zu melden. Das defekte Gerät darf dann, bis dieses wieder sachgerecht in Stand gesetzt worden ist, nicht mehr eingesetzt werden.

In diesem Kapitel werden die Grundtätigkeiten der technischen Hilfeleistung vorgestellt. Diese bilden die Basis für die Vornahme von Geräten bei technischen Hilfeleistungseinsätzen. Aufgezeigt wird, wie die üblichen Hilfeleistungsgeräte der Feuerwehr einsatztaktisch sinnvoll und sicher eingesetzt werden können. Die wesentlichen Grundtätigkeiten sind in ihren Grundzügen auch in der FwDV 1 in den Kapiteln 8 bis 14 beschrieben.

Merke:

Die Sicherheit steht im Einsatz an erster Stelle. Es dürfen daher nur einwandfreie normgerechte und geprüfte Geräte von Einsatzkräften eingesetzt werden, die im Umgang mit den Geräten unterwiesen und geübt sind.

45.2 Einfache Geräte und deren Handhabung

Einfache Hilfeleistungsgeräte dienen der Durchführung von Hilfeleistungen kleineren Umfangs sowie der Vorbereitung des Einsatzes von anderen Gerätschaften (z. B. zur Schaffung von Ansatzpunkten für hydraulische Rettungsgeräte). Da für ihren Einsatz keine Antriebsaggregate und kein aufwändiges Zusammenbauen notwendig sind, wird praktisch keine Rüstzeit benötigt. Sie eignen sich daher insbesondere auch für Sofortmaßnahmen (zum Beispiel das Anheben der Last bei einer Einklemmung). Bei zeitkritischen (Rettungs-) Maßnahmen sind einfache Geräte aufwändigeren Mitteln vorzuziehen, wenn diese grundsätzlich für den Anwendungsfall geeignet sind.

Gebräuchliche Geräte für Hilfeleistungen kleineren Umfangs sind z. B.:

- Brechstange,
- Nageleisen,
- Brechwerkzeug,
- Hebebaum,
- Halligan-Tool,
- Handwerkzeug,
- Bolzenschneider,
- Bleichaufreißer,
- Glasreißer und Glassäge,
- Einreißhaken,
- Feuerwehraxt,
- Kapp- und Gurtmesser,
- diverse Sägen (z. B. Bügelsäge und Fuchsschwanz),
- Kant-/Pallhölzer und Keile sowie
- Räumgeräte (z. B. Dunkhaken, Schaufel, Spaten, Stoßbesen).

Tabelle 45.1 Nach DIN 14853 genormte Brechstangen

Bezeichnung	Nennlänge in mm [+/–15]	Durchmesser in mm	Schneidenbreite in mm	Höhe in mm	Gewicht in kg
Brechstange DIN 14853 - 700	700	30	50	50	≈ 3,5
Brechstange DIN 14853 - 1200	1 200	30	50	50	≈ 6,5
Brechstange DIN 14853 - 1500	1 500	30	55	55	≈ 8,0

45.2.1 Brechstange, Nageleisen und Brechwerkzeug

Bei der Brechstange nach DIN 14853 handelt es sich um ein für Feuerwehreinsätze besonders gestaltetes Werkzeug, das auf Feuerwehrfahrzeugen mitgeführt wird. Das Werkzeug besteht aus einem 30 Millimeter dicken Stahlstab, dessen eines Ende zu einer abgewinkelten, eingekerbten Schneide (Klaue) und dessen anderes Ende zu einer Spitze geschmiedet ist. Beide Enden sind gehärtet und geschliffen. Nach der Norm gibt es Brechstangen mit 700, 1 200 und 1 500 Millimetern Nennlänge. Brechstangen mit 1 800 Millimetern Länge sind seit dem Jahr 2008 nicht mehr genormt. Die in Löschfahrzeugen standardmäßig mitgeführten Brechstangen haben eine Länge von 700 Millimetern und die in Rüstwagen mitgeführten Brechstangen eine Länge von 1 500 Millimetern.

Im Einsatz dienen Brechstangen allgemein zum Heben und Drücken von Lasten. Sie können aber auch zum Ziehen von Nägeln, Bolzen, Beschlägen, Bauklammern u. Ä. sowie zum Vergrößern von Spalten (z. B. um einen Ansatzpunkt für den Spreizer an einer Fahrzeugtür zu schaffen) eingesetzt werden. Nach den Grundsätzen des Hebelgesetzes (▶ Kapitel 6) lassen sich mit ihnen große Kräfte übertragen, jedoch sind mit ihrer Hilfe allein nur geringe Hubhöhen erreichbar. Um diesen Nachteil auszugleichen, muss zum Erreichen höherer Hubhöhen die Last schrittweise nach und nach angehoben und entsprechend immer weiter unterbaut werden (▶ Kapitel 45.4); außerdem muss die Brechstange selbst unterbaut werden. Brechstangen können sowohl als ein- als auch

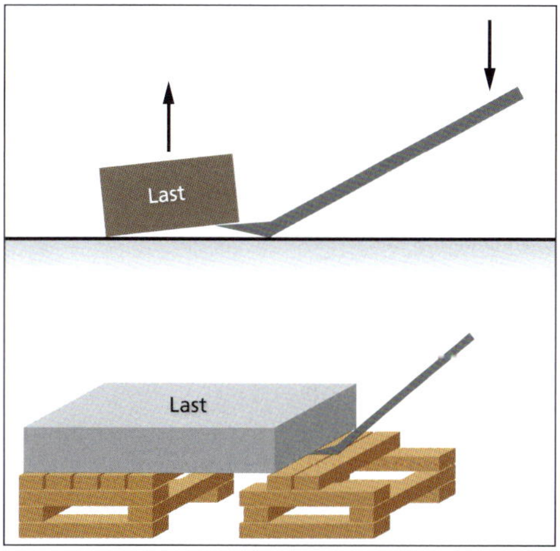

Bild 45.1 Beispielhaftes Unterbauen beim Einsatz der Brechstange

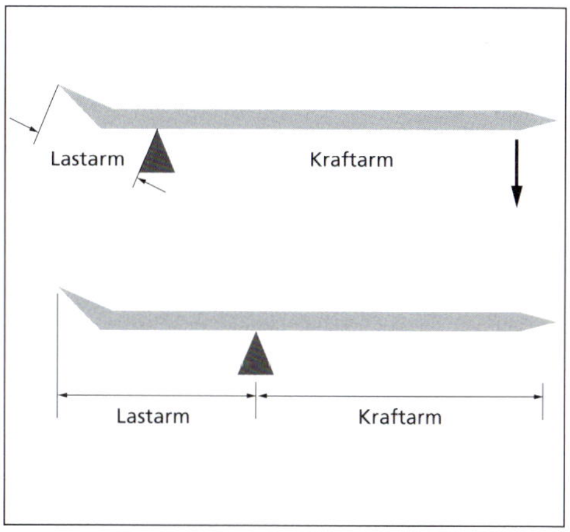

Bild 45.2 Zweiarmiger Hebel: Durch die Verkürzung des Lastarmes wird der Kraftarm verlängert.

zweiarmiger Hebel eingesetzt werden. Bei der Verwendung als einarmigen Hebel greifen die Last und die aufzubringende Kraft auf derselben Seite vom Drehpunkt an, beim zweiarmigen Hebel liegt der Drehpunkt zwischen den Angriffspunkten von Last und aufzuwendender Kraft.

Wenn die Brechstange zum (An-)Heben einer Last eingesetzt wird, besteht vor allem beim Einsatz an zu hebenden Lasten aus Metall oder mit sonstigen glatten Oberflächen eine erhöhte Abrutschgefahr. Um dieser zu entgegnen, sind gleithemmende Zwischenlagen (z. B. aus Holz) einzubringen. Beim Heben der Last muss diese stets durch Unterbauen bzw. beim Wegdrücken durch Ausfüttern gesichert werden.

Das Nageleisen, ein Stahlstab mit Klauen an beiden Enden, kann zum Ziehen von Nägeln und zum Aufbrechen von Holzkonstruktionen (z. B. Türen, Fenster, Verschalungen und Fußböden) eingesetzt werden. Bedingt eignet es sich auch zur Bewegung von kleineren Lasten. Das eine Ende ist um zirka 110 Grad gebogen, wodurch sich verschiedene Ansatzmöglichkeiten bieten. Auch beim Einsatz des Nageleisens ist immer Gesichtsschutz zu tragen!

Beim Brechwerkzeug handelt es sich um eine Zusammenstellung verschiedener Hilfsmittel, die im Einsatz für einen gewaltsamen Zugang zu Räumen verwendet werden können. Die Bestandteile sind in einer Tragetasche zusammengefasst, die über eine stabile Grundplatte zur Aufnahme der Werkzeuge verfügt. In der Zusammenstellung enthalten sind

- ein zerlegbarer Türaufbrecher (der Hebel kann einzeln auch als Brechstange verwendet werden), der in schmalen Türspalten Halt findet und mit sieben- bis zehnfacher Wirkung die Hebelkraft flächig auf das Türblatt und den Türrahmen überträgt;
- ein Rollladenöffner aus Flachstahl mit sichelförmigen Gurtschneider zum Durchtrennen der Verbindungselemente zwischen den Rollladenlamellen;
- ein Hammer, ein Durchtreiber und Splinttreiber, mit denen Verschlüsse und Halterungen gelöst bzw. zerstört werden können;
- drei Sperrhaken aus Stahl, die sich zum Öffnen von Türen eignen, die über kein Sicherheitszylinderschloss verfügen sowie
- ein Schraubendreher.

Achtung:

Folgendes ist bei der Handhabung von Brechstangen zu beachten:
- Brechstangen können leicht abrutschen!
- Weder auf die Schneide noch auf die Spitze darf mit einem Hammer geschlagen werden, da sonst gehärtetes Material abplatzt.
- Gesichtsschutz tragen!

45.2.2 Hebebaum

Der Hebebaum (teils auch als Wuchtbaum bezeichnet) ist ein zirka 16 Kilogramm schweres und drei Meter langes, besonders für den Feuerwehreinsatz gestaltetes Hebelgerät. Er besteht aus astfreiem, imprägniertem Hartholz und ist mit einem eisernen Beschlag an der Lastseite versehen, an dessen Oberseite ein Tragegriff und ein Eisenring befestigt sind. Am Ring kann zur Entlastung der vornehmenden Einsatzkräfte eine Feuerwehr-/Mehrzweckleine oder eine Kette angebracht werden. Wie die Brechstange dient auch der Hebebaum dem Bewegen von Lasten, wobei ein Einsatz als ein- und zweiarmiger Hebel möglich ist. Besonders

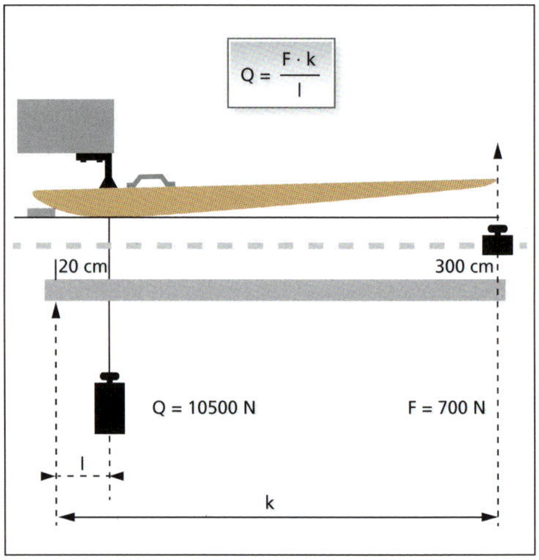

Bild 45.3 Hebelwirkung des Hebebaums

Quelle: J. Thorns

Bild 45.4 Beispielhafte Anwendung des Hebebaums an einem Pkw

eignet er sich zum Anheben und Bewegen von Fahrzeugen.

45.2.3 Blechaufreißer, Glasreißer und Glassägen

Der Blechaufreißer dient zum Durchtrennen dünner Bleche, zum schnellen Öffnen von Fahrzeugaußenblechen (z. B. um verstärkte Strukturen wie beim Seitenaufprallschutz freizulegen) und ggf. auch zum Trennen von Verbundglasscheiben (z. B. Frontscheibe von Pkw). Seine Funktion ist mit der eines Dosenöffners vergleichbar. Der Blechaufreißer ist zirka 700 Millimeter lang und besteht aus einem Rohrgriff mit Handschutz, einer gehärteten Stahlschneide an einem Ende und einer gehärteten Spitze am anderen Ende.

Zur Entfernung bzw. zum Durchschneiden von Verbundglasscheiben bei Fahrzeugen eignen sich am besten spezielle Glasreißer oder Glassägen, die es in unterschiedlichen

Merke:

Beim Sägen bzw. Reißen von Verbundglasscheiben ist darauf zu achten, dass Glasstaub und -splitter möglichst nicht ins Innere eines Fahrzeugs oder Raums gelangen. Zum Schutz von Personen im Innern eignen sich Decken, spezielle festere Folien und Schutzschilde.

Achtung:

Holz- und Spaltaxt sind nicht als Schlagwerkzeuge geeignet. Bei dieser Art der Verwendung kann es zu Abplatzungen oder zum Bruch des Axtkopfes kommen, wodurch Einsatzkräfte gefährdet werden können!

Ausführungen gibt. Bei Glassägen ist zu beachten, dass diese in Zugrichtung (von der Scheibe weg) arbeiten. Glassplitter, Glasstaub und Reste der Scheibe sind stets sofort aus dem Arbeitsbereich zu entfernen, damit es nicht zu Verletzungen von Personen und Beschädigungen von Geräten kommen kann.

45.2.4 Halligan-Tool

Beim Halligan-Tool (teils auch als Hooligan-Tool bezeichnet) handelt es sich um ein ursprünglich aus den USA stammendes und in Deutschland immer verbreitertes, äußerst robustes Kombinationswerkzeug mit vielen Einsatzmöglichkeiten. Das Werkzeug ist in verschiedenen Ausführungen erhältlich. Meist sind in den Schaft Rillen eingearbeitet, die verhindern sollen, dass der Anwender beim Arbeiten abrutscht. Sehr häufig ist das Werkzeug in der Ausführung mit einem Kuhfuß (speziell geformte Klauen) auf der einen und der Kombination aus einem spitzen Dorn und einer rechtwinklig dazu angeordneten keilförmigen Schneide auf der anderen Seite im Einsatz. Bei einer anderen Variante ist anstatt des Kuhfu-

Quelle: B. Liedtke

Bild 45.5 Fassen und Drehen des Schließzylinders mit dem Halligan-Tool

Quelle: B. Liedtke

Bild 45.6 Abscheren eines Vorhängeschlosses mit dem Halligan-Tool

ßes eine Blechaufreißerklaue an dem einen Ende angefügt. Jeweils gegenüber den einzelnen Werkzeugen befinden sich Schlagflächen, die ein Hintreiben bzw. Einschlagen des Halligan-Tool z. B. mit einem Spalthammer ermöglichen.

Das Halligan-Tool eignet sich vor allem, um sich einen gewaltsamen Zugang durch Aufhebeln von Türen und Fenstern oder durch das Abscheren von herausragenden Schließzylindern zu verschaffen. Zum Aufhebeln von nach außen öffnenden Türen wird die Schneide des Halligan-Tool auf Höhe des Schlosses am Spalt zwischen dem Türblatt und dem Türrahmen angesetzt und mit einem geeigneten Schlagwerkzeug (Hammer oder Spalthammer) hineingetrieben (▶ Kapitel 51). Anschließend lässt sich durch Hebeln der Schließmechanismus zerstören bzw. der Bereich um das Schloss herum herausbrechen. Bei Türen oder Toren, die von Vorhängeschlössern geschlossen gehalten werden, kann durch kräftige Schläge auf den Dorn das Vorhängeschloss gesprengt werden. Zum Abscheren eines Schließzylinders wird nach dem Aufbiegen des Schließblechs der Zylinder mit den Klauen des Kuhfußes erfasst und zur Seite gedreht. Mit dem Dorn kann dann die zweite Schließzylinder-Hälfte nach innen gestoßen werden.

45.2.5 Feuerwehr-Werkzeugkasten und Feuerwehr-Elektrowerkzeugkasten

Der Feuerwehr-Werkzeugkasten beinhaltet verschiedene, weitgehend genormte Werkzeuge und Hilfsmittel für die Holz-, Metall-, Stein- und Kunststoffbearbeitung. Mit dem Werkzeugkasten lassen sich Handwerksarbeiten, wie z. B. das Anziehen und Lösen von Schraub- und Rohrverbindungen, das Trennen von Drähten und Metallteilen, das Abdichten von Leitungen sowie das Meißeln von Stahl und Stein, im Einsatz durchführen. Beim Feuerwehr-Elektrowerkzeugkasten (▶ Kapitel 19) handelt es sich um eine Zusammenstellung verschiedener bis 1 000 Volt isolierter Werkzeuge mit Zubehör, um Sicherungsmaßnahmen an elektrischen Niederspannungsanlagen durchführen zu können. Seine Ausstattung eignet sich zur Feststellung der Spannungsfreiheit, zum Ziehen von Niederspannungs-Hochleistungssicherungen, zum Sichern gegen Wiedereinschalten und zum Kenntlichmachen von freigeschalteten Anlagen.

Achtung:

Der Feuerwehr-Elektrowerkzeugkasten darf nur von Elektrofachkräften oder von durch Fachkräfte unterwiesenen Personen eingesetzt werden!

45.2.6 Schachtabdeckungen und Bindemittel

Um ein Einlaufen von Flüssigkeiten (z. B. gefährliche Stoffe oder kontaminiertes Löschwasser) in Kanaleinläufe zu verhindern, können diese mit mineralölbeständigen und flüssigkeitsdichten Schachtabdeckungen verschlossen werden. Schachtabdeckungen gibt es in unterschiedlichen Ausführungen (z. B. als aufblasbares Dichtkissen oder mit Wasser auffüllbarer Verschluss).

Bindemittel dienen dem Abstreuen und Binden von flüssigen gefährlichen bzw. umweltge-

Praxis-Tipp:

Zum Aufsaugen von flüssigen Stoffen eignen sich sehr gut spezielle Vliese.

Merke:

Mit Flüssigkeit getränkte Bindemittel haben ähnliche Eigenschaften wie die aufgenommene Flüssigkeit. Daher gelten auch für diese die entsprechenden Vorsichtsmaßnahmen, die beim Umgang mit der jeweiligen Flüssigkeit zu beachten sind.

fährdenden Stoffen (z. B. Mineralölprodukte). Vor dem Aufbringen des Bindemittels muss unbedingt die Eignung für den jeweiligen Stoff geprüft werden. Dabei ist zu beachten, dass sich die wirksame Oberfläche vergrößert, was z. B. zu einer erhöhten Brandgefahr führen kann. Nach dem Abbinden ist dafür Sorge zu tragen, dass das Bindemittel aufgenommen und fachgerecht entsorgt wird. Bei Verkehrsflächen muss die Fahrbahn hinreichend abgestumpft sein. Ggf. ist dafür eine Nachreinigung notwendig.

45.3 Verlegen von elektrischen Leitungen und Stromerzeugung

Bei technischen Hilfeleistungseinsätzen kommen häufig elektrische Verbraucher (z. B. Flutlichtstrahler, Tauch- oder Elektro-Fasspumpe) zum Einsatz. Zur Erzeugung des für deren Betrieb notwendigen elektrischen Stromes ist grundsätzlich auf die auf den Einsatzfahrzeugen mitgeführten Stromerzeuger zurückzugreifen. Andere Stromquellen (netzabhängige Spannungsquellen) sind nur im Ausnahmefall und dann auch nur in Verbindung mit einem Personenschutzschutzschalter (Differenzstromschutzeinrichtung mit Fehlerstrom-,

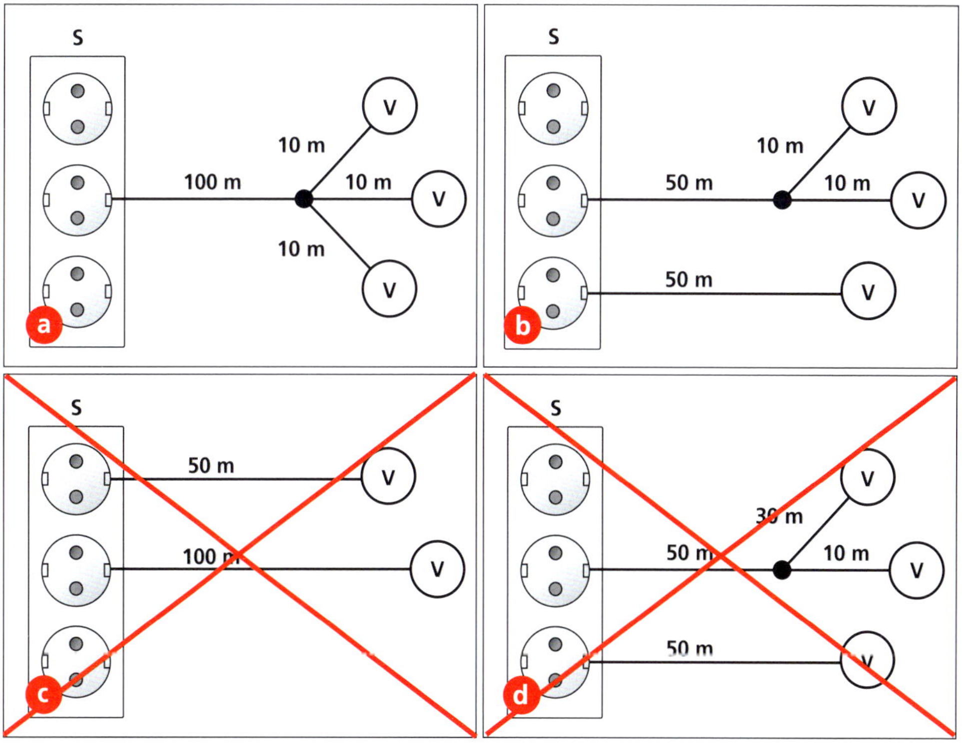

Bild 45.7 Beispiele für die Längen einzelner Leitungen: **a** Zulässig ist eine Leitungslänge von 100 Metern zwischen Stromerzeuger und Verbaucher. **b** Diese können auch aus zwei Leitungen zu je 50 Metern bestehen. Die Geräteanschlusslängen von je 10 Metern können vernachlässigt werden. **c** Nicht zulässig sind Leitungslängen von mehr als 100 Metern zwischen Stromerzeuger und Verbraucher ... **d** ... oder deutlich zu lange Anschlussleitungen der Verbraucher.

> **Merke:**
>
> Elektrische Leitungen sind immer vollständig vom Leitungsroller abzurollen, um eine unzulässige Erwärmung der Leitungen zu verhindern. Die Leitungslänge zwischen Verbraucher und Stromerzeuger darf 100 Meter nicht überschreiten!

Schutzleiterbruch-, Schutzleiterspannungs- und Fremdspannungsüberwachung) mit einem Nennstrom von maximal 30 Milliampere zur Verhinderung von gefährlichen Körperströmen zu verwenden. Der Personenschutzschalter ist so nah wie möglich an der Stromentnahmequelle zu installieren. Personenschutzschalter dürfen nur in Bereichen verwendet werden, die nicht überflutet werden können (beachte ▶ Abschnitt 19.4).

45.3.1 Verlegen von elektrischen Leitungen

Elektrische Leitungen werden zum Speisen von Arbeits- und Beleuchtungsgeräten mit elektrischem Strom benötigt. Sie stellten die Verbindung zwischen dem Stromerzeuger und dem elektrischen Verbraucher her. Bei den Feuerwehren finden hierfür Leistungsroller mit einer Länge von 50 oder 100 Metern und einem Norm-Querschnitt von zweieinhalb Quadratmillimetern Verwendung. Leitungen mit einem anderen Querschnitt dürfen nicht verwendet werden!

Die Verlegung der elektrischen Leitung erfolgt i. d. R. vom Verbraucher zum Stromerzeuger. Zu beachten ist dabei, dass:

- die Leitungslänge zwischen Verbraucher und Stromerzeuger bzw. zwischen zwei Verbrauchern insgesamt 100 Meter nicht überschreiten darf (Geräteanschlussleitungen von bis zu zehn Metern Länge können vernachlässigt werden);
- die Leitungen vom Leitungsroller immer vollständig abgewickelt und ggf. in Buchten verlegt werden, sodass keine Stolpergefahr besteht;
- die Leitungen nur wenn unbedingt notwendig über Fahrwege und dann nur geschützt (z. B. bei Straßen geschützt durch Schlauchbrücken oder im Gleisbett durch Durchführung unter den Schienen) verlegt werden;
- die Leitungen nicht durch mechanische (scharfe Kanten, spitze Gegenstände oder Schlageinwirkung), thermische (Brandeinwirkung und/oder Wärmestrahlung) oder chemische Einflüsse (Einwirkung von Fetten, Ölen, Säuren oder Laugen) beschädigt werden können.

45.3.2 Einsatz von Stromerzeugern

Stromerzeuger werden zum netzunabhängigen Betrieb von elektrischen Arbeits- und Beleuchtungsgeräten (Dreh- oder Wechselstromgeräte) eingesetzt. Es gibt tragbare (z. B. für Löschfahrzeuge) und festeingebaute Stromerzeuger (z. B. in Rüst- und Gerätewagen). Für den Einsatz bei den Feuerwehren sind tragbare Stromerzeuger mit einer (Schein-)Leistung von weniger als fünf oder ≥ fünf Kilovoltampere (kVA) nach DIN 14685 genormt. Aggregate mit einer höheren Leistung, welche die gleichen Norm-Anforderungen erfüllen, sind mit den genormten Geräten gleichzusetzen. Festeingebaute Stromerzeuger können eine Leistung von bis zu 30 Kilovoltampere haben. Bei den Feuerwehren sind sowohl Aggregate mit Zweitakt- als auch Viertakt-Ottomotor im Einsatz.

Ein Stromerzeuger besteht im Wesentlichen aus einem Rahmenteil mit vier Tragegriffen, einem Verbrennungsmotor, mit dem ein Generator zur Stromerzeugung angetrieben wird, und einem Bedienfeld mit folgenden Einbauten:

- einer Last-/Spannungsanzeige mit Kennzeichnung des Grenzwertes für die Höchstbelastung durch eine rote Marke und Instrumentenbeleuchtung,
- einem Betriebsstundenzähler,

> **Merke:**
>
> Verbraucher dürfen erst dann am Stromerzeuger angeschlossen werden, wenn dessen Motor die Nenndrehzahl nach zirka 30 Sekunden erreicht hat.

Quelle: J. Thorns

Bild 45.8 Aufbau eines Stromerzeugers:
- Sicherungsautomaten (1)
- Belastungsmesser (2)
- Schutzkontaktsteckdosen 230/400V (3)
- Generator (4)
- Motor (5)
- Reversierstarter (6)
- Rundum-Schutzrahmen (7)
- Kraftstofftank (8)

- einer Steckdose für Drehstrom (400 Volt),
- drei Steckdosen für Wechselstrom (230 Volt),
- einem Sicherungsautomat für Drehstrom,
- einem Sicherungsautomat für Wechselstrom sowie einer Schutzleiterprüfeinrichtung (nicht mehr bei allen Modellen).

Inbetriebnahme

Tragbare Stromerzeuger sollten aufgrund des während des Betriebs auftretenden Geräuschpegels möglichst etwas abseits des Einsatz-/Arbeitsbereichs (z. B. hinter Mauern oder Fahrzeugen) aufgestellt werden (Leitungslänge beachten!). Die Aufstellung des Aggregates hat waagerecht, gegen Wegbewegen gesichert und vor Nässe geschützt zu erfolgen. Vor der Inbetriebnahme ist der Abgasschlauch anzuschließen und so zu legen, dass die Abgase ungehindert und gefahrlos abziehen können. Der im Betrieb heiß werdende Abgasschlauch darf nicht auf leichtbrennbarem Material/Untergrund (z. B. trockenes Gras) abgelegt werden.

Beim Kaltstart (der Motor hat noch keine Betriebstemperatur) ist nach dem Öffnen des Kraftstoffhahns die Starterklappe zu schließen. Dann ist der Gashebel – wie in der Bedienungsanleitung beschrieben – in die entsprechende Position zu schieben und der Vergasertupfer einige Sekunden zu drücken. Das Starterseil wird anschließend herausgezogen, bis ein Widerstand durch die Kompression zu spüren ist. Dann mit einem kurzen Zug kräftig das Starterseil ziehen und langsam wieder loslassen (nicht zurückschnellen lassen!). Starterklappe langsam öffnen. Beim Warmstart steht die Luftklappe offen. Gashebel gemäß Bedienungsanleitung bedienen und den Motor mit dem Starterseil durch Anreißen starten.

Außerbetriebnahme

Vor dem Ausschalten des Stromerzeugers sind zunächst alle Verbraucher auszuschalten bzw. aus den Steckdosen am Bedienfeld zu ziehen und der Motor kurz im Leerlauf laufen zu lassen. Dann wird der Kraftstoffhahn geschlossen. Abwarten, bis der Motor stillsteht. Anschließend ist der Kraftstofftank aufzufüllen, ggf. sind Wartungs- und Pflegearbeiten nach den Vorgaben der Bedienungsanleitung erforderlich.

Schutzleiterprüfung

Vor und nach jedem Gebrauch sowie mindestens einmal jährlich ist eine Schutzleiterprüfung am Stromerzeuger und den Verbrauchern durchzuführen. Zur Prüfung ist das mitgelieferte Prüfkabel (soweit vorhanden) zu verwenden. Zum Überprüfen des Stromerzeugers wird dieser gestartet, das Prüfkabel am Anschlusskasten in die Prüfeinrichtung gesteckt und die Spitze des Prüfkabels an den Schutz-

Achtung:

Unter nicht gesicherten Lasten dürfen sich keine Personen aufhalten!

Merke:

Vor weiteren Maßnahmen und bei jeder Lageänderung einer Last ist diese fortwährend durch Unterbauen bzw. Abstützen zu sichern. »Spiel« für mögliche Bewegungen sollte nicht vorhanden sein oder zumindest so gering wie möglich gehalten werden.

kontakt der Steckdosen gehalten. Wenn die Kontrollleuchte aufleuchtet, ist der Schutzleiter in Ordnung. Ansonsten darf der Stromerzeuger nicht verwendet werden. Die Verbraucher lassen sich im Betrieb überprüfen, indem das Prüfkabel einerseits am Anschlusskasten in die Prüfeinrichtung gesteckt und die Prüfspitze an das Metallgehäuse des Verbrauchers (bei Leitungen an den Schutzkontakt) gehalten wird.

45.4 Bewegen, Heben, Spreizen und Ziehen von Lasten

45.4.1 Sicherheitsgrundsätze bei Arbeiten mit Lasten

Im Rahmen von technischen Hilfeleistungseinsätzen muss häufig mit Lasten umgegangen werden, durch deren unkontrollierte Lageveränderung (Ausweichen, Rutschen, Rollen, Fallen, Kippen, Zusammensacken usw.) es zu einer Gefährdung von Einsatzkräften und/oder betroffenen Personen kommen kann. Grundsätzlich ist daher vor dem Einsatz von Gerätschaften immer eine Sicherung der Lasten durch Abstützen und/oder Unterbauen mit geeignetem Abstütz- und Unterbaumaterial (z. B. Baustützen, Kant- bzw. Pallhölzer, Bohlen, Holzplatten, Keile aus Holz oder strapazierfähigem Kunststoff) vorzunehmen. Wird eine Last angehoben oder bewegt, müssen immer auch Abstützung und Unterbau fortlaufend angepasst werden. Dasselbe gilt auch für das Absenken einer Last.

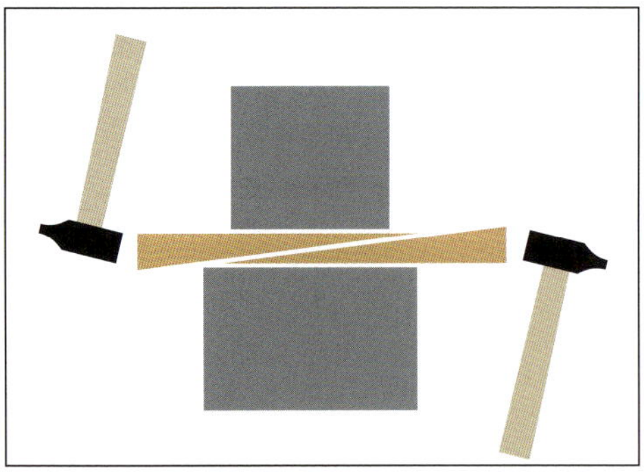

Bild 45.9 Keilpaar einsetzen: Von einer Seite wird gehalten und von der anderen Seite wird der Keil eingetrieben.

45.4.2 Abstützen, Unterbauen und Sichern von Lasten

Ziel des Abstützen und Unterbauen ist es, die von einer Last ausgehende Gewichtskraft an den Auflagepunkten bzw. -flächen auf den Grund abzuleiten. Des Weiteren muss ggf. durch zusätzliche Maßnahmen (z. B. Ausfüttern oder Angurten) ein Abrutschen oder seitliches Ausweichen der Last verhindert werden.

Zum Unterbauen eignet sich vor allem Unterbaumaterial aus Holz sehr gut. Im Gegensatz zu Metallen und Steinen neigt Holz nämlich aufgrund seiner Oberflächenbeschaffenheit nicht so schnell zum Rutschen. Auf Holzmaterial wirkende Kräfte können sich außerdem durch die Faserstruktur des Holzes gut verteilen. Zudem kann Holz sehr gut bearbeitet und auch noch vor Ort ggf. in Größe und Form angepasst werden.

Zum senkrechten (z. B. Abstützen von einsturzgefährdeten Bauteilen) und waagerech-

Merke:

Keile werden nur in den Zwischenraum zwischen Last und Unterbaumaterial getrieben, um die gegenwärtige Lage zu sichern. Sie dürfen nicht zum Bewegen (Hoch- oder Wegdrücken) der Last verwendet werden!

Achtung:

Beim Einsatz von Stützen ist darauf zu achten:
- dass die zulässige Belastung nicht überschritten wird,
- die Stützen immer gegen Umstürzen/Wegrutschen gesichert werden und
- beim Tragen von Stahlrohrstützen das Innenteil nicht herausfällt.

ten Abstützen (z. B. Aussteifung von Gräben) eignen sich insbesondere die auf Rüstwagen mitgeführten (Bau-)Stützen (▶ Kapitel 49). Ein großer Vorteil dieser Stützen ist ihre Verstellbarkeit, sodass diese sehr leicht in der erforderlichen Länge eingestellt werden können. Allerdings ist deren Einsatzbereich aufgrund der vorgegebenen Abmessungen und des maximal möglichen Verstellbereiches begrenzt. Um die Last nicht auf einen Punkt zu konzentrieren, sondern auf eine Fläche zu verteilen, sind Stützen jeweils an den Enden auf ein Kantholz oder ein Brett zu stellen bzw. dazwischen einzuspannen. Senkrechte Stützen sind zudem gegen Umstürzen mithilfe von Keilen oder durch Vernageln zu sichern. Bei Holzabstützungen werden zum Festsetzen der Stütze am Fußende zwei Hartholzkeile eingetrieben. Das Kopfende lässt sich mit Bauklammern oder durch Annageln eines Brettes fixieren.

45.4.3 Einsatz von hydraulischen Hebe- und Rettungsgeräten

Die hydraulisch betriebenen Hebe- und Rettungsgeräte gehören zu den am häufigsten zum Einsatz kommenden Hilfeleistungsgeräten der Feuerwehren. Ihre Arbeitsweise beruht auf dem hydrostatischen Funktionsprinzip der hydraulischen Presse. Durch die Verwendung eines Kolbens mit einem kleinen Querschnitt (geringe Fläche) auf der Kraftseite (technisch durch eine Hydraulikpumpe realisiert) und eines Arbeitskolbens mit großem Querschnitt auf der Lastseite (Hydraulikzylinder) wird die übertragende Kraft vervielfacht und kann mit den unterschiedlichen Geräten dann zum Heben (Hubkraft), Spreizen (Spreizkraft) oder Schneiden (Schneidkraft) verwendet werden. Je nach Gerät wirkt der Lastkolben direkt zur Verrichtung von Hubarbeit oder wird durch Hebel/Hebelmechanismen auf andere bewegliche Teile (Schneidmesser, Spreizarme usw.) übertragen.

Zur feuerwehrtechnischen Beladung von Rüst- und Gerätewagen, teils auch von Hilfeleistungslöschfahrzeugen, bzw. zur Fahrzeugausstattung gehören folgende hydraulische Arbeits- bzw. Rettungsgeräte:
- hydraulischer Wagenheber,
- hydraulische Winde (Büffelwinde),
- hydraulischer Hebesatz,
- Spreizer sowie
- Rettungszylinder.

Hydraulischer Wagenheber

Ein sehr einfaches und in vielen Fällen im Feuerwehreinsatz verfügbares hydraulisches Hebegerät ist der hydraulische Wagenheber. Bestimmungsgemäß wird dieser zum Anheben von Kraftfahrzeugen verwendet. Dieses Gerät kann aber auch im Hilfeleistungseinsatz wertvolle Dienste leisten. Aufgrund der geringen Abmessungen, des nicht sehr hohen Gewichtes und seines günstigen Wirkungsgrades kann der hydraulische Wagenheber auch zum Anheben von anderen Lasten (je nach Modell bis zu zirka 30 Tonnen) verwendet werden. Wagenheber sind kompakt aufgebaut, Ölbehälter und Pumpe sind unmittelbar in den Wagenheber integriert. Die Bedienung erfolgt mit einem Hebelrohr beim Anheben und mit einem Rücklaufventil zum Ablassen der Last.

Quelle: Weber Hydraulik GmbH, Güglingen

Bild 45.10 Einsatz der hydraulischen Winde: Die Last muss sofort unterbaut werden.

> **Merke:**
>
> Bei Verwendung der ballrunden Fußplatte darf die hydraulische Winde maximal in einem Winkel von bis zu 75 Grad eingesetzt werden.

Zu Verhinderung einer Überlastung ist ein Sicherheitsventil vorhanden. Beim Einsatz des hydraulischen Wagenhebers ist auf eine möglichst senkrechte Position zur Last zu achten.

Hydraulische Winde

Die hydraulische Winde (Büffelwinde) ist ein Hilfeleistungsgerät, das zum Heben, Senken und Drücken von Lasten waagerecht, senkrecht und schräg eingesetzt werden kann (▶ Bild 45.12). Außerdem kann das Gerät auch zum Abstützen von Lasten dienen. Gängige Größen sind hydraulische Winden mit einer Hubkraft von 50 und 100 Kilonewton.

Die hydraulische Winde besteht aus einem Gehäuse mit einer Kopfplatte, einem Pumpenhebel, einem Handrad für das Ablassventil, einer höhenverstellbaren Anhebeklaue und einer Fußplatte. Im Innern befinden sich die Druckpumpe und ein Ölbehälter für den Betrieb eines hydraulischen Hubzylinders mit einem nach unten ausfahrenden Hubstempel. Die Fußplatte wird entweder auf eine Fußlagerplatte und/oder auf eine Holzunterlage gesetzt, um so einen sicheren Stand sicherzustellen.

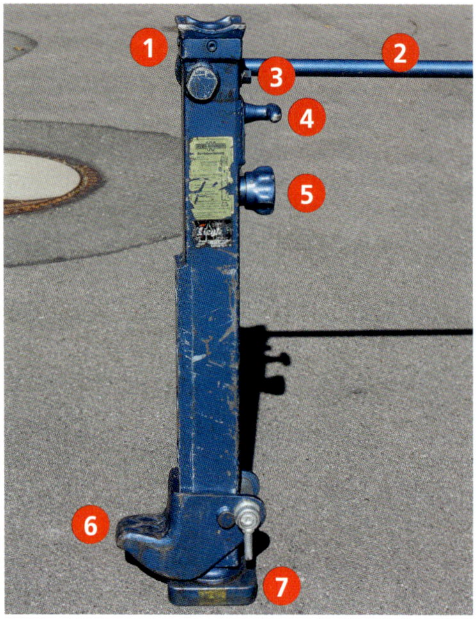

Bild 45.11 Hydraulische Winde: Kopfplatte (1), Pumpenhebel (2), Entlüfter und Öleinfüllschraube (3), Handgriff (4), Ablass-Handrad (5), Klaue (6), Fußplatte (7)

Vor der Verwendung muss zunächst eine Entlüftung durch Öffnen des Ablassventils und mehrmaliges Betätigen des Pumpenhebels erfolgen (Bedienungsanleitung für ggf. andere Entlüftungsmethode beachten!). Dann wird das Ventil wieder geschlossen und das Gerät an der Last angesetzt. Die Last kann sowohl auf der Kopfplatte als auch auf der Anhebeklaue aufgesetzt werden, wobei bei dem letzten

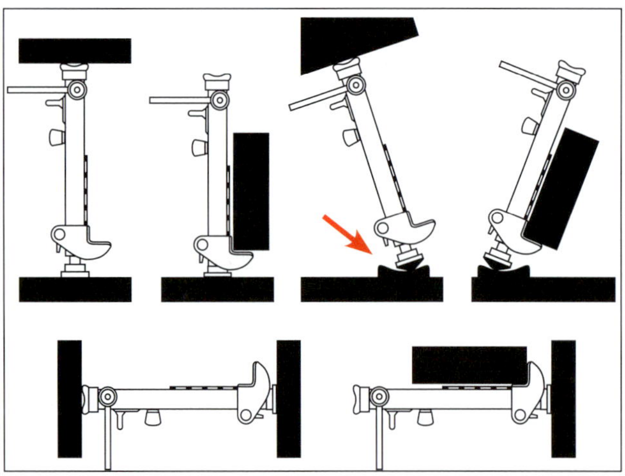

Bild 45.12 Anwendungsbeispiele für die hydraulische Winde. Sie kann senkrecht, waagerecht und auf einer Fußlagerplatte (Pfeil) bei einem Winkel von bis zu 75 Grad eingesetzt werden.

J

Ansatzpunkt unbedingt darauf zu achten ist, dass die Klaue richtig eingerastet ist. Durch Betätigung des Pumpenhebels kann die Last dann vorsichtig angehoben werden. Zum Ablassen der Winde ist das Handrad des Ablassventiles zu betätigen.

Beim Einsatz der hydraulischen Winde sind folgende Sicherheitshinweise zu beachten:

- Grundsätzlich ist Gesichtsschutz zu tragen.
- Die Last muss unterbaut werden und gegen Wegrutschen bzw. Ausweichen gesichert sein.
- Beim Ansetzen der Winde ist auf einen sicheren Stand der Fußplatte zu achten (rutschsichere Unterlagen verwenden, nicht Metall auf Metall verwenden). Die Auflagen müssen hinreichende Abmessungen und Widerstandsfähigkeit haben.

Quelle: Lukas Hydraulik GmbH, Erlangen

a

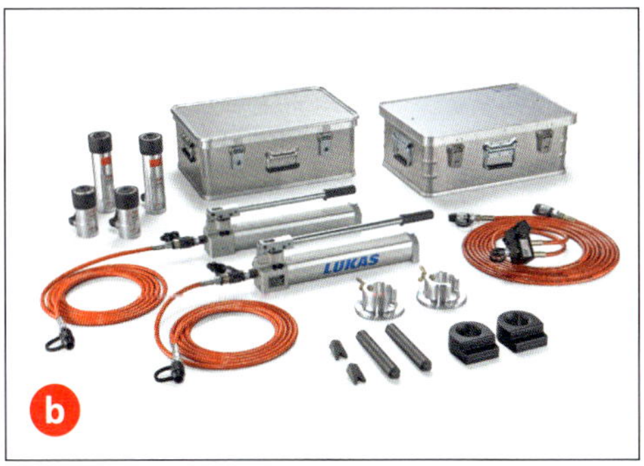

b

Bild 45.13 Hydraulischer Hebesatz:
a Hydraulikzylinder auf Fußplatte
b Hebesatz H1

Achtung:

Die Hydraulikzylinder dürfen nicht zwischen Auflagenfläche und Last verkantet belastet werden. Ebenso ist eine seitliche Belastung der Zylinder nicht zulässig.

Hydraulischer Hebesatz

Mithilfe des hydraulischen Hebesatzes können schwere Lasten angehoben, gedrückt, abgestützt, geschoben oder auch abgesenkt werden. Deswegen kommt der Hebesatz meist dann zum Einsatz, wenn andere Hebegeräte ihre Leistungsgrenze (Hubkraft) erreicht haben. Zum Hebesatz nach DIN 14800-6 gehören eine oder zwei handbetätigte Hydraulikpumpen, verschiedene Hydraulikzylinder (jeweils paarweise mit gleicher Hubkraft und Hubhöhe als baugleicher Satz), ein Zweiwege-Verteilerventil mit Verlängerungsschläuchen, ein Spreizschnabel sowie diverses Zubehör wie Druckplatten, Anhebeklauen und Keilstücke. Es werden zwei Hebesätze unterschieden – der Hebesatz H1 und der Hebesatz H2, wobei der Hebesatz H1 der größere ist und mehr Ausrüstung enthält.

Die Hydraulikzylinder des Hebesatzes sind grundsätzlich nur senkrecht zur Last anzusetzen. Mittels des Zweiwege-Verteilerventils können zwei Hydraulikzylinder gleichzeitig oder wechselseitig betrieben werden. Die Hydraulikzylinder sind standfest, rutschfest, auf einer hinreichend großen und festen Unterlage aufzustellen. Es ist darauf zu achten, dass keine Verschmutzungen in die Steckkupplungen der Hydraulikschläuche gelangen können (Staubschutzkappen verwenden und Leitungen nicht ohne Schutzkappen auf den Boden legen).

Spreizer

Der Spreizer ist ein hydraulisch betriebenes Arbeits- und Rettungsgerät zum Spreizen, Drücken, Ziehen und Heben von Lasten. Außerdem kann der Spreizer auch zum Quetschen (z. B. von Verstärkungsrohren) eingesetzt werden. Vornehmlich dient er zur Befreiung von eingeklemmten Personen (z. B. aus infolge von Verkehrsunfällen deformierten Kraftfahrzeu-

J

Tabelle 45.2 Klassifizierung von hydraulischen Spreizern nach DIN EN 13204

Typ	Spreizkraft [mind. in kN]	Spreizweite [mind. in mm]
AS	20	600
BS	50	800
CS	80	500

gen). Das Funktionsprinzip ist ähnlich dem von hydraulischen Schneidgeräten (Erläuterungen hierzu siehe ▶ Abschnitt 45.5.3). Die von einem Verbrennungs- oder Elektromotor angetriebene Hydraulikpumpe wirkt in diesem hydraulischen System als Kraftkolben, der Zylinderkolben im Spreizergehäuse als Lastkolben. Über eine Kolbenstange wird die Kraft über Hebelgelenke auf die Spreizarme übertragen. Durch Umschaltung bewirkt der Druck auf der anderen Seite des Lastkolbens die umgekehrte Bewegung der Spreizarme.

Achtung:

Spreizer dürfen nicht quer zur Wirkungsrichtung belastet werden (z. B. keine Verwendung der Spreizarme als Widerlager für Rettungszylinder, hierfür sind Schwelleraufsätze oder Harthölzer zu verwenden).

Quelle: T. Nothnagel

Bild 45.14 Anheben einer Last, hier ein Pkw, mithilfe eines Spreizers

Merke:

Wenn die Spreizerspitzen sicheren Halt haben, so ist die vollständige Öffnungsweite des Spreizers ohne Nachsetzen auszunutzen.

Spreizer bestehen aus einem stabilen Metallgehäuse mit doppeltwirkendem Hydraulikzylinder und Hebelmechanismus zur Kraftübertragung, Haltegriffen, zwei Spreizarmen mit auswechselbaren Spitzen zum Einsatz von anderen Werkzeugeinsätzen (z. B. Zugketten) und einer Steuerung mit Totmannschaltung, die beim Loslassen des Steuerungsknopfes ein automatisches Zurückfallen in die Nullstellung bewirkt. Die anliegende Kraft bleibt in diesem Fall konstant, die Spreizarme verharren in der momentanen Stellung.

Beim Ansetzen des Spreizers sind Stöße zu vermeiden, da diese (beim Pkw z. B. durch Karosserieteile) auf eingeklemmte Personen übertragen werden können. Um den Spreizer sicher ansetzen zu können, müssen ggf. Ansatzpunkte mit einfachen Geräten wie z. B. der Brechstange oder dem Halligan-Tool durch Spaltvergrößerung vorbereitet werden. Während des Spreizvorganges ist darauf zu achten, dass die Spreizarme an Widerlagern (z. B. Scharniere) anliegen und nicht verkanten. Die Spreizerspitzen haben eine Außenriffelung, die entsprechend auszunutzen ist. Kommen auch noch weitere hydraulische Rettungsgeräte zum Einsatz (Schneidgeräte und/oder Rettungszylinder) ist besondere Vorsicht geboten, dass deren Einsatz sich nicht gegenseitig negativ beeinflusst.

Rettungszylinder

Rettungszylinder sind hydraulisch betriebene Geräte zur Bewegung von Lasten durch Druck- und teils auch Zugkräfte (spezielle Modelle). Sie dienen vornehmlich der Befreiung von eingeklemmten oder eingeschlossenen Personen und kommen i. d. R. mit anderen Rettungsgeräten, wie dem Spreizer oder den Schneidgerä-

J

Praxis-Tipp:

Wenn die Möglichkeit besteht, sollte immer der größte einsetzbare Rettungszylinder verwendet werden, um bei Bedarf die maximale Hublänge ausnutzen zu können.

Achtung:

Das Zylinderrohr und die Kolbenstange der Rettungszylinder sind keinen Biegespannungen auszusetzen!

Quelle: J. Thorns

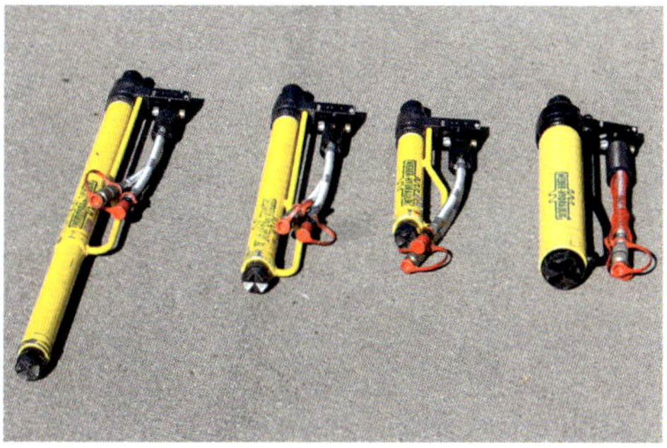

Bild 45.15 Rettungszylinder in verschiedenen Längen und Teleskop-Rettungszylinder (rechts)

ten, zusammen zum Einsatz. Rettungszylinder können jedoch außerdem auch zum Abstützen und Aussteifen verwendet werden.

Jeweils drei Rettungszylinder bilden einen Rettungssatz mit Zylindern unterschiedlicher Bau- und Hublänge, wobei sich die Bereiche der Spreizwege überlappen. Fuß- und Kopfteil der Rettungszylinder sind stets sicher an der Last und einem Festpunkt (Widerlager) anzusetzen, ggf. sind hierfür Schwelleraufsätze oder Kanthölzer (Hartholz) einzusetzen, um ein Durchdrücken und ein Abrutschen zu verhindern.

45.4.4 Einsatz von Hebekissensystemen

Hebekissen sind pneumatisch (= mit Druckluft) betriebene, schnell einsetzbare Hilfeleistungsgeräte zur Befreiung von eingeklemmten Personen, Schaffung von Zugängen sowie zum Anheben, Ablassen, Wegdrücken oder Verschieben von Lasten unterschiedlichster Art. Grundsätzlich werden Hebekissen in Systeme mit einem Arbeitsdruck bis einem Bar (auch als **<Niederdruck-Hebekissen>** bezeichnet) und in Systeme mit einem Arbeitsdruck von mehr als einem Bar (als »Mini-Hebekissen« oder auch als **<Hochdruck-Hebekissen>** bezeichnet) eingeteilt, wobei letztere üblicherweise mit einem Arbeitsdruck von acht Bar betrieben werden.

Ein **<Hebekissensystem>** ist nach EN 13731 eine Kombination von Komponenten, mit Ausnahme der Energiequelle, sofern es sich nicht um eine hand- oder fußbetätigte Pumpe handelt, die es in zusammengebautem Zustand einem Bediener ermöglicht, durch Steuerung Druckluft in ein oder mehrere Hebekissen zu füllen bzw. ebenso zu entleeren. Jedes Hebekissensystem besteht mindestens aus folgenden Komponenten:

- einem oder mehreren Hebekissen (i. d. R. jeweils ein Satz mit zwei Hebekissen gleicher Größe),
- einem Füllanschluss für Druckluft,
- einem Druckminderer,
- einem Druckmessgerät für den Druckminderer (soweit der Druckminderer nicht bauartbedingt auf einen bestimmten Arbeitsdruck voreingestellt ist),
- Schlauchleitungen (ein zwei Meter langer Luftzufuhrschlauch und zwei fünf Meter lange Füllschläuche) mit Schnellschlusskupplungen,

Quelle: Paratech Europe, Odense

Bild 45.16 Keilhebekissen sind besonders zum Heben bzw. zum Aufrichten von Bussen und Lkw geeigent.

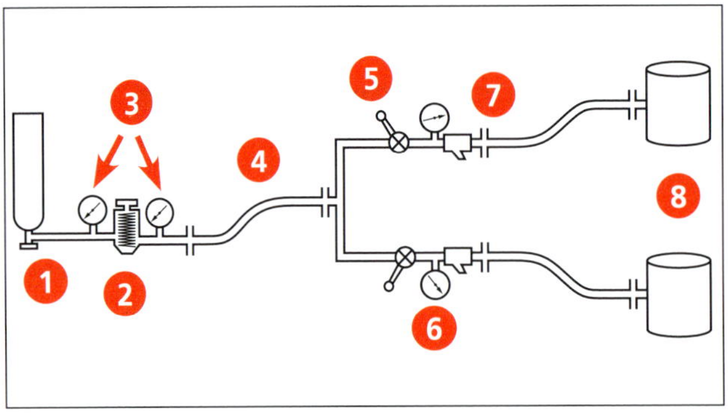

Bild 45.17 Aufbau eines Hebekissensystems:
- Anschluss Druckluftflasche (1)
- Druckminderer (2)
- Druckmessgeräte des Druckminderers (3)
- Schlauchleitung (4)
- Steuerorgan (5)
- Druckmessgerät (6)
- Sicherheitsventil (7)
- Hebekissen (8)

- einem Steuerorgan zur Steuerung von einem oder zwei Hebekissen,
- Druckmessgeräten am Steuerorgan sowie
- Sicherheitsventile zum Abblasen von Druckluft bei Überschreitung des Arbeitsdruckes.

Aufbau von und Unterschiede zwischen den Hebekissensystemen

Die beiden Hebekissensysteme (bis 1 bar und mehr als 1 bar) weisen grundlegende unterschiedliche Konstruktionsmerkmale und dadurch bedingte unterschiedliche Eigenschaften auf. Niederdruck-Hebekissen haben einen tonnenförmigen Aufbau mit flachen Boden- sowie Deckplatten. Eine Innenbebänderung verhindert das Ausbauchen der Boden- und Deckplatten. Sie zeichnen sich durch ihre relativ hohen Hubhöhen (je nach Ausführung 450 bis 1 000 Millimeter) und der gleichbleibenden wirksamen Auflagenfläche am Boden und an der Last aus. Diese Hebekissen kommen daher überall dort zum Einsatz, wo größere Hubhöhen und Auflagenflächen benötigt werden. Mit ihrer Hilfe können z. B. Kraftfahrzeuge aufgerichtet werden. Hierbei ist von Vorteil, dass die Hebekissen einen geringen Anpressdruck und eine gute Anpassung an die Konturen der zu hebenden Last haben, wodurch sich die Last sehr schonend anheben und der Hebevorgang gut kontrollieren lässt.

Hochdruck-Hebekissen (▶ Bild 45.19) haben eine flache, kissenförmige Form. Sie bestehen aus verschiedenen Gummilagen, die mit hochfesten Stahldraht- oder Aramidfaser-Bewehrungen (Chemiefaser aus synthetischen Polymeren) verstärkt sind. Mit zunehmender Hubhöhe verringert sich die Hubkraft bzw. die Hubkapazität (= maximale Last, die von einem Hebekissen bei zulässigem Druck angehoben werden kann) aufgrund der Wölbung und der damit verbundenen Verringerung der wirksamen Auflagenfläche, die infolge auch stärker belastet wird. Mit den üblicherweise bei den Feuerwehren verwendeten Hebekissen dieses Typs können Hubhöhen von zirka 200 bis 300 Millimetern pro Hebekissen erreicht werden, wobei die maximale Hubhöhe nur im unbelasteten Zustand zu erreichen ist. Dank der geringen Einschubhöhe (= Höhe im drucklosen Zustand) von zirka 25 bis 30 Millimetern können diese Hebekissen sehr gute in Spalte unter oder zwischen Lasten eingeschoben werden. Zudem zeichnen sie sich durch hohe aufzubringende Hubkräfte aus, wodurch sich Lasten mit einer Masse von zirka zehn bis maximal 70 Tonnen (bei den größten serienmäßig erhältlichen

Quelle: Paratech Europe, Odense

Bild 45.18 Die gehobene Last muss auch beim Einsatz von Hebekissen vollständig unterbaut werden.

J

Quelle: Paratech Europe, Odense

Bild 45.19 Es dürfen nie mehr als zwei Hebekissen übereinander eingesetzt werden.

Hebekissen) anheben lassen. Typische Anwendungsbereiche sind das Aufdrücken von Türen, das Heben von Beton- oder Stahlteilen und das Auseinanderdrücken von Gitter- oder Zaunelementen.

Beide Hebekissensysteme müssen normgemäß für einen Betrieb in einem Umgebungstemperaturbereich von -20 bis +55 °C geeignet sein. Um eine Beständigkeit gegenüber Abrieb, Wasser und anderen Flüssigkeiten wie Mineralölen und Säuren zu gewährleisten, werden die Hebekissen durch spezielle Beschichtungen z. B. aus synthetischem Kautschuk geschützt. An den Hebekissen befinden sich Schlaufen oder Ösen, an denen Mehrzweckleinen, Gurte o. Ä. zum In-Stellung-Bringen und/oder Fixieren der Hebekissen befestigt werden können.

Inbetriebnahme von Hebekissensystemen

Die Inbetriebnahme von Niedrigdruck- und Hochdruck-Hebekissen ist im Wesentlichen gleich. Zunächst sind die erforderlichen Bestandteile des Hebekissensystems bereitzustellen, auf Vollständigkeit und mögliche Beschädigungen zu prüfen. Defekte Einsatzmittel dürfen auf keinen Fall eingesetzt werden!

Achtung:

Beim Anschließen des Luftzuführungsschlauches ist darauf zu achten, dass die Steckverbindung in das Kupplungsstück spürbar einrastet.

Merke:

Wird Druckluft aus einer Lkw-Druckluftanlage entnommen, muss zuvor das betreffende Fahrzeug gegen Wegrollen gesichert werden.

Als erstes wird der Druckminderer mittels Knebelschraube an die Druckluftflasche (200 oder 300 bar) angeschlossen (zum Anschluss an eine andere Druckluftquelle siehe unten), dann ist das Handrad zu schließen und anschließend das Flaschenventil zu öffnen. Das links angeordnete Vordruckmanometer zeigt sodann den aktuellen Flaschendruck an. Ist die Druckluftflasche nicht hinreichend gefüllt (im Einsatz sollten möglichst immer nur volle Druckluftflaschen verwendet werden) hat sofort ein Flaschenwechsel zu erfolgen. Mit dem Regulierungsknebel des Druckminderers wird der Betriebsdruck eingestellt. Hier empfiehlt sich bei Hebekissen mit einem Arbeitsdruck bis 1 bar, einen Einstelldruck von zirka 2 bar zu wählen. Bei Hebekissen mit einem Arbeitsdruck von 8 bar ist ein Einstelldruck von 9 bis 10 bar einzustellen (hier sind unbedingt die Angaben des Herstellers zu beachten!). Der Einstelldruck wird im rechten Manometer angezeigt. Nach dem Anschluss des Druckminderers an dem Steuerorgan mittels Luftzuführungsschlauch (auf das Einrasten achten!) und anschließendem Öffnen des Handrades ist das Druckluftsystem für die Verwendung der Hebekissen einsatzbereit.

Anstatt von Druckluftflaschen können auch andere Druckluftquellen zum Betrieb von Hebekissen eingesetzt werden. Hierfür eignen sich die unterschiedlichsten Luftquellen – vorausgesetzt, der Druck beträgt nicht mehr als zehn bis zwölf Bar (ansonsten muss ein Druckminderer eingesetzt werden) und die abgegebene Druckluft enthält kein Öl (ansonsten muss ein Ölabscheider verwendet werden). Für die Hebekissensysteme sind verschiedene Adapterstücke erhältlich, mit denen ein Anschluss an eine Lkw-Druckluftanlage, eine Reifenfüllanlage oder einen Lkw-Reifen (Reserverad) möglich sind. Weitere Adapter erlauben auch den Einsatz von stationären oder

J

Quelle: Paratech Europe, Odense

Bild 45.20 Die große Hubhöhe von Niederdruck-Hebekissen eignet sich besonders für die schnelle Personenrettung.

mobilen Druckluftanlagen (z. B. Baukompressoren), bei denen im Regelfall ein Ölabscheider und ein Druckminderer zum Einsatz kommen sollten.

Zur Vorbereitung des Einsatzes der Hebekissen werden ggf. Mehrzweckleinen an den Schlaufen bzw. Ösen befestigt und die Füllschläuche an den Hebekissen sowie an das Steuerorgan angeschlossen. Dann sind die Hebekissen an der Last in Stellung zu bringen, wobei die Hebekissen möglichst vollständig unter die Last geschoben werden sollten und der Zwischenraum zwischen Last und Hebekissen so gering wie möglich sein sollte. Ist das vollständige Einschieben nicht möglich, muss sichergestellt sein, dass sich mindestens 75 Prozent der Kissenoberfläche unter der Last befinden. Verbleibt über den Hebekissen ein Freiraum, so sind die Kissen so zu unterbauen, dass diese möglichst dicht an der Last anliegen, um die maximale Hubhöhe der Hebekissen ausnutzen zu können.

Einsatzgrundsätze und Sicherheitshinweise für die Verwendung von Hebekissensystemen

Je nach Stabilität und den situationsbedingten Möglichkeiten zum Ausweichen der zu hebenden Last muss diese entsprechend vor dem Hebevorgang unterbaut bzw. gesichert werden. Erst dann darf mit dem Hebevorgang durch Öffnen der Druckzufuhr über das Steuerungsorgan begonnen werden. Beim Anheben ist auf das stete Sichern der Last zu achten. Die Druckzufuhr darf dabei nicht stoßweise, sondern muss mit »Gefühl« erfolgen!

Zum Aufrichten einer Last (z. B. eines Lkw) sollten grundsätzlich mindestens zwei Niederdruck-Hebekissen gleichen Typs eingesetzt werden, um eine hinreichende Stabilität sicherzustellen. Die beiden Hebekissen sind jeweils im vorderen und hinteren Bereich zu platzieren, sodass der Schwerpunkt zwischen den Hebekissen liegt. Zur Sicherheit sind Abstützungen und i. d. R. eine zusätzliche Sicherung durch einen Mehrzweckzug oder eine maschinelle Zugeinrichtung auf der Seite, zu der die Last hinbewegt wird, notwendig. Dadurch kann verhindert werden, dass die Last auf die gefüllten Druckkissen fällt bzw. kann die Last gehalten werden, wenn ein Druckkissen nach einer Beschädigung versagen sollte. Zusätzlich sollte, um einen mögliches Kippen bei zu schnellem und kraftvollem Aufrichten zu verhindern, auch auf der Seite, an der die Hebekissen platziert sind, eine Zugeinrichtung eingesetzt werden.

Hebekissen dürfen nicht an spitzen, scharfkantigen oder heißen Teilen angesetzt werden. Zum Schutz vor Beschädigungen sind ggf.

Merke:

Mehr als zwei Hebekissen dürfen nicht übereinander eingesetzt werden.

Achtung:

Unter einer angehobenen Last und direkt vor den eingeschobenen Hebekissen dürfen sich keine Personen aufhalten! Auch darf niemals unter die Last gegriffen werden.

Rüsthölzer einzusetzen, wenn keine anderen Ansatzpunkte vorhanden sind. Bei Niederdruck-Hebekissen ist zusätzlich zu beachten, dass die schwächere Seitenwandung nicht schädigenden Einflüssen ausgesetzt und zwischen der Boden- und Deckplatte während des Hebevorganges nicht eingeklemmt wird.

Hochdruck-Hebekissen können sowohl nebeneinander als auch übereinander eingesetzt werden (Niederdruck-Hebekissen dürfen nicht übereinander eingesetzt werden!). Dabei ist zu beachten, dass

- bei unterschiedlich großen Hebekissen immer das größere Hebekissen unten liegt,
- zuerst das untere Hebekissen gefüllt wird und erst dann das obere,
- nicht mehr als zwei Hebekissen übereinander eingesetzt werden dürfen (bis auf wenige Ausnahmen bei Hebekissen mit entsprechenden Sicherungen),
- es zur Instabilität kommen kann; eine punktförmige Belastung muss daher unbedingt verhindert werden.

Der Luftzufuhrschlauch und die Füllschläuche dürfen nicht geknickt und keiner thermischen Belastung ausgesetzt werden. Sie sind ohne Drall vollständig auszulegen und vor Beschädigungen durch spitze oder scharfkantige Gegenstände zu schützen.

Werden Hebekissen unterbaut, so muss der Unterbau mindestens die Fläche der Hebekissen abdecken. Müssen parallel Trennschleifgeräte oder Schneidbrenngeräte eingesetzt werden, so sind die Hebekissen vor dem Funkenflug zu schützen. Während des Hebevorganges gibt nur die eine, vom Einheitsführer bestimmte Einsatzkraft die Kommandos zum Befüllen und Entleeren der Hebekissen. Relative Angaben wie »links« oder »rechts« sollten hierfür nicht verwendet werden. Stattdessen sollte die Farbe des Füllschlauches des jeweiligen Hebekissens als Orientierung verwendet werden (z. B. »Gelb anblasen!« »Rot ablassen, halt!«).

Achtung:

Der Bediener des Steuerorgans muss freie Sicht auf die zu hebende Last haben. Nur eine Person darf die Kommandos zum Anheben und Ablassen geben.

45.4.5 Verwendung von Anschlagmitteln

Anschlagmittel sind Hilfsmittel, mit denen eine Verbindung zwischen einer zu ziehenden Last und einer Zugeinrichtung (z. B. Mehrzweckzug oder maschinelle Zugeinrichtung) hergestellt wird. Als **< Anschlagen >** wird die Befestigung der zu ziehenden Last mithilfe eines Anschlagmittels bezeichnet. Anschlagmittel dienen der Übertragung der Zugkräfte des Zugmittels auf die zu ziehende Last. Ihre Eignung bestimmt sich in erster Line aus der angegebenen Tragfähigkeit, die auf keinen Fall überschritten werden darf.

Lasten müssen immer mithilfe eines geeigneten Anschlagmittels (d. h. mit einer für die konkrete Anwendung hinreichenden Tragfähigkeit) an einem Zugseil angeschlagen werden. Ein Anschlagen des Zugseiles direkt an der Last ist nicht zulässig. **< Anschlagpunkte >** sind Festpunkte an einem Fahrzeug oder Gegenstand, die sich aufgrund ihrer Konstruktion zum Anschlagen eignen. Anschlagpunkte an Fahrzeugen und Maschinen werden von den Herstellern vorgegeben und sind entsprechend gekennzeichnet.

Üblicherweise kommen bei den Feuerwehren folgende Anschlagmittel zum Einsatz:

- Anschlagketten,
- Drahtseile,
- textile Anschlagmittel (Hebebänder und

Achtung:

Anschlagmittel dürfen nur maximal bis zur angegebenen zulässigen Belastung beansprucht werden.

Quelle: Lukas Hydraulik GmbH, Erlangen

Bild 45.21 Ketten als Anschlagmittel

Rundschlingen) sowie
- Schäkel.

Anschlagketten

Anschlagketten dienen neben dem Anschlagen von Lasten an Zugeinrichtungen, Hebezeugen und Seilkloben auch zum Verlängern oder Verbinden von Zugeinrichtungen. Als Anschlagketten werden Rundstahlketten in verschiedenen Ausführungen verwendet. Diese können mit Ringen und/oder Lasthaken oder ähnlichen Endgliedern ausgestattet sein. Sie besitzen eine höhere mechanische Belastbarkeit als Seile, haben dafür jedoch auch eine größere Masse. Für höhere Beanspruchungen gibt es Ketten mit mehreren Strängen. Wird eine Anschlagkette an zwei Anschlagpunkten an der Last angeschlagen, darf der Neigungswinkel nicht größer als 60 Grad sein (der Neigungswinkel ist der Winkel zwischen der Kette und der senkrechten Linie auf dem Anschlagpunkt).

Drahtseile

Als Anschlagseile kommen bei den Feuerwehren ausschließlich Drahtseile zum Einsatz. Die Drahtseile bestehen aus mehreren verzinkten Stahlrundlitzen (Litzen sind Geflechte aus einzelnen Strahldrähten), die um eine stärkere Seileinlage (Kerndraht) gewickelt sind. Zur feuerwehrtechnischen Beladung von Feuerwehrfahrzeugen gehörende Drahtseile haben einen Nenndurchmesser von 16 Millimetern. In der Ausführung als Anschlagseil verfügen Drahtseile i. d. R. über Schlaufen an den Enden, bei Zugseilen finden zumeist Kauschen

> **Achtung:**
>
> Beim Einsatz von Anschlagketten ist darauf zu achten, dass der Haken nicht in ein Kettenglied greift, weil dies zu einer unzulässigen Belastung führen kann.

(Ösen aus Stahl oder Aluminium zur Verstärkung des Seilendes) Verwendung. Drahtseile haben gegenüber Anschlagketten den Vorteil, dass sie aufgrund ihres deutlich geringeren Gewichtes einfacher zu handhaben sind. Allerdings können die Seile auch leichter beschädigt werden.

Vor jeder Verwendung müssen Drahtseile auf Beschädigungen hin überprüft werden. Sie sind nur einzusetzen, wenn sie keine der folgenden Schäden aufweisen:

- Drahtbrüche in großer Zahl (»Ausfransen« des Stahlseiles);
- Bruch einer ganzen Litze;
- Quetschungen, Knicke und herausstehende Drähte;
- Aufdoldungen (Aufwölbung einzelner Litzen);
- Klanken;
- Korrosion (Rostansatz) sowie
- bei Beschädigungen oder starkem Verschleiß von Seil- und Seilendverbindungen.

Drahtseile sind stets vollständig abzuwickeln bzw. auszulegen, bevor sie eingesetzt werden. Dabei ist darauf zu achten, dass keine Knicke, Knoten oder Verdrillungen entstehen. Bei der Verwendung der Seile an Kanten müssen ge-

> **Achtung:**
>
> Anschlagseile dürfen auf keinen Fall verknotet werden! Bei Belastung der Seile würde es ansonsten zu Litzenbrüchen kommen.

> **Merke:**
>
> Beim Umgang mit Drahtseilen sind immer Schutzhandschuhe zu tragen.

J

eignete Unterlagen als Kantenschutz benutzt werden. Sie dürfen nur mithilfe von in den Kauschen oder Schlaufen befestigten Schäkeln verbunden bzw. verlängert oder an Ösen von Festpunkten befestigt werden. Drahtseile mit Kauschen dürfen nur mittels eines in der Kausche befestigtem Schäkel an einen Lasthaken angeschlagen werden. Der Neigungswinkel von Drahtseilen sollte nicht größer als 60 Grad sein, da bei diesem Winkel die Tragfähigkeit nur noch halb so groß ist.

Hebebänder und Rundschlingen

Besonders flexible und leichte Anschlagsmittel sind Hebebänder und Rundschlingen aus Polyester, Polyamid oder Polypropylen. Aufgrund ihrer guten Anpassung an die Last und ihrer rauen Oberflächen bieten sie mehr Anschlagmöglichkeiten als Drahtseile oder Ketten. Sie haben jedoch auch den Nachteil, dass sie gegenüber mechanischen und thermischen Belastungen empfindlicher sind. Deshalb dürfen Hebebänder z. B. ohne zusätzliche Kantenschoner nicht für scharfkantige Lasten verwendet werden. Zum Anschlagen sind grundsätzlich Schäkel zu verwenden. Im Gebrauch sind unbedingt ruckartige Belastungen zu vermeiden.

Quelle: J. Thorns

Bild 45.22 Die Tragfähigkeit von Rundschlingen und Hebebändern kann deren Etikett und der Farbe entnommen werden.

Achtung:

Hebebänder und Rundschlingen dürfen keinesfalls über die angegebene Tragfähigkeit hinaus belastet werden! Eine Verknotung ist nicht zulässig.

Merke:

Zum Verschließen eines Schäkels ist der Bolzen zunächst bis zum Anschlag einzuschrauben und anschließend zirka eine halbe Umdrehung zurückzudrehen. Hierdurch wird eine Verklemmung des Bolzens bei Belastung verhindert.

Achtung:

Eine Belastung der Bügelseiten des Schäkels ist nicht zulässig!

Die Tragfähigkeit kann anhand der Etiketten an den Hebebändern und Schlingen entnommen werden. Ist das Etikett nicht mehr lesbar, sind Einschnitte, Risse oder Knickstellen sichtbar oder kam es zur Kontamination mit Säuren oder Laugen, so ist eine weitere Verwendung nicht mehr gestattet.

Schäkel

Schäkel sind u-förmige Verbindungselemente, die aus einem Bügel und einem schraubbaren Bolzen als Verschlussteil bestehen. Sie dienen zum sicheren Verbinden und Anschlagen von Anschlagmitteln (Ketten, Drahtseilen und textilen Anschlagmitteln), da sie sich bei richtiger Anwendung und Belastung nicht lösen können (die Angabe über die maximale zulässige Belastung ist eingeprägt). Bei der Verwendung ist darauf zu achten, dass Schäkel nur am Bügelkopf oder Bolzen belastet werden dürfen. Eine seitliche Belastung ist nicht zulässig. Unter Zug stehende Schäkel dürfen keinesfalls geöffnet werden.

45.4.6 Handhabung des Mehrzweckzuges

Der Mehrzweckzug (auch oftmals »Greifzug« nach dem bekanntesten Modell eines Herstellers dieses Gerätes genannt) ist ein Handseilzug, der zum Heben, Ziehen, Spannen, Ablassen und Sichern einer Last in nahezu jeder Lage eingesetzt werden kann. Bei den Feuerwehren werden Geräte nach DIN 14800-5 mit

Quelle: J. Thorns

Bild 45.23 Mehrzweckzug:
- Vorschubhebel (1)
- Scherstift (2)
- Tragegriff (3)
- Rückzughebel (4)
- Freischalthebel (5)
- Mundstück für den Drahtseil-Einzug (6)
- Lastbolzen (7)
- drehbarer Lasthaken (8)

einer Zugkraft von 16 Kilonewton (»Z 16« bzw. seit 2005 »MZ 16«) oder 32 Kilonewton (»Z 32« bzw. seit 2005 »MZ 32«) eingesetzt .

Aufbau und Funktionsweise

Das Gerät besteht im Wesentlichen aus einem Leichtmetallgehäuse mit einem oberen Tragegriff, einem drehbaren Geräte-/Lastenhaken oder alternativ einem Lastbolzen mit Sicherungsstift zum Anschlagen des Gerätes an der Rückseite, einem Mundstück zur Seileinführung an der Vorderseite sowie zwei Klemmbackenpaaren, die im Inneren von einem Hebelmechanismus gesteuert werden. Zur Bedienung gibt es einen Vorschub- und Rückzughebel, die beide durch das zugehörige Hebelrohr verlängert werden können. Zur Seileinführung wird der Klemm-Mechanismus mit einem Freischaltgriff, der mit einer Arretierungsvorrichtung versehen ist, geöffnet. Das Seil wird dabei nicht wie bei einer Seilwinde (▶ Abschnitt 45.4.7) auf einer Seiltrommel aufgewickelt, sondern nach dem so genannten Froschklemmenprinzip durch das Gerät Zug um Zug hindurchgezogen. Die Klemmbackenpaare bewirken dabei ein wechselseitiges Halten und Ziehen – eines theoretisch beliebig langen – Zugseiles, wobei sich die Klemmkraft mit zunehmender Belastung erhöht. Alle Geräte sind durch Scherstifte – zumeist am Vorschubhebel – vor einer Überlastung geschützt. Im Fall einer Lastüberschreitung scheren die Scherstifte ab, wodurch die Kraftübertragung vom Vorschubhebel auf das Hebelsystem der Klemmbacken unterbrochen wird. Dadurch wird eine Beschädigung des Mehrzweckzuges wirksam verhindert. Durch das anliegende Klemmbackenpaar wird zudem die Last weiterhin gehalten. Nach dem Ersatz der Scherstifte kann die Last dann wieder sicher abgelassen werden. Liegt keine Last an, so kann das Zugseil freigeschaltet werden. Dann lässt es sich einführen, durch- oder auch wieder herausziehen.

Der Mehrzweckzug wird i. d. R. in einem Aufbewahrungskasten mit Zubehör verstaut. Zu dem üblichen Zubehör gehören beispielsweise ein Erdanker, ein Klappkloben (einrollige, klappbare Umlenkrolle), Ersatz-Scherstifte, Drahtseile (Seilstropps), Rundschlingen und ein Werkzeugkasten. Das Zugseil wird getrennt auf einer Hand- oder Trommelhaspel auf dem Fahrzeug mitgeführt.

Vorbereitungen und Einsatzgrundsätze für die Verwendung des Mehrzweckzuges

Vor dem Einsatz des Mehrzweckzuges ist das Gewicht der zu bewegenden Last zu schätzen bzw. (wenn möglich) zu ermitteln, dann die Zugkraft zu bestimmen (▶ Faustregel im Merke-Kasten) und daraufhin ein geeigneter Festpunkt bzw. ggf. auch mehrere Festpunk-

Quelle: J. Thorns

Bild 45.24 Anschlagen des Mehrzweckzuges

J

Merke:

Im ebenen Gelände kann als Zugkraft ein Drittel bis die Hälfte des Lastgewichtes als Faustregel angenommen werden.

Achtung:

Das Zugseil darf keinesfalls zum Anschlagen der Last benutzt werden! Hierfür sind ausschließlich geeignete Anschlagmittel zu verwenden.

te festzulegen, die hinreichend belastbar sind. Als Festpunkte eignen sich z. B. an Fahrzeugen vorhandene zugelassenen Anschlagpunkte, stärkere Bäume (auf den Schutz der Baumrinde achten!) oder auch hinreichend fest im Erdboden verankerte, belastbare Pfeiler o. Ä. Steht kein geeigneter Festpunkt zur Verfügung kann bei festem Untergrund auf den Erdanker zurückgegriffen werden. Dieser besteht aus zwei oder drei mit einem Schäkel zusammengefassten länglichen Blechen, die aufgespreizt werden und durch deren Bohrungen Erdnägel mithilfe eines Vorschlagshammers zur Verankerung im Boden eingetrieben werden können. Beim Einschlagen der Erdnägel ist darauf zu achten, dass diese leicht schräg (zirka 20 Grad) und mit den Nagelköpfen in Belastungsrichtung eingetrieben werden, da so das günstigste Trag- und Verformungsverhalten zu erwarten ist [7].

Bei der Wahl des Festpunktes ist des Weiteren zu beachten, dass sich der Mehrzweckzug in Zugrichtung ausrichten können und die Belastung in gerader Richtung wirken muss. Sodann wird der Mehrzweckzug mittels geeigneter Anschlagmittel (Drahtseil, Kette, Rundschlinge o. Ä. und Schäkel) an dem Festpunkt befestigt. Bei Geräten mit Gerätehaken ist darauf zu achten, dass das Anschlagmittel im

Achtung:

Es dürfen nur speziell für den Mehrzweckzug zugelassene und nicht verschmutzte Seile verwendet werden.

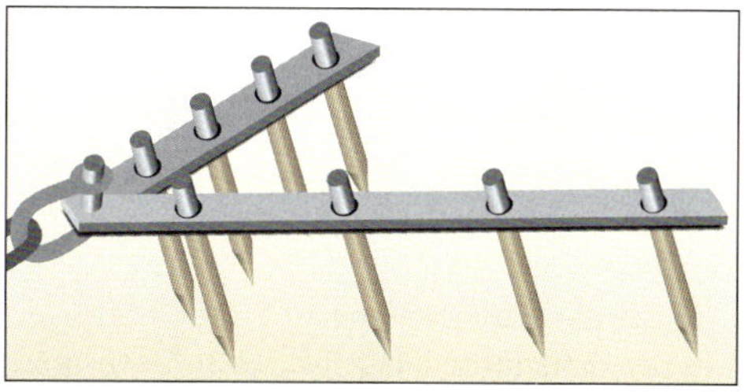

Bild 45.25 Schematische Darstellung der Verankerung eines Mehrzweckzuges

Hakengrund liegt und die Sicherungsklappe geschlossen ist. Ist stattdessen ein Lastbolzen vorhanden, ist dieser nach dem Abziehen des Sicherungsstiftes herauszuziehen, dann das Anschlagmittel mit dem Lastbolzen am Gerät zu befestigen und wieder mit dem Sicherungsstift gegen unbeabsichtigtes Herausdrücken zu sichern. Ferner muss sichergestellt sein, dass das unbelastete Zugseilende frei auslaufen kann. Dann wird das Zugseil lagegerecht abgewickelt, sodass es zu keinen Seilschlingen oder Knicken kommen kann. Vor dem Einsatz des Zugseiles muss sichergestellt sein, dass das Seil mit seinem Durchmesser auch zu dem verwendeten Gerät passt (falls unterschiedliche Geräte vorhanden sind) und lang genug für den Einsatzzweck ist.

Bedienung und Einsatzmöglichkeiten

Um das Zugseil über das Mundstück in das Gerät einführen zu können, müssen die Klemmbacken mithilfe des Freischalthebels geöffnet werden (je nach Modell: Drucktaste drücken und beim Loslassen den Schalthebel bis zum Einrasten nach oben schieben bzw. Drehknauf drehen und Schalthebel bis zum Einrasten drücken und hochziehen). Dann kann das Seil soweit wie notwendig eingeführt werden. Dabei ist darauf zu achten, dass dieses tatsächlich auch durch beide Klemmbackenpaare geführt wird. Anschließend ist das Zugseil stramm zu ziehen, bevor der Schalthebel wieder umgelegt wird, um den Klemm-Mechanismus zu aktivieren. Durch abwechselnde Vor- und Zurückbewegung des Vorschub- bzw. Rückzughebels kann das Seil bewegt bzw. nach dem Anschlagen des Seilhakens mit einem Anschlagmittel an der Last angespannt werden. Bei der Seilbewegung ist darauf zu achten, dass das Seil nicht auf dem Boden schleift und nicht über scharfe Kanten oder spitze Gegenstände geführt wird (ggf. Kantenschutz oder geeignete Unterlagen verwenden).

Wird die Überlastsicherung durch Abscheren der Scherstifte ausgelöst, so müssen diese entsprechend der Bedienungsanleitung gewechselt werden. Anschließend muss eine Entlastung herbeigeführt werden. Dabei ist darauf zu achten, dass die Last abgesichert bzw. abgelassen werden muss.

Neben dem direkten Zug kann der Mehrzweckzug auch durch entsprechendes Einscheren von Rollen in das Zugseil als zwei- oder mehrsträngiger Zug (Flaschenzugprinzip) eingesetzt werden (▶ Kapitel 6). Aufgrund der Verteilung der Last auf mehrere Seilstränge kann auf diese Weise die Zugkraft des Mehrzweckzuges nach dem Prinzip der goldenen Regel der Mechanik (»Was ich an Kraft spare, muss ich an Weg zusetzen.«) vervielfacht werden. Allerdings ist dabei zu beachten, dass alle Bestandteile der Zugvorrichtung den auftretenden Kräften standhalten müssen – das »schwächste Glied« der eingesetzten Geräte (z. B. die Anschlagmittel oder Umlenkrollen) bestimmt daher die maximal mögliche Zugkraft.

Sicherheitshinweise

Folgende Sicherheitshinweise sind beim Einsatz des Mehrzweckzuges grundsätzlich zu beachten:

- Unter schwebenden Lasten darf sich niemand aufhalten.
- Zu unter Last stehenden Seilen bzw. Seilabschnitten (zwischen zwei Anschlagpunkten) ist ein Sicherheitsabstand mit einem Radius von mindestens dem Eineinhalbfachen der wirksamen Seillänge einzuhalten.
- Der Freischalthebel darf niemals unter Last betätigt werden.
- Das Zugseil ist ausschließlich für die Verwendung mit dem Mehrzweckzug zu verwenden.
- Nur vom Hersteller zugelassene Scherstifte dürfen verwendet werden!

45.4.7 Einsatz von maschinellen Zugeinrichtungen

In Feuerwehrfahrzeugen (z. B. Rüstwagen) eingebaute, nach DIN 14584 genormte maschinelle Zugeinrichtungen werden zum Ziehen und Sichern von Lasten eingesetzt. Ein typischer Anwendungsfall ist die Bergung von Kraftfahrzeugen nach Verkehrsunfällen (Anheben, Aufrichten oder Herausziehen des Fahrzeuges). Mithilfe einer maschinellen Zugeinrichtung ist es jedoch beim Vorhandensein von geeigneten Festpunkten auch möglich, eine Selbstbergung des Feuerwehrfahrzeuges durchzuführen, wenn z. B. das Fahrzeug auf weichem Grund »festgefahren« wurde.

Grundsätzlich lassen sich zwei unterschiedliche Typen von maschinellen Zugeinrichtungen unterscheiden:

- die Trommelwinde, welche nach dem Seilwindenprinzip arbeitet, und
- die Treibscheibenwinde, welche ihre Arbeit nach dem Spillprinzip verrichtet.

Trommelwinde

Bei der Trommelwinde handelt es sich um eine Seilwinde, bei der das Zugseil auf einer Zugtrommel aufgewickelt wird. Hauptbestandteile sind das Zugseil mit Seilkausche, welches im Ruhezustand am Seilmaul anliegt, die Seiltrommel mit Hydraulikantrieb und die über den Nebenantrieb des Fahrzeugmotors betriebene Hydraulikpumpe. Beim Aufwickeln des Zugseiles während des Zugbetriebes bilden sich mehrere Seillagen auf der Seiltrommel, wodurch die Zugkraft beim Einziehen des Zugseiles mit jeder Lage weiter abnimmt und die Seilgeschwindigkeit zunimmt. Bei einer Seilwinde mit einer Nennkraft von 50 Kilonewton, die nur beim vollständig ausgezogenen Zugseil erreicht wird, liegt der Zugkraftbereich zwischen zirka 40 bis maximal 50 Kilonewton.

Treibscheibenwinde

Treibscheibenwinden sind eine Weiterentwicklung der klassischen Seilwinden (Trommelwinden), bei denen das Zugseil über zwei hydraulisch angetriebene, hintereinander an-

Achtung:

Es dürfen nur speziell für den Mehr-Den Anweisungen in den Bedienungsanleitungen des Herstellers ist unbedingt Folge zu leisten. Nur geschulte Kräfte dürfen Zugeinrichtungen einsetzen.

Merke:

Nach jeder Verwendung der Zugeinrichtung hat eine Sichtprüfung zu erfolgen. Mangelhafte Zugseile, Anschlag- oder Zugmittel dürfen nicht weiter verwendet werden.

geordnete Spillköpfe bzw. gerillte zylindrische Rollen (»Treibmatic« von Rotzler) einlagig zu einer separaten Seilspeichertrommel geführt werden. Eine Klemmscheibe sorgt dabei für die erforderliche Vorspannung und die Rillen verhindern das gegenseitige Berühren. Dieses Spillprinzip hat den Vorteil, dass die Zugkraft über den gesamten Zugvorgang – unabhängig von der Seillänge – hinweg konstant bleibt. Zudem kommt es hierdurch auch zu keinen Geschwindigkeitsschwankungen.

Einsatzgrundsätze für die Verwendung von maschinellen Zugeinrichtungen

Vor dem Einsatz der maschinellen Zugeinrichtung ist zunächst die zu ziehende Last abzuschätzen (siehe anlog die Empfehlungen im ▶ Abschnitt 45.4.6) und festzustellen, ob die vorhandenen Einsatzmittel (Anschlagmittel, Zugmittel und die Zugeinrichtung) hierfür ausgelegt sind. Dann wird das Feuerwehrfahrzeug mit Zugeinrichtung möglichst geradlinig zur Last in Zugrichtung aufgestellt und mithilfe von Unterlegkeilen sowie durch Betätigung der Feststellbremse gegen Wegrollen und Wegrutschen gesichert. Bei der Fahrzeugaufstellung muss beachtet werden, dass der Austrittswinkel des Seils nicht größer als 25 Grad ist. Ansonsten ist eine Umlenkrolle so einzusetzen, dass dieser Winkel beim Ziehen nicht überschritten wird.

Das Zugseil ist mittels geeigneter Anschlagmittel an der Last anzuschlagen, wobei die jeweilige Maximalbelastung der Anschlagmittel beachtet und auf keinen Fall überschritten werden darf. Ein direktes Anschlagen des Zugseils an der Last darf nur erfolgen, wenn hierfür eine geeignete Einrichtung an der Last vorhanden ist (z. B. ein entsprechend belastbarer Schäkel am Festpunkt eines zu ziehenden Fahrzeuges). Das Zugseil darf nicht über scharfe Kanten, spitze Gegenstände oder in Kontakt mit dem Boden (Verschmutzung des Seils) geführt werden.

Während der Arbeiten mit der maschinellen Zugeinrichtung dürfen sich keine Personen im Gefahrenbereich aufhalten. Sicherungsposten sollten den Vorgang beobachten und auf mögliche Gefährdungen achten. Sobald eine Gefährdung eintritt oder deren Eintritt wahrscheinlich ist, muss der Arbeitsvorgang unverzüglich abgebrochen und ggf. Kräfte gewarnt werden.

Sicherheitshinweise

Um Unfälle beim Einsatz von maschinellen Zugeinrichtungen zu verhindern, sollten insbesondere folgende Sicherheitshinweise beachtet werden:

- Zu unter Last stehenden Seilen bzw. Seilabschnitten (zwischen zwei Anschlagpunkten) ist ein Sicherheitsabstand mit einem Radius von mindestens dem Eineinhalbfachem der wirksamen Seillänge einzuhalten.
- Die zulässigen Belastungen von Zugeinrichtung und Anschlagmitteln dürfen auf keinen Fall überschritten werden.
- Die Zugeinrichtung soll ausschließlich zum Ziehen und nicht zum Heben von Lasten eingesetzt werden.
- Der Austrittwinkel des Zugseiles darf nicht größer als 25 Grad sein.
- Während des Ziehens von Lasten und solange eine Last an der Zugeinrichtung anliegt, darf das Feuerwehrfahrzeug nicht bewegt werden.
- Beim Aufspulen des Zugseiles ist insbesondere auf die mögliche Quetschgefahr zu achten. Deswegen ist beim Führen des Zugseiles mit den Händen mindestens ein Abstand von einem Meter zum Seilmaul bzw. zur Propellerrolle zu halten.

45.5 Trennen von Werkstoffen

Bei technischen Hilfeleistungseinsätzen ist es oftmals erforderlich, dass Werkstoffe unterschiedlichster Art (Holz, Kunststoffe, Metalle, Stein usw.) durchtrennt werden müssen. Diese Grundtätigkeit kann z. B. zur Rettung von Menschen und Tieren ebenso dienen wie zur Vorbereitung und Unterstützung von anderen Rettungs- oder Bergungsmaßnahmen (z. B. in Kombination mit dem Spreizer zur Befreiung von eingeklemmten Personen). Grundsätzlich ist dabei zu beachten, dass für das Trennen von Werkstoffen nur die jeweils für den zu durchtrennenden Werkstoff geeigneten Werkzeuge verwendet werden. Vor dem Durchtrennen muss zudem geprüft werden, ob sich Teile des Werkstoffes infolge der Maßnahme lösen und dadurch Personen gefährden können. Hiergegen müssen geeignete Schutzmaßnahme getroffen werden (z. B. Tragen von Persönlicher Schutzausrüstung, Abdeckung von zu rettenden Personen usw.).

45.5.1 Einfache Trennwerkzeuge

Auf Feuerwehrfahrzeugen wird eine Vielzahl von einfachen Trennwerkzeugen mitgeführt, für die kein Antriebsaggregat und keine Stromversorgung notwendig sind. Hierzu zählen Kapp- und Gurtmesser zum Durchtrennen von Sicherheits-/Transportgurten und -bändern sowie zum Entfernen von Verkleidungen, diverse von Hand betriebene Sägen für die Holzbearbeitung (Bügelsäge, Fuchsschwanz und Stichsäge), der Bolzenschneider für das Schneiden von Rundmaterial geringerer Stärke (Metallstäbe, Drähte und Zaunelemente bis 12 mm), die Metallsäge (Feuerwehr-Werkzeugkasten), die Holzaxt und der Spalthammer.

Merke:

Beim Trennen von Werkstoffen ist grundsätzlich geeigneter Gesichtsschutz (Schutzbrille oder hinreichend langes Helmvisier) zu tragen.

Achtung:

Die Holzaxt darf nicht zum Schlagen und Hebeln verwendet werden. Vor deren Einsatz ist grundsätzlich der feste Sitz des Axtkopfes zu kontrollieren.

Für alle diese Werkzeuge gelten folgende grundsätzlichen Sicherheitsregeln:
- Es dürfen nur einwandfreie Werkzeuge ohne Beschädigungen eingesetzt werden.
- Die Schneiden und spritzen Kanten sind beim Einsatz in der Nähe von Personen vom Körper weg einzusetzen.
- Es dürfen keine unter Spannung stehenden elektrischen Leitungen getrennt werden.
- Nach jeder Verwendung ist eine Sichtprüfung durchzuführen.
- Die Werkzeuge sind nicht zum Durchtrennen von gehärteten Metallstücken einzusetzen.
- Freistehende Enden müssen vor dem Trennen gesichert werden.
- Auf die Wirkung von Zug- und Druckspannung (Federn, Schlagen, Brechen usw.) ist zu achten. Einsatzkräfte dürfen sich nicht im Wirkbereich aufhalten.

Auf die Handhabung und den Einsatz von Motorkettensägen wird ausführlich in ▶ Kapitel 52 eingegangen.

45.5.2 Handhabung von Trennschleifgeräten

Mithilfe von Trennschleifgeräten können Bau-/Werkstoffe und Bauelemente aus Metall, Stein und Beton geschnitten bzw. getrennt werden. Hierbei kommen bei den Feuerwehren vor allem Geräte mit Verbrennungsmotor zum Einsatz, die den Vorteil haben, dass sie unabhängig von einer Spannungsquelle oder einem Stromerzeuger – praktisch überall – eingesetzt werden können. Aufgrund des mit dem Einsatz dieses Gerätes verbundenen Funkenfluges sind besondere Vorsichtsmaßnahmen bei der Vornahme von Trennschleifgeräten unbedingt erforderlich:
- Personen, die sich im Wirkbereich des Trennschleifgerätes befinden (z. B. eingeklemmte Personen), müssen vor dem

Merke:

Vor der Inbetriebnahme des Trennschleifgerätes ist die für den vorhandenen Werkstoff notwendige Trennscheibe (»Metall« oder »Stein«) einzusetzen.

Einwirken der Funken geschützt werden (Brandschutzdecke, Schutzschild o. Ä.).
- Grundsätzlich sind geeignete Löschmittel vor dem Einsatz des Trennschleifgerätes zur Sicherstellung des Brandschutzes bereitzustellen.
- Kann nicht ausgeschlossen werden, dass durch den Geräteeinsatz Atemgifte freigesetzt werden, muss entsprechender Atemschutz getragen werden.
- Nur im Umgang mit diesem Gerät geschulte Einsatzkräfte dürfen dieses zum Einsatz bringen.
- Beim Einsatz von Trennschleifgeräten muss immer Augen, Gesichts- und Hörschutz getragen werden!
- Über Schulterhöhe darf nicht gearbeitet werden. Trennschleifmaschinen sind immer mit beiden Händen festzuhalten und zu führen. Der Geräteführer muss auf einen festen Stand achten.
- Der Handschutz darf keinesfalls entfernt werden; er ist so einzustellen, dass der Funkenschweif vom Geräteführer weggeleitet wird (▶ Bild 45.26).
- Vor jedem Gebrauch muss kontrolliert werden, ob die Trennscheibe einwandfrei ist. Beschädigte Trennscheiben dürfen nicht verwendet werden!

Der Aufbau von Trennschleifgeräten ähnelt dem Aufbau von Motorkettensägen. Ein Trennschleifer besteht ebenfalls aus einem Motorteil mit einem Handgriff mit Gashebel und Gashebelsperre, im Regelfall einem Einzylinder-Zweitakt-Ottomotor mit lageunempfindlichem Vergaser, Luftfilter und einer Anwerfvorrichtung. Zu dem Trennteil gehören ein Bügelgriff, ein Verstellgriff, ein Handschutz sowie die Trennscheibe. Die Trennscheibe wird über eine Keilriemenscheibe angetrieben, die mit einer Fliehkraftkupplung versehen ist.

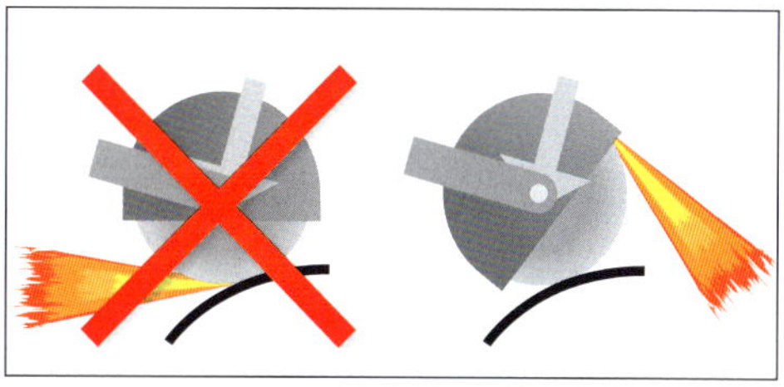

Bild 45.26 Einstellung des Schutzes bei Trennschleifgeräten

Je nachdem, welches Material getrennt werden soll, kommen Scheiben für Metall- oder Steinwerkstoffe zum Einsatz.

Bevor das Trennschleifgerät an dem zu trennenden Teil angesetzt wird, muss das Gerät die Betriebsdrehzahl erreicht haben. Dann ist das Trennschleifgerät, ohne zu verkanten, im vorgesehenen Schnittbereich anzusetzen. Nach dem Ansetzen und Beginn des Trennvorganges soll die Trennrichtung nicht mehr verändert werden. Falls dies jedoch notwendig ist, muss ein entsprechend neuer Ansatzpunkt gesucht werden. Die Schnitttiefe soll maximal ein Drittel des Scheibenradius betragen. Es gilt zu beachten, dass das Trennschleifgerät niemals geschoben, sondern stets gezogen wird. Bei Trennarbeiten an Steinen oder Betonmaterial ist ein kleiner Steg zu belassen, der weggebrochen wird, um ein schlagartiges Abrutschen des Trennschleifgerätes zu verhindern.

45.5.3 Handhabung von hydraulischen Schneidgeräten

Hydraulische Schneidgeräte werden zur Befreiung von eingeschlossenen bzw. eingeklemmten Personen sowie zur Schaffung von Zugängen

Achtung:

Gehärtete Metallstücke, wie etwa Achsen, Maschinenteile und Lenksäulen, dürfen mit Schneidgeräten nicht getrennt werden, weil dadurch die Schneidmesser brechen und infolgedessen als Geschosse zur Gefahr für Einsatzkräfte und zu rettende Personen werden können!

Quelle: Lukas Hydraulik GmbH, Erlangen

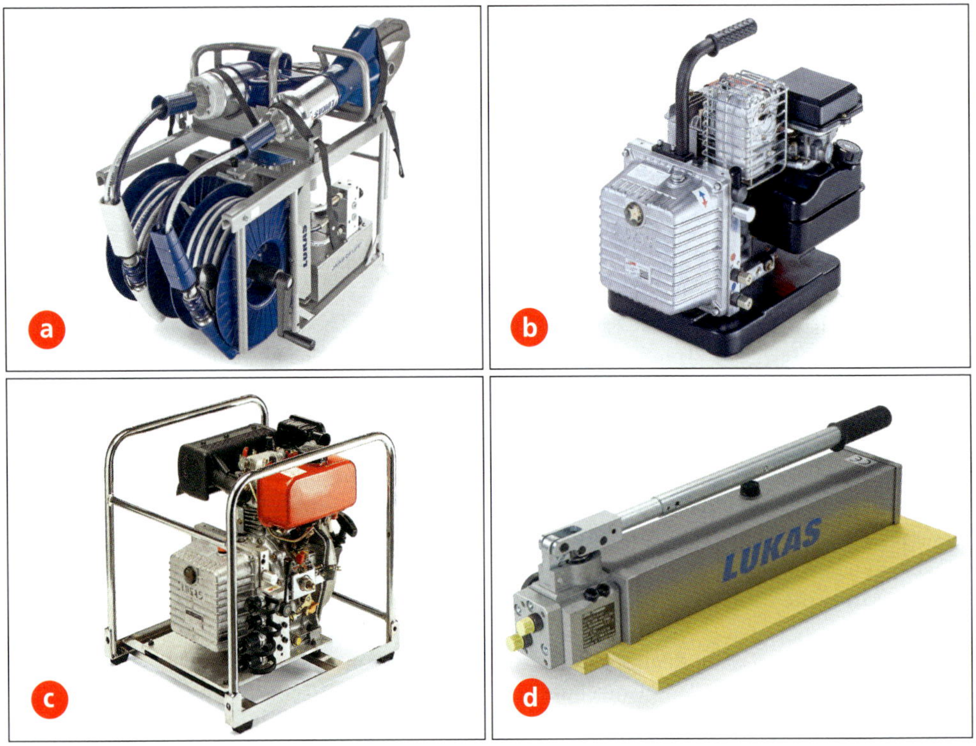

Bild 45.27 Verschiedene Hydraulikaggregate: **a** Hydraulikaggregat mit Elektromotor als Bestandteil eines Rettungssatzes **b** Kompaktaggregat mit Verbrennungmotor für den Ein-... **c** ... und den Zwei-Mann-Betrieb **d** handbetätigte Hydraulikpumpe

zu Gebäuden und Fahrzeugen (▶ Kapitel 48) eingesetzt. Mit ihrer Hilfe können z. B. Dachholme und Pedale von Kraftfahrzeugen, Türpfosten, Rohre sowie Rund- und Flacheisen bis zu einer bestimmten Stärke durchtrennt werden. Gehärtete Materialien dürfen mit ihnen nicht getrennt werden! Die Hinweise und Einsatzgrenzen entsprechend der Bedienungsanleitung sind hier zu beachten. Wenn freie Enden geschnitten werden, muss durch geeignete Maßnahmen sichergestellt werden, dass diese nicht wegschleudern können.

Merke:

Schneidgeräte sind rechtwinklig, ohne zu verkanten und mit weit geöffneten Schneidmessern so anzusetzen, dass das Schneidgut beim Schneiden in die Mitte gezogen wird.

Hydraulische Schneidgeräte bestehen im Wesentlichen aus einem Gehäuse und einem doppelwirkenden Hydraulikzylinder, der die über das hydraulische System erzeugte Kraft über Hebel (Zug-/Druckstäbe) auf ein Schneidmesser oder ein Schneidmesserpaar überträgt. Wie die Rettungsspreizer verfügen auch alle Schneidgeräte über eine so genannte Totmannschaltung. Diese bewirkt, dass beim Loslassen des Steuerungsknopfes dieser automatisch in die Nullstellung zurückgeht, die Bewegung der Schneidmesser unverzüglich gestoppt wird und diese in der momentanen Position bei konstantem am Gerät anliegenden Druck verharren bleiben.

Für die Leistungsfähigkeit eines Schneidgerätes ist vor allem die Beschaffenheit der Schneidmesser, d. h. das hierfür verwendete Material und die Form der Messer, ausschlaggebend. Neuere Geräte verfügen z. B. über si-

Achtung:

Schneidgeräte sollten nicht an den Spitzen der Schneidmesser belastet werden, da die Messer dadurch schneller brechen können. Zudem kann hier auch nur die geringste Kraft übertragen werden.

chelförmige oder ähnliche gebogene Schneidmesser, die das schneidende Material in die Mitte nahe an den Bolzen ziehen – denn nur hier kann die größte Kraft übertragen werden, während an den Spitzen der Messer die geringste Kraft übertragen wird. Deswegen sind Schneidgeräte stets vor dem Ansetzen so weit wie möglich zu öffnen und dann so anzusetzen, dass das zu schneidende Material von den Schneidmessern in der Mitte geschnitten wird. Dabei ist darauf zu achten, dass der Ansatz rechtwinklig zum Schneidgut erfolgt und der Geräteführer während des Schneidvorganges nicht versucht, das Gerät zu verdrehen oder umzuwuchten, was aufgrund der enormen Kräfte nicht gelingen kann. Wenn der Ansatzpunkt nicht geeignet war, muss ein neuer Ansatzpunkt gesucht werden, da ein Verdrehen in einem begonnenen Schnitt meist nicht möglich ist.

Die hydraulischen Schneidgeräte können sowohl mit einer Handpumpe (Zwei-Stufen-Kolbenpumpe) als auch mit einer motorbetriebenen Hydraulikpumpe mit Elektro- oder Verbrennungsmotor betrieben werden. Der Einsatz von handbetriebenen Hydraulikpumpen stellt heutzutage eine Ausnahme dar, z. B. wenn Rettungsarbeiten unter sehr beengten Verhältnissen oder in Bereichen mit sehr hoher Brandgefahr, wie bei ABC-Einsätzen, erfolgen müssen. Im Regelfall kommen Hydraulikaggregate mit Elektro- oder Verbrennungsmotor zum Einsatz. Diese bestehen neben dem Antriebsmotor aus einem Tragestell oder einem umschließenden Gehäuse (mobile Geräte), der von dem Motor angetriebenen Hydraulikpumpe mit einem Ein-Aus-Schalter, einem Behälter für die Hydraulikflüssigkeit, einer manuellen Steuerungseinrichtung und Hydraulikschläuchen. Die aktuellen Aggregate arbeiten zumeist mit zwei Druckstufen: einer Niedrigdruckstufe bis zirka 150 bar und einer Hochdruckstufe bis zirka 720 bar (ältere Geräte: 630 bar). Als Hydraulikschläuche finden entweder Zwei-Schlauchsysteme mit zwei nicht verwechselbaren Steckkupplungen für den Zu- und Rücklauf bzw. bei einigen Herstellern auch mit Einkupplungssystem oder Schlauch-in-Schlauch-Systeme (innerer Hochdruckschlauch, der von einem Niedrigdruck-Außenschlauch ummantelt ist) mit Steck- bzw. Singlekupplungen Verwendung. Sie müssen so beschaffen sein, dass sie Abrieb und der Einwirkung von Flüssigkeiten über längeren Zeitraum standhalten (Mindestbeständigkeit). Bei ihrer Handhabung ist auf Folgendes zu achten:

- Hydraulikschläuche dürfen nicht geknickt werden.
- Starke Krümmungen und spiralförmige Verwindungen sind zu vermeiden.
- Die Schläuche dürfen keinen Zugkräften ausgesetzt werden.
- Steckverbindungen sind, wenn die Schläuche nicht an Geräte angeschlossen sind, durch Staubschutzkappen vor Verschmutzungen zu schützen. Sie dürfen unverbunden nicht ohne Staubschutz auf dem Boden abgelegt werden.
- Beschädigte Hydraulikschläuche dürfen nicht eingesetzt werden.
- Vor und nach jedem Einsatz ist eine Sichtprüfung durchzuführen.

Für bestimmte Einsatzbereiche – wie dem Einsatz unter beengten Verhältnissen z. B. im Fuß-

Achtung:

Hydraulikschläuche dürfen nicht zur Entlastung des Geräteführers am Körper entlang geführt bzw. über der Schulter abgelegt werden.

Achtung:

Bei beschädigten Hydraulikschläuchen kann die Hydraulikflüssigkeit mit hohem Druck austreten und zu schweren Verletzungen führen.

raum eines Kraftfahrzeuges oder bei Einklemmungen in Maschinen – bieten die Hersteller spezielle Schneidgeräte an. Zum Schneiden von Pedalen und Verkleidungen im Fußraum können beispielsweise so genannte »Pedalschneider« wertvolle Dienste leisten. Zum Schaffen von Zugängen und bei Unfällen mit Maschinen bieten akkubetriebene Schneidgeräte einige Vorteile. Deren Einsatzdauer ist jedoch begrenzt. Auf jeden Fall sollte ein entsprechender Ersatzakku mitgeführt werden, um einen Ausfall in kritischen Situationen (z. B. bei der Menschenrettung) auszuschließen.

45.5.4 Handhabung von Brenn- und Plasmaschneidgeräten

Zum Trennen von Stahlteilen (z. B. Bleche, Rohre, Träger) – auch von gehärteten Stahlteilen (Rundstahl) – mit einer Materialstärke von bis zu zirka 60 Millimetern kann das Brennschneidgerät eingesetzt werden. Das Gerät wird vor allem auf Rüstfahrzeugen für technische Hilfeleistungseinsätze mittleren und größeren Umfanges mitgeführt. Mit einem Gewicht von in der Regel weniger als 40 Kilogramm zählt es zu den tragbaren Geräten und kann vielseitig an den unterschiedlichsten Einsatzstellen eingesetzt werden.

Das Brennschneidgerät besteht aus einem Tragegestell, welches eine Sauerstoff-Flasche und eine Acetylen-Flasche aufnimmt, an die über Druckminderer und Gasschläuche (jeweils ein Schlauch für den Sauerstoff und das Acetylen) ein Schneidbrenner mit wechselbarer Schneiddüse angeschlossen ist. Die Anschlüsse der beiden Flaschen werden durch Schutzkappen vor Beschädigungen geschützt. Eine Verwechselung beim Anschließen ist ausgeschlossen, da der Druckminderer für das Acetylen immer mit einem Bügelverschluss angeschlossen wird, während bei der Sau-

Achtung:

Beschädigungen an den Gasschläuchen müssen unbedingt verhindert werden. Beschädigte Schläuche dürfen nicht mehr eingesetzt werden!

Bild 45.28 Plasmaschneidgerät

erstoffflasche hierfür eine Überwurfmutter zum Einsatz kommt. Zur Inbetriebnahme des Brennschneidgerätes ist wie folgt vorzugehen (Bedienungsanleitung beachten!):

- Das Gerät muss aufrecht hingestellt werden (Acetylen-Flaschen sollen nicht liegend eingesetzt werden!).
- Sodann ist eine Schneiddüse auszuwählen, die der Stärke des zu schneidenden Materials entspricht, und an dem Brenner anzuschließen.
- Anschließend ist das Schlauchpaar ohne Drall auszulegen.
- Vor dem Öffnen der Flaschenventile ist zu kontrollieren, ob die Spindeln zur Einstellung des Arbeitsdruckes entlastet sind.
- Dann werden die Flaschenventile langsam mit einer Umdrehung geöffnet.
- Als Arbeitsdruck sind beim Acetylen 0,2 bis 0,5 bar, beim Sauerstoff im Regelfall 3 bis 5 bar – je nach Anwendungsfall – einzustellen (Bedienungsanleitung beachten!).
- Am Brenner wird als erstes Ventil das Sauerstoffventil, dann erst das Acetylenventil geöffnet.
- Nachdem das Gasgemisch einige Sekunden ausströmt (mind. 5 Sekunden), wird es mit dem zugehörigen Zündgerät gezündet (auf keinen Fall mit einem Feuerzeug!).
- Dann kann die Flamme bei geöffnetem Schneidsauerstoffventil eingestellt werden.

Beim Abstellen des Brennschneidgerätes erfolgen die Schritte in umgekehrter Reihenfolge:

- Zuerst wird am Brenner das Acetylenventil geschlossen, dann das Sauerstoffventil.
- Flaschenventile schließen.
- Entlastung der Druckminderer durch Öffnen der Sauerstoff- und Acetylenventile.
- Lösen der Einstellungsspindeln der Druckminderer.

Beim Einsatz des Brennschneidgerätes sind besondere Sicherheitsmaßnahmen notwendig:

- Zum Augenschutz ist eine spezielle Schutzbrille für Brennschneidarbeiten zu verwenden.
- Beim Umgang mit Sauerstoff und Acetylen sind die allgemeinen Sicherheitsregeln für deren Verwendung zu beachten.
- Die Schneidflamme am Brenner darf nur mit dem entsprechend hierfür zugelassenen Gerät entzündet werden.
- Das Schneidgerät und die beiden Reserveflaschen müssen mindestens drei Meter von der Arbeitsstelle entfernt stehen. Brennschneidarbeiten dürfen auf keinen Fall in explosionsgefährdeten Bereichen erfolgen!
- Personen, die sich im Wirkbereich von Schneidfunken des Gerätes befinden (z. B. eingeklemmte Personen), müssen geschützt werden (z. B. durch Abdecken mit Brandschutzdecke, Schutzschild o. Ä.).
- Grundsätzlich sind geeignete Löschmittel bereitzuhalten, um bei unbeabsichtigter Entzündung von brennbaren Gegenständen sofort Brandbekämpfungsmaßnahmen durchführen zu können.

Quelle: J. Thorns

Bild 45.29 Brennschneidgerät

Plasmaschneidgeräte können zum Trennen von leitfähigen Werkstoffen aus Metall eingesetzt werden. Durch die Ionisierung der durch den Brenner strömenden Luft wird mit diesen Geräten ein Plasmastrahl erzeugt, der eine sehr hohe Energiedichte aufweist. Im Plasmastrahl können Temperaturen von 10 000 bis 20 000 °C erreicht werden, wodurch der metallische Werkstoff geschmolzen und aus der Schnittfuge herausgetrieben wird.

Bestandteile des Plasmaschneidgerätes sind eine Stromquelle, ein Handbrenner mit entsprechenden Zuleitungen, eine Masseanschluss und eine Druckluftversorgung (zumeist eine 300-bar-Druckluftflasche mit einem Druckminderer zur Reduzierung auf den erforderlichen Arbeitsdruck). Damit das Plasmaschneidgerät betrieben werden kann, muss eine hinreichend starke Stromquelle vorhanden sein. Kommt ein Stromerzeuger zum Einsatz, muss dieser mindestens eine Leistung von ach Kilovoltampere aufweisen.

Für das Plasmaschneidgerät gelten folgende Sicherheitshinweise (abweichend bzw. zusätzlich zum Brennscheidgerät):

- Als Augenschutz ist eine Schweißerschutzbrille zu tragen, die vor starke ultravioletter und infraroter Strahlung Schutz bietet.
- Andere Personen sollten auf keinen Fall in den Lichtbogen gucken!
- Brennbare Materialien, die sich in der Nähe des zu trennenden Metalls befinden, müssen vor dem Einsatz des Gerätes entfernt werden.
- Es dürfen keine unter Druck stehenden Zylinder, Rohre oder geschlossenen Behälter geschnitten werden!
- Nicht isolierte Bestandteile des Brenners, des zu trennenden Werkstückes sowie aller damit elektrisch verbundenen Teile dürfen nicht berührt werden!
- Zusätzlich zur Schutzkleidung wird das Tragen einer Lederschürze empfohlen.
- Der Schneidrauch darf nicht eingeatmet werden, da er gesundheitsschädlich ist. Ggf. ist Atemschutz zu tragen.

- Die Einsatzkräfte unterliegen beim Betrieb der Gefahrstoffversordnung. Die DGUV-Publikation »Schutzmaßnahmen bei der Benutzung von Plasmaschneidgeräten« ist zu beachten.

45.6 Einsatz von Sprungrettungsgeräten

Nur wenn eine Rettung über bauliche Rettungswege und Leitern der Feuerwehr nicht (mehr) möglich ist bzw. wenn Personen zu springen drohen, kommen Sprungrettungsgeräte zum Einsatz, um die frei fallenden Personen aufzufangen. Hierbei besteht eine erhöhte Gefährdung für die zu rettenden Personen, Einsatzkräfte und ggf. Passanten bzw. bereits gerettete Personen – z. B. wenn die Personen zu kurz hintereinander in ein Sprungrettungsgerät springen. Die größten Probleme stellen jedoch die Ungewissheit über den Auftreffpunkt und die Sprungdurchführung selbst dar. Wird das Sprungrettungsgerät verfehlt oder nicht hinreichend mittig getroffen, sind in der Regel schwere Verletzungen die Folge. Mit zunehmender Sprunghöhe erhöht sich die Gefährdung insbesondere aufgrund der höheren Fallgeschwindigkeit!

An Sprungrettungsgeräten werden folgende grundsätzliche Anforderungen gestellt:

- Ihre Standsicherheit darf nicht vom Untergrund abhängig sein.
- Mit ihrer Hilfe muss die Rettung einer beliebigen Personenzahl in kurzer Folge möglich sein.
- Die Rüstzeit muss so gering wie möglich sein.
- Während ihres Einsatzes muss ein schnelles Verrücken in eine andere Aufstellposition möglich sein.
- Die Auffangfläche und der Mittelpunkt (Zielbereich für den Sprung) müssen deutlich gekennzeichnet sein.
- Die Mindestauffangfläche beträgt 3 000 × 3 000 Millimeter.

Achtung:

Sprünge von Personen zu Übungs- oder Vorführungszwecken sind nicht zulässig.

Merke:

Sprungrettungsgeräte sind stets abseits des Sprungbereiches vorzubereiten und erst, wenn sie einsatzbereit sind, am Einsatzort aufzustellen. Dadurch soll verhindert werden, dass die zu rettenden Personen in noch nicht einsatzbereite Sprungrettungsgeräte springen.

Das Sprungpolster ist ein nach DIN 14151-3 genormtes pneumatisches Sprungrettungsgerät zum möglichst schonenden Auffangen von springenden oder frei fallenden Personen, das von einer Bedienmannschaft zum Einsatz gebracht wird. Nach der Inbetriebnahme und Aufstellung im Sprungbereich wird für den Sprungbetrieb kein Personal benötigt. Bei den öffentlichen Feuerwehren kommt fast ausschließlich das Sprungpolster »SP 16« zum Einsatz, welches für eine Rettungshöhe von bis zu 16 Metern (dies entspricht je nach Bauart dem vierten oder fünften Obergeschoss eines Gebäudes) ausgelegt ist. Dieses Sprungrettungsgerät besteht aus einem mit Druckluft gefüllten Schlauchgerüst, das von allen Seiten mit luftdichten sowie schwerentflammbaren und widerstandsfähigen Planen, die mit dem Schlauchgerüst innen verklebt sind, umhüllt ist. Das elastische Schlauchgerüst ist aus zwei übereinander angeordneten quadratischen Schlauchrahmen zusammengesetzt, die mit vier an den Ecken senkrecht angeordneten Schlauchsäulen miteinander verbunden sind.

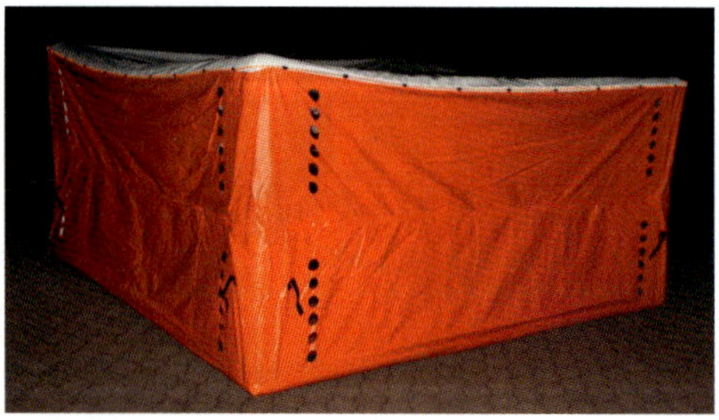

Quelle: J. Thorns

Bild 45.30 Einsatzbereites Sprungpolster

Merke:

Bei Übungen dürfen nur geeignete Fallkörper mit einer Masse von maximal 50 Kilogramm verwendet werden. Die Abwurfhöhe ist auf höchstens sechs Meter begrenzt.

Achtung:

Sprungrettungsgeräte sind nur das »letzte Mittel«, wenn es keine anderen Rettungsmöglichkeiten mehr gibt!

Durch eine waagrechte Trennwand in der Mitte des Gerätes werden zwei Luftkammern abgeteilt. Am unteren Schlauchrahmen befindet sich ein Rückschlagventil, an das eine 300-bar-Druckluftflasche zum Befüllen der Schläuche angeschlossen wird. Nach dem vollständigen Öffnen des Flaschenventils richtet sich das Sprungpolster selbsttätig bei einem leichten Überdruck von zirka 0,3 bar auf. Hierbei füllen sich die obere und untere Luftkammer mit der Umgebungsluft, die durch seitliche Öffnungen angesaugt wird. Mithilfe von Überdruckventilen wird automatisch Luft abgeblasen, wenn der Arbeitsdruck überschritten wird.

Die Zeit bis zum vollständigen Aufrichten beträgt höchstens 30 Sekunden. Wenn das Gerät vollständig aufgerichtet ist, kann das Sprungpolster von zwei Einsatzkräften zu dem vom Einheitsführer festgelegten Aufstellort gebracht und dort positioniert werden. Hierbei ist zu beachten, dass das Sprungpolster

- so steht, dass ein möglichst senkrechter Sprungverlauf möglich ist;
- auf einer möglichst ebenen Aufstellfläche steht, die eine Mindestgröße von 3,8 × 3,8 Metern haben muss;
- bei mehreren Sprüngen hintereinander ggf. neu ausgerichtet wird, weil es sich durch die Sprünge verschieben kann nicht durch herabfallende und/oder brennende Bauteile oder Gegenstände beschädigt wird.

Wenn die springende bzw. fallende Person auf das zirka 1 700 Millimeter hohe Sprungpolster trifft, sinkt sie aufgrund der Verformung des Schlauchgerüstes ein, wodurch die Luft in den Kammern verdichtet wird. Infolgedessen steigt der Innendruck und Luft strömt an den Öffnungen nach außen. Die Person sinkt dann weiter wie in einen Trichter in der Mitte des Sprungpolsters ein, wodurch ein seitliches Abrutschen oder ein Herausschleudern (wie vom Trampolin bekannt) verhindert wird. Nach Entlastung (die Person verlässt das Sprungpolster bzw. wird von Einsatzkräften weggetragen) richtet sich das Sprungpolster wieder in zirka zehn Sekunden auf und ist dann wieder einsatzbereit.

Merke:

Nach jedem Einsatz ist das Sprungpolster einer Sichtprüfung zu unterziehen. Wartungen und Prüfungen sind entsprechend der Herstellerhinweise durchzuführen. Nach 15 Jahren müssen Sprungpolster spätestens ausgesondert werden.

Literatur

[1] Rodenberg, E.: Technische Hilfeleistung – Band 1: Grundtätigkeiten, 3. Auflage, Boorberg, Stuttgart et al., 2012.

[2] DGUV (Hrsg.): DGUV Vorschrift 49: Unfallverhütungsvorschrift Feuerwehren, Berlin 2018, *http://publikationen.dguv.de/widgets/pdf/download/article/1507.*

[3] Liedtke, B.: Halligan-Tool, Die Roten Hefte/Gerätepraxis kompakt 403, 3. Auflage, Verlag W. Kohlhammer, Stuttgart, 2018.

[4] Tretzel, F.: Leinen, Seile, Hebezeuge – Teil II: Ziehen und Heben, Die Roten Hefte 3b, 15. Auflage, W. Kohlhammer GmbH, Stuttgart, 2005.

[5] Maurer, W.: Hydraulisch betätigte Rettungsgeräte, Die Roten Hefte 55, 2. Auflage, Verlag W. Kohlhammer, Stuttgart, 2003.

[6] Berliner Feuerwehr: Ausbildungsmaterial »Sprungpolster SP 16 nach DIN 14151-3«, Berlin, 2002, *www.berliner-feuerwehr.de/fileadmin/bfw/dokumente/Download/Ausbildungsunterlagen/sprungpolster.pdf.*

[7] Katzenbach, R. et al.: Erdanker: Experimentelle Untersuchung zum Trag- und Verformungsverhalten (Teil 1), Florian Hessen 10/2011, S. 2 ff.

[8] Bühner, F., Linnarz, S.: Anschlagmittel, Die Roten Hefte/Gerätepraxis kompakt 404, Verlag W. Kohlhammer, Stuttgart, 2012.

[9] DGUV (Hrgs.): DGUV-Regel 105-049: Feuerwehren, Berlin, 2018.

46 Absicherung und Ausleuchten von Einsatzstellen

von Andreas Weich-Arin

46.1 Absicherung von Einsatzstellen gegen fließenden Verkehr

46.1.1 Allgemeines

Im öffentlichen Verkehrsraum können an Einsatzstellen der Feuerwehr Gefahren durch den fließenden Verkehr auftreten. Zum Schutz der Einsatzkräfte und beteiligten Personen sind daher geeignete **<Sicherungs- und Absperrmaßnahmen>** vorzunehmen. Verschiedene Rechtsquellen, Feuerwehr-Dienstvorschriften (FwDV 1 und 3) und die Unfallverhütungsvorschriften für die Feuerwehr regeln das notwendige und das mögliche Handeln beim Absichern von Einsatzstellen. Zusammenfassend ist festzustellen, dass die Befugnisse der Feuerwehren im Wesentlichen die Absicherung von Einsatzstellen durch Absperren einer oder

Merke:

<Verkehrslenkende Maßnahmen>, wie beispielsweise Ableitungen und Umleitungen oder das wechselseitiges Passieren von Einsatzstellen, obliegen nur der Polizei.

Achtung:

Die Absicherung von Einsatzstellen stellt immer einen Eingriff in den fließenden Verkehr dar, welcher in der Regel Verkehrsbehinderungen in Form von Verkehrstau nach sich zieht. Dies bedingt oft einen volkswirtschaftlichen Schaden. Der Verkehr ist daher so wenig wie möglich zu beeinträchtigen. Es ergibt sich der Grundsatz: Gestaltung der Absicherung so sicher wie nötig bei so wenig Beeinträchtigung wie möglich!

Quelle: J. Thorns

Bild 46.1 Absicherung einer Einsatzstelle

mehrere Fahrspuren umfassen. Eine rechtliche Besonderheit existiert im Land Bayern. Artikel 25 des Bayrischen Feuerwehrgesetzes (BayFwG) in Verbindung mit Artikel 7a des Gesetzes über Zuständigkeiten im Verkehrswesen (ZustG-Verk) zusammen verleihen den Führungsdienstgraden der Feuerwehren und dem Technischen Hilfswerk sinngemäß das Recht zur Verkehrsregelung, wenn keine Polizei zur Verfügung steht. Hierzu zählen das Erteilen von Zeichen und Weisungen, die Bedienung von Lichtzeichenanlagen und das Aufstellen von transportablen Verkehrszeichen bei Gefahr in Verzug. Unabhängig davon bleibt die alleinige Entscheidungsgewalt zur Verkehrsregelung jedoch bei der Polizei.

In der Anfangsphase eines Einsatzes existiert oft ein Mangel an Warngerät und Einsatzkräften, um die Absicherung aufzubauen. Dennoch ist der Schutz der eingesetzten Einsatzkräfte nicht zu vernachlässigen.

46.1.2 Warnkleidung

An allen Einsatzstellen mit fließendem Ver-

Bild 46.2 Einsatzkraft mit Warnweste

> **Achtung:**
>
> Für schwarz-blaue Feuerwehrjacken gemäß HuPF Teil 3 gilt die Warnwestenbefreiung nicht, auch wenn diese ähnlich einer HuPF-Teil-1 Jacke mit gelb-silber-gelben Warnstreifen ausgestattet ist. Da der Flächenanteil der Warnbestreifung zu gering ist, muss über solch einer Feuerwehrjacke eine Warnweste getragen werden.

kehr ist < **Warnkleidung** > zu tragen. Hierzu zählen hochsichtbare Warnkleidung nach DIN EN ISO 20471, Warnwesten oder Einsatzbekleidung (Jacke und Hose) mit einer Warnbestreifung gemäß DIN EN 469 (Anhang B) oder HuPF Teil 1 bzw. HuPF Teile 1 und 4. Das Mitführen von leicht erreichbaren Warnwesten für alle Einsatzkräfte auf den Einsatzfahrzeugen gewährleistet die Möglichkeit der »Marscherleichterung« bei Einsätzen im Sommer, bei denen das Tragen der mehrlagigen Einsatzkleidung für die Brandbekämpfung im Verkehrsraum zu nicht komfortablen bis hin zu unerträglichen Situationen führt.

46.1.3 Warngeräte

Von der Feuerwehr werden üblicherweise folgende < **Warngeräte** > eingesetzt:

- (Verkehrs-)Leitkegel (entsprechend Verkehrszeichen 610 StVO) mit einer Höhe von 500 und 750 Millimetern gemäß »Technische Lieferbedingungen – Leitkegel« (TL Leitkegel) der Bundesanstalt für Straßenwesen (BASt),
- Faltsignale mit einer Kantenlänge von 600, 700, 900 oder 1 100 Millimetern (Verkehrszeichen 101),

Bild 46.3 Verschiedene Warngeräte: Warndreieck (1), Kfz-Warnleuchte (2), Leitkegel – Höhe 500 mm (3), Warnweste (4), Anhaltestab (5), Handscheinwerfer (6 – nach FwDV 1 sind Handscheinwerfer nicht zur Absicherung zu verwenden), Warnflaggen (7), Faltsignal – Schenkellänge 600 mm (8)

Quelle: Feuerwehr Essen

Bild 46.4 Verkehrsabsicherungshaspel Modell »Essen«

- (Warn-)Blitzleuchten gemäß »Technische Lieferbedingungen – Warnleuchten (TL Warnleuchten), einfach oder teleskopierbar, ggf. mit selbstsynchronisierender Lauflicht-Funktion,
- Faltleitkegel,
- Verkehrsabsicherungshaspel zum Transport von Warngerät, teils mit fest installierten Blitzlampen,
- Anhaltestab in der Ausführung »rot«,
- Warndreieck (nach Paragraf 53a Absatz 2 StVZO),
- Warnleuchte (nach Paragraf 53a Absatz 2 StVZO),
- Folienabsperrband,
- Warnflagge,
- Starklichtfackel,
- sonstiges Warngerät: flache LED-Führungslichter, LED-Tafeln, Warnbaken, etc.

Der Abstand zwischen den einzelnen aufgestellten Warngeräten sollte gleichmäßig sein. Im Falle von nicht abgesperrten Fahrstreifen soll der freie Weg den Verkehrsteilnehmern eindeutig aufgezeigt werden. Hierfür eignen sich neben Verkehrsleitkegeln insbesondere Blitzleuchten mit Lauflicht-Funktion.

Im Zuge der Einsatzplanung ist sicher zu stellen, dass entsprechend den örtlichen Verhältnissen ausreichend Warngerät zur Verfügung steht. Für die Überwindung von großen Distanzen mit Warngerät auf Autobahn oder Bundesstraßen bieten sich Transporthilfen wie Verkehrssicherungshaspeln, Rollcontainer oder Trolleys an.

46.1.4 Warneinrichtungen an Fahrzeugen

An Feuerwehrfahrzeugen können verschiedene Einrichtungen angebracht sein, mit denen eine hohe Warnwirkung erzielt werden kann:
- auffällige Lackierung oder Beklebung,
- reflektierende Konturmarkierung,
- Warnschraffierung (z. B. DIN 14502-3),
- Rundumfeldbeleuchtung und Lichtmast,
- Verkehrswarnanlage,

J

Quelle: J. Thorns

Bild 46.5 Feuerwehrfahrzeug mit auffälliger Beklebung, Konturmarkierung und Verkehrswarnanlage

Quelle: R. Schubert

Bild 46.6 Verkehrssicherungsanhänger

Quelle: J. Thorns

Bild 46.7 Grundsicherung einer Einsatzstelle durch Abblendlicht, Warnblinklicht, blaues Blinklicht und ggf. der Verkehrswarnanlage

Praxis-Tipp:

Zum Ziehen eines Verkehrsabsicherungsanhänger eignet sich besonders ein großes Logistikfahrzeug, wie beispielsweise ein Gerätewagen Logistik.

- Vorwarnleuchten (Typ WL 7, blinkend),
- Blinkpfeile, »Tri-Blitz« etc.

Die Anbringung und Funktion dieser Warneinrichtungen an Fahrzeugen erfolgt gemäß den Bestimmungen in den jeweiligen Bundesländern.

Verkehrssicherungsanhänger (VSA) zeichnen sich durch ihre große Warnwirkung und die Möglichkeit, zusätzliches Warngerät zu transportieren, aus. Die Möglichkeit zur Verwendung unterliegt ebenfalls den Bestimmungen in den einzelnen Ländern.

46.1.5 Einsatzablauf für eine Verkehrsabsicherung

Anfahrt, Fahrzeugaufstellung und Grundsicherung

Die Anfahrt zur Einsatzstelle erfolgt mit blauem Blinklicht, Einsatzhorn und Abblendlicht. Bei der Annäherung an die Einsatzstelle wird die Geschwindigkeit reduziert, sodass sich der Einheitsführer einen ersten Überblick von der Einsatzstelle verschaffen kann. Der Einheitsführer bestimmt die Fahrzeugaufstellung. Rettungsdienstfahrzeuge fahren wenn möglich über die Unfallstelle hinaus, Feuerwehrfahrzeuge werden in Fahrtrichtung vor der Einsatzstelle aufgestellt. Eine erste Absicherung der Einsatzstelle wird durch den Maschinisten nach der Fahrzeugaufstellung vorgenommen, indem dieser zusätzlich zum blauen Blinklicht und zum Abblendlicht das Warnblinklicht und ggf. die Verkehrswarneinrichtung einschaltet. Die Einsatzkräfte sitzen auf der verkehrsabgewandten Seite vom Fahrzeug ab.

Vollsperrung oder Teilsperrung

In Abhängigkeit der Verkehrssituation an der Einsatzstelle sind weitere Absicherungsmaß-

Quelle: J. Wackerhahn

Bild 46.8 Vollsperrung einer Einsatzstelle

Praxis-Tipp:

Bei umfangreichen Einsatzstellen, die in der Anfangsphase nicht ausreichend erkundet werden können, oder bei widrigen Witterungsverhältnissen sollte eine Vollsperrung aufgebaut werden.

Praxis-Tipp:

Mit den Warngeräten soll bei einer Teilsperrung mit abweisenden Sicherung für die Verkehrsteilnehmer der freien Weg aufzeigt werden, statt möglichst viele Lichtblitze zu erzeugen.

nahmen auf Befehl des Einheitsführers bzw. des Einsatzleiters vorzunehmen. Hierbei ist zwischen einer Vollsperrung und einer Teilsperrung zu unterscheiden.

Bei einer <**Vollsperrung**> werden alle Fahrbahnen, Geh- und Radwege und sonstige Verkehrsflächen vollständig gesperrt. Dies schafft eine gesicherte Arbeitsumgebung an der Einsatzstelle und eine große Aktionsfläche für die Einsatzmaßnahmen.

Eine <**Teilsperrung**> ist die Sperrung von Teilen einer Verkehrsfläche, die dann nur noch eingeengt von den Verkehrsteilnehmern genutzt werden kann. Üblicherweise wird für eine Teilsperrung eine abweisende Sicherung mit spitzwinklig zur Fahrbahn angeordneten Warngeräten aufgebaut, um den Verkehr von der Einsatzstelle wegzuführen.

Der Einheitsführer formuliert in seinem Einsatzbefehl eindeutig, ob eine Vollsperrung oder Teilsperrung zur Absicherung der Einsatzstelle gegen fließenden Verkehr aufgebaut werden soll.

Alle Sicherungs- und Absperrmaßnahmen sind nur mit äußerster Vorsicht unter Beachtung des fließenden Verkehrs durchzuführen. Ist nur eine Einheit vor Ort, werden die Warngeräte entgegen des fließenden Verkehrs aus-

Bild 46.10 Während des Ausbringen von Warngerät wird dieses im aufgeklappten Zustand vor dem Körper getragen, sodass die Warnwirkung bereits beim Transport zur Geltung kommt

Quelle: J. Wackerhahn

Bild 46.9 Teilsperrung einer Einsatzstelle:
a aus Sicht der Verkehrsteilnehmer
b aus Sicht der Einsatzkräfte

Quelle: J. Wackerhahn

Bild 46.11 Vorwarnung mittels Faltsignal und Blitzleuchte

gebracht. Warndreiecke und Faltsignale werden hierfür aufgeklappt, Blitzleuchten werden eingeschalten und so getragen, dass die Warnung für die Verkehrsteilnehmer bereits beim Ausbringen sichtbar ist (▶ Bild 46.10).

Vorwarnung

Die <**Vorwarnung**> dient dem Zweck, bereits auf eine Einsatzstelle hinzuweisen, die noch einige hundert Meter entfernt ist, jedoch unter Umständen erst spät erkannt werden kann. Die Verkehrsteilnehmer sollen durch eine Vorwarnung zu einer Geschwindigkeitsreduzierung und einer Aufmerksamkeitserhöhung bewegt werden. Üblicherweise wird eine Vorwarnung mit einer Blitzleuchte und einem Faltsignal aufgebaut. Idealerweise wird die Vorwarnung von einer zusätzlich alarmierten Einheit der Feuerwehr oder von der Polizei aufgebaut.

Absicherung unter Berücksichtigung der örtlichen Situation

Die Absicherung von Einsatzstellen im Verkehrsraum ist von verschiedenen Einflussfaktoren abhängig:

- Straßenart,
- Straßenverlauf,
- Vorhandensein von Standstreifen,
- Fahrbahnbeschaffenheit,
- Sichtverhältnisse,
- Verkehrsaufkommen oder Stausituation,
- Größe und/oder Länge der Einsatzstelle,
- Beeinträchtigung des Verkehrsflusses durch die Einsatzstelle.

Nachfolgend werden beispielhaft die wesentlichen Absicherungsmaßnahmen aufgezeigt.

Innerorts

Bei <**Einsatzstellen innerorts**> erfolgt der Aufbau der Vorwarnung bzw. der Absicherung zirka 50 bis 100 Meter vor der Einsatzstelle. Straßeneinmündungen, Ausfahrten und Kreuzungsbereiche innerhalb des abgesicherten Bereiches sind besonders zu berücksichtigen.

Außerorts

Auf Straßen <**außerhalb geschlossener Ortschaften**>, wie Landstraßen und Bundesstraßen, soll eine Vorwarnung 200 Meter vor der Einsatzstelle erfolgen. Hierbei kann großzügig abgeschätzt werden, damit diese Distanz auch nach dem Eintreffen von nachrückenden Fahrzeugen noch grob erhalten bleibt. Die Einsatzstelle wird unter Berücksichtigung des zu erwartenden Platzbedarfs gesichert, sodass eine ausreichend große Aufstellfläche für nachrückende Einsatzfahrzeuge verbleibt.

Autobahnen und Kraftfahrstraßen

Auf <**Autobahnen**> und <**Kraftfahrstraßen**> wird mindestens eine erste Vorwarnung 800 Meter vor der Einsatzstelle am rechten Fahrbahnrand aufgebaut. Die Zeichen sollen in einem Abstand von 600 Meter und 400 Meter vor der Einsatzstelle wiederholt werden. Wenn möglich, soll die Vorwarnung auch am linken Fahrbahnrand aufgebaut werden.

Sinnvoll ist das Aufstellen eines Feuerwehrfahrzeugs mit Fahrlicht, eingeschaltetem Warnblinklicht und blauem Blinklicht für Absicherungszwecke an der ersten Absicherung. In einem Abstand von zirka 200 Meter vor der

Praxis-Tipp:

Leitpfosten an Straßen und Autobahnen haben in der Regel einen Abstand von 50 Metern. Somit ist eine Entfernungsabschätzung leicht möglich.

J

Tabelle 46.1 Absicherung auf verschiedenen Straßenarten gemäß FwDV 1

Absicherung von Einsatzstellen gemäß FwDV 1 (Stand 03/2007)	Abstand von der Einsatzstelle	
Straßen innerorts	1. Vorwarnung:	100 Meter
	Absicherung:	Bereich der Einsatzstelle
Straßen außerorts	1. Vorwarnung:	200 Meter
	Absicherung:	Bereich der Einsatzstelle
Autobahnen/Kraftfahrstraßen	1. Vorwarnung:	800 Meter
	2. Vorwarnung:	600 Meter
	3. Vorwarnung:	400 Meter
	Absicherung:	200 Meter
Bei unübersichtlicher Straßenführung (Kurven, Kuppen, sonstige Sichtbehinderungen) sind gegebenenfalls größere Sicherheitsabstände zu wählen. Das Warngerät ist so weit vor dem Sichthindernis aufzustellen, dass es bei Annäherung bereits aus der Entfernung erkannt wird.		

Achtung:

Werden Einsatzfahrzeuge als Sicherungsfahrzeuge oder als Prellbock eingesetzt, dann sollen keine Personen in diesen Fahrzeugen verbleiben. Die Mannschaft hält sich in einem sicheren Bereich, beispielsweise hinter der Leitplanke oder am Straßenrand, auf.

Bild 46.12 Absicherung an einer Schlauchbrücke

Einsatzstelle erfolgt die eigentliche Absicherung oder die Vollsperrung. Aufgrund der hohen Geschwindigkeiten und dem erheblichen Verkehrsaufkommen sind auf Autobahnen und Kraftfahrstraßen umfangreiche Absicherungsmaßnahmen zu treffen. Diese können nicht von der ersteintreffenden Einheit alleine übernommen werden, da diese nicht über die notwendigen Personal- und Materialressourcen verfügt, um zeitnah eine Absicherung aufbauen zu können. Deshalb ist die sofortige Alarmierung einer zusätzlichen Einheit für die Verkehrsabsicherung sinnvoll. Dieser Absicherungseinheit wird von der ersteintreffenden Einheit der genaue Ort der Einsatzstelle über BOS-Funk mitgeteilt, sodass die Vorwarnung in dem erforderlichen Abstand vor der Einsatzstelle aufgebaut werden kann.

Großfahrzeuge können nicht nur zur Erhöhung der Aufmerksamkeit der Verkehrsteilnehmer eingesetzt werden, sondern diese können auch zum Schutz der Einsatzstelle als <**Prellbock**> eingesetzt werden. Ein Prellbock ist nur nach sorgfältiger Abwägung bei einer erkannten hohen Gefahr für die Einsatzkräfte durch Ausbreitung des fließenden Verkehrs in die Einsatzstelle als »ultima ratio« einzusetzen. In diesem Fall ist vor diesem Großfahrzeug mindestens ein leichtes Einsatzfahrzeug, wie z. B. ein MTW, als eine Art Knautschzone vorzusehen.

Die Lenkung von Sicherungsfahrzeugen sollte immer in Richtung Fahrbahnrand eingeschlagen sein, um diese im Fall eines auffahrenden Fahrzeuges in Richtung Straßenrand zu lenken. Beim Aufbau und Abbau des

J

IM EINSATZ

Absicherung von Straßen

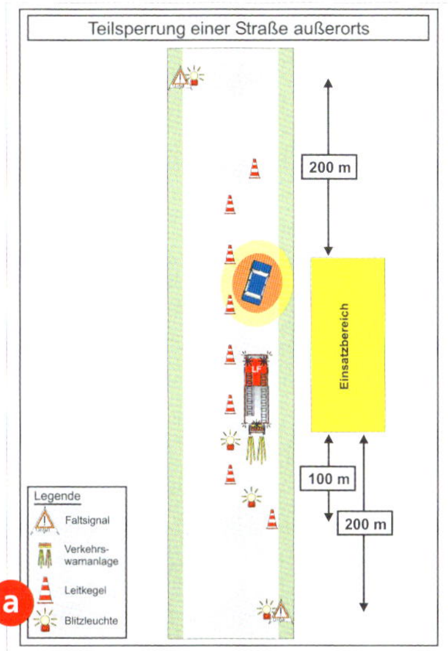

Teilsperrung (Absicherung) einer Landstraße

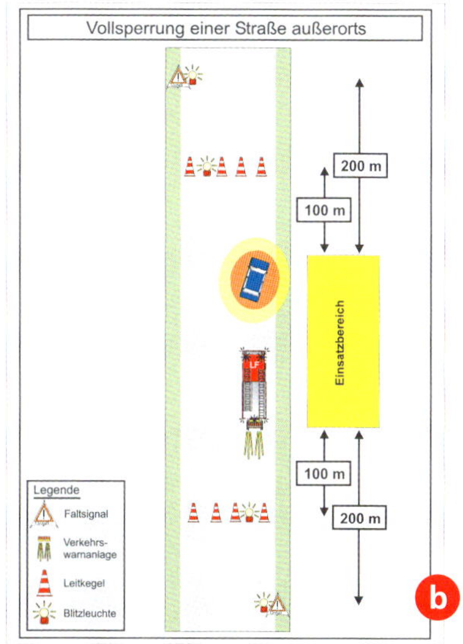

Vollsperrung einer Landstraße

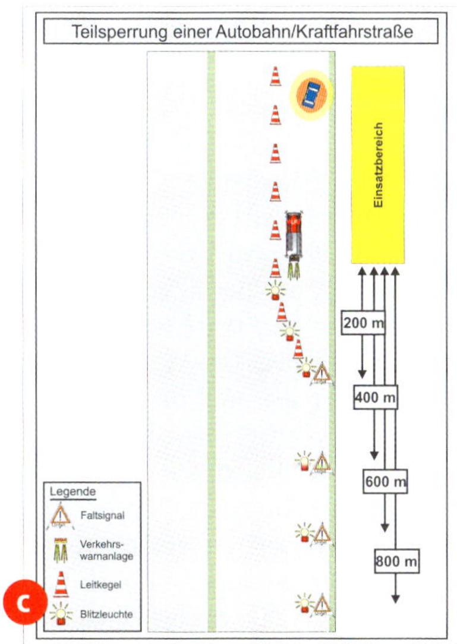

Teilsperrung (Absicherung) einer Autobahn

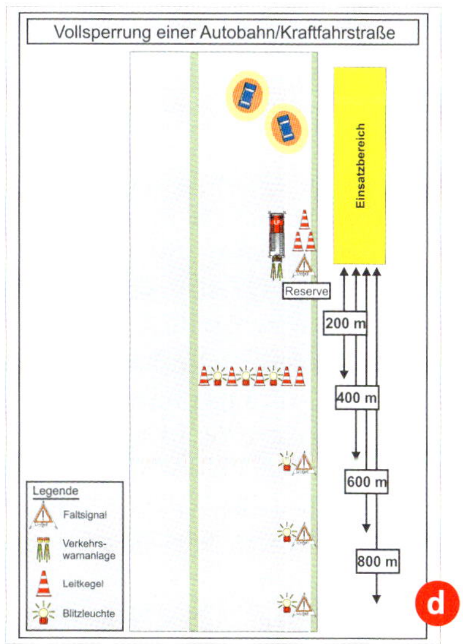

Vollsperrung einer dreispurigen Autobahn

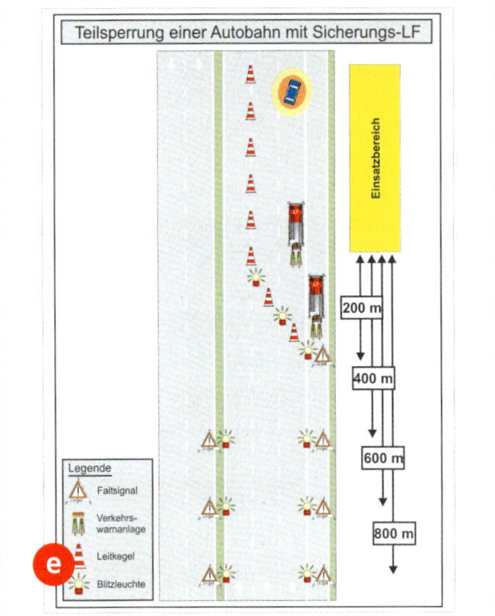

Teilsperrung Autobahn mit Sicherungs-LF

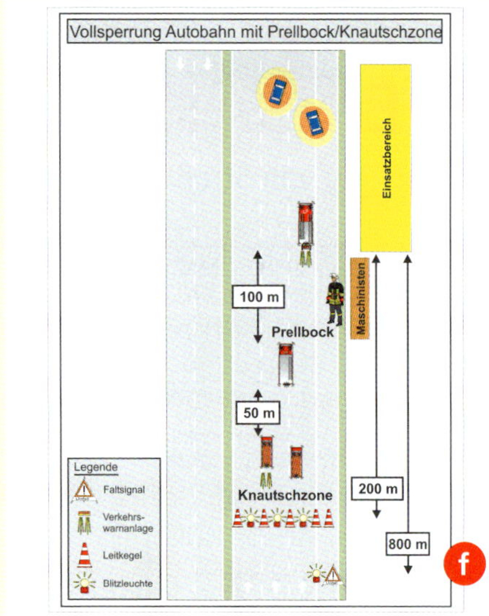

Vollsperrung Autobahn mit Prellbock

Warngeräts bewegen sich die Einsatzkräfte im sicheren Bereich am Straßenrand oder hinter Leitplanken.

Bei Absicherungsmaßnahmen vor Bergkuppen, Kurven und sonstigen unübersichtlichen Stellen sind größere Sicherheitsabstände zu wählen. Die Absicherung muss für Verkehrsteilnehmer bereits aus der Entfernung erkennbar sein, sodass genügend Reaktionszeit verbleibt.

Bei Straßen mit Gegenverkehr und in Kreuzungsbereichen werden alle Fahrstreifen abgesichert. Zur Verbesserung der Erkennbarkeit einer Absperrung sollen möglichst immer auch leuchtende Warngeräte – beispielsweise Blitzleuchten – eingesetzt werden. Sonstige auf Einsatzfahrzeugen mitgeführte Warngeräte sind bedarfsangepasst zusätzlich zu verwenden. Einsatzkräfte am Rand einer Einsatzstelle sollen den ggf. noch fließenden Verkehr beobachten und bei eintretender Gefahr die übrigen Einsatzkräfte warnen.

Wenn Hindernisse im Verkehrsbereich nicht ausreichend kenntlich gemacht werden können, müssen zusätzlich zum Warngerät Sicherungsposten eingesetzt werden. Dies trifft beispielsweise bei der Absicherung von Schlauchbrücken oder bei einer unübersichtlichen Verkehrssituation zu (▶ Bild 46.12).

Für an- und abrückende Einsatzfahrzeuge sind Bewegungsflächen frei zu halten, dies gilt insbesondere für Drehleitern, Rüstwagen, Kranwagen, Wechselladerfahrzeuge und Rettungswagen.

Abschließende Maßnahmen und Rücknahme der Geräte

Nur die Polizei verfügt über die Berechtigung, eine Straße wieder für den Verkehr frei zu geben. Nach der Beendigung der Einsatzmaßnahmen ist die Einsatzstelle daher an die Polizei zu übergeben. Das Warngerät wird mit der nötigen Vorsicht und im Schutz der Einsatzfahrzeuge wieder eingesammelt. Mit der Polizei ist bei der Rücknahme der Geräte eng zusammen zu arbeiten.

Wenn alle Warngeräte eingesammelt sind, dann verlassen alle Einsatzkräfte die Fahrbahn auf direktem Weg. Es erfolgt keine Aufforderung durch Feuerwehrkräfte zur Weiterfahrt an die Verkehrsteilnehmer, beispielsweise durch Handzeichen oder eine mündliche Auf-

J

forderung, da dies eine verkehrsbeeinflussende Maßnahme darstellen würde. Die Vorwarnung wird zuletzt abgebaut.

46.2 Ausleuchten von Einsatzstellen

46.2.1 Allgemeines

Bei Dunkelheit und in der Nacht werden durch das richtige <**Ausleuchten**> von Einsatzstellen die Einsatzmaßnahmen unterstützt und die Sicherheit für alle Einsatzkräfte und beteiligte Personen erhöht. Beleuchtungsmittel kommen u. a. für folgende Aufgaben zur Anwendung:

- Orientierung in der Dunkelheit (allgemein oder punktuell),
- Ausleuchten von Einsatzstellen,
- Absichern von Einsatzstellen,
- Suche nach vermissten Personen,
- Beleuchten von Angriffswegen,
- Beleuchten von Flucht- und Rettungswegen,
- Arbeitsplatzbeleuchtung,
- Notbeleuchtung.

Beleuchtungsmittel können dabei auch bei »helllichtem« Tage erforderlich werden, beispielsweise um den dunklen Fußraum eines Fahrzeuges zu erkunden.

46.2.2 Beleuchtungsgeräte

Bei der Feuerwehr kommen verschiedene tragbare <**Beleuchtungsgeräte**> zum Einsatz:

- Handscheinwerfer nach DIN 14642 (explosionsgeschützt),
- Persönliche Beleuchtungsmittel (z. B. Knickkopf-Lampen, L-Lampen, Stabtaschenlampen, Kopfleuchten, etc. – nicht genormt),
- Flutlichtscheinwerfer mit Leitungsanschluss für den Einsatz auf einem Stativ,
- Flutlichtscheinwerfer mit Akkumulator,
- Leuchtballons mit Stativ,
- beleuchtetes Warngerät zur Absicherung von Einsatzstellen.

An Feuerwehrfahrzeugen sind typischerweise folgende Beleuchtungseinrichtungen zu finden:

- Stand- und Fahrlicht des Fahrgestells,
- Arbeitsstellenscheinwerfer
- Geräteraumbeleuchtung,
- Rundumfeld-Beleuchtung,
- Suchscheinwerfer,
- Lichtmast mit Flutlicht- oder Xenon-Scheinwerfern.

46.2.3 Einsatz von Beleuchtungsgerät

Eine Ausleuchtung der Einsatzstelle bei Dunkelheit erhöht die Sicherheit. Die Ausleuchtung soll möglichst blend- und schattenfrei mit starken Lichtquellen erfolgen. Um eine gleichmäßige Beleuchtung sicher zu stellen, sollen mehrere Lichtquellen, die möglichst hoch aufgehängt sind, verwendet werden. Hierdurch wird sichergestellt, dass die Schatten kurz und die Schattengrenzen nicht so extrem werden. Eine gut und gleichmäßig ausgeleuchtete Einsatzstelle wirkt auf alle Beteiligten weniger bedrohlich. Insbesondere mit Leuchtballonen wird diffuses Licht ausgestrahlt, sodass die entstehenden Schatten nur weich begrenzt sind und so angenehm für das Auge erscheinen. Bei zu niedriger Platzierung der Lichtquelle oder bei größeren Entfernungen zum beleuchteten Objekt muss auf die Blendwirkung geachtet werden. Innerhalb von geschlossenen Räumen ist wegen der meist niedrigen Deckenhöhe ein blendfreies Ausleuchten kaum möglich. Bei

Quelle: J. Thorns

Bild 46.13 Verschiedene Handscheinwerfer

J

Quelle: J. Thorns

Bild 46.14 Knickkopflampe

Merke:

Leitungen werden vom Verbraucher zum Stromerzeuger hin aufgebaut. Die Leitung soll dabei nicht über den Boden geschleift werden oder mit spitzen oder scharfen Gegenständen beschädigt werden. Ein Kontakt mit Säuren und Basen sowie heißen Oberflächen ist ebenfalls zu vermeiden.

Merke:

Zwischen zwei Verbrauchern darf die Leitungslänge 100 Meter nicht überschreiten, da andernfalls der Potenzialausgleich nicht mehr einwandfrei funktioniert. Die Länge der bis zu zehn Meter langen Anschlussleitungen von Verbrauchern kann dabei vernachlässigt werden. Das bedeutet beispielsweise, dass zwei Verbraucher mit einer jeweils 50 Meter langen Leitung an einen Stromerzeuger angeschlossen werden können.

der Wahl der Aufstellorte für Beleuchtungsmittel soll eine mögliche Weiterentwicklung des Einsatzgeschehens bereits berücksichtigt werden. Für die Versorgung der Einsatzstelle mit elektrischer Energie sollen nach Möglichkeit immer genormte Stromerzeuger der Feuerwehr verwendet werden. Aufgrund der Schutztrennung und des integrierten Poten-

Quelle: J. Thorns

Bild 46.15 Flutlichtscheinwerfer auf Stativ

Quelle: R. Brandel

Bild 46.16 Leuchtballon im Einsatz

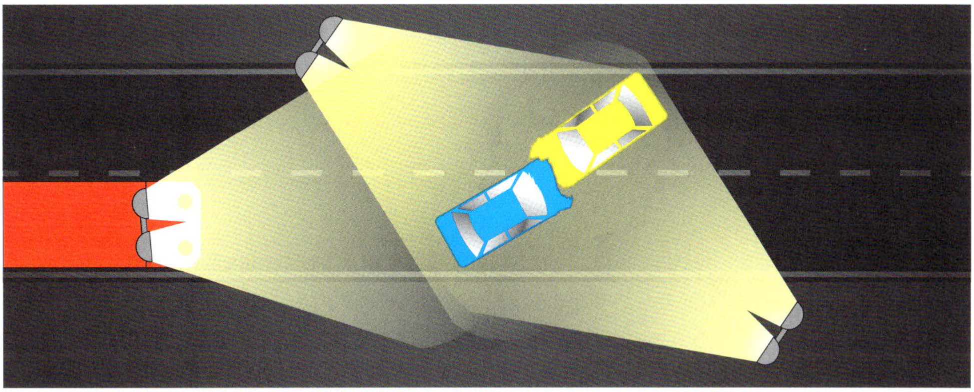

Bild 46.17 Um eine möglichst blend- und schattenfreie Ausleuchtung der Einsatzstelle zu erhalten, sollten mehrere, hoch aufgehängte Lichtquellen zum Einsatz kommen.

zialausgleichs bieten diese Stromerzeuger im Vergleich zum öffentlichen Stromnetz erheblich mehr Sicherheit.

Es sind ausschließlich elektrische Leitungen mit Potenzialsausgleichsleiter (PE), die für den Einsatz bei der Feuerwehr vorgesehen sind, zu verwenden. Ferner sind die üblichen Sicherheitshinweise zum Umgang mit elektrischen Verbrauchern zu beachten. Elektrische Betriebsmittel sind nach jedem Einsatz und nach jeder Übung auf Schäden zu überprüfen. Flutlichtscheinwerfer sollten nur bewegt werden, wenn sie ausgeschaltet und ausreichend abgekühlt sind.

Tragbare Beleuchtungsmittel stellen eine gute Möglichkeit dar, um schnell eine erste Ausleuchtung sicher zu stellen. Die Akkumulatoren (Akkus) dieser Geräte sollen entsprechend den Herstellervorgaben eingesetzt und gepflegt werden, um Schäden oder einen so genannten »Memory-Effekt« zu vermeiden. Ist Explosionsschutz von Beleuchtungsmitteln erforderlich, insbesondere von tragbaren Lampen, dann sollte Gerät für die Verwendung in Zone 0/20, mindestens jedoch in Zone 1/21, gemäß der ATEX-Richtlinie verwendet werden.

Quelle: J. Thorns

Bild 46.18 Feuerwehrfahrzeug mit ausgefahrenem Lichtmast und eingeschalteter Umfeldbeleuchtung

Literatur

[1] Feuerwehr-Dienstvorschrift (FwDV) 1 »Grundtätigkeiten«, Stand 2007, Verlag W. Kohlhammer, Stuttgart, 2007.

[2] Weich, A., Cimolino, U., Rehbein, A.: Absicherung von Einsatzstellen, Standard-Einsatz-Regel, Ecomed Verlag, Landsberg, 2015.

[3] Kögler, H., Weich. A.: Ausbildungsfolien Beleuchtung von Einsatzstellen: CD-Rom, Ecomed Verlag, Landsberg, 2016.

ZUR VERTIEFUNG

Jörg Wackerhahn/René Schubert: Absicherung von Einsatzstellen, Die Roten Hefte 205, Verlag W. Kohlhammer, Stuttgart, 2007.

ZUR VERTIEFUNG

Melioumis, Michael; Brandel, Rudolf: Ausleuchten von Einsatzstellen, Die Roten Hefte 207, Verlag W. Kohlhammer, Stuttgart, 2009.

47 Menschenrettung ohne und mit einfachen Hilfsmitteln

von Rüdiger Weich

47.1 Hinweise zum Retten von Personen

<Retten> bedeutet das Abwenden einer Gefahr durch lebensrettende Sofortmaßnahmen und/oder das Befreien aus einer lebens- oder gesundheitsgefährdenden Zwangslage. Von hoher Bedeutung beim Retten bzw. beim Transport einer Person ist die verfügbare Zeit. Besteht kein Zeitdruck, ist eine patientengerechte und schonende Rettung durchzuführen. Vor der Rettung ist dann ein »kleiner« Bodycheck, wie in der Ersten Hilfe, durchzuführen. Wenn akute Lebensgefahr besteht, muss eine so genannte **<Sofort-Rettung>** durchgeführt werden. Eine Sofort-Rettung ist dadurch gekennzeichnet, dass zur zeitaufwändigen, patientengerechten Rettung aufgrund von äußeren Gefahren und/oder einer Verletzung der Person selbst keine Zeit bleibt. In diesem Fall unterbleibt eine (umfassende) Untersuchung des Patienten und bei der Rettung werden Verletzungen in Kauf genommen, um das Leben des Patienten zu retten.

Im Einsatzfall werden Personen durch schnelle Rettung bzw. In-Sicherheit-bringen in einen sicheren Bereich gebracht. Die zurück gelegten Wege sind typischerweise kurz. Solch ein sicherer Bereich kann beispielsweise ein rauchfreier Treppenraum bei einem Wohnungsbrand sein. Aus dem sicheren Bereich heraus muss die Rettung bzw. der Transport schonend und sicher erfolgen, meist wird dazu die Transport-Methode gewechselt bzw. es erfolgt eine Übergabe an weitere Einsatzkräfte bzw. den Rettungsdienst.

In der Praxis treffen Einsatzkräfte fast immer auf zusätzliche Hindernisse und Behinderungen, beispielsweise enge Treppenräume, Höhenunterschiede, hohes Gewicht der Persönlichen Schutzausrüstung, hohes Patientengewicht, Verletzungen des Patienten oder schlechte Sicht. Die Helfer nutzen ihre freien Hände, um sich zu halten, beispielsweise an Treppengeländern. Insbesondere beim Innenangriff kann die Belastung beim Retten extrem hoch sein.

Ein Trupp entscheidet selbst über die gewählte Transportmethode. Die Wahl der Rettungsmethode ist insbesondere abhängig von:
- Art und Umfang von Verletzungen,
- Zustand der Person,
- Gefährdung der Person und der Retter,
- Anzahl der zu rettenden Personen,
- Verfügbare Mittel (Zeit, Personal, Material/Transportmittel),
- Transportweglänge.

Allgemein gilt, dass »weiche« Transportmittel flexibler in Gebäuden eingesetzt werden können und »starre« Transportmittel besser beim Transport über lange Wegstrecken.

Sollen die nachfolgend dargestellten Methoden zum Retten und In-Sicherheit-bringen in der Praxis sicher beherrscht werden, müssen

Achtung:

Ein sicherer Transport bedeutet auch, dass die Rettung auch für die Retter rückenschonend sein soll. Dazu heben die Helfer aus den Kien und nicht aus dem Rücken.

Praxis-Tipp:

Der Patient ist mit den Füßen voran zu transportieren, sodass sein Blick in Transportrichtung und damit weg von der Gefahr gerichtet ist. Als Ausnahme gilt ein ansteigender Transportweg: Hier wird für die Dauer des Anstieges gewendet, sodass der Kopf hoch gelagert ist.

sie, wie alle Tätigkeiten bei der Feuerwehr, regelmäßig geübt werden; am besten mit realschweren Dummies.

47.2 Retten ohne Hilfsmittel

In diesem Abschnitt werden Methoden zum Retten und In-Sicherheit-bringen vorgestellt, die ohne Hilfsmittel (in einer Ebene) angewendet werden.

47.2.1 Stützhilfe beim Gehen

Die Stützhilfe beim Gehen wird bei noch gehfähigen Personen durch einen oder zwei Helfer angewendet. Der Helfer legt einen Arm der Person um seine Schulter und ergreift fest dessen Handgelenk. Mit dem freien Arm umfasst der Helfer die Hüfte der Person und fasst dort das andere Handgelenk. Bei der Stützhilfe mit zwei Helfern halten beide Helfer mit ihrer äußeren Hand ein Handgelenk der Person und umfassen die Hüfte zum Stützen der Person.

47.2.2 Rautek-Griff

Das Wegziehen einer Person mit dem Rautek-Griff wird in der Regel bei bewusstlosen Personen in zeitkritischen Situationen eingesetzt. Bevor ein liegender Patient weggeschliffen werden kann, muss er aufgerichtet werden. Dazu tritt der Helfer an die auf dem Rücken liegende Person heran und greift mit beiden Händen unter den Nacken des Liegenden. Danach bringt er mit angemessenem Schwung den Oberkörper der Person in einen vornüber gebeugten Sitz und tritt dicht hinter den Oberkörper des nun Sitzenden, um dessen Oberkörper mit den Knien gegen Wegsacken

Merke:

Beim Rautekgriff zeigen Finger und Daumen nach vorn. Durch den »Affengriff« wird vermieden, dass die Daumen des Retters auf die Rippen des Verletzten drücken.

IM EINSATZ

Stützhilfe beim Gehen

Stützhilfe beim Gehen durch einen Helfer

Stützhilfe beim Gehen durch zwei Helfer

IM EINSATZ

Wegziehen einer Person mit dem Rautek-Griff

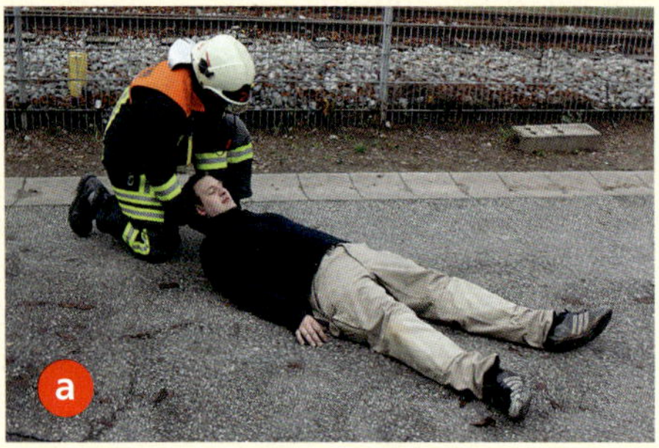

Nacken der Person vorsichtig greifen.

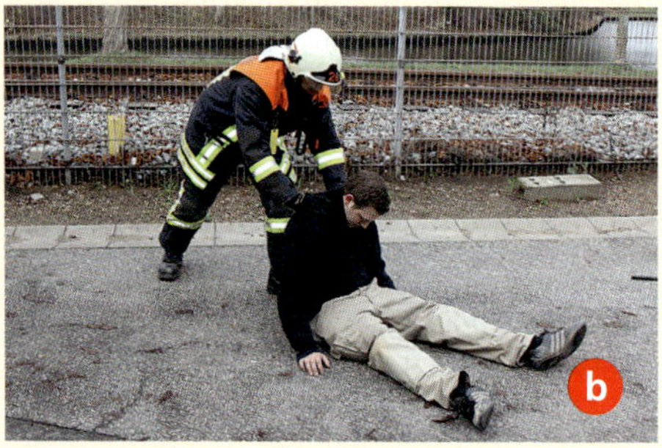

Oberkörper der Person aufrichten.

Von hinten unter den Achseln der Person durchgreifen und den gebeugten Arm fassen.

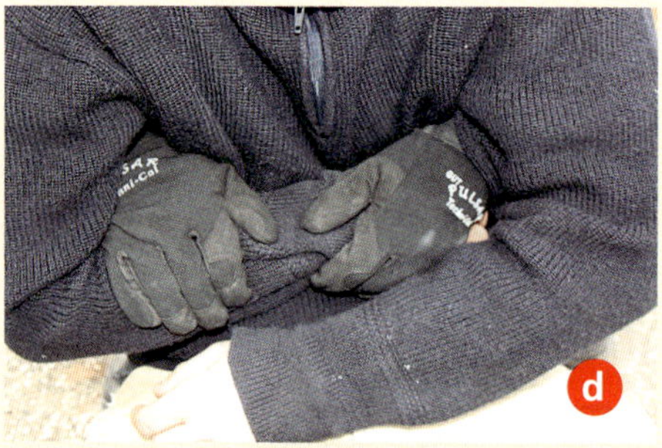

Rautekgriff mit nach vorn gestreckten Daumen

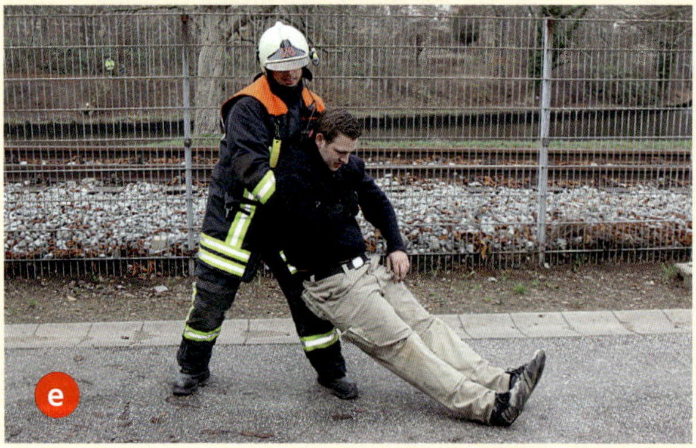

Person auf ein Knie ziehen und wegschleifen.

zu sichern. Dann wird ein Arm der Person vor deren Oberkörper gelegt und der Helfer greift mit beiden Armen unter den Achseln der Person hindurch. Mit beiden Händen packt der Helfer nun den quer liegenden Arm der Person im »Affengriff«. Durch eine Gewichtsverlagerung nach hinten wird der Verletzte nun auf einen Oberschenkel gezogen und auf diesem weggezogen. Alternativ kann zusätzlich ein zweiter Helfer die Beine der getragenen Person erfassen und beide Helfer können die Person wegtragen.

In Ausnahmefällen kann der Rautek-Griff auch zur Befreiung einer nicht eingeklemmten Person aus einem Fahrzeug angewendet werden.

47.2.3 Schulter-Tragegriff (»Feuerwehrgriff«)

Der Schulter-Tragegriff wird bei bewusstlosen Personen angewendet und wird schon sehr lange von der Feuerwehr benutzt. Daher wird er auch »Feuerwehrgriff« genannt. Der Griff sollte nur in Ausnahmesituationen angewendet werden, da er belastend für den Helfer und

Bild 47.1 Tragen einer Person durch zwei Helfer mit einem Tragering

den Verletzten ist, insbesondere, wenn der Helfer schweren Atemschutz trägt. Die getragene Person muss zum Stehen aufgerichtet werden, beispielsweise durch Lehnen gegen eine Wand. Dann tritt der Helfer mit einem Bein vor und ergreift mit einer Hand das gegenüberliegende Handgelenk der Person und zieht deren Arm über seine Schulter. Mit dem freien Arm umfasst er ein Bein der Person, indem er durch die Beine hindurchfasst und ergreift mit dieser Hand das zuvor über die Schulter gezogene Handgelenk des Verletzten. Nach dem Aufrichten wird das Gewicht der Person möglichst gleichmäßig auf die Schultern verteilt und die Person weggetragen. Bei sitzenden Personen ist sinngemäß zu verfahren.

47.2.4 Tragen auf den Armen

Helfer können leichte Personen, beispielsweise Kinder und Jugendliche, auf den Armen tragen. Dabei ist es egal, ob die Person bewusstlos ist oder nicht. Falls möglich, sollte die getragene Person für einen zusätzlichen Halt den Nacken des Helfers mit beiden Händen umfassen. Zum Aufnehmen einer Person greift der Helfer mit einem Arm unter der ihm zugewandten Achsel der Person hindurch, um seinen Arm um ihren Rücken zu legen. Dann bückt er sich und ergreift mit der anderen Hand unter die Oberschenkel der Person, um diese hoch zu heben.

47.3 Retten mit einfachen Hilfsmitteln

Die Zuhilfenahme von einfachen Hilfsmitteln kann den Einsatz der Helfer beim Retten und dem Abtransport von Personen deutlich erleichtern.

47.3.1 Kommandos

Für die Anwendung von (Transport-)Hilfsmitteln durch mehre Helfer sind einheitliche Kommandos für ein gleichmäßiges Heben und Tragen hilfreich. Bewährte Kommandos sind:
- »Fasst an!« – Ergreifen der Tragegriffe durch die Helfer,
- »Fertig?« – Frage des Truppführers an die

Helfer vor dem Anheben,
- »Fertig!« – Antwort der Helfer auf die Frage des Truppführers,
- »Hebt auf!« bzw. »Setzt ab!« – Anheben bzw. Absetzen der getragenen Person,
- »Trägertrupp Marsch!« bzw. »Trägertrupp Halt!« – Bewegen und Stoppen des Trägertrupps durch den Truppführer; der Trägertrupp soll nicht im Gleichschritt laufen.

47.3.2 Tragering

Ein Tragering dient zum Transport einer sitzenden, ansprechbaren Person über kurze Wege. Der Tragering kann aus einem Dreieckstuch, einer Bandschlinge oder Ähnlichem erstellt werden. Zur Anwendung dieser behelfsmäßigen Sitzunterlage werden zwei Helfer benötigt (▶ Bild 47.1). Die Helfer halten mit den äußeren Händen den Tragering und stützen mit den inneren Händen den Rücken der getragenen Person. Die Person legt ihre Arme um die Schultern der Helfer.

47.3.3 Bandschlinge

Eine Bandschlinge ist ein vielseitiges Anschlagmittel, das aus dem Bergsport bekannt ist. Bei der Feuerwehr wird sie unter anderem auch für die (Sofort-)Rettung durch Schleifen oder Tragen über kurze Wegstrecken von bewusstlosen Personen und Atemschutzgeräteträgern in einer Ebene eingesetzt (▶ Bild 47.2). Zur Rettung eines verunglückten Atemschutzgeräteträgers wird dabei die Bandschlinge mit einem Ankerstich um die Schultergurte des Pressluftatmers gelegt. Beim Schleifen ist allerdings auf das Flaschenventil und den Kopf des Atemschutzgeräteträgers zu achten.

Zum Tragen einer Person wird die Bandschlinge unter dem Becken einer liegenden Person durchgezogen und über ihr einfach zum Griff verdrillt, sodass ein oder zwei Helfer den Körperschwerpunkt anheben können. Mit einer zweiten Bandschlinge kann der Oberkörper im Schulterbereich durch einen weiteren Helfer getragen werden. Diese Tragemethode ist auch für die Helfer schonend, da diese sich nicht bücken müssen.

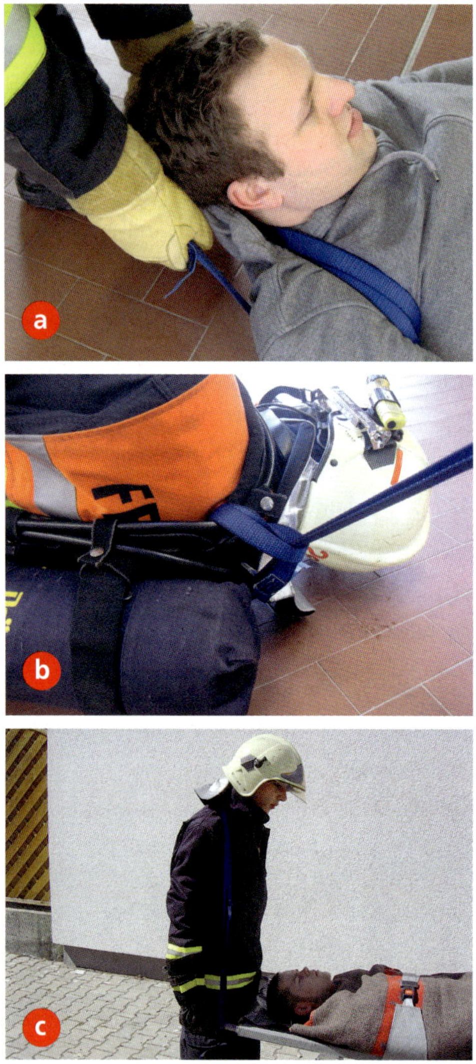

Bild 47.2 Eine Bandschlinge ist vielseitig einsetzbar:

a zum Schleifen von Personen: Die Bandschlinge wird unter den Armen um den Oberkörper gelegt und verknotet. Beim Anheben des Oberkörpers kann auch der Kopf mit den Händen gestützt werden.

b zum Schleifen von verunglückten Atemschutzgeräteträgern (Ankerstich um die Schultergurte des Pressluftatmers),

c als Tragehilfe beim Tragen einer Krankentrage als Ersatz für einen Tragegurt.

Eine weitere Möglichkeit ist die Verwendung einer Bandschlinge als Ersatz für einen Tragegurt an einer Krankentrage oder an einer Schleifkorbtrage. Die Bandschlinge wird dazu mittels Ankerstich an den Griffen der Trage befestigt sowie mit einem einfachen Knoten verkürzt, um sie der Größe des Helfers anzupassen. Bei vielen Transporten oder langen Transportwegen soll die Bandschlinge dann das Gewicht der Trage auch auf die Schultern des Trägers verteilen, insbesondere, wenn die Trage nur von zwei Helfern getragen wird.

Weitere Feuerwehr-Anwendungsbereiche einer Bandschlinge, die nicht in den Bereich »Transport« gehören, sind die Verbindung von Truppmitgliedern untereinander, die Nutzung als Schlauchhalter und das Öffnen von »heißen Türen« im Innenangriff.

Praxis-Tipp:

Sollen zwei oder mehr Griffe des Rettungstuchs mit einer Hand ergriffen werden, ist es praktikabel, einen Griff durch den anderen Griff zu stecken und nur den durchgesteckten Griff zu umfassen, auch mit Handschuhen.

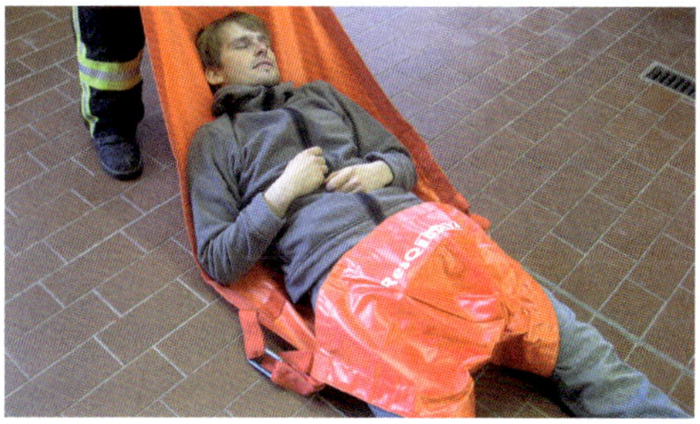

Bild 47.4 Das Rettungstuch als »Rettungswindel«

47.3.4 Rettungstuch/Tragetuch

Das Rettungstuch, auch Trage- oder Bergetuch genannt, ist ein flexibles Transportmittel. Das Rettungstuch ist Bestandteil der Normbeladung von Löschfahrzeugen. Es eignet sich besonders gut für enge Transportwege, beispielsweise in Gebäuden. An dem Rettungstuch können ein bis sechs Helfer anfassen. Stehen nur ein oder zwei Helfer zur Verfügung, kann das Rettungstuch auch als »Rettungswindel« eingesetzt werden. Dazu wird die Person mit dem Rücken auf das Tuch gelegt und das untere Ende wie eine Windel durch die Beine auf den Bauch geklappt. Die unteren und mittleren Tragegriffe liegen nun übereinander und können mit den Händen ergriffen oder mit Karabinern bzw. einer Bandschlinge verbunden werden. Insbesondere nach der Sicherung mit Karabiner kann die Person durch einen oder wenige Helfer durch Ziehen an den oberen Griffen weggeschliffen werden.

Bild 47.3 Tragen einer Person mit einem Rettungstuch durch drei Helfer. Zwei Helfer tragen den Oberkörper (Körperschwerpunkt), der dritte Helfer trägt die Beine, dazu steckt er einen Griff durch den anderen Griff des Rettungstuches, um nur einen Griff halten zu müssen.

Das Rettungstuch kann auch als »Rettungssitz« zum Transport einer sitzenden Person eingesetzt werden, indem durch einseitiges, griffbreites und mehrfaches Einschlagen bis zur Mitte ein Wiegesitz geschaffen wird, der von zwei Helfern getragen werden kann.

47.3.5 Krankentrage

Die Krankentrage nach DIN 13024 gibt es mit starren und klappbaren Holmen und dient zum

IM EINSATZ

Auflegen eines Verletzten auf eine Krankentrage über einen Holm

Die Helfer positionieren sich am Verletzten und greifen unter diesen.

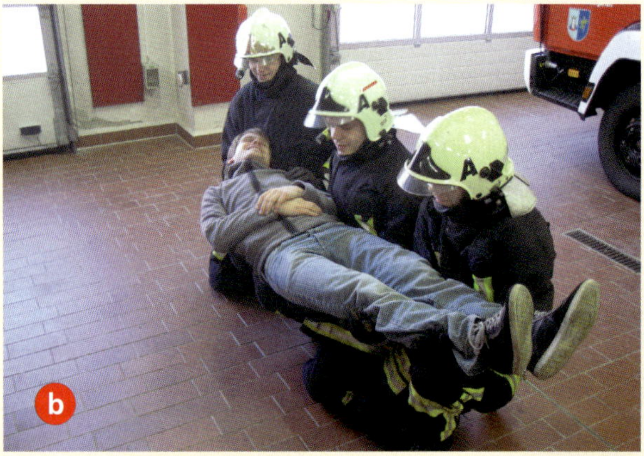

Der Verletzte wird angehoben. Der Verletzte kann kurzzeitig zur Entlastung auf den nach vorn gestellten Knien der hockenden Helfer abgelegt werden. Der Kopf des Verletzten muss vorsichtig gestützt werden.

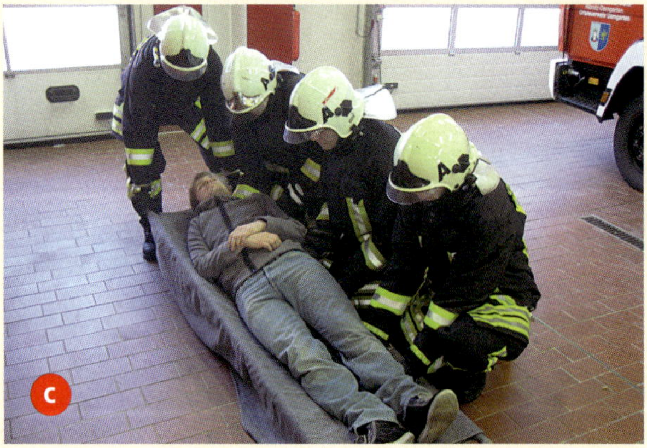

Der Verletzte wird vorsichtig auf der bereitgestellten Trage abgelegt.

IM EINSATZ

Auflegen eines Verletzten durch Unterschieben der Krankentrage

Die Helfer stehen im breiten Schritt über dem Verletzten und heben diesen an. Der Kopf des Verletzten muss vorsichtig gestützt werden.

Die Trage wird untergeschoben und der Verletzte auf dieser abgelegt.

Tragen liegender Personen. Die klappbare Variante hat den Vorteil, dass sie kleiner verpackt auf einem Einsatzfahrzeug verstaut werden kann. Eine Krankentrage gehört zur Normbeladung von Löschfahrzeugen und Drehleitern. Personen können durch zwei bis vier Helfer getragen werden. Bei längeren Transporten ist zusätzlich auf den Wärmeerhalt der transportierten Person durch eine (Rettungs-)Decke zu achten.

> **Achtung:**
>
> Personen auf einer Krankentrage bzw. in einer Schleifkorbtrage müssen immer mit den vorhandenen Gurten gesichert werden.

Zum Auflegen einer Person auf eine (Kranken-)Trage gibt es zwei Möglichkeiten: Auflegen eines Verletzten über einen Holm und Auflegen eines Verletzten durch Unterschieben der Krankentrage vom Kopf- oder Fußende her. Für beide Varianten werden mindestens drei Helfer an der Person und ein Helfer an der Trage benötigt. Die am Körper verteilten Helfer heben den Verletzten gleichmäßig

Bild 47.5 Retten mit der Schleifkorbtrage:
- a Tragen eines Atemschutzgeräteträgers mit einer Schleifkorbtrage durch vier Helfer,
- b Schleifen eines Atemschutzgeräteträgers mit einer Schleifkorbtrage und Bandschlingen als Zugmittel durch zwei Helfer.

auf Kommando an und legen ihn vorsichtig auf der Trage ab. Der Helfer am Kopf sichert diesen immer durch Halten im Nacken. Die Helfer sollten die verletzte Person dabei nach Möglichkeit immer an ihrer unverletzten Seite anfassen. Beim Retten aus Höhen und Tiefen mit der Krankentrage wird die Person zusätzlich mittels einer Feuerwehrleine auf der Trage fest eingebunden. Nach Möglichkeit sollte alternativ aber eine Schleifkorbtrage mit Hebegeschirr zur Rettung einer liegenden Person aus Höhen und Tiefen verwendet werden.

47.3.6 Schleifkorbtrage

Die Schleifkorbtrage (▶ Bild 47.5) dient zum Transport von liegenden Personen durch zwei bis sechs Helfer. Dieses Transportmittel ist oft zusätzlich auf Löschfahrzeugen, Rüstwagen und Drehleitern verladen. Eine Schleifkorbtrage hat gegenüber einer Krankentrage den zusätzlichen Vorteil des harten Patientenschutzes. Mit ihr kann ein Verletzter auch über unebene Flächen gezogen oder geschliffen werden, statt ihn zu tragen. Als Zugmittel eignen sich Bandschlingen. Auch das Überheben oder Absetzen auf Hindernissen, beispielsweise einer Fahrbahn-Leitplanke, ist problemlos möglich. Eine Schleifkorbtrage kann waagerecht oder senkrecht benutzt werden; für die senkrechte Rettung ist eine verstellbare Fußstütze vorhanden. Für die Schleifkorbtrage gibt es auch ein Hebegeschirr, das das Anheben der Trage, beispielsweise mit einem Auf- und Abseilgerät an einem Anschlagpunkt erlaubt (▶ Kapitel 43).

47.3.7 Schaufeltrage

Eine Schaufeltrage ist ein Hilfsmittel, das aus dem Rettungsdienst bekannt ist und zur Standardbeladung eines Rettungswagens gehört. Dieses Hilfsmittel wird insbesondere dann eingesetzt, wenn eine Fraktur der Wirbelsäule des Verletzten nicht ausgeschlossen werden kann. Personen können durch zwei bis vier Helfer getragen werden. Mit der Schaufeltrage können liegende Personen schonend aufgenommen und beispielsweise auf eine Vakuummatratze umgebettet werden. Eine Person kann mit ihr auch um ihre Längsachse vom Bauch auf den Rücken gedreht werden. Eine Schaufeltrage kann in ihrer Längsrichtung in zwei Teile zerlegt werden. Zum Aufnehmen (»Aufschaufeln«) eines Patienten wird die Schaufeltrage geöffnet und beide Teile vorsichtig von beiden Seiten unter den Patienten geschoben.

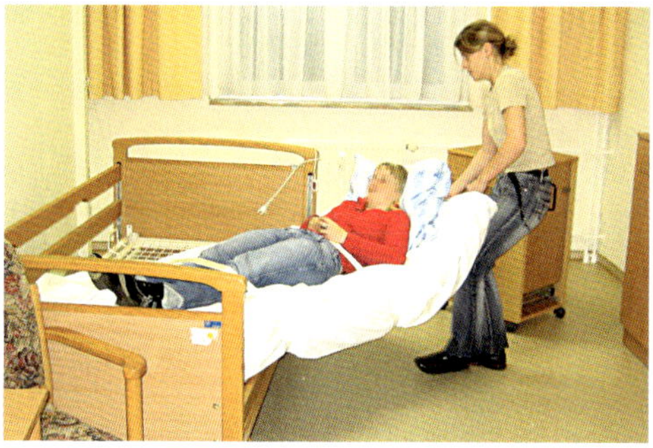

Bild 47.6 Demonstration der Anwendung eines Evakuierungstuches durch eine Pflegekraft in einem Pflegeheim

Dabei sind Patientenbewegungen möglichst zu vermeiden. Anschließend werden die Hälften wieder mit den Verschlüssen fixiert und der Verletzte mit den Gurten gesichert.

47.3.8 Evakuierungstuch/-matratze

Evakuierungstücher (▶ Bild 47.6) sind teilweise in Krankenhäusern oder Pflegeheimen zu finden und dort, falls vorhanden, einsatzbereit unter die Pflegematratzen gelegt. Wird die Feuerwehr über das Vorhandensein der Tücher vom anwesenden Pflegepersonal informiert, sollten diese im Bedarfsfall auch genutzt werden. Mit einem Evakuierungstuch kann eine liegende Person von einem Helfer aus dem Bett gehoben und durch Schleifen wegtransportiert werden. Der Transport über Treppen nach unten ist ebenfalls problemlos möglich. Wichtig ist, dass die liegende Person vor der Anwendung des Evakuierungstuches mittels der angebrachten Gurte auf der Pflegematratze gesichert wird.

47.3.9 Rollstuhl und Ähnliches

In Krankenhäusern, Alten- sowie Pflegeheimen stehen oft Hilfsmittel zur Verfügung, welche die Feuerwehr auch zur Rettung einsetzen kann:

- Rollstuhl: Eine sitzende Person kann durch eine Einsatzkraft leicht in einer Ebene bewegt werden. An Treppen besteht Absturzgefahr. Muss ein Rollstuhl über eine Treppe nach unten transportiert werden, sind mindestens drei Helfer notwendig: zwei vor dem Rollstuhl und ein Helfer hinter dem Rollstuhl. Beim Transport über eine Treppe nach unten sind die Fußtritte immer zu entfernen. Armlehnen können abnehmbar an Rollstühlen gestaltet sein, sie bieten keinen festen Halt!
- Rollator: Mit einem Rollator kann eine selbstständig sitzende Person von einem Helfer in einer Ebene geschoben werden. Die Person sitzt dazu auf der Sitzfläche des Rollators.
- Evakuierungsstuhl: Diese Geräte sind teilweise in öffentichen Gebäuden, Heimen oder Firmengebäuden zu finden und erlauben einen kräfteschonenden Transport einer sitzenden Person über Treppen nach unten.
- Stuhl: Eine auf einem Stuhl sitzende Person kann von zwei Helfern getragen werden.

47.4 Retten über Leitern

Gehfähige Personen werden beim Absteigen auf einer Drehleiter oder einer tragbaren Leiter durch einen voraussteigenden Feuerwehrangehörigen von hinten und eine Feuerwehrleine mit Brustbund gesichert. Der Retter steigt dazu eine oder zwei Sprossen unterhalb der Person die Leiter hinab. Er umfasst die Person mit seinen Armen und greift unter den Achseln der Person hindurch die Sprossen der Leiter. Mit seinem Körper schützt der Helfer die Person und führt diese im Passgang die Leiter hinunter. Durch Anweisungen für die Person führt er diese beim Absteigen von Sprosse zu Sprosse zum Boden (▶ Kapitel 23 und 24).

Literatur

[1] Bundesamt für Zivilschutz: Katastrophenschutz-Dienstvorschrift KatS-DV 260, Dienstvorschrift für die Ausbildung des Bergungsdienstes »Transport Verletzter aus Schadenstellen«, Ausgabe 1981. Im Internet: *http://download.gsb.bund.de/BBK/KatS_Dv_260.pdf.*

[2] Helpenstein, J., Faulstich, S.: Sonderheft Feuerwehr Magazin »Verhalten im Innenangriff«, Aktualisierte Auflage 2012, 2011.

[3] Weich, A., Weich, R.: Einsatzmöglichkeiten von Bandschlingen, FFZ 9/2004, S. 538.

J

48 Technische Rettung nach Verkehrsunfällen

von Alexander Blasczyk

48.1 Sicherheitseinrichtungen und Besonderheiten von Kraftfahrzeugen

In Kraftfahrzeugen sind vielfältige passive Sicherheitseinrichtungen verbaut, die bei Unfällen die Insassen vor schweren oder gar tödlichen Verletzungen bewahren sollen. Dies hat zum einen den erfreulichen Effekt, dass in Deutschland immer weniger Menschen bei Kraftfahrzeugunfällen ums Leben kommen. Zum anderen nimmt mit der Komplexität der Sicherheitseinrichtungen aber auch die Notwendigkeit zu, dass sich die Einsatzkräfte von Feuerwehr und Rettungsdienst immer detaillierter mit dem Aufbau und den Besonderheiten von Fahrzeugen auseinandersetzen müssen. Denn bei schweren Unfallverläufen mit erheblichen Deformationen an den Fahrzeugen kann nur dann eine effektive, vor allem zeitnahe Rettung von eingeklemmten Fahrzeuginsassen durchgeführt werden, wenn die Fahrzeugkonstruktion an den richtigen Stellen geschwächt wird und dabei die Sicherheitseinrichtungen nicht zur Gefahr für die Helfer und die Betroffenen werden.

48.1.1 Allgemeiner sicherheitstechnischer Fahrzeugaufbau

Das Kernstück jeder modernen Fahrzeugkonstruktion ist die Sicherheitsfahrgastzelle. Sie bildet in Form eines äußerst steifen Käfigs einen Schutzraum um die Insassen. Durch eine aufwändige Konstruktionsweise (teils mehrschichtige Lagen unterschiedlicher äußerst widerstandsfähiger Werkstoffe, Verstärkung durch Versteifungselemente wie hochfeste Rohre) wird sichergestellt, dass sie selbst hohen Kräften standhält. Wesentliche Bestandteile sind die Grundplatte (Fahrzeugboden), die Fahrzeugsäulen (A-, B-, C- und ggf. auch D-Säule), die Längs- und Querträger sowie die Schweller. Weitere besonders verstärkte Fahrzeugbereiche sind typischerweise der Mitteltunnel, der Übergangsbereich zwischen den A-Säulen und den Schwellern (als Radabstützung bezeichnet) sowie der Armaturenquerträger,

J

Quelle: Mercedes-Benz, Stuttgart

Bild 48.1 Rohrstruktur der Karosserie eines modernen Kleinwagens: Die silberfarbenen Karosserieteile bestehen aus Tiefziehstählen, welche eine gewöhnliche Festigkeit haben. Hingegen sind die roten Bereiche aus hochfesten Stahllegierungen gefertigt.

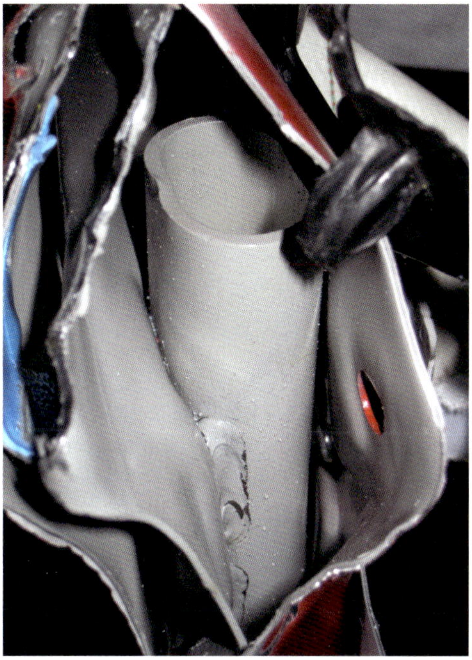

Bild 48.2 Während der Rettungsarbeiten freigelegtes, hochfestes Rohr zur Verstärkung der B-Säule an einem Mittelklassefahrzeug

der die beiden A-Säulen miteinander verbindet und in der Regel als Träger für die Lenkradsäule und weitere wichtige Komponenten (z. B. Beifahrerairbag) dient. Da die Fahrzeugseiten besondere Schwachstellen darstellen (der Abstand der Insassen zur Fahrzeugaußenseite ist hier am geringsten), statten die Fahrzeughersteller Pkw mit Verstärkungselementen (zumeist hochfeste Rohre oder Verstrebungen) – dem so genannten Seitenaufprallschutz – aus. Diese sollen die an der Seite angreifenden Kräfte bei einem seitlichen Aufprall auf die Fahrzeugsäulen und den Querträger des Fahrzeugs übertragen. Durch die Krafteinwirkung kann es jedoch auch zur Verschiebung der Rohre bzw. Verstrebungen des Seitenaufprallschutzes in Richtung der Fahrzeugsäulen kommen. Dann besteht die Möglichkeit, dass dadurch die betroffene Fahrzeugtür verriegelt wird.

Bei Frontalunfällen wird ein Großteil der kinetischen Energie durch die so genannten

Merke:

Das Trennen von verstärkten und hochfesten Bestandteilen erfordert einen hohen Kraftaufwand, den nur sehr leistungsstarke Schneidgeräte aufbringen können. Mehrschichtige Lagen erschweren zudem das Ansetzen der Geräte.

Knautschzonen aufgenommen. Dabei handelt es sich um spezielle Konstruktionselemente im Fahrgestell und in der Fahrzeugkarosserie, welche die Energie bei einer Kollision durch Deformationen abbauen und möglichst von der Sicherheitsfahrgastzelle ableiten. Wenn man hier von den »weicheren Bestandteilen« spricht, darf dies nicht darüber hinwegtäuschen, dass auch diese Elemente eine hohe Festigkeit aufweisen können.

Im modernen Fahrzeugbau gibt es nur noch selten die klassische Trennung zwischen Rahmen und Aufbau. Selbsttragende Karoserien vereinen heute die Eigenschaften der äußerst steifen Sicherheitsfahrgastzelle mit den »weicheren« Deformationselementen und anderen Fahrzeugkomponenten. Neben einem hohen Entwicklungsaufwand erfordert diese Konstruktionsweise eine Kombination von sehr unterschiedlichen Werkstoffen. Aluminium- und Magnesium-Druckguss-Teile, unterschiedlich feste Metalle bis hin zu hochfesten Borstählen

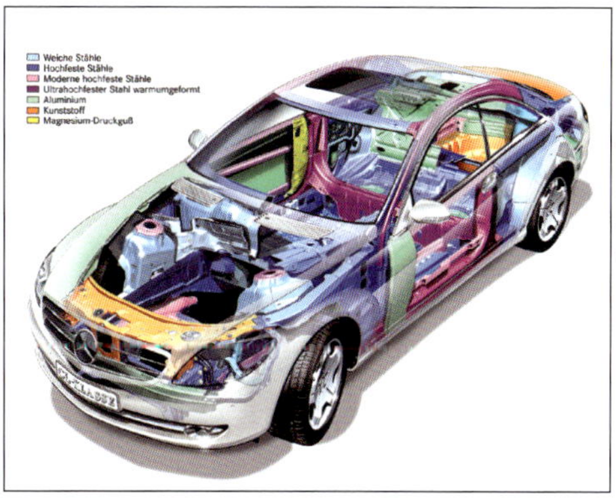

Bild 48.3 Im modernen Fahrzeugbau kommen vielfältige Materialen zum Einsatz, die sich während der Rettungsarbeiten auch unterschiedlich verhalten können.

J

Praxis-Tipp:

Alternativ zu Schneidgeräten können z. B. Säbelsägen, Trennschleifer, Brenn- und Plasmaschneidgeräte zum Trennen von hochfesten Fahrzeugteilen eingesetzt werden. Dabei muss jedoch insbesondere auf den Funkenflug geachtet werden.

finden ebenso Verwendung wie Kunststoffe und Verbundwerkstoffe. Die Vielzahl der verwendeten Werkstoffe macht je nach Unfallsituation die Vorhaltung von verschiedenen Rettungsgeräten und die Erfahrung mit unterschiedlichen Rettungsmethoden notwendig.

48.1.2 Airbags und Gurtstraffer

Airbags (deutsch »Luftsäcke«) sind neben Drei-Punkt-Sicherheitsgurten die inzwischen wohl am weitesten verbreiten Sicherungseinrichtungen in Pkw. In vielen Fahrzeugen werden neben dem Fahrer- und Beifahrerairbag auch diverse andere Airbags (zum Beispiel Kopf-, Seiten- und Knieairbags) verbaut. Bei einer Kollision lösen Fahrer- und Beifahrerairbag gezielt aus und stehen in zirka 0,03 Sekunden zur Verfügung, um durch Eintauchen der Insassen in die Luftsäcke diese »weich« aufzufangen. Auf diese Weise kann die schädigende Krafteinwirkung auf den Körper infolge der großen Verzögerung beim Aufprallvorgang reduziert werden. Seiten-, Kopf- und Knieairbags dienen hingegen zur Bildung eines Schutzpolsters zwischen den Insassen und dem Fahrzeug.

Mithilfe von Sensoren wertet das Airbagsteuergerät relevante Informationen (z. B. Beschleunigung und Luftdruck in den Türen) aus, prüft die Messwerte und löst bei Bedarf (etwa, wenn der jeweilige Sitz auch belegt und nicht gesperrt ist) die entsprechend notwendigen Airbags aus.

Damit sich die Luftsäcke zum richtigen Zeitpunkt entfalten, ist es notwendig, diese im Millisekundenbereich zu füllen. Dafür kommen so genannte Gasgeneratoren (Festtreibstoff-, Hybrid- oder Kaltgasgeneratoren) zum Einsatz, die eine definierte Gasmenge in sehr kurzer Zeit freisetzen und die Luftsäcke damit füllen. Airbag-Gasgeneratoren können an unterschiedlichen Stellen eingebaut sein. Häufig sind sie im Bereich der Fahrzeugsäulen zu finden. Da es bei einer Beschädigung der Gasgeneratoren zu einer heftigen Druckentweichung bis hin zum Behälterzerknall kommen kann, muss insbesondere vor dem Schneiden von Fahrzeugsäulen durch Abnehmen der Innen-

Achtung:

Gasgeneratoren dürfen nicht beschädigt werden! Durch deren Beschädigung kann es zum Behälterzerknall und zum Schleudern von Teilen ins Fahrzeuginnere kommen. Außerdem besteht die Möglichkeit, dass ein Airbag ausgelöst wird.

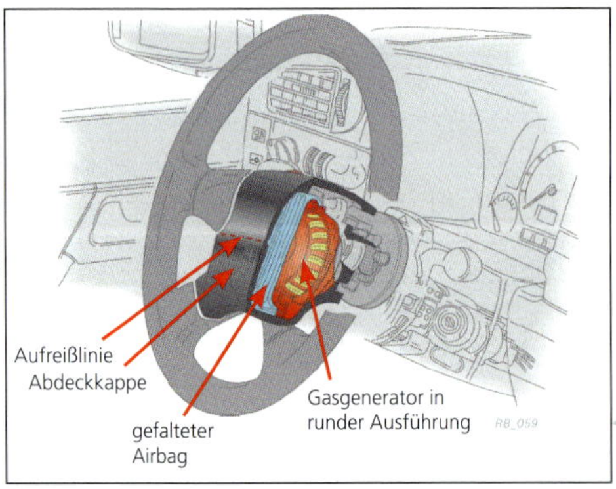

Bild 48.4 Beispielhafter Aufbau eines Fahrerairbags

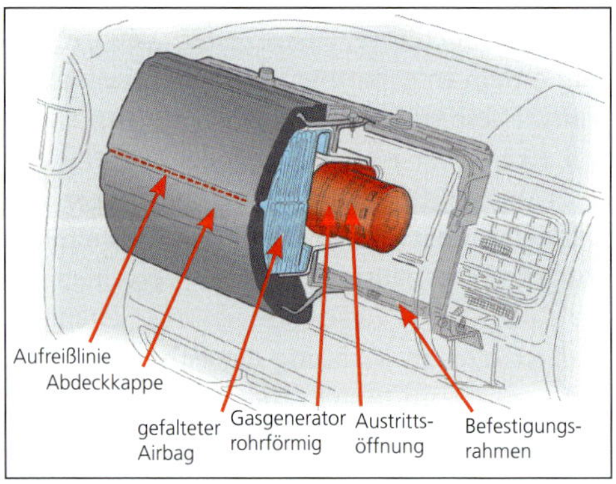

Bild 48.5 Beispielhafter Aufbau eines Beifahrerairbags

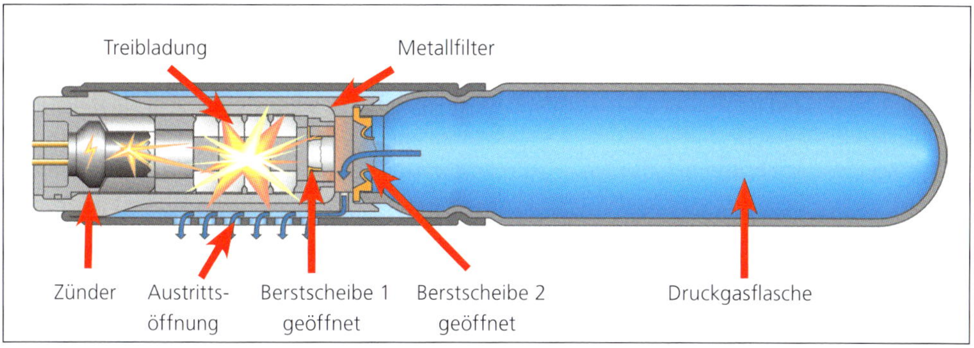

Bild 48.6 Schematische Darstellung der Zündung eines einstufigen Gasgenerators eines Kopfairbags

verkleidung kontrolliert werden, dass sich im Schnittbereich keine Gasgeneratoren befinden.

Wenn Airbag-Komponenten (vor allem die Gasgeneratoren, Sensoren und das Airbagsteuergerät) nicht durch Kraft- oder Brandeinwirkung beschädigt werden und das Bordstromnetz außer Betrieb ist, ist die nachträgliche Auslösung von Airbags im Verlauf des Einsatzes unwahrscheinlich (weitere zu beachtende Sicherheitsmaßnahmen [▶ Abschnitt 48.2.4]).

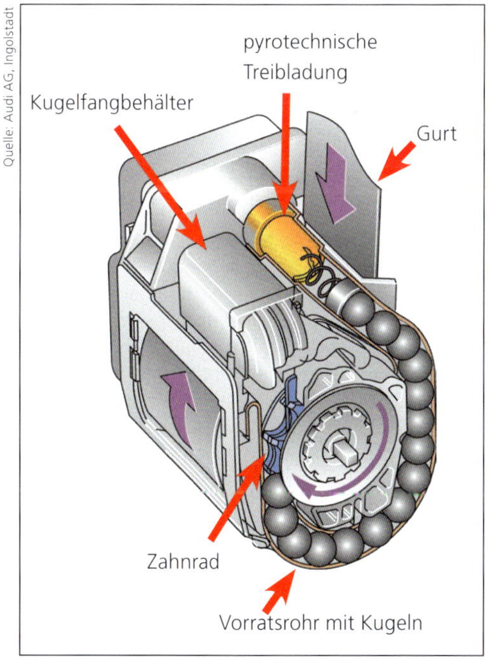

Bild 48.7 Gurtstraffer mit pyrotechnischer Treibladung

Durch weite Kleidungsteile, eine lockere Sitzhaltung o. Ä. kann es sein, dass die Sicherheitsgurte nicht straff anliegen und so eine gewisse Gurtlose besteht. Gurtstraffer sorgen bei einem Unfall dafür, dass die Sicherheitsgurte stramm angezogen werden. Nur wenige Zentimeter Spiel im Gurt können aufgrund der enormen Kräfte verheerende Folgen haben. Gurtstraffer ergänzen daher die Drei-Punkt-Sicherheitsgurte und Airbags als effektives Rückhaltesystem. Ausgelöst werden Gurtstraffer entweder auf mechanische (in der Regel durch vorgespannte Federn) oder pyrotechnische Weise (Treibsatz). Ihre Beschädigung sollte möglichst vermieden werden. Wenn die Lage des Betroffenen es zulässt, sollte der Sicherheitsgurt möglichst frühzeitig im Einsatzverlauf mit einem Gurtmesser o. Ä. durchtrennt werden. Dabei ist darauf zu achten, dass der Gurt langsam wieder aufzurollen ist. Wenn dies nicht mehr möglich sein sollte, muss der Gurt ganz entfernt werden.

48.1.3 Fahrzeuge mit alternativen Antrieben

Höhere Spritpreise und ein gestiegenes Umweltbewusstsein haben in den vergangenen Jahren zu einem deutlichen Anstieg bei der Zulassung von Kraftfahrzeugen mit alternativen Antrieben geführt. Entsprechend steigt auch die Wahrscheinlichkeit, dass die Feuerwehren bei technischen Hilfeleistungseinsätzen mit diesen Fahrzeugen konfrontiert werden. Im Wesentlichen lassen sich folgende alternative Antriebe unterscheiden:

J

- Erdgasantrieb (Compressed Natural Gas – CNG),
- Flüssiggasantrieb (Autogas/Liquefied Petroleum Gas – LPG),
- Hybridantrieb sowie
- Wasserstoffantrieb/Brennstoffzellen.

Erdgasantrieb

Erdgas ist ein brennbares Naturgas (Zündtemperatur zirka 640 °C), das überwiegend aus Methan (CH_3) besteht, leichter als Luft ist und sich daher schnell verflüchtigt. Der Explosionsbereich liegt zwischen rund vier (UEG) und 17 Volumenprozent (OEG). Der bei bereits geringen Undichtigkeiten (weit unterhalb der UEG) deutlich wahrnehmbare typische Geruch stammt von speziellen Odierungsstoffen (»Duftstoffen«), die dem in Reinform geruchlosen Erdgas beigemischt werden.

In Fahrzeugen mit Erdgasantrieb wird das Erdgas in komprimierter Form mit einem Fülldruck von zirka 200 bar in hochfesten Tanks ohne Schweißnähte bzw. in Hochdruckflaschenpaketen aus Stahl oder kohlenstofffaserverstärktem Kunststoff mitgeführt. Wichtige Sicherheitseinrichtungen sind magnetische Absperrventile (schließen, wenn kein Strom mehr fließt), mechanische Absperrventile (können bei Bedarf von Hand geschlossen werden), Überdrucksicherungen (Berstscheiben oder Schmelzlotventile, die bei einem Brand das Abblasen des Erdgas ermöglichen) und Durchflussmengenbegrenzer (zur Reduzierung des Ausströmens beim Abreißen der Gasleitung).

Die Einsatzmaßnahmen bei einem Unfall mit einem Erdgasfahrzeug richten sich nach der konkreten Lage. Tritt Erdgas unkontrolliert aus ohne zu brennen, ist der Motor auszustellen. Menschen müssen aus dem Gefahrenbereich entfernt werden. Durch Öffnen der Fahrzeugtüren sowie der Motorraum- und Kofferraumklappe kann der Fahrzeuginnenbereich ggf. durchlüftet werden. Mithilfe einer Querbelüftung kann das austretende Erdgas unter Umständen verdünnt werden (Achtung: Auf den Ex-Schutz achten!). Der Gefahrenbereich muss auf jeden Fall abgesperrt und durch Messungen (Ex-Messgerät oder Gasmessgerät) kontrolliert werden. Zündquellen sind zu vermeiden bzw. zu beseitigen. Wenn die Möglichkeit besteht, sollten die mechanischen Absperrventile geschlossen werden, um einen weiteren Austritt zu unterbinden. Tritt das Erdgas brennend aus, ist ein Löschangriff nur zur Ermöglichung einer Menschenrettung angezeigt. Ansonsten sind lediglich gefährdete Fahrzeugbereiche und die Umgebung zur Verhinderung einer Brandausbreitung zu kühlen. Erst wenn das Erdgas vollständig abgeblasen ist (Geräusche beachten), ist die eigentliche Brandbekämpfung vorzunehmen.

Die Beschaffenheit (Festigkeit) und der Einbauort der Erdgastanks sind so konzipiert,

Quelle: Mercedes-Benz, Stuttgart

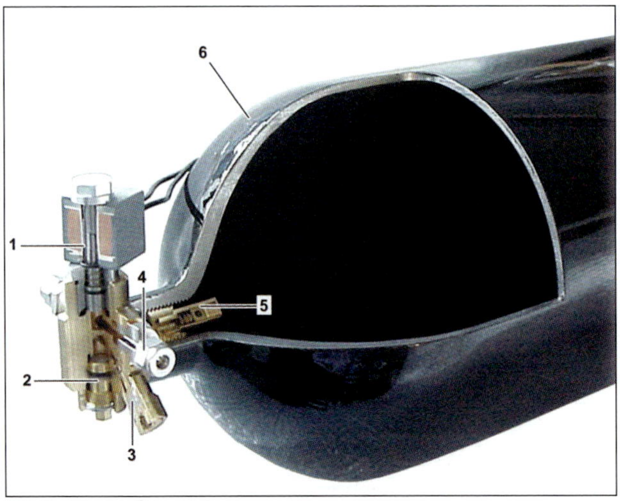

Bild 48.8 Erdgasbehälter und Armatur mit Sicherheitseinrichtungen: (1) Sicherheitsabsperrventil, (2) mechanisches Absperrventil, (3) Schmelzsicherung, (4) Verschraubung, (5) Durchflussmengenbegrenzer und (6) Gasbehälter aus Edelstahl oder kohlenstofffaserverstärktem Kunststoff

dass diese auch bei schweren Unfällen in der Regel intakt bleiben. Je nach Unfallsituation ist jedoch eine Beschädigung nicht vollständig auszuschließen. Beim Ansetzen von Rettungsgeräten ist zu beachten, dass dabei keine Leitungen oder Tanks beschädigt werden dürfen.

Merke:

Da Flüssiggas schwerer als Luft ist, kann es sich in tiefer gelegenen Bereichen und Senken sammeln.

Flüssiggasantrieb

Beim Flüssiggasantrieb wird Propan oder ein Gemisch aus Propan und Butan unter einem Druck von zirka 8 bar in einem Flüssiggastank gespeichert, der für geringe Drücke konzipiert ist. Schweißnähte am Tank sind daher ein Hinweis auf Flüssiggas, da solche Tanks nicht für Erdgas zugelassen sind. Bis auf einige wenige Ausnahmen werden Flüssiggasantriebe in der Regel nachgerüstet, was insbesondere die Identifikation erschwert, da oftmals keine Typenschilder o. Ä. vorhanden sind, die auf die Nachrüstung schließen lassen. Im Gegensatz zu Erdgas ist Flüssiggas schwerer als Luft und kann in tiefer gelegene Bereiche bzw. am Boden entlang »kriechen«. Dies ist besonders zu beachten (z. B. Rückzündungsgefahr in Senken bzw. Explosionsgefahr in Kanalisation und Gebäuden)! Auch Flüssiggasanlagen verfügen über diverse Sicherheitseinrichtungen (z. B. manuelle Absperrmöglichkeit und Überdrucksicherung). Eine Besonderheit ist jedoch, dass Flüssiggas über die Überdrucksicherung nur so lange abgeblasen wird, bis der Überdruck abgebaut ist, wobei auch eine Stichflammenbildung möglich ist. Bei einem Brand ist ein ausreichender Abstand zum Fahrzeug zu halten und eine notwendige Brandbekämpfung immer aus der Deckung heraus durchzuführen. Im Übrigen gelten dieselben Grundsätzen wie bei Verkehrsunfällen und Bränden von Erdgasfahrzeugen (Menschenrettung, Absperren, Zündquellen vermeiden, Lüften usw.).

Hybridantrieb

Hybridfahrzeuge verfügen neben einem Verbrennungsmotor zusätzlich über einen Elektromotor, der über eine Hochleistungsbatterie (wird während der Fahrt z. B. durch Umwandlung von Bremsenergie aufgeladen) mit Strom gespeist wird. Mit dem Abklemmen der Standard-Fahrzeugbatterie (zwölf oder 24 Volt) allein ist deshalb das elektrische System nicht zu deaktivieren! Der Hybridantrieb sollte möglichst durch Betätigung der Stopp-Taste bzw. des Not-Aus-Schalters ausgeschaltet werden. Alternativ kann die Stromversorgung auch durch Entfernung von Sicherungen unterbrochen werden. Bis die Spannung vollstän-

Quelle: Dekra, Stuttgart

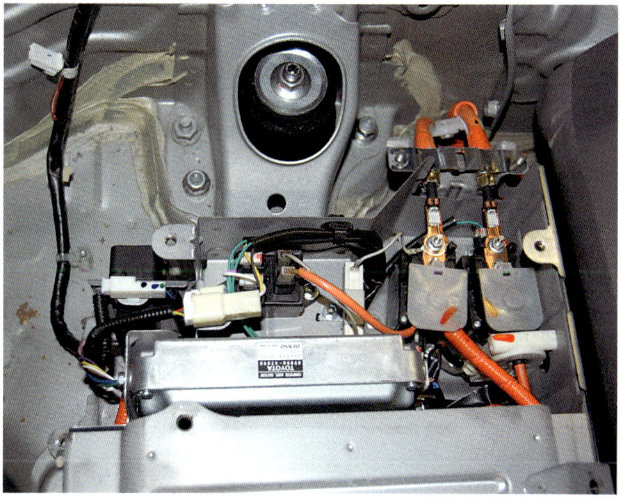

Bild 48.9 Das Kabel des Hochleistungssystems bei Hybridfahrzeugen ist durch seine orange Farbgebung hervorgehoben.

Achtung:

An der Hochleistungsbatterie eines Hybridfahrzeugs kann eine Spannung von mehreren 100 Volt anliegen! Beschädigungen müssen auf jeden Fall verhindert werden.

dig im Bordnetz abgebaut ist, können mehrere Minuten vergehen. Die Kabel des Hochleistungssystems (▶ Kapitel 19) sind in der Regel durch eine orange Farbgebung hervorgehoben. Besondere Vorsicht ist bei der Annäherung an Hybridfahrzeuge angebracht, wenn noch nicht sichergestellt ist, dass der Antrieb tatsächlich deaktiviert ist. Ein fehlendes Motorgeräusch ist kein sicheres Anzeichen!

Wasserstoffantrieb und Brennstoffzellen

Derzeit gibt es zwar noch kaum Serienfahrzeuge mit Wasserstoffantrieb, dies wird sich in Kürze jedoch mit Sicherheit ändern. Wasserstoff kann sowohl direkt in einem Verbrennungsmotor als Treibstoff oder aber in Kombination mit einer Luftzuführung zur Stromgewinnung in einer Brennstoffzelle eingesetzt werden. Beim Einsatz ist insbesondere auf austretenden Wasserstoff zu achten (bemerkbar durch Nebelschwaden und Knattergeräusche, die beim Ansprechen der Sicherheitsventile zu hören sind). Die Wasserstoffleitungen verlaufen u. a. auch entlang der C-Säule. Ein Schneiden in diesem Bereich sollte möglichst unterbleiben! Außerdem ist zu beachten, dass beim primären Brennstoffzellenbetrieb die Spannung mehrere 100 Volt beträgt! Die entsprechenden elektrischen Kabel sind wie beim Hybridantrieb in der Regel orange. Besondere Vorsicht ist bei Berührung der Gas führenden Bestandteile geboten – hier besteht bei unkontrolliertem Austritt Erfrierungsgefahr! Da Wasserstoff eine sehr niedrige Mindestzündenergie hat, ist auf die Vermeidung von Zündquellen besonderen Wert zu legen (z. B. nur Einsatz von ex-geschützten

Achtung:

Durch unkontrolliert austretenden Wasserstoff besteht Entzündungsgefahr! Wasserstoff brennt mit nichtsichtbarer Flamme!

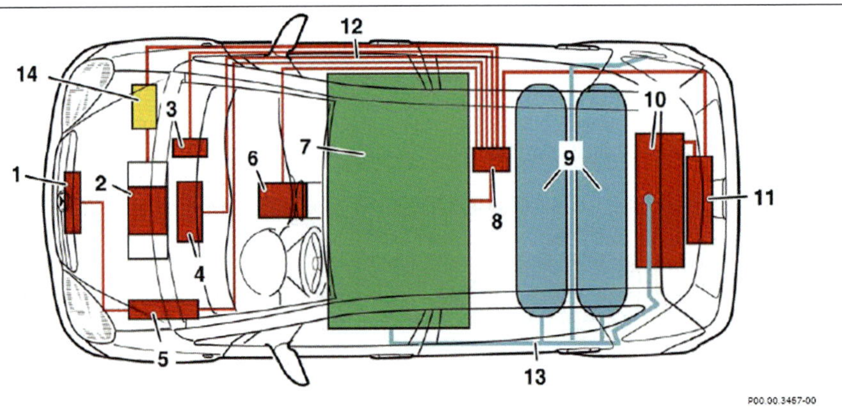

Anordnung der Bauteile

1 *Lüftermotor*
2 *Motor mit Getriebe*
3 *HT-Kühlmittelpumpe*
4 *Klimakompressor*
5 *Lüfterumrichter*
6 *PTC-Zuheizer*
7 *Brennstoffzellenpaket*
8 *Power Distribution Unit (PDU)*
9 *Wasserstofftanks*
10 *Traktionsspannungsbatterie 450 V*
11 *DC/DC-Wandler Traktionsspannung*
12 *Traktionsspannungsleitungen*
13 *Wasserstoffleitungen*
14 *Versorgungsbatterie 12 V*

Quelle: Mercedes-Benz, Stuttgart

Bild 48.10 Beispielhafte Anordnung der wesentlichen Teile eines Fahrzeugs mit Brennstoffzellenantrieb (»F-Cell«)

J

Quelle: J. Thorns

Bild 48.11 (1) Sowohl die gelbe Hubraumangabe »2.0« als auch der Schriftzug »BI FUEL« im Typenschild deuten auf ein Fahrzeug mit bivalentem Antrieb hin. (2) Erdgas-Füllanschluss im Bereich des hinteren Kotflügels. (3) Auch auf der Innenseite der Tankklappe sind Angaben zu Kraftstoff und Antriebsart zu finden.

Geräten im Gefahrenbereich)! Brennendes Gas sollte nicht gelöscht werden. Wenn eine Brandbekämpfung notwendig ist, muss diese aus der Deckung heraus erfolgen. Zum Fahrzeug ist ein Sicherheitsabstand von mindestens zehn bis 15 Metern einzuhalten.

Identifikation der alternativen Antriebsart

Fahrzeuge mit alternativen Antrieben sind heute herkömmlichen Kraftfahrzeugen oftmals so ähnlich, dass sie nicht sofort erkannt werden. Da aufgrund der besonderen Eigenschaften der alternativen Antriebsquellen teils auch Besonderheiten bei der Gefahrenabwehr (Brandbekämpfung und technische Rettung) bestehen, ist es wichtig, bei der Lageerkundung immer auch zu prüfen, ob es sich um ein Fahrzeug mit alternativem Antrieb handeln könnte. Kann der Fahrer eines Unfallfahrzeugs keine Angaben zur Antriebsart (mehr) machen, bietet sich zur systematischen Überprüfung die so genannte AUTO-Regel [9] als Merkhilfe an:

- Austretende Betriebsstoffe,
- Unterboden erkunden,
- Tankdeckel öffnen,
- Oberfläche absuchen.

Bei der Annährung an ein Unfallfahrzeug sollte auf austretende Betriebsstoffe geachtet werden: Ist Gasgeruch feststellbar? Zeigt sich eine Nebelbildung unter dem Fahrzeugboden? Sind auffällige Geräusche (Rauschen, Zischen, Knattern oder Pfeifen) wahrnehmbar? Dann ist der Unterboden zu erkunden: Sind hier Tanks oder Flaschenpakete sichtbar? Gibt es farblich besonders gekennzeichnete Leitungen (vorrangig in Rot, Gelb oder Orange)? Durch Öffnen des Tankdeckels kann im Weiteren geprüft werden, ob außer dem Füllanschluss für Benzin noch ein zusätzlicher Tankstutzen für einen bivalenten Antrieb oder sogar ausschließlich eine Fülleinrichtung für einen alternativen Kraftstoff vorhanden ist. Bei manchen Fahrzeugen sind außerdem Hinweise zur Antriebsart durch einen Aufdruck an der Tankdeckel-Innenseite zu finden.

Beim Absuchen der Oberfläche des Unfallfahrzeugs sollte insbesondere auf folgende Merkmale geachtet werden:

- Füllanschlüsse oder Füllstutzen außerhalb des Tankdeckels (z. B. im Bereich der Kotflügel, Kennzeichenaufnahme oder Fahrzeugsäulen),
- ungewöhnliche Öffnungen auf dem Fahrzeugdach oder an den Fahrzeugsäulen (z. B. zur Belüftung oder als Abblaseinrichtung) sowie
- Aufkleber (z. B. »Ich bin ein Erdgasauto«), Beschriftungen (z. B. »Hydrogen« oder »F-Cell« für Wasserstoffantrieb bzw. Brennstoffzellen) oder Typenschilder (z. B. »BiFuel« für bivalentes Antriebssystem).

48.1.4 Informationen über Fahrzeugbesonderheiten

In den vergangenen Jahren haben die Fahrzeughersteller in Deutschland auf den gestiegenen Informationsbedarf der Feuerwehren reagiert. Mit Rettungsleitfäden stellten sie sehr

J

Tabelle 48.1 Gefahren bei Fahrzeugen mit alternativen Antrieben

	Elektro-Hybrid-Antrieb	Wasserstoffantrieb/ Brennstoffzelle	Flüssiggas-Antrieb	Erdgas-Antrieb
Hinweise zum Antrieb	Zusätzlich zum Verbrennungsmotor haben diese Fahrzeuge einen Elektromotor, der aus einer Hochleistungsbatterie gespeist wird.	Wasserstoff wird entweder für die motorische Verbrennung oder zur Erzeugung von elektrischer Energie mittels einer Brennstoffzelle für einen Elektromotor benutzt.	Verbrennung von Flüssiggas in einem Verbrennungsmotor. Die Fahrzeuge sind in der Regel bivalent und können daher auch mit Benzin betrieben werden.	Verbrennung von Erdgas in einem Verbrennungsmotor. Fahrzeuge sind in der Regel bivalent und können daher auch mit Benzin/Diesel betrieben werden.
Kennzeichnung	Aufschrift: »Hybrid«	Aufschrift: »H_2«, »LH_2«, »F-Cell«, »Necar«, »Hydrogen«	Aufschrift: »LPG«, »Autogas«; zusätzlicher Füllanschluss am Fahrzeugheck; Flüssigastank üblicherweise im Kofferraum (auch Reserveradmulde)	Aufschrift: »CNG«, »Methan«, »CH_4«, »BiFuel«, »LNG«; charakteristische Befülleinrichtung hinter dem Tankdeckel oder im Motorraum
Gefahren	Hohe Spannungen (Hochvolt): Pkw: bis 680 Volt; Busse: bis 680 Volt	Wasserstoff: leicht brennbares, farb- und geruchloses Gas	Flüssiggas: leicht brennbares Gas. Starke Explosionen bei schlagartiger Verdampfung möglich	Erdgas: brennbares, farb- und geruchloses Gas. Wahrnehmung ist durch Odorierung (Geruch) möglich
	Platzen der Batterie bei hoher Erwärmung, Bildung von Knallgas	Platzen der Batterie bei hoher Erwärmung, Bildung von Knallgas	Flüssiggas ist schwerer als Luft	Erdgas ist leichter als Luft
		Explosionsgefahr bei Wasserstoffansammlung in Räumen	Erfrierungsgefahr/ Kaltverbrennungen möglich	Sauerstoff-Verdrängung: Erstickungsgefahr
			Möglichkeit des Druckbehälterzerknalls (bei älteren, ausländischen Fahrzeugen) bei intensiver Beflammung	Möglichkeit des Druckbehälterzerknalls bei intensiver Beflammung
Maßnahmen	Fahrzeug ausschalten: Power-Schalter/ Not-Aus-Taste	Wasserstoffaustritt kann anhand von Knattergeräuschen des Sicherheitsventils im Dach oder als Nebel wahrgenommen werden	Erkennen eines Flüssigasaustritts: Flüssiggas hat einen wahrnehmbaren Geruch	Erkennen eines Erdgasaustritts: Erdgas hat einen wahrnehmbaren Geruch (Odorierung)

Quelle: R. Weich

J

Tabelle 48.1 Gefahren bei Fahrzeugen mit alternativen Antrieben

Quelle: R. Weich

	Elektro-Hybrid-Antrieb	Wasserstoffantrieb/ Brennstoffzelle	Flüssiggas-Antrieb	Erdgas-Antrieb
Maßnahmen	Batterien abklemmen (Spannung baut sich nur langsam ab; orange Hochvoltleitung nicht durchtrennen	Batterien abklemmen (Spannung baut sich nur langsam ab!); orange Hochvoltleitung nicht durchtrennen	Senken, Schächte und Kanäle verschließen	Nicht brennendes/ gelöschtes Gas ausströmen und verblasen lassen. Gasansammlung vermeiden: Belüften
	Spannung prüfen (Spannungsprüer aus Elektro-Werkzeugkasten zwischen Karosserie und Standfläche einsetzen)	Spannung prüfen (Spannungsprüer aus Elektro-Werkzeugkasten zwischen Karosserie und Standfläche einsetzen)	Flüssiggas kann intervallartig über das Sicherheitsventil austreten, Gas wird durch das Sicherheitsventil kontrolliert entzündet	Nicht brennendes/ gelöschtes Gas ausströmen lassen und verblasen Gasansammlung vermeiden: Belüften
	Batteriegehäuse nicht aufbrechen (ausgetretenes Elektrolyt ist stark alkalisch; mit Chemikalienbinder abstreuen)	Die Wasserstoffleitung zum Sicherheitsventil befindet sich in der Regel in der C-Säule: nicht trennen!	Die Leitung zum Sicherheitsventil befindet sich in der Regel in der C-Säule: nicht trennen!	Seitenfenster einschlagen statt Türen öffnen, damit die Innenraumbeleuchtung nicht aktiviert wird (Zündquelle)
		Explosionswarngerät einsetzen; nach dem Löschen: wiederholte Kontrollmessungen	Explosionswarngerät einsetzen; nach dem Löschen: wiederholte Kontrollmessungen	Explosionswarngerät einsetzen; nach dem Löschen: wiederholte Kontrollmessungen
		Nur explosionsgeschützte Geräte einsetzen, Zündquellen beseitigen		
Brandbekämpfung	Sicherheitsabstand einhalten: Sprühstrahl: 1 Meter Vollstrahl: 5 Meter	kontrolliert abbrennen lassen, brennendes Gas nur bei zwingenden Umständen löschen, Sekundärfeuer löschen	kontrolliert abbrennen lassen (Sicherheitsventil), brennendes Gas nur bei zwingenden Umständen löschen;	kontrolliert abbrennen lassen; Tanks kühlen; Sekundärfeuer löschen
		großen Sicherheitsabstand einhalten/ Deckung nutzen	großen Sicherheitsabstand einhalten/ Deckung nutzen	großen Sicherheitsabstand einhalten/ Deckung nutzen
		Rückzündungsgefahr	Rückzündungsgefahr	Rückzündungsgefahr

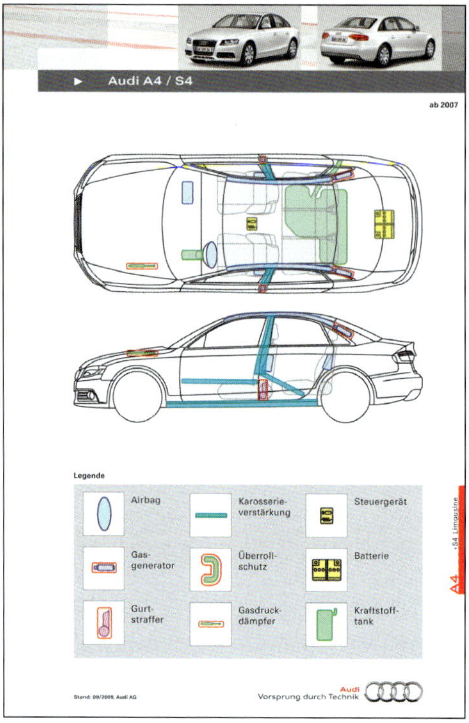

Quelle: Audi AG, Ingolstadt

Bild 48.12 Rettungsdatenblatt der Audi AG für das Modell A4/S4 Limousine

umfangreiche Informationen zu den Sicherheitseinrichtungen und Besonderheiten ihrer Fahrzeugmodelle zur Verfügung. Die teils mehr als 100 Seiten starken Leitfäden eigneten sich zwar gut als Ausbildungslektüre. Im Einsatzgeschehen stellten sich der Umfang sowie die herstellerabhängigen Unterschiede beim Aufbau und der Art der Darstellungen als nicht praktikabel heraus. Seit dem Herbst 2009 stellen die Fahrzeughersteller nun standardisierte **<Rettungsdatenblätter>** zur Verfügung, die über das Internet kostenfrei heruntergeladen werden können.

Zur Erleichterung der Identifizierung des jeweiligen Modelltyps ist auf den Rettungsdatenblättern im Kopfbereich je ein Foto mit der Schrägansicht von vorn und von hinten abgebildet. Hauptinformationsquelle ist die vereinfachte Darstellung des Fahrzeugaufbaus als Draufsicht und Seitenansicht. In diesen Darstellungen sind die Einbauorte von Airbags,

> **INFO** **Rettungsdatenblätter**
>
> Die jeweils aktuelle Version der Rettungsdatenblätter ist über den Verband der Automobilindustrie (VDA) unter *www.vda.de* (Themen/Sicherheit und Standards/Retten und Bergen) erhältlich.

Gasgeneratoren, Gurtstraffern, Steuergeräten, Karosserieverstärkungen usw. eingezeichnet. Außerdem kann den Abbildungen entnommen werden, wo sich der Kraftstofftank und die Batterien befinden.

Diese Informationen (die von kommerziellen Anbietern auch als Software in elektronischer Form gegen ein Entgelt zur Verfügung gestellt werden) sind als Vorbereitung auf bzw. Informationsquelle für den technischen Rettungseinsatz zweifelsohne sehr wichtig. Der »Knackpunkt« bleibt bisher jedoch die eigentliche Identifikation des Fahrzeugmodells. Aufgrund der Modellvielfalt und der schwierigen Unterscheidung bei stark deformierten Unfallfahrzeugen kann dies am Einsatzort mitunter problematisch sein. Abhilfe kann im Zweifelsfall eine Kennzeichenabfrage über die Leitstelle beim Kraftfahrtbundesamt schaffen.

48.2 Standard-Einsatzmaßnahmen und Einsatzgrundsätze

48.2.1 Anfahrt und Fahrzeugaufstellung

Bereits die Anfahrt zur Einsatzstelle und insbesondere die Aufstellung der Einsatzfahrzeuge vor Ort stellen wichtige Einflussfaktoren für den Einsatzverlauf und den Einsatzerfolg dar. Je nach Art des Verkehrsweges (Autobahn, Landstraße, Feldweg, schmale Straßen innerorts usw.) muss bei der Anfahrt besonders auf die Wahl eines geeigneten Anfahrtsweges (z. B. richtige Fahrtrichtung bei Einsätzen auf Autobahnen oder Schnellstraßen mit baulicher Trennung) und dessen Passierbarkeit (Beeinträchtigungen z. B. durch Staus oder die Beschaffenheit des Grundes) geachtet werden. Vor dem Ausrücken sollten daher insbesondere die Informationen der Leitstelle zum gemeldeten Schadenereignis auf Hinweise zu Besonderheiten hinterfragt werden. Wenn die Beteiligung von Fahrzeugen mit Gefahrgut bekannt ist oder möglich erscheint, sollte die Einsatzstelle in Windrichtung angefahren werden und der erste Halt in ausreichendem Abstand (mindestens 50 Meter, besser 100 Meter) erfolgen.

Bei der Fahrzeugaufstellung an der Einsatzstelle muss vor allem darauf geachtet werden,

- dass der nachfolgende Verkehr rechtzeitig gewarnt wird und eine »Pufferzone« (schweres Fahrzeug im ausreichenden Abstand zum Einsatzraum) für den Fall eines Auffahrunfalls zur Verfügung steht, indem keine Kräfte gefährdet werden können (▶ Kapitel 46);
- dass Rettungsmittel (RTW, NEF) ungehindert anfahren und wieder abfahren können;
- dass Stellflächen für benötigte Sonderfahrzeuge (Rüst- und Gerätewagen, Feuerwehrkran usw.) freigehalten werden;
- dass genügend Entfaltungsraum für die Ordnung des Einsatzraums verbleibt und
- dass eine sichere Entnahme der Geräte möglich ist (z. B. ausreichenden Abstand halten zu Fahrspuren, auf denen der Verkehr noch fließt).

48.2.2 Raumordnung

Ein reibungsloser Einsatzverlauf ist nur an einer geordneten Einsatzstelle möglich. Zur Ordnung des Raums sollten Fahrzeuge nur dann in den unmittelbaren Bereich der Einsatzstelle einfahren, wenn dies der Einsatzauftrag zwingend erforderlich macht. Zur Strukturierung der Einsatzstelle sind folgende Bereiche zu unterscheiden:

- die Aufstellflächen für die unmittelbar eingesetzten Fahrzeuge,
- der Bereitstellungsraum für nach Bedarf abzurufende Feuerwehrfahrzeuge und -kräfte,
- der Bereitstellungsraum für Rettungsdienstfahrzeuge und -kräfte,
- der Arbeitsbereich (unmittelbares Umfeld des Unfalls/Schadenereignisses),
- der innere Absperrbereich (für eigene Kräfte) mit Geräte- und Schrottablage sowie
- der äußere Absperrbereich (für Außenstehende).

Der Arbeitsbereich und möglichst auch der innere Absperrbereich sind von Einsatzfahrzeugen freizuhalten. Die Arbeitsbereiche von Feuerwehr und Rettungsdienst sollten nach Möglichkeit räumlich getrennt sein, um ein paralleles Arbeiten zu ermöglichen. Im Arbeitsbereich (bei kleinräumigen Unfallstellen entspricht dies in etwa einem Umkreis von fünf Metern) führen so wenig wie möglich Einsatzkräfte – und immer nur auf Weisung des Einsatzleiters bzw. Einsatzabschnittsleiters – Maßnahmen an dem Unfallfahrzeug durch. Die benötigten Geräte werden im inneren Absperrbereich (zirka zehn Meter Umkreis bei kleinräumigen Unfallstellen) durch eine technische und eine medizinische Geräteablage von den Kräften außerhalb des Arbeitsbereichs bereitgestellt. Entfernte Teile sind an der festgelegten Schrottablage abzu-

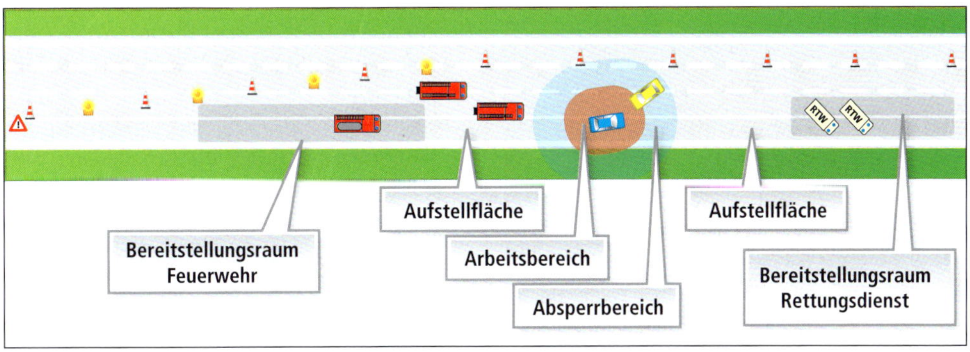

Bild 48.13 Raumordnung beim Verkehrsunfall auf der Autobahn: Für den reibungslosen Einsatzablauf ist eine geordnete und klar strukturierte Einsatzstelle unabdingbar.

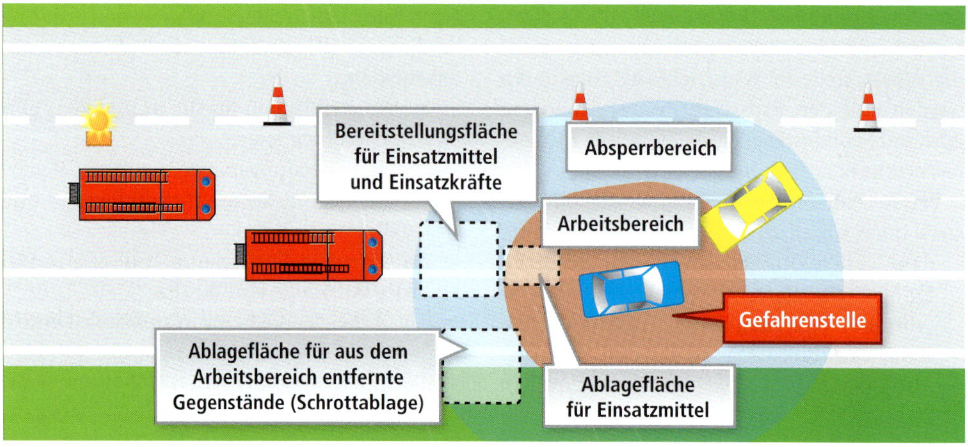

Bild 48.14 Die FwDV 3 sieht eine Ordnung des Raumes durch Festlegen eines Absperr- und Arbeitsbereiches sowie die Ablagefläche für Einsatzmittel und eine Ablagefläche für aus dem Arbeitsbereich entfernte Gegenstände vor. Außerdem soll eine zusätzliche Bereitstellungsfläche für weitere Einsatzmittel und Einsatzkräfte eingerichtet werden.

legen. Die Aufstellflächen sind ausschließlich für zwangsweise in der Nähe zur Unfallstelle aufzustellende Fahrzeuge (z. B. erstes HLF/LF mit hydraulischem Rettungssatz oder RW) vorzusehen, von denen die benötigten Geräte

Bild 48.15 Beispiel einer technischen Geräteablage mit hydraulischen Rettungsgeräten, welche mit Unterbau- und Sicherungsmaterial sowie Glasmanagement-Ausrüstung ergänzt werden können.

entnommen werden. Nicht unmittelbar an der Einsatzstelle benötigte Fahrzeuge und Kräfte (auch Rettungsdienstkräfte ohne unmittelbaren Einsatzauftrag) haben in den zugewiesenen Bereitstellungsräumen auf ihren Abruf zu warten.

48.2.3 Erkundung der Schadenlage

Grundlage für die Entscheidungen des Einsatzleiters ist immer eine zeitlich angemessene, aber möglichst umfassende Erkundung der Schadenlage (vier Phasen der Erkundung [▶ Kapitel 19]). Bei Verkehrsunfällen ist die Abklärung folgender Fragen dabei von besonderer Bedeutung:

- Gibt es Anhaltspunkte für gefährliche Beladung (Gefahrgüter, große Kraftstofftanks bei Lkw)?
- Wie stabil ist die Lage der betroffenen Unfallfahrzeuge? Kann die Schadenlage sich durch unkontrollierte Bewegungen von Fahrzeugen oder Bauteilen (z. B. Versagen von Brückengeländern oder Schutzplanken vor abschüssigem Gelände) verschlechtern (Absturz, Umstürzen oder Deformation von Fahrzeugen oder Bauteilen mit Gefährdung von Personen)?
- Wie viele Personen sind betroffen? Wie

viele von ihnen sind verletzt und welche Verletzungsmuster weisen sie auf? Droht unmittelbare Lebensgefahr (Versagen der Vitalfunktionen)?
- Wie viele Fahrzeuge sind betroffen? Befinden sich darunter Fahrzeugen mit alternativen Antrieben oder sonstigen einsatzrelevanten Besonderheiten (z. B. große Fahrzeugmasse, loses Ladegut o. Ä.)?
- Welche Informationen liegen über die beteiligten Fahrzeuge vor (Rettungsdatenblätter, Hinweise an Fahrzeugen)? Lassen sich hieraus mögliche weitere Gefahren ableiten (z. B. Austritt von brennbaren Gasen oder Dämpfen)?

Nach dem Eintreffen an der Einsatzstelle sollte außer der eigentlichen Unfallstelle auch das Umfeld genauer betrachtet werden. Dabei steht die Frage im Vordergrund, in welchem Zusammenhang z. B. offensichtliche Beschädigungen (etwa von Schutzplanken oder Brückengeländern) oder das Verhalten von Personen zum Unfallgeschehen stehen können. Abgeklärt werden muss im Zweifelsfall immer, ob nicht noch weitere Fahrzeuge oder Personen ins Unfallgeschehen verwickelt sind und dringend Hilfe benötigen (zum Beispiel in einem Fahrzeug, das beim Unfall über die Schutzplanke geraten ist und in einem dicht bewachsenen, nicht von der Straße einsehbaren Randbereich zum Liegen gekommen ist oder Personen, die vor Schreck auf die Fahrbahn gelaufen sind).

48.2.4 Sicherungsmaßnahmen

Verkehrsabsicherung und Ausleuchten der Einsatzstelle

Um eine Ausweitung der Schadenlage und die Gefährdung von Einsatzkräften zu verhindern, ist eine der wichtigsten Aufgaben der zuerst an der Einsatzstelle eintreffenden Kräfte die Absicherung der Unfallstelle. Bereits beim Annähren an den Einsatzort ist der nachfolgende Verkehr durch blaues Blinklicht und das Einschalten der Warnblinkanlage zu warnen. Soweit vorhanden, sollte nach dem Halt auch die Heckwarnanlage (Verkehrswarneinrichtung) in Betrieb genommen werden. Absicherungsfahrzeuge sollen unbesetzt sein und die Lenkung soll zum Fahrbahnrand eingeschlagen sein. Beim Absitzen ist darauf zu achten, dass die Einsatzkräfte dies ausschließlich zur verkehrsabgewandten Seite tun. Dann wird die Verkehrsabsicherung der Einsatzstelle in geeigneter Form auf Befehl des Einsatzleiters bzw. Einheitsführers vorgenommen, wobei je nach zulässiger Geschwindigkeit für den betroffenen Straßenbereich und Lage der Unfallstelle (etwa hinter einer Kurve oder einem Abhang) insbesondere auf die Mindestabstände geachtet werden muss. Bei Dunkelheit muss zudem die Einsatzstelle hinreichend ausgeleuchtet werden (ausführlich beschrieben in ▶ Kapitel 46).

Sicherstellung des Brandschutzes

Durch Beschädigungen an den Unfallfahrzeugen ist in vielen Fällen mit dem Auslaufen von brennbaren Betriebsstoffen (vor allem den Kraftstoffen Diesel oder Benzin) zu rechnen. Dadurch kann es in Verbindung mit vorhandenen Zündquellen (z. B. Kurzschluss in Batterien oder beschädigten Leitungen des

Quelle: J. Thorns

Bild 48.16 Aufgrund nicht auszuschließender Zündquellen und eventuell auslaufender Betriebsstoffe ist bei Verkehrsunfällen mindestens ein zweifacher Brandschutz (Pulver/Wasser) sicherzustellen.

J

IM EINSATZ

Unterbauen eines Pkw an vier Punkten

Quelle: N. Drobek/Feuerwehr Barby

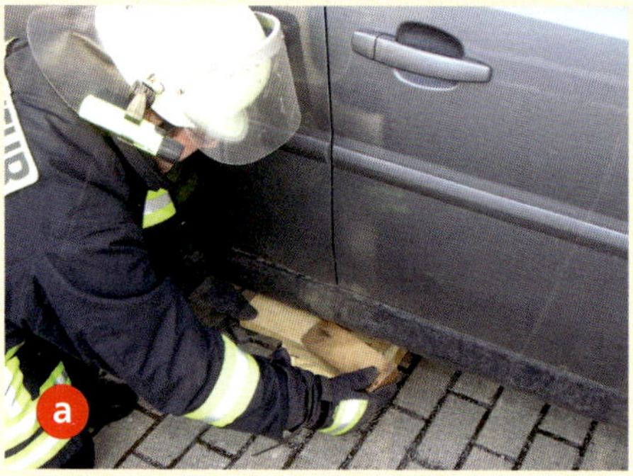

Das verunglückte Fahrzeug muss sowohl an der B-Säule ...

... als auch an der A-Säule unterbaut und somit stabilisiert werden.

Mit gegenläufigen Keilen (Pfeil) kann die Höhe des Unterbaus stufenlos angepasst werden.

Alternativ zu herkömmlichen Rüsthölzern ...

... bieten verschiedene Hersteller unterschiedliche Systeme zur Fahrzeugstablilisierung an.

Die Bilder zeigen die Verwendung von so genannten Unterbauschiebeblöcken.

Merke:

Ziel der Stablisierungsmaßnahmen ist es, jede unnötige Bewegung zu verhindern und ein sicheres Arbeiten mit Rettungsgeräten zu ermöglichen. Lageveränderungen von Unfallfahrzeugen dürfen nur im Ausnahmefall erfolgen, wenn dies unbedingt erforderlich ist. Sie müssen mit dem Notarzt abgestimmt sein.

Bordstromnetzes) zu Bränden kommen, die im Idealfall wirkungsvoll verhindert, auf jeden Fall aber schnellstmöglich bekämpft werden müssen. Um dies sicherzustellen, sollten bei Verkehrsunfällen grundsätzlich

- mindestens zwei Löschmittel (in der Regel ein C- oder S-Rohr sowie ein Pulverlöscher PG 12) bereitgestellt werden und Kräfte eigens für diese Aufgabe abgestellt sein,
- die Fahrzeugbatterien nach Rücksprache mit dem Einsatzleiter/Einsatzabschnittsleiter abgeklemmt werden (siehe auch »Batteriemanagement«) und
- das Beschädigen von Kabelbäumen und Kraftstoffleitungen vermieden werden.

Stabilisierung der Lage der Unfallfahrzeuge

Im Regelfall werden Unfallfahrzeuge in der vorgefundenen Lage stabilisiert und so gesichert, dass sie nicht wegrollen, rutschen, abstürzen oder kippen können. Dafür können – je nach Situation – Seilwinden, Unterbaumaterial (Hölzer, Keile, vorbereitete Unterlegklötze usw.), Abstützsysteme, Steckleiterteile mit Gurten oder Bindeenden, Baustützen o. Ä. eingesetzt werden. Um ein Wegrollen zu verhindern, sollte wenn möglich die Feststellbremse angezogen und Unterlegkeile verwendet werden. Bei der Stabilisierung sollen Karosserie-Erschütterungen reduziert werden. Steht ein Unfallfahrzeug auf den Rädern, sind standardmäßig die A- und B-Säulen zu unterbauen, um Bewegungen, die auf die Insassen übertragen werden können, möglichst auszuschließen bzw. zu minimieren. Insbesondere Fahrerhäuser von Lkw können durch die Unfalleinwirkung an Stabilität verloren haben. Um eine hinreichende Stabilität für die Rettungsmaßnahmen sicherzustellen, sollten diese am Fahrgestellrahmen z. B. mit Spanngurten fixiert werden (▶ Kapitel 48.4).

Praxis-Tipp:

Elektrisch betriebene Einrichtungen wie z. B. die Fahrer- und Beifahrer-Sitzverstellung können die technische Rettung erheblich vereinfachen, wenn sie noch funktionstüchtig sind. Daher muss im Einsatz abgewogen werden, ob der Nutzen einer weiterhin bestehenden Stromversorgung größer ist als mögliche Gefährdungen.

Merke:

Viele Fahrzeuge verfügen heutzutage über ein elektronisches Kofferraumschloss. Nach dem Abklemmen der Fahrzeugbatterie(n) lässt sich der Kofferraum nur noch mit Gewalt öffnen!

Stopp des Fahrzeugantriebs und Batteriemanagement

Wenn beim Eintreffen der Einsatzkräfte noch der Motor eines Unfallfahrzeugs in Betrieb ist, muss dieser durch Drehen des Zündschlüssels bzw. Drücken der Start/Stopp-Taste abgestellt werden. Um festzustellen, ob die Stromversorgung noch funktionstüchtig ist, kann anschließend z. B. die Warnblinkanlage des Unfallfahrzeugs eingeschaltet werden. Ist dies der Fall, sollte nach Rücksprache mit dem Einsatzleiter/Einsatzabschnittsleiter die Fahrzeugbatterie abgeklemmt werden, um die Stromversorgung zu unterbinden. Da in modernen Mittel- und Oberklassefahrzeugen oftmals zwei Batterien das Bordnetz speisen, muss abgeklärt werden, wie viele Fahrzeugbatterien vorhanden sind und wo sich diese befinden (z. B. über das entsprechende Rettungsdatenblatt). Die möglichen Einbauorte variieren sehr stark (z. B. unter dem Fahrer- oder Beifahrersitz, im Motor- oder Kofferraum usw.). Ziel der als Batteriemanagement bezeichneten Unterbrechung der Stromversorgung ist es, Gefährdungen durch einen möglichen Kurzschluss (Brandgefahr) oder durch Sicherheitssysteme (Airbags) auszuschließen.

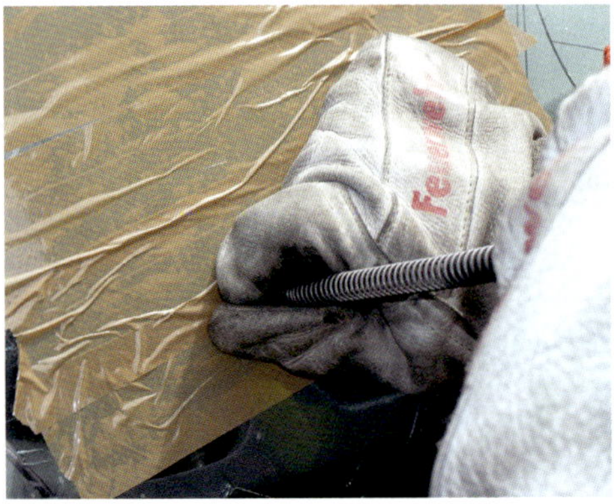

Quelle: J. Thorns

Bild 48.17 Zum Zerstören einer Seitenscheibe wird der Federkörner am Scheibenrand angesetzt, um ein zu tiefes Eindringen ins Fahrzeuginnere zu verhindern.

Glasmanagement und Insassenschutz

Die Insassen von Unfallfahrzeugen und Einsatzkräfte können durch Glassplitter oder Glasstaub gefährdet werden. Um dies auszuschließen, muss ein zielgerichtetes **<Glasmanagement>** betrieben werden. D. h., es müssen geeignete Maßnahmen ergriffen werden, um die Fahrzeugverglasung so zu entfernen, dass möglichst keine Glasbestandteile ins Fahrzeuginnere eindringen können. Außerdem ist dafür Sorge zu Tragen, dass auch im Umfeld des Unfalls weder Geräte noch Personen durch Glasreste beschädigt werden können. Vor der Vornahme von Rettungsgeräten (z. B. hydraulische Spreizer und Schneidgeräte, Säbelsägen o. Ä.) müssen alle Scheiben aus Einscheibensicherheitsglas (zumeist die Seiten- und Heckscheiben) vollständig entfernt werden, damit diese nicht unkontrolliert zerspringen. Am schnellsten kann dies durch Zerstörung der Scheiben mit einem Federkörner oder einem Nothammer bewerkstelligt werden. Dabei ist darauf zu achten, dass der Federkörner an einer Ecke der Scheibe (nicht in der Scheibenmitte!) angesetzt wird. Wenn die Möglichkeit besteht, die Fensterscheiben abzulassen, dann sollten die Scheiben soweit versenkt werden, dass nur noch ein kleiner Teil herausragt, der angekörnt werden kann. Ansonsten muss beim Zerstören der Scheiben durch das Gegenhalten eines Schutzschildes, einer Decke o. Ä. beziehungsweise. durch das Abkleben der Scheiben mit breiten Klebestreifen oder geeigneten Folien verhindert werden, dass Glassplitter ins Innere des Fahrzeugs gelangen können.

Inzwischen werden nahezu alle Frontscheiben sowie immer mehr Heck- und Seitenscheiben von höherwertigen Pkw aus Verbundsicherheitsglas hergestellt. Eine oder mehrere eingeklebte Folienschichten halten bei diesem Glastyp die Glasschichten auch nach einer Beschädigung zusammen. Daher müssen Scheiben aus Verbundglas nicht zwangsweise entfernt werden. Bei der Dachentfernung ist es z. B. hinreichend, die Windschutzscheibe einmal quer auf Höhe des Schnitts an den A-Säulen mit einer Glassäge oder einem Blechaufschneider zu durchtrennen. Auf ein vollständiges Heraussägen von Verbundglasscheiben sollte möglichst verzichtet werden, da dabei immer Glasstaub und Glassplitter entstehen können. Außerdem kostet diese Maßnahme kostbare Zeit. Auf jeden Fall müssen die Insassen effektiv z. B. durch das Spannen einer Decke geschützt werden.

Quelle: J. Thorns

Bild 48.18 Die Windschutzscheibe (eingeklebt aus Verbundsicherheitsglas) wird einmal auf Höhe der Schnittpunkte an der A-Säule quer durchschnitten.

Scharfe Kanten (z. B. nach dem Schneiden der Fahrzeugsäulen) müssen durch einen geeigneten Kantenschutz abgedeckt werden, damit durch diese weder Unfallopfer noch Einsatzkräfte gefährdet werden können. Als Kantenschutz eignen sich neben speziellen Überzügen, die auf dem Markt erhältlich sind, auch Leitkegel oder abgeschnittene Schlauchstücke.

Eine besondere Rolle beim Schutz der eingeklemmten Insassen spielt die Witterung: Bei entsprechenden Außentemperaturen ist besonders auf die Verhinderung einer Unterkühlung des Eingeklemmten, z. B. durch die Verwendung von Decken/isolierten Folien, Wärmestrahlern oder notfalls auch Flutlichtstrahlern, zu achten. Der alleinige Einsatz von Flutlichstrahlern ist dafür in der Regel aber nicht ausreichend. Durch das Auskühlen kann sich der Zustand des Patienten erheblich verschlechtern. Bei Niederschlagseinwirkung muss ein Durchnässen des Patienten durch eine geeignete Abdeckung verhindert werden.

AIRBAG-Regel

Durch die unkontrollierte Auslösung von passiven Sicherheitseinrichtungen (Airbags, Gurtstraffer usw.) können Unfallopfer und Einsatzkräfte gefährdet werden. Es besteht jedoch kein Grund zu übertriebener Vorsicht! Unter Beachtung folgender Sicherheitsmaßnahmen – so genannte AIRBAG-Regel – lässt sich die Gefährdung auf ein Minimum reduzieren:

- Abstand halten (mind. 30 cm zu Seiten- und Kopf-, 60 cm zu Fahrer- und 90 cm zu Beifahrerairbags),
- Innenraum erkunden,
- Rettungskräfte warnen,
- Batteriemanagement durchführen,
- Abnehmen der Innenverkleidung,
- Gefahr durch Manipulation durch Airbagkomponenten!

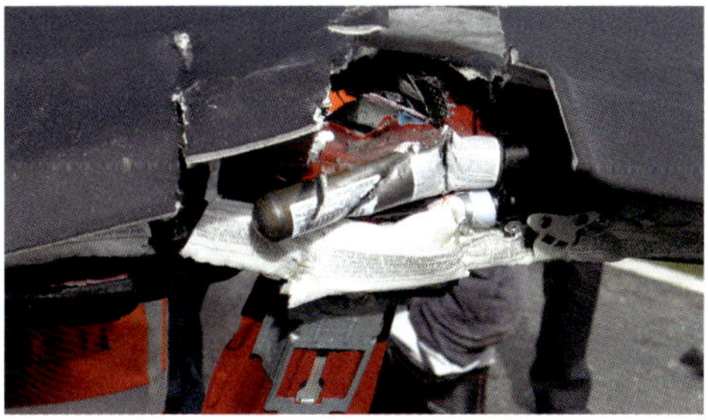

Quelle: Dr. T. Heyne

Bild 48.19 Bei Rettungsarbeiten beschädigter Gasgenerator

Um festzustellen, ob Airbags ausgelöst haben bzw. wie viele Airbags sich in einem Unfallfahrzeug befinden, ist eine Innenraumerkundung (auch als »Airbagscanning« bezeichnet) notwendig. Dabei ist auf Kennzeichnungen wie »AIRBAG«, »SRS«, »Sidebag« usw. zu achten. Werden nicht ausgelöste Airbags entdeckt, sollten alle Rettungskräfte im Umfeld gewarnt werden und den notwendigen Mindestabstand einhalten. Das Abklemmen aller Fahrzeugbatterien stellt die effektivste Sicherheitsmaßnahme zum Verhindern der nachträglichen Auslösung von Airbags dar. Vor dem Schneiden bzw. Durchtrennen vor allem der Fahrzeugsäulen sollte außerdem möglichst immer die Innenverkleidung an den entsprechenden Stellen abgenommen werden, um sichergehen zu können, dass sich keine Airbagkomponenten (vor allem Gasgeneratoren) im Schnittbereich befinden. Die Beschädigung von Airbagkomponenten muss auf jeden Fall verhindert werden!

48.2.5 Rettungsphasen

Der Ablauf der notwendigen Einsatzmaßnahmen bei Verkehrsunfällen mit eingeklemmten Personen lässt sich allgemein in folgende Rettungsphasen gliedern:

- Erkunden, Sichern und Stabilisieren,
- Erstversorgung und Betreuung,
- Fahrzeug deaktivieren,
- Ermöglichung der erweiterten medizinischen Versorgung,
- Stabilisierung des/der Verletzten,
- Befreiung sowie
- Herstellung der Transportfähigkeit des/der Verletzten durch den Rettungsdienst.

In der ersten Phase des Einsatzes gilt es, die Lage zu erfassen (Erkundung des Schadenereignisses und Festlegung der Raumordnung durch den Einsatzleiter/Einheitsführer), zu stabilisieren (Sicherheitsmaßnahmen wie Verkehrsabsicherung, Brandschutz sicherstellen sowie Fahrzeuge gegen Wegrollen, Abstürzen und Kippen sichern) und Vorbereitungen für

Tabelle 48.2 Aufgabenverteilung zur technischen Rettung eines eingeklemmten Pkw-Insassen beim Einsatz einer Gruppe (1/8)

	Erkunden und Sichern	Erstversorgung und Betreuung	Ermöglichung der medizinischen Versorgung	Befreiung
Gruppenführer	Fahrzeugaufstellung bestimmen, Lageerkundung und Raumordnung	Einsatzplanung in Absprache mit dem Notarzt/Rettungdienst, Aufgabenzuweisung, Koordinierung und Überwachung der technischen Maßnahmen, Verantwortung für die Sicherheit an der Einsatzstelle		
Melder	Erste Hilfe und Betreuung des/der Verletzten		nach Weisung des Gruppenführers (Funkkontakt mit Leitstelle, Beschaffung aus Auswertung von Informationen zum Unfallhergang usw.)	
Maschinist	Warnen anderer Verkehrsteilnehmer (Warnblinker, Heckwarnanlage, Blaulicht), Unterstützung bei Verkehrsabsicherung	Brandschutz sicherstellen, ggf. Unterstützung bei der Entnahme von Geräten und Aggregaten		
Angriffstrupp	Erstzugang schaffen, Schutz des Patienten mit Decke/Schild und ggf. Helm		Vornahme der Rettungsgeräte	
Wassertrupp	Verkehrsabsicherung, Ausleuchten, Brandschutz aufbauen, Fahrzeug stabilisieren/sichern und unterbauen	Batterie(n) abklemmen, Aufnehmen von ausgelaufenem Kraftstoff, Glasmangement	Unterstützung bei der Betreuung und Versorgung des Verletzten (ggf. als »innerer Retter«), Patientenschutz und Kantenschutz	
Schlauchtrupp	Geräteablage aufbauen, Rettungsgeräte vorbereiten und Aggregate bedienen, Unterstützung des Angrifftrupps			

die Rettung zu treffen (Batterie- und Glasmanagement sowie Bereitstellen der notwendigen Gerätschaften an der Geräteablage). Die zweite Phase verläuft weitgehend parallel. D. h., im Rahmen der Erkundung müssen unmittelbar behandlungsbedürftige Personen identifiziert und schnellstmöglich durch Einsatzkräfte erstversorgt und betreut werden. Ggf. muss dafür ein Erstzugang (z. B. durch Entfernung von Verglasung) geschaffen werden. Sofort ist mit der Erstversorgung zu beginnen und eine Betreuung bis zur Übernahme dieser Aufgabe durch den Rettungsdienst zu gewährleisten.

Wenn für die Versorgung des/der Verletzten durch den Rettungsdienst Hindernisse bestehen (z. B. nur sehr kleine Öffnungen und/oder ein sehr beengter Raum), müssen technische Maßnahmen ergriffen werden, welche die notwendige Voraussetzungen schaffen (Herstellung einer Versorgungsöffnung). Sodann hat der Rettungsdienst die Aufgabe, den/die Verletzten soweit zu stabilisieren, dass die Befreiung aus der Zwangslage erfolgen kann. In Absprache mit dem Notarzt/Rettungsdienst wird dann die eigentliche Befreiung durchgeführt (Herstellung der Befreiungsöffnung und möglichst schonendes Herausheben des Verletzten). Dabei ist eine fortwährende medizinische Versorgung sicherzustellen. Nach der Befreiung folgen alle weiteren medizinischen

Quelle: J. Thorns

Bild 48.20 Das Schneidgerät ist möglichst rechtwinklig und am Drehpunkt der Messer des Schneidgerätes anzusetzten. So wird die maximale Schneidkraft erreicht.

Maßnahmen, die zur Herstellung der Transportfähigkeit notwendig sind.

48.2.6 Grundsätze zur Handhabung der Rettungsgeräte

Um ein sicheres und effektives Arbeiten mit den Rettungsgeräten sicherzustellen, sind folgende Grundsätze bei der Handhabung zu beachten:

- Schneidgeräte sind möglichst immer rechtwinklig anzusetzen.
- Das zu schneidende Material sollte so dicht wie möglich am Drehpunkt der Messer des Schneidgerätes anliegen, um die maximale Schneidkraft aufbringen zu können.
- Aufgrund der Länge der Hydraulikleitungen wird eine gewisse Zeitspanne benötigt, bis die maximale Schneid- bzw. Spreizkraft nach dem Betätigen des Bedienknopfes aufgebracht werden kann. Diese Zeit ist abzuwarten, um den Maximaldruck auszunutzen!
- Durch das Nachsetzen bzw. Umsetzen des Schneidgerätes lässt sich die Schneidkraft mitunter besser ausnutzen, da das zu schneidende Material näher zum Drehpunkt der Messer geführt werden kann oder bereits vorgeschwächt ist. Ggf. ist sehr dickes, zu schneidendes Material zunächst mit dem Spreizer zusammenzuquetschen, bevor das Schneidgerät angesetzt wird.
- Der Spreizer und die Rettungszylinder müssen immer dann neu angesetzt werden, wenn an den gewählten Ansatzpunkten keine hinreichende Festigkeit (Widerlager) gegeben ist.
- Beim Einsatz funkenreißender Rettungsgeräte muss besonders auf den Brandschutz und den Schutz der Insassen durch Abdecken (z. B. Löschdecke) geachtet werden.

Achtung:

Hydraulikleitungen niemals knicken und über scharfe Kanten o. Ä. ziehen! Durch Beschädigungen kann das Hydrauliköl mit sehr hohem Druck austreten und schwere Verletzungen verursachen. Auch dürfen die Leitungen nicht zur Entlastung des Geräteführers über die Schultern gelegt werden!

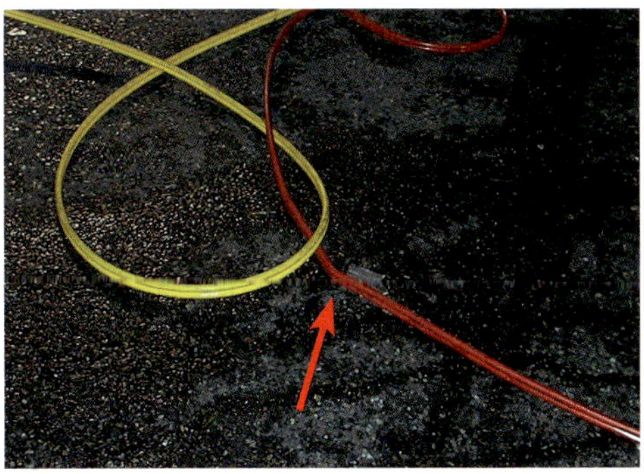
Quelle: FF Filderstadt

Bild 48.21 Das Knicken der unter hohem Druck stehenden Hydraulikleitung ist in jedem Fall zu vermeiden!

Quelle: J. Thorns

Bild 48.22 Wird eine Deformierung bemerkt, so sind die Arbeiten sofort einzustellen und Leitung druckzuentlasten.

Praxis-Tipp:

Zur Vereinfachung der Türöffnung bietet es sich an, z. B. durch einen Keil den Entriegelungsmechanismus der zu öffnenden Fahrzeugtür offen zu halten.

- Die Einsatzgrenzen der Rettungsgeräte sind zu beachten (z. B. möglicher Bruch der Schneidmesser oder der Spreizerspitzen bei Überlastung)!

48.3 Techniken zum Befreien von eingeklemmten Personen aus Personenkraftwagen

Aufgrund der vielfältigen Lagen, mit denen die Feuerwehren bei Verkehrsunfällen in der Praxis konfrontiert werden, gibt es keinen »goldenen Weg« für die technische Rettung. Der Grundsatz lautet daher: »Erlaubt« ist, was unter den gegebenen Umständen am schnellsten und sichersten zum Ziel führt, ohne die Betroffenen weiter zu gefährden. Im Folgenden werden beispielhaft einige Möglichkeiten dargestellt, um die notwendigen Voraussetzungen für die Versorgung von eingeklemmten Personen und schließlich deren Befreiung realisieren zu können.

48.3.1 Türöffnung und Türentfernung

Nach Verkehrsunfällen lassen sich oftmals die Türen der Unfallfahrzeuge nicht mehr ohne Hilfsmittel öffnen. Bevor Rettungsgeräte zur Türöffnung eingesetzt werden, sollte grundsätzlich jedoch im Vorhinein getestet werden, ob dies tatsächlich der Fall ist. Sind die Fahrzeugtüren verkeilt, gibt es situationsabhängig mehrere Möglichkeiten zur deren Öffnung. Im Vorfeld sollte sämtliche Verglasung aus Einscheibensicherheitsglas entfernt werden.

Einsatz von Hebelwerkzeugen

Klemmt eine Fahrzeugtür nur geringfügig, bietet sich der Einsatz von einfachen Hebelwerkzeugen wie der Brechstange oder dem Halligan-Tool (▶ Bild 48.23) an. Das Hebelwerkzeug wird vorzugsweise am Türspalt der Schlosseite angesetzt. Als Widerlager wird der verstärkte Schlossbereich genutzt. Durch leichtes Biegen und/oder zur Seite drehen des Blechs lässt sich i. d. R. der Spalt vergrößern, um den Hebel nachsetzen zu können oder, wenn die Fahrzeugtür sich so doch nicht öffnen lässt, einen Ansatzpunkt für den Spreizer herzustellen.

Aufspreizen der Tür an der Schlossseite

Vor dem Aufspreizen einer Tür muss in vielen Fällen entweder mit einem Hebelwerkzeug (siehe vorherigen Punkt) oder mit dem Spreizer selbst ein Ansatzpunkt durch Vergrößerung des Türspaltes geschaffen werden. Wenn der Türspalt genügend Platz bietet, kann dafür eine Spitze des Spreizers in den Spalt eingeführt, der

Quelle: J. Thorns

Bild 48.23 Mit dem Halligan-Tool können Fahrzeugtüren, die nur leicht klemmen, geöffnet oder ein Ansatzpunkt für hydraulisches Rettungsgerät geschaffen werden.

Quelle: J. Thorns

Bild 48.24 Aufspreizen der Fahrertür an der Schlossseite

Quelle: S. Keiper

Bild 48.25 Aufspreizen der Tür an der Schlossseite:
- a Einsetzen des Spreizers in den Fensterrahmen
- b Von oben wird die Tür weiter aufgespreizt.

Türfalz erfasst und zur Seite gebogen werden. Dann sind beide Spitzen in den entstandenen Spalt zu pressen. Durch mehrmaliges kurzes Spreizen und tieferes Hineinführen wird die Öffnung nach und nach vergrößert, wobei der Geräteführer sich in Richtung Schloss vorarbeitet, bis die Fahrzeugtür aufspringt. Treffen die Spitzen des Spreizers nicht auf ein hinreichend festes Widerlager (Schloss, Beschläge o. Ä.), wird nur das Blech abgeschält, wodurch sich die Tür nicht öffnen lässt. Dann muss unbedingt nachgesetzt werden, bis der notwendige Halt an einer verstärkten Struktur erreicht wird. Gelingt dies nicht, muss eine Alternative (siehe nachstehend) gesucht werden.

Wenn die eingeklemmte Person nicht direkt am Fenster anliegt bzw. anlehnt, kann der Spreizer auch zwischen dem Dach und der Oberkante der Tür im Fensterrahmen eingesetzt und soweit wie möglich geöffnet werden. Dadurch wird die Fahrzeugtür nach außen gedrückt, wobei sich ein Spalt an der Schlossseite bildet.

Kann das Schloss nicht herausgespreizt werden, besteht unter Umständen auch die Möglichkeit, das Schloss mit dem Schneidgerät abzuschneiden. Beim Vornehmen des Spreizers muss sehr vorsichtig gearbeitet werden, damit die Insassen nicht gefährdet werden.

Achtung:

Der Spreizer darf auf keinen Fall ins Fahrzeug gerammt werden! Die Erschütterung wirkt direkt auf die Insassen ein und kann diese weiter schädigen!

Merke:

Zum Öffnen einer Fahrzeugtür sollte der Spreizer möglichst an der Schlossseite angesetzt werden, da dort weniger Kraft zum Aufspreizen notwendig ist als an der Scharnierseite.

Aufbiegen am Fensterrahmen

Eine weitere Variante der Türöffnung bei ver-

IM EINSATZ

Aufspreizen einer Fahrzeugtür an der Scharnierseite

Alternativ zum Zusammendrücken des Kotflügels kann auch die Tür gequetscht werden, um einen Spalt an der Scharnierseite zu schaffen.

Quelle: Daimler AG, Stuttgart

Im nächsten Schritt wird der bereits entstandene Spalt geweitet, wodurch die Türscharniere freigelegt werden.

Sind die Türscharniere freigelegt, dann kann im nächsten Schritt das obere Türscharnier (hier bei einer Fondtür) herausgedrückt werden.

Nachdem auch das untere Scharnier herausgedrückt wurde, werden abschließend die elektrische Leitungen oder Türbänder durchtrennt.

Achtung:

Die Bolzen der Türscharniere bestehen aus gehärtetem Material und dürfen daher nicht abgeschnitten werden. Beim Schneiden könnten die Schneidmesser beschädigt werden oder brechen und mit großer Wucht weggeschleudert werden.

unglückten Pkw ist das Aufbiegen am Fensterrahmen. Dafür wird mit dem Spreizer ein Teil des Fensterrahmens erfasst und um die eigene Achse gedreht. Der Spreizer kann dann in den entstandenen Spalt geführt und dieser von oben weiter geöffnet werden. Mit dem Spreizer arbeitet sich der Geräteführer nun Stück für Stück weiter an der Tür nach unten, bis diese offen ist.

Zusammendrücken des Kotflügels und Abspreizen an der Scharnierseite
Durch Zusammendrücken des Kotflügels ist es möglich, einen Spalt an der Scharnierseite einer Fahrzeugtür hervorzurufen, an den der Spreizer zum Aufspreizen der Fahrzeugtür angesetzt werden kann. Diese Methode funktioniert nicht bei Kotflügeln aus Kunststoff oder Aluminium. Meist reißen diese Kotflügel nämlich ein, weswegen es zu keiner Verformung an der Türseite mehr kommt. In diesem Fall ist eine alternative Methode zu wählen. Hierfür kann z. B. mit dem Spreizer schräg von oben (Türoberkante) die Fahrzeugtür zusammengedrückt werden.

Um eine Tür an der Scharnierseite herauszuspreizen, wird als Erstes das obere Türscharnier aufgespreizt, dann ist der Spreizer über dem unteren Scharnier an der A-Säule anzusetzen und die Fahrzeugtür nach unten abzuspreizen. Mit einem Seiten- oder Bolzenschneider können elektrische Leitungen oder Türbänder abgeschnitten werden, an denen die Tür möglicherweise noch hängen bleibt.

48.3.2 Sichern eines Überlebensraums

Insbesondere bei frontalen Zusammenstößen mit anderen Fahrzeugen, Bäumen oder Bauwerken kann es aufgrund der enormen Krafteinwirkung zu Eindringungen (Intrusionen) in die Fahrgastzelle eines Unfallfahrzeugs kommen. Häufig wird der Fußraum dabei gestaucht und die Lenkradsäule wird in Richtung des Fahrzeuglenkers verschoben. Aufgrund dessen können die Insassen durch Fahrzeugteile oder eingedrungene Gegenstände so eingeklemmt sein, dass z. B. die Atmung nicht mehr oder nur noch eingeschränkt möglich ist oder Gliedmaßen abgedrückt werden, wodurch die Durchblutung eingeschränkt oder gestoppt wird. In solchen Situationen muss schnellstmöglich ein »Überlebensraum« geschaffen sowie die Vitalfunktionen müssen wiederhergestellt bzw. aufrechterhalten werden. Drücken Lenkrad und/oder Lenkradsäule auf den Fahrer, sollte zunächst überprüft werden, ob eine Lenkradhöhenverstellung vorhanden ist. Kann hierauf nicht zurückgegriffen werden oder reicht deren Bewegungsspielraum nicht aus, kann z. B. mit einem Pedalschneider der Lenkradkranz sehr schnell entfernt werden. Wichtig ist dabei, dass nicht in Lenkradspeichen und in die Lenkradmitte geschnitten wird, wo sich Airbagkomponenten befinden können. Zum Anheben der Lenkradsäule eignen sich Spreizer oder Rettungszylinder. Diese können entweder am Schweller der Fahrerseite oder im Bereich des (verstärkten) Mitteltunnels angesetzt und in Richtung der Lenkradsäule geöffnet bzw. ausgefahren werden. Hierbei muss unbedingt auf die Füße und Beine des Eingeklemmten geachtet werden!
Die Lenksäule sollte auf diese Weise nur um wenige Zentimeter bewegt werden. Eine Überdehnung kann zum Brechen und schlagarti-

Quelle: J. Thorns

Bild 48.26 Anheben der Lenkradsäule mit dem Spreizer:
a vom Schweller aus,
b vom verstärkten Mitteltunnel aus.

Achtung:

Auf die Methode »Schaffung einer großen Seitenöffnung« sollte nicht zurückgegriffen werden, wenn später noch der Vorderwagen gekippt werden soll.

gen Zurückfedern führen, wodurch der Eingeklemmte erhebliche weitere Verletzungen erleiden kann.

Um den Überlebensraum zu sichern, besteht auch die Möglichkeit, den Sitz des Eingeklemmten zu verschieben, zu verstellen oder im Bedarfsfall auch die Sitzlehne zu entfernen. Als Erstes sollte wiederum geprüft werden, ob die Sitzverstellung noch einsatzfähig ist. Ist dies nicht der Fall, kann der Sitz z. B. mit dem Spreizer vorsichtig nach hinten gedrückt werden. Soll die Sitzlehne ganz entfernt werden, muss die eingeklemmte Person immobilisiert (z. B. Verwendung eines Rettungsbrettes oder KED-Systems) und gestützt werden. Dann ist der Sitzbezug zu entfernen, um einen Einblick in die Struktur zu bekommen. Beim Abschneiden dürfen weder Komponenten eines Seitenairbags noch gehärtete Teile wie die Drehscharniere o. Ä. geschnitten werden.

48.3.3 Schaffung einer großen Seitenöffnung

Zur Schaffung einer Versorgungsöffnung kann eine so genannte große Seitenöffnung

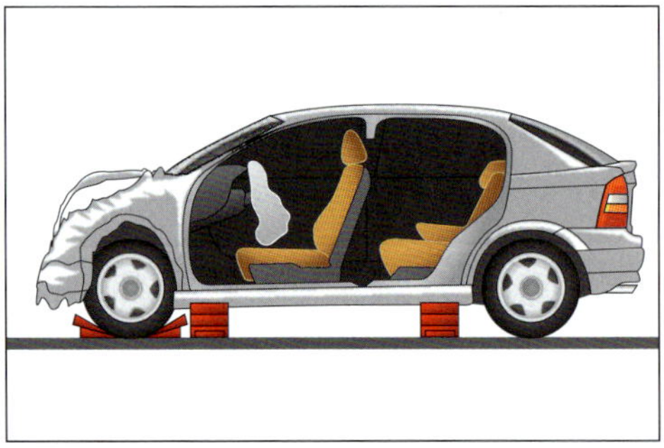

Bild 48.27 Durch Entfernen der Fahrertür, B-Säule und der hinteren Tür lässt sich eine große Seitenöffnung bei vier- und fünftürigen Pkw schaffen.

Bild 48.28 Durchtrennen der B-Säule:
a mittels V-Schnitt,
b oder Abreißen mithilfe eines Rettungszylinders.

hergestellt werden. Bei viertürigen Fahrzeugen werden dafür die vordere und hintere Fahrzeugtür sowie die B-Säule entfernt. Handelt es sich beim Unfallfahrzeug um einen Dreitürer, so wird auf der entsprechenden Fahrzeugseite eine zusätzliche Öffnung (»dritte Tür«) im Fondbereich geschaffen.

Große Seitenöffnung bei Vier- und Fünftürern

Als Erstes ist der Spreizer im Spalt zwischen der hinteren Tür und der C-Säule anzusetzen (ggf. muss vorher ein Spalt als Ansatzpunkt geschaffen werden, (▶ Abschnitt 48.3.1) und die Tür soweit wie möglich aufzuspreizen. Parallel dazu sollte eine Einsatzkraft im Fahrzeuginnern die Innenverkleidung an der B-Säule entfernen und nach Airbagkomponenten, Gurtstraffern oder Strukturverstärkungen suchen. Werden entsprechende Einrichtungen gefunden, sollten die möglichen Schnittbereiche von außen markiert werden (z. B. mit ei-

J

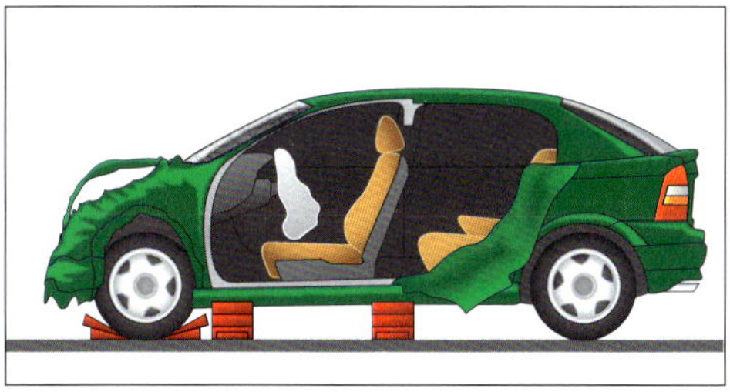

Bild 48.29 Schaffung einer dritten Tür durch Einschneiden und Umbiegen eines Ausschnittes der Fondverkleidung

nem wasserfesten Stift oder Einritzungen mit scharfkantigen Gegenständen). Dann wird die B-Säule am Übergang zum Fahrzeugdach abgeschnitten. Aufgrund des großen Durchmessers der meisten B-Säulen bietet sich hier die V-Schnitt-Technik an. Das Schneidgerät wird dafür von beiden Seiten so angesetzt, dass sich die Schnittlinien kreuzen. Führt auch diese Methode nicht zum Erfolg, kann die B-Säule alternativ mit dem Rettungszylinder abgerissen oder mit einer Säbelsäge durchtrennt werden. Anschließend ist die B-Säule so dicht und waagerecht wie möglich über dem Schweller von beiden Seiten mit dem Schneidgerät einzuschneiden und dann mit dem Spreizer oder einem Rettungszylinder abzuspreizen. Zum Abschluss wird die vordere Tür an der A-Säule (Scharnierseite) abgespreizt, sodass sich dann beide Türen samt B-Säulen entfernen lassen.

Schaffung einer »dritten Tür«

Um auch bei dreitürigen Unfallfahrzeugen eine größere Seitenöffnung herzustellen, kann wie folgt vorgegangen werden: Im ersten Schritt muss bei dieser Methode die vordere Tür zumindest geöffnet werden. Besser ist es jedoch, die Fahrzeugtür ganz zu entfernen (zur Vorgehensweise siehe ▶ Abschnitt 48.3.1). Dann wird die B-Säule mittels V-Schnitt am Dach durchtrennt (Achtung: Vorher Innenverkleidung abnehmen und sicheren Schnittbereich festlegen!), wenn das Fahrzeugdach noch nicht abgenommen wurde, und etwa eine Handbreite über dem Schweller einige Zentimeter tief eingeschnitten. Ein zweiter, tieferer Einschnitt erfolgt von der Unterkante des Fensterrahmens

Achtung:

Bevor die Fahrzeugsäulen durchtrennt werden, müssen die Innenverkleidungen an den Säulen abgenommen bzw. aufgeschnitten und auf Airbagkomponenten, Gurtstraffer u. Ä. überprüft werden. Daraufhin sollten die sicheren Schnittbereiche von außen gut sichtbar markiert werden.

(Fondfenster) senkrecht nach unten – ungefähr auf Höhe des ersten Drittels des Radkastens. Mit dem Spreizer lässt sich am Radkasten das Blech zusammenstauchen. Dann wird mit dem Spreizer in die obere Ecke des angeschnittenen Bereichs gegriffen und die umgebogen. Die scharfen Kanten müssen anschließend abgedeckt werden.

48.3.4 Dach abklappen, zur Seite biegen oder entfernen

Die vollständige Dachentfernung ermöglicht einen sehr guten Zugriff von allen Seiten auf das Unfallfahrzeug. Allerdings ist diese Methode in der Regel auch mit einem hohen Zeitaufwand verbunden. Im Einsatz muss abgewogen werden, ob dieser Aufwand vertretbar ist. Wenn beim Schneiden der Fahrzeugsäulen

Bild 48.30 Alternativ zur Dachentfernung kann das Fahrzeugdach auch zur Seite geklappt werden. Dafür müssen lediglich die Dachholme auf einer Seite durchtrennt und Entlastungsschnitte auf der gegenüberliegenden Seite gesetzt werden.

J

IM EINSATZ

Abklappen des Fahrzeugdachs nach hinten

Sämtliche Verglasung, ausgenommen die Windschutzscheibe, entfernen. An einem sicheren Punkt die A-Säule beidseitig mit dem Schneidgerät durchtrennen ...

... dann die Windschutzscheibe auf Höhe der durchtrennten A-Säule quer durchschneiden. Die B-Säule ggf. mit der V-Schnitt-Technik durchtrennen oder mit dem Rettungszylinder abreißen.

Quelle: J. Thorns

Vor der C-Säule beidseitig Entlastungsschnitte möglichst tief ins Fahrzeugdach setzen. Nun kann das Dach nach hinten geklappt werden.

Ein Zurückschlagen oder Zurückfedern kann durch Sichern des Daches mittels Leinen o. Ä. an einem Fixpunkt verhindert werden.

erhebliche Probleme auftreten, sollte ggf. eine alternative Vorgehensweise (z. B. große Seiteöffnung auf einer Seite oder das Dach zur Seite biegen – wie unten beschrieben) in Betracht gezogen werden. Soll das Fahrzeugdach nach hinten abgeklappt werden, so muss außer der Entfernung sämtlicher Verglasung aus Einscheibensicherheitsglas zusätzlich auch die eingeklebte Windschutzscheibe aus Verbundsicherheitsglas einmal quer durchschnitten werden (am besten auf der Höhe der bereits durchgeführten Schnitte an der A-Säule). Dieser Schritt kann dann entfallen, wenn das Dach nach vorn geklappt wird.

J

Sind sichere Schnittpunkte nach der Kontrolle im Innenbereich festgelegt, werden die A- und B-Säulen bzw. die B- und C-Säulen (wenn nach vorn geklappt werden soll) an diesen Stellen durchtrennt. Wenn die Säulen nicht vollständig von den Schneidmessern umfasst werden können, ist die V-Schnitt-Technik anzuwenden. Ist die Schneidkraft nicht ausreichend, können insbesondere die B-Säulen auch mit einem Rettungszylinder abgerissen werden. Vor dem Umklappen sind jeweils auf beiden Seiten vor den C-Säulen bzw. hinter den A-Säulen (wenn nach vor geklappt werden soll) Entlastungsschnitte tief ins Fahrzeugdach zu setzen. Nach dem Umklappen muss das Dach mit einer Leine o. Ä. so an einem Festpunkt (z. B. Abschleppöse) gesichert werden, dass dieses nicht mehr zurückschlagen oder zurückfedern kann.

Gestaltet sich das Trennen der Fahrzeugsäulen sehr schwierig, ist es auch möglich, das Dach nur auf einer Fahrzeugseite an allen Fahrzeugsäulen zu trennen und um 90 Grad zur Seite zu klappen (▶ Bild 48.30). Auf diese Weise lässt sich kostbare Zeit sparen, wenn eine vollständige Dachentfernung nicht zwangsweise notwendig ist. Auch bei dieser Methode kann die B-Säule erforderlichenfalls abgerissen werden. Sind alle Fahrzeugsäulen auf der entsprechenden Seite durchtrennt, wird ein Rettungszylinder z. B. zwischen Mitteltunnel und dem oberen B-Säulen-Ansatz platziert (eine andere Möglichkeit ist der Einsatz zwischen der Unterkante des hinteren Fensterrahmens und dem Dach) und soweit ausgefahren, bis das Fahrzeugdach um 90 Grad nach oben verbogen wurde.

48.3.5 Kippen des Vorderwagens

Um Platz für die Befreiung einer eingeklemmten Person im Frontbereich zu schaffen, kann auch der gesamte Vorderwagenbereich nach vorn gekippt werden. Im Vorfeld sollte das Fahrzeugdach dafür nach hinten geklappt oder vollständig entfernt worden sein. Zum Kippen des Vorderwagens sind zwei Entlastungsschnitte in der A-Säule über dem Drehpunkt (vorderer Schwelleransatz) vorzunehmen. Bevor diese jedoch erfolgen, ist es also ratsam, den Rettungszylinder bereits in Position zu bringen und leicht unter Druck zu setzten. So können ein mögliches Einklappen des Armaturenbretts und weitere Verletzungen des Verunglückten vermieden werden.

Da bei dieser Rettungsmethode oftmals die Rettungsgeräte sehr dicht an Körperteilen des Eingeklemmten angesetzt werden müssen, ist größte Sorgfalt notwendig! Um einen seitlichen Einblick zu bekommen, kann es nützlich sein zunächst ein so genanntes Fußraumfenster freizulegen. Nachdem die Entlastungsschnitte oberhalb des Armaturenbrettes und oberhalb des Schwellers so tief wie möglich (möglichst bis zum Radkasten) in die A-Säulen nach vorn geschnitten bzw. gerissen worden sind, wird der Ausschnitt mit dem Spreizer nach außen bzw. unten gebogen. Aufgrund verstärkter Strukturen in diesem Bereich (z. B. Radabstützung) kann die Erweiterung des Fußraumes ein mehrfaches Zusammenspiel von Schneidgerät und Spreizer (Stauchen des Materials zwischen Radkasten und A-Säule, um den Querschnitt zu reduzieren) notwendig machen.

Anschließend wird der Rettungszylinder, (wenn vorhanden, kann parallel auch auf der anderen Fahrzeugseite ein zweiter Rettungszylinder eingesetzt werden) welcher bereits zwischen einem geeigneten Ansatzpunkt am Armaturenbrett und dem Schwelleraufsatz, der an der B-Säule anliegt, zum Abkippen des Vorderwagens eingesetzt. Der Ansatzpunkt am Schwelleraufsatz sollte zusätzlich unter-

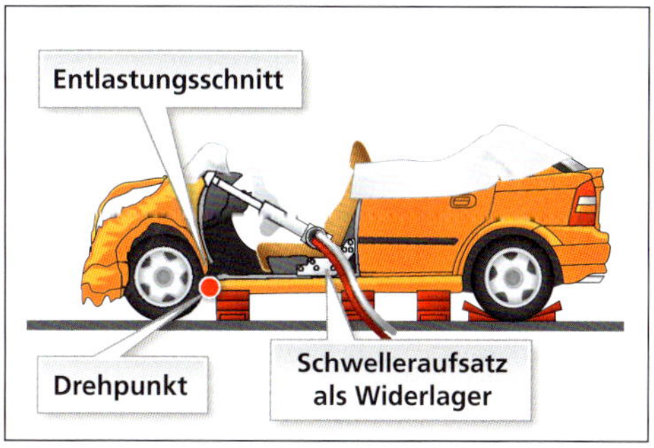

Bild 48.31 Kippen des Vorderwagens: Drehpunkt ist der vordere Schwelleransatz

J

IM EINSATZ

Kippen des Vorderwagens

Quelle: J. Thorns

Stabilisieren des Fahrzeuges wie beschrieben. Sehr wichtig ist die Stabilisierung unterhalb der B-Säule, um ein Einknicken durch die Kräfte des Rettungszylinders zu vermeiden.

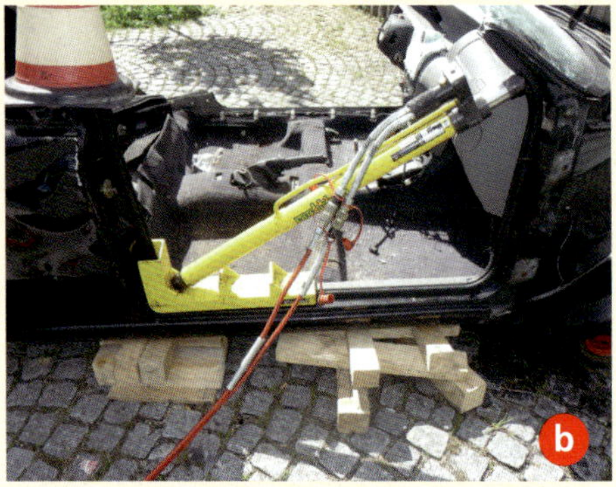

Anschließend wird der Rettungszylinder positioniert und leicht unter Druck gesetzt. So wird verhindert, dass das Armaturenbrett durch den Entlastungsschnitt eventuell zurückfällt.

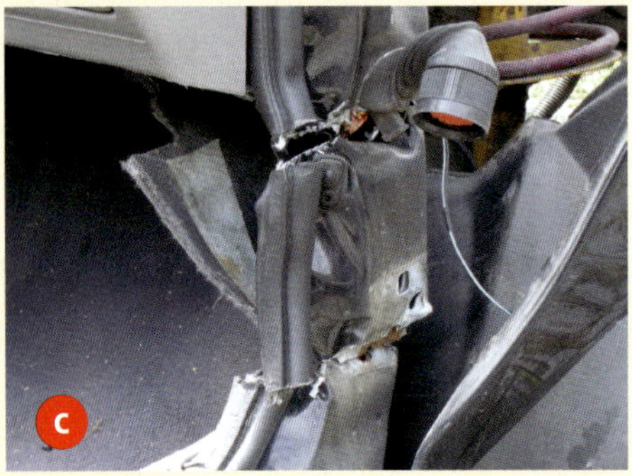

Im nächsten Schritt wird der Entlastungsschnitt an der A-Säule, kurz über dem Schweller gesetzt. Falls eine Fußraumöffnung hergestellt werden soll oder kann, erfolgt ein zweiter Entlastungsschnitt zirka 30 Zentimeter über dem ersten.

Nun kann ggf. auch parallel durch Einsatz eines zweiten Rettungszylinders der Vorderwagen nach vorne gekippt werden. Auf ein kontrolliertes Arbeiten ist größten Wert zu legen.

baut werden. Ist die B-Säule instabil, kann der Schwelleraufsatz auch mit einem Spreizer am Schweller fixiert werden. Nicht empfehlenswert ist es, den Spreizer selbst als Widerlager für den Rettungszylinder zu verwenden, da es ggf. zur Überlastung und damit zur Beschädigung des Rettungsgerätes aufgrund der hohen, seitlich wirkenden Druckkräfte kommen kann! Der Rettungszylinder wird dann langsam ausgefahren, wobei die Bewegung des Vorderwagens genau beobachtet werden muss. Ist auf jeder Seite ein Rettungszylinder eingesetzt, sollten beide möglichst gleichmäßig ausgefahren werden. Kommt es während des Vorgangs zur Streckung der Beine des Eingeklemmten, muss sofort abgebrochen werden!

Alternativ kann (wenn nicht zwangsweise der ganze Vorderwagen gekippt werden muss) nach der Herstellung der Fußraumöffnung der Spreizer in die Öffnung zwischen Schweller und Armaturenbrett geführt und das Armaturenbrett nach oben gedrückt werden. Auch hier ist es sehr wichtig, den Fußraum genau zu beobachten, um eine weitere Schädigung des Eingeklemmten auszuschließen.

48.3.6 Pkw in Dach- und Seitenlage

Wenn Personen in Fahrzeugen eingeklemmt sind, die nicht mehr auf ihren Rädern stehen, sondern auf dem Dach, auf der Seite oder gar anderen Fahrzeugen zum Liegen gekommen sind, bedeutet dies in der Regel einen aufwändigen Rettungseinsatz. Grundsätzlich sollte die Lage der Unfallfahrzeuge nicht verändert werden, wenn nicht ein schwerwiegender Grund dies erforderlich macht! D. h., die Rettungsmaßnahmen müssen auf die spezielle Lage angepasst werden. Dazu müssen unter Umständen Höhenunterschiede überwunden und andere Ansatzpunkte beim Spreizen und Schneiden gesucht werden als die herkömmlichen. Vor jeder weiteren technischen Maßnahme ist die Sicherung der Fahrzeuge in so einer Situation die vorrangige Aufgabe der zuerst eintreffenden Einsatzkräfte.

Pkw in Dachlage

Zur Stabilisierung von auf dem Dach liegenden Unfallfahrzeugen können Kanthölzer, Unterlegblöcke in Treppenform, Baustützen oder spezielle Abstützsysteme verwendet werden. Dabei ist zu beachten, dass Stützen immer durch Spanngurte oder Seile an Festpunkten gegen Wegrutschen gesichert werden. Der Erstzugang erfolgt i. d. R. über eine der Fensteröffnungen. Es sollte aber immer auch geprüft werden, ob sich nicht doch eine der Fahrzeugtüren oder die Heck-/Kofferraumklappe öffnen lässt. Wenn das Fahrzeug in seiner Lage stabil ist bzw. stabilisiert worden ist, sollte eine Einsatzkraft als »innerer Retter« im Fahrzeug die eingeklemmte Person nach der Kontrolle der Vitalfunktionen und möglicher schwerwiegender Verletzungen durch Stützen entlasten.

Merke:

Nicht mehr auf den Rädern stehende Unfallfahrzeuge sind in vorgefundener Lage zu stabilisieren sowie gegen Wegrollen, Wegrutschen und Umkippen zu sichern.

Quelle: J. Thorns

Bild 48.32 Stabilisierung eines Pkw in Dachlage

Merke:

Die Rettung von Personen, die kopfüber in einem Pkw eingeklemmt sind, ist oft sehr zeitkritisch. Durch die tiefe Kopflage steigt der Hirndruck an und das Herz-Kreislauf-System wird stärker belastet.

Um dem Rettungsdienst die medizinische Versorgung zu ermöglichen, empfiehlt es sich, die Türen zu entfernen. Dazu kann der Spreizer z. B. von oben (Fahrzeugboden) zwischen dem Schweller und der Türunterkante angesetzt werden. Um einen Spalt als Ansatzpunkt in diesem Bereich zu erhalten, wird der Schweller mit dem Spreizer zusammengedrückt, bis genügend Platz vorhanden ist. Durch Zusammendrücken des Türbodens und Wegbiegen kann erforderlichenfalls der

IM EINSATZ

Stabilisieren eines Pkw in Seitenlage mit Steckleiterteilen

Quelle: J. Thorns

Das Steckleiterteil wird in die Radaufhängung des sich in Seitenlage befindlichen Pkw geschoben.

Den Spanngurt an bzw. um Teile des Wagens herum befestigen.

Durch Festziehen des Spanngurtes wird die stabilisierende Wirkung des Steckleiterteils hergestellt.

Alternativ kann die Stabilisierung auch mithilfe einer Feuerwehr- bzw. Arbeitsleine erfolgen.

Ansatzpunkt geweitet werden. Dann wird die Tür (in Richtung Schlossseite arbeiten!) nach unten weggespreizt, bis diese sich öffnet. Anschließend sind die Türscharniere durch Spreizen auszubrechen und ggf. Leitungen und das Türband zu durchtrennen.

Soll zur Befreiung der Person eine große Seitenöffnung geschaffen werden, muss beachtet werden, dass die B-Säule als tragendes Element in jedem Fall durch eine geeignete Abstützung entlastet wird.

Pkw in Seitenlage

Unfallfahrzeuge, die auf der Seite zum Liegen gekommen sind, können durch Abstützsysteme, Baustützen und mithilfe von Steckleiterteilen in ihrer Lage stabilisiert werden. Die Auflagepunkte müssen entsprechend z. B. mit Holzklötzern unterbaut werden. Um an dem Fahrzeug sicher arbeiten zu können, sollten bei Bedarf möglichst Rettungsplattformen o. Ä. eingesetzt werden. Wenn Fahrzeugteile

Bild 48.33 Pkw in Seitenlage:
a Stabilisieren des Pkw mithilfe eines Abstützsystems,
b Abklappen des Fahrzeugdaches

Bild 48.34 Stabilisieren eines Pkw in Schräglage mithilfe von Unterbauhölzern

auf der oberen Seite geschnitten werden, muss unbedingt darauf geachtet werden, dass diese nicht auf die eingeklemmte Person fallen können. Für die Versorgung und Befreiung bietet es sich an, das Fahrzeugdach zur Seite wegzuklappen. Dafür sind auf der oberen Seite alle Fahrzeugsäulen zu durchtrennen, die Windschutzscheibe einmal möglichst weit oben zu durchschneiden und auf der Unterseite ein oder mehrere Entlastungsschnitte ins Dach (nahe über der C-Säule und ggf. A-Säule) zu setzen. Beim Abklappen des Daches sollte der Auflagepunkt ebenfalls unterbaut werden. Alle scharfen Kanten müssen unbedingt abgedeckt werden!

48.4 Techniken zum Befreien von eingeklemmten Personen aus Lastkraftwagen

Lkw-Unfälle unterscheiden sich deutlich von Unfällen mit Pkw. Bedingt durch die größeren Abmessungen und die erheblich höhere Fahrzeugmasse stehen die Einsatzkräfte bei der Rettung einer in einem Lkw-Fahrerhaus eingeklemmten Person vor besonderen Herausforderungen:

- Der Höhenunterschied zum Fahrerhaus muss überwunden werden.
- Die Rettungsgeräte müssen in der Arbeitshöhe sicher vorgenommen werden können.
- Selbst einzelne Fahrzeugteile (z. B. Türen bis zu zirka 80 Kilogramm und die Front-

J

scheibe bis zu zirka 35 Kilogramm) haben eine große Masse.

- In den Kraftstofftanks können sich mehrere 100 Liter Diesel befinden.
- Moderne Lkw-Fahrerhäuser werden u. a. aus hochfesten Stählen gefertigt, welche insbesondere die Schneidgeräte an ihre Leistungsgrenzen führen können.
- Durch die Ladung kann eine besondere Gefährdung ausgehen (Gefahrgut, schweres Stückgut o. Ä.).

Arbeitshöhe und Koordination

Um eine sicheres Arbeiten an einer Lkw-Fahrerkabine zu ermöglichen, sollte grundsätzlich auf eine Rettungsplattform zurückgegriffen werden. Provisorische Plattformen (z. B. mit Leiterteilen) haben oftmals den Nachteil, dass sie nicht genügend Platz für das Arbeiten mit schweren Geräten bieten. Für den Erstzugang können auch Steckleiterteile zum Einsatz kommen. Außerdem kann auch das Podest einer Drehleiter zur Überwindung der Höhe und – wenn unbedingt notwendig – zum Einsatz von Rettungsgeräten genutzt werden. Dies sollte jedoch die Ausnahme sein, wenn zeitnah keine Rettungsplattform zur Verfügung steht.

Quelle: J. Thorns

Bild 48.35 Stabilisierung des Lkw-Fahrerhauses: Mit einem Spanngurt wird das Fahrerhaus am Fahrzeugrahmen fixiert.

Quelle: J. Thorns

Bild 48.36 Der Erstzugang zum Patienten kann über die Steckleiter erfolgen.

Voraussetzung für einen reibungslosen Rettungsverlauf ist die Koordination der Rettungsmaßnahmen. Geräte müssen auf Anforderung von unten gereicht werden und auf der Plattform dürfen nur die unmittelbar benötigten Kräfte stehen. Zu beachten ist auch, dass sich Rettungsdienstkräfte und die Einsatzkräfte der Feuerwehr, die zur technischen Rettung eingesetzt sind, nicht gegenseitig behindern (z. B. medizinische Versorgung durch Notarzt und Rettungsassistenten im Innern, notwendige Geräte und Ausrüstungsgegenstände werden von außen auf Nachfrage gereicht, der Rettungsdienst blockiert dabei keine Zugänge zum Fahrzeug).

Achtung:

Batteriesäure ist stark ätzend. Die Batterie sollte daher weder gekippt noch beschädigt werden.

J

Praxis-Tipp:

Wenn der Motor noch läuft, kann dieser durch Einblasen von Kohlenstoffdioxid in den Luft-Ansaugkanal mithilfe eines Kohlenstoffdioxid-Feuerlöschers gestoppt werden.

Besondere Sicherungsmaßnahmen

Vor dem Beginn der technischen Rettungsmaßnahmen ist es bei Lkw-Unfällen erforderlich, das schwingend gelagerte Fahrerhaus zu stabilisieren und den Federweg durch Fixierung an einem geeigneten Festpunkt auszuschalten. Schwingende Bewegungen können den Verletzten weiter schädigen, außerdem werden dadurch technische Maßnahmen erschwert. Zur Stabilisierung und Fixierung eignet sich z. B. ein Spanngurt, der um das Fahrerhaus gelegt und mittels Bandschlingen an der Vorderachse angeschlagen wird (alternativ ist auch ein Anschlagen an den Felgen möglich, wobei sichergestellt sein muss, dass sich die Räder nicht mehr drehen können). Beim Anziehen des Spanngurtes wird das Fahrerhaus in die Federung gezogen und in dieser Position gehalten.

Vorsicht ist bei der Entfernung aller größeren Fahrzeugteile geboten. Soll z. B. die Fahrzeugtür eines Lkw-Fahrerhauses abgetrennt werden, so muss diese aufgrund der großen Masse auf jeden Fall gesichert (z. B. mit einer Feuerwehr-/Mehrzweckleine, die über das Fahrzeugdach geführt und auf der anderen Seite auf Zug gehalten oder besser angeschlagen wird) und nach dem Trennen vorsichtig zu Boden gelassen werden. Auch bei den Fahrzeugscheiben und Verkleidungsteilen, die ggf. entfernt werden, muss mit großen Massen gerechnet werden.

Quelle: Mercedes-Benz, Stuttgart

Bild 48.37 Eine Rettungsplattform ermöglicht das sichere Arbeiten an einem Unfall-Lkw

Kurzschlüsse in der elektrischen Anlage (meist 24-Volt-Anlagen) können eine Brandgefahr darstellen und ggf. zur nachträglichen Auslösung von Airbags führen, weswegen auch bei Lkw-Unfällen das »Batteriemanagement« Beachtung finden muss. Vor dem Abklemmen der Fahrzeugbatterien muss jedoch geprüft werden, ob sich dadurch nicht erhebliche Nachteile für die Rettung ergeben können, z. B. weil der Fahrersitz sich nicht mehr verstellen lässt oder der Fahrersitz sich automatisch absenkt, wenn die Stromversorgung unterbrochen ist. Deswegen ist eine vorherige Absprache mit dem Rettungsdienst unentbehrlich. Die Fahrzeugbatterien befinden sich i. d. R. am Fahrzeugrahmen auf der Fahrerseite, können modellabhängig aber auch in Staukästen am Aufbau oder unter dem Fahrersitz gelagert sein. Oftmals sind zwei Fahrzeugbatterien (2 × 12 Volt) in Reihe geschaltet, wobei der Pluspol der einen Batterie mit dem Minuspol der anderen Batterie verbunden ist. Beim Abklemmen wird als Erstes immer der Masseanschluss gelöst.

48.4.1 Entfernung der Frontscheibe

Der Erstzugang zu einem verunglückten Lkw erfolgt möglichst über eine bereits vorhandene Öffnung (z. B. zerstörte Fensterscheibe), eine noch zu öffnende Tür oder Dachluke. Ist dies nicht möglich, bietet es sich i. d. R. an, die Frontscheibe zu entfernen. Im weiteren Verlauf kann durch den Einstieg über oder durch den direkten Zugriff vom Frontbereich her die medizinische Versorgung durchgeführt werden. Lkw-Fahrerhäuser verfügen zumeist über eine Frontscheibe aus Verbundsicherheitsglas. Nicht eingeklebte Frontscheiben lassen sich recht einfach nach der Entfernung des Scheibengummis (z. B. mit einem flachen Messer) mit einem Schraubendreher heraushebeln und

J

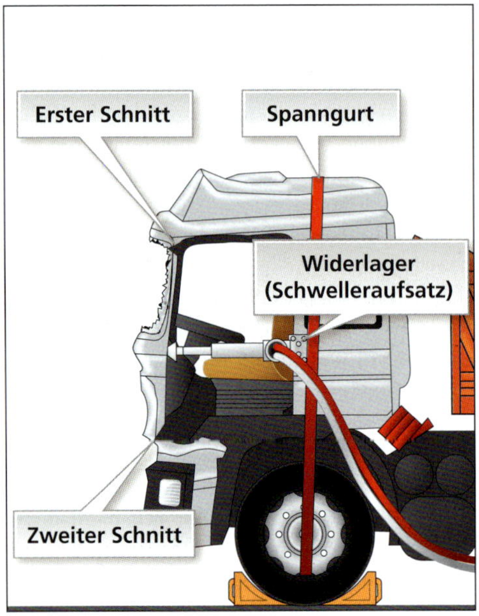

Bild 48.38 Schematische Darstellung der Zwei-Schnitt-Technik

dann im Ganzen abnehmen. Handelt es sich um eine eingeklebte Frontscheibe, muss diese mit einem geeigneten Hilfsmittel (z. B. Glassäge oder Blechaufreißer) herausgesägt bzw. herausgeschnitten werden. Dabei ist zu beachten, dass die Personen im Innern (Retter und Betroffene) vor den Glassplittern und dem Glasstaub mit einer Decke, Folie o. Ä. geschützt werden.

48.4.2 Türöffnung und Türentfernung

Fensterscheiben aus Einsicherheitsglas (zumeist die Seitenfenster, teilweise auch Heckfenster) müssen vor dem Einsatz von Rettungsgeräten an den Türen und dem Fahrerhaus entfernt werden. Die Vorgehensweise entspricht der bei Pkw-Unfällen (Abkleben oder Sichern der Scheiben, Ankörnen in der unteren Scheibenecke, Schützen der Insassen). Der Ansatzpunkt (Schloss- oder Scharnierseite) für die Türentfernung richtet sich nach dem vorgefundenen Zustand. Dabei ist auch zu beachten, dass aufgrund des Unfallgeschehens die A-Säule bereits stark in Mitleidenschaft gezogen worden sein kann. In diesem Fall ist diese oftmals aufgrund der gefährdeten Stabilität des Fahrerhauses nicht als Widerlager geeignet, weswegen der Spreizer dann besser an der Schlossseite anzusetzen ist. Um kostbare Zeit bei der technischen Rettung zu sparen, muss eine Tür auch nicht immer vollständig herausgespreizt werden. Wenn die Tür sich weit genug öffnen lässt, kann diese in der Lage auch (z. B. durch einen Spanngurt oder eine Feuerwehr-/Mehrzweckleine) fixiert werden.

> **Merke:**
>
> Verkleidungsteile aus Kunststoff im Bereich von möglichen Schnittpunkten sollten frühzeitig entfernt werden. Beim Schneiden könnten Teile abplatzen oder mit großer Wucht weggeschleudert werden.

Um den Spreizer an einer Tür ansetzen zu können, muss ggf. entweder mit Hebelwerkzeugen oder mit dem Spreizer selbst ein hinreichend großer Spalt geschaffen werden (▶ Abschnitt 48.3.1). Die Tür ist sobald wie möglich durch eine Feuerwehr-/Mehrzweckleine zu sichern. Dann wird der Spreizer an der Schlossseite (dies ist in der Regel am einfachsten, da nur ein Festpunkt vorhanden ist) bzw. Scharnierseite angesetzt und die Tür unter Ausnutzung eines Widerlagers (Schlossbereich, A-Säule u. Ä.) aufgespreizt. Zur vollständigen Türentfernung muss der Spreizer an der jeweiligen anderen Seite erneut angesetzt werden.

48.4.3 Herstellung einer Befreiungsöffnung mittels Zwei-Schnitt-Technik

Bei erheblichen Verformungen des Lkw-Fahrerhauses hat sich in der Praxis als Standardmethode zur Befreiung einer eingeklemmten Person die so genannte Zwei-Schnitt-Methode [5, 6] bewährt. Dabei wird die Struktur des Fahrerhauses an zwei definierten Punkten geschwächt, um diese möglichst weit auseinanderzudrücken, sodass genügend Platz für die Rettung zur Verfügung steht. Nach dem Entfernen der Frontscheibe und der Fahrzeugtür

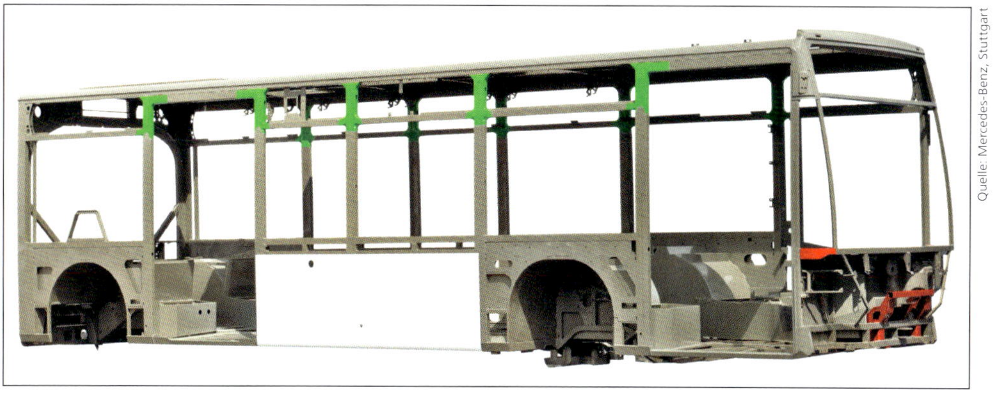

Bild 48.39 Gerippe eines Niederflurbusses. Die grünen Bauteile dienen der Gewichtsreduzierung und Festigkeitsoptimierung. Die roten Bauteile dienen zur Verstärkung der Karosserie.

setzt der Geräteführer den Spreizer im vorderen Drittel des Schwellerbereichs hinter der A-Säule an und drückt den Schweller mit diesem zusammen, sodass sich die Schwellerhöhe verringert. Dann wird mit dem Schneidgerät zur Herstellung des ersten Entlastungsschnitts die A-Säule schräg im oberen Drittel durchtrennt. Anschließend ist mit dem Schneidgerät in dem zusammengedrückten Schwellerbereich der zweite Entlastungsschnitt durch einen v-förmigen Schnitt (hierdurch kann die notwendige Schnitttiefe erreicht werden) zu setzen. Daraufhin ist ein geeigneter Rettungszylinder waagerecht zwischen A-Säule in Höhe des oberen Türscharniers und B-Säule in Höhe des Türschlosses (verstärkter Bereich) einzusetzen, wobei als Widerlager an der B-Säule möglichst ein Schwelleraufsatz oder Rüstholz eingesetzt werden sollte. Dieses soll verhindern, dass der Rettungszylinder das Karosserieblech durchstanzt. Um ein Abrutschen zu verhindern, ist es außerdem empfehlenswert, die Gummidichtung im Türbereich zuvor zu entfernen. Der Rettungszylinder wird vorsichtig auf seine maximale Länge ausgefahren. Beim Ausfahren ist besonderes Augenmerk auf mögliche Bewegungen im Fußraum oder das Einreißen des Fahrerhausbodens zulegen, um eine weitere Schädigung des Eingeklemmten auszuschließen. Da der ausgefahrene Rettungszylinder die Befreiung behindert, sollte ein zweiter Rettungszylinder in dem Fensterrahmen der Frontscheibe in unmittelbarer Nähe zur A-Säule eingesetzt und vorsichtig soweit ausgefahren werden, dass der erste Rettungszylinder wieder entfernen werden kann.

48.5 Besonderheiten bei Einsätzen mit Omnibussen

Wie Lkw unterscheiden sich Omnibusse von Pkw technisch vor allem aufgrund ihrer deutlich größeren Fahrzeugmasse und ihren Abmessungen. In ihrer Konstruktionsweise weisen Busse aber auch erhebliche Unterschiede zu Lkw auf. Die Basis bildet ein Fahrgestell aus Längs- und Querträgern samt Verstrebungen, das der angeklebten, angeschweißten oder genieteten Außenhülle aus Blech, Aluminium oder glasfaserverstärktem Kunststoff in Form eines Gerippes Halt bietet. Die Fahrzeugsäulen, Längs- und Querträger moderner Omnibusse bestehen zumeist aus großvolumigen Vierkant-Stahlrohren, die große Kräfte aufnehmen können und im Bedarfsfall mitunter nur sehr aufwändig durchtrennt werden können. Große

Achtung:

Im Inneren von Bussen ist eine Vielzahl von brennbaren Materialien verbaut. Beim Einsatz von funkenreißenden Werkzeugen muss daher besonders auf die Sicherstellung des Brandschutzes geachtet werden. Der Einsatz von hydraulischen Rettungsgeräten ist zu bevorzugen.

J

Flächen bestehen außerdem aus Glasscheiben, die teils der Gesamtkonstruktion zusätzlich Stabilität verleihen. Die Kraftstofftanks (mit einem Gesamtinhalt von wenigen hundert bis zu zirka 1 000 Litern Kraftstoff je nach Modell) sind z. B. unter Sitzen (Stadtbusse) oder in Gepäckfächern (Reisebusse) eingebaut. Es gibt zudem unterschiedlichste Aufbautypen, die teils doppelstöckig oder mit einem Gelenkteil zwischen dem Vorder- und Hinterteil ausgeführt sein können, weswegen die Verteilung der Schwerpunkte von Modell zu Modell sehr unterschiedlich sein kann. Außerdem gibt es auch immer mehr Busse (vor allem Stadtbusse) mit alternativem Antrieb (meist Erdgasantrieb), die oftmals über spezielle Tanks auf dem Fahrzeugdach verfügen.

48.5.1 Einsatzoption »MANV«

Einsatztaktisch ist bei Verkehrsunfällen in erster Linie die Tatsache bedeutsam, dass in Omibussen eine große Zahl von Personen transportiert werden können (bis zu 80 Personen). Bei schweren Unfällen ist daher entsprechend auch mit einer Vielzahl von Verletzten zu rechnen. Um auch dann eine angemessene medizinische Versorgung sicherstellen zu können, muss i. d. R. auf besondere Einsatzmittel (GRTW, Abrollbehälter MANV, Zelte usw.) und Strukturen (z. B. Schnelleinsatzgruppen) zurückgegriffen werden, die rechtzeitig vom Einsatzleiter angefordert bzw. nachgefordert werden müssen. Ein solcher Massenanfall von Verletzten (MANV) stellt besondere Anforderungen an die Raumordnung und die Organisation der Rettungsmaßnahmen.

J

48.5.2 Batteriemanagement

Omnibusse haben zwei oder mehr Fahrzeugbatterien. Die Batterien werden im Regelfall auf ausziehbaren Schlitten gelagert, die sich vor, über oder hinter den Fahrzeugachsen im Aufbau befinden. Beim Abklemmen der Batterien ist auch hier zunächst der Minuspol (Masseanschluss) und erst dann der Pluspol zu lösen. Alternativ kann anstatt des Abklemmens bei diversen Bussen die Stromversorgung auch mittels Batterietrennschalter unterbrochen werden. Wie bei Pkw und Lkw kann es sinnvoll sein, die Stromversorgung aufrechtzuerhalten, um elektrische Verbraucher (elektrische Fensterheber, Sitzverstellungen, Innenlicht usw.) für die Einsatzmaßnahmen nutzen zu können bzw. negative Einflüsse (z. B. unbeabsichtigtes Absenken des Fahrersitzes) zu verhindern.

48.5.3 Erstzugang

Als Erstzugang zu einem verunglückten Omnibus sollten nach Möglichkeit immer bereits vorhandene Öffnungen genutzt werden. Als erstes ist zu prüfen, ob eine der Türen geöffnet werden kann. Wenn die pneumatische bzw. elektrische Türöffnung nicht mehr funktioniert, können die Türen meist auch von Hand über Nottüröffnungsmechanismen nach dem Betätigen von Nothähnen geöffnet werden (Hierfür ggf. neben der Tür aufgedruckte Anleitungen beachten!). Sollte dies nicht zum Erfolg führen, können Hebelwerkzeuge oder auch der Spreizer zwischen den Türflügeln an den Dichtgummis angesetzt und zum Auseinanderdrücken eingesetzt werden. Nach dem Öffnen sind die Türen durch geeignete Mittel (z. B. Keile) gegen unbeabsichtigtes Schließen zu sichern. Alternative Erstzugangsmöglichkeiten sind Dachluken (oftmals als Notausstiege konzipiert), bereits zerstörte Fensterscheiben oder das Aufschneiden des Faltenbalgs von Gelenkteilen.

48.5.4 Entfernung von Verglasung

Müssen Scheiben entfernt werden, ist insbesondere zu berücksichtigen, dass vor allem die Windschutzscheibe ein sehr große Masse haben kann. Verbundglasscheiben können bei Bedarf mit Glassägen oder Blechaufreißern herausgeschnitten werden. Seitenscheiben aus Einscheibensicherheitsglas sind mit einem Federkörner zu zerstören. Vorher sollten die Scheiben möglichst mit Folien oder breiten Klebestreifen abgeklebt werden. Im Zuge der Rettung ist es unabdingbar, dass die Insassen durch die Rettungskräfte effektiv vor Glassplittern und Glasstaub geschützt werden.

Quelle: C. Wöhrle

Bild 48.40 Koffer »Verkehrsunfall«, u. a. mit Geräten für das Glas-Management

48.5.5 Befreiung

Um in Bussen eingeklemmte Personen zu befreien, können aufwändige Rettungsmaßnahmen erforderlich sein. Bevor hydraulische Rettungsgeräte zum Einsatz kommen, sollten auch Busse zur Stabilisierung und Sicherung unterbaut und ggf. abgestützt sowie gegen Wegrollen gesichert werden. Erschwerend wirken sich im Innern von Bussen vor allem die beengten Platzverhältnisse aus. Durch Entfernung von Sitzen und/oder Seitenabtrennungen kann ggf. mehr Platz geschaffen werden. Wichtig ist es, außer den Sitzbereichen auch alle vorhandenen separaten Räume wie Toilettenkabinen, die Bordküche und Fahrer-Ruhebereiche nach Personen abzusuchen.

48.6 Besonderheiten bei Einsätzen mit Kleintransportern

Kleintransporter vereinen Eigenschaften sowohl von Pkw als auch von Lkw. Sie haben mit einer Gesamtmasse zwischen 2,3 und 7,5 Tonnen gegenuber Pkw eine großere Nutzlast, sind dabei jedoch wendiger und agiler als Lkw. Es gibt eine Vielzahl von unterschiedlichen Auf- und Ausbauvarianten (Kasten- und Pritschenwagen, Doppelkabinen-Fahrerhaus usw.). Der Ladebereich wird häufig durch eine Trennwand vom Fahrerhaus abgeteilt. Die passiven Sicherheitseinrichtungen entsprechen weitgehend denen von Pkw (Airbags, Gurtstraffer usw.).

Einen großen Einfluss auf den Unfallverlauf und die spätere Rettung kann insbesondere die Ladung haben. Durch diese kann der Zugang vom hinteren Fahrzeugbereich aus versperrt sein, sodass die technische Rettung mitunter nur über die Türöffnungen oder erst nach einer aufwändigen Entladung nach hinten heraus möglich ist. Die Trennwände selbst lassen sich i. d. R. bereits mit einfachen Hilfsmitteln (z. B. Blechaufreißer) auftrennen.

48.6.1 Erstzugang und Sicherung

Als Erstzugang sollte grundsätzlich eine vorhandene Öffnung (zerstörte Fensterscheibe, zu öffnende Fahrzeug- oder Schiebetür usw.) verwendet werden. Die Sicherungsmaßnahmen entsprechen denen bei Pkw-Unfällen. Beim Unterbauen des Unfallfahrzeugs muss ggf. beachtet werden, dass aufgrund der größeren Bodenfreiheit deutlich mehr Unterbaumaterial (Rüsthölzer) bzw. entsprechende Stützen/Abstützsysteme benötigt werden. Glas- und Batteriemanagement sind in der Art und Weise wie bei Pkw-Unfällen durchzuführen.

48.6.2 Standard-Rettungsmethode zur Fahrer-/Beifahrerbefreiung

Trotz der großen Modellvielfalt bei den auf den Markt erhältlichen Transportern haben Tests [12] bei Mercedes-Benz mit verschiedenen Fahrzeugmodellen gezeigt, dass sich folgende Methode zur Befreiung von schwer eingeklemmten Fahrern bzw. Beifahrern nach Frontalunfällen gut eignet: Als Erstes wird die Fahrzeugtür auf der Seite vollständig durch Herausspreizen entfernt, auf der die Person

Merke:

Bei Unfällen mit Kleintransportern sollte bei der Lageerkundung auch der Ladebereich kontrolliert werden (gefährliche Beladung, mögliche Lastenbewegungen, alternative Zugangsmöglichkeiten usw.).

IM EINSATZ

Standardmethode zur Befreiung von Personen aus Kleintransportern

Quelle: J. Thorns

Durchtrennen der A-Säule im oberen Bereich mithilfe von hydraulischem Schneidgerät oder ggf. der Säbelsäge. Einige Hersteller geben ...

... auch Bereiche an, in denen das Durchtrennen erfolgen sollten. Dabei die Windschutzscheibe auf Höhe des Schnittes quer durchtrennen.

Setzen des Entlastungsschnittes – hier dicht über dem Radkasten: Die A-Säule sollte möglichst vollständig durchtrennt werden

Der Rettungszylinder wird diagonal ins Türportal eingesetzt. Durch Ausfahren des Rettungszylinders wird der Vorderwagen nach vorn gedrückt.

herausgehoben werden soll. Dann durchtrennt der Geräteführer die A-Säule mit dem Schneidgerät im oberen Drittel der Fahrzeugsäule. Vor dem Schneiden muss durch Abnehmen der Innenverkleidung überprüft werden, dass sich im Schnittbereich keine Gasgeneratoren oder massiven Verstärkungen befinden. Der zweite Schnitt ist im unteren Bereich der A-Säule zu setzen, in dem die A-Säule gerade noch senkrecht verläuft (je nach Fahrzeugmodel über dem Radkasten oder direkt über dem Schweller). Um kostbare Zeit zu sparen, sollte eine andere Einsatzkraft währenddessen die Windschutzscheibe einmal quer auf Höhe des oberen Schnittpunktes an der A-Säule durchtrennen. Dann wird als Widerlager an der B-Säule ein Schwelleraufsatz eingesetzt und ein Rettungszylinder diagonal im Türportal platziert – und zwar möglichst so, dass dieser unterhalb des Sitzes verläuft, um die anschließende Rettung nicht zu behindern. Der Rettungszylinder ist dann soweit auszufahren, bis der Vorderwagen hinreichend weit nach vorn gedrückt ist, sodass ein Herausheben der Person über den Rettungszylinder möglich ist. Zur Sicherung der Position des Vorderwagens verbleibt der Rettungszylinder bis zum Abschluss der Rettung in der ausgefahrenen Position.

48.6.3 Alternative Zugangs- und Befreiungsöffnungen

Je nach Beschaffenheit des Kleintransporters und Beladung bestehen verschiedene alternative Möglichkeiten zur Schaffung von Zugangs- und Befreiungsöffnungen:

- Entfernen der Trennwand: Mit Blechaufreißern und Metallsägen lassen sich Trennwände i. d. R. problemlos entfernen. Wenn genügend Platz vorhanden ist, kann die Rettung nach hinten heraus erfolgen.
- Entfernen von Schiebetüren: Zuerst Spreizer an der Schlossseite (meist sitzt das Schloss heckseitig an der Tür) ansetzen und Tür herausspreizen, dann den Laufwagen der Tür aus der Führungsschiene herausdrücken.
- Schaffung einer zusätzlichen Seitenöffnung: Mit dem Blechaufreißer und/oder dem Schneidgerät kann an einer Seitenwand ohne Schiebe- oder Drehtür eine Öffnung durch Einschneiden bzw. Einreißen und Herausklappen eines Ausschnitts der Blechverkleidung geschaffen werden.
- Öffnen der Heckklappe oder Hecktüren: Wenn die Deformation sich hauptsächlich auf den Frontbereich erstreckt, können ggf. ohne größere Mühen Heckklappen bzw. Hecktüren mit Hebelwerkzeugen und/oder Spreizer geöffnet werden.

Literatur

[1] Heck, J. et al.: Rettung aus modernen Pkw mit extrem versteiften Fahrzeugsäulenkonstruktionen, BRANDSchutz/Deutsche Feuerwehr-Zeitung 4/2008, S. 241 ff.

[2] Südmersen, J. et al.: Technische Hilfeleistung bei Pkw-Unfällen, 2. Auflage, Ecomed, Landsberg, 2008.

[3] Vereinigung zur Förderung des deutschen Brandschutzes – Referat 6: vfdb-Richtlinie 06/01 »Technisch-medizinische Rettung nach Verkehrsunfällen«, Ausgabe 05/2019.

[4] Sokolowski, F.: Patientenorientierte technische Rettung, Die Roten Hefte 69, 2. Auflage, Verlag W. Kohlhammer, Stuttgart, 2006.

[5] Döbbeling et al.: Lkw-Unfall. Die Rettung, Die Roten Hefte 81, Verlag W. Kohlhammer, Stuttgart, 2005.

[6] Zinser, R. et al.: Unfallrettung bei Lkw: Zwei-Schnitt- oder Ein-Schnitt-Technik?, BRANDSchutz/Deutsche Feuerwehr-Zeitung 12/2004, S. 847 ff.

[7] Cimolino, U. et al.: Technische Hilfeleistung bei Lkw-Unfällen, Ecomed, Landsberg, 2003.

[8] Fuchs, L., Kreutmayr, A.: Bus-Unfall, Die Roten Hefte 99, Verlag W. Kohlhammer, Stuttgart, 2016.

[9] Heck, J.: Alternative Fahrzeugantriebe im Feuerwehreinsatz, 2., aktualisierte Auflage, Verlag W. Kohlhammer, Stuttgart, 2021.

[10] Krebs, K., Heck J.: »AUTO-Regel«, BRANDSchutz/Deutsche Feuerwehr-Zeitung 7/2009, S. 521 ff.

[11] Vereinigung zur Förderung des deutschen Brandschutzes – Referat 5: Merkblatt »Einsätze an Kraftfahrzeugen mit alternativen Antriebsarten und -kraftstoffen«, Stand: Oktober 2007.

[12] Harenbrock, R. et al.: Unfälle mit Kleintransportern aus rettungstechnischer Sicht, BRANDSchutz/Deutsche Feuerwehr Zeitung 11/2006, S. 792 ff.

[13] BRANDSchutz/Deutsche Feuerwehr-Zeitung 2/2013, Schwerpunktthema »Verkehrsunfall«.

J

49 Technische Rettung nach Bauunfällen und Gebäudeeinstürzen

von Alexander Blasczyk

49.1 Hochbauunfälle und Gebäudeeinstürze

Durch Gasexplosionen, Fundamentunterspülungen bei Hochwasser und Überschwemmungen, Anprallen von Fahrzeugen, Versagen von Baukonstruktionen aufgrund baulicher Mängel oder durch Belastungen infolge anderer Schadenereignisse (z. B. Brandeinwirkung) sowie durch die nichtsachgerechte Ausführung von Bauarbeiten (z. B. Ausheben von Gruben in nicht hinreichendem Abstand zu Gebäuden) können Gebäude oder Teile von ihnen ihre Standfestigkeit verlieren und vollständig oder teilweise einstürzen. Infolgedessen können Personen verschüttet, eingeschlossen und/oder durch Trümmer verletzt werden. Aufgabe der Feuerwehr ist es bei solchen Einsätzen, vermisste Personen schnellstmöglich zu finden, zu versorgen (mindestens Erste Hilfe leisten, bis der Rettungsdienst erweiterte Maßnahmen treffen kann) und aus ihrer Zwangslage zu befreien. Neben erheblichen Verletzungen kann das Leben verschütteter und/oder eingeschlossener Personen bedingt durch Trümmer und Schutt vor allem durch Sauerstoffmangel bedroht sein. Bei Einklemmungen und Einwirkungen von schweren Lasten auf den Körper ist mit einer erheblichen Einschränkung der Atmung zu rechnen, die eine schnelle Rettung der Betroffenen notwendig macht.

Quelle: J. Thorns

Bild 49.1 Gebäudeteileinsturz durch Unterspülung infolge Starkregen

Ein **<Hochbauunfall>** ist ein Schadenereignis, bei dem Gebäude oder Gebäudeteile eingestürzt oder unmittelbar einsturzgefährdet sind und infolgedessen Personen gefährdet sind. Um eine Schadenausweitung zu verhindern, ist neben der Menschenrettung eine der vordringlichsten Aufgaben der Einsatzkräfte, Sicherungen durch Behelfskonstruktionen zu errichten und die Einsatzstelle weiträumig abzusperren.

49.1.1 Allgemeine Einsatzmaßnahmen und Einsatzgrundsätze

Der Einsatzablauf bei einem Hochbauunfall bzw. Gebäudeeinsturz lässt sich – beruhend auf Erfahrungen aus zahlreichen Einsätzen dieser Art – in folgende fünf Einsatzphasen unterteilen [1, 3]:

Merke:

Sicherheit geht vor Schnelligkeit. Hochbauunfälle erfordern ein hohes Maß an Aufmerksamkeit und überlegtem Vorgehen.

- Phase 1: Erkundung und Erstmaßnahmen,
- Phase 2: Durchsuchen und einfache Rettung,
- Phase 3: Ortung und technische Rettung,
- Phase 4: gezieltes Vordringen zu vermuteten Personen,
- Phase 5: abschließende Maßnahmen.

Wichtig ist es, dass im Einsatz die Phasen nacheinander abgearbeitet werden. Auf diese Weise wird sichergestellt, dass der Einsatzverlauf systematisch erfolgt und die Priorität bei den Verschütteten mit der höchsten Überlebenswahrscheinlichkeit liegt. Außerdem dürfen durch falsche Eile insbesondere Sicherungsmaßnahmen nicht außer Acht gelassen werden, da ansonsten Einsatzkräfte wie Verschüttete in hohem Maße gefährdet werden können.

Phase 1: Erkundung und Erstmaßnahmen

Beim Eintreffen der Einsatzkräfte an der Einsatzstelle ist darauf zu achten, dass die Einsatzfahrzeuge in einem hinreichenden Abstand zum Schadenort außerhalb des Trümmerschattens (unmittelbarer Gefahrenbereich, der nur auf Weisung betreten werden darf) abgestellt werden, sodass eine Gefährdung der Einsatzkräfte und eine Beschädigung der Einsatzmittel ausgeschlossen werden können. Außerdem müssen Erschütterungen bei der Annährung an das Schadenobjekt sowie im weiteren Einsatzverlauf unbedingt vermieden werden, um eine Ausweitung des Schadenereignisses zu verhindern. Dafür ist es ggf. erforderlich, so schnell wie möglich in einem größeren Umkreis um die Einsatzstelle Verkehrswege (insbesondere gilt dies für den Schienenverkehr und Schwerlastverkehr auf Straßen) durch die Polizei sperren zu lassen. Auf jeden Fall müssen die zuerst an der Einsatzstelle eingetroffenen Kräfte nach ihrem Eintreffen mit der Absperrung der Einsatzstelle beginnen. Besteht Brandgefahr, so sind geeignete Löschmittel in hinreichender Zahl bereitzustellen. Bei Dunkelheit ist die Einsatzstelle entsprechend großflächig auszuleuchten. Gefährdete Nachbargebäude und noch stehende Teile des Schadenobjektes sind unverzüglich zu räumen (Evakuierung).

Merke:

Bei Gebäudeeinstürzen sind grundsätzlich die Bauaufsicht und der zuständige Energieversorger zu verständigen und über die Leitstelle zur Einsatzstelle zu beordern. Außerdem ist sicherzustellen, dass von Gas-, Wasser- und Stromleitungen keine Gefahren am Schadenort ausgehen können.

Zur Planung der Einsatzmaßnahmen sowie zur Feststellung des Schadenausmaßes und der konkreten Gefährdungen ist eine umfassende Erkundung der Einsatzstelle notwendig. Hierbei dürfen die Trümmerteile selbst nicht betreten werden. Die Erkundung hat von den Randbereichen aus zu erfolgen. Dabei sollten vor allem Augenzeugen und Betroffene befragt werden. Insbesondere sind folgende Fragen abzuklären:

- Wie viele Personen haben sich im Gebäude bzw. im Gefahrenbereich aufgehalten? Konnten sich Personen in Sicherheit bringen? Wie viele Personen werden vermisst? Gibt es Hinweise auf verschüttete oder eingeschlossene Personen (z. B. Hilferufe)?
- Wie groß ist das Ausmaß des Schadens? Besteht weiterhin Einsturzgefahr (Teileinstürze)?
- Sind Gas-, Wasser- und/oder Stromversorgungsleitungen beschädigt? Tritt Gas (Messungen mit Ex-Messgerät oder Mehrgasmessgeräten) oder Wasser an der Einsatzstelle aus?
- Gibt es bauliche Besonderheiten, die beachtet werden müssen (z. B. unterirdisch gelegene Anlagen)?
- Welche weiteren Gefahren bestehen am Schadenort (z. B. Brandgefahr, gelagerte Gefahrstoffe)?

Phase 2: Durchsuchen und einfache Rettung

Ziel der zweiten Einsatzphase ist es, verschüttete und verletzte Personen aus leicht zugänglichen Schadenelementen sowie Personen aus unbeschädigten Bereichen in Sicherheit zu bringen. Dafür sind die unbeschädigten und

Achtung:

Eingestürzte, teilweise eingestürzte oder durch Einsturz gefährdete Objekte sind nur zu betreten, wenn dies unbedingt zur Menschenrettung und Suche nach vermissten Personen notwendig ist und die Einsatzkräfte dadurch nicht gefährdet werden.

leicht zugänglichen Bereiche systematisch abzusuchen. Bei diesen Maßnahmen muss auf eine hinreichende Eigensicherung geachtet werden. So kann es z. B. erforderlich sein, dass Gebäudeteile vor dem Betreten zuerst durch eine Behelfskonstruktion gesichert werden müssen.

Die Einsatzkräfte sollten sich beim Ab- und Durchsuchen ausgehend vom Trümmerrand unter äußerster Vorsicht immer weiter dem Zerstörungszentrum nähern. Begehbare Gebäude sind vom untersten Geschoss (wenn vorhanden vom Keller aus) aufwärts von Geschoss zu Geschoss abzusuchen. Dabei sollte die Schadenstelle genauesten beobachtet werden. Eigens für diese Aufgabe sind Einsatzkräfte als Sicherungsposten abzustellen. Gibt es Hinweise auf ein weiteres Einstürzen von Gebäudeteilen oder auf das Nachrutschen von Trümmern und Schutt, müssen sich die Einsatzkräfte in einen sicheren Bereich zurückziehen. Erst wenn hinreichende Sicherungsmaßnahmen (Abstützungen, Aussteifungen u. Ä.) ergriffen worden sind, dürfen die Einsatzmaßnahmen dann wieder fortgesetzt werden. Solche Hinweise können z. B. sein:

- das Rieseln von herabfallendem Mörtel und die Rissbildung am Mauerwerk,
- Knister-, Knack- und Knarrgeräusche;
- Durchbiegungen von Balken, Stürzen oder Wänden sowie
- Ausbuchtungen von Wänden und Überhängen von Wänden aus der Bauflucht.

Zum Ab- und Durchsuchen dürfen im Gefahrenbereich nur so viele Einsatzkräfte eingesetzt werden, wie für die Erfüllung des jeweiligen Einsatzauftrags unbedingt notwendig sind, damit im Fall einer Gefahr die Kräfte dieser schnell ausweichen können. Schweres Gerät kommt in dieser Phase in der Regel nicht zum Einsatz.

Phase 3: Ortung und technische Rettung

Die dritte Einsatzphase dient der Ortung und Rettung von Personen aus schwer zugänglichen Bereichen, bei denen eine hohe Überlebenswahrscheinlichkeit besteht. Um das Leben von Verschütteten retten zu können, müssen die vorhandenen Kräfte effizient eingesetzt werden. Dafür ist es in der Regel erforderlich, Schwerpunkte bei der Suche und Ortung von vermissten Personen zu bilden. Ausschlaggebende Faktoren hierfür sind:

- die Zugänglichkeit unter Berücksichtigung der Eigengefährdung,
- konkrete Hinweise auf mögliche Aufenthaltsorte von Personen sowie
- vorhandene technische Möglichkeiten.

Zur Lokalisierung (Ortung) von verschütteten Personen kann als einfachstes Mittel auf die »Horch-Ruf-Klopf-Methode« zurückgegriffen werden. Auf das Kommando des Einheitsführers bzw. Einsatzabschnittsleiters »Ruhe für die Ortung!« hin müssen alle vermeidbaren Geräusche unterbleiben (keine Gespräche, Abstellen von Antriebsaggregaten, Motoren usw.). Klopfzeichen können z. B. mit einem Hammer bevorzugt an Bauteilen gegeben werden, die in den Trümmerbereich hineinragen (z. B. Rohrleitungen und Eisenträger). Die Einsatzkräfte horchen dann auf/an Trümmerteilen liegend, ob die Klopfzeichen erwidert werden (Rufe, Klopfzeichen, Stöhnen o. Ä.). Werden Geräusche wahrgenommen, die auf einen Aufenthaltsort schließen lassen, so sind die Rettungsarbeiten auf diesen Bereich zu konzentrieren.

Weitere Möglichkeiten zur Ortung von verschütteten Personen sind die biologische und die technische Ortung. Hierfür müssen rechtzeitig die entsprechenden Spezialkräfte (Rettungshundestaffeln, Bergungsgruppen,

Merke:

Die Einsatzkräfte sind in den Bereichen zu konzentrieren, wo die größten Erfolgsaussichten zur Rettung von Verschütteten bestehen.

Achtung:

Auf keinen Fall darf bei den Rettungsarbeiten versucht werden, mit Gewalt Bauteile in ihre Ausgangsposition zurückzuverschieben. Meist vergrößert sich dadurch nur das Schadenausmaß!

Ortungseinheiten usw. von Feuerwehren, THW und anderen Hilfsorganisationen) nachgefordert werden. Zur biologischen Ortung kommen für die Verschüttetensuche speziell ausgebildete Rettungshunde und Rettungshundeführer zum Einsatz. Technische Hilfsmittel zur Ortung sind z. B. Sonden, Horchgeräte, Minikameras und Drohnen.

Schweres Räumgerät sollte nur, wenn dies unbedingt notwendig ist, zur Beseitigung von Trümmern eingesetzt werden, da durch dieses Verschüttete verletzt werden könnten. Vorrangig sind die Trümmer deshalb per Hand und mit einfachen Hilfsmitteln schichtweise unter großer Vorsicht abzutragen, um zu vermissten Personen vorzudringen. Größere und schwere Trümmerteile können mit Kränen angehoben und versetzt werden. Dabei ist darauf zu achten, dass keine Trümmer- und Schuttteile herabfallen, die Einsatzkräfte und Verschüttete verletzen könnten. Erschütterungen sind zu vermeiden!

Phase 4: gezieltes Vordringen zu vermuteten Personen

Lassen die Ortungsmaßnahmen auf einen bestimmten Aufenthaltsort von vermissten Personen schließen, müssen alle erforderlichen Maßnahmen ergriffen werden, um in diesen Bereich vorzudringen. Beim Abtragen der Trümmer und des Schutts muss darauf geachtet werden, dass durch nach unten rieselnden Mörtel, herabfallende Teile und sonstiges Trümmergut Verschüttete nicht verletzt werden. Um zu den verschütteten Personen vordringen zu können, kann es mitunter notwendig sein, einen mit Aussteifungen gesicherten, einsturzsicheren Kriechgang zu errichten. Wird eine Person gefunden, ist diese schnellstmöglich aus ihrer Zwangslage zu befreien, möglichst schonend (z. B. auf einer Schaufeltrage in einer Vakuummatratze gelagert) aus den Gefahrenbereich zu bringen und dem Rettungsdienst zur medizinischen Versorgung zu übergeben.

Die Einsatzphase 4 endet erst dann, wenn alle vermissten Personen gefunden worden sind bzw. die Einsatzleitung die Vermisstensuche abbricht, weil keine erfolgreiche Rettung mehr zu erwarten ist. Die Bergung von Toten und Sachgütern erfolgt in Absprache mit den Ermittlungsbehörden (Staatsanwaltschaft und Polizei), um sicherzustellen, dass keine Beweismittel und wichtigen Spuren vernichtet werden.

Phase 5: abschließende Maßnahmen

In der Einsatzphase 5 werden die Trümmer geräumt. Sollte sich während dieser Maßnahmen der Verdacht auf weitere verschüttete Personen ergeben, sind Einsatzmaßnahmen analog der Phasen 3 und 4 zu ergreifen.

Um eine Gefährdung von Personen nach dem Abzug der Einsatzkräfte auszuschließen, müssen ggf. noch umfangreiche Sicherungsmaßnahmen ergriffen werden (Sicherung gegen Einsturz durch Errichtung von Stützkonstruktionen, Verhinderung des Zutritts durch gesicherte Absperrungen usw.). Hierfür ist i. d. R. der Eigentümer mit heranzuziehen. Die Einsatzstelle wird der Polizei oder dem Eigentümer bzw. einem Vertretungsberechtigen (ggf. mit entsprechenden Auflagen zur Veranlassung von Sicherungsaufgaben) übergeben.

Besondere Sicherheitsmaßnahmen für die Einsatzkräfte

Einsätze nach Gebäudeeinstürzen bergen besondere Gefahren für die Einsatzkräfte in sich und erfordern daher auch spezielle Maßnahmen, um die Sicherheit der Kräfte sicherzustellen. Folgende Vorkehrungen sollten zur Sicherheit der Kräfte zusätzlich zu den Standardmaßnahmen getroffen werden:

- Alle Einsatzkräfte, die im Gefahrenbereich (Trümmerkegel, in Gebäudeteilen usw.) eingesetzt werden, sind vor ihrem Einsatz zu registrieren und analog der Atemschutzüberwachung von den jeweils verantwortli-

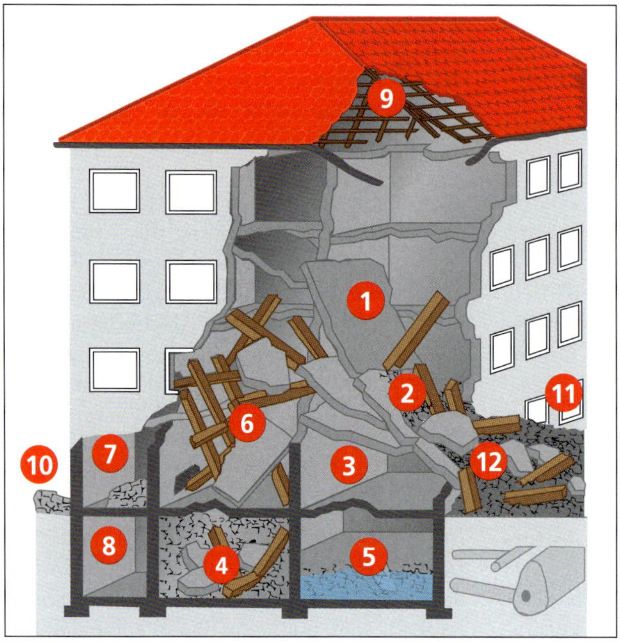

Bild 49.2 Schadenelemente nach Maack:

- Rutschfläche (1)
- Schichtung (2)
- halber Raum (3)
- ausgegossener Raum (4)
- eingeschlämmter Raum (5)
- mit Schichtung ausgepresster Raum (6)
- angeschlagener Raum (7)
- verpresster Raum (8)
- Schwalbennest (9)
- Randtrümmer »A« (10)
- äußere Randtrümmer »B« (11)
- Schuttkegel allgemein (12)

chen Einheitsführern zu überwachen. Ggf. kann die Überwachung auch sektorenweise (Einsatz[unter]abschnitte/Suchabschnitte) erfolgen.

- Um eine Schädigung durch aufgewirbelten Staub zu verhindern, sind alle eingesetzten Kräfte mit geeignetem Mund- und Augenschutz auszurüsten.
- Die Persönliche Schutzausrüstung ist den konkreten Erfordernissen anzupassen. Bei sommerlichen Außentemperaturen ist es z. B. nicht zu verantworten, dass Suchkräfte über einen längeren Zeitraum mit Feuerwehrüberjacken (Leistungsstufe 2) zum Einsatz kommen (Hitzestress).
- Der Einsatz kann die Kräfte psychisch (z. B. Konfrontation mit vielen Toten und teils entstellten Opfern) und physisch (körperliche Belastung) an ihre Grenzen führen. Deswegen sind rechtzeitig Betreuungseinheiten nachzualarmieren (z. B. psychosoziale Notfallunterstützung).
- Einsatzkräfte sollten niemals allein einen Trümmerbereich oder einsturzgefährdeten Bereich betreten. Droht Absturz- bzw. Durchbruchgefahr sind geeignete Sicherungen vorzunehmen.
- Während der gesamten Rettungsarbeiten sind Sicherungsposten aufzustellen, die einsturzgefährdete Bereiche beobachten und überwachen. Bei Gefahr erfolgt der Rückzug auf das Kommando »Gefahren – alle sofort zurück!« in sichere Bereiche. Danach haben die Einheitsführer zu überprüfen, dass sich ihre Kräfte vollzählig zurückgezogen haben und in Sicherheit befinden.
- Um eine Überforderung der Einsatzkräfte zu verhindern, müssen zusätzliche Kräfte rechtzeitig und in ausreichendem Maße nachgefordert werden.

49.1.2 Unterteilung von möglichen Schadenelementen

Basierend auf den Erfahrungen aus der Rettung von Verschütteten nach Luftangriffen im Zweiten Weltkrieg, hat bereits in den 1940er-Jahren Polizeimajor Dr.-Ing. Maack unterschiedliche Arten von möglichen Zerstörungen an Gebäuden anhand ihrer Erscheinungsformen in Gruppen von Schadenzuständen eingeteilt. Diese so genannten Schadenelemente beschreiben einen bestimmten Zerstörungszustand eines Gebäudes bzw. Gebäudeteils mit speziellen Eigenschaften, nach denen sich auch Aussagen zur Überlebenswahrscheinlichkeit von verschütteten bzw. eingeschlossenen Personen ableiten lassen. Die Einteilung ermöglicht es zudem, spezielle Einsatzmaßnahmen konkret für die jeweilige Situation zu benennen. ▶ Bild 49.2 veranschaulicht am Beispiel eines Gebäudes die verschiedenen Schadenelemente. Im Folgenden werden die einzelne Schadenelemente, ihre Besonderheiten und mögliche Vorgehensweisen zur technischen Rettung vorgestellt.

Die Rutschfläche

Beim Schadenelement »Rutschfläche« handelt es sich in der Regel um Holzbalken- oder Betondecken, die als großflächiges Trümmerteil nach dem Einstürzen eines Auflagers (tragende Wand) meist in geneigter Lage auf oder inmitten der Trümmerstruktur zum Liegen gekommen ist. Möglich ist aber auch, dass die Rutschfläche v-förmig eingeknickt (Ausbildung von zwei gegenläufigen Rutschflächen) oder fast senkrecht zum Boden geneigt ist.

Verschüttete befinden sich meist an der Unterkannte oder aber auch unterhalb des Trümmerteils. Ihre Überlebenswahrscheinlichkeit ist relativ hoch.

Bei der Rettung sollte die Rutschfläche möglichst nicht belastet werden. Vor einer Lageänderung der Rutschfläche muss geprüft werden, ob sich hierdurch Nachteile für den weiteren Einsatzverlauf ergeben können, da sie oftmals eine stabilisierende und aussteifende Wirkung auf die gesamte Trümmerstruktur hat. Direkt an der Unterkante liegende Betroffene können – nach Prüfung der Tragfähigkeit und ggf. nach Entfernung von aufliegendem Schutt – ohne größeren Aufwand gerettet werden. Befindet sich der Verschüttete unter der Rutschfläche, kann versucht werden, dass Trümmerteil aufzuklappen (Sicherung der Unterkante gegen Ab- bzw. Wegrutschen und Anheben an der Oberkante) oder von der Seite her unter das Trümmerteil zu gelangen, um den Verschütteten zu retten. Stützmauern dürfen nicht durchbrochen werden, auch das Wegschleifen der gesamten Rutschfläche ist äußerst gefährlich.

Die Schichtung

Die Schichtung ist eine stapelartige Anordnung von mehreren Rutschflächen, die mehr oder weniger schräg übereinander liegen. In den Zwischenräumen können sich Schutt, andere Trümmerteile sowie Einrichtungsgegenstände befinden. Verschüttete sind praktisch an jeder Stelle der Schichtung möglich, bei stärkerer Neigung ist jedoch der Aufenthalt am unteren Ende sehr wahrscheinlich. Die Überlebenschance ist auch bei diesem Schadenelement relativ hoch.

Zur Rettung sollte versucht werden, möglichst parallel zur Schichtung seitlich ins Schadenelement einzudringen. Schutt und Trümmerteile zwischen den einzelnen Schichten sollten nur dann entfernt werden, wenn dies zur Menschenrettung unbedingt notwendig ist. Die Schichten müssen dann entsprechend ausgesteift bzw. abgestützt werden, sodass sie nicht durchbrechen können.

Der angeschlagene und halbe Raum

Wenn Wände oder Decken bzw. Teile davon zerstört worden sind, der Raum an sich aber erhalten geblieben ist, wird vom angeschlagenen Raum gesprochen. Der Raum kann mit Trümmern und Schutt gefüllt sein.

Eine spezielle Form des angeschlagenen Raums ist der halbe Raum. Bei diesem Schadenelement wird der Raum durch eine Decke halbiert, die einseitig nach dem Versagen des Auflagers (tragende Wand) in diesen gestürzt ist. Verschüttete Personen können sich praktisch in jedem Teil des Raumes aufhalten und auch von Trümmern und Schutt überdeckt sein. Ihre Überlebenswahrscheinlichkeit ist insbesondere beim nur angeschlagenen Raum sehr groß.

Nach Möglichkeit sollten die Einsatzkräfte zur Rettung vorhandene bzw. noch nutzbare Zugänge verwenden, ein Vordringen über die Trümmer und Bruchkanten sollte vermieden werden. Wand- bzw. Deckendurchbrüche sind erforderlichenfalls vom weniger zerstörten Bereich aus vorzunehmen. Beim halben Raum sollte die Abstützmauer, auf welcher die Last der eingestürzten Decke ruht, nicht durchbrochen werden.

Der ausgefüllte Raum

Ein ausgefüllter Raum entsteht durch das Einstürzen von Decken und Wänden, wobei die Umfassungswände zum großen Teil stehen bleiben und der Raum selbst mit Trümmern verschiedenster Art, Form und Größe ausgefüllt wird. Aufgrund dieser Ausfüllung sind die Überlebenschancen für Verschüttete im Bereich dieses Schadenelements gering. Dennoch ist eine Rettung nicht grundsätzlich auszuschließen.

Da sich verschüttete Personen an jeder Stelle im ausgefüllten Raum befinden können, liegt der Schwerpunkt der Einsatzmaßnahmen zunächst auf deren Ortung. Kann der Aufenthaltsort eingegrenzt werden, wird die Rettung z. B. über das Vorantreiben eines seitlichen Stollens (Durchbruch durch eine Umfassungswand) oder eines Schachtens von oben nach unten zum Verschütteten durchgeführt. Die restlose Räumung der Trümmerteile ist sehr zeit- und kraftaufwändig und führt daher seltener zum Erfolg.

Der eingeschlämmte Raum

Beim eingeschlämmten Raum handelt es sich um einen mit Wasser oder anderen Flüssigkeiten/Flüssigkeitsgemischen und Trümmern ausgefüllten Raum. Die Überlebenswahrscheinlichkeit ist äußerst gering, da Verschüttete in der Regel durch Ertrinken oder Ersticken sehr schnell den Tod finden.

Eine Rettung ist meistens nur dann möglich, wenn ein Betroffener an der Oberfläche treibt. In diesem Fall müssen die Einsatzkräfte dafür Sorge tragen, dass der Kopf über Wasser gehalten und die Person schnellstmöglich aus einer etwaigen Einklemmung befreit wird.

Bei Bergungsarbeiten ist zuerst das Wasser bzw. die Flüssigkeit mit geeigneten Mitteln abzupumpen (Achtung: Vorsicht bei brennbaren oder sonstigen gefährlichen Flüssigkeiten), dann können Trümmer und Schlamm schichtweise abgetragen werden.

Der mit Schichtung ausgepresste Raum

Ein mit Schichtung ausgepresster Raum ist ein Raum, der mit großflächigen Trümmerteilen, wie z. B. Betondecken oder -wänden, ausgefüllt ist. Verschüttete befinden sich dort häufig an den Unterkanten der einzelnen Rutschflächen. Ihre Überlebenswahrscheinlichkeit ist relativ hoch, weil sich bei diesem Schadenelement viele Hohlräume bilden können. Zur Rettung bietet es sich oftmals an, sich mithilfe von Wanddurchbrüchen Zugang zum Verschütteten zu verschaffen. Die Durchbrüche sind durch die senkrecht zur Schichtung stehenden Wände zu schaffen. Die Trümmer im Raum sollten möglichst nicht belastet und auch nicht bewegt werden.

Der versperrte Raum

Beim Schadenelement »versperrter Raum« handelt es sich um einen weitgehend intakten Raum, bei dem lediglich der gewöhnliche Zugang versperrt ist. Trümmerteile können z. B. die Tür und vorhandene Fenster blockieren. Möglich ist aber auch, dass der Raum vollständig von Trümmern bedeckt ist. Die Überlebenschancen für eingeschlossene Personen sind sehr hoch. Bedroht sein können diese Personen vor allem durch einen möglichen Sauerstoffmangel oder durch das Eindringen von Gasen und/oder Flüssigkeiten durch beschädigte Versorgungsleitungen, die in den Raum führen.

Als Erstmaßnahme sollte, wenn ein Zugang über die Tür/Türen nicht möglich ist, an geeigneter Stelle ein Mauerdurchbruch vorgenommen und Frischluft in den versperrten Raum eingebracht werden. Wichtig ist es außerdem, Kontakt mit den eingeschlossenen Personen zu halten und sie soweit wie möglich psychologisch und medizinisch zu betreuen. Bei längeren Rettungsarbeiten sind ggf. Flüssigkeit und Nahrungsmittel durch den Durchbruch zu reichen.

Das Schwalbennest

Das Schwalbennest ist ein angeschlagener Raum, der sich in einem höher gelegenen Geschoss befindet und nicht über den Treppenraum zugänglich ist. Dieses Schadenelement kann sowohl hinter einer Umfassungswand des betroffenen Gebäudes (nach innen offen) als auch an einer Innenwand hängen (nach außen offen).

Eingeschlossene Personen werden vor allem durch die Absturzgefahr bedroht, sie können am besten mit Hubrettungsfahrzeugen gerettet werden, wenn entsprechende geeignete Aufstellflächen an der Einsatzstelle vorhanden sind. Wenn sich Einsatzkräfte in ein Schwalbennest begeben müssen, sind diese mit geeigneten Mitteln (Gerätesatz Absturzsicherung), gegen Absturz zu sichern.

Randtrümmer

Unter Randtrümmer werden Trümmerteile verstanden, die außerhalb der Umfassungsmauern des betroffenen Gebäudes zum Liegen gekommen sind. Unterschieden werden die Typen A und B. Randtrümmer des Typs A sind unmittelbar an der Baufluchtlinie des betroffenen Gebäudes liegende Trümmer, unter denen sich Personen befinden können, die entweder aus dem Gebäude geschleudert worden sind (z. B. bei einer Gasexplosion) oder sich beim Einsturz in unmittelbarer Nähe (z. B. auf der Straße vor dem betroffenen Gebäude) aufgehalten haben. Unter Randtrümmer des Typs B wird lockerer Schutt in weiterer Entfernung von der Einsatzstelle verstanden, der sich an die Randtrümmer A anschließt. Die von den Randtrümmern B (herausgeschleuderter Schutt aus dem Gebäude, zerstörte oder beschädigte Fahrzeuge vor dem Gebäude, Straßenbeleuchtung o. Ä.) bedeckte Fläche ist der Trümmerschatten, in dem oft leicht verschüttete Personen (Fußgänger, Fahrzeuginsassen usw.) gefunden werden können.

Vor dem Betreten der Trümmer sollten diese zunächst gründlich von außen abgesucht und erst dann betreten werden, um nicht auf Verschüttete zu treten. Die technische Rettung von verschütteten Personen aus Randtrümmern ist i. d. R. relativ einfach und schon sehr frühzeitig im Einsatzverlauf möglich. Aufgrund der großen Erfolgsaussichten sollte die Personensuche auch in diesem Bereich beginnen.

Der Trümmerkegel

Die große Schuttmenge von zerstörten Gebäudeteilen bildet den so genannten Trümmerkegel, der von allen Schadenelemente das größte Volumen hat und am häufigsten vorkommt. Oftmals überdeckt der Trümmerkegel andere Schadenelemente (z. B. Rutschfläche oder einen versperrten Raum).

Verschüttete können sich an jeder Stelle des Trümmerkegels befinden und sind daher zunächst zu orten. Um zu Personen vorzudringen, müssen Schächte (vertikale Vordringrichtung) und/oder Stollen (horizontale Vordringrichtung) sehr sorgfältig errichtet werden, da das Schadenelement ein sehr labiles Gefüge aus vielen Einzelbestandteilen darstellt, die mitunter schnell nachrutschen oder absacken können.

49.1.3 Errichtung von Behelfskonstruktionen

Einsturzgefährdete Gebäude bzw. Gebäudeteile müssen in vielen Fällen vor dem Ergrei-

Quelle: J. Thorns

Bild 49.3 Die senkrechte Stütze (Pfeil) wird zwischen Bodenschwelle (unten) und Unterzug (oben) fest verspannt. Die verwendeten Baustützen werden mit umgeschlagenen Nägeln auf den Bohlen gesichert (kleines Bild).

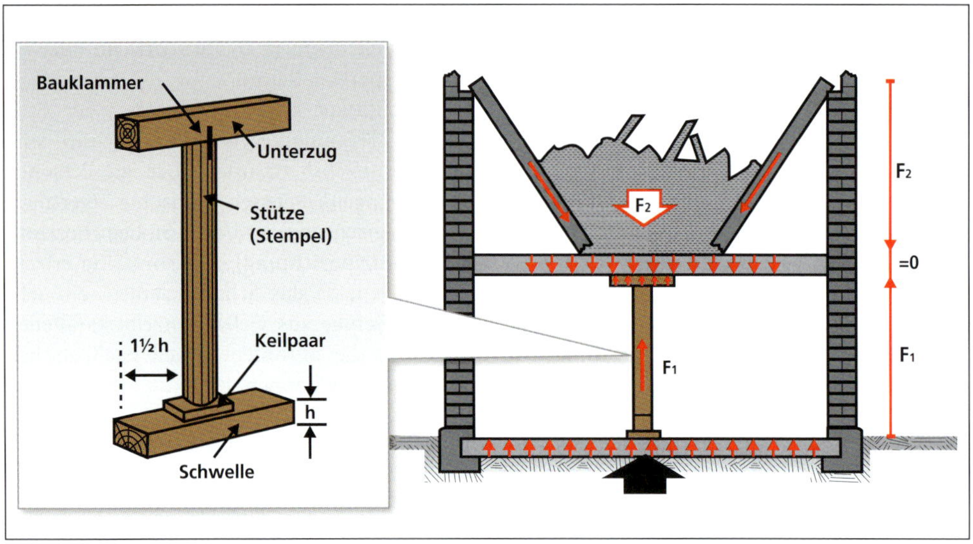

Bild 49.4 Aufbau und Kraftaufnahme einer senkrechten Stütze

fen weiterer Einsatzmaßnahmen zunächst so gesichert werden, dass von diesen keine Gefährdung für die Einsatzkräfte und für zu rettende Personen während der weiteren Einsatzmaßnahmen ausgehen können. Zu diesem Zweck werden – vorrangig aus Bau-/Rüsthölzern – Abstützungen und Aussteifungen als Behelfskonstruktionen hergestellt, die weitere Zerstörungen am betroffenen Gebäude bzw. Gebäudeteil verhindern oder zumindest vermindern sollen.

Abstützungen dienen dazu, zerstörte tragende Bauteile zu ersetzen bzw. beschädigte tragende Bauteile als zusätzliche Auflager zu entlasten. Sie können senkrecht, waagerecht oder schräg eingesetzt werden. Um Bewegungen der Bauteile zu verhindern, sollten Abstützungen immer so eingebaut werden, dass sie den auftretenden Kräften an einem Bauwerk möglichst direkt entgegenwirken. Aussteifungen sollen sicherstellen, dass beschädigte Bauteile oder Bauwerke nicht ausweichen können.

J

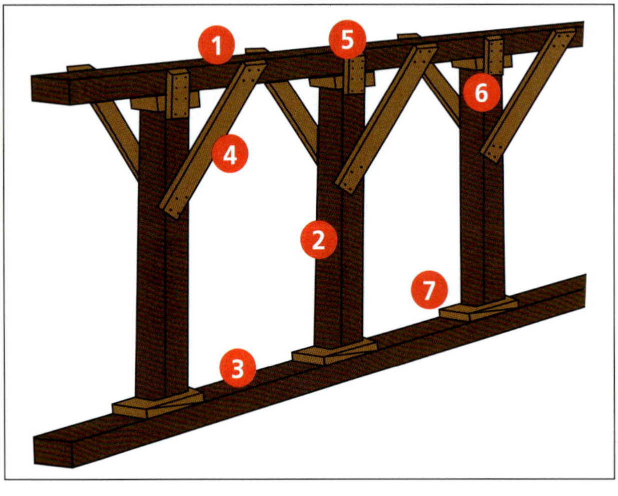

Bild 49.5 Schwelljoch:

- Unterzug (1)
- Stützen (2)
- Schwellen (3)
- Streblasche (4)
- Lasche (5)
- Zange (6)
- Keile (7)

Bild 49.6 Modell eines Schwelljochs:
a Ausführung mit einer diagonalen Verstrebung zwischen zwei Stützen
b Ausführung mit einer diagonalen Verstrebung sowie Laschen

Senkrechte Stütze

Die senkrechte Stütze ist die einfachste Form der senkrechten Abstützung. Zur Herstellung dieser Konstruktion wird zwischen zwei Kanthölzern (Kantenlängen mindestens 140 × 140 Millimeter), die als Bodenschwelle (untere Auflage) und Unterzug (obere Auflage) verwendet werden, eine Stütze (auch Stempel genannt) aus Kant- oder Rundholz mithilfe von zwei gegenseitig übereinander eingetriebenen Keilen fest verspannt. Damit die Stütze nicht unter dem Unterzug wegrutschen kann, sollten auf beiden Seiten Bauklammern zur Fixierung eingeschlagen werden.

Schwelljoch

Wenn zum Abstützen einer senkrechten Last mehrere Stützen notwendig sind, werden diese zu einem Schwelljoch (▶ Bild 49.5) zusammengefasst. Dafür kommen zwei entsprechend lange Bohlen als gemeinsame Schwelle und gemeinsamer Unterzug zum Einsatz, zwischen denen die Stützen mit den Keilpaaren fest verspannt werden. Als Streben zwischen Stützen und Unterzug werden Bretter aufgenagelt. Um Flächenlasten aufnehmen zu können, sind mehrere Stützkonstruktionen möglichst dicht nebeneinander zu errichten.

Spreize und Sprengwerk

Eine waagerechte Abstützung lässt sich am einfachsten mit einer Spreize herstellen. Dafür werden an den beiden Enden Kanthölzer (oder Bohlen bei größeren Bauwerken) als Auflageflächen ans Mauerwerk gelegt und eine entsprechend in der Länge angepasste Bohle als Spreize dazwischen gesetzt. Um zwei gegenüberliegende Wände in Bereichen

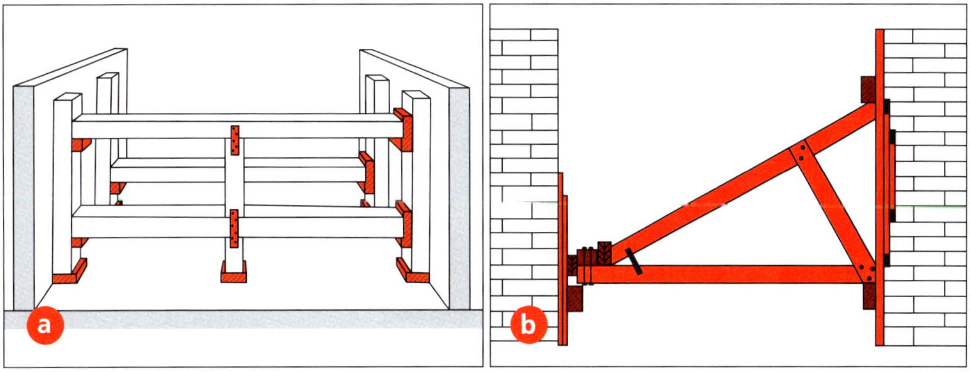

Bild 49.7 Abstützen mit Spreizen: a übereinander angeordnete Spreizen b horizontale Abstützung mittels Spreizen und Strebe (verstärkte Spreize)

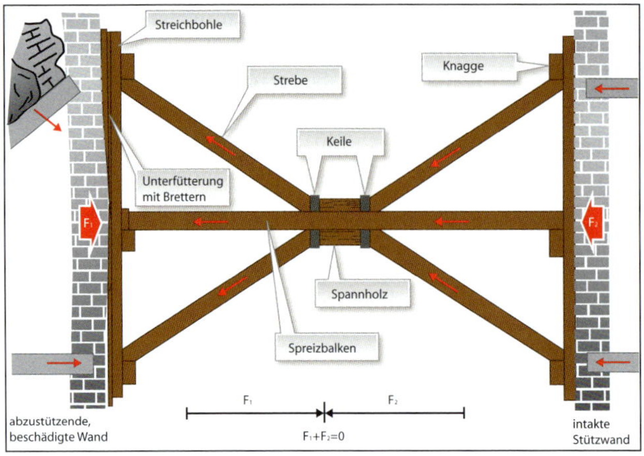

Bild 49.8 Kraftaufnahme an einem Sprengwerk zur horizontalen Abstützung

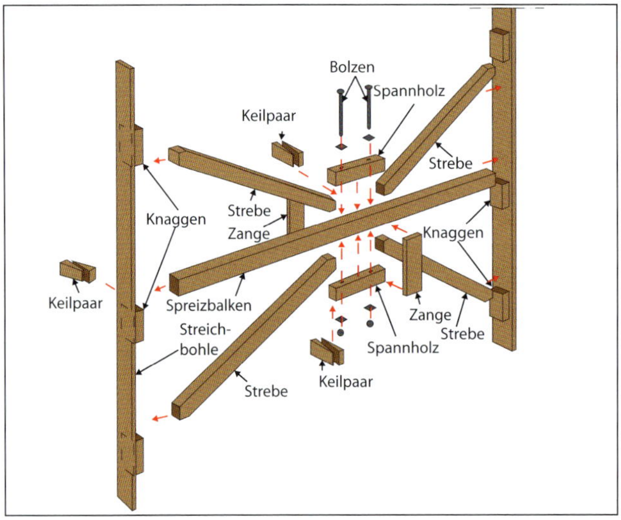

Bild 49.9 Bauteile eines Sprengwerkes – Explosionszeichnung

wie Rettungswegen oder sonstige Durchgängen zu sichern, können Sprengwerke errichtet werden. Ein Sprengwerk besteht hauptsächlich aus dem Spreizbalken, den Spannriegeln, den Sprengstreben und den Streichbalken. Zum Anziehen des Sprengwerks werden ebenfalls Keile verwendet.

Schrägstütze

Schrägstützen werden vor allem außerhalb von Bauwerken eingesetzt, um Wandteile abzustützen, die herauszubrechen oder einzustürzen drohen. Zur Abstützung einer Fläche kann ihre Wirkung dadurch verstärkt werden, indem zwischen Wand und Stütze im Kopfbereich eine Bohle oder ein Balken mit Versatz gelegt wird. Auf diese Weise wird die Angriffsfläche für die Abstützvorrichtung vergrößert. Der Neigungswinkel der Schrägstütze ist entsprechend der Wirkungsrichtung der am Bauwerk angreifenden Kräfte anzupassen. Dabei ist zu beachten, dass die Stütze umso mehr belastet wird, desto größer der Winkel zwischen Stütze und Wirkungsrichtung der Kraft

Praxis-Tipp:

Mithilfe von hydraulischen Stützen können Abstützungen und Aussteifungen sehr schnell ohne großen Herstellungsaufwand errichtet werden.

ist. Um die Kräfte auf den festen Boden bzw. ein anderes tragendes Bauteil unterhalb der Abstützung abzuleiten, muss ein Fußpunkt in geeigneter Art hergestellt werden. Ein einfacher Fußpunkt kann z. B. eine Bohle sein,

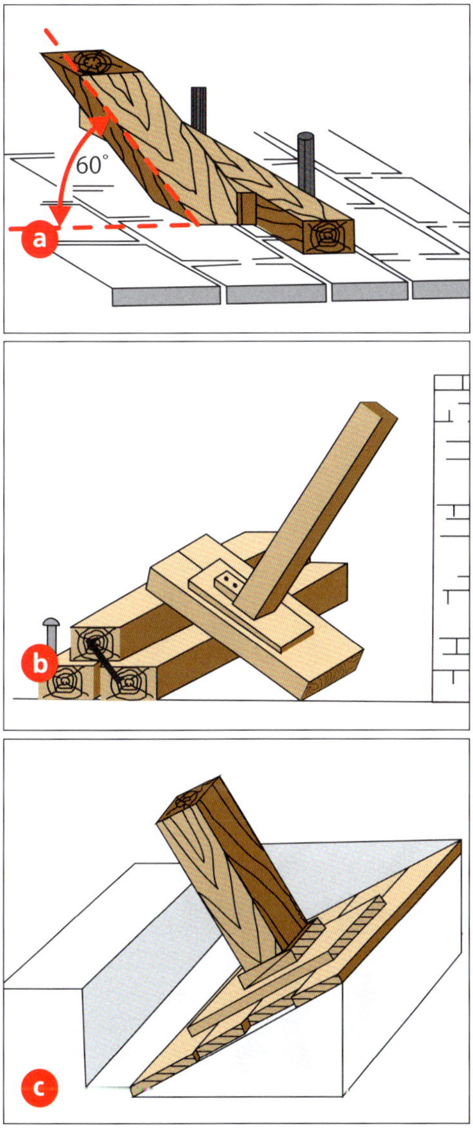

Bild 49.10 Verschiedene Möglichkeiten zur Herstellung von Fußpunkten:

- **a** einfacher Fußpunkt auf einem Straßenpflaster
- **b** einfacher Fußpunkt mit Unterbau
- **c** Fußpunkt in einem Erdloch

Bild 49.11 Rückwärtige Verankerung des Stützbockes mittels Bauklammern

die von Pflöcken tief im Grund gehalten wird. Eine andere Möglichkeit ist die Verankerung im Erdreich, wobei die Bodenschwelle auf dem als geneigte Ebene angelegten Aushub gestützt aufliegt.

Stützbock

Eine stärker belastbare schräge Abstützkonstruktion ist der Stützbock. Die Hauptbestandteile Schrägstütze, Streichbalken und Schwelle bilden ein rechtwinkliges Dreieck, bei dem die angreifende Kraft sich am Streichbalken auf eine größere Fläche verteilen kann. Der Aufbau erfolgt folgendermaßen: Als erstes wird die Schwelle verlegt und der Streichbalken aufgestellt. Bei der Aufstellung des Streichbalkens ist zu beachten, dass dieser mit seiner gesamten Länge an der zu stützenden Wand anliegt. Ggf. muss dies durch das Verfüllen von nicht direkt anliegenden Stellen (z. B. mit Brettern als Unterfütterung) sichergestellt werden. Anschließend wird die auf das erforderliche Maß zugeschnittene Schrägstütze angestellt und in Richtung Wand getrieben, um diese zu verspannen. Zum Abschluss sind die Verbindungsstellen zu sichern. Um die Belastbarkeit des Stützbockes zu erhöhen, können auch zwei oder drei Schrägstützen (doppelter oder dreifacher Stützbock) auf die Schwelle gesetzt werden (▶ Bild 49.12).

Aussteifungen von Tür- und Fensteröffnungen

Um nicht die Tragfähigkeit der Wände erheblich zu beeinträchtigen, sind Tür- und Fensteröffnungen im oberen Bereich ihrer Öffnungen

J

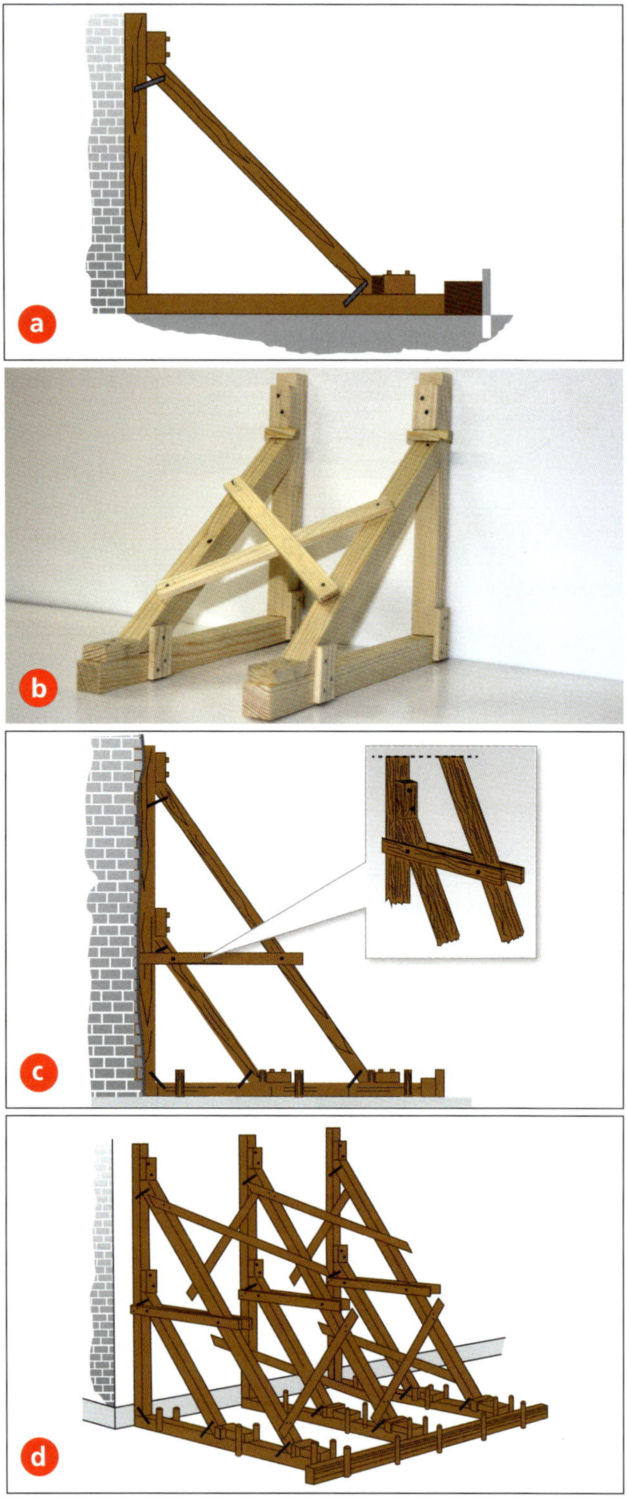

Bild 49.12 Der Stützbock ist eine stabile, schräge Abstützkonstruktion:

a einfacher Stützbock

b Modell von zwei einfachen Stützböcken im Verbund

c Beim doppelten Stützbock werden zwei Schrägstützen auf die Schwelle gesetzt.

d flächige Abstützung mit einem Verbund aus doppelten Stützböcken

Quelle: J. Thorns

Bild 49.13 Flächige Abstützung mit doppelten Stützböcken nach dem Teileinsturz des Gebäudes bzw. dem Komplettteinsturz des Nachbargebäudes

mit einer speziellen Verstärkung versehen – dem so genannten Sturz. Es gibt gewölbte Stürze aus Mauerwerk, Stürze aus stahlbewehrtem Beton oder aber auch in Form von Stahlträgern. Müssen infolge eines Bauunfalls vertikale Kräfte aufgenommen werden, um den z. B.

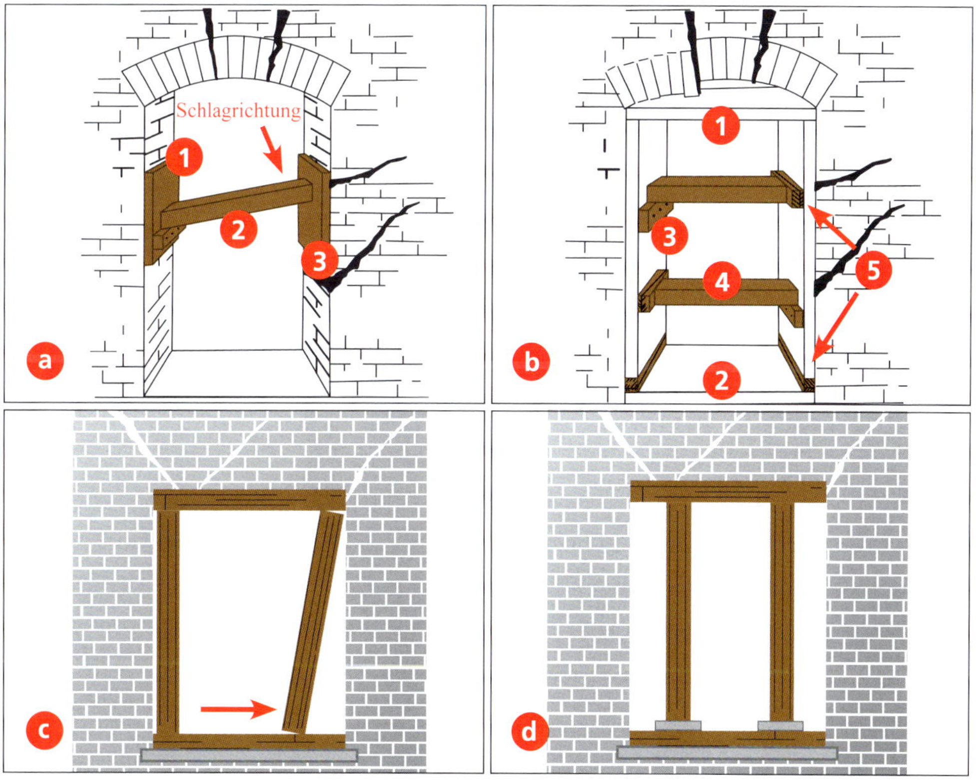

Bild 49.14 Aussteifung von Fensteröffnungen: **a** Ansetzen einer Spreize ohne Keile: Streichbohle mit Knagge (1), Spreize (2), Streichbohle (3) **b** Einbau von Spreizen mit Keilen: Unterzug (1), Schwelle (2), Knagge (3), Spreizen (4), Keile (5) **c** Ansetzen der Stützen ohne Keile durch Einschlagen **d** Einbau von Stützen mit Keilen

durch Risse im Mauerwerk belasteten Sturz zu entlasten, ist eine Aussteifung der betroffenen Öffnungen vorzunehmen. Dazu sind z. B. zwischen zwei Bohlen (Unterzug und Schwelle) zwei senkrechte Stützen zu verkeilen oder bei maßgenauer Anfertigung einfach einzusetzen. Wenn horizontale Kräfte aufgenommen werden müssen, bieten sich Spreizen und Streichbohlen zur Aussteifung der Öffnungen an.

49.2 Tiefbauunfälle

Tiefbauunfälle haben in vielen Fällen ihre Ursache in der nichtsachgemäßen Ausführung von Bauarbeiten (z. B. aufgrund von fehlendem Fachwissen oder Erfahrungswerten, der falschen Beurteilung des Baugrundes bzw. der Standfestigkeit des Bodens oder des Einflusses der Witterung, aufgrund des Außerachtlassens von Versorgungsleitungen, des fehlerhaften Verbaus oder des Einsatzes ungeeigneter Gerätschaften). Aber auch besondere Wetter- und Naturereignisse (Starkregen, Hochwasser, Ansteigen oder Absenken des Grundwasserspiegels, Unterspülungen durch Wassereinbruch usw.) sowie andere Unfälle im Bereich einer an sich sicheren Tiefbaustelle (z. B. Absturz von Baufahrzeugen durch Nichteinhaltung von Mindestabständen) können zu Tiefbauunfällen führen.

Durch das Ausheben von Gräben bzw. Schächten wird das natürliche Gleichgewicht von Kraft und Gegenkraft im Boden aufgehoben. Den freigesetzten Kräften muss daher beim Ausheben von Gräben bzw. beim Ausschachten mithilfe einer Vorrichtung eine gleichgroße Gegenkraft entgegengesetzt werden. Dies kann zum einen durch die Errichtung von Abböschungen geschehen, wobei die Beschaffenheit des Bodens dafür ausschlaggebend ist, mit welchem Neigungswinkel:

- 45 Grad bei nicht bindigen oder weichen bindigen Böden (Mutterboden, Sand, Kies),
- 60 Grad bei mindestens steifen bindigen Böden (Lehm, Geröll, stark lehmiger Sand) und
- 80 Grad bei Fels,

die Abböschung auszuführen ist, falls kein rechnerischer Nachweis der Standsicherheit gegeben ist. Eine andere Möglichkeit ist die fachgerechte Errichtung eines Verbaus, der so beschaffen sein muss, dass dieser dem Erddruck an allen Seiten standhält. Im Feuerwehreinsatz kommt oftmals aufgrund der örtlichen Bedingungen nur diese Möglichkeit in Betracht.

Grundsätzlich gilt, dass alle Arten von Fahrzeugen mit einer Gesamtmasse von bis zu zwölf Tonnen einen Abstand von mindesten einem Meter zwischen Außenkante der Aufstandsfläche und der Böschungskante einhalten müssen. Für Fahrzeuge mit einer Gesamtmasse von mehr als zwölf Tonnen gilt ein Abstand von mindestens zwei Metern. Im Falle des Betreten bei Arbeiten im Bereich des Graben- bzw. Grubenrandes gilt es, einen mindesten 60 Zentimeter breiten Schutzstreifen einzurichten, der von Aushubmaterial und Gegenständen freigehalten wird. Diese und weiterführende Angaben finden sich auch in der DIN 4124 »Böschungen, Verbau, Arbeitsraumbreiten«.

Quelle: J. Thorns

Bild 49.15 Grabenverbau: Modell einer waagerechten Abstützung. Hier sind gut die Keile zu sehen, mit denen der Verbau verspannt wird und mögliche Schrägen ausgeglichen werden können (Pfeile).

Ein **<Tiefbauunfall>** ist ein Schadenereignis, bei dem Personen infolge der Störung des Kraft-Gegenkraft-Gleichgewichtes des Bodens teilweise oder vollständig in einem Graben oder Schacht verschüttet bzw. eingeschlossen worden sind. Die Überlebenschancen sind sehr unterschiedlich, sie hängen von den konkreten Unfallumständen ab. Bei Grabeneinbrüchen an den Rändern, in deren Folge sich oftmals ein Schadenelement vergleichbar dem ausgegossenen oder (in Verbindung mit einem Wassereinbruch) eingeschlämmten Raum ergibt, sind die Rettungschancen deutlich geringer als bei einem Einbruch in der Mitte oder von oben, da in diesen Fällen die Bildung eines halben Raumes (▶ Abschnitt 49.1.2) möglich ist.

Achtung:

Der Schutzstreifen zwischen Fahrzeugen bzw. der Stützenaußenkante bei Hubrettungsfahrzeugen oder Kränen und der Böschungskante muss bei Fahrzeugen bis 12 t Gesamtmasse mindestens 1 m und bei Fahrzeugen mit mehr als 12 t Gesamtmasse mindestens 2 m betragen.

Achtung:

Der Einstieg in Schächte oder tiefere Gräben ohne gesicherte Belüftung darf nur mit umluftunabhängigem Atemschutzgerät erfolgen.

49.2.1 Allgemeine Einsatzmaßnahmen und Einsatzgrundsätze

Tiefbauunfälle sind in der Regel sehr aufwändige Einsätze, die mit größter Sorgfalt durchzuführen sind, da sowohl für die Betroffenen als auch die Einsatzkräfte eine hohe Gefährdung (Absturz- und Verschüttungsgefahr, Gefahr durch beschädigte Elektrokabel und/oder Versorgungsleitungen, durch Sauerstoffmangel usw.) bestehen kann. Folgende Maßnahmen sind grundsätzlich bei jedem Tiefbauunfall zu ergreifen:

- weiträumige Absperrung der Einsatzstelle;
- Vermeidung von Erschütterungen im Bereich der Unfallstelle, um ein Nachbrechen oder Nachrutschen von Erdreich zu verhindern (ggf. Sperrung von Straßen- und Schienenverkehr in der Umgebung);
- Einstellung des Baubetriebs, wenn dieser Einfluss auf die Rettungsarbeiten haben kann bzw. die Gefahr einer Schadenausweitung besteht;
- Hinzuziehung von Aufsichts- und Fachbehörden (Tiefbauamt, Bauaufsicht, bei Arbeitsunfall auch Gewerbeaufsicht und Polizei).

Zur Einsatzplanung ist in den meisten Fällen eine umfangreiche Erkundung notwendig, die möglichst mit einer ortskundigen Fachkraft (z. B. Bauleiter, Vorarbeiter oder Aufsichtsperson) erfolgen sollte. Hierbei muss insbesondere festgestellt werden:

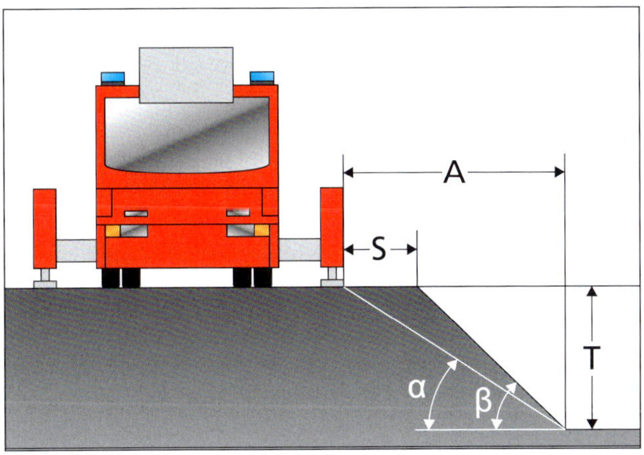

Bild 49.16 An unverbauten Gruben oder Böschungen muss der Lasteintragswinkel beachtet werden – ein Böschungswinkel wird von der Geländeoberfläche vorgegeben. Der Buchstabe A steht für den Abstand zur Stützenaußenkante, T ist die Grubentiefe, α ist der Lasteneintragswinkel, β der Böschungswinkel und S ist der einzuhaltenden Schutzstreifen.

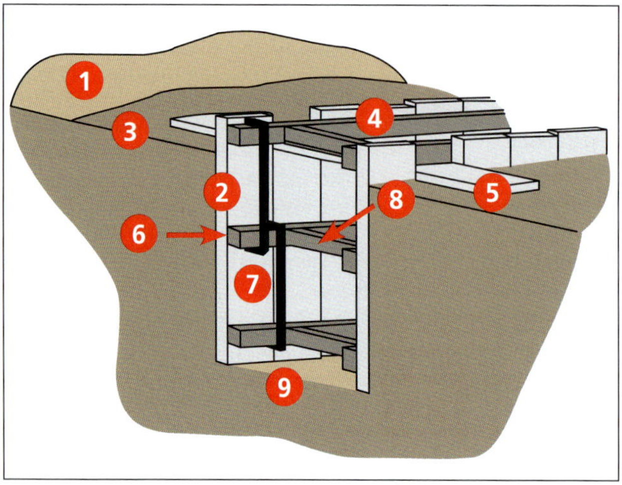

Bild 49.17 senkrechter Verbau:

- Auswurf (1)
- Aussteifbretter müssen am Rand mindestens 5 cm überstehen (2)
- Schutzstreifen mit einer Mindestbreite von 60 cm (3)
- Hauptrahmen (4)
- Unterlagsholz (5)
- Zwischenrahmen (6)
- Hängeeisen (7)
- Spreize (8)
- Sohle (9)

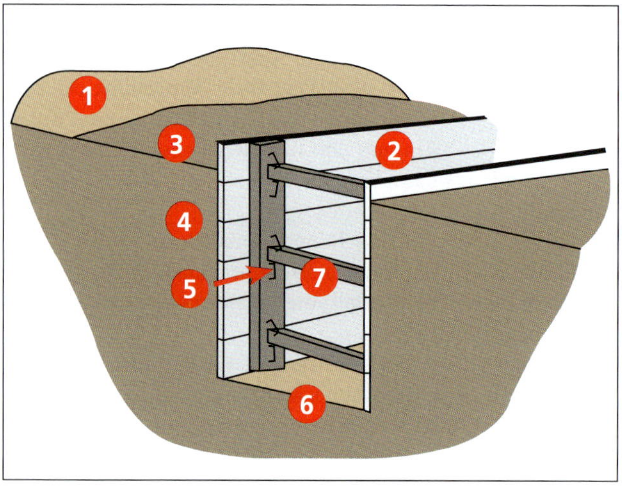

Bild 49.18 waagerechter Verbau:

- Auswurf (1)
- Aussteifbretter müssen am Rand mindestens 5 cm überstehen (2)
- Schutzstreifen mit einer Mindestbreite von 60 cm (3)
- Brustholz (4)
- Bauklammern (5)
- Sohle (6)
- Spreize (7)

- an welcher Stelle sich die verschütteten Personen befinden;
- ob es Kontakt zu bzw. Lebenszeichen von den Betroffenen gibt;
- wie es zu dem Tiefbauunfall gekommen ist (Ursache);
- welche konkreten Gefahren für Betroffene und Einsatzkräfte bestehen;
- ob eine Schadenausweitung aufgrund der Standfestigkeit des Bodens und/oder durch beschädigte Elektro- und Versorgungsleitungen möglich ist;
- ob die Gefahr eines Wassereinbruchs bestehen kann;
- welche Hilfsmittel und Kräfte vor Ort zur Verfügung stehen, die zur Rettung eingesetzt werden können.

Bei Tiefbauunfällen ist die Feuerwehr auf die Zusammenarbeit mit fachkundigen Personen (Baustellenpersonal, Fachbehörden und Fachberater) angewiesen, die ggf. über die Leitstelle nachzufordern sind. Außerdem ist für die Einsatzplanung der Rückgriff auf vorhandene Bauunterlagen hilfreich. Insbesondere bei größeren Baustellen spielt die Ordnung des Einsatzraumes eine wichtige Rolle. Der Gefahrenbereich sollte während des gesamten Einsatzverlaufs durch speziell hierfür abgestellte Kräfte beobacht werden, die im Fall eines Gefahreneintritts die dort eingesetzten Einsatzkräfte warnen können. Im Gefahrenbereich dürfen nur so viele Kräfte eingesetzt werden, wie unbedingt für die Durchführung des Einsatzauftrages erforderlich sind. Die Einheitsführer haben darauf zu achten, dass die Einsatzkräfte nur mit hinreichendem Eigenschutz (z. B. Absturzsicherung) zum Einsatz kommen.

Verunglückte Personen, zu denen Kontakt besteht, müssen permanent betreut werden (ggf. anfangs zunächst durch Zurufen, bis Einsatzkräfte gesichert zur Person vordringen können). Mit lebensrettenden Sofortmaßnahmen ist unverzüglich zu beginnen, sobald dies möglich ist (Eigensicherung beachten). Wichtig ist es vor allem, den Kopf und den Oberkörper so schnell wie möglich freizulegen, um die Vitalfunktionen aufrechterhalten zu können.

49.2.2 Errichten eines Verbaus

Standardmethode bei Tiefbauunfällen zur Ermöglichung der medizinischen Versorgung und der technischen Rettung der verschütteten Personen ist die Errichtung eines Verbaus bzw. das Aussteifen des Schachtes, um das Nachrutschen von Bodenmaterial zu verhindern. Dabei ist zu beachten, dass die Verkleidung der Wände auf ihrer ganzen Fläche, also von der Geländeoberfläche bis zur Schacht- bzw. Grabensohle, dicht am Boden anliegt.

Außerdem muss die Verkleidung vollflächig sein, sodass durch die Fugen und Stöße kein Boden durchtreten kann. Um dies zu bewerkstelligen, können sowohl Rüsthölzer und hydraulische Rettungszylinder/Abstützsysteme als auch spezielle, im Tiefbau auch allgemein zur Verwendung kommende Sicherungselemente (z. B. Spundwände aus Stahl) eingesetzt werden. Alle verwendeten Elemente müssen so eingebaut werden, dass sie an ihren Berührungsflächen fest anliegen und gegen Verdrehen, seitliches Verschieben sowie Herabfallen gesichert sind. Keile, Anker und Spannschlösser müssen so angeordnet werden, dass ein Spannen, Nachtreiben oder Nachziehen möglich ist.

Grundsätzlich unterschieden werden der waagerechte Verbau und der senkrechte Verbau. Beim waagerechten Verbau werden die Bohlen, aus denen die Stützwand errichtet wird, waagerecht aufeinander und beim senkrechten Verbau entsprechend senkrecht nebeneinander eingebracht (▶ Bild 49.17). Die Länge der Bohlen (senkrechter Verbau) bzw. die Anzahl der aufeinander liegenden Bohlen (waagerechter Verbau) ist so zu bemessen, dass die Bohlen mindesten fünf Zentimeter am Rand überstehen. Holzbohlen für sowohl den senkrechten als auch waagerechten Grabenverbau müssen mindesten fünf Zentimeter dick sein und der Sortierklasse S 10 (DIN 4074-1) entsprechen. Steifen und Spreizen aus Holz müssen mindestens einen Durchmesser von zehn Zentimetern besitzen. Anstatt von Steifen aus Holz sind auch hydraulische Rettungszylinder und Abstützsysteme einsetzbar. Weiter ist darauf zu achten, dass die Breite der verwendeten Hartholzkeile nicht kleiner als der Steifendurchmesser und die Breite von Stahlkeilen nicht kleiner als die halbe Steifenbreite ist. Beim Einsatz von Bauklammern müssen so genannte Flachklammern verwendet werden.

Die auf den Hilfeleistungs-Löschgruppenfahrzeugen und Rüstwagen mitgeführte Ausrüstung reicht jedoch bei den meisten Tiefbauunfällen nicht aus, um den Bedarf an Verbaumaterial zu decken. Deswegen sollte eine rechtzeitige Nachforderung von entsprechendem Material (z. B. Abrollbehälter Bau/Bauunfall) erfolgen. Außerdem ist zu prüfen, ob geeignete Mittel bereits an der Baustelle vorhanden sind.

Der bereits in ▶ Abschnitt 49.2 angeführte Mindestabstand von Fahrzeugen, Baumaschinen und Baugeräten (DIN 4124 »Böschungen, Verbau, Arbeitsraumbreiten«) gilt gleichermaßen für unverbaute und verbaute Baugruben und Gräben.

49.2.3 Besonderheiten bei Silounfällen

Die Rettung von Personen, die in Siloanlagen verunglückt sind, ist grundsätzlich mit der Vorgehensweise bei Tiefbauunfällen vergleichbar. Um zu den Verschütteten zu gelangen,

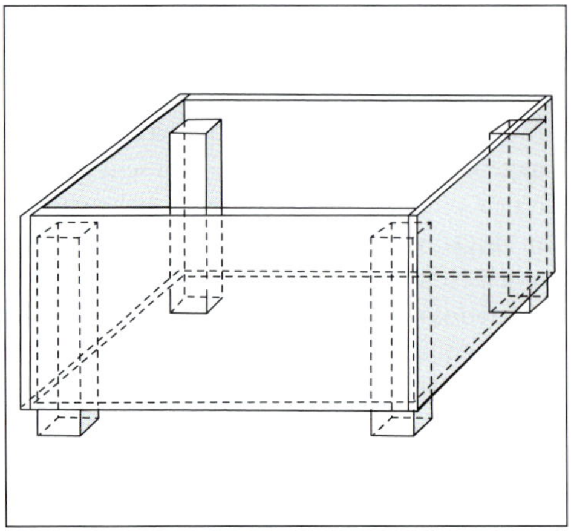

Bild 49.19 Holzrahmen als einfaches Hilfsmittel bei Silounfällen

muss in der Regel ebenfalls ein Verbau errichtet werden, um ein Nachrutschen bzw. Nachsacken des Schüttgutes im Silo zu verhindern. Eine Besonderheit ist jedoch die Enge in Silos, wodurch die technischen Möglichkeiten stark eingeschränkt sind. Die Rettung muss immer von oben erfolgen, die Entleerung des Silos kommt als Rettungsmethode auf keinen Fall in Frage. Als Hilfsmittel bieten sich entweder leicht an der Einsatzstelle behelfsmäßig herstellbare, rechteckige Holzrahmen oder aber – wenn vorhanden – spezielle Schachtringe aus Metall an, die übereinander gesetzt werden können und durch Ausheben von Schüttgut in dieses Stück für Stück eingebracht werden. Die einzelnen Ringe können z. B. mit Klauen miteinander verbunden werden. Je nach Ausführung verfügen diese Ringe auch über Steigeisen, über welche die Einsatzkräfte nach unten zu dem Verschütteten steigen können.

Einsatzkräfte, die in ein Silo (▶ Kapitel 35.11) einsteigen, müssen mit geeigneten Mitteln gesichert werden (z. B. Gerätesatz Absturzsicherung). Ggf. kann es auch erforderlich sein, dass sich die Kräfte mit umluftunabhängigem Atemschutz ausrüsten, wenn keine hinreichende Belüftung im Silo sichergestellt ist bzw. wenn nicht genügend Sauerstoff vorhanden ist. Besondere Aufmerksamkeit ist außerdem auf den Explosionsschutz zu legen (insbesondere nur Einsatz von ex-geschützten Gerätschaften).

Merke:

Die Rettung von verschütteten Personen in Silos hat immer von oben zu erfolgen. Auf keinen Fall darf ein Silo zur Menschenrettung entleert werden!

Literatur

[1] Lick, R. F., Schläfer, H.: Unfallrettung. Medizin und Technik, 2. Auflage, Schattauer Verlag, Stuttgart, 1985, S. 352 ff.

[2] Rieger, W.: DIN 4124 – Baugruben und Gräben. Böschungen – Verbau – Arbeitsraumbreiten, in: Tiefbau 12/2002, S. 672 ff.

[3] vfdb-Richtlinie 03-01 »Hinweise für Maßnahmen der Feuerwehr und anderer Hilfskräfte nach Gebäudeeinstürzen«, Stand 3/2005.

[4] Ausbildung der Freiwilligen Feuerwehren – Grundausbildung. 2-Jahres-Programm Truppmann (Lehrstoffblätter), Neckar-Verlag, Villingen-Schwenningen, Stand Oktober 2001.

[5] Autorenkollektiv: Rettungs- und Bergungsarbeiten, 4. Auflage, Militärverlag der Deutschen Demokratischen Republik, Berlin, 1974.

[6] Fibel des Technischen Hilfswerks – Handbuch des Technischen Hilfswerks, Sonderteil 50, Teil II, Ausgabe 1984.

[7] Wohlrab, J.: Die Roten Hefte 51: Tiefbau- und Silounfälle, 5. Auflage, Verlag W. Kohlhammer, Stuttgart, 2015.

ZUR VERTIEFUNG

Robin Piper, Irakli West: Tiefbauunfälle, Verlag W. Kohlhammer, Stuttgart, 2019.

50 Technische Rettung nach Maschinenunfällen

von Alexander Blasczyk

50.1 Arten von Maschinenunfällen

Trotz hoher Sicherheitsstandards und steten Verbesserungen im Arbeitsschutz gehören Maschinenunfälle weiterhin zum Arbeitsalltag. Im Jahr 2017 ereigneten sich in Deutschland rund 37 600 meldepflichtige Unfälle bei der Bedienung von ortsfesten Maschinen in der gewerblichen Wirtschaft [1]. Aufgrund der Komplexität der Maschinen-Mensch-Beziehungen und der Produktionsabläufe können solche Unfälle nicht gänzlich ausgeschlossen werden. Organisatorische und technische Unfallschutzmaßnahmen stoßen außerdem dort an ihre Grenzen, wo die Verantwortung bzw. Eigenverantwortung nicht ernst genommen werden. Dies zeigt sich z. B. bei Manipulationen von Schutzeinrichtungen ebenso wie bei der Missachtung von Sicherheitsbestimmungen und Unfallverhütungsvorschriften. Darüber hinaus sind Maschinen heutzutage auch im privaten Bereich allseits präsent (z. B. Geräte für Garten- und Küchenarbeit). Leichtsinniges Verhalten ist gerade dort häufig zu beobachten, da im privaten Bereich Sicherheitsvorkehrungen nicht wie im Arbeitsbereich reglementiert und v. a. nicht überwacht werden können.

< **Maschinenunfälle** > sind Unfälle mit technischen Geräten, Anlagen oder Einrichtungen mit sich bewegenden Teilen, bei denen die Bewegungsenergie dieser Teile schädigend auf den Menschen einwirken kann. Grundsätzlich lassen sich die sechs Unfallarten »Einklemmen«, »Schlagen«, »Fangen«, »Abtrennen«, »Durchdringen« und »Einsperren« unterscheiden [2].

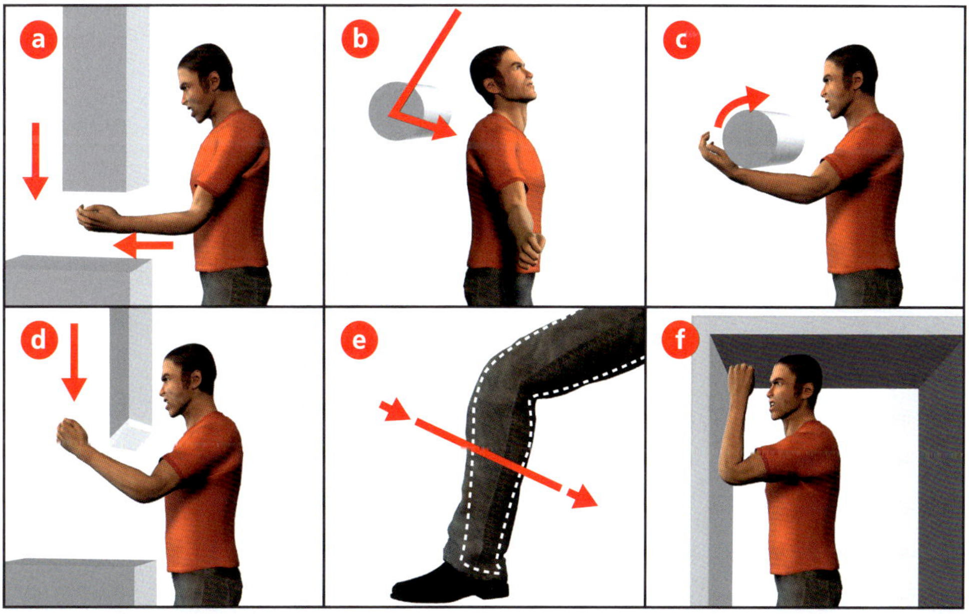

Bild 50.1 Arten von Maschinenunfällen: **a** Einklemmen, **b** Schlagen, **c** Fangen, **d** Abtrennen, **e** Durch- bzw. Eindringen und **f** Einsperren

J

Einklemmen

Körperteile können in Aufzügen, Pressen und Maschinen mit gegeneinander bewegenden oder aufeinander zubewegenden Maschinenteilen (z. B. Schiebetüren von Maschinenräumen oder Spannelemente zur Fixierung von Fertigungsteilen) eingeklemmt werden. Hierbei treten ähnliche Verletzungen wie beim Fangen (siehe unten) auf.

Quelle: Feuerwehr Stadt Meppen/Hornung

Bild 50.2 Beispiel für einen Maschinenunfall durch »Einklemmen«: Bei Wartungsarbeiten geriet der rechte Arm eines Arbeiters in eine Walzrichtmaschine.

Schlagen

Insbesondere durch pendelnde Lasten, Anschlagmittel und Lasthaken sowie durch Arme von Industrierobotern und Schwungmassen von Maschinen können Personen getroffen und verletzt werden, wenn sie in deren Bewegungsfeld geraten. Die Folgen sind in der Regel Prellungen und Quetschungen oder Trümmerbrüche.

Fangen

Mit dem Begriff »Fangen« werden Unfallereignisse bezeichnet, bei denen Körperteile oder Teile der Kleidung durch rotierende Maschinenteile erfasst werden (z. B. nicht bei der Arbeit abgedeckte Haare oder nicht abgelegte Schmuckstücke wie Ringe und Halsketten). Aufgrund der zum Teil enormen Kräfte können nicht nur die Gliedmaßen, sondern es kann sogar der ganze Körper eines Menschen in eine Maschine oder Anlage gezogen werden (z. B. in ein großes Rührwerk). Mögliche Folgen sind Trümmerbrüche und schwere Quetschungen sowie in der weiteren Folge erhebliche innere Verletzungen. Werden Kleidungsstücke eingezogen, kann es auch zu Strangulierungen kommen.

Abtrennen

Unter die Unfallart »Abtrennen« fallen alle Maschinenunfälle, bei denen es durch Abscheren oder Abquetschen zu einer verletzungsbedingten Amputation von Körperteilen (insbesondere Gliedmaßen) kommt. Typisch hierfür sind Unfälle an Pressen, Stanz-, Scher- und Schneidgeräten. Abtrennungen sind aber auch an Einrichtungen möglich, bei denen sich Schlag- und Schneidwerkzeuge oder rotierende Maschinenteile dicht an den Wandungen der Einrichtungen bewegen (z. B. Förderschnecken).

Durchdringen

Mit »Durchdringen« werden Unfälle bezeichnet, bei denen es zum Eindringen in oder Durchdringen von Körperteilen kommt. Typisch dafür sind Unfälle an Bohrern und Stanzwerkzeugen. Außer schlagenden und rotierenden Maschinenteilen können auch Werkstücke, Materialteile, Späne und Splitter bei der Bearbeitung in den Körper eindringen bzw. diesen vollständig durchdringen.

Einsperren

Aufgrund von Störungen in technischen Anlagen können Personen in Räumen (z. B. Maschinenräume) oder Transporteinheiten (z. B. Aufzüge und Kabinen) eingeschlossen werden. Dabei kommt es durch das Einsperren selbst in der Regel nicht zu Verletzungen. Allerdings ist häufig eine psychische Belastung (Angstzustände, Stress usw.) aufgrund der Ausnahmesituation die Folge, die auch zu körperlichen Problemen (z. B. Störung des Herz-Kreislauf-Systems) führen kann.

50.2 Einsatzgrundsätze und Einsatzmaßnahmen

Einsätze nach Maschinenunfällen erfordern ein umfangreiches technisches Verständnis, den gekonnten Umgang mit der zur Verfügung stehenden Technik und nicht zuletzt den einfühlsamen Umgang mit den Betroffenen. Unfälle dieser Art stellen für diese eine belastende Ausnahmesituation dar, bei der neben den eigentlichen körperlichen Schädigungen auch die psychische Belastung den Allgemeinzustand verschlechtern kann. Deswegen ist es gerade bei solchen Einsätzen wichtig, dass die Betroffenen permanent betreut werden.

50.2.1 Stabilisierung der Lage

Vor dem Beginn der technischen Rettung ist es zunächst erforderlich, den Verletzten zu stabilisieren und Maßnahmen zu ergreifen, die sicherstellen, dass keine weitere Gefährdung von Maschinen oder technischen Anlagen im Umfeld des Einsatzortes für die Betroffenen und die Einsatzkräfte ausgehen kann. Dafür ist wie folgt vorzugehen:

- Abschalten und Sichern der Maschine(n) bzw. technischen Anlage(n): In der Regel sind Maschinen mit entsprechenden »Not-Aus«-Schaltern versehen, die zu einem schnellstmöglichen Stopp der technischen Einrichtungen führen. Mit deren Hilfe können vor allem Ersthelfer sehr schnell handeln. Für die sichere Durchführung von Einsatzmaßnahmen muss die betroffene technische Einrichtung jedoch vollständig abgestellt und ein Nachlaufen verhindert werden (Trennung vom Stromnetz durch Abschalten des Hauptschalters bzw. durch Ausschalten des Antriebsaggregates, ggf. Blockierung von rotierenden Teilen). Darüber hinaus ist sicherzustellen, dass ein unbeabsichtigtes Wiedereinschalten und eine Wiederinbetriebnahme durch Dritte ohne die vorherige Freigabe ausgeschlossen werden können (z. B. durch einen Sicherungsposten oder Aushändigung von Schaltschlüsseln, Sicherungseinsätzen o. Ä.).
- Stützen bzw. Fixierung der Lage des Verletzten: Um den Betroffenen zu entlasten und einem Kreislaufversagen vorzubeugen, ist der Verletzte in seiner Lage zu stützen und durch Verwendung von Sitz- bzw. Stützmöglichkeiten, Decken o. Ä. (▶Bild 50.3) dauerhaft zu entlasten.
- Medizinische Erstversorgung: Wenn der Verletzte frei zugänglich ist, sollte der Rettungsdienst unverzüglich mit der medizinischen Erstversorgung beginnen. Ist kein freier Zugang vorhanden, muss ein solcher unverzüglich geschaffen werden.
- Entlastung durch Abstützen der Last: Parallel zur medizinischen Erstversorgung sind zur Entlastung des Betroffenen die auf ihn wirkenden Lasten so abzustützen bzw. zu unterbauen, dass die Kräfte abgeleitet werden und damit der Druck auf den Körper genommen wird. Zur Lastaufnahme können z. B. Holzkeile und -klötzer sowie (Mini-)Hebekissen, Spreizer oder hydraulische Heber eingesetzt werden. Die Last ist möglichst nahe dem Einklemmungsbereich abzustützen (▶Bild 50.4).

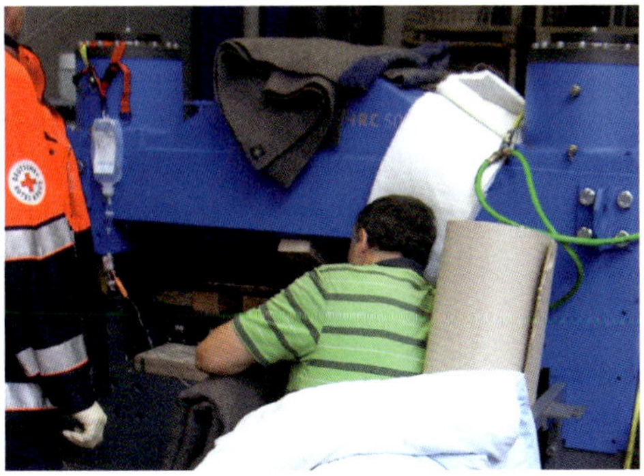
Quelle: Feuerwehr Stadt Meppen/Hornung

Bild 50.3 Um einem Kreislaufversagen vorzubeugen und den Betroffenen zu entlasten, sollte dieser schnellstmöglich gestützt und medizinisch versorgt werden.

50.2.2 Befreiung

Die Befreiung des Betroffenen aus seiner Zwangslage setzt ein enges Zusammenwirken von Rettungsdienst und Feuerwehr voraus. Bei Unfällen an komplexen Maschinen oder tech-

Achtung:

Einsatzmaßnahmen dürfen erst dann bei Maschinenunfällen ergriffen werden, wenn die betroffene Maschine bzw. die technische Anlage ausgeschaltet und gegen Wiedereinschalten gesichert worden ist.

J

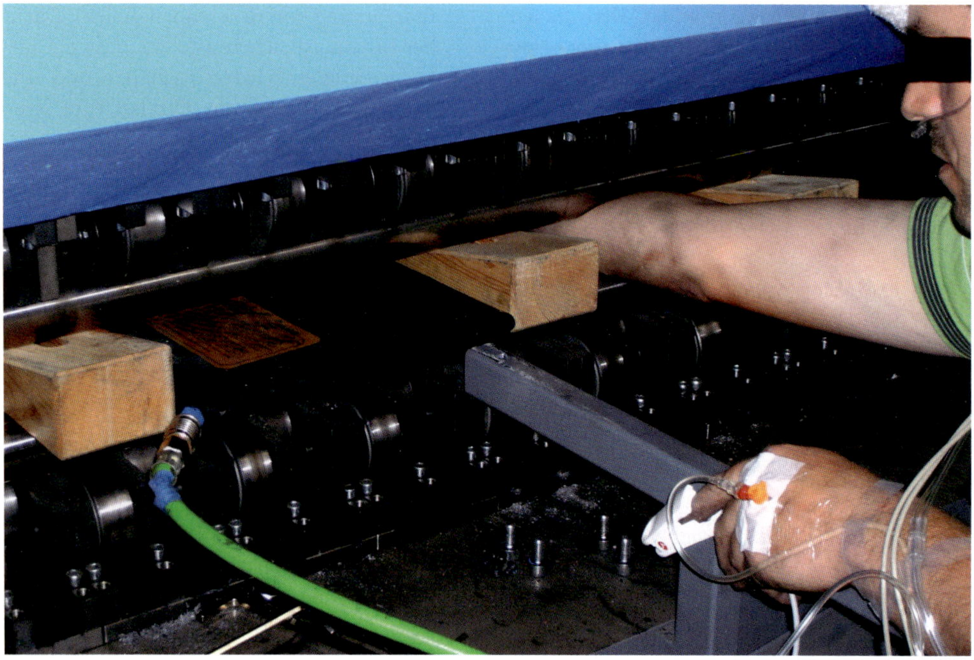

Bild 50.4 Zur Entlastung des eingeklemmten Unterarms können Holzkeile und Minihebekissen eingesetzt werden.

nischen Anlagen ist es außerdem oftmals hilfreich, Fachleute zu Rate zu ziehen (z. B. sachkundige Betriebsangehörige, den Hersteller oder Wartungsfirmen). Dies ist vor allem dann angezeigt, wenn zur technischen Rettung eine aufwändigere Demontage der betroffenen technischen Einrichtung notwendig ist. Die Auswahl der zum Einsatz kommenden Technik und die Art des Vorgehens zur technischen Rettung richten sich jeweils nach dem Typ der Maschine bzw. Anlage und nach der Unfallart. Sie müssen an die jeweilige Situation angepasst werden. Dabei ist es das Ziel, den Betroffenen so schnell und so schonend wie möglich aus seiner Zwangslage zu befreien und dem Rettungsdienst zu übergeben. Grundsätzlich kann die Befreiung durch Spreizen, Demontieren und/oder Zerstören erfolgen.

Rettungsmethode »Spreizen«

Ist der Betroffene im Bereich leichterer oder deformierbarer Maschinenteile eingeklemmt oder gefangen, lässt sich die Einklemmung oftmals bereits durch das Auseinandertreiben der Klemmteile z. B. mit einer Brechstange, einem Hebebaum, dem Spreizer oder (Mini-)Hebekissen beseitigen. Wichtig beim Spreizen ist es, dass auseinandergetriebene Teile stets durch Holzkeile und -klötze gesichert werden, um so ein Absacken, Abrutschen oder Zurückfedern der Last mit Einwirkung auf den Betroffenen und damit eine weitere mögliche Schädigung zu verhindern. Der Spreizvorgang sollte zudem nur auf Kommando des Einheitsführers (»Spreiz!« oder »Heb an!«) oder eines von ihm benannten Feuerwehrangehörigen erfolgen, wobei dieser auf das Sichern der Last und mögliche Auswirken auf andere Maschinenteile

Merke:

Bei der Befreiung durch Spreizen oder Anheben von Maschinenteilen ist auf das stete Sichern der Last gegen Nachsacken und Abrutschen zu achten. Bereits beim Einsatzbeginn sollte entsprechendes Unterbau- und Sicherungsmaterial bereitgestellt werden.

achten muss. Beim Sichern mit Holzkeilen und Kanthölzern ist darauf zu achten, dass diese ohne größeren Druck in die entstehenden Lücken eingeschoben und auf keinen Fall mit Schlagwerkzeugen hineingetrieben werden. Die dumpfen Schläge könnten zu einer weiteren Schädigung und unter Umständen außerdem auch zur unkontrollierten Lastbewegung führen.

Auch wenn durch den Spreizvorgang selbst die Einklemmung nicht gelöst werden kann, führt die Vergrößerung des Raumes im Einklemmbereich häufig bereits zu einer Verbesserung der Situation, weil dadurch die Belastung von Organen und Gefäßen reduziert wird. Durch die deutliche Druckminderung kann es jedoch auch zu schweren inneren Blutungen oder zum Schockeintritt kommen. Deswegen sollte der Rettungsdienst rechtzeitig mit einer intensiven Kreislauf- und Schocktherapie beginnen.

Rettungsmethode »Demontage«

Handelt es sich um schwere oder sehr starre Maschinenteile, die durch Spreizen nicht oder nicht hinreichend weit auseinandergetrieben werden können, oder ist die Zwangslage des Betroffenen nicht allein durch eine Einklemmung bedingt, bietet sich die systematische Demontage des betroffenen Maschinenbereichs an. Je nach Komplexität des Maschinenaufbaus kann das fachgerechte Zerlegen sehr zeitaufwändig sein. Daher ist es bei dieser Rettungsmethode notwendig, dass der Rettungsdienst den Verletzten medizinisch stabil halten kann. Um die Rettungszeit so kurz wie möglich halten und das Demontieren fachgerecht ausführen zu können, ist in der Regel die Zusammenarbeit mit Fachleuten notwendig. Sofern kein Sachkundiger vor Ort ist, sollte sich der Einsatzleiter darum bemühen, so schnell wie möglich einen Kontakt (z. B. über Mobiltelefon) zum Hersteller oder zur Wartungsfirma herzustellen.

Achtung:

Fremdkörper, die in den Körper des Verletzten eingedrungen sind, dürfen nicht vor Ort entfernt werden! Durch das Entfernen kann es zu starken Blutungen kommen.

Merke:

Hat der Verletzte eine Durchdringung erlitten und der Fremdkörper steckt noch im Körper, oder ist er in einem Bestandteil der Maschine so gefangen, dass eine Trennung nicht ohne erhebliche Beeinträchtigungen möglich ist, wird dieser mit dem abgetrennten bzw. demontierten Teil ins Krankenhaus gebracht.

Rettungsmethode »Zerstören«

Ist eine Befreiung weder durch Spreizen noch durch Demontage möglich (z. B. bei schweren und schlecht zugänglichen Maschinenkonstruktionen) und/oder besteht hoher Zeitdruck, muss die betroffene Maschine mit geeigneten Einsatzmitteln so weit wie notwendig gewaltsam zerstört werden. Maschinenteile können dafür z. B. mit Handsäge, Bolzenschneider, Trennschleifer, Brenn- oder Plasmaschneidgerät, Rettungssäge oder hydraulischem Schneidgerät abgetrennt werden. Wichtig ist bei diesen Maßnahmen, dass der Betroffene und die Einsatzkräfte im Arbeitsbereich hinreichend vor Funkenflug sowie sich lösenden Splittern und Metallteilen geschützt werden (z. B. durch Löschdecken). Außerdem ist auf die Sicherstellung des Brandschutzes zu achten. Gegebenenfalls müssen benachbarte Bereiche gekühlt werden. Des Weiteren muss bei der Rettungsmethode »Zerstören« auf mögliche Schwingungen und die Lärmbelästigung mancher Trenn- und Schneidgeräte (insbesondere in geschlossenen Räumen) geachtet werden.

Literatur

[1] DGUV, Referat »Statistik«: Statistik Arbeitsunfallgeschehen 2019, Berlin, September 2020.

[2] Lick, R. F., Schläfer, H.: Unfallrettung. Medizin und Technik, 2. Auflage, Schattauer Verlag, Stuttgart, 1985, S. 325 ff.

51 Notfall-Türöffnung

von Frank Hüsch

51.1 Allgemeines

Bei Brand- und Hilfeleistungseinsätzen stellen verschlossene Türen oft ein Hindernis für die Einsatzkräfte dar. Die mit modernster Technik ausgerüsteten und gut ausgebildeten Feuerwehren erheben den Anspruch, in allen nur erdenklichen Einsatzsituationen professionelle Hilfe zu leisten. So ist es nur selbstverständlich auch im Hilfeleistungseinsatz bei Türöffnungen mit dem Stand der Technik und dem Wissen konform zu gehen. Wenn hier von Türöffnungen gesprochen wird, dann sind der einfachheitshalber auch das Öffnen von Fenster und anderen Zugangsmöglichkeiten gemeint.

Mit dem stetigen Anwachsen des Sicherheitsbedürfnisses der Bevölkerung, wächst auch die Zahl der Einsätze, welche nur noch mit professionellem Vorgehen und einer sorgfältig ausgewählten technischen Ausrüstung erfolgreich und den Verhältnismäßigkeiten entsprechend abgearbeitet werden können. Die technischen Neuerungen in der Einbruchsicherung haben gerade im privaten Wohnbereich einen umfangreichen Wandel vollzogen. Durch die preiswerten Serienherstellungen, sind hochwertige Einbruchsicherungen erschwinglicher geworden und stellen die Einsätzkräfte immer häufiger vor erhebliche Herausforderungen. Gerade deshalb sollten sich Feuerwehren auch auf Basismaßnahmen beschränken, denn sie können professionelle Schlüsseldienste nicht ersetzten.

51.2 Zuständigkeit

In den jeweiligen Brandschutzgesetzen der Bundesländer ist festgehalten, inwieweit Feuerwehren im Einsatz tätig werden müssen, bzw. welche Rechte und Pflichten sie bei Einsätzen haben. Auch sind die Zuständigkeiten hinsichtlich der Tätigkeiten bei Amtshilfen für die Polizei genau abzuklären. Nach Maßgaben der Brandschutzgesetze können bei Einsätzen der Feuerwehr beispielsweise meist folgende Grundrechte eingeschränkt werden:

- die körperliche Unversehrtheit der Person (Artikel 2 Absatz 2 Satz 1 des Grundgesetzes),
- die Freiheit der Person (Artikel 2 Absatz 2 Satz 2 des Grundgesetzes),
- die Freizügigkeit (Artikel 11 Absatz 1 des Grundgesetzes),
- die Unverletzlichkeit der Wohnung (Artikel 13 Absatz 1 Grundgesetzes),
- die Gewährleistung des Eigentums (Artikel 14 Absatz 1 des Grundgesetzes).

Gerade bei Türöffnungen wird häufig in die Grundrechte der Betroffenen eingegriffen. Darum ist es so wichtig, dass mit diesen Einschränkungen verantwortungsvoll umgegangen wird. Besonders die Privatsphäre sollte Berücksichtigung finden. Die durchzuführenden Maßnahmen sollten sich auf das Wesentliche beschränken und dem Grundsatz der Verhältnismäßigkeit entsprechen. Auch sollten das Auftreten und das Verhalten gegenüber den Hilfeersuchenden Personen mit dem gebührenden Respekt geschehen. Aufgrund der Einsatzlage und die durch die Erkundung gesammelten Erkenntnisse, muss sich der jeweilige Einsatzleiter für die beste mögliche Maßnah-

Achtung:

Das Eintreten von Türen kann zu erheblichen Verletzungen führen, welche dann zur Eigengefährdung der Einsatzkräfte führen können. Außerdem entstehen durch verletzte Einsatzkräfte erhebliche Zeitverzögerungen.

me entscheiden. Hierzu muss er abwägen, wie dringend er in die Räumlichkeiten eindringen muss. Dabei müssen immer wieder die Verhältnismäßigkeiten im Einklang mit dem zu erwartenden Einsatzerfolg übereinstimmen. Bei Türöffnungen im Feuerwehreinsatz werden grob folgende Einsatzszenarien angetroffen:

- Türöffnungen im Brandeinsatz: Tatsächliches Brandereignis und Brandverdacht (Meldung von Brandgeruch, Meldung von Feuerschein, Meldung von lärmenden Rauchmeldern),
- Türöffnungen im Hilfeleistungseinsatz: Lebensbedrohliche Lagen von Menschen und Tieren sowie andere Notlagen von Menschen und Tieren,
- Amtshilfeeinsätze.

51.3 Brandeinsätze

Bei Brandeinsätzen werden aufgrund der schnell fortschreitenden Rauchausbreitung und die damit verbundene akute Lebensgefahr für meist mehrere Personen, die Dringlichkeit sehr hoch angesetzt. Hinzu kommt die Sichtbehinderung durch Rauch, welche das Auffinden und Retten der Betroffenen meist zusätzlich erschwert und verzögert. Bei Brandeinsätzen müssen viele Maßnahmen parallel abgearbeitet werden, was eine Vielzahl von Einsatzkräften bindet. Somit bleibt keine Zeit für Experimente. Jeder Handgriff muss sitzen. Hieraus ergibt es sich, dass bei Brandeinsätzen fast immer eine gewaltsame Türöffnung die erfolgversprechendste Variante darstellt. Die Auswahl der geeigneten Werkzeuge und Techniken müssen in das Gesamtkonzept der jeweiligen Feuerwehr passen. Gleichzeitig dürfen die Einsatzkräfte durch die Mitnahme der Ausrüstung nicht übermäßig belastet und behindert werden. Die nachstehenden Ausführungen sind nur ein Auszug von Möglichkeiten und zielen alle auf den sofortigen Zugriff mit zerstörerischen Methoden. Die im Kapitel gezeigten Aufnahmen stellen die Situationen exemplarisch da. Um die Bildqualität durch die Reflexstreifen der Brandschutzkleidung nicht zu beeinträchtigen, wurde auf diese für die Fotoaufnahmen verzichtet. Bei Brandeinsätzen muss selbstverständlich beim Öffnen von Brandraumtüren die vollständige Schutzausrüstung angelegt und ein Strahlohr mit Wasser vorbereitet sein. Bei der Verwendung von elektrisch betriebenen Werkzeugen ist die verlängerte Rüstzeit durch die Stromversorgung zu berücksichtigen.

51.4 Werkzeuge

Es ist zu empfehlen, hierzu geeignete Werkzeuge und Hilfsmittel wie »Firebird« (»Düsseldorfer Axt«), »Halligan-Tool«, Spalthammer, »TNT-Tool«, Feuerwehraxt nach Norm, hydraulischer Türbrecher, Holz-/Kunststoffkeile, etc. einzusetzen.

51.5 Techniken der gewaltsamen Türöffnung

51.5.1 Aufhebeln von Türen mit dem »Firebird«

Mithilfe des »Firebird« wird oberhalb und unterhalb des Türschlosses jeweils ein Keil in den Türspalt eingebracht, um die Tür auf Vorspannung zu bringen. Die Querschneide des »Firebird« wird wie abgebildet im Bereich des Türschildes in den Türspalt eingeschlagen. Durch die horizontale Hebelbewegung bricht die Tür auf. Sollte dies nicht der Fall sein, so kann die Axtschneide in den Spalt eingeführt werden und mit einer Hebelbewegung von der Tür weg dem Aufbrechen Nachdruck verliehen werden. Durch die Einkerbung oberhalb der Axtschneide kann diese nicht aus dem Türspalt herausrutschen.

51.5.2 Aufhebeln von Türen mit dem »Halligan-Tool«

Mithilfe des »Halligan-Tools« wird oberhalb und unterhalb des Türschlosses jeweils ein Keil in den Türspalt eingebracht, um die Tür auf Vorspannung zu bringen. Die Querschneide des »Halligan-Tools« wird im Bereich des Türschildes in den Türspalt eingeschlagen. Durch die Abwärtsbewegung des Hebels bricht die

IM EINSATZ

Aufhebeln von Türen mit dem »Firebird«

»Firebird«

Einbringen der Keile im oberen und unteren Teil der Tür, um diese vorzuspannen.

Aufhebeln der vorgespannten Tür mit der Querschneide des »Firebird« im Bereich des Türschildes

Tür auf. Sollte dies nicht der Fall sein, so kann durch eine horizontale Bewegung zur Tür hin dem Aufbrechen Nachdruck verliehen werden.

51.5.3 Aufbrechen von Türen mit dem Spalthammer

Mithilfe des Spalthammers wird oberhalb und unterhalb des Türschlosses jeweils ein Keil in den Türspalt eingebracht, um die Tür auf Vorspannung zu bringen. Die Spalthammerschneide wird unterhalb des Türschlosses in den Türspalt eingeschlagen. Durch die Aufwärtsbewegung des Hebels kann der Spalt vergrößert werden, um den Keil nachzusetzen. Durch ein tieferes Einbringen der Schneide kann die Hebelwirkung verbessert und somit die Tür aufgebrochen werden. Sollte dies nicht

IM EINSATZ

Aufhebeln von Türen mit dem »Halligan-Tool«

»Halligan-Tool«

Einbringen der Keile im oberen und unteren Teil der Tür, um diese vorzuspannen.

Aufhebeln der vorgespannten Tür mit der Querschneide des »Haligan-Tools« im Bereich des Türschildes

der Fall sein, so muss man durch gezielte Schläge mit dem Hammerkopf auf das Türschild die Tür eingeschlagen. Je nach Situation, kann es erforderlich sein, den gesamten Schlosskasten herauszuschlagen.

51.5.4 Aufbrechen von Türen mit dem »TNT-Tool«

Wie dargestellt, wird mit dem »TNT-Tool« oberhalb und unterhalb des Türschlosses je-

IM EINSATZ

Aufbrechen von Türen mit dem Spalthammer

Spalthammer: Das Kopfgewicht beträgt rund drei Kilogramm. Der Stiel ist meist aus Holz oder Kunststoff gefertigt.

Einbringen der Keile im oberen und unteren Teil der Tür, um diese vorzuspannen.

Aufhebeln der vorgespannten Tür mit der Spalthammerschneide oberhalb des Türschildes

Einschlagen der Tür mit dem Spalthammerkopf

IM EINSATZ

Aufbrechen von Türen mit dem »TNT-Tool«

Das »TNT-Tool« mit Glasfaserstiel hat ein Gewicht von zirka sechs Kilogramm.

Einbringen der Keile im oberen und unteren Teil der Tür, um diese vorzuspannen.

Aufhebeln der vorgespannten Tür mit der Schneide oberhalb des Türschildes

Einschlagen der Tür mit dem Hammerkopf

> **Achtung:**
>
> Bei den gezeigten Maßnahmen ist die dafür vorgeschriebene zusätzliche Schutzausrüstung (Schnitt-, Gesicht-, Augen-, Gehörschutz, etc.) anzulegen. Die gültigen Vorschriften, Richtlinien und Herstellerangaben sind hierbei unbedingt zu beachten.

weils ein Keil in den Türspalt eingebracht, um die Tür auf Vorspannung zu bringen. Die Schneide des »TNT-Tools« wird unterhalb des Türschlosses in den Türspalt eingeschlagen. Durch die Aufwärtsbewegung des Hebels kann der Spalt vergrößert werden, um den Keil nachzusetzen. Durch ein tieferes Einbringen der Schneide kann die Hebelwirkung verbessert und somit die Tür aufgebrochen werden. Sollte dies nicht der Fall sein, so muss man durch gezielte Schläge mit dem Hammerkopf auf das Türschild die Tür eingeschlagen. Je nach Situation kann es erforderlich sein, den gesamten Schlosskasten herauszuschlagen.

51.5.5 Aufspreizen von Türen mit dem hydraulischen Türbrecher

Die hydraulischen Türbrecher arbeiten mit Spreizkräften von etwa 90 Kilonewton. Das gezielte Aufbringen dieser Kräfte an die richtige Stelle der Tür, führt fast immer zum Erfolg. Der hydraulische Türbrecher wird mittels eines Hammers möglichst nah am Türschild in den Türspalt getrieben. Nun wird mit der Handpumpe die Tür aufgespreizt. Damit die

IM EINSATZ

Aufspreizen von Türen mit dem hydraulischen Türbrecher

Einbringen des hydraulischen Türbrechers (Bild oben) in den Türspalt im Bereich des Türschildes

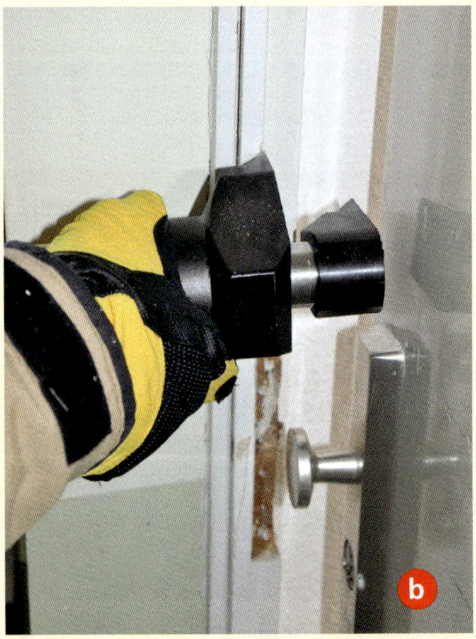

Beim Spreizen mittels Handhydraulikpumpe muss der Türbrecher gut festgehalten werden.

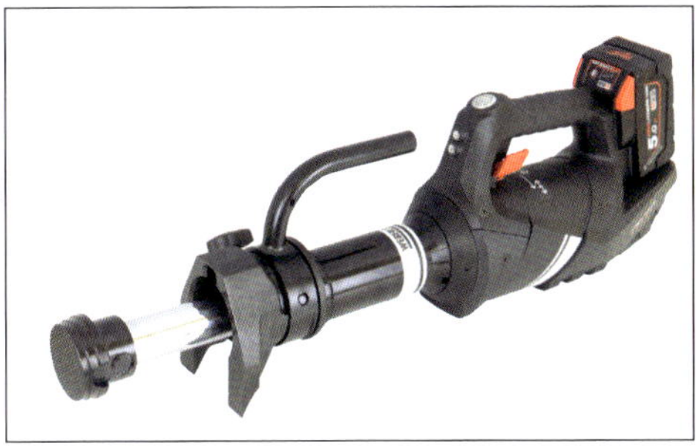
Quelle: Weber Rescue

Bild 51.1 Akkubetriebener hydraulischer Türbrecher

Tür nicht unkontrolliert aufspringt, kann diese gegebenenfalls mit einer Bandschlinge oder einem Seilschlauchhalter gesichert werden. Den hydraulischen Türbrecher festhalten, damit er nicht unkontrolliert zu Boden fällt.

51.5.6 Alternative Öffnungstechniken: »Plan B«

Zu den alternativen Öffnungstechniken gehören das gewaltsame Öffnen mit Schneid- und Trenngeräten, wie zum Beispiel Motorsäge, Trennschleifer, Zwillingstrennsäge, Pendelhubsäge, etc. In Ausnahmefällen kann es notwendig sein, die oben aufgeführten Maßnahmen umzusetzen. Wichtig: Es sollte im Vorfeld ein Feuerwehrstandort spezifischer »Plan B« vorhanden und für alle Einsatzkräfte klar kommuniziert und geprobt sein! Hintergrund hierfür ist die schwierige stressbedingte Entscheidungsfindung aus der Einsatzsituation heraus, wenn der »Plan A« nicht funktionieren sollte! Da Brandeinsätze meist sehr stressintensive und zeitkritische Situationen

IM EINSATZ

Alternative Öffnungstechnik mithilfe einer Motorsäge

Einen senkrechten Schnitt scharnierseitig durchführen.

Die Tür kann nun mit geringem Kraftaufwand aufgedrückt werden.

hervorbringen, ist es hilfreich, bei Misslingen des »Plan A« sofort auf den »Plan-B« zurückzugreifen, ohne lange überlegen zu müssen. Hierzu eignen sich untenstehende alternative Werkzeuge und Methoden. Darüber hinaus sollte aber auch ein alternativer Angriffs- und Rettungsweg in Betracht gezogen werden.

Die Darstellungen auf der vorangehenden Seite zeigen exemplarisch, wie mithilfe einer Motorsäge das Türblatt im Bereich der Türaufhängung in der Länge nach aufgesägt wird. Der Schnitt sollte in einem ausreichenden Abstand (etwa 20 Zentimeter) von der Türzarge entfernt durchgeführt werden, um nicht in die Befestigung der Türscharniere zu schneiden.

Zum Schutz von hinter der Tür befindlichen Personen, sollte darauf geachtet werden, dass die Schnitttiefe auf das notwendige Maß zu begrenzen ist.

51.6 Technische Hilfeleistungen

Die Vielzahl der Türöffnungen sind Einsätze zur Technischen Hilfeleistung. Zum Beispiel hilflose, verletzte Personen in der Wohnung, Wasserschäden, etc. Bei den meisten aller Wohnungstüröffnungen ist nur eine Person durch Verletzung oder Erkrankung gefährdet. Es besteht in der Regel keine Beeinträchtigung durch Rauch. Daraus ergibt sich gegenüber den Türöffnungen bei Brandeinsätzen ein anderes Zeitfenster für die Öffnungsmaßnahmen. Bei Einsätzen, bei denen ganz klar ersichtlich ist, dass die Dringlichkeit ganz hoch angesetzt werden muss, ist eine zerstörerische Methode, wenn sie einen klaren Zeitvorteil erbringt, ei-

Achtung:

Einsatzkräfte sollten sich nicht allein in die Räumlichkeiten begeben, sondern immer Truppweise vorgehen. Zum einen können Situationen, welche eine Eigengefährdung von Einsatzkräften durch die Wohnungsinhaber, die nicht immer so reagieren wie man es erwartet (z. B. nach Alkoholkonsum, Drogenkonsum, häusliche Gewalt, etc.) besser entschärft werden. Zum anderen bestünde die Möglichkeit, den Rettungskräften kriminelle Handlungen (z. B. Diebstahl, sexuelle Belästigung etc.) zu unterstellen.

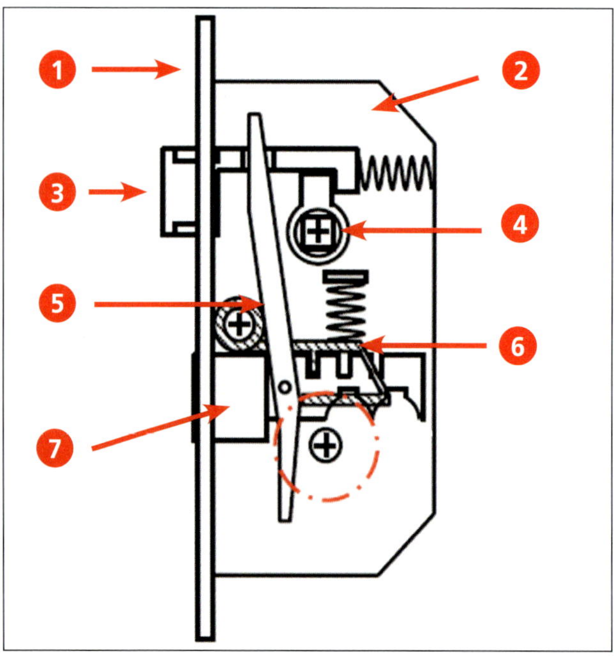

Bild 51.2 Aufbau und Funktionsweise eines Schlosskastens:

- Stulp (1)
- Gehäuse, bzw. Schlossboden (2)
- Falle (3)
- Nuss (4)
- Wechsel (5)
- Sperre (6)
- Riegel (7)

IM EINSATZ

Zerstörungsfreies Türöffnen mit dem Türfallenblech

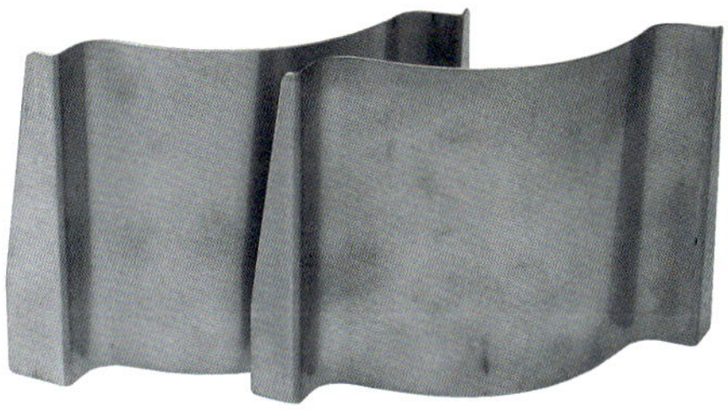

a

Türfallenblech

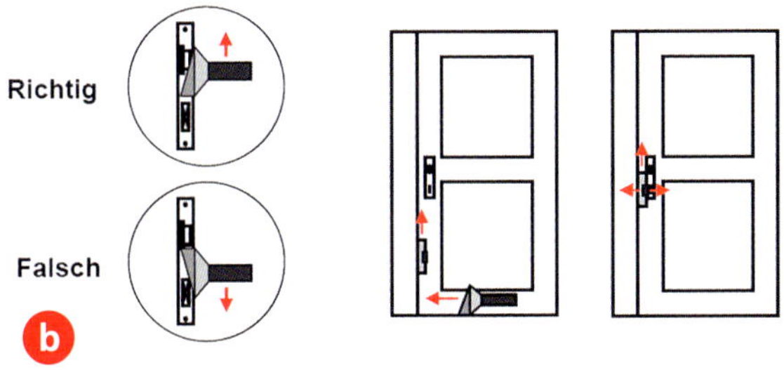

b

Das Türfallenblech wird im Türspalt bis in den Bereich des Türknaufes hoch geführt und in horizontaler wie vertikaler Richtung bewegt.

ner zerstörungsarmen Öffnungstechnik vorzuziehen.

Um gerade hier ein professionelles Vorgehen und die Grundsätze der Verhältnismäßigkeiten Rechnung zu tragen, ist es notwendig Kenntnisse über Schlossarten, deren Aufbau und die Funktionsweisen von Schließungen zu haben, um eine gezielte Manipulation der Schließsysteme durchführe zu können. Wie beim gewaltsamen Öffnen sind auch hier geeignete Werkzeuge einzusetzen. Ohne fundierte Aus- und Weiterbildung wird es schwierig, dem Grundsatz der qualifizierten Hilfeleistung gerecht zu werden.

Zum besseren Verständnis zählen zum Thema Türöffnen nicht etwa nur Türen, sondern jegliche Möglichkeiten um ins innere einer Räumlichkeit zu gelangen. Dazu gehören auch Fenster, Balkone, Garagen und Dächer.

51.6.1 Erstmaßnahmen

Bereits während der Anfahrt bekommt man wichtige Information, wie zum Beispiel: Die Adresse, das Geschoss, die Lage der Wohnung (z. B. Hinterhaus), man wird von Angehörigen erwartet, etc. Beim Aussteigen aus dem Fahrzeug beginnt schon die erste Erkundung. Ein Blick auf die Gebäudefront kann Informationen über vorhandene Einstiegsmöglichkeiten, wie geöffnete/gekippte Fenster oder Balkontüren sowie die Erreichbarkeit der selbigen geben. An der betroffenen Wohnungstür sollte in jedem Fall laut und deutlich geklopft, geklingelt und gerufen werden. Die vermutlich hilflose Person kann durch Medikamenteneinnahme oder ähnliches das Klingeln der Angehörigen/Nachbarn überhört haben.

Je nachdem wie dringend der Einsatz ist, sollten auch Möglichkeiten eines hinterlegten Nachschlüssels (bei Angehörigen, Nachbarn, Hausmeister, etc.) in betracht gezogen werden. Somit ist auch bei unklaren Lagen der Sorgfaltspflicht Rechnung getragen.

51.6.2 Aufbau eines Schlosskastens

Um die nachfolgenden Öffnungstechniken besser nachzuvollziehen, werden hier kurz der Aufbau und die Funktionsweise eines Schlosskastens dargestellt.

- Mit dem Stulp wird der Schlosskasten an der Schmalseite der Tür verschraubt.
- Das Gehäuse, auch Schlossboden genannt, nimmt die Bauteile im Inneren auf.
- Die Falle ist federbelastet und schnappt daher auch aufgrund ihrer Keilform beim Zuziehen der Tür in das Schließblech im Türrahmen ein.
- Die Nuss betätigt mittels der Türdrückergarnitur (Türklinke) die Falle.
- Der Wechsel stellt die Verbindung zwischen dem Riegel und der Falle her.
- Die Sperre ist federbelastet und hält den Riegel in seiner jeweiligen Stellung fest.
- Der Riegel sichert die Tür gegen unbefugten Zutritt und lässt sich nur mit dem passenden Schlüssel betätigen.

51.6.3 Öffnen von nicht abgeschlossenen Türen

Zerstörungsfreies Türöffnen mit dem Türfallenblech

Mit dem Türfallenblech lassen sich lediglich nicht abgeschlossene Türen öffnen. Bei Türen

IM EINSATZ

Zerstörungsfreies Türöffnen mit dem Türfallendraht

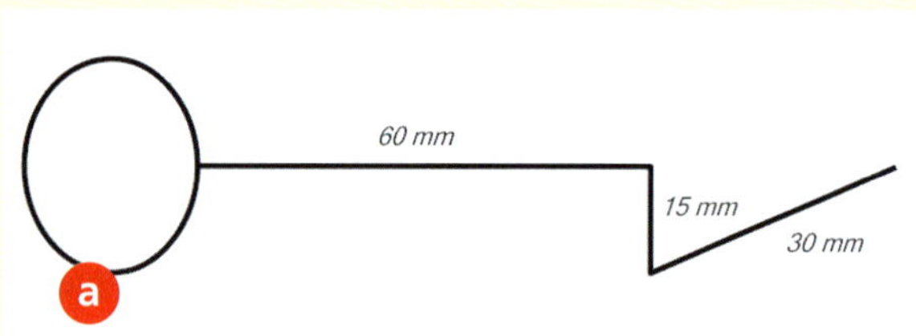

Türfallendraht

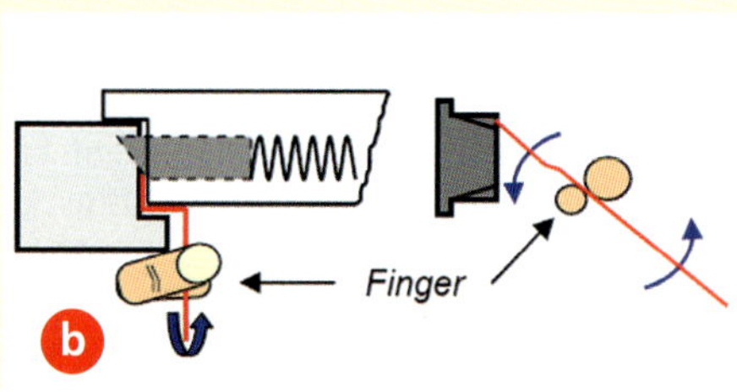

Den Türfallendraht in den Türspalt unterhalb des Türknaufes einführen und nach oben führen bis man die Falle spürt.

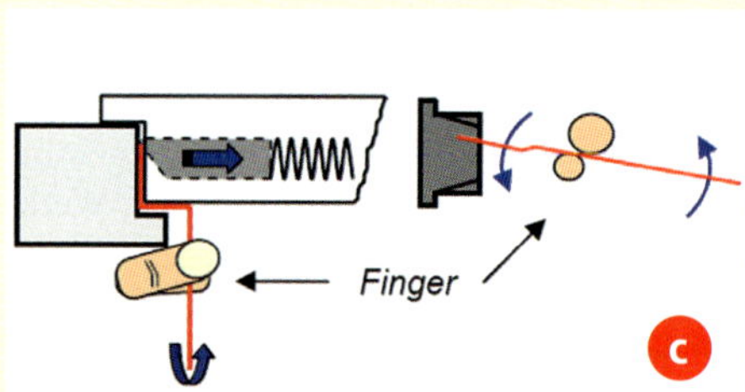

Den Türfallendraht mit leichtem Druck nach oben kippen und in horizontaler, wie vertikaler Richtung bewegen und mit leichtem Zug am Türknauf die Falle entlasten.

IM EINSATZ

Zerstörungsfreies Türöffnen mit dem »Dietrich«

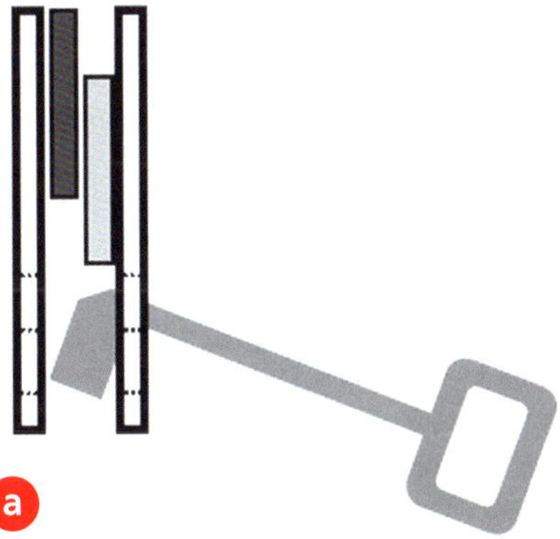

a

Den »Dietrich« mit der Schließbartunterseite in das Schlüsselloch eindrehen.

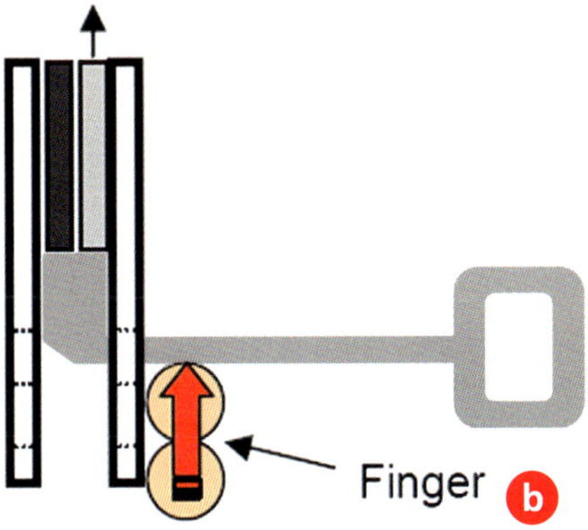

b

Der »Dietrich« wird mit zwei Fingern gegen die Oberseite des Schlüssellochs gedrückt, um eine optimale Führung zu erzielen.

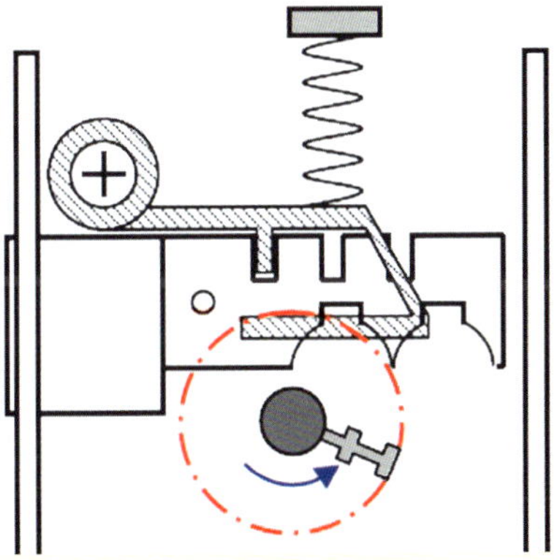

c

Arbeitsradius des Schließbartes im Schlosskasten

Praxis-Tipp:

Um ein reibungsarmes Einschrauben der Ziehschraube zu gewährleisten, sollte jeweils vor dem Einschrauben etwas Schneidöl in den Schließkanal eingebracht werden. Auch hilft ein wenig Öl im Spalt zwischen Zylinder und Türschild, um hier die Reibung beim Ziehen zu verringern.

Achtung:

Nach dem Abbrechen des Zylinders befindet sich meist der Schließrotor noch im Schließkanal. Diesen nicht mit Gewalt aus dem Schlosskasten entfernen, sondern mit der Spitzzange entnehmen, da ansonsten der Schließmechanismus des Schlosskastens beschädigt wird.

IM EINSATZ

Ziehen des Schließzylinders mit dem »Zieh-Fix«

»Zieh-Fix«

Den »Zieh-Fix« mit der Ziehschraube am Profilzylinder ansetzen und mit dem Akkuschrauber die Ziehschraube soweit einschrauben, bis sich der »Zieh-Fix« gerade noch bewegen lässt.

Mit dem T-Griff-Schlüssel oder einer Ratsche die beiden Schrauben auf Vorspannung bringen und abwechselnd zuschrauben, wobei überwiegend die obere Schraube eingeschraubt wird, ...

... um einen nach unten wirkenden Kraftverlauf zu erzielen. Dies geschieht bis der Profilzylinder aus dem Schlosskasten herausbricht.

IM EINSATZ

Ziehen des Schließzylinders mit dem »multiZettex«

»multiZettex«

Die Ziehschraube mithilfe des Akkuschraubers in den Schließkanal einbringen, bis diese noch mindestens einen Zentimeter herausragt. Dann wird der »multiZettex« in die Ziehschraube eingehängt.

Nun die Teleskopstange ausziehen und das Hebelrohr mit der Einstellschraube etwas über die Waagrechte ausrichten. Mit sanftem Druck den Zylinder nun nach unten herausbrechen; ggf. Einstellschraube nachregulieren.

Die andere Zylinderhälfte wird mit einer Spitzzange oder einem Durchschlag vorsichtig herausgestoßen und …

… aus dem Schlossinneren entfernt. Das Schloss kann jetzt mit dem Neubauschlüssel oder Dietrich geöffnet werden

J

mit einem Dichtungsgummi ist dieses, wenn möglich, mittels einer Spitzzange vor den folgenden Maßnahmen zu entfernen. Nun wir das Fallenblech im unteren Bereich der Tür eingesetzt und bis zum Türschild hochgezogen. Im Bereich des Türknaufes befindet sich die Falle. Diese soll durch die Schräge des Bleches zurückgedrückt werden. Um die Falle zurückzudrücken, kann es hilfreich sein, das Türfallenblech mit leichten horizontalen und vertikalen Kippbewegungen im Türspalt zu bewegen. Dabei sollte die Tür ein wenig zugezogen werden, um die Spannung der Falle am Schließblech im Türrahmen zu verringern.

IM EINSATZ

Ziehen des Schließzylinders mit der Zylinderziehglocke

Zylinderziehglocke

Die Ziehschraube mithilfe des Akkuschraubers in den Schließkanal einbringen, bis diese noch mindestens einen Zentimeter herausragt. Ziehglocke in die Ziehschraube einhängen

Mit einer Ratsche oder Ratschenschlüssel die Spindelschraube festziehen bis der Zylinder herausbricht. Gegebenenfalls die Spindelschraube kurz lösen und die Ziehglocke neu ausrichten

IM EINSATZ

Zylinder fräsen

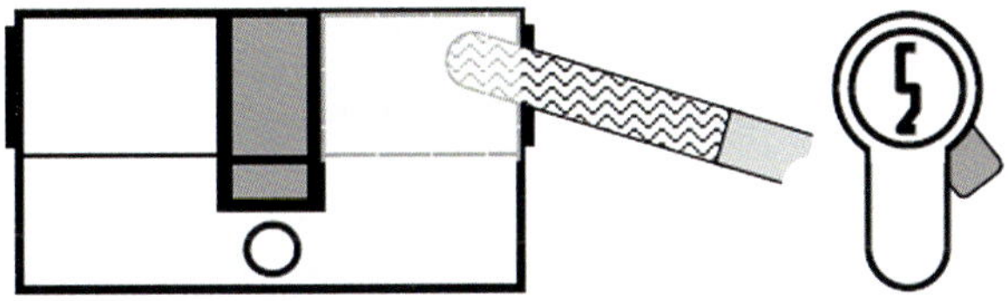

a

Den Fräser leicht schräg in der Schlossmulde ansetzen. Das Ansetzen muss mit maximaler Drehzahl erfolgen, um ein Haken und Verkanten zu vermeiden. Den Fräser nun langsam in eine waagerechte Stellung bringen und langsam ins Innere des Schließzylinders treiben.

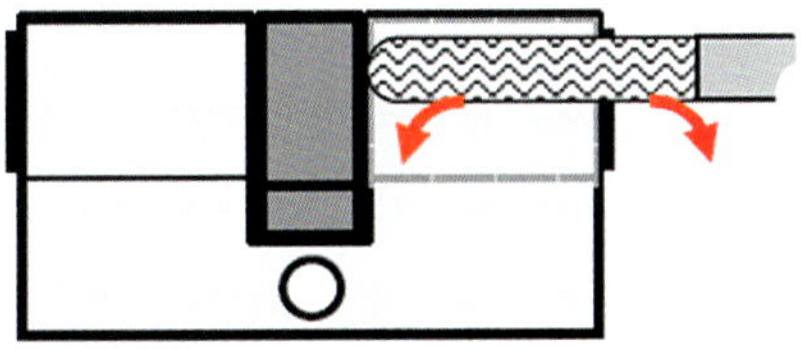

b

Wenig Druck ausüben, um ein Ausglühen des Fräskopfes zu verhindern. Wenn der Fräskopf bis auf etwa 30 Millimeter in den Schließkanal vorgetrieben wurde, beginnt man den Fräser leicht nach unten zu kippen, um mit dem ganzen Umfang des Fräskopfes zu arbeiten.

c

Dies erhöht die Schnittleitung und schont den Fräskopf. Abwechselnd wird der Schaft und die Spitze des Fräskopfes im Schließkanal nach unten bis zur Schnittkante des Schließkerns geführt. In das somit entstandene Langloch kann nun ein Schlitzschraubendreher eingeführt werden und der Schließzylinder aufgeschlossen werden.

Achtung:

Schutzausrüstung wie Augen- und Gehörschutz sind anzulegen.

Praxis-Tipp:

Aus Erfahrung hat sich ein Fingerfräser mit einem Durchmesser von sechs Millimetern und eine Schneidenlänge von 25 Millimetern bewährt.

IM EINSATZ

Vorgehensweise mit dem Fensteröffner (Mausefalle)

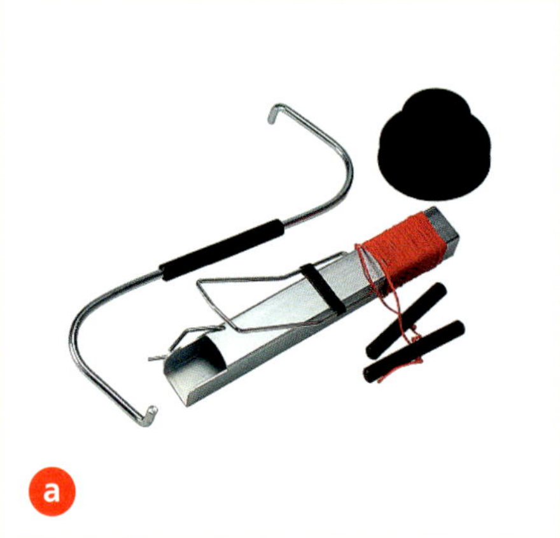

Fensteröffner: Bei Erreichen des gekippten Fensters bzw. der gekippten Balkontür wird der Bügel des Fensteröffners mit dem Gummi vorgespannt und mit dem Auslösehaken gesichert.

Unter Verwendung der Einführhilfe wird nun der vorgespannte Fensteröffner in das gekippte Fenster eingeführt, wobei darauf zu achten ist, dass der Fensteröffner mit der halbrunden Aussparung nach außen zeigt.

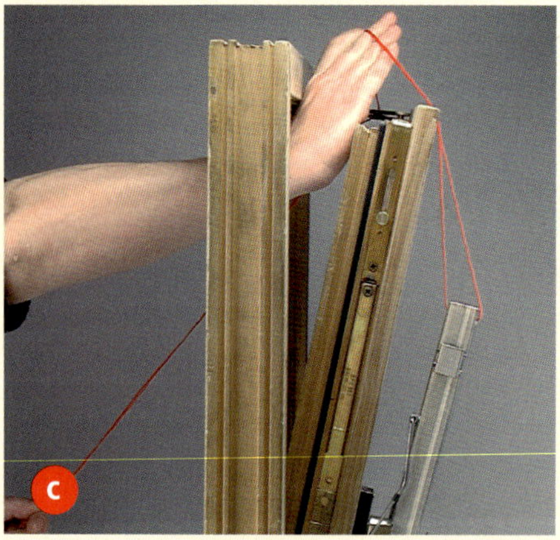

Vorsichtig wird der Fensteröffner nun über den nach oben stehenden Fenstergriff gestülpt, bis der mit dem Gummi vorgespannte Bügel zuschnappt und den Fenstergriff sichert.
Die Schnur am Fensteröffner wird oben am Fenster entlang innen auf die gegenüberliegende Seite des Fenstergriffes geführt.

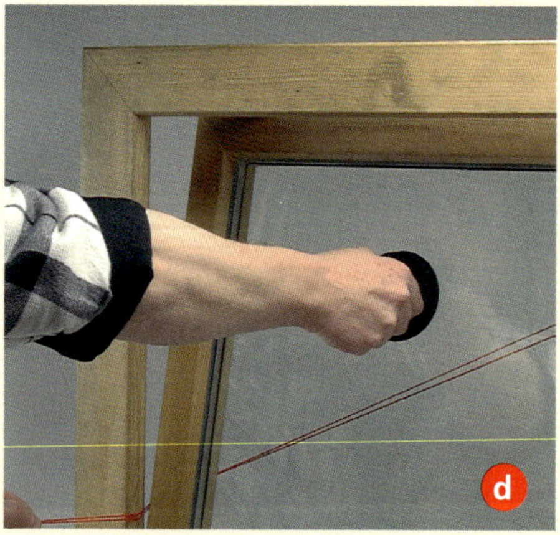

Mit der Zuziehhilfe (Gummisauger) wird das Fenster oben am Fensterrahmen zugezogen.
Jetzt wird vorsichtig an der Schnur gezogen, wobei das Seil etwas nach unten geführt werden soll, bis der Fenstergriff waagerecht steht.
Nun kann leicht gegen das Fenster gedrückt werden, bis es sich öffnet.

J

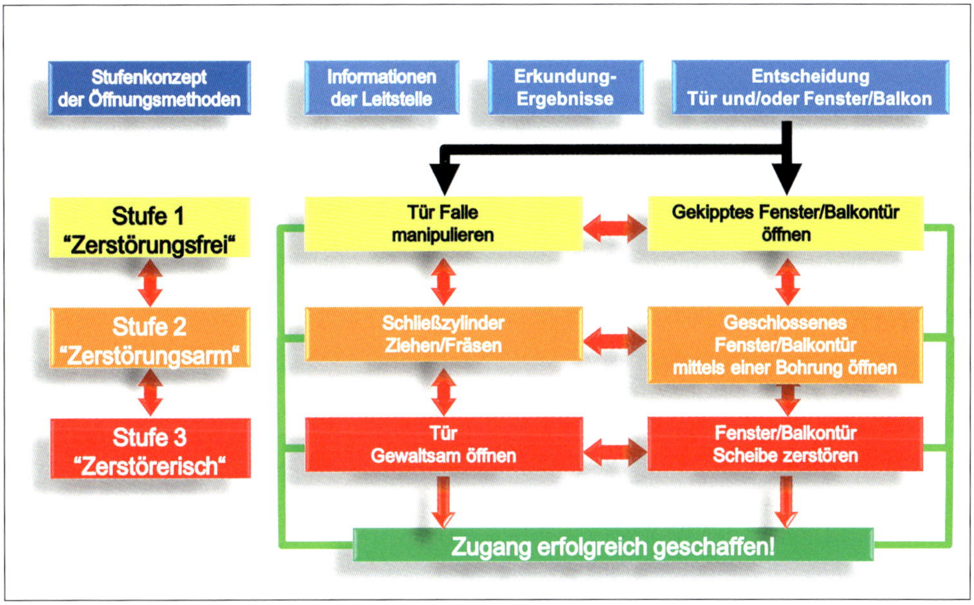

Bild 51.3 Ablaufschema für die Notfall-Türöffnung

Zerstörungsfreies Türöffnen mit dem »Türfallendraht«

Auch mit dem Türfallendraht lassen sich nur nicht abgeschlossene Türen öffnen. Bei Türen mit einem Dichtungsgummi ist wie beim Türfallenblech zu verfahren. Der Türfallendraht wird knapp über dem Türknauf eingebracht. Dabei steht der Draht senkrecht. Durch eine Kippbewegung des außenstehenden Teils des Drahtes wird nun die Falle ertastet. Mit leichtem Druck wird der Draht weiter nach oben gekippt. Auch hier kann es hilfreich sein, den Türfallendraht mit leichten horizontalen und vertikalen Kippbewegungen im Türspalt zu bewegen. Dabei sollte die Tür ein wenig zugezogen werden, um die Spannung der Falle am Schließblech im Türrahmen zu verringern.

Zerstörungsfreies Türöffnen mit dem »Dietrich«

Die hier beschriebenen Maßnahmen beziehen sich auf Wohninnenraumtüren (Badezimmer, Wohnzimmer, etc.), welche in der Regel nur mit einem Bundbartschloss versehen sind.

Muss eine solche Tür geöffnet werden, so ist bei der Wahl des »Dietrichs« darauf zu achten, dass dieser die volle Breite des Schlosskastens ausfüllt. Nur so ist gewährleistet, dass Riegel und Sperre gemeinsam bewegt werden. Nachdem der »Dietrich« in das Schloss eingesteckt ist, dreht man ihn wie einen Schlüssel. Dabei drückt man den »Dietrich« mit zwei Fingern nach oben, damit man eine bessere Führung hat.

51.6.4 Zerstörerisches Entfernen von Schließzylindern

Die meistverwendeten Methoden zum zerstörerischen Entfernen von Profilzylinder sind das herausbrechen des Zylinders und das Ziehen des Zylinders aus dem Schlosskasten. Hierfür gibt es verschiedene Möglichkeiten und Werkzeuge. Hintergrund ist immer wieder die begrenzte Zeit bei Notfalltüröffnungen und die zu erlernenden Handhabungen. Die in diesem Kapitel dargestellten Möglichkeiten beruhen auf demselben Prinzip. Bei allen Werkzeugen werden die Profilzylinder durch Ausübung von Zug- bzw. Querkräften aus dem Schlosskasten herausgebrochen. Bei richtiger Anwendung brechen die Profilzylinder an der Stulpschraubenbohrung auseinander.

Nach dem Entfernen des Schließzylinders wird die Schließung mit einem Neubauschlüssel betätigt.

51.6.5 Zylinder fräsen

Es kommt immer häufiger vor, dass Türen mit Sicherheitstürbeschläge versehen sind. In diesen Fällen ist ein Ziehen des Zylinders nicht mehr möglich, da der Zylinder meist vollständig abgedeckt und nur noch der Schließkanal zugänglich ist.

Um auch hier professionell agieren zu können und den Sachschaden so klein wie möglich zu halten, muss zu anderen Öffnungstechniken gegriffen werden. Hier bietet sich das Fräsen an. Die Handhabung erfordert, wie auch die vorangegangenen Öffnungsmethoden, etwas Übung.

51.6.6 Das zerstörungsfreie Öffnen von gekippten Fenstern und Balkontüren

Es kann auch vorkommen, dass ein Eindringen durch die Wohnungstür unter Umständen nur mit erhöhtem technischem und zeitlichem Aufwand möglich ist. Darum muss immer parallel nach alternativen Zugangsmöglichkeiten gesucht werden. Hierbei bieten sich gekippte Fenster oder Balkontüren in erreichbarer Höhe an. Mit erreichbarer Höhe wird auch ein Instellungbringen einer Drehleiter berücksichtigt, wenn dies die Einsatzsituation zulässt.

51.7 Wiederverschließen

Um das Eigentum der Betroffenen zu schützen, ist es erforderlich, Türen und Fenster nach dem Öffnen so herzurichten, dass diese wieder verschlossen werden können, um einen Zutritt für Unbefugte zu verhindern. Dies kann schon durch das einfache Zuziehen der Tür bis hin zum Einsetzen von Ersatzschließzylindern oder so genannten Schlüsseleinsätzen erreicht werden. Es vereinfacht den Wohnungsinhabern auch den Wiederzutritt in ihre Räumlichkeiten. Die Schlüssel für etwaige Ersatzzylinder oder Schlüsseleinsätze können dem Wohnungsinhaber selbst, vor Abtransport ins Krankenhaus oder der Polizei übergeben werden. Durch einen Hinweiszettel der Feuerwehr oder Polizei kann dem Wohnungsinhaber, der nicht vor Ort war eine Nachricht hinterlassen werden, wo der Schlüssel abgeholt werden kann.

Achtung:

Beim Einsatz von tragbaren Leitern ist darauf zu achten, dass man einen sicheren Stand hat und eine Eigensicherung mittels Feuerwehr-Haltegurt durchgeführt wird. Denn beim Arbeiten mit dem Fensteröffner muss mit beiden Händen gearbeitet werden. Somit ist zeitweise keine Hand frei, um sich festzuhalten.

51.8 Nachwort

Wie bei vielen anderen Technischen Hilfeleistungen ist der Kreativität bei der Auswahl der Lösungsmöglichkeiten keine Grenze gesetzt, sofern diese dem Hilfeersuchenden helfen, den Verhältnismäßigkeiten entsprechen und im Rahmen der Unfallvehütungsvorschriften (UVV) sind. Eine standardmäßige Lösung, die generell auf die Gegebenheiten eines jeden Einsatzes anwendbar ist, gibt es nicht. Jedoch lässt sich mit dem oben angeführten Standardschema ein Großteil der Einsätze strukturiert bewältigen. Dies gibt Sicherheit und Professionalität!

ZUR VERTIEFUNG

Frank Hüsch: Türöffnung, Die Roten Hefte 215, 4. Auflage, Verlag W. Kohlhammer, Stuttgart, 2018.

52 Motorkettensägen

von Klaus Thrien

52.1 Einleitung

Schadenbringende Naturereignisse, wie die Orkanstürme »Lothar«, »Kyrill« oder »Frederike«, aber auch große Schneemassen, durch die zahlreiche Bäume unter der Schneelast abknicken und auch beim Sturm Verkehrswege versperrten, fordern immer öfter den Einsatz der Feuerwehr. Vielerorts gehören diese Flächenlagen aufgrund ihrer Häufigkeit zum Einsatzalltag. Bei diesen Einsatzlagen hat sich die Motorkettensäge zur Beseitigung der umgestürzten Bäume bzw. der abgeknickten Baumteile bewährt.

Unfälle, die sich während der Arbeit mit der Motorkettensäge ereigneten, zeigen auch, dass dieses Arbeitsgerät und das Arbeiten damit nicht ungefährlich sind. Der Einsatz im Sturmholz verlangt von den Einsatzkräften einen hohen geistigen und körperlichen Einsatz. Aber auch durch nicht angelegte Schutzkleidung, die bei Arbeiten mit der Motorsäge zwingen erforderlich ist, kommt es oft zu schweren Verletzungen.

Fehleinschätzungen bei der Beurteilung des unter Spannung stehenden liegenden oder stehenden Holzes oder des zu fällenden Baumes führen immer wieder zu schweren Unfällen mitunter auch mit tödlichem Ausgang.

Bild 52.1 Die Feuerwehr beseitigt einen auf einen Pkw gestürzten Baum.

Entsprechend der UVV »Grundsätze der Prävention« zählen neben den Feuerwehreinsätzen auch Arbeiten mit der Motorsäge zu den gefährlichen Arbeiten (Paragraf 8 der UVV). Zu diesen gefährlichen Arbeiten mit der Motorsäge zählen unter anderen das Aufarbeiten von Windwürfen, Wind- und Schneebruch, das Zufallbringen »aufgehängter« Bäume sowie das Sägen von unter Spannung stehendem Holz. Diese Arbeiten dürfen nur Personen übertragen werden, denen die Gefahren bei diesen Arbeiten bekannt sind. Die Grundlage für ein sicheres und unfallfreies Arbeiten mit der Motorsäge ist die persönliche und fachliche Eignung.

52.2 Persönliche und fachliche Eignung

Die körperliche Eignung setzt voraus, dass der Sägenführer gesund ist. Personen mit Kreislaufkrankheiten, wie zum Beispiel Herz-Kreislaufschwächen oder Kurzsichtigkeit, eignen sich nicht für die Arbeit mit der Motorsäge. Bestehen Zweifel an der körperlichen Eignung, ist zur Klärung eine arbeitsmedizinische Vorsorgeuntersuchung zu veranlassen. Hinweise hierzu sind in der DGUV-Regel 114-018 »Waldarbeit« angeführt.

Die erforderliche Fachkunde als Voraussetzung für eine fachliche Eignung kann durch entsprechende Ausbildungsmaßnahmen erworben werden. Ein Mindestumfang der Ausbildung ist in der DGUV-Information 214-059 »Ausbildung für Arbeiten mit der Motorsäge und die Durchführung von Baumarbeiten« festgelegt. Sie gibt den Feuerwehren (Unternehmer) Informationen über den Mindestumfang der Ausbildung. Die Ausbildungsinhalte sind so auszuwählen, dass sie den künftig mit der Motorsäge anfallenden Arbeiten gerecht werden. Eine in der DGUV-Information 214-059 enthaltene Tabelle gibt Informationen über den Ausbildungsumfang. Durch diese Vorgaben soll eine grundsätzliche Vereinheitlichung der Ausbildung im Bereich der Motorsäge erreicht werden. Damit wird unter anderem auch eine Erhöhung des Ausbildungsniveaus angestrebt.

Die DGUV-Information 214-059 gliedert sich in vier Module, die jeweils bestimmte Schwerpunkte beinhalten, aber auch bestimmte Teilnahmevoraussetzungen erfordern. Folgende Module regeln die Ausbildung:
- Modul A: Grundlagen der Motorsägenarbeit (Dauer: 16 Unterrichtseinheiten),
- Modul B: Baumfällung und Aufarbeitung (Dauer: 24 Unterrichtseinheiten),
- Modul C: Arbeiten mit Motorsägen in Arbeitskörben von Hubarbeitsbühnen und Drehleitern, ohne stückweises Abtragen der Bäume (Dauer: 16 Unterrichtseinheiten),
- Modul D: Arbeiten mit Motorsägen in Arbeitskörben von Hubarbeitsbühnen und Drehleitern, mit stückweises Abtragen der Bäume (Dauer: 24 Unterrichtseinheiten).

Die Ausbildung gliedert sich in einen Theorie- und Praxisteil. Im Modul B (Baumfällung und Aufarbeitung) wird unter anderem auch das Sägen von unter Spannung stehendem Holz ausgebildet. Für diesen Ausbildungsteil eigenen sich so genannte Spannungssimulatoren, mit denen die Spannung im Holz dargestellt und die Schneidtechniken durchgeführt werden können.

Bei Bedarf kann die Ausbildung um weitere Ausbildungsteile, wie beispielsweise die Module C oder D erweitert werden. Das Modul C setzt allerdings das Modul A voraus, während für das Modul D die Module A und B erforderlich sind.

Die Feuerwehr als Ausbildungsträger muss die für die Ausbildung erforderlichen technischen und auch materiellen Voraussetzungen stellen. Für den praktischen Teil der Ausbildung muss eine ausreichende Anzahl an Geräte, die dem Stand der Technik entsprechen, zur Verfügung stehen. Die eingesetzten Geräte, wie zum Beispiel die Kettensäge oder Zugseile, sind regelmäßig von einer befähigten Person auf einwandfreien sicheren Zustand und Funktionsfähigkeit zu prüfen. Auch ausreichend Übungsobjekte, wie Bäume und Baumstämme, sind für die praktische Ausbildung notwendig.

Es sind detaillierte Lehr- und Stundenpläne auf Grundlage der DGUV-Information 214-059 zu erstellen, die auf die Ausbildung des entsprechenden Moduls abgestimmt sind. Die Teilnehmerzahl ist im praktischen Ausbildungsbereich begrenzt. Ein Ausbilder sollte vier, in Ausnahmefällen sechs Auszubildende betreuen. Es werden nur Teilnehmer an der Ausbildung zugelassen, die über eine einwandfreie und funktionsfähige Schutzausrüstung verfügen zugelassen. Der Ausbilder muss über die notwendigen Fachkenntnisse, die erforderlichen Fertigkeiten und über ausreichende pädagogische Kenntnisse verfügen. Besonders geeignet für die Ausbildung sind Forstwirtschaftsmeister und erfahrene Forstwirte. Die Ausbilder der Module C und D sollten im Besitz der Befähigung zum Bedienen von Hubarbeitsbühnen bzw. Drehleitern gemäß der DGUV-Information 308-008 sein.

Zum Abschluss der Ausbildung ist eine personenbezogene Erfolgskontrolle der theoretischen und praktischen Ausbildung für das jeweilige Modul durchzuführen. Die Ergebnisse sind zu dokumentieren.

52.3 Schutzkleidung

Die Einsatzkräfte sind bei Arbeiten mit der Motorsäge vielfältigen Gefahren ausgesetzt. Neben der für den Feuerwehreinsatz vorgesehenen Schutzkleidung ist beim Einsatz der Motorkettensäge eine erweiterte Persönliche Schutzkleidung, bestehend aus
- Schutzhelm mit Gehör- und Gesichtsschutz,
- Schutzkleidung mit Schnittschutzeinlage,
- Schutzhandschuhe und ggf.

Achtung:

Bei allen Arbeiten mit der Motorsäge ist die vollständige Schutzausrüstung zu tragen.

Bild 52.2 Erweiterte Persönliche Schutzausrüstung für den Umgang mit Motorkettensägen

- Sicherheitsschutzschuhwerk mit Schnittschutzeinlagen,

zu tragen. Diese zusätzliche Schutzausrüstung ist dem Einsatz der Motorkettensäge angepasst. Sie vermindert das Verletzungsrisiko. Sie kann allerdings keinen absoluten Schutz bieten. Sie ist gemeinsam mit sicheren Verhalten, fachgerechter Arbeitstechnik und der Einhaltung der Unfallverhütungsvorschriften ein wesentlicher Bestandteil der Gesundheitsvorsorge.

Zusätzliche Signalpartien auf der Schutzkleidung erhöhen zusätzlich die Erkennbarkeit des Sägenführers auf größerer Entfernung. Diese zusätzliche Schutzkleidung sollte bei jeder Motorsäge, die auf Feuerwehrfahrzeugen mitgeführt wird, vorhanden sein. Im Fahrzeug ist die Schutzkleidung so zu lagern, dass sie nicht mit Öl bzw. Kraftstoff in Berührung kommt. Auch ist die Hose, besonders dann wenn sie im Feuerwehrhaus gelagert wird, vor UV-Strahlung zu schützen. Dem Verpacken in einer Kunststofftasche ist das Lagern in der Sitzbank vorzuziehen.

Die Schnittschutzkleidung muss in einem ordnungsgemäßen Zustand sein. Ist sie beschädigt, ist die Schutzfunktion beeinträchtigt oder nicht mehr gegeben. Die Schnittschutzkleidung unterliegt einer gewissen Alterung. So geht man im professionellen Bereich (bei Forstwirten) davon aus, dass die Schnittschutzkleidung zirka zwölf Monate verwendet werden kann. Im Bereich der gelegentlichen Nutzung kann die Schutzkleidung je nach Art der Nutzung länger verwendet werden. Bestehen jedoch Zweifel, ist die Schnittschutzkleidung auf Veränderungen und Verschleiß zu prüfen und ggf. auszusondern. Hinweise zu den Aussonderungsfristen werden auch in der Bedienungsanleitung gegeben.

52.3.1 Kettensägenführerhelm

Einsatzkräfte, die sich im Fallbereich eines zu fällenden Baumes aufhalten, sind durch herabfallende, trockene und während des Fällens abbrechende Äste gefährdet. Sie müssen aus diesem Grund einen Schutzhelm tragen.

Für die speziellen Belange der Forstwirtschaft ist der Kettensägenführerhelm konzipiert. Der aus Kunststoff bestehende Helm ist mit einem Gesichts- und Gehörschutz versehen. Der Gesichtsschutz schützt den Sägenführer vor zurückschlagenden Ästen sowie vor Splitter und Späne. Durch den Gehörschutz werden Schäden am Gehör verhindert. Der Helm ist einer regelmäßigen Sichtkontrolle zu unterziehen. Kriterien wie starke mechanische Beanspruchung, falsche Lagerung, Farbveränderung oder Rissbildung führen zu einer Aussonderung des Helmes. Auch wenn der Helm einer starken Schlagbeanspruchung ausgesetzt war, ist er sofort auszusondern, selbst wenn keine sichtbaren Schäden erkennbar sind.

52.3.2 Schutzkleidung mit Schnittschutzeinlagen

Eine Hose und eine Jacke mit einer eingearbeiteten Schnittschutzeinlage bieten Schutz vor Schnittverletzungen im Bereich der Beine sowie im Schulter- und Brustbereich. Die eingearbeiteten Lagen aus speziellem Material füh-

Merke:

Der sicherste Standplatz ist für den Sägenführer gerade gut genug.

ren, wenn sie von der Sägekette erfasst werden, zu einer Verstopfung des Kettenrades. Der Antrieb der Säge wird blockiert, die Säge kommt innerhalb kürzester Zeit zum Stillstand. Vollständig lassen sich Schnittverletzungen hierdurch nicht verhindern, aber die Schwere der Verletzungen wird gemindert.

Als Schnittschutzkleidung für den Beinbereich werden im Feuerwehreinsatz Beinlinge oder Latzhosen mit einer geprüften rundumlaufenden Schnittschutzeinlage verwendet. Die Schutzkleidung für die »Benutzer von handgeführten Kettensägen« (DIN EN 381-5) wird in drei Formen des Beinschutzes (Formen A, B und C) eingeteilt. Die Form C beschreibt den Rundumschutz. Dieser ist von Personen zu verwenden, die gelegentlich mit der Motorsäge arbeiten. Die Ausführung, ob Beinling oder Latzhose, ist freigestellt. Es empfiehlt sich allerdings, eine Größe zu wählen, die das Tragen der Hose des Feuerwehrschutzanzuges ermöglicht.

52.3.3 Schutzschuhwerk

Bei Arbeiten mit der Motorsäge ist als ergänzender Körperschutz ein Schnittschutz im Fuß- und Beinbereich erforderlich. Das Sicherheitsschuhwerk muss zum Schutz vor Schnittverletzungen zusätzlichen Anforderungen entsprechen. Ein Stiefel mit Schnittschutzeinlage ist für den Bereich der Feuerwehr dann zu empfehlen, wenn Arbeiten mit der Motorsäge in größerem Umfang durchgeführt werden. Die üblichen Feuerwehrstiefel sind für kurzzeitige Einsätze ausreichend.

52.3.4 Vorbereitende Maßnahmen

Um Unfälle während der Säge- bzw. Fällarbeiten zu verhindern, sind zahlreiche Maßnahmen vor Beginn der Arbeiten zu treffen. Hierzu gehören die Vorbereitung des Arbeitsplatzes, ein sicherer Standplatz und ein sicherer Fluchtweg.

Besonders wichtig für den Sägenführer ist der Standplatz. Unzulässige Standplätze sind
- Erdböden, wenn Rutschgefahr besteht,
- tragbare Leitern,
- umgestürzte Baumstämme,
- Bagger- oder Radladerschaufeln,
- geschälte, am Boden liegende Baumstämme.

Eine Eisfläche stellt ebenfalls einen ungeeigneten Standplatz dar. Diese ist vor Beginn der Sägearbeiten mit geeigneten Mittel abzustumpfen. Die auf den Feuerwehrfahrzeugen mitgeführten tragbaren Leitern dürfen nicht als Standplatz genutzt werden. Hier ist, wenn Sägearbeiten erforderlich sind, eine Handsäge einzusetzen.

Am Hang steht der Sägenführer immer auf der Bergseite. Denn am Hang liegende Stämme können nach dem Durchtrennen ins Rollen geraten und den Sägenführer verletzen, wenn dieser nicht oberhalb des Stammes steht.

52.3.5 Arbeiten im Korb von Hubrettungsgeräten

Das Arbeiten mit der Motorkettensäge im Korb einer Drehleiter oder einer Hubarbeitsbühne wird durch die UVV eingeschränkt. Lediglich der Sägenführer darf sich im Korb aufhalten. Die Größe der von ihm genutzten Kettensäge ist begrenzt. Das Gewicht darf maximal 6,5 Kilogramm betragen, die Länge des Schwertes ist auf 40 Zentimeter begrenzt (FwDV 1 – 13.4 Motorkettensägen). Weiterhin ist die Säge außerhalb des Korbes anzuwerfen. Das bedeutet, die Säge ist am Boden zu starten und anschließend mit einer Leine hochzuziehen. Von Vorteil ist hier eine Kettensäge mit einem Elektroantrieb. Unterhalb des Hubrettungssatzes ist ein Gefahrenbereich einzurichten. Bei Sägearbeiten sollte möglichst über das Heck des Fahrzeuges angeleitert werden. Die herabfallenden Äste gefährden so weder die Mannschaft noch das Gerät.

52.3.6 Alleinarbeit

Ein grundsätzliches Verbot besteht für eine Alleinarbeit mit einer Motorsäge. Die UVV Fors-

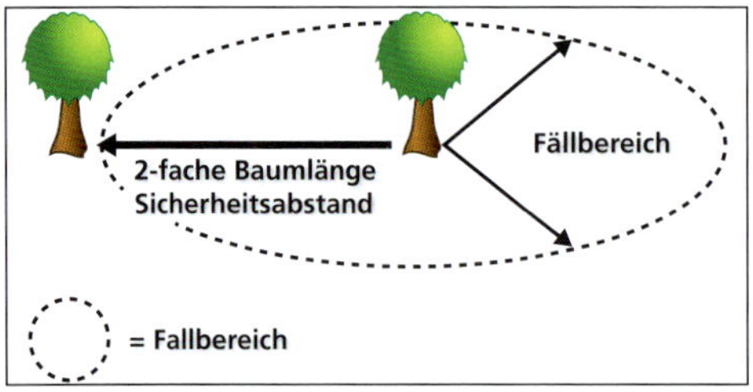

Bild 52.3 Sicherheitsbereich

ten fordert eine Sicht- oder Rufverbindung zu einem Mitarbeiter, der im Notfall schnell Erste Hilfe leisten kann.

52.3.7 Sicherheitsbereiche

Bestimmte Sicherheitsbereiche und -zonen sind einzurichten bzw. festzulegen, um die Sicherheit von Personen, die nicht an den Säge- bzw. Fällarbeiten beteiligt sind, zu gewährleisten. Die Bereiche bzw. die Zonen teilen sich in einen Sicherheitsbereich bei Sägearbeiten und in Sicherheitsbereiche bei Fällarbeiten auf.

Sicherheitsbereich bei Sägearbeiten

Die Motorkettensäge wird grundsätzlich von einer Person bedient. Um diesen Sägenführer ist ein Sicherheitsbereich einzurichten. Der Schwenkbereich der Säge um den Sägeführer herum ist in einem Abstand von zwei Metern, ungefähr der doppelten Sägenlänge, freizuhalten. In diesem Bereich halten sich keine weiteren Personen auf. Dieser Bereich ist sowohl bei der Durchführung von Sägearbeiten an liegendem Holz als auch bei Fällarbeiten einzuhalten.

Sicherheitsbereich bei Fällarbeiten

Wesentlich größere Bereiche sind bei Fällarbeiten einzuhalten. Diese einzurichtenden Bereiche teilen sich in den Fallbereich, den Fällbereich und die Rückweiche auf.

Fallbereich

Dieser Bereich ist bei Fällarbeiten um den zu fällenden Baum herum einzurichten. Bäume können von dem fallenden Baum mitgerissen werden. Seitlich oder in Fallrichtung können abgerissene Äste schlagen. Weitere widrige Umstände wie böiger Wind oder Fehler beim Fällen können den Baum in eine andere als die geplante Fallrichtung werfen.

Rund um den Baum ist deshalb ein Gefahrenbereich, auch Fallbereich genannt, festzulegen. Dieser Fallbereich ist eine Kreisfläche mit einem Radius von mindestens der zweifachen Baumlänge um den zu fällenden Baum. In diesem Bereich dürfen sich nur die mit dem Fällen beschäftigten Personen aufhalten. Der Sägeführer sorgt dafür, dass mit den Fällarbeiten erst begonnen wird, wenn sich im Fallbereich nur die mit Fällen beschäftigten Personen aufhalten.

Fällbereich

Hierbei handelt es sich um einen im Fallbereich liegenden Kreissektor. Die Größe wird durch die zweifache Baumhöhe sowie die dreifache Kronenbreite bestimmt. Mindestens 45 Grad des Fallbereiches muss der Sektor des Fällbereiches umfassen. Wie auch beim Fallbereich dürfen sich in diesen Bereich keine Personen aufhalten, bis der Baum gefahrlos am Boden liegt.

Rückweiche

Vor Beginn der Sägearbeiten muss der Sägenführer die Rückweiche festlegen. Hierbei handelt es sich um zwei entgegen der Fallrichtung, im einen Winkel von 45 Grad verlaufende Fluchtwege. Auf diesen Weg darf kein Werkzeug abgelegt werden, störender Bewuchs ist zu entfernen.

52.4 Motorkettensägen

Bei den Feuerwehren werden Motorkettensägen unterschiedlicher Hersteller verwendet. In Aufbau und Funktion sind, bis auf geringe Abweichungen, alle Sägen nahezu identisch. Eine Einteilung der Motorsägen kann nach den folgenden Aspekten erfolgen:

- Antriebsart,
- Schnittlänge und
- Einsatzzweck.

Als Antrieb kommt überwiegend ein Zweitaktmotor zum Einsatz. Ein Elektromotor stellt eine weitere Antriebsmöglichkeit dar. Nachteil die-

J

Bild 52.4 Säge mit Sicherheitseinrichtungen:
- Gashebelsperre (1)
- hinterer Handgriff (2)
- hinterer Handschutz (3)
- Gashebel (4)
- Krallenanschlag (5)
- Führungsschiene mit Kette (6)
- vorderer Handschutz (7)
- vorderer Handgriff (8)

ser Antriebsart ist allerdings, dass eine Stromquelle vorhanden sein muss, außer es wird eine mit einem Akku betriebene Säge genutzt. Eine weitere Gefahr stellt Feuchtigkeit dar.

Wichtige Bestandteile der Ausstattung einer Motorsäge sind die Sicherheitseinrichtungen. Zu den Sicherheitseinrichtungen der Motorsäge – auch der Motorsäge mit Elektroantrieb – gehören:
- vibrationsgedämpfter Griff,
- Gashebelsperre,
- vorderer und hinterer Handschutz,
- Kettenbremse,
- Kettenfangbolzen,
- Krallenanschlag,
- Kettenschutz.

Sägeketten, die mit speziell geformten Sicherheitsgliedern ausgerüstet sind, bieten eine zusätzliche Sicherheit.

Eine der wichtigsten Sicherheitseinrichtungen ist die Kettenbremse. Sie hat drei wichtige Aufgaben:
- Beim Starten (mit erhöhter Drehzahl) verhindert sie ein Mitlaufen der Kette.
- Bei unbeabsichtigtem Gasgeben (z. B. Transport über eine kurze Strecke) verhindert sie ein Mitlaufen der Kette.
- In Gefahrensituationen, wenn z. B. die Schienenspitze während des Entastens in ungünstigen Bereichen ein Hindernis berührt und dadurch die Säge zurückschlägt, wird die Sägekette innerhalb einer Zehntelsekunde zum Stillstand gebracht.

52.4.1 Schneidtechniken

Die Motorsäge kann eingesetzt werden, um Hindernisse wie Bäume, Sträucher, Balken oder Bohlen schnell zu beseitigen. Für die folgenden Schneidtechniken ist die Motorsäge geeignet:
- Schneiden mit einlaufender Kette (Schienenunterseite,
- Schneiden mit auslaufender Kette (Schienenoberseite) und
- Stechschnitt mit der Schienenspitze.

Schneiden mit einlaufender Kette

Die günstigste Schneidtechnik ist das Sägen mit einlaufender Kette (▶ Bild 52.5a). Hierbei

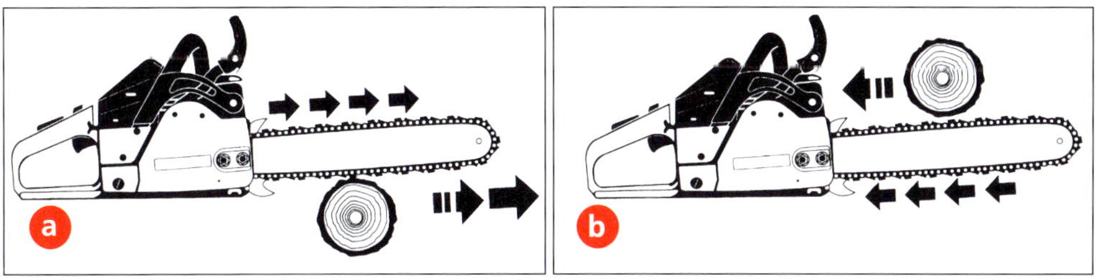

Bild 52.5 Sägen mit: **a** ... einlaufender Kette ... **b** ... und auslaufender Kette

werden durch den Einsatz des Krallenanschlages das Gewicht und auch die Vibration der Motorsäge durch den Stamm abgefangen. Bei Ausnutzung der Hebelwirkung (Einfächern) ist der Kraftaufwand am geringsten. Die Motorsäge wird mit dem Krallenanschlag abgestützt und um diesen Drehpunkt geschwenkt. Der Drehpunkt verlagert sich beim Schneiden von der unteren Kralle des Anschlages auf die oberste Kralle.

Schneiden mit auslaufender Kette

Beim Schneiden mit auslaufender Kette muss die Motorsäge ohne Einsatz des Krallenanschlages mit der Körperkraft in das Holz gedrückt werden. Beim senkrechten Schnitt (von unten nach oben) können durch Abstützen der Motorsäge auf dem Oberschenkel die Arme entlastet werden. Dabei drückt die rechte Hand den hinteren Handgriff nach unten, während die linke Hand den Bügel nach oben zieht (Drehpunkt).

Schneiden mit der Schwertspitze (Stechschnitt)

Der Stechschnitt soll nur in Ausnahmefällen angewandt werden. Das Einstechen mit der Motorsäge wird beim so genannten Herzschnitt, wenn der Stammdurchmesser mehr als doppelt so groß ist wie die Schienenlänge, und bei Fällen von Vorhängern angewendet. Gelegentlich ich auch beim Ablängen ein Stechschnitt erforderlich.

Bei dieser Schneidtechnik ist besondere Vorsicht geboten. Die Schiene darf dazu nicht senkrecht zum Stamm, sondern nur schräg

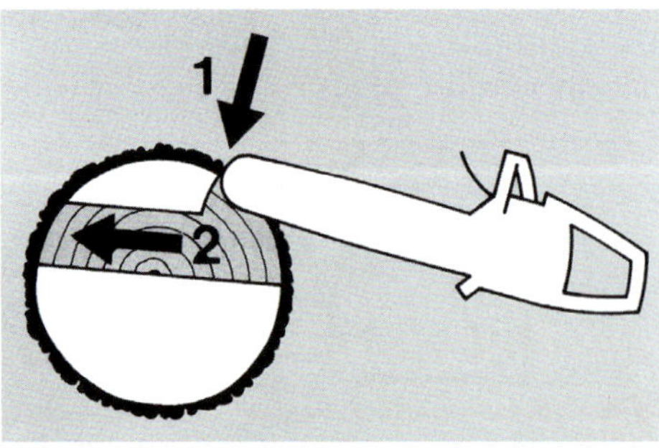

Bild 52.6 Beim so genannten Stechschnitt besteht erhöhte Rückschlaggefahr.

> **Achtung:**
> Spannungen im Holz müssen vor Beginn der Sägearbeiten richtig beurteilt werden!

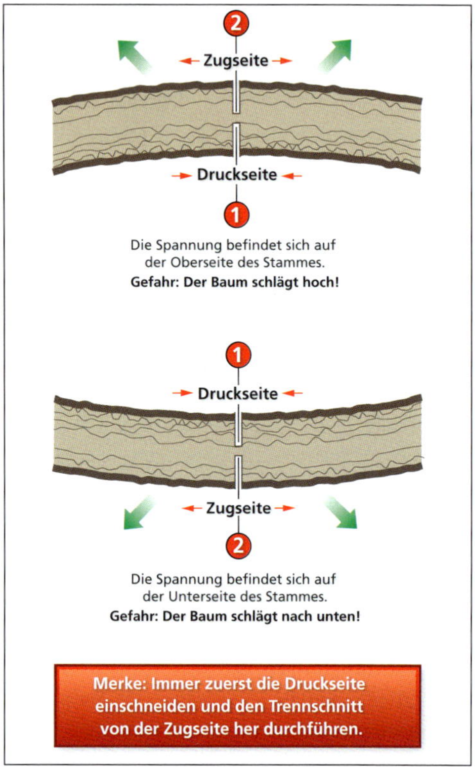

Bild 52.7 Die Spannungsverhältnisse bestimmen die Schnittfolge.

angesetzt werden. Dabei sägt man mit der Unterseite der Schienenspitze an der Einstichstelle mit ziehender Kette so weit ein, bis die Führungsschiene in doppelter Breite im Stamm liegt. Danach wird der eigentliche Stechschnitt durchgeführt. Die Motorsäge wird dabei fest am Körper abgestützt. Beim Einstechen besteht eine erhöhte Rückschlaggefahr. Diese Schneidtechnik sollte aufgrund der großen Gefahr nur durch geübte Sägenführer angewendet werden.

52.4.2 Schneiden von liegendem Holz

Im Feuerwehralltag stellt das Sägen von liegendem Holz den häufigsten Fall dar. Im Rahmen der Gefahrenabwehr ist hierbei die Feuerwehr gefordert.

Wichtig ist dabei die Beachtung des Untergrundes. Die Sägekette sollte den Boden nicht berühren. Denn schon ein kurzes Sägen in den Untergrund bzw. den Erdboden oder das Berühren des Asphalts mit der Kette reichen aus, die Kette unbrauchbar zu machen.

Bei der Beseitigung eines vollständig auf dem Boden liegenden Baumes sollten zuerst die Äste abgetrennt werden. Diese sind dann zur Seite zu räumen, um bei der anschließenden Beseitigung des Stammes nicht hinderlich zu sein. Während dieser Sägearbeiten achtet der Sägenführer auf den vorgeschriebenen Sicherheitsabstand.

Ist der Großteil der Äste beseitigt, beurteilt der Sägenführer die Spannungsverhältnisse des liegenden Stammes, die Auflagefläche und, wenn mit Wurzel geworfen, den Wurzelteller.

Beim Ablängen werden die Stücke unter Beachtung der Spannungsverhältnisse so groß abgetrennt, dass sie, auch wenn keine Zugvorrichtung vorhanden ist, problemlos zur Seite geräumt werden können.

52.4.3 Schneiden von spannungsfreiem Holz

Hierbei ist die Schneidetechnik abhängig von der Stärke des zu sägenden Stammes bzw. Balkens. Bei einem Stammdurchmesser der schwächer als die Schienenlänge ist, wird der Stamm mit einem einfachen Fächerschnitt durchtrennt. Es wird mit einlaufender Kette gesägt. Bei Stämmen mit größerem Durchmesser wird der mehrfach gezogene Fächerschnitt angewandt. Mit einem Schmälerungsschnitt kann bei einem Stamm mit großem Durchmesser dieser verringert werden.

52.4.4 Sägen von unter Spannung stehendem Holz

Beim Sägen von unter Spannung stehendem Holz kommt es immer wieder durch Fehleinschätzungen bedingt zu Unfällen. Es muss beim Schneiden und Ablängen immer auf die im Holz vorhandene Spannung geachtet werden. Man unterscheidet Druck- und Zugspannungen. Beide Spannungen treten stets gemeinsam auf. Auf der Zugseite werden die Holzfasern gedehnt, auf der Druckseite werden sie gestaucht.

Beim Sägen in die Zugseite reißt der Stamm auf, während bei einem Schnitt in die Druckseite die Führungsschiene festklemmen wird.

Bei dem zu sägenden unter Spannung stehenden Holz wird zuerst in die Druckseite geschnitten. Hierbei ist Vorsicht geboten. Wird zu weit gesägt, klemmt die Säge fest. Anschließend erfolgt der Schnitt in die Zugseite.

Wie erkennt man die Spannungen?
Liegt ein Stamm auf zwei Auflagepunkten, sodass das Mittelteil durchhängt, befindet sich die Druckseite oben und die Zugseite unter. Umgekehrt sind die Spannungsverhältnisse bei einem frei hängenden Teil eines Stammes. Hier ist die Druckseite unten und die Zugseite oben.

52.5 Fällen von Bäumen

Das Fällen eines Baumes gehört mit zu den gefährlichsten Arbeiten. Oft sind schwere Verletzungen die Folge. Fällarbeiten sollten deshalb auch nur von fachkundigen Feuerwehrangehörigen durchgeführt werden.

Vor dem Fällen muss die damit beauftragte Einsatzkraft den Baum beurteilen. Folgende Fragen sind hierbei zu beachten:

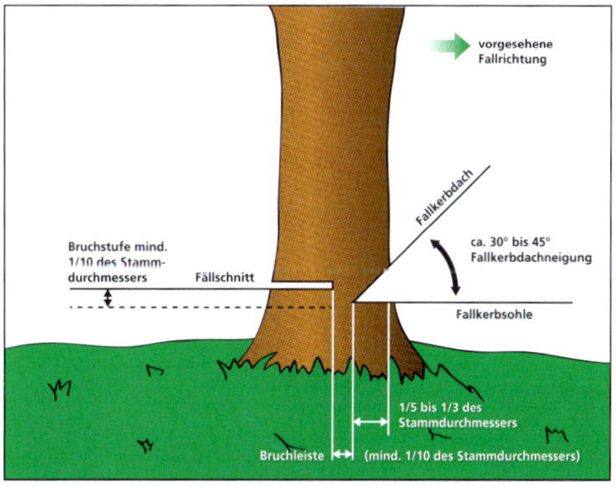

Bild 52.8 Anlage des Fallkerbes, der Bruchleiste, der Bruchstufe sowie des Fällschnittes

Bild 52.9 Durch die übereinander liegenden Stämme können beim Windwurf gefährliche Spannungen entstehen.

- Wie hoch ist der Baum?
- Hängt der Baum in eine Richtung?
- Wie ist die Krone ausgebildet?
- Welchen Durchmesser hat der Stamm?
- Befinden sich trockene oder lose Äste in der Krone?
- Besteht eventuell Stammfäule?
- Steht der Baum in der Nähe von baulichen Anlagen, Freileitungen oder Verkehrsanlagen?

Nachdem diese Fragen geklärt sind, werden der Fallbereich, der abhängig von der Höhe des Baumes ist, sowie die Fällrichtung festgelegt.

Die Fallrichtung eines Baumes wird durch den Fallkerb festgelegt. Er gibt dem Baum die Richtung und führt ihn während des Fallens. Der Fallkerb besteht aus einen Sohlenschnitt und einen Dachschnitt. Die Fallkerbtiefe sollte zirka 1/5 bis 1/3 des Stammdurchmessers betragen. Der Winkel des Fallkerbdaches sollte zirka 45 Grad betragen. Fallkerbdach und Fallkerbsohle treffen sich in der Fallkerbsehne. Ist der Fallkerb angelegt, kann nochmals die Fallrichtung überprüft werden.

Unter Berücksichtigung einer Bruchstufe wird der Fällschnitt zirka 1/10 des Stammdurchmessers über der Fallkerbsohle angelegt. Die Fälltechnik richtet sich nach der Stärke des Baumes und der Größe der Säge. Weiterhin ist sie abhängig von der Richtung, in der der Baum ggf. hängt. Es muss unbedingt ein Bruchleiste belassen werden, um ein unkontrolliertes Fallen des Baums zu verhindern. Sie sollte mindestens zwei Zentimeter und maximal 1/10 des Stammdurchmessers stark sein.

Achtung:

Mit den Arbeiten darf erst begonnen werden, wenn keine Gefahr mehr durch den Wind besteht.

Sind Fallkerbanlage und Fällschnitt ausgeführt, wird der Baum mithilfe von Keilen umgekeilt. Eine Ausnahme bilden Vorhänger und Schwachholz. Durch das Keilen wird u. a. der Sägeschnitt offen gehalten. Auch die Richtung und die Neigung des Baumes werden so beeinflusst. Fällt der Baum, tritt der Sägenführer zurück. Er beobachtet den Baum bis dieser liegt. Eine Gefahr geht außerdem noch von aus anderen Bäumen herausfallenden Ästen aus. Für Bäume, die in eine Richtung hängen, wie der Vorhänger, Rückhänger oder Seithänger, gibt es spezielle Fälltechniken.

52.6 Beseitigung von Windwurf und Windbruch

Die Feuerwehr kommt überwiegend bei der Beseitigung von vom Wind geworfenen oder gebrochenen Bäumen zum Einsatz. Hierbei versperren Bäume Verkehrswege oder stellen anderweitig eine Gefahr dar.

Bei einem Windwurf ist der Baum samt Wurzelballen durch den Wind umgeworfen worden. Die Verankerung des Baumes durch die Wurzel im Boden reicht nicht aus, um den Baum zu halten. Bei einem Windbruch hält die Verankerung des Baumes im Boden, aber durch die starke Belastung bricht der Stamm des Baumes.

Bild 52.10 Der Wurzelteller klappt nach dem Trennschnitt vom Stamm weg.

Durch übereinander liegende Stämme mit gefährlichen Spannungen besteht eine erhebliche Gefahr. Ein erfahrener Motorsägenführer ist bei der Beseitigung dieser Bäume gefordert. Feuerwehrangehörige, die lediglich eine Einweisung im Umgang mit der Motorsäge haben, sind für solche Situationen nicht ausreichend geschult.

Bei einem Windwurf bzw. Windbruch können unterschiedliche Situationen angetroffen werden.

52.6.1 Normal geworfener Baum mit Wurzelteller

In dieser Situation ist neben den Spannungsverhältnissen zu klären, in welche Richtung der Wurzelteller hängt. Hängt er so, dass er beim Abtrennen vom Stamm wegklappt, kann der Stamm dicht am Wurzelteller abgetrennt werden. Hierbei ist zu beachten, dass sich niemand hinter dem Wurzelteller aufhält. Die Schnittfolge bestimmen der Stammdurchmesser und die Spannungsverhältnisse. In der Regel ist die Druckseite unten, die Zugseite oben. Nach einem evtl. durchgeführten Schmälerungsschnitt (abhängig vom Stammdurchmesser) erfolgt der Schnitt in die Druckseite, anschließend der Schnitt in die Zugseite. Der Wurzelteller klappt zurück, der Rest des Stammes kann aufgearbeitet werden.

Hängt der Wurzelteller in Richtung des Stammes, so wird der Teller zum Sägenführer hin umklappen und diesen unter Umständen erschlagen. In dieser Situation kann der Stamm mithilfe einer Zugvorrichtung beseitigt werden. Das Zugseil wird über den Teller geführt und am Stamm angeschlagen. Beim Anziehen des Zugseiles werden die Spannungsverhältnisse des Stammes verändert, sodass, wie zuvor schon beschrieben, der Stamm vom Teller getrennt werden kann.

Steht keine Zugvorrichtung zur Verfügung, ist ein Schutzstück zu belassen. Die Länge dieses Stückes richtet sich nach der Höhe des Wurzeltellers. Da hier jetzt die Spannungsverhältnisse anders sind, die Druckseite ist oben und die Zugseite ist unten, erfolgt der erste Schnitt oben in die Druckseite, anschließend der Trennschnitt in die Zugseite. Das Schutzstück kann, wenn eine Winde zur Verfügung steht, beseitigt werden. Wichtig ist, dass alle Spannungsverhältnisse, auch bei Bäumen mit einer Seitenspannung, genau beurteilt werden.

52.6.2 Hänger

Oft hängen sich Bäume in einem anderen Baum auf. Aber auch bei Fällarbeiten kann es zu einem so genannten Aufhänger kommen. Hier ist es immer ratsam, die Beseitigung mithilfe einer Zugvorrichtung durchzuführen. Bei einem vom Wind geworfenen Baum ist der Stamm noch mit dem Wurzelteller verbunden, wird ein Fallkerb angelegt und ein Trennschnitt durchgeführt. Der Stamm kann dann mithilfe der Winde abgezogen werden.

Auch hier, bei der Beseitigung von Windwürfen bzw. Windbrüchen, sind die vorgegebenen Sicherheitsabstände und -bereiche einzuhalten.

Bild 52.11 So genannter Hänger: Diese Bäume mit Wurzelteller sind durch den Wind geworfen und an anderen Bäumen hängen geblieben.

J

K ABC-Einsatz, Umweltschutz und besondere Gefahrenlagen

53 Herausforderung »ABC-Einsätze«

von Sebastian Fischer

Zum Umgang mit Gefährlichen Stoffen und Gütern gibt es durch die einschlägigen Rechtsvorschriften umfangreiche Handlungsanweisungen (z. B. Kennzeichnung, Arbeitsschutzmaßnahmen). Die Sicherheitsvorkehrungen sind groß und Unfälle daher technisch weitgehend ausgeschlossen. Trotzdem kann es durch menschliches Fehlverhalten und ein technisches Restrisiko zu Freisetzungen kommen. Einsätze mit Gefahren durch radioaktive Stoffe (A-Einsatz), biologische Stoffe (B-Einsatz) und chemische Stoffe (C-Einsatz) sind ein wesentlicher Bestandteil des Einsatzgeschehens der Feuerwehren in der Bundesrepublik Deutschland. Dies trifft für die Freiwilligen Feuerwehren kleinerer Städte und Gemeinden ebenso zu wie für die Berufsfeuerwehren der Großstädte. Ursachen für ABC-Einsätze sind vielfältig und finden sich an den unterschiedlichsten Örtlichkeiten.

Unfälle beim Transport von Gefahrgütern können nahezu überall geschehen. Im Jahr 2017 sind insgesamt 310 Millionen Tonnen Gefahrgüter in Deutschland mit Lastkraftwagen (147,7 Millionen Tonnen), Eisenbahnen (70,8 Millionen Tonnen) und Schiffen (92 Millionen Tonnen) befördert worden. Gefahrguttransporte bestehen überwiegend aus entzündbaren flüssigen Stoffen wie Rohöl, Benzin, Dieselkraftstoff und Heizöl (Gefahrklasse 3). Insgesamt waren 2017 rund 68 % aller Gefahrguttransporte Beförderungen der Gefahrklasse 3. Weitere bedeutende Gefahrklassen waren ätzende Stoffe (Gefahrklasse 8) und Gase (Gefahrklasse 2), auf die 8 % der gesamten Gefahrguttransporte auf Straßen, Schienen und Wasserwegen entfielen (Quelle: Statistisches Bundesamt).

Außer den Unfällen beim Transport gefährlicher Güter können Störfälle insbesondere in Betrieben, Kliniken, Forschungseinrichtungen, (Hoch-)Schulen, Schwimmbädern oder Eisbahnen ABC-Einsätze der Feuerwehren notwendig machen. Dabei können die Ursachen und Auswirkungen höchst unterschiedlich sein. In chemischen Fachbetrieben und in Speditionen können Gefahrstoffe beispielsweise beim Umfüllen oder Umladen austreten. Besonders problematisch können sich Einsätze aufgrund unkontrollierter chemischer Reaktionen darstellen. Die Folgen können Explosionen mit oder ohne Folgebrände oder gar die Freisetzung hochgiftiger Stoffe sein. Während der Transport gefährlicher Güter stark reglementiert ist und sich die Einsatzkräfte in den meisten Fällen auf ein umfangreiches Kennzeichnungssystem verlassen können, sind Störfälle in chemischen Betrieben und Forschungseinrichtungen oft an Komplexität nicht

Quelle: J. Thorns

Bild 53.1 Einsätze mit Gefährlichen Stoffen und Gütern stellen besondere Anforderungen an die Einsatzkräfte.

K

zu überbieten. In umfangreichen verfahrenstechnischen Anlagen werden zahlreiche Stoffe umgesetzt, wobei auch wenig erforschte Zwischenprodukte entstehen können, die häufig gar nicht transportiert werden dürften. Auch besondere Gefahrstoffentsorgungsfirmen können eine brisante Mischung an unterschiedlichsten Gefahrstoffen verarbeiten und lagern. In diesen Fällen ist die besondere Kenntnis der Mitarbeiter um die verwendete Verfahrenstechnik und das Wissen um die eingelagerten Stoffe unerlässlich für eine erfolgreiche Bewältigung des Einsatzes.

Aufgrund der unterschiedlichsten chemischen und physikalischen Eigenschaften der Gefahrstoffe sowie der unterschiedlichsten örtlichen Rahmenbedingungen (Straße, Schiene, Gewässer, Firmengelände, Klinikum) stellen ABC-Einsätze stets eine besondere Herausforderung für die Feuerwehren dar. Bei ABC-Einsätzen müssen die Einsatzkräfte oft mit zunächst unvollständigen Informationen bezüglich der chemischen und physikalischen Eigenschaften der Gefahrstoffe den Ersteinsatz durchführen. Diese Eigenschaften der Gefahrstoffe können in vielen Fällen nicht mit den menschlichen Sinnen direkt durch Sehen oder Riechen erfasst werden (z. B. Explosionsgefahr, Dosisleistung). In anderen Fällen würde eine Wahrnehmung mit den Körpersinnen bereits eine nicht zu tolerierende Gefährdung der Einsatzkräfte darstellen. Daher müssen sich die Einsatzkräfte auf spezielle Kennzeichnungen und Messgeräte verlassen. Sehr häufig stehen die Einsatzkräfte daher unter dem besonderen Druck, Maßnahmen trotz unvollständiger Informationen schnell einleiten zu müssen, beispielsweise wenn eine Menschenrettung aus dem Gefahrenbereich notwendig wird oder wenn der Gefahrstoff in großen Mengen weiter austritt und der Gefahrenbereich sich dadurch kontinuierlich ausweitet.

Bei ABC-Einsätzen werden die Einsatzkräfte nicht selten mit einer sehr hohen Erwartungshaltung konfrontiert. Selbst Mitarbeiter von chemischen Betrieben sehen in den Einsatzkräften der Feuerwehr die Spezialisten für Gefahrstoffe auf deren Eintreffen sie einige bange Minuten gewartet haben. Ein ABC-Einsatz läuft zudem in den meisten Fällen unter besonderer Beobachtung der Medien und der Bevölkerung ab. Austretende Chemikalien oder gewaltige Rauchsäulen führen zu einer Verunsicherung der Bevölkerung.

Aufgrund der großen körperlichen Belastung beim Tragen der speziellen Schutzkleidung (z. B. Chemikalienschutzanzug Form 3) können einzelne Einsatzkräfte nur eine begrenzte Zeit eingesetzt werden. In Verbindung mit den zahlreichen anderen Aufgaben im ABC-Einsatz wie beispielsweise Dekontamination, Brandschutz, Messen, Absperren, Warnen, Öffentlichkeitsarbeit etc. führt dies dazu, dass derartige Einsätze oft eine erhebliche Zahl an Einsatzkräfte über eine sehr lange Zeit erfordern. Dieser Umstand bedingt weitere Maßnahmen wie beispielsweise Verpflegung, Logistik und die Sicherstellung des Brandschutzes für Paralleleinsätze.

Die notwendigen Einsatzmaßnahmen erfordern in vielen Fällen eine intensive Zusammenarbeit mit anderen Behörden und Institutionen wie beispielsweise Umweltamt, Gesundheitsamt, Gewerbeaufsicht, Kanalbetriebe, Klärwerke, Gefahrstoffentsorgungsfirmen oder TUIS. Neben besonderem feuerwehrtaktischem Fachwissen erfordern ABC-Einsätze daher auch ein vertieftes Wissen bezüglich der rechtlichen Grundlagen.

In der FwDV 500 werden taktische Regeln festgelegt, die bei Einsätzen mit Gefahren durch radioaktive Stoffe und Materialien (A-Einsatz), biologische Stoffe und Materialien (B-Einsatz) und chemische Stoffe und Materialien (C-Einsatz) zu beachten sind. Hierdurch sollen die Einsatzkräfte der Feuerwehr befähigt werden, Stoffe, von denen bei Herstellung, Verwendung, Lagerung und Transport besondere Gefahren ausgehen können, zu erkennen und den Gefahren mit geeigneten Maßnahmen entgegenzuwirken. Ein ABC-Einsatz gliedert sich in die »Erstmaßnahmen« durch die zuerst eintreffenden Einsatzkräfte und in die »ergänzenden (besonderen) Maßnahmen« durch besonders geschulte Spezialkräfte. Die Erstmaßnahmen orientieren sich an der GAMS-Regel und werden in den folgenden Kapiteln erläutert.

54 Gefährdung durch und Wirkung von ABC-Gefahrstoffen

von Sebastian Fischer

Menschen, Tiere und Umwelt können auf unterschiedlichste Weise durch ABC-Gefahrstoffe bedroht sein. Die tatsächliche Gefährdung im konkreten Einsatzfall hängt außer den chemischen und physikalischen Eigenschaften des vorliegenden Gefahrstoffs auch wesentlich von der freigesetzten Menge sowie von den Umgebungsbedingungen (Örtlichkeit, Wetter, ...) ab. ABC-Gefahrstoffe können beispielsweise folgende Eigenschaften haben:

- explosionsgefährlich,
- hochentzündlich,
- entzündlich,
- giftig,
- sehr giftig,
- gesundheitsschädlich,
- ätzend,
- sensibilisierend,
- fortpflanzungsgefährdend,
- umweltgefährdend,
- erstickend,
- brandfördernd,
- reizend,
- krebserzeugend,
- ergbutverändernd,
- radioaktiv,
- infektiös.

Die FwDV 500 gliedert die Gefährdung durch ABC-Gefahrstoffe in die Bereiche Inkorporation, Kontamination und gefährliche Einwirkung von außen (▶ Bild 54.1). Aufgrund dieser Gliederung lassen sich sehr gut einsatztaktische Grundregeln und notwendige Schutzmaßnahmen ableiten.

54.1 Inkorporation

Die **<Inkorporation>** ist die Aufnahme gefährlicher Stoffe direkt in den Körper über Körperöffnungen sowie über die gesunde und/oder verletzte Haut. Relevant sind im Wesentlichen der Mund und die Nase. Während feste und flüssige Stoffe über den Mund in den Verdauungstrakt aufgenommen werden können,

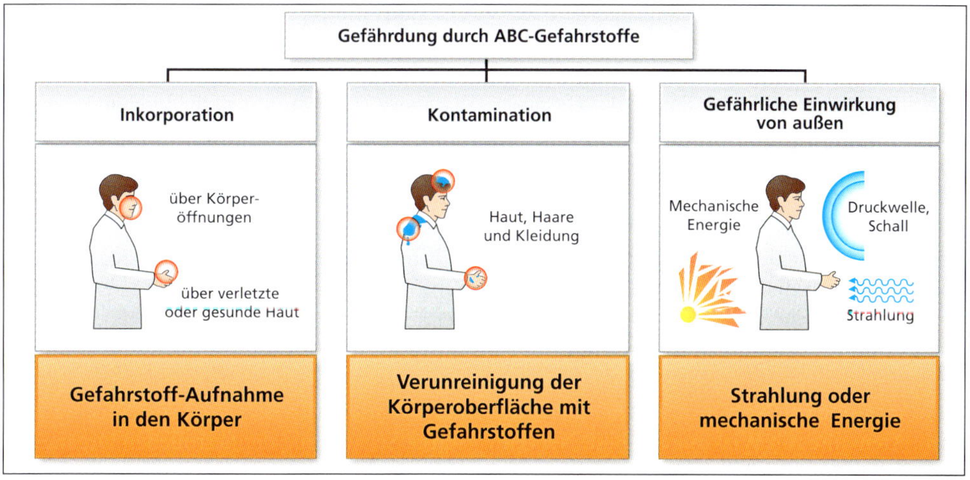

Bild 54.1 Gliederung der Gefährdung in Inkorporation, Kontamination und gefährliche Einwirkung von außen.

K

werden Atemgifte über die Atemwege in die Lunge transportiert. <**Hautresorptive Stoffe**> können auch durch die gesunde Haut in den Körper gelangen. Hautresorptive Stoffe sind beispielsweise Acrylnitril, Benzol, Cyanwasserstoff (Blausäure), Fluorwasserstoff (Flusssäure) oder Methanol. Weiterhin kann die Aufnahme gefährlicher Stoffe nach Verletzungen der Haut vor oder während des Einsatzes erfolgen.

In der Einsatzpraxis stellt die Inkorporation von Atemgiften über die Atemwege häufig die größte Gefahr dar. Bei <**Atemgiften**> handelt es sich um Stoffe, die, wenn sie über die Atemwege in den Körper gelangen, dort eine schädigende Wirkung hervorrufen. Außer den Atemgiften mit erstickender Wirkung sind im Rahmen eines ABC-Einsatzes Atemgifte mit Reiz- und Ätzwirkung sowie Atemgifte mit Wirkung auf Blut, Nerven und Zellen von besonderer Bedeutung. Atemgifte mit Reiz- und Ätzwirkung sind beispielsweise Chlor oder Ammoniak sowie alle Säuredämpfe. Darüber hinaus verursachen nitrose Gase häufig Reizungen oder Verätzungen. <**Nitrose Gase**> sind eine Reihe von Stickstoff-Sauerstoff-Verbindungen (Stickoxide). Nitrose Gase entstehen u. a. bei der Zersetzung von ammoniumnitrathaltigen Düngemitteln und bei Reaktionen von Salpetersäure mit Metallen oder organischen Stoffen. Atemgifte mit Reiz- und Ätzwirkung wirken auf die Schleimhäute der Atemwege und können das Lungengewebe zerstören. In besonders schweren Fällen kann es zu einem Lungenödem kommen. Dabei sammelt sich Flüssigkeit in der Lunge, der Gasaustausch wird behindert und der Körper wird nur unzureichend mit Sauerstoff versorgt. Zur Bildung eines Lungenödems kann es je nach Atemgift noch 24 bis 48 Stunden nach dem Einatmen kommen. Atemgifte mit Wirkung auf Blut, Nerven und Zellen wirken direkt vergiftend auf die inneren Organe und Stoffwechselvorgänge ein. Sie können dadurch bestimmte lebensnotwendige Vorgänge behindern oder die Fortleitung von Nervenimpulsen unterdrücken. Atemgifte mit Wirkung auf Blut, Nerven und Zellen sind beispielsweise Kohlenstoffmonoxid, Kohlenstoffdioxid, Cyanwasserstoff (Blausäure), Schwefelwasserstoff, Schwefelkohlenstoff und Dioxine. Kohlenstoffmonoxid wirkt als Blutgift. Gelangt Kohlenstoffmonoxid in die Lunge wird der Gasaustausch mit dem lebensnotwendigen Sauerstoff massiv behindert, da das Blut Kohlenstoffmonoxid rund 250-mal besser bindet als Sauerstoff.

Manche Atemgifte haben einen charakteristischen Eigengeruch. Die Geruchsschwelle kann allerdings oberhalb oder unterhalb einer gesundheitsschädigenden Konzentration liegen. Andere Stoffe haben keinen charakteristischen Eigengeruch. Daher kann die Wahrnehmung über den Geruchssinn nie ein alleiniges Kriterium zur Beurteilung der Gefährdung an der Einsatzstelle sein. Dazu sind insbesondere die Art des vorliegenden Gefahrstoffs und seine chemischen und physikalischen Eigenschaften zu ermitteln und zu bewerten. Bei bestimmten Stoffen (z. B. Schwefelwasserstoff) ist darüber hinaus zu beachten, dass sich der Geruchssinn an diesen Stoff gewöhnt und somit die »Warnwirkung« verloren gehen kann.

Bei der Inkorporation von biologischen Stoffen besteht für Menschen ein Infektionsrisiko. In Abhängikeit vom Infektionsrisiko des jeweils vorliegenden biologischen Gefahrstoffs kann dies zu schweren Erkrankungen mit einem hohen Potenzial der schnellen Weiterverbreitung in der Bevölkerung führen. Bei einigen biologischen Stoffen ist sogar eine medizinische Vorbeugung oder eine nachträgliche Behandlung nur noch sehr eingeschränkt möglich (z. B. Ebola- oder Marburg-Virus).

Die Inkorporation von radioaktiven Stoffen hat meist eine sehr hohe schädigende Wirkung zur Folge. Besonders gefährlich ist die Inkorporation von Alpha- oder Beta-Strahlern. Die radioaktiven Isotope werden mit den Körperflüssigkeiten (z. B. Blut) über den Körper verteilt und meist in bestimmten Organen (z. B. Schilddrüse) gebunden und nur langsam wieder ausgeschieden. Alpha- und Beta-Strahlung verfügen über eine sehr hohe ionisierende Wirkung, die im Körper über große Zeiträume zur Wirkung kommt. Dies hat eine sehr starke Schädigung der betroffenen Organe zur Folge und ist medizinisch häufig nicht reparabel. Die direkte Aufnahme von ABC-Gefahrstoffen in den Körper kann schwer wiegende gesundheitliche Schäden hervorrufen. Eine Inkorporation ist daher unbedingt zu verhindern. Im Gegensatz zur Kontamination und zur gefährlichen Einwirkung von außen, kann die Inkorporation aber durch disziplinierte Einsatzstellenhygiene und konsequentes Tragen von geeignetem Atemschutz vermieden werden. In Kombination mit einer ausreichend beständigen gasdichten Schutzkleidung (Form 3) kann auch die Aufnahme hautresorptiver Stoffe vollständig ausgeschlossen werden. Die Dekontamination und das korrekte Ablegen der Schutzkleidung ist dabei besonders wichtig (▶ Kapitel 60).

Achtung:

Eine Inkorporation muss bei jedem Einsatz ausgeschlossen werden!

54.2 Kontamination

<**Kontamination**> ist die Verunreinigung von Lebewesen, des Bodens, von Gewässern und Gegenständen mit ABC-Gefahrstoffen. Bezüglich der Gefährdung durch Kontamination bei Einsatzkräften ist zwischen der Verunreinigung der Haut sowie der Verunreinigung der (Schutz-)Kleidung zu unterscheiden. Die direkte Verunreinigung der Haut muss unbedingt vermieden werden. Direkt auf der Haut entwickeln viele ABC-Gefahrstoffe ihre schädigende Wirkung. Säuren und Laugen verätzen die Haut und können schwerste Verletzungen hervorrufen. Auch oxidierend wirkende und Wasser entziehende Stoffe können ätzend sein. Im Rahmen von Verätzungen steht, ähnlich wie bei Verbrennungen, der Flüssigkeitsverlust im Bereich der Kontaktstelle im Vordergrund. Der Flüssigkeitsverlust und starke Schmerzen können zum Schock führen. Säuren führen zu so genannten Koagulationsnekrosen der benetzten Haut oder Schleimhaut. Dabei gerinnen die Zelleiweiße. Dagegen verursachen Laugen so genannte Kolliquationsnekrosen, bei denen das geschädigte Gewebe verflüssigt wird. Hierdurch dringt die ätzende Flüssigkeit immer tiefer in den Körper ein.

Die direkte Kontamination der Körperoberfläche mit radioaktiven Stoffen kann eine hohe schädigende Wirkung zur Folge haben. Eine direkte Kontamination der Körperoberfläche verringert die Entfernung der Strahlenquelle vom Körper praktisch auf Null. Die Folge ist eine sehr hohe Strahlenbelastung der Haut, die zu verbrennungsähnlichen Hautschäden führen kann.

Durch geeignete Schutzkleidung muss im ABC-Einsatz die direkte Verunreinigung der Haut verhindert werden. Die Kontamination der Schutzkleidung ist allerdings kaum zu vermeiden. Trotzdem sollten die Einsatzkräfte stets bemüht sein, trotz angelegter Schutzkleidung möglichst wenig mit dem ausgetretenen Gefahrstoff in Kontakt zu kommen. Je geringer die Kontamination der Schutzkleidung, desto problemloser und gefahrloser kann die Dekontamination im Sinne einer Grobreinigung durchgeführt werden.

Eine Kontaminationsverschleppung, das heißt, das unkontrollierte Verteilen des ABC-Gefahrstoffes, muss unbedingt verhindert werden. Dazu werden alle Personen und Geräte, die sich innerhalb des Gefahrenbereichs befunden haben, über den Dekontaminationsplatz ausgeschleust und dort gereinigt. Haben sich zu Beginn des Einsatzes Passanten im Gefahrenbereich aufgehalten, so müssen diese zunächst zurückgehalten werden, bis der Dekontaminationsplatz betriebsbereit ist. Die Möglichkeiten der Dekontamination werden in ▶ Kapitel 57 näher erläutert.

Achtung:

Eine Kontamination ist zu vermeiden! Eine Kontaminationsverschleppung muss verhindert werden!

54.3 Gefährliche Einwirkung von außen

In dieser Kategorie sind alle Einwirkungen durch Strahlungsenergie und/oder mechanischer Energie zusammengefasst. Während sich Einsatzkräfte vor Alpha- und Beta-Strahlen

Quelle: Bildstelle Branddirektion Stuttgart

Bild 54.2 Bei ausgedehnten Flüssigkeitsbränden (hier nach einem Verkehrsunfall mit einem Tankfahrzeug) besteht für die Einsatzkräfte eine Gefahr durch die erhebliche Wärmestrahlung.

durch Abstand sowie Verhindern der Inkorporation und Vermeiden der Kontamination relativ gut schützen können, lässt sich die Einwirkung von Gamma-Strahlen mit meist großer Reichweite häufig nicht vollständig verhindern. Zur Abschirmung dieser elektromagnetischen Wellenstrahlung sind in der Regel dicke Metall- oder Betonplatten notwendig. Elektromagnetische Felder erzeugen gefährliche Wechselwirkungen mit dem menschlichen Körper. Geeignete Maßnahmen zur Verringerung des Risikos werden in ▶ Kapitel 59 näher erläutert. Wärmestrahlung einer hochenergetischen Flamme oder Laserstrahlen können gefährlich auf Menschen und Tiere einwirken. Darüber hinaus können gefährliche Einwirkungen auch durch weitere elektromagnetische Felder entstehen. Elektromagnetische Felder größerer Energiedichte sind beispielsweise in der Nähe von Sendeanlagen von Radio-/Fernseh- oder Mobilfunkstationen vorhanden. Bei Einsätzen im Bereich von Dächern, Masten oder Türmen ist daher auf das Vorhandensein von Antennenanlagen zu achten. Der Nahbereich von aktiven Sendeanlagen ist zu meiden! Auch in der Medizin finden Geräte Verwendung, bei denen im Betrieb elektromagnetische Felder auftreten können. Die Magnetresonanztomographie beispielsweise ist ein bildgebendes Verfahren, das vor allem in der medizinischen Diagnostik zur Darstellung von Struktur und Funktion der Gewebe und Organe im Körper eingesetzt wird. Die Magnetresonanztomographie basiert auf sehr starken Magnetfeldern sowie elektromagnetischen Wechselfeldern, mit denen bestimmte Atomkerne im Körper resonant angeregt werden. Unter einer gefährlichen Einwirkung mechanischer Energie ist die verletzende Wirkung von Druckwellen und/oder Splittern zu verstehen, die bei Explosionen oder bei einem Druckbehälterzerknall entstehen können.

Achtung:

Die gefährliche Einwirkung von Energie ist so gering wie möglich zu halten! Jede gefährliche Einwirkung von mechanischer Energie ist zu vermeiden!

Die gefährliche Einwirkung von außen kann von sehr unterschiedlicher Art und Wirkung sein. Daher sind auch geeignete Schutzmaßnahmen sehr unterschiedlich. Die Einsatzkräfte müssen im konkreten Einsatzfall viele potenzielle Gefahrenquellen identifizieren, beurteilen und sich dann bestmöglich schützen. Grundsätzlich ist die Einwirkung von Strahlungsenergie durch Abstand, Abschirmung und Begrenzung der Aufenthaltsdauer so gering wie möglich zu halten. Jede gefährliche Einwirkung von mechanischer Energie ist durch Abstand und Ausnutzen von Deckungsmöglichkeiten zu verhindern.

K

55 Klassifizierung und Kennzeichnung von Gefährlichen Stoffen und Gütern

von Jochen Thorns

55.1 Einführung

Die Klassifizierung und Kennzeichnung von Gefährlichen Stoffen und Gütern richtet sich insbesondere nach internationalen Abkommen und Vorschriften. Die Kennzeichnung mit Gefahrzetteln (so genannten Labels) ist auch im grenzüberschreitenden Verkehr bei allen Verkehrsträgern (Straße, Eisenbahn, Schiff, Luftfahrt) gleich. Ebenso wird die Kennzeichnung von Packstücken infolge des »Globally Harmonized System of Classification, Labelling and Packaging of Chemicals« (GHS) der Vereinten Nationen international vereinheitlicht werden. Ebenso einheitlich ist die Stoffnummer, also die so genannte UN-Nummer. Ihr zur Seite stehen noch weitere Kennzeichnungsnummern, z .B. EINECS-Nummer und CAS-Nummer, welche jedoch vor allem in den Transportpapieren zu finden sind und im Einsatzfall durchaus zur Identifikation eines Stoffes herangezogen werden können.

Gefährliche Stoffe und Güter werden in folgende < **Gefahrklassen** > eingeteilt:

- Klasse 1: Explosive Stoffe und Gegenstände mit Explosivstoff,
- Klasse 2: Gase,
- Klasse 3: Entzündbare flüssige Stoffe,
- Klasse 4.1: Entzündbare feste Stoffe, selbstzersetzliche Stoffe und desensibilisierte explosive feste Stoffe,
- Klasse 4.2: Selbstentzündliche Stoffe,
- Klasse 4.3: Stoffe, die in Berührung mit Wasser entzündbare Gase entwickeln,
- Klasse 5.1: Entzündend (oxidierend) wirkende Stoffe,
- Klasse 5.2: Organische Peroxide,
- Klasse 6.1: Giftige Stoffe,
- Klasse 6.2: Ansteckungsgefährliche Stoffe,
- Klasse 7: Radioaktive Stoffe,
- Klasse 8: Ätzende Stoffe,
- Klasse 9: Verschiedene gefährliche Stoffe und Gegenstände.

55.2 Gefahrzettel

Auf Straße, Schiene, Wasser und in der Luft erfolgt die Kennzeichnung von Gefährlichen Stoffen und Gütern einheitlich mit Gefahrzetteln. Im Bereich der Luftfracht kann es geringfügige Abweichungen und weitere – sich jedoch selbst erklärende – Kennzeichnungen geben. Die Kennzeichnung ergibt sich im Straßen- und Schienenverkehr sowie in der Binnenschifffahrt durch das europäische Regelwerk ADR (Accord européen relatif au transport international des marchandises Dangereuses par Route), welches mit der Gefahrgutverordnung Straße, Eisenbahn und Binnenschifffahrt (GGVSEB) in nationales Recht übertragen wird. Die Gefahrzettel werden in den ▸ Bildern 55.1 und 55.2 gezeigt.

Aufgrund der Größe der Gefahrzettel (und damit des Anwendungsbereichs in der Praxis) gibt es die Unterscheidung zwischen Großzetteln (so genannten Placards) und Gefahrzetteln.

55.3 Warntafel

Die GGVSEB gibt für den Straßen- und den Schienentransport die zusätzliche Kennzeich-

Achtung:

Für viele Stoffe gibt es »Freistellungen im Zusammenhang mit Mengen« (so genannte Freimengen), bei deren Unterschreitung keine Kennzeichnung notwendig ist. Merke: Auch ohne Kennzeichnung können Gefährliche Stoffe und Güter geladen sein!

Groß-zettel (Placards)	Gefahr-zettel	ADR-Klasse	Unter-klasse	Art und Eigenschaft des Gefahrguts
		1		Explosible Stoffe und Gegenstände
 Nr. 1	 Nr. 1		1.1	Stoffe und Gegenstände die massenexplosionsfähig sind
 Nr. 1	 Nr. 1		1.2	Stoffe und Gegenstände, die Gefahr der Bildung von Splitter, Spreng- und Wurfstücken aufweisen (nicht massenexplosionsfähig)
 Nr. 1	 Nr. 1		1.3	Stoffe und Gegenstände die eine Feuergefahr besitzen
 Nr. 1.4	 Nr. 1.4		1.4	Stoffe und Gegenstände, die im Falle einer Entzündung oder Zündung nur eine geringe Explosionsgefahr darstellen
 Nr. 1.5	 Nr. 1.5		1.5	Sehr unempfindliche massenexplosionsfähige Stoffe
 Nr. 1.6	 Nr. 1.6		1.6	Extrem unempfindliche Gegenstände, die nicht massenexplosionsfähig sind
		2		Gase
 Nr. 2.1	 Nr. 2.1			Entzündbare Gase (Symbol "Flamme" schwarz oder weiß)
 Nr. 2.2	 Nr. 2.2			Nicht entzündbare, nicht giftige Gase (Symbol "Gasflasche" schwarz oder weiß)
 Nr. 2.3	 Nr. 2.3			Giftige Gase
 Nr. 3	 Nr. 3	3		Entzündbare Flüssigkeiten (Symbol "Flamme" schwarz oder weiß)

Bild 55.1 Gefahrzettel nach GGVSEB/ADR

nung von Fahrzeugen und Waggons mit der orangen Warntafel vor. Die Warntafel hat die Abmessungen 30 × 40 Zentimeter; eine kleinere Ausführung (30 × 12 Zentimeter) für Pkw und Kleintransporter ist zulässig. Die Warntafel ist vorn und hinten am Lkw ange-

Groß-zettel (Placards)	Gefahr-zettel	ADR-Klasse	Art und Eigenschaft des Gefahrguts
		4.1	Entzündbare feste Stoffe
		4.2	Selbstentzündliche Stoffe
		4.3	Stoffe die in Berührung mit Wasser entzündliche Gase bilden (Symbol "Flamme" schwarz oder weiß)
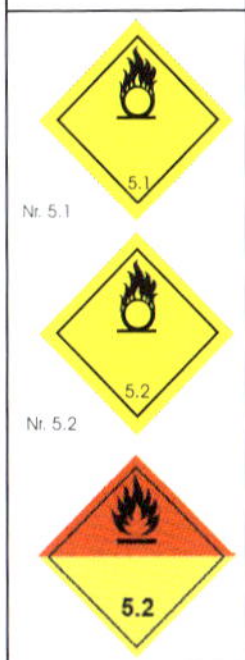		5.1	Entzündend (oxidierend) wirkende Stoffe
		5.2	Organische Peroxide
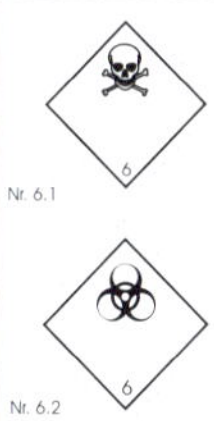	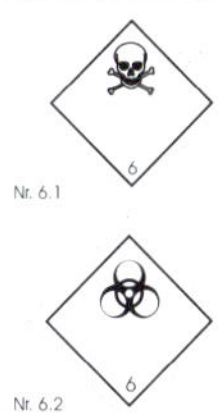	6.1	Giftige Stoffe
		6.2	Ansteckungsgefährliche Stoffe
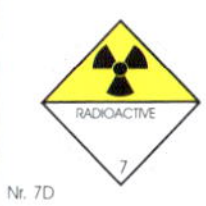	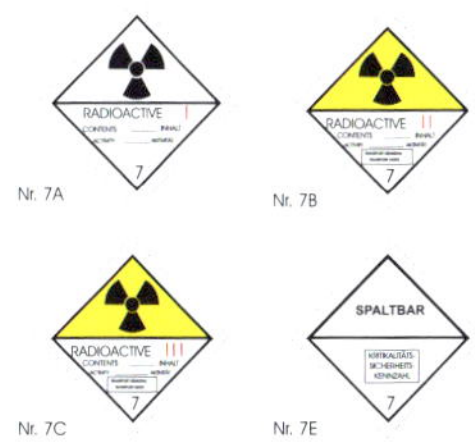	7	Radioaktive Stoffe
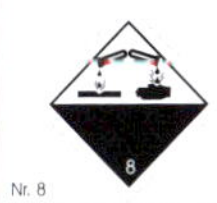	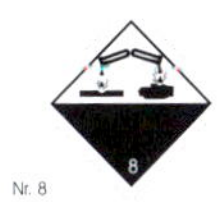	8	Ätzende Stoffe
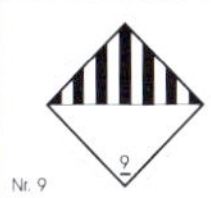	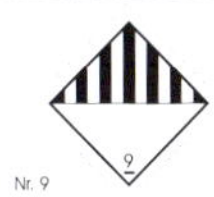	9	Verschiedene gefährliche Stoffe und Zubereitungen

Bild 55.2 Gefahrzettel nach GGVSEB/ADR (Fortsetzung)

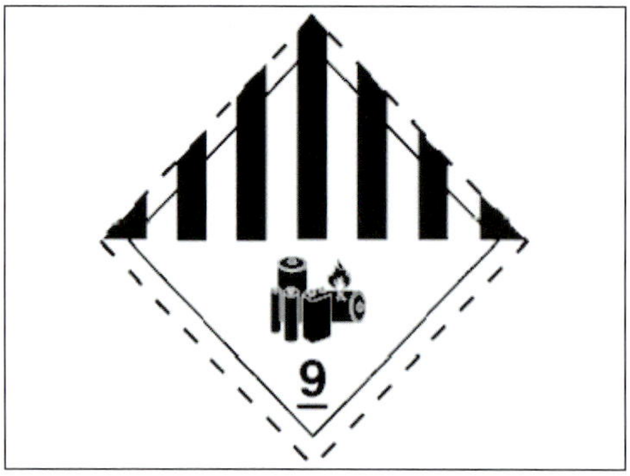

Bild 55.3 Gefahrzettel 9A: Verschiedene gefährliche Stoffe, Lithiumbatterien

bracht; eine zusätzliche seitliche Kennzeichnung (mit Gefahr- und Stoffnummer) ist zulässig. Bei Mehr-Kammer-Tankfahrzeugen muss vor jeder Tankkammer die Warntafel mit Gefahr- und Stoffnummer angebracht sein. Ein-Kammer-Tankfahrzeuge benötigen nur vorn und hinten eine Warntafel mit Gefahr- und Stoffnummer.

Die Warntafeln dürfen erst entfernt werden, wenn das Fahrzeug geleert, entgast und gereinigt ist. Führt ein Fahrzeug also Warntafeln, ist nicht ersichtlich, ob z. B. die Tankkammern auch gefüllt sind. Es könnte sich auch um ein leeres, aber nicht entgastes Fahrzeug handeln.

Die Warntafel ist in zwei Hälften unterteilt. Die obere Hälfte gibt die <**Gefahrnummer**> an (früher auch Kemler-Zahl genannt); in der unteren Hälfte steht die <**Stoffnummer**> (auch UN-Nummer). Die Nummer zur Kennzeichnung der Gefahr besteht aus zwei oder drei Zif-

Bild 55.4 Beispiel für eine Kennzeichnung eines Ein-Kammer-Tankwagens mit Warntafel und Gefahrzetteln

Tabelle 55.1 Bedeutung der Gefahrnummer

Ziffer	Bedeutung
2	Entweichen von Gas durch Druck oder durch chemische Reaktion
3	Entzündbarkeit von Flüssigkeiten (Dämpfen) und Gasen oder selbsterhitzungsfähiger flüssiger Stoff
4	Entzündbarkeit von festen Stoffen oder selbsterhitzungsfähiger fester Stoff
5	Oxidierende (brandfördernde) Wirkung
6	Giftigkeit oder Ansteckungsgefahr
7	Radioaktivität
8	Ätzwirkung
9	Gefahr einer spontanen heftigen Reaktion
0	wird angefügt, wenn keine zusätzliche Gefahr besteht
X	Stoff reagiert mit Wasser in gefährlicher Weise

Tabelle 55.2 Besondere Ziffernkombinationen

Ziffer	Bedeutung
22	tiefgekühltes verflüssigtes Gas, erstickend
X323	entzündbarer flüssiger Stoff, der mit Wasser gefährlich reagiert und entzündbare Gase bildet
X333	pyrophorer flüssiger Stoff, der mit Wasser gefährlich reagiert
X423	entzündbarer fester Stoff, der mit Wasser gefährlich reagiert und entzündbare Gase bildet
44	entzündbarer fester Stoff, der sich bei erhöhter Temperatur im geschmolzenen Zustand befindet
539	entzündbares organisches Peroxid
90	umweltgefährdender Stoff
99	verschiedene gefährliche Stoffe in erwärmten Zustand

Bild 55.5 Derzeitige (links) und künftige (rechts) Kennzeichnung eines Fahrzeuges mit einem elektronischen Beförderungsdokument

fern (▶ Tabelle 55.1), die Stoffnummer aus vier Ziffern. Eine Verdoppelung der Ziffer bedeutet eine Zunahme der entsprechenden Gefahr. Wird die Gefahr des Transportgutes ausreichend von einer Ziffer beschrieben, wird eine Null angefügt. Eine spontane heftige Reaktion im Sinne der Ziffer 9 umfasst eine sich aus dem Stoff ergebende Möglichkeit der Explosionsgefahr, einer gefährlichen Zerfalls- oder Polymerisationsreaktion unter Entwicklung beträchtlicher Wärme oder die Entwicklung von entzündbaren und/oder giftigen Gasen.

▶ Tabelle 55.2 gibt Beispiele für besondere Ziffernkombinationen der Gefahrnummer. Diese Liste ist jedoch nicht abschließend.

55.4 Schriftliche Weisung

Die Schriftlichen Weisungen, welche 2009 die »Unfallmerkblätter« abgelöst haben, müssen in der Fahrerkabine an leicht zugänglicher Stelle mitgeführt werden. In den Schriftlichen Weisungen werden Hinweise für die Hilfe bei Unfällen aufgeführt, die sich primär an den Fahrer richten. Hinweise zum Transportgut werden in den allgemein gehaltenen Unterlagen nicht mehr aufgeführt. Für die Einsatzkräfte haben die Schriftlichen Weisungen somit kaum noch eine Relevanz; wichtiger sind die Beförderungspapiere.

Seit 2016 sind Beförderungspapiere für Gefahrguttransporte anstelle in Papierform auch als elektronische Variante zulässig. Sie müssen von Kotrollorganen und Einsatzkräften zu jeder Zeit abgerufen werden können. Entsprechend müssen die Fahrzeuge mit einem Piktogramm und einer Telefonnummer feuerbeständig gekennzeichnet sein (▶ Bild 55.5). Die Kennzeichnung muss vorn und hinten am Fahrzeug im Abstand von maximal 50 Zentimetern zur Warntafel mittels Magnettafel erfolgen. Für die Übergangsphase bis zum 31. Januar 2022 erfolgt das Auslesen der Transportdaten mittels eines im Gefahrgutfahrzeug mitgeführten Datenendgeräts – ähnlich den mobilen Datenterminals wie sie auch Paketdienste verwenden. Als Datenendgeräte sind aber auch Tablet-PC, Smartphones oder fest im Fahrzeug eingebaute Geräte möglich. Für den Fall eines Defekts oder einer Beschädigung des Geräts ist auf der Magnettafel zusätzlich eine Notfallnummer angegeben, über die dann Transportdaten abgefragt werden können. In Zukunft werden Transporteinheiten mit einem elektronischen Beförderungsdokument (»electronic Dangerous Goods Transport Information« – e-DGTI) mit dem Piktogramm »e« gekennzeichnet. Ab Ende der Übergangsphase müssen in den Fahrzeugen keine Datenendgeräte mehr mitgeführt werden. Die Übermittlung des e-DGTI erfolgt dann über den Internetzugang »Trusted Party 1« (TP1) an die jeweilige Leitstelle.

55.5 Weitere Kennzeichnungen im Transportwesen

Freistellungen im Zusammenhang mit Mengen, auch als Freimengen bezeichnet, bedingen Ausnahmen von den Vorschriften des ADR und damit auch von der Kennzeichnung. Seit 2009 ist jedoch unter bestimmten Voraussetzungen auch eine Kennzeichnung vorgegeben. Werden Versandstücke in begrenzten Mengen im Rahmen der so genannten Freistellung transportiert, muss – in Abhängigkeit von der

Beförderungseinheit, also dem Fahrzeug – eine Kennzeichnung »Begrenzte Menge« (engl. Limited Quantity, kurz LTD QTY oder LQ) am Fahrzeug angebracht sein, sofern nicht bereits eine Kennzeichnung mittels Warntafel erfolgt ist. Die Kennzeichnung ist jedoch erst ab einem Fahrzeuggesamtgewicht von mehr als zwölf Tonnen und einer Gesamtbruttomasse der beförderten Gefahrgut-Versandstücke von acht Tonnen erforderlich. Es ist die Kennzeichnung nach den ▶ Bilder 55.6a und 55.6b vorgeschrieben. Werden in Versandstücken nur sehr geringe Stoffmengen transportiert (Einheiten: Gramm oder Milliliter) reicht im Rahmen der freigestellten Transporte auch die Kennzeichnung des Versandstücks mit ▶ Bild 55.6c aus.

Bild 55.6 Besondere Kennzeichnungen:

- **a** Kennzeichnung »Begrenzte Mengen« (LQ)
- **b** Bei See- und Lufttransport wird zusätzlich ein »Y« vorgeschrieben.
- **c** freigestellte Versandstücke mit sehr geringen Stoffmengen
- **d** Warnzeichen für begaste Beförderungseinheiten
- **e** Kennzeichnung für umweltgefährdende Stoffe
- **f** Kennzeichnung für in erwärmtem Zustand transportierte Materialien

Begaste Beförderungseinheiten wie Container, Tanks oder ein Fahrzeug müssen mit einer Kennzeichnung nach ▶ Bild 55.6d versehen sein. Diese Warnkennzeichnung muss solange auf der Beförderungseinheit verbleiben, bis die begaste Beförderungseinheit belüftet und das begaste Ladegut entladen worden ist.

55.6 Kennzeichnung von Gefahrstoffen

Gefahrstoffe wurden seither durch orange Gefahrensymbole gekennzeichnet. Seit Juni 2015 werden diese durch das »Globally Harmonized System of Classification, Labelling and Packaging of Chemicals« (GHS) der Vereinten Nationen abgelöst (▶ Bild 55.7). Die Kennzeichnung ist insbesondere auf Versandstücken und Verpackungseinheiten zu finden.

Im militärischen Bereich gelten besondere Kennzeichnungen für Stoffe der Gefahrengruppe 1 (▶ Kapitel 35.13).

55.7 Besondere Kennzeichnung im Schienentransport und in der Binnenschifffahrt

Im Schienentransport gelten grundsätzlich die gleichen Kennzeichnungen wie im Straßentransport (Gefahrzettel, Warntafel). Begleitpapiere sind im Triebfahrzeug (Lok) zu finden, innerhalb der Rangierbahnhöfe beim Fahrdienstleiter. Hier ist insbesondere der Notfallmanager der Bahn als Fachberater zu nutzen.

Eine besondere, abweichende Kennzeichnung haben Eisenbahnkesselwagen mit verflüssigten Gasen. Sie werden mit einem umlaufenden, 30 Zentimeter breiten orangen Streifen rund um den Kessel gekennzeichnet (▶ Bild 55.8).

Die Kennzeichnung in der Binnenschifffahrt wird in ▶ Kapitel 35.6 dargestellt. Die Begleitpapiere befinden sich beim Schiffsführer.

55.8 Kennzeichnung von Rohrleitungen

Die Kennzeichnung von Rohrleitungen ist in DIN 2403 geregelt und bezieht sich jeweils auf

Gefahrenbezeichnung	Kennbuchstabe	Symbol	Bezeichnung	Piktogramm GHS
Explosionsgefährlich	E		Explodierende Bombe	
Hochentzündlich	F+		Flamme	
Leichtentzündlich	F			
Brandfördernd	O		Flamme über einem Kreis	
Gase unter Druck	keine Entsprechung		Gasflasche	
Ätzend	C	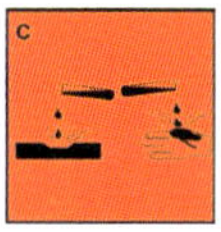	Ätzwirkung	
Sehr giftig	T+		Totenkopf mit gekreuzten Knochen	
Giftig	T			
Gesundheitsschädlich	Xn		keine Entsprechung	
Reizend	Xi			
Warnung	keine Entsprechung		Ausrufezeichen	
Gesundheitsgefahr	keine Entsprechung		Gesundheitsgefahr	
Umweltgefährlich	N		Umwelt	

Bild 55.7 Kennzeichnung von Gefahrstoffen gemäß EU (links) und nach GHS (rechts)

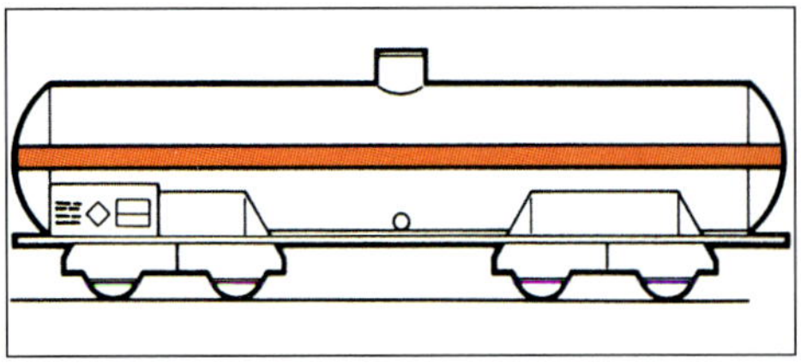

Bild 55.8 Mit verflüssigten Gasen beladene Eisenbahnwaggons werden mit einem umlaufenden orangen Streifen gekennzeichnet.

den in den Rohrleitungen fließenden Stoff. Die Kennzeichnung kann auf verschiedene Arten angebracht sein: als Schilder oder Aufkleber (▶ Bild 55.9), durch Farbringe oder durch eine vollständige Einfärbung der Rohrleitung. Trotz der genormten Ausführung wird in der Praxis häufig von den Vorgaben abgewichen! Die Farbkennzeichnung zeigt ▶ Tabelle 55.3.

Tabelle 55.3 Kennzeichnung von Rohrleitungen

Kennfarbe	Durchflussstoff
grün	Wasser
rot	Wasserdampf
grau	Luft
gelb mit Zusatz rot	brennbare Gase
gelb mit Zusatz schwarz	nicht brennbare Gase
orange	Säuren
violett	Laugen
braun mit Zusatz rot	brennbare Flüssigkeiten und Feststoffe
braun mit Zusatz schwarz	nicht brennbare Flüssigkeiten und Feststoffe
blau	Sauerstoff

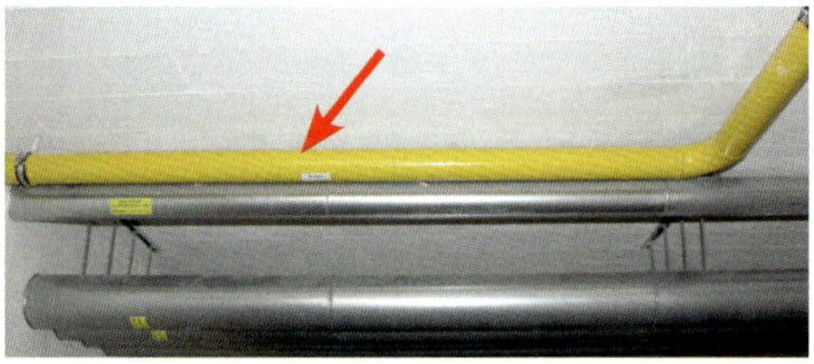

Bild 55.9 Kennzeichnung einer Erdgasleitung in Gelb, ergänzt mit einer entsprechenden Aufschrift (Pfeil)

55.9 Kennzeichnung von Druckgasflaschen

Die Farbkennzeichnung von Druckgasflaschen wird nach DIN EN 1089-3 durchgeführt. Sie ist nur an der Flaschenschulter vorhanden. Ein Kennbuchstabe »N« (für neu) kann auf der Flaschenschulter aufgebracht sein; vorgeschrieben ist er nicht mehr. Die Farbkennzeichnung zeigt ▶ Bild 55.10.

Notizen:

Bild 55.10 Farbkennzeichnung von Druckgasflaschen

56 Grundlagen des ABC-Einsatzes

von Sebastian Fischer

Die < **FwDV 500** > legt seit dem Jahr 2004 taktische Regeln fest, die bei Einsätzen mit Gefahren durch radioaktive Stoffe (A-Einsatz), biologische Stoffe (B-Einsatz) und chemische Stoffe (C-Einsatz) gelten. Im Zeitraum zwischen September 2010 und Januar 2012 hat die Projektgruppe Feuerwehr-Dienstvorschriften in mehreren Schritten einen Änderungsentwurf erarbeitet. Dieser Entwurf wurde Anfang 2012 genehmigt und die darauf basierende, aktualisierte Fassung der FwDV 500 den Ländern zur Einführung empfohlen. Die Änderungsnotwendigkeiten finden ihre Grundlage in:

- Änderungen von Kennzeichnungsvorschriften,
- Anpassung einiger Formulieren an die Entwicklungen auf dem Gebiet der Messgeräte und der Schutzkleidung,
- Änderungen in der Bezeichnung von Verordnungen und Vorschriften,
- Anpassung an überarbeitete Feuerwehr-Dienstvorschriften, insbesondere der FwDV 3 »Einheiten im Lösch- und Hilfeleistungseinsatz«.

Mit Ausnahme des Aufgabentausches zwischen Schlauch- und Wassertrupp im ABC-Einsatz in Angleichung an die Festlegungen der FwDV 3 und der Änderung der Dekon-Stufen haben die Änderungen aber keine Auswirkungen auf die Taktik der Einheiten im ABC-Einsatz.

Außer den Vorgaben der FwDV 500 sind im ABC-Einsatz auch Festlegungen der FwDV 100 (Führung und Leitung im Einsatz), der FwDV 1 (Grundtätigkeiten), der FwDV 7 (Atemschutz) und der FwDV 3 (Einheiten im Lösch- und Hilfeleistungseinsatz) sowie weitere Richtlinien, z. B. der Vereinigung zur Förderung des deutschen Brandschutzes (vfdb), DIN-Normen und Spezialgesetze zu beachten. Trotz der zahlreichen zu beachtenden Spezialgesetze und Zuständigkeitsregelungen bei ABC-Einsätzen, bietet die FwDV 500 aufgrund ihrer besonderen Systematik eine praxistaugliche Leitlinie für die Abwicklung eines

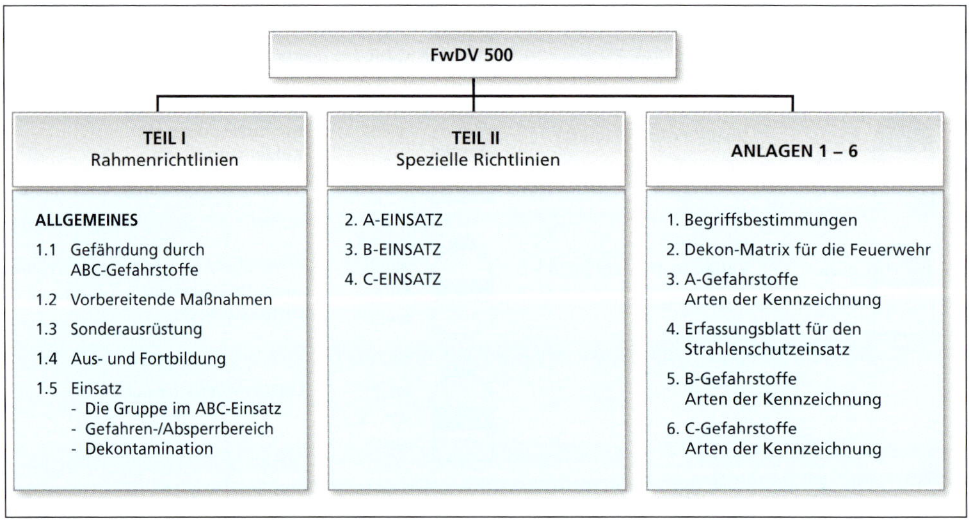

Bild 56.1 Gliederung der FwDV 500

Tabelle 56.1 Grundsätzliche Festlegungen für die Gefahrengruppen I bis III

Gefahren[a]	I A I B I C	II A II B II C	III A III B III C
Atemschutz	✓	✓	✓
Sonderausrüstung		✓	✓
Besondere Überwachung		✓	✓
Dekontamination/Hygiene		✓	✓
Fachkundige Person			✓
allg. Verhaltensregeln Industrie/Labor	✓	✓	✓

[a] Die Einteilung in eine der Gefahrengruppen ergibt sich bei radioaktiven Stoffen u. a. aufgrund der Gesamtaktivität in Relation zur Freigrenze nach der Strahlenschutzverordnung und bei biologischen Stoffen durch die in der Biostoffverordnung definierten Risikogruppen. Bei chemischen Stoffen erfolgt die Einteilung durch die Zuordnung der Anlage oder des Betriebsbereiches zu einer Gefahrengruppe unter Gesamtbeurteilung der Menge und der Eigenschaften des Stoffes.

ABC-Einsatzes durch die Feuerwehren. Bei Einhaltung der beschriebenen Schutzmaßnahmen und Vorgehensweisen kann der Einsatz mit dem bestmöglichen Schutz für die Einsatzkräfte abgewickelt werden. Die FwDV 500 gliedert sich in den Teil I (Rahmenrichtlinien), in den Teil II (Spezielle Richtlinien für A-, B- und C-Einsätze) sowie in zahlreiche Anlagen, die umfangreiche Informationen enthalten.

Im Rahmen der Einsatzvorbereitung werden gemäß der FwDV 500 Bereiche mit ABC-Gefahrstoffen in drei Gefahrengruppen eingeteilt. Diese Einteilung ermöglicht im Einsatzfall die Festlegung der notwendigen Schutzausrüstung, der notwendigen Sonderausrüstung, der notwendigen Überwachung und Dekontamination sowie gegebenenfalls die Erfordernis der Anwesenheit einer fachkundigen Person. In allen Fällen haben die Einsatzkräfte die allgemeinen Verhaltensregeln für den Einsatz in Industrieanlagen und Laboren (Unfallverhütungsvorschriften) zu beachten. Unabhängig davon, ob es sich um einen A-, B- oder C-Gefahrstoff handelt, enthält ▶ Tabelle 56.1 grundsätzliche Festlegungen für die Gefahrengruppen I bis III. Die fachkundige Person kann insbesondere von folgenden sachverständigen Stellen herangezogen werden:

- betroffene Einrichtung (z. B. Betrieb),
- Gewerbeaufsichtsbehörden,
- Umwelt- und Wasserwirtschaftsbehörden,
- Gesundheitsbehörden und Veterinärämter,
- Werkfeuerwehren,
- Streitkräfte, Kampfmittelräumdienste,
- Hochschulen, Universitäten,
- Kompetenzzentren (z. B. Analytische Task Forces),
- Katastrophenschutzdienststellen.

Um bei Einsätzen schnell eine fachkundige Person vor Ort zu haben, sollten in den Feuerwehren Fachberater für ABC-Einsätze zur Verfügung stehen. Während bei den Feuerwehren in der Vergangenheit insbesondere Chemiker als Fachberater gewonnen werden konnten, müssen zukünftig auch Personen mit speziellen Kompetenzen in den Bereichen Strahlenphysik und Biologie als Fachberater gewonnen werden. Besondere Regelungen bezüglich der fachkundigen Person werden in den speziellen Kapiteln A-, B- oder C-Einsatz behandelt (▶ Kapitel 57).

Während bei stationären Anlagen und Betrieben die Einteilung in die Gefahrengruppen im Rahmen der Einsatzvorbereitung erfolgen kann und diese Information in einem Feuer-

Achtung:

Bei Einsätzen im Zusammenhang mit Transporten muss bis zu einer detaillierten Auswertung der Kennzeichnung zunächst wie bei Einsätzen der Gefahrengruppe II verfahren werden!

wehrplan nach DIN 14095 und durch vor Ort angebrachte Kennzeichnungen den Einsatzkräften bekannt ist, ist es insbesondere bei Transportunfällen zunächst schwierig, eine Einteilung in die Gefahrengruppen vorzunehmen.

Eine vorbereitende Einteilung in die Gefahrengruppen I bis III ist bei Transporten im Einzelfall nicht möglich. Zu unterschiedlich sind die Eigenschaften und Mengen der transportierten Güter. Allerdings werden Transporte von gefährlichen Gütern nach besonderen Vorschriften klassifiziert und gekennzeichnet (zum Beispiel Gefahrgutverordnung Straße, Eisenbahn und Binnenschifffahrt – GGVSEB). Trotzdem können insbesondere Stückguttransporte oder auch Transporte von nicht kennzeichnungspflichtigen Mengen zunächst nur schwer eingeschätzt werden.

Auch bei Ereignissen, bei denen der Einsatz von Kampfstoffen oder von ABC-Gefahrstoffen mit ähnlichen Eigenschaften vermutet wird, ist das tatsächliche Schadenausmaß nicht leicht abschätzbar und damit eine vorbereitende Eingruppierung nicht möglich. Daher beinhaltet die FwDV 500 besondere Festlegungen für Transportunfälle und für ABC-Einsätze, bei denen der Verdacht auf einen terroristischen Hintergrund besteht. Bei Ereignissen mit vermutlich terroristisch verwendeten ABC-Gefahrstoffen ist grundsätzlich wie bei der Gefahrengruppe III zu verfahren.

Notizen:

57 Standardablauf eines ABC-Einsatzes

von Sebastian Fischer

Ein ABC-Einsatz gliedert sich in die Erstmaßnahmen durch die zuerst eintreffenden Einsatzkräfte und in die ergänzenden Maßnahmen durch besonders geschulte Spezialkräfte. Die Erstmaßnahmen nach der GAMS-Regel gelten für alle ABC-Einsätze in ähnlicher Weise und werden in ▶ Kapitel 58 ausführlich dargestellt. Die ergänzenden Maßnahmen dagegen werden in ▶ Kapitel 59 untergliedert nach den jeweiligen Besonderheiten beim A-, B- oder C-Einsatz behandelt. Beiden Kapiteln müssen zu deren besserem Verständnis allerdings einige Ausführungen zur Raumordnung, zur Führungsorganisation, zur Informationsgewinnung und zur Dekontamination vorangestellt werden.

57.1 Ordnung des Raumes

Zum Schutz der Einsatzkräfte kommt der Raumordnung bei einem ABC-Einsatz eine besondere Bedeutung zu. Wesentliches Instrument der Raumordnung ist die Festlegung der einsatztaktischen Absperrung der Feuerwehr (innere Absperrung, Gefahrenbereich) und der Absperrung der Polizei (äußere Absperrung, Absperrbereich). Sofern an der Einsatzstelle noch nicht ausreichend Polizeikräfte vor Ort sind, muss auch die äußere Absperrung durch die Feuerwehr eingerichtet werden.

Die < **innere Absperrung** > stellt die Begrenzung des Gefahrenbereiches durch radioaktive, biologische oder chemische Stoffe dar. Der Gefahrenbereich entspricht daher der Zone, in der für die Einsatzkräfte ohne besondere Schutzausrüstung mit einer Gesundheitsgefährdung gerechnet werden muss. Daher darf der Gefahrenbereich nur von besonders ausgebildeten und besonders geschützten Einsatzkräften betreten werden. Im Ersteinsatz umfasst der Gefahrenbereich im Allgemeinen die Zone mit einem Radius von etwa 50 Metern um das Schadenobjekt (z. B. verunglückter Lkw). Bei Gefahren durch explosive Stoffe sowie bei Flüssiggastankwagen, Druckgaskesselwagen und Industrietanks gelten besondere Regelungen (▶ Kapitel 58). Zur Darstellung der inneren Absperrung eignet sich insbesondere Absperrband mit der Aufschrift »Gefahrenbereich« in Verbindung mit speziellen Schildern. Diese Absperrung und ihre Bedeutung müssen allen am Einsatz beteiligten Einsatzkräften bewusst sein.

Achtung:

Der Gefahrenbereich darf nur von besonders ausgebildeten und besonders geschützen Einsatzkräften betreten werden! Sie gelten als kontaminiert!

Die < **äußere Absperrung** > der Polizei begrenzt den Absperrbereich und stellt die Grenze dar, bis zu der sich Unbeteiligte der Einsatzstelle nähern dürfen. Für den Absperrbereich gilt als Faustregel ein Radius von etwa 100 Metern um das Schadenobjekt. Auch dieser Bereich muss

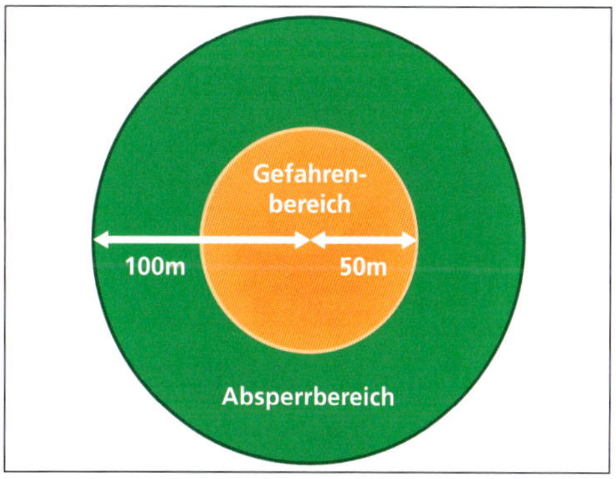

Bild 57.1 Gefahren- und Absperrbereich bei einem ABC-Einsatz (Standardbereiche)

bei den bereits geschilderten Sonderfällen erweitert werden. ▶ Bild 57.1 zeigt schematisch das System aus Gefahrenbereich und Absperrbereich gemäß FwDV 500 mit den üblichen Radien (50 Meter/100 Meter).

Zwischen der inneren und der äußeren Absperrung halten sich alle anderen, nicht durch eine besondere Ausrüstung geschützten Einsatzkräfte auf. Bei der Festlegung der Grenzen sind die Windverhältnisse sowie die Topografie zu berücksichtigen. Insbesondere flüssige Gefahrstoffe und deren Dämpfe können sich in tieferliegende Bereiche (Senken, Kanalnetze) ausbreiten. Der Bereich zwischen der inneren und der äußeren Absperrung muss ausreichend groß bemessen werden. In diesem Bereich muss Platz für die Fahrzeuge der zuerst eintreffenden Einheiten und die Sonderfahrzeuge der nachrückenden speziellen Einheiten (z. B. Gefahrgutzug) vorhanden sein. Weiterhin ist ausreichend Raum für einen Dekontaminationsplatz und eine Gerätebereitstellungszone notwendig. Darüber hinaus müssen Fahrzeuge zur Sicherstellung des Brandschutzes (eventuell Sonderlöschmittelfahrzeuge) und die Fahrzeuge der Einsatzleitung dort Platz finden. Neben den Aufstellflächen für die Fahrzeuge der Feuerwehr muss ausreichend Platz für die Fahrzeuge des Rettungsdienstes und der Polizeikräfte vorhanden sein. ▶ Bild 57.2 zeigt exemplarisch die Raumordnung an einer Einsatzstelle.

Eine Anpassung des Radius an die tatsächliche Gefahrenlage kann nach einer detaillierteren Lagebeurteilung notwendig werden. Dazu sind neben detaillierten Kenntnissen über den ausgetretenen Stoff auch Messgeräte erforderlich.

In Abhängigkeit der vorliegenden ABC-Gefahrstoffe kommen unterschiedliche Bewertungsgrundlagen in Frage:
- Explosionsgefahr,
- Dosisleistung,
- Arbeitsplatzgrenzwert,
- Einsatztoleranzwert.

57.1.1 Explosionsgefahr

Unterschiedliche brennbare Gase und Dämpfe haben unterschiedliche Explosionsbereiche. So besteht beispielsweise bei Acetylen bei Gaskonzentrationen zwischen 2,3 und 83 Vol-% in der Umgebungsluft Explosionsgefahr. Bei Benzindämpfen besteht Explosionsgefahr dagegen im Bereich zwischen 0,6 und 8 Vol-%. Eine absolute Konzentrationsbestimmung

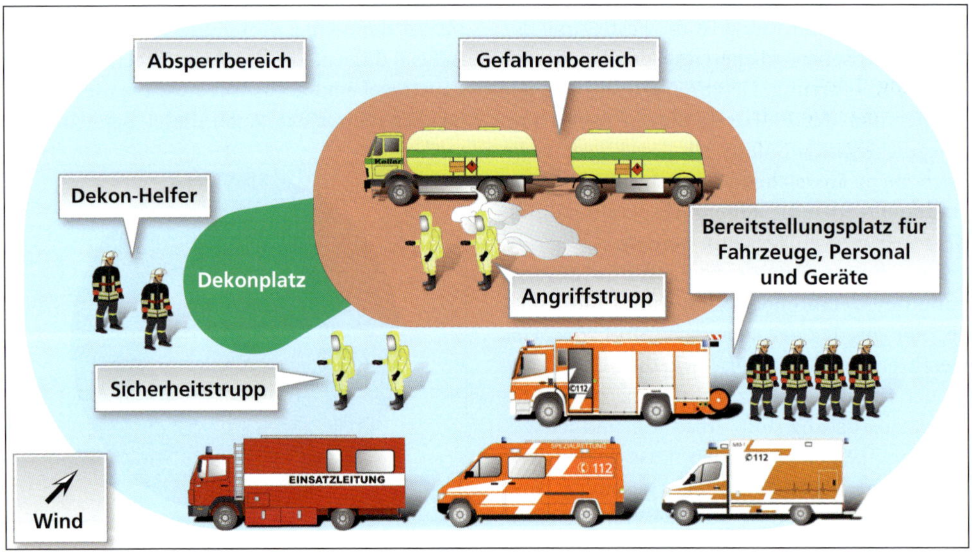

Bild 57.2 Räumliche Gliederung beim ABC-Einsatz

Bild 57.3 Die Untere und die Obere Explosionsgrenze (UEG/OEG) grenzen den Zündbereich des explosionsfähigen Gemisches ein. In Rot ist der Warnbereich der üblichen Ex-Messgeräte dargestellt.

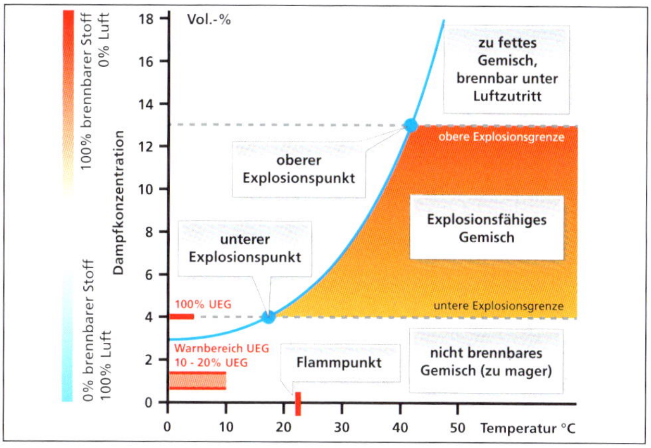

würde daher nur bei gleichzeitiger Kenntnis des vorliegenden Gases und der spezifischen Explosionsgrenzen Sinn machen. Diese Vorgehensweise ist im ABC-Ersteinsatz zu aufwändig. Im Feuerwehreinsatz ist es daher üblich, anstelle der absoluten Konzentration eines brennbaren Gases in der Luft einen relativen Beurteilungswert bezogen auf die <**Untere Explosionsgrenze**> (UEG) zu bestimmen. Denn entscheidend ist in der Erstphase eines ABC-Einsatzes lediglich, ob und, wenn ja, wo eine Explosionsgefahr vorliegt. Das heißt, unabhängig vom tatsächlich vorliegenden Gas, steht ein Wert von 100 % UEG für eine Gaskonzentration in der Umgebungsluft, die genau der Unteren Explosionsgrenze entspricht. In diesem Fall besteht am Ort der Messung höchste Explosionsgefahr. Da die Gaskonzentration innerhalb einer Einsatzstelle, ja sogar innerhalb eines einzelnen Raumes, stark schwanken kann, werden die üblicherweise im Feuerwehreinsatz verwendeten Explosionswarngeräte auf 10 bzw. 20 % UEG eines Stoffes kalibriert, der eine sehr niedrige Untere Explosionsgrenze hat (z. B. Nonan). Den Einsatzkräften muss aber bewusst sein, dass es Gase gibt, deren Untere Explosionsgrenze noch niedriger ist (z. B. Acetylen).

57.1.2 Dosisleistung

Bei Strahlenschutzeinsätzen ist es notwendig, die am Einsatzort herrschende Dosisleistung zu bestimmen. Bei konstanter Dosisleistung kann durch Multiplikation von Dosisleistung (mSv/h) und Aufenthaltsdauer (h) die zu erwartenden Dosis abgeschätzt werden. Die Absperrgrenze muss bei einer Dosisleistung von 25 µSv/h festgelegt werden. Neben den üblichen Dosisleistungsmessgeräten eignen sich zur Festlegung der Absperrgrenze insbesondere Dosisleistungswarngeräte, die auf den Grenzwert 25 µSv/h fest eingestellt sind.

57.1.3 Arbeitsplatzgrenzwert

In Deutschland wurde der Arbeitsplatzgrenzwert (AGW) am 1. Januar 2005 mit der Neufassung der Gefahrstoffverordnung (GefStoffV) eingeführt. Er ersetzt die Maximale Arbeitsplatz-Konzentration (MAK) und die Technische Richtkonzentration (TRK). Nach der Gefahrstoffverordnung ist der AGW der Grenzwert für die zeitlich gewichtete durchschnittliche Konzentration eines Stoffes in der Luft am Arbeitsplatz in Bezug auf einen gegebenen Referenzzeitraum. Er gibt an, bei welcher Konzentration eines Stoffes akute oder chronische schädliche Auswirkungen auf die Gesundheit im Allgemeinen nicht zu erwarten sind. Arbeitsplatzgrenzwerte sind Schichtmittelwerte bei in der Regel täglich achtstündiger Exposition an fünf Tagen pro Woche während der Lebensarbeitszeit. Kurzzeitwerte ergänzen die Arbeitsplatzgrenzwerte, indem sie die Konzentrationsschwankungen um den Schichtmittelwert nach oben hin sowie in ihrer Dauer und Häufigkeit beschränken. Die maximale

Höhe der kurzzeitigen Überschreitung des Arbeitsplatzgrenzwertes hat sich an den sehr unterschiedlichen Wirkungseigenschaften der einzelnen Stoffe zu orientieren. Eine pauschale Festlegung der Kurzzeitwertparameter ist daher nicht möglich.

Da sowohl die Einsatzkräfte als auch andere betroffene Personen keinesfalls täglich einer achtstündigen Exposition eines Gefahrstoffes ausgesetzt sind, sind die dem Schutz der Gesundheit dienenden Grenzwerte in der Luft am Arbeitsplatz, Arbeitsplatzgrenzwerte AGW, früher MAK- bzw. TRK-Werte, aufgrund ihrer Definition für den Feuerwehreinsatz nur wenig geeignet. Die Vorschriften der Gefahrstoffverordnung hinsichtlich Einhaltung der Arbeitsplatzgrenzwerte (AGW) gelten nicht für Feuerwehreinsätze, da ein Gefahrguteinsatz nicht als »Tätigkeit« mit gefährlichen Stoffen zu werten ist. Andererseits ist der Arbeitsplatzgrenzwert eine gute Beurteilungsgrundlage zur Freigabe einer Einsatzstelle, sofern eine derartige Entscheidung von der Feuerwehr getroffen werden soll. Die Einsatztoleranzwerte dagegen orientieren sich zwar auch an den toxikologischen Daten und arbeitsmedizinischen Erfahrungen, die auch den Grenzwerten in der Luft am Arbeitsplatz zugrunde liegen, berücksichtigen jedoch in der Hauptsache akute toxische Wirkungen.

57.1.4 Einsatztoleranzwert

Für Einsatzmaßnahmen der Feuerwehr bei Freisetzung gefährlicher Stoffe bzw. Entwicklung von Schadstoffwolken (z. B. Leckagen, Bränden), werden stoffspezifische Einsatztoleranzwerte (ETW) festgelegt, soweit die Gase oder Dämpfe einsatztaktisch relevant, mit einfachen Mitteln sofort nachweisbar sind und toxikologische und/oder sicherheitstechnische Bewertungen vorliegen.

Der ETW gilt grundsätzlich für zeitlich begrenzte Tätigkeiten von Einsatzkräften (bis zirka vier Stunden) an Einsatzstellen mit einer Ausbreitung von Schadstoffen. Bei Konzentrationen oberhalb des ETW sind Einsatzmaßnahmen der Feuerwehr grundsätzlich unter Atemschutz durchzuführen. Unterhalb des ETW kann ohne Atemschutz gearbeitet werden, soweit nicht aus anderen Gründen Schutzmaßnahmen angezeigt sind (z. B. weitere vermutete und/oder nicht messbare Schadstoffe). Im Zweifel ist immer umluftunabhängiger Atemschutz zu tragen (vgl. FwDV 7). So lange keine besonderen Bewertungen und Weisungen z. B. von der Umwelt- oder Gesundheitsbehörde vorliegen, kann der ETW auch zur Beurteilung der Gefahrenlage für die Bevölkerung herangezogen werden. Unterhalb der ETW ist bei kürzeren Einsätzen im Allgemeinen keine Gesundheitsgefährdung zu befürchten (Ausnahme: extrem empfindliche Personen). Trotzdem darf die psychologische Wirkung auf Dritte, aber auch auf die Einsatzkräfte, nicht unterschätzt werden. Daher erfordern ABC-Einsätze ein professionelles und einheitliches Informationsmanagement (Öffentlichkeitsarbeit/Krisenkommunikation).

Die ETW basieren unter anderem auf den AEGL-Werten. Die AEGL-Werte (Acute Exposure Guideline Levels) sind Störfall-Konzentrations-Leitwerte zur Ausführung der Störfall-Verordnung bzw. nach Europäischem Recht der Seveso-II-Richtlinie (Richtlinie 96/82/EG). Diese Werte dienen als Planungsunterlagen für die sicherheitstechnische Auslegung von Anlagen, die betriebliche Alarm- und Gefahrenabwehrplanung und die Katastrophenschutzplanung. Die AEGL-Werte sind stoffbezogene, toxikologisch begründete (Spitzen-)Luftkonzentrationen, die erwarteten Schwellenwerten für Wirkungen auf die menschliche Gesundheit entsprechen. Entsprechend der Definition für die ETW werden seitens des Referates 10 der vfdb sukzessive die verfügbaren und verabschiedeten AEGL-2-Werte (für vier Stunden Exposition) als ETW übernommen.

57.2 Führungsorganisation

Im ABC-Einsatz bietet sich insbesondere eine Gliederung in funktionale Abschnitte an. Diese können beispielsweise sein: Gefahrenbereich, Messen, Warnen, Bereitstellung/Logistik, Rettungsdienst. In den Einsatzabschnitten »Messen« und »Warnen« kann es aufgrund der Größe des Einsatzgebietes sinnvoll sein,

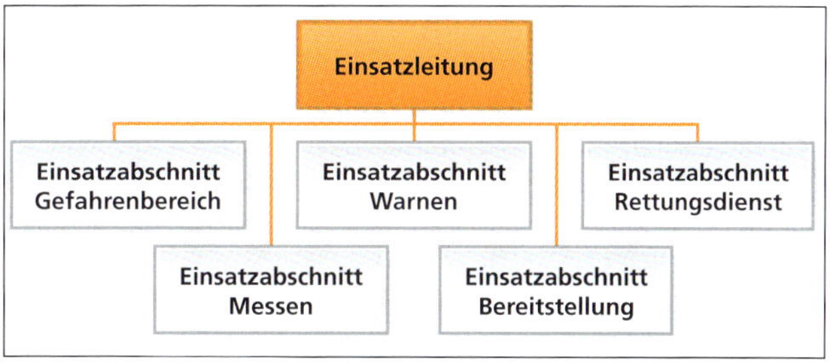

Bild 57.4 Beispiel für eine Gliederung der Einsatzstelle in Einsatzabschnitte

eine räumliche Gliederung in Unterabschnitte vorzunehmen (▶ Bild 57.4). Diese Untergliederung ermöglicht ein strukturiertes Arbeiten und entlastet den Einsatzleiter.

Im Einsatzabschnitt »Gefahrenbereich« muss eine eventuell notwendige Menschenrettung und die Beseitigung der Gefahr zum Beispiel durch Abdichten oder Abpumpen einschließlich aller dazu notwendigen Unterstützungsmaßnahmen geleistet werden. Diese umfangreichen Aufgaben erfordern eine weitere funktionale Untergliederung dieses Einsatzabschnittes (▶ Bild 57.5). Als Unterabschnitte sollten mindestens eingerichtet werden: CSA-Einsatz, Dekontamination, Gerätebereitstellung und Brandschutz. Ein umfangreicher Einsatz unter Chemikalienschutzanzügen im unmittelbaren Gefahrenbereich erfordert die Einrichtung eines eigenen Einsatzunterabschnittes für diesen Aufgabenbereich. Diese Tätigkeiten erfordern eine intensive und enge Führung und Überwachung auf einem separaten Funkkanal. Der Einsatzunterabschnitt »Dekontamination« richtet direkt an der Absperrgrenze zum Gefahrenbereich einen Dekontaminationsplatz ein. Der Unterabschnittsleiter »Dekontamination« hat darauf zu achten, dass der Dekontaminationsplatz rechtzeitig für die CSA-Trupps betriebsbereit ist. Des Weiteren muss das notwendige Maß der Grobreinigung (nass, trocken, Reinigungsmittel) aufgrund der konkreten Einsatzbedingungen abgesprochen werden. Im Unterabschnitt »Gerätebereitstellung« unterstützen im Umgang mit ABC-Sonderausrüstung besonders geschulte Einsatzkräfte die CSA-Trupps. Auf Anforderung werden hier Geräte so weit wie möglich auf den Einsatz vorbereitet und dann betriebsbereit sowie getestet an die CSA-Trupps übergeben. In diesem Unterabschnitt werden auch die notwendigen Auffangbehältnisse und sonstige Hilfsmittel vorbereitet. Der Unterabschnittsleiter hat insbesondere auf die grundsätzliche einsatztaktische Eignung der angeforderten Geräte (z. B. Explosionsschutz) und eine ausreichende Beständigkeit gegen die im Einzelfall vorliegenden Gefahrstoffe zu achten. Besonders bei brennbaren Gefahrstoffen wird zur Vermeidung eines Folgebrandes und damit zum Schutz der eingesetzten Kräfte vorsorglich ein Löschangriff an der Absperrgrenze zum Gefahrenbereich aufgebaut (so genannter dreifacher Brandschutz). Die beschriebenen Maßnahmen der Unterabschnitte müssen nahtlos ineinander greifen und erfordern sehr enge Absprachen und einen ständigen Informationsaustausch. Da alle beschriebenen Unterabschnitte räumlich meist sehr eng beieinander angeordnet sind, bieten sich persönliche Absprachen zwischen den Unterabschnittsleitern an.

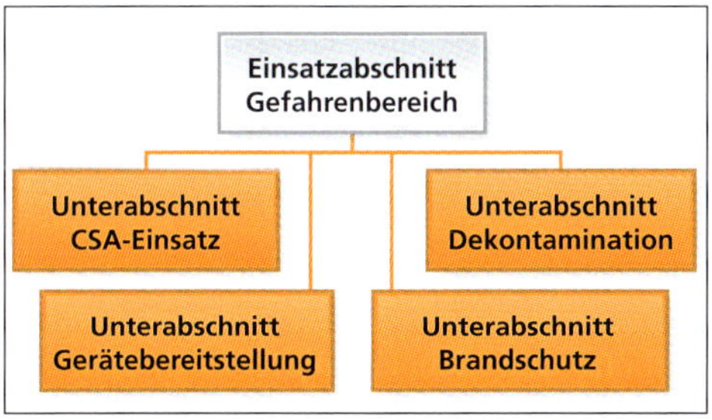

Bild 57.5 Beispiele für Einsatzunterabschnitte im Einsatzabschnitt »Gefahrenabwehr«

Die konkrete Aufgabenzuweisung im ABC-Einsatz wird in der Einsatzpraxis von den örtlichen Strukturen abhängen. Die FwDV 500 enthält zwar Festlegungen für die Gruppe sowie für die Dekontaminations-Staffel im

K

ABC-Einsatz. Allerdings wird bei den Berufsfeuerwehren im Allgemeinen keine klassische Gruppe (1/8) als selbstständige taktische Einheit eingesetzt. Auch bei Freiwilligen Feuerwehren kann aufgrund der immer schwierigeren Personalsituation nicht flächendeckend mit einer Gruppe (1/8) als Ersteinheit gerechnet werden. Nur bei äußerst begrenzten Schadenlagen mit klar begrenztem Risiko ist eine selbständige Gruppe zur Bewältigung des Einsatzes ausreichend. Da ABC-Einsätze zur vollständigen Abwicklung meist eine umfangreiche Zahl an Einsatzkräften und Sonderfahrzeugen erfordern, werden bei Berufsfeuerwehren meist Einheiten verschiedener Feuerwachen und bei Freiwilligen Feuerwehren meist Einheiten verschiedener Ortsteilfeuerwehren gemeinsam eingesetzt werden. In vielen Landkreisen wird ein Gefahrgutzug betrieben, der dann im Rahmen der Überlandhilfe tätig wird. Auf örtlicher Ebene müssen daher Einsatzstandards (Standardeinsatzregeln) erarbeitet werden, die das Zusammenspiel der einzelnen Einheiten regeln.

57.3 Informationsgewinnung beim ABC-Einsatz

Um die Gefahren bei einem ABC-Einsatz umfassend bewerten und die richtigen Maßnahmen treffen zu können, sind umfangreiche Informationen notwendig. Im Gegensatz zu den Werkfeuerwehren können die öffentlichen Feuerwehren nicht im Detail Kenntnis über alle im Zuständigkeitsbereich potenziell verarbeiteten, gelagerten oder transportierten Gefahrstoffe besitzen. Für die Beurteilung der Lage sind beispielsweise folgende Informationen wichtig:

- Um welchen Gefahrstoff handelt es sich? Welche spezifischen chemischen und physikalischen Eigenschaften besitzt er?
- Besteht Brand- und/oder Explosionsgefahr?
- Reicht der zunächst gewählte Sicherheitsabstand aus oder müssen der Gefahren- und der Absperrbereich vergrößert werden (z. B. bei Sprengstoffen oder Flüssiggasen)?
- Welche Mengen des Gefahrstoffs liegen vor? Mit welcher Leckrate tritt der Stoff aus?

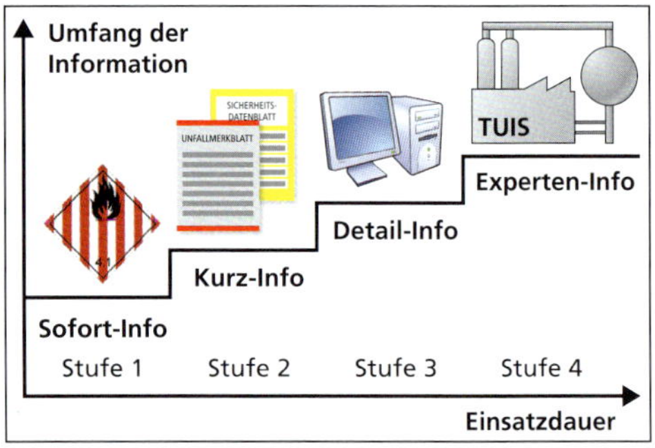

Bild 57.6 Stufen der Informationsgewinnung

- Wie breitet sich der Gefahrstoff aus (gasförmig in der Luft, in offene Gewässer, in Kanaleinläufe)?
- Gibt es vor Ort geeignete Rückhaltevorrichtungen?
- Müssen Personen direkt aus dem unmittelbaren Gefahrenbereich gerettet werden?

Diese Aufzählung ist in keinster Weise abschließend und zeigt, wie groß das Informationsbedürfnis bei einem ABC-Einsatz sein kann. Andererseits lässt das dynamische Einsatzgeschehen nicht immer eine vollumfängliche Informationsbeschaffung in den ersten Minuten eines Einsatzes zu. In der Einsatzpraxis hat sich daher eine Informationsstrategie in vier Stufen bewährt (▶ Bild 57.6). Je höher die Stufe, umso detaillierter und umfassender sind die erhältlichen Informationen. Allerdings erfordern die höheren Stufen deutlich mehr Zeit bei der Informationsgewinnung.

57.3.1 Stufe 1 – Sofortinformation

Bereits in den ersten Minuten eines Einsatzes können die Einsatzkräfte Informationen über den vorliegenden Gefahrstoff gewinnen anhand von Gefahrensymbolen und Gefahrzetteln auf den Verpackungen und, sofern vorhanden, anhand der orangen Warntafel mit Gefahrnummer und Stoffnummer. Äußere Kennzeichnungen von Arbeitsbereichen mit den verschiedenen Sicherheitszeichen (Warn-, Verbots- und Gebotsschilder) nach dem Arbeitsschutzrecht oder mit den Warnzeichen für ionisierende Strahlung beziehungsweise mit den Warnzeichen für Biogefährdung

Bild 57.7 Laborkennzeichnung

stellen eine sofortige Information der Einsatzkräfte dar. Weitere Hinweise geben auch Laborkennzeichnungen (▶ Bild 57.7). Die im Rahmen der Einsatzvorbereitung definierten Gefahrenbereiche der Gruppen II und III sind idealerweise vor Ort gekennzeichnet und im Feuerwehrplan für das Objekt vermerkt. Der Feuerwehrplan nach DIN 14095 soll neben den Gefahrenbereichen in den Gebäudeplänen auch in einem Textteil Informationen unter anderem zu den verarbeiteten und gelagerten Stoffen (Art und Menge), zu den spezifischen chemischen und physikalischen Eigenschaften und zu den geeigneten Einsatzmaßnahmen (Rückhaltevorrichtungen, besondere Löschmittel, Schutzausrüstung) enthalten. Der Feuerwehrplan bietet den Einsatzkräften daher bereits in der ersten Phase des ABC-Einsatzes eine Sofortinformation. Der Feuerwehrplan ist idealerweise vor Ort im Objekt, zum Beispiel an der Brandmelderzentrale vorhanden. Bei der zuständigen Feuerwehr sollte ein Feuerwehrplan vorgehaltern werden. So kann sich der Einsatzleiter bereits während der Anfahrt eine erste Übersicht verschaffen.

Quelle: J. Thorns

Bild 57.8 Gerade bei ABC-Einsätzen bietet ein Fernglas gute Möglichkeiten zur Sofortinformation.

57.3.2 Stufe 2 – Kurzinformation

Im Rahmen der Kurzinformation können die Einsatzkräfte die vor Ort schnell erhältlichen Informationsquellen nutzen. Vor Ort verfügbar sind in Abhängigkeit vom spezifischen Einsatzgeschehen beispielsweise Betriebsanweisungen, Sicherheitsdatenblätter, Lagerlisten oder Anweisungen für die Fahrer von Gefahrguttransporten (Schriftliche Weisungen für den Straßenverkehr bzw. Fahreranweisung). Aus den Frachtpapieren der Spedition können ebenfalls Art des Gefahrgutes und Menge ermittelt werden.

57.3.3 Stufe 3 – Detaillierte Information

Detaillierte Informationen zu den spezifischen chemischen und physikalischen Eigenschaften eines Gefahrstoffes lassen sich aus geeigneten Nachschlagewerken oder Datenbanken ge-

Bild 57.9 EDV-Datenbanken informieren den Einsatzleiter in der Stufe 3.

K

winnen. Die »Emergency Response Intervention Cards« (ERI-Cards) basieren auf einer gruppenspezifischen Informationsstruktur und geben der Feuerwehr Hinweise über erste Einsatzmaßnahmen, wenn sie beim Eintreffen am Ereignisort eines Gefahrgutunfalls keine zuverlässigen stoffspezifischen Informationen zur Verfügung hat. Die Verlage bieten darüber hinaus unterschiedliche Systeme für unterschiedliche Zielgruppen an (Hommel, Memplex). Neben diesen (kommerziellen) Datenbanken gibt es noch einige öffentliche Datenbanken, die auf der jeweiligen Landesebene angeboten werden. Die Bewältigung von Gefahrstoffunfällen erfordert auch eine toxikologische Kompetenz. In Baden-Württemberg wurde beispielsweise eine medizinisch-toxikologische Informationszentrale für Gefahrgutunfälle entwickelt, die am 15. November 1996 ihren Betrieb aufgenommen hat. Giftinformationszentralen sind dagegen darauf ausgelegt, innerhalb kurzer Zeit kompetente toxikologische Beratung bei Vergiftungen (Intoxikationen durch Haushaltschemikalien, Pestizide usw.) zu gewährleisten. Spezielle Gefahrguteinheiten und die übergeordneten Einsatzleiter bei Berufsfeuerwehren sollten über die umfangreichen Recherchemöglichkeiten dieser dritten Informationsstufe verfügen. Des Weiteren sollten diese Informationen auch in den Leitstellen verfügbar sein, um die Einsatzkräfte unterstützen zu können.

57.3.4 Stufe 4 – Experteninformation

Außergewöhnliche Schadenereignisse erfordern eine besonders umfassende und fachkundige Beratung der Einsatzkräfte durch geeignete Experten. In dieser Stufe können organisationseigene Fachberater (z. B. Chemiker) aber auch Experten der zuständigen Ämter wie beispielsweise Umweltämter, Gesundheitsämter, Wasserwirtschaftsämter und Veterinärämter herangezogen werden. Unterstützung bietet auch das Transport-Unfall-Informations- und Hilfeleistungssystem (TUIS) oder der Flüssiggas-Sicherheits-Dienst (FSD). An dieser Stelle sei darauf hingewiesen, dass neben den Experten der Ämter und den Ange-

Quelle: J. Thorns

Bild 57.10 Die ERI-Cards haben eine gruppenspezifische Stoffinformationsstruktur. Sie können zur Erstinformation in jedem Einsatzfahrzeug mitgeführt werden.

boten der chemischen Industrie (TUIS, FSD) im Rechtsrahmen der jeweiligen Feuerwehrgesetze auch alle anderen geeigneten Personen und Organisationen herangezogen werden können (Hilfeleistungspflicht).

Eine umfangreiche Recherche bei einem ABC-Einsatz erfordert eine ausreichende Anzahl speziell geschulter Einsatzkräfte. Um die gewonnenen Informationen übersichtlich für die Entscheidungsträger (z. B. Einsatzleiter, Einsatzabschnittsleiter) verfügbar zu machen, sollten Lagevordrucke verwendet werden. Standardisierte Lagevordrucke verhindern auch, dass in der Eile eines Einsatzes bestimmte Informationen gar nicht erhoben werden. Die ▶ Bilder 57.11 und 57.12 zeigen zwei Seiten eines möglichen Lagevordrucks, auf dem die wichtigsten chemischen und physikalischen Stoffeigenschaften erfasst werden können. Darüber hinaus sind auf dem Blatt »Gefahrstoffdaten» noch die nutzbaren Quellen in den Informationsstufen 3 und 4 aufgeführt.

Für die Entscheidungsträger ist außer den spezifischen Eigenschaften des Gefahrstoffs auch das konkret vorliegende Schadenausmaß

K

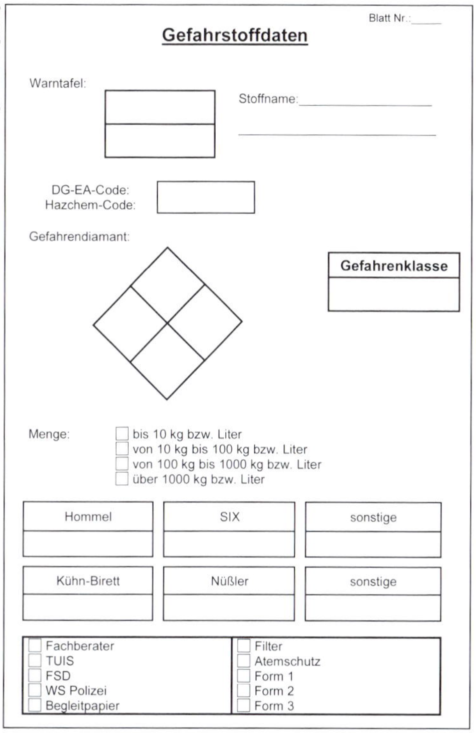

Quelle: Feuerwehr Esslingen/Gefahrgutzug

Bild 57.11 Erfassungsblatt Daten

(Menge) von besonderer Bedeutung. Es macht bei der konkreten Lagebewertung durch den Einsatzleiter einen Unterschied, ob es sich bei dem auslaufenden Gefahrstoff um kleine Mengen aus einem einzelnen Gebinde (z. B. Kanister) handelt, oder ob ein Tankzug großflächig aufgerissen wurde. Daher bietet sich der in ▶ Bild 57.13 dargestellte Lagevordruck zur Erfassung des Schadenobjektes an. Derartige Lagevordrucke können auch für Schiffe, Schienenfahrzeuge oder Lager vorbereitet werden.

Der in ▶ Bild 57.11 enthaltene Gefahrendiamant ist eine besonders schnelle Möglichkeit, sich visuell einfach einen Überblick über die gefährlichen Eigenschaften eines Stoffes zu verschaffen. Dieses System wurde von der amerikanischen NFPA (National Fire Protection Association) entwickelt. Der **<Gefahrendiamant>** ist Bestandteil der meisten Nachschlagewerke (z. B. »Hommel«) oder Stoffdatenbanken. Daher können diese grundlegenden Informationen im Einsatzfall meist schnell ermittelt werden. Der Gefahrendiamant eignet sich daher besonders für die Lagedarstellung. Der Gefahrendiamant besitzt

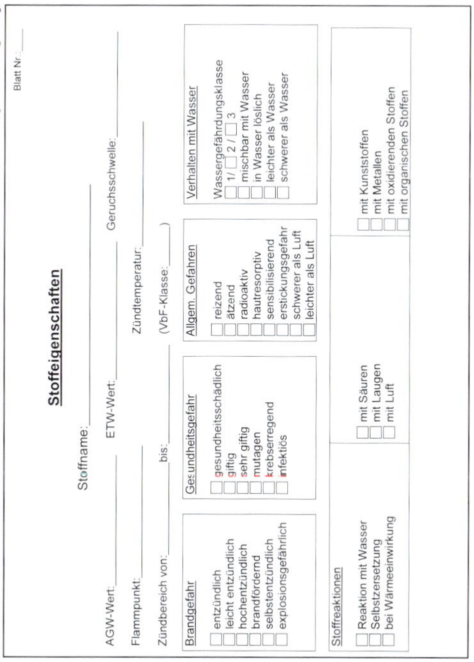

Quelle: Feuerwehr Esslingen/Gefahrgutzug

Bild 57.12 Erfassungsblatt Stoffeigenschaften

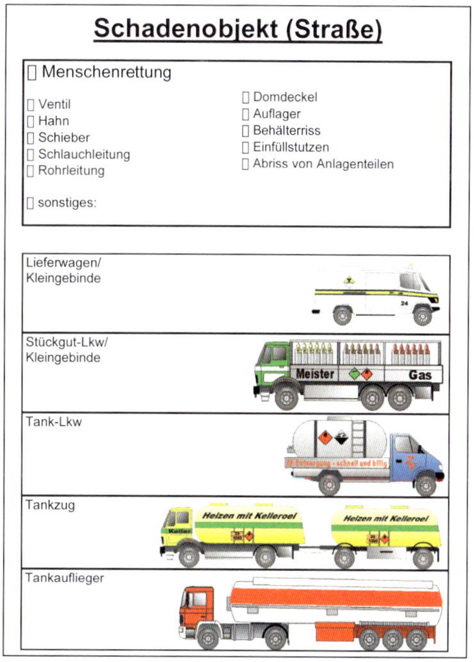

Quelle: Feuerwehr Esslingen/Gefahrgutzug

Bild 57.13 Datenblatt »Schadenobjekt Straße«

K

die Form eines auf der Spitze stehenden Quadrats. Das Quadrat ist in vier Felder unterteilt. Drei Felder beinhalten Informationen zur Gesundheitsgefahr (blau), Brandgefahr (rot) und Reaktionsgefahr (gelb). In diesen drei Feldern werden in Abhängigkeit von den spezifischen Stoffeigenschaften die Ziffern 0 bis 4 eingetragen. Während 0 die geringste Gefährdung repräsentiert, steht 4 für die höchste Gefährdung in der jeweiligen Kategorie. Im vierten Feld können zusätzliche Hinweise eingetragen werden. Der häufigste Hinweis (~~W~~) bezieht sich auf das Verbot, Wasser als Löschmittel zu verwenden. ▶ Bild 57.14 zeigt ein Beispiel eines ausgefüllten Gefahrendiamanten. Der Gefahrendiamant wird immer im Uhrzeigersinn, beginnend bei der Gesundheitsgefahr (blau) »gelesen«, indem nur die Ziffern angegeben werden (Beispiel: »Gefahrendiamant 3-2-1, kein Wasser«).

Bei der Informationsgewinnung müssen sich die Einsatzkräfte aber stets bewusst sein, dass die Kennzeichnung der Ladung oder Betriebsbereiche aus den unterschiedlichsten Gründen falsch, unklar oder gar nicht vorhanden sein kann. Insbesondere im Bereich der Gefahrguttransporte sind bestimmte Stoffe erst ab gewissen Mengen kennzeichnungspflichtig. Im Laufe eines Einsatzes muss daher mit den Informationen aus den unterschiedlichsten Quellen eine permanente Plausibilitätsprüfung, idealerweise mithilfe von Experten, erfolgen. Eine weitere Fehlerquelle liegt in der Übermittlung der oft komplizierten Stoffnamen. In der Praxis besteht eine Differenz zwischen den geregelten IUPAC-Synonymen (International Union of Pure and Applied Chemistry) und den Handelsnamen der jeweiligen Hersteller. Unter Umständen wird ein Stoffname zuerst vom Angriffstrupp an den Gruppenführer, von dort zum Einsatzabschnittsleiter und von dort zum Einsatzleiter übermittelt. Da die Einsatzkräfte

Achtung:

Bei der Übertragung von Stoffnamen und Gefahrnummern ist auf eine sichere Übermittlung, am besten durch Buchstabieren, zu achten!

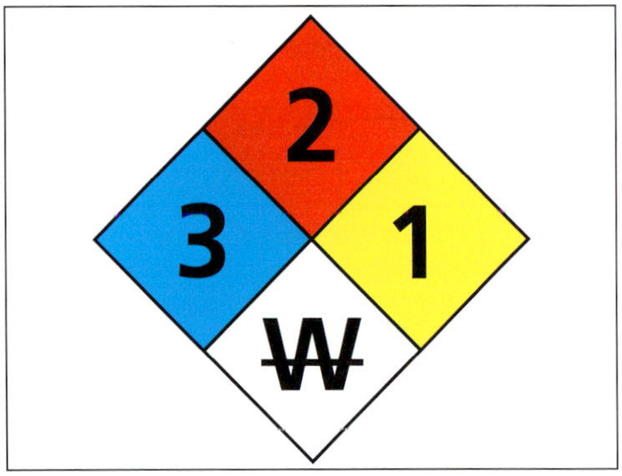

Bild 57.14 Beispiel eines ausgefüllten Gefahrendiamanten

der Feuerwehr im Regelfall nicht täglich mit den oft komplizierten Stoffnamen konfrontiert werden, müssen wichtige Informationen buchstabiert werden. Das Buchstabieren soll gemäß der Buchstabiertafel der PDV/DV 810.3 erfolgen. Bei der Kommunikation zwischen der Einsatzleitung vor Ort und der Leitstelle bietet sich die schriftliche Übertragung der umfangreichen Informationen durch Telefax, E-Mail oder Datenfunksysteme an.

TUIS

Transport-Unfall-Informations- und Hilfeleistungssystem **<TUIS>**: Seit 1982 hat der Verband der Chemischen Industrie (VCI) in enger Zusammenarbeit mit den Innenministerien der Länder dieses flächendeckende, freiwillige Hilfeleistungssystem bei Unfällen mit Chemikalien in Deutschland aufgebaut. Das Transport-Unfall-Informations- und Hilfeleistungssystem der deutschen chemischen Industrie bietet bundesweit Hilfe bei Transportunfällen mit chemischen Produkten, bei Unfällen im Lagerbereich sowie in anderen akuten Gefahrensituationen. Das Leistungsspektrum umfasst drei Stufen (▶ Kapitel 3):

- Stufe 1: telefonische Beratung durch Spezialisten einer Werkfeuerwehr oder durch Chemiker und Toxikologen eines Partnerunternehmens. Diese Mitarbeiter kennen sich durch ihre tägliche Arbeit besonders gut aus im Umgang mit dem konkreten Gefahrstoff.

- Stufe 2: Ein TUIS-Fachberater unterstützt den Einsatzleiter der örtlich zuständigen Feuerwehr direkt vor Ort mit seinem besonderen Fachwissen.
- Stufe 3: TUIS-Werkfeuerwehren leisten direkt am Schadenort mit besonders ausgebildetem Personal und mit spezieller Technik Hilfe.

57.4 Dekontamination

Die Dekontamination durch die Feuerwehr ist gemäß FwDV 500 die Grobreinigung von Einsatzkräften und, sofern erforderlich, von anderen Personen sowie von Geräten. Ziel dieser Grobreinigung ist die Reduzierung der Kontamination bei Einsätzen mit radioaktiven oder chemischen Gefahrstoffen. Bei Einsätzen mit biologischen Gefahrstoffen beinhaltet die Dekontamination durch die Feuerwehr auch Maßnahmen zur Desinfektion. Neben der Dekontamination von Einsatzkräften und Einsatzgeräten kann auch eine Dekontamination von Verletzten unter Beachtung von medizinisch-taktischen Aspekten erforderlich werden.

Die FwDV 500 sieht für die Personendekontamination ein Stufenkonzept mit den Dekon-Stufen I, II und III:

- <**Dekon-Stufe I: Not-Dekontamination**>: Die Not-Dekontamination muss ist sofort ab dem Einsatz des ersten Trupps im Gefahrenbereich sicherzustellen.
- <**Dekon-Stufe II: Standard-Dekontamination**>: Die Dekon-Stufe II ist die Standard-Dekontamination. Sie ist bei jedem

Tabelle 57.1 Dekon-Matrix gemäß FwDV 500

Einsatzart	Dekon-Stufe I Not-Dekon	Dekon-Stufe II Standard-Dekon	Dekon-Stufe III Erweiterte Dekon
Radioaktive Stoffe	So schnell wie möglich kontaminierte Haut-partien reinigen. Bei Verdacht auf Hautkontamination ist die Person einem Arzt vorzustellen.	Nach Überprüfung auf Kontamination (mit Kontaminationsnachweisgerät) wird die Schutzkleidung abgelegt. Alles was mehr als dreifache Nullrate aufweist, gilt als kontaminiert und ist in Säcke/Überfässer zu verpacken.	Dekontamination wie II und Nutzung bestimmter Sonderausstattung (z. B. Dusche, Zelte, Umkleidemöglichkeiten).
Biologische Stoffe	So schnell wie möglich kontaminierte Haut-partien desinfizieren. Einwirkzeiten beachten! Bei Verdacht auf Hautkontamination ist die Person einem Arzt vorzustellen.	Desinfektion der Schutzkleidungsoberfläche (mit Flächendesinfektionsmittel). Nach der Einwirkzeit kann die Schutzausrüstung abgespült werden. Die Reinigungsflüssigkeit ist aufzufangen.	Dekontamination wie II und Nutzung bestimmter Sonderausstattung (z. B. Dusche, Zelte, Umkleidemöglichkeiten). Anschließend Ablegen der gesamten Kleidung (auch Unterbekleidung). Die Reinigungsflüssigkeit ist aufzufangen.
Chemische Stoffe	So schnell wie möglich kontaminierte Haut-partien mit Sprühstrahl reinigen. Bei Verdacht auf Hautkontamination ist die Person einem Arzt vorzustellen.	Dekontamination mit Wasser und Hilfsmitteln. Die Reinigungsflüssigkeit ist aufzufangen.	Dekontamination mit warmem Wasser (evtl. Reinigungszusätze verwenden) und bestimmter Sonderausstattungen (z. B. Dusche, Zelte, Umkleidemöglichkeiten). Die Reinigungsflüssigkeit ist aufzufangen.

ABC-Einsatz unter persönlicher Sonderausrüstung (in der Regel ab Gefahrengruppe II) einzurichten.
- **<Dekon-Stufe III: Erweiterte Dekontamination>**: Die Dekon-Stufe III ist eine erweiterte Dekontamination bei besonders starker Verschmutzung der Einsatzkräfte oder bei einer größeren Anzahl an betroffenen Personen.

Die bislang als separate Stufe geführte »Notdekontamination«, die z. B. für den Fall einer Beschädigung der Schutzkleidung, ab dem Einsatz des ersten Trupps im Gefahrenbereich sicherzustellen ist, wird in der FwDV 500 (Fassung 2012) nun als Dekon-Stufe I bezeichnet.

Die Bezeichnung der allgemeinen Einsatzstellenhygiene als separate Dekon-Stufe entfiel bei der Überarbeitung der FwDV 500. Trotzdem ist die strenge Einhaltung der allgemeinen Einsatzstellenhygiene besonders bei ABC-Einsätzen sehr wichtig. Insbesondere die persönliche Händehygiene wird aufgrund von Bequemlichkeit oder Vergesslichkeit oft vernachlässigt. Die menschliche Hand stellt einen der häufigsten Übertragungswege von Krankheiten dar. Ein Händewaschen mit Wasser und Seife (▶ Bild 57.18, ▶ Kapitel 63) verringert die Zahl der auf der Haut natürlicherweise vorhandenen Mikroorganismen um den Faktor 1 000. Viren und andere pathologische Erreger werden dadurch jedoch nicht entfernt. Hier empfiehlt es sich, eine hygienische Hände-Desinfektion durchzuführen. Als Standard-Hygiene-Maßnahmen an Einsatzstellen gelten insbesondere die folgenden Grundsätze:
- direkten Kontakt mit Gefahrstoffen und Körpersekreten vermeiden;
- situationsangemessene Schutzkleidung (Handschuhe) anlegen;
- Hände waschen und desinfizieren;
- an Einsatzstellen nicht Essen, Trinken oder Rauchen;
- Verpflegung und Toilettengänge nur in einem sauberen und sicheren Bereich nach entsprechender Reinigung und gegebenenfalls Desinfektion. Dieser Bereich muss klar von der Einsatzstelle abgegrenzt sein.

Vor dem Beginn von Dekontaminationsmaßnahmen muss der dafür zuständige Einsatzabschnittsleiter folgende wesentliche Fragestellungen berücksichtigen und mit dem Einsatzleiter sowie idealerweise mit einem Fachberater besprechen:
- Welche Gefahrenlage (A, B, C oder Kombination) liegt vor?
- Um welchen konkreten Gefahrstoff handelt es sich? Welche chemischen und physikalischen Eigenschaften besitzt dieser Stoff?
- Welche Dekontaminationsart (nass/trocken) mit welchen Dekontaminationsmitteln (z. B. Seifen) sind bei dem vorliegenden C-Gefahrstoff geeignet?
- Welches Desinfektionsmittel (bei B-Gefahrstoffen) ist geeignet? Wie lange muss das Desinfektionsmittel einwirken? Welche Gefahren (z. B. Brennbarkeit, Ätzwirkung) gehen eventuell vom Desinfektionsmittel aus?
- Wie kann der Nachweis der Dekontamination erfolgen (Schnellanalytik)? Welche Nullrate ist am Einsatzort normal (bei A-Gefahrstoffen)? Als **<Nullrate>** wird die Anzeige eines Teilchen- oder Strahlungsdetektors bezeichnet, die bei Abwesenheit der

Quelle: Bildstelle Branddirektion Stuttgart

Bild 57.15 An der Grenze zum Weißbereich erfolgt das sorgfältige Ablegen der Schutzkleidung, bei dem der Träger nicht in Kontakt mit der Außenseite der Schutzkleidung kommen darf.

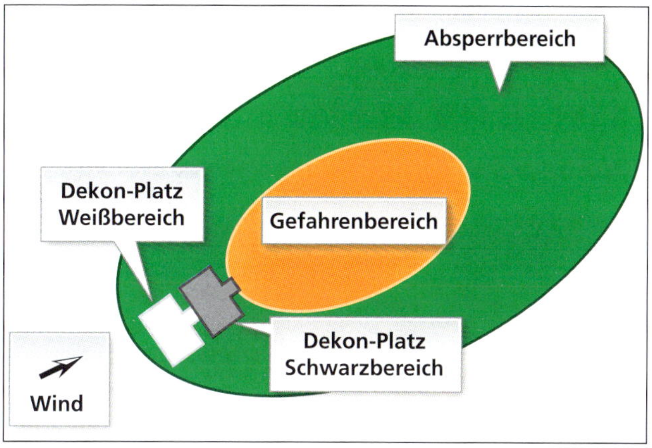

Bild 57.16 Grundsätzliche Anlage des Dekontaminationsplatzes (Dekon-Platz) gemäß FwDV 500

einsatzbedingt zu messenden Strahlung an einem Ort bereits tagtäglich auftritt.

- Müssen nur Einsatzkräfte oder auch sonstige Personen durch die Feuerwehr dekontaminiert werden? Sind die Personen verletzt?
- Welche Zahl an Einsatzkräften bzw. sonstigen Personen müssen in welcher Zeit dekontaminiert werden?
- Welche Schutzausrüstung ist für die Einsatzkräfte am Dekontaminationsplatz erforderlich?
- Wie kann das Abwasser bei einer Dekontamination »nass« aufgefangen werden?
- Wo kann der Dekontaminationsplatz an der Einsatzstelle unter Berücksichtigung der Raumordnung eingerichtet werden?

▶ Tabelle 57.1 zeigt die in der FwDV 500 enthaltene Dekon-Matrix. Darin sind die notwendigen Maßnahmen in den jeweiligen Dekon-Stufen für A-, B- und C-Einsätze detailliert dargestellt.

Im Rahmen der Dekontamination durch die Feuerwehr spricht man vom »Schwarzbereich« und vom »Weißbereich«. Der <**Schwarzbereich**> ist der Gefahrenbereich und der Teil eines Dekontaminationsplatzes, der durch den oder die Gefahrstoffe kontaminiert ist. In diesem Bereich werden die Einsatzkräfte in Schutzkleidung durch ebenfalls geschützte Einsatzkräfte trocken oder nass grob gereinigt beziehungsweise desinfiziert. An der Grenze zum Weißbereich erfolgt das sorgfältige Ablegen der Schutzkleidung (▶ Bild 57.15), bei der der Träger nicht in Kontakt mit der Außenseite der Schutzkleidung kommen darf. Im <**Weißbereich**> erfolgt schließlich das Ablegen des Atemschutzgerätes und eventuell der Unterbekleidung. Bei A-Einsätzen dürfen nur

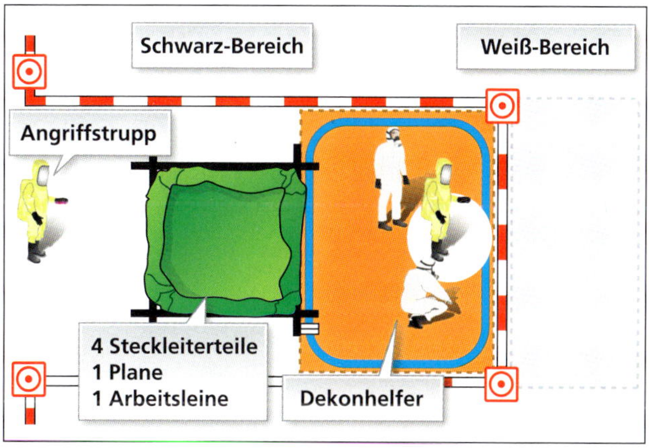

Bild 57.17 Aufbau eines Not-Dekon-Platzes

IM EINSATZ

Aufbau eines Notbeckens mittels Steckleiterteilen

Die vier Steckleiterteile werden ineinandergeschoben, wobei jeweils der Leiterkopf in den Leiterfuß im rechten Winkel gesteckt wird.

Quelle: J. Thorns

Die ineinandergeschobenen vier Steckleiterteile werden so ausgerichtet, dass sie möglichst ein Quadrat bilden.

Die Ecken des Beckens werden mittels Arbeitsleine oder Bindestrick gesichert.

Zum Schluss wird eine Plane in das Steckleiterquadrat eingelegt und ausgerichtet.

Personen vom Schwarz- in den Weißbereich übertreten, wenn beim Kontaminationsnachweis die dreifache Nullrate nicht überschritten wird. Um die am Dekontaminationsplatz eingesetzten Kräfte zu schützen, müssen diese mit einem Schutzanzug Form 2, Schutzhandschuhen, Gummistiefel und Atemschutz ausgerüstet sein. Als Atemschutz ist eine Vollmaske in Verbindung mit einem ABEK2-P3-Filter ausreichend.

57.4.1 Dekon-Stufe I

Die Dekon-Stufe I (= Not-Dekontamination) ist sofort ab dem Einsatz des ersten Trupps im Gefahrenbereich sicherzustellen. Sie kann bei einer plötzlich auftretenden Beschädigung der Schutzkleidung, bei Atemluftmangel oder bei Verletzungen lebensrettend sein.

Die Not-Dekontamination dient auch der Absicherung von Sofortmaßnahmen, bei denen zum Beispiel zur Menschenrettung Einsatzkräfte ohne Körperschutz der Formen 2 und 3 eingesetzt werden müssen. Auch bei Brandeinsätzen oder Technischen Hilfeleistungen, die zunächst nicht als ABC-Einsatz erkannt wurden, kann eine Soforthilfe bei zunächst nicht zu erwartenden Kontaminationen notwendig werden. Die Not-Dekontamination muss jederzeit durch die Besatzung eines Löschfahrzeuges darstellbar sein. Daher hat

Quelle: J. Thorns

Bild 57.18 Hygienebrett in einem Löschfahrzeug

sich bei vielen Feuerwehren ein System durchgesetzt, das einfach mit den Geräten eines Löschfahrzeuges aufgebaut werden kann.

Grundlegende Maßnahme ist zunächst das sofortige Ablegen kontaminierter Kleidung und das Entfernen von Hautkontaminationen durch trockenes Abtupfen mit Tüchern. ▶ Bild 57.17 zeigt schematisch, wie aus vier Steckleiterteilen (alternativ können auch zwei Multifunktionsleitern genutzt werden, ▶ Kapitel 24), einer Plastikplane und einer Arbeitsleine eine einfache Wanne zur Nassreinigung gebaut werden kann. Eine weitere Folie und etwas Absperrmaterial ergänzen diese Wanne und eine Einrichtung für eine Not-Dekontamination ist fertig. Sollte eine Nassreinigung erforderlich werden, so kann in dieser Erstphase des Einsatzes beispielsweise ein C- oder D-Rohr genutzt werden.

57.4.2 Dekon-Stufe II

Die Dekon-Stufe II ist die Standard-Dekontamination. Sie ist bei jedem ABC-Einsatz der Gefahrengruppe II einzurichten und muss spätestens 15 Minuten nach dem Anschluss des Lungenautomaten des ersten Trupps mit besonderer Schutzausrüstung im Gefahrenbereich einsatzbereit sein. Sie dient der sachgerechten Grobreinigung und dem sicheren Auskleiden der Einsatzkräfte unter Körperschutz der Formen 2 und 3. Für die Dekon-Stufen II und III muss an der Einsatzstelle ein Dekontaminationsplatz eingerichtet werden. Der Dekontaminationsplatz liegt genau an der Grenze zum Gefahrenbereich an der inneren Absperrung. Sofern möglich, sollte die windzugewandte Seite des Gefahrenbereichs gewählt werden (▶ Bild 57.16). Zur Einrichtung eines Dekontaminationsplatzes werden die unterschiedlichsten Systeme angeboten und bei den Feuerwehren betrieben. ▶ Bild 57.19 zeigt schematisch, wie die bereits vorgestellte Einrichtung zur Not-Dekontamination mit einigen Plastikplanen und einem aufblasbaren Doppelkammerbecken erweitert werden kann, um einen funktionsfähigen Dekontaminationsplatz für die Dekon-Stufe II zu erhalten. Für eine Nassreinigung bei C-Gefahrstoffen

K

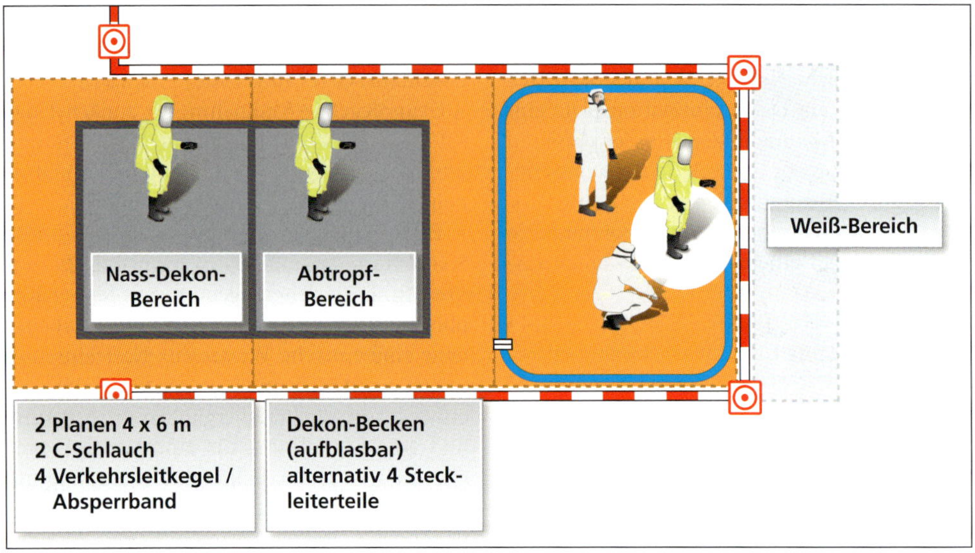

Bild 57.19 Aufbau des Dekontaminationsplatzes für die Dekon-Stufe II

müssen nun noch geeignete Strahlrohre, Bürsten und Seifenlösungen bereitgehalten werden. Das Abwasser muss aufgefangen werden und zum Abtransport in ausreichend beständige Behälter abgefüllt werden. Für die Desinfektion bei B-Gefahrstoffen muss das spezifisch

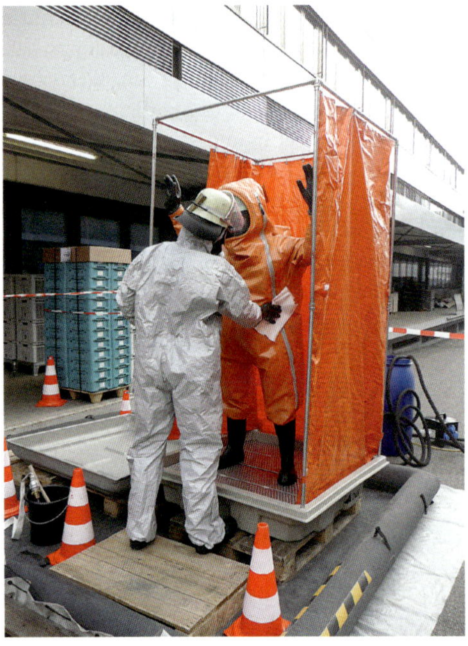

Bild 57.20 Die Trocken-Dekontamination mit Tüchern reicht oft zum sicheren Ausziehen des Schutzanzuges aus.

Quelle: J. Thorns

Bild 57.21 Bei einer Nassreinigung bieten (selbst-)aufblasbare Duschzelte einen guten Spritzschutz.

Quelle: J. Thorns

Bild 57.22 Bei einer Nassreinigung können mittels Bürsten grobe Verschmutzungen entfernt werden.

geeignete Desinfektionsmittel (▶ Kapitel 59) vorgehalten werden. Zum Aufbringen des Desinfektionsmittels eignen sich beispielsweise Sprühflaschen etc.. Die Desinfektion erfordert meist eine Einwirkzeit von mehreren Minuten. Die Desinfektion wird nur gelingen, wenn das Desinfektionsmittel gegen den Erreger ausreichend wirksam ist, das Desinfektionsmittel die richtige Konzentration hat und der Kontakt des Desinfektionsmittels mit dem Erreger gewährleistet wird. Daher müssen insbesondere auch die schwer zugänglichen Stellen sorgfältig eingesprüht werden. Bei einer Kontamination mit festen A-Gefahrstoffen (radioaktive Partikel) wird die Schutzkleidung vorsichtig abgelegt und verpackt. Die entkleidete Person wird danach mit einem Kontaminationsnachweisgerät überprüft. Wird die dreifache Nullrate unterschritten, gilt die Person als kontaminationsfrei.

Ob eine Grobreinigung mit Wasser Sinn macht, muss in Abhängigkeit vom jeweiligen Gefahrstoff und in Abhängigkeit von der vorliegenden Verschmutzung kritisch geprüft werden. Sind die verletzten Personen beziehungsweise die Einsatzkräfte nicht mit einem flüssigen A- oder C-Gefahrstoff direkt in Berührung gekommen, so wird die komplette Reinigung mit Wasser in den wenigsten Fällen Sinn machen. Reagiert der vorliegende Gefahrstoff sogar gefährlich mit Wasser (Kennzeichnung X vor der Gefahrnummer), so wäre eine Grobreinigung mit Wasser mit großen Risiken verbunden! ▶ Bild 57.20 zeigt die Trockendekontamination bei einem Gefahrstoffeinsatz, bei dem ein Granulat ausgetreten ist, das in Verbindung mit Wasser gefährliche Gase bilden würde.

In Abhängigkeit vom jeweiligen Gefahrstoff muss auch geprüft werden, ob der eingesetzte Schutzanzug sicher gereinigt und wiederverwendet werden kann. In der Einsatzpraxis hat sich gezeigt, dass in vielen Fällen eine Reinigung des Schutzanzuges mit trockenen Tüchern, insbesondere im Bereich des Reißverschlusses, für ein sicheres Entkleiden ausreichend ist. Bei dieser Vorgehensweise entsteht kein weiteres kontaminiertes Abwasser und das Personal am Dekontaminationsplatz wird nicht durch umherspritzendes Waschwasser selbst kontaminiert. Der Schutzanzug wird dann sicher verpackt und entsorgt.

Auch bei B-Gefahrstoffen ist zu bedenken, dass lyophilisierte (getrocknete) Mikroorganismen oder biologische Giftstoffe durch den Kontakt mit Wasser aktiviert werden können und eine Nassreinigung nur nach vorgeschalteter Desinfektion durchgeführt werden darf. An einem Dekon-Platz der Stufe II müssen im problematischsten Fall gleichzeitig vorliegende radioaktive, biologische und chemische Kontaminationen behandelt werden können. Da das gleichzeitige Auftreten aller drei Kontaminationsarten sicherlich den Ausnahmefall darstellt, sollte der Dekontaminationsplatz modular aufgebaut sein. In Abhängigkeit von der konkreten Lage können die Module dann kombiniert werden.

Achtung:

Eine Nassreinigung mit Wasser kann bei einigen Gefahrstoffen eine zusätzliche Gefahr für die Einsatzkräfte darstellen!

Bild 57.23 Dekonplatz »Bund«

Bei einer Mehrfachkontamination mit A-, B, und C-Gefahrstoffen gilt für die Einsatzkräfte in Schutzanzügen folgende Reihenfolge:

- 1. B-Dekon (Desinfektion): Ein geeignetes Desinfektionsmittel muss so schnell wie möglich aufgebracht werden, damit eine ausreichende Einwirkzeit gewährleistet werden kann.
- 2. C-Dekon: In Abhängigkeit von den physikalischen und chemischen Eigenschaften müssen in dieser Phase trocken (z. B. mit Tüchern) oder nass (z. B. mit Wasser und Seife) chemische Kontaminationen vom Schutzanzug entfernt werden. Besondere Aufmerksamkeit ist dabei dem Bereich um den Reißverschluss zu widmen.
- 3. A-Dekon: Nach Ablegen der Schutzkleidung ist ein Kontaminationsnachweis zu führen. Wird die dreifache Nullrate unterschritten, so gilt die Person als kontaminationsfrei.

▶ Bild 57.23 zeigt, wie mit Teilen der Ausrüstung des Bundes (Dekontaminations-Lastkraftwagen Dekon-P) ein Dekontaminationsplatz für die Dekon-Stufe II eingerichtet werden kann.

57.4.3 Dekon-Stufe III

In die Dekon-Stufe III werden alle Dekontaminationsmaßnahmen eingeordnet bei denen die erforderliche Technik und der zeitliche und personelle Aufwand die Stufe II überschreiten. Die Dekon-Stufe III beinhaltet regelmäßig eine kontinuierliche Bereitstellung von warmem Wasser, Duschmöglichkeiten in beheizten Zelten und Möglichkeiten zum Anlegen von bereitgestellter Wechselkleidung für eine größere Anzahl von Menschen. In diesem Zusammenhang müssen auch Vorkehrungen für das sachgerechte Sammeln und Entsorgen der kontaminierten Abwässer getroffen werden. Insbesondere in der Dekon-Stufe III soll der Einsatzleiter prüfen, ob vorhandene ortsfeste Einrichtungen (z. B. Schwimmbäder, Turnhallen) im Umfeld der Einsatzstelle genutzt werden können. Die Dekon-Stufe III für Personen lässt sich gut mit der Ausrüstung des Bundes (Dekontaminations-Lastkraftwagen Dekon-P) darstellen. Diese Anlage ist mit einem Wasserdurchlauferhitzer über mehrere Stunden autark betreibbar. Zusätzlich sind Anschlüsse für die öffentliche Strom- und Wasserversorgung vorhanden. Sofern diese nicht zur Verfügung steht, können Stromerzeuger genutzt werden und das benötigte Wasser muss mit Löschfahrzeugen herangeführt werden. Als Wetterschutz beinhaltet diese Anlage auch Zelte und Heizanlagen.

In der Umgebung kerntechnischer Anlagen bestehen darüber hinaus Planungen für ortsfeste Notfallstationen mit einem Leistungsumfang vergleichbar der Dekon-Stufe III. Auch die Bundespolizei, das Technische Hilfswerk und die Bundeswehr halten an verschiedenen Standorten Dekonanlagen der Stufe III für eigene Zwecke vor.

Literatur

[1] Vereinigung zur Förderung des deutschen Brandschutzes – Referat 10: VFDB-Richtlinie 10/04 »Dekontamination bei Einsätzen mit ABC-Gefahren«.

[2] Bräutigam, A.: Dekontamination im ABC-Einsatz, BRANDSchutz/Deutsche Feuerwehr-Zeitung 9/2006.

ZUR VERTIEFUNG

Andreas Kühar: Dekontamination, Die Roten Hefte 88, 2. Auflage, Verlag W. Kohlhammer, Stuttgart, 2021.

58 Erstmaßnahmen im ABC-Einsatz

von Sebastian Fischer

Die Erstmaßnahmen orientieren sich an der GAMS-Regel (▶ Tabelle 58.1) und müssen auch durch Einheiten durchgeführt werden können, die nicht über eine besondere ABC-Ausbildung und zusätzliche spezielle Ausrüstung verfügen.

Der korrekten Durchführung der Erstmaßnahmen kommt aus mehreren Gründen eine besondere Bedeutung zu. Viele Schadenereignisse mit einer Freisetzung von Gefährlichen Stoffen und Gütern werden zunächst durch den Anrufer nicht explizit als Gefahrstoffunfall gemeldet. Es ist daher wichtigste Aufgabe jeder zuerst eintreffenden Einheit, die besondere Gefährdung schnellstmöglich zu erkennen, um sich selbst richtig schützen zu können. Eine möglichst präzise Lagemeldung ermöglicht dann die Nachalarmierung der notwendigen Spezialkräfte.

Sofern eine Menschenrettung aus dem unmittelbaren Gefahrenbereich notwendig ist (z. B. eingeklemmter Lkw-Fahrer) muss diese bis auf wenige Ausnahmen schnellstmöglich durch die ersten eintreffenden Einheiten selbst durchgeführt werden.

Die erste eintreffende Einheit kann bereits wichtige Vorentscheidungen bezüglich der Raumordnung an der Einsatzstelle treffen. Das vorrangige Ziel muss aber eine möglichst umfassende Abfrage des Notrufs durch die Leitstelle sein. Wird in dieser Phase bereits ein Gefahrstoffunfall erkannt, so können die örtlichen Ersteinsatzkräfte und die überörtlichen Spezialkräfte zeitgleich alarmiert werden.

Tabelle 58.1 Die GAMS-Regel

GAMS-Regel
Gefahr erkennen
Absperren
Menschenrettung durchführen
Spezialkräfte alarmieren

58.1 Gefahr erkennen

Sofern die ersten Einsatzkräfte nicht bereits explizit zu einem ABC-Einsatz alarmiert wurden, ist das Erkennen einer besonderen Gefährdung durch Gefährliche Stoffe und Güter wichtigstes Ziel der Erkundung. Aber auch bei einer gezielten Alarmierung zu einem Gefahrstoffunfall werden in den seltensten Fällen bereits alle notwendigen Informationen bekannt sein. Daher gilt für die ersten Einsatzkräfte: Abstand halten und die Fahrzeuge mit der Windrichtung aufstellen. Die FwDV 500 gibt grundsätzlich einen Abstand von 50 Metern vor. Bereits beim Aussteigen aus dem Einsatzfahrzeug müssen die visuellen Eindrücke (z. B. Dampfentwicklung, Farbe des Brandrauchs), Gerüche oder gar Reizwirkungen äußerst sensibel beachtet werden. Als schnellstes und einfachstes Messverfahren soll, sofern vorhanden, bereits beim Aussteigen eine Ex-Messung durchgeführt werden. Sind ungewohnte Gerüche feststellbar, kommt es gar zu Reizwirkungen oder wird die Alarmgrenze von 10 % UEG bereits unterschritten, ist der Sicherheitsabstand sofort zu vergrößern. Weitere Kenngrößen werden in der Regel nur durch spezielle Gefahrguteinheiten gemessen werden können.

Bei Transportunfällen ist die Kennzeichnung des Fahrzeugs und gegebenenfalls der Verpackung gemäß der Gefahrgutverordnung Straße, Eisenbahn und Binnenschifffahrt (GGVSEB) die offensichtlichste Möglichkeit, die Beteiligung von ABC-Gefahrstoffen zu erkennen. Neben der orangen Warntafel sind die Gefahrzettel ein eindeutiger Hinweis. Die Gefahrnummer auf der orangen Warntafel und der Gefahrzettel ermöglichen der geschulten

Einsatzkraft bereits eine erste Einschätzung der drohenden Gefahren. Sofern vorhanden, können Ladepapiere und die schriftlichen Weisungen für den Fahrer (ehemals »Unfallmerkblatt«) als Sofortinformation herangezogen werden. Darüber hinaus können die Art des Fahrzeugs (z. B Tankfahrzeug), die Aufschrift und der Standort des Fahrzeugs (z. B. Hof eines Chemiebetriebes) Indizien für das Vorhandensein von Gefährlichen Stoffen und Gütern sein. Sofern der Fahrer aufgrund eventueller Verletzungen dazu in der Lage ist, kann er wertvolle Hinweise geben. Neben den bereits angeführten Aspekten muss vordringlich im Rahmen der ersten Erkundung geklärt werden, ob ABC-Gefahrstoffe beim vorliegenden Schadensereignis auch ausgetreten sind beziehungsweise ob sie weiterhin austreten. Für die Beurteilung der Gefährdung für Personen im Gefahrenbereich, für die eigenen Einsatzkräfte und für die Umwelt ist die Menge der insgesamt vorhandenen ABC-Gefahrstoffe und die Leckrate sowie die Ausbreitungsrichtung wesentlich. Zur Beurteilung können hier grobe Richtwerte über das Fassungsvermögen der üblichen Gebinde, die Lage des verunglückten Fahrzeuges und der Grad der mechanischen Beschädigung (Deformation) herangezogen werden. Sofern eine Leckage nicht sicher ausgeschlossen werden kann, muss für den Ersteinsatz immer von einer Freisetzung ausgegangen werden.

Während beim Transport die Kennzeichnung gemäß der GGVSEB eine gute Möglichkeit zur Identifikation darstellt, müssen bei stationären Anlagen andere Hilfsmittel bei der Erkundung herangezogen werden. Bei stationären Anlagen sollten im Rahmen der Einsatzvorbereitung Feuerwehrpläne nach DIN 14095 erstellt werden und die Objekte im Einsatzleitrechner speziell erfasst werden. Ab einer gewissen Dimension der Anlage ist eine erweiterte präventive Gefahrenabwehrplanung gesetzlich vorgeschrieben (externe Notfallplanung). Sofern sich derartige Anlagen im Ausrückebereich befinden, bieten sich regelmäßige Begehungen an, um im Einsatzfall bereits ein Mindestmaß an Ortskunde zu besitzen. In stationären Anlagen müssen die Einsatzkräfte neben den Warnzeichen nach DIN 4844 auch auf eventuell vorhandene Hinweisschilder nach DIN 4066 auf die Gefahrengruppen I, II und III gemäß der FwDV 500 achten.

58.2 Absperren

Nachdem die besondere Gefährdung durch radioaktive, biologische oder chemische Stoffe an einer Einsatzstelle erkannt wurde, muss als nächstes eine ausreichende Absperrung der Einsatzstelle durchgeführt werden. Die Festlegung des Gefahrenbereiches und damit der inneren Absperrung kann in der Erstphase eines Einsatzes oft nur grob abgeschätzt werden. Mit Ausnahme der Explosivstoffe kann hier ein Absperrradius von 50 Metern als Faustregel angenommen werden. Bei der Definition des Gefahrenbereiches muss darüber hinaus die Windrichtung und die Topografie des Geländes beachtet werden. Während die Windrichtung insbesondere die Ausbreitung gasförmiger Gefahrstoffe beeinflusst, wird die Ausbreitung von Flüssigkeiten durch die Neigung des Geländes bestimmt.

In der Praxis empfiehlt es sich, bei der Definition des Gefahrenbereiches auch die Anordnung der Gebäude und der vorhandenen Verkehrswege in die Überlegungen mit einzubeziehen, um die im weiteren Einsatzverlauf notwendige Aufrechterhaltung dieser Absperrgrenze mit möglichst wenig Material und Personal durchführen zu können. Nach der Bewertung der gewonnenen Erkundungsergebnisse muss der zunächst grob abgeschätzte Gefahrenbereich unter Umständen erweitert werden – oder er kann sogar wieder verkleinert werden (▶ Abschnitt 58.1).

58.3 Menschenrettung

Auch im Zusammenhang mit der Freisetzung von ABC-Gefahrstoffen kann eine Menschenrettung notwendig werden. Dies wird immer dann der Fall sein, wenn sich die betroffenen Personen nicht selbstständig aus dem Gefahrenbereich bewegen können. Personen können aus unterschiedlichen Ursachen im Gefahrenbereich auf die Hilfe der Feuerwehr angewie-

K

sen sein. Bei einem Verkehrsunfall oder bei einem Betriebsunfall können Personen z. B. in Fahrzeugen oder Maschinen eingeklemmt sein.

Außer den durch die Einklemmung hervorgerufenen Verletzungen werden sich die Personen meist im Wirkungsbereich der ABC-Gefahrstoffe befinden und dadurch verletzt worden sein. Dabei ist zu beachten, dass nicht nur der direkte Kontakt, z. B. mit einer gefährlichen Flüssigkeit, sondern insbesondere das Einatmen der entstehenden Dämpfe eine Gesundheitsgefahr darstellen kann. Die eingeklemmten Personen befinden sich daher in einer lebensbedrohlichen Zwangslage, die ein zügiges Handeln der Einsatzkräfte erfordert. Auch geraten Personen im direkten Gefahrenbereich in eine lebensbedrohliche Lage, wenn sie ausschließlich aufgrund der Einwirkung der Gefahrstoffe bewusstlos werden. Weitere Verletzungen können aber auch in Folge eines möglichen Sturzes bei plötzlicher Bewusstlosigkeit vorliegen.

Ist eine Menschenrettung notwendig, so stehen die Einsatzkräfte vor der zeitkritischen Entscheidung, mit welchem Eigenschutz diese Rettung durchgeführt werden kann. Diese Entscheidung bekommt insbesondere dann eine hohe Bedeutung, wenn den ersten Einheiten keine besondere ABC-Schutzausrüstung zur Verfügung steht. Eine vorbereitende Einteilung in Gefahrengruppen gemäß FwDV 500 ist insbesondere bei Transportunfällen im Einzelfall nicht möglich.

Bei Einsätzen im Zusammenhang mit Transporten ist deshalb zunächst wie bei Einsätzen in Bereichen der Gefahrengruppe II zu verfahren. Die Gefahrengruppe II umfasst Bereiche, in denen die Einsatzkräfte nur mit Sonderausrüstung und unter besonderer Überwachung und Dekontamination/Hygiene tätig werden dürfen. Zur Menschenrettung muss unter Umständen eine erhöhte Eigengefährdung der Einsatzkräfte in Kauf genommen werden. Nach Entscheidung des Einsatzleiters können Einsatzkräfte zur Menschenrettung zunächst ohne vollständige Sonderausrüstung vorgehen. Sie sind jedoch mindestens mit Isoliergeräten (Pressluftatmer) als Atemschutz auszurüsten.

Die notwendige Beurteilung der potenziellen Eigengefährdung ist insbesondere in der zeitkritischen Phase der Menschenrettung nicht immer einfach. Allerdings können einige Indikatoren herangezogen werden. Die beste Entscheidungsgrundlage bietet die eindeutige Kenntnis der Art und der Konzentration des freigesetzten Gefahrstoffs. Diese Erkenntnisse werden aber meist erst nach einer umfassenden Erkundung, einer Stoffidentifikation mittels Nachschlagewerken, einer Konzentrationsbestimmung durch messtechnische Methoden und deren Beurteilung anhand von Grenzwerten (Literatur!) vorliegen. Die beschriebenen Maßnahmen werden bei einer Menschenrettung oft zu lange dauern. In der Erstphase muss sich die Lagebeurteilung also auf den Informationsgehalt der Gefahrnummern (bei Transportunfällen) beziehungsweise auf die Informationen aus dem Feuerwehrplan (bei stationären Anlagen) stützen. Darüber hinaus sind in der Praxis die folgenden Überlegungen sehr hilfreich:

Sind Personen bei einem Transportunfall offensichtlich durch mechanische Einwirkung verletzt (Einklemmung), ansonsten aber ansprechbar, so kann aufgrund der bereits vergangenen Zeit bis zum Eintreffen der Feuerwehr (in der Regel zwischen fünf und zehn Minuten) zumindest von einer nicht sofortigen Wirkung durch Gefahrstoffe ausgegangen werden. Schützen sich die Einsatzkräfte, wie in der FwDV 500 vorgegeben, mit Atemschutzgeräten und tragen sie die übliche Persönliche Schutzausrüstung, ergänzt um eine Kontaminationsschutzhaube bzw. eine Feuerschutzhaube, so sind mit Ausnahme einer potenziellen Hautresorption gasförmiger Gefahrstoffe die Gefahren deutlich minimiert. Grundsätzlich gilt, dass die Einsatzkräfte bei

Praxis-Tipp:

Feuerschutzhauben in Verbindung mit einer im Halsbereich ordentlich verschlossenen Brandschutzkleidung bietet im Einsatz einen Schutz vergleichbar mit der Form 1 gemäß FwDV 500 (Kontaminationsschutzhaube).

der Menschenrettung nicht mit dem flüssigen oder festen Gefahrstoff direkt in Kontakt kommen sollen. Dies wird in vielen Situationen auch möglich sein. Die beschriebenen Maßnahmen werden auch bei radioaktiven Gefahrstoffen zumindest die Gefahren durch Alpha- und Betastrahlung sowie die Gefahr der Inkorporation und der Kontamination der Körperoberfläche weitestgehend ausschließen können. Die Gefahr durch Gamma-Strahlung kann jedoch nicht umgangen werden. Für den Strahlenschutzeinsatz gelten daher weitere Regeln (▶ Kapitel 59.2). Liegt dagegen beim Eintreffen der Feuerwehr eine oder gar mehrere Personen ohne erkennbare äußere Verletzungen bewusstlos am Boden, so kann mit großer Wahrscheinlichkeit von einer sehr schnellen und plötzlichen Wirkung der freigesetzten Gefahrstoffe ausgegangen werden. Diese Lagen sind beispielsweise bei Unfällen in Biogasanlagen, in Forschungslaboren oder in der produzierenden chemischen und pharmazeutischen Industrie denkbar. In diesen Bereichen können auch spontan hochgiftige Zwischenprodukte entstehen und freigesetzt werden, die in vielen Fällen gar nicht transportiert werden dürften. In solchen Fällen muss geprüft werden, ob schnell weitergehende Information über die Art und die Wirkung des Gefahrstoffs erlangt werden können.

Entscheidet sich der Einsatzleiter für eine Menschenrettung ohne besondere ABC-Schutzausrüstung, so ist diese Rettung so schnell wie möglich durchzuführen (»Crash-Rettung«). Allen noch nicht vollständig erkundeten Gefahren muss bestmöglich begegnet werden. Der direkte Kontakt mit festen oder flüssigen Gefahrstoffen muss vermieden werden. Besondere Vorsicht gilt auch, wenn eine Explosionsgefahr nicht definitiv ausgeschlossen werden kann. Eventuell notwendige technische Rettungsmaßnahmen müssen diesem Umstand angepasst werden. Eventuell können bestimmte Geräte nicht benutzt werden (z. B. Sägen, Trennschleifer). Nicht explosionsgeschützte Hydraulikaggregate für Spreizer und Schneidgerät müssen außerhalb des Gefahrenbereichs aufgestellt werden. Für die zu rettenden Personen und für die Einsatzkräfte muss zumindest eine Not-Dekontamination sichergestellt werden. Diese Not-Dekontamination kann beispielsweise durch das Bereithalten eines C-Rohres und einer geeigneten Auffangmöglichkeit für das Abwasser dargestellt werden. Lebensrettende Sofortmaßnahmen gehen aber – soweit möglich – der (Grob)-Dekontamination vor. Beim Abspülen eines flüssigen Gefahrstoffes (beispielsweise einer Säure) muss allerdings beachtet werden, dass das Abwasser nicht weitere Teile des Körpers benetzt und damit schädigt. Dabei ist der Eigenschutz für die eingesetzten Einsatzkräfte zu beachten.

58.4 Spezialkräfte alarmieren

Zur letzten Tätigkeit der Sofortmaßnahmen gemäß der »GAMS-Regel« gehört das Anfordern von Spezialkräften. Sofern für die vollständige Abwicklung des Einsatzes Einsatzkräfte mit besonderer Ausbildung und spezieller Ausrüstung benötigt werden, so sind diese Kräfte so schnell wie möglich anzufordern. Sofern diese Frage aufgrund noch unzureichender Erkundungsergebnisse nicht sicher verneint werden kann, empfiehlt es sich trotzdem frühzeitig spezielle ABC-Einheiten zu alarmieren. In Abhängigkeit von den örtlichen Verhältnissen kann das Eintreffen der ABC-Einheiten insbesondere außerhalb von größeren Städten eine längere Zeit in Anspruch nehmen. In den unterschiedlichsten Regelungen der Bundesländer kann diese Zeit bereits planbar bis zu 30 Minuten betragen. Auch in großen Städten mit einer oder zwei zentralen Feuerwachen für Sonderaufgaben können die Eintreffzeiten ähnliche Größenordnungen annehmen. Sofern möglich, sollte die Nachforderung mit einer möglichst detaillierten Lagemeldung verbunden werden. Mit diesen Informationen kann die zuständige Leitstelle gezielt die notwendigen Einsatzkräfte und die notwendigen Fahrzeuge auswählen. Beispielsweise sind bei einem beschädigten Tanklastzug größere Auffangkapazitäten erforderlich als bei einem auslaufenden Fass. In vielen Gebietskörperschaften werden für die Bewältigung von A-Lagen andere Einheiten vorgehalten als für die Abwicklung von BC-Einsätzen.

59 Ergänzende (besondere) Maßnahmen beim A-, B- und C-Einsatz

von Sebastian Fischer

59.1 Allgemeine Maßnahmen

Die speziell für ABC-Einsätze ausgebildeten und ausgerüsteten Einsatzkräfte haben die Möglichkeit, umfangreiche Maßnahmen zur Bekämpfung von Gefahren für Menschen, Tiere, Umwelt und Sachwerte einzuleiten. Diese weitergehenden Maßnahmen sollen auf die Erstmaßnahmen aufbauen. Die bereits durch die ersten Einsatzkräfte gewonnenen Erkundungsergebnisse müssen den ABC-Einheiten mitgeteilt werden. Aufgrund der weitergehenden Ausbildung und der vorhandenen Hilfsmittel zur Lagefeststellung (Messgeräte, Nachschlagewerke) sollte spätestens in dieser Phase des Einsatzes eine umfassende Erkundung und Bewertung der Lage möglich sein. Daraus ergeben sich die nun notwendigen Gefahrenabwehrmaßnahmen und die Strukturierung der Einsatzstelle in Einsatzabschnitte.

Sofern die Menschenrettung aus dem unmittelbaren Gefahrenbereich noch nicht durch die zuerst eintreffenden Kräfte durchgeführt wurde, hat diese Aufgabe höchste Priorität. Die Einsatzkräfte können in Abhängigkeit von den spezifischen Gefahren des freigesetzten Stoffes die notwendige Schutzausrüstung wählen. Im Gegensatz zu den ersten Einheiten stehen den speziell ausgerüsteten ABC-Einheiten Schutzanzüge der Formen 2 und 3 zur Verfügung. Damit kann im Bedarfsfall mit der höchsten Schutzstufe (Form 3) vorgegangen werden.

Nach Abschluss der Menschenrettung ist die Stabilisierung der Lage vorrangige Aufgabe der ABC-Einheiten. Zur Stabilisierung der Lage gehört bei einem Gefahrstoffaustritt grundsätzlich das Verringern der Gefahrenwirkung und damit der Gefährdung von Menschen, Tieren und der Umwelt. Gemäß den allgemein gültigen taktischen Grundsätzen kann dieses Ziel entweder durch Stoppen des Austritts, durch Schwächen der Gefahrenwirkung durch z. B. Niederschlagen von Dämpfen oder durch In-Sicherheit-Bringen der gefährdeten Menschen, Tiere und Sachwerte aus dem betroffenen Gebiet erreicht werden. In vielen Fällen wird hier eine Kombination aus den Möglichkeiten sinnvoll sein. Allerdings sind Fälle denkbar, in denen ein Stoppen des Austritts nur sehr schwer oder gar nicht erreicht werden kann. Insbesondere bei austretenden Gasen kommen kommunale Feuerwehren aufgrund der fehlenden Ausrüstung schnell an die Grenzen ihrer Leistungsfähigkeit. Andererseits gibt es Einsatzsituationen, bei denen das Räumen eines potenziell gefährdeten Bereichs so umfangreich und problembehaftet sein kann, dass sich alle Maßnahmen auf das unbedingte

Quelle: J. Thorns

Bild 59.1 Oft kann eine Ausbreitung eines Gefahrstoffs bereits durch einfaches Aufstellen der Behälter gestoppt werden.

Stoppen des Produktaustritts konzentrieren müssen. Als Beispiel sei das Austreten von Gefahrstoffen in einer Klinik mit einer Vielzahl von Patienten genannt.

Die weitere Ausbreitung kann zunächst durch einfache Maßnahmen erreicht werden. Bei schadhaften Behältern mit gefährlichen Flüssigkeiten kann versucht werden, durch Unterstellen von Auffangwannen, durch Unterziehen einer Folie oder durch Verlagerung des Behältnisses die Ausbreitung zu stoppen. Im Umfeld befindliche Kanaleinläufe sind zu verschließen. Insbesondere auf Firmengeländen kann häufig das Abfließen des Oberflächenwassers in die Kanalisation durch Absperrschieber verhindert werden. Erst nach diesen schnellen und einfachen Maßnahmen kann versucht werden, den Produktaustritt durch provisorisches Verschließen durch Leckdichtkissen, Keile, Dichtungsbandagen, Dichtungspasten oder durch den Austausch von Schiebern etc. zu stoppen. Die Erfahrungen bei zahlreichen Einsätzen zeigen, dass die Erfolgsaussichten und der notwendige personelle und materielle Aufwand dieser Abdichtungsmaßnahmen nur sehr schwer abgeschätzt werden können. Daher sind vorher unbedingt die bereits geschilderten schnell wirksamen Maßnahmen zu ergreifen. Im weiteren Verlauf des Einsatzes können schadhafte Behältnisse oder Anlagen wenn erforderlich ausgepumpt und der Inhalt sicher aufgenommen werden.

Achtung:

Die Einteilung in Gefahrengruppen ergibt sich bei radioaktiven Stoffen unter anderem aufgrund der vorhandenen Gesamtaktivität in Relation zur Freigrenze nach der Strahlenschutzverordnung (StrlSchV). Bei biologischen Stoffen erfolgt die Einteilung in die drei Gefahrengruppen auf Basis der durch die Biostoffverordnung (BioStoffV) definierten Risikogruppen. Die Einteilung in die Gefahrengruppen ist insbesondere im Bereich der chemischen Stoffe schwierig. Für die Zuordnung einer Anlage oder eines Betriebsbereiches zu einer Gefahrengruppe ist immer die Gesamtbeurteilung in Bezug auf die Menge und die konkreten Eigenschaften der chemischen Stoffe notwendig.

59.2 Besondere Maßnahmen beim A-Einsatz

Zu den **<radioaktiven Stoffen>** gehören Stoffe, die insbesondere unter die Bestimmungen des Atomgesetzes und der Strahlenschutzverordnung fallen und/oder bei Transporten in die Klasse 7 der Gefahrgutverordnung Straße, Eisenbahn und Binnenschiffahrt (GGVSEB) eingeordnet werden. Dazu zählen neben den spaltbaren Stoffen (z. B. Kernbrennstoffe) insbesondere zahlreiche andere Stoffe, die ionisierende Strahlung aussenden. Diese Erscheinung der spontanen Aussendung von Strahlung wird Radioaktivität genannt. Die Strahlung natürlicher radioaktiver Stoffe lässt sich in Alpha-, Beta- und Gammastrahlung unterteilen. Heute sind zirka 340 natürlich vorkommende Nuklide (90 Elemente) bekannt. Davon sind zirka 270 Nuklide stabil und 70 Nuklide instabil. Die instabilen Nuklide senden Strahlung aus. Dabei kommen nur Kernumwandlungen unter Abgabe von Alpha-, Beta- oder Gammastrahlung vor. Künstlich lassen sich zirka 930 Nuklide (17 Elemente) herstellen; aufgrund reger Forschungstätigkeiten nimmt diese Zahl weiter zu. Diese sind jedoch alle radioaktiv. Bei den künstlich hergestellten Nukliden werden weitere Arten der Kernumwandlung beobachtet, die hier nicht weiter vertieft werden sollen.

Bei der **<Alpha-Strahlung>** handelt es sich um eine Teilchenstrahlung. Die Alpha-Teilchen sind zweifach positiv geladen und bestehen aus zwei Protonen und zwei Neutronen. Sie entsprechen damit Heliumkernen. Alpha-Teilchen sind in kernphysikalischen Dimensionen sehr schwer. Sie transportieren viel Energie, haben eine große Masse und eine große Ladung. Alpha-Teilchen haben dadurch nur eine sehr geringe Reichweite (einige Zentimeter). Je dichter ein zur Abschirmung genutztes Material ist, desto geringer ist die Reichweite der Teilchen. So werden Alpha-Teilchen beispielsweise von Papier oder dünnen Folien bereits zurückgehalten.

Quelle: Bildstelle Branddirektion Stuttgart

Bild 59.2 Eine Einsatzkraft in Schutzkleidung Form 1 in Bereitstellung bei einem A-Einsatz in einer Forschungseinrichtung

Auch die < **Beta-Strahlung** > ist eine Teilchenstrahlung. Es handelt sich dabei um Elektronen, die mit einer sehr hohen Energie aus dem Atomkern herausgeschleudert werden. Da Elektronen wesentlich leichter sind als Alpha-Teilchen, erreichen sie mit dieser Energie nahezu Lichtgeschwindigkeit. Sie haben daher eine größere Reichweite. In Luft beträgt diese Reichweite etwa 0,5 bis 1,5 Meter.

< **Gamma-Strahlung** > ist eine elektromagnetische Wellenstrahlung. Sie besitzt keine Ruhemasse und trägt keine Ladung. Wie jede elektromagnetische Strahlung breitet sie sich mit Lichtgeschwindigkeit aus. Ihre Reichweite in Luft beträgt, abhängig von der Energie der Strahlung, bis zu mehreren Kilometern. Im Gegensatz zur Alpha- und Betastrahlung kann die Gammastrahlung nie vollständig abgeschirmt werden. Sie wird durch die zur Abschirmung genutzten Bauteile nur kontinuierlich geschwächt. Gleichzeitig tritt eine Schwächung nach dem < **Abstandsgesetz** > ein. Diese Schwächung ist unabhängig von den durchdrungenen Bauteilen. Die Intensität jeder Strahlung, die von einer punktförmigen Strahlenquelle ausgeht, nimmt mit dem Quadrat der Entfernung ab. Das bedeutet, dass die Vergrößerung des Abstandes von beispielsweise einem Meter auf zwei Meter bereits eine Verringerung der Intensität (Dosisleistung) auf ein Viertel zur Folge hat.

Bei Strahlenschutzeinsätzen ist es daher vordringlich, die am Einsatzort herrschende Dosisleistung zu bestimmen. Die Absperrgrenze muss bei einer Dosisleistung von 25 µSv/h festgelegt werden. Neben den üblichen Dosisleistungsmessgeräten eignen sich zur Festlegung der Absperrgrenze insbesondere Dosisleistungswarngeräte, die auf den Grenzwert 25 µSv/h fest eingestellt sind. Die Trupps im Gefahrenbereich sind mit einem Dosiswarngerät auszurüsten. Das < **Dosiswarngerät** > warnt den Träger bei Erreichen des einsatzbezogenen Dosisrichtwertes (▶ Tabelle 59.1). Das Dosiswarngerät ist bei Körperschutz der Formen 1 oder 2 im Brustbereich gut erreichbar zu tra-

Tabelle 59.1 Dosisrichtwerte nach FwDV 500

Einsatzart	Dosisrichtwert
Aus- und Fortbildung	maximal 1 mSv pro Jahr
Einsätze zum Schutz der Umwelt oder von Sachwerten	15 mSv je Einsatz[a] (und Kalenderjahr)[b]
Einsätze zur Abwehr von Gefahren für Menschen und zur Verhinderung einer wesentlichen Schadenausweitung (künftig geplant: Einsätze zum Schutz des Lebens und der Gesundheit)	100 mSv je Einsatz (und Kalenderjahr)[b]
Einsätze zur Rettung von Menschenleben (künftig geplant: Einsätze zur Rettung von Leben, zur Vermeidung schwerer Gesundheitsschäden oder zur Vermeidung oder Bekämpfung einer Katastrophe)	250 mSv je Einsatz und Leben

[a] Im Rahmen der neuen FwDV 500 wird der neue Dosisrichtwert 20 mSv je Einsatz sein. Dosiswarngeräte mit einem 15 mSv-Messwert dürfen weiter verwendet werden.
[b] soll in der neuen FwDV 500 entfallen

K

Tabelle 59.2 Gefahrengruppen beim A-Einsatz.

Gefahren-gruppe nach FwDV 500	Bereiche	Beispiele (nur als Orientierungshilfe, da die konkrete Einstufung komplex ist)
IA	• mit offenen oder umschlossenen radioaktiven Stoffen, deren Gesamtradioaktivität das 10^4-fache der Freigrenze nach StrlSchV nicht übersteigt • mit umschlossenen radioaktiven Stoffen, deren Gesamtaktivität das 10^7-fache der Freigrenze nicht übersteigt, sofern ihre zulässige thermische und mechanische Beanspruchung den Anforderungen der Temperaturklasse 6 und der Schlagklasse 6 nach DIN 25 426 Teil 1 genügt • mit radioaktiven Stoffen in für diese zugelassenen Typ B- oder Typ C-Behältern, deren Gesamtaktivität das 10^7-fache der Freigrenze nicht übersteigt	• Labore in Schulen und Hochschulen • Messräume mit Strahlern zur Schichtdickenmessung
IIA	• mit radioaktiven Stoffen, deren Gesamtaktivität größer als das 10^4-fache und nicht größer als das 10^7-fache der Freigrenze ist, soweit sie nicht der Gefahrengruppe IA zugeordnet werden können	• Labore in Hochschulen und Kliniken, insbesondere auch Bereiche mit leichtflüchtigen Nukliden (z. B. Jod)
IIIA	• mit radioaktiven Stoffen, deren Gesamtaktivität das 10^7-fache der Freigrenze übersteigt, soweit sie nicht der Gefahrengruppe IA oder IIA gemäß den Sonderregelungen nach zugeordnet werden können • in denen der Umgang, die Aufbewahrung und Verarbeitung von Kernbrennstoffen nach Paragrafen 6 und 9 Atomgesetz (AtG) sowie für die Genehmigung von Anlagen nach Paragraf 7 AtG vorliegt • Bereiche, deren Eigenart im Einsatzfall die Anwesenheit einer fachkundigen Person erforderlich macht	• Labore, besondere radiologische Untersuchungsbereiche • Vorbereitungsräume für Stoffe in der Strahlentherapie • Kontrollbereiche von Kernkraftwerken • Wiederaufbereitungsanlagen

gen. Bei Körperschutz der Form 3 muss das Dosiswarngerät im Inneren des Anzuges getragen werden. Jede Einsatzkraft im Gefahrenbereich trägt darüber hinaus im Brustbereich ein amtliches Dosimeter (z. B. Filmdosimeter). Anhand dieses amtlichen Dosimeters kann nach Abschluss des Einsatzes verlässlich in einem Labor die im Einsatzverlauf aufgenommene Personendosis festgestellt und gerichtsfest dokumentiert werden.

K

Darüber hinaus muss versucht werden, das betreffende Nuklid zu identifizieren (z. B. Begleitpapiere, fachkundige Personen), um dann die vorherrschende Strahlungsart zu ermitteln. Für die weiteren Einsatzmaßnahmen ist entscheidend, in welchem Aggregatzustand (fest, flüssig, gasförmig) der radioaktive Stoff vorliegt und ob die Umhüllung/Verpackung zerstört ist.

Da die Kontamination und dic Inkorporation verhindert werden muss, kommt bei flüssigen und insbesondere bei gasförmigen Stoffen nur geeignete persönliche Schutzkleidung der Formen 2 bzw. 3 in Frage.

Aufgrund der erläuterten physikalischen Eigenschaften sind folgende Grundsätze bei Feuerwehreinsätzen unbedingt einzuhalten:

- **Abstand halten!** Die äußerst begrenzten Reichweiten der Alpha- und Betastrahlung führen dazu, dass bereits mit einem Ab-

Achtung:

Bereiche der Gefahrengruppen IIIA, in denen mit Kernbrennstoffen nach Paragraf 6, 7, und 9 des Atomgesetzes umgegangen wird, dürfen ohne Anwesenheit des zuständigen Strahlenschutzbeauftragen oder des fachkundigen Strahlenschutzverantwortlichen oder ohne einer im Rahmen der Einsatzvorbreitung geschlossenen Handlungsvereinbarung zwischen der Feuerwehr und dem Betreiber auf keinen Fall – auch nicht zur Rettung von Menschenleben – betreten werden.

stand von wenigen Metern eine schädigende Wirkung aufgrund dieser Strahlungsarten ausgeschlossen werden kann. Durch einen großzügigen Abstand kann aufgrund des Abstandsgesetzes auch die Intensität der Gamma-Strahlung verringert werden. Dadurch verringert sich die auf die Einsatzkräfte einwirkende Dosisleistung.

- **Aufenthaltsdauer begrenzen!** Akute Strahlenschäden sind stark dosisabhängig. Die aufgenommene Strahlendosis ergibt sich aus der Dosisleistung multipliziert mit der Aufenthaltsdauer. Das heißt, dass bei einer einsatzbedingt gegebenen Dosisleistung, die durch die Einsatzkraft aufgenommene Dosis durch eine möglichst geringe Aufenthaltsdauer begrenzt werden kann. Ist eine Einsatzkraft beispielsweise über einen Zeitraum von zwei Stunden einer konstanten Dosisleistung von 7 mSv/h ausgesetzt, so hat sie insgesamt eine Dosis von 14 mSv aufgenommen. Dieser Wert liegt noch unter dem durch die FwDV 500 definierten Grenzwert für Einsätze zum Schutz von Sachwerten. Die FwDV 500 legt zum Schutz der Einsatzkräfte vor direkter äußerer Gamma-Strahlung Dosisrichtwerte fest (▶ Tabelle 59.1).
- **Abschirmung ausnutzen!** Während Alpha- und Beta-Strahlung bereits durch ein Blatt Papier beziehungsweise durch eine Metallplatte abgeschirmt werden können, so kann Gamma-Strahlung durch Abschirmung mit einem möglichst dichten Material immerhin kontinuierlich geschwächt werden. Man kann für bestimmte Materialien so genannte Halbwertsdicken angeben. Die Halbwertsdicke ist sowohl von der Dichte des Materials als auch von Energie der im Einsatzfall auftretenden Gamma-Strahlung abhängig. Beispielsweise kann die Intensität von Gamma-Strahlung (Energie 2 MeV) durch eine neun Zentimeter dicke Wand aus Beton auf die Hälfte reduziert werden. Eine 18 Zentimeter dicke Betonwand kann die Intensität bereit auf ein Viertel reduzieren. Das Ausnutzen jeglicher verfügbarer Abschirmung an der Einsatzstelle hat noch einen weiteren positiven Effekt. Selbst wenn durch die vorhanden Abschirmungsmöglichkeiten nur Teile des Körpers der Einsatzkraft geschützt werden können, so ist eine Teilkörperbestrahlung medizinisch günstiger als eine Ganzkörperbestrahlung bei gleicher Dosisleistung.
- **Kontamination und Inkorporation vermeiden!** Eine direkte Kontamination der Körperoberfläche verringert die Entfernung der Strahlenquelle vom Körper praktisch auf Null. Die Folge ist eine sehr hohe Strahlenbelastung der Haut, die zu verbrennungsähnlichen Hautschäden führen kann. Die Inkorporation (Aufnahme in den Körper) führt zu einer starken Schädigung. Die Isotope werden mit den Körperflüssigkeiten über den Körper verteilt und meist in bestimmten Organen (z. B. Schilddrüse) gebunden und nur langsam wieder ausgeschieden. Dies hat eine sehr starke Schädigung der betroffenen Organe zur Folge und ist medizinisch häufig nicht reparabel. Zur Verhinderung der Kontamination und der Inkorporation ist beim Strahlenschutzeinsatz stets eine geeignete Schutzkleidung sowie Atemschutz zu tragen.

Die Dekontamination im A-Einsatz wird vorrangig durch Entfernen der kontaminierten Schutzkleidung erreicht. Danach werden die Personen mit einem Kontaminationsnachweisgerät überprüft. Grundsätzlich gilt eine Fläche als kontaminiert, wenn die Zählrate des Kontaminationsnachweisgerätes dreimal höher als die vorher gemessene Nullrate ist.

59.3 Besondere Maßnahmen beim B-Einsatz

Bei der Beurteilung der Gefahren durch biologische Stoffe stehen bei einem Feuerwehreinsatz zunächst Infektionsrisiken für Menschen im Vordergrund. Darüber hinaus besteht die Möglichkeit von schädigenden Wirkungen auf Tiere oder Pflanzen. Es kann sich dabei beispielsweise um eine Freisetzung des biologischen Stoffes durch einen Arbeits- oder Transportunfall handeln. Andererseits können die Einsatzkräfte auch im Rahmen eines Brandeinsatzes, beispielsweise in Kliniken und Forschungseinrichtungen, mit Gefahren durch biologische Stoffe konfrontiert werden. Zumeist wird es sich dabei um so genannte biologische Arbeitsstoffe handeln. Die Biostoff-Verordnung (BioStoffV) definiert biologische Arbeitsstoffe mit folgendem Wortlaut: »Biologische Arbeitsstoffe sind Mikroorganismen, einschließlich gentechnisch veränderter Mikroorganismen, Zellkulturen und humanpathogene Endoparasiten, die bei Menschen Infektionen, sensibilisierende oder toxische Wirkungen hervorrufen können« (▶ Kapitel 8). Darüber hinaus können klinische Abfälle sowie diagnostische Proben und unter extremen Umständen auch biologische Kampfmittel den Einsatz der Feuerwehr notwendig machen.

Unter biologischen Kampfstoffen versteht man lebende Organismen und Viren oder aus diesen gewonnene infektiöse Stoffe, die Krankheiten oder Tod bei Menschen, Tieren oder Pflanzen verursachen sollen und deren Wirkung häufig auf der Fähigkeit beruht, sich in den angegriffenen Spezies zu vermehren. Über die Wahrscheinlichkeit eines terroristischen Anschlags mit biologischen Kampfmitteln soll an dieser Stelle nicht spekuliert werden. Für das Einsatzgeschehen der Feuerwehren relevanter sind dagegen Einsätze in Verbindung mit biologischen Arbeitsstoffen beispielsweise in Kliniken und Forschungseinrichtungen oder Unfälle beim Transport von klinischen Abfällen oder diagnostischen Proben.

Entsprechend dem von den biologischen Gefahrstoffen ausgehenden Infektionsrisiko für Menschen, enthält die Biostoffverordnung eine Einteilung in Risikogruppen (Paragraf 3 BioStoffV). Im Rahmen der Einsatzvorbereitung werden Bereiche, in denen B-Gefahrstoffe vorhanden sind, in Anlehnung an die in der FwDV 500 üblichen Klassifizierungen in drei Gefahrengruppen unterteilt. ▶ Tabelle 59.3 bietet eine Übersicht über die Risikogruppen, deren spezifische Charakteristika und die Zu-

Tabelle 59.3 Einteilung biologischer Arbeitsstoffe

Risikogruppe § 3 BioStoffV	Risiko der Erkrankung und Beispiele	Risiko der Verbreitung in der Bevölkerung	Möglichkeiten der Vorbeugung und Behandlung	Gefahrengruppe nach FwDV 500
1	unwahrscheinlich (Bäckerhefe, Methanbakterien)	nicht gegeben	nicht erforderlich	I
2	Erkrankung möglich (Legionellen, Hepatitis A)	unwahrscheinlich	normalerweise möglich	II
3**	schwere Erkrankung möglich, aber Infektionsrisiko begrenzt (AIDS-Erreger, Tollwut, Hepatitis C)	möglich, aber begrenzt, da Infizierung über den Luftweg normalerweise nicht möglich	normalerweise möglich	II
3	schwere Erkrankung möglich (Tuberkolose)	möglich	normalerweise möglich	III
4	schwere Erkrankung (Ebola-Virus, Lassa-Virus)	schnelle Verbreitung zu erwarten	normalerweise nicht möglich	III

K

Bild 59.3 Zur Kennzeichnung von Arbeitsbereichen der Sicherheitsstufen S2 bis S4 ist die Verwendung des Warnzeichens »Warnung vor Biogefährdung« vorgeschrieben. Die zusätzliche Kennzeichnung BIO II ist für die Einsatzkräfte hilfreich.

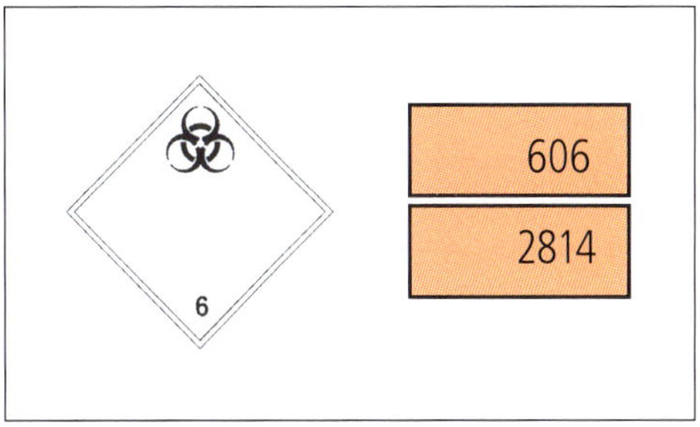

Bild 59.4 Kennzeichnung mit dem Gefahrzettel Nr. 6.2 und der orangefarbenen Warntafel am Beispiel eines für Menschen ansteckungsgefährlichen Stoffs

ordnung der Risikogruppen zu den Gefahrengruppen nach der FwDV 500.

Anlagen, Räume und Transportbehälter in denen sich die Gefahrstoffe befinden oder die mit derartigen Gefahrstoffen kontaminiert sind, müssen entsprechend der gesetzlichen Vorgaben durch ein Sicherheitszeichen gekennzeichnet sein.

Zur Kennzeichnung von Arbeitsbereichen der Sicherheitsstufen S2 bis S4 ist die Verwendung des Warnzeichens »Warnung vor Biogefährdung« vorgeschrieben (▶ Bild 59.3). Zusätzlich können weitere Hinweise auf die Sicherheitsstufen S1 bis S4 vorhanden sein. Im Rahmen der Einsatzvorbereitung sollen die Feuerwehren darauf hinwirken, dass entsprechende Arbeitsbereiche deutlich sichtbar gemäß DIN 4066 mit den Zeichen BIO I, BIO II oder BIO III gekennzeichnet sind. Dann ist für die Einsatzkräfte sofort der Rückschluss auf die gemäß FwDV 500 notwendigen Maßnahmen möglich.
Bei Transporten müssen B-Gefahrstoffe gemäß GGVSEB mit dem Gefahrzettel mit der Nummer 6.2 direkt am Versandstück gekennzeichnet sein. Aufgrund detaillierterer Vorschriften der GGVSEB können z. B. an Tankcontainern orangefarbene Warntafeln notwendig werden (▶ Bild 59.4).

Bei der Einsatzdurchführung leiten sich die notwendigen Schutzmaßnahmen für die Angehörigen der Feuerwehr gemäß der Gefahrengruppe I, II oder III der FwDV 500 ab. In der Gefahrengruppe IIB dürfen Atemfilter ABEK2-P3 getragen werden, sofern eine ausreichende Sauerstoffkonzentration in der Atemluft sichergestellt ist. In der Gefahrengruppe IIIB sind dagegen ausschließlich Isoliergeräte (z. B. Pressluftatmer) zu tragen. Als geeignete Schutzkleidung wird in der Gefahrengruppe IIB mindestens Körperschutz der Form 1 und in der Gefahrengruppe IIIB mindestens Körperschutz der Formen 2 oder 3 durch die FwDV 500 vorgeschrieben. Liegen keine ausreichenden Erkenntnisse vor, so sind die Erkundungstrupps mit Körperschutz Form 3 auszurüsten und eine möglichst universelle Desinfektion ist vorzubereiten. Erfolgt die Einteilung in die Gefahrengruppe IIIB aufgrund der Zuordnung zu der Risikogruppe 4, so ist der Einsatz nur bei Anwesenheit des Erlaubnisinhabers nach Infektionsschutzgesetz durchführbar. Sofern sich im Einsatzgebiet der

Achtung:

Bereiche der Gefahrengruppe IIIB, bei denen mit biologischen Stoffen der Sicherheitsstufe bzw. Risikogruppe 4 umgegangen wird, dürfen ohne die Anwesenheit der fachkundigen Person beziehungsweise ohne im Rahmen der Einsatzvorbereitung besonders abgestimmte Handlungsvereinbarung mit der Feuerwehr auf keinen Fall – auch nicht zur Rettung von Menschen – betreten werden.

Feuerwehr derartige Anlagen und Einrichtungen befinden, sollte im Rahmen der Einsatzvorbereitung eine genaue Absprache erfolgen. Für alle anderen Bereiche der Gefahrengruppe IIIB sind als fachkundige Personen zulässig:

- der Betriebsleiter oder dessen Vertreter,
- der Projektleiter nach Gentechnikgesetz oder dessen Vertreter oder
- der Beauftragte für die biologische Sicherheit.

Vordringliche Einsatzmaßnahme beim B-Einsatz ist neben der Menschenrettung die Verhinderung einer weiteren Ausbreitung. Die Einsatzmaßnahmen sind so zu planen, dass jede Ausbreitung biologischer Gefahrstoffe oder jede Kontamination von Menschen, Tieren oder Umwelt vermieden wird. Schleusen sowie Türen und Fenster dürfen daher nur geöffnet werden, wenn dies für den Einsatz unbedingt erforderlich ist. Sie sind nach Betreten eines Raumes sofort wieder zu schließen. Geschlossene Behälter, Verpackungen und Schränke dürfen nicht geöffnet werden. Tragbare Feuerlöscher sind daher, sofern es die Brandintensität erlaubt, bevorzugt zu verwenden, da bei ihrer Anwendung keine Türen zur Durchführung von Schläuchen blockiert werden. Entstehungsbrände sind – soweit möglich – mit Kohlendioxid zu löschen, Löschwasser sollte, wenn überhaupt, nur äußerst sparsam verwendet werden. Auch die sonst üblichen sofortigen Lüftungsmaßnahmen dürfen nur nach einer sorgfältigen Folgenabschätzung durch eine fachkundige Person erfolgen. Im Rahmen des Baugenehmigungsverfahrens ist insbesondere in den Sicherheitsgruppen S2 bis S4 eine Löschwasserrückhaltung zu fordern. Art und Umfang dieser Löschwasserrückhaltung, die Funktionsweise der Lüftungsanlagen sowie die brandschutztechnische Qualität der Umfassungsbauteile sind in einem Feuerwehrplan nach DIN 14095 zu dokumentieren. Auf Basis dieser Information kann im Einsatzfall durchaus die Entscheidung getroffen werden, einen lokal begrenzten Brand nicht zu löschen, um eine Gefährdung der Einsatzkräfte und eine Freisetzung biologischer Stoffe nicht zu riskieren.

Eine Überprüfung auf Kontamination oder gar Inkorporation ist an der Einsatzstelle messtechnisch nur in äußerst begrenztem Rahmen möglich (z. B. Testset mit Leuchtbakterien). Entscheidend für den Einsatzerfolg bei einem Unglücksfall mit biologischen Stoffen ist die Vorhaltung eines geeigneten Desinfektionsmittels für Personen und Geräte. Im Rahmen der Einsatzvorbereitung ist darauf hinzuwirken, dass jede Einrichtung, die ein Labor ab der Sicherheitsstufe 2 betreibt, an geeigneter Stelle eine ausreichende Menge eines für den Feuerwehreinsatz geeigneten Desinfektionsmittels vorhält. Die Feuerwehr muss in der korrekten Anwendung des Desinfektionsmittels unterwiesen werden. Die Anforderungen an ein »einsatztaugliches« Desinfektionsmittel sind insbesondere:

- möglichst breites Wirkungsspektrum,
- Wirksamkeit in einem tolerierbaren Zeitrahmen aufgrund des begrenzten Atemluftvorrates eines Pressluftatmers,
- gute Verträglichkeit auf der Haut bzw. Verträglichkeit mit dem Material der Schutzausrüstung,
- Licht- und Luftbeständigkeit, Lagerfähigkeit,
- Umweltverträglichkeit,
- Wasserlöslichkeit.

Bei Einsätzen mit B-Gefahrstoffen ist eine ärztliche Überwachung und Nachsorge besonders wichtig. Die FwDV 500 fordert daher, dass alle Personen die an Einsätzen der Gefahrengruppen IIB und IIIB teilgenommen haben, namentlich zu erfassen sind. Personen, die an Einsätzen der Gefahrengruppe IIIB teilgenommen haben, sind unverzüglich einem ermächtigten Arzt vorzustellen. Dies gilt selbstverständlich auch für Personen, bei denen in den Gefahrengruppen IB und IIB besondere Vorkommnisse (z. B. Verletzungen) zu verzeichnen waren. Verletzungen von Einsatzkräften (auch Bagatellverletzungen!) sind dem Einsatzleiter daher unverzüglich zu melden. Beim Umgang mit Personen, die mit Erregern der Risikogruppe 4 infiziert sind, oder bei denen der Verdacht besteht, mit diesen Erregern infiziert zu sein, sind Sicherheitsmaßnahmen der Gefahrengruppe IIIB zu ergreifen. Sie sind vor Ort zu isolieren und dort soweit notwendig rettungsdienstlich zu versorgen (▶ Bild 59.5).

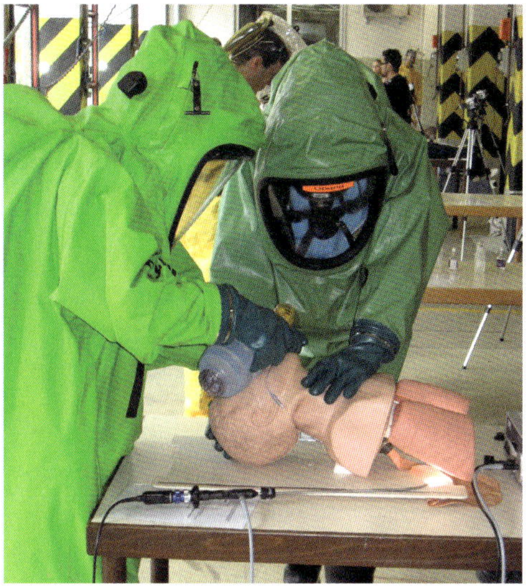

Quelle: Bildstelle Branddirektion Stuttgart

Bild 59.5 Die rettungsdienstliche Versorgung unter Sicherheitsmaßnahmen der Gefahrengruppe III erfordert besonderes Geschick und regelmäßige Übungen.

Weitere Maßnahmen sind in Absprache mit dem zuständigen Gesundheitsamt durchzuführen.

59.4 Besondere Maßnahmen beim C-Einsatz

Das Einsatzgeschehen der Feuerwehren wird im ABC-Einsatz im Wesentlichen durch Einsätze mit chemischen Stoffen (C-Gefahrstoffe) geprägt sein. Zu den chemischen Gefahrstoffen zählen im Sinne dieser Systematik auch alle Mineralölprodukte. Das heißt, dass sich die Feuerwehren bei Transportunfällen im Wesentlichen mit brennbaren und/oder ätzenden Flüssigkeiten oder Gasen konfrontiert sehen.

Achtung:

Bereiche der Gefahrengruppe IIIC, bei denen es sich um militärische Anlagen mit Munition oder chemischen Kampfstoffen handelt, dürfen ohne die Anwesenheit eines zuständigen und fachkundigen Militärangehörigen auf keinen Fall – auch nicht zur Rettung von Menschen – betreten werden.

In diesem Bereich sind bei den Feuerwehren auch meist das notwendige Fachwissen und die erforderliche Sonderausrüstung vorhanden. In vielen Stadt- oder Landkreise können die Feuerwehren auf Chemiker zurückgreifen, die als Fachberater den Einsatzleiter unterstützen können.

Die chemischen Stoffe können sehr unterschiedliche gefährliche Eigenschaften besitzen. Gefährliche Eigenschaften im Sinne dieser Systematik besitzen explosive Stoffe, gasförmige Stoffe, entzündbare flüssige Stoffe, sonstige entzündbare Stoffe, oxidierend wirkende Stoffe, giftige Stoffe, ätzende Stoffe und sonstige gefährliche Stoffe wie beispielsweise erwärmte oder flüssige Metalle (z. B. Aluminium). Bei einem einzigen Stoff können verschiedene Gefahren auch in Kombination auftreten. Benzol ist beispielsweise brennbar und giftig. Ob die potenziell gefährliche Eigenschaft eines bestimmten Stoffes im Einsatzfall allerdings tat-

Achtung:

Brennbare Gase sowie die Dämpfe von brennbaren Flüssigkeiten können mit dem Sauerstoff der Umgebungsluft explosive Gemische bilden. Zündquellen müssen unbedingt ausgeschlossen werden! Zündquellen bilden beispielsweise offene Flammen, Verbrennungsmotoren, elektrische Geräte, elektrostatische Aufladungen und funkenreißendes Werkzeug. Im Gefahrenbereich dürfen daher nur explosionsgeschützte Geräte verwendet werden. Einsatzkräfte dürfen keinesfalls Mobiltelefone, Funkmeldeempfänger oder privat beschaffte (Helm-)Taschenlampen, Foto- und Kameras tragen! Der explosionsgefährdeten Bereich ist mittels Messgeräten festzustellen und Abzusperren. In Abhängigkeit von der relativen Dichte des Gases müssen Ausbreitungstendenzen in tiefer liegende Bereiche (Senken, Keller, Kanalisation) oder in höhere Bereiche (Dachgeschosse) in den Gefahrenbereich mit einbezogen werden! Die Dämpfe brennbarer Flüssigkeiten sind immer schwerer als Luft!

K

Tabelle 59.4 Gefahrengruppen beim C-Einsatz.

Gefahrengruppe nach FwDV 500	Bereiche in den beispielsweise vorhanden sind:	Beispiele
IC	• Haushaltschemikalien bis 1 000 kg • gefährliche Güter der Beförderungskategorie 3 und 4 oder der Verpackungsgruppe II nach ADR/RID/GGVSEB.	• Lager von Kaufhäusern
IIC	• C-Gefahrstoffe über 1 000 kg • gefährliche Güter der Beförderungskategorie 2 oder Verpackungsgruppe II nach ADR/RID/GGVSEB • Industriechemikalien in laborüblichen Mengen	• Speditionsläger mit Mischlagerung verschiedener gefährlicher Stoffe • Schwimmbäder mit Chloranlage • Kühllager mit Ammoniak als Kühlmittel
IIIC	• sehr große Mengen gefährlicher Chemikalien • Sprengstoff (erzeugt, gelagert oder eingesetzt) • gefährliche Güter der Beförderungskategorie 0 und 1 oder der Verpackungsgruppe I nach ADR/RID/GGVSEB	• militärische Anlagen oder Bereiche in denen Munition/Kampfstoffe vorhanden sind

sächlich eine konkrete Gefahr für Menschen, Tiere, Umwelt oder Sachwerte darstellt, ist auch abhängig von der ausgetretenen Menge. »Alle Dinge sind Gift und nichts ist ohne Gift; allein die Dosis macht, dass ein Ding kein Gift ist!« (Philippus Aureolus Theophrastus Bombastus von Hohenheim – genannt Paracelsus – 1493 bis 1541). Bei einem C-Einsatz der Feuerwehr muss der Einsatzleiter die Lage daher insbesondere in Abhängigkeit von der Menge und den speziellen Umständen bewerten. Ein umgestoßener Kraftstoffkanister (20 Liter) mit Benzin auf dem Gelände einer Tankstelle wird eine weitaus geringere tatsächliche Gefährdung bedeuten als ein umgestürzter und aufgerissener Tanklastzug (30 000 Liter) mit genau demselben Produkt.

K

Die Einteilung in die Gefahrengruppen I bis III der FwDV 500 ist insbesondere im Bereich der chemischen Gefahrstoffe schwierig. Für die Zuordnung einer Anlage oder eines Betriebsbereiches zu einer Gefahrengruppe ist immer die Gesamtbeurteilung im Hinblick auf die konkret vorliegenden Lage notwendig. Beim Umgang mit A- und B-Gefahrstoffen bieten die in diesen Bereichen vorgeschriebenen Kennzeichnungen auf der Basis naturwissenschaftlicher und/oder rechtlicher Grundlagen eine deutlich einfachere Möglichkeit für die Einsatzkräfte, die vorliegende Gefahrengruppe gemäß FwDV 500 zu ermitteln.

Bei stationären Anlagen wie Chemiebetrieben, Forschungseinrichtungen, Speditionen, etc. kann die Einteilung in die Gefahrengruppen IC bis IIIC im Rahmen der Einsatzvorbereitung vorgenommen werden und in einem Feuerwehrplan dokumentiert werden. Erfolgt die Einteilung in die Gefahrengruppe IIIC aufgrund der Einstufung nach Paragraf 1 Absatz 2 der Störfallverordnung, so ist als fachkundige Person nur der nach der Verordnung über Immissionsschutz- und Störfallbeauftragte (5. BImSchV) zu benennende zuständige Störfallbeauftragte zulässig, sofern keine besondere Handlungsvereinbarung zwischen dem Betreiber und der Feuerwehr geschlossen wurde. Bei militärischen Anlagen ist als Fachkundiger nur ein zuständiger Militärangehöriger geeignet. In allen anderen Fällen sind als fachkundige Personen geeignet:

Achtung:

Bei brennbaren Gefahrstoffen wird zum Schutz der Einsatzkräfte vorsorglich ein Löschangriff an der Absperrgrenze zum Gefahrenbereich aufgebaut. Um möglichst umfassend tätig werden zu können, soll ein so genannter dreifacher Brandschutz mit den Löschmitteln Wasser, Schaum und Pulver vorbereitet werden. Während das Löschmittel Pulver bei Flüssigkeitsbränden einen sofortigen Löscherfolg ermöglicht, kann mit dem Löschmittel Schaum die erneute Rückzündung der heißen Flüssigkeitsdämpfe verhindert werden. Das Löschmittel Wasser dient in diesen Fällen der Bekämpfung von Umgebungsbränden. Damit die Rohre im Bedarfsfall bis zur unmittelbaren Schadenstelle vorgenommen werden können, muss eine ausreichende Schlauchreserve vorgesehen werden. Sofern es die örtlichen Verhältnisse zulassen, können auch Werfer zum Einsatz kommen.

- Betriebsleiter oder Laborleiter (z. B. Chemiker),
- Fachkraft für Arbeitssicherheit,
- Beauftragter nach Bundesimissionsschutzverordnung (BImSchV),
- Gefahrgutbeauftragte.

Bei Transportunfällen ist die Einstufung in die Gefahrengruppen IC bis IIIC sehr schwierig. Bei Einsätzen im Zusammenhang mit Transporten muss daher bis zu einer detaillierten Auswertung der Kennzeichnung zunächst wie bei Einsätzen der Gefahrengruppe IIC verfahren werden. Nach einer weitergehenden Lagebeurteilung kann es dann im Einzelfall notwendig sein, über die Mindestanforderung hinaus wie bei der Gefahrengruppe IIIC vorzugehen. Allerdings wird in vielen Fällen auch eine »Herabstufung« des Ereignisses in die Gefahrengruppe IC die Folge sein können. Aufgrund dieser Schwierigkeiten bei der Zuordnung bietet sich im Bereich der C-Gefahrstoffe eine systematische Gliederung in Maßnahmengruppen an.

Die unterschiedlichen Eigenschaften chemischer Stoffe erfordern im Einsatz unterschiedliche Maßnahmen der Feuerwehr. Daher enthält die FwDV 500 eine Unterteilung in Maßnahmengruppen. Für jede Maßnahmengruppe sind in der FwDV 500 spezifische Gefahren, notwendige Maßnahmen und zusätzliche Hinweise erläutert. Die FwDV 500 enthält daher insbesondere für den Umgang mit C-Gefahrstoffen bereits sehr konkrete Entscheidungshilfen. Diese grundsätzlichen Hinweise müssen im Einsatz durch weitergehende Informationen gemäß des Stufenkonzeptes ergänzt werden (▶ Kapitel 57.3). Die Zuordnung eines C-Gefahrstoffes zu einer Maßnahmengruppe ist angelehnt an die Rechtsnormen aus dem Gefahrgutbeförderungsrecht, dem Chemikalienrecht und dem Arbeitsschutzrecht. Der Leser wird insbesondere die Anlehnung an die Klassen nach ADR bzw. GGVSEB entdecken. Aus diesem Grund enthält die Systematik der Maßnahmengruppen in der FwDV 500 keine Maßnahmengruppe 7, da die Klasse 7 (radioaktive Stoffe) an anderer Stelle behandelt wird. ▶ Tabelle 59.5 enthält die Maßnahmengruppen der FwDV 500.

Im Folgenden werden einige wichtige Grundsätze bei Einsätzen mit chemischen Gefahrstoffen anhand der Systematik der Maßnahmengruppen vorgestellt. Es handelt sich dabei immer um grundsätzliche Hinweise und Vorgehensweisen die vom Einsatzleiter im-

Tabelle 59.5 Maßnahmengruppen (MG)

MG	Bezeichnung
1	Explosive Stoffe und Gegenstände mit Explosivstoff
2	Gasförmige Stoffe
3	Entzündbare flüssige Stoffe
4	Sonstige entzündbare Stoffe
5	Entzündend (oxidierend wirkende Stoffe)
6	Giftige Stoffe
8	Ätzende Stoffe
9	Verschiedene gefährliche Stoffe und Gegenstände

mer kritisch auf ihre konkrete Notwendigkeit und Anwendbarkeit geprüft werden müssen. Trotz der erforderlichen unterschiedlichen Vorgehensweisen stellen insbesondere der so genannte dreifache Brandschutz und Grundregeln zur Vermeidung von Explosionen bei brennbaren Gasen und Flüssigkeiten wichtige Standardmaßnahmen dar.

Bild 59.6 Auch pyrotechnische Effekte für das Theater oder das Silvesterfeuerwerk sind gefährliche Gegenstände und werden in die Maßnahmengruppe 1 eingeordnet.

59.4.1 Maßnahmengruppe 1: Explosive Stoffe und Gegenstände

Mit Sprengstoffen und anderen pyrotechnischen Gegenständen können die Feuerwehren an vielen Orten in Berührung kommen. Sprengstoffe werden beispielsweise in Steinbrüchen, im Tunnelbau oder für Abbrucharbeiten verwendet. In Theatern (▶ Bild 59.6) oder bei Fachbetrieben für Veranstaltungstechnik können so genannte pyrotechnische Artikel für Vergnügungszwecke (Feuerwerk) oder pyrotechnische Artikel für technische Zwecke (z. B. Bühnenpyrotechnik) hergestellt und gelagert werden. Darüber hinaus sind in technischen Geräten wie beispielsweise Airbags oder Gurtstraffern pyrotechnische Sätze eingebaut. Alle genannten Gegenstände müssen vom Hersteller auch zum Verwendungsort transportiert werden. Während des Transports kann das Fahrzeug in einen Verkehrsunfall verwickelt sein.

Die Ursprünge der Pyrotechnik reichen weit zurück. Bereits um 500 v. Chr. wurde in Ostasien Salpeter für Brandsätze benutzt. Im Zusammenhang mit der Geschichte der Pyrotechnik fällt stets der Name des Franziskaner-Mönchs Bertold Schwarz, der um das Jahr 1354 das Schießpulver (Schwarzpulver) in Europa wiederentdeckt haben soll. Bei explosiven Stoffen und Gegenständen können durch Temperatur-, Druck- und/oder Splitterwirkung erhebliche Zerstörungen auch in größeren Entfernungen auftreten. Bei explosiven Stoffen entsteht aus festen oder flüssigen Stoffen durch eine chemische Reaktion in sehr kurzer Zeit eine große Menge sehr heißes Gas. Dieses Gas breitet sich sehr schnell in Form einer Druckwelle aus. Diese chemische Reaktion soll am Beispiel des Schwarzpulvers erläutert werden. < **Schwarzpulver** > ist ein Gemisch. Als Drei-Komponenten-Pulver besteht Schwarzpulver aus Kalisalpeter (KNO_3) und Kohlenstoff bzw. Holzkohle (C) sowie Schwefel (S). Aus diesen festen Komponenten entstehen die gasförmigen Reaktionsprodukte Stickstoff (N_2), Kohlenstoffdioxid (CO_2) und Kohlenstoffmonoxid (CO). Bei der Umsetzung von einem Kilogramm Schwarzpulver entstehen etwa 300 Liter gasförmige Bestandteile. Die Verbrennungstemperatur beträgt zirka 1 800 bis 2 300 °C.

$$16\ KNO_3 + 13\ C + 6\ S \Rightarrow 5\ K_2SO_4 + 2\ K_2CO_3 + K_2S + 8\ N_2 + 11\ CO_2$$

Wird das Gas an der Ausbreitung gehindert, so kann sich der Druck nicht abbauen und die »Sprengkraft« steigt. Trotzdem können die Auswirkungen verschiedener Sprengstoffe und pyrotechnischer Gegenstände stark unterschiedlich sein. Ein massenexplosionsfähiger Sprengstoff ist anders zu beurteilen als ein Paket Wunderkerzen. Aufgrund dieser unterschiedlichen Gefährdung erfolgt in den einschlägigen Rechtsvorschriften eine Unterteilung in die Unterklassen 1.1 bis 1.6 mit jeweils spezifischen Eigenschaften. ▶ Tabelle 59.6 enthält eine Übersicht über die Eigenschaften der Unterklassen 1.1 bis 1.6.

Nur bei der Unterklasse 1.4 bleiben die Auswirkungen bei einer Zündung auf das Versandstück begrenzt. Abweichend von den grund-

Tabelle 59.6 Eigenschaften der Unterklassen 1.1 bis 1.6

Klasse	Eigenschaften	Beispiele
Unterklasse 1.1	massenexpolosionsfähige Stoffe; eine Massenexplosion ist eine Explosion, die nahezu die gesamte Ladung gleichzeitig erfasst	Schwarzpulver, pyrotechnische Gegenstände der Klasse IV (z. B. Effekte mit Blitzsatzfüllungen, Großfeuerwerksbomben)
Unterklasse 1.2	nicht massenexplosionsfähige Stoffe; Gefahr durch Splitter-, Spreng- und Wurfstücke	pyrotechnische Gegenstände der Klasse IV (z. B. römische Lichter); pyrotechnische Gegenstände (z. B. Gasgenerator-Anzünder)
Unterklasse 1.3	nicht massenexplosionsfähige Stoffe; sehr feuergefährliche Stoffe; Gefahr durch erhebliche Strahlungswärme	Treibladungspulver; pyrotechnische Gegenstände (z. B. Theaterblitz, Bühnenfeuertöpfe, Raketen)
Unterklasse 1.4	geringe Explosionsgefahr; Auswirkungen bleiben im Wesentlichen auf das Versandstück begrenzt	pyrotechnische Gegenstände der Klasse I und II (z. B. Tischfeuerwerk, Silvesterfeuerwerk)
Unterklasse 1.5	sehr unempfindliche massenexplosionsfähige Stoffe; Wahrscheinlichkeit einer Zündung durch Umgebungsbrand sehr gering	industrielle ANC-Sprengstoffe, Emulsionssprengstoffe
Unterklasse 1.6	extrem unempfindliche, nicht massenexplosionsfähige Stoffe	

sätzlichen Regelungen für den Gefahren- und Absperrbereich muss bei den Unterklassen 1.1, 1.2, 1.3, 1.5 und 1.6 ein Gefahrenbereich von 500 Metern Radius und ein Absperrbereich von 1 000 Metern Radius festgelegt werden. Im Brandfall muss daher unverzüglich die Räumung aller Unbeteiligten aus dem Gefahren- und Absperrbereich (▶ Kapitel 58) erfolgen. Brandbekämpfungsmaßnahmen dürfen nur aus der Deckung heraus erfolgen. Idealerweise sollten Wasserwerfer eingesetzt werden. Diese Wasserwerfer können schnell mit wenig Personal in Stellung gebracht werden. Danach müssen sich die Einsatzkräfte wieder aus dem Gefahrenbereich zurückziehen. Bei derartigen Einsätzen kann auch der Einsatz von unbemannten fernsteuerbaren Fahrzeugen wie beispielsweise eines Löschunterstützungsfahrzeugs (▶ Bild 59.7) erwogen werden. Sollte sich ein Brand noch nicht auf die Explosivstoffe ausgedehnt haben und besteht die Gefahr der Brandausbreitung, so muss die Brandbekämpfung/Riegelstellung unverzüglich mit allen möglichen Mitteln eingeleitet werden.

Quelle: J. Thorns

Bild 59.7 LUF 60 der Berufsfeuerwehr Stuttgart

59.4.2 Maßnahmengruppe 2: Gasförmige Stoffe

In diese Maßnahmengruppe sind alle verdichteten, verflüssigten oder unter Druck gelösten Gase einzuordnen. Bei Transporten sind diese Gefahrstoffe in die Klasse 2 gemäß GGVSEB eingeordnet und entsprechend gekennzeich-

K

Achtung:

Einsatzkräfte dürfen im Gefahrenbereich keine Mobiltelefone, Funkmeldeempfänger oder privat beschaffte, nicht explosionsgeschützte, Lampen oder Kameras tragen!

Praxis-Tipp:

Bei Druckgasflaschen kann sich das Bersten durch ein »ohrenbetäubendes« Zischen des am Sicherheitsventil ausströmenden Gases ankündigen!

Quelle: Bildstelle Branddirektion Stuttgart

Bild 59.8 Flüssiggasflasche: Beim Brand eines Standes auf dem Stuttgarter Weihnachtsmarkt kam es im Jahr 2005 zum Zerknall dieser Flüssiggasflasche.

net. Bei den Gefahren durch gasförmige Stoffe müssen die Einsatzkräfte zwischen Gefahren aufgrund der besonderen physikalischen Eigenschaften (z. B. Verdichtung, Verbrennung durch tiefkalte Gase) und Gefahren aufgrund besonderer chemischer Eigenschaften unterscheiden. Die besonderen chemischen Eigenschaften wie beispielsweise Giftigkeit, oxidierende Wirkung oder Ätzwirkung etc. bedürfen gegebenenfalls besonderer Schutzmaßnahmen, die in den Maßnahmengruppen 4 bis 8 beschrieben werden. Gase, die weitere Schutzmaßnahmen erforderlich machen können, sind zum Beispiel Ammoniak oder Chlor. An dieser Stelle beschränken sich die Ausführungen auf die besonderen Gefahren durch verdichtete, verflüssigte oder unter Druck gelöste Gase und auf die Gefahren durch brennbare Gase. Derartige Gase sind beispielsweise Erdgas, Flüssiggas (Propan/Butan) oder Acetylen.

Verdichtete, verflüssigte oder unter Druck gelöste Gase werden in Druckbehältern (Gasflaschen) transportiert und gelagert. In den vergangenen Jahren finden sich derartige Druckbehälter auch in Kraftfahrzeugen, die mit Erdgas, Flüssiggas oder Wasserstoff betrieben werden (z. B. Hybridfahrzeuge). Die Druckbehälter sind konstruktiv für einen maximalen Innendruck ausgelegt. Steigt der Druck aufgrund der Erwärmung des Gases oder durch eine chemische Reaktion (Acetylenzersetzung) über den maximalen Innendruck an, so kommt es zum Bersten des Druckbehälters. Beim Bersten können scharfkantige Splitter des Druckbehälters über große Entfernungen geschleudert werden und dabei schwerste Verletzungen und Sachschäden verursachen (▶ Bild 59.8). Als weitere Folge wird der Inhalt des Druckbehälters schlagartig freigesetzt und fein verstäubt. Die Umgebung einschließlich der dort befindlichen Personen wird kontaminiert. Dies kann aufgrund der spezifischen chemischen Eigenschaften (z. B. Ätzwirkung) zu weiteren Gesundheitsschäden führen. Besonders kritisch ist die schlagartige Freisetzung brennbarer Gase. Aufgrund der feinen Verstäubung und damit idealen Vermischung mit dem Sauerstoff der Umgebungsluft kommt es meist zu einem sehr großen Feuerball. Aufgrund dieser Gefahren muss bei großen Druckgas- oder Flüssiggasbehältern der Gefahrenbereich über das übliche Maß hinaus vergrößert werden (▶ Tabelle 59.7).

Flüssiggas

Flüssiggas (UN-Nummer 1965) wird unter anderem als Brenngas im Haushalt, bei Freizeitaktivitäten, im Gewerbe und in der Industrie verwendet. Die Feuerwehren können Flüssiggas unter anderem in folgenden Behältern antreffen:

- Druckgasbehälter mit einem Inhalt von 0,4 Kilogramm bis 6,2 Kilogramm (Spraydosen),

Tabelle 59.7 Gefahrenbereiche bei Flüssiggasanlagen

Behälter-Art	Volumen [m³]	größte Lagermasse [kg]	Abstand für Einsatzkräfte unter Hitzeschutzkleidung [m]	Gefahrenbereich [m] primär	/sekund.
Druckgasflaschen	< 0,08	33	25	50	100
Gasbetriebene Kfz	0,1	40	25	100	200
Private Versorgungsanlage/Kompaktanlage	2,7 bis 6,4	1 200 bis 2 900	100	200	400
Einzel-Lkw (5 t Ladegewicht)	6 bis 11	2 500 bis 5 000	100	200	400
Lkw mit Anhänger/Sattelzüge	20 bis 36	9 000 bis 16 000	200	400	800
Eisenbahnkesselwagen	von 62 bis 110	26 000 46 000	300	600	1 200
Speicheranlagen und Binnenschiffe	< 250	100 000	> 300	> 600	1 500
	< 1 000	430 000	> 300	> 600	2 000
	> 1 000	> 430 000	> 500	> 800	2 500

- Druckgasbehälter mit einem Inhalt von 5, 12 und 33 Kilogramm (z. B. rote Gasflaschen),
- Ortsfeste Behälter mit einem Inhalt bis zu 6,4 Kubikmetern auch an Einzelgebäuden, für Gasversorgungsanlagen auch Kugel- oder Erdtanks bis über 600 Kubikmeter,
- Tankwagen und Eisenbahnkesselwagen mit einem Inhalt bis zu 110 Kubikmeter,
- Ortsfeste Behälter in der Industrie mit zirka 800 bis 1 500 Kubikmeter, bei Flüssiggasversorgungsunternehmen bis zu 4 000 Kubikmeter.

Flüssiggas ist ein farbloses, fast geruchloses, brennbares Gas. Es handelt sich meist um Mischungen aus den Gasen Propan und Butan. Für die Lagerung und den Transport wird das Gasgemisch unter Druck (fünf bis zehn bar) verflüssigt. Beim Entspannen des Gases bilden sich schnell große Mengen kalter Nebel und explosionsfähiger Gemische, die sich weithin ausbreiten. Aus einem Liter Flüssigphase können etwa 250 Liter Gasphase entstehen. Diese 250 Liter Gas ergeben in Abhängigkeit von den Umgebungsbedingungen rund 15 000 Liter zündfähiges Gas-/Luft-Gemisch. Die Nebel sind schwerer als Luft (1,5 bis zwei mal schwerer), kriechen am Boden entlang und können bei Zündung über weite Strecken zurückschlagen. Die Entzündung kann durch heiße Oberflächen, Funken oder offene Flammen erfolgen. Beim Verdampfen austretender Flüssigphase verdampft die Flüssigkeit und kühlt die Umgebung dabei sehr schnell auf die Siedetemperatur und darunter ab. Eine Vereisung der Bedienelemente kann die Folge sein und es besteht Erfrierungsgefahr.

Bei einem Austritt von Flüssiggas sind neben den allgemeinen Einsatzgrundsätzen im ABC-Einsatz insbesondere folgende Hinweise zu beachten:

- Gefahrenbereich und Absperrbereich ausreichend groß definieren und sichern! ▶ Tabelle 59.7 enthält einige Anhaltspunkte.
- Explosionsgefährdeten Bereich feststellen (Messgeräte) und Absperren. Ausbreitungstendenzen in tiefer liegende Bereiche (Senken, Keller, Kanalisation) in den Gefahrenbereich mit einbeziehen!
- Grundregeln bei explosiven Gemischen beachten!
- Behältervolumen und Füllstand erkunden!

- Sollte vor Ort keine fachkundige Person zur Verfügung stehen, so kann über den Flüssiggas-Sicherheitsdienst Hilfe angefordert werden!

Die FwDV 500 gibt einen Gefahrenbereich von 300 Metern bei Kesselwagen und Industrietanks vor (Absperrbereich 1 000 Meter). Bei den immer häufiger anzutreffenden kleineren Flüssiggastanks zur Gebäudeversorgung (▶ Bild 59.9) sollte in Abhängigkeit von den vorhandenen Deckungsmöglichkeiten ein Gefahrenbereich von 200 Meter (Absperrbereich 400 Meter) definiert werden.

Müssen Tätigkeiten im unmittelbaren Gefahrenbereich ausgeführt werden, so soll der Einsatzleiter dafür möglichst wenig Personal einsetzen. Diese Einsatzkräfte müssen mit Pressluftatmer und Hitzeschutzkleidung ausgestattet sein. Sofern Einsatzkräfte im unmittelbaren Gefahrenbereich eingesetzt werden, muss eine ausreichende Anzahl Sicherheitstrupps mit Pulverrohren sowie C- bzw. B-Rohren oder Wasserwerfer bereitstehen. Durch Einhüllen der Schadenstelle in einen Wassernebel kann die Zündgefahr herabgesetzt werden. Dazu können auch vorhandene ortsfeste Berieselungsanlagen eingesetzt werden.

Wenn an der Einsatzstelle Flüssiggas in der Flüssigphase in Form eines Sees vorliegt, kann in Abhängigkeit von den einsatztaktischen Notwendigkeiten das Verdampfen entweder verzögert oder beschleunigt werden. Durch das Aufbringen von Mittelschaum bzw. Schwerschaum verzögert sich die Verdampfung. Der Schaum gefriert und wirkt wie ein »Deckel«. Dieser Effekt beruht auf der starken Abkühlung der Umgebung beim Übergang von der Flüssig- in die Gasphase (Verdampfungsenthalpie). Dieser Effekt ermöglicht auch das Verschließen kleinerer Löcher durch gezieltes Aufbringen von Wasser oder durch Ausstopfen mit einem nassen Tuch. In vielen Fällen gelingt so ein Vereisen der Leckage. Soll andererseits die Verdampfung beschleunigt werden, so kann dies durch vorsichtiges Aufbringen von Wasser (Sprühstrahl) auf die Oberfläche des Flüssiggases geschehen. Das wärmere Wasser erhöht dann die Verdampfungsgeschwindigkeit. Diese Vorgehensweise kann Sinn machen, wenn ein ausreichend großer Bereich geräumt und abgesperrt ist, und nun möglichst schnell das ausgetretene Flüssiggas mit der Umgebungsluft verdünnt werden soll. Sobald das entstehende Gas-/Luftgemisch eine Konzentration unterhalb der unteren Explosionsgrenze erreicht, ist die Gefahr beseitigt. Aus diesem Grund sollten undichte kleinere Druckgasbehälter bei Einsätzen in Gebäuden schnellstmöglich ins Freie verbracht werden, da dort eine bessere Vermischung mit der Umgebungsluft erfolgen kann.

Quelle: J. Thorns

Bild 59.9 Gebäudeversorgungsanlage Flüssiggas

INFO

vfdb-Merkblatt »Empfehlung für den Feuerwehreinsatz bei Gefahr durch Flüssiggas«

Brennt es in der Umgebung des Druckbehälters oder ist bereits ein Teil der Flüssiggasanlage durch den Brand erfasst, besteht größte Explosionsgefahr. Die bereits angeführten Radien der Gefahren- und Absperrbereiche sind unbedingt einzuhalten. Steigt der Innendruck des Behälters durch Erwärmung von außen, kommt es schnell zum Bersten des Behälters. Eventuell vorhandene Sicherheitsventile reichen bei direkter Flammeneinwirkung zur Druckentlastung meist nicht aus! Eisenbahnkesselwagen haben keine Sicherheitsventile! Beim Behälterzerknall kommt es zu einer schlagartigen Freisetzung des druckverflüssigten Gases. Diesen Vorgang bezeichnet man als BLEVE (Boiling Liquid Expanding Vapour Explosion). Zu einem derartigen Behälterzerknall kann es in Abhängigkeit von der Brandeinwirkung auch sehr schnell (etwa zehn Minuten nach Brandausbruch) kommen. Der entstehende Feuerball kann bei großen Behältern mehrere hundert Meter betragen. Wichtigste Maßnahme ist daher das Löschen der Umgebungsbrände und das Kühlen des Druckbehälters. Dieser Kühlvorgang muss aus der Deckung heraus, idealerweise sogar durch unbemannte Wasserwerfer erfolgen. In Abhängigkeit von der Größe des Druckbehälters sind dazu erhebliche Wassermengen erforderlich (Wasserversorgung!). Brennt an einer Armatur austretendes Flüssiggas, so sollte die taktische Variante des »Ausbrennen-Lassens« geprüft werden, da sich so keine zündfähigen Gemische bilden können. Eine ausreichende Kühlung des Behälters (siehe oben) ist aber auch in diesem Fall unerlässlich. Bei Eisenbahnkesselwagen oder bei Straßentankfahrzeugen kann versucht werden, das Fahrzeug aus dem direkt gefährdeten Bereich zu bringen. Die Eigengefährdung der Einsatzkräfte durch eine derartige Maßnahme muss aber durch den Einsatzleiter sehr sorgfältig bewertet werden.

Muss Flüssiggas umgepumpt oder in der flüssigen Phase aufgenommen werden, so können der Flüssiggas-Sicherheitsdienst oder TUIS geeignete Fachleute (z. B. Werkfeuerwehren) und das notwendige Material entsenden. Die Gefahrgutzüge der kommunalen Feuerwehren sind im Normalfall nicht mit den notwendigen Geräten ausgestattet.

Erdgas

Erdgas besteht hauptsächlich aus hochentzündlichem Methan (UN-Nummer 1971). Erdgas ist farblos und ungiftig. Der Explosionsbereich liegt etwa zwischen 4 und 17 Vol. %. Erdgas ist leichter als Luft und wird sich daher bei einem Austritt im Gebäude in den oberen Stockwerken (Dachstuhl) sammeln. Erdgas wird in Haushalten zum Heizen und Kochen verwendet. Darüber hinaus wird es zur Stromerzeugung in Gasturbinen oder in der chemischen Industrie als Grundstoff verwendet. Einige Gasversorgungsunternehmen betreiben Anlagen zur Speicherung von Erdgas. Dabei kann das Erdgas sowohl verdichtet als auch verflüssigt gespeichert werden. Es werden auch zunehmend Fahrzeuge mit Erdgas betrieben. Die erforderlichen Maßnahmen bei einem Unfall mit einem erdgasbetriebenen Fahrzeug werden an dieser Stelle nicht behandelt.

> **INFO**
>
> Deutscher Verein des Gas- und Wasserfaches: DVGW-Erdgasinformationen für die Feuerwehr

Erdgas wird bis auf sehr wenige Ausnahmen in einem Leitungsnetz transportiert. Die Gasleitungen können aus Kunststoffen, Stahl oder Gusseisen bestehen. Dabei wird zwischen

- Hochdruckleitungen bis etwa 80 bar,
- Mitteldruckleitungen zwischen 100 mbar und 1 bar sowie
- Niederdruckleitungen bis 100 mbar unterschieden.

Methan und damit auch Erdgas ist grundsätzlich geruchlos. Allerdings wird Erdgas im Bereich der Niederdruck- und Mitteldruckleitungen »riechbar« gemacht (odoriert). Das heißt, es wird ein knoblauchartiger Geruchsstoff beigemischt, der dem Erdgas einen auffälligen Warngeruch verleiht. Dadurch werden schon geringste Undichtigkeiten an Gasinstallationen wahrgenommen. Allerdings bleibt der Geruchsstoff auch an alten, ausgebauten Gasrohren und teilweise sogar am umgebenden Erdreich »hängen«. Viele Feuerwehreinsätze im Bereich von Baustellen haben ihre Ursache im »Gasgeruch« der dort gelagerten alten Rohre. Erdgas in Hochdruckleitungen und Industrieanlagen kann geruchlos sein, da es noch nicht odoriert wurde. Für einige industrielle Anwendungen von Erdgas muss auf die Odorierung aufgrund der damit einhergehenden Verunreinigung verzichtet werden.

Bei einem Austritt von Erdgas sind neben den allgemeinen Einsatzgrundsätzen im ABC-Einsatz insbesondere folgende Hinweise zu beachten:

- Gefahrenbereich und Absperrbereich ausreichend groß definieren und sichern!
- Explosionsgefährdeten Bereich feststellen (Messgeräte) und Absperren. In Gebäuden Ausbreitungstendenz in höhere Geschosse

K

in den Gefahrenbereich mit einbeziehen!
- Grundregeln bei explosiven Gemischen beachten!
- Bei einem Gasaustritt (nicht brennend) im Gebäude muss schnellstens die Gasversorgung durch Schließen der Hauptabsperreinrichtung unterbrochen werden. Idealerweise sollte auch die Stromversorgung zum Gebäude unterbrochen werden. Die Gaskonzentration im Gebäude kann durch Querlüften bis unter die untere Explosionsgrenze gesenkt werden.
- Bei einem brennenden Gasaustritt im Gebäude muss schnellstens die Gasversorgung durch Schließen der Hauptabsperreinrichtung unterbrochen werden. Bei den Löscharbeiten darf die Gasflamme an der beschädigten Leitung etc. nicht gelöscht werden. Nach dem Löschen würde unverbranntes Gas austreten und sich eventuell an den umliegenden Brandherden wieder entzünden (Explosionsgefahr!). Gasflammen werden am sichersten durch Unterbrechen der Gasversorgung »gelöscht«. Daher sollten sich die Löscharbeiten der Feuerwehr auf die Umgebungsbrände konzentrieren.
- Bei einem Gasaustritt im Freien (nicht brennend) kann neben den bereits beschriebenen Maßnahmen versucht werden, den Gasaustritt zu stoppen oder zumindest zu verlangsamen. Dies kann insbesondere bei Niederdruckleitungen durch Verstopfen, Abquetschen oder Abdecken der Gasleitung geschehen. Bei einem Gasaustritt im Freien muss oft in der Nähe der Austrittstelle eine Baugrube ausgehoben werden, die Leitung angebohrt werden und das Gas durch Einsetzen einer aufblasbaren Absperrvorrichtung (»Blase«) gestoppt werden. Für die Feuerwehren bedeutet dies oft sehr zeitintensive Einsätze.
- Bei einem brennenden Gasaustritt im Freien darf die Gasflamme auf keinen Fall gelöscht werden! Die Löscharbeiten der Feuerwehr müssen sich auf Umgebungsbrände konzentrieren. Da die Flammen beim Gasaustritt aus einer Leitung sehr groß und sehr heiß sein können, müssen angrenzende Gebäude durch den Einsatz von Wasser (Sprühstrahl, Hydroschild) gekühlt werden (▶ Bild 59.10).
- Gasversorgungsunternehmen zur Unterstützung anfordern! Die Mitarbeiter der Gasversorgungsunternehmen können eventuell vorhandene Absperreinrichtungen im Gasversorgungsnetz außerhalb von Gebäuden bedienen.
- Die Einsatzkräfte der Feuerwehr dürfen auf keinen Fall bereits geschlossene Absperreinrichtungen wieder öffnen. Die Wiederinbetriebnahme einer Gasversorgungsanlage obliegt dem Gasversorgungsunternehmen.

Quelle: Bildstelle Branddirektion Stuttgart

Bild 59.10 Brennende Gasausströmung

Acetylen

Acetylen (UN-Nr. 1001) ist ein hochentzündliches, farbloses Gas mit einem knoblauchartigen Geruch. Erkennbar sind Acetylenflaschen an der kastanienfarbigen (bei älteren Gasflaschen gelben) Flaschenschulter. Die Gasflaschen besitzen einen Bügelverschluss mit einem ovalen Handrad. Acetylen wird in Aceton gelöst in Gasflaschen gelagert. Daher besitzen die Gasflaschen nicht den sonst üblichen hohlen Klang. Benutzt wird Acetylen gemeinsam mit Sauerstoff hauptsächlich zum Brennschneiden oder Schweißen.

Der Explosionsbereich ist sehr groß (etwa 2,3 bis 84 Vol. %). Die besondere Gefahr ergibt sich aus der Instabilität des Acetylenmoleküls. Ab einer Erwärmung des Flaschenmantels von mehr als 300 °C muss mit einem Acetylenzerfall gerechnet werden. Bei einer Acetylenzersetzung steigt die Temperatur der Gasflasche ohne äußere Erwärmung (z. B. durch einen Umgebungsbrand) immer weiter an. Eine

K

Bild 59.11 Kühlung einer Acetylengasflasche. Erwärmte Acetylengasflaschen dürfen nicht bewegt werden.

eventuelle Flamme am Druckminderer wird keine hell leuchtende gelbe Flamme sein. In der Flamme werden Verfärbungen, Ruß oder Qualm erkennbar sein. Durch den Druckanstieg in der Flasche kann es sehr schnell zu einem plötzlichen Zerknall der Gasflasche kommen. Beim Bersten können scharfkantige Splitter des Druckbehälters über große Entfernungen geschleudert werden und dabei schwerste Verletzungen und Sachschäden verursachen. Bei einem Austritt von Acetylen sind neben den allgemeinen Einsatzgrundsätzen im ABC-Einsatz insbesondere folgende Hinweise zu beachten:

- Gefahrenbereich und Absperrbereich ausreichend groß definieren und sichern! Der Gefahrenbereich beträgt für Einsatzkräfte hinter einer geeigneten Deckung mindestens 50 Meter. Mit Hitzeschutzkleidung und bei vorhandener Deckung gegen Splitter kann der Abstand auch auf 30 Meter reduziert werden. Ein Bereich von 300 Meter Radius ist zu räumen!
- Bei einem nicht brennenden Austritt besteht höchste Explosionsgefahr. Explosionsgefährdeten Bereich feststellen (Messgeräte) und Absperren. Ausbreitungstendenzen in tiefer liegende Bereiche (Senken, Keller, Kanalisation) in den Gefahrenbereich mit einbeziehen!
- Grundregeln bei explosiven Gemischen beachten!
- Flasche auf Erwärmung als Folge einer Acetylenzersetzung prüfen! Dies kann beispielsweise mit einem Fernthermometer, einer Wärmebildkamera oder durch Aufspritzen von Wasser geschehen. Wenn die Flasche kalt ist und reines Gas entweicht, kann bei einem nicht brennenden Austritt die Gasflasche geschlossen werden.
- Bei einem brennenden Gasaustritt darf an der Flasche zirka 60 Sekunden nach der Entzündung nicht mehr manipuliert werden! Daher wird ein Schließen der Flasche für die Feuerwehr nicht mehr in Frage kommen. Die Flasche muss kontrolliert ausbrennen. Dabei sollte der Flaschenmantel aus der Deckung gekühlt werden, wobei keinesfalls die Flamme gelöscht werden darf!
- Erwärmte Acetylengasflaschen dürfen nicht bewegt und das Ventil nicht betätigt werden! Bei einer Acetylenzersetzung (warme Flasche) muss die Gasflasche mit Wasser aus der Deckung zunächst mindestens 60 Minuten gekühlt werden (▶ Bild 59.11). In der Beobachtungsphase, die sich der Kühlphase anschließt, muss die Temperatur mindestens eine Stunde lang alle 15 Minuten geprüft werden.
- Seit einigen Jahren können brennende oder erwärmte Acetylenflaschen aus der Deckung heraus aufgeschossen werden. Sie zerknallen dabei nicht, sondern brennen langsam aus, sofern eine sofortige Zündung des ausströmenden Gases durch geeignete Munition sichergestellt wird. Das Aufschießen darf in Deutschland aber nur durch speziell ausgebildete und autorisierte Beamte der Polizei erfolgen.

INFO

DGUV-Information 205-029 »Umgang mit Acetylenflaschen im Brandeinsatz«

59.4.3 Maßnahmengruppe 3: Entzündbare flüssige Stoffe

In die Maßnahmengruppe 3 sind alle brennbaren flüssigen Stoffe einzuordnen. Die besondere Gefahr ergibt sich aus der Brennbarkeit der Stoffe. Brennbare Flüssigkeiten bilden in

K

Quelle: Feuerwehr Esslingen

Bild 59.12 Am häufigsten werden die Feuerwehren bei Transportunfällen mit Mineralölprodukten wie Diesel, Heizöl oder Benzin konfrontiert.

Abhängigkeit vom Dampfdruck brennbare Dämpfe. Diese brennbaren Dämpfe sind schwerer als Luft und können daher in tiefer liegende Gebiete, Kellergeschosse oder in die Kanalisation »fließen« und dort für eine Explosionsgefahr sorgen. Zusätzliche Gefahren können durch weitere chemische Eigenschaften wie beispielsweise Giftigkeit bestehen. Diesen Gefahren ist dann gemäß den Hinweisen der Maßnahmengruppen 4 bis 9 zu begegnen.

Am häufigsten werden die Feuerwehren mit Mineralölprodukten wie Diesel, Heizöl oder Benzin konfrontiert werden. Motorenbenzin ist ein komplexes Gemisch aus über 100 verschiedenen, überwiegend leichten Kohlenwasserstoffen, deren Siedebereich zwischen dem von Butan und Kerosin/Petroleum liegt. Benzindämpfe haben einen Zündbereich von etwa 0,6 bis 8 Vol. % bei Gemischen mit der Umgebungsluft.

Bei Tankwagen (▶ Bild 59.12) und Kesselwagen mit brennbaren Flüssigkeiten beträgt der Gefahrenbereich zunächst mindestens 50 Meter und der Absperrbereich 300 Meter.

Quelle: Bildstelle Branddirektion Stuttgart

Bild 59.13 Ein verunglückter Zug mit Kesselwagen

In Abhängigkeit von der konkreten Lageeinschätzung (z. B. Hanglage) muss der Gefahrenbereich erweitert werden. Bei Industrietanks sind noch größere Abstände zu wählen. Die Einsatzkräfte müssen den explosionsgefährdeten Bereich feststellen (Messgeräte) und in den Gefahrenbereich einbeziehen. Zündquellen sind auszuschließen und die Grundregeln bei explosiven Gemischen sind einzuhalten!

Bei einem Austritt brennbarer Flüssigkeiten muss die weitere Ausbreitung durch Eindeichen, Auffangen oder Abdichten verhindert werden. Kanaleinläufe im Bereich der Einsatzstelle müssen geeignet abgedichtet werden. In vielen Einsätzen hat es sich bewährt, auslaufende Flüssigkeiten aus Tanks oder Armaturen schnell und unkompliziert durch das Unterziehen einer Folie oder einer Rinne in ein offenes Behältnis (Wanne) zu leiten. Dadurch wird die weitere Ausbreitung gestoppt, die Lage wird stabilisiert und die Einsatzkräfte gewinnen Zeit, um das eigentliche Abdichten eines Lecks vorzubereiten. Beim Umpumpen brennbarer Flüssigkeiten ist ein elektrischer Potenzialausgleich herzustellen. Ansonsten besteht die Gefahr der elektrostatischen Aufladung durch das fließende Medium in den Schläuchen, Pumpen und Armaturen. Die elektrostatische Aufladung kann sich unter Umständen in Form eines Funken entladen und dadurch die Flüssigkeitsdämpfe entzünden. Für einen Potenzialausgleich müssen die Schläuche über Anschlüsse für die Kabel des Potenzialausgleichs verfügen (Erdungsanschlüsse). Bei einem herkömmlichen Potenzialausgleich werden alle Schläuche, Armaturen, Pumpen und Behältnisse in einer Förderstrecke mittels Kupferkabeln verbunden. Seit einigen Jahren sind auch Schläuche mit eingearbeiteten Kupferfäden erhältlich. Für das Umpumpen kleinerer Flüssigkeitsmengen eignet sich die Fasspumpe, bei größeren Mengen ist die Gefahrgutumfüllpumpe besser geeignet. Sofern an einer Einsatzstelle Mineralölprodukte aus einer noch nicht beschädigten Kammer eines Tankfahrzeugs umgepumpt werden müssen, empfiehlt es sich, fachkundige Vertreter der Spedition anzufordern. Zum einen verfügen moderne Tankfahrzeuge über besondere Vorrichtungen zur Diebstahlsicherung der Ladung, zum anderen kann bei geeigneter Vorgehensweise die Weiterverwertbarkeit des Produkts gewährleistet werden. Die Spezialisten der Speditionen können das Produkt gezielt mit speditionseigenen Pumpen und Schläuchen in ein Ersatzfahrzeug umpumpen.

Bei einem Austritt auf unbefestigtem Boden oder beim Eintritt in ein Oberflächengewässer muss die Einsatzleitung unbedingt die zuständige Wasserbehörde informieren. Sofern sich der Schadenfall im Einzugsbereich von Wasserversorgungsunternehmen ereignet hat, muss auch das Wasserversorgungsunternehmen informiert werden. Die zuständige Wasserbehörde hat darüber zu entscheiden, ob verschmutztes Erdreich abgetragen und entsorgt werden muss. Bei umfangreichen Verschmutzungen können auch weitere Folgemaßnahmen (z. B. Herstellen und Betreiben von Abwehr- und Grundwasserbeobachtungsbrunnen, weitere Bodenuntersuchungen) notwendig werden. Bei Schadenfällen auf oder in unmittelbarer Nähe von Gewässern ist das Errichten einer Schwimmsperre/Schlängel notwendig. Sofern in der Erstphase eines Einsatzes keine besseren Mittel zur Verfügung stehen, können dazu auch Holzbalken, Feuerwehrschläuche, Vliese etc. eingesetzt werden. Das gestaute Öl-Wasser-Gemisch muss dann mit Skimmern abgesaugt und fachgerecht separiert werden.

Austretende Flüssigkeit mit einer sehr großen Brandgefahr kann mit Mittelschaum abgedeckt werden. Bei eher geringer Zündgefahr (z. B. Dieselkraftstoff) oder bei kleinen Mengen kann die austretende Flüssigkeit mit geeignetem Bindemittel aufgenommen werden. Durch die starke Vergrößerung der Oberfläche durch das Vermischen mit dem Bindemittel wird in der Praxis aber die Brandgefahr stark steigen. In Abhängigkeit von der konkreten Einsatzsituation kann es daher notwendig werden, vorsorglich einen Löschangriff aufzubauen. Die höchste Sicherheit erreicht der Einsatzleiter mit einem »dreifachen Brandschutz«.

Ist es bereits zu einem Brand gekommen, so kann der Flüssigkeitsbrand mit Schwerschaum und/oder Pulver gelöscht werden. Während Löschpulver bei einer ausreichenden Ausstoßrate zwar zu einem schlagartigen Löscherfolg führen wird, muss trotzdem mit einer Rückzündung gerechnet werden. Das Löschen größerer Flüssigkeitsbrände erfordert erhebliche Mengen an Schaummitteln und daher eine ausreichende Logistik. Der Löschangriff macht erst dann Sinn, wenn an der Einsatzstelle genügend Schaummittel, Löschwasser und Schaumwerfer verfügbar sind. Bis zu diesem Zeitpunkt gilt es, Umgebungsbrände zu löschen und den Tank zu kühlen.

Quelle: J. Thorns

Bild 59.14 Das Löschen größerer Flüssigkeitsbrände erfordert erhebliche Mengen an Schaummitteln und leistungsstarke Werfer.

Als minimale Anwendungsrate (MAR) eines typischen AFFF-Schaummittels bei Tankbränden wird im britischen Fire Service Manual – Volume 2 – beispielsweise 4 l/min Wasser-Schaummittel-Gemisch pro Quadratmeter Brandfläche angegeben. Dieser Wert muss in der Praxis unter Umständen weiter erhöht werden, weil die Schaummittel-, Wasser- und Luftqualität sowie die geometrischen Gegebenheiten und die Brandtemperatur Einfluss haben. Das Schaummittel-Wasser-Gemisch muss mindestens für 15 Minuten kontinuierliche Abgabe bereitstehen. Bei großen Bränden ist eher von einer Dauer von 60 Minuten auszugehen.

59.4.4 Maßnahmengruppe 4

In diese Maßnahmengruppe sind alle brennbaren festen Stoffe einzuordnen, bei denen sich aus der Brennbarkeit besondere Gefahren ergeben. Das heißt, es handelt sich dabei nicht um alle grundsätzlich brennbaren Stoffe wie beispielsweise Holz. Als besondere Gefahr gilt aber beispielsweise die Selbstentzündlichkeit einiger Stoffe. Selbstentzündliche Stoffe sind Stoffe einschließlich Mischungen und Lösungen (flüssig oder fest), die sich in Berührung mit Luft schon in kleinen Mengen innerhalb von wenigen Minuten entzünden (z. B. weißer Phosphor). Darüber hinaus gehören die Maßnahmengruppe 4 auch Stoffe, die bei Berührung mit Wasser entzündliche Gase entwickeln. Beispielsweise reagiert Natrium mit Wasser unter Bildung von Wasserstoff zu Natriumhydroxid. Wasserstoff ist ein brennbares Gas, das mit Luft explosionsfähige Gemische in einem sehr weiten Bereich bildet (4,0 bis 75,6 Vol. %). Stoffe, die bei Berührung mit Wasser gefährliche Gase bilden, werden in der orangenen Warntafel mit einem zusätzlichen X vor der Gefahrnummer gekennzeichnet. Im Einsatzgeschehen sollten die Einsatzkräfte insbesondere bei Transportunfällen mit gefährlichen Gütern der Klassen 4.1, 5.2 und 4.3 die folgenden Handlungsempfehlungen beachten. Stoffe der Klasse 4.1 sind leicht entzündliche feste Stoffe und Gegenstände, die durch Funkenflug entzündet werden können oder durch Reibung einen Brand verursachen können. Des Weiteren umfasst die Klasse 4.1 selbstzersetzliche Stoffe, die bei außergewöhnlich hohen Temperaturen oder durch Kontakt mit Verunreinigungen zu stark wärmefreisetzenden (exothermen) Zersetzungen neigen. Einige Stoffe dieser Gruppe liegen als Stäube vor. Bei Aufwirbelung kann es aufgrund der Entzündlichkeit zu Staubexplosionen kommen. Staubexplosionen können in vielen Fällen deutlich dramatischere Folgen haben als es bei Raumexplosionen vieler Gas- bzw. Dampf/Luft-Gemische der Stoffe der Maßnahmengruppen 2 und 3 der Fall ist.

Stoffe der Maßnahmengruppe 4 können zusätzlich zu den bereits beschriebenen Gefahren eine Gesundheitsgefahr für Menschen darstellen. Stoffe, die mit Wasser gefährlich reagieren, enthalten häufig Metalle. Diese Metalle ergeben bei der Reaktion mit Wasser Laugen, die wiederum stark ätzend auf Haut und Schleimhäute wirken. Die besonderen Gefahren durch Säuren und Laugen werden in der Maßnahmengruppe 8 weiter erläutert. Darüber hinaus weisen Stoffe der Maßnahmengruppe 4 häufig giftige oder zumindest gesundheitsschädliche Eigenschaften auf, wenn sie in den menschlichen Körper gelangen. Insbesondere die Brandgase dieser Stoffe sind meist giftig.

Aufgrund der gesundheitsschädlichen Brandgase, Stäube oder Reaktionsprodukte beim Kontakt mit Wasser müssen die Einsatzkräfte Atem- und Körperschutz tragen. Umluftunabhängiger Atemschutz (Pressluftatmer) und Körperschutz Form 2 bietet in den meisten Einsatzfällen einen ausreichenden Schutz. Da die Stoffe und ihre Eigenschaften allerdings äußerst vielfältig sind, müssen die notwendigen Schutzmaßnahmen im konkreten Einsatzfall anhand der zur Verfügung stehenden Informationsquellen festgelegt werden.

Bei Stäuben muss jede Verwirbelung vermieden werden. Nur so kann eine Staubexplosion verhindert werden. Sofern der Stoff nicht gefährlich mit Wasser reagiert, kann versucht werden, den pulverförmigen Stoff vorsichtig mit Wasser zu benetzen (Sprühstrahl, Wassernebel) und so den Staub zu binden. Zur Brandbekämpfung der Stoffe, die gefährlich mit

K

Wasser reagieren, eignet sich ABC- bzw. bei Metallen D-Löschpulver. Sollte das geeignete Löschpulver nicht in der notwendigen Menge zur Verfügung stehen, so können auch trockener Sand, Salz oder Zement genutzt werden.

59.4.5 Maßnahmengruppe 5

In diese Maßnahmengruppe sind alle oxidierenden und brandfördernden Stoffe einzuordnen. Die Stoffe dieser Maßnahmengruppe sind sehr reaktionsfreudig und können große Mengen hoch reaktiven Sauerstoff freisetzen. Da die Konzentration des in diesen Stoffen vergleichsweise locker gebundenen Sauerstoffs meist höher ist als die Sauerstoffkonzentration in der Umgebungsluft, werden Verbrennungsreaktionen in gefährlicher Weise beschleunigt. Die Stoffe dieser Maßnahmengruppe sind mit Ausnahme der organischen Peroxide selbst nicht brennbar. Die **<organischen Peroxide>** dagegen bestehen aus einem brennbaren (organischen) und einem sauerstoffliefernden (peroxidischen) Teil (z. B. Dibenzoylperoxid, UN-Nummer 3104). Die organischen Peroxide können daher unter Umständen mit sich selbst gefährlich reagieren. Bestimmte organische Peroxide werden nur unter Temperaturkontrolle transportiert. Eine besondere Gefahr besteht im Einsatz, sofern die Transportbedingungen beispielsweise durch Beschädigung des Behälters, Ausfall der Kühlung oder durch Erwärmung des Behälters geändert werden. Der Löscheffekt »Ersticken« kann bei organischen Peroxiden nicht genutzt werden, da der Stoff den zur Verbrennung benötigten Sauerstoff selbst enthält.

Die Brandgase dieser Stoffe können sehr giftig und/oder ätzend, manche auch explosiv (S^{+}-Peroxide) sein. Daher müssen sich die Einsatzkräfte durch umluftunabhängigen Atemschutz und Körperschutz Form 2 schützen. Im Brandfall muss der Löschangriff mit großen Mengen Wasser aus der Deckung heraus durchgeführt werden. Idealerweise sollten dazu unbemannte Wasserwerfer eingesetzt werden. Der Kontakt austretender Stoffe dieser Gruppe mit brennbaren Stoffen und Gegenständen muss unbedingt vermieden werden. Für die Einsatzkräfte bedeutet dies beispielsweise den Verzicht auf Geräte (z. B. Besen) aus Holz oder Behältnisse aus Kunststoff. Die Stoffe dieser Gruppe können fest oder flüssig sein. Bei flüssigen Stoffen darf auf keinen Fall organisches (brennbares!) Bindemittel verwendet werden.

59.4.6 Maßnahmengruppe 6: Giftige Stoffe

In die Maßnahmengruppe 6 sind alle Stoffe einzuordnen, von denen bekannt ist, dass bereits bei Einwirkung relativ kleiner Mengen schwere Gesundheitsschäden bei Menschen zu erwarten sind. Nach dem Chemikaliengesetz werden diese Stoffe in giftige und sehr giftige Stoffe eingeteilt. Die Einstufung in die Kategorien giftig oder sehr giftig erfolgt nach den LD50-Werten. **<LD>** ist die Abkürzung für letale Dosis (tödliche Dosis) für 50 Prozent der festgelegten Versuchstiere innerhalb einer definierten Versuchsdauer. Für Menschen besteht Vergiftungsgefahr bei Inkorporation und/oder Kontamination! Auch im Fall der Maßnahmengruppe 6 können gleichzeitig weitere Gefahren auftreten. Beispielsweise ist Methanol (UN-Nummer 1230, Gefahr-Nummer 336) gleichzeitig giftig und leicht entzündlich.

Bei Einsätzen in Verbindung mit giftigen Stoffen ist eine aufmerksame Lageerkundung besonders wichtig. Eventuell vorhandene Kennzeichnungen mit orangenen Warntafeln, Gefahrzetteln, Gefahrensymbolen oder Warnschildern können erste Hinweise geben. Das Vorhandensein von bewusstlosen oder gar toten Personen ohne erkennbare äußere Verletzungen können Anzeichen für sehr giftige Stoffe sein. Selbstverständlich kommen in den geschilderten Fällen auch andere medizinische Notfälle in Betracht. Allerdings ist es beispielsweise höchst unwahrscheinlich, dass gleichzeitig drei Mitarbeiter eines Labors am Arbeitsplatz einen Herzinfarkt erleiden! Insbesondere in Forschungseinrichtungen, Gefahrstoffentsorgungsbetrieben oder Biogasanlagen sollten die Einsatzkräfte besonders umsichtig vorgehen. In diesen Einrichtungen ist es denkbar, dass durch unkontrollierte chemische Prozesse giftige Stoffe als Reaktions(zwischen)produkte entstanden sind. In diesen Fällen kann dann auch die sonst übliche Kennzeichnung gemäß Arbeitsschutzrecht fehlen. In den vergangenen Jahren gab es in der Bundesrepublik Deutschland einige schwere Unfälle mit Schwefelwasserstoff in Biogasanlagen (siehe Thorns et al.: Rhadereistedt – tödlicher Gasaustritt in Biogasanlage, in BRANDSchutz/ Deutsche Feuerwehr-Zeitung 01/2006). Als Beurteilungsgrundlagen kommen in der Maßnahmengruppe 6 insbesondere der Arbeitsplatzgrenzwert und der Einsatztoleranzwert in Frage. Erkenntnisse über diese Beurteilungsgrundlagen können nur durch Messgeräte gewonnen werden und erfordern bereits detaillierte Kenntnisse über den ausgetretenen Stoff. Bis zur genaueren Bewertung der Gefahr gelten mindestens die standardisierten Absperrradien (50 Meter/100 Meter) der FwDV 500.

Giftige Stoffe, die nur bei direkter Aufnahme über den Verdauungstrakt ihre schädigende Wirkung entwickeln, sind für die Einsatzkräfte der Feuerwehr eher unkritisch. Die übliche Persönliche Schutzausrüstung und die notwendige Disziplin hinsichtlich der Einsatzstellenhygiene schließen hier eine Gefährdung bereits weitgehend aus. Zusätzlich muss im direkten Gefahrenbereich bereits ab der Gefahrengruppe I gemäß FwDV 500 Atemschutz getragen werden. Giftige Stoffe, die über die Haut (hautresorptiv) oder über die Atemwege in den menschlichen Körper gelangen können, sind im Feuerwehreinsatz besonders kritisch zu betrachten. Den besten Schutz vor Atemgiften stellt der umluftunabhängige Atemschutz (Pressluftatmer) dar. Bei festen hautresorptiven Stoffen (Partikel) ist Körperschutz Form 2 ausreichend (▶ Bild 59.15).

Bei flüssigen oder gasförmigen Stoffen muss Körperschutz Form 3 getragen werden. Eine Not-Dekontamination muss sofort, die Standarddekontamination (Stufe II) spätestens nach 15 Minuten betriebsbereit sein. Sollte es zu einem Hautkontakt oder gar zu einer Inkorporation gekommen sein, ist sofort ein Arzt hinzuzuziehen.

Bei einem Austritt giftiger Stoffe müssen die Einsatzkräfte eine weitere Ausbreitung verhindern. Dies kann durch Auffangen, Abdichten und wenn erforderlich Umpumpen geschehen.

Quelle: Bildstelle Branddirektion Stuttgart

Bild 59.15 Einsatzkräfte mit Körperschutz Form 2 entladen nach einem Verkehrsunfall beschädigte Fässer mit einer giftigen Chemikalie.

Durch Verschließen der Kanaleinläufe im Gefahrenbereich muss das Eindringen in die Kanalisation und/oder in Gewässer verhindert werden. Bei kleineren beschädigten Behältnissen kann das Verpacken in geeignete Überfässer eine einfache Variante zur Stabilisierung der Situation sein.

59.4.7 Maßnahmengruppe 8: Ätzende Stoffe

In diese Maßnahmengruppe werden Stoffe eingeordnet, die auf organischen oder anorganischen Oberflächen Zerstörungen hervorrufen oder entzündliche Prozesse in Geweben auslösen. Dazu gehören insbesondere Säuren und Laugen sowie ätzende Gase. Die Gefahr für die Einsatzkräfte resultiert vorrangig aus der Reiz- und Ätzwirkung dieser Stoffe. Dabei sind die

K

Achtung:

Insbesondere bei unklaren Lagen mit giftigen Stoffen muss der Einsatzleiter die Verwendung von Körperschutz Form 3 befehlen und somit den bestmöglichen Schutz für die Einsatzkräfte sicherstellen.

Haut, die Augen und die Atemwege besonders gefährdet. Atemschutz ist daher unbedingt erforderlich. Die überwiegende Zahl dieser gefährlichen Stoffe wird an der Einsatzstelle als Flüssigkeiten vorliegen. Daher wird in vielen Fällen Körperschutz Form 2 ausreichen. Körperschutz Form 3 wird immer dann erforderlich sein, wenn die vorgehenden Einsatzkräfte direkt und mit Druck durch flüssig austretende Säure oder Lauge kontaminiert werden oder wenn entstehende Säuredämpfe eine gasdichte Schutzkleidung erfordern. Einen gasdichten Körperschutz Form 3 erfordern auch ätzende Gase wie beispielsweise Chlor oder Ammoniak. Dann müssen die Einsatzkräfte die Hinweise der Maßnahmengruppen 2 und 8 in geeigneter Kombination beachten.

Bei einem Austritt ätzender Stoffe muss die weitere Ausbreitung durch Eindeichen, Auffangen oder Abdichten verhindert werden. Bei flüssigen Stoffen (Säuren, Laugen, ...) gelingt dies am effektivsten und schnellsten durch Unterstellen eines geeigneten Behältnisses oder

Quelle: Bildstelle Branddirektion Stuttgart

Bild 59.16 Bei einem Austritt von Salzsäure bringen Einsatzkräfte ein Hydroschild und ein Hohlstrahlrohr in Stellung, um die Dämpfe niederzuschlagen.

Quelle: Bildstelle Branddirektion Stuttgart

Bild 59.17 Einsatzkräfte unter Schutzkleidung Form 3 verdünnen ausgetretene Salzsäure nach Abschluss der Umfüllarbeiten.

provisorisch zumindest durch Unterziehen einer Plane. Erst im weiteren Verlauf können sich die Einsatzkräfte dann mit dem eigentlichen Abdichten befassen. Bei gasförmigen Stoffen oder starker Dampfentwicklung (▶ Bild 59.16) kann die Gas-/Dampfwolke mit Sprühstrahl niedergeschlagen werden. Dazu können auch Belüftungsgeräte verwendet werden, sofern diese eine Vorrichtung zur Zumischung von Wasser besitzen. Mit derartigen Lüftern kann es auch gelingen, die Gas-/Dampfwolke in eine einsatztaktisch günstige Richtung zu drängen. Beim Niederschlagen mit Wasser hängt der Erfolg der Maßnahme stark von der Wasserlöslichkeit des vorliegenden Gefahrstoffs ab. Vor dem Beginn einer derartigen Maßnahme muss verhindert werden, dass das abfließende Wasser zu einer unkontrollierten Kontaminationsverschleppung führen kann.

Sofern auf einer befestigten Fläche geringe Mengen Säure oder Lauge ausgelaufen sind, sollte geprüft werden, ob der Gefahrstoff mit Wasser ausreichend verdünnt und in die Kanalisation eingeleitet werden kann. Für eine wirksame Verdünnung (▶ Bild 59.17) werden allerdings große Wassermengen benötigt. Diese Entscheidung muss nach einer sorgfältigen Abwägung unter Beteiligung einer fachkundigen Person (Chemiker), der zuständigen Wasserbehörde und dem Betreiber der Kläranlage getroffen werden. Beim Verdünnen mit Wasser sind bei einigen Säuren stark exotherme

Reaktionen möglich. Dabei kann es zum unkontrollierten Verspritzen heißer Säure kommen (»Erst das Wasser dann die Säure, sonst geschieht das Ungeheure!«). Geringe Mengen ausgetretener Säure kann auch mit einem geeigneten Bindemittel (Säurebinder) aufgenommen werden.

Bei Einsätzen in Verbindung mit Säuren und Laugen muss auf eine ausreichende Beständigkeit der gewählten Schutzkleidung und Sonderausrüstung geachtet werden. Muss an einer Einsatzstelle ein beschädigter Behälter mit einer Säure abgedichtet und umgepumpt werden, so müssen selbstverständlich alle Geräte in der »Förderkette« beständig sein. Die Förderkette besteht aus dem Abdichtmaterial, Schläuchen, Armaturen, Pumpen und Auffangbehältern. Um im Einsatz schnell und verlässlich Aussagen zur Beständigkeit der Ausrüstung treffen zu können, sollten die Feuerwehren so genannte Beständigkeitslisten bezogen auf die örtlich vorhandenen Geräte und Schutzanzüge vorhalten. Darüber hinaus bieten viele Gefahrgut-Datenbanken diese Informationen an. Die Gefahrgutzüge der Feuerwehren sind im Allgemeinen mit den notwendigen Gerätschaften für das Umpumpen von Säuren und Laugen ausgerüstet. In Abhängigkeit von der notwendigen Fördermenge kommen die Handmembranpumpe, die Fasspumpe oder die Gefahrgutumfüllpumpe in Frage. Eine besonders gute Beständigkeit weist im Allgemeinen die Gefahrgutumfüllpumpe in Form der Schlauchpumpe auf. Das geförderte Medium kommt bei dieser Pumpe nur mit dem Schlauch in Berührung.

59.4.8 Maßnahmengruppe 9: Verschiedene gefährliche Stoffe und Gegenstände

In diese Gruppe werden zahlreiche gefährliche Stoffe und Güter eingeordnet, die noch nicht durch die Maßnahmengruppen 1 bis 8 erfasst sind. In die Maßnahmengruppe 9 werden asbesthaltige Abfälle, dioxinbildende Stoffe, Lithiumbatterien oder einige technische Pyrotechnik (Airbags) eingeordnet. In die Maßnahmengruppe 9 fallen auch Transporte mit erwärmten Stoffen oder verflüssigten Me-

Bild 59.18 Verunglückter Aluminium-Tankwagen

tallen. Dabei kann es sich beispielsweise um flüssiges Bitumen/Asphalt oder Aluminium (▶ Bild 59.18) handeln. Aufgrund dieser unterschiedlichsten Eigenschaften, sind für diese Maßnahmengruppe allgemein gültige Aussagen nicht möglich. Die Einsatzkräfte müssen die spezifische Gefährdung je nach vorliegender Substanz beurteilen und geeignete Schutzmaßnahmen ergreifen. Sollten bei einem Unfall hoch erhitzte Stoffe oder verflüssigte Metalle auslaufen, müssen die Einsatzkräfte mit dem Entstehen von Umgebungsbränden rechnen. In diesen Fällen müssen umfangreiche Vorkehrungen zur Brandbekämpfung getroffen werden, um technische Rettungsmaßnahmen überhaupt bei vertretbarem Risiko für die Einsatzkräfte durchführen zu können. Bei der Wahl des geeigneten Löschmittels müssen die Einsatzkräfte unterscheiden, ob Umgebungsbrände (z. B. Fahrzeugteile, Sträucher) gelöscht werden müssen, oder ob bereits die Ladung selbst in Brand geraten ist. Gerade bei derartigen Einsätzen ist die Vorhaltung eines dreifachen Brandschutzes (Wasser, Schaum, Pulver) notwendig. Aufgrund dieser Unterscheidung ist es auch bei einem verunglückten Transporter mit flüssigem Aluminium möglich, Umgebungsbrände mit Wasser oder Schaum zu löschen. Darüber hinaus kann flüssig austretendes Aluminium vorsichtig mit Wasser gekühlt werden, um es in den festen Aggregatzustand zu überführen. Als Löschmittel für brennendes Aluminium wäre Wasser selbstverständlich nicht geeignet.

K

60 Einsatztaktische Handhabung der ABC-Sonderausrüstung und der Gerätschaften

von Sebastian Fischer

Bei Einsätzen in Verbindung mit ABC-Gefahrstoffen benötigen die Feuerwehren neben der allgemein vorhandenen Ausrüstung zusätzliche Sonderausrüstung. Der einsatztaktisch sinnvolle Umgang mit dieser Sonderausrüstung erfordert eine besondere Ausbildung, wie beispielsweise den Lehrgang »ABC-Einsatz« nach FwDV 2 an einer Landesfeuerwehrschule. Führungskräfte im ABC-Einsatz benötigen den Lehrgang »Führen im ABC-Einsatz«. In den Laufbahnausbildungen der Berufsfeuerwehren ist die Ausbildung für ABC-Einsätze meist integriert.

Die ABC-Sonderausrüstung gliedert sich in die persönliche Sonderausrüstung und die sonstige Sonderausrüstung.

60.1 Persönliche Sonderausrüstung

Die persönliche Sonderausrüstung (▶ Tabelle 60.1) im ABC-Einsatz umfasst das geeignete Atemschutzgerät, die geeignete Schutzkleidung und insbesondere im A-Einsatz persönliche Mess- und Warngeräte.

Tabelle 60.1 Persönliche Sonderausrüstung

Kategorie	Ausrüstung
Atemschutz	• Filtergeräte • Isoliergeräte • Schlauchgeräte • …
Körperschutz	• Chemikalienschutzanzug (CSA) • Stiefel, Schürzen • Hitzeschutz • leichte Schutzkleidung • …
Mess- und Warngeräte	• Dosiswarngerät • …

Die Aufgabe der im Feuerwehrdienst üblicherweise getragenen Persönlichen Schutzausrüstung (PSA) ist es, die Einsatzkräfte vor den alltäglichen Gefahren an der Einsatzstelle zu schützen. Der Schutz vor mechanischen und thermischen Gefahren steht hier im Vordergrund. Die PSA werden durch Unfallverhütungsvorschriften und Regeln der Unfallversicherungsträger sowie durch landesrechtliche Regelungen der Bundesländer vorgegeben. Diese PSA besteht üblicherweise aus dem Feuerwehrschutzanzug (Feuerwehreinsatzhose und Feuerwehreinsatzjacke), dem Feuerwehrhelm mit Nackenschutz, den Feuerwehrschutzhandschuhen und dem Feuerwehrschutzschuhwerk (vgl. FwDV 1). Diese PSA schützt die Einsatzkräfte jedoch nur sehr begrenzt vor festen, flüssigen oder gasförmigen Gefahrstoffen. Besteht während eines Einsatzes die Gefahr des Hautkontaktes mit festen, flüssigen oder gasförmigen Gefahrstoffen, so ist eine dafür geeignete Schutzkleidung zu tragen. Die Schutzkleidung muss dabei so gewählt werden, dass sie beim konkret vorliegenden Gefahrstoff ausreichend Schutz bietet, die Einsatzkräfte bei ihrer Tätigkeit jedoch nicht mehr als unbedingt notwendig behindert. Im ABC-Einsatz wird es daher regelmäßig notwendig sein, zusätzliche Schutzkleidung zu tragen. Im konkreten Einsatzfall muss der Einsatzleiter die notwendige und geeignete Schutzkleidung bestimmen.

In EN 340 »Schutzkleidung« sind in der CE-Klasse 3 »Produkte für gesundheitsgefährdende oder lebensbedrohliche Gefahren« sechs Typen von Schutzkleidung definiert (▶ Tabelle 60.2).

In der FwDV 500 wird die Persönliche Schutzausrüstung (PSA) in Körperschutz Form 1 bis 3 eingestuft (▶ Tabelle 60.3).

Im Einsatz ist nicht immer Körperschutz Form 3 (nach FwDV 500) notwendig. Der

Tabelle 60.2 Sechs Typen von Schutzkleidung für »Produkte für gesundheitsgefährdende oder lebensbedrohliche Gefahren«, laut EN 340: »Schutzkleidung«

Typ	Norm
Typ 1: Gasdichte Chemikalienschutzanzüge	EN 943-1 und EN 943-2: Schutzkleidung gegen flüssige und gasförmige Chemikalien, Aerosole und Feststoffpartikel
Typ 2: Nicht gasdichte Chemikalienschutzanzüge	EN 943-1: Schutzanzüge, die einen steten Überdruck aufrecht erhalten, um das Eindringen von Stäuben, Flüssigkeiten und Gasen zu verhindern
Typ 3: Flüssigkeitsdichte Schutzanzüge	EN 14605: Schutzanzüge, die vor Schwällen und gerichteten Strahlen flüssiger Chemikalien schützen
Typ 4: Sprühdichte Chemikalienschutzanzüge	EN 14605: Schutzanzüge, die gegen Durchtränken durch flüssige Chemikalien schützen
Typ 5: Partikeldichte Schutzanzüge	EN ISO 13982: Schutzanzüge, die einen Ganzkörperschutz gegen luftgetragene, feste Partikel bieten
Typ 6: Bedingt sprühdichte Schutzanzüge	EN 13034: Schutzanzüge, die einen limitierten Schutz gegen leichte Sprühnebel und flüssige Chemikalien bieten

Markt bietet Schutzkleidung der Formen 1 und 2 als Einwegschutzkleidung oder zur Mehrfachbenutzung für unterschiedliche Einsatzzwecke an. Im Unterschied zur Form 3 wird das Atemschutzgerät dabei außerhalb vom Schutzanzug getragen. Konstruktiv ist diese Schutzkleidung nicht gasdicht ausgelegt. Bei einer detaillierten Lagebeurteilung wird der Einsatzleiter in vielen Fällen aber zum Entschluss kommen können, dass im konkreten Fall Körperschutz der Formen 1 oder 2 ausreichenden Schutz bieten wird. Die Benutzung insbesondere eines Einmal-Schutzanzuges der Form 2 (▶ Bild 60.1) hat gegenüber der Form 3 (CSA) folgende Vorteile:

- geringere körperlicher Belastung durch geringeres Gewicht,
- oft längere Einsatzzeit realisierbar,
- keine aufwändige Dekontamination notwendig,
- meistens leichte Entsorgung durch Verbrennung,
- wesentlich preisgünstiger in der Wiederbeschaffung.

Tabelle 60.3 Einteilung des Körperschutzes gemäß FwDV 500

Form	Umfang des Schutzes
Form 1	Schutz gegen Kontamination mit festen Stoffen, eingeschränkter Spritzschutz, nicht flüssigkeits- und gasdicht (z. B. Schutzkleidung zur Brandbekämpfung mit Kontaminationsschutzhaube)
Form 2	Schutz gegen feste und eingeschränkt gegen flüssige Stoffe, eingeschränkt gesdicht (z. B. ABC-Universalschutzanzug)
Form 3	Schutz vor Kontamination mit festen, flüssigen und gasförmigen Stoffen (z. B. gasdichter Chemikalienschutzanzug)

Praxis-Tipp:

Beim ABC-Einsatz ist nicht immer Körperschutz Form 3 (Chemikalienschutzanzug) notwendig! Körperschutz der Formen 1 und 2 kann einsatztaktische Vorteile bieten.

In vielen Situationen wird sich der Einsatzleiter aber insbesondere im Ersteinsatz für den höchstmöglichen Schutz und damit für den gasdichten Chemikalienschutzanzug entschei-

Quelle: Bildstelle Branddirektion Stuttgart

Bild 60.1 Eine Einsatzkraft in Körperschutz Form 2 hilft einer Einsatzkraft in Körperschutz Form 3 beim Entkleiden.

den müssen. Im Rahmen dieses Kapitels soll daher der Einsatz mit einem Chemikalienschutzanzug Form 3 näher beleuchtet werden.

60.1.1 Besondere Belastungen beim Tragen von Chemikalienschutzanzügen

Systembedingt treten zur normalen körperlichen Einsatzbelastung zusätzliche objektive und subjektive Belastungen durch das Tragen von Chemikalienschutzanzügen (CSA) auf. Die zusätzliche Gewichtsbelastung durch den CSA kann je nach Anzugtyp bis zu neun Kilogramm betragen. Durch den gasdichten Abschluss kann der Träger praktisch keine Wärme über Wärmestrahlung abgeben. Die Wärmekonvektion wird ebenfalls durch den Anzug eingeschränkt. Bei starker Arbeit versucht der menschliche Körper über die Verdunstungskälte von Körperschweiß Wärme abzugeben. Da die mit Wasserdampf gesättigte Ausatemluft direkt in den CSA strömt, kann der Träger keinen Wasserdampf mehr abgeben, eine Kühlung durch Verdunstungskälte ist nicht mehr möglich. Es bildet sich ein Wärmestau, der die Körpertemperatur bis zum Hitzekollaps ansteigen lässt. Das Gesichtsfeld wird durch den Atemanschluss eingeschränkt. Diese Sichtbehinderung wird zusätzlich durch die CSA-Scheibe verstärkt. Da sich bei Kopfbewegungen die Sichtscheibe nicht mitdreht, ist das Gesichtsfeld bei CSA mit Sichtscheibe zur Seite, nach oben und hauptsächlich nach unten stark eingeschränkt. Zusätzlich kann die Sichtscheibe innen und die Maskenscheibe außen beschlagen. Abhängig vom CSA-Material entsteht eine gewisse Steifigkeit und somit Bewegungseinschränkungen. Da im Feuerwehreinsatz nur eine einheitliche Größe benutzt wird, entstehen zusätzlich Bewegungseinschränkungen durch Wulstbildung im Bein- und Armbereich bei kleineren Trägern. Weiterhin ist der Tastsinn durch die chemikalienbeständigen Handschuhe und Stiefel reduziert. Die akustische Wahrnehmung wird durch die Abgeschlossenheit stark beein-

Bild 60.2 Der Einsatz unter einem CSA muss regelmäßig geübt werden. Insbesondere handwerkliche Tätigkeiten müssen immer wieder, auch im Team, trainiert werden.

Tabelle 60.4 Umgang mit Mehrbelastung durch Chemikalienschutzanzüge

Belastung	Auswirkung	Bewältigung
Wärmestau	• Kreislaufprobleme • Hitzschlag • Übelkeit	• geeignete CSA-Träger einsetzen • geeignete Unterkleidung tragen • Einsatzzeit begrenzen
Gewicht	• Atemkrise • Übelkeit • Schwäche	• geeignete CSA-Träger einsetzen • kontrolliert atmen • Einsatzzeit begrenzen
Sichtbehinderung	• Unsicherheit • Unfallgefahr	• Oberkörper mit bewegen • Antibeschlagmittel einsetzen • Sichtscheibe abwischen
akustische Probleme	• Unfallgefahr • gestörter Einsatzablauf	• Funkgerät für jeden CSA-Träger • Funkprobe vor dem Schließen des CSA • Funkgerät richtig anbringen • Handzeichen
psychologische Faktoren	• Unsicherheit • Platzangst • Fehlverhalten	• geeignete CSA-Träger einsetzen • regelmäßig üben • Notsituationen trainieren

trächtigt. Das macht sich besonders bei der Kommunikation zwischen zwei CSA-Trägern so extrem bemerkbar, dass praktisch keine Verständigung mehr möglich ist. Psychologische Faktoren verstärken diese Belastungen. Hierbei kann Platzangst den Träger belasten. Durch die Einschränkung der Sinneswahrnehmungen und durch das Bewusstsein, dass ein Öffnen des CSA ohne fremde Hilfe schwer möglich ist, kann ein Unsicherheitsgefühl aufkommen.

Diese Mehrbelastungen durch CSA können zwar nicht beseitigt werden, aber man kann sie durch verschiedene Maßnahmen begrenzen. ▶ Tabelle 60.4 enthält Hinweise, wie den jeweiligen Belastungen begegnet werden kann.

Die Zeit, während der eine Einsatzkraft unter einem Chemikalienschutzanzug arbeiten kann, ist sehr begrenzt. Diese zeitliche Begrenzung ergibt sich aus mehreren Faktoren. In Abhängigkeit von der durchzuführenden Tätigkeit (z. B. Tragen von Personen, Umfüllarbeiten, ...) kann sich ein Wärmestau aufbauen, der in extremen Fällen auch Kreislaufprobleme verursachen kann. Daher enthält ▶ Tabelle 60.4 den Hinweis auf die Notwendigkeit, die Einsatzzeit zu begrenzen. Ein weiterer limitierender Faktor kann die Beständigkeit des Chemikalienschutzanzuges gegen bestimmte Gefahrstoffe sein. CSA im Feuerwehreinsatz müssen in Bezug auf die Chemikalienbeständigkeit ein möglichst großes Spektrum abdecken. Die vfdb-Richtlinie 08/01 »Richtlinie für den Bau und die Prüfung von Chemikalienschutzanzügen« fordert eine Materialbeständigkeit gegen 15 Referenz-Chemikalien. Hierbei geht man von einem kurzzeitigen Einsatz mit einer Benutzungsdauer von maximal 30 Minuten Dauer aus. Das bedeutet, dass der Einsatz einschließlich der anschließenden Grobreinigung/Dekontamination nicht länger andauern sollte. Spezielle Beständigkeitslisten der einzelnen Hersteller geben über die geforderten Referenz-Chemikalien noch weitere Stoffe an, gegen die der jeweilige Anzug beständig ist. Bei diesen zusätzlichen Stoffen kann die Beständigkeit aber auf eine geringere Dauer (z. B. 15 Minuten) begrenzt sein. Die verfügbare Atemluft des getragenen Atemschutzgerätes (Pressluftatmer) stellt einen limitierenden Faktor für die Einsatzzeit dar. Die Einsatzkraft muss auch während der abschließenden Grobreinigung/Dekontamination noch ausreichend Atemluft zur Verfügung haben. Erst nach dem Öffnen des Chemikalienschutzanzuges kann der Pressluftatmer abgelegt werden und gegebenenfalls durch einen Filter (z. B. ABEK2-P3) ersetzt werden. Sollte die Einsatzstelle im unmittelbaren Gefahrenbereich unübersichtlich sein, so muss die Einsatzkraft wie im regulären Atemschutzeinsatz eine ausreichende Atemluftreserve für den Rückzug und für eventuelle Zwischenfälle einplanen. Insbesondere beim Einsatz mit Chemikalienschutzanzügen ist die Atemschutzüberwachung und Atemschutzdokumentation besonders sorgfältig durch eine eigens dafür bestimmte Person an der Absperrgrenze zum Gefahrenbereich durchzuführen. Auch die abschließende Grobreinigung/Dekontamination kann je nach Art der Verschmutzung und in Abhängigkeit von der gewählten Reinigungsart eine nicht unerhebliche Zeit in Anspruch nehmen. Während im C-Einsatz in vielen Fällen auf eine Nassreinigung verzichtet werden kann, muss im A-Einsatz ausreichend Zeit für den Nachweis mit einem Kontaminationsmessgerät sein. Besonders problematisch kann sich die Dekontamination im B-Einsatz darstellen. Im B-Einsatz ist eine Desinfektion notwendig, die in Abhängigkeit vom vorliegenden biologischen Gefahrstoff und in Abhängigkeit vom gewählten Desinfektionsmittel mehrere Minuten Einwirkzeit erfordern kann. Daher darf die konkrete Einsatzzeit im Gefahrenbereich mit dem Chemikalienschutzanzug im Regelfall 15 bis 20 Minuten nicht überschreiten. So verbleiben noch rund zehn bis 15 Minuten für die Grobreinigung/Dekontamination bis die Einsatzzeit eines Standardpressluftatmers (rund 30 Minuten) erreicht ist. Insbesondere im B-Einsatz kann es notwendig sein, die Einsatzzeit weiter zu verkürzen, um eine ausreichende Einwirkdauer des Desinfektionsmittels gewährleisten zu können. ▶ Bild 60.3 zeigt anschaulich die wesentlichen Einflüsse auf die Tragezeit eines Chemikalienschutzanzuges.

Achtung:

Die konkrete Einsatzzeit im Gefahrenbereich mit dem Chemikalienschutzanzug darf im Regelfall 15 bis 20 Minuten nicht überschreiten!

Die Verlängerung der Einsatzzeit durch Verwendung besonderer Atemschutzgeräte ist nur unter engen Voraussetzungen möglich. Insbesondere die Verwendung der bei vielen Feuerwehren vorgehaltenen Langzeit-Pressluftatmer kann zu einer gefährlichen Überlastung (Wärmestau) der Einsatzkraft führen. Sofern der Langzeit-Pressluftatmer konstruktiv überhaupt unter dem vorhandenen CSA getragen werden kann, sollte diese Maßnahme auf Einsätze mit biologischen Stoffen begrenzt bleiben. In diesen Fällen mag die längere Ver-

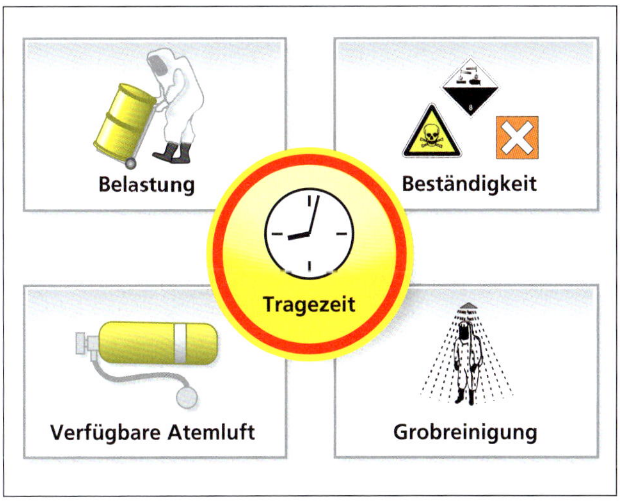

Bild 60.3 Einflüsse auf die Tragezeit eines Chemikalienschutzanzuges

IM EINSATZ

Anlegen des Chemikalienschutzanzuges (CSA)

Die für den CSA-Einsatz benötigte Sonderausrüstung wird auf einer Rundfolie bereitgelegt.

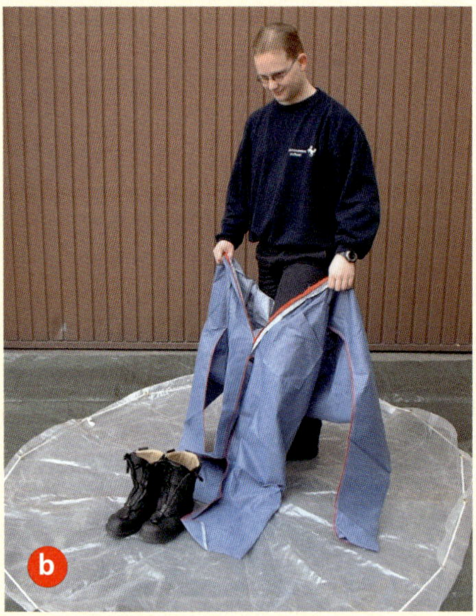

Helmvisier abnehmen; eventuell Armbanduhr und störenden Schmuck ablegen; geeignete, lange Unterziehkleidung anlegen.

Maskenscheibe außen und ggf. CSA-Scheibe innen mit Klarsichtmittel behandeln; PA-Kurzprüfung durchführen

Quelle: Zentralwerkstatt Atemschutz Branddirektion Stuttgart

K

PA anlegen, Lungenautomat noch nicht anschließen; Maske und Helm anlegen; Maskendichtprobe durchführen! Funkgerät überprüfen, am PA anbringen, Funkkanal wählen

Der Geräteträger steigt von hinten in die CSA-Stiefel; Nitrilhandschuhe anlegen.

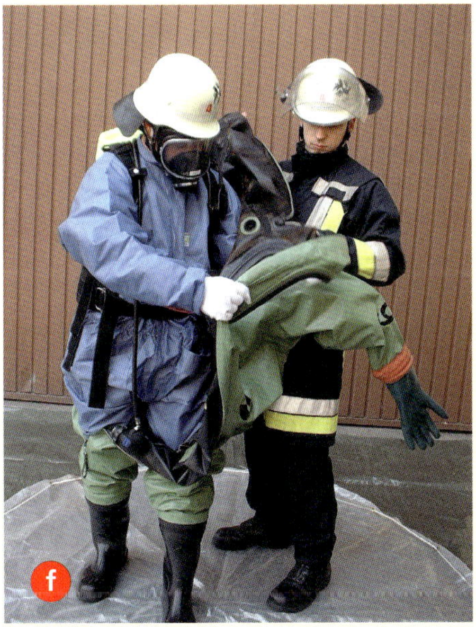

CSA hochziehen und Rucksack über den PA legen; Zugentlastung oder Trägersystem (über PA) anlegen; Träger schlüpft nun in die Ärmel des CSA; Kopfhaube über den Helm; Reißverschluss bis Hüfthöhe hochziehen

Atemluftvorrat prüfen; Funkprobe durchführen; vor dem Gefahrenbereich Lungenautomat anschließen lassen, dann den CSA-Reißverschluss vollständig schließen!

Praxis-Tipp:

Erforderliche Geräte (z. B. Gefahrgutumfüllpumpe) können oft bereits außerhalb des Gefahrenbereiches vollständig, einschließlich aller notwendigen Schläuche und einschließlich der Stromversorgung zusammengebaut und getestet werden. Das spart Einsatzzeit der Trupps unter CSA und verhindert Fehler, wie beispielsweise Undichtigkeiten.

weildauer im CSA ohne besondere körperliche Belastung während der langen Einwirkdauer des Desinfektionsmittels vertretbar sein. Regenerationsgeräte sind in Verbindung mit CSA meist nicht zugelassen und dürfen dann nicht verwendet werden!

Die besonderen Umstände eines Einsatzes mit dem Chemikalienschutzanzug erfordern die Einhaltung einiger wichtiger Einsatzgrundsätze:

- Einsatz aufgrund der kurzen Einsatzzeit sorgfältig planen. Einsatzauftrag beim Gruppenführer eindeutig erfragen und wenn bereits möglich Absprachen innerhalb des Trupps treffen.
- Als Trupp mindestens zu Zweit, bei anspruchsvollen Arbeiten besser zu Dritt vorgehen. Dabei müssen sich die Angehörigen des Trupps gegenseitig unterstützen und auf gefährliche Situationen (z. B. mechanische Beschädigungen) achten.
- Ausführliche Lagemeldung an den zustän-

Quelle: Bildstelle Branddirektion Stuttgart

Bild 60.4 Einsätze unter Chemikalienschutzanzug müssen aufgrund der kurzen Einsatzzeit sorgfältig geplant werden.

IM EINSATZ

Ablegen des Chemikalienschutzanzuges (CSA)

Reißverschluss ggf. mit Einwegtüchern säubern

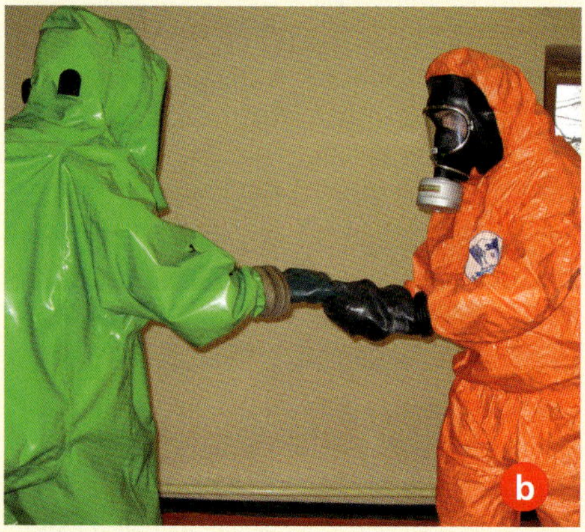

Träger schlüpft aus den Ärmeln

Quelle: Zentralwerkstatt Atemschutz Branddirektion Stuttgart

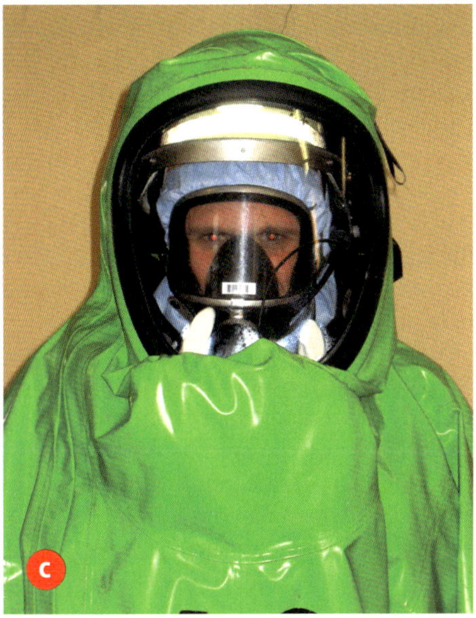

Der Träger hält die CSA-Sichtscheibe von innen fest; ein Dekon-Assistent öffnet den CSA-Reißverschluss.

Nach dem der Träger die Zugentlastung (Pfeil) gelöst hat, wird der CSA mit der Außenseite auf der Dekon-Plane ausgebreitet.

Der CSA-Träger steigt aus den Stiefeln, unterstützt durch den Dekon-Assistenten. Dabei tritt der CSA-Träger in den CSA!

Er wendet sich um und steigt über die Dekon-Plane hinweg in den »weißen« Bereich. Der CSA wird geschlossen und in der Rundfolie verpackt.

digen Gruppenführer bezüglich Art und Umfang des Schadensereignisses geben.
- Auf Gefahren achten, die an der Absperrgrenze durch den Gruppenführer aufgrund der Entfernung nicht bemerkt werden können (z. B. laufende Motoren, Kanaleinläufe, herabhängende Stromkabel, ...).
- Kontaminierte Bereiche möglichst umgehen und kontaminierte Gegenstände möglichst nicht berühren.
- Insbesondere bei Arbeiten mit flüssigen Gefahrstoffen (z. B. Abdicht-/Umfüllarbeiten) direkten Kontakt mit der Flüssigkeit vermeiden.

- Kontakt mit heißen oder tiefkalten Stoffen oder Gegenständen vermeiden.
- Das Sichtfeld ist durch den CSA eingeschränkt, daher durch überlegtes Handeln und das Nutzen von Hilfsmittel (Leitern, Tritte) mechanische Belastungen insbesondere durch scharfe Kanten oder raue Oberflächen verhindern. Vor Engstellen Luft aus dem Anzug pressen.
- Regelmäßig den Atemluftvorrat kontrollieren und eine Atemschutzüberwachung/ Dokumentation an der Absperrgrenze einrichten.
- Benötigte Einsatzgeräte nachfordern, aber außerhalb des Gefahrenbereiches soweit wie möglich vorbereiten lassen (z. B. Gefahrgutumfüllpumpe einschließlich Schläuche und Stromversorgung als montiertes und getestetes Gesamtsystem vorbereiten lassen).
- Aufgrund der meist schwierigen Arbeitsverhältnisse durch das Tragen eines CSA sind technisch einfache stabilisierende Maßnahmen (z. B. Unterstellen eines Behälters, Unterziehen einer Folie) zunächst technisch meist umfangreicheren Abdichtmaßnahmen vorzuziehen.

60.2 Sonstige Sonderausrüstung

Die sonstige Sonderausrüstung ist zur Erkundung der Gefahren (z. B. Messgeräte), zum Eingrenzen, Abdichten, Umpumpen und Aufnehmen der ABC-Gefahrstoffe notwendig. Ein ABC-Einsatz stellt hohe Anforderungen an die Beständigkeit der Ausrüstung gegenüber den verschiedensten Gefahrstoffen. Die an einer Einsatzstelle potenziell auftretenden Stoffe weisen nicht nur die unterschiedlichsten chemischen Eigenschaften auf, sie können darüber hinaus auch noch in den unterschiedlichsten Aggregatzuständen (fest, flüssig, gasförmig) und in extremen Temperaturen (tiefkalt, hocherhitzt) auftreten. Daher müssen bei den Feuerwehren Geräte aus unterschiedlichen Werkstoffen (z. B. Edelstahl, Kupfer, Kunststoffe) vorgehalten werden. Die Anwendbarkeit bei einem konkreten Gefahrstoff kann dann aus Beständigkeitslisten ermittelt werden. Neben der erforderlichen chemischen Beständigkeit dürfen bei explosiven Gemischen nur Werkzeuge aus nicht funkenreißenden Legierungen eingesetzt werden.

> **Achtung:**
>
> Die benötigte Sonderausrüstung muss soweit wie möglich außerhalb des Gefahrenbereichs vorbereitet werden.

Neben den Anforderungen an die chemische Beständigkeit müssen an die motorbetriebenen Geräte hohe Anforderungen bezüglich des Explosionsschutzes gestellt werden. Explosionsfähige Atmosphären sind Gemische aus Luft und brennbaren Gasen, Dämpfen, Nebeln oder Stäuben, in denen sich der Verbrennungsvorgang nach der Zündung sehr schnell auf das gesamte Gemisch ausbreitet. Im ABC-Einsatz müssen die Einsatzkräfte insbesondere in den Maßnahmengruppen 1, 2, 3, 4 und 5 mit explosionsfähigen Gemischen rechnen. Als Hauptursachen für eine Zündung eines explosionsfähigen Gemisches kommen Funken-/Lichtbogenbildung oder Erwärmung des Geräts in Frage. Durch geeignete konstruktive Maßnahmen (Zündschutzarten) wird bei explosionsgeschützten Geräten das Eindringen explosionsfähiger Gemische unterbunden und die Zündung verhindert (Kapselung). Um zu verhindern, dass sich brennbare Gase oder Dämpfe an der erwärmten Oberfläche eines Gerätes entzünden, werden die Geräte nach der maximalen Oberflächentemperatur in Temperaturklassen eingeteilt. Beim Betrieb elektrischer Geräte im explosionsgefährdeten Bereich muss gewährleistet sein, dass die maximale Oberflächentemperatur (Temperaturklasse) des eingesetzten Gerätes niedriger ist als die Zündtemperatur des vorliegenden explosionsfähigen Gemischs.

Die Messgeräte der Feuerwehr und einsatztaktische Hinweise zum Messeinsatz werden in ▶ Kapitel 61 näher erläutert. Die sonstige Sonderausrüstung für den ABC-Einsatz kann nicht abschließend beschrieben werden. In den vergangenen Jahren wurden eine Vielzahl spezieller Geräte und Materialien entwickelt.

Insbesondere die Werkfeuerwehren der chemischen Industrie verfügen über eine große Zahl spezieller Ausrüstungsgegenstände. Aus der Vielzahl denkbarer Sonderausrüstung werden im Folgenden Pumpen, Schläuche, Auffanggeräte sowie Abdichtmaterialien näher beschrieben. Diese Geräte sind in der Regel bei größeren Feuerwehren vorhanden. Generell gilt, dass die benötigten Einsatzgeräte außerhalb des Gefahrenbereiches soweit wie möglich vorbereitet werden sollten. Zum Beispiel kann eine Gefahrgutumfüllpumpe einschließlich der notwendigen Schläuche, des erforderlichen Potenzialausgleichs und der Stromversorgung montiert und auf einem Rollwagen etc. in den Gefahrenbereich gebracht werden. Nach der Montage ist ein letzter Test unbedingt erforderlich. Dabei müssen die Dichtigkeit der Verbindungen und die Betriebsbereitschaft der Pumpe (Stromzufuhr, Steckverbindungen, Laufrichtung) überprüft werden. Diese Aufbauarbeiten und Prüfungen sind für Einsatzkräfte ohne zusätzliche Schutzkleidung außerhalb des Gefahrenbereichs besser und sicherer durchführbar.

60.2.1 Pumpen

Pumpen im ABC-Einsatz dienen der Förderung von Flüssigkeiten, Gasen und Feststoffen in Form von Granulaten. Die bei den Feuerwehren üblicherweise vorhandenen Pumpen eignen sich für die Förderung von Flüssigkeiten und sehr bedingt für die Förderungen von Granulaten (Schlauchpumpe). Pumpen und sonstige Gerätschaften zur Förderung von Gasen sind bei kommunalen Feuerwehren selten vorhanden und können insbesondere durch Werkfeuerwehren der chemischen Industrie und durch den Flüssiggas-Sicherheitsdienst bereitgestellt werden. Beim Umpumpen brennbarer Flüssigkeiten muss ein Potenzialausgleich hergestellt werden.

Gefahrstoff-Umfüllpumpen/ tragbare Umfüllpumpe

Am häufigsten verfügen die Feuerwehren über die tragbare Gefahrstoff-Umfüllpumpe, die Fasspumpe und die Handmembranpumpe. Darüber hinaus gibt es vereinzelt bei den Feuerwehren auch Elektrotauchpumpen für ABC-Einsätze.

Genormt ist die < **Gefahrstoff-Umfüllpumpe** > GUP 3 – 1,5 mit einem Nennförderstrom von 300 l/min bei 1,5 bar Nennförderdruck (▶ Bild 60.5). Der tatsächlich erreichbare Förderstrom hängt neben der Förderhöhe wesentlich von der Dichte und Viskosität des geförderten Mediums ab. Die tragbare Gefahrstoff-Umfüllpumpe ist zugelassen in den Explosionszonen 1 und 2, den Explosionsgruppen IIA und IIB sowie den Temperaturklassen T1 bis T3. Die tragbare und explosionsgeschützte Gefahrgutumfüllpumpe (GUP) gibt es in der Ausführung als Schlauchpumpe und in der Ausführung als Kreiselpumpe. Die < **Schlauchpumpe** > besteht aus einem innen offenen Krümmergehäuse, in welchem sich ein elastischer Schlauch befindet. Die Enden des Schlauches sind dem Saugeingang und dem Druckausgang der Pumpe verbunden. Ein umlaufender dreieckiger Rotor presst den Schlauch periodisch gegen die Gehäusewand und zwingt das Medium damit von der Saugseite zur Druckseite. ▶ Bild 60.6 verdeutlicht schematisch die Funktionsweise der Schlauchpumpe.

Schlauchpumpen können meist mit zwei unterschiedlichen Laufgeschwindigkeiten benutzt werden. Bei höherer Drehzahl kommt es zu Druckstößen, die sich mit einem zusätzlichen Windkessel am Druckausgang der Pumpe verringern lassen. Die Pumpe ist selbstansaugend, die Förderstrecke mit dem ABC-Gefahrstoff ist daher stets geschlossen. Besonders vorteil-

Bild 60.5 GUP (Schlauchpumpe)

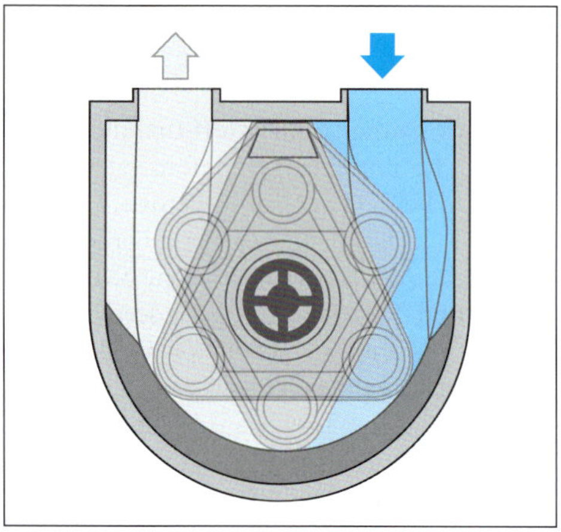

Bild 60.6 Schematische Darstellung der Funktionsweise einer Schlauchpumpe

haft ist die Tatsache, dass bei der Schlauchpumpe der Gefahrstoff nur mit der Innenseite des elastischen Schlauches in Berührung kommt. In Abhängigkeit von der spezifischen Beständigkeit des Schlauches lassen sich daher auch äußerst aggressive Medien, oder Stoffe die nicht mit Metallen in Berührung kommen dürfen, fördern. Die Schlauchpumpe ist auch als reine »Luftpumpe« verwendbar. Mit dieser Eigenschaft können auch Förderstrecken aufgebaut werden, bei denen das Medium durch Evakuieren des Zielbehältnisses angesogen wird. Bei dieser Technik kommt die Pumpe nicht mit dem flüssigen Gefahrstoff in Berührung. Allerdings werden die Dämpfe durch das Evakuieren über die Pumpe an die Umgebung abgegeben. In bestimmten Fällen muss der Abluftstrom daher über einen Filter (z. B. Aktivkohlefilter) geleitet werden. Darüber hinaus fördern die meisten Schlauchpumpen auch Granulate bis zu einer gewissen Größe.

K

Die Gefahrstoff-Umfüllpumpe in der Ausführung als **<Kreiselpumpe>** (▶ Bild 60.7) hat zur Erleichterung des Ansaugvorgangs eine handbetriebene Kolbenpumpe integriert. Damit entfällt das je nach Gefahrstoff nicht ungefährliche Befüllen der Kreiselpumpe mit dem Medium z. B. mittels Eimer. Es ist wie bei der Schlauchpumpe ein geschlossenes System vorhanden. Ob das meist beschichtete Laufrad und das Pumpengehäuse für den vorliegenden Gefahrstoff ausreichend beständig sind, kann den Beständigkeitslisten des Herstellers entnommen werden.

Die **<tragbare Umfüllpumpe>** TUP 3 – 1,5 in der Ausführung als Kreiselpumpe (orange) ist nicht selbstansaugend. Die Pumpe muss daher vor der Inbetriebnahme von Hand mit dem zu fördernden Medium gefüllt werden. Diese Tatsache verbietet oft einen Einsatz dieser Kreiselpumpe bei besonders gefährlichen Medien. Darüber hinaus kommt bei der Kreiselpumpe (▶ Bild 60.8) der ABC-Gefahrstoff direkt mit dem Pumpengehäuse und mit dem Laufrad in Berührung. In der Einsatzpraxis wird diese Umfüllpumpe in der Bauart einer Kreiselpumpe häufig für Mineralölprodukte und andere nicht aggressive Flüssigkeiten verwendet. Bei derartigen Einsätzen müssen oft große Mengen an Gefahrstoffen umgepumpt werden. In diesem Zusammenhang ist die Kreiselpumpe meist ausfallsicherer und erreicht auch über lange Einsatzzeiten oft größerer Förderströme als eine Schlauchpumpe.

Fasspumpe

Fasspumpen bestehen aus einem Motorkopf und dem eigentlichen Pumpwerk. Der Motorkopf ist mit einem Elektromotor versehen und ist explosionsgeschützt. Das Pumpwerk besteht aus einem Rohr zur Entnahme des Mediums und einem integrierten Laufrad. Das Pumpwerk kann durch die Öffnung eines handelsüblichen Fasses gesteckt werden (→ Fass-

Bild 60.7 GUP (Kreiselpumpe)

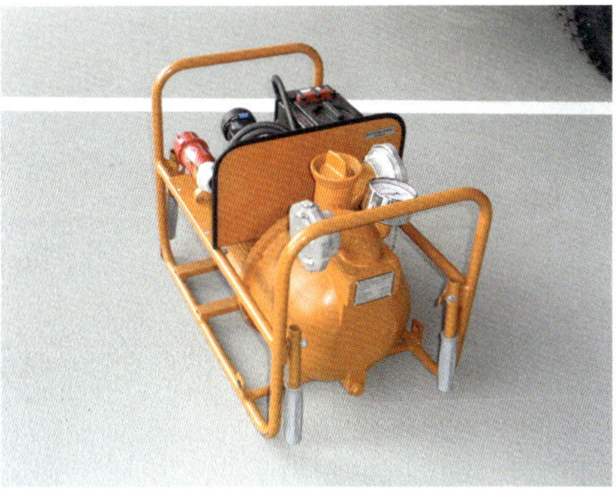

Bild 60.8 TUP (Kreiselpumpe)

pumpe). Der Motorkopf kommt mit dem Gefahrstoff selbst nicht in Berührung. Aufgrund der Austauschbarkeit des Pumpwerks kann dessen Material optimal an die einsatztaktischen Erfordernisse angepasst werden. Bei den Feuerwehren stehen meist Pumpwerke aus Edelstahl und aus Kunststoff (Polypropylen) zur Verfügung. Neben dem Explosionsschutz des Motorkopfes müssen die Pumpwerke jeweils über eigene Klassifikationen und Kennzeichnungen bezüglich des Explosionsschutzes verfügen. Die konkrete Verwendbarkeit erfordert daher eine geeignete Zulassung sowohl für den Motorkopf als auch für das Pumpwerk. Die Eignung für einen spezifischen ABC-Gefahrstoff kann der Beständigkeitsliste entnommen werden. Als einsatztaktische Grundregel sind das Edelstahl-Pumpwerk bei brennbaren Flüssigkeiten und das Kunststoff-Pumpwerk bei Säuren und Laugen zu bevorzugen. Das Kunststoff-Pumpwerk ist nicht für brennbare Flüssigkeiten zugelassen.

Eine < **Fasspumpe** > ist selbstansaugend. Sie fördert nur mit sehr geringem Ausgangsdruck, größere Höhenunterschiede oder Reibungsverluste durch lange Förderstrecken sind daher zu vermeiden. Grundsätzlich sollen nur dünnflüssige Medien gefördert werden. Für verunreinigte Flüssigkeiten können am Pumpwerk geeignete Siebe angebracht werden. Fasspumpen sind schnell einsatzbereit und eignen sich zum Umpumpen kleinerer bis mittlerer Mengen. Insbesondere zur schnellen Entnahme (▶ Bild 60.9) aus Behältern (Fässer, IBC, Kraftstofftank) ist im Gegensatz zur Gefahrgutumfüllpumpe kein weiteres Zubehör notwendig.

Quelle: Feuerwehr Esslingen

Bild 60.9 Fasspumpe im Einsatz: Nachdem die weitere Ausbreitung eines Gefahrstoffs provisorisch verhindert werden konnte, wird das ausgelaufene Medium mit einer Fasspumpe aufgenommen.

Handmembranpumpe/pneumatische Umfüllpumpe

Die < **Handmembranpumpe** > eignet sich zum Umfüllen kleiner Flüssigkeitsmengen. Die Pumpe ist selbstansaugend und besteht aus Edelstahl mit Gummimembranen. Sie arbeitet nach dem Prinzip einer Kolbenpumpe und fasst pro Hub rund 3,5 Liter. Es können dünn- und zähflüssige Medien gefördert werden. Darüber hinaus kann das Fördermedium auch kleinere Feststoffbestandteile beinhalten. Neben dem Umpumpen kleiner Mengen kann die Handmembranpumpe (▶ Bild 60.10) auch zum Entlüften/Füllen der Gefahrgutumfüllpumpe (Kreiselpumpe) benutzt werden. Nachdem die Förderstrecke mit dem Medium befüllt wurde, kann mithilfe eines Dreiwegehahnes die Handmembranpumpe aus der Förderstrecke ausgekoppelt werden.

Praxis-Tipp:

Die Einsatzkräfte müssen sich im Rahmen der Ausbildung neben der richtigen Handhabung der Pumpen und Schläuche, auch mit den praktischen Anschlussmöglichkeiten an den gängigen Tankfahrzeugen und Kesselwagen vertraut machen.

Bild 60.10 Handmembranpumpe

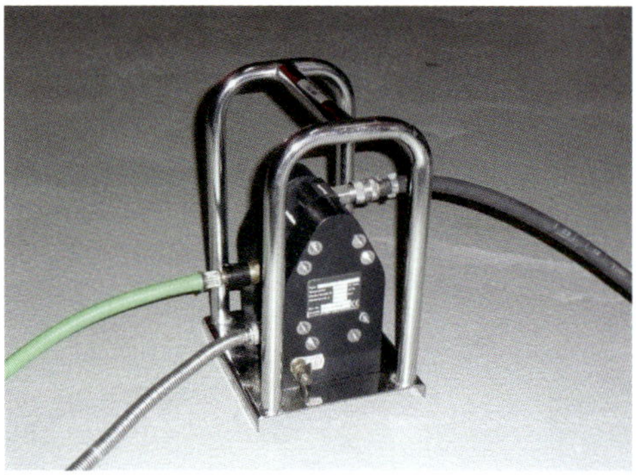

Bild 60.11 pneumatische Umfüllpumpe

Die Handmembranpumpe ist bei vielen Feuerwehren durch kleine pneumatisch betriebene Umfüllpumpen (▸ Bild 60.11) ersetzt worden. Diese Pumpen werden pneumatisch mittels Atemluftflaschen (300 bar, 6 Liter) betrieben.

60.2.2 Schläuche

Schläuche für den ABC-Einsatz sind in den unterschiedlichsten Ausführungen erhältlich. Daher können an dieser Stelle nur allgemeingültige Aussagen getroffen werden. Bei den Feuerwehren sind meist Schläuche für Mineralöle und Schläuche für Chemikalien vorhanden. Chemikalien-Schläuche bestehen meist aus Butylkautschuk oder Viton. Vereinzelt sind auch Edelstahlschläuche vorhanden. Edelstahlschläuche sind insbesondere bei hohen Temperaturen des Mediums erforderlich. Chemikalien-Schläuche besitzen meist eine hohe Beständigkeit gegen Säuren, Laugen und polare Lösungsmittel. Allerdings weisen die Chemikalien-Schläuche meist keine ausreichende Beständigkeit gegen Öle auf. Die Beständigkeit gegenüber dem an der Einsatzstelle konkret vorliegenden ABC-Gefahrstoff kann aus den Beständigkeitslisten der Hersteller ermittelt werden.

Beim Umpumpen brennbarer Flüssigkeiten muss ein Potenzialausgleich hergestellt werden. Dazu müssen die Schläuche über Anschlüsse für die Kabel des Potenzialausgleichs verfügen (Erdungsanschlüsse). Bei einem herkömmlichen Potenzialausgleich werden alle Schläuche, Armaturen, Pumpen und Behältnisse in einer Förderstrecke mittels Kupferka-

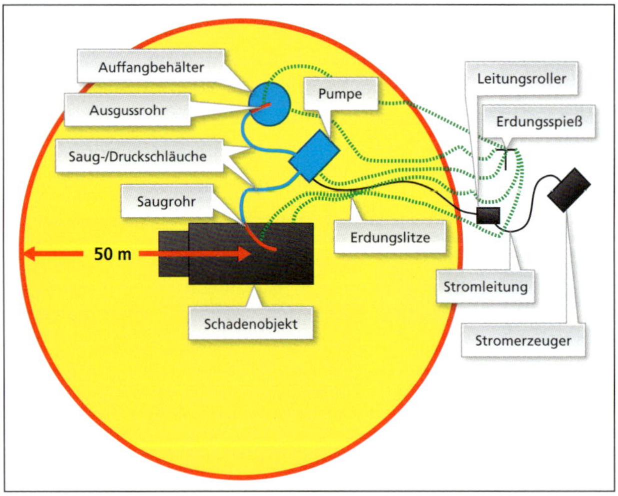

Bild 60.12 Prinzipskizze eines Potenzialausgleichs

K

Praxis-Tipp:

Durch den Einbau von Absperrventilen am Anfang und am Ende von Schlauchstrecken kann der Gefahrstoff im Schlauch belassen werden.

Praxis-Tipp:

Sofern an einer Einsatzstelle geeignete Behälter des Betriebs vorhanden sind, können das Füllen von feuerwehreigenen Behältern und die Problematik der Reinigung/Wiederbeschaffung vermieden werden.

beln verbunden. Seit einigen Jahren sind auch Schläuche mit eingearbeiteten Kupferfäden erhältlich.

In der Einsatzpraxis hat es sich bewährt, sowohl am Anfang als auch am Ende von Schlauchstrecken Absperrhähne/-ventile einzubauen. Dadurch kann während des Umpumpens bei Problemen wie beispielsweise Undichtigkeiten oder beim notwendigen Wechsel eines Behälters schnell reagiert werden. Insbesondere bei stark ätzenden oder giftigen Stoffen kann durch Schließen der Absperrventile das Medium im Schlauch belassen werden. Der gefüllte Schlauch kann dann verpackt und der entsorgt werden. Die Einsatzkräfte kommen nicht mit dem Gefahrstoff in Berührung.

60.2.3 Auffanggeräte

Auffangbehältnisse können in den unterschiedlichsten Größen und aus den unterschiedlichsten Materialien gefertigt werden. Für den ABC-Einsatz der Feuerwehren sind neben offenen und geschlossenen Behältnissen auch Folien/Planen sowie Auffangrinnen und Auffangtrichter sinnvoll. Kastenrinnen verfügen oft bereits über ein Auslaufrohr mit Gewindestutzen, sodass direkt ein Schlauch zur Ableitung des Mediums angeschlossen werden kann. Sofern nicht bereits fest angebaut, empfiehlt sich am Auslauf der Rinne der Einbau eines Absperrhahns. Somit kann beim Aufbau der Förderstrecke und beim Wechsel von Auffangbehältern besser und sicherer reagiert werden. In vielen Einsätzen hat es sich bewährt, auslaufende Flüssigkeiten aus Tanks oder Armaturen schnell und unkompliziert durch das Unterziehen einer Folie oder einer Rinne in ein offenes Behältnis (Wanne) zu leiten. Dadurch wird die weitere Ausbreitung gestoppt, die Lage wird stabilisiert und die Einsatzkräfte gewinnen Zeit, um das eigentliche Abdichten eines Lecks vorzubereiten. Im weiteren Einsatzverlauf muss die ausgetretene Flüssigkeit dann in geschlossene Behälter umgepumpt werden. Dieses Umpumpen ist umso dringender, sofern die Flüssigkeit in den offenen Behältern brennbare, giftige oder ätzende Dämpfe bildet. Offene Behälter, wie beispielsweise Wannen, sind meist aus Kunststoffen gefertigt. Es findet aber auch Edelstahl für den Bau von offenen Behältern und Rinnen Verwendung.

Geschlossene Behälter sind in allen Größen bei den Feuerwehren vorhanden. Als Behältnisse eignen sich kleinere Kanister und Fässer (z. B. 60 Liter) aus Kunststoffen sowie größere Edelstahl-Rollreifenfässer (200 Liter) sowie Kunststoff-Bergungsfässer. Edelstahlfässer können, sofern aus Gründen der Beständigkeit notwendig, mit Folieneinhängebehältern ausgelegt werden. Einige Bergungsfässer können mit einem Filter (z. B. Aktivkohlefilter) versehen werden, um einen Überdruck im Fass zu verhindern, gleichzeitig aber keine gefährlichen Gase oder Dämpfe ins Freie gelangen zu lassen. Größere Mengen können in handels-

Quelle: Bildstelle Branddirektion Stuttgart

Bild 60.13 Auffangbehältnisse aus Edelstahl beim Umfüllen eines verunglückten Tankzuges

Bild 60.14 Wechselladerfahrzeug mit Auffangbehältern der Feuerwehr Esslingen

üblichen Edelstahl- oder Kunststoffcontainern transportiert werden. Diese Container werden auch als IBC (Intermediate Bulk Container) oder als Großpackmittel bezeichnet. Das Fassungsvermögen dieser Behälter beträgt zwischen 1 000 und 3 000 Liter (▶ Bild 60.14). Sollten noch größere Auffangvolumina benötigt werden, verfügen einige Feuerwehren über Tankcontainer beziehungsweise Tankfahrzeuge mit Fassungsvermögen zwischen 5 000 und 30 000 Litern (▶ Bild 60.16).

Der Abtransport von aufgenommenen Gefahrgütern ist außer bei selbstfahrenden Geräten (z. B. MOGES) (▶ Bild 60.15 und 60.17) keine originäre Aufgabe der Feuerwehren. Der einsatzbedingte Transport von Gefahrgütern durch die Feuerwehren ist den Bundesländern unterschiedlich geregelt. Teilweise berechtigen die Lehrgänge »ABC-Einsatz« zum einsatzbedingten Transport von Gefahrgütern. In allen Fällen empfiehlt es sich, vor einem Transport durch die Feuerwehr andere Alternativen (betroffene Spedition, Entsorgungsunternehmen) zu prüfen und die zuständigen Behörden in die Entscheidung mit einzubeziehen.

60.2.4 Abdichtmaterialien

Wenn bei einem ABC-Einsatz Gefahrstoffe austreten, gilt es vorrangig, die Lage durch Unterziehen einer Plane oder durch Unterstellen eines Behälters zu stabilisieren und eine weitere Ausbreitung zu verhindern. Sofern Gefahrstoff weiter aus einem Tank oder Rohr austritt, muss das Leck zumindest provisorisch geschlossen werden. Das vollständige Abdichten ist nicht immer einfach und erfordert Erfahrung und handwerkliches Geschick der Einsatzkräfte, die häufig unter erschwerten Bedingungen (Körperschutz Form 3) arbeiten müssen. Zum Abdichten von Leckagen verfügen die Feuerwehren über eine Vielzahl von Möglichkeiten. Einige Geräte werden im Folgenden kurz vorgestellt. Allerdings ist trotz vieler technischer Möglichkeiten im Einsatz Improvisationstalent gefragt. Die Löcher und

Bild 60.15 Rüstwagen Saug der Berufsfeuerwehr Karlsruhe

Quelle: Bildstelle Branddirektion Stuttgart

Bild 60.16 Abrollbehälter Großtank der Berufsfeuerwehr Stuttgart

Quelle: J. Thorns

Bild 60.17 Mobiles Gefahrgutentsorgungssystem (MOGES) der Feuerwehr Ulm

Risse können die unterschiedlichsten Formen und Größen aufweisen. Es kann auch sein, dass die eigentliche Leckage aufgrund der gegenseitigen Lage zweier Unfallfahrzeuge nicht zugänglich ist. Oft sind im Bereich der Schadenstelle aber bereits kleine Hilfsmittel vorhanden, mit denen ein Leck durch die ersten Einsatzkräfte provisorisch abgedichtet werden kann. Manchmal reicht auch nur ein Handgriff. Insbesondere bei kleinen Behältnissen kann durch Drehen des Behälters das Leck oberhalb des Flüssigkeitsstandes gebracht werden.

Kleinere Löcher sowie Risse können mithilfe von Dichtungskeilen geschlossen werden. Unter Umständen muss deren Wirkung mit einer Abdichtbinde beziehungsweise einer Abdichtpaste unterstützt werden. Dichtungskeile sind meist aus Weichholz oder Kunststoffen angefertigt und können im Einsatzfall auch schnell in Form gebracht werden. Selbstverständlich ist die Frage der Beständigkeit auch für die verwendeten Abdichtmaterialien zu klären. Auf keinen Fall dürfen Holzkeile verwendet werden, wenn der Gefahrstoff (z. B. Salpetersäure) gefährlich mit organischen Stoffen reagiert.

Größere Leckagen können eventuell mit pneumatischen Leckdichtkissen abgedichtet werden. Diese Leckdichtkissen sind mit Schäkeln zur Befestigung von Spanngurten ausgerüstet. Mit den Spanngurten wird das Dichtkissen über dem Leck fixiert und vorgespannt. Das eigentliche Abdichten geschieht, sobald das Kissen aufgeblasen wird und damit die Kissenfläche das Leck verschließt. Mit der gleichen Technik funktionieren zylindrische Dichtkissen, mit denen Rohrleitungen wie beispielsweise Kanalöffnungen verschlossen werden können (▶ Bild 60.19). Zum Abdichten wird das Dichtkissen in das Rohr eingeführt

Quelle: Feuerwehr Esslingen/Gefahrgutzug

Bild 60.18 Simulation einer Leckage an einem Kesselwagen

Bild 60.19 zylindrische Dichtkissen

K

Quelle: Feuerwehr Esslingen/Gefahrgutzug

Bild 60.20 Dichtkissen im Einsatz

und dann aufgeblasen bis es eng anliegt. Bei den meisten Dichtkissen kann der Druckluftschlauch nach dem Aufblasen wieder entfernt werden. Somit können mit einer Armatur mehrere Dichtkissen installiert werden. Das Dichtkissen sollte unbedingt mit einer Arbeitsleine gesichert werden, damit es beim Ablassen der Luft beziehungsweise bei zu hohem Druck des anstehenden Mediums nicht unwiederbringlich in der Rohrleitung verschwindet.

Zum Verschließen von Gullydeckeln gibt es zwischenzeitlich verschiedene Systeme. Einige Feuerwehren verwenden Abdeckbehälter aus Kunststofffolie, die über den Gully gelegt und mit Wasser gefüllt meist eine gute Dichtwirkung erzielen. Nachteilig dabei ist, dass in der Erstphase des Einsatzes schnell Wasser zur Verfügung stehen muss. Dies bindet Einsatzkräfte. Alternativ können die Behälter auch mit Erde oder Sand gefüllt werden, die Dichtwirkung ist aufgrund der ungleichmäßigen Flächenpressung aber nicht so zuverlässig. Eine weitere Variante ist das Einsetzen eines kleinen Dichtkissens. Diese Variante ist sehr schnell und bindet weniger Einsatzkräfte.

Bei einer Vielzahl zu verschließender Öffnungen scheitert diese Variante aber oft an der mangelnden Vorhaltung dieser teureren Geräte. Seit einigen Jahren sind auch magnetische Abdeckplatten verfügbar. Die Dichtwirkung dieser Systeme ist aber stark von den örtlichen Bedingungen abhängig.

Auf Firmengeländen sind oft Sammelschächte vorhanden, in denen das Oberflächenwasser

Achtung:

Das erfolgreiche Rückhalten von austretendem Gefahrstoff erfordert Kenntnisse über das am Einsatzort vorliegende Abwassersystem.

aus mehreren Abläufen zusammengeführt wird. Aus einem Sammelschacht wird das Abwasser dann zentral in einer Leitung weitergeleitet. Anstatt zahlreiche einzelne Einläufe zu verschließen, kann es sinnvoll sein, die Maßnahmen auf den Sammelschacht zu konzentrieren. Dies wird immer dann zwingend erforderlich sein, wenn bereits Gefahrstoff in das Entwässerungssystem eingedrungen ist. In der Einsatzpraxis sollte bei Sammelschächten der Ablauf mit einem zylindrischen Dichtkissen verschlossen werden (▶ Bild 60.19). Dann wird das Medium im Schacht gesammelt und kann gut abgepumpt werden. Wird dagegen der Zulauf zum Schacht verschlossen, ist es oft schwierig, das Medium anschließend abzupumpen.

Literatur

[1] Kühar, A.: Dekontamination, Die Roten Hefte 88, 2. Auflage, Verlag W. Kohlhammer, Stuttgart, 2021.

[2] Wickert, L., Holzapfel, B.: B-Einsatz, Die Roten Hefte 91, Verlag W. Kohlhammer, Stuttgart, 2008.

K

61 Messeinsatz

von Dr. Lucia Wickert

61.1 Einleitung

61.1.1 Die Messgruppe im ABC-Einsatz: Allgemeine Grundsätze

Der Messeinsatz innerhalb des ABC-Einsatzes hat an Bedeutung gewonnen und wird in der Feuerwehr-Dienstvorschrift (FwDV) 500 als eigenständiger Einsatzabschnitt betrachtet. Die Mess- und Nachweisverfahren dienen dem Aufspüren, der Identifikation und der Quantifizierung von Gefahrstoffen (CBRN-Gefahren = chemische, biologische, radiologische und nukleare Gefahren). Durch die Informationen der Messwerte können Gefahren abgeschätzt oder die Effizienz der Einsatzmaßnahmen im Verlauf oder am Ende kontrolliert werden. Damit können Fragen beantwortet werden wie beispielsweise:

- Ist der Absperrbereich zu verändern?
- Welche Schutzausrüstung benötigen die Einsatzkräfte?
- Welche Gefahr geht von dem aus dem Tankwagen austretenden Stoff aus?
- Wo ist die Leckage?
- Ist die ausgelaufene Flüssigkeit sauer oder basisch?
- Besteht Explosionsgefahr?
- Welche Schadstoffe werden bei dem Brand einer Fabrik freigesetzt?
- Sind die getroffenen Einsatzmaßnahmen wirksam?

Die Schadstoffmessung und/oder Probenahme durch die Feuerwehr ist abhängig von der Lage, den personellen und gerätetechnischen Möglichkeiten sowie den Stoffeigenschaften.

Entsprechend der Größe des Schadenereignisses wird der Messeinsatz in Stufen eingeteilt:

- Stufe 1: Messung durch örtliche Feuerwehr,
- Stufe 2: Messung durch örtliche Feuerwehr mit Fachberater,
- Stufe 3: Messung durch überörtliche Messgruppen (ABC-Erkunder),

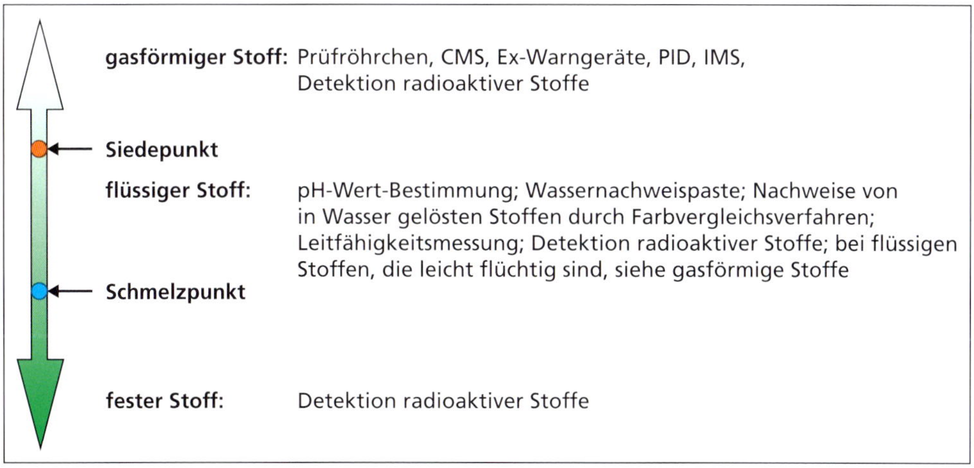

Bild 61.1 Mess- und Nachweisverfahren: Der Aggregatzustand eines Gefahrstoffes ist von der Umgebungstemperatur und dem Druck abhängig und bedingt das Nachweisverfahren. CMS: Chip-Mess-System; PID: Photoionisationsdetektor; IMS: Ionenmobilitätsspektrometer.

Als ergänzende Maßnahme zum Bevölkerungsschutzes gegen CBRN-Gefahren hat der Bund »Analytical Task Force«-Einheiten bei derzeit fünf Berufsfeuerwehren installiert.

Die Umsetzung der Messergebnisse in einsatztaktische Entscheidungen wird durch den Zeitpunkt der Gefahrstoffmessung beeinflusst. Daher ist es zur Wahl des Messgeräts, der Vorgehensweise sowie der Interpretation der Ergebnisse hilfreich, einen entsprechenden »Fachberater ABC« frühzeitig zu alarmieren. Im Messeinsatz finden zwei Verfahren Verwendung: Der Nachweis eines Stoffes und die tatsächliche Messung eines Stoffes. Unter dem Begriff <**Nachweis**> versteht man Verfahren, die es erlauben, die Anwesenheit eines Stoffes (oder mehrerer Stoffe) festzustellen (qualitativ). Bei der <**Messung**> eines Gefahrstoffes wird die genaue Menge des Stoffes (quantitativ) bestimmt.

Die Stoffe, mit denen die Feuerwehr im Einsatz konfrontiert wird, haben unterschiedliche Aggregatzustände; sie sind also fest, flüssig oder gasförmig. Je nach Aggregatzustand kommen unterschiedliche Mess- und Nachweisverfahren zum Einsatz (▶ Bild 61.1). Allen Messverfahren ist gemeinsam, dass sie in einem schnellen Zeitraum, also in wenigen Minuten bis maximal 30 Minuten, ein Ergebnis liefern und dabei robust und leicht anwendbar sind. Dabei muss immer bedacht werden, dass die Messungen Momentaufnahmen sind. Mit dieser Vor-Ort-Analytik gelingt es der Einsatzleitung, sich ein grobes Bild von der Einsatzstelle zu machen. Die Schnelligkeit und Einfachheit bedeuten aber auch eine gewisse Ungenauigkeit. Daher kann die Feuerwehr keine gerichtsrelevanten Analysen erstellen. Letztere bedürfen stets einer Laboranalytik, die permanent (z. B. durch Ringversuche) auf ihre Qualität überprüft wird. Dennoch reichen die Verfahren aus, um im Schadenfall ein wichtiges Puzzlestück an Information für die Entscheidungen der Einsatzleitung zu liefern.

Zur Vor-Ort-Analyse werden Luft- und Wasserproben, sehr selten auch Bodenproben, herangezogen.

Merke:

Wenn ein Messgerät nichts anzeigt, können Schadstoffe vorliegen, die mit der Gerätetechnik nicht erfasst werden können.

Merke:

Liegt das Ergebnis einer Schadstoffmessung oberhalb des Einsatztoleranzwertes (ETW), so sind die Einsatzmaßnahmen grundsätzlich mit Atemschutz durchzuführen. Liegt das Messergebnis unterhalb des ETW, so kann ohne Atemschutz gearbeitet werden. Vermutet man nicht messbare Schadstoffe, ist immer zu umluftunabhägigem Atemschutz zu raten.

In einem Messeinsatz ist die Aufgabe eines Messtrupps selbstständig vor Ort, eventuell unter besonderer Schutzkleidung, eine Schadstoffmessung durchzuführen und zu protokollieren sowie die Ergebnisse an die Abschnittsleitung Messen (ALM) zu übermitteln. Die Messtrupps sind selbstständige taktische Einheiten (fünf bis acht Feuerwehrangehörige), die idealerweise über eine Atemschutz-, eine Truppführer- und eine ABC-Grundausbildung verfügen und spezielle Kenntnisse über die Messgeräte haben. Dazu gehört neben dem Basiswissen über die Messgerätebedienung die Kenntnis über Querempfindlichkeiten und Einsatzgrenzen. Die Messleitung trägt alle Ergebnisse zusammen, interpretiert sie und übermittelt sie an die Einsatzleitung (EL).

Messwertergebnisse, Einsatztoleranzwerte, AEGL-Werte

Damit die Messergebnisse, die aus den Punktmessungen bzw. kontinuierlichen Messungen gewonnen werden, auch in Einsatzmaßnahmen umgesetzt werden können, wurden für verschiedene Gefahrstoffe so genannte ETW-Werte (Einsatztoleranzwerte) festgelegt. Die ETW-Werte sind so festgelegt, dass eine Einsatzkraft ohne Atemschutz sich vier Stunden in dieser Atmosphäre aufhalten kann, ohne während des Einsatzes noch danach beeinträchtigt zu sein. Des Weiteren spielen die AEGL-2-Werte (Acute Exposure Guideline Levels) eine

Rolle, die herangezogen werden können, wenn keine ETW-Werte vorliegen. Die AEGL-Werte sind toxikologisch begründete Stoffkonzentrationen zur Bewertung von Störfällen. Sie wurden für unterschiedliche Zeiträume der Exposition (zehn und 30 Minuten, eine, vier und acht Stunden) festgelegt. Es werden drei »Level« unterschieden:

- AEGL-1 spürbares Unwohlsein,
- AEGL-2 schwer wiegende, lang andauernde oder fluchtbehindernde Wirkung,
- AEGL-3 tödliche Wirkung.

Die AEGL-2-Werte gelten ebenfalls für einen Aufenthalt (Exposition) von vier Stunden und werden regelmäßig aktualisiert (*www.umweltbundesamt.de*). Der MAK-Wert (maximale Arbeitsplatzkonzentration), teils noch in alten Nachschlagewerken zu finden, wurde durch den AGW-Wert (Arbeitsplatzgrenzwert) ersetzt und bezieht sich auf eine achtstündige Exposition bei einer 40-Stunden-Arbeitswoche.

Der Vollständigkeit halber sei erwähnt, dass neben der allgemeinen Messtechnik wenige Feuerwehren über einen ABC-Erkunder verfügen. Mit diesem Fahrzeug können radioaktive und/oder chemische Stoffe gemessen werden. Dabei werden verschiedene Sonden für den A-Bereich und ein Photoionisationsdetektor (PID) sowie ein Ionenmobilitätsspektrometer (IMS) für den C-Bereich verwendet. Darüber hinaus verfügt der Erkunder über Probennahmesets, womit nach standardisierten Verfahren feste, flüssige und gasförmige Proben aus der Umwelt entnommen werden können. Diese können dann biologischen und chemischen Analysen zugeführt werden. Die Messtechnik des ABC-Erkunders ist anspruchsvoll und bedarf einer zusätzlichen Ausbildung.

61.2 Messtechnik im Strahlenschutz, A-Einsatz

Im A-Einsatz (Erkundung, Punktquellensuche und Kontaminationsnachweis) werden die Strahlungsarten α (Alpha), β (Beta) und γ (Gamma) sowie die Neutronenstrahlung voneinander unterschieden. Dazu stehen der Feuerwehr verschiedene tragbare Handmessgeräte zur Verfügung. Die Messgeräte sind für ganz bestimmte Messaufgaben vorgesehen und arbeiten nach unterschiedlichen Prinzipien. In den Feuerwehren werden fast ausschließlich Gasionisationsdetektoren verwendet. Dazu gehören das Geiger-Müllerzählrohr (z. B. Teletektor), das Proportionalitätszählrohr (manche Kontaminationsnachweisgeräte) oder Ionisationskammern. Im Allgemeinen arbeiten die Gasionisationsdetektoren wie folgt: Beim Durchgang ionisierender Strahlung durch Materie kommt es zu Wechselwirkungen, bei denen Ionen bzw. Elektronen entstehen. Die Prinzipien der meisten Strahlungsdetektoren beruhen auf dem Nachweis der entstehenden Wechselwirkungsprodukte. In den Detektoren werden dadurch Ladungs- oder Spannungsimpulse erzeugt. Eine nachgeschaltete Elektronik liefert ablesbare Werte.

Merke:

Der Einsatz von Feuerwehren in strahlengefährdeten Bereichen ist kein Umgang mit radioaktiven Stoffen im Sinne von Paragraf 2 Strahlenschutzverordnung, d. h. Feuerwehrangehörige sind nicht beruflich strahlenexponierte Personen, daher:

- In strahlengefährdeten Bereichen sind nur Freiwillige über 18 Jahre einzusetzen.
- Einsatzkräfte sind vor dem Einsatz und regelmäßig wiederkehrend zu unterweisen (dies muss per Unterschrift quittiert werden).

Merke:

Äquivalentdosis = Sievert (Sv)
1 Sv = 1 J/kg

A-Einsätze sind extrem selten und daher sind die Gerätschaften oft noch aus den 1970er- und 1980er-Jahren. Bei guter Pflege und Wartung sind diese Geräte durch ihre robuste Verarbeitung noch gut zu verwenden. Wichtig ist neben der Pflege auch die Ausbildung und die regelmäßig wiederkehrende Einsatzübung, um bei den Einsatzkräften die korrekte Bedienung der Messgeräte und das richtige Verhalten im Strahleneinsatz zu schulen.

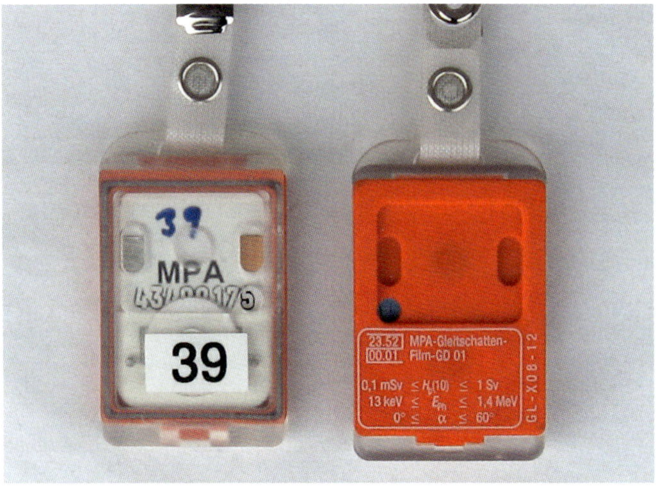

Bild 61.2 Vorder- und Rückseite eines Filmdosimeters zur Personendosimetrie. Im Inneren befinden sich Gleitschattenfilme zur Aufnahme der Strahlendosis.

Die Strahlenmess- und Nachweisgeräte werden in drei Gruppen unterschieden:

- Feststellung der Personendosis,
- Messung der Ortsdosisleistung,
- Nachweis einer Kontamination.

Unter Dosis versteht man die Strahlungsenergie, die bei der Wechselwirkung einer Strahlung mit Materie an diese abgegeben wird. Im Einsatz wird die Äquivalentdosis als Messgröße verwendet. Sie wird in Sievert gemessen.

Die Dosisleistung ist die Strahlungsenergie, die in einem beliebigen Abstand von einem radioaktiven Strahler, bezogen auf eine Zeiteinheit (eine Stunde), gemessen wird. Die Einheit der Dosisleistung ist Sievert/Stunde (Sv/h).

61.2.1 Filmdosimeter

Filmdosimeter und Stabdosimeter finden in der Personendosimetrie Verwendung. Die Feuerwehr nutzt im Strahlenschutzeinsatz (A-Einsatz) ausschließlich Filmdosimeter. Es dokumentiert die im Einsatzverlauf aufgenommene Personendosis und wird unter Kontaminationsschutzkleidung im Brustbereich getragen. Die Filmdosimeter bestehen aus zwei lichtdicht verpackten Filmen mit unterschiedlicher Empfindlichkeit. Der Film mit der höheren Empfindlichkeit dient zur Aufnahme von geringen Strahlendosen, wohingegen der Film mit der geringeren Empfindlichkeit der Ermittlung höherer Strahlendosen dient.

In Vorder- und Rückseite der umhüllenden Kassette liegen Metallplättchen, die aus Kupfer oder Blei bestehen und unterschiedlich die Strahlen filtern. Beta- oder Gammastrahlung schwärzen den Film und sind ein direktes Maß für die aufgenommene Dosis (▶ Bild 61.2). Durch die verschiedenen Filter können auch Aussagen zu Strahlenqualität oder Strahleneinfallsrichtung getroffen werden. Die Auswertung erfolgt bei den zuständigen Materialprüfungsämtern. Auch ohne Nutzung ist der Film jährlich zu wechseln.

61.2.2 Dosiswarngerät

Das Dosiswarngerät (▶ Bild 61.3) wird von allen vorgehenden Trupps mitgeführt und warnt aktiv den Träger während des Einsatzes.

Merke:

Dosisrichtwerte im Strahlenschutz:

- zur Ausbildung maximal 1 mSv/Jahr,
- Einsatz zum Schutz von Sachwerten maximal 15 mSv/Einsatz,
- Einsatz zur Abwehr einer Gefahr für Personen maximal 100 mSv/Einsatz oder zur Verhinderung einer wesentlichen Schadenausbreitung,
- Einsatz zur Menschenrettung maximal 250 mSv/Einsatz/Leben.

Quelle: J. Thorns

Bild 61.3 Jeder Feuerwehrangehörige der innerhalb der Absperrgrenze tätig wird, trägt ein Dosiswarngerät.

Es zeigt nach Anschalten die aufgenommene Dosis, die Sammelzeit sowie den eingestellten Dosisrichtwert an. Es lassen sich vier Dosisrichtwerte einstellen. Analog der gültigen Dosisrichtwerte beginnt der erste Schwellenwert bei 1 mSv (für die Ausbildung). Beim Erreichen des Dosisrichtwertes ertönt ein Warnton, der sich durch Weiterschalten auf den nächst höheren Dosisrichtwert abschalten lässt. Hiervon ist sofort der Einsatz- bzw. Einsatzabschnittsleiter zu informieren und nur nach Rücksprache ist ein weiteres Vorgehen erlaubt.

Merke:

Abstandsgesetz: Die Intensität einer Strahlung nimmt mit dem Quadrat des Abstandes (r) von der Quelle ab. So verteilt sich die gleiche Strahlungsmenge bei doppeltem Abstand auf die vierfache Fläche. Die Intensität beträgt also nur noch ein Viertel.

Merke:

Einsatzgrundsätze zur Dosisbegrenzung:
- Abstand halten,
- Abschirmung nutzen,
- Aufenthaltsdauer begrenzen,
- Kontamination vermeiden,
- Inkorporation ausschließen.

Achtung:

Radioaktive Dämpfe, Stäube und Flüssigkeiten können zusätzlich zur Strahlung toxisch, sauer oder basisch wirken (Gefahr der Inkorporation oder Kontamination oder Kontaminationsverschleppung)!

61.2.3 Dosisleistungsmessgerät

Im Strahleneinsatz ist während des ganzen Verlaufes die Ortsdosisleistung zu messen und dem Einsatzleiter zu melden. Alle Messwerte werden in der Einsatzleitung festgehalten und interpretiert, um die zulässige Aufenthaltsdauer festzulegen: Aufenthaltsdauer (h) = Dosisrichtwert (mSv)/Dosisleistung (mSv/h).

Die Ortsdosisleistung wird mittels Dosisleistungsmessgeräte (meist durch den Angriffstrupp) und Dosisleistungswarngeräte (Angriffs- oder Wassertrupp) gemessen. Beispiele für ein Handmessgerät und eine Teleskopsonde zeigt (▶ Bild 61.5).

Bild 61.4 Das Dosisleistungswarngerät nimmt der Trupp mit, der die Absperrgrenze bewacht. Der Dosisleistungswarner alarmiert bei einer Ortsdosisleistung von 25 µSv/h.

K

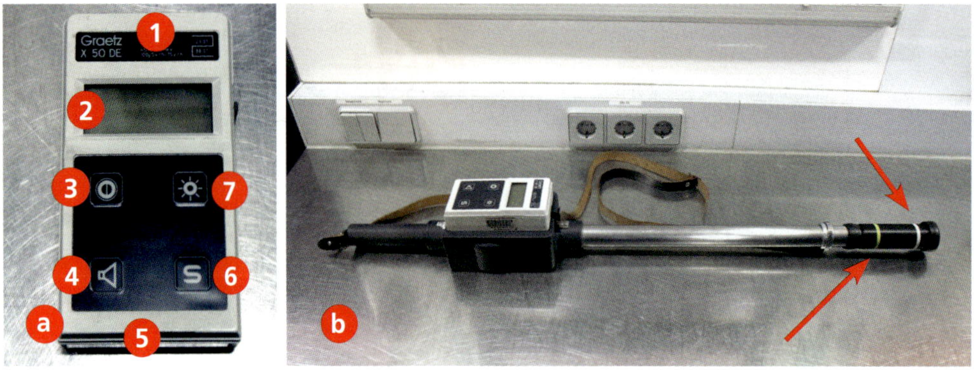

Bild 61.5 a Dosisleistungsmessgerät »X 50 DE« mit einem Messfenster von 2 μSv/h bis 1 Sv/h. (1) Einstrahlrichtung, (2) Anzeigefeld – Display, (3) Drucktaste zum Ein- und Ausschalten, (4) Drucktaste zum Einschalten der eingebauten akustischen Einzelimpulsanzeige, (5) Batterieraum, (6) Drucktaste Suchfunktion, (7) Drucktaste Skalenbeleuchtung. Das Gerät verfügt über eine Anschlussbuchse für eine Sonde. b Teleskopsonde bestehend aus einem Ortsdosisleistungsmessgerät (z. B. »X 50 DE« oder »X 1000 WE«) mit einem Teleskopauszug (Länge ausgezogen 3,6 Meter, eingeschoben 93 Zentimeter); Gelber Ring: Detektor 1, Messbereich 500 μSv/h bis 10 Sv/h; Weißer Ring: Detektor 2, Messbereich 0,5 Sv/h bis 1 mSv/h

Teleskopsonde

Die Teleskopsonde ist ebenfalls ein Dosisleistungsmessgerät, mit dem man Röntgen- und Gammastrahlung sowie Betastrahlung nachweisen kann. Der Vorzug dieses Gerätes ist die ausziehbare Teleskopsonde, die einen großen Abstand zwischen vorgehendem Trupp und dem radioaktiven Material herstellt (Abstandsgesetz).

61.2.4 Dosisleistungswarngerät

Gemäß der Feuerwehr-Dienstvorschrift (FwDV) 500 darf die Ortsdosisleistung außerhalb des Absperrbereiches 25 μSv/h nicht überschreiten. Mit einem entsprechend eingestellten Dosisleistungswarngerät (▶ Bild 61.4) kann so die Absperrgrenze vom Angriffstrupp festgelegt und vom Wassertrupp kontrolliert werden. Das Gerät hat drei Einstellungsmöglichkeiten: »Aus«, »Batt« und »Ein«. Die »Batt«-Einstellung ist ein Gerätetest und bei ausreichender Batteriespannung ertönt ein Signal. Überschreitet im Messbetrieb das Gerät die Ortsdosisleistung von 25 μSv/h, warnt es akustisch. Es lassen sich auch andere Warnschwellen einstellen (1 mSv/h und 10 mSv/h), was aber in den der Autorin bisher bekannten Einsatzlagen nie der Fall war. Überdies setzen Feuerwehren eine tragbare Spürsonde (FHT40 NBR, ▶ Bild 61.6) ein. Dieses Gerät ist eine Kombination aus Proportionalitätszählrohr und Szintilationssonde. Das Kombinationsgerät erlaubt eine Unterscheidung zwischen natürlicher und künstlicher Strahlung und lässt eine Dosisleistungsmessung im Bereich zwischen 100 nSv/h und 100 mSv/h zu.

Bild 61.6 FHT40 NBR

61.2.5 Kontaminationsnachweisgerät

Unter radioaktiver Kontamination versteht man die Verunreinigung von Flüssigkeiten, festen Körpern oder Gasen mit radioaktiven Stoffen. Zur Messung der Oberflächenkontamination haben diese Geräte großflächige Pro-

K

Quelle: J. Thorns

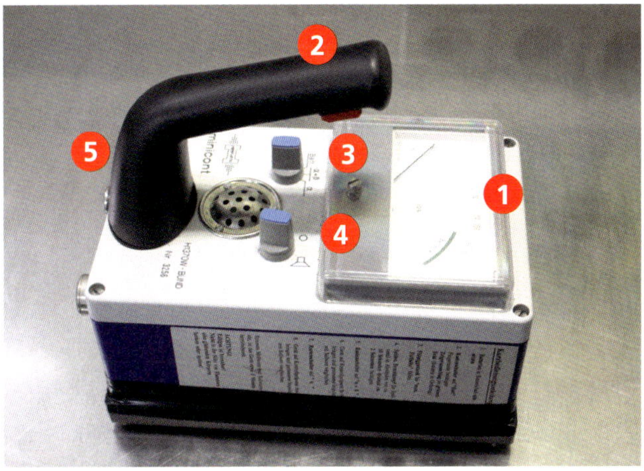

Bild 61.8 Kontaminiations-nachweisgerät »Minicont-2«:

- Anzeigefeld in Impulse pro Sekunde (ips) (1)
- Handgriff mit Druckknopf (2)
- Wahlschalter: Batterietest, α- und β-Strahlung oder nur α-Strahlung, (3)
- Wahlschalter: mit oder ohne Lautsprecher (4)
- Spülknopf (5)

portionalzähler als Strahlungsdetektoren. Mit einem Proportionalzählrohr oder einer Ionisationskammer kann man gleichzeitig die Energie und die Intensität der Strahlung messen. Diese Information ist ein Maß für die Dosis, von der die biologische Wirkung der Strahlen abhängt. Außerdem erlaubt es die Unterscheidung zwischen Alpha- und Betastrahlen.

Quelle: J. Thorns

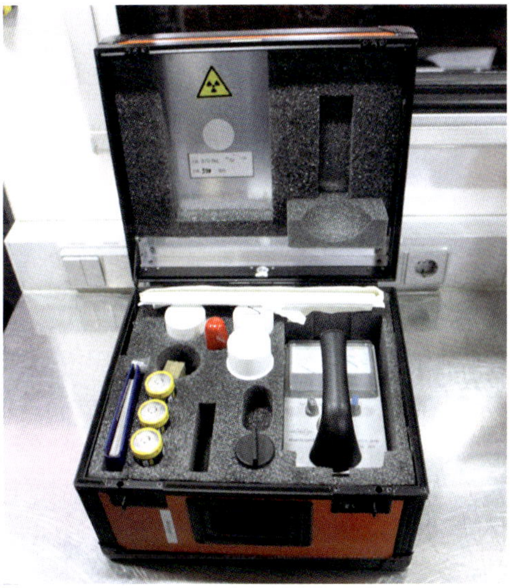

Bild 61.7 Koffer für das Kontaminationsnachweigerät »Minicont-2« mit einem α- und einem β-Prüfstrahler (α-Strahler ist ^{241}Am = Americium-241, β-Strahler ist ^{90}Sr = Strontium-90), Zählgas (Propan/Butan), Batterien, Detektorfolien und Bedienungsanleitung

Mit dem Kontaminationsnachweisgerät werden in der Regel alle Personen (eingesetzte Trupps und zivile Personen), die innerhalb der Absperrgrenze tätig waren, untersucht. Dafür werden sie über den Kontaminationsnachweisplatz, der ein Modul des Dekontaminationsplatzes ist, geschleust und durch einen Messtrupp (Schlauchtrupp) auf etwaige Kon-

Merke:

Ein Teil der Messgeräte gehört zur persönlichen Sonderausrüstung im Strahlenschutzeinsatz:
- Gruppenführer: Filmdosimeter,
- Angriffstrupp (evt. Melder): Pressluftatmer, Filmdosimeter, Dosiswarner, Dosisleistungsmessgerät, Kontaminationsschutzkleidung,
- Wassertrupp: Pressluftatmer, Filmdosimeter, Dosiswarner, Dosisleistungswarngerät, Kontaminationsschutzkleidung,
- Schlauchtrupp: Filmdosimeter, ABEK-Filter, Kontaminationsnachweisgerät, leichter Schutzanzug.

Bei Feinstäuben, Flüssigkeiten, Gasen und Dämpfen: Angriffstrupp und Wassertrupp mit Chemikalienschutzanzug.
Zur Menschenrettung: Angriffstrupp mit Schutzausrüstung Form 1. Der Angriffstrupp besteht in der Regel aus drei Feuerwehrangehörigen (Angriffstrupp und Melder).

Tabelle 61.1 Beispiele für Messgerätecharakteristiken im A-Einsatz

Gerät	Strahlenarten	Wer trägt es?	Wozu dient es?	Messbereiche
Filmdosimeter	β und γ	alle Fm	Personendosimetrie	0,2 mSv bis 1 Sv
Dosiswarngerät	Röntgen und γ	alle Fm innerhalb der Absperrgrenze	Dosisbegrenzung	über die vier Warnschwellen
Dosisleistungsmessgerät (hier Graetz »X 50 ZS«)	γ	AT	Strahlersuche, Erfassen der Ortsdosisleistung	2 µSv/h bis 1 Sv/h
Teletektor (hier Graetz »X 100 WE«)	Röntgen, β und γ	AT	Strahlersuche, Erfassen der Ortsdosisleistung	Sonde 1: 500 µSv/h bis 10 Sv/h Sonde 2: 0,5 Sv/h bis 1 mSv/h
Dosisleistungswarngerät (hier DL-Warner 6126)	γ	AT, WT	Kontrolle der Absperrgrenze	warnt bei 25 µSv/h
Kontaminationsnachweisgerät (hier »Minicont-2« H13413-Bund)	α und β	AT[1], ST	Strahlersuche[1], Nullratenbestimmung, Kontaminationsnachweis	0,1 bis 10 000 ips Arbeitsbereich zwischen -5 °C und 50 °C
Kontaminationsmessgerät »6150 ADK«	α, β und γ	ST	Unterscheidung von Strahlenarten möglich, Nullratenbestimmung, Kontaminationsnachweis	0,001 bis 10 000 ips Arbeitsbereich zwischen -15 °C und 50 °C
FHT 40 NBR	γ	AT	Strahlersuche, unterscheidet natürliche und künstliche Strahlung	100 nSv bis 100 mSv

1 Sv = 1 000 mSv, 1 mSv = 1 000 µSv
Fm: alle Feuerwehreinsatzkräfte als Sammelbegriff ohne Geschlecht und Dienstgradzugehörigkeit
GF: Gruppenführer, AT: Angriffstrupp, Me: Melder, ST: Schlauchtrupp, WT: Wassertrupp

taminationen überprüft. Die Kontaminationsnachweisgeräte, wie z. B. das »Minicont-2« (▶ Bild 61.7 und Bild 61.8), misst in Impulsen pro Sekunde (ips). Im Feuerwehreinsatz gilt jede Person als kontaminiert, die die dreifache Nullrate überschreitet. Die Nullrate wird an einer Stelle festgelegt, die mit Sicherheit nicht kontaminiert ist. Sie ist ortsspezifisch und gibt die natürliche Umgebungsstrahlung wider. Ist beispielsweise die Nullrate 10 ips, dann ist eine Person, deren Hände einen Wert von 68 ips anzeigt, an dieser Stelle kontaminiert. Zur schnellen Orientierung ist an der Seite des Gerätes eine Kurzanleitung zur Inbetriebnahme.

Handhabung Kontaminationsnachweisgerät wie z. B. »Minicont-2«:

- Batteriekontrolle und Herstellen der Messbereitschaft,
- Spülen der Detektorkammer, 3 × 2 Sekunden,
- Rasterschalter in die gewünschte Messstellung bringen (α und β oder nur α),
- Funktionstest an den im Koffer eingeklebten Prüfstrahlern,

Quelle: J. Thorns

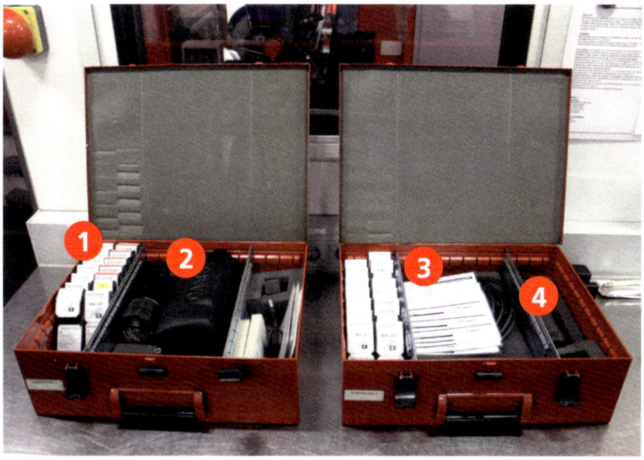

Bild 61.9 Prüfröhrchenkoffer:
- Aktionsprüfröhrchen (1)
- Handpumpe (2)
- Informationsmaterial (3)
- Verlängerungsschlauch zum Messen in Schächten (4)

- Nullratenbestimmung (Wert an Messleitung übermitteln),
- Kontaminationsnachweis starten.

Modernere Kontaminationsnachweisgeräte, kombiniert mit einem Dosisleistungsmesser (zum Beispiel »6150 ADK«, (▶ Tabelle 61.1)), können alle drei Strahlenarten nachweisen. Durch ein Diskriminatorblech sind die einzelnen Strahlenarten unterscheidbar. Ein geschlossenes Proportionalitätszählrohr macht das »Füllen und Spülen« mit dem Zählgas (Propan/Butan) überflüssig, was den Temperaturbereich, in dem das Gerät eingesetzt werden kann, erweitert und auch die Feuer- und Explosionsgefahr, die durch das Zählgas entsteht, aufhebt.

61.2.6 Handhabung der Messgeräte und Vorgehensweise im A-Einsatz

Alle Einsatzkräfte eines A-Messeinsatzes sollten zuvor in entsprechenden Übungen mit den Gerätschaften vertraut gemacht worden sein. Für die Pflege und Wartung sind unbedingt die Herstellerangaben zu beachten. Die Geräte müssen durch speziell geschultes Personal (z. B. Gerätewart Messtechnik) gewartet und geprüft werden. Grundsätzlich gehört die Handhabung der Strahlenschutz-Messgeräte direkt zum Einsatzgeschehen, sodass alle Beteiligten mindestens einen ABC-Grundlehrgang oder einen Strahlenschutzlehrgang 1 erfolgreich besucht haben müssen.

61.3 Messtechnik für den B-Einsatz

Im B-Einsatz wird die Feuerwehr mit unterschiedlichsten Mikroorganismen bzw. ihren giftigen Stoffwechselprodukten (Toxinen) konfrontiert. Außer einer Vielfalt von krankmachenden (pathogenen) Bakterien können uns Viren, Pilzsporen, Prionen und verschiedene Parasiten begegnen. Derzeit gibt es verschiedene Messgeräte und Produkte auf dem Markt, die eine Vor-Ort-Analytik biologisch relevanter Kampfstoffe versuchen. Ein Beispiel ist der Bio-Agent-Test (Dräger), der sehr leicht zu bedienen ist und nach dreiminütiger Wartezeit durch einen Farbumschlag ein Ergebnis anzeigt. Mit dem Test können zwei Bakterien (Bacillus anthracis, Yersinia pestis) und drei Toxine (Staphylococcal enterotoxin B (SEB), Ricin und Botulinumtoxin) gleichzeitig nachgewiesen werden.

61.4 Messtechnik für den C-Einsatz

61.4.1 Messung von technischen Gasen und Brandgasen

Technische Gase liegen meist in reiner Form vor und befinden sich in speziellen Rohrleitungen bzw. geeigneten Gasbehältern (Druckgasbehälter). Sie finden in sehr verschiedenen Arbeitsprozessen wie zum Beispiel beim Schweißen oder in der Medizintechnik Verwendung.

Bestandteile und Toxizität von Brandrauch

von Dr. Andreas Bräutigam

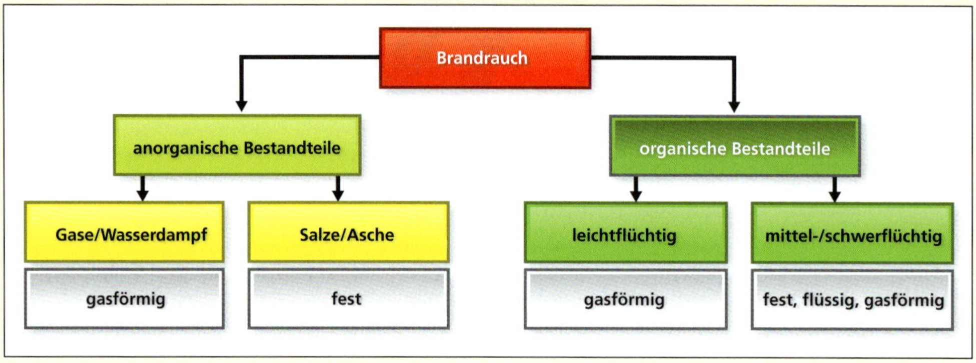

Bestandteile des Brandrauches

Brandrauch ist ein kompliziertes Stoffgemisch aus organischen und anorganischen Komponenten. Die Anteile der Komponenten im Rauch schwanken extrem stark. Beteiligte Brandstoffgruppen, die Brandtemperatur und die Sauerstoffversorgung des Brandes spielen eine wesentliche Rolle. Bei Aussagen über die Gefährlichkeit des Rauches für Mensch und Umwelt muss immer zwischen Akutgefahr und Langzeitwirkungen unterschieden werden. Auslöser für die Akutgefahr durch Brandrauch sind die anorganischen Gase und die leichtflüchtigen organischen Stoffe. Die dabei möglicherweise entstehenden gefährlichen Wirkungen des Brandrauches sind in der Tabelle aufgeführt.

Merke:

Je intensiver und wärmer ein Feuer brennt, desto weniger organische Produkte und desto mehr Asche und anorganische Gase entstehen.

Achtung:

Die anorganischen Gase und die leichtflüchtigen organischen Stoffe sind in der Regel unsichtbar und breiten sich mit dem Rauch aus (manchmal auch schneller als der sichtbare Rauch). Die schwerflüchtigen organischen Stoffe sind an Ruß und Asche gebunden und schlagen sich nur dort nieder, wo auch sichtbare Verschmutzungen entstehen.

Die schädlichen Langzeitwirkungen von Brandrauch können durch freiwerdende mittel- und schwerflüchtige organische Substanzen drohen. Diese schlagen sich, meist an Ruß

Die von Brandrauch ausgehenden Gefahren

Gefahr	ausgelöst durch
Vergiftung	Kohlenstoffmonoxid, Cyanwasserstoff, Formaldehyd, Acrolein, Nitrose Gase (Stickoxide)
Verätzung/Reizung/ Korrosion	Chlorwasserstoff (»Salzsäuregas«), Ammoniak, Aldehyde
Erstickung	Kohlenstoffdioxid
Explosion/Flash-over (nur in Räumen)	Kohlenstoffmonoxid/alle organischen Bestandteile

und Asche gebunden, nieder und können so ohne fachgerechte Sanierung (Reinigung) der Brandstelle in die Umwelt und die Nahrungskette gelangen. Viele dieser Substanzen sind krebserzeugend (z. B. Benzol oder polyaromatische Kohlenwasserstoffe [PAK]). Bei einigen Brandgütern, z. B. Kupferkabel mit PVC-Mantel, können unter bestimmten Brandbedingungen (Temperatur, Belüftung) hochgiftige Dioxine und Furane entstehen. Auch diese Stoffe sind aber immer an Ruß gebunden. Eine Verunreinigung der Haut mit diesen Substanzen und eine Verschleppung von der Einsatzstelle in Fahrzeuge und Unterkünfte muss vermieden werden, u. a. durch ein geeignetes Hygienekonzept (▶ Kapitel 13 und 38).

Umgang mit Akutgefahren durch Brandrauch

Bei größeren Bränden muss die Ausbreitung der Rauchwolke erkundet werden. Dabei ist auch wichtig, ob besonders gefährdete Objekte wie Krankenhäuser, Pflegeeinrichtungen, Einkaufszentren, aber auch Volksfeste etc., in Zugrichtung der Rauchwolke liegen. Gefährdete Personen müssen dann ggf. gewarnt werden. Bei der Warnung der Bevölkerung sollten folgende Verhaltenshinweise gegeben werden:

- Fenster und Türen schließen,
- Lüftungs- und Klimaanlagen abschalten,
- Aufenthalt auf der rauchabgewandten Seite des Gebäudes,
- verrauchten Bereich verlassen.

Sind Gebäude innen verraucht oder stark von Rauch beaufschlagt, müssen sie ggf. geräumt werden. Dazu können Brandfluchthauben eingesetzt und die Ausgänge auf der rauchabgewandten Seite benutzt werden.

Praxis-Tipp:

Gefährdet ist auf jeden Fall jeder Bereich, der sichtbar verraucht oder von Rauch beaufschlagt ist. Einige Gase treten aber auch unsichtbar auf! Warndurchsagen über Lautsprecher führen oft dazu, dass sofort zahlreiche Fenster geöffnet werden! Je nach Lage/Tageszeit ist es besser, ggf. entsprechend geschützte Einsatzkräfte von Haus zu Haus zu schicken.

Achtung:

Auch Brandrauch, in dem keine Leitgase nachweisbar sind, kann gefährliche Auswirkungen (Reizungen, Panik, Atemnot durch Reflex) auf Personen haben.

Hinweise zum Messen

Für die messtechnische Bewertung von Brandrauch wurden so genannte <**Leitgase**> festgelegt. Dies sind Gase, die häufig in Brandrauch vorkommen und relativ leicht zu messen sind. Überschreiten die Konzentrationen dieser Leitgase kritische Werte (z. B. die Einsatztoleranzwerte – ETW), so besteht eine akute Gefährdung von Menschen durch den Brandrauch. Als Leitgase für Brandrauch wurden Kohlenstoffmonoxid (CO), Cyanwasserstoff (HCN) und Chlorwasserstoff (HCl) festgelegt. Ein weiteres Leitgas ist Formaldehyd (CH_2O), das aber messtechnisch sehr schlecht erfassbar ist.

Aufgrund der Toxizität von Brandrauch sind folgende Hinweise im Einsatz zu beachten:

- nur absolut notwendiges Personal in die Brandstelle lassen,
- auf ausreichende Einsatzhygiene achten,
- warme Brandstellen bis zu einer Stunde nach der Meldung »Feuer aus« nur unter Atemschutz betreten,
- allgemeine Hinweise zur Sanierung/Reinigung an Betroffene geben,
- Ruß/Asche nicht ungeschützt berühren,
- bei Staubbildung (z. B. beim Aufräumen) Schutzmasken tragen,
- Brandschutt und Ruß nicht aus der Brandstelle verschleppen.

Literatur

[1] Vereinigung zur Förderung des deutschen Brandschutzes – Referat 10: vfdb-Richtlinie 10/01: Richtlinie zur Bewertung von Schadstoffkonzentrationen im Feuerwehreinsatz, VdS-Verlag, Köln 2016.

[2] Vereinigung zur Förderung des deutschen Brandschutzes – Referat 10: vfdb-Richtlinie 10/03: Schadstoffe bei Bränden, VdS-Verlag, Köln 2020.

Brandgase

Im Gegensatz zu den technischen Gasen sind Brandgase stets Gasgemische. Dabei entstehen bei einer normalen Verbrennung von festen Stoffen Gase, die zum Teil Atemgifte sind, d. h. erstickend, reizend oder schädlich für Blut- oder Nervenzellen sind. Der Feuerwehr ist es durch verschiedene Methoden möglich, Gase aus einer Leckage, einer Havarie oder von einem Schadenfeuer nachzuweisen. Dabei kommen Explosionswarngeräte, spezielle Sensormessgeräte, Prüfröhrchen und andere Geräte zum Einsatz. Diese Information fließt unmittelbar in die Einsatztaktik ein, sei es z. B. durch das Anlegen von Atemschutz bzw. Körperschutz oder die Auswahl geeigneter Gerätschaften.

Prüfröhrchen

Die Prüföhrchenmesstechnik stammt ursprünglich aus der Arbeitsplatzüberwachung. Sie dienen aber auch der Gefahreneinschätzung von
- Brandrauch,
- Leckagen bei verunglückten Gefahrguttransporten/Umwelteinsätze,
- Leitungsleckagen,
- Gefahrgutaustritt in Schwimmbädern mit Chloranlagen,
- Industrie und Universitätsanlagen.

Viele Feuerwehren verwenden so genannte Kurzzeitröhrchen, die den Gefahrstoffanteil in der Umgebungsluft meist in ppm (parts per million) angeben. Kurzzeitröhrchen ermöglichen die Messung von Momentan-Konzentrationen. Es gibt verschiedene Prüfröhrchentypen:
- Skalenröhrchen: Bei vorgegebener Hubzahl ist die Länge der Verfärbung ein Maß für die Konzentration des Schadstoffes.
- Farbabgleichsröhrchen: Es wird so lange gepumpt, bis die Farbe der Anzeigeschicht mit der Farbe der Vergleichsschicht übereinstimmt.
- Aktionsprüfröhrchen: Die Skala ist in zwei Warnmarken aufgeteilt.
- Probenahmeröhrchen: Sie dienen eigentlich der Arbeitsplatzüberwachung.

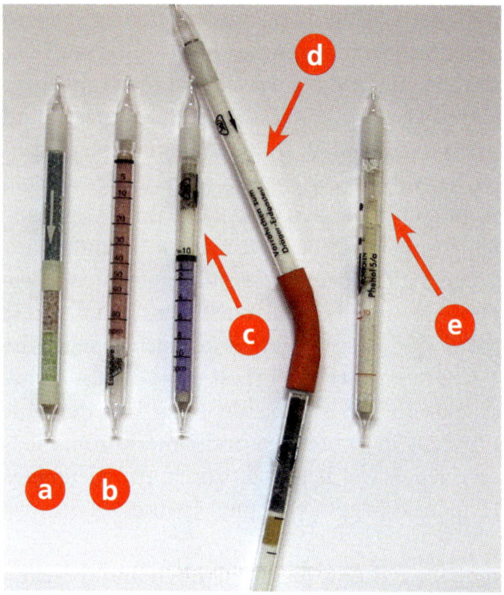

Bild 61.10 Beispiele für die unterschiedlichen Kurzzeitprüfröhrchen: **a** Schwefelkohlenstoff (CS_2/0,04) mit graublauer Vorschicht, hellblauer Anzeigeschicht und gelbgrüner Farbvergleichsschicht; **b** Essigsäure (CH_3COOH/5a) mit blauvioletter Anzeigeschicht mit Graduierung in ppm; **c** Salzsäure (HCl/1a) mit gelber Vorschicht (Pfeil) und blauer Anzeigeschicht mit Graduierung in ppm; **d** Erdgastest mit Vorröhrchen (Pfeil) und Anzeigeröhrchen; **e** Phenol (C_6H_5OH) Reagenzampulle (Pfeil) mit flüssigem Präparat und weißer Anzeigeschicht

Merke:

Kurzzeitprüfröhrchen
- Kurzzeitmessung am Standort,
- Durchführung mit Handpumpe,
- Hubzahl variiert,
- Messbereiche gelten für eine Messumgebung mit 20 °C und 1 013 hP,
- Hubvolumen 100 Milliliter (±5 %),
- Vorsicht: manche Röhrchen erwärmen sich während der Messung,
- Einsatz bei Brandgeschehen, ABC-Gefahren, Rohrleckagen, Begehen von Schächten und tiefliegenden Räumen,
- Ergebnis: Warnmarken oder ppm,
- Haltbarkeit: meist zwei Jahre.

IM EINSATZ

Handhabung eines Prüfröhrchens zur Gefahrstoffmessung

Quelle: J. Thorns

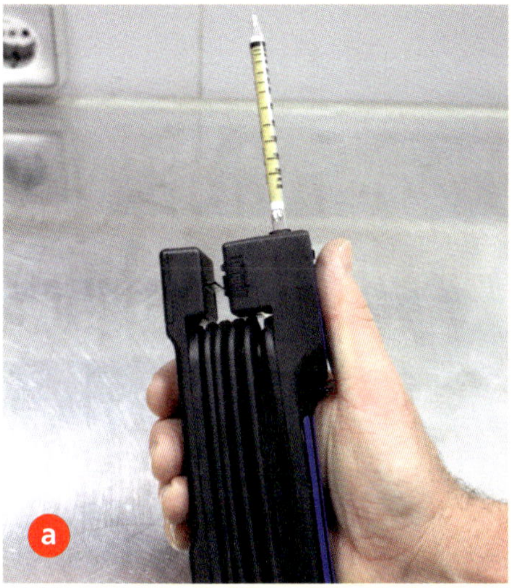

Dichtigkeitsprüfung vor Messbeginn. Dazu ein ungeöffnetes Prüfröhrchen in die Pumpe einsetzen, Pumpe zusammendrücken. Die Pumpe ...

... darf sich eine Minute lang nicht verändern. Danach die Pumpe durch zwei- bis dreimaliges Zusammendrücken (Leerhübe) »spülen«.

Öffnen des Prüfröhrchens

In Pfeilrichtung zur Pumpe das Prüfröhrchen in den Prüfkopf einsetzen und Hubzahl beachten.

Pumpe gerade zusammendrücken und Saugvorgang bis zum Erreichen des Entspannungszustandes (Öffnungzeit) abwarten. Den Vorgang in der angegebenen Hubzahl wiederholen und Prüfröhrchen während der Messung beobachten, um eine schnelles, vollständiges Verfärben vor Ende der Messung erkennen zu können.

Pumpe nach der Messung ohne Prüfröhrchen »spühlen«. Das Prüfröhrchen sofort nach der Messung auswerten (gebrauchtes Prüfröhrchen mit einem Ungebrauchten vergleichen) und im Probenahmeprotokoll protokollieren.

Quelle: J. Thorns

Auch der Aufbau der Kurzzeitröhrchen ist unterschiedlich (▶ Bild 61.10):

- mit Anzeigeschicht ungraduiert,
- mit Anzeigeschicht graduiert,
- mit einer/mehreren Vorschichten plus Anzeigeschicht,
- Kombination zweier Röhrchen,
- mit Reagenzampulle.

Eine Prüfröhrchen-Messeinrichtung besteht aus Prüfröhrchen und Pumpe. Die Pumpe saugt bei jedem Hub 100 Kubikzentimeter Luft ein, die das Prüfröhrchen durchströmen. Entsprechende Gefahrstoffe in der Luft können dadurch mit der Chemikalienschicht im Prüfröhrchen reagieren und führen bei gegebener Konzentration zu einem Farbumschlag. Das »Spülen« der Pumpe ist wichtig, da manche Prüfröhrchen Dämpfe abgeben, die das Pumpeninnere korridieren lassen können. Die Auswertung sollte immer mit einem unbenutzten Vergleichsprüfröhrchen vorgenommen wer-

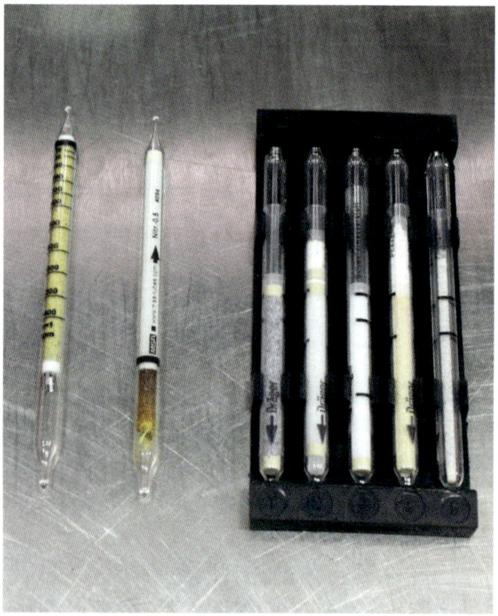

Bild 61.11 Simultantest, bestehend aus fünf Prüfröhrchen

K

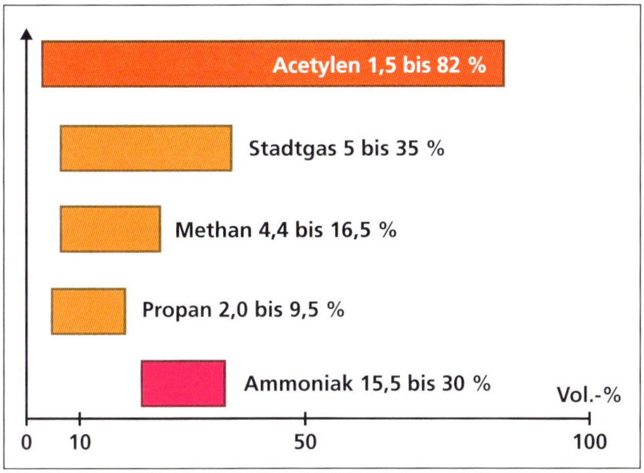

Bild 61.12 Explosionsgrenzen verschiedener Gefahrstoffe. Die Grafik macht deutlich, dass manche Stoffe einen weiten zündfähigen Bereich haben, manche Stoffe hingegen ein sehr schmales Fenster, in dem das Gas/Dampf-Luftgemisch explosiv ist.

den. Als Faustregeln sind zu beachten:

- Bei Skalenprüfröhrchen wird immer die gesamte Länge der Verfärbung ausgewertet.
- Bei einer diffusen Anzeige ist der Endpunkt der Punkt, der noch zusammenhängend zu erkennen ist.
- Bei einer schräg verlaufenden Anzeige sind die längste und die kürzeste Verfärbung abzulesen und daraus der Mittelwert zu bilden.

Die Fehlerquellen bei der Prüfröhrchenmessung sind vielfältig wie z. B. Röhrchen nicht oder unvollständig geöffnet, falsche Hubzahl, Richtungspfeil nicht beachtet oder falsche Umgebungsbedingungen. Daher muss der Umgang mit den Prüfröhrchen regelmäßig auch bei Einsatzübungen trainiert werden.

In den meisten Messschemata wird vor einer Prüfröhrchenmessung eine Messung mit einem Explosionswarngerät (Ex-Ox-Messung, [▶ Kapitel 61.4.1]) empfohlen. Erst danach wird mit einem allgemeinen Prüfröhrchen gemessen (»Polytest« Dräger, »Qualitest« Auer), dessen Messergebnis mittels Ja/Nein-Auswahl zur Stoffidentifikation in zwei verschiedene Messschienen führt. Die Konzentrationsangaben Vol.-% (bei der Ex-Messung) und ppm (Angabe auf den Prüfröhrchen) stehen in folgender Relation: 10 000 ppm = 1 Vol.-%.

Simultantest-Sets

Bei Untersuchung von Brandgeschehen wurde festgestellt, dass nur einige wenige, zirka zehn bis 20, Brand- und Zersetzunsgase als Leitsubstanzen bei einem Schadenfeuer entstehen. Daher bestehen die Simultantest-Sets aus fünf Prüfröhrchen, einem Aufsatz für die Handmembranpumpe und einer Arbeitsanleitung. Sie sind für eine gleichzeitige Messung von je fünf Leitsubstanzen entwickelt worden und decken den Bereich der Leitsubstanzen im Brandrauch, Anorganische Gase 1, Anorganische Gase 2 und Organische Gase ab und sollen als schnelle Entscheidungshilfe dienen.

Chip-Mess-System (CMS)

Das CMS ist eine Weiterentwicklung der Prüfröhrchenmesstechnik auf der Basis von Kapillaren. Sie erlauben eine vollautomatische, schnellere Messung mit digitaler Auswertung. Nach Öffnen der Kapillare wird die Luftprobe durch ein Reagenzsystem gesaugt. Ist der entsprechende Gefahrstoff vorhanden, findet eine chemische Reaktion statt, die elektronisch ausgewertet wird. Handhabungs- und Ablese-

Merke:

Eigenschaften des Chip-Mess-System (CMS):

- ein stoffspezifischer Chip enthält zehn Kapillare,
- dient quantitativer Bestimmung,
- ist ein vollautomatisches Mess- und Auswertesystem,
- liefert digitales Ergebnis.

fehler werden weitestgehend ausgeschlossen. Jeder stoffspezifische Chip enthält zehn Kapillare. Handhabung des CMS:

- Gerät einschalten,
- nach Selbsttest Chip einlegen,
- Gerät erkennt Chipart und Anzahl der verfügbaren Messungen,
- Schalter in Position 2 schieben (Dichtigkeitsprüfung),
- Schalter in Position 3 (Start der Messung),
- Messergebnis im Display ablesen,
- Schalter in Position 1 (Chipwechsel),
- Schalter in Position 0 (Auslassklappe öffnet sich).

Gas-, Sensor- und Warngeräte, CO-Warner

Explosionsmessgeräte (kurz Ex-Mess-Gerät) ermöglichen die kontinuierliche Überwachung von brennbaren Gasen in der Umgebungsluft und warnen akustisch und optisch und/oder durch Vibrationsalarm, bevor der Gefahrstoff seine untere Explosionsgrenze erreicht. Dabei hängt es von der Mischung des brennbaren Gases mit der Umgebungsluft ab, ob ein explosives Gemisch vorhanden ist (▶ Bild 61.12). Man unterscheidet zwischen der unteren Explosionsgrenze (UEG) und der oberen Explosionsgrenze (OEG). Unter Explosions- oder Zündbereich versteht man den Bereich zwischen UEG und OEG. Unterhalb der UEG ist zu wenig Brennstoff vorhanden (zu mager), oberhalb der OEG ist zu wenig Sauerstoff vorhanden (zu fett). In beiden Fällen zündet das Gemisch nicht.

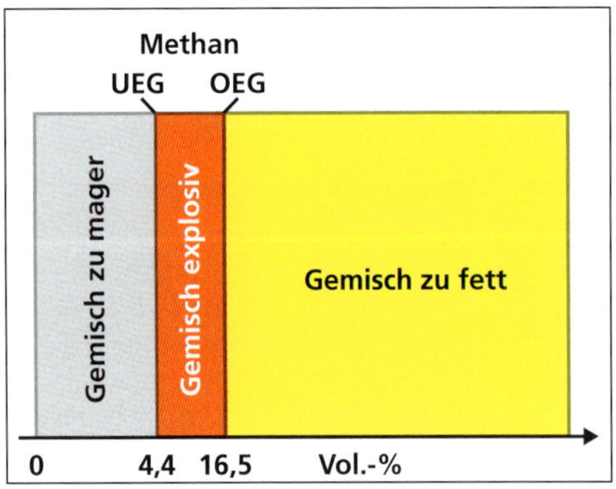

Bild 61.13 Untere und obere Explosionsgrenze von Methan

Quelle: J. Thorns

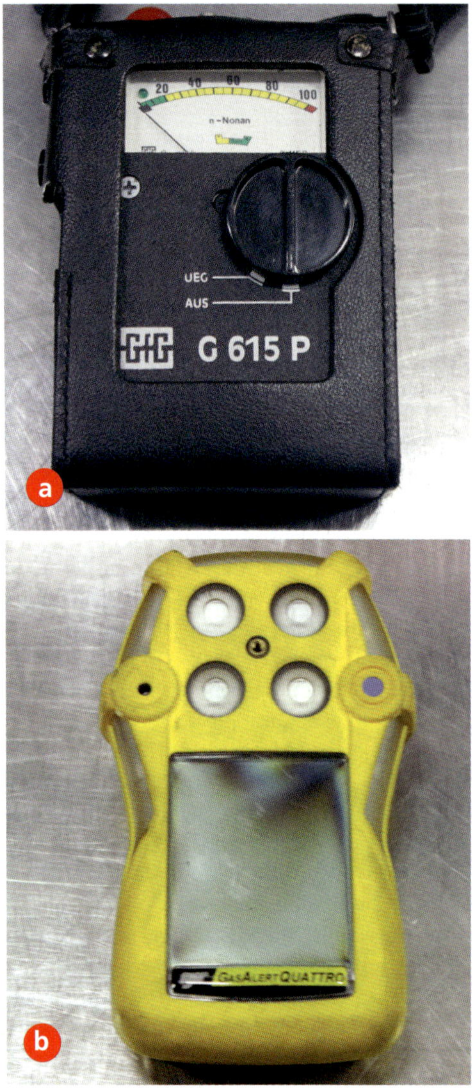

Bild 61.14 Gasmessgeräte:

a älteres Gerät zur Messung der UEG

b modernes Multigasmessgerät zur Messung der Konzentration von Schwefelwasserstoff (H_2S), Kohlen monoxid (CO), Sauerstoff (O_2) und der UEG

Definition: Die UEG ist die niedrigste Konzentration, die OEG ist die höchste Konzentration des brennbaren Stoffes im Gemisch von Gasen, Dämpfen, Nebeln und/oder Stäuben, in dem

K

sich nach dem Zünden ein Brennen gerade nicht mehr selbstständig fortpflanzen kann.

Beispiel Methan: Ein zündfähiges Gemisch (Explosionsfenster) von Methan besteht zwischen 4,4 Vol.-% bis 16,5 Vol.-% (▶ Bild 61.13). Zeigt ein Messgerät 20 Prozent UEG an, dann beträgt der Volumenanteil des Methans 0,88 Prozent (4,4 entsprechen 100 Prozent, 0,88 entsprechen 20 Prozent). Diese Anzeige gibt demnach den Abstand zur UEG wider. Einige Messgeräte geben die Konzentration der Gase/Dämpfe in Vol.-% an. Es ist zu beachten, dass die Explosionsgrenzen immer höher liegen als der ETW-Wert. Der ETW für Methanol beträgt beispielsweise 720 ppm. Die Ex-UEG für Methanol beträgt 6 Vol.-%.

Ex-Ox-Geräte überwachen zusätzlich den Sauerstoffgehalt und warnen bei einem Sauer-

Merke:

Ex-Warn-Geräte:
- zur Überprüfung von Schächten, Behältern, Lecküberwachung, Gefahrstoffaustritt,
- Messprinzip: Wärmetönung oder Wärmeleitung,
- Warnung bei einer oder mehreren Alarmschwellen (optisch und akustisch),
- Angabe in 0 bis 100 Prozent der unteren Explosionsgrenze (UEG) oder in Vol.-%,
- Betriebszeit bei aufgeladenem Akku zirka zehn Stunden,
- Bei sehr geringem Sauerstoffgehalt (< 5 %) oder Inertgasen sowie Katalysatorgiften sind Minderanzeigen möglich.

Tabelle 61.2 Eigenschaften und Kennzeichnung von Gasen, Säuren und Laugen

Gas (chemische Formel)	brennbar	leichter/schwerer als Luft	Rohrleitung	Gasflaschenfarbe
Wasserstoff (H_2)	ja	leichter (mit O_2: Knallgas)	gelb oder gelb mit rot	rot
Sauerstoff (O_2)	nein	schwerer (unterhält die Verbrennung)	blau	weiß
Stickstoff (N_2)	nein	leichter (mit O_2: Nitrose Gase)	gelb oder gelb mit schwarz	schwarz
Methan (CH_4)	ja	leichter (Grubengas)		rot
Propan (C_3H_8)	ja	schwerer		rot
Butan	ja	schwerer		rot
Acetylen	ja	mit O_2: Schweißgarnitur	gelb oder gelb mit rot	kastanienbraun
Kohlenstoffmonoxid (CO)	ja	leichter (unvollkommene Verbrennung; Gefahr: Flash-over)	gelb oder gelb mit rot	-
Kohlenstoffdioxid (CO_2)	nein	schwerer (Atemgift, Löschmittel)	gelb oder gelb mit schwarz	grau
Stadtgas (Gasgemisch)	ja	schwerer		rot
Säuren/Laugen				
Ammoniak	15 bis 27 % Ex.	leichter	violett	-
Säuren			orange	-

stoffgehalt unter 17 Prozent. Die Gaswarngeräte der neueren Generation sind oft mit fünf Sensoren ausgestattet: Ex-Warnsensor, Sauerstoff-, Kohlenstoffmonoxid-, Kohlenstoffdioxid- und Schwefelwasserstoff-Sensor. Der Vorteil dieser Kombinationsgeräte ist die Möglichkeit vier wichtige Gase gleichzeitig zu erfassen, nachteilig ist jedoch, dass diese Geräte deutlich anfälliger für Störungen sind als die alten Geräte.

Alternative Energieerzeugung durch Biogasanlagen, Kaminöfen im privaten Bereich, aber auch die Manipulation von Heizungsanlagen gefährden insbesondere die zuerst eintreffenden Einsatzkräfte von Feuerwehr und Rettungsdienst. Daher findet man hier CO-Warner als Einzelgeräte, welche an Geräten der Medizintechnik oder an der Schutzkleidung befestigt sind. Der CO-Warner soll während des gesamten Einsatzes die Konzentration des farb,- geruch- und geschmacklosen Gases mit Wirkung auf Blut- und Nervenzellen messen. Das CO-Warngerät sollte nach Empfehlung der Arbeitsgemeinschaft der Leiter der Berufsfeuerwehren (AGBF) auf eine Voralarmschwelle von 33 ppm (AEGL-2-4h) und eine Hauptalarmschwelle von 83 ppm (AEGL-2-1h) eingestellt sein.

Praxis-Tipp:

Ein niedriger Siedepunkt eines Gefahrstoffes bedingt einen hohen Dampfdruck (ausgedehnter Gefahrenbereich). Bei Flammpunkten unterhalb der Umgebungstemperatur ist die Explosionsgefahr hoch. Je größer der Zündbereich, desto größer ist die Gefahr. Stoffe mit hohem Dampfdruck, niedrigem Flammpunkt, niedrigem Siedepunkt und großem Zündbereich sind besonders gefährlich. Schwere Gase sind problematischer als leichte, da sie sich wie Flüssigkeiten verhalten und sich in Senken und Schächten anreichern.

Wie messen diese Geräte?

In die Messkammer diffundiert das Gas-Luftgemisch und wird an einer aufgeheizten Oberfläche katalytisch verbrannt (Wärmetönungsprinzip). Dadurch ändert sich der elektrische Widerstand einer Messbrücke, der so genannten Wheatstonschen Brücke, welche aus vier Widerständen in zwei zusammengeschalteten Spannungsteilern (R1 mit R2 und R3 mit R4) besteht. Ist die Brücke abgeglichen, sind alle vier Widerstände gleich oder stehen in einem vorgegebenen Verhältnis zueinander. Verändert ein Widerstand seinen Wert, ist die Brücke aus ihrer Balance, sodass eine Spannung gemessen werden kann, die direkt proportional der Veränderung ist. Die Messbrücke beinhaltet auch den Messwertaufnehmer (Pellistor). Die Verbrennungswärme verändert also diese Messbrücke und ergibt so die Gaskonzentration.

Merke:

Ionen sind elektrisch geladene Teilchen. Trifft nun ein elektrisch positives Teilchen auf ein elektrisch negatives Teilchen, dann ziehen sich beide an (ähnlich wie beim Magnetismus) und bilden zusammen ein Ionenpaar. Nach außen hin wirkt diese Verbindung elektrisch neutral.

Bei dem Messprinzip der Wärmeleitung verändert die spezifische Wärme eines Gases den Widerstand eines elektrisch beheizten Messgrößenaufnehmers. Hier ist die Temperaturveränderung der ausschlaggebende Punkt. Kombinationsgeräte kombinieren Messungen durch Wärmetönung und Wärmeleitung und können so bestimmte Gase eindeutig erkennen und Ergebnisse parallel in Prozent UEG und in Vol.-% angeben (▶ Bild 61.14b).

Unabhängig von der Stellung des Wahlschalters wird ein Alarm bei Erreichen der zehn bis 20 Prozent UEG oder bei Sauerstoffkonzentration unter 17 Prozent ausgelöst.

Manche Geräte verfügen auch über eine zusätzliche Prüfsonde, die mit einem Schlauch mit dem Gerät verbunden wird und beispielsweise durch eine Gummiball-Pumpe betrieben werden kann. Sie ermöglicht die Messung in tiefer gelegenen Schächten bzw. oberhalb des Kopfes.

K

61.4.2 Messung von Flüssigkeiten

Die pH-Wert-Bestimmung zum Nachweis von Säuren und Laugen

Säuren und Laugen (Basen) sind hauptsächlich ätzend und reizend und können so den Feuerwehreinsatz erheblich erschweren. Neben Atem- und Körperschutz muss in solchen Einsätzen geeignetes, säurebeständiges Material verwendet werden.

Säuren sind alle Verbindungen, die in der Lage sind, Wasserstoffionen (Protonen/H^+) an einen Reaktionspartner zu übertragen (Protonendonator). Säuren reagieren mit Basen unter Bildung von Wasser und Salzen. Säuren haben charakteristische Eigenschaften:

- Säuren greifen besonders unedle Metalle und Kalk an. Aber auch Kleidung, Haut und Augen (allgemein alle organischen Materialien) laufen bei Kontakt Gefahr, von der Säure zerstört zu werden.

> **Merke:**
>
> pH: lat: pondus hydrogenii
> Gewicht des Wasserstoffs

> **Merke:**
>
> Je näher der pH-Wert an pH 0 (starke Säure) oder pH 14 (starke Base), desto gefährlicher ist die Flüssigkeit.

Quelle: J. Thorns

Bild 61.15 Beispiel für ein Test-Kit mit Wassernachweispaste, Öl-Testpapier und Universal-Indikatorpapier

- Säuren kann man mit Wasser verdünnen. Vorsicht: Das Verdünnen von konzentrierten Säuren ist eine exotherme Reaktion und führt oft zum unkontrollierten Umherspritzen der Säure.
- Einige Säuren liegen als Feststoffe vor, z. B. Vitamin C und Citronensäure; eine gasförmige Säure ist beispielsweise Chlorwasserstoff.
- In Wasser gelöst, leiten Säuren den elektrischen Strom.

Basen

Unter Basen versteht man Verbindungen, die in wässriger Lösung in der Lage sind, Hydroxid-Ionen (OH^-) zu bilden, also den pH-Wert einer Lösung zu erhöhen. Hydroxid-Ionen

Tabelle 61.3 Beispiele für verschiedene Säuren und Basen

Säure/Base	Namen	Formel
Starke Säure	Schwefelsäure	H_2SO_4
	Salpetersäure	HNO_3
	Salzsäure	HCl
	Schweflige Säure	H_2SO_3
Schwache Säure	Kohlensäure	H_2CO_3
Schwache Base	Calciumhydroxid	$Ca(OH)_2$
	Ammoniak	NH_3
	Natriumhydroxid (Ätznatron)	$NaOH$
Starke Base	Kaliumhydroxid (Ätzkali)	KOH

K

sind chemische Verbindungen, die Protonen einer Säure unter Bildung eines Wassermoleküls übernehmen können. Basen sind also Protonenakzeptoren und können Säuren neutralisieren. Charakteristische Eigenschaften von Basen:

- Meist sind Basen in Wasser löslich (z. B. Natriumhydroxid, Ammoniak, Ausnahme z. B. Aluminiumhydroxid).
- Es gibt starke und schwache Basen.
- Basen sind ätzend und gefährlich, wenn sie auf Haut, Augen oder Kleidung treffen.

Definition: Der pH-Wert ist der negative dekadische Logarithmus der H^+-Ionen-Konzentration. Das bedeutet, der pH-Wert sagt etwas über die Menge der Wasserstoffionen in einer wässrigen Lösung aus:

In einer neutralen Lösung sind die H^+-Ionen und die OH^--Ionen ausgeglichen (pH 7). In einer sauren Lösung überwiegen die H^+-Ionen (pH zwischen 0 und 7). In einer basischen Lösung überwiegen die OH^--Ionen (pH zwischen 7 und 14).

Die pH-Wert-Bestimmung mittels Indikatorpapier oder pH-Meter ermöglicht, die Gefährlichkeit und die Ausbreitung abzuschätzen oder auch den Dekontaminationserfolg während und nach einem CSA-Einsatz zu überprüfen. (▶ Tabelle 61.3) gibt Beispiele für verschieden starke Säuren und Basen.

Universal-Indikatorpapier

Handhabung:

- Das Indikatorpapier wird in die wässrige Flüssigkeit getaucht.
- Die überflüssige Flüssigkeit wird vorsichtig abgeschüttelt.
- Der Teststreifen wird sofort mit der Farbtafel auf dem Teststreifenbehältnis verglichen.

Das pH-Messgerät

Nur wenige Feuerwehren verfügen zusätzlich über ein pH-Messgerät, eine Messkette aus Glas- und Bezugselektrode. Dabei wird der pH-Wert auf elektrochemischem Weg ermittelt. Meist dient eine Silber-Silberchlorid-Halbzelle als Bezugselektrode, die mit einer Glaselektrode verbunden ist und eine Einstabmesskette bildet. Die zwischen Bezugs- und Glaselektrode entstehende Potentialdifferenz steht in direkter Abhängigkeit zur H^+-Ionenkonzentration. Das Gerät ist zwar wesentlich sensibler als die Indikatorpapiere, muss aber vor jeder Messung geeicht werden. Eine exakte Aussage mit dem pH-Meter erfordert außerdem eine häufige Pflege und eine routinierte Bedienung. Hierbei sind unbedingt die Angaben des Herstellers (Bedienungsanleitung) zu beachten.

61.4.3 Öl-Testpapier

Das Öl-Testpapier dient dem Nachweis von Ölen oder Benzin im Wasser. Der Teststreifen ist wasserabweisend und reagiert nur auf Öle oder Kraftstoffe (Super-Benzin, Heizöl und Schmieröle). Ist das Wasser sauber, bleibt der Teststreifen trocken und unverändert. Taucht man den Teststreifen in mit Öl verschmutztes (kontaminiertes) Wasser, verfärbt es sich konzentrationsabhängig von blassblau bis tiefblau.

61.4.4 Wassernachweispaste

Umgekehrt zum Öltestpapier wird mit der Wassernachweispaste Wasser in ölhaltigen Flüssigkeiten nachgewiesen. Da Öl mit Wasser nicht mischbar ist, bilden sich bei solchen Flüssigkeiten in einem Behältnis zwei Phasen aus. Die leichtere Phase (Öl) liegt dabei auf dem Wasser auf. Zum Nachweis wird auf einem Stab, der von der Länge etwa der Fass- oder Tanktiefe entspricht, die Nachweispaste aufgebracht und bis zum Boden des Behältnisses eingetaucht. Ist Wasser vorhanden, verfärbt sich die Paste rot.

61.4.5 Leitfähigkeit und andere Wasseruntersuchungen

Einige Feuerwehren bestimmen zusätzlich zum pH-Wert auch die Leitfähigkeit. Die Leitfähigkeit, gemessen in Mikro Siemens (µS), lässt eine Aussage über die Menge der im Wasser gelösten Ionen zu. Sind in der Flüssigkeit viele Ionen, steigt die Leitfähigkeit. Sind in der Flüssigkeit wenige Ionen, sinkt die Leitfä-

Tabelle 61.4 Probenahmetechniken

Art der Probenahme	Technik	Probe	Entnahmeort
Oberflächenprobenahme	mit Tupfer oder sterilem Tuch Fläche von 10 × 10 Zentimeter abwischen	Wischprobe	an Orten, die nicht direkt der Sonne ausgesetzt sind
	Abstriche aus verschiedenen Körperöffnungen verendeter Tiere	Tupferprobe	Tierkörper
	Definierte Flüssigkeitsmenge mit Pipette auf Oberfläche geben und wieder aufnehmen	Spülprobe	Oberflächen
Flüssigkeitsproben	saugfähiges Material (z. B. Kompressen)	Fläche von 20 ×20 Zentimetern	kleine Flüssigkeitsmengen oder Beläge auf Oberflächen
	Einwegspritzen		Pfütze
	Messbecher, Probennahmegefäße	Wasserprobe	See, Bach usw.
Feststoffproben	abschneiden	Pflanzenblätter	Vegetation
	Schaufel, Löffel, Spatel	Bodenprobe Oberfläche 10 × 10 Zentimeter ,Tiefe etwa zwei Zentimeter	Boden
	Spatel, Löffel	pastöses Material	Boden, Oberflächen
gasförmige Proben	Aktivkohleprüfröhrchen		Umluft, Dämpfe, Aerosole
Probenahme B-Gefahrstoffe (durch ABC-Erkunder)	Abstrichbesteck Bakterien, Abstrichbestck Viren	Tupferprobe	Oberflächen, Flüssigkeiten

higkeit. Die beiden Messkontakte im Leitfähigkeitsmesser sind die Elektroden, zwischen denen sich die Ionen mit gleichförmiger Geschwindigkeit bewegen. Dabei hat jede Ionensorte eine unterschiedliche Beweglichkeit. Wie der pH-Wert so ist auch die Leitfähigkeit von der Temperatur abhängig. Die Temperatur der wässrigen Flüssigkeit muss also stets mitbestimmt werden.

Insbesondere dort, wo illegale Schadstoffeinleitungen vermutet werden oder sonst akut ein Gewässer verschmutzt wird (z. B. auch durch Löschwasser), können manche Mess-Einheiten mittels titrimetrischer und kolometrischer Teststäbchen speziellere chemische Parameter im Wasser bestimmen. Sie erlauben eine detailliertere Aussage der Umweltverschmutzung von Oberflächengewässern.

61.5 Messprotokolle

Zu jedem Messauftrag gibt es verschiedene Einsatzprotokolle. In manchen Landkreisen werden die Einsatzaufträge und Messgeräte verschlüsselt und nur der Code über Funk übermittelt. Im Rahmen interkommunaler Zusammenarbeit macht es Sinn, dass kreisweit bzw. in den Regierungsbezirken die gleichen Protokolle genutzt werden, um bei überörtlicher Hilfe die gleiche Sprache zu sprechen. Ebenso wie die Messungen selbst muss die korrekte Protokollführung regelmäßig geübt werden.

61.6 Probenahme

Die meisten Feuerwehren haben auf ihrem Gerätewagen Messtechnik oder dem Gerätewagen Gefahrgut ein Probenahme-Set zur Entnahme einer Umweltprobe. Die Probenahme-Sets sollten über folgende Utensilien verfügen:

- für Feststoffe: Schaufel, Löffel, Spatel, Pinzette groß und klein, eine Kombischere, Trichter, Thermometer,
- für kleine Flüssigkeitsmengen: Spritze, Pipette und Messbecher,
- für Wischproben: sterile Kompressen und einen Schwamm und verschiedene sterile Flüssigkeiten (z. B. Natriumchloridlösung, destilliertes Wasser, Ethanol),
- dicht verschließbare Behältnisse aus Plastik und Glas (Weithalsflaschen, ein Liter), Tüten, wasserfester Textmarker,
- Einmal-Handtücher, Klebeband,
- Probenahmeprotokoll.

Bei einer unklaren Lage sollte das Probenahmeteam (zwei bis drei Helfer) über entsprechende Schutzausrüstung und Messtechnik verfügen. Ein Helfer arbeitet dem Probennehmer zu, ein Helfer nimmt die Proben und ein Helfer (nicht-kontaminiert) schleusst die Proben über den Dekontaminationsplatz aus. Um eine spätere Verwechslung auszuschließen, sind die Proben auf dem Probengefäß wie folgt zu beschriften:

- Probennummer,
- Entnahmeort,
- Datum,
- Uhrzeit,
- Probennehmer.

Die Tabelle (▶ Tabelle 61.4) fasst die verschiedenen Probenahmetechniken zusammen. Der häufigste Einsatzfall ist die Entnahme von flüssigen (meist Wasser-)Proben. Dabei sind die nachfolgenden Regeln zu beachten:

- nur saubere Glas- oder Kunststoffflaschen (PE, PP, nicht PVC!) verwenden,
- das Gefäß mehrfach mit dem zu untersuchenden Wasser spülen,
- möglichst ohne Lufteinschluss befüllen,
- nach dem Befüllen sofort verschließen (kein Korkstopfen),
- Gefäß beschriften,
- Probenahmeprotokoll führen,
- Probe kühl und dunkel lagern.

Literatur

[1] ABC-Schutzkonzept Nordrhein-Westfalen, Messzug NRW, Stand Juni 2009.

[2] Dräger-Röhrchen/CMS-Handbuch, Dräger Safety, 2004.

[3] Feuerwehr-Dienstvorschrift (FwDV 500): Einheiten im ABC-Einsatz, Stand 2012, Verlag W. Kohlhammer, Stuttgart, 2012.

[4] Rodewald, G., Heuschen, R.: Gefährliche Stoffe und Güter, 2. Auflage, Verlag W. Kohlhammer, Stuttgart, 2000 (vergriffen).

[5] Rönnfeldt, J., König, M.: Messtechnik im Feuerwehreinsatz, 2. Auflage, Verlag. W. Kohlhammer, Stuttgart, 2010.

[6] vfdb-Richtlinie 10/05: Gefahrstoffnachweis im Feuerwehreinsatz 03/2016.

[7] Wickert, L., Holzapfel, B.: B-Einsatz, Die Roten Hefte 91, Verlag W. Kohlhammer, Stuttgart, 2008 (vergriffen).

ZUR VERTIEFUNG

Frank Habermaier: Chemie, Die Roten Hefte 59, 3. Auflage, Verlag W. Kohlhammer, Stuttgart, 2010.

62 Grenzwerte im ABC-Einsatz

von Claus Lange

62.1 Gefahrenabschätzung und Stoffidentifikation im ABC-Einsatz

»Eine braune Gaswolke zieht in Richtung eines Wohngebietes; Brandrauch breitet sich unkontrolliert aus; ein oranger Feststoff in feinster Verteilung kontaminiert eine größere Fläche und abgestellte Fahrzeuge; bei Baggerarbeiten wurde eine Leitung beschädigt – Gas strömt aus!« So oder ähnlich stellen sich für die Einsatzkräfte der Feuerwehr Situationen dar, die zwar nicht alltäglich, aber doch im Rahmen der Abwehr von atomaren, biologischen sowie chemischen Gefahren (ABC-Einsätze) bewältigt werden müssen. Es geht darum, die von den Stoffen bzw. Agenzien ausgehenden Beeinträchtigungen abzuschätzen, den Gefahrenbereich festzulegen sowie abgewogene und jeweils stoffspezifisch angepasste Einsatzmaßnahmen zu ergreifen. Dabei gilt es, Personen aus dem Gefahrenbereich zu retten, den Schutz des eigenen Personals zu beachten sowie die Warnung der Bevölkerung und eventuelle Räumung der betroffenen Bereiche umzusetzen.

Die möglicherweise sehr umfangreiche Stoffidentifikation findet anhand komplexer Messtechnik vor Ort, die Auswertung der mitgeführten Ladepapier beim Transport gefährlicher Güter oder durch fachliche Informationen beim Gefahrstoffaustritt auf einem

Quelle: Fw Hannover/Archiv C. Lange

Bild 62.1 Bei einem ABC-Einsatz ist nicht nur die entsprechende Schutzkleidung wichtig, sondern auch die Kenntnis der Grenzwerte.

Tabelle 62.1 Stoffbezeichnung und deren CAS- sowie EG/EINECS-Nummern

Stoffbezeichnung	CAS-Nummer	EG/EINECS-Nummer
Ammoniak	7664-41-7	231-635-3
Chlor	7782-50-5	231-959-5
Ethanol	64-17-5	200-578-6
Kaliumcyanid	151-50-8	151-50-8
Schwefelsäure	7664-93-9	231-639-5
Salpetersäure	7697-37-2	7697-37-2
Toluol	108-88-3	203-625-9
Xylol	1330-20-7	215-535-7

Betriebsgelände statt. Die beteiligten Chemikalien und deren Gefährlichkeit müssen dabei richtig eingeschätzt werden.

Für den ABC-Einsatz der Feuerwehr ist es wichtig, nach der Stoffidentifizierung (qualitative Angabe) auch die Menge der ausgetretenen und möglicherweise schädigenden Substanzen zu kennen (quantitative Angabe). Außer der Brand- und Explosionsgefahr von Stoffen spielt auch deren akute Toxizität eine besondere Rolle. Um dies zu beurteilen, werden Grenzwerte[1] mit herangezogen, die aus dem Arbeits- bzw. Umweltschutz kommen. Eine Identifikationsnummer von chemischen Stoffen ist die so genannte CAS-Nummer. Diese vom Chemical Abstract Service in Ohio (USA) vergebene Nummer besteht aus drei Zahlen, welche durch zwei Bindestriche getrennt sind. Die erste Zahl kann aus bis zu sieben Ziffern bestehen, die zweite Zahl weist zwei Ziffern auf; die dritte Zahl ist eine Prüfziffer. Bisher sind mehr als 110 Millionen chemische Verbindungen so registriert.

Im Gegensatz dazu gibt es auf europäischer Ebene ein separates Chemikalien-Registrierungssystem, die so genannte EG-Nummer (amtliche Nummer eines Stoffes), die als Instrumentarium für die Anmeldung von Stoffen auf Grundlage der REACH-Verordnung (Registration, Evaluation, Authorisation and Restriction of Chemicals; EU-Vorschrift zur Bewertung, Zulassung sowie Beschränkung von Chemikalien) dient. EG-Nummern haben sieben Ziffern, die jeweils nach der dritten sowie sechsten Ziffer durch einen Bindestrich getrennt werden. In manchen Nachschlagewerken ist auch noch die so genannte EINECS-Nummer (European Inventory of Existing Chemical Substances) angegeben. Diese stammt aus dem Altstoffverzeichnis der EU (Registrierung von Stoffen, die zwischen dem 1. Januar 1971 und dem 18. September 1981 sich auf dem europäischen Markt befanden), ist ebenso wie die EG-Nummer siebenstellig mit Bindestrichen nach der dritten sowie sechsten Ziffer und charakterisiert mehr als 100 000 Stoffe. Die Einträge beginnen grundsätzlich mit einer 2 oder 3 (z. B. Formaldehyd EG/EINECS-Nummer 200-001-8).

Beispielhaft sind die CAS-Nummern bzw. EG/EINECS-Nummern von häufigen und stoffrelevanten Mengen verwendeter chemischer Verbindungen angegebenen.

Zunächst müssen im ABC-Einsatz gemäß FwDV 500 die Abstandsregeln (bei unklarer Lage gilt ein Sicherheitsabstand von 50 Metern

Praxis-Tipp:

Bei Explosionsgefahr Gebäuderäumung veranlassen; bei Austritt von gesundheitsschädlichen bzw. giftigen Stoffen Personen im Gebäude belassen sowie Fenster und Türen schließen und ggf. Lüftungsanlagen abschalten.

[1] Die zurzeit in der Novellierung befindliche FwDV 500 »Einheiten im ABC-Einsatz« verwendet die Begriffe »Referenzwert« für radioaktive Stoffe (A-Stoffe) sowie »Beurteilungswert« für chemische Gefahrstoffe (C-Stoffe).

zur Gefahrenstelle) sowie allgemeine Grundsätze Beachtung finden.

Bei Einsätzen mit gefährlichen Stoffen und Gütern ist es für die taktische Vorgehensweise relevant, bei der Erkundung der Gefahrenlage zu einem möglichst frühen Zeitpunkt Art, Eigenschaften und Menge der beteiligten Stoffe sowie deren Wirkungen auf Personen und Umwelt zu erkennen. Mithilfe spezifischer Informationen sowie Messmöglichkeiten gilt es, vor Ort eine Abschätzung vorzunehmen sowie anhand von Messgrößen und deren Interpretation (Grenzwerte beachten) die Einsatzmaßnahmen festzulegen. Es ist unerlässlich, außer umfangreichen Nachschlagewerken, Datenbanken und sonstigen Informationsmitteln die Identifikation und die Zuordnung des Stoffes vorzunehmen.

Tabelle 62.2 Darstellung der Gefahren im ABC-Einsatz sowie der zugehörigen Mess- und Grenzwerte

Gefahr	Messgröße	Grenzwerte
A-Gefahr 	• Dosis • Dosisleistung • Kontamination (Nullrate)	Gefahrenbereich: γ-Dosisleistung > 25 µSv/h; Dosisrichtwerte: • 15 mSv je Einsatz bei Einsätzen zum Schutz von Sachwerten; • 100 mSv je Einsatz und Kalenderjahr bei Einsätzen zur Abwehr von Gefahren für Menschen und zur Verhinderung einer wesentlichen Schadenausweitung; • 250 mSv je Einsatz und Leben bei Einsätzen zur Rettung von Menschenleben; Kontamination liegt vor, wenn die Zählrate dreimal höher als die vorher gemessene Nullrate ist.
B-Gefahr 	• Toxizität	• (AGW)
C- Gefahr  	• Untere Explosionsgrenze • Toxizität	• %-UEG • ETW, AEGL-2, AGW, …

Dafür stehen der Feuerwehr spezielle Mess- und Nachweisgeräte zur Verfügung. Hat man den bzw. die Stoffe ermittelt, so lassen sich über vorhandene Nachschlagewerke, eine Datenbank-Recherche bzw. fachliche Beratung (z. B. TUIS; Giftinformationszentren der Länder) weitergehende Informationen erhalten. Diese müssen ausgewertet und die dort angegebenen stoffspezifischen Grenzwerte mit den vor Ort gemessenen bzw. abgeschätzten Schadstoffkonzentrationen verglichen werden. Auf dieser Grundlage sind dann die notwendigen Einsatzentscheidungen zu treffen.

62.2 Grenzwerte im ABC-Einsatz

Die Nutzung von Grenzwerten im ABC-Einsatz erfordert Kenntnisse über die Herkunft sowie das Zustandekommen der Zahlengrößen im Rahmen wissenschaftlich fundierter toxikologischer Bewertungen. Gesundheitsschädliche Auswirkungen auf den Menschen werden in der Regel durch experimentelle Untersuchungen ermittelt. Dabei spielen die Aufnahme von Stoffen in den Körper, deren Verteilung sowie Verstoffwechselung ebenso eine Rolle wie die schädliche Wirkung nach

Tabelle 62.3 Nutzbare Grenzwerte für den ABC-Einsatz

Grenzwert-abkürzung	Grenzwert-bezeichnung	Einheit	CAS-Nummer	EG/EINECS-Nummer
AEGL	Acute Exposure Guideline Levels	ppm	United States Environmental Protection Agency (EPA)	Die AEGL beschreiben die zu erwartende Gefährdung der Bevölkerung bei einmaliger oder seltener Aussetzung eines in der Luft vorhandenen gasförmigen Stoffes
ERPG-Wert	Emergency Response Planning Guidelines	ppm	American Industrial Hygiene Association (AIHA)	Die ERP stellen Werte bei der Freisetzung von Gefahrstoffen in der Luft dar, welche die Auswirkungen auf die Bevölkerung bei einer Exposition von einer Stunde betrachtet. Drei Levels werden unterschieden: ERPG-1: vorübergehend gesundheitliche Auswirkungen; ERPG-2: keine bleibenden oder schwerwiegenden gesundheitlichen Auswirkungen; ERPG-3: gesundheitliche Beeinträchtigungen möglich, noch keine lebensbedrohenden Auswirkungen
ETW	Einsatztoleranzwert	ppm	vfdb vfdb-RL 10/01	Die ETW dienen der Feuerwehr als Bewertungsgrundlage für den Gefahrenbereich bei einem Austritt von Gefahrstoffen bzw. gefährlichen Gütern
AGW (MAK, BAT, TRK)	Arbeitsplatzgrenzwert	ml/m^3 (ppm); mg/m^3	Gefahrstoffverordnung TRGS 900	Der AGW ist ein Wert aus dem Arbeitsschutz für eine Stoffkonzentrationen in der Luft am Arbeitsplatz, bei der eine akute Schädigung der Gesundheit der Beschäftigten nicht zu erwarten ist
GSW	Geruchsschwellenwert	µg/m^3		Der GSW definiert die minimale Konzentration eines gas- bzw. dampfförmigen Stoffes in der Luft, die ein Mensch durch den Geruchssinn gerade noch wahrnehmen kann. Beachte: GSW-Wert ist nicht wissenschaftlich exakt bestimmbar

K

Tabelle 62.3 Nutzbare Grenzwerte für den ABC-Einsatz

Grenzwert-abkürzung	Grenz-wertbez.	Einheit	CAS-Nummer	EG/EINECS-Nummer
DNEL	Derived No-Effect Level	ppm	Guidance on Information Require-ments and Chemical Safety Assess-ment der European Chemicals Agency (ECHA)	Die DNEL-Werte beziehen sich auf die inhalative Langzeitexposition, also auf die Belastung der Umgebungsluft eines Arbeitsplatzes über ein ganzes Arbeitsleben. Das DNEL ist die Expositionskonzen-tration eines Stoffes, bei der keine gesundheits-schädliche Wirkung für den Menschen besteht. Die Werte berechnen sich aus den niedrigsten validen Wirkwerten in Kombination mit bestimmten Sicher-heitsfaktoren.
IDLH-Wert	Imme-diately Dange-rous to Life and Health	ppm	National Institute for Occupatio-nal Safety and Health (NIOSH), USA	Ein IDLH-Wert bezeichnet die Maximalkonzentration eines Stoffes in der Atmosphäre, bei der sich ein Arbeitnehmer bei Ausfall eines Atemschutzgerätes innerhalb von 30 Minuten aus der Expositionszone entfernen kann, ohne dass die Flucht behindert wird oder dass irreversible Gesundheitsschäden auftreten.
LC_{50}	Lethal Concent-ration	mg/l		LC_{50} ist die statistisch errechnete Konzentration einer Substanz, die voraussichtlich bei 50% der exponierten Tiere während einer definierten Ex-positionszeit und/oder innerhalb einer bestimmten Zeit nach Aufnahme über die Atemwege zum Tode führt.
LD_{50}	Letale Dosis	mg/kg Körper-gewicht		LD_{50} ist eine im Tierversuch verabreichte Dosis, die bei der Hälfte der Tiere den Tod innerhalb von fünf Tagen verursacht - in Abhängigkeit von Art der Verabreichung (oral, intravenös, intraperitoneal, dermal) bzw. Tierart (z. B. Ratte, Hund)
PAC	Protective Action Criteria	ppm		PAC sind Grenzwerte für die Notfallplanung bei einer Gefahrstofffreisetzung, basierend auf den Toxizitätswerten AEGL, ERPG bzw. TEEL (Temporary Emergency Exposure Limit). Für die Ausbreitungs-berechnung von Schadstoffwolken bzw. toxischen Gasen findet zur Gefahrenabschätzung auf Basis von MET (Modell für Effekte mit Toxischen Gasen) der PAC-2-Wert Anwendung.
UEG	Untere Explosi-onsgrenze	Vol.-%		Nach DIN 14011:2018-01 ist die UEG die niedrigste Konzentration eines brennbaren Stoffes im Gemisch von Gasen, Dämpfen, Nebeln und/oder Stäuben in Luft, bei der sich nach dem Entzünden ein Brennen nicht mehr selbständig fortsetzen kann.

einmaliger bzw. wiederholter sowie langfristiger Aufnahme und Wirkung auf das Immun- und/oder Hormon- bzw. Nervensystem, der Reizung von Augen und Haut, des Auslösens allergischer Reaktionen, der krebsauslösenden Wirkung, der schädlichen Veränderung des Erbgutes und der Beeinträchtigung der Fortpflanzungsfähigkeit. Es wird vorausgesetzt, dass der Eintritt der vorgenannten toxischen Wirkungen aufgrund einer bestimmten Dosis erfolgt und somit einem Schwellenwert unterliegt, der bei Unterschreitung keinerlei Schädigungen verursacht. Liegt eine solche Schwellenwert-Wirkung vor, so können sichere Grenzwerte abgeleitet werden. Im Gegensatz dazu kommt jedoch beispielhaft bei erbgutverändernden Stoffen ein solcher Mechanismus nicht zum Tragen. Auch bei sehr niedrigen Dosierungen treten schädigende Effekte auf – die Wahrscheinlichkeit der Wirkung nimmt in der Regel mit der Höhe der Dosierung zu. Ohne eine solche Schwellenwert-Wirkung ist es demnach nicht möglich, einen sicheren Grenzwert abzuleiten. Es wird demnach für das Risiko ein Wert mit »minimaler schädlicher Wirkung« angegeben.

Die für den ABC-Einsatz nutzbaren unterschiedlichen Referenzwerte sind abgeleitet aus Planungswerten für die sicherheitsrelevante Auslegung von störfallrelevanten Anlagen, den im Arbeitsschutz angewendeten Grenzwerten sowie toxikologischen Daten zur Abschätzung der Umweltgefährdung (▶ Tabelle 62.3).

62.2.1 AEGL-Werte

Die von der United States Environmental Protection Agency (EPA) veröffentlichten AEGL-Werte (Acute exposure guideline levels) dienen als Grundlage für die sicherheitstechnische Auslegung von störfallrelevanten Anlagen. Darüber hinaus können die Maßnahmen der Alarm- und Gefahrenabwehrplanung und des Katastrophenschutzes auf Grundlage des AEGL-Orientierungsrasters genauer geplant werden. Die AEGL-Werte sind toxikologisch begründete Spitzenkonzentrationswerte für verschiedene relevante Expositionszeiträume (zehn Minuten, 30 Minuten, eine Stunde, vier Stunden, acht Stunden) sowie für drei verschiedene Effekt-Schweregrade:

- unterhalb AEGL-1 können Personen eventuell Geruch oder Geschmack wahrnehmen und möglicherweise leichte Reizungen spüren; es bestehen keine direkten Auswirkungen auf die Gesundheit;
- AEGL-1: Schwelle zum spürbaren Unwohlsein; gasförmige Schadstoffkonzentration, bei deren Überschreiten die Bevölkerung spürbares Unwohlsein erleidet;
- AEGL-2: Schwelle zu schwerwiegenden, lang andauernden oder fluchtbehindernden Wirkungen; gasförmige Schadstoffkonzentration, bei deren Überschreiten die Bevölkerung irreversible oder andere schwerwiegende, lang andauernde Gesundheitseffekte erleiden oder bei denen die Fähigkeit zur Flucht beeinträchtigt sein kann; luftgetragene Stoffkonzentrationen unterhalb des AEGL-2-, aber oberhalb des AEGL-1-Wertes, bedeuten Expositionshöhen, die spürbares Unwohlsein hervorrufen können;
- AEGL-3: Schwelle zur tödlichen Wirkung; luftgetragene Stoffkonzentrationen, bei deren Überschreiten die Bevölkerung lebensbedrohliche oder tödliche Gesundheitseffekte erleiden kann; luftgetragene Stoffkonzentrationen unterhalb des AEGL-3-, aber oberhalb des AEGL-2-Wertes, bedeuten Expositionshöhen, die irreversible oder andere schwerwiegende, lang andauernde Gesundheitseffekte hervorrufen oder die Fähigkeit zur Flucht beeinträchtigen können.

62.2.2 Emergency Response Planning Guidelines (ERPG-Werte)

Die Leitlinie für die Notfallplanung bei Freisetzung von Gefahrstoffen, die von der American Industrial Hygiene Association (AIHA) herausgegeben wird, basiert auf ERPG-Werten (Emergency Response Planning Guidelines). Hierbei handelt es sich wie bei den AEGL-Werten um drei Gefahrenniveaus, die entsprechende Kriterien definieren und auf die Bevölkerung bezogen werden. Im Gegensatz zu den AEGL-Werten werden sie jedoch für die Expositionszeit von einer Stunde berechnet.

- Der ERPG-1 Wert beschreibt die maximale luftgetragene Konzentration eines Stoffes unterhalb derer angenommen wird, dass Personen dieser Konzentration bis zu einer Stunde ausgesetzt werden können und nur leichte, vorübergehende Gesundheitseffekte erleiden oder nur nicht erkennbare Geruchsbelästigungen auftreten (leichte, zeitweilige gesundheitliche Auswirkungen).
- Der ERPG-2 Wert beschreibt die maximale luftgetragene Konzentration eines Stoffes unterhalb derer angenommen wird, dass Personen dieser Konzentration eine Stunde ausgesetzt werden können, ohne dass irreversible oder andere gravierende Gesundheitseffekte entstehen, welche die Fähigkeit beeinträchtigen, Schutzmaßnahmen zu ergreifen (keine bleibenden oder schwerwiegenden gesundheitlichen Auswirkungen).
- Der ERPG-3 Wert beschreibt die maximale luftgetragene Konzentration eines Stoffes, von der angenommen wird, dass Personen dieser Konzentration eine Stunde ausgesetzt werden können, ohne dass lebensbedrohende Gesundheitseffekte auftreten oder sich entwickeln (gesundheitliche Beeinträchtigungen möglich, noch keine lebensbedrohenden Auswirkungen).

In der Praxis werden die ERPG-Werte durch AEGL-Werte ersetzt.

62.2.3 Einsatztoleranzwert (ETW)

Einsatztoleranzwerte (ETW) helfen bei einem Feuerwehreinsatz, bei welchen gefährliche Stoffe oder Güter freigesetzt werden und/oder eine größere Schadstoffwolke entsteht, eine Gefährdungsabschätzung vorzunehmen. So stehen handhabbare Konzentrationswerte für den Schutz der Feuerwehrangehörigen und der Bevölkerung zur Verfügung, wodurch es der Einsatzleitung auch mit der Messtechnik vor Ort möglich ist, schnell sowie hinreichend genau Anweisungen sowie Verhaltensregeln zu veranlassen. Die ETW gelten grundsätzlich für eine zeitliche begrenzte Einsatztätigkeit vor Ort bei Ausbreitung von gefährlichen Stoffen und Gütern. Für unterschiedlich zu erwartende Einsatzzeiten (eine Stunde bei übersichtlichen Einsatzlagen mit begrenztem Schadenumfang; für alle anderen Einsätze vier Stunden) wird jeweils ein ETW-1 bzw. ein ETW-4-Wert angegeben. Das Gefährdungsniveau wird definiert als »keine gesundheitliche Gefährdung ungeschützter Einsatzkräfte und der Bevölkerung«.

62.2.4 Arbeitsplatzgrenzwert (AGW)

Zum Schutz der Gesundheit von Beschäftigten am Arbeitsplatz müssen die Arbeitsplatzgrenzwert (AGW) eingehalten werden. Der AGW ist die zeitlich gewichtete durchschnittliche Konzentration eines Stoffes in der Luft am Arbeitsplatz, bei der akute oder chronische schädliche Auswirkungen auf die Gesundheit im Allgemeinen nicht zu erwarten sind. Die Arbeitsplatzgrenzwerte sind Schichtmittelwerte bei in der Regel achtstündiger Exposition an fünf Tagen pro Woche während der Lebensarbeitszeit. Der AGW wird angegeben in mg/m^3 oder in ml/m^3 (ppm).

Bei verschiedenen Stoffen kommt es vor, dass sie leicht durch die Haut in den Körper gelangen (hautresorptiv) und dort zu gesundheitlichen Schäden führen – die Anmerkung »H« bei der Angabe des AGW weist dies besonders aus. Mit einem »Y« werden Stoffe versehen, bei denen keine Fruchtschädigung zu befürchten ist. Kann dies jedoch nicht ausgeschlossen werden, so wird dieser Stoff mit »Z« gekennzeichnet.

Die AGW werden vom Bundesministerium für Arbeit und Soziales (BMAS) im Gemeinsamen Ministerialblatt (GMBl) als Technische Regeln für Gefahrstoffe Arbeitsplatzgrenzwerte (TRGS 900 Arbeitsplatzgrenzwerte) veröffentlicht und geben den Stand der Technik, Arbeitsmedizin und Arbeitshygiene sowie sonstiger gesicherter wissenschaftlicher Erkenntnisse für Tätigkeiten mit Gefahrstoffen, einschließlich deren Einstufung und Kennzeichnung, wider. Sie werden vom Ausschuss für Gefahrstoffe (AGS) aufgestellt und der Entwicklung entsprechend angepasst. Zu beachten ist, dass mit rund 30 000 gefährlichen Stoffe umgegangen wird; es gibt aber nur für etwas mehr als 350 Stoffe einen AGW.

62.2.5 Biologischer Grenzwert (BGW)

Auf den Biologischen Grenzwert (BGW) soll hier ergänzend zum AGW hingewiesen werden. Der BGW ist nach »TRGS 903 – Biologische Grenzwerte« der Grenzwert für die toxikologisch-arbeitsmedizinisch abgeleitete Konzentration eines Stoffes, seines Metaboliten oder eines Beanspruchungsindikators im entsprechenden biologischen Material. Er gibt an, bis zu welcher Konzentration die Gesundheit von Beschäftigten im Allgemeinen nicht beeinträchtigt wird. Wie bei den AGW wird in der Regel eine Stoffbelastung von maximal acht Stunden täglich und 40 Stunden wöchentlich zugrunde gelegt.

62.2.6 Maximale Arbeitsplatzkonzentration (MAK)

Der MAK-Wert (Maximale Arbeitsplatzkonzentration) eines Gefahrstoffes ist die höchstzulässige Konzentration eines Gefahrstoffes als Gas, Dampf oder Schwebstoff in der Luft am Arbeitsplatz, die nach dem gegenwärtigen Stand der Kenntnis auch bei wiederholter und langfristiger, in der Regel täglich achtstündiger Exposition bei Einhaltung einer wöchentlichen Arbeitszeit von 40 Stunden im allgemeinen die Gesundheit der Beschäftigten nicht beeinträchtigt. Die MAK-Werte sind im Zuge der Neufassung der Gefahrstoffverordnung im Jahr 2005 mittlerweile in den AGW aufgegangen. Bis die MAK-Werte aber vollständig in die AGW überführt sind, oder bei nicht ganz aktuellen Nachschlagewerken, kann ein MAK-Wert noch gefunden werden. Da der MAK-Wert für eine dauerhafte Exposition ausgelegt ist, eignet er sich zur Bewertung von Gefahren für die Bevölkerung weniger gut als die speziell dafür ausgelegten ETW bzw. AEGL-Werte und sollte daher nicht verwendet werden. Ansonsten kann es zu einer Überschätzung der Gefährdung kommen.

62.2.7 Biologischer Arbeitsstoff-Toleranz-Wert

Biologische Arbeitsstoff-Toleranz-Werte (BAT-Werte) geben die höchst zulässige Konzentration eines Stoffes an, die nach dem gegenwärtigen Stand der wissenschaftlichen Kenntnisse im Allgemeinen die Gesundheit der Beschäftigten (acht Stunden pro Tag, 40-stündige Arbeitswoche) nicht beeinträchtigen. Maßgebend sind dabei arbeitsmedizinisch-toxikologisch fundierte Kriterien des Gesundheitsschutzes.

62.2.8 Technische Richtkonzentration (TRK)

Die Technische Richtkonzentration (TRK-Wert) war früher ein Grenzwert für krebserzeugende Arbeitsstoffe und hat als Schutzkriterium heute keine Bedeutung mehr. Unter dem TRK-Wert eines Gases, eines Dampfes oder eines Schwebstoffes wurde diejenige Konzentration in der Luft verstanden, die nach dem Stand der Technik erreicht werden konnte und die als Anhaltspunkt für die zu treffenden Schutzmaßnahmen und die messtechnische Überwachung am Arbeitsplatz heranzuziehen war. TRK-Werte sind Schichtmittelwerte bei einer in der Regel täglich achtstündigen Exposition mit einer durchschnittlichen wöchentlichen Arbeitszeit von 40 Stunden. TRK-Werte wurden für krebserzeugende Stoffe oder solche, die in diesem Verdacht standen, angegeben. Im Gegensatz zu den MAK-Werten ist bei TRK-Werten eine Schädigung nicht völlig auszuschließen. Die TRK-Werte sind im Zuge der Neufassung der Gefahrstoffverordnung seit dem Jahr 2004 in den AGW aufgegangen. Bis die TRK-Werte aber vollständig in die AGW überführt sind, werden noch vereinzelt TRK-Werte angegeben. Sie sind ebenfalls noch in nicht aktuellen Nachschlagewerken zu finden.

62.2.9 Geruchsschwellenwert (GSW)

Als Geruchsschwellenwert (GSW) wird die kleinste Konzentration von Gasen bzw. Dämpfen in der Luft, die noch mit der Nase des Menschen wahrnehmbar ist, bezeichnet. GSW können nur für Einzelstoffe angegeben werden. Man muss wissen, dass der GSW von vielerlei subjektiven Faktoren abhängig ist. Außerdem lähmen bzw. übersättigen manche Stoffe die

Tabelle 62.4 Stoffgruppen und deren Geruchseindruck

Stoffgruppe	Geruchseindruck
Aldeyhde	stechend, fruchtig
Amine	fischig
Carbonsäure	käsig, schweißartig
Carbonsäureester	aromatisch
Ketone	blumig, aromatisch
Mercaptane	knoblauchartig, eklig, raniz
Sulfide	faulig
Thiole	modrig

Geruchsrezeptoren bzw. es können bei weitem nicht alle Gefahrstoffe mit dem menschlichen Geruchssinn wahrgenommen werden. Gerade die Gerüche nach Ammoniak (»ammoniakähnlich«) bzw. Schwefelwasserstoff (»faule Eier«) sind allzeit bekannt. ▶ Tabelle 62.4 gibt einen Überblick über Stoffgruppen und deren ausgelösten Geruchseindruck.

62.2.10 Derived No Effect Level (DNEL-Wert)

Auf Basis der REACH-Verordnung der Europäischen Union – REACH steht für Registration, Evaluation, Authorisation and Restrictions of Chemicals) – werden in der Regel von Registranten, das heißt von Herstellern und von Importeuren, stoffspezifische Informationen gefordert, zu denen auch so genannte DNEL-Werte gehören. Demnach sind außer der Einstufung und Kennzeichnung für einen Stoff sogenannte Expositionshöhen abzuleiten, oberhalb derer Menschen nicht exponiert werden sollten. Solch ein Expositionsgrenzwert wird als Derived No-Effect Level (DNEL – abgeleitete Expositionshöhe unterhalb derer es zu keiner Beeinträchtigung der menschlichen Gesundheit kommt) bezeichnet. Diese Expositionsgrenzwerte für Tätigkeiten mit einem registrierungspflichtigen Stoff müssen bei Produktions- und Einfuhrmengen von zehn oder mehr Jahrestonnen aufgestellt und im Stoffsicherheitsbericht sowie im Sicherheitsdatenblatt angeführt werden. DNEL-Werte werden von den Registranten für die wahrscheinlichsten Expositionswege (inhalativ, dermal oder oral) angegeben. Für jede relevante Bevölkerungsgruppe (z. B. Arbeitnehmer, Verbraucher und Menschen, bei denen es indirekt über die Umwelt zu einer Exposition kommen könnte) ist ein eigener Wert erforderlich. Das gilt ggf. auch für bestimmte schutzbedürftige Bevölkerungsuntergruppen wie Kinder oder Schwangere. DNEL-Werte werden grundsätzlich nach ähnlichen Kriterien wie die in Deutschland verbindlichen AGW aufgestellt. Die AGW sind die für den Arbeitgeber verbindlichen Luftgrenzwerte am Arbeitsplatz. Falls kein AGW zur Verfügung steht, ist bei der Gefährdungsbeurteilung der DNEL für Arbeitnehmer zu berücksichtigen (vgl. TRGS 400 »Gefährdungsbeurteilung für Tätigkeiten mit Gefahrstoffen« sowie TRGS 402 »Ermitteln und Beurteilen der Gefährdungen bei Tätigkeiten mit Gefahrstoffen: Inhalative Exposition«).

62.2.11 Letale Konzentration (LC_{50})

Die mittlere letale Konzentration LC_{50} ist die Konzentration eines Stoffes in der Atemluft, bei dessen Einatmen die Hälfte der Versuchstiere zu Tode kommt. Neben der Tierart muss unbedingt auch die Expositionsdauer mit angegeben werden – sie beträgt für Mäuse zwei Stunden, hingegen für Ratten vier Stunden. LC_{50}-Werte sind wie LD_{50}-Werte keine Stoffkonstanten, sondern haben biologisch bedingte Schwankungsbreiten. Der LC_{50}-Wert wird beispielsweise bei dem Versuchstier Ratte in

K

Tabelle 62.5 Beispiele für akut toxische Stoffe

Stoffbezeichnung	tödliche Dosis in [µg/kg] (subkutan bei der Maus)
Natriumcyanid	10 000
Nicotin	1 000
Strychnin	500
Dioxin (2,3,7,8 -Tetrachlorodibenzodioxin)	1
Ricin	0,02
Botulinustoxin A	0,00003

Milligramm pro Liter Luft pro vier Stunden angegeben.

62.2.12 Letale Dosis LD_{50}

Die Abkürzung LD_{50} steht für »Letale Dosis 50%«. Die LD_{50} gibt eine Auskunft über die Giftigkeit eines Stoffes und bezeichnet die Dosis, bei der 50 Prozent der Versuchstiere nach Gabe des Stoffes sterben. Die gebräuchliche Einheit der LD_{50} ist mg/kg KG (mg pro kg Körpergewicht). Angeben wird die Tierart der Versuchstiere sowie die Applikationsart der Testsubstanz, zum Beispiel intravenös oder durch den Mund erfolgend (peroral). Nicht nur Chemikalien können giftig sein, sondern auch Pflanzeninhaltsstoffe, Ausscheidungen oder Abbauprodukte von Tieren oder Mikroorganismen. Deutlich und vergleichbar wird eine Giftigkeit erst durch den LD_{50}-Wert. So findet man beispielhaft in der Tollkirsche und dem Stechapfel Natriumcyanid (LD_{50} [oral] = 10 mg/kg), in der Brechnuss ist Strichnin enthalten (LD_{50} [oral] = 0,5 mg/kg), im Zigarettenrauch Dioxin (LD_{50} [oral] = 0,001 mg/kg). ▶ Tabelle 62.5 listet Beispiele für akut toxische Substanzen auf.

62.2.13 Untere Explosionsgrenze (UEG)

Die untere Explosionsgrenze (UEG) zeigt auf, unterhalb welcher Volumenkonzentration eines Gases oder eines Dampfes in der Luft das Gemisch weder brennbar noch explosibel ist (umgangssprachlich wird das Gemisch als »zu mager« bezeichnet). Die UEG wird in Vol.-% angegeben – also Raumteile Gas pro 100 Raumteile Gas-/Dampf-Luft-Gemisch. Die bei der Feuerwehr verwendeten Explosionsgrenzen-Warngeräte werden meist auf 10 bzw. 20 Prozent der unteren Explosionsgrenze eines Stoffes kalibriert, der eine sehr niedere UEG hat. Dafür kommt Methan bzw. Nonan zur Anwendung, was durchaus einen Einfluss auf die Empfindlichkeit der Messgeräte hat. Erfolgt demnach ein Auslösen der Alarmschwelle des Explosionsgrenzen-Warngerätes, so kann davon ausgegangen werden, dass man auch bei diesen in der Luft vorhandenen Stoffen noch genügend weit von der jeweiligen UEG entfernt ist. Das Ansprechen des kalibrierten Gerätes und nicht der abgelesene Messwert ist die Beurteilungsgrundlage einer an der Einsatzstelle detektierten Explosionsgefahr.

62.2.14 Protective Action Criteria for Chemicals (PAC)

PAC-Werte (Protective Action Criteria for Chemicals) sind keine Störfallbeurteilungswerte im eigentlichen Sinne, sondern bieten den jeweils geeignetsten verfügbaren Wert aus der Gruppe der AEGL-, ERPG- und TEEL-Werte an. Die PAC-Werte werden dabei in drei unterschiedliche Stufen angegeben:

- PAC-1: spürbares Unwohlsein und Reizungen, aber keine Behinderung der Fähigkeit zu flüchten; mit dem Ende der Stofffreisetzung verschwinden die Symptome wieder vollständig.

- PAC-2: irreversible oder lang andauernde gesundheitliche Auswirkungen oder fluchtbehindernde Wirkung.
- PAC-3: lebensbedrohliche oder tödliche Auswirkungen.

62.3 Quantitative Größenordnungen und deren Bezeichnungen

Neben der Stoffidentifizierung (qualitativ) ist auch die Kenntnis der Konzentration eines Stoffes (quantitativ) von Wichtigkeit. Konzentrationen werden als Gehalt eines Stoffes (z. B. Kohlenstoffmonoxid) in einer Bezugssubstanz (z. B. Luft) angegeben. Dabei muss beachtet werden, ob die Konzentrationsangaben sich auf die Masse (Massenkonzentration) bzw. auf das Volumen (Volumenkonzentration) beziehen. Um möglichst einfach zu handhabende Werte zu erlangen, wird für die Konzentrationsangabe eine entsprechend passende Dimension gewählt. Die Konzentration von Gasen, Dämpfen bzw. Flüssigkeiten werden daher üblicherweise als Volumenkonzentration c_v angegeben. So entspricht 1 % zehn Promille bzw. 10 000 ppm bzw. 10 000 000 ppb, oder 1 ppm entspricht 1 ml/m^3 bzw. 0,0001 Vol.-%.

Die nachfolgende Darstellung veranschaulicht den Zusammenhang der häufig benutzten Maßeinheiten im ABC-Einsatz. Dies geschieht am Beispiel des Auflösens eines Zuckerwürfels (Gewicht: zirka 3 g) in einer adäquaten Menge Wasser.

Volumenkonzentrationen (c_v) kann man mit nachfolgender Formel in Massenkonzentrationen (c_m) umrechnen:

$$c_m = \frac{M \times p \times c_v}{R \times T}$$

Tabelle 62.6 Häufige Maßeinheiten im ABC-Einsatz

Bezeichnung	Abkürzung	Verhältnis	Beispiel
Prozent (Ein Teil von hundert Teilen)	%	10 g/kg	1 Zuckerwürfel, aufgelöst in zweieinhalb Kaffeetassen
Promille (Ein Teil von Tausend Teilen)	‰	1 g/kg	1 Zuckerwürfel, aufgelöst in drei 1 Liter Flaschen Mineralwasser
parts per million (Ein Teil von 1 Million Teilen)	ppm	0,001 g/kg; (10^{-3} g/kg)	1 Zuckerwürfel, aufgelöst im Wassertank eines TLF 3000
parts per billion (Ein Teil von 1 Milliarde Teilen)	ppb	0,000 001 g/kg; (10^{-6} g/kg)	1 Zuckerwürfel, aufgelöst in den Tankräumen eines Tankschiffs vom Typ »Großes Rheinschiff«
parts per trillion (Ein Teil von 1 Billion Teilen)	ppt	0,000 000 001 g/kg; (10^{-9} g/kg)	1 Zuckerwürfel, aufgelöst im Kemnader See (liegt in Nordrhein-Westfalen zwischen den Städten Bochum, Hattingen und Witten
parts per quadrillion (1 Teil von einer Billiarde Teilen)	ppq	0,000 000 000 001 g/kg; (10^{-12} g/kg)	1 Zuckerwürfel, aufgelöst im Starnberger See bei München

K

- **c_m** steht für Massenkonzentration in mg/m^3,
- **M** steht für molare Masse in g/mol,
- **p** steht für Druck in hPa bzw. mbar (Normaldruck entspricht 1013 hPa),
- **c_v** steht für Volumenkonzentration in ml/m^3 bzw. ppm,
- **R** steht für die molare Gaskonstante (R = 8,314 J/mol × K),
- **T** steht für Temperatur in Kelvin (Raumtemperatur 20 °C entspricht 293,15 K).

Fasst man die Gleichung unter Zugrundelegung von Normaldruck (1013 hPa bzw. 1013 mbar) und Normaltemperatur (293,15 K) zusammen, so erhält man zur Umrechnung von Volumenkonzentration in Massenkonzentration folgende Gleichung:

$$c_m\,[g/m^3] = M \times c_v \times 0{,}042\ mol/l$$

Folgendes Beispiel soll dies nachvollziehbar machen:

Bei einem Schadstoffaustritt von Chlor wird an der Einsatzstelle bei Normaltemperatur und Normaldruck eine Volumenkonzentration von 15 ppm gemessen. Welche Massenkonzentration liegt vor?

$$c_m\,[g/m^3] = 71 \times 15 \times 0{,}042$$

$$c_m = 45\ mg/m^3$$

Um eine Massenkonzentration c_m [g/m^3] in eine Volumenkonzentration c_v [ppm] umzurechnen, kann die nachfolgende Formel benutzt werden:

$$c_v\,[ppm] = \frac{c_m}{M \times 0{,}042\ mol/l}$$

- **c_v** steht für Volumenkonzentration in ml/m^3 bzw. ppm,
- **c_m** steht für Massenkonzentration in mg/m^3,
- **M** steht für molare Masse in g/mol.

Auch hier soll ein Beispiel dazu beitragen, die Umrechnung schnell vornehmen zu können.

In einem Nachschlagewerk für Gefahrstoffe wird für den Arbeitsplatzgrenzwert von Ammoniak der Wert 14 mg/m^3 angegeben. Welche Volumenkonzentration liegt vor?

$$c_v\,[ppm] = \frac{14}{17 \times 0{,}0042}$$

$$c_v = 20\ ppm$$

Explosionsgrenzen werden in Vol.-% angegeben. Auch hier kann schnell eine Umrechnung in die Maßeinheit g/m^3 mit der nachfolgenden Gleichung erfolgen:

$$\text{Ex-Grenze}\,[g/m^3] = M \times \text{Vol.-\%} \times 0{,}42\ mol/l$$

Beispiel: An der Einsatzstelle wird mit dem Explosionsgrenzen-Warngerät eine Volumenkonzentration von Kohlenstoffmonoxid (CO) von 3,5 Vol.-% gemessen. Welche Massenkonzentration von CO liegt vor?

$$c_{CO}\,[g/m^3] = 28 \times 3{,}5 \times 0{,}42$$

$$c_{CO} = 412\ g/m^3$$

Letztlich sei noch auf die gängigen Vorsätze für Maßeinheiten verwiesen (▶ Tabelle 62.7)

62.4 Grenzwerte und Einsatztaktik

Die Heranziehung von Grenzwerten zur Gefahrenbeurteilung von ABC-Stoffe an der Einsatzstelle ist stoffspezifisch und lageabhängig.

Gerade bei Messeinsätzen und den dabei ermittelten Messwerten ist zu beachten, dass es sich immer um Momentaufnahmen handelt. Zu einem bestimmten Zeitpunkt wird an einem bestimmten Ort unter den vorhandenen Witterungsbedingungen ein Messwert ermittelt. Eine Veränderung der Messwerte erfolgt gerade beim Austritt von gasförmigen Stoffen,

K

Tabelle 62.7 Gängige Vorsätze für Maßeinheiten und deren Bedeutung

Bezeichnung	Abkürzung	Zehnerpotenz	Darstellung	Benennung
Pico	p	10^{-12}	0,000 000 000 001	Billionstel
Nano	n	10^{-9}	0,000 000 001	Milliardstel
Mikro	µ	10^{-6}	0,000 001	Millionstel
Milli	m	10^{-3}	0,001	Tausendstel
Zenti	c	10^{-2}	0,01	Hunderstel
Dezi	d	10^{-1}	0,1	Zehntel
Deka	da	10^{1}	10	Zehn
Hekto	h	10^{2}	100	Hundert
Kilo	k	10^{3}	1 000	Tausend
Mega	M	10^{6}	1 000 000	Million
Giga	G	10^{9}	1 000 000 000	Millliarde
Tera	T	10^{12}	1 000 000 000 000	Billion

meist durch Windeinflüsse sowie Temperaturschwankungen. Deshalb ist es sinnvoll, mehrere Messungen innerhalb einer bestimmten zeitlichen Vorgabe (zum Beispiel alle zwei bzw. fünf Minuten) durchzuführen und dann den Mittelwert zu bilden. Bei Explosionsgefahr ist es ratsam, kontinuierlich die Atmosphäre zu überwachen. Auch ist der Messfehler, den man bei Verwendung des jeweiligen Messsystems macht, nicht zu vernachlässigen.

Bei der Beurteilung der Einsatzlage und den ausgetretenen Substanzen, gerade dann, wenn es sich um luftgetragene Schadstoffe handelt, sind die individuellen Gegebenheiten sowie Unterschiede, z. B. körperliche Konstitution, Alter und Gesundheitszustand der betroffenen Bevölkerung, zu berücksichtigen. Sehr komplex wird es, wenn es sich um Stoffgemische handelt – zu nennen sei Brandrauch, der je nach Zusammensetzung zu einer Potenzierung der toxischen Wirkung führen kann. Auch hier gilt bei der Gefahrenbeurteilung für die Bevölkerung der Grundsatz, bei toxikologischen Gefahrenlagen (z. B. Brandrauchausbreitung) Personen in den Gebäuden zu belassen und sie aufzufordern, Fenster und Türen zu schließen sowie Klimaanlagen abzuschalten (Gefährdung außen > innen).

Praxis-Tipp:

Je niedriger der Grenzwert, desto gefährlicher der Stoff!

Bei Explosionsgefahr (z. B. Austritt eines brennbaren Gases, Kampfmittelbeseitigung) hingegen ist es sehr ratsam, die betroffene Bevölkerung zu veranlassen, möglichst rasch den gefährdeten Bereich zu räumen (Gefährdung im Gebäude > außen).

Zu beherzigen ist der nachfolgende Merksatz für den ABC-Einsatz:

»Verliere die Angst im ABC-Einsatz, aber verliere nie den Respekt vor den Wirkungen von gefährlichen Stoffen und Gütern!«

Literatur

[1] Ausschuss Feuerwehrangelegenheiten, Katastrophenschutz und zivile Verteidigung (AFKzV): Feuerwehr-Dienstvorschrift FwDV 500 »Einheiten im ABC-Einsatz« Ausgabe 1.2012, Lübeck, 2012.

[2] Christiansen, J.: Berechnungen im ABC-Einsatz, Verlag W. Kohlhammer, Stuttgart, 2019.

[3] Feuerwehrkoordination Schweiz (FKS): Handbuch für ABC-Einsätze, Bern, 2014.

[4] Lange, C.: Informationssystem für gefährliche Stoffe und Güter, BRANDSchutz/Deutsche Feuerwehr-Zeitung 1/2000, S. 18 ff.

[5] Lange, C.: Brennt Eisenbahn-Kesselwagen mit Epichlorhydrin, BRANDSchutz/Deutsche Feuerwehr-Zeitung 10/2002, S. 899 ff.

[6] Lange, C.: Hannover: Großbrand einer Lagerhalle, BRANDSchutz/Deutsche Feuerwehr-Zeitung 2/2003, S. 178 ff.

[7] Lange, C., Kariger, M.: Hannover: Brennen Recyclingmaterial und Gefahrstofflager, BRANDSchutz/Deutsche Feuerwehrzeitung 1/2013, S. 44 ff.

[8] Lange, C.: Grenzwerte im ABC-Einsatz, BRANDSchutz/Deutsche Feuerwehr-Zeitung 11/2019, S. 876 ff.

[9] Nüßler, H.-D.: Gefahrgut-Ersteinsatz, ecomed-Storck, Hamburg 2017.

[10] Rönnfeldt, J., König, M.: Messtechnik im Feuerwehreinsatz, W. Kohlhammer Verlag, Stuttgart, 2010.

[11] Uelpenich, G.: Grenzwerte und Richtwerte: Werte ohne Grenzen?, BRANDSchutz/Deutsche Feuerwehr-Zeitung 8/1993, S. 570 ff.

[12] vfdb 10/01: 2016-02: vfdb-Richtlinie zur Bewertung von Schadstoffkonzentrationen im Feuerwehreinsatz, VdS Schadenverhütung Verlag, Köln, 2016.

[13] vfdb 10/05: 2016-02: vfdb-Richtlinie für den Gefahrstoffnachweis im Feuerwehreinsatz, VdS Schadenverhütung Verlag, Köln, 2016.

Notizen:

K

63 Hygiene im Einsatzdienst

von Dr. Lucia Wickert

63.1 Bedeutung der Hygiene

Die SARS-CoV-2-Pandemie sowie Diskussionen über Krebs- und Infektionserkrankungen, die durch den Feuerwehrdienst ausgelöst werden können, verstärken die Notwendigkeit, sich intensiv mit der Hygiene im Einsatzdienst auseinander zu setzen. Zum einen sind da die Bakterien, die zunehmend multiple Resistenzen aufweisen (hohe Widerstandskräfte von Organismen gegenüber Desinfektionsmitteln und Antibiotika verschiedenster Art). So gibt es inzwischen multiresistente Keime, die gegen alle gängigen Antibiotika resistent sind. Sie werden zu den ESCKAPE zusammengefasst:

- **E** – Enterokokken spp. (Vancomycin-resistente, VRE),
- **S** – Staphylococcus aureus (Methicillin-resistente, MRSA),
- **C** – Clostridioides difficile (hohe Virulenz),
- **K** – Klebsiella pneumoniae (Carbapenemasen-Produzenten, KPC),
- **A** – Acinetobater baumannii (Multi-Drug-Resistant, MDR),
- **P** – Pseudomonas aeruginosa (Multi-Drug-Resistant, MDR),
- **E** – Enterobacterales (Extended-spectrum beta-laktamase Bildner, ESBL).

Zum anderen hat die seit dem Jahr 2019 andauernde Pandemie mit dem SARS-CoV-2-Virus selbstverständliche Hygieneregeln, wie regelmäßiges Händewaschen oder die Husten- und Nies-Etikette, in den Alltag der Bevölkerung getragen. Sie stellt die Feuerwehren in ihrem Einsatzalltag vor neue Herausforderungen. Beim Husten und Niesen werden über Speichel und Nasensekret unzählige Krankheitserreger wie beispielsweise das SARS- oder das Influenza-Virus versprüht und können durch Tröpfcheninfektion und Aerosole auf andere Menschen übertragen werden.

Insbesondere bei Transporten von infektiösen oder potenziell infektiösen Patienten, bei ABC-Einsätzen oder bei der Amtshilfe mit Tierseuchen ist die Einhaltung allgemeiner und weiterführender Hygienegrundsätze unbedingt notwendig, um Infektionen und Kontaminationen zu vermeiden.

Diese Maßnahmen müssen so geartet sein, dass ebenfalls Kontaminationsverschleppungen in die Feuerwachen bzw. Feuerwehrhäuser sowie in die private Umgebung der Einsatzkräfte verhindert werden. Hygienische Maßnahmen müssen aber auch immer häufiger bei Brandeinsätzen oder Einsätzen in verwahrlosten Wohnungen getroffen werden und sollten deshalb von jedem Feuerwehrangehörigen beherrscht werden. Zahlreiche wissenschaftliche Arbeiten haben in den vergangenen Jahren zu neuen Erkenntnissen geführt, die es in die Praxis umzusetzen gilt. Die Einhaltung und das Wissen um diese Grundlagen können lebensrettend sein und sollen daher in diesem Kapitel erläutert werden.

<**Hygiene**> ist die Gesamtheit aller Bestrebungen und Maßnahmen zur Verhütung von Krankheiten und Gesundheitsschäden. Vergleichbar mit dem Vorbeugenden Brandschutz im Feuerwehrwesen, der einer Brandausbreitung vorbeugen soll, gehört die Hygiene zur vorbeugenden (präventiven) Medizin, die eine Erkrankung durch bestimmte Verhaltensmaßnahmen verhindern soll.

Der Erfolg der Hygienemaßnahmen steht und fällt mit der persönlichen Einsicht des Anwenders. Die Schwierigkeit präventiver Maßnahmen (Hygiene und Dekontamination) liegt darin begründet, dass zwischen der Anwendung und dem Erfolg oft eine so große zeitliche Distanz liegt, dass ein Zusammenhang dann nicht mehr hergestellt wird. Vergleichbar ist dies mit der Situation eines Autofahrers, für den es selbstverständlich ist, dass er sich vor dem Fahrtantritt anschnallen muss und dass diese Maßnahme ihn bei einem möglichen Unfall vor schwer wiegenden Schäden schützt.

Die meisten infektiösen Mikroorganismen werden übertragen durch:
- Husten und Niesen (Tröpfcheninfektion und Aerosole),
- Händeschütteln und engen Körperkontakt (Schmierinfektion),
- die Aufnahme von kontaminierter Nahrung oder Trinkwasser (orale Aufnahme),
- die Benutzung öffentlicher Einrichtungen, die in einem schlechten hygienischen Zustand sind (Toiletten, Schwimmbäder usw.),
- ungeschützten, sexuellen Verkehr.

Das folgende Beispiel beschreibt eine typische Alltagssituation, bei welcher ein Virusinfekt von Mensch zu Mensch weitergetragen wird. Dabei wird deutlich, wie eine Kontamination verschleppt und dadurch eine Infektion verbreitet werden kann: Sie gehen morgens zum Bäcker, um sich ein Brötchen zu kaufen. Die Verkäuferin kennt Sie und schüttelt Ihnen zur Begrüßung freundlich die Hand. Zuvor hat die Frau niesen müssen und sich natürlich die Hand vor Mund und Nase gehalten. Sie erzählt Ihnen, dass sie seit gestern eine Erkältung hat und sich unwohl fühlt. Sie bedauern die freundliche Verkäuferin, wünschen ihr gute Besserung, bezahlen das Brötchen und verlassen das Geschäft. Auf der Straße juckt Ihre Nase und Sie fahren sich mit der Hand durchs Gesicht. Auf diese Weise hat das Virus die Möglichkeit, sich in Ihrer Nasenschleimhaut einzunisten. Am Abend kommen Sie von der Arbeit nach Hause und begrüßen Ihre Familie mit einem Kuss. Das Virus hatte den ganzen Tag Zeit, sich in Ihren Schleimhäuten zu vermehren. Durch den Kuss geben Sie das Virus an Ihre Familie weiter. Am nächsten Tag tragen Sie und Ihre Familienangehörigen die Viren dann weiter in die Schule und an den Arbeitsplatz.

Merke:

Folgende Hygienemaßnahmen sind standardmäßig umzusetzen:
- Direkten Kontakt mit allen Körpersekreten vermeiden.
- Gründliches Händewaschen und Händedesinfizieren nach jedem Einsatz, auch wenn Handschuhe getragen wurden.
- Schutzkleidung anlegen: Handschuhe, Mundschutz, flüssigkeitsabweisender Körperschutz und ggf. Schutzbrille bei spritzenden Tätigkeiten.
- Insbesondere die Handschuhe sind zwischen dem Kontakt mit verschiedenen Personen zu wechseln und die Hände zu desinfizieren.
- Desinfektion aller Oberflächen, die mit eventuell kontaminiertem Material in Kontakt gekommen sind.
- Beim Ausziehen Handschuhe zuletzt ausziehen und mit der behandschuhten Hand Schutzkleidung außen anfassen.
- Entsorgung der Schutzkleidung in dafür vorgesehene, entsprechend gekennzeichnete Behältnisse.

63.2 Hygienemaßnahmen im Einsatz

Im Einsatz, insbesondere im Rettungsdienst, kommen Einsatzkräfte immer wieder mit gefährlichen Bakterien und Viren in Kontakt. Daher müssen entsprechende Maßnahmen ergriffen werden, die folgende Aufgaben haben:
- Sie sollen den persönlichen Schutz jedes einzelnen Feuerwehrangehörigen vor einer Kontamination und einer Infektion sicherstellen.
- Eine Kontaminationsverschleppung durch Personen (Einsatzkräfte und Kontaktpersonen) oder Material soll vermieden werden.
- Die Verbreitung von pathogenen (krankmachenden) Keimen muss verhindert werden (Stichwort: Pandemie).
- Umweltschäden sind so weit wie möglich einzudämmen bzw. zu verhindern.

Die Grundlagen für wirkungsvolle Hygienemaßnahmen werden bereits vor dem Dienstbeginn gelegt. Am Anfang steht hier die persönliche Körperpflege, die neben der üblichen Reinigung auch die Pflege mit entsprechenden

Cremes beinhaltet; denn nur eine intakte Haut erschwert einem Krankheitserreger das Eindringen in den Körper. Um die Gefahr einer Kontaminationsverschleppung so gering wie möglich zu halten, sollte zudem möglichst wenig Privatkleidung unter der Dienstkleidung getragen werden. Auch persönliche Gegenstände wie Mobiltelefone, Geldbörsen, Tabakwaren, Uhren, Schmuck o. Ä. sind vor dem Einsatz abzulegen. Eine Selbstverständlichkeit sollte auch die regelmäßige Reinigung der Dienstkleidung (auch Arbeitsschuhe und Feuerwehrstiefel) sein.

An der Einsatzstelle ist jeder unnötige Hautkontakt mit Schadstoffen zu vermeiden. Auf jeden Fall sollte die Kontamination und das Eindringen von Schadstoffen in Einsatzfahrzeuge verhindert werden, um so eine Verschleppung der Schadstoffe zum Standort und darüber hinaus in weitere Bereiche zu verhindern. Im Gefahrenbereich bzw. in den Bereichen, in denen eine Kontamination mit Schadstoffen möglich ist, darf weder gegessen und getrunken, noch geraucht werden! Fast jedes Löschfahrzeug verfügt inzwischen über ein Hygieneboard, welches vor Ort im Einsatz genutzt werden sollte,

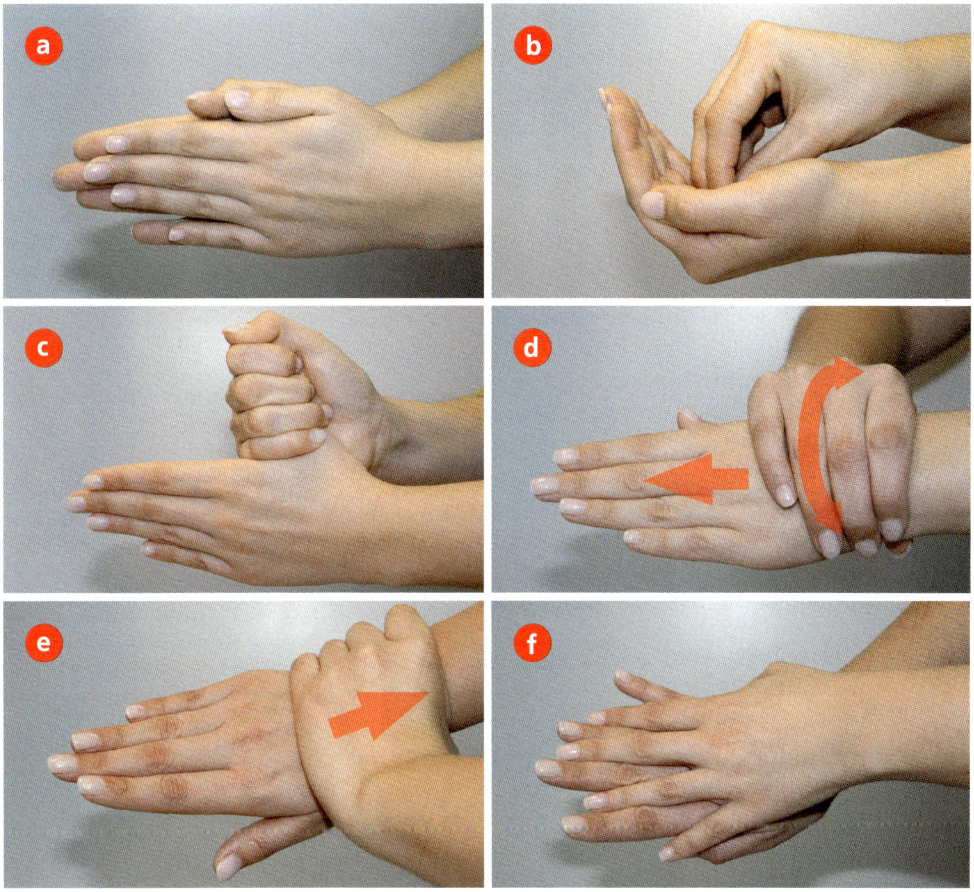

Quelle: J. Thorns

Bild 63.1 Einreibetechnik zur Händedesinfektion (die Schritte sind zweimal hintereinander durchzuführen und mit der anderen Hand zu wiederholen): **a** Handfläche auf Handfläche vor- und rückwärts reiben **b** Fingerkuppen geschlossen in der Handfläche kreisen **c** Daumen mit der Handfläche umfassen und reiben **d** mit der Handfläche über den Rücken der anderen Hand rotierend bis zu den Fingerspitzen reiben **e** dann die geschlossene Hand bis zum Handgelenk zurückziehen **f** Handfläche mit gespreizten Fingern über den Rücken der anderen Hand reiben

um Hände und Stiefel zu säubern. Nach Beendigung der Einsatzmaßnahmen sind ebenfalls alle eingesetzten Gerätschaften und auch die Fahrzeuge, die in Kontakt mit Schadstoffen standen, grob zu reinigen. Ist eine Grobreinigung nicht möglich, sollten die Gegenstände verpackt, entsprechend beschriftet und einer sachgerechten Reinigung oder Entsorgung zugeführt werden.

In der Feuerwache bzw. im Feuerwehrhaus muss auf eine strikte Schwarz-Weiß-Trennung geachtet werden. Das heißt, kontaminierte Schutzkleidung und Geräte dürfen nicht in die Sozialbereiche gelangen. Sie müssen in dafür vorgesehenen Bereichen (Umkleide oder Ähnliches) abgelegt werden.

Insbesondere die Kleidung dünstet jede Menge Schadstoffe aus und es wird derzeit geprüft in wie weit diese in Zusammenhang mit späteren Tumorerkrankungen stehen. Die Einsatzkleidung ist daher den Angaben des Herstellers folgend nach einer Kontamination entsprechen zu reinigen. Hierbei darauf zu achten, die Waschzyklen nachzuhalten.

Alle mit Schadstoffen in Berührung gekommenen Einsatzkräfte sollten nach dem Einsatz duschen und die komplette Kleidung (auch die Unterwäsche) wechseln. Auch in den Werkstätten muss auf eine mögliche Kontaminationsverschleppung geachtet werden. Alle Hygiene-Maßnahmen müssen nochmals verschärft werden, wenn ein Einsatz mit einem biologischen Gefahrstoffen der Gefahrengruppe 3 abgearbeitet wird.

Die richtige Händedesinfektion

Die Finger und Daumen der Hände sind die zehn bedeutsamsten Risikofaktoren bei der Verbreitung von Keimen. Deshalb ist es wichtig, auf die Handhygiene besonderen Wert zu legen. Es ist nachgewiesen worden, dass bereits einfaches Händewaschen mit einer Seife die Keimzahl auf den Handoberflächen um den Faktor 1 000 verringert. Viren werden hierdurch wenig beeinträchtigt. Um auch Viren und eine noch größere Anzahl von Bakterien zu bekämpfen, sollte eine Händedesinfektion mit einem dafür geeigneten Händedesinfektionsmittel durchgeführt werden. Dieses sollte mindestens 30 Sekunden so verrieben werden, dass auch die Fingerzwischenräume, die Nagelfalzen, die Handrücken und die Daumen mit ausreichend viel Flüssigkeit benetzt sind (▶ Bild 63.1).

Literatur

[1] Spors, J. et al.: Infektionsgefahren im Einsatzdienst. Lehmanns Media, Berlin, 2004.

[2] Wickert, L.: Antibiotikaresistenzen–Entwicklung therapeutischer Alternativen. Naturwissenschaftliche Rundschau, 871, 5-10, 1/2021.

[3] Liste der vom Robert Koch-Institut geprüften und anerkannten Desinfektionsmittel und -verfahren, Stand: 31. Oktober 2017 (17. Ausgabe), Bundesgesundheitsbl 2017 60:1274–1297.

[4] vfdb Referat 10: Merkblatt 10-13 »Empfehlung für den Feuerwehreinsatz zur Einsatzhygiene bei Bränden«, 9/2020.

[5] DGUV-Erklärfilm: Einsatzstellenhygiene bei der Feuerwehr: *www.dguv.de/fb-fhb/sachgebiete/feuerwehren/erklaerfilm/index.jsp*

[6] Herbst, W.: Die Roten Hefte 67: Hygiene im Einsatz, Verlag W. Kohlhammer, Stuttgart, 1998.

Notizen:

64 Katastrophenschutz: Organisation und Mitwirkung

von Jochen Thorns

Katastrophen und Großschadenereignisse können unterschiedliche Ursachen haben. Es kann sich um eine technische Ursache, eine Naturkatastrophe, menschliches Versagen oder auch kriegerische Ereignisse handeln. Die Auswirkungen für den Betroffenen sind meist jedoch gleich. Er kann sich nur bis zu einem bestimmten Grad selbst helfen (<**Selbsthilfefähigkeit**>). Greifen die Selbsthilfemaßnahmen der Betroffenen nicht, sind sie auf die Hilfe der polizeilichen und der nichtpolizeilichen Gefahrenabwehr angewiesen. Die nichtpolizeiliche Gefahrenabwehr wird in Deutschland vor allem durch die Feuerwehren, die Hilfsorganisationen und das Technische Hilfswerk sichergestellt.

Trotz der gleichen Auswirkungen von Katastrophen und Großschadenlagen für die Betroffenen ist die organisatorische Zuständigkeit unterschiedlich geregelt. Der Schutz der Zivilbevölkerung im Verteidigungsfall liegt aufgrund von Artikel 73 Grundgesetz in der Zuständigkeit des Bundes. Dies wird als <**Zivilschutz**> bezeichnet. Der <**Katastrophenschutz**> im Frieden ist durch Artikel 70 Grundgesetz den Ländern zugeordnet, welche die örtliche Zuständigkeit auf die Ebene der Landkreise und kreisfreien Städte delegiert haben. Die Zuständigkeit für die Bewältigung von Großschadenereignissen ist – wie für alle anderen Einsätze auch – in der Zuständigkeit der Kommune.

Da es in der Praxis jedoch keinen Sinn macht, zwischen friedensmäßigem Katastrophenschutz und Zivilschutz (im Verteidigungsfall) zu unterscheiden, besteht zwischen Bund und Ländern eine Zusammenarbeit, welche der Bund im Gesetz über den Zivilschutz und die Katastrophenhilfe des Bundes (ZSKG) festgeschrieben hat. So wird der friedensmäßige Katastrophenschutz auch im Verteidigungsfall die Aufgaben zum Schutz der Bevölkerung wahrnehmen. Gleichzeitig ergänzt der Bund die Ausstattung des Katastrophenschutzes, die auch in Friedenszeiten von den Feuerwehren und den Hilfsorganisationen genutzt werden kann (v. a. Fahrzeuge; [▶ Kapitel 11]).

Die Zusammenarbeit zwischen Bund und Ländern besteht beispielsweise auch im Betrieb des beim Bundesamt für Bevölkerungsschutz und Katastrophenhilfe (BBK) angesiedelten Gemeinsamen Melde- und Lagezentrums (GMLZ), das vor allem für ein zuständigkeits- und organisationsübergreifendes Informations- und Ressourcenmanagement bei großflächigen Gefahren- und Schadenlagen zuständig ist. Aus diesem Grund wird vom Bund nicht mehr explizit zwischen Zivil- und Katastrophenschutz unterschieden, sondern der neue Begriff »Zivilschutz und Katastrophenhilfe« genutzt.

64.1 Definitionen

Nicht jede Großschadenlage ist eine Katastrophe – und nicht jede Katastrophe muss eine Großschadenlage sein! Eine <**Katastrophe**> ist ein Geschehen, bei dem Leben oder Gesundheit einer Vielzahl von Menschen oder die natürlichen Lebensgrundlagen oder bedeutende Sachwerte in so ungewöhnlichem Ausmaß gefährdet oder geschädigt werden, dass die Gefahr nur abgewehrt oder die Störung nur unterbunden und beseitigt werden kann, wenn die im Katastrophenschutz mitwirkenden Behörden, Organisationen und Einrichtungen unter einheitlicher Führung und Leitung durch die Katastrophenschutzbehörde zur Gefahrenabwehr tätig werden.

Eine Katastrophe wird amtlich durch den Hauptverwaltungsbeamten (z. B. Landrat) festgestellt. Die Feststellung des Katastrophenfalls führt unmittelbar zur Anwendung des jeweiligen Landes-Katastrophenschutzgesetzes mit den Auswirkungen auf die Einsatzleitung (die dann einheitlich durch die zuständige Katastrophenschutzbehörde, also in der Regel die Kreisverwaltung, wahrgenommen wird) und die Einsatzkosten, die dann nicht mehr von den Kommunen getragen werden müssen. Gerade aus letzterem Grund wird der Katastrophenfall nur selten festgestellt.

Im Gegensatz zur Katastrophe ist ein **<Großschadenereignis>** ein Ereignis mit einer großen Anzahl von Geschädigten oder Betroffenen und/oder erheblichen Sachschäden unterhalb der Schwelle zur Katastrophe. Die Großschadenlage ist eine durch ein Großschadenereignis hervorgerufene Situation.

64.2 Mitwirkung im Katastrophenschutz

Die Feuerwehren und die Hilfsorganisationen sind nach der jeweiligen Landesgesetzgebung für den Brandschutz und die Hilfeleistung sowie den Rettungsdienst zuständig für die Hilfe und die Gefahrenabwehr bei Großschadenereignissen. Hier handeln sie im eigenen Auftrag gemäß der gesetzlichen Vorgaben; d. h. die Einsatzleitung liegt beim örtlichen Feuerwehreinsatzleiter.

Aufgrund des Landeskatastrophenschutzgesetzes wirken die Feuerwehren und die Hilfsorganisationen jedoch auch im friedensmäßigen Katastrophenschutz mit, indem die meist ehrenamtlichen Einsatzkräfte kommunale oder landeseigene Fahrzeuge besetzen und entsprechend ausgebildet werden. Der Bund ergänzt diese Fahrzeugausstattung für Zivilschutzzwecke beispielsweise im Feuerwehrbereich mit Löschgruppenfahrzeugen und Schlauchwagen für den Katastrophenschutz. Diese Fahrzeuge dürfen nicht nur für Zivilschutzzwecke im Verteidigungsfall genutzt werden, sondern auch für den täglichen Dienstbetrieb sowie den friedensmäßigen Katastrophenschutz. Auf diese Weise wirken die Feuerwehren auch im Zivilschutz mit. Die Einsatzleitung liegt im festgestellten Katastrophenfall nicht mehr beim örtlichen Einsatzleiter, sondern bei der Katastrophenschutzbehörde.

Bild 64.1 Auch im Sanitätsdienst ergänzt der Bund den Katastrophenschutz der Länder mit Fahrzeugen und Geräten.

64.3 Ausstattungskonzept des Bundes

Der Bund ergänzt den Katastrophenschutz der Länder mit Fahrzeugen und Geräten für die Zwecke des Zivilschutzes in den Bereichen Brandschutz, Betreuung und ABC- sowie Sanitätswesen. Die Fahrzeuge dürfen auch im täglichen Dienstbetrieb genutzt werden. Das Ausstattungskonzept wurde 2008 beschlossen. Es setzt sich aus Kern- sowie aus Unterstützungskomponenten zusammen.

Kernelemente für besondere Gefahrenlagen sind die Analytische Task Force (ATF), welche bundesweit an sieben Standorten aufgestellt wurde, zur Unterstützung der örtlichen Einsatzkräfte mit Spezialmesstechnik und Fachpersonal bei ABC-Lagen, drei ATF-Biologie sowie die Medizinische Task Force (MTF, 61 Einheiten sind geplant) zur Unterstützung bei einem Massenanfall von Verletzten (MANV). Zur Unterstützung bei einer ABC-Lage plant der Bund zusätzlich die Vorhaltung von insgesamt 468 ABC-Erkundungs-Kraftwagen (CBRN-ErkKW) in der Fläche und an Gefahrenschwerpunkten sowie von 111 Messleitkomponenten und 450 Dekontaminationslastwagen für Personen (Dekon-LKW P).

Die Unterstützungskomponenten werden mit Gerätewagen Betreuung, Betreuungs-Kombi (geplant 300 Fahrzeuge), Notfallkrankenwagen Typ B (geplant 1 008 Fahrzeuge) sowie Löschgruppenfahrzeugen Katastrophenschutz (geplant 955 Fahrzeuge) und Schlauchwagen Katastrophenschutz (geplant 466 Fahrzeuge) ausgestattet. Dabei werden teilweise vorhandene ältere Fahrzeuge des Bundes angerechnet.

65 Verhalten bei Terror- und Amoklagen

von Jochen Thorns

Einsätze der Feuerwehr und des Rettungsdienstes im Rahmen von Terror- und Amoklagen unterscheiden sich deutlich von allen anderen, üblichen Feuerwehreinsätzen. Insbesondere ist auf die Eigensicherung der Einsatzkräfte zu achten.

65.1 Terrorlagen

Terrorismus ist ein gewaltsamer Akt oder eine Aggression gegen den Staat und die Gesellschaft sowie Infrastrukturen. Die Motivation für Terroranschläge wird häufig aus rechts- oder linksextremen Gedankengut, ethnischen Konflikten oder religiösen Fanatismus gewonnen. Dabei haben Anschläge je nach Motivation der Terroristen eine unterschiedliche Ausprägung und unterschiedliche Ziele. Die Anschläge können sich gegen Menschen, gegen die Umwelt, gegen Sachwerte, gegen kritische Infrastrukturen und gegen Industrie-, Verwaltungs- und Bildungs- sowie Kultureinrichtungen richten.

Die Gefahr des Terrorismus ist präventiv kaum beherrschbar. Formen des Terrorismus können Anschläge mit Sprengstoff, Brandbeschleuniger, Schusswaffen, Kraftfahrzeugen, aber auch mit ABC-Komponenten (z. B. »schmutzige Bombe«, Anthrax) sein. Ziel der Attentäter kann auch die (gezielte) Schwächung der polizeilichen wie nichtpolizeilichen Gefahrenabwehr sein. Dies kann durch einen größeren oder mehrere zeitgleiche Anschläge erfolgen. Zudem muss die Gefahr der Schädigung der Einsatzkräfte, beispielsweise durch weitere Anschläge, Sprengfallen, Selbstmordattentäter, Heckenschützen oder (schnell flüchtige) Kampfstoffe bedacht werden. Gerade diese Gefahr der Schwächung der Einsatzkräfte muss von den Führungskräften in den Führungsvorgang implementiert werden.

65.1.1 Einsatzführung bei einer Terrorlage

Zunächst muss eine Terrorlage bzw. ein Anschlag durch die Einsatzkräfte als solcher wahrgenommen und erkannt werden. Dies kann unter Umständen schwierig sein, gerade wenn an der Schadenstelle keine Schäden durch Sprengsätze offensichtlich feststellbar sind. Im Rahmen der Erkundung ist daher auf einen ungewöhnlichen Zusammenhang der drei Indikatoren Ort, Zeit und Symbolwert zu achten.

Weitere Indikatoren für einen möglichen terroristischen Hintergrund sind ein möglicher Zusammenhang mit der politischen Situation und/oder anderen Ereignissen, eine hohe Anzahl von Verletzten/Erkrankten mit unklarer Ursache sowie tote oder unnatürlich abwesende Tiere/Insekten. Zu erkunden ist auch die Windrichtung (z. B. an Fahnen, Bäumen/Sträucher) und damit verbunden die Fahrzeugaufstellung (mögliche ABC-Gefahr!).

Die Führungsorganisation bei einem Terroranschlag richtet sich nach der Feuerwehr-Dienstvorschrift (FwDV) 100 »Führung und Leitung im Einsatz«. Zu berücksichtigen ist, dass Terroranschläge – unabhängig von Folgebränden und der Rettung von Verletzten – in der Regel zumeist Polizeilagen sind. Das heißt, die Einsatzmaßnahmen sind mit dem Polizeieinsatzleiter abzustimmen.

Wie an jeder anderen Einsatzstelle auch, sind die Gefahren der Einsatzstelle (▶ Kapitel 19) zu beachten. Zusätzlich müssen alle Einsatzkräfte den Punkt »Sicherheit« (zweiter Anschlag, Sprengfallen, Heckenschützen, Blindgänger, außergewöhnliche Verletzungen/Erkrankungen, nicht schlüssige ABC-Gefahren) beachten. Auch bei der Abwägung der taktischen Möglichkeiten ist die Sicherheit der eigenen Einsatzkräfte oberstes Gebot.

Als grundsätzliche Vorgehensweise unter Sicherheitsaspekten ist es sinnvoll, nur so viele Einsatzkräfte wie unbedingt notwendig an der Schadenstelle einzusetzen. Die weiteren Einsatzkräfte sollten in abgesetzten Bereitstellungsräumen zurückgehalten werden; ggf. sollten auch mehrere, kleinere Bereitstellungsräume ausgewiesen werden (Dislozierung der Kräfte). Die Fahrzeuge sind abgesetzt voneinander aufzustellen; eine Gruppenbildung von Einsatzkräften an einem Ort ist zu vermeiden. Ggf. sind bereits in der Einsatzplanung abgesetzte Bereitstellungsräume auszuweisen, die nur für den Dienstgebrauch veröffentlicht werden sollten.

65.1.2 Verhalten der Einsatzkräfte

Auch die Einsatzkräfte selbst müssen den Sicherheitsaspekt an der Einsatzstelle beachten. Dazu gehören das Einhalten eines Abstandes sowie die aus dem ABC-Einsatz übliche Vorgehensweise mit dem Wind (also in Windrichtung) sowie ein Rückzug gegen oder quer zur Windrichtung. Zudem sollen die Einsatzkräfte beim Vorgehen von sich aus Rückzugswege und Deckungsmöglichkeiten erkunden und diese ggf. auch zur Deckung oder zum Rückzug nutzen (in diesem Fall ist eine unbedingte Rückmeldung an den Einheitsführer erforderlich!). Ebenso sind gesundheitliche Beeinträchtigungen der Einsatzkräfte (z. B. Übelkeit, Schwindel, Sehstörung) sofort dem Einheitsführer zu melden.

Grundsätzlich haben die Einsatzkräfte auch im Bereitstellungsraum die volle Schutzkleidung zu tragen (insbesondere auch den Feuerwehrhelm!). Die Einsatzhilfe »HEIKAT« unterteilt die Einsatzstelle in einen sicheren, einen teilsicheren sowie einen unsicheren Bereich und gibt Erstmaßnahmen vor.

An Einsatzstellen mit möglichem Terrorhintergrund gilt wie an allen anderen Einsatzstellen auch, dass immer im Trupp vorgegangen wird. Grundsätzlich dürfen sich Einsatzkräfte und Einheiten keinesfalls selbst in den Einsatz bringen. Ein Einsatz erfolgt nur auf Anforderung der Einsatzleitung (bei Einheiten) bzw. des Einheitsführers (bei Trupps).

> **Achtung:**
>
> Einheiten und Einsatzkräfte dürfen sich nicht selbst in den Einsatz bringen.

Die vorgehenden Trupps – aber auch alle anderen Einsatzkräfte – sollen ungewöhnliche Eindrücke, Gerüche und Geräusche (kurz: alle Erkenntnisse und Vermutungen) sofort dem Einheitsführer melden; der Befehlsgehorsam und die Meldewege sind bei einem Terroranschlag wichtiger denn je und müssen zwingend eingehalten werden. Ungewöhnliche Gegenstände dürfen nicht berührt werden, da es sich um Sprengfallen handeln könnte. Wie bei einem normalen Einsatz mit ABC-Gefahren auch, ist die GAMS-Regel (▶ Kapitel 58) zu befolgen und ggf. vorhandene, der Lage angepasste Schutzkleidung anzulegen. Eine Kontamination und Inkorporation ist unbedingt zu vermeiden. Zudem ist an der Einsatzstelle die Kommunikation sicherzustellen. Dabei ist zu beachten, dass es zu einem Ausfall des Funks und der Mobiltelefone durch den Einsatz von Störsendern kommen kann. Eine alternative Kommunikation kann möglicherweise durch Megafone, Signalpfeife o. Ä. erfolgen); im Notfall ist eine direkte, persönliche Kommunikation zwischen den Einsatzkräften erforderlich.

65.2 Einsatz bei Amoklagen

Der Einsatz der Feuerwehr und des Rettungsdienstes bei Amoklagen ist meist eher unterstützender Natur, da es sich primär um eine Polizeilage handelt. Amokanschläge zeichnen sich durch eine lange, detaillierte Vorbereitungsdauer sowie eine sehr kurze Tatdauer (meist nicht mehr als 15 Minuten) aus. Ziel der Täter ist meist eine hohe Tötungsleistung (Tote/Zeit) sowie die Erregung von Aufmerksamkeit (auch posthum) durch die Medien und die Öffentlichkeit. Dazu werden meist leicht erreichbare Ziele mit vielen Personen ausgewählt. Die Polizeitaktik ist die Eliminierung des Täters vor der Menschenrettung und der Verletztenversorgung, da so am ehesten weitere Opfer verhindert werden können.

Das Problem für die Einsatzkräfte ist das Erkennen einer Amoklage, insbesondere wenn ein Notruf nur unzureichend ist (»da raucht es in der Schule«). Außer den üblichen Gefahren der Einsatzstelle (▶ Kapitel 19) ist auch bei einer Amoklage zunächst die Sicherheit der eigenen Einsatzkräfte zu beachten. Einsatzkräfte dürfen keinesfalls in nicht durch Polizeikräfte gesicherte Bereiche vorgehen. Das Vorgehen muss so mit dem Polizeieinsatzleiter abgestimmt und durch diesen freigegeben werden – auch wenn Verletzte sichtbar für die Einsatzkräfte sind.

Außer der Sicherheit treten vor allem die Gefahren der »Angstreaktion/Erkrankung« (Verletzungen, Panik) sowie die »Gefahr durch Menschen« auf. Damit ist vor allem auch das unbestimmte Verhalten der Betroffenen und der Angehörigen gemeint, die an der Schadenstelle eintreffen und betreut werden müssen.

65.2.1 Einsatzgrundsätze

Bei der Amoklage ist eine enge, detaillierte Abstimmung mit der Polizei in der Einsatzplanung (Aufstellorte/Bereitstellungsräume) und im Einsatz (»sichere Bereiche«) zwingend. Die Technische Einsatzleitung vor Ort ist an einem festen Punkt zu installieren, in der gemäß FwDV 100 alle beteiligten Hilfsorganisationen sowie die Polizei und die Krisenintervention vertreten sind.

Wichtig ist die schnelle Einrichtung von Sammelplätzen zur Betreuung von Betroffenen und Angehörigen (möglichst nur ein naher Sammelplatz). Diese Sammelplätze sollten möglichst nah am Geschehen in einem sicheren, möglichst nicht einsehbaren Bereich mit Zutrittskontrolle eingerichtet werden. An der Zutrittskontrolle sollten alle Betroffenen und Angehörigen präventiv auf Waffen durchsucht werden. Sinnvoll ist es, dort Gruppen zusammenzuführen (Lehrer, Klassenverbände). Wartende Angehörige sollen namentlich erfasst und in Familiengruppen zusammengefasst werden; dies erleichtert die Zuordnung und ggf. auch die Überbringung von Nachrichten. Eine Betreuung der Personen durch Angehörige der Krisenintervention, Rettungsdienst und/oder Polizeibeamte hat sich bewährt. Erfahrungen haben gezeigt, dass ein Betreuungsverhältnis von 10:1 angemessen ist. Die Kriseninterventionsteams sollten maximal eine zweistündige Anfahrt zum Schadenort haben.

Weitere Aufgaben der Einsatzleitung können der Aufbau und der Betrieb einer Führungsorganisation sowie die Koordination des Rettungsdiensteinsatzes sein.

65.3 Gewalt gegen Einsatzkräfte

Die Feuerwehren sollen nicht an Einsatzstellen eingesetzt werden, an denen die Einsatzkräfte durch Gewalttätigkeiten bedroht sind – hier sind die Meinungen zwischen polizeilicher und nichtpolizeilicher Gefahrenabwehr bundesweit einheitlich. Unter Umständen muss der Einsatzleiter der Feuerwehr abwägen, ob ein Einsatz der Feuerwehrkräfte überhaupt möglich ist; ggf. muss er mit dem Polizeiführer Schutzmaßnahmen abstimmen.

Eine Amtshilfe durch die Feuerwehr kommt grundsätzlich nicht in Betracht, wenn eine Gefährdung der Einsatzkräfte durch Gewalteinwirkung nicht ausgeschlossen werden kann. Dies muss vom Einsatzleiter im Rahmen der Anforderung der Amtshilfe abgewogen und dem Polizeieinsatzleiter entsprechend mitgeteilt werden.

Auch Angehörige der Feuerwehr und des Rettungsdienstes stehen unter dem besonderen Schutz der Paragrafen 113, 115, 323c Strafgesetzbuch. Angriffe und Behinderungen gegen die bzw. von Feuerwehrangehörigen können so mit Haft bestraft werden. Auch die Fahrzeuge und Geräte werden unter den besonderen Schutz gestellt (Paragraf 305a Strafgesetzbuch).

K

Literatur

[1] HEIKAT – Handlungsempfehlungen zur Eigensicherung für Einsatzkräfte der Katastrophenschutz- und Hilfsorganisationen bei einem Einsatz nach einem Anschlag, AGBF, DFV, BBK et al.

[2] Vortrag Dr. Roland Goertz, Branddirektion Karlsruhe, zum Thema »Amoklage« beim 1. Bundesfachkongress des DFV, 2011.

L Grundprinzipien des Vorbeugenden Brandschutzes

66 Grundlagen des Vorbeugenden Brandschutzes

von Frieder Kircher

66.1 Bedeutung des Vorbeugenden Brandschutzes

Die Feuerwehren wirken seit Beginn ihrer Existenz bei der Verhinderung von Bränden mit. Der Bereich des <**Vorbeugenden Brandschutzes**> in den Feuerwehren befasst sich mit allen Maßnahmen aus der Sicht der Feuerwehr, die bereits im Vorfeld einer Brandentstehung getroffen werden müssen, damit ein Brand beherrschbar bleibt. Um zu wissen, wie aus der Sicht der Feuerwehren ein Brand beherrschbar bleibt, sind die Kompetenz und das Fachwissen von erfahrenen Feuerwehrangehörigen erforderlich. Das Wissen entspringt sowohl den theoretischen Grundlagen der Brandentstehung und der Brandentwicklung, als auch der Erfahrung aus Brandanalysen unter Berücksichtigung der Wirksamkeit von vorbeugenden baulichen, anlagentechnischen und organisatorischen Maßnahmen.

Diese Erfahrungen gehen in die Umsetzung der Grundsätze des Vorbeugenden Brandschutzes in Form eines Brandschutzkonzeptes ein, an dem viele verschiedene im Baugeschehen eingebunden Gruppen beteiligt sind (Architekt, Bauherr, Brandschutzplaner, Bauaufsicht, Feuerwehr).

In der traditionellen Struktur wird der Vorbeugende Brandschutz in drei Gebiete gegliedert:

- Vorbeugender baulicher Brandschutz,
- Vorbeugender anlagentechnischer Brandschutz,
- Vorbeugender organisatorischer Brandschutz.

Diese Gliederungsstruktur umfasst alle Bereiche, die mit Vorbeugendem Brandschutz befasst sind. Für die nachfolgenden Ausführungen sollte eine andere Herangehensweise gewählt werden.

Die Mitwirkung der Feuerwehren, insbesondere im Bereich des Baugenehmigungsverfahrens, wurde im vergangenen Jahrzehnt deutlich zurückgefahren. Durch die Eigenverantwortlichkeit von Architekten und die Einschaltung von Fachplanern für Brandschutz bei der Erstellung eines qualifizierten Brandschutzkonzeptes wurde die direkte, verwaltungsmäßige Beteiligung der Feuerwehren stark reduziert. Weiter unabdingbar erforderlich ist aber die Sachkunde der Feuerwehren bei der Verwirklichung der Schutzziele der Bauordnungen. Daher liegt der Schwerpunkt der Ausführungen in diesem Kapitel bei den Möglichkeiten, wie die Schutzziele des Brandschutzes in der Bauordnung verwirklicht werden können. Darüber hinaus ist die gesellschaftliche Akzeptanz der Fachkunde der Feuerwehren insbesondere bei der Überzeugungsarbeit, die im Rahmen des organisatorischen Brandschutzes bei den Nutzern von Gebäuden geleistet werden muss von ausschlaggebender Bedeutung. Daher werden hier auch noch die wichtigsten Maßnahmen des organisatorischen Brandschutzes behandelt. Details des anlagentechnischen Brandschutzes sind (z. B. Brandmeldeanlagen oder Löschanlagen) in eigenen Kapiteln (▶ Kapitel 29) dieses Lehrbuches zu finden.

66.2 Musterbauordnung und Landesbauordnungen

Das wichtigste Gesetz im Vorbeugenden Brandschutz ist die Bauordnung. Sie regelt, welche Anforderungen bauliche Anlagen erfüllen müssen, um keine Gefahr für die öffentliche Sicherheit und Ordnung darzustellen.

Die gesetzlichen Regelungen werden durch die Länder festgelegt. Damit aber trotz der föderalen Strukturen ein Mindestmaß an Einheitlichkeit besteht, wurde die Muster-

Merke:

Die Musterbauordnung ist nur die Vorlage für die jeweiligen Landesbauordnungen, welche die vollzugsfähigen Gesetze darstellen.

bauordnung (MBO) erstellt. Sie wird auch in regelmäßigen Abständen fortgeschrieben. Die Musterbauordnung stellt die Grundlage aller Landesbauordnungen, die ihr im Aufbau und Inhalt entsprechen. Abweichungen sind nur in landestypischen Eigenheiten zulässig (z. B. für das bayrische Holzhaus in den Alpen oder das reetgedeckte Fischerhaus in Schleswig-Holstein). Zur Konkretisierung einzelner Paragrafen sowohl der Musterbauordung als auch der Landesbauordnung (LBO), können Verordnungen erlassen werden. Am bekanntesten sind die Verordnungen, welche die Ausführung von Sonderbauten konkretisieren, wie z. B. die Muster-Versammlungsstättenverordnung (MVStättV), die Muster-Verkaufsstättenverordnung (MVkVO) oder die Muster-Garagenverordnung (MGarVO). Es gibt jedoch noch weitere Musterrichtlinien der Bauministerkonferenz (ARGEBAU), die aber nicht in allen Ländern eingeführt worden sind (das jeweilige Landesrecht ist zu prüfen):

- Muster-Leitungsanlagen-Richtlinie (MLAR),
- Muster-Lüftungsanlagen-Richtlinie (MLüAR),
- Muster-Industriebau-Richtlinie (MIndBauRL),
- Muster-Systemboden-Richtlinie (MSysBöR),
- Muster-Feuerungsverordnung (MFeuVO),
- Muster-Hochhaus-Richtlinie (MHHR),
- Muster-Richtlinie über brandschutztechnische Anforderungen an Bauteile und Außenwandbekleidungen in Holzbauweise (MHolzBauRL),
- Muster-Schulbau-Richtlinie (MSchulbauR).

66.3 Aufbau der Musterbauordnung

Die Musterbauordnung gliedert sich in sechs Teile. Der Teil mit den wesentlichen Vorgaben für die Ausführung von Gebäuden ist Teil 3. Die Gliederung dieses Teils wird etwas ausführlicher behandelt.

66.3.1 Teil 1: Allgemeine Vorschriften

In Teil 1 der MBO werden neben den Begriffsdefinitionen (Gebäudearten und -klassen, Bauprodukte, Begriff des Geschosses usw.) insbesondere die allgemeinen Anforderungen angeführt.

66.3.2 Teil 2: Das Grundstück und seine Bebauung

Bezüglich des Vorbeugenden Brandschutzes sind in Teil 2 der MBO insbesondere die Regelungen für Zufahrten und Zugänge zu beachten. Aber auch die baurechtlich erforderlichen Abstandsflächen stellen mit einen Beitrag zum Vorbeugenden Brandschutz dar.

66.3.3 Teil 3: Bauliche Anlagen

In diesem Teil der MBO sind die umfangreichsten Anforderungen hinsichtlich des Brandschutzes an die einzelnen Teile von Gebäuden angeführt.

- Abschnitt 1 ist für den Brandschutz ohne Bedeutung.
- In Abschnitt 2 sind die grundsätzlichen Anforderungen an den Brandschutz festgelegt. Darin findet man sowohl die Schutzziele hinsichtlich des Brandschutzes als auch die Forderung nach Herstellung eines Zweiten Rettungsweges, der sowohl als baulicher Rettungsweg ausgebildet werden als auch bis zu einer bestimmten Höhe über Leitern der Feuerwehr erfolgen kann.
- Abschnitt 3 »Bauprodukte und Bauarten«: Dieser Abschnitt befasst sich mit Regelungen für die Zulassung von Bauprodukten und Bauarten. Hierin wird insbesondere das System der Prüfungen und Zulassungen für Baustoffe und Bauteile festgelegt.
- Abschnitt 4 »Wände, Decken, Dächer«: In Abhängigkeit von der Gebäudeklasse sind die Anforderungen an den Feuerwiderstand der abschottenden Bauteile angeführt.

- Abschnitt 5 »Treppen, Rettungswege, Aufzüge«: Dieser Abschnitt widmet sich der Ausführung von Treppenräumen, Fluren und Aufzügen, insbesondere bezüglich der brandschutztechnischen Qualität der Umfassungswände und der Entfernung von sicheren Treppen vom jeweiligen Aufenthaltsraum (Rettungsweglänge). Er regelt die Notwendigkeit der Rauchfreihaltung von Treppenräumen, definiert was man unter einem Sicherheitstreppenraum versteht und wie groß Fenster sein müssen, damit sie als Rettungsfenster beim Einsatz von Leitern der Feuerwehr zur Menschenrettung genutzt werden können.
- Abschnitt 6 »Haustechnische Anlagen und Feuerungsanlagen«: Lüftungsleitungen und haustechnische Anlagen stellen insbesondere hinsichtlich der Brandausbreitung ein besonderes Risiko dar, weshalb hierüber in den Landesbauordnungen besondere Anforderungen aufgestellt werden.
- Abschnitt 7 »Aufenthaltsräume und Wohnungen«: Hier werden die Anforderungen an Aufenthaltsräume und Wohnungen festgelegt. Dabei werden auch insbesondere Bedingungen für Aufenthaltsräume in Kellern und Dachgeschossen definiert.
- Abschnitt 8 »Besondere Anlagen«: Während alle vorstehenden Abschnitte grundsätzliche Festlegungen hauptsächlich für Wohnungen oder wohnungsähnliche Nutzungen festgelegt haben, wird hier dargestellt, was man unter Baulichen Anlagen besonderer Art und Nutzung wie z. B. Versammlungsbaustätten, Industriebauten, Krankenhäuser u. a., versteht und welche besonderen Anforderungen an diese u.a. hinsichtlich des Brandschutzes gestellt werden können.

Mit diesen acht Abschnitten bildet der Teil »Bauliche Anlagen« den Kernteil der MBO.

66.3.4 Teil 4: Beteiligte

Die am Bau Beteiligten, Pflichten und Rechte der Bauherren, der Entwurfsverfasser, des Unternehmers und der Bauleiter werden im Teil 4 der MBO beschrieben.

66.3.5 Teil 5: Bauaufsichtsbehörden und Verwaltungsverfahren

Dieser Abschnitt der MBO klärt insbesondere wie die Verschiedenheit des Umfanges einer baulichen Anlage mit unterschiedlichen Baugenehmigungsverfahren berücksichtigt wird. Dabei gibt es Bauvorhaben, die generell genehmigungsfrei sind, Bauvorhaben die mit einem vereinfachten Verfahren bearbeitet werden und solche, die ein vollwertiges Genehmigungsverfahren durchlaufen müssen. Welche Unterlagen für einen Bauantrag als Bauvorlagen eingereicht werden müssen, gehört genauso dazu, wie die Bedingungen für Abweichungen von Regelungen der Landesbauordnungen.

66.3.6 Teil 6: Ordnungswidrigkeiten, Rechtsverordnungen

Hier wird festgelegt, welche Verstöße gegen die Landesbauordnung als Ordnungswidrigkeit geahndet werden.

66.4 Schutzziele des Vorbeugenden Brandschutzes

Die grundlegende Gesetzesregelung ist im Paragraf 14 MBO festgelegt: »Bauliche Anlagen müssen so beschaffen sein, dass der Entstehung eines Brandes und der Ausbreitung von Feuer und Rauch vorgebeugt wird und bei einem Brand wirksame Löscharbeiten und die Rettung von Menschen und Tieren möglich sind.«

Aus diesem Verordnungstext leiten sich die Schutzziele des Vorbeugenden Brandschutzes ab:

- Vorbeugung der Entstehung eines Brandes,
- Vorbeugung der Ausbreitung von Feuer,
- Vorbeugung der Ausbreitung von Rauch,
- Rettung von Menschen und Tieren ermöglichen,
- wirksame Löscharbeiten ermöglichen.

Alle baulichen Anlagen sind entsprechend diesen Schutzzielen zu errichten. Die dem Paragraf 14 nachfolgenden Paragrafen der MBO stellen für Baustoffe, Bauteile, Rettungswege, Brandschutzeinrichtungen oder organisato-

L

Merke:

Bei der Anwendung des Abschottungsprinzips werden bauliche Anlagen in Abschnitte unterteilt, die untereinander durch Wände und Decken (Bauteile) so abgetrennt sind, dass sie einer Brandausbreitung solange standhalten, wie die trennenden Bauteile einer definierten Brandbelastung standhalten. Die Abschnitte können Brandabschnitte sein, die von Brandwänden eingegrenzt sind, aber auch Brandbekämpfungsabschnitte sein, die von feuerbeständigen Wänden umgeben sind.

rische Maßnahmen Forderungen auf, die zur Erfüllung dieser Schutzziele notwendig sind.

66.4.1 Erstes Schutzziel »Vorbeugung der Entstehung eines Brandes«

Die Entstehung eines Brandes ist im Wesentlichen von den verwendeten Baustoffen abhängig. Je geringer die Neigung eines Baustoffes zur Entflammung ist, desto besser wird das Schutzziel erfüllt.

Die günstigste Möglichkeit das Schutzziel zu erfüllen, ist die Verwendung nichtbrennbarer Baustoffe. Ob ein Baustoff brennbar oder nichtbrennbar ist, wird anhand von Brandprüfungen festgestellt, die bisher in DIN 4102-1 »Brandverhalten von Baustoffen« geregelt waren. Seit dem Jahr 2010 gelten die DIN EN 13501-2 als Klassifizierungsnorm und DIN EN 1363-1 als Norm für die Prüfung von Baustoffen und Bauteilen (▶ Kapitel 9).

66.4.2 Zweites Schutzziel: Vorbeugung der Ausbreitung von Feuer

Das Schutzziel »Vorbeugung der Ausbreitung von Feuer und Rauch« kann durch die Abschottung eines Brandes von benachbarten Bereichen durch geeignete Bauteile (Wände, Decken, Türen) erreicht werden. Dieses Grundprinzip wird im Vorbeugenden Brandschutz als < **Abschottungsprinzip** > bezeichnet. Wände, Decken, Türen usw. müssen aus geeigneten Baustoffen bestehen, die Brandprüfungen bestanden haben. Wenn Bauteile die Brandausbreitung verhindern sollen, müssen sie über eine geforderte Zeit ihre abschottetende Funktion erhalten. Wenn dies geprüft wer-

Tabelle 66.1 Die wichtigsten Leistungskriterien von Bauteilen

Leistungskriterium des Bauteils im Brandfall	Abkürzung	Bedeutung	Anwendungsbereich
Tragfähigkeit	R	Résistance	Stütze
Raumabschluss	E	Étanchéité	nichttragende Wände
Wärmedämmung bei Brandeinwirkung	I	Isolation	Brandschutztüren
Begrenzung der Wärmestrahlung	W	Radiation	Brandschutzverglasung
Widerstand gegen mechanische Einwirkung (Stoßbeanspruchung)	M	Mechanical	Brandwände
Begrenzung der maximalen Durchlässigkeit (Leckrate), bis 200 °C	S_m	Smoke	Rauchschutztüren, Lüftungsanlagen, Klappen
selbstschließende Eigenschaft (ggf. mit Anzahl der Lastenspiele) einschließlich Dauerfunktion	C	Closing	Rauchschutztüren, Feuerschutzabschlüsse
Aufrechterhaltung der Energieversordung und/oder Signalübermittlung	P	Power	Elektrische Kabelanlagen
Rußbrandbeständigkeit	G	Grime	Schornsteine

Tabelle 66.2 Bauaufsichtliche Bezeichnungen nach der bisherigen DIN 4102

Bauaufsichtliche Anforderungen	Klasse nach DIN 4102-2	Kurzbezeichung nach DIN 4102-2
feuerhemmend	Feuerwiderstandsklasse F 30	F 30 – B[a]
feuerhemmend aus nichtbrennbaren Baustoffen	Feuerwiderstandsklasse F 30 und aus nichtbrennbaren Stoffen	F 30 – A[a]
hochfeuerhemmend	Feuerwiderstandsklasse F 60 und in den wesentlichen Teilen aus nichtbrennbaren Baustoffen	F 60 – AB[b]
	Feuerwiderstandsklasse F 60 und aus nichtbrennbaren Baustoffen	F 60 – A[b]
feuerbeständig	Feuerwiderstandsklasse F 90 und in den wesentlichen Teilen aus nichtbrennbaren Baustoffen	F 90 – AB[c,d,e]
feuerbeständig und aus nichtbrennbaren Baustoffen	Feuerwiderstandsklasse F 90 und aus nichtbrennbaren Baustoffen	F 90 – A[c,d]

[a] bei nichttragenden Wänden auch W 30 zulässig
[b] bei nichttragenden Wänden auch W 60 zulässig
[c] bei nichttragenden Wänden auch W 90 zulässig
[d] nach bestimmten bauaufsichtlichen Verwendungsvorschriften einiger Länder auch F 120 gefordert
[e] In einigen Landesbauordnungen werden als feuerbeständig auch Bauteile aus Holz anerkannt, die die Feuerwiderstandsdauer von 90 Minuten erreichen und so hergestellt sind, dass eine Übertragung von Feuer und Rauch nicht über die Grenzen von Brand- oder Rauchschutzbereichen übertragen werden können.

Tabelle 66.3 Bauaufsichtliche Bezeichnungen nach DIN EN 13501-2

Bauaufsichtliche Anforderung	Tragende Bauteile		Nichttragende Innenwände
	ohne Raumabschluss	mit Raumabschluss	
feuerhemmend	R 30	REI 30	EI 30
hochfeuerhemmend	R 60	REI 60	EI 60
feuerbeständig	R 90	REI 90	EI 90
Feuerwiderstandsfähigkeit 120 Minuten	R 120	REI 120	
Brandwand		REI 90-M	EI 90-M

den soll, simuliert man eine Brandsituation in einem »überdimensionalen« Ofen, in dem das Bauteil in der Originalsituation eingebaut wird. Die Temperatur wird im Ofen in Abhängigkeit von der Zeit nach dem Modellgesetz der »Einheits-Temperatur-Zeitkurve« erhöht. Das Verhalten des Bauteils wird anhand vorgegebener Leistungskriterien (z. B. Tragfähigkeit, Erhalt des Raumabschlusses, Erwärmung der feuerabgewandten Seite usw. ...) gemessen. Die Klassifizierung von Bauteilen erfolgt in Abhängigkeit von der Zeit, die ein Bauteil die Leistungskriterien in dem entsprechenden Brandversuch erfüllt. Die Kennzeichnung erfolgt nach DIN EN 13501-2 durch einen Buchstaben, der angibt, welches Klassifizierungskriterium gemeint ist, und durch eine Zahl, welche die Dauer der Erfüllung dieses Kriteriums angibt. Beispiel: Feuerbeständige Wand aus Stahlbeton REI 90. Sie erfüllt in einem Brandversuch 90 Minuten die drei Leistungskriterien Tragfähigkeit, Erhalt des Raumabschlusses, Erwärmung der feuerabgewandten Seite.

Bei Gesetzestexten wird in den meisten Fällen ein Bauteil nur mit seiner bauaufsichtlichen Bezeichnung genannt. Will man aber aus bautechnischer Sicht ein bestimmtes Bauteil herstellen und prüfen, müssen die normativen Klassifizierungen verwendet werden.

66.4.3 Drittes Schutzziel: Vorbeugung der Ausbreitung von Rauch

Die Ausbreitung von Rauch wird im Wesentlichen auch durch das Abschottungsprinzip gewährleistet. Rauch ist in der Regel bei Weitem nicht so heiß wie die direkte Beanspruchung durch Feuer.

Die Ausbreitung von Rauch ist besonders kritisch im Bereich von Rettungswegen. Dort kann das Abschottungsprinzip durch Rauchschutztüren gewährleistet werden. Sie dienen einmal der Abtrennung der Flure vom Treppenraum und der Unterteilung von langen Fluren in Rauchabschnitte. Rauchschutztüren haben keinen geprüften und definierten Feuerwiderstand, wie z. B. Brandschutztüren T 30 oder REI 30.

Sie werden aber hinsichtlich ihrer Dichtigkeit gegen das Durchtreten von Rauch geprüft und müssen selbstschließend sein. In Treppenräumen von Hochhäusern kann das Eindringen von Rauch z. B. auch durch Druckbelüftungsanlagen verhindert werden. Diese Anlagen erzeugen an der Tür vom zu schützenden Treppenraum zum Flur eine Luftströmung entgegen der Rauchströmung und verhindern damit die Rauchausbreitung in den Rettungsweg.

> **Merke:**
>
> Das deutsche Baurecht sieht für jedes Gebäude grundsätzlich die Notwendigkeit von zwei voneinander unabhängigen Rettungswegen vor. .

66.4.4 Viertes Schutzziel: Rettung von Menschen und Tieren ermöglichen

Das Schutzziel »Rettung von Menschen und Tieren« wird durch die geeignete Ausgestaltung von Rettungswegen gewährleistet. Rettungswege sind Teile von baulichen Anlagen, an die besondere Anforderungen mit dem Ziel gestellt werden, im Brand- und Gefahrenfall die schnelle Selbstrettung und Rettung durch Hilfskräfte (Feuerwehr usw.) zu ermöglichen. Als wesentliche Bestandteile des Rettungsweges gelten:

- Rettungswege im Raum,
- Flure,
- Treppenraum und
- Ausgänge.

Rettungsweg im Raum

Bei Wohnungen wird an den »Rettungsweg im Raum« keine Anforderung gestellt. Bei großen Räumen, in denen sich zahlreiche Menschen aufhalten (z. B. Versammlungsraum), kann gefordert werden, dass in einer von der Personenzahl des Raumes abhängigen Breite, Gänge zum nächsten gesicherten Flur freigehalten werden.

Flure

Ein Flur liegt zwischen dem Ausgang eines Raumes und der Tür zum Treppenraum bzw. zum Ausgang. Durch einen Flur soll den Nutzern eines Gebäudes ermöglicht werden, dass sie, nachdem sie einen brennenden Raum verlassen haben, schnell und sicher den Treppenraum erreichen können. Nutzer, die aus anderen Räumen fliehen, sollen wenigstens während der Fluchtphase vor Brandeinwirkung aus dem betroffenen Raum geschützt werden (Abschottungsprinzip). Da meistens mehrere Nutzer auf Flure angewiesen sind, werden Anforderungen an den Feuerwiderstand der Umfassungswände gestellt. Für Flure gibt es entsprechend der Philosophie der Bauordnungen bis auf wenige

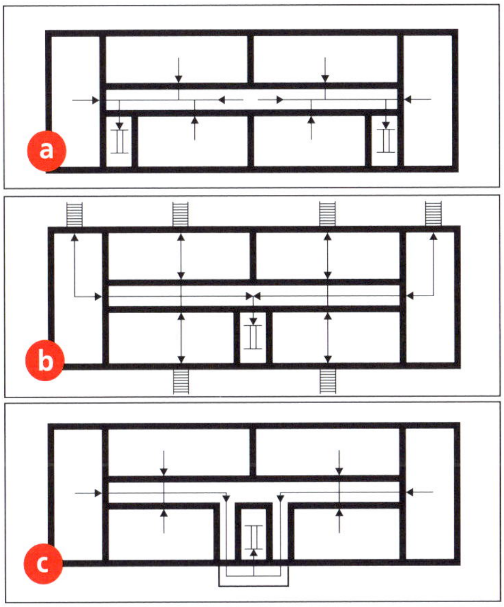

Bild 66.1 Zwei voneinander unabhängige Rettungswege werden sichergestellt durch:

- **a** zwei Treppenräume, an den Enden eines Flures,
- **b** einen Treppenraum und Rettungsgeräte (Leitern) der Feuerwehr,
- **c** oder einen Sicherheitstreppenraum.

Ausnahmen keine Forderungen, die ein Eindringen von Rauch verbieten. Dies bedeutet, dass aus einem brennenden Raum Rauch in einen Flur eindringen kann. Menschen, die durch einen derartigen Flur fliehen, müssen sich dessen bewusst sein. Damit dennoch eine Flucht möglich ist, wird die Rettungsweglänge begrenzt. Der Standardwert der Rettungsweglänge liegt bei 35 Metern. In dieser Entfernung sollte von jedem Ort eines Gebäudes ein sicherer Bereich erreicht werden. Sichere Bereiche sind entweder der Ausgang ins Freie oder ein Treppenraum.

Treppenraum

Der Treppenraum soll als der sicherste Bereich in Gebäuden errichtet werden. Treppenräume sind allseitig von Bauteilen umschlossen, die in den meisten Fällen feuerbeständig sind (abhängig von der Höhe des Gebäudes). An Zugangstüren von Treppenräumen wird mindestens die Forderung gestellt, dass sie rauchdicht und selbstschließend ausgeführt sind. Ausnahmen sind nur im Wohnungsbau und bei Gebäuden geringer Höhe zulässig. Treppenräume müssen im Normalfall an der Außenwand liegen, Fenster zum Lüften haben und ab einer Höhe von 13 Meter eine Öffnung zur Rauchableitung vorweisen. Diese Öffnung muss nahe des Ausgangs und im letzten Geschoss auslösbar sein.

Prinzip des Zweiten, unabhängigen Rettungsweges

Jede Nutzungseinheit (z. B. Wohnungen, selbstständige Aufenthaltsräume, Hotelzimmer, selbstständige Betriebs- und Arbeitsstätten) muss in jedem Geschoss mit Aufenthaltsräumen zwei voneinander unabhängige Rettungswege aufweisen. Diese beiden Rettungswege sind im günstigsten Fall zwei Treppenräume. Wenn ein Treppenraum infolge eines Brandes blockiert ist, soll mindestens ein weiterer unabhängig von dem ersten zur Flucht und auch zum Löschangriff benutzt werden können.

Der so genannte Erste Rettungsweg ist immer ein notwendiger Treppenraum. Der Zweite Rettungsweg ist entweder

- ein zweiter notwendiger Treppenraum,
- die Rettungsgeräte (Leitern) der Feuerwehr oder ersatzweise
- ein Sicherheitstreppenraum.

Insbesondere im Wohnungsbau sind Erleichterungen bei der Ausführung des Zweiten Rettungsweges möglich. Wenn jede Nutzungseinheit (Wohnung) an mindestens einer Stelle innerhalb der Nutzungseinheit durch Leitern der Feuerwehr erreicht werden kann, besteht die Möglichkeit, auf den Zweiten Rettungsweg über einen Treppenraum zu verzichten.

Leitern der Feuerwehr können sowohl tragbare als auch fahrbare Leitern sein. Bis acht Meter Gebäudehöhe können tragbare Leitern (nur Steckleiter!) eingesetzt werden, bis 22 Meter fahrbare Leitern (Hubrettungsfahrzeuge). Ab einer Höhe von 22 Metern (Hochhausgrenze) ist eine Rettung über Leitern nicht mehr möglich, sodass bei solchen Gebäuden immer ein baulicher Zweiter Rettungsweg vorgeschrieben ist.

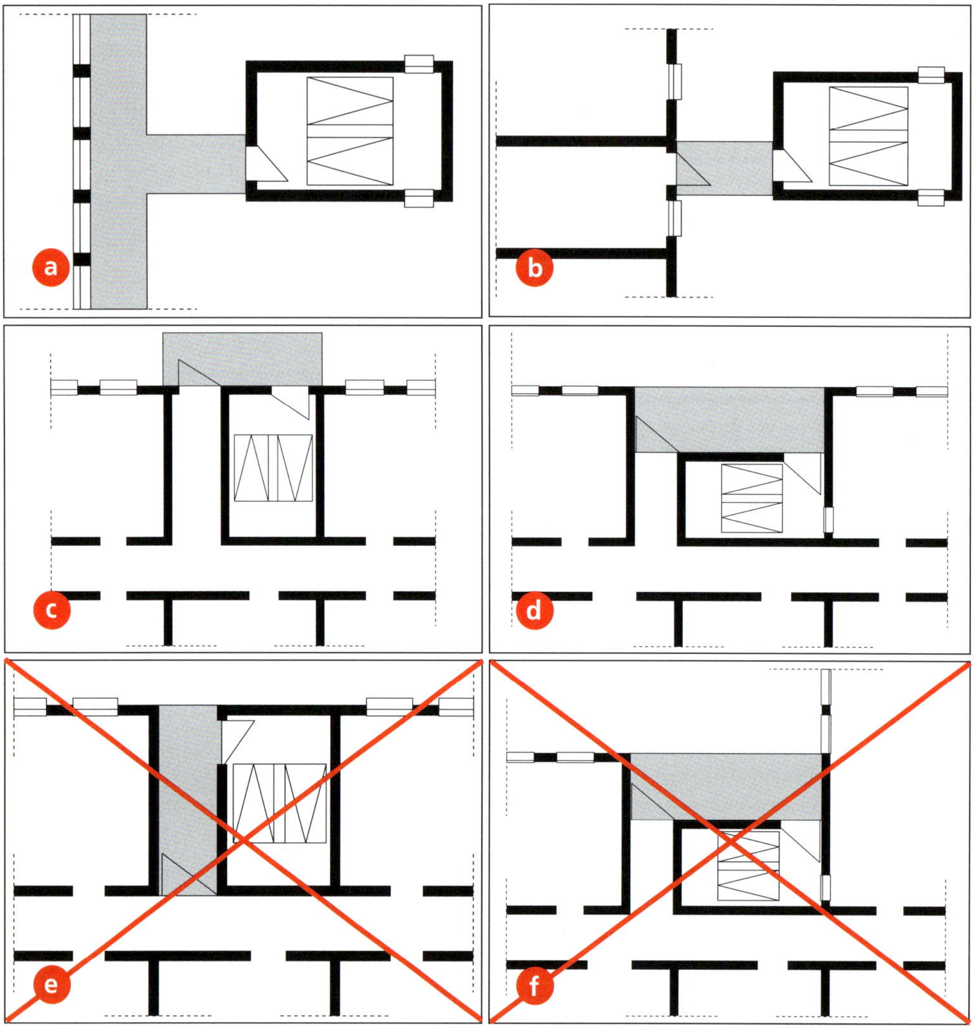

Bild 66.2 Anordnung des außenliegenden Sicherheitstreppenraumes: **a** Zugang über Laubengang und offenen Gang **b** Zugang vom Gebäude über offenen Gang **c** Zugang über Balkon **d** Zugang über Loggia **e** Öffnung der Loggia zum Freien auf der Schmalseite und damit im freien Windstrom, kein ausreichender Abstand zu den Fenstern angrenzender Räume **f** Loggia liegt in Gebäudeecke und damit nicht im freien Windstrom, kein ausreichender Abstand zu den Fenstern angrenzender Räume.

Sicherheitstreppenräume

Wenn sowohl keine Möglichkeit für einen zweiten Treppenraum besteht als auch keine Anleitermöglichkeit geschaffen werden kann, wird das Prinzip des Zweiten Rettungsweges durch einen Sicherheitstreppenraum umgesetzt. Sicherheitstreppenräume sind gemäß Paragraf 33 Absatz 2 MBO wie folgt definiert: [...] »Ein zweiter Rettungsweg ist nicht erforderlich, wenn die Rettung über einen Treppenraum erfolgt, in den Feuer und Rauch nicht eindringen können (Sicherheitstreppenraum).« [...] Beim außenliegenden Sicherheitstreppenraum wird das Eindringen von Rauch in den Treppenraum dadurch verhindert, dass er nur über einen Balkon, der im Freien von der Außenluft umspült ist, erreicht werden kann.

L

Tabelle 66.4 Maße für Feuerwehrzufahrten

Außenradius der Kurve (in Meter)	Breite mindestens (in Meter)	
	nach ARGEBAU	nach DIN 14090
10,5 bis 12	5,0	5,0
über 12 bis 15	4,5	4,5
über 15 bis 20	4,0	4,0
über 20 bis 40	3,5	3,5
über 40 bis 70	3,2	3,5
über 70	3,0	3,0

Innenliegende Sicherheitstreppenräume werden durch bauliche und anlagentechnische Maßnahmen so sicher gemacht, dass Feuer und Rauch nicht eindringen können.

66.4.5 Fünftes Schutzziel: Wirksame Löscharbeiten ermöglichen

Voraussetzung für die Erfüllung dieses Schutzziels ist das Vorhandensein einer ausreichenden Löschwasserversorgung (▶ Kapitel 34). Bei der Löschwasserversorgung werden der Grund- und der Objektschutz unterschieden. Der Grundschutz ist geregelt für Wohngebiete, Mischgebiete und Industriegebiete ohne erhöhtes Sach- und Personenrisiko. Die Gewährleistung des Grundschutzes erfolgt in der Regel aus dem Netz der öffentlichen Wasserversorgung. Die Verantwortlichkeit für die Gewährleistung des Grundschutzes liegt in den Händen der Gemeinden.

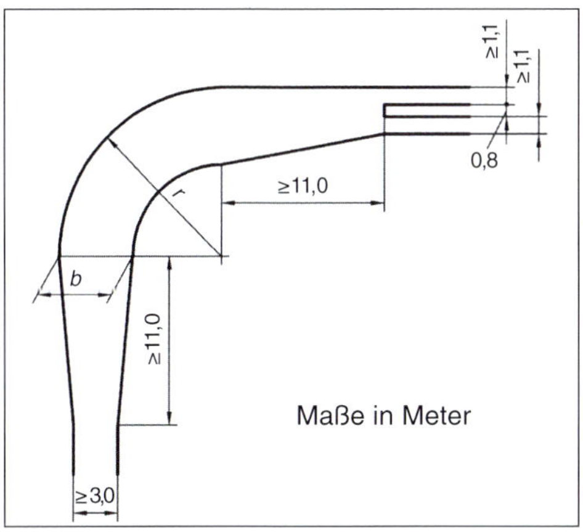

Bild 66.3 Maße einer Feuerwehrzufahrt

Der Löschwasserbedarf zum Objektschutz geht über den Grundschutz hinaus. Er wird im Rahmen des Brandschutzkonzeptes definiert und ist abhängig von der Nutzung und Brandgefährdung. Für den Objektschutz ist der Eigentümer der baulichen Anlage verantwortlich. Wenn der Grundschutz nicht schon so dimensioniert ist, dass der Objektschutz bereits erfüllt wird, kann durch zusätzliche Maßnahmen wie Löschwasserbehälter oder Wasserentnahmestellen an Gewässern der Objektschutz gesichert werden.

Weiter wird dieses Schutzziel durch die Gewährleistung eines sicheren Zuganges für die Feuerwehr in das Gebäude und durch den Einbau von Brandmelde-, Rauch- und Wärmeabzugs- und Löschanlagen erfüllt.

Der sichere Zugang ist durch die Erreichbarkeit von jeder baulichen Anlage mit den Fahrzeugen der Feuerwehr über die öffentliche Straße möglich. Liegt ein Gebäude mehr als 50 Meter von der öffentlichen Straße entfernt, ist eine Feuerwehrzufahrt herzustellen. Wird für die Ermöglichung des Zweiten Rettungsweg eine Drehleiter der Feuerwehr benötigt, ist sicherzustellen, dass diese Leiter jede Stelle des Gebäudes erreichen kann, von der Personen gerettet werden müssen. Dafür sind Maße für Zufahrten und Aufstellflächen festgelegt.

Aufstellflächen gibt es sowohl für Feuerwehrfahrzeuge als auch für tragbare Leitern. Die detaillierten Maße sind in der Musterrichtlinie über Flächen für die Feuerwehr

Quelle: J. Thorns

Bild 66.4 Hinweisschild für die Feuerwehr mit zusätzlichem Hinweis auf ein geltendes Halteverbot

festgeschriebenen, veröffentlicht durch die Fachkommission Bauaufsicht der Arbeitsgemeinschaft der Bauminister des Bundes und der Länder (ARGEBAU) sowie der DIN 14090 »Flächen für die Feuerwehr auf Grundstücken« festgeschrieben. Teilweise sind auch landesrechtliche Vorschriften gültig.

Ein wichtiger Punkt zur Ermöglichung wirksamer Löschmaßnahmen ist die Kennzeichnung für die Feuerwehr mit Hinweisschildern. Die Hinweisschilder für die Feuerwehren nach DIN 4066 sind mit rotem Rand, weißem Grund und schwarzer Schrift einheitlich in ihrer Ausführung. Diese Ausführung zeigt jedem Feuerwehrangehörigen, dass hier ein Hinweis für seine Arbeit angebracht ist. Beispiele könnten sein Feuerwehrzufahrt, Löschwasserentnahmestelle, Brandmelderzentrale und ähnliches. Wenn Gebäude entweder eine große Grundfläche umfassen oder die Gefährdung im Brandfall so groß ist, dass wirksame Löscharbeiten der Feuerwehr nicht mehr ohne zusätzliche Maßnahmen möglich sind, dann müssen Maßnahmen des anlagentechnischen Vorbeugenden Brandschutzes ergriffen werden. Die wichtigsten Anlagen, die alle dem Schutzziel der Ermöglichung einer wirksamen Brandbekämpfung dienen, sind:

- Brandmeldeanlagen,
- Rauch- und Wärmeabzugsanlagen,
- Löschanlagen.

Brandmeldeanlagen (BMA)

Frühzeitige Branderkennung und Alarmierung der Feuerwehr ermöglichen die Brandbekämpfung in der Frühphase. Eine BMA ist die Verknüpfung von:

- einzelnen Brandmeldern,
- einer Brandmelderzentrale,
- einer Linientechnik,
- einer Übertragungseinrichtung und
- verschiedenen Anlagenkomponenten (z. B. Feuerwehr-Bedienfeld, Feuerwehrschlüsseldepot oder Freischaltelement),

um anwesende Personen vor einem entstehenden bzw. entstandenen Brand zu warnen. Sie können den Brand der Feuerwehr oder – wenn gewünscht – einer anderen geeigneten Stelle melden sowie geeignete technische Gegenmaßnahmen einleiten (▶ Kapitel 29).

Rauchabzugsanlagen

Nach DIN EN 12101-1 sollen Rauch- und Wärmeabzugsanlagen

- Rettungs- und Angriffswege rauchfrei halten,
- die Brandbekämpfung durch Schaffung einer rauchfreien Schicht erleichtern,
- den Flash-over und damit den Vollbrand verzögern,
- Einrichtungen schützen,
- Brandfolgeschäden durch Brandgase und thermische Zersetzungsprodukte herabsetzen sowie
- die Brandbeanspruchung der Bauteile vermindern.

Es werden natürliche und maschinelle Rauchabzüge unterschieden.

Die Wirkung natürlicher Rauchabzüge beruht auf dem thermischen Auftrieb der Rauchgase. Infolge des Auftriebes sammeln sich die Rauchgase an der obersten Stelle des Raumes und bewirken dort einen Druckanstieg. Wird an der höchsten Stelle eine Öffnung ins Freie geschaffen, dann wird das Rauchgas in den Bereich des normalen atmosphärischen Druckes ausströmen.

Maschinelle Rauchabzüge bewirken die gleichen Effekte, sie werden nur dort eingesetzt, wo keine Möglichkeiten existieren, direkte Öffnungen vom Brandraum ins Freie zu schaffen. Bei maschinellen Rauchabzügen werden die Rauchgase über Ventilatoren abgesaugt und durch feuerwiderstandsfähige

Rohrleitungen über Auslassöffnungen ins Freie geleitet.

Löschanlagen

Automatische Löschanlagen sind fest installierte Brandschutzeinrichtungen, die durch frühzeitigen gezielten Ausstoß von Löschmitteln nach der Erkennung einen Brand in der weiteren Ausbreitung eingrenzen und möglichst vollständig löschen. Im Wesentlichen werden folgende Löschanlagen (▶ Kapitel 29) eingesetzt:

- Sprinkleranlagen,
- Sprühwasserlöschanlagen,
- Schaumlöschanlagen,
- Pulverlöschanlagen und
- Gaslöschanlagen.

Die Anwendung von Löschanlagen ist unter folgenden Voraussetzungen geboten:

- wenn es in einer Vorschrift gefordert wird (z. B. unterirdische Garagen mit einer Grundfläche von mehr als 2 500 Quadratmetern),
- wenn die zulässige Brandabschnittsgröße überschritten wird (z. B. große Industriehallen),
- wenn infolge der in einem Gebäude vorhandenen brennbaren Stoffe (Brandlast) oder deren Anordnung eine wirkungsvolle Brandbekämpfung durch die Feuerwehr nicht mehr gewährleistet ist (z. B. Hochregallager).

Löschwasseranlagen

Zur Förderung von Löschwasser durch die Feuerwehr in große Höhen oder an schlecht zugängliche Stellen werden Löschwasseranlagen (ehemals als Steigleitung bezeichnet) verwendet (▶ Kapitel 29). Es werden drei Typen von Löschwasseranlagen unterschieden:

- Löschwasseranlage »trocken«,
- Löschwasseranlage »nass«,
- Löschwasseranlage »nass/trocken«.

Die Löschwasseranlagen bestehen mindestens aus einem Rohrleitungssystem, Entnahmeeinrichtungen in jedem Geschoss (gemäß DIN 14461-2 in Verbindung mit der Entnahmearmatur für Löschwasserleitungen nach DIN 14461-5) und einer Einspeisearmatur im Erdgeschoss an der Außenseite des Gebäudes (gemäß DIN 14461-4). Während Löschwasseranlagen »trocken« der Feuerwehr zum Einspeisen von Löschwasser in die Löschwasserleitung dienen, stehen die Löschwasseranlagen »nass« und »nass/trocken« ständig unter Wasserdruck. Der Unterschied besteht nur im Anschluss an das Trinkwassernetz. Am Ende dieser beiden Typen der Löschwasseranlagen sind in der Regel Wandhydranten angeschlossen.

Wandhydranten

Wandhydranten sind nur an Löschwasseranlagen »nass« oder »nass/trocken« anzuschließen, nicht jedoch an Löschwasserleitungen »trocken«! Grundsätzlich wird zwischen zwei Arten von Wandhydranten unterschieden: Typ S und Typ F.

Wandhydranten Typ S (»S« für Selbsthilfe) sind für Laien als Selbsthilfevorrichtung vorgesehen. Die Löschwassermenge dieser mit formstabilen Schläuchen ausgestatteten Wandhydranten beträgt bei einem Betriebsdruck von 2 bar 24 l/min. Die Löschwasserleitung muss so ausgelegt sein, dass die gleichzeitige Löschwasserentnahme von zwei Wandhydranten möglich ist.

Bei Wandhydranten Typ F (»F« für Feuerwehr) werden zwei Ausführungen unterschieden: mit formbeständigen Schläuchen und mit Faltenschläuchen.

Wandhydranten Tpy F mit formstabilen Schläuchen dienen sowohl als Selbsthilfeeinrichtung für Laien als auch der Feuerwehr zur Brandbekämpfung. Die Ausführung mit Faltenschlauch ist für den Einsatz der Feuerwehr und für unterwiesene Selbsthilfekräfte vorgesehen.

Die Wasserlieferung der Löschwasserleitung bei Wandhydranten Typ F muss so ausgelegt sein, dass sie im Brandfall bei einem Berechnungsdurchfluss von 3 × 100 l/min und einem Fließdruck von 3 bar den gleichzeitigen Einsatz von drei C-Rohren ermöglicht.

66.5 Organisatorische Maßnahmen des Vorbeugenden Brandschutzes

Organisatorische Maßnahmen des Vorbeugenden Brandschutzes unterstützen alle Schutzziele. Sie regeln das Verhalten von Menschen sowohl vor der Entstehung eines Brandes als auch in der Phase der Brandentstehung und Brandausbreitung.

66.5.1 Brandschutzordnung

Brandschutzordnungen enthalten Handlungsanweisungen für Personen, die entweder als Besucher, Beschäftigte oder Personen mit besonderen Brandschutzaufgaben in einem Gebäude tätig sind.

Brandschutzordnungen sind in DIN 14096 geregelt. Die Brandschutzordnung gliedert sich in folgende drei Teile:

- Teil A – richtet sich an Besucher und Mitarbeiter,
- Teil B – gibt Hinweise an Personen, die sich ständig in einem Gebäude aufhalten,
- Teil C – wendet sich an Personen mit besonderen Brandschutzaufgaben und Ordnungsfunktionen

66.5.2 Verhalten im Brandfall in Privatwohnungen

Während die Brandschutzordnung nach DIN 14096 im Schwerpunkt Handlungsanweisungen für das Verhalten im Brandfall in Betrieben und öffentlichen Gebäuden gibt, ist das Verhalten im Brandfall in Wohnungen nicht gesetzlich geregelt. Es gibt aber eine Fachempfehlung des Gemeinsamen Ausschusses für Brandschutzerziehung und Brandschutz-

Die **Brandschutzordnung Teil A** besteht im wesentlichen aus einem Aushang, der ein festgelegtes Größenformat aufweist und dessen Inhalt weitestgehend standardisiert vorgeschrieben ist.

Die **Brandschutzordnung Teil B** bezieht sich auf folgende Punkte:

- Brandschutzordnung Teil A,
- Maßnahmen zur Brandverhütung,
- Verhinderung der Brand- und Rauchausbreitung,
- Flucht- und Rettungswege,
- Melde- und Löscheinrichtungen,
- Verhalten im Brandfall,
- Brandmeldung,
- Alarmsignal,
- In-Sicherheit-bringen,
- Löschversuche unternehmen,
- besondere Verhaltensmaßregeln.

Die **Brandschutzordnung Teil C** richtet sich an Personen, die besondere Aufgaben im Brandschutz (z. B. Sicherheitsfachkräfte, Brandschutzbeauftragte, Selbsthilfekräfte) haben.

Der Teil C muss daher auch umfangreiche Detailfestlegungen enthalten. Dazu gehören z. B.

- Hinweise zur Brandverhütung,
- Festlegung und Überwachungn von Brandschutzeinrichtungen,
- Anbringung von Hinweis- und Sicherheitsschildern,
- Genehmigung von Arbeiten mit besonderem Gefahrenpotential,
- Fortschreibung von Feuerwehrplänen und der Brandschutzordnung,
- Alarmierung,
- Unterrichtung bestimmter Personen,
- Auslösung des Hausalarms,
- Alarmierung der Werkfeuerwehr,
- Durchführung und Überprüfung der Räumung,
- Anordnung einer Betriebsunterbrechung,
- Bergung bestimmter Sachwerte,
- Außerbetriebnahme besonderer technischer Einrichtungen,
- Löschmaßnahmen,
- Aufgaben der Selbsthilfekräfte (Treffpunkt, Ausrüstung, Leitung),
- Inbetriebnahme nichtautomatischer Löschanlagen,
- Vorbereitung Feuerwehreinsatz,
- Freihalten der Aufstellflächen für die Feuerwehr,
- Aufstellung von Lotsen,
- Bereithaltung von Plänen und Schlüsseln.

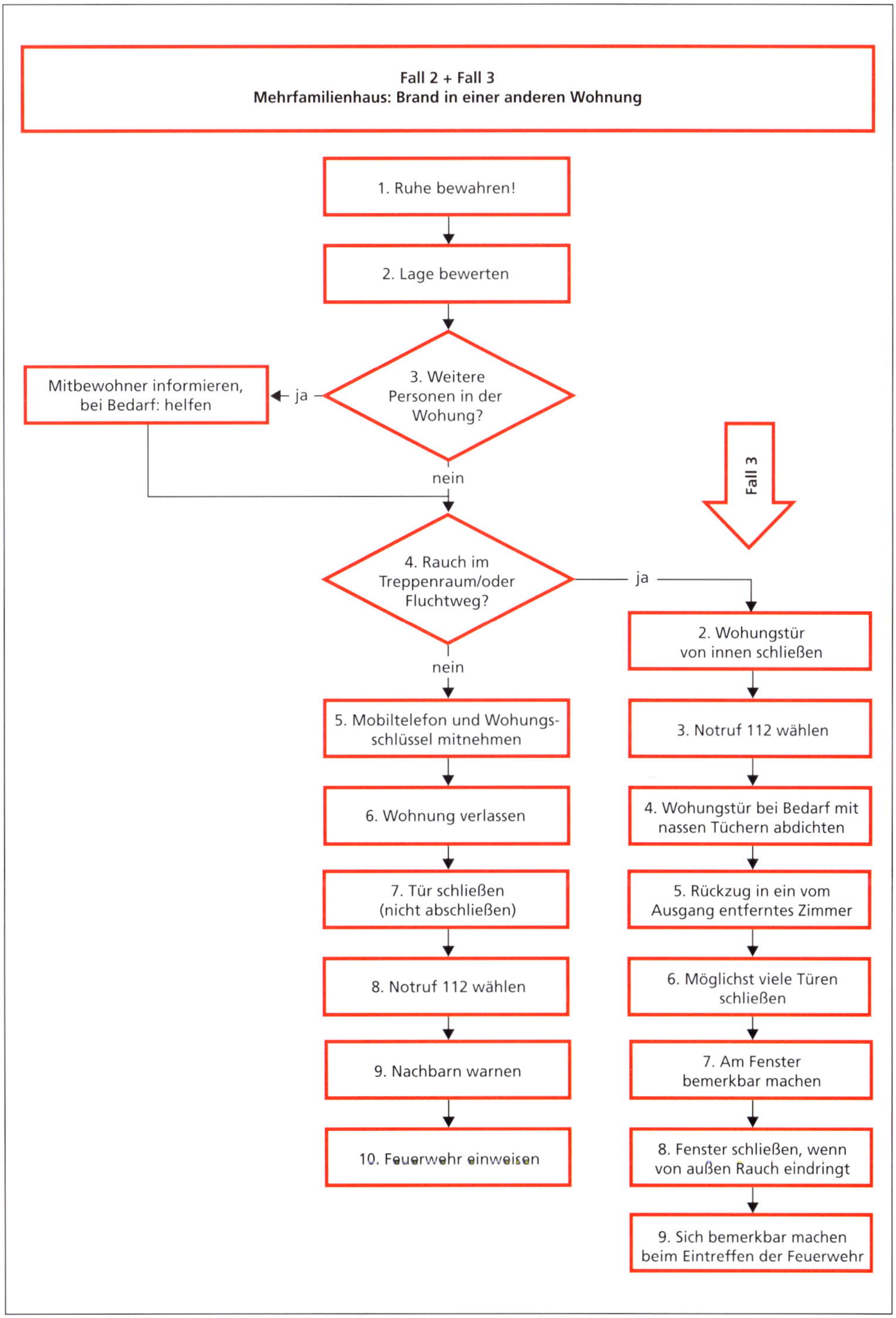

Bild 66.5 Flussdiagramm für das Verhalten bei Brand in einem Mehrfamilienhaus, wenn es in einer benachbarten Wohnung brennt (Fall 2) oder wenn der Treppenraum verraucht ist (Fall 3)

aufklärung, die sich umfangreich mit diesem Thema befasst. Unter dem Titel »Fachempfehlung Verhalten im Brandfall« werden detailliert Hinweise gegeben, wie sich Menschen im Brandfall in ihren eigenen vier Wänden verhalten sollen.
Die Fachempfehlung unterscheidet vier Fälle:

- Brand in der eigenen Wohnung im Mehrfamilienhaus,
- Brand in einer benachbarten Wohnung im Mehrfamilienhaus,
- verrauchter Treppenraum im Mehrfamilienhaus,
- Verhaltensempfehlungen für den Brand im Einfamilienhaus.

Auf Basis dieser vier Fälle werden zunächst rund zehn schnell eingängige Kurzempfehlungen für jeden Fall ausgesprochen. Danach sind aber alle Punkte einzeln soweit erläutert, dass man auch den Hintergrund der Anweisung versteht. Dadurch kann die Fachempfehlung auch sehr gut für die Brandschutzaufklärung zum Beispiel bei »Tagen der offenen Tür« durch Feuerwehrleute angewendet werden. Zum Abschluss wird noch für jeden Fall in einem Fließdiagramm der Ablauf der Maßnahmen erläutert (▶ Bild 66.5).

INFO

Fachempfehlung »Verhalten im Brandfall des DFV«:

www.feuerwehrverband.de/app/uploads/2020/05/DFV_vfdb_Fachempfehlung_Verhalten_Brandfall_2019b.pdf

ZUR VERTIEFUNG

Messerer, Joseph, Bachmeier, Peter: Vorbeugender baulicher Brandschutz, 9. Auflage, Verlag W. Kohlhammer, Stuttgart, 2021.

Notizen:

67 Brandsicherheitswachdienst

von Frieder Kircher und Jochen Thorns

Brandsicherheitswachen (BSW) werden immer dann gestellt, wenn ein besonderes Risiko zur Entstehung eines Brandes vorliegt.

Rechtsgrundlage ist in den meisten Fällen die in den Ländern eingeführte Versammlungsstättenverordnung, welche die Bedingungen für die Notwendigkeit einer Brandsicherheitswache festlegt. Der klassische Fall der Brandsicherheitswache ist das Theater mit Vollbühne. Heute werden aber auch Brandsicherheitswachen in großen Versammlungsstätten gefordert, wenn das dafür erstellte Brandschutzkonzept dies verlangt.

Nach Feststellung der gesetzlichen Notwendigkeit oder aber auch durch die Anforderung des Veranstalters (z. B. aufgrund von Vorgaben des Versicherers oder vertraglicher Bedingungen zur Veranstaltung) wird die Brandsicherheitswache – je nach Zuständigkeit und Organisation in der Kommune – durch einen Sachbearbeiter des Vorbeugenden Brandschutzes oder die Ordnungsbehörde zunächst eingerichtet und/oder angeordnet. Er prüft das Brandrisiko und legt fest, welche besonderen Maßnahmen durchzuführen sind. Dazu zählen insbesondere die Stärke und ggf. Ausrüstung (Fahrzeug) der Brandsicherheitswache sowie die Erstellung einer Anweisung für die Brandsicherheitswache. Der Sachbearbeiter des Vorbeugenden Brandschutzes ist in der Regel bei der Generalprobe der Vorstellung anwesend, die er dann unter den Gesichtspunkten der Brandgefährdungen betrachtet.

Wesentliche Brandgefährdungen können durch den Gebrauch von offenem Feuer wie z. B. Kerzen oder Fackeln, Zigaretten, aber auch durch Beleuchtungskörper, die sich zu nahe an der Dekoration befinden, auftreten.

In der Anweisung sind neben der erforderlichen Stärke und Ausrüstung häufig auch aufgeführt, wie den besonderen Gefährdungen entgegenzutreten ist sowie welche notwendigen Prüfungen vor Beginn der Vorstellung erforderlich sind. Abweichungen davon sind in den Kommunen jedoch die Regel, sodass – gerade in kleineren Kommunen mit rein ehrenamtlichen Einsatzkräften und ohne eigene Brandschutzdienststelle – oft nur die Brandsicherheitswache angeordnet wird, ohne nähere Ausführungen zu machen. Dies führt zu einer größeren Verantwortung des Wachhabenden.

Die Brandsicherheitswache hat die Aufgabe, Brände zu verhüten, die geordnete Räumung der Spiel-/Versammlungsstätte zu unterstützen und Unfallgefahren zu erkennen. Sie überwacht die Einhaltung der Brandschutzvorschriften und Festlegungen der Anordnung der Brandsicherheitswache. Im Falle eines Ereignisses muss die Brandsicherheitswache Erstmaßnahmen (Menschenrettung/Räumung, Brandbekämpfung) einleiten und eine Lagemeldung an die Leitstelle abgeben.

Merke:

Bei auftretenden Bränden ist zuerst über die vorgesehene Brandmeldeeinrichtung Alarm auszulösen und, wenn es noch erfolgversprechend ist, eine Brandbekämpfung mit den vorgesehenen Selbsthilfemitteln vorzunehmen. Ist die Brandbekämpfung nicht mehr sinnvoll, ist eine Räumung der Versammlungsstätte einzuleiten.

67.1 Grundsätze für die Durchführung

Die Stärke der Brandsicherheitswache richtet sich nach der Festlegung in der Anweisung. Wenn es mehr als eine Person ist, muss festgelegt sein, wer der Wachhabende (vorgeordnet) und wer der Wachposten (nachgeordnet)

> **Merke:**
>
> Dienstkleidung (Ausgehuniform) ist in der Regel für eine Brandsicherheitswache ungeeignet. Geeigneter ist so genannte Tagesdienstkleidung.

ist. Sinnvoll ist, dass der Wachhabende mindestens die Qualifikation zum Gruppenführer (bei einer Stärke der Brandsicherheitswache von 1/3 vorgegeben) hat, die Wachposten eine abgeschlossene Grundausbildung haben und als Brandsicherheitswache ausgebildet sind. Allerdings sind hierbei örtliche Regelungen zu beachten, da eine gesetzliche Regelung auf Landesebene oder gemäß der Feuerwehr-Dienstvorschriften nicht vorliegt.

Die Brandsicherheitswache muss mindestens die Persönliche Schutzausrüstung nach Feuerwehr-Dienstvorschrift vorhalten sowie eine Löschdecke und eine Handlampe in Griffnähe haben. Bewährt hat sich auch die so genannte Tagesdienstkleidung, wenn sie gewisse Anforderungen an die schwere Entflammbarkeit aufweist.

67.2 Dienstablauf

Die Brandsicherheitswache nimmt mindestens 30 Minuten vor Beginn der Veranstaltung ihren Dienst auf. Sie hat sich vorher beim Veranstalter und/oder dem verantwortlichen Techniker anzumelden und nimmt die in der Anweisung vorgegebenen Prüfungen vor. Dazu gehören regelmäßig – auch wenn dies nicht explizit in der Anordnung der Brandsicherheitswache angeführt wird:

- Überprüfung, ob die Spiel-/Veranstaltungsfläche gut vom Platz der Brandsicherheitswache überblickt und ob sie im Notfall auch schnell erreicht werden kann,
- Überprüfung, ob alle Brandschutzeinrichtungen im Bereich der Spiel-/Veranstaltungsflächen sichtbar und funktionsfähig bzw. geprüft sind,
- Überprüfung, ob der Bestuhlungsplan eingehalten wird,
- Überprüfung, ob die Brandmeldeeinrichtungen und Rauch- und Wärmeabzugseinrichtungen ungehindert erreichbar sind,
- Überprüfung, ob die Meldergruppen an der Brandmelderzentrale abgeschaltet sind,
- Überprüfung, ob die Rettungswege unverschlossen und ungehindert nutzbar sind,
- Überprüfung, ob die in der Anordnung für die Vorstellung vorgesehenen Sicherheitsmaßnahmen alle eingehalten sind.

Der Betreiber muss vor der ersten Vorstellung die Funktionsfähigkeit des Schutzvorhanges (soweit vorhanden) in Theatern mit Vollbühne unter Anwesenheit der Brandsicherheitswache durch Herablassen und Hochziehen prüfen. Spätestens 15 Minuten vor Vorstellungsbeginn muss die Brandsicherheitswache im Bereich der Bühne anwesend sein, spätestens zum Vorstellungsbeginn muss sie ihren vorgesehenen Platz eingenommen haben.

Die Brandsicherheitswache beobachtet das Geschehen auf der Bühne und muss auch eine Blickmöglichkeit auf den Zuschauerraum haben. Die Brandsicherheitswache bleibt nach Vorstellungsende bis zur Räumung des Zuschauerraumes vor Ort. Danach werden dem Veranstalter das Ende der Brandsicherheitswache mitgeteilt und die erforderlichen Berichte verfasst.

Quelle: J. Thorns

Bild 67.1 Der Wachposten der Brandsicherheitswache verfolgt das Geschehen auf der Bühne aufmerksam.

67.3 Verhalten bei möglichen Gefahren

Werden Mängel festgestellt, die eine Gefährdung verursachen (z. B. Behinderung des Schließweges des Schutzvorhanges durch Dekorationen, zugestellte Rettungswege) so ist der Veranstalter mündlich zur sofortigen Beseitigung aufzufordern. Die Aufforderung ist im Bericht der Brandsicherheitswache zu dokumentieren; die Mängelbeseitigung ist zu überprüfen. Sind die Mängel nicht abstellbar oder sind diese nicht abgestellt worden und stellen sie eine Gefährdung dar, ist der Veranstalter darauf hinzuweisen, dass er gegen die jeweiligen Landesvorschriften verstößt und mit der Veranstaltung nicht beginnen darf. In diesem Fall ist sofort der nächste Vorgesetzte des Wachhabenden zu verständigen, der die notwendige Maßnahme (z. B. Verständigung der zuständigen Bauaufsicht zum Aussprechen der Anordnung) trifft. Folgende Punkte können zum verzögerten Beginn oder auch zum Abbruch einer Vorstellung führen:

- Die Sicherheitseinrichtungen sind nicht funktionsfähig.
- Festlegungen in der Anordnung für die Brandsicherheitswache (z. B. unzulässige feuergefährliche Handlungen) sind nicht eingehalten.
- Gefährliche Zustände, die im Gefahrenfall eine erfolgreiche Brandbekämpfung oder Rettung von Menschen verhindern, sind aufgetreten (z. B. notwendige Ausgänge/Rettungswege sind verschlossen oder verstellt, Zuschauerraum massiv überfüllt, Bestuhlungsplan der Versammlungsstätte wird nicht eingehalten oder festgelegte Bewegungsflächen/Zufahrten für die Feuerwehr sind nicht freigehalten).

IM EINSATZ

Vorbereitungen einer Brandsicherheitswache vor der Veranstaltung

Bereits beim Eintreffen der Brandsicherheitswache werden die Zugangsmöglichkeiten und Feuerwehrzufahrten geprüft.

Der Führer der Brandsicherheitswache meldet die Anwesenheit bei der Leitstelle an und prüft zugleich die Telefonmöglichkeit.

Der Führer der Brandsicherheitswache weist den Posten in die Auslöse- und Bedieneinrichtungen der Brandschutzeinrichtungen ein.

Während des Kontrollgangs durch das Objekt werden auch die Standorte der Feuerlöscheinrichtungen in Augenschein genommen und diese – insbesondere im Bühnen- bzw. Veranstaltungsbereich – auf Funktionsfähigkeit geprüft.

Werden während des Objektkontrollganges Türkeile festgestellt, werden diese entfernt. Der Wachhabende muss den Veranstalter auf den Mangel hinweisen und dies protokollieren.

Während des Kontrollganges werden die Rettungswege überprüft. Sind diese zugestellt, ist der Veranstalter umgehend zur Mängelbeseitung aufzufordern (Dokumentation durchführen!).

68 Feuerwehrpläne für bauliche Anlagen

von Jochen Thorns

Feuerwehrpläne werden durch das Bauordnungsrecht für bestimmte bauliche Anlagen vorgeschrieben (▶ Kapitel 66). Dies sind in der Regel Verkaufsstätten (gemäß der Verkaufsstättenverordnung), Versammlungsstätten (nach der Versammlungsstättenverordnung), unterirdische Verkehrsanlagen und Betriebe mit erweiterten Pflichten nach der Störfallverordnung. Aber auch alle Objekte mit Brandmeldeanlagen (BMA) müssen mit einem Feuerwehrplan ausgestattet werden. Zusätzlich kann die Baurechtsbehörde für weitere Objekte einen Feuerwehrplan im Genehmigungsverfahren fordern.

Der Feuerwehrplan ist im Grunde ein Grundrissplan des Objektes, in dem alle Brandschutzeinrichtungen und Fluchtwege dargestellt werden. Er ist jedoch nicht mit einem Flucht- und Rettungsplan zu verwechseln, der vor allem Angaben zur Selbsthilfe und zu den Fluchtwegen der Nutzer des Gebäudes enthält. Wird der Feuerwehrplan mit taktischen Angaben wie Feuerwehraufstellflächen, Angaben zur Löschwasserversorgung oder Anleiterstellen etc. ergänzt, spricht man von einem Feuerwehreinsatzplan (▶ Kapitel 16).

Der Feuerwehrplan dient dem Einsatzleiter bei größeren oder besonders brandgefährdeten Objekten zur schnellen Orientierung sowie zur besseren Erfassung der Lage und der Einsatzschwerpunkte. Der Feuerwehrplan enthält Angaben über die Nutzung und die Größe von Gebäuden sowie über brandschutztechnische Einrichtungen und Gefahren wie Brandabschnitte, Brandwände, Öffnungen und Durchbrüche in Wände und Decken, die Lage von Treppenräumen und Aufzügen, Rettungswegen, Löschanlagen sowie besondere Gefahren.

Achtung:

Ein Feuerwehrplan ist nicht mit einem Feuerwehreinsatzplan zu verwechseln.

68.1 Inhalt des Feuerwehrplans

Der Aufbau eines Feuerwehrplans ist in DIN 14095 genormt. Außer allgemeinen Textinformationen zum Objekt (Objektinformationen) enthält der Feuerwehrplan immer einen Übersichtsplan über das Gesamtobjekt und Detailpläne für alle Geschosse (so genannte Geschosspläne). Je nach Objekt können auch Sonderpläne wie Anfahrtsplan, Umgebungsplan, weitere Detailpläne und ein Abwasserplan notwendig werden. Die verwendeten Symbole und Farben für die Flächen sind ge-

Tabelle 68.1 Farben in Feuerwehrplänen

Farbe	Bedeutung
Grau	befahrbare Flächen nach DIN 14090 »Flächen für die Feuerwehr«
Gelb	nicht befahrbare Flächen
Rot	Räume und Flächen mit besonderen Gefahren/ Brandwände
Blau	Löschwasser (Behälter und offene Entnahmestellen)
Grün	horizontale Rettungswege (Flure oder Rettungstunnel)
Grün	vertikale Rettungswege (Treppenräume)

Bild 68.1 Der Übersichtsplan zeigt das komplette Objekt und weist auf die wichtigsten Gefahren hin.

Quelle: re'graph GmbH, Korntal-Münchingen

normt und werden im Plan in einer Legende erläutert (z. B. ▶ Tabelle 68.1).

Die Pläne verfügen über ein Raster (10-, 20- oder 50-Meter-Raster) sowie einen Nordpfeil und müssen maßstäblich einheitlich sein. Die zeichnerische Ausführung des Objektes soll formatfüllend sein. Üblich ist die Planerstellung im Format DIN A3. Sondermaße bei bestimmten Objekten sind jedoch zulässig.

In den Objektinformationen sind regelmäßig Informationen über das Objekt, die normalerweise im Objekt anwesende Personenzahl, die Zugangsverhältnisse, den Standort der Brandmelderzentrale, Gefahrenschwerpunkte und Erreichbarkeiten von Verantwortlichen des Betreibers übersichtlich zusammengefasst.

Der Übersichtsplan zeigt das komplette Objekt inklusive der direkten Umgebung. Wichtig sind vor allem die befahrbaren und nicht befahrbaren Flächen, der Zugang zum Objekt sowie der Standort der Brandmelderzentrale mit allen Bestandteilen (z. B. Feuerwehrschlüsseldepot). Im Übersichtsplan werden auch die wichtigsten besonderen Gefahren sowie die Bezeichnung und die Anzahl der Geschosse des Objektes wiedergegeben. Der Übersichtsplan zeigt also eine Übersicht, ja eine Zusammenfassung, des Objektes.

In den Detailplänen werden die einzelnen Geschosse des Objektes detailliert dargestellt. Daher werden sie auch als Geschosspläne bezeichnet. Außer der direkten Raumgliederung (also dem Grundriss des Geschosses) beinhalten sie auch alle wichtigen Informationen – jeweils bezogen auf das abgebildete Geschoss – zu Brandbekämpfungseinrichtungen (z. B. Rauch- und Wärmeabzugsanlagen, Brandwände, Feuerschutztüren, Löschanlagen), Gefahren (besondere Gefahren, aber auch Wand- und Deckendurchbrüche) sowie die Nutzung der Räume. Nicht dargestellt werden Einrichtungen zur Selbsthilfe der Nutzer der baulichen Anlage wie Feuerlöscher, Wandhydranten »Typ S« oder Handfeuermelder. Der Feuerwehrplan umfasst nur relevante Informationen für die Einsatzkräfte.

L

Ob Sonderpläne notwendig sind oder nicht, legt die Brandschutzdienststelle fest. Häufig werden ein Abwasser- und ein Anfahrtsplan verlangt, manchmal auch ein so genannter Umgebungsplan.

Der Abwasserplan zeigt die Leitungsführung und die Oberflächeneinläufe der Schmutz- und Oberflächenentwässerung auf. Zudem werden beschrieben, an welche Kläranlage das Objekt angeschlossen ist und wie die Fließgeschwindigkeit des eingeleiteten Wassers ist. Der Abwasserplan wird häufig noch durch die Lage des Wasserhaupthahns und Möglichkeiten zur Löschwasserrückhaltung ergänzt.

In einem Anfahrtsplan können bestimmte Aufstellflächen für einzelne Fahrzeuge und/oder Feuerwehrzufahrten gekennzeichnet werden. Zudem besteht die Möglichkeit, Bereitstellungsräume zu definieren, sodass diese dem Einsatzleiter bereits im Voraus bekannt sind.

Mithilfe eines Umgebungsplanes, der beispielsweise auf einer topografischen Karte basiert, können Radien und Ausbreitungsmodelle für die Ausbreitungsrichtung von Brandrauch erstellt werden. Andere Sonderpläne (z. B. Hydrantenplan, Entrauchungsplan) oder Unterlagen können den Feuerwehrplan jeweils nach den Anforderungen der örtlichen Brandschutzdienststelle ergänzen.

> **Merke:**
>
> Sofern das Objekt nicht bekannt ist, sollte sich der Einsatzleiter/Fahrzeugführer bereits während der Anfahrt mit dem Feuerwehrplan (Übersichtsplan und Objektinformationen) vertraut machen, da dies die Lagebeurteilung am Einsatzort vereinfacht und Stress verringert.

68.2 Nutzung des Feuerwehrplanes

Der Feuerwehrplan wird regelmäßig an der Brandmelderzentrale bzw. der Erstinformati-

Quelle: re'graph GmbH, Korntal-Münchingen

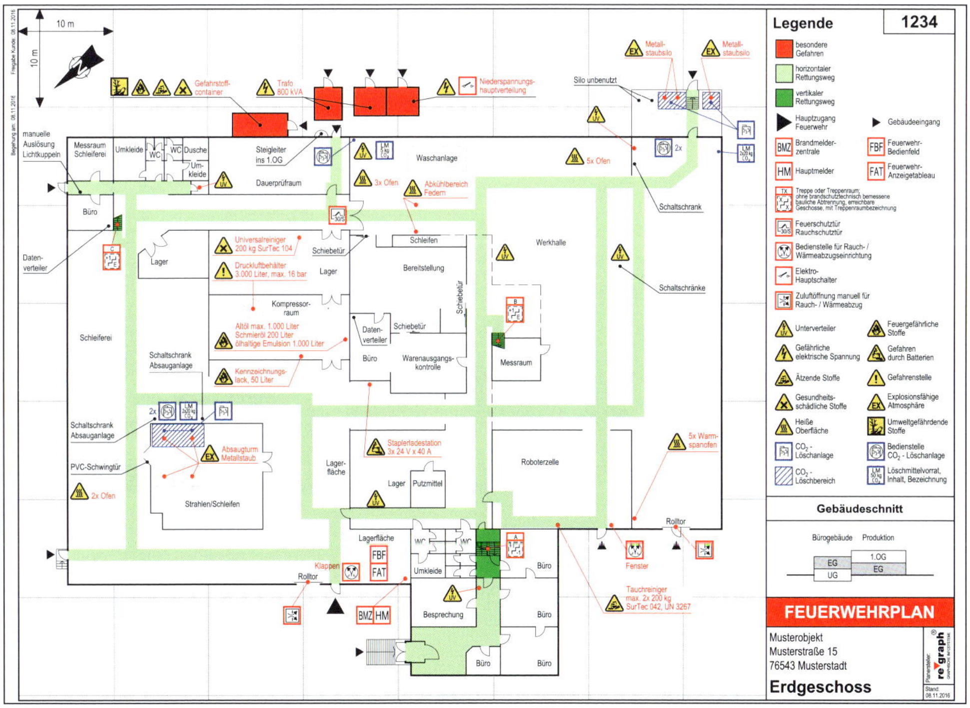

Bild 68.2 Detailpläne, auch Geschosspläne genannt, beinhalten alle wichtigen und auf das dargestellte Geschoss bezogenen Informationen.

onsstelle der Feuerwehr (▶ Kapitel 29) sowie bei der gemäß der Alarm- und Ausrückeordnung zuständigen Feuerwehr vorgehalten. Verfügt das Objekt nicht über eine Brandmeldeanlage findet sich der Feuerwehrplan meist im (Feuerwehr-)Eingangsbereich oder am Empfang.

Der Hauptzugang bzw. die Hauptzufahrt soll bei den Plänen immer am unteren Rand liegen, sodass der Einheitsführer die Gebäudeausrichtung aus seiner Anfahrtssicht erfassen kann, was den Einsatz und das Lesen des Planes erleichtert.

Vor allem der Übersichtsplan und die Objektinformationen sind für den Einsatzleiter relevant, weil er dort in komprimierter Form alle Gefahren dargestellt bekommt und auf Besonderheiten im Objekt hingewiesen wird. Ein besonderes Augenmerk verdienen dabei die mittels Symbol bzw. als rote Fläche dargestellten Gefahren sowie Zugänge zum Gebäude. Im Übersichtsplan sind immer auch der Hauptzugang für die Feuerwehr sowie der Standort der Brandmelderzentrale, des Feuerwehr-Bedienfeldes und des Feuerwehr-Anzeigetableaus sowie des Feuerwehrschlüsseldepots dargestellt. Ebenfalls eingezeichnet sind der Standort eines – sofern vorhanden – Feuerwehr-Gebäudefunkbedienfeldes, ortsfeste Löschanlagen (Sprinkler, Gaslöschanlagen), Rauch- und Wärmeabzugsanlagen sowie die Brandwände, welche den Brandabschnitt begrenzen. Diese müssen seit 2007 als rote Volllinie sowie mit einem Symbol gekennzeichnet werden.

ZUR VERTIEFUNG

Jochen Thorns: Einsatz »Brandmeldeanlage«, Die Roten Hefte/Ausbildung kompakt 216, 3. Auflage, Verlag W. Kohlhammer, Stuttgart, 2022.

IM EINSATZ

Nutzung des Feuerwehrplanes

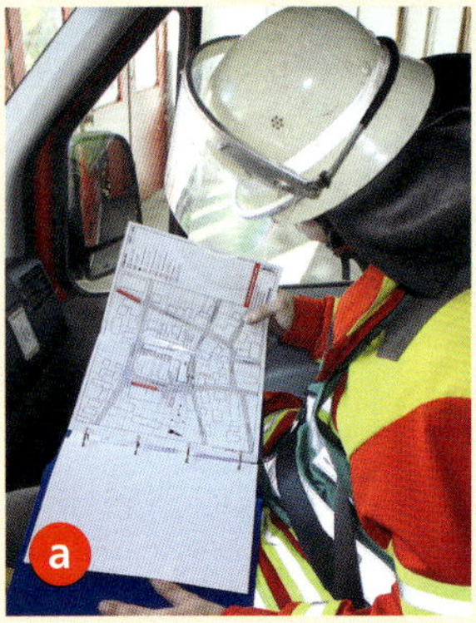

Bereits während der Anfahrt sollte sich der Einsatzleiter anhand des Feuerwehrplanes mit dem Objekt vertraut machen. Besonders wichtig sind die Objektinformationen und der Übersichtsplan.

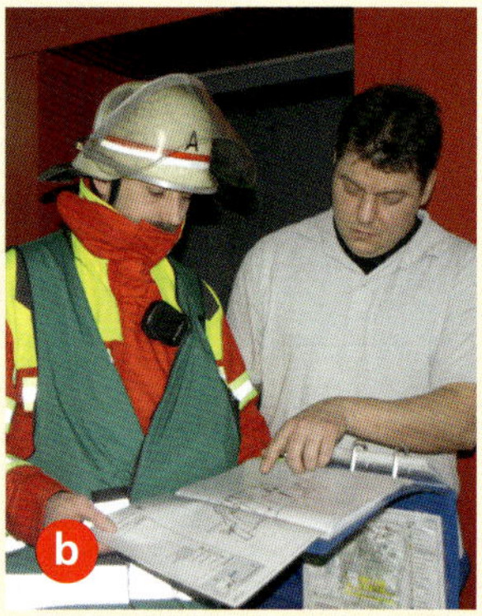

Vor Ort sollte der Einsatzleiter bei der Lagebeurteilung Mitarbeiter des Objektbetreibers in die Erkundung einbeziehen und sich die Struktur und Nutzung des Objektes anhand des Feuerwehrplanes erläutern lassen.

Der Einsatzleiter sollte die Führungskräfte mittels des Feuerwehrplanes in die Lage einweisen und ggf. auch Kopien des Feuerwehrplanes ausgeben.

IM EINSATZ

Wichtige Informationen in einem Feuerwehrplan

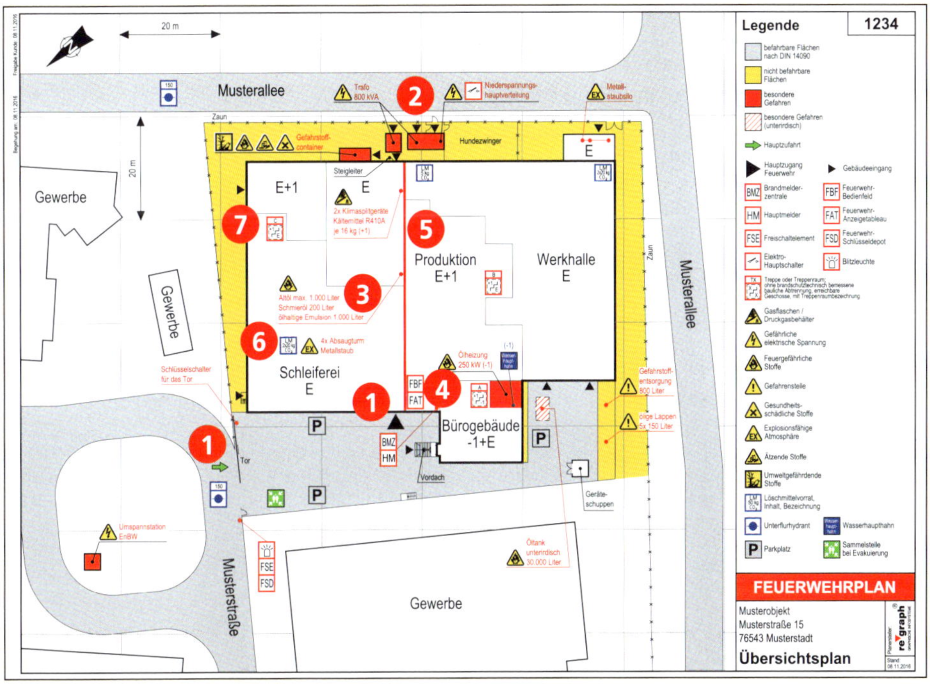

Quelle: re'graph GmbH, Korntal-Münchingen

Anfahrt (1):
Ein grüner Pfeil zeigt die Hauptzufahrt für die Feuerwehr an. Kleine, dreieckige grüne oder schwarze Pfeile zeigen die Lage der weiteren Objektzugänge. Tore, Zäune, ggf. Durchfahrtshöhen und Beschränkungen der Tragfähigkeit sind ebenfalls dargestellt.

Besondere Gefahren (2):
Räume mit besonderen Gefahren sind rot markiert.

Gefahrenstellen (3):
Gefahrenstellen oder die Art der Gefahr bei den Räumen mit besonderen Gefahren sind mit gelben Warnschildern nach DIN 4844 dargestellt.

Brandmelderzentrale (4):
Im Feuerwehrplan ist die Lage der Erstinformationsstelle bzw. Brandmelderzentrale sowie des Feuerwehrschlüsseldepots eingezeichnet.

Brandwand (5):
Brandwände sind mit einer roten Volllinie und meist einem zusätzlichen Symbol dargestellt.

Einrichtungen zur Brandbekämpfung (6):
Wasserentnahmestelle (z. B. Hydranten) sind ebenso dargestellt wie ggf. vorhandene Löschanlagen (z. B. Sprinkler- oder Gaslöschanlage).

Rettungswege (7):
Rettungswege für Nutzer eines Objektes sind auch die Angriffswege der Feuerwehr. Die vertikalen (Treppenräume) und horizontalen (Flure) Rettungswege werden in Geschossplänen in zwei Grüntönen dargestellt; die Treppenräume sind zudem mit zwei verschiedenen Symbolen gekennzeichnet.

L

Die Autoren

Nils Beneke (Jahrgang 1977)
Nils Beneke ist Brandamtsrat bei der Berufsfeuerwehr Hannover. Im Jahr 2005 entwickelte er gemeinsam mit Jan Ole Unger die HAUS-Regel, gründete das Protal drehleiter.info und führt seitdem Ausbildungen für Besatzungen von Hubrettungsfahrzeugen im In- und Ausland durch.

Alexander Blasczyk M.A. (Jahrgang 1978)
Alexander Blasczyk hat Politikwissenschaft und Geschichte studiert und ist seit 1994 Mitglied der Freiwilligen Feuerwehr Barby (Sachsen-Anhalt). Nach dem Studium war Alexander Blasczyk Redakteur bei der Feuerwehrfachzeitschrift BRANDSchutz/Deutsche Feuerwehr-Zeitung. Seit Februar 2010 ist er Geschäftsführer des Thüringer Feuerwehr-Verbandes in Erfurt.

Dr. rer. nat. Andreas Bräutigam (Jahrgang 1972)
Andreas Bräutigam ist Ministerialrat und hat Chemie studiert. Zwischen 1989 und 2005 war er Mitglied der Freiwilligen Feuerwehren Hagen und Marburg. Von 2002 bis 2004 war Andreas Bräutigam Brandreferendar. Nach Abschluss der Ausbildung leitete er das Sachgebiet »Strategische Planung/Einsatzorganisation« bei der Feuerwehr Düsseldorf. 2011 wechselte er in die Ausbildungsabteilung der Feuerwehr Düsseldorf, die er von 2014 bis 2017 leitete. Außerdem gehört er dem Präsidium der vfdb und diversen Fachgremien an. Seit 2017 ist Andreas Bräutigam Referent für Krisenmanagement und Zivilschutz im Ministerium des Innern des Landes Nordrhein-Westfalen.

Dipl.-Ing. Johannes Feyrer (Jahrgang 1959)
Direktor der Feuerwehr a. D. Johannes Feyrer hat Maschinenbau studiert. Er war zehn Jahre bei der Freiwilligen Feuerwehr Neustadt an der Weinstraße aktiv und hat sein Brandreferendariat bei der Berliner Feuerwehr absolviert. Seit 1986 war er bei der Berufsfeuerwehr Köln, von 2014 bis 2019 war er deren Leiter. Er ist nebenamtlicher Redakteur des BRANDSchutz/Deutsche Feuerwehr-Zeitung sowie Dozent an Feuerwehr- und Katastrophenschutzschulen. Er ist in einer Löschgruppe der FF Köln aktiv.

Ralf Fischer (Jahrgang 1961)
Ralf Fischer hat Rechtswissenschaft studiert und ist Direktor eines Amtsgerichts. Seit 1981 ist er Mitglied der Feuerwehr Schmallenberg und war von 1992 bis 2010 Stellv. Bezirksbrandmeister der Bezirksregierung Arnsberg. Er ist Lehrbeauftragter am Institut für öffentliche Verwaltung in Hilden und am Institut der Feuerwehr in Münster sowie Löschzugführer des Löschzuges Bad Fredeburg der Stadt Schmallenberg.

Dipl.-Ing. Sebastian Fischer (Jahrgang 1979)
Leitender Branddirektor Sebastian Fischer hat Maschinenwesen studiert. Er war von 2005 bis 2007 Brandreferendar der Branddirektion Stuttgart. Von 2007 bis 2008 war Sebastian Fischer in Stuttgart stellvertre-

tender Abteilungsleiter »Vorbeugender Brand- und Gefahrenschutz«. Zwischen 2009 und 2014 war er stellvertretender Abteilungsleiter »Einsatz«, zuständig für Einsatzplanung, Einsatzorganisation und Bevölkerungsschutz der Branddirektion Stuttgart. Seit Februar 2014 ist er Leiter der Berufsfeuerwehr Pforzheim.

Manfred Fiß (Jahrgang 1963)
Manfred Fiß ist seit 1988 bei der Berufsfeuerwehr Köln und seit 1973 Mitglied der Freiwilligen Feuerwehr Kerpen. Seit 1992 ist er Gruppenführer und seit 1996 im gehobenen feuerwehrtechnischen Dienst. Manfred Fiß besitzt das Rheinschifferpatent und ist derzeit Wachvorsteher der Kölner Berufsfeuerwehrwache, die u. a. für die Löschboote zuständig ist. Manfred Fiß ist an verschiedenen Fachhochschulen als Dozent tätig.

Dr. rer. nat. Karsten Homrighausen (Jahrgang 1968)
Karsten Homrighausen ist seit dem 1. August 2018 Landesbranddirektor und Leiter der Berliner Feuerwehr. Zuvor war er von Mai 2016 bis Juli 2018 Landesbranddirektor in Baden-Württemberg und leitete als Ministerialrat das Referat 62 »Feuerwehr und Brandschutz« im Ministerium für Inneres, Digitalisierung und Migration Baden-Württemberg. Nach dem Studium der Chemie und anschließender Promotion begann er 1997 das Brandreferendariat im Landesdienst Baden-Württembergs. Von 1999 bis 2002 arbeitete er an der Landesfeuerwehrschule in Bruchsal. In den Jahren 2002 bis 2016 war er Angehöriger der Branddirektion Stuttgart, seit 2004 als Leiter der Einsatzabteilung und zuletzt als zweiter stellvertretender Kommandant. Ab September 2015 wurde er zum Innenministerium Baden-Württemberg abgeordnet und übernahm in der Koordinierungsstelle des Bundes zur Flüchtlingsverteilung (KoST-FV) in München die Interessenvertretung Baden-Württembergs und der Länder Rheinland-Pfalz, Hessen und des Saarlandes. Bis Mai 2016 gehörte er darüber hinaus – zuletzt als Leiter des Fachgebiets »Feuerwehr in der Zukunft« und ordentliches Mitglied – dem Vorstand des Landesfeuerwehrverbandes Baden-Württemberg an.

Frank Hüsch (Jahrgang 1972)
Frank Hüsch ist an der Landesfeuerwehrschule Baden-Württemberg als Ausbilder tätig. Zuvor war er seit 1991 bei der Berufsfeuerwehr Wiesbaden. Seit 1994 ist er Ausbilder in den Bereichen Türöffnung im Feuerwehr-Einsatz, Truppmann/Truppführer, Maschinisten, Maschinisten Drehleiter und Kranwagen, Handhabung Motorkettensägen, B-II-Lehrgänge für Berufs- und Werkfeuerwehren, Heißausbilder für feststoffbetriebene Brandbekämpfungsanlagen. Im Jahr 2008 hat Frank Hüsch die Ausbildung zum gehobenen feuerwehrtechnischen Dienst abgeschlossen.

Dipl.-Ing. Florentin von Kaufmann (Jahrgang 1971)
Florentin von Kaufmann ist Branddirektor bei der Berufsfeuerwehr München und Abteilungsleiter »Einsatzlenkung«. Nach dem Studium der Architektur hat er die Ausbildung zum höheren feuerwehrtechnischen Dienst bei der Berufsfeuerwehr München absolviert.

Dipl.-Ing. Frieder Kircher (Jahrgang 1956)
Frieder Kircher ist Leitender Branddirektor a. D. und seit 1967 Mitglied der Freiwilligen Feuerwehr Wiesloch. Er hat Bauingenieurwesen am Karlsruher Institut für Technologie (KIT) von 1975 bis 1981 studiert. Die Brandreferendarausbildung erfolgte von 1982 bis 1984. Von 1985 bis 2019 arbeitete er bei der Berliner Feuerwehr, zuletzt als Direktionsleiter Nord. Frieder Kircher hat Lehraufträge im Bereich Vorbeugender Brandschutz an der HTW, HWR und Beuth-Hochschule in Berlin und ist außerdem Fachredakteur Vorbeugender Brandschutz bei BRANDSchutz/Deutsche

Feuerwehr-Zeitung. Er ist Vorsitzender des Gemeinsamen Ausschusses für Brandschutzerziehung und Brandschutzaufklärung von DFV und vfdb.

Bernhard Kunkel
(Jahrgang 1959)
Bernhard Kunkel trat 1979 bei der Berufsfeuerwehr Mannheim ein. Der Einsatz erfolgte zunächst im Brandschutz- und Rettungsdienst und als Feuerwehrtaucher. Im Jahr 1990 erfolgte der Aufstieg in den gehobenen, 2000 in den höheren feuerwehrtechnischen Dienst. Erfahrungen konnten in den Bereichen Vorbeugender Brandschutz, Technischer Dienst und als Projektleiter für den Neubau der Hauptfeuerwache in Mannheim gesammelt werden. Von 2018 bis zur Verabschiedung in den Ruhestand im Jahr 2020 war er als stellvertretender Amtsleiter für den gesamten Einsatzdienst der Berufsfeuerwehr zuständig. Sein besonderes Anliegen galt der Fitness von Feuerwehrangehörigen. Er war über mehrere Jahre Landessportreferent von Baden-Württemberg.

Claus Lange
(Jahrgang 1964)
Direktor der Feuerwehr a. D. Claus Lange hat Chemie (Diplom) studiert und war seit 1974 Mitglied der Freiwilligen Feuerwehr Felsberg (Hessen) sowie Marburg an der Lahn, zuletzt als Kreisausbilder für die Truppmann- sowie die Truppführer-Ausbildung. Sein Brandreferendariat absolvierte er bei der Feuerwehr Hannover, die den Diplom-Chemiker 1991 mit der Leitung der Abteilung »Vorbeugender Brand- und Umweltschutz« betraute. Im März 1997 übernahm Claus Lange dann die Leitung der Feuerwehr der Landeshauptstadt Hannover, die er bis zu seiner Pensionierung im September 2019 innehatte. Außerdem betätigte er sich in vielerlei Fachgremien der deutschen Feuerwehren und hat einen Lehrauftrag für Vorbeugenden Brandschutz an der Leibniz-Universität Hannover. Claus Lange ist Fachredakteur »Gefährliche Stoffe und Güter« bei BRANDSchutz/Deutsche Feuerwehr-Zeitung.

Jörg Mezger
(Jahrgang 1964)
Jörg Mezger ist Angehöriger der Berufsfeuerwehr Stuttgart und der Freiwilligen Feuerwehr Filderstadt. Er ist Technischer Ausbilder einer Wachabteilung und war von 1997 bis 2009 Ausbilder der Höhenrettungsgruppe der Berufsfeuerwehr Stuttgart sowie für Absturzsicherungslehrgänge. Jörg Mezger ist als Ausbilder und freier Mitarbeiter bei der Firma Bornack in den Bereichen Absturzsicherung und Höhenrettung für Feuerwehren tätig.

Prof. Dr. med. Stefan Oppermann
(Jahrgang 1963)
Stefan Oppermann hat Humanmedizin studiert und in Hamburg promoviert. Er ist Facharzt für Anästhesie, Leitender Notarzt und Stv. Ärztlicher Leiter Rettungsdienst der Hansestadt Rostock. Er hat die Professur für präklinisches Rettungswesen/Gefahrenmanagement an der Hochschule für Angewandte Wissenschaften in Hamburg inne.

Volker Ott
(Jahrgang 1964)
Volker Ott ist Brandamtsrat bei der Berufsfeuerwehr Mannheim und seit 1974 Mitglied der Freiwilligen Feuerwehr Eppelheim. Nach seiner Lehre als Bau- und Möbelschreiner war er von 1988 bis 2005 bei der Militärfeuerwehr der US-Army in Mannheim unter anderem als Wachabteilungsführer (Captain), Ausbildungsleiter (Training Officer) und zuletzt als Dienststellenleiter (Fire Chief) beschäftigt. Von 2005 bis 2011 nahm er die Aufgaben eines Wachabteilungsführers wahr und arbeitete von 2012 bis 2018 als Ausbilder in der Ausbildungsabteilung bei der Berufsfeuerwehr Mannheim. Dort ist er seit 2018 als Leiter Information und Kommunikation in der Abteilung Technik und im Einsatzführungsdienst tätig.

M

Dipl.-Biol. Tim Pelzl (Jahrgang 1974)
Tim Pelzl hat nach dem Studium der Humanbiologie eine Ausbildung zur Fachkraft für Arbeitssicherheit gemäß SGB VII absolviert. Von 2004 bis Anfang 2015 war er Leiter des Referats »Feuerwehren, Hilfeleistung, Brandschutz« bei der Deutschen Gesetzlichen Unfallversicherung (DGUV). Seit dem Jahr 2018 leitet er im Auftrag der Unfallkasse Baden-Württemberg den Fachbereich »Feuerwehren, Hilfeleistungen, Brandschutz« der DGUV. Seit mehr als 25 Jahren ist Tim Pelzl Mitglied der Freiwilligen Feuerwehr Geiselbullach bei München und ist seit 2003 deren Leiter.

Dr. rer. nat. Markus Pulm (Jahrgang 1962)
Markus Pulm hat Chemie studiert. Er ist Leitender Branddirektor und seit 1987 Mitglied in diversen Freiwilligen Feuerwehren. Von 1991 bis 1994 war Markus Pulm bei der Werkfeuerwehr Merck in Darmstadt (Abteilung Vorbeugender Brandschutz) tätig. Seit der Staatsprüfung zum höheren feuerwehrtechnischen Dienst ist Markus Pulm Angehöriger der Berufsfeuerwehr Karlsruhe und derzeit stellvertretender Amtsleiter der Branddirektion Karlsruhe. Er verbreitete die »Schadenarme Einsatztaktik«.

Prof. Dr.-Ing. Michael Reick (Jahrgang 1969)
Michael Reick studierte an der Universität Stuttgart und an der University of Calgary (Kanada) Bauingenieurwesen. Von 1987 bis 1999 war er aktives Mitglied der Freiwilligen Feuerwehr, seit 1999 ist er Kreisbrandmeister und Brandschutzsachverständiger des Landkreises Göppingen. Seit 2002 ist Michael Reick Lehrbeauftragter für Brandschutz an der Hochschule Biberach. Weiterhin ist er Fachgebietsleiter für den Vorbeugenden Brandschutz im Landesfeuerwehrverband Baden-Württemberg und vertritt den Deutschen Feuerwehrverband im Fachausschuss »Vorbeugender Brand- und Gefahrenschutz« der deutschen Feuerwehren. Im Jahr 2004 hat Michael Reick ein Forschungssemester an der University of Canterbury in Christchurch/Neuseeland absolviert. Während des Auslandsaufenthaltes hat er Brandsimulationsrechnungen zur Rauchausbreitung bei Gebäudebränden durchgeführt und hierbei auch den »Mobilen Rauchverschluss für die Feuerwehr« entwickelt.

Dipl.-Biol. Meike Rothe (Jahrgang 1984)
Meike Rothe hat Mikrobiologie studiert, war ehrenamtlich bei der Feuerwehr Lemgo aktiv und hat 2011 die Ausbildung für den höheren feuerwehrtechnischen Dienst abgeschlossen. Bei der Berufsfeuerwehr Karlsruhe hat sie fünf Jahre als Abteilungsleiterin die Bereiche Gefahrenabwehrplanung, Katstrophenschutz, Leitstelle und Nachrichtentechnik geleitet. Seit 2016 ist die Brandoberrätin bei der Berufsfeuerwehr Hannover für die Sondereinsatzplanung und das Krisenmanagement zuständig.

Andreas Rudlof (Jahrgang 1967)
Andreas Rudlof hat eine Ausbildung zum Industriekaufmann und zum Betriebswirt absolviert. Seit 1993 ist Andreas Rudlof bei der Werkfeuerwehr des Flughafens Stuttgart tätig. Nach Abschluss seiner Ausbildung zum gehobenen feuerwehrtechnischen Dienst im Jahr 2002 sowie der Fortbildung zum Zertifizierten Fachplaner und Sachverständigen Brandschutz bei der ISA/Hochschule Esslingen im Jahr 2007 ist er seit 2008 der Leiter der Flughafenfeuerwehr und des Rettungsdienstes am Flughafen Stuttgart. Andreas Rudlof ist darüber hinaus auch Erster Vorsitzender der Arbeitsgemeinschaft der Werkfeuerwehren Baden-Württemberg e. V. und seit dem Jahr 2020 ebenfalls stellvertretender Kreisbrandmeister im Landkreis Esslingen (Baden-Württemberg).

Godo Savinsky
(Jahrgang 1972)

Godo Savinsky ist Facharzt für Anästhesiologie, Notfallmedizin und Ärztliches Qualitätsmanagement, Leitender Notarzt und Ärztlicher Leiter Rettungsdienst der Feuerwehr Hamburg. Er arbeitet außerdem in der Abteilung für Anästhesiologie, Intensivmedizin, Notfallmedizin und Schmerztherapie an der Asklepios Klink Harburg.

Carsten Sorg
(Jahrgang 1974)

Carsten Sorg ist hauptamtlicher Kreisbrandmeister und Leiter des Bevölkerungsschutzes sowie stellvertretender Amtsleiter eines Amtes der Kreisverwaltung des Enzkreises. Zuvor war er von 2017 bis 2020 hauptamtlicher Kreisbrandmeister und Referatsleiter für Brand- und Katastrophenschutz im Landkreis Konstanz. Er begann 1997 seine Ausbildung im mittleren feuerwehrtechnischen Dienst und war danach an mehreren Feuerwachen der Branddirektion Stuttgart eingesetzt. Während dieser Zeit absolvierte er die Ausbildung zum Rettungsassistenten und später zum Lehrrettungsassistenten. 2005 wechselte er in das Aus- und Fortbildungszentrum und war dort mehrere Jahre als Ausbilder in allen angebotenen Lehrgängen für die Freiwillige Feuerwehr und die Berufsfeuerwehr eingesetzt. Nach seiner Ausbildung für den gehobenen feuerwehrtechnischen Dienst versah er bis 2017 die Funktion eines Wachabteilungsführers und wurde zusätzlich im Einsatzführungsdienst eingesetzt.

Jochen Thorns
(Jahrgang 1971)

Jochen Thorns ist Chefredakteur der Fachzeitschrift BRANDSchutz/Deutsche Feuerwehr-Zeitung. Er ist seit 1989 im Einsatzdienst verschiedener freiwilliger und betrieblicher Feuerwehren in Niedersachsen, Hamburg und Baden-Württemberg aktiv. Sein Augenmerk gilt dabei vor allem der Ausbildung, der Fahrzeugkunde sowie der Persönlichen Schutzausrüstung. Seit 2005 ist er Feuerwehrkommandant/Stadtbrandmeister der Freiwilligen Feuerwehr Filderstadt und seit 2018 auch stellvertretender Vorsitzender des Kreisfeuerwehrverbandes Esslingen-Nürtingen.

Klaus Thrien
(Jahrgang 1960)

Klaus Thrien ist Angehöriger der Feuerwehr Paderborn. Er trat 1977 in die Freiwillige Feuerwehr ein und wechselte zwei Jahre später in die hauptamtliche Wache der Feuerwehr Paderborn. Im Jahr 1992 wurde er stellvertretender Wachabteilungsführer, zehn Jahre später Wachabteilungsführer. Nach dem Aufstieg in den gehobenen feuerwehrtechnischen Dienst ab 2007 ist er Sachgebietsleiter Ausbildung der Feuerwehr Paderborn. Er engagiert sich besonders bei der Ausbildung in den Bereichen Motorsäge und Hubrettungsfahrzeuge.

Jan Ole Unger
(Jahrgang 1973)

Jan Ole Unger ist Angehöriger der Berufsfeuerwehr Hamburg und dort in der Laufbahngruppe 2.1 (ehemals gehobener feuerwehrtechnischer Dienst) in der Abteilung Presse- und Öffentlichkeitsarbeit tätig. Jan Ole Unger ist langjähriger Ausbilder für Maschinisten von Hubrettungsfahrzeugen und Fachberater Ausbildung der Freiwilligen Feuerwehr Lilienthal (Niedersachsen). 2005 entwickelte er gemeinsam mit Nils Beneke die HAUS-Regel und führt seitdem auch Ausbildungen an Hubrettungsfahrzeugen durch. Gemeinsam mit Nils Beneke engagiert er sich für die Vereinheitlichung von Ausbildungs- und Einsatzstandards mit Hubrettungsfahrzeugen in Europa. Beide betreiben das Internetportal *www.drehleiter.info*.

Jürgen Warmbier
(Jahrgang 1956)

Jürgen Warmbier studierte Chemie, Biologie und Sport für das höhere Lehramt an der Technischen Universität Darmstadt und an der Universität Frankfurt. Nach erfolgreichem Examen trat er in das Chemie- und Pharmaunternehmen Merck in Darmstadt ein. Dort absolvierte er zunächst die Ausbildung zum höheren feuerwehrtechnischen Dienst. Nach einem berufsbegleitenden Studium der Umweltwissenschaften an der Universität Koblenz übernahm er 1999 eine Führungsposition. Von 2005 bis 2016 verantwortete er den vorbeugenden und den abwehrenden Brandschutz (Werkfeuerwehren) sowie die Standortsicherheit (Security) bei der Merck KGaA. Seit 2017 arbeitet er als Lehrer an einer Berufsschule für den Ausbildungsberuf Werkfeuerwehrmann/-frau. Für die IHK Frankfurt/Main und IHK Rhein-Neckar ist er als Prüfungsausschussvorsitzender aktiv.

Dipl.-Ing. (FH) Andreas Weich-Arin M.Sc. (Jahrgang 1981)

Andreas Weich hat Maschinenbau an der Fachhochschule Stralsund und anschließend Sicherheit und Gefahrenabwehr an der Universität Magdeburg studiert und war lange Mitglied der Freiwilligen Feuerwehr Ribnitz-Damgarten (Mecklenburg-Vorpommern). Als Brandreferendar der Staatlichen Feuerwehrschule Regensburg hat er die Ausbildung zum höheren feuerwehrtechnischen Dienst absolviert. Von 2011 bis 2017 war er Sachgebietsleiter »Vorbeugender Brandschutz« bei der Werkfeuerwehr Henkel in Düsseldorf. Seit 2017 arbeitet er im Bereich »Konzernsicherheit« bei Henkel.

Dipl.-Ing. (FH) Rüdiger Weich M.Sc. (Jahrgang 1981)

Rüdiger Weich hat Maschinenbau an der Fachhochschule Stralsund und anschließend Sicherheit und Gefahrenabwehr an der Universität Magdeburg studiert. Seit 1998 war er Mitglied der Freiwilligen Feuerwehren Ribnitz-Damgarten, Magdeburg-Südost und Lübeck-Innenstadt. 2013 trat er in die Freiwillige Feuerwehr Stockelsdorf ein. Seit 2007 ist er im Produktmanagement bei der Firma Dräger tätig.

Prof. Dr. rer. nat. Lucia Wickert (Jahrgang 1963)

Lucia Wickert ist Professorin für Molekulare Biomedizin und lehrt an der Rheinischen Fachhochschule Köln. Bis 2008 war sie Arbeitsgruppeleiterin am Institut für Klinische Chemie und Pathobiochemie und erhielt 2006 die Venia Legendi für Pathobiochemie und Molekularbiologie der Medizinischen Fakultät der RWTH Aachen. Seit 1993 ist Lucia Wickert Mitglied der Feuerwehr Troisdorf. Sie leitet die Grundausbildung ABC, ist Leiterin der Messgruppen Rhein-Sieg-Kreis und ABC-Fachberaterin. Überdies ist sie Mitglied im Fachdienst ATF-Köln. Seit Oktober 2019 vertritt sie für den Deutschen Feuerwehrverband als aktives Mitglied im Weltfeuerwehrverband CTIF in der »Commission for Hazardous Materials« die Belange der deutschen Feuerwehren auf internationaler Ebene.

Christoph Wöhrle (Jahrgang 1981)

Christoph Wöhrle hat Lehramt für Gymnasium an der Universität Konstanz studiert. Er ist seit 1999 Mitglied der Freiwilligen Feuerwehr und derzeit bei der Freiwilligen Feuerwehr Wolfach, Abteilung Kirnbach, als Gruppenführer und Ausbilder aktiv. Christoph Wöhrle ist im Feuerwehrbereich des Verlages W. Kohlhammer für das Fachbuch- und Seminarprogramm sowie für die elektronischen Medien zuständig.

Stichwortverzeichnis

Bei Mehrfachnennung sind die Hauptfundstellen halbfett markiert.

M

M

M

M

M

M

M